弹 簧 手 册

第 3 版

主编　张英会　刘辉航　王德成

参编　张英会　刘辉航　王德成　姜　膺　余　方
邱文鹏　郭荣生　孙云秋　屠世润　张　俊
姜　岩　曹辉荣　郭　斌　黄　文　陆　宏
刘晶波　汤银霞　舒荣福　陆培根　蔡茂盛
王　亮　严世平　王晓地　邢献强　刘翠玲
孙希发　程　鹏　王少菊　梁　泉　赵春伟
尤伟明　姜晓炜　夏　琦　黄志福　袁树林
李晓红　鲁世民　陈群国　赵祎联

机 械 工 业 出 版 社

本手册是在2008年版的基础上进行的全面修订。

本手册在总结了近年来国内外有关先进理论和生产技术的基础上，对弹簧的设计方法、材料、加工工艺和检测等各方面进行了系统的阐述，以求提高弹簧的设计理论、设计方法和制造水平。

本手册在设计方面以阐述圆柱螺旋弹簧为主，对于国内外书刊反映较少的不等节距螺旋弹簧、截锥涡卷螺旋弹簧、非圆弹簧圈螺旋弹簧、多股螺旋弹簧，以及仪器仪表用膜片膜盒和压力管等弹性元件都进行了较为深入的分析和介绍。尤其对应用日益广泛的橡胶弹簧和空气弹簧也做了比较详细的阐述。本手册系统介绍了弹簧用材料的标准、性能及其工艺性，从而加强了选择材料的意识。对弹簧的制造方法、热处理工艺和检验等实践性强的内容，在总结经验的基础上，加以理论分析，使其更具有指导性。

本次修订的重点为材料和工艺，使本手册由第2版的26章增加到38章。不仅对第2、5、6章进行了重新改写，还增加了第27~38章各类专用弹簧的设计、材料、工艺和应用等内容，进一步提高了本手册的全面性和实用性。

本手册可为各行业设计、制造和使用弹簧的工程技术人员提供基础性理论、数据和标准规范，也可供机械专业的研究人员和师生参考。

图书在版编目（CIP）数据

弹簧手册/张英会，刘辉航，王德成主编. —3版. —北京：机械工业出版社，2017.2（2024.6重印）

ISBN 978-7-111-55625-1

Ⅰ.①弹… Ⅱ.①张…②刘…③王… Ⅲ.①弹簧-技术手册 Ⅳ.①TH135-62

中国版本图书馆CIP数据核字（2016）第302705号

机械工业出版社（北京市百万庄大街22号 邮政编码100037）
策划编辑：沈 红 责任编辑：沈 红 臧弋心
责任校对：刘志文 张 征 封面设计：鞠 杨
责任印制：邓 博
北京盛通数码印刷有限公司印刷
2024年6月第3版第4次印刷
184mm×260mm·68印张·2插页·1669千字
标准书号：ISBN 978-7-111-55625-1
定价：288.00元

凡购本书，如有缺页、倒页、脱页，由本社发行部调换

电话服务	网络服务
服务咨询热线：010-88361066	机 工 官 网：www.cmpbook.com
读者购书热线：010-68326294	机 工 官 博：weibo.com/cmp1952
010-88379203	金 书 网：www.golden-book.com
封面无防伪标均为盗版	教育服务网：www.cmpedu.com

《弹簧手册》第3版
编委会成员

第 3 版前言

本手册问世之后历经三十几年，承蒙各界同行的关怀，为弹簧行业做出了一定的贡献。为了适应弹簧技术发展的要求，于 2008 年 7 月进行了第 1 次修订，成为《弹簧手册》第 2 版。时至今日，随着配套主机，尤其是汽车行业发展的要求，弹簧行业应时而上。无论是弹簧类型，还是材料、设计、工艺、检具和检测都有不同程度的发展，尤其是材料和工艺的发展比较突出。为了适应弹簧行业发展的趋势，聘请多位现场科技人员、机械行业和大学的有关研究人员，再对本手册进行一次修订，以《弹簧手册》第 3 版的形式呈献给读者。

本次修订的重点为材料和工艺，除此之外，增加了专用弹簧，如汽车悬架弹簧及气门弹簧等的设计和工艺。以期形成材料、设计、工艺、应用和创新较为全面的弹簧技术手册，以期提高本手册的实用性。具体实施如下。

1）对本手册进行全面检查，修正不实之处，并进行补遗。

2）对较为先进的设计技术，如有限元分析法等，给以适当的补充。

3）材料部分由中钢集团郑州金属制品研究院邱文鹏、姜岩、邢献强等专家进行修订和编写。

4）弹簧的热处理和强化处理部分由浙江美力科技股份有限公司总工程师屠世润等专家进行修订和编写。

5）上海中国弹簧有限公司原总工程师孙云秋编写了汽车悬架弹簧、气门弹簧、汽车离合器减振弹簧及喷油器调压弹簧、弹簧的超低温渗氮工艺等四章。

6）上海中国弹簧有限公司王晓地编写了“汽车稳定杆制造”这一章。

7）扬州核威弹簧有限公司总工程师郭斌进行补充编写的内容：碟形弹簧的制作工艺、环形弹簧的制作工艺、片弹簧的制作工艺、涡卷形弹簧的制作工艺等共四章。

8）东风汽车悬架弹簧有限公司高级工程师汤银霞编写了“钢板弹簧制造工艺”这一章。

9）秦皇岛大学黄文教授和陆宏教授编写了“有限元分析法”这一章。并为了适应读者不同的水平，简单扼要介绍了有限元的基本理论，在此基础上列举了几种弹簧的应用。同时也指明了有限元分析法是数值的近似解法，不是数值的精确值。

在专用弹簧的阐述中，为了所述弹簧的完整性，有些内容会出现与其他章节重复。如第 2 章弹簧材料的一些性能与第 5 章弹簧的热处理和强化处理中的某些内容有些重复；又如第 32 章悬架弹簧中的喷丸处理就与第 5 章中的喷丸处理内容有某些重复。

在此次修订中，对于标准的应用做了较为详尽的阐述。除了在相关的章节引述外，弹簧标准化技术委员会姜膺秘书长撰写了“2010 年至 2015 年制订和修订弹簧标准”这一部分，介绍了一些较新标准的特点和应用。

在技术层面，对与弹簧有关的国际较先进的标准，在本手册中给以适当的介绍，因而出现了同一技术名词，有不同的代表符号，如材料的抗拉强度，国内旧标准用 σ_b，国际标准及国内新标准用 R_m。在弹簧的热处理方面，退火与回火工艺名称的使用含混，弹簧冷卷后的退火往往俗称为回火，本手册未对此深究。

在此次修订过程中得到了浙江美力弹簧有限公司章碧鸿总经理、立洲集团李小平董事长、常州自强机械有限公司马友芳总经理、上海汽车股份有限公司中国弹簧厂程建中高级政工师等的支持与协助，对此深表谢意。

本手册涉及面较广，不实与疏漏之处在所难免，望读者予以指正。

在本手册第 3 版问世之际，本手册作者苏德达教授、周平钢工程师先后逝世，在此表示哀悼，世人对他们的业绩将会铭记。

北京科技大学机械工程学院　　教授
中国机械工程学会弹性装置专业委员会　荣誉主任　张英会

中国人民解放军 1001 厂　副厂长
中国机械工程学会弹性装置专业委员会主任
中国机械工程学会弹簧失效分析及预防专业委员主任　刘辉航

机械科学研究总院　　院长

全国弹簧标准委员会主任委员　王德成

第 2 版前言

弹簧手册的渊源要追溯到 1980 年机械工业出版社出版的《机械工程手册》第 30 篇（弹簧、飞轮），之后经过内容扩编于 1982 年由机械工业出版社出版单行本《弹簧》一书，书中将作者们的研究成果汇入其中，成为一本较为完整的论述弹簧方面的书籍，再后来，为了适应弹簧行业的发展，于 1997 年将此书修订成为《弹簧手册》，仍由机械工业出版社出版。

自《机械工程手册》问世之后二十几年，承蒙各界同行的关怀，为弹簧行业作出了一定的贡献。尤其《弹簧手册》出版后，为了满足同行的需求先后五次印刷达到上万册之多。《弹簧手册》已经历了十年，在这十年内，弹簧技术在材料、设计、制造和设备等各方面都有不同程度的发展，为了适应当前技术要求，经出版社和作者商定进行修订再版，现在与读者见面的是《弹簧手册》第 2 版。

根据目前弹簧技术的发展情况，以及作者们近年来研究和实践成果，在第 2 版中对原版的内容作了如下调整和修订：

1）核对了弹簧的标准，按最新标准更新了相关内容，并增加了国外重要工业国的弹簧标准号，以便参考。

2）近年来弹簧材料的品种和质量都有很大的发展，材料的发展也促进了弹簧技术的发展。为了反映这方面的技术，在材料章节中作了较为详细的介绍，对于常用的材料如碳素弹簧钢丝、油淬火回火弹簧钢丝，在介绍其性能的基础上，对其制作工艺也进行了简单阐述，以便读者加深理解，正确选择材料。另一方面，我国的琴钢丝标准已作废，由重要用途碳素弹簧钢丝标准所取代，但由于过去其应用范围较广，故仍保留其内容，以便参考。

3）为了便于制造企业的操作，加强了制造部分内容，如制造设备、热处理和表面处理等章节均扩充了内容，做了较为详细的阐述，以期能起到实际操作的指导作用。

4）随着科学技术的发展，对弹簧的要求，不论是在品种方面，还是在技术方面不断增加。为了在这方面有所反映，在本版修订中对一些典型的应用做了一定程度的介绍，如圆柱波纹弹簧、稳定杆和蛇形弹簧等。

5）鉴于目前弹簧的失效情况，特请天津大学弹簧失效分析专家苏德达教授撰写了弹簧的失效及预防一章，以提高业内相关人员对弹簧失效分析的能力。

在这次修订过程中，为了确保修订手册的质量，吸收了一些有实践经验的技术人员参与，并由有影响的一些技术人员和企业主管组成编辑委员会，为保证手册修订质量起到了积极的作用。

在此对于未参加此次修订的原手册作者表示敬意。

本手册中缺点、错误在所难免，欢迎读者提出宝贵意见和建议。

在此次修订过程中，在人力和物质方面，得到了各有关方面的大力协助，特别是常州市铭锦弹簧有限公司总经理马友芳为了促成手册的修订，在人力和物质方面均给予了大力援助，在此感谢。

北京科技大学机械工程学院　教授
中国机械工程学会弹性装置专业委员会　主任
张英会
中国人民解放军 1001 工厂　副厂长　研究员级高级工程师
中国机械工程学会弹性装置专业委员会　副主任兼秘书长
中国机械工程学会弹簧失效分析及预防专业委员会　副主任兼秘书长
刘辉航
机械科学研究院副院长　研究员
全国弹簧标准技术委员会　主任
王德成

2008 年 2 月

第 1 版前言

弹簧及弹性元件广泛应用于机械、仪表、电器、交通运输工具以及日常生活器具等行业，是一个涉及面比较大的基础零件。近年来，随着科学技术的发展，国内外在弹簧的研究和生产技术方面都有不同程度的发展。本手册在总结国内外有关先进理论和生产技术的基础上，对弹簧的设计方法、材料、加工工艺和检测等进行了较为系统的阐述，以求提高弹簧的设计理论、方法和制造水平。

弹簧应用广泛，类型繁多，而且新的类型不断出现。本手册以阐述普通圆柱螺旋弹簧为主，对于国内书刊反映较少的不等节距螺旋弹簧、截锥涡卷螺旋弹簧、非圆弹簧圈螺旋弹簧、多股螺旋弹簧，以及仪器仪表用膜片膜盒和压力管等弹性元部件都进行了比较深入的分析和介绍。尤其对应用日益广泛的橡胶弹簧和空气弹簧也做了较详细的阐述，一方面介绍它们的性能和设计方法，另一方面也起到推广的作用。

本手册从基本理论出发，对主要弹簧的设计计算方法做了比较系统的分析和推导，以期能使设计人员对其有比较全面系统的了解，从而达到正确和灵活运用这些方法的目的。另外，对于一些弹簧的设计计算方法进行了研究和完善，如不等节距弹簧、非圆弹簧圈弹簧、扁截面螺旋弹簧和弹簧的疲劳强度等的设计计算公式，就是在综合归纳的基础上进一步完善而推导出来的，经过这些年的多方验证是可行的。为了便于计算，还绘制了一些计算用图。

此外，本手册系统地介绍了弹簧用材料的标准、性能及其工艺性，从而加强了选择材料种类的意识。对弹簧的制造方法、热处理工艺和检测等实践性强的内容，在总结经验的基础上，加上理论分析，使其更具有指导性。

参加本手册编写的人员有：北京科技大学张英会、夏琦、马风英；中国人民解放军1001 厂刘辉航、万文霞；机械工业部机械科学研究院王德成、张新兰、姜膺、余方；青岛四方车辆研究所郭荣生；西安昆仑机械厂包希曾；齐齐哈尔卫东机械制造厂孙守贤；张家港第二弹簧厂陆培根、周平钢；扬州西湖弹簧厂郭斌。手册在编写过程中，得到了中国机械工程学会中国弹簧技术学组、失效分析分会弹簧失效及预防委员会、中国人民解放军 1001 厂、机械工业部机械科学研究院等领导的大力支持。中国弹簧技术学组成员肖椿霖、苏德达、崔俊山、万桂香、陶国贤、李亚青等同志也给予了多方面支持。同时，手册编写得到了中国人民解放军 1001 强力弹簧研究所的具体协助。在此对上述单位和同志们表示衷心感谢。

本手册是参照机械工业出版社 1982 年出版的《弹簧》一书和 1996 年出版的《机械工程手册·机械零部件设计卷》中的弹簧、飞轮篇编的，对于未参加本手册编写的原两书作者表示谢意。

本手册稿经北京理工大学丁法乾教授审校，提出了很多宝贵意见，使原稿得到了进一步完善，在此表示深切谢意。

本手册缺点错误在所难免，欢迎读者批评指正。

中国弹簧技术学组组长　张英会　教授

中国弹簧技术学组秘书长　刘辉航　研究员级高级工程师

中国弹簧技术学组成员　王德成　高级工程师

1996 年12 月

弹簧常用符号和单位

A——弹簧材料截面面积（mm^2）
b——高径比
矩形截面的宽度（mm）
C——旋绕比
D——弹簧中径（mm）
D_1——弹簧内径（mm）
D_2——弹簧外径（mm）
E——弹性模量（MPa）
F——弹簧的载荷（N）
F'——弹簧的刚度（N/mm）
F_0——圆柱拉伸弹簧的初拉力（N）
F_r——弹簧的径向载荷（N）
F'_r——弹簧的径向刚度（N/mm）
F_s——弹簧的试验载荷（N）
f——弹簧的变形量（mm）
f_r——弹簧的径向变形量（mm）
f_s——试验载荷下弹簧的变形量（mm）
弹簧的线性静变形量（mm）
G——切变模量（MPa）
g——重力加速度，$g=9800mm/s^2$
H——弹簧的工作高（长）度（mm）
H_o——弹簧的自由高（长）度（mm）
H_s——弹簧试验载荷下的高（长）度（mm）
h——碟形弹簧的内截锥高度（mm）
矩形截面的厚度（mm）
I——惯性矩（mm^4）
I_p——极惯性矩（mm^4）
K——曲度系数
系数
K_t——温度修正系数
k——系数
L——弹簧材料的展开长度（mm）
M——弯曲力矩（N·mm）
m——作用于弹簧上物体的质量（kg）
m_s——弹簧的质量（kg）
N——变载荷循环次数
n——弹簧的工作圈数
n_z——弹簧的支承圈数
n_1——弹簧的总圈数
p'——弹簧单圈的刚度（N/mm）
R——弹簧圈的中半径（mm）
R_1——弹簧圈的内半径（mm）
R_2——弹簧圈的外半径（mm）
S——安全系数
T——扭矩（N·mm）
T'——扭转刚度（N·mm/(°) 或 N·mm/rad）
t——弹簧的节距（mm）
U——变形能（N·mm，N·mm·rad）
V——弹簧的体积（mm^3）
v——冲击体的速度（mm/s）
Z_m——抗弯截面系数（mm^3）
Z_t——抗扭截面系数（mm^3）
α——螺旋角（°）
δ——弹簧圈的轴向间隙（mm）
δ_r——组合弹簧圈的径向间隙（mm）
ξ——系数
η——系数
θ——扭杆单位长度的扭转角（°或 rad）
μ——泊松比
长度系数
ν——弹簧的自振频率（Hz）
ν_r——弹簧所受变载荷的激励频率（Hz）
ρ——材料的密度（g/cm^3）
σ——弹簧工作时的正应力（MPa）
$\sigma_{0.2}(R_{p0.2})$——塑性变形为 0.2% 时的屈服强度（MPa）
$\sigma_b(R_m)$——材料的抗拉强度（MPa）
σ_j——弹簧的工作极限应力（MPa）
$\sigma_s(R_{eH}, R_{eL})$——材料的上下抗拉屈服点（MPa）
τ——弹簧工作时的切应力（MPa）
τ_b——材料的抗剪强度（MPa）
τ_j——材料的工作极限切应力（MPa）
τ_o——材料的脉动扭转疲劳极限（MPa）
τ_s——材料的抗扭屈服点（MPa）
τ_{-1}——材料的对称循环扭转疲劳极限（MPa）
φ——扭转变形角（°或 rad）

目　　录

第3版前言
第2版前言
第1版前言
弹簧常用符号和单位
第1章　总论 …… 1
1　弹簧的基本性能 …… 1
1.1　弹簧的特性线和刚度 …… 1
1.2　弹簧的变形能 …… 2
1.3　弹簧的自振频率 …… 4
1.4　弹簧系统受迫振动的振幅 …… 5
2　弹簧的类型 …… 6
2.1　圆柱螺旋弹簧 …… 6
2.2　非圆柱螺旋弹簧 …… 8
2.3　其他类型弹簧 …… 10
3　弹簧技术发展现状 …… 14
3.1　弹簧设计的发展 …… 15
3.2　弹簧材料的发展 …… 16
3.3　弹簧加工技术的发展 …… 18
3.4　弹簧的强化工艺技术 …… 19
3.5　弹簧的表面保护工艺 …… 20
4　我国弹簧的标准化 …… 20
5　国外弹簧标准化 …… 21
第2章　弹簧的材料 …… 25
1　概述 …… 25
1.1　弹簧材料的种类 …… 25
1.2　弹簧材料的主要力学性能 …… 26
1.3　弹簧材料的选用 …… 31
1.4　弹簧材料的标准综述 …… 41
2　弹簧钢 …… 42
2.1　弹簧钢应具备的基本性能 …… 42
2.2　弹簧钢应具备的特殊性能 …… 43
2.3　弹簧钢中合金元素的作用 …… 44
2.4　弹簧钢的种类、化学成分及其性能 …… 45
2.5　超纯净弹簧钢 …… 46
2.6　热轧弹簧钢型材 …… 48
3　弹簧钢丝 …… 51
3.1　冷拔强化碳素弹簧钢丝 …… 51
3.2　冷拔不锈弹簧钢丝 …… 63
3.3　淬回火弹簧钢丝 …… 67
3.4　其他交货状态弹簧钢丝 …… 74
4　异型弹簧钢材料 …… 78
4.1　异型钢丝 …… 78
4.2　冷轧钢带 …… 86
4.3　热处理弹簧钢带 …… 94
5　弹簧用合金材料 …… 96
5.1　铜系合金 …… 96
5.2　镍系弹性合金 …… 110
5.3　其他弹性元件用合金 …… 115
6　其他弹簧材料 …… 118
6.1　其他金属弹簧材料 …… 118
6.2　其他非金属弹簧材料 …… 120
第3章　冷成形螺旋弹簧的制造技术 …… 132
1　概述 …… 132
1.1　弹簧制造业的类型 …… 132
1.2　弹簧制造工艺卡的编制 …… 132
1.3　冷成形弹簧的制造 …… 134
2　冷成形弹簧的常用材料 …… 135
3　冷成形弹簧的制造工艺 …… 135
4　有心轴卷制弹簧 …… 136
4.1　心轴直径的计算 …… 136
4.2　影响有心轴卷制弹簧尺寸精度的因素 …… 137
4.3　圆柱螺旋压缩弹簧的有心卷制 …… 139
4.4　圆柱螺旋拉伸弹簧的有心卷制 …… 140
4.5　圆柱螺旋扭转弹簧的有心卷制 …… 140
4.6　圆锥、中凸和中凹形等变径螺旋弹簧的有心卷制 …… 141
5　自动卷簧机卷制弹簧（无心轴卷制弹簧） …… 142
5.1　自动卷簧机工作原理 …… 142
5.2　自动卷簧机的缺点 …… 145

6 自动数控卷簧机 …… 146
7 弹簧的去应力退火 …… 147
8 弹簧的端面磨削 …… 149
8.1 弹簧端面磨床及磨簧工艺 …… 149
8.2 弹簧端面磨削应注意事项 …… 151
9 弹簧的校正工艺 …… 151
10 螺旋拉伸和扭转弹簧的制造 …… 152
10.1 半机械半手工制造 …… 152
10.2 自动数控弹簧成形机 …… 153
11 弹簧加工的工艺装置 …… 155
11.1 弹簧工艺装置的设计方法和步骤 …… 155
11.2 弹簧工艺装置的设计注意事项和技术参数 …… 156
11.3 弹簧典型工艺装置示例 …… 157
第4章 热成形螺旋压缩弹簧的制造技术 …… 167
1 热成形压缩弹簧的端部结构型式 …… 167
2 坯料准备 …… 168
2.1 坯料长度的估算 …… 168
2.2 坯料切断方法 …… 168
3 端部制扁 …… 169
3.1 扁端形状和尺寸 …… 169
3.2 制扁的加热 …… 171
3.3 制扁方法 …… 171
3.4 制扁缺陷 …… 173
4 卷制前加热 …… 174
5 弹簧坯料的加热装置 …… 176
6 弹簧的卷制 …… 178
6.1 弹簧的卷制方法和卷制设备 …… 178
6.2 卷簧心轴和预制高度的确定 …… 181
7 弹簧端面加工与磨削设备 …… 182
8 弹簧卷制的缺陷及其预防 …… 183
第5章 弹簧的热处理和强化处理 …… 191
1 金属学及钢的热处理基本知识 …… 191
1.1 金属晶体结构 …… 191
1.2 合金与相 …… 192
1.3 铁碳合金相图（铁碳平衡图） …… 194
1.4 合金钢基本知识 …… 197
1.5 钢的热处理原理 …… 198
2 弹簧热处理总论 …… 202
2.1 弹簧的淬火和回火 …… 204
2.2 弹簧的分级淬火和等温淬火 …… 212
2.3 弹簧的低温去应力退火 …… 213
3 弹簧热处理设备 …… 215
3.1 金属材料与零件的加热和冷却 …… 215
3.2 淬火加热设备 …… 216
3.3 回火加热设备 …… 221
3.4 淬火冷却设备 …… 222
3.5 弹簧热处理生产线 …… 226
3.6 热处理设备的性能评定和安全环保要求 …… 226
4 各类弹簧的热处理 …… 227
4.1 螺旋弹簧 …… 227
4.2 扭杆弹簧的热处理 …… 229
4.3 汽车横向稳定杆的热处理 …… 230
4.4 钢板弹簧的热处理 …… 233
4.5 碟形弹簧的热处理 …… 234
4.6 膜片弹簧的热处理 …… 237
4.7 平面蜗卷弹簧的热处理 …… 239
4.8 有色金属合金弹簧的热处理 …… 241
4.9 特种材料弹簧的热处理 …… 245
5 弹簧的特殊处理 …… 252
5.1 弹簧的应力松弛和抗应力松弛处理 …… 252
5.2 弹簧的喷丸强化处理 …… 256
5.3 弹簧的化学热处理强化 …… 261
第6章 弹簧的表面处理 …… 266
1 概述 …… 266
1.1 弹簧的表面损伤失效模式 …… 266
1.2 弹簧的腐蚀失效 …… 266
1.3 弹簧的应力腐蚀和腐蚀疲劳模式 … 267
1.4 弹簧的表面处理 …… 268
2 弹簧表面的预处理 …… 268
2.1 弹簧表面的去油和去锈 …… 268
2.2 弹簧表面的去铜处理 …… 272
2.3 弹簧的表面预处理 …… 272
3 弹簧的化学转化膜处理 …… 274
3.1 氧化处理 …… 274
3.2 磷化处理 …… 279
4 弹簧表面的金属防护 …… 284
4.1 弹簧表面的金属电镀防护 …… 284
4.2 金属与合金涂层防护 …… 286
5 弹簧表面的非金属防护（涂装） …… 290
5.1 弹簧表面的油漆涂装 …… 290

5.2 弹簧表面阴极电泳涂装 …………… 291
5.3 弹簧表面静电粉末喷涂 …………… 293
6 弹簧表面处理的质量检验 ………………… 295
第7章 弹簧的检测和试验 ………………… 297
1 概述 ……………………………………… 297
2 弹簧材料的检验 ………………………… 298
2.1 弹簧材料表面质量的检验 ………… 298
2.2 弹簧材料力学性能的检验 ………… 299
2.3 弹簧材料金相组织的检验 ………… 300
2.4 弹簧材料化学成分的检验 ………… 301
3 弹簧的检测 ……………………………… 301
3.1 弹簧尺寸的检测 ……………………… 301
3.2 圆柱螺旋弹簧特性的检测 ………… 309
3.3 弹簧外观检测 ……………………… 315
3.4 弹簧磨削端面表面粗糙度检测 …… 315
3.5 弹簧热处理和表面处理质量的检测 ……………………………… 316
3.6 弹簧喷丸质量的检测 ……………… 319
3.7 弹簧的无损检测 …………………… 324
3.8 弹簧清洁度检测 …………………… 326
3.9 弹簧残余应力检测 ………………… 328
4 弹簧试验 ……………………………… 329
4.1 弹簧疲劳和松弛试验 ……………… 329
4.2 圆柱螺旋弹簧立定及永久变形的试验 ……………………………… 330
4.3 弹簧振动试验 ……………………… 331
4.4 弹簧的冲击试验 …………………… 331
第8章 弹簧的疲劳强度 ………………… 333
1 变应力的类型和特性 ………………… 333
2 弹簧的疲劳失效 ……………………… 335
3 疲劳曲线（S-N曲线） ……………… 337
4 影响弹簧疲劳强度的因素 ………… 338
5 弹簧的疲劳试验 ……………………… 339
6 疲劳试验数据的处理 ………………… 342
7 极限应力图及其绘制方法 ………… 349
8 弹簧安全系数的计算 ………………… 354
9 受稳定变应力螺旋压缩弹簧的最佳设计原则 ……………………………… 355
10 受不稳定变应力弹簧的计算准则……… 356
11 断裂力学在弹簧设计中的应用简介…… 359
第9章 圆柱螺旋弹簧的基本理论 …… 363
1 圆柱螺旋弹簧的几何参数 ………… 363
2 圆柱螺旋弹簧的受力分析 ………… 364
3 圆柱螺旋弹簧的应力分析 ………… 367
4 圆柱螺旋弹簧的变形分析 ………… 370
5 圆柱螺旋弹簧的稳定性 …………… 379
5.1 圆柱螺旋压缩弹簧的稳定性 ……… 379
5.2 圆柱螺旋扭转弹簧的稳定性 ……… 383
6 圆柱螺旋弹簧的自振频率 ………… 385
7 弹簧受冲击载荷作用时的应力和变形分析 ……………………………………… 389
第10章 圆柱螺旋压缩弹簧 …………… 392
1 圆柱螺旋压缩弹簧的特性 ………… 392
2 圆柱螺旋压缩弹簧的结构 ………… 393
2.1 圆柱螺旋压缩弹簧的结构型式和参数计算 ……………………………… 393
2.2 圆柱螺旋压缩弹簧的典型图样 …… 396
3 圆柱螺旋弹簧的负荷类型及许用应力 … 397
3.1 静负荷与动负荷 …………………… 397
3.2 许用应力选取的原则 ……………… 397
3.3 冷卷弹簧的试验应力及许用应力 … 398
4 热卷弹簧的试验应力及许用应力 ……… 399
5 圆柱螺旋压缩弹簧的设计计算 ……… 399
5.1 圆柱螺旋压缩弹簧的基本计算公式 ……………………………………… 399
5.2 圆形截面材料的圆柱螺旋压缩弹簧 ……………………………………… 400
5.3 矩形截面材料的圆柱螺旋压缩弹簧 ……………………………………… 401
5.4 方形截面材料的圆柱螺旋压缩弹簧 ……………………………………… 403
5.5 扁形截面材料的圆柱螺旋压缩弹簧 ……………………………………… 404
5.6 圆柱螺旋压缩弹簧的计算公式 …… 404
6 圆柱螺旋压缩弹簧的设计计算方法 …… 405
6.1 应用基本公式设计计算方法 ……… 406
6.2 弹簧直径 D（或 D_1、D_2）为定值时的设计计算方法 ……………………… 408
6.3 弹簧为最小质量，或最小体积，或最小自由高度的设计计算方法 … 409
6.4 弹簧的图解设计方法 ……………… 411
6.5 矩形和圆形截面材料压缩弹簧的比较选择计算方法 …………………… 413
7 大螺旋角圆柱螺旋压缩弹簧的设计计算 ……………………………………… 415

7.1 圆形截面材料大螺旋角压缩弹簧 … 415
7.2 矩形截面材料大螺旋角压缩弹簧 … 416
8 圆柱螺旋压缩弹簧受振动载荷时的设计计算 …… 417
9 强压处理的圆柱螺旋弹簧的设计计算 … 419
10 受轴向和径向载荷作用的圆柱螺旋压缩弹簧的设计计算 …… 420
10.1 螺旋弹簧的径向刚度 …… 420
10.2 螺旋弹簧的径向稳定性 …… 421
10.3 螺旋弹簧的切应力 …… 421
11 圆柱组合螺旋压缩弹簧的设计计算 …… 422
11.1 等变形并列式组合压缩弹簧 …… 422
11.2 不等变形并列式组合压缩弹簧 …… 424
11.3 直列式组合压缩弹簧 …… 426
12 圆柱螺旋弹簧的优化设计计算 …… 427
13 圆柱螺旋弹簧的可靠性设计计算 …… 431
13.1 弹簧的概率设计 …… 432
13.2 可靠性设计中的均值和标准离差 …… 433
14 圆柱螺旋压缩弹簧的调整结构 …… 436
第11章 圆柱螺旋拉伸弹簧 …… 462
1 圆柱螺旋拉伸弹簧的特性 …… 462
2 圆柱螺旋拉伸弹簧的结构设计 …… 463
3 圆柱螺旋拉伸弹簧的设计计算 …… 466
4 圆柱螺旋拉伸弹簧的拉力调整结构 …… 468
第12章 圆柱螺旋扭转弹簧 …… 486
1 圆柱螺旋扭转弹簧的特性 …… 486
1.1 扭转弹簧的基本几何参数和特性 … 486
1.2 扭转弹簧的试验扭矩和试验扭矩下的变形角 …… 486
2 圆柱螺旋扭转弹簧的结构设计 …… 486
2.1 扭转弹簧的结构型式 …… 486
2.2 扭转弹簧的结构参数计算 …… 488
3 圆柱螺旋扭转弹簧的许用弯曲应力 …… 489
4 圆柱螺旋扭转弹簧的设计计算公式 …… 490
4.1 圆形截面材料扭转弹簧的设计计算 …… 491
4.2 矩形截面材料扭转弹簧的设计计算 …… 491
4.3 椭圆形截面材料扭转弹簧的设计计算 …… 492
4.4 扭转弹簧的疲劳强度校核 …… 492
4.5 扭转弹簧的简易计算法 …… 496
4.6 组合扭转弹簧的设计计算 …… 496
5 圆柱螺旋扭转弹簧的安装示例 …… 497
第13章 非圆形弹簧圈螺旋弹簧 …… 502
1 矩形和方形弹簧圈螺旋压缩弹簧 …… 502
1.1 矩形弹簧圈弹簧的几何尺寸关系 … 502
1.2 矩形弹簧圈弹簧的设计计算 …… 502
2 椭圆形弹簧圈螺旋压缩弹簧 …… 506
2.1 椭圆形弹簧圈弹簧的几何尺寸关系 …… 506
2.2 椭圆形弹簧圈弹簧的设计计算 …… 507
3 卵形弹簧圈螺旋压缩弹簧 …… 507
3.1 卵形弹簧圈弹簧的几何尺寸关系 … 507
3.2 卵形弹簧圈弹簧的设计计算 …… 508
第14章 非线性特性线螺旋弹簧 …… 511
1 不等节距圆柱螺旋压缩弹簧 …… 511
2 截锥螺旋压缩弹簧 …… 514
2.1 截锥螺旋压缩弹簧的几何尺寸 …… 514
2.2 截锥螺旋压缩弹簧的变形和强度计算 …… 516
2.3 截锥螺旋压缩弹簧变形和强度计算公式 …… 519
3 中凹和中凸形螺旋弹簧 …… 523
3.1 等螺旋角中凹形螺旋弹簧开始有弹簧圈接触后的变形与强度计算 … 524
3.2 等节距中凹形螺旋弹簧开始有弹簧圈接触后的变形与强度计算 …… 524
3.3 等应力中凹形螺旋弹簧开始有弹簧圈接触后的变形与强度计算 …… 525
4 截锥涡卷螺旋弹簧 …… 525
4.1 等螺旋角截锥涡卷螺旋弹簧开始有弹簧圈接触后的变形与强度计算 … 526
4.2 等节距截锥涡卷螺旋弹簧开始有弹簧圈接触后的变形与强度计算 … 527
4.3 等应力截锥涡卷螺旋弹簧开始有弹簧圈接触后的变形与强度计算 … 527
4.4 截锥涡卷螺旋弹簧变形和强度计算公式 …… 528
第15章 扭杆弹簧 …… 535
1 扭杆弹簧的结构、类型和用途 …… 535
2 扭杆弹簧的载荷计算 …… 536
3 扭杆弹簧的变形和应力计算 …… 537
3.1 圆形截面扭杆弹簧的变形和应力

计算 …… 537
3.2 矩形和方形截面扭杆弹簧的变形和应力计算 …… 538
4 扭杆弹簧的端部结构和有效工作长度 … 542
5 扭杆弹簧的材料和许用应力 …… 543
6 扭杆弹簧的制造和检验 …… 543
7 稳定杆 …… 546
第16章 多股螺旋弹簧 …… 549
1 多股螺旋弹簧的类型与特性 …… 549
2 无中心股多股螺旋压缩弹簧 …… 550
2.1 无中心股多股螺旋压缩弹簧及钢索结构 …… 550
2.2 无中心股多股螺旋压缩弹簧的设计计算 …… 553
2.3 无中心股多股螺旋压缩弹簧的几何尺寸系列 …… 556
3 有中心股多股螺旋压缩弹簧 …… 556
3.1 有中心股多股螺旋压缩弹簧的钢索结构 …… 556
3.2 有中心股多股螺旋压缩弹簧的设计计算 …… 557
4 多股螺旋扭转弹簧 …… 560
5 多股螺旋弹簧的材料和许用应力的选取 …… 560
6 多股螺旋弹簧的制造工艺 …… 561
7 多股螺旋弹簧的试验和检验 …… 562
第17章 碟形弹簧 …… 567
1 碟形弹簧的类型与结构 …… 567
1.1 普通碟形弹簧的结构 …… 568
1.2 碟形弹簧的特点 …… 572
2 碟形弹簧的载荷与变形关系 …… 572
2.1 无支承面碟形弹簧的载荷与变形关系 …… 572
2.2 有支承面碟形弹簧的载荷与变形关系 …… 577
2.3 碟形弹簧的刚度和变形能 …… 578
2.4 碟形弹簧的特性曲线 …… 578
3 碟形弹簧的应力计算 …… 579
3.1 碟形弹簧的应力计算公式 …… 579
3.2 碟形弹簧实际应力的分布情况 …… 581
4 碟形弹簧的强度和许用应力 …… 582
5 碟形弹簧的设计 …… 583
5.1 标准碟形弹簧的选择 …… 583
5.2 非标准碟形弹簧的设计 …… 585
6 组合碟形弹簧 …… 585
6.1 碟形弹簧的组合方式和特性 …… 586
6.2 摩擦力对组合碟形弹簧特性的影响 …… 587
6.3 组合碟形弹簧设计中应注意的问题 …… 588
7 碟形弹簧的制造 …… 588
7.1 碟形弹簧材料的选择 …… 588
7.2 碟形弹簧的技术要求 …… 589
7.3 碟形弹簧典型制造工艺 …… 590
7.4 碟形弹簧的典型工作图 …… 591
8 其他类型碟形弹簧计算简介 …… 596
8.1 梯形截面碟形弹簧计算公式 …… 596
8.2 锥状梯形截面碟形弹簧计算公式 … 597
8.3 圆板弹簧 …… 597
8.4 变厚度圆板弹簧 …… 598
8.5 开槽碟形弹簧（膜片弹簧） …… 599
8.6 螺旋碟形弹簧 …… 602
8.7 波形垫圈和波形圆柱弹簧 …… 603
第18章 环形弹簧 …… 606
1 环形弹簧的结构和特性 …… 606
2 环形弹簧的设计计算 …… 607
2.1 环形弹簧的受力分析 …… 607
2.2 环形弹簧外圆环的应力计算 …… 607
2.3 环形弹簧内圆环的应力计算 …… 609
2.4 环形弹簧的变形计算 …… 610
2.5 环形弹簧的变形能 …… 611
2.6 环形弹簧的试验载荷和试验载荷下的变形 …… 611
2.7 环形弹簧的结构参数计算 …… 611
3 环形弹簧的材料和许用应力 …… 613
4 环形弹簧的制造和技术要求 …… 613
5 环形弹簧结构参数荐用值 …… 614
6 切口弹簧 …… 614
第19章 片弹簧、线弹簧和弹性挡圈 …… 618
1 片弹簧 …… 618
1.1 直片弹簧的计算 …… 619
1.2 弯片弹簧的计算 …… 623
1.3 变刚度片弹簧的计算 …… 627
1.4 受轴向和横向载荷作用的片弹簧的

计算 …… 628
1.5 片弹簧的结构和应力集中 …… 628
1.6 片弹簧的材料和许用应力 …… 629
2 线弹簧 …… 630
2.1 圆弧形线弹簧的计算 …… 630
2.2 圆弧和直线构成的线弹簧的计算 … 631
2.3 Z 形线弹簧 …… 631
3 弹性挡圈 …… 632
第 20 章 板弹簧 …… 635
1 板弹簧的类型和用途 …… 635
2 板弹簧的结构 …… 636
2.1 弹簧钢板的截面形状 …… 636
2.2 主板端部结构 …… 636
2.3 副板端部结构 …… 637
2.4 板弹簧的固定结构 …… 638
3 单板弹簧的计算 …… 639
4 多板弹簧的计算 …… 640
4.1 多板弹簧主要形状尺寸参数的选择 …… 640
4.2 多板弹簧的展开计算法 …… 641
4.3 多板弹簧的共同曲率计算法 …… 643
4.4 多板弹簧的集中载荷计算法 …… 644
5 变刚度和变截面板弹簧的计算 …… 649
5.1 变刚度板弹簧的计算 …… 649
5.2 梯形变截面板弹簧的计算 …… 651
5.3 抛物线形变截面板弹簧的计算 …… 652
6 板弹簧的扭转刚度 …… 654
7 板弹簧设计时应考虑的事项 …… 654
8 板弹簧的材料、强化技术、许用应力 … 655
9 技术要求 …… 656
9.1 尺寸及偏差 …… 656
9.2 性能要求 …… 657
9.3 工艺要求 …… 657
10 静载荷的检验和试验 …… 658
11 疲劳试验 …… 659
11.1 试验装置及支承与夹持方法 …… 659
11.2 试验方法 …… 660
11.3 疲劳试验载荷的比应力计算方法 …… 660
12 试验记录及报告 …… 661
第 21 章 平面涡卷弹簧 …… 662
1 平面涡卷弹簧的结构、特点和用途 …… 662
2 平面涡卷弹簧的变形和刚度计算公式 … 662
2.1 非接触形平面涡卷弹簧的变形和刚度计算公式 …… 662
2.2 接触形平面涡卷弹簧的变形和刚度计算公式 …… 665
3 平面涡卷弹簧的设计计算 …… 666
3.1 平面涡卷弹簧的基本计算公式 …… 666
3.2 非接触形平面涡卷弹簧的设计计算 …… 666
3.3 接触形平面涡卷弹簧的设计计算 … 667
3.4 平面涡卷弹簧设计时应注意的问题 …… 669
4 定载荷和定扭矩平面涡卷弹簧 …… 669
5 平面涡卷弹簧的材料、制造和许用应力 …… 670
6 平面涡卷弹簧的端部固定形式 …… 670
7 技术要求 …… 671
8 试验方法和检验规则 …… 672
8.1 试验方法 …… 672
8.2 检验规则 …… 672
第 22 章 膜片及膜盒 …… 676
1 膜片及膜盒的类型和特性 …… 676
1.1 膜片及膜盒的类型 …… 676
1.2 膜片的特性曲线 …… 677
1.3 膜盒的特性设计 …… 679
2 膜片的设计计算 …… 679
2.1 平面膜片特性计算 …… 679
2.2 位移与压力呈线性关系的波纹膜片 …… 680
2.3 位移与压力呈非线性关系的波纹膜片 …… 680
2.4 按照给定的特性曲线计算膜片 …… 684
2.5 波纹膜片有效面积的计算 …… 684
2.6 膜片的牵引力 …… 685
3 膜片的材料 …… 685
第 23 章 压力弹簧管 …… 688
1 压力弹簧管的类型和特性 …… 688
1.1 压力弹簧管的类型 …… 688
1.2 压力弹簧管的特性 …… 689
2 压力弹簧管的设计计算 …… 690
2.1 承受低压的单圈薄壁弹簧管的计算 …… 690
2.2 承受高压的单圈厚壁弹簧管的计算 …… 692

2.3 异形截面弹簧管的计算 …………… 693
2.4 螺旋和平面涡卷弹簧管的计算 …… 694
3 压力弹簧管的材料 …………………… 694

第24章 橡胶弹簧 …………………… 696

1 橡胶弹簧的类型和弹性特性 ………… 696
1.1 橡胶弹簧的类型 …………………… 696
1.2 橡胶弹簧的变形计算 ……………… 696
2 橡胶弹簧的静刚度计算 ……………… 698
2.1 圆柱形橡胶弹簧 …………………… 698
2.2 圆环形橡胶弹簧 …………………… 698
2.3 矩形橡胶弹簧 ……………………… 698
2.4 端部带圆角的橡胶弹簧 …………… 698
2.5 截锥形橡胶弹簧 …………………… 701
2.6 空心圆锥橡胶弹簧 ………………… 701
2.7 衬套式橡胶弹簧 …………………… 701
2.8 组合式橡胶弹簧 …………………… 703
2.9 衬套式橡胶弹簧挤缩加工的影响 … 704
2.10 橡胶弹簧的相似法则 …………… 704
3 橡胶弹簧的动态力学性能 …………… 705
4 橡胶弹簧的压缩稳定性 ……………… 706
5 橡胶弹簧的许用应力 ………………… 707
6 橡胶弹簧的设计 ……………………… 707
6.1 橡胶弹簧材质的选择 ……………… 707
6.2 橡胶弹簧的形状和结构设计 ……… 708
7 橡胶弹簧的性能试验 ………………… 708
7.1 硬度试验 …………………………… 708
7.2 黏结性能试验 ……………………… 709
7.3 静特性试验 ………………………… 709
7.4 动特性试验 ………………………… 709
7.5 振动疲劳试验 ……………………… 710
8 橡胶-金属螺旋复合弹簧 ……………… 710
8.1 橡胶-金属螺旋复合弹簧的结构形式及代号 ……………………………… 710
8.2 橡胶-金属螺旋复合弹簧尺寸系列 ……………………………………… 710
8.3 橡胶-金属螺旋复合弹簧的计算公式 ……………………………………… 710

第25章 空气弹簧 …………………… 713

1 空气弹簧的特点 ……………………… 713
2 空气弹簧的结构和类型 ……………… 713
3 空气弹簧的刚度计算 ………………… 715
3.1 空气弹簧的垂直刚度 ……………… 716
3.2 空气弹簧的横向刚度 ……………… 717
4 空气弹簧的减振阻尼 ………………… 720
4.1 空气弹簧的力学模型 ……………… 720
4.2 空气弹簧的频率和阻尼 …………… 721
4.3 节流孔的最佳直径 ………………… 723
5 空气弹簧的试验方法 ………………… 725
6 气弹簧 ………………………………… 728
6.1 不可锁定气弹簧 …………………… 729
6.2 可锁定气弹簧 ……………………… 729

第26章 弹簧的失效及预防 …………… 731

1 概论 …………………………………… 731
1.1 弹簧失效的定义及危害性 ………… 731
1.2 弹簧的失效分析及其意义 ………… 732
1.3 弹簧失效模式的基本类型 ………… 733
2 弹簧的疲劳断裂失效及预防 ………… 740
2.1 弹簧（材料）的疲劳强度及其影响因素 ………………………………… 740
2.2 弹簧的疲劳断裂规律及其判据 …… 746
2.3 弹簧的疲劳寿命预测及预防 ……… 750
3 弹簧的应力松弛失效及预防 ………… 752
3.1 弹簧（材料）应力松弛失效现象及其主要特性指标 ………………… 752
3.2 应力松弛机理及其应用 …………… 757
3.3 应力松弛性能曲线及其影响因素 … 761
4 弹簧失效分析及预防案例 …………… 767
4.1 AM500采煤机主泵马达弹簧的失效分析及预防 ……………………… 767
4.2 安全阀弹簧的疲劳失效分析 ……… 768
4.3 汽车气门弹簧的失效分析及预防 … 769
4.4 平面涡卷弹簧的失效分析及预防 … 770

第27章 悬架弹簧 …………………… 772

1 悬架弹簧的作用、形状和安装方式及发展趋势 ……………………………… 772
1.1 悬架弹簧的作用 …………………… 772
1.2 悬架弹簧的形状和安装方式 ……… 772
1.3 悬架弹簧的发展趋势 ……………… 773
2 悬架弹簧材料 ………………………… 774
2.1 悬架弹簧对材料的基本要求 ……… 774
2.2 国产悬架弹簧材料及替代产品 …… 775
2.3 悬架弹簧材料发展趋势 …………… 776
2.4 悬架弹簧新材料 …………………… 777
2.5 非金属悬架弹簧材料 ……………… 777
3 悬架弹簧产品设计 …………………… 778
3.1 产品设计要求 ……………………… 778

3.2 悬架弹簧设计的输入与输出 ········ 778
3.3 设计过程双方需要沟通的参数 ······ 779
3.4 悬架弹簧产品设计流程 ·············· 780
3.5 设计输出参数 ························ 780
4 悬架弹簧工艺开发 ······················ 783
4.1 工艺开发输入 ························ 783
4.2 工艺开发流程 ························ 784
4.3 悬架弹簧生产流程 ·················· 785
5 悬架弹簧成形工艺 ······················ 786
5.1 悬架弹簧热卷成形 ·················· 786
5.2 悬架弹簧冷卷成形 ·················· 795
5.3 变径材料中凸形悬架弹簧冷卷 ······ 799
6 弹簧热处理 ······························ 799
6.1 热卷后的弹簧淬火 ·················· 799
6.2 弹簧回火 ···························· 800
6.3 冷卷弹簧去应力退火 ················ 801
7 悬架弹簧磁力检测 ······················ 802
7.1 磁力检测原理 ························ 802
7.2 磁化液 ······························ 803
7.3 紫外线照度 ·························· 803
7.4 暗室 ································ 804
7.5 标准试片 ···························· 804
7.6 磁化方法 ···························· 805
7.7 缺陷检查 ···························· 805
7.8 退磁 ································ 805
8 悬架弹簧压缩处理 ······················ 806
8.1 热压缩处理工艺 ······················ 806
8.2 热压缩处理的时机选择 ·············· 806
8.3 冷压缩处理 ·························· 806
9 悬架弹簧喷丸处理 ······················ 807
9.1 喷丸作用 ···························· 807
9.2 喷丸设备 ···························· 807
9.3 喷丸丸粒 ···························· 807
9.4 喷丸方法 ···························· 808
9.5 喷丸工艺 ···························· 808
9.6 影响喷丸质量的因素与控制 ········ 809
9.7 耐久性试验 ·························· 809
9.8 喷丸机参数控制 ······················ 810
9.9 喷丸效果检测 ························ 811
10 悬架弹簧表面涂装处理 ················ 817
10.1 悬架弹簧涂装总体工艺过程 ········ 818
10.2 前处理 ······························ 818
10.3 静电喷粉 ···························· 821
10.4 涂层的固化 ·························· 823
10.5 涂装之后弹簧的尺寸与性能变化 ······ 823
10.6 弹簧涂装质量 ························ 824
10.7 涂装的悬挂链 ························ 825
10.8 新的前处理技术 ······················ 826
11 悬架弹簧的负荷分类、标志与加橡胶套 ···· 826
11.1 悬架弹簧的负荷分类 ················ 826
11.2 悬架弹簧的追溯性标志 ·············· 828
11.3 加橡胶套的作用 ······················ 828
12 悬架弹簧的成品检验、包装与贮存 ······ 828
12.1 悬架弹簧的成品检验 ················ 828
12.2 产品的包装 ·························· 830
12.3 产品入库 ···························· 830
第 28 章 气门弹簧 ························ 831
1 气门弹簧的功能及工作原理 ············ 831
1.1 气门弹簧的功能 ······················ 831
1.2 气门弹簧的工作原理 ················ 831
2 气门弹簧的材料 ························ 834
2.1 阀门弹簧钢丝生产过程和主要供应商 ···· 835
2.2 国产阀门弹簧钢丝 ·················· 835
2.3 进口阀门弹簧钢丝 ·················· 837
3 气门弹簧设计 ·························· 840
3.1 气门弹簧发展趋势 ·················· 840
3.2 气门弹簧设计考虑因素 ·············· 840
3.3 气门弹簧设计方法概述 ·············· 842
3.4 设计输入 ···························· 842
3.5 建立运动方程 ························ 843
3.6 弹簧回程力 ·························· 844
3.7 弹簧设计 ···························· 844
4 气门弹簧的生产工艺 ···················· 846
4.1 气门弹簧的卷簧 ······················ 847
4.2 气门弹簧的退火及应力优化 ········ 851
4.3 气门弹簧的磨簧 ······················ 851
4.4 气门弹簧的倒角 ······················ 854
4.5 无损检测和渗氮 ······················ 854
4.6 喷丸 ································ 855
4.7 气门弹簧的热压 ······················ 856
4.8 负荷检测 ···························· 857
4.9 表面防腐处理和包装 ················ 857
5 气门弹簧的检验与质量控制 ············ 858

5.1 气门弹簧的检测和试验用计量器具 …… 858
5.2 弹簧材料的检验方法 …… 858
5.3 气门弹簧产品检验 …… 859
6 气门弹簧疲劳失效原因与预防 …… 861
第29章 离合器减振弹簧及喷油器调压弹簧 …… 874
1 离合器减振弹簧与喷油器调压弹簧的用途 …… 874
2 离合器减振弹簧和喷油器调压弹簧的材料 …… 875
3 离合器减振弹簧和喷油器调压弹簧的制造工艺流程 …… 876
3.1 卷簧 …… 876
3.2 去应力退火 …… 877
3.3 磨簧 …… 877
3.4 弹簧倒角 …… 881
3.5 渗氮和无损检测 …… 882
3.6 超声检测 …… 882
3.7 离合器减振弹簧与喷油器调压弹簧的喷丸强化及热压 …… 884
3.8 离合器减振弹簧与喷油器调压弹簧的检验、包装及贮存 …… 885
3.9 产品质量趋势 …… 886
第30章 稳定杆 …… 888
1 稳定杆概述 …… 888
1.1 稳定杆结构型式和作用 …… 888
1.2 稳定杆的发展趋势 …… 888
2 稳定杆材料 …… 891
2.1 稳定杆材料的成分和牌号 …… 891
2.2 稳定杆材料的质量要求 …… 891
2.3 国外常用的稳定杆原材料与替代材料 …… 892
2.4 稳定杆材料的选择 …… 893
3 稳定杆设计开发的基本规则 …… 893
3.1 稳定杆尺寸与配合特点 …… 893
3.2 稳定杆主要使用性能参数 …… 894
3.3 稳定杆的设计路径 …… 895
4 稳定杆的设计 …… 896
4.1 按顾客要求输入 …… 897
4.2 稳定杆附件的设计 …… 899
4.3 稳定杆的设计验证 …… 900
4.4 稳定杆的图样冻结 …… 901
5 稳定杆的工艺开发 …… 901
6 稳定杆的成形方式、工艺流程与热处理 …… 902
6.1 稳定杆的成形方式 …… 902
6.2 稳定杆的工艺流程 …… 902
6.3 稳定杆的加热与成形 …… 903
6.4 稳定杆热处理概述 …… 906
6.5 稳定杆的淬火 …… 908
6.6 稳定杆的回火 …… 908
7 稳定杆的冷校正、喷丸及其他工艺 …… 909
7.1 冷校正 …… 909
7.2 喷丸 …… 910
7.3 涂装前套环压装 …… 911
8 稳定杆表面涂装工艺 …… 911
9 稳定杆橡胶支承黏接工艺 …… 912
9.1 稳定杆橡胶支承结构 …… 912
9.2 硫化黏接橡胶 …… 912
10 稳定杆质量检验 …… 914
10.1 尺寸检验 …… 914
10.2 性能检验 …… 914
11 稳定杆的包装与发运 …… 914
第31章 弹簧渗氮处理 …… 915
1 弹簧渗氮适用对象与适用于渗氮的材料 …… 915
1.1 弹簧渗氮适用对象 …… 915
1.2 适用于渗氮的材料 …… 915
2 弹簧渗氮设备和渗氮炉气材料 …… 915
2.1 弹簧渗氮设备 …… 915
2.2 弹簧渗氮炉气材料 …… 917
3 弹簧渗氮基本原理 …… 917
3.1 基本原理 …… 917
3.2 氮势和氨分解率 …… 917
4 影响弹簧渗氮的热力学和工艺因素 …… 919
4.1 热力学因素 …… 919
4.2 弹簧渗氮工艺性限制条件 …… 919
4.3 弹簧渗氮特点 …… 919
5 弹簧渗氮工艺 …… 920
5.1 工艺准备 …… 920
5.2 弹簧渗氮表面活化和催渗 …… 920
5.3 渗氮装炉和换气 …… 921
5.4 弹簧渗氮温度、时间和氨分解率 …… 921
5.5 弹簧渗氮后喷丸处理 …… 923

6 弹簧渗氮层相结构和深度检测 ………… 924
6.1 弹簧渗氮层相结构 ………… 924
6.2 渗氮层深度检测 ………… 924
7 弹簧渗氮安全生产 ………… 926
8 渗氮处理中氨的管理 ………… 927

第32章 碟形弹簧的制造工艺 ………… 929
1 碟形弹簧的类型 ………… 929
2 碟形弹簧的材料选用与热处理 ………… 929
3 普通碟形弹簧的制造工艺 ………… 931
3.1 Ⅰ组碟形弹簧的制造工艺 ………… 931
3.2 Ⅱ组碟形弹簧的制造工艺 ………… 934
3.3 Ⅲ组碟形弹簧的制造工艺 ………… 936
3.4 碟形弹簧负荷试验机 ………… 940
4 机械膜片弹簧（含开槽形碟形弹簧）的制造工艺 ………… 940
5 波形弹簧的制造工艺 ………… 942
6 碟形弹簧的阻尼性能及松弛性能试验 … 943
6.1 试样 ………… 943
6.2 单片碟形弹簧的验证试验 ………… 943
6.3 碟形弹簧的静负荷试验 ………… 944
6.4 碟形弹簧组的动负荷试验 ………… 945
6.5 各工况下弹簧组的松弛性能分析 … 947

第33章 环形弹簧的制造工艺 ………… 949
1 环形弹簧的结构 ………… 949
1.1 常见环形弹簧的结构 ………… 949
1.2 改进型环形弹簧的结构 ………… 949
2 环形弹簧的制造工艺流程 ………… 949
2.1 环形弹簧的毛坯制造 ………… 950
2.2 粗车 ………… 950
2.3 热处理 ………… 950
2.4 精车 ………… 951
2.5 强压处理 ………… 951
2.6 特性测试 ………… 951

第34章 成形弹簧的制造工艺 ………… 953
1 片弹簧的制造工艺 ………… 953
1.1 校直 ………… 953
1.2 冲裁 ………… 954
1.3 成形 ………… 954
1.4 材料和热处理 ………… 955
1.5 表面处理 ………… 955
2 线弹簧的制造工艺 ………… 955
3 弹性挡圈的制造工艺 ………… 956
4 蛇形弹簧的制造工艺 ………… 956

第35章 涡卷弹簧的制造工艺 ………… 958
1 平面涡卷弹簧的制造工艺 ………… 958
2 截锥涡卷螺旋弹簧的制造工艺 ………… 961

第36章 钢板弹簧的制造工艺 ………… 963
1 钢板弹簧的功能与类型 ………… 963
1.1 钢板弹簧的功能 ………… 963
1.2 钢板弹簧的类型 ………… 963
2 钢板弹簧的材料 ………… 964
2.1 材料的类型 ………… 964
2.2 常用弹簧扁钢的牌号和化学成分 … 964
2.3 常用弹簧扁钢的外形、尺寸及允许偏差 ………… 965
3 钢板弹簧的制造工艺流程 ………… 966
4 钢板弹簧的主要制造工艺 ………… 966
4.1 断料 ………… 966
4.2 孔加工 ………… 967
4.3 轧制 ………… 968
4.4 卷耳和包耳 ………… 969
4.5 热处理 ………… 971
4.6 喷丸 ………… 972
4.7 喷漆 ………… 973
4.8 装配 ………… 974
5 钢板弹簧的检验与试验 ………… 975
5.1 原材料检验 ………… 975
5.2 主要工序检验 ………… 975
5.3 总成静负荷性能试验 ………… 978
5.4 总成疲劳试验 ………… 980

第37章 有限元法在弹簧设计中的应用 ………… 981
1 概述 ………… 981
1.1 有限元法的基本思想 ………… 981
1.2 有限元分析的基本步骤 ………… 981
2 有限元法的基本理论 ………… 981
2.1 线弹性体的有限元法 ………… 981
2.2 非线性问题与动态问题的有限元法 ………… 986
2.3 动态问题的有限元法 ………… 988
3 弹簧分析常用单元 ………… 989
3.1 梁单元 ………… 989
3.2 板单元 ………… 990
3.3 轴对称单元 ………… 991

3.4 三维实体单元 …………………… 992
3.5 单元的选择与弹簧分析中的应用 … 993
4 常用有限元分析软件及有限元在弹簧分析中的作用 …………………… 994
4.1 有限元分析系统及其主要功能 …… 994
4.2 常用有限元分析软件及其选择 …… 995
4.3 有限元在弹簧分析中的应用 ……… 995
5 典型弹簧的有限元分析实例 …………… 995
5.1 螺旋压缩弹簧 …………………… 995
5.2 平面涡卷弹簧 …………………… 998
5.3 板弹簧 …………………… 999
5.4 碟簧 …………………… 999
5.5 橡胶-金属复合弹簧 …………… 1001
6 基于有限元分析的汽车麦弗逊悬架侧载螺旋弹簧的优化设计 …………… 1003
6.1 汽车麦弗逊悬架侧载螺旋弹簧 …… 1003
6.2 侧载螺旋弹簧的参数化建模 ……… 1003
6.3 侧载螺旋弹簧有限元分析 ……… 1005
6.4 优化设计 …………………… 1006
6.5 结果 …………………… 1008
第 38 章 新弹簧标准简介 …………… 1009
1 GB/T 25751—2010《压缩气弹簧 技术条件》 …………………… 1009
2 GB/T 25750—2010《可锁定气弹簧 技术条件》 …………………… 1012
3 GB/T 29525—2013《座椅升降气弹簧 技术条件》 …………………… 1016
4 JB/T 11698—2013《截锥涡卷弹簧 技术条件》 …………………… 1019
5 GB/T 28269—2012《座椅用蛇形弹簧 技术条件》 …………………… 1021
6 GB/T 30817—2014《冷卷截锥螺旋弹簧 技术条件》 …………………… 1024
7 GB/T 23934—2015《热卷圆柱螺旋压缩弹簧 技术条件》 …………………… 1028
8 GB/T 31214.1—2014/ISO 26910—1：2009《弹簧 喷丸 第 1 部分：通则》 …… …………………… 1032
9 JB/T 12794.1—2016《横向稳定杆 技术条件 第 1 部分：商用车横向稳定杆》 …………………… 1036
10 JB/T 12792—2016《离合器 减振弹簧 技术条件》 …………………… 1038
11 JB/T 12793—2016《离合器 膜片弹簧 技术条件》 …………………… 1041
12 JB/T 12791—2016《油封弹簧》 …… 1043
13 JB/T 3338—2013《液压件圆柱螺旋压缩弹簧 技术条件》 ………… 1046
14 JB/T 6653—2013《扁形钢丝圆柱螺旋压缩弹簧》 …………………… 1050
15 JB/T 6655—2013《耐热圆柱螺旋压缩弹簧 技术条件》 …………………… 1052
16 ISO 11891：2012《热卷螺旋压缩弹簧 技术条件》 …………………… 1055
附录 …………………… 1060
参考文献 …………………… 1067

第1章　总　　论

弹簧是一种机械零件，它利用材料的弹性和结构特点，在工作时产生变形，把机械功或动能转变为变形能（位能），或把变形能（位能）转变为机械功或动能。由于这种特性，它适用于：①缓冲或减振，如破碎机的支承弹簧和车辆的悬架弹簧等；②机械的储能，如钟表、仪表和自动控制机构上的原动弹簧；③控制运动，如气门、离合器、制动器和各种调节器上的弹簧；④测力装置，如弹簧秤和动力计上的弹簧。除此之外，在机械设备、仪表、日用电器及生活器具上也都使用着各式各样的弹性元件，如螺母防松弹簧垫圈、零件在轴上定位用的卡环、门的启闭装置、玩具的发条等。

1　弹簧的基本性能

在设计弹簧时，应该考虑的基本工作性能有以下几方面：①弹簧的特性线，即载荷和变形的关系；②弹簧的变形能；③弹簧的自振频率；④弹簧受迫振动时的振幅。现对这些性能简单介绍如下。

1.1　弹簧的特性线和刚度

载荷 F（或 T）与变形 f（或 φ）之间的关系曲线称为弹簧的特性线，如图 1-1 所示。弹簧的特性线大致有三种类型：①直线型；②渐增型；③渐减型。有些弹簧的特性线可以是以上两种或三种类型的组合（图 1-2），称为组合型特性线。如截锥涡卷弹簧的特性线（图 1-2a），加载起始一段为直线型，变形达到一定程度后特性线便成为渐增型；碟形弹簧的特性线（图 1-2b），起始为渐减型，后为渐增型，整个特性线呈 S 形；又如环形弹簧的特性线（图 1-2c），加载时为直线型，而卸载时则为渐增型。采用组合弹簧也可以得到组合的特性线，如图 1-2d 所示为两个不同高度的并列组合螺旋弹簧的特性线。加载开始只有一个弹簧承受载荷，所以特性线只是受载荷那个弹簧的特性线。当受载弹簧在载荷作用下变形到一定程度，另一个弹簧也开始承受载荷，这时特性线开始转变为两个弹簧受载的特性线，因而其斜率发生了变化。

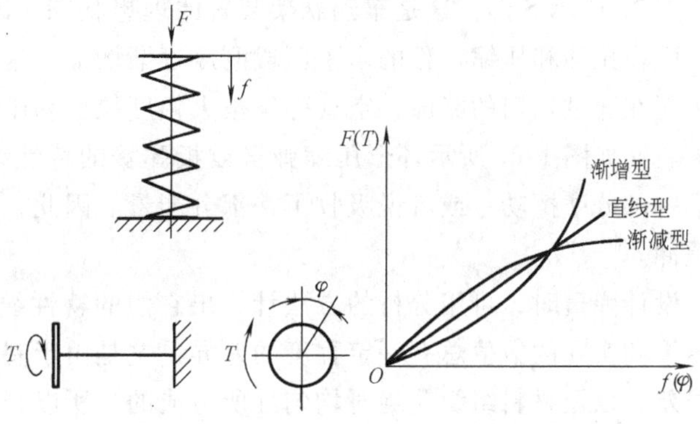

图 1-1　弹簧的特性线

载荷增量 $\mathrm{d}F$（或 $\mathrm{d}T$）与变形增量 $\mathrm{d}f$（或 $\mathrm{d}\varphi$）之比，即产生单位变形所需的载荷，称为弹簧的刚度，对于压缩和拉伸弹簧的刚度为

$$F' = \frac{\mathrm{d}F}{\mathrm{d}f} \tag{1-1a}$$

对于扭转弹簧的刚度为

$$T' = \frac{dT}{d\varphi} \tag{1-2a}$$

特性线为渐增型的弹簧，刚度随着载荷的增加而增大；而渐减型的弹簧，刚度随着载荷的增加而减小。至于直线型的弹簧，刚度则不随载荷变化而变化，即

$$F' = \frac{dF}{df} = \frac{F}{f} = 常数 \tag{1-1b}$$

$$T' = \frac{dT}{d\varphi} = \frac{T}{\varphi} = 常数 \tag{1-2b}$$

因此，对于具有直线型特性线的弹簧，其刚度也称为弹簧常数。

单位力使弹簧所产生的变形，即刚度的倒数称为弹簧的柔度。

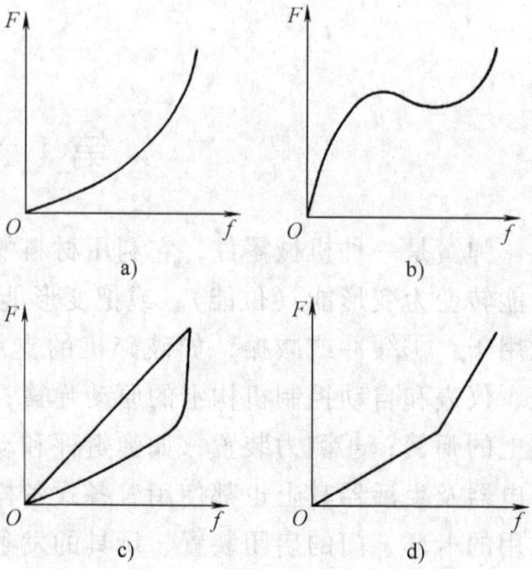

图1-2 组合型特性线

a）截锥涡卷弹簧 b）碟形弹簧

c）环形弹簧 d）组合弹簧

弹簧的特性线对于设计和选择弹簧的类型起指导性的作用。由图1-2a所示截锥涡卷弹簧特性线上可以看到，当载荷达到一定程度时，弹簧的刚度急剧增加。由于这种特性，当弹簧受到过大载荷时，弹簧的变形增加的比较小，从而可以起到保护弹簧的作用。所以，具有这种特性线的弹簧适用于空间小、载荷大的情况。如空气弹簧带有高度控制阀，则其特性线如图1-2b所示S形，这是车辆悬架装置的理想状态。因为这种曲线的中间区段的刚度比较低，而在拉伸和压缩行程的末了区段刚度逐渐增加。这样，可以保证车辆在正常运行时很柔软，而在通过坎坷的路面，空气弹簧被大幅度拉伸和压缩时，逐渐变硬，从而能限制车体的振幅。又如图1-2c所示环形压缩弹簧或板弹簧的特性线，表明在加载与卸载过程中弹簧消耗了一部分摩擦功，或者说吸收了一部分能量。因此，具有这类特性线的弹簧，适用于减振和缓冲。

设计弹簧时，可用分析的方法计算出它们的特性线。但即使是最精确和最仔细的计算，其结果和实际的数值总有一定程度的差异，这是由于制成的弹簧不可避免地存在着一定的工艺误差，以及材料组织非绝对均匀性所造成的。所以，在设计弹簧时，如需要保证特性线的要求，必须经过试验，反复修改有关尺寸，最后达到所需要的特性线。

在设计非线性特性线弹簧时，有的要考虑静变形。如图1-3所示，静变形系指过特性线上任意点 a，作切线与横坐标轴相交，其切点与 a 点在横坐标轴上投影的距离即变形量 f_s，称为切点 a 对应载荷 F_s 的静变形。

1.2 弹簧的变形能

当设计缓冲或隔振弹簧时，弹簧的变形能，也就是在受载荷后所能吸收和积蓄的能量，应该进行计算。

如图1-1所示载荷变形图，其变形能对拉伸和压缩弹簧为

$$U = \int_0^f F(f)\,df$$

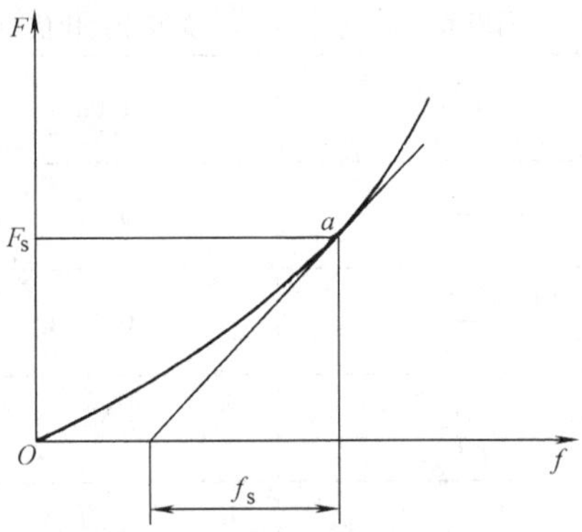

图 1-3 弹簧静变形示意图

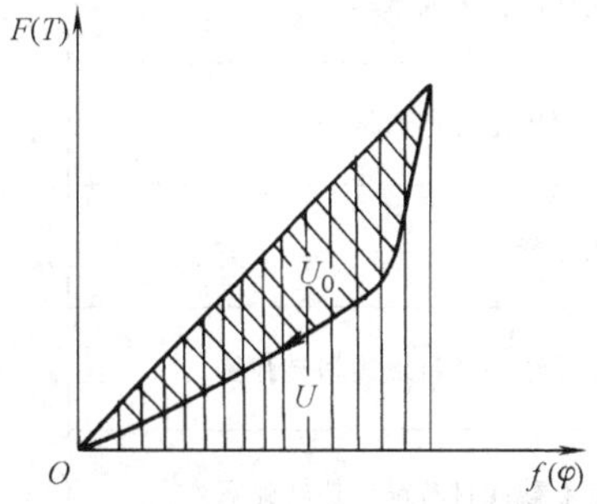

图 1-4 具有能量消耗弹簧的变形能

对扭转弹簧为

$$U = \int_0^{\varphi} T(\varphi)\,\mathrm{d}\varphi$$

就是图中划垂直线阴影部的面积。

当特性线为直线时，则

$$U = \frac{Ff}{2} = \frac{F'f^2}{2} \tag{1-3a}$$

$$U = \frac{T\varphi}{2} = \frac{T'\varphi^2}{2} \tag{1-4a}$$

另外，变形能的另一表示形式为最大工作应力 τ 或 σ 和弹簧材料体积 V 的方程，即

$$U = k\frac{V\tau^2}{G} \tag{1-3b}$$

或

$$U = k\frac{V\sigma^2}{E} \tag{1-4b}$$

式中 G——弹簧材料的切变模量；

E——弹簧材料的弹性模量；

k——比例系数，对不同类型的弹簧有不同的值。它标志着材料的利用程度，所以也称为利用系数，其值见表 1-1。

各种类型弹簧变形能的计算公式见表 1-1。

从式中可以看出，变形能与模量 G 和 E 成反比，因此，低的模量对于要求大的变形能有利。同样，正如以后从弹簧刚度计算式中可以看到的那样，低的模量对弹簧刚度也有利。又变形能的大小与最大工作应力的平方成正比，增大应力就意味着要求材料有高的弹性极限，高的弹性极限也对应着高的模量。但应力是以平方形式出现的，所以在选择材料时，它起决定性作用。

在设计弹簧时，为了得到大的变形能，从方程式中看出，可提高弹簧材料的体积或者应力，或者两者同时提高。

表 1-1 各种弹簧变形能的计算公式和其比值

弹 簧 类 型	变形能 U 计算公式	利用系数 k	变形能的比值①
直杆的拉伸或压缩	$k\left(\frac{V\sigma^2}{E}\right)$	$\frac{1}{2}$	1.00
一端固定的矩形板弹簧		$\frac{1}{18}$	0.11
板弹簧		$\frac{1}{6}$	0.33
圆形截面材料螺旋扭转弹簧		$\frac{1}{8}$	0.25
矩形截面材料螺旋扭转弹簧		$\frac{1}{6}$	0.33
平面蜗卷弹簧		$\frac{1}{6}$	0.33
圆形截面材料扭杆弹簧	$k\left(\frac{V\tau^2}{G}\right)$	$\frac{1}{4}$	0.43
方形截面材料螺旋拉伸或压缩弹簧		$\frac{1}{6.5}$	0.27
矩形截面材料螺旋拉伸或压缩弹簧	$\frac{1}{k_1}\left(\frac{V\tau^2}{2G}\right)$②	—	—

① 比值按 $G\approx\frac{E}{2.6}$，$\tau\approx\frac{\sigma}{\sqrt{3}}$换算的。

② 系数 k_1 见表 15-1。

当加载和卸载的特性线不重合时，如图 1-4 所示，加载与卸载特性线所包围的面积（图中具有斜线阴影部分），就是弹簧在工作过程中由于内耗和摩擦所消耗的能量 U_0。此值愈大，说明弹簧的减振和缓冲能力愈强。U_0 与 U 之比称为阻尼系数 ψ，即

$$\psi=\frac{U_0}{U} \tag{1-5}$$

评定缓冲弹簧系统效能的指标为缓冲效率 η，其计算式为

$$\eta=\frac{\frac{1}{2}mv^2}{F_{\max}f_{\max}} \tag{1-6}$$

式中 m——冲击物体的质量；

v——冲击物体与弹簧系统接触时的速度；

$F_{\max}$——最大冲击载荷；

$f_{\max}$——缓冲系统的最大变形。

最理想的情况为 $\eta=1$。但具有线性特性线的弹簧缓冲系统，其刚度为定值，则 η 的最大值为 1/2。黏弹性缓冲系统，如橡胶缓冲系统，其效率要高些。

1.3 弹簧的自振频率

当弹簧受到高频振动载荷的作用时，为了检验这种受迫振动对弹簧系统的影响，需要计算弹簧系统的自振频率。根据理论推导（见第 9 章 6 节）可知各类弹簧自振频率 ν 可用下式

计算

$$\nu = \sqrt{\frac{F'}{m_e}} \tag{1-7}$$

式中 F'——弹簧的刚度；

m_e——当量质量，它是弹簧本身的质量和弹簧所联结的质量的综合值（表 9-5），如图 1-5 所示弹簧系统，其 $m_e = m + \zeta m_s$；ζ 为质量转化系数，与弹簧类型有关，其值如图 9-17 所示，图 1-5a 情况 $\zeta = 0.33$，图 1-5b 情况 $\zeta = 0.23$。

1.4 弹簧系统受迫振动的振幅

图 1-6 为机器设备或车辆的减振弹簧系统。为了检验弹簧减振效果和分析弹簧的受力，则需要计算弹簧系统的振幅。

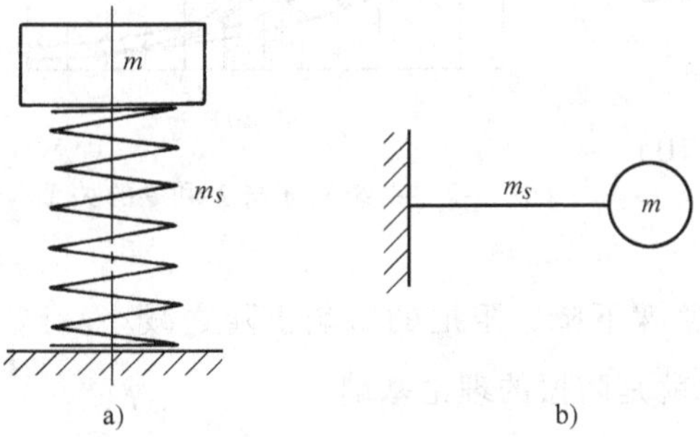

图 1-5 弹簧振动示意图

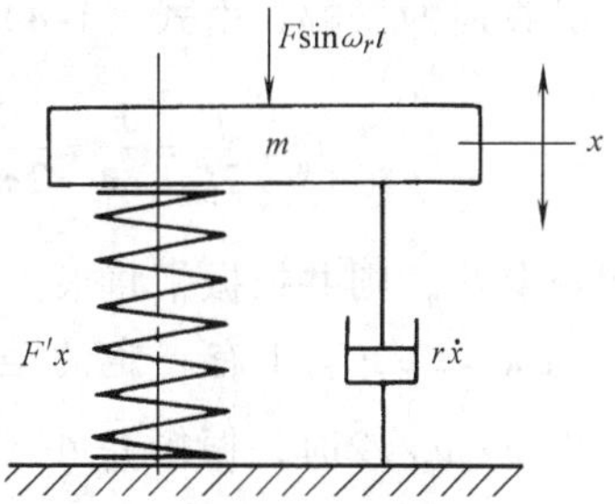

图 1-6 弹簧的支承或悬架系统

当弹簧系统的振动体受到激振力 $F\sin\omega_r t$ 的作用（图 1-6），或其支承（弹簧的固定端）受到激振位移 $f\sin\omega_r t$ 的作用时，其受迫振动可表示为

$$x = f_a \sin(\omega_r - \varphi)$$

式中 f_a——受迫振动的振幅；

φ——振动体位移与激振函数之间的相位差。

受迫振动的振幅 f_{max} 与所使用阻尼的大小和类型有关。对于黏性阻尼，设其阻尼力为 $r\dot{x}$，当振动体受到激振力 $F\sin\omega_r t$ 作用时，其振幅

$$f_a = \frac{f}{\sqrt{(1-\lambda^2)^2 + (2\xi\lambda)^2}} \tag{1-8}$$

当支承弹簧的固定端受到激振位移 $f\sin\omega_r t$ 的作用时，振动体的绝对振幅

$$f_a = \frac{f\sqrt{1+(2\xi\lambda)^2}}{\sqrt{(1-\lambda^2)^2 + (2\xi\lambda)^2}} \tag{1-9}$$

$$\lambda = \frac{\omega_r}{\omega} = \frac{\nu_r}{\nu}$$

$$\xi = \frac{r}{r_c}$$

$$r_c = 2\sqrt{mF'}$$

式中 f——在与激振力幅值 F_a 相等的静力作用下系统的静变形；

λ——系统频率比；

ω 和 ν——系统的自振角频率和频率；

ξ——系统的阻尼比；

r——系统的阻尼系数；

r_c——系统的临界阻尼系数；

F'——弹簧的刚度。

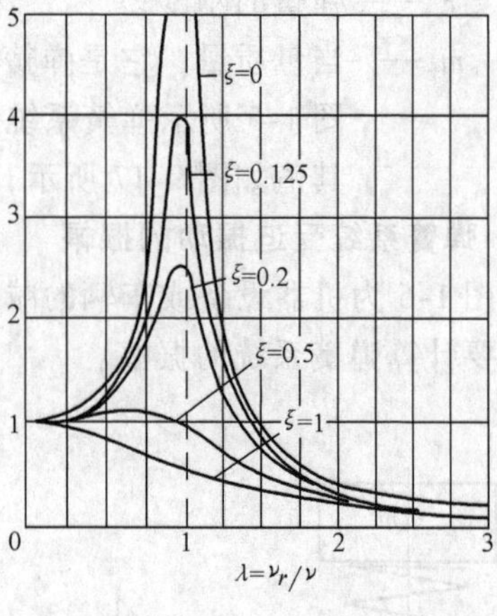

图1-7 系统 f_a/f 与 λ 和 ξ 的关系

由图1-7可以看出，当 $\lambda=\nu_r/\nu\approx1$ 时，振幅急剧增大，这就是共振现象。在共振区附近，振幅的大小主要取决于阻尼的大小，阻尼越小，振幅越大。共振时的振幅，由式（1-8）可知为

$$f_a = \frac{f}{2\xi} = \frac{F}{r\omega} = \frac{F}{2\pi r\nu} \tag{1-10}$$

如阻尼甚小，则共振振幅将很大。

当 $\lambda=\nu_r/\nu$ 与1有一定的距离之后，振幅急骤下降，阻尼的影响也随之减小。当 $\lambda>\sqrt{2}$，即 $\nu<\nu_r/\sqrt{2}$ 时，振幅 f_a 小于静变形 f，这也就是防振的理论基础。

2 弹簧的类型

弹簧的类型很多，其分类方法也很多。按结构形状来分，弹簧大致分为圆柱螺旋弹簧、非圆柱螺旋弹簧和其他类型弹簧，现分述如下。

2.1 圆柱螺旋弹簧

圆柱螺旋弹簧应用广泛，按其承受载荷的性能又分为螺旋压缩、螺旋拉伸和螺旋扭转弹簧等。有关它们的结构和性能见表1-2。

表1-2 圆柱螺旋弹簧的类型及特性

名称和结构	特性线	性能
圆截面材料圆柱螺旋压缩弹簧 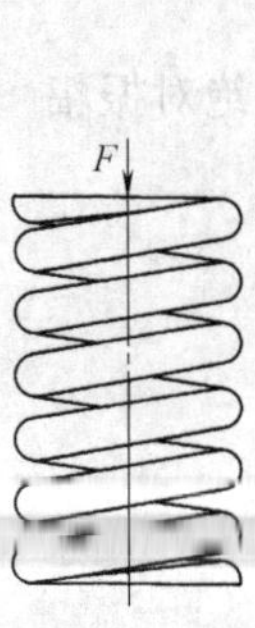	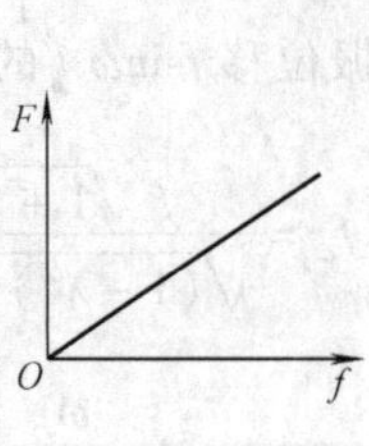	特性线呈线性，结构简单，制造方便，应用最广

（续）

名称和结构	特性线	性能
矩形截面材料圆柱螺旋压缩弹簧 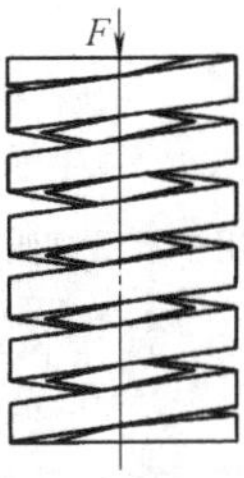	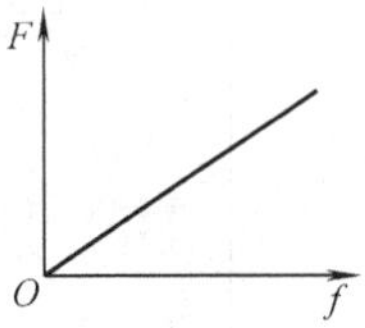	在所占空间相同时，矩形截面材料比圆截面材料能吸收的能量多，刚度更接近于常数
扁截面材料圆柱螺旋压缩弹簧 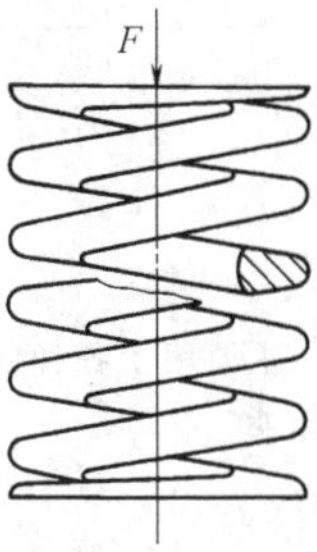		性能同矩形，截面材料圆柱螺旋压缩弹簧，但其工艺性和疲劳性能优于前者
不等节距圆柱螺旋弹簧 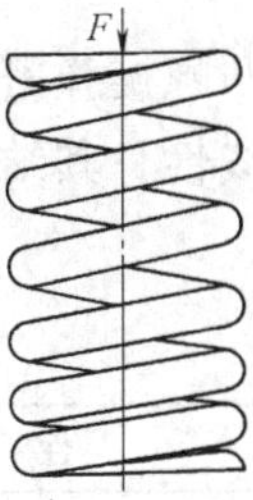	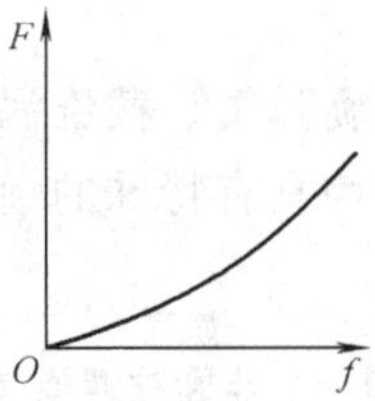	当弹簧压缩到开始有簧圈接触后，特性线变为非线性，刚度及自振频率均为变值，利于消除或缓和共振的影响，可用于支承高速变载荷机构
多股螺旋弹簧 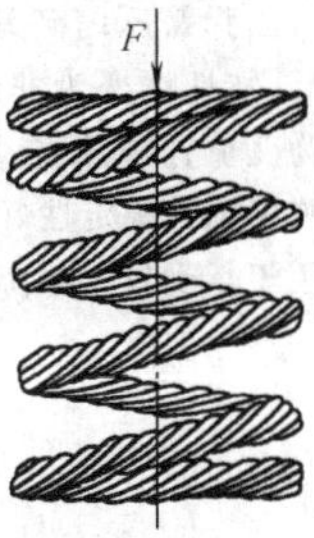	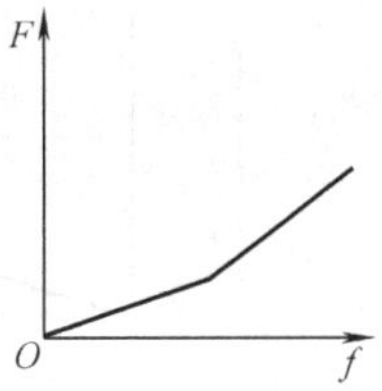	当载荷大到一定程度后，特性线出现折点。比相同截面材料的普通螺旋弹簧强度高，减振作用大。在武器和航空发动机中常有使用

（续）

名称和结构	特性线	性能
圆柱螺旋拉伸弹簧 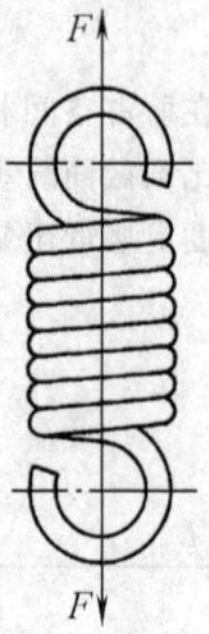	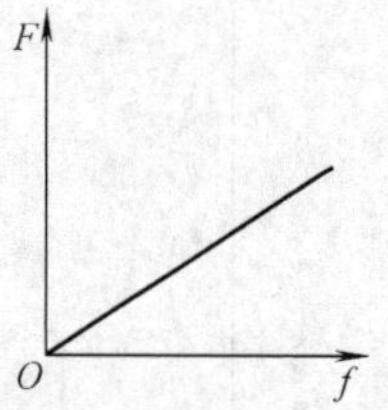	用于承受拉伸载荷的场合
圆柱螺旋扭转弹簧 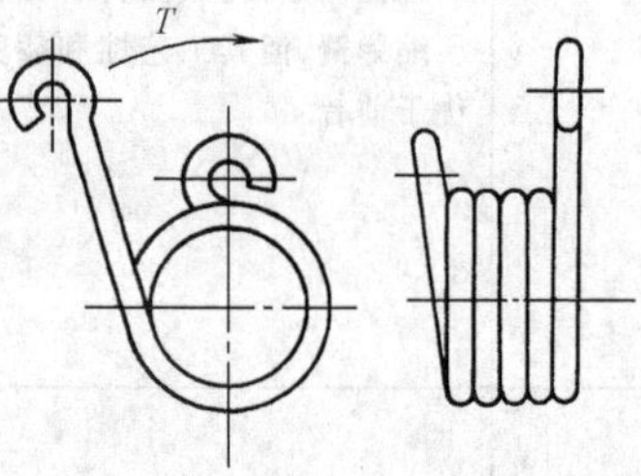	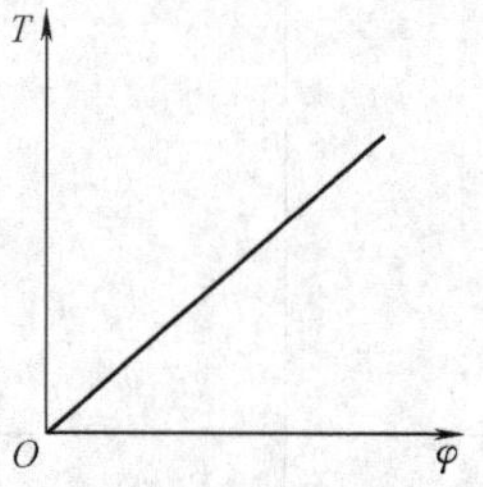	主要用于各种装置中的压紧和储能

2.2 非圆柱螺旋弹簧

非圆柱螺旋弹簧包括截锥螺旋弹簧、截锥涡卷弹簧、中凹和中凸螺旋弹簧、组合螺旋弹簧以及非圆形螺旋弹簧等。它们均具有特殊的性能，特性线多为非线性，其结构和性能见表1-3。

表1-3 非圆柱螺旋弹簧的类型及特性

名称和结构	特性线	性能
截锥螺旋弹簧 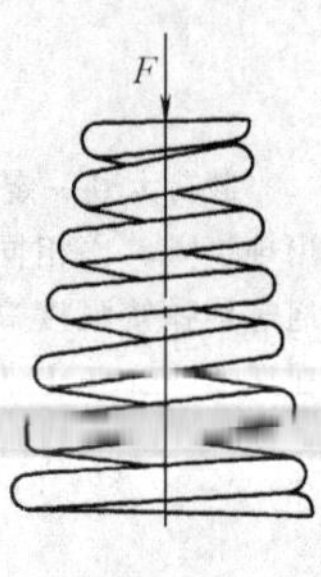	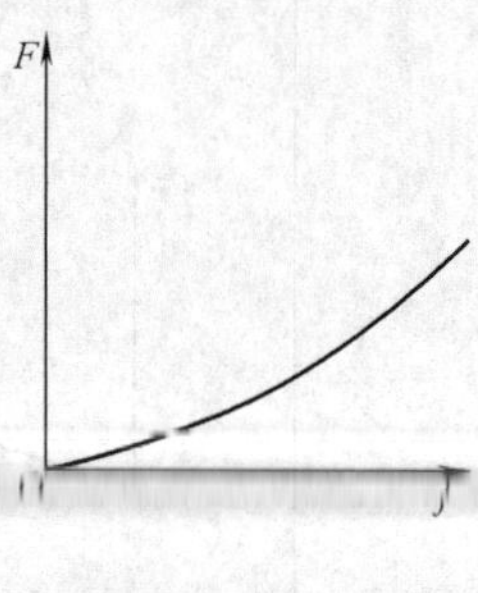	当弹簧压缩到开始有簧圈接触后，特性线变为非线性，自振频率为变值，防共振能力较变节距压缩弹簧强。稳定性好，结构紧凑。多用于承受较大载荷和减振

（续）

名称和结构	特性线	性能
截锥涡卷弹簧 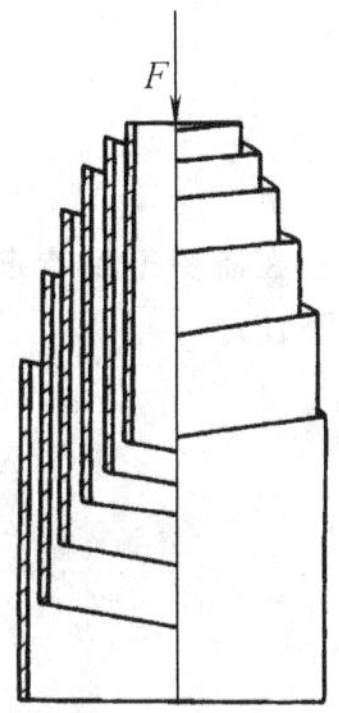	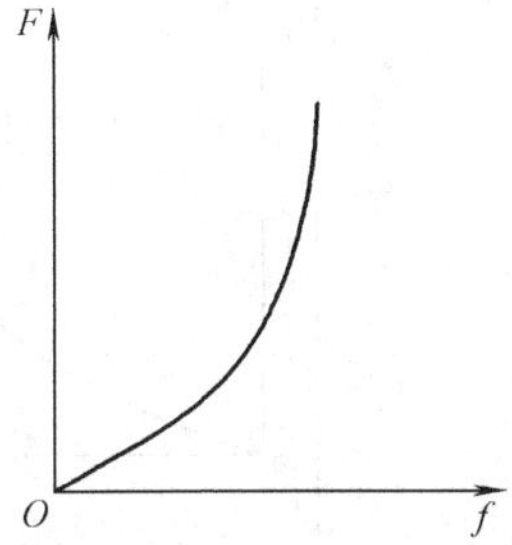	与截锥螺旋弹簧作用相似，但能吸收的能量更多
中凹形螺旋弹簧 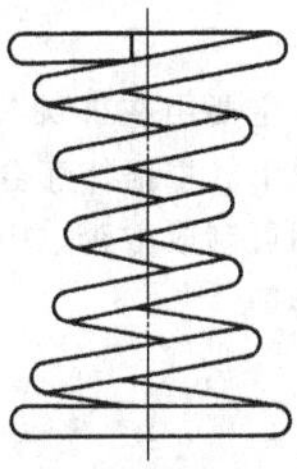	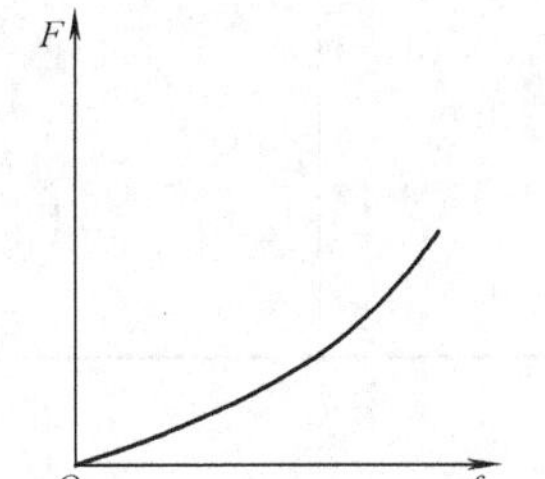	特性与截锥螺旋弹簧相似，主要用于坐垫和床垫等
中凸形螺旋弹簧 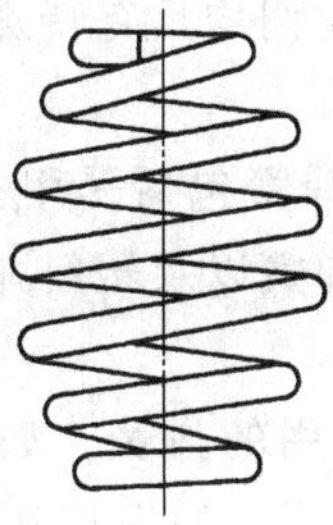		特性与截锥螺旋弹簧相似

（续）

名称和结构	特性线	性能
组合螺旋弹簧 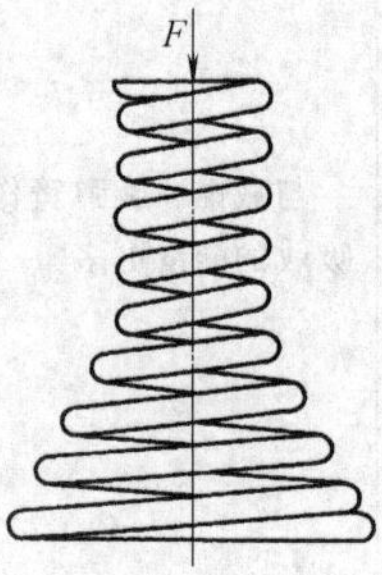	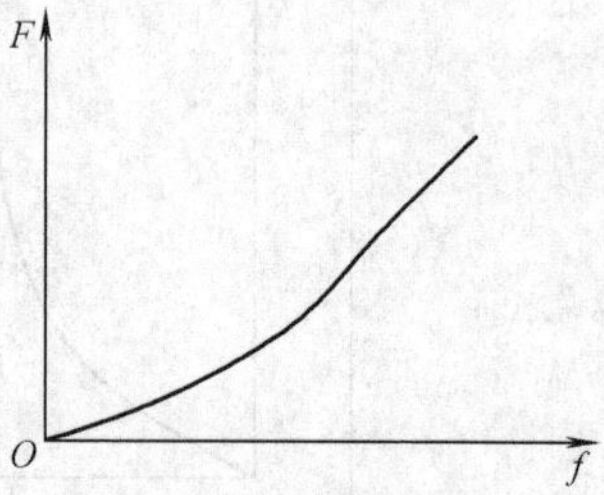	在需要得到特定的特性线情况下使用
非圆形螺旋弹簧 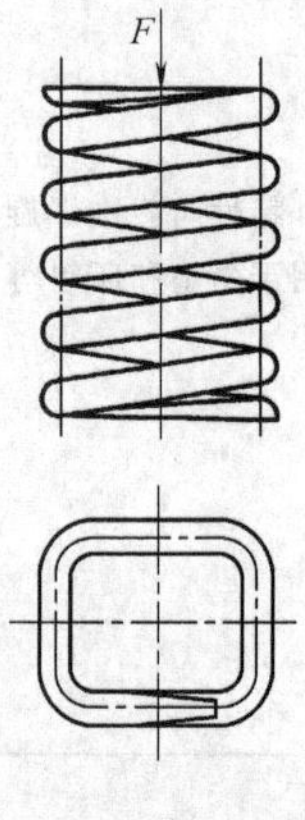	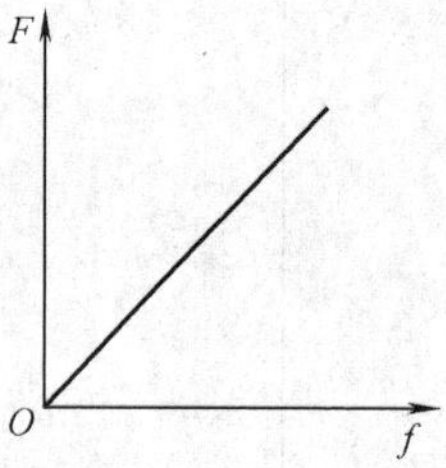	主要用在外廓尺寸有限制的情况下。根据外廓空间的要求，弹簧圈可制成方形、矩形、椭圆形和梯形等

2.3 其他类型弹簧

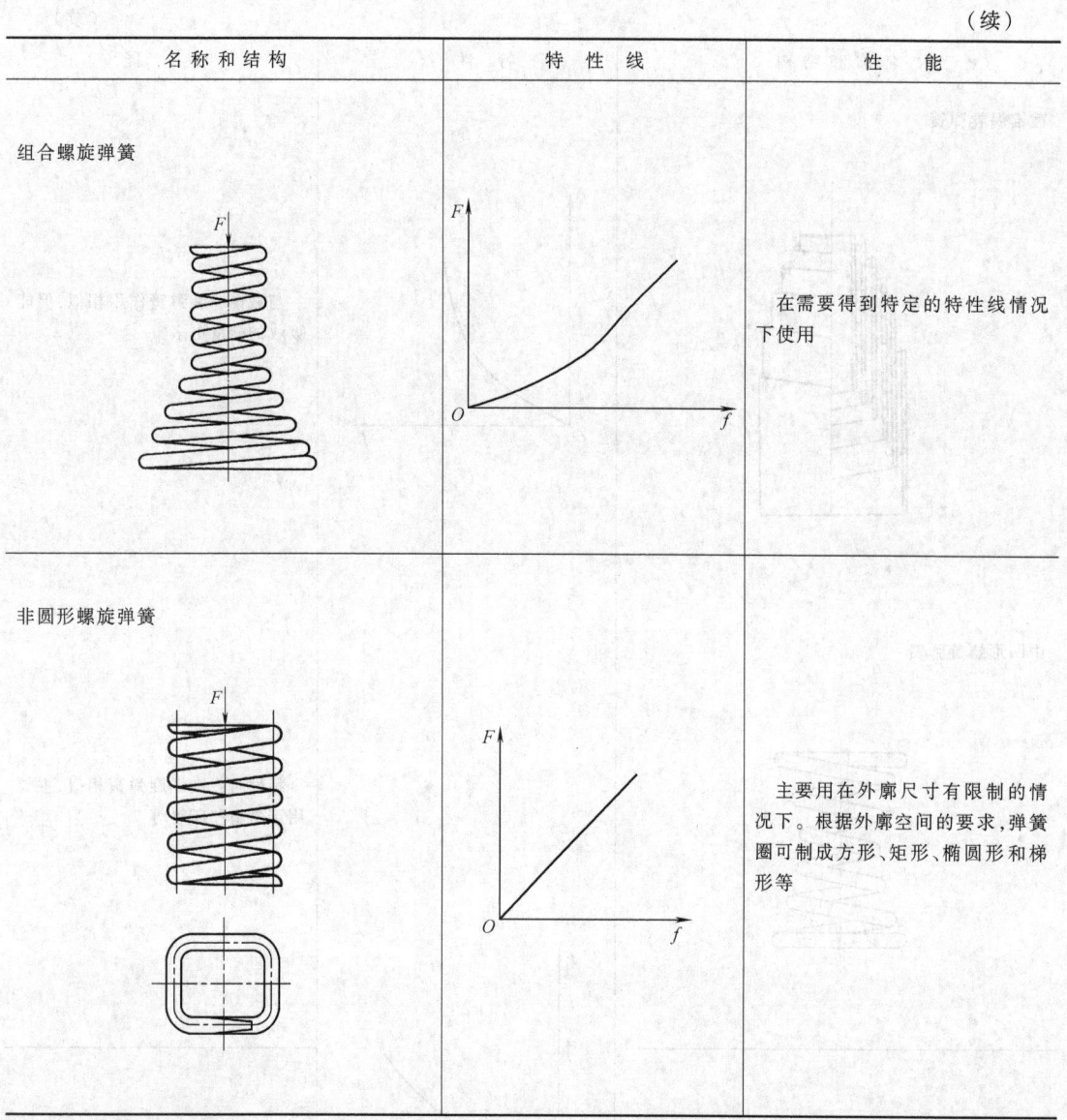

除上述螺旋弹簧外，常用的尚有扭杆弹簧、碟形弹簧、环形弹簧、平面涡卷弹簧、片弹簧、板弹簧、膜片膜盒、压力弹簧管、空气弹簧和橡胶弹簧等。它们均具有特殊的性能和用途，其结构和性能见表1-4。

弹簧按制造材料的不同可分为金属弹簧和非金属弹簧。金属弹簧包括采用钢及钢合金、铜合金和镍合金等制造的弹簧。非金属弹簧包括空气弹簧、橡胶弹簧以及塑料弹簧等。其中以钢和钢合金制造的弹簧用得比较多。

弹簧如按受载后弹簧材料所受应力类型可分为受弯曲应力作用的弹簧，如螺旋扭转弹簧、平面涡卷弹簧、碟形弹簧、板弹簧等；受扭切应力作用的弹簧，如螺旋压缩和拉伸弹簧、扭杆弹簧、截锥涡卷弹簧等；受压缩和拉伸应力作用的弹簧，如环形弹簧；受组合应力作用的弹簧，如受弯曲载荷作用，或受横向载荷作用的螺旋弹簧等。

表 1-4 其他类型弹簧结构和性能

名称和结构	特性线	性能
扭杆弹簧 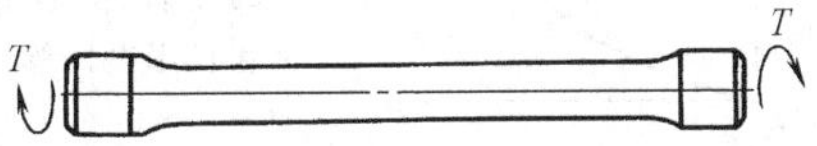	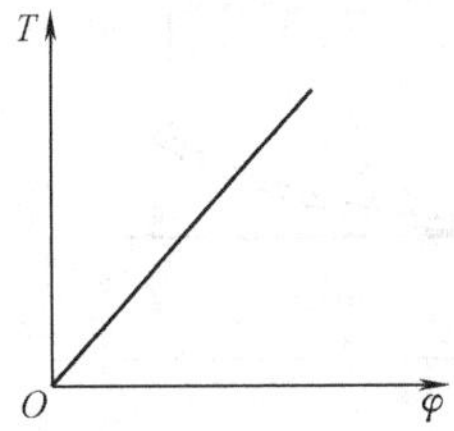	结构简单，但材料和制造精度要求高，单位体积变形能大，主要用于车辆的悬架装置
碟形弹簧 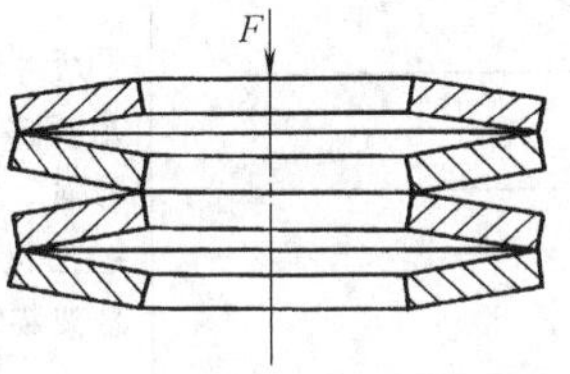	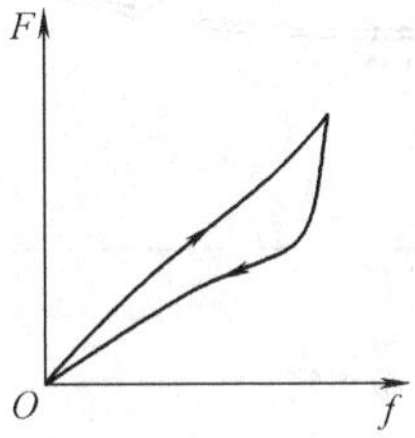	缓冲和减振能力强。采用不同的组合可以得到不同的特性线。多用于重型机械的缓冲和减振装置及车辆牵引钩等
环形弹簧 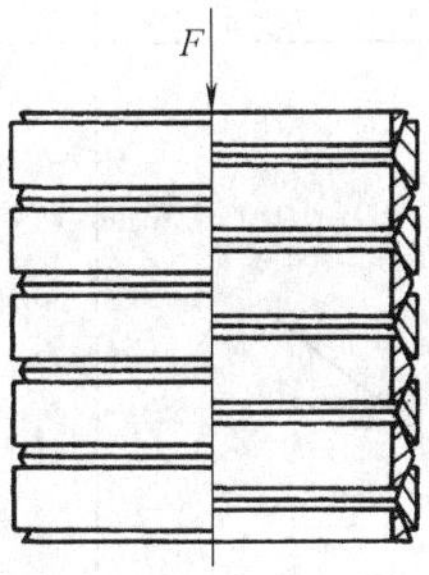	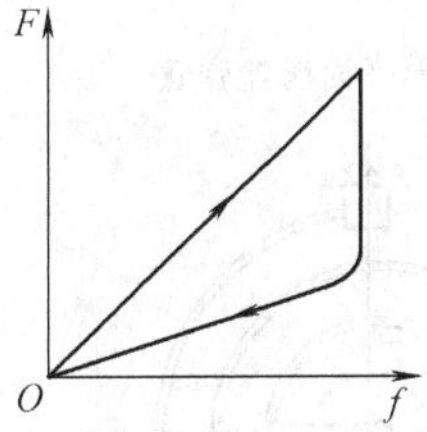	有很高的减振能力。用于重型设备的缓冲装置
片弹簧：线性片弹簧 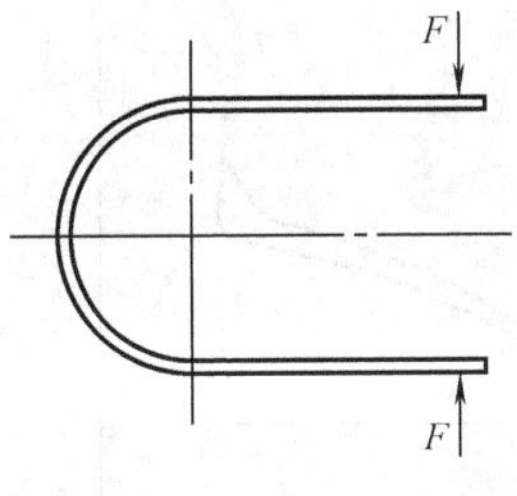	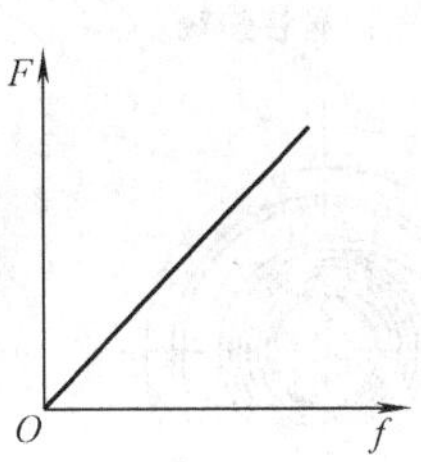	用金属薄片制成，主要用于载荷和变形小的场合，如仪器、仪表和日用电器等

（续）

	名称和结构	特性线	性能
片弹簧	非线性片弹簧 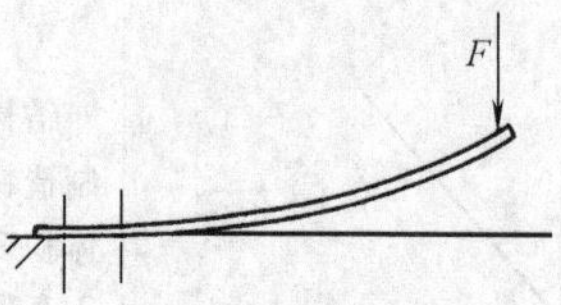	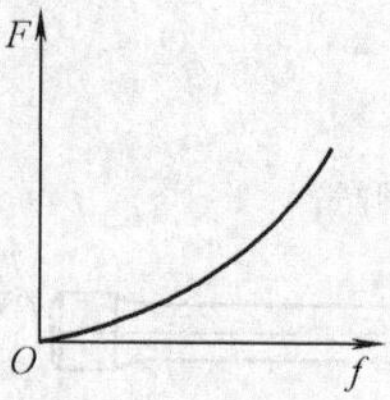	用金属薄片制成，主要用于载荷和变形小的场合，如仪器、仪表和日用电器等
板弹簧	单板弹簧 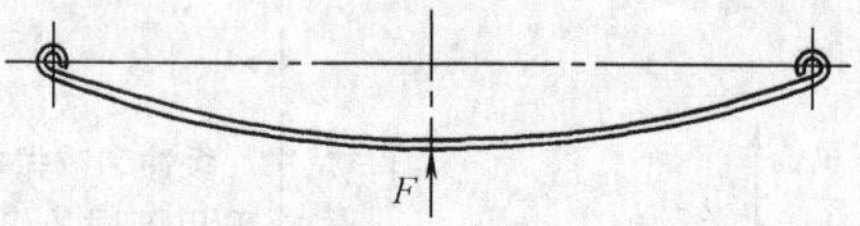	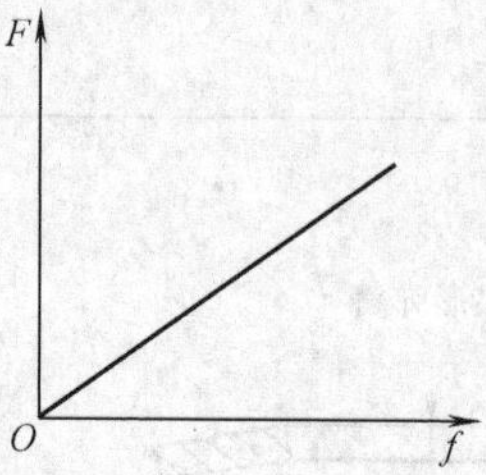	缓冲和减振性能好，尤其多板弹簧减振能力强。主要用于汽车、拖拉机和铁道车辆的悬架装置
	多板弹簧 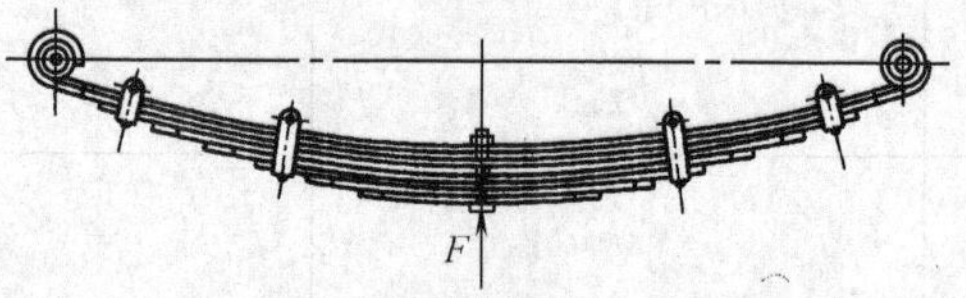	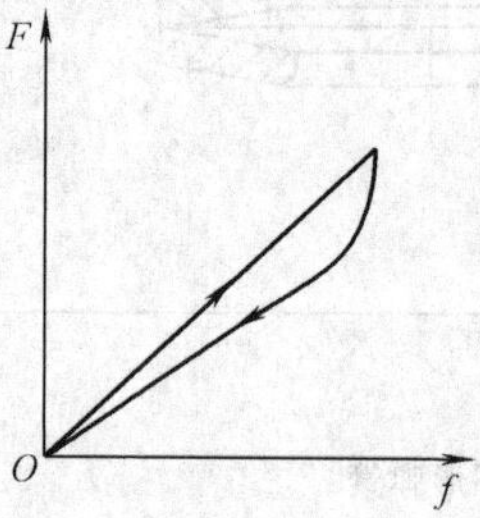	
平面涡卷弹簧	非接触形平面涡卷弹簧 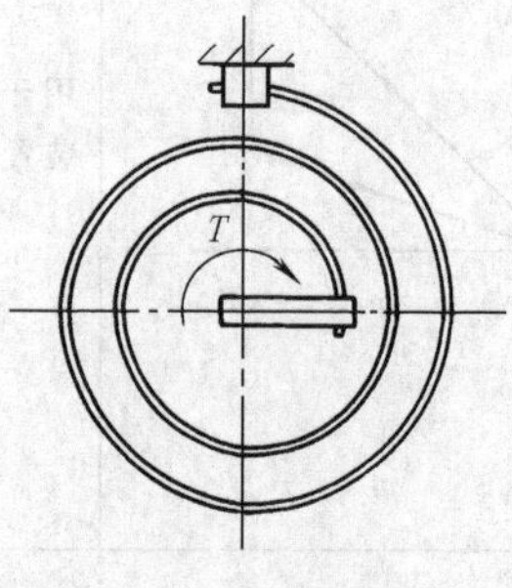	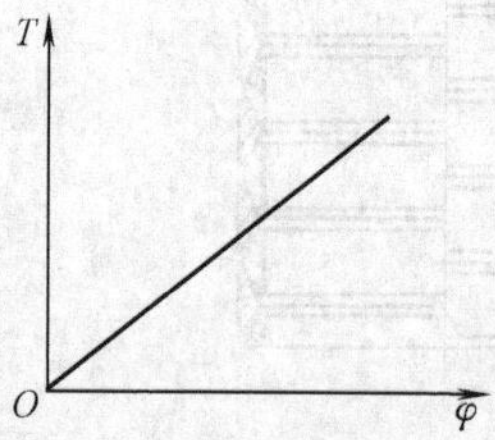	圈数多，变形角大，能储存的能量大。多用作压紧弹簧和仪器、钟表中的储能弹簧
	接触形平面涡卷弹簧 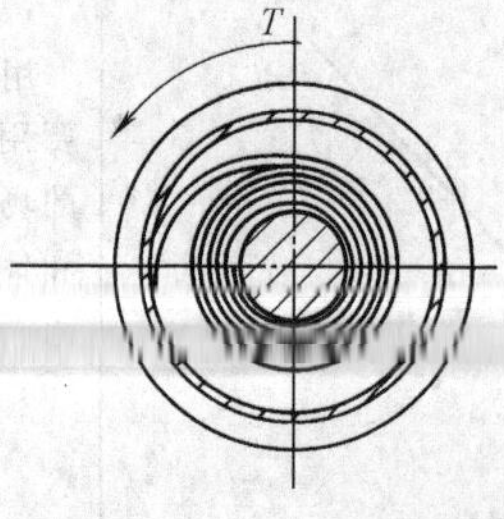	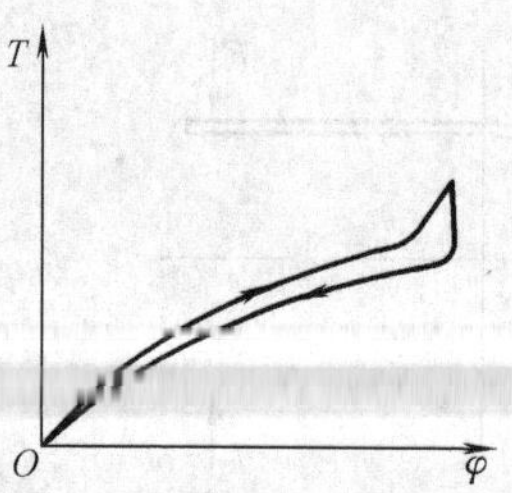	

（续）

	名称和结构	特性线	性能
膜片膜盒	平膜片 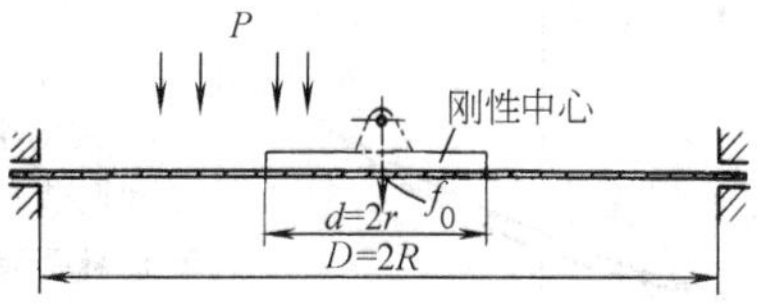	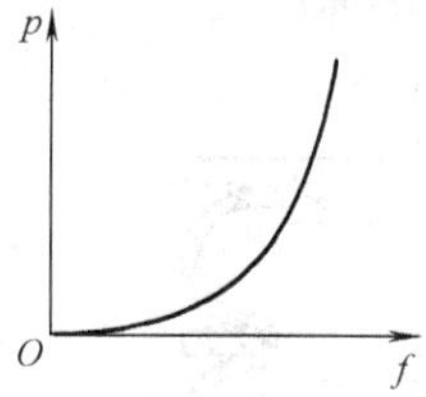	用作仪表的敏感元件，并能起隔离两种不同介质的作用，如因压力或真空产生变形时的柔性密封装置等
	波纹膜片 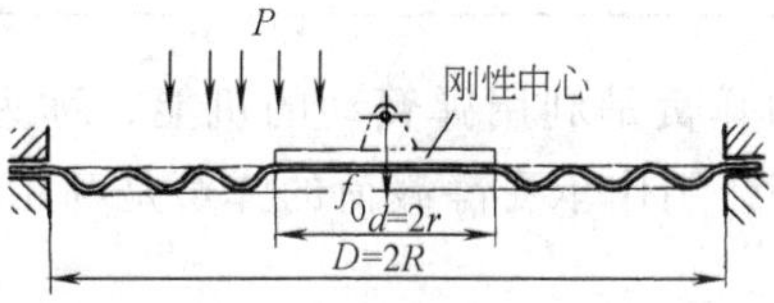	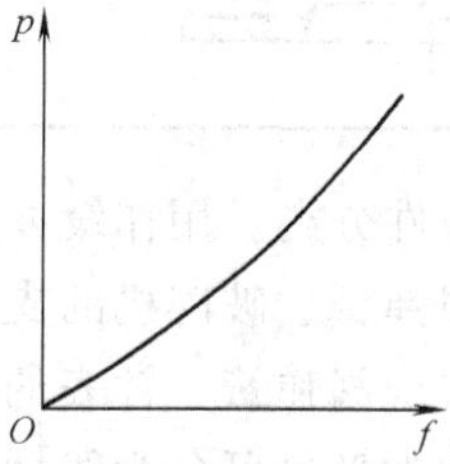	用作测量与压力成非线性的各种量值，如管道中液体或气体流量、飞机的飞行速度和高度等
	膜盒 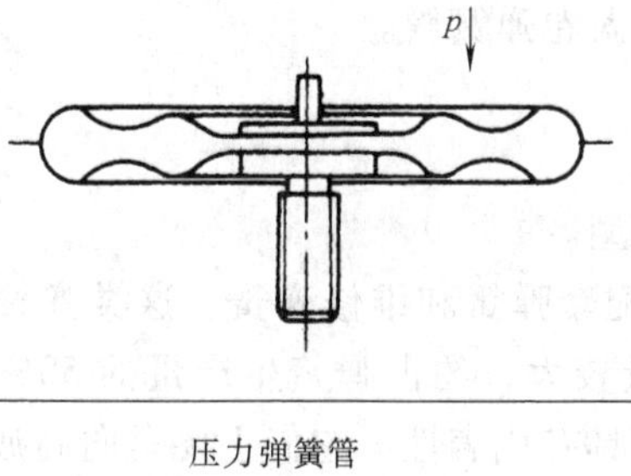	特性线随波纹数、密度和深度而变化	为了便于安装，将两个相同的膜片沿周边连接成盒状
	压力弹簧管 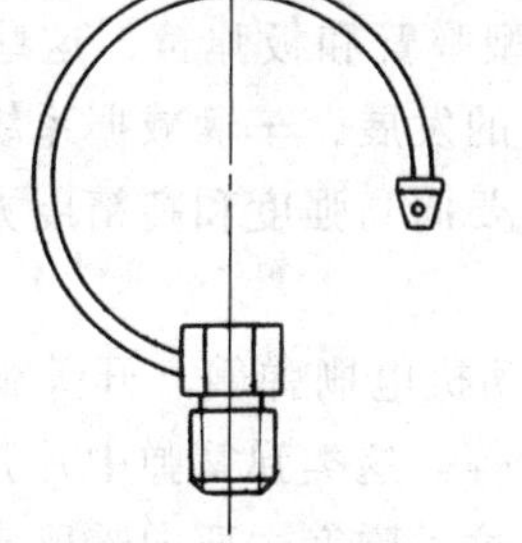	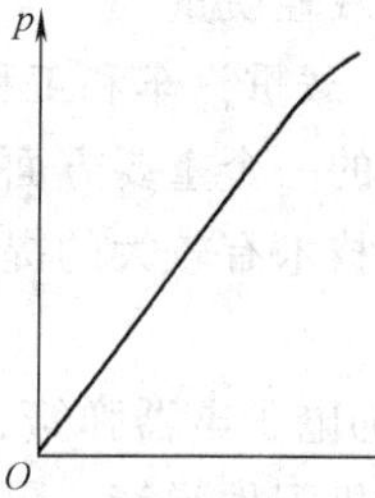	在流体的压力作用下末端产生位移。通过传动机构将位移传递到指针上。用于压力计、温度计、真空计、液位计、流量计等
	橡胶弹簧 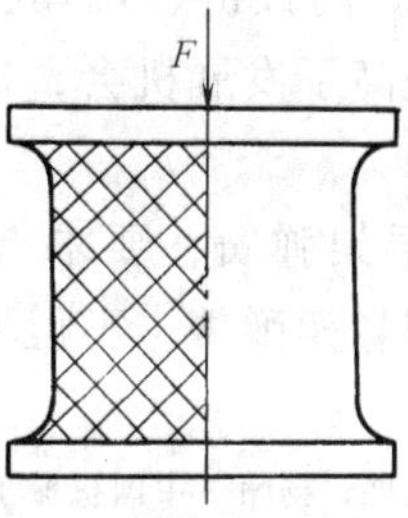	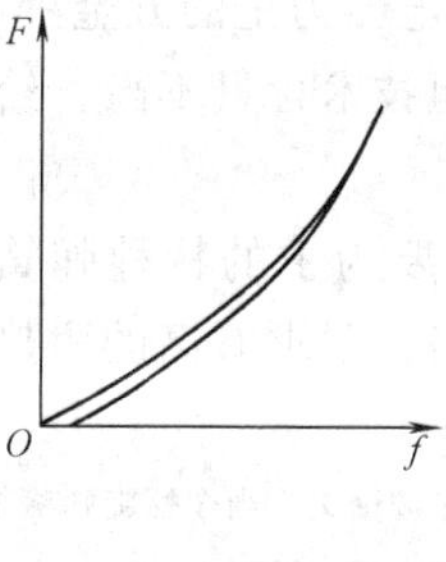	弹性模量小，容易得到所需要的非线性特性线。形状不受限制，各方向刚度可自由选择。可承受来自多方面的载荷

（续）

名称和结构	特性线	性能
空气弹簧 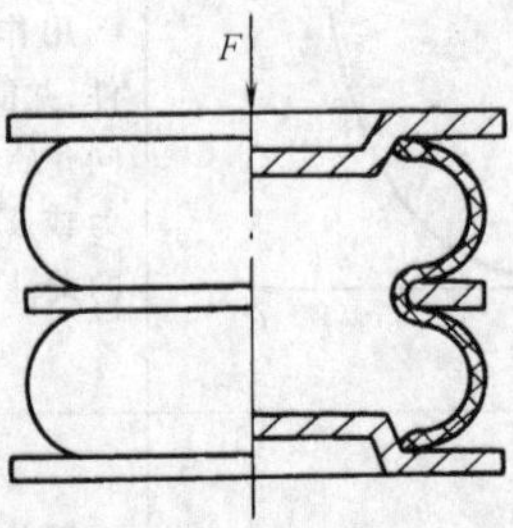	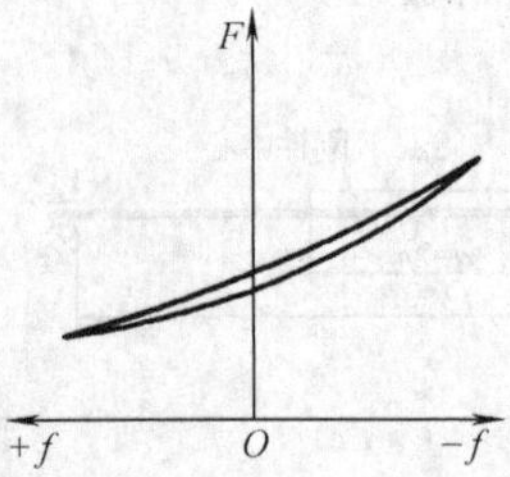	可按需要设计特性线和调节高度，多用于车辆悬架装置

弹簧也可按使用条件分类。用作缓冲或减振的弹簧是利用弹簧动的机能，称为动弹簧，如气门弹簧、车辆悬架弹簧、破碎机的支承弹簧等；用作承受静载荷的弹簧是利用弹簧静的机能称为静弹簧，如安全阀弹簧、钟表的发条等。

弹簧如按特性线的类型也可分为线性和非线性特性线弹簧。属于线性特性线的弹簧，如前所述有普通螺旋压缩、拉伸和扭转弹簧、扭杆弹簧等；属于非线性特性线的弹簧有不等节距螺旋压缩弹簧、截锥螺旋弹簧、碟形弹簧和截锥涡卷弹簧等。

3 弹簧技术发展现状⊖

在机电产品中，弹簧种类繁多，主要有以下类型。

1）以汽车、摩托车、柴油机和汽油机为主的配套弹簧和维修弹簧。这类弹簧有气门弹簧、悬架弹簧、减振弹簧以及离合器弹簧等，用量较大，约占弹簧生产量的50%左右。同时技术水平要求也高，可以说这类弹簧的技术水平具有代表性，它们主要是向高疲劳寿命和高抗松弛方向发展，从而减轻质量。

2）以铁道机车车辆、载重汽车和工程机械为主的大型弹簧和板弹簧，这些弹簧以热卷成型为主，是弹簧制造业的一个重要方面。随着高速铁道的发展，车辆减振系统的升级，作为车辆悬架的热成型弹簧技术有较大的提高，这类弹簧主要向高强度和高精度方向发展以稳定产品质量。

3）以仪器仪表为主的电子电器弹簧，典型产品如电动机电刷弹簧、开关弹簧、摄像机和照相机弹簧，以及计算机配件弹簧、仪器仪表配件弹簧等。这类弹簧弹中片弹簧、异形弹簧占较大的比例，不同产品对材质和技术要求差别较大。这类弹簧主要向着既高强度化又小型化的方向发展。

4）以日用机械和电器为主的五金弹簧，如床垫、沙发、门铰链、玩具、打火机等，这类弹簧需求量较大，但技术含量不高，给小型的弹簧企业提高了发展机会，这类弹簧主要是向小型化方向发展。

5）以满足特殊需要为主的特种弹簧，如纺织机械用摇架弹簧，要求有高的抗松弛性能；钢包滑水口用弹簧，要求有高的耐热性；矿山振动筛用悬架弹簧，不但要求有高的疲劳

⊖ 本节部分内容摘自张俊论文：当今螺旋弹簧主要制造技术的应用和发展，扬州·中国机械工程学会机械设计分会弹簧装置委员会论文集，2006.9。

性能，而且要求有高的抗腐蚀性，因而采用橡胶金属复合弹簧：为了满足车辆行驶时的舒适度，所采用的空气弹簧等。

对于目前出现的异形截面悬架弹簧和气门弹簧，从轻量化、节省空间，提高舒适性和改善弹簧应力分布考虑，比圆截面弹簧更为合理，但是这类弹簧材料价格高，弹簧制造工艺复杂，使得弹簧成本要高于圆截面弹簧。因此目前还看不出异形截面弹簧取代圆截面弹簧的迹象。

3.1　弹簧设计的发展

目前，广泛应用的弹簧应力和变形的计算公式是根据材料力学推导出来的。若无一定的实际经验，很难设计和制造出高精度的弹簧，随着设计应力的提高，以往的很多经验不再适用。例如，弹簧的设计应力提高后，螺旋角加大，会使弹簧的疲劳源由簧圈的内侧转移到外侧。为此，必须采用弹簧精密的解析技术，当前应用较广的方法是有限元法（FEM）。

车辆悬架弹簧的特征是除足够的疲劳寿命外，其永久变形要小，即抗松弛性能要在规定的范围内，否则由于弹簧的不同变形，将发生车身重心偏移。同时。要考虑环境腐蚀对其疲劳寿命的影响。随着车辆保养期的增大，对永久变形和疲劳寿命都提出了更严格的要求，为此必须采用高精度的设计方法。有限元法可以详细预测弹簧应力疲劳寿命和永久变形的影响，能准确反映材料对弹簧疲劳寿命和永久变形的关系。

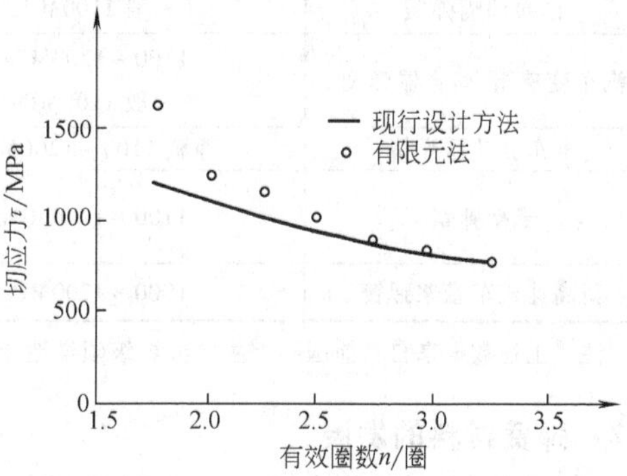

图 1-8　现行计算方法与有限元法所得结果的比较

近年来，弹簧的有限元设计方法已进入了实用化阶段，出现了不少有实用价值的报告，如螺旋角对弹簧应力的影响；用有限元法计算的应力和疲劳寿命的关系等。

图 1-8 所示为用现行设计方法计算和有限元法解析应力的比较。对相同结构的弹簧，在相同载荷作用下，从图中可以看出，有效圈少的或螺旋角大的高应力弹簧的应力，两种方法得出的结果差别比较大。这是因为随着螺旋角的增大，加大载荷偏心，使弹簧外径或横向变形较大，因而应力也较大。用现行的设计计算方法不能确切地反映，而有限元法则能较为确切地反映出来。

弹簧有限元分析方法，在弹簧技术水平较高的国家虽已进入实用化，我国虽有这方面的技术开发，但尚未形成实用模型。

另外，在弹簧的设计进程中还引进了优化设计。弹簧的结构较为简单，功能单纯，影响结构和性能的参变量少，所以设计者很早就运用解析法、图解法或图解分析法寻求最优设计方案，并取得了一定成效。随着计算技术的发展，利用计算机进行非线性规划的优化设计取得了成效（见第 10 章 11 节）。

可靠性设计是为了保证所设计的产品的可靠性而采用的一系列分析与设计技术，它的功能是在预测和预防产品可能发生故障的基础上，使所设计的产品达到规定的可靠性目标值，是传统设计方法的一种补充和完善。弹簧设计在利用可靠性技术方面取得了一定的进展（见第10 章 12 节），但要进一步完善，需要数据的开发和积累。

随着计算机技术的发展，在国内外编制出各种版本的弹簧设计程序，为弹簧技术人员提供了开发创新的便利条件。应用设计程序完成了设计难度较大的弧形离合器弹簧和鼓形悬架弹簧的开发等。

随着弹簧应用技术的开发，也给设计者提出了很多需要注意和解决的新问题。如材料、强压和喷丸处理对疲劳性能和松弛性能的影响，设计时难以确切计算，要靠实验数据来定。又如按现行设计公式求出的圈数，制成的弹簧刚度均比设计刚度值小，需要减小有效圈数，方可达到设计要求。当前大批量生产弹簧产品的设计趋势，以最大工作切应力和疲劳寿命要求为例，列于表1-5。

表1-5 当前大批量生产弹簧的设计趋势

产品类别	最大工作切应力	相关重要要求
一般机械结构弹簧	静载900~1200MPa	
	动载900~1000MPa	开始拥有疲劳寿命要求
螺旋扭转簧	900~1000MPa	
发动机气门弹簧 油泵油嘴弹簧	950~1200MPa （一般1100MPa）	疲劳寿命要求2.3×10^7次，可靠度>90%
汽车变速箱、离合器弹簧	1100~1200MPa （一般1100MPa）	有松弛要求，疲劳寿命要求$(3\sim10)\times10^5$次
卡车驻动器弹簧	静载1100~1200MPa	有松弛要求
悬架弹簧	1100~1200MPa	腐蚀疲劳寿命要求 $(3\sim5)\times10^5$次
新高速机车悬架弹簧	1000~1200MPa	

注：上述数据来自当前国际上主要世界级领导性专业公司的产品图样、信息。

3.2 弹簧材料的发展

随着弹簧应用技术的发展，对弹簧材料提出了更高的要求。主要是在高应力下的提高疲劳寿命和抗松弛性能方面；其次是根据不同的用途，要求具有耐蚀性、非磁性、导电性、耐磨性、耐热性等方面。为此，弹簧材料除开发了新品种外，另从严格控制化学成分，降低非金属夹杂，提高表面质量和尺寸精度等方面取得了有益的成效。

（1）弹簧钢生产工艺的发展　为了提高弹簧钢的质量，工业发达国家已普遍采用炉外精炼技术、连铸工艺、新型轧制和在线自动检测及控制设备等。

为了保证钢的化学成分，降低气体和各种非金属加夹物的含量，采用大容量电炉或转炉熔炼，采用炉外钢包精炼，使氧含量（质量分数）降至$(0.0021\sim0.0010)\%$，生产出超纯净钢，从而大大提高了弹簧的设计和工作应力。

连铸生产工艺在弹簧钢生产中已被广泛采用。连铸可通过电磁搅拌、低温铸造等技术减小钢的偏析，减小二次氧化，改善表面脱碳，使组织和性能稳定、均匀。

采用分列式全连续轧机，可提高尺寸精度，表面质量，同时也可使钢材沿长度显微组织均匀。在轧制过程中为了保证产品的表面质量采用在线自动检测和控制。为了适应变截面弹簧扁钢生产而开发了奥氏体轧制成形新工艺，即先将钢加热到奥氏体区再急冷至亚稳奥氏体区进行塑性加工并淬火处理。这种工艺可使钢在不降低塑性的同时提高强度。此外还有通过轧后在线热处理和表面硬化处理来提高弹簧钢的性能等。

（2）合金钢的发展　合金元素的主要作用是提高力学性能，改善工艺性能及赋予某种特殊性能。气门弹簧和悬架弹簧已广泛应用 SiCr 钢。Si 是抗应力松弛最好的合金元素，在 SiCr 钢中添加 V、Mo 形成 SiCrV 和 SiCrMo 钢，可以提高疲劳寿命和抗松弛性能气门的失效多为松弛。同时 SiCr 拉拔钢丝，其在高温下工作时的抗松弛性能，比琴钢丝和重要用途碳素弹簧钢丝要好。随着发动机高速小型化，抗颤振性能好、质量轻、弹性模量小的 Ti 合金得到了较为广泛的应用，其强度可达 2000MPa。

(3) 低碳奥氏体钢的发展　低碳奥氏体钢 38SiMnB 是我国自主研发的一种新型的高性能弹簧钢，在此基础上开发的 38SiMnVBE 更具优越性，具有高强韧性、高淬透性、高应用性和高性能比。在进行超细晶粒控制轧制后，其抗拉强度 $\sigma_b = 2030 \sim 2140\text{MPa}$，屈服强度 $\sigma_{0.2} = 900 \sim 2010\text{MPa}$，伸长率 $\delta_5 = 12\% \sim 15\%$，面缩率 $\psi = 48\% \sim 55\%$。为少片变截面板弹簧提供了高性能的材料。

(4) 不锈钢的发展　我国是生产不锈钢的大国，随着不锈钢的生产发展，自然也开发了不少品种，目前已达 50 多种，基本满足了国内生产发展的需要，对当前开发的一些新品种作简要说明。

1) 奥氏体不锈钢体系的初步形成。为了消除碳元素造成的不锈钢晶界腐蚀疲劳，开发出低碳奥氏体不锈钢 0Cr18Ni9 和 00Cr17Ni2Mo2。为了提高其特殊性能可加 Cu、Ti、Nb、Mn、Cr、Si 和 N 等元素。

2) 含氮不锈钢的发展。在不锈钢中以氮代碳取得了成果。在奥氏体不锈钢中 N 和 C 有许多共同特性。N 稳定奥氏体的作用比 Ni 大，与 C 相当。N 与 Mn 结合能取代比较贵的 Ni。

在奥氏体中 N 也是最有效的固溶强化元素之一。N 与 Cr 的亲和力要比 C 与 Cr 的亲和力小，奥氏体钢很少见到 Cr2N 的析出。因此 N 能在不降低耐蚀性能的基础上，提高不锈钢强度。

3) 超强铁素体不锈钢的发展。铁素体不锈钢具有良好的耐蚀性能和抗氧化性能，其抗应力腐蚀性能优于奥氏体不锈钢。价格比奥氏体不锈钢便宜。但存在可焊性差、脆性倾向比较大的缺点，生产和使用受到限制。通过降低钢中的碳和氮的含量，添加 Ti、Nb，Zr、Ta 等稳定化元素，添加 Cu、Al、V 等焊缝金属韧化元素三种途径，可以改善铁素体钢的可焊性和脆性。

4) 超级奥氏体钢的发展。超级奥氏体钢指 Cr、Mo、N 含量显著高于常规不锈钢的奥氏体钢。其中比较著名的是含 6% Mo 的钢（245SMo）。这类钢具有非常好的耐局部腐蚀性能，在海水、充气、存在缝隙、低速冲刷条件下，有良好的抗点蚀性能（PI≥40）和较好的抗应力腐蚀性能，是 Ni 基合金和钛合金的代用材料。

5) 超马氏体不锈钢的发展。传统的马氏体不锈钢 2Cr13、3Cr13、4Cr13 和 1Cr17Ni2 缺乏足够的延展性，在冷顶锻变形过程中对应力十分敏感，冷加工成形比较困难。加之钢的可焊性比较差，使用范围受到限制。为克服马氏体钢的上述不足，近来已找到一种有效途径，就是通过降低钢的 C、Ti 含量，增加 Ni 含量，开发一个新系列合金钢——超马氏体钢。这类钢抗拉强度高，延展性好，焊接性能也得到改善，因此超马氏体钢又称为软马氏体钢或可焊接马氏体钢。

(5) 弹簧钢丝的发展　弹簧钢丝经过 100 多年的发展，工艺技术经历了由铅淬火到油淬火，现又发展到感应加热淬火。再加上工艺技术装备不断创新和完善，品种质量不断更新。近来开发的阀门用弹簧钢丝感应加热淬火和回火处理工艺，试验证明，由于感应加热时间短，淬火组织细小，钢丝表面几乎没有脱碳层，所以其塑性、韧性、抗松弛性、断裂韧性、延迟断裂抗力、疲劳寿命等都比油淬火回火钢丝有较大提高。

另一种研究取得成效的超细晶粒形变热处理钢丝已能实地应用，超细晶粒形变处理是组织超细化与形变热处理相结合的一种复合强韧化工艺。它既可提高钢丝的力学性能，同时又能改善钢丝的表面质量。材料表面质量对疲劳性能影响很大。为了保证表面质量，对有特殊要求的材料采用剥皮工艺，将表层去掉0.1mm。对0.5mm深度的缺陷采用涡流探伤。对拔丝过程表面产生的凹凸不平，可用电解研磨，使表面粗糙度降到 $R_a=(6.5\sim3.4)\mu m$。

(6) 不锈钢丝的发展　近年来国外不锈弹簧钢丝生产发展较快。国内需求量增大的品种主要为1Cr18Ni9和0Cr17Ni7Al。

先进的钢丝生产工艺流程特点是盘条首先剥皮处理，去除热加工在表面造成的缺陷，除第一次固溶处理后要进行酸洗外，整个冷加工过程均保持光亮表面。

随着工艺的发展，不锈钢丝的生产流程进一步简化，将部分原属金属制品行业质量控制简化，转换为对盘条质量的要求。在粗拉丝机后，应用清洁球擦拭和水中清洗，去除表面涂层和残余润滑膜。在光亮热处理前配备电解酸洗、碱中和、水冲洗和烘干装置，彻底去除钢丝表面油污，改善表面质量。

(7) 形状记忆合金的开发　目前在弹簧方面有应用前途的单向形状记忆合金，以50Ti和50Ni性能最好。形状记忆合金制成的弹簧，受温度的作用可伸缩。主要用于恒温、恒载荷、恒变形量的控制系统中。由于是靠弹簧伸缩推动执行机构，所以弹簧的工作应力变化较大。

(8) 陶瓷的应用　陶瓷的弹性模量高，断裂强度低，适用于变形不大的地方。目前正在开发的有耐热、耐磨、绝缘性好的陶瓷，应用的有超塑性锌合金（SPZ），在常温下具有高的强度。另外，还有高强度的氮化硅，能耐高温，可达1000℃。但陶瓷弹簧不适用于在冲击载荷下工作。

(9) 纤维增强塑料在弹簧中应用　玻璃纤维增强塑料（GFRP）板簧在英、美和日本等国已广泛应用，除用于横置悬架外，还可用于特殊轻型车辆，如赛车的纵置悬架。目前又研制成功了碳素纤维增强塑料（CFRP）悬架弹簧，比金属板簧要轻20%。

3.3 弹簧加工技术的发展

目前，机械弹簧的加工设备和加工生产线向着数控（NC）和计算机控制（CNC）化的深度和广度发展。但随着弹簧材料和几何形状的变化，加工工艺亦有发展。

1）变弹簧外径、变节距和变钢丝直径（三变）悬架弹簧实现了无模塑性加工。自三变弹簧开发以来，一直采用锥形钢棒在数控车床上卷绕加工，但成品率和价格均不理想。现改为加热状态下通过卷簧机，控制轧辊速度和拉拔力，获得所需要的锥体形状，并用加工余热进行淬火。

2）中空稳定弹簧杆采用低碳硼钢板卷制焊接成形。

3）扭杆采用高纯度的45钢，经高频淬火获得表面的高硬度和较大的剩余压缩应力，从而提高疲劳寿命和抗松弛能力。

4）电子产品广泛应用的片弹簧基本上采用冲压和自动弯曲加工成形。目前主要是发展复合材料的接合技术。

(1) 弹簧的冷成形工艺

1）冷成形工艺一次性自动化能力。冷成形机目前已发展到12爪。在0.3～14mm范围内的钢丝，基本上在8爪成形机能一次成形。目前成形工艺设备的发展方向：①提高成形速度，主要发展趋势是提高设备的成形速度，即生产效率；②通过提高设备零件的精密性和强化热处理效果来提高设备耐久性；③增加长度传感器和激光测距仪，给CNC成形机进行自动闭环控制制造过程。

2）冷成形工艺范围能力。目前大线径弹簧卷簧机，最大规格可达ϕ20mm，σ_b = 2000MPa，旋绕比5。变径或等径料Minic-Block弹簧和偏心弹簧的冷成形工艺还是有局限性。

（2）弹簧的热成形工艺

1）热成形工艺速度能力。目前我国在ϕ9～ϕ25mm规格上的成形仅有CNC2轴热卷簧机，最大速度每分钟17件。与发达国家相比之下差距较大。

2）大弹簧热成形工艺控制能力。由于仅有CNC2轴热卷簧机，因此形状控制少三个方向作用，精度差；而且都无自动棒料旋转控制和调整机构，所以热卷弹簧成形工艺水平和能力较低。因而弹簧的精度水平和表面氧化脱碳水平也较低。

3.4　弹簧的强化工艺技术

（1）弹簧的热处理强化工艺技术

1）保护气氛热处理。在我国，线材小于ϕ15mm的弹簧、油淬火回火钢丝及韧化处理钢的热处理都采用了保护气氛热处理。保护气氛热处理能够消除表面脱碳和氧化，提高材料的表面质量。

2）感应加热或保护气氛感应加热热处理。这项工艺一般在螺旋弹簧成形前的线材上进行，有些弹簧工厂把线材料热处理和弹簧制作放在一起以降低成本。感应加热处理具有较好的强化效果，感应加热速度快，有助细化晶粒和减少表面脱碳，可以充分发挥和提高材料的强度和韧性。

3）表面氮化热处理工艺技术。近年来，高应力气门弹簧或其他高应力离合器弹簧为了达到可靠的疲劳寿命，也采用表面氮化工艺技术，现在比较先进的工艺是低温气体氮化技术，一般氮化温度为450～470℃，气体氮化时间为5～20h。

（2）弹簧的喷丸强化工艺

1）组合喷丸工艺技术。组合喷丸，一般也称多次喷丸工艺。大多数经济的工艺是采用二次抛丸。通过采用不同直径的丸粒喷丸来实现。第一次采用较大丸粒来获得残余压应力和表面光洁度。

2）应力喷丸工艺。应力喷丸工艺也是一项比较经典的喷丸工艺，只是因为难以应用于大批量生产，但近年来由于应力喷丸设备的快速发展，在高应力汽车悬架弹簧大批量生产中得到了较大发展。特别是应力强化喷丸与其他喷丸工艺的组合应用具有很好的强化效果。应力喷丸的预应力一般设定在700～800MPa，经应力抛丸后，残余应力的峰值可以达到1200～1500MPa，从而得到高的抗疲劳强度。

（3）弹簧的热强压工艺　热强压工艺主要应用在要求高的抗永久变形量的螺旋弹簧上，是作为高级的防永久变形的稳定化处理工艺。热强压工艺除可以显著提高抗永久变形外，还可以提高疲劳寿命。

3.5 弹簧的表面保护工艺

弹簧的表面保护工艺，主要有：工序中的表面防锈、成品的发黑（发蓝）、磷化、油漆上防锈油、电泳漆、电镀、静电粉末喷涂等，特别后四种表面处理工艺得到广泛的应用和发展。

部分不锈钢丝和重要用途碳素弹簧钢丝的耐蚀性能相当于镀锌的耐蚀性能，若再镀一层ZnAl（5%）的合金，则耐蚀性可提高约3倍。

对电阻性能有要求的不锈钢丝或重要用途碳素弹簧钢丝，钢丝直径小于0.4mm可镀铜，大于0.4mm的可采用内部是铜，外部是不锈钢材料。一般钢丝镀5μm厚的Ni，可提高其导电性。

一般来说，能使材料表面硬化形成剩余应力的工艺（如喷丸强化和表面氮化等）均可提高疲劳强度。目前正在研究非电解镀Ni，通过加热300～500℃，可将7%的P以PNi析出，可提高维氏硬度500HV，喷丸后，若在300℃以下加热镀Ni，亦可提高硬度10%。

达克罗（Dqcromet）涂覆新技术，具有很多的优点，无氢脆，高的抗腐性、高的耐温性、高渗透性、附着力强而且环保性能好。目前已有应用，但需注意质量。

随着信息时代的发展，弹簧行业建立了一些相关的网站，其中有代表性的是888弹簧网，在传播信息、交流技术方面发挥了一定的作用。

4 我国弹簧的标准化

标准化在2000年成立国际性组织并开始工作。我国弹簧的标准化工作在全国弹簧标准化技术委员会领导和组织下，已完成弹簧及弹簧制品标准40个（表1-6），初步形成了体系。另外报批和正在制定的有：橡胶—金属螺旋复合弹簧、弹簧的疲劳试验大纲等。

表1-6 我国弹簧标准及弹簧制品标准代号及名称

序号	国标标准代号	国标标准名称
1	GB/T 1805—2001	《弹簧术语》
2	GB/T 1973.1—2005	《小型圆柱螺旋弹簧　技术条件》
3	GB/T 1973.2—2005	《小型圆柱螺旋拉伸弹簧　尺寸及参数》
4	GB/T 1973.3—2005	《小型圆柱螺旋压缩弹簧　尺寸及参数》
5	GB/T 19844—2005	《钢板弹簧》
6	GB/T 2940—2005	《柴油机用喷油泵、调速器、喷油器弹簧技术条件》
7	GB/T 1972—2005	《碟形弹簧》
8	GB/T 1239.1—2009	《冷卷圆柱螺旋弹簧技术条件　第一部分：拉伸弹簧》
9	GB/T 1239.2—2009	《冷卷圆柱螺旋弹簧技术条件　第二部分：压缩弹簧》
10	GB/T 1239.3—2009	《冷卷圆柱螺旋弹簧技术条件　第三部分：扭转弹簧》
11	GB/T 23934—2014	《热卷圆柱螺旋压缩弹簧　技术条件》
12	GB/T 23935—2009	《圆柱螺旋弹簧　设计计算》
13	GB/T 2088—2009	《圆柱螺旋拉伸弹尺寸及参数》
14	GB/T 2089—2009	《圆柱螺旋压缩弹簧（两端并紧磨平或制扁）尺寸及参数》
15	GB/T 16947—2009	《螺旋弹簧疲劳试验规范》
16	GB/T 13828—2009	《多股圆柱螺旋弹簧》
17	GB/T 1358—2009	《圆柱螺旋弹簧尺寸系列》
18	GB/T 24471—2009	《串簧机　技术条件》
19	GB/T 24473—2009	《数控卷簧袋装机　技术条件》
20	GB/T 24472—2009	《数控袋装弹簧胶粘机　技术条件》
21	GB/T 24470—2009	《中凹形弹簧数控卷簧机　技术条件》
22	GB/T 25751—2010	《压缩气弹簧　技术条件》

（续）

序号	机械工业标准代号	机械工业标准名称
1	JB/T 6654—1993	《平面涡卷弹簧　技术条件》
2	JB/T 7366—1994	《平面涡卷弹簧设计计算》
3	JB/T 8046.1—1996	《压缩气弹簧　技术条件》
4	JB/T 8046.2—1996	《可锁定气弹簧　技术条件》
5	JB/T 8584—1997	《橡胶—金属螺旋复合弹簧》
6	JB/T 9129—2000	《60Si2Mn 钢螺旋弹簧　金相检验》
7	JB/T 10416—2004	《悬架用螺旋弹簧　技术条件》
8	JB/T 10417—2004	《摩托车减震弹簧　技术条件》
9	JB/T 10418—2004	《气弹簧设计计算》
10	JB/T 10591—2007	《内燃机　气门弹簧　技术条件》
11	JB/T 10802—2007	《圆柱螺旋弹簧喷丸　技术规范》
12	JB/T 3338—2013	《液压件圆柱螺旋压缩弹簧　技术条件》
13	JB/T 6653—2013	《扁钢丝圆柱螺旋压缩弹簧》
14	JB/T 6655—2013	《耐高温弹簧技术条件》
15	JB/T 11762—2013	《圆柱螺旋压缩弹簧超声波探伤方法》
16	JB/T 7367—2013	《圆柱螺旋压缩弹簧　磁粉探伤方法》
17	JB/T 7944—2013	《圆柱螺旋弹簧　抽样检查》
18	JB/T 11698—2013	《截锥涡卷弹簧　技术条件》

弹簧除国家标准和机械工业部行业标准外，尚有国家军用标准（GJB）、航天行业标准（QJ）、航空行业标准（HB）、兵器工业部行业标准（WJ）、船舶总公司行业标准（CB）、冶金工业标准（YB）、铁道行业标准（TB）等。

5 国外弹簧标准化

弹簧虽然用途广泛，但是从品种、规格方面来看，基本上是非标准件，从属于不同主机产品而设计，互换性较差。所以长期以来，在国际标准化组织中未设立有关弹簧标准化的相应技术委员会，弹簧的标准化工作开展有限。近些年来，由于弹簧技术的发展和工业技术发展的要求，围绕弹簧的国际统一标准工作有所加强。由中国和日本等国共同发起于 2005 年成立了国际弹簧标准化技术委员会（ISO/TC 227）组织。主席国为德国，秘书处设在日本国。目前有 11 个正式成员国。正在审核中的国际标准提案有弹簧术语和弹簧喷丸两个标准，均为日本国提出。

在国际弹簧标准化技术委员会成立之前，由国际技术标准委员会 ISO/TC 10 制订了和弹簧相关的技术文件：

ISO 2162 生产技术文件—弹簧，包括三部分：

ISO 2162.1　第 1 部分：弹簧画法

ISO 2162.2　第 2 部分：圆柱螺旋压缩弹簧应具备的数据

ISO 2162.3　第 3 部分：弹簧术语汇编

我国参照上述国际标准 ISO 2162.1 制定了 GB/T 4459.4《机械制图画法》。

模具用矩形截面压缩弹簧应用日渐广泛，出于互换性要求，国际标准组织制定了 ISO/DIS 10243《模具用矩形截面压缩弹簧的安装尺寸和颜色标志》。我国参照此标准已制定了 JB/T 6653《扁钢丝圆柱螺旋压缩弹簧》。

我国全国弹簧技术标准化委员会秘书处于 2007 年 6 月向国际弹簧技术标准化委员会

(ISO/TC 227) 提出了热卷圆柱螺旋压缩弹簧和汽车板弹簧设计、技术要求及试验方法的国际标准提案。在2007年10月29日在北京召开的第三届（ISO/TC 227）12个委员国出席的大会上，一致通过于2012年完成，名为国际标准ISO 11891：2012《热卷圆柱螺旋压缩弹簧技术条件》。这标志着我国弹簧技术向国际水平迈进了一大步。板弹簧提案于2010年经国际弹簧技术标准委员会审定通过，已接近完成。

英国弹簧标准，主要是圆柱螺旋压缩、拉伸和扭转弹簧设计标准，其中也包括了对弹簧的技术条件。这三个标准，对指导弹簧设计来说，规定得比较详细，也比较明确。被欧洲共同体标准化委员会在2001年等同采用，共代号和名称为

BS EN 13906. 1　圆截面材料圆柱螺旋压缩弹簧设计指南

BS EN 13906. 2　圆截面材料圆柱螺旋拉伸弹簧设计指南

BS EN 13906. 3　圆截面材料圆柱螺旋扭转弹簧设计指南

日本、德国、美国、英国和苏联等均制定了不少弹簧标准。但衡量这些国家的弹簧质量水平，仅从相应的标准着眼是不够的。订入这些国家标准的主要是一般弹簧的质量要求。重要的、高质量的弹簧的要求往往反映在各有关公司标准及图样上。

日本标准的制订工作由日本工业技术院归口，该院设有标准部。弹簧标准的制定由工业技术院委托日本弹簧协会提出草案，再由该院组织专门委员会进行审议。订有国家标准的主要是量大面广而便于专业化生产的品种，如圆柱螺旋压缩、拉伸、扭转弹簧，碟形弹簧，扭杆弹簧和板弹簧等几类，见表1-7。设计计算标准和技术条件标准并重。

表1-7　日本弹簧标准名称和标准号

序号	标准代号	标准名称	序号	标准代号	标准名称
1	JIS B 2701	叠板弹簧	6	JIS B 2707	冷卷螺旋压缩弹簧
2	JIS B 2702	热卷螺旋弹簧	7	JIS B 2708	冷卷螺旋拉伸弹簧
3	JIS B 2704	螺旋压缩拉伸弹簧设计标准	8	JIS B 2709	螺旋扭转弹簧设计标准
4	JIS B 2705	扭杆弹簧	9	JIS B 2710	叠板弹簧设计标准
5	JIS B 2706	碟形弹簧	10	JIS B 0103	弹簧术语

德国弹簧标准化工作开展得较好。在德国标准委员会下设有弹簧委员会主管弹簧标准化工作。具体负责制定标准的是德国标准化研究所，相关的试验工作是组织有关企业进行的。

德国弹簧标准（表1-8）的组成与日本标准相近，以圆柱螺旋弹簧为主，另外扭杆弹簧、碟形弹簧、板弹簧等也均订有国家标准。对设计计算标准也十分重视。

表1-8　德国弹簧标准名称和标准号

序号	标准代号	标准名称
1	DIN 2088	圆线材和圆棒材制圆柱形螺旋弹簧：扭转弹簧的计算及设计
2	DIN 2089 T1	圆线材和圆棒材制圆柱形螺旋弹簧：计算与结构
3	DIN 2090	方钢制圆柱螺旋压缩弹簧的计算
4	DIN 2091	圆形截面扭杆弹簧：计算和结构
5	DIN 2092	碟形弹簧：计算
6	DIN 2093	碟形弹簧：尺寸、材料、性能
7	DIN 2094	公路车辆用板簧：质量要求
8	DIN 2095	圆弹簧丝制圆柱螺旋弹簧：冷卷压缩弹簧的质量规范
9	DIN 2096 T1	圆线材和圆棒材制圆柱形螺旋弹簧：热成型压缩弹簧的质量要求
10	DIN 2096 T2	圆棒材制圆柱形螺旋压缩弹簧：大量生产质量要求

（续）

序　号	标准代号	标　准　名　称
11	DIN 2097	圆钢丝制圆柱螺旋弹簧:冷卷拉伸弹簧的质量要求
12	DIN 2098 T1	圆弹簧丝制圆柱螺旋弹簧:圆丝直径大于或等于0.5mm的冷卷压缩弹簧尺寸
13	DIN 2098 T2	圆弹簧丝制圆柱螺旋弹簧:圆丝直径小于0.5mm的冷卷压缩弹簧尺寸
14	DIN 2099 T1	圆丝及圆条制圆柱螺旋弹簧:压缩弹簧的数据、表格
15	DIN 2099 T2	圆形钢丝制圆柱形螺旋弹簧:拉伸弹簧的数据、表格
16	DIN 4621	叠层板簧、弹簧夹
17	DIN 9835 T1	冲孔技术工具用弹性体压缩弹簧:尺寸和计算
18	DIN 9835 T1B1	冲压技术工具用弹性体压缩弹簧:弹簧特性曲线
19	DIN 9835 T2	冲孔技术工具用弹性体压缩弹簧:配件
20	DIN 9835 T3	冲压技术工具用弹性体压缩弹簧:要求和检验
21	DIN ISO 2162	技术制图:弹簧的表示法

美国国家标准（ANSI）目录中没有弹簧方面的标准。在美国动力机械工程师协会制定的标准（SAE）中有14项弹簧标准，其中部分标准包括了弹簧钢丝和弹簧的标准，但对弹簧的要求比较简略。另外美国军用规范（MIL）有五项弹簧标准。美国有关弹簧标准见表1-9。

表1-9　美国弹簧标准名称和标准号

序　号	标 准 代 号	标　准　名　称
1	SAE J 113	冷拔机械弹簧丝及弹簧
2	SAE J 132	油回火铬钒合金气门弹簧金属丝及弹簧
3	SAE J 157	油回火铬硅合金钢丝及弹簧
4	SAE J 172	冷拔碳素气门弹簧钢丝及弹簧
5	SAE J 217	17—7PH不锈钢弹簧丝及弹簧
6	SAE J 230	SAE 30302不锈钢弹簧丝及弹簧
7	SAE J 271	特种高强度冷拔机制弹簧丝及弹簧
8	SAE J 310	油回火碳素弹簧钢丝及弹簧
9	SAE J 351	油回火碳素气门弹簧钢丝及弹簧
10	SAE J 507	一般汽车用热卷螺旋弹簧
11	SAE J 508	一般汽车用冷卷螺旋弹簧
12	SAE J 509	汽车用悬架螺旋弹簧
13	SAE J 510	汽车用悬架板弹簧
14	SAE J 511	空气弹簧术语
15	HS-7(J-788)	板簧的设计与应用指南
16	HS-9(J-795)	螺旋弹簧、涡卷弹簧的设计与应用指南
17	TR-135(J-782)	坐垫弹簧指南
18	HS-26(J-796)	扭杆弹簧的设计与应用指南
19	MIL-STD-29	弹簧(材料、设计、制造)
20	MIL-S-13334	大炮用高应力螺旋压缩弹簧
21	MIL-S-13475	涡卷弹簧(装甲车用)
22	MIL-S-12133	碟形弹簧
23	MIL-S-13572A	压缩、拉伸螺旋弹簧
24	MS-35142	螺旋弹簧
25	M-114-51	热处理钢螺旋弹簧

苏联弹簧标准有12个尺寸标准（表1-10），即圆柱螺旋压缩、拉伸弹簧按所受载荷情况及尺寸精度划分不同的等级，规定其单圈参数。对设计者来说，以单圈参数为参照选用并

设计弹簧，标准的适用性要广泛一些。

表1-10 苏联弹簧标准名称和标准号

序号	标准代号	标准名称
1	ГОСТ 8578	拖拉机和联合收割机柴油机的阀门弹簧一般技术要求
2	ГОСТ 37.00.015	汽车发动机用阀门弹簧技术要求、检验方法和验收规则、包装、运输和保存
3	ГОСТ 13764	圆柱形螺旋压缩和拉伸圆钢弹簧
4	ГОСТ 13765	圆柱形螺旋压缩和拉伸圆钢弹簧参数标志、尺寸确定法
5	ГОСТ 13766	1等1级圆柱形螺旋压缩和拉伸圆钢弹簧螺旋圈基本参数
6	ГОСТ 13767	2等1级圆柱形螺旋压缩和拉伸圆钢弹簧螺旋圈基本参数
7	ГОСТ 13768	3等1级圆柱形螺旋压缩和拉伸圆钢弹簧螺旋圈基本参数
8	ГОСТ 13769	4等1级圆柱形螺旋压缩和拉伸圆钢弹簧螺旋圈基本参数
9	ГОСТ 13770	1等2级圆柱形螺旋压缩和拉伸圆钢弹簧螺旋圈基本参数
10	ГОСТ 13771	2等2级圆柱形螺旋压缩和拉伸圆钢弹簧螺旋圈基本参数
11	ГОСТ 13772	3等2级圆柱形螺旋压缩和拉伸圆钢弹簧螺旋圈基本参数
12	ГОСТ 13773	4等2级圆柱形螺旋压缩和拉伸圆钢弹簧螺旋圈基本参数
13	ГОСТ 13774	1等3级圆柱形螺旋压缩和拉伸圆钢弹簧螺旋圈基本参数
14	ГОСТ 13775	2等3级圆柱形螺旋压缩和拉伸圆钢弹簧螺旋圈基本参数
15	ГОСТ 13776	3等3级圆柱形螺旋压缩和拉伸圆钢弹簧螺旋圈基本参数
16	ГОСТ 17279	电工用碟形弹簧
17	ГОСТ 16118	圆柱形螺旋压缩和拉伸圆钢弹簧技术要求

如前所述，各国列入国家标准的弹簧，仅是弹簧品种的一部分，如要切实考查某一国家弹簧产品质量的实际水平，除了解该国国家标准之外，也要注意相应的公司、企业标准。

第 2 章　弹簧的材料㊀

1　概述

弹簧是机械设备中重要的零件，而其工作状态的好坏往往取决于所用材料的状态，材料的品质对弹簧的性能起到决定性的作用。

弹簧制造最常用的材料有金属和非金属两大类。作为弹性元件的功能材料，高弹性无疑是材料最重要的性能；同时，由于弹簧通常是在变应力的条件下工作，从而要求材料具有优越的耐疲劳性能。另外，为了便于加工成形，减少突然性的失效，材料应具有足够的塑性和韧性。

弹簧制造最初是采用木、竹类等天然材料，进入工业化时代后，金属材料开始广泛应用于弹簧制造领域。随着机械产品功能的不断扩展，性能指标的不断提高，对弹簧的要求也不断提高，逐步形成了各类特殊的、专用的弹簧材料。目前用量最大、用途最广的弹簧材料当属弹簧钢，弹簧钢具有高强度、高屈强比的特性。为满足特殊工况的使用要求，不锈弹簧钢及特殊耐高温、恒弹性合金等材料也开始用于弹簧制造，大大地拓宽了金属弹簧的选材范围。

在非金属材料方面，近年来随着化学橡胶工业地快速发展，橡胶、聚胺酯类和增强型塑料材料也广泛被应用于弹簧产品，并在减振、降噪音等领域得到广泛应用；以氮气或气液为介质的空气弹簧也广泛应用于冲压模具、主机减振、恒力器具、超高温弹性结构等领域；陶瓷材料具有耐高温（800℃以上）、耐腐蚀、耐磨损等特殊性能，也开始作为弹簧材料在一些场合应用。

现代科技的发展使弹簧材料的品种越来越多，弹簧设计有了更宽广的选材范围，使得弹簧产品的应用更能满足其功能要求，也更具有安全性、经济性和环境保护的特性。

1.1　弹簧材料的种类

弹簧材料的种类主要分为金属材料和非金属材料两大类。

常用的金属弹簧材料如下所示：

- 弹簧钢
  - 碳素弹簧钢　典型牌号有 70、65Mn、T8 等
  - 合金弹簧钢　典型牌号有 50CrV、55CrSi、60Si2Mn 等
  - 弹簧用不锈钢　典型牌号有 12Cr18Ni9、06Cr19Ni9、07Cr17Ni7Al 等
- 弹性合金
  - 铜合金　锡青铜、硅青铜、铍青铜、白铜和黄铜
  - 镍及镍合金　纯镍、镍铜合金、镍钴合金、镍铬合金
  - 其他特殊合金　高速工具钢、弹性元件用合金、记忆合金等

㊀ 本章由中钢集团郑州金属制品研究院邱文鹏、姜岩、邢献强、张洪波、李怀保、姜玲、陶善龙等专家进行修订和编写。

常用的非金属弹簧材料如下所示：

- 流体材料
  - 气体(空气、氮气等)
  - 液体(油类)
  - 气液混合
- 无机材料——陶瓷材料
- 高分子材料
  - 橡胶
  - 塑料
  - 纤维强化材料

1.2 弹簧材料的主要力学性能

（1）弹性 物体在外力的作用下会发生变形。当外力去除后物体能自动恢复到原来的尺寸和形状时，则该变形称为弹性变形，不能恢复原来尺寸的变形则称为塑性变形。物体所表现的这种性质，主要是由物体内部微观粒子间的相互作用力造成的。

物体内部的微观粒子主要受到正负电荷间的引力和同性电荷间的斥力作用。当斥力和引力达到平衡时，物体在宏观上表现为稳定的尺寸和形状。当物体受到外力作用时，微观粒子间的作用力平衡被打破，产生相对位移，物体在宏观上表现为变形。如果变形不大，外力去除后物体内部粒子可以重新回复到原有的平衡位置，这时的变形就是弹性变形。如果变形较大，物体内部粒子产生了较大的位移，外力去除后不能回复原位，这时就产生了塑性变形；当发生过量的塑性变形时，材料就会破裂。

衡量物体弹性的主要指标是弹性模量，其物理意义是：材料产生单位应变时所需的应力大小，单位为MPa。弹性模量的本质是物体内部粒子离开平衡位置的难易程度，所以它只取决于物体内部粒子结合的特性，而晶粒大小、组织结构等特性对它的影响不大。从这个意义上说，弹性模量是一种对结构特性不敏感的性质。

根据胡克定律，一个理想的弹性体，在应变不大的情况下，应力与应变之间存在线性关系，一般表达式为

$$\varepsilon = \sigma / E \tag{2-1}$$

式中 E——正弹性模量；

ε——正应变；

σ——正应力。

工程上常使用的弹性模量，除表示材料抵抗正应变能力的正弹性模量外，还有表示材料抵抗切应变能力的切变弹性模量 G，表达式为

$$G = \tau / \gamma \tag{2-2}$$

式中 τ——切应力；

γ——切应变。

从工程技术的角度来看，弹性模量表示材料产生弹性变形的难易程度。由式（2-1）和式（2-2）可知，E 值或 G 值越大，产生单位应变所需的应力越大。也就是说，E 值或 G 值越大，材料越不易产生变形。

材料力学证明，各向同性物体的正弹性模量和切变弹性模量之间有如下关系

$$E = 2G(1 + \upsilon) \tag{2-3}$$

式中 υ——泊松比，它表示材料纵向变形与横向变形之间的比例关系。υ 值一般在 $\frac{1}{4} \sim \frac{1}{3}$

之间。

（2）抗疲劳性　在交变应力作用下，弹簧材料发生断裂的现象叫疲劳断裂，此时的应力值远低于抗拉强度。疲劳断裂在断裂前没有明显的塑性变形，其断口外观通常呈现为平滑区和粗颗粒区两部分（参见第 8 章图 8-7）。

衡量材料抗疲劳性的主要指标是疲劳极限，其物理意义是：在交变载荷的条件下，材料承受无限多次的应力循环而不被破坏的极限应力。

在工程上提供疲劳性能的基本方法通常是依靠试验获得金属材料的疲劳曲线（S-N 曲线），即建立应力幅 S 与相应的断裂周次 N 之间的实测关系曲线，如图 2-1 所示。

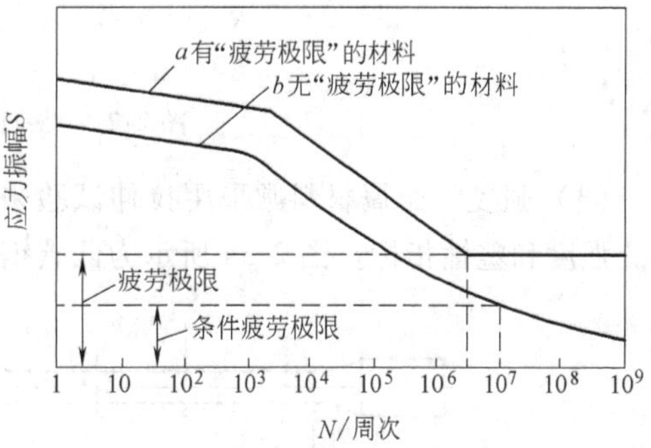

图 2-1　金属材料的疲劳极曲线

应力种类（如反复弯曲、拉压、反复扭转或复合应力）不同时，其疲劳极限不同。材料的疲劳现象存在以下一些规律。

1）工件承受的变应力最大值越高，断裂前所能承受的应力循环周次 N 越小；而应力最大值越低，断裂前的应力循环周次 N 越大。在一定条件下，当应力最大值低于某值时，材料可经受无限次应力循环而不发生断裂。图 2-2a 显示出循环应力与断裂周次间的关系，即疲劳曲线（S-N 曲线）。从该曲线可明显地看到，当应力最大值低于某值后，曲线逐渐与横坐标平行，成为定值，此时的应力值即为疲劳极限。

2）实践证明，大多数钢铁材料的疲劳曲线在 10^7 周次后变为水平，而有色金属和某些超高强度钢的疲劳曲线无明显水平部分，需经 10^8 周次或更多周次应力循环后才能有条件地确定疲劳极限。为了方便起见，常根据实际需要规定一有限值（一般为 5×10^7 或 10^8 周次），把应力循环周次超过此有限值而不断裂的最大应力称为材料的条件疲劳极限。

3）对于受正负交变循环应力作用的材料，在最大应力相同的前提下，应力为对称循环相比应力为不对称循环而言对材料造成的损害更大。当应力为不对称循环时，若最大应力相同，则应力循环不对称的程度越大，试件断裂前经受的应力循环周次越多，亦即对材料造成的损害越小。

4）不同材料，虽有相同的疲劳极限，但其疲劳曲线斜线部分的左右位置和倾斜角大小可能不同。这表明材料对疲劳过载荷（应力超过疲劳极限时的载荷）的抗力不同。疲劳曲线倾斜部分各点的应力水平与相对应的循环周次称为过载持久值或有限周次的疲劳强度。全面评价材料的疲劳抗力时，应有完整的疲劳曲线。

5）材料的疲劳曲线是由实验测定的，实验数据的分散性是很大的。严格地说 S-N 曲线实际上是一个曲线带，如图 2-2b 所示。因此，疲劳曲线应看作是一组试验所得的分散带的均值。当疲劳数据足够多时，可将数据用概率统计法画出不同破坏概率的一组疲劳曲线，即 P-S-N 曲线，其中 P 表示疲劳破断概率。通常绘出的 S-N 曲线相当于破断概率 $P=50\%$ 的 P-S-N 曲线。

6）影响疲劳性能的因素很多，除去材料本身外，零件的制作工艺、使用环境等都有不同的影响。因此对于一些重要的零件，在定型时需要进行疲劳试验。

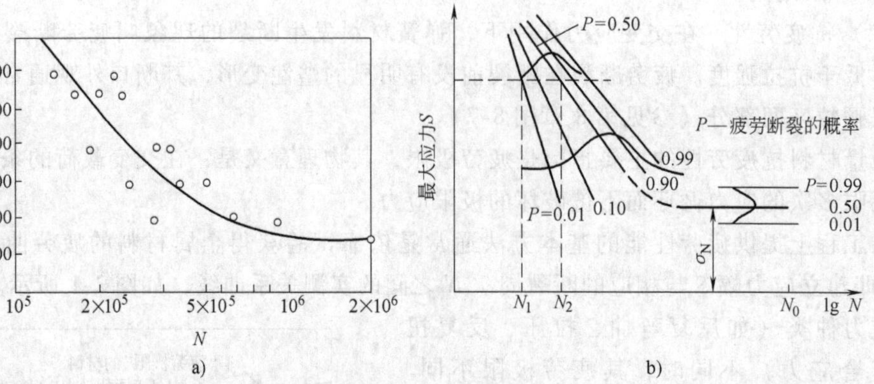

图 2-2 疲劳曲线的统计性示意图

（3）强度 金属材料常采用拉伸试验来测试其力学性能，可以由拉伸试验的数据反映材料的强度和塑性指标。图 2-3a 所示为低碳钢的标准拉伸试样（GB/T 228，MOD ISO 6892）

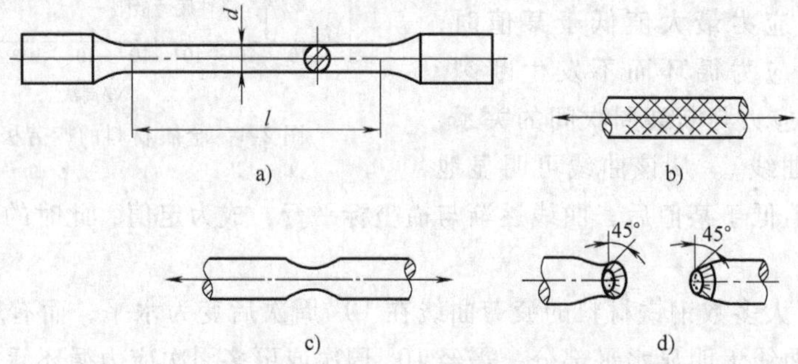

图 2-3 标准拉伸试样及破坏形式示意图

a）低碳钢的标准拉伸试样 b）45°滑移线 c）缩颈 d）断口形状

图 2-4 所示为典型的拉伸工程应力-工程应变图（S-e 图），它描述了从开始加载到破坏为止，试样承受载荷和变形发展的全过程。它表明了低碳钢拉伸时的许多力学性能。

由拉伸应力-应变图（S-e 图）可以看出，拉伸过程分为四个阶段，每一阶段表现出不同的力学性能。

1）弹性阶段：由 S-e 图可以看出，曲线的 OB 段应变值很小，如果将载荷卸去，试样变形会全部消失，故称作弹性变形，该阶段称为弹性阶段。

弹性阶段分为两部分：斜直线 OA 部分和微弯曲段 AB 部分。斜直线 OA 表示应力与应变成正比变化，即材料服从胡克定律。直线的最高点 A 所对应的应力称作比例极限，它是材料服从胡克定律时可能产生的最大应力值。按胡克定律计算，斜直线 OA 上应力与应变的比值就是弹性模量 E，即

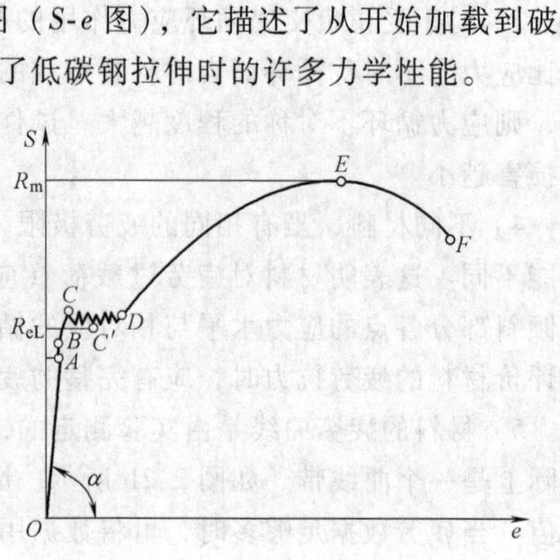

图 2-4 低碳钢拉伸试验曲线

$$E = \sigma_P / \varepsilon = \tan\alpha$$

在变形很小时，工程应力 S 和真应力 σ 及工程应变 e 和真应变 ε 都非常接近，故在工程中可用式（2-4）进行计算：

$$E = \sigma / \varepsilon \tag{2-4}$$

切变模量 G 可根据弹性模量 E 换算得出，即

$$G = E / [2(1 + \upsilon)] \tag{2-5}$$

式中 υ——泊松比，钢材的 $\upsilon \approx 0.3$。

当应力超过比例极限但仍小于图上 B 点的应力值时，AB 段已不再是直线，材料的应变也不再服从胡克定律，但如果此时卸载应力，变形仍能完全消失。B 点对应的应力值是弹性变形阶段的最大应力，该应力值称作弹性极限。弹性极限与比例极限的意义不同，但数值非常接近，故通常不作区分。

2）屈服阶段：当应力超过 B 点，S-e 曲线逐渐弯曲，到达 C 点后，图形上出现一条水平发展的波浪线 CD，说明此阶段应力只有小幅度波动，而应变却急剧增加，就好像材料失去了对变形的抵抗能力。这种现象称作材料屈服。

屈服阶段的起始点就是 S-e 曲线上的 C 点，这一点的应力值是屈服阶段的最高应力值，故 C 点又被称为上屈服点。通常所说的屈服强度 $R_{eL}(\sigma_s)$ 指的是屈服阶段的最低应力值，也称作下屈服点，它代表了材料抵抗屈服的能力，是衡量材料力学性能的重要指标。如弹簧的应力达到此水平将失去刚度。

3）强化阶段：S-e 曲线上从屈服终止点 D 到曲线最高点 E 这一阶段，材料的变形随着应力提高而增加，如果应力不提高变形就不增加。材料继续变形时，必须增加外力，这种现象称作材料的应变强化，也叫加工硬化，故称此阶段为强化阶段。同时，因为缩颈尚未出现，也称作均匀变形阶段。这一阶段的变形与弹性阶段的变形不同，是不可恢复的塑性变形。

E 点所对应的应力称为强度极限，也就是抗拉极限 $R_m(\sigma_b)$，它是材料完全丧失承载能力的最大应力值，是弹簧材料的重要性能指标。通常所说的抗拉强度即指这一参数。

4）缩颈阶段：在 E 点之前，试样在标距 L 范围内的变形是沿轴向均匀伸长，沿径向均匀收缩。从 E 点开始，试样的变形集中在某一局部长度内，此处的横截面面积开始减小（图 2-3c），出现了所谓的“缩颈”现象。由于缩径处的横截面积不断减小，导致虽然试样缩颈部位受到的应力不断增加，但继续变形所需的拉力反而逐渐减小，按原始横截面积计算的工程应力 S 值随之下降，直至曲线延长到 F 点，试样被拉断。

经过上述阶段后拉断的试样，断口的一端呈杯口状，另一端呈截锥状，如图 2-3d 所示。

除了低碳钢之外，许多材料的 S-e 曲线没有明显的屈服阶段（图 2-5a）。对于这些材料，在工程上规定以试样产生一定的塑性变形时的应力值作为屈服强度的代表值（图 2-5b），称为规定塑性延伸强度 R_p。例如以 0.2% 塑性变形时的应力值代表屈服强度时，记为 $R_{p0.2}(\sigma_{0.2})$。

对应于弹簧材料，因为强度较高，所以多无明显的屈服阶段。

（4）塑性　试样断裂后，变形中的弹性部分消失，而塑性变形部分则保留下来，称作

残留变形。工程上用残留变形表示塑性性能。常用的塑性指标有如下两个。

1）伸长率 A。

$$A=(L_u-L_0)/L_0\times100\%$$

式中 L_0——试件原始标距；

L_u——试件断后标距。

2）断面收缩率 Z。

$$Z=[(S_0-S_u)/S_0]\times100\%$$

式中 S_0——试件初始横截面积；

S_u——破断后断口处的横截面积。

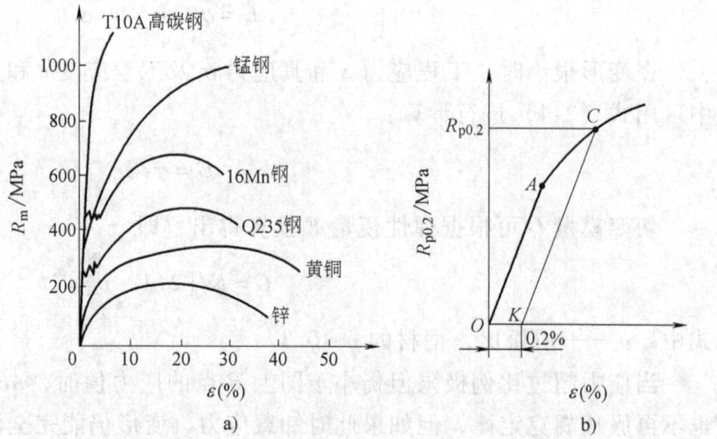

图2-5 规定塑性延伸强度 $R_{p0.2}$ 示意图

A 和 Z 都表示材料直到拉断为止其塑性变形所能达到的最大程度。A 和 Z 越大，说明材料的塑性越好，反之则说明材料塑性越差。一般塑性好的材料，成形工艺好，但强度低，疲劳强度也低。因此选择弹簧材料时，要权衡应用和工艺方面选择适当的塑性材料。

（5）硬度　硬度是力学性能试验中最简便获得因而使用最广泛的性能指标。硬度试验的方法有若干种，包括压入法、刻画法、回跳法等。一般可以认为，硬度是材料表面局部对外力所造成变形表现出的抵抗能力的度量，该指标反映了在材料的局部范围内抵抗弹性变形、塑性变形或破坏的能力。

弹簧材料常用的硬度测试指标有洛氏硬度、布氏硬度和维氏硬度等，均有专用的检测仪器和操作方法。它们的测试原理都属于静负荷压入法，测试时采用坚硬的压头，用一定的力压入材料表面，保持一定时间后卸载，然后按照压痕的尺寸换算成相应的硬度。

1）洛氏硬度 HR：洛氏硬度的检测方法操作简便，测量硬度范围大，压痕面积较小，试样表面损伤小，往往直接用于检测成品或较薄的试件。但因该检测方法压痕面积较小，对于内部组织或硬度不均匀的材料，所测得结果散差较大，因此规定应在试样不同部位测三点值取其平均。

洛氏硬度试验执行标准为 GB/T 230《金属材料　洛氏硬度试验》（系列）。

洛氏硬度检测法根据压头的类型和总试验力的大小分为 A、B、C、D、E、F、G、H、K、N、T 等标尺，常用标尺为 A、B、C，对应的硬度符号为 HRA、HRB、HRC。

① HRA：120°金刚石圆锥形压头，总试验力 588.4N，适宜检测范围 20～88HRA，如硬质合金、表面淬火工件、渗碳钢等。表示方法示例：50HRA，表示用 A 标尺测得的洛氏硬度值为 50。

② HRB：直径为 1.5875mm 硬质合金（W）或淬火钢（S）球形压头，总试验力 980.7N，适宜检测范围 20～100HRB，如有色金属、退火钢等。表示方法示例：50HRBW，表示用硬质合金球形压头和 B 标尺测得的洛氏硬度值为 50。

③ HRC：120°金刚石圆锥形压头，总试验力 1471N，适宜检测范围 20～70HRC，如淬火钢、调质钢等，应用最广，弹簧材料多采用。表示方法示例：50HRC，表示用 C 标尺测得的洛氏硬度值为 50。弹簧多采用此方法。

2）维氏硬度 HV：维氏硬度检测法试验压力小，压痕较浅，轮廓清晰，便于准确测量，故广泛用于金属镀层、薄片材料和化学处理后的表面硬度。又因测试压力可在较大的范围内选择，所以可以测量从很软到很硬的材料。但维氏硬度检测法不如洛氏硬度检测法操作简便、迅速，不适于成批生产的常规检测。

维氏硬度试验，执行标准为 GB/T 4340《金属材料 维氏硬度试验》。

3）布氏硬度 HBW：布氏硬度检测法压痕面积较大，能反映出较大范围内材料的平均硬度，但操作不够简便；又因压痕较大，不宜检测薄的、面积很小的试件。布氏硬度检测法适于检测硬度值小于 650HBW 的材料。

布氏硬度试验执行 GB/T 231《金属材料 布氏硬度试验》（系列），GB/T 231.1—2009 只允许使用硬质合金球压头，布氏硬度符号为 HBW，不应与以前的符号 HB 和用钢球头时使用的符号 HBS 相混淆。

布氏硬度的符号示例：600HBW1/30/20 表示用直径 1mm 的硬质合金球在 294.2N（30kgf）的试验力作用下保持 20s 测得的布氏硬度值为 600。

1.3 弹簧材料的选用

（1）基本原则

1）满足弹簧的使用要求，如力学性能、使用温度、工作环境、寿命需求、电磁特性等。

2）适应加工过程的需要，如卷制规格限度、操作空间、热处理能力、检测手段等。

3）材料易于采购。

4）生产成本适当，包括材料价格及制作费用等。

5）符合环保要求。

（2）材料选用需考虑的因素

1）工作温度的影响。

① 高温的影响：随着工作温度的升高，材料中的松弛现象会逐渐明显，弹簧的弹力表现出逐渐降低的趋势。在高温下工作的弹簧材料，要求其具有较好的热稳定性、抗松弛或抗蠕变能力、抗氧化和耐一定介质腐蚀的能力。各种材料在一定的工作应力下所能承受的最高工作温度各不相同，各种弹簧金属材料的推荐使用温度见表 2-6。

弹簧的工作温度升高，弹簧材料的弹性模量下降，导致刚度下降，承载能力变小。因此，在高温下工作的弹簧必须了解弹性模量的变化率（值）对使用性能的影响。图 2-6 所示为弹簧钢切变模量和温度关系曲线。

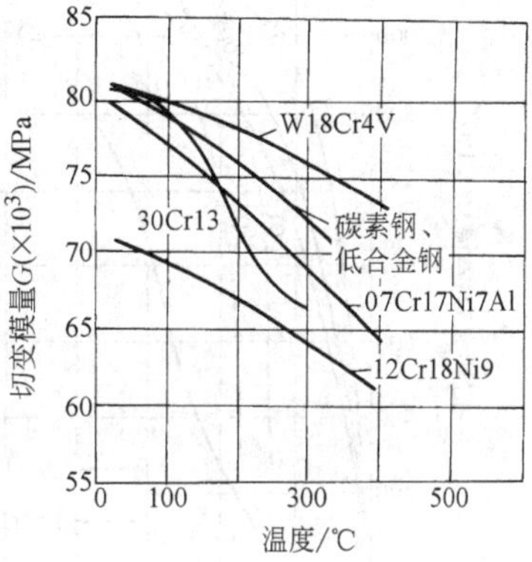

图 2-6 弹簧钢切变模量和温度关系曲线

按照 GB 1239《冷卷圆柱螺旋弹簧技术条件》的规定，当普通螺旋弹簧工作温度超过 60℃ 时，应对切变模量进行修正，其公式为

$$G_t = K_t G$$

式中 G——常温下的弹性模量；

G_t——工作温度 t 下的切变模量；

K_t——温度修正系数，按表 2-1 选取。

表 2-1 温度修正系数 K_t

材料牌号		工作温度/℃			
新牌号	旧牌号	≤60	150	200	250
50CrVA		1.00	0.96	0.95	0.94
60Si2Mn			0.99	0.98	0.98
10Cr18Ni10Ti	1Cr18Ni9Ti		0.98	0.94	0.90
07Cr17Ni7Al	0Cr17Ni7Al		0.95	0.94	0.92
QBe2			0.95	0.94	0.92

一些材料制成的弹簧在不同温度和应力下的抗松弛性能如图 2-7 ~ 图 2-12 所示。在生产实践中，不同批次的材料、不同的工艺参数等得到的抗松弛性能都是有差别的，因此这些抗松弛特性曲线并不是普遍适用的准确结论，只能作为参考。

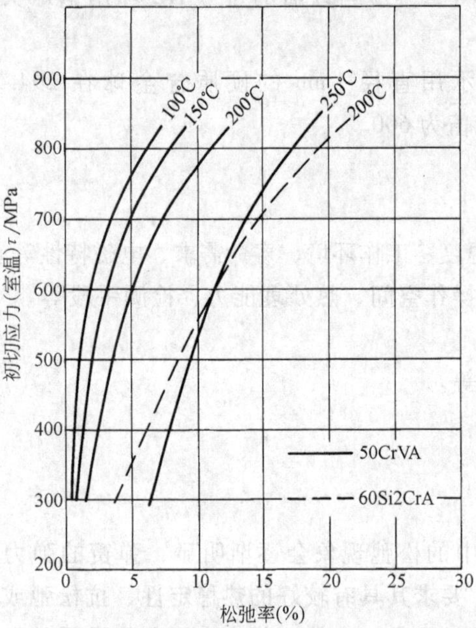

图 2-7 50CrVA、60Si2CrA 弹簧在 72h 后的应力松弛曲线

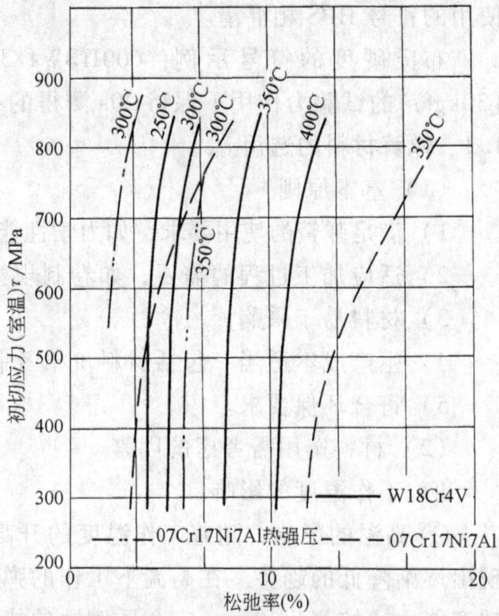

图 2-8 W18Cr4V、07Cr17Ni7Al（0Cr17Ni7Al）弹簧 16h 后的应力松弛曲线

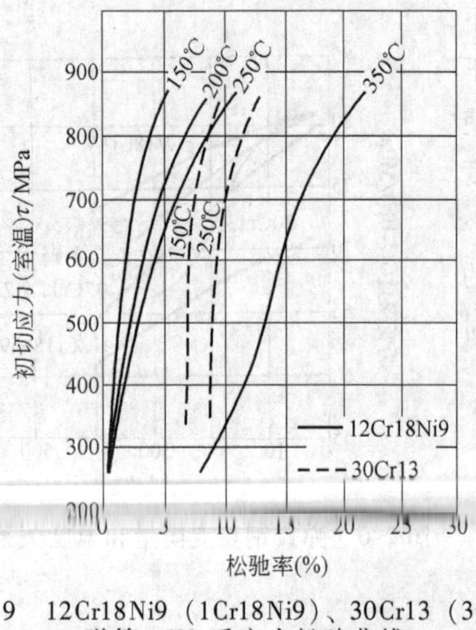

图 2-9 12Cr18Ni9（1Cr18Ni9）、30Cr13（3Cr13）弹簧 168h 后应力松弛曲线

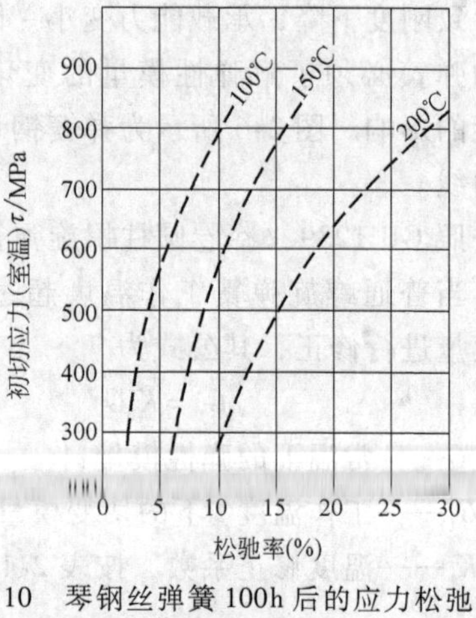

图 2-10 琴钢丝弹簧 100h 后的应力松弛曲线

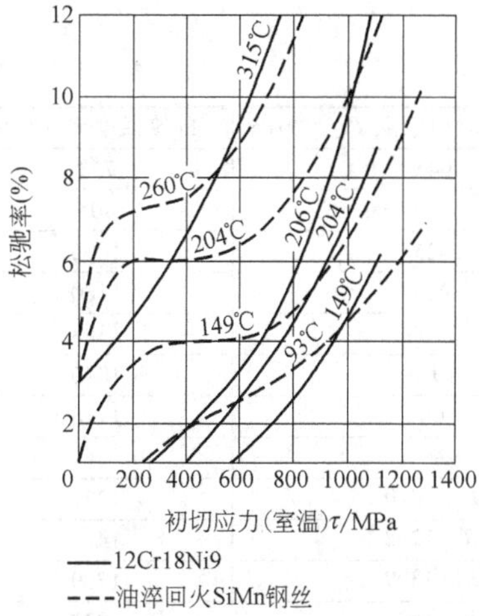

图 2-11 12Cr18Ni9（1Cr18Ni9）、油淬回火 Si-Mn 钢丝弹簧 168h 后应力松弛曲线

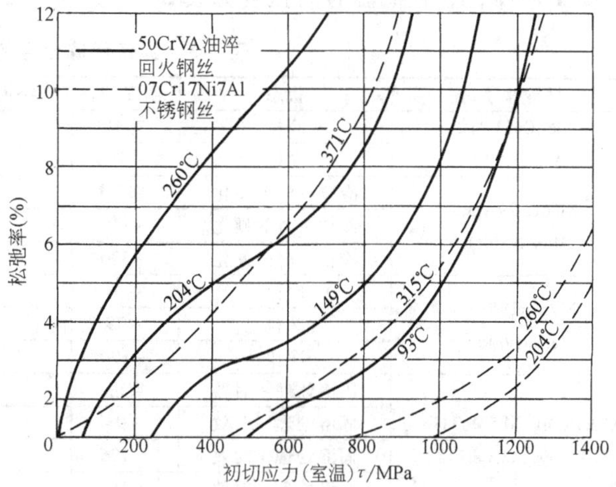

图 2-12 50CrVA 油淬回火钢丝和 07Cr17Ni7Al（0Cr17Ni7Al）弹簧 168h 的后应力松弛曲线

② 低温的影响：在低温下使用的弹簧材料，应具有良好的低温韧性。冷拉强化碳素弹簧钢丝、奥氏体不锈弹簧钢丝以及铜合金、镍合金均有较好的低温韧性和强度。碳素弹簧钢、低合金弹簧钢、30Cr13（3Cr13）、40Cr13（4Cr13）不锈弹簧钢及弹性合金的使用温度可低达 -40℃。它们的最低使用温度参见表 2-2。在更低的温度下，如 -200℃，则需用 12Cr18Ni9、10Cr18Ni9Ti、QSn4-3、QSn6.5-0.1、QBe2 以及 Ni66Cu29Al3（Monelk500）、GH4169（Inconel718）等材料。

冷拉强化碳素弹簧钢丝、不锈钢 12Cr18Ni9（1Cr18Ni9）、镍铜 Ncu28-2.5-1.5 和铍青铜 QBe2 材料在低温时的力学性能，见表 2-2 所列。

表 2-2 部分弹簧材料低温力学性能

材料	温度 /℃	抗拉强度 R_m/MPa	屈服强度 R_{eL}/MPa	疲劳强度 σ_N/MPa	断面收缩率 Z(%)	伸长率 A(%)	冲击吸收能量 K/J
索氏体化冷拉碳素钢丝	+20	1863	1429	506	53	—	—
	-30	1942	1432	525	48	—	—
	-60	2035	1442	545	46	—	—
12Cr18Ni9 (1Cr18Ni9)	+20	1451	1020	760	54	—	—
	-78	1667	1344	863	63	—	—
	-196	2059	—	—	44	—	—
NCu28-2.5-1.5	+20	500	150	—	—	—	—
	-40	560	180	—	—	—	—
	-80	600	190	—	—	—	—
QBe2	+20	1314	—	—	—	5	5.58
	-50	1329	—	—	—	6	6.9
	-100	1342	—	—	—	8	6.9
	-150	1373	—	—	—	9	8.3
	-200	1451	—	—	—	9	9.7

注：1. 冷拉碳素钢丝碳的质量分数为 0.75%，钢丝直径 $d=1.12$mm。

2. 不锈钢试件直径 $d=19$mm。

弹簧用镍合金在低温时的强度见表2-3。

表2-3 弹簧用镍合金的强度

材料牌号	状态	温度/℃	在不同温度时屈服点 $R_{p0.2}$/MPa	抗拉强度 R_m/MPa
Ni66Cu31Fe (Monel400)	冷拉	室温	645	713
	冷拉	-79	695	805
Ni66Cu29Al3 (Monelk500)	冷拉+时效硬化	室温	825	1096
	冷拉+时效硬化	-110	924	1180
	冷拉+时效硬化	-330	1100	1388
Ni76Cr18Fe8 (Inconel600)	冷拉	室温	1015	1046
	冷拉	-79	1064	1118
	冷拉	-190	—	—
NiCr19Fe18Nb5Mo3TiB (GH4169, Inconel718)	固溶处理+时效	室温	R_{eL} 1040	1329
	固溶处理+时效	-98	R_{eL} 1202	1468
	固溶处理+时效	-196	R_{eL} 1399	1709
	固溶处理+时效	-253	R_{eL} 1609	1835
Ni	冷拉	室温	—	708
	冷拉	-80	—	770

2）热膨胀系数的影响：在衡器和仪表中使用的弹簧，为了满足其精度不受温度变化影响，一般选用弹性模量和膨胀系数变化极小的恒弹性合金。

3）工作介质的影响：在存在腐蚀性介质的情况下，材料容易因被腐蚀而失效。由于碳素钢及低合金弹簧钢的耐蚀性能较差，在酸性及其他腐蚀介质下工作的弹簧，一般选用不锈耐酸钢或镍合金等耐蚀材料。在腐蚀性很强的条件下，可考虑选用非金属材料。

在一般环境介质条件下使用的普通弹簧钢弹簧，如需提高抗腐蚀能力，也可采用制成弹簧后在其表面进行防锈涂镀，如镀锌、镀镉、镀铜等。

4）材料规格的影响：大规格弹簧一般采用热成形工艺，材料通常选用热轧线材或软态交货的钢丝；小规格、形状复杂、精度较高且要求高弹力的弹簧常采用冷拉强化钢丝或淬回火钢丝为原料，用冷成形工艺制造。

工件淬火时，表面冷却快，心部冷却慢。如果工件大到一定程度，中心部位的冷却速度慢到低于该材料的临界淬火速度时，该材料中心部位就得不到马氏体组织，达不到淬火应该得到的硬度。为了降低材料的临界冷却速度，提高材料的淬透性，钢材中常加入一些合金元素。

采用弹簧钢成形后淬火强化的制簧工艺时，为了保证淬火后弹簧内部具有均匀一致的性能，必须考虑材料的淬透性，尽量保证材料的整个截面在淬火时得到均匀的马氏体组织。因此，对于需要使用大规格弹簧钢材料的场合，要选用淬透性好的材料。部分弹簧钢的油淬火临界直径见表2-4。

表2-4 部分弹簧钢的油淬火临界直径

钢的种类	油淬火临界直径/mm	钢的种类	油淬火临界直径/mm
碳素弹簧钢	6~8	50CrVA、60Si2CrA	40~45
65Mn	15	60Si2CrVA、65Si2MnWA	50
60Si2Mn	20~25	60CrMnB(SUP11A)	60
50CrMn	30~35	60CrMnMo(SAE4161H)	78~108

5）制造工艺的影响：弹簧的制造工艺有多种多样，但其主要的成形工艺主要有冷成形

和热成形两种。

在弹簧冷成形工艺中，弹簧的设计工作应力与所采用的材料性能相关。冷成形弹簧的制作主要采用淬回火钢丝和冷拔强化钢丝，冷拔强化钢丝和连续淬回火钢丝具有较高的强度和良好的表面质量，综合性能较好。尤其是感应加热淬回火热处理后的钢丝，其组织晶粒度可以达到10级甚至更高，比辐射加热淬回火钢丝具有更高的韧性和疲劳强度。

淬回火钢丝和散件淬回火的疲劳性能对比如图2-13所示。

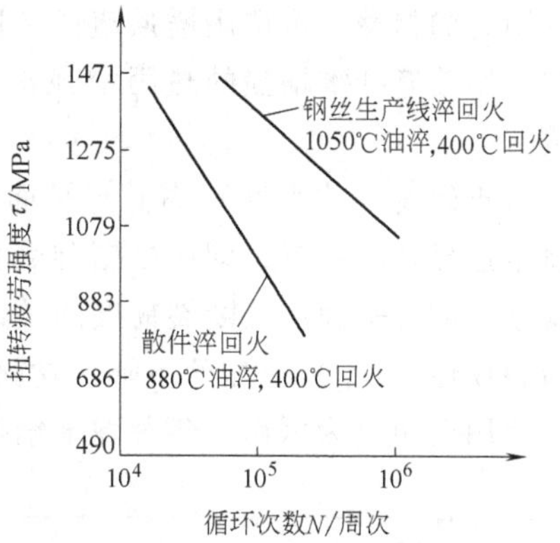

图 2-13　50CrV 钢 3mm 钢丝两种不同工艺下的扭转疲劳强度对比

冷成形工艺的特点是流程简单，采用冷成形工艺不需要专门的淬火处理，只需要进行去应力退火即可，避免了再次热处理的变形、脱碳等情况发生。弹簧冷成形工艺一般适合于线径小于15mm或形状较为复杂的异形弹簧及各种卡、拉、扭弹簧，中凸、中凹、弧形弹簧等。中、小型弹簧，特别是螺旋拉伸弹簧，应当优先选用冷成型工艺。

冷成形弹簧常用钢丝的强度下限值对比图如图2-14所示，其中VDCrSi、TDSiMn和VD-CrV-A为GB/T 18983—2003的钢丝代号，F为YB/T 5311—2010的钢丝代号，SL和DM为GB/T 4357—2009的钢丝代号（数据来源见GB/T 18983—2003、YB/T 5311—2010、GB/T 4357—2009）。

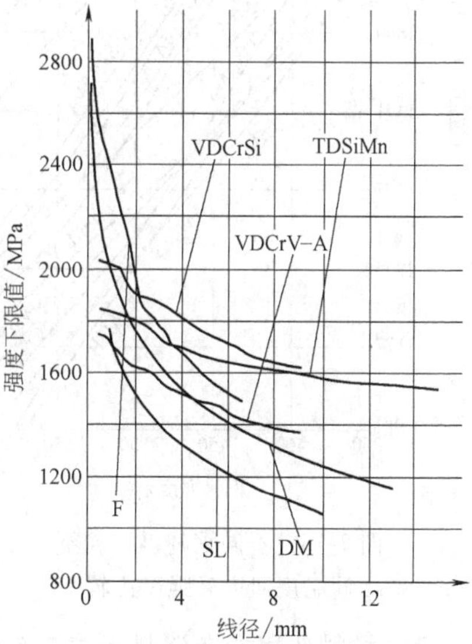

图 2-14　冷成形弹簧常用钢丝的强度下限值对比图

为提高弹簧的抗腐蚀能力，有时会采用制成弹簧后在其表面进行防锈涂镀（镀锌、镀镉、镀铜等）的方法。在这种情况下需要注意：表面处理前，如果材料中的残余应力没有充分去除，表面处理过程中很容易发生应力腐蚀，造成弹簧报废。另外，表面处理过程中会有氢原子渗入材料基体，如不能充分除氢，弹簧容易在后续的加工和使用过程中发生氢脆。

6）材料特性的影响：制造弹簧时，材料的弹性极限显然是极其重要的性能指标，应根据不同的弹性和刚性需求选用不同的材料。

然而在力学性能测试中，弹性极限的测定比较难，数据较少，而强度极限的测定比较容易，数据很多，所以实际工作中往往参照材料的抗拉强度（即强度极限）选用材料。图2-15所示为不同钢种经不同温度回火后强度比较，可供选用材料时参考。

7）其他影响：高应力、高寿命、高可靠性要求的螺旋弹簧、板弹簧及其他弹性件产品，一般需要优化工件的实际工作应力而采用异形截面、变截面等高强度材料来达到产品的高质量要求。如以弹簧本身作导体的电器弹簧或在湿度变化不定的条件下（如在水、海水或水蒸气环境中）工作的弹簧，一般选用铜合金材料。又如质轻、绝缘、防碰、防锈蚀等特殊用途的弹簧，可选用增强塑料。目前，较为适用的塑料弹簧是以环氧树脂、酚醛树脂为基体，用玻璃纤维增强的热固增强塑料（GFRP）。也可选用防振橡胶制造各种类型的橡胶弹簧。

由于硬度（或强度）高低与平面应变断裂韧性关系极大，因此由弹簧钢制作的弹簧需要慎重选择硬度范围，即应根据弹簧承载性质和应力大小确定硬度。图 2-16 所示为 Si-Mn 弹簧钢硬度与平面应变断裂韧度的关系曲线。从曲线关系可以看出，随着硬度增加，平面应变断裂韧性（K_{IC}）值显著下降。这就是说在满足弹簧特性要求的前提下，弹簧的硬度值偏低些使用性能更为可靠。各种弹簧钢推荐的硬度范围见表 2-6。

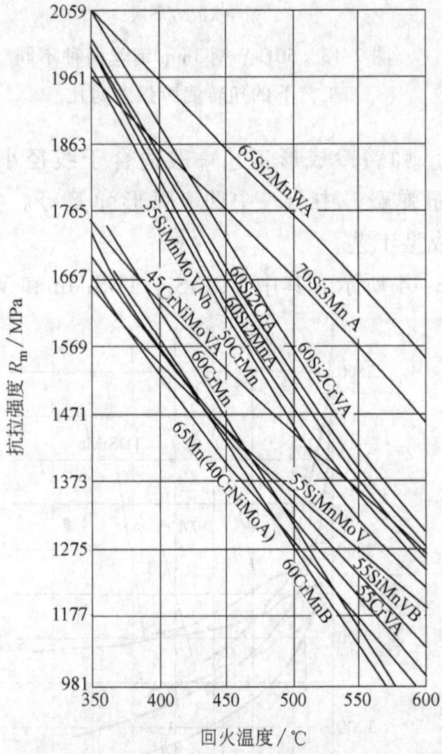

图 2-15 不同钢种淬火经不同温度回火后强度比较

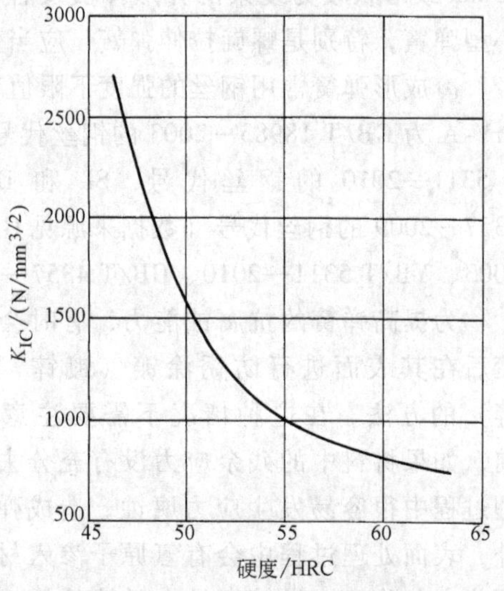

图 2-16 Si-Mn 弹簧钢硬度与平面应变断裂韧度的关系

（3）材料选用参考资料 表 2-5 所列为弹簧类别和常用材料，表 2-6 所列为常用弹簧金属材料应用参考，表 2-7 常用弹簧钢的力学性能，表 2-8 为其他弹簧钢的力学性能。

表 2-5 弹簧类别和常用材料

类别	用途	常用材料牌号
重型螺旋弹簧	建筑地基、电站设备、重型推土挖掘设备等	65，70，85，65Mn，55SiMnVB，60Si2MnA，60Si2CrA
板弹簧	铁道车辆、载货汽车等悬架弹簧	55SiMnVB，55CrMnA，60Si2MnA，60CrMnA，60Si2CrA，60CrMnBA
螺旋悬架弹簧	各种汽车车辆、高速铁道车辆，摩托车悬架弹簧	65Mn，60Si2MnA，60CrMnA，55SiCrA，60Si2CrA
内燃机动力系统弹簧	汽油、柴油内燃发动机气门弹簧，动力系统的离合器弹簧、自动变速器弹簧	50CrVA，55SiCrA，（55CrSiVA，65CrSiA，70CrSiNiV 等非标材料）

（续）

类别	用途	常用材料牌号
扭杆弹簧	车用扭杆、稳定杆	55SiMnVB, 55SiCrA
	一般机械结构小扭杆	T9A, 55SiCrA, 60Si2MnA, 60Si2CrA
螺旋弹簧或薄片弹簧	一般机械用较小规格的卡、拉、扭弹簧	70, 85, 65Mn, 50CrVA, 55SiCrA
	一般机械用较大规格的螺旋弹簧	70, 85, 65Mn, 50CrVA, 55SiCrA, 60Si2CrA, 60Si2MnA
	一般高应力螺旋弹簧	55SiCrA, 60Si2CrA
	车用涡卷弹簧、夹箍	T9A, 65Mn, 55SiCrA, 60Si2CrA
	模具用异形截面弹簧	50CrVA, 55SiCrA, 60Si2CrA
	高工作温度环境（>400℃）	W18Cr4V
	耐腐蚀环境	40Cr13, 12Cr18Ni9, 07Cr17Ni7Al
	电器开关、电接触点元件	H68, QSn4-3, QSn6.5-0.1, QSn6.5-0.4, QBe2
	要求无磁性感应和耐蚀性	3J21
	仪表元件，要求恒温特性	3J1, 3J53
	工作在腐蚀气氛，或食品设备	NCu28-2.5-1.5

表 2-6 常用弹簧金属材料应用参考

材料			切变模量 G $\times10^3$/MPa	弹性模量 E $\times10^3$/MPa	推荐硬度	推荐使用温度/℃	主要特性和推荐用途
类别	常用牌号	标准号					
普通冷拉碳素钢丝	70、65Mn、T8Mn、T9	GB/T 4357—2009	丝径 0.5～4.0mm：78.8～81.8 丝径 >4.0mm：78.8	丝径 0.5～4.0mm：196.0～206.0 丝径 >4.0mm：196.0		-40～120	强度较高，加工性能好。适用于冷成形工艺，多用于制作规格较小的各种弹簧
重要用途冷拉碳素钢丝	70、65Mn、T8MnA、T9A	YB/T 5311—2010	丝径 0.5～4.0mm：78.8～81.8 丝径 >4.0mm：78.8	丝径 0.5～4.0mm：196.0～206.0 丝径 >4.0mm：196.0		-40～120	强度高，加工性能好。适用于冷成形工艺，多用于制作规格较小的重要用途弹簧 琴钢丝与此相同
淬回火钢丝	65、70、65Mn	GB/T 18983—2003	丝径 0.5～4.0mm：78.8～81.8 丝径 >4.0mm：78.8	丝径 0.5～4.0mm：196.0～206.0 丝径 >4.0mm：196.0		-40～120	强度高且稳定，加工性能好。适用于冷成形工艺，多用于制作承受高应力的弹簧
	60Si2Mn、60Si2MnA					-40～200	
	50CrVA、55CrSi、67CrV					-40～250	
不锈钢丝	06Cr19Ni10（0Cr18Ni9）、12Cr17Ni7（1Cr17Ni7）	YB/T 5310—2010	71.7	193.2		-250～290	耐腐蚀、耐高低温、有良好的工艺性能，适用于制作仪表中心圈、挡圈和胀圈
	12Cr18Ni9（1Cr18Ni9）	GB/T 24588—2009					
	07Cr17Ni7Al（0Cr17Ni7Al）	YB/T 5310—2010	73.5	183.4	47～50HRC	300	耐蚀性与奥氏体不锈钢相近，有很高的强度和硬度，耐高温，加工性能好。适用于制造形状复杂，表面状态要求高的弹簧

（续）

材料：类别	材料：常用牌号	材料：标准号	切变模量 G $\times10^3$/MPa	弹性模量 E $\times10^3$/MPa	推荐硬度	推荐使用温度/℃	主要特性和推荐用途
不锈钢丝	30Cr13(3Cr13)、40Cr13(4Cr13)	YB/T 5310—2010	75.7	214.8	48 ~ 53HRC	-40 ~ 300	强度高，耐高温，在大气、蒸汽、水和弱酸中有较好的耐蚀性，但不宜用于强腐蚀介质中。适用于制作大尺寸弹簧，成形后进行淬回火
弹性合金丝	3J1	YB/T 5256—2011	68.6 ~ 78.9	186.3 ~ 206.0	280 ~ 400HV	-40 ~ 250	弹性模量、强度、耐蚀性和抗磁性均高。多用于航空仪表、精密仪表的弹性元件
	3J53		63.7 ~ 73.5	176.5 ~ 191.2	350 ~ 450HV	-60 ~ 100	恒弹性，加工性能好，耐腐蚀。多用于制造灵敏恒弹性元件，如手表游丝
	3J58	YB/T 5254—2011			400HV		恒弹性。多用于频率元件
	3J21	YB/T 5253—2011	73.5 ~ 83.3	196.2 ~ 215.6		-40 ~ 400	强度、弹性高，弹性后效低，耐腐蚀，无磁。多用于制造钟表发条
铜合金丝	QSi3-1	GB/T 21652—2008	40.2	93.1	90 ~ 100HB	-40 ~ 120	强度、弹性和耐磨性均高，低温时不降低塑性，防磁，耐腐蚀。多用于航空、船舶、电力、石化、电子等仪表的弹性元件
	QSn4-3 QSn6.5-0.1		39.2			-250 ~ 120	强度、弹性和耐磨性均高，冷热加工性能好，防磁，耐腐蚀。可用作电表游丝
	QBe2	YS/T 571—2009	42.1	129.4	37 ~ 40HRC	-200 ~ 120	强度、硬度、疲劳强度、弹性和耐磨性均高，冷热加工性能好，防磁、耐腐蚀、导电性好，撞击时无火花。可用作电表游丝
合金钢材	55SiMnVB 60Si2Mn 60Si2MnA	GB/T 1222—2007	78.7 ~ 81.8	196.2 ~ 206.0	45 ~ 50HRC	-40 ~ 200	弹性极限、屈强比、淬透性和抗回火性均较高，过热敏感性小，但有脱碳倾向，主要用于汽车、拖拉机等车辆的承载板簧或螺旋簧，以及汽缸安全阀弹簧

（续）

材料			切变模量 G	弹性模量 E	推荐	推荐使用	主要特性和推荐用途
类别	常用牌号	标准号	$\times 10^3$/MPa	$\times 10^3$/MPa	硬度	温度/℃	
合金钢材	55SiCrA 60Si2CrA 60Si2CrVA	GB/T 1222—2007	78.7～81.8	196.2～206.0	47～52HRC	-40～250	与硅锰钢相比，同等塑性条件下具有较高的抗拉强度和屈服强度，尤其是60Si2CrVA有更高的弹性极限和较高的高温强度。主要用于汽轮机气封弹簧、调节弹簧及大型螺旋弹簧和板簧
	50CrVA				45～50HRC		良好的淬透性和回火稳定性，较高的静强度和疲劳强度，良好的塑性和韧性。主要用于气门弹簧、喷油嘴弹簧、安全阀簧、轿车缓冲弹簧及大截面应力较高的螺旋弹簧和扭杆弹簧
	55CrMnA 60CrMnA 60CrMnBA						具有较高的强度、塑性和韧性，淬透性好，耐腐蚀。适用于制造载荷较高、截面尺寸较大的板簧、螺旋弹簧和扭簧等。其中60CrMnBA淬透性更好
	30W4Cr2VA				43～47HRC	-40～500	高温时具有较高的强度，淬透性好。主要用于锅炉安全阀弹簧、蝶阀弹簧
	65Si2MnWA				47～52HRC	-40～250	具有高的强度、硬度，较60Si2CrA淬透性更好，耐高温。主要用于强度要求和截面较大的弹簧
	W18Cr4V	YB/T 5302—2010			47～52HRC	-40～600	具有突出的高温强度和耐磨性。主要用于制造工作温度高于500℃的弹簧

表 2-7　常用弹簧钢的力学性能（GB/T 1222—2007）

序号	牌号	热处理制度[①]			力学性能(≥)				
		淬火温度/℃	淬火介质	回火温度/℃	抗拉强度 R_m/MPa	屈服强度 R_{eL}/MPa	断后伸长率		断面收缩率
							A(%)	$A_{11.3}$(%)	Z(%)
1	65	840	油	500	980	785	—	9	35
2	70	830	油	480	1030	835	—	8	30

（续）

序号	牌号	热处理制度①			力学性能(≥)				
		淬火温度/℃	淬火介质	回火温度/℃	抗拉强度 R_m/MPa	屈服强度 R_{eL}/MPa	断后伸长率 A(%)	断后伸长率 $A_{11.3}$(%)	断面收缩率 Z(%)
3	85	820	油	480	1130	980	—	6	30
4	65Mn	830	油	540	980	785	—	8	30
5	55SiMnVB	860	油	460	1375	1225	—	5	30
6	60Si2Mn	870	油	480	1275	1180	—	5	25
7	60Si2MnA	870	油	440	1570	1375	—	5	20
8	60Si2CrA	870	油	420	1765	1570	6	—	20
9	60Si2CrVA	850	油	410	1860	1665	6	—	20
10	55SiCrA	860	油	450	1450～1750	1300($R_{p0.2}$)	6	—	25
11	55CrMnA	830～860	油	460～510	1225	1080($R_{p0.2}$)	9②	—	20
12	60CrMnA	830～860	油	460～520	1225	1080($R_{p0.2}$)	9②	—	20
13	50CrVA	850	油	500	1275	1130	10	—	40
14	60CrMnBA	830～860	油	460～520	1225	1080($R_{p0.2}$)	9②	—	20
15	30W4Cr2VA③	1050～1100	油	600	1470	1325	7	—	40

① 除规定热处理温度上下限外，表中热处理温度允许偏差为：淬火 ±20℃，回火 ±50℃。根据需方特殊要求，回火可按 ±30℃进行。

② 其试样可采用下列试样中的一种。若按 GB/T 228 规定做拉伸试验时，所测断后伸长率值供参考。

试样——标距为 50mm，平行长度 60mm，直径 14mm，肩部半径大于 15mm。

试样——标距为 $4\sqrt{S_0}$（S_0 表示平行长度的原始横截面积，mm^2），平行长度 12 倍标距长度，肩部半径大于 15mm。

③ 30W4Cr2VA 除抗拉强度外，其他力学性能检验结果供参考，不作为交货依据。

表 2-8 其他弹簧钢的力学性能

序号	牌号	热处理制度			力学性能≥				
		淬火温度/℃	淬火介质	回火温度/℃	抗拉强度 R_m/MPa	屈服强度 R_{eL}/MPa	断后伸长率 A(%)	断后伸长率 $A_{11.3}$(%)	断面收缩率 Z(%)
1	55Si2Mn	870	油	480	1274	1170		6	30
2	55Si2MnB	870	油	480	1274	1170		6	30
3	65Si2MnWA	850	油	420	1862	1666	5		20
4	70Si3MnA	860	油	430	1764	1568		5	20
5	55SiMnVB	860	油	460	1372	1225		5	30
6	55SiMnMoV	880	油	550	1372	1274		6	30
7	55SiMnMoVNb	880	油	530	1372	1274		8	35
8	45CrMoV	950	油	550	1372	1170		8	35
9	40CrNiMoA	860	油	600 水或油冷	833	980	12		55
10	45CrNiMoVA	860	油	460 油冷	1070	1327		7	35
11	07Cr17Ni7Al (0Cr17Ni7Al)	Ⅰ:1050℃空冷 +950℃空冷 +-73℃8h +510℃1h 空冷			Ⅰ:1548	1441			
					Ⅱ:1823	1788			
12	07Cr15Ni7Mo2Al (0Cr15Ni7Mo2Al)	Ⅱ:1050℃冷空 +60%以上冷变形 +480℃1h 空冷			Ⅰ:1607	1490			
					Ⅱ:1823	1788			
13	40Cr13 (4Cr13)	1050	空	600	1117	892	12.5		32
14	12Cr18Ni9 (1Cr18Ni9)	1100～1150	水	—	539	196		45	50
15	(1Cr18Ni9Ti)	1000～1100	水	—	539	196		40	55

注：数据摘自有关标准。

1.4　弹簧材料的标准综述

在材料的标准中，通常介绍了材料的成分、主要性能参数、质量要求，并对相关概念加以解释、注明相关信息来源等。国际上各国或协会、学会的弹簧钢的标准各有不同，但实际上的化学成分和基本性能却趋于相同。

目前工业应用的材料大部分都有对应的标准，使用者可以通过这些标准更加全面、准确地了解所要使用的材料。表 2-9 列出常用弹簧金属材料的技术标准，供读者参考。

表 2-9　常用弹簧金属材料的技术标准

标准名称	标准编号	材料牌号	规格/mm	供货状态	代替标准编号
弹簧钢	GB/T 1222—2007	碳钢、合金钢 （钢号 15 种）	圆、方钢棒直径或边长≤100 扁钢厚度≤40 线材直径≤25	热轧、锻制、冷拉	GB/T 1222—1984
冷拉碳素弹簧钢丝	GB/T 4357—2009	碳素钢	SL 型 $\phi1.00 \sim \phi10.00$ SM、SH 型 $\phi0.30 \sim \phi13.00$ DM 型 $\phi0.08 \sim \phi13.00$ DH 型 $\phi0.05 \sim \phi13.00$	冷拉强化	GB/T 4357—1989
重要用途碳素弹簧钢丝	YB/T 5311—2010	高碳钢	E、F 组 $\phi0.10 \sim \phi7.00$ G 组 $\phi1.00 \sim \phi7.00$	冷拉强化	YB/T 5311—2006
油淬火-回火弹簧钢丝	GB/T 18983—2003	高碳钢 铬钒钢 铬硅钢 硅锰钢	FD、TD 级 $\phi0.50 \sim \phi17.00$ VD 级 $\phi0.50 \sim \phi10.00$	淬回火	YB/T 5008—1993 YB/T 5102—1993 YB/T 5103—1993 YB/T 5104—1993 YB/T 5105—1993
合金弹簧钢丝	YB/T 5318—2010	50CrVA 55CrSiA 60Si2MnA	$\phi0.50 \sim \phi14.00$	冷拉、退火、正火、银亮	YB/T 5318—2006
阀门用铬钒弹簧钢丝	YB/T 5136—1993	50CrVA	$\phi0.5 \sim \phi12.0$	冷拉、退火、冷拉+银亮、退火+银亮	GB 5220—1985
弹簧垫圈用梯形钢丝	YB/T 5319—2010	65Mn 65、70	标准钢丝边长 0.8～12.0 轻型钢丝边长 0.6～9.0	轻拉、退火	YB/T 5319—2006
不锈弹簧钢丝	GB/T 24588—2009	12Cr18Ni9 06Cr19Ni9 06Cr17Ni12Mo2 10Cr18Ni9Ti 12Cr18Mn9Ni5N 06Cr18Ni9N 07Cr17Ni7Al 12Cr17Mn8Ni3Cu3N	A、C 组 $\phi0.20 \sim \phi10.0$ B 组 $\phi0.20 \sim \phi12.0$ D 组 $\phi0.20 \sim \phi6.0$	冷拉	YB(T)11—1983
特殊用途碳素弹簧钢丝规范	GJB 1497—1992	T9A、T10A、T8MnA	甲组：$\phi0.2 \sim \phi1.20$ 乙组：$\phi0.2 \sim \phi1.50$ 丙组：$\phi0.2 \sim \phi1.50$	冷拉强化	
高速工具钢丝	YB/T 5302—2010	钢号 12 种	$\phi1.00 \sim \phi16.00$	退火、磨光	YB/T 5302—2006
弹簧钢热轧钢板	GB/T 3279—2009	符合 GB/T 1222	厚度≤15	退火 高温回火	GB/T 3279—1989

（续）

标准名称	标准编号	材料牌号	规格/mm	供货状态	代替标准编号
热处理弹簧钢带	YB/T 5063—2007	T7A、T8A、T9A、T10A、65Mn、60Si2MnA、70Si2CrA	厚度≤1.50 宽度≤100	淬回火	YB/T 5063—1993
弹簧用不锈钢冷轧钢带	YB/T 5310—2010	12Cr17Ni7 06Cr19Ni10 30Cr13 07Cr17Ni7Al	厚度0.03~1.60 宽度3~1250	冷轧强化	YB/T 5310—2006
弹簧钢、工具钢冷轧钢带	YB/T 5058—2005	弹簧钢6种 工具钢17种	宽度<600	冷轧、退火	YB/T 5058—1993
铜及铜合金线材	GB/T 21652—2008	符合GB/T 5231及本标准的铜合金牌号	黄铜 $\phi0.05\sim\phi13.0$ 青铜 $\phi0.1\sim\phi12.0$ 白铜 $\phi0.05\sim\phi8.0$	冷拔强化	GB/T 3125—1994 GB/T 14953—1994 GB/T 14954—1994 GB/T 14955—1994 GB/T 14956—1994
铍青铜圆形线材	YS/T 571—2009	QBe2	$\phi0.03\sim\phi6.00$	时效强化	YS/T 571—2006
镍及镍合金带材	GB/T 2072—2007	牌号12种	厚度0.05~1.2 宽度20~250 长度≥2000	冷轧	GB/T 2072—1993
弹性元件用合金3J21	YB/T 5253—2011	3J21	丝 $\phi>0.10\sim\phi5.00$ 带厚>0.10~2.50 棒 $\phi12.00\sim\phi22.00$	冷轧、冷拉	YB/T 5253—1993
弹性元件用合金3J1和3J53	YB/T 5256—2011	3J1 3J53	丝 $\phi0.20\sim\phi5.00$ 带厚0.20~2.50 棒 $\phi3.0\sim\phi18.0$ 热轧、热锻材>6.0	冷轧、软化、冷拔、热轧、热锻	YB/T 5256—1993

2 弹簧钢

2.1 弹簧钢应具备的基本性能

（1）高强度　为了满足机械设计中节能和轻量化的要求，所使用的弹簧钢在满足塑性和韧性的前提下，抗拉强度和屈服强度越高越好。抗拉强度和钢的化学成分、微观组织结构、热处理技术与工艺及冷加工（冷拔或冷轧）变形量等因素密切相关。如冷拉强化碳素弹簧钢丝，碳含量越高，其原料和成品抗拉强度就越高；对于亚共析钢（如65Mn）索氏体化处理来说，先共析铁素体含量越少，索氏体片层间距越小，待拉拔原料和拉拔成品的抗拉强度就越高；对于生产淬回火弹簧钢丝的材料来说，硅含量越高，材料抗拉强度越高，如55CrSi抗拉强度明显高于50CrVA。

（2）高屈强比　弹簧的工作特性决定了弹簧钢需要尽可能高的弹性变形能力，反映在性能参数上，就是在保证塑性的前提下，屈服强度越高越好。通常情况下，钢的抗拉强度越高，其屈服强度也越高。但由于钢的抗拉强度不能无限提高，所以希望在有限的抗拉强度范围内尽量提高钢的屈服强度，也就是提高钢的屈强比。

屈强比和钢的化学成分、微观组织结构、热处理技术和工艺、冷加工变形量等因素密切相关，它是钢铁行业的一项重要研究内容。目前淬回火低合金弹簧钢丝屈强比（R_{eL}/R_m）最大可达92%。

（3）良好的塑性　在弹簧制造过程中，材料需经过不同程度的加工变形，因此需要材料具有一定的塑性。尤其是冷加工成形过程，对塑性的要求更为严格。如形状复杂的拉簧弯钩和扭臂，曲率半径往往很小，在局部会造成强烈的塑性变形，这时对材料的塑性就有很严格甚至是苛刻的要求。

（4）良好的韧性　成品弹簧在服役过程中，需要承受动载荷或静载荷，同时可能承受应力不确定的冲击载荷，材料如果没有足够的冲击韧性，弹簧的可靠性就无法保证。

（5）良好的抗松弛能力　弹簧的抗松弛能力也叫弹性减退抗力，是指弹簧在工作环境下长期承受动载荷或静载荷时，抵抗发生塑性变形的一种能力。弹减失效是弹簧最常见的失效形式之一。

弹簧的抗松弛能力主要取决于钢的化学成分和强化方式，如淬回火弹簧钢中硅含量越高其弹簧的抗松弛能力越高，因而可通过调整合金元素种类和含量来改善固溶强化、沉淀硬化和细晶强化的效果，进而提高弹簧的抗松弛能力。而不同的加工工艺其强化机理不同，抗松弛效果也不同，淬回火钢丝制成的弹簧抗松弛能力明显高于索氏体化冷拉钢丝制成的弹簧。

（6）优良的表面质量　弹簧工作时次表面承受的应力最大，但疲劳破坏绝大部分情况下都是由材料表面缺陷引起。如果材料表面存在裂纹、折叠、麻坑、麻面、划伤和压痕等缺陷，最易使弹簧工作中造成应力集中，形成疲劳断裂的源点。此外，如果材料表层存在严重的脱碳，尤其是有较厚的全脱碳层，会造成喷丸强化效果下降，使得疲劳裂纹首先在表层脱碳部分形成，降低弹簧疲劳寿命，因此严格控制脱碳层是非常重要的。

在实际生产过程中，对于高疲劳要求的重要用途弹簧，如气门弹簧、悬架弹簧和离合器弹簧等，为了提高材料的表面质量，一般采用扒皮或磨光工艺，将材料表面剥掉一层，使得小缺陷和不严重脱碳层完全去除，少量的大缺陷可用涡流检测的方法标定位置，在后续制簧过程中剔除。弹簧热处理时，可采用保护气氛加热，防止表面脱碳和氧化。

（7）高的疲劳寿命　弹簧的疲劳寿命是一个综合性考核指标，它和钢的化学成分及其偏析程度、金相组织、晶粒度、非金属夹杂含量及其分布状态、抗拉强度、屈服强度、断面收缩率、延伸率、表面质量、制簧工艺（如热处理工艺、喷丸工艺、表层软氮化等）、服役时的应力水平及应力幅、载荷性质和装配质量等都有很大关系，因此在弹簧生产的各个环节都需要严格控制。

（8）高的尺寸精度　许多弹簧对负荷精度有较高的要求，如气门弹簧负荷偏差不得大于规定负荷的5%～6%。以采用圆钢丝制成的拉、压弹簧为例，如果钢丝的直径偏差1%，负荷会产生4%左右的偏差。因此，高的尺寸精度对弹簧的质量也是十分的重要的。

（9）良好的均匀性　材料的均匀性主要是指化学成分、力学性能、尺寸偏差和圆度等应尽可能保持一致，其波动范围应尽量小。如果材料的各项指标相差较大时，会导致弹簧的几何尺寸、硬度、负荷等参数离散性增大，严重时甚至会产生大量的废品。

2.2　弹簧钢应具备的特殊性能

在特殊条件下使用的弹簧钢除了应具有弹簧钢的基本性能以外，往往还需要具有一些其他性能。

（1）抗腐蚀能力　有些弹簧的使用环境具有腐蚀性，这时就需要材料具有良好的耐蚀能力。为此，一般向钢中添加大量的Cr、Ni等合金元素，形成系列不锈弹簧钢，如奥氏体型304、304H及奥氏体-马氏体型沉淀硬化631j等。

（2）抗高温软化能力　用于高温场所的弹簧必须具备良好的抗高温软化能力，否则，会因弹性减退造成失效。为此，一般采用合金含量大于5%的高合金弹簧钢（如30W4Cr2VA），甚至采用高速工具钢（如W18Cr4V）生产弹簧，这些材料使用温度可达500～550℃，而低合金淬回火弹簧钢丝制造的弹簧长期服役温度一般不应超过150℃。

（3）无磁性　通常情况下，弹簧服役时对其有无磁性并无特殊要求，但在一些特定场合（如某些精密仪表中）安装的弹簧，为了避免磁力的干扰及保证其测量精度，要求弹簧必须没有磁性。

2.3　弹簧钢中合金元素的作用

弹簧钢中合金元素的作用机理很复杂，很难用简洁的文字做出准确的描述。因此，仅对低合金弹簧钢中主要合金元素的作用进行概略的介绍。

（1）碳　碳是弹簧钢中基本的强化元素，在钢中主要起固溶强化和弥散强化（和其他合金元素反应形成细小弥散分布的碳化物）作用，是弹簧钢中不可缺少的元素。

碳素弹簧钢丝采用索氏体化冷拉工艺时，钢中碳的作用主要是影响片层状索氏体组织中片状碳化物含量及碳化物片的厚薄，为后续钢丝冷拉时抗拉强度的快速提高提供保证。采用淬回火热处理工艺时，碳主要起固溶强化作用，是保证其回火屈氏体组织具有良好强度和硬度的关键因素。

低合金弹簧钢中碳含量范围为0.47%～0.70%；极少量板条马氏体加回火状态使用的汽车板簧用弹簧钢中碳含量范围为0.20%～0.40%。一般较高的碳含量对钢的强度、硬度和弹性是有利的，但对钢的塑性和韧性是不利的。

（2）硅（Si）　硅不是碳化物形成元素。硅具有强烈的固溶强化能力，在钢中主要起固溶强化作用，并通过抑制渗碳体在回火过程中晶核的形成和长大，从而改变渗碳体的形态和分布，提高钢的抗松弛能力。在适量范围之内，硅含量越高，抗弹性减退能力越大，但硅有促使钢脱碳的倾向，且钢中硅和碳含量高到一定比例时，会出现石墨化现象，产生黑色断口。迄今为止，对钢中硅的最佳含量尚无统一观点，冶金产品实际控制范围大致在0.17%～2.60%。

（3）锰（Mn）　锰能提高钢的淬透性，有一定的固溶强化作用，但锰含量较高时会加大材料的热敏感性和回火脆性，淬火时开裂倾向亦较大。在弹簧钢产品中锰含量一般介于0.40%～1.00%之间。

（4）铬（Cr）　铬是弹簧钢中重要的合金元素，不但能显著提高钢的淬透性和抗氧化、抗腐蚀能力，还能提高其回火稳定性，有利于改善钢的强韧性。在钢中加入0.50%的Cr可使材料屈服强度提高16%，脱碳层深度减少50%。铬还能有效防止Si-Mn弹簧钢球化退火时发生石墨化。铬对钢的抗松弛能力的影响比较复杂，当其含量低于0.70%时，对钢的抗松弛能力没什么影响；大于0.70%时，起负面作用。低合金弹簧钢中铬含量一部分介于0.50%～1.12%之间；一部分不大于0.35%。

（5）镍（Ni）　镍的价格昂贵，在弹簧钢冶炼过程中一般不主动添加镍元素，基本上以残余元素身份存在，只有极少数高品质弹簧钢中添加0.20%～0.50%，起改善韧性作用。

（6）钒（V）　钒是强碳化物形成元素，在钢中形成细小弥散且硬度很高的VC可以细化钢的晶粒，提高钢的塑性、韧性和屈强比。弹簧钢中钒含量范围一般为0.10% ~0.25%。

（7）硼（B） 硼能显著提高钢的淬透性，主要用于生产截面较大的汽车板簧等大截面弹簧。其含量一般为0.0005% ~0.0040%。某些研究表明，添加微量的硼有利于提高钢的弹减抗力，这可能是由于硼固溶于钢中时偏聚产生位错，钉扎位错使其不易移动的结果。

（8）钨（W） 钨在弹簧钢中的作用主要是提高钢的淬透性和耐热性能及细化晶粒，使弹簧在较高温度下仍能保持高的强度和弹性。低合金钢中钨含量一般为0.05% ~0.25%或0.80% ~1.20%。

（9）钼（Mo） 钼是强碳化物的形成元素，主要是和钢中碳反应，在钢中形成细小弥散的碳化物微粒，起到二次硬化的作用。钼含量一般为0.05% ~0.25%或0.20% ~0.75%。

2.4 弹簧钢的种类、化学成分及其性能

各主要工业化国家都制定了相应的弹簧钢标准，我国弹簧钢的主要标准是GB/T 1222《弹簧钢》，共列出钢号15种。该标准列出了各钢号的化学成分（表2-10）、力学性能（表2-7）。

表2-10 化学成分 （质量分数:%）

序号	统一数字代号	牌号	C	Si	Mn	Cr	V	W	B	Ni	Cu①	P	S
										不大于			
1	U20652	65	0.62 ~ 0.70	0.17 ~ 0.37	0.50 ~ 0.80	≤0.25	—	—	—	0.25	0.25	0.035	0.035
2	U20702	70	0.62 ~ 0.75	0.17 ~ 0.37	0.50 ~ 0.80	≤0.25	—	—	—	0.25	0.25	0.035	0.035
3	U20852	85	0.82 ~ 0.90	0.17 ~ 0.37	0.50 ~ 0.80	≤0.25	—	—	—	0.25	0.25	0.035	0.035
4	U21653	65Mn	0.62 ~ 0.70	0.17 ~ 0.37	0.90 ~ 1.20	≤0.25	—	—	—	0.25	0.25	0.035	0.035
5	A77552	55SiMnVB	0.52 ~ 0.60	0.70 ~ 1.00	1.00 ~ 1.30	≤0.35	0.08 ~ 0.16	—	0.0005 ~ 0.0035	0.35	0.25	0.035	0.035
6	A11602	60Si2Mn	0.56 ~ 0.64	1.50 ~ 2.00	0.70 ~ 1.00	≤0.35	—	—	—	0.35	0.25	0.035	0.035
7	A11603	60Si2MnA	0.56 ~ 0.64	1.60 ~ 2.00	0.70 ~ 1.00	≤0.35	—	—	—	0.35	0.25	0.025	0.025
8	A21603	60Si2CrA	0.56 ~ 0.64	1.40 ~ 1.80	0.40 ~ 0.70	0.70 ~ 1.00	—	—	—	0.35	0.25	0.025	0.025
9	A28603	60Si2CrVA	0.56 ~ 0.64	1.40 ~ 1.80	0.40 ~ 0.70	0.90 ~ 1.20	0.10 ~ 0.20	—	—	0.35	0.25	0.025	0.025
10	A21553	55SiCrA	0.51 ~ 0.59	1.20 ~ 1.60	0.50 ~ 0.80	0.50 ~ 0.80	—	—	—	0.35	0.25	0.025	0.025
11	A22553	55CrMnA	0.52 ~ 0.60	0.17 ~ 0.37	0.65 ~ 0.95	0.65 ~ 0.95	—	—	—	0.35	0.25	0.025	0.025
12	A22603	60CrMnA	0.56 ~ 0.64	0.17 ~ 0.37	0.70 ~ 1.00	0.70 ~ 1.00	—	—	—	0.35	0.25	0.025	0.025
13	A23503	50CrVA	0.46 ~ 0.54	0.17 ~ 0.37	0.50 ~ 0.80	0.80 ~ 1.10	0.10 ~ 0.20	—	—	0.35	0.25	0.025	0.025
14	A22613	60CrMnBA	0.56 ~ 0.64	0.17 ~ 0.37	0.70 ~ 1.00	0.70 ~ 1.00	—	—	0.0005 ~ 0.0040	0.35	0.25	0.025	0.025
15	A27303	30W4Cr2VA	0.26 ~ 34	0.17 ~ 0.37	≤0.40	2.00 ~ 2.50	0.50 ~ 0.80	4.00 ~ 4.50	—	0.35	0.25	0.025	0.025

① 根据需方要求，并在合同中注明，钢中残余含量应不大于0.20%。

GB/T 1222对弹簧钢交货硬度做出了规定，见表2-11。YB/T 5365《油淬火-回火弹簧钢丝用热轧盘条》中针对冷拔和（或）冷轧后进行淬回火的弹簧钢丝用热轧盘条做了专门规定，其中牌号及化学成分见表2-12。

表2-11 交货硬度

组号	牌号	交货状态	布氏硬度 HBW 不大于
1	65、70	热轧	285
2	85、65Mn		302
3	60Si2Mn、60Si2MnA、50CrVA、55SiMnVB、55CrMnA、60CrMnA		321
4	60Si2CrA、60Si2CrVA、60CrMnBA、55SiCrA、30W4Cr2VA	热轧	供需双方协商
5	所有牌号	热轧＋热处理	321
		冷拉＋热处理	321
6		冷拉	供需双方协商

表2-12 淬回火弹簧钢丝用盘条牌号及化学成分 （质量分数:%）

序号	牌号	化学成分						
		C	Si	Mn	P≤	S≤	Cr	V	Cu≤
1	65Mn	0.62～0.70	0.17～0.37	0.90～1.20	0.030	0.030	≤0.25	—	0.20
2	70Mn	0.67～0.75	0.17～0.37	0.90～1.20	0.030	0.030	≤0.25	—	0.20
3	60Si2MnA	0.56～0.64	1.50～2.00	0.60～0.90	0.025	0.025	—	—	0.20
4	60Si2CrA	0.56～0.64	1.40～1.80	0.40～0.70	0.025	0.025	0.70～1.00	—	0.20
5	60Si2CrVA	0.56～0.64	1.40～1.80	0.40～0.70	0.025	0.025	0.90～1.20	0.10～0.20	0.20
6	55SiCrA	0.50～0.60	1.20～1.60	0.50～0.90	0.025	0.025	0.50～0.80	—	0.20
7	50CrVA	0.47～0.55	0.10～0.40	0.60～1.20	0.025	0.025	0.80～1.10	0.15～0.25	0.20
8	67CrVA	0.62～0.72	0.15～0.30	0.50～0.90	0.025	0.025	0.40～0.60	0.15～0.25	0.20

日本弹簧钢钢号和化学成分及其淬透性见表2-13。

表2-13 日本弹簧钢系列各钢号的化学成分（JIS G 4801—2005）及其淬透性

钢系	化学成分(%)						油淬淬透性/mm		
	钢号	C	Si	Mn	Cr	其他	50% M① 直径	80% M① 直径	80% M① 厚度
C	SUP3	0.75～0.90	0.15～0.35	0.30～0.60	—	—	18	11	8
Si-Mn	SUP6	0.56～0.64	1.50～1.80	0.70～1.00	—	—	30	18	8
	SUP7	0.56～0.64	1.80～2.20	0.70～1.00	—	—	40	24	14
Cr-Mn	SUP9	0.52～0.60	0.15～0.35	0.65～0.95	0.65～0.95	—	55	33	18
	SUP9A	0.56-0.64	0.15～0.35	0.70～1.00	0.70～1.00	—	60	36	22
Cr-V	SUP10	0.47～0.55	0.15～0.35	0.65～0.95	0.80～1.10	0.15～0.25V	60	36	27
Cr-Mn-B	SUP11A	0.56～0.64	0.15～0.35	0.70～1.00	0.70～1.00	≥0.0050B	75	45	24
Cr-Si	SUP12	0.51～0.59	1.20～1.60	0.60～0.90	0.60～0.90	—	65	36	24
Cr-Mn-Mo	SUP13	0.56～0.64	0.15～0.35	0.70～1.00	0.70～0.90	0.25～0.35Mo	—	70	47

注：1. P、S含量均不大于0.03%，Cu含量不大于0.30%。

2. 淬透性指心部马氏体含量为50%和80%时的最大尺寸。

① M为马氏体。

2.5 超纯净弹簧钢

研究表明，钢中夹杂物是制约弹簧疲劳寿命的主要因素之一，提高夹杂物控制水平因而成为弹簧钢生产者的主要研究课题之一。在这种背景下，“超纯净弹簧钢”的概念在冶金行业和弹簧行业流行起来。以下对“超纯净弹簧钢”的现状作简要介绍。

（1）超纯净弹簧钢线材生产工艺流程　国内超纯净弹簧钢生产工艺流程如下所示。

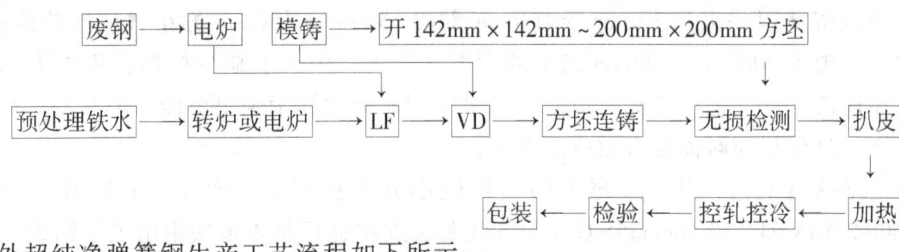

废钢 → 电炉（→ LF）；模铸（→ VD）→ 开 142mm × 142mm ~ 200mm × 200mm 方坯（→ 无损检测）

预处理铁水 → 转炉或电炉 → LF → VD → 方坯连铸 → 无损检测 → 扒皮 → 加热 → 控轧控冷 → 检验 → 包装

国外超纯净弹簧钢生产工艺流程如下所示：

预处理铁水 → 转炉 → VAD → 300mm × 40mm 以上大方坯连铸 → 火焰清理 → 开 150mm × 150mm 或 160mm × 160mm 方坯 → 无损检测 → 扒皮 → 加热 → 控轧控冷 → 检验 → 包装

以上流程从炼钢装备的角度来看，国内外钢厂水平相当，关键的问题是国内钢厂由于起步较晚，尚未完全掌握夹杂物变性生产工艺，其成品夹杂物控制水平不稳定。此外，以从社会上回收的废钢为原料的特钢厂，在生产低合金弹簧钢时，其有害成分也不易控制。基于这两个原因，国产低合金弹簧钢的纯净度控制水平参差不齐，与国外先进水平相比尚有差距。

（2）炼钢　因为大颗粒夹杂物周围容易产生疲劳裂纹，所以超纯净弹簧钢中夹杂物的大小、数量和分布等控制十分严格，必须呈细小、弥散状态分布。除了允许一定数量的直径在 5μm 以下夹杂物之外，直径 5 ~ 15μm 之间的夹杂物的量要严格控制，不允许出现 15μm 以上的较大颗粒夹杂物。

若要达到这一要求有两种冶炼方法可以选用：一是超低氧加超低氮化钛生产工艺；二是夹杂物变性生产工艺。

夹杂物变性工艺是将钢中氧含量控制在一定范围 $11 \sim 25 \times 10^{-6}$ 内，采用特殊合成渣，使铝生成的夹杂物由高熔点的 Al_2O_3、$CaO\text{-}Al_2O_3$ 和 $MgO\text{-}Al_2O_3$ 转变为低熔点易变形的 $CaO\text{-}Al_2O_3\text{-}SiO_2\text{-}MgO$ 复合物。目前钢厂主要采用这种冶炼方法，再辅以铝含量很低的铁水或废钢及改变钢包耐火材料的成分等措施，生产超纯净合金弹簧钢。

图 2-17 所示为钢中由于大颗粒夹杂物引起的弹簧早期疲劳断裂断口形貌。

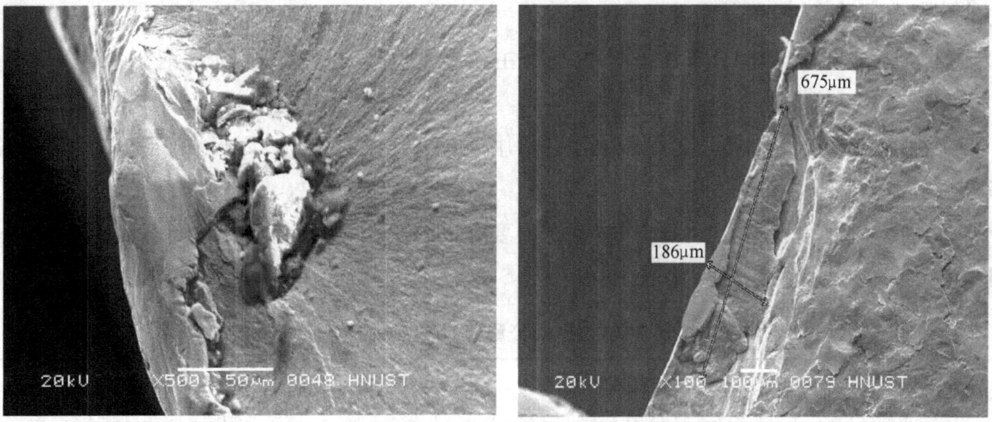

图 2-17　钢中由于大颗粒夹杂物引起的弹簧早期疲劳断裂断口形貌

(3) 铸造 国外钢厂一般采用300mm×400mm以上的大方坯连铸，并在拉坯过程中增加了火焰清理工序，以减少连铸坯的表面缺陷。国内钢厂近几年连铸装备水平提高很快，除少数钢厂受投资所限仍采用160mm×160mm方或150mm×150mm方小方坯连铸或模铸外，大部分钢厂实现了300mm×400mm以上的大方坯连铸，但一般缺少拉坯过程中火焰清理工序。小方坯连铸生产工艺的优势是节能，如果采用短流程技术则更节能，但控制产品表面质量难度较高，且偏析问题尚无有效解决办法。

模铸已是落后工艺，其头、尾料的偏析较小方坯更严重。例如：采用模铸法生产的ϕ8.0mm60Si2MnA和ϕ10.5mm55SiCrA热轧线材，在制品厂拉拔道次中出现了断裂，经分析表明，是由于弹簧钢线材心部存在严重的成分偏析，造成组织异常引起的，如图2-18、图2-19所示。

图2-18 心部偏析组织，索氏体×100

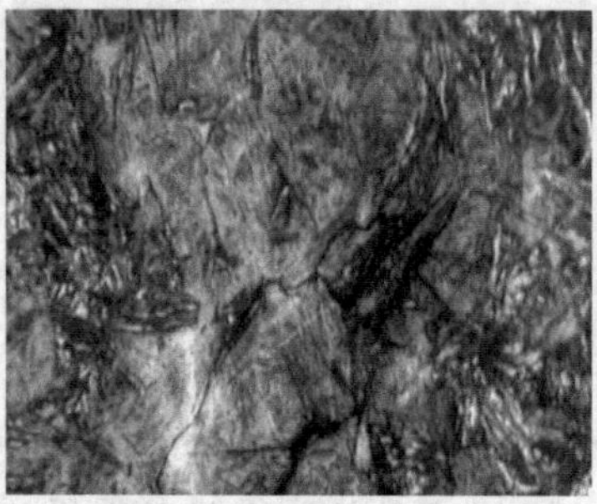

图2-19 心部偏析组织，马氏体+晶界裂纹×500

(4) 控轧控冷 目前，控轧控冷技术已在国内轧钢厂普及应用，盘条质量因此有了质的飞跃。与国外先进水平相比，尺寸、公差和圆度等指标水平大体相当，但脱碳层、索氏体化率等指标还有较大差距。日本神户制钢和新日铁等公司能够保证线材表面无全脱碳层，部分脱碳层深度也仅有线材直径的0.6%以下，而国内钢厂生产的弹簧钢线材表层全脱碳现象难以完全避免、时有出现，有时还很严重，厚度高达0.06mm。另外，线材的索氏体率也忽高忽低，导致钢材塑性不匀。

2.6 热轧弹簧钢型材

在弹簧热成形工艺中，主要采用热轧材料作为原料。弹簧热成形工艺一般适合于线径较大的或形状较为简单的弹簧。

热轧弹簧材料的化学成分、力学性能等主要依据GB/T 1222《弹簧钢》，见表2-7、表2-10和表2-11。

(1) 热轧弹簧圆钢 热轧弹簧圆钢主要用于制造扭杆弹簧、环形弹簧和应力较低的大型螺旋弹簧。

热轧弹簧圆钢的规格尺寸及允许偏差主要依据GB/T 14981《热轧圆盘条尺寸、外形、重量及允许偏差》，见表2-14。

表2-14 盘条公称直径和允许偏差 （单位：mm）

公称直径	规格间隔	允许偏差			圆度		
		A级精度	B级精度	C级精度	A级精度	B级精度	C级精度
5~10	0.5	±0.30	±0.25	±0.15	≤0.48	≤0.40	≤0.24
10.5~15	0.5	±0.40	±0.30	±0.20	≤0.64	≤0.48	≤0.32

（续）

公称直径	规格间隔	允许偏差			圆　度		
		A 级精度	B 级精度	C 级精度	A 级精度	B 级精度	C 级精度
15.5	—	±0.50	±0.35	±0.25	≤0.80	≤0.56	≤0.40
16～25	1						
26～40	1	±0.60	±0.40	±0.30	≤0.96	≤0.64	≤0.48
41～50	1	±0.80	±0.50	—	≤1.28	≤0.80	—
51～60	1	±1.00	±0.60	—	≤1.60	≤0.96	—

（2）热轧弹簧扁钢　热轧弹簧扁钢主要用于制造汽车、拖拉机、铁路运输等机械上的钢板弹簧。扁钢按其形状分为两种：平面弹簧扁钢和单面双槽弹簧扁钢。弹簧用热轧扁钢的截面形状如图 2-20 所示，图 2-20 中列出的 R、r、b、b_1、α 只在孔形上控制，不作为验收条件。

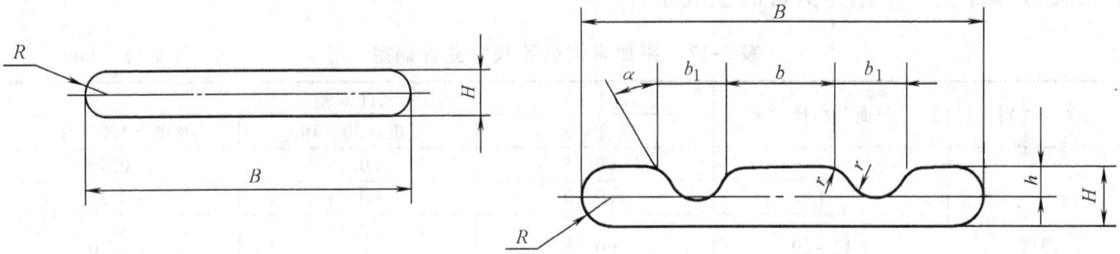

平面弹簧扁钢　　　　单面双槽扁钢 $R \approx H/2$　$r=2 \sim 3$mm

图 2-20　弹簧扁钢横截面

1）扁钢的尺寸规格。

① 扁钢的尺寸应符合表 2-15 和表 2-16 的规定。经供需双方协商并在合同中注明，可供应表列以外其他尺寸的扁钢。

表 2-15　平面扁钢公称尺寸规格　　（单位：mm）

宽度	厚度																
	5	6	7	8	9	10	11	12	13	14	16	18	20	25	30	35	40
45	×	×	×	×	×	×											
50	×	×	×	×	×	×	×	×									
55	×	×	×	×	×	×	×	×									
60	×	×	×	×	×	×	×	×	×								
70		×	×	×	×	×	×	×	×	×	×	×	×				
75		×	×	×	×	×	×	×	×	×	×	×	×				
80			×	×	×	×	×	×	×	×	×	×	×				
90			×	×	×	×	×	×	×	×	×	×	×	×	×	×	×
100			×	×	×	×	×	×	×	×	×	×	×	×	×	×	×
110			×	×	×	×	×	×	×	×	×	×	×	×	×	×	×
120				×	×	×	×	×	×	×	×	×	×	×	×	×	×
140						×	×	×	×	×	×	×	×	×	×	×	×
160						×	×	×	×	×	×	×	×	×	×	×	×

注：表中×表示为推荐规格。

表 2-16　单面双槽扁钢公称尺寸规格　（单位：mm）

宽　度	厚　度				
	8	9	10	11	13
75	×	×	×	×	×
90				×	×

注：表中×表示为推荐规格。

② 扁钢的长度通常为3000～6000mm，不小于2000mm的短尺允许交货，但其重量应不超过交货重量的10%。经供需双方协商，可供应长度大于6000mm的扁钢。

③ 扁钢的定尺、倍尺长度应在合同中注明，其允许偏差为+50mm。

2）扁钢的尺寸允许偏差。

① 扁钢的尺寸允许偏差应符合表2-17和表2-18的规定，表中列出的h、b、b_1、α用于孔形设计和加工，不作为钢材的验收条件。

表 2-17　平面扁钢公称尺寸允许偏差　（单位：mm）

类　别	截面公称尺寸	允许偏差		
		宽度≤50	宽度>50～100	宽度>100～160
厚度	<7	±0.15	±0.18	±0.30
	7～12	±0.20	±0.25	±0.35
	>12～20	±0.25	+0.25 −0.30	±0.40
	>20～30	—	±0.35	±0.40
	>30～40	—	±0.40	±0.45
宽度	≤50	±0.55		
	>50～100	±0.80		
	>100～160	±1.00		

注：经供需双方协商，供应其他截面形状的弹簧扁钢时，其宽度和厚度的允许偏差可按上表执行。

表 2-18　单面双槽扁钢公称尺寸允许偏差

尺寸/mm	厚度 H/mm	宽度 B/mm	槽深 h	槽间距 b/mm	槽宽 b_1/mm	侧面斜角 α
8×75	8±0.25	75±0.70	$H/2$	$25_{-1.0}$	$13^{+1.0}$	30°
9×75	9±0.25	75±0.70	$H/2$	$25_{-1.0}$	$13^{+1.0}$	30°
10×75	10±0.25	75±0.70	$H/2$	$25_{-1.0}$	$13^{+1.0}$	30°
11×75	11±0.25	75±0.70	$H/2$	$25_{-1.0}$	$13^{+1.0}$	30°
13×75	13±0.30	75±0.70	$H/2$	$25_{-1.0}$	$13^{+1.0}$	30°
11×90	11±0.25	90±0.80	$H/2$	$30_{-1.0}$	$15^{+1.0}$	30°
13×90	13±0.30	90±0.80	$H/2$	$30_{-1.0}$	$15^{+1.0}$	30°

注：1. 双槽的不对称度不大于2mm，在不对称度不大于3mm且质量不超过交货质量的10%时允许交货。

2. 单面双槽扁钢的槽底深度的允许偏差按供需双方协议。

② 扁钢的平面厚度差，在同一截面内任意两点测量时，应不大于厚度公差之半。铁道机车车辆用的扁钢不受此限制，但宽面中间不应有凸起。

3）扁钢的外形要求。扁钢每米长度的弯曲度应符合表2-19的规定，如合同中未注明则按普通精度执行。

（3）热轧梯形弹簧钢　卷制方形或矩形截面的圆柱螺旋弹簧时，由于材料截面内侧受压缩变宽，外侧受拉伸变窄，所以坯料必须先制成外侧比内侧宽的梯形坯料，如图2-21a所示。一般弹簧钢都可以加工成梯形弹簧钢材，常用的钢号有65Mn、60Si2MnA、

65Si2MnWA、70Si3MnA 和 50CrVA 等。

表 2-19 扁钢每米长度的弯曲度 （单位：mm）

扁钢厚度	弯曲方向	普通精度	较高精度
		不大于	
<7	侧弯	3.0	2.5
	平弯	7.0	5.0
≥7	侧弯	3.0	2.0
	平弯	5.0	4.0

图 2-21b 中为成品弹簧的正方形或矩形截面形状。梯形坯料大底边宽和小底边宽的尺寸可按下式近似计算：

$$b_1 = b\left(1 - K_2 \frac{a}{D_0 + a}\right)$$

$$b_2 = b\left(1 + K_2 \frac{a}{D_0 + a}\right)$$

$$\rho = ma$$

式中 D_0——卷簧心轴直径；

m——系数，根据 $C = D/a$ 可在图 2-21c 中查到；

D——弹簧中径；

K_2——系数，对于热卷簧 $K_2 = 0.4$；对于冷卷簧 $K_2 = 0.3$。

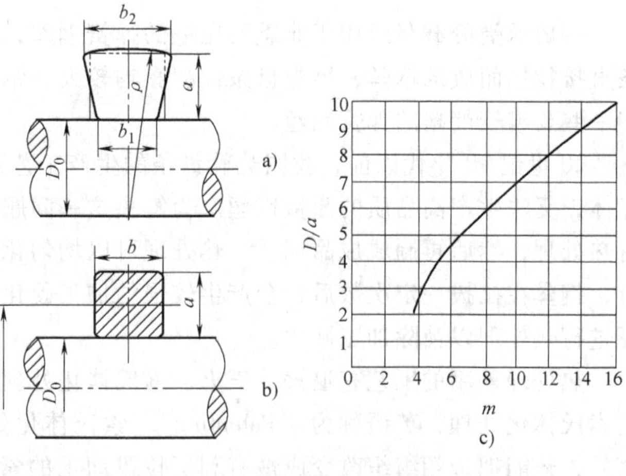

图 2-21 热轧梯形弹簧钢

梯形钢材截面大、小底边尺寸公差和截面高度公差及对角线公差可根据梯形面积相等的正方形边长在表 2-20 中查得。

表 2-20 梯形钢尺寸公差 （单位：mm）

正方形边长	大、小底公差	高度公差	对角线公差
≤20	±0.3	±0.3	≤0.60
>20	+0.3 −0.5	+0.3 −0.5	≤0.80

用于冷卷的梯形弹簧钢材布氏硬度≤302HBS；用于热卷的梯形弹簧钢材布氏硬度≤321HBS。

矩形截面的弹簧，其截面应满足 $1 \leqslant b/a < 4$ 的条件。超过此范围时由于弯曲变形过于复杂，应力在截面上分布太不均匀，故一般不会被选用。

3 弹簧钢丝

弹簧钢丝是使用范围最广的弹簧材料，采用碳素钢或合金钢制造，交货状态主要为冷拔强化状态和淬回火状态。根据使用需要，也有少量产品采用退火或轻拉等其他交货状态。

3.1 冷拔强化碳素弹簧钢丝

冷拔强化碳素钢丝是弹簧制造业普遍采用的制簧材料，主要应用于工作应力、精度均要求高的螺旋弹簧及冲压件弹簧等。它用热轧盘条经热处理后或直接用盘条通过冷拔的方式形成材料的加工硬化，从而满足弹簧的基本力学性能。同时，通过冷拔加工，材料的几何形状更加规整、尺寸波动大大降低、表面状态更好，卷簧性能比热轧材料明显改善。

冷拔强化碳素弹簧钢丝基本生产流程如下：

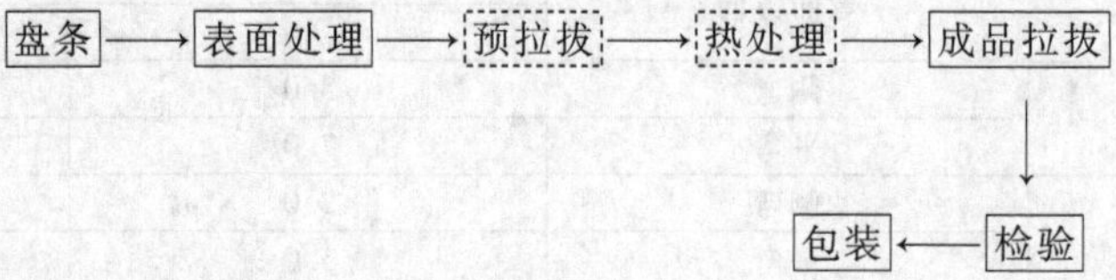

注：虚线框表示选用工序。

一般承受静载荷或用于非重要用途的弹簧钢丝，可以用热轧盘条直接冷拔而成。热轧盘条直接拉拔而成的钢丝，因受盘条性能影响较大，钢丝的性能指标波动较大，因此不适宜生产一些要求较严格的弹簧钢丝。

20 世纪 90 年代以前，我国热轧盘条的生产工艺落后，金相组织基本上是片层较厚的珠光体，无法生产高品质的弹簧钢丝。为解决这一问题，钢丝生产企业普遍在盘条预拉拔后进行热处理，然后再制成成品钢丝。热处理可以均匀化学成分、细化晶粒、改善组织状态；同时，钢丝在拉拔一定次数后，会产生较强的加工硬化现象，造成后续加工的困难，这时也需要进行热处理以消除加工硬化。

热处理采用的工艺有退火、正火、索氏体化处理等多种方式，而公认为效果最好的方式是索氏体化处理，英语称为“Patenting”。索氏体化处理除了可以均匀化学成分、细化晶粒之外，还能把金相组织改变成最有利于拉拔加工的索氏体，因而被广泛应用于钢丝生产中。目前索氏体化一般采用铅浴等温处理工艺，很多人称之为铅淬火。

近年来，盘条热轧生产普遍采用了控制冷却技术，高速线材的对晶粒大大细化，索氏体化率普遍达到 85% 以上，使得盘条的拉拔性能大大提高，因此对质量要求不高的钢丝生产流程中可以省略预拉拔和热处理工序，用盘条直接生产成品钢丝，俗称生拉丝。与经过索氏体化处理的钢丝相比，热轧索氏体化盘条的直径波动和金相组织均匀性都还有一定差距，因此重要用途或承受动载荷的弹簧钢丝仍在其生产流程中安排索氏体化处理工序，以确保钢丝的通条稳定性和更好的塑、韧性。

（1）非机械弹簧用碳素弹簧钢丝　非机械弹簧用碳素弹簧钢丝用于家具、汽车座靠垫、室内装饰等场合，执行标准为 YB/T 5220《非机械弹簧用碳素弹簧钢丝》。

1）分类。

① A1、A2、A3 组用于低抗拉强度弹簧。

② A4、A5、A6 组用于中等拉强度弹簧。

③ A7、A8、A9 组用于高抗拉强度弹簧。

2）尺寸、外形及允许偏差。

① 钢丝的公称直径范围为 0.02 ~ 9.00mm。

② 钢丝直径的允许偏差应符合表 2-21 的规定。

表 2-21　钢丝直径允许偏差　（单位：mm）

公称直径	直径允许偏差	公称直径	直径允许偏差
0.20 ~ 0.30	+0.01 −0.01	>1.50 ~ 3.00	+0.02 −0.03

（续）

公称直径	直径允许偏差	公称直径	直径允许偏差
>0.30~0.60	+0.01 -0.02	>3.00~6.00	+0.03 -0.04
>0.60~1.50	+0.02 -0.02	>6.00~9.00	+0.03 -0.05

③ 圆度应不大于该公称直径公差之半。

④ 钢丝圈形应均匀规整，自由圈径 D、螺距 F 及矢高 S 应符合表 2-22 的规定。特殊要求由供需双方协商确定。

表 2-22 钢丝自由圈径、螺距、矢高 （单位：mm）

公称直径	圈径 D	螺距 F	矢高 S
0.20~0.60	160~400	≤30	≤20
>0.60~1.00	300~500	≤80	≤50
>1.00~1.60	400~650		
>1.60~3.00	550~900	≤120	≤100
>3.00~6.00	600~1200		
>6.00~9.00	850~1300	≤200	≤150

注：测试方法如图 2-22 所示。

⑤ 每盘钢丝应由一根组成，不允许有成品焊接头存在。

3）原料要求。钢丝所用盘条牌号及化学成分应符合 GB/T 4354 或 GB/T 24242.2 的规定，亦可使用质量相当的其他标准的牌号制造，但化学成分不作为交货条件。

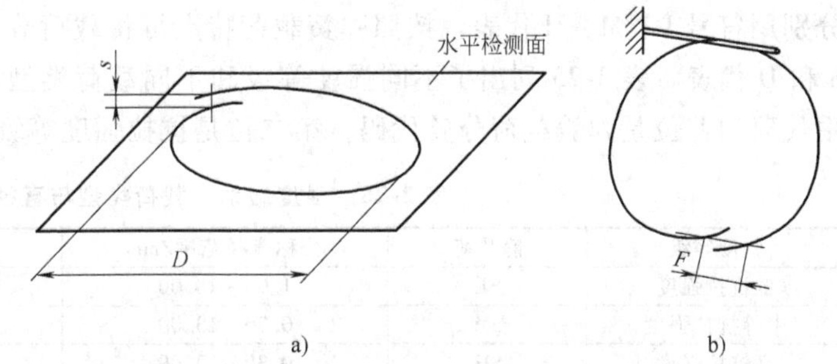

图 2-22 钢丝自由圈径、螺距、矢高测量示意

4）力学性能。

① 钢丝的抗拉强度应符合表 2-23 的规定。

表 2-23 钢丝的抗拉强度和组别

组别	抗拉强度/MPa	组别	抗拉强度/MPa	组别	抗拉强度/MPa
A1	1180~1380	A4	1780~1980	A7	2380~2580
A2	>1380~1580	A5	>1980~2180	A8	>2580~2780
A3	>1580~1780	A6	>2180~2380	A9	>2780~2980

② 抗拉强度数值按公称直径计算。

③ 一盘钢丝抗拉强度的波动范围应不大于 150MPa。

5）工艺性能。

① 缠绕试验：公称直径不大于 4.00mm 的钢丝应进行自身缠绕试验。钢丝以均匀的速度在等于自身直径的心轴上缠绕 3 圈后，钢丝表面不应出现裂纹。

② 反复弯曲试验：公称直径大于 4.00mm 的钢丝应进行反复弯曲试验，弯曲 2 次后钢丝表面不应出现裂纹。

6）表面质量。

① 钢丝表面应光滑，不应有肉眼可见的拉痕、撕裂、锈蚀等对钢丝使用有明显不利影响的表面缺陷。

② 同一盘钢丝色泽应均匀一致。

7）其他要求。钢丝的检验项目、取样数量及试验方法应符合表2-24的规定。

表2-24 钢丝的检验项目、取样数量和方法

序号	检验项目	每批取样数量	检验方法
1	尺寸	逐盘	精度为0.01mm的千分尺
2	表面质量	逐盘	目视
3	圈径	逐盘	精度为1mm的卷尺
4	螺距	逐盘	精度为1mm的卷尺
5	矢高	逐盘	精度为1mm的卷尺
6	抗拉强度	盘数的10%(≥3盘)任一端部	GB/T 228.1
7	缠绕试验	盘数的10%(≥3盘)任一端部	GB/T 2976
8	弯曲试验	盘数的10%(≥3盘)任一端部	GB/T 238

（2）碳素弹簧钢丝　碳素弹簧钢丝适用于制造静载荷和动载荷用机械弹簧，是选用碳素钢盘条经索氏体化后冷拔强化而成，执行标准为GB/T 4357《冷拉碳素弹簧钢丝》。

1）分类。钢丝按照抗拉强度分为低抗拉强度、中等抗拉强度和高抗拉强度三个等级，分别用符号L、M、H代表。按照弹簧载荷特点可将载荷分为静载荷和动载荷，分别用符号S和D代表。表2-25列出了不同强度等级和不同载荷类型对应的直径范围及类别代码，表中代码的首位是弹簧载荷分类代码，第二位是抗拉强度等级代码。

表2-25 强度级别、载荷类型与直径范围

强度等级	静载荷	公称直径范围/mm	动载荷	公称直径范围/mm
低抗拉强度	SL	1.00～10.00	—	—
中等抗拉强度	SM	0.30～13.00	DM	0.08～13.00
高抗拉强度	SH	0.30～13.00	DH	0.05～13.00

2）尺寸允许偏差和外形。

① 钢丝直径的允许偏差应符合表2-26的规定。

表2-26 钢丝直径允许偏差　（单位：mm）

钢丝公称直径 d	SH型、DM型和DH型	SL型和SM型	钢丝公称直径 d	SH型、DM型和DH型	SL型和SM型
$0.05 \leq d < 0.09$	±0.003	—	$1.78 \leq d < 2.78$	±0.025	±0.030
$0.09 \leq d < 0.17$	±0.004	—	$2.78 \leq d < 4.0$	±0.030	±0.030
$0.17 \leq d < 0.26$	±0.005	—	$4.0 \leq d < 5.45$	±0.035	±0.035
$0.26 \leq d < 0.37$	±0.006	±0.010	$5.45 \leq d < 7.10$	±0.040	±0.040
$0.37 \leq d < 0.65$	±0.008	±0.012	$7.10 \leq d < 9.00$	±0.045	±0.045
$0.65 \leq d < 0.80$	±0.010	±0.015	$9.00 \leq d < 10.00$	±0.050	±0.050
$0.80 \leq d < 1.01$	±0.015	±0.020	$10.00 \leq d < 11.10$	±0.060	±0.060
$1.01 \leq d < 1.78$	±0.020	±0.025	$11.10 \leq d < 13.00$	±0.060	±0.070

② 钢丝的圆度应不大于允许公差之半。

③ 钢丝应有均匀规整的圈形。剪断绑扎线后，钢丝的自由圈径应不小于钢丝盘绕圈径，允许出现圈形放大现象，但在同一卷和同一批钢丝中放大程度应大致均匀。

④ 公称直径不大于5.00mm的钢丝，螺距 F（GB/T 4357中称为圈距，代号为 F 应符合下式的要求：

$$F \leqslant \frac{0.2D}{\sqrt[4]{d}}$$

式中 F——螺距（mm）；

D——自由圈径（mm）；

d——钢丝公称直径（mm）。

3）原料。

① 用于SL、SM及SH等级弹簧钢丝用盘条应满足YB/T 170.2或质量相当的其他标准的要求，用于DM及DH等级弹簧钢丝用盘条应满足YB/T 170.4或质量相当的其他标准要求。

② 钢的化学成分（熔炼分析）应符合表2-27的规定。钢丝成品化学成分的允许偏差应符合GB/T 222的规定。

表2-27 化学成分 （质量分数：%）

等级	C①	Si	Mn②	P,不大于	S,不大于	Cu,不大于
SL、SM、SH	0.35～1.00	0.10～0.30	0.30～1.20	0.030	0.030	0.20
DH、DM	0.45～1.00	0.10～0.30	0.50～1.20	0.020	0.020	0.12

① 规定较宽的碳范围是为了适应不同需要和不同工艺，具体应用时碳范围应更窄。

② 规定较宽的锰范围是为了适应不同需要和不同工艺，具体应用时锰范围应更窄。

4）力学性能。

① 钢丝抗拉强度要求见表2-28。

表2-28 抗拉强度要求

钢丝公称直径①/mm	抗拉强度②/MPa				
	SL型	SM型	DM型	SH型	DH③型
0.05	—	—			2800～3520
0.06					2800～3520
0.07					2800～3520
0.08			2780～3100		2800～3480
0.09			2740～3060		2800～3430
0.10			2710～3020		2800～3380
0.11			2690～3000		2800～3350
0.12			2660～2960		2800～3320
0.14			2620～2910		2800～3250
0.16			2570～2860		2800～3200
0.18			2530～2820		2800～3160
0.20			2500～2790		2800～3110
0.22			2470～2760		2770～3080
0.25			2420～2710		2720～3010
0.28			2390～2670		2680～2970
0.30		2370～2650	2370～2650	2660～2940	2660～2940
0.32		2350～2630	2350～2630	2640～2920	2640～2920
0.34		2330～2600	2330～2600	2610～2890	2610～2890
0.36		2310～2580	2310～2580	2590～2890	2590～2890
0.38		2290～2560	2290～2560	2570～2850	2570～2850
0.40		2270～2550	2270～2550	2560～2830	2570～2830

（续）

钢丝公称直径①/mm	抗拉强度②/MPa				
	SL 型	SM 型	DM 型	SH 型	DH③型
0.43		2250 ~ 2520	2250 ~ 2520	2530 ~ 2800	2570 ~ 2800
0.45		2240 ~ 2500	2240 ~ 2500	2510 ~ 2780	2570 ~ 2780
0.48		2220 ~ 2480	2240 ~ 2500	2490 ~ 2760	2570 ~ 2760
0.50		2200 ~ 2470	2200 ~ 2470	2480 ~ 2740	2480 ~ 2740
0.53		2180 ~ 2450	2180 ~ 2450	2460 ~ 2720	2460 ~ 2720
0.56		2170 ~ 2430	2170 ~ 2430	2440 ~ 2700	2440 ~ 2700
0.60		2140 ~ 2400	2140 ~ 2400	2410 ~ 2670	2410 ~ 2670
0.63	—	2130 ~ 2380	2130 ~ 2380	2390 ~ 2650	2390 ~ 2650
0.65		2120 ~ 2370	2120 ~ 2370	2380 ~ 2640	2380 ~ 2640
0.70		2090 ~ 2350	2090 ~ 2350	2360 ~ 2610	2360 ~ 2610
0.80		2050 ~ 2300	2050 ~ 2300	2310 ~ 2560	2310 ~ 2560
0.85		2030 ~ 2280	2030 ~ 2280	2290 ~ 2530	2290 ~ 2530
0.90		2010 ~ 2260	2010 ~ 2260	2270 ~ 2510	2270 ~ 2510
0.95		2000 ~ 2240	2000 ~ 2240	2250 ~ 2490	2250 ~ 2490
1.00	1720 ~ 1970	1980 ~ 2220	1980 ~ 2220	2230 ~ 2470	2230 ~ 2470
1.05	1710 ~ 1950	1960 ~ 2220	1960 ~ 2220	2210 ~ 2450	2210 ~ 2450
1.10	1690 ~ 1940	1950 ~ 2190	1950 ~ 2190	2200 ~ 2430	2200 ~ 2430
1.20	1670 ~ 1910	1920 ~ 2160	1920 ~ 2160	2170 ~ 2400	2170 ~ 2400
1.25	1660 ~ 1900	1910 ~ 2130	1910 ~ 2130	2140 ~ 2380	2140 ~ 2380
1.30	1640 ~ 1890	1900 ~ 2130	1900 ~ 2130	2140 ~ 2370	2140 ~ 2370
1.40	1620 ~ 1860	1870 ~ 2100	1870 ~ 2100	2110 ~ 2340	2110 ~ 2340
1.50	1600 ~ 1840	1850 ~ 2080	1850 ~ 2080	2090 ~ 2310	2090 ~ 2310
1.60	1590 ~ 1820	1830 ~ 2050	1830 ~ 2050	2060 ~ 2290	2060 ~ 2290
1.70	1570 ~ 1800	1810 ~ 2030	1810 ~ 2030	2040 ~ 2260	2040 ~ 2260
1.80	1550 ~ 1780	1790 ~ 2010	1790 ~ 2010	2020 ~ 2240	2020 ~ 2240
1.90	1540 ~ 1760	1770 ~ 1990	1770 ~ 1990	2000 ~ 2220	2000 ~ 2220
2.00	1520 ~ 1750	1760 ~ 1970	1760 ~ 1970	1980 ~ 2200	1980 ~ 2200
2.10	1510 ~ 1730	1740 ~ 1960	1740 ~ 1960	1970 ~ 2180	1970 ~ 2180
2.25	1490 ~ 1710	1720 ~ 1930	1720 ~ 1930	1940 ~ 2150	1940 ~ 2150
2.40	1470 ~ 1690	1700 ~ 1910	1700 ~ 1910	1920 ~ 2130	1920 ~ 2130
2.50	1460 ~ 1680	1690 ~ 1890	1690 ~ 1890	1900 ~ 2110	1900 ~ 2110
2.60	1450 ~ 1660	1670 ~ 1880	1670 ~ 1880	1890 ~ 2100	1890 ~ 2100
2.80	1420 ~ 1640	1650 ~ 1850	1650 ~ 1850	1860 ~ 2070	1860 ~ 2070
3.00	1410 ~ 1620	1630 ~ 1830	1630 ~ 1830	1840 ~ 2040	1840 ~ 2040
3.20	1390 ~ 1600	1610 ~ 1810	1610 ~ 1810	1820 ~ 2020	1820 ~ 2020
3.40	1370 ~ 1580	1590 ~ 1780	1590 ~ 1780	1790 ~ 1990	1790 ~ 1990
3.60	1350 ~ 1560	1570 ~ 1760	1570 ~ 1760	1770 ~ 1970	1770 ~ 1970
3.80	1340 ~ 1540	1550 ~ 1740	1550 ~ 1740	1750 ~ 1950	1750 ~ 1950
4.00	1320 ~ 1520	1530 ~ 1730	1530 ~ 1730	1740 ~ 1930	1740 ~ 1930
4.25	1310 ~ 1500	1510 ~ 1700	1510 ~ 1700	1710 ~ 1900	1710 ~ 1900
4.50	1290 ~ 1490	1500 ~ 1680	1500 ~ 1680	1690 ~ 1880	1690 ~ 1880
4.75	1270 ~ 1470	1480 ~ 1670	1480 ~ 1670	1680 ~ 1840	1680 ~ 1840
5.00	1260 ~ 1450	1460 ~ 1650	1460 ~ 1650	1660 ~ 1830	1660 ~ 1830
5.30	1240 ~ 1430	1440 ~ 1630	1440 ~ 1630	1640 ~ 1820	1640 ~ 1820
5.60	1230 ~ 1420	1430 ~ 1610	1430 ~ 1610	1620 ~ 1800	[illegible]
6.00	1210 ~ 1390	1400 ~ 1580	1400 ~ 1580	1590 ~ 1770	1590 ~ 1770
6.30	1190 ~ 1380	1390 ~ 1560	1390 ~ 1560	1570 ~ 1750	1570 ~ 1750
6.50	1180 ~ 1370	1380 ~ 1550	1380 ~ 1650	1560 ~ 1740	1560 ~ 1740

（续）

钢丝公称直径①/mm	抗拉强度②/MPa				
	SL 型	SM 型	DM 型	SH 型	DH③ 型
7.00	1160 ~ 1340	1350 ~ 1530	1350 ~ 1530	1540 ~ 1710	1540 ~ 1710
7.50	1140 ~ 1320	1330 ~ 1500	1330 ~ 1500	1510 ~ 1680	1510 ~ 1680
8.00	1120 ~ 1300	1310 ~ 1480	1310 ~ 1480	1490 ~ 1660	1490 ~ 1660
8.50	1110 ~ 1280	1290 ~ 1460	1290 ~ 1460	1470 ~ 1630	1470 ~ 1630
9.00	1090 ~ 1260	1270 ~ 1440	1270 ~ 1440	1450 ~ 1610	1450 ~ 1610
9.50	1070 ~ 1250	1260 ~ 1420	1260 ~ 1420	1430 ~ 1590	1430 ~ 1590
10.00	1060 ~ 1230	1240 ~ 1400	1240 ~ 1400	1410 ~ 1570	1410 ~ 1570
10.50	—	1220 ~ 1380	1220 ~ 1380	1390 ~ 1550	1390 ~ 1550
11.00		1210 ~ 1370	1210 ~ 1370	1380 ~ 1530	1380 ~ 1530
12.00		1180 ~ 1340	1180 ~ 1340	1350 ~ 1500	1350 ~ 1500
12.50		1170 ~ 1320	1170 ~ 1320	1330 ~ 1480	1330 ~ 1480
13.00		1160 ~ 1310	1160 ~ 1310	1320 ~ 1470	1320 ~ 1470

① 中间尺寸钢丝抗拉强度值按表中相邻较大钢丝的规定执行。

② 对特殊用途的钢丝，可商定其他抗拉强度。

③ 对直径为 0.08 ~ 0.18mm 的 DH 型钢丝，经供需双方协商，其抗拉强度波动值范围可规定为 300MPa。

② 抗拉强度数值按公称直径计算。

③ 同一盘钢丝抗拉强度的波动应不大于 100MPa。

5）工艺性能。

① 缠绕试验：公称直径小于 3.00mm 的钢丝可采用缠绕试验。钢丝在直径等于自身直径的心轴上紧密缠绕至少 4 圈，不出现任何裂纹。

② 弯曲试验：a）需方要求时，公称直径大于 3.00mm 的钢丝可进行弯曲试验；b）当钢丝绕一心轴弯 180°成 U 形时，不应有任何裂纹痕迹；c）对于公称直径大于 3.00mm 但不大于 6.50mm 的钢丝，心轴直径为钢丝公称直径的 2 倍；对于直径大于 6.50mm 的钢丝，心轴直径为钢丝公称直径的 3 倍。

③ 扭转试验：a）公称直径为 0.70 ~ 6.00mm 的钢丝应进行扭转试验；b）公称直径大于 6.00mm 但不大于 10.00mm 的钢丝的扭转试验，由双方协商确定；c）钢丝按 GB/T 239 要求扭转到表 2-29 规定的次数时应不断裂，表面应不出现扭转裂纹或分层；d）试验应进行到断裂，最初断裂面应垂直钢丝轴线而表面不应撕开；e）在钢丝回扭时，可能发生第二次断裂应忽略不计。

表 2-29 扭转试验规定

钢丝公称直径 d/mm	最少扭转次数		钢丝公称直径 d/mm	最少扭转次数	
	静载荷	动载荷		静载荷	动载荷
$0.70 \leqslant d \leqslant 0.99$	40	50	$3.50 < d \leqslant 4.99$	14	18
$0.99 < d \leqslant 1.40$	20	25	$4.99 < d \leqslant 6.00$	7	9
$1.40 < d \leqslant 2.00$	18	22	$6.00 < d \leqslant 8.00$	4①	5①
$2.00 < d \leqslant 3.50$	16	20	$8.00 < d \leqslant 10.00$	3①	4①

① 该值仅作为双方协商时的参考。

④ 卷簧试验：a）直径不大于 0.70mm 的钢丝可进行卷簧试验；b）卷簧试验方法：取大约 500mm 长的一根试样，钢丝保持均匀的轻微拉力进行紧密缠绕，心轴直径为钢丝公称直径的 3 ~ 3.5 倍，不小于 1.00mm。然后拉开紧挨着的圈，拉伸程度应使得卸载后弹簧的静

态长度约为原始长度的3倍。这时试样表面应无缺陷，应不出现撕裂或裂纹，弹簧节距应均匀、直径应一致。

6）表面质量。

① 钢丝表面应是光滑的，不应有拉痕、撕裂、生锈等对钢丝使用有明显不利影响的表面缺陷。

② 动载荷弹簧用钢丝（DM和DH）必须进行表面检验，裂纹或其他表面缺陷在径向的深度应不大于钢丝公称直径的1%。

③ 对公称直径不小于2mm的钢丝采用酸浸检验，酸浸后不应有表面缺陷，有争议时用金相法检验。

④ 酸浸试验前试样可先进行去应力处理，然后将冷样浸入温度为75℃、盐酸和水的体积比为1:1的溶液中，在直径减少大约1%后终止酸浸。

7）其他要求：钢丝的检验项目、取样数量及试验要求等应符合表2-30的规定。

表2-30 检验项目、要求、方法及数量

检验项目	钢丝类型及直径范围	要求	检验方法	取样数量
尺寸	全部	强制性	GB/T 4357 中 6.1	逐盘
圆度			GB/T 4357 中 6.2	
圈距		强制性	GB/T 4357 中 6.3.2	盘数的10%
化学分析		可选项	GB/T 223.3 GB/T 223.19 GB/T 223.58 GB/T 223.60 GB/T 223.67 GB/T 223.71	1个/批
表面缺陷	DM型、DH型	强制性	GB/T 4357 中 7.3.2	盘数的10%
脱碳层	DM型、DH型	强制性	GB/T 224	协商
抗拉强度	全部	强制性	GB/T 228	盘数的10%
缠绕性能	$d<3.00$mm	可选项	GB/T 2976	盘数的10%
扭转性能	$0.70\text{mm}\leqslant d<6.00$mm	强制性	GB/T 239	盘数的10%
	$6.00\text{mm}\leqslant d<10.00$mm	可选项		
弯曲性能	$d>3.00$mm	可选项	GB/T 4357 中 7.5.3	盘数的10%
卷簧性能	$d\leqslant 0.70$mm	可选项	GB/T 4357 中 7.5.4	盘数的10%

（3）表面镀层碳素弹簧钢丝　镀层碳素弹簧钢丝具有一定防腐蚀能力。本产品有两种加工工艺，一种是将碳素弹簧钢丝进行冷拔后进行热浸或电镀制成成品钢丝，另一种是在热浸或电镀之后再冷拔制成成品钢丝。本产品执行标准为GB/T 4357《冷拉碳素弹簧钢丝》。

表面镀层碳素弹簧钢丝相关技术要求如下：

1）镀层碳素钢丝应采用铜、锌或锌铝合金镀在钢丝上。其他镀层由供需双方商定。

2）钢丝表面的锌层质量或锌铝合金层重量应符合表2-31的规定，其他镀层质量由供需双方协商确定。

表2-31 锌或锌铝合金镀层的最小质量

公称直径 d/mm	镀层质量/(g/m²)	公称直径 d/mm	镀层质量/(g/m²)
$0.20\leqslant d<0.25$	20	$0.50\leqslant d<0.60$	35
$0.25\leqslant d<0.40$	25	$0.60\leqslant d<0.70$	40
$0.40\leqslant d<0.50$	30	$0.70\leqslant d<0.80$	45

（续）

公称直径 d/mm	镀层质量/(g/m²)	公称直径 d/mm	镀层质量/(g/m²)
$0.80\leqslant d<0.90$	50	$1.85\leqslant d<2.15$	80
$0.90\leqslant d<1.00$	55	$2.15\leqslant d<2.50$	85
$1.00\leqslant d<1.20$	60	$2.50\leqslant d<2.80$	95
$1.20\leqslant d<1.40$	65	$2.80\leqslant d<3.20$	100
$1.40\leqslant d<1.65$	70	$3.20\leqslant d<3.80$	105
$1.65\leqslant d<1.85$	75	$3.80\leqslant d\leqslant 10.00$	110

3）镀层附着力采用缠绕试验测量，钢丝在直径等于自身直径的心轴上紧密缠绕至少四圈，镀层不出现任何裂纹，用手指擦拭时锌层不脱落。

4）供需双方可协商镀层的盐雾试验及其要求。

5）镀层重量及附着力检验方法及取样数量符合表2-32的规定。

表2-32 镀层检验方法及取样数量

检验项目	钢丝类型及直径范围	要求	检验方法	取样数量
镀层重量	仅镀层钢丝	可选项	GB/T 1839	协商
镀层牢固性	仅镀层钢丝	强制性	GB/T 4357 中 7.2.3	逐盘

6）其他有关要求与冷拉碳素弹簧钢丝相同。

（4）重要用途碳素弹簧钢丝　重要用途碳素弹簧钢丝主要用于制作在各种动态应力状态下工作的弹簧，如阀门等重要用途的弹簧，执行标准为YB/T 5311《重要用途碳素弹簧钢丝》。

由于钢丝用于制作中、高应力状态下工作的动载荷弹簧，成品钢丝要保持高的弹性极限和良好的韧性指标，因此成品拉拔前通常要进行索氏体化处理。为保证材料具有更高的疲劳极限，对原料成分的均匀性、非金属夹杂物含量及形态、气体含量等都有更高的要求。同时，由于钢丝表面的脱碳会影响抛丸效果，使弹簧疲劳性能明显下降，因此需要对脱碳层进行严格控制。

钢丝通常选用70、65Mn、T9A和T8MnA钢生产。G组钢丝用于制作阀门弹簧，对疲劳寿命要求高，所以选用韧性好的65Mn盘条，成品抗拉强度低于E组和F组，但疲劳寿命更有保证。

1）分类。根据弹簧用途，钢丝分三个组别供货：a）E组为主要用于承受中等应力动载荷的弹簧；b）F组为主要用于承受高应力动载荷的弹簧；c）G组为主要用于承受振动载荷的阀门弹簧。

2）尺寸、外形及允许偏差。

① 钢丝直径范围要求如下：a）E组为0.10～7.00mm；b）F组为0.10～7.00mm；c）G组为1.00～7.00mm。

② 钢丝直径的允许偏差，E组和F组应符合GB/T 342—1997的表2中h10级的规定；G组应符合h11级的规定。经供需双方协议，可供其他偏差级别钢丝。

③ 钢丝的圆度应不大于公称直径公差之半。

④ 钢丝盘应规整，打开钢丝盘不得散乱、扭转或呈“∞”字形。

⑤ 线轴应保证放线顺畅，端头有明显标志。

3）原料要求。

① 钢丝用钢的化学成分（熔炼分析）应符合表2-33所列的规定。

表2-33 化学成分要求 （质量分数:%）

组别	C	Mn	Si	P	S	Cr	Ni	Cu
E、F、G	0.60~0.95	0.30~1.00	≤0.37	≤0.025	≤0.020	≤0.15	≤0.15	≤0.20

② 经供需双方协商，可选用其他牌号。

③ 成品钢丝和钢坯的化学成分允许偏差应符合GB/T 222的规定。

4）力学性能抗拉强度。

① 钢丝的抗拉强度应符合表2-34所列的规定。

表2-34 重要用途碳素弹簧钢丝抗拉强度

直径/mm	抗拉强度 R_m/MPa E组	F组	G组	直径/mm	抗拉强度 R_m/MPa E组	F组	G组
0.10	2440~2890	2900~3380	—	0.90	2070~2400	2410~2740	—
0.12	2440~2860	2870~3320	—	1.00	2020~2350	2360~2660	1850~2110
0.14	2440~2840	2850~3250	—	1.20	1940~2270	2280~2580	1820~2080
0.16	2440~2840	2850~3200	—	1.40	1880~2200	2210~2510	1780~2040
0.18	2390~2770	2780~3160	—	1.60	1820~2140	2150~2450	1750~2010
0.20	2390~2750	2760~3110	—	1.80	1800~2120	2060~2360	1700~1960
0.22	2370~2720	2730~3080	—	2.00	1790~2090	1970~2250	1670~1910
0.25	2340~2690	2700~3050	—	2.20	1700~2000	1870~2150	1620~1860
0.28	2310~2660	2670~3020	—	2.50	1680~1960	1830~2110	1620~1860
0.30	2290~2640	2650~3000	—	2.80	1630~1910	1810~2070	1570~1810
0.32	2270~2620	2630~2980	—	3.00	1610~1890	1780~2040	1570~1810
0.35	2250~2600	2610~2960	—	3.20	1560~1840	1760~2020	1570~1810
0.40	2250~2580	2590~2940	—	3.50	1500~1760	1710~1970	1470~1710
0.45	2210~2560	2570~2920	—	4.00	1470~1730	1680~1930	1470~1710
0.50	2190~2540	2550~2900	—	4.50	1420~1680	1630~1880	1470~1710
0.55	2170~2520	2530~2880	—	5.00	1400~1650	1580~1830	1420~1660
0.60	2150~2500	2510~2850	—	5.50	1370~1610	1550~1800	1400~1640
0.63	2130~2480	2490~2830	—	6.00	1350~1580	1520~1770	1350~1590
0.70	2100~2460	2470~2800	—	6.50	1320~1550	1490~1740	1350~1590
0.80	2080~2430	2440~2770	—	7.00	1300~1530	1460~1710	1300~1540

② 位于中间尺寸的钢丝抗拉强度按相邻较大尺寸的规定执行。

③ 根据需方要求，并在合同中注明，中间尺寸钢丝的抗拉强度亦可按相邻较小尺寸的规定执行。

5）工艺性能。

① 扭转。a）公称直径不小于0.70mm的钢丝应进行扭转检验；b）单向扭转次数应符合表2-35所列的规定；c）扭转变形应均匀，表面不得有裂纹和分层，断口应垂直于轴线。

表2-35 钢丝扭转次数

公称直径/mm	E组	F组	G组
	不小于/次		
0.70~2.00	25	18	20
>2.00~3.00	20	13	[illegible]
>3.00~4.00	16	10	15
>4.00~5.00	12	6	10
>5.00~7.00	8	4	6

② 缠绕。a）钢丝应进行缠绕检验。该项检验供方能保证时可以不做；b）直径小于4mm的钢丝，其心轴直径等于钢丝直径；c）直径大于或等于4mm的钢丝，其缠绕心轴直径为钢丝直径的两倍；d）缠绕五圈后钢丝不得折断和产生裂纹。

③ 弯曲。a）根据需方要求，公称直径大于2.00mm的钢丝应进行弯曲检验；b）弯曲后的试样表面不得产生裂纹或折断。

6）表面质量。

① 钢丝表面应光滑，不得有裂纹、折叠、毛刺、锈蚀及其他缺陷，但允许有深度不超过直径公差一半的划痕及润滑涂层。

② 根据需方要求，可供应没有润滑涂层的光亮钢丝。

③ 根据需方要求，钢丝公称直径大于1mm时，可进行酸浸检验。酸浸后的钢丝表面不得有裂纹、折叠等缺陷。

④ G组钢丝应进行脱碳层检验。其总脱碳层深度不得超过钢丝直径的1.0%。

⑤ E、F组钢丝仅当需方要求时方进行脱碳层深度检验，脱碳层深度按G组规定。征得需方同意，可提供脱碳层深度不超过直径1.5%的钢丝。

7）其他要求。

① 钢丝检验项目、检验方法、取样数量及试验要求应符合表2-36所列的规定。

表2-36 钢丝试验方法

检验项目	取样数量及部位	试验方法	试验要求
化学成分	1个/批，GB/T 20066	GB/T 223	—
尺寸测量	逐盘	千分尺	—
表面质量	逐盘	目视检查，必要时可用不大于10倍放大镜检查	表面缺陷深度可用砂纸砂布打磨去除后测量
拉伸试验	逐盘两端各1支	GB/T 228	—
扭转试验	逐盘两端各1支	GB/T 239	夹头间距为钢丝直径的100倍、扭转标距大于或小于钢丝直径100倍时，其扭转次数必须换算成100倍时的次数
弯曲试验	10%（不少于3盘）一端	试样两端向不同方向弯曲90° $\phi \leq 4mm, R = 5mm$ $\phi > 4mm, R = 10mm$	—
缠绕试验	10%（不少于3盘）一端	GB/T 2976	—
脱碳层	10%（不少于3盘）一端	GB/T 224	—
酸浸试验	10%（不少于3盘）一端	目视观察，必要时可用不大于10倍放大镜检查	将试样置于沸腾的30%盐酸水溶液中，浸置时间：公称直径不大于2.50mm约5min；公称直径大于2.50mm约10min，侵蚀后检查钢丝表面

② 抗拉强度两个试样及扭转试验两个试样，检验结果有一个不合格时，可对不合格的项目进行复验，此时应将钢丝两端各去掉1~3圈后再取两个试样进行复验。

具有重要用途的碳素弹簧钢丝一度被称为琴钢丝，但琴钢丝这一称谓所指的并不是琴弦用钢丝或钢琴用钢丝，琴用钢丝执行的标准是YB/T 5218—1993《乐器用钢丝》。我国的琴钢丝标准始于GB 4358—1984《琴钢丝》，该标准等效采用日本标准JIS G 3522—1991《琴钢丝》。1995年按我国国情相关组织将GB 4358—1984修订为GB/T 4358—1995《重要用途碳素弹簧钢丝》，该标准于2006年、2010年两次修订，现行标准为YB/T 中 5311—2010

《重要用途碳素弹簧钢丝》。日本现行琴钢丝标准为 JIS G 3522—2014《琴钢丝》。

（5）特殊用途碳素弹簧钢丝　特殊用途碳素弹簧钢丝要求抗拉强度特高，主要用于弹力超出常规要求的弹簧，如枪械弹簧，执行标准为 GJB 1497《特殊用途碳素弹簧钢丝规范》。应该指出：该种钢丝抗拉强度很高，但塑性和疲劳寿命低，只适用于制作形状简单，对疲劳寿命要求不很高的弹簧，而在其他情况下不宜推广使用。

1）分类。钢丝分甲、乙、丙3组供货：a）甲组用于超高应力弹簧；b）乙组：用于高应力弹簧；c）丙组：用于较高应力弹簧。

2）尺寸、外形及允许偏差。

① 钢丝直径范围如下：a）甲组为0.20～1.20mm；b）乙组为0.20～1.50mm；c）丙组为0.20～1.50mm。

② 钢丝直径的允许偏差应符合 GB/T 342 中表3的h10级规定。

③ 钢丝圆度应不大于直径允许公差之半。

④ 同盘钢丝直径差异要求如下：a）直径≤1.0mm 的钢丝不得超过0.010mm；b）直径>1.0mm 的钢丝不得超过0.015mm。

⑤ 钢丝盘应规整，打开钢丝盘时不得散乱、扭转或呈“∞”字形。

3）牌号及化学成分。

① 钢丝可选用 GB 1298 或 GB4355 中规定的 T8A、T10A、T8MnA，亦可用质量相当的其他牌号材料制造。

② 钢的化学成分应符合相应标准的规定。

③ 允许在钢中加入适量的稀土元素以改善钢丝性能。

4）力学性能。

① 常见规格的抗拉强度应符合表2-37所列的规定。

表2-37　钢丝力学性能和扭转试验规范

直径/mm	抗拉强度/MPa 甲组	抗拉强度/MPa 乙组	抗拉强度/MPa 丙组	扭转次数/次≥ 甲组	扭转次数/次≥ 乙组	扭转次数/次≥ 丙组
0.25	2840～3140	2700～2950	2550～2800	40	50	50
0.30	2840～3140	2700～2950	2550～2800	34	50	50
0.32	2840～3140	2700～2950	2550～2800	34	40	50
0.40	2840～3140	2700～2950	2550～2800	34	40	50
0.50	2840～3140	2700～2950	2550～2800	34	40	50
0.60	2790～3090	2650～2850	2500～2700	34	38	44
0.65	2790～3090	2650～2850	2500～2700	34	38	44
0.70	2790～3090	2650～2850	2500～2700	34	38	44
0.80	2790～3090	2650～2850	2500～2700	34	38	44
1.00	2740～3040	2600～2800	2450～2650	15	19	22
1.20	2540～2840	2500～2700	2350～2550	15	19	22
1.40	—	2400～2600	2250～2450	—	19	22
1.50	—	2400～2600	2250～2450	—	19	22

② 每盘钢丝两端抗拉差不得大于100MPa。

5）工艺性能。

① 扭转。a）钢丝的扭转次数应符合表2-32所列的规定；b）钢丝扭转时，在规定扭转

次数以内应不得有肉眼可见的裂纹和分层；c）钢丝扭断时，若有两处或更多处折断，应以较平整的断口为主要断口。主要断口不得呈阶梯形。

② 缠绕。a）钢丝应进行缠绕试验；b）钢丝绕心轴缠绕 15 圈后不得出现折断和破裂；c）心轴直径等于钢丝直径。

6）表面质量。钢丝表面应光滑，不得有裂纹、折叠、结疤、拉裂、氧化皮和锈蚀，但允许有润滑涂镀层。

3.2 冷拔不锈弹簧钢丝

不锈弹簧钢丝主要用于制造在淡水、海水、酸性和碱性条件下工作的耐腐蚀弹簧，也适用于制造工作温度在 300℃以下的耐高温弹簧和工作温度在 -200℃以上的耐低温弹簧，执行标准为 GB/T 24588《不锈弹簧钢丝》。

（1）不锈弹簧钢丝的制造　奥氏体不锈弹簧钢丝是冷拔不锈钢丝的典型产品，其基本生产流程如下：

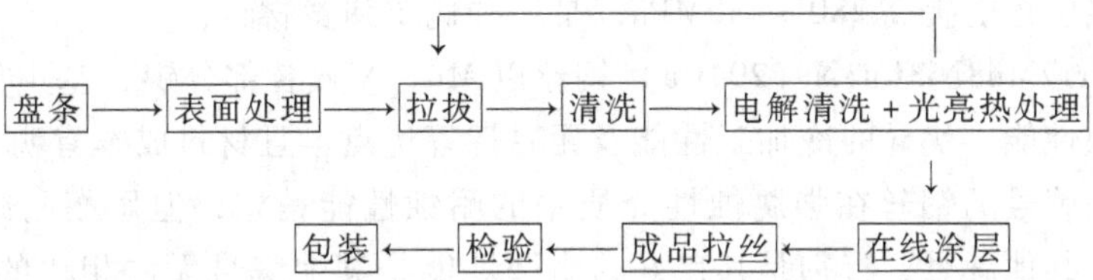

生产流程中专业性较强的工序主要包括表面处理、拉丝和热处理，分别介绍如下：

1）表面处理：表面处理（涂层）的目的是在盘条或钢丝表面形成一层粗糙、多孔、能吸附和携带润滑剂的载体，拉丝时借助这层润滑载体将拉丝粉带入模具中。

2）拉丝：奥氏体不锈弹簧钢丝主要依靠冷加工强化达到标准规定的强度。不锈钢的化学成分不同，其冷加工强化系数有很大差别，一般说来，冷加工强化系数与碳和氮的质量分数成正比。其中碳的作用具有双重性：随着碳含量的增加，冷加工强化系数迅速加大，但钢丝的耐蚀性能也随之下降。综合考虑，生产弹簧钢丝用不锈钢通常将碳控制在标准规定值的中上限，同时将锰控制在中限，这样有利于提高固溶钢丝的抗拉强度。将硅限制在 0.65% 以下，可改善冷加工塑性，提高成品钢丝扭转性能。

3）热处理：不锈钢丝冷加工过程中的热处理与碳素钢丝或其他合金钢丝热处理的目的和方法不完全相同，一般将钢丝加热到 950～1150℃左右，保温一段时间，使碳化物和各种合金元素充分均匀地溶解于奥氏体中，然后快速淬水冷却，处理后，碳及其他合金元素来不及析出，获得纯奥氏体组织。这种工艺称之为固溶处理。

固溶处理的作用有三点：

① 使钢丝组织和成分均匀一致。

② 消除加工硬化，以利于继续冷加工。通过固溶处理，歪扭的晶格恢复，伸长和破碎的晶粒重新结晶，内应力消除，钢丝抗拉强度下降，延伸率提高。

③ 恢复不锈钢固有的耐蚀性能。由于冷加工造成碳化物析出、晶格缺陷，使不锈钢耐蚀性能下降。固溶处理后钢丝耐蚀性能恢复到最佳状态。

近年来，不锈钢丝生产企业几乎全部选用氨分解气体保护连续炉进行钢丝热处理，以达到处理后的钢丝光亮无氧化。选用氨分解气体（25% 体积分数的 N_2 和 75% 体积分数的 H_2）作为保护气的原因是液氨资源丰富，储运方便，制气装备简单，制出的气体纯度比较高，稍作净化即可使用。

（2）产品主要要求

1）分类及交货状态。

① GB/T 24588 将钢丝按牌号和抗拉强度分为4个组别，各牌号适用强度组别及相应的直径范围见表2-38所列。

A组钢丝适用于制作使用应力较低、形状复杂或对疲劳寿命要求很高的弹簧、有强度要求的结构件、需要进一步加工成形的高强度异型钢丝等，常用牌号有12Cr18Ni9、06Cr19Ni9、06Cr17Ni12Mo2、10Cr18Ni9Ti、12Cr18Mn9Ni5N。

B组钢丝适用于制作使用应力较高、形状相对简单的弹簧，多选用12Cr18Ni9、06Cr19Ni9N和12Cr18Mn9Ni5N。

C组钢丝是沉淀硬化型07Cr17Ni7Al不锈弹簧钢丝，该类钢丝的耐蚀性能与A、B两组钢丝基本相当，但其弹减性、抗疲劳性能明显优于前者，特别是缠簧成形后，再经沉淀硬化处理，弹簧的强度还能提高280～430MPa，是一种优质弹簧材料；

D组的12Cr17Mn8Ni3Cu3N（204Cu）钢丝以Mn、N代替部分镍，基本保持了奥氏体钢具有的良好耐蚀性能、优异的冷加工性能及无磁性等优点，且材料成本有明显下降。与其他牌号相比，这一牌号的钢丝在强腐蚀性介质中的耐蚀性能稍差，但用相同减面率生产钢丝时，其强度高于其他牌号，特别是其良好的耐磨性能是其他牌号无法相比的。为明确起见，GB/T 24588—2009在牌号与组别表中注明“此牌号不宜在腐蚀性较强的环境中使用”。

各牌号分组情况见表2-38所列。

表2-38 钢丝的牌号和组别

牌 号	组别	公称直径范围/mm	牌 号	组别	公称直径范围/mm
12Cr18Ni9 06Cr19Ni9 06Cr17Ni12Mo2 10Cr18Ni9Ti 12Cr18Mn9Ni5N	A	0.20～10.0	12Cr18Ni9 06Cr18Ni9N 12Cr18Mn9Ni5N	B	0.20～12.00
			07Cr17Ni7Al	C	0.20～10.00
			12Cr17Mn8Ni3Cu3N①	D	0.20～6.00

① 此牌号不宜在耐蚀性要求较高的环境中使用。

② 钢丝以冷拉状态交货。

③ 根据钢丝表面光亮或洁净程度，表面状态可分为雾面、亮面、清洁面和涂（镀）层表面4种：a）雾面钢丝表面呈银白色、不反光。绝大多数弹簧钢丝均以雾面状态供货；b）亮面钢丝表面有光泽，像镜面一样可反光；c）清洁面指钢丝表面经清洗，去除残留润滑膜，表面洁净、光滑、无油污；d）涂层表面是指钢丝表面带有润滑涂层或树脂涂层，用于保护表面，缠簧时不易造成划伤；镀层指用电化学方法在表面镀上一层金属保护层，如铜、镍或彩色保护层。

④ 需方不作说明时由供方确定表面状态。

⑤ 经供需双方商定，可提供直条或磨光状态的钢丝。

2）尺寸，外形及允许偏差。

① 钢丝公称直径范围见表2-38所列。

② 钢丝的直径允许偏差应符合GB/T 342—1997中表2 h11级的规定。经双方商定，并在合同中注明，可提供GB/T 342—1997中表3规定的负偏差钢丝或其他级别的钢丝。

③ 钢丝的不圆度应不大于直径公差之半。

④ 钢丝以盘卷或线轴，每盘或每轴钢丝应由一根钢丝组成。

⑤ 盘卷应规整，打开盘卷时钢丝不允许散乱、扭曲或呈“∞”字形；线轴应保证放线顺畅，端头有明显标志。其圈距和自由圈径应符合表 2-39 中所列规定。

表 2-39 盘卷的圈距和自由圈径 （单位：mm）

钢丝公称直径	圈距 f（不大于）	收线方式及其自由圈径 D
≤0.50	60	线轴收线的钢丝： 自由圈径应为盘径的 0.9～2.5 倍 盘卷收线的钢丝： 自由圈径应为盘径的 0.9～1.5 倍
>0.50～1.00	80	
>1.0～2.0	90	
>2.0	100	

3）原料要求。

① 钢丝用盘条的牌号及化学成分（熔炼分析）应符合表 2-40 的规定。

表 2-40 钢丝的牌号及化学成分（熔炼分析） （质量分数:%）

牌号	C	Si	Mn	P	S	Cr	Ni	Mo	Cu	N	其他元素
06Cr19Ni9	0.08	1.00	2.00	0.045	0.030	18.00～20.00	8.00～10.50	—	—	0.10	—
12Cr18Ni9	0.15	1.00	2.00	0.045	0.030	17.00～19.00	8.00～10.00	—	—	0.10	—
06Cr19Ni9N	0.08	1.00	2.50	0.045	0.030	18.00～20.00	7.00～10.50	—	—	0.10～0.30	—
07Cr17Ni7Al	0.09	1.00	1.00	0.040	0.030	16.00～18.00	6.50～7.75	—	—	—	Al:0.75～1.50
06Cr17Ni12Mo2	0.08	1.00	2.00	0.045	0.030	16.00～18.00	10.00～14.00	2.00～3.00	—	0.10	—
10Cr18Ni9Ti	0.12	1.00	2.00	0.035	0.030	17.00～19.00	8.00～11.00	—	—	—	Ti:5C(碳含量的 1.5 倍)～0.80
12Cr18Mn9Ni5N	0.15	1.00	7.50～10.0	0.050	0.030	17.00～19.00	4.00～6.00	—	—	0.05～0.30	—
12Cr17Mn8Ni3Cu3N	0.15	1.00	6.50～9.00	0.060	0.030	15.50～17.50	1.50～3.50	—	2.00～4.00	0.05～0.30	—

注：1. 表中未注明范围的是指最大值。

2. 经双方商定，镍质量分数可为 7.00%～8.20%。

含氮不锈钢是近年发展起来的品种。氮的强化效应与碳基本相当，但氮对晶间腐蚀基本无影响，对抗点腐蚀和缝隙腐蚀性能的提高是有利的。含氮钢与同牌号不含氮钢相比，屈服强度和抗拉强度高、延展性好；冷加工强化系数高；磁性更弱；抗点腐蚀和应力腐蚀能力更强，因此 GB/T 24588 参照 JIS 标准收录了 1 个有发展前途的牌号 06Cr19Ni9N（SUS304N1）。

② 钢丝化学成分允许偏差应符合 GB/T 222 的规定。

③ 钢丝用盘条其他技术要求应符合 GB/T 4356 的规定。

4）力学性能。

① 钢丝的抗拉强度应符合表 2-41 的规定。中间尺寸钢丝的抗拉强度按相邻较大规格的规定执行。

表 2-41 钢丝的抗拉强度

公称直径/mm	抗拉强度/MPa				
	A组 12Cr18Ni9 06Cr19Ni9 06Cr17Ni12Mo2 10Cr18Ni9Ti 12Cr18Mn9Ni5N	B组 12Cr18Ni9 06Cr18Ni9N 12Cr18Mn9Ni5N	C组 07Cr17Ni7Al① 冷拉 不小于	C组 07Cr17Ni7Al① 时效	D组 12Cr17Mn8Ni3Cu3N
0.20	1700~2050	2050~2400	1970	2270~2610	1750~2050
0.22	1700~2050	2050~2400	1950	2250~2580	1750~2050
0.25	1700~2050	2050~2400	1950	2250~2580	1750~2050
0.28	1650~1950	1950~2300	1950	2250~2580	1720~2000
0.30	1650~1950	1950~2300	1950	2250~2580	1720~2000
0.32	1650~1950	1950~2300	1920	2220~2550	1680~1950
0.35	1650~1950	1950~2300	1920	2220~2550	1680~1950
0.40	1650~1950	1950~2300	1920	2220~2550	1680~1950
0.45	1600~1900	1900~2200	1900	2200~2530	1680~1950
0.50	1600~1900	1900~2200	1900	2200~2530	1650~1900
0.55	1600~1900	1900~2200	1850	2150~2470	1650~1900
0.60	1600~1900	1900~2200	1850	2150~2470	1650~1900
0.63	1550~1850	1850~2150	1850	2150~2470	1650~1900
0.70	1550~1850	1850~2150	1820	2120~2440	1650~1900
0.80	1550~1850	1850~2150	1820	2120~2440	1620~1870
0.90	1550~1850	1850~2150	1800	2100~2410	1620~1870
1.0	1550~1850	1850~2150	1800	2100~2410	1620~1870
1.1	1450~1750	1750~2050	1750	2050~2350	1620~1870
1.2	1450~1750	1750~2050	1750	2050~2350	1580~1830
1.4	1450~1750	1750~2050	1700	2000~2300	1580~1830
1.5	1400~1650	1650~1900	1700	2000~2300	1550~1800
1.6	1400~1650	1650~1900	1650	1950~2240	1550~1800
1.8	1400~1650	1650~1900	1600	1900~2180	1550~1800
2.0	1400~1650	1650~1900	1600	1900~2180	1550~1800
2.2	1320~1570	1550~1800	1550	1850~2140	1550~1800
2.5	1320~1570	1550~1800	1550	1850~2140	1510~1760
2.8	1230~1480	1450~1700	1500	1790~2060	1510~1760
3.0	1230~1480	1450~1700	1500	1790~2060	1510~1760
3.2	1230~1480	1450~1700	1450	1740~2000	1480~1730
3.5	1230~1480	1450~1700	1450	1740~2000	1480~1730
4.0	1230~1480	1450~1700	1400	1680~1930	1480~1730
4.5	1100~1350	1350~1600	1350	1620~1870	1400~1650
5.0	1100~1350	1350~1600	1350	1620~1870	1330~1580
5.5	1100~1350	1350~1600	1300	1550~1800	1330~1580
6.0	1100~1350	1350~1600	1300	1550~1800	1230~1480
6.3	1020~1270	1270~1520	1250	1500~1750	—
7.0	1020~1270	1270~1520	1250	1500~1750	—
8.0	1020~1270	1270~1520	1200	1450~1700	—
9.0	1000~1250	1150~1400	1150	1400~1650	—
10.0	980~1200	1000~1250	[illegible]	1400~1650	—
11.0	—	1000~1250	—	—	—
12.0	—	1000~1250	—	—	—

① 钢丝试样时效热处理推荐工艺制度为：400~500℃，保温0.5~1.5h，空冷。

② 直条或磨光状态钢丝的力学性能允许偏差为 ±10%。

5）工艺性能。

① 扭转试验。经供需双方商定，直径为 0.50 ~ 4.0mm 钢丝可进行扭转试验，扭转后钢丝表面不应有裂纹、折叠和起刺，扭转断口应垂直或近似垂直于轴线，不应有开裂或分层。

② 缠绕试验。经供需双方商定，直径不大于 4.0mm 的钢丝可进行缠绕试验，沿钢丝直径的心轴缠绕 8 圈，不应有断裂。直径大于 4.0mm 但不大于 6.0mm 的钢丝，沿 2 倍直径的心轴缠绕 5 圈，不应有断裂。

③ 弯曲试验。经供需双方商定，直径大于 6.0mm 的钢丝可进行弯曲试验，沿 $r=10$mm 的圆弧，向不同方向各弯曲一次 90°，表面不应有裂纹或开裂。

6）表面质量：钢丝表面不允许有结疤、折叠、裂纹、毛刺、麻坑、划伤和氧化皮等对使用有害的缺陷，但允许有个别深度不超过尺寸公差一半的麻点和划痕存在。直条钢丝表面允许有螺旋纹和润滑剂残迹存在。

7）其他要求：钢丝的检验项目、取样数量、取样部位和试验要求等应符合表 2-42 所列规定。

表 2-42 钢丝的检验项目、取样数量、取样部位和试验方法

序号	检验项目	取样数量	取样部位	试验方法
1	化学成分	1 支/炉	GB/T 20066	GB/T 223、GB/T 11170、GB/T 20123、GB/T 20124
2	拉伸	3 个	3 盘一端	GB/T 228
3	扭转	3 个	3 盘一端	GB/T 239 扭转间距：直径 ≥5.0mm 取 50d； 直径 <5.0mm 取 100d
4	缠绕	3 个	3 盘一端	GB/T 2976
5	弯曲	3 个	3 盘一端	GB/T 238 弯曲圆弧半径取 10mm
6	尺寸、外形	逐盘(轴)		相应精度的千分尺
7	表面	逐盘(轴)		目视，必要时用 ≤10 倍的放大镜

3.3 淬回火弹簧钢丝

淬回火弹簧钢丝执行的标准为 GB/T 18983《油淬火回火弹簧钢丝》，同时也有不少钢丝按国外标准组织生产。淬回火弹簧钢丝所用原材料为弹簧钢热轧线材，成品要经过淬火和回火处理，最终金相组织为回火屈氏体，直径一般不超过 17mm。由于此类钢丝的抗松弛性较好，且通条均匀性较好，是采用冷成型工艺制造弹簧的理想材料，目前多用于制造用于重要用途的弹簧。

目前淬回火弹簧钢丝普遍使用的钢材大致有 4 类，分别为：碳素钢、硅锰钢、硅铬钢和铬钒钢。

碳素钢的代表牌号有 65Mn、70 等，国外常用类似钢号有日本的 SWRH72A、SWRH82B 等，主要用于制造在常温下使用且对服役应力和疲劳寿命要求不很高的弹簧，如发动机卡簧，野外帐篷支承杆和模具推杆等。

硅锰钢的代表牌号是 60Si2Mn，国外常用类似钢号有日本的 SUP6、SUP7、美国的 SAE9260 等。60Si2Mn 多用于制造设计应力为 880MPa 以下的乘用车悬架弹簧、普通离合器弹簧和汽车实心稳定杆，同时广泛用于制造摩托车的减振簧。SUP7 主要用于制造设计应力为 980MPa 以下的乘用车螺旋悬架弹簧，但由于其硅含量较高，表面脱碳倾向大，不易控制，现已趋于淘汰。

硅铬钢的代表钢号是 55SiCr（也写作 55CrSi），国外常用类似钢号有日本的 SUP12、美国的 SAE9254 等，铃木-加普滕公司生产的 OTEVA70SC 等牌号的钢丝也属此类。此钢种对应的淬回火弹簧钢丝牌号为 FDCrSi、TDCrSi 和 VDCrSi，国外的钢丝牌号有 SWOSC、OTEVA70SC 等。55SiCr 常用于制造设计应力为 980MPa 以下的乘用车螺旋悬架弹簧、质量相对要求较高的离合器弹簧、制动器弹簧、实心稳定杆和扭杆，同时广泛用于制造摩托车的气门弹簧、减振弹簧和其他重要用途的机械弹簧。随着感应加热水淬火技术的成熟和制簧技术的发展，2000MPa 级 55SiCr 粗规格淬回火弹簧钢丝已被用于制造设计应力为 1350MPa 乘用车螺旋悬架弹簧。

硅铬钢系钢种中 60Si2Cr 也被较多使用。

硅铬钒钢的化学成分与硅铬钢很相似，主要是多了合金元素 V，可以作为硅铬钢的改进型来看待。该系代表钢种为 55SiCrV，相似的国外牌号有 SAE9254V、SRS60 等，对应的淬回火弹簧钢丝牌号有 SWOSC-V、OTEVA75SC 等。此系钢种中 60Si2CrV 也被较多使用。SAE9254V 主要用于制造设计应力为 900MPa 以下的气门弹簧及要求很高的离合器弹簧和扭杆，SRS60 用于制造设计应力为 1100MPa 的乘用车螺旋悬架弹簧。

铬钒钢的代表牌号是 50CrV 和 67CrV，国外常用类似钢号有德国的 50CrV4 等。50CrV 曾在我国广泛使用，主要用于生产在 250℃ 以下使用的重要弹簧。因其与 55SiCr 相比强度不高，无法满足弹簧轻量化和小型化的要求，故现已很少使用。67CrV 与 55SiCr 的性能相似，67CrV 在欧洲使用较多，我国很少使用。

（1）淬回火弹簧钢丝的制造　淬回火弹簧钢丝基本生产流程如下：

盘条 ⟶ 表面处理 ⟶ 拉拔 ⟶ 热处理 ⟶ 检验 ⟶ 包装

目前淬回火弹簧钢丝的粗规格表面处理主要有酸洗 + 磷化和喷丸两种工艺，细规格表面处理则基本采用酸洗 + 磷化工艺。采用喷丸法去除线材表面的氧化铁皮，可以避免酸洗过程中残留氢引起的钢丝滞后断裂，同时实现环境友好的清洁生产，但不如酸洗 + 磷化法的拉拔润滑效果好。对于部分质量要求较高的 TD 级和 VD 级钢丝，使用的盘条可进行剥皮处理，以减少盘条表面缺陷和脱碳层对钢丝质量的影响。经过剥皮处理的钢丝需要进行适当的热处理，才能继续进行拉拔生产。

淬回火弹簧钢丝的拉拔工艺与冷拉强化钢丝大致相同。

粗规格淬回火弹簧钢丝热处理加热主要是采用感应加热方式，可实现钢材晶粒的超细化，正常情况下成品钢丝的晶粒度可达 ASTM10 级左右，而采用燃料炉或电炉加热方式生产粗规格淬回火弹簧钢丝，晶粒度最高只能达到 ASTM7 级左右。但由于一些技术环节存在瓶颈，感应加热工艺目前尚未在细规格淬回火弹簧钢丝的生产中普及。

淬回火弹簧钢丝的生产热处理最初是用矿物油作为淬火介质，但是，后来随着科技的发展，其淬火工序中所使用的淬火介质已由早期的单一淬火油演变为淬火油、纯水和高分子聚合物水溶液等多种。由于油的冷却特性平缓，控制技术简单，因此首先被普遍使用。水的冷却特性较猛，淬透能力远远超过油介质，在粗规格钢丝生产上有明显的优势。但水淬控制技术相对复杂，易出现废品，这导致其应用受到限制。高分子聚合物水溶液冷却特性可调，作为淬火介质对粗、细规格弹簧钢丝都适用，但对溶液浓度和温度要求较严，使用有所不便，故在钢丝制造业没有普及。目前中、细规格（指 9mm 以下）弹簧钢丝采用油淬，粗规格（指 9mm 以上）弹簧钢丝油淬工艺和水淬工艺都在使用。

（2）发展动态　淬回火弹簧钢丝多在重要场合使用，因此受到各国研究机构的高度重视。伴随着汽车产业的发展，在硅铬钢基础上添加少量合金元素如 V、Ni、Co、Mo、W 等形成的新钢种发展也很快。近年来，发达国家围绕汽车行业研发了一些多种添加元素的新钢种（如 UHS1900）和新钢丝（如 OTEVA90SC），并已开始商业化应用，为淬回火弹簧钢丝生产增加了新的选项。

对于乘用车螺旋悬架弹簧用淬回火弹簧钢丝（直径范围为 9.0 ~ 18.0mm）来说，汽车生产厂将抗拉强度划分为 1700MPa、1800MPa、1900MPa 和 2000MPa 等级别，不细分钢丝直径，其断面收缩率一般要求大于 35%，现在已有厂商按此要求提供产品。

（3）产品主要要求。

1）分类。

① 钢丝按工作状态可分为静态、中疲劳、高疲劳三类。

② 钢丝按供货抗拉强度可分为低强度、中强度和高强度三级。

钢丝的分类、代号和直径范围见表 2-43。

表 2-43　钢丝的分类、代号及直径

分类		静态	中疲劳	高疲劳
抗拉强度	低强度	FDC	TDC	VDC
	中强度	FDCrV(A、B),FDSiMn	TDCrV(A、B), TDSiMn	VDCrV(A、B)
	高强度	FDCrSi	TDCrSi	VDCrSi
直径范围		0.50 ~ 17.00mm	0.50 ~ 17.00mm	0.50 ~ 10.00mm

注：1. 静态级钢丝适用于一般用途弹簧，以 FD 表示。

2. 中疲劳级钢丝用于离合器、悬架弹簧等，以 TD 表示。

3. 高疲劳级钢丝适用于剧烈运动的场合，例如用于阀门弹簧，以 VD 表示。

4. 国外产品的分类方法参见相关标准。

2）尺寸、外形及允许偏差。

① GB/T 18983—2003 标准的要求见表 2-44 所列。

表 2-44　钢丝直径及允许偏差　（单位：mm）

公称直径	允许偏差		公称直径	允许偏差	
	TD VD	FD		TD VD	FD
0.50 ~ 0.80	±0.010	±0.015	>5.50 ~ 7.00	±0.040	
>0.80 ~ 1.00	±0.015	±0.020	>7.00 ~ 9.00	±0.045	
>1.00 ~ 1.80	±0.020	±0.025	>9.00 ~ 10.00	±0.050	
>1.80 ~ 2.80	±0.025	±0.030	>10.00 ~ 11.00	±0.070	—
>2.80 ~ 4.00	±0.030		>11.00 ~ 14.50	±0.080	—
>4.00 ~ 5.50	±0.035		>14.50 ~ 17.00	±0.090	—

注：不同标准规定的淬回火弹簧钢丝尺寸和允许偏差略有差异。

② 圆度不得大于尺寸允许偏差的一半。

③ 钢丝外形应规整，不得有影响使用的弯曲。

3）原料及化学成分。

① 由于淬回火钢丝主要用于制造重要用途的弹簧，因此我国针对淬回火弹簧钢丝专门制定了 YB/T 5365《油淬火-回火弹簧钢丝用热轧盘条》，其钢号和化学成分见表 2-12 所列。

② 国内市场目前常用淬回火弹簧钢丝的种类及化学成分参见表 2-45 ~ 表 2-47 所列。

表 2-45 GB/T 18983—2003 钢丝化学成分 （质量分数:%）

代号	C	Si	Mn	$P_{最大}$	$S_{最大}$	Cr	V	$Cu_{最大}$
FDC	0.60 ~ 0.75	0.10 ~ 0.35	0.50 ~ 1.20	0.030	0.030	—	—	0.20
TDC	0.60 ~ 0.75	0.10 ~ 0.35	0.50 ~ 1.20	0.020	0.025	—	—	0.20
VDC	0.60 ~ 0.75	0.10 ~ 0.35	0.50 ~ 1.20	0.020	0.025	—	—	0.12
FDCrV-A	0.47 ~ 0.55	0.10 ~ 0.40	0.60 ~ 1.20	0.030	0.030	0.80 ~ 1.10	0.15 ~ 0.25	0.20
TDCrV-A	0.47 ~ 0.55	0.10 ~ 0.40	0.60 ~ 1.20	0.025	0.025	0.80 ~ 1.10	0.15 ~ 0.25	0.20
VDCrV-A	0.47 ~ 0.55	0.10 ~ 0.40	0.60 ~ 1.20	0.025	0.025	0.80 ~ 1.10	0.15 ~ 0.25	0.12
FDCrV-B	0.62 ~ 0.72	0.15 ~ 0.30	0.50 ~ 0.90	0.030	0.030	0.40 ~ 0.60	0.15 ~ 0.25	0.20
TDCrV-B	0.62 ~ 0.72	0.15 ~ 0.30	0.50 ~ 0.90	0.025	0.025	0.40 ~ 0.60	0.15 ~ 0.25	0.20
VDCrV-B	0.62 ~ 0.72	0.15 ~ 0.30	0.50 ~ 0.90	0.025	0.025	0.40 ~ 0.60	0.15 ~ 0.25	0.12
FDSiMn	0.56 ~ 0.64	1.50 ~ 2.00	0.60 ~ 0.90	0.035	0.035	—	—	0.25
TDSiMn	0.56 ~ 0.64	1.50 ~ 2.00	0.60 ~ 0.90	0.035	0.035	—	—	0.25
FDCrSi	0.50 ~ 0.60	1.20 ~ 1.60	0.50 ~ 0.90	0.030	0.030	0.50 ~ 0.80	—	0.20
TDCrSi	0.50 ~ 0.60	1.20 ~ 1.60	0.50 ~ 0.90	0.025	0.025	0.50 ~ 0.80	—	0.20
VDCrSi	0.50 ~ 0.60	1.20 ~ 1.60	0.50 ~ 0.90	0.025	0.025	0.50 ~ 0.80	—	0.12

表 2-46 铃木-加普滕公司生产的 OT 气门弹簧钢丝品种及其化学成分 （质量分数:%）

牌号	C	Si	Mn	P	S	Cr	V	Ni	Mo	W
OTEVA70SC	0.50 ~ 0.60	1.20 ~ 1.60	0.50 ~ 0.80	≤0.020	≤0.020	0.50 ~ 0.80	—	—	—	—
OTEVA75SC	0.50 ~ 0.70	1.20 ~ 1.65	0.50 ~ 0.80	≤0.020	≤0.020	0.50 ~ 1.00	0.05 ~ 0.15	—	—	—
OTEVA76SC	0.57 ~ 0.62	1.30 ~ 1.60	0.50 ~ 0.80	≤0.020	≤0.020	0.80 ~ 1.00	0.05 ~ 0.10	0.20 ~ 0.50	—	—
OTEVA90SC	0.50 ~ 0.70	1.80 ~ 2.20	0.70 ~ 1.00	≤0.020	≤0.020	0.85 ~ 1.05	0.05 ~ 0.15	0.20 ~ 0.40	—	—
OTEVA91SC	0.50 ~ 0.70	1.80 ~ 2.20	0.30 ~ 0.60	≤0.020	≤0.020	0.80 ~ 1.00	0.05 ~ 0.15	—	0.05 ~ 0.15	—
OTEVA100SC	0.50 ~ 0.70	1.90 ~ 2.40	0.30 ~ 0.70	≤0.020	≤0.020	1.60 ~ 1.90	0.20 ~ 0.40	0.10 ~ 0.30	—	—
OTEVA101SC	0.50 ~ 0.70	2.10 ~ 2.40	0.30 ~ 0.70	≤0.020	≤0.025	1.00 ~ 1.40	0.05 ~ 0.25	—	0.05 ~ 0.25	0.05 ~ 0.25

表 2-47 日本住友电工株式会社生产的 OT 气门弹簧钢丝品种及其化学成分 （质量分数:%）

牌号	C	Si	Mn	P	S	Cr	V	Co
SWOSC-V	0.51 ~ 0.59	1.20 ~ 1.60	0.50 ~ 0.80	≤0.025	≤0.025	0.50 ~ 0.80	—	—
SWOSC-VH	0.60 ~ [illegible]	1.40 ~ 1.60	0.60 ~ 0.80	≤0.025	≤0.025	0.50 ~ 0.80	—	—
SWOSC-VHV	0.63 ~ 0.68	1.20 ~ 1.60	0.50 ~ 0.80	≤0.025	≤0.025	0.50 ~ 0.80	0.10 ~ 0.20	—
SWOSC-VHS	0.63 ~ 0.68	1.80 ~ 2.20	0.70 ~ 0.90	≤0.025	≤0.025	0.50 ~ 0.80	0.05 ~ 0.15	—
SWOSC-VHR	0.63 ~ 0.68	2.10 ~ 2.30	0.50 ~ 0.70	≤0.025	≤0.025	1.10 ~ 1.30	0.10 ~ 0.20	0.10 ~ 0.30

4）力学性能。

① GB/T 18983—2003 对材料力学性能的要求见表 2-48、表 2-49 所列。

表 2-48 GB/T 18983—2003 静态级、中疲劳级钢丝力学性能

直径范围 /mm	抗拉强度/MPa					断面收缩率(%) ≥	
	FDC	FDCrV-A	FDCrV-B	FDSiMn	FDCrSi		
	TDC	TDCrV-A	TDCrV-B	TDSiMn	TDCrSi	FD	FD
0.50~0.80	1800~2100	1800~2100	1900~2200	1850~2100	2000~2250	—	
>0.80~1.00	1800~2060	1780~2080	1860~2160	1850~2100	2000~2250	—	
>1.00~1.30	1800~2010	1750~2010	1850~2100	1850~2100	2000~2250	45	45
>1.30~1.40	1750~1950	1750~1990	1840~2070	1850~2100	2000~2250	45	45
>1.40~1.60	1740~1890	1710~1950	1820~2030	1850~2100	2000~2250	45	45
>1.60~2.00	1720~1890	1710~1890	1790~1970	1820~2000	2000~2250	45	45
>2.00~2.50	1670~1820	1670~1830	1750~1900	1800~1950	1970~2140	45	45
>2.50~2.70	1640~1790	1660~1820	1720~1870	1780~1930	1950~2120	45	45
>2.70~3.00	1620~1770	1630~1780	1700~1850	1760~1910	1930~2100	45	45
>3.00~3.20	1600~1750	1610~1760	1680~1830	1740~1890	1910~2080	40	45
>3.20~3.50	1580~1730	1600~1750	1660~1810	1720~1870	1900~2060	40	45
>3.50~4.00	1550~1700	1560~1710	1620~1770	1710~1860	1870~2030	40	45
>4.00~4.20	1540~1690	1540~1690	1610~1760	1700~1850	1860~2020	40	45
>4.20~4.50	1520~1670	1520~1670	1590~1740	1690~1840	1850~2000	40	45
>4.50~4.70	1510~1660	1510~1660	1580~1730	1680~1830	1840~1990	40	45
>4.70~5.00	1500~1650	1500~1650	1560~1710	1670~1820	1830~1980	40	45
>5.00~5.60	1470~1620	1460~1610	1540~1690	1660~1810	1800~1950	35	40
>5.60~6.00	1460~1610	1440~1590	1520~1670	1650~1800	1780~1930	35	40
>6.00~6.50	1440~1590	1420~1570	1510~1660	1640~1790	1760~1910	35	40
>6.50~7.00	1430~1580	1400~1550	1500~1650	1630~1780	1740~1890	35	40
>7.00~8.00	1400~1550	1380~1530	1480~1630	1620~1770	1710~1860	35	40
>8.00~9.00	1380~1530	1370~1520	1470~1620	1610~1760	1700~1850	30	35
>9.00~10.00	1360~1510	1350~1500	1450~1600	1600~1750	1660~1810	30	35
>10.00~12.00	1320~1470	1320~1470	1430~1580	1580~1730	1660~1810	30	—
>12.00~14.00	1280~1430	1300~1450	1420~1570	1560~1710	1620~1770	30	—
>14.00~15.00	1270~1420	1290~1440	1410~1560	1550~1700	1620~1770	—	
>15.00~17.00	1250~1400	1270~1420	1400~1550	1540~1690	1580~1730		

注：FDSiMn 和 TDSiMn 直径≤5.00mm 时，断面收缩率应≥35%；直径>5.00~14.00mm 时，断面收缩率应≥30%。

② 公称直径>1.00mm 的钢丝应测量断面收缩率。

③ 一盘或一轴内钢丝抗拉强度允许的波动范围为：a）VD 级钢丝不应超过 50MPa；b）TD级钢丝不应超过 50MPa；c）FD 级钢丝不应超过 70MPa。

表 2-49 GB/T 18983—2003 高疲劳级钢丝力学性能

直径范围 /mm	抗拉强度/MPa				断面收缩率(%) ≥
	VDC	VDCrV-A	VDCrV-B	VDCrSi	
0.50~0.08	1700~2000	1750~1950	1910~2060	2030~2230	—
>0.80~1.00	1700~1950	1730~1930	1880~2030	2030~2230	—
>1.00~1.30	1700~1900	1700~1900	1860~2010	2030~2230	45
>1.30~1.40	1700~1850	1680~1860	1840~1990	2030~2230	45
>1.40~1.60	1670~1820	1660~1860	1820~1970	2000~2180	45
>1.60~2.00	1650~1800	1640~1800	1770~1920	1950~2110	45
>2.00~2.50	1630~1780	1620~1770	1720~1860	1900~2060	45

（续）

直径范围/mm	抗拉强度/MPa				断面收缩率(%)≥
	VDC	VDCrV-A	VDCrV-B	VDCrSi	
>2.50~2.70	1610~1760	1610~1760	1690~1840	1890~2040	45
>2.70~3.00	1590~1740	1600~1750	1660~1810	1880~2030	45
>3.00~3.20	1570~1720	1580~1730	1640~1790	1870~2020	45
>3.20~3.50	1550~1700	1560~1710	1620~1770	1860~2010	45
>3.50~4.00	1530~1680	1540~1690	1570~1720	1840~1990	45
>4.00~4.50	1510~1660	1520~1670	1540~1690	1810~1960	45
>4.50~5.00	1490~1640	1500~1650	1520~1670	1780~1930	45
>5.00~5.60	1470~1620	1480~1630	1490~1640	1750~1900	45
>5.60~6.00	1450~1600	1470~1620	1470~1620	1730~1890	40
>6.00~6.50	1420~1570	1440~1590	1440~1590	1710~1860	40
>6.50~7.00	1400~1550	1420~1570	1420~1570	1690~1840	40
>7.00~8.00	1370~1520	1410~1560	1390~1540	1660~1810	40
>8.00~9.00	1350~1500	1390~1540	1370~1520	1640~1790	35
>9.00~10.00	1340~1490	1370~1520	1340~1490	1620~1770	35

④ 常见国外品牌气门弹簧钢丝力学性能要求见表 2-50、表 2-51 所列。

表 2-50 铃木-加普腾公司气门弹簧钢丝力学性能

牌号	规格/mm	抗拉强度/MPa	断面收缩率(%)	扭转/次
OTEVA70SC	0.50~0.80	2080~2210	—	6
	>0.80~1.60	2080~2210	50	5
	>1.60~2.00	2010~2160	50	5
	>2.00~2.50	1960~2060	50	5
	>2.50~3.00	1910~2010	50	4
	>3.00~3.50	1910~2010	45	4
	>3.50~4.50	1860~1960	45	4
	>4.50~5.00	1810~1910	45	3
	>5.00~5.60	1810~1910	40	3
	>5.60~6.50	1760~1860	40	3
OTEVA75SC OTEVA76SC	2.00~2.50	2110~2210	45	5
	>2.50~3.20	2060~2160	45	5
	>3.20~4.00	2010~2110	45	4
	>4.00~5.00	1960~2060	45	3
	>5.00~6.00	1910~2010	40	3
OTEVA90SC OTEVA91SC	2.00~2.50	2180~2280	45	5
	>2.50~3.20	2130~2230	45	5
	>3.20~4.00	2080~2180	45	4
	>4.00~5.00	2030~2130	45	3
	>5.00~6.00	1980~2080	40	3
OTEVA100SC OTEVA101SC	2.00~5.00	2100~2200	40	2

注：扭转试验样品长度为 300mm。

表 2-51 日本住友电工株式会社生产的 OT 气门弹簧钢丝代表规格的抗拉强度 （单位：MPa）

钢丝直径/mm	SWOSC-V	SWOSC-VH	SWOSC-VHV	SWOSC-VHS	SWOSC-VHR
2.0	1910~2060	2110~2210	2110~2210	2160~2260	2210~2310
3.0	1860~2010	2060~2160	2060~2160	2110~2210	2160~2260
4.0	1810~1960	2010~2110	2010~2110	2060~2160	2110~2210
5.0	1760~1910	1960~2060	1960~2060	2010~2110	2060~2160

5）工艺性能：GB/T 18983—2003 对淬回火弹簧钢丝缠绕性能、扭转性能、弯曲性能和卷绕性能均有明确要求，具体如下：

① 缠绕性能：a）公称直径＜3.00mm 的钢丝应进行缠绕试验，试验后其表面不得产生裂纹或断开；b）钢丝在心轴上缠绕至少 4 圈；c）心轴直径等于钢丝直径。

② 扭转性能：a）公称直径为 0.7～6.00mm 的钢丝应进行扭转试验；b）试样标距长度为钢丝直径的 100 倍。经协议，允许采用其他标距长度；c）试验方法有两种：一是单向扭转试验即试样向一个方向扭转至少 3 次直到断裂，断口应平齐。二是 TD 级和 VD 级钢丝也可选用双向扭转试验方法，具体要求见表 2-52 所列。

表 2-52　双向扭转试验要求

<table>
<tr><th rowspan="2">公称直径/mm</th><th colspan="2">TDC　VDC</th><th colspan="2">TDCrV　VDCrV</th><th colspan="2">TDCrSi　VDCrSi</th></tr>
<tr><th>右转圈数</th><th>左转圈数</th><th>右转圈数</th><th>左转圈数</th><th>右转圈数</th><th>左转圈数</th></tr>
<tr><td>＞0.70～1.00</td><td rowspan="8">6</td><td>24</td><td rowspan="8">6</td><td>12</td><td>6</td><td rowspan="8">0</td></tr>
<tr><td>＞1.00～1.60</td><td>16</td><td>8</td><td>5</td></tr>
<tr><td>＞1.60～2.50</td><td>14</td><td rowspan="6">4</td><td rowspan="4">4</td></tr>
<tr><td>＞2.50～3.00</td><td>12</td></tr>
<tr><td>＞3.00～3.50</td><td>10</td></tr>
<tr><td>＞3.50～4.50</td><td>8</td></tr>
<tr><td>＞4.50～5.60</td><td>6</td><td rowspan="2">3</td></tr>
<tr><td>＞5.60～6.00</td><td>4</td></tr>
</table>

③ 弯曲性能：a）公称直径＞6.00mm 的钢丝应进行弯曲试验；b）钢丝绕直径等于钢丝直径 2 倍的心轴弯曲 90°，试验后不得出现裂纹。

④ 卷绕性能：根据需方要求，公称直径≤0.70mm 的钢丝可进行卷绕试验。试验方法如下：试样长约 500mm，均匀地密绕在心轴上。心轴直径为钢丝公称直径的 3～3.5 倍。把绕好的线圈从心轴上取下后拉长，使其在松开后达到线圈原始长度的大约 3 倍。在此状态下线圈螺距和圈径应分布均匀。

6）表面质量。

① 钢丝表面应光滑，不应有会对钢丝使用产生有害影响的划伤、裂纹、锈蚀、折叠、结疤等缺陷。

② 表面缺陷允许的最大深度见表 2-53 所列。

表 2-53　表面缺陷允许的最大深度

钢丝直径 d/mm	VD	TD	FD
0.50～2.00	0.01mm	0.015mm	0.02mm
＞2.00～6.00	0.5%d	0.8%d	1.0%d
＞6.00～10.00	0.7%d	1.0%d	1.4%d
＞10.00～17.00	—	0.10mm	0.20mm

注：不同淬回火弹簧钢丝标准规定的表面缺陷深度略有差异。

③ VD 级和 TD 级钢丝表面不得有全脱碳层。

④ 钢丝表面脱碳层的其他要求应符合表 2-54 所列规定。

表 2-54　表面脱碳允许最大深度

VD	TD①	FD
1.0%d	1.3%d	1.5%d

① TDSiMn 最大深度为 1.5%d。

注：脱碳层的允许深度在各标准中存在一定差异。

7）其他要求。

① 非金属夹杂物：用于重要用途（如气门弹簧、离合器弹簧、悬架弹簧等）的淬回火弹簧钢丝对钢中非金属夹杂物含量要求较严，其中气门弹簧用淬回火弹簧钢丝要求最高。

铃木-加普腾公司对气门弹簧所用淬回火弹簧钢丝表层非金属夹杂物的要求见表2-55所列。GB/T 18983—2003中对钢中非金属夹杂物指标未做具体规定，由供需双方协商解决。

表2-55 气门弹簧所用淬回火弹簧钢丝表层非金属夹杂物的要求

非金属夹杂物尺寸/μm	5~10	>10~15	>15
非金属夹杂物数量/个	50	7	0

注：$1000mm^2$ 视场内。

② 涡流检测：淬回火弹簧钢丝多用于轿车悬架弹簧、发动机气门弹簧等重要用途，因而检验要求往往很严格。除了各种常规检验手段以外，涡流检测已普遍用于检验淬回火弹簧钢丝的表面缺陷。粗规格钢丝常在盘条拉拔时进行涡流检测，发现线材表面的缺陷后直接修磨去除，这既可以避免因钢丝表面缺陷引起的断裂，又可以节约钢材；细规格钢丝则普遍把涡流检测安排在成品检验阶段，当发现缺陷时做出标记，在卷簧时根据标记剔除有缺陷的钢丝。

③ 钢丝的检验项目、取样数量、取样部位和试验方法按表2-56所列规定执行。

表2-56 钢丝的检验项目、取样数量、取样部位和试验方法

序号	检验项目	取样数量及部位	试验方法
1	化学成分	1支，盘条取样	GB/T 223
2	酸浸	每盘两端或每轴一端	GB/T 226
3	脱碳层	每批10%一端（至少1个）	GB/T 224
4	拉伸	每批10%两端（至少2个）	GB/T 228
5	缠绕	每批10%两端（至少2个）	GB/T 2976
6	扭转	每批10%一端（至少1个）	GB/T 239中表8
7	弯曲	每批10%一端（至少1个）	GB/T 232
8	表面及外形	每盘（轴）	目视
9	尺寸	每盘（轴）	千分尺
10	卷绕	每批10%一端（至少1个）	GB/T 18983—2003中7.5.4
11	非金属夹杂物	每批10%一端（至少1个）盘条取样	GB/T 10561

3.4 其他交货状态弹簧钢丝

该类钢丝交货状态的力学性能通常不能满足弹簧最终使用状态的要求，一般需要在弹簧成形后进行热处理，以达到弹簧使用所需的力学性能。基本生产流程如下：

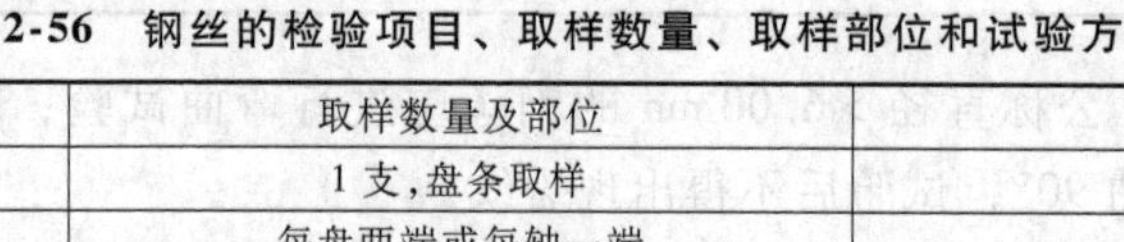

注：虚线框表示选用工序。

选用该类钢丝时，对于先实施变形加工（如压扁、轧成异形截面等）再制成弹簧的钢丝，应选用退火状态。但退火状态交货的钢丝太软，极易产生死弯，缠簧时往往造成弹簧形状缺陷、螺距不均等情况，所以直接用于卷簧的钢丝以轻拉状态供货为宜。

脱碳和表面缺陷会降低弹簧疲劳寿命，必须严格控制。特别是60Si2MnA和55CrSi，这两种材料含硅量较高，退火时易脱碳。盘条球化退火和半成品再结晶退火应注意控制退火温度和时间。对疲劳寿命要求高的弹簧，必须选用磨光钢丝，但要注意退火磨光与冷拉磨光的区别。50CrV 软态钢丝磨光时磨屑极易黏附在钢丝表面，形成不规则小白点，所以尽可能采用冷拉磨光工艺，减少表面白点。

（1）合金弹簧钢丝　合金弹簧钢丝适用于制作高、中应力弹簧，执行标准为 YB/T 5318《合金弹簧钢丝》，是将原 GB 5218《硅锰弹簧钢丝》、GB 5219《铬钒弹簧钢丝》和 GB 5221《铬硅弹簧钢丝》三个标准合并而成。

1）分类及交货状态。

① 钢丝按交货状态分为三类，其代号如下：a）冷拉：WCD；b）热处理：退火（A）、正火（N）；c）银亮：ZY。

② 钢丝的类别及热处理种类应在合同中注明，未注明时按冷拉态交货。

③ 银亮钢丝应在合同中注明表面加工方法，未注明时按磨光状态交货。

2）尺寸、外形及允许偏差。

① 钢丝的公称直径范围为 0.50 ~ 14.0mm。

② 冷拉或热处理钢丝直径及直径允许偏差应符合 GB/T 342—1997 的规定，未注明时按该标准 11 级执行。

③ 银亮钢丝直径及直径允许偏差应符合 GB/T 3207—2008 的规定，未注明时按该标准表 2 中 10 级执行。

④ 钢丝应以盘状交货。按直条交货时应在合同中注明。

⑤ 钢丝盘应规整，打开钢丝盘时不得散乱或呈现“∞”字形。

⑥ 按直条状交货的钢丝，其长度一般为 2000 ~ 4000mm。允许有长度不小于 1500mm 的钢丝，但其数量不得超过总重量的 5%。

3）原料要求。

① 钢丝的牌号及化学成分（熔炼分析）应符合表 2-57 所列的规定。

表 2-57　钢丝的牌号及化学成分　（质量分数：%）

牌号	C	Si	Mn	Cr	V	P	S	Ni	Cu
50CrVA	0.46 ~ 0.54	0.17 ~ 0.37	0.50 ~ 0.80	0.80 ~ 1.10	0.10 ~ 0.20	≤0.030	≤0.030	≤0.35	≤0.25
55CrSiA	0.50 ~ 0.60	1.20 ~ 1.60	0.50 ~ 0.80	0.50 ~ 0.80	—	≤0.030	≤0.030	≤0.25	≤0.20
60Si2MnA	0.56 ~ 0.64	1.60 ~ 2.00	0.60 ~ 0.90	≤0.35	—	≤0.030	≤0.030	≤0.35	≤0.25

② 根据需方要求，可以供应其他牌号钢丝。

③ 成品钢丝的化学成分允许偏差应符合 GB/T 222 的规定。

4）力学性能。

① 冷拉钢丝成品公称直径 $d>5.0$mm 时，其抗拉强度 $R_m \leqslant 1030$MPa。经供需双方协议也可用布氏硬度检验代替抗拉强度检验，其硬度值≤302HBW。

② 根据需方要求，冷拉钢丝公称直径 $d \leqslant 5.0$mm 也可检验抗拉强度，其合格值供需双方协商。

③ 对于其他交货状态的钢丝，抗拉强度值需双方议定。

5）工艺性能：直径不大于 5mm 的冷拉钢丝应做缠绕试验。钢丝在棒芯上缠绕 6 圈后不得破裂、折断。缠绕棒芯直径规定如下：a）钢丝公称直径不大于 4.00mm 时，缠绕棒芯直径等于钢丝公称直径；b）钢丝公称直径大于 4.00mm 时，缠绕棒芯直径等于钢丝公称直径的2倍。

6）表面质量。

① 钢丝表面应光滑，不得有肉眼可见的裂纹、折叠、分层、结疤和锈蚀等缺陷。但允许有深度不超过钢丝公差一半的凹坑、划痕等存在。

② 热处理状态交货的钢丝表面允许有氧化膜。

③ 银亮钢丝表面质量应符合 GB/T 3207 的规定。

④ 钢丝应检验脱碳层。钢丝一边总脱碳层（铁素体+过渡层）的深度应符合表2-58所列的规定。

表2-58 钢丝一边总脱碳层的深度

牌号	一边总脱碳层深度
50CrVA	≤2.0%D
55CrSiA	
60Si2MnA	≤2.5%D

注：D 为钢丝公称直径。

⑤ 银亮钢丝表面不得有脱碳层。

⑥ 经供需双方协商并在合同中注明，可对脱碳层的深度做特殊要求。

7）其他要求。

① 根据需方要求，经供需双方协商，可增加对显微组织的具体要求。

② 钢丝的检验项目、取样数量、取样部位和试验方法应符合表2-59所列的规定。

表2-59 钢丝的检验项目、取样数量、取样部位和试验方法

序号	检验项目	取样数量	取样部位	试验方法
1	化学成分	1支/炉	GB/T 20066	GB/T 223 相关系列标准，GB/T 20123
2	拉伸试验	10%盘(≥3盘)	任一端部	GB/T228
3	脱碳层	10%盘(≥3盘)	任一端部	GB/T224
4	显微组织	10%盘(≥3盘)	任一端部	GB/T 13298
5	尺寸	逐盘	任意	千分尺、游标卡尺
6	表面	逐盘	任意	目视
7	缠绕试验	10%盘(≥3盘)	任一端部	GB/T 2976
8	布氏硬度	10%盘(≥3盘)	任一端部	GB/T 231.1

（2）阀门用铬钒弹簧钢丝　阀门用铬钒弹簧钢丝采用50CrVA钢制造，钢丝绕成弹簧后进行淬火和回火，执行标准为YB/T 5136《阀门用铬钒弹簧钢丝》。

在保证表面质量的条件下，夹杂物就成为影响疲劳寿命的最重要因素。阀门弹簧疲劳寿命要求很高，所以标准规定需方有要求时可增加非金属夹杂物检验。

1）分类及交货状态。

① 钢丝按交货状态钢丝分为四种：a）冷拉，代号为L；b）退火，代号为T；c）冷拉+银亮，代号为L+Zy；d）退火+银亮，代号为T+Zy。

② 按退火或银亮状态供货时应在合同中注明。

③ 银亮钢丝在合同中未注明表面加工精致程度时，按细磨状态交货。

2）尺寸、外形及允许偏差。

① 钢丝直径范围为0.5~12mm。直径允许偏差应符合表2-60所列的规定。

② 直径允许偏差级别应在合同中注明。合同未注明时，冷拉、退火钢丝按11级交货，银亮钢丝按10级（经供需双方协议，也可按11级）交货。

③ 银亮钢丝的长度及允许偏差应符合GB/T 3207的规定。

④ 钢丝的外形应符合GB/T 342和GB/T 3207的规定。

表 2-60 钢丝直径允许偏差 （单位：mm）

钢丝直径	允许偏差级别			钢丝直径	允许偏差级别		
	9	10	11		9	10	11
	允许偏差				允许偏差		
0.5～0.6	±0.01	±0.01	±0.02	>3.0～6.0	±0.02	±0.02	±0.04
>0.6～1.0	±0.01	±0.01	±0.02	>6.0～10.0	±0.02	±0.03	±0.05
>1.0～3.0	±0.01	±0.02	±0.03	>10.0～12.0	±0.02	±0.04	±0.06

3）原料要求。

① 钢丝应用 GB/T 1222 中的 50CrVA 钢制造，但其镍含量应不大于 0.30%，钒含量为 0.15%～0.25%。

② 制造钢丝所用盘条其他技术要求应符合 YB/T 5100—1993《琴钢丝用盘条》。

4）力学性能。

① 钢丝的力学性能应符合表 2-61 所列的规定，也可用硬度试验代替拉力试验。

表 2-61 钢丝力学性能

交货状态	抗拉强度/MPa	布氏硬度 HB
	不大于	
退火	784	240
冷拉	1029	306

② 钢丝也可用试样热处理后的力学性能试验代替成品钢丝的抗拉强度或硬度试验。其热处理工艺及力学性能应符合表 2-62 所列的规定。成品钢丝的力学性能试验和试样热处理后的力学性能试验只做其中的一项，并在合同中注明，未注明时由生产厂决定。

表 2-62 钢丝热处理工艺及力学性能

钢号	热处理工艺					力学性能	
	淬火		回火			抗拉强度/MPa	断面收缩率(%)
	温度/℃	冷却剂	温度/℃	时间/min	冷却剂		不小于
50CrVA	840～860	油	370～420	≥30	油或水	1470～1764	40

5）工艺性能。

① 直径不大于 5mm 的冷拉钢丝应做缠绕试验。

② 钢丝在心轴上缠绕 6 圈后不得破裂、折断。

③ 缠绕心轴直径规定如下：

a）钢丝直径不大于 1mm 时，缠绕心轴直径等于钢丝直径。

b）钢丝直径大于 1mm 时，缠绕心轴直径等于钢丝直径的 2 倍。

6）表面质量。

① 冷拉、退火钢丝表面应光滑，不得有肉眼可见的裂纹、折叠、分层、拉痕、结疤和锈蚀。深度不使钢丝直径小于极限尺寸的局部凹坑和划痕允许存在。

② 银亮钢丝表面应符合 GB/T 3207 的规定。

③ 直径大于 2mm 的冷拉、退火钢丝应进行酸浸检验，允许缺陷深度应符合表 2-63 所列的规定，也可用表面无损检测代替酸浸表面检验。

④ 银亮钢丝表面不得有脱碳层。

⑤ 冷拉、退火钢丝一面总脱碳层（铁素体＋过渡层）的允许深度应符合表 2-64 所列的规定。

7）其他要求。根据需方要求，经供需双方协商，钢丝可检验非金属夹杂物：a）氧化物不得大于 2.5 级；b）硫化物不得大于 2.0 级；c）氧化物与硫化物之和不得大于 4 级。

表 2-63　钢丝表面酸浸检验允许缺陷深度

钢丝公称直径 d/mm	缺陷深度(不大于)
≤6.0	0.5% d
>6.0	0.7% d

表 2-64　钢丝一面总脱碳层的允许深度

钢丝公称直径 d/mm	总脱碳层最大允许深度
≤4.5	1.0% d
>4.5	1.5% d

4　异型弹簧钢材料

4.1　异型钢丝

异型钢丝是指横截面非圆形的钢丝，常用的异型钢丝截面形状有正方形、矩形、扁形、梯形、椭圆形等，品种、规格很多，其轮廓形状的独特性分别针对不同的用途，可以满足弹簧特殊的功能和使用要求，也可以改善弹簧的受力状态，提高弹簧的承载能力，实现弹簧的轻量化。例如：与圆形截面钢丝制成的弹簧相比，在占有同等空间的条件下，矩形截面钢丝制成的弹簧承载力更强，在钢丝截面积相等的条件下，矩形截面钢丝制成的弹簧压缩量更大等。

与圆钢丝相比，异型钢丝生产中增加了截面形状及相关几何公差等技术指标要求，同时为保证弹簧顺利绕制，对异型钢丝的平直度和收线方式、钢丝旋向等也有明确要求。今后，随着对弹簧受力状态研究的深入及考虑弹簧高寿命和轻型化，异型钢丝的截面形状会越来越复杂，尺寸精度、表面质量和力学性能要求也会越来越具体。

异型钢丝使用材料广泛，凡能加工圆钢丝的钢种均可根据需要生产异型钢丝，其力学性能指标常参照相应圆截面弹簧钢丝的标准执行，相关参照标准有国标、行标、企标等，但更多的是根据生产实际，由供需双方签署技术协议来确定钢丝质量要求，满足弹簧制造的需要。

异型钢丝通常用拉拔到尺寸的圆钢丝作为坯料，经过异型模拉拔、辊拉模拉拔、轧机轧制等生产方法加工成形。异型钢丝基本生产流程除了加工成形工序外，其他的生产工序与同钢种圆钢丝基本相同，所有可以提高圆钢丝力学性能的技术手段原则上都可以用于异型钢丝的生产。其生产过程如下：

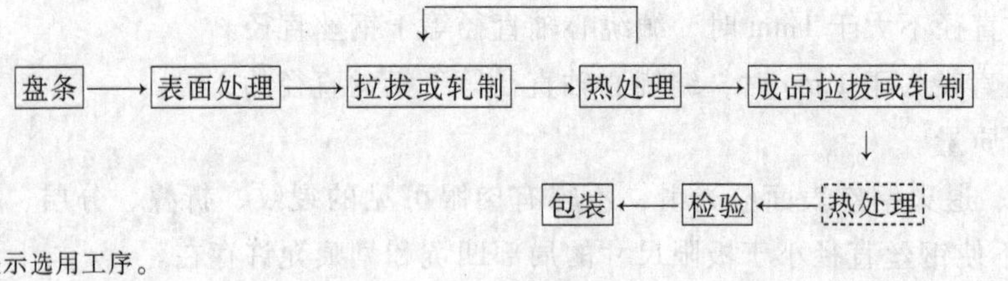

注：虚线框表示选用工序。

(1) 方钢丝　由于在弹簧外形尺寸相同的情况下，正方形钢丝制成的弹簧材料截面面积比圆形钢丝制成的大，因此可以承受更大的载荷，抗冲击性能好，又可使弹簧小型化。方钢丝可用于绕制螺旋弹簧，小规格高强度正方形钢丝常用于制作洗衣机制动用弹簧、锁具用弹簧，柜式门的复位弹簧等。

方钢丝用料、交货状态、力学性能一般执行协议或企标，其尺寸、外形、重量及允许偏差可以按照 GB/T 342《冷拉圆钢丝、方钢丝、六角钢丝尺寸、外形、重量及允许偏差》的规定执行。

1）形状特征：方钢丝的截面图示及标注符号，如图 2-23 所示。

2）交货状态。

① 交货状态可以是冷拉状态、退火（+轻拉）状态或淬回火状态。

② 方钢丝以盘状交货。也可以经供需双方协商以直条交货，但应在合同中注明。

3）尺寸及允许偏差。

① 方钢丝的边长、截面面积及理论质量按表 2-65 所列规定。根据需方要求，并经供需双方协议，可以供应中间尺寸的钢丝。

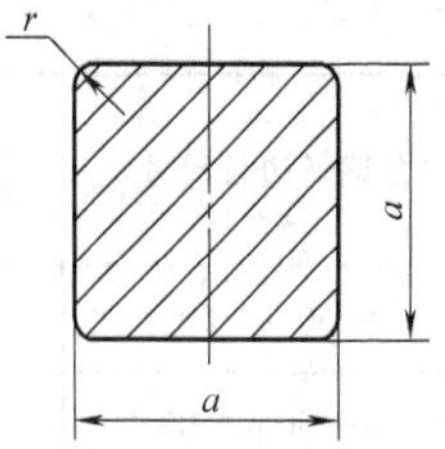

图 2-23　方钢丝
a—方钢丝的边长
r—角部圆弧半径

表 2-65　方钢丝边长、截面面积及理论质量

方钢丝边长 a /mm	截面面积 /mm^2	理论质量 /(kg/1000m)	方钢丝边长 a /mm	截面面积 /mm^2	理论质量 /(kg/1000m)
0.50	0.250	1.962	2.50	6.250	49.06
0.55	0.302	2.371	2.80	7.840	61.54
0.60	0.360	2.826	3.00	9.000	70.65
0.63	0.397	3.116	3.20	10.24	80.38
0.70	0.490	3.846	3.50	12.25	96.16
0.80	0.640	5.024	4.00	16.00	125.6
0.90	0.810	6.358	4.50	20.25	159.0
1.00	1.000	7.850	5.00	25.00	196.2
1.10	1.210	9.498	5.50	30.25	237.5
1.20	1.440	11.30	6.00	36.00	282.6
1.40	1.960	15.39	6.30	39.69	311.6
1.60	2.560	20.10	7.00	49.00	384.6
1.80	3.240	25.43	8.00	64.00	502.4
2.00	4.000	31.40	9.00	81.00	635.8
2.20	4.840	37.99	10.0	100.00	785.0

注：表中的理论质量是按密度为 7.85g/cm^3 计算的，对特殊合金钢丝，在计算理论质量时应采用相应牌号的密度。

② 方钢丝的边长允许偏差应符合表 2-66 或表 2-67 所列的规定，通常方钢丝边长尺寸允许偏差适用级别为 10～13 级。

③ 中间尺寸钢丝的边长允许偏差按相邻较大规格方钢丝的规定。

④ 方钢丝的对角线差不得大于相应级别边长公差的 0.7 倍。对方钢丝的角部圆弧半径有特殊要求时，由供需双方协议，其具体要求应在相应的技术条件或合同中注明。

表 2-66　方钢丝边长尺寸允许偏差（双向）　　（单位：mm）

方钢丝边长尺寸	允许偏差级别					
	8	9	10	11	12	13
	允许偏差					
0.50～0.60	±0.004	±0.009	±0.013	±0.018	±0.030	±0.038
>0.60～1.00	±0.005	±0.011	±0.018	±0.023	±0.035	±0.045
>1.00～3.00	±0.007	±0.015	±0.022	±0.030	±0.050	±0.060
>3.00～6.00	±0.009	±0.020	±0.028	±0.040	±0.062	±0.080
>6.00～10.0	±0.011	±0.025	±0.035	±0.050	±0.075	±0.100

表 2-67 方钢丝边长尺寸允许偏差（单向） （单位：mm）

方钢丝边长尺寸	允许偏差级别					
	8	9	10	11	12	13
	允许偏差					
0.50~0.60	0 -0.008	0 -0.018	0 -0.026	0 -0.036	0 -0.060	0 -0.076
>0.60~1.00	0 -0.010	0 -0.022	0 -0.036	0 -0.046	0 -0.070	0 -0.090
>1.00~3.00	0 -0.014	0 -0.030	0 -0.044	0 -0.060	0 -0.100	0 -0.120
>3.00~6.00	0 -0.018	0 -0.040	0 -0.056	0 -0.080	0 -0.124	0 -0.160
>6.00~10.0	0 -0.022	0 -0.050	0 -0.070	0 -0.100	0 -0.150	0 -0.200

4）力学性能：执行相应钢种相应交货状态圆钢丝性能的规定，或执行双方协议规定。

5）其他要求：方钢丝不得有明显扭转。

(2) 汽车附件、内燃机、软轴用异型钢丝 汽车附件、内燃机、软轴用异型钢丝执行标准为 YB/T 5183《汽车附件、内燃机、软轴用异型钢丝》，包括汽车制造等行业制造玻璃升降器、座椅调角器、挡圈、雨刷器、车门、滑块、锁等汽车附件用的异型钢丝，以及制造内燃机活塞环、卡环、组合油环用的异型钢丝和软轴用的异型钢丝。

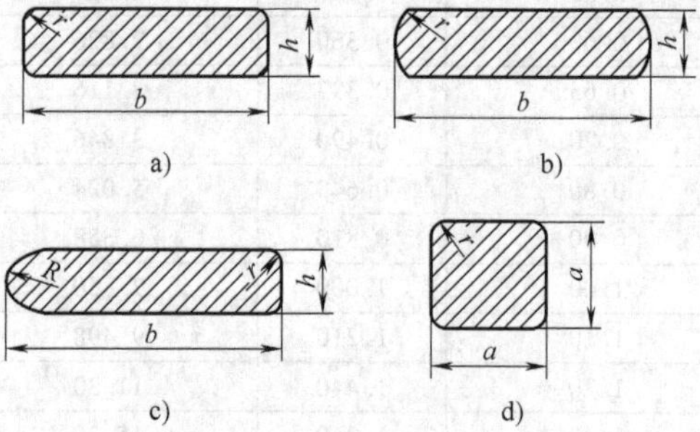

图 2-24 扁钢丝和方形钢丝

a）直边扁钢丝（Zb） b）弧边扁钢丝（Hb）
c）拱顶扁钢丝（Gb） d）方形钢丝（Fs）
b—扁钢丝宽度 h—扁钢丝厚度 a—方钢丝边长
R—圆弧半径 r—圆角半径

1）分类与代号。

① 钢丝按用途分为三种：a）汽车附件用异型钢丝（Qf）；b）内燃机用异型钢丝（Nr）；c）软轴用异型钢丝（Rz）。

② 钢丝按交货状态分为三种：a）冷拉（轧）（L）；b）退火（+轻拉）（T）；c）油淬火-回火（Zh）。

③ 钢丝按截面形状分为四种（图 2-24）：a）直边扁钢丝（Zb）；b）弧边扁钢丝（Hb）；c）拱顶扁钢丝（Gb），其特征为两侧面一边为直边，另一边为弧边；d）方形钢丝（Fs）。

2）交货状态。

① 玻璃升降器及座椅调角器用弧边扁钢丝，以退火或退火后轻拉（轧）状态交货。

② 挡圈、门锁、滑块用异型钢丝以冷拉（轧）状态交货。

③ 雨刷器用不锈钢扁钢丝以冷拉（轧）状态交货，碳素钢扁钢丝经油淬火-回火处理后交货。

④ 卡环、活塞环用直边扁钢丝以冷拉（轧）状态或热处理状态交货。

⑤ 组合油环用弧边扁钢丝经油淬火-回火处理后交货。

⑥ 软轴用异型钢丝以冷拉（轧）状态交货。

⑦ 根据需方要求，经供需双方协议并在合同中注明，也可按其他状态交货。如玻璃升降器及座椅调角器用弧边扁钢丝，正逐渐采用冷拉（轧）状态交货，也可以经淬火-回火处理后交货。

3）原料要求。

① 钢丝用钢的牌号及化学成分应符合表 2-68 所列的要求。

表 2-68 钢的牌号及化学成分

种类		牌号	化学成分
汽车附件用	玻璃升降器及座椅调角器用	65Mn、50CrVA、60Si2Mn	符合 GB/T 1222 的规定
	挡圈、门锁、滑块	15、25、45	符合 GB/T 699 的规定
	刮水器	12Cr18Ni9	符合 GB/T 20878 的规定
		70	符合 GB/T 699 的规定
内燃机用		70、65Mn	符合 GB/T 1222 的规定
软轴用		45	符合 GB/T 699 的规定

② 钢丝用盘条化学成分的允许偏差应符合 GB/T 222 的有关规定。

③ 经供需双方协商并在合同中注明，可供应其他牌号的钢丝。

4）尺寸、外形及允许偏差。

① 汽车附件和软轴用异型钢丝尺寸允许偏差及同一盘（或轴）内尺寸波动范围应符合表 2-69 所列的规定。

表 2-69 汽车附件和软轴用异型钢丝尺寸允许偏差及波动范围 （单位：mm）

尺寸范围	允许偏差		同一盘(轴)内波动范围	尺寸范围	允许偏差		同一盘(轴)内波动范围
(b、h、a)	h 或 a	b	b	(b、h、a)	h 或 a	b	b
0.60~1.00	0 -0.07	0 -0.10	0.08	>6.00~8.00	—	0 -0.16	0.12
>1.00~3.00	0 -0.10	0 -0.12	0.08	>8.00~12.00	—	0 -0.20	0.15
>3.00~6.00	0 -0.12	0 -0.14	0.10	>12.00~20.00	—	0 -0.25	0.15

② 内燃机用异型钢丝尺寸允许偏差应符合表 2-70 所列的规定。

表 2-70 内燃机用异型钢丝尺寸允许偏差 （单位：mm）

卡环、活塞环用直边扁钢丝			组合油环用弧边扁钢丝		
尺寸范围		允许偏差	尺寸范围		允许偏差
厚度 h	1.00~3.00	±0.03	厚度 h	1.00~3.00	0 -0.03
	>3.00~6.00	±0.04	宽度 b	1.00~3.00	0 -0.08
宽度 b	6.00~8.00	±0.06		>3.00~6.00	0 -0.10

③ 钢丝的圆角半径 r 为名义尺寸，不作为验收依据。

④ 弧边扁钢丝的侧边圆弧一般为自然圆弧，不作为验收依据，若对圆弧半径 R 有特殊要求时，经供需双方协商在合同中注明。

⑤ 拱顶型扁钢丝的拱顶一般 $R=1/2h$，其他尺寸的拱顶半径经供需双方协商，在合同中注明。

5）力学性能。

① 钢丝的抗拉强度应符合表 2-71 所列的规定。

② 根据需方要求，经供需双方协商并在合同中注明，可供应其他抗拉强度范围的钢丝。

表 2-71 钢丝的抗拉强度

用途		牌号	抗拉强度/MPa	
汽车附件用	玻璃升降器及座椅调角器	65Mn、50CrVA	≥785	
		60Si2Mn	≥850	
	挡圈、车门滑块、门锁	15、25、45	≥835	
	雨刷器	12Cr18Ni9	1080～1280	
		70	1080～1220	
内燃机用	内燃机卡环、活塞环用	70、65Mn	A组	785～980
			B组	980～1180
			C组	1180～1370
	内燃机组合油环用	70、65Mn	A组	1280～1470
			B组	1420～1620
			C组	1570～1760
软轴用		45	1100～1300	

③ 计算抗拉强度时，钢丝截面面积 S 按下列公式计算：a）直边扁钢丝，$S=bh$；b）弧边扁钢丝，汽车附件、内燃机、软轴用异型钢丝 $S=bh-0.18h^2$；c）拱顶扁钢丝，$S=bh-0.11h^2$（$R=1/2h$）；d）方形钢丝，$S=a^2$。

④ 钢丝一盘（轴）内抗拉强度允许波动范围应不大于100MPa。

6）工艺性能。

① 玻璃升降器、座椅调角器、雨刷器用钢丝应进行弯曲试验，弯曲半径等于2.5倍钢丝厚度或边长，弯曲后钢丝表面不得产生裂纹或断裂现象。

② 内燃机用钢丝应进行反复弯曲试验，其中卡环、活塞环用直边扁钢丝反复弯曲次数不小于3次，组合油环用弧边扁钢丝不小于2次。

7）表面质量。

① 钢丝表面应光滑，不得有对钢丝使用可能产生有害影响的裂纹、锈蚀、折叠、结疤等缺陷，但允许有退火氧化膜及不大于厚度尺寸允许偏差一半的个别划痕、凹坑。

② 退火态交货钢丝和热处理状态交货钢丝应检验表面脱碳层深度，单面总脱碳层深度不大于2.0% h（或2.0% a）。

8）其他要求。

① 钢丝一般以盘卷状态或缠绕在工字轮上交货，每盘或每轴只能有一根钢丝。

② 钢丝外形应规整，不得有影响使用的乱丝和弯曲。

(3) 弹簧垫圈用梯形钢丝　制造标准弹簧垫圈和轻型弹簧垫圈用的梯形钢丝，执行标准为 YB/T 5319《弹簧垫圈用梯形钢丝》。

1）分类、代号及截面形状。

① 钢丝按交货状态分为两种：a）轻拉钢丝（LD）；b）退火钢丝（A）。

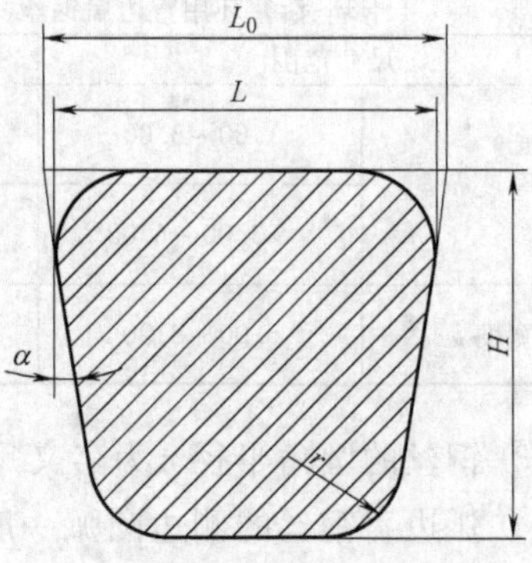

图 2-25 弹簧垫圈用梯形钢丝截面形状

H—公称高度　L_0—梯形大底长　L—可测量底长　r—圆角半径　α—梯形夹角

② 钢丝按照用途分为两种：a）标准弹簧垫圈钢丝；b）轻型弹簧垫圈钢丝。

③ 钢丝截面形状如图2-25所示。

④ 尺寸 r 及 α 仅供参考，不作为验收依据。

⑤ 梯形钢丝截面大底一般为平底，根据需方要求，可提供弧底。具体截面形状应在合同中注明，未注明时由生产厂决定。

2）原料要求：钢丝采用65Mn、65、70钢制造，经供需双方协商，并在合同中注明，也可用其他牌号的钢制造。

3）尺寸及允许偏差。

① 标准弹簧垫圈用梯形钢丝的尺寸及允许偏差应符合表2-72所列的规定。

表2-72　标准弹簧垫圈用梯形钢丝尺寸及允许偏差

规格型号	H/mm		L_0/mm		L/mm		α/(°)		r
	尺寸	允许偏差	尺寸	允许偏差	尺寸	允许偏差	角度	允许偏差	/mm
TD0.8	0.80	-0.08	0.90	-0.08	0.85	-0.08	5.0	-0.5	0.25H
TD1.1	1.11	-0.08	1.20	-0.08	1.15	-0.08	5.0	-0.5	0.25H
TD1.3	1.31	-0.08	1.45	-0.08	1.40	-0.08	5.0	-0.5	0.25H
TD1.6	1.62	-0.08	1.75	-0.08	1.70	-0.08	5.0	-0.5	0.25H
TD2.1	2.12	-0.08	2.30	-0.08	2.20	-0.08	4.5	-0.5	0.25H
TD2.6	2.62	-0.08	2.80	-0.08	2.70	-0.08	4.5	-0.5	0.25H
TD3.1	3.13	-0.08	3.35	-0.08	3.25	-0.08	4.5	-0.5	0.20H
TD3.6	3.63	-0.10	3.90	-0.10	3.80	-0.10	4.5	-0.5	0.20H
TD4.1	4.13	-0.10	4.45	-0.10	4.30	-0.10	4.5	-0.5	0.20H
TD4.5	4.54	-0.10	4.85	-0.10	4.70	-0.10	4.0	-0.5	0.20H
TD5.0	5.04	-0.10	5.35	-0.10	5.20	-0.10	4.0	-0.5	0.20H
TD5.5	5.55	-0.10	5.90	-0.10	5.75	-0.10	4.0	-0.5	0.20H
TD6.0	6.05	-0.10	6.45	-0.10	6.30	-0.10	4.0	-0.5	0.20H
TD6.8	6.86	-0.12	7.30	-0.12	7.10	-0.12	4.0	-0.5	0.20H
TD7.5	7.56	-0.12	8.05	-0.12	7.85	-0.12	4.0	-0.5	0.18H
TD8.5	8.56	-0.12	9.10	-0.12	8.90	-0.12	4.0	-0.5	0.18H
TD9.0	9.07	-0.12	9.65	-0.12	9.45	-0.12	4.0	-0.5	0.18H
TD10.0	10.07	-0.15	10.65	-0.15	10.45	-0.15	3.5	-0.5	0.16H
TD10.5	10.57	-0.15	11.15	-0.15	10.95	-0.15	3.5	-0.5	0.16H
TD11.0	11.08	-0.15	11.70	-0.15	11.45	-0.15	3.5	-0.5	0.16H
TD12.0	12.08	-0.15	12.75	-0.15	12.50	-0.15	3.5	-0.5	0.16H

② 轻型弹簧垫圈用梯形钢丝的尺寸及允许偏差应符合表2-73所列的规定。

表2-73　轻型弹簧垫圈用梯形钢丝尺寸及允许偏差

规格型号	H/mm		L_0/mm		L/mm		α/(°)		r
	尺寸	允许偏差	尺寸	允许偏差	尺寸	允许偏差	角度	允许偏差	/mm
TD1.0×0.6	1.01	-0.08	0.70	-0.08	0.65	-0.08	4.0	-0.5	0.25H
TD1.2×0.8	1.21	-0.08	0.90	-0.08	0.85	-0.08	4.0	-0.5	0.25H
TD1.5×1.1	1.52	-0.08	1.20	-0.08	1.15	-0.08	4.0	-0.5	0.25H
TD2.0×1.3	2.02	-0.08	1.45	-0.08	1.35	-0.08	3.5	-0.5	0.25H
TD2.5×1.6	2.52	-0.08	1.75	-0.08	1.65	-0.08	3.5	-0.5	0.25H
TD3.0×2.0	3.02	-0.08	2.20	-0.08	2.10	-0.08	3.5	-0.5	0.25H
TD3.5×2.5	3.52	-0.10	2.75	-0.10	2.65	-0.10	3.5	-0.5	0.20H
TD4.0×3.0	4.03	-0.10	3.25	-0.10	3.15	-0.10	3.5	-0.5	0.20H
TD4.5×3.2	4.53	-0.10	3.45	-0.10	3.35	-0.10	3.0	-0.5	0.20H
TD5.0×3.6	5.03	-0.10	3.90	-0.10	3.75	-0.10	3.0	-0.5	0.20H
TD5.5×4.0	5.53	-0.10	4.30	-0.10	4.15	-0.10	3.0	-0.5	0.20H

（续）

规格型号	H/mm		L_0/mm		L/mm		α/(°)		r
	尺寸	允许偏差	尺寸	允许偏差	尺寸	允许偏差	角度	允许偏差	/mm
TD6.0×4.5	6.05	-0.12	4.85	-0.12	4.70	-0.12	3.0	-0.5	0.20H
TD7.0×5.0	7.10	-0.12	5.40	-0.12	5.25	-0.12	3.0	-0.5	0.18H
TD8.0×5.5	8.10	-0.12	5.95	-0.12	5.75	-0.12	3.0	-0.5	0.18H
TD9.0×6.0	9.15	-0.12	6.50	-0.12	6.30	-0.12	3.0	-0.5	0.18H

4）力学性能。

① 弹簧垫圈用梯形钢丝的力学性能应符合表2-74所列的规定。

② 根据需方要求，经协议可供应其他抗拉强度范围的钢丝。

表2-74 弹簧垫圈用梯形钢丝的力学性能

交货状态	力学性能	
	抗拉强度/MPa	布氏硬度HB
退火	590~785	157~217
轻拉	700~900	205~269

注：布氏硬度仅供参考，不作为验收依据。

③ 一盘内钢丝抗拉强度允许波动范围应不大于150MPa。

5）工艺性能。

① 规格不大于TD6.0的钢丝应在直径为2.5H的心轴上进行缠绕试验。钢丝连续缠绕6圈后，表面不应产生裂纹、折断现象。

② 规格大于TD6.0钢丝的工艺性能由供需双方协商。

6）表面质量。

① 钢丝表面应平滑，不应有对钢丝使用产生有害影响的裂纹、锈蚀、折叠、氧化铁皮等缺陷，允许有深度不大于高度尺寸H公差一半的局部划痕、凹坑存在。

② 退火钢丝允许有退火氧化膜或氧化色存在。

③ 钢丝应检验表面脱碳层深度。钢丝一面的总脱碳层（铁素体+过渡层）深度不大于1.5%H。角部不检验脱碳层。

7）其他要求。

① 钢丝以盘状交货，每盘由一根钢丝组成。

② 钢丝盘应规整，不应有影响使用的缠乱、结扣和扭曲。

（4）模具弹簧用梯形钢丝　模具弹簧是圆柱螺旋压缩弹簧，制簧钢丝的截面形状有圆形、扁形、梯形等。与采用圆截面钢丝相比，异形截面钢丝卷绕模具弹簧，可以减小弹簧安装空间、提高弹簧承载能力和压缩量、提高弹簧疲劳寿命，因而被广泛使用，而圆钢丝在模具弹簧中的应用范围和使用数量在不断下降。

卷绕模具弹簧用量最广的异形截面钢丝是梯形钢丝。梯形钢丝在卷制模具弹簧时，钢丝大头在外受拉伸而减薄，小头在内受压缩而增厚，绕簧变形后钢丝的截面形状大致为矩形，可以有效提高弹簧刚度和弹簧行程。

目前我国还没有模具弹簧用梯形钢丝的专项标准，其形状、尺寸、力学性能等技术要求由弹簧制造企业根据采用的模具弹簧标准、绕簧设备、制造工艺等因素来确定。

1）分类及交货状态。

① 弹簧按照相同内、外径尺寸下所承受负荷的大小分成系列，以字母表示系列并以颜色作为标记。每组系列中，根据负荷递增，弹簧的截面尺寸和外径增加，分为多种规格。每种规格弹簧，绕簧使用相应规格的梯形钢丝。

② 钢丝交货状态一般分为两种：a）淬回火态；b）退火（+轻拉）态。因为钢丝退火

处理时，高温状态下盘卷会由于自重而瘫软变形，造成钢丝弯曲堆叠，放线时很难快速顺畅地展开，影响正常绕簧，所以通常增加轻拉工序以利于放线。

2）形状特征、尺寸及允许偏差。

① 钢丝常见的截面形状如图 2-26 所示：a）L 为高度；b）B 为大底可测量底长；c）R 为小底圆弧半径；d）R_1、R_2 为圆角半径；e）A 为梯形夹角。

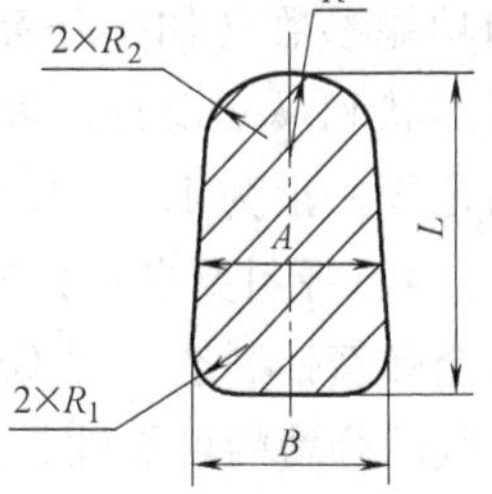

图 2-26　钢丝常见的截面形状

② 尺寸 L 和 B 由弹簧制造企业根据弹簧尺寸和绕簧实践经验确定。通常，相同内、外径模具弹簧的刚度越高，绕簧梯形钢丝底宽 B 的尺寸和夹角 A 的角度越大。常用范围为：a）尺寸允许偏差为 ±0.04mm；b）梯形夹角 A 的范围为 3°～20°（多用 5°～17°），角度允许偏差为 ±50′。

③ 梯形钢丝截面小底一般为弧底，根据需方要求，可提供平底。具体截面形状、尺寸及允许偏差应在合同中注明。

3）原料要求：模具弹簧用梯形钢丝，一般采用 GB/T 1222 中 50CrVA、55SiCrA 制造，经供需双方协商，也可用其他牌号的钢制造。目前，弹簧制造企业更多选用淬透性和耐冲击性能较好的 55SiCrA 制造模具弹簧。

4）力学性能。

① 淬回火态钢丝一般硬度要求为 44～49HRC；

② 退火（+轻拉）态钢丝硬度一般为 27～33HRC。

5）表面质量。

① 钢丝表面应平滑，不应会有对钢丝使用产生有害影响的裂纹、锈蚀、折叠、氧化铁皮等缺陷，不允许有深度大于高度尺寸 L 公差一半的局部划痕、凹坑。

② 退火钢丝允许有退火氧化膜或氧化色存在。

③ 钢丝应进行脱碳层检测，表面不允许有全脱碳层存在，钢丝一面的总脱碳层（铁素体+过渡层）深度不大于 1.0%L。

6）其他要求。

① 钢丝以盘状交货，每盘由一根钢丝组成。

② 钢丝盘应规整，不应有影响使用的缠乱、弯曲和扭转。

（5）气门弹簧用异型钢丝　气门弹簧是高应力螺旋压缩弹簧，制簧钢丝的截面形状有圆形、椭圆形、卵形和切边卵形等。

与圆钢丝相比，异形截面钢丝绕制螺旋压缩弹簧，可以改善弹簧受力分布，制成的弹簧在总圈数、负荷等参数一致时，具有更小的并紧高度和更轻的质量，更能满足弹簧轻量化、小型化和高可靠性的要求，已在汽车工业中广泛用于制造气门弹簧、离合器弹簧、柱塞弹簧等，有逐步取代圆形截面钢丝的发展趋势。

对于气门弹簧用异型钢丝，目前没有国家或行业标准，其材质、交货状态、尺寸、外形、重量及允许偏差一般执行协议或企标。在这些截面形状中，椭圆形截面钢丝因为钢丝加工和弹簧加工过程中质量容易控制，所以实际用量最大。

1）形状特征：常用的气门弹簧用异形钢丝的截面形状如图 2-27 所示。

2）交货状态：钢丝由盘条经过冷拉或冷轧后进行淬火和回火制成。

3）尺寸及偏差：气门弹簧用异型钢丝目前没有形状和尺寸标准，由弹簧制造企业根据主机厂提供的功能参数（如工作高度、负荷、空间尺寸等）进行形状和尺寸设计。其中椭圆形钢丝截面长短轴比的范围一般为1.1～1.4。

4）原料要求：异型气门弹簧钢丝一般采用Si-Cr合金弹簧钢制造，即GB/T 1222中55SiCrA钢。为保证气门弹簧的可靠性，需要严格控制原料的纯净度。

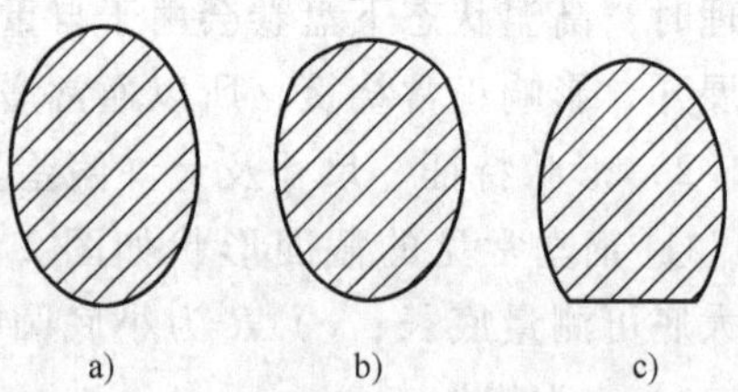

图2-27 气门弹簧用异形钢丝的截面形状
a）椭圆形 b）卵形 c）切边卵形

5）力学性能。

① 力学性能由供需双方确定。可以根据等价圆钢丝的直径，参考GB/T 18983中VDCrSi钢丝规定的力学性能执行，也可参考JIS G 3561中SWOSC-V钢丝的相应力学性能执行。

② 一盘或一轴内钢丝抗拉强度允许的波动范围应不超过50MPa。

6）表面质量。

① 钢丝表面应光滑，不应有对钢丝使用产生有害影响的划伤、裂纹、锈蚀、折叠、结疤等缺陷。表面缺陷允许的最大深度为：a）钢丝平均直径 $d \leqslant 2.00$mm时，缺陷深度≤0.01mm；b）钢丝平均直径 d 为2.00～6.00mm时，缺陷深度≤0.5%d；c）钢丝平均直径 $d>6.00$mm时，缺陷深度≤0.7%d。

② 钢丝表面不允许有全脱碳层存在，部分脱碳层允许的最大深度为1.0%d。

7）其他要求。

① 钢丝应检验非金属夹杂物，其合格级别由供需双方协商。合同未规定时，合格级别由供方确定。

② 钢丝外形应规整，不得有影响使用的弯曲。

③ 钢丝的轴向扭转角度不得超过10°/m。

4.2 冷轧钢带

弹簧用冷轧钢带包括弹簧钢、工具钢和不锈钢钢带，是以热轧板材为原料，在常温下轧制而成，是宽厚比很大的金属条带，长度根据每卷的大小略有不同。其边缘状态为直接轧制成形或由宽带材纵剪分条而成，分为不切边、切边两种边缘状态，一般成卷供应。

热轧是最早出现的生产板材的方法，其优点是钢在高温下塑性较好而且变形抗力较低，使得加工效率较高。但是，若钢在热轧过程中温度和温度降不均匀，则会使板材的变形抗力发生不规则的变化，导致厚度不均匀，性能不一致。同时，当厚度小至一定的程度时，就难以保持热轧所需的温度。随着板材宽厚比增大，在无张力的热轧条件下，要保证良好的板型就非常困难。此外，热轧也难以满足对板材表面光洁度的要求。

采用冷轧方式，能够获得高尺寸精度、厚度偏差小、板面厚度均匀、板形良好、表面光洁、力学性能良好的冷轧钢带。

在冷轧前热轧板材以酸洗、碱酸洗或喷砂等方式去除氧化铁皮，保证板材表面光洁，并减少轧辊的磨损，使冷轧顺利进行。

在冷轧过程中，不存在热轧温降与温度不均的弊病，可以生产厚度很薄、尺寸公差很严并且长度很长的钢带。冷轧中采用工艺冷却和润滑，可以控制轧辊与钢带的温度，减少轧辊与钢带间的摩擦并降低轧制压力，有利于板形控制并防止钢带的黏辊。冷轧中采用张力轧制，保证了钢带的良好板形，控制了钢带厚度偏差，并减小轧制压力，有利于轧制薄规格产品。

冷轧的加工温度低，钢带在轧制过程中不能发生回复和再结晶，将产生不同程度的加工硬化。加工硬化超过一定程度后，钢带将因过分硬脆而不适于继续轧制，或者不能满足用户对性能的要求，因此往往要经过软化热处理（如再结晶退火处理、固溶处理），使轧件恢复塑性，降低变形抗力，以便继续轧薄。经过数个轧程便可得到规定尺寸的钢带。

借助冷轧时加工硬化的作用，通过选择冷轧的压下量和选择软化热处理制度的方法，可以比较容易地在很大范围内调整冷轧钢带的力学性能和工艺性能。

冷轧钢带一般以冷轧硬化状态或软化热处理后软态供货，软化热处理是为了获得良好的加工性能，为了增加软态供货钢带的平直度与表面光洁度，有时会在热处理以后再进行压下率很少的冷轧平整。

弹簧用冷轧钢带基本生产流程如下：

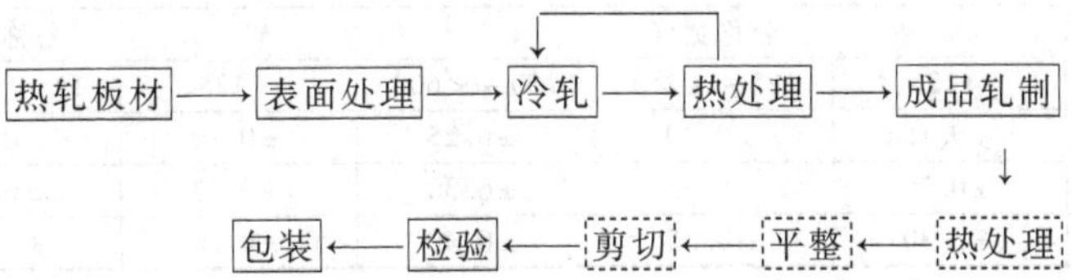

注：虚线框表示选用工序。

（1）弹簧钢、工具钢冷轧钢带　弹簧钢、工具钢冷轧钢带适用于制造弹簧。轧制宽度小于600mm的弹簧钢、工具钢冷轧钢带执行标准为YB/T 5058《弹簧钢、工具钢冷轧钢带》和GB/T 15391《宽度小于600mm冷轧钢带的尺寸、外形及允许偏差》。

1）分类及交货状态。

① 按边缘状态分为两类：a）切边钢带（EC）；b）不切边钢带（EM）。

② 按尺寸精度分为四类：a）普通厚度精度（PT. A）；b）较高厚度精度（PT. B）；c）普通宽度精度（PW. A）；d）较高宽度精度（PW. B）。

③ 按表面质量分为两类：a）普通级钢带（FA）；b）较高级钢带（FB）。

④ 按软硬程度分为三类：a）冷硬钢带（H）；b）退火钢带（TA）；c）球化退火钢带（TG）。

⑤ 冷轧弹簧钢、工具钢钢带一般以冷硬状态或退火状态供货。

⑥ 经双方协议可以供应球化退火的钢带，球状珠光体的级别及评定方法由双方协议规定。

2）尺寸、外形及允许偏差。

① 钢带的厚度不大于3.00mm，宽度为6～600mm。根据需方要求，经供需双方协议，可以供应其他尺寸的钢带。

② 钢带的厚度允许偏差应符合表2-75所列的规定。

表2-75　钢带的厚度允许偏差　（单位：mm）

公称厚度	普通精度，PT. A		较高精度，PT. B	
	公称宽度		公称宽度	
	<250	250～<600	<250	250～<600
≤0.10	±0.010	±0.015	±0.005	±0.010
>0.10～0.15	±0.010	±0.020	±0.005	±0.015

（续）

公称厚度	普通精度,PT. A		较高精度,PT. B	
	公称宽度		公称宽度	
	<250	250 ~ <600	<250	250 ~ <600
>0.15 ~ 0.25	±0.015	±0.030	±0.010	±0.020
>0.25 ~ 0.40	±0.020	±0.035	±0.015	±0.025
>0.40 ~ 0.70	±0.025	±0.040	±0.020	±0.030
>0.70 ~ 1.00	±0.035	±0.050	±0.025	±0.035
>1.00 ~ 1.50	±0.045	±0.060	±0.035	±0.045
>1.50 ~ 2.50	±0.060	±0.080	±0.045	±0.060
>2.50 ~ 3.00	±0.075	±0.090	±0.060	±0.070

③ 切边钢带的宽度允许偏差应符合表 2-76 的规定。

表 2-76 切边钢带的宽度允许偏差 （单位：mm）

公称厚度	普通精度,PW. A			较高精度,PW. B		
	公称宽度			公称宽度		
	<125	125 ~ <250	250 ~ <600	<125	125 ~ <250	250 ~ <600
≤0.50	±0.15	±0.20	±0.25	±0.10	±0.13	±0.18
>0.50 ~ 1.00	±0.20	±0.25	±0.30	±0.13	±0.18	±0.20
>1.00 ~ 3.00	±0.30	±0.35	±0.40	±0.20	±0.25	±0.30

④ 根据需方要求，经供需双方协商，可供应限制宽度负偏差或正偏差的切边钢带。

⑤ 不切边钢带的宽度允许偏差应符合表 2-77 所列的规定。

表 2-77 不切边钢带的宽度允许偏差 （单位：mm）

公称宽度	普通精度,PW. A	较高精度,PW. B	公称宽度	普通精度,PW. A	较高精度,PW. B
<125	+3.0 0	+2.0 0	250 ~ <400	+5.0 0	+4.0 0
125 ~ <250	+4.0 0	+3.0 0	400 ~ <600	+6.0 0	+5.0 0

⑥ 横切定尺钢带的每米不平度应不大于 10mm。

⑦ 钢带的每米镰刀弯应符合表 2-78 所列的规定。

表 2-78 钢带每米镰刀弯 （单位：mm）

公称宽度	不切边(EM)	切边(EC)	公称宽度	不切边(EM)	切边(EC)
	不大于			不大于	
<125	4.0	3.0	250 ~ <400	2.5	1.5
125 ~ <250	3.0	2.0	400 ~ <600	2.0	1.0

3）原料要求。

① 碳素工具钢选用 T7、T7A、T8、T8A、T8Mn、T8MnA、T9、T9A、T10、T10A、T11、T11A、T12、T12A、T13、T13A，化学成分应符合 GB/T 1298 的规定。

② 合金工具钢 Cr06 的化学成分应符合 GB/T 1299 的规定。

③ 弹簧钢 85、65Mn、50CrVA、60Si2Mn、60Si2MnA 的化学成分应符合 GB/T 1222 的规定。

④ 弹簧钢 70Si2CrA 的化学成分应符合表 2-79 所列的规定。

表 2-79 70Si2CrA 的化学成分 （质量分数:%）

牌号	C	Mn	Si	Cr	S	P	Ni
70Si2CrA	0.65～0.75	0.40～0.60	1.40～1.70	0.20～0.40	≤0.030	≤0.030	≤0.030

4）力学性能。

① 钢带的力学性能应符合表 2-80 所列的规定。

表 2-80 钢带的力学性能

牌号	钢带厚度/mm	退火钢带		冷硬钢带
		抗拉强度/MPa	断后伸长率(%)	抗拉强度/MPa
65Mn T7、T7A、T8、T8A	≤1.5	≤635	≥20	735～1175
	>1.5	≤735	≥15	
T8Mn、T8MnA、T9 T9A、T10、T10A、T11 T11A、T12、T12A、85	0.10～3.00	≤735	≥10	
T13、T13A		≤880	—	—
Cr06		≤930	—	785～1175
60Si2Mn、60Si2MnA 50CrVA		≤880	≥10	
70Si2CrA		≤830	≥8	

② 应按照试样试验前的实际截面计算强度。

③ 厚度不大于 0.2mm 的退火钢带断后伸长率指标不作为交货条件。

④ 根据需方要求，可检验钢带的硬度。硬度值与试验方法由供需双方协议规定。

5）表面质量。

① 较高级钢带的表面应光滑，不得有裂纹、结疤、嵌入物、氧化铁皮、铁锈、分层等缺陷，允许有深度或高度不大于钢带厚度允许偏差一半的个别微小的凹面、凸块、划痕、压痕和麻点。

② 普通级钢带的表面可呈氧化色，不得有裂纹、结疤、嵌入物、氧化铁皮、铁锈、分层。允许有深度或高度不大于钢带厚度允许偏差的个别微小的凹面、凸块、划痕、压痕、麻点及不显著的波纹和槽形。

③ 在切边钢带的边缘上，允许有深度不大于宽度允许偏差一半的切割不齐和尺寸不大于厚度允许偏差的毛刺。

④ 在不切边钢带的边缘上，允许有深度不大于钢带宽度允许偏差的裂边。

⑤ 脱碳层深度检查按 GB/T 224 进行。钢带一面总脱碳层（全脱碳层＋部分脱碳层）深度应符合表 2-81 所列的规定。

表 2-81 钢带一面总脱碳层深度 （单位：mm）

钢带厚度	脱碳层深度	钢带厚度	脱碳层深度
<0.50	≤0.02	>1.00～2.00	≤0.06
>0.50～1.00	≤0.04	>2.00～3.00	≤0.08

6）其他要求。

① 钢带应成卷交货。

② 冷硬钢带和厚度不大于 0.3mm 的退火钢带，卷的内径不得小于 150mm，厚度大于

0.3mm 的退火钢带，卷的内径不得小于 200mm。

③ 钢带卷一侧塔形高度不大于 30mm。

④ 经供需双方协议，厚度不小于 1mm 的钢带可以直条交货，其长度为 2～3m，但允许交付长度不小于 1m 的短尺钢带，其数量不得大于一批总量的 10%。

⑤ 对于特殊用途钢带的特殊要求（显微组织、脱碳层深度、力学性能、不平度、表面粗糙度等）由供需双方协议规定。

（2）不锈钢冷轧钢带　不锈钢是指在空气、水、海洋、酸性介质及其他腐蚀介质中具有良好的化学稳定性，并在一定高温条件下具有抗氧化性能的一种高合金钢。不锈钢的品种很多，用途很广，其中奥氏体不锈钢、铁素体不锈钢、马氏体不锈钢及沉淀硬化不锈钢中的部分牌号，适宜生产弹簧用冷轧不锈钢带。

奥氏体不锈钢在常温下为奥氏体组织，是冷变形强化钢种。钢带通过固溶处理进行软化，再经过冷轧加工硬化达到强度要求，并且保留足够的塑、韧性。成品奥氏体不锈钢钢带以冷轧状态交货。

铁素体不锈钢在常温下以铁素体组织为主，不能通过热处理方法改变它的组织结构。铁素体不锈钢通过冷轧加工硬化提高强度，通过退火处理进行软化。成品铁素体不锈钢钢带以退火状态或冷轧状态交货。

马氏体不锈钢是一种可以通过热处理强化的不锈钢，有良好的淬透性，可以通过淬火回火改变其强度和韧性。钢带制成弹簧后通过淬火回火处理达到需要的力学性能。成品马氏体不锈钢钢带以退火状态或冷轧状态交货。

沉淀硬化不锈钢经固溶处理后能获得奥氏体组织，强度低、塑性好，容易加工成型。其固溶奥氏体组织不稳定，可以通过简单热处理或冷加工，转变为马氏体组织，以获得较高强度，并且通过适当的时效处理，析出沉淀相，使钢进一步强化。沉淀硬化型不锈钢带以固溶处理状态或冷轧硬化状态交货。

厚度不大于 1.60mm、宽度小于 1250mm 的弹簧用不锈钢冷轧钢带，适用于制作片簧、盘簧，以及弹性元件，执行标准为 YB/T 5310《弹簧用不锈钢冷轧钢带》。

1）分类及交货状态。

① 按金相组织分为四类，共 9 个牌号，类别和牌号见表 2-82 所列。

表 2-82　钢带类别和牌号

类别	统一数字代号	牌号	交货状态
奥氏体型	S35350、S30110、S30408、S31608	12Cr17Mn6Ni5N、12Cr17Ni7、06Cr19Ni10、06Cr17Ni12Mo2	冷轧
铁素体型	S11710	10Cr17	退火或冷轧
马氏体型	S42020、S42030、S42040	20Cr13、30Cr13、40Cr13	
沉淀硬化型	S51770	07Cr17Ni7Al	固溶处理

② 如需方要求并经供需双方协议，可供应其他牌号。

③ 按边缘状态分为两类：a）切边钢带（EC）；b）不切边钢带（EM）。

④ 按制造精度分为七类：a）厚度普通精度（PT. A）；b）厚度较高精度（PT. B）；c）厚度高精度（PT. C）；d）镰刀弯普通精度（PC. A）；e）镰刀弯较高精度（PC. B）；f）不平度普通精度（PF. A）；g）不平度较高精度（PF. B）。

⑤ 按软硬程度分为六类：a）低冷作硬化状态（1/4H）；b）半冷作硬化状态（1/2H）；c）高冷作硬化状态（3/4H）；d）冷作硬化状态（H）；e）特别冷作硬化状态（EH）；f）超特别冷作硬化状态（SEH）。

2）尺寸、外形及允许偏差。

① 钢带的公称尺寸范围见表 2-83 所列。如需方要求并经供需双方协商，可以供应其他尺寸的钢带。

表 2-83 钢带公称尺寸范围 （单位：mm）

厚 度	宽 度
0.03～1.60	3～<1250

② 钢带的宽度允许偏差应符合表 2-84 所列的规定。经供需双方协商并在合同中注明，偏差值可为正偏差、负偏差或正负偏差不对称分布，但公差幅度应在表列范围之内。

表 2-84 钢带的宽度允许偏差 （单位：mm）

公称厚度	宽度<80	80≤宽度<150	150≤宽度<250	250≤宽度<600	600≤宽度<1000	1000≤宽度<1250
≤0.25	±0.08	±0.12	±0.17	±0.25	±0.40	±0.60
>0.25～0.50	±0.10	±0.15	±0.20	±0.30	±0.50	±0.70
>0.50～1.00	±0.15	±0.20	±0.25	±0.35	±0.60	±0.80
>1.00	±0.20	±0.20	±0.30	±0.40	±0.70	±0.90

③ 钢带的厚度允许偏差应符合表 2-85 所列普通精度（PT. A）的规定。如需方要求并在合同中注明时，可执行较高精度（PT. B）或高精度（PT. C）的规定。经供需双方协商并在合同中注明，偏差值可全为正偏差、负偏差或正负偏差不对称分布，但公差值应在表列范围之内。

表 2-85 钢带的厚度允许偏差 （单位：mm）

公称厚度	宽度<125			125≤宽度<250			250≤宽度<600		
	普通精度	较高精度	高精度	普通精度	较高精度	高精度	普通精度	较高精度	高精度
<0.10	±0.10t	±0.08t	—	±0.12t	±0.10t	±0.08t	±0.15t	±0.10t	±0.08t
0.10～<0.20	±0.010	±0.008	±0.006	±0.015	±0.012	±0.008	±0.020	±0.015	±0.010
0.20～<0.30	±0.015	±0.012	±0.008	±0.020	±0.015	±0.010	±0.025	±0.020	±0.012
0.30～<0.40	±0.020	±0.015	±0.010	±0.025	±0.020	±0.012	±0.030	±0.025	±0.015
0.40～<0.60	±0.025	±0.020	±0.014	±0.030	±0.025	±0.015	±0.035	±0.030	±0.020
0.60～<1.00	±0.030	±0.025	±0.018	±0.035	±0.030	±0.020	±0.040	±0.035	±0.025
1.00～<1.50	±0.035	±0.030	±0.020	±0.040	±0.035	±0.025	±0.045	±0.040	±0.030
≥1.50	±0.040	±0.035	±0.025	±0.050	±0.040	±0.030	±0.055	±0.045	±0.035

公称厚度	600≤宽度<1000			1000≤宽度<1250		
	普通精度	较高精度	高精度	普通精度	较高精度	高精度
<0.10	±0.20t	±0.15t	±0.10t	±0.25t	±0.18t	±0.12t
0.10～<0.20	±0.025	±0.015	±0.012	±0.030	±0.020	±0.015
0.20～<0.30	±0.030	±0.020	±0.015	±0.040	±0.025	±0.020
0.30～<0.40	±0.040	±0.025	±0.020	±0.045	±0.030	±0.025
0.40～<0.60	±0.045	±0.030	±0.025	±0.050	±0.035	±0.030
0.60～<1.00	±0.050	±0.035	±0.030	±0.055	±0.040	±0.035
1.00～<1.50	±0.055	±0.040	±0.035	±0.060	±0.045	±0.040
≥1.50	±0.060	±0.045	±0.040	±0.070	±0.055	±0.045

注：t 为钢带公称厚度。

④ 钢带的镰刀弯值应符合表2-86中对普通精度（PC. A）的规定。如需方要求，经供需双方协商并在合同中注明时，可执行表2-86中较高精度（PC. B）的规定。表2-86中的数值适用于宽度与厚度之比大于10的钢带。

表2-86 钢带任意1000mm长度上的镰刀弯（单位：mm）

公称宽度	普通精度，PC. A	较高精度，PC. B	公称宽度	普通精度，PC. A	较高精度，PC. B
<20	≤4.0	≤1.5	80 ~ <600	≤1.5	≤0.75
20 ~ <40	≤3.0	≤1.25			
40 ~ <80	≤2.0	≤1.0	≥600	≤1.0	—

⑤ 测量钢带镰刀弯时，将钢带的受检部分平放在平台上，用1m长的直尺靠近钢带的凹边，测量钢带边缘与直尺之间的最大距离。

⑥ 厚度较高精度（PT. B）、厚度高精度（PT. C）钢带的不平度值应符合表2-87中普通精度（PF. A）的规定。如需方要求，经供需双方协商并在合同中注明时，厚度高精度（PT. C）钢带的不平度最大值可执行表2-87中较高精度（PF. B）的规定。

表2-87 钢带的不平度（单位：mm）

公称宽度	1/4H		1/2H		3/4H		H		EH、SEH	
	普通精度 PF. A	较高精度 PF. B	普通精度 PF. A	较高精度 PF. B	普通精度 PF. A	较高精度 PF. B	普通精度 PF. A	较高精度 PF. B	普通精度 PF. A	较高精度 PF. B
<80	≤3.0	≤1.5	≤4.0	≤2.0	≤5.0	≤2.5	≤7.0	≤3.0	≤9.0	≤4.0
80 ~ <250	≤4.0	≤2.0	≤5.0	≤2.5	≤6.0	≤3.0	≤9.0	≤4.0	≤11	≤5.0
250 ~ <600	≤7.0	≤3.5	≤9.0	≤4.5	≤11	≤5.5	≤13	≤6.0	≤15	≤7.0
≥600	≤10	≤5.0	≤12	≤6.0	≤15	≤7.0	≤18	≤9.0	≤20	≤10

⑦ 测量钢带不平度时，将钢带的受检部分在自重状态下平放在平台上，用厚度规或线规测量下表面与平台间的最大距离。

3）原料要求。钢的牌号和化学成分（熔炼分析）应符合表2-88所列的规定。

表2-88 钢的牌号和化学成分（质量分数：%）

牌号	C	Si	Mn	P	S	Ni	Cr	Mo	N	Al
奥氏体型										
12Cr17Mn6Ni5N	0.15	1.00	5.50 ~ 7.50	0.050	0.030	3.50 ~ 5.50	16.00 ~ 18.00	—	0.05 ~ 0.25	—
12Cr17Ni7	0.15	1.00	2.00	0.045	0.030	6.00 ~ 8.00	16.00 ~ 18.00	—	0.10	—
06Cr19Ni10	0.08	0.75	2.00	0.045	0.030	8.00 ~ 10.50	18.00 ~ 20.00	—	0.10	—
06Cr17Ni12Mo2	0.08	0.75	2.00	0.045	0.030	10.00 ~ 14.00	16.00 ~ 18.00	2.00 ~ 3.00	0.10	—
铁素体型										
10Cr17	0.12	1.00	1.00	0.040	0.030	0.75	16.00 ~ 18.00	—	—	—
马氏体型										
20Cr13	0.16 ~ 0.25	1.00	1.00	0.040	0.030	(0.60)	12.00 ~ 14.00	—	—	—
30Cr13	0.26 ~ 0.35	1.00	1.00	0.040	0.030	(0.60)	12.00 ~ 14.00	—	—	—

（续）

牌号	C	Si	Mn	P	S	Ni	Cr	Mo	N	Al
40Cr13	0.36 ~ 0.45	0.80	0.80	0.040	0.030	(0.60)	12.00 ~ 14.00	—	—	—
沉淀硬化型										
07Cr17Ni7Al	0.09	1.00	1.00	0.040	0.030	6.50 ~ 7.75	16.00 ~ 18.00	—	—	0.75 ~ 1.50

注：表中所列成分除标明范围或最小值，其余均为最大值。括号内值为允许添加的最大值。

4）力学性能和工艺性能。

① 钢带的硬度和冷弯性能执行表 2-89 所列的规定。

表 2-89　钢带的硬度和冷弯性能

统一数字代号	牌　号	交货状态	冷轧、固溶处理或退火状态		沉淀硬化处理状态	
			硬度/HV	冷弯 90°	热处理	硬度/HV
S35350	12Cr17Mn6Ni5N	1/4H	≥250	—	—	—
		1/2H	≥310	—	—	—
		3/4H	≥370	—	—	—
		H	≥430	—	—	—
S30110	12Cr17Ni7	1/2H	≥310	$d=4a$	—	—
		3/4H	≥370	$d=5a$	—	—
		H	≥430	—	—	—
		EH	≥490	—	—	—
		SEH	≥530	—	—	—
S30408	06Cr19Ni10	1/4H	≥210	$d=3a$	—	—
		1/2H	≥250	$d=4a$	—	—
		3/4H	≥310	$d=5a$	—	—
		H	≥370	—	—	—
S31608	06Cr17Ni12Mo2	1/4H	≥200	—	—	—
		1/2H	≥250	—	—	—
		3/4H	≥300	—	—	—
		H	≥350	—	—	—
S11710	10Cr17	退火	≤210	—	—	—
		冷轧	≤300	—	—	—
S42020	20Cr13	退火	≤240	—	—	—
		冷轧	≤290	—	—	—
S42030	30Cr13	退火	≤240	—	—	—
		冷轧	≤320	—	—	—
S42040	40Cr13	退火	≤250	—	—	—
		冷轧	≤320	—	—	—
S51770	07Cr17Ni7Al	固溶	≤200	$d=a$	固溶 +565℃时效	≥450
					固溶 +510℃时效	≥450
		1/2H	≥350	$d=3a$	1/2H +475℃时效	≥380
		3/4H	≥400	—	3/4H +475℃时效	≥450
		H	≥450	—	H +475℃时效	≥530

注：表中 d 表示弯芯直径；a 表示钢带厚度。

② 冷弯试样的纵向应垂直于钢带的轧制方向。经 90°V 型冷弯试验的试样，其弯曲部位的外表面不得有裂纹。

③ 钢带厚度小于 0.40mm 时，可用抗拉强度值代替硬度值，其强度值应符合表 2-90 的

规定。

④ 根据需方要求，厚度不小于 0.40mm 的钢带以拉伸试验代替表 2-89 所列规定的硬度和弯曲试验时，钢带的力学性能应符合表 2-90 所列的规定。

表 2-90 钢带的力学性能

统一数字代号	牌号	交货状态	冷轧、固溶状态			沉淀硬化处理状态		
			规定非比例延伸强度 $R_{p0.2}$/MPa	抗拉强度 R_m/MPa	断后伸长率 A(%)	热处理	规定非比例延伸强度 $R_{p0.2}$/MPa	抗拉强度 R_m/MPa
S30110	12Cr17Ni7	1/2H	≥510	≥930	≥10	—	—	—
		3/4H	≥745	≥1130	≥5	—	—	—
		H	≥1030	≥1320	—	—	—	—
		EH	≥1275	≥1570	—	—	—	—
		SEH	≥1450	≥1740	—	—	—	—
S30408	06Cr19Ni10	1/4H	≥335	≥650	≥10	—	—	—
		1/2H	≥470	≥780	≥6	—	—	—
		3/4H	≥665	≥930	≥3	—	—	—
		H	≥880	≥1130	—	—	—	—
S51770	07Cr17Ni7Al	固溶	—	≤1030	≥20	固溶 +565℃时效	≥960	≥1140
						固溶 +510℃时效	≥1030	≥1230
		1/2H	—	≥1080	≥5	1/2H +475℃时效	≥880	≥1230
		3/4H	—	≥1180	—	3/4H +475℃时效	≥1080	≥1420
		H	—	≥1420	—	H +475℃时效	≥1320	≥1720

5）表面质量。

① 钢带的表面质量目视检查。

② 钢带表面不允许有影响使用的缺陷。在没有特殊要求时，表面允许有个别轻微的擦伤、划痕、压痕、凹面、辊印和麻点，其深度或高度不得超过钢带厚度公差的一半。

③ 钢带边缘应平整。切边钢带不允许有深度大于宽度公差之半的切割不齐和大于钢带公称厚度 10% 的毛刺。

6）其他要求。

① 钢带应牢固成卷并尽量保持圆柱形和不卷边。

② 钢卷内径应在合同中注明。

③ 钢带按实际重量交货。

4.3 热处理弹簧钢带

冷轧钢带具有高的尺寸精度和良好的表面状态，但强度在某些场合达不到使用要求，而淬火加回火的处理方式是提高钢带力学性能的有效手段。

热处理弹簧钢带基本生产流程如下：

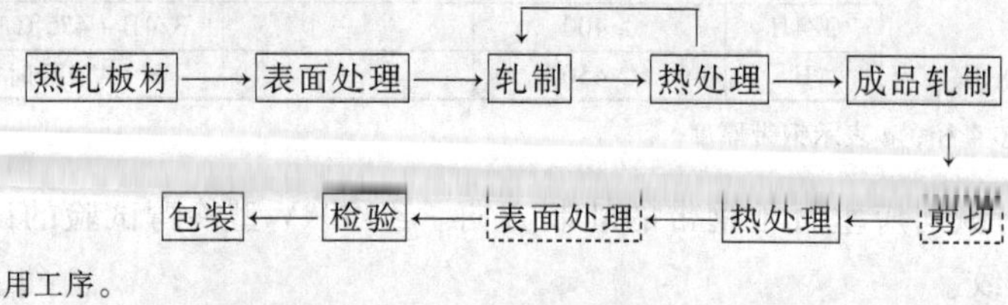

注：虚线框表示选用工序。

热处理弹簧钢带的生产过程与冷轧弹簧钢带相似，主要区别在于成品热处理。钢带淬回火热处理通常采用连续生产线，通过淬火、回火处理，金相组织变为回火屈氏体，使热处理弹簧钢带具有较高的抗拉强度、弹性极限及一定的冲击韧性和塑性。加热时为减少氧化和脱碳，需向加热炉和回火炉内通入保护气体。保护气体通常采用氨的分解气体。

钢带热处理后，表面可以进行抛光、发蓝、发黄处理，提高钢带的表面质量和防锈能力。

适用于制造弹簧零件、经热处理的弹簧钢带，执行标准为 YB/T 5063《热处理弹簧钢带》。

（1）分类与代号

1）按边缘状态分为两类：a）切边（EC）；b）不切边（EM）；

2）按尺寸精度分为四类：a）普通厚度精度（PT. A）；b）较高厚度精度（PT. B）；c）普通宽度精度（PW. A）；d）较高宽度精度（PW. B）。

3）按力学性能分为三类：a）Ⅰ组强度钢带（Ⅰ）；b）Ⅱ组强度钢带（Ⅱ）；c）Ⅲ组强度钢带（Ⅲ）。

4）按表面状态分为四类：a）抛光钢带（SB）；b）光亮钢带（SL）；c）经色调处理的钢带（SC）；d）灰暗色钢带（SD）。

（2）尺寸、外形及允许偏差

1）厚度不大于 1.50mm；宽度不大于 100mm。

2）钢带的尺寸、外形及允许偏差应符合 GB/T 15391《宽度小于 600mm 冷轧钢带的尺寸、外形及允许偏差》的相应规定（表 2-75 ~ 表 2-78）。

（3）牌号和化学成分

1）钢带应采用 T7A、T8A、T9A、T10A、65Mn、60Si2MnA、70Si2CrA 钢轧制。

2）经供需双方协商，钢带也可以采用其他牌号轧制，其化学成分由双方协议规定。

3）T7A、T8A、T9A、T10A 的化学成分可参考 GB/T 1298—1986《碳素工具钢技术条件》的规定。

4）65Mn、60Si2MnA 的化学成分应符合 GB/T 1222—2007《弹簧钢》的规定。

5）70Si2CrA 的化学成分应符合 YB/T 5058—2005《弹簧钢、工具钢冷轧钢带》的规定。

（4）力学性能

1）钢带的强度级别和抗拉强度应符合表 2-91 所列的规定。

表 2-91　钢带的强度级别和抗拉强度

强度级别	抗拉强度 R_m/MPa
Ⅰ	1270 ~ 1560
Ⅱ	>1560 ~ 1860
Ⅲ	>1860

2）根据需方要求，经双方协议，Ⅲ级强度的钢带，其强度值可以规定上限。

3）根据需方要求，强度级别为Ⅰ、Ⅱ级的钢带可进行断后伸长率的测定，其数值由供需双方协议规定。

4）根据需方要求，并在合同中注明，厚度不小于 0.25mm 的钢带可进行维氏硬度试验来代替拉伸试验。维氏硬度试验数值由供需双方协议规定。

（5）工艺性能

1）根据需方要求，并在合同中注明，可进行反复弯曲试验，反复弯曲次数应由供需双方协议规定。

2）厚度大于1mm的Ⅰ级强度钢带，不进行反复弯曲试验。

（6）表面质量

1）钢带不允许有脱碳层存在。对厚度大于0.50mm的钢带，经需方同意，可允许有深度不大于0.01mm的脱碳层存在。

2）光亮或抛光的钢带应具有光亮的表面，且不得有折痕、分层、纵向划痕和氧化皮；允许有深度或高度不大于钢带厚度偏差一半的不影响使用的细小缺陷。

3）色调处理的钢带与抛光钢带的表面质量要求相同。色调的颜色由淡黄色到深褐色或由蓝色到深蓝色，但在同一条钢带同一表面上颜色应均匀。需方如有特殊要求，经双方协议，可供上述任一种发蓝颜色的钢带。

4）抛光的、发亮的和经色调处理的钢带表面粗糙度 *Ra* 不大于0.8μm。

5）灰暗色钢带可以具有灰暗色或回火颜色，或为光亮表面；在钢带表面上不得有折痕、分层和锈迹，允许有深度不大于钢带厚度偏差的擦伤、麻点和辊印。

6）在切边钢带的边缘，允许有深度不大于宽度允许偏差一半的切割不齐和尺寸不大于钢带厚度允许偏差一半的毛刺。

5 弹簧用合金材料

用于制造弹簧的有色金属材料主要是铜基合金，镍基合金、弹性合金等，有丝、带、棒等不同形式供制簧使用。

5.1 铜系合金

铜是人类最早使用的金属。由于纯铜硬度较低，通常加入若干合金元素形成铜基合金，以提高其强度和弹性。铜基合金种类繁多，性能各有特点。用于制造弹簧的铜基合金种类主要有黄铜、青铜和白铜三大类，每一大类根据合金元素的不同又可分为若干小类。按弹簧所需的力学性能来说，通常认为铍青铜最好，硅青铜、锡青铜、白铜居中，黄铜次之。按市面价格由低到高依次为黄铜、硅青铜、锡青铜、白铜和铍青铜，尤其是铍青铜最昂贵。铜基合金按供货的截面形状分为线材和带材，执行标准分别为GB/T 21652《铜及铜合金线材》和GB/T 2059《铜及铜合金带材》。铜合金牌号的化学成分执行标准为GB/T 5231《加工铜及铜合金牌号和化学成分》。

铜合金类材料具有优良的导电性、导热性、非磁性，较好的耐蚀性、耐磨性，有较高的塑性，易于加工成形，冲击时不产生火花等。铜合金制造的弹簧，广泛用于航海、化工、仪器、仪表和电器等工业部门。

铜合金的加工方法与钢材相似，但其热处理原理不同——将铜基合金加热后马上水冷，并不能淬硬铜基合金，只是加速其冷却和促使氧化皮剥落。提高铜基合金的硬度、强度主要是采用冷加工硬化和人工时效的方法。

（1）黄铜　黄铜价格相对低廉，是工业上应用最广的一种铜基合金，具有良好的工艺性能、力学性能，热稳定性和耐蚀性，还有较高的导电性和导热性，多用于电气设备中。由于黄铜弹簧抗拉强度较低，弹簧在室温长期使用时，其变形量会随着时间推移而增大，因此只能用于不太重要的弹簧。

黄铜是以锌为主要加入元素的铜基合金，颜色随含锌量的增加由黄红色变到淡黄色。最简单的黄铜是铜、锌二元合金，称为普通黄铜或简单黄铜。为了改善黄铜的某种性能，在普通黄铜的基础上加入其他合金元素的黄铜称为特殊黄铜或复杂黄铜。常用的合金元素有硅、铝、锡、铅、锰、铁与镍等。

1）牌号、供货状态和规格：

① 黄铜线材截面包括圆形、正方形、六角形等形状，其牌号、状态和规格见表 2-92 所列。

表 2-92 黄铜线材牌号、状态和规格

分类	牌 号	状 态	直径(对边距)/mm
普通黄铜	H62、H63、H65	软(M)、1/8 硬(Y_8)、1/4 硬(Y_4)、半硬(Y_2)、3/4 硬(Y_1)、硬(Y)	0.05~13.0
		特硬(T)	0.05~4.0
	H68、H70	软(M)、1/8 硬(Y_8)、1/4 硬(Y_4)、半硬(Y_2)、3/4 硬(Y_1)、硬(Y)	0.05~8.5
		特硬(T)	0.1~6.0
	H80、H85、H90、H96	软(M)、半硬(Y_2)、硬(Y)	0.05~12.0
锡黄铜	HSn60-1、HSn62-1	软(M)、硬(Y)	0.5~6.0
铅黄铜	HPb63-3、HPb59-1	软(M)、半硬(Y_2)、硬(Y)	
	HPb59-3	半硬(Y_2)、硬(Y)	1.0~8.5
	HPb61-1		0.5~8.5
	HPb62-0.8		0.5~6.0
锑黄铜	HSb60-0.9、HSb61-0.8-0.5		0.8~12.0
铋黄铜	HBi60-1.3		
锰黄铜	HMn62-13	软(M)、1/4 硬(Y_4)、半硬(Y_2)、3/4 硬(Y_1)、硬(Y)	0.5~6.0

② 黄铜带材的牌号、状态和规格见表 2-93 所列。

表 2-93 黄铜带材牌号、状态和规格

分类	牌 号	状 态	厚度/mm	宽度/mm
普通黄铜	H96、H80、H59	软(M)、硬(Y)	>0.15~<0.50	≤600
			0.50~3.0	≤1200
	H85、H90	软(M)、半硬(Y_2)、硬(Y)	>0.15~<0.50	≤600
			0.50~3.0	≤1200
	H70、H68、H65	软(M)、1/4 硬(Y_4)、半硬(Y_2)、硬(Y)、特硬(T)、弹硬(TY)	>0.15~<0.50	≤600
			0.50~3.0	≤1200
	H63、H62	软(M)、半硬(Y_2)、硬(Y)、特硬(T)	>0.15~<0.50	≤600
			0.50~3.0	≤1200
铅黄铜	HPb59-1	软(M)、半硬(Y_2)、硬(Y)	>0.15~0.20	≤300
锰黄铜	HMn58-2		>0.20~2.0	≤550
铅黄铜	HPb59-1	特硬(T)	0.32~1.5	≤200
锡黄铜	HSn62-1	硬(Y)	>0.15~0.20	≤300
			>0.20~2.0	≤550

注：经供需双方协商，也可以供应其他规格的带材。

2）尺寸及允许偏差。

① 铜合金圆形线材直径及其允许偏差应符合表 2-94 所列的要求。

② 铜合金正方形、正六角形线材对边距及其允许偏差应符合表 2-95 所列的要求。

③ 铜合金正方形、正六角形线材的圆角半径应符合表 2-96 所列的要求。

表 2-94　铜合金圆形线材直径及其允许偏差　（单位：mm）

公称直径	允许偏差，不大于		公称直径	允许偏差，不大于	
	较高级	普通级		较高级	普通级
0.05～0.1	±0.003	±0.005	>1.0～3.0	±0.020	±0.030
>0.1～0.2	±0.005	±0.010	>3.0～6.0	±0.030	±0.040
>0.2～0.5	±0.008	±0.015			
>0.5～1.0	±0.010	±0.020	>6.0～13.0	±0.040	±0.050

注：1. 经供需双方协商，可供应其他规格和允许偏差的线材，具体要求应在合同中注明。
2. 线材偏差等级须在订货合同中注明，否则按普通级供货。
3. 需方要求单向偏差时，其值为本表中数值的 2 倍。

表 2-95　铜合金正方形、正六角形线材对边距及其允许偏差　（单位：mm）

对边距	允许偏差，不大于	
	较高级	普通级
≤3.0	±0.030	±0.040
>3.0～6.0	±0.040	±0.050
>6.0～13.0	±0.050	±0.060

注：1. 经供需双方协商，可供应其他规格和允许偏差的线材，具体要求应在合同中注明。
2. 线材偏差等级须在订货合同中注明，否则按普通级供货。
3. 需方要求单向偏差时，其值为本表中数值的 2 倍。

表 2-96　铜合金正方形、正六角形线材的圆角半径　（单位：mm）

对边距	≤2	>2～4	>4～6	>6～10	>10～13
圆角半径 r	≤0.4	≤0.5	≤0.6	≤0.8	≤1.2

④ 铜合金带材的尺寸及尺寸允许偏差应符合 GB/T 17793《加工铜及铜合金板带材外形尺寸及允许偏差》的相应规定。未做特别说明时，按普通级供货：a）铜合金带材的宽度允许偏差见表 2-97 所列；b）铜合金带材的外形应平直。允许有轻微的波浪，其侧边弯曲度应符合表 2-98 所列的规定；c）黄铜带材的厚度允许偏差见表 2-99 所列。

3）化学成分：主要黄铜材料的化学成分见表 2-100 所列。

表 2-97　铜合金带材的宽度允许偏差　（单位：mm）

厚　度	宽　度			
	≤200	>200～300	>300～600	>600～1200
>0.15～0.50	±0.2	±0.3	±0.5	
>0.50～2.00	±0.3	±0.4	±0.6	±0.8
>2.00～3.00	±0.5	±0.5	±0.6	

表 2-98　铜合金带材的侧边弯曲度　（单位：mm/m）

宽度/mm	普通级，不大于		高级，不大于
	厚度>（0.15～0.60mm）	厚度>（0.60～3.0mm）	所有厚度
6～9	9	12	5
>9～13	6	10	4
>13～25	4	7	[illegible]
>25～50	3	5	3
>50～100	2.5	4	2
>100～1200	2	3	1.5

表 2-99　黄铜带材的厚度允许偏差　　（单位：mm）

厚　度	宽　度									
	≤200		>200～300		>300～400		>400～700		>700～1200	
	厚度允许偏差，±									
	普通级	高级	普通级	高级	普通级	高级	普通级	高级	普通级	高级
>0.15～0.25	0.015	0.010	0.020	0.015	0.020	0.015	0.030	0.025	—	—
>0.25～0.35	0.020	0.015	0.025	0.020	0.030	0.025	0.040	0.030	—	—
>0.35～0.50	0.025	0.020	0.030	0.025	0.035	0.030	0.050	0.040	0.060	0.050
>0.50～0.80	0.030	0.025	0.040	0.030	0.040	0.035	0.060	0.050	0.070	0.060
>0.80～1.20	0.040	0.030	0.050	0.040	0.050	0.040	0.070	0.060	0.080	0.070
>1.20～2.00	0.050	0.040	0.060	0.050	0.060	0.050	0.080	0.070	0.100	0.080
>2.00～3.00	0.060	0.050	0.070	0.060	0.080	0.070	0.100	0.080	0.120	0.100

表 2-100　黄铜的化学成分　　（质量分数:%）

牌号	Cu	Fe	Pb	Al	Sn	Si	Sb	Ni	Cd	Bi	Mn	Zn	杂质总和
H95	94.0～96.0	0.05	0.05		—			—		—	—	余量	0.3
H90	89.0～91.0	0.05	0.05		—			—		—	—		0.3
H85	84.0～86.0	0.05	0.05		—			—		—	—		0.3
H80	78.5～81.5	0.05	0.05		—			—		—	—		0.3
H70	68.5～71.5	0.10	0.03		—			—		—	—		0.3
H68	67.0～70.0	0.10	0.03		—			—		—	—		0.3
H65	63.0～68.5	0.07	0.09		—			—		—	—		0.45
H63	62.0～65.0	0.15	0.08		—			—		—	—		0.5
H62	60.5～63.5	0.15	0.08		—			—		—	—		0.5
HPb63-3	62.0～65.0	0.10	2.4～3.0		—								0.75
HPb62-0.8	60.0～63.0	0.2	0.5～1.2										0.75
HPb61-1	58.0～62.0	0.15	0.6～1.2										0.55
HSb60-0.9	58.0～62.0		0.2				0.3～1.5	0.05～0.9	0.01				0.3
HPb59-1	57.0～60.0	0.50	0.8～1.9		—								1.0
HPb59-3	57.5～59.5	0.50	2.0～3.0										1.2
HSn62-1	61.0～63.0	0.10	0.10		0.7～1.1								0.30
HSn60-1	59.0～61.0	0.10	0.30		1.0～1.5								1.0
HBi60-1.3	58.0～62.0	0.1	0.2		0.05～1.2				0.01	0.3～2.3			0.3
HMn62-13	59.0～65.0	0.05	0.03	0.5～2.5		0.05		0.05～0.5			10～15		0.15
HMn58-2	57.0～60.0	1.0	0.1	—	—	—	—	—	—	—	1.0～2.0		1.2
HSb61-0.8-0.5	59.0～63.0	0.2	0.2			0.3～1.0	0.4～1.2	0.05～1.2	0.01				0.5

注：表中有上下限者为合金元素，含量为单个数值者表示杂质元素最高限量。

4）力学性能。

① 圆截面黄铜线材的抗拉强度见表 2-101 所列。

② 黄铜带材的力学性能见表 2-102 所列。

表 2-101 黄铜线材的抗拉强度

牌号	直径/mm	状态	抗拉强度 R_m/MPa	状态	抗拉强度 R_m/MPa
H62 H63	0.05~0.25	Y	785~980	T	≥850
	>0.25~1.0		685~885		≥830
	>1.0~2.0		635~835		≥800
	>2.0~4.0		590~785		≥770
	>4.0~6.0		540~735		—
	>6.0~13		490~685		—
H65	0.05~0.25	Y	685~885	T	≥830
	>0.25~1.0		635~835		≥810
	>1.0~2.0		590~785		≥800
	>2.0~4.0		540~735		≥780
	>4.0~6.0		490~685		—
	>6.0~13		440~635		—
H68 H70	0.05~0.25	Y	735~930	T	≥800(0.1~0.25mm)
	>0.25~1.0		685~885		≥780
	>1.0~2.0		635~835		≥750
	>2.0~4.0		590~785		≥720
	>4.0~6.0		540~735		≥690
	>6.0~8.5		490~685		
H80	0.05~12.0	Y	≥690	—	—
H85	0.05~12.0	Y	≥570	—	—
H90	0.05~12.0	Y	≥485	—	—
H95	0.05~12.0	Y	≥420	—	—

表 2-102 黄铜带材的力学性能

牌号	状态	拉伸试验			硬度试验	
		厚度/mm	抗拉强度/MPa	断后伸长率 $A_{11.3}$(%)	维氏硬度 HV	洛氏硬度 HRB
H96	M	≥0.2	≥215	≥30	—	—
	Y		≥320	≥3		
H90	M	≥0.2	≥245	≥35	—	—
	Y_2		330~440	≥5		
	Y		≥390	≥3		
H85	M	≥0.2	≥260	≥40	≤85	—
	Y_2		305~380	≥15	80~115	
	Y		≥350	—	≥105	
H80	M	≥0.2	≥265	≥50	—	—
	Y		≥390	≥3		
H70 H68 H65	M	≥0.2	≥290	≥40	≤90	—
	Y_4		325~410	≥35	85~115	
	Y_2		355~460	≥25	100~130	
	Y		410~540	≥13	120~160	
	T		520~620	≥4	150~190	
	TY		≥570	—	≥180	
H63 H62	M	≥0.1	≥290	≥35	≤95	—
	Y_2		350~470	≥20	90~130	
	Y		410~630	≥10	125~165	
	T		≥585	≥2.5	≥155	
H59	M	≥0.2	≥290	≥10	—	—
	Y		≥410	≥5	≥130	

（续）

牌号	状态	拉伸试验			硬度试验	
		厚度 /mm	抗拉强度 /MPa	断后伸长率 $A_{11.3}$(%)	维氏硬度 HV	洛氏硬度 HRB
HPb59-1	M	≥0.2	≥340	≥25	—	—
	Y_2		390~490	≥12		
	Y		≥440	≥5		
	T	≥0.32	≥590	≥3		
HMn58-2	M	≥0.2	≥380	≥30	—	—
	Y_2		440~610	≥25		
	Y		≥585	≥3		
HSn62-1	Y	≥0.2	≥390	≥5	—	—

注：厚度超出规定范围的带材，其性能由供需双方商定。

5）工艺性能。

① 当用户要求，并在合同中注明时，黄铜线材应进行反复弯曲试验和扭转试验，具体要求由供需双方商定。

② 需方如有要求，并在合同中注明时，表 2-103 所列牌号的带材可进行弯曲试验。弯曲试验条件应符合表 2-97 的规定。弯曲处不应有肉眼可见的裂纹。

表 2-103 黄铜带材的弯曲试验

牌　　号	状态	厚度/mm	弯曲角度/(°)	内侧半径
H96、H90、H80 H70、H68、H65 H63、H62	M	≤2	180	紧密贴合
	Y_2			1 倍带厚
	Y			1.5 倍带厚
H59	M	≤2	180	1 倍带厚
	Y		90	1.5 倍带厚

6）表面质量。

① 材料的表面应光滑、清洁，不允许有影响用户使用的缺陷，如分层、裂纹、起皮、起刺、气泡、压折、夹杂和绿锈。

② 材料表面允许有轻微的、局部的、不使材料尺寸超出其允许偏差的划伤、斑点、凹坑、压入物、辊印、氧化色、油迹和水迹等缺陷。

③ 带材的边部应切齐，无裂边和卷边。

（2）青铜　青铜是历史上应用最早的一种合金，原指铜锡合金，因颜色呈青灰色，故称青铜。后来将除铜锌合金（黄铜）、铜镍合金（白铜）以外的铜基合金统称为青铜，并常在青铜名字前冠以第一主要添加元素的名称，主要有锡青铜、铝青铜、硅青铜、铬青铜、锰青铜、镉青铜、镁青铜、铍青铜等。

锡青铜是含锡、锌、铅或磷的铜基合金，锡青铜具有较高的强度，良好的抗滑动摩擦性、优良的切削性能和良好的焊接性能，在大气、淡水中有良好的耐蚀性能，适用于制造机械、仪表上的弹簧和其他制品。锡磷青铜是一种含铜 90%~96%，含锡 4%~10% 和少量磷的抗腐蚀无磁性的铜基合金，具有弹性极限高、导电性好的特点，广泛用于制造弹性元件、精密仪器仪表中的耐磨零件和抗磁零件等。就其加工特性来说，一般认为锡青铜也是难以进行热加工的，只能冷轧成材。

铝青铜是以铝为主要合金元素的铜基合金，含铝量一般不超过 11.5%，有时还加入适量的铁、镍、锰等元素，以进一步改善性能。铝青铜可热处理强化，其强度比锡青铜高，抗高温氧化性也较好，耐磨性和耐蚀性比锡青铜更好。适用于制造机械、仪表上的弹性元件和其他制品。

硅青铜是以硅为主要合金元素的青铜。工业上应用的硅青铜除含硅外，还含有少量的锰、镍、锌或其他元素。硅在铜中呈有限固溶，但时效硬化效应不强，一般不进行强化热处理。硅青铜的力学性能较锡青铜高，性能与锡磷青铜相似，两者有时可以互换使用。硅青铜可用作弹性元件及航空上工作温度高、单位压力不大的摩擦零件。

1）牌号、供货状态和规格。

① 青铜线材截面包括圆、正方、六角等形状，其牌号、状态和规格，见表 2-104 所列。

表 2-104 青铜线材牌号、状态和规格

分类	牌号	状态	直径（对边距）/mm
锡青铜	QSn6.5-0.1、QSn5-0.2、QSn6.5-0.4、QSn7-0.2	软(M)、1/4 硬(Y_4)、半硬(Y_2)、3/4 硬(Y_1)、硬(Y)	0.1~8.5
	QSn4-3	软(M)、1/4 硬(Y_4)、半硬(Y_2)、3/4 硬(Y_1)	0.1~8.5
		硬(Y)	0.1~6.0
	QSn4-4-4	半硬(Y_2)、硬(Y)	0.1~8.5
	QSn15-1-1	软(M)、1/4 硬(Y_4)、半硬(Y_2)、3/4 硬(Y_1)	0.5~6.0
硅青铜	QSi3-1	软(M)、1/4 硬(Y_4)、半硬(Y_2)、3/4 硬(Y_1)、硬(Y)	0.1~8.5
铝青铜	QAl7	半硬(Y_2)、硬(Y)	0.1~6.0
	QAl9-2	硬(Y)	0.6~6.0
铬青铜	QCr1、QCr1-0.18	固溶+冷加工+时效(CYS) 固溶+时效+冷加工(CSY)	1.0~12.0
	QCr4.5-2.5-0.6	软(M)、固溶+冷加工+时效(CYS) 固溶+时效+冷加工(CSY)	0.5~6.0
镉青铜	QCd1	软(M)、硬(Y)	0.1~6.0

② 青铜带材的牌号、状态和规格见表 2-105 所列。

表 2-105 青铜带材牌号、状态和规格

分类	牌号	状态	厚度/mm	宽度/mm
铝青铜	QAl5	软(M)、硬(Y)	>0.15~1.2	≤300
	QAl7	半硬(Y_2)、硬(Y)		
	QAl9-2	软(M)、硬(Y)、特硬(T)		
	QAl9-4	硬(Y)		
锡青铜	QSn6.5-0.1	软(M)、1/4 硬(Y_4)、半硬(Y_2) 硬(Y)、特硬(T)、弹硬(TY)	>0.15~2.0	≤610
	QSn7-0.2、QSn6.5-0.4 QSn4-3、QSn4-0.3	软(M)、硬(Y)、特硬(T)	>0.15~2.0	≤610
	QSn8-0.3	软(M)、1/4 硬(Y_4)、半硬(Y_2) 硬(Y)、特硬(T)	>0.15~2.6	≤610
	QSn4-4-4 QSn4-4-2.5	软(M)、1/3 硬(Y_3)、半硬(Y_2)	0.80~1.2	≤200
		硬(Y)		
镉青铜	QCd1	硬(Y)	>0.15~1.2	≤300
锰青铜	QMn1.5	软(M)	>0.15~1.2	
	QMn5	软(M)、硬(Y)		
硅青铜	QSi3-1	软(M)、硬(Y)、特硬(T)	>0.15~1.2	≤300

注：经供需双方协商，也可以供应其他规格的带材。

2）尺寸及允许偏差。

① 圆形线材直径及其允许偏差应符合表 2-94 所列的要求。

② 正方形、正六角形线材对边距及其允许偏差应符合表 2-95 所列的要求。

③ 正方形、正六角形线材的圆角半径应符合表 2-96 所列的要求。

④ 带材的宽度允许偏差应符合表 2-97 所列的规定。

⑤ 带材的外形应平直。允许有轻微的波浪，其侧边弯曲度应符合表 2-98 所列的规定。

⑥ 青铜、白铜带材的厚度允许偏差应符合表 2-106 所列的规定。

表 2-106　青铜、白铜带材的厚度允许偏差　　（单位：mm）

厚　度	宽　度			
	≤400		>400～610	
	普通级	高级	普通级	高级
>0.15～0.25	±0.020	±0.013	±0.030	±0.020
>0.25～0.40	±0.025	±0.018	±0.040	±0.030
>0.40～0.55	±0.030	±0.020	±0.050	±0.045
>0.55～0.70	±0.035	±0.025	±0.060	±0.050
>0.70～0.90	±0.045	±0.030	±0.070	±0.060
>0.90～1.20	±0.050	±0.035	±0.080	±0.070
>1.20～1.50	±0.065	±0.045	±0.090	±0.080
>1.50～2.00	±0.080	±0.050	±0.100	±0.090
>2.00～2.60	±0.090	±0.060	±0.120	±0.100

注：当要求单向允许偏差时，其值为表中数值的 2 倍。

3）化学成分：青铜材料的化学成分见表 2-107 所列。

表 2-107　青铜材料的化学成分　　（质量分数:%）

牌　号	Cu	Sn	P	Fe	Pb	Al	B	Ti	Mn	Si	Ni	Zn	杂质总和
QSn4-3		3.5～4.5	0.03	0.05	0.02	0.002	—	—	—	—	—	2.7～3.3	0.2
QSn4-0.3		3.5～4.9	0.03～0.35	0.10	0.05	—	—	—	—	—	—	0.30	0.95
QSn4-4-2.5		3.0～5.0	0.03	0.05	1.5～3.5	0.002	—	—	—	—	—	3.0～5.0	0.2
QSn4-4-4		3.5～5.0	0.03	0.05	3.5～4.5	0.002	—	—	—	—	—	3.0～5.0	0.2
QSn5-0.2	余量	4.2～5.8	0.03～0.35	0.10	0.05	—	—	—	—	—	—	0.30	0.95
QSn6.5-0.1		6.0～7.0	0.10～0.25	0.05	0.02	0.002	—	—	—	—	—	0.3	0.4
QSn6.5-0.4		6.0～7.0	0.26～0.40	0.02	0.02	0.002	—	—	—	—	—	0.3	0.4
QSn7-0.2		6.0～8.0	0.10～0.25	0.05	0.02	0.01	—	—	—	—	—	0.3	0.45
QSn8-0.3		7.0～9.0	0.03～0.35	0.10	0.05	—	—	—	—	—	—	0.2	0.85
QSn15-1-1		12～18	0.5	0.1～1.0	—	—	0.002～1.2	0.002	0.6	—	—	0.5～2.0	1.0

（续）

牌 号	Cu	Sn	P	Fe	Pb	Al	B	Ti	Mn	Si	Ni	Zn	杂质总和
QCr4.5-2.5-0.6	余量	Cr:3.5～5.5	0.005	0.05	—	—	—	1.5～3.5	0.5～2.0	—	0.2～1.0	0.05	0.1
QMn1.5		Cr≤0.1	S0.01	0.1	0.01	0.07	Bi0.002	—	—	—	Sb0.005	—	0.3
QMn5		0.1	0.01	0.35	0.03	—	—	—	4.5～5.5	0.1	Sb0.002	0.4	0.9
QA15		0.1	0.01	0.5	0.03	4.0～6.0	—	—	0.5	0.1	—	0.5	1.6
QA17		—	—	0.50	0.02	6.0～8.5	—	—	～	0.10	—	0.20	1.3
QA19-2		0.1	0.01	0.5	0.03	8.0～10.0	—	—	1.5～2.5	0.1	—	1.0	1.7
QA19-4		0.1	0.01	2.0～4.0	0.01	8.0～10.0	—	—	0.5	0.1	—	1.0	1.7
QSi3-1		0.25	—	0.3	0.03	—	—	—	1.0～1.5	2.7～3.5	0.2	0.5	1.1

4）力学性能。

① 圆截面青铜线材的室温抗拉强度见表2-108所列。

表2-108 圆截面青铜线材的室温抗拉强度

牌号	直径/mm	状态	抗拉强度 R_m /MPa	牌号	直径/mm	状态	抗拉强度 R_m /MPa
QSn6.5-0.1 QSn6.5-0.4 QSn7-0.2 QSi3-1	0.1～1.0	Y	880～1130	QSn4-3	0.1～1.0	Y	880～1130
	>1.0～2.0		860～1060		>1.0～2.0		860～1060
	>2.0～4.0		830～1030		>2.0～4.0		830～1030
	>4.0～6.0		780～980		>4.0～6.0		780～980
	>6.0～8.5		690～950				

② 青铜带材的力学性能见表2-109所列。

表2-109 青铜带材的力学性能

牌 号	状 态	拉伸试验			硬度试验	
		厚度 /mm	抗拉强度 /MPa	断后伸长率 $A_{11.3}$(%)	维氏硬度 HV	洛氏硬度 HRB
QAl5	M	≥0.2	≥275	≥33	—	—
	Y		≥585	≥2.5		
QAl7	Y_2	≥0.2	585～740	≥10	—	—
	Y		≥635	≥5		
QAl9-2	M	≥0.2	≥440	≥18	—	—
	Y		≥585	≥5		
	T		≥880	—		
QAl9-4	[illegible]	≥0.2	≥635	—	—	—
QSn4-3 QSn4-0.3	M	>0.15	≥290	≥40	—	—
	Y		540～690	≥3		
	T		≥635	≥2		

（续）

牌号	状态	拉伸试验			硬度试验	
		厚度/mm	抗拉强度/MPa	断后伸长率 $A_{11.3}$(%)	维氏硬度 HV	洛氏硬度 HRB
QSn6. 5-0. 1	M	>0. 15	≥315	≥40	≤120	—
	Y_4		390~510	≥35	110~155	
	Y_2		490~610	≥10	150~190	
	Y		590~690	≥8	180~230	
	T		635~720	≥5	200~240	
	TY		≥690	—	≥210	
QSn7-0. 2 QSn6. 5-0. 4	M	>0. 15	≥295	≥40	—	—
	Y		540~690	≥8		
	T		≥665	≥2		
QSn8-0. 3	M	≥0. 2	≥345	≥45	≤120	—
	Y_4		390~510	≥40	100~160	
	Y_2		490~610	≥30	150~205	
	Y		490~705	≥12	180~235	
	T		≥685	≥5	≥210	
QSn4-4-4 QSn4-4-2. 5	M	≥0. 8	≥290	≥35	—	—
	Y_3		390~490	≥10		65~85
	Y_2		420~510	≥9		70~90
	Y		≥490	≥5		—
QCd1	Y	≥0. 2	≥390	—	—	—
QMn1. 5	M	≥0. 2	≥205	≥30	—	—
QMn5	M	≥0. 2	≥290	≥30	—	—
	Y		≥440	≥3		
QSi3-1	M	≥0. 15	≥370	≥45	—	—
	Y		635~785	≥5		
	T		≥735	≥2		

注：厚度超出规定范围的带材，其性能由供需双方商定。

5）工艺性能。

① 直径0. 3~8. 5mm的硅青铜线材和硬态锡青铜线材应进行反复弯曲试验，弯曲次数应不少于3次，弯曲处不产生裂纹。

② 当用户要求，并在合同中注明时，其他线材也应进行反复弯曲试验，具体要求由供需双方商定。

③ 当用户要求，并在合同中注明时，线材应进行扭转试验，具体要求由供需双方商定。

④ 需方如有要求，并在合同中注明时，表2-110所列牌号的带材可进行弯曲试验。弯曲试验条件应符合表2-110所列的规定。弯曲处不应有肉眼可见的裂纹。

表2-110　青铜带材的弯曲试验

牌号	状态	厚度/mm	弯曲角度/(°)	内侧半径
QSn8-0. 3、QSn7-0. 2、QSn6. 5-0. 4 QSn6. 5-0. 1、QSn4-3 QSn4-0. 3	M	≥1	180	0. 5倍带厚
	Y_2			1. 5倍带厚
	Y			2倍带厚
QSi3-1	Y	≥1	180	1倍带厚
	T		90	2倍带厚

6）表面质量。

① 材料的表面应光滑、清洁，不允许有影响用户使用的缺陷，如分层、裂纹、起皮、起刺、气泡、压折、夹杂和绿锈。

② 材料表面允许有轻微的、局部的、不使材料尺寸超出其允许偏差的划伤、斑点、凹坑、压入物、辊印、氧化色、油迹和水迹等缺陷。

③ 带材的边部应切齐，无裂边和卷边。

(3) 白铜　白铜是以镍为主要添加元素的铜基合金，呈银白色。纯铜加镍能显著提高材料的强度、硬度、耐蚀性、电阻和热电性，并降低电阻率温度系数。白铜弹性好、耐蚀性好，色泽美观，在仪器仪表、机电、化工、卫生和日用五金等部门用于制作耐蚀元件、弹性元件、医疗器械和日用装饰品等。

铜镍二元合金称普通白铜，加锰、铁、锌、铝等元素的铜镍合金称为复杂白铜。复杂白铜中的锌白铜中的锌能起到固溶强化作用，可提高材料强度和抗大气腐蚀能力。锌白铜有很好的弹性，适于制造电气仪表和光学仪器上的弹性元件和其他制品。铝白铜有高的力学性能和耐蚀性，有很好的弹性并能够承受冷热加工，其中，牌号为 BAl13-3 的铝白铜可以通过热处理强化，具有白铜中最高的强度，同时还具有高的弹性、耐蚀性和低温韧性。铝白铜适于制造机械、仪表上的各种重要用途的弹性元件。

1) 牌号、供货状态和规格。

① 白铜线材截面包括圆、正方、六角等形状，其牌号、状态和规格，见表 2-111 所列。

表 2-111　白铜线材牌号、状态和规格

分类	牌　号	状　态	直径(对边距)/mm
普通白铜	B19	软(M)、硬(Y)	0.1~6.0
铁白铜	BFe10-1-1、BFe30-1-1		
锰白铜	BMn3-12、BMn40-1.5		0.05~6.0
锌白铜	BZn9-29、BZn12-26、BZn15-20、BZn18-20	软(M)、1/8 硬(Y_8)、1/4 硬(Y_4)、半硬(Y_2)、3/4 硬(Y_1)、硬(Y)	0.1~8.0
		特硬(T)	0.5~4.0
	BZn22-16、BZn25-18	软(M)、1/8 硬(Y_8)、1/4 硬(Y_4)、半硬(Y_2)、3/4 硬(Y_1)、硬(Y)	0.1~8.0
		特硬(T)	0.1~4.0
	BZn40-20	软(M)、1/4 硬(Y_4)、半硬(Y_2)、3/4 硬(Y_1)、硬(Y)	1.0~6.0

② 白铜带材的牌号、状态和规格见表 2-112 所列。

表 2-112　白铜带材牌号、状态和规格

分类	牌　号	状　态	厚度/mm	宽度/mm
锌白铜	BZn18-17	软(M)、半硬(Y_2)、硬(Y)	>0.15~1.2	≤610
	BZn15-20	软(M)、半硬(Y_2) 硬(Y)、特硬(T)	>0.15~1.2	≤400
普通白铜	B5、B19	软(M)、硬(Y)		
铁白铜	BFe10-1-1、BFe30-1-1			
锰白铜	BMn40-1.5、BMn3-12			
铝白铜	BAl13-3	淬火+冷加工+人工时效(CYS)	>0.15~1.2	≤300
	BAl6-1.5	硬(Y)		

注：经供需双方协商，也可以供应其他规格的带材。

2）尺寸及允许偏差。

① 圆形线材直径及其允许偏差应符合表 2-94 所列的要求。

② 正方形、正六角形线材对边距及其允许偏差应符合表 2-95 所列的要求。

③ 正方形、正六角形线材的圆角半径应符合表 2-96 所列的要求。

④ 带材的宽度允许偏差应符合表 2-97 所列的规定。

⑤ 带材的外形应平直。允许有轻微的波浪，其侧边弯曲度应符合表 2-98 所列的规定。

⑥ 带材的厚度允许偏差应符合表 2-106 所列的规定。

3）化学成分：白铜材料的化学成分见表 2-113 所列。

表 2-113 白铜材料的化学成分 （质量分数：%）

牌号	Cu	Ni + Co	Al	Fe	Mn	Pb	P	S	C	Mg	Si	Zn	Sn	Bi	Ti	Sb	杂质总和
B5	余量	4.4 ~ 5.0	—	0.20	—	0.01	0.01	0.01	0.03	—	—	—	—	—	—	—	0.5
B19	余量	18.0 ~ 20.0	—	0.5	0.5	0.005	0.01	0.01	0.05	0.05	0.15	0.3	—	—	—	—	1.8
BFe10-1-1	余量	9.0 ~ 11.0	—	1.0 ~ 1.5	0.5 ~ 1.0	0.02	0.006	0.01	0.05	—	0.15	0.3	0.03	—	—	—	0.7
BFe30-1-1	余量	29.0 ~ 32.0	—	0.5 ~ 1.0	0.5 ~ 1.2	0.02	0.006	0.01	0.05	—	0.15	0.3	0.03	—	—	—	0.7
BMn3-12	余量	2.0 ~ 3.5	0.2	0.20 ~ 0.50	11.5 ~ 13.5	0.020	0.005	0.020	0.05	0.03	0.1 ~ 0.3	—	—	—	—	—	0.5
BMn40-1.5	余量	39.0 ~ 41.0	—	0.50	1.0 ~ 2.0	0.005	0.005	0.02	0.10	0.05	0.10	—	—	—	—	—	0.9
BAl6-1.5	余量	5.5 ~ 6.5	1.2 ~ 1.8	0.50	0.20	0.003	—	—	—	—	—	—	—	—	—	—	1.1
BAl13-3	余量	12.0 ~ 15.0	2.3 ~ 3.0	1.0	0.5	0.003	0.01	—	—	—	—	—	—	—	—	—	1.9
BZn15-20	62.0 ~ 65.0	13.5 ~ 16.5	—	0.5	0.3	0.02	0.005	0.01	0.03	0.05	0.15	余量	—	0.002	As 0.010	0.002	0.9
BZn18-17	62.0 ~ 66.0	16.5 ~ 19.5	—	0.25	0.50	0.03	—	—	—	—	—		—	—	—	—	0.9
BZn9-29	60.0 ~ 63.0	7.2 ~ 10.4	0.005	0.3	0.5	0.03	0.005	0.005	0.03	—	0.15		0.08	0.002	0.005	0.002	0.8
BZn12-26	60.0 ~ 63.0	10.5 ~ 13.0	0.005	0.3	0.5	0.03	0.005	0.005	0.03	—	0.15		0.08	0.002	0.005	0.002	0.8
BZn18-20	60.0 ~ 63.0	16.5 ~ 19.5	0.005	0.3	0.5	0.03	0.005	0.005	0.03	—	0.15		0.08	0.002	0.005	0.002	0.8
BZn22-16	60.0 ~ 63.0	20.5 ~ 23.5	0.005	0.3	0.5	0.03	0.005	0.005	0.03	—	0.15		0.08	0.002	0.005	0.002	0.8
BZn25-18	56.0 ~ 59.0	23.5 ~ 26.5	0.005	0.3	0.5	0.03	0.005	0.005	0.03	—	0.15		0.08	0.002	0.005	0.002	0.8
BZn40-20	38.0 ~ 42.0	38.0 ~ 41.5.5	0.005	0.3	0.5	0.03	0.005	0.005	0.10	—	0.15		0.08	0.002	0.005	0.002	0.8

4）力学性能。

① 圆截面白铜线材的室温抗拉强度见表 2-114 所列。

② 白铜带材的室温力学性能应符合表 2-115 所列的规定。拉伸试验、硬度试验任选其

一，未作特别说明时，提供拉伸试验。

表 2-114 圆截面白铜线材的室温抗拉强度

牌号	直径/mm	状态	抗拉强度 R_m /MPa	牌号	直径/mm	状态	抗拉强度 R_m /MPa
B19	0.1~0.5	Y	590~880	BZn15-20	0.1~0.2	Y	735~980
	>0.5~6.0		490~785		0.2~0.5		735~930
BMn3-12	0.05~1.0		≥785		>0.5~2.0		635~880
	>1.0~6.0		≥685		>2.0~8.0		540~785
BMn40-1.5	0.05~0.20		685~980		0.5~1.0		≥750
	>0.20~0.50		685~880		>1.0~2.0		≥740
	>0.50~6.0		635~835		>2.0~4.0		≥730

表 2-115 白铜带材的室温力学性能

牌 号	状 态	拉伸试验			硬度试验	
		厚度 /mm	抗拉强度 /MPa	断后伸长率 $A_{11.3}$(%)	维氏硬度 HV	洛氏硬度 HRB
BZn15-20	M	≥0.2	≥340	≥35	—	
	Y_2		440~570	≥5		
	Y		540~690	≥1.5		
	T		≥640	≥1		
BZn18-17	M	≥0.2	≥375	≥20	120~180	—
	Y_2		440~570	≥5		
	Y		≥540	≥3	≥150	
B5	M	≥0.2	≥215	≥32	—	—
	Y		≥370	≥10		
B19	M	≥0.2	≥290	≥25	—	—
	Y		≥390	≥3		
BFe10-1-1	M	≥0.2	≥275	≥28	—	—
	Y		≥370	≥3		
BFe30-1-1	M	≥0.2	≥370	≥23	—	—
	Y		≥540	≥3		
BMn3-12	M	≥0.2	≥350	≥25	—	—
BMn40-1.5	M	≥0.2	390~590	实测数据	—	—
	Y		≥635			
BAl3-3	CYS	≥0.2	供实测值		—	—
BAl6-1.5	Y		≥600	≥5		

注：厚度超出规定范围的带材，其性能由供需双方商定。

5）工艺性能。

① 当用户要求，并在合同中注明时，线材应进行反复弯曲试验和扭转试验，具体要求由供需双方商定。

② 需方如有要求，并在合同中注明时，表 2-116 所列牌号的带材可进行弯曲试验。弯曲试验条件应符合表 2-116 所列的规定。弯曲处不应有肉眼可见的裂纹。

表 2-116 白铜带材的弯曲试验条件

牌 号	状 态	厚度/mm	弯曲角度/(°)	内侧半径
BZn15-20	Y、T	>0.15	90	2倍带厚
BMn40-1.5	M	≥1	180	1倍带厚
	Y		90	

6）表面质量。

① 材料的表面应光滑、清洁，不允许有影响用户使用的缺陷，如分层、裂纹、起皮、起刺、气泡、压折、夹杂和绿锈。

② 材料表面允许有轻微的、局部的、不使材料尺寸超出其允许偏差的划伤、斑点、凹坑、压入物、辊印、氧化色、油迹和水迹等缺陷。

③ 带材的边部应切齐，无裂边和卷边。

（4）铍青铜　铍青铜是一种含铍 0.4% ~2% 和少量镍或钴的铜基合金。铍在铜中对性能的影响和碳在钢中的作用相似，由于铍的存在使得铍青铜可以通过热处理强化而获得高硬度和高强度。铍青铜属于可以时效析出强化的铜基合金，经淬火、时效处理后具有高的强度、硬度和弹性极限，并且稳定性好，具有耐蚀、耐磨、耐疲劳、耐低温、无磁性、导电导热性好、冲击时不会产生火花等一系列优点。铍铜合金常被用作高级精密的弹簧和仪表元件，如插接件、换向开关、弹簧构件、电接触片、弹性波纹零件，还有耐磨零部件、模具及矿山和石油业用于冲击不产生火花的工具。铍青铜丝类产品执行标准为 YS/T 571《铍青铜圆形线材》。铍青铜有一定的毒性，加工时应予注意。

1）分类及供货状态：产品的牌号、状态和规格见表 2-117。

表 2-117　产品的牌号、状态和规格

牌号	状态	直径/mm
QBe2 QBe1.9 C17200 C17300	软态或固溶退火态（M）、1/4 硬态（Y_4） 半硬态（Y_2）、3/4 硬态（Y_1）	0.5 ~6.00
	硬态（Y）	0.03 ~6.00
	软时效态（TF00）	0.5 ~6.00
	1/4 硬时效态（TF01）	0.1 ~6.00
	1/2 硬时效态（TF02）	
	3/4 硬时效态（TF03）	
	硬时效态（TF04）	

注：3/4 硬态（Y_1）和 3/4 硬时效态（TH03）的产品一般只供应≤ϕ2.0mm 的线材。

2）尺寸及允许偏差。

① 不同产品的直径范围见表 2-117。

② 产品直径的允许偏差见表 2-118。

表 2-118　产品直径的允许偏差　（单位：mm）

直径	允许偏差	直径	允许偏差
0.03 ~0.04	-0.004	>0.75 ~1.10	-0.030
>0.04 ~0.06	-0.006	>1.10 ~1.80	-0.040
>0.06 ~0.09	-0.008	>1.80 ~2.50	-0.050
>0.09 ~0.25	-0.010	>2.50 ~4.20	-0.055
>0.25 ~0.50	-0.016	>4.20 ~6.00	-0.060
>0.50 ~0.75	-0.020		

③ 产品圆度应不使直径超出其允许偏差范围。用户要求并在合同中注明时，可提供圆度不超出直径允许偏差之半的产品。

3）化学成分。

① QBe2 和 QBe1.9 产品的化学成分应符合 GB/T 5231 的规定。

② C17200 和 C17300 的化学成分应符合表 2-119 的规定。

表 2-119 C17200 和 C17300 的化学成分 （质量分数:%）

牌 号	主 要 成 分					杂质≤	
	Be	Ni + Co	Ni + Co + Fe	Pb	Cu	Al	Si
C17200	1.80 ~ 2.00	≥0.2	≤0.6	—	余量	0.20	0.20
C17300	1.80 ~ 2.00	≥0.2	≤0.6	0.20 ~ 0.60	余量	0.20	0.20

注：1. 当表中所有元素都测定时，其总量应≥99.5%。

2. 需方有特殊要求时，由供需双方协商确定。

4）力学性能：所有状态及尺寸的产品，产品时效处理前后的抗拉强度应符合表 2-120 所列的规定。

表 2-120 产品时效处理前后的抗拉强度

状态	时效处理前的抗拉强度/MPa	状态	时效处理后的抗拉强度/MPa
M(软态)	400 ~ 580	TF00	1050 ~ 1380
1/4 硬态(Y_4)	570 ~ 795	TF01	1150 ~ 1450
Y_2(半硬态)	710 ~ 930	TF02	1200 ~ 1480
3/4 硬态(Y_1)	840 ~ 1070	TF03	1250 ~ 1585
Y(硬态)	915 ~ 1140	TF04	1300 ~ 1580

5）工艺性能：当用户要求并在合同中注明时，以软态或冷加工态供应的 ϕ1.0 ~ ϕ6.0mm 的线材应进行反复弯曲试验，结果应符合表 2-121 的规定。

表 2-121 产品的反复弯曲试验

弯曲角度	弯曲半径	弯曲次数	要 求
90°	等于线材的直径	5	弯曲处不出现目视可见的裂纹或分层

6）表面质量。

① 产品表面应光滑、清洁，不应有裂纹、起皮、毛刺、粗拉道、折叠等缺陷。

② 允许有轻微的、局部的、不使线材直径超出其允许偏差的压入物、斑点和划伤等缺陷。轻微的发红、发暗和氧化色及轻微的局部水迹、油迹不应作为报废依据。

5.2 镍系弹性合金

镍具有良好的力学、物理和化学性能，添加适宜的元素可提高它的抗氧化性、耐蚀性、高温强度和改善某些物理性能。镍能与铜、铁、锰、铬、硅、镁等组成多种合金，镍基合金具有良好的高低温力学性能、压力加工性能和耐蚀性能，尤其是对海水的耐蚀能力最为突出。镍基合金在纯净的大气中不变色，在含硫化物和水分的大气中会产生一层从绿色到棕色的薄膜。但在无机酸（硝酸、盐酸、亚硫酸和铬酸等）中腐蚀迅速。

制造弹簧常用的镍基合金有镍硅合金、镍镁合金、镍铜合金等，目前用于制造弹簧的镍基合金主要是蒙乃尔（Monel）合金。该合金于 1905 年前后问世，含铜约 30%，是一种近乎无磁性的固溶镍基合金。国际上常用的是 Monel400，我国牌号为 NCu28-2.5-1.5，其物理特性见表 2-122。

表 2-122 NCu28-2.5-1.5 合金的物理性能

密度 ρ /(g·cm^{-3})	电阻率(0℃) ρ/(10^{-8}·Ω·m)	电阻温度系数(0℃) /(10^{-3}·K^{-1})	导热系数(20℃)λ /(10^{-5}W·m^{-1}·K^{-1})	比热容(20℃)c /(10^{-4}·J·kg^{-1}·K^{-1})	居里点 (磁性转变温度)/K
8.8	4.25	1.9	0.06	0.127	273 + (27 ~ 95)

蒙乃尔合金一般不产生应力腐蚀裂纹，是一种用量最大、用途最广、综合性能极佳的耐蚀合金。此合金在氢氟酸和氟气介质中具有优异的耐蚀性，对热浓碱液也有优良的耐蚀性。同时还耐中性溶液、水、海水、大气、有机化合物等的腐蚀，因此在腐蚀气氛中或与食品接触的弹簧广泛采用蒙乃尔合金。该合金的工作特性见表2-123。

表2-123 NCu28-2.5-1.5合金的工作特性

适宜的介质	可在下列介质中工作	不适宜的介质
氨气、氨气溶液	硫酸	盐酸
苛性碱和碳酸盐溶液	磷酸	硝酸
食盐	氰氢酸	熔融铅
脂肪酸及大部分有机酸	氢氟酸	熔融锌
海水及卤水	醋酸	氰化钾粉末及溶液
中性盐水溶液	柠檬酸	亚硝酸
汽油、矿物油	硫酸亚铁溶液	三氯化铁
酚和甲酚、酒精	干燥的氯	铬酸
摄影用试剂	—	—
燃料溶液	—	—

该合金制成弹簧经300~400℃去应力退火后，洛氏硬度27~28HRC，在200℃以下时可以承受314MPa的切应力，其蠕变量也很小，同时也可用于-70℃的低温环境。该合金还有一个重要特征是切削性能良好。

镍基合金按供货的形状分为板、带、箔、管、线、棒等，制造弹簧主要使用带材和线材，执行标准分别为GB/T 21653《镍及镍合金线和拉制线坯》及GB/T 2072《镍及镍合金带材》。镍合金的化学成分执行标准为GB/T 5235《加工镍及镍合金 化学成分和产品形状》。

镍及镍合金材料的加工方法与钢相似，都是经过锻造或热轧后成方形坯料或热轧板材，再通过一系列冷轧，得到需要的尺寸和力学性能。镍基合金不能通过热处理强化，必须通过冷拉（轧）加工硬化才能满足制造弹簧的硬度和强度要求。冷成型弹簧后，为了去应力，可在300℃左右去应力退火后使用。

（1）产品分类及规格

1）镍合金线材的牌号、状态和规格应符合表2-124所列的规定。

表2-124 镍合金线材的牌号、状态和规格

分 类	牌 号	状 态	直径(对边距)/mm
纯镍	N4、N6、N5(NW2201) N7(NW2200)、N8、DN	Y(硬)、Y_2(半硬)、M(软)	0.03~10.0
电子用镍合金	NMg0.1、NSi0.19		
镍铜合金	NCu28-2.5-1.5 NCu40-2-1 NCu30(NW4400)	Y(硬)、M(软)	0.05~10.0
镍锰合金	NMn3、NMn5		
镍铜合金	NCu30-3-0.5(NW5500)	CYS(淬火、冷加工、时效)	0.5~7.0

注：经双方协商，可供其他牌号和规格线材，具体要求应在合同中注明。

2）镍合金带材的牌号、状态和规格应符合表2-125的规定。

表 2-125 镍合金带材的牌号、状态和规格

分类	牌号		状态
纯镍	N4、N5、N6、N7、DN		软态(M) 半硬态(Y_2) 硬态(Y)
镍铜合金	NCu40-2-1、NCu28-2.5-1.5、NCu30		
电子用镍合金	NMg0.1、NSi0.19 NW4-0.15、NW4-0.1、NW4-0.07		
规格/mm			
厚度	0.05~0.15	>0.15~0.55	>0.55~1.2
宽度	20~250		
长度	≥5000	≥3000	≥2000

(2) 尺寸及允许偏差

1) 镍合金圆线的直径及其允许偏差应符合表 2-126 所列的规定。

表 2-126 镍合金圆线的直径及其允许偏差 (单位: mm)

直径	允许偏差	直径	允许偏差
0.03	±0.0025	>1.20~2.00	±0.03
>0.03~0.10	±0.005	>2.00~3.20	±0.04
>0.10~0.40	±0.006	>3.20~4.80	±0.05
>0.40~0.80	±0.013	>4.80~8.00	±0.06
>0.80~1.20	±0.02	>8.00~10.00	±0.07

注: 1. 经供需双方协商，可供其他规格和允许偏差的线材。

2. 当需方要求单向偏差时，其数值为表中数值的 2 倍。

① 圆线的圆度不得超过直径允许偏差之半。

② 方形和六角形线材的尺寸偏差应由供需双方商定。

2) 镍合金带材的外形尺寸及尺寸允许偏差应符合表 2-127 的所列规定。

表 2-127 镍合金带材的外形尺寸及尺寸允许偏差 (单位: mm)

厚度	厚度允许偏差		规定宽度范围的宽度允许偏差	
	普通级	较高级	20~150	>150~250
0.05~0.09	±0.005	±0.003	0 -0.6	0 -1.0
>0.09~0.15	±0.010	±0.007		
>0.15~0.30	±0.015	±0.010		
>0.30~0.45	±0.020	±0.015		
>0.45~0.55	±0.025	±0.020		
>0.55~0.85	±0.030	±0.025		
>0.85~0.95	±0.035	±0.030		
>0.95~1.20	±0.040	±0.035	0 -1.0	0 -1.5

注: 1. 当需方要求厚度偏差仅为"+"或"-"，其值为表中数值的 2 倍。

2. 若合同中未注明时，厚度允许偏差按普通级执行。

① 带材应平直，允许有轻微的波浪，带材的侧边弯曲度不大于 3mm/m。

② 带材的外形尺寸用相应精度的量具进行测量。厚度在距端部不小于 100mm 和距边部不小于 5mm 处测量（宽度小于 50mm 的带材在距边部不小于 3mm 处测量），测量范围以外的厚度超差不作为报废的依据。

(3) 化学成分 弹簧常用的镍合金化学成分见表 2-128。

表 2-128 弹簧常用的镍合金化学成分

（质量分数:%）

牌 号	Ni + Co	Cu	Si	Mn	C	Mg	S	P	Fe	Pb	Bi	As	Sb	Zn	Cd	Sn	杂质总和
N4	99.9	0.015	0.03	0.002	0.01	0.01	0.001	0.001	0.04	0.001	0.001	0.001	0.001	0.005	0.001	0.001	0.1
N5	99.0	0.25	0.30	0.35	0.02	0.10	0.01	—	0.40	—	—	—	—	—	Cr0.2	—	—
N6	99.5	0.10	0.10	0.05	0.10	0.10	0.005	0.002	0.10	0.002	0.002	0.002	0.002	0.007	0.002	0.002	0.5
N7	99.0	0.25	0.30	0.35	0.15	0.10	0.005	0.002	0.10	0.002	0.002	0.002	0.002	0.007	0.002	0.002	0.5
N8	99.0	0.15	0.15	0.20	0.20	0.10	0.01	—	0.40	—	—	—	—	—	Cr0.2	—	—
DN	99.35	0.06	0.02 ~ 0.10	0.05	0.02 ~ 0.10	0.02 ~ 0.10	0.005	0.002	0.10	0.002	0.002	0.002	0.002	0.007	0.002	0.002	—
NMn3	余量	0.50	0.30	2.30 ~ 3.30	0.30	0.10	0.03	0.010	0.65	0.002	0.002	0.030	0.002	—	—	—	1.5
NMn5	余量	0.50	0.30	4.60 ~ 5.40	0.30	0.10	0.03	0.020	0.65	0.002	0.002	0.030	0.002	—	—	—	—
NCu28-2.5-1.5	余量	27.0 ~29.0	0.1	1.2 ~ 1.8	0.20	0.10	0.02	0.005	2.0 ~3.0	0.003	0.002	0.010	0.002	—	—	—	—
NCu40-2-1	余量	38.0 ~42.0	0.15	1.25 ~2.25	0.30	—	0.02	0.005	0.2 ~1.0	0.006	—	—	—	—	—	—	—
NCu30	63.0	28.0 ~ 34.0	0.5	2.0	0.3	—	0.024	0.005	2.5	—	—	—	—	—	—	—	—
NMg0.1	99.6	0.05	0.02	0.05	0.05	0.07 ~ 0.15	0.005	0.002	0.07	0.002	0.002	0.002	0.002	0.007	0.002	0.002	—
NSi0.19	99.4	0.05	0.15 ~ 0.25	0.05	0.10	0.05	0.005	0.002	0.07	0.002	0.002	0.002	0.002	0.007	0.002	0.002	—
NW4-0.15	余量	0.02	0.01	0.005	0.01	0.01	0.003	0.002	0.03	0.002	0.002	0.002	0.002	W3.0 ~ 4.0	Ca0.07 ~ 0.17	Al0.01	—
NW4-0.1	余量	0.005	0.005	0.005	0.01	0.005	0.001	0.001	0.03	0.001	0.001	—	W3.0 ~ 4.0	Zr0.08 ~ 0.14	Ti0.005	Al0.005	—
NW4-0.07	余量	0.02	0.01	0.005	0.01	0.05 ~ 0.1	0.001	0.001	0.03	0.002	0.002	0.002	0.002	0.005	W3.5 ~ 4.5	Al0.01	—

注：表中有上下限者为合金元素，含量为单个数值者，Ni + Co 为最低限量，其他杂质元素为最高限量。

（4）力学性能

1）镍合金线材的抗拉强度见表 2-129。

表 2-129 镍合金线材的抗拉强度

牌号	直径/mm	状态	抗拉强度 R_m /MPa	牌号	直径/mm	状态	抗拉强度 R_m /MPa
N6 N8	0.03～0.09	Y	880～1325	NCu28-2.5-1.5	0.05～3.20	Y	≥770
	>0.09～0.50		830～1080		>3.20～10.0		≥690
	>0.50～1.00		735～980	NCu40-2-1	0.10～10.0		≥635
	>1.00～6.00		640～885	—	—	—	—
	>6.0～10.00		585～835	—	—	—	—

2）镍合金带材的纵向室温力学性能应符合表 2-130 所列的规定。

表 2-130 镍合金带材的纵向室温力学性能

牌号	产品厚度 /mm	状态	抗拉强度 /MPa	规定非比例延伸强度 $R_{p0.2}$/MPa	断后伸长率(%) $A_{11.3}$	断后伸长率(%) A_{50}
N4,NW4-0.15,NW4-0.1,NW4-0.07	0.25～1.2	软态(M)	≥345	—	≥30	—
		硬态(Y)	≥490	—	≥2	—
N5	0.25～1.2	软态(M)	≥350	≥85	—	≥35
N7	0.25～1.2	软态(M)	≥380	≥105	—	≥35
		硬态(Y)	≥620	≥480	—	≥2
N6,DN,NMg0.1,NSi0.19	0.25～1.2	软态(M)	≥392	—	≥30	—
		硬态(Y)	≥539	—	≥2	—
NCu28-2.5-1.5	0.5～1.2	软态(M)	≥441	—	≥25	—
		半硬态(Y_2)	≥568	—	≥6.5	—
NCu30	0.25～1.2	软态(M)	≥480	≥195	≥25	—
		半硬态(Y_2)	≥550	≥300	≥25	—
		硬态(Y)	≥680	≥620	≥2	—
NCu40-2-1	0.25～1.2	软态(M)	报实测	—	报实测	—
		半硬态(Y_2)				
		硬态(Y)				

注：1. 需方对性能有其他要求时，指标由双方协商确定。

2. 规定非比例延伸强度不适于厚度小于 0.5mm 的带材。

（5）工艺性能

1）当用户要求，并在合同中注明时，镍锰合金硬态线材应进行反复弯曲试验，试验结果应符合表 2-131 的规定。

表 2-131 镍锰合金硬态线材反复弯曲试验要求

直径(对边距)/mm	弯曲角度	弯曲次数	要求
0.5～1.5	90°	5	弯曲处不出现裂纹和分层
>1.5～6.0	90°	3	

2）当用户要求，并在合同中注明时，线材应进行缠绕试验和扭转试验，具体要求由供需双方商定。

3）除 NCu28-2.5-1.5、NCu40-2-1、NCu30 外，当需方要求并在合同中注明时，其他牌号的软态带材可进行杯突试验，冲头直径为 10mm，结果应符合表 2-132 所列的规定。

表 2-132　带材杯突试验要求　（单位：mm）

带材厚度	0.10~0.20	>0.20~0.55	>0.55~1.20
杯突深度≥	7.5	8.0	8.5

（6）表面质量

① 材料的表面应清洁，无影响使用的缺陷，如分层、裂纹、起皮、起刺、气泡、压折和嵌入物。

② 带材的表面允许有轻微的、局部的、不使带材厚度超出其允许偏差的划伤、斑点、凹坑、压入物和辊印、修磨痕迹等缺陷。

③ 带材表面的轻微氧化色、发暗和局部的轻微油迹，不作为报废的依据。

④ 带材的两边应切齐，无裂边和卷边。

5.3　其他弹性元件用合金

弹性合金是具有特殊弹性性能的金属材料，除了具有良好的弹性性能外，在无磁性、恒弹力、低内耗等方面有其独到的性能，因而被用于制作精密仪器仪表中的弹性敏感元件、储能元件及其他特殊重要用途的弹性元件。

制作弹性元件常用的弹性合金材料主要有 3J21（Co40CrNiMo）、3J1（Ni36CrTiAl）和 3J53（Ni42CrTiAl），执行标准是：YB/T 5253《弹性元件用合金 3J21》和 YB/T 5256《弹性元件用合金 3J1 和 3J53》。

（1）分类　弹性元件按合金分为两类：高弹性合金和恒弹性合金。

高弹性合金要求材料具有高弹性模量、高弹性极限、高硬度、高强度和低的滞弹性效应（如低弹性后效和低内耗等），有时还需要具有耐腐蚀、耐高温、高导电、耐高压、抗磁性等特性，主要用于航空仪表、精密仪表和精密机械中的弹性元件。目前常用的高弹性合金有 3J1 和 3J21。

3J1（Ni36CrTiAl）合金是铁-镍-铬系弥散强化型高弹性合金，固溶处理后可以获得稳定的单相奥氏体组织，具有良好的塑性，易加工成型。再经过冷变形加工和时效处理，析出弥散强化相，使基体强化，可以获得较高的力学性能和弹性，是使用最广泛的高弹性合金。3J1 合金具有高弹性、弱磁性，能在 250℃以下温度、较大的应力或腐蚀性介质条件下工作，主要用于制造形状复杂、工作应力较高的弹性元件，如仪表中的各种膜片、膜盒、波纹管、弹簧等弹性元件。

3J21（Co40CrNiMo）是钴基形变强化型高弹性合金，在固溶处理后必须经过强烈的冷变形，再经过时效处理，才有显著的强化作用。合金具有高力学性能和高弹性，极低的弹性后效，无磁性，耐蚀性，同时具有较高的热稳定性，是综合性能极好的高弹性合金，主要用于制造工作温度低于 400℃的各种航空仪表用弹性元件和其他重要的弹性元件。

恒弹性合金是指在一定温度范围内，弹性模量或固有频率几乎不随温度变化，即弹性模量温度系数或频率温度系数很小的合金，用其制造的弹性元件在一定温度范围内刚度或频率不变，因此恒弹性合金适于制造通信技术与电子仪器中的频率元件，计时仪器及钟表中的游丝，传感器用敏感弹性元件等。

目前大量使用的恒弹性合金，属于沉淀强化的铁-镍-铬系铁磁性恒弹性合金，这类合金通过弥散强化提高强度，在固溶处理后成为过饱和单相固溶体，通过冷加工变形量和时效热处理工艺参数的优选，可以获得高的力学性能和低的弹性模量温度系数或频率温度系数。

铁磁性恒弹性合金代表牌号有 3J53（Ni42CrTiAl）和 3J58（Ni43CrTiAl）。两者性能比较接近，主要差别在于 3J58 合金较之 3J53 合金含镍量稍高、铬含量范围变窄，频率温度系数较小，且对化学成分的波动不甚敏感，较为稳定，磁性能高，而力学性能稍低，使用范围稍宽。3J53 合金较多用于弹性敏感元件，而 3J58 合金较多的用于频率元件。

(2) 交货状态　弹性元件用合金有以下几种交货状态：a）冷拉态；b）冷轧态；c）软化态；d）磨光态。

具体要求见相关标准规定。

(3) 尺寸、外形及允许偏差

1）尺寸、外形及允许偏差应符合 GB/T 15006《弹性合金的尺寸、外形、表面质量、试验方法和检验规则的一般规定》。

2）冷拉丝材的公称直径及允许偏差见表 2-133。

表 2-133　冷拉丝材的公称直径及其允许偏差　（单位：mm）

公称直径	允许偏差		公称直径	允许偏差	
	普通精度	较高精度		普通精度	较高精度
0.10～0.20	±0.010	±0.005	>0.80～1.80	±0.030	±0.020
>0.20～0.50	±0.015	±0.010	>1.80～3.50	±0.04	±0.03
>0.50～0.80	±0.020	±0.015	>3.50～6.00	±0.05	±0.04

3）冷轧带材的公称尺寸及其允许偏差应符合表 2-129 所列的规定。厚度精度级别应在合同中注明，未注明时按普通精度交货。厚度大于 1.80mm 的不切边带材，经供需双方同意，其宽度允许偏差允许偏离表 2-134 所列的规定。

表 2-134　冷轧带材的公称尺寸及其允许偏差　（单位：mm）

厚度			宽度		
公称尺寸	允许偏差		公称尺寸	允许偏差	
	普通精度	较高精度		切边	不切边
0.05～0.07	-0.010	—	50～250	+1.0	—
>0.07～0.12	-0.015	-0.010			
>0.12～0.20	-0.020	-0.015			
>0.20～0.30	-0.030	-0.020			
>0.30～0.40	-0.040				
>0.40～0.60	-0.050	-0.025			
>0.60～0.80	-0.060				
>0.80～1.00	-0.070	-0.030			
>1.00～1.30	-0.080	-0.040			
>1.30～1.80	-0.090	-0.050			
>1.80～2.50	-0.12	-0.06			+10
>2.50～3.50	-0.15	-0.08			

4）冷轧带材不应有明显的瓢曲和波浪形，镰刀弯应不大于 3mm/m。

(4) 原料要求

1）应采用真空感应炉冶炼。3J1、3J53 和 3J58 合金也可以采用供需双方同意的其他冶炼方法。

2）弹性合金的牌号和化学成分应符合表 2-135 所列的规定。

表 2-135 弹性合金的牌号和化学成分

牌号	化学成分(质量分数)(%)											
	C	Mn	Si	P	S	Ni	Cr	Ti	Al	Co	Mo	Fe
3J1	≤0.05	≤1.00	≤0.80	≤0.020	≤0.020	34.50 ~ 36.50	11.50 ~ 13.00	2.70 ~ 3.20	1.00 ~ 1.80	—	—	余量
3J21	0.07 ~ 0.12	1.70 ~ 2.30	≤0.60	≤0.010	≤0.010	14.00 ~ 16.00	19.00 ~ 21.00	—	—	39.00 ~ 41.00	6.50 ~ 7.50	余量
3J53	≤0.05	≤0.80	≤0.80	≤0.020	≤0.020	41.50 ~ 43.00	5.20 ~ 5.80	2.30 ~ 2.70	0.50 ~ 0.80	—	—	余量
3J58	≤0.05	≤0.80	≤0.80	≤0.020	≤0.020	43.00 ~ 43.60	5.20 ~ 5.60	2.30 ~ 2.70	0.50 ~ 0.80	—	—	余量

(5) 力学性能

1) 交货状态的力学性能应符合表 2-136 所列的规定。

表 2-136 交货状态的力学性能

牌号	产品类型	交货状态	厚度或直径/mm	性能组别	抗拉强度 R_m/MPa	伸长率 A(%)
3J1	带	软化	0.20 ~ 0.50	—	≤ 980	≥20
	丝	冷拉	0.20 ~ 3.00	—	≥980	—
3J53	带	软化	0.20 ~ 0.50	—	≤ 882	≥20
	丝	冷拉	0.20 ~ 3.00	—	≥931	—
3J21	带	冷轧	>0.10 ~ 2.50	A	1176 ~ 1470	≥5
				B	1470 ~ 1764	≥3
	丝	冷拉	>0.10 ~ 5.00	A	1274 ~ 1568	—
				B	1568 ~ 1862	—
	棒	冷拉	12.00 ~ 22.00	—	1176 ~ 1568	≥5

注：1. 其他尺寸交货状态合金材的力学性能指标由供需双方协商。

2. 厚度小于 0.2mm 的带材，断后伸长率不作考核。

3. 性能组别应在合同中注明，不注明时供方可以按任一组别交货。

4. 根据供需双方协议，可以测定或考核 3J21 冷轧带材的硬度值。

2) 交货状态合金材料时效热处理后的性能应符合表 2-137 所列的规定。

表 2-137 时效热处理后的力学性能

牌号	产品类型	交货状态	厚度或直径/mm	抗拉强度 R_m/MPa	伸长率 A(%)	维氏硬度 HV
3J1	带	软化	0.20 ~ 1.00	≥1176	≥8	—
		冷轧	0.20 ~ 2.50	≥1372	≥5	400 ~ 480
	丝	冷拉	0.50 ~ 5.00	≥1470	≥5	
	棒	冷拉	3.0 ~ 18.0	≥1372	≥5	
3J53	带	软化	0.20 ~ 1.00	≥1078	≥8	—
		冷轧	0.20 ~ 2.50	≥1225	≥5	350 ~ 450
	丝	冷拉	0.50 ~ 5.00	≥1372	≥5	
	棒	冷拉	3.0 ~ 18.0	≥1323	≥5	

注：其他尺寸交货状态合金材时效处理后的力学性能指标由供需双方协商。

3) 交货状态合金材料时效热处理后的屈服强度应符合表 2-138 所列的规定。

(6) 工艺性能

1) 厚度为 0.20 ~ 1.00mm 的 3J1、3J53 软态带材的杯突值应不低于 8.5mm。

2) 直径为 1.0 ~ 3.0mm 的冷拉丝材应按 GB/T 238 进行弯曲试验。弯曲试验的弯曲半径等于丝材直径，弯曲90°，在弯曲处外侧不允许出现裂纹和断裂。

表2-138 带材时效热处理后的屈服强度

牌号	交货状态	厚度/mm	屈服强度 $R_{p0.2}$/MPa
3J1	冷轧	0.50~2.50	≥980
	软化	0.50~1.00	≥735
3J53	冷轧	0.50~2.50	≥882
	软化	0.50~1.00	≥686

3）直径不大于1.00mm的冷拉丝材应按GB/T 2976进行缠绕试验。缠绕试验的心轴直径应不大于丝材直径的3倍，缠绕圈数不少于8圈不发生断裂。

（7）表面质量

1）冷轧带材表面应光洁，不允许有裂纹、分层、起皮、斑疤和锈蚀。允许有不影响使用的轻微划伤、个别麻点、辊印和其他缺陷。

2）冷拉丝材表面应光洁，不允许有裂纹、折叠、起皮和毛刺。允许有不影响使用的轻微划伤、拉痕、个别麻点和其他缺陷。

3）软态冷轧带材和软态丝材表面允许有氧化色存在。

6 其他弹簧材料

6.1 其他金属弹簧材料

（1）高速工具钢钢丝　高速工具钢具有优良的热强性，除制造刀具、量具和模具外，还可用来制造承受温度小于600℃的耐热弹簧，执行标准为YB/T 5302《高速工具钢丝》。

1）分类及交货状态。钢丝按交货状态分为两种：a）退火（A）；b）磨光（SP）。

2）尺寸、外形及允许偏差。

① 钢丝直径范围为1.00~16.00mm。

② 退火钢丝的直径及其允许偏差应符合GB/T 342—1997表3中的9~11级的规定。具体级别应于合同中注明，未注明时按11级供货。

③ 磨光钢丝的直径及其允许偏差应符合GB/T 3207—2008表中的9~11级的规定。具体级别应于合同中注明，未注明时按11级供货。

④ 钢丝可以盘状或直条交货，具体交货状态应于合同中注明，未注明时按盘状交货。

⑤ 退火直条钢丝的每米平直度不应大于2mm，磨光直条钢丝的每米平直度不应大于1mm。

⑥ 钢丝圆度不应大于钢丝公称直径公差之半。

3）原料要求。

① 钢材牌号见表2-139。

② 化学成分（熔炼分析）应符合GB/T 9943的规定。

③ 钢丝化学成分允许偏差应符合GB/T 9943的规定。

4）力学性能。

① 直径不小于5.00mm的钢丝应检验布氏硬度，硬度值应符合表2-139所列的规定。

② 直径小于5.00mm的钢丝应检验维氏硬度，其硬度值为206~256HV，供方若能保证合格，可不做检验。

③ 钢丝应检验试样淬火-回火硬度，试样热处理制度及试样淬火-回火硬度值应符合表2-139的规定。供方若能保证试样淬火-回火硬度符合规定，可不做检验。

表2-139 牌号硬度及测试条件

序号	牌号	交货硬度（退火态）HBW	试样热处理制度及淬回火硬度				
			预热温度/℃	淬火温度/℃	淬火介质	回火温度/℃	硬度不小于HRC
1	W3Mo3Cr4V2	≤255	800～900	1180～1200	油	540～560	53
2	W4Mo3Cr4VSi	207～255		1170～1190		540～560	63
3	W18Cr4V	207～255		1250～1270		550～570	63
4	W2Mo9Cr4V2	≤255		1190～1210		540～560	64
5	W6Mo5Cr4V2	207～255		1200～1220		550～570	63
6	CW6Mo5Cr4V2	≤255		1190～1210		540～560	64
7	W9Mo3Cr4V	207～255		1200～1220		540～560	63
8	W6Mo5Cr4V3	≤262		1180～1210		540～560	64
9	CW6Mo5Cr4V3	≤262		1180～1200		540～560	64
10	W6Mo5Cr4V2Al	≤269		1200～1220		550～570	65
11	W6Mo5Cr4V2Co5	≤269		1190～1210		540～560	64
12	W2Mo9Cr4VCo8	≤269		1170～1190		540～560	66

5）显微组织。

① W18Cr4V钢丝应检验碳化物不均匀度，按GB/T 14979—1994第一级别图测评应不大于2级。

② 根据需方要求，其他牌号钢丝的共晶碳化物不均匀度由供需双方协商确定。

③ W4Mo3Cr4VSi、W6Mo5Cr4V2钢丝碳化物颗粒度最大尺寸应不大于12.5μm。

④ W9Mo3Cr4V钢丝碳化物颗粒度最大尺寸应不大于15.0μm。

⑤ 根据需方要求，其他牌号钢丝的碳化物颗粒度由供需双方协商确定。

6）表面质量。

① 退火钢丝表面应光滑，不应有裂纹、结疤、折叠和拉裂等缺陷。允许有氧化膜和深度不超过公称直径公差之半的个别麻点、划伤和凹坑等缺陷存在。

② 磨光钢丝表面应洁净、光亮，不应有裂纹、发纹、凹面、划伤、黑斑、结疤、拉裂等缺陷存在。

③ 退火直条钢丝允许有不超过公称直径允许公差的螺旋纹存在。直条钢丝的端头不应有飞刺。

④ 磨光钢丝表面应无脱碳。

⑤ 退火钢丝一边的总脱碳层（铁素体+过渡层）深度应符合表2-140所列的规定。

表2-140 退火钢丝单边总脱碳层深度

牌号	总脱碳层深度（不大于）	牌号	总脱碳层深度（不大于）
W4Mo3Cr4VSi	1.3%D	W18Cr4V	1.0%D
W6Mo5Cr4V2		W6Mo5Cr4V2Al	1.5%D
W9Mo3Cr4V		W2Mo9Cr4VCo8	
W6Mo5Cr4V2Co5		其他牌号	供需双方协商

注：D为钢丝公称直径。

（2）耐高温弹性合金　在高温下工作的弹簧，如电站设备的安全阀、止回阀用弹簧、调速弹簧、气封弹簧片、转子发动机的副片弹簧及压缩机的阀弹簧等，分别提出了不同程度的耐热要求。目前常用的可工作在不太高温度下的耐热弹簧钢有60Si2CrA、50CrVA、60Si2CrVA、30W4Cr2VA等。某些不锈弹簧钢在300~400℃温度下也具有一定的耐热性，它们的最高使用温度见表2-141。有些热作工具钢由于其热硬性、耐热性好，有时也可用作耐热弹簧材料。当要求使用温度在500℃以上时，则选用高温弹性合金，见表2-141。

表2-141 热作工具钢和高温弹性合金的最高使用温度

材料类别	合金牌号	最高使用温度/℃
热作工具钢	W18Cr4V	350
	65Cr4W8MoV	500
铁基合金	0Cr15Ni25Ti2MoVB(GH2132,A286)	500~550
	0Cr15Ni35W2Mo2Ti2Al2B(GH2135,808)	550~600
镍基合金	NiCr19Fe18Nb5Mo3TiB(GH4169,Inconel718)	600
	NiCr15Fe7NbTi2Al(GH1145,InconelX-750)	600
	NiCr15Co15Mo4Al4Ti3B(Rene/77、U-700)	650
钴基合金	HS25(L-605)	650
铌基合金	55NbTiAl	650

(3) 记忆合金材料　近年来记忆合金弹簧也有应用。记忆合金弹簧主要应用于阀门特殊控制装置，通过记忆合金达到记忆恢复条件（通常是温度）时，恢复形状，主动调整其弹簧的弹性力或刚度。

目前记忆合金材料未形成公共标准，记忆合金材料化学成分和热处理特性完成由开发公司决定。弹簧制造商主要应用这种材料来设计和制作弹簧。

(4) 陶瓷材料　金属陶瓷具有超高的耐高温性能和红硬性能，主要应用在耐高温状态工作环境，如沙漠用车发动机弹簧、高温炼钢控制机构等。化学成分特点为高速钢或高合金耐热高强度基体钢。

关于弹性陶瓷元件，由于它采用陶瓷材料制成，因而耐热性能非常好，但韧性差，应用受到限制，目前尚处于研发阶段，在航空航天领域有少量应用。

6.2 其他非金属弹簧材料

弹簧或弹性元件除了使用金属材料以外，也在使用橡胶、塑料类非金属材料。橡胶和聚氨酯类材料由于其本身很高的弹性、良好的耐磨性、隔音性和阻尼特性等特点，与一般弹簧钢相比具有更大的吸收能量、耐腐蚀、非磁性和绝缘性能，因而在汽车、兵器、宇航、化工等领域广泛用于减振、消声机构上。

橡胶类、聚氨酯类和增强性塑料等材料，包括高强度纤维材料，品种繁多，并且公司和行业产品标准更新很快。多数情况都是供货厂根据用户或弹簧厂要求进行开发和调整配方。

(1) 聚氨酯类　近年来聚氨酯类材料由于其具有较高强度而得到了较广的应用。聚氨酯是由多元醇和二异氰酸盐二种主要的原料制作而成，在制作过程中，如果添加具有多官能基的第三种成分，则可产生另一种分子结构型式的聚氨酯——交联聚氨酯。由于聚氨酯组成的多样性，以及成分间比例的可调性，使其兼有橡胶、塑料与纤维的特性，因而在加工工艺上有非常高的灵活性。

聚氨酯大致可以分为：硬质（或软质）发泡体、涂料、接着剂、弹性体及热塑性聚氨酯。一般弹簧行业采用弹性体及热塑性聚氨酯。

常用的硫化聚氨酯橡胶兼有橡胶和塑料的性能，其特点是在高硬度和高弹性模量下，仍具有较高的弹性和扯断伸长率，这是一般橡胶和塑料难以兼备的。此外，聚氨酯橡胶具有很好的耐磨性、屈挠性，对烃类燃料及大部分有机溶剂有很好的抗耐能力，有很好的动能吸收能力，同时具有很高的生物相容性、耐辐射性和耐臭氧性，以及良好的电绝缘性和抗老化性能。因此，硫化聚氨酯橡胶广泛应用于汽车工业的各类部件、机械加工设备的各类缓冲、弹性件及摩擦件，或附于弹簧上以降低噪声和振动等，同时在制鞋业、纺织业和冶金业也有广泛的应用。

一般弹簧产品、护套、缓冲块、组合弹簧等零部件的聚氨酯材质部分性能要求有：硬度（邵氏硬度一般大于 80，测试标准 ASTM D2240）、抗拉强度和延伸率（测试标准 ASTM D412）、时效要求（老化试验，测试标准 ASTM D573）、油类试验（测试标准 ASTM D471）、温度类试验（测试标准 ASTM D412）和压缩试验（测试标准 ASTM D395），还有密度要求等。

（2）橡胶类　橡胶具有很高的弹性、良好的耐磨性、隔声性等优点。橡胶与其他材料比较，最大的特点是弹性模量低（$E \approx 10$MPa）和伸长率很大（$\delta = 100\% \sim 1000\%$）。这种优良的拉伸和压缩特性具有很高的储能能力，使得橡胶在各类产品中得到广泛的应用。例如，橡胶弹簧和空气弹簧都是用橡胶制造的，这两种弹簧广泛运用于各种车辆悬架系统、飞机的起落机构、抗冲击和振动的隔振器、气动仪表和床垫弹簧等。

橡胶分天然橡胶和人工合成橡胶，或是这两种橡胶的混合体。

橡胶按其使用性能分为通用橡胶和特种橡胶。通用橡胶有：天然橡胶（NR）、丁苯橡胶（SBR）；丁二烯橡胶（BR）；异戊二烯橡胶（IR）。特种橡胶有：丁腈橡胶，耐油性强；异丁橡胶，减震性好；氯丁橡胶，耐气候性强；乙烯丙烯共聚橡胶，耐热性好。表 2-142 所列是常用橡胶的主要性能。

表 2-142　常用橡胶的主要性能

橡胶品种	抗拉强度/MPa	伸长率（%）	最高使用温度/℃	耐有机酸能力	耐高浓度无机酸能力	耐高碱度能力	耐汽油能力
天然	25～35	650～900	120	劣	劣	良	显著溶胀
丁苯	15～35	500～800	120	劣	劣	良	显著溶胀
异戊	20～30	600～900	120	劣	劣	良	显著溶胀
顺丁	18～25	450～800	120	劣	劣	良	不适用
丁基	17～21	650～800	170	劣～良	优	优	显著溶胀
氯丁	25～27	800～1000	150	劣～可	良	优	轻微～中等溶胀
聚氨酯	20～35	300～800	80	劣	劣	劣	适用
丁腈	15～30	300～800	170	劣～可	可	良	适用
三元乙丙	15～25	400～800	150	劣	良	优	不适用
丙烯酸酯	7～12	400～600	175	劣	可	可	不适用
硅	4～10	50～500	315	良	可	优	显著溶胀
氟	20～22	100～500	315	劣	优	可	适用

用来制造橡胶弹簧最适合的橡胶是天然橡胶和丁基橡胶两种，但是有时要求耐油性能较好时，应选用丁腈橡胶，而要求耐大气老化性能较好的，应选用氯丁橡胶等。

橡胶的刚度除了和弹簧的几何形状有关外，从材料的角度看主要取决于其弹性模量（$E \approx 3G$）的大小，而且减振系统的自然频率也随刚度而变化，因此控制其特性的关键在于调整和控制橡胶的弹性模量 E。

橡胶的弹性模量和硬度存在着一定关系，如图2-28所示。

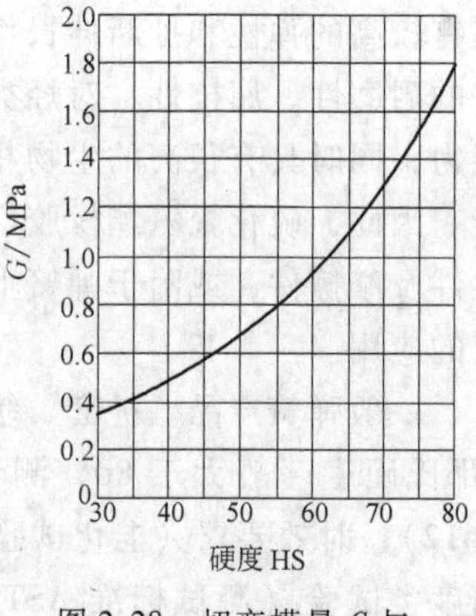

图2-28 切变模量 G 与肖氏硬度HS的关系

橡胶的阻尼特性是它的另一特点。橡胶弹簧不但能减振，而且还可以避免共振。但是阻尼也有导制橡胶发热的不利一面，因为阻尼作用主要是橡胶在变形时内部摩擦而产生的，它能使机械能转化为热能，同时也使弹簧变形产生滞后现象。通常把这种滞后特性用橡胶阻尼系数 Ψ 来表示。阻尼和生热都随橡胶的 Ψ 值增大而增加，因此为了降低生热，就希望 Ψ 值小一些好。但是在受冲击的情况下，为了获得高的阻尼效果，则应增大 Ψ 值。而 Ψ 值主要取决于橡胶的种类，因此应根据具体使用情况选取橡胶的种类以调节和控制它的 Ψ 值。表2-143是各种橡胶的阻尼系数 Ψ。

表2-143 各种橡胶的阻尼系数 Ψ

橡胶种类	天然橡胶	丁苯橡胶	氯丁橡胶	丁腈橡胶	丁基橡胶
阻尼系数 Ψ	0.05～0.15	0.15～0.30	0.15～0.30	0.25～0.40	0.25～0.40

动态弹性模量 E' 和阻尼系数 Ψ 值是随温度而变化的（图2-29）。从图上可以看出高、低温度下的减振性能和室温有很大的差别。

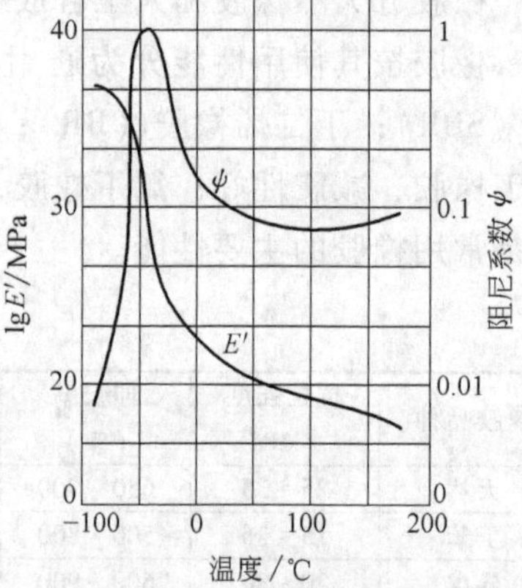

图2-29 天然橡胶 E'、Ψ 值和温度的关系

疲劳强度与橡胶的种类有一定关系，各种橡胶分子结构特征不同，其抗疲劳性能也不一样。试验证明，天然橡胶的抗疲劳性能最好，顺丁橡胶次之，丁苯橡胶的抗疲劳性能较差。

橡胶的特性还和它的补强填充剂、增塑剂（硬化剂）、硫化体系有很大关系。其中补强填充剂对橡胶的减振特性和抗疲劳性能有很大影响，一般来说 E' 和 Ψ 值随填充剂（如炭黑）用量的增大而增大。填充剂的种类有炭黑、碳酸钙、碳酸镁、陶土、白炭黑和各种树脂。炭黑的粒径愈小，补强效果愈大，E' 值愈高。反之，炭黑的粒径愈大，Ψ 值愈小，生热愈低，抗疲劳性能和耐屈挠性能也愈好。因此当橡胶选定以后，为了降低 Ψ 值和获得较好的抗疲劳、耐屈挠性能宜采用粒径较大的炭黑。

硫化体系对橡胶的减振性能、生热和抗疲劳性能影响也很大。一般来说在S-Sn（多硫键）型交联中，硫原子及未结合硫黄量愈少，交联愈牢固，E 值愈大，Ψ 值愈小，抗疲劳性能也愈好。

增塑剂（硬化剂）用量的增加会导致硫化的 E' 值下降，Ψ 值增大，同时改善橡胶的低温性能和抗疲劳性能。

研究这些特性对选择橡胶配方有很重要的意义。

橡胶空气弹簧的结构与轮胎相似，分为外层、内层和帘布层三层。各层橡胶的作用不同，所用橡胶和性能也不一样。外层橡胶起保护作用，因此应该是一种能防油、抗老化、耐屈挠、与帘布附着力好和有较高拉伸强度的橡胶层。内层橡胶需要能耐老化、低的透性及与帘布有良好的附着力。帘布橡胶需能耐屈挠、耐热和与帘布的附着力高。表 2-144 是各层胶料的配方举例。

表 2-144 橡胶空气弹簧橡胶配方（质量比）

名称	外层胶Ⅰ	外层胶Ⅱ	内层胶	帘布胶	名称	外层胶Ⅰ	外层胶Ⅱ	内层胶	帘布胶
天然胶	50	100	100	100	松焦油	1	3	1	1.5
氯丁胶	50	—	—	—	石蜡	1	—	—	—
促进剂 M	0.5	0.5	0.5	—	黑油膏	2.5	—	—	—
促进剂 TMTD	—	—	0.05	0.14	硬质炭黑	15	40	—	—
促进剂 DM	—	0.5	—	1	软质炭黑	15	10	40	15
氧化锌	5	5	10	25	防老剂	2	2	1.5	1.5
氧化镁	3	—	—	—	硫黄	1.5	2.35	2.50	2.50
硬脂酸	1	4	2	2	合计	147.5	167.85	156.05	147.54

（3）增强塑料类　增强塑料有两种，一种是热固性增强塑料；一种是热塑性增强塑料。目前，适用做板弹簧和碟形弹簧的主要是热固性增强塑料。使用玻璃纤维增强的热固塑料，简称 GFRP；使用碳素纤维增强的热固塑料，简称 CFRP。

热固性增强塑料（Fiber Reinforced Plastics 简称 FRP）与金属材料相比，具有比强度高、吸收能量大、耐腐蚀、绝缘性好、不导磁、密度小、容易整体化成型等优点。FRP 弹簧不仅用于常温下使用的一般机械上，而且是某些特殊性能产品上不可缺少的弹性元件。

FRP 弹簧可根据弹簧的应力分布、环境条件和性能要求，选用不同的基体树脂和增强纤维及其制品，选择合理的排列方向、次序和层数、满足弹簧的强度、刚度和物理化学性能上的要求。

热固性树脂品种很多，目前，最合适做弹簧的是环氧树脂、酚醛树脂及乙烯基树脂。增强纤维有玻璃纤维、碳素纤维等。这两种纤维的固态性质和力学性能见表 2-145。

表 2-145 纤维的固态性质及力学性能

性　能	纤维品种	
	玻璃纤维（E 玻璃）	碳素纤维
密度 $\rho/(g/cm^3)$	2.6	1.6～1.9
弹性模量 E/MPa	73550（适用到 1500）	196133～392266
抗拉强度 R_m/MPa	3432	1471～2942
伸长率（%）	4.7	0.4～1.1

注：表中数据系产品目录中大约平均数

关于单向强化的 GFRP 和 CFRP，在纤维方向上的弹性模量及强度，可遵守下述的复合公式

FRP 的弹性模量或强度 =（纤维的弹性模量或强度 × 纤维体积分数）
+（基体树脂的弹性模量或强度 × 基体树脂的体积分数）

从上式可以看出，不同增强纤维对 FRP 性能有很大影响。

CFRP 有接近钢的弹性模量，适用于制造刚度大变形小的弹簧，GFRP 的弹性模量可以达到钢的 1/5 左右。适合制造刚度小而变形大的弹簧。

从材料的成本看，碳素纤维比玻璃纤维价格高得多，所以选用 GFRP 制造弹簧是经济适用的。

美国通用汽车公司用 GFRP 以环氧树脂和玻璃纤维（质量分数为 72.5%）的 GFRP，其力学性能见表 2-146。

表 2-146 美国通用汽车公司用 GFRP 的力学性能

性　能	材　料		性　能	材　料	
	GFRP1	弹簧钢		GFRP1	弹簧钢
抗弯弹性模量 E/MPa	42659	20594	密度 ρ/(g/cm³)	1.92	7.85
抗弯强度 α/MPa	1275 ~ 1373	~ 1756	弹性变形能 σ^2/E	0.828	0.476
最大许用应力 $[\sigma]$/MPa	588 ~ 637	~ 980	弹性变形能比 $\sigma^2/(E\rho)$	0.431	0.061
最大应变 ε(%)	1.4 ~ 1.5	约 0.5			

注：GFRP 是美国通用汽车公司、用缠绕成型（FW）法制成半熟化片，加热加压固化而成。

玻璃纤维的质量分数与抗弯性能的关系如图 2-30 所示。

层间切变强度大小与玻璃纤维同基体树脂的附着是否良好有关，对 GFRP 是个很重要的强度指标。

GFRP 疲劳断裂的一般形态与钢不同，主要是由于表面剥离而使刚度缓慢下降。图 2-31 所示为缠绕成型法制成的板弹簧的疲劳强度试验结果，可见刚度下降率达到 50% 寿命。由于可在温度 70 ~ 80℃ 以下，最大弯曲应力 600 ~ 650MPa 之间使用，作为车辆用板弹簧是足够耐用的。

我国 GFRP 的配方见表 2-147，试验结果见表 2-148 和表 2-149。

玻璃丝（布）经 r-二乙烯三氨基丙基三乙氧基硅烷剂处理。用前经疏松烘干。

FRP 弹簧的成型工艺、成型方法很多，经常使用的有半熟化片叠层法和温式成型法。

半熟化片叠层法是易于处理的方法，它是把纤维或纤维布浸入树脂中，制成 0.2 ~ 0.3mm 的半熟化片，然后按规定的板厚把它叠加起来，再进行加压加热固化成型。碟形弹簧、板弹簧都可以采用这种办法。缺点是叠层间容易剥离，层间剪切、拉伸强度较低。

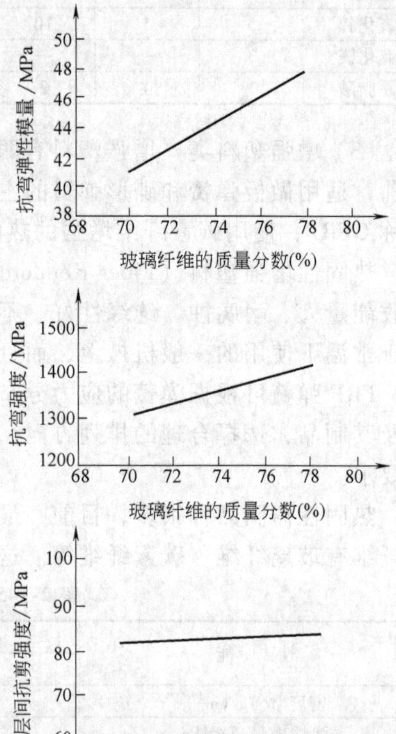

图 2-30 玻璃纤维的质量
分数与抗弯性能的关系

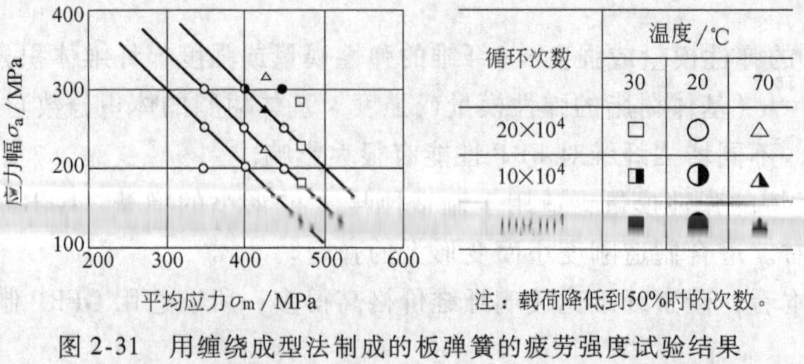

循环次数	温度/℃		
	30	20	70
20×10⁴	□	○	△
10×10⁴	◧	◑	▲
▮▮▮▮	■	●	▲

注：载荷降低到 50% 时的次数。

图 2-31 用缠绕成型法制成的板弹簧的疲劳强度试验结果

表 2-147 国内 GFRP 的配方 （质量分数：%）

成分	配比	成分	配比
环氧树脂（双酚A型618，酚醛型644）	23~12	酒精	适量
异氰酸脂接枝酚醛树脂	12~23	苯基二甲胺	0.1~0.6（以环氧计）
单硬脂酸甘油酯	0.5~0.7		
乙酸乙酯	适量	玻璃纤维（45支无碱玻璃丝（布））	65

表 2-148 环氧树脂种类对力学性能和工艺性能的影响

环氧树脂	环氧/酚醛	抗弯强度/MPa	冲击强度/(N·cm/cm²)	布氏硬度 HB	工艺性
618	45/55	842~992/937.0	5600~8600/6500	58.0	一般
618	45/55	766~903/845.0	5200~6700/6000	62.0	一般
644	45/55	723~963/850.0	5800~8200/7300	69.0	较好
644	45/55	875~1045/963.0	5700~7900/6700	62.0	较好

表 2-149 成型温度、压力对 GFRP 性能的影响①

成型温度/℃	压力/MPa	抗弯强度/MPa	冲击强度/(N·cm/cm²)	硬度/HB
172~175	40	910~1080/1005	6880~7770/7400	76.3
180~182	40	890~1020/930	5390~7480/680	84
190~192	40	716~893/809	5100~5690/5300	84
175±5	17.5~20	870~1000/909	6470~8420/7200	84
175±5	40	862~955/911	5450~7330/6300	76

① 使用温度-40~240℃。

湿式成型法是将纤维捆成纤维素，连续浸入树脂溶液中，然后连续缠绕成绕线，再经缠绕成型硬化。

还有一种引拔成型法，它是根据弹簧截面积大小制成的纤维束浸入树脂中，一边成型一边硬化的方法。

湿式成型法需要使用黏度较低的热固化树脂，此时需要纤维体积分数约在50%~60%（质量分数约为70%~75%）范围内才能稳定成型，得到性能良好的成型零件。当纤维含量过低时，由于纤维分布不均匀，使成型作业变得困难。相反，纤维含量过高时，使成品中的气泡增加，会降低强度和耐久性。

有关增强纤维的配置，应按受力情况酌情处理。

车辆用的板弹簧主要承受弯曲应力，另外还承受较小的扭转切应力。针对这种受力情况，需在板簧长度方向上配置强化纤维进行单向强化。

碟形弹簧主要承受弯曲应力，上表面内缘压应力很大，下表面内外缘拉应力较大，采用纤维布增强较为合理。

在单向强化时，沿纤维方向易发生裂纹，在纤维配置时要考虑取向。受拉应力很高的部位可采用预浸纤维束的强化方法。

FRP 弹簧的优缺点：

1）GFRP 的弹性变形能是弹簧钢的170%，就是说在相同体积下，GFRP 储存的弹性变形能是钢弹簧的170%；而 GFRP 的弹性变形能比，比弹簧钢大6倍。就是说在相同的质量下，GFRP 储存的弹性变形能约是弹簧钢的700%，或者说为储存一定能量，GFRP 只需要钢弹簧质量的1/7。

2）GFRP 弹性模量约为弹簧钢的 1/5，伸长率约为其 2 倍。弹簧刚度比钢质弹簧低，而变形大。只从弹簧有效部分作用看，在计算一定断面形状的板弹簧可得出如下数值：在同样的弹簧间距、最大载荷和板宽的情况下，GFRP 制的弹簧刚度大约是钢弹簧的 44%，质量可减轻到钢弹簧的 32%；

在同样的弹簧间距、弹簧刚度和板宽情况下，GFRP 制成弹簧的变形和最大载荷为钢弹簧的 170%，质量可减轻到钢的 41%。

3）GFRP 弹簧，在变载荷使用时，不会产生瞬间断裂，表层的剥离需要较长的时间，比较安全。

4）GFRP 弹簧耐腐蚀不生锈，不需要特别进行表面处理。关于耐水性、耐蚀性由于使用不同树脂有所差别。但以环氧树脂、乙烯基树脂为基体的 GFRP，不需要表面防腐处理。

5）GFRP 弹簧耐热性差，在高温下使用受到限制。其弹性模量、强度随温度上升而下降。

6）GFRP 的硬度同钢相比，非常软，因而易受磨损。在局部压缩或碰撞时易受损伤。

总之，GFRP 材料非常适合弹簧的特性，具有一些弹簧钢所没有的优点，在使用上有很大的潜力。GFRP 的缺点，将随着树脂性能和工艺方法的提高而得到改善。

（4）碳纤维材料　碳纤维主要是由碳元素组成的一种特种纤维，其含碳量随种类不同而异，一般在 90% 以上。碳纤维具有一般碳素材料的特性，如耐高温、耐摩擦、导电、导热及耐腐蚀等，但与一般碳素材料不同的是，其外形有显著的各向异性、柔软、可加工成各种织物，沿纤维轴方向表现出很高的强度。碳纤维密度小，因此有很高的比强度。

碳纤维是由含碳量较高，在热处理过程中不熔融的人造化学纤维，经热稳定氧化处理、碳化处理及石墨化等工艺制成的。

碳纤维的主要用途是与树脂、金属、陶瓷等基体复合，做成结构材料。碳纤维增强环氧树脂复合材料，其比强度、比模量综合指标，在现有结构材料中是最高的。在强度、刚度、质量、疲劳特性等有严格要求的领域，在要求高温、化学稳定性高的场合，碳纤维复合材料都颇具优势。

目前碳纤维弹性产品主要应用在航空航天、兵器工业、体育和医疗器材领域、化工工业等。

附录　常用弹簧钢牌号、材料标准及材料性能（表 2-150 ~ 表 2-158）

表 2-150　国内外常用弹簧用钢牌号对照

中国 GB	美国 ASTM	日本 JIS	德国 DIN	法国 NF	英国 BS	俄罗斯 ГОСТ	国际标准 ISO
65	1064		Ck67	XC65	060A67	65	TypeDC,SC
70	1070	SWRH72A/B		XC70	070A72	70	TypeDC,SC
85	1084	SUP3	Ck85	XC85	060A86	85	TypeDC,SC
65Mn	1566				080A67	65Г	
55Si2Mn	9255			56Si7	Z51A58	55C2Г	
60Si2Mn	9260	SUP6 SUP7	60SiCr7	60Si7	Z51A60	60C2Г	
55SiCrA	9254	SUP12	54SiCr6				55SiCr6-3
60Si2CrA						60C2XA	61SiCr7
60Si2CrVA						60C2XФA	
55CrMnA	5155	SUP9	55Cr3	55Cr3	525A58	55XГA	55Cr3

（续）

中国 GB	美国 ASTM	日本 JIS	德国 DIN	法国 NF	英国 BS	俄罗斯 ГОСТ	国际标准 ISO
60CrMnA	5160	SUP9A			525A60		60Cr3
60CrMnBA	51B60	SUP11A					60CrB3
60CrMnMoA	4161	SUP13		60CrMo4	705A60		60CrMo33
50CrVA	6150	SUP10	50CrV4	51CrV4	735A51	50XΦA	51CrV4

表 2-151 弹簧常用不锈钢类似牌号对照

统一数字代号	中国 GB		美国		日本	国际	欧洲
	新牌号	旧牌号	AISI	UNS	JIS	ISO	EN
奥氏体型							
S30110	12Cr17Ni7	1Cr17Ni7	301	S30100	SUS301	X5CrNi17-7	1.4319
S35350	12Cr17Mn6Ni5N	1Cr17Mn6Ni5N	201	S20100	SUS201	X12CrMnNiN17-7-5	1.4372
S30210	12Cr18Ni9	1Cr18Ni9	302	S30200	SUS302	X10CrNi18-8	1.4310
S30408	06Cr19Ni10	0Cr18Ni9	304	S30400	SUS304	X5CrNi18-10	1.4301
S31608	06Cr17Ni12Mo2	0Cr17Ni12Mo2	316	S31600	SUS316	X5CrNiMo17-12-2	1.4401
沉淀硬化型							
S51770	07Cr17Ni7Al	0Cr17Ni7Al	631	S17700	SUS631	X7CrNi17-7	1.4568
S51570	07Cr15Ni7Mo2Al	0Cr15Ni7Mo2Al	632	S15700		X8CrNiMoAl15-7-2	1.4532
马氏体型							
S42020	20Cr13	2Cr13	420	S42000	SUS420J1	X20Cr13	1.4021
S42030	30Cr13	3Cr13	420	S42000	SUS420J2	X30Cr13	1.4028
S42040	40Cr13	4Cr13	—	—	—	X39Cr13	1.4031
铁素体型							
S11710	10Cr17	1Cr17	430	S43000	SUS430	X6Cr17	1.4016

表 2-152 部分国外弹簧材料标准

分类	标准编号	标准名称
国际标准 ISO	683-14:2004	热处理钢、合金钢和易切钢　第 14 部分:淬火回火弹簧用热轧钢
	6931-1:1994	弹簧用不锈钢　第 1 部分　钢丝
	6931-2:2005	弹簧用不锈钢　第 2 部分　窄带材
	8458-1:2002	机械弹簧用钢丝　第 1 部分　一般要求
	8458-2:2002	机械弹簧用钢丝　第 2 部分　冷拉碳素钢丝
	8458-3:2002	机械弹簧用钢丝　第 3 部分　油淬火和回火钢丝
德国标准 DIN	EN 10089—2003	淬火和回火弹簧用热轧钢材交货技术条件
	EN 10092-1—2004	热轧弹簧钢扁钢棒材　第 1 部分　扁平棒材 尺寸及形状和尺寸公差
	EN 10092-2—2004	热轧弹簧钢扁平棒材　第 2 部分　有肋和有槽的簧片 尺寸及形状和尺寸公差
	EN 10132-4—2003	热处理用冷轧钢窄带材交货技术条件　第 4 部分:弹簧钢和其他用途钢
	EN 10218-2—2012	钢丝和线材产品　总则　第 2 部分:线材尺寸和公差
	EN 10270-1—2012	机械弹簧钢丝　第 1 部分　索氏体化非合金冷拉弹簧钢丝
	EN 10270-2—2012	机械弹簧钢丝　第 2 部分　油淬火回火弹簧钢丝
	EN 10270-3—2012	机械弹簧钢丝　第 3 部分　不锈弹簧钢丝
日本标准 JIS	G 3502—2013	琴钢丝用线材
	G 3521—1991	冷拉钢丝
	G 3522—2014	琴钢丝
	G 3560—1994	机械弹簧用油回火钢丝
	G 3561—1994	阀门弹簧用油回火钢丝
	G 4313—2011	弹簧用冷轧不锈钢带
	G 4314—2013	弹簧用不锈钢丝
	G 4801—2011	弹簧钢
	G 4802—2011	弹簧用冷轧钢带

（续）

分类	标准编号	标准名称
美国标准ASTM	A227/A227M—2006(2011)	机械弹簧用冷拉钢丝
	A228/A228M—2014	琴钢丝
	A229/A229M—2012	机械弹簧用油回火钢丝
	A230/A230M—2005	阀门用油回火碳素弹簧钢丝
	A231/A231M—2010	铬钒合金弹簧钢丝
	A232/A232M—2005(2011)e1	阀门用铬钒合金弹簧钢丝
	A313/A313M—2013	不锈弹簧钢丝
	A401/A401M—2010	铬硅合金钢丝
	A679/A679M—2006(2012)	高抗拉强度冷拉钢丝
	A689—1997(2013)e1	弹簧用碳素钢和合金钢棒材
	A713—2004(2010)	热处理部件用高碳弹簧钢丝
	A764—2007(2012)	机械弹簧用金属镀层/镀后拉拔碳素钢丝
	A877/A877M—2010e1	铬硅合金/铬硅钒合金阀门弹簧钢丝
	A878/A878M—2005	改进型铬钒阀门弹簧钢丝
	A1000/A1000M—2011	弹簧用碳钢及合金钢丝
法国标准NF	A35-571—2003	淬回火弹簧用热轧钢交货技术条件
	A45-042-1—2004	热轧弹簧钢扁平棒材 第1部分:扁平棒材-外形和尺寸公差
	A45-042-2—2004	热轧弹簧钢扁平棒材 第2部分:有肋和有槽的弹簧片-外形和尺寸公差
英国标准BS	1429—1980	一般工程弹簧用退火圆钢丝
	4637—1970	螺旋弹簧(衬垫和底座)用碳素钢丝
	4638—1970	工字型和方形弹簧用碳素钢丝
	EN 10089—2002	淬火和回火弹簧用热轧钢材交货技术条件
	EN 10132-1—2000	热处理用冷轧窄钢带 交付技术条件 通则
	EN 10132-3—2000	热处理用冷轧窄钢带 交付技术条件 淬回火用钢
	EN 10132-4—2000	热处理用冷轧窄钢带 交付技术条件 弹簧钢和其他用途
	EN 10151—2002	弹簧用不锈钢带材 交货技术条件
	EN 10270-1—2011	机械弹簧用钢丝 索氏体化非合金冷拉弹簧钢丝
	EN 10270-2—2011	机械弹簧用钢丝 油淬火回火弹簧钢丝
	EN 10270-3—2011	机械弹簧用钢丝 不锈弹簧钢丝

表2-153 黑色金属硬度及强度换算值（GB/T 1172—1999）

硬度							抗拉强度/MPa								
洛氏		表面洛氏			维氏	布氏	C钢	Cr钢	CrV钢	CrNi钢	CrMo钢	CrNiMo钢	CrMnSi钢	超高强度钢	不锈钢
HRC	HRA	HR15N	HR30N	HR45N	HV	HBW									
56.0	79.0	88.9	73.9	61.7	615	601								2181	
55.5	78.7	88.6	73.5	61.1	606	593								2135	
55.0	78.5	88.4	73.1	60.5	596	585			2026	2058			2045	2090	
54.5	78.2	88.1	72.6	59.9	587	577			1993	2022			2008	2047	
54.0	77.9	87.9	72.2	59.4	578	569			1961	1986			1971	2006	
53.5	77.7	87.6	71.8	58.8	569	561			1930	1951			1936	1966	
53.0	77.4	87.4	71.3	58.2	561	552			1899	1917	1888	1947	1901	1929	
52.5	77.1	87.1	70.9	57.6	552	544			1869	1883	1856	1914	1867	1892	
52.0	76.9	86.8	70.4	57.1	544	535		1845	1839	1850	1825	1881	1834	1857	
51.5	76.6	86.6	70.0	56.5	535	527		1806	1809	1818	1794	1850	1801	1824	
51.0	76.3	86.3	69.5	55.9	[illegible]	[illegible]		[illegible]	[illegible]	1786	1764	1819	1770	1792	
50.5	76.1	86.0	69.1	55.3	520	510		1732	1752	1755	1735	1788	1739	1761	
50.0	75.8	85.7	68.6	54.7	512	502	1710	1698	1724	1724	1706	1758	1709	1731	1725
49.5	75.5	85.5	68.2	54.2	504	494	1681	1665	1697	1695	1677	1728	1679	1702	1689

（续）

硬度							抗拉强度/MPa								
洛氏		表面洛氏			维氏	布氏	C 钢	Cr 钢	CrV 钢	CrNi 钢	CrMo 钢	CrNi Mo 钢	CrMn Si 钢	超高强度钢	不锈钢
HRC	HRA	HR15N	HR30N	HR45N	HV	HBW									
49.0	75.3	85.2	67.7	53.6	497	486	1653	1633	1670	1665	1649	1699	1651	1674	1655
48.5	75.0	84.9	67.3	53.0	489	478	1626	1603	1643	1636	1622	1671	1623	1646	1623
48.0	74.7	84.6	66.8	52.4	482	470	1600	1574	1617	1608	1595	1643	1595	1620	1592
47.5	74.5	84.3	66.4	51.8	475	463	1575	1546	1591	1581	1568	1616	1569	1594	1562
47.0	74.2	84.0	65.9	51.2	468	455	1550	1519	1566	1554	1542	1589	1543	1569	1533
46.5	73.9	83.7	65.5	50.7	461	448	1526	1493	1541	1527	1517	1563	1517	1544	1505
46.0	73.7	83.5	65.0	50.1	454	441	1503	1468	1517	1502	1492	1537	1493	1520	1479
45.5	73.4	83.2	64.6	49.5	448	435	1481	1444	1493	1476	1468	1512	1469	1496	1453
45.0	73.2	82.9	64.1	48.9	441	428	1459	1420	1469	1451	1444	1487	1445	1473	1429
44.5	72.9	82.6	63.6	48.3	435	422	1438	1398	1446	1427	1420	1462	1422	1450	1405
44.0	72.6	82.3	63.2	47.7	428	415	1417	1376	1424	1404	1397	1439	1400	1427	1383
43.5	72.4	82.0	62.7	47.1	422	409	1397	1355	1401	1380	1375	1415	1378	1404	1361
43.0	72.1	81.7	62.3	46.5	416	403	1378	1335	1380	1358	1353	1392	1357	1381	1339
42.5	71.8	81.4	61.8	45.9	410	397	1359	1315	1358	1336	1331	1370	1336	1359	1319

表 2-154 日本汽车悬架簧用弹簧钢线材品种及其化学成分（质量分数:%）

钢号	C	Si	Mn	P	S	Cr	Ni	Mo	V	Cu	Ti	O
SUP6	0.55 ~ 0.65	1.50 ~ 1.80	0.70 ~ 1.00	≤0.025	≤0.025					≤0.30		
SUP7	0.55 ~ 0.65	1.80 ~ 2.20	0.70 ~ 1.00	≤0.025	≤0.025					≤0.30		
SUP9N	0.56 ~ 0.60	0.15 ~ 0.35	0.80 ~ 1.00	≤0.030	≤0.030	0.80 ~ 1.00				≤0.25		
SAE9254	0.51 ~ 0.59	1.20 ~ 1.60	0.60 ~ 0.80	≤0.030	≤0.040	0.60 ~ 0.80	≤0.25			≤0.30		
SRS60	0.58 ~ 0.63	1.35 ~ 1.60	0.35 ~ 0.60	≤0.030	≤0.030	0.40 ~ 0.70	≤0.20		0.15 ~ 0.25	≤0.20		
UHS1900	0.38 ~ 0.42	1.70 ~ 1.90	0.10 ~ 0.45	≤0.025	≤0.025	1.00 ~ 1.10	0.30 ~ 0.60		0.15 ~ 0.20	0.20 ~ 0.30	0.05 ~ 0.09	≤0.002
UHS1900M	0.46 ~ 0.49	1.90 ~ 2.10	0.60 ~ 0.90	≤0.025	≤0.025	0.15 ~ 0.25	0.20 ~ 0.40		0.125 ~ 0.175	0.15 ~ 0.25	0.055 ~ 0.09	≤0.002
UHS2000	0.38 ~ 0.43	2.40 ~ 2.60	0.30 ~ 0.45	≤0.025	≤0.025	0.70 ~ 1.00	1.65 ~ 2.00	0.35 ~ 0.60	0.15 ~ 0.25	≤0.30		
ACROS1950	0.39 ~ 0.43	2.00 ~ 2.20	0.85 ~ 1.15	≤0.025	≤0.025	0.33 ~ 0.43	0.15 ~ 0.35			0.15 ~ 0.35	0.07 ~ 0.11	≤0.002

表 2-155 常见铜合金的一些物理性能

分类	牌号	密度 ρ/(g·cm^{-3})	线膨系数(20℃) α_i/(10^{-6}·K^{-1})	导热系数(20℃) λ/(10^{-5}W·m^{-1}·K^{-1})	电阻率(20℃) ρ/($10^{-6}\Omega$·m)	弹性模量 E/MPa	切变模量 G/MPa
黄铜	H62	8.3	19.6	0.29	0.057	93163	39227
	H68						
	H70						
硅青铜	QSi3-1	8.47	15.8	0.11	0.15	93163	40207
锡青铜	QSn4-3	8.80	18.0	0.20	0.087	93163	39227
	QSn4-0.3	8.90	17.6	0.20	0.091		
	QSn6.5-0.1	8.80	17.2	0.14	0.128		
	QSn6.5-0.4	8.80	17.1	0.15 ~ 0.20	0.176		
	QSn7-0.2	8.80	17.5	0.12			

（续）

分类	牌号	密度 ρ/ $(g \cdot cm^{-3})$	线膨系数(20℃) $\alpha_1/(10^{-6} \cdot K^{-1})$	导热系数(20℃) $\lambda/(10^{-5} W \cdot m^{-1} \cdot K^{-1})$	电阻率(20℃) $\rho/(10^{-6} \Omega \cdot m)$	弹性模量 E/MPa	切变模量 G/MPa
铝青铜	QAl5	8.20	18.0	0.25	0.10	103000	41100
	QAl7	7.80	17.8	0.19	0.11		
	QAl9-2	7.60	17.0	0.17	0.11		
	QAl9-4	7.50	16.2	0.14	0.12		
铍青铜	QBe2	8.23	16.6	0.2～0.25	—	129448	42169
白铜	BMn40-1.5						
	BMn3-12						
	BZn15-20	8.60	16.6	0.06～0.085	0.26	123564	39227
	BAl6-1.5	8.70					
	BAl13-3	—	—	—	—		
	B30	8.90	15.3	0.089	—	83357	39227
	B19	8.90	16.0	0.092	0.287	137293	39227

表2-156 部分铜合金带材的电性能要求

牌 号	电阻率 ρ(20℃ ±1℃) $/(\Omega \cdot mm^2/m)$	电阻温度系数 α(0℃～100℃)/(1/℃)	与铜的热电动势率 Q(0℃～100℃)/(μV/℃)
BMn3-12	0.42～0.52	$\pm 6 \times 10^{-5}$	≤1
BMn40-1.5	0.43～0.53	—	—
QMn1.5	≤0.087	$\leq 0.9 \times 10^{-3}$	—

表2-157 冷加工时效状态弹性合金的物理性能

牌 号	3J1	3J53	3J21
弹性模量 E/MPa	186200～205800	176400～191100	196000～215600
切变模量 G/MPa	68600～78400	63700～73500	73500～83300
密度 $\rho/(g/cm^3)$	8.0	8.0	8.4
平均线膨胀系数 α(0～100℃)/(10^{-6}/℃)	—	8.5	14
饱和磁感应强度 B_{600}/G_S	—	7000	
电阻率 $\rho/(\Omega \cdot mm^2/m)$	1.02	1.1	0.92
磁化率 $\chi/10^{-6}$	150～250		50～1000

注：磁化率χ值是绝对电磁单位制下的数值。

表2-158 日本弹簧工业会"弹簧系统分类中关于非金属材料弹簧的分类"

大分类	中分类	小分类			材 料
非金属材料弹簧	高分子材料弹簧	天然高分子材料弹簧			木材(核桃木)
					竹材
		有机高分子材料弹簧		橡胶弹簧	天然橡胶
					人造橡胶
					热可塑性弹簧
					塑胶弹簧
		强化纤维材料弹簧	强化碳纤维弹簧		石墨
			强化复合纤维弹簧	长纤维	强化碳纤维塑胶弹簧
					强化玻璃纤维塑胶弹簧
				短纤维	强化粒子弹簧
					强化短纤维弹簧

（续）

大分类	中分类	小分类	材料
非金属材料弹簧	流体弹簧	气压弹簧（气体弹簧）	空气弹簧
			氩气弹簧
			氮气弹簧
		液压弹簧（液体弹簧）	油压弹簧
			其他液压弹簧
		气液压混合弹簧	油压及空压弹簧
	无机材质弹簧	陶瓷弹簧	矽氮化合物
			锆
	磁性弹簧	反磁性弹簧	
		吸磁性弹簧	
		磁性阻尼弹簧	
		高温超导电弹簧	

第3章 冷成形螺旋弹簧的制造技术

1 概述

弹簧的种类较多、形状各异、生产批量不等，因此其制造方法也有所不同。本章将以螺旋弹簧为主阐述各种弹簧制造工艺过程中的主要共同点，至于各种弹簧工艺中的其他特点，如热处理、强化处理等，将在第5章中阐述。

随着国民经济的发展、汽车、拖拉机和仪表电信工业上用的螺旋弹簧和片弹簧大都采用大批量机械化生产。为了适应这种日益增长的需要，我国制定了弹簧术语和圆柱螺旋弹簧尺寸系列等标准。给制造厂商提供了便利，在弹簧设计和制造时可参照这些标准。

弹簧的制造方法根据成形工艺的不同可分为冷成形和热成形两种。当弹簧材料截面尺寸较小时采用常温条件下成形的称为冷成形，反之，需将弹簧材料加热到一定温度时成形的称为热成形。本章讲述冷成形技术，热成形技术将在第4章中讲述。冷成形技术制定有标准GB/T 1239.2《冷卷圆柱螺旋压缩弹簧技术条件》，相关内容摘于本章“附”，供参考。

1.1 弹簧制造业的类型

为了满足技术发展和市场经济的需要，各类弹簧制造厂繁多，其类型难于用一种模式来划分，大体分法如下：

1）以人数多少、生产能力的大小分大型、中型、小型。

2）以生产形式分按计划生产、按订货生产、按销售生产。

3）以使用范围分军工、汽车、拖拉机、机车车辆、机床、纺织机械、仪表电信、日用电器等。

4）以弹簧类型分螺旋弹簧、板弹簧、平面涡卷弹簧、空气弹簧、橡胶弹簧等。

目前国内以综合型弹簧制造业者为多，一般除制造螺旋弹簧外，还生产板弹簧、碟形弹簧等类型的弹簧。

多品种、小批量生产弹簧设备利用率低，效率低。按品种进行大批量连续生产是取得最佳经济效益的途径，是利用计算机技术实现生产线高度自动化的前提，亦是以后弹簧行业的发展方向。它可以根据弹簧的类型和品种建立生产线，例如汽车悬架弹簧生产线、气门弹簧生产线、油泵弹簧生产线等。这些生产线将卷簧、去应力退火、磨两端面、喷丸、强压、负荷分选防腐蚀及其他相关工序连接在一起，可提高产品质量和生产效率，同时也获得好的经济效益。

1.2 弹簧制造工艺卡的编制

现代化的弹簧生产要求制订合理的工艺规程。工艺规程是机械化生产中，保证产品质量、生产率和效益的重要基础；是工厂生产产品的科学程序和方法；是质量检验、工时定额、材料工艺消耗定额、计划调度、材料供应、设备选择、人员配备、工具准备、经济核算、安全生产等整个生产活动的技术依据。

弹簧的制造应按照一定的工艺文件进行，工艺文件是生产过程中的唯一操作依据。工艺文件的种类有：工艺规程、临时工艺规程、工艺过程（或工艺流程）卡等。工艺规程中包括工艺过程卡（或工艺过程图）、工序卡、工装目录、检验卡等。

影响弹簧制造精度和质量的因素很多，如材料状态、操作者的技术水平、工艺装置和设备的精度、制造工艺的选择、各工序偏差的计算及分配等。因而在大批量生产前，应该按弹簧的性能要求进行首件试验（一般为10件），首件试验合格后，方可投入大批量生产。

在试生产或其他特殊情况下，需要临时改变工艺方法时，可以编制临时工艺规程，临时工艺规程的编制与审批手续应与正式工艺规程相同，并限制一定的使用期。试验中除按照所有工艺步骤进行试验外，必须填写弹簧试验卡片，以便从试验卡片中进行分析总结，提出更为完善的方案，试验成功后，再编制正式的工艺规程。

我国弹簧制造厂目前所用的工艺规程具体格式虽不统一，但大同小异。在批量较小的情况下一般都采用工艺过程卡，此卡比较简单，它包括产品的名称、型号，弹簧的名称、图号（或件号）、弹簧单件质量、弹簧简图、主要尺寸（或参数）、技术要求，并按工艺路线，填写工序的名称、内容（包括相应的工艺参数）、完成工序所用的设备名称和型号、所需要的工艺装备（刀具、夹具、量具等）名称及其编号等。对于大批量生产或关键弹簧，如悬架弹簧、气门弹簧、油泵弹簧、摇架弹簧等，应采用工艺规程。工艺规程比工艺卡更为详尽，为了更好地指导生产，往往是每个工序都有一份工序卡，在工序卡上画出工序图，标明本工序完成后弹簧的形状、尺寸及公差，标明工件的装夹方式、刀具的形状型号等。

常用的工艺过程卡及工序卡表格式样见表3-1和表3-2。

表3-1 工艺过程卡

<table>
<tr><td colspan="4" rowspan="2">×××厂压缩弹簧工艺过程卡</td><td>产品编号</td><td>图　号</td><td>产品名称</td><td>材料名称</td><td>材料规格</td><td>材料质量</td><td>日　期</td></tr>
<tr><td></td><td></td><td></td><td></td><td></td><td></td><td></td></tr>
<tr><td>工序号</td><td>工序名称</td><td colspan="3">工　序　要　求</td><td>设备或工艺装备名称、编号</td><td>单件工时</td><td colspan="4">主　要　参　数</td></tr>
<tr><td></td><td></td><td colspan="3"></td><td></td><td></td><td>总圈数</td><td></td><td>C</td><td></td></tr>
<tr><td></td><td></td><td colspan="3"></td><td></td><td></td><td>有效圈数</td><td></td><td>b</td><td></td></tr>
<tr><td></td><td></td><td colspan="3"></td><td></td><td></td><td>旋向</td><td></td><td>F'</td><td></td></tr>
<tr><td></td><td></td><td colspan="3"></td><td></td><td></td><td>垂直度</td><td></td><td>H_b</td><td></td></tr>
<tr><td></td><td></td><td colspan="3"></td><td></td><td></td><td colspan="4">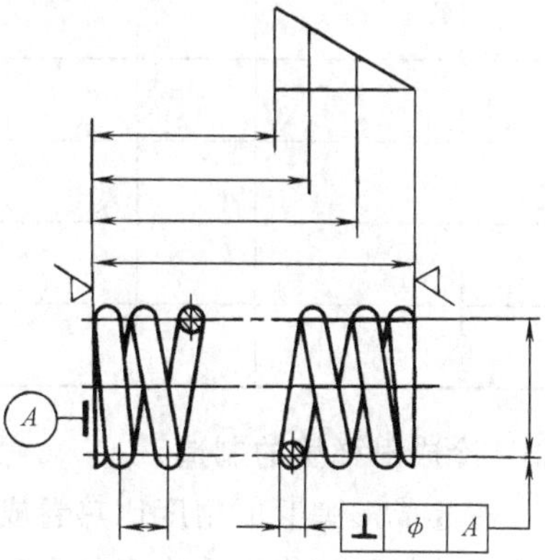</td></tr>
<tr><td>备注</td><td colspan="6"></td><td colspan="4">技术要求：</td></tr>
<tr><td rowspan="2">更改标记</td><td rowspan="2">数量</td><td rowspan="2">更改内容及依据</td><td rowspan="2"></td><td rowspan="2">更改标记</td><td rowspan="2">数量</td><td rowspan="2">更改内容及依据</td><td></td><td>编制</td><td></td><td>会签</td></tr>
<tr><td>签字</td><td>校对</td><td></td><td>审定</td></tr>
</table>

表 3-2 工序卡

<table>
<tr><td rowspan="2">×××厂</td><td rowspan="2">弹簧工序卡</td><td>产品编号</td><td>图号</td><td>产品名称</td><td>材料</td><td>单件消耗</td><td>第 页</td></tr>
<tr><td></td><td>工序号</td><td>工序名称</td><td></td><td>零件质量</td><td>共 页</td></tr>
<tr><td colspan="4" rowspan="13">图 样</td><td colspan="2">加工设备及加工条件</td><td colspan="2">加热设备及条件</td></tr>
<tr><td>设备名称</td><td></td><td>加热炉名称</td><td></td></tr>
<tr><td>型号</td><td></td><td>型号</td><td></td></tr>
<tr><td>设备编号</td><td></td><td>设备编号</td><td></td></tr>
<tr><td colspan="2"></td><td>加热温度/℃</td><td></td></tr>
<tr><td colspan="2"></td><td>加热时间/min</td><td></td></tr>
<tr><td colspan="2"></td><td>冷却介质</td><td></td></tr>
<tr><td colspan="2"></td><td>冷却温度/℃</td><td></td></tr>
<tr><td colspan="2"></td><td>冷却时间/min</td><td></td></tr>
<tr><td colspan="2">刃具及辅助工具</td><td colspan="2">夹具及模具</td></tr>
<tr><td>名称</td><td>标记</td><td>名称</td><td>标记</td></tr>
<tr><td></td><td></td><td></td><td></td></tr>
<tr><td></td><td></td><td></td><td></td></tr>
<tr><td>工步号</td><td>简要操作守则</td><td>工步号</td><td>质量要求</td><td></td><td></td><td></td><td></td></tr>
<tr><td></td><td></td><td></td><td></td><td colspan="2">量具</td><td colspan="2">热辅及其他工具</td></tr>
<tr><td></td><td></td><td></td><td></td><td>名称</td><td>标记</td><td>名称</td><td>标记</td></tr>
<tr><td></td><td></td><td></td><td></td><td></td><td></td><td></td><td></td></tr>
<tr><td></td><td></td><td></td><td></td><td></td><td></td><td></td><td></td></tr>
<tr><td></td><td></td><td></td><td></td><td rowspan="3">更改</td><td>通知书号</td><td>标记</td><td>处数</td></tr>
<tr><td></td><td></td><td></td><td></td><td></td><td></td><td></td></tr>
<tr><td></td><td></td><td></td><td></td><td></td><td></td><td></td></tr>
<tr><td></td><td></td><td></td><td></td><td colspan="4">日期 / 签名</td></tr>
<tr><td></td><td></td><td></td><td></td><td>编制</td><td></td><td>检验</td><td></td></tr>
<tr><td></td><td></td><td></td><td></td><td>校对</td><td></td><td>标准</td><td></td></tr>
<tr><td></td><td></td><td></td><td></td><td>会签</td><td></td><td>审定</td><td></td></tr>
</table>

1.3 冷成形弹簧的制造

冷卷成形弹簧的精度比热卷成形的高，表面和内在质量也较热卷成形的好。冷卷成形弹簧所用的材料规格大致为直径 0.08～20mm 的盘状钢丝和圆钢条，或边长小于 10mm 的方钢和异型钢丝，或相近尺寸的带钢和扁钢。材料的供应状态通常为两大类，一类为硬状态，其本身已具有弹簧所需要的力学性能，成形后只需去应力退火；另一类为软状态（退火状态），成形后尚需按要求进行淬火和回火处理才能获得所需要的性能。

2 冷成形弹簧的常用材料

冷成形弹簧的常用材料，以成形后热处理工艺方法的不同可分为以下几种类型。

第一种类型为不需要淬火，弹簧成形后只需去应力退火的材料。这类材料主要为拉拔强化钢，有碳素弹簧钢丝、重要用途碳素弹簧钢丝、琴钢丝、弹簧用不锈钢丝和各种油淬火回火钢丝。

第二种类型为弹簧成形后只需时效处理的材料，有铍青铜丝、弹簧元件用合金等。

第三种类型为须经淬火和回火处理的材料，主要为退火和热轧材料，如热轧弹簧钢丝、硅锰弹簧钢丝、铬钒弹簧钢丝、铬硅弹簧钢丝等。

随着冶金工业的发展和弹簧性能要求的不断提高，为了减少设备投资，降低生产成本，缩短生产周期，提高产品质量和经济效益，从设计和制造上应选用成形后只需进行去应力退火的材料来制造弹簧，即第一种类型。卷绕成形后须经淬火、回火的材料，即第三种类型尽可能不要使用。

成形后须进行时效处理（硬化调质处理）的第二种类型，则更多地用于具有特殊要求的弹簧，如耐腐蚀、弱磁、导电等场合。

3 冷成形弹簧的制造工艺

当使用成形后不需淬火、回火处理的材料制造弹簧时，其工艺过程如下。

螺旋压缩弹簧：卷制、去应力退火、两端面磨削、（抛丸）、（校整）、（去应力退火）、立定或强压处理、检验、表面防腐处理、包装。

螺旋拉伸弹簧：卷制、去应力退火、钩环制作、（切尾）、去应力退火、立定处理、检验、表面防腐处理、包装。

螺旋扭转弹簧：卷制、去应力退火、扭臂制作、切尾、去应力退火、立定处理、检验、表面防腐处理、包装。

以上介绍的螺旋拉伸和扭转弹簧的制造工艺都是在普通卷簧机上卷绕后再加工两端部的钩环或扭臂。近年来国内外很多厂家都生产和使用了电脑成形机或专用成形机，簧身和尾部形状能在成形机上一次完成，省去加工钩环或扭臂的工序。

当用成形后需淬火、回火处理的材料制造弹簧时，与上述工艺所不同的主要是成形后要进行淬火、回火处理，有时弹簧端部加工需要经正火处理。

为了提高生产效率，对于有批量生产要求的弹簧，组成生产线。这样的生产线不但能提高生产效率和经济效益，而且也能保证产品质量。典型的生产线，如气门弹簧生产线，悬架弹簧生产线等。

气门弹簧生产线流程：卷簧、（渗氮）、（清洗）、去应力退火、（高度分选）、两端面磨削、倒角、一次喷丸、（二次喷丸）、（热压）、负荷分选、涂防锈油、成品检验、包装。

悬架弹簧生产线流程如下。

冷成形：卷簧、去应力退火、（热压）、（探伤）、喷丸、（热喷丸 + 应力喷丸）、（冷压）、负荷分选、表面涂装、成品检测、包装。

热成形：材料加热、卷簧、（端面成形）、淬火、回火、（热压）、检测、喷丸（一次或多次）、冷压、负荷分选、表面涂装、成品检测、包装。

带括号的工序为非固定工序，是否进行取决于弹簧的性能要求。

卷簧是弹簧卷制成形的简称。卷簧是弹簧制造的第一道工序，也是重要的工序，卷制的精度对整个制造过程起着极为重要的作用，它基本上决定了弹簧的几何尺寸和特性以及材料的利用率。

弹簧的卷制设备一般分有心轴卷制弹簧机与无心轴卷制弹簧机。下面分别叙述有心轴卷簧机和无心轴卷簧机卷制弹簧。

4 有心轴卷制弹簧

有心轴卷制弹簧多用于中、小批量的生产和专门设计又有特殊要求的弹簧。在大批量生产中这种方法也用于卷制扭簧和一些拉簧。

图3-1为有心轴卷簧示意图，心轴装在主轴卡盘上与主轴一起旋转。主轴通过交换齿轮及丝杠使弹簧材料的送进装置在床身轴向左右移动，将弹簧材料绕在心轴上卷制成弹簧毛坯。螺旋压缩弹簧的支承并圈则通过自动并圈装置或操纵机床丝杠的开合螺母手柄来实现。

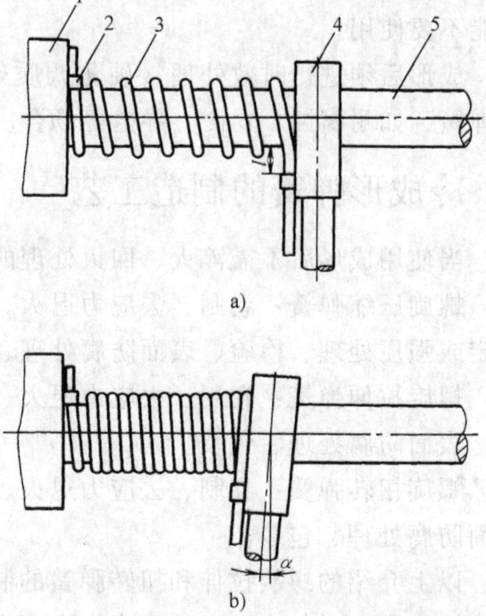

图3-1 有心轴卷簧

a）压缩弹簧的卷制 b）拉伸弹簧的卷制

1—机床卡盘 2—卡钩 3—弹簧毛坯

4—送料器 5—心轴

l—进料距离 α—进料角度

卷制方式有单个卷制和多个连续卷制。单个卷制一般用于条料制造的弹簧以及油封弹簧等；多个连续卷制是一次卷成一串螺旋弹簧，然后按尺寸分别切断成单个弹簧。

为了在冷成形后得到所要求的尺寸精度，在弹簧设计、弹簧工艺装置设计和编制工艺规程时，必须准确地掌握不同材料的各类弹簧在成形时的回弹量。

影响回弹量的因素很多，主要有材料的力学性能、弹簧的旋绕比和工艺装置等。

回弹量与材料的抗拉强度 σ_b 成正比，与弹性模量 E 成反比，σ/E 愈大，则回弹量愈大。材料的力学性能不稳定时，回弹量也不稳定。

回弹量与旋绕比 C 成正比，即旋绕比愈小，回弹量愈小。这是因为变形程度愈大，在材料截面内塑性变形所占比重愈大，因此回弹量就愈小，反之亦然。为保证弹簧有良好的应力状态和便于加工制造，旋绕比应限制在一定的范围内，一般选取4~16之间。

导向装置与心轴间的距离对回弹量亦有影响，二者间距离大，回弹量也大，且不均匀。

在弹簧卷制过程中，卷制力越小，卷绕后反向转动速度越高，转数越多，则回弹量也就越大。

4.1 心轴直径的计算

由于弹簧的回弹，使所卷弹簧的内径大于心轴直径，因此采用有心轴卷簧时，要考虑回弹的影响，对心轴直径进行计算。

1）心轴直径 D_0 的确定要考虑到材料强度和旋绕比等因素的影响。D_0 计算的一般经验公式为

硬钢丝

$$D_0 = \frac{D_1}{1 + 1.7C\sigma_b/E} \tag{3-1}$$

以上按公式计算的结果，由于考虑了弹簧的材料性能和几何参数两方面的影响，它的计算结果通常是较准确的，但是计算麻烦。对于一些精度要求较低的弹簧，也可用下式估计：

$$D_0 = (0.75 \sim 0.85)D_1 \tag{3-2}$$

退火钢丝

$$D_0 = \frac{D_1}{100}(100 - 0.8C) \tag{3-3}$$

铜丝

$$D_0 = \frac{D_1}{100}(99 - 1.4C) \tag{3-4}$$

式中　D_1——弹簧内径；

C——弹簧旋绕比；

σ_b——材料的抗拉强度；

E——材料的弹性模量。

2）在半自动卷簧车床上连续卷簧时常使用大头心轴，大头心轴直径 D_0 可按式（3-5）计算

$$D_0 = D_1' + (0.1 \sim 0.5)\text{mm} \tag{3-5}$$

式中　D_1'——卷簧工序要求的弹簧内径（内径加退火收缩量）。

大头心轴结构和尺寸见表 3-3。

表 3-3　大头心轴的结构和尺寸　（单位：mm）

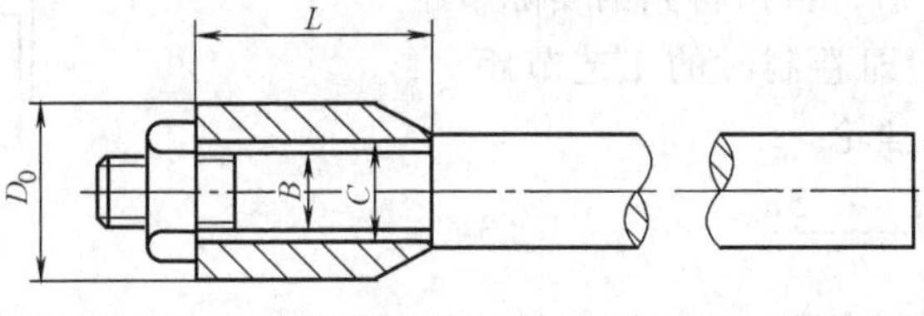

直径 D_0	直径 B	直径 C	L
7 ~ 9	5	5.3	30
10 ~ 13	6	6.3	40
14 ~ 19	8	8.5	50
20 ~ 24	12	12.5	60
25 ~ 40	16	16.5	70

4.2　影响有心轴卷制弹簧尺寸精度的因素

为了保证弹簧的尺寸符合图纸要求的精度，除正确选择心轴直径外，还必须考虑弹簧的几何尺寸、回弹、导料装置、回车方式、热处理变形、设备精度等因素的影响，以制订合理的有心卷制工艺。

（1）弹簧几何尺寸的影响　实践表明，弹簧的旋绕比越大，节距越大；卷簧时的内应力就越不稳定，回弹量就越大。如果旋绕比太大，卷制后，弹簧直径容易发生松散、歪斜等现象，使成形困难。但当旋绕比太小时，心轴的直径必然也小，弹簧材料的弯曲半径太小，使得难于卷制成形。一般来说，有心卷簧，旋绕比 C 可比无心卷簧的范围大些，但不应小于 2 或大于 20。通常，旋绕比 C 选在 4 ~16 之间较为合适。

弹簧长度也影响回弹量的大小。弹簧长度太长，由于两端的约束大些，故回弹要小些。而中间则大些，因此，会出现弹簧直径的不均匀现象。

（2）回弹对弹簧圈数的影响　回弹时，弹簧的直径变大，但圈数却相应减少。为了达到工艺要求的弹簧圈数，有心卷簧时，必须适当增加圈数，以弥补回弹后弹簧圈数的减少。在自动开档拚头车床上连续卷制多个弹簧时，更要注意这一点。

已知心轴直径 D_0 后，可用下式计算有心卷簧的总圈数，即卷制时或回弹前的总圈数 n'

$$n' = \frac{D}{D_0 + d} \times n_1 \tag{3-6}$$

式中　D——弹簧图样要求的弹簧中径，即成品弹簧的中径；

n_1——弹簧图样要求的弹簧总圈数，即成品弹簧的总圈数；

D_0——心轴直径；

d——材料直径。

（3）回弹对弹簧节距的影响　车床卷簧时，回弹引起节距的变化较为复杂。一般来说，这种变化是由两部分组成的：一部分是由于回弹后，弹簧直径和自由高度的变化而引起弹簧节距的变化，另一部分是由于送料倾角 β（图 3-2）的影响而引起弹簧节距的变化。

实践表明当弹簧材料的直径较小，旋绕比较大时，回弹后节距增加，反之，回弹后节距反而减少。首批试验时，一般是按照式（3-6）计算的节距值计算挂轮，然后，再由得到的实际节距变化值，确定回弹前，即卷制时的工艺节距 t'，并由此计算和调整开档挂轮。

$$t' = \frac{H' - 1.5d}{n'} \tag{3-7}$$

式中　H'——弹簧的预制高度；

n'——弹簧的预制圈数，可由式（3-6）计算；

d——材料直径。

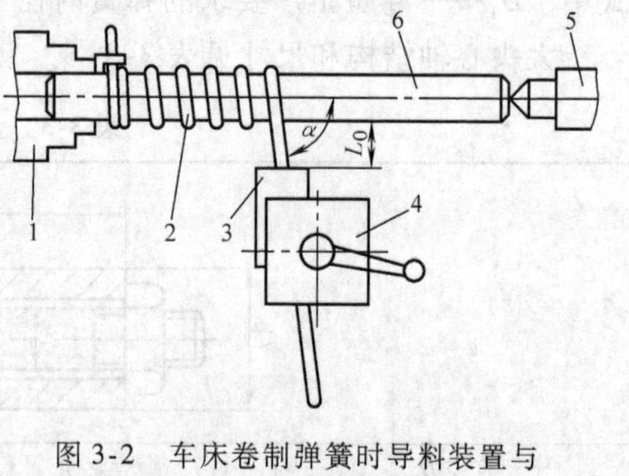

图 3-2　车床卷制弹簧时导料装置与心轴的相对位置示意图

1—卡盘　2—弹簧毛坯　3—导料装置　4—刀架　5—尾座　6—心轴

（4）导料装置的影响　如图 3-2 所示，车床卷簧时，导料装置与心轴的相对位置，对回弹的影响很大。

导料装置和心轴的距离 L_0 太大，卷制时对弹簧材料的约束太小，容易产生节距不均匀现象，直径的回弹也不一致。一般，旋绕比 C 小的弹簧，L_0 应小些；反之，L_0 应大些。

送料倾角 α' 影响弹簧节距的大小。卷制压簧时，如果 $\alpha' > 90° - \alpha$（α 为弹簧的螺旋角），则卷簧时，好像对弹簧施加了一个拉力，卸载后，弹簧的节距就会缩小，反之，则相反。卷制拉伸弹簧时，送料倾角影响初拉力的大小。

(5) 回车方式的影响　车床卷簧时，簧圈与心轴之间的压力很大。弹簧卷好后，不能马上切断材料，应使心轴与卷簧时相反的方向旋转若干转（称为回车），待弹簧回弹到自由状态后再切断卸下。回车时，反转速度的快慢、反转圈数的多少都影响弹簧尺寸的均匀性。实际生产中，应根据实践经验，予以适当控制。

(6) 热处理变形的影响　用冷拔弹簧钢丝卷制弹簧时，往往产生较大的残余应力。为了消除残余应力的影响，通常需要进行回火。回火后，弹簧直径和圈数会发生变化。一般，碳素弹簧钢丝、油淬火回火钢丝等材料回火后，弹簧直径将缩小，而不锈钢弹簧钢丝或青铜丝，其弹簧直径有增大的倾向。

弹簧回火后，其直径改变量 ΔD 与热处理过程的很多因素及弹簧材料、弹簧的几何参数等都有关系，它的精确计算相当困难，一般只能根据经验公式进行适当估算。

对于用回火后弹簧直径缩小的材料卷制弹簧时，卷制时的工艺中径 D'（即回弹后的中径）应比图样要求的中径 D 大些。如按弹簧图样中的中径 D 计算心轴直径，则式（3-1）可修正为

$$D' = \frac{DE}{E + 1.5C\sigma_b} - d \tag{3-8}$$

同样，考虑回火影响后，弹簧的卷制总圈数 n' 为

$$n' = \frac{D}{D_0 + d} \times n_1 \tag{3-9}$$

式中　D——弹簧图样要求的弹簧中径，即成品弹簧的中径；

n_1——弹簧图样要求的弹簧总圈数，即成品弹簧的总圈数；

D_0——心轴直径；

d——材料直径。

(7) 卷簧设备的影响　车床卷簧时，原车床的精度直接影响弹簧的几何尺寸精度，特别是开合螺母与传动丝杠之间的间隙大小，自动开档拼头车床牙嵌式离合器的接合与断开时间等均严重影响弹簧节距的均匀度。虽然，卷簧用车床较切削用车床的精度允许差些，可以用旧车床来卷制弹簧。但是，对于要求较高的弹簧，仍需重视车床及其工装精度对弹簧质量的影响。

4.3　圆柱螺旋压缩弹簧的有心卷制

圆柱螺旋压缩弹簧的有心卷制，无论是哪种控制方法，多为多件卷制。其主要要求是达到工艺要求的弹簧直径、支承圈数和总圈数，节距或自由高度等。

对于手工控制来说，操作者的技术水平对弹簧的几何尺寸影响很大。卷制时，应注意卷簧速度不宜过高。一要使支承圈拼紧，二要数好工作圈数，及时断开或闭合开合螺母。

采用自动开档拼头车床来卷制时，要注意正确选择好开档、拼头及圈数挂轮比。

卷簧心轴直径及卷制总圈数的计算已在前两节作了介绍。卷制节距（即回弹前的节距）的计算较为困难，因为很难准确估计弹簧自由长度在回弹前后的变化。作为首批试验的近似处理，可先不考虑这种变化进行估算，然后，按这种近似值（也有的将此值扩大 5% ~8%）计算开档挂轮，试卷后，对原来的值予以修正，最后确定准确的工艺节距 t 以及开档挂轮比。

对于两端各有一圈支承圈，且端头拼紧，各端磨削厚度为 $0.25d$ 的压缩弹簧，卷制时的

工艺节距 t' 可近似按式（3-7）估算。

4.4 圆柱螺旋拉伸弹簧的有心卷制

圆柱螺旋拉伸弹簧一般为圈间接触型；由于不需要开档，其卷制工艺较压缩弹簧简单。对于一般的拉伸弹簧，其初拉力无技术要求，可利用一般的导料方式在心轴上卷制。卷制时不需要开档挂轮（也有时按材料直径来挂轮），靠已卷制的螺旋圈推动材料运动。但是，对于要求有初应力的拉伸弹簧，在卷制时需要采取一些必要的工艺措施。

在卷制具有初拉力的拉伸弹簧时，必须使簧圈间有较大的并紧力，如图 3-3 所示。图 3-3a是一般有心卷制；图 3-3b 是钢丝自身扭转后再绕在心轴上的卷绕方法，钢丝沿着图中箭头方向卷绕，形成各簧圈间的并紧力；图 3-3c 用滚轮滚压方法卷制，可获得大的并紧力，卷制时钢丝通过导板 5 导入，借助滚轮 2 压紧在卷成弹簧部分 1 与挡块 3 之间的心轴 4 上，导板 5 的导入方向与心轴垂直方向成 α' 角。

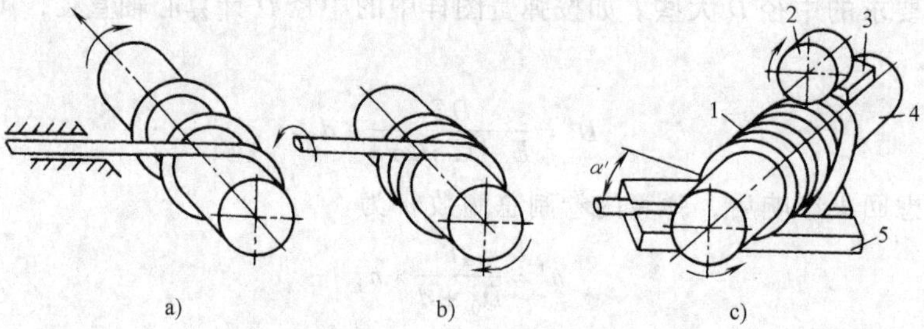

图 3-3 有心卷簧方法

a）普通卷绕 b）钢丝自身扭转卷绕 c）滚压卷绕

1—弹簧 2—滚轮 3—挡块 4—心轴 5—导板

弹簧的旋绕比和节距越大，塑性变形就越小，内应力就越不稳定，弹簧直径和节距的精确度就越难控制。因此，在卷制旋绕比和节距大的弹簧时，各工序的操作应特别注意。例如，倒车时速度要慢，搬运卷好的弹簧毛坯时要轻，在去应力退火前尽量少移动等。对于旋绕比大的弹簧毛坯，最好在卷制完毕后固定，随心轴同时进行去应力退火后，再从心轴上取下。

卷簧时的送料角度 α 会影响弹簧在卷制中形成的自然扭力，而扭力的大小又影响弹簧的尺寸和特性。对于拉伸弹簧，可以通过对自然扭力的调整来形成拉伸弹簧承受载荷时开圈的阻力，即所谓的初拉力，以减轻工作应力。在生产实践中，就是通过调整送料角度 α（图 3-1 和图 3-3）和送料的张紧程度，来卷制出具有初拉力的拉伸弹簧。为了获得具有较大初拉力的拉伸弹簧，在卷制时，可以用多次调整扭力的特殊卷制方法。叠绕法就是其中的一种，其绕制方法大致为：先将金属丝在空心心轴上绕制成与所要求的螺旋方向相反的密圈弹簧，并留出一定的金属丝弯头，然后将此带空心心轴的弹簧坯穿入圆柱心轴上，把有弯头的一端插入心轴孔中，再通过夹紧装置形成一定的张力后，向相反的方向密绕，这样就制成了具有较大的初拉力的拉伸弹簧。

用不需要淬火的金属丝卷制的密圈弹簧，均具有一定的初拉力，如不需要初拉力，各圈间应留有间隙。

4.5 圆柱螺旋扭转弹簧的有心卷制

一般圆柱螺旋扭转弹簧的有心轴卷制也有两种方法：一种是连续卷制，即先卷制成一长串弹簧毛坯，再按工艺尺寸截断成单个毛坯，然后将毛坯端部簧圈展直加工出扭臂。另一种方法是单个卷制，在卷制前留出一端扭臂所需要的用料长度，卷制后剪断时再留出另一端扭臂所需的用料长度，然后加工出扭臂。

双臂扭簧的基本形状如图 3-4 所示。它卷制装置形式很多，但基本原理相似。制前，经过计算展开长度后，将盘料切断校直，并制作成 U 形，然后则在专门的卷簧装置上卷制。

图 3-5 是卷制双臂扭簧示意图。卷制前，活动肩块 2 卡在心轴扁处，已做好的 U 形制卡在活动肩块 2 的槽内，心轴 1 夹紧在夹头 4 内，压杆 5 压住 U 形坯料 3，使之贴紧心轴。用手工或动力带动心轴旋转，即可卷制完双臂扭簧。为安全起见，采用动力传动时，装置的转速宜低一些。

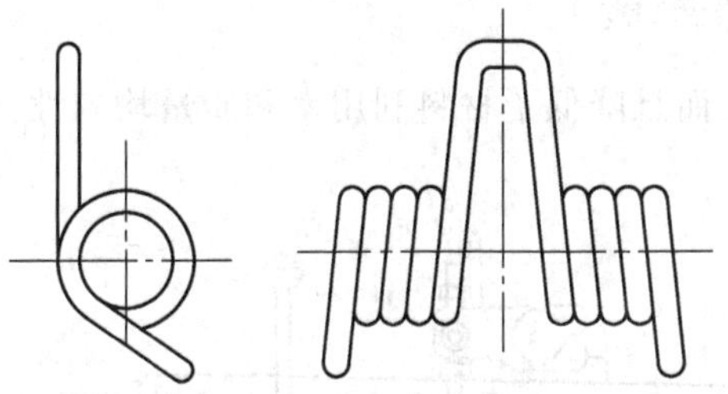

图 3-4 双臂螺旋扭转弹簧

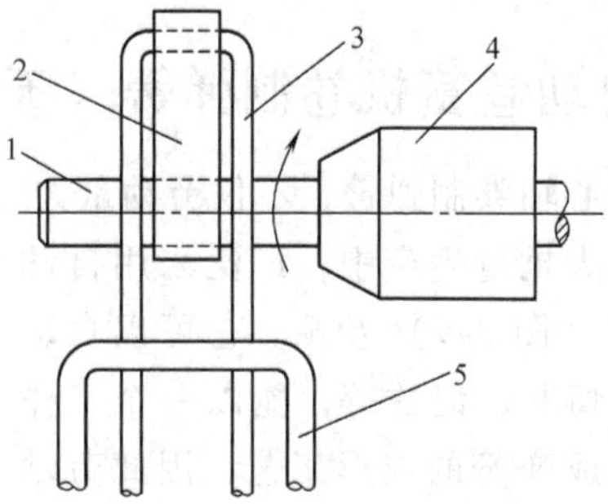

图 3-5 双臂螺旋扭转弹簧有心卷制装置

1—心轴 2—活动肩块 3—U 形坯料 4—夹头 5—压杆

活动肩块与心轴的零件图分别如图 3-6a 和图 3-6b 所示。

4.6 圆锥、中凸和中凹形等变径螺旋弹簧的有心卷制

圆锥螺旋弹簧的有心轴卷制，是在圆锥形心轴上单个卷制的。由于弹簧底部和顶部的回弹量不一样，所以在制作心轴时，应将圆锥角的校正量考虑进去。圆锥角小的心轴，可以不刻制螺旋线沟槽，圆锥角大的心轴，应刻制出与弹簧螺旋线相对应的沟槽，将金属丝卷绕在沟槽中，以保证弹簧的成形精度。

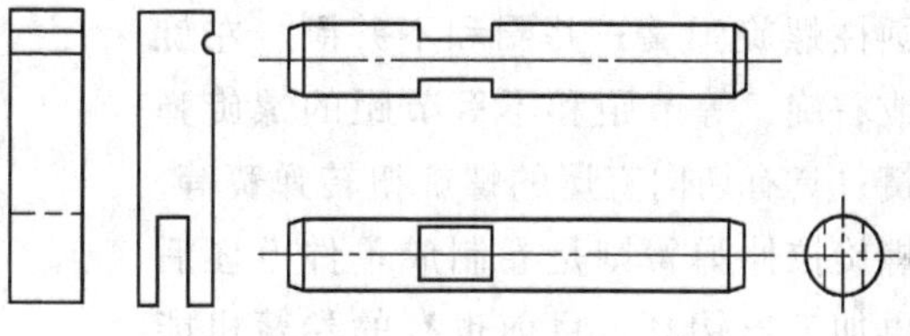

图 3-6 活动肩块和心轴

a）活动肩块 b）心轴

中凸形和中凹形螺旋弹簧的有心轴卷制，是将金属丝绕在与弹簧形状相同的心轴上绕制成形的。在制造心轴时，其大端和小端回弹量的估算应有所不同。

中凸形弹簧需用组合心轴卷制。组合心轴是由若干不同尺寸的薄圆片拼合而成，中心穿以销轴或螺栓。弹簧卷制完后，松开销轴或螺栓，将心轴拆卸方能取下工件，图 3-7 为这种心轴的示意图。中凸形弹簧的心轴结构复杂，制造麻烦，使用不便，尤其是弹簧圈间隙小时更是如此，所以这种弹簧应用较少。

中凹形弹簧的心轴是由两半个对称心轴组合而成。其对接方法，可以在心轴中穿以螺栓紧固，也可以采用榫头连接，如图 3-8 所示。

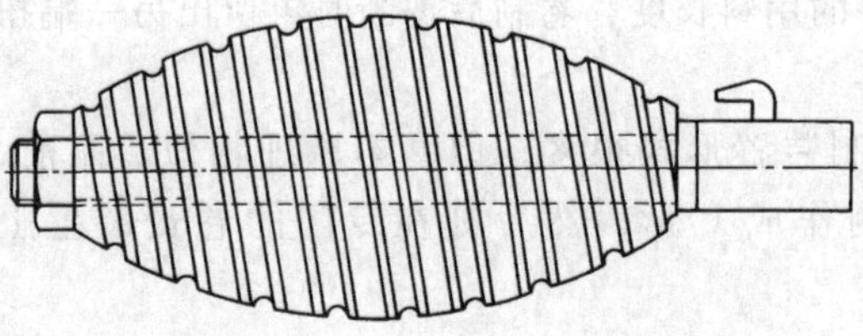

图 3-7 中凸形弹簧心轴

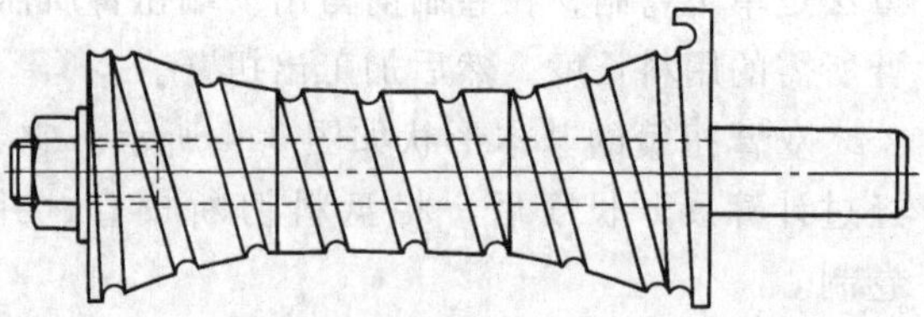

图 3-8 中凹形弹簧心轴

圆锥、中凸和中凹形螺旋弹簧的有心卷制均较麻烦，在批量生产时，尽可能用自动卷簧机卷制。

5 自动卷簧机卷制弹簧（无心轴卷制弹簧）

用心轴卷制弹簧，不仅劳动量大、生产率低，而且降低了材料利用率和质量均匀性。因此，在大批量生产中，广泛采用自动卷簧机（图 3-9）卷簧。它可以自动卷绕、切断、记数等，能以一个工作循环完成弹簧的成形工艺，因此劳动强度小，生产效率高，材料利用率高，并可以实现多机作业。而且，对于弹簧的尺寸和形状具有广泛的适应性，除能卷制圆柱螺旋压缩弹簧外，还可以卷制圆锥形、中凸形、中凹形等非圆柱螺旋弹簧；并圈和不并圈、左旋或右旋、等节距和不等节距的螺旋弹簧；具有切向直尾的螺旋扭转弹簧等。螺旋拉伸弹簧则是卷制成单件毛坯后再加工出钩环，目前也有的卷簧机能在机上直接制出钩环。

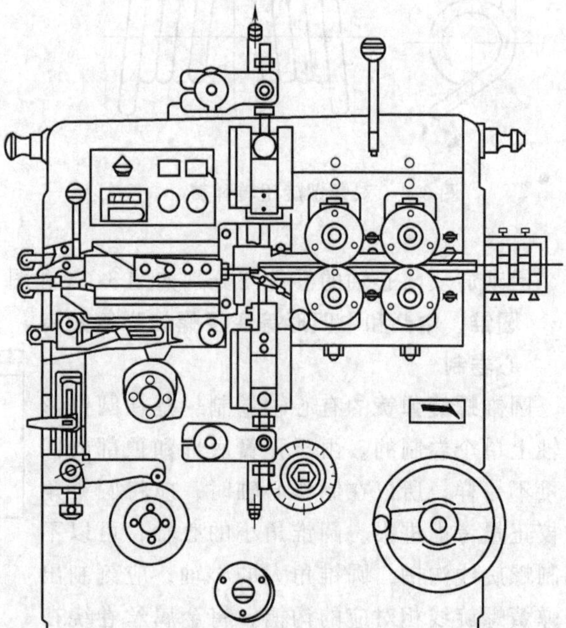

图 3-9 弹簧自动卷簧机

自动卷簧机有两种不同簧圈成形的基本方法和机构：一种是单顶杆卷簧机（图 3-10a）；另一种是双顶杆卷簧机（图3-10b）。目前，这两种机型仍然在弹簧制造业中广泛应用。

5.1 自动卷簧机工作原理

如图 3-11 所示为双顶杆卷簧机的卷簧过程，当弹簧材料由料架 8 拉出后，经过校直机构 7（图 3-12）和送料机构 6（图 3-13），由导向板 1 进入成形机构，碰上顶杆 3 前端的槽子时，迫使弹簧材料弯曲变形，弹簧圈是由材料顶住的三个摩擦点而卷绕成形的。这三个摩擦点分别是弹簧材料与导向板 1、两个顶杆

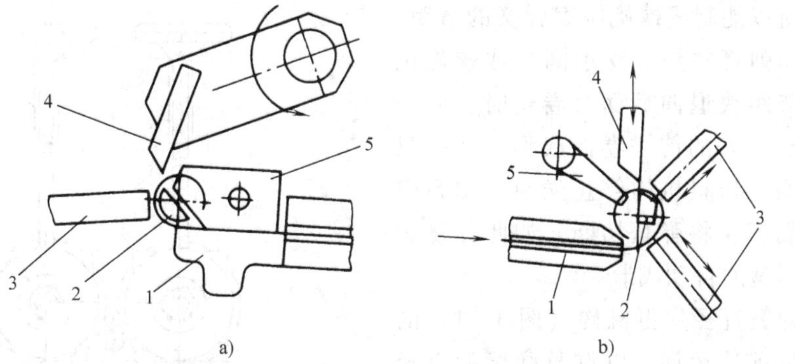

图 3-10 单顶杆和双顶杆卷簧机示意图

a）单顶杆卷簧机 b）双顶杆卷簧机

1—导向板 2—心轴 3—顶杆 4—切刀 5—节距块

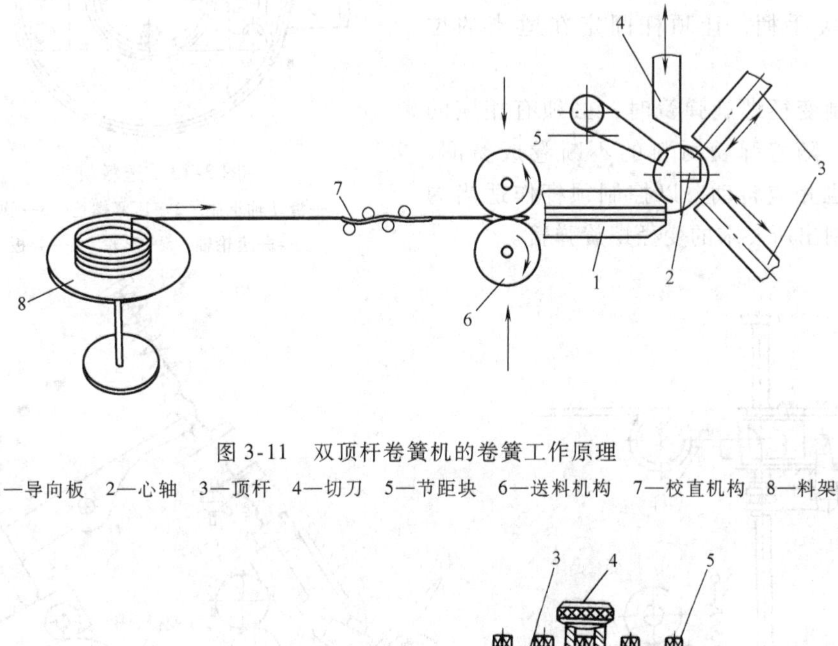

图 3-11 双顶杆卷簧机的卷簧工作原理

1—导向板 2—心轴 3—顶杆 4—切刀 5—节距块 6—送料机构 7—校直机构 8—料架

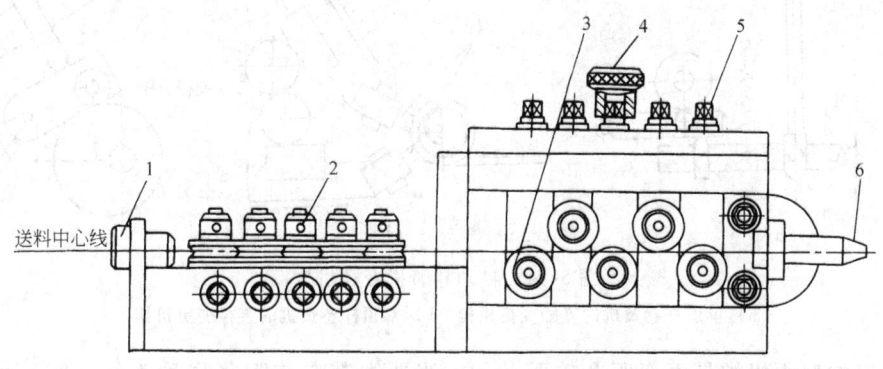

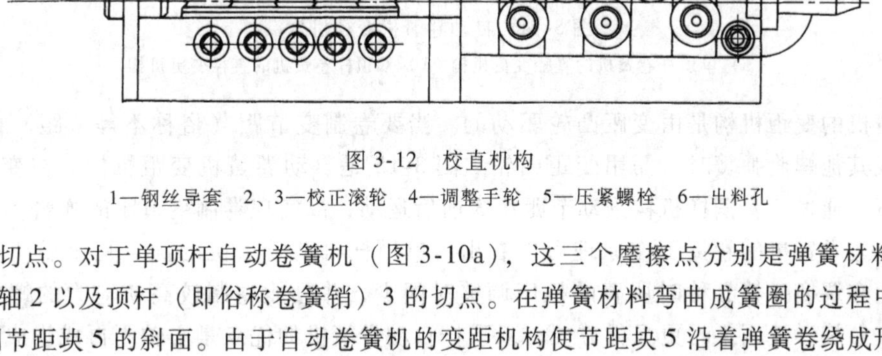

图 3-12 校直机构

1—钢丝导套 2、3—校正滚轮 4—调整手轮 5—压紧螺栓 6—出料孔

3 接触的切点。对于单顶杆自动卷簧机（图 3-10a），这三个摩擦点分别是弹簧材料与导向板 1、心轴 2 以及顶杆（即俗称卷簧销）3 的切点。在弹簧材料弯曲成簧圈的过程中，金属丝接触到节距块 5 的斜面。由于自动卷簧机的变距机构使节距块 5 沿着弹簧卷绕成形的轴线

方向移动，所以能制成螺旋压缩弹簧的节距。卷制螺旋压缩弹簧并头（支承圈）或螺旋拉伸弹簧时，节距块退向后面，卷簧时，后一圈簧圈靠着已卷好的前一卷而成形。当一只弹簧卷制好后，送料机构停止送料，切刀控制机构迫使切刀4将弹簧切断。如此往复运转就实现了弹簧的自动成形。

顶杆在弹簧直径变更机构（图3-14）的控制下，可以前后运动，以调整弹簧的直径或卷制变径螺旋弹簧。

当卷制圆柱螺旋弹簧时，因为直径没有变化，不需要变径凸轮，只需在试卷时，用手调整有关手柄，让顶杆固定在适当的位置上。

当卷制变径螺旋弹簧时，必须有相应的变径凸轮。随着弹簧材料的不断卷成簧圈，变径凸轮也相应转动，以控制顶杆作适当的运动，卷制出所要求的变径螺旋弹簧。

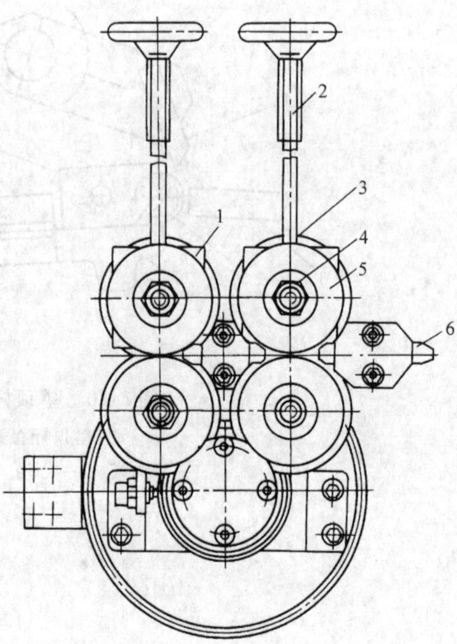

图3-13 送料机构

1—滑动轴承座 2—压紧螺栓 3—弹簧片 4—滚轮轴 5—滚轮 6—导板

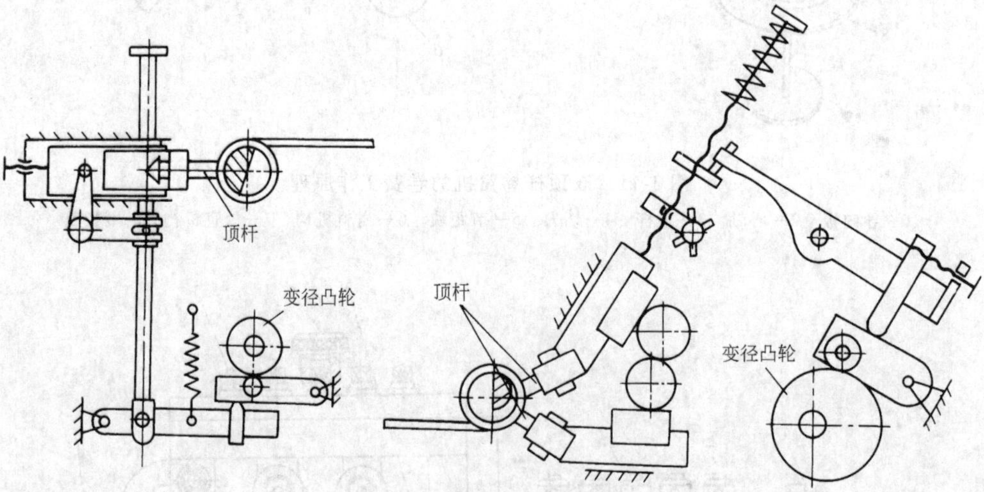

a) b)

图3-14 自动卷簧机变径机构

a）单顶杆卷簧机的直径变更机构 b）双顶杆卷簧机的直径变更机构

卷簧机的变距机构是由变距凸轮驱动的。当要卷制变节距（俗称不等节距）的螺旋压缩弹簧或其他螺旋弹簧时，需用变距凸轮。图3-15是自动卷簧机变距机构。在变距凸轮2的作用下，通过一套摆杆机构推动节距块3前后运动，以实现卷制变节距的弹簧。

从上述卷簧机的卷簧工作原理可以看出：单顶杆自动卷簧机的优点是仅需调整一根顶杆，因此在调换弹簧品种时所费的机床调整时间少，并且能卷制较高初应力的螺旋拉伸弹簧，在左右旋弹簧调换时更显得方便；双顶杆自动卷簧机的优点是心轴不再成为成形簧圈的一个摩擦点，只是起到下料心轴的作用，所以在生产不同直径的弹簧时，不必频繁调换心轴。另外，双顶杆卷簧机三个摩擦点对应的圆心角也比单顶杆的大，因此，卷旋绕比较大的弹簧时较为方便、稳定。但双顶杆自动卷簧机在左右旋弹簧调换时都很麻烦，需要改装整个顶杆调节组件。

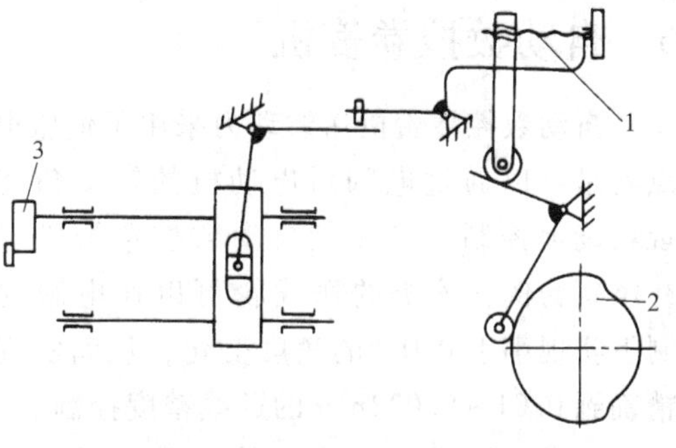

图 3-15　自动卷簧机变距机构
1—杠杆臂调节螺杆　2—变距凸轮　3—节距块

影响卷簧质量的因素是多方面的，例如弹簧材料的抗拉强度、伸长率、弹性模量、屈强比、材料的尺寸精度等级和表面状况，机床设备的精度、辅助工具与金属丝接触部分的摩擦状况、送料长度的精确度以及卷绕速度和操作者的技术水平等。因为这些因素与自动卷簧机运转情况有关，因而，在使用自动卷簧机卷簧时，需要对机床进行精细的调整。具体调整方法可参考机床说明书。

5.2　自动卷簧机的缺点

老式的弹簧设备即机械式自动卷簧机大家都已经非常熟悉，机械式自动卷簧机曾以其结构简单，价格低，维护方便等特点为弹簧行业做出了不可磨灭的贡献，至今在国内的弹簧生产企业中仍有着很大的占有率，但随着自动数控卷簧机的出现和推广应用，机械式自动卷簧机的缺点也逐渐暴露出来，其缺点主要体现在以下几个方面。

在动力源方面，机械式自动卷簧机的送线动力均使用普通三相/单相电动机。与伺服电动机相比，普通电动机的特点是角度不易控制。例如，在任一普通电动机轴上作一零度标记线，再通电让其旋转，当切断电源后，就无法确定电动机轴转过了多少角度。这样的动力源就决定了自动卷簧机无法实现高精度的送线。

在传动系统方面，送线一般采用扇形齿轮和电磁离合器/单向离合器的方式。

机械式自动卷簧机大多数使用电磁离合器/单向离合器，由于结构原因，需要安装制动装置，以确保离合器分离瞬间即停止送线，但实际上制动装置无法精确地做到这一点而造成精度下降。同时离合器是易损件，经常使机器发生故障。

理论上扇形齿轮的往复可以实现较高的精度，但是由于在一定的安装空间内无法同时满足多齿数啮合和单齿强度的要求，因此实际的精度较低。因为齿轮配合间隙的存在，同时传动环节多造成累计误差大，也造成了送线精度的降低。

由于大部分机械式自动卷簧机的送线和成形（外径、节距、切断）动力均来自同一电动机，在送线的过程中成形凸轮也在连续地运转从而形成切断动作，因此机械式自动卷簧机的送线长度也受到限制，无法实现特殊规格长弹簧的生产。但是，也有送线和成形系统采用不同电动机的设计，例如中国台湾生产的 CS—7 机械式自动油封弹簧机就可以实现无限制送线，从而实现特殊规格长弹簧的生产。

在成形方面，外径、节距、切断等因素的相互制约，调试工作较为麻烦，需花费较多时间来磨制凸轮，同时也无法实现复杂弹簧的调试。另外，由于机械式自动卷簧机结构简单，信号处理能力差，对料架、线材等因素在生产中出现问题后也无法做出相应的回应。

自动数控卷簧机的出现，以上几个方面的问题得以改善。

6 自动数控卷簧机

自动数控卷簧机送线动力采用了伺服电动机。与普通电动机相比，伺服电动机最大的特点就是可以通过电脑对电动机的转动角度实现精确地控制。以8型自动数控卷簧机（图3-16）为例，该机的送线轮可以在电脑的控制下实现小于0.05°的角度变化，从而实现了精确到0.01~0.022mm的送线精度控制。

图3-16 8型自动数控卷簧机

所有数控设备无一例外地采用了单独的数控送线系统（送线轴），送线长度，送线速度和送线起止的控制均通过电脑实现，因此也省掉了离合器、扇形齿轮等传动环节，大大降低了累计误差。

两轴的自动数控卷簧机在机械式设备上产生了质的飞跃，送线轴和成形轴的分离使机器的调试大大简化，送线轴可以在任意的时间用任意速度实现任意长度的送线，外径凸轮也被万用凸轮取代。调试时可以让成形轴（X轴）停在某固定位置，同时让送线轴（Y轴）转动而实现定点送线，也可以使两轴按需要进行搭配，也可以用X轴往复实现复杂弹簧的生产。更为重要的是，自动数控卷簧机实现了自动编程功能，以前磨制凸轮的繁杂劳动，现在只要按键就可以取代了。

另外，由于电脑的应用，使机器对线材故障、料架故障等其他故障现象进行控制，并增加了许多检测功能。也使检长机等先进设备与机器的完美结合成为可能，这使弹簧的生产进入一崭新的时代。

在两轴设备发展成熟以后，人们在追求调试更加简便，精度更高和功能更强的要求下发展制出了三轴、四轴、五轴和多轴压簧机。四轴机器是采用了送线轴、外径轴、节距轴（插刀和推刀共用）和切刀轴等四个独立的轴分别由四个不同的伺服电动机控制，成形轴相互独立后卷簧机的调试性能更加方便，功能也相应增加，可以实现扭断（折断）、摆断（旋切）等功能。五轴的机器就是在四轴的基础上把节距插刀和节距推刀分成两个相互独立的轴，从而解决了四轴和两轴机器中节距推刀的传动路线长，累计误差相对较大的缺点。也有把顶杆滑座分成两个或三个不同的轴的设计。不同轴数自动数控卷簧机的性能和特点列于表3-4。

表3-4 不同轴数自动数控卷簧机间的性能特点对比

项目 \ 名称	10轴	6轴	5轴	4轴	3轴	2轴
送线精度	采用两个伺服电动机来控制。二个伺服电动机可同时同步工作,也可一个工作,一个不工作。当钢丝直径小时,可只使用一个伺服电动机。同步误差小于0.00005mm	单独一个伺服电动机控制 0.010~0.022mm	单独一个伺服电动机控制 0.010~0.022mm	单独一个伺服电动机控制 0.010~0.022mm	单独一个伺服电动机控制 0.010~0.022mm	单独一个伺服电动机控制 0.010~0.022mm

（续）

名称 项目	10 轴	6 轴	5 轴	4 轴	3 轴	2 轴
外径	由三个不同的伺服电动机分别驱动三个顶杆，调试更加方便，调试也更加广泛	由两个不同的伺服电动机分别驱动两顶杆，调试方便	单独一个伺服电动机控制两个顶杆	单独一个伺服电动机控制两个顶杆	单独一个伺服电动机控制两个顶杆	
切断	由两个不同伺服电动机分别驱动凸轮，可实现高速切断	单独伺服电动机，可实现高速切断	单独伺服电动机，可实现高速切断	单独伺服电动机，可实现高速切断		
节距推刀	单独伺服电动机驱动，传动环节少，精度高	单独伺服电动机驱动传动节距，精度高	单独伺服电动机驱动传动节距，精度高	与插刀共同一个伺服电动机，传动环节多，精度低	共同一个伺服电动机调试较麻烦	共同一个伺服电动机调试较麻烦
节距插刀	与下切断装置共用一个伺服电动机，下切刀与插刀可转换使用	单独伺服电动机，驱动精度高	单独伺服电动机，驱动精度高	与推刀共同一个伺服电动机，速度较稳定		
心轴上下移动	单独伺服电动机，驱动心轴，上下移动	一般用电动机来上下移动	一般用电动机来上下移动	一般用电动机或用液压方式来做上下移动	一般用电动机或用液压方式来做上下移动	一般用手动方式做上下移动
心轴前后伸缩	单独伺服电动机，驱动心轴，前后伸缩运动	无单独使用伺服电动机来控制，由气缸（液压）或凸轮控制运动	无单独使用伺服电动机来控制，由气缸（液压）或凸轮控制运动	无单独使用伺服电动机来控制，由气缸（液压）或凸轮控制运动	无单独使用伺服电动机来控制，由气缸（液压）或凸轮控制运动	

7 弹簧的去应力退火

采用冷卷工艺卷制的螺旋弹簧，普遍选用铅浴等温淬火冷拔钢丝（碳素弹簧钢丝、重要用途碳素弹簧钢丝、琴钢丝）和油淬火回火弹簧钢丝。用这些钢丝冷卷制成的弹簧，不需淬火处理，但必须进行去应力退火。去应力退火有时也称消除应力回火或去应力回火。

去应力退火的目的是：

1）消除金属丝冷拔加工和弹簧冷卷成形的内应力。

2）稳定弹簧尺寸，未经去应力退火的弹簧在后面的工序加工中和使用过程中会产生外径增大和尺寸不稳定现象。

3）提高金属丝的抗拉强度和弹性极限。

4）利用去应力退火来控制弹簧尺寸。如有时将弹簧装在夹具上进行去应力退火能起到调整弹簧的高度的作用。

去应力退火所用的热处理设备有如下几种：

1）连续式热风回火电炉。该电炉近年来在弹簧制造业中广泛采用，它的优点是可准确地控制温度和时间，省电。若把该电炉配置在卷簧机前面，即可实现卷簧和去应力退火自动生产线。

2）热风循环回火电炉、箱式电炉。炉温比较均匀，但保温时间要比硝盐炉长得多。

3）硝盐回火炉。该炉一般由弹簧制造厂自行制造。硝盐炉的优点是加热速度快，保温时间较其他炉短。缺点是温度不均匀，炉内的液体有侵蚀弹簧表面的倾向，尤其对油淬火回火弹簧钢丝不利。经硝盐炉回火的弹簧，应进行水冷清洗，然后浸入防锈水中浸泡数分钟，以防生锈。

用电炉去应力退火时，其保温时间应比用硝盐炉的保温时间适当延长。

弹簧在炉中加热要排列整齐，形状特殊或容易变形的弹簧应配置相应的辅助工具。

（1）去应力退火温度和时间的确定　去应力退火温度，通常在170～460℃的范围内选取。总的原则是材料直径细的应采用较低的温度，粗的要采用较高的温度。在材料直径相同的条件下，有些材料的强度高，韧性稍差，则温度可取得高一些。油淬火回火弹簧钢丝卷制的弹簧要比碳素弹簧钢丝和琴钢丝卷制的弹簧温度高一些。对螺旋压缩弹簧和螺旋扭转弹簧推荐采用表3-5所列加热温度和保温时间。

表3-5　去应力退火温度及保温时间

弹簧材料		去应力退火规范		
类别	规格/mm	去应力退火温度/℃	保温时间/min	冷却方式
碳素弹簧钢丝 重要用途碳素弹簧钢丝 琴钢丝	<1	240～260	10～20	空气或水
	>1～2	260～280	15～25	
	>2～3.5	280～300	20～30	
	>3.5～6	300～320	20～30	
	>6～8	320～340	25～35	
油淬火回火弹簧钢丝	≤2	360～420	20～30	空气或水
	>2	380～460	25～35	
奥氏体不锈钢丝	<3	280～320	20～30	空气或水
	>3	320～360	30～40	
硅青铜丝 锡青铜丝	≤1	170～180	40	空气或水
	>1～2.6	180～200	60	
	>2.6	180～220	60～90	
铍青铜丝	≤1.8	240～300	60	空气或水
	>1.8～2.6	240～310	60～90	
	>2.6	280～310	60～90	

螺旋拉伸弹簧去应力退火温度和保温时间对弹簧的初拉力有很大的影响，温度低、时间短，则保留的初拉力大；反之则保留的初拉力小。图3-17是退火温度与初拉力之间关系的试验值。一般可在200～300℃的范围内选取，保温20～30min。若希望保留较多的初拉力，温度可低至180℃。应指出的是螺旋拉伸弹簧的初拉力应以卷簧控制为主，去应力退火温度只起到辅助作用。

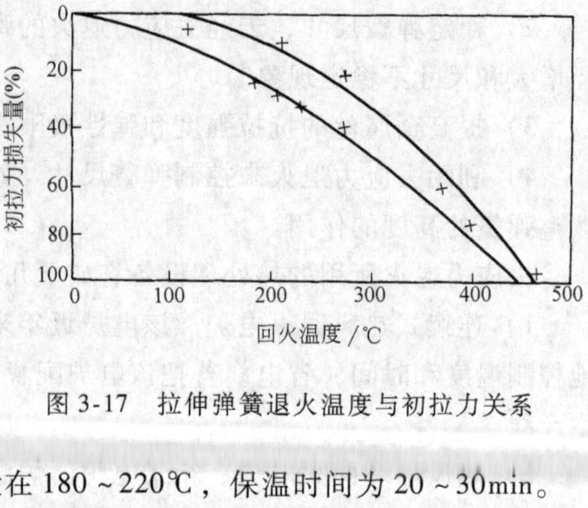

图3-17　拉伸弹簧退火温度与初拉力关系

螺旋拉伸弹簧和螺旋扭转弹簧的第二次去应力退火温度应比第一次低约20℃，保温时间也可增加些。

经抛丸处理后的弹簧的去应力退火温度一般在180～220℃，保温时间为20～30min。

需采用去应力退火的方法来调整弹簧尺寸时，其温度应比一般介绍的温度高20℃左右。

（2）去应力退火对弹簧直径、总圈数的影响　碳素弹簧钢丝、重要用途碳素弹簧钢丝、琴钢丝卷制成弹簧后，经过去应力退火工序，一般来说其直径要缩小、总圈数要增加。直径的收缩量与旋绕比有关，旋绕比愈大，收缩量愈大。因此在批量生产前应进行首件试样，待试样确定后方可投入批量生产。去应力退火处理后弹簧直径的收缩量 ΔD_2 和总圈数的增加量 Δn 可按经验公式（3-10）、式（3-11）估算

$$\Delta D_2 = K_t C D_2 T \tag{3-10}$$

$$\Delta n = \left(1 + \frac{D_2}{D_2 + \Delta D_2}\right) n_1 \tag{3-11}$$

式中　C——旋绕比；

T——去应力退火温度；

D_2——弹簧外径；

K_t——变形系数，它与卷制方法有关，有心卷制 $K_t = 6 \times 10^{-6}$，无心卷制 $K_t = 4.4 \times 10^{-6}$；铜合金线和奥氏体不锈钢丝卷制的弹簧经去应力退火处理后其直径涨大，应留有余量。

8　弹簧的端面磨削

为了保证螺旋压缩弹簧的垂直度，并使两支承圈的端面与其他零件保持接触，减少挠曲和保证主机（或零、部件）的特性。螺旋压缩弹簧的两端面一般均要进行磨削加工，这道工序通常称磨簧。磨簧大致有三种操作方式：手工磨削、半自动磨削和自动磨削。

弹簧磨削加工后，要求磨平部分不少于圆周长的3/4，端头厚度不小于材料直径的1/8（以1/4为佳）。其磨削面的表面粗糙度 $Ra \leqslant 12.5\mu m$。

磨簧应根据弹簧生产批量的大小来选择设备和操作方式。手工方式磨簧所用的设备，通常是普通砂轮机再加以适当的夹具和辅助工具。设备和工装都比较简单，但劳动强度大，生产率低，因而适用于品种多、批量小的生产。在大批量的生产中，则采用弹簧端面磨床磨削弹簧的端面。

8.1　弹簧端面磨床及磨簧工艺

弹簧端面磨床有两种类型：一类是卧式磨床（图3-18a）；另一类是立式磨床（图3-18b）。国产弹簧端面磨床型号有多种，可参照样本选择采用。

图3-19是M7745-9KS弹簧端面数控双料盘磨床（$\phi 1 \sim \phi 9$mm）。

图3-20是 $\phi 0.5 \sim \phi 12$mm 弹簧端面电脑磨簧机。

根据湿磨和干磨的需要，弹簧端面磨床的除尘方式有水淋式和吸尘式两种。

按照弹簧端面磨床的磨头数量，弹簧磨削又可分为一对磨头和两对磨头。图3-21a为一对磨头磨削方法，两砂轮主轴可摆角0°~3°，两砂轮形成一个喇叭口，这种方式适合粗磨弹簧端面。另一种是两砂轮平行磨削，磨出的弹簧垂直度精度高，但砂轮寿命低，适合精磨弹簧端面。图3-21b由两对砂轮同时进行磨削，一对砂轮粗磨，一对砂轮精磨，生产效率高，加工质量好。

一般情况下当钢丝直径在3mm以上，可分粗磨和精磨两道工序进行加工。对钢丝直径小于3mm的弹簧垂直度和自由高度要求高的，如喷油器调压弹簧等，也应通过二次或三次磨削。

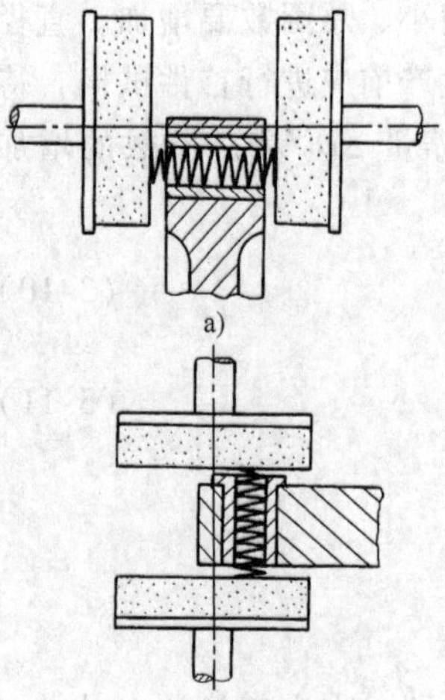

图 3-18 弹簧端面磨床

a）卧式磨床 b）立式磨床

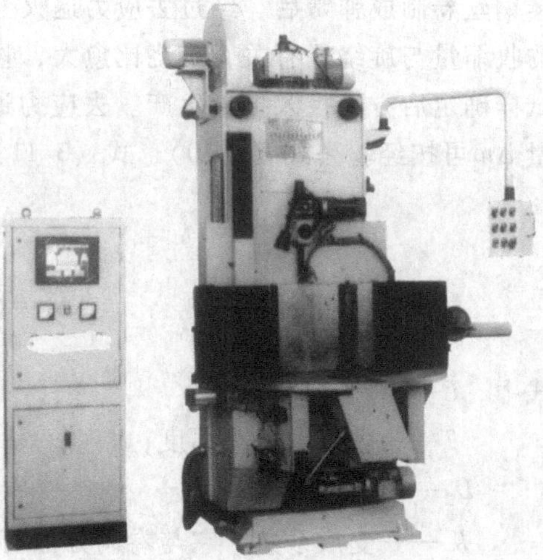

图 3-19 M7745-9KS 弹簧端面数控双料盘磨床

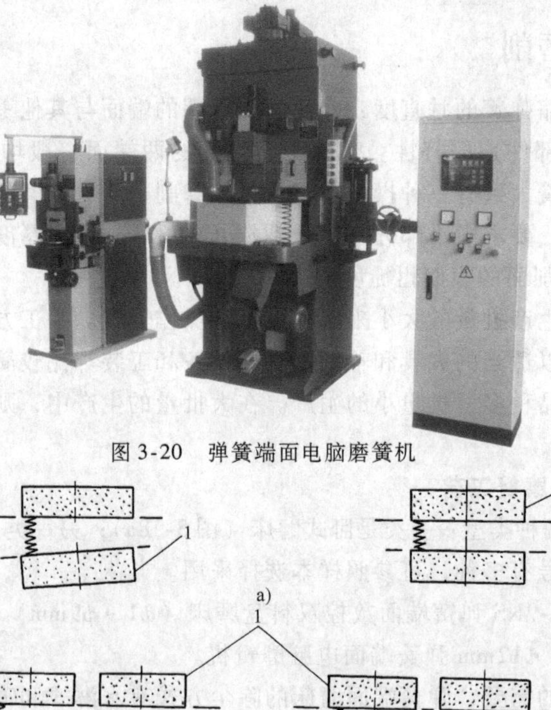

图 3-20 弹簧端面电脑磨簧机

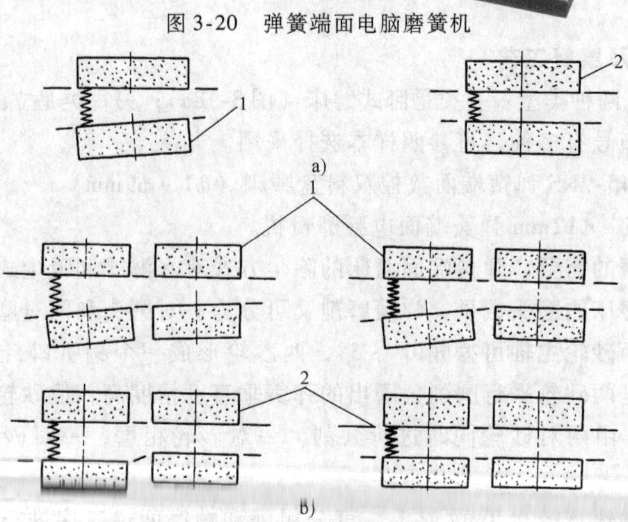

图 3-21 磨头磨削

a）一对磨头磨削 b）两对磨头磨削

1—可摆动磨头 2—平行磨头

弹簧的两端经磨削后，内孔上会产生毛刺。一般在磨削后应进行内孔倒角（去毛刺）处理。倒角的工具可用专制的锥形砂轮或采用镶硬质合金的锥形刀具。也可采用自动内倒角机对弹簧内孔进行倒角。

8.2　弹簧端面磨削应注意事项

为了保证磨簧的技术要求和提高磨簧的质量，除提高操作者的技术水平和选择合适、精良的设备外，还应注意以下几点：

1）砂轮选择要适当。应根据弹簧的材料和弹簧的精度要求来选择砂轮的磨料、粒度、硬度、结合剂，以保证在磨削过程中有良好的自锐性，以避免弹簧端面烧伤。

2）要保证适当的磨削量，送料盘或砂轮的速度不能太快。磨量太大或转速太快时，砂轮自锐性变差，容易堵塞，发热量增大，弹簧端圈会发生过烧，磨削精度也难保证。一般是磨削精度要求高的，材料直径粗的，弹簧直径大的采用慢速，小磨量，反之，则可采取较快的速度和较大的磨量。

3）装弹簧用的套筒内孔和长度应与弹簧配合恰当，如果间隙小，则增加装卸的困难，如果间隙大或弹簧伸出套筒的长度过长，则垂直度的误差增大。一般情况下套筒内径要比弹簧外径最大值增大0.1~0.2mm，以保证弹簧在套筒内能自由转动。短弹簧的套筒高度比弹簧低1~3mm；长弹簧的套筒高度比弹簧低2~5mm。在同一批弹簧中，若自由高度差别较大，应先将高度分组，然后再进行磨削。套筒的材料应选用碳素工具钢或合金工具钢制造，硬度62~65HRC，内外圆要经过磨削加工。

4）在弹簧端面磨床上磨削弹簧时，为保证弹簧的垂直度，另一个重要因素是弹簧端圈的螺旋角、贴紧长度应均匀一致。螺旋角应在卷簧时加以控制。当垂直度要求高时，卷簧时一定要保证螺旋角在公差范围内，检查时可用万能角尺、专用样板来测量弹簧的螺旋角。

5）定期整修砂轮和维修调整设备。

6）为避免端圈开口，磨削工序应在去应力退火后进行。用退火材料卷制的弹簧，粗磨可在淬火前进行，精磨在淬火后进行。

9　弹簧的校正工艺

螺旋压缩弹簧在端面磨削结束后，如果弹簧的自由高度、垂直度、节距、外径等未达到图样上规定的偏差时，则往往需要校正加工。

校正操作目前一般均处于手工或半手工作业状态。常用的工具是：金属丝在4mm以上的弹簧，多用手扳压力机、劈距机、压力机等；金属丝在4mm以下的弹簧，则多用具有楔形刃口的专用工具、钳子、锤子等。校正加工就是利用这些工具使弹簧局部产生塑性变形，以达到图样所要求的尺寸。

（1）校正工艺的应用

1）外径的校正。一般情况下卷簧是可以保证外径偏差的，但当弹簧的旋绕比太大和弹簧外径公差要求特别严格时（超出弹簧有关标准要求），则外径需要一定的校正。

校正工具常用的有专用钳、专用压板和心轴等。

2）节距和高度的校正。当节距作为验收主要指标和弹簧自由高度不能保证的情况下，可采用校正的办法来调整。

3）垂直度的校正。为达到高精度垂直度的要求时，而在磨削时又无法保证的情况下，可通过校正工艺来提高垂直度的精度。

（2）校正的利弊与减少校正的途径 校正工艺是通过一定的工具，使弹簧产生局部的塑性变形而达到图样上规定的要求的。这种工艺具有两面性：一方面提高了尺寸精度，另一方面往往给弹簧的性能造成不良影响，甚至带来损伤。

为了减少校正对弹簧性能的影响，校正后应进行去应力退火处理。

校正工艺劳动强度高、费工时，增加了制造成本。因而应从以下几个方面采取措施，以减少或取消校正工艺。

1）在保证弹簧主要性能的前提下，在设计时对垂直度、节距均匀度等指标尽量不要提出过高地要求。

2）提高弹簧材料力学性能的均匀性和稳定性，尤其是弹簧材料抗拉强度的波动范围应尽量小。

3）提高卷簧精度。使弹簧两端圈的螺旋角、并圈均匀一致，节距均匀一致，自由高度的误差控制在一定范围内。

4）提高磨簧精度。使弹簧的垂直度尽量满足图样的要求。

10 螺旋拉伸和扭转弹簧的制造

螺旋拉伸和扭转弹簧的制造，目前国内制造厂一般采用两种加工方法。一种是部分采用机械加工，剩余部分采用传统手工加工；另一种是采用数控弹簧成形机加工。下面分别作一简单介绍。

10.1 半机械半手工制造

（1）螺旋拉伸弹簧 其工艺与螺旋压缩弹簧基本相同，不同的只是端部的钩环加工。拉伸弹簧的成形方法如下：

1）用与螺旋压缩弹簧相同的方法，卷绕成形后进行去应力退火，再进行钩环加工。

2）用直尾卷簧机卷制。它是一种心轴垂直的立式有心卷簧机。卷制后进行去应力退火，然后进行钩环加工。

螺旋拉伸弹簧的端部结构形式很多，加工方法也很多。常用的有：小型弹簧使用钳子式的专用工具或专用工艺装置进行手工加工；普通的螺旋拉伸弹簧则以弯钩器或模具用手动或自动的操作方法进行加工；长臂钩环的拉伸弹簧，一般是卷绕时留出拉钩所需料长，或者是卷制后留出加工所需的圈数，用拉直工具将两端拉直，然后用专用工具弯制钩环。

去应力退火的工艺规范如前所述。弹簧卷制好后先进行去应力退火，然后再切断和进行钩环加工，钩环加工完毕后，一般再要进行1~2次的去应力退火。为了防止两钩环的相对角度发生变化，故在去应力退火时要使钩环加工完毕后的温度比卷制好后的温度低20~30℃。

螺旋拉伸弹簧一般不进行抛丸和强拉处理。

（2）螺旋扭转弹簧 其工艺和螺旋压缩、拉伸弹簧基本相同，不同的也是端部的加工。

在小批量生产和扭臂比较复杂的情况下，多数采用手工或半自动的有心轴卷簧法成形，然后用工装夹具将扭臂按图样要求进行加工。在大批量生产时，则可在直尾卷簧机和扭簧专用机上卷制，扭臂不能按图样完成的，再分工序用工装、夹具来加工。

根据螺旋扭转弹簧的特点，在设计和制造时，还应注意以下两点：

1）螺旋扭转弹簧端部扭臂在制造时应一次弯曲成形，避免加工疵病和校正整形加工。扭臂加工完后应进行第二次去应力退火。

2）目前的螺旋扭转弹簧多为密圈，这样在弹簧圈之间就产生了相当于拉伸弹簧的初拉力类似的压紧力，在加载和卸载时会产生摩擦力而出现滞后现象，当加载与旋向相同或圈数增加时，这种倾向增加；另外也给表面处理工序带来困难。因此在设计和成形时，弹簧圈间应稍留间隙。

在大量生产中，制造厂在有条件的情况下，对螺旋拉伸、扭转弹簧的展开、折弯、弯钩等工序可采用液压、气动等方法加工。

10.2 自动数控弹簧成形机

自动数控卷簧机以卷制圆柱螺旋压缩弹簧为主。为了制作复杂的弹簧，在自动数控卷簧机的基础上形成了自动数控弹簧成形机。

任何复杂弹簧都可以分解成圆、弧、折角和直线四种基本结构。数控弹簧成形机的最大特点就是可以通过机器不同轴之间的相互配合而任意组合以上四种结构，使复杂弹簧的一次成形成为可能。在数控成形机上可以比较方便地成形压簧、拉簧、扭簧和各种异形弹簧。

数控弹簧成形机最初以两轴的为主。其中送线轴（Y 轴）专门负责送线，而成形轴（X 轴）则由另一伺服电动机通过凸轮驱动八个星形分布的滑座（图 3-22）。再由滑座加装不同的刀具实现对线材的卷绕、弯曲、折角和切断动作。在后来的十余年中，逐渐从两轴一直发展到 13 轴，其中分可转心轴和固定心轴、可转线和不可转线、凸轮式和无凸轮式（全数控）、固定滑座和可移动式滑座四大类，其中凸轮式的又分凸轮直驱和杠杆驱动，无凸轮式又分轴向进刀和偏心进刀。

两轴的数控弹簧成形机的心轴是固定式的。在实际的生产中钢丝的弯曲变形经常与心轴本身相干涉，影响弹簧的成形，所以往往要在生产不同类型弹簧的时候把心轴磨成不同的形状来配合生产，这就直接造成了调试时间长，心轴容易损坏，刀具成本高等缺点。为了解决这样的问题，又设计出了第三轴，即旋转轴。

旋转轴（R 轴）由单独的伺服马达驱动，可以在圆周内作任意角度旋转，其精度达到了 0.09°以上。这一旋转功能克服了两轴机器的以上缺点，使调试相对简便，刀具成本降低。以后又设计出了卷曲轴（S 轴），这是一种在滑座上加装卷曲电动机，可成形更复杂的弹簧。

人们在调试的过程中发现每个滑座都需要凸轮来驱动，而凸轮的相位精确调整是一件很麻烦的事情，同时滑座的行程调整、特殊弹簧生产中的专用凸轮磨制也很浪费时间，在此背景下，又出现了全数控（无凸轮）弹簧成形机。

所谓全数控弹簧成形机，是在数控弹簧成形机的基础上将八个成形滑座，分别由八个不同的伺服电动机驱动，调试人员可以通过电脑指示任何一个滑座在任何时间以设定的速度完成生产动作。这是成形机的又一次大的进步，它使机械调试部分缩减到最小。以前磨制刀具、调整凸轮的时间现在只要在电脑上修改参数就能轻易实现。

大家常见到的成形机的八个滑座是相邻成 45°，可微调的。但有的厂家也推出了可移动式滑座，调试人员可以将滑座安排在可能的任意角度，使调试更方便。

最近设备制造厂家推出了可转线弹簧成形机。传统的弹簧成形机无论是否可以转心，钢丝本身是不旋转的，这样同一把折角刀只能折在同一平面的弯角，而不能成形立体空间角度。可转线成形机专门有独立的伺服电动机控制钢丝可作 360°的精确旋转，这样一只刀具可以在不同平面对钢丝进行绕制和折角，成形功能更强。表 3-6 是各种不同轴数数控成形机特性对照表。

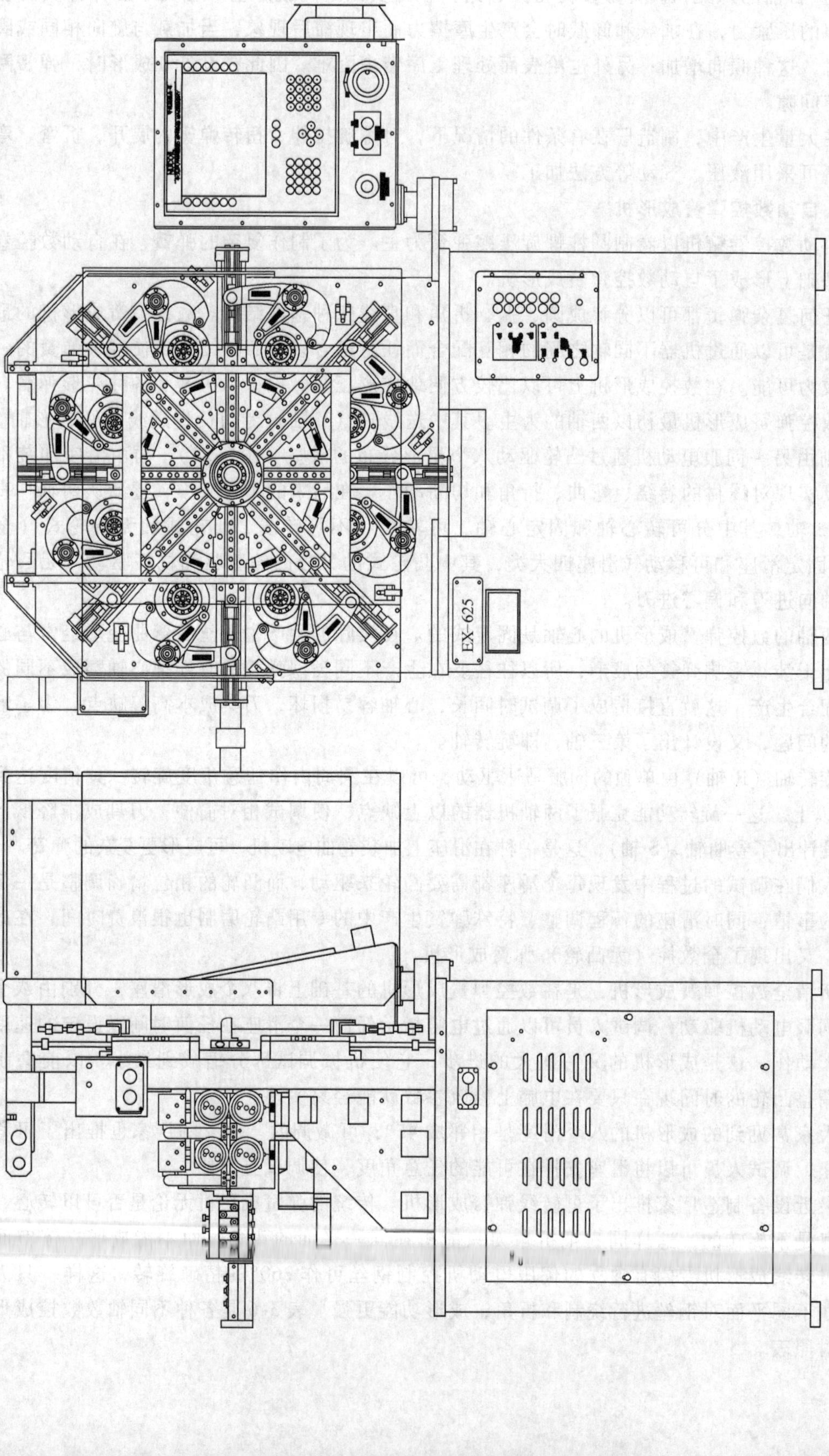

图 3-22 自动数控弹簧成形机

表 3-6 各种不同轴数数控成形机特性对照表

项目＼轴数	三轴	三轴转线	多轴无凸轮	多轴无凸轮转线
送线	单独电动机控制	单独电动机控制	单独电动机控制	单独电动机控制
凸轮	八个凸轮由一个伺服电动机控制，需要人工调整凸轮相位。调试相对复杂，生产效率相对较高	八个凸轮由一个伺服电动机控制，需要人工调整凸轮相位。调试相对复杂，生产效率相对较高	每只凸轮分别由不同的伺服电动机控制，调试简便，成形功能更强	每只凸轮分别由不同的伺服电动机控制，调试简便，成形功能更强
折角	每只折角刀只能成形一个平面内的折角，成形功能相对受限	一只折角刀可成形立体折角，成形功能较强	每只刀可以按程序实现任意行程和任意速度的进退，成形功能强大	综合转线和无凸轮的优点，调试非常方便，成形功能很强
卷圆	需机械方式调整预紧力	可在电脑上调整预紧力	需机械方式调整预紧力	可在电脑上调整预紧力
生产效率	相对较高	相对较高	相对较低	相对较低

除了上面介绍的自动数控弹簧成形机外，还有自动数控扭簧成形机、自动数控拉簧成形机、自动数控异形（线）弹簧成形机、自动数控圆圈成形机等。如有需要可向制造厂家索取资料。

11 弹簧加工的工艺装置

弹簧的工艺装置是弹簧制造过程中实现其形位要求的一种装置。它分为卷簧机用装置和非机用装置。本节重点讨论后者，即各类弹簧的成形夹具、切断模具、工序检具和各种立定处理装置。设计合理、制作精良的工艺装置是保证弹簧加工精度，提高生产效率，降低劳动强度和制造成本的有效前提。

11.1 弹簧工艺装置的设计方法和步骤

设计弹簧工艺装置时首先要考虑工件的加工精度要求，应结合本厂的情况，分别加工批量的大小，制订出合理的设计方案，具体步骤如下：

1）阅读工件图样。分析图样所提出的技术要求，明确各尺寸间的相互关系，工件在所在机构中的安装位置和作用。对于产品设计的不合理要求，要与主机厂协商解决，以避免装置设计所产生的先天性不足。

2）确定工艺流程。明确每道工序的加工要求和定位精度，做到工件的定位和测量基准与设计基准一致，所选择的定位方式要有足够的定位精度。

3）确定合适的夹紧方法。夹紧力的作用点和方向应符合夹紧原则，条件许可的情况下，可采用卡紧式。

4）绘制装配图。绘制总装图时应尽量采用1:1的比例，绘图时先用双点画线画出工件，并将它看作是一个假想的透明体，再依次画出定位、夹紧、成形等部分，最后画出夹具体，并在其适当部位画一“⬙”符号，装配后在此位置标注装备编号。

总装图必须清楚地表示出装置的工作原理和构造、元件间的相互关系，应标注出装置的最大轮廓尺寸和各部分的主要尺寸、公差配合和技术要求。在标注零件编号时，标准件可直接标注标准代号，明细表要注明装备的名称、编号、序号、零件名称及数量、材料和热处理。

5）拆绘零件图。一般先绘制夹具体，再由件号依次绘制零件图。

11.2　弹簧工艺装置的设计注意事项和技术参数

弹簧工艺装置设计的一般要求是定位正确，夹紧可靠，使用及调整方便，制造成本低廉，通用性能好。因此，在设计时应注意以下几点：

1）弹簧绕制时公差较大，因此，当需要以其内外径定位时要以实际尺寸为基准，以减少积累误差。同时，在定位精度满足使用要求的情况下，不要过高地提高工件在装备中的定位精度。定位件尽可能做成可调式，以满足相同工件分批加工及相关品种生产的需要。

2）选择夹紧方式时要做到简便可靠，能满足工件快速装卸的需要，夹紧力要垂直于主要定位基准面，谨防因夹紧力过大而使工件产生变形或破坏原有的定位状态。

3）在结构设计时要区别大批量常年产品和小批量试制产品间的关系。前者既要保证质量，又要提高产量，应当考虑采用高效、省力的结构，反之，对于主要保证质量，而效率等问题是次要的产品，装置的结构可简单些。

4）要设计通用性强的装置和选用标准元件，设计时要考虑到制造和使用人员的技术水平，其结构要有良好的工艺性，便于加工、修整和测量。

5）图面工作完成后，设计人员要参与制造、装配、试验和使用的全过程。通过实践来发现和解决问题，直至使用满意为止。经过改动的图样应立即完成图面的修改工作，做到资料完整、正确、齐全。完成这一过程后，所有的图样资料连同工艺文件方可归档入库、移交生产。

设计时常用技术参数的计算见表 3-7。

表 3-7　常用技术参数的计算

简　　图	技 术 参 数	简　　图	技 术 参 数
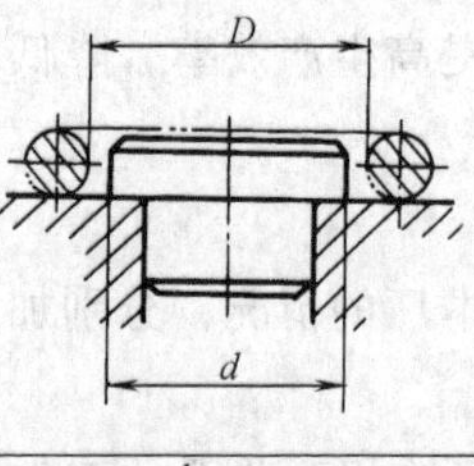	定位误差 $\Delta = \delta_D + \delta_d + \delta_\Delta$	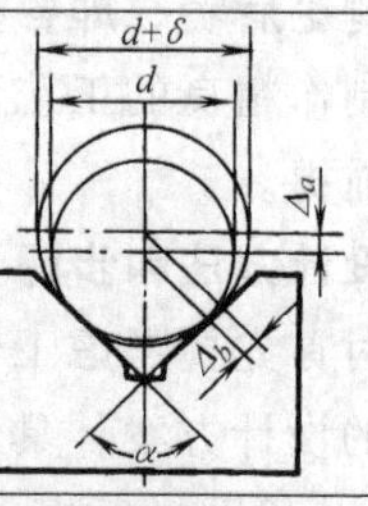	定位误差 $\Delta_a = \dfrac{\delta}{2}$ $\Delta_b = \dfrac{\delta}{2}\cot\dfrac{\alpha}{2}$
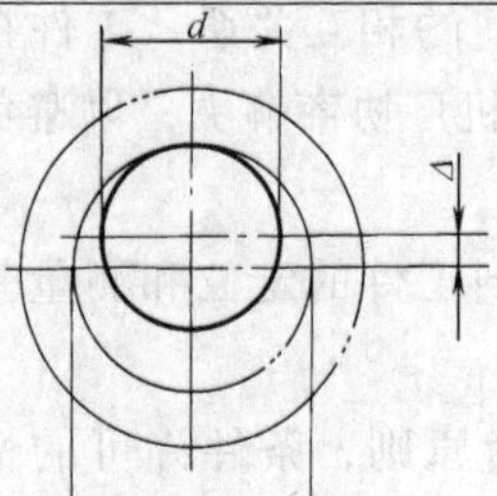	定位误差 $\Delta = \dfrac{\delta_D + \delta_d}{2}$	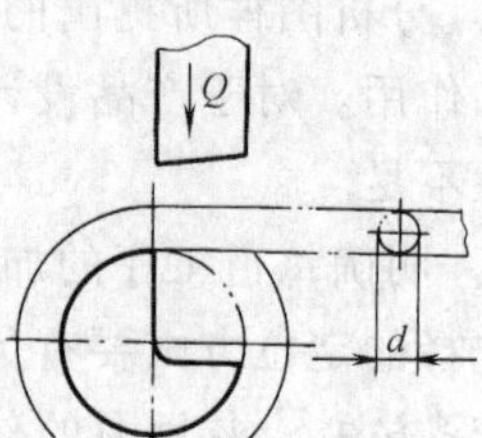	切断力 $Q = 0.79\tau_b d^2$ τ_b—材料的抗剪强度 d—钢丝直径
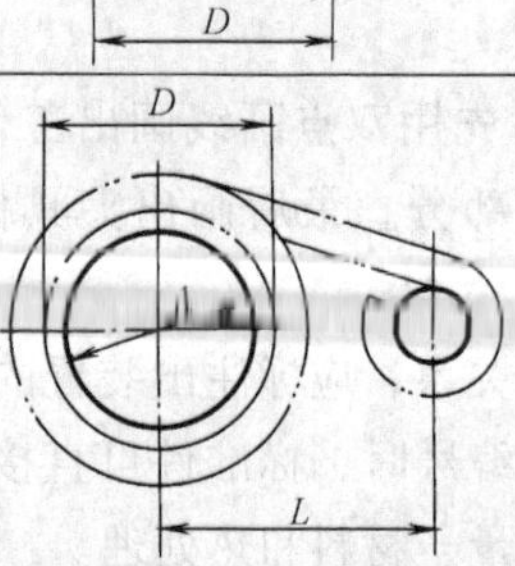	定位误差 $\Delta = \delta_D + \delta_d$ $+ \delta_\Delta + \Delta_L$	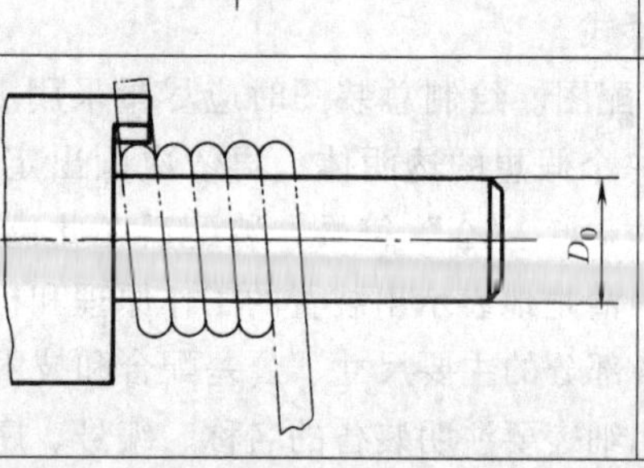	$D_0 = \dfrac{D_1}{1 + 1.7C\dfrac{\sigma_b}{E}}$ D_1—弹簧设计内径 E—材料弹性模量 σ_b—材料抗拉强度 C—弹簧的旋绕比

（续）

简　　图	技术参数	简　　图	技术参数
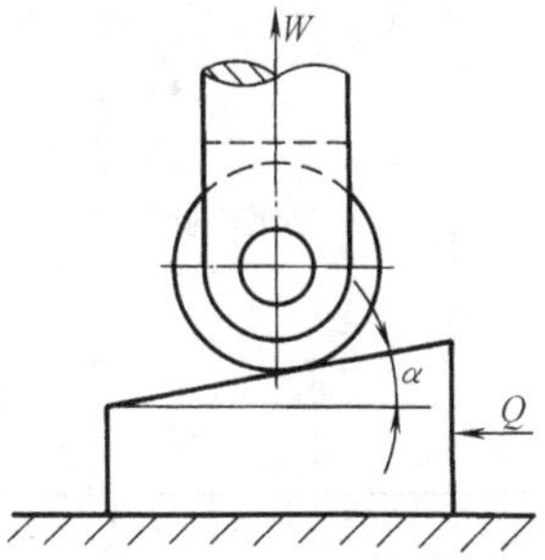	1）增力比 $W/Q=2\sim5$ 2）斜楔角 α $\alpha=6°\sim8°$（手动） $\alpha=8°\sim12°$（机动） 3）能改变作用力的方向	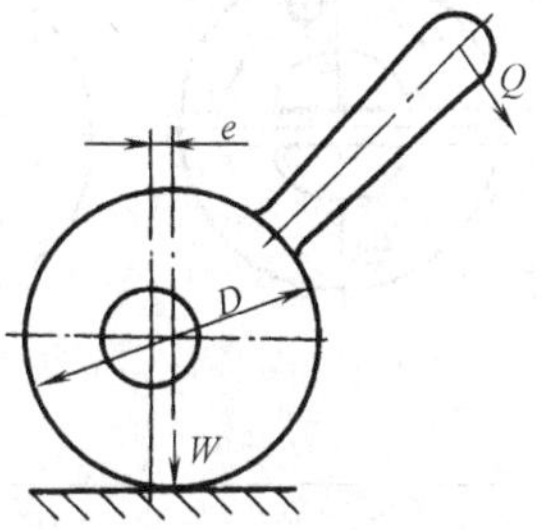	1）增力比 $W/Q=12\sim14$ 2）$\dfrac{D}{e}>12\sim20$ 3）自锁性差，夹紧行程小，但操作迅速
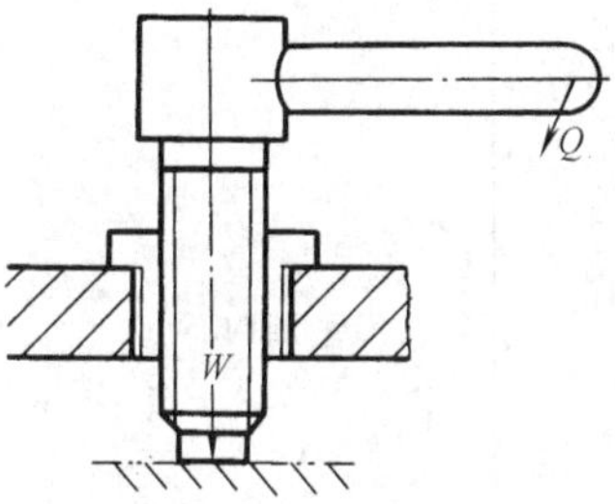	1）增力比 $W/Q=65\sim140$ 2）自锁性好，行程不受限制，但操作费时	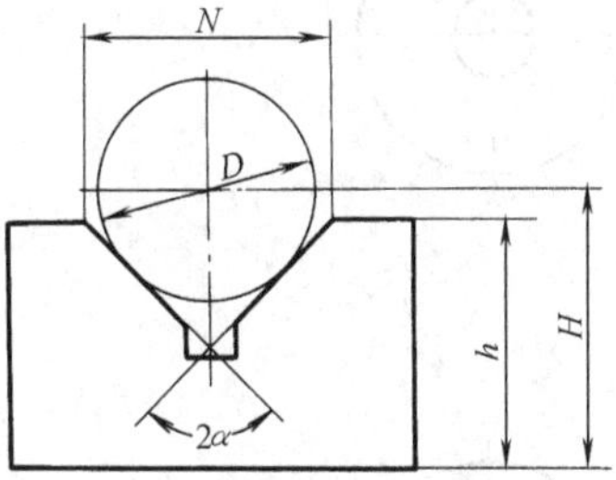	$H=h+\dfrac{D}{2\sin\alpha}-\dfrac{N}{2\tan\alpha}$ $N=\dfrac{D}{\cos\alpha}-2\tan\alpha\times(H-h)$

11.3 弹簧典型工艺装置示例

（1）工件成形模具　表 3-8 所列为常用工件成形模具结构。设计钩环成形装置时，可参照图例进行。

表 3-8　工件成形模具结构示例

模　具　结　构	工件成形类型
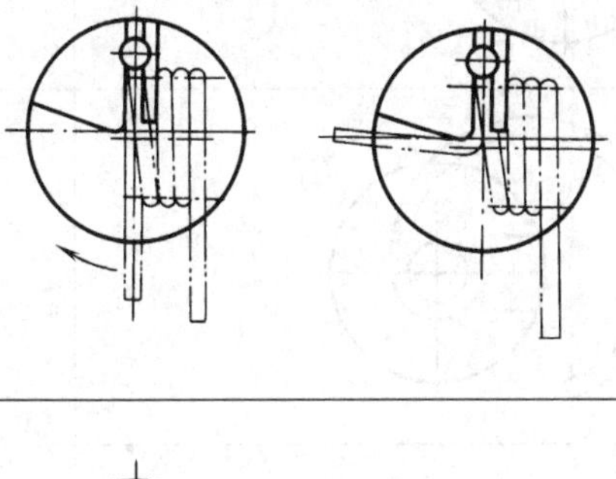	长、短臂
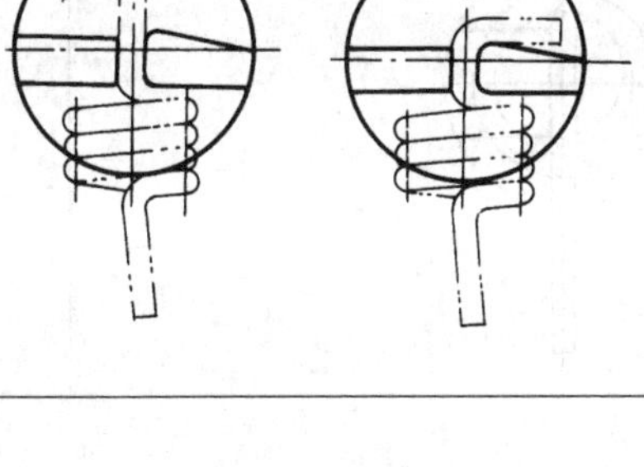	方钩环

（续）

模 具 结 构	工件成形类型
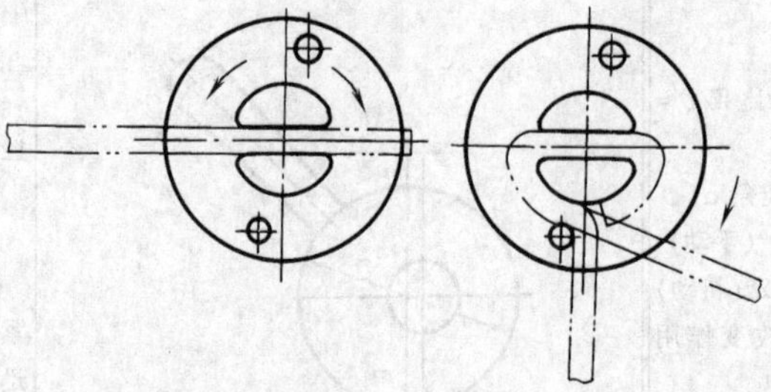	平顶半圆钩环
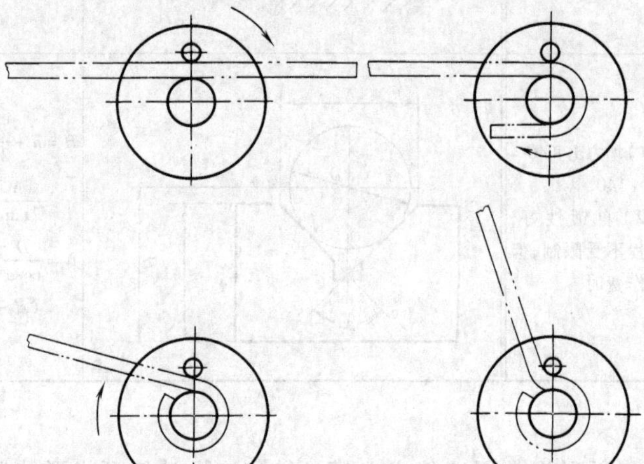	圆钩环
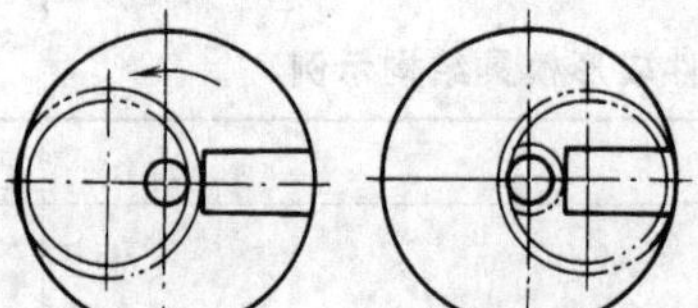	内圆钩环
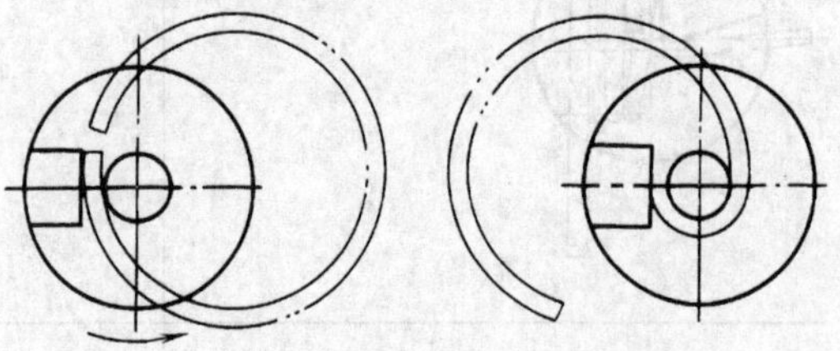	内钩环
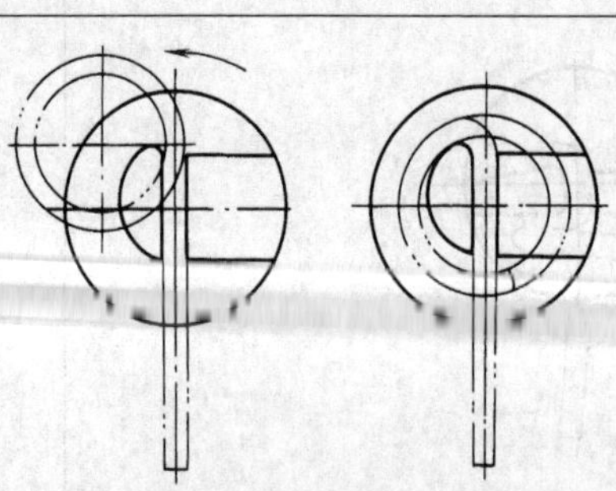	半圆钩环

（续）

模 具 结 构	工件成形类型
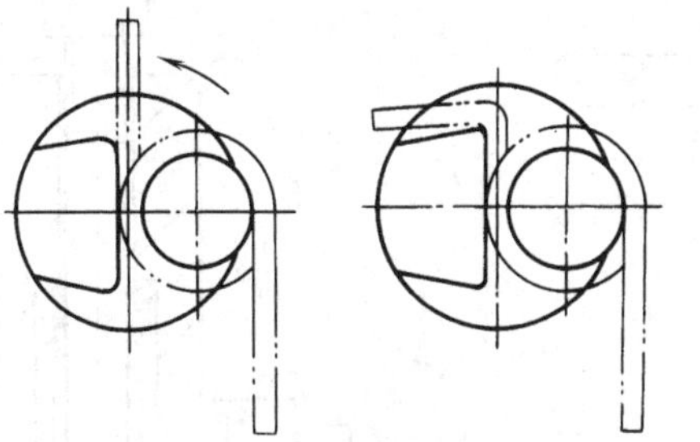	弯钩环
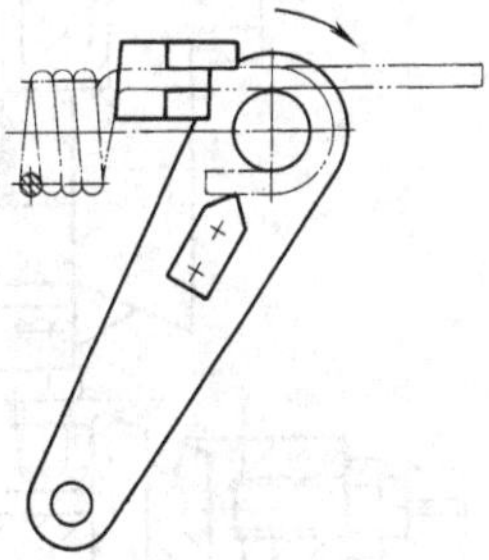	长臂半圆钩环
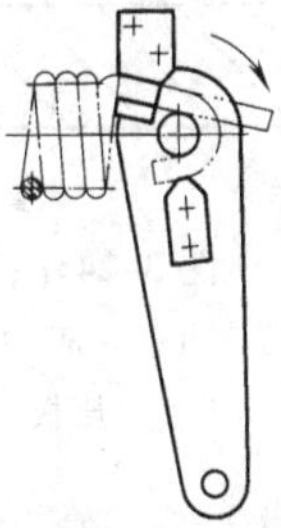	长臂小圆钩环

（2）弯臂成形装置（见图 3-23）　由夹具体 1、定位成形销 2、V 形夹紧板 3、偏心轮 4、手柄 5、轴 6 和成形轮 7 组成。操作时，将工件置于定位成形销 2 上，转动偏心轮 4 推动 V 形夹紧板 3 将工件压紧，然后转动手柄 5 通过轴 6 带动成形轮 7 将工件钢丝尾压成弯臂。

（3）拉伸弹簧半圆钩环成形装置（见图 3-24）　由冲柄 1、弹簧 2、压模 3、浮动压板 4、定位件 5 和成形模 6 组成。冲柄 1 下压时，弹簧 2 迫使浮动压板 4 向下压紧工件，与此同时，压模 3 向下与成形模 6 压合，形成拉簧半圆钩环所需的弯折角度。

（4）弹簧的倒内角装置　图 3-25 为弹簧自动倒内角机上使用的弹簧定位和夹紧装置。工件 4 由振动料斗排列成图示的状态，凸轮控制滑块 7 作往复运动，当凸轮处于高段位时，工件被浮动压紧；此时，两端倒角头对弹簧进行内倒角处理，当凸轮处于低段位时，复位弹簧 9 迫使滑块 7 回移至起始位置，被倒角工件在重力的作用下流入浮动压块 5 中，拉簧 10 和夹爪 11 用于工件的轴向定位，以保证两端倒角尺寸的一致，经倒角的弹簧通过落料导板 1 离开工作区。

（5）弹簧的立定处理装置

1）压缩弹簧的立定处理是将弹簧压至立定高度。但多数情况下，立定处理要压缩至并圈的程度，即压并高度。图 3-26 所示装置适用于达到压并高度时的立定处理。工作时压块 1

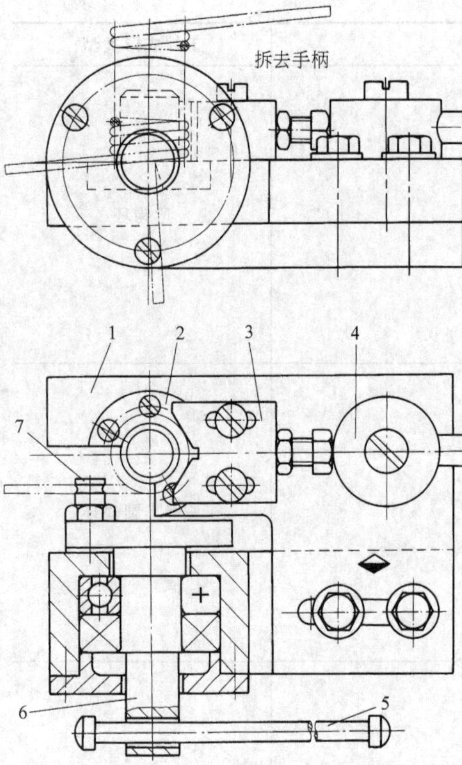

图 3-23　弯臂成形装置

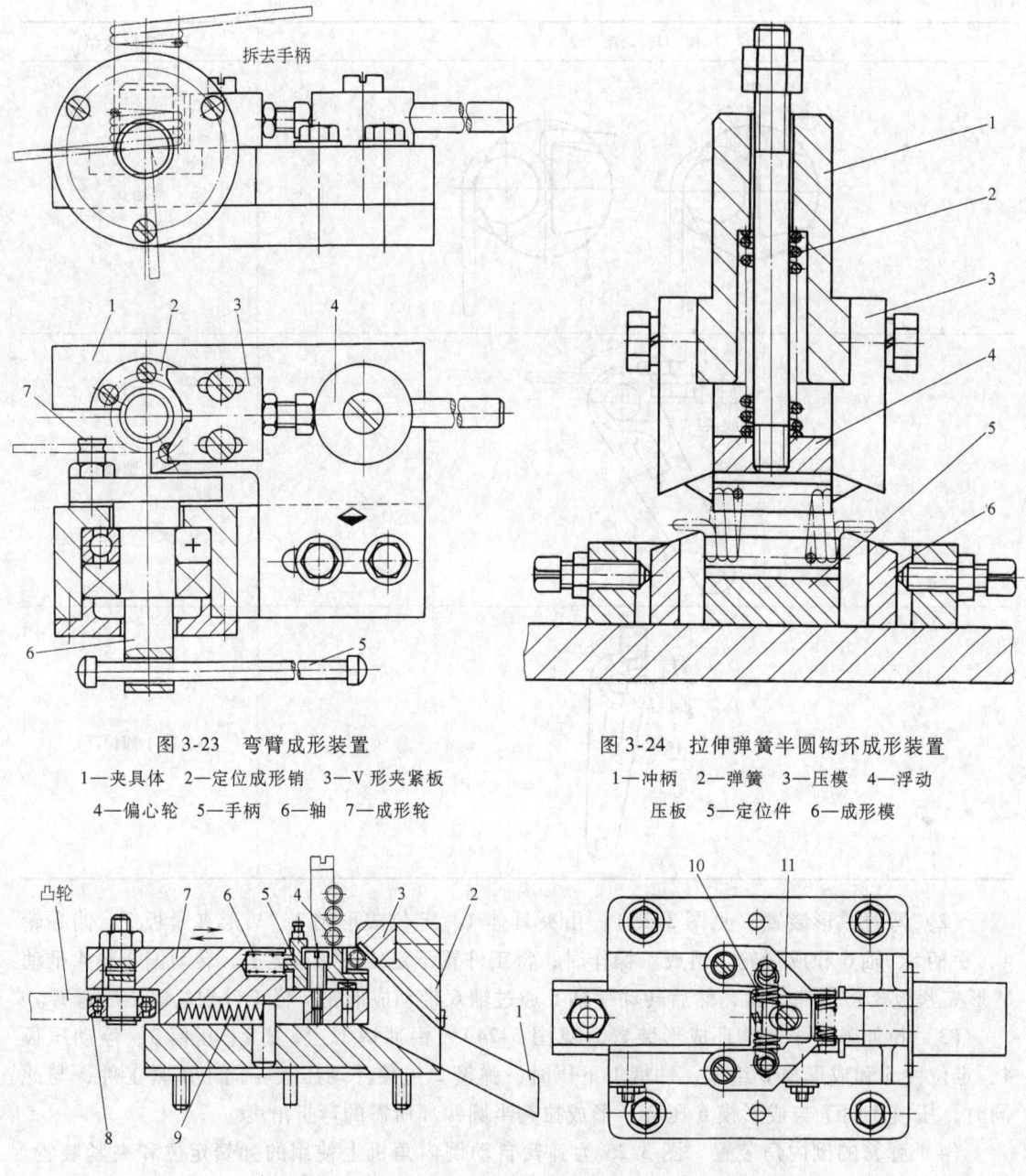

1—夹具体　2—定位成形销　3—V 形夹紧板　4—偏心轮　5—手柄　6—轴　7—成形轮

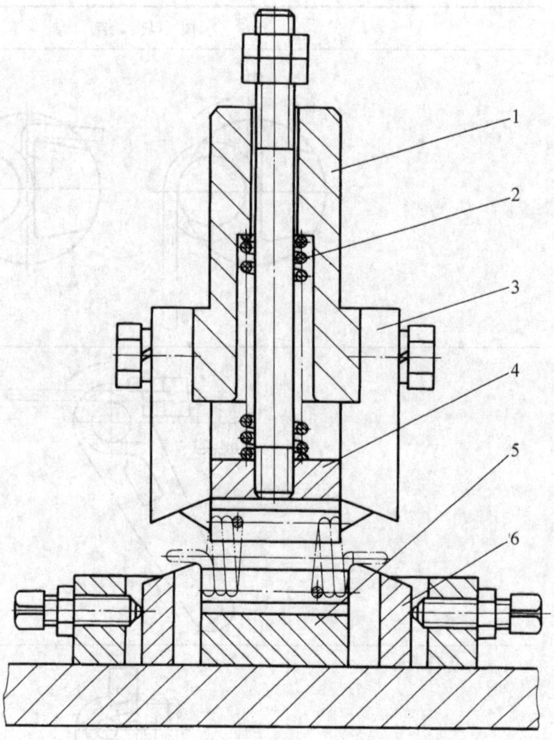

图 3-24　拉伸弹簧半圆钩环成形装置

1—冲柄　2—弹簧　3—压模　4—浮动压板　5—定位件　6—成形模

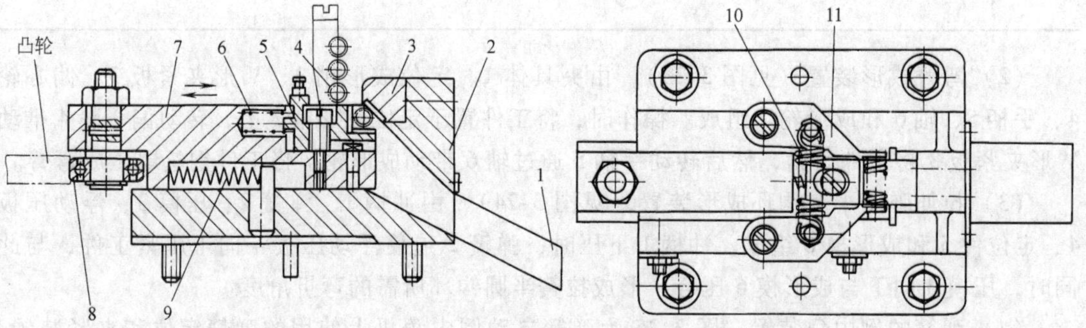

图 3-25　弹簧的倒内角装置

1—落料导板　2—夹具体　3—定位块　4—被加工件　5—浮动压块　6—弹簧　7—滑块　8—深沟球轴承　9—复位弹簧　10—拉伸弹簧　11—夹爪

压至定位套 2 的 A 面，并继续下压至弹簧各圈并紧。当弹簧压并后，碟形弹簧 6 参与工作，以保证由于压并高度的差异使每个被立定处理的弹簧均能被压并处理，在回转工作台的非工作区，凸轮 7 通过顶杆 5 将已经立定处理的工件顶出并流入排出槽口。弹簧在压并过程中始终被定位套 2 限制其外径，控制弹簧立定处理过程中可能形成的直线度和垂直度误差。

这种装置特别适用于旋绕比小而又细长的高应力弹簧的立定处理。

2）拉伸弹簧立定处理装置如图 3-27 所示。操作时工件体挂在调节板 2 和转盘 3 的凸轴上，扳动手柄 4 转动转盘 3，将工件拉伸到预定的长度，达到立定处理的目的。通过移动调节板 2 的位置，可以适应不同长度的弹簧和不同拉伸长度的要求。

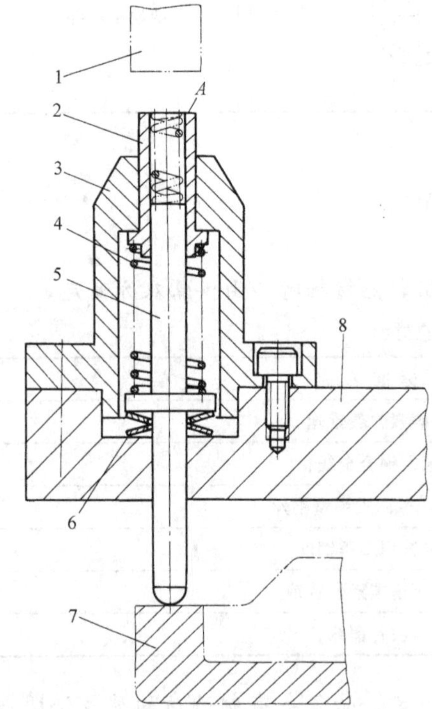

图 3-26　压缩弹簧立定处理装置

1—压块　2—定位套　3—夹具体　4—复位弹簧　5—顶杆　6—碟形弹簧　7—凸轮　8—回转工作台

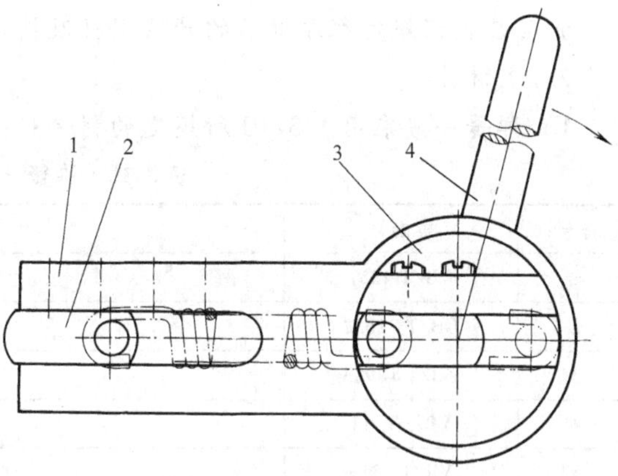

图 3-27　拉伸弹簧立定处理装置

1—夹具体　2—调节板　3—转盘　4—手柄

附　冷卷圆柱螺旋压缩弹簧技术条件（GB/T 1239.2—2009 摘录）

该标准适用于冷卷圆截面圆柱螺旋压缩弹簧（以下简称弹簧），弹簧材料的截面直径大于或等于 0.5mm。

该标准不适用于特殊要求的弹簧。

1　结构型式

弹簧端部结构型式见表 3-9。

表 3-9　螺旋压缩弹簧端部结构型式

代号	简　　图	端部结构型式
YⅠ	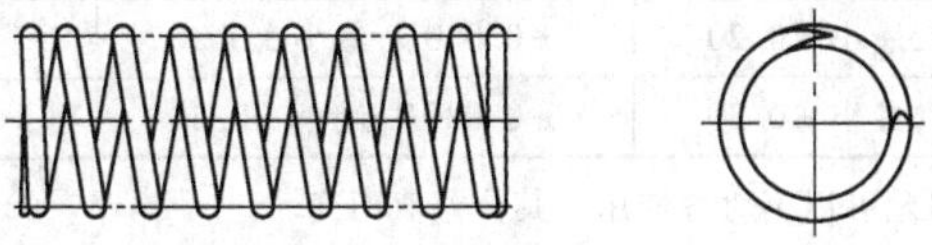	两端圈并紧磨平
YⅡ	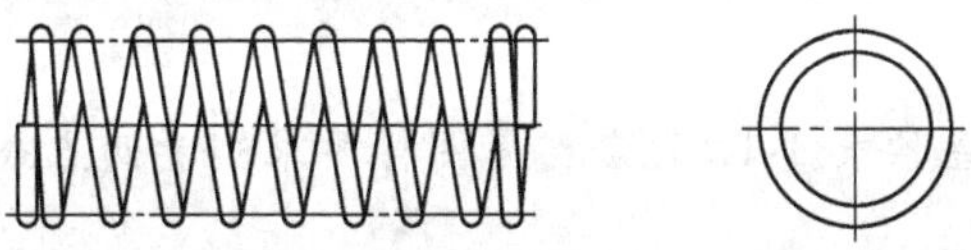	两端圈并紧不磨

（续）

代号	简 图	端部结构型式
YⅢ	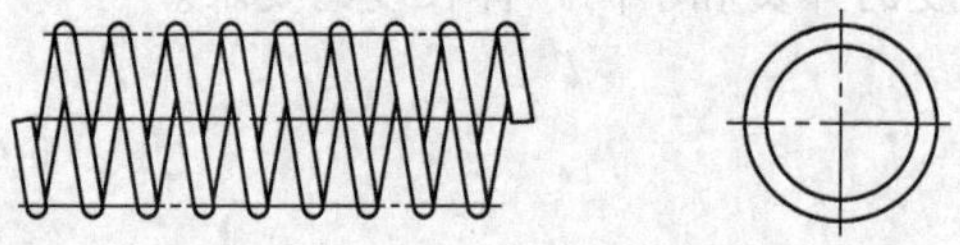	两端圈不并紧

2 技术要求

产品应按经规定程序批准的产品图样及技术文件制造。

2.1 材料

1）弹簧一般采用表3-10所规定的材料；若所需用其他材料时，由供需双方商定。

表3-10 弹簧一般采用的材料

序号	标准号	标 准 名 称
1	GB/T 4357	碳素弹簧钢丝
2	GB/T 21652	铜及铜合金线材
3	GB/T 18983	油淬火-回火弹簧钢丝
4	YB/(T)11	弹簧用不锈钢丝
5	YB/T 5311	重要用途碳素弹簧钢丝
6	YS/T 571	铍青铜线

2）弹簧材料的质量应符合相应材料标准的有关规定，必须备有制造商的质量证明书，并经复检合格后方可使用。

2.2 极限偏差的等级

弹簧尺寸与特性的极限偏差分为1、2、3三个等级，各项目的等级根据使用需要分别独立选定。

2.3 尺寸参数及极限偏差

2.3.1 内径或外径

弹簧内径或外径的极限偏差按表3-11的规定。

表3-11 弹簧内径或外径的极限偏差 （单位：mm）

旋绕比 $C(D/d)$	精度等级		
	1	2	3
3~8	±0.010D,最小±0.15	±0.015D,最小±0.20	±0.025D,最小±0.40
>8~15	±0.015D,最小±0.20	±0.020D,最小±0.30	±0.030D,最小±0.50
>15~22	±0.020D,最小±0.30	±0.030D,最小±0.50	±0.040D,最小±0.70

注：必要时弹簧的内径或外径的极限偏差可以不对称使用，其公差值不变。

2.3.2 自由高度

弹簧自由高度 H_0 的极限偏差按表3-12规定，当图样要求测量两点或两点以上指定高度下的负荷时，自由高度作为参考。

表 3-12　弹簧自由高度 H_0 的极限偏差　　（单位：mm）

旋绕比 $C(D/d)$	精度等级		
	1	2	3
3～8	±0.010H_0，最小±0.20	±0.02H_0，最小±0.50	±0.03H_0，最小±0.70
>8～15	±0.015H_0，最小±0.50	±0.03H_0，最小±0.70	±0.04H_0，最小±0.80
>15～22	±0.020H_0，最小±0.60	±0.04H_0，最小±0.80	±0.06H_0，最小±1.0

注：必要时弹簧的自由高度的极限偏差可以不对称使用，其公差值不变。

2.3.3　总圈数

总圈数的极限偏差按表 3-13 规定。当弹簧有特性要求时，总圈数作为参考。

表 3-13　总圈数的极限偏差　　（单位：圈）

总圈数 n_1	极限偏差
≤10	±0.25
>10～20	±0.50
>20～50	±1.00

注：必要时弹簧总圈数的极限偏差可以不对称使用，其公差值不变。

2.3.4　垂直度

两端面经过磨削的弹簧，在自由状态下，弹簧轴心对两端面的垂直度按表 3-14 选取。

2.3.5　节距均匀度

等节距的弹簧在压缩到全变形量的 80% 时，其正常节距圈不得接触。图样上的弹簧节距值作为参考。

表 3-14　弹簧轴心对两端面的垂直度　　（单位：mm）

精度等级	1	2	3
垂直度	0.02H_0(1.15°)	0.05H_0(2.9°)	0.08H_0(4.6°)

注：对于细长比（$b=H_0/D\geqslant5$），其垂直度由供需双方协商。建议改为考核直线度，直线度要求按理论垂直度要求之半。

2.3.6　压并高度

弹簧的压并高度原则上不规定。

对端面磨削 3/4 圈的弹簧，当需要规定压并高度时，按式（3-12）计算。

$$H_b = n_1 \times d_{max} \tag{3-12}$$

对两端不磨的弹簧，当需要规定压并高度时，按式（3-13）计算。

$$H_b = (n_1 + 1.5) \times d_{max} \tag{3-13}$$

式中　H_b——压并高度（mm）；

n——总圈数；

d_{max}——材料最大直径（材料直径＋极限偏差的最大值）（mm）。

2.3.7　端面磨削

两端面并紧并磨平的弹簧支撑圈磨平部分不小于 3/4 圈，其粗糙度不大于 $Ra12.5\mu m$，端头厚度不小于 $1/8d$。

2.4　弹簧特性及极限偏差

2.4.1 负荷

弹簧特性应符合下列1）或2）规定，一般不同时选用，特殊需要时，由供需双方商定。

1）在指定高度或变形量下的负荷，弹簧变形量应在试验负荷下变形量的20%~80%之间。弹簧要求1级精度时，指定高度负荷下的变形量应在4mm以上。但在最大变形量下的负荷应不大于试验负荷。

2）图样规定需要测量弹簧刚度时，弹簧变形量应在试验负荷下变形量的30%~70%之间。

2.4.2 弹簧特性的极限偏差

1）指定高度或变形量时的负荷 F 的极限偏差按表3-15规定。

表3-15 指定高度或变形量时的负荷 F 的极限偏差

有效圈数 n/圈	精度等级/N		
	1	2	3
3~10	$\pm 0.05F$	$\pm 0.10F$	$\pm 0.15F$
>10	$\pm 0.04F$	$\pm 0.08F$	$\pm 0.12F$

注：必要时弹簧负荷的极限偏差可以不对称使用，其公差值不变。

2）弹簧刚度 F' 的极限偏差按表3-16规定。

2.5 旋向

弹簧的旋向分为左旋、右旋，图样中未注明时按右旋，内外组合使用的内外旋向相反。

表3-16 弹簧刚度 F' 的极限偏差

有效圈数 n/圈	精度等级/(N/mm)		
	1	2	3
3~10	$\pm 0.05F'$	$\pm 0.10F'$	$\pm 0.15F'$
>10	$\pm 0.04F'$	$\pm 0.08F'$	$\pm 0.12F'$

注：必要时弹簧刚度的极限偏差可以不对称使用，其公差值不变。

2.6 永久变形

弹簧成品的永久变形不得大于自由高度的0.3%。

2.7 热处理

弹簧在成形后需经去应力退火处理，用铍青铜线成形的弹簧需进行时效处理，其硬度不予考核。

2.8 表面质量

弹簧表面不得有肉眼可见的有害缺陷。

2.9 表面处理

弹簧表面处理应在产品图样中注明，表面处理的介质、方法应符合相应的环境保护法规。应尽量避免采用可能导致氢脆的表面处理。

2.10 其他要求

根据需要，可在产品图样中对弹簧规定下列要求：

a）喷丸处理；

b）无损检测；

c）疲劳试验；

d）加温强压处理等。

弹簧有特殊技术要求时，由供需双方协议规定。

3 试验方法

3.1 永久变形

将弹簧用试验负荷压缩三次后，测量第二次和第三次压缩后的自由高度变化值。当试验负荷大于压并负荷时，则该压并负荷就被视为试验负荷。

3.2 弹簧特性

弹簧特性的测量在精度不低于±1%的弹簧试验机上进行，按图样规定测量负荷或刚度。当测量指定变形量下负荷时，其预压量由供需双方商定。弹簧特性的测定是将弹簧预压一次后进行，预压高度为试验负荷相对应的高度或压并高度，压并负荷最大值不得超过理论压并负荷的1.5倍。

试验负荷用式（3-14）计算，试验应力见表3-17。

$$F_s=\frac{\pi d^3}{8D}\tau_s \tag{3-14}$$

式中 F_s——试验负荷（N）；

τ_s——试验应力（N/mm^2）；

d——材料直径（mm）；

D——弹簧中径（mm）。

注：当旋绕比 C 小于等于6时，应用曲度系数 K 值修正$\left(F_s=\frac{\pi d^3}{8DK}\tau_s,\ K=\frac{4C-1}{4C-4}+\frac{0.615}{C}\right)$。

表3-17 试验应力 （单位：MPa）

材料	油淬火-回火类钢丝	碳素弹簧钢丝、重要用途碳素弹簧钢丝	弹簧用不锈钢丝	青铜线、铍青铜线
试验应力 τ_s	抗拉强度×0.55	抗拉强度×0.50	抗拉强度×0.45	抗拉强度×0.40

注：抗拉强度选取相应材料标准的下限值。

3.3 外径或内径

用分度值小于或等于0.02mm的通用量具或专用量具测量，图样上标明外径或中径的测量外径，并以外径最大值为准。标明内径的测量内径，并以内径最小值为准。

3.4 自由高度

自由高度用分度值小于或等于0.05mm的通用量具或专用量具测量，以其最大值为准，当自重影响自由高度测量时，将弹簧水平放置测量。

3.5 垂直度

垂直度用2级精度平板和3级精度直角尺和专用量具测量。在无负荷状态下将弹簧竖直放在平板上，自转一周后再检查另一端（端头至1/2圈处考核相邻的第二圈）外圆素线与直角尺之间的最大距离，即为垂直度偏差。

3.6 直线度

将弹簧水平放置在2级精度平板上，将弹簧转动一周，用专用量具测量弹簧外圆素线与平板之间的最大间隙。

3.7 压并高度

用小于等于1.5倍的理论压并负荷，将弹簧压并后用分度值小于或等于0.02mm的通用量具或专用量具测量弹簧高度，施加负荷的方法应由供需双方商定。

3.8 表面质量

一般采用目测或用5倍放大镜检查弹簧表面。

3.9 表面处理

弹簧表面处理按有关标准或技术协议规定进行。

3.10 其他要求

弹簧的喷丸处理按JB/T 10802的规定执行。

弹簧的磁粉检测按JB/T 7367的规定执行。

弹簧的疲劳试验按GB/T 16947的规定执行。

弹簧的加温强压、立定处理及其他特殊要求，按产品图样、相关标准执行。

4 检验规则

4.1 产品的验收抽样检查按JB/T 7944的规定，也可按供需双方商定。

4.2 产品检验项目

a）弹簧特性；

b）外径或内径；

c）自由高度；

d）总圈数；

e）垂直度/直线度；

f）压并高度；

g）永久变形；

h）表面质量；

i）表面处理；

j）疲劳寿命（需要时进行）。

4.3 弹簧检查项目分类

弹簧检查项目分类见表3-18。

表3-18 弹簧检查项目分类

A缺陷项目	B缺陷项目	C缺陷项目
疲劳寿命	弹簧特性、内径或外径、表面质量、永久变形、喷丸强化	垂直度或直线度、自由高度、总圈数、压并高度、表面处理

注：图样有要求时，疲劳寿命可作为A缺陷项目检查。

第4章　热成形螺旋压缩弹簧的制造技术[15]

当弹簧所用钢材的圆形截面直径大于14mm，矩形截面边长大于10mm，或相近尺寸的扁钢时，多采用热成形制造工艺。热成形制造工艺制定有GB/T 23934《热成形螺旋压缩弹簧技术条件》，其相关技术条件参见本章“附”。

热成形螺旋弹簧的类型，按结构形状分，主要有：圆截面或矩形截面材料圆柱螺旋压缩弹簧、变径螺旋压缩弹簧（截锥形螺旋压缩弹簧、涡卷螺旋弹簧及组合螺旋弹簧等），其中以圆截面材料圆柱螺旋压缩弹簧占绝大多数。

热成形制造工艺过程为：坯料准备、端部加热制扁、加热、卷制及校整、热处理、喷丸处理、立定处理、磨削端面、检验、表面防锈处理。

以上工艺过程可根据材料状态、设备条件、加工方法和技术要求进行适当调整。有关工艺过程卡和工序卡的编制见表3-1和表3-2。

1　热成形压缩弹簧的端部结构型式

热成形压缩弹簧的端部结构型式很多，除了标准（GB/T 23934）规定的四种形式外，可按工作要求参照冷成形压缩弹簧的端部结构型式（GB/T 23935）选取，也可自行设计。

图4-1是热成形压缩弹簧的常见非标准端部结构型式。图4-1a为一端并紧并磨平，另一端为不并紧不磨平型，这在轻载汽车前悬架系统上应用较多。图4-1b为端圈不并不磨并有相切尾部，其中分两端有相切尾型和一端有相切尾型。这种端部结构弹簧，在汽车前悬架系统上应用很普遍。图4-1c两端支承圈直径缩小不磨，适用于固定在相应支座上，如汽车悬架装置用弹簧。汽车悬架弹簧要求有高的疲劳寿命。采用普通制造弹簧的方法很难满足高疲劳寿命要求，所以在寻找新的工艺方法，但在实施中，弹簧端部结构成为这一方法的关键，因为新工艺要求卷制后不再淬火回火校正磨削，从而促使不并不磨端部结构的广泛应用，将逐渐代替制扁并紧磨平型。

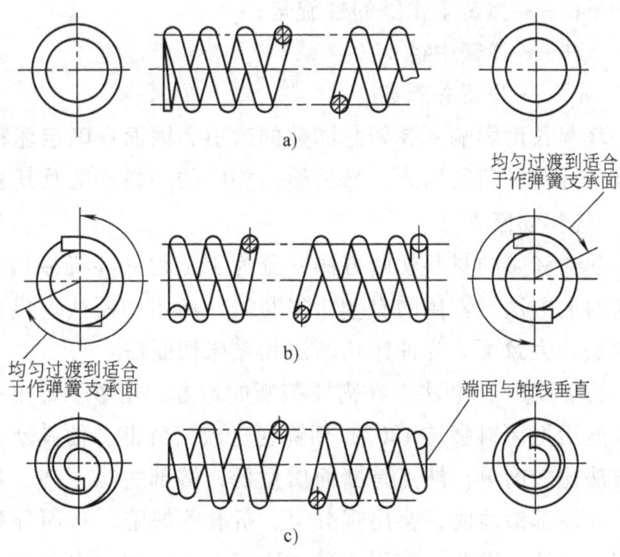

图4-1　热成形压缩弹簧的常见非标准端部结构型式

a）一端并紧并磨平，另一端不并紧不磨平型

b）端圈不并不磨并有相切尾部

c）两端支承圈直径缩小不磨

热成形弹簧，所需的设备和工艺装备较多，主要设备有断料机、制扁机、卷制成形机、淬火（或回火）机、立定处理机、磨

簧机、喷丸机及加热炉、淬火（或回火）炉等；主要工艺装备有切断刀、轧辊、卷簧心轴等。

从端部结构型式图可以看出，热卷压缩弹簧的端部结构分卷制前不制扁和制扁两种，前者主要适用电阻加热方法。因为电阻加热要求材料截面相同，以保证坯料电流密度均匀，从而使弹簧坯料加热均匀。为了保持截面相等而不制扁，卷制后再磨平或不磨平。卷制前端部制扁的结构，卷制时坯料采用加热炉加热，成形后端部一般并紧不磨。

本章主要以圆截面材料压缩弹簧为对象，按照工艺流程的顺序，介绍相关的设备及工艺装备、热卷方法等内容。热处理、磨簧、喷丸及强压处理可参阅本书的有关章节。

2 坯料准备

坯料准备是热卷弹簧的第一道工序。它的任务是根据弹簧工作图计算下料长度后，将弹簧坯料剪切成所需的尺寸。

2.1 坯料长度的估算

坯料的长度根据加工方法确定，热卷弹簧为了减少端部磨削量都预先将材料两端加工制扁。制扁会使长度增加，所以坯料长度要短于弹簧展开长度。坯料长度的选取与制扁方法有关，常用制扁方法有碾压制扁和锻打制扁。

碾压机制扁时坯料长度的近似计算：

$$L=\frac{\pi D n_1}{\cos\alpha}-\frac{5}{6}D \tag{4-1}$$

锻打制扁时坯料长度的近似计算：

$$L=\frac{\pi D n_1}{\cos\alpha}-\frac{3}{4}D \tag{4-2}$$

式中 α——弹簧工作圈的螺旋角；

D——弹簧中径；

n_1——弹簧总圈数。

坯料长度影响到弹簧总圈数的数值，因而在确定坯料长度时，应根据有关标准综合考虑各部尺寸及载荷的因素，然后给出相应的坯料长度及其公差值，经验证后纳入工艺。

2.2 坯料切断方法

热卷弹簧的材料切断方法，分为手工切料和机械切料。手工切料的方法，常用的有錾口击断法、锤击切断法。机械切料的方法，大致可分为冲床切断法和锯床切断法。

（1）錾口击断法 在需要截断的地方，用錾子錾出一道缺口，然后把坯料翻转180°，用锤猛击缺口背部，使其断开。这种方法比较简单，缺点是断面质量低，端部边缘不齐，且有毛刺，在端部锻扁时，会出现分层、折叠等缺陷，从而导致淬火时产生裂纹，因此，使用这种方法切料时，在制扁前应先修磨断口。这样，将消耗人力物力，生产率低，适合于单件或小批量生产。

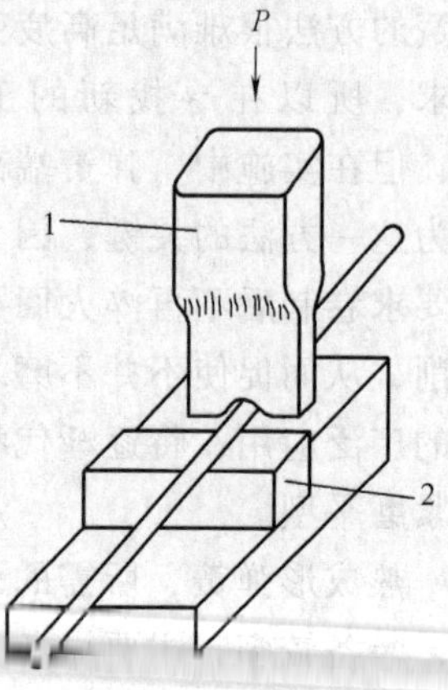

图4-2 锤击切断法示意图

1—上剪刀 2—下剪刀

（2）锤击切断法 如图4-2所示，坯料放在下剪刀上，用锤子打击上剪刀，即可切断坯料。这种切料方法，断口平整，不需修整，且简单易行。缺点是生产率低，体力劳动强度大，只能切断截面较小的坯料，也只适合于小批量生产。

（3）冲床切断法　这种机械切料方法，适合于大批量生产。如图 4-3 所示，在冲床上装上专用的切断刀片将坯料切断。

为了便于送料，可适当调整切断刀片（简称切刀）与滑块的相对位置，让坯料避开床身，可在适当的地方安装一个挡板控制坯料如长度，就可以切出所需长度的坯料。

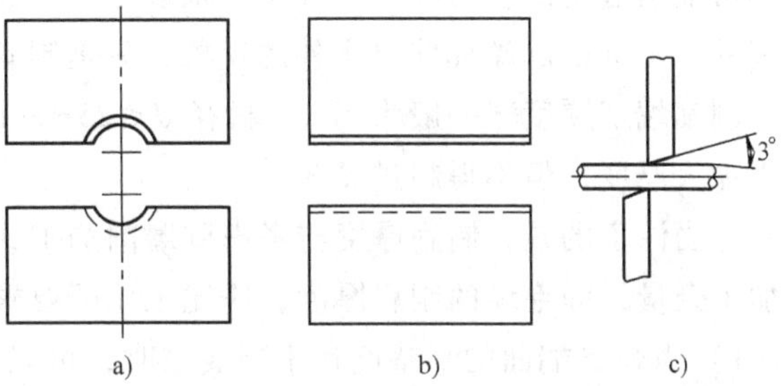

图 4-3　切料用刀片

a）圆口刀片　b）平口刀片　c）带 3°的斜刃的切刀

这种切料方法，生产效率高，断口质量好，容易实现机械化连续操作。

（4）锯床切断法　对一些截面直径较大的坯料，上述方法不能奏效时，可采用锯床下料。这种方法切料，断口质量高，适用性强。但生产效率低。

以上介绍的切断方法，一般是在室温下进行（称为冷切料），大多适合切断直径小于 25mm 坯料。除此以外，还有其他多种下料方法，如氧气乙炔切割、热切料（将坯料切断处加热到 750～800℃）等。它们主要用来切断直径大于 25mm 的坯料。

冲床下料时，冲床的吨位根据具体情况而定，一般应注意留有一定的余地。切料的刀片有平口刀片和圆口刀片（图 4-3），前者适合于剪切料径小于 16mm 的坯料。切刀刃部可做成 3°左右的斜刃，也可做成平的刀刃。切断刀片通常用高碳工具钢制造。热切时，用高速工具钢制造。刃部硬度为 60～65HRC。弹簧钢也可制造切断刀片，只是寿命较短。

3　端部制扁

大多数热卷压缩螺旋弹簧，在卷制前，将坯料两端制成断面尺寸逐渐减少的矩形截面形状，这个过程叫作制扁，也称为锻扁或拔尖。

也有些单位，由于生产设备的限制，在热卷弹簧前不制扁，下料长度等于展开长度。卷制后，采用专用夹具磨削端面，或在车床上进行车削。有的甚至为卷制方便起见，对于非定尺钢料，可卷制后再切断两端的多余部分。这种钢料两端不制扁的弹簧，没有支撑面，不便于校正，同时，还浪费部分材料。因此，对于端部要求并紧磨平的弹簧，应进行制扁。

3.1　扁端形状和尺寸

扁端的形状如图 4-4 所示。

其长度 l，宽度 a 和厚度 h 值约为

$$
\begin{aligned}
l &= \frac{3}{4}\pi D \approx 2.34D \\
a &= (0.7 \sim 1)d \qquad (4\text{-}3) \\
h &= (0.25 \sim 0.3)d
\end{aligned}
$$

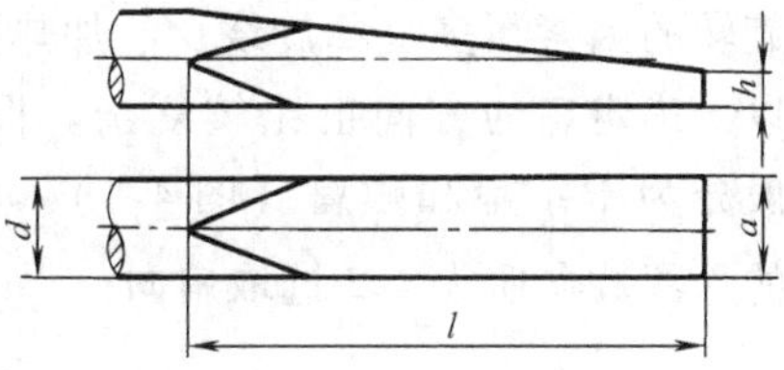

图 4-4　扁端的形状

d—坯料直径　l—坯料长度

a—扁端宽度　h—扁端厚度

式中　D——弹簧中径；

d——弹簧坯料直径。

末端宽度有两种，一种是末端宽度等于弹簧料径 d；另一种是末端宽度为 $(0.7\sim0.9)d$。第一种形状加工方便，其缺点是，卷制成弹簧后，末端容易伸到簧圈的外部，影响安装，甚至还可能引起折断。另外，还要花费很多工时来修整外圆或内孔的多余部分。第二种形状是合理的，不会引起端部伸出圈外的现象，只是制扁时稍复杂些。

制扁端部厚度，一般为 $d/4$。料径 $d\leqslant25$mm 时，端部太薄会影响该部分的强度，故可适当加大厚度，但不得超过 $d/3$。

应当注意的是，制扁厚度应考虑到磨削加工或卷制时的扁端歪扭。因此，需要留有一定的加工余量，即毛坯的制扁厚度，应比工作图要求的厚度大一些。这样做的好处是：

1）当弹簧端面的平整度达不到要求时，可以通过磨削或车削加工来修整，而不至于使扁端厚度小于规定值。

2）卷制时，扁厚些容易掌握，不容易使扁末端歪扭。

热卷弹簧的制扁长度，与支承圈数 n_z 的多少有关。扁长计算式（4-1）适用于支承圈数为1.5，即两端各为0.75。弹簧的扁长公差荐用表4-1值。旋线比 C 值较大时，可取负偏差。

表4-1 扁长公差 （单位：mm）

制扁长度	公差	制扁长度	公差
<150	±5	301~500	+5 −10
150~300	+5 −10	>500	+10 −20

一般，弹簧工作图要求弹簧末端保持由圆形逐渐过渡到矩形截面。但是，在卷制弹簧时，材料外边受拉伸而减薄，而内边受压缩而增厚。这样卷制后的弹簧材料截面，不是矩形，而是梯形。这种现象对圆截面材料弹簧影响不大，但对矩形截面弹簧就必须予以考虑了。为了补偿这种变形，矩形截面材料螺旋弹簧及圆截面材料螺旋弹簧的制扁部分，其坯料应预先制成梯形截面为好。

除去扁长、扁宽、扁厚等几何尺寸外，坯料两扁端的相对位置（即扁的方向）在制造时是不容忽视的。由于卷簧时，坯料不仅弯曲成螺旋形，而且自身也有一定的旋转，而影响这种旋转的因素很多（如旋绕比、加热温度等），所以，确定扁的方向也比较复杂。根据经验，一般分为十字扁和顺扁（图4-5），可根据弹簧的总圈数参照表4-2选取扁向。

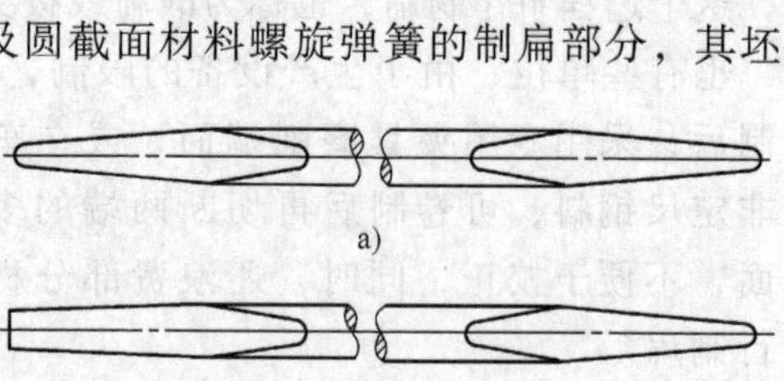

图4-5 扁向示意图

a）顺扁 b）十字扁

表4-2 弹簧坯料两端扁向选取

扁向	总圈数 n_1			
十字扁	3~5.5	8~9	12~13.5	16~17.5
顺扁	6~7.5	10~11.5	14~15.5	

3.2 制扁的加热

制扁前，要对棒料的端部进行加热。加热设备与一般的锻造加热炉相同。国内目前常用的加热方法有火焰加热和电加热两种。火焰加热（如煤气炉、焦炭炉、重油炉等），由于燃料来源方便，设备费用低，故普遍采用。但劳动条件差、加热速度不高，且加热质量不易控制。电加热（如电阻炉），与火焰加热相比，则有炉温易于控制、氧化和脱碳少、劳动条件好、便于实现机械化操作等优点，但设备投资较大。

加热过程中，一般采用全炉加料法和连续加料法。前者是在炉中装满需要加热的坯料，加热到规定的温度后，再逐个取出。这种方式仅适合于小批量生产。后者是从炉中取出一根坯料时，同时再装进一根新的坯料。这种加料方法，使燃料消耗比较稳定，炉温基本稳定，生产效率高，适合于大批量生产。

加热过程的有关工艺参数如下：

1）坯料的加热长度，一般为制扁长度的一倍。如果扁的长度较大时，可以比扁长多100～200mm。

2）采用适当的加热温度和速度，以防止氧化、脱碳、过烧、过热等缺陷。坯料的锻造温度范围见表4-3。

表4-3 弹簧坯料的锻造温度范围

钢 号	温度/℃	
	始 锻	终 锻
65、70、85、60Mn、65Mn	1100	800
55Si2Mn、60Si2Mn、60Si2MnA	1100	850
50CrMn、50CrMnA、50CrVA、50CrMnVA	1150	850

3）加热时间按坯料直径计算，一般为1min/mm。

4）坯料在炉中应排列成行，加热均匀，防止因过热而引起的晶粒长大，恶化金属的性能。

3.3 制扁方法

目前，根据国内外生产热卷弹簧的情况，常见的制扁方法有下列三种。

（1）锻锤制扁　这种方法应用较为普遍，只要有汽锤、压力机的锻工车间，均可采用，也可由人工锻扁。这种方法又分为两种，一种是利用模具锻扁，生产效率较高，适合于中批量生产。由于制扁是在模具中进行的，故扁的尺寸精度也较高。另一种是在普通空气锤上延伸锻制。这种方法虽然简单、灵活性大，但要求操作者技术熟练。

（2）辊轧制扁　这种制扁方法，是由一对旋转着的轧辊来完成的，其生产效率高，适合于大批量生产。并且这种方法的适应性强，容易调整制扁长度和厚度，适合于轧制各种直径的坯料。

图4-6为辊轧制扁机的工作示意图。上轧辊6由上传动轴及固定在它上面的可调偏心模块1组成。偏心模块的曲面半径与下轧辊4的半径相等。工作时，上传动轴由齿轮或其他传动装置驱动。需要制扁的坯料2，加热后用手工或送料机构喂入上下两轧辊中间，并由限位挡块5来调节制扁长度。随着上轧辊的不断转动，上下轧辊之间的间隙越来越小，于是，就把弹簧坯料端部轧扁。这种辊轧制扁机的下轧辊没有驱动装置，而是由工作时，坯料与它之

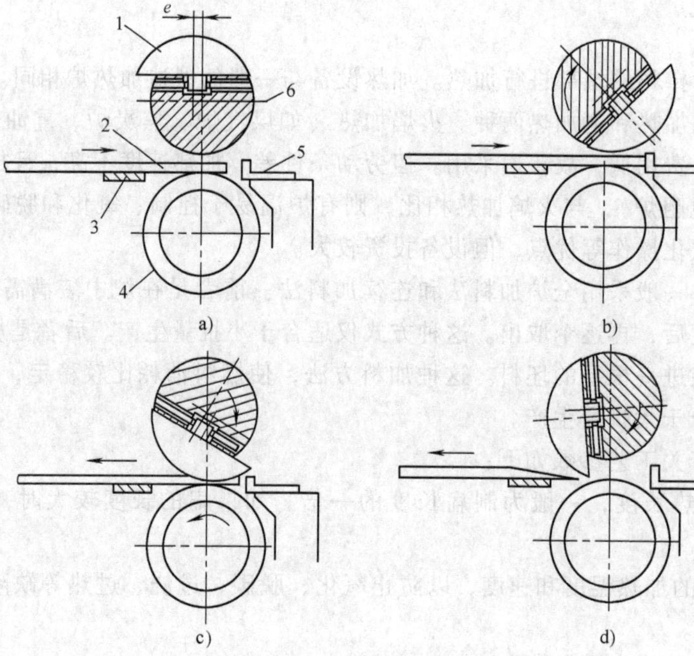

图4-6 辊轧制扁机的工作示意图

1—可调偏心模块 2—坯料 3—挤压器 4—下轧辊 5—限位挡块 6—上轧辊

间的摩擦力来驱动的。

经过辊轧后，往往扁的宽度大于坯料直径，必要时，可设置一个挤压器3。在工作时，挤压器由适当的传动装置驱动，沿水平方向往复运动，它既可以挤压坯料制扁的宽度，使之不超过坯料直径；又可以在必要时，把制造厂的名称（或代号）和制造年月的钢字打在坯料制扁部分的窄边上。

（3）挤压制扁　如图4-7所示，挤压制扁机由挤压轮3、下模1及驱动装置5组成。下

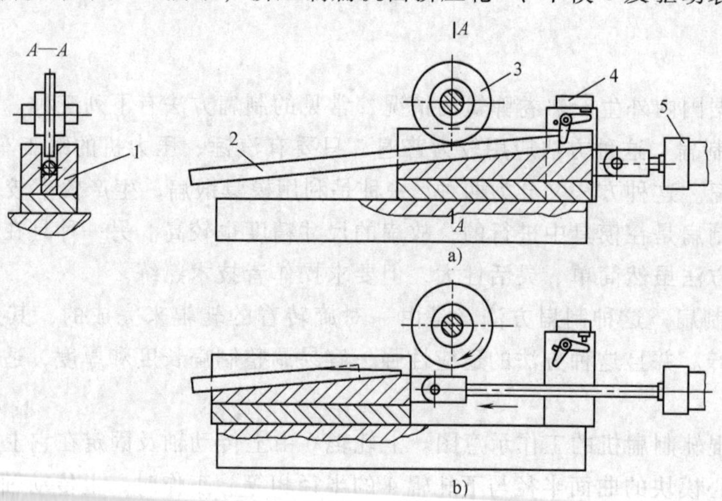

图4-7 挤压制扁工作示意图

a）送料 b）制扁

1—下模 2—坯料 3—挤压轮 4—限位开关 5—驱动装置（液压缸）

模1由底模及左右两块侧模板构成U字形，中间宽度等于坯料直径（不同的坯料直径可以调整）。挤压轮的宽度略小于下模槽宽，以便于顺利通过。为便于挤压后脱料，下模的侧模板通过适当的驱动机构，使其可开可合。驱动装置一般采用液压装置，也可以采用机械驱动装置。挤压轮无驱动装置工作时，它与料坯之间的摩擦力使其旋转。挤压制扁与辊轧制扁一样，效率高、适应性大，适合于大批量生产。

挤压制扁的操作程序如下：

1）用手工或机械把加热后的坯料送入下模的U形槽内，使坯料2端头碰到限位开关4为止。

2）坯料2碰上限位开关4后，于是就起动电磁阀，使油缸活塞推动下模向前运动，并在挤压轮的作用下，使加热的坯料挤压成所要求的形状。

3）由于挤压轮与下模U形槽两侧稍有间隙，于是，就会产生轻微的飞边现象，因此，需要用手工将此飞边磨掉。

4）挤压后，需用压缩空气清除下模U形槽中的残渣，并加上适当的润滑剂。

为了便于卷制，制扁后，常将其中的一端或两端弯成圆弧状（图4-8），圆弧的内径与弹簧的内径一致。

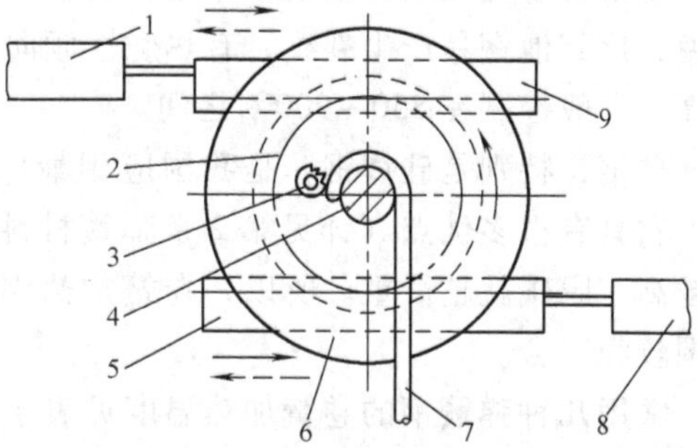

图4-8　端圈弯弧机构示意图

1、8—气缸　2—齿轮　3—咬嘴　4—心轴

5、9—齿条　6—圆盘　7—弹簧坯料

坯料端部的圆弧，可用手工或专用设备制作。图4-8所示是专用设备的端圈弯弧机构，将加热好的坯料7，送入咬嘴3和心轴4之间，开动气动阀门，与气缸1、8的活塞杆相连的齿条5、9推动齿轮2旋转，于是，圆盘6与咬嘴3一同旋转，将料坯端部弯曲成所要求的形状。转动换向阀，活塞杆反向运动，圆盘6由齿条5、9带动，回到原来的位置，取出料坯。

制扁后的料坯，不要立即进行加热及卷制弹簧，以免制扁部分过热，使晶粒长大，造成脆断现象。

3.4　制扁缺陷

常见的制扁缺陷，有以下几种：

（1）过烧　由于加热温度过高，或装炉数量太多，致使加热时间过长，造成过烧。过烧后，将会使制扁部分过早断裂。

（2）卷折或分层　由于切料毛刺过大及制扁操作不良而引起卷折或分层，它也将导致弹簧端部过早损坏。

（3）裂纹　如果制扁时的终锻温度过低，或制扁后立即水冷，均会引起裂纹，严重的裂纹将造成废品。

（4）阶梯形表面　这种缺陷常常是在锤锻制扁的过程中，由于操作不良而引起的。轻微的阶梯形表面缺陷，可予以修磨，但严重的阶梯形表面缺陷，将导致弹簧报废。

（5）几何尺寸不合格　这种缺陷可能发生在各种制扁方法中，如制扁宽度大于料径 d，制扁的端头厚度小于 $d/4$、制扁长度大于或小于工艺规定的尺寸。这些缺陷，有时可以返修，有时则导致报废。

4 卷制前加热

弹簧坯料的卷制前加热是一道关键工序，其质量好坏直接影响着弹簧的质量。

坯料卷制时，会产生复杂的弯曲及扭转变形，对于材料截面较大的中、大型弹簧，这种变形抗力是很大的。为了提高弹簧材料的塑性，降低变形抗力，以利于金属的变形和获得良好的金相组织，卷簧前，需把坯料加热。加热时要选择适当的温度和时间，避免引发过烧等一些缺陷。

（1）加热温度　加热温度对保证卷簧质量很重要。不同材质的坯料，其加热温度不尽相同。碳素弹簧钢的加热温度，最高可达950～1000℃。由于碳素钢本身具有较好的可塑性，在800～900℃温度内，已能满足卷簧的需要，因此，加热温度不必过高。

锰钢的硬化性能比碳钢好一些，脱碳倾向较小，但加热中晶粒易长大，容易过热，相对来说，比其他钢易产生裂纹，有热脆性倾向。由于锰钢具有这种过热敏感性，加热温度不易过高，一般控制在850～900℃之间。

硅钢，特别是硅锰钢，是我国应用最广泛的热轧弹簧钢，适用于制造材料截面大的弹簧。它具有很多优点（详见第2章弹簧材料），但最大的缺点是加热过程中容易脱碳，且温度越高，脱碳就越严重。所以，卷簧加热温度也不宜过高。一般控制在900～950℃的温度范围较为适合。

常用几种弹簧钢的卷簧加热温度见表4-4。

表4-4　常用几种弹簧钢的卷簧加热温度

材料名称	材料牌号	加热温度/℃
碳素弹簧钢	55、60、65	800～900
锰弹簧钢	60Mn、65Mn、70Mn	850～900
硅锰弹簧钢	55Si2Mn、60Si2Mn、60Si2MnA	900～950

（2）加热时间　加热时间是指把弹簧坯料加热到卷簧时所要求温度所必须耗费的时间，这个时间应该使整个坯料截面都达到一样的温度，既保证烧透而又均匀。同时，还应力求减少或避免造成过热、过烧、脱碳、氧化等缺陷。

由于影响加热时间的因素很多，如炉温、加热的最后温度、材料的种类和尺寸、材料在炉内的排列位置、加热方式、装炉方法等。所以，关于加热时间的计算，目前还没有一个完善的计算方法。一般，在火焰加热炉中，采用普通加热方法时，坯料的加热时间 t（单位为min）近似为

$$t=1.5d \tag{4-4}$$

在电炉中加热时，时间稍短些，近似为

$$t=(0.8\sim0.9)d \tag{4-5}$$

式中　d——坯料的直径（mm）。

为提高劳动生产率，在燃料炉中，常采用高温快速加热方法。即把炉温提高到1000～1050℃，坯料直径每1mm的加热时间缩短为20～25s。严格控制坯料在炉中的停留时间，借

以控制钢料的加热温度。

高温加热方法是比较先进的加热方法，它不仅提高了生产效率，而且，由于坯料在炉中的停留时间短，减轻或减少了晶粒长大、过烧、脱碳、氧化等缺陷，提高了弹簧质量。同时，也相应提高了设备利用率。有关资料介绍，普通加热法脱碳层为0.2~0.5mm，而高温加热法，其脱碳层在0.2mm以下。

采用高温快速加热法，关键在于控制坯料在炉中的停留时间。一旦料坯加热到规定的温度，就应立即出炉卷制。否则，时间过长，温度过高，坯料便会产生各种缺陷，以致出现废品。

采用高温快速加热法加热弹簧坯料时，应分批陆续装炉。一次同时加热的坯料数量 n（单位为件）按式（4-6）计算：

$$n=\frac{t_a}{t_b+t_c}+1 \tag{4-6}$$

式中　t_a——坯料加热的持续时间（min）；

t_b——每支弹簧的卷制时间（min）；

t_c——每支弹簧的卷制辅助时间（min）。

（3）受热方式　坯料在炉中受热应均匀，尤其使用固体燃料炉加热时，更应注意。同时还要保持炉温的稳定和在炉内摆放方式。如果把坯料直接平放在炉床上加热（图4-9a），坯料贴近炉床的部分温度低、加热不均匀，而且，还会延长加热时间。为了克服上述缺点。保证坯料受热均匀，一般应采用料架加热（图4-9b），即将被加热的坯料放在30~40mm高的料架上，使之周围都受热，这样，不仅受热均匀，而且加热速度也快，避免了局部加热不均的现象，有利于卷制，并保证了弹簧质量。

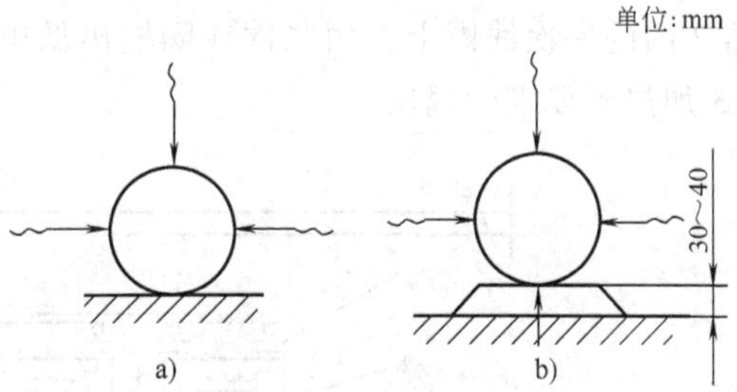

图4-9　坯料在炉床上的摆放方式

a）坯料直接平放在炉床上　b）坯料摆放在料架上

此外，装炉坯料不宜过多。

（4）加热阶段形成的缺陷及预防

1）过热与过烧　这种缺陷产生于卷制前的加热阶段。其造成的原因主要是加热温度过高、加热时间太长或每炉中加热的数量太多引起的。

过热的弹簧，内部晶粒粗大、脆性增加。而过烧的弹簧，除了晶粒严重粗大外，并在晶界间发生氧化。过热的弹簧，可以重新热处理；而过烧的弹簧，则无法修复，只有报废。

2）氧化和脱碳　这也是在弹簧卷制前加热阶段形成的缺陷。发生氧化的弹簧材料表面，形成一层氧化铁皮。随着氧化作用的增加，弹簧材料表面层的部分碳被烧掉，形成脱碳层。

产生脱碳后，严重地降低了弹簧的疲劳寿命。加热温度越高、加热时间越长，则氧化与脱碳就越严重。一般加热炉加热弹簧坯料，将不可避免地产生程度不同的氧化和脱碳。防止氧化和脱碳的根本办法是在加热炉中通入中性炉气，采用可控气氛加热。实行高温快速加热也可适当减轻氧化和脱碳现象。此外，对弹簧施行喷丸处理，也可以消除或减轻脱碳对疲劳强度的影响。

5 弹簧坯料的加热装置

加热炉的选择取决于卷制弹簧的批量、坯料长度以及本地的能源情况等。目前，常用的各种类型的卷簧加热炉或加热装置有：固体燃料反射炉、气体（或液体）燃料加热炉、电阻炉以及电阻加热装置等。前三种加热炉均有各自的设计规范，在第 5 章弹簧的热处理有介绍，因此，这里就不再阐述。电阻加热装置则是弹簧卷制前加热的一种有特点的加热方式，它往往是弹簧厂自行设计制造或委托有关单位，按要求专门设计与制造，于是，下面将简单介绍一下这种加热方法及其装置。

（1）电阻加热的特点　热卷弹簧卷制前的加热，采用燃料炉加热时，不仅效率低、速度慢、设备较复杂，环境污染严重，而且，表面质量不好，脱碳和氧化严重，还容易产生过热、过烧等缺陷，使弹簧疲劳寿命降低。为了克服上述缺陷，我国的许多弹簧厂采用电阻加热方法。这种加热方法比燃料炉加热优越，它不仅脱碳和氧化程度很小、加热速度远远高于燃料炉，而且，由于加热迅速，所以加热至高温时形成的奥氏体晶粒很细，弹簧材料的弹性极限、疲劳强度及韧性都有所提高。

（2）电阻加热的基本原理　电阻加热也称直接电加热，其原理是利用弹簧坯料本身作为导体，通过变压器，将电压低、电流强度大的交流电接在弹簧坯料的两端。通电后，电流通过坯料时，由于坯料的自身电阻，经过电热转换，而使坯料加热到要求的卷制温度。

图 4-10 是弹簧坯料电阻加热装置示意图。电压（220/380V）通过接触器 1 引入加热变压器 2 内的一次线圈上，由二次线圈输出低电压，通往弹簧坯料接触装置 11 上，使弹簧坯料 13 加热到要求的温度。

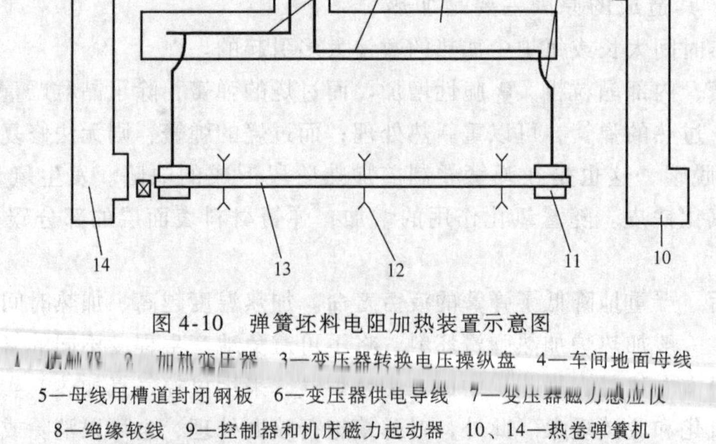

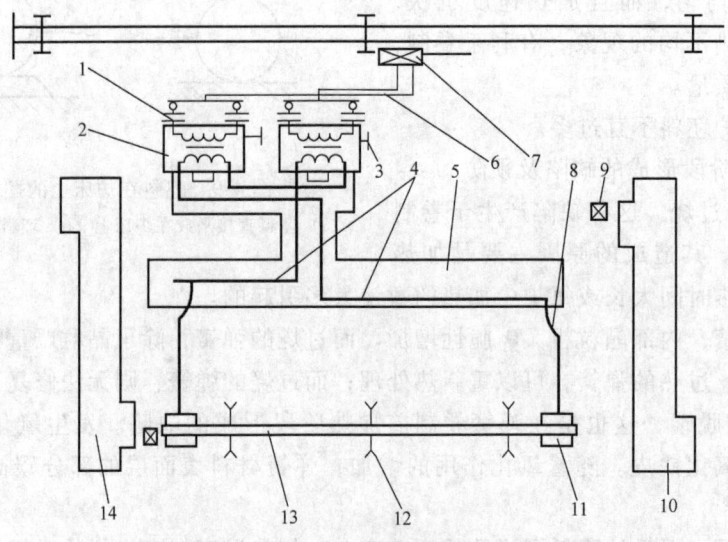

图 4-10　弹簧坯料电阻加热装置示意图

1—接触器　2—加热变压器　3—变压器转换电压操纵盘　4—车间地面母线
5—母线用槽道封闭钢板　6—变压器供电导线　7—变压器磁力感应仪
8—绝缘软线　9—控制器和机床磁力起动器　10、14—热卷弹簧机
11—弹簧坯料夹紧器　12—料坯中间支架　13—弹簧坯料

（3）电阻加热变压器　为把弹簧坯料加热到所需的温度，就需要一定热量和时间。为缩短加热时间，就需要提高电流强度。一般采用特殊变压器进行降压，使电流强度提高。这种变压器二次线圈通常只有一圈，且面积很大，是由铜管做成、里边通有冷却水、为了调整电压，在一次线圈分成几个接头，这样可以使二次线圈的电压在 6.34 ~ 17.3V 之间变化，电流一般为 5000 ~ 8000A，频率 50Hz。

弹簧坯料加热时的变压器，可选用一台 100kVA 变压器，考虑到经济性、适用较小的弹簧坯料，一般采用两台各为 50kVA 的变压器并联使用，料径大时串联使用。

1）变压器的有效功率 P_y 为

$$P_y = \frac{cW(T_z - T_s)}{0.24t\eta} \quad (\text{kVA}) \tag{4-7}$$

式中　c——弹簧坯料比热，一般取 $c = 0.157 \sim 0.162\text{kcal}/(\text{kg} \cdot ℃)$；

W——弹簧坯料的质量（kg）；

T_z、T_s——弹簧料坯加热后及加热前的温度（℃）；

t——加热时间（s）；

η——变压器的有效利用系数（表 4-5）。

2）变压器视在功率 P_s 为

$$P_s = \frac{P_y}{\cos\varphi} \quad (\text{kVA}) \tag{4-8}$$

式中　P_y——变压器的有效功率（kVA）；

$\cos\varphi$——变压器功率因数见表 4-5。

表 4-5　被加热件长度 L 与直径平方值 d^2 之比与变压器有效利用系数 η 和功率因数 $\cos\varphi$ 的关系

$\frac{L/\text{mm}}{d^2/\text{mm}^2}$	0.5	1.0	1.5	2.0	2.5	3.0	4.0	5.0	≤10	—
η	0.47	0.63	0.70	0.73	0.76	0.78	0.80	0.82	0.85 ~ 0.90	—
$\cos\varphi$	0.61	0.70	0.73	0.76	0.80	0.81	0.82	0.83	0.85 ~ 0.90	—

3）变压器的计算功率 P_j（单位为 kVA）为

$$P_j = \sqrt{P_s K'} \tag{4-9}$$

式中　P_s——变压器的视在功率（kVA）；

K'——暂用系数，一般取 $K' = 0.85 \sim 0.9$。

（4）坯料加热时间的计算　弹簧坯料的电阻加热时间，与有效功率 P_y。本身质量、坯料的比热 c、加热温度 T 等因素有关。根据式（4-7）估算加热时间：

$$t = \frac{cW(T_z - T_s)}{0.24\eta P_y} \tag{4-10}$$

为便于计算，对弹簧钢坯料，可作如下近似后得到一个时间 t 的估计式。即，取 $c = 0.16\text{kcal}/(\text{kg} \cdot ℃)$，$W = 0.617Ld^2 \times 10^{-5}$（kg）（$L$—坯料长度，单位为 mm；$d$—料径，单位为 mm），$T_z - T_s = 950℃$；$\eta \approx 0.6$；$P_y = IV/1000$（$I$—电流，单位为 A；$V$—电压，单位为 V）。

将上述数值和算式代入式（4-10），则得到现场使用的电阻加热时间近似估计式：

$$t = 6.51Ld^2/IV \text{ (s)} \tag{4-11}$$

（5）电阻加热过程　采用电阻加热方法加热弹簧坯料的过程中，由于材料的电阻率ρ随着温度的升高而不断改变，所以电流变化很大。从通电加热过程来看，开始电流很大，主要是弹簧坯料处于低温状态，电阻率较小。随着温度的升高，电阻率增大，加上电压会有些波动所以电流也发生一些波动。但是，到800℃时，电流就较为稳定。整个加热过程是，先温度升得快，而后就稍慢些。由于加热装置的功率较大，一般不需要很长的保温时间，即可达到卷簧温度。

不同电压档次的选择，主要是根据被加热弹簧坯料的长度、直径及加热时间的工艺要求等因素来确定，一般可通过试算与经验相结合的方法予以选取。

就卷制加热而言，其加热变压器一般分为七个档次，二次线圈电压变化，其推荐值为6.34～17.3V。

（6）电阻加热装置　电阻加热装置主要由弹簧坯料夹紧器（简称夹料器，图4-10中的件11）、光电高温计、电气自动控制系统等组成。下面主要介绍一下对夹料器的要求。

夹料器是电阻加热装置的一个很重要的部件，通过它把电流导入待加热的料坯，它的形式和材料在很大程度上影响料坯的加热质量。

根据夹料器的工作特点，一般要求制作夹料器的材料导电性好、热损失小，在高温下能承受一定的压力，同时具有一定的塑性，以保证与坯料良好接触。此外，还要求在加热温度和较大的压力下，不与弹簧坯料发生熔接现象，否则，将会影响加热完成后坯料的卸下。

目前，常用来制造夹料器的材料有紫铜、巴氏合金、铬镍合金等，其中以紫铜最好。

夹料器的形状随弹簧坯料的截面形状而定。圆截面坯料，可采用V形块式夹料器。夹料器也可以制成空心的，以便通入冷却水。经过一段时间使用后，夹料器会发生较大磨损，这时应及时进行修整或更换。

6　弹簧的卷制

热卷弹簧一般为有心卷制，热卷弹簧的卷制方法和设备很多。根据生产批量的大小，工厂条件选择适当的方法和设备。在专业化工厂多数采用专用卷簧机，而一般机械厂则用简易卷簧机或用普通车床（将刀架改装为控制材料导向的槽轮架），卷簧时应根据预制高度一次完成。采用精度较高的专用卷簧机卷簧，生产效率高，卷簧质量也好，卷制成的弹簧基本不需再进行校整，适合大批量生产。采用简易卷簧机或普通车床卷簧，需要操作人员较多，劳动强度高，卷制成的弹簧还需人工校整和锤修端面等。

本节主要介绍我国目前弹簧厂常用的一些卷制方法及卷制设备。

6.1　弹簧的卷制方法和卷制设备

（1）简易不开档卷簧机及其卷簧　这种卷簧机卷出的弹簧是密圈的（即不开档），卷制以后再用机械或手工进行开档（即制作弹簧节距），使之符合图纸要求的节距。由于这种卷簧机结构简单，各弹簧厂可自行制造或利用旧机床改制，目前国内有些工厂仍采用这种简易不开档卷簧机。简易不开档卷簧机分为立式和卧式两种。

立式简易卷簧机如图 4-11 所示。工作时，将加热好的坯料 11 的半圆端套在心轴 1 上，并用转盘 2 上带棘齿的咬嘴 3 卡紧坯料末端。开动电动机，使转盘 2 旋转，带动坯料沿心轴 1 卷绕。送料滑轮 4 随着坯料在心轴上的螺旋运动而沿着圆杆 5 向上滑移。顶轮 6 的作用是待坯料卷绕到最后一圈时，顶压料坯，使其末端与心轴 1 贴紧。卷簧完毕后，开动气缸 7 和 8，通过横梁 9 使心轴 1 上升，这时的弹簧就被卡板 10 挡住，随着心轴 1 上升，弹簧与心轴 1 完全脱离。取出弹簧，转动换向阀，气缸活塞退回，心轴 1 下降，恢复到原来的位置。心轴 1 下端有一方榫，恰好与转盘 2 上的方孔相配合，并能保证同轴。

绕制不同规格的弹簧，可更换相应的心轴、卡板，并将顶轮调整到相应的位置。

卧式简易卷簧机的结构与立式相似，只是心轴在水平位置。与立式简易卷簧机不同的是，在卧式简易卷簧机上卷簧时，可以采用人工的办法，使弹簧坯料与心轴垂直方向成一交角 α（螺旋角），而卷制出弹簧的节距来（图 4-12）。一般手工卷制的节距不太精确，仍需经校正。

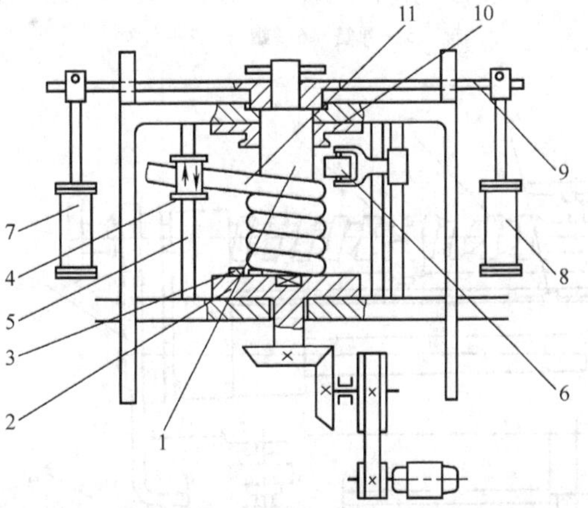

图 4-11　立式简易卷簧机示意图

1—心轴　2—转盘　3—咬嘴　4—滑轮　5—圆杆　6—顶轮　7、8—气缸　9—横梁　10—卡板　11—坯料

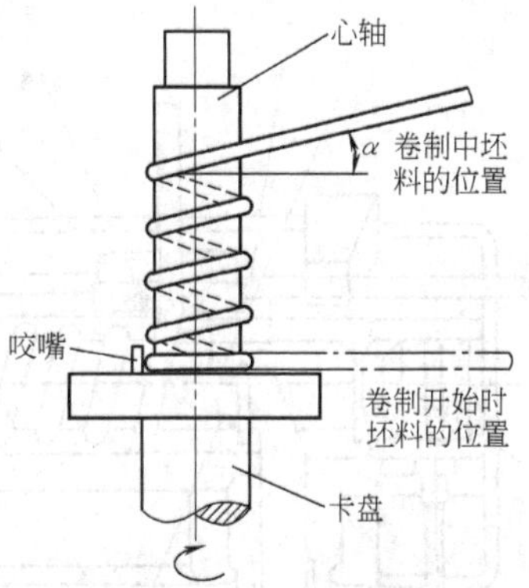

图 4-12　手工卷制弹簧节距示意图

简易卷簧机卷制的弹簧，其支承圈末端常常容易越出弹簧圈外，因此，需用半圆锤修整（图 4-13），并将端面压平整。

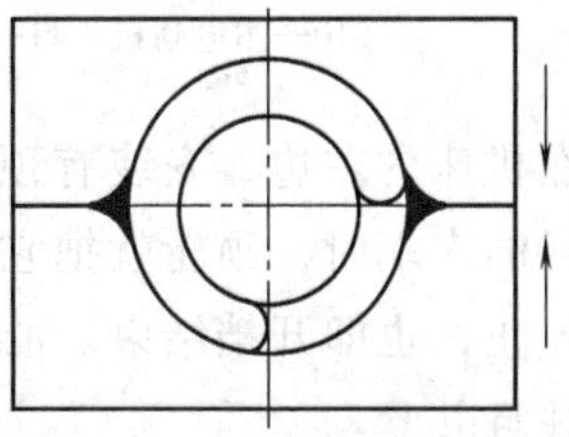

图 4-13　用半圆锤修整支承圈

不开档卷簧机的最大缺点是要增加一道开档工序。密卷的弹簧可用手工或机械通过楔形开档工具，将弹簧节距开到图样规定的（或工艺规定的）尺寸。

机械开档装置如图 4-14 所示。楔形（开档）圆盘 1 在水平杆 2 上可以转动，在气缸 7 的活塞带动下可以上下移动，起控制弹簧间隙大小的作用。圆辊 3 和 4 能转动，并驱动弹簧 5 旋转和移动。开档工作一般从中间开始，完成前半部开档后，圆辊 3 和 4 反转，再进行后半部的开档。螺母 6 是调节开档圆盘 1 升降距离的，开档圆盘 1 插入弹簧深度越大，其开出的弹簧节距越大，反之则小。节距的大小，根据图样要求而定。

（2）自动开档卷簧机及卷簧 自动开档卷簧机的原理是利用螺杆传动，推动弹簧坯料移动，使心轴旋转一周，坯料正好移动一个节距，完全类似车床切削螺纹的传动。

如图4-15所示为自动开档热卷弹簧机，卷制坯料直径可达50mm、弹簧外径可达400mm、弹簧长度可达1200mm的螺旋压缩弹簧。工作时，先将加热好的坯料从加热炉中取出，经过两导轮3的中间，插入心轴1与卡盘5上的咬嘴12之间，起动主电动机10，便带动心轴旋转，并通过挂轮9，带动丝杠7旋转，从而通过半螺母8推动送料托架4移动。心轴的转动与丝杠的转动相互协调，就卷制出节距符合要求的弹簧。

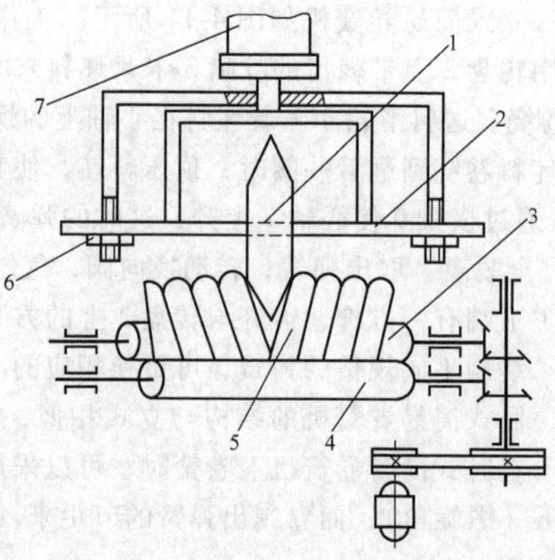

图4-14 机械开档装置示意图

1—楔形（开档）圆盘 2—水平杆 3、4—圆辊 5—弹簧 6—螺母 7—气缸

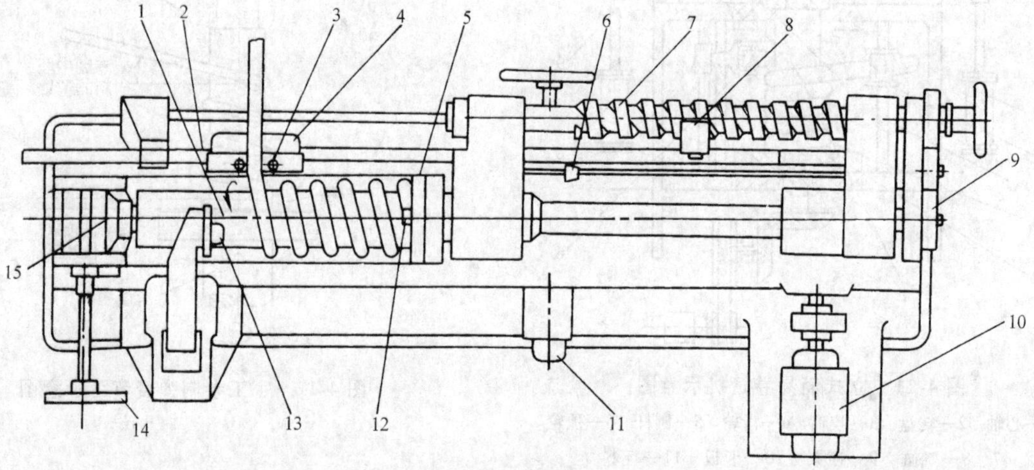

图4-15 自动开档卷簧机

1—心轴 2—导向杆 3—导轮 4—送料托架 5—卡盘 6—凸轮 7—丝杠 8—半螺母 9—挂轮 10—主电动机 11—导杆回位电动机 12—咬嘴 13—顶轮 14—手轮 15—尾座

在机床的左边，安装有顶轮装置13，它的位置调整到正好等于弹簧的长度。卷制到弹簧坯料的末端时，顶轮就把它压向心轴。同时，凸轮6对半螺母的联动作用，使导向杆2的移动停止，也即开档结束。心轴这时仍然在旋转，坯料端部在顶轮13的作用下，被压向心轴，并且并紧。

弹簧坯料端部的扁向，如果与卷绕的方向不一致，可通过人工，用夹钳把它扭转到要求的位置。

卷制结束后，升起顶轮装置13、用手轮14移开尾座15，把绕好的弹簧从心轴上取出来。图4-15所示为卷制右旋弹簧。若卷制左旋弹簧，坯料则从心轴下方喂入，心轴应与图示的旋转方向作反向旋转。这样在机床挂轮中需加一介轮，以调整心轴的旋转方向。

该机卷出的弹簧尾端容易凸出，弹簧末端面不平。所以卷成弹簧还要进行锤修端面和人工进行校正。其校正方法可参照简易卷簧机卷制的弹簧的方法用半圆锤修正（图4-13）。

（3）自动退心卷簧机　如图4-16所示，工作时，主轴5通过齿轮2、3带动靠模1旋转，靠模与心轴的转速相同，但旋转方向相反。卷制完毕后，起动液压或电动退心机构12抽拔心轴9。此时，弹簧自行落下，沿着心轴下方的斜道，滚至弹簧堆放处或淬火槽内。如果将靠模移至心轴下面的位置，即可卷制旋向相反的弹簧。

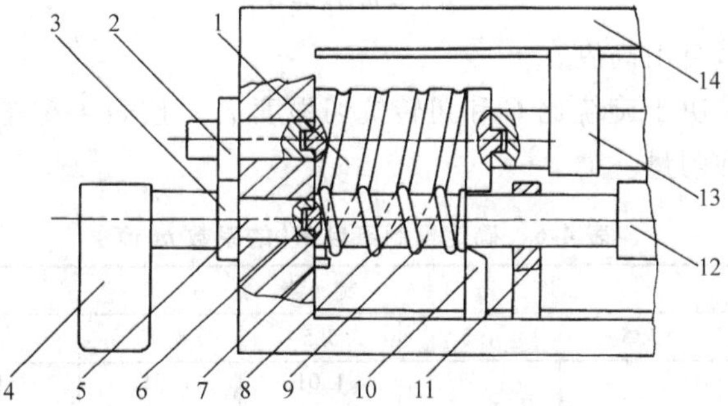

图4-16　带靠模的半自动卷簧机

1—螺距滚筒靠模　2—靠模齿轮　3—主轴齿轮　4—变速箱　5—主轴　6—牙嵌式联轴器　7—咬嘴　8—弹簧圈　9—心轴　10—挡板　11—心轴架　12—液压或电动退心机构　13—靠模架　14—机身

该机卷制的弹簧质量高，基本上不需要人工校正。它适合于品种少、生产量大的制造厂使用，生产效率高。缺点是每卷制一种弹簧，均须制造一个专用靠模，靠模不易制造，加工复杂。

热卷圆柱螺旋弹簧长期以来采用先加热卷绕，再加热整形，最后加热淬火，中温回火的工艺，这种制造工艺，不仅工序繁多、劳动强度大、生产周期长、效率低、燃料电力消耗大，而且工件经多次加热后表面氧化脱碳严重，造成淬火硬度不均匀，难以获得满意的金相组织和力学性能及稳定的几何尺寸，从而影响了产品质量，特别是弹簧的抗松弛性能及疲劳寿命大为降低。为提高产品质量及劳动生产率，改变热卷簧落后生产工艺，扬州弹簧有限公司引进了英国热卷簧机，添置国内配套设备，实现了先进的热卷簧加工工艺：即一次加热完成卷制、淬火工序，其中加热采用保护气氛电加热，卷绕采用CNC数控，完全克服了传统工艺对弹簧质量的影响。

6.2　卷簧心轴和预制高度的确定

（1）卷簧心轴的确定　卷簧心轴的尺寸应根据弹簧内径尺寸和旋绕比确定。旋绕比 $C=4\sim6$ 时，心轴尺寸基本上与弹簧内径相同；旋绕比小于4时，心轴尺寸比弹簧内径大一些；旋绕比大的弹簧，心轴尺寸应比弹簧内径小0.5～1.0mm，甚至更小些。心轴尺寸的确定，还受材料直径及卷制温度等的影响，所以在GB 1239.4标准中规定的弹簧直径公差比较宽。对一些载荷特性要求比较高及弹簧直径尺寸严的弹簧，只能通过试卷调整心轴尺寸，来满足弹簧特性和弹簧直径偏差的要求。

采用人工退簧或为退簧方便，可适当将心轴制成圆锥形，一般大小端直径之差可为0.5mm。

（2）弹簧预制高度　弹簧预制高度一方面应根据弹簧的压并应力、旋绕比、材料表面质量、材料的种类、热处理后的硬度等，另一方面由于热卷弹簧受热胀冷缩的影响，热的高度总是大于冷的弹簧高度；还有当弹簧两端面要磨削时，应充分考虑留出磨削的余量。因而弹簧卷制高度必须大于图样规定的高度，这种卷制高度通常称预制高度。预制高度 H'_0 至今没有一个十分可靠的计算方法，一般可以采用下面的经验公式来大致确定，然后经试卷后加以修正。

$$H'_0 = mH_0 + \delta$$

式中　H_0——成品弹簧自由高度；

m——系数，取决于旋绕比 C 和扭转抗切强度 τ_b，按表4-6查取；

δ——弹簧的磨削量。

表4-6　确定预制高度 H'_0 的系数 m 值

τ_b/MPa	旋绕比 C						
	2.5	3.5	4.5	5.5	6~7	>7~8	>8~10
800				1.01	1.015	1.02	1.025
900			1.01	1.015	1.02	1.03	1.04
1000		1.01	1.015	1.02	1.03	1.04	1.05
1100	1.01	1.015	1.02	1.03	1.04	1.05	1.06
1200	1.015	1.02	1.03	1.04	1.05	1.06	1.08
1300	1.02	1.03	1.04	1.05	1.06	1.08	1.10
1400	1.03	1.04	1.05	1.06	1.08	1.10	1.12
1500	1.04	1.05	1.06	1.08	1.10	1.12	

在此特别要指出的在卷制弹簧时的节距 t' 应按预制高度 H'_0 确定，计算公式为

$$t' = \frac{H'_0 - d}{n} \tag{4-12}$$

7　弹簧端面加工与磨削设备

为了使弹簧端圈支承面稳定和满足垂直度、粗糙度的要求，对于材料两端锻扁后卷绕的弹簧端面要进行磨削加工。磨削加工一般在砂轮机或专用的弹簧端面磨床上进行。对于材料端部未进行制扁加工而卷制的弹簧，卷绕之后应在车床或铣床上把端圈周长的3/4削平，然后再进行热处理。如果立定处理和强压处理后弹簧的垂直度不合格，可根据具体情况磨平或校整。校整后的弹簧应再按试验变形压缩3~5次。

热卷弹簧端面的加工，绝大多数均在专用弹簧磨簧机上进行磨削。它和冷卷弹簧的磨削有很大的区别：冷卷弹簧磨削时是许多弹簧先后连续进入两片砂轮之间同时磨削；而热卷弹簧则是逐个弹簧的端面被磨头磨削。热卷弹簧磨簧机由夹紧装置、工作平台、磨头等三部分组成。

1）夹紧装置　由V形槽及凸轮压板构成（见图4-17），也可用气动或液压缸来压紧弹簧。

2）工作平台　由拖板、床身和曲柄连杆构成（见图4-18）。拖板在床身的工作平台上作往复运动，带动被磨削的弹簧在砂轮的平面上移动。

3）磨头　可以采用两种式样的砂轮，一种是装配式砂轮（见图4-19a），另一种是环形

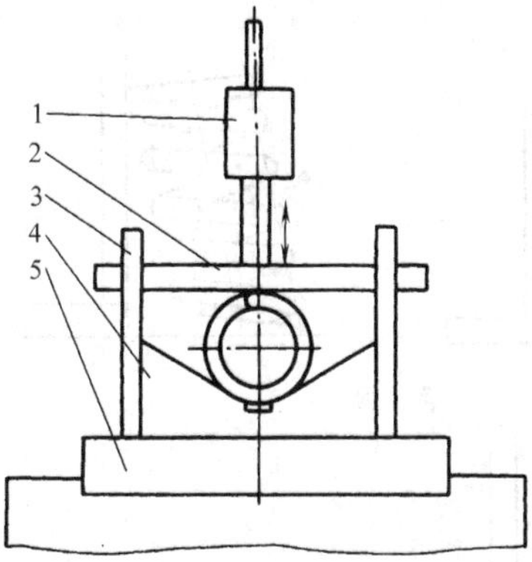

图 4-17 磨簧机的夹紧装置

1—气缸 2—压紧板 3—支架

4—V 形槽 5—拖板

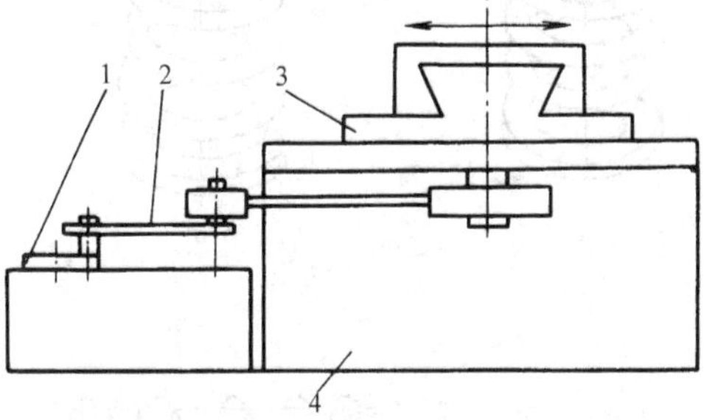

图 4-18 磨簧机的工作平台

1—曲柄 2—连杆 3—拖板 4—床身

砂轮（见图 4-19b）。装配式砂轮的砂轮块卡压在磨头上，砂轮块的端面断续磨削弹簧。采用断续磨削是为了减少砂轮与弹簧的接触面积，避免砂轮过大的切削力。另外，断续磨削还可以在不切削的一刹那，增加动能，保持惯性，同时也便于散热，能节省能源，减小体积，提高安全性。它的缺点是会增加机床的振动和装卸砂轮的麻烦。

环形砂轮的横截面是梯形，梯形的两斜边有利于砂轮的夹紧。

以上两种磨簧机，都要配备吸尘器或用冷却液。

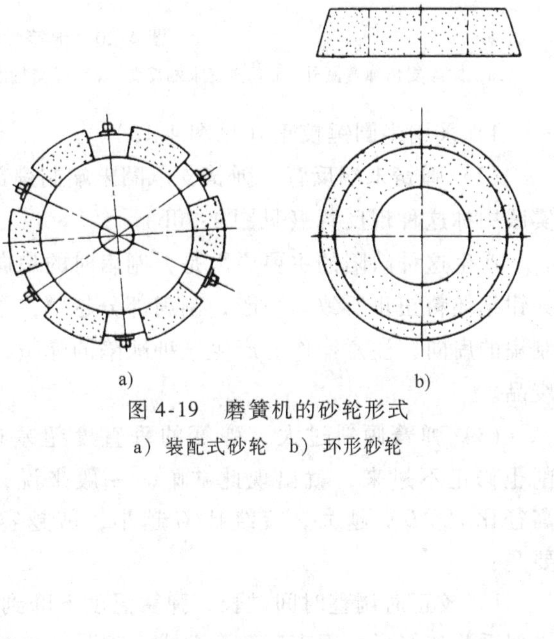

图 4-19 磨簧机的砂轮形式

a）装配式砂轮 b）环形砂轮

8 弹簧卷制的缺陷及其预防

卷制弹簧时，常见的缺陷如图 4-20 所示。

（1）支承圈末端支出弹簧圈外 这是一种常见的卷簧缺陷（见图 4-20a），产生这种缺陷的原因有：

1）如果制扁时，端部弯成的圆弧大于弹簧外径，则卷制后支承圈会支出弹簧圈外；

2）如果制扁后，不将端部弯成圆弧，则会因咬嘴夹紧坯料端头不力，坯料端部支出圈外；

3）卷制最后一圈时，顶轮作用不良也会导致坯料支出圈外。

纠正的方法：

1）制扁后，端部弯成的圆弧半径要适当；

2）改进卷簧机的咬嘴，使之能把坯料夹紧；

3）调整好顶轮的位置，并改进顶轮的结构，使最后一圈能被顶轮压向心轴；

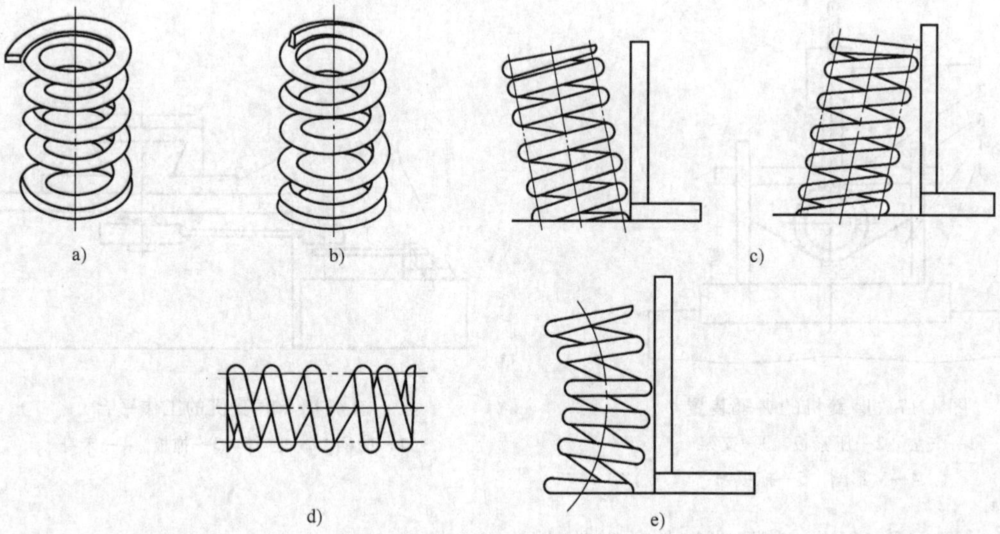

图4-20 弹簧卷制的常见缺陷

a）末端支出弹簧圈外 b）弹簧末端反背 c）弹簧轴线倾斜过大 d）弹簧节距不均匀 e）弹簧轴线弯曲

4）采用半圆锤校正（见图4-13）。

（2）弹簧末端反背　弹簧支承圈末端制扁部分扭曲变形，窄面倾斜或垂直于端部平面，实践中称这种现反背（见图4-20b）。

产生这种缺陷的主要原因是，制扁时的扁向不十分恰当，卷制到最后一圈时，送料未用夹钳把坯料扭正所致。一般，制扁部分越薄，越容易产生反背。纠正这种缺陷的方法，改善制扁的扁向，注意操作。产生这种缺陷的弹簧，一般是可以修复使用。个别严重的也会造成废品。

（3）弹簧倾斜过大　弹簧的垂直度超差过多。弹簧轴线倾斜过大（图4-20c），磨削也修正不过来，就出现此缺陷。一般来说，弹簧的自由高度 H_0 与其中径 D 之比（即高径比 H_0/D）越大，旋绕比 C 越小，就越容易产生这种缺陷。产生这种缺陷的原因主要是：

1）校正时调整时间过长，弹簧温度下降到很低时，继续进行调整工作。结果，表面看来似乎调整好了，垂直度符合要求。但是，由于随着温度的降低，弹簧材料的塑性减小，弹性增加，弹簧的形状变得不稳定。一旦遇到适当条件（如加热或振动），又恢复到原来的形状。

2）卷制后的弹簧端部不平，可能是制扁部分的尺寸不当或卷制时的端圈未并紧等因素造成的。

3）卷制前加热时，弹簧坯料各部分的温度不均匀。

防止的办法是，针对以上原因，采取相应的措施。一般来说，产生这种缺陷的弹簧，经过修处理后可以使用。

（4）弹簧节距不均匀　螺旋弹簧的节距不均匀度超差（图4-20d），属于一种卷簧缺陷。造成的原因主要是：

1）卷簧机精度低，丝杠或挂轮调整不准确，导致卷制后弹簧的节距不等；

2）卷簧后的调整（特别是人工调整时）不当，节距未能调整均匀。

防止的办法，应及时维修或更新卷簧机，采用机械开档方法，提高调整工的操作水平，一般节距不均匀的弹簧，可以进行返修处理。

（5）弹簧弯曲变形　造成弹簧弯曲变形（图 4-20e）的原因和预防方法，基本上与弹簧的倾斜变形相同。有这种缺陷的弹簧不容易修正，往往造成废品。

（6）卷簧裂纹　卷簧时，弹簧材料产生裂纹，一般将是无法挽救的废品。产生卷簧裂纹的原因有：

1）原材料本身有伤痕、折叠和细微裂纹等缺陷，经加热卷制后进一步扩大。

2）卷制时，弹簧坯料的加热温度过低，未达到卷制塑性的要求，在卷制过程中，材料的卷制应力超过了其本身的极限应力，因而产生裂纹。

预防的办法：

1）加强原材料检验，尽可能采用先进的探伤方法。

2）按工艺规定的温度加热弹簧坯料。

（7）擦伤及锤痕　这也是热卷弹簧的常见缺陷之一。造成的原因是：

1）卷簧机的送料辊或槽不光滑，工具粗糙，均可造成弹簧擦伤划痕。

2）锤击修正弹簧端部形状时，常常由于操作不当，造成弹簧材料上的严重锤痕。这些擦伤和划痕往往会产生应力集中。严重时会导致弹簧早期断裂，应尽力避免之。

预防的方法：

1）及时修磨送料辊或槽，以防止擦伤。尽量采用硬度高、耐磨性好的材料制造。

2）锤击时应避免打在弹簧工作圈上。锤子的端部不应有棱角，要适当修圆。

（8）弹簧直径不合格　由于心轴直径选择不当。注意正确地选择心轴直径，这种缺陷是可以避免的。

附　热卷圆柱螺旋压缩弹簧　技术条件（GB/T 23934—2015）

该标准规定了热卷圆截面圆柱螺旋压缩弹簧的技术要求、试验方法、检验规则及包装、标志、运输、贮存要求等。

该标准适用于热卷圆截面圆柱螺旋压缩弹簧（以下简称弹簧）。该标准不适用于特殊要求的弹簧。

1. 结构型式

弹簧端部结构型式见表 4-7。

表　4-7

代　号	简　图	端部结构型式
RYⅠ	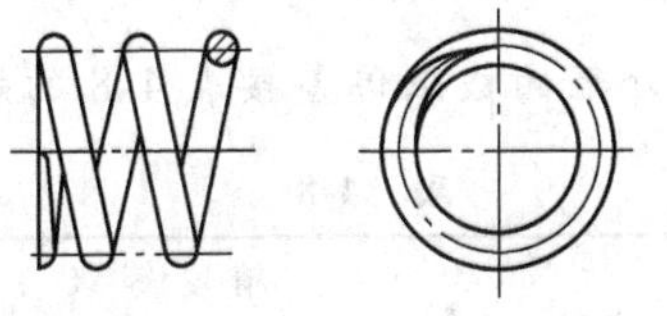	两端圈并紧磨平
RYⅡ	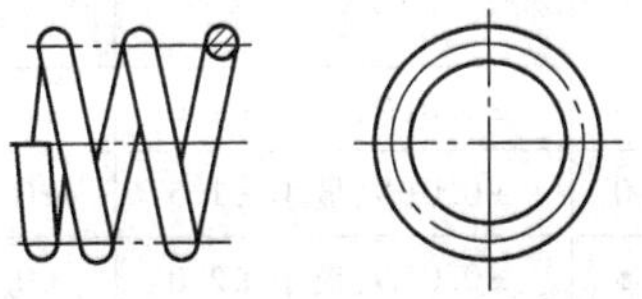	两端圈并紧不磨

（续）

代 号	简 图	端部结构型式
RYⅢ	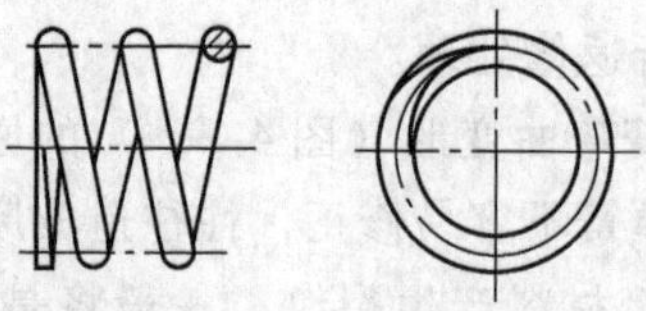	两端圈制扁、并紧磨平
RYⅣ	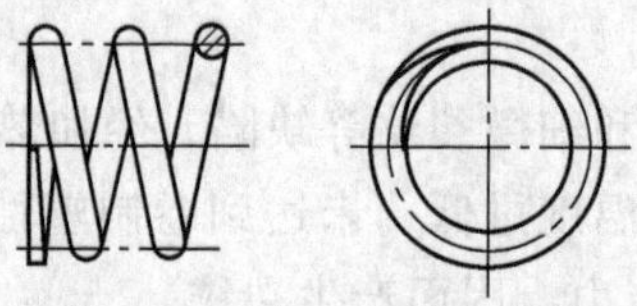	两端圈制扁、并紧不磨

2. 技术要求

产品应按经规定程序批准的产品图样及技术文件制造。

（1） 材料

1） 弹簧材料一般采用 GB/T 1222 中规定的 60Si2Mn、60Si2MnA、50CrVA、55SiCrA、55CrMnA、60CrMnA、60CrMnBA、60Si2CrA 以及 60Si2CrVA 等。若需用其他材料时，由供需双方商定。

2） 弹簧材料的质量应符合材料标准的有关规定，必须备有材料供应商的质量证明书，并经复验合格后方可使用。

（2） 极限偏差等级

弹簧特性和尺寸的极限偏差分为 T、1、2、3 四个等级，一般情况下选用 1、2、3 级，特殊情况下选用 T 级，各项目的等级应根据使用需要，分别独立选定。

（3） 极限偏差的适用条件　该标准给出的弹簧特性和尺寸的极限偏差适用条件如下，不符合下列条件的弹簧特性和尺寸的极限偏差由供需双方商定。

1） 自由高度：≤9000mm。

2） 旋绕比：3～12。

3） 高径比：0.8～4。

4） 有效圈：≥3 圈。

5） 节距：≤0.5D。

6） 材料直径：8～60mm。

7） 弹簧中径：≤460mm。

（4） 尺寸参数及极限偏差

1） 内径或外径。弹簧内径或外径的极限偏差按表 4-8 的规定。

表 4-8　（单位：mm）

自由高度 H_0	精度等级			
	T	1	2	3
≤250	±0.008D,最小±0.8	±0.01D,最小±1.0	±0.015D,最小±1.5	±0.0[illegible],最小[illegible]
>250～500	±0.008D,最小±1.0	±0.01D,最小±1.5	±0.015D,最小±2.0	±0.02D,最小±2.5
>500	±0.008D,最小±1.5	±0.01D,最小±2.0	±0.015D,最小±2.5	±0.02D,最小±3.0

2）自由高度。弹簧自由高度的极限偏差按表 4-9 的规定。当弹簧有特性要求时，自由高度作为参考。

表 4-9 （单位：mm）

精度等级	T	1	2	3
极限偏差	$\pm 0.01H_0$，最小 ±1.5	$\pm 0.015H_0$，最小 ±2.0	$\pm 0.02H_0$，最小 ±3.0	$\pm 0.03H_0$，最小 ±4.0

3）总圈数。当未规定弹簧特性要求时，总圈数的极限偏差为 ±1/4 圈。当规定弹簧有特性要求时，不规定总圈数的极限偏差。

4）垂直度。对端部结构型式为 RYⅠ和 RYⅢ的弹簧，在自由状态下，弹簧轴心线对两端面的垂直度按表 4-10 的规定。

表 4-10 （单位：mm）

自由高度 H_0	精度等级			
	T	1	2	3
≤500	$0.017H_0$	$0.026H_0$	$0.035H_0$	$0.050H_0$
>500	$0.026H_0$	$0.035H_0$	$0.050H_0$	$0.070H_0$

对端部结构型式为 RYⅡ和 RYⅣ的弹簧，在自由状态下，弹簧轴心线对两端面的垂直度由供需双方商定。

5）直线度。弹簧的直线度应不超过其垂直度之半。

6）节距均匀度。等节距的弹簧压缩到全变形量的 80% 时，其有效圈之间不得相互接触。弹簧压缩到全变形量的 80% 的负荷应不大于试验负荷。

7）压并高度。弹簧的压并高度原则上不作规定。要求规定压并高度时，根据弹簧端部型式，压并高度应不超过下列数值。

① 对端部结构型式为 RYⅠ和 RYⅢ的弹簧：

$$H_b \leqslant (n_1 - 0.3) \cdot d_{max} \tag{4-13}$$

② 对端部结构型式为 RYⅡ的弹簧：

$$H_b \leqslant (n_1 + 1.1) \cdot d_{max} \tag{4-14}$$

式中 H_b——压并高度（mm）；

n_1——总圈数（圈）；

d_{max}——材料最大直径（材料直径+极限偏差的最大值）（mm）。

③ 对端部结构型式为 RYⅣ的弹簧，其压并高度由供需双方商定。

（5）弹簧特性及极限偏差　弹簧特性的极限偏差根据供需双方协议，允许不对称使用，其公差值不变。

1）弹簧特性。弹簧特性应符合以下①或②规定。特殊需要时，还应符合③的规定。

指定负荷应不超过试验负荷的 80%，试验负荷见 3.2。

① 指定一点负荷下的高度，其对应的变形量应在全变形量的 20% ~80% 之间。如果指定两点以上负荷下的高度，则由供需双方协议。

② 指定一点高度下的负荷，此时的变形量应在全变形量的 20% ~80% 之间。如果指定两点以上高度下的负荷，则由供需双方协议。

③ 弹簧刚度，弹簧刚度是按全变形量30%～70%之间的两负荷点的负荷差与变形量差之比来确定。

2）极限偏差。

① 指定负荷下的高度的极限偏差按表4-11的规定。

表 4-11 （单位：mm）

精度等级	T	1	2	3
极限偏差	±0.03f,最小±1.5	±0.05f,最小±2.5	±0.10f,最小±5.0	±0.15f,最小±7.5

② 指定高度下的负荷的极限偏差按表4-12的规定。

表 4-12 （单位：N）

精度等级	T	1	2	3
极限偏差	±0.03F 最小±1.5(mm)× F'(N/mm)	±0.05F 最小±2.5(mm)× F'(N/mm)	±0.10F 最小±5.0(mm)× F'(N/mm)	±0.15F 最小±7.5(mm)× F'(N/mm)

③ 弹簧刚度的极限偏差为±10%，使用上对精度有特殊要求的弹簧可选±5%。当规定了弹簧刚度的极限偏差时，一般不再规定指定负荷下的高度的极限偏差或指定高度下的负荷的极限偏差。

（6）永久变形　弹簧成品的永久变形不得大于自由高度的0.5%。

（7）端圈加工　弹簧支承面部分进行制扁或磨削加工时，制扁部分或磨削部分的长度约为3/4圈，端头厚度约为材料直径的1/4。

（8）热处理　弹簧成形后，应进行热处理，即淬火、退火处理。

（9）硬度

1）表面硬度。除非另有规定，弹簧退火后的表面硬度，一般情况在392HBW～535HBW（或42HRC～52HRC）范围内选取，同一批产品的硬度范围应不超过50个HBW单位（或5个HRC单位）。

2）心部硬度。一般不作规定，需要时由供需双方协商。

（10）脱碳　对采用热轧圈钢的弹簧，淬火、退火后其单边脱碳层（全脱碳+部分脱碳）的深度，允许为原材料标准规定的脱碳深度再增加材料直径的0.5%。

对采用银亮钢的弹簧，淬火、退火后不允许有全脱碳，部分脱碳的深度应小于0.1mm+0.5%d，并且脱碳的最大深度应不大于0.3mm。

（11）晶粒度　弹簧的晶粒度应不低于5级。

（12）喷丸强化　当图样有规定时，应按JB/T 10802规定进行喷丸强化处理。

（13）表面质量　弹簧表面不允许存在对使用有害的伤痕、裂纹等缺陷。

（14）表面处理　弹簧表面处理应在产品图样中注明，其处理的介质、方法应符合相应的环境保护法规，但弹簧应尽量避免采用可能导致氢脆的表面处理方法。

（15）其他要求　根据需要，可在图样中对弹簧规定下列要求：

1）立定处理、强压处理、加温立定处理和加温强压处理。

2）磁粉检测。

3）疲劳寿命。

弹簧有特殊技术要求时，由供需双方协商规定。

3. 试验方法

（1）永久变形 将弹簧用试验负荷压缩三次，测量第二次和第三次压缩后自由高度的变化值。当试验负荷高于压并负荷时，则该压并负荷就被视为试验负荷。

（2）弹簧特性 弹簧特性的测定应在精度不低于±1%的弹簧试验机上进行。

弹簧特性的测定，是将弹簧压缩一次到试验负荷后进行。试验负荷按表4-13规定的试验应力计算。

表 4-13 （单位：MPa）

材料	60Si2Mn、60Si2MnA、50CrVA、60CrMnA、60CrMnBA、60Si2CrA、60Si2CrVA
试验应力	710～890

注：硬度范围为下限，试验应力则取下限；硬度范围为上限，试验应力则取上限。

试验负荷按式（4-15）计算：

$$F_s = \frac{\pi d^3}{8D}\tau_s \tag{4-15}$$

式中 F_s——试验负荷（N）；

τ_s——试验应力（MPa）；

d——材料直径（mm）；

D——弹簧中径（mm）。

（3）硬度 弹簧硬度按GB/T 230.1或GB/T 231.1的规定检验。

表面硬度的测定通常在弹簧表面上不影响使用寿命的区域去除脱碳后进行。

心部硬度的测定可在随炉试棒上进行，在弹簧上进行心部硬度的测定时由供需双方商定。

注：随炉试棒应与用来制作弹簧的材料相同，其长度不小于材料直径的5倍，并且其热处理制度与弹簧热处理相同。

（4）脱碳 弹簧脱碳深度按GB/T 224的规定检验。

脱碳深度的测定可在随炉试棒上进行，在弹簧上进行脱碳深度的测定时由供需双方商定。

（5）晶粒度 弹簧晶粒度按GB/T 6394的规定检验。

晶粒度的测定可在随炉试棒上进行，在弹簧上进行晶粒度的测定时由供需双方商定。

（6）内径或外径 用分度值小于或等于0.02mm的通用量具或专用量具测量。图样上注明内径的测量内径，并以内径的最小值为准；标明外径或中径的测量外径，并以外径最大值为准。

（7）自由高度 自由高度用精度适宜的通用量具或专用量具测量，以其最大值为准。当自重影响自由高度测量时，应将弹簧水平放置测量。

（8）垂直度 对端部形式为RYⅠ和RYⅢ的弹簧，按图4-21所示方法，用2级精度平板、3级精度直角尺和专用量具测量。在无负荷状态下将弹簧竖直放在平板上如图4-21所示，将弹簧转动一周后检查另一端（端头至1/2圈处考核相邻的第二圈）外圆素线与直角尺之间的最大距离Δ，即为垂直度偏差。对端部形式为RYⅡ和RYⅣ的弹簧，其垂直度的检验由供需双方商定。

（9）直线度 如图4-22所示方法，将弹簧水平放置在2级精度平板上，将弹簧转动一周，用适宜的量具测量弹簧外圆素线与平板之间的最大间隙值Δ'。

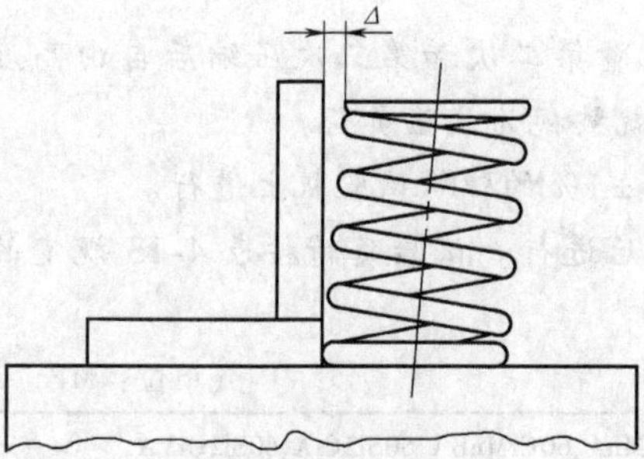

图4-21 垂直度

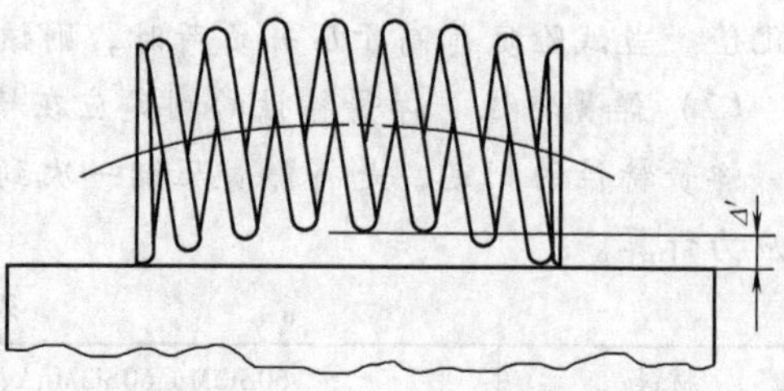

图4-22 直线度

(10) 压并高度 测定压并高度所施加的负荷小于等于1.5倍理论压并负荷，用适宜精度的量具测量弹簧高度，施加负荷的方法应由供需双方商定。

(11) 喷丸强化 按JB/T 10802规定的方法检查喷丸强度和表面覆盖率。

(12) 表面质量 一般采用目测或用5倍放大镜检查。

(13) 表面处理 弹簧表面处理按有关技术标准或协议规定进行。

(14) 其他要求 弹簧磁粉检测按JB/T 7367的规定执行。弹簧疲劳试验按GB/T 16947的规定执行。弹簧的立定处理、加温立定处理、强压处理和加温强压处理等按产品图样、相关标准执行。

4. 检验规则

(1) 产品的验收抽样检查按JB/T 7944的规定，也可按供需双方商定。

(2) 产品的检验项目：a) 永久变形；b) 弹簧特性；c) 内径或外径；d) 自由高度；e) 垂直度；f) 直线度；g) 总圈数；h) 节距均匀度；i) 表面硬度；j) 表面质量；k) 表面处理；l) 心部硬度；m) 脱碳；n) 晶粒度；o) 疲劳寿命。

(3) 弹簧检查项目分类：弹簧检验项目分类见表4-14。

表 4-14

A缺陷项目	B缺陷项目	C缺陷项目
脱碳、心部硬度、晶粒度、疲劳寿命	弹簧特性、内径或外径、表面质量、表面硬度、永久变形	垂直度、直线度、自由高度、总圈数、压并高度、节距均匀度、表面处理

注：图样有要求时，心部硬度、晶粒度和疲劳寿命可作为A缺陷项目进行检查。

第 5 章　弹簧的热处理和强化处理

1　金属学及钢的热处理基本知识

1.1　金属晶体结构

1.1.1　晶体与晶格

固态物质按内部质点（原子或分子）排列的特点分为晶体与非晶体。自然界中除少数物质（如石蜡、沥青、普通玻璃、松香等）外，绝大多数无机非金属物质都是晶体，一般情况下，金属及其合金多为晶体结构。

常见金属晶格类型：体心立方晶格、面心立方晶格、密排六方晶格，如图 5-1 所示。

晶格类型	晶格构造
体心立方晶格	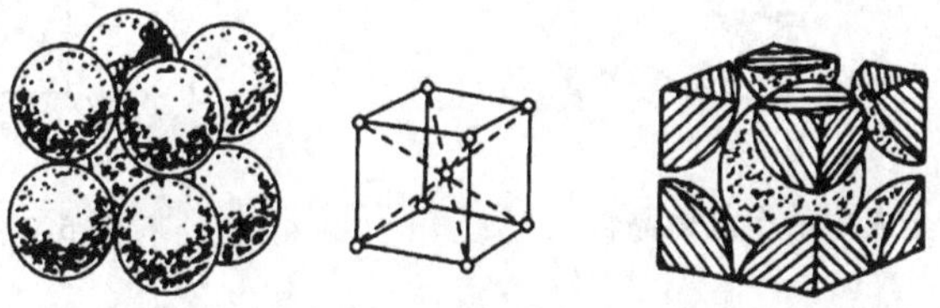
面心立方晶格	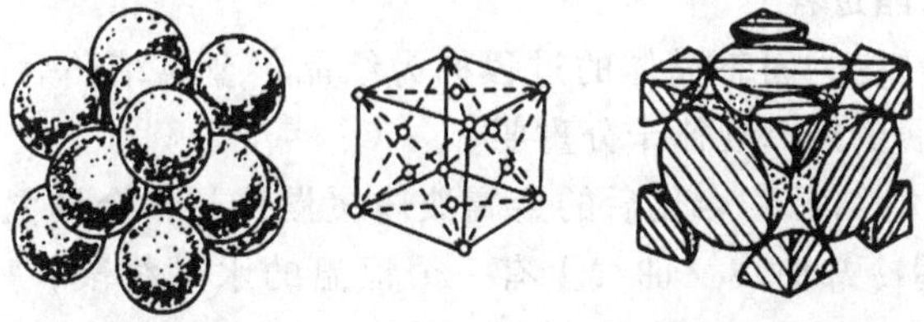
密排立方晶格	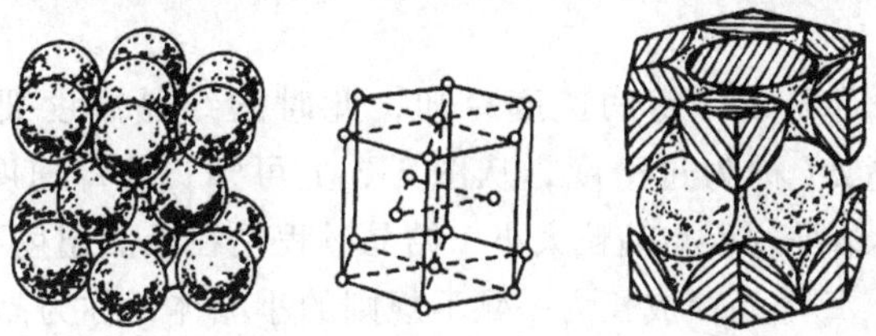

图 5-1　常见的金属晶格类型

体心立方晶格：体心立方晶格的晶胞是一个立方体，立方体的八个顶角和立方体的中心各有一个原子。具有体心立方晶格的金属有：α-Fe（温度低于 912℃ 的铁）、铬（Cr）、钨（W）、钼（Mo）、钒（V）、β-Ti（温度在 883 ~ 1668℃ 的钛）等。

面心立方晶格：面心立方晶格的晶胞是一个立方体，立方体的八个顶角和六个面的中心各有一个原子。属于面心立方的金属有：γ-Fe（温度在 912 ~ 1394℃ 的铁）、铝（Al）、铜

(Cu)、银(Ag)、金(Au)、镍(Ni)等。

密排六方晶格：密排六方晶格的晶胞是一个上下底面为正六边形的六柱体，在六柱体的十二个顶角和上、下底面的中心各有一个原子，六柱体的中间还有三个原子。具有密排六方晶格的金属有：镁(Mg)、锌(Zn)、α-Ti(温度低于883℃的钛)、镉(Cd)、铍(Be)等。

1.1.2 多晶体和晶粒

工程上使用的金属材料几乎都是多晶体，即实际的金属材料都是由无数细小晶粒组成的(图5-2)。同一晶粒内部原子排列有序，而不同晶粒的原子排列位相不同。晶粒的大小对金属材料的性能有很大影响，一般在室温下金属的晶粒越细，其强度、硬度越高，塑性、韧性越好。

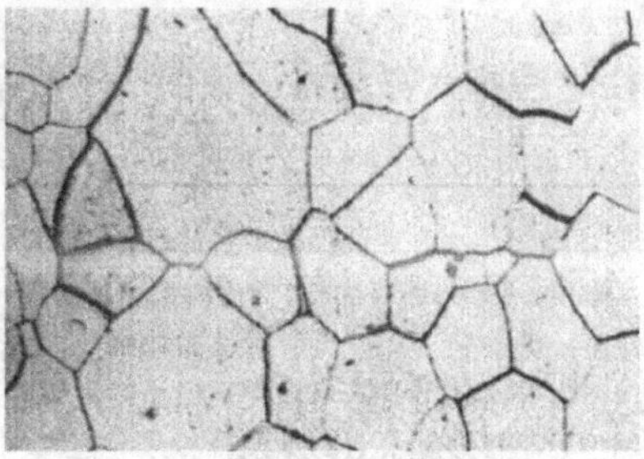

图5-2 金属中的多晶体晶粒

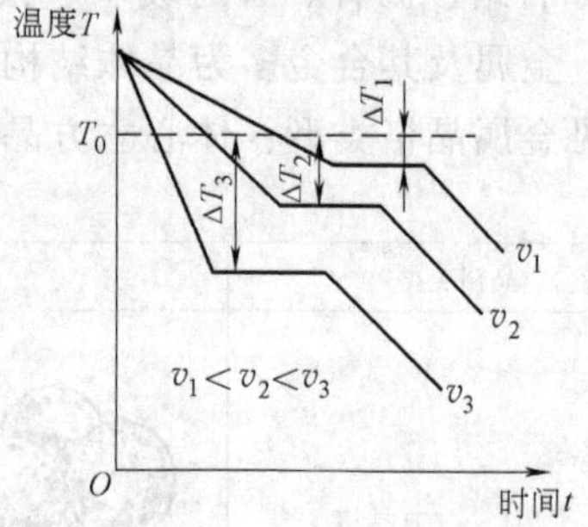

图5-3 纯金属的冷却曲线

1.1.3 金属的结晶过程

金属由液态转变为固态晶体的过程称为结晶。金属结晶后的组织状态对其性能影响很大，所以了解金属的结晶规律十分重要。

(1) 纯金属的结晶 熔化后的金属液体缓慢冷却，金属温度随时间t的变化得到如图5-3所示的纯金属冷却曲线。曲线上有一个恒温的水平线段，所对应的温度就是金属的结晶温度。用极其缓慢的冷却速度v(即平衡状态下)可得到理论结晶温度(图5-3中的T_0)。

但实际生产中都是以一定的速度冷却，此时的结晶温度要低于T_0。这种现象称为过冷现象，其温度差ΔT称为过冷度，从图5-3上可知，冷却速度越快，过冷度越大。

(2) 纯金属的结晶过程与晶粒大小 结晶过程是在结晶温度下发生的形核和长大的过程，如图5-4a～f所示，每个晶核成长为一颗不规则的小晶体，称为晶粒，同一个晶粒内部原子按一定的位相排列但与相邻的晶粒的原子排列位相不同，晶粒与晶粒间的界面称为晶界。

晶粒大小对材料的性能影响很大，室温下的金属晶粒越细小，其强度、硬度越高，塑性、韧性越好，所以细化晶粒是改善金属力学性能的重要措施。在结晶过程中加快冷却速度，增加过冷度可使晶粒细化；在金属中加入少量变质剂也可增加形核数目而有效的细化晶粒。但在实际生产过程中还要注意避免金属的晶粒长大而降低其力学性能。

1.2 合金与相

1.2.1 合金与相

由两种或两种以上的金属元素或金属与非金属元素组成的、具有金属特征的物质称为合金。而组成合金最基本的、独立的单元称为组元。根据组元数目的多少，可将合金分为二元合金、三元合金等。

合金中的相是指有相同的结构，相同的物理、化学性能，并与该系统中其余部分有明显界面分开的均匀部分。固态下只有一个相的合金称为单相合金；由两个或两个以上相组成的合金称为多相合金。

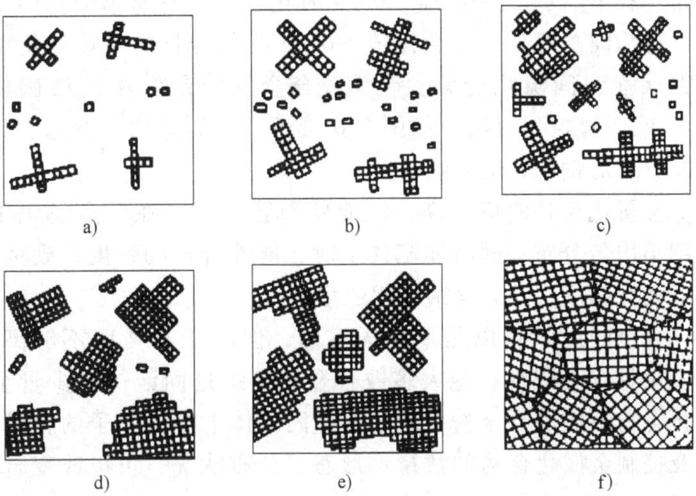

图 5-4　纯金属的结晶过程

在显微镜下观察到的组成相的种类、大小、形态和分布称为显微组织，简称组织，因此相是组成组织的基本物质。金属的组织对金属的力学性能有很大的影响。

1.2.2　固溶体

固态下合金中的组元间相互溶解形成的均匀相称为固溶体。固溶体中晶格保持不变的组元称为溶剂，因此固溶体的晶格与溶剂的晶格相同；其他组元称为溶质。

根据溶质原子在金属溶剂晶格中的位置不同固溶体可分为置换固溶体和间隙固溶体两种，如图 5-5 所示。

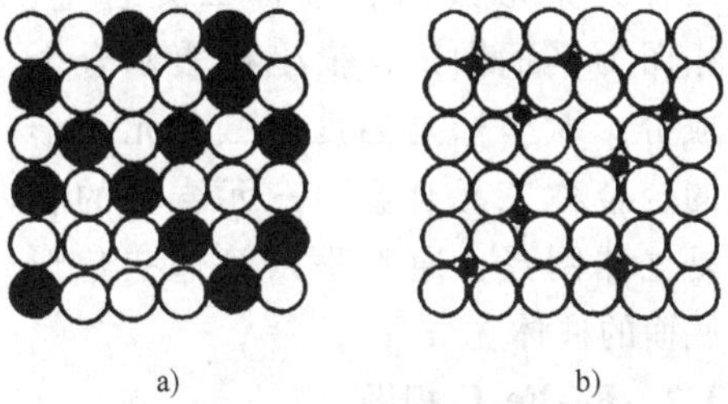

图 5-5　固溶体结构

a）置换固溶体　b）间隙固溶体

固溶强化：无论形成哪种固溶体，都将破坏原子的排列规则，使晶格发生畸变，导致变形抗力增加，使固溶体的强度、硬度增加，这种现象称为固溶强化，如钢中加入一定量的锰就可提高材料的强度和硬度。

1.2.3　金属化合物

金属化合物是合金组元之间发生相互作用而形成的一种新相，其晶格类型和特性不同于其中任一组元。如碳钢中的渗碳体（Fe_3C）、黄铜中的 β 相（CuZn）都是金属化合物。金属化合物主要有以下几类：

（1）正常价化合物　它是严格服从原子价规律的化合物，如 Mg_2Si、MnS 等，Mg_2Si 是铝合金中常见的强化相，MnS 是钢中常见的非金属夹杂物。

（2）电子化合物　它不遵守化合价规律，但按照一定的电子浓度形成的化合物称为电子化合物。

（3）间隙相和间隙化合物　过渡族元素（以 M 表示）与氢、硼、碳、氮等原子半径小的非金属元素（以 X 表示）结合将形成间隙相或间隙化合物，当 X 的原子半径 r_X 与 M 的

原子半径 r_M 的比值 $r_X/r_M<0.59$ 时化合物具有简单的晶体结构，称为间隙相，当半径比值 >0.59 时化合物的晶体结构很复杂，称为间隙化合物。碳钢、合金钢中最常见的渗碳体 Fe_3C 就是间隙化合物，如图 5-6 所示。它的结构、形态、大小及分布对钢的性能影响很大。

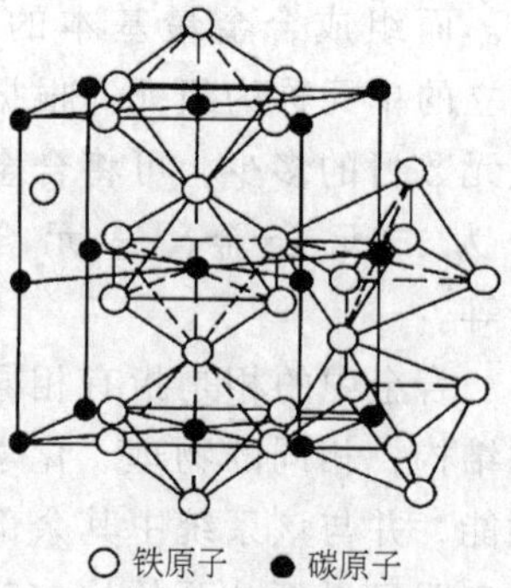

图 5-6 渗碳体的晶体结构

金属化合物的熔点高，性能硬而脆。当它在合金组织中呈细小均匀分布于固溶体基体上时，能使合金的强度、硬度、耐磨性等提高，这就是第二相强化。

合金的组织可以是单相固溶体，但由于其强度不够高，其应用具有局限性；绝大多数合金的组织是固溶体与少量金属化合物组成的混合物。通过调整固溶体中溶质原子的含量，以及控制金属化合物的数量、形态、分布状况，可以改变合金的力学性能，以满足不同的需要。

1.3 铁碳合金相图（铁碳平衡图）

1.3.1 合金的相图

合金的相图是表示在平衡状态下不同成分的合金在不同温度下所具有的相（或组织）以及它们之间的转变关系的图形。通常两种元素形成的合金称二元合金，其相图为平面图形，横坐标表示合金的成分，纵坐标是温度。三种元素形成的合金称三元合金，三元合金的相图是立体图形，通常是以等边三角形为底面的柱体。

1.3.2 Fe-Fe_3C 相图

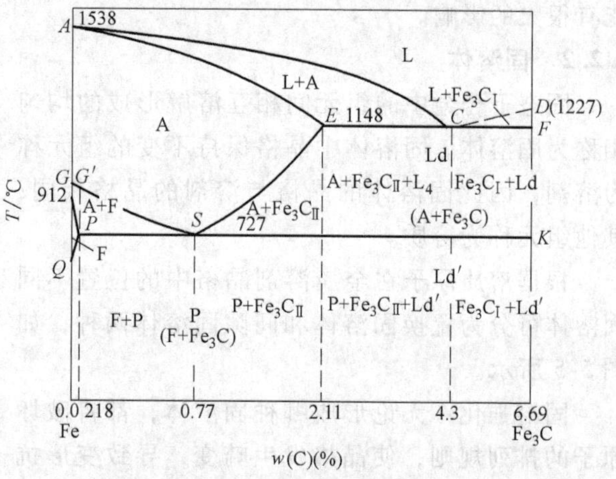

图 5-7 Fe-Fe_3C 合金相图

铁碳合金中，铁与碳可形成一系列稳定的化合物，如 Fe_3C [w (C) = 6.69%]、Fe_2C、FeC 等，其中 Fe_3C 是钢铁材料中最常见的一种组织，通常称为“渗碳体”。因此铁碳合金的相图一般都采用 Fe-Fe_3C 相图来表示。图 5-7 是简化后的 Fe-Fe_3C 合金相图。图中，L 为液态合金，A 为奥氏体，F 为铁素体，P 为珠光体，Fe_3C 为渗碳体。

在 Fe-Fe_3C 相图中，纵坐标表示温度，横坐标表示合金的成分，图中的相变线将二维平面分割成多个区域。每一个区域表示铁碳合金在对应的成分和温度范围所具有的相或组织状态。

(1) Fe-Fe_3C 相图的特性点和特性线　Fe-Fe_3C 相图中各点的符号是约定通用的，不能随意变更。其中一些对钢的热处理有关的特性点的温度、成分及含义见表 5-1。

Fe-Fe_3C 相图的特性线是不同成分合金具有相同物理意义相交点的连接线，也是铁碳合金在缓慢加热或冷却时开始发生相变或相变终了的线。下面是与钢的热处理有关的特性线的含义：

表 5-1　Fe-Fe_3C 相图中部分特性点的含义

特性点	温度/℃	w(C)(%)	含　义
A	1538	0	纯铁的熔点
E	1148	2.11	碳在 γ-Fe 中的最大溶解度
G	912	0	纯铁的同素异晶转变点　α-Fe → γ-Fe
P	727	0.0218	碳在 α-Fe 中的最大溶解度
S	727	0.77	奥氏体 A_S 与珠光体 P 发生共析转变的点

PSK 水平线—共析线（又称 A_1 线）。w(C) >0.0218% 的铁碳合金，自高温缓冷至该线（727℃）时均会发生共析转变（由一定成分的固溶体中同时析出两种化学成分与结构完全不同的固相并形成机械混合物的过程），即由奥氏体转变为珠光体。由低温缓慢加热至该线时则珠光体将转变为奥氏体。

ES 线—碳在 γ-Fe 中的溶解度曲线（又称 A_{cm} 线）。含碳量大于 0.77% 的奥氏体自高温缓冷时，从奥氏体中析出渗碳体的开始线，此时析出的渗碳体称为二次渗碳体，以 Fe_3C_{II} 表示。

GS 线—奥氏体与铁素体转变线（又称 A_3 线）w(C) =0~0.77% 的铁碳合金缓冷时，由奥氏体中析出铁素体的开始线。

（2）铁碳合金分类及其平衡组织　根据 Fe-Fe_3C 相图，铁碳合金按碳的质量分数和室温组织不同可以分为工业纯铁、钢、和白口铸铁，铁碳合金的分类和室温平衡组织见表 5-2。

表 5-2　铁碳合金的分类和室温平衡组织

合金种类	工业纯铁	钢			白口铸铁		
		亚共析钢	共析钢	过共析钢	亚共晶白口铸铁	共晶白口铸铁	过共晶白口铸铁
碳的质量分数(%)	w(C)	0.0218<w(C)≤2.11			2.11<w(C)<6.69		
	<0.0218	<0.77	0.77	>0.77	<4.30	4.30	>4.30
室温平衡组织	F	F+P	P	P+Fe_3C_{II}	P+Fe_3C_{II}+Ld′(注)	Ld′	Ld′+Fe_3C_I
	Fe+Fe_3C						

注：Ld′为低温莱氏体。

（3）铁碳合金中常见相的组织结构　钢铁材料即铁碳合金中常见相的组织结构、形成条件和性能特点如下：

1）铁素体：铁素体是含碳量极低的碳在 α-Fe 中的间隙固溶体，用符号 F 表示。α-Fe 具有体心立方晶格，其晶格间隙小，碳在其中的溶解度极小，最大溶解度仅为 0.0218%（727℃时）。因此铁素体的性能几乎与纯铁一样，即强度、硬度低，塑性好。铁素体存在于纯铁和中、低碳钢退火组织中，其显微组织如图 5-8 所示。

2）奥氏体　奥氏体是碳溶解于 γ-Fe 中形成的间隙固溶体，用符号 A 表示。γ-Fe 具有面心立方晶格结构，其晶格的间隙较大，故溶碳的能力比较大，在 1148℃时溶碳的质量分数达到最大值，为 2.11%。奥氏体为高温相，存在于 727℃以上，无铁磁性，奥氏体的力学性能决定于其溶碳量和晶粒大小，通常其硬度和强度比铁素体高，塑性较好。奥氏体的显微组织如图 5-9 所示。

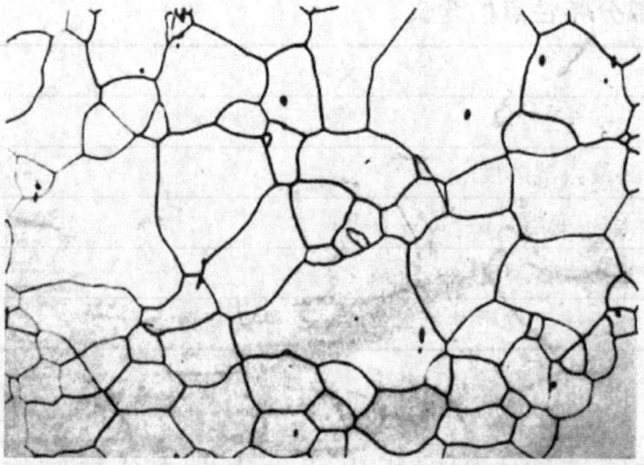

图5-8 工业纯铁（铁素体）的显微组织

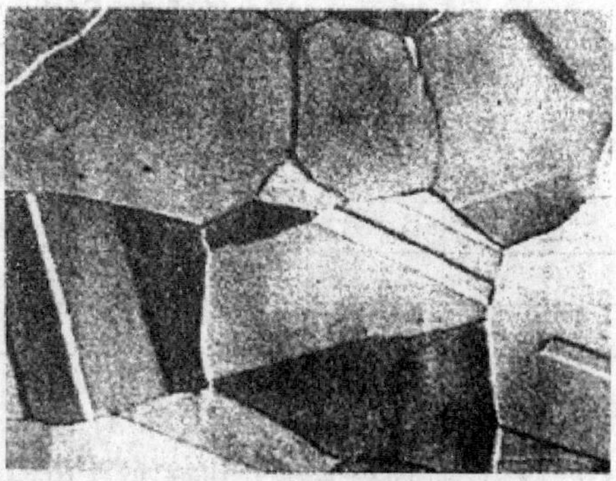

图5-9 奥氏体的显微组织

3）渗碳体：渗碳体即碳化铁，化学组成是 Fe_3C，为间隙化合物，具有复杂的晶体结构，硬度、强度很高但塑性差。

4）珠光体：珠光体是铁素体和渗碳体的机械混合物，存在于多数钢材的退火状态的组织中。按渗碳体的形态不同，珠光体分为片状珠光体和球状珠光体（图5-10）。珠光体组织由于形成温度的不同而粗细不同，也有不同的叫法，细珠光体一般叫索氏体，极细的珠光体称为托氏体（屈氏体）。珠光体的性能介乎铁素体和渗碳体之间且和其粗细程度有关，珠光体越细则强度和硬度越高。

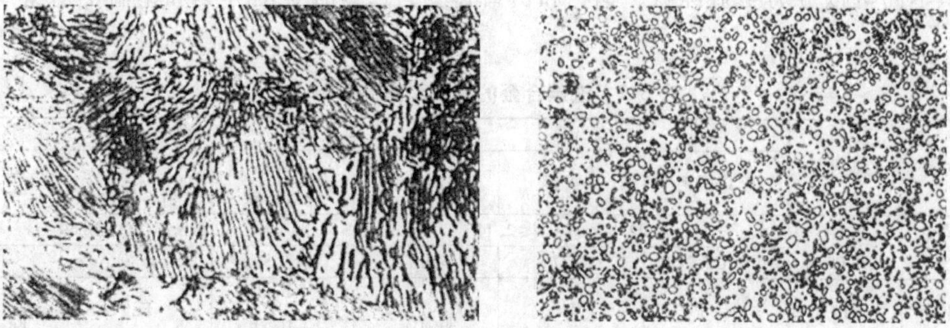

a) b)

图5-10 珠光体类型组织的金相照片

a）片状珠光体 b）球状珠光体

5）马氏体：马氏体是碳在 α 铁中的过饱和固溶体，是钢在淬火以后得到的不稳定组织，因为不是平衡状态组织，所以不会在铁碳平衡图中出现。马氏体的性能特点是硬度强度很高但塑性韧性较差，马氏体的塑性和韧性与含碳量有关，含碳量高则塑性和韧性差。马氏体经过回火以后可改善脆性，但硬度和强度会降低。一般结构钢淬火后形成的马氏体主要有片状马氏体和板条状马氏体两种（图5-11），后者多出现在低、中碳钢的淬火组织中。

6）贝氏体：贝氏体是钢在等温淬火时产生的，由过饱和的铁素体和渗碳体组成的组织，根据等温温度的不同分为上贝氏体和下贝氏体。形成温度大致在250～550℃，等温温度较低时形成下贝氏体。在光学显微镜下的形貌，上贝氏体为羽毛状，下贝氏体为针状，如图5-12所示。

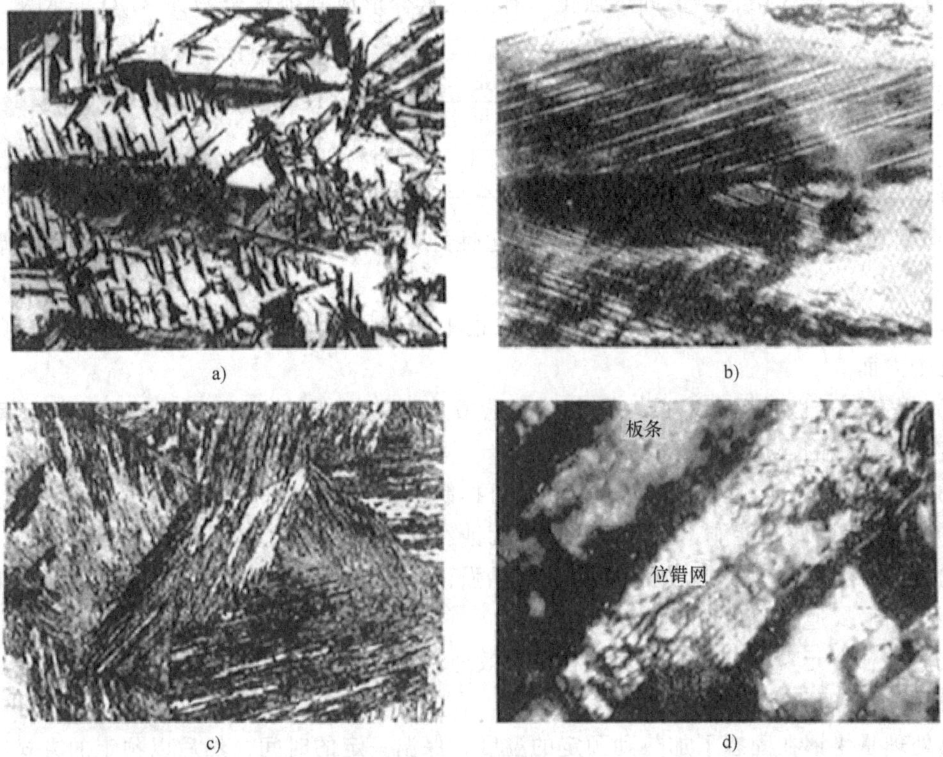

图 5-11 马氏体显微组织

a）片状马氏体光学金相 b）片状马氏体 TEM

c）板条状马氏体光学金相 d）板条状马氏体 TEM

1.4 合金钢基本知识

图 5-12 贝氏体组织

弹簧用材料多为工业用钢，其中又以合金弹簧钢为主。因弹簧热处理过程与钢的成分特别是合金元素有很大关系，本节将简述与弹簧热处理有关的合金钢基本知识。

1.4.1 工业用钢的分类

钢的分类方法有按化学成分、按冶金质量、按金相组织、按成形方法及按用途等多种。而按化学成分分类，则分为碳钢（低碳钢、中碳钢、高碳钢）和合金钢。合金钢又按钢中合金元素的总量（Me%）分为低合金钢（Me≯5%）、中合金钢（Me =5% ~10%）与高合金钢（Me≮10%）。合金弹簧钢大部分为低合金钢，中合金钢极少。

1.4.2 合金元素在钢中的作用

（1）合金元素在钢中的分布 为了获得预期的性能，有目的地加入钢中的化学元素称为合金元素。合金元素按其与碳的亲和力，可分为非碳化物形成元素和碳化物形成元素。

非碳化物形成元素有 Ni、Co、Cu、Si、Al、N、B 等，在钢中不与碳化合，多溶入铁素体、奥氏体和马氏体中，产生固溶强化。有的元素会形成其他化合物如 Al_2O_3、AlN、SiO_2、Ni_3Al 等。

碳化物形成元素有：$\xrightarrow[\text{形成碳化物的倾向由弱到强}]{\text{Mn、Cr、Mo、W、V、Nb、Zr、Ti 等。}}$

这些元素在钢中可以形成合金渗碳体如（Fe、Mn)$_3$C 和（Fe、Cr)$_3$C 等，它们比渗碳体硬度更高且更稳定。而强碳化物形成元素会与碳形成特殊碳化物如 TiC、NbC、VC、MoC、Cr_3C_6 等。这类碳化物硬度高、熔点高、稳定性好，可通过弥散硬化提高钢的强度、硬度和耐磨性。

（2）合金元素在钢中的作用　金元素在钢中的作用机理比较复杂，其作用可以归纳为以下几个方面。

1）提高淬透性：提高淬透性是合金元素最重要的特性，除 Co 以外所有合金元素都不同程度地提高钢的淬透性。

2）提高回火稳定性：有的合金元素还可抑制回火脆性（Mo、W 等）。

3）改善钢的使用性能：包括耐热、抗腐蚀和耐磨等特殊性能。

4）提高钢的强韧性：以固溶强化、细晶强化、位错强化、弥散强化（第二相强化）和加工硬化的形式通过阻碍位错的运动而实现。

大多数合金元素在钢的热处理过程中有效地利用了这些强化机制来提高钢的性能。

1.5　钢的热处理原理

热处理是将钢在固态下加热到预定的温度，保温一定的时间，然后以预定的方式冷却到室温的一种热加工工艺。其工艺曲线如图5-13所示。

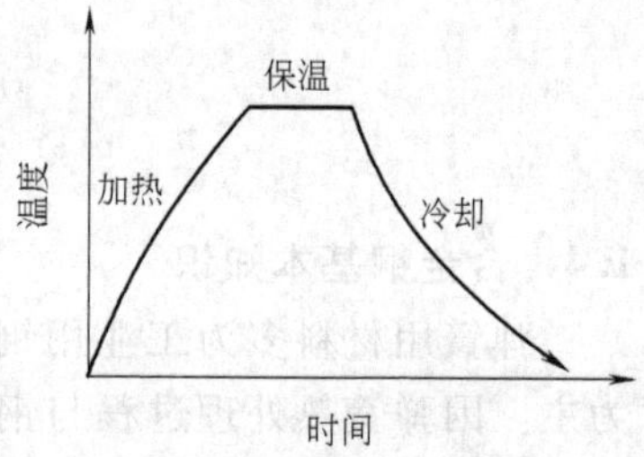

图5-13　热处理工艺曲线

热处理的作用：改善材料工艺性能和使用性能，充分挖掘材料的潜力，延长零件的使用奉命，提高产品质量，节约材料和能源。

此外，还可以消除材料经铸造、锻造、焊接等热加工工艺造成的各种缺陷、细化晶粒、消除偏析、降低内应力，使组织和性能更加均匀。

最终热处理：在生产过程中，工件经切削加工等成形工艺而得到最终形状和尺寸后，再进行的赋予工件所需使用性能的热处理称为最终热处理。

预备热处理：热加工后，为随后的冷拔、冷冲压和切削加工或最终热处理作好组织准备的热处理，称为预备热处理。

1.5.1　钢在加热时的转变

钢的热处理种类很多，其中除淬火后的回火，去应力退火等少数热处理外，均需加热到钢的临界点以上，使钢部分或全部转变为奥氏体，然后再以适当的冷却速度冷却，使奥氏体转变为一定的组织并获得所需的性能。

钢在加热过程中，由加热前的组织转变为奥氏体被称为钢的加热转变即奥氏体化过程。由加热转变所得的奥氏体组织的状况，其中包括奥氏体晶粒的大小、形状、空间取向、亚结构、成分及其均匀性等，均将直接影响在随后的冷却过程中所发生的转变及转变所得产物和性能。因此，弄清钢的加热转变过程，即奥氏体的形成过程是非常重要的。

（1）奥氏体的形成过程　以共析钢为例说明奥氏体的形成过程。从珠光体向奥氏体转

变的转变方程为

	α	+	Fe_3C	→	γ
w(C)(%)	0.0218		6.69		0.77
晶格类型	体心立方		复杂斜方		面心立方

可以看出：珠光体向奥氏体转变包括铁原子点阵的改组、碳原子的扩散和渗碳体的溶解。实验证明珠光体向奥氏体转变符合一般的相变规律，是一个晶核的形成和晶核长大过程。共析珠光体向奥氏体转变包括奥氏体晶核的形成、晶核的长大、残余渗碳体溶解和奥氏体成分均匀化等四个阶段。

以上共析碳素钢珠光体向奥氏体等温形成过程，可以用图 5-14 形象地表示出来。

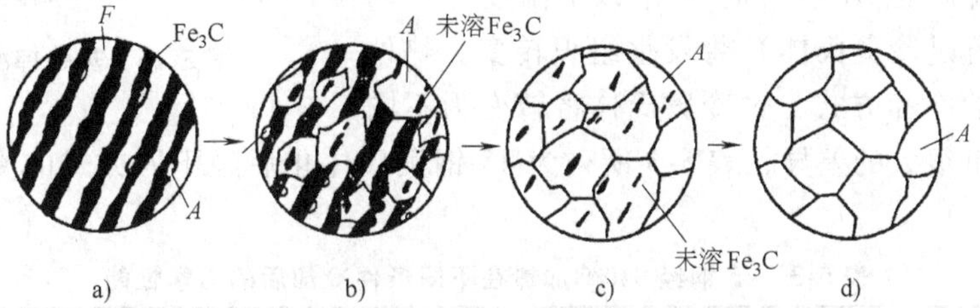

图 5-14　共析钢珠光体向奥氏体等温转变过程示意图

a）奥氏体形核　b）奥氏体长大　c）剩余 Fe_3C 溶解　d）奥氏体均匀化

如图 5-15 所示，为过共析钢（w(C)1.2%）和亚共析钢（w(C)0.45%）奥氏体等温形成图。

1）过共析碳钢：原始组织为 $P+C_{em}$，且 P 的数量随钢的 w(C) 增加而减少。

2）亚共析碳钢：原始组织为 P+F，且 P 的数量随钢的 w(C) 增加而增加。

对于这类钢，当加热到 Ac_1 以上某一温度，珠光体转变为奥氏体后，如果保温时间不太长，可能有部分铁素体或渗碳体被残留下来。含碳量比较高的亚共析钢，在 Ac_1 温度以上，当铁素体全部转变为奥氏体后不久，有可能仍有部分碳化物残留。

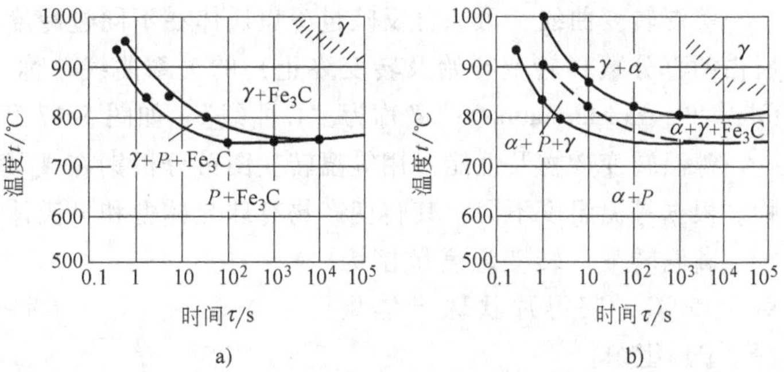

图 5-15　过共析钢和亚共析钢奥氏体等温形成图

a）过共析钢（w(C)1.2%）等温形成图

b）亚共析钢（w(C)0.45%）奥氏体等温形成图

（2）连续加热时奥氏体的形成　工件实际热处理时，在绝大多数（如高频感应加热、火焰表面加热、高温盐浴加热等）情况下，奥氏体的形成是属于非等温转变或连续加热转变。

奥氏体形成的转变是吸热过程，若供给工件的热量等于转变所消耗的热量，则转变在恒温下进行。而如果供热大于转变所需热量，在转变进行的同时，温度还在继续上升，转变是在温度不断升高的条件进行的。

实验表明，连续加热时奥氏体形成的基本过程和等温转变相似，也是由奥氏体的形成、残留碳化物溶解和奥氏体成分均匀化三个阶段组成。现已证明，影响这些过程的因素也大致与等温形成时相同。但是，因为奥氏体的形成是在连续加热条件下进行的，所以相变动力学及相变机理上常会出现若干等温转变所没有的特点。

1.5.2 钢在冷却时的组织转变

冷却方式是决定热处理组织和性能的主要因素。热处理冷却方式分为等温冷却和连续冷却，如图5-16所示。

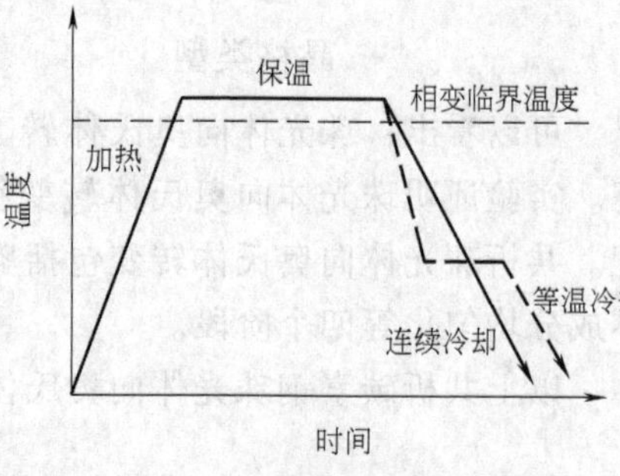

图5-16 热处理冷却方式

奥氏体冷却降至 A_1 以下时（A_1 以下温度存在的不稳定奥氏体称过冷奥氏体）将发生组织转变。热处理中采用不同的冷却方式，过冷奥氏体将转变为不同组织，性能具有很大的差异，表5-3所列为45钢奥氏体化后经不同方式的冷却，其性能的差异。

表5-3 45钢经840℃加热在不同条件冷却后的力学性能

冷却方法	抗拉强度 R_m/MPa	规定塑性延伸强度 R_p/MPa	断后伸长率 A/(%)	断面收缩率 Z(%)	硬度 HRC
随炉冷却	530	280	32.5	49.3	15～18
空气中冷却	670～720	340	15～18	45～50	18～24
油中冷却	900	620	18～20	48	40～50
水中冷却	1100	720	7～8	12～14	52～60

（1）等温冷却转变　等温冷却转变：钢经奥氏体化后，迅速冷至临界点（Ar 或 Ar_3）线以下，等温保持时过冷奥氏体发生的转变。

等温转变曲线：可综合反映过冷奥氏体在不同过冷度下等温温度、保持时间与转变产物所占的百分数（转变开始及转变终止）的关系曲线，称“TTT图”（T—time，T—temperature，T—transformation），又称为“C曲线”，如图5-17所示。

等温转变产物及性能：用等温转变图可分析钢在 A_1 线以下不同温度进行等温转变的产物。根据等温温度不同，其转变产物有珠光体型和贝氏体型两种。

高温转变：转变温度范围为 A_1～550℃，获得片状珠光体型（F+P）组织。

依转变温度由高到低，转变产物分别为珠光体、索氏体、托氏体，片层间距由粗到细。其力学性能与片层间距大小有关，片层间距越小，则塑性变形抗力越大，强度和硬度越高，塑性也有所改善。

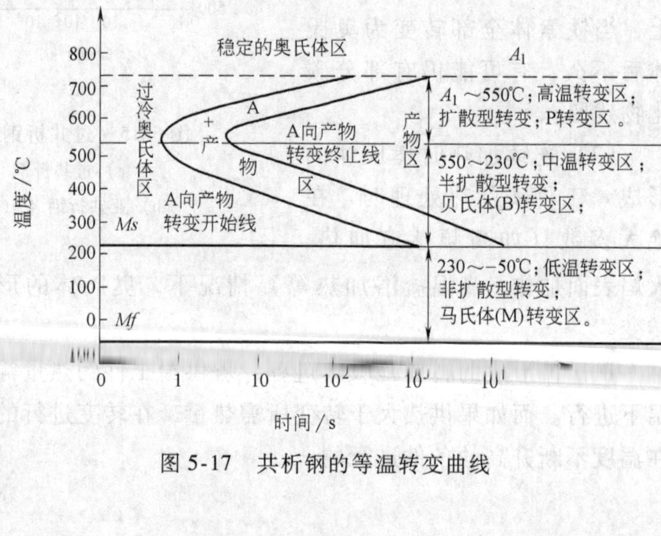

图5-17 共析钢的等温转变曲线

中温转变：转变温度范围为550℃～*Ms*，此温度下转变获贝氏体型组织，贝氏体型组织是由过饱和的铁素体和碳化物组成的，分上贝氏体和下贝氏体。

550～350℃范围内形成的贝氏体称为上贝氏体，金相组织呈羽毛状；350℃～*Ms* 范围内形成的贝氏体称为下贝氏体，金相组织呈黑色针状或片状，下贝氏体组织通常具有优良的综合力学性能，即强度和韧性都较高。

等温转变温度—组织—性能变化规律：等温转变的温度越低，其转变组织越细小，强度、硬度也越高，见表 5-4 所列。

亚共析钢和过共析钢的等温转变图：亚共析钢和过共析钢的等温转变图（图 5-18）与共析钢等温转变图的区别是在 C 曲线的上方各增加了一条线，亚共析钢曲线中，该线表示先共析铁素体线；而对于过共析钢，该线则是先共析渗碳体线。

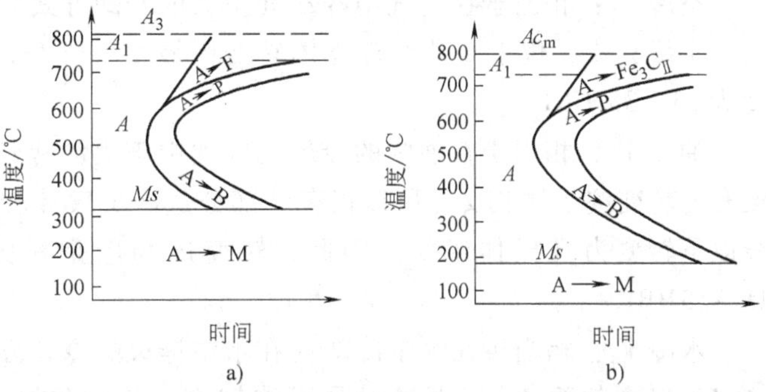

图 5-18　亚共析钢与过共析钢等温转变曲线

a）亚共析钢的等温转变图（C 曲线）　b）过共析钢的等温转变图（C 曲线）

表 5-4　等温转变温度与组织和性能

转变类型	转变温度/℃	转变产物	符号	显微组织特征	硬度 HRC
高温转变	Ac_1～650	珠光体	P	粗片状铁素体与渗碳体混合物	<25
	650～600	索氏体	S	600 倍光学金相显微镜下才能分辨的细片状珠光体	25～35
	600～550	托氏体	T	在光学金相显微镜下已无法分辨的极 细片状珠光体	35～40
中温转变	550～350	上贝氏体	$B_上$	羽毛状组织	40～45
	350～*Ms*	下贝氏体	$B_下$	黑色针状或称竹叶状组织	45～55

（2）连续冷却转变　连续冷却转变：过冷奥氏体在一个温度范围内，随温度下降发生组织转变，同样可用"连续冷却转变曲线"（CCT 曲线，C—Continuous；C—Cooling　T—Transformation）分析组织转变过程和产物。共析钢的"CCT 曲线"建立过程示意图如图 5-19。

等温转变"TTT 曲线"在连续冷却转变中的应用：由于连续冷却"CCT 转变曲线"的测定较为困难，而连续冷却转变可以看作由许多温度相差很小的等温转变过程所组成的，所以连续冷却转变得到的组织可认为是不同温度下等温转变产物的混合物。故生产中常用 TTT 曲线（C 曲线）近似地分析连续冷却过程，如图 5-20 所示。图中 V_1（炉冷）、V_2（空冷）、V_3（油冷）、V_4（水冷）代表热处理中四种常用的连续冷却方式。

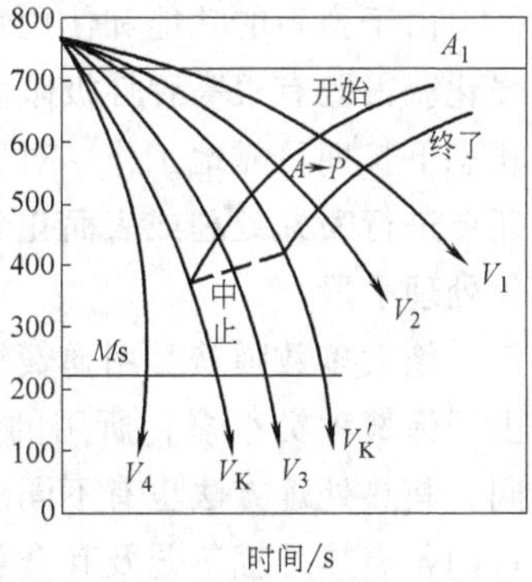

图 5-19　共析钢的连续冷却转变图建立过程示意图（CCT 曲线）

炉冷 V_1：比较缓慢，相当于随炉冷却（退火的冷却方式），它分别与 C 曲线的转变开始和转变终了线相交于 1、2 点，这两点位于 C 曲线上部珠光体转变区域，估计它的转变产物为珠光体，硬度为 170 ~ 220HBS。

空冷 V_2：相当于在空气中冷却（正火的冷却方式），它分别与 C 曲线的转变开始线和转变终了线相交，位于 C 曲线珠光体转变区域中下部分，故可判断其转变产物为索氏体，硬度为 25 ~ 35HRC。

油冷 V_3：相当于在油中的冷却（在油中淬火的冷却方式），与 C 曲线的转变开始线交，没有与转变终了线相交，所以仅有一部分过冷奥氏体转变为托氏体，其余部分在冷却至 *Ms* 线以下转变为马氏体组织。因此，转变产物应是托氏体和马氏体的混合组织，硬度为 45 ~ 55HRC。

水冷 V_4：相当于在水中冷却（在水中淬火的冷却方式），它不与 C 曲线相交，过冷奥氏体将直接冷却至 *Ms* 以下进行马氏体转变。最后得到马氏体和残余奥氏体组织，硬度为 55 ~ 65HRC。

马氏体临界冷却速：图中冷却速度 V_k 与 C 曲线的开始转变线相切，这是过冷奥氏体不发生分解，全部过冷到 *Ms* 线以下向马氏体转变所需要的最小冷却速度。

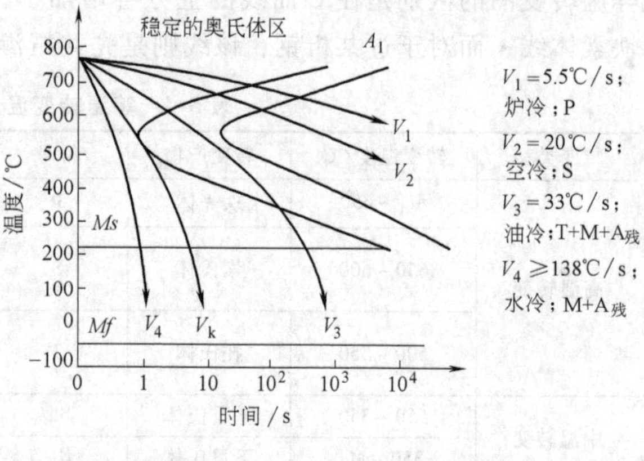

图 5-20 “TTT 曲线”在连续冷却过程中的应用

2 弹簧热处理总论

弹簧是广泛使用于各类机械设备、仪器仪表、军工产品及家具家电中的基础零部件，在有些机械设备和装置中弹簧是保证其使用功能和运行安全的关键零部件。影响弹簧的功能和使用可靠性的因素很多，包括弹簧设计、材料选用、生产工艺及使用工况条件等。其中材质和热处理对弹簧的性能和使用寿命有重要甚至可以说是决定性的影响。

由于弹簧的功能和使用特点，弹簧不仅要采用专门制造弹簧的材料而且必须通过热处理强化获得既有很高弹性极限和强度又有足够的韧性的最佳的力学性能，才能保证弹簧在使用状态下长期可靠地工作。对于要求在交变载荷下工作的弹簧，为提高弹簧的疲劳性能，通常还要进行喷丸处理或表面化学热处理等强化处理，但是弹簧热处理是最基本也是最重要的强化处理手段。

绝大多数弹簧是用弹簧钢制造的，弹簧钢包括碳素弹簧钢和合金弹簧钢及部分不锈钢，由于弹簧种类很多，所用的材料（包括材质、形状和状态）、使用条件和制造方法各不相同，其热处理方法也有不同。表 5-5 与表 5-6 是各种弹簧按所采用钢材及弹簧制造过程中进行的各类热处理工艺及其金相组织的情况。

概括起来，弹簧的热处理工艺可以分为以下三种情况。

第一种：凡是用经过强化处理的钢丝，如碳素弹簧钢丝（冷拉硬钢丝）、琴钢丝、油淬火回火弹簧钢丝和热处理钢带以冷成形工艺制作的弹簧，成形后只需进行去应力回火（俗称定型回火）处理。

表 5-5 碳素弹簧钢与合金弹簧钢制弹簧的热处理工艺类型及其金相组织

采用的原材料类型		材料的热处理+加工	原材料的金相组织	弹簧成形	弹簧的热处理	热处理的目的	成品弹簧的金相组织
热轧弹簧钢板或圆钢		热轧+退火	珠光体+铁素体（或球状珠光体）	→	淬火+回火	获得与弹簧使用条件相适应的最佳组织与性能	回火托氏体
钢带	退火钢带	球化退火处理	球状珠光体	→	等温淬火		贝氏体
钢带	冷轧钢带	等温正火（铅淬）或正火+冷轧	变形（冷态）索氏体	→	低温去应力退火	在不损害弹簧力学性能的前提下消除弹簧加工时的应力	索氏体+铁素体（变形）
钢带	淬火回火钢带	淬火+回火	回火托氏体	→			回火托氏体
钢带	贝氏体钢带	等温淬火	贝氏体	→			贝氏体
钢丝	硬钢丝	正火或等温正火（铅淬）+冷拔	索氏体+铁素体（变形）	→			变形珠光体（索氏体）
钢丝	琴钢丝	等温正火（铅淬）+冷拔	索氏体+铁素体（变形）	→			变形索氏体
钢丝	油淬火钢丝	冷拔后淬火+回火	回火托氏体	→			回火托氏体

表 5-6 不锈钢制弹簧的热处理工艺类型及其金相组织

采用的原材料（不锈钢）		原材料的热处理和加工	原材料的金相组织	弹簧成形	弹簧成形后的热处理	弹簧成品的金相组织
薄钢板	18-8 型（SUS301、304）	固溶处理+冷轧	变形奥氏体+形变诱发马氏体	→	低温去应力退火	奥氏体+回火马氏体
薄钢板	沉淀硬化型（0Cr17Ni7Al）（SUS 631J1）	固溶处理+冷轧	变形奥氏体+形变诱发马氏体	→	沉淀硬化处理	奥氏体+硬化相
薄钢板	沉淀硬化型（0Cr17Ni7Al）（SUS 631J1）	固溶处理	奥氏体	→	沉淀硬化处理	奥氏体+硬化相
薄钢板	Cr13（SUS420J2）Cr17 类马氏体型	退火处理	铁素体+碳化物	→	淬火+回火	回火马氏体+碳化物
钢丝	18－8 型（SUS302 SUS304 SUS316）	固溶处理+冷拉	变形奥氏体+形变诱发马氏体	→	低温去应力退火	奥氏体+回火马氏体
钢丝	沉淀硬化型（SUS631J1）	固溶处理+冷拉	变形奥氏体+形变诱发马氏体	→	沉淀硬化处理	同上+硬化相

第二种：凡是用经过固溶处理和冷变形强化的奥氏体不锈钢、沉淀硬化的不锈钢钢丝、钢带和部分有色合金材料或高温合金以冷成形工艺制作的弹簧，成形后需进行时效硬化处理。

第三种：凡是采用热成形加工的弹簧和使用软态材料冷成形加工的弹簧，均需进行淬火回火或等温淬火的热处理。

弹簧热处理的目的是为满足弹簧的工作特性，通常为保证弹簧的载荷特点与抗松弛特性希望弹簧热处理后材料的弹性极限与屈服极限尽可能高，热处理后材料的屈强比就不能太低。所以一般弹簧淬火后采用中温回火，金相组织为回火托氏体，这样可以得到较高的屈服极限，对提高弹簧的抗松弛特性有利。但是大多数弹簧的载荷是动态载荷，还要求弹簧具有一定的韧性和疲劳强度，此时就不能单纯的考虑材料的强度性能。总之，在考虑弹簧的材料和最终热处理的工艺时一定要充分考虑和分析弹簧的类型和载荷条件。

本节将分别叙述弹簧常用的各种热处理工艺类型的基本原理、要求、工艺方法，各种类型弹簧的热处理将在 5.4 中说明。

2.1 弹簧的淬火和回火

弹簧的淬火就是把弹簧加热到 Ac_3（对亚共析钢）或 Ac_1（对过共析钢）以上 30～50℃，保温一定时间，然后快速冷却（冷却速度 > 淬火临界冷速 V_k），以获得马氏体和（或）贝氏体组织的热处理工艺。弹簧淬火后，为消除应力及获得所要求的组织和性能，将其加热到 A_1 以下的某一温度，保温一定时间，然后以适当的速度冷却到室温的热处理工序，称为弹簧的回火。弹簧淬火后必须进行回火，淬火和回火是不可分割的组合热处理工序。

2.1.1 弹簧的淬火

弹簧的淬火就是把工件加热到奥氏体后快速冷却获得马氏体组织，以便通过回火处理获得弹簧所需的组织和性能。

（1）钢的淬透性　淬透性是结构钢的成分设计、选材和热处理工艺制定时要考虑的重要性能指标。淬透性是用钢试样在规定的工艺条件下淬火所能获得的淬硬层深度和硬度分布来表征的材料特性，它是钢材本身所固有的一个属性。钢的淬透性与过冷奥氏体的稳定性有关，而过冷奥氏体的稳定性主要决定于钢的化学成分和奥氏体化的过程。一般情况下钢中合金元素数量和种类越多，钢中含碳量越接近共析成分，则奥氏体越稳定，钢的淬透性越好。从奥氏体化过程来说，加热温度越高，保温时间越长，则奥氏体晶粒越粗大，奥氏体成分越均匀则奥氏体越稳定，钢的淬透性也越好。

表 5-7 几种常用弹簧钢的淬火临界尺寸

序号	钢种及钢号	淬火临界直径/mm		油淬火的淬火临界板厚/mm
		水淬	油淬	
1	碳素弹簧钢,65、70、75、80	< 15	< 8	< 5
2	锰弹簧钢,65Mn	< 25	15	9
3	硅锰弹簧钢,55Si2Mn、60Si2Mn	< 30	20	12
4	铬锰弹簧钢,50CrMn	≈40	34	20
5	铬钒弹簧钢,50CrVA	50	40	24
6	硅铬等弹簧钢 60Si2CrA、60Si2CrVA、65Si2MnWA	60～70	50	27～30
7	多元微合金化弹簧钢,55SiMnMoV(Nb)B、60CrMnMo	≈100	75(90～110)	> 50

淬透性可以用端淬试验测定的硬度分布曲线来表示（详见钢的淬透性试验标准），实际生产中还常用临界直径 d_c 来表示材料的淬透性，临界直径是指工件在某种淬火介质中淬火后，心部能淬透（心部能获得50%以上马氏体组织）的最大直径。表5-7所列是几种常用弹簧钢的淬火临界直径和淬火临界板厚。

（2）淬火加热　淬火加热工艺主要根据所用的加热设备与加热方法确定的加热温度和加热与保温时间。加热的目的是要使金属组织达到均匀的奥氏体状态，因此加热温度主要根据钢号与成分，如碳素钢主要是根据钢的含碳量，利用 $Fe\text{-}Fe_3C$ 相图来确定，如图5-21所示。对亚共析钢，淬火加热温度一般为 $Ac_3+30\sim50℃$。共析钢及过共析钢的淬火加热温度一般为 $Ac_1+30\sim50℃$。淬火后应获得均匀细小的马氏体组织或马氏体+少量粒状渗碳体（过共析钢）。加热温度过高会造成奥氏体晶粒粗化，淬火后马氏体粗大，韧性下降，使钢的性能变差，同时会增加氧化脱碳还会使马氏体比体积增大，淬火应力增加而易发生变形与开裂；加热温度过低，则可能存在未熔铁素体，将造成淬火硬度不足，使回火后的性能变差。

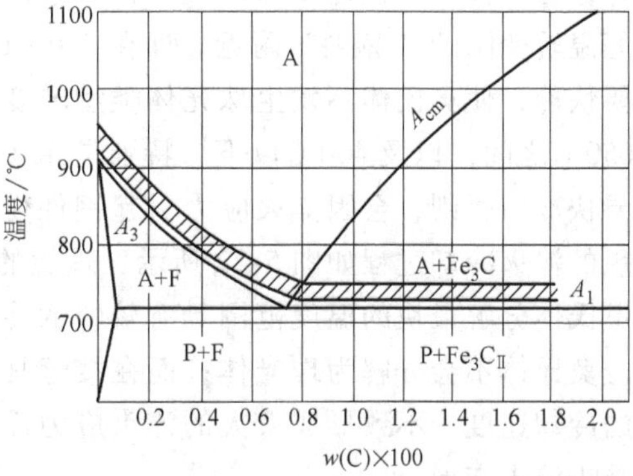

图5-21　碳钢的淬火加热温度范围

对于弹簧的淬火加热温度可根据弹簧钢的相变临界点确定，见表5-8。

金属组织转变需要一定的时间，因此即使弹簧表面达到要求的加热温度，还须在此温度保持一定时间，使内外温度一致，还应再加上显微组织完全转变和组织成分均匀化的时间。通常将弹簧淬火加热升温和保温时间的总和，称为淬火加热时间。它与钢的成分、原始组织、零件形状和尺寸、加热炉类型、加热介质、装炉方式、炉温等许多因素有关，因此，要确切地计算加热时间比较复杂。通常可以根据手册建议初定，再结合具体情况通过试验确定。

表5-8　常用弹簧钢加热和冷却时的相变临界点和淬火加热温度

钢　种	钢　号	Ac_1	Ac_3	Ar_1	Ar_3	Ms	淬火加热温度/℃
碳素弹簧钢	65	727	752	696	730	280	780～830
	70	730	743	693	727	280	780～830
	85	723	737	—	695	230	780～820
锰钢	65Mn(60Mn 70Mn)	720	740	689	741	270	810～830
硅锰钢	55Si2Mn	775	840	—	—	285	860～880
	60Si2Mn	765	810	700	770	260	860～880
	60Si2MnA	755	810	700	770	260	860～880
铬锰钢	50CrMn	740	785	700	—	300	840～860
铬钒钢	50CrVA	740	810	688	746	300	850～870
铬硅钢①	55SiCrA	754	814	684	744	322	860～880
含微量元素的硅锰钢	55SiMnVB	745	790	675	720	—	860～880
	55SiMnMoVNb	744	775	550	656	—	860～880
	60Si2CrVA	770	780	710	—	—	850～870

① 临界点数据摘自文献：刘虎等：弹簧钢55SiCrA过冷奥氏体动态连续冷却转变，《材料热处理学报》2011年7月。

(3) 淬火冷却 淬火冷却的目的是要使零件获得马氏体组织，为此淬火冷却速度必须大于临界冷却速度。而快速冷却又不可避免地会造成很大淬火应力，引起弹簧的变形和开裂。因此，淬火工艺中最重要的一个问题就是既要保证淬火弹簧获得马氏体组织，又要使弹簧减小变形和防止开裂。为此合理选择冷却介质和冷却方法是十分重要的。

1）理想淬火冷却过程：由等温转变图可知，要获得马氏体组织，并不需要在其整个冷却过程中都进行快速冷却，关键在于过冷奥氏体最不稳定的等温转变图的“鼻尖”附近，即在550～650℃的温度范围内要快冷，使奥氏体不发生珠光体类型转变，而在淬火温度到650℃之间，以及400℃以下，特别是200～300℃范围内不需要快冷，否则，会因淬火应力引起钢件变形与开裂。钢的理想的淬火冷却过程如图5-22所示，理想的淬火介质是在过冷奥氏体分解最快的温度范围具有较快的冷却速度，以保证过冷奥氏体不会分解为珠光体；而在接近马氏体点时具有缓和的冷却速度，不致形成太大的淬火应力而导致淬火开裂，并减少淬火变形。

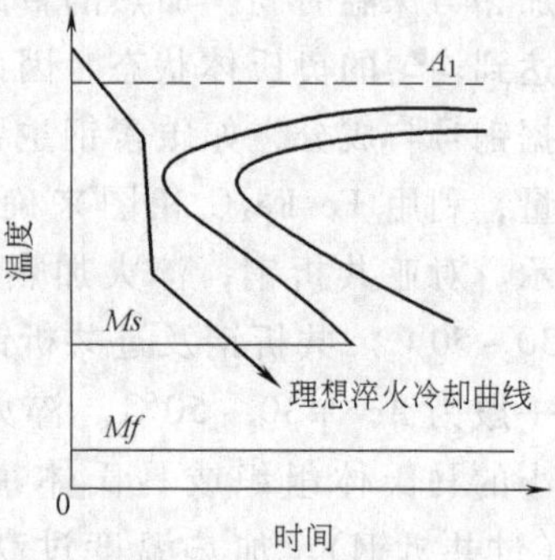

图5-22 钢的理想淬火冷却过程

2）常用的淬火冷却介质：淬火介质种类很多，常用的有水、盐水、水溶性淬火介质、淬火油、熔盐、空气等。淬火介质的冷却能力与介质有关，也与其温度和运动（搅动）情况有关，淬火介质的冷却能力用淬火冷却烈度（H值）表示，H值越大，表明该介质的冷却能力越强，见表5-9。

表5-9 各种淬火介质的冷却烈度H值

搅动情况	淬火介质冷却烈度H			
	空气	油	水	盐水
静止	0.02	0.25～0.30	0.9～1.0	2.0
中等	—	0.35～0.40	1.1～1.2	—
强	—	0.50～0.80	1.6～2.0	—
强烈	0.08	0.8～1.10	4.0	5.0

实际生产中常用的冷却介质有水、水溶性盐类和碱类、有机物的水溶液，以及油、熔盐、空气等。

① 水：水是目前应用最广泛的淬火冷却介质，这是因为水价廉易得，使用安全。但是水在200～300℃范围内的冷却速度也很大，常使淬火弹簧变形开裂，同时水温的变化对其冷却能力的影响很大，水温越高，冷却能力越小。

为提高水的冷却能力，常用的是含NaCl 5%～10%的盐水溶液和含NaOH 5%～10%的碱水溶液，盐水溶液在（550～650）℃的冷却能力比水提高近一倍。但是，盐水溶液在（200～300）℃范围内冷却能力仍然很大，有可能使淬火弹簧产生变形和开裂。

② 油：各种矿物油，也是应用很广泛的淬火介质，油在（300～2000）℃温度范围内，冷却速度远小于水，这就大大减小了淬火弹簧的变形与开裂倾向。但油在（550～650）℃温度范围内的冷却速度却比水小很多，因此生产上用油做淬火介质，只适用于过冷奥氏体稳定性较大的合金钢淬火，不适用于碳钢的淬火。

直接采用机械油进行淬火存在因长期使用后油会老化而导致冷却能力下降、淬火效果不好的问题，因此应采用热处理专用的淬火油如快速淬火油和光亮淬火油（针对可控气氛炉与真空炉）等，这类油中都含有添加的成分可以防止老化并达到理想的冷却效果。

③ 盐浴：熔化的 $NaNO_3$、KNO_3 等盐类也可以作为淬火介质，以减小弹簧淬火时的变形，此类介质主要用于贝氏体等温淬火，马氏体分级淬火。其特点是沸点高、冷却能力介于水和油之间，常用于处理形状复杂、尺寸较小和变形要求严格的钢件。

④ 水溶性淬火介质：新型淬火冷却介质中水溶性淬火介质应用较多，其冷却性能介乎水和油之间，使用效果好的有氯化锌-碱水溶液，过饱和硝盐水溶液等。此外也有各种以高分子聚合物如聚乙烯醇和聚醚为原料的水溶性淬火介质。

由于淬火介质的冷却能力与介质温度有关，有的水溶性淬火介质的正常使用温度范围比较窄，淬火油的温度太低则因流动性较差而影响冷却效果，温度太高则容易老化变质，例如 L-AN32 机械油的使用温度要控制在50℃左右，不得超过80℃。所以实际生产中对淬火介质的温度控制是很重要的，一般淬火槽中都应配备淬火介质的冷却装置和温控系统。

各种淬火介质的使用温度范围：水：15～30℃，盐类水溶液：20～60℃，碱类水溶液：20～50℃，有机化合物水溶液：20～80℃，淬火用油：30～80℃。

（4）其他注意事项：对于一般热卷螺旋弹簧、热弯成形的板簧以及热冲压的碟形弹簧，最好是在热成形之后，利用其余热立即淬火。这样可以省去一次加热，减少弹簧的氧化脱碳程度，既经济又改善弹簧的表面质量。例如 60Si2MnA 钢板弹簧目前采用的热处理工艺是在900～925℃弯片之后，在 850～880℃入油淬火。若受条件限制，也可在成形之后重新加热淬火。

冷成形的弹簧残余应力较大，在淬火加热时，由于残余应力的释放，变形较大。为了保证弹簧尺寸精度，可在淬火之前加一次去应力回火处理，这样可以减轻淬火加热变形程度。

目前，大型弹簧的成形加热和淬火加热，多采用火焰炉或电炉。为了防止或减轻表面氧化和脱碳，得到较高的表面质量，最好采用可控制气氛的加热炉，或使炉中气氛略带还原性，并采用高温快速加热的方法。对中小弹簧，可用脱氧良好的盐浴炉进行淬火加热。

为了减小变形量，除了采用正确的加热和冷却方法外，有时还采用专用淬火夹具进行成形淬火，例如板簧在弯板机上淬火，中、小型螺旋弹簧装在心轴上或专用夹具上进行加热和冷却。

2.1.2 弹簧的回火

将淬火后的弹簧重新加热到低于 Ac_1 的某一温度，并保温一定时间，然后以适宜的冷却速度冷却的工艺方法叫作回火。回火的目的是：获得所需的力学性能，稳定弹簧的组织和尺寸及消除残余应力。

（1）回火工艺与弹簧的性能　回火是对弹簧使用性能有显著影响的热处理工序。弹簧钢在淬火状态硬度和强度很高但塑性和韧性较差，回火后随回火温度的提高硬度和强度降低而塑性韧性有改善。一般说来弹簧钢的弹性极限在回火温度为 350～450℃时出现最大值；而疲劳极限出现最大值的回火温度为 450～500℃时。此外，回火温度较高时，钢的塑性及韧性得到改善，对缺口（及裂纹）的敏感性及过载损伤的倾向性也相应减小。

各类弹簧经淬火、回火后的硬度为：一般螺旋弹簧为 45～50HRC；工作应力较高的弹簧（如喷油器调压弹簧）为 47～52HRC；钢板弹簧为 42～47HRC 或 45～50HRC；碟形弹簧为 45～52HRC。

（2）回火温度　回火温度应根据弹簧的性能要求和材料（钢号）的不同，可在查询相关资料的基础上通过试验验证确定。表 5-10 所列是几种常用弹簧合金钢淬火回火后的性能与回火温度的关系，是采用弹簧钢的热处理工艺试验实例的试验结果，可供参考。

确定回火温度还必须考虑回火脆性问题。对具有第一类回火脆性的钢种必须避开回火脆性温度区间，对具有第二类回火脆性的钢种弹簧回火后应立即在油或水中冷却。

（3）回火时间　回火的保温时间也应考虑弹簧的性能要求及采用钢种，主要与弹簧尺寸即材料的直径或厚度有关。一般采用电炉（空气炉）回火可以按材料直径或厚度 1.5 ~ 2.0min/mm 来计算时间。但要对实际回火的效果通过工艺试验进行验证和确认。

对于淬火后变形的弹簧，可根据相变超塑性的原理（即钢由一种组织转变为另一种组织时，具有很大的塑性变形能力），在回火时，装上限形夹具，使变形在回火过程中得到回复和矫正。

弹簧淬火后应尽快进行回火，以免由于内应力过大而产生裂纹，淬火与回火之间的时间间隔一般不超过 2 ~ 4h。

2.1.3 常用弹簧钢的淬火与回火工艺

下面主要叙述碳素弹簧钢和合金弹簧钢制弹簧的淬火与回火工艺，而对于其他材料或耐热和耐腐蚀等特殊功能的弹簧的热处理则见后面相关部分的说明。

（1）碳素钢弹簧的热处理　常用于制造弹簧的碳素钢有 65、70、75、85。这类材料的淬透性比较差，只有直径小于 8mm 的弹簧才可以在油中淬透，即使在水中淬火其最大淬透直径也仅为 15mm。退火状态碳素钢的热处理工艺及力学性能见表 5-11。

表 5-10　几种常用弹簧合金钢淬火回火后的性能与回火温度的关系

序	强度性能 R_m、$R_{p0.2}$、$R_{p0.2}/R_m$	硬度和塑性 HRC、Z(%)、A(%)
1	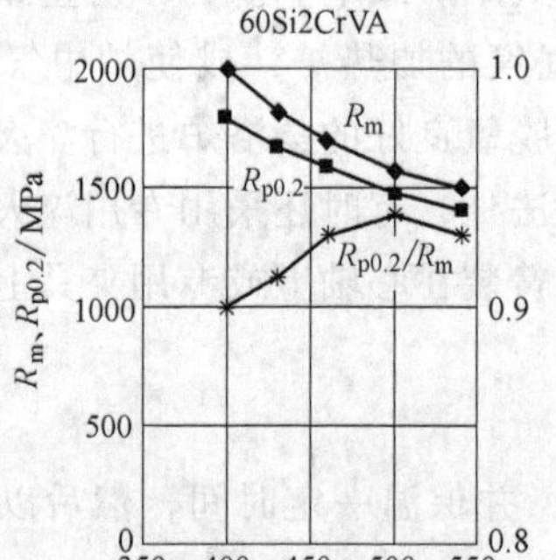	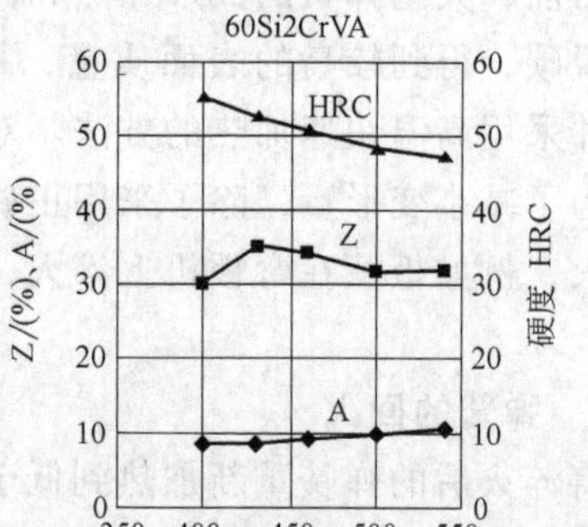
2	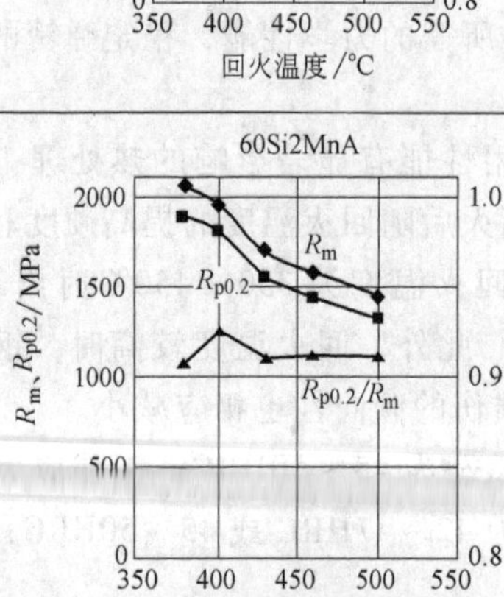	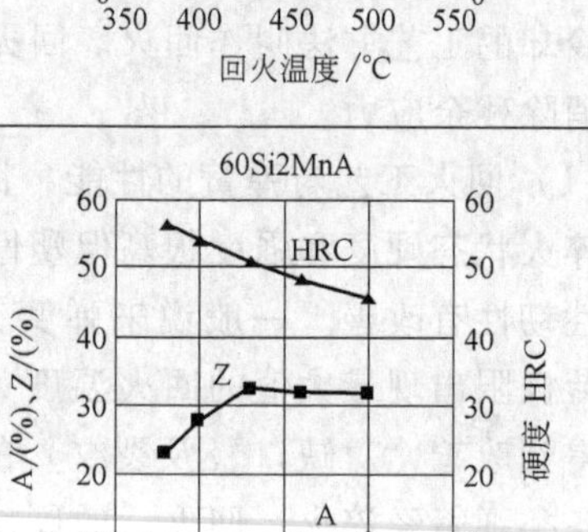

（续）

序	强度性能 R_m、$R_{p0.2}$、$R_{p0.2}/R_m$	硬度和塑性 HRC、Z(%)、A(%)
3	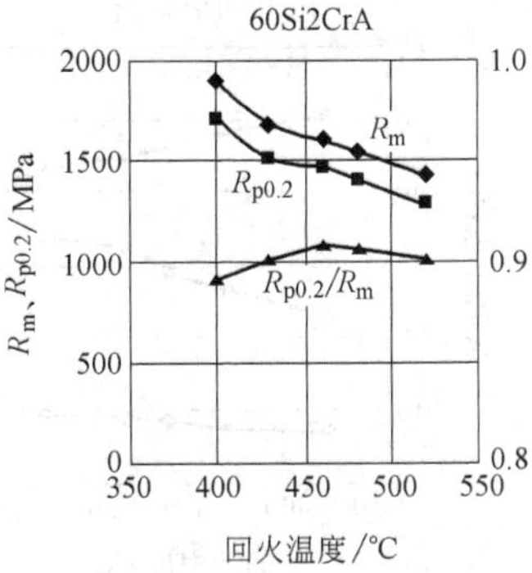	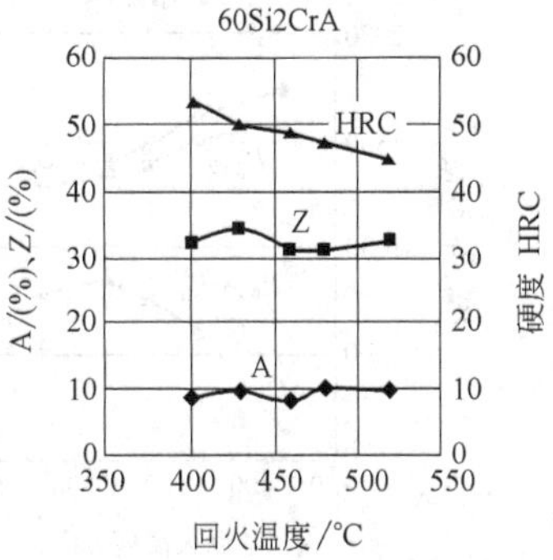
4	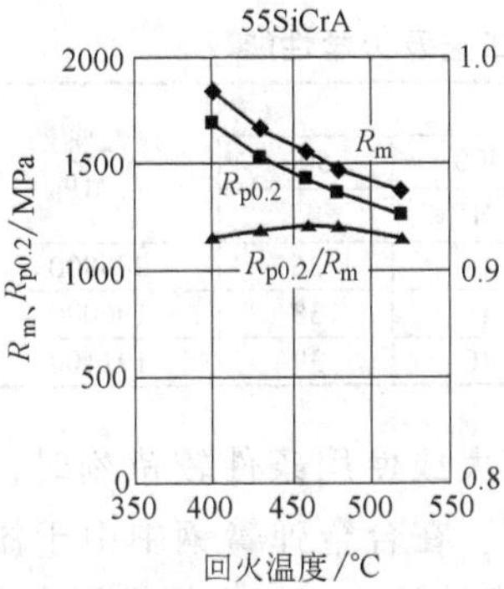	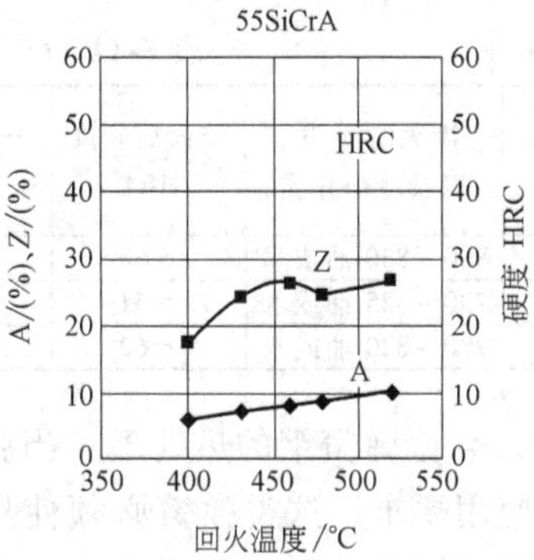
5	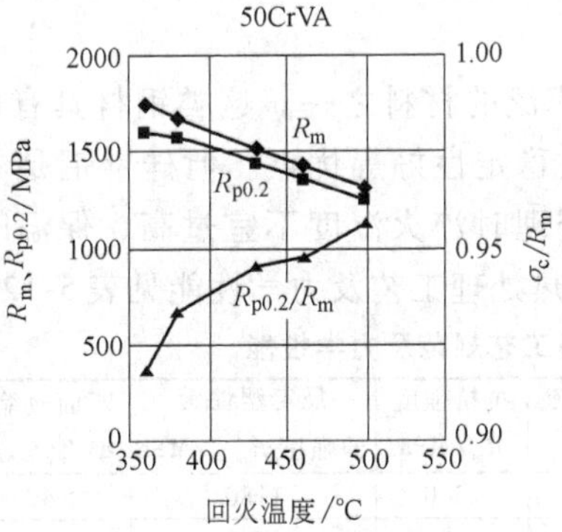	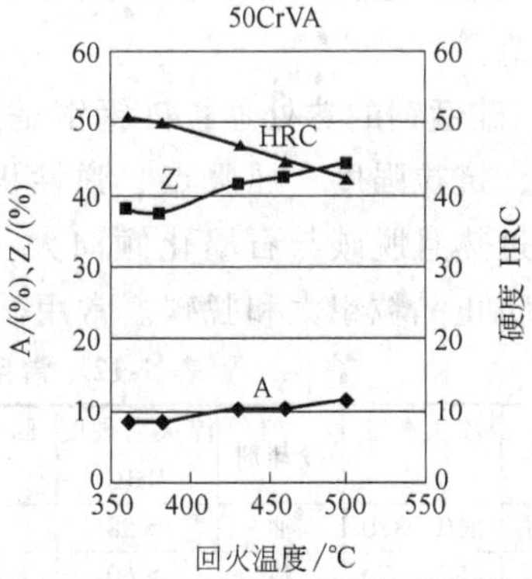
6	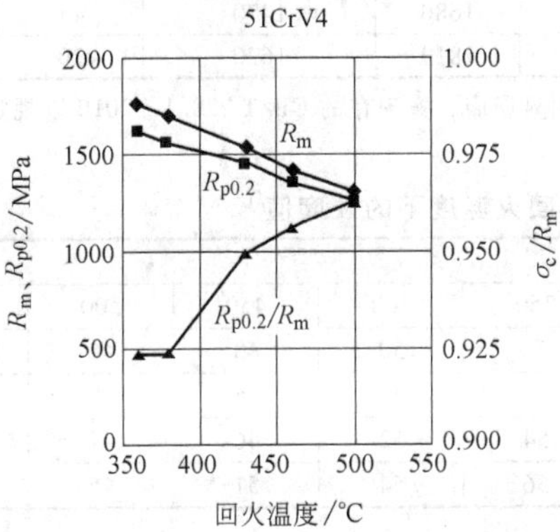	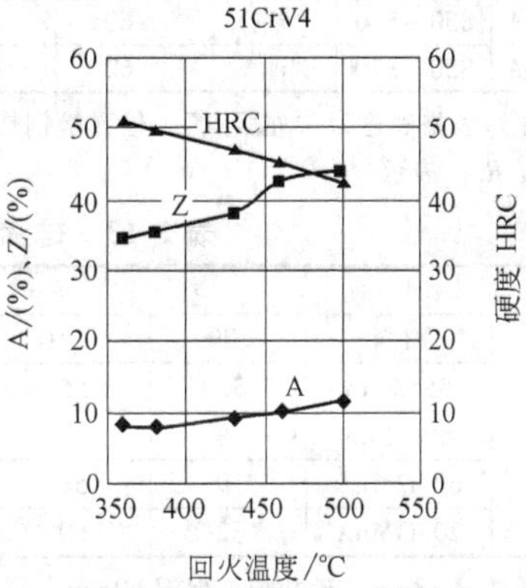

（续）

序	强度性能 R_m、$R_{p0.2}$、$P_{p0.2}/R_m$	硬度和塑性 HRC、Z(%)、A(%)
7	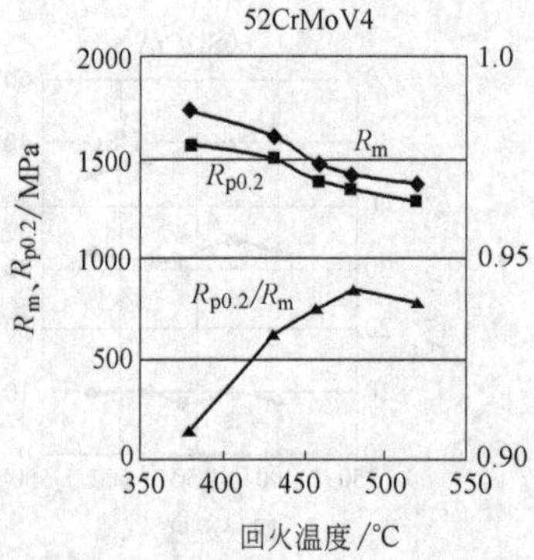	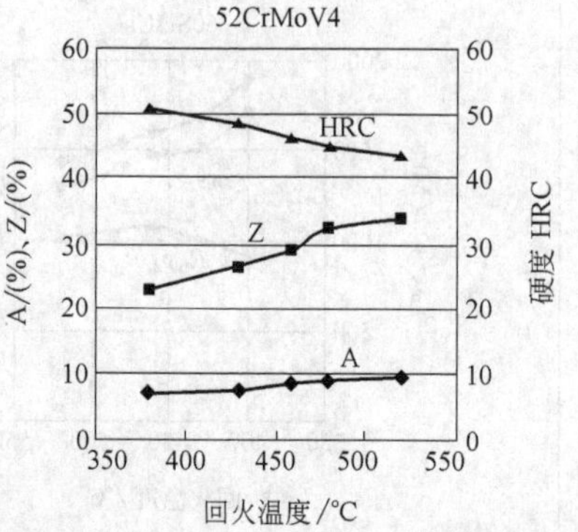

表 5-11　65、70、85 钢的热处理工艺及力学性能

钢 号	淬火温度/℃ 以及冷却介质	淬火后硬度 HRC	回火温度/℃ 200	300	400	500	弹性模量 E/MPa	切变模量 G/MPa
			回火后硬度 HRC					
65	800～830 油或水	>60	58	54	44	36	205800	79184
70	790～825 油或水	>61	59	55	45	38	196000	78792
85	780～820 油或水	>62	60	56	46	39	191100	78400

（2）合金弹簧钢的热处理　当弹簧材料的截面较大或使用条件较苛刻时，碳素钢已不能满足使用要求，这类弹簧必须使用合金弹簧钢制造。在合金弹簧钢中由于添加了合金元素，不仅使淬透性增加，而且具有碳素钢所没有的宝贵性能。下面介绍常用合金弹簧钢的热处理规范。

1）硅锰钢的热处理：硅锰钢是弹簧钢应用广泛的材料之一。这类钢材具有成本低、淬透性好，抗拉强度、屈服点、弹性极限高及回火稳定性好等优点。但硅锰钢是本质粗晶粒钢，易过热且脱碳与石墨化倾向大。所以在热处理时淬火温度不宜过高、保温时间不宜过长，以防止晶粒粗大和脱碳。常用硅锰弹簧钢的热处理工艺及力学性能见表5-12和表5-13。

表 5-12　常用硅锰钢热处理工艺规范及力学性能

材料	淬火温度/℃	冷却剂	淬火后硬度 HRC	回火温度/℃	回火后硬度 HRC	抗拉强度 R_m/MPa	规定塑性延伸强度 $R_{p0.2}$①/MPa	断面收缩率 Z(%)	断后伸长率 A(%)
55Si2Mn	860～880	油	>58	440	47	1340	1180	>40	10
60Si2Mn	850～870	油	>60	440	48	1680	1470	44	11
60Si2MnA	850～870	油	>60	440	48	1680	1470	44	11
70Si3MnA	850～870	油	>62	430	52	1810	1620	20	5

① 原始表格表述为“屈服点”，但弹簧钢热处理状态下无明显屈服，按现在的 GB/T 228.1—2010 以规定塑性延伸强度 $R_{p0.2}$ 表示。

表 5-13　硅锰钢淬火后不同回火温度下的硬度值①

	材料	回火温度/℃ 200	250	300	350	400	450	500	550
硬度 HRC	55Si2Mn	55	55	54	52	50	43	40	37
	60Si2Mn	58	57	56	54	51	[illegible]	[illegible]	[illegible]
	60Si2MnA	59	58	57	54	52	46	41	39
	70Si3MnA	62	60	58	56	54	51	45	41

① 试件 d=8mm，硝盐炉，保温 60min，硬度波动为±2HRC。

2）铬矾钢和铬锰钢的热处理：制造弹簧的铬钒钢和铬锰钢常用的有：50CrVA、50CrMn、50CrMnA等。由于钢中含有Cr、V等元素，使钢的淬透性得到了显著的改善。同时V和Cr都是强烈的碳化物形成元素，它们的碳化物存在于晶界附近，能有效地阻止晶粒长大。这类钢材虽然碳含量不高，强度稍低一些，但具有很好的韧性，优良的疲劳性能。表5-14所列是50CrVA和50CrMn的热处理工艺规范和力学性能。

表5-14　50CrVA和50CrMn的热处理工艺规范和力学性能

钢号	淬火温度/℃	冷却剂	淬火后硬度HRC	回火温度/℃	回火后硬度HRC	抗拉强度 R_m/MPa	规定塑性延伸强度 R_p/MPa	断面收缩率 Z(%)	断后伸长率 A(%)
50CrVA	860~900	油	>58	380~400	45~50	>1470	>1274	>40	>8
50CrMn	840~860	油	>58	380~400	45~50	>1470	>1274	>40	>8

3）高强度弹簧钢的热处理：这类弹簧钢的特点是强度高、淬透性好，在油中的淬透直径都在50mm以上，用于制造工作温度在250℃以下的高应力弹簧，如气门弹簧、油泵弹簧、汽车悬架弹簧等。这类弹簧在较高温度下回火仍保持较高的强度。为获得高的强度，硬度一般在48~52HRC之间选取。高强度弹簧钢的钢号名称及热处理规范和不同回火温度下的力学性能见表5-15。

表5-15　高强度弹簧钢热处理工艺规范和力学性能

钢号	淬火温度/℃	冷却剂	淬火后硬度HRC	回火温度/℃	回火后硬度HRC	抗拉强度 R_m/MPa	规定塑性延伸强度 R_p/MPa	断面收缩率 Z(%)	断后伸长率 A(%)
60Si2CrA	840~872	油	>62	430~450	48~52	>1800	>1600	>20	>8
60Si2CrVA	840~870	油	>62	430~450	48~52	>1800	>1600	>20	>8
65Si2MnWA	840~870	油	>62	430~450	51~52	>1800	≥1700	>17	>5

4）硅锰钢新钢种的热处理：这类钢是在硅锰钢的基础上加入了硼、钼、钒、铌等合金元素，淬透性比硅锰钢有较大的提高，直径50mm以下在油中都能淬透，脱碳和过热的倾向比硅锰钢低，韧性和疲劳性能则优于硅锰钢。现主要用于制造汽车钢板弹簧，常用的牌号有55SiMnVB、55SiMnMoV、55SiMnMoVNb。其热处理规范和力学性能见表5-16。

表5-16　硅锰钢新钢种热处理规范及力学性能

钢号	淬火温度/℃	冷却剂	淬火后硬度HRC	回火温度/℃	回火后硬度HRC	抗拉强度 R_m/MPa	规定塑性延伸强度 R_p/MPa	断后伸长率 A(%)	断面收缩率 Z(%)	冲击韧度 α_K/J·cm^{-2}
55SiMnVB	860~900	油	>60	460	44~49	≥1400	≥1250	≥5	≥30	≥30
	880	油	>60	450	—	1460	1390	8	45	41
	880	油	>60	500	—	1330	1230	9	42.5	43
55SiMnMoV	860~900	油	>62	480~500	44~49	1530	1480	7.5	38	—
	880	油	>62	450	—	1505~1550	1440~1490	7.8~8.8	46.3~53.5	49~59
	880	油	>62	500	—	1408~1450	1340~1400	8.5~10	40~53	54~62
55SiMnMoVNb	860~900	油	>62	460~480	44~49	1560	1410	7	45	—
	880	油	>62	450	—	1648	1553	7	39.3	38
	880	油	>62	500	—	1535	1448	7	38.1	44

2.1.4 弹簧淬火与回火的质量控制

为了得到质量良好的产品，必须对淬火与回火的各项过程参数进行严格控制，一般情况下，以下过程参数每次生产时是必须控制的：

1）淬火时的加热温度和加热保温时间。

2）弹簧进入淬火介质时的温度。

3）弹簧出淬火介质时的温度。

4）淬火介质的温度。

5）回火加热温度和加热保温时间。

6）回火冷却方式。

淬火介质需要定期检查，以确保其冷却性能符合要求。

检测产品的金相组织、力学性能可以判断热处理的好坏，但这样就需要破坏产品，一般情况下可采用随炉试棒来代替。

2.2 弹簧的分级淬火和等温淬火

2.2.1 弹簧的马氏体分级淬火

为避免普通淬火处理易发生的淬火开裂与变形的缺点，可采用马氏体分级淬火。马氏体分级淬火是将奥氏体化的零件置于温度稍高于 *Ms* 点的热态淬火介质（盐浴、碱浴或热油）中，保持一定时间，待弹簧各部分的温度达到介质温度时，取出空冷（图5-23中冷却曲线3）。

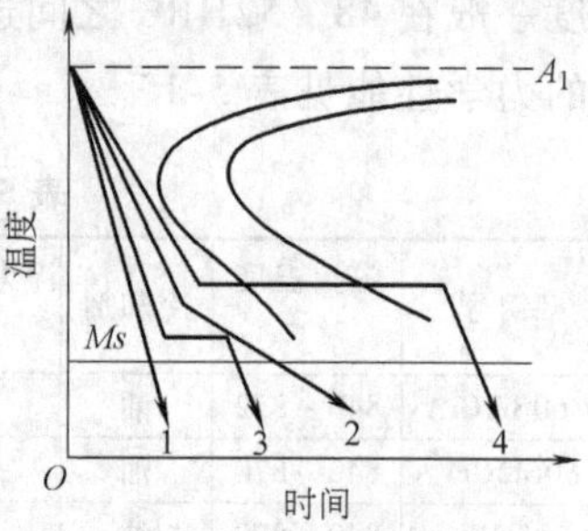

图5-23 淬火冷却方式
1—单介质淬火 2—双介质淬火
3—分级淬火 4—等温淬火

这种方法的特点首先是缩短了弹簧与介质间的温差，因而明显减小了弹簧冷却过程中的热应力；其次是通过分级保温，使整个弹簧温度趋于均匀，在随后冷却过程中弹簧表面与心部马氏体转变的不同时性明显减少从而降低了因相变不均匀而产生的组织应力；第三是由于恒温停留所引起的奥氏体稳定化作用，增加了残余奥氏体量，从而减少了马氏体转变时引起的体积膨胀。由于这些因素的影响，弹簧淬火时变形和开裂的倾向显著减小。

2.2.2 弹簧的贝氏体等温淬火

等温淬火就是将弹簧加热到该钢种的淬火温度，保温一定时间，以获得均匀的奥氏体组织，然后淬入 *Ms* 点以上某一温度的熔盐中，等温足够的时间，使过冷奥氏体基本上完全转变成贝氏体组织，再将弹簧取出继续冷却（图5-23中的曲线4）。这种处理比普通淬火、回火处理的材料具有更高的延展性和韧性，而且弹簧极少变形或开裂。如果在等温淬火后再加一次略高于等温淬火温度的回火，则弹性极限和冲击韧性还能有所提高，而强度并没有大的变化。

等温淬火时，盐浴的温度是根据弹簧所要求的力学性能决定的，必须严格控制。通常是稍高于该钢种的 *Ms* 点（约20～50℃），以获得下贝氏体组织。如温度偏高，则可能获得上贝氏体组织，其硬度和强度较前者低。因上贝氏体组织的综合力学性能较差，一般不采用。若等温转变温度过低，虽能提高弹性极限，但塑性、韧性较差，以致失去等温淬火的优越性。

弹簧的等温淬火规范，即等温淬火温度和等温淬火保温时间，必须按照该钢号的等温转变曲线图（TTT图）确定。表5-17为常用弹簧钢的等温淬火工艺选用范围及硬度值。

弹簧等温淬火所得到的多为下贝氏体，如图5-24所示。这种组织与淬火回火处理后的回火马氏体或回火托氏体相比，在同等的强度性能的情况下具有更高的塑性和韧性，表现出

表 5-17 常用弹簧钢等温淬火工艺规范

钢号	加热温度/℃	等温淬火温度/℃	等温保持时间/min	硬度 HRC
T10A	800 ± 10	250 ~ 360	10 ~ 30	40 ~ 53
65	820 ± 10	320 ~ 340	15 ~ 30	46 ~ 48
65Mn	820 ± 10	270	15 ~ 30	52 ~ 54
65Mn	820 ± 10	320 ~ 340	15 ~ 30	46 ~ 48
50CrVA	850 ± 10	300	30 ~ 45	52
60Si2MnA	870 ± 10	280	30 ~ 45	52

良好的综合力学性能，见表 5-18。所以等温淬火工艺适合于那些形状比较复杂、尺寸要求精确且强度、韧性要求都很高的弹簧，例如对尺寸和性能要求严格的碟簧、压簧，薄壁胀套、波形簧和膜片弹簧等。现在，国内外已经开发出了连续式等温淬火生产线，弹簧的等温淬火工艺也在逐步得到应用与推广。

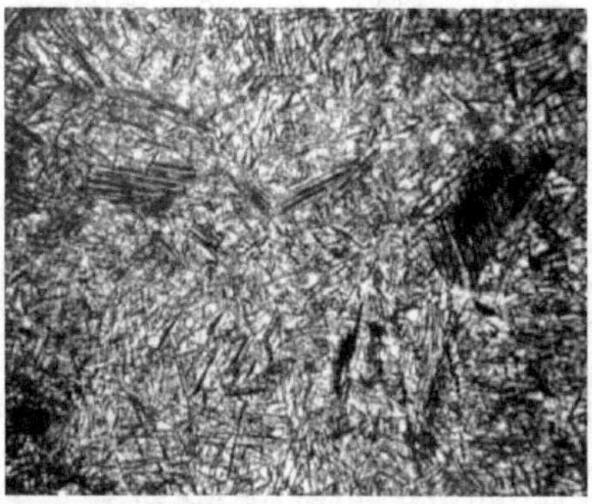

图 5-24 70Si3Mn 钢等温淬火的下贝氏体组织（有少量上贝氏体）

2.3 弹簧的低温去应力退火

去应力退火是将工件加热到 Ac_1 以下的适当温度，保温一定时间后逐渐缓慢冷却的工艺方法。其目的是为了去除由于机械加工、变形加工、铸造、锻造、热处理及焊接后等产生的残余应力。

表 5-18 等温淬火与普通淬火、回火工艺的力学性能比较

钢号	热处理工艺	硬度 HRC	抗拉强度 R_m/MPa	临界应力 σ_c/MPa	断后伸长率 A(%)	断面收缩率 Z(%)	冲击韧度 α_K/(J/cm^2)
50CrVA	900℃油淬 +380℃回火	48	1750	1640	—	48	—
	900℃ +300℃等温 30min	51	1950	1910	—	44	—
60Si2MnA	860℃油淬 +440℃回火	47	1700	1500	11	46	34
	860℃ +290℃等温 30min	—	2090	1750	11	40	49
	860℃ +290℃等温 30min +290℃回火 60min		1970	1850	12.5	50	49
65Si2MnWA	850℃油淬 +460℃回火	50	1900	1790	9.6	33	—
	860℃ +280℃等温 60min	54	2100	1980	6	40	—

2.3.1 低温去应力退火的目的

弹簧低温去应力退火的目的包括：

1）冷成形加工时加工部位会产生残余应力对弹簧尺寸的稳定和弹性及疲劳强度性能有害，需要去除。

2）为了改善经冷变形加工（如冷拉钢丝、琴钢丝、不锈钢钢丝和冷轧钢板与带钢）而发生加工硬化的材料本身的力学性能。

3）稳定弹簧的尺寸，提高其抗应力松弛性能。

去应力退火温度越高则消除残余应力的效果越好，但温度太高会降低材料原有的强度性能反而会有损于弹簧的性能，所以加热温度和保温时间一定要根据材料的种类和弹簧的工作条件及性能要求等多方面考虑来设定，并在实际生产中进行验证。下面就不同的材料加以说明。

2.3.2 冷拉钢丝、琴钢丝（包括冷轧钢板）制弹簧的去应力退火

冷拉钢丝和琴钢丝的低温退火温度与钢丝力学性能的关系如图 5-25 和图 5-26 所示。由

于冷变形强化材料特有的应变时效现象，低温去应力退火后的力学性能有明显的变化，这种变化与钢种、冷变形程度等因素有关。退火温度在200℃附近强度性能最高而塑性最低，当退火温度接近400℃时强度、硬度会急剧下降而塑性显著上升。这是由于恢复过程中材料亚结构的变化，特别是再结晶造成的。对于弹簧的抗松弛性能，冷拉钢丝（碳素钢丝）的退火温度在250~350℃ 时效果较好。

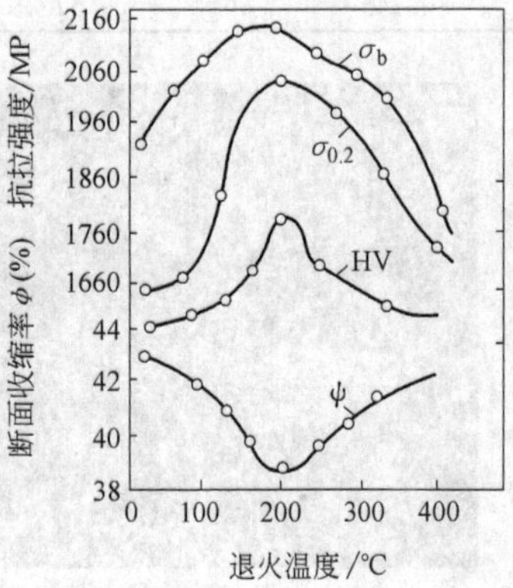

图5-25 退火温度对冷拉钢丝性能的影响

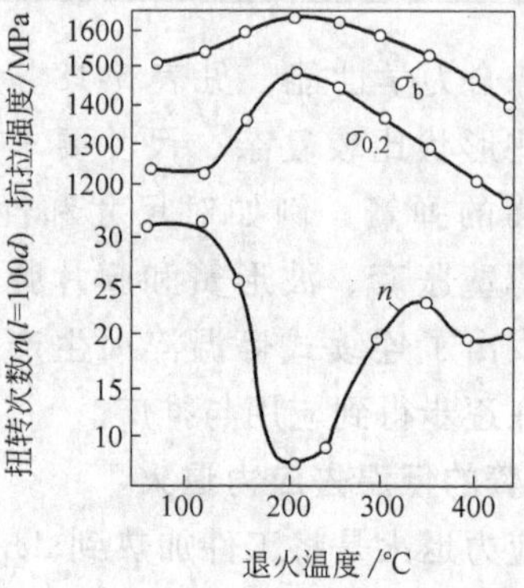

图5-26 退火温度对琴钢丝性能的影响

另一方面，残余应力的消除也与退火温度和保持时间有关，一般说，退火温度越高、保持时间越长，应力的消除的效果越好。

由此可见，在实际生产中弹簧成形加工后的去应力退火工艺要根据弹簧钢材的实际情况和弹簧的类型、工作条件及性能要求综合起来考虑再确定。有时也要考虑钢丝的直径，一般对丝径较大的弹簧选用较高的退火温度。

2.3.3 油淬火回火弹簧钢丝的去应力退火

油淬火回火弹簧钢丝制弹簧成形后同样要进行去应力退火处理，由于没有冷拉钢丝那样的应变时效现象，退火后这类材料的力学性能变化不大。所以，一般油淬火回火钢丝制弹簧的去应力退火温度在350~400℃范围内选择，这个温度不能高于钢丝热处理时的回火温度。

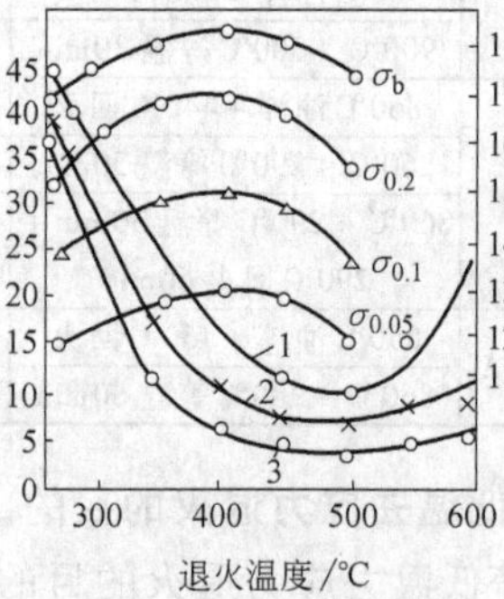

图5-27 18-8型不锈钢退火温度与性能的关系

2.3.4 冷拉不锈钢钢丝制弹簧的去应力退火

冷变形强化的不锈钢钢材制成的弹簧成形后同样需进行去应力退火。退火不但可消除加工应力，还可以提高材料的弹性等强度性能和尺寸稳定性。图5-27所示是18-8型不锈钢的退火温度和性能的关系，图5-27中可见到，退火温度在400℃左右可得到最好的强度性能而在更高的温度退火则尺寸稳定性最好。所以为了获得最优的疲劳性能这类弹簧的退火温度应选在350~400℃为最好。对于沉淀硬化型不锈钢（17-7PH型）要利用它的沉淀硬化效应，退火温度要选在它的强化效果的峰值温度，17-7PH型选择的温度为475℃。

2.3.5 各类钢材制弹簧的去应力退火工艺

归纳以上各类钢材的特性，建议弹簧成形加工后的去应力退火工艺见表5-19。

表 5-19 各类材质的弹簧的去应力退火工艺

材　质	退火温度/℃	时间/min	备　注
冷拉钢丝	300～350	20～30	动载高应力弹簧
琴钢丝	200～250	20～30	静载荷高应力弹簧、要求初拉力的拉伸弹簧
油淬火回火钢丝	300～400	20～30	铬钒、硅锰类油淬火回火钢丝、碳素钢阀用油淬火钢丝
	400～450	20～30	阀用铬硅类油淬火回火钢丝
不锈钢钢丝	350～400	20～30	动载高应力弹簧
沉淀硬化不锈钢	475±10	60	17-7PH 型的沉淀硬化处理
贝氏体钢带	300～350	20～30	对尺寸精度要求较高的弹簧

2.3.6 弹簧去应力退火的注意事项

1）螺旋拉伸弹簧去应力退火对弹簧的初拉力有很大的影响，图 5-28 所示是去应力退火温度与初拉力关系的试验值。应指出的是螺旋拉伸弹簧的初拉力应以卷簧控制为主，去应力退火温度只起到辅助作用。

螺旋拉伸弹簧和螺旋扭转弹簧的第二次去应力退火温度应比第一次低约 20℃，保温时间也可缩短些。

2）弹簧去应力退火减少了残余应力，材料性能也有变化，所以弹簧的形状和尺寸也会有变化，如螺旋弹簧去应力退火后外径会有变化，其变化与材料及弹簧尺寸都有关系。因此需要根据尺寸变化实际情况在弹簧成形时进行预置。

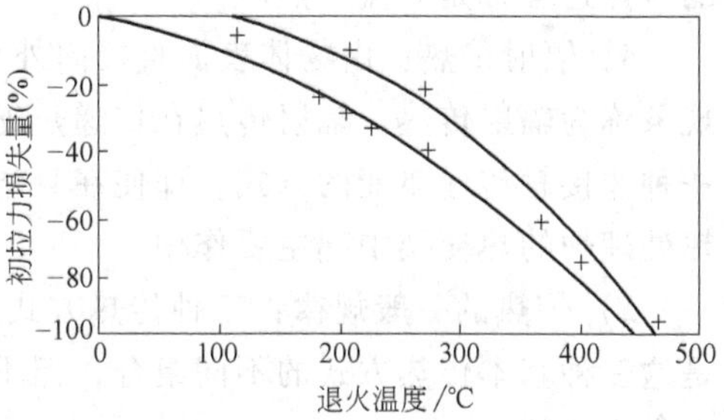

图 5-28 拉伸弹簧去应力退火温度初拉力关系

3）弹簧喷丸处理后的去应力退火工艺。喷丸处理的加工层，与一般经受塑性变形加工的材料一样，由于内部的应变会造成弹性极限降低等问题，低温去应力退火可有效地恢复弹性极限等性能。但是喷丸处理是靠残余应力获得的强化效果，去应力退火的温度太高会使这种有效的残余应力降低，因此通常的去应力退火温度为 180～220℃，保温时间为 20～30min。

3 弹簧热处理设备

3.1 金属材料与零件的加热和冷却

（1）金属材料与零件的加热　金属材料或零件在进行热处理或热加工前都要加热到一定的温度，金属加热设备主要有以下两类。

1）加热炉：加热炉是指具有炉膛的加热设备，工件放在用燃料或电力加热的炉膛内，属于间接加热。

2）加热装置：加热装置是指能源直接对工件加热的装置，因此其加热性质属直接加热，包括火焰直接加热、感应加热、直接通电加热（电阻加热）以及用等离子体、激光、电子束冲击工件加热等。

（2）金属材料与零件的冷却　金属热处理过程包括加热保温和冷却，冷却过程对材料的组织和性能影响很大。不同的热处理工艺过程需要采用不同的冷却方法。一般慢冷采用炉内冷却或空气中自然冷却，而淬火热处理需要零件在加热和保温后快速冷却，通常要在水或油中冷却，因此需要有合适的冷却装置与冷却介质。

有时还需要把零件从室温冷却到低温，如促使残余奥氏体转变的冷处理，此时还要有冷处理设备或装置。

(3) 热传递基础知识 热传递是物体相互之间或同一物体内部热能的传递。温度差是热传递的必要条件。物体间或物体内部各部分之间只要存在温度差，就必然会产生热量的传递。热处理操作中的加热、保温和冷却的过程，都是热量传递的过程。

1) 传热的基本方式：热传递是一种复杂的物理现象。热传递的基本方式有三种，分别是：热传导、热对流和热辐射。

2) 传导传热：热量直接由物体的一部分传至另一部分，或由一物体直接传至与其接触的另一物体，而物体的质点没有移动（指宏观的物质移动）的传热现象，称为传导传热。

传导传热方式在固体、液体和气体中都存在，尤其在固体中最明显，而流体（液体或气体）的传导能力一般较弱，有的常忽略不计。

3) 对流传热：流体中不同部分的相对位移，使不同部分的质点相互混合，或者流体质点与固体表面碰撞而进行的热交换现象，称为对流传热。对流传热只有在流体运动时才能发生。盐浴炉中利用电磁力使熔融盐液与工件相对流动及在回火炉中热风循环流经工件表面时的传热过程都是对流传热。

4) 辐射传热：由物体表面直接向外界发射可见的和不可见的射线，在空间传递热能的现象称为辐射传热。辐射传热在传递热能的过程中不需要相互接触，也无需质点的移动，是一种非接触传递热能的方式，即使在真空中，辐射传热也照常能进行。辐射传热在中、高温热处理炉的热交换中起主要作用。

5) 传热的一般规律：三种传热方式并非单独存在，热量从某一物体传至另一物体往往是这三种基本传热方式的不同组合，但不论其组合方式如何，温度差的存在是产生传热过程的先决条件。

工件在热处理炉中加热时，一般是工件表面通过辐射或对流传热的方式从加热设备中取得热量，同时工件表面又以传导传热方式将热量传给其心部。所以，热处理炉中的传热，每种基本的传热方式并非单独存在，而往往总是三种传热方式同时并存的综合传热。但是，随着加热温度及加热设备的不同，各种传热方式起的作用有明显的差别。

当加热温度高于600℃时，炉子的传热以辐射为主，此时辐射传热的传热过程最为强烈，且由于物体的辐射能力与其温度的四次方成正比，因此随着温度的升高，辐射传热过程剧烈增强。所以炉温越高，工件升温速度就越快，所需加热时间也就越短。

当加热温度低于600℃时，炉子的传热以对流传热为主。在这种情况下，加快炉内介质的流动速度，显然可以加速传热过程。这就是空气回火炉中要装置风扇的原因。

工件在盐浴炉中加热时，除了对流传热加强外，还由于熔融盐液的热容量要远远大于空气，因此其加热速度就比较快。达到同样的加热温度，盐浴炉中的加热时间只是箱式电阻炉中加热时间的一半。

3.2 淬火加热设备

3.2.1 淬火加热设备的要求及弹簧常用加热炉型

对于成形后需要进行淬火回火处理的弹簧，淬火加热是保证弹簧产品获得优良性能的重要工序。淬火加热设备应确保能达到产品淬火工艺的要求，一般对弹簧产品来说，需要注意对弹簧表面脱碳的要求，尽量采用带保护气氛或可控气氛的炉型，也可采用盐浴炉。对批量较大的产品可采用连续作业炉或淬火回火生产线。以下介绍弹簧热处理常用的几种淬火加热炉。

3.2.2 箱式电阻加热炉

较常用的箱式电阻炉，如45kW中温箱式电阻炉如图5-29所示。电炉由炉壳、炉衬、加热元件、炉门及控制柜等部件组成。加热元件是由高电阻合金丝绕制成螺旋状（或合金带绕成蛇形），安置在炉膛二侧、炉底、后墙及炉门上。被加热工件放在炉膛内的炉底板上，炉门的升降是通过手摇链轮或机械传动来进行的，在炉顶上设有检测炉温用的热电偶与控制柜的测温仪表相连接用来控制加热温度。箱式电炉外壳一般是用型钢、钢板焊接而成的，在箱型壳体下边，有支持炉体的腿或支架。中小型电炉的炉门可用配重及手动装置来开闭，大型电炉可以用电动或气动、液压开闭炉门。对于能控制炉中气氛的密封箱式炉或在600℃以下使用的低温炉还应配有风扇进行强炉气循环。

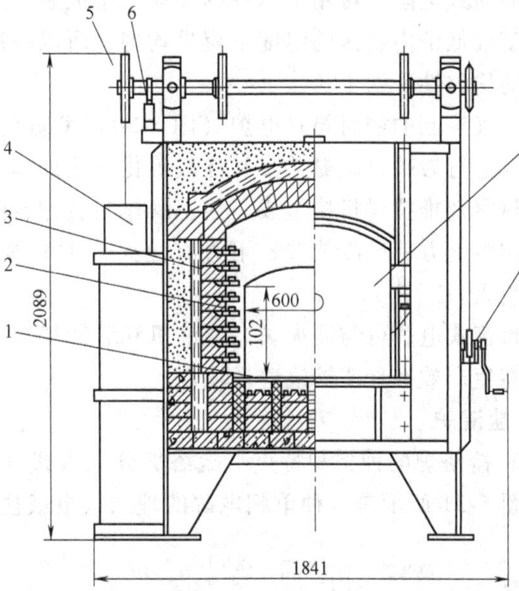

图5-29 45kW 中温箱式电阻炉

1—炉底板 2—电热元件 3—炉衬 4—配重

5—炉门升降机构 6—限位开关 7—炉门 8—链轮

普通箱式电炉属于周期作业电炉，处理的工件按一定的装炉量一起加热、保温然后再逐个出炉冷却，故适用于大中型零件。周期作业炉生产的产品，其热处理质量因装炉情况和操作方式等因素而有差别，一般不容易稳定，必须严格按工艺和操作规程进行才能达到所要求的质量水平。通常弹簧淬火加热采用最高工作温度为950℃的箱式电炉（用电热元件加热），这类炉子的规格及技术参数见表5-20。

表5-20 中温箱式电阻炉产品规格及技术参数

型号		功率/kW	电压/V	相数	最高工作温度/℃	炉膛有效尺寸 宽×长×高/mm×mm×mm	炉温850℃时的指标			炉底板最大承载质量/kg
							空载损失/kW	20℃开始空炉升温时间/h	最大生产率/(kg·h^{-1})	
RX（RXQ）系列	RX-18-9	13	380	1	950	300×650×250	≤5	≤2	60	—
	RX-35-9	35	380	3	950	450×950×350	≤7	≤2	130	—
	RX-55-9	55	380	3	950	600×1200×400	≤9	≤2	205	—
	RX-75-9	75	380	3	950	750×1500×450	≤12	≤2.5	280	—
	RX-95-9	95	380	3	950	900×1800×550	≤15	≤3	360	—
RJX系列	RJX-15-9	15	380	1	950	300×650×250	≤5	≤4	50	90
	RJX-30-9	30	380	3	950	450×950×350	≤9	≤4.5	125	200
	RJX-45-9	45	380	3	950	600×1200×400	≤11	≤4.5	200	350
	RJX-60-9	60	380	3	950	750×1500×450	≤14	≤5	275	500
	RJX-75-9	75	380	3	950	900×1800×550	≤17	≤6	350	800

一般箱式电阻炉可用于钢件的淬火、正火和退火。有时箱式电阻炉也用于回火处理，此时因温度较低炉内各区的温度不容易均匀，所以一般都采取用风扇强制炉气循环的方法改善其炉温的均匀性。

带炉气控制的密封箱式电炉（图5-30）可防止加热时的氧化脱碳进行光亮淬火或采用特制气氛进行渗碳、碳氮共渗和渗氮等化学热处理。密封箱式炉的结构比较复杂，一般由前室、加热室及推拉料机构组成。前室既作为装卸料的过道，也是炉料加热后进行冷却的淬火室。在前室上方有风冷装置，下方有淬火（油）槽。前室和加热室均密封以保证表面不产生氧化脱碳。

密封箱式电炉可与回火炉、清洗机和装卸料车组成柔性生产线，这样既能保证产品质量又能提高生产效率且能够改善环境。

3.2.3 盐浴炉

（1）盐浴炉的种类和特点　盐浴炉分埋入式（或插入式）电极盐浴炉和外热式盐浴炉两种。图5-31所示是一种单相电源的埋入式电极盐浴炉结构简图。

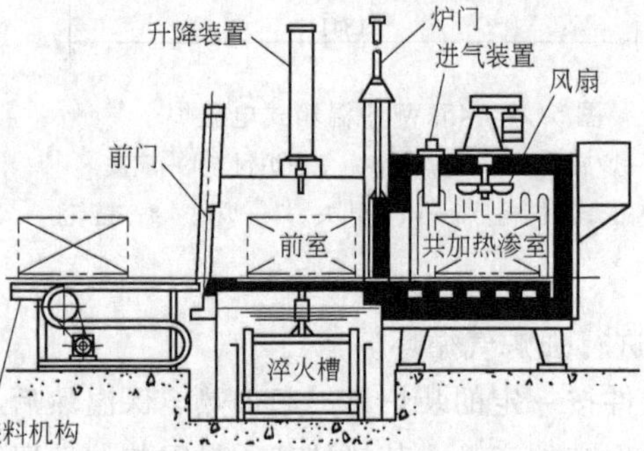

图5-30　密封箱式电炉

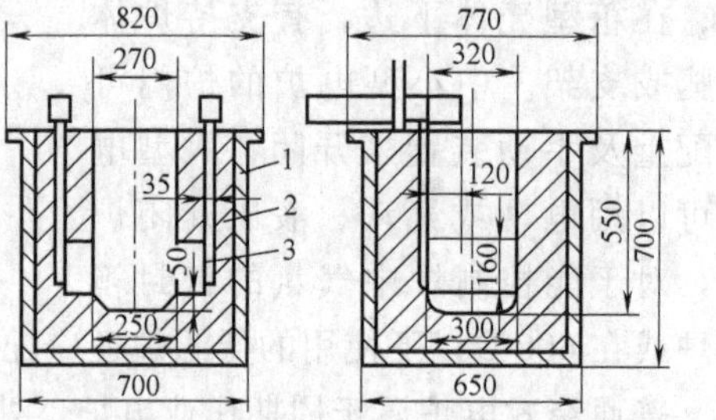

图5-31　单相电源的埋入式电极盐浴炉结构简图

埋入式（或插入式）电极盐浴炉是利用熔融状态的中性盐类能导电的性质，通过自身的电阻把电能转换成热量并传递给工件，从而加热工件。外热式盐浴炉则是从热源吸收热量，利用其热容量大的特点而传导加热工件。后一种由于热效率低、用于加热盐浴的坩埚寿命短及炉内温度不均匀而应用日趋减少。盐浴炉中的传热方式以热对流和热传导为主。

由于盐浴的热容量很大（是空气介质的几百倍甚至几千倍），因此盐浴中工件的加热速度很快。同时，由于工件在盐浴中加热，隔绝了高温工件与空气的直接接触，因此可大大减轻氧化脱碳的现象。对于加热质量要求较高、加热温度也较高的重要工件（如合金钢、高速钢工件），采用盐浴炉加热能获得较为满意的效果。

埋入式电极盐浴炉采用盐类作传热介质，而盐在熔化前是不导电的，因此必须使用起动电阻使盐溶化。由于电流通过导电的溶盐会不断产生热量，故可保持溶化状态。因电极在电磁力的作用下，通过自然对流和电磁搅拌而使熔盐不断循环，故可迅速和均匀的加热工件。炉侧装有排气装置，与车间的排气管相连接，排除盐浴炉所产生的有害气体。与盐炉配套的有电炉控制柜，以控制盐炉的温度，控制柜上装有测温仪表，经补偿导线与浸入盐槽中的热电偶相连接，可指示记录及自动调节温度。

外热式盐浴炉是采用电热元件即电阻丝在装有盐类的坩埚外面加热盐使其熔化并保持一定的温度。

盐浴炉常用加热介质主要是金属盐类，所以就称为盐浴炉。也有用油类或铅作为加热介质的浴炉，分别称为油浴炉和铅浴炉。

（2）盐浴炉用盐　选择热处理用盐，应根据盐浴的成分、性质、用途及工艺要求而定。常用的中性盐浴用盐主要包括氯化盐、碳酸盐和硝酸盐三大类。前两类常用于淬火加热介质；硝酸盐则主要用于低温加热，也可用作淬火介质进行等温淬火。在生产中常用的热处理盐浴用盐，有氯化钠（NaCl）、氯化钾（KCl）、氯化钡（$BaCl_2$）、硝酸钠（$NaNO_3$）、硝酸钾（KNO_3）和亚硝酸钠（$NaNO_3$）等，其物理性质见表5-21。

表5-21　几种热处理用盐的物理性质

基盐名称	外　观	密度/(g/cm^3)	熔点/℃	沸点/℃
氯化钠	白色结晶粉末	2.164	808	1473
氯化钾	白色结晶粉末	1.988	772	1411
氯化钡	白色片状或结晶粉末	3.856	963	1560
硝酸钠	白色结晶粉末	2.257	308	380℃分解
硝酸钾	白色结晶粉末	2.109	334	400℃分解
亚硝酸钠	略带淡黄色的白色结晶	2.168	271	320℃分解

热处理盐浴用盐的特点包括：①具有合适的熔点及沸点；②具有较低的挥发性；③具有良好的流动性和导电性；④具有足够的热稳定性；⑤热处理盐浴用盐应不易与工件、电极、坩埚和炉衬等发生化学反应。通常情况下，热处理盐浴的工作温度应高于其熔点100~200℃。

在热处理生产中，根据使用温度可将盐浴分为高温盐浴（使用温度在950℃以上）、中温盐浴（使用温度650~950℃）和低温盐浴（650℃以下），其用盐的配比和特点都不相同。常用的盐浴用盐的组成见表5-22。

表5-22　热处理盐浴用盐的组成

盐浴种类	盐浴成分(质量分数)	熔化温度/℃	使用温度/℃
高温盐浴	100%氯化钡	960	1100~1300
	(85~95)%氯化钡+(15~5)%氯化钠	760~850	900~1100
中温盐浴	(70~80)%氯化钡+(20~30)%氯化钠	635~700	750~1000
	50% 氯化钠+50% 氯化钾	670	720~950
	50%氯化钡+50%氯化钠	640	700~900
低温盐浴（硝盐）	100%硝酸钾	334	350~600
	100%硝酸钠	308	325~600
	50%硝酸钾+50%硝酸钠	220	240~520
	50%硝酸钾+50%亚硝酸钠	137	160~220
	55%硝酸钾+45%亚硝酸钠+少量水	130	130~360
低温盐浴（氯化盐）	75%氯化钙+25%氯化钠	500	540~580
	41%氯化钾+37%氯化钠+22%氯化钡	552	580~880
	50%氯化钡+30%氯化钙+20%氯化钠	530	560~870

低温盐浴用盐适用于钢件的回火、分级淬火或等温淬火等。在使用期间，操作人员应定期检验硝盐盐浴的化学成分，其中氯离子的含量一般不应超过0.5%（质量分数）。在生产过程中，严禁将硝盐带入到中、高温盐浴中；另外，在较高的温度下（595℃以上），硝盐会自行分解并引起火灾或爆炸。

在安全管理方面，虽然硝盐本身不会燃烧，但硝盐具有较强的氧化性，可助燃，所以严禁将油、木炭、木屑及碳酸钠等还原性物质带入到硝盐中，以免发生爆炸。从安全考虑，硝盐应按有关规定进行存放，并由专人予以保管。

(3) 盐浴的校正（脱氧） 常用的盐浴都是中性的，能够保证工件有较高的加热质量。但如果盐浴中混入较多的氧化性杂质，如空气中的氧在高温下溶入盐浴中、盐浴用盐中的水分（主要是结晶水的形式）、工件及挂具带入的铁锈、电极或坩埚在使用过程中形成的氧化物、工业用盐中的少量硫酸盐及碳酸盐等，都会使工件在加热过程中发生氧化脱碳或腐蚀现象，导致加热质量下降。所以，在盐浴炉的工作过程中，应定期往盐浴中加入盐浴校正剂，以控制盐浴中氧化性杂质含量。

所谓盐浴校正剂，是指能恢复或保持盐浴加热性能、减少工件氧化或脱碳的物质。常用的盐浴校正剂有木炭、钛白粉（TiO_2）、硅胶（SiO_2）、硅钙合金（Si-Ca）及硼砂（$Na_2B_4O_7 \cdot 10H_2O$）等。

中、高温盐浴在使用时应严格按相关规定用盐浴校正剂进行脱氧操作。其中，高温盐浴一般应间隔4~8h脱氧一次（在夏季或潮湿环境下间隔应不超过4h），中温盐浴一般间隔不超过8h，并需定时除渣。脱氧后的中、高温盐浴的脱碳性能应达到有关的要求，其测定方法也应符合盐浴热处理标准JB/T 6048—2004的规定。盐浴校正剂加入盐浴后，主要依靠还原作用和结渣作用来达到脱氧的目的。盐浴校正剂的配方、成分、使用温度及脱碳性能见表5-23。

表5-23 盐浴校正剂的配方、成分和使用温度及脱碳性能

盐的种类	配方（质量分数，%）				配置质量/kg
	氯化钡	氯化钠	氢氧化铁	氢氧化钡	
高温盐浴用盐	99.8	—	0.4	0.7	12
中温盐浴用盐	69.1	30	0.4	0.5	10

注：氯化钡（$BaCl_2 \cdot 2H_2O$）、氯化钠（NaCl）和氢氧化钡[$Ba(OH)_2 \cdot 8H_2O$]的要求。应分别符合GB/T 652、GB/T 1266、HG/T 2629的规定。氢氧化铁[$Fe(OH)_3$]为化学试剂。

盐浴种类	盐浴成分质量配比	熔化温度/℃	使用温度/℃
中性盐浴	100% $BaCl_2$	960	1100~1300
	85%~95% $BaCl_2$ + 15%~5% NaCl	760~850	900~1100
	70%~80% BaCl + 30%~20% NaCl	635~700	750~1000
	50% $BaCl_2$ + 50% NaCl	640	700~900
	50% KCl + 50% NaCl	670	720~950
	50% $BaCl_2$ + 30% KCl + 20% NaCl	560	580~880
硝盐浴	100% KNO_3	337	350~600
	100% $NaNO_3$	317	350~600
	50% KNO_3 + 50% $NaNO_3$	218	230~550
	50% KNO_3 + 50% $NaNO_2$	140	150~550
	55% KNO_3 + 45% $NaNO_2$（附加3%~5% H_2O）	137	150~360

箔片脱碳率 ΔC_p/(wt%)		适用范围
中温盐浴	高温盐浴	
≤30	≤40	脱碳敏感性强的钢件 表面质量要求高的特殊重要钢件
≤50	≤60	一般钢件

3.2.4 输送带式连续炉

输送带式电阻炉是连续作业式电炉。主要适用于批量性的弹簧或其他中小型机械零件的淬火、回火、去应力退火等处理。带有控制气氛装置的输送带式电炉也可满足光亮淬火、渗碳、碳氮共渗等工艺的要求。

常用输送带式连续炉的主体结构示意图如图3-32所示。

电炉结构主要由炉体、加热元件、传送机构和温控系统组成。适应连续作业的需要，炉体内有传送机构带动输送带运载工件在加热室内行进，进出料口分别在炉膛的两端。

加热元件（电热合金丝或合金带或电辐射管）分布在传送带的上下两侧，根据炉型大小，通常分几个区分别进行加热和控温，且炉顶部有强力循环风扇，使炉温均匀性较好。

该炉型适应大批量生产之用，具有生产率高、热效率好、工件加热均匀、温度稳定、热处理后的性能波动小等特点。高温炉如配备可控气氛装置则可避免零件表面的氧化脱碳，适合于动载条件下使用的弹簧的热处理。采用输送带式连续炉还可将淬火、回火炉和输送带式淬火槽连接成热处理生产线，因此在弹簧热处理中这种炉型的应用越来越广泛。

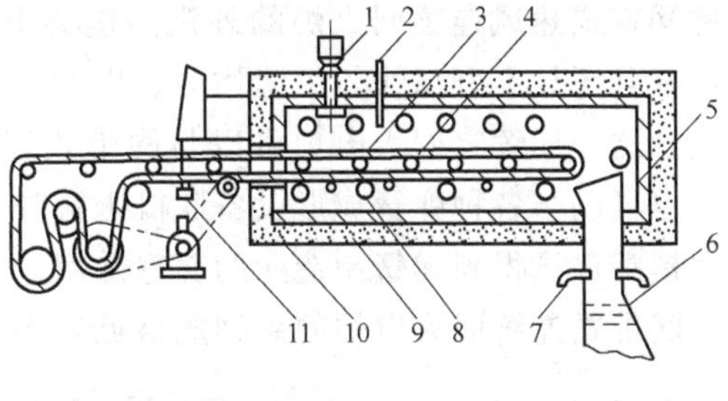

图 5-32 输送带式连续炉主体结构示意图
1—风扇 2—进气口 3—网带 4—托辊 5—抗渗层 6—淬火口 7—油帘装置 8—辐射管 9—保温层 10—炉壳 11—张紧鼓

3.2.5 井式炉

井式炉外形如图 5-33 所示，其炉体为竖立的圆柱体。这种炉型也是周期作业炉，炉盖在上方可用液压或气动方式起降并绕转轴转向旁边。淬火加热用井式炉通常用于需保持竖直方向加热的大型轴类零件，而大型弹簧采用井式加热炉较少。加热温度在 650℃ 以下的低温井式炉都带强制气氛循环流动的风扇使炉温均匀，常用于回火处理。弹簧回火或去应力退火可以用此类炉型。

3.3 回火加热设备

3.3.1 回火加热设备的要求及弹簧常用加热炉型

弹簧制造工艺中有许多需要在低温（200～550℃）加热和保温的工序，包括弹簧淬火后的回火、弹簧冷卷成形后及喷丸处理后的去应力退火等工序。所以通常的回火炉应用较多。

根据弹簧的特点对这类回火设备的要求是炉温控制精确，炉内温度分布均匀，炉中气体流动和循环良好和热效率高。

图 5-33 井式炉外形

3.3.2 井式回火炉

井式电阻炉主要用于弹簧的回火、去应力退火和时效处理。井式回火炉与箱式电炉比在热量的传递与对流方面更好，加之炉顶部装有风扇，所以加热温度的均匀性显著提高。常用井式回火炉的型号和主要技术参数见表 5-24。

表 5-24 RJ、RJJ 系列井式回火炉主要技术参数

型号		功率/kW	电压/V	相数	热区数	最高工作温度/℃	炉膛有效尺寸 直径/mm×高度/mm	炉温 650℃时的指标		
								空载损失/kW	20℃开始空炉升温时间/h	最大生产率/(kg/h)
RJ 系列	RJ-25-6	25	380	1	1	650	400×500	≤5	≤2	140
	RJ-35-6	35	380	3	1	650	500×650	≤6	≤3	210
	RJ-55-6	55	380	3	1	650	700×900	≤9	≤4	330
	RJ-75-6	75	380	3	1	650	950×1200	≤12	≤4.5	450
RJJ 系列	RJJ-24-6	24	380	3	1	650	400×500	≤5	≤2	100
	RJJ-36-6	36	380	3	1	650	500×650	≤6	≤3	280
	RJJ-75-6	75	380	3	1	650	950×1220	≤16	≤4.5	500

3.3.3 网带式连续回火炉

采用金属网带输送零件的连续式热风回火电炉在弹簧生产中应用非常广泛，图5-34是一种网带式热风连续回火炉的外观。这类电炉的装出炉比井式电阻炉和硝盐回火炉大为方便，并且还具有升温快、炉温均匀、生产率高和节能（与井式电阻炉相比约节电50%）等特点。这种连续式回火电炉可以与网带式连续淬火炉等设备组成弹簧淬火回火连续式生产线，也可以与各种弹簧成形设备联机进行弹簧冷卷成形后的去应力退火，使弹簧的生产效率大大提高，已得到弹簧制造业的普遍采用。

网带式连续回火电炉的系列规格见表5-25。

表5-25 连续式热风循环回火电炉

型号	炉膛有效容积 宽×高×长 /mm×mm×mm	炉体外形 宽×高×长 /mm×mm×mm	进口高度 /mm	回火温度 /℃	回火时间范围 /min	电气容量 /kW	温度控制 №	处理料径 /mm	回火处理产量 /(kg/h)	炉体质量 /kg
RJC-210	200×90×1000	670×1200×2000	500~600	50~500	5~60	8	1	0.1~2.6	20	300
RJC-310	300×90×1000	770×1200×2000	500~600	50~500	5~60	12	1	0.1~3.2	30	400
RJC-315	300×900×1500	770×1200×2600	500~600	50~500	5~60	16	1	0.1~4	40	500
RJC-415	400×90×1500	870×120×2800	500~600	50~500	5~60	20	2	0.1~5	50	700
RJC-420	400×90×2000	870×1200×3300	500~600	50~500	5~60	26	2	0.5~6	60	1000
RJC-520	500×120×2000	970×1900×3400	700	50~500	10~60	30	2	0.5~7	90	1200
RJC-530	500×120×3000	1000×1900×5100	700	50~500	10~60	40	3	0.5~8	140	1500
RJC-630	600×120×3000	1120×1900×5100	800	50~500	10~60	48	3	1.0~10	160	2000
RJC-740	700×120×4000	1220×1900×6100	800	50~500	10~90	65	4	1.0~12	200	3000

3.3.4 箱式回火炉

低温箱式电阻炉主要用于大型弹簧淬火后的回火处理或弹簧喷丸强化处理后的去应力退火。因为弹簧尺寸较大已不适合用网带式连续回火炉，所以这类回火炉一般采用带台车式结构即炉底为带有行走装置的台车，这种结构可在轨道上行进与后退，这种结构便于大型工件的装出炉。为了保证弹簧处理的质量要求，炉子需带有强制炉气对流的风扇装置和相应的风道布置来加强炉气与工件之间的热交换以提高加热效率和炉温均匀性。图5-35所示是一种热风循环低温台车式电炉。

图5-34 热风循环网带式连续回火炉外观

图5-35 热风循环低温台车式电炉

3.4 淬火冷却设备

热处理冷却设备包括热处理淬火冷却设备和冷处理设备，本节主要说明淬火冷却设备。

3.4.1　对淬火冷却设备的基本要求

淬火冷却是热处理工艺过程中的关键操作工序，它必须确保零件在淬火冷却以后获得所需的组织和性能同时要避免零件淬火开裂和尽量减少变形。

对淬火冷却设备的基本要求：

1）能容纳足够的淬火介质以满足零件淬火冷却的需要。

2）能控制淬火介质的温度、流量和压力等参数充分发挥淬火介质的功能并确保具有稳定的冷却能力。

3）能造成淬火介质与工件之间的强烈的相对运动以加快热交换过程。

4）设置工件的浸入、输送及完成淬火工艺过程的机械装置，实现操作的机械化或自动化。

5）设置淬火介质的循环冷却系统，以维持介质的温度和运动过程。

6）防止火灾，保护环境和生产安全。

3.4.2　淬火冷却设备的组成

根据以上对淬火冷却设备的基本要求，淬火冷却设备应由以下各部分组成。

（1）淬火槽体　淬火槽体应根据淬火工件的特点、淬火方法、生产量和生产线组成情况确定淬火槽的结构类型和总容积等。图5-36所示是一种普通周期作业（间隙作业）用的淬火槽。对于生产批量较大或拥有多条热处理生产线的情况可以集中设立带有集液槽的集中的淬火介质冷却循环系统，如图5-37所示。

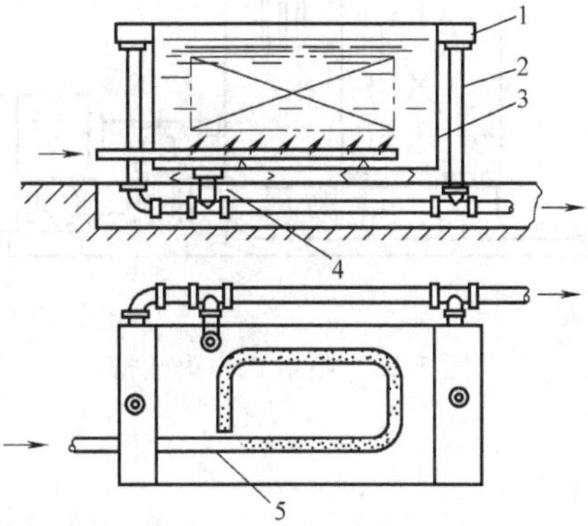

图5-36　普通间隙作业淬火槽
1—溢流槽　2—排出管　3—淬火槽
4—维修排出管　5—供入管

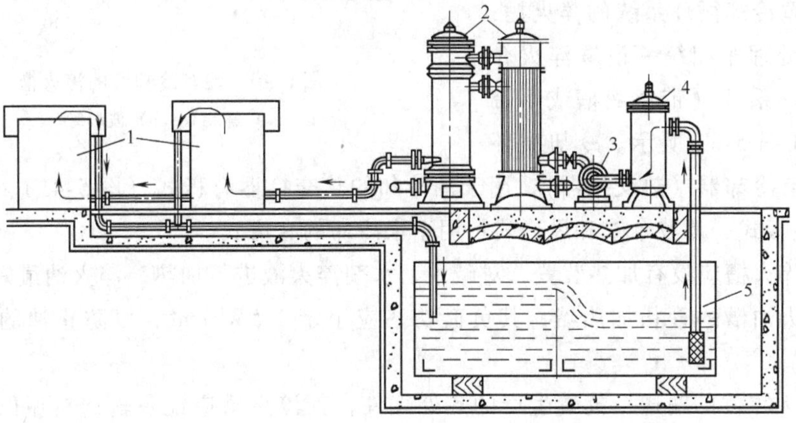

图5-37　设集油槽的冷却循环系统
1—淬火槽　2—换热器　3—液压泵　4—过滤器　5—集液槽

（2）淬火介质搅拌装置　适当的搅拌造成淬火介质的强制流动可以提高淬火烈度（H值）从而改善淬火介质的冷却能力。强烈的介质运动有利于减少淬火变形和避免淬火开裂，也能防止淬火油的老化，延长其使用寿命。

作为搅拌方法，除了人力夹持工件进行上下运动和摆动外，可以采用喷射式搅拌（图5-38）。而利用螺旋桨搅拌淬火介质可以获得良好的效果（图5-39）。

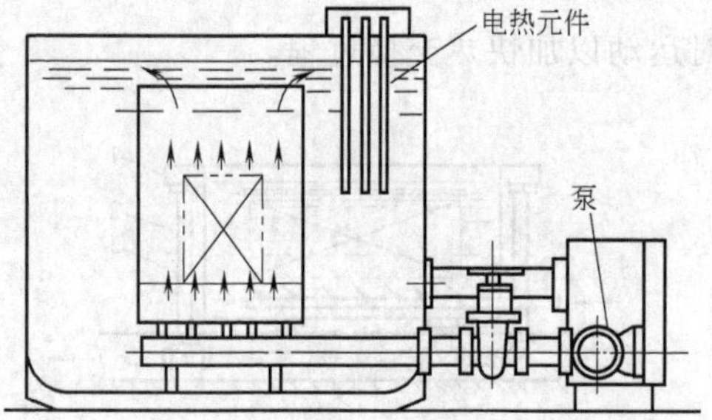

图5-38　喷射式淬火油槽

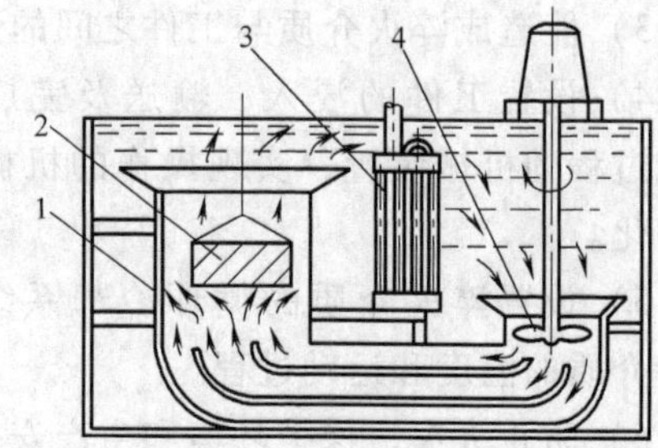

图5-39　螺旋桨搅拌淬火槽

1—导向通道　2—工件　3—冷却器　4—搅拌器

（3）淬火介质的冷却　淬火介质吸收了淬火工件的热量使介质的温度升高，由于自然冷却的散热能力很差（一般只有1～3℃/h），所以淬火冷却装置必须考虑介质的冷却。比较简单的是用水套冷却或蛇形管冷却（图5-40）。

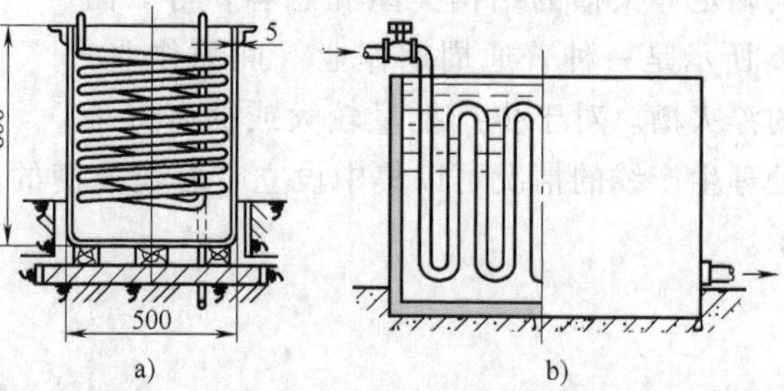

图5-40　装有冷却管的淬火槽

a）螺旋管　b）波形管

用于批量生产的淬火冷却装置必须配备淬火介质的冷却循环系统。一种是独立配置冷却循环系统的淬火槽，另一种是热处理车间统一设置淬火介质的冷却循环系统（带集液槽或不带集液槽），如图5-37所示。冷却循环系统必须配有冷却器（热交换器），用于油冷却的热交换器有板式（图5-41）、列管式（图5-42）、螺旋板式、复波伞式和风冷式，用于水冷却的有塔式。

完善的淬火槽应设有加热装置，对碱水、水剂淬火液进行加热，淬火油最好用管状加热器。用于淬火油槽的管状加热器，其负荷功率应小于$1.5W/cm^2$，以防止油的局部过热而老化。

（4）淬火零件的输送　批量生产的热处理件，其淬火槽应配备输送机械以实现淬火过程的机械化。对于连续式淬火炉，通常采用带输送带输送机（图5-43）的淬火槽，而周期作业的淬火槽则采用提升机。提升机也有不同的类型，诸如悬臂式提升机（图5-44）、提斗式提升机、翻斗式缆车提升机（图5-45）、吊筐式提升机等。

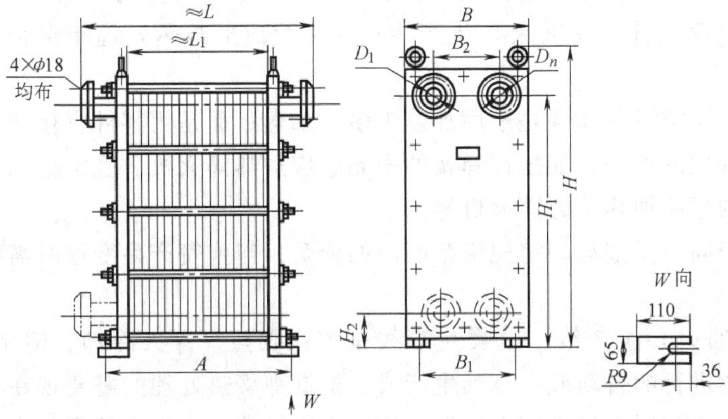

图 5-41 板式冷却器（四支座式）

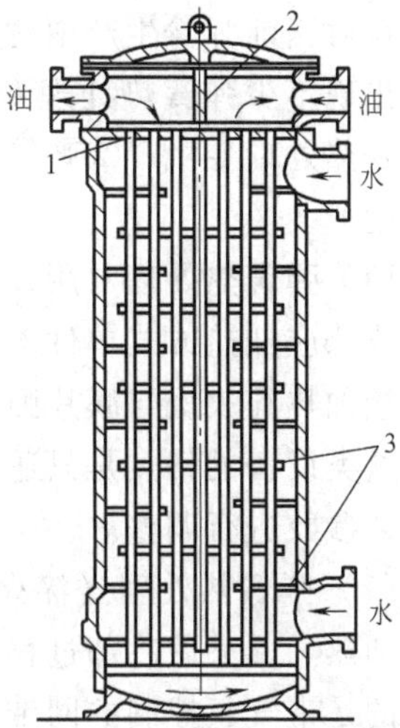

图 5-42 列管式冷却器

1—管板 2—隔板 3—折流隔板

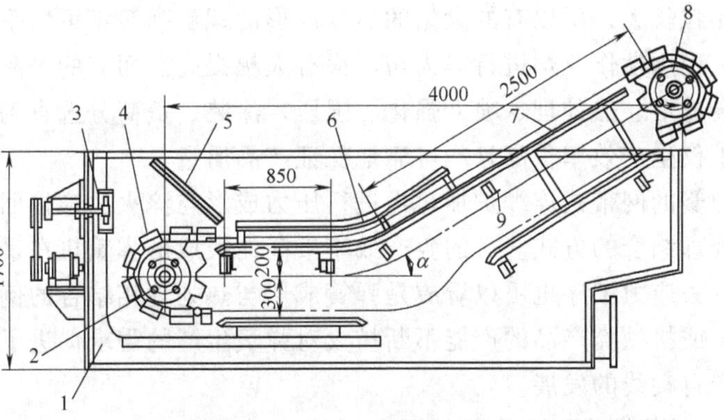

图 5-43 输送带输送机

1—淬火槽 2—从动链轮 3—搅拌器 4—输送链 5—落料导向板

6—改向板 7—托板 8—主动链轮 9—横支承

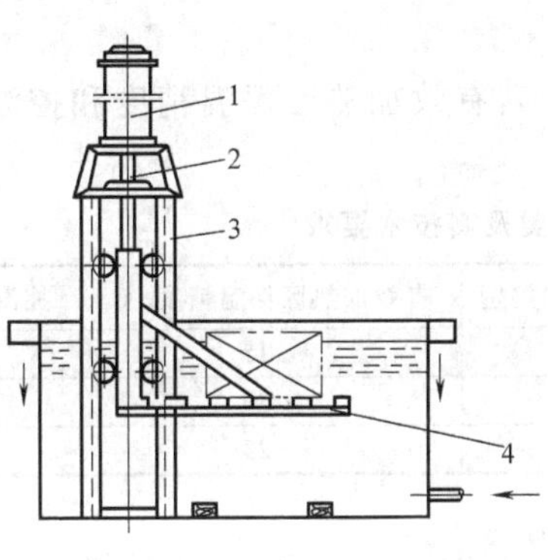

图 5-44 悬臂式提升机

1—气缸 2—活塞杆 3—导向架 4—托盘

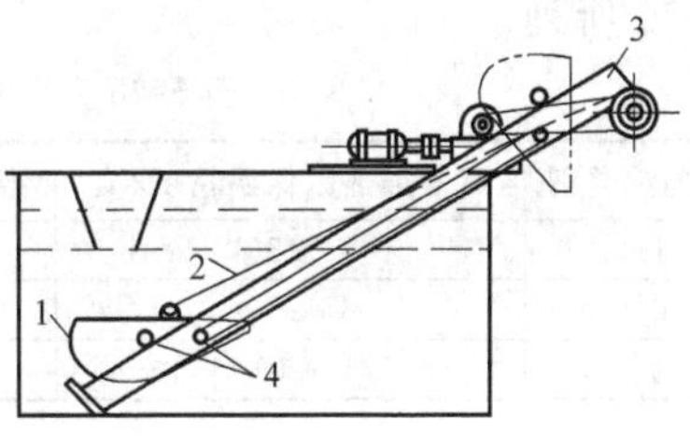

图 5-45 翻斗式缆车提升机

1—料斗 2—缆索 3—导轨 4—滚轮

3.5 弹簧热处理生产线

针对当前弹簧生产中对零部件热处理的质量要求越来越高，生产批量越来越大的情况，现在出现不少弹簧热处理专用的连续生产线或弹簧热处理的专机。大体可分为三种情况：①弹簧热处理专机；②弹簧热处理（淬火+回火）生产线；③弹簧成形与热处理相结合的综合生产线。

（1）弹簧热处理专用设备　这类设备通常是不用加热炉多件加热，而是用零件直接通电加热或感应加热方式单件淬火处理的设备，如扭杆弹簧的中频感应加热淬火机、稳定杆的通电直接加热淬火机与膜片弹簧的感应加热压力淬火机等。

这类设备的特点是只适用于同一类型与一定规格范围内的弹簧，当弹簧产品变更时需要对工艺参数进行调整。

（2）弹簧热处理（淬火+回火）生产线　这类生产线是淬火加热、淬火冷却、清洗、回火加热、回火后冷却过程连续进行的自动或半自动生产线，根据弹簧热处理的需要现在较常见的是带气氛控制的网带式淬火与回火热处理生产线。这类生产线特点是生产效率较高且热处理质量较稳定可用于处理不同类型的中小型弹簧，有一定的通用性。

（3）弹簧成形与热处理相结合的综合生产线　比较常见的是热卷成形的螺旋弹簧的高温加热、卷簧、直接淬火、清洗、回火的生产线，由于采用感应加热工艺有利于控制弹簧表面的氧化脱碳与晶粒长大，所以有的大型的热卷成形的螺旋弹簧都可以采用这种生产线，其生产效率比原来采用周期作业炉进行淬火与回火有大幅提高。而有的产品如轿车的悬架螺旋弹簧甚至有从热卷成形、热处理、喷丸强化、强压、涂装、负荷分选直到包装的全自动生产线，这类生产线不仅生产效率很高且能可靠地保证产品质量。

另有如膜片弹簧的网带式连续炉加热再进行压力成形与淬火后连接回火的自动生产线也是属于成形与热处理结合的方式。有的生产效率极高的线成形弹簧机在最后增加一个直接通电进行低温加热的去应力工序也可以看成是弹簧成形与热处理相结合的例子。

总之由于汽车或机械类产品的产能不断扩大对弹簧生产的需求促进了各种各样专用弹簧热处理设备与生产自动线的发展。

3.6 热处理设备的性能评定和安全环保要求

（1）热处理设备的性能评定　热处理设备中最重要的常用加热设备是热处理炉，而炉温的高低是影响热处理工序效果的最关键的因素，必须加以精确测定与严格控制。因此热处理炉的温度控制性能的评定是最基本的性能评定。

热处理炉按保温精度（炉温均匀性）分为六类，其有效加热区保温精度和控温精度如表5-26所列。

表5-26　热处理炉按保温精度分类及其技术要求

热处理炉类别	有效加热区保温精度/℃	控温精度/℃	热处理炉类别	有效加热区保温精度/℃	控温精度/℃
Ⅰ	±3	±1	Ⅳ	±15	±8
Ⅱ	±5	±1.5	Ⅴ	±20	±10
Ⅲ	±10	±5	Ⅵ	±25	±10

热处理炉凡属下列状况之一者，均应测定有效加热区：

1）新添置的热处理炉首次应用于生产。

2）经过大修或技术改造的热处理炉。

3）热处理炉生产对象或工艺变更，需要改变保温精度时。

4）控温或记录热电偶位置变更时。

5）定期或临时进行有效加热区检测时。

热处理炉有效加热区的检测，一般情况下采用空载试验，特殊要求时可以装载试验（半载试验或满载试验）。使用的检测仪表的精度应高于或等于热处理炉所使用的仪表精度等级，并且具有在有效日期内的检定合格证。可以使用 UJ 便携式电位差计、数显测温仪、多点记录仪或多点巡回检测仪、炉温跟踪仪等仪器。

热处理炉有效加热区温度检测点的数量和位置按照热处理炉的形式和假定有效加热区的尺寸来确定，具体可参照标准 GB/T 9452—2012 中 7.2 进行。热处理炉有效加热区的测定周期见表 5-27 所列。

表 5-27　热处理炉按保温精度分类及其技术要求

热处理炉类别	有效加热区测定周期/月	热处理炉类别	有效加热区测定周期/月
Ⅰ	2	Ⅳ	6
Ⅱ	2	Ⅴ	6
ⅢA	6	Ⅵ	12
Ⅲ	6		

注：1. 利用率较低的热处理炉，其测定周期可适当延长。

2. 仅用作退火、正火和消除应力等预备热处理的加热炉，以及经连续三个周期检测合格、使用正常的热处理炉，其测定周期可延长至一年。

（2）热处理设备的安全环保要求

1）热处理生产中产生的废水、废液、废气、废渣等应采取措施收集和处理，不得对环境造成不良影响。

2）网带炉产生的废气及淬火槽的油烟应经燃烧或适当处理后排放。

3）清洗机必须设有油水分离装置，以保证清洗污物的分离和回收。

4）所有机械传动裸露部分和电器接头裸露部分均应安装防护罩，并保证通风良好；设备发生故障或工艺参数偏离时，应发出声光报警，并应及时排除故障。

5）生产过程中发生停电、停水、停气等意外事故时，设备应有相应的安全措施，以保护人员、设备和工件安全。

6）在所有可能造成人员伤害的地方设置警告牌。

7）化学危险品应存放在专用库房中，设置明显警示标牌，并妥善保管和安全使用。

4　各类弹簧的热处理

4.1　螺旋弹簧

螺旋弹簧的成形方式分为冷成形和热成形，一般情况下，当线径较大（如大于 ϕ16mm）时，受设备能力限制而无法冷成形加工时需要采用热成形方式。

成形方式不同，所采用的热处理工艺自然有所不同。

4.1.1　冷成形螺旋弹簧

（1）冷成形螺旋弹簧的热处理　常温下，使用设备或专用工装成形的方式。根据材料状态的不同而采用不同的热处理工艺。

1）凡是用经过热处理强化或形变强化的钢丝和钢带以冷成形工艺制作的弹簧，成形后只需要进行去应力回火（定型回火）。

2）凡是用经过固溶处理和调整处理（包括冷变形）的沉淀硬化型奥氏体不锈钢的钢丝、钢带、部分沉淀硬化的有色合金或高温合金材料以冷成形工艺制作的弹簧，成形后需进行时效硬化处理。

3）凡是采用软态材料冷成形加工的弹簧，均需进行淬火回火或等温淬火热处理。

（2）乘用车悬架螺旋弹簧的热处理　由于螺旋弹簧成形用设备卷簧机的加工能力与精度的不断提升，绝大多数螺旋弹簧都可以采用已经过热处理或冷变形强化的钢丝制造，所以弹簧制造过程中只要在卷簧后进行低温去应力退火即可，有关弹簧去应力退火工艺在本章2.3.1中已有叙述。下面再以乘用车悬架螺旋弹簧为例说明采用热处理钢丝冷成形弹簧的热处理工艺。

乘用车悬架螺旋弹簧的制造工艺基本上分为热成形与冷成形两种，国内目前绝大多数都用冷成形工艺，国外采用热成形工艺的则不少。这里主要说明冷成形的乘用车悬架螺旋弹簧的热处理。

尽管这种弹簧只有卷簧后有一个去应力回火热处理，但是也不能忽视它，因为随着汽车产品的不断更新换代，悬架弹簧的设计应力逐步提高，而对疲劳寿命的要求也从20万次增加到30万次、40万次甚至50万次，所以每道工序都需要加以改善并加强监控。

去应力回火工艺需要注意以下问题：

1）由于悬架簧设计应力较高对材料的抗拉强度与硬度要求相应提高，所以必须注意防止去应力退火后材料强度与硬度的降低，即退火温度是否过高需要进行验证。

2）退火温度过低或时间不足会影响到消除有害的残余应力的效果，对疲劳寿命不利。

针对以上情况，当前的乘用车悬架弹簧的生产线多采用强对流循环炉气的高效去应力退火炉，其特点是零件加热快且炉温均匀性好，可保证处理效果并减少加热时间从而提高生产率。

为保证悬架弹簧的疲劳寿命，通常都会增加强化弹簧的喷丸处理工序，普遍采用二次喷丸，也有进行应力喷丸或热喷丸处理的。为提高悬架弹簧的抗应力松弛性能，弹簧在喷丸后多采用强压处理。

更进一步悬架螺旋弹簧的热处理可参照第27章悬架弹簧。

4.1.2　热成形螺旋弹簧

将棒料加热到临界温度 Ac_3 或 Ac_1 以上，使用专用设备和工装成形的方式。成形的弹簧需要进行淬火和回火处理。一般情况下，最好利用弹簧成形后的余热直接进行淬火。

4.1.3　螺旋弹簧的淬火与回火热处理

如前所述，小型螺旋弹簧多采用已强化处理的材料制作，不需要进行弹簧的淬火与回火热处理，而热卷成形的或采用软态材料冷卷的螺旋弹簧需要进行淬火与回火获得所要求的力学性能。下面主要叙述碳素弹簧钢和合金弹簧钢制螺旋弹簧的淬火与回火工艺，而对于其他材料或耐热和耐腐蚀等特殊功能的螺旋弹簧的热处理则见相关部分的说明。

螺旋弹簧的淬火与回火处理也分以下两种情况。

（1）常规热处理工艺　对于采用冷卷成形或热卷成形后不直接淬火的弹簧需进行淬火+回火处理，批量生产时采用网带式或步进式连续淬火回火生产线，加热炉通保护气氛，淬火加热保温后自动进入淬火油槽淬火，然后有提升机送到回火炉进行回火处理，使其硬度达到

46～52HRC。

（2）热成形后直接淬火（高温形变热处理）对热卷成形的弹簧，将钢加热至950～1020℃在弹簧成形机热卷成形后立即放到油中淬火，需注意零件入油温度应采用红外温度计测试，并设定最低值（如850℃），低于此值时不入油而另置于空气中冷却后重新加热淬火。零件出油温度应控制在50～150℃左右，然后经热水冲洗进入回火炉回火，回火温度与时间根据钢号与硬度要求选定。

通常对于大批量生产的热卷簧可将棒料加热、热卷成形、油冷却与清洗回火连接成自动或半自动连续生产线。加热采用感应加热或电炉，油冷却用带有提升机及输送带的淬火油槽，回火炉采用网带式或步进式等连续炉。这类生产线根据产品及工艺方面的技术要求不同而异，例如有的生产线在热卷成形后经过均热炉均热再入淬火油槽，这样的工艺也可以利用部分余热，但已经不是形变热处理了。

4.2 扭杆弹簧的热处理

4.2.1 扭杆弹簧的结构特点、性能要求、钢材选择及其制造工艺路线

扭杆弹簧是利用杆的扭转弹性变形而起弹簧作用的零件，最简单的结构是一直杆。一端固定，另一端加上扭转载荷（即承受扭转应力）。可分为实心扭杆和空心扭杆两类，其截面又有圆形、方形、矩形、椭圆形及多边形等。图5-46所示为扭杆弹簧的结构示意图，用管材制造扭杆可减重约40%。

扭杆弹簧结构简单，工作时无摩擦，弹簧性能稳定，不产生颤振，单位体积储能大，弹簧体积较小，属于小型轻量化产品。在汽车、火车、坦克及装甲车等方面获得广泛应用。

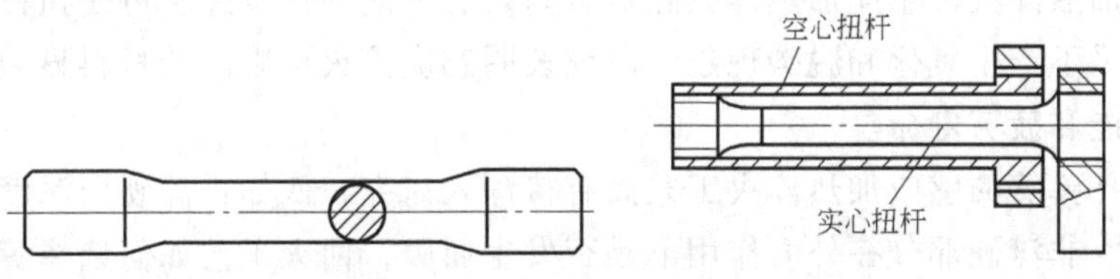

a)　　b)

图5-46　扭杆弹簧结构简图

a）实心扭杆　b）串联式扭杆

根据承载（扭转应力）的高低选用所需钢种（表5-28）。扭杆弹簧的最大工作应力τ_{max}已达到1300MPa，最大工作应力可分为：1250MPa、1200MPa、1150MPa、1100MPa及1000MPa这五级。承受单向载荷的扭杆弹簧，热处理必须进行表面喷丸强化及强扭处理才能达到所要求的性能，并采用优质高强度纯净钢（如SAE4340钢）制造。轿车及一般载重汽车用扭杆悬架和稳定杆，如最大工作应力仅为900MPa、800MPa及700MPa，沉降挠度不超过2%～4%时，这类扭杆经热处理或冷作硬化后可不进行喷丸和强扭处理。

扭杆弹簧的制造工艺路线：

切料→墩锻→退火→端部加工→淬火→回火→喷丸处理→强扭处理→检验→防锈处理。上述制造工艺只适用于高应力$\not<$900～980MPa、永久变形（2～4）%或（8～12）%的扭杆弹簧，对于τ_{max}为700～790MPa的扭杆，淬火回火后应进行喷丸，但不做强扭处理；对于表面强化的扭杆，在τ_{max}=823MPa、永久变形为2%～4%条件下，不进行喷丸，只做强扭处理。

表 5-28 汽车悬架用扭杆热成形弹簧钢的选择

热处理后的抗拉强度 R_m/MPa	1000~1300		1350~1550	1400~1600	1500~1700	
淬透性要求(扭杆直径)/mm	12	16(20)	25	30~40	50	70
选用钢种	55、60、70	65Mn、70Mn	55Si2MnA、60Si2MnA	55CrMn、60CrMn	50CrVA	50CrMnMoVA、SAE4340

4.2.2 扭杆弹簧的热处理工艺

扭杆弹簧的热处理通常为淬火回火处理，采用加热温度 830~890℃（按钢号选取），油中淬火。回火可用井式回火炉或连续式回火炉，回火温度根据硬度要求确定，如选低硬度 415~495HBW 即工作应力达 735~882MPa，宜在 500℃左右回火；如选用高硬度 47~52HRC 即工作应力达 883~932MPa，宜在 400℃左右回火。

扭杆弹簧热处理应注意：淬火加热时需防止表面氧化和脱碳，不得产生过热现象。扭杆弹簧系长物件，其淬火作业除遵守一般淬火操作常规外，还应特别注意其整体加热和冷却中的变形问题，淬火冷却以垂直状态投入油中（或采用滚动校直淬火亦称滚模压淬火），可防止或减小工件弯曲变形，回火要及时和充分。

扭杆弹簧的淬火加热还有以下两种方式：

（1）电阻直接加热　电阻直接加热是把扭杆作为电阻直接通一定电压的工频电流加热的方法，这种加热方法加热速度快，可避免严重的氧化脱碳，且因扭杆的直径一致，加热较均匀而易控制。

（2）感应加热淬火　感应加热淬火除具有高效、节能的优点外，可使扭杆热处理后变形很小，表面几乎不产生氧化和脱碳现象。研究表明感应淬火可以改善材料显微结构，提高扭杆的抗蠕变性能和疲劳寿命。

但是，扭杆弹簧的感应加热淬火工艺尚有待深入研究，例如：淬硬层深度对扭杆弹簧疲劳性能的影响、非淬硬部分在外力作用下是否发生屈服，回火工艺如何选择等。

淬硬层深度是扭杆感应淬火的重要技术参数之一，有的资料推荐中频淬火扭杆的淬硬层深度 h 控制在 $h=(0.3\sim0.6)R$（R 为扭杆材料截面的半径）。

对于感应淬火扭杆，以 45 钢制造的扭杆为例，通常以淬硬率来表示淬硬深度：淬硬率=淬硬深度（从表面开始的硬度>45HRC 的层深）/扭杆半径×100%。试验表明，当淬硬率为 70%以上时，在相同的塑性（Z 值）条件下，扭杆的扭转屈服强度比整体热处理工艺提高 40%以上。感应淬火扭杆的淬硬率在 30%~100%范围内时，残余压应力为 800~650MPa，不比喷丸效果差。

进行了高频淬火扭杆疲劳性能与淬硬层深度关系的试验，结果表明：淬硬率≤40%和淬硬度≥80%时均发生疲劳断裂；而淬硬率在 50%~70%之间时，扭杆的疲劳寿命长，不会发生断裂。

4.3 汽车横向稳定杆的热处理

4.3.1 横向稳定杆的结构特点、性能要求及其制造工艺路线

汽车横向稳定杆用来提高汽车悬架侧倾刚度，减少车身倾角，使汽车在路况不平或转弯时能够行驶平稳。横向稳定杆装车位置如图 5-47 所示。横向稳定杆分为实心和空心两类，根据端部形状又可分为螺栓式和扁头式（图 5-48 所示的稳定杆端部形状）。

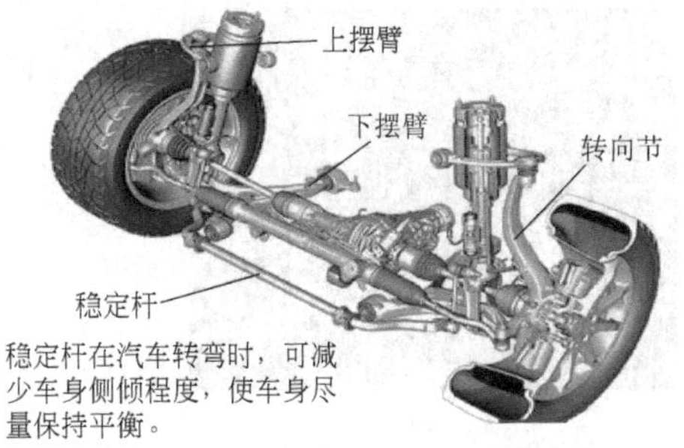

图 5-47　稳定杆装车位置

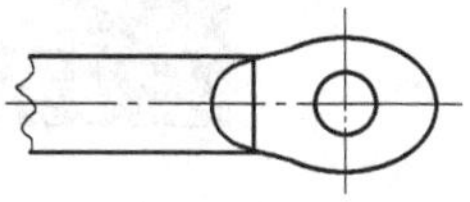
图 5-48　稳定杆端部形状

横向稳定杆的制造工艺路线：

热成形：**切料→端部加工(拍扁→切边冲孔)/(机加工→滚丝)→热成形→余热淬火→回火→校正检验→(压环)→(无损检测)→抛丸→涂装→标志。**

冷成形：**切料→端部加工→(拍扁→切边冲孔)/(机加工→滚丝)→冷成形(辅助成型)→淬火→回火→校正检验→(压环)→(无损检测)→抛丸→涂装→标志。**

汽车横向稳定杆热处理主要为淬火和回火处理。汽车横向稳定杆一般采用中温回火，这不仅消除了淬火时所产生的应力，还可以获得较高的屈服强度、硬度、弹性极限和较高的韧性。淬火的目的是获得所需的马氏体组织，为回火热处理做好组织准备。所以，淬火是热处理的最重要的工序。稳定杆一般采用专用淬火油进行淬火，对淬火冷却前稳定杆的温度、淬火油温、油中冷却时间都要严格控制。淬火不得有过烧、过量的扭曲变形，严重的氧化、脱碳等缺陷。淬火后稳定杆应达到规定的淬火硬度方可进行回火热处理。回火是指稳定杆淬火后再加热到某一温度保温一定时间，然后冷却到室温的热处理工序。回火应在淬火后及时进行（一般不超过 4 ~ 8h），回火时温度要均匀，保温时间要充足。

4.3.2　实心稳定杆的热处理

热成形：大批量生产的实心稳定杆一般采用热成形工艺，使用中频感应加热炉对坯料进行整体加热至约 950℃，在自动成型机上一次成型后，利用其余热直接进入淬火油槽中淬火，随后将经过清洗的稳定杆进入回火炉中进行回火，如图 5-49 所示。

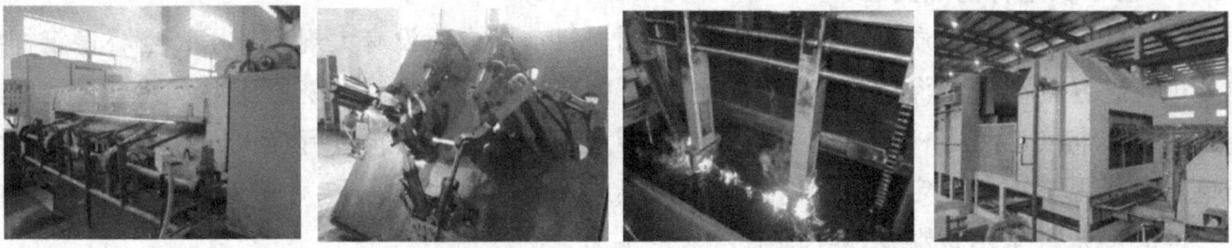
a)　b)　c)　d)

图 5-49　实心稳定杆的热成型工艺（余热淬火回火）

a）中频加热炉　b）一次成型　c）余热淬火　d）中温回火

冷成形：手工或小批量生产时，一般采用冷成形。即材料采用手工或弯管机成形后，再进行淬火回火热处理，如图 5-50 所示。淬火加热一般用杆身直接通电的方法，因加热保温时间较短，具有防氧化、防脱碳与节能的优点。

实心稳定杆常用材料、热处理工艺及力学性能见表 5-29 和表 5-30。

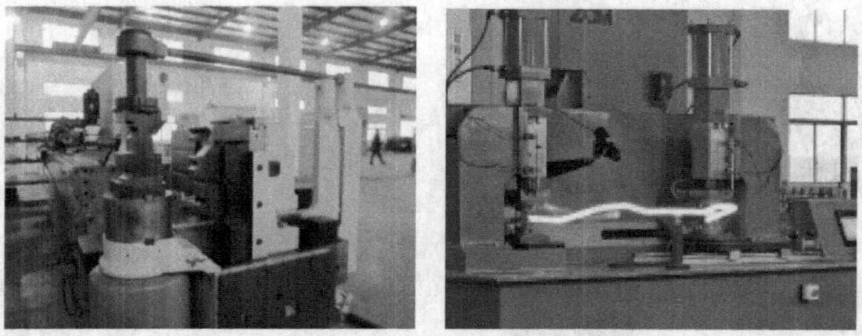

a) b)

图5-50 实心稳定杆的冷成形工艺

a）弯管机 b）通电加热机

表5-29 常用实心稳定杆材料热处理工艺规范及力学性能

材料	淬火温度/℃	冷却剂	淬火后硬度HRC	回火温度/℃	回火后硬度HRC	抗拉强度 R_m/MPa	规定塑性延伸强度 R_p/MPa	断面收缩率 Z(%)	伸长率 A(%)
55Si2Mn	860~880	油	>55	440	47	1340	1180	>40	10
60Si2Mn	850~870	油	>55	440	48	1680	1470	44	11
60Si2MnA	850~870	油	>55	440	48	1680	1470	44	11
55Cr3	850~860	油	>55	480	44	1225	1080	44	11
SUP9A	830~860	油	>55	480	44	1225	1080	44	11

表5-30 不同温度回火后的硬度值①

		硬度HRC							
	回火温度/℃	200	250	300	350	400	450	500	550
材料	55Si2Mn	55	55	54	52	50	43	40	37
	60Si2Mn	58	57	56	54	51	45	40	38
	60Si2MnA	59	58	57	54	52	46	41	39
	55Cr3	58	57	56	54	51	45	40	38
	SUP9A	58	57	56	54	51	45	40	38

① 试件 $d=8$mm，硝盐炉，保温60min，硬度值波动为±2HRC。

4.3.3 空心稳定杆的热处理

空心稳定杆受管材质量、成本等因素限制，目前国内还没有大规模应用，空心稳定杆的热处理工艺还需要进行深入研究。一般情况下因热成形容易将管材挤压变形，空心稳定杆制造工艺基本与实心稳定杆冷成形工艺一样，即用弯管机成形后再进行淬火回火。但对于形状简单的且壁厚较厚的稳定杆也可以尝试采用热成形。

空心稳定杆常用材料及热处理工艺见表5-31。

表5-31 常用空心稳定杆材料热处理工艺规范及力学性能

材料	淬火温度/℃	冷却剂	淬火后硬度HRC	回火后回火温度/℃	硬度HRC	抗拉强度 R_m/MPa	规定塑性延伸强度 R_p/MPa	断面收缩率 Z(%)	伸长率 A(%)
SUP9A	840~860	油	>55	480	44	1225	1080	>44	11
30CrMo	880	油	>55	540	40	≥930	[illegible]	[illegible]	12
35CrMo	850	油	>55	550	39	≥980	835	45	12
42CrMo	850	油	>55	560	39	≥1080	980	45	12

4.4 钢板弹簧的热处理

4.4.1 板弹簧

板弹簧指由若干片等宽但不等长（厚度可以相等，也可以不相等）的热轧弹簧扁钢制造的铁路车辆及汽车用减振弹性元件，图 5-51 为板弹簧中一种。为了获得良好的综合力学性能，材料一般选用淬透性较好的合金弹簧钢。主要系列有硅锰钢（如 55Si2Mn、60Si2Mn 及 70Si3Mn 等）、铬锰钢（如 50CrMn 等）、硼钢（如 55SiMnB、55SiMnVB 及 35SiMnVBA 等）和多元微合金化弹簧钢（如 55SiMnMoVA 和 55SiMnMoVNb 等）。

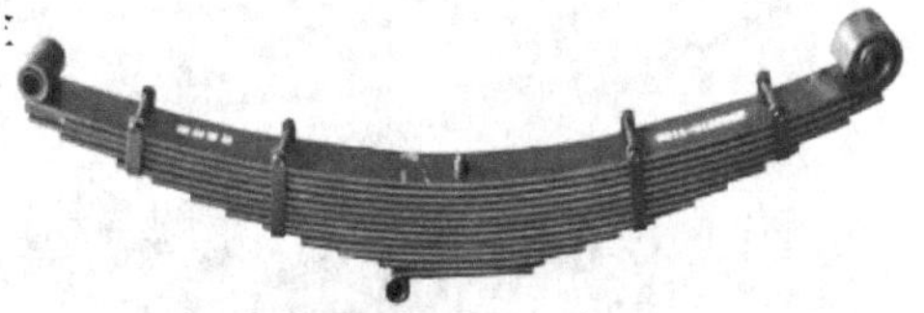

图 5-51　板弹簧

铁路板簧与汽车板簧的生产主要工艺基本相同，板簧制造的工艺路线如下：

下料→簧板中心冲窝或钻孔→簧板端面加工(冲制吊杆孔、弯头、剪切成梯形、卷耳)→簧板热成形及淬火→回火→喷丸→组装（嵌装热簧箍、调整、板间涂油等)→成品验收（负荷、尺寸及外观检验，打印标记及涂装)→成品入库。

板簧的热成形及淬火是板簧生产的关键工序，一般多采用板簧热成形后直接淬火的工艺，即把加热好的板簧置于淬火机上压形，随即入油冷却。常用淬火机有机械式和液压式两种，机械式淬火机夹紧力较大，自动入油中淬火和摆动，但噪声较大、入油速度慢，不宜在连续式生产线上采用。液压式（二缸或三缸）垂直入油淬火机，其夹紧和摇摆动作分别由液压缸完成，可采用微机程序控制，淬火质量好，适合于连续式生产线的大批量生产。

淬火池中安装多台淬火机的生产线，采用板式输送链，工件放到淬火机上夹紧，入油冷却、摇摆，然后自动卸片，再由输送链将板簧带出淬火池。这样可降低操作者的劳动强度，有利于生产的连续性。

除了淬火油，也可采用水溶性淬火介质，可避免燃油易着火以及油与烟气带来的环境污染等问题。

板簧热成形的加热温度应高于弹簧钢通常的淬火加热温度（参见表 5-8），以保证板簧入油温度高于该钢种的 Ar_3 并在淬火后获得马氏体而不出现其他非马氏体组织而确保弹簧热处理后所要的性能。板簧的回火温度由所需的硬度值确定，通常为 450～500℃，而 35SiMnB 板簧在 420～450℃ 回火。回火可以采用连续炉或周期作业炉，都应当带有炉气的强制循环以保证炉温均匀和零件加热的一致性。

板簧热成形与淬火加热宜采用连续式加热炉如步进式炉或采用中频感应加热方式，不管用何种方式都要防止弹簧表面的氧化脱碳，也要避免过热过烧。

4.4.2 U 形板弹簧

U 形板弹簧也是由弹簧钢热轧扁钢加工制成，如图 5-52 所示。比较典型的用途是用于防止电梯滑落的安全装置部件。

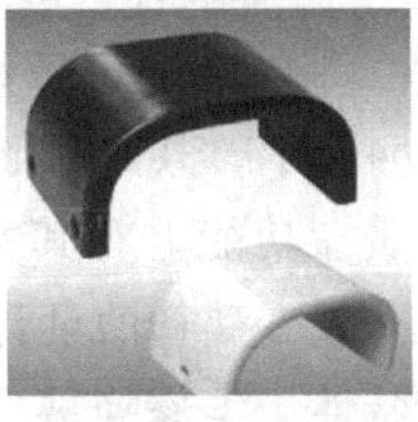

图 5-52　U 形板弹簧

4.4.3 薄板弹簧

薄板弹簧是由薄钢板或带材经过冲裁、弯曲和特殊的加工制成的。薄板的范围没有明确的规定，一般薄钢板的材料标准把材料厚度不到 3mm 的称为薄板。

薄板弹簧常用于机械、车辆的缓冲防震装置和继电延迟装置中，多数是利用其弯曲的形状而得到弹簧的特性。在加工后进行适当的热处理，再根据产品要求进行电镀或化学生成覆盖膜的处理。薄板弹簧的种类则以弹簧垫圈、碟形弹簧、齿形弹簧垫圈、C型弹簧挡圈、E型弹簧挡圈等为主，有许多的种类（图5-53）。在制造方面使用冲压机械或成形机械，从内容上看则分为冲裁加工和弯曲加工。

图5-53 各种类型的薄板弹簧

用于制造薄板弹簧的材料，钢铁类材料有YB/T 5058—2005规定的T7、T7A，T8、T8A，T10、T10A，T12、T12A等，其化学成分应符合GB/T 1298—2008《碳素工具钢》的规定。还有如65Mn、50CrVA，60Si2Mn，60Si2MnA等弹簧钢，其化学成分应符合GB/T 1222—2007弹簧钢的规定。当然还有进口的带钢是国外的相应的钢材牌号，如日本JIS G311规定的磨光特种带钢的S50CM、S55CM、S60CM、S70CM、SK4M、SK5M以及JIS4313的弹簧用不锈钢带钢等。也有采用弹簧用铍青铜、磷青铜、和锌白铜等板或条材。对于这些材质的选用应从各产品的用途、功能、经济性等方面考虑来决定。

薄板弹簧，根据选材不同、产品规格，将选取不同的热处理，一般来说弹簧材料为不锈钢时，主要是冷轧钢板或带钢，因材料已经冷变形强化，具有一定的硬度和强度，弹簧成形加工后的热处理只需采用去应力退火即可。但材料选用碳素弹簧钢或合金弹簧钢时，为发挥材料良好的弹性性能，弹簧需要在成形后进行热处理强化即淬火与回火处理，通常会选用网带式连续热处理生产线或盐浴淬火后进行回火热处理；对于形状复杂，要求变形小，且要求具有高强度、硬度、韧性及良好的疲劳寿命的弹簧可选取等温淬火处理。后文中的部分碟形弹簧、膜片弹簧及波形弹簧等也属于薄板弹簧类型，所以它们的制造方法与热处理工艺也适用于其他类型的薄板弹簧。

4.5 碟形弹簧的热处理

4.5.1 碟形弹簧的结构、工作特点和制造工艺

碟形弹簧是中心为孔的圆盘成形为圆锥状的弹簧，如图5-54所示，其截面形状如图5-55所示。与传统弹簧不同，碟形弹簧在功能上有其特殊的作用，主要特点是，弹簧刚度大，且通过改变碟簧的设计和组合形式可以得到不同的承载能力和负荷特性，维修换装容易，经济安全性高。适用于空间小、负荷大的精密重型机械、军用武器装备中做缓冲和减振弹簧，也可

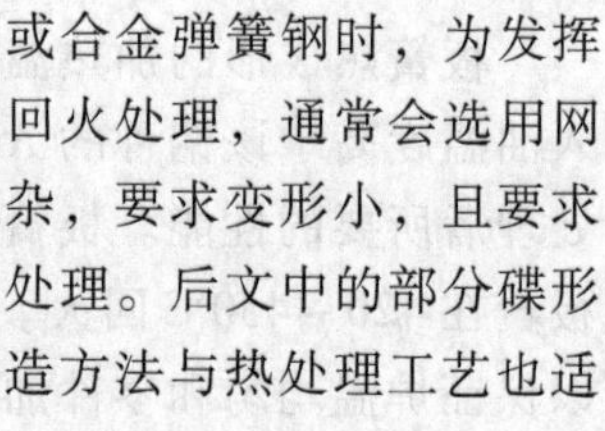

图5-54 碟形弹簧

用于汽车和拖拉机的离合器或安全阀中的压紧弹簧。

碟形弹簧国家标准为 GB/T 1972。碟形弹簧的热处理工艺有多种，包括普通淬火 + 回火、等温淬火、高温形变淬火、渗碳淬火、去应力退火、加温加压处理（蠕变退火）和稳定化处理（强压和立定及喷丸后的低温去应力退火）。具体采用哪几种工艺则要根据弹簧的性能要求、所用的材料类型、成形工艺方法等确定。

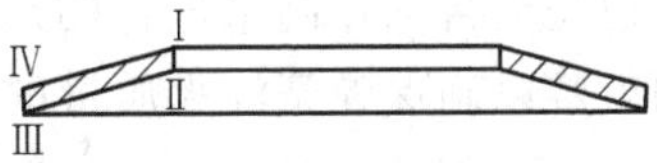

图 5-55　碟形弹簧截面图

4.5.2　碟形弹簧的热处理

（1）碟形弹簧的去应力退火　对于直接选用热处理钢带（通常厚度小于 1.5mm）的碟形弹簧，成形后不需要进行淬火处理，只需要进行低温退火消除内应力。这种处理与其他弹簧的去应力退火工艺一样。采用这种工艺制造弹簧对成形冲压模具和弹簧的原材料有较高的要求。

（2）碟形弹簧的淬火与回火热处理　对于厚度 >3mm 的碟形弹簧，由于难以采用冷轧弹簧钢带，只能用弹簧钢热轧钢板加工制造，弹簧成形后就要进行淬火与回火热处理来达到材料的性能要求。还有的经过锻造成形的碟簧如果成形后未直接淬火，也需要再进行弹簧的淬火与回火处理。

这类碟簧的生产工艺流程如下：

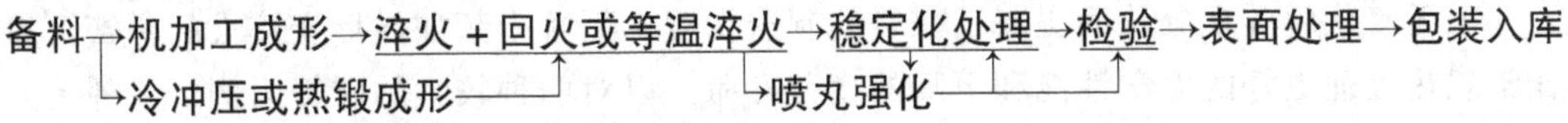

其中的稳定化处理包括强压处理及低温退火。

标准碟形弹簧的最大外径是 250mm，非常用碟簧的最大外径为 500mm，淬火加热可以采用通常的加热炉进行加热，但为了防止弹簧氧化脱碳应采取适当的措施控制炉内气氛，最好用带可控气氛的加热炉。

部分标准碟簧淬火比较容易变形的可以用盐浴淬火，淬火时将碟形弹簧挂在夹具上入盐浴炉，这样可以保证碟簧的变形在较小范围内。但对于大外径薄厚度的碟形弹簧（如膜片弹簧、波形弹簧或特种非标碟簧）这种挂具就难以保证工件的形状和尺寸，这样就需要采用模压淬火也称形变淬火。

（3）碟簧的等温淬火　批量大而厚度较小的碟簧采用网带式保护气氛加热炉和等温槽进行下贝氏体等温淬火并连续回火。这样的设备可以保证碟簧的热处理质量，弹簧表面无脱碳，内应力较小，不易产生淬火裂纹与翘曲变形，硬度均匀，有较高的疲劳寿命。

弹簧热处理后硬度的控制范围应根据弹簧设计应力水平确定，也可以从材料厚度 t 考虑，如：$t<1$mm，48 ~ 52HRC；1mm $\leqslant t \leqslant$ 6mm，46 ~ 50HRC；$t>6$mm，42 ~ 46HRC。

（4）碟簧的高温形变淬火　高温形变淬火是对碟簧加热后成形（从平面到锥形锻坯）和淬火相结合的热处理方法。这是一种可避免淬火变形并使碟簧材料性能得到综合提高的工艺方法。碟簧毛坯可以在连续式加热炉中加热，也可以采用中频感应加热的方法。

碟簧中频感应加热模压淬火装置如图 5-56 所示。它主要由油压机、专用压淬模具、中频加热设备及喷油淬火装置等组成。碟簧的形变淬火过程如下：工件在中频加热装置中加热到 880 ~ 920℃，放入压淬模型内，油压机压下上模使碟簧毛坯成形，同时控制成形时间，持续约 2.8 ~ 3s 后（温度约 850℃）发出信号使电磁阀动作，淬火油喷入模腔开始喷淬。喷淬时间控制在 25 ~ 30s，最后电磁阀复位，喷淬结束。

碟簧的形变淬火也有采用连续式加热炉加热的，但是一般采用模压淬火的多是淬火时易变形的薄型碟簧，零件本身的热容量较小，要求零件加热结束到淬火冷却之间的时间要尽量短，所以无论采用何种加热方式，必须是按照工艺要求从加热到加压淬火以及零件的移动与就位完全自动控制来进行的形变淬火设备，否则就难以确保弹簧淬火质量的稳定。

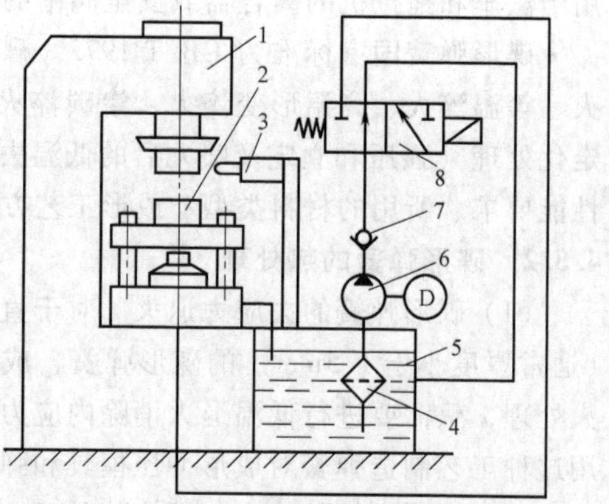

图5-56 碟簧中频感应加热模压淬火装置
1—油压机 2—压淬模具 3—行程开关 4—滤油器 5—油箱 6—油泵 7—单向阀 8—电磁阀

在冷却方式上，对于零件厚度在4.0mm以下的碟簧或膜片弹簧可以采用水冷模套冷却上下模芯，利用冷态模芯快速吸收零件的热量来实施形变淬火，此时设备无须淬火冷却用油循环装置。

碟簧按常规热处理（冷、热成形后重新加热淬火）存在碟簧变形严重、表面氧化脱碳超标等问题，造成生产效率低和废品率高而且弹簧疲劳寿命低的后果。而采用中频加热形变淬火由于避免了上面这些问题，因而弹簧变形小、几乎无氧化脱碳现象从而提高了碟簧的制造精度，而且中频加热形变淬火的弹簧可以获得比常规热处理更好的力学性能和更高的疲劳寿命。以对两种较大的碟簧为例，一种为外径 D =140mm、厚度 t =8mm 用60Si2Mn圆钢制造的碟簧；一种是外径 D =290mm、厚度 t =17mm 用60Si2MnA厚钢板制造的碟簧，采用中频加热形变淬火工艺的碟簧的疲劳寿命有显著的提高，其中 D=140mm 弹簧在相同的疲劳试验条件下，断裂周次由原来的 $(0.84\sim1.38)\times10^4$ 提高到 $(8.93\sim13.2)\times10^4$（根据《热处理手册》第4版2卷的数据）。

（5）碟形弹簧的渗碳淬火 碟形弹簧通常都用含碳量较高的弹簧钢制造，由于弹簧热处理后易脱碳造成表面硬度不足，而且由于表面与心部含碳量的差异，淬火时表面更早形成马氏体使碟簧表面留有相当高的残余拉应力，这些都会造成弹簧疲劳寿命的降低。

对上述问题的一种改善方案就是碟簧的渗碳淬火，即材料采用含碳量为 $(0.2\sim0.4)\%$ 的碳钢或低合金钢制造弹簧，在下料和加工成形后在 $(0.6\sim1.2)\%$ 碳势的气氛中加热到约930～950℃进行渗碳处理，渗碳层深控制在0.25～0.70mm，表面碳含量控制在 $(0.70\sim0.75)\%$。淬火时，由于心部含碳量低，MS 点为300～450℃，而表面含碳量高，MS 点为100～250℃，所以心部首先转变成低碳马氏体。试验表明：渗碳淬火的碟簧表面形成残余压应力为 −551～−482MPa，而原高碳钢碟簧淬火后表面为残余拉应力 +137～+274MPa，结果渗碳淬火的碟簧的疲劳寿命比原高碳钢碟簧提高约 $(100\sim200)\%$。

4.5.3 碟形弹簧的特殊处理

有关弹簧的特殊处理工艺的原理和方法本章第5节中有说明，这里只介绍一下它们在碟形弹簧制造中的应用情况。

（1）碟形弹簧的立定处理与强压处理 立定处理和强压处理都是在室温下将弹簧压到一定高度（一般是3～5次）的处理工序。它们的区别在于立定处理只是为了稳定弹簧的几何尺寸；而强压处理是要使弹簧产生一定的永久变形，在材料表层产生有利的残余应力从而提高弹簧的承载能力。如果强压适当，碟簧的疲劳寿命可提高 $(5\sim35)\%$。

立定或强压后的低温退火，考虑到加工中金属晶格间微观的残余应力和不使强压的宏观残余应力的下降。退火温度应稍低于通常的去应力退火温度。一般说来，弹簧钢的退火温度为200～400℃，保温30min左右。

（2）碟簧的热强压处理和蠕变退火　在高温条件下工作的碟簧，为防止蠕变或松弛，应进行加温加压处理，即将碟簧在高于工作温度的条件下，进行强压处理。而在加载荷的状态下（一般为工作时的变形状态或压并状态）进行低温退火的工艺叫蠕变退火。两者的主要区别在于应力和保温时间。它们都具有强化弹簧和去应力退火的双重作用。这对于在温度稍高的环境工作的碟簧是有利的。一方面可以防止弹簧的松弛，另一方面可以提高疲劳强度。

热强压常用电阻炉，也可以电热强压及电磁强压。电热强压可用工频电强压和脉冲电强压工艺，上述方法统称为加强强压处理，根据不同材质，不同的碟簧受力情况，选用不同的工艺参数，如温度、时间、预压力、工频频率电流、时间等。

碟形弹簧热强压的力一般是让碟簧压缩到接近压平的程度。螺栓固定法简易可行，既可单件亦可批量安装（平板式）生产，连续生产时，还可先加热后强压和先强压后加热等多种方法。

热强压处理和蠕变退火，主要使用在冷加工成形的碟簧上，它们的处理条件（温度、应力、时间）应根据碟簧的设计要求来选择，一般常用的60SiMnA、50CrVA、65Mn多在200～400℃，加温强压时间在2～6h，对于耐热弹簧材料温度可再高一些，时间可再长一些。

4.6　膜片弹簧的热处理

4.6.1　膜片弹簧的结构和用途

膜片弹簧可以看成是均匀分布的径向槽（即分离指）与碟形弹簧组成的弹性元件，如图5-57所示。它包括汽车离合器膜片弹簧和自动变速箱中的各种带齿和开槽的膜片弹簧。

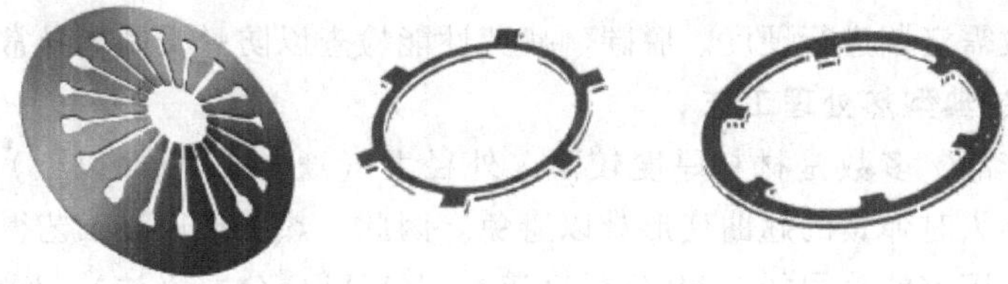

图5-57　膜片弹簧

离合器膜片弹簧是碟形弹簧中最为复杂的一种，由于其弹力具有非线性特征而使离合器具备良好的使用性能。这种膜片弹簧广泛应用在汽车、拖拉机及其他机械离合器中，图5-58是汽车离合器膜片弹簧的一种。由于离合器的不同结构，它的分离指十分复杂、繁多，装配孔有圆形的、椭圆形的、方形的、梯形的；分离指有梯形的、平面的、加强肋的；端部有平直的，也有弯曲的，因此冲坯、成形也比较复杂。

4.6.2　膜片弹簧的生产工艺流程

膜片弹簧的生产工艺和碟形弹簧一样一般可分为冷成形加工与热成形加工两种，两种工艺的热处理方式是完全不同的。

（1）冷成形加工　冷成形加工后，弹簧需经过热处理发挥材料最佳性能，实现弹性功能，根据膜片弹簧的热处理工艺与设备，可分为普通网带热处理、盐浴热处理和表面热处理三大类。

（2）热成形加工　主要是将弹簧的热成形和淬火合二为一，因为膜片弹簧的材料厚度较薄，一般不超过3mm，所以淬火时易变形，要采用特殊的淬火工艺即在专用模具中加压冷却淬火，称之为形变淬火或压淬处理（见本章4.5）。

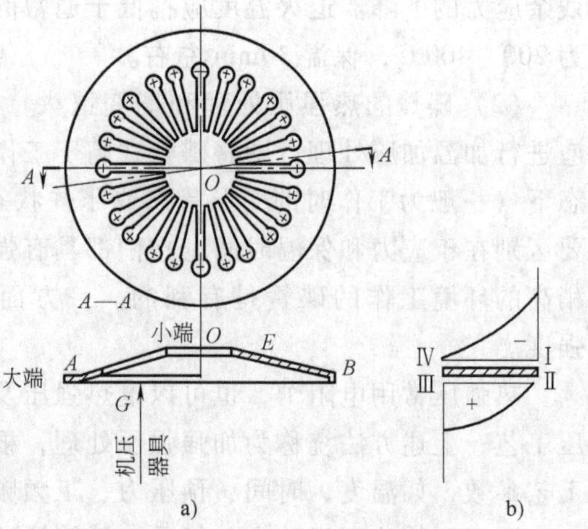

图 5-58　离合器膜片弹簧
a）截面图　b）工作应力分布

膜片弹簧的制造工艺与产量有关，如果是定型的、大批量的，一般用自动冲压成平坯，再在热处理生产线上进行形变热处理，经过分离指的调整即可得到热处理后的半成品，再将分离指端部强化处理（可以是高频，也可以其他改性处理），而后通过力学检测，再根据用户需要进行磷化、氧化、涂油等防锈处理。工艺流程如下：**材检→落料→精车外圆→精磨平面→冲压成形→精压倒圆→压淬及回火→局部高频淬火→喷丸→检验→表面处理。**

冷成形工艺流程：**展开下料→倒角处理→曲面成形→热处理→强化处理→表面处理。**

热成形工艺流程：**展开下料→倒角处理→热处理（含曲面成形）→强化处理→表面处理。**

两类工艺各有特点，冷成形工艺适用种类广，不受制于产品规格的大小。热成形工艺宜用于厚度大于1.1mm，外径大于100mm类弹簧，遇特殊产品选用热成形工艺时，需先做工艺验证。

不论选用何种制造工艺，工艺参数验证期需进行硬度、金相、脱碳、疲劳性能等检查；对于量产工艺参数需定期进行硬度、脱碳、疲劳性能检查以防弹簧制造异常。

4.6.3　膜片弹簧的典型热处理工艺

膜片弹簧类产品，多数是材料厚度较薄、外径大（通常100mm以上），采用冷成形工艺在成形后进行淬火时弹簧的翘曲变形难以避免。因此，热成形压淬工艺得以逐步推广与普及。国外主要工业国家的公司如：AP公司（英）、VA-LEO公司（法）、F&S公司（德）等普遍采用了成形淬火热处理生产线，它集中了保护气氛加热、成形、淬火、回火等工序，从而使膜片弹簧的生产一气呵成，生产效率高、质量稳定可靠、劳动条件良好。在压力条件下实现成形与淬火的过程，其冷却介质可用专用淬火油或利用内腔循环水冷却的压淬模具本身，其工艺曲线如图5-59所示。

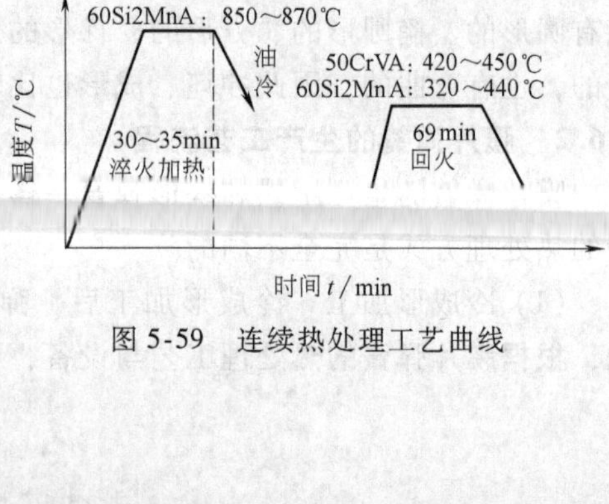

图 5-59　连续热处理工艺曲线

1）采用冷成形加工的膜片弹簧热处理：用保护气氛炉加热，加热温度为880℃，淬火油温控制在95～120℃，以减少变形。淬火后清洗去除淬火黏附着的油垢，使回火时没有污染。可用连续式空气电炉进行回火，在450℃温度中，保持25min。

2）采用热成形工艺的膜片弹簧热处理：可

以采用加热炉，也可以是中频感应加热设备。形变淬火即压淬的过程在本章4.5.2中已有描述，不再重复。

3）分离指强化（高频淬火回火）工序，通常采用高频感应加热。在860℃温度中，保持3s淬火，再在150～250℃空气炉中回火，使其硬度达到55～58HRC。有的离合器的膜片弹簧分离指上还有一道加强肋，此肋需在热成形中同分离指指端弯曲同时压成，压型模具要有自动定位装置，成形温度需低于800℃（50CrVA）。

4.7　平面蜗卷弹簧的热处理

平面涡卷弹簧是用细长的扁带或丝材绕成平面螺旋线形的一种弹簧，弹簧的一端固定，另一端施加扭矩，使材料产生弯曲变形。涡卷弹簧又可分为接触型和非接触型两种，如图5-60所示。非接触形涡卷弹簧常用于汽车玻璃升降器涡卷簧、发动机张紧轮用涡卷簧等，接触型涡卷弹簧常用于汽车安全带卷收器弹簧等。

图5-60　涡卷弹簧

4.7.1　平面涡卷弹簧的制造工艺过程

平面涡卷弹簧的热处理按弹簧原材料、技术要求及生产批量而定，大体分为两种情况。一种是材料用热处理弹簧钢带，一般应在成形后去应力退火（根据使用要求也允许不进行去应力退火）；另一种用退火状态的材料，则在弹簧成形后需经热处理强化。

（1）接触形涡卷弹簧　材料厚度在3mm以下的接触形涡卷弹簧常用热处理弹簧钢带制造，一般工艺过程大致为：**下料→内外端固定部位加工（局部软化退火及成形）→去应力退火→卷绕成形**。全自动设备为卷制成形（含钩部退火及成形、弹簧卷绕、切断）、去应力退火。

对于材料厚度较大的可以用热成形方法或用退火料冷成形法卷制到涡卷簧的松圈状态在成形后进行热处理，热处理后在心轴上逐圈绕紧再用合适的夹圈夹紧固定。

（2）非接触形涡卷弹簧　非接触形涡卷弹簧多是以退火料加工制造，一般工艺过程为：**下料→端部加工、卷制成形→热处理（淬火+回火）→强扭（缠紧处理）→检验→表面处理→包装入库**。采用全自动设备则为下料、端部加工及卷制成形一步完成。

非接触形涡卷弹簧也有采用热处理扁钢材料制造的，通常工艺过程为：**下料→成形→去应力退火→喷丸或强扭→检验→表面处理→包装入库**。若采用自动成形设备进行卷制，则是端部感应加热退火、卷制成形与切断在自动机一次完成，然后转去应力退火工序，以下工序同上。

4.7.2　涡卷弹簧的热处理工艺

涡卷弹簧的淬火与回火按通常弹簧钢的热处理工艺进行。热处理硬度应在400～504HV或42～50HRC范围之内，实际控制范围按弹簧的材料及技术要求确定。其金相组织应符合有关标准的规定，弹簧表面脱碳层深度允许为原材料标准规定的脱碳深度再增加材料厚度尺寸的0.25%。弹簧进行淬火与回火热处理，也可以是等温淬火+回火处理。对于生产批量较大的弹簧现在常用热处理设备是带保护气氛的网带式连续淬火与回火自动线。去应力退火处理通常是采用网带式连续回火炉。

现在有的涡卷弹簧成形机采用热处理扁钢带材料连续作业，设备带有感应加热装置进行局部软化退火后进行端部加工与卷绕成形，过程全部自动进行，可以实现大批量连续生产。成形后的弹簧再进行低温去应力退火。

下面为两个平面涡卷弹簧的热处理的实例。

(1) 汽车玻璃升降器涡卷簧 图5-61为汽车玻璃升降器涡卷簧的结构，它属于非接触形平面涡卷弹簧。其失效形式有两种：一种为断裂失效，断裂部位在图中箭头所指处；另一种为松弛变形失效，弹簧起不了平衡作用。

如弹簧用矩形截面（10mm × 2.15mm 和 12mm × 2.5mm）退火料（65Mn钢）制造，具体工艺过程如下：**下料→卷制成形→端部加工→淬火与回火→(缠紧处理)→检验→涂防锈油→包装入库。**

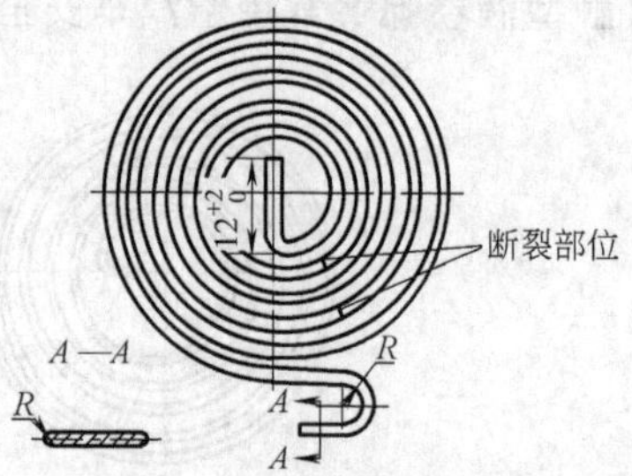

图5-61 升降器涡卷簧结构

弹簧的热处理工艺：淬火方法有直接油淬、下贝氏体等温淬火及马氏体分级淬火，回火在硝盐炉回火(370℃ ×30min)。热处理后弹簧的组织、主要力学性能及疲劳寿命见表5-32。

表5-32 升降器涡卷簧经不同热处理后的组织、性能及疲劳寿命

热处理工艺及金相组织①	淬火后硬度HRC		回火后硬度HRC		回火后的抗拉强度 R_m/MPa		疲劳寿命循环次数(3~10个弹簧的平均值)
	1	2	1	2	1	2	
直接油淬(820℃ ×10min)100% M	61	62	48	49	1580	1707	35752
马氏体分级淬火(860℃ ×8min,280℃分级2min淬火) 70% M + 30% $B_下$	58	57	50	50	1687	1717	60202
马氏体分级-贝氏体等温淬火(860℃ ×8min,280℃等温20min)水冷 30% M + 70% $B_下$	55	56	50	50	1707		40195
下贝氏体等温淬火(860℃ ×8min,280℃等温30min)水冷 100% $B_下$	52	53	50	50	1687		59967

① 均在370℃硝盐浴中回火30min，1-10×2.15mm带钢，2-12×2.5mm带钢，M-马氏体，$B_下$-下贝氏体。

由表5-32可看出，弹簧技术条件要求疲劳寿命超过4万次循环，直接油淬的往往达不到而采用等温淬火或马氏体分级淬火的却能达到，特别是下贝氏体等温淬火和马氏体分级淬火的疲劳寿命达到6万次左右。

如用热处理扁钢带（硬度控制在40~46HRC范围内）制造，两端弯钩部分经局部退火后降至35HRC左右。用这种方法制作的弹簧疲劳寿命达到4.5万~5.5万次。

以上是较早时期采用的方法实例，是为了说明热处理不同的淬火方法对弹簧的性能有明显的影响，而现在已经很少用65Mn弹簧钢制造涡卷簧，弹簧的卷制一般用自动卷簧机，而且会进行喷丸强化处理，所以疲劳寿命会更高。

(2) 汽车安全带卷收器涡卷簧 汽车安全带卷收器中的平面涡卷弹簧是一个重要的功能性零件，它属于接触形涡卷弹簧，工作圈数≥25，展开长度为4150mm，由截面为0.25mm ×

8mm 薄钢带制造，它装在直径 55mm 的盒中，其失效形式主要是断裂和松弛。

薄钢带常用材料是碳素钢（60、65、75、85、T8A、65Mn）及低合金钢（60Si2MnA），常用滚切法将较宽的带钢材料切成 8mm 宽的窄条，再通过连续热处理炉淬火与回火（820～860℃加热，压模整形后油淬、360～400℃回火）使其符合 GB/T 3530 中规定的技术要求：R_m≥1900MPa、硬度达到 600HV 以上。实际试制产品经测定为 R_m=2190MPa，硬度为 665HV。

涡卷簧的制造工艺过程如下：**下料→两端头退火（要求硬度≯370HV，常用感应加热退火）→端部加工成形→卷绕→去应力退火及定型→表面处理→寿命考核→入库。**

寿命考核方法：进行反复拉出和回卷试验 50000 次，频率低于 30 次/min，拉力载荷为 88N。

4.8　有色金属合金弹簧的热处理

4.8.1　铜合金弹簧的热处理

（1）弹簧用铜合金　弹簧用铜基合金具有良好的电气性能、非磁性、耐腐蚀、耐低温性及弹性，被广泛用于电气元件、仪表零件及在腐蚀性介质中工作的弹簧零件。可制作弹簧的铜基合金主要有黄铜、锡青铜、铝青铜和铍青铜等。

1）黄铜：黄铜为铜锌合金，常用含 32% Zn 的 H68 合金。黄铜有良好的导电性和耐蚀性，其力学性能不太好，但价格便宜。H68 分为软质、1/2 硬及硬质 3 种，做弹簧要用硬质材料，硬质材料是通过冷变形强化得到的（热处理方法不能提高其抗拉强度），黄铜丝的抗拉强度与线径有关。冷变形强化的黄铜材料存在内应力，易产生应力腐蚀，尤其对氨、汞等介质很敏感。所以，黄铜线制造的弹簧卷制成形后应进行去应力退火（低温回火）。黄铜的低温回火工艺：180～200℃保温 30min，回火温度过高将使抗拉强度降低，损害弹簧的性能。

2）锡青铜：锡青铜中加入磷或锌可改善其力学性能，锡磷青铜和锡锌青铜除了有较高的抗拉强度外，其耐蚀性、非磁性及无火花性也较好，总的性能高于黄铜，所以广泛用于制造弹簧零件。

3）铍青铜：铍青铜是一种用途极广的沉淀硬化型合金。经固溶及时效处理后，强度可达 1250～1500MPa。其热处理特点是：固溶处理后具有良好的塑性，可进行冷变形加工。但再进行时效处理后，却具有极好的弹性极限，同时硬度、强度也得到提高。时效后其弹性极限可达到最大值，具有良好的弹性稳定性和小的弹性滞后，尤其对仪表弹簧及某些特殊情况下工作的弹簧具有特别重要的意义。

铍青铜是铍含量为 1.5%～2.5% 的铜合金，还可加入如 Ni、Co、Ti、Mg、Ag 及稀土元素，以便改善它的各种性能。如加入 0.2%～0.5% 的镍可使铍青铜的热处理过程更易于控制。弹簧制造中最常用的是 QBe2 合金，其化学成分为：w（Be）1.9%～2.2%；w（Ni）0.2%～0.5%；其余为 Cu，其中还会有 Si、Al、Fe、Pb 等杂质元素。

铍青铜是沉淀硬化型合金，采用固溶-时效处理方法获得所需的性能。通常处理工艺为 320℃时效 2h。

铍青铜的缺点是价格很贵以及铍具有毒性，为此要尽量采用低含量的合金。

（2）铜合金弹簧的热处理

1）铜合金弹簧的去应力回火处理：黄铜、锡青铜等铜合金丝和带材供料时都已经过冷拉强化，冷成形卷制弹簧后，只需进行去应力退火处理。处理后强度稍有提高，但温度超过一定限度时强度有所下降。部分冷变形强化铜合金弹簧去应力退火规范和性能见表5-33。

表5-33 部分冷变形强化铜合金弹簧去应力退火规范和性能

弹簧材料		去应力退火规范		处理后材料性能	
类别	牌号	去应力退火温度/℃	保温时间/min	规定塑性延伸强度 $R_{p0.1}$/MPa	硬度 HV
锡青铜	QSn4-3	150	30	580	218
	QSn6.5-0.1	150	30	549	230
	QSn3-1	275	60	617	210
铝青铜	QA17	276	30	774	270
黄铜	H70	200	60	568	190
	H80	200	60	529	170

2）铍青铜弹簧的热处理：铍青铜的热处理可以分成退火处理、固溶处理和固溶处理以后的时效处理。

① 退火处理：退（回）火处理又分成中间软化退火、稳定化处理和去应力退火，其作用和处理工艺为：中间软化退火，可用来做工序间的软化，退火温度540～560℃，时间2～4h；稳定化处理，用于消除精密弹簧在校正时所产生的加工应力、稳定外形尺寸，处理温度110～130℃，时间4～6h；去应力退火，用于消除因金属切削加工、校直处理、冷成形等工艺产生的残余应力，退火温度200～250℃，时间1～2h。

② 铍青铜的固溶处理：一般铍青铜固溶处理的加热温度在780～820℃之间，而对于用作弹性组件的材料，采用760～780℃，主要是防止晶粒粗大影响强度、韧性和疲劳性能。固溶处理炉温均匀性应严格控制在±5℃。保温时间一般可按1h/25mm计算，铍青铜在空气或氧化性气氛中进行固溶加热处理时，表面会形成氧化膜。虽然对时效强化后的力学性能影响不大，但会影响其冷加工时工模具的使用寿命。为避免工件氧化，应在真空炉或氨分解气、惰性气体、还原性气氛（如氢气、一氧化碳等）中加热，从而获得光亮的热处理效果。此外，还要注意尽量缩短转移时间（如淬水时），否则会影响时效后的力学性能。薄形材料不得超过3s，一般零件不超过5s。淬火介质一般采用水（无加热的要求），当然形状复杂的零件为了避免变形也可采用油。

③ 铍青铜的时效处理：铍青铜的时效温度与Be的含量有关，对于Be含量大于1.7%的合金，最佳时效温度为315℃，保温时间1～3h（根据零件形状及厚度）。近年来还发展出了双级和多级时效，即先在高温下短时时效，而后在低温下长时间保温时效，这样做的优点是性能提高但变形量减小。为了提高铍青铜时效后的尺寸精度，可采用夹具夹持进行时效。

铍青铜弹簧的时效处理，使铍在晶界周围呈现弥散状态析出，材料强度提高。其强化效果与热处理工艺有关，此外还与材料固溶处理后的冷变形程度有关。表5-34所列为QBe2铍青铜（丝材直径6mm以下）时效处理工艺和时效前后抗拉强度对比。

表5-34 铍青铜时效处理规范和时效前后强度对比

供料状态	时效温度/℃	保温时间/min	抗拉强度 R_m/MPa 时效前	时效后
软(M)	315±15	180	372～568	[illegible]
1/2硬（1/2Y）	315±15	120	568～784	>1176
硬(Y)	315±15	60	>784	>1274

4.8.2 钛合金弹簧的热处理

（1）钛合金　以钛为基加入其他合金元素组成的合金称作钛合金。钛合金是一种十分重要的新型结构材料，钛合金具有下述性能特点：

1）钛的密度小（4.5g/cm^3，仅为钢铁的60%左右）、比强度（抗拉强度/密度）高。

2）耐热性好，耐热钛合金的工作温度可达500℃以上。

3）钛合金具有优良的抗蚀性能，在海水和海洋大气中的抗蚀性极高。

4）弹性模量低，R_p/E 比值大，可利用此特点制作弹性元件。

5）导热率小，无铁磁性。由于航空航天技术的发展及其对新型材料的需要，钛合金技术也随之得到迅猛的发展。近年来，钛合金不仅用于航空航天事业上，而且在造船、化工、冶金、医疗、汽车、摩托车、自行车等行业得到广泛的应用。钛合金按用途可分为结构钛合金、高温钛合金、耐蚀钛合金和低温钛合金等，根据退火（空冷）后的组织特点，可分为α型钛合金（TA）、β型钛合金（TB）和α +β（TC）型钛合金等。

常用钛合金材料　第一个实用的钛合金是1954年美国研制成功的Ti-6Al-4V合金，该材料使用量已占全部钛合金的75%~85%，许多其他钛合金可以认为是Ti-6Al-4V的改型。

典型的钛合金及其分类见表5-35。

表5-35　典型的钛合金分类

类别	α型钛合金	α +β型钛合金	β型钛合金
典型合金	Ti-5Al-2.5Sn	Ti-6Al-4V	Ti-13V-11Cr-3Al
	Ti-6Al-2Sn-4Zr-2Mo	Ti-6Al-2Sn-4Zr-6Mo	SP700
	Ti-3Al-2.5V	Ti-6Al-6V-2Sn	Ti-15V-3Cr-3Al-3Ni

就弹簧而言，强度高是对材料最重要的性能要求，所以高强度的β钛合金，如Ti-3Al-8V-6Cr-4Mo-4Zr（β-c），Timetal LCB（Ti-6.8Mo-4.5Fe-1.5Al）合金是制造弹簧的最佳选择。此外，根据弹簧不同性能要求，Ti-6Al-4V等合金都可作为钛合金弹簧的选用材料。其中Timetal LCB钛合金可进行冷加工且强度、延展性和抗疲劳性能优良，经时效处理，抗拉强度可提高到1500MPa。

（2）钛合金热处理

1）钛合金热处理的特点：钛的合金化元素很多，所以钛合金的种类就很多，根据钛合金退火（空冷）后的组织特点钛合金可分为α、近α、（α+β）和β四类。钛合金热处理与钢铁和铝合金的热处理不同，因有多种类型的处理其组合就很多，是比较复杂的。因此，首先应了解钛合金热处理的特点。概括说明有以下几点：

① 钛合金的马氏体相变与钢的马氏体相变不同，它不会引起合金的显著强化。钛合金的热处理强化只能依赖淬火形成的亚稳定相（包括马氏体相）的时效分解。

② 形成ω相会使合金变脆，正确选择时效工艺（如较高的时效温度）可使ω相分解为平衡的α+β。

③ 同素异构转变难于细化晶粒。

④ 导热性差，可导致钛合金尤其是α+β合金的淬透性差，淬火易变形。由于导热性差，钛合金变形时易发生局部温度过高，有可能超过β相变点而形成魏氏组织。

⑤ 化学性活泼。钛合金热处理时易在表面形成富氧层或氧化皮使合金性能变坏，也容易吸氢而引起氢脆。

⑥ β 相变点的差异大，制定工艺（加热温度）时要充分注意。

⑦ 相区加热时 β 晶粒易长大，而晶粒粗化使塑性急剧下降，因此应严格控制加热温度与时间，且最好避免在 β 相区加热的热处理。

2）钛合金热处理主要类型及性能的变化：钛合金热处理的主要类型有退火、强化热处理（淬火时效处理和固溶时效处理）和形变热处理。

① 退火：钛合金退火通常采用的退火方式有去应力退火、等温退火、双重退火、再结晶退火和真空退火。退火是为消除内应力，提高塑性和组织稳定性，以获得较好的综合性能。通常 α 合金和 α + β 合金的再结晶退火温度选在（α + β）→β 相转变点以下 120 ~ 200℃，见表 5-36。

表 5-36 钛合金相变点和退火温度

合金成分	(α + β)→β 转变温度/℃	去应力退火 温度/℃	再结晶退火	
			温度/℃	冷却方式
Ti-5Al-2.5Sn	1000 ~ 1025	550 ~ 650	800 ~ 850	空冷
Ti-5Al-2.5Sn-3Cu-1.5Zr	950 ~ 980	550 ~ 650	800 ~ 850	空冷
Ti-3.5Al-1.5Sn	920 ~ 960	545 ~ 585	740 ~ 760	空冷
Ti-5Al-4V	950 ~ 990	600 ~ 650	750 ~ 800	空冷
Ti-6Al-4V	980 ~ 1010	600 ~ 650	700 ~ 800 940 + 680	空冷 （双重退火）
Ti-6Al-6V-2Sn	约 946	540 ~ 650	700 ~ 840	炉冷至 600,空冷
Ti-6.5Al-3Mo-2Zr-0.3Si	1000 ± 20	550 ~ 650	950 + 530	双重退火
Ti-3Al-7Mo-11Cr	750 ~ 800	550 ~ 650	790 ~ 800	

表中的“双重退火”表示有两个阶段的温度，在退火第一阶段完成后，合金在空气中冷却到室温，之后将合金再加热到第二阶段的温度进行退火。有关钛合金的等温退火与真空退火工艺等情况请参看相关的专著。

② 强化热处理：淬火时效和固溶时效处理是钛合金热处理强化的主要方式，故称为强化热处理。钛合金强化热处理主要用于 α + β 型合金及亚稳 β 钛合金，可提高钛合金强度。强化热处理后的钛合金与退火状态的钛合金相比，在某些情况下其比强度和中温热强性可提高 40% ~50%。

如前所述，钢与钛合金的淬火强化不同，钢只有一种马氏体强化机理，而同一成分的（α + β）钛合金有两种强化机理，即淬火（马氏体相变）时效强化及低温淬火得到的过冷 β 相时效时会分解为弥散相使合金强化。钛合金的马氏体硬度不高，强化效果比钢稍差，但经过回火（时效）使合金产生第二相弥散硬化，强度可进一步提高。

钛合金的固溶处理和时效过程与铝合金基本相似。由于以上原因钛合金的合金成分及热处理工艺对合金的各项性能影响比较复杂，应充分予以注意。对于弹簧产品而言要求材料有很高的强韧性，因此如何采用适当的钛合金材料进行相应的强化热处理来满足钛合金弹簧的高性能要求是关键，需要通过弹簧的设计、材料选用、工艺试验和性能验证来实现。

表 5-37 是一些钛合金的强化热处理工艺和性能。钛合金固溶时效处理后的力学性能见表 5-38。

③ 形变热处理：形变热处理可以在提高钛合金强度的同时，提高其塑性，因而在钛合金的热处理中早已得到广泛的应用。有研究表明，形变热处理还能提高钛合金的疲劳强度和热强度，并能提高在一定温度范围内的持久强度和抗蚀性。钛合金的形变热处理与普通热处

理后的性能对比如表 5-39 所列。

表 5-37 一些钛合金的强化热处理工艺和性能

合金成分	淬火温度/℃	时效		力学性能		
		温度/℃	时间/h	抗拉强度 R_m/MPa	断后伸长率 A(%)	断面收缩率 Z(%)
Ti-6Al-4V	900~950	450~550	2~4	1120	8~10	20~25
Ti-6Al-6V-2Sn	840~885	540~620	4~8	1200	8	20
Ti-7Mn-4Mo	930~960	540~650	4~24	1120~1260	>8	>20
Ti-13V-11Cr-3Al	760~790	430~540	20~100	1200~1300	4	—
Ti-3Al-7Mo-11Cr	780~790	(480~500)+(500~570)	15~25 0.25	1300~1600	3~8	—

表 5-38 钛合金固溶时效后力学性能

分类	编号	力学性能		
		抗拉强度 R_m/MPa	规定塑性延伸强度 $R_{p0.2}$/MPa	断后伸长率 A(%)
α+β合金	Ti-6Al-2Sn-4Zr-6Mo	1270	1180	10
	Ti-10V-2Fe-3Al	1270	1200	10
β合金	Ti-13V-11Cr-3Al	1220	1170	8
	Ti-3Al-8V-6Cr-4 Zr -4Mo	1440	1370	7
	Ti-15Mo -5Zr-3Al	1470	1450	13
	Ti-15V-3Cr-3Sn-3Al	1230	1110	10

表 5-39 钛合金的形变热处理与普通热处理后的性能对比

合金成分	热处理工艺	力学性能(室温)				
		R_m/MPa	A(%)	Z(%)	σ_k/MPa	σ_{-1}/MPa
Ti-6Al-4V	880℃淬火 590℃2h 时效	1160	15	43	—	500
	920℃形变热处理 590℃2h 时效	1400	12	50	3.6	590
Ti-4.5Al-3Mo-1V	880℃淬火 480℃12h 时效	1165	10	37	4.5	590
	850℃形变热处理 480℃2h 时效	1270	10	39	4.5	620

4.9 特种材料弹簧的热处理

4.9.1 耐高温弹簧的材料及热处理

在高温条件下工作的弹簧由于高温条件的特殊情况，为保持弹簧持久的正常工作，必须采用耐高温材料制造。耐高温材料除了具有抗氧化和耐蚀性能外，还必须具有在高温负荷作用下正常工作的耐高温性能，制造弹性元件用的材料则要考虑高温下的弹性模量 E 和高温下的规定非比例延伸强度 R_p。由于一般材料的弹性模量 E 值随温度的上升而下降，而弹簧的负荷特性往往与 E 值有正相关关系，高温时弹簧的刚度会有所降低，这一点在弹簧设计与制造过程中应充分估计到。

(1) 合金的高温强度及蠕变基本概念　金属在一定温度和一定应力作用下，随着时间的推移缓慢地发生塑性变形的现象称蠕变。材料发生蠕变的温度与其成分有关，碳钢发生在 300~350℃时，合金钢发生在 350~450℃时，此时在应力作用下，就会出现蠕变。温度越高，应力越大，蠕变速度就越快。

材料抗蠕变的性能用蠕变极限来衡量，蠕变极限表示在一定温度下，于规定时间内，材料发生一定量总变形的最大应力值（如材料在500℃下，在10000h 时间内发生 1% 的总变形量的最大应力值，以 MPa 为单位）。

持久强度是在高温条件下，经过规定时间发生蠕变而破断时的最大应力，即在给定的温度下和规定时间内，试样发生断裂的应力值，用符号 σ（T，t）表示。其中 σ 表示应力（MPa）；T 为温度（℃）；t 为时间（h）。

（2）耐高温弹簧的材料选用及其热处理

1）对耐高温弹簧的性能要求及材料选用：对于在高温下使用的弹簧所要求的性能除了能经受交变应力负荷而具有足够的疲劳寿命外，就是需要在高温工作时不发生永久变形能持续保持作为弹簧应有的功能。由于在高温条件下材料的蠕变效应会使弹簧产生变形而导致应力松弛，所以耐高温弹簧的变形与应力松弛特性是很重要的特性。

弹簧所需的疲劳强度、蠕变特性和持久强度及耐蚀性和抗氧化性等对于不同弹簧而言是不一样的，因此有必要考虑其工作环境和负荷条件来选择合适的材料。特别在高温下残余应力等在长时间使用过程中出现缓和，因材料内部组织的变化而产生硬化或软化的效应等都要考虑。因此，最重要的是根据弹簧使用温度的高低来选用材料，实际上通常的弹簧钢中碳素钢的使用温度最高可以达到200℃，而一般的合金弹簧钢的使用温度可达 250℃，所以在250℃以下使用的弹簧可以不要特意地作为耐高温弹簧来考虑，只有使用温度超过 250℃的弹簧才需要用耐高温材料来制造。表 5-40 是不同类型的常用耐高温材料的热处理特点和最高工作温度的相关资料。

表 5-40 常用耐高温弹簧用材料

钢种	牌　号	相近的国外牌号	最高使用温度/℃	热处理工艺过程
耐热弹簧钢（GB/T 1222）	30W4Cr2VA	—	500	淬火＋回火
工具钢（GB/T 9943）（GB/T 1299）	W6Mo5Cr4V2	—	500	淬火＋回火
	W18Cr4V	—	600	
	3Cr2W8V	—	500	
	65Cr4W8MoV	—	500	
不锈钢（GB/T 1220）	4Cr13	—	300	淬火＋回火
	0Cr17Ni7Al	17-7PH（美）	300	固溶处理＋冷变形强化＋时效处理
	1Cr18Ni9Ti	—	300	
	0Cr15Ni7Mo2Al	PH15-7Mo（美）	400	
高温合金（GB/T 14992）	0Cr17Ni25Ti2MoVB（GH 2132）	Incoloy A286（美）	550	固溶处理＋冷变形强化＋时效处理
	0Cr15Ni35W2Mo2Ti2Al2B（GH 2135）	—	600	
	0Cr15Ni40W4Mo2Ti2Al2B（GH 2302）	—	600	
	NiCr19Fe18Nb5Mo3TiB（GH 4169）	Inconel 718（美）	600	
	NiCr15Fe7NbTi2Al（GH 4145）	Inconel X-750（美）	600	
	NiCr19Co11Mo10Ti3AlB（GH 141）	—	600	

2）耐高温弹簧的热处理：弹簧的热处理应根据采用的耐热材料的种类及其工作负荷等条件，确定热处理工艺，弹簧钢及工具钢制造的耐高温弹簧通常采用淬火后回火处理的工艺，但对工具钢来说因其负荷性质及使用环境的差异，通常作为工具使用所规定的工艺参数

需要作相应的调整，并且需经过工艺验证后确定。如对于高速钢来说，应适当降低淬火温度和回火温度，进行高速钢的强韧化处理来满足弹簧的使用要求。例如，对某一种高速钢制弹簧采用的是以下的工艺：热成形后在740℃退火处理，淬火时经820℃预热，1000℃加热后在100℃热油中淬火，得到合金元素（W、Cr、V）含量不高的低碳马氏体，淬火硬度为55HRC左右；回火时采用第一次为400℃和第二次为480℃的二次回火，处理后硬度为（50±2）HRC。

① 耐高温弹簧钢制弹簧的热处理：这类钢的牌号有45CrMoV和30W4Cr2V等，主要用于制造汽轮机及锅炉中高温下工作的弹簧。这类材料的淬火和加热温度较高，导热系数低，在高温加热之前要经过预热，一般预热温度在820～870℃之间，预热保温系数为0.5min/mm，在高温炉中的加热时间不宜取得过长，否则容易引起弹簧表面的氧化和脱碳。一般取10～20s/mm。45CrMoV可用于制造工作温度在450℃以下的弹簧，30W4Cr2V则可制造工作温度在500℃以下的弹簧。45CrMoV和30W4Cr2V的热处理工艺及力学性能见表5-41。

表5-41　45CrMoV和30W4Cr2V的热处理工艺及力学性能

钢号	热处理状态	抗拉强度 R_m/MPa	规定塑性延伸强度 R_e/MPa	断后伸长率 A(%)	断面收缩率 Z(%)	冲击韧度 α_K/(J·cm^{-2})
45CrMoV	930～960℃油冷 550℃回火	1550～1600	1460～1490	9～10	39～47	48～61
30W4Cr2V	预热850℃ 1000～1050油冷 600℃回火	1750～1770	1600～1610	10	39～46	74～100

② 高速钢弹簧的热处理：要求在450～600℃的高温条件下工作的弹簧一般用W18Cr4V高速钢来制造。这种弹簧材料以退火状态供应，卷制成形后需要淬火与回火处理。其热处理工艺是820～850℃预热，预热的时间是加热时间的2倍，在1270～1290℃的温度加热，在580～620℃低温盐浴中分级冷却或油冷，然后在600℃进行两次回火，每次1h，或者第二次回火加热到700℃，保温2h，以提高弹簧的疲劳强度，热处理硬度为52～60HRC。

③ 超耐热合金如镍基耐热合金的热处理：通常是在固溶处理后进行冷成形，然后进行高温时效处理获得强化相满足弹簧的负荷特性、耐久性能及高温性能要求。如GH4169镍基耐热合金推荐的处理工艺为：950～980℃，1h空冷（固溶处理）后，经冷变形加工成形后，720℃8h保温后以55℃/h的速度冷至620℃并保持8h后空冷。同一牌号的耐热合金处理工艺有多种，需根据性能要求进行选择。

4.9.2　低温弹簧的材料及热处理

随着科学技术的发展，市场对弹簧的需求和应用范围的不断扩大，低温弹簧已经成为弹簧类产品的研究开发和应用的一部分。低温弹簧在航空航天、军事装备、车辆、石油化工机械、制冷装备等领域都有应用。

关于低温弹簧的定义目前尚无标准可循，一般认为凡是在摄氏零度以下至－273℃（绝对温度的零点）工作的弹簧称为低温弹簧，大体上可以分为四类：①零度以下至－20℃（常见的低温条件）；②－80～－20℃（高纬度极地地区）；③在－200～－80℃使用的弹簧；④在－273～－200℃可能使用的弹簧。

（1）低温弹簧材料的选用　低温弹簧材料的选用原则上与常温弹簧材料的选用相同，但应当注意材料在低温条件下的性能变异，所以需要了解各类材料的低温性能并对应弹簧应用的最低温度限来选用适当的弹簧材料。

低温弹簧的材料还是以钢材为主，钢的低温力学性能与它的晶体结构有很大关系，几乎所有钢种的强度、硬度和弹性模量都会随着温度的降低而提高。而大部分钢的塑性和韧性却随温度的降低有不同程度的下降。其中，具有体心立方晶格的钢种当温度降低到一定值（即钢的脆性临界转变温度）时韧性会急剧下降从而转向脆性破坏，叫作冷脆体；另一类具有面心立方晶格的金属材料则随着温度的下降，其强度提高，而塑性和韧性指标仍保持较高数值，叫作非冷脆体。因此，如奥氏体不锈钢，在低温技术中首先得到应用。随着对低温钢需求量的增大和使用温区的多样化，各国已研制出许多种低合金低温钢。

低温钢主要应具有如下的性能：①韧性 脆性转变温度低于使用温度；②满足设计要求的强度；③在使用温度下组织结构稳定；④良好的加工成形性；⑤某些特殊用途的钢材还要求诸如极低的磁导率、冷收缩率等性能。

低温钢按晶体点阵类型一般可分为体心立方的铁素体低温钢和面心立方的奥氏体低温钢两大类。表 5-42 所列是各种低温钢的成分特点、使用温度和热处理方法。

表 5-42 低温钢的成分特点、使用温度和热处理工艺方法

类别	名称	化学成分特点	使用温度	热处理工艺方法
铁素体低温钢	低碳锰钢	$w(\mathrm{C})$ 0.05%~0.28%，$w(\mathrm{Mn})$ 0.6%~2%，$w(\mathrm{Mn})/w(\mathrm{C})\approx 10$	-60℃左右	淬火+回火
	低合金钢	低镍钢 $w(\mathrm{Ni})$ 2%~4%	-110℃	淬火+回火
		锰镍钼钢（$w(\mathrm{Mn})$ 0.6%~1.5%，$w(\mathrm{Ni})$ 0.2%~1.0%，$w(\mathrm{Mo})$ 0.4%~0.6%，$w(\mathrm{C})\leqslant$0.25%）		
		镍铬钼钢（$w(\mathrm{Ni})$ 0.7%~3.0%，$w(\mathrm{Cr})$ 0.4%~2.0%，$w(\mathrm{Mo})$ 0.2%~0.6%，$w(\mathrm{C})\leqslant$0.25%）		
		09Mn2V		
	中（高）合金钢	6% Ni 钢、9% Ni 钢、36% Ni 钢	-196℃	淬火+回火
奥氏体低温钢	Fe-Cr-Ni 系	主要为 18-8 型铬镍不锈耐酸钢	-269~-150℃	固溶处理+调整处理+人工时效（沉淀硬化）——同不锈钢弹簧的热处理
	Fe-Cr-Ni-Mn 和 Fe-Cr-Ni-Mn-N 系	如 0Cr21Ni6Mn9N 和 0Cr16Ni22-Mn9Mo2	-269℃	
	Fe-Mn-Al 系奥氏体低温无磁钢	如 15Mn26Al4，可部分代替铬镍奥氏体钢	-196℃以下	

此外，铜合金（如黄铜 H68 、锡青铜 QSn6.5-0.1 和铍青铜 QBe2.5）也可能作为低温弹簧材料，它们具有面心立方结构，低温韧性尚好，但强度较低。

一些具有较高低温韧性的铁镍基和镍基高温合金如 GH 2132（A-286）、GH 4169（Inconel X718）、GH 4145（Inconel X-750）等也常用于需要高强度的低温设备上。

（2）低温弹簧的热处理 材料的力学性能和低温性能与它的组织结构密切相关，包括晶粒大小、碳化物的分布及金属间化合物的形态、大小、分布等，这些都要通过正确的热处理工艺来实现。热处理工艺要考虑材料的室温力学性能，也要考虑到低温条件（按最低使用温度）下的性能。

对于铁素体低温钢，则需重点关注钢的脆性临界转变温度，这个温度必须低于弹簧的最低使用温度。由于材料的冷脆温度与组织结构有关，所以其热处理工艺应该在保证材料室温力学性能的前提下获得尽可能低的脆性临界转变温度。奥氏体低温钢的热处理则不同，因面心立方晶格的金属材料随着温度的下降，其强度提高，而塑性和韧性指标仍保持较高数值，所以没有脆性临界转变温度。奥氏体低温钢的热处理重点是如何保证材料的强度性能满足设计要求，其处理工艺可以采用不锈钢弹簧的固溶处理＋调整处理＋时效处理的工艺。

对于沉淀硬化型的铜基合金和镍基合金制的弹簧可采用相应的沉淀硬化处理工艺。表5-43所列是一些奥氏体低温钢与镍基合金制低温弹簧的牌号、处理工艺和强度值。

表5-43　几种低温弹簧的热处理工艺及所获的抗拉强度值

钢的牌号	热处理工艺	处理后抗拉强度 R_m/MPa
1Cr18Ni9	360～400℃	1450
1Cr18Ni9Ti	360～400℃	1450
0Cr17Ni7Al	1100℃快冷＋955℃×10min＋510℃×480℃×2h	1226
0Cr15NiMo2Al	1100℃快冷＋955℃×10min＋510℃×480℃×2h	1324
NiCr15Fe7NbTi2Al	980℃×1h＋840℃×3h＋720℃×8h＋620℃×8h	1750
NiCr19Fe18Nb5Mo3TiB	980℃×1h＋840℃×3h＋720℃×8h＋620℃×8h	1770

4.9.3　耐蚀合金弹簧

（1）耐蚀性基本概念　腐蚀是机械零件受周围介质的化学和电化学作用而失效的主要形式，一般碳钢和低合金钢在腐蚀性介质的环境中金属表面会形成氧化膜，就是人们常说的生锈。若氧化以后的表面不能阻止金属和腐蚀性介质的接触，氧化将继续进行，锈蚀会不断扩大直至零件失效。

为应付机械零件发生腐蚀失效的问题，除了采用表面处理方法获得一定的防腐蚀性能外，还有通过合金化的方法使材料在腐蚀介质的环境中具有一定的防锈能力，其中最常用的材料就是各种类型的不锈钢。

（2）不锈钢弹簧的热处理

1）马氏体不锈钢：制造弹簧的马氏体不锈钢有3Cr13、4Cr13，马氏体不锈钢中由于含有较多的合金元素，所以在空气中冷却也能淬硬。淬火前先进行预热，预热温度760～790℃，预热时间6mm以下为30min，6～25mm为45min。淬火加热保温时间6mm以下10～20min，6～25mm为30min。回火保温时间可按［1＋厚度（mm）/25］h的公式计算。淬火后的硬度在51～56HRC之间，淬火后有较大的内应力，应及时回火。马氏体不锈钢的耐蚀性不如奥氏体不锈钢，主要用来制造耐蚀性要求较低和截面较大的弹簧。马氏体不锈钢弹簧热处理规范见表5-44所列。

表5-44　马氏体不锈钢弹簧热处理规范

钢种	淬火温度/℃	冷却剂	回火温度/℃	硬度HRC	抗拉强度 R_m/MPa	规定塑性延伸强度 $R_{p0.2}$/MPa	断后伸长率 A(%)
3Cr13	1000～1050	油或空气	450～500	42～48	1200～1600	1100～1400	4～6
4Cr13	1050～1100	油或空气	450～550	45～50	1300～1700	1200～1500	4～6

2）奥氏体型不锈钢：弹簧制造中应用最多的不锈钢是06Cr19Ni10（GB/T 20878），相当于原来的0Cr18Ni9奥氏体钢，相应的美国钢号为304（S30400），相应的日本钢号为SUS304，钢丝厂生产的冷拉钢丝或冷轧钢带通过固溶处理和冷变形强化达到相关标准（YB（T）11—1983和GB/T 4231—1993）的强度性能要求，这种冷变形强化的不锈钢钢材

制成的弹簧成形后同样需进行去应力退火。去应力退火不但可消除加工应力，还可以提高材料的弹性极限等强度性能和尺寸稳定性。图 5-62 是图 18-8 型不锈钢的退火温度和性能的关系，图 5-62 中可见到，退火温度在 400℃左右可得到最好的强度性能而在更高的温度退火则尺寸稳定性最好。所以为了获得最优的疲劳性能这类弹簧的退火温度应选在 350～400℃为最好。

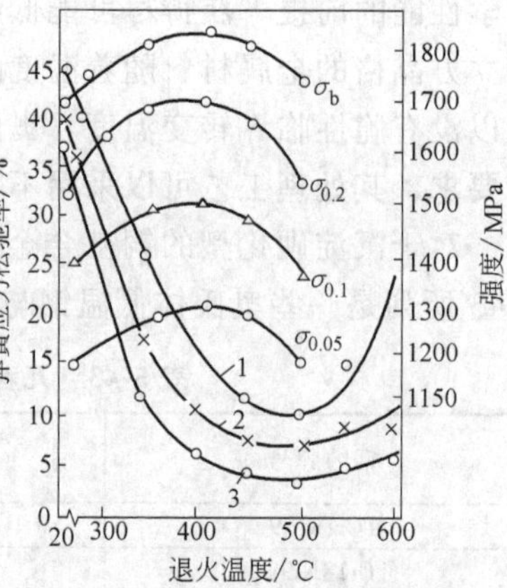

图 5-62 18-8 型不锈钢钢丝性能与退火温度的关系

3）沉淀硬化型不锈钢：对于沉淀硬化型不锈钢弹簧的热处理要利用它的沉淀硬化效应，有关知识见本节的沉淀硬化合金基本知识。

4）马氏体时效不锈钢：这是发展中的新一代高强度不锈钢，其主要特点是碳含量很低，一般碳的质量分数≤0.03%，它是利用超低碳马氏体和金属间化合物的时效硬化等相结合的方法获得优良的综合性能并兼有一定的耐蚀性。马氏体时效不锈钢中的合金元素主要有三类，一类是与抗腐蚀性能有关的元素，如 Cr，一类是形成沉淀硬化相的强化元素如 Mo、Cu、Ti 等，再一类是平衡组织保证钢中不出现或抑制 δ-铁素体的元素如 Ni、Co 等。

Cr 是不锈钢中对耐蚀性起作用的主要元素，所以与早期开发的马氏体时效钢（20% Ni 和 25% Ni）不同，马氏体时效不锈钢中 Cr 是不可缺少的元素，一般质量分数为 10.5%～12.5%。

马氏体时效不锈钢在使用状态的组织结构为马氏体基体还有部分残余奥氏体（包括逆转残余奥氏体）与金属间化合物（沉淀硬化相）。马氏体时效不锈钢的强化机理主要是靠固溶强化、相变强化和沉淀析出强化（时效硬化），所以马氏体时效不锈钢的热处理工艺一般为固溶处理和时效处理。固溶处理是将钢加热到 870～1100℃保温 1～2h 后空冷或水冷，为最大限度地减少残余奥氏体量以进一步提高钢的强度，固溶后需在 -70℃进行深冷处理。时效处理也是马氏体时效不锈钢强化的主要途径，一般在 480～510℃时效 3～6h 后空冷即可。

4.9.4 高弹性合金弹簧

（1）高弹性合金基本概念及高弹性合金弹簧　高弹性合金材料是指含 Co35%～45%的 Co 基合金或 Co-Ni 基合金，高弹性材料的典型用途是机械式钟表的动力发条弹簧，发条具有其长度越长则产生弹力（动力）的持续时间越久的特性，而对于钟表来说需要在尽可能小的扭矩下可长时间工作且不会发生折断。所以对于钟表动力用发条的材料要求其具有弹性模量高，σ/E（σ 为材料的弹性极限、E 为材料的弹性模量）要大，疲劳性能高，耐蚀性好，缺口敏感性低，加工性能好等特性。

典型的高弹性合金为 3J21 合金（见 YB/T 3253），它相当于美国的 Elgiloy 合金，国外还有 Nivaflex Phynox SPRON100 SPRON510 及 Citizen 合金等多种高弹性合金。

（2）常用高弹性合金材料的热处理　高弹性合金材料多为沉淀硬化型合金，通常采用冷变形加工后进行沉淀硬化处理。沉淀硬化处理的工艺因合金成分的不同有所不同，而冷变形加工的变形度大小对处理后的弹簧的性能也有较大影响，需要通过工艺试验来确定热处理工艺参数。通常时效温度在 450～600℃、处理时间在 2～5h 之间选取。

4.9.5 恒弹性合金弹簧

（1）恒弹性合金基本概念 金属及合金在温度上升时，由于金属晶格的原子间距增加恢复力就会变弱，所以弹性模量会降低，弹性模量随温度变化的温度系数约为 10^{-4}/℃。但是对于航空仪器中的元件、钟表发条、地震计用弹簧、精密压力计（校核或计量鉴定用）和衡器等精密弹性元件，由于环境温度变化而造成弹性模量有这么大的变化是不行的。对它们来说，要求弹性模量的温度系数在（10^{-7} ~ 10^{-5}）℃才行。

所谓恒弹性合金就是指弹性模量随温度的变化很小，即在一定的温度变化范围内弹性模量基本恒定又具有较高弹性极限的合金。

表 5-45 是几种常用材料和恒弹性合金的弹性模量及其弹性模量变化的温度系数。

表 5-45 常用材料和恒弹性合金的弹性模量及其弹性模量变化的温度系数

材　料	弹性模量的平均温度系数 (−50 ~ 50℃)/(10^{-5}℃)	弹性模量 GPa	温度系数的变化 (−46 ~ 60℃/%)
Ni-Span C	0	186	0
0.9% C 碳钢	−25.2	206	2.9
17% Cr 不锈钢	−25.4	196	2.9
铍青铜	−33.5	127	3.9
18-8 不锈钢	−39.1	181	4.5
36% Ni 因瓦合金	−48.2	144	5.4

（2）恒弹性合金材料（Fe-Ni 系和 Fe-Co 系合金）及其热处理 恒弹性合金材料主要有 Fe-Ni 系合金和 Fe-Co 系合金两类，分别叙述如下：

1）Fe-Ni 系合金：单纯 Fe-Ni 合金的弹性模量的温度系数在含 Ni34% 时达到正的最大值而在的 Ni 含量时为 30% 和 43% 温度系数为 0。在 Fe-Ni 的基础上再加入（0 ~ 15%）Cr 将温度系数为 0 的含 Ni 量的范围扩大。但若只是这样的成分则弹性模量较低抗拉强度也低，所以就加入 C. W 等元素称为 Elinvar 合金；加入 Ti、Al 等沉淀硬化元素的合金有 Ni-Span C 和 Duriavar，还有加入 W、Cr、Mo、Be 等元素的 Nivarox 等合金。我国的恒弹性合金牌号为 Ni36CrTiAl（3J1）和 Ni42CrTi（3J53），3J1 的成分与 Elinvar 合金接近而 3J53 则相当于 Ni-Span C。

2）Fe-Co 系合金：这一类是日本东京大学研究开发的合金，单纯的 Fe-Co 合金（Co-elinvar）其弹性模量的温度系数为负值且变化较平缓，加入 Cr、V、W、Mo 等元素形成 Co-elinvar（Fe-Co-Cr 系）、Moelinvar（Fe-Co-Mo 系）、Velinvar（Fe-Co-V 系）和 Tungelinvar（Fe-Co-W 系），其温度系数的变化范围就较大，多种成分可以使弹性模量的温度系数为 0。

Co-elinvar 合金的特点是制造上性能更稳定，批次间的温度系数的偏差较小，日本机械式钟表用的发条 90% 以上采用此类合金。

表 5-46 所列是几种典型恒弹性合金的化学成分。

表 5-46 几种典型恒弹性合金的化学成分 （质量分数：%）

合金代号	C	Si	Mn	Ni	Co	Cr	W	Mo	Al	Ti
Elinvar	0.8	1 ~ 2	1 ~ 2				1 ~ 3			
Ni-Span C	≤0.06	≤0.1	≤0.8	41 ~ 43		4.9 ~ 5.5	—	—	≤0.1	2.1 ~ 2.5
3J1	≤0.05	≤1.0	≤0.8							
3J53	≤0.05	≤0.8	≤0.8	41.5 ~ 43		5.2 ~ 5.8	—	—	1.0 ~ 1.8	2.3 ~ 2.7
Elcolloy				15 ~ 18	35 ~ 40	5	4 ~ 5	5		
Tungelinvar				10	39		19			

3）恒弹性合金的热处理：恒弹性合金是沉淀硬化型合金，需要通过固溶时效处理与冷变形加工结合来获得合金的强化来提高其弹性极限和抗拉强度，以3J53合金（Ni-Span C）为例，在950~1000℃进行固溶处理后使用。沉淀硬化处理温度（时效温度）与零件尺寸有关。对于固溶后就时效的情况，在（600℃×48h）~（730℃×3h）的范围内选取，而经过50%（变形度）的冷变形加工的合金在（600℃×4h）~（730℃×1h）的范围内选取。

沉淀硬化处理中，由于Ti和Cr与作为杂质元素的C结合形成碳化物，Ti和Cr的有效含量减少会使性能有所变化。因此，为获得所要求的性能，必须考虑合金的含碳量或有效的Ti、Cr的含量来确定沉淀硬化处理的工艺。

5 弹簧的特殊处理

5.1 弹簧的应力松弛和抗应力松弛处理

应力松弛是指金属材料或元件在恒定条件（初始负荷和温度一定）下的应力随时间而减小的现象。弹簧材料，特别是经过冷变形强化的线材、带材，内部都有较多的晶体缺陷，内能较高，组织结构不稳定。在一定的条件下（如温度、时间作用），它将向低自由能状态转化，使弹性变形转化为塑性变形，释放出加工时储存的部分能量，这种现象就是应力松弛。

5.1.1 金属材料应力松弛特性指标、测试方法及其影响因素

根据国家标准GB/T 10120—2013《金属材料 拉伸应力松弛试验方法》进行测试，所得试验结果可绘出典型的应力松弛曲线，如图5-63所示。该类曲线能很好的描述应力松弛过程，它明显的分为两个阶段，第一个阶段（主要失效阶段）从开始发生持续时间较短，应力随时间延长而急剧下降，如图5-63中ab线段；第二阶段（次要失效阶段）持续时间较长，应力随时间延长缓慢降低并趋于一恒定值，如图5-63中bc线段。在一定的温度和一定的初始应力条件下，弹性元件（材料）的抗应力松弛能力有如下特性指标特征：

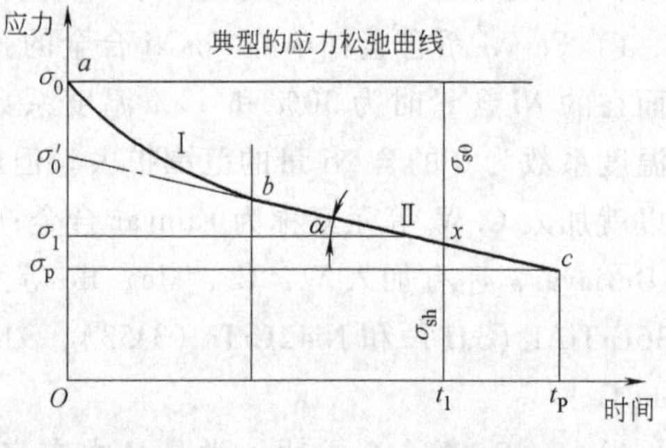

图5-63 典型应力松弛曲线

（1）剩余应力σ_{sh}和松弛应力σ_{s0} 剩余应力σ_{sh}（或用σ_{sh}/σ_0，以%表示）：σ_{sh}越大表示抗松弛稳定性越好，松弛应力$\sigma_{s0}=(\sigma_0-\sigma_{sh})$越小。

松弛应力σ_{s0}：应力松弛过程中任一时间试样所减少的应力，$\sigma_{s0}=\sigma_0-\sigma_{sh}$。也可用$\sigma_{sh}/\sigma_0$（%）表示。

（2）松弛率 松弛率指单位时间的应力下降值，即给定瞬间的应力松弛曲线的斜率（$v_s=d\sigma/dt$）。显然，松弛第1阶段曲线的斜率比第2阶段大得多，即趋于一恒定值。松弛率越小，表示材料或元件的抗应力松弛性能越好。

（3）松弛稳定系数S_0（$S_0=\sigma'_0/\sigma_0$） σ'_0是松弛曲线的直线部分外延至应力坐标轴上的应力值，S_0表示第1阶段的松弛特点，其值越小，表示松弛稳定性越好。

（4）松弛速度系数t_0（$t_0=1/\tan\alpha$） α为松弛曲线的直线部分与时间坐标轴之间的夹角。它表示松弛第2阶段的特性，α角越小（t_0越大），松弛稳定性越好。

由于应力松弛试验时间很长，一般达 10^5h，故在松弛曲线中的时间坐标多采用对数坐标，它能更好地反应应力松弛规律。纵坐标除用应力（σ_{Sh}、σ_{S0}或 $\Delta\sigma$ 等）表示外，还可用负荷损失率（$\Delta P/P_0$,%）等表示。

根据弹性元件的服役条件需综合利用上述特性指标，较全面地评定各类弹簧材料的抗应力松弛性能的好坏。

5.1.2 弹簧应力松弛测试方法及影响弹簧应力松弛性能的因素

（1）弹簧应力松弛测试方法 弹簧的应力松弛试验有多种多样。对于螺旋压缩弹簧可以用简单的螺栓固定法进行松弛试验，初负荷取在弹簧的弹性范围之内（一般取上限），把一批自由高度相等的弹簧加上负荷 F，然后把加好载荷（对应一个固定的高度）的弹簧放入恒温（如 80℃）炉中，在高度保持不变的条件下，每隔一定时间后取出冷却，再测定其负荷值 F，便可按下式求出弹簧的负荷损失率，即 $\Delta F/F_0 = [(F_C - F)/F_0] \times 100\%$，以负荷损失率为纵坐标，松弛时间 t_R（h）为横坐标（一般取对数），便可绘出弹簧的应力松弛曲线。利用这些曲线的回归方程可以推算出弹簧长时间使用后的负荷损失率。

由于应力与负荷成正比，应力松弛率亦可以下式表示：$\Delta F/F_0 \times 100\%$。

此外还可用弹簧高度变化（$\Delta H/H_0$）来表示弹簧的应力松弛率。

（2）影响弹簧应力松弛性能的因素 影响弹簧应力松弛性能的因素主要有下列三个方面：

1）弹簧材料的种类及其化学成分：许多常用的弹簧钢和各种特殊用途的弹性合金，都具有一定的抗应力松弛能力。从应力松弛热力学来看，宜采用弹性极限高的材料，钢中加入的合金元素能使位错运动比较困难，宜加入那些能阻碍原子沿晶界扩散、降低界面能的元素（如加入微量的硼或稀土元素等）。

2）热加工（热锻、轧制、拉拔等）：特别是热处理技术是改变材料微观组织结构和性能的有效手段，对弹簧抗应力松弛性能有重要影响。

3）弹簧或弹性元件的各种预应力处理（Prestressing）技术：就是下文要重点说明的抗应力松弛处理，它们是弹簧制造过程中控制弹性稳定性好坏的最后手段，应选用适当的技术和工艺才能使弹簧产品达到所要求的抗应力松弛性能。

5.1.3 弹簧的抗应力松弛处理

（1）冷强压（立定处理）和热强压处理 作在弹簧上的应力，压缩螺旋、拉伸弹簧的力主要是切应力，螺旋扭转弹簧、板弹簧和片弹簧主要是弯曲应力。但不论是受到切应力、弯曲应力或两者合成应力的弹簧，都是在材料表层产生的最大应力。

弹簧材料中的残余应力如果与工作应力方向相反，则会可提高弹簧的承载能力；如果与工作应力方向相同，则会降低弹簧的承载能力。在弹簧的制作过程中，由于卷制和冷加工所产生的残余应力，即内应力多为与工作应力方向相同的情况，因此，要采用去应力退火来消除这种内应力。在弹簧制造中所采用的强压（拉、扭）处理、喷丸处理和滚压处理等机械强化工艺，使弹簧材料表面内产生有利的残余应力，从而可提高弹簧的承载能力。

强压（拉、扭）处理：对压缩弹簧是把弹簧压至材料层的应力超过屈服点，使表面产生负残余应力，心部产生正残余应力。

其工艺方法有两种，一种是静强压，把弹簧压至要求高度，停放（6~48）h，然后放开。这种方法占用工艺装置较多及设备较多，占用场地较大。但性能较稳定，宜用于一些小弹簧。另一种方法是使用较慢速度（约 1min）把弹簧压至规定高度，然后缓慢放开（约 1min），使弹簧产生塑性变形。随后在该高度下进行立定处理。这种方法与静强压有同样效果，适用于各类大弹簧。

图 5-64 所示为在强压过程中，螺旋压缩弹簧材料横截面上的应力分布变化情况。图 5-64a 是弹簧处于自由状态时（即强压处理前），材料截面应力为零。图 5-64b 是弹簧受到载荷 F_1 作用，此载荷小于材料的弹性极限，材料内受到不均匀的切应力，其最大值在材料的表面处，材料中心应力为零。图 5-64c 是对弹簧继续加载至 F_2，把弹簧压至并紧，此时材料表面应力如超过材料的弹性极限则产生了塑性变形。图 5-64d 当弹簧上的 F_2 卸载后，材料内层的弹性变形部分开始恢复，但由于受材料外层塑性变形的影响，内层不能完全恢复。这样在材料的内外层留下残余切应力，材料外表层处残余应力方向与工作切应力方向相反；靠近材料心部处与工作切应力方向相同。图 5-64e 是再次将弹簧加载至额定工作负荷 F（低于强压负荷）时，材料受切应力的情况，此时材料心部工作切应力和剩余切应力相加后应力增大，表层工作应力与残余切应力方向相反，导致切应力减小。这种应力分布的变化，充分发挥了材料心部的潜力。

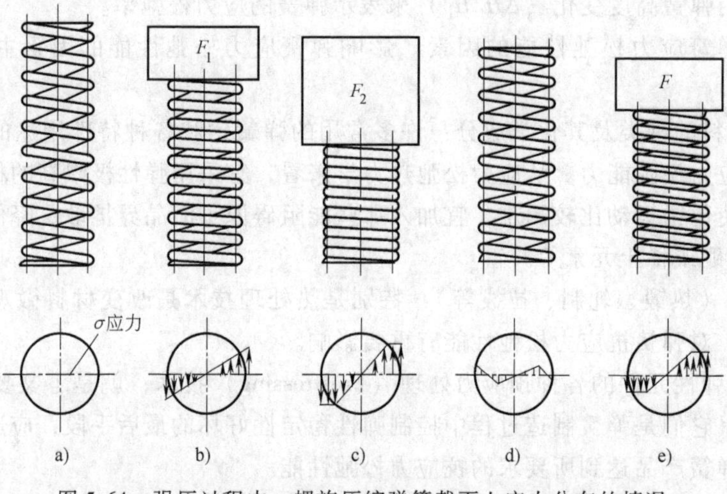

图 5-64 强压过程中，螺旋压缩弹簧截面上应力分布的情况

a）强压前应力为 0 b）强压初应力线性分布 c）压并时的应力分布
d）强压后的残余应力 e）强压后再加载时的应力分布

不同类型弹簧的强压处理的方法也不一样。扭杆弹簧是将扭杆在工作载荷的方向，加以超过扭杆切变弹性极限的扭矩；压缩和拉伸弹簧分别加以超过弹簧材料切变弹性极限的压缩和拉伸负荷；扭转弹簧加以超过弹簧材料弹性极限的扭矩。总之，在处理时所加的载荷应与弹簧所受的工作载荷类型和方向一致。残余应力是由剩余变形的程度来确定的，而剩余变形使得弹簧的尺寸公差难以控制，所以处理载荷的大小，必须在设计时考虑，计算方法见各种弹簧的设计。

如果强压处理适当，在同样的工作条件下，弹簧的疲劳寿命可以提高（5~35）%。反之，如果处理不当，如预加载荷过大，反而会使疲劳寿命下降。另外，弹簧经过一定时间的工作之后，随着剩余变形和弹簧性能的变化，会使弹簧的正常工作遭到破坏。

在高温条件下工作的弹簧，为了防止蠕变和松弛，应进行加温强压处理或蠕变回火。加温强压处理是将弹簧在高于工作温度的条件下进行的强压处理。在加载荷的状态下（一般为工作时的变形状态或并圈状态）进行低温回火的工艺叫作蠕变回火。两加温强压处理与蠕变回火的主要区别在于应力和保温时间，但它们都具有强化和去应力退火的双重作用。这对于在温度稍高的环境工作的弹簧是有利的，一方面可以防止弹簧的松弛，另一方面可以提高弹簧的疲劳强度。

加温强压处理和蠕变回火主要使用在冷加工成形的螺旋弹簧上。它们的处理条件（温度、应力、时间）应根据弹簧的设计要求来选择。一般常用的钢质弹簧，温度多在（200～400)℃，蠕变回火时间为30min左右，加温强压处理的保持时间可为（2～6）h。对于耐热弹簧材料，温度可再高一些，时间可再长一些。

强压处理后，如进行低温回火将起到与立定处理后进行低温回火同样的效果。其低温回火工艺参照立定处理后低温回火工艺。

弹簧经过强压处理后自由高度要降低，为了达到规定的要求，在卷簧时对自由高度要留出此变形量，也就是预制高度。

（2）弹簧的预制高度的计算　弹簧经过立定处理、强压处理后自由高度要降低。为了使弹簧达到规定的自由高度，在进行卷制时，弹簧的卷制高度需要预留出变形量，弹簧的自由高度加上预留的变形量叫作预制高度。在实际生产中，由于立定和强压处理的影响因素较多，变形量并不能很精确地进行计算。下面介绍两个计算预制高度的经验公式，作为前期开发时确定工艺参数的参考。

立定处理时螺旋压缩弹簧的预制高度：

$$H'_0 = K_0 f_i + (H_0 - f_i) \tag{5-1}$$

强压处理时螺旋压缩弹簧的预制高度：

$$H'_0 = (0.12 \sim 0.13) f_i + H_0 \tag{5-2}$$

式中　H_0——弹簧的自由高度；

f_i——处理时的压缩变形量；

K_0——系数，根据弹簧在表5-47中查取。

表5-47　系数 K_0 值

τ/σ_b	G1组、C组	65Si2MnWA	50CrVA	τ/σ_b	G1组、C组	65Si2MnWA	50CrVA
≤0.46	1.0000	—	—	0.61	1.0369	1.0236	1.0105
0.47	1.0002	—	—	0.62	1.0413	1.0272	1.0131
0.48	1.0008	—	—	0.63	1.0460	1.0311	1.0160
0.49	1.0018	1.0000	0.0000	0.64	1.0506	1.0351	1.0190
0.5	1.0032	1.0002	—	0.65	1.0555	1.0394	1.0221
0.51	1.0049	1.0008	—	0.66	1.0606	1.0438	1.0256
0.52	1.0069	1.0017	—	0.67	1.0659	1.0483	1.0292
0.53	1.0092	1.0030	1.0000	0.68	1.0712	1.0531	1.0331
0.54	1.0118	1.0044	1.0002	0.69	1.0769	1.0580	1.0371
0.55	1.0147	1.0065	1.0007	0.7	1.0823	1.0631	1.0413
0.56	1.0179	1.0088	1.0017	0.71	1.0880	1.0682	1.0456
0.57	1.0212	1.0112	1.0028	0.72	1.0939	1.0734	1.0501
0.58	1.0248	1.0140	1.0043	0.73	1.1000	1.0780	1.0548
0.59	1.0286	1.0170	1.0061	0.74	1.1060	1.0844	1.0596
0.6	1.0327	1.0210	1.0081	0.75	1.1121	1.0900	1.0645

（续）

τ/σ_b	G1组、C组	65Si2MnWA	50CrVA	τ/σ_b	G1组、C组	65Si2MnWA	50CrVA
0.76	1.1184	1.0960	1.0696	0.89	1.2080	1.1800	1.1460
0.77	1.1250	1.1020	1.0748	0.9	1.2150	1.1868	1.1520
0.78	1.1313	1.1078	1.0801	0.91	1.2220	1.1940	1.1590
0.79	1.1380	1.1140	1.0855	0.92	1.2300	1.2010	1.1650
0.8	1.1445	1.1200	1.0910	0.93	1.2380	1.2100	1.1720
0.81	1.1512	1.1264	1.0968	0.94	1.2460	1.2160	1.1790
0.82	1.1581	1.1330	1.1030	0.95	1.2530	1.2220	1.1860
0.83	1.1650	1.1400	1.1085	0.96	1.2504	1.2301	1.1920
0.84	1.1720	1.1460	1.1144	0.97	1.2581	1.2380	1.2000
0.85	1.1790	1.1520	1.1210	0.98	—	1.2450	1.2080
0.86	1.1861	1.1592	1.1270	0.99	—	1.2520	1.2140
0.87	1.1930	1.1660	1.1330	1.00	—	1.2600	1.2210
0.88	1.2010	1.1730	1.1392	—	—	—	—

立定处理后，如进行低温回火，材料的比例极限和弹簧承受载荷的能力将有所提高，尤其是对于精密的弹簧和使用温度稍高的弹簧，在改善弹簧性能和提高合格率方面有着明显的效果。

立定后的低温回火处理，考虑到加工中金属晶格间微观的剩余应变和宏观残余应力的下降，回火温度应稍低于去应力退火的温度。一般来说，铜弹簧的回火温度为（160～200）℃，保温1h；钢弹簧的回火温度为（200～400）℃，保温30min左右。

5.2 弹簧的喷丸强化处理

5.2.1 喷丸强化处理的原理

喷丸处理又称喷丸强化处理，它是利用高速运动的弹丸向材料（零件）表面喷射，使被处理表层产生循环塑性应变层（此塑性变形层深度通常为0.1～0.8mm），由此导致该层的显微组织发生有利的变化并使表层引入残余压应力场。合理地利用表面塑性变形层内的残余压应力场（应力强化）和变形层微观组织的变化（组织强化），可以改善金属材料对疲劳断裂、应力腐蚀及延迟断裂（氢脆）的抗力。

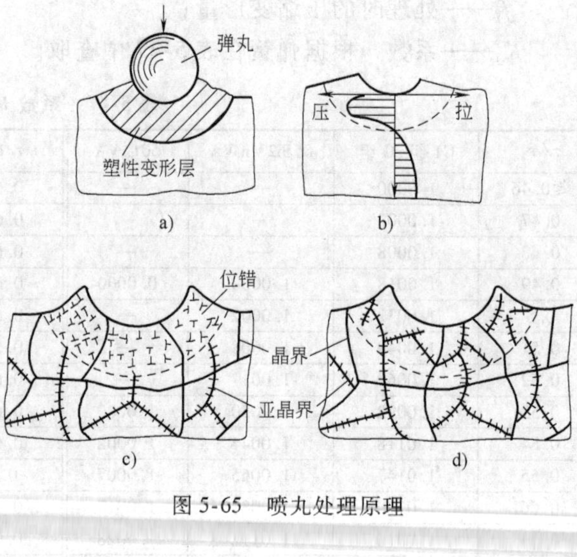

图5-65 喷丸处理原理

喷丸处理的原理如图5-65所示。喷丸是以高速弹丸流不断喷射弹簧表面，使弹簧表层发生多次塑性变形，而形成了一定厚度的表面强化层（图5-65a）。从应力状态来看，强化层内形成了较高的剩余压应力（图5-65b）。由于材料表面剩余压应力的存在，当弹簧在承受变载荷时，可以抵消一部分变载荷作用下的最大拉应力，从而提高弹簧的疲劳强度。从组织结构看，强化层内形成了密度极高的位错（图 5-65c），在随后的交变应力、温度或两者同时的作用下，位错逐渐排列规则，形成多边形，即强化层内逐渐形成更加微小的亚晶粒（亚结构）（图 5-65d）。这种表面层冷作硬化的结果，同样也具有增加抗疲劳强度的作用。

在喷丸强化机制方面，我国学者做了大量、深入的研究工作。王仁智提出了“喷丸过程中，金属表面层形变的本质为循环应变疲劳过程”的观点，这一观点得到了国内外专家的赞同；通过对高温疲劳强度与表面强化之间关系的研究，指出喷丸强化机制中的“应力强化”和“组织强化”是两个最基本的强化因素；并分析了残余应力场对疲劳短裂纹行为的影响，提出了最佳残余压应力场的概念。

5.2.2　喷丸强化处理的作用和效果

在现代机械设备中，凡是在工作中易发生疲劳和应力腐蚀断裂、氧化和点蚀等现象的机械零件均可以采用喷丸强化来改善其表面的力学性能。喷丸处理主要是起到强化作用进而能改善材料（零件）的各种性能，但是也会带来对表面的一些损伤。根据研究结果和实用经验，喷丸强化处理的作用和效果有以下几个方面。

（1）抗疲劳强度的提高　提高零件抗疲劳强度是喷丸强化处理的主要目的，对于经受交变载荷的零件喷丸强化是重要的改进手段。喷丸处理对于提高工件疲劳寿命的效果是很显著的。

在汽车工业中，变速箱齿轮经喷丸强化后，其承载能力（扭矩）可增加 30%；曲轴和板簧喷丸强化后，其疲劳寿命可延长数倍。喷丸强化也可以有效地改善焊接件的抗疲劳性能。高温合金 GH4169 涡轮盘车削表面经放电加工后抗疲劳强度降低 20%～60%，而经喷丸强化后能恢复并超过材料原始抗疲劳强度。在航空发动机、燃气轮机的制造中，许多重要零件（包括钛合金和高温合金零件）均需进行喷丸强化处理。

（2）防止应力腐蚀开裂（简称 SCC）应力腐蚀的特征就是在仅有拉应力或者仅有腐蚀存在时都不会发生开裂，而当两者同时起作用时断裂就会发生。防止 SCC 的对策除了针对环境及材料方面措施以外从应力方面考虑的对策就是如何降低或消除材料表面的拉应力，从残余应力方面来考虑去应力热处理和喷丸都是可行的方法。喷丸处理虽然只有表面的薄层起作用，但因为腐蚀和裂纹生成都是从表面开始的，所以喷丸处理对于防止 SCC 的发生有显著的效果。

（3）防止延迟断裂　延迟断裂是指由于腐蚀而发生的氢在钢的晶界聚集而产生沿晶裂纹并传播扩展直至断裂，断裂的产生原因就是在常温下可以向附近扩散的氢（扩散性氢），也就是钢中原有的氢与因腐蚀而产生的氢向应力集中的晶界聚集，在晶界处发生裂纹并沿晶界传播而产生断裂。试验表明对于易发生延迟断裂的淬火回火处理后的高强度钢与合金渗碳钢，喷丸处理可以提高其延迟断裂强度极限，延迟其裂纹发生而延长寿命。

（4）对表面粗糙度的损伤　喷丸时随加工时间的增加，加工面会逐渐被压痕所覆盖，直到原有的表面完全被喷丸后的表面所代替，而喷丸后的表面与原有的加工或磨削表面是有显著差别的，这就引起喷丸所产生的各种各样的效果。

一般喷丸后材料表面粗糙度是增加的，其损害程度与喷丸强度、丸粒大小、投射速度以及丸粒的硬度与被加工材料的硬度等各种因素有关。

因为材料（零件）的疲劳强度随表面粗糙度的增加而有下降的（图 5-66），试验表明材料的硬度越高其疲劳强度下降越明显。

（5）对材料表面组织结构的损伤 正确合理的喷丸处理对材料表面微观组织的强化是有利的，但是当喷丸处理不良时例如过度喷丸就会给表面组织带来损伤，即表面材料的折叠缺陷与过度的循环应变疲劳造成的微裂纹。

（6）其他效果 喷丸加工的效果还有因润滑性的改善而带来耐磨性的提高、热传导率的增加以及不锈钢耐蚀性的提高等，但还有进一步试验研究必要。

5.2.3 喷丸效果的衡量

关于弹簧喷丸的术语的定义以及技术要求与试验和检验方法在国家标准 GB/T 31214.1—2014《弹簧喷丸》第一部分通则中都有规定，可参照进行。这里简要介绍几个主要的用来控制与衡量弹簧喷丸效果的试验与检验项目。

（1）喷丸强度 喷丸强度取决于在单位时间内作用于工件单位面积上的动能，由在饱和点处的阿尔曼试片弧高来评定。喷丸强度是衡量喷丸处理强化效果最重要的参数，在弹簧喷丸的技术要求中是必不可少的控制指标。

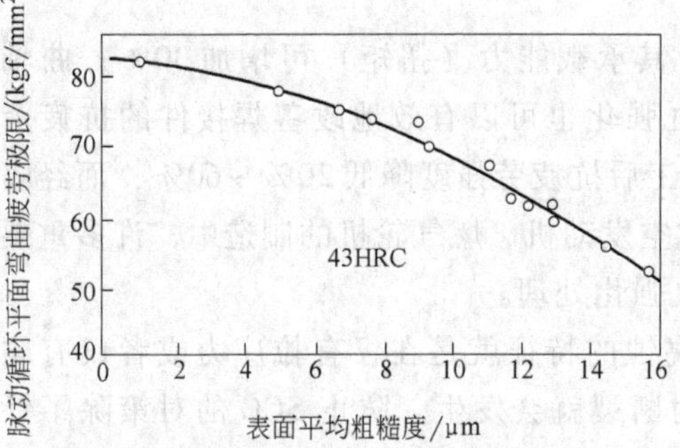

图 5-66 疲劳强度与表面粗糙度的关系

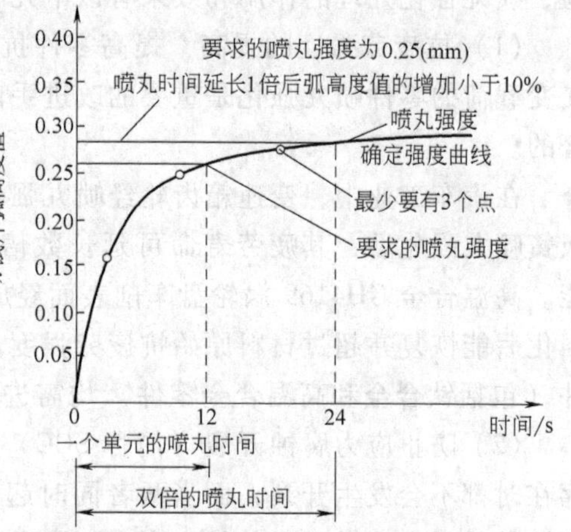

图 5-67 弧高度曲线和喷丸强度的关系

阿尔曼试片以及弧高度的测量方法在相关标准中有详细描述。

注意喷丸强度是在喷丸时间已达到饱和的前提下测得的弧高度来表示的，图 5-67 是弧高度曲线和确定喷丸强度的关系。

（2）喷丸覆盖率 是指喷丸形成的弹痕面积与总测量面积的比率。一般情况下可用标准图片对比的方法用目视法确定覆盖率的百分比，也可以用覆盖率的检测仪器（现在市场上已有覆盖率的视频检测仪出售）。

（3）残余应力 去除外力和热影响以后保留在材料上的内应力。喷丸处理的应力强化效果主要涉及喷丸后弹簧表面残余应力场的深度及其形态。推荐采用 X 射线应力测试仪，用逐步电解侵蚀剥层法可以测定出喷丸强化层的残余应力场，图 5-68 所示是喷丸强度不同时的残余应力分布曲线。

现在有的对疲劳性能要求较高的弹簧产品标准中对喷丸后的表面残余压应力指标有规定（如中国弹簧专业协会编写的 CSSA 10001—2007〈汽车悬架用螺旋弹簧技术标准〉）。一般情况下喷丸强化处理后表面残余应力的控制参数有三个：①表面残余压应力；②次表面最大残余压应力；③表面残余压应力层的深度。

（4）显微硬度　喷丸处理表面层的组织强化实际包括微观结构的变化和相应的力学性能的变化。组织强化的度量参数包括显微畸变量、嵌镶块尺寸、位错密度等；力学性能的变化包括显微硬度，甚至包括表面层宏观力学指标，如屈服强度等。实际比较容易测试的是显微硬度（用小负荷，50g 以下较好），在工艺验证或研究时进行喷丸表面的硬度梯度试验来获得表面组织强化的效果数据。

（5）表面粗糙度　可以在喷丸后测量弹簧的表面粗糙度，一般弹簧产品的技术标准中还没有弹簧表面粗糙度的规定，但是有些有高可靠性要求的高端弹簧已有提出，如中国弹簧专业协会的 CSSA 10001—2007〈汽车悬架用螺旋弹簧　技术标准〉中有规定，对设计最大剪应力≥1100MPa 的弹簧要求表面轮廓算术平均偏差 Ra 值 ≤ 50μm、设计最大剪应力≥1150MPa的 Ra≤25μm。关于粗糙度参数 Ra 的定义与测量方法请参照国标 GB/T 6060.3—2008《表面粗糙度比较样块　第 3 部分》。

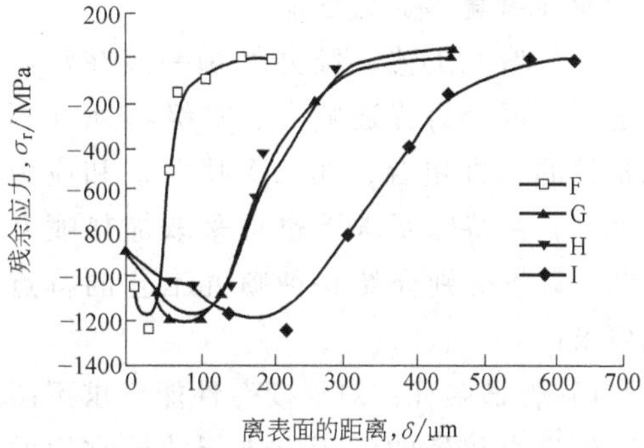

图 5-68　喷丸强度不同时的残余应力分布曲线

（6）喷丸强化层的显微组织　喷丸处理表面层的组织强化包括微观结构的变化和相应的力学性能的变化。组织强化的度量参数包括显微畸变量、嵌镶块尺寸、位错密度等，这些参数在研究喷丸强化工艺时需要通过电子金相技术手段进行分析。在生产现场作为衡量弹簧喷丸效果的试验方法，常规的光学金相试验也是十分重要的。对于喷丸层的组织而言，表面的变形组织，包括深度有限的由喷丸形成的折叠都是正常的，但是因喷丸过度而造成的微裂纹则反而会促使表面疲劳裂纹的早期形成而工件的降低疲劳寿命，这是需要注意的。

5.2.4　喷丸处理要素和工艺方法

喷丸强化处理的要素有三个，即喷丸介质即丸粒、喷丸设备以及喷丸工艺。

（1）弹丸　喷丸效果与弹丸的材料、硬度、尺寸、形状、速度和密度及抛丸持续时间、碰撞角度等有关。弹丸是由金属、玻璃或陶瓷制成的球形或近似球形的硬颗粒。弹丸一般分为四种，即钢丝切丸、铸钢丸、玻璃丸和陶瓷丸。

钢丝切丸是弹簧喷丸处理中最常用的一种弹丸，一般使用冷拔钢丝经切割、钝化加工制成的丸粒。为避免喷丸对弹簧表面产生损伤，可根据实际情况对丸粒进行抛圆（钝化）处理，根据抛圆程度不同可分为 4 种类型（图 5-69）：

弹丸的类型、规格和硬度可根据弹簧的类型与尺寸（如钢丝直径）以及材料强度进行选择，以避免喷丸处理效果不佳或对弹簧产生过喷变形至表面形成有害缺陷。为确保喷丸处理弹丸类型的质量，要对喷丸介质的材质、形状尺寸（过筛率）与硬度进行检验与控制。

（2）喷丸设备　喷丸设备是正确实施弹簧喷丸处理的最基本的要素。

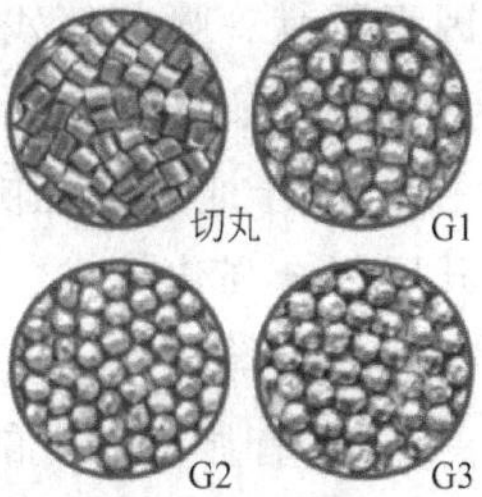

图 5-69　钢丝切

常用的喷丸机有气喷式和离心式两种。气喷式喷丸机是利用压缩空气将弹丸喷出，它需要压缩空气，动能消耗大，由于压缩空气中含有水蒸气，机器停用后，弹丸会黏为一团，易使抛丸装置和弹丸锈蚀，因此，气喷式抛丸机在弹簧抛丸中较少应用；离心式抛丸机的优点是动力消耗较少，速度比较稳定。弹簧在抛丸时，要不停地翻动或转动，以使弹簧各处都喷射的均匀一致。离心式抛丸机的原理简图如图5-70所示。常用的有滚筒式（图5-70a）、履带式（图5-70b）、回转滚道式（图5-70c）、吊挂旋转式等形式。一般螺旋弹簧用滚筒式、履带式和回转滚道式（或称通过式）喷丸机，而吊挂旋转式喷丸机一般应用于扭杆类或重型螺旋弹簧的喷丸处理。

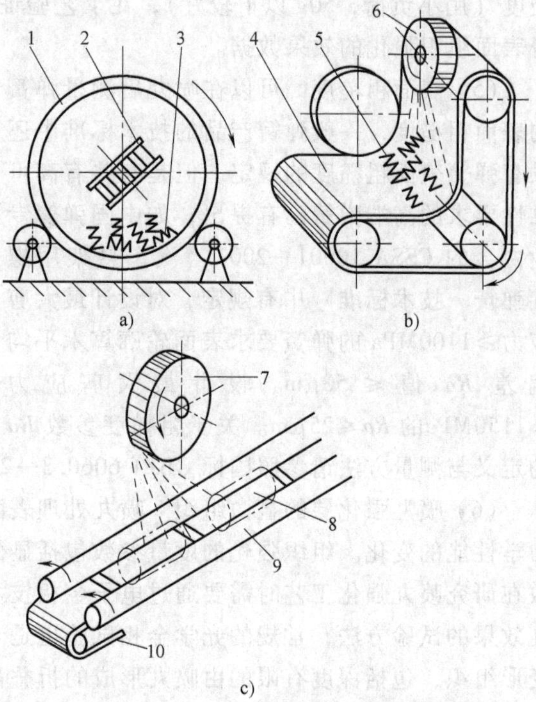

图5-70 抛丸设备原理简图

a）滚筒式 b）履带式 c）回转滚道式

1—滚筒 2、6、7—抛丸头 3、5、8—工件 4—履带 9—回转滚道 10—输送带

（3）喷丸工艺 喷丸处理一般在常温下进行，可分为普通喷丸、多级喷丸（不同条件的喷丸组合，如二次喷丸）和应力喷丸等，在特殊要求下也可采取加热喷丸工艺。以下分别介绍各种喷丸工艺的特点和要求：

1）普通喷丸：对于疲劳性能要求不高或工作应力较低的弹簧应进行的最常用的一种喷丸处理工艺，通常使用直径在0.2mm以上的丸粒，且喷丸强度低于0.6mmA。

2）多级喷丸：由一系列不同工艺条件进行喷丸所组成的喷丸方式称为多级喷丸。对于疲劳性能要求较高或工作应力较高的弹簧应进行多级喷丸。二次喷丸是最常见的多级喷丸工艺之一，它是通过两台设备经过不同丸粒和强度要求进行的喷丸组合工艺，通常第一次喷丸用较大的丸粒和较高喷丸强度，第二次用较细的丸粒和较低喷丸强度，该工艺可在引入更好残余应力的同时，提高表面质量（表面残余压应力及改善表面粗糙度）。

3）应力喷丸：主要针对高疲劳和高应力弹簧进行的喷丸处理工艺。它是通过对弹簧施加一定载荷下进行喷丸处理的工艺，该工艺能够更好地引入残余压应力，从而提高弹簧的疲劳寿命，一般应用在钢板弹簧和悬架螺旋弹簧的生产工艺中。

除以上三种方式外，还有热喷丸、重喷丸及精细喷丸等多种方式。

5.2.5 喷丸处理新技术展望

1）理论研究：各种单一喷丸和复合喷丸的强化机理，喷丸强化对提高零构件疲劳和接触疲劳强度的影响机制，喷丸过程中力的作用形式及对表面的影响，喷丸参数对喷丸强度的单因素贡献，喷丸使残余奥氏体转变为马氏体后材料的稳定性及耐磨性等；研究确定能够合理、高效地实现生产要求的喷丸强度。

2）由于通过最佳协同效应复合表面工程技术可以获得“1+1>2”的效果，因此应大力开展复合强化技术，如表面强化（表面渗碳、渗氮）与喷丸强化的复合、热喷涂与喷丸强化的复合等。

3）具有显著特点的其他喷丸强化技术，如激光喷丸强化、超声喷丸强化和高压水喷丸强化技术等。

4）喷丸强化必须实行全过程自动化。应加大喷丸设备自动控制的研究与应用力度，使喷丸设备能够对喷丸参数及喷丸强度实施可靠的监测和对全过程的调节，能够处理数据并在操作出现偏差时自动停车，从而提供稳定喷丸强度和有效区。

5）开展绿色喷丸强化技术的研究与应用，开发环保型喷丸设备和选用易回收再生或报废后能自然分解并为自然界吸收的材料生产弹丸，从而实现噪声低、无尘、无毒、无味、安全、卫生，使喷丸强化新工艺有利于保护环境和操作者的健康。近年来，随着对零件表面质量和疲劳寿命要求的不断提高，以及对环境保护的重视，湿喷丸强化技术得到了越来越多的应用。

5.3 弹簧的化学热处理强化

5.3.1 钢的化学热处理

将零件置入特殊介质中加热保温，使特殊介质中的一种或几种元素渗入零件表层，改变其成分和组织，从而改变零件表面性能的热处理工艺，称为化学热处理。

钢的化学热处理基本包含分解、吸收、扩散三个阶段：

1）化学渗剂在加热及催化剂作用下分解而产生活性原子。

2）活性原子溶入铁的晶格形成固溶体，或与钢中某种元素形成化合物，即活性原子被工件表面吸收。

3）活性原子由外向内逐渐扩散，形成一定的扩散层。

现在比较常用的化学热处理有以下几类：渗碳、渗氮（氮化）与氮碳共渗（软渗氮）、碳氮共渗（氰化）及渗金属等。在弹簧上，主要使用渗氮（氮化）与氮碳共渗工艺，下面就其常用的几种方式进行介绍。

5.3.2 气体渗氮

气体渗氮技术于1923年由德国A-Fry所发表，该工艺是将工件置于炉内，用NH_3气直接输进500～550℃的渗氮炉内，保持20～100h，使NH_3气分解为原子状态的N与H而进行渗氮处理，以使钢的表面产生耐磨、耐腐蚀之化合物层为主要目的。

气体渗氮的基本原理与渗氮层的性能　气体渗氮时，NH_3气经热分解反应如下：

$$2NH_3 \rightleftharpoons 3H_2 + 2N$$

氨分解产生出来的活性氮原子N，在零件表面碰到铁后就发生各种反应而进入零件，即氮溶入铁素体或奥氏体中，或与铁反应形成Fe_4N（γ相）和$Fe_{2\sim3}N$（ε相），反应式如下：

$$Fe + N \rightleftharpoons Fe(N);\quad 4Fe + N \rightleftharpoons Fe_4N;\quad (2\sim3)\ Fe + N \rightleftharpoons Fe_{2\sim3}N$$

渗氮过程中钢件是氨分解反应的触媒，使与工件表面接触的NH_3能有效地提供活性氮原子。因而介质的氨分解率越低，向工件提供可渗入的氮原子的能力越强。但分解率不可过低，否则易使合金钢工件表面产生脆性白亮层。

氨的分解率随氨气流量的大小与温度的高低而有所改变，流量愈大则分解率愈低，流量愈小则分解率愈高；温度愈高分解率愈高，温度愈低分解率亦愈低。

一般合金结构钢和工具钢渗氮后表面为化合物层即白亮层，次表面为扩散层。白亮层的厚度约为10～80μm，其性质极硬，可达到1000～1200HV，又极脆。渗氮层的表面性能的特点在于：渗氮层的硬度在600℃左右可保持不下降，具有很高的耐磨性和热硬性；渗氮后在零件表面形成压应力层，可明显提高零件的抗疲劳性能；渗氮表面的相具有耐蚀性，在水、蒸汽和碱中可长期保持光亮。

气体渗氮因分解NH_3进行渗氮效率低，故一般均固定选用适用于渗氮的钢种，如含有

Al，Cr，Mo 等元素的钢种，典型的适用于气体渗氮的钢号为 38CrMoAl，还有 35CrMo、42CrMo、40CrNiMo 也较常用。日本 JIS 标准中的 SACM1、SACM645 及 SKD61，还有部分马氏体不锈钢、奥氏体不锈钢（SAE400 与 SAE300 系列）和沉淀硬化型不锈钢（17-4PH 和 17-7PH）等钢种也适合进行渗氮处理。为保证渗氮处理后的零件具有良好的综合力学性能，通常在渗氮处理前需预先进行强韧化处理（调质处理）。

结构钢、工具钢与不锈钢的渗氮根据不同零件的需要，已开发出一段渗氮、两段渗氮及三段渗氮等多种工艺，表 5-48 所列是部分结构钢、工具钢与不锈钢的气体渗氮工艺规范。

表 5-48 部分结构钢、工具钢与不锈钢的气体渗氮工艺规范

材料	渗氮工艺参数				渗层深度/mm	表面硬度	典型工件
	阶段	温度/℃	时间/h	氨分解率（%）			
38CrMoAl		510±10	80	30~50	0.50~0.60	≥1000HV	活塞杆
		510±10	35~55	20~40	0.30~0.55	850~950HV	曲轴
		510±10	50	15~30	0.45~0.50	550~650HV	
	1	520±5	19	25~45	0.35~0.55	87~93HR15N	
	2	600	3	100			
	1	510±10	8~10	15~35	0.30~0.40	≥700HV	齿轮
	2	550±10	12~14	35~65			
	3	550±10	3	100			
40CrNiMoA	1	520±10	20	25~35	0.40~0.70	≥83HR15N	曲轴
	2	545±10	10~15	35~40			
35CrMo	1	505±10	25	18~30	0.50~0.60	650~700HV	
	2	520±10	25	30~50			
50CrVA		460±10	15~20	10~20	0.15~0.25	—	弹簧
		460±10	7~9	15~35	0.15~0.25	—	
40Cr		490±10	24	15~35	0.20~0.30	≥550HV	齿轮
3Cr2W8V		535±10	12~16	25~40	0.15~0.20	1000~1100HV	模具
Cr12、Cr12Mo Cr12MoV	1	480±10	18	14~27	≥0.2	700~800HV	
	2	530±10	22	30~60			
W18Cr4V		515±10	0.25~1	20~40	0.01~0.025	1100~1300HV	刀具
1Cr13		500	48	18~25	0.15	1000HV	
		560	48	30~50	0.30	900HV	
1Cr18Ni9Ti		550~560	4~6	35~40	0.01~0.025	1100~1300HV	
	1	540~550	30	25~40	0.20~0.25	≥900HV	
	2	560~570	45	35~60			

注：表中数据摘自：潘邻．化学热处理应用技术．北京：机械工业出版社，2004.6。

采用 NH_3 气体渗氮工艺具有表面粗糙、渗氮层硬而较脆不易研磨等问题，而且有处理时间长生产成本高等缺点。

5.3.3 软渗氮

软渗氮实质上是以渗氮为主的低温氮碳共渗，在氮原子渗入的同时，还有少量的碳原子渗入，其处理结果与一般气体渗氮相比，渗层硬度较低，脆性较小，故称为软渗氮。

软渗氮方法分为气体软渗氮、液体软渗氮及固体软渗氮三大类。目前国内生产中应用最广泛的是气体软渗氮。气体软渗氮是在含有活性氮、碳原子的气氛中进行低温氮碳共渗，常用的共渗介质有尿素、甲酰胺、氨气和三乙醇胺，它们在软渗氮温度下发生热分解反应，产生活性氮、碳原子。

活性氮、碳原子被工件表面吸收，通过扩散渗入工件表层，从而获得以氮为主的氮碳共渗层。

气体软渗氮法的处理工艺，以碳素钢为例，按照氮碳共渗处理的温度分为铁素体氮碳共渗520～590℃和奥氏体氮碳共渗600～720℃，处理的时间一般为2～6h，前者获得的白亮层为铁氮化合物，后者快冷后在铁氮化合物层的下面还有一层含氮奥氏体+马氏体层5～12μm。为了增强和改善白亮层的性能，我国的热处理工作者还采用了在渗氮的同时又单独或组合添加硼、氧、硫、稀土等元素。气体软渗氮温度常用560～570℃，因为该温下渗氮层硬度值最高。渗氮时间常为2～3h，因为超过2.5h后，随时间的延长，渗氮层深度增加很慢。

软渗氮层组织和软渗氮特点：钢经软渗氮后，表面最外层可获得几微米至几十微米的白亮层（一般为10～20μm，也有要求20μm以上的），它是由ε相、γ相和含氮的渗碳体$Fe_3(C,N)$所组成；次层为扩散层，它主要是由γ相和ε相组成。

软渗氮具有以下特点：

1）处理温度低，时间短，工件变形小。

2）不受钢种限制，碳钢、低合金钢、工模具钢、不锈钢、铸铁及铁基粉末冶金材料均可进行软渗氮处理。工件经软渗氮后的表面硬度与渗氮工艺及材料有关。

3）能显著地提高工件的疲劳强度、耐磨性和耐蚀性。在干摩擦条件下还具有抗擦伤和抗咬合等性能。

4）由于软渗氮层不存在脆性ξ相，故渗氮层硬而具有一定的韧性，不容易剥落。

因此，目前生产中软渗氮已广泛应用于模具、量具、刀具（如高速钢刀具）、曲轴、齿轮、气缸套、机械结构件等耐磨工件的处理。

5.3.4　离子渗氮

离子渗氮法是由德国人B. Berghaus于1932年发明的。该方法是在0.1～10Torr的含氮气氛中，以炉体为阳极，以被处理工件为阴极，在阴阳极间加上数百伏的直流电压，由于辉光放电现象会产生像霓虹灯一样的柔光覆盖在被处理工件的表面。此时，已离子化的气体成分被电场加速，撞击被处理工件的表面而使其加热。同时依靠溅射及离子化作用等对工件进行渗氮处理。

离子渗氮与以往的靠分解氨气或使用氰化物来进行渗氮的方法截然不同，作为一种全新的渗氮方法，现在已经被广泛应用于汽车、机械、精密仪器、模具等许多领域，其应用范围仍在日益扩大。

离子渗氮具有以下特点：

1）由于离子渗氮不是依靠化学反应作用，而是利用离子化的含氮气体（N_2+H_2）进行渗氮处理，所以工作环境十分清洁而无须防止污染的特别设备。

2）由于离子渗氮利用了离子化的气体溅射作用，因而与以往的渗氮处理相比可显著的缩短处理时间（离子渗氮的时间仅为普通气体渗氮时间的1/3～1/5）。

3）由于离子渗氮利用辉光放电直接进行加热，也无须特别的加热和保温设备，且可以获得均匀的温度分布，与间接加热方式相比加热效率可提高2倍以上，并有节能的效果（能源消耗仅为气体渗氮的40%～70%）。

4）由于离子渗氮在真空中进行，因而可获得无氧化的加工表面，也会不损害被处理工件的表面光洁度。而且由于是在低温下进行处理，被处理工件的变形量极小，处理后无须再进行加工，极适用于成品的处理。

5）通过调节 N、H、X 等气体的比例，可自由地调节化合物层的组成，从而获得预期的力学性能。

6）离子渗氮从380℃起即可进行渗氮处理，此外，对钛等合金材料也可以在850℃的高温下进行特殊的离子渗氮处理，因而适用范围十分广泛。

7）由于离子渗氮是在低气压下以离子注入的方式进行，因而耗气量极少（仅为气体渗氮的百分之几），可以大大降低处理成本。

除上述优点外，离子渗氮还具有渗层性能（耐磨性，耐蚀性等）优于气体渗氮，设备维护费用低，使用寿命长，工作劳动强度小的特点。

尽管离子渗氮技术的研究早在20世纪30年代就开始了，但是直到1967年，这一技术才进入工业使用阶段。目前，我国在离子渗氮的某些理论和技术方面已处于世界领先水平。离子渗氮技术应用的迅猛发展得益于这一工艺自身的诸多优点，因而应用日益广泛，应用对象从碳钢到合金钢、从工具钢到不锈钢、从铸铁到铸钢无所不及，现在又扩展到钛合金和粉末冶金件的表面强化。随着人们对这一工艺认识的进一步深入其应用前景将更加广阔。目前离子渗氮还与其他工艺方法相互渗透，相互补充，进一步扩大了其应用领域。

当然，离子渗氮工艺也有其不足之处：

1）离子渗氮设备相对比较复杂，一次性的设备投资通常比气体渗氮高。

2）先进的工艺装备对劳动者的素质要求较高。

3）准确测定零件温度较困难。

4）离子渗氮的温度场是不均匀的温度场，要使所装备工件（尤其是混装时）温度均匀一致较困难，需要一定的经验积累。

5.3.5 弹簧化学热处理强化的特点

从弹簧的使用特性要求出发，弹簧表面化学热处理强化需注意以下特点。

（1）化学热处理的目的与技术要求　化学热处理的目的有多种，如提高表面的硬度和耐磨性、提高表面的耐蚀性能、提高疲劳强度与性能尺寸的稳定性等，只有明确化学热处理的目的才能考虑采用什么方法和确定化学热处理的具体技术要求（组织与性能的指标）。

弹簧化学热处理的目多数是为了提高弹簧的疲劳寿命及弹簧尺寸与负荷特性的稳定性，耐蚀性是次要的，一般不考虑耐磨性。所以，比如内燃机气门弹簧的气体渗氮就对渗氮表面的化合物层有限制（如2μm以下），不像那些工模具的渗氮要求有一定厚度的化合物层。当然对此还需要从弹簧的类型和使用情况进行细致的分析。

（2）要考虑化学热处理对材料心部组织和性能的影响　因为化学热处理通常是最后的热处理工序，所以过程不能降低材料基体的组织与性能，对弹簧来说，因为从弹性极限的考虑，热处理时的回火温度通常在（400～500）℃范围，如果化学热处理温度超过500℃，心部材料的硬度和强度会降低，所以弹簧的渗氮处理一般考虑低温渗氮。

（3）弹簧化学热处理的设备要求工艺控制好，自动化程度高，产品性能均匀，稳定，偏差范围小。

进行化学热处理的弹簧多为要求高疲劳寿命、高抗松弛特性的高端产品，其中以汽车动力总成系统应用较多，如气门弹簧、离合器弹簧等。所以热处理设备的功能及自动化水平必须能满足对一般汽车零部件制造设备的严格要求。对化学热处理设备来说，温度控制必须采用 PID 仪表，炉温均匀性要好；炉内气氛的成分控制要严格，如能做到自动控制氮势进行渗氮就可以保证化学热处理指标的 Cpk 值达到要求。

5.3.6 弹簧化学热处理的应用现状

钢的化学热处理是很早就有的表面热处理强化技术，像渗碳、碳氮共渗、渗氮及各种渗金属的表面处理在机床、汽车发动机、航空发动机等领域早已得到应用，只是如气体软渗氮、辉光离子渗氮等新技术是较晚才出现，如今在汽车发动机的活塞环、曲轴等领域有广泛应用，航空发动机的零件也应用较多。但弹簧的化学热处理的应用却比较晚。国外在 21 世纪初开始为了满足高性能发动机上气门弹簧的服役条件，有的发达国家研制了具有极高耐疲劳性能和较高工作温度下的抗松弛特性，适于低温软渗氮（LTNC）的油淬火高强度气门弹簧钢丝。例如日本的 SWOSC-V（Si、Cr、V 合金化）和瑞典的 OTEVA90SC（Si、Cr、V + Ni）系列钢丝。为获得最佳的耐疲劳性能必须对工件进行渗氮或软渗氮；为了不损失弹簧基体材料的强度（硬度），要求在低温下进行，即 LTNC 处理。日本的 SWOSC-V 采用 450℃ × 0.5h 的 LTNC 处理；瑞典的 OTEVA90SC 材质弹簧，推荐渗氮工艺为 470℃ ×5h。

较长期以来，国内在弹簧表面化学热处理得到实际应用的还很少报道，但研究单位作为研究结果的发表有不少，估计国内弹簧行业的部分企业已经开展或正在开展弹簧化学热处理相关的研究工作，但还没有公开发表而已。

第6章 弹簧的表面处理

1 概述

1.1 弹簧的表面损伤失效模式

工程上机械零部件的失效可以分为过量变形失效、断裂失效和表面损伤失效三大类。弹簧表面损伤的失效模式主要有以下三种。

1）磨损失效：相互接触的零件表面在工作载荷下相互运动及相关环境作用下发生的表面变化及材料损失引起的损伤而导致其正常功能的丧失。磨损主要有黏着磨损和磨料磨损两种模式。

2）接触疲劳失效：两个接触物体相对滚动或滑动或两者复合作用的摩擦状态在接触区形成的交变应力超过其疲劳强度的情况下在表层及次表层引发裂纹并逐步扩展，最后因部分材料断裂剥落的表面损伤导致的失效。

3）腐蚀失效：弹簧表面在周围介质的作用下产生的腐蚀而改变材料表面的性质会导致弹簧丧失其功能而失效。

1.2 弹簧的腐蚀失效

弹簧表面在周围介质的作用下产生的腐蚀反应将改变材料表面的性质会导致弹簧丧失其功能而失效。

弹簧的腐蚀按其反应的类型可分为化学腐蚀及电化学腐蚀，它们都是弹簧表面金属原子的变化或电子得失变成离子状态的结果。

如弹簧表面金属只单纯与周围介质发生化学反应而使引起表面腐蚀称化学腐蚀。例如弹簧在特别干燥的大气中会氧化形成氧化膜，以及弹簧在非电解质液体中与该液体或该液体中的杂质发生化学变化等，属于化学腐蚀。

如果弹簧与电解质溶液接触，由于微电池的作用而产生的腐蚀为电化学腐蚀。例如当弹簧与酸性或盐类溶液接触，由于弹簧缺陷或杂质等原因而形成电位差不同的电极以致弹簧不断受到电解腐蚀；又例如当弹簧处在潮湿大气中，由于大气中的腐蚀性气体（如工业废气中的二氧化硫和硫化氢或海洋大气中的盐雾等）溶解于弹簧表面的水膜或水珠中形成电解质。再加上弹簧表面金属的杂质或缺陷亦可形成微电池而不断产生电解腐蚀。这些都是电解腐蚀。

弹簧的腐蚀按其工作环境或条件，还可分为介质腐蚀、接触腐蚀和应力腐蚀。介质腐蚀是由于弹簧处在腐蚀性介质中而产生的腐蚀，一般会使整个弹簧都受到腐蚀破坏。例如化工设备或海洋船舶上的弹簧往往经受介质腐蚀。接触腐蚀是由于弹簧与电极电位不同的金属长期接触而引起的腐蚀，它是一种局部腐蚀。例如弹簧端部与其他金属相接触部分的腐蚀。应力腐蚀则是在应力和腐蚀介质联合作用下产生的一种失效模式，它往往会导致弹簧的断裂而造成事故。

1.3　弹簧的应力腐蚀和腐蚀疲劳模式

应力腐蚀和腐蚀疲劳不是单纯的腐蚀失效而是由腐蚀和应力（包括载荷应力与残余应力）的共同作用而产生的失效，是弹簧与腐蚀有关的较常见的失效现象。而应力腐蚀不仅产生于弹簧使用过程中，在弹簧制造和储运过程中也会产生，往往会造成批量产品失效的严重事故。

（1）弹簧的应力腐蚀失效　应力腐蚀开裂是在应力与化学腐蚀共同作用下发生的一种失效模式，它与单纯由机械载荷应力造成的破坏不同，在极低的应力水平下就可能产生破坏；与单纯因腐蚀引起的破坏也不同，由于应力的存在，即使腐蚀性极弱的介质也可能引起应力腐蚀开裂。

应力腐蚀开裂（Stress Corrosion Cracking，缩写为SCC）失效是金属材料在应力（包括外加载荷及残余应力等）和特定的化学介质协同作用下发生的脆性断裂失效现象。

广义的应力腐蚀开裂按机理可以分为氢致开裂型和阳极溶解型两类。这里论述的是弹簧的阳极溶解型的SCC，不涉及氢致开裂型的应力腐蚀开裂问题。所以下文中的“应力腐蚀开裂”均指阳极溶解型的应力腐蚀开裂。应力腐蚀的开裂过程包括裂纹的萌生、裂纹的扩展和金属的断裂三个阶段。裂纹的萌生是在应力和腐蚀反应的共同作用下因表面保护膜（氧化膜）的局部破裂或点蚀坑而诱发的，如图6-1所示。

金属零件发生应力腐蚀开裂必须同时满足材料、应力、环境三者的特定条件。对于不同的材料只要在特定的腐蚀环境下当承受一定的应力时就有可能产生应力腐蚀开裂。弹簧钢丝都是经过处理后的高强度材料，这种高强度（高硬度）材料对应力腐蚀开裂的敏感性较高。

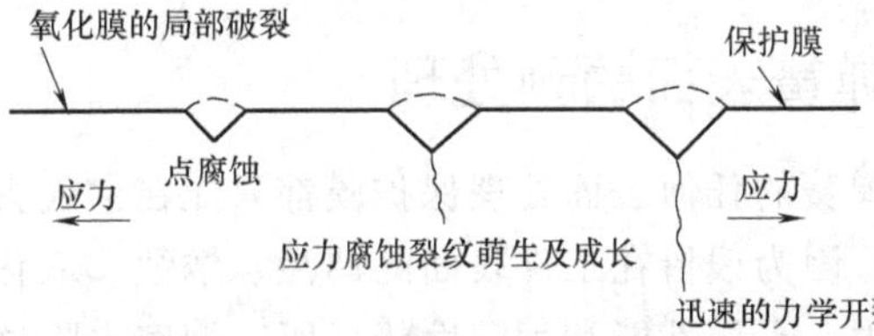

图6-1　应力腐蚀开裂过程

例如弹簧在卷簧后的去应力回火工序有延误的情况，由于周围环境是潮湿的工业大气，实际上具备了产生应力腐蚀的必要条件。在未进行去应力回火的时间段内，在卷簧时产生的弹簧内圈的残余拉应力与环境气氛的共同作用下，弹簧内侧表面产生应力腐蚀开裂并逐步扩展。这种带有裂纹的弹簧在组装或疲劳试验时就会发生断裂。

应力腐蚀开裂的发生明确地与材料、环境介质和应力这三个因素有关，所以只要根据情况调整和改变其中的一个或两个因素，便可使样品或零件的SCC获得减缓或得到完全避免。

（2）弹簧的腐蚀疲劳失效　腐蚀疲劳断裂是腐蚀环境和交变应力同时起作用而造成断裂的复合失效模式。活性腐蚀介质会加强疲劳裂纹的萌生与扩展，疲劳载荷也会加速腐蚀过程。两者的互相促进加速了零件的失效过程，因此腐蚀疲劳失效是一种更危险的失效形式。

弹簧产品多数承受交变应力载荷，因此疲劳断裂是弹簧失效的最主要的形式之一。而一般的弹簧所处的工作环境多有腐蚀性的气氛，所以腐蚀疲劳失效的问题已逐渐突出起来，如汽车底盘的悬架弹簧因直接暴露在车辆行驶的环境中，如果弹簧表面的防护层一旦遭到破坏，就会引发弹簧的腐蚀疲劳，而悬架弹簧表面很容易受到砂石的冲击，发生防护层脱落的几率不小，特别是当前冬季道路广泛使用融雪剂会使环境更具腐蚀性，腐蚀疲劳已经成为悬架弹簧设计制造中必须考虑的首要问题。现在除了对弹簧表面防护的要求更严格外对用于悬架弹簧的弹簧钢新钢种的合金化设计中也增加了适当提高钢材本身耐蚀性的考虑。

1.4 弹簧的表面处理

为了防止弹簧的腐蚀破坏，一般应对弹簧进行表面处理使弹簧表面覆盖一层保护层。根据保护层的性质，工程中常用的保护层分为以下几类：

1）化学保护层：利用化学反应的方法使弹簧表面生成一层致密的保护膜，以防止弹簧表面腐蚀。这就是金属表面转化膜技术，弹簧常用的转化膜技术有氧化处理（也称发蓝或发黑）和磷化处理。

2）金属保护层：就弹簧而言一般采用金属表面镀层技术即电镀的方法来获得金属保护层。电镀保护层不但可以保护弹簧不受腐蚀，同时还能起到装饰作用。有些电镀金属保护层还能改善弹簧的工作性能，如提高表面硬度、增加耐磨性、提高热稳定性、防止射线腐蚀等。弹簧的表面镀层一般为镀锌层和镀镉层。

3）非金属保护层：这种非金属保护层是在弹簧表面喷涂或浸涂一层有机物或矿物质。属于这类保护层的材料有油漆、沥青、涂料、润滑油、塑料、石蜡等。

4）暂时性保护层：这种保护层主要用于防止弹簧在加工过程的工序间或仓库存放时被腐蚀。常用的暂时性保护层有浸蜡、涂防锈水、包防锈纸或可剥性塑料等。

广义的金属表面处理技术除以上所述的几类外还有表面热处理和表面化学热处理等表面改性技术与喷丸、滚压等表面强化处理技术，而本章的内容仅限于为提高弹簧表面的防腐性能的表面保护膜技术。这类弹簧表面处理技术，不管其保护膜的类型是什么，都应该包括表面处理前的预处理和表面处理这两个工序。

2 弹簧表面的预处理

弹簧的任何表面处理保护膜都只能在彻底去除了油污、锈、氧化皮等异物的工件表面上形成。因为残留在工件表面的油污、锈蚀、氧化皮等会阻碍保护层的生成还会影响保护层的附着力、干燥性能和耐蚀性能，所以彻底去除这些异物是表面处理的必要条件。

弹簧表面预处理的质量，对保证弹簧表面处理的质量，即保护层的质量是非常重要的，对材料截面尺寸较小的弹簧进行表面预处理时，就应更加注意。

弹簧表面的预处理包括弹簧的表面清理和弹簧的表面预处理两大部分，表面清理一般包括去污和去锕两大内容，而表面预处理则是为弹簧最终的表面处理做准备的表面处理，它包括磷化、铬酸盐钝化以及近来新发展的环保型硅烷处理和锆盐处理等方法。

2.1 弹簧表面的去油和去锈

需进行表面处理的弹簧，如果表面有油污或锈斑，则会影响表面保护层基体金属的结合力，特别是对电镀覆盖层影响更大，微量的油污也会造成镀层结合不牢，导致起皮、起泡等。同时，油污或锈斑还会污染电解液以至影响镀层的结构，因此在表面处理之前，必须进行去油或去锈。常用的方法有化学法和机械法。

2.1.1 化学清洗法

表面处理前的化学清洗法，在实践中应用很广，它可以清除弹簧表面的油脂、氧化物及其他污垢。

按照化学清洗的内容，可将其分为化学去油和化学去锈。前者是利用有机溶剂或碱性溶液将油污清洗于净；而后者则是通过酸的腐蚀作用，来清除铁锈及其他污垢。

(1) 化学去油 工业用油脂，按其来源可分为动、植物油和矿物油。动、植物油在碱性条件下，会产生皂化反应，所以又叫皂化油；矿物油无此反应又叫非皂化油，用于这类的矿物油有：凡士林、石蜡、矿物性润滑油等。

这两类油脂，一般都不溶于水，只能有机溶剂（煤油、汽油、酒精等）或碱性溶液将其清洗掉。

有机溶剂除油，是利用有机溶剂溶解油脂的特点，将油污除去，由于汽油有价廉、毒性小及使用方便等优点，所以，大多数情况下，工厂都习惯于使用汽油。

碱性溶液的去油原理有两方面分别为：皂化作用和乳化作用，皂化作用是指皂化油（动、植物油）在碱液作用下分解，生成易溶于水的肥皂和甘油，因而油污被去除。

乳化作用是指，非皂化油在弹簧表面形成的油膜，当浸入碱液时，就破裂而成为不连续的油滴，黏附在弹簧表面。溶液中的乳化剂起着降低油、水界面张力的作用，减少了油滴对弹簧的亲和力，因而使油滴进入溶液中。同时，乳化剂在油滴进入溶液时，吸附在油质小滴的表面，不使油滴重新聚集在玷污弹簧表面。加温和搅拌会加速上述过程，提高脱脂效果。

化学脱脂溶液的成分含量，允许变化范围较宽，一般无严格要求，各单位使用的配方出入较大。苛性钠的含量太低时，脱脂效率低，但也不能太高，太高使肥皂的溶解度减小，也会降低脱脂效果。对钢弹簧而言，一般都应控制在 50 ~ 100g/L 的范围，铜及铜合金弹簧，考虑到腐蚀性，一般都控制在 20g/L 以下，有的单位甚至不加；为了稳定溶液，应控制苛性钠的含量变化，一般都加有磷酸钠和碳酸钠等盐类，它们水解生成碱可补充苛性钠的含量其含量都比较高，大多在 50g/L 以上，为了使油脂便于从弹簧表面掉下来，在脱脂溶液中得加表而活性剂，即乳化剂。可用的乳化剂有水玻璃、肥皂、糊精、明胶、水胶等，常用的大多为水玻璃。但乳化剂的含量也不宜太高，否则，若清洗不净，会在酸液中形成不易除去的硅胶，影响镀层质量。

表 6-1 所列是推荐的脱脂溶液成分，其中 1 号配方适用于钢弹簧、2 号配方适用于铜及铜合金弹簧。

表 6-1 化学去油配方

溶液成分及工艺条件	含量 /(g/L)		溶液成分及工艺条件	含量 /(g/L)	
	1	2		1	2
苛性钠 NaOH	30 ~ 50	10 ~ 15	OP 乳化剂	—	50 ~ 70
碳酸钠 $NaCO_3$	20 ~ 30	20 ~ 50	温度 /℃	80 ~ 100	70 ~ 90
磷酸钠 $Na_3PO_4 * 12H_2O$	50 ~ 70	50 ~ 70	时间（除净为止）/min	20 ~ 40	15 ~ 30
水玻璃 Na_2SiO_3	10 ~ 15	5 ~ 10			

如果弹簧表面既有皂化油污又有非皂化油污，则去油溶液可不加乳化剂，因为碱和动、植物油起皂化反应时，就生成了肥皂，其本身就是乳化剂。

小型螺旋弹簧，如材料直径从 0.2 ~ 1.5mm 的脱脂处理，最好用汽油等有机溶剂。否则，如果有矿物油时，仅用碱性溶液就不大容易把油脂除干净。

对于材料截面较大的螺旋弹簧，则在比例适当的热脱脂溶液中，就很容易地将油清除干净。

脱脂后，应把残余的污染物、肥皂液和乳化剂彻底地从弹簧表面清洗掉。这时，可把弹簧先放在流动的热水中，然后放在流动的冷水中进行清洗，对于非皂化油污，为了完全把脱脂后留下来的乳化剂等清洗干净，一定得用热水，因为这些薄层并不溶于冷水，且在冷水中会变硬，从而影响表面保护层的黏着质量。

(2) 化学去锈　由于表面处理时必须先把油污清洗干净，才能再进行酸洗去锈。因此，去锈往往在脱脂之后进行。

酸洗法一般采用硫酸或盐酸，其原理是利用酸的腐蚀作用，将弹簧表面的锈皮溶解和剥离掉，但酸与所处理的金属表面的作用，却因浓度不同而不同。

硫酸或盐酸在与所处理的金属表面起作用时，会同时发生两种化学溶解，即在金属氧化物溶解时，所清洗的金属基体也会部分溶解。同时会产生氢，扩散到金属表面。

一般来说。在相同的条件下，利用低浓度的酸进行酸洗时，氧化铁在硫酸中较易溶解，而氧化亚铁和金属本身，则在盐酸中较易溶解，但是，随着浓度的提高，氧化铁在盐酸中的溶解度又比在硫酸中高。相反，金属本身在盐酸中的溶解度又比在硫酸中低，因此，最好在盐酸中进行酸洗，以免金属在酸蚀后脆化。

酸洗的时间取决于酸性溶液的温度及酸洗的条件。随着酸性溶液温度的提高，酸洗时间相应减少。但切勿随意提高酸液温度，因为在高温之下，会使被酸洗的弹簧材料大量损耗，并产生大量氢气。一般盐酸的温度不超过40℃，硫酸的温度为50~60℃。

有时工厂为了清除金属氧化物，可使用硫酸氢钠溶液。该溶液比起硫酸溶液，酸洗的速度要慢一些。但是在实际中，使用硫酸氢盐是适宜的，因为它能很好地与氧化物起反应并使之溶解。有相关资料介绍，在用硫酸氢盐来清除氧化物时，氢在金属中的扩散比起用纯酸清洗时大大地减少了，从而弹簧的氢脆现象也少得多，特别是对于用高强度钢丝卷制的小型弹簧（如截面直径1mm左右），上述情况更为显著。

为了防止弹簧的过腐蚀和氢脆现象，往往在酸液中加入缓蚀剂。缓蚀剂具有在纯洁的金属表面吸附成膜的特性，可隔离酸液与金属的接触，防止发生过腐蚀和氢脆现象，而且缓蚀剂不在氧化皮上吸附，故不会妨碍去锈过程。

缓蚀剂一般为有机化合物及其磺化产物。各工厂目前使用的有：若丁、食盐，乌洛托品、石油磺酸、磺化猪血粉等。

缓蚀剂的加入量一般都很小，质量分数在2%左右时就有显著的影响。使用缓蚀剂需注意其适用范围和使用温度等。

用硫酸或者盐酸对弹簧进行酸洗时，应以金属氧化物被溶解，而且放出的氢最少为目标。为了避免弹簧渗氢，不论是否加缓蚀剂，都应避免弹簧在高浓度的酸中清洗。对截面较细的弹簧，一般只在所用酸的浓度不大及持续时间短暂时进行酸洗。

(3) 弱酸洗　在弹簧表面预处理的工序之间，难免在空气中的氧气和其他氧化剂的作用下，又形成微薄的氧化层，因此，在表面处理之前，往往会经过一道弱酸洗工序。

与普通酸洗相比，弱酸洗的酸液浓度以及处理时间稍有不同。一般弹簧的弱酸洗是用化学方法在弱酸性溶液中进行的，持续时间往往不到1min。

弱酸洗后，先将弹簧放在微热的温水中清洗，而后放在流动的冷水中清洗。在这以后，应及时进行电镀处理或其他表面处理。

(4) 化学处理程序　弹簧表面的预处理质量，不仅取决于清洗的仔细程度，并且在很大程度上还取决于清洗用水的纯度。在实际工作中，有时会出现这样一种情况，即由于清洗用的水被少量油质或小的有机物微粒所污染，结果镀层发生脱落，使弹簧报废。

如果是脱脂后的弹簧，则最好把弹簧放在加热到 80～100℃的干净热水中清洗，这将有利于溶解并清除油脂及溶剂。

如果是酸洗去锈后的弹簧，则其后的清洗可在流动的冷水中进行。因为在这种情况下，热水会使弹簧迅速氧化。

一般来说，只有使用碱性溶液处理后，才可用热水进行清洗。

用水清洗的次数，可根据具体情况确定，但不得少于三次。清洗的水，应可流动，并按规定时间予以更换。一般冷水每小时换三次，热水每小时换两次。

最后一个池中的水，应严格控制其纯度。并应抽样检查。检查时可用酚酞试验，这时不得出现杂色。

表 6-2 是实际中常采用的三种弹簧表面清理（预处理）程序，可根据实际情况选用。

表 6-2 弹簧表面的清理（预处理）程序

步骤	方案 1	方案 2	方案 3
1	弹簧装筐	弹簧装筐	弹簧装筐
2	在汽油中脱脂两次	在碱溶液中脱脂	在汽油中脱脂两次
3	在碱灰溶液中清洗	在水中清洗两次	在碱灰溶液中清洗
4	在水中清洗两次	在铬酐和硫酸铵溶液中去铜	在 80～100℃的热水中清洗
5	在盐酸溶液中弱酸洗	在碱溶液中脱脂	在硫酸氢钠溶液中进行弱酸洗
6	在水中清洗两次	在水中清洗两次	在水中清洗两次
7		在盐酸溶液中弱酸洗	在维也纳石灰溶液中清洗
8		在水中清洗两次	在水中清洗两次
9			在盐酸及硫酸中进行弱酸洗
10			在水中清洗两次

2.1.2 弹簧表面的机械清理法

机械清理法，在弹簧厂中常用的有喷砂、滚光、刷光等。

（1）喷砂处理　喷砂处理用专门设备，在压缩空气的压力下。将砂粒以很大的速度从喷嘴中射向弹簧表面。所用的砂粒直径，空气压力视具体的弹簧材料和大小而定。当砂粒有力撞击弹簧表面时。就把全部污物清除掉。这时，弹簧表面就成为很均匀的粗糙表面。这种均匀的粗糙表面，对喷漆和磷酸盐处理（磷化）很有帮助，因为它能使保护层与基体金属结合得更牢。

对于大多数弹簧（特别是小弹簧），最好不要用喷砂的方法进行清洗。因为使用这种方法时，会使弹簧表面的一些地方脱落，从而减少了弹簧材料的截面尺寸，此外，喷砂处理是在 0.196～0.392MPa 的气流压力作用下，将砂粒喷射到弹簧表面，它会引起弹簧变形并使砂粒嵌在弹簧圈的间隙处，从而难以获得高质量的保护层。

喷砂处理对清除大型弹簧的铁锈、毛刺、尘土及黏附的其他颗粒等颇有效果。一般用于经过淬火处理的弹簧的除污处理。

经过喷砂处理的弹簧，应及时进行表面处理，当不能及时进行表面处理时，要采取临时性防护措施，可放在碳酸钠或亚硝酸钠溶液中保存。

（2）滚光处理　滚光处理是把弹簧放入盛有磨料和脱脂溶液的多边形滚筒内，利用滚筒转动时弹簧与磨料之间的摩擦进行磨削，整平和去掉弹簧表面上的毛刺及锈垢。滚光处理特别适合于经过淬火处理的小型弹簧（如片弹簧等）。滚光有干法和湿法之分。干法滚光时，常使用沙子、金刚砂、木屑及皮革等。湿法滚光时，常使用锯末、砂、苏打水、肥皂水或煤油等。

与其他机械零件不同，弹簧易于变形，故弹簧的滚光配料成分一般软状材料的比重大些。如有的弹簧厂对小弹簧的滚光料为棉籽60%～80%，锯末（或谷壳、皮革角料）15%～18%，油酸1%～2%及少量的其他成分。

滚筒的转速一般为15～50r/min。转速太高时，由于离心力大，弹簧随着滚筒转动，不能与磨料充分摩擦，起不到滚光效果；而转速低时效率又较低。滚光时间，视弹簧类型、装料多少、滚筒转速及磨料成分而定，一般应以达到滚光要求为原则。

（3）刷光处理　刷光处理是在装有刷光轮子的抛光机上进行。利用弹性很好的金属丝的端面侧锋切刮弹簧表面的锈皮、污垢等。它适合于对片类弹簧的清理。

常用的刷光轮一般由钢丝、黄铜丝、青铜丝等材料制成。刷光轮的转速一般在1200～2800r/min。

对于某些大型弹簧，也可由人工用钢丝刷子来进行污垢等的清除工作。

2.2　弹簧表面的去铜处理

冷拔弹簧钢丝，其表面往往有一层接触铜，这层铜层与钢丝表面接触不牢，妨碍表面处理的保护层与钢丝表面的牢固结合。因此，在表面处理前，应该进行去铜处理。去铜时，一般在室温下采用下列溶液：

铬酸（或铬酐）	250～300g/L
硫酸铵（或硫酸）	80～100g/L

其工艺程序可参照表6-2弹簧表面预处理程序中的方案2进行。每道工序所需时间视情况而定，以达到目的为原则。

2.3　弹簧的表面预处理

目前最常用的弹簧表面预处理方法是磷化，还有铬酸盐钝化处理，由于这些处理方法存在环境污染问题，近来开发了基本无污染的硅烷处理和锆盐处理等新工艺，正在推广应用中。

（1）磷化处理　磷化可以作为喷漆、粉末涂装和电泳涂装的前处理，也可以作为表面防腐的最终处理，广泛应用于弹簧的表面处理。磷化处理作为弹簧表面的化学转化膜处理工艺将在下一节中介绍。

（2）硅烷处理　功能性有机硅烷并不是新材料，早在20世纪80年代就有研究，当时研究的目的是提高金属和其他材料的结合力。系统而全面的硅烷防锈性能研究始于20世纪90年代初，通过研究发现，硅烷可以有效地用于以下金属或合金的防护：铝及铝合金，锌及锌合金（包括镀锌钢板），铁及铁合金（包括普通碳钢及不锈钢），铜及铜合金，镁及镁合金。

功能性有机硅烷应用于金属腐蚀防护和金属材料表面预处理则是一个新兴的领域。磷化和铬酸盐钝化处理是当前最常用的金属表面预处理方法。磷酸盐和铬酸盐镀层与基体的结合耐蚀性能都良好，然而表面处理剂及排出的废液中均含有锌、锰、镍、铬等重金属离子和亚硝酸盐等致癌物质，对环境污染非常严重，硅烷化表面处理正是为适应这种新的需求而研发的金属表面处理新技术。硅烷化处理与传统磷化及铬酸盐钝化相比具有以下多个优点：

1）无有害重金属离子，不含磷；

2）处理过程不产生沉渣，处理时间短，控制简便；

3）比磷化处理步骤少，可省去表调工序，槽液可重复使用；

4）节能，无须加热（常温处理）；

5）可提高金属表面保护层对金属基体的附着力；

因此，金属表面硅烷化处理是金属表面处理的最新发展方向，有望完全取代金属表面的磷化和铬酸盐钝化处理。

以下为一项硅烷表面处理技术研究与应用的文献报道的情况简述：

1）金属表面硅烷处理机理：硅烷是一类硅基的有机/无机杂化物，其基本分子式为R(CH)Si(OR)，其中 OR 是可水解的基团，R 是有机官能团。

硅烷在使用前通常需要进行水解。常用的方法是制成硅烷水溶液，其水解平衡反应式可简单表示为

$$\equiv Si(OR)_3 + 3H_2O \rightleftharpoons \equiv Si(OH)_3 + 3ROH$$

其中，主要的水解产物为 SiOH。当溶液中形成了足量的活性 SiOH 基团，该溶液便可以用作金属的表面处理。应当注意的是，上述水解反应是逐步进行的。在浸泡过程中，水解后的硅烷分子（≡Si（OR））通过 SiOH 基团与金属表面的 MeOH 基团（其中 Me 表示金属）形成氢键，而快速吸附于金属表面（见图 6-2a）。在随后的晾干过程中，SiOH 基团和 MeOH 基团进一步凝聚，在界面上生成 Si—O—Me 共价键，其平衡反应式如下：

$$\equiv SiOH_{硅烷液} + MeOH_{金属表面} \rightleftharpoons \equiv Si—O—Me\equiv_{界面} + H_2O$$

硅烷在金属表面的成膜过程如图 6-2 所示。

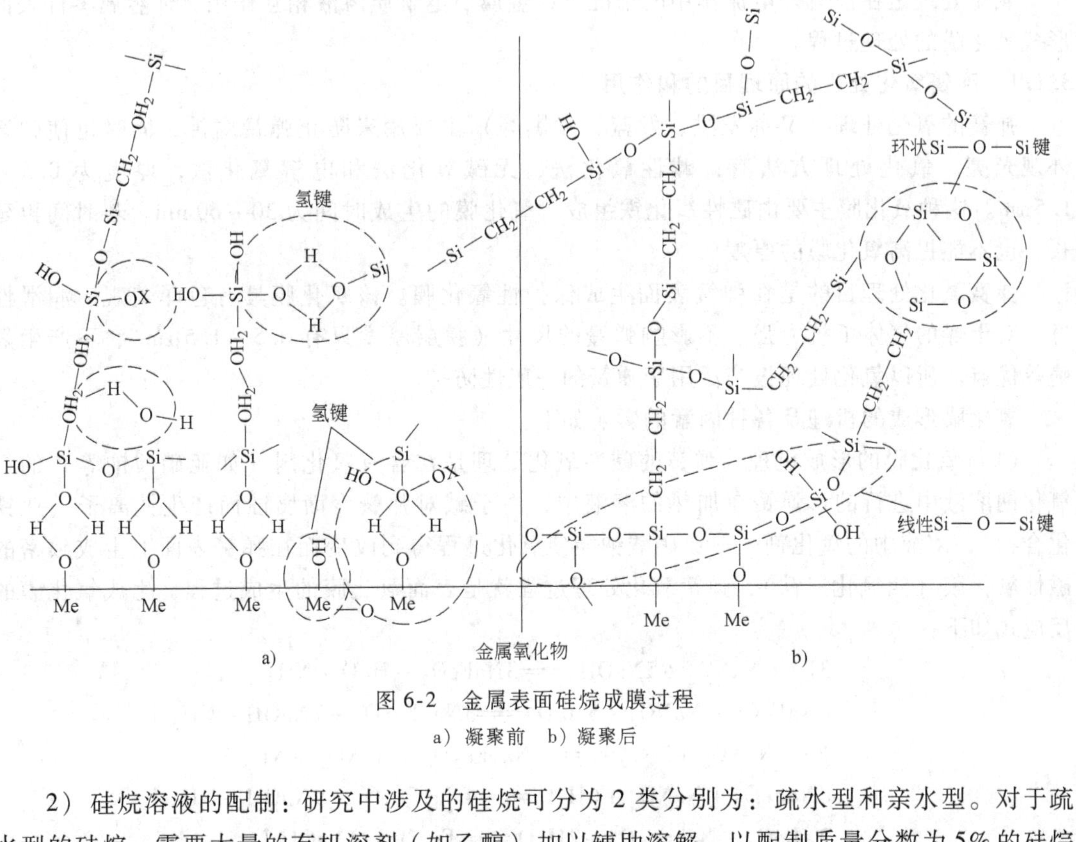

图 6-2 金属表面硅烷成膜过程

a）凝聚前 b）凝聚后

2）硅烷溶液的配制：研究中涉及的硅烷可分为 2 类分别为：疏水型和亲水型。对于疏水型的硅烷，需要大量的有机溶剂（如乙醇）加以辅助溶解。以配制质量分数为 5% 的硅烷

溶液为例，溶液中硅烷、去离子水、乙醇的体积比为5:5:90。

硅烷溶液的pH应在4~8，溶液在此pH范围内具有长时间的稳定性。

研究中经常使用的溶液浓度为2%和5%，前者用于金属涂覆前的表面预处理，主要目的是提高金属表面对有机涂层的胶黏性，其膜厚小于100nm；后者成膜厚度在500nm左右，在某些情况下，可直接用作金属表面涂层来保护金属。

3）硅烷表面处理步骤：

脱脂剂清洗金属→清水冲洗→压缩空气吹干金属表面→浸涂于硅烷溶液中5~30s→晾干

（3）腐蚀性能试验　研究中采用了各类工业标准测试实验，如中性盐雾试验、铜加速醋酸盐雾试验、电偶腐蚀试验、大气暴露试验以及海水腐蚀试验等。腐蚀试验结果显示，经硅烷处理的金属表面具有优异的防腐性能，并且对常用有机涂层有良好的附着力，其效果与铬钝化工艺相当，可应用于钢铁、有色金属的喷漆、粉末涂装、电泳涂装的前处理中。

（4）涂装工程应用案例　汽车等速驱动轴涂装线、灭火器筒体内外粉末涂装及客车车架阴极电泳涂装。涂装工艺（全喷淋）流程如下：

预脱脂→脱脂→2次水洗→纯水洗→硅烷处理→脱水干燥→喷漆（喷粉）→固化→成品检验

3　弹簧的化学转化膜处理

3.1　氧化处理

氧化处理是在没有外电流作用的情况下，金属与电解质溶液相互作用，使金属零件表面形成氧化膜的处理过程。

3.1.1　弹簧氧化处理的原理目的和作用

弹簧的氧化处理（又称发黑、发蓝、煮黑等）主要用来防止弹簧腐蚀，同时也使弹簧外观光亮。氧化处理方法有：碱性氧化法、无碱氧化法和电解氧化法，厚度为0.5~1.5μm。这种氧化膜主要由磁性氧化铁组成。氧化膜的生成时间为30~60min。若时间再延长，也不能提高氧化膜的厚度。

弹簧氧化处理目的是在弹簧表面生成保护性氧化膜。该氧化膜具有色泽美观、润滑性好、对干燥的气体抵抗力强、不影响弹簧的尺寸（膜层厚度只有0.5~1.5μm）、不产生氢脆等优点。所以氧化处理被广泛用于弹簧的一般性防护。

氧化膜形成的机理及各种因素的影响如下：

（1）氧化膜的形成机理　弹簧的碱性氧化处理是在含有氧化剂（如亚硝酸钠等）的氢氧化钠溶液中进行的。弹簧在加热的溶液中，由于碱对弹簧表面腐蚀而产生铁离子（亚铁化合物），溶液中的氧化剂——亚硝酸钠能使氧化过程得到改变而在弹簧表面上生成致密的磁性氧化膜（四氧化三铁），弹簧氧化处理过程就是表面氧化膜的生成过程，生成氧化膜的反应式如下：

$$3Fe + NaNO_2 + 5NaOH \xlongequal{} 3NaFeO_2 + H_2O + NH_3\uparrow$$

$$6NaFeO_2 + NaNO_3 + 5H_2O \xlongequal{} 3Na_2Fe_2O_4 + 7NaOH + NH_3\uparrow$$

$$Fe + NaNO_3 + 2NaOH \xlongequal{} Na_2Fe_2O_4 + NaNO_2 + NH_3\uparrow$$

$$8NaFeO_2 + NaNO_3 + 6H_2O \xlongequal{} 4Na_2Fe_2O_4 + 9NaOH + NH_3\uparrow$$

$$NaFeO_2 + Na_2Fe_2O_4 + 2H_2O \xlongequal{} Fe_3O_4 + 4NaOH\uparrow$$

（2）氢氧化钠浓度的影响　提高氢氧化钠浓度，Fe_3O_4 的溶解度增加，晶核长大速度快，可以得到较厚的氧化膜，但容易出现结晶疏松、多孔和红色挂灰的毛病。如果氢氧化钠浓度超过1100g/L，则氧化膜不能生成。若氢氧化钠浓度低，氧化膜薄，表面发花，保护性能低。

（3）氧化剂浓度的影响　提高溶液中氧化剂的浓度，则使弹簧表面的溶液层中亚铁酸钠含量增加，可以生成更多的结晶核，使氧化膜形成速度加快，氧化层致密牢固。氧化剂浓度低时，氧化膜形成过程慢而得到疏松、不完整的氧化膜。

（4）温度的影响　温度升高，氧化速度加快，生成的膜薄而且致密。温度过高则氧化膜的溶解度增加，氧化速度减慢，膜层疏松。

（5）铁的影响　溶液中的铁是从弹簧上溶解下来的，一定量的铁会使氧化膜致密，结合力好；但含铁量过高则氧化速度降低，零件表面易出现红色挂灰。一般溶液中铁含量应控制在0.5～2.0g/L。新配的溶液里应加些铁末或加入20%以下的老溶液，以增加溶液里的铁，使氧化膜结合得均匀、牢固和致密。如无老溶液，可以废旧弹簧作氧化处理数次即可。

3.1.2 弹簧碱性氧化处理工艺

（1）碱性氧化处理溶液的配方与配制　碱性氧化处理一般分为一次氧化处理和两次氧化处理，溶液的配方和工艺条件见表6-3。

表6-3 碱性氧化处理的溶液配方和工艺条件

溶液成分或工艺参数	一次氧化处理/(g/L)	两次氧化处理/(g/L)	
		第一次	第二次
氢氧化钠(NaOH)	550～560	550～600	700～800
亚硝酸钠($NaNO_3$)	100～150	80～100	150～200
温度/℃	135～140	130～150	140～150
时间/min	30～60	10～15	30～45

（2）弹簧碱性氧化处理的工艺　弹簧碱性氧化处理的工艺规范见表6-4。

表6-4 碱性氧化处理的工艺规范

工序号	工序名称	溶液组成		工艺条件		备注
		成分	含量/(g/L)	温度/℃	时间/min	
1	化学脱脂	苛性钠 碳酸钠 水玻璃	90～100 20～30 10～20	80～100	15～25	
2	热水洗	—	—	80～90	—	
3	酸洗	硫酸 盐酸	100～200 50～100	室温	根据表面状态决定	表面清洁无锈蚀的弹簧可以不酸洗
4	冷水清洗	—	—	—	—	
5	化学退铜	铬酐 碳酸铵	350～500 80～100	室温	铜层去净为止	无铜层零件不进行
6	冷水清洗	—	—	—	—	
7	中和	碳酸钠	20～30	60～80	—	
8	冷水清洗	—	—	—	—	
9	氧化处理	苛性钠 亚硝酸钠	见表6-3	见表6-3	见表6-3	

（续）

工序号	工序名称	溶液组成		工艺条件		备注
		成分	含量/(g/L)	温度/℃	时间/min	
10	回收	—	—	—	—	
11	热水洗	—	—	80～90	—	
12	皂化	肥皂	10～20	60～80	1～2	
13	检查	—	—	—	—	
14	浸油	AN32	—	110～120	5～10	
15	排油	—	—	—	—	

为了提高氧化膜的抗蚀能力，氧化处理的弹簧需进行皂化或钝化工序，使氧化膜松孔填充或重铬酸盐溶液钝化，然后用机油、锭子油、变压器油等，将松孔填满。弹簧皂化常用5%～10%的肥皂溶液进行处理，温度为80～90℃，时间为3～5min；钝化可采用重铬酸钾质量分数为3%～5%溶液进行处理，温度为90～95℃，时间为10～15min。

钝化或皂化的弹簧需用温水洗净，吹干或烘干，然后浸入105～110℃温度的锭子油中处理5～10min，取出停放10～15min，使表面残余油流掉。

（3）弹簧碱性氧化处理操作要点　在进行氧化处理时，为保证表面质量，应注意如下事项：

1）要获得质量优良的氧化膜先决条件就是氧化处理前去铜、酸洗、脱脂等工序必须进行彻底，即须将弹簧零件表面锈蚀、氧化皮、油污、热处理的盐渣、表面接触铜层彻底清理干净，酸洗等溶液应经常调整更换。

2）铜及铜合金弹簧不能进入氧化槽，氧化处理用的吊筐或挂钩不能用铜及铜合金材料制作，亦不能用铜焊。

3）为使弹簧表面的氧化膜均匀，在可能的情况下，应将弹簧按一定规则（最好是垂直位置）装筐，或者在氧化过程中，在换筐槽倒筐1～2次，以消除弹簧相互接触处无氧化膜或氧化膜很薄的弊病。

4）弹簧在浸油前必须换专用投油筐，浸油应在规定的油温下进行，并须在泡沫基本消除后方可出槽。

5）皂化槽应及时补加肥皂，并注意不要使溶液沸腾，以免溢出槽外。

6）清洗用水最好是流动的水，并应保持液面稳定及按规定时间换水。

3.1.3 弹簧表面氧化处理的工艺控制及常见问题

虽然，碱性氧化处理工艺配方简单，但是，在弹簧生产中，往往出现氧化处理质量不稳定的现象，现将有关问题综述如下：

1）碱性氧化处理是在较高的温度即在溶液沸腾的状态下进行的，溶液沸点温度的高低，主要决定于氢氧化钠的含量，因此测量溶液沸点温度即基本上掌握了氢氧化钠的浓度。一般在操作中待溶液沸腾后首先测量温度，温度符合要求时零件方可下槽，并且在过程中要通过槽液温度的高低调整氢氧化钠的含量。

2）氢氧化钠的浓度基本上用测量温度的方法加以控制，而氧化剂（亚硝酸钠或硝酸钠）的含量的多少是根据下槽后氧化膜的表观现象来调整，如氧化膜呈黄绿色则证明氧化剂过多，如氧化膜薄或发花则表示氧化剂不足，应稍加补充。一般不应使氧化剂过量，这样容易调整。

3）氧化槽不应由槽底加热，这样容易将槽底沉渣浮起，使氧化膜质量变差，建议采用管状电加热器，或蛇形蒸汽管（蒸汽压力不小于0.588MPa）安装于氧化槽的两壁或四壁，而且加热管下端至少距离槽底100mm左右，这样不容易使沉渣浮起。

4）槽底沉渣必须及时打捞出槽，以免沉聚于弹簧表面，形成红色挂霜。

5）有些厂在氧化溶液中添加黄血盐（亚铁氰化钾）以消除氧化膜发红现象，这样的办法虽然有立竿见影的效果，但并未从根本上解决问题，工作1~2槽后氧化膜颜色仍然出现发红现象，而且氰化物会对环境造成污染，建议不要使用。

弹簧氧化处理常见缺陷及消除方法见表6-5。

表6-5 弹簧氧化处理常见缺陷及消除方法

序号	缺陷现象	可能产生原因	消除措施
1	弹簧氧化膜色泽不均匀，发花	1）酸洗不彻底，部分表面有氧化皮； 2）NaOH含量低，温度低； 3）氧化时间不够； 4）表面铜层未除尽	1）加强前处理，改进酸洗； 2）补充NaOH，将溶液沸点提高； 3）调整氧化时间； 4）退除氧化膜后，再去铜
2	弹簧氧化件呈灰色	1）温度偏低； 2）缺亚硝酸钠	1）当氧化槽的沸点低于140℃时，则需添加氢氧化钠； 2）补充亚硝酸钠至规定浓度
3	弹簧氧化件发生红色挂灰	1）NaOH含量高； 2）溶液温度（沸点）过高（超过150℃）； 3）槽底沉渣多； 4）表面氧化皮未酸洗干净	1）降低NaOH浓度； 2）降低氧化温度（控制在140~145℃）； 3）打捞沉渣； 4）退除后重新酸洗
4	弹簧氧化件呈黄、绿色挂霜	1）槽液温度偏高； 2）亚硝酸钠含量过高，亚硝酸钠与碱的比例失调	1）降温； 2）调整溶液成分
5	局部不生成氧化膜或局部氧化膜脱落	1）氧化时间短或弹簧相互挤压所致； 2）氧化前处理除油不彻底	1）氧化时间应足够长，并经常翻动； 2）加强前处理及清洗
6	氧化膜表面有白斑	1）皂化溶液不洁净，水质硬； 2）氧化液清洗不净	1）更换皂化液； 2）加强清洗
7	弹簧氧化膜抗蚀性能差	1）溶液浓度低、温度低； 2）氧化膜层较薄； 3）氧化膜层未封闭或浸油	1）调整溶液浓度、升温； 2）调整工艺参数； 3）改进皂化和浸油

3.1.4 弹簧表面的常温氧化处理

（1）概述 常温氧化处理即常温发黑是一种新工艺，该工艺可获得与Fe_3O_4膜相媲美的黑色防护膜。常温发黑具有其独特的优点：

1）节约能源，工作温度5~40℃。高温碱煮发黑工作温度140℃左右。

2）节约时间，常温发黑时间为2~10min，高温碱煮时间为45min左右。

没有挂灰，降低了废品率。

3）操作方便，对大工件可进行槽外刷黑处理。

4）成本较低，且不改变零件外形尺寸。

国外已有不少常温发黑剂商品，以下的配方是美国专利产品之一：

SeO_2 25~35g/L

$CuSO_4 \cdot 5H_2O$ 10~20g/L

NH_4NO_3 5~15g/L

NH_2SO_3H 10~30g/L

HO（CH_2CH_2O）nH 1g/L

国内常温发黑工艺自20世纪80年代中期以来，经过不到10年时间已有不少产品问世，也发表了多篇研究成果。这些研究其共同特点是常温发黑液基本由以下四部分组成：

1）成膜剂 $CuSO_4 \cdot 5H_2O$。

2）氧化剂 SeO_2 或 H_2SeO_3。

3）表面活性剂 OP 10聚胺类表面活性荆、十二烷基磺酸钠、聚氧乙烯醚醇。

4）辅助剂。

所研究的常温发黑剂主要都是基于 SeO_2 和 $CuSO_4$ 组成的酸性体系。并通过改进催化剂、表面活性剂、络合剂等的种类和含量，以求达到结合力好、抗蚀性好、耐磨性好、成本低廉及对材料选择范围宽（即对低、中、高碳钢和合金钢及不锈钢都适用）的要求。

常温发黑液中 SeO_2 或 H_2SeO_3 硒的化合物都有毒，所以也会带来污染。国内的发黑剂中含硒量一般少于10g/L，和国外相比已明显减少。这些配方中分别增加了如磷酸、对苯二酚、硝酸铵、有机酸、葡萄糖酸钠、冰醋酸等，以改善其结合力、黑度、耐磨性和抗蚀性。

（2）常温发黑工艺 典型工艺流程为

除油→清洗→活化→清洗→发黑→清洗→封闭

1）预处理（除油与清洗）：预处理的方法与常规氧化处理的预处理相同，但预处理的好坏是常温氧化处理质量得以保证的关键，工件一定要彻底去油除锈，清洗干净。

2）活化处理：经除油清洗后的表面往往有一定量的残留碱液。所以，发黑前常用稀无机酸或有机酸进行1~3min活化处理。这样可以减少常温发黑的时间，保证发黑质量。

3）常温发黑：在常温发黑液中浸1~5min。发黑工艺中建议进两次发黑。第一次是在较浓的发黑液中进行，先在基材表面形成大量的CuSe晶核；第二次是在较稀的发黑液中进行，使第一次形成的晶核缓慢、均匀长大并形成较为致密而连续的常温发黑膜。第一次发黑时间短，第二次发黑时间长，这样得到的发黑膜质量好。

4）封闭：常温发黑膜有一定的孔隙。用脱水防锈油、石蜡封闭，会大大提高其耐蚀性。封闭剂作为大气中湿气或水分的阻隔层，吸附或填充在发黑膜的微孔内，从而减少了由于微电池反应引起的腐蚀。

（3）今后需要着重考虑的问题

常温氧化处理工艺具有快速、节能和实施方便等诸多优点，但对高碳钢和合金钢的处理效果不如低、中碳钢，加以硒化物会造成对水的污染的缺点，目前弹簧的氧化处理基本上还是高温氧化工艺。常温氧化工艺应着重解决的是：

1）向无硒化物发展。这将是以后发展的重点，无硒化物发黑消除了对水的污染；

2）提高膜层结合力；

3）增大其对材料的适用性；

4）提高溶液稳定性及寿命；

5）提高膜层的耐磨性及抗蚀性。

常温发黑膜不仅具有防锈作用，还可提高隐蔽性、增强吸光性。如果能得到结合力好、色泽好的耐蚀膜层，则它可以进一步代替镀黑铬和黑镍而被广泛应用。

氧化膜的质量检查大致与常规方法相同。两者之间的抗蚀性能比较，还需要经不断的实践后，做出客观的评价。

3.1.5　弹簧表面氧化处理的质量检验

弹簧表面氧化处理的质量检验，除对各槽液成分及氧化工序检验外，主要检查弹簧的外观和氧化膜的抗腐蚀能力。

外观检查及抗蚀性检查应在皂化后及浸油前同时进行。一般，对每筐（或挂）弹簧均应抽样检查。两项检查均为合格后，方能允许浸油。

外观检查应在光线充足的条件下进行（用眼睛观察），氧化膜应符合下列要求：

1）弹簧通过氧化处理在表面生成保护性氧化膜，主要成分是磁性氧化铁（Fe_3O_4），膜的颜色一般呈黑色或蓝黑色（但弹簧垫圈氧化膜的颜色允许呈黑灰色），而含硅钢呈褐色或黑褐色（如60Si2Mn等）。

2）不允许有红色挂霜。

3）不允许有发花及未有氧化膜部位。

4）不允许有未清洗干净的盐迹。

在外观检查时，如果只有不多于2%的弹簧不合乎上述要求时，可准予通过。

抗蚀性检查可采用浸泡法或滴液法详见下文。

有时，在进行弹簧氧化膜抗蚀性检查的同时，还应该进行中和性检查，即检查弹簧表面是否有未洗掉的碱液。检查的办法是：先把弹簧放在蒸馏水中煮10~12min，然后，在煮过弹簧的水溶液中，加上酚酞溶液，如果未出现粉红色，就表明弹簧是中性的，即没有残余碱性成分，说明弹簧的清洗质量好。

为保证氧化膜的质量应定期对氧化槽的溶液成分进行化学分析，以保持应有的比例。对于不合格的氧化层，可用质量分数为10%~15%的硫酸或盐酸溶液来清除，但切忌产生过腐蚀现象。

3.2　磷化处理

3.2.1　弹簧磷化处理的目的和作用

磷化是一种化学与电化学反应形成磷酸盐化学转化膜的过程，所形成的磷酸盐转化膜称之为磷化膜。它是一种具有晶粒结构的磷酸盐保护层，其厚度远超过氧化膜的厚度，其抗蚀能力为氧化膜的2~10倍。

磷化膜在一般大气条件下及在动物油、植物油、矿物油类及某些有机溶剂（如苯、甲苯等）中比较稳定。因此，在上述介质中工作的弹簧，可采用磷化膜作保护层。但磷化膜在酸、碱、海水、氨水及蒸汽的侵蚀下，不能防止基体金属的锈蚀，若在磷化表面浸油后，则抗蚀能力可大大提高。磷化膜在400~500℃的温度下，可经受短时间的烘烤。过高的温度则会使磷化膜抗蚀能力降低。因此，某些在高温下工作的弹簧（如炮弹发射部分的弹簧）都采用磷化处理。

所以作为给基体金属提供保护的表面处理，可以单独对弹簧进行磷化处理，在一定程度上防止金属被腐蚀。

磷化膜是具有晶粒结构的磷酸盐，它具有显微孔隙，对油漆及油类有很好的附着力，所以常用于涂装前的预处理，以提高漆层的附着力与防腐蚀能力。磷化膜在金属冷加工工艺中还可起减摩与润滑作用，所以钢丝在冷拔加工前表面也会进行磷化处理。

磷化膜按成膜的主要金属离子可分为：

1）锌系：防腐性能好；

2）锰系：膜较厚，结晶粗，较少用作涂层前处理；

3）锌钙系：耐热，结晶细，沉渣较少而疏松易于排除，成本低；

4）锌锰系、锌锰镍系：镍可提高耐蚀性；

5）铁系：膜层薄，处理快，无渣。

3.2.2 弹簧磷化处理工艺

（1）磷化处理的主要工艺流程

脱脂→水洗→表调→磷化→水洗→钝化→纯水洗

磷化处理主要原料有：脱脂剂、表调剂、磷化剂、钝化剂等。

1）脱脂：零件上的油脂不仅阻碍了磷化膜的形成，而且在磷化后进行涂装时会影响涂层的结合力、干燥性能、装饰性能和耐蚀性。脱脂阶段主要靠碱性水溶液清洗和表面活性剂除油，最常用的是碱性脱脂剂，其中含有无机碱性化合物和表面活性剂。典型的无机碱性化合物有碱金属的氢氧化物、碳酸盐、磷酸盐或硅酸盐。

2）表调：表面调整剂是粒子极细的磷酸钛盐的悬浮液，它们对物体表面有极强的吸附作用，吸附在零件表面上形成均匀地吸附层，成为在磷化时结晶晶核。

使用表面调整剂后会产生下列作用：细化磷酸盐晶体，减少磷化层的厚度并缩短磷化时间。

3）磷化：磷化处理溶液是水、磷酸和不同的金属离子（如以Zn、Ni、Mn为主成分）的混合物，同时也加入氧化剂（硝酸盐、亚硝酸盐、氯酸盐等）和氟化物等添加剂。整个磷化过程包含有基体金属的溶解反应、促进剂的加速去极化作用、磷化膜的形成等几个过程。

① 金属的溶解过程：磷化开始时，仅有金属的溶解，而无膜生成。即金属基体先与磷化液中的磷酸作用，生成一代磷酸铁，并有大量的氢气析出。其化学反应为；

$$Fe + 2H_3PO_4 = Fe(H_2PO_4)_2 + H_2\uparrow \tag{6-1}$$

② 促进剂的加速去极化作用：微阴极部分反应生成氢气而引起的极化使得磷化反应速度渐趋缓慢。为了在合适的时间内完成磷化膜的形成，必须采取一些加速促进措施。较为普遍采用的是添加氧化型化学促进剂，其作用除了促进磷化膜的形成和控制溶液的铁含量外，还可与初生态氢迅速发生反应，减少工件氢脆现象的发生，目前使用较多、效果较好的是亚硝酸钠。由于亚硝酸钠不仅具有氧化性，还具有还原性，在空气中易被氧化失去效用，因此必须在生产中不断添加。其化学反应式为

$$3Zn(H_2PO_4)_2 + Fe + 2NaNO_2 = Zn_3(PO_4)_2 + 2FePO_4 + N_2\uparrow + 2NaH_2PO_4 + 4H_2O \tag{6-2}$$

由于促进剂的添加时会产生沉淀，所以需要缓慢滴加。

③ 水解反应与磷酸的三级离解：由于金属工件表面的氢离子浓度急剧下降，pH上升，导致离解平衡向右移动，最终导致产生磷酸根。

磷化槽液中基本成分是一种或多种重金属的酸式磷酸盐，其分子式 $Me(H_2PO_4)_2$，这些酸式磷酸盐溶于水，在一定浓度及pH下发生水解反应，产生游离磷酸：

$$Me(H_2PO_4)_2 = MeHPO_4 + H_3PO_4 \quad (6\text{-}3)$$

$$3MeHPO_4 = Me_3(PO_4)_2 + H_3PO_4 \quad (6\text{-}4)$$

$$H_3PO_3 = H_2PO_4^- + H^+ = HPO_4^{2-} + 2H^+ = PO_4^{3-} + 3H^+ \quad (6\text{-}5)$$

④ 磷化膜的形成：上述磷酸根和槽液里的锌离子，铁离子反应生成沉淀。

$$2Zn^{2+} + Fe^{2+} + 2PO_4^{3-} + 4H_2O \longrightarrow Zn_2Fe(PO_4)_2 \cdot 4H_2O\downarrow \quad (6\text{-}6)$$

$$3Zn^{2+} + 2PO_4^{3-} + 4H_2O = Zn_3(PO_4)_2 \cdot 4H_2O\downarrow \quad (6\text{-}7)$$

因此一般磷化膜中存在多种不同成分：$Zn_3(PO_4)_2 \cdot 4H_2O$（磷锌矿）、$Zn_2Fe(PO_4)_2 \cdot 4H_2O$（磷叶石）、$Mn_2Zn(PO_4)_2 \cdot 4H_2O$ 和 $Ni_3(PO_4)_2 \cdot 8H_2O$。

4）钝化：钝化的目的是封闭磷化膜孔隙，提高磷化膜耐蚀性，特别是提高漆膜的整体附着力和耐蚀性。

钝化液有很多种，长期以来，表面处理后一直是采用六价的铬酸盐钝化，但六价铬毒性大，污染环境严重，它的应用已逐渐受到严格控制。因此，人们研究和开发了三价铬（三价铬的毒性大概是六价铬的1%）的钝化剂应用于生产，并取得了良好的效果。无铬钝化工艺是一种可以代替铬酸盐钝化的绿色钝化工艺，其中硫酸锆体系与十八胺体系复合工艺和钼酸盐-磷酸体系相对较好。

5）磷化处理工艺：弹簧磷化处理常用的高温和中温磷化溶液的配方及工艺条件见表6-6。

表6-6 磷化溶液的配方和工艺条件

工艺类别	高温磷化			中温磷化		
	1	2	3	1	2	3
名称	含量/(g/L)					
磷酸二氧锰铁盐	30~40	—	30~45	30~40	—	30~40
磷酸二氧锌	—	30~40	—	—	30~40	—
硝酸锰	15~25	—	—	20~30	—	—
硝酸锌	—	55~65	30~50	100~130	80~100	80~100
亚硝酸钠	—	—	—	—	—	1~2
溶液温度/℃	94~98	88~95	92~98	55~70	60~70	50~70
处理时间/min	15~20	8~15	10~15	10~15	10~15	10~15
总酸度/点①	36~50	40~58	48~62	85~110	60~80	60~80
游离酸度/点①	3.5~5	6~9	10~14	6~9	5~7.5	4~7

① 总酸度和游离酸度的“点”是指在分析总酸度与游离酸度时，消耗0.1N（当量浓度）的氢氧化钠溶液的毫升数，即中和磷化溶液所需0.1N氢氧化钠溶液的毫升数就是酸度的点数。

（2）对于常用典型的涂装工艺前处理的弹簧磷化工艺说明如下：

磷化工艺步骤：

预脱脂/热水洗→主脱脂→水洗→水洗→表调→磷化→水洗→水洗→钝化→纯水洗

某工厂的涂装前的磷化工艺见表6-7。

3.2.3 弹簧磷化工艺控制与质量检验

（1）弹簧磷化工艺控制要求及影响因素

1）总酸度：总酸度是反映磷化液浓度的一项指标，控制总酸度的意义在于使磷化液中成膜离子浓度保持在必要的范围内。总酸度高能加速磷化反应，磷化膜薄而细密；但总酸度过高会导致磷化膜过薄，甚至形不成磷化膜。总酸度低则磷化速度慢，磷化膜厚而粗糙。

表6-7 弹簧涂装前磷化处理工艺参数

工序	原料	温度/℃	时间/min	控制参数	压力/MPa	添加	备注
热水洗/预脱脂	自来水	35±5	0.6~1		0.1~0.2	溢流	定期清理槽渣
脱脂	自来水 脱脂剂	50±5	1	浓度 总碱点	0.1~0.2	按要求添加	定期清理槽渣/更换/清理浮油
水洗	自来水	常温	0.6~1	电导率≤5000μS	0.1~0.2	溢流	定期清理槽渣
水洗	自来水	常温	0.6~1	电导率≤1000μS	0.1~0.2	溢流	定期清理槽渣
表调	自来水 表调剂	<40	0.6	浓度 pH	0.1~0.2	每班添加	定期清理槽渣/更换
磷化	纯水 开缸剂 补充剂 中和剂 促进剂 锌添加剂等	55±5	3	游离酸 总酸 促进剂 Zn等	0.08~0.15	按要求添加	每日槽液沉降并检查喷嘴
水洗	自来水	常温	0.6~1	电导率≤5000μS	0.1~0.2	溢流	定期清理槽渣
水洗	自来水	常温	0.6~1	电导率≤1000μS	0.1~0.2	溢流	定期清理槽渣
钝化	纯水 钝化剂	常温	1	电导率≤800μS pH	0.1~0.2	按要求添加	定期清理槽渣/更换
纯水洗	纯水	常温	0.6~1	电导率≤50μS	0.1~0.2	溢流	定期清理槽渣

2）游离酸度：游离酸度反映磷化液中游离 H^+ 的含量。控制游离酸度的意义在于控制磷化液中磷酸二氢盐的解离度，把成膜离子浓度控制在一个必需的范围。游离酸度过高，会使磷化反应时间长，磷化膜晶粒粗大多孔，耐蚀性低，亚铁离子易于上升，溶液沉淀增多。游离酸度过低，磷化膜薄，甚至没有磷化膜。磷化液在使用过程中，游离酸度会有缓慢的升高，这时要用碱来中和调整。单看游离酸度和总酸度是没有实际意义的，必须一起考虑。

3）酸比：酸比即指总酸度与游离酸度的比值。一般地说酸比都在15~30的范围内。酸比较小的配方，游离酸度高；成膜速度慢，磷化时间长，所需温度高；酸比较大的配方，成膜速度快，磷化时间短，所需温度低，因此必须控制好酸比。

4）锰离子的影响：锰离子可以提高磷化膜的硬度和防腐能力，使磷化膜结晶均匀，但中温和常温磷化液中锰离子含量过高时，磷化膜不易形成。

5）锌离子的影响：锌离子可以加快磷化膜的生成，使磷化膜致密。含锌量低时，磷化膜疏松发暗；锌离子含量过高，会使磷化膜晶粒粗大。

6）亚铁离子的影响：在高温磷化液中，亚铁离子很不稳定，容易氧化成高铁离子并转变为磷酸铁沉淀。

在常温和中温磷化溶液中，保持一定量浓度的亚铁离子能大大提高磷化膜的厚度。亚铁离子浓度过少，有磷化不成形的可能，亚铁离子浓度偏高，磷化膜结晶粗大。一般亚铁离子浓度在0.8~2g/L。

7）硝酸根的影响：硝酸根可以加快磷化速度，提高磷化膜致密性，含量不足时磷化层结合力不足。

8）温度：磷化处理温度与酸比一样，也是成膜的关键因素。温度过低，成膜离子浓度总达不到浓度积，不能生成完整磷化膜；温度过高，磷化液中可溶性磷酸盐的解离度加大，原有的平衡被破坏。因此实际操作中从减少沉渣，稳定槽液，保证质量来看，磷化液的温度变化越小越好。

9）时间：各个配方都有规定的工艺时间。时间过短，成膜量不足，不能形成致密的磷化膜层；时间过长，由于结晶在已形成的膜上继续生长，可能产生有疏松表面的粗厚膜。

10）纯净水：水洗的目的是清除工件表面从上一道工序所带出的残液，水的质量好坏可直接影响工件的磷化质量和后道处理的效果及槽液的稳定性。

磷化清洗纯水电导率要求和所需的设备（纯水发生器）：

磷化过程中用的纯水，要求其电导率要小于50μS，由于连续用，需要配备工业用的纯水制造设备。目前纯水设备类型有：软水器，反渗透系统、EDI系统、离子交换系统，过滤设备，超滤设备等。

（2）弹簧磷化的质量检验

1）外观检验：用肉眼观察磷化膜的表面是否有灰色和暗灰色，结晶是否均匀、致密、完整，不允许有沉淀物附于表面和无磷化膜的空白片、锈迹、挂灰等。由于零件的热处理和焊接等加工方法不同，允许在个别位置上，有色泽不一和组织不同的磷化膜。

2）抗腐蚀能力检验。

① 硫酸铜溶液点滴法：溶液主要成分如下：

0.5mol/L $CuSO_4 \cdot 5H_2O$ 溶液40mL，10% NaCl溶液20mL，0.1mol/L HCl溶液0.8mL。将三种溶液混合后即能使用。

用脱脂棉蘸上酒精，在冷却的零件表面擦拭，待酒精挥发后，即在零件表面滴上数滴硫酸铜溶液，同时启动秒表，记下溶液由天蓝色变成土黄色或土红色的时间（在15～20℃的条件下进行），即为磷化膜的抗蚀能力。一般以3min为合格，若要求磷化膜抗腐蚀能力高，则在5min以上为好。

② 食盐水浸泡法：根据对磷化膜质量要求，可在下列两种方法中选一种：

a）将磷化的零件浸泡在3%的食盐溶液里，2h后取出，表面没有锈迹为合格，但棱边、尖角、焊缝除外。

b）将磷化的零件浸泡在3%的食盐溶液里，15min后取出用水洗净，放置于空气中晾干30min，不出现黄锈即为合格。

3）磷化膜的重量检测：磷化处理并干燥的试样，按GB/T 9792—2003《金属材料上的转化膜-单位面积膜质量的测定-重量法》规定的方法测定膜层重量测定磷化膜重量时，在受试的三个平行试样的平均值不合格，则再取三件进行复验，若其平均值仍不合格，则该批产品为不合格。

磷化膜按其重量及用途的分类见表6-8。

4）微观结构显微镜法：以金相显微镜或电子显微镜将磷化膜放大到1000～2000倍，观察结晶形状、尺寸大小及排布情况。结晶形状以柱状晶为好。结晶尺寸以小些为好，一般控制在几十微米以下，排布越均匀，孔隙率越小越好（见图6-3）。

表 6-8 磷化膜按膜重及用途的分类

分类	膜重 g/m^2	膜的组成	用途
次轻量级	0.2~1.0	主要由磷酸铁，磷酸钙或其他金属的磷酸盐所组成	用作较大形变钢铁工件的油漆底层
轻量级	1.1~4.5	主要由磷酸锌和（或）其他金属的磷酸盐所组成	用作油漆底层
次重量级	4.6~7.5	主要由磷酸铁和（或）其他金属的磷酸盐所组成	可用作基本不发生形变钢铁工件的油漆底层
重量级	>7.5	主要由磷酸铁，磷酸锰和（或）其他金属的磷酸盐所组成	不作油漆底层

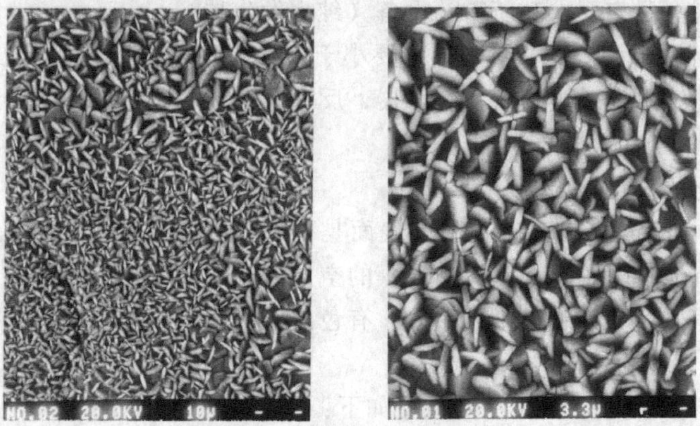

图 6-3 磷化膜的显微结构

4 弹簧表面的金属防护

金属的表面处理技术中表面涂层技术是弹簧最常用的表面防护处理方法，表面涂层技术是在金属表面制备各种镀层和涂层的技术，它包括电镀、化学镀、金属涂层处理、化学转化膜（磷化和氧化）处理技术、气相沉积技术、热喷涂等，本节主要叙述弹簧表面的电镀和金属与合金涂层技术（主要是锌铬涂层和锌铝涂层）。

4.1 弹簧表面的金属电镀防护

弹簧表面一般常采用的电镀金属保护层为锌镀层和镉镀层。还有镀铜、镀铬、镀镍、镀锡、镀银、镀锌钛合金等，弹簧设计者可根据弹簧工作的场合选择镀层。

(1) 电镀锌层和电镀镉的性质

1）电镀锌层：锌在干燥的空气中较稳定，几乎不发生变化，不易变色。在潮湿的空气中会生成一层氧化锌或碳式碳酸锌的白色薄膜。这层致密的薄膜可阻止内部继续遭受腐蚀。因此镀锌层用于弹簧在一般大气条件下防腐蚀保护层。凡与硫酸、盐酸、苛性钠等溶液相接触，以及在三氧化硫等气氛的潮湿空气中工作的弹簧，均不宜用锌镀层。

一般镀锌层镀后经钝化处理，钝化可提高镀层的保护性能和增加表面美观。

2）电镀镉层：在海洋性或高温的大气中，以及与海水接触的弹簧，在70℃热水中使用的弹簧，镉比较稳定，耐蚀性能较强。镉镀层比锌镀层光亮美观、质软、可塑性比锌好，镀层氧脆性小，最适宜于用作弹簧保护层。但镉稀少、价格昂贵且锡盆毒性大，对环境污染很严重，因此在使用上受到限制，故大多数只在航空、航海及电子工业所用的弹簧才使用。为了提高镉镀层的防蚀性能。可在镀后对镉镀层作保护，进行钝化处理。

锌与镉镀层的厚度决定着保护能力的高低。厚度的大小一般应根据使用时工作环境来选择，镀锌层厚度推荐在 6 ~ 24μm 范围内选取；镀镉层厚度推荐在 6 ~ 24μm 范围内选取。

（2）弹簧表面电镀锌工艺规范　弹簧表面电镀锌工艺规范列于表 6-9。电镀是专门技术，涉及面广，表 6-9 所列规范仅供参考。电镀镉工艺规范也可参照此规范执行。

表 6-9　弹簧电镀锌工艺规范

工序号	工序名称	溶液组成		工艺条件		备注
		成分	含量/(g/L)	温度/℃	时间/min	
1	化学脱脂	氢氧化钠 碳酸钠 水玻璃	90 ~ 100 20 ~ 30 10 ~ 20	80 ~ 100	15 ~ 20	
2	热水清洗	—	—	80 ~ 90	—	
3	酸洗	硫酸 盐酸	100 ~ 200 50 ~ 100	室温	根据表面情况决定	
4	冷水清洗	—	—	—	—	
5	化学退铜	铬酐 硫酸铵	250 ~ 800 80 ~ 100	室温	铜层去净为止	无铜可不进行
6	冷水清洗	—	—	—	—	
7	中和	碳酸钠	20 ~ 30	60 ~ 80	—	
8	冷水清洗	—	—	—	—	
9	镀锌	氯化锌 氢氧化钠 DEP-3 添加剂	12 ~ 17	15 ~ 45	—	电流密度 1.5 ~ 2.0A/dm^2
10	冷水清洗	—	—	—	—	
11	热水清洗	—	—	8 ~ 90	—	
12	厚度检查	—	—	—	—	按规程
13	出光	硝酸	30	室温	2 ~ 4s	
14	冷水清洗	—	—	—	—	
15	钝化	铬酐 硫酸 硝酸	5 3mL/L 0.4mL/L	室温	3 ~ 7s	
16	冷水清洗	—	—	—	—	
17	热水清洗	—	—	80 ~ 90	—	
18	吹干后去氢	—	—	130 ~ 200	120 ~ 240	
19	外观检查	—	—	—	—	按规程

（3）去氢和钝化处理　弹簧的镀锌和镀镉是在氰化电解液中进行的。在电镀过程中，除镀上锌或镉外，还有一部分还原的氢渗入到镀层和基体金属的晶格中去，造成内应力，使弹簧上的镀层和弹簧变脆，也叫氢脆。由于弹簧材料的强度很高，再加上弹簧成形时的变形很大，因此，对氢脆特别敏感，如不及时去氢，往往会造成弹簧的断裂。为了消除电镀过程中产生的一些缺陷，改善弹簧的物理化学性能，延长弹簧的使用寿命。提高镀层的抗蚀能力。必须进行镀后处理，即除氢处理。除氢处理是在电镀后，立即或者在几小时之内进行。将电镀后的弹簧在 200 ~ 215℃的温度中，加热 1 ~ 2h（或 2h 以上），即可达到除氢的目的。

除氢一般在烘箱中进行。除氢效果与温度、时间、电镀后的停留时间等有关。一般来说，温度高、加热时间长，镀后停顿时间短，其除氢效果就好。故对弹簧除氢温度选择可高一些。

镀层后的钝化处理是为了提高锌镀层的抗蚀能力，在铬酸或铬酸盐溶液中，使锌镀层表面盖一层稳定性较高的铬酸盐膜，这一过程称为钝化处理。钝化可大大提高镀层的防护性能和增加表面美观度。

钝化膜的形成过程，实际上是溶解与生成过程。在开始阶段，主要是锌的溶解，这是成膜的必要条件。只有当锌的溶解速度大于溶液的扩散速度才能形成钝化膜，否则就不能形成。但溶解速度也不能过大。

4.2　金属与合金涂层防护

4.2.1　表面金属涂层的种类与性能

(1) 锌铬涂层　锌铬涂层又称达克罗（DACROMAT），是一种用浸、涂等处理方法使具有防腐性能的金属附着于工件表面，经特别处理后形成含锌、含铝的金属涂层。在处理过程中不用酸洗，不产生大量含酸、铬、锌废水，全过程无废水排放，因而对环境无污染，是一种清洁生产工艺新技术，可以取代钢铁件的电镀锌、锌基合金、热镀锌、热喷涂锌和机械镀锌。

锌铬涂层在传统的电镀锌性能相比：其耐蚀性是镀锌的7～10倍，无氢脆性，特别适用于高强度受力件；具有高耐热性、耐热温度300℃，尤其适用于汽车、摩托车发动机部件的高强度构件；还有高渗透性、高附着性、高减磨性、高耐候性、高耐化学品稳定性、无污染性等特点。达克罗技术的基体材料范围：钢铁制品及有色金属，如铝、镁及其合金，铜、镍、锌等及其合金。

(2) 锌铝涂层　锌铝涂层是将水性无铬锌铝涂料浸涂、刷涂或喷涂于钢铁零件或构件表面，经烘烤形成的以鳞片状锌为主要成分的无机防腐蚀涂层（外观偏灰）。锌铝涂层是近年来在锌铬涂层（即达克罗）基础上发展起来的一种新型环保型金属表面处理技术，有些资料中也称为无铬锌铝涂层或无铬达克罗。

锌铝涂层是一种无废气排放、不添加重金属铬和铅的耐蚀性涂层。与传统锌铬防腐涂层相比具有以下特点：涂层中无金属铬、耐蚀性基本相当、耐热性能良好，即使在≤300℃的较高温度下仍具有良好耐蚀性，同时具有深涂性能和再涂装性能。可适用于钢、铸铁、铝及其合金、铁基粉末冶金等多种基体材料的腐蚀防护。锌铝涂层没有产生氢脆的问题，与铝及其合金也不会产生电偶腐蚀。锌铝涂层可替代锌铬涂层，也可以替代部分电镀锌、电镀镉、热浸镀锌工艺。

4.2.2　锌铬涂层的结构及工艺过程

(1) 锌铬涂层（达克罗涂层）的结构及防锈机理

1) 达克罗涂层的结构：在铁基金属表面上，涂覆一层达克罗溶液含有片状锌、铝、Cr_2O_3 及专用有机物的高分散混合水溶液)、经300℃左右保温烘烤一定的时间后，溶液中的六价铬被还原成三价铬，生成无定形的复合铬盐化合物（$mCrO_3 \cdot nCr_2O_3$）。该物质覆盖在母材表面及锌片、铝片的表面，将锌片、铝片与钢铁基材表面紧密地黏结在一起。锌片、铝片间亦被复合铬盐所填塞。冷却后的金属表面即被覆盖上一层很薄的银灰色的达克罗特种高防腐涂层，如图6-4所示。达克罗溶液中的锌和铝，一般尺寸为0.1～0.2μm×10μm×

15μm 的鳞片。

2）达克罗涂层的防锈机理：达克罗是一种全新的金属防锈系统。该涂层的防锈机理主要为：锌对基体的受控的电化学保护作用、铬酸的钝化作用、锌片铝片及复合铬盐涂层的机械屏蔽遮盖保护作用及铝抑制锌的“淘析”作用。

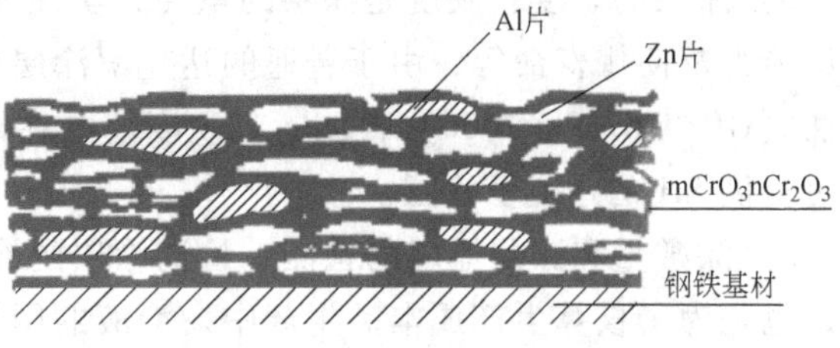

图 6-4 锌铬涂层的结构

（2）达克罗涂层处理工艺过程　达克罗处理的工艺流程为

脱脂→除锈→涂覆顶→热→固化→冷却（可重复以上涂覆和固化工艺）。

各工序的工艺要求如下：

1）脱脂：带有油脂的工件表面必须进行脱脂，一般有三种方法，分别为：有机溶剂脱脂、水基脱脂剂脱脂、高温炭化脱脂。脱脂是否彻底有效，将直接影响涂层的附着力及耐蚀性。

2）除锈除毛刺：凡是有锈或有毛刺的工件必须通过除锈去毛刺工序，此工序最好用机械方法，避免酸洗，以防氢脆，且酸洗除锈会影响达克罗涂层的耐蚀性。

3）涂覆：经过除油除锈的清洁工件必须尽快通过浸涂或刷涂或喷涂的方式进行表面涂覆。工件涂覆加工时，涂液的密度、pH、黏度、Cr^{6+} 含量，涂液的温度及流动状况等将直接影响工件的涂覆效果，并影响涂层的各项性能。所以涂覆过程中要调整好温度、溶液指标以及浸涂中离心移机转速三者之间的关系。

4）预烘：达克罗湿膜的工件必须尽快在 (120±20)℃ 的温度下，预烘 10～15min（根据工件的吸热量定），使涂液水分蒸发。

5）烧结：预烘后的工件必须在 300℃ 左右的高温下烧结，烧结时间为 20～40min（根据工件的吸热量定），也可适当提高温度来缩短烧结时间。

6）冷却：工件烧结后，必须经过冷却系统充分冷却后进行后继续处理或成品检验。

因不同供应商的锌铝涂层溶液的差别，上述各工序的温度和时间等工艺参数要求会有一定的差异，实际采用的工艺参数需要根据产品对涂装的质量标准和涂液供应商提供的资料通过试验验证来确定。

（3）达克罗涂层的试验检测项目与检测方法　与锌铬涂层的质量要求有关的试验检测项目和检测方法，国家标准 GB/T 18684—2002《锌铬涂层　技术条件》中有明确规定，但有关达克罗涂层的试验与检测项目，曾经有文献列举的就有 12 项之多，分别为：涂层的外貌、涂层的耐氨水性能、涂层的硬度、涂覆量和涂层厚度的检测、涂层的附着强度、涂层的硝酸铵法快速检测、涂层的耐水性能、涂层的耐湿热性能、涂层耐热腐蚀性能、涂层耐机械摩擦性能、涂层的耐盐雾性能及涂层的耐盐水性能。但实际生产中通常是从产品的实际使用需要考虑检测其中的几个项目，其中常用的几项检测的具体方法简述如下：

1）涂层的外貌：在自然折射光下，用肉眼进行观察。涂层应连续，无漏涂、气泡、剥落、裂纹、麻点、夹杂物等缺陷。达克罗涂层的基本色调应呈银灰色，光滑平整。涂层应基本均匀，无明显的局部过厚现象。涂层不应变色，但是允许有小黄色斑点。经改性后涂层也可以获得其他颜色，如黑色等。

2）涂层的硬度：硬度是涂层的重要力学性能之一，它涉及被涂覆工件在使用过程中的耐磨能力及使用寿命等，由于普通的达克罗涂层的硬度是很低的，所以采用铅笔划痕硬度试验法（GB/T 6739—2006）检测，其硬度范围在1H到3H之间，通过后处理，有的厂家据说可提供5H的达克罗涂层。

3）涂敷量和涂层厚度的检测：检测涂层的涂敷量和厚度，既是为了检测工件涂层的质量，也是为了核算生产成本。生产中，涂液的用量大，其每个单位的生产成本就高，反之则低。检测的方法有两种：

①溶解称重法：重量大于50g的试样，先采用精度为1mg的天平，称得试样的初始质量W_1（mg），将试样放入70～80℃的20% NaOH水溶液中，浸泡10min，使锌铬涂层全部溶解。取出试样，充分水洗后立即烘干，然后称得涂层溶解后的试样质量W_2（mg）。再量取并计算出工件的表面积S（dm^2），按下列公式计算出涂层的涂覆量W（mg/dm^2）：

$$W=(W_1-W_2)/S$$

② 金相显微镜法：可按GB/T 6462—2005要求，采用金相显微镜法检测涂层的厚度。

4）涂层的附着强度：涂层的附着强度有两种试验方法即胶带试验和划格法。

一是胶带试验，按GB/T 5270—2005要求进行。要求试验后涂层不得从基体上剥落或露底，但允许胶带变色和黏着锌、铝粉粒。对附着强度的胶带试验各国有各国的标准，需注意区别对待。

二是划格法，它是采用刀刃间距1mm、刃锋0.05mm的规定专用刀具在涂层试板上横竖垂直刻画来判断涂层与基体的附着强度。用专用刀具横竖方向将试板上涂层划破至基体，然后用软毛刷轻轻对角线方向刷5次，再观察方格边缘涂层的脱落情况按试验标准来判断级别。

5）涂层的耐水性能：将试样浸入（40±1)℃的去离子水中，连续浸泡240h，将试样取出后在室温下干燥，再进行附着强度试验，试验结果应达到附着强度试验的要求。附着强度试验应在试样从去离子水中取出后的2h之内进行。进行耐水性试验后，合格的试样上不得出现涂层从基体上剥落或露底的现象。

6）涂层的耐湿热性能；湿热试验在湿热试验箱中进行，湿热试验箱应能调整和控制箱内的温度和湿度。试验的方法为：将湿热试验箱温度设定为（40±2)℃，相对湿度为（95±3)%，将样品垂直挂于湿热试验箱中，样品不应相互接触。当湿热试验箱达到设定的温度和湿度时，开始计算试验时间。试验每48h检查一次，检查样品是否出现红锈。两次检查后，每隔72h检查一次，每次检查后，样品应变换位置。240h后检查最后一次。国家标准中规定，只对3级和4级涂层进行耐湿热试验，要求涂层在240h内不得出现红锈。

7）涂层的耐盐雾性能：耐盐雾性能试验按GB/T 10125—2012要求进行。试验必须采用标准的试验设备，涂层经盐雾试验后按涂层上出现红锈的时间从120～1000h，共分为四个等级，依次为120h、240h、480h和1000h。

8）涂层的硝酸铵法快速检测：硝酸铵（NH_4NO_3）快速试验方法，是一种对达克罗涂层进行涂覆质量快速检验的一种方法，它能在很短的时间内检测、判断涂层的耐蚀能力，受方法的限制，所获得的数据仅有参考价值。

试验条件和方法：

配方：w(硝酸铵)=20%，w(去离子水)=80%。温度：水浴保持溶液（70±2)℃将零件浸于溶液内，或部分浸于溶液内。判定标准：基体不允许出现红锈，即从开始浸入试液到零件出现红锈的时间为有效试验时间。这种快速检测法与盐雾试验法有相关关系但不能代替盐雾试验。也有一些对比试验数据，如表6-10是其中之一，仅供对比参考。

表6-10　硝酸铵快速检测法与盐雾试验数据的对比

硝酸铵试验耐蚀时间/min	30	45	60	90	120
盐雾试验耐蚀时间/h	240	360	500	720	1000

4.2.3　锌铝涂层

无铬锌铝涂层（也叫无铬达克罗）是为满足世界各国的VOC法规和汽车行业规定的环保要求而开发出的表面处理新概念，无铬锌铝涂层作为锌铬涂层（达克罗）的更新换代产品已经首先被汽车制造行业普遍认可和接受。达克罗涂层具有许多优异性能，但也有缺点，如铬的污染问题、能耗较高、涂层硬度低等。其中，由于Cr毒性强而且具有致癌作用，目前世界各国都在限制它的使用。

无铬锌铝涂层采用水性涂料，不使用有机溶剂，不含有毒的金属（如镍、铅、钡、汞以及六价铬或三价铬），符合美国环保署（EPA）、美国职业安全和健康行政部门（OSHA）的相应规范和世界各大汽车制造厂商的标准要求。

（1）涂层结构及处理工艺　无铬锌铝涂层的外观呈亚光银灰色，其涂层结构见图6-5，它是在铁基金属表面上，涂覆一层含有鳞片状锌、铝（鳞片一般尺寸为0.1～0.2μm×10μm×15μm）及专用黏结剂和其他助剂的高分散混合水溶液，经烘烤并在高温烧结一定的时间后形成的一层很薄的高性能防腐蚀涂层。

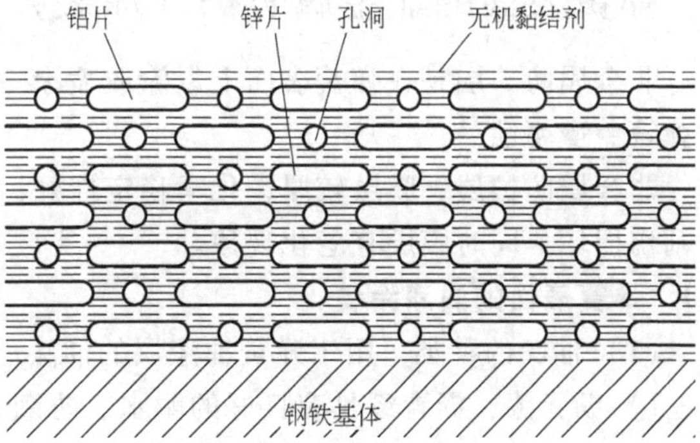

图6-5　无铬锌铝涂层结构

（2）无铬锌铝涂层处理工艺　无铬锌铝涂层涂液的组成包括鳞片状的锌铝金属粉、无机黏结剂、去离子水、分散剂和润湿剂、增稠剂、腐蚀抑制剂、烧结助剂等各种助剂。一般涂层处理的工艺流程为

预处理（脱脂、喷丸）→涂覆→烘烤→烧结固化→冷却（涂覆、烘烤可重复2～3次）每一次处理涂层厚度为3～4μm，一般是涂覆2～3次，涂层厚度在8～10μm。涂覆方式有离心式浸涂、滴挂式浸涂和喷涂三种。烘烤采用60～80℃加热10min，一般处理螺栓、螺帽、弹簧及冲压件等尺寸较小的金属零件时，采用两次涂覆两次烘烤，再一并对两遍涂层在300℃左右进行烧结固化约30min。

（3）无铬锌铝涂层的耐蚀性　无铬锌铝涂层有很好的耐蚀性，在同等厚度的情况下，高于电镀锌涂层7～10倍，8～10μm裸涂层的盐雾试验大于或等于720h，复合涂层则超过1000h。Geomet、Delta、BNC三种涂层防腐蚀机理类似，不同的是它们选用了不同的黏结剂和钝化剂。无铬锌铝涂层的耐蚀机理主要通过以下作用：

1）屏蔽作用：层层交错重叠的鳞片状锌铝金属粉减少了涂层针孔，提高抗渗性，降低吸水率，阻碍了H_2O和O_2等腐蚀介质到达基体。

2）阴极保护：锌和铝的标准电极电位远远负于钢铁基体，因此在腐蚀介质中形成微电池时它们作为阳极被优先腐蚀，基体作为阴极得到保护。

3）钝化：涂层中的钝化剂使鳞片状锌表面钝化，使锌的腐蚀速度大大降低。

4）自修补：当涂层受损时，一方面可能有残留的钝化剂把裸露的锌表面氧化形成钝化膜，另一方面，附近的锌粉可能与腐蚀介质反应形成 $Zn(OH)_2$ 沉积于破损处，阻止涂层的进一步破坏。

（4）无铬锌铝涂层处理技术的特点　无铬锌铝涂层表面处理技术有以下特点：

1）无公害：无铬锌铝涂层中不含铬、镍、铅、镉、汞等有害重金属元素，而且整个作业过程采用闭路循环的方式，在涂层固化形成涂膜的过程中所挥发物质几乎全部是气化的水分，因此无任何污染产生。这种技术真正实现了"绿色"防腐，是金属表面防腐技术的一次环保革命。

2）无氢脆性：无铬锌铝涂层处理无一般电镀处理过程都采用的酸洗、电解除油等工序，所以无氢脆性。

3）耐热性能高：由于无铬锌铝涂层是在300℃左右下烧结形成的，所以该涂层有较好的耐热性。

4）高的渗透性：无铬锌铝涂层处理是以涂覆方法处理，不受复杂工件的限制。好的涂液能渗入到非常小的缝隙中，可以处理形状复杂的工件。

5）导电性：涂层中的金属锌、铝薄片允许电流通过并传导到基体。

5　弹簧表面的非金属防护（涂装）

非金属防护层是在弹簧表面上浸涂或喷涂一层有机物质，如油漆、沥青、塑料等，以保护弹簧免遭腐蚀。

非金属防护层，膜层较厚，化学稳定性好，有较好的机械防腐蚀作用，但硬度较低，易于刮伤损坏，同时膜层有老化现象。

5.1　弹簧表面的油漆涂装

（1）油漆的种类　用于弹簧油漆层的油漆通常有下列几种：

1）沥青漆：沥青漆具有良好的耐水、防潮、耐蚀性，特别有优异的耐酸性和良好的耐碱性。但附着力、机械强度及装饰性能差。

2）酚醛漆：酚醛漆分为底漆和面漆两种，酚醛底漆附着力强，防锈性能好，但漆膜机械强度及光泽性差。酚醛面漆漆膜坚硬，光泽性好，但耐气候性较差，漆膜易变黄。

3）醇酸漆：醇酸漆漆膜坚韧，附着力强，力学性能好，有极好的光泽，良好的耐久性并具有一定的耐油、绝缘性能。其缺点是表面干结快而黏手时间长，易起皱、不耐水、不耐碱。

4）环氧漆：环氧漆附着力极强，硬度高，且韧性好，耐屈挠、耐冲击、硬而不脆，对水、酸、碱及许多有机溶剂都有极好的抵抗力，特别以耐碱更为突出。其缺点是表面粉化快，溶剂选择性大，水溶性环氧漆用于电泳涂漆。

在一般情况下，油漆层既可以单独使用，又可以作为磷化后的着色剂。有时，有些弹簧为了按载荷分成等级，也涂喷不同颜色油漆来加以区别。具体选用何种类型及牌号的油漆，应根据工作环境而定。必要时，应在弹簧图样上注明。

（2）弹簧表面油漆涂装工艺　油漆的施工方法很多，用于弹簧的大都采用下列几种方法：

1）浸涂法：浸涂法就是将弹簧放入油漆槽浸渍，然后取出，让表面多余的油漆液自然滴落，经过干燥后在弹簧表面上覆盖一层漆膜。

浸涂法生产效率高，可适用于机械化及自动化生产，且技术简单、操作方便。但油漆挥发较快，含有重质颜料的油漆以及双组分漆料（胺固化环氧漆、聚氨酯漆等）均不宜采用。浸涂法的漆膜不够平整，易产生上薄下厚，边缘流挂的现象。

2）喷涂法：喷涂是利用喷枪将油漆喷成雾状微小颗粒在弹簧表面上均匀沉积一层漆膜。

喷涂法工作效率高，施工方便，适应性强，而且漆膜厚薄比较均匀、平整、光滑，但喷涂法对油漆的有效利用率仅70%～80%，同时比其他方法需要更多的溶剂，这些溶剂又将全部挥发而损耗太大。另外，由于油漆雾粒扩散弥漫及溶剂的挥发，造成环境污染，影响工人健康。

3）其他：弹簧表面的油漆涂装还有阴极电泳涂装等其他方法，目前阴极电泳涂装在弹簧行业中应用较多，所以在下面单独叙述。

5.2　弹簧表面阴极电泳涂装

阴极电泳涂装——将工件浸入电泳槽内的电泳液中，在外加电场作用下（直流电），使悬浮于电泳液中的阳离子有机涂料粒子向作为阴极的工件迁移，继而沉积在工件上，在工件表面形成连续、均匀细密且不被水溶解的涂层的过程。

电泳涂装是一个极为复杂的电化学反映过程。在电泳涂装过程中伴随着四种化学物理变化，即电解、电泳、电沉积、电渗。

1）电解：水的电解。

2）电泳：在电场作用下，带电聚合物会向带有相反电荷的电极泳动。

3）电沉积：带电聚合物在电场作用下，到达带有相反电荷的电极而沉积。

4）电渗：沉积的电泳涂膜收缩、脱去溶剂和水，形成均匀致密的湿膜。

当涂膜达到一定厚度（漆膜电阻大到一定程度），弹簧表面形成绝缘层，电泳涂装过程结束。

阴极电泳涂装的主要特点：效率高、经济、无毒、安全、污染少，防腐性能优异。

阴极电泳已经越来越多的用于各类压缩小弹簧、扭杆弹簧、稳定杆、悬架弹簧、电力弹簧、拉簧等各种弹性件。对于并圈弹簧需先进行电镀处理，随后再进行阴极电泳。

（1）阴极电泳典型工艺流程：

上件→预脱脂→脱脂→水洗1→水洗2→表调→磷化→水洗3→水洗4→纯水洗1→纯水洗2→阴极电泳→超滤水冲洗→纯水洗3→纯水洗4→　烘干→冷却→下件。

若弹簧有锈迹还应进行除锈。

（2）阴极电泳预处理　脱脂、酸洗、除锈（若必要）、表调和磷化等为下一步电泳做准备的过程称为预处理。

电泳前磷化主要目的：给基体金属提供短期工序间保护，在一定程度上防止金属被腐蚀，并提高涂装膜层的附着力与防腐蚀能力。

阴极电泳处理中的磷化大多采用锌系磷化液。

对于阴极电泳而言，通常采用低温磷化或中温磷化。低温磷化温度在35~45℃，中温磷化温度在50~70℃。弹簧表面磷化并纯水洗后不要烘干。而粉末涂装前的磷化后是要求烘干的。

（3）弹簧阴极电泳工艺过程参数　电泳涂料因固体含量低，黏度小，含颜料颗粒，容易沉淀在槽底，所以平时应24h不间断地搅拌，若遇需翻槽液清主槽，也应在8h内完成。

阴极电泳工艺过程的参数较多。阴极电泳的槽液温度和施工电压高低，电泳时间的长短，涂料中的固体分含量的多少，槽液和阳极液电导率和pH及弹簧电泳后的清洗是否彻底，都会影响到涂层的最终性能。下面分别就工艺过程参数加以叙述。

1）阴极电泳槽液温度和电泳电压：槽液温度控制范围28~32℃，温度过高或过低都会影响涂层的质量，通常槽液温度控制在29~31℃。电泳电压范围90~150V，电泳电压的高低直接影响着涂膜的厚度。电压越高，电场强度越强，电沉积量随之增加，涂膜厚度增大。但是电压过高，会导致电泳漆膜增厚，而且粗糙多孔，致使涂膜外观和性能变差，烘后易出现橘皮现象。电压过低，则电解反应慢，电沉积速度越慢，涂装效率低，涂膜厚度薄。通常是根据电泳涂料厂家建议通过试验验证确定。

对于弹簧，通常施工电压控制在120V左右。

2）阴极电泳时间：通常电泳时间短控制在1~3min。当被涂物件表面几何形状复杂时，控制在3~4min。

对于电镀锌弹簧电泳时间控制在3min以上为佳。

3）涂料固体分：涂料固体分控制在13%~17%。

4）槽液和阳极液电导率和pH：

槽液电导率参数通常控制在1000~2000μs/cm。pH控制在6.2~6.8。

阳极液电导率参数控制范围：300~500μs/cm。pH控制在3~5。

5）电泳后必须经过纯水清洗将弹簧表面的浮漆清洗干净。弹簧经纯水冲洗后，下滴水电导率应控制在50μs/cm以内。

（3）阴极电泳处理的辅助装置

1）阳极系统：酸是阴极电泳过程的副产物，阳极系统可以带走电泳过程中所产生的酸，而使槽液pH和电导率维持稳定，阳极液的电导率通常为300~1200μs/cm，pH为2~5。阳极罩上覆盖着一层阳离子选择性半透膜，只允许酸通过而不允许其返回槽液中。

2）超滤系统和电泳涂装回收系统：阴极电泳超滤装置是电泳涂装线上不可缺少的关键设备，它主要有四个作用：

① 回收由弹簧表面冲洗下来的电泳涂料，提高涂料的利用率；

② 装置产生的超滤水为冲洗出槽的弹簧提供冲洗用水，可形成闭路循环水冲洗系统；

③ 加速新溶液熟化与控制工作液中的溶剂含量；

④ 除去电泳涂料工作液中的杂质。

可以说，去除水溶性离子杂质，稳定电泳涂料工作液，是超滤装置最主要的功能。对于槽液中的颗粒状杂质，则需将槽液通过筒式过滤器过滤掉。

3）纯水装置：在电泳涂料工作液的配制和补充固体含量时，需要去离子水，而在金属表面处理最后水洗，电沉积最后阶段也需用去离子水洗，纯水装置应根据实际情况而定。去离子水的水质要求：电导率≤20μs/cm（25℃）；pH 为 7。

(4) 弹簧电泳处理后的烘干　弹簧在进入烘干前应尽量减少表面水迹，以免影响涂膜外观质量，烘干温度大多在 170～250℃，视产品的大小而确定。如小弹簧加热温度在 180℃，而丝径 18mm 以上的电力用弹簧加热温度在 250℃。

烘干应选用合理的烘干室结构（如箱式炉、U 形烘道式等）、加热方式（如间接加热、强制热风循环）、炉内升温时间及工作温度等，以确保弹簧的涂装质量。

总之，通常弹簧在炉内有效保温段，必须保证弹簧表面温度在 170℃，保温 15min 以上。

5.3 弹簧表面静电粉末喷涂

粉末静电喷涂是用高压静电喷涂枪使粉末涂料雾化并带高压负电荷与接地的工件间形成高压静电场。静电引力使粉雾均匀吸附在工件表面上，经高温固化流干形成均匀的涂膜。粉末涂层厚度一般在 60～80μm 具有较好的力学性能和化学性能，尤其与金属底材的附着力、耐冲击性、耐磨性和耐蚀性等都要优于溶剂型涂料，被广泛用于弹簧行业。

5.3.1 弹簧表面涂装常用粉末材料

弹簧用粉末涂料主要分为：环氧型、环氧/聚酯型、聚脂型三大系列上千个配方数百个品种、颜色，名目繁多。还有聚氨酯、氟碳、丙烯酸等。

1）环氧型粉末：该系列粉末具有优良的硬度和耐化学性能，附着力高、绝缘性能较好。

2）环氧/聚酯型粉末（M）：该系列粉末涂料是以环氧/聚酯体系为基础，因为改善了涂膜性能，耐过度烘烤和耐盐水喷雾性能，使它成为一种用途更广泛的粉末涂料，具有的附着力、耐腐蚀、抗冲击性，光泽可以从 5%～95% 选择，固化条件为 180℃，20min。

3）聚脂型粉末：聚脂粉末涂料具有优良的耐紫外光、耐候性和耐蚀性。

粉末涂料的储存要求：温度低于 30℃，相对湿度小于 50%，不宜堆箱过高，以防粉末结块，特别注意低温固化的粉末涂料保存温度在 20℃左右。

5.3.2 静电粉末喷涂工艺

现在由于汽车、机械类产品对弹簧等零部件的性能和质量要求越来越高，所以弹簧的表面粉末涂装通常都采用半自动或全自动涂装生产线，多数都在弹簧喷丸处理后进入涂装生产线，其工艺流程包括前处理及磷化和喷粉与固化的整个过程，弹簧以悬挂于链轨的方式通过自动线，如图 6-6 所示。

(1) 弹簧静电喷涂工艺流程　弹簧静电粉末涂装根据客户对产品防腐性能要求的不同现在有以下几种工艺流程。

一般产品采用一次喷涂工艺，其工艺流程：

上件→前处理→烘干→喷粉→固化→冷却→下件（图 6-7）。

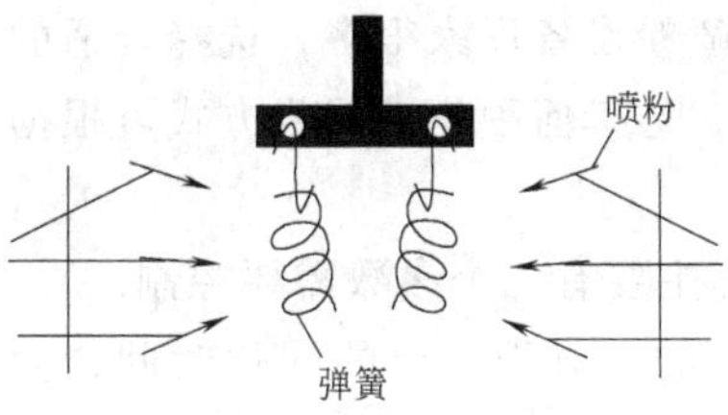

图 6-6　弹簧静电喷涂示意图

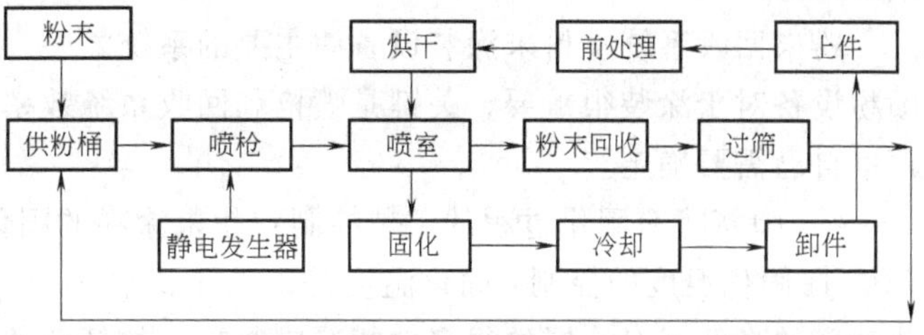

图 6-7　弹簧静电喷涂工艺流程

防腐性能要求较高的产品采用不同粉末两次喷涂的工艺：

上件→前处理→烘干→喷底粉→固化→喷面粉→固化→冷却→下件。

还有的产品使用以下工艺流程：

上件→前处理→烘干→预热工件→喷底粉→喷面粉→固化→冷却→下件。

(2) 对静电喷涂涂装线设备及工艺控制的要求

1) 弹簧表面喷涂对压缩空气的要求：压缩空气是粉末涂装的驱动力，粉末流化、泵送、喷涂均离不开压缩空气。压缩空气中的液体水、油及固体微粒杂质会造成粉末涂层的气泡、缩孔、脱落等弊病，对粉末涂装使用的压缩空气要求是，一般保证施工压力0.6~0.8MPa，油分（0.10~0.15）$\times 10^{-4}\%$，水分1~1.5g/Nm^3，灰尘颗粒5μm5g/Nm^3。所以进入涂装系统的压缩空气必须经过分离和过滤。

要保证涂装用压缩空气的压力稳定和空气的质量必须有一套压缩空气处理装置，这组装置由保压罐、水冷器、冷冻干燥机、油水分离器组成。

而为保证压缩空气中的水分含量，冷却干燥机的出气露点一般要求控制在-20~-15℃。

2) 静电喷涂喷粉枪工作原理：静电喷粉枪的作用是产生良好的电晕放电，在枪与工件之间产生一个由带负电粉粒与带负电的自由粒子组成的云团，在静电场的作用下，使粉末朝正电位的工件定向运动，并吸附于工件表面上，达到喷涂的目的。

静电喷粉枪按带电的方式不同可分为高压电晕喷枪和摩擦静电喷枪。

一般高压电晕喷枪的最高工作电压为120kV，喷粉量为50~400g/min，喷粉的几何图形的直径在150~450mm。

高压静电的输入方式分为枪内供电和枪外供电。无论是枪内供电还是枪外供电，枪体一定要接地。

喷枪的控制是通过控制模块完成，自动喷枪离工件距离150~300mm，供粉气与雾化气可根据实际情况调节。

静电电压：大平面工件一般90kV；凹面及形状复杂工件一般60~75kV；其他工件一般为80kV左右。

摩擦静电喷枪一般由扩散器、充电部摩擦管和喷头组成。其电荷不是来自于电极尖端高压电晕放电，而是由于粉末与枪壁内的特殊高分子材料［通常是聚四氟乙烯（PTFE）和尼龙］之间碰撞、摩擦、接触、离合所产生的，也就是利用摩擦起电原理使粉末带电的。

3) 静电喷涂的喷粉系统和粉末回收系统：静电喷粉涂装在弹簧行业应用广泛，一般涂装线由以下几部分构成：喷室、静电喷粉系统、粉末回收系统、供粉系统、换色组件、手动喷粉机等。

粉末回收系统是粉末涂装设备中主要的系统之一，目前喷粉设备厂家很多，选择合适的喷粉设备对于涂装很重要，关键是喷枪和回收系统效率要高，选择何种粉末回收方式可根据厂家自己需要确定。

4) 弹簧喷粉固化过程的工艺控制：粉末涂料的固化过程主要有三个参数需要控制。

① 固化温度的控制：固化温度是由粉末涂料的特性决定的，对于一定的固化时间，固化温度的高低将对涂层的很多性能造成影响，如颜色的深浅、附着力、抗冲击性能等。烘箱的温度控制应采用自动控制，控制精度一般应能达到±1℃。

② 固化时间的控制：固化时间的控制要注意以下两个问题，以避免实际固化过程处于失控状态。

a）实际固化时间不确定。固化时间严格来讲应是零件表面达到固化温度后的保温时间。一般实际生产中控制的是零件在烘箱中的总时间。升温是不确定的，它和室温、工件数量等因素均有关系，这样就造成实际固化时间的差别。

b）工件材料、重量不同造成的实际固化时间的差异。

③ 温度均匀度的控制：烘箱内温度均匀度主要由烘箱性能和烘箱内零件情况两个因素决定。烘箱的温度均匀度应能达到 ±5℃，在生产中还应注意尽量减少零件的装载和形状、尺寸等因素对循环气流的影响而造成温度不均。

6　弹簧表面处理的质量检验

弹簧表面处理质量检验，主要包括外观检验、耐蚀性检验、保护层结合力检验及氢脆性检验，必要时还需检验保护层的厚度。

对每一种弹簧根据其使用条件和不同的表面处理方法，将检查上述的有关项目。一般情况下在零件产品图或相应的技术标准中有检验项目和检验方法的规定。

（1）外观检验　外观检验是最基本、最常用的检验项目。表面处理外观不合格的弹簧，就不需要进行下面其他项目的检验了。

弹簧表面处理后，应光亮美观、颜色正常，无沉积、斑点、起泡、脱落、深划痕和阴阳面等缺陷，但可允许有不损害外观及不降低耐蚀能力的小毛病（如皂化或钝化液痕等）。

氧化处理和磷化处理在浸油（或浸漆）前，就应对氧化膜和磷化膜的外观进行检查。浸油（或浸漆）后，同样有必要再对外观进行成品检验。

按外观，表面质量可分为合格品、返修品和废品。返修弹簧要清除不合格保护层后重新处理。但多次返修不合格及过腐蚀弹簧只能报废。

（2）耐蚀性检验　弹簧的耐蚀性检验是针对弹簧表面处理质量的最重要的检验项目。目前弹簧产品最常用的试验项目就是中性盐雾试验。盐雾试验可适用于各种表面处理方法的弹簧，具体方法为：按 GB/T 10125—2012 要求进行。涂层经盐雾试验后，按涂层上出现红锈的时间从 120～1000h，分为四个等级。

但盐雾试验的试验周期较长，所以就有一些相对比较快速的试验方法来评价弹簧表面的耐蚀性其中主要有浸泡法与点滴法。

点滴法采用的点滴液一般为硫酸铜（质量分数为 2%）溶液。检验时，用酒精将弹簧表面擦干净。滴硫酸铜溶液若干，同时开动秒表，氧化膜（发黑）20s 后不出现铜的斑点，磷化膜 3min 以上不出现铜的斑点为合格。

浸泡液一般是质量分数为 2% 的硫酸铜溶液或 3% 的食盐溶液。

对于氧化膜，浸泡在质量分数为 2% 的硫酸铜溶液里，在室温下保持 20s 后将弹簧取出，用水洗净表面，没有红色接触点者为合格。如果是浸泡在质量分数为 3% 的食盐溶液里，15min 后取出，没有锈迹为合格。

对于磷化膜，浸泡在质量分数为 2% 的硫酸铜溶液里。在室温下保持 3min 后将弹簧取出，用水洗净表面，没有红色接触点者为合格。如果是浸泡在质量分数为 3% 的食盐溶液里，2h 后取出，没有锈迹为合格。也可以在质量分数为 3% 的食盐溶液里浸泡 15min 后，取出用水洗净，放置于空气中晾干30min，不出现黄锈者即合格。

除以上常规的检验方法外，由于使用弹簧较多的汽车与机械产品对弹簧的质量要求比较高，一些大型的跨国企业对一些重要的弹簧有特殊的试验项目，如湿热试验（在指定的温度和湿度条件下的试验）、循环腐蚀试验（温度、湿度和盐雾周期性的循环条件下的试验）和碎石冲击试验（针对要求较高的汽车悬架弹簧）等，弹簧生产企业需要根据用户的需要配备相应的试验设备和技术能力。

（3）结合力检验　保护层的结合力（也称结合强度）是指镀层或涂层与基体或中间层相结合的牢固程度，也称为附着力试验。

结合力的检验同样有各种各样的试验方法，对于非电解的富锌金属涂层就有胶带试验（按 GB/T 5270—2005）和划格法（见本章4.3节）。还有下面的几种试验方法：

1）镀层附着力试验：将弹簧经220℃，30min处理后，立即放入室温的水中，镀层没有起泡、裂纹即为合格。

2）弹簧材料直径较小时，可用同样的钢丝与弹簧一起，随槽表面处理取样。料径 $d<$ 1mm 时，将钢丝试样绕在相当料径3倍（$=3d$）的轴上；料径 $d\geqslant1$mm 时，则将铜丝试样绕在与料径等径的轴上，平绕5～10圈，不得有起皮或脱落现象。

3）弹簧材料直径较大时，可用锉刀沿保护层45°方向锉动，或用钢针（或刀片）在镀层上交叉划割，观察交叉处或锉动处有无起皮、脱落现象来定。

4）镀锌或镀铬弹簧，判断镀层的结合力，可将弹簧抽样，在电阻炉中加热到180～200℃经1h之后，观察镀层是否突起脱落。

（4）氢脆性检验　弹簧材料的强度很高，再加上成形时产生变形严重，故对氢脆特别敏感（特别是曲率半径较小的小螺旋弹簧或片弹簧），实际生产中，常因氢脆造成大批弹簧报废。

检查弹簧氢脆的方法较为简单。对螺旋弹簧，可施以适当的强压（或强拉、强扭）负荷；对片弹簧，也可根据具体情况进行施力变形，经过一定的时间（如24h），观察是否有裂缝或断裂。如果是弹簧裂断，再把断了的弹簧夹在虎钳上，用钳子夹住外伸部分用力弯曲，氢脆的弹簧常在45°～90°的弯曲角度内，以很脆的形式发生断裂。

（5）镀层（涂层）厚度检验　为了保证保护层的抗蚀能力，镀（涂）层应有足够的厚度。镀层厚度可用千分尺、塞规、螺纹环规等检查。也可用化学方法或金相方法测量。

镀层厚度检查的化学方法常为点滴法。测量时，将溶液用吸管滴在测量部位，待所滴溶液保持1min后用药棉擦去，再滴第二滴，直至暴露出基体金属为止。最后，根据总滴数来计算镀层厚度。

不同的镀层，其点滴液的成分或配方不同。例如锌镀层点滴液的配方为：

碘化钾 KI　　200g/L

碘 I　　100g/L

溶液用蒸馏水配制，每滴溶液在不同温度下所除去的镀层厚度见表6-11。

表6-11　每滴溶液除去的镀层厚度

温度/℃	10	15	20	25	30	35
除去厚度/μm	0.78	1.01	1.24	1.45	1.63	1.77

一般对每一种表面处理层的厚度都有其常用的合适检查方法，如磷化处理的膜层厚度、非电解金属涂层的厚度的检查，见本章6.3与6.4。

第 7 章　弹簧的检测和试验㊀

1　概述

弹簧检查的目的是对弹簧的质量进行评定，为全面质量管理提供依据。通过各种试验方法和手段对弹簧各种性能进行测定，从而把弹簧的质量定量化和数据化，为质量检查提供正确的评定依据，因此，试验也是检查的一种手段，两者是不可分的，所以有时统称为检验。

根据弹簧的生产技术要求，按生产流程可以将检验分为材料检验、工艺过程检验、产品检验和包装检验等。每个检验环节又包括多种检验项目，所以说弹簧生产过程与产品质量检验是多样性的。但是不论哪一种检验项目都可以根据具体情况进行全数检验和抽样检验。全数检验就是对检验对象逐个百分之百地进行检验。抽样检验则不是逐个进行检验，而是在整个检验对象（称为整体）中，按照一定的理论规范抽取其中一部分组成样本，然后对样本进行逐个检验。在对样本的检验数据进行统计分析的基础上，对整个检验对象（整体）作出评定。

对于批量化生产的弹簧，对生产流程中任一项检验采用全数检验，有时是不经济的和不可能的，尤其是带有破坏性的检验项目（如疲劳和冲击强度等试验）更是不可能。因此，对于批量化生产，在质量比较稳定的情况下，尽可能采用抽样检验。

全数检验适用的范围：

1）批量小的弹簧，如少于 50 件；

2）特殊重要的弹簧，损坏后会危及人身安全和重大经济损失的，如核电站、航空发动机、地震仪等用弹簧；

3）可以自动检测的项目，如弹簧的载荷、自由高度等。

抽样检验适用的范围：

1）批量大的弹簧，超过 500 件；

2）费用高、周期长的检验项目，如疲劳试验、蠕变和松弛试验等；

3）带有破坏性的检验项目，如冲击试验，金相组织、脱碳和硬度试验等；

4）存在一定程度的不合格，不会引起很大影响的检验项目，如端圈间隙、垂直度等；

5）批量大，而不能进行自动检验的项目，如弹簧的表面质量等。

全数检验和抽样检验的适用范围是相对的。随着技术的发展，可以自动检验的项目会增加，原来抽检项目也可以转为全数检验。在进行抽样检验时，可遵循的标准有《计数抽样检验程序　第 1 部分：按接收质量限（AQL）检索的逐批检验抽样计划》（GB/T 2828.1）、《周期检验计数抽样程序及表（适用于对过程稳定性的检验）》（GB 2829）和《圆柱螺旋弹簧　抽样检查》（JB/T 7944—2013）。

弹簧种类繁多，本章主要介绍圆柱螺旋弹簧产品的检验和要求，可作为其他弹簧进行检验的参考。各自的检验项目和要求可参照各个弹簧的技术标准和规范（GB/T 1239.1～1239.3）而确定。

㊀ 参照项松年主编的《弹簧制作工艺学》，机械工业出版社出版。

圆柱螺旋弹簧的检验分为静态检验和动态检验两类。静态检验的项目有弹簧的材料、弹簧的几何尺寸、弹簧的特性、立定和永久变形、弹簧表面质量、弹簧热处理质量等。动态检验的项目有疲劳性能和耐冲击性能等。

在同一弹簧上进行多项检验，为了保证检验项目的实现，应注意其检验项目的前后次序。一般原则为受到其他检验项目检验过程影响的项目，应列为优先检验项目，经过检验后不会对其他项目检验结果造成影响的项目，列为优先检验项目；带有破坏性的检验项目应安排在其他检验项目之后进行。

检验程序大致为：①表面氧化层和磷化层质量的检验，表面涂层和镀层质量的检验；②弹簧自由高度（长度）的检验；③弹簧立定和永久变形的检验；④弹簧几何尺寸和特性检验；⑤弹簧疲劳性能和松弛性能试验；⑥弹簧硬度、金相及低倍检验。

弹簧盐雾和热松弛试验应单独进行。

2 弹簧材料的检验

材料检验包括材料的包装质量、几何尺寸和表面质量检验，力学性能检验、金相检验和成分分析等，它的任务是防止不合格的原材料投入生产。

2.1 弹簧材料表面质量的检验

如第9章所述，弹簧在工作时材料截面的应力分布是不均匀的，最大应力都出现在材料的表面，弹簧若发生疲劳断裂，其疲劳源亦大都起源于材料的表面，尤其是材料表面的缺陷部位，它往往是首先形成疲劳源的位置。故材料表面质量对弹簧的工作寿命影响很大。弹簧材料的质量标准中对表面质量均有规定和要求。但为确保弹簧质量，在投料前应对原材料的表面进行复检。

（1）弹簧钢丝表面常见缺陷　钢丝表面常见缺陷有下列数种。

1）裂纹　主要是材料制造过程中造成的，裂纹沿拉拔方向延伸，深度可从百分之几毫米到1mm以上，呈纵向分布。有裂纹的材料不能用来制造弹簧。

2）鳞皮　材料坯料的氧化皮或杂质清除不良造成的，用手触摸可感觉到材料表面粗糙不平，有时尖刺会刺入手指，轻微的鳞皮用手触摸时可能不被发现，但卷成弹簧后会发现弹簧表面有起皮或起皱的现象，鳞皮现象严重的材料不能用来制造弹簧，局部有鳞皮的卷成弹簧后要予以剔除，轻微的可以通过抛丸消除，有局部鳞皮现象的材料，可以考虑制造不重要的弹簧。

3）划痕和拉丝　主要是拉拔时模具的孔不光洁或润滑不良引起的，卷簧时滚轮、导丝板、顶杆等工具表面粗糙也会在弹簧的表面形成拉丝。原材料的拉丝一般沿拉拔方向分布。对划痕和拉丝深度不超过钢丝规定公差的可以制造要求不高的受静载荷的弹簧，不宜用来制造疲劳性能要求高的弹簧，如气门弹簧、柱塞弹簧等。

4）凹坑　大多是杂质或氧化皮在钢丝拉拔时附着在钢丝的表面，以后又脱落形成凹坑，局部有凹坑的材料，卷成弹簧后应剔除其中表面有凹坑的弹簧。凹坑分布面很广的材料，则不宜用来制造弹簧。

5）锈蚀　造成锈蚀的原因一是材料出厂前防锈不良，另一种可能是保管不当所造成的，锈蚀轻微的材料，经砂纸轻轻打磨能去除。没有形成明显腐蚀坑的可以考虑使用，已造成腐蚀坑的则不宜用来制造弹簧。

6）发纹　也称发裂，深度较浅，严重的发裂，目视可以观察到材料的表面有发状的细丝，用手去拉发状细丝可以撕下，有发纹的材料不宜用来制造弹簧。

7）竹节　这种钢丝用手触摸可以明显地感到粗细不均，似竹节，这种弊病大都是在拉丝过程中造成的，以较细的钢丝为多见。有竹节的钢丝影响卷簧的工艺性能，造成卷簧时内外径控制不稳，影响弹簧负荷。因此对内外径和负荷要求较高的弹簧，不能使用带有竹节的钢丝，对内外径要求不高，而又无负荷要求的弹簧则可以考虑使用。

（2）弹簧材料表面缺陷的检查　碳素弹簧钢丝和重要用途碳素弹簧钢丝的表面质量规定应作逐盘检查，检验方法是将材料表面的防锈油用软布揩干净后目视观察，必要时用不大于10倍的放大镜检查，允许有深度不超过钢丝直径公差之半的个别小拉痕及润滑涂层。琴钢丝中G组表面拉痕允许深度不得超过0.02mm，钢丝直径不大于2mm时，拉痕允许深度不得超过0.01mm。供航空工业用琴钢丝，当直径小于3.5mm时，其表面拉痕的允许深度不得超过0.01mm，当直径大于3.5mm时，其表面拉痕的允许深度不得超过0.02mm。

除目视检查外，直径1mm以上的钢丝应进行盐酸腐蚀试验，经酸浸试验后的钢丝表面不得有裂纹、折叠等缺陷。酸浸试验的抽样数量规定为10%，不少于三盘，取样部位为原材料的端头，酸浸试验方法是将试样置于沸腾的30%盐酸水溶液中。浸置时间：直径不大于2.6mm的钢丝约5min；大于2.6mm的钢丝为10min。

油淬火回火弹簧钢丝的表面应光滑，不应有对钢丝使用可能产生有害影响的划伤、裂纹、锈蚀、折叠、结疤等缺陷；允许有最大深度不超过表7-1规定深度的缺陷。

表7-1　表面缺陷允许的最大深度　（单位：mm）

钢丝直径 d	高疲劳	中疲劳	静　态
0.50～2.00	0.01	0.015	0.02
>2.00～6.00	0.5% d	0.8% d	1.0% d
>6.00～10.00	0.7% d	1.0% d	1.4% d
>10.00～17.00	—	0.10	0.20

注：表面质量采用酸浸试验进行检验，用于酸浸试验的试样不得存在加工应力。

2.2　弹簧材料力学性能的检验

弹簧材料力学性能检验的项目有拉力试验、扭转试验、弯曲试验及缠绕试验等。常用弹簧钢丝力学性能检验的具体要求见表7-2。

表7-2　常用弹簧钢丝力学性能检验项目和要求

钢丝名称	抗拉强度	缠绕试验	扭转试验	弯曲试验	卷绕试验	断面收缩率
冷拉碳素弹簧钢丝（GB 4357）	逐盘两端	直径小于4mm的钢丝，其心轴直径等于钢丝直径，直径大于或等于4mm的钢丝，其缠绕心轴直径为钢丝直径的两倍，缠绕二圈后试样表面不得产生裂纹和断裂	逐盘两端，扭转时，钢丝在规定次数以内，表面不得有肉眼可见的裂纹和分层	直径大于6mm的钢丝应进行弯曲试验，弯曲试验后的试样表面不得产生裂纹或折断		

（续）

钢丝名称	抗拉强度	缠绕试验	扭转试验	弯曲试验	卷绕试验	断面收缩率
重要用途碳素弹簧钢丝（YB/T 5311）	逐盘两端各1	直径小于4mm的钢丝，其心轴直径等于钢丝直径，直径大于或等于4mm的钢丝，其缠绕心轴直径为钢丝直径的两倍，缠绕五圈后钢丝不得折断和产生裂纹	扭转变形应均匀，表面不得有裂纹和分层，断口应垂直于轴线	直径大于1mm的钢丝应进行弯曲试验，弯曲试验后的试样不得产生裂纹或折断		
琴钢丝						
油淬火-回火弹簧钢丝（GB/T 18983）	一盘或一轴内钢丝抗拉强度允许的波动范围：高疲劳级钢丝不超过50MPa；中疲劳级钢丝不超过60MPa；低疲劳级钢丝不超过70MPa	直径＜3.00mm的钢丝应进行缠绕试验，心轴直径等于钢丝直径，试验后其不得产生裂纹或断开，钢丝在心轴上缠绕至少四圈	直径为0.70mm～6.00mm的钢丝应进行扭转试验，试样标距长度为钢丝直径的100倍，单向扭转试验向一个方向扭转至少三次直到断裂，断口应平齐，中疲劳级钢丝和高疲劳级钢丝也可选用双向扭转试验	直径＞6.00mm的钢丝应进行弯曲试验，钢丝绕直径等于钢丝直径2倍的心轴弯曲90°，试验后不得出现裂纹	直径＜0.70mm的钢丝进行卷绕试验，试样长约500mm，均匀地密绕在心轴上，心轴直径为钢丝公称直径的3～3.5倍，把绕好的线圈从心轴上取下后拉长，使其在松开后达到线圈原始长度的约3倍，在此状态下线圈螺距和圈径应均匀	直径大于1.0mm的钢丝应检验断面收缩率

除了上述检验项目外，还要求同一盘原材料硬度基本一致，否则会造成卷簧时外径控制不稳，簧圈之间的同心度变差，甚至会在有些簧圈上产生棱角，这种现象在自动卷簧机卷簧时尤为明显，硬度不均的原材料不能在自动卷簧机卷簧时，改用半自动卷簧机上卷簧，上述现象会有所改善。

用于制造弹簧的材料，要求平整度好，包装打开后不能散开成“8”字形。这种现象在铜合金和弹簧用不锈钢丝中较为多见，平整度平不好的材料也往往造成卷簧过程中外径控制困难和端圈隙缝等弊病。

2.3 弹簧材料金相组织的检验

材料的金相检验主要目的是检查微观缺陷，如脱碳层的深度、夹杂物和金相组织形态等。材料的表面缺陷如折叠、凹坑等则可以通过金相检验进一步定量地确定缺陷的深度。原材料金相检验的试样一般取纵横两个截面，横截面的检查项目主要有：

1）试样自外层边缘到中心部位金相组织的变化，有否偏析石墨碳及其他异常组织；

2）表面缺陷的检查如脱碳、折叠、凹坑的深度及在截面上的分布情况；

3）晶粒度大小的测定、非金属夹杂物在整个截面的分布。

纵截面的检查项目主要有：

1）材料的带状组织。

2）非金属夹杂物在纵向的分布情况。

3）观察晶粒度的拉长程度。

金相检验的取样部位一般取材料的两个端头，因为这一部位往往是缺陷比较集中的地方，对于热轧材料可通过砂轮切割或其他方法截取试样，线径较细的材料试样截取后要经过镶嵌后才能观察。

2.4　弹簧材料化学成分的检验

（1）弹簧材料化学成分的定性分析　常用的方法有火花鉴别法与验钢镜。火花鉴别法的检查方法简单，设备只需一台砂轮机。根据材料在砂轮上打磨时产生的火花束长度和花型特征确定原材料的成分。试验宜在暗处进行，如在室外则要避免阳光的直射而影响火花的色泽及清晰程度。材料和砂轮接触时，使火花束大致向略高于水平方向发射。火花鉴别法的缺点是只能对材料的化学成分做出大致的判断，要求检验人员有一定的经验，否则容易造成错判。为了防止错觉，可准备一些已知化学成分的样棒，与被检样品进行对照。

验钢镜是根据材料在产生电弧时，材料内的化学元素会产生不同的光波辐射的原理而对它们的成分作出鉴别。常用的34W型验钢镜可以在$(3.9\sim7)\times10^{-7}$m范围内，对材料进行快速光谱分析，不同波长的光波经仪器的会聚、色散、聚焦通过目镜就可看到一组明亮的谱线，根据谱线分布的特定位置和强度就能确定材料所含元素的成分及大致含量。

（2）弹簧材料化学成分的定量分析　首先在材料上取下一定数量的金属屑，然后通过各种化学反应并加以滴定确定其中的含量。定量分析的优点是精确，但操作手续较繁，速度较慢。现在许多元素的含量的定量分析已可采用仪器自动测定。

3　弹簧的检测

弹簧的主要检验内容有外观、性能、尺寸、热处理、表面处理、喷丸处理及特殊要求的检测。一般情况下，弹簧的检验项目和许用公差按有关标准的规定，对应各种弹簧的用途进行选择。若顾客有特殊要求时，则按顾客的图样、检验基准等进行检验。

3.1　弹簧尺寸的检测

螺旋弹簧尺寸偏差不但会影响它本身的装配和互换性，而且也会引起它本身负荷偏差。一般弹簧的检验内容见表7-3。

表7-3　弹簧尺寸检验内容及所用检验器具

序号	检验内容	代号	检测用计量器具	备注
1	弹簧材料直径	d	游标卡尺或千分尺	矩形截面：边长 异形截面：形状
2	自由高度（长度）	H_0	游标卡尺、游标高度尺、钢卷尺、平板、工具显微镜、投影仪、长度分选机	
3	外径或内径	D_2、D_1	游标卡尺、止规、通规	
4	总圈数	n_1	目测	
5	端头间隙及厚度		塞尺、游标卡尺	
6	节距及均匀度	t、δ	游标卡尺、塞尺、负荷试验机、弹簧尺寸测量仪	
7	压并高度	H_b	负荷试验机	
8	磨削面（角度、表面粗糙度）		角度规、表面粗糙度测试仪、弹簧尺寸测量仪	
9	垂直度	⊥	平板、塞尺、宽度角尺、弹簧尺寸测量仪	
10	两端面平行度	//	平板、百分表、弹簧尺寸测量仪	
11	直线度	—	平板、塞尺	
12	两钩环相对角度	△°	平板、角度规、投影仪	
13	钩环中心面与轴心线位置度	△	平板、角度规、投影仪	
14	钩环钩部长度	h	游标卡尺、投影仪	
15	自由角度	ψ_0	工具显微镜、投影仪	
16	扭臂长度	L	工具显微镜、投影仪	
17	扭臂弯曲角度	α	工具显微镜、投影仪	

注：游标卡尺精度一般不低于0.02mm。

以螺旋拉伸和压缩弹簧为例，载荷与几何尺寸的关系式为

$$F=\frac{Gd^4 f}{8D^3 n}$$

载荷偏差为

$$\Delta F=4F\frac{\Delta d}{d}-3F\frac{\Delta D}{D}+F\frac{\Delta f}{f}-F\frac{\Delta n}{n}$$

式中，ΔF、Δd、ΔD、Δf 及 Δn 分别代表载荷、材料直径、弹簧直径、变形量及工作圈数的偏差值。它们相互影响，且

$$\frac{\Delta F}{F}=4\frac{\Delta d}{d}$$

$$\frac{\Delta F}{F}=3\frac{\Delta D}{D}$$

前式假设除材料直径 d 有偏差外其他各项参数均无偏差；后式假设除直径 D 有偏差外其他各项参数均无偏差。此两式说明 d 与 D 的偏差对于载荷的偏差影响较大，例如 d 的 1/100 的偏差会引起 F 的 4/100 的偏差，D 的 1/100 的偏差会引起 F 的 3/100 的偏差。

3.1.1 压缩弹簧几何尺寸的检测

压缩弹簧几何尺寸检测项目多，而且具有代表性，下面较为详尽地阐述其检测方法和要求。

（1）弹簧材料直径的检测　检测弹簧材料直径一般用游标卡尺或千分尺，必要时可以采用工具显微镜，例如测量较细的钢丝直径或非圆形截面的形状等。对采用自动卷簧机卷绕的旋绕比较小及退火状态合金钢丝的弹簧，尤应注意检测。这是因为加大送料力而压紧送料滚轮后，经常发生将钢丝压扁成椭圆状的情况，从而影响载荷（变小）及弹簧压并高度 H_b（变大），如图 7-1 所示。

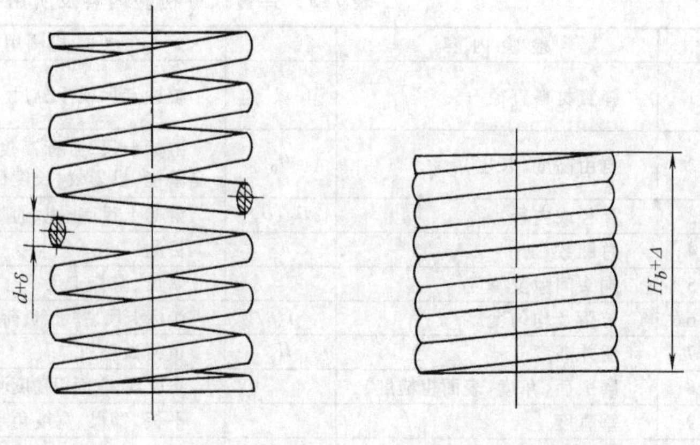

图 7-1　材料直径压扁及对弹簧压并高度的影响

（2）弹簧自由高度（长度）的检测　弹簧一般放在水平位置测量，只有在确认弹簧直立放置时自重对弹簧高度或长度无明显影响时，允许置于直立位置测量。弹簧自由高度或长度 $H_0>500$mm 时用普通钢卷尺测量，$H_0\leqslant 500$mm 时用游标卡尺或高度尺测量。$H_0<50$mm 的小型圆柱螺旋弹簧可放在工具显微镜或投影仪上测量。用卡尺测量时，应避免卡得过紧而造成弹簧自由高度的变形。弹簧的最高点或最长点即为弹簧的自由高度或自由长度。

除了采用通用量具测量自由高度外，在批量生产时常采用图 7-2 所示专用量具或自由高度分选机检测。

弹簧自由高度或自由长度的极限偏差按表 7-4 的规定。当弹簧有特性要求时，自由高度或长度作为参考。

(3) 外径或内径的检测 图样标注外径和中径尺寸的弹簧，以测得的外径尺寸为准，图样标注内径的弹簧，以测得的内径尺寸为准，图样同时标注弹簧内、中、外径中任意一项以上的，则以测得的外径尺寸为准。变径弹簧除图样有特殊规定外，以测其两端1/4圈位置的尺寸为准。

弹簧直径测量时，用游标卡尺，其中一个测量爪至少应与两个簧圈相接触，测量爪应与端圈平面保持垂直位置。测外径时以测得的最大点为准，测内径时，以测得的最小点为准。

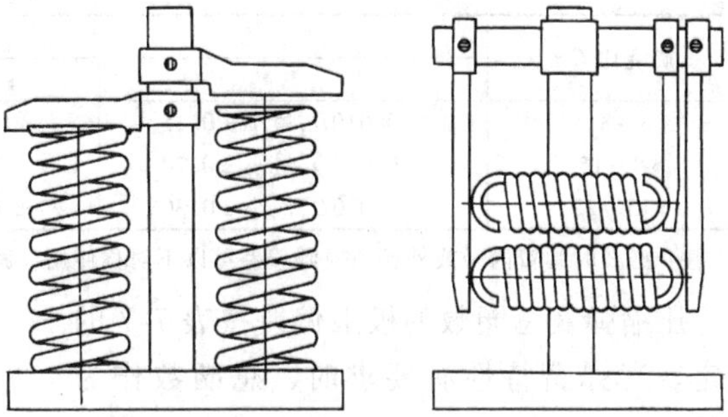

图 7-2 弹簧自由高度和自由长度检测专用量具
a) 自由高度检测用 b) 自由长度检测用

表 7-4 弹簧自由高度或自由长度极限偏差 (单位：mm)

旋绕比 C	精度等级		
	1	2	3
3~8	$\pm 0.010H_0$,最小 ±0.2	$\pm 0.020H_0$,最小 ±0.5	$\pm 0.030H_0$,最小 ±0.7
>8~15	$\pm 0.015H_0$,最小 ±0.5	$\pm 0.030H_0$,最小 ±0.7	$\pm 0.040H_0$,最小 ±0.8
>15~22	$\pm 0.020H_0$,最小 ±0.6	$\pm 0.040H_0$,最小 ±0.8	$\pm 0.060H_0$,最小 ±1.0

注：必要时弹簧自由高度或自由长度的极限偏差可以不对称使用，其公差值不变。

当弹簧生产批量大时，检测可采用专用弹簧检测套筒或检查心轴（图 7-3）。使用套筒或心轴也能发现弹簧端圈胀大、缩小及毛刺等质量问题。有的场合也可用一定长度的套筒或心轴（又称检测样圈或样棒）能否自由通过弹簧来检查直径。表 7-5 推荐采用此种方法时的检测套筒及心轴尺寸。

弹簧外径或内径的极限偏差按表 7-6 的规定。

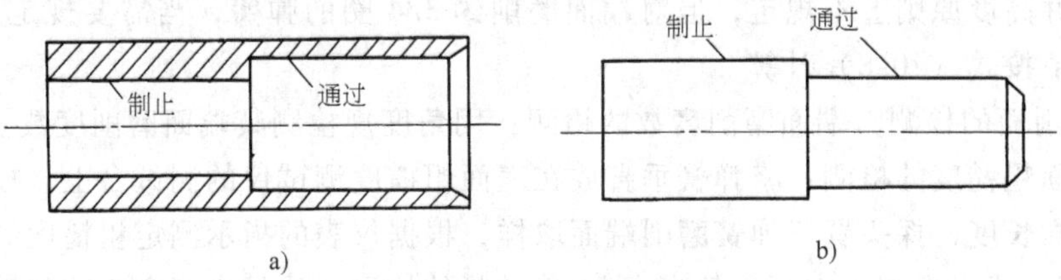

图 7-3 检测弹簧用套筒和心轴
a) 检查套筒 b) 检查心轴

表 7-5 弹簧内外径专用检测工具荐用尺寸

检测方法	套筒		心轴		样棒		样圈	
	长度	内径	长度	外径	高度	外径	高度	内径
1	$0.9H_0$	$1.05D_2$	$1.1H_b$	$0.95D_2$	$1.1H_b$	$0.96D_1$	$0.9H_b$	$1.05D_2$
2	$3t$	$1.04D_2$	$3t$	$0.96D_2$	$3t$	$0.96D$	$3t$	$1.04D_2$

(4) 总圈数的检测 弹簧的总圈数一般用目测，当总圈数允许误差小于等于 0.1 圈时，用专用量具检测。

表7-6 弹簧外径或内径的极限偏差 （单位：mm）

旋绕比 C	精度等级		
	1	2	3
3~8	±0.010D,最小±0.15	±0.015D,最小±0.20	±0.025D,最小±0.40
>8~15	±0.015D,最小±0.20	±0.020D,最小±0.30	±0.030D,最小±0.50
>15~22	±0.020D,最小±0.30	±0.030D,最小±0.50	±0.040D,最小±0.70

注：必要时弹簧内径或外径的极限偏差可以不对称使用，其公差值不变。

压缩弹簧总圈数的极限偏差按表7-7的规定。当弹簧特性有要求时，总圈数作为参考。

表7-7 压缩弹簧总圈数的极限偏差

（单位：圈）

总圈数 n_1	极限偏差
≤10	±0.25
>10~20	±0.50
>20~50	±1.00

注：必要时弹簧总圈数的极限偏差可以不对称使用，其公差值不变。

拉伸弹簧总圈数作为参考，当钩环位置有要求时，应保证钩环位置。

（5）端头间隙及端厚的检测 端头间隙的检测：将塞尺从端头间隙处插入，以刚自由通过为准。端厚的检测：用塞尺插入弹簧的间隙处，以恰好塞紧为准，游标卡尺的尾部抵住塞尺，尺身垂直于端头，测出端头厚度。

（6）节距及均匀度的检测 按照图样计算出弹簧的全变形量，然后将弹簧置于载荷试验机上压缩到规定的变形量，并将灯光置于弹簧后，根据透光程度判断正常节距有无接触。对于等节距弹簧在压缩到全变形量的80%时，其正常节距圈不得接触，或用弹簧尺寸测量仪直接检测。

（7）压并高度的检测 将弹簧置于载荷试验机上压至并紧测量其高度。将弹簧放于负荷试验机上下压板之间，加压至位置表盘指针停止位置，此时的读数为弹簧的压并高度。弹簧的压并高度，由于成形时钢丝的变形，弹簧端头厚度的不均匀，总圈数的波动，圈之间的间隙等导致比计算值大。注意，弹簧压缩至压并高度时若超过许用应力，将导致弹簧发生永久变形，因此，必须考虑压并应力。

弹簧压并高度原则上不规定，但对端面磨削约3/4圈的弹簧，当需要规定压并高度 H_b 时，其最大值按式（10-8）计算。

（8）磨削面的检测 端面磨削度数的检测：用角度规检测其端面磨削度数。

磨削表面粗糙度的检测：将弹簧垂直放在表面粗糙度测试仪的测试台上，按GB 1031的规定调整取样长度，探头置于弹簧磨削端面取样，根据仪表的指示测定粗糙度的轮廓算术平均偏差 R_a 值。或者微观十点不平整高度 R_a 值。具体检测方法见本章3.4节弹簧磨削端面粗糙度的检测。

在检测磨削表面粗糙度时，允许与经过测定的其他磨削表面进行对照评定，如有争议，则以粗糙度测试仪测得数据为准。

两端圈并紧并磨平的弹簧支承圈磨平部分大于或等于3/4圈；其表面粗糙度 R_a 不大于12.5μm，端头厚度不小于1/8d。

（9）垂直度的检测 弹簧垂直放置在平板上，在无载荷状态下，弹簧对宽座角尺自转一周，找出弹簧端圈与宽座角尺之间的最大间隙（端头至1/2圈处考核相邻第二圈），用塞尺测量间隙的大小，一端测试结束后测量另一端，如图7-4所示。

两端面经过磨削的弹簧，在自由状态下，弹簧轴心线对两端面的垂直度按表7-8的规定。

(10) 两端圈之间平行度的检测　弹簧垂直放置在平板上，用百分表测出端圈磨削面部位的示值变化，其最大值和最小值之差，即为弹簧两端圈间的平行度偏差。

(11) 弹簧直线度的检测　将弹簧水平放置于平板上，滚动一周，确定其最大弯曲部位，用塞尺测量最大弯曲处与平板间的间隙Δ（图7-5）。所测间隙即为直线度偏差。

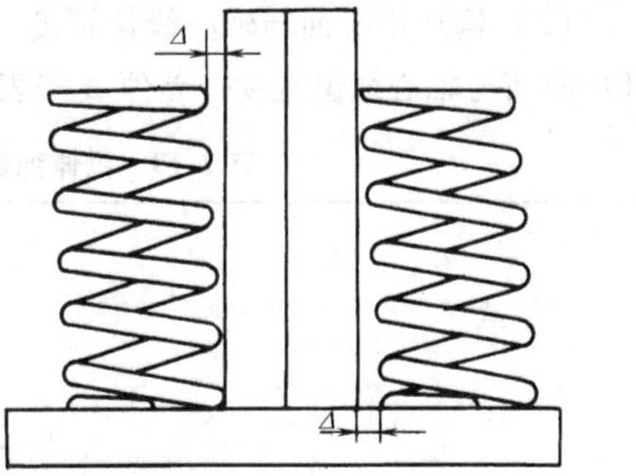

图7-4　压缩弹簧垂直度的检测

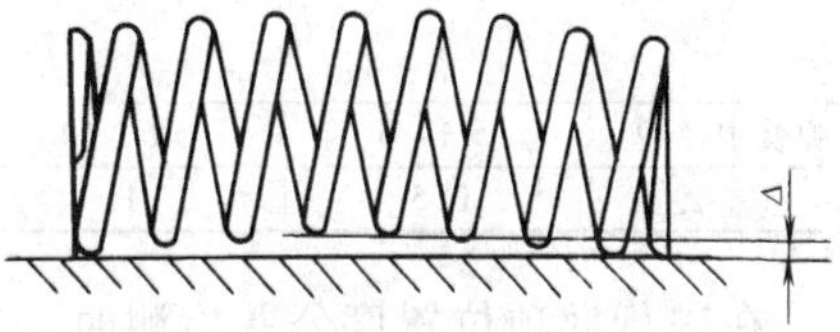

图7-5　压缩弹簧直线度的检测

表7-8　螺旋压缩弹簧轴心线对两端面的垂直度允许偏差　（单位：mm）

精度等级	1	2	3
垂直度	$0.02H_0$(1.15°)	$0.05H_0$(2.90°)	$0.08H_0$(4.60°)

注：对于细长比（$b=H_0/D$）≥5，其垂直度由供需双方协商。

3.1.2　拉伸弹簧尺寸的检测

拉伸弹簧几何尺寸检测内容大致有：材料直径、自由长度、弹簧直径、总圈数、两钩环相对角度、钩环中心面与弹簧轴心线位置度、弹簧钩环部长度等。前四项的检测参照压缩弹簧的检测方法进行，下面主要介绍后几项的检测方法。

(1) 两钩环相对角度的检测　拉伸弹簧两钩环相对角度的公差Δ值按表7-9的规定。

检测方法为，将弹簧水平放置在平板上，其中一端钩环面与宽座角贴紧。用角度规测量弹簧另一端钩环面与平板的夹角α，两钩环相对角度公差$\Delta=\alpha-90°$。

两钩环相对角度的检测也可采用专用量具（图7-6）。检测时，弹簧一端的钩环放在量具上，用夹紧机构1夹紧，在另一端，用角度规测量钩环的偏斜角Δ，即相对角度公差。

表7-9　拉伸弹簧两钩环相对角度公差值

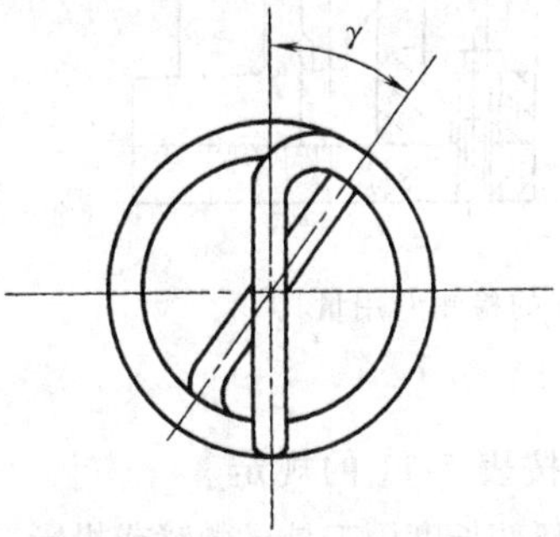

弹簧中径 D/mm	两钩环相对角度公差 Δ/(°)
≤10	35
>10～25	25
>25～55	20
>55	15

注：摘自GB 1239.1。

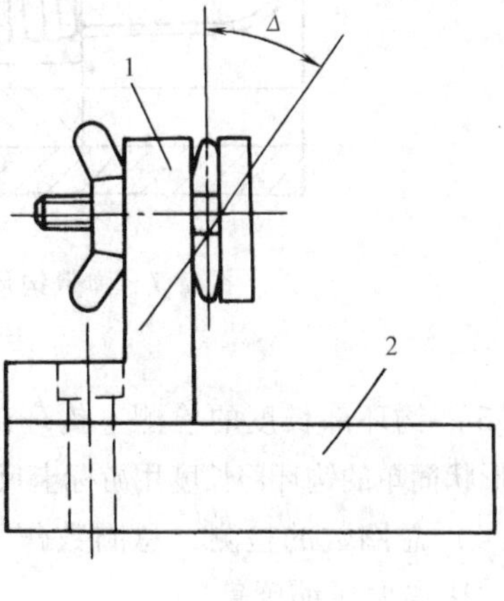

图7-6　拉伸弹簧两钩环相对角度检测用专用量具

1—夹紧机构　2—底板

（2）钩环中心面与轴心线位置度　对于半圆钩环、圆钩环、压中心圆钩环的拉伸弹簧钩环中心面与轴心线位置度公差值 Δ 按表7-10的规定。其他钩环的位置度公差由供需双方商定。

表7-10　拉伸弹簧钩环中心面与轴心线位置度公差值　　　（单位：mm）

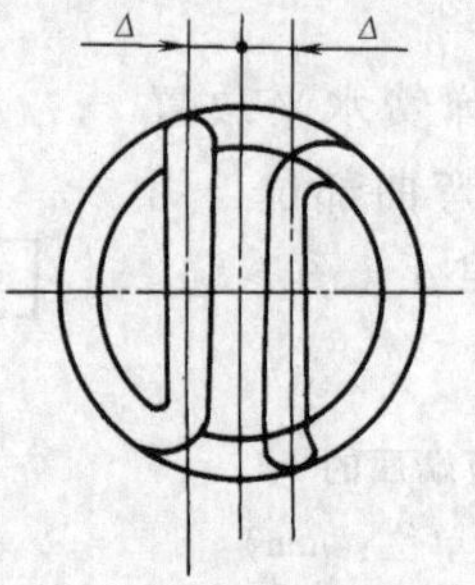

弹簧中径 D	>3~6	>6~10	>10~18	>18~30	>30~50	>50~120
公差 Δ	0.5	1	1.5	2	2.5	3

在进行此项位置度公差检测时，首先测出弹簧的外径 D_2。然后将弹簧水平放置在平板上，使钩环面与平板相平行，用游标卡尺或带测深装置的游标卡尺测量钩环面至平板面的距离 l。从而可得弹簧钩环中心面与轴心线位置度公差。

$$\Delta = l - \frac{d + D_2}{2}$$

图7-7为检测弹簧钩环中心面与轴心线位置度的专用量具。V形块1可在底板2的滑槽中滑动，两个量爪3的相互距离可以调整。检测时，从底板的刻度可读出量爪对V形槽中心平面的距离 Δ_1，即得位置度公差值 $\Delta = \Delta_1 - d/2$。

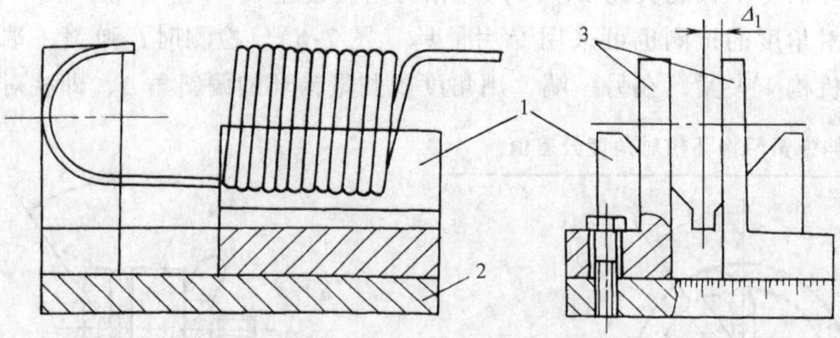

图7-7　弹簧钩环中心面与轴心线位置度的检测专用量具

1—V形块　2—底板　3—量爪

（3）钩环部长度的检测　钩环部长度 h 的极限偏差按表7-11的规定。

形状简单的钩环部长度用游标卡尺检测，形状复杂的钩环部长度用工具显微镜或投影仪检测。

（4）总圈数的检测　总圈数作为参考值，当钩环位置有要求时，应保证钩环位置。其检测方法参照压缩弹簧。

3.1.3　扭转弹簧尺寸的检测

扭转弹簧尺寸检测内容包括：材料直径、自由长度、自由角度、弹簧直径、总圈数、扭臂长度、扭臂弯曲角度等。他们的具体检测方法如下。

表 7-11　拉伸弹簧钩环部长度的极限偏差　（单位：mm）

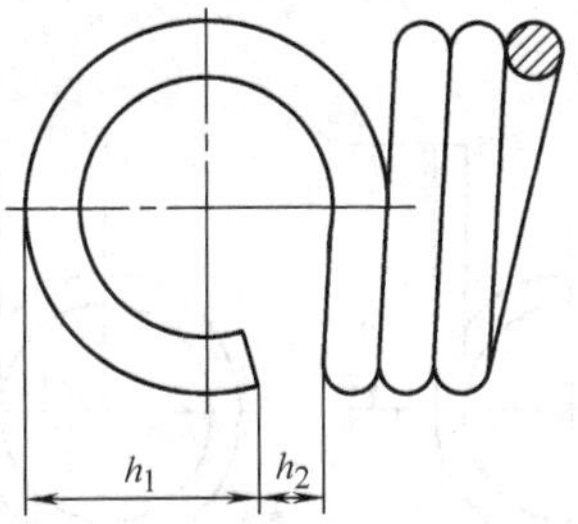

钩环长度 h_1 或开口尺寸 h_2	≤15	>15～30	>30～50	>50
极限偏差	±1	±2	±3	±4

注：必要时弹簧钩环钩部尺寸的极限偏差可以不对称使用，其公差值不变。

（1）自由长度的检测　弹簧自由长度 H_0 的极限偏差按表 7-12 的规定。密圈弹簧的自由长度不作考核。其检测方法参照压缩弹簧。

表 7-12　扭转弹簧自由长度的极限偏差　（单位：mm）

旋绕比 C	精度等级		
	1	2	3
4～8	$\pm 0.015H_0$，最小 ±0.3	$\pm 0.030H_0$，最小 ±0.6	$\pm 0.050H_0$，最小 ±1.0
>8～15	$\pm 0.020H_0$，最小 ±0.4	$\pm 0.040H_0$，最小 ±0.8	$\pm 0.070H_0$，最小 ±1.4
>15～22	$\pm 0.030H_0$，最小 ±0.6	$\pm 0.060H_0$，最小 ±1.2	$\pm 0.090H_0$，最小 ±1.8

注：摘自 GB 1239.3。

（2）自由角度的检测　有特性要求的弹簧，自由角度不作考核。无特性要求的弹簧，自由角度的极限偏差按表 7-13 规定。

表 7-13　扭转弹簧自由角度的极限偏差　[单位：(°)]

有效圈数 n	精度等级			有效圈数 n	精度等级		
	1	2	3		1	2	3
≤3	±8	±10	±15	>10～20	±15	±20	±30
>3～10	±10	±15	±20	>20～30	±20	±30	±40

注：1. 表中所列极限偏差数值，适用于旋绕比为 4～22 的弹簧。
2. 摘自 GB 1239.3。

弹簧自由角度的检测可用角度规、工具（显微镜、投影仪）或专用量具。

角度规检测自由角度的方法是调节角度规夹角使之与两臂重合，其所夹角度即为弹簧的自由角度。

应用工具显微镜检测自由角度的方法为：将弹簧一扭臂平放在工作台上，另一扭臂与之保持平行状态；调节焦距，使其中一扭臂成像处于最佳状态；调节标尺线与此扭臂重合，记录目镜中角度的读数。应用同样方法可测得另一扭臂的角度读数。两角度读数的差值即为弹簧的自由角度。

（3）扭臂长度的检测　弹簧扭臂长度的极限偏差按表 7-14 规定。

直臂和形状简单的弯曲扭臂可用游标深度尺或游标卡尺检测其长度，形状复杂的扭臂用投影仪或游标卡尺检测其长度。具体检测方法参照弹簧自由角度的检测。

（4）扭臂弯曲角度的检测　弹簧扭臂弯曲角度的检测部位及其极限偏差如表 7-15 所示。

弹簧扭臂弯曲角度可用角度规和工具显微镜和投影仪检测。其具体方法可参照弹簧自由角度的检测。

表 7-14 扭转弹簧扭臂长度的极限偏差 （单位：mm）

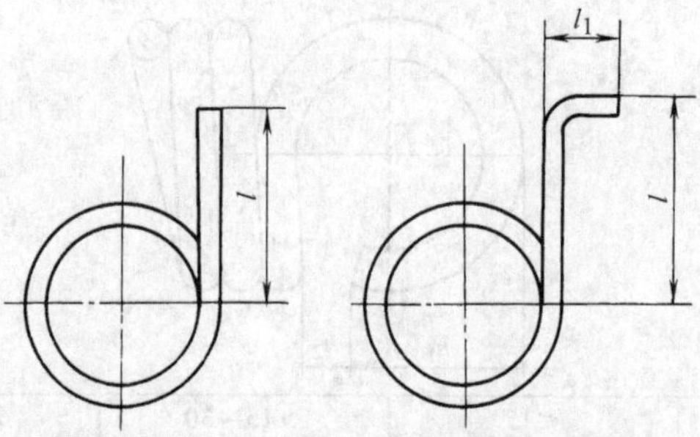

材料直径 d	精 度 等 级		
	1	2	3
0.5～1	±0.02l(l_1)，最小 ±0.5	±0.03l(l_1)，最小 ±0.7	±0.04l(l_1)，最小 ±1.5
>1～2	±0.02l(l_1)，最小 ±0.7	±0.03l(l_1)，最小 ±1.0	±0.04l(l_1)，最小 ±2.0
>2～4	±0.02l(l_1)，最小 ±1.0	±0.03l(l_1)，最小 ±1.5	±0.04l(l_1)，最小 ±3.0
>4	±0.02l(l_1)，最小 ±1.5	±0.03l(l_1)，最小 ±2.0	±0.04l(l_1)，最小 ±4.0

（5）弹簧直径的检测 直径的检测参照压缩弹簧直径的方法。弹簧外径的极限偏差按表 7-16 的规定。

扭转弹簧材料直径和总圈数的检测参照压缩弹簧的检测方法进行。

扭转弹簧在大批量生产时，可用专用量具（图 7-8）检测其自由长度、弹簧内径、自由角度和扭臂长度等。

表 7-15 扭转弹簧扭臂弯曲度的检测部位及极限偏差

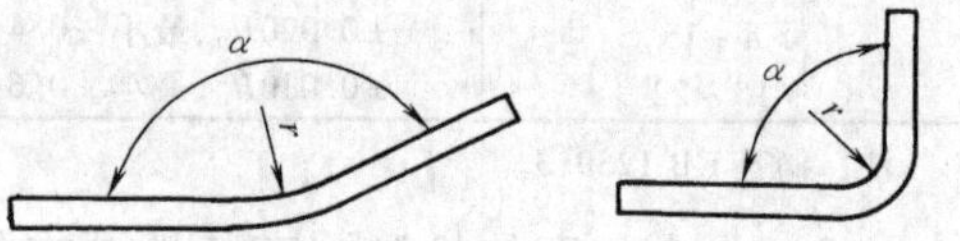

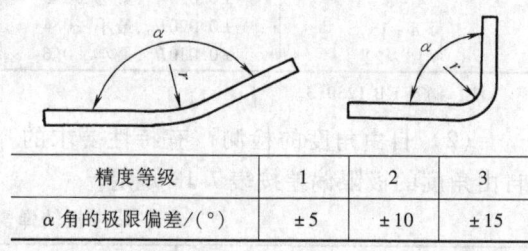

精度等级	1	2	3
α 角的极限偏差/(°)	±5	±10	±15

注：摘自 GB 1239.3。

表 7-16 扭转弹簧外径的极限偏差 （单位：mm）

旋绕比 C	精 度 等 级		
	1	2	3
4～8	±0.010D，最小 ±0.15	±0.015D，最小 ±0.20	±0.025D，最小 ±0.40
>8～15	±0.015D，最小 ±0.20	±0.020D，最小 ±0.30	±0.030D，最小 ±0.50
>15～22	±0.020D，最小 ±0.30	±0.030D，最小 ±0.50	±0.040D，最小 ±0.70

注：必要时弹簧直径的极限偏差可以不对称使用，其公差值不变。

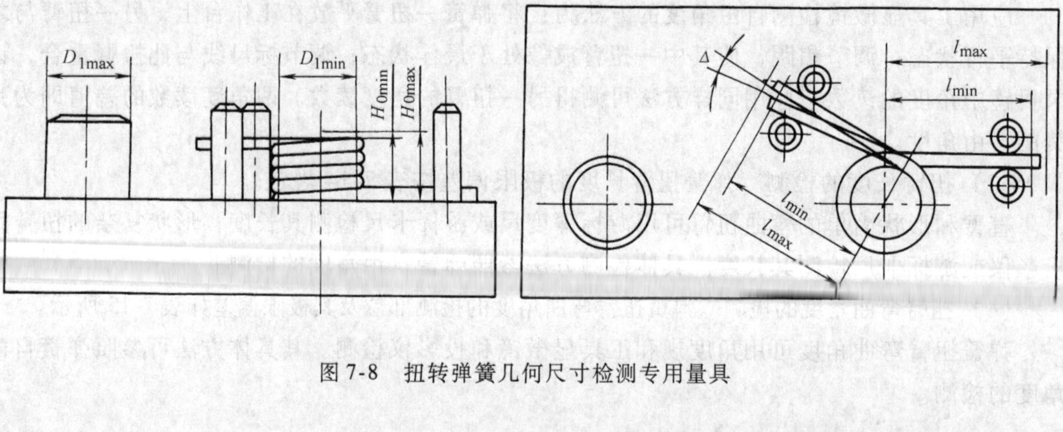

图 7-8 扭转弹簧几何尺寸检测专用量具

3.2 圆柱螺旋弹簧特性的检测

3.2.1 拉伸和压缩弹簧特性的检测

（1）弹簧的特性及其极限偏差 拉伸和压缩弹簧的特性应符合：在指定高度（或长度）的载荷下，弹簧变形量应在试验载荷下变形量的20%～80%，要求1级精度时，弹簧在指定高度载荷下的变形量应在4mm以上；对特性有特殊需要考核刚度时，其变形量应在试验载荷下变形量的30%～70%。

试验载荷 F_s：测定弹簧特性时，以弹簧上允许承载的最大载荷作为试验载荷。

试验应力 τ_s：测定弹簧特性时，以弹簧上允许承载的最大应力作为试验应力。

指定高度时的载荷 F 的极限偏差，按表7-17的规定。

表7-17 压缩弹簧在指定高度时的载荷 F 的极限偏差 （单位：N）

有效圈数	精度等级		
n	1	2	3
≥3～10	±0.05F	±0.10F	±0.15F
>10	±0.04F	±0.08F	±0.12F

拉伸弹簧的特性在有效圈数大于3时，其指定长度下的载荷 F 极限偏差按以下的规定：

$$\pm[(\text{初拉力 } F_0\times\alpha)+(\text{指定长度下载荷}-\text{初拉力 } F_0)\times\beta]$$

式中 α——初拉力 F_0 的极限偏差，按表7-18规定；

β——与变形量对应的载荷 F 极限偏差，按表7-18规定。

拉伸和压缩弹簧刚度的极限偏差，按表7-19规定。

表7-18 拉伸弹簧初拉力 F_0 和载荷 F 的极限偏差 α 和 β 值

精度等级		1	2	3
α		0.10	0.15	0.20
β	有效圈数 $3<n\leqslant10$	0.05	0.10	0.15
	有效圈数 $n>10$	0.04	0.08	0.12

表7-19 弹簧刚度 F' 的极限偏差 （单位：N/mm）

有效圈数	精度等级		
n	1	2	3
3～10	±0.05F'	±0.10F'	±0.15F'
>10	±0.04F'	±0.08F'	±0.12F'

（2）弹簧载荷和刚度的检测 拉伸和压缩弹簧的载荷可用弹簧拉压试验机检测，大型弹簧可在材料拉压试验机上进行载荷检测。

图7-9所示为机械式弹簧拉压载荷试验机，采用杠杆原理，将载荷值转化为位移值显示在数值盘上。拉压试验机的主要规格性能见表7-20。

表7-20 弹簧拉压试验机规格性能

型 号	GT-3(TL-0003)	GT-10(TL-001A)	GT-100(TL-01B)	TL-0.5
最大负荷/N	0～30	0～100	0～1000	0～5000
精度(%)	±1	±1	±1	±1
拉伸试验两挂钩最大距离/mm	150	250	20～270	1000
拉伸及压缩试验最大行程/mm	70	70	115	950
压缩试验两压盘直径/mm	50	70	110	200
压缩试验两压盘最大距离/mm	150	240	250	1000
外形尺寸 $\frac{\text{长}}{\text{mm}}\times\frac{\text{宽}}{\text{mm}}\times\frac{\text{高}}{\text{mm}}$	430×282×535	520×300×635	810×585×150	400×470×850
质量/kg	25	33	105	1500

图7-10所示为电子式弹簧拉压试验机，应用负荷传感器、直光栅、微机系统将数值显示在显示器上，并可打印。其规格性能见表7-21。

载荷的测试精度不但与试验机负荷测量精度有关，而且与加载时弹簧压缩后的长度（或变形量）读数精度也有关。在测量如喷油器弹簧等变形量小而精度较高的弹簧时，可以在试验机上附加一只千分表来提高变形量读数的精度，从而提高了负荷测量的精度见图7-11；在电子式弹簧拉压试验机上测量负荷时，带有位移传感器，且负荷传感器本身变形极其微小时可以忽略不计。在实际使用当中应灵活应用。

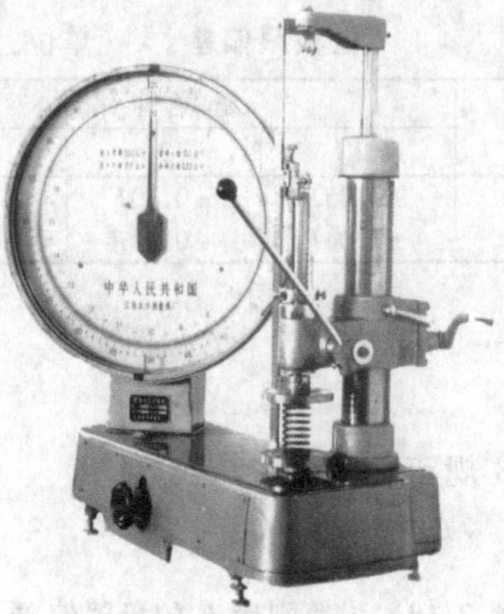

图7-9 弹簧拉压载荷试验机

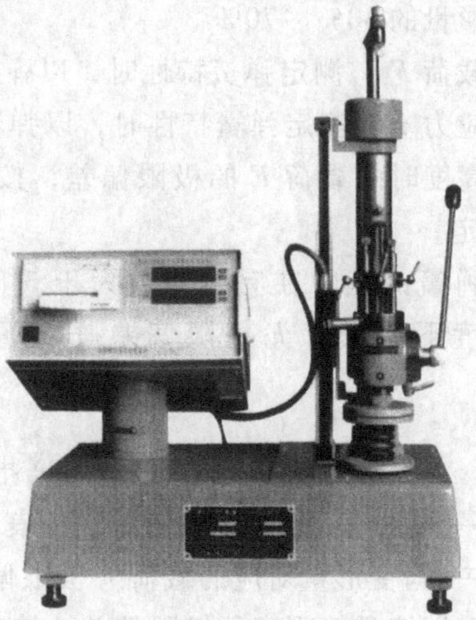

TLD−A 50A~2000A型

图7-10 电子式弹簧拉压试验机

表7-21 电子式弹簧拉压试验机规格性能

型 号	TLD-2A	TLD-5A	TLD-10A	TLD-20A	TLD-50A	TLD-100A	TLD-200A	TLD-500A	TLD-1000A	TLD-2000A
最大试验力/N	2	5	10	20	50	100	200	500	1000	2000
试验力范围/N	0.4~2	1~5	2~10	4~20	10~50	20~100	40~200	100~500	200~1000	400~2000
试验力最小分辨力/N	0.001		0.01		0.1			1		
实验力示值相对误差(%)	±1									
变形示值最小分辨力/mm	0.01									
两压盘间最大距离/mm	≮65			≮220			≮250			
两挂钩间最大距离/mm	≮65			≮220			≮250			
压盘直径/mm	ϕ35			ϕ80			ϕ115			
外形尺寸长/mm×宽/mm×高/mm	500×280×530			600×380×800			620×400×850			
质量/kg	17			60			80			
电源	~220V±10%;50Hz									

载荷测量时，应注意调节试验机的“0”位，并要扣除弹簧自身的质量。对于细长而不易直立的弹簧，可附加心轴进行试验，此时应尽量避免或减少心轴和弹簧之间的摩擦力，使其不致影响载荷的测量精度。

无论是压缩或拉伸弹簧，在测量载荷时，均应使所加载荷处于弹簧轴心线或垂直于弹簧轴心线的方向上，使弹簧在变形时不发生扭曲现象。若是变形量较大，压缩弹簧端面与试验机支承平台之间产生较大的相对位移时，可采用轻轻敲击的方法使弹簧放松，以减少摩擦。也可在压盘或支承平板上装置止推轴承来消除大变形量时的扭曲现象。

下面以压缩弹簧为例扼要介绍用拉压载荷试验机检测载荷的方法。

1）载荷检测前的准备：用对应量程的三等标准测力计或同等以上精度的砝码对载荷试验机进行校正，确保试验机精度不低于1%；用量块校正载荷试验机的长度读数误差。

2）在正式检测前，先将弹簧压缩一次到试验载荷，当试验载荷比压并载荷大时，就以压并载荷作为试验载荷，但压并力最大不超过理论压并载荷的1.5倍。

3）弹簧压至指定高度载荷的检测：使用机械式弹簧拉压试验机（图7-9）或不带有位移传感器的电子式弹簧拉压试验机上测量载荷时，将与指定高度相同的量块放置在负荷试验机压盘中央；当量块加载到与图样名义值相近的负载；锁紧定位螺钉或定位销；取出量块，放入待测弹簧，调整零位，去除弹簧自重；将弹簧压至指定的高度，并读出相应的载荷；按照标定的载荷试验机误差，对读数进行修正。

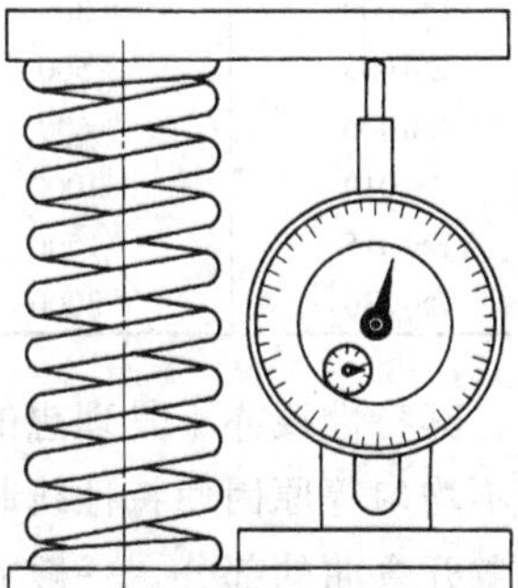

图7-11　附加千分表提高变形量检测精度示意图

使用带有位移传感器的电子式弹簧拉压试验机（图7-10）上测量载荷时，将载荷试验机上下压盘并紧；在两压盘上加载与图样名义值相近的载荷；位移清零；放入待测弹簧，去除弹簧自重，调整载荷零位；将弹簧压至指定的高度，锁紧定位螺钉或定位销；并读出相应的载荷；按照标定的载荷试验机误差，对读数进行修正。

4）弹簧压缩规定变形量时载荷的测试：使用机械式弹簧拉压试验机（图7-9）或不带有位移传感器的电子式弹簧拉压试验机测量载荷时，将待测弹簧放在载荷试验机压盘中央，调整零位，去除弹簧自重；将上压盘压至与弹簧刚接触的位置，载荷试验机显示值 $F_0 \approx 0.05F$；记录载荷试验的初读数 F_0 和长度示值的读数；继续加载，使长度显示的读数变化值已达到规定的变形量；记录负荷试验机的载荷读数 F，则压缩规定变形量时弹簧载荷 $F_1 = F - F_0$，按照标定的载荷试验机误差对读数进行修正。

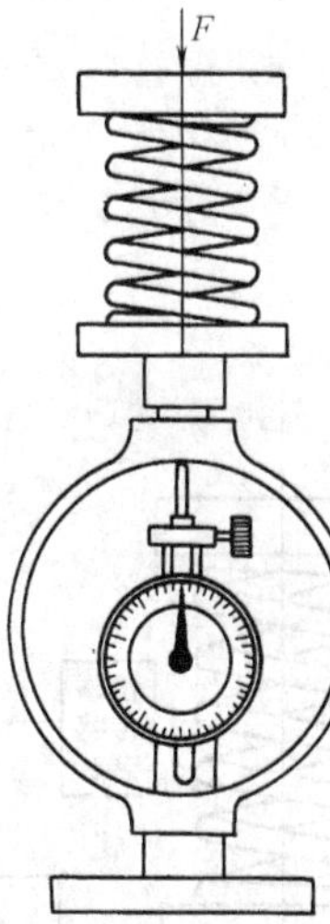

图7-12　压力环检测载荷示意图

除了采用上述试验机外，亦可以采用其他方法进行载荷测试。图7-12是用压力环检测载荷的示意图。此种压力环精度较高，因此还可以用它来校验各种弹簧试验机。表7-22是压力环的主要规格性能。

采用电容式或电阻式压力传感器，配合适当的放大显示电子仪器，也可以进行载荷测量，这就是通常使用的电子秤。使用电子秤测量载荷的优点是传感器本身变形量极其微小，以致可以忽略；再则容易自动控制，为弹簧载荷的自动测量、自动分类创造了条件。图7-13是利用压力传感器及位移传感器测量弹簧特性曲线的示意图。拉压力传感器主要规格和性能参见有关手册。现在有些灵敏度高的传感器的分辨能力可以达到1/1000，线性度可以达到1/10000。

（3）弹簧刚度的检测　弹簧刚度的测量是在载荷测量的基础上进行的，测量弹簧刚度的办法是测出弹簧的特性线，然后进行分析。如第1章1节所述，具有直线型特性线的弹簧刚度就是特性线的斜率，具有曲线型特性线的弹簧刚度是变值。但实际上即使是圆柱螺旋弹

表 7-22 压力环主要规格性能

型 号	最大载荷/N	精度(%)	型 号	最大载荷/N	精度(%)
ES-001	100	±0.5	ES-06	6000	±0.5
ES-002	200	±0.5	ES-1	10000	±0.5
ES-003	300	±0.5	ES-3	30000	±0.5
ES-005	500	±0.5	ES-6	60000	±0.5
ES-006	600	±0.5	ES-10	100000	±0.5
ES-010	1000	±0.5	ES-30	300000	±0.5
ES-015	1500	±0.5	ES-60	600000	±0.5
ES-030	3000	±0.5	ES-100	1000000	±0.5

簧，其特性线亦不是理想的直线。这是由于弹簧的工作圈数有限、弹簧节距及其他几何参数的不均匀等原因使特性线起始及结尾部分有些弯曲，如图7-13b所示。所以测量弹簧的刚度应避开弯曲的部分。一般方法是在整个弹簧变形量的20%～80%范围内，均匀地多测几点载荷，如 $F_1(H_1)$，$F_2(H_2)$，$F_3(H_3)$，…，$F_n(H_n)$，共 n 点，再求出平均刚度 $\overline{F}'$

$$F_1'=\frac{F_2-F_1}{H_1-H_2}$$

$$F_2'=\frac{F_3-F_2}{H_2-H_3}$$

$$\cdots$$

$$F_n'=\frac{F_n-F_{n-1}}{H_{n-1}-H_n}$$

$$\overline{F}'=\frac{\sum_{i=1}^{n}F_i'}{n}$$

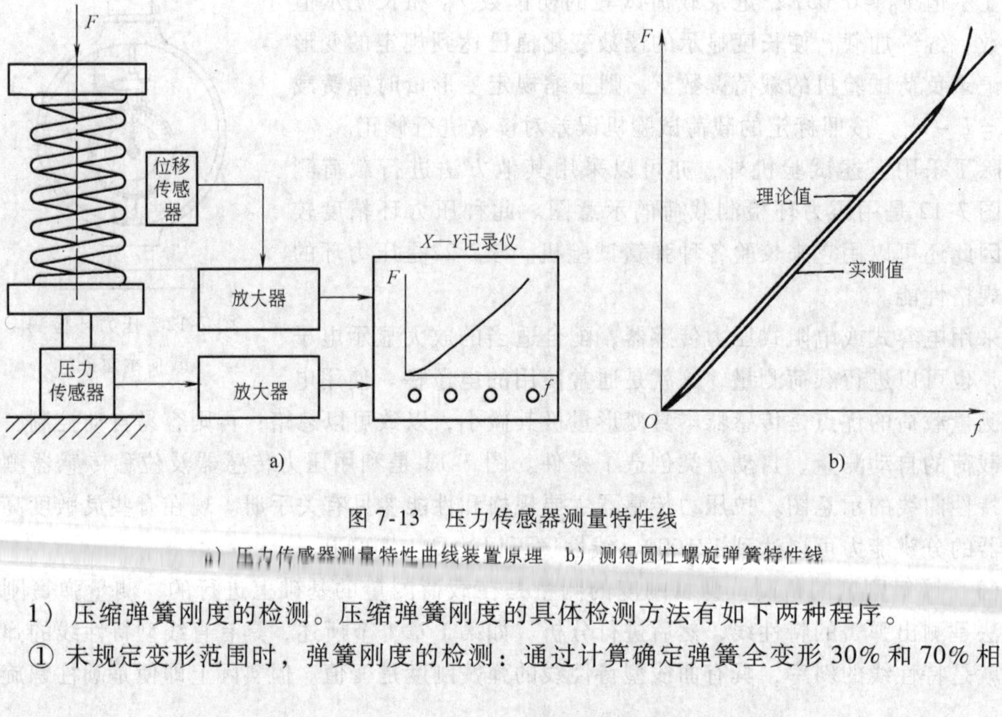

图 7-13 压力传感器测量特性线

a）压力传感器测量特性曲线装置原理 b）测得圆柱螺旋弹簧特性线

1）压缩弹簧刚度的检测。压缩弹簧刚度的具体检测方法有如下两种程序。

① 未规定变形范围时，弹簧刚度的检测：通过计算确定弹簧全变形30%和70%相对应

的高度 H_1 和 H_2；按上节方法分别测出 H_1 和 H_2 所对应的载荷 F_1 和 F_2；计算弹簧刚度。

② 规定从自由高度开始测试弹簧的刚度：将弹簧放置在压盘中央位置，调整载荷试验机零位，去除弹簧或其他附件的自重；图样规定允许施加预载荷时，按图样之规定，图样未做规定的，施加预载荷 10N，以保证弹簧端圈与压盘之间贴合良好。但最大值不超过理论刚度的 20%；记录预载荷 F_0 和长度标尺的读数；向下压缩 1mm，并记录载荷试验机的读数 F。

弹簧刚度

$$F' = \frac{F - F_0}{1\text{mm}}$$

2）拉伸弹簧刚度和初拉力的检测。拉伸弹簧刚度的检测方法同压缩弹簧的检测方法。具有初拉力的拉伸弹簧在检测刚度的同时需检测其初拉力。初拉力 F_0 和初变形量 f_0 的求法是做出弹簧的特性线，将它延长与 F 轴的交点即为 F_0，与 f 轴的交点即为 f_0，如图 7-14 所示。若是不能作出全部特性线，而是在全变形量的 20% ~80% 内测量若干点载荷，用类似于上述一般弹簧的方法，则可得到具有初拉力拉伸弹簧的平均刚度 $\overline{F}'$ 和初拉力 $\overline{F}_0$ 为

$$F_i' = \frac{F_i - F_{i-1}}{H_i - H_{i-1}}$$

$$\overline{F}' = \frac{\sum_{i=1}^{n} F_i'}{n}$$

$$F_{0i} = \frac{(H_i - H_0)F_{i-1} - (H_{i-1} - H_0)F_i}{H_i - H_{i-1}}$$

$$\overline{F}' = \frac{\sum F_{0i}}{n}$$

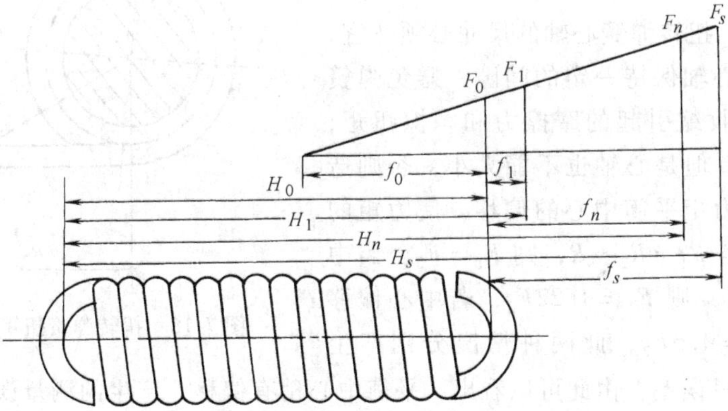

图 7-14 具有初拉力的拉伸弹簧的特性线

若将具有初拉力的弹簧截成单圈，则可以看出每一个弹簧圈在自由状态时都有一个初变形量 Δ（图 7-15），称为单圈初变形量。Δ 值一般较小，为测得其精确值，可利用工具显微镜。此时，拉伸弹簧的初变形量 f_0 应为单圈初变形量 Δ 的总和

$$f_0 = \sum_i \Delta_i$$

由于材料及加工的不均匀性，不同圈的 Δ 值稍有差异。

3.2.2 扭转弹簧特性的检测

（1）扭转弹簧特性的极限偏差 扭转弹簧特性一般不作规定，在特殊需要时由用户在图样中确定。如弹簧特性有规定时，在指定扭转角时的扭矩极限偏差按下式确定：

扭矩的极限偏差 = ±（计算扭转角 $\times\beta_1+\beta_2$）$\times T'$

式中 T'——弹簧刚度；

β_1、β_2——按表7-23的规定。

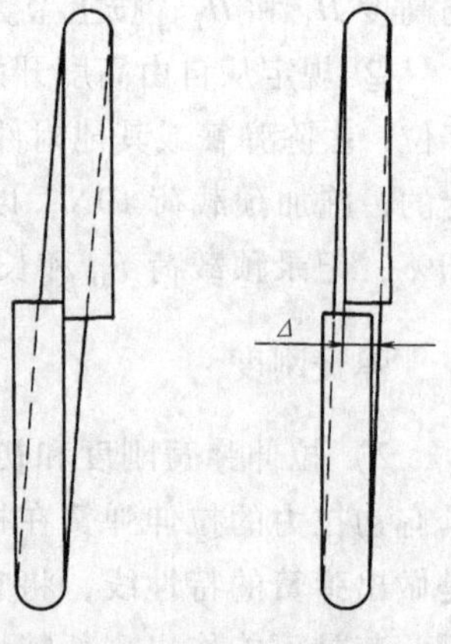

图 7-15 具有初拉力拉伸弹簧单圈的初变形量

表 7-23 扭转弹簧计算扭矩极限偏差用 β_1 和 β_2 值

精度等级	1	2	3
β_1	0.03	0.05	0.08
圈数	≥3～10	>10～20	>20～30
β_2/(°)	10	15	20

弹簧特性的极限偏差，根据供需双方协议可以不对称使用，其公差值不变。

（2）扭转弹簧扭矩的检测 测量扭转弹簧的扭矩，使用专用扭力计。扭力计的基本测量原理如图7-16所示。外力 F_1 施加在扭转弹簧一端的力臂 R_1 上，形成力矩 F_1R_1，在此力矩作用下，通过扭转弹簧另一端的力臂 R_2 给扭力计以作用力 F_2，从而测得力矩，也即弹簧所受扭矩 $F_2R_2=F_1R_1$。一般力臂长度 R_2 为固定值，因此仅测量力 F_2 即可。F_2 的测量原理与拉压试验机的原理类似。

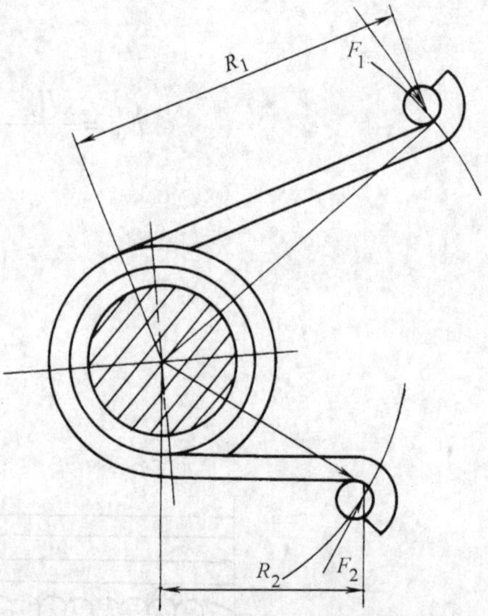

图 7-16 扭转弹簧扭矩的测量原理

测量扭矩时，扭转弹簧心轴的尺寸必须适宜，应使弹簧内径与心轴保持一定的间隙，避免弹簧在变形时内径的收缩引起的摩擦力和摩擦扭矩，而影响测量精度。但是心轴也不能太小，否则造成外力矩与测量力矩平衡中心的偏移，使力矩的测量产生误差。若 $R_1=R_2=R$，则 $F_1=F_2$。当中心偏移量 0.1R 时，则 $F_1=1.22F_2$，若中心偏移量 0.2R，则 $F_1=1.5F_2$，此两种情况分别产生22%及50%的测量误差，由此可以看出，平衡中心稍有偏移，产生的测量误差就很大。

心轴的直径 D_s 可按下式估算

$$D_s=0.9(D_1-\Delta D_1)$$

$$\Delta D_1=\frac{\varphi_2 D_1}{2\pi n_1}=\frac{\varphi_2}{360n_1}D_1$$

式中 ΔD_1——扭转弹簧扭转变形量为 φ_2 时的内径缩减量。

尽管使扭转弹簧内径与心轴保持一定间隙，但测量时，弹簧与心轴及簧圈之间难免要产生一些摩擦，因此扭力矩的特性曲线中，加载力矩较实际力矩大，卸载力矩较实际力矩小

(图 7-17)。所以测量时，应测出同一扭转角 φ 所对应的加载和卸载的两个扭矩 T，再求其平均值，这样可以减少摩擦力的影响。

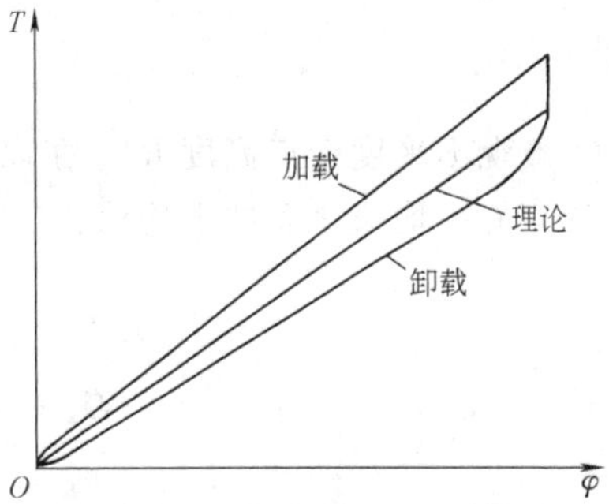

图 7-17 扭转弹簧加载与卸载力矩构成的特性曲线

扭转弹簧扭矩具体检测程序如下：除图样另有规定外，在检测前先将弹簧扭转到许用弯曲应力相对应的扭转角度三次；弹簧穿在测试心棒中，心棒直径要求略小于弹簧内径，在弹簧扭至规定角度时不发生咬住心棒现象，必要时心棒表面可涂润滑油，减少弹簧内径与心棒的摩擦力；固定一端扭臂，转动弹簧扭矩试验机手轮，使活动杆与另一扭臂相接触，此时扭矩试验机的读数 $T_0 \approx 0.05T$；记录 T_0 及角度读数，继续转动手轮，使扭角变化达到规定的数值；轻轻敲打弹簧使弹簧内臂与心棒摩擦力减至最小，并记录扭矩试验机的显示数值 T；得弹簧扭矩 $T_1 = T - T_0$。

(3) 弹簧扭转刚度的测试 取许用弯曲应力 30% 和 70% 附近两点所对应的角度 φ_1、φ_2 并测出相应的扭矩 T_1、T_2；得弹簧刚度

$$T' = \frac{T_2 - T_1}{\varphi_2 - \varphi_1}$$

3.3 弹簧外观检测

在弹簧外观的检验中，应特别注意表面瑕疵。加工伤痕、斑疤等直接影响到弹簧的寿命，根据其深度和形状的大小，可以判定其有害程度。除了能定量测量的伤痕以外，其他的外观质量，通常都是进行目测，往往容易引起争议，因此应与顾客协商采用样本，照片等进行比较对照。

外观检测一般用肉眼目测，必要时也采用放大镜和显微镜，图 7-18 为绕制拉痕，图 7-19为弯曲时产生的裂纹。

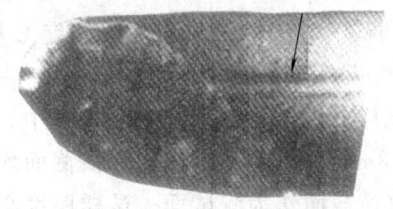

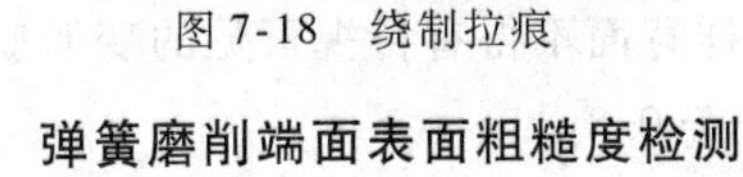
图 7-18 绕制拉痕

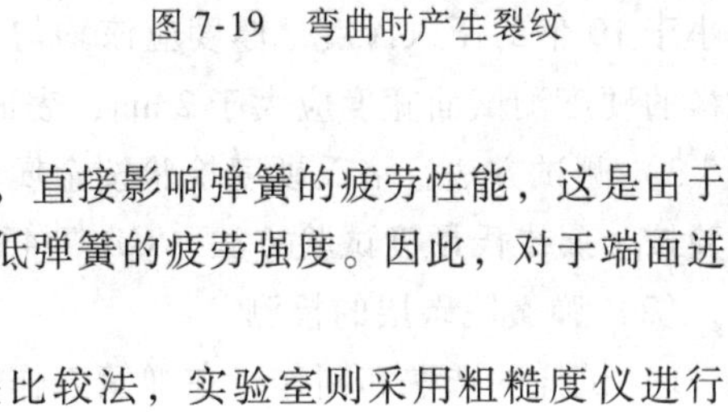
图 7-19 弯曲时产生裂纹

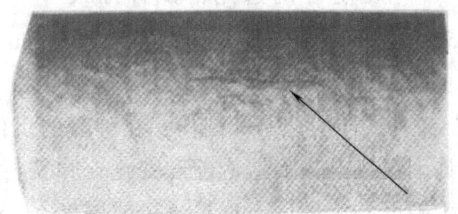

3.4 弹簧磨削端面表面粗糙度检测

对于两端面磨削的弹簧，其端面粗糙度的好坏，直接影响弹簧的疲劳性能，这是由于凹凸不平的弹簧端面，将会成为应力集中源，从而降低弹簧的疲劳强度。因此，对于端面进行了磨削加工的弹簧，应检测端面的粗糙度。

目前，在线检测弹簧端面粗糙度通常采用样块比较法，实验室则采用粗糙度仪进行检测。弹簧行业普遍采用轮廓算术平均偏差 R_a 和微观不平度十点高度 R_z 表示其端面表面粗糙度的大小。

轮廓算术平均偏差 R_a，在取样长度内轮廓偏距的算术平均值：

$$R_a = \frac{1}{n}\sum_{i=1}^{n} | y_i |$$

微观不平度十点高度 R_z，在取样长度内五个最大的轮廓峰高的平均值与五个最大的轮廓谷深的平均值之和的平均值：

$$R_z = \frac{1}{M} \times \frac{\sum_{i=1}^{5} y_{pi} + \sum_{i=1}^{5} y_{\nu i}}{5} \quad (\mu m)$$

式中 M——记录图形的垂直放大倍数；

y_{pi}——第 i 个最大峰高（μm）；

$y_{\nu i}$——第 i 个最大谷深（μm）。

其他的检测方法，如利用光、摩擦等物理性质，通过切断与标样进行比较的方法。采用与标样进行对比的方法简便易行，可以广泛应用于现场检测。

触针式表面粗糙度测定装置如图7-20所示。

3.5 弹簧热处理和表面处理质量的检测

3.5.1 弹簧热处理质量的检测

（1）弹簧硬度的检测　卷制后不经淬火、回火处理的弹簧不考核硬度。经淬火、回火处理的弹簧，一般硬度值的范围为44～52HRC。工作应力高的弹簧，为防止永久变形，硬度值可超过52HRC，最高可达54HRC。硬度的检测一般用洛氏和维氏硬度计。

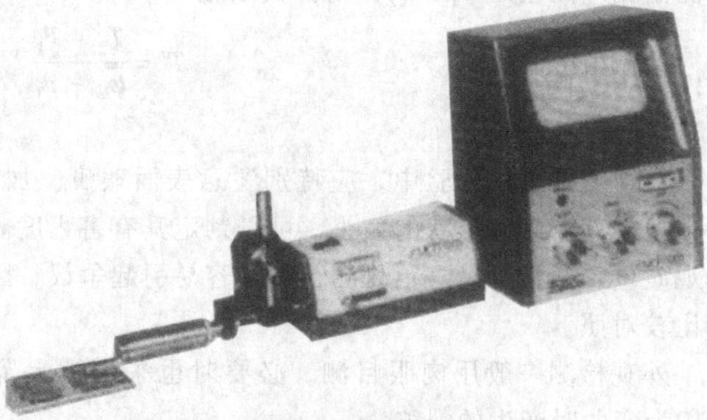

图7-20　触针式表面粗糙度测定装置

1）硬度计的选用：试样厚度0.5mm以下用维氏硬度计；0.5～1.0mm用洛氏硬度A标；大于1.0mm用洛氏硬度C标。参见第2章1.2节。

2）试样的选取和制作：在弹簧的工作圈部位截取试样；试样在切割和磨制过程中，不允许因温度升高而造成硬度变化；弹簧材料直径厚度在8mm以下的其纵截面和横截面均可作为硬度的测试面，材料直径或厚度在8mm以上的应取横截面作为测试面；试样厚度必须不小于10倍的压入深度，厚度应该均匀，硬度测试后试样背面不得有目视可见的变形痕迹；试样的硬度测试面宽度应大于2mm，表面粗糙度 R_a 不低于0.8μm。

3）测试方法：洛氏硬度检验按金属洛氏硬度试验方法（GB/T 230）的规定；维氏硬度检验按金属维氏硬度试验方法（GB/T 4340）的规定。参见第2章1.2节。

（2）弹簧脱碳层的检测

1）试样的选取和制作：在弹簧工作圈的横截面取样。试样直径超过20mm时，允许取横截面的1/2到1/4作试样；试样需经镶嵌或夹持后磨制抛光；抛光后表面呈镜面状，无目视可见的打磨痕迹，四周无倒角；试样需经2%～4%（质量分数）硝酸酒精溶液的腐蚀，腐蚀不应过度，以抛光面的金属光泽刚消失为宜。

2）脱碳层深度的测定：试样在放大100倍的金相显微镜下观察。试样放在载物台上，移动载物台，对试样的边缘一周进行观察，找出脱碳深度最大的部位；用测微标尺对最大脱碳部位的脱碳层深度进行测定，总脱碳层深度包括全脱碳层和过渡区；脱碳层的判定以放大100倍下测得的结果为准，其他倍率所得的结果只能作为参考。

未尽事项参照钢的脱碳层深度测定法（GB/T 224）的规定。

（3）弹簧金相组织和晶粒度的检测　正常淬火组织应为马氏体，不应出现马氏体针状异常粗大、甚至发生局部晶界熔化的过烧组织和裂纹。

弹簧的正常回火组织为屈氏体，允许有少量的索氏体和未熔碳化物，当硬度大于50HRC时，允许有少量的回火马氏体。等温淬火的弹簧，金相组织应为下贝氏体。

1）金相组织的检测

① 试样的选取和制作：在弹簧工作圈取样，根据检验项目的不同，可以分别取其横截面或纵截面；试样切割应伴有水冷却装置，以免引起试样金相组织发生变化；试样允许镶嵌并经抛光和腐蚀处理，碳素钢和合金弹簧钢用腐蚀剂为2%～4%（质量分数）硝酸酒精溶液。

② 试样检验：试样金相组织的观察应遵循从低倍到高倍的程序，开始先在放大100倍或更低倍数下观察，然后更换较高的放大倍数，必要时应将金相组织摄制成照片；横截面检验：试样外层边缘到中心部位金相组织的变化，表面缺陷深度，表面处理结果；纵截面检验：材料冷变形程度，材料带状组织及热处理消除结果。

2）晶粒度的检测

① 试样的选取和制作：冷拔材料制造的弹簧取横截面，热轧材料制造的弹簧可以取横截面也可以取纵截面；经抛光后的试样用苦味酸溶液腐蚀。

② 晶粒度的评定：晶粒度评定的标准放大倍数为100倍，可以将试样的晶粒度投影在毛玻璃上或摄成照片后评定；晶粒度评定方法可采用标准图片比较法或计算法；晶粒度的标示方法可给出跨越2～3晶粒度级别，其中前面的数字表示占主要数量的晶粒度级别数，如只标出一个级别时，则该级别的晶粒数目应大于90%。

对于晶粒细小的试样可采用其他放大倍数进行晶粒度等级测定，但最终需换算成相当于放大100倍下的晶粒度等级G，其换算关系式为

$$G = M + 0.64\lg\frac{A}{100}$$

式中　A——实际使用的放大倍率；

M——在实际放大倍率下测得的晶粒等级。

（4）弹簧非金属夹杂物的检测

1）试样选取和制作：用于测定非金属夹杂物在整个截面的分布情况应选用横截面，用于测定非金属夹杂物的数量大小和形状应选用纵截面；试样抛光不允许有水渍、污物、划痕，抛光完成后应先对未经侵蚀的试样进行观察。

2）低倍明视场（放大100倍）测定项目：夹杂物的总含量；夹杂物的形状大小及分布；夹杂物的可塑性；夹杂物的抛光性；夹杂物的色彩。

3）高倍暗视场（放大倍数大于等于500倍）测定项目：夹杂物的透明程度；透明夹杂物本身的色彩。

4）高倍偏振光（放大倍数大于等于500倍）测定项目：各向异性效应；夹杂物的色彩；黑十字现场。

5）显微硬度测定项目：夹杂物的显微硬度值。

6）化学试剂侵蚀测定：检查夹杂物的性质，进一步对夹杂物作定性分析。

3.5.2 弹簧表面处理质量的检测

弹簧表面处理目前通常采用的有氧化、磷化、镀层、涂漆和镀塑等工艺。表面处理的质量直接影响着弹簧的使用寿命，因而，表面处理质量的检测应予高度重视。

（1）弹簧表面氧化处理质量的检测　表面氧化处理包括氧化膜外观和耐蚀性的检测。

1）外观检测是用带灯罩的100W灯泡，距离氧化膜30～40cm目视观察，含硅弹簧钢呈红棕色，其他弹簧钢为黑色。另氧化膜应均匀致密，无斑点、表面发花或有红和绿色沉淀物附着。

2）耐蚀性检测是将弹簧表面用酒精或汽油洗净后吹干，浸泡在20%（质量分数）硫酸铜溶液中30s，取出后放在水中洗净后观察，表面不应有红色斑点出现。

（2）弹簧表面磷化处理质量的检测

1）外观检测是用目视观察，磷化膜应均匀，不发光，表面呈灰色或暗灰色。

2）耐蚀性检测有如下两种方法：

一种方法是用0.25mol/L硫酸铜（$CuSO_4$）40mL、10%（质量分数）氯化钠（NaCl）溶液20mL及0.1mol/L盐酸（HCl）0.8mL配制成的硫酸铜溶液，滴在经酒精洗净的弹簧表面。记录出现红色斑点的时间。正常的磷化膜至少能维持1min以上。

一种方法是将磷化后的弹簧，浸泡在30%的食盐溶液里15min。取出后用清水冲洗干净。置于空气中晾干30min，不出现锈斑，即为合格。

（3）弹簧表面镀层质量的检测　弹簧表面常用的镀层有锌镀层、镉镀层、铬镀层和锡镀层等。下面扼要介绍锌镀层表面质量的检测，其他镀层表面质量的检测可参照进行。

1）外观检验用目视，其表面纯化膜呈红色，应无起泡、剥皮、镀层剥落、局部未镀到等现象。

2）结合硬度检验，用钢针或刀片在镀层上交叉划，其交叉处不得有起皮和脱落现象。

3）气孔率的检验，用浸透试验溶液的滤纸贴附在镀层表面，保持5min左右。滤纸上出现蓝色斑点，说明镀层有起泡。如每平方厘米上不超过三点，则认为合格。试验溶液成分如下：

① 氧化汞（HgO）	30g	② 赤血盐（$K_3Fe(CN)_6$）	20g
盐酸（HCl，密度1.19g/cm^3）	30mL	蒸馏水	1000mL
蒸馏水	970mL		

两者按1:1混合后使用。

4）镀层厚度的检验可用点滴法，点滴所用溶液成分为碘化钾（KI）200g/L和碘（I）100g/L。

检验时用滴管将溶液滴在镀层表面，保持1min，用药棉擦净，再滴第二滴，再用药棉擦净，如此反复，直到基体金属暴露为止。根据总的滴数计算镀层厚度。每滴溶液除去的镀层厚度见表7-24。

表 7-24 每滴溶液除去镀层的厚度

温度/℃	10	15	20	25	30	35
除去厚度/μm	0.78	1.01	1.24	1.45	1.63	1.77

3.6 弹簧喷丸质量的检测

为了提高弹簧的疲劳寿命，在弹簧制造中广泛采用喷丸工艺。如第 5 章所述影响喷丸质量的工艺参数较多，如弹丸的直径、抛射速度和角度、流量、时间等，而这些工艺参数之间又相互影响，关系比较复杂。因此确定喷丸质量的根本方法是检测弹簧的疲劳寿命。但由于弹簧的疲劳试验很不经济，所以采用如下弹簧喷丸质量的检测方法。

(1) 标准试片法 这种方法是测量弹丸流的特性，将夹具试片夹在夹具上（图 7-21），与弹簧一起置于弹流中喷射，喷射后，从夹具上取下试片。由于试片一面受弹丸的喷射，另一面没有受到喷射而产生挠曲，弯曲的方向是受喷射一面凸起，以弯曲程度来度量弹丸流性质。

1）标准试片又称阿尔曼（Almen）试片，是用 70 号弹簧钢制成，共有三种尺寸规格，其符号分别为 N、A、C。三种试片的主要技术规格应符合表 7-25 中的要求，其他技术条件应符合 GSB A69001 的要求。A 型试片适用于中强度范围，N 型试片适用于低强度范围，C 型试片适用于高强度范围。弹簧多用 A 型试片。

2）试片夹具采用结构钢制造，硬度应大于 55HRC。夹具有两种规格可供选择，其结构和尺寸应符合图 7-21 的要求。

表 7-25 试片的规格

试片参数	试片型号		
	N	A	C
长度/mm		76.11 ±0.29	
宽度/mm		18.99 ±0.06	
厚度/mm	0.79 ±0.02	1.29 ±0.02	2.38 ±0.02
平面度偏差/mm		±0.025	
表面粗糙度/μm		0.63 ~1.25	
表面硬度 HRC		44 ~50	

3）试片弧高度的测量。试片的弧高度可采用量规来测量，其构造如图 7-22 所示。在测量时，将试片未喷丸的那一面（即光滑的凹面）对着量规的测量表触头（图 7-23），这样可以消除由于受喷射表面粗糙的影响，弧高是指凹面中心点至量规上四个小钢球构成的平面之间的距离，四个小钢球位于一个矩形平面的四个角上。经常采用的量规，四个小钢球位于 15.5mm ×31.6mm 矩形平面的四个角上。

4）弧高度曲线和喷丸强度。在其他的喷丸强化工艺参数不变的条件下，同一类型的试片分别各自接受不同时间的喷丸，获得一组弧高度值 f 随喷丸时间 t（或喷丸次数）变化的数据，由这组数据在弧高值-时间坐标上绘制出的曲线，叫作弧高度曲线（图 7-24）。

任何一组工艺参数下的弧高度曲线上只存在一个饱和点，过此饱和点弧高度值随喷丸时间增加而缓慢增高。在一倍于饱和点的喷丸时间下，弧高值的增量不超过饱和点处弧高值的 10%，饱和点处的弧高值就定义为该组工艺参数的喷丸强度。如用 A 试片进行试验，喷丸后测得弧高度为 0.45mm，则喷丸强度为 0.45Amm。

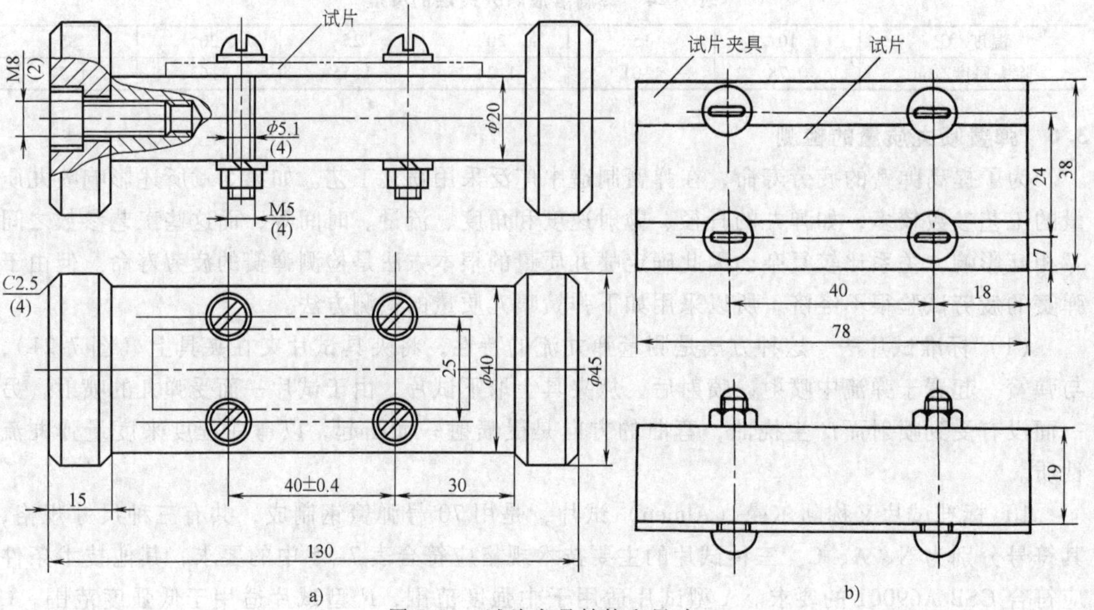

图 7-21 试片夹具结构和尺寸

a）标准型 b）模块型

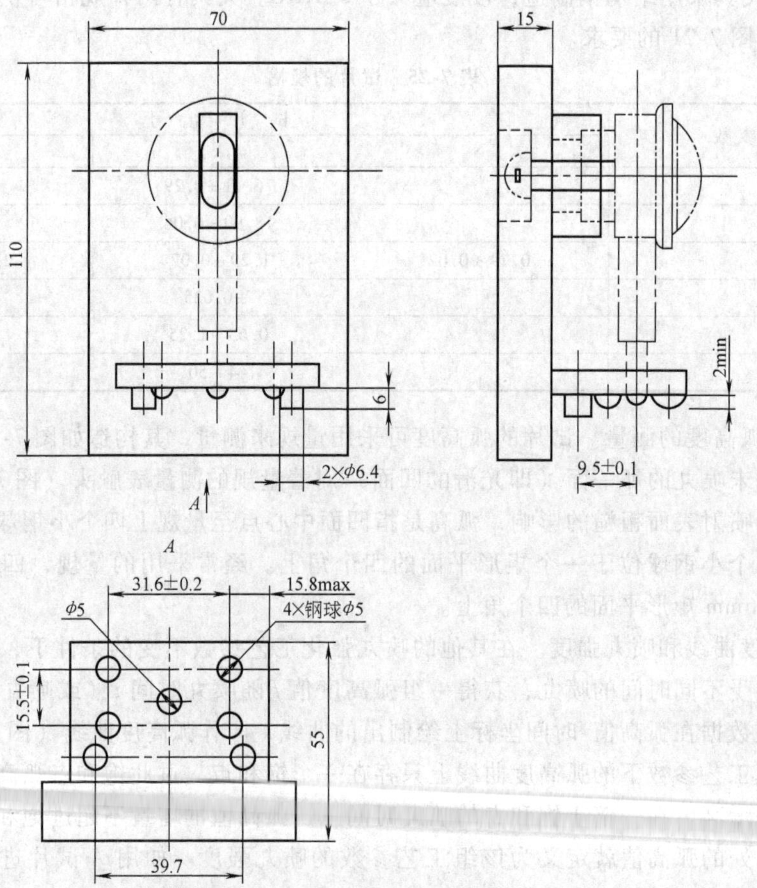

图 7-22 试片弧高量规的结构尺寸

（2）覆盖率检测法　这种方法主要用来检查弹簧暴露于喷射弹丸流下的状况。将喷过丸的弹簧或试片置于金相显微镜或工具显微镜下照相，测量出喷丸弹坑的面积（或未喷到的面积），从而得覆盖率：

$$C=\frac{\text{喷射到面积}}{\text{全部面积}}\times 100\%$$

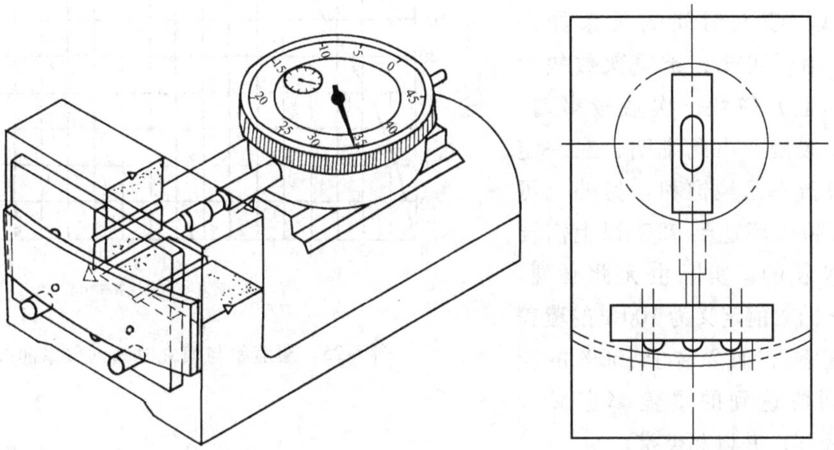

a)　　　b)

图 7-23　试片弧高度的测量

a）试片的装配　b）弧高度测量示意

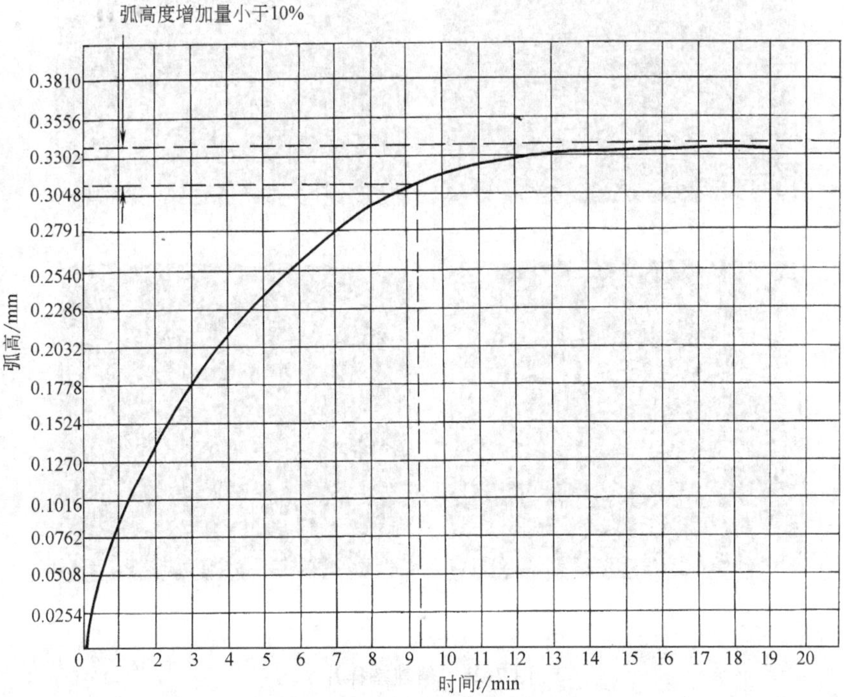

图 7-24　弧高度曲线

通常，覆盖率与喷丸时间（次数）有如下的关系式：

$$C_n = 1 - C(1 - C_1)^n$$

式中 C_n——重复喷丸 n 次后的覆盖率；

C_1——一次喷丸后的覆盖率；

n——重复喷丸的次数。

覆盖率与喷丸时间的关系如图7-25所示。由图可知，重复次数较少时，覆盖率上升较快，次数较多时，覆盖率上升缓慢。由此说明，在一定的时间内覆盖率已经饱和。另外也可以看出，要覆盖率达到98%以上需要的时间是极长的，实际也无此必要。因此以98%的数值定义为100%的覆盖率（满覆盖率），而2倍于100%的覆盖率的时间所达到的覆盖率定义为200%的覆盖率，并以此类推。

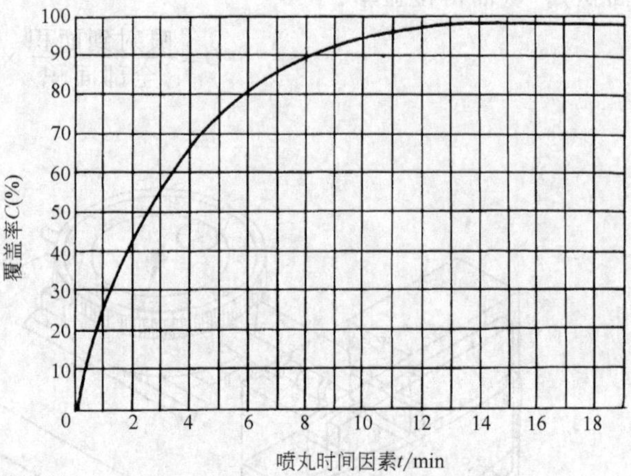

图 7-25 覆盖率与喷丸时间的关系曲线

覆盖率也可以与样片（图7-26）比较来测定。用10倍放大镜对照图样目测，作出判断。

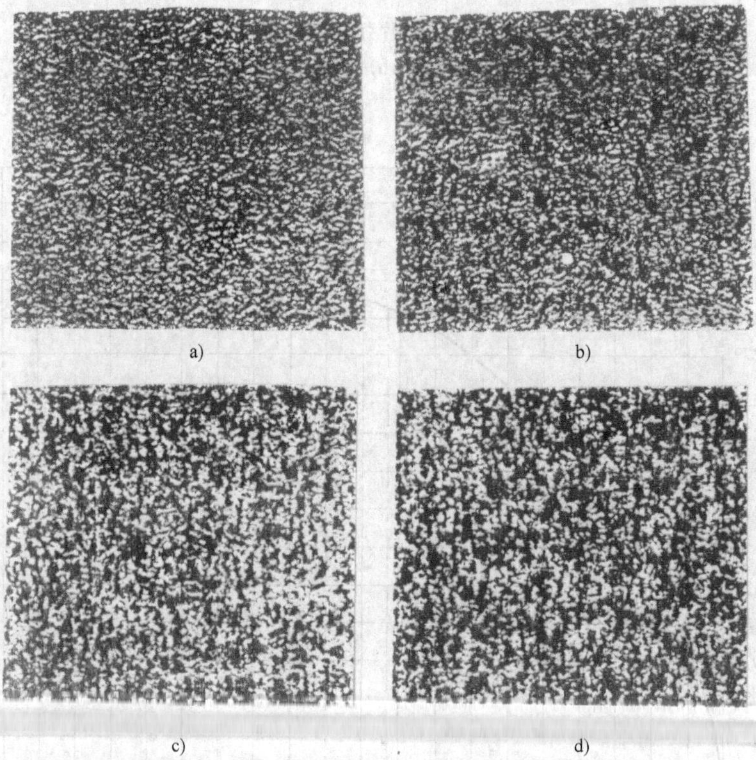

图 7-26 覆盖率样片

a）覆盖率 90% b）覆盖率 80% c）覆盖率 65% d）覆盖率 50%

（3）喷丸强度和覆盖率的调整

有关喷丸强度的选择可按图样要求进行。若弹簧图样对疲劳性能有明确规定，则所选喷丸强度以保证疲劳性能要求为原则。达到规定喷丸强度的工艺，需经试验确定。如图 7-27 所示，若需要的喷丸强度为 Q_1，那么较合适的喷丸工艺 C 经 T_1 时间后可以达到；工艺 B 要极长的时间；工艺 A 则表示只需极短的时间就能达到，实际上此工艺的参数本身就难达到。

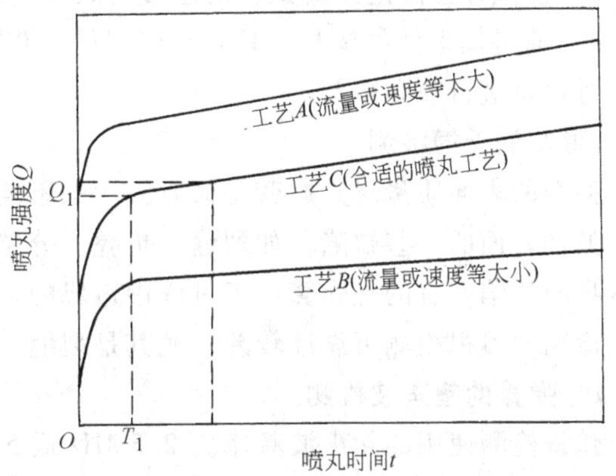

图 7-27　喷丸工艺的选择

调整喷丸强度所使用的弧高度试片，当喷丸强度处在 0.15～0.60Amm 范围时，应采用 A 试片；当喷丸强度大于 0.60Amm 时，则应采用 C 试片；当喷丸强度小于 0.15Amm 时，采用 N 型试片。试片夹具和弧高度测具应符合 7 的规定。一般通用弹簧的喷丸强度应采用 0.18C，但特殊规格的弹簧应根据具体情况另行选定。不同试片测得喷丸强度的换算如图 7-28 所示。

将试片夹具分别固定在图样规定的各个喷丸部位的模拟件上。再把试片固定在夹具上。

把模拟件放入喷丸室内的弹簧工装上，开动工装的运转机构并进行喷丸。卸下试片以非喷丸面为基准面测量其弧高值。卸下的喷丸试片不得再次使用。重新装上新试片、进行喷丸并测量弧高度。用 5～7 片试片经不同时间（或喷丸次数）喷丸之后，获得一条弧高度曲线。由该曲线确定喷丸强度。

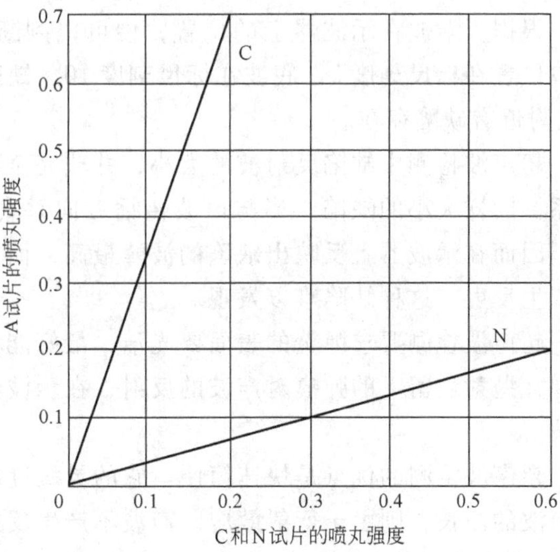

图 7-28　不同试片测得喷丸强度的换算

当由以上步骤测得的喷丸强度高于或低于图样规定值时，则应调整工艺参数（如弹丸速度等），直至达到图样规定值为止。

在达到图样规定的喷丸强度条件下，当弹簧的硬度低于或等于试片的硬度时，该弹簧的表面覆盖率能够达到 100%；但零件的硬度高于试片的硬度时，则零件的覆盖率低于 100%。零件表面达到 100% 覆盖率所需的时间并不等于达到 50% 覆盖率所需时间的 2 倍。若在 1min 内达到 50% 则下一个 1min 只能使剩下的 50% 面积获得 50% 的覆盖率，即达到总覆盖率为 50% +25% =75%。可以按相关公式计算经 n 次喷丸后的表面覆盖率。

弹簧模拟件是用来调整喷丸强化工艺参数的，同时也是用来检验和控制弹簧喷丸强化质量的工具。应能满足以下要求：

a）以实际弹簧零件作为模拟件，或另外加工弹簧的模拟件；

b）模拟件应在与弹簧实际生产的相同条件下接受处理；

c）模拟件上固定弧高试片的位置与数目应满足图样规定的要求。

d）通过模拟件的试验，只有当模拟件上获得的喷丸强度达到弹簧图样上规定的要求时方可对弹簧进行喷丸生产。

3.7 弹簧的无损检测

弹簧的表面质量对其疲劳寿命有很大的影响，因此对弹簧表面质量应当进行仔细检测。

弹簧表面的一些缺陷，如裂缝、折叠、分层、麻点、凹坑、划痕及拔丝等，有的是原材料本身的缺陷，有的是弹簧加工过程中造成的。这些缺陷一般可以目视检测，或以低倍的放大镜检测。目视检测可靠性较差，尤其是裂缝，较难发现，因此可以采用如下检测方法。

3.7.1 弹簧的超声波检测

弹簧检测使用的超声波频率为2.5MHz或5MHz。超声波有强烈的指向性，在不同材料的分界面上会产生反射、折射，所以当声波遇到弹簧中的缺陷时，会发生声波的反射，根据接收到的回波信号，就可以判断和确知所存在的缺陷。

进行超声波检测时，将探头置于弹簧的端圈，为保证良好的耦合，在探头和弹簧端圈间加一层机油。启动探测仪，在示波器上找到弹簧的顶波和底波，并使顶波和底波在示波器标尺上的位置恰好等于弹簧的总圈数。当弹簧有缺陷时，在顶波和底波之间会出现异常反射波。根据反射波在示波器上的位置，便可以判断缺陷的部位。例如弹簧的总圈数为10圈，顶波位置在标尺刻度0，底波在标尺刻度10，缺陷反射波在标尺刻度六处，则表明弹簧在第6圈附近有缺陷存在。

超声波检测中缺陷反射波的大小，并非完全取决于缺陷的大小，还和缺陷的位置有很大关系。同样大小的缺陷，当与声波传播方向垂直时，声波传播到缺陷界面时，即被反射回来，因而在示波器上反映出缺陷的波峰最高，而当缺陷与声波传播方向相平行时，声波甚至不产生反射，这种缺陷难以发现。

超声波检测要求弹簧的表面要光洁，最好能将弹簧滚光后检测。弹簧抛丸后再检测，由于弹丸抛射后留下的弹痕对声波的反射，在示波器上会出现很多反射杂波，难以区别缺陷反射波。

超声波检测的优点是快速简便。它的灵敏度取决于它的频率（或波长），如果缺陷小于超声波的波长，则由于衍射效应，声波不产生反射，因而无法发现缺陷。

3.7.2 弹簧的磁粉检测㊀

应用磁粉检测可以检验弹簧表面及浅层的材料缺陷。其方法是将弹簧在磁场中磁化，然后在磁化了的弹簧上喷撒磁粉（可用干粉也可用水或煤油作溶剂的湿粉），由于在缺陷处磁力线分布不均匀，就会产生磁粉的不均匀堆集，从而发现缺陷。检测前弹簧表面应清洗干净，检测后应退磁。

磁粉检测的程序大致为磁化、敷粉、检查、退磁。

（1）磁化 弹簧检测通常用直接通电法，将交流电或直流电，通过电极加在弹簧的两端头。通电电流500A±50A，通电时间0.4~0.5s。应注意的是磁场的方向必须与缺陷的

㊀ 参见JB/T 7267—2004。

长度方向相垂直，否则会影响检测效果，甚至不能发现缺陷。用直流电法磁化时，应使电流方向与缺陷的长度方向相一致。

（2）敷粉　弹簧检测通常用湿粉，不用干粉。湿粉的配制方法见表7-26。

表7-26　湿粉配制法

类别	成　分	配制方法
水悬浮液	甘油三油酯酸肥皂　10～20g 磁粉　50～60g 水　1000mL	先将甘油三油酯酸肥皂放在少量温水中稀释，然后加入磁粉。研细，最后加入水1000mL，甘油三油酯酸肥皂亦可用普通肥皂代替，但均匀性和稳定性差
油悬浮液	1. 60%（质量分数）变压器油+40%（质量分数）煤油在1000mL悬浮液中含磁粉100g 2. 1000mL变压器油中含磁粉50g	
荧光悬浮液	荧光磁粉： 磁粉56%（质量分数），铁粉40%（质量分数），荧光剂（蒽）4%（质量分数），胶性漆每100g混合物中为40g 水磁悬液： 乳化剂4%～5%（质量分数） 亚硝酸钠3%～4%（质量分数） 荧光磁粉在每100mL液体中为15～20g	各种粉的粒度为3～5μm，先将配好的磁粉用水调制，加入乳化剂和亚硝酸钠

水悬浮液检测的效果较油悬浮液好。但弹簧表面不能有油污。荧光悬浮液的效果最佳。无损检测用磁粉有760（黑色）、960（红色）。

（3）检查　用目视观察。必要时可放在放大镜下检查。荧光磁粉可在紫外线下检查。

（4）退磁　弹簧经磁力检测后是否要退磁，可在退磁前一般用大头针检验，如被弹簧吸起，则应做退磁处理，否则无须退磁。弹簧退磁可用退磁器。

磁粉检测具有设备简便，操作方便，检测灵敏度高等优点。缺点是检查难以实现自动化，需人工检查，容易受到检查人员精神状态和视力的影响，用荧光磁粉在这方面的影响要小些。磁粉检测虽可直接辨认缺陷的性质和缺陷大小，而不能定量地判断缺陷的深度。经试验表明，在正常情况下，可检出的缺陷极限尺寸见表7-27。

表7-27　磁粉检测可检出的缺陷极限尺寸

裂纹宽度/μm	裂纹深度/μm	裂纹长度	
		≤1mm	>2mm
1	10	50%可检出	100%可检出

3.7.3　弹簧的渗透法检测

渗透法检测的基本原理是将被检测的弹簧浸涂某些渗透能力强的溶液（渗透液），使其渗入表面开口的缺陷中，然后将多余的渗透液除去，再在表面涂一层显现剂，此时缺陷中残存的渗透剂被吸出，在紫外线（荧光法）下观察或直接观察，就能发现缺陷的存在。渗透检测法既可适用于铁磁材料弹簧的检测，也可用非铁磁材料如铜合金和奥氏体不锈钢弹簧的检测。

（1）浸油检测　对于钢丝直径大于8mm的弹簧，可以采用浸油方法。将表面已经清洗过的弹簧浸在煤油中，或50%（质量分数）煤油和50%（质量分数）L-AN32的混合油中，浸泡20min左右（适当提高油温，可以缩短浸泡时间，但油温以80℃为限）。浸泡时，油就会渗入裂缝等缺陷中，将浸油后的弹簧进行喷砂处理使油全部清除后，检查弹簧表面，就能鉴别出有裂纹的弹簧。

（2）荧光检测 荧光检测适用于大弹簧，亦适用于较小的弹簧，方法与浸油检测相似，仅是将油改为含有荧光粉的渗透剂。荧光物质在近紫外线照射下显示出明亮的色彩痕迹，因此很易发现裂纹或其他开口缺陷。由于渗透剂苯有毒，应加以防护。

（3）着色法检测 它是由清洗液、渗透液和显示液三种溶液所组成。使用时先将被测表面用清洗液洗净，然后将渗透液喷射到弹簧的检测部位，稍等片刻，待渗透液渗入缺陷，然后再用清洗液清理表面，最后把显示剂喷射到弹簧表面，缺陷就可显示出来，为了使缺陷醒目显示，一般渗透液为红色。

渗透法检测能发现宽度为0.01mm的缺陷，操作简单，使用方便。但缺点是效率低，溶液不能回收，成本较高，且只能发现表面开口的缺陷。

3.7.4 弹簧线材电涡流检测

（1）试验概要 金属等导体通过交流线圈时，由于导体表面的缺陷会引起线圈的电流、电压变化，利用此种原理检测缺陷的方法称之为电涡流探伤。弹簧材料，特别是气门弹簧用线材广泛采用电涡流检测缺陷。

电涡流检测能够在高速下30～50m/s检测缺陷，检测结果能够作为电信号输出，可以自动采集、记录缺陷信号，也可以在缺陷位置打上标识，对缺陷个数进行统计。但是，由于缺陷深度受试验设备、材料表面状态、检测线方法等因素的影响，目前采电涡流检测缺陷的结果还未达到人们所期望的检测精度。例如气门弹簧用油淬火钢丝，由于油淬火处理时表面氧化膜厚度、材料成分的不均匀、检测线的振动、外部杂音信号等因素都将导致检测结果精度降低。此外，材料本身的残余应力、偏析和脱碳也影响检测精度。

电涡流检测试验与磁粉检测、渗透检测等不同，它不能用肉眼直接观察缺陷，其优点是能够检测到表层内部的一些缺陷。此种方法又称为“电磁感应检测试验”。由于利用电磁感应的原理，则对于一些非导体如塑料、木材等不能使用。

（2）电涡流检测原理。电涡流检测是由交流电产生的交变磁场作用于待检测的导电材料，感应出电涡流。如果材料中存在缺陷，它将干扰所产生的电涡流，即形成干扰信号，通过电涡流检测装置检测干扰信号，就可判断材料中缺陷情况。电涡流的分布以及电流的大小，随着线圈形状尺寸、试验频率、金属的电导率、磁导率、金属与线圈的距离、缺陷的形状而变化。

（3）电涡流检测的形式。弹簧材料用电涡流检测采用如下两种形式。

1）回转型。在被检测材料的四周安装2～4检测线圈，能够在高速旋转下检测缺陷，材料表面进行螺旋状检测。必须考虑旋转线圈的转速和被检测线材的进给速度之间的匹配。多个旋转检测线圈能够依次检测出同一缺陷，根据连续变化的输出信号可以检测连续缺陷。

2）贯通型。被检测材料穿过两个连续的检测线圈，通过两个检测线圈的输出信号差能够检测缺陷。也就是说，以其中一个检测线圈的输出信号为基准，与另外一个检测线圈的输出信号相比较的方法。对于横跨两个检测线圈的缺陷，由于不产生输出信号差，因此，难于对缺陷进行正确的判断。此种方法适用于不连续缺陷的检测。

两种形式的电涡流检测方法比较见表7-28。

3.8 弹簧清洁度检测

对于一些重要用途的弹簧，根据使用要求不同，有时对弹簧规定了清洁度。所谓弹簧清洁度，是表示弹簧的清洁程度，其好坏以清洁度限值来表示，清洁度限值包含杂质质量和杂

表 7-28　回转型和贯通型电涡流检测比较

项　　目	回　转　型	贯　通　型
检测线圈	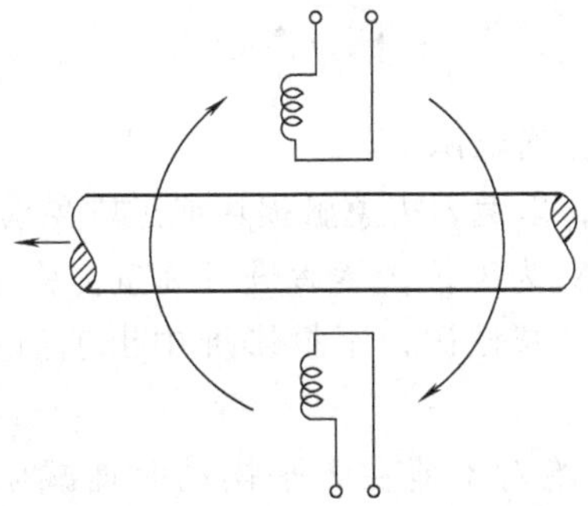	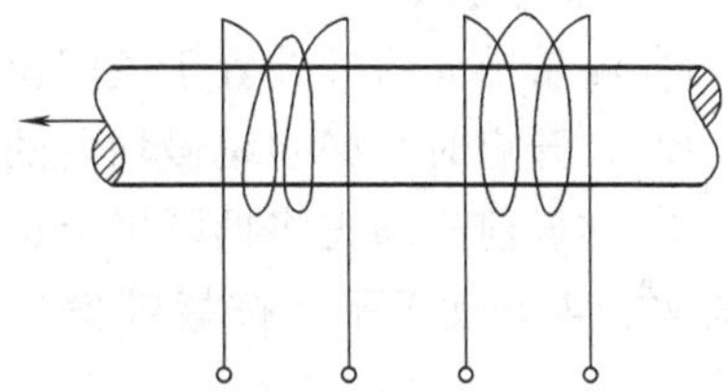
检测频率	制造厂不同有所差异通常 400kHz	制造厂不同有所差异通常 100kHz
检测线圈	2～4 个	1对
检测速度	60m/s	(5～300)m/s
磁饱和退磁	不需要	需要
检测精度	约 0.06mm 深度以上	约 0.06mm 深度以上
特性	能够检测连续的缺陷不需要退磁 检测速度受到限制	能够检测不连续的缺陷能够高速检测 连续缺陷难于检测
价格	较高	比较低

质颗粒度两项指标，即每个弹簧所含杂质质量和所含颗粒的最大尺寸，对清洁度有特殊要求的弹簧还需要进行杂质颗粒度分析。杂质是指有一定极限尺寸的一切颗粒，而这一极限尺寸与过滤元件的尺寸有关。所以一切金属、砂粒、涂料、塑料、纺织品和水玻璃等残留物都是杂质。杂质颗粒度是指杂质颗粒的尺寸大小，以杂质颗粒长、宽、高方向的最大尺寸表示。

（1）试验准备

1）清洗液的准备：弹簧清洗液采用技术指标符合 SH 0004《橡胶工业用溶剂油》规定的一级品溶剂油，弹簧清洗前应预先用 0.45μm 的微孔滤膜过滤溶剂油。

2）滤膜的准备：用镊子将 5μm 的微孔滤膜平整的放在过滤后的清洗液中浸泡 10min 后，取出置于称量瓶中，待清洗液挥发后，再开盖放入已升温至 90℃ ±5℃ 的电热恒温干燥箱中，烘干 60min，取出并及时放入干燥器内盖好待冷却 30min 后，称量（空量）待用。每个称量瓶中放置一张滤膜，滤膜应经两次烘干称量，以第二次称量为准（两次烘干称量的差值不大于 0.4mg）。

（2）试验方法

1）弹簧的清洗：用镊子夹住弹簧，在清洁的容器中用清洁的清洗液反复刷洗弹簧的表面，清洗时应防止将带有杂质的清洗液飞溅到容器外。

2）滤膜过滤装置：真空泵（真空度不大于 80kPa）及滤膜过滤装置如图 7-29 所示。

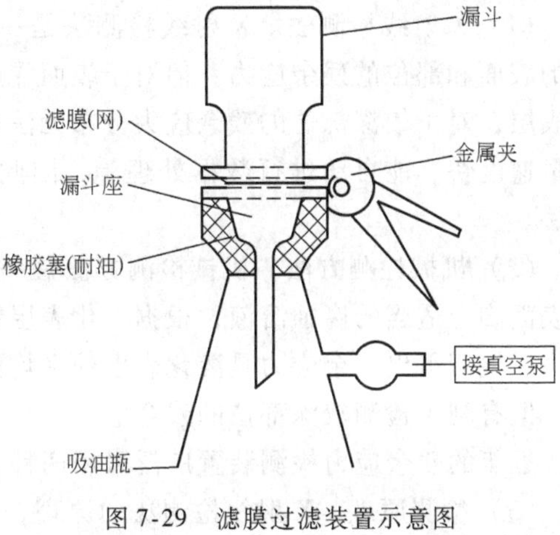

图 7-29　滤膜过滤装置示意图

3）杂质的过滤、烘干：用镊子将准备好的 5μm 的滤膜放在过滤装置的砂芯上，并用金属夹夹紧，用真空泵对带有杂质的清洗液进行抽滤。用镊子将带有杂质的滤膜放入称量瓶内半开着盖子放入恒温箱内，在90℃ ±5℃烘干60min取出并及时放入干燥器中冷却30min后称量。

4）称量方法：

① 测量前先将开关置于关闭位置，接通电源。

② 在开启时，必须缓慢均匀的转动，以免刀刃急触损坏或过剧晃动造成计量误差。

③ 称量前必须先将投影屏上读数校对为零位，然后进行称量，称量时应适当的估计添加砝码，再开动天平，按指针偏移方向增减砝码，至投影屏中出现静止到10mg内的读数为止。

④ 每次称量时，都应将天平关闭，绝对不能在天平摆动时增减砝码或在称盘中放置称物。

⑤ 被称物在10mg以下者，可由投影屏上读出，10mg以上之数值，旋转砝码三档指数盘来增减10mg~199.900g的环砝码。

⑥ 使用后作好使用记录，并将天平关闭和砝码指数盘旋至零位，切断电源，然后用套子将天平罩好。

（3）杂质质量的计算

杂质质量 m 按下式计算：

$$m = G_2 - G_1$$

式中 m——杂质质量（mg）；

G_1——过滤前滤膜质量；

G_2——过滤后带有杂质的滤膜质量。

（4）清洁度限值应符合有关标准规定或按供需双方协定。

3.9 弹簧残余应力检测

弹簧钢丝在进行冷拔处理、油淬火热处理等工序加工时将产生残余应力，而且，弹簧在制造过程中，进行成形加工，进行喷丸处理。作为表面硬化处理而采用高频淬火、渗碳、氮化等，由于进行这些处理，将在材料中产生残余应力。定性、定量在检测材料的残余应力，将是提高弹簧疲劳特性的重要因素。

弹簧残余应力通常采用如下两种方法：

（1）X射线检测法。X射线检测法是一种非破坏试验检测方法，此种方法能够检测特定的表面和部位的残余应力，但对于表面深度有一定的要求，也就是说，只能检测表面较浅的表层，对于较深部位的残余应力分布无法检测。然而，由于X射线检测法数据采集可靠、测量速度快、能自动进行数据处理等，因此，在弹簧残余应力检测中，是广泛采用的一种方法。

（2）机械检测方法。机械检测方法是一种破坏试验检测方法，此种方法是在被测弹簧的表面滴上适当的腐蚀溶液，根据溶化表层释放残余应力而产生的材料的变形方法。采用此方法，检测得出残余应力是溶化表层的平均值，不能检测某个特定的表面和部位的残余应力值，但有利于检测较深部位的残余应力。

近年的残余应力检测装置广泛采用两种方法的组合，能够提高检测精度。

（3）检测原理。X射线检测法的原理，当多结晶体的表层遇到X射线时，从特定结晶格面将衍射特定的 X 射线。根据有无应变的状态可以求得此时的衍射角之差，然后按照材料的纵弹性模量和泊松比计算得出。机械检测方法是如前所述根据腐蚀液的溶化，残余应力的变化导致材料的变形，通常测得长度的变化，换算成应力。

4　弹簧试验

4.1　弹簧疲劳和松弛试验

本节主要介绍弹簧产品疲劳性能和松弛率的检测及可靠性评定。

（1）弹簧疲劳性能检测要求。凡承受变负荷的弹簧在企业内部质量控制、顾客交验、新产品定型鉴定、认证、行业抽检和工艺调整环节中，必须进行疲劳性能检测。检测方式可采用疲劳寿命验证试验或可靠性评定试验两种，但对于产品的等级划分与认证，必须采用可靠性评定试验，考核其可靠性指标。

对于不同的检测目的所要求的检测机构、检验报告和检测周期见表 7-29。

对于不同检测目的与产品类型，规定的最低试验循环次数见表 7-30。

表 7-29　不同检测目的所要求的检测机构、报告和周期

检测目的	检测机构	检测报告	检测周期
寿命筛选	企业或企业认定的质检机构		随时进行
工艺调整	企业或企业认定的质检机构		与工艺调整周期同步
内部质量控制	企业或企业认定的质检机构		至少每半年一次
用户交验	双方协议		与交验周期同步
行业抽检、新产品定型鉴定	政府授权或指定的部（省）级以上质检机构	具备计量认证标志	需要时进行
认证	国家授权、国家实验室认可委员会认可通过且认证委员会指定的第三方质检机构	具备计量认证标志和实验室认证标志	需要时进行

表 7-30　按弹簧产品类型、检测目的规定的试验循环作用次数（参照 GB/T 16947）

（单位：次）

产品种类	检测目的		
	定型鉴定	行业抽检、用户交验	认证
气门弹簧	$(1\sim3)\times10^7$	$(1\sim2.3)\times10^7$	$(1\sim3)\times10^7$
悬架弹簧、摩托车减振器弹簧	$(2.5\sim10)\times10^5$	$(2\sim10)\times10^5$	$(3\sim10)\times10^5$
调压弹簧、柱塞弹簧	1×10^7	1×10^7	1×10^7
液压件弹簧	$(1\sim10)\times10^6$	$(1\sim10)\times10^6$	$(1\sim10)\times10^6$
离合器弹簧	1×10^6	1×10^6	1×10^6

注：选取作用次数时应考虑材质、应力水平等因素。

经规定循环次数的疲劳试验后，弹簧的松弛率公差按相应标准规定。当标准未做规定时，强制性检验由检测单位确定，非强制性检测按顾客或受检单位要求执行。

对于可靠性评定试验，弹簧在规定的试验条件和循环次数后，其合格品、一等品和优等品应达到表 7-31 所规定的可靠度水平。对于认证产品其疲劳寿命的可靠度必须达到优等品的可靠度指标。

表 7-31　产品等级与疲劳寿命的可靠度指标

产品等级	可靠度 R(%)
优等品	99.99
一等品	99.9
合格品	99

（2）弹簧疲劳试验试样

1）试样应按规定程序批准的技术文件制造，并检验合格。

2）试样应从同一批产品中随机、独立抽取，检查批的划分按 JB/T 58700 执行。

3）试样数量：对于疲劳寿命验证试验，四缸以下发动机，试样数量不少于五台套；四缸或四缸以上发动机，试样量不少于三台套；对于可靠性评定试验，试样的数量按表 8-6 确定。

（3）弹簧疲劳试验机

1）采用机械式、电磁谐振式或电液伺服式试验机，也可用配套主机。采用电磁谐振式试验机时试验振幅不宜过大。

2）试验机误差应符合相关规定。

3）试验机的频率应在一定范围内可调，以满足不同试验要求。

4）试验机一般应具备的功能：试验时间或次数预置功能；自动计时或计数功能；试验振幅显示或控制功能；自动停机功能。

（4）弹簧疲劳试验频率

1）试验频率可根据试验机的频率范围和弹簧实际工作频率等情况确定。除随机载荷试验外，整个试验过程中试验频率应保持恒定。

2）试验频率 ν_r 应与单个试验弹簧的固有自振频率 ν 满足 $(\nu/\nu_r)>10$。ν 根据式(9-79)计算。

（5）弹簧疲劳试验振幅　振幅分为位移振幅和应力幅。对于螺旋弹簧的疲劳寿命验证试验与可靠性评定试验一般使用位移幅作为试验振幅。

（6）弹簧疲劳试验程序　参照第 8 章 5 节弹簧疲劳试验。

（7）弹簧失效模式的选择　弹簧在疲劳试验时，失效模式分为断裂和因松弛丧失规定功能两种。根据弹簧的功能要求，可选择其中一项或两项作为疲劳寿命的失效模式。

（8）弹簧疲劳试验结果评定

1）疲劳寿命的确定：在给定的失效条件下，所试弹簧达到的最大循环次数，即为弹簧的疲劳寿命。

2）疲劳寿命的验证：给定循环次数试验后，如弹簧未发生失效则证明验证试验通过。

3）可靠性验证：依据给定的可靠度目标值，确定适宜的样本数 n，在指定的试验条件与要求下试验，按要求的失效模式判断。如得到的合格数大于表中所要求最低合格数 r，则验证试验通过，反之则为不通过。

（9）弹簧松弛率　弹簧的松弛率 ε 以弹簧试验后载荷损失百分数表示：

$$\varepsilon=\frac{F-F_i}{F}\times 100\%$$

式中　F——试验前测定的弹簧载荷；

F_i——试验后测定的弹簧载荷。

经疲劳试验后的松弛率应在图样规定的范围内。

4.2　圆柱螺旋弹簧立定及永久变形的试验

立定是对弹簧的基本要求，成品弹簧必须立定，以免弹簧在工作时发生永久变形而影响机械设备或部件的性能和正常工作。检验弹簧立定的方法是检验弹簧的剩余变形，一般是将压缩弹簧压并，或将拉伸弹簧及扭转弹簧的载荷加至试验载荷或图样规定的载荷，经多次反复加载及卸载。未经立定处理的弹簧其加载后产生的永久变形（剩余变形）量第一次最大，以后逐次减小，至若干次后其几何尺寸保持不变。立定试验一般反复加载三次。但应指出，弹簧在加载前后的自由长度（角度），都应在图纸的允差之内才算合格。

进行永久变形检测时所使用的量具有：精度不低于0.02mm的游标卡尺或同精度的游标高度尺、钢卷尺、三级精度平板、弹簧载荷试验机、工具显微镜或投影仪。

压缩弹簧的检测程序一般为：测出弹簧的自由高度H_0，计算出试验高度H_s和压并高度H_b；若$H_s>H_b$，将弹簧压缩至H_s三次；若$H_s\leqslant H_b$，将弹簧压缩至H_b三次，但压缩至并紧所加的载荷最大不得超过理论并紧载荷的1.5倍；测量经过三次压缩后的自由高度H_0'；得永久变形量$\Delta=H_0-H_0'$。

无初拉力拉伸弹簧和扭转弹簧的检测程序，可参照压缩弹簧的进行。

具有初拉力的拉伸弹簧，经立定试验后弹簧的自由长度一般保持不变，但是初拉力逐次减小，相应的初变形量也逐次减小，由于初变形量的变化在自由长度中反映不出来，因此检验的方法不是测量长度，而是测量载荷。

4.3 弹簧振动试验

为了使弹簧满足各种各样的性能，而且长时间使用也应具有耐久性，因此，弹簧不仅对静态性能进行检测，对于弹簧的动态性能也应进行检测。在此以汽车用弹簧为例简述动态试验。

汽车悬架弹簧不仅承受汽车本身的载荷，而且承受由于路况的冲击、振动和驱动系统的高频振动等动载荷。因此，会产生噪声、弹簧的高频振动、乘车的不舒适等一系列的问题。为了弄清楚这些问题，有必要对弹簧的性能做评价试验，通常按照实车进行动态特性试验。此种试验，由于有的是弹簧制造厂完成，有的是车辆生产厂完成，也有两者共同完成，因此，没有明确统一的试验方法。特别是模拟实车工况，试验方法则依据各生产厂家实际工况而定。此处仅对实际工况进行简述。

动态特性试验是指给弹簧施加阶梯振动、正弦波振动、随机振动，或者模拟实际车辆振动工况，对弹簧的负荷、动作进行检测的试验。与弹簧静态试验相比，弹簧动态试验在试验设施、辅具的刚性，检测设备的响应上要求更高。此外，由于各种工况下将产生大量的数据，因此，需要具备一整套高速采集数据、分析数据的系统。随着汽车对弹簧的要求越来越严格，弹簧动态特性将显得越来越重要。

下面列举按照实际工况通常进行的动态特性试验项目：

1）动态轨迹曲线和共振曲线试验；

2）螺旋弹簧的共振试验；

3）噪声试验。

4.4 弹簧的冲击试验

一些工程机械、运输车辆的缓冲器及枪炮的复进器等所用弹簧在其工作过程中经常要承受冲击载荷。承受冲击载荷的弹簧，变形速度很快，例如有些高速枪炮的复进器弹簧的变形速度有的可以高达20m/s。在这种高速度的变形下，弹簧的变形及应力分布是很不均匀的，尤其是当弹簧的变形速度高于应力在弹簧中允许的传递速度时，造成应力集中，产生弹簧永久变形，甚至断裂破损。因此对于这些弹簧要作冲击试验。

弹簧的冲击试验一方面是检验弹簧承受冲击载荷的性能，另方面也可以稳定弹簧尺寸，提高弹簧承载能力，并淘汰次品。通常总是对一批弹簧作抽样试验，重要的可以全部检验。

冲击试验可以采用两种形式（图7-30），一种是水平方向冲击（图7-30a），另一种是垂直方向冲击（图7-30b）。水平方向冲击试验可以在摆锤式冲击试验机上进行，垂直方向冲击试验可以在落锤试验机上进行。

要求在冲击试验机上作冲击试验的弹簧，应在图样上具体规定落锤的高度和质量，以及弹簧每端冲击的次数。若是落锤的能量大于弹簧能吸收的能量时，为了防止弹簧被击坏，必须安装限位装置。

冲击试验后，应检查弹簧自由高度下沉量，一般不得超过落锤前自由高度的3%，落锤试验后，不应再进行其他处理。

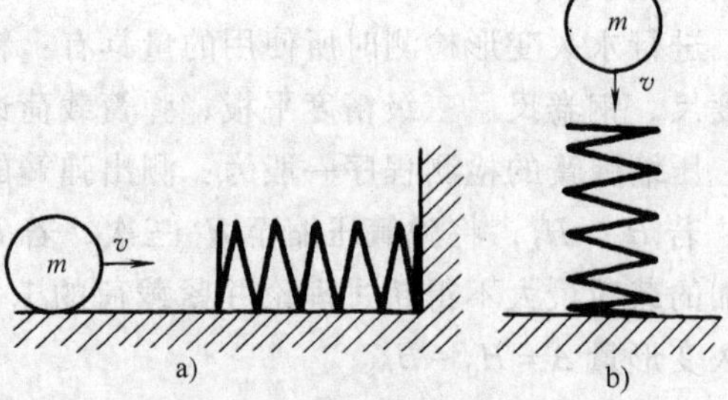

图7-30 弹簧冲击试验形式
a）水平方向冲击 b）垂直方向冲击

第 8 章　弹簧的疲劳强度

在机械设备中，组成机械的零件在工作时所产生的应力大致有两种类型：静应力与变应力。零件或材料在承受这两类不同的应力时，它们所显示出来的力学性能完全不一样。受静应力的零件或材料的破坏是塑性变形或脆性断裂，因此它们的强度是以材料的弹性极限或屈服强度和强度极限来衡量的。而受变应力的零件或材料的破坏则是疲劳断裂，因此它们的强度是以疲劳强度来衡量的。疲劳强度低于弹性极限或屈服强度等静应力强度。弹簧在实际工作中受纯静应力的情况很少，当应力变化缓慢或者变化幅度较小、次数较少时，则可以看作是静应力，这就是在设计计算中所谓受准静载荷的弹簧。应力变化次数多、变化幅度大的弹簧则应考虑疲劳强度，也就是所谓受动载荷的弹簧。影响疲劳强度的因素很多，受变应力的弹簧，由于一般所给的许用应力已不能全面反映这些因素，因此对一些重要的弹簧应进行疲劳强度的验算和试验验证。

1　变应力的类型和特性

随时间作周期性变化，而变化幅度保持常数的变应力，如气门弹簧上的应力，称为稳定性循环变应力（图 8-1a）。若变化幅度也是按一定规律周期性变化，则称为不稳定性循环变应力（图 8-1b）。变应力不呈周期性变化，而带有偶然性，如汽车的悬架弹簧上受的应力，称为随机变应力（图 8-1c）。瞬时过载或冲击产生的应力，如缓冲器弹簧所受的应力称为尖峰应力（图 8-1c）。

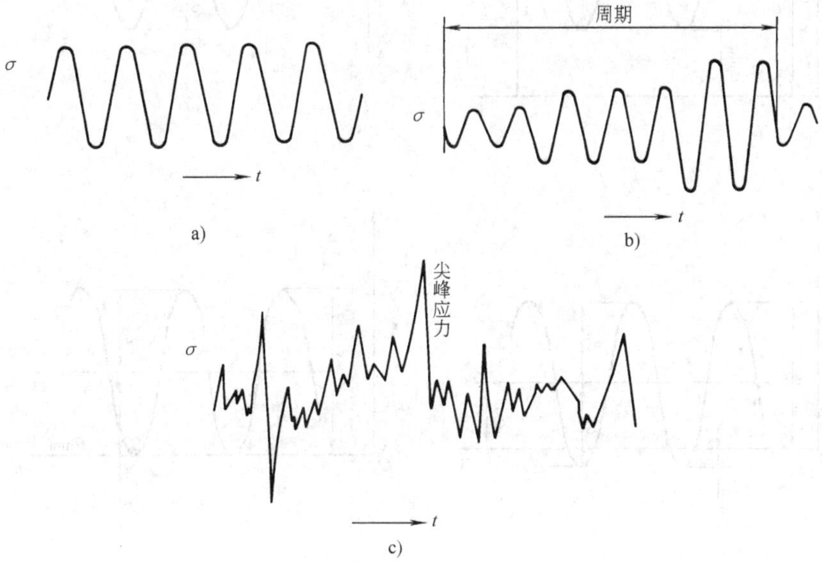

图 8-1　变应力的类型

a）稳定性变应力　b）不稳定性循环变应力　c）随机变应力

图8-2为变应力谱。如图8-2a所示，零件受周期性的最大应力 σ_{max} 及最小应力 σ_{min} 作用，其应力幅为 σ_a，平均应力为 σ_m，它们之间的关系为

$$\left.\begin{aligned}\sigma_{max}&=\sigma_m+\sigma_a\\\sigma_{min}&=\sigma_m-\sigma_a\end{aligned}\right\}\tag{8-1}$$

或

$$\left.\begin{aligned}\sigma_m&=\frac{\sigma_{max}+\sigma_{min}}{2}\\\sigma_a&=\frac{\sigma_{max}-\sigma_{min}}{2}\end{aligned}\right\}\tag{8-2}$$

令

$$r=\frac{\sigma_{min}}{\sigma_{max}}=\frac{\sigma_m-\sigma_a}{\sigma_m+\sigma_a}\tag{8-3}$$

r 称为循环特征（或称变应力不对称系数），表示变应力的变化性质。上列各式中的 σ_{max} 和 σ_{min} 指应力绝对值的最大和最小，但代入公式中时，应带有本身正负号。

图8-2b所示变应力，平均应力 $\sigma_m=0$，而 $\sigma_{max}=-\sigma_{min}$，因此，$r=-1$，这类应力称为对称循环变应力。

图8-2c所示变应力，$\sigma_{min}=0$，$\sigma_a=\sigma_m$，而 $\sigma_{max}=2\sigma_a=2\sigma_m$。此时，$r=0$，这类应力称为脉动循环变应力。

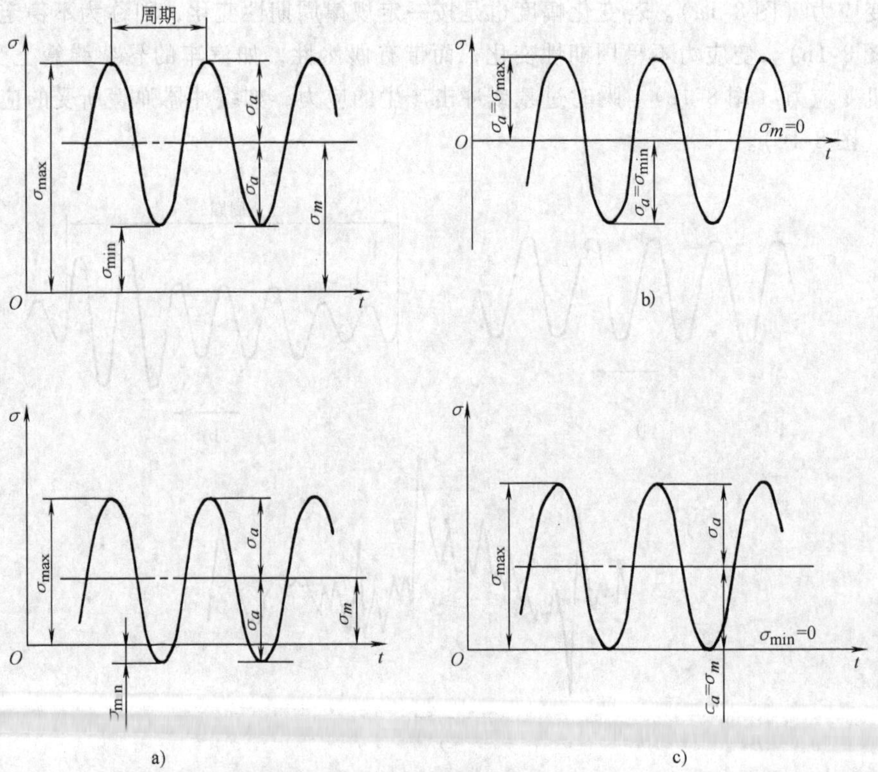

图8-2 变应力谱

a）非对称循环变应力，$-1<r<+1$ b）对称循环变应力 $r=-1$ c）脉动循环变应力 $r=0$

当 σ_{max} 与 σ_{min} 接近或相等时，σ_a 接近或等于零，此时循环特征 $r=+1$，这类应力称为静应力。

除去对称和脉动循环变应力以及静应力外，其他类型的变应力称为非对称循环变应力（图 8-2a）。

变应力的循环特征 r，应力幅 σ_a 和循环次数 N 对零件的疲劳强度都有影响。零件在同一最大应力水平时，r 值越大，或 σ_a 越小，或 N 越少，它的疲劳强度越高。

常用的普通压缩和拉伸螺旋弹簧，在受载后，弹簧材料截面产生扭转切应力 τ，在计算这类弹簧时，只要将式中各正应力 σ 代入对应的切应力 τ 即可。

2 弹簧的疲劳失效

金属材料的疲劳损伤过程，一般有以下几个阶段：滑移、裂纹萌生、微观裂纹扩展、宏观裂纹扩展、瞬时断裂。

金属零件形成疲劳裂纹的方式很多，有的发生在金属晶体表面、晶界或金属内部非金属夹杂与基体交界处；有的发生在零件表面原有的缺陷处，如表面机械划伤、焊接裂纹、腐蚀小坑、锻造缺陷、脱碳等；有的是因零件的结构形状造成应力集中而形成疲劳裂纹萌生源，如零件上的内、外圆角、键槽、缺口等处。

（1）变应力作用下金属的滑移及微观疲劳裂纹的产生　表面无缺陷的试件在变应力的作用下，金属表面开始滑移（图 8-3），直到微观疲劳裂纹产生。这是疲劳失效的第一阶段（图 8-4）。裂纹沿着与拉力轴向成 45°角的最大切应力方向扩展，生长到一定的长度后，逐渐改变方向，最后沿着与拉应力成垂直的方向生长，进入裂纹扩展的第二阶段。

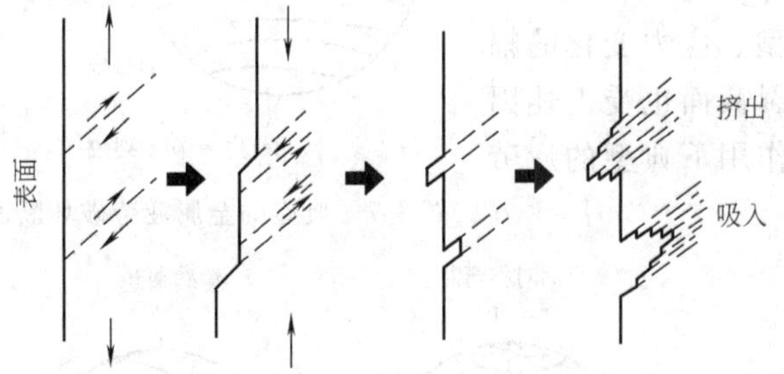

图 8-3　金属表面的滑移

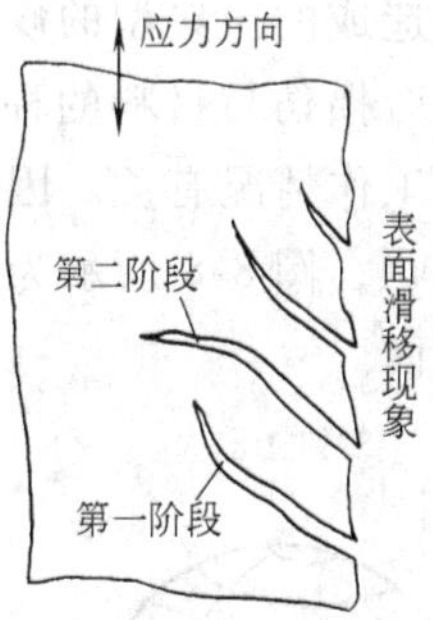

图 8-4　微观疲劳裂纹的产生

在多晶金属的晶界上，也是初始疲劳裂纹易萌生的地区。金属中的非金属夹杂物与基体的交界处，往往是疲劳裂纹优先产生的地区。

（2）疲劳裂纹的扩展及材料的断裂　第一阶段的微观裂纹扩展进入到第二阶段的宏观裂纹时，扩展速度增加。裂纹尖端部分向前扩展的过程中，所承受的应力较大时，尖端附近部分形成塑性变形区。如果应力较小，则以弹性变形为主。因此，在宏观裂纹的扩展阶段中，有两种类型：裂纹在弹性区内扩展和裂纹在塑性区内扩展。前一种情况，裂纹长度远远超过裂纹顶端的塑性区尺寸，即塑性区很小，如图 8-5 所示。承受高循环次数、低应力、低裂纹扩展率的零件，其疲劳裂纹扩展属于这种情况。在这种条件下产生的破坏，称为应力疲劳破坏。而

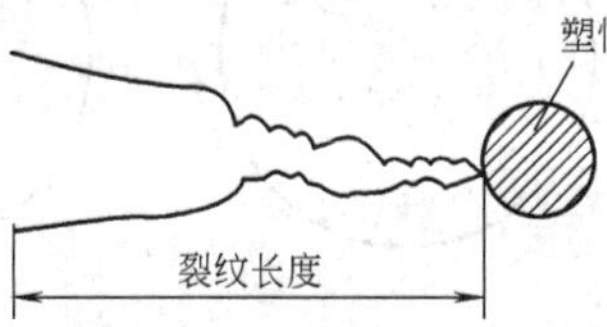

图 8-5　裂纹长度大于塑性区

后一种情况，裂纹长度远远小于塑性区的尺寸。承受低循环次数、高应力、高裂纹扩展率的零件，属于这种情况。在这种条件下产生的破坏，称为应变疲劳破坏。

微观裂纹扩展和宏观裂纹扩展两个阶段，统称为裂纹的亚临界扩展过程。工程断裂力学主要研究这个过程中裂纹扩展的规律。

如图8-6所示，裂纹在变应力作用下扩展的模型。

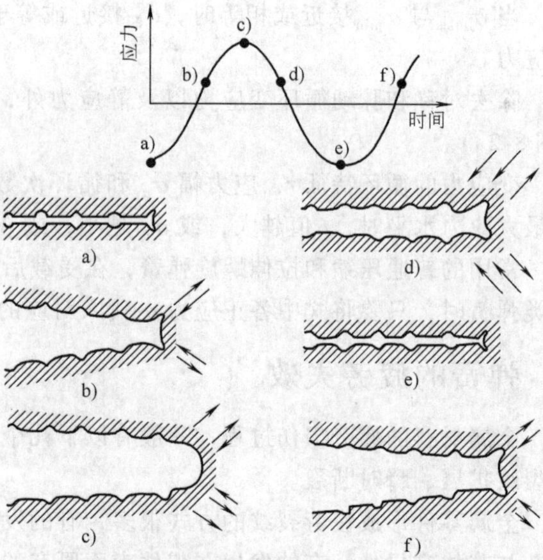

图8-6 裂纹在变应力作用下扩展的模型

在实际应用中，有相当一部分零件，即使出现宏观可见裂纹，但由于疲劳裂纹扩展缓慢，要经历一段相当长的时间后才达到临界尺寸而发生破坏。因此，这种裂纹的亚临界扩展特性为采用有限寿命设计提供了前提。

疲劳裂纹扩展到净截面的应力达到材料的拉伸强度时(对高韧性材料)，或是疲劳裂纹的长度达到材料的临界裂纹长度时，便发生最终的瞬时断裂。在断口上往往留下清晰的疲劳条带，称为前沿线，这是因为裂纹尖端在向前扩展时所造成的。典型的疲劳破坏断面如图8-7。

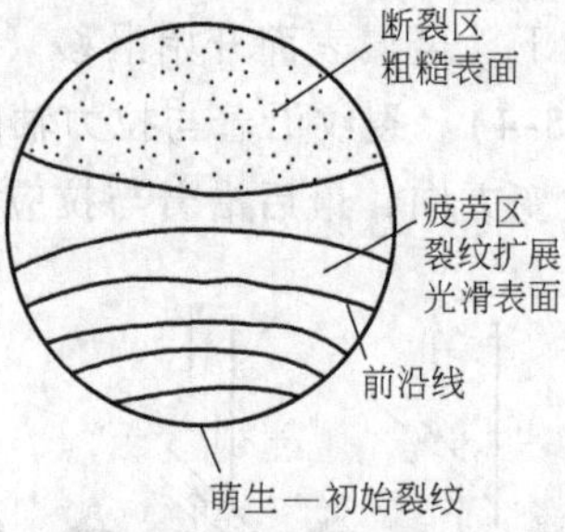

图8-7 典型的金属疲劳破坏断面

疲劳损伤与材料的种类、应力的类型、应力变化的幅度以及工作情况有关。因而，疲劳的断裂截面也受上述因素的影响，图8-8所示为在各种变应力作用下典型的疲劳破坏断面。

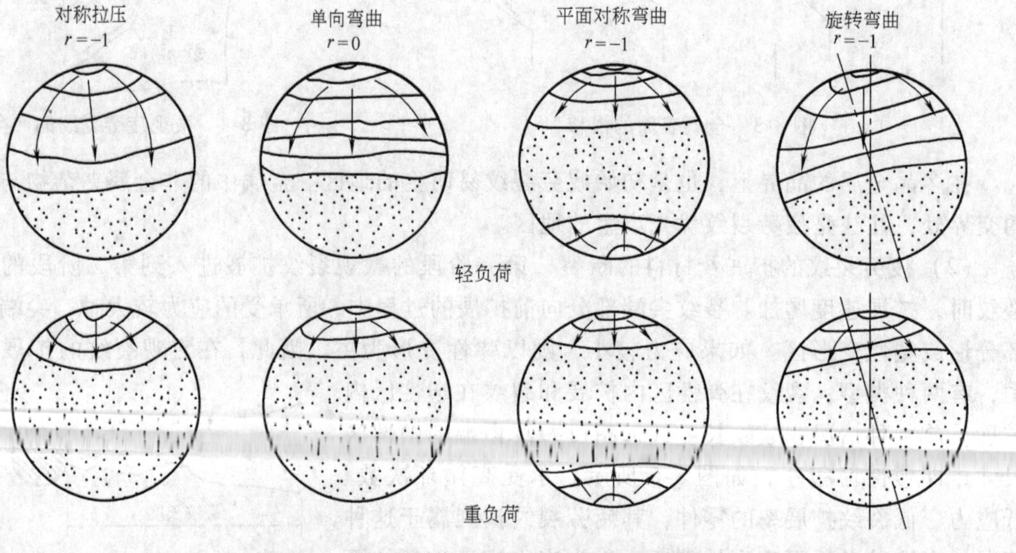

图8-8 不同应力作用下典型的疲劳破坏断面

圆柱螺旋拉伸和压缩弹簧材料在负荷作用下所受应力为带弯曲型的扭转切应力。圆柱螺旋扭转弹簧在负荷作用下所受应力为带扭转型的弯曲应力。板弹簧在负荷作用下所受应力为单向弯曲应力。

图 8-9 为压缩螺旋弹簧受切应力时，疲劳失效的典型断面图。从断面可以看出，疲劳破坏是由于表面裂纹（图中箭头所指）形成的疲劳源而造成的。

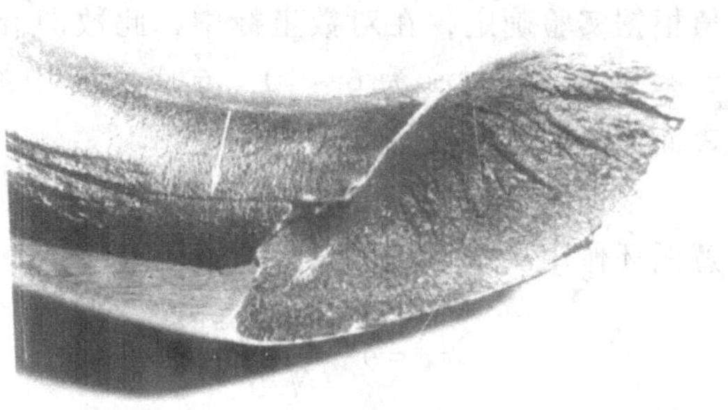

图 8-9　弹簧疲劳失效的典型断面图

3　疲劳曲线（S-N 曲线）

传统的疲劳设计，是以材料的疲劳曲线或称 S（应力）-N（寿命）曲线为根据的。由于实验数据存在很大的离散性，因此只能用统计判断的方法绘制此曲线。对于不稳定变应力，要用损伤累积假说来估算零件的疲劳破坏寿命。

各种材料对变应力的抵抗能力，是以在一定循环作用次数 N 下，不产生破坏的最大应力 σ_N 来表示的。σ_N 称为一定循环作用次数 N 的极限应力，也称为条件疲劳极限。对于一种材料，根据实验，可得出在各种循环作用次数 N 下的极限应力，以横坐标为作用次数 N、纵坐标为极限应力，绘成如图 8-10 所示曲线，则称为材料的疲劳曲线，或称 S-N 曲线。从图中可以看出，应力越高，则产生疲劳破坏的循环次数越少。变应力低于某一数值时，则材料不再产生疲劳破坏，此时的应力称为材料的疲劳极限。出现疲劳极限的循环次数称为循环基数 N_0，一般钢材 $N_0=10^6\sim10^7$ 左右，硬质合金（38HRC）$>N_0=25\times10^7$ 左右，有色金属没有水平线段，即没有绝对的疲劳极限。一般工程上给出的疲劳极限是 10^7 或 10^8。在腐蚀介质的情况下，钢材也没有疲劳极限，如图 8-11 所示。对应于循环基数 N_0 的疲劳极限，假如是对称循环的变应力，即 $r=-1$，用 σ_{-1} 或 τ_{-1} 表示；如是脉动循环时，即 $r=0$，则用 σ_0 或 τ_0 表示。

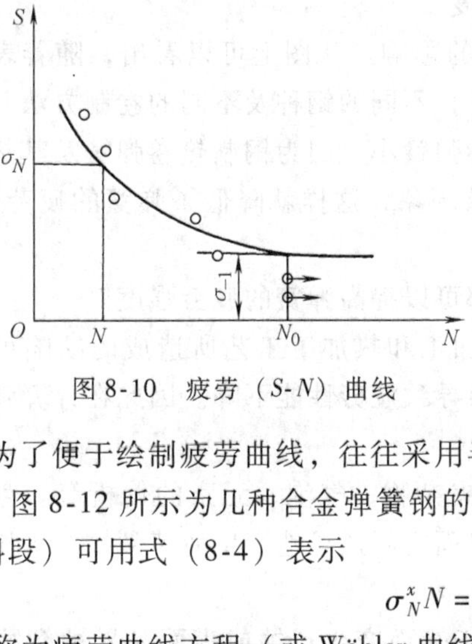

图 8-10　疲劳（S-N）曲线

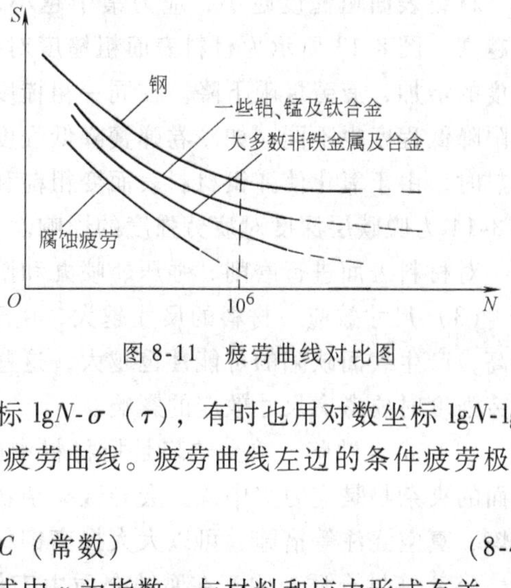

图 8-11　疲劳曲线对比图

为了便于绘制疲劳曲线，往往采用半对数坐标 $\lg N$-σ（τ），有时也用对数坐标 $\lg N$-$\lg\sigma$（τ）。图 8-12 所示为几种合金弹簧钢的对数坐标疲劳曲线。疲劳曲线左边的条件疲劳极限（倾斜段）可用式（8-4）表示

$$\sigma_N^x N=\sigma_{-1}^x N_0=C\ (\text{常数}) \tag{8-4}$$

此式称为疲劳曲线方程（或 Wöhler 曲线方程）。式中 x 为指数，与材料和应力形式有关，其

值根据实验确定，在对数坐标中，此数即疲劳曲线的斜率。对于钢材 x 为 6 ~ 10，有应力集中的取小值，表面光滑的取大值。

根据疲劳极限 σ_{-1}，按式（8-4）便可计算出任意循环作用次数 N 时的条件疲劳极限

$$\sigma_N = \sigma_{-1}\sqrt[x]{\frac{N_0}{N}} = k_s\sigma_{-1} \tag{8-5}$$

式中 k_s——寿命系数。

由于应力循环作用次数 N 对疲劳强度影响较大，所以在制定弹簧的许用应力时，根据作用次数分为三类：弹簧受变载荷在 1×10^6 次以上的为Ⅰ类；在 $1\times10^3 \sim 1\times10^6$ 次的为Ⅱ类；在 1×10^3 次以下的为Ⅲ类。参照 GB/T 1239.6—1992 圆柱螺旋弹簧设计计算。

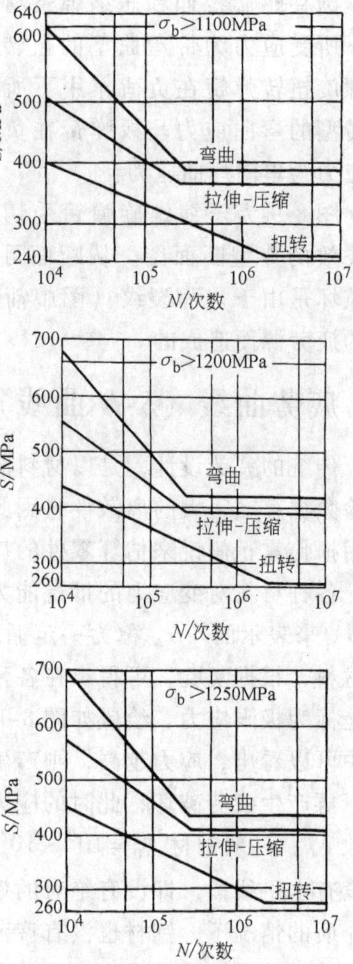

图 8-12 合金弹簧钢的对数坐标疲劳曲线

4 影响弹簧疲劳强度的因素

（1）屈服强度 材料的屈服强度和疲劳极限之间有一定的关系，一般来说，材料的屈服强度愈高，疲劳强度也愈高，因此，为了提高弹簧的疲劳强度应设法提高弹簧材料的屈服强度，或采用屈服强度和抗拉强度比值高的材料。对同一材料来说，细晶粒组织比粗晶粒组织具有更高的屈服强度。

（2）表面状态 最大应力多发生在弹簧材料的表层，所以，弹簧的表面质量对疲劳强度的影响很大。弹簧材料在轧制、拉拔和卷制过程中造成的裂纹、疵点和伤痕等缺陷往往是造成弹簧疲劳断裂的原因。

材料表面粗糙度越小，应力集中越小，疲劳强度也越高。图 8-13 所示为材料表面粗糙度对疲劳极限的影响。从图上可以看出，随着表面粗糙度的增加，疲劳极限下降。在同一粗糙度的情况下，不同的钢种及不同的卷制方法其疲劳极限降低程度也不同，如冷卷弹簧降低程度就比热卷弹簧小。因为钢制热卷弹簧及其热处理加热时，由于氧化使弹簧材料表面变粗糙和产生脱碳现象，这样就降低了弹簧的疲劳强度，图 8-14 为脱碳层深度对疲劳强度的影响。

对材料表面进行磨削、强压、喷丸和滚压等。都可以提高弹簧的疲劳强度。

（3）尺寸效应 材料的尺寸越大，由于各种冷加工和热加工工艺所造成的缺陷可能性越高，产生表面缺陷的可能性也越大，这些原因都会导致疲劳性能下降。因此在计算弹簧的疲劳强度时要考虑尺寸效应的影响。

（4）冶金缺陷 冶金缺陷是指材料中的非金属夹杂物、气泡、元素的偏析等。存在于表面的夹杂物是应力集中源，会导致夹杂物与基体界面之间过早地产生疲劳裂纹。采用真空冶炼、真空浇注等措施，可以大大提高钢材的质量。

（5）腐蚀介质 弹簧在腐蚀介质中工作时，由于表面产生点蚀或表面晶界被腐蚀而成

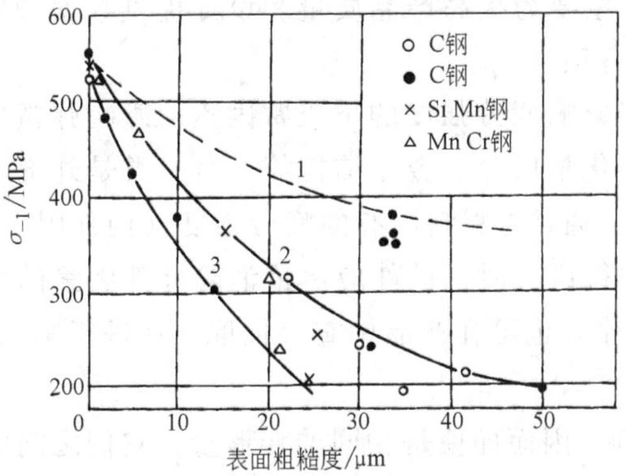

图 8-13 表面粗糙度和疲劳极限的关系

1—磨削冷拔材料 2—冷拔材料 3—热轧材料

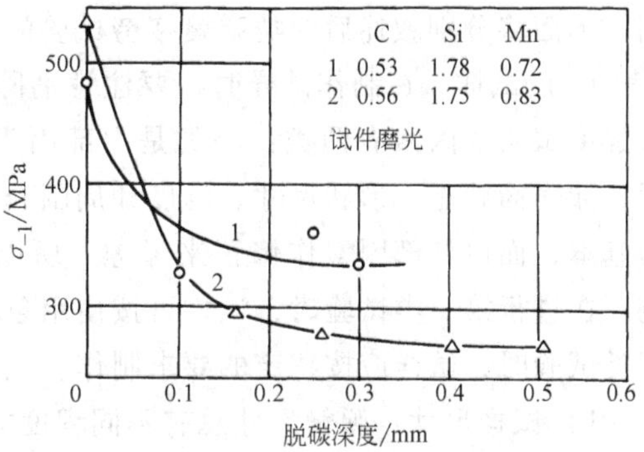

图 8-14 脱碳层深度对疲劳极限的影响

为疲劳源，在变应力作用下就会逐步扩展而导致断裂。例如在淡水中工作的弹簧钢，疲劳极限仅为空气中的10%～25%。腐蚀对弹簧疲劳强度的影响，不仅与弹簧受变载荷的作用次数有关，而且与工作寿命有关。所以设计计算受腐蚀影响的弹簧时，应将工作寿命考虑进去。

在腐蚀条件下工作的弹簧，为了保证其疲劳强度，可采用抗腐蚀性能高的材料，如不锈钢、非铁金属，或者表面加保护层，如镀层、氧化、喷塑、涂漆等。实践表明镀镉可以大大提高弹簧的疲劳极限。

（6）温度　碳钢的疲劳强度，从室温到120℃时下降，从120～350℃又上升，温度高于350℃以后又下降，在高温时没有疲劳极限。在高温条件下工作的弹簧，要考虑采用耐热钢。在低于室温的条件下，钢的疲劳极限有所增加。

有关以上这些影响疲劳强度因素的具体数值，参看有关资料。

一般材料表中所给出的 σ_{-1} 和 τ_{-1} 值是指材料表面光滑和在空气介质中所得的数据。如果所设计弹簧的工作条件与上述条件不符、则应对 σ_{-1} 和 τ_{-1} 进行修正。一般考虑的影响因素有应力集中、表面状况、尺寸大小、温度等，分别采用应力集中系数 K_σ（K_τ）、表面状态系数 K_β、尺寸系数 K_ε、温度系数 K_t 等来表示，则实际的疲劳极限为

$$\sigma'_{-1} = \frac{K_\beta K_\varepsilon K_t}{K_\sigma}\sigma_{-1}$$

5 弹簧的疲劳试验

弹簧材料的试验，由于原材料表面状态、拉拔程度、外形尺寸等与一般钢材不同，不易做成中间细的试棒进行疲劳试验。如果将弹簧材料直接夹在试验机上，又因夹持部分会有附加应力，而使此部分首先破坏，也不能反映材料的真实疲劳强度。因此，弹簧材料的疲劳强度试验一般是用卷成的弹簧进行的。即使这样，由于很多因素的影响，试验值也很离散，许用应力也往往难于判断。

弹簧疲劳试验的目的大致分三大类：一类是对产品或设计的零件进行试验，这类试验主要是对产品或设计的零件进行疲劳寿命验证和可靠性评定。一类是确定弹簧材料的疲劳极限或 S-N 曲线所进行的试验，这类试验的目的主要是为设计提供数据；一类是确定外部因素

对疲劳强度或寿命的影响，这类多为对比试验，主要为提高产品质量和设计提供数据和依据。下面将分别叙述后两类弹簧疲劳试验的有关各项。

（1）试样　在制作试样时，要注意消除一些影响疲劳强度的不正常因素。影响弹簧疲劳强度试验的因素有两类：一类是内部因素，如化学成分、金相结构等；另一类是外部因素，如表面状态、形状尺寸、温度和周围介质等。通常把材料固有的疲劳强度（内部因素）作基本，而以外部因素作修正来考虑。所以在进行试验时，试件应尽量消除外部因素的影响。在进行第一类试验时，试样可按使用条件制作，也可在产品中直接抽取。在进行第二、三类试验时，试样应按特定的要求制作。

1）试样尺寸：弹簧尺寸总有不同程度的差别，因而即使是相同的变形量，它们之间的应力和疲劳强度也不完全相同。为了正确反应试样的疲劳强度，应在尽量减小尺寸误差的基础上，提高尺寸的测量精度。

① 试样尺寸的测定应具有0.5%以上的精度。材料尺寸在2mm以下时，应具有0.01mm的精度。试样尺寸的0.5%如果比0.01mm小时，用0.01mm的精度。

② 测定圆形截面尺寸时（如外径 D_2、弹簧丝直径 d），应测定同一截面内互相垂直的两个直径，取其平均值作为直径的尺寸。

③ 根据弹簧切应力计算公式（表10-13）：

$$\tau = K\frac{8FD}{\pi d^3}$$

可以看出，为了反应最大的切应力，应测出弹簧 D/d^3 的最大值。

2）试样的形状：

① 为了保证弹簧受力后不产生偏心载荷，应严格检查弹簧两端圈的平行度和整个弹簧的垂直度。

② 为了保证弹簧在加载后各圈变形均匀，弹簧节距应均匀，弹簧圈不应出现过大的椭圆度。

③ 为了便于比较试验结果，同一批弹簧的端圈数和结构应尽可能一致。

3）加工和热处理：不同的加工和热处理状态对疲劳强度的影响不同，所以同一批试样，应同时加工，同时热处理。

① 同一批试验试样，尽可能用自动卷簧机一次加工出来，尽量减少手工工序。

② 采用立定或强压处理来调整弹簧自由高度时，有时会因加载过大而造成疲劳强度下降，所以弹簧试样不应以立定或强压处理来调整自由高度。

③ 同一批弹簧试件，应是用同一盘钢丝制成的，表面状态应一致。不应有锈蚀、刻痕、划伤之类引起应力集中的缺陷。

④ 热处理工艺对疲劳强度也有很大影响，完全淬火后与非完全淬火后，低温回火的硬度即使完全相同，疲劳强度也有显著差别。晶粒过大、表面脱碳都会使疲劳强度下降，因此，同一批试件应在同一炉中进行热处理。

（2）试样的安装

1）为了避免弹簧受力偏心，安装时应放在弹簧支座上，以保证弹簧两端平整接触。

2）要将试样调整到有同样的安装变形和同样的最大变形。

（3）加载

1）在确定 S-N 曲线时，加载应力可从最大疲劳极限（可参考已有的弹簧疲劳数据）开始递减，间隔可按 1.02～1.5 的比值。

2）在试验过程中，为了尽可能保证载荷稳定，应该进行测试和调整，但时间要短。不能有任何过载现象。

3）应力如以 MPa 作单位，有效数字取到小数后 1 位。

（4）疲劳寿命

1）在确定弹簧的疲劳寿命时，试验过程中，可取循环作用次数 N 为 1×10^5、2×10^5、5×10^5、1×10^6、2×10^6、5×10^6、1×10^7、2×10^7，作为参考疲劳寿命。

2）除非是特定的条件，一般当作用次数达到 1×10^7 次时不破坏，就停止试验。

3）一般把试验弹簧破坏时的作用次数，取做疲劳寿命。但在有些场合，把试样发生裂纹时的作用次数取为疲劳寿命。

4）作用次数的记载一般以 10^n 为单位表示，有效数字取三位或更多一些，例如2.75×10^6。

（5）试验机的运转

1）试验机的起动要平稳，不能有冲击。

2）除共振型疲劳试验机外，在达到运转速度或停止运转的过程中，有时要通过共振点，为了防止共振所产生的过大应力，要装设防止共振的装置。

3）同一批试样，应在同一运转速度下进行试验。

4）试验开始到终了应连续运转，中途由于故障或其他原因必须停止运转时，应在记录中详细记载。

（6）试验报告和记录

1）在实验报告中，应附下列详细记录：材料制造厂、材料种类、化学成分、力学性能（抗拉强度、抗扭强度、屈服强度、弹性极限、伸长率，扭转次数、硬度、冲击韧度等）；弹簧的形状尺寸、加工条件、热处理条件、弹簧试样工作图；试验机的名称、形式、容量、运转速度；试验温度、试验日期、试验场所、试验者（表 8-1）；S-N 曲线图、疲劳极限图；其他。

2）疲劳试验原始数据记录表，见表 8-2。

表 8-1　疲劳试验数据记录表

任务单编号

试样名称		生产单位		规格型号	
试样编号		图号		依据标准	
检测地点		温度/℃		湿度	
检测前后仪器、设备情况					
检测前后试样情况、状态					
主要检测仪器、设备名称、规格					
主要检测仪器、设备计量检定证书有效期限					
弹簧技术参数			试验要求		
	材料		直径 d	mm	
	自由高度（长度）H_0	mm	节距 t	mm	
	有效圈数 n（总圈数 n_1）	○	旋向		

（续）

试验参数	最大高度或最小长度 H_1	mm	最小切应力 τ_1	MPa
	最小高度或最大长度 H_2	mm	最大切应力 τ_2	MPa
	平均高度或长度 H_m	mm	平均切应力 τ_m	MPa
	振幅 H_a	mm	切应力幅 τ_a	MPa
	循环特性 r		试验频率 f_r	Hz

检测人： 复核人： 检测日期： 年 月 日

注：择自 GB/T 16947《螺旋弹簧疲劳试验规范》。

表 8-2 疲劳试验原始数据记录表

任务单编号：

试样编号№	试验前		检测过程中载荷及自由高度检测								试样断裂或终止试验时的作用次数	试验结束时松弛率	
			1×10^4		1×10^5		1×10^6						
	F /N	H_0 /mm	F /N	H /mm	F /N	H /mm	F /N	H /mm	F /N	H /mm	$N/(10^6)$	H /mm	ε(%)

检测人： 复核人： 检测日期： 年 月 日

6 疲劳试验数据的处理

在进行疲劳试验时，虽然要尽量消除各种外界因素的影响，但由于材料内部因素以及某些条件的限制，所得试验结果仍然是随机变量。一般是以某一个值为中心，形成一定的分布。根据这些试验结果如何确定疲劳寿命或强度，这要应用概率统计的方法对这些试验数据进行处理。

（1）根据少数试样推定疲劳寿命和强度（母体均值）存在的范围和可靠性 在处理试验数据时，普遍以分布的均值（母体均值）作为疲劳寿命或强度。而试验时，试样往往是有限的，有时少到两个或三个。根据这样少的试样所得试验结果，具有多大程度的可靠性，需要仔细推算。

设用 n 个试样进行试验，所得数据为 x_1，x_2，…，x_n，则可得试样（样本）的

平均值
$$\bar{x}=\frac{1}{n}\sum_{i=1}^{n}x_i \tag{8-6}$$

方差
$$\mu_x^2=\frac{1}{n-1}\sum_{i=1}^{n}(x_i-\bar{x})^2 \tag{8-7}$$

自由度 $n_1=1$，$n_2=n-1$ 的方差分析 F 分布值，按照目标可靠性假设为 F_0，则母体均值 x_m 在下列范围内：

$$\bar{x}-\sqrt{\frac{F_0}{n}\mu_x^2}<x_m<\bar{x}+\sqrt{\frac{F_0}{n}\mu_x^2} \tag{8-8}$$

在试样 $n=2\sim6$ 的情况下，对应于各种可靠度下的 F_0 及 $\sqrt{F_0/n}$值列于表 8-3。

表 8-3 F_0 和 $\sqrt{F_0/n}$ 值

失效概率 $Q(F>F_0)$		0.01	0.05	0.10	0.20	0.50
可靠度 $R(\%)$		99	95	90	80	50
$n=2$ $\begin{pmatrix}n_1=1\\n_2=1\end{pmatrix}$	F_0	4052	161	39.9	9.47	1.00
	$\sqrt{F_0/2}$	45.0	8.91	4.47	2.18	0.707
$n=3$ $\begin{pmatrix}n_1=1\\n_2=2\end{pmatrix}$	F_0	98.5	18.5	8.53	3.56	0.667
	$\sqrt{F_0/3}$	5.72	2.48	1.68	1.09	0.47
$n=4$ $\begin{pmatrix}n_1=1\\n_2=3\end{pmatrix}$	F_0	34.1	10.1	5.54	2.68	0.585
	$\sqrt{F_0/4}$	2.92	1.59	1.18	0.82	0.38
$n=5$ $\begin{pmatrix}n_1=1\\n_2=4\end{pmatrix}$	F_0	21.2	7.71	4.54	2.35	0.549
	$\sqrt{F_0/5}$	2.56	1.24	0.95	0.69	0.33
$n=6$ $\begin{pmatrix}n_1=1\\n_2=5\end{pmatrix}$	F_0	16.3	6.61	4.06	2.18	0.528
	$\sqrt{F_0/6}$	1.60	1.05	0.90	0.66	0.32

从表中可以看出，随着自由度 $n_2=n-1$ 的增大，F_0 值减小，所以试样 n 越多，在一定的可靠度范围内，x_m 所在的范围也就越狭。在式（8-7）中 μ_x 相当于总体寿命或强度分布标准离差 σ_x 的“无偏估计量”。假设其为定值，则 x_m 所在的范围，在同一可靠度下，随着试样 n 的增加，按比例 $\sqrt{F_0/n}$ 减小，且随着 n 的增加，存在范围最初急剧减小，然后是慢慢地减小。所以说无计划的增多试样，得不到相应的效果，一般建议取三个或四个试样较为合适。

如果样本遵循正态分布，并且在估计到其标准离差 σ_x 的情况下，按所要求的可靠度，可查得标准正态分布的 t_0 值，则母体均值存在的范围为

$$\bar{x}-\frac{t_0}{\sqrt{n}}\sigma_x<x_m<\bar{x}+\frac{t_0}{\sqrt{n}}\sigma_x \tag{8-9}$$

在各种可靠度下，对应于试样 n 的 $t_0/\sqrt{n}$ 值列于表 8-4。

表 8-4 $t_0/\sqrt{n}$ 值

失效概率 Q		0.10(0.20)	0.025(0.05)	0.01(0.02)	0.001(0.002)
可靠度 $R(\%)$		90(80)	97.5(95)	99(98)	99.9(99.8)
$\dfrac{t_0}{\sqrt{n}}$	$n=1$	1.28	1.96	2.33	3.09
	$n=2$	0.91	1.39	1.65	2.19
	$n=3$	0.74	1.13	1.34	1.79
	$n=4$	0.64	0.98	1.16	1.55
	$n=5$	0.57	0.88	1.04	1.38
	$n=6$	0.52	0.80	0.95	1.26

注：括号中的数值表示具有双侧失效概率时的值。

假设式（8-8）和式（8-9）中的 μ_x 值和 σ_x 相等，在同样试样 n 和同样可靠度的情况下，当已知 σ_x 时，其可靠度区间远为狭小，给出的试验结果就更好些。

（2）根据试样合格程度，判定总体的可靠度　某一总体，假设其达到合格的概率为 p_0，

没有达到合格（失效）的概率为 $1-p_0=q_0$。如在总体中任取 n 个试样，有 x 个试样合格时的概率

$$p(x)=\binom{n}{x}p_0^x(1-p_0)^{n-x}$$

在 n 个试样中，合格数在 r 以上的概率为

$$p(x\geqslant r)=\sum_{x=r}^{n}\binom{n}{x}p_0^x(1-p_0)^{n-x} \tag{8-10}$$

$$\binom{n}{x}=\frac{n!}{n!(n-x)!},\ \binom{n}{0}=1$$

又有

$$n_1=2(n-r+1)$$

$$n_2=2r$$

$$F_0=n_2q_0/n_1p_0$$

如按自由度为 n_1，n_2 的 F 分布考虑时，F 比 F_0 大的概率 $p(F>F_0)$ 为

$$p(F>F_0)=\sum_{x=r}^{n}\binom{n}{x}p_0^x(1-p_0)^{n-x} \tag{8-11}$$

可以看出用此式比用式（8-10）直接求 $p(x\geqslant r)$ 要方便些。在自由度为 n_1，n_2 的 F 分布中，例如已求得相当于5%的 $F_{0.05}$，如果 $F_0>F_{0.05}$，则 F 发生的概率 $p(F>F_0)$ 在5%以下。用式（8-10）和式（8-11）比较可以看出 $p(x\geqslant r)$ 也在5%以下，规定的标准为5%。反过来说，在可靠度为95%时，$p\geqslant p_0$。

当试样 $n=1\sim7$，合格试样为 r，而且 $r\geqslant n/2$ 时，对应于 $p_0=q_0=1/2$ 的 F_0 值和各种概率 F 值列于表 8-5。对于 p_0 不为1/2的情况，可将表中 F_0 值乘以 $(1-p_0)/p_0$，将此值和 F 值比较就行。

表 8-5　F_0 和 F 值 $\left(p_0=q_0=\frac{1}{2}\right)$

试样总数 n	合格试样数 r	n_1	n_2	F_0	F_α			
					$\alpha=0.5$	0.2	0.1	0.05
1	1	2	2	1.0	1.00	4.00	9.00	19.0
2	1	4	2	0.5	1.21	4.24	9.24	19.25
	2	2	4	2.0	0.828	2.47	4.32	6.94
3	2	4	4	1.0	1.00	2.48	4.11	6.39
	3	2	6	3.0	0.780	2.13	3.46	5.14
4	2	6	4	0.67	1.06	2.47	4.01	6.16
	3	4	6	1.5	0.942	2.09	3.18	4.53
	4	2	8	4.0	0.757	1.98	3.11	4.46
5	3	6	6	1.0	1.00	2.06	3.05	4.28
	4	4	8	2.0	0.915	1.92	2.81	3.84
	5	2	10	5.0	0.743	1.90	2.92	4.10
6	3	8	6	0.75	1.03	2.04	2.98	4.15
	4	6	8	1.33	0.971	1.88	2.67	3.58
	5	4	10	2.5	0.899	1.83	2.61	3.48
	6	2	12	6.0	0.735	1.85	2.81	3.89
7	4	8	8	1.0	1.00	1.86	2.59	3.44
	5	6	10	1.67	0.954	1.78	2.46	3.22
	6	4	12	3.0	0.888	1.77	2.48	3.26
	7	2	14	7.0	0.729	1.81	2.74	3.74

根据式（8-10）所算得的 $n=1\sim30$，$r\geqslant n/2$，$p\geqslant1/2$ 情况下的各种可靠度列于表 8-6。

从表中可以看出，如从总体中抽查一个试样，即使合格，这个总体的可靠度（合格率）也只是 50%；为了使总体具有 90% 的可靠度，需要从总体中抽查四个试样，而且都要合格；如抽查五个试样全部合格，则其可靠度可达 97%。

表 8-6　可靠度 R 估值　（%）

试样数 n	合格数 r 1	2	3	4	5	6	7	8	9	10	11	12	13	14	15	16
1	50.5															
2	25.0	75.0														
3		50.0	87.5													
4		31.3	68.7	93.7												
5			50.0	81.0	97.0											
6			34.4	65.5	89.0	98.4										
7				50.0	77.3	93.7	99.2									
8				36.3	63.7	85.5	96.5	99.6								
9					50.0	74.6	91.0	98.0	99.8							
10					37.7	62.3	82.8	94.5	98.9	99.92						
11						50.0	72.6	88.7	96.7	99.4	99.95					
12						38.8	61.2	80.6	92.7	98.1	99.7	99.98				
13							50.0	71.0	86.7	95.4	98.9	99.8	99.99			
14							34.5	60.5	78.8	91.0	97.1	99.3	99.91	99.995		
15								50.0	69.6	84.9	94.1	98.2	99.6	99.95	99.997	
16								40.1	59.8	77.2	89.4	96.1	98.9	99.79	99.97	99.999
17									50.0	68.5	83.3	92.8	97.5	99.3	99.88	99.98
18									40.7	59.2	75.9	88.1	95.1	98.6	99.6	99.93
19										50.0	67.6	82.0	91.6	96.8	99.0	99.7
20										41.1	58.8	74.8	86.8	94.2	97.9	99.4
21											50.0	66.8	80.8	90.5	96.0	98.6
22											41.5	58.4	73.8	85.6	93.3	97.3
23												50.0	66.1	79.7	89.4	95.3
24												41.9	58.0	72.9	84.6	92.4
25													50.0	65.4	78.7	88.5
26													42.2	57.7	72.1	83.6
27														50.0	64.9	77.8
28														42.5	57.4	71.4
29															50.0	64.4
30															42.7	57.2

试样数 n	合格数 r 17	18	19	20	21	22	23	24	25	26	27	28
17	99.999											
18	99.99	99.999										
19	99.96	99.996	99.999									
20	99.8	99.97	99.998	99.999								
21	99.6	99.92	99.98	99.999	99.9999							
22	99.1	99.7	99.95	99.993	99.999	99.9999						
23	98.2	99.4	99.8	99.97	99.996	99.999	99.9999					
24	96.8	98.8	99.6	99.92	99.98	99.998	99.999	99.9999				
25	94.6	97.8	99.2	99.5	99.95	99.992	99.999	99.9999				
26	91.5	96.2	98.5	99.3	99.8	99.97	99.995	99.999	99.9999			
27	87.6	93.8	97.3	99.0	99.7	99.92	99.98	99.997	99.999	99.9999		
28	82.7	90.7	95.6	98.2	99.3	99.8	99.95	99.991	99.998	99.999	99.9999	
29	77.0	86.7	93.1	96.9	98.7	99.5	99.8	99.97	99.99	99.999	99.9999	
30	70.7	81.9	89.9	95.0	97.8	99.1	99.7	99.92	99.98	99.998	99.999	99.9999

注：当合格数 r 的可靠度大于 99.9999% 时，表中未再列出，如需要其具体数值时，可按式（8-10）计算。如试样数大于 50 件时，其可靠度数值，亦可按式（8-10）计算。

如以 80% 可靠度为目标对总体进行抽查，最合适的方式是在产品中抽查三个试样，如果全部合格，则可靠度为 87.5%；如其中有一个不合格，必须再抽查两个。如这两个全部合格，即总共五个试样中四个合格，可靠度为 81%；如两个试样中仍有一个不合格，则必须再增加抽查三个。这三个如都能合格，即总共八个试样中六个合格，则可靠度可达 85.5%。依此类推。

(3) 疲劳曲线（S-N 曲线）的绘制　由于试验结果是离散的，在绘制疲劳曲线时，要考虑可靠度，如图 8-15 所示 S-N 曲线。AB 曲线是通过试验结果的均值做出的，如果按此曲线设计弹簧，则在要求的寿命以内，将有 50% 的弹簧可能破坏，也即失效概率 $Q=0.5$。CD 曲线在所有试验结果值以下，大大低于 AB 曲线。它表示，在所要求的寿命以内，可能没有弹簧破坏，即失效概率 $Q=0$；EF 曲线表示失效概率 $Q=0.001$，即在要求的寿命以内，1000 个弹簧中有 1 个破坏的可能性。下面介绍绘制这些曲线的回归分析法。根据疲劳曲线方程式（8-4）可知

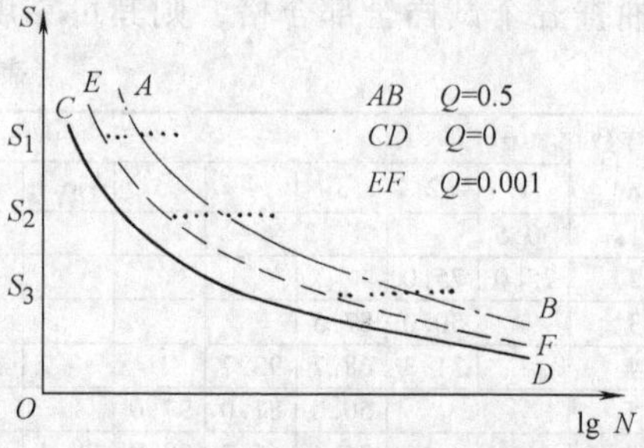

图 8-15　不同失效概率 Q 的 S-N 曲线

$$\sigma^x N = c$$

或改写为

$$N = c\sigma^{-x}$$

两端取对数，则得

$$\lg N = \lg c + (-x)\lg\sigma$$

取 $\lg c = a$，$-x = b$ 则得

$$\lg N = a + b\lg\sigma \tag{8-12}$$

由于 N 与 σ 为两个变量，在采用对数坐标时，由式（8-12）可看出是直线关系。所以处理疲劳试验数据时，常采用一元线性回归法。两个变量 x、y 用下式表示

$$\hat{y} = a + bx \tag{8-13}$$

它称为 y 对 x 的回归线。

为了使回归线尽量符合实际情况，也就是与实际误差最小，在处理试验结果时，常用最小二乘法原理。自变量 x 取某个值 x_i 时，测得 y 的值 y_i，用回归线计算，其值为

$$\hat{y}_i = a + bx_i$$

最小二乘法原理就是说，对 n 个试验结果值 (x_i, y_i)，$i=1, 2, \cdots, n$，使平方和

$$\sum_{i=1}^{n}(y_i - \hat{y}_i)^2 = \sum_{i=1}^{n}(y_i - a - bx_i)^2 \tag{8-14}$$

达到最小时的回归线其误差最小。

由微积分中求极值的方法推知，使平方和式（8-14）达到极小的回归线是存在的，a 和 b 值分别为

$$b = \frac{\sum xy}{\sum x^2} \tag{8-15}$$

$$a = \bar{y} - b\bar{x} \tag{8-16}$$

式中

$$\bar{x} = \frac{1}{n}\sum_{i=1}^{n} x_i \tag{8-17}$$

$$\bar{y} = \frac{1}{n}\sum_{i=1}^{n} y_i \tag{8-18}$$

$$\sum x^2 = \sum_{i=1}^{n}(x_i - \bar{x})^2 = \sum_{i=1}^{n} x_i^2 - \frac{1}{n}\left(\sum_{i=1}^{n} x_i\right)^2 \tag{8-19}$$

$$\sum xy = \sum_{i=1}^{n}(x_i - \bar{x})(y_i - \bar{y}) = \sum_{i=1}^{n} x_i y_i - \frac{1}{n}\left(\sum_{i=1}^{n} x_i\right)\left(\sum_{i=1}^{n} y_i\right) \tag{8-20}$$

为了计算需要，还要计算

$$\sum y^2 = \sum_{i=1}^{n}(y_i - \bar{y})^2 = \sum_{i=1}^{n} y_i^2 - \frac{1}{n}\left(\sum_{i=1}^{n} y_i\right)^2 \tag{8-21}$$

下面通过一个例子看一下这种方法的应用。

【例 8-1】 表 8-7 所列是一组 CrV 钢弹簧的疲劳试验数据，用回归分析法按此组数据绘制其 S-N 曲线图。

表 8-7　CrV 钢弹簧试验数据

应力 τ_0/MPa	寿命 N/次数	应力 τ_0/MPa	寿命 N/次数
961.1	56430	663.1	3632590
900.9	99000	602.1	4917990
841.0	183140	541.2	19186790
782.4	479490	482.5	132250000(未破坏)
721.5	909810		

计算时未破坏的试样略去。

解　按表 8-7 所列数据计算回归法中所要相关数据，见表 8-8。

表 8-8　对表 8-7 数据按回归法要求所计算的相关数据

序号	τ_0/MPa	$x=\lg\tau_0$	N/次数	$y=\lg N$
1	961.1	2.98277	56430	4.75150
2	900.9	2.95468	99000	4.99564
3	841.0	2.92480	183140	5.26278
4	782.4	2.89343	479490	5.68078
5	721.5	2.85824	909810	5.95895
6	663.1	2.82158	3632590	6.56022
7	602.1	2.77967	4917990	6.69179
8	541.2	2.73336	19186790	7.28300
$\sum x=22.94853$ $\sum x^2=65.882115$ $\bar{x}=2.868566$			$\sum y=47.184660$ $\sum y^2=283.86897$ $\bar{y}=5.898083$	
$\sum xy=134.812991$			$\sum x\sum y=1082.818586$	

$$\sum x^2 = \sum x^2 - \frac{1}{n}\left(\sum x\right)^2 = 65.882115 - \frac{1}{8}(22.94853)^2 = 0.052736$$

$$\sum y^2 = \sum y^2 - \frac{1}{n}\left(\sum y\right)^2 = 283.86897 - \frac{1}{8}(47.184660)^2 = 5.569961$$

$$\sum xy = \sum xy - \frac{1}{n}\left(\sum x\sum y\right) = 134.812991 - \frac{1}{8}(22.94853\times 47.184660) = -0.539332$$

$$b = \frac{\sum xy}{\sum x^2} = -\frac{0.539332}{0.052736} = -10.227018$$

$$a = \bar{y} - b\bar{x} = 5.898083 - (-10.227018\times 2.868566) = 35.234958$$

根据式（8-13）得

$$\hat{y} = a + bx = 35.234958 - 10.227018x$$

或

$$\hat{y} = \overline{y} + b(x - \overline{x}) = 5.898083 - 10.227018(x - 2.868566)$$

按此式绘制如图 8-16 所示 S-N 线图。若是为确定材料或零件的疲劳极限而进行的试验，可就用此 S-N 线。在设计弹簧或零件时，应使设计应力小于疲劳极限，用安全系数保证弹簧工作的可靠性。

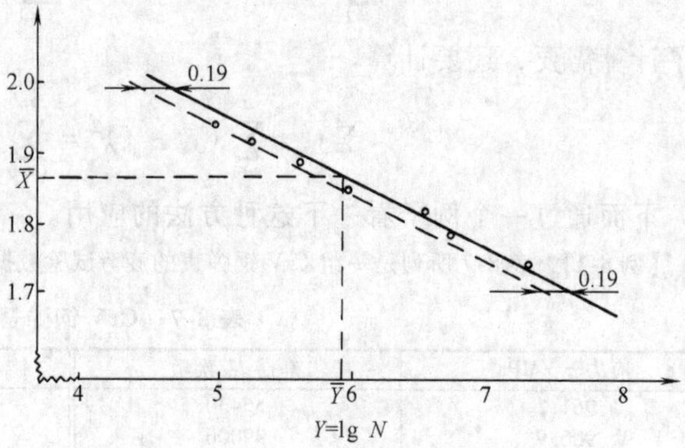

图 8-16 【例 8-1】S-N 线图的绘制

进一步要考虑的是回归线的可靠度。由于 x 和 y 是相关关系，不是精确的对应关系，得到的 y 是平均值 $\hat{y}$。因此，必须考虑达到一定可靠度，即失效概率 Q 的 S-N 线，使所画出的 S-N 线能包括一定程度离散的试验点。根据式（8-9）的原理，可得平行于回归线的上下界限线

$$y' = a - \frac{t_0}{\sqrt{n}}\sigma' + bx \quad y'' = a + \frac{t_0}{\sqrt{n}}\sigma' + bx \tag{8-22}$$

$$\sigma' = \sqrt{\frac{1}{n-2}\sum_{i=1}^{n}(y_i - \hat{y}_i)^2}$$

为了计算方便，可改用式（8-23）

$$\sigma' = \sqrt{\frac{\sum y^2 - b\sum xy}{n-2}} \tag{8-23}$$

式中 $\frac{t_0}{\sqrt{n}}$——系数，根据要求的可靠度查表 8-4；

σ'——剩余标准离差。

一般注意的是下界限线，它表示着比较低的强度和寿命的界限。上界限线是代表比较高的强度和寿命的界限，在实际上意义不大。

上例中的剩余标准离差。

【例 8-2】 根据上例数绘制具有可靠度为 97.5% 的 S-N 线图。

解 按式（8-22）计算平行于回归线的下界限线，即为具有一定可靠度的 S-N 线图：

$$y' = a - \frac{t_0}{\sqrt{n}}\sigma' + bx$$

式中 $$\sigma' = \sqrt{\frac{\sum y^2 - b\sum xy}{n-2}} = \sqrt{\frac{5.569961 - (-10.227018) \times (-0.539332)}{8-2}} = 0.095046$$

为了使所划的界限线具有 97.5% 的可靠度，即试验点全部落在此条直线以上的可能性达到 97.5%。根据表 8-4 可得 $t_0 = 1.96$，得到具有可靠度为 97.5% 的界限线为

$$y' = a - \frac{t_0}{\sqrt{n}}\sigma' + bx = 35.234958 - \frac{1.96}{\sqrt{8}} \times 0.095046 - 10.227018x = 35.048668 - 10.227018x$$

按此方程表示于图 8-16 上，为平行于回归线的下界限线（虚线）。从图上看出，除一点落在下界限线上外，全部落在这条线以上。此线即为具有可靠度 97.5% 的 S-N 线图。

7　极限应力图及其绘制方法

为了表示材料或零件在各种变应力作用下的抵抗能力，将实验所得的对应于各种变应力的极限应力用图形表示出来，称为极限应力图。极限应力图的形式很多，下面介绍常用的三种。

（1）以平均应力 σ_m（τ_m）和最大应力 $\sigma_{\max}$（$\tau_{\max}$）表示的 σ_m-$\sigma_{\max}$ 极限应力图，又称史米斯（Smith）极限应力图（图 8-17）　图中曲线即为各种循环特征 r 下的极限应力。曲线 ABC 为变应力的最大极限应力 $\sigma_{\lim}$；$A'B'C'$为变应力的最小应力 $\sigma_{\min}$。

曲线与纵坐标交点之间的 OA 和 OA'值为 $r=-1$ 的对称疲劳极限 σ_{-1}。过曲线 $A'B'C'$与横坐标的交点 B'作纵坐标的平行线，与曲线 ABC 交于 B 点，B 点的纵坐标值即为 $r=0$ 的脉动疲劳极限 σ_0。C 点 $r=1$，为材料的抗拉强度极限 σ_b。平行于横坐标的 DG 线的纵坐标值为材料的屈服点 σ_s。当变应力的极限应力超过 D 点时，极限应力就是屈服点 σ_s，这说明变应力的应力幅较小，可按静应力考虑。

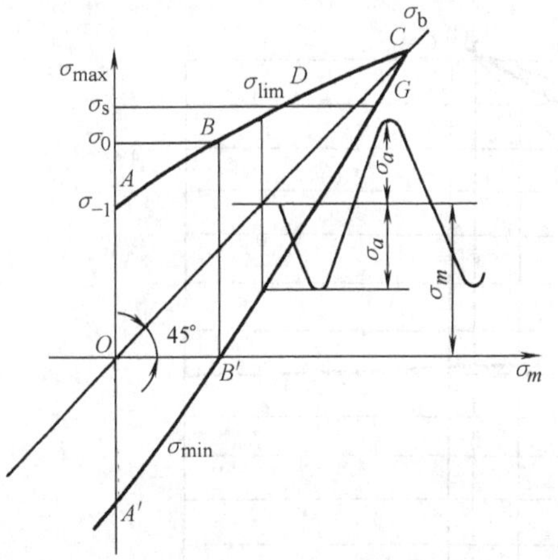

图 8-17　σ_m-$\sigma_{\max}$ 极限应力图

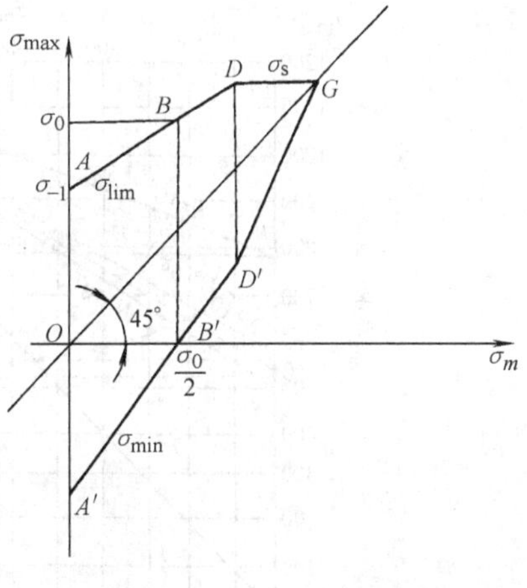

图 8-18　简化 σ_m-$\sigma_{\max}$ 极限应力图

在实际应用中，为了方便，常用折线代替曲线，简化为图 8-18 的形式。一般这种极限应力图是对应于疲劳极限的，也就是循环作用次数 $N=N_0$。

当零件的工作变应力处于极限应力范围 $ABDGD'B'A'$以内，并有一定的安全裕度时，则认为零件是安全的。

（2）以平均应力 σ_m（τ_m）和应力幅 σ_a（τ_a）表示的极限应力图，又称哈佛（Haigh）极限应力图（图 8-19）　图 8-19 为简化的 σ_m-σ_a 极限应力图，$ABDG$ 折线为极限应力 $\sigma_{\lim}$。同前一种应力曲线图一样分为疲劳极限段 AD 和塑性变形段 DG。它的用法同 σ_m-$\sigma_{\max}$ 极限应力图。

（3）以最小应力 $\sigma_{\min}$（$\tau_{\min}$）和最大应力 $\sigma_{\min}$（$\tau_{\max}$）表示的 $\tau_{\min}$-$\tau_{\max}$ 极限应力图，又称为古德曼（Goodman）极限应力图（图 8-20）　弹簧的工作应力多为最小应力（安装应力）保持不变的循环变应力，所以常用这种形式的极限应力图。为了保持弹簧的弹性，水平段 DG 用屈服点 σ_s 作为极限应力。

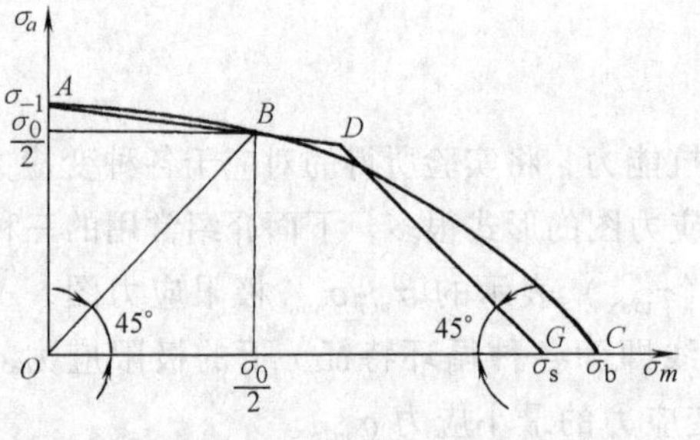

图 8-19 σ_m-σ_a 极限应力图

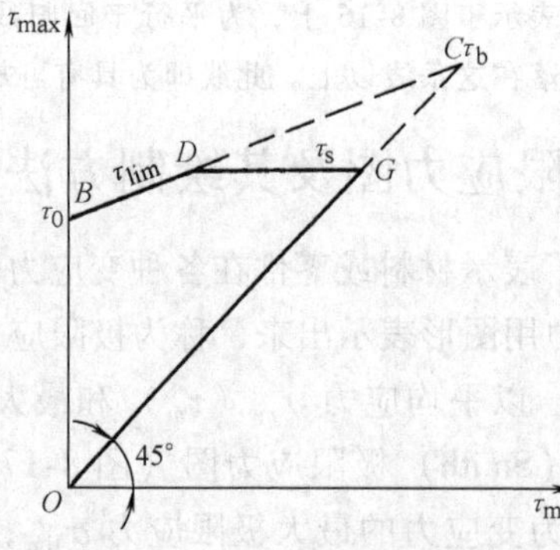

图 8-20 τ_{min}-τ_{max} 极限应力图

（4）极限应力图的绘制方法　绘制弹簧极限应力图，必须有足够的试验数据，如疲劳曲线、屈服点和强度极限等。又由于影响疲劳强度的因素很多，所以绘制的疲劳极限图往往是用于特定条件下的。如图 8-21 是以直径 $d=2.2$mm 的 D 级碳素弹簧钢丝制作的压缩弹簧的疲劳极限应力图。

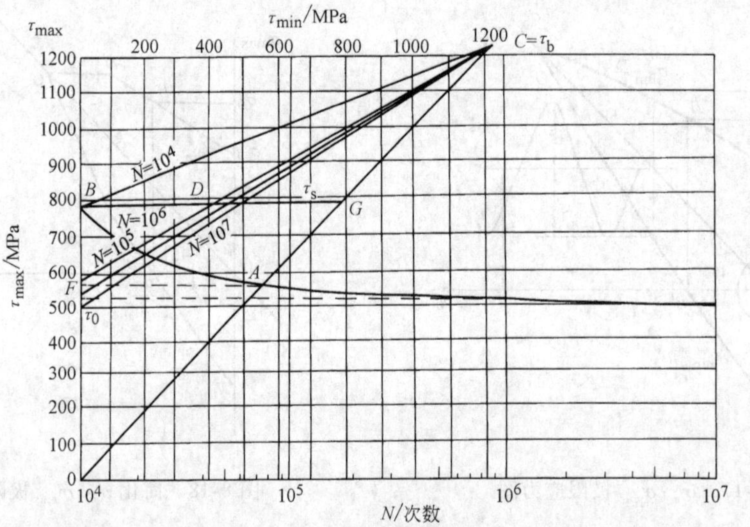

图 8-21 τ_{min}-τ_{max} 极限应力图的绘制

此图的纵坐标为最大应力值，下横坐标为载荷作用次数，上横坐标为最小应力。C 点为材料的抗切强度极限 τ_b，可取 $\tau_b=2\sigma_b/3$。D 级碳素弹簧钢丝 $d=2.2$mm 时，$\sigma_b=1810$MPa，因而 $\tau_b=1200$MPa。0C 连线与横坐标成 45°，它为最小应力线。由于在此线上最小应力与最大应力相等，也称静应力线。任意作用次数 N（如取 $N=10^5$）的最大应力线作法：在 S-N 曲线上找到对应于 $N=10^5$ 的点 A，从 A 做水平线与纵坐标交于 F，FC 连线即为作用次数 $N=10^5$的最大应力线。如在纵坐标上取扭转屈服点 τ_s 的值做水平线，与 FC 和 0C 线交于 D 和 G，则 0FDG0 所形成的范围，即为 $N=10^5$ 次时各种变应力值的极限应力范围。同样可以绘制出作用次数 N 为 10^4、10^6 和 10^7 的极限应力图，常用于弹簧设计计算的极限应力图见第 10 章附（三）图 10-30。

图 8-22 所示为冷拉弹簧钢丝、油淬火钢丝、弹簧钢的不同直径和不同作用次数 N 的最大许用应力图。可作为设计时的参考。图中数值已考虑曲度系数 K。

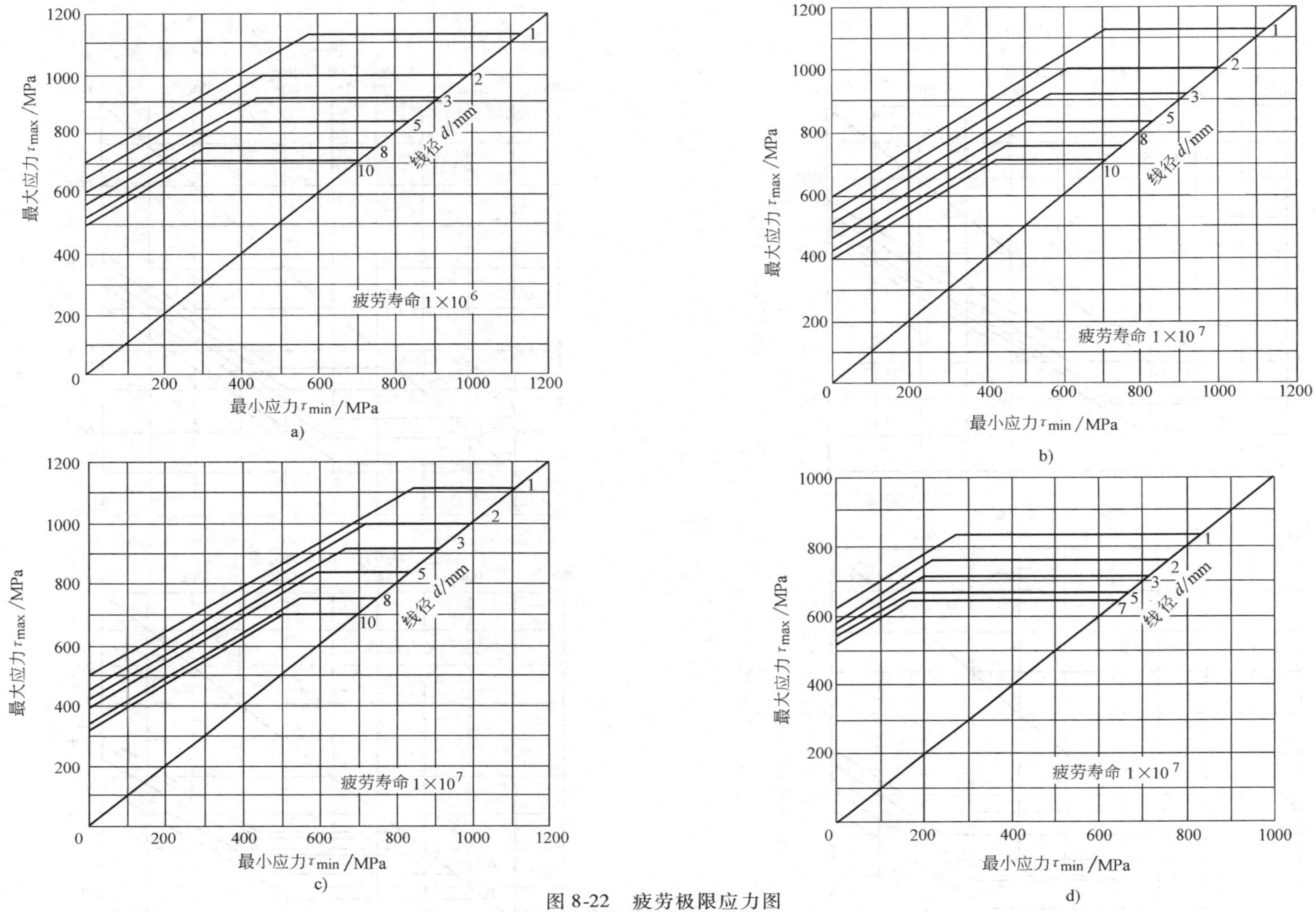

图 8-22　疲劳极限应力图

a）普通弹簧，碳素弹簧钢丝 C 组（SM、DM）、D 组（SH、DH），喷丸　b）普通弹簧，碳素弹簧钢丝 C 组（SM、DM）、D 组（SH、DH），喷丸　c）普通弹簧，碳素弹簧钢丝 C 组（SM、DM）、D 组（SH、DH），不喷丸　d）气门弹簧、油淬火弹簧钢丝 FDCrSi，喷丸

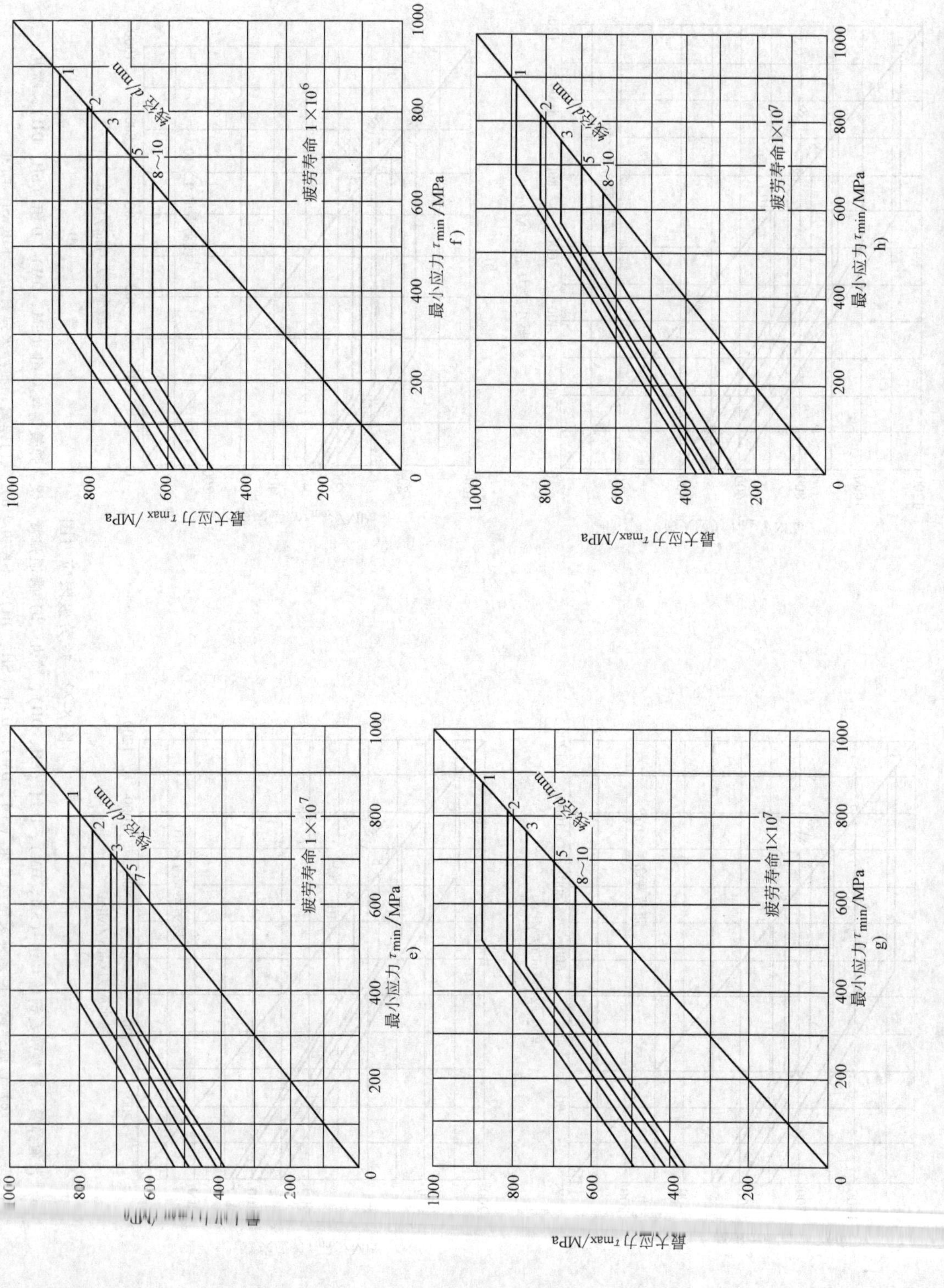
最大应力 τmax/MPa
最小应力 τmin/MPa
线径 d/mm
疲劳寿命 1×10^7
e)
疲劳寿命 1×10^6
f)
疲劳寿命1×10^7
g)
疲劳寿命1×10^7
h)

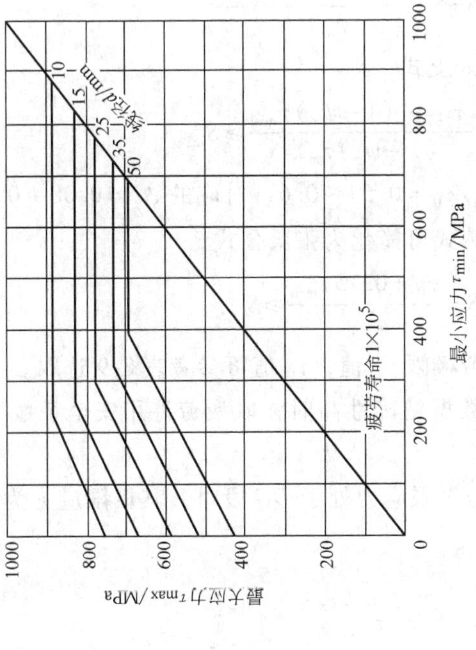

i)

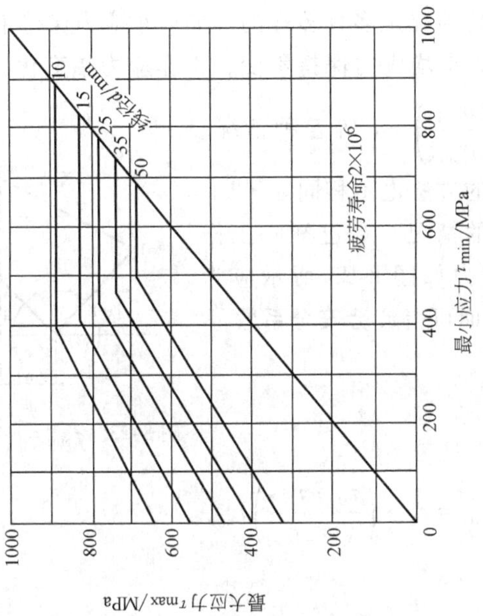

j)

图 8-22 疲劳极限应力图（续）

e）气门弹簧，油淬火弹簧钢丝 FDCrSi，不喷丸 f）普通弹簧，油淬火弹簧钢丝 FDCrSi，喷丸

g）普通弹簧，油淬火弹簧钢丝 FDCrSi，喷丸 h）普通弹簧，油淬火弹簧钢丝 FDCrSi，不喷丸

i）热卷弹簧，弹簧钢，喷丸 j）热卷弹簧，弹簧钢，喷丸

8 弹簧安全系数的计算

在材料表中经常给出材料的 $\sigma_{-1}(\tau_{-1})$、$\sigma_0(\tau_0)$、$\sigma_s(\tau_s)$。应用极限应力图，便可以根据这些已知极限应力求得各种变应力下的安全系数计算公式。

弹簧在实际工作中，应力的变化情况是多种多样的。如最小应力保持不变，最大工作应力改变，即 $\tau_{min}(\sigma_{min})=c$（常数）；平均应力保持不变，工作应力幅变化，即 $\tau_m(\sigma_m)=c$；循环特征 r 保持不变，即 $r=\dfrac{\tau_{min}}{\tau_{max}}\left(\dfrac{\sigma_{min}}{\sigma_{max}}\right)=c$ 等各种情况。由于应力变化不同，计算安全系数的方法也不相同。

(1) 最小应力 $\tau_{min}(\sigma_{min})=c$ 的情况　如已知一工作应力为 τ_{min} 和 τ_{max}，其疲劳极限应力如图 8-23 所示应为 τ_{lim}，处于疲劳极限 BD 线段上，因而可得疲劳安全系数

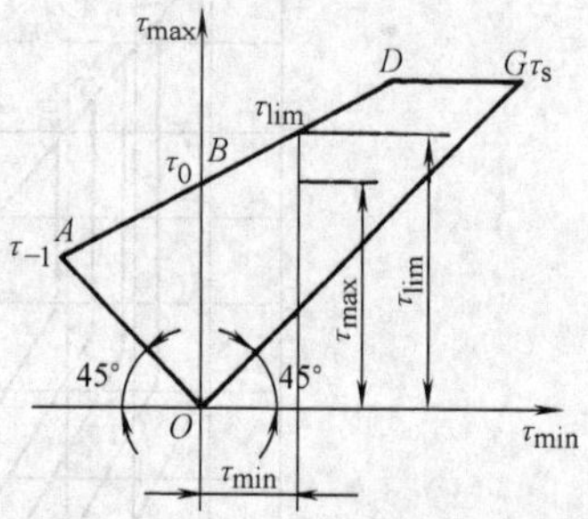

图 8-23　$\tau_{min}=c$ 时安全系数示意图

$$S=\frac{\tau_{lim}}{\tau_{max}}$$

从图上可以看出

$$\tau_{lim}=\tau_0+\left(\frac{\tau_0-\tau_{-1}}{\tau_{-1}}\right)\tau_{min}$$

代入上式得疲劳安全系数

$$S=\frac{\tau_0+\left(\dfrac{\tau_0-\tau_{-1}}{\tau_{-1}}\right)\tau_{min}}{\tau_{max}}$$

将敏感系数 $\psi_\tau=(2\tau_{-1}-\tau_0)/\tau_0$ 代入上式，则

$$S=\frac{2\tau_{-1}-(1-\psi_\tau)\tau_{min}}{(1+\psi_\tau)\tau_{max}}\geqslant S_{min} \tag{8-24}$$

对于用弹簧钢制作的压缩弹簧：$\tau_{-1}/\tau_0=0.54\sim0.6$，对应的 $\psi_\tau=0.08\sim0.2$，$(\tau_0-\tau_{-1})/\tau_{-1}=0.85\sim0.67$，如取 0.75 则计算式可简化为张氏公式[⊖]

$$S=\frac{\tau_0+0.75\tau_{min}}{\tau_{max}}\geqslant S_{min} \tag{8-25}$$

在计算时如缺少具体的脉动疲劳极限 τ_0 值，τ_0 值可参考表 8-9 选取。

当弹簧的设计计算和材料试验数据精确性高时，取疲劳许用安全系数 $S_{min}=1.3\sim1.7$；当精确性低时，取 $S_{min}=1.8\sim2.2$。

当弹簧的工作应力 τ_{min} 和 τ_{max} 的极限应力处于 DG 段时，其极限应力为 τ_s，因而可得静强度安全系数

$$S_s=\frac{\tau_s}{\tau_{max}}\geqslant S_{smin} \tag{8-26}$$

静强度许用安全系数 S_{smin} 的选取同疲劳许用安全系数。

⊖ 此式系作者张英会教授于 1992 年综合有关数据导出，用于《弹簧手册》。十余年来的应用验证，基本符合实际情况。

表 8-9　脉动疲劳极限 τ_0[①]

变载荷循环次数 N	10^4	10^5	10^6	10^7
τ_0	$0.50\sigma_b$[②]	$0.42\sigma_b$	$0.38\sigma_b$	$0.35\sigma_b$

① 本表适用于优质钢丝、不锈钢丝、铍青铜和硅青铜丝等制造的弹簧。

② 对于硅青铜丝和不锈钢丝，此值取 $0.35\sigma_b$。

（2）循环特征 $r=\frac{\tau_{\min}}{\tau_{\max}}\left(\frac{\sigma_{\min}}{\sigma_{\max}}\right)=c$ 的情况　如已知工作应力为 $\tau_{\min}$ 和 $\tau_{\max}$，按 $r=\frac{\tau_{\min}}{\tau_{\max}}$ 从坐标原点 O 做射线，与 BD 或 DG 的交点（图 8-24）即为此工作应力的极限应力。如与疲劳线段 BD 相交，根据图示关系可得疲劳强度安全系数计算公式

$$S=\frac{\tau_{-1}}{\tau_a+\psi_\tau\tau_m}\geqslant S_{\min} \tag{8-27}$$

如射线与 DG 相交，同理可得静强度安全系数计算公式（8-26）。

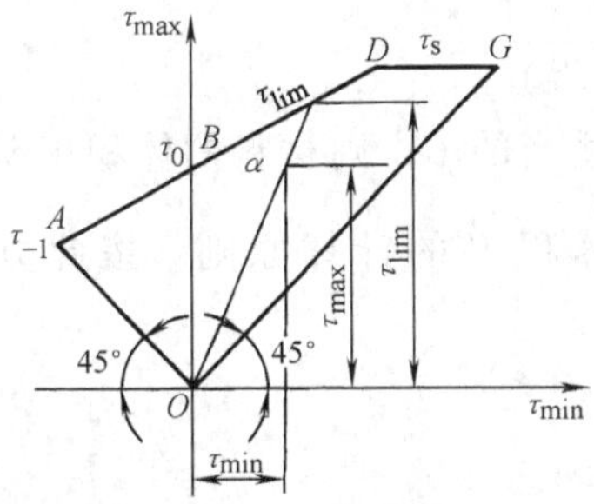

图 8-24　$r=c$ 时安全系数示意图

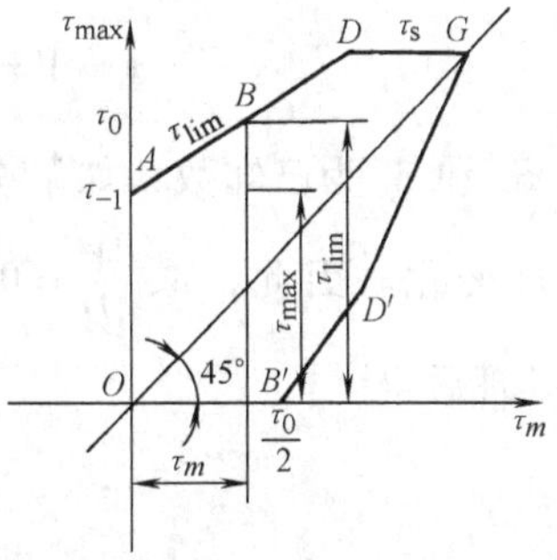

图 8-25　$\tau_m=c$ 时安全系数示意图

（3）平均应力 $\tau_m(\sigma_m)=c$ 的情况　在此情况下，用 σ_m-$\sigma_{\max}(\sigma_{\min})$ 极限应力图判断安全情况较为方便，如图 8-25 所示。如工作应力为 τ_m 和 $\tau_{\max}$，则其对应的极限应力为 $\tau_{\lim}$。如 $\tau_{\lim}$ 处于疲劳极限线段 AD 上，则应进行疲劳强度验算，其安全系数计算公式为

$$S=\frac{\tau_{-1}+(1-\psi_\tau)}{\tau_a+\tau_m}\tau_m\geqslant S_{\min} \tag{8-28}$$

如 $\tau_{\lim}$ 处于屈服极限 DG 线段上，则应进行静强度的验算，其安全系数计算公式仍为式（8-26）。

9　受稳定变应力螺旋压缩弹簧的最佳设计原则

设计变载荷螺旋压缩弹簧时，往往由于弹簧的工作行程是固定的，因此，弹簧受稳定的最大工作载荷 F_2 和最小工作载荷 F_1。弹簧所产生的应力也为稳定的变应力。在这种情况下，可以推导出最佳设计原则。最佳设计是指使用的材料最少，或者说质量最轻。

压缩弹簧的一般设计公式为

$$\tau=\frac{8KFD}{\pi d^3}=\frac{8KFC}{\pi d^2}=\frac{8KFC^3}{\pi D^2} \tag{8-28a}$$

$$f=\frac{8FD^3n}{d^4G}=\frac{8FC^3n}{dG}=\frac{8FnC^4}{DG} \tag{8-28b}$$

如果略去支承圈，则弹簧工作圈材料的体积

$$V = \frac{\pi d^2}{4}\pi D n = \frac{\pi^2 d^2}{4} D n \tag{8-28c}$$

将式（8-28b）代入下列弹簧的工作行程公式中

$$h = f_2 - f_1 = \frac{8(F_2 - F_1)D^3 n}{d^4 G}$$

根据式（8-28a）求得 F_2，代入上式得

$$\frac{\pi d^3 \tau_2}{8KD} - F_1 = \frac{h d^4 G}{8 D^3 n}$$

整理后得

$$D n = \frac{K h d^4 G}{D(\pi d^3 \tau_2 - 8 K F_1 D)} \tag{8-28d}$$

将式（8-28d）代入式（8-28c），得

$$V = \frac{K \pi^2 h D^4 G}{4 C^3 (\pi D^2 \tau_2 - 8 K F_1 C^3)} \tag{8-28e}$$

式中，h、F_1 和 τ_2 为已知数，如果按设计要求选择出适当的 C，则材料的体积 V 只是随弹簧的中径 D 变化。因此，取 $\frac{\mathrm{d}V}{\mathrm{d}D} = 0$，就可得到最小体积 V 的计算原则。按此方法对式（8-28e）处理后得

$$\tau_2 = 2 \times \frac{8 K F_1 C}{\pi d^2} = 2\tau_1 \tag{8-29a}$$

这说明为了使所设计的弹簧材料能得到最小的体积，其最大工作应力 τ_2 应为最小工作应力 τ_1 的 2 倍，也即

$$F_2 = 2F_1 \tag{8-29b}$$

或

$$f_2 = 2f_1 \tag{8-29c}$$

根据此关系从式（8-28a）和式（8-28b）导出 D 和 n 的表达式，代入式（8-28c）则得

$$V_{\min} = \frac{8 K^2 F_1 h G}{\tau_2^2} \tag{8-30}$$

从此式可以看出，$V_{\min}$ 随着曲度系数 K 的增大（即旋绕比 C 的减小）而增大。

式（8-28e）与式（8-30）之比为

$$\frac{V}{V_{\min}} = \frac{1}{4\left[\frac{\tau_1}{\tau_2} - \left(\frac{\tau_1}{\tau_2}\right)^2\right]} \tag{8-31}$$

根据 τ_1/τ_2、F_1/F_2 或 f_1/f_2 从式（8-31）便可以看出所设计弹簧的体积与最小体积的比。如在设计弹簧时取 $F_2 = 3F_1$，即 $\tau_1/\tau_2 = F_1/F_2 = 1/3$，代入式（8-31）后，得 $V = 1.12V_{\min}$，说明采用这样的计算方案，所设计出来的弹簧材料的体积为最小体积的 1.12 倍。

同理，矩形截面材料的弹簧，在稳定变应力下的最小体积设计原则为

$$F_2 = 2.5F_1,\ \tau_2 = 2.5\tau_1 \text{ 或 } f_2 = 2.5f_1 \tag{8-32}$$

10　受不稳定变应力弹簧的计算准则

在很多情况下，弹簧所受载荷是不稳定的，因而其对应的内应力也为不稳定变应力，即

应力幅数值是变化的。即使在稳定变应力计算中，实际的应力幅也并不是常数，只不过变化较小而简化为一不变的常数。

图 8-26 为不稳定变应力谱。图 8-26a 为规律性的不稳定变应力，由多个周期相同的应力组成。每一周期由若干不同的应力组组成，每组又由若干完全相同的变应力组成。图 8-26b 与图 8-26a 相似，但每一程序内的变应力不相等。图 8-26c 为非规律性的随机变应力。本节主要介绍前两种规律性不稳定变应力的计算方法。关于非规律性不稳定变应力如能简化成规律性时，则可按规律性不稳定变应力计算方法计算。如不能，其计算方法可参考专门书刊。

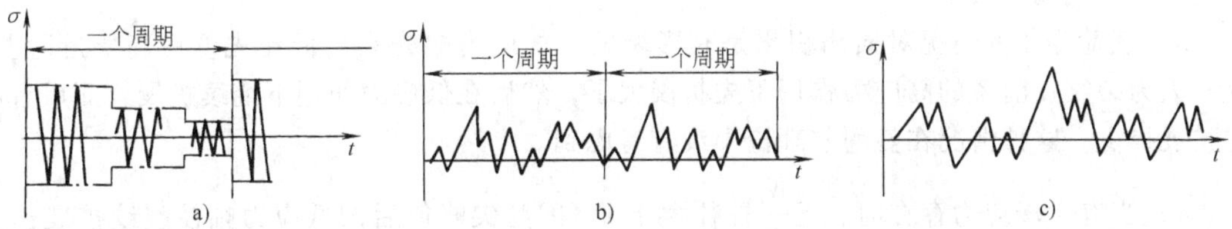

图 8-26　不稳定变应力谱

（1）疲劳损伤累积假说——曼耐尔（Miner）法则　在裂纹成核及扩展的过程中，零件或材料内部的损伤是逐渐累积的，累积到一定程度就发生断裂。根据这一概念，当零件或材料承受不稳定变应力时，疲劳损伤的作用相互叠加，由此来估算其疲劳寿命。

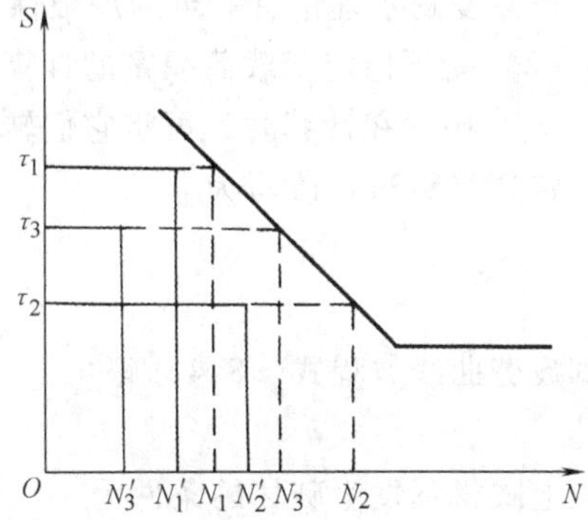

图 8-27　损伤累积理论示意图

如图 8-27 所示，假设弹簧在工作时，由于不稳定变载荷的作用，所产生的应力 S 分别为 τ_1，τ_2，τ_3，…，各个应力相应的作用次数 N 为 N'_1，N'_2，N'_3，…，各个应力对应的疲劳极限作用次数分别为 N_1，N_2，N_3，…。

应力 τ_1，作用了 $N'_1(N'_1 < N_1)$ 次，则认为材料的损伤度达到了（N'_1/N_1）100%，这个百分数称为材料的损伤率。若 τ_1，τ_2，τ_3，…，各作用 N'_1，N'_2，N'_3，…次，则认为材料的损伤度是各个应力损伤率的总和，当材料损伤度达到某一量 X 时，则发生破坏。这称谓曼耐尔损伤积累假设，可用公式表达如下：

$$\frac{N'_1}{N_1}+\frac{N'_2}{N_2}+\frac{N'_3}{N_3}+\cdots+\frac{N'_n}{N_n}=X$$

$$\sum_{i=1}^{n}\frac{N'_i}{N_i}=X \tag{8-33}$$

从式中可以看出 X 相当于材料损伤度的常数，也是表示材料抵抗超载能力的一个数值。它随载荷变化规律和材料性质的不同而改变。不稳定变载荷下的强度试验十分复杂和费时，一些基本机理还不够清楚，所以目前还没有充足的对应于各种情况的 X 值。在一般的计算中大多取 $X=1$，则式（8-33）为

$$\sum_{i=1}^{n}\frac{N'_i}{N_i}=1 \tag{8-34}$$

此式为不稳定变应力强度的计算根据，即曼耐尔理论的表达式。但按 $X=1$ 计算时有以下几点局限性：

1）当应力对称循环时，实际的 $\sum\frac{N'_i}{N_i}<1$，因此偏于不安全。

2）当应力为非对称循环，即 $\sigma_m>0$ 时，实际的 $\sum\frac{N'_i}{N_i}>1$。σ_m 越大，$\sum\frac{N'_i}{N_i}$ 之值也越比 1 大得多，因此偏于安全。

3）载荷变化的情况对损伤积累是有影响的。如应力幅先高后低比先低后高要危险些，这是因为裂纹在前者的高应力作用下先扩展大了，然后在低应力作用下继续扩展，而后者则先扩展得少。这种情况在曼耐尔理论中没有考虑到。

4）当有尖峰应力存在时，$\sum\frac{N'_i}{N_i}$ 往往大于 1。因为尖峰值后的低应力幅使裂纹扩展速率 $\frac{da}{dN}$ 有明显的延缓作用，如果不考虑这种情况，势必对实际零件或材料的疲劳裂纹扩展寿命做出保守的估计。

虽然曼耐尔理论有一定的局限性，但在计算不稳定变应力时仍可采用。

（2）受不稳定变载荷弹簧的计算公式　设弹簧受到不稳定变载荷时所对应的应力为 σ_1，σ_2，σ_3，…，在计算时，可将它们转化为一个相当的、简单的，即稳定的情况来考虑。

将式（8-34）改写为

$$\sum\frac{\sigma_i^x N'_i}{\sigma_i^x N_i}=1$$

根据疲劳曲线方程式（8-4）得

$$\sigma_i^x N_i=\sigma_{-1}^x N_0$$

代入上式得不发生破坏的条件为

$$\sum\frac{\sigma_i^x N'_i}{\sigma_{-1}^x N_0}\leqslant 1$$

于是得

$$\sqrt[x]{\frac{1}{N_0}\sum\sigma_i^x N'_i}\leqslant\sigma_{-1}$$

根据此式可得计算不稳定变应力的安全系数公式为

$$S=\frac{\sigma_{-1}}{\sqrt[x]{\frac{1}{N_0}\sum\sigma_i^x N'_i}}\geqslant S_{\min} \tag{8-35}$$

考虑到不稳定变应力循环作用的不对称性，式中 σ_i 应为

$$\sigma_i=\sigma_{ia}+\psi_\sigma\sigma_{im} \tag{8-36}$$

式中　σ_{ia}——对应于 σ_i 变应力的应力幅；

σ_{im}——对应于 σ_i 变应力的平均应力。

对于不能简化的非规律性不稳定变应力的强度计算，应采用统计分析的方法。

车辆的悬架弹簧，由于路面的凹凸，将受到很高的尖峰载荷；机械设备上的弹簧为了克

服起动和制动时的惯性，也会受到尖峰载荷。对这些作用次数少的尖峰载荷可不计算在内，但要根据最大尖峰载荷进行塑性变形的计算。

11 断裂力学在弹簧设计中的应用简介

弹簧的疲劳断裂是由材料表面的微裂纹或材料内部的非金属夹杂物等形成的疲劳源，在外载荷作用下形成裂纹，并逐渐扩大，直至最后断裂。

从断裂力学的观点出发，经过理论推导和试验证明，具有裂纹的物体的断裂条件有两个方面：一是载荷的大小；一是裂纹的长短或深浅。综合以上两方面的条件，给出判断强度的一个参数，即应力强度因子 K_i。

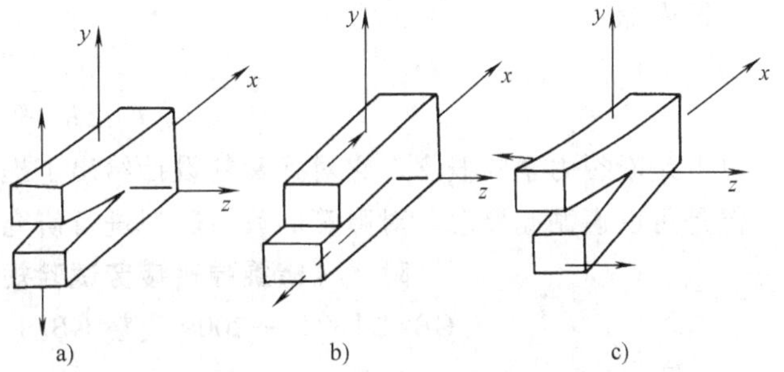

图 8-28 裂纹扩展的三种基本类型

a）张开型 b）滑开型 c）撕开型

图 8-28 为裂纹扩展的三种基本类型，对应于以上三种类型裂纹的应力强度因子分别为

$$\left.\begin{aligned}K_{\mathrm{I}} &= f_1\sigma\sqrt{\pi a}\\K_{\mathrm{II}} &= f_2\tau\sqrt{\pi a}\\K_{\mathrm{III}} &= f_3\tau\sqrt{\pi a}\end{aligned}\right\}\tag{8-37}$$

式中 σ 和 τ——外载荷引起的应力；

a——裂纹深度，$2a$ 为裂纹长度。

取

$$Y = f\sqrt{\pi}$$

Y 称为物体的形状系数或几何形状因子，是无量纲参数。它与物体的形状和裂纹的形状、位置有关，可按力学分析或实验分析求得。f 值可根据具体情况，由应力强度因子手册查出。对于圆形截面的材料，这些数据已有实用数据可查，因此圆形截面材料的弹簧可直接引用这些数据。

当材料的应力强度因子达到某一数值时，就要发生断裂，这也就是断裂条件。此数值即为材料的应力强度因子的极限值，称为材料的断裂韧性，用 K_c 表示。

如果弹簧材料的 K_c 已通过实验测定，具有裂纹的弹簧体应力强度因子 K_i 也由理论计算求出，并已知应力 σ 或 τ，则这个弹簧能容忍的最大半裂纹长度 a_c（称为临界半裂纹长度）可通过式（8-37）求出：

$$a_c = \frac{1}{\pi}\left(\frac{K_c}{f\sigma}\right)^2\tag{8-38}$$

如弹簧实际存在的半裂纹长度 $a < a_c$，则表示该弹簧还可以继续使用；反之，就不能再使用了。

裂纹在变应力作用下的扩张速度是指应力每循环一次半裂纹长度的扩张量，该速度为

$$\frac{\mathrm{d}a}{\mathrm{d}N} = C(\Delta K_i)^m\tag{8-39}$$

$$\Delta K_i = K_{i\max} - K_{i\min}$$

式中 C 和 m——材料常数，通过裂纹扩展试验确定的；

ΔK_i——应力强度因子幅值。

将 $\sigma_{\max}$ 或 $\tau_{\max}$ 和 $\sigma_{\min}$ 或 $\tau_{\min}$ 代入式（8-37）可得 $K_{i\max}$ 和 $K_{i\min}$。

通过式（8-39）可计算出疲劳裂纹由初期半长度 a_i，发展到断裂临界半长度 a_c 的作用次数，即寿命：

$$N = \int_{a_i}^{a_c} \frac{\mathrm{d}a}{C(\Delta K_i)^m} \tag{8-40}$$

以上是断裂力学的概念，它对弹簧的设计给出了提示，不过目前用它设计弹簧资料还不够。但是可以遵循此概念，对弹簧的疲劳断裂进行研究。

附 《螺旋弹簧疲劳试验规范》摘录

（GB/T 16947—2009 代替 GB/T 16947—1997）

1 范围

本标准规定了在Ⅰ类和Ⅱ类变载荷作用下螺旋弹簧的疲劳试验规范。

本标准适用于螺旋压缩和拉伸弹簧（以下简称弹簧）的疲劳寿命验证和可靠性评定。对于变载荷作用下的其他弹簧产品也可参照使用。

2 试验要求

承受变载荷且有疲劳寿命要求的弹簧在用户交验、新产品定型鉴定、行业抽检和认证环节中，应进行疲劳性能试验。试验方式可采用疲劳寿命验证试验或可靠性评定试验两种。

1）检验机构、周期：对于不同的检测目的所要求的检测机构、检验报告和检测周期见表 8-10。

表 8-10 检验机构和周期

检测目的	检测机构	检测报告	检测周期
用户交验	供需双方商定	—	供需双方商定
新产品定型鉴定	具有资质的质检机构	具备计量认证标志	需要时进行
行业抽检	政府授权、具有资质的质检机构	具备计量认证标志	根据需要
认证	国家授权、国家实验室认可委员会认可的第三方质检机构	具备计量认证标志和实验室认可标志	需要时进行

2）试验循环作用次数：对于不同检测目的与产品种类，循环作用次数参照表 8-11，对弹簧有特殊要求时，循环作用次数按供需双方协定执行。

表 8-11 试验循环作用次数

产品种类	检测目的		
	定型鉴定	行业抽检、用户交验	认证
气门弹簧	$(1\sim3)\times10^7$	$(1\sim2.3)\times10^7$	$(1\sim3)\times10^7$
悬架弹簧、摩托车减振器弹簧	$(2.5\sim10)\times10^5$	$(2\sim10)\times10^5$	$(3\sim10)\times10^5$
调压弹簧、柱塞弹簧	1×10^7	1×10^7	1×10^7
液压件弹簧	$(1\sim10)\times10^6$	$(1\sim10)\times10^6$	$(1\sim10)\times10^6$
离合器弹簧	1×10^6	1×10^6	1×10^6

注：选取作用次数时应考虑材质、应力水平等因素。

3）弹簧的抽检率，抽检频次和检测项目确定依据：弹簧的抽检率在产品图样规定，相应标准规定或有关技术文件。当未做规定时，由供需双方商定。

3 试样弹簧

（1）试样 试样应按规定程序批准的图样、技术文件制造，并检验合格。

（2）试样抽取　试样应从同一批产品中随机抽取，检查批的划分按 JB/T 58700 的规定进行。

（3）试样数量

1）对于疲劳寿命验证试验，推荐的最少试样数量见表 8-12，当有特殊要求时，试样数量可参照有关规定由质检机构或用户确定。

表 8-12　试样数量

产品种类	试样数量
气门弹簧	≥1 台套 最少 3 件
调压弹簧、柱塞弹簧、出油阀弹簧、调速弹簧	
悬架弹簧、摩托车减振器弹簧	
液压件弹簧、离合器弹簧	
承受变载荷的冷卷拉伸弹簧、压缩弹簧	
承受变载荷的热卷压缩弹簧	≥1 件

注：台套指配套主机使用弹簧的数量。

2）对于可靠性评定试验，根据对可靠度 R 水平的要求，按附表 8-6 确定试样数量。

4　试验条件

（1）试验机

1）推荐采用机械式或电液伺服试验机，也可安装在配套主机上进行。

2）试验机位移精度应满足试验要求。

3）试验机的频率应在一定范围内可调。

4）试验机一般具备试验时间或次数预置、自动计时或计数、到时自动停机、弹簧断裂自动停机等功能。

（2）试验频率

1）试验频率可根据试验机的频率范围和弹簧实际工作频率等情况确定。除随机载荷试验外，整个试验过程中试验频率应保持稳定。

2）试验频率 f_r 应避开单个弹簧的固有自振频率 f，一般应满足如下关系式：

$$\frac{f}{f_r} > 10 \tag{8-41}$$

式中，钢制弹簧固有频率 f 按下式计算：

$$f = 3.56 \times 10^5 \times \frac{d}{nD^2} \tag{8-42}$$

（3）试验振幅　振幅分为位移幅（H_a）和载荷幅（F_a）。对于螺旋弹簧的疲劳寿命验证试验与可靠性评定试验一般使用位移幅作为试验振幅。

（4）试验环境　试验一般在室温下进行，但试验时试样的温升应不高于 100℃。另有特殊要求时由供需双方商定。

5　试验程序

（1）试样的安装

1）试样的正确安装：为了避免试样的受载偏心和附加应力，压缩试样弹簧安装时要保证试样两端平整接触，应将试样安放在固定的支座上；拉伸试样弹簧的安装应满足工况要求。

2）试验平均高度（或长度）：对定型的产品，试样的试验平均高度（或长度）为实际使用工况的最大高度 H_1（或最小长度）与最小高度 H_2（或最大长度）两者之和的平均值；对进行鉴定和试验研究的产品，试样的试验平均高度（或长度）按相应标准要求，或按鉴定与试验大纲规定执行。

3）试验最大高度（或最小长度）：对定型的产品，试样试验的最大高度（或最小长度）为实际使用要求的最大高度 H_1（或最小长度）：对于鉴定和试验研究的产品，试样试验的最大高度（或最小长度）按相应标准规定或按鉴定与试验大纲规定进行。

4）试验最小高度（或最大长度）：对定型的产品，试样试验的最小高度（或最大长度）为实际使用要

求的最小高度 H_2（或最大长度）；对于鉴定和试验研究的产品，试样试验的最小高度（或最大长度）按相应标准规定或按鉴定与试验大纲规定进行。

5）用多工位试验机，或者多台试验机同时对一批试样进行试验时，应将试样调整到同样的试验安装高度（或长度），其最大允许偏差为 $3\% H_a$。

（2）加载

1）无特殊要求时，按试验机的加载程序与方法进行加载。

2）在必要的情况下，可模拟产品实际负载条件编制加载程序。

（3）运转

1）试验机应平稳起动，避免冲击现象发生。

2）试验机一般应连续运转，中途由于故障、测量、调整或其他原因暂停运转时，应在记录中详细记载。

（4）记录　试验时，应对试验条件及每个试样做出详细记录，具体内容与要求参见附表 8-2 和附录表 8-3。

6　试验数据处理和结果评定

（1）基本性能参数的确定与计算

1）试样工作应力、刚度与变形量的计算：试样工作应力、刚度和变形量按 GB/T 23935《圆柱螺旋弹簧设计计算》中相应公式计算。

2）松弛率的计算：试样的松弛率一般以试样试验后负荷损失百分数表示，经疲劳试验后的松弛率 ε_p 按式（8-43）计算：

$$\varepsilon_p = \frac{F_i - F'_i}{F_i} \times 100\% \tag{8-43}$$

（2）失效模式的选择　试样在疲劳试验时，失效模式分为断裂和因松弛丧失规定功能两种。根据弹簧的功能要求，可选择其中一项或两项作为考核疲劳寿命的失效模式。

（3）疲劳寿命验证试验

1）疲劳寿命的确定：在给定的失效模式与条件下，所试验的试样共同达到的最大循环次数即为弹簧的疲劳寿命。

2）疲劳寿命的验证：经给定的循环次数试验后，如所试验的试样均未发生失效则弹簧的疲劳寿命验证试验通过。

（4）可靠性评定试验

1）评定原理：一批产品，设其达到合格的概率为 p，则失效的概率为 $1-p$。随机抽取 n 个试样，合格数 $x \geqslant r$ 的概率（可靠度）为

$$R(x \geqslant r) = \sum_{x=r}^{n} \binom{n}{x} p^x (1-p)^{n-x} \tag{8-44}$$

式中

$$\binom{n}{x} = \frac{n!}{x!\,(n-x)!}$$

$$\binom{n}{0} = 1$$

根据上式计算出试样数 $n = 1 \sim 50$，合格数 $r \geqslant n/2$，合格概率 $p \geqslant 1/2$ 时的可靠度 R 估值计量表见表 8-6。

2）可靠性水平的确定，对取定的 n 个试样，在给定的试验条件下试验，按要求的失效模式与条件判定得到合格数 r 后，查阅表 8-6 即可得到相应的可靠度 R 估值。

3）可靠性验证：依据给定的可靠度目标值，按表 8-6 确定适宜的试样数 n，在指定的失效模式与条件下试验。如得到的合格数大于表 8-6 中所要求最低合格数 r，则可靠性验证试验通过，反之则为不通过。

第 9 章　圆柱螺旋弹簧的基本理论

1　圆柱螺旋弹簧的几何参数

圆柱螺旋弹簧的几何形状呈圆柱螺旋形。以弹簧材料中心线形成的螺旋线的基本参数，如图 9-1 所示。按图 9-1b 所示坐标，则该螺旋线的方程式为

$$\left.\begin{aligned} x &= \frac{D}{2}\cos\theta \\ y &= \frac{D}{2}\sin\theta \\ z &= \frac{D\theta}{2}\tan\alpha \end{aligned}\right\} \tag{9-1a}$$

$$\theta = \frac{2l\cos\alpha}{D}，\ 0 \leqslant \theta \leqslant 2\pi n \tag{9-1b}$$

式中　D——螺旋线圆柱直径，即弹簧的中径；

α——螺旋线的升角，即弹簧的螺旋角；

l——螺旋线的长度，即弹簧有效工作圈材料的展开长度；

θ——螺旋线的极角；

n——螺旋线的圈数，即弹簧的有效工作圈数。

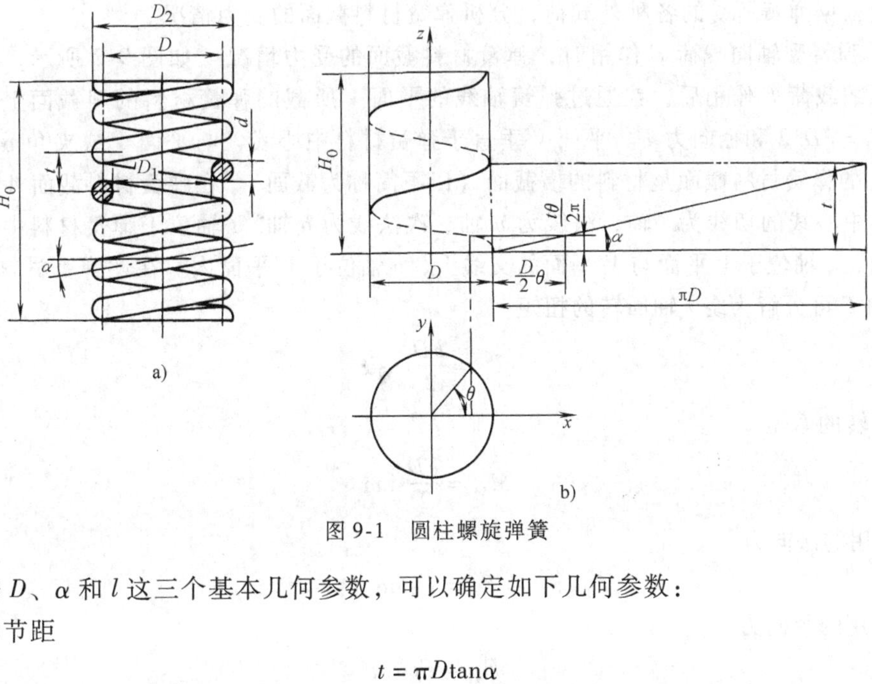

图 9-1　圆柱螺旋弹簧

根据 D、α 和 l 这三个基本几何参数，可以确定如下几何参数：

螺旋线的节距

$$t = \pi D\tan\alpha \tag{9-2a}$$

螺旋线的圈数

$$n = \frac{l\cos\alpha}{\pi D} \tag{9-2b}$$

螺旋的高度（或长度）

$$H = nt = l\sin\alpha \tag{9-2c}$$

螺旋线的曲率半径

$$\rho = \frac{D}{2\cos^2\alpha} \tag{9-2d}$$

螺旋线的曲率

$$\chi = \frac{2\cos^2\alpha}{D} \tag{9-2e}$$

螺旋线的扭转量

$$\chi = \frac{\sin 2\alpha}{D} \tag{9-2f}$$

如图 9-1a 所示，螺旋弹簧的材料直径为 d，弹簧内径为 D_1，弹簧外径为 D_2，弹簧的自由高度（或长度）为 H_0，n_1 为包括支承圈 n_z 在内的总圈数。则可得螺旋弹簧各参数的几何关系如下：

弹簧的外径 $$D_2 = D + d \tag{9-2g}$$

弹簧的内径 $$D_1 = D - d \tag{9-2h}$$

弹簧的总圈数 $$n_1 = n + n_z \tag{9-2i}$$

2 圆柱螺旋弹簧的受力分析

弹簧在工作时可能分别承受轴向载荷 F、径向载荷 F_r、扭矩 T、弯矩 M 或是它们的组合。下面根据弹簧所受的各种外载荷，分析弹簧材料截面的受力情况。

（1）弹簧受轴向载荷 F 作用时，弹簧材料截面的受力情况　如图 9-2 所示，当弹簧受到轴向压缩载荷 F 作用后，在通过弹簧轴线的平面 V 所截的弹簧材料的斜截面上，将作用有扭矩 $T_t = FD/2$ 和径向力 F。平面 V' 垂直于弹簧材料中心线，与平面 V 成夹角 α，因而在平面 V' 上的弹簧材料截面是材料的横截面（以下简称为截面）。在弹簧材料截面 A 的中心取弹簧材料中心线的切线为 t 轴、法线为 n 轴、次法线为 b 轴。t 轴位于弹簧材料中心线的切平面 T 内，n 轴位于 V 平面与 V' 平面的交线上，b 轴位于 V' 平面内。在此弹簧材料的截面 A 内，T_t 和 F 可分解为绕 t 轴回转的扭矩

$$T_{t1} = \frac{FD}{2}\cos\alpha \tag{9-3a}$$

绕 b 轴回转的弯矩

$$M_{b1} = \frac{FD}{2}\sin\alpha \tag{9-3b}$$

沿 t 轴作用的法向力

$$F_{t1} = F\sin\alpha \tag{9-3c}$$

沿 b 轴作用的径向力

$$F_{b1} = F\cos\alpha \tag{9-3d}$$

上列各式是按弹簧受轴向压缩载荷 F 导出的。如弹簧受轴向拉伸载荷 F 作用时，以上各作

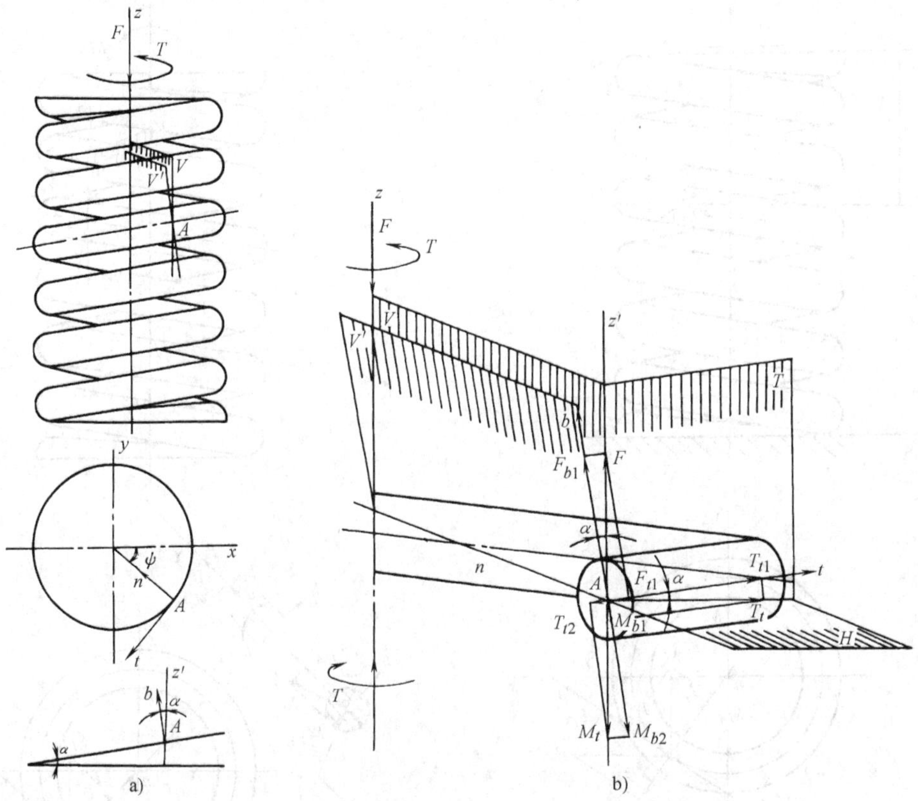

图 9-2 弹簧受轴向载荷 F 时的受力分析

用载荷计算式取负值。

(2) 弹簧受扭矩 T 作用时，弹簧材料截面的受力情况 如图 9-2 所示，当弹簧受到扭矩 T 作用时，在通过弹簧轴线平面 V 内的弹簧材料斜截面上，将作用有弯矩 $M_t=T$。在平面 V' 内的弹簧材料截面 A 上，弯矩 M_t 可分解为

绕 t 轴回转的扭矩

$$T_{t2} = -T\sin\alpha \tag{9-4a}$$

绕 b 轴回转的弯矩

$$M_{b2} = -T\cos\alpha \tag{9-4b}$$

对于左旋螺旋弹簧，所加扭矩 T 将与图 9-2 所示方向相反，因而，上列各式将取正值。

(3) 弹簧受径向载荷 F_r 作用时，弹簧截面的受力情况 如图 9-3 所示，当弹簧受到径向载荷 F_r 作用时，在距 F_r 作用端 ζ 处，弹簧材料斜截面上，将作用有弯矩 $M=F_r\zeta$ 和与径向力 F_r 平行的水平力 F_r。在弹簧材料的截面 A 上，M 和 F_r 将分解为

绕 t 轴回转的扭矩

$$T_{t3} = M\cos\psi\cos\alpha - \frac{F_rD}{2}\sin\psi\sin\alpha = F_r\zeta\cos\psi\cos\alpha - \frac{F_rD}{2}\sin\psi\sin\alpha \tag{9-5a}$$

绕 b 轴回转的弯矩

$$M_{b3} = -M\cos\psi\sin\alpha - \frac{F_rD}{2}\sin\psi\cos\alpha = -F_r\zeta\cos\psi\sin\alpha - \frac{F_rD}{2}\sin\psi\cos\alpha \tag{9-5b}$$

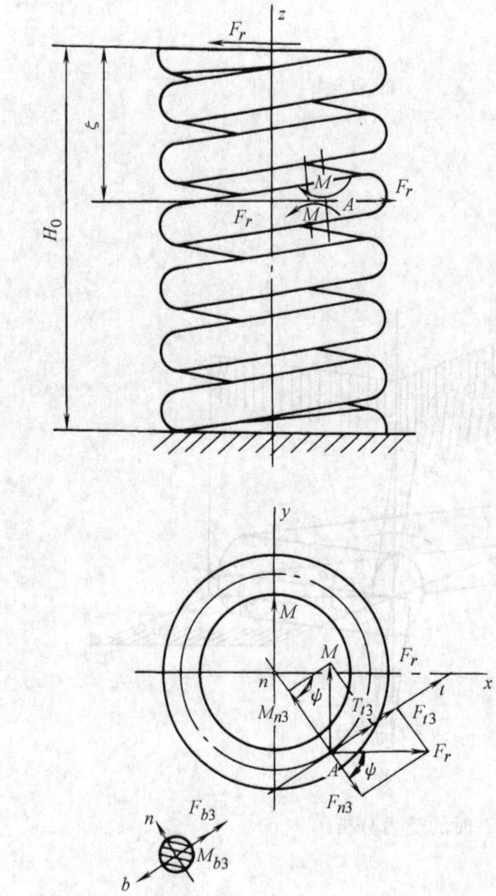

图 9-3 弹簧受径向载荷 F_r 时的受力分析

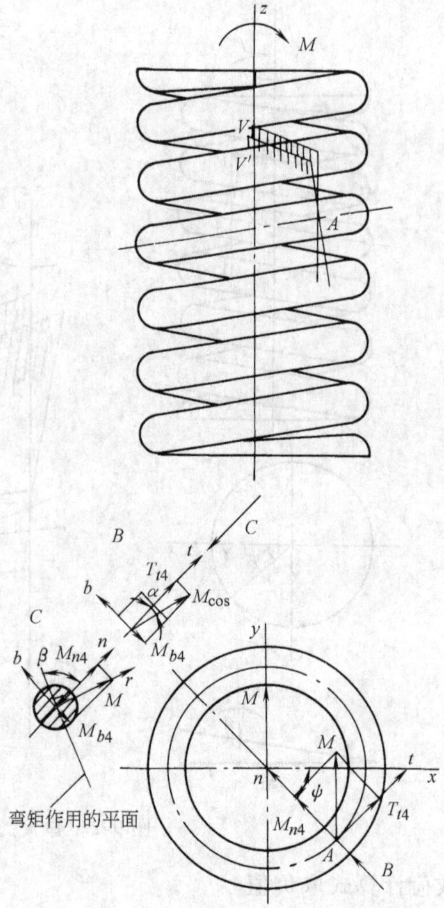

图 9-4 弹簧受弯矩 M 作用时的受力分析

绕 n 轴回转的弯矩

$$M_{n3} = M\sin\psi = F_r\zeta\sin\psi \tag{9-5c}$$

沿 t 作用的法向力

$$F_{t3} = F_r\sin\psi\cos\alpha \tag{9-5d}$$

沿 b 轴作用的径向力

$$F_{b3} = -F_r\sin\psi\sin\alpha \tag{9-5e}$$

沿 n 轴作用的径向力

$$F_{n3} = -F_r\cos\psi \tag{9-5f}$$

式中 ψ——弹簧圈自 xz 垂直平面至弹簧材料任意截面的极角。

（4）弹簧受弯矩 M 作用时，弹簧材料截面的受力情况 当弹簧受弯矩 M 作用时，弹簧材料任意截面 A 上引起的作用力，与弹簧受径向载荷 F_r 时相类似，如图 9-4 所示，有绕 t 轴回转的扭矩

$$T_{t4} = M\cos\psi\cos\alpha \tag{9-6a}$$

绕 b 轴回转的弯矩

$$M_{b4} = -M\cos\psi\sin\alpha \tag{9-6b}$$

绕 n 轴回转的弯矩

$$M_{n4} = M\sin\psi \tag{9-6c}$$

当螺旋弹簧两端固定时，在外载荷的作用下，由于变形的影响，在两端也会产生扭矩。其计算方法比较复杂，而且与实际偏差较大，所以不再介绍。其计算方法见［5］。

当弹簧同时作用有轴向载荷 F、扭矩 T、径向载荷 F_r 和弯矩 M 时，如取 $\cos\alpha \approx 1$，$\sin\alpha \approx 0$，则根据式（9-3），可得弹簧材料任意截面上总的作用扭矩、弯矩和力为

$$T_t = \Sigma T_{ti} = \frac{FD}{2} + F_r\zeta\cos\psi + M\cos\psi \tag{9-7a}$$

$$M_b = \Sigma M_{bi} = -\frac{F_r D}{2}\sin\psi - T \tag{9-7b}$$

$$M_n = \Sigma M_{ni} = F_r\zeta\sin\psi + M\sin\psi \tag{9-7c}$$

$$F_t = \Sigma F_{ti} = F_r\sin\psi \tag{9-7d}$$

$$F_b = \Sigma F_{bi} = F \tag{9-7e}$$

$$F_n = \Sigma F_{ni} = -F_r\cos\psi \tag{9-7f}$$

3　圆柱螺旋弹簧的应力分析

（1）弹簧受轴向载荷 F 和扭矩 T 作用时的应力分析　作用于弹簧两端的载荷，一般可以简化为沿弹簧轴线作用的轴向载荷 F 和在垂直于轴线平面中的扭矩 T。这样，弹簧材料的任意截面所受的作用力根据式（9-3）和式（9-4）可得扭矩

$$T_t = -T\sin\alpha + \frac{FD}{2}\cos\alpha \tag{9-8a}$$

弯矩

$$M_b = -T\cos\alpha - \frac{FD}{2}\sin\alpha \tag{9-8b}$$

法向力

$$F_t = F\sin\alpha \tag{9-8c}$$

切向力

$$F_b = F\cos\alpha \tag{9-8d}$$

当弹簧受到上述外载荷作用时，弹簧材料截面上的应力，除长边垂直于弹簧轴线的矩形截面材料的弹簧以外，一般应力最大点在弹簧材料截面的内侧。其表达式的推导较复杂，下面仅列出其应力表达式。如图 9-5 所示，弹簧材料任一截面上，其最大应力的组成，当泊松比 μ = 0.3 时为

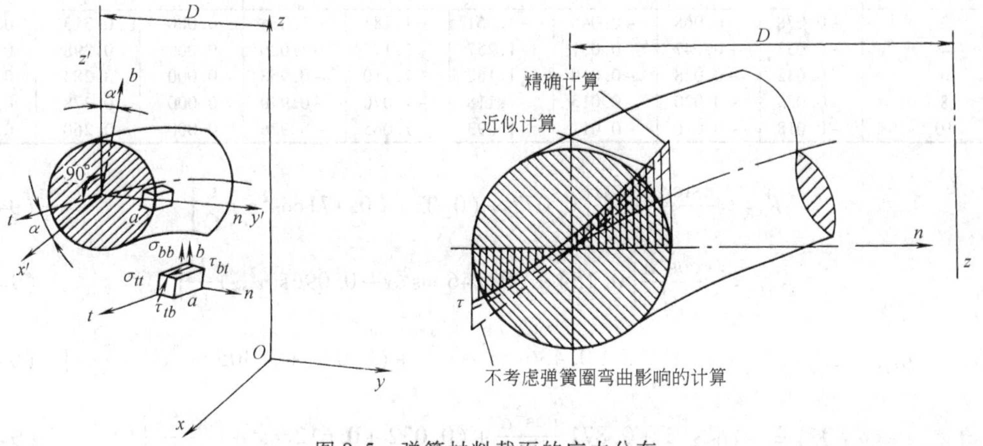

图 9-5　弹簧材料截面的应力分布

$$\sigma_{bb}=-\frac{1}{z_m}\left[0.154M_b\left(\frac{d}{2\rho}\right)+(0.246M_b-0.096T_t\tan\alpha-0.070\rho F_t)\left(\frac{d}{2\rho}\right)^2\right] \tag{9-9a}$$

$$\sigma_{tt}=-\frac{1}{z_m}\left[M_b+(0.871M_b-0.250\rho F_t)\left(\frac{d}{2\rho}\right)+(0.642M_b+0.032T_t\tan\alpha-0.074\rho F_t)\left(\frac{d}{2\rho}\right)^2\right] \tag{9-9b}$$

$$\tau_{tb}=\tau_{bt}=\frac{1}{z_t}\left[T_t+(0.635T_t+0.615F_{b\rho})\left(\frac{d}{2\rho}\right)+(0.346T_t-0.183M_b\tan\alpha+0.529\rho F_b)\left(\frac{d}{2\rho}\right)^2\right] \tag{9-9c}$$

式中 z_m——弹簧材料截面的抗弯截面系数；

z_t——弹簧材料截面的抗扭截面系数；

d——弹簧材料直径；

ρ——弹簧圈曲率半径，其值见式（9-2d）。

此最大应力组成的更一般表达式为

$$\sigma_{bb}=\frac{1}{z_m}\left(K_{bF}\frac{FD}{2}+K_{bT}T_t\right) \tag{9-10a}$$

$$\sigma_{tt}=\frac{1}{z_m}\left(K_{tF}\frac{FD}{2}+K_{tT}T_t\right) \tag{9-10b}$$

$$\tau_{tb}=\tau_{bt}=\frac{1}{z_t}\left(K_F\frac{FD}{2}+K_TT_t\right) \tag{9-10c}$$

式中 K_{bF}、K_{bT}、K_{tF}、K_{tT}、K_F 和 K_T 是与弹簧材料截面形状、螺旋角 α 和旋绕比 C 有关的系数。对于圆形截面材料这些系数可通过下列公式计算或从表 9-1 中查得。

表 9-1 系数 K_{bF}、K_{bT}、K_{tF}、K_{tT}、K_F 和 K_T

$C=\frac{D}{d}$	α			α			α		
	0°	15°	30°	0°	15°	30°	0°	15°	30°
	K_{bF}			K_{tF}			K_F		
3	0.000	0.024	0.034	0.000	0.366	0.656	1.514	1.438	1.240
4	0.000	0.016	0.022	0.000	0.336	0.624	1.366	1.304	1.134
6	0.000	0.010	0.014	0.000	0.308	0.580	1.232	1.180	1.036
8	0.000	0.006	0.010	0.000	0.294	0.558	1.168	1.120	0.992
10	0.000	0.004	0.008	0.000	0.288	0.546	1.134	1.088	0.966
$C=D/d$	K_{bT}			K_{tT}			K_T		
3	-0.078	-0.068	-0.045	-1.361	-1.285	-1.088	0.000	0.313	0.584
4	-0.053	-0.047	-0.031	-1.257	-1.192	-1.026	0.000	0.298	0.561
6	-0.032	-0.028	-0.019	-1.162	-1.110	-0.968	0.000	0.284	0.540
8	-0.023	-0.020	-0.015	-1.118	-1.070	-0.940	0.000	0.278	0.530
10	-0.018	-0.016	-0.011	-1.093	-1.045	-0.926	0.000	0.260	0.524

$$K_{bF}=\frac{2\sin\alpha\cos^2\alpha}{C}\left[0.077+(0.036+0.171\cos^2\alpha)\frac{1}{C}\right] \tag{9-11a}$$

$$K_{bT}=-\frac{\cos^2\alpha}{C}\left[0.154+(0.246\cos^2\alpha-0.096\sin^2\alpha)\frac{1}{C}\right] \tag{9-11b}$$

$$K_{tF}=2\sin\alpha\left[0.5+(0.125+0.136\cos^2\alpha)\frac{1}{C}+(0.037+0.305\cos^2\alpha)\frac{\cos^2\alpha}{C^2}\right] \tag{9-11c}$$

$$K_{tT}=-\cos\alpha\left[1+0.871\frac{\cos^2\alpha}{C}+(0.032+0.612\cos^2\alpha)\frac{\cos^2\alpha}{C^2}\right] \tag{9-11d}$$

$$K_F = 2\cos\alpha\left[0.5 + (0.308 + 0.318\cos^2\alpha)\frac{1}{C} + (0.356 + 0.082\cos^2\alpha)\frac{\cos^2\alpha}{C}\right] \quad (9\text{-}11e)$$

$$K_T = \sin\alpha\left[1 + 0.635\frac{\cos^2\alpha}{C} + 0.163\frac{\cos^4\alpha}{C^2}\right] \quad (9\text{-}11f)$$

应力计算公式中的前一项，表示只有轴向载荷 F 作用时所引起的内应力，后一项则为只有扭矩 T 作用时所引起的内应力。

当 $\sigma \geqslant 0$ 时，表示为拉应力；$\sigma \leqslant 0$ 时为压缩应力。根据莫尔（Monr）强度理论，弹簧材料危险点的当量应力（图 9-5）为

$$\sigma_e = \frac{1-m}{2}(\sigma_{tt} + \sigma_{bb}) + \frac{1+m}{2}\sqrt{(\sigma_{tt} - \sigma_{bb})^2 + 4\tau_t^2} \quad (9\text{-}12)$$

$$m = \frac{\sigma_{st}}{\sigma_{sc}} \leqslant 1$$

式中 σ_{st}——拉伸屈服点；

σ_{sc}——压缩屈服点。

（2）弹簧受弯矩 M 作用时的应力分析　如图 9-4 受力分析所示，当圆柱螺旋弹簧的端部受到弯矩作用时，弹簧材料截面将受到弯矩和扭矩的作用，其值见式（9-6）。在位于与 x 轴成 ψ 角的弹簧材料截面内的合成弯矩为

$$M_e = \sqrt{M_n^2 + M_b^2} = M\sqrt{\sin^2\psi + \cos^2\psi\sin^2\alpha}$$

M_e 绕 r 回转。此弯矩作用的平面与 n 成 β 角，β 值为

$$\tan\beta = \frac{M_n}{M_b} = \frac{M\sin\psi}{M\cos\psi\sin\alpha} = \frac{\tan\psi}{\sin\alpha}$$

弹簧材料截面上的最大应力点位于弹簧圈内侧，根据最大切应力理论，该点的应力为

$$\sigma_e = \frac{1}{z_m}\sqrt{M_e^2 + T_t^2} = \frac{M}{z_m}\sqrt{\cos^2\psi\cos^2\alpha + \sin^2\psi + \cos^2\psi\sin^2\alpha}$$

$$= \frac{M}{z_m} \quad (9\text{-}13)$$

从此结果可以概略地说，弹簧材料所有截面的应力是近似相等的。如果比较仔细地分析受弯矩的螺旋弹簧应力状态，可以看出其危险点在弹簧材料截面的内侧 a 点。此截面的中心处于弯矩作用的平面，即 xz 平面（图 9-6）。较精确计算的 a 点应力为

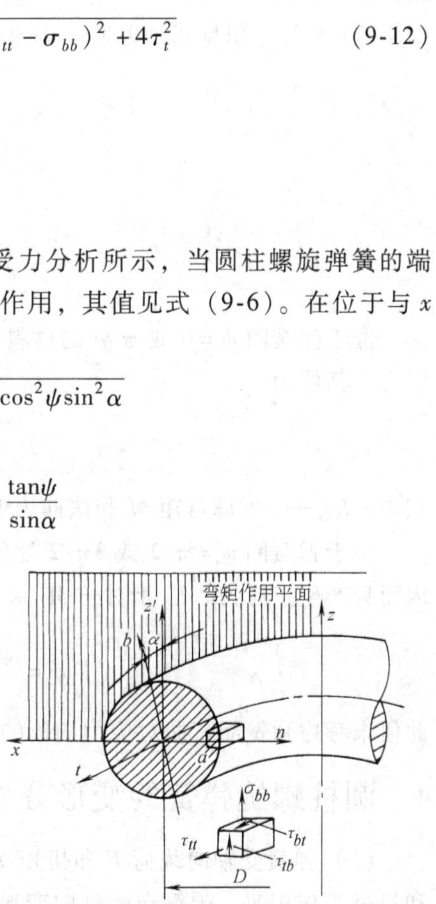

图 9-6 弹簧受弯矩作用时弹簧材料截面上最大应力状态

$$\sigma_{bb} = K_b\frac{M}{z_m} \quad (9\text{-}14a)$$

$$\sigma_{tt} = K_t\frac{M}{z_m} \quad (9\text{-}14b)$$

$$\tau_{tb} = \tau_{bt} = K_{tb}\frac{M}{z_t} \quad (9\text{-}14c)$$

$$K_b = \frac{\sin\alpha\cos^2\alpha}{C}\left[0.15 + 0.43\frac{\cos^2\alpha}{C}\right] \quad (9\text{-}15a)$$

$$K_t = \sin\alpha\left[1 + 0.87\frac{\cos^2\alpha}{C} + 0.39\frac{\cos^4\alpha}{C^2}\right] \tag{9-15b}$$

$$K_{tb} = \cos\alpha\left[1 + 0.63\frac{\cos^2\alpha}{C} + (0.18 + 0.17\cos^2\alpha)\frac{\cos^2\alpha}{C^2}\right] \tag{9-15c}$$

将以上应力值代入强度理论计算式（9-12），可以得到比较精确的当量应力。

（3）弹簧受径向载荷 F_r 作用时的应力分析　对于受径向载荷作用的弹簧，其弹簧材料截面上的应力，可参照受弯矩作用时的弹簧应力分析方法求得。如图9-3所示，当弹簧一端受到径向载荷 F_r 作用时，其最大应力点在固定端的弹簧材料截面上。假设弹簧的螺旋角 α 很小（$\alpha \approx 0$），根据式（9-5），并取 $\zeta = H_0$，则可得固定端弹簧材料截面的受力为

$$T_t = F_r H_0 \cos\psi \tag{9-16a}$$

$$M_b = \frac{F_r D}{2}\sin\psi \tag{9-16b}$$

$$M_n = F_r H_0 \sin\psi \tag{9-16c}$$

$$F_t = F_r \sin\psi \tag{9-16d}$$

$$F_n = -F_r \cos\psi \tag{9-16e}$$

位于弹簧圈 $\psi = 0$ 或 π 处的材料截面上，受扭矩 T_t 和径向力 F_r 的作用，因而只产生切应力，其值为

$$\tau_{tb} = K_{tb}\frac{T_t}{z_t} = K_{tb}\frac{F_r H_0}{z_t} \tag{9-17}$$

式中　K_{tb}——考虑弯矩 M 和法向力 F_n 作用的系数，可按式（9-15c）计算。

位于弹簧圈 $\psi = \pi/2$ 或 $3\pi/2$ 处的材料截面上，受到弯矩 M_b、M_n 和法向力 F_t 的作用，因而只产生正应力。F_t 相对于 M_b 和 M_n 产生的应力可以略而不计，其应力值为

$$\sigma = \frac{\sqrt{M_b^2 + M_n^2}}{z_m} = \frac{F_r\sqrt{D^2 + 4H_0^2}}{2z_m} \tag{9-18}$$

此值未考虑弹簧圈弯曲对应力的影响。

4　圆柱螺旋弹簧的变形分析

（1）弹簧受轴向载荷 F 和扭矩 T 作用时的变形分析　当圆柱螺旋弹簧受到轴向载荷 F 和扭矩 T 作用时，弹簧产生轴向变形，在变形过程中，弹簧仍保持螺旋形。但其基本参数：弹簧中径 D，螺旋角 α 和材料的长度 l 均发生变化，同时弹簧材料截面尺寸也发生变化。

弹簧受载荷后基本参数的变化量假设为 ΔD、$\Delta\alpha$ 和 Δl，则受载荷前的基本参数与受载荷后基本参数 D'、α' 和 l' 之间的关系为

$$D' = D + \Delta D \tag{9-19a}$$

$$\alpha' = \alpha + \Delta\alpha \tag{9-19b}$$

$$l' = l + \Delta l \tag{9-19c}$$

弹簧材料长度变化量 Δl 一般很小，所以在实际计算中可以不考虑。弹簧直径的变化量 ΔD 和螺旋角的变化量 $\Delta\alpha$ 与外加载荷、弹簧变形前尺寸以及弹簧材料的弹性性能有关。另外与弹簧圈的曲率变化 $\Delta\chi$ 和扭转变化 $\Delta\kappa$ 也是相互关联的，根据式（9-2），可得其关系为

$$\Delta\chi=\frac{4\cos\alpha'\Delta(\cos\alpha')}{D'}-\frac{2\cos^2\alpha'}{D'^2}\Delta D$$

$$\Delta\kappa=\frac{2\cos\alpha'\Delta(\sin\alpha')}{D'}+\frac{2\sin\alpha'\Delta(\cos\alpha')}{D'}-\frac{2\sin\alpha'\cos\alpha'}{D'^2}\Delta D$$

另外

$$\sin\alpha'\Delta(\sin\alpha')+\cos\alpha'\Delta(\cos\alpha')=0$$

根据上列三式可得

$$\Delta(\sin\alpha')=-\frac{D'\sin\alpha'}{2}\Delta\chi+\frac{D'\cos\alpha'}{2}\Delta\kappa \tag{9-20a}$$

$$\Delta(\cos\alpha')=\frac{D'\sin^2\alpha'}{2\cos\alpha'}\Delta\chi-\frac{D'\sin\alpha'}{2}\Delta\kappa \tag{9-20b}$$

$$\Delta D=-\frac{D'^2\cos2\alpha'}{2\cos^2\alpha'}\Delta\chi-\frac{D'^2\sin\alpha'}{\cos\alpha'}\Delta\kappa \tag{9-20c}$$

弹簧圈曲率和扭转的变化与弹簧材料截面上所受载荷有关。若所受载荷使弹簧材料截面上产生的应力仍在材料的弹性极限范围内，则根据材料力学可知此变形量与载荷的关系为

$$\Delta\chi=\frac{1}{\rho'}-\frac{1}{\rho}=\frac{M_b}{EI} \tag{9-21a}$$

$$\Delta\kappa=\kappa'-\kappa=\frac{T_t}{GI_p} \tag{9-22a}$$

式中 M_b——弹簧材料截面所受弯矩，见式（9-8b）；

T_t——弹簧材料截面所受扭矩，见式（9-8a）；

I——弹簧材料截面惯性矩；

I_p——弹簧材料截面极惯性矩；

E——弹簧材料的弹性模量；

G——弹簧材料的切变模量。

式中 M_b 和 T_t 应为弹簧变形后，弹簧材料截面所受的载荷，但实际上由于弹簧的变形比较小，即 $D'\approx D$，$\alpha'\approx\alpha$，所以，仍将变形前弹簧材料截面所受的载荷看作变形后弹簧材料截面所受的载荷。

根据基本参数的变化，便可确定弹簧受载荷后其他几何尺寸的变化量。弹簧受载荷后，端部的变形量 f，根据式（9-2c）可知为

$$f=\Delta H_0=l\Delta(\sin\alpha') \tag{9-23}$$

端部的极角变化量 φ，根据式（9-1b）可知为

$$\varphi=\Delta\theta=2l\left[\frac{\Delta(\cos\alpha')}{D'}-\frac{\cos\alpha'}{D'^2}\Delta D\right] \tag{9-24}$$

从而得弹簧圈数的变化

$$\Delta n=\frac{\varphi}{2\pi}$$

将式（9-20）~式（9-22）代入式（9-23）、式（9-24），再考虑到法向力 F_n 和径向力 F_b 的作用，得弹簧端部变形量的计算式

$$f=\frac{\pi FD^3n}{4\cos\alpha}\left(\frac{\cos^2\alpha}{GI_p}+\frac{\sin^2\alpha}{EI}\right)-\frac{\pi TD^2n}{2}\left(\frac{1}{GI_p}-\frac{1}{EI}\right)\sin\alpha+\frac{\pi FDn}{\cos\alpha}\left(\frac{\sin^2\alpha}{EA}+\frac{\cos^2\alpha}{GA}\right) \tag{9-25}$$

弹簧两端相对扭转角度的计算式

$$\varphi=\frac{\pi FD^2n\sin\alpha}{2}\left(\frac{1}{GI_p}-\frac{1}{EI}\right)+\frac{\pi TDn}{\cos\alpha}\left(\frac{\sin^2\alpha}{GI_p}+\frac{\cos^2\alpha}{EI}\right)\tag{9-26}$$

将式（9-21a）、式（9-22a）代入式（9-20）可得弹簧直径的变化计算式

$$\Delta D=FD^3\sin\alpha\left(\frac{1}{4EI}\frac{\cos2\alpha}{\cos^2\alpha}-\frac{1}{2GI_p}\right)-\frac{TD^2}{2\cos\alpha}\left(\frac{2\sin^2\alpha}{GI_p}+\frac{\cos2\alpha}{EI}\right)\tag{9-27}$$

式中 A——弹簧材料截面面积；

n——弹簧的有效工作圈数。

其余符号同前。

由于假设弹簧变形较小，所以式中仍采用弹簧变形前的原始基本参数。从以上三式可以看出，在变形量较小时，f、φ 和 ΔD 与载荷呈线性关系。

当弹簧只受到轴向压缩载荷 F 作用时，弹簧被压缩，$f<0$；弹簧被旋松，$\varphi<0$；弹簧的直径增大，$\Delta D>0$。

为了制止弹簧在轴向载荷 F 的作用下两端发生的相对扭转，应使扭转变形角 $\varphi=0$，由式（9-26），得

$$\frac{\pi FD^2n\sin\alpha}{2}\left(\frac{1}{GI_p}-\frac{1}{EI}\right)=\frac{\pi TDn}{\cos\alpha}\left(\frac{\sin^2\alpha}{GI_p}+\frac{\cos^2\alpha}{EI}\right)$$

从而得所应加的扭矩为

$$T=\frac{FD(GI_p-EI)\sin2\alpha}{4(EI\sin^2\alpha+GI_p\cos^2\alpha)}\tag{9-28}$$

如果制止弹簧端部发生扭转（$\varphi=0$），此时弹簧的轴向变形，根据式（9-25）可知为

$$f=\frac{\pi FD^3n}{4\cos\alpha(EI\sin^2\alpha+GI_p\cos^2\alpha)}\tag{9-29}$$

当弹簧只受到扭矩 T 作用时，弹簧被扭转，$\varphi>0$；弹簧直径减小，$\Delta D<0$；弹簧被拉长，$f>0$。

为了制止弹簧在扭矩 T 作用下两端发生的轴向变形，所应加的轴向载荷，根据式（9-25），略去最后一项，可得

$$F=\frac{T\sin2\alpha(GI_p-EI)}{D(GI_p\sin^2\alpha+EI\cos^2\alpha)}\tag{9-30}$$

如果制止弹簧发生轴向变形，则弹簧两端的相对扭转角根据式（9-26）可知为

$$\varphi=\frac{\pi TDn}{\cos\alpha(EI\cos^2\alpha+GI_p\sin^2\alpha)}\tag{9-31}$$

在螺旋角 α 和变形量比较大的情况下计算变形量时，必须考虑变形过程中 α 的变化与弹簧材料截面上力的变化。根据式（9-21a、22a）（9-2d、2e）和式（9-8a、8b）可得如下关系式

$$2EI\left(\frac{\cos^2\alpha'}{D'}-\frac{\cos^2\alpha}{D}\right)=-\frac{F_\alpha D'\sin\alpha'}{2}+T\cos\alpha'\tag{9-21b}$$

$$2GI_p\left(\frac{\cos\alpha'\sin\alpha'}{D'}-\frac{\cos\alpha\sin\alpha}{D}\right)=\frac{F_\alpha D'\cos\alpha'}{2}+T\sin\alpha'\tag{9-22b}$$

式中，F_α 为考虑螺旋角 α 变化后，弹簧材料截面所受的载荷。弹簧两端的轴向位移

$$f=(H'-H_0)=l(\sin\alpha'-\sin\alpha) \tag{9-32}$$

弹簧两端的相对扭转角

$$\varphi=\psi'-\psi=2l\left(\frac{\cos\alpha'}{D'}-\frac{\cos\alpha}{D}\right) \tag{9-33}$$

对于受轴向载荷作用的弹簧，两端可以转动的情况（称第Ⅰ种情况），根据式（9-21b、22b）可得载荷 F_α 与螺旋角 α 关系式

$$F_\alpha=\frac{4GEII_p}{D^2}\sin(\alpha'-\alpha)\frac{\cos^2\alpha(EI\cos\alpha'\cos\alpha+GI_p\sin\alpha'\sin\alpha)}{\cos\alpha'(EI\cos^2\alpha'+GI_p\sin^2\alpha')^2} \tag{9-34}$$

通过式（9-32）和式（9-34）中的参变量 α，便可以确定 F_α 和 f 的关系曲线。

对于受轴向载荷作用的弹簧，两端不能转动，$\varphi=0$（称第Ⅱ种情况），则根据式（9-33）可得

$$\frac{\cos\alpha'}{D'}=\frac{\cos\alpha}{D}$$

或

$$D'=\frac{\cos\alpha'}{\cos\alpha}D$$

从式（9-21、9-22）消去扭矩 T，并将上式代入，则得载荷 F_α 与螺旋角 α 的关系式

$$F_\alpha=\frac{4\cos^2\alpha}{D_2}\left[GI_p(\sin\alpha'-\sin\alpha)-EI\sin\alpha'\left(1-\frac{\cos\alpha}{\cos\alpha'}\right)\right] \tag{9-35}$$

同样，通过式（9-32）和式（9-35）中的参变量螺旋角 α，便可以得到 F_α 和 f 的关系曲线。

通过式（9-32）、式（9-34）和式（9-35）确定出 F_α 与 f 的特性线为非线性曲线（图 9-7）。从这些特性线可以看出，压缩弹簧的刚度为渐减型，拉伸弹簧的刚度为渐增型。它们与 $\alpha=0$ 时的近似特性线（直线型）的误差为

$$\Delta=\left(\frac{F-F_\alpha}{F_\alpha}\right)\% \tag{9-36}$$

此误差除与弹簧两端的固定情况有关外，还与弹簧材料截面和弹簧材料截面形状相对于弹簧轴线的位置有关。表 9-2 列出了压缩弹簧的误差值。从表中可以看出，当 $\alpha>10°$ 时，误差是很大的，尤其是两端可以转动的情况（第Ⅰ种情况）和弹簧用矩形截面材料且长边垂直于弹簧轴线的情况比较突出。

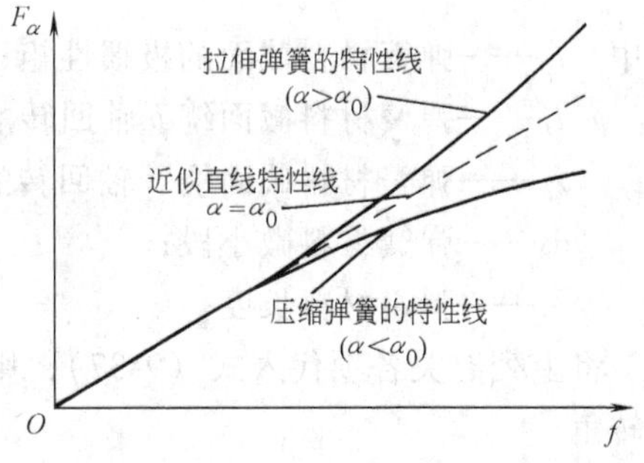

图 9-7 螺旋弹簧的特性曲线

受扭矩作用的弹簧的特性线与近似特性线（直线型）的误差不大。

（2）弹簧受弯矩 M 作用时的变形分析　如图 9-4 所示，当圆柱螺旋弹簧的端部受到弯矩 M 作用时，根据受力分析可知，弹簧材料截面将受到弯矩和扭矩的作用，根据式（9-6）可知其值为

$$T_t=M\cos\psi\cos\alpha$$
$$M_b=-M\cos\psi\sin\alpha$$
$$M_n=M\sin\psi$$

表9-2 螺旋压缩弹簧特性曲线（渐减型）与近似特性线（直线型）的误差

弹簧材料截面形状		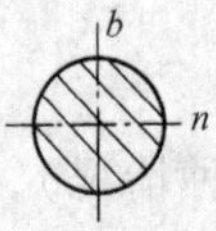		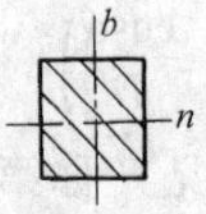		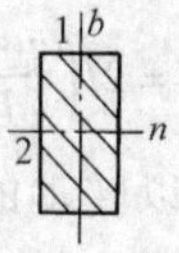		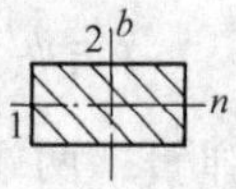		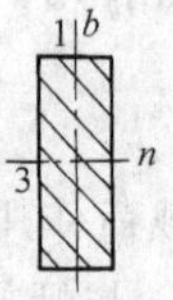		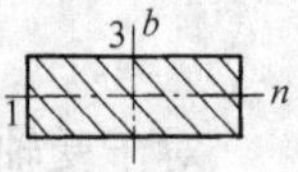	
GI_p/EI		0.8		0.67		1.1		0.27		1.26		0.14	
两端固定情况		Ⅰ	Ⅱ	Ⅰ	Ⅱ	Ⅰ	Ⅱ	Ⅰ	Ⅱ	Ⅰ	Ⅱ	Ⅰ	Ⅱ
螺旋角 α	5°	1.64	0.9	1.74	1.1	1.4	0.7	1.9	2.8	1.3	0.6	2.0	5.4
	10°	5.3	3.9	6.0	4.6	4.2	2.8	7.0	11.4	3.5	2.5	7.4	22.5
	15°	12.4	9.0	13.5	10.7	10.0	6.5	17.0	26.2	10.0	5.7	18.3	51.5
	20°	23.0	16.5	25	19.7	13.0	12.0	31.5	48.0	17.0	10.5	34.0	94.3

当单位弯矩（$M=1$）作用于弹簧时，按上列各式可得

$$T_{1t}=1\cdot\cos\psi\cos\alpha$$

$$M_{1b}=-1\cdot\cos\psi\sin\alpha$$

$$M_{1n}=1\cdot\sin\psi$$

按照能量法则，可得弹簧在弯矩作用下的变形计算公式

$$f=\int_0^l\frac{T_tT_{1t}\mathrm{d}s}{GI_p}+\int_0^l\frac{M_bM_{1b}\mathrm{d}s}{EI_b}+\int_0^l\frac{M_nM_{1n}\mathrm{d}s}{EI_n}\tag{9-37}$$

$$\mathrm{d}s=\frac{D\mathrm{d}\psi}{2\cos\alpha}$$

$$l=\frac{\pi Dn}{\cos\alpha}$$

式中 I_p——弹簧材料截面的极惯性矩；

I_b——弹簧材料截面绕 b 轴回转的惯性矩；

I_n——弹簧材料截面绕 n 轴回转的惯性矩；

$\mathrm{d}s$——弹簧材料微小段；

l——弹簧材料长度。

将上列有关各项代入式（9-37），则得弹簧上端（图9-8）的倾斜偏转角

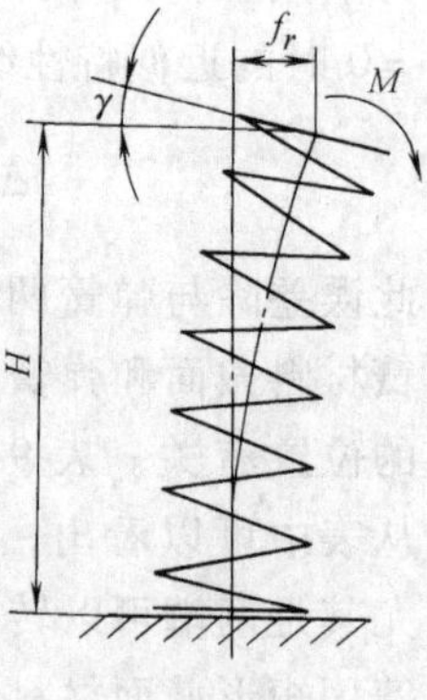

图9-8 弹簧上端的倾斜偏转角

$$\gamma=\int_0^{2\pi n}\frac{MD\sin^2\psi\mathrm{d}\psi}{2EI_n\cos\alpha}+\int_0^{2\pi n}\frac{MD\cos^2\psi\sin^2\alpha\mathrm{d}\psi}{2EI_b\cos\alpha}+\int_0^{2\pi n}\frac{MD\cos^2\psi\cos^2\alpha\mathrm{d}\psi}{2GI_p\cos\alpha}$$

$$=\frac{Ml}{2EI_n}\left[\left(\frac{EI_n}{EI_b}\sin^2\alpha+\frac{EI_n}{GI_p}\cos^2\alpha+1\right)+\left(\frac{EI_n}{EI_b}\sin^2\alpha+\frac{EI_n}{GI_p}\cos^2\alpha-1\right)\frac{\sin4\pi n}{4\pi n}\right]$$

一般来说，方括号中第二项相对第一项来说很小，在计算时，可以略去不计，从而得

$$\gamma=\frac{Ml}{2EI_n}\left(1+\frac{I_n}{I_b}\sin^2\alpha+\frac{EI_n}{GI_p}\cos^2\alpha\right)=\frac{MH}{EI_n}\frac{\left(1+\frac{I_n}{I_b}\sin^2\alpha+\frac{EI_n}{GI_p}\cos^2\alpha\right)\pi Dn}{2H\cos\alpha}\tag{9-38a}$$

式中 H——弹簧高度。

当弹簧的螺旋角 α 比较小，$\cos\alpha\approx 1$，$\sin\alpha\approx 0$ 则上式可简化为

$$\gamma = \frac{MH}{EI_n}\left[\frac{\pi Dn}{2H}\left(1+\frac{EI_n}{GI_p}\right)\right] \tag{9-38b}$$

对于弹簧材料为圆形截面时，$I_n = I_b = I = \frac{\pi d^4}{64}$，$I_p = \frac{\pi d^4}{32}$，$E = 2(1+\mu)G$ 代入上式得

$$\gamma = \frac{MH}{EI}\left[\frac{\pi Dn}{2H}\left(1+\frac{E}{2G}\right)\right] = \frac{32MDn}{Ed^4}(2+\mu) \tag{9-38c}$$

弹簧端部受弯矩作用时，将发生水平 x 方向（图 9-8）的变形，此变形量也可按上述方法求得。如图 9-3 所示，假设弹簧材料任一截面 A 到弹簧受力端距离为 ζ，在 ζ 距离内的整圈数为 n_ζ，根据图 9-1 可知

$$\zeta = \frac{D\theta}{2}\tan\alpha \tag{9-39}$$

通过截面 A 的平面与弹簧轴线的垂直平面 xz 平面的夹角

$$\psi = 2n_\zeta\pi - \theta \tag{9-40}$$

截面 A 到 xz 平面距离为

$$-\frac{D}{2}\sin\psi = \frac{D}{2}\sin(2n_\zeta\pi - \theta) = -\frac{D}{2}\sin\theta \tag{9-41}$$

在弹簧受弯矩端的 x 方向加单位力，则此力对弹簧材料截面 A 所产生的作用，按式（9-5）可知为

$$T_{1t} = \frac{D\theta}{2}\tan\alpha\cos\theta\cos\alpha - \frac{D}{2}\sin\theta\sin\alpha$$

$$M_{1b} = -\frac{D\theta}{2}\tan\alpha\cos\theta\sin\alpha - \frac{D}{2}\sin\theta\cos\alpha$$

$$M_{1n} = \frac{D\theta}{2}\tan\alpha\sin\theta$$

将式（9-40）代入式（9-6），得弯矩 M 对截面 A 的作用

$$T_t = M\cos\psi\cos\alpha = M\cos\theta\cos\alpha$$
$$M_b = -M\cos\psi\sin\alpha = -M\cos\theta\sin\alpha$$
$$M_n = M\sin\psi = M\sin\theta$$

将以上各式代入式（9-37），取 $ds = \frac{Dd\theta}{2\cos\alpha}$，则得弹簧端部 x 方向径向变形量（9-8）

$$f_r = \int_0^{2\pi n}\frac{MD^2\theta\tan\alpha\sin^2\theta d\theta}{4EI_n\cos\alpha} + \int_0^{2\pi n}\frac{MD^2\theta\tan\alpha\sin^2\alpha\cos^2\theta d\theta}{4EI_b\cos\alpha} + \int_0^{2\pi n}\frac{MD^2\sin2\alpha\sin2\theta d\theta}{16EI_b\cos\alpha}$$
$$+\int_0^{2\pi n}\frac{MD^2\theta\tan\alpha\cos^2\alpha\cos^2\theta d\theta}{4GI_p\cos\alpha} - \int_0^{2\pi n}\frac{MD^2\sin2\alpha\sin2\theta d\theta}{16GI_p\cos\alpha}$$

对上式进行积分，并略去次要项，得

$$f_r = \frac{Ml^2\sin\alpha}{4EI_n}\left(1+\frac{EI_n}{EI_b}\sin^2\alpha + \frac{EI_n}{GI_p}\cos^2\alpha\right)$$
$$= \frac{MH^2}{2EI_n}\frac{\left(1+\frac{I_n}{I_b}\sin^2\alpha + \frac{EI_n}{GI_p}\cos^2\alpha\right)\pi Dn}{2H\cos\alpha} \tag{9-42a}$$

当螺旋角 α 比较小时，$\cos\alpha\approx1$，$\sin\alpha\approx0$ 则上式简化为

$$f_r=\frac{MH^2}{2EI_n}\left[\frac{\pi Dn}{2H}\left(1+\frac{EI_n}{GI_p}\right)\right] \tag{9-42b}$$

如为圆形截面材料的螺旋弹簧，按式（9-38c）的推导方法，得

$$f_r=\frac{MH^2}{2EI}\left[\frac{\pi Dn}{2H}\left(1+\frac{EI}{GI_p}\right)\right]=\frac{16MDnH}{Ed^4}(2+\mu) \tag{9-42c}$$

如将此弹簧看成长度为 H 的一端固定的当量悬臂梁，则在当量悬臂梁端部受到弯矩作用时，端部的倾斜偏转角 γ 和 x 方向的变形量 f_r，根据式（9-38a）和式（9-42a），可知为

$$\gamma=\frac{MH}{B} \tag{9-43}$$

$$f_r=\frac{MH^2}{2B} \tag{9-44}$$

式中，B 为当量悬臂梁的弯曲刚度（产生单位应变角的弯矩），由式（9-38a）可知，其值为

$$B=\frac{2EI_nH\cos\alpha}{\pi Dn\left(1+\frac{I_n}{I_b}\sin^2\alpha+\frac{EI_n}{GI_p}\cos^2\alpha\right)} \tag{9-45a}$$

当螺旋角 α 比较小时，$\cos\alpha\approx1$，$\sin\alpha\approx0$ 根据式（9-38b）得

$$B=\frac{2EI_nH}{\pi Dn\left(1+\frac{EI_n}{GI_p}\right)} \tag{9-45b}$$

对于圆形截面材料的弹簧，上式简化为

$$B=\frac{2HEI}{\pi Dn\left(1+\frac{E}{2G}\right)}=\frac{HEd^4}{32Dn(2+\mu)} \tag{9-45c}$$

如果弹簧在受弯矩作用的同时，还受有拉伸或压缩载荷的作用，则弹簧长度 H 值应取变形后的高度值。

（3）弹簧受径向载荷 F_r 作用时的变形分析　如图9-3所示，当圆柱螺旋弹簧的端部受横向载荷 F_r 作用时，假设弹簧的螺旋角 α 很小，根据力的分析，由式（9-5）可知距载荷 F_r 作用端为 ζ 处的弹簧材料截面所受力矩为

$$T_t=F_r\zeta\cos\psi=M\cos\psi$$

$$M_b=-\frac{F_rD}{2}\sin\psi=-\frac{F_rD}{2}\sin\psi$$

$$M_n=F_r\zeta\sin\psi=M\sin\psi$$

$$M=F_r\zeta$$

如取 $F_r=F_{1r}=1$，则 $M_1=F_{1r}\zeta=\zeta$，根据上式则可得单位径向载荷在此截面所引起的力矩为

$$T_{1t}=F_{1r}\zeta\cos\psi=M_1\cos\psi$$

$$M_{1b}=-1\cdot\frac{D}{2}\sin\psi$$

$$M_{1n}=F_{1r}\zeta\sin\psi=M_1\sin\psi$$

将上列各式代入式（9-37），并取 $ds=Dd\psi/2$ 可得弹簧一圈的横向变形量为

$$\Delta f_r = \int_0^{2\pi} \frac{T_t T_{1t}}{GI_p} \frac{D\mathrm{d}\psi}{2} + \int_0^{2\pi} \frac{M_b M_{1b}}{EI_b} \frac{D\mathrm{d}\psi}{2} + \int_0^{2\pi} \frac{M_n M_{1n}}{EI_n} \frac{D\mathrm{d}\psi}{2}$$

$$= \int_0^{2\pi} \frac{MM_1 \cos^2\psi}{GI_p} \frac{D\mathrm{d}\psi}{2} + \int_0^{2\pi} \frac{F_r F_{1r} \sin^2\psi}{4EI_b} \frac{D\mathrm{d}\psi}{2} +$$

$$\int_0^{2\pi} \frac{MM_1 \sin^2\psi}{EI_n} \frac{D\mathrm{d}\psi}{2} = \frac{\pi D}{2}\left(\frac{1}{EI_n} + \frac{1}{GI_p}\right) MM_1 + \frac{\pi D^3}{8EI_b} F_r F_{1r} \tag{9-46}$$

与弹簧弯矩作用时变形分析相类似，将弹簧看成是一端固定的当量悬臂梁，则上式可改写为

$$\Delta f_r = \frac{MM_1 H}{Bn} + \frac{F_r F_{1r} H}{Sn} \tag{9-47}$$

$$S = \frac{8HEI_b}{\pi D^3 n} \tag{9-48a}$$

式中　B——当量悬臂梁的刚度，见式（9-45）；

S——当量悬臂梁的切变刚度。

对圆形截面材料的弹簧，$I_b = \pi d^4/64$，代入式（9-48a）

$$S = \frac{8HEI}{\pi D^3 n} = \frac{HEd^4}{8D^3 n} \tag{9-48b}$$

由于节距 $t = H/n$，从式（9-47）可知 Δf_r 是指高度为 t 范围内所产生的横向变形，沿 z 轴在微小高度 dz 范围内的横向变形为

$$\mathrm{d}f_r = \frac{MM_1 \mathrm{d}z}{B} + \frac{F_r F_{1r} \mathrm{d}z}{S}$$

从而得整个弹簧的变形为

$$f_r = \int_0^H \frac{MM_1 \mathrm{d}z}{B} + \int_0^H \frac{F_r F_{1r} \mathrm{d}z}{S} \tag{9-49}$$

而 $\mathrm{d}z = \mathrm{d}\zeta$ 则得

$$f_r = \frac{F_r H^3}{3B} + \frac{F_r H}{S} \tag{9-50a}$$

对于圆形截面材料的弹簧，将式（9-45c）和式（9-48b）代入上式得

$$f_r = \frac{8F_r nD^3}{Ed^4}\left[1 + \frac{4}{3}\left(\frac{H}{D}\right)^2 (2 + \mu)\right] \tag{9-51}$$

在推导上述公式时，假设弹簧的螺旋角很小，因而将弹簧圈的各个弹簧材料截面所受的弯矩作为不变值处理，但实际上是变化的。螺旋角越大，这种变化也越大。因而，对于大螺旋角的螺旋弹簧，上述公式不适用。

（4）弹簧在轴向载荷 F、径向载荷 F_r 和弯矩 M 同时作用时的变形分析　如图 9-9 所示的圆柱螺旋弹簧，其下端固定，上端除可轴向移动外，亦可径向自由移动和转动。上端作用有轴向力 F、径向力 F_r 和弯矩 M。对这种情况进行弹簧变形的分析时，为了简便起见，可按上节处理方法，将弹簧看作当量悬臂梁。但与钢质悬臂梁不同之处是要考虑切变形和悬臂长度随载荷变化的情况。

为了能同时考虑轴向载荷和剪切变形的影响，在进行变形分析时，先分别进行分析。

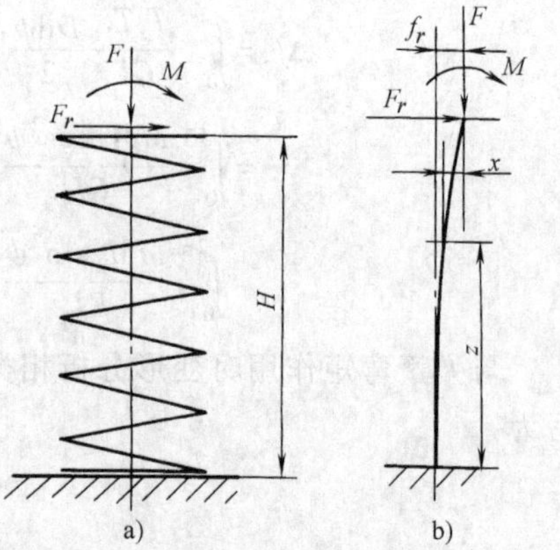

图 9-9 一端固定的螺旋弹簧的变形分析

首先，暂不考虑剪切变形的影响。这样，按图9-9所示，由当量悬臂梁截面上的力矩平衡可以列出如下微分方程式

$$\frac{d^2x}{dz^2}+k^2x=-k^2\frac{M+F_r(H-z)}{F}$$

$$k^2=\frac{F}{B}$$

式中 B——当量悬臂梁的弯曲刚度，见式（9-45）。

此微分方程的通解为

$$x=a\sin kz+b\cos kz-\frac{M+F_r(H-z)}{F}$$

式中常数 a 和 b 可如下确定。其边界条件为 $z=0$ 时，$dx/dz=0$；$z=H$ 时，$x=0$，由此得

$$a=-\frac{F_r}{F}\frac{1}{k}$$

和

$$b=\frac{M}{F}\frac{1}{\cos kH}+\frac{F_r}{F}\frac{\tan kH}{k}$$

将 a 和 b 代入上式，且当 $z=0$ 时 $x=f_r$，从而得弹簧受载荷的径向变形

$$f_r=\frac{M}{F}\left(\frac{1}{\cos kH}-1\right)+\frac{F_r}{F}H\left(\frac{\tan kH}{kH}-1\right) \tag{9-52}$$

在只有轴向载荷 F 和径向载荷 F_r 作用的情况下，根据上式得径向变形

$$f_r=\frac{F_r}{F}H\left(\frac{\tan kH}{kH}-1\right) \tag{9-53a}$$

取

$$u=kH=H\sqrt{\frac{F}{B}} \tag{9-54a}$$

将式（9-54a）代入式（9-53a），并经变换后得

$$f_r=\frac{F_rH^3}{3B}\frac{3(\tan u-u)}{u^3}=\frac{F_rH^3}{3B}\eta \tag{9-53b}$$

$$\eta=\frac{3(\tan u-u)}{u^3} \tag{9-55}$$

将式（9-53b）与式（9-50a）比较可以看出，$F_rH^3/(3B)$ 相当于弹簧受载荷端只有径向载荷 F_r 作用，而且也不考虑切变形时的径向变形。而 η 相当于轴向载荷 F 对径向变形 f_r 的影响。当 F 较小时，u 也较小（此时 $\tan u\approx u+u^3/3$），因而从式（9-55）可以看出 η 接近于 1。

又由式（9-55）可以看出，当 $u=\pi/2$ 时，η 接近于无穷大，于是由式（9-54a）可得此弹簧的临界载荷为

$$F_c=\frac{\pi^2B}{4H^2} \tag{9-56}$$

从而式（9-54a）可改写为

$$u=\frac{\pi}{2}\sqrt{\frac{F}{F_c}} \tag{9-54b}$$

弹簧在径向载荷 F_r 作用下，如考虑到切变形，根据式（9-50b）可知其径向变形为

$$f_r=\frac{F_rH^3}{3B}+\frac{F_rH}{S}=\frac{F_rH^3}{3B}\left(1+\frac{3}{H^2}\frac{B}{S}\right)=\frac{F_rH^3}{3B}\chi \tag{9-50b}$$

$$\chi=\left(1+\frac{3}{H^2}\frac{B}{S}\right)$$

χ 相当于切变形对径向变形的影响。

综合上述，弹簧同时受轴向载荷 F 和径向载荷 F_r 作用下的变形，如果也考虑到切变形，综合式（9-53b）和式（9-50b），可得总的径向变形为

$$f_r=\frac{F_rH^3}{3B}\eta\chi \tag{9-57}$$

在此情况下，利用式（9-54b）和式（9-55）计算 η 时，所用临界载荷按式（9-58）计算

$$F_c=\frac{S}{2}\left[\sqrt{1+\left(\frac{\pi}{H}\right)^2\frac{B}{S}}-1\right] \tag{9-58}$$

另外，在实际应用中，常使螺旋弹簧的上下支承面在工作中保持平行（图 9-10a）。在此情况下，当量悬臂梁的中间截面处（图 9-10b的 O 点）弯矩为零，因而从此点到固定点，也就是当量悬臂梁的一半（图 9-10c），类似于图 9-9b 为一端固定，另一端只有轴向载荷 F 和径向载荷 F_r 作用时的当量悬臂梁。计算图 9-10c 所示当量悬臂梁的方法与图 9-9b 所示情况完全一样，只要把所得径向变形乘以 2 倍，便是所求结果。经过类似数学推导，结果如下：

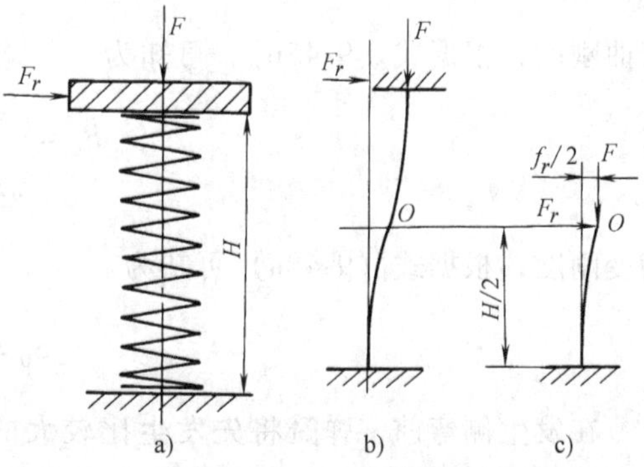

图 9-10　两端面平行的螺旋弹簧的变形分析

$$f_r=\frac{F_rH^3}{12B}\left[1+1.3\left(\frac{D}{H}\right)^2\right]\eta \tag{9-59}$$

5　圆柱螺旋弹簧的稳定性

5.1　圆柱螺旋压缩弹簧的稳定性

高径比 $b=H_0/D$ 比较大的螺旋压缩旋弹簧，轴向载荷达到一定程度就会产生较大的侧向弯曲（图 9-11）而失去稳定性，进而破坏弹簧的特性。所以在设计螺旋压缩弹簧时，要进行稳定性的验算。

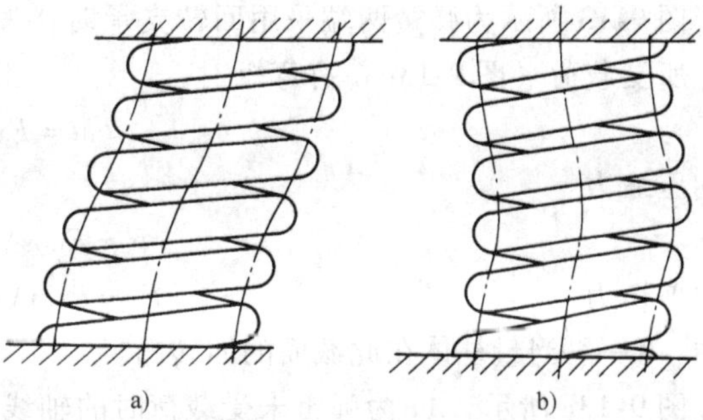

图 9-11　弹簧的侧向弯曲

图 9-11 是螺旋压缩弹簧侧向弯曲的两种典型形式。图 9-11a 表示两端支承平行面在发生侧向弯曲后仍保持平行；

图 9-11b 表示两端支承的中心在发生侧向弯曲后仍然重合。图 9-12a、b 相当于弹簧两端采用固定支承的场合，图9-12c、d相当于弹簧两端为回转支承的情况。

圆柱螺旋压缩弹簧稳定性计算，一般是将弹簧看作一当量柱体，然后应用普通长柱体的稳定性理论推导出计算公式。此当量柱体的单位高度变形的压缩刚度，根据式（9-25），当 $a\approx 0$ 时，可知为

$$p_0' = \frac{F}{(f/H_0)} = \frac{4GI_pH_0}{\pi D^3 n} \tag{9-60a}$$

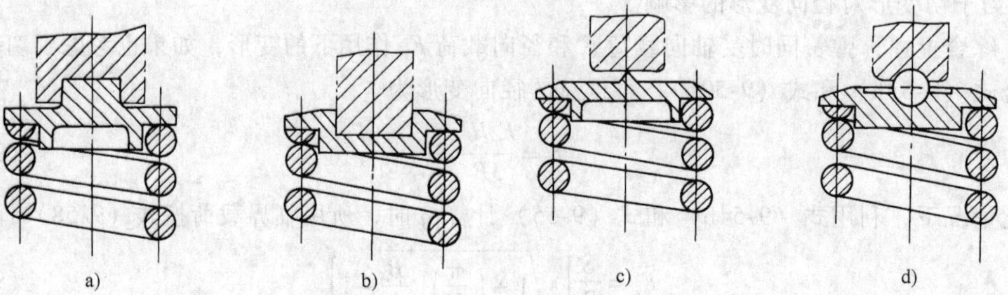

图 9-12 弹簧两端支承情况

弯曲刚度，根据式（9-45b），可知为

$$B_0 = \frac{2EI_nH_0}{\pi Dn\left(1+\frac{EI_n}{GI_p}\right)} \tag{9-61a}$$

切变刚度，根据式（9-48a）可知为

$$S_0 = \frac{8EI_bH_0}{n\pi D^3} \tag{9-62a}$$

在发生侧弯前，弹簧将先发生比较大的变形，如图 9-13a 所示，弹簧变形前的高度为 H_0，变形后的高度为 H，则在发生侧弯前上列各刚度应为

$$p' = p_0'\frac{H}{H_0} \tag{9-60b}$$

$$B = B_0\frac{H}{H_0} \tag{9-61b}$$

$$S = S_0\frac{H}{H_0} \tag{9-62b}$$

图 9-13 所示为弹簧两端采用回转支承时，发生侧弯后的情况。在此当量柱体的任意截面上所受载荷（图 9-13c）有弯矩

$$M = Fx \tag{9-63a}$$

法向压缩力

$$N = F\cos\lambda \approx F \tag{9-63b}$$

径向剪切力

$$F_t = F\sin\lambda \approx F\lambda \tag{9-63c}$$

式中 λ——当量柱体在此截面的回转角。

图 9-13c 所示，Aa 为弹簧未受载荷时的轴线的平行线，An 为截面的法线，由于剪切变形的影响，截面不再垂直弹簧轴线，Ab 为受载变形后与弹簧轴线的切线，从而得

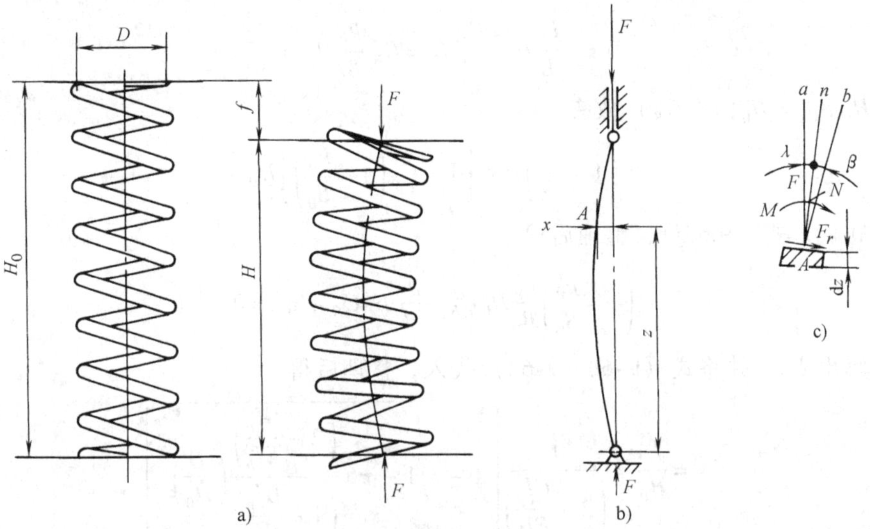

图 9-13　压缩螺旋弹簧的稳定性分析

$$\mathrm{d}\lambda = \frac{M}{B}\mathrm{d}z = \frac{Fx}{B}\mathrm{d}z \tag{9-63d}$$

$$\beta = \frac{F_r}{S} = \frac{F\lambda}{S} \tag{9-63e}$$

由图 9-13b、图 9-13c 可知变形后弹簧轴线方程

$$\frac{\mathrm{d}x}{\mathrm{d}z} = -(\lambda + \beta) = -\left(1 + \frac{F}{S}\right)\lambda \tag{9-63f}$$

对式（9-63f）再次微分后，代入式（9-63d），得

$$\frac{\mathrm{d}^2 x}{\mathrm{d}z^2} + \frac{F}{B}\left(1 + \frac{F}{S}\right)x = 0 \tag{9-63g}$$

此方程的补解为

$$x = C\sin qz + D\cos qz \tag{9-63h}$$

$$q = \sqrt{\frac{F}{B}\left(1 + \frac{F}{S}\right)} \tag{9-63i}$$

式中　C 和 D——待定常数。

由图 9-13b 可知：$z=0$ 时 $x=0$，所以 $D=0$；而 $z=H$ 时，也是 $x=0$，x 的非平凡解，必须 $C\neq0$ 所以 $\sin qH=0$。$qH=n\pi$，当 $n=1$ 时，$qH=\pi$，则得满足这些条件的最小的轴向稳定性临界载荷 F_c 为

$$\frac{F_c}{B}\left(1 + \frac{F_c}{S}\right)H^2 = \pi^2 \tag{9-63j}$$

又取

$$1 - \frac{H}{H_0} = \frac{H_0 - H}{H_0} = \frac{f_c}{H_0} = C_B \tag{9-63k}$$

根据式（9-60a），得

$$F_c = \frac{f_c}{H_0}p_0' = C_B p_0'$$

从而得

$$\frac{F_c}{B}H=\frac{F_c}{B_0}H_0=C_B\frac{p_0'}{B_0}H_0$$

由于 $H=H_0-f_c=H_0(1-C_B)$ 故有

$$\left(1+\frac{F_c}{S}\right)H=\left[1-C_B\left(1-\frac{p_0'}{S_0}\right)\right]H_0$$

将以上两式代入式（9-63j），整理后得

$$\left(1-\frac{p_0'}{S_0}\right)\frac{p_0'}{B_0}H_0^2C_B^2-\frac{p_0'}{B_0}H_0^2C_B+\pi^2=0$$

从此式中解出 C_B，并将式（9-60～9-62）代入，整理后得

$$C_B=\frac{f_c}{H_0}=\frac{1}{\left(2-\frac{GI_p}{EI_b}\right)}\left[1-\sqrt{1-\pi^2\frac{\left(2-\frac{GI_p}{EI_b}\right)}{\left(1+\frac{GI_p}{EI_n}\right)}\left(\frac{D}{H_0}\right)^2}\right]\tag{9-63}$$

根据上式再考虑弹簧两端的支承情况，可得弹簧的稳定性临界变形的一般计算式

$$f_c=\frac{H_0}{\left(2-\frac{GI_p}{EI_b}\right)}\left[1-\sqrt{1-\left(\frac{\pi}{\mu}\right)^2\frac{\left(2-\frac{GI_p}{EI_b}\right)}{\left(1+\frac{GI_p}{EI_n}\right)}\left(\frac{D}{H_0}\right)^2}\right]\tag{9-64}$$

为了使计算结果在实际工程上有意义，根号内不能出现负数，即

$$b=\frac{H_0}{D}\leqslant\frac{\pi}{\mu}\sqrt{\frac{\left(2-\frac{GI_p}{EI_b}\right)}{\left(1+\frac{GI_p}{EI_n}\right)}}\tag{9-65}$$

式中 μ——与两端支承状况有关的长度系数。

根据此式可以计算出弹簧不失稳的高径比的极限值。计算结果列于表9-3。根据此式可以看出，高径比的极限值与材料截面形状和长度系数 μ 等因素有关。

对于钢制圆形截面材料的弹簧，极惯性矩 $I_p=\pi d^4/32$，惯性矩 $I_n=\pi d^4/64$，$G=80000\text{MPa}$，$E=2.1\times10^5\text{MPa}$，代入式（9-64），则可得这类弹簧的临界失稳变形量 f_c 的计算公式为

$$f_c=0.813H_0\left[1-\sqrt{1-\frac{6.85}{\mu^2}\left(\frac{D}{H_0}\right)^2}\right]\tag{9-66}$$

根据式（9-65）可得钢制弹簧不失稳的极限高径比的计算公式为

$$\frac{H_0}{D}\leqslant\frac{2.6}{\mu}$$

弹簧两端采用回转支承时，长度系数 $\mu=1$，则

$$b=\frac{H_0}{D}\leqslant2.6$$

弹簧两端一端固定一端回转时，长度系数 $\mu=0.7$，则

$$b=\frac{H_0}{D}\leqslant3.7$$

表 9-3　弹簧不失稳的极限高径比 b

两端支承固定情况	弹簧材料截面形状及其相对于轴线的布置					
	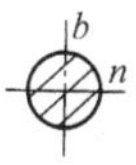	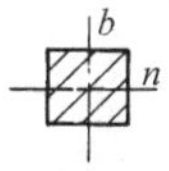 $m=1$	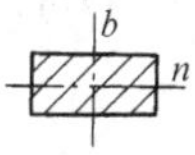 $m=2$	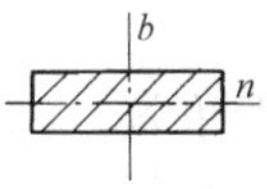 $m=3$	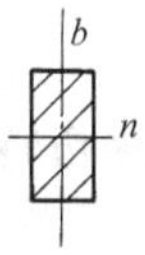 $m=1/2$	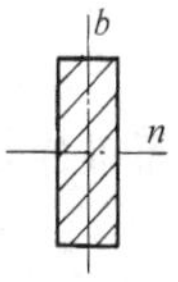 $m=1/3$
两端回转支承 $\mu=1$	2.6	2.8	2.85	2.85	2.65	2.5
一端固定，一端回转支承 $\mu=0.7$	3.7	4.0	4.07	4.07	3.78	3.45
两端固定支承 $\mu=0.5$	5.3	5.6	5.7	5.7	5.3	5.0

注：m 为矩形弹簧材料截面垂直于弹簧轴线的边长与平行于弹簧轴线的边长之比。

弹簧两端都用固定支承时，长度系数 $\mu=0.5$，则

$$b=\frac{H_0}{D}\leqslant 5.3$$

当高径比 b 大于对应的上列数值时，则要进行稳定性验算。

根据临界失稳变形量 f_c，就可得到稳定性临界载荷的计算公式为

$$F_C=F'f_c=\frac{f_c}{H_0}F'H_0=C_BF'H_0 \tag{9-67}$$

式中　C_B——不稳定系数，可由式（9-63）计算，对圆形截面钢制弹簧可根据 $b=H_0/D$ 在图 9-14 中查得。

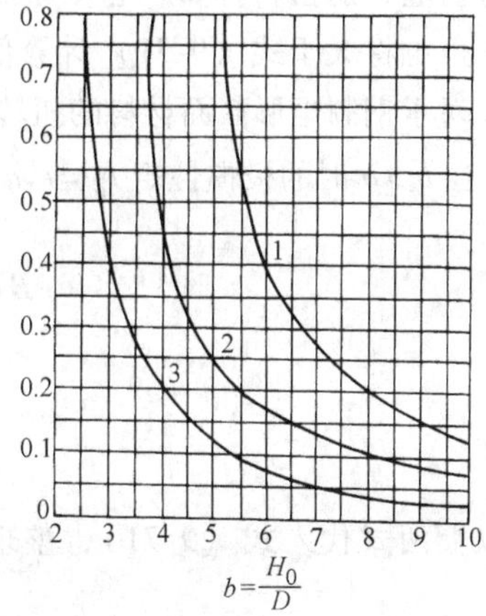

图 9-14　不稳定系数 C_B

1—两端固定支承　2—一端固定支承 一端回转支承　3—两端回转支承

为了保证弹簧的稳定性，最大工作载荷 F_M 不应大于临界载荷 F_C，一般应满足 $F_M\leqslant F_C/(2\sim 2.5)$。

5.2　圆柱螺旋扭转弹簧的稳定性

螺旋扭转弹簧的稳定性问题，像螺旋压缩弹簧一样，可将此弹簧看成一个与弹簧具有同样扭转和弯曲刚度的当量轴来研究。根据细长圆轴的扭转稳定性理论可得扭转弹簧稳定性临界扭矩 T_C。对于类似于万向联轴器的扭转弹簧，两端受到三个方向作用力和扭转的作用时

$$T_C=\frac{2\pi B_0}{H_0} \tag{9-68}$$

两端采用固定支承时

$$T_C=1.43\,\frac{2\pi B_0}{H_0} \tag{9-69}$$

式中　B_0——弯曲刚度，按式（9-61a）计算。

螺旋扭转弹簧在扭转变形前与变形后两端的中心线基本上是重合的，近似于两端固定支

承的情况。

螺旋扭转弹簧单位长度的扭转刚度，根据式（9-31），当 $\alpha \approx 0$ 时，可知为

$$t_0' = \frac{T}{(\varphi/H_0)} = \frac{EI_bH_0}{\pi nD} \tag{9-70}$$

从而得稳定性临界扭转变形角为

$$\varphi_C = \frac{T_C}{t_0'}H_0$$

将式（9-69）代入，得

$$\varphi_C = 1.43\frac{2\pi B_0}{t_0'} \tag{9-71}$$

对于钢制圆形截面材料的扭转弹簧，B_0 和 t_0 分别用式（9-61a）和式（9-70）代入，得

$$\varphi_C = 2.49\pi \tag{9-72}$$

从此式可以看出，圆形截面材料扭转弹簧的稳定性临界扭转变形角与弹簧的尺寸无关。对于有初应力的扭转弹簧，它的弯曲刚度 B_0 要比按式（9-61a）计算的大，因而稳定性临界扭转变形角也将大于式（9-71）计算值。但增大的程度难于用理论计算，可根据试验确定。

对于钢制矩形截面材料的扭转弹簧，绕 n 轴的惯性矩 $I_n = ab^3/12$，绕 b 轴的惯性矩 $I_b = a^3b/12$，当 $b > a$ 时的极惯性矩 $I_p = k_1a^3b$，系数 k_1 见表 15-1。从而根据式（9-61a）和式（9-70），得

$$B_0 = \frac{Eab^3H_0}{6\pi nD}\left(\frac{1}{1+\frac{1}{12k_1}\left(\frac{b}{a}\right)^2\frac{E}{G}}\right)$$

$$t_0' = \frac{Ea^3bH_0}{12\pi nD}$$

将以上两式代入式（9-71），整理后得临界扭转变形角

$$\varphi_C = 2.49\pi\left[\frac{2.3\pi\left(\frac{b}{a}\right)^2}{1+\frac{1.3}{6k_1}\left(\frac{b}{a}\right)^2}\right] = 2.49\pi K_\varphi \tag{9-73}$$

$$K_\varphi = \frac{2.3\pi\left(\frac{b}{a}\right)^2}{1+\frac{1.3}{6k_1}\left(\frac{b}{a}\right)^2} \tag{9-74}$$

K_φ 值与矩形截面材料尺寸 b/a 有关的系数，其值根据 b/a 查表 9-4 或图 9-15。从式（9-73）可以看出，矩形截面材料的弹簧比圆形截面材料的扭转弹簧稳定性临界扭转变形角大 K_φ 倍。

表 9-4 系数 K_φ 值

b/a	1.0	1.5	2.0	3.0	4.0	5.0
K_φ	0.9051	1.485	1.921	2.464	2.757	2.934

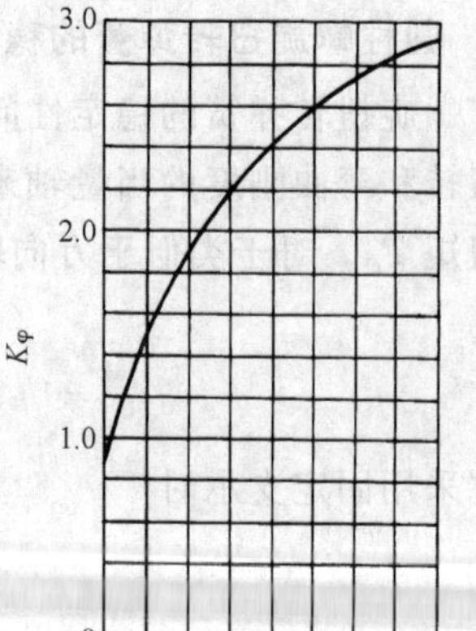

图 9-15 系数 K_φ 和 b/a 的关系

6 圆柱螺旋弹簧的自振频率

弹簧的自振频率与弹簧的刚度、质量、承受载荷大小以及支承情况有关。

(1) 未受载荷时弹簧的自振频率　对于未受载荷时弹簧或所受载荷量相对于弹簧质量很小的弹簧，在两端固定的情况下（图 9-16），其自振计算公式的推导如下。

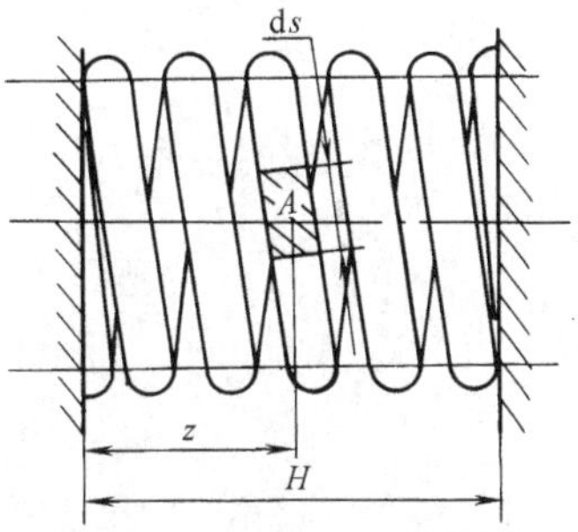

图 9-16　两端固定支承弹簧自振频率的分析

如图 9-16 所示，弹簧长度为 H，在距弹簧左端 z 处取微小单元体 A，其长度为 ds。A 在任意时间 t 所产生的变形（位移）为 f'，微小单元体 A 将受到惯性力 F_a、弹性力 F_s、阻尼力 F_d 等的作用。根据平衡条件，它们有如下关系：

$$F_a = F_s - F_d \tag{9-a'}$$

式中惯性力 F_a 应为单元体 A 的质量 $\frac{\pi d^2 \rho \mathrm{d}s}{4}$ 与加速度 $\frac{\partial^2 f'}{\partial t^2}$ 的乘积，即

$$F_a = \frac{\pi d^2 \rho \mathrm{d}s}{4} \cdot \frac{\partial^2 f'}{\partial t^2}$$

在 ds 长度中变形 f' 的变化为 $\frac{\partial f'}{\partial s}\mathrm{d}s$，一整圈的变化为 $\Delta f' = \pi D \frac{\partial f'}{\partial s}$，单圈弹性力的变化 F 为

$$F = \frac{Gd^4 \Delta f'}{8D^3} = \left(\frac{Gd^4}{8D^3}\right)\pi D \frac{\partial f'}{\partial s}$$

在 ds 长度中 F 的变化为 $\frac{\partial F}{\partial s}\mathrm{d}s$，这就是作用于单元体 A 上的弹性力

$$F_s = \frac{\partial F}{\partial s}\mathrm{d}s = \frac{\pi G d^4}{8D^2}\frac{\partial^2 f'}{\partial s^2}\mathrm{d}s$$

阻尼力包括弹簧材料的内阻、空气阻尼、端圈的摩擦阻尼、支承能量的损失等。为数学推导的方便，假设阻尼力与运动速度成正比，则

$$F_d = c'\frac{\partial f'}{\partial t}\mathrm{d}s$$

式中　c'——材料单位长度单位速度的阻尼力。

将上列各式代入式 (9-a')，得

$$\frac{\pi d^2 \rho}{4}\frac{\partial^2 f'}{\partial t^2} = \frac{\pi G d^4}{8D^2}\frac{\partial^2 f'}{\partial s^2} - c'\frac{\partial f'}{\partial t} \tag{9-b'}$$

又因在左端 z 长度内材料的长度

$$S = \frac{\pi D n z}{H}$$

则

$$\frac{\partial f'}{\partial s} = \frac{H}{\pi D n}\frac{\partial f'}{\partial z},\quad \frac{\partial^2 f'}{\partial s^2} = \frac{H^2}{\pi^2 D^2 n^2}\frac{\partial^2 f'}{\partial z^2}$$

代入式 (9-b') 得

$$\frac{\partial^2 f'}{\partial t^2}+2r_e\frac{\partial f'}{\partial t}=\alpha^2\frac{\partial^2 f'}{\partial z^2} \tag{9-75}$$

$$r_e=\frac{c'H}{2\left(\dfrac{n\pi^2 d^2 D\rho}{4}\right)}=\frac{c'H}{2m_s} \tag{9-c'}$$

$$\alpha=H\sqrt{\frac{\dfrac{Gd^4}{8D^3 n}}{\dfrac{n\pi^2 d^2 D\rho}{4}}}=H\sqrt{\frac{F'}{m_s}} \tag{9-d'}$$

$$F'=\frac{Gd^4}{8D^3 n} \tag{9-e'}$$

$$m_s=\frac{n\pi^2 D\rho d^2}{4} \tag{9-f'}$$

式中 F'——弹簧刚度；

m_s——弹簧工作部分质量。

式（9-75）即弹簧的运动微分方程。式中 r_e 为当量阻尼系数，影响它的因素很多，只能依靠实验来确定。但是，在计算弹簧的自振频率时，不计阻尼的影响，因而 $r_e=0$，则弹簧的运动微分方程式（9-75）可化为

$$\frac{\partial^2 f'}{\partial t^2}=\alpha^2\frac{\partial^2 f'}{\partial z^2} \tag{9-76}$$

因为瞬时变形 f' 既是 z 的函数，又是 t 的函数，即

$$f'=\varphi(z)\psi(t) \tag{9-g'}$$

所以

$$\frac{\partial^2 f'}{\partial z^2}=\varphi''(z)\psi(t)$$

$$\frac{\partial^2 f'}{\partial t^2}=\varphi(z)\psi''(t)$$

将此两式代入式（9-76），得

$$\varphi(z)\psi''(t)=\alpha^2\varphi''(z)\psi(t)$$

$$\frac{1}{\psi(t)}\frac{\mathrm{d}^2\psi}{\mathrm{d}t^2}=\alpha^2\frac{1}{\varphi(z)}\frac{\mathrm{d}^2\varphi}{\mathrm{d}z^2}=-\omega^2$$

上式左端是 t 的函数，右端是 z 的函数，只有等式两边等于同一常量时才能满足，故令此常量为（$-\omega^2$）。可得

$$\left.\begin{aligned}&\frac{\mathrm{d}^2\psi}{\mathrm{d}t^2}+\omega^2\psi(t)=0\\&\frac{\mathrm{d}^2\varphi}{\mathrm{d}z^2}+\left(\frac{\omega}{\alpha}\right)^2\varphi(z)=0\end{aligned}\right\}$$

此式的解为

$$\psi(t)=A_1\sin\omega t+B_1\cos\omega t$$

$$\varphi(z)=A_2\sin\frac{\omega z}{\alpha}+B_2\cos\frac{\omega z}{\alpha}$$

式中常数 A_1、B_1 和 A_2、B_2 取决于边界条件。将此式代入式（9-g′），则得式（9-76）的解为

$$f' = (A_1 \sin\omega t + B_1 \cos\omega t)\left(A_2 \sin\frac{\omega z}{\alpha} + B_2 \cos\frac{\omega z}{\alpha}\right) \tag{9-77}$$

在弹簧两端固定或者夹紧的情况下，在两端即 $z=0$ 和 $z=H$ 处，$f'=0$，所以

$$\omega = \frac{\pi\alpha}{H},\ 或\frac{2\pi\alpha}{H},\ \frac{3\pi\alpha}{H},\ \cdots$$

因而自振频率 ν 为

$$\nu = \frac{\omega}{2\pi} = \frac{j}{2}\ \frac{\alpha}{H} \quad (j=1,2,3,\cdots)$$

将式（9-d′）的 α 值代入上式，得两端固定弹簧的 1 阶（$j=1$）自振频率为

$$\nu = \frac{1}{2}\sqrt{\frac{F'}{m_s}} \quad (\text{Hz}) \tag{9-78}$$

对于圆形截面材料弹簧，将式（9-e′）和式（9-f′）代入式（9-78），得

$$\nu = \frac{d}{2\pi D^2 n}\sqrt{\frac{G}{2\rho}} \tag{9-79a}$$

对于一般钢制弹簧，密度 $\rho = 7.8\times10^{-6}/980\text{kg/mm}^3$，切变模量 $G=78000\text{MPa}$，因而得

$$\nu = 3.56\times10^5\ \frac{d}{nD^2} \tag{9-79b}$$

当弹簧一端固定，一端自由时，弹簧的 1 阶自振频率为

$$\nu = \frac{1}{4}\sqrt{\frac{F'}{m}} = \frac{d}{4n\pi D^2}\sqrt{\frac{G}{2\rho}} \tag{9-80a}$$

$$\nu = 1.78\times10^5\ \frac{d}{nD^2} \tag{9-80b}$$

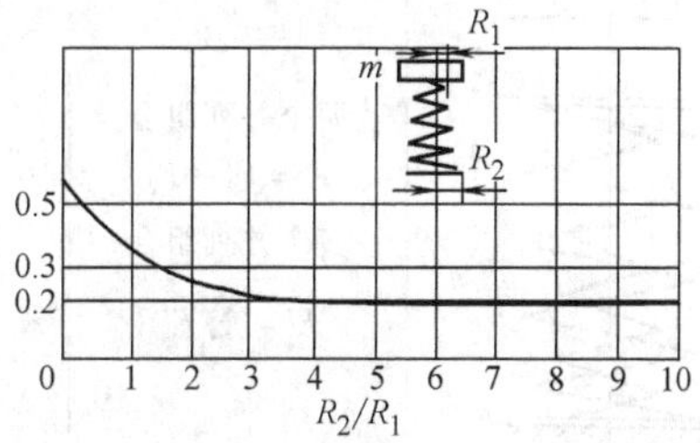

图 9-17　质量转化系数 ζ

（2）受载荷时弹簧的自振频率　当弹簧的承受的载荷比较大时，则此弹簧系统的自振频率可近似地用下式表示

表 9-5　各种弹簧系统结构型式的刚度 F' 和当量质量 m_e

系统结构型式	刚度 F'	当量质量 m_e		备注
		$\sum_{i=1}^{n} m_s/m \leqslant 2.63$	$\sum_{i=1}^{n} m_s/m \geqslant 2.63$	
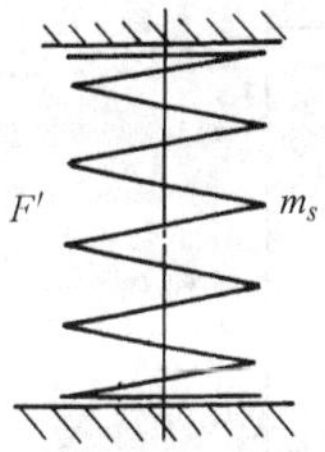	$F'=F'$		$m_e = 4m_s$	m_s——弹簧自身的质量 m——弹簧承受载荷的质量 ζ——质量转化系数，如图 9-17 所示

（续）

系统结构型式	刚度 F'	当量质量 m_e		备注
		$\sum_{i=1}^{n} m_s/m \leqslant 2.63$	$\sum_{i=1}^{n} m_s/m \geqslant 2.63$	
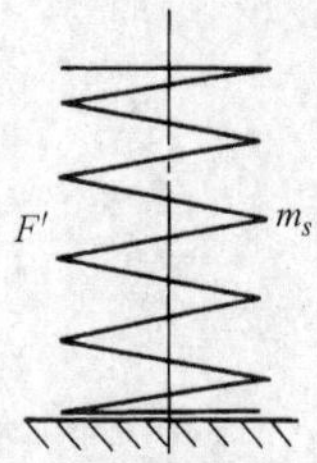	$F' = F'$		$m_e = 16m_s$	
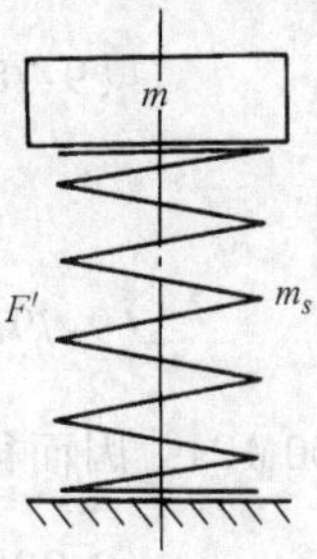	$F' = F'$	$m_e = 4\pi^2\left(m + \frac{1}{3}m_s\right)$	$m_e = 16(2m + m_s)$	
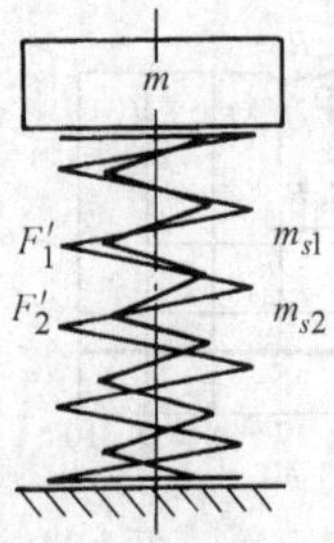	两个并列组合 $F' = F'_1 + F'_2$ 多个并列组合 $F' = \sum_{n=1}^{z} F'_n$	两个并列组合 $m_e = 4\pi^2[m + 1/3(m_{s1} + m_{s2})]$ 多个并列组合 $m_e = 4\pi^2(m + 1/3\sum_{n=1}^{z} m_{sn})$	两个并列组合 $m_e = 16(2m + m_{s1} + m_{s2})$ 多个并列组合 $m_e = 16(2m + \sum_{n=1}^{z} m_{sn})$	m_s——弹簧自身的质量 m——弹簧承受载荷的质量 ζ——质量转化系数，如图9-17所示
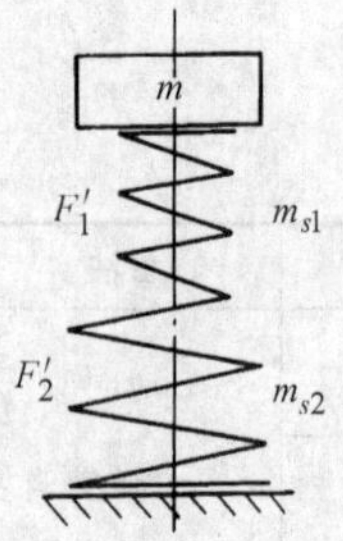	两个直列组合 $\frac{1}{F'} = \frac{1}{F'_1} + \frac{1}{F'_2}$ 多个直列组合 $\frac{1}{F'} = \sum_{i=1}^{z} \frac{1}{F'_i}$	两个直列组合 $m_e = 4\pi^2[m + 1/3(m_{s1} + m_{s2})]$ 多个直列组合 $m_e = 4\pi^2(m + 1/3\sum_{i=1}^{z} m_{si})$	两个直列组合 $m_e = 16(2m + m_{s1} + m_{s2})$ 多个直列组合 $m_e = 16(2m + \sum_{i=1}^{z} m_{si})$	
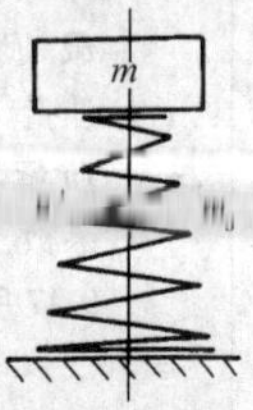	$F' = F'$	$m_e = 4\pi^2(m + \zeta m_s)$	$m_e = 16(2m + m_s)$	

$$\nu=\sqrt{\frac{F'}{m_e}} \tag{9-81}$$

式中 F'——弹簧的刚度，其值可查表 9-5；

m_e——弹簧的当量质量，其值可见表 9-5。

7 弹簧受冲击载荷作用时的应力和变形分析

当冲击体以比较大的速度接触到弹簧时，在弹簧圈之间引起疏密波，形成颤振（冲击波）（图 9-18）。冲击载荷只由一部分弹簧圈承担，所以，受冲击载荷作用的弹簧的计算，要考虑颤振波的影响。颤振波振动频率与弹簧系统的自振频率相同。因此，可知颤振波沿弹簧的传播速度为

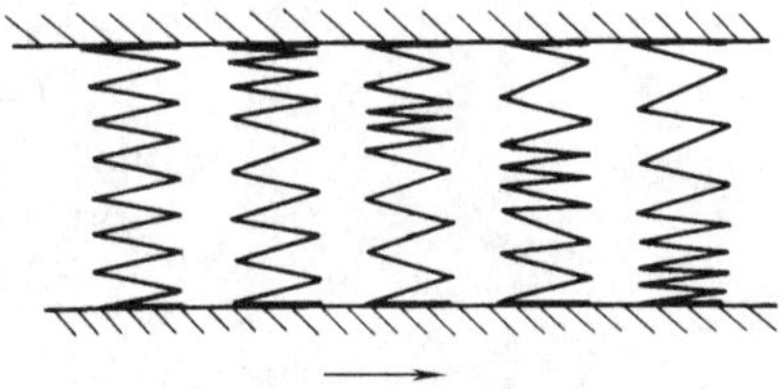

图 9-18 弹簧的颤振

$$v'=2n\pi D\nu$$

式中自振频率 ν，按式（9-81）代入，则得

$$v'=2n\pi D\sqrt{\frac{F'}{m_e}} \tag{9-82}$$

对于两端固定的钢质圆形截面材料弹簧，根据式（9-79a），得

$$v'=\frac{d}{D}\sqrt{\frac{G}{2\rho}}=2.24\times10^6\,\frac{1}{C}\qquad(\text{mm/s}) \tag{9-83}$$

式中 C——旋绕比。

在冲击的瞬间，弹簧承受的冲击载荷 F 仅受冲击体速度 v 的影响，而与冲击体的质量无关，其值为

$$F=v\frac{p_0'}{v'} \tag{9-84}$$

式中 p_0'为弹簧材料单位长度的弹簧刚度，按式（9-60a）可得圆形截面 p_0'的计算式

$$p_0'=\frac{\pi d^4G}{8D^2}=\frac{\pi d^2G}{8C^2}=\frac{\pi D^2G}{8C^4} \tag{9-85}$$

弹簧所受的冲击载荷与颤振波在弹簧内往返一次的时间 T 和冲击体与弹簧的接触时间 t 有关。颤振波在弹簧内往返一次的时间 T 为

$$T=\frac{1}{\nu}=\frac{2\pi nD}{v'}\qquad(\text{s}) \tag{9-86}$$

如图 9-19 所示，质量为 m 的物体，以速度 v 水平冲击弹簧。如接触时间 $t<T$，则最大冲击载荷 $F_{\max}$产生在固定端，其值为

$$F_{\max}=2F=2v\frac{p_0'}{v'} \tag{9-87}$$

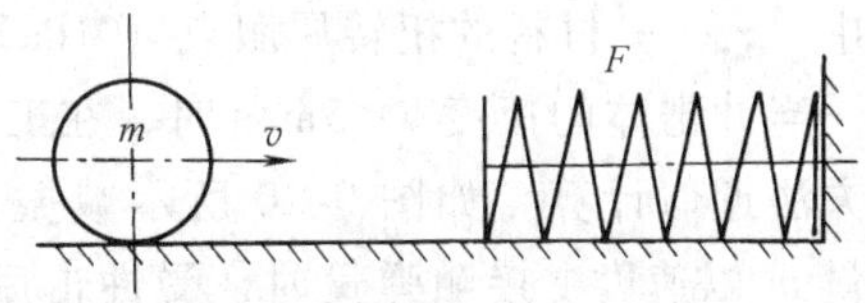

图 9-19 弹簧受水平冲击作用

此时冲击体与弹簧的接触时间可由下式计算

$$t=\frac{1}{\xi}\ln\frac{v}{v-\xi z} \tag{9-88}$$

$$\xi = \frac{p_0'}{v'm} \tag{9-89}$$

式中 z——弹簧受冲击端到设有阻振器处的距离；

ξ——系数。

当 $t > T$ 时，最大冲击载荷 $F_{\max}$ 发生在冲击端，其近似值为

$$F_{\max} = \left(1 + \sqrt{\lambda + \frac{2}{3}}\right)F = \left(1 + \sqrt{\lambda + \frac{2}{3}}\right)v\frac{p_0'}{v'} \tag{9-90}$$

冲击体与弹簧的接触时间

$$t = \left(\frac{\pi}{2}\sqrt{\lambda + \frac{1}{2}} - \frac{1}{4}\right)T \tag{9-91}$$

$$\lambda = \frac{m}{\frac{1}{4}\pi^2 d^2 nD\rho} \tag{9-92}$$

式中 λ——冲击体的质量 m 与弹簧有效工作圈质量之比。

以上各式未考虑弹簧圈发生接触的情况。

当冲击速度 v 达到一定程度时，不论冲击体质量大小，都可能在弹簧受冲击端的第一圈引起塑性变形。此极限 v 值可按如下方法求得。弹簧受载后，如不考虑曲度系数，根据表10-13式可知其切应力为

$$\tau = \frac{8FD}{\pi d^3}$$

将式（9-84）代入上式，得发生塑性变形的极限条件

$$\frac{8p_0'Dv}{\pi d^3 v'} = \tau_s$$

从而得冲击端第一圈发生塑性变形的极限速度 v 值为

$$v = \frac{\pi d^3 v'}{8p_0'D}\tau_s \tag{9-93}$$

将式（9-83）和式（9-85）代入，即可得钢制弹簧的极限 v 值：

圆形截面材料

$$v = 0.29\tau_s \quad (\mathrm{m/s}) \tag{9-94}$$

矩形截面材料

$$v = 0.22\tau_s \quad (\mathrm{m/s}) \tag{9-95}$$

式中 τ_s——材料的扭转屈服点（MPa）。

当冲击体的速度 $v < 5\mathrm{m/s}$ 时，在工程上可以用下列方法近似计算。如图 9-20 所示减振器，设冲击体质量 m 以速度 v 接触弹簧时，受冲击后的弹簧变形，可根据式（9-96）计算

$$f = \left(\frac{m + m'}{F'}\right)\sin\theta + \sqrt{\left(\frac{m}{F'}\right)^2 \sin^2\theta + \frac{mv^2 m}{F'}} \tag{9-96}$$

则弹簧所受冲击载荷为

$$F = F'f \tag{9-97}$$

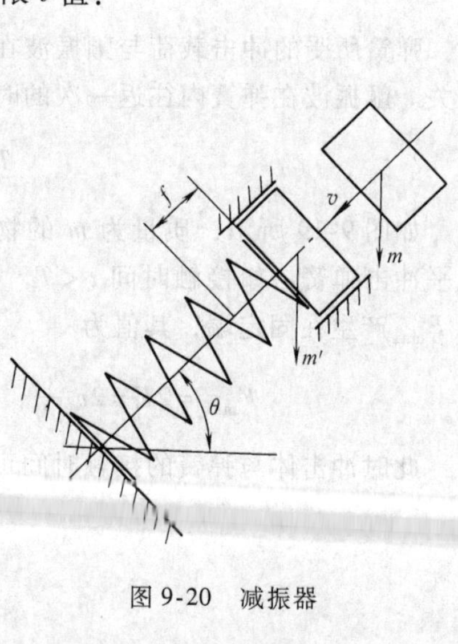

图 9-20 减振器

$$\eta = \frac{m}{m + m' + \zeta m_s}$$

式中　m'——与弹簧相连接零件的质量；

F'——弹簧的刚度；

η——系数；

m_s——弹簧自身的质量；

ζ——质量转化系数，与弹簧类型有关，可查图 9-17，对于圆柱螺旋弹簧，$\zeta = 1/3$。

第 10 章　圆柱螺旋压缩弹簧[⊖]

圆柱螺旋压缩弹簧应用最为广泛，如车辆的悬架弹簧、内燃机的气门弹簧、计量和测试弹簧等都是这类弹簧。

螺旋压缩弹簧所用弹簧材料的截面多为圆形，其次是矩形、多股形。近年来为了提高弹簧材料的利用率，也有采用管材；为了提高疲劳强度，扁形、卵形和椭圆形钢丝截面逐渐扩大使用范围。螺旋压缩弹簧一般为等节距，在特殊情况下也有不等节距的。如第 1 章所述，压缩弹簧为等节距时其特性线是线性的，不等节距时，其特性线是非线性的，本章主要讲述等节距螺旋压缩弹簧的设计。

1　圆柱螺旋压缩弹簧的特性

（1）弹簧的特性　图 10-1 所示为圆柱螺旋压缩弹簧的基本几何参数和特性关系。F_1、F_2、…、F_n 为工作载荷，对应的变形为 f_1、f_2、…、f_n。取达到扭转试验应力 τ_s 的试验载荷为 F_s，对应的试验载荷下的变形量为 f_s。设弹簧在压并时的载荷为 F_b，对应的压并变形为 f_b。为了使弹簧在工作时具有稳定的刚度，保证指定高度时的载荷，弹簧变形量应在试验载荷下变形量 f_s 的 20% ~80% 之间，即

$$0.2f_s \leqslant f_{1,2,3.\cdots n} \leqslant 0.8f_s \qquad (10\text{-}1\text{a})$$

对应的工作载荷应满足下列要求：

$$0.2F_s \leqslant f_{1,2,3.\cdots n} \leqslant 0.8F_s \qquad (10\text{-}1\text{b})$$

在特殊需要保证刚度时，其刚度按试验载荷下变形量 f_s 的 30% ~70% 之间，由两载荷点的载荷差与变形量差之比来确定，即

$$F = \frac{F_2 - F_1}{f_2 - f_1} \qquad (10\text{-}2)$$

F_1 一般为安装时的预加载荷。

（2）试验载荷　试验载荷 F_s 为测定弹簧特性时，弹簧允许承受的最大载荷，其值可按式（10-18）取曲度系数 $K = 1$ 导出：

$$F_s = \frac{\pi d^3}{8D}\tau_s \qquad (10\text{-}3)$$

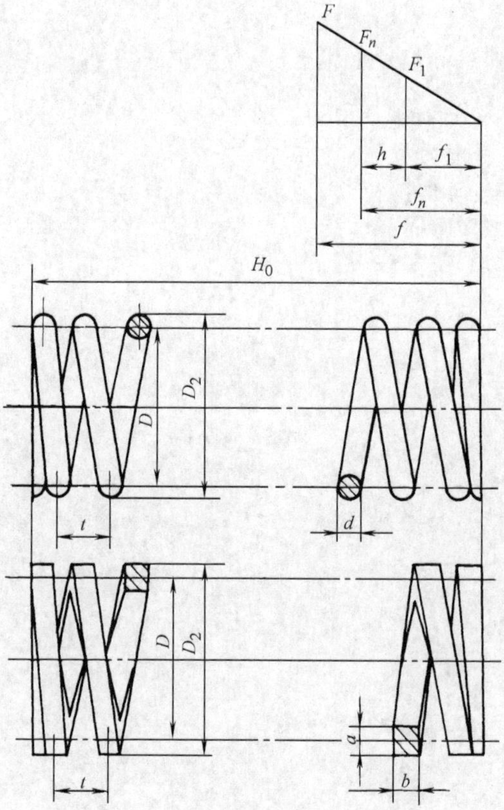

图 10-1　圆柱螺旋压缩弹簧的基本几何参数和特性关系

⊖ 参照 GB/T 23935—2009《圆柱螺旋弹簧设计计算》。

式中　τ_s——试验切应力，其最大值取表 10-10 和表 10-11 中的Ⅲ类载荷下的许用切应力值。

如由于原材料及工艺的原因，在计算试验载荷 F_s 时，对于旋绕比 $C \leqslant 6$ 的弹簧，仍可加曲度修正系数 K。

Ⅰ类和Ⅱ类载荷的弹簧，在某些情况下可取 $\tau_s = (1.1 \sim 1.3)[\tau]$，或 $F_s = (1.1 \sim 1.3)F_n$。但其值不得超过最大试验切应力值，或其对应的最大试验载荷值。

（3）压并载荷　压并载荷 F_b 为弹簧压并时的理论载荷，对应的压并变形量为 f_b。按理 $F_b \geqslant F_s$，或 $f_b \geqslant f_s$。

2　圆柱螺旋压缩弹簧的结构

2.1　圆柱螺旋压缩弹簧的结构型式和参数计算

（1）弹簧的端部结构　弹簧的端部结构型式很多，可按工作要求自行设计，表 10-1 为圆截面材料压缩弹簧常用的端部结构型式。弹簧材料直径大时，支承圈数 n_z 取小值，反之取大值。有关端面的磨削要求见第 3 章 8 节。两端圈并紧的结构型式，端圈与弹簧轴线的垂直性好，而且与支承座的接触好，因而具有较高的工作稳定性。端圈不并紧，结构简单，但为了保证弹簧的稳定性，需要有与弹簧端圈相吻合的支承座，常用于要求不高或受静载荷的条件下，也用于弹簧丝较细、旋绕比较大的弹簧。经验表明，为了减小载荷偏心的影响，当旋绕比在 3～10 之间时，弹簧端面最好磨平；在 10～15 之间时，端面可磨也可不磨；大于 15 时就可不磨。

表 10-1　圆形截面材料压缩弹簧的端部结构

类型	冷卷压缩弹簧（Y）		
代号	YⅠ	YⅡ	YⅢ
简图	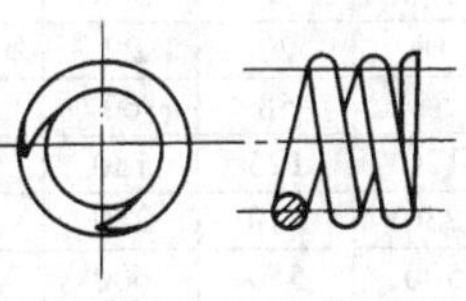	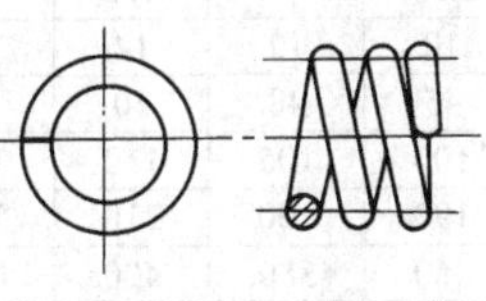	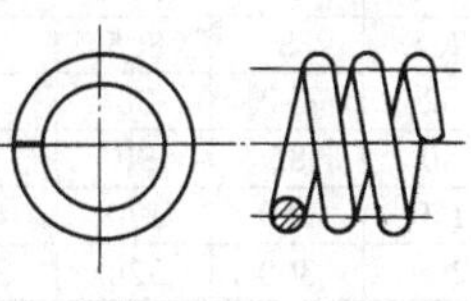
端部结构	两端圈并紧并磨平	两端圈并紧不磨	两端圈不并紧
支承圈数	$n_z = 1 \sim 2.5$	$n_z = 1.5 \sim 2$	$n_z = 0 \sim 1$

类型	热卷压缩弹簧（RY）	
代号	RYⅠ、RYⅡ	RYⅢ、RYⅣ
简图	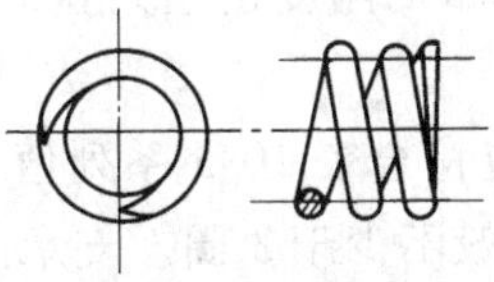	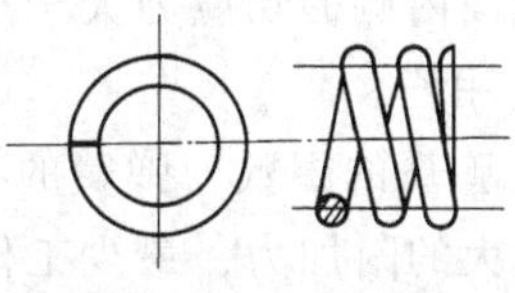
端部结构	两端圈并紧，磨平或不磨	两端制扁并紧，不磨或磨平
支承圈数	$n_z = 1.5 \sim 2.5$	$n_z = 1.5 \sim 2.5$

注：摘自 GB/T 23935—2009。

矩形截面材料压缩弹簧的端部，一般为接触型，并且端面磨平。

（2）弹簧材料直径　弹簧材料直径 d 由式（10-18）计算，其值应按表 10-2 选取。如有特殊需要，超出表列范围时，所选值应符合材料直径规范。

（3）弹簧簧圈直径 弹簧中径 D 为弹簧的公称直径，其值应符合表10-3的系列值，并应严格控制外径或内径的偏差，其偏差值可按国标查出。为了保证有足够的空间，应考虑弹簧受载荷后，簧圈增大，其增大值可按式（9-27）或下列近似公式计算。

1）当弹簧两端固定，从自由高度压到并紧时，中径的增大值为

$$\Delta D = 0.05\left(\frac{t^2 - d^2}{D^2}\right)D \tag{10-4a}$$

2）当两端面与支承座可以自由回转而摩擦力比较小时，中径的增大值为

$$\Delta D = 0.10\left(\frac{t^2 - 0.8td - 0.2d^2}{D^2}\right)D \tag{10-4b}$$

式中 D——弹簧的中径；

t——弹簧的节距；

d——弹簧材料的直径。

表 10-2 弹簧材料直径 d 系列 （单位：mm）

第一系列	0.10			0.12	0.14	0.16	0.20	0.25	0.30	0.35	0.40	0.45
	0.5			0.6	0.7	0.8	0.9	1.0	1.2	1.6	2.0	2.5
	3.0			3.5	4.0	4.5	5.0	6.0	8.0	10	12	16
	20			25	30	35	40	45	50	60		
第二系列	0.05	0.06	0.08	0.09	0.18	0.22	0.28	0.32	0.55	0.65	1.4	1.8
	2.2			2.8	3.2	5.5	6.5	7.0	9.0	11	14	18
	22			28	32	38	42	55	65			

注：1. 设计时优先选用第一系列。

2. 摘自 GB/T 1358。

表 10-3 圆截面材料弹簧中径 D 系列 （单位：mm）

0.3	0.4	0.5	0.6	0.7	0.8	0.9	1	1.2	1.4	1.6	1.8	2	2.2	2.5
2.8		3	3.2	3.5	3.8	4	4.2	4.5	4.8	5	5.5	6	6.5	7
7.5		8	8.5	9	10	12	14	16	18	20	22	25	26	30
32		35	38	42	45	48	50	52	55	58	60	65	70	75
80		85	90	95	100	105	110	115	120	125	130	135	140	145
150		160	170	180	190	200	210	220	230	240	250	260	270	280
290		300	320	340	360	380	400	450	500	550	600			

注：摘自 GB/T 1358。

弹簧的外径和内径见式（9-2）。

（4）弹簧的旋绕比（弹簧指数） 旋绕比 C 值越小，曲率越大，卷制越困难，工作时弹簧材料截面内侧的切应力大于平均应力越多，弹簧的刚度也越大。C 值大，则相反。表10-4为 C 的荐用值。

（5）弹簧的圈数 弹簧的有效工作圈数 n 应符合表10-5系列值。为了避免由于载荷偏心引起过大的附加力，最少工作圈数为2，但一般不少于3圈。支承圈的圈数 n_z 取决于端圈结构型式，见表10-1。总圈数 $n_1 = n + n_z$，总圈数 n_1 的尾数宜取1/4、1/2或整圈，推荐采用1/2圈。

表 10-4 旋绕比（弹簧指数）C 的荐用值

d 或 a[①]/mm	0.2～0.4	0.5～1	1.1～2.2	2.5～6	7～16	18～50
$C(=D/d(a))$	7～14	5～12	5～10	4～9	4～8	4～6

注：摘自 GB/T 23935—2009。

① d 为弹簧材料直径，a 为矩形截面材料垂直于弹簧轴线的边长。

表 10-5 压缩弹簧的有效圈数 n 系列 （单位：圈）

2	2.25	2.5	2.75	3	3.25	3.5	3.75
4	4.25	4.5	4.75	5	5.5	6	6.5
7	7.5	8	8.5	9	9.5	10	10.5
11.5	12.5	13.5	14.5	15	16	18	20
22	25	28	30				

注：摘自 GB/T 1358。

（6）弹簧的高度

1）自由高度，压缩弹簧的自由高度 H_0 是指自由状态下的高度，如图 10-1 所示。其值受端部结构的影响，难以计算出精确值，其近似值可按表 10-6 所列公式计算，也可以根据所要求的最大工作变形 f_n 计算：

$$H_0 = (n_1 - 0.5)d + 1.2f_n \qquad (10\text{-}5)$$

式中 n_1——总圈数。

自由高度 H_0 值，荐用表 10-7 系列。

表 10-6 压缩弹簧自由高度计算式

总圈数 n_1	自由高度 H_0	端部结构型式
$n+1.5$	$nt+d$	两端圈磨平
$n+2$	$nt+1.5d$	
$n+2.5$	$nt+2d$	
$n+2$	$nt+3d$	两端圈不磨
$n+2.5$	$nt+3.5d$	

注：摘自 GB/T 23935—2009。

2）工作高度 $H_{1,2,3,\cdots,n}$ 可按式（10-6）计算：

$$H_{1,2,3,\cdots,n} = H_0 - f_{1,2,3,\cdots,n} \qquad (10\text{-}6)$$

3）试验高度 H_s 为对应于试验载荷 F_s 下的高度，其值为

$$H_s = H_0 - f_s \qquad (10\text{-}7)$$

4）压并高度 H_b 原则上不规定，当需要规定压并高度时，对端面磨削约 3/4 圈的弹簧，其最大值为

$$H_b = n_1 d_{max} \qquad (10\text{-}8a)$$

对端面不磨削的弹簧，其最大值为

$$H_b = (n_1 + 1.5)d_{max} \qquad (10\text{-}8b)$$

式中 d_{max}——材料最大偏差的直径值。

表 10-7 压缩弹簧自由高度 H_0 尺寸系列 （单位：mm）

<table>
<tr><td>2</td><td>3</td><td>4</td><td>5</td><td>6</td><td>7</td><td>8</td><td>9</td><td>10</td><td>11</td><td>12</td><td>13</td><td>14</td><td>15</td><td>16</td><td>17</td></tr>
<tr><td colspan="3">18</td><td>19</td><td>20</td><td>22</td><td>24</td><td>26</td><td>28</td><td>30</td><td>32</td><td>35</td><td>38</td><td>40</td><td>42</td><td>45</td></tr>
<tr><td colspan="3">48</td><td>50</td><td>52</td><td>55</td><td>58</td><td>60</td><td>65</td><td>70</td><td>75</td><td>80</td><td>85</td><td>90</td><td>95</td><td>100</td></tr>
<tr><td colspan="3">105</td><td>110</td><td>115</td><td>120</td><td>130</td><td>140</td><td>150</td><td>160</td><td>170</td><td>180</td><td>190</td><td>200</td><td>220</td><td>240</td></tr>
<tr><td colspan="3">260</td><td>280</td><td>300</td><td>320</td><td>340</td><td>360</td><td>380</td><td>400</td><td>420</td><td>450</td><td>480</td><td>500</td><td>520</td><td>550</td></tr>
<tr><td colspan="3">580</td><td>600</td><td>620</td><td>650</td><td>680</td><td>700</td><td>720</td><td>750</td><td>780</td><td>800</td><td>850</td><td>900</td><td>950</td><td>1000</td></tr>
</table>

注：摘自 GB/T 1358。

（7）弹簧的螺旋角和旋向

1）螺旋角 α 按式（10-9）计算

$$\alpha = \arctan \frac{t}{\pi D} \qquad (10\text{-}9)$$

荐用值为 5°~9°。如 $\alpha \geqslant 9°$，则计算变形时，应考虑螺旋角的影响，参见本章第 6 节。

2）簧圈旋向一般为右旋，在组合弹簧中各层弹簧的旋向为左右旋相同，外层一般为右旋。

（8）弹簧的节距

1）对应于螺旋角 $\alpha=5°\sim9°$ 的弹簧节距：

$$t=(0.28\sim0.5)D \tag{10-10}$$

同时也应满足：

$$t=d+\frac{f_n}{n}+\delta_1 \tag{10-11}$$

式中，δ_1 为余隙，即在最大工作载荷 F_n 作用下，为了使各圈间不接触，应保留的间隙。一般 $\delta_1\geqslant0.1d$。对正常节距的螺旋压缩弹簧，要求当压缩到并紧变形的 80% 时，弹簧圈间不允许接触。

2）弹簧节距 t 与自由高度 H_0 之间的近似关系式见表 10-8。

3）间距 δ 按式（10-12）计算：

$$\delta=t-d \tag{10-12}$$

（9）弹簧材料展开长度　弹簧材料展开长度可按下式计算

$$L=\frac{\pi Dn_1}{\cos\alpha}\approx\pi Dn_1 \tag{10-13}$$

从上列公式中可以得知，钢丝直径 d、弹簧中径 D 和圈数 n 是构成弹簧的三个基本参数。当此三参数确定后，弹簧的基本性能：强度和刚度就确定了。

表 10-8　压缩弹簧节距 t 与自由高度 H_0 的近似式

总圈数 n_1	节距 t	端部结构型式
$n+1.5$	$\frac{H_0-d}{n}$	两端圈磨平
$n+2$	$\frac{H_0-1.5d}{n}$	
$n+2.5$	$\frac{H_0-2d}{n}$	
$n+2$	$\frac{H_0-3d}{n}$	两端圈不磨
$n+2.5$	$\frac{H_0-3.5d}{n}$	

2.2　圆柱螺旋压缩弹簧的典型图样

（1）压缩弹簧典型图样　图 10-2 为圆柱螺旋压缩弹簧典型图样。按规定要求在图样中应包括有技术要求和设计参数。

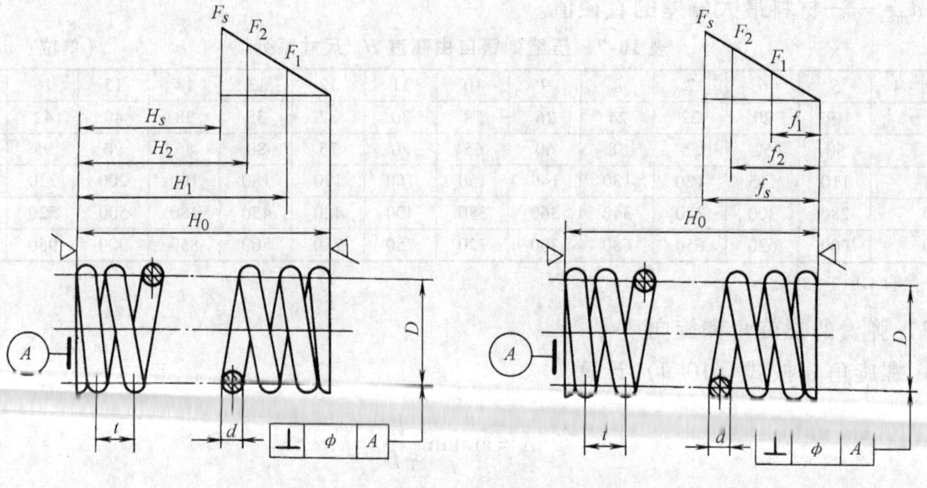

图 10-2　圆柱螺旋压缩弹簧典型图样

（2）压缩弹簧技术要求　技术要求包括下列内容：①弹簧端部形式；②总圈数 n_1；③有效圈数 n；④旋向；⑤表面处理；⑥制造技术条件。

在需要时可注明立定处理、强化处理等要求，以及使用条件如温度、载荷性质等。

（3）压缩弹簧设计计算参数　有关压缩弹簧的设计计算参数见表 10-9。

表 10-9　螺旋压缩弹簧的设计计算参数

序号	名　称	代号	数量	单位	序号	名　称	代号	数量	单位
1	旋绕比	C			10	安装切应力	τ_1		
2	曲度系数	K			11	工作切应力	τ_2		MPa
3	中径	D		mm	12	试验切应力	τ_s		
4	压并载荷	F_b		N	13	刚度	F'		N/mm
5	压并高度	H_b			14	弹簧变形能	U		N·mm
6	最大压并高度	H_{bma}		mm	15	弹簧自振频率	ν		Hz
7	试验高度	H_s			16	迫振频率	ν_r		
8	材料抗拉强度	σ_b		MPa	17	载荷作用次数	N		次
9	材料扭切强度	τ_b			18	材料长度	L		mm

3　圆柱螺旋弹簧的负荷类型及许用应力

3.1　静负荷与动负荷

（1）静负荷

1）恒定不变的负荷；

2）负荷有变化，但循环次数 $N<10^4$ 次。

（2）动负荷　负荷有变化，循环次数 $N\geqslant 10^4$ 次。根据循环次数动负荷分为：

1）有限疲劳寿命：冷卷弹簧负荷循环次数 $N\geqslant 10^4\sim 10^6$ 次：热卷弹簧负荷循环次数 $N\geqslant 10^4\sim 10^5$ 次。

2）无限疲劳寿命：冷卷弹簧负荷循环次数 $N\geqslant 10^7$ 次；热卷弹簧负荷循环次数 $N\geqslant 2\times 10^6$。

当冷卷弹簧负荷循环次数介于 10^6 和 10^7 次之间时、热卷弹簧负荷循环次数介于 10^5 和 2×10^6 次之间时，可根据使用情况参照有限或无限疲劳寿命设计。

3.2　许用应力选取的原则

1）静负荷作用下的弹簧，除了考虑强度条件外，对应力松弛有要求的，应适当降低许用应力。

2）动负荷作用下的弹簧，除了考虑循环次数外，还应考虑应力（变化）幅度，这时按照循环特征 γ 在图 2 查取，当循环特征值大时，即应力（变化）幅度小，许用应力取大值；当循环特征值小时，即应力（变化）幅度大，许用应力取小值；循环特征按下式计算：

$$\gamma=\frac{\tau_{\min}}{\tau_{\max}}=\frac{F_{\min}}{F_{\max}}\text{或}\ \gamma=\frac{\sigma_{\min}}{\sigma_{\max}}=\frac{T_{\min}}{T_{\max}}=\frac{\varphi_{\min}}{\varphi_{\max}}$$

3）对于重要用途的弹簧，其损坏对整个机械有重大影响，以及在较高或较低温度下工作的弹簧，许用应力应适当降低。

4）经有效喷丸处理的弹簧，可提高疲劳强度或疲劳寿命。

5）对压缩弹簧，经有效强压处理，可提高疲劳寿命，对改善弹簧的性能有明显效果。

6）动负荷作用下的弹簧，影响疲劳强度的因素很多，难以精确估计，对于重要用途的弹簧，设计完成后，应进行试验验证。

3.3　冷卷弹簧的试验应力及许用应力

（1）冷卷压缩弹簧的试验切应力及许用切应力

1）冷卷压缩弹簧的试验切应力见表 10-10。

2）冷卷压缩弹簧的许用切应力见表 10-10 及图 10-3，或参见相关附录附图 10-30。更为精确的疲劳极限如图 8-22 所示。

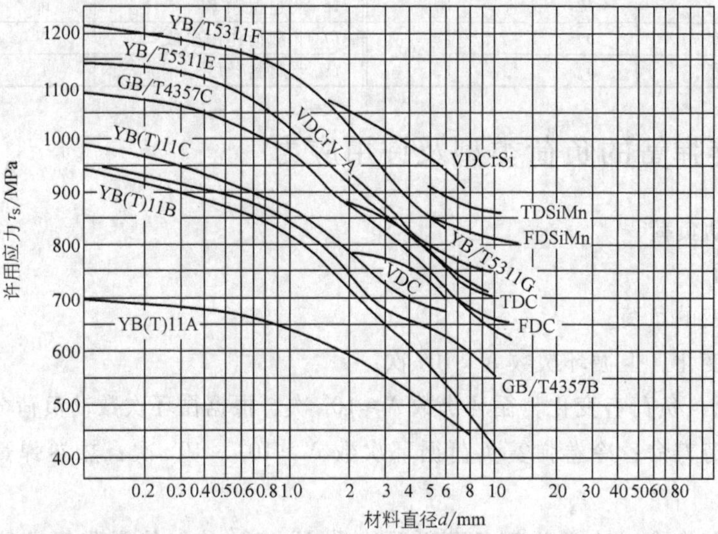

图 10-3　试验切应力及许用切应力

（2）冷卷拉伸弹簧的试验切应力及许用切应力

冷卷拉伸弹簧的试验切应力及许用切应力，取表 10-10 所列值的 80%。

表 10-10　冷卷拉伸弹簧的试验切应力及许用切应力　（单位：MPa）

应力类型		材料			
		油淬火-回火　弹簧钢丝	碳素弹簧钢丝重要用途碳素弹簧钢丝	弹簧用不锈钢丝	青铜线铍青铜线
试验切应力		$(0.55 \sim 0.60)R_m$	$(0.50 \sim 0.55)R_m$	$(0.45 \sim 0.50)R_m$	$(0.40 \sim 0.45)R_m$
静负荷许用切应力		$(0.50 \sim 0.55)R_m$	$(0.45 \sim 0.50)R_m$	$(0.40 \sim 0.45)R_m$	$(0.36 \sim 0.40)R_m$
动负荷许用	有限疲劳寿命	$(0.45 \sim 0.50)R_m$	$(0.40 \sim 0.45)R_m$	$(0.35 \sim 0.40)R_m$	$(0.33 \sim 0.36)R_m$
切应力	无限疲劳寿命	$(0.35 \sim 0.45)R_m$	$(0.35 \sim 0.40)R_m$	$(0.30 \sim 0.35)R_m$	$(0.30 \sim 0.33)R_m$

注：1. 抗拉强度 R_m 选取材料标准的下限值。

2. 材料直径 d 小于 1mm 的弹簧钢丝，试验切应力为表列值的 90%，或参照图 10-3。

3. 当试验切应力大于压并切应力时，取压并切应力为试验切应力。

4. 此表根据 GB/T 23935—2009《圆柱螺旋弹簧设计计算》中表 4，参照实际使用情况略有提高。

5. 附录图 10-31 压缩、拉伸弹簧疲劳极限图，摘自 GB/T 23935—2009《圆柱螺旋弹簧设计计算》，适用于未经喷丸处理的具有较好的耐疲劳性能的钢丝，如重要用途碳素弹簧钢丝、高疲劳级油淬火-回火弹簧钢丝制作的弹簧。从此图可以评估出弹簧的大致寿命。

4　热卷弹簧的试验应力及许用应力

热卷弹簧的试验应力及许用应力见表 10-11。

表 10-11　热卷弹簧的试验应力及许用应力　　（单位：MPa）

弹簧类型	应力类型		材料
			60Si2Mn、60Si2MnA、50CrVA、55CrSiA、60CrMnA、60CrMnBA、60Si2CrA 以及 60Si2CrVA
压缩弹簧	试验切应力		710～890
	静负荷许用切应力		
	动负荷许用切应力	有限疲劳寿命	568～712
		无限疲劳寿命	426～534
拉伸弹簧	试验切应力		475～596
	静负荷许用切应力		
	动负荷许用切应力	有限疲劳寿命	405～507
		无限疲劳寿命	356～447
扭转弹簧	试验弯曲应力		994～1232
	静负荷许用弯曲应力		
	动负荷许用弯曲应力	有限疲劳寿命	795～986
		无限疲劳寿命	636～788

注：1. 弹簧硬度范围为 42～52HRC（392～535HBW）。当硬度接近下限，试验应力或许用应力则取下限值；当硬度接近上限，试验应力或许用应力则取上限值。

2. 拉伸、扭转弹簧试验应力或许用应力一般取下限值。

3. 此表摘自 GB/T 23935—2009《圆柱螺旋弹簧设计计算》中表 5。

1）对重要的，其损坏对整个机械有重大影响的弹簧，许用切应力应适当降低。

2）经强压处理的弹簧，可提高疲劳极限，对改善变载荷下的松弛有明显效果。

3）经抛丸处理的弹簧，能适当提高疲劳强度或疲劳寿命。

5　圆柱螺旋压缩弹簧的设计计算

5.1　圆柱螺旋压缩弹簧的基本计算公式

当螺旋弹簧在弹簧轴线方向只承受外载荷 F 时，由于变形在弹簧两端所引起的力矩较小，可以不计，根据式（9-3）可知，弹簧材料截面将受到扭矩 T_t，弯矩 M_b、法向力 F_t 和径向力 F_b 的作用。法向力 F_t 和径向力 F_b 与扭矩 T_t 和弯矩 M_b 相比，也可以略而不计。这样，在弹簧材料截面上起主要作用的为扭转力矩 T_t 和弯曲力矩 M_b。

$$T_t = \frac{FD}{2}\cos\alpha$$

$$M_b = \frac{FD}{2}\sin\alpha$$

因此，根据式（9-25）可得载荷与变形的简化计算式：

$$f = \frac{\pi F D^3 n}{4\cos\alpha}\left(\frac{\cos^2\alpha}{GI_p} + \frac{\sin^2\alpha}{EI}\right) \tag{10-14a}$$

当螺旋角 $\alpha<9°$时，取 $\cos\alpha\approx1$，$\sin\alpha\approx0$，则得

$$f=\frac{\pi FD^3n}{4GI_p} \tag{10-14b}$$

根据式（9-10）可得载荷与应力的简化计算式：

$$\left.\begin{aligned}\sigma_{bb}&=K_{bF}\frac{FD}{2Z_m}\\ \sigma_{tt}&=K_{tF}\frac{FD}{2Z_m}\\ \tau_{tb}=\tau_{bt}&=K_F\frac{FD}{2Z_t}\end{aligned}\right\} \tag{10-15}$$

当螺旋角 $\alpha<9°$时，由表9-1可知，$K_{bF}\approx0$ 和 $K_{tF}\approx0$，则得

$$\tau=\tau_{tb}=\tau_{bt}=K_F\frac{FD}{2Z_t} \tag{10-16}$$

5.2 圆形截面材料的圆柱螺旋压缩弹簧

在实际应用中，圆形截面材料的圆柱螺旋压缩弹簧的螺旋角一般较小（$\alpha<9°$），因而，将圆形截面的极惯性矩 $I_p=\frac{\pi d^4}{32}$，抗扭截面系数 $Z_t=\frac{\pi d^3}{16}$分别代入式（10-14b）和式（10-16），得弹簧只受轴向载荷 F 时的变形 f 和切应力 τ 的计算公式：

$$f=\frac{\pi nFD^3}{4GI_p}=\frac{8FD^3n}{Gd^4}=\frac{8FC^3n}{Gd} \tag{10-17}$$

$$\tau=K\frac{FD}{2Z_t}=K\frac{8FD}{\pi d^3}=K\frac{8FC}{\pi d^2} \tag{10-18}$$

式中 n——弹簧的有效圈数；

D——弹簧的中径；

d——弹簧材料的直径；

G——弹簧材料的切变模量；

C——旋绕比，$C=D/d$；

K——曲度系数，或应力修正系数，即弹簧的刚度与强度计算公式。

这是弹簧设计计算的两个基本公式。

在实际应用中，由于略去径向力 F_b 对截面法向力 F_t 的影响，曲度系数 K 常用下列公式计算或查图10-4。K 稍大于 K_p，计算受静载荷的弹簧可取 $K=1$。

$$K=\frac{4C-1}{4C-4}+\frac{0.615}{C} \tag{10-19}$$

弹簧圆形材料截面上的切应力分布如图10-5所示。用式（10-18）计算所得的切应力 τ 的弹簧圈内侧最大应力。

式（10-17）和式（10-18）为圆形截面材料的螺旋压缩弹簧的两个基本计算公式，根据这两个基本公式可以导出弹簧刚度 F'、有效圈数 n 和变形能 U 的计算公式，见表10-13。

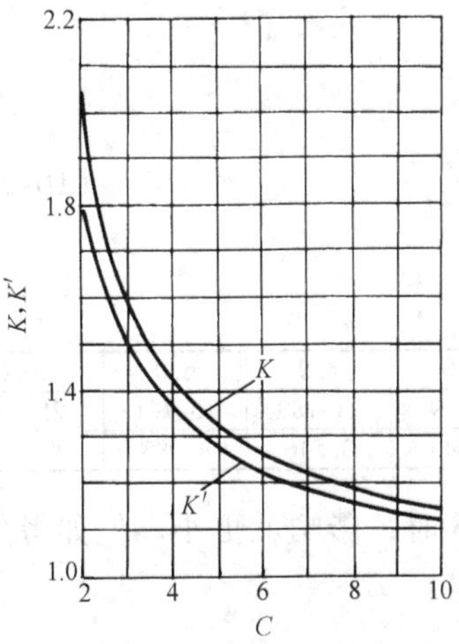

图 10-4　曲度系数 K 和 K'

K—圆形截面材料　K'—矩形截面材料

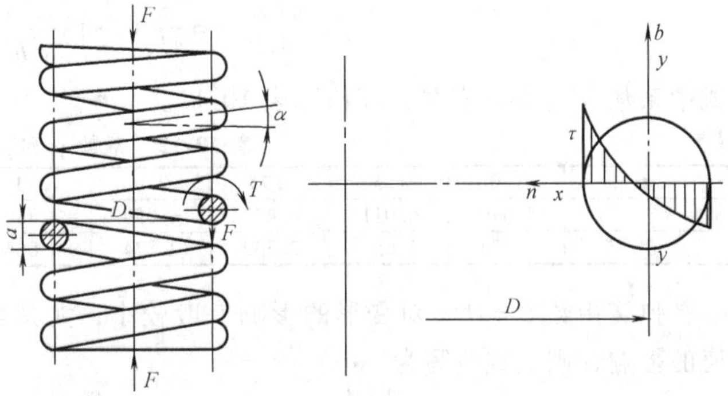

图 10-5　弹簧圆形材料截面上的切应力分布

5.3　矩形截面材料的圆柱螺旋压缩弹簧

图 10-6 为矩形截面材料圆柱螺旋压缩弹簧的一些结构型式。如前所述，这类弹簧与圆形截面材料的弹簧相比，在同样的空间，它的截面积大，尤其像图 10-6c 的情况，因此，吸收的能量比较大。可用作重型的、要求刚度大的弹簧。另一方面，它的特性线更接近于直线，即弹簧的刚度更接近于固定的常数，因此，常用长边平行于轴线（图 10-6a）的矩形截面材料的弹簧制作计量器。但是，从表 1-1 可以看出，矩形截面材料的弹簧吸收能量的效率低，制造也比较困难，因此 $D/a<4$ 和 $a/b>4$ 的这类弹簧，由于制造困难，内边应力过大，建议不要使用。

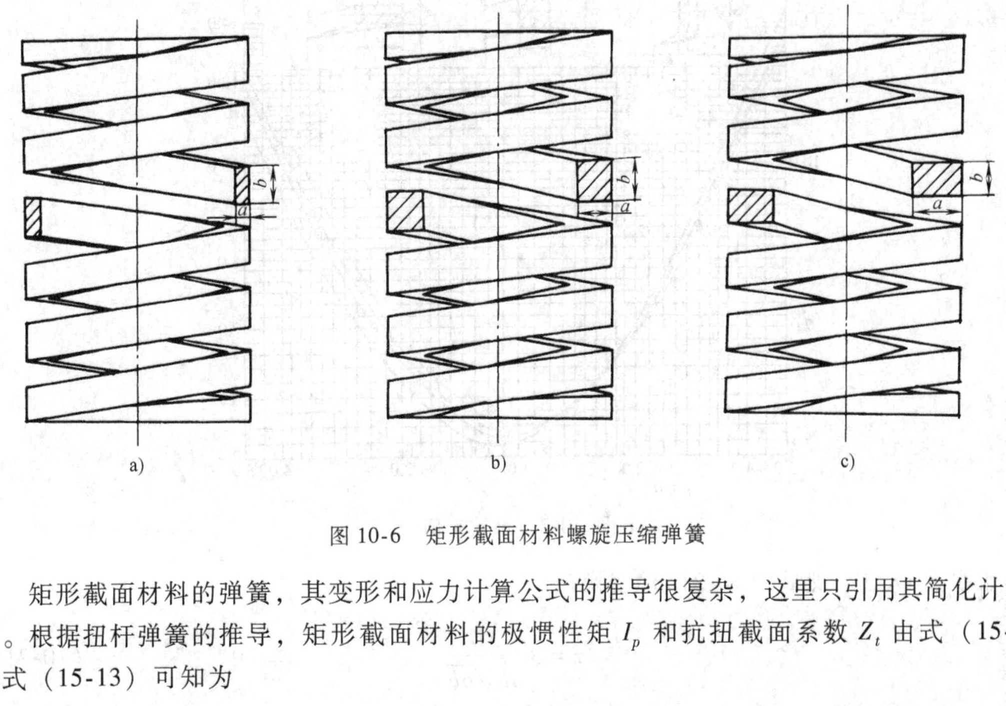

图 10-6　矩形截面材料螺旋压缩弹簧

矩形截面材料的弹簧，其变形和应力计算公式的推导很复杂，这里只引用其简化计算公式。根据扭杆弹簧的推导，矩形截面材料的极惯性矩 I_p 和抗扭截面系数 Z_t 由式（15-12）和式（15-13）可知为

$$I_p = k_1 a^3 b; \ Z_t = k_2 a^2 b$$

系数 k_1、k_2 值见式（15-15）、（15-16）和表 15-1。

将上列 I_p 代入式（10-14），得变形计算公式：

$$f = \frac{\pi F D^3 n}{4 G I_p} = \frac{\pi}{4k_1}\left(\frac{b}{a}\right)\frac{F D^3 n}{G a^2 b^2} = \gamma' \frac{F D^3 n}{G a^2 b^2} \tag{10-20a}$$

式中系数 γ' 与 b/a 有关，其值见表 10-12。

表 10-12　系数 γ' 和 β' 值

b/a	1.0	1.5	1.75	2.0	2.5	3.0	4.0	6.0	10.0
γ'	5.570	6.011	6.422	6.859	7.886	8.959	11.180	15.761	25.093
β'	2.404	2.652	2.732	2.874	3.064	3.243	3.546	4.093	5.051

弹簧指数 $C = D/a$ 对变形的影响一般较小，尤其当 $C > 6$ 时，影响就更小。但如考虑 C 值的影响，则上式改写为

$$f = \gamma \frac{F D^3 n}{G a^2 b^2} \tag{10-20b}$$

式中系数 γ 与 C 和 b/a 有关，其值可查图 10-7。

将 Z_t 代入式（10-16），得切应力计算公式：

$$\tau = K' \frac{FD}{2Z_t} = K' \frac{FD}{2k_2 a^2 b} = K' \frac{\sqrt{b/a}}{2k_2} \frac{FD}{ab\sqrt{ab}} = K'\beta' \frac{FD}{ab\sqrt{ab}} \tag{10-21a}$$

$$K' = 1 + \frac{1.2}{C} + \frac{0.56}{C^2} + \frac{0.5}{C^3} \tag{10-22}$$

式中　K'——曲度系数，由式（9-11e）可知近似于 K_F 值，其值也可查图 10-4。

β'——与 b/a 有关的系数，其值见表 10-12。

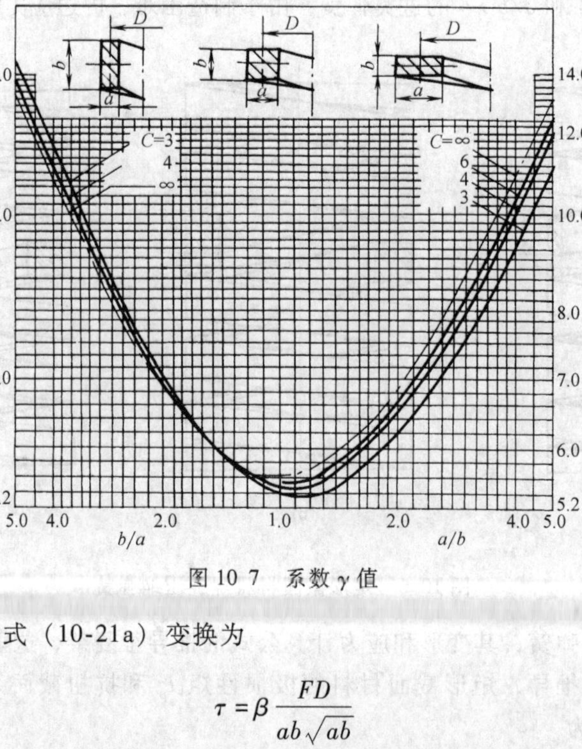

图 10 7　系数 γ 值

如取 $\beta = K'\beta'$，则式（10-21a）变换为

$$\tau = \beta \frac{FD}{ab\sqrt{ab}} \tag{10-21b}$$

式中 β——系数，根据 C 和 b/a 可在图 10-8 中查取。

矩形截面材料的最大切应力，当截面长边平行于弹簧轴线时，在弹簧圈内侧材料截面的中点（图 10-9）；当短边平行于弹簧轴线时（图 10-6c），在旋绕比 C 值相同、a/b 较小时，由于弯曲的影响大，最大切应力仍在短边的中点。当 a/b 逐渐增大的情况下，则最大切应力移向长边靠近弹簧轴线的半边。图 10-8 中的折点相当于最大切应力转折点。

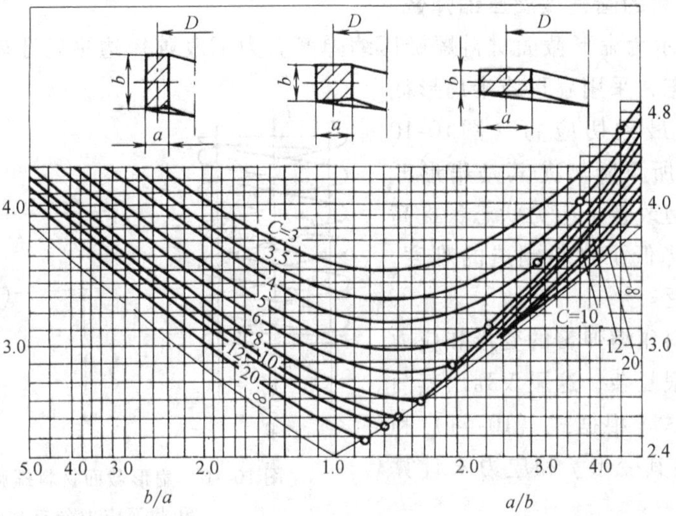

图 10-8 系数 β 值

根据式（10-20）和式（10-21）这两个基本公式，便可导出矩形截面材料弹簧的刚度 F'、有效圈数 n 和变形能 U 的计算公式，见表 10-13。

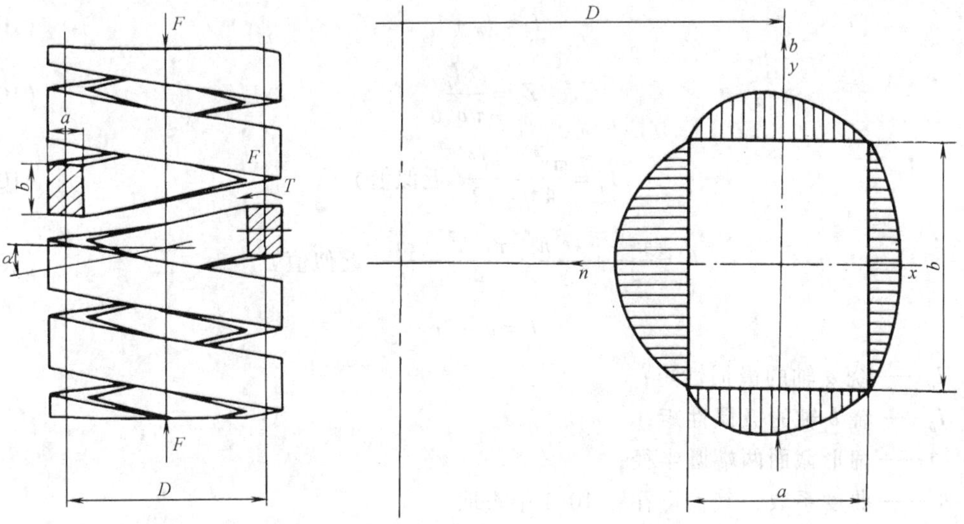

图 10-9 弹簧矩形截面材料上的应力分布

5.4 方形截面材料的圆柱螺旋压缩弹簧

对于方形截面材料，根据表 15-2 可知 $I_p = 0.141a^4$，$Z_t = 0.208a^3$，因而对应于式

(10-20)和式（10-21）的变形 f 和切应力 τ 计算公式为

$$f=\frac{5.57FD^3n}{Ga^4}=\frac{5.57FC^3n}{Ga} \tag{10-23}$$

$$\tau=K'\frac{FD}{0.416a^3}=K'\frac{2.4FD}{a^3} \tag{10-24}$$

导出的刚度 F'、有效圈数 n 和变形能 U 的计算式见表 10-13。

5.5 扁形截面材料的圆柱螺旋压缩弹簧

图 10-10a 所示为扁形截面材料螺旋压缩弹簧。为了改善短边平行于轴线的矩形截面材料弹簧的应力状态，采用扁形或半扁形截面材料，可降低最大切应力（图 10-10b），但刚度也有所下降。尤其是扁形截面材料弹簧，不但改善了应力状态，提高了强度，同时也降低了材料制造的难度，因而应用日渐广泛。

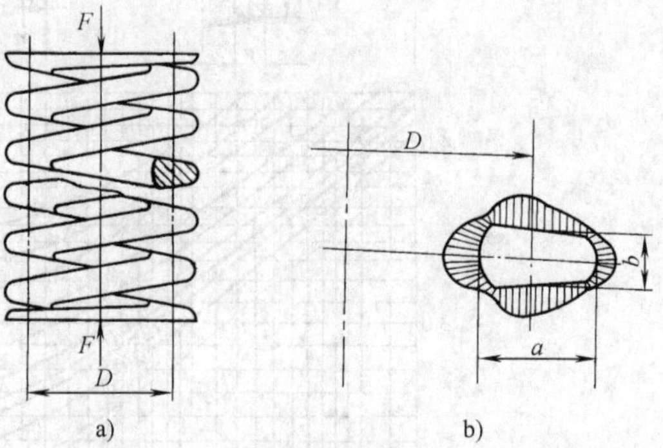

图 10-10 扁形截面材料螺旋压缩弹簧和截面应力分布状态

扁形截面材料压缩弹簧的变形和应力计算公式的推导很复杂，这里仅列出其简化的近似计算公式。根据式（10-14）和式（10-16）可知其变形 f 和应力 τ 计算式为

$$f=\frac{\pi FD^3n}{4GI_p} \tag{10-25}$$

$$\tau=K'\frac{FD}{2Z_t} \tag{10-26}$$

$$I_p=I_a+I_b \tag{10-27}$$

$$Z_t=\frac{8I_p}{\pi a^2b} \tag{10-28}$$

$$I_a=\frac{\pi r^4}{4}+\frac{hb^3}{12}\text{（近似值）} \tag{10-29}$$

$$I_b=\frac{\pi r^4}{4}+\frac{4r^3h}{3}+\frac{\pi r^2h^2}{4}+\frac{rh^3}{6}\text{（近似值）} \tag{10-30}$$

$$h=a-2r$$

式中 I_a——绕 a 轴的极惯性矩；

I_b——绕 b 轴的极惯性矩；

r——扁形截面两端圆半径；

K'——曲度系数，其值可在图 10-4 中查取。

根据式（10-25）和式（10-26）两个基本公式，所导出的扁形截面材料弹簧的刚度 F'、有效圈数 n 和变形能 U 的计算公式见表 10-13。

5.6 圆柱螺旋压缩弹簧的计算公式

表 10-13 为各种截面材料的圆柱螺旋压缩弹簧的计算公式。

表 10-13　圆柱螺旋压缩弹簧的计算公式

弹簧材料截面形状	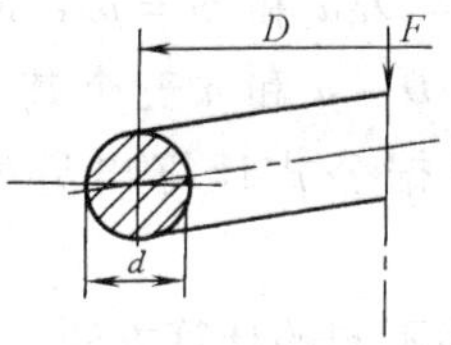	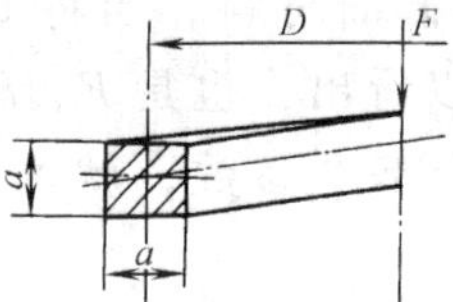	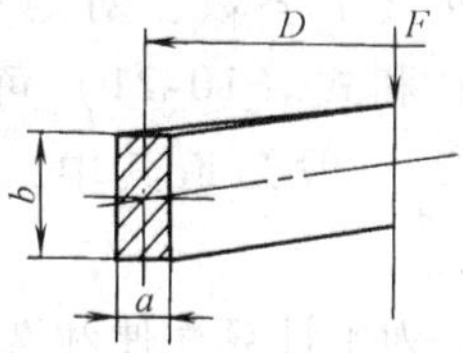	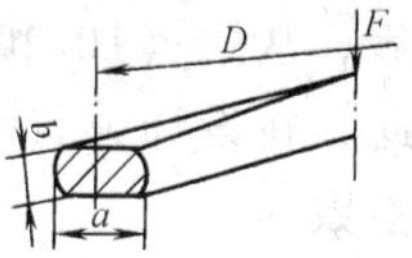
极惯性矩 I_p	$I_p=\frac{\pi d^4}{32}$	$I_p=0.141a^4$	$b>a$ 时：$I_p=k_1a^3b$ $a>b$ 时：$I_p=k_1ab^3$	$I_p=I_a+I_b$
抗扭截面系数 Z_t	$Z_t=\frac{\pi d^3}{16}$	$Z_t=0.208a^3$	$b>a$ 时：$Z_t=k_2a^2b$ $a>b$ 时：$Z_t=k_2ab^2$	$Z_t=\frac{8(I_a+I_b)}{\pi a^2 b}$
变形 $f=\frac{\pi D^3 n}{4GI_p}F$	$f=\frac{8D^3n}{Gd^4}F$ $=\frac{8C^4n}{GD}F$ $=\frac{\pi dC^2n}{KG}\tau$	$f=\frac{5.57D^3n}{Ga^4}F$ $=\frac{5.57C^3n}{Ga}F$ $=\frac{2.32C^2an}{K'G}\tau$	$f=\frac{\pi D^3n}{4GI_p}F$	$f=\frac{\pi D^3n}{4GI_p}F$
切应力 $\tau=K\frac{D}{2Z_t}F$	$\tau=K\frac{8D}{\pi d^3}F$ $=K\frac{8C}{\pi d^2}F$ $=K\frac{G}{\pi dC^2n}f$	$\tau=K'\frac{2.4D}{a^3}F$ $=K'\frac{2.4C}{a^2}F$ $=K'\frac{G}{2.32C^2an}f$	$\tau=K'\frac{D}{2Z_t}F$	$\tau=K'\frac{D}{2Z_t}F$
刚度 $F'=\frac{F}{f}=\frac{4GI_p}{\pi D^3n}$	$F'=\frac{Gd^4}{8D^3n}$ $=\frac{GD}{8C^4n}$	$F'=\frac{Ga^4}{5.57D^3n}$ $=\frac{Ga}{5.57C^3n}$	$F'=\frac{4GI_p}{\pi D^3n}$	$F'=\frac{4GI_p}{\pi D^3n}$
工作圈数 n	$n=\frac{Gd^4f}{8FD^3}$ $=K\frac{Gf}{\pi dC^2\tau}$ $=\frac{GD}{8C^4F'}$	$n=\frac{Ga^4f}{5.57FD^3}$ $=K'\frac{Gf}{2.32aC^2\tau}$ $=\frac{Ga}{5.57C^3F'}$	$n=\frac{4GI_p}{\pi D^3F}f$	$n=\frac{4GI_p}{\pi D^3F}f$
变形能 $U=\frac{Ff}{2}$	$U=\frac{\tau^2V}{4G}$	$U=\frac{\tau^2V}{6.5G}$	$U=\frac{k_2^2\tau^2V}{2k_1G}$	$U=\frac{k_2^2\tau^2V}{2k_1G}$

注：V——弹簧材料有效长度的体积；

k_1、k_2——系数，见表 15-1；

I_a、I_b——分别为绕 a 轴和 b 轴的极惯性矩，其值见式（10-29）和式（10-30）。

6　圆柱螺旋压缩弹簧的设计计算方法

在变形和应力的计算公式（10-17）和式（10-18）中，可以看出圆形截面材料弹簧有载荷 F、变形 f、弹簧中径 D、材料直径 d、有效圈数 n、切应力 τ、切变模量 G 和

旋绕比 C 八个基本参数。当材料选定后，则 $[\tau]$ 可查得，又 $C = D/d$，因此，实际上是 F、f、D、d 和 n 五个参数。对矩形截面材料，当将 $C = D/a$ 和 $m = b/a$ 取一定比值后，从式（10-20）和式（10-21）可以看出，也是 F、f、D、a 和 n 五个基本参数。因此，在设计弹簧时，一般知道其中二个基本参数，就可根据公式计算出另外三个基本参数。

在实际计算时，为了计算简便和选择的参数合理，有许多不同的计算方法，下面介绍几种不同特点的计算方法。

6.1 应用基本公式设计计算方法

设计螺旋压缩弹簧时，一般给出最大工作载荷 F 和所对应的变形 f，其设计步骤为：首先根据工作条件选择材料，确定出许用切应力 $[\tau]$。然后初步选取弹簧旋绕比 $C=5\sim8$，根据式（10-18）计算出弹簧材料的直径 d，圆整为标准值；由 $D=Cd$ 计算出 D。根据表10-13计算出工作圈数 n。当此三个基本参数确定后，再验算弹簧的试验载荷和疲劳强度。最后计算出有关几何参数：节距 t、螺旋角 α、内径 D_1、外径 D_2、自由高度 H_0 和弹簧材料的长度 L 等。必要时应进行弹簧的稳定性验算。在设计弹簧时，往往先选取几个 C 值同时计算，将结果进行比较，最后选择适宜的数值。所以这种计算方法较为复杂。

【例 10-1】 设计一圆柱螺旋压缩弹簧。当最大工作载荷 $F=1400\text{N}$ 时，其变形 $f=20\text{mm}$。所受载荷为静载荷，要求各圈受力均匀并具有防腐蚀能力。

解 （1）选择材料和确定许用应力　根据弹簧所受载荷特性及要求，在表 2-41 中选用 B 组不锈弹簧钢丝。许用应力 $[\tau]$ 可根据表 10-10 按受静类载荷的弹簧考虑，其 $[\tau]=0.45\sigma_b$。材料的抗拉强度 σ_b 与钢丝直径 d 有关，先假设钢丝直径 $d=5\sim7\text{mm}$，其对应的 $\sigma_b=1350\sim1600\text{MPa}$。根据表 2-6 得切变模量 $G=71.5\times10^3\text{MPa}$。取试验切应力 $\tau_s=[\tau]=0.45\sigma_b=0.45\times1350=608\text{MPa}$。

（2）选择旋绕比　根据表 10-4 初步选取旋绕比 $C=5$。

（3）计算钢丝直径　根据式（10-18）可得计算钢丝直径公式为

$$d \geqslant 1.6\sqrt{\frac{KFC}{[\tau]}}$$

由于所受载荷的静载荷，所以取曲度系数 $K=1$。

$$d \geqslant 1.6\sqrt{\frac{1\times1400\times5}{608}}\text{mm}=5.4\text{mm}$$

钢丝直径 d 在假设范围内，根据表 10-2 选取 $d=5.5\text{mm}$。

（4）弹簧的中径

$$D=Cd=5\times5.5\text{mm}=27.5\text{mm}$$

按表 10-3 取系列值 $D=25\text{mm}$。

（5）计算弹簧圈数　根据表 10-13 得

$$n=\frac{Gd^4f}{8FD^3}=\frac{71500\times5.5^4\times20}{8\times1400\times25^3}\text{圈}=7.5\text{圈}$$

符合表 10-5 系列值，取 $n=7.5$ 圈。

两端各取支承圈一圈，则弹簧的总圈数：

$$n_1=n+n_z=(7.5+2)\text{圈}=9.5\text{圈}$$

(6) 计算试验载荷　根据式 (10-3)，得试验载荷：

$$F_s = \frac{\pi d^3}{8D}\tau_s = \frac{\pi \times 5.5^3}{8 \times 25} \times 608\text{N} = 1588\text{N}$$

(7) 自由高度　为了增加其受力均匀性，采用 YI 型端部结构两端并紧并磨平，按表 10-6 可知其自由高度：

$$H_0 = nt + 1.5d$$

取 $\delta_1 = 0.1d$，按式 (10-11) 初估节距：

$$t = d + \frac{f}{n} + \delta_1 = \left(5.5 + \frac{20}{7.5} + 0.1 \times 5.5\right)\text{mm} = 8.7\text{mm}$$

代入上式得自由高度：

$$H_0 = (7.5 \times 8.7 + 1.5 \times 5.5)\text{mm} = 73.5\text{mm}$$

按表 10-7 系列值，取 $H_0 = 75\text{mm}$。

(8) 弹簧的节距　根据表 10-8，可得节距：

$$t = \frac{H_0 - 1.5d}{n} = \frac{75 - 1.5 \times 5.5}{7.5}\text{mm} = 8.9\text{mm}$$

(9) 弹簧的螺旋角　按式 (10-9) 可得螺旋角：

$$\alpha = \arctan\frac{t}{\pi D} = \arctan\frac{8.9}{\pi \times 25} = 6.5°$$

此值符合一般要求 $\alpha = 5° \sim 9°$。

(10) 弹簧的稳定性验算　采用两端固定支承。其高径比：

$$b = \frac{H_0}{D} = \frac{75}{25} = 3$$

按表 9-3 可知 $b < 5.3$，满足稳定性要求。

(11) 弹簧材料展开长度　根据式 (10-13) 可得材料展开长度：

$$L = \frac{\pi D n_1}{\cos\alpha} = \frac{\pi \times 25 \times 9.5}{\cos 6.5°}\text{mm} = 751\text{mm}$$

(12) 弹簧的实际性能参数　根据表 10-13 可知弹簧刚度：

$$F' = \frac{Gd^4}{8D^3 n} = \frac{71.5 \times 10^3 \times 5.5^4}{8 \times 25^3 \times 7.5}\text{N/mm} = 69.8\text{N/mm}$$

对应于变形 $f = 20\text{mm}$ 的弹簧载荷：

$$F = F'f = 69.8 \times 20\text{N} = 1396\text{N}$$

弹簧的试验变形：

$$f_s = \frac{F_s}{F'} = \frac{1667}{69.8}\text{mm} = 24\text{mm}$$

其他设计计算参数列于表 10-14。

(13) 弹簧的工作图　工作图见图 10-11。图中 D 和 H_0 公差按 GB/T 1239.2 中的 3 级精确度选取（表 7-4 和表 7-6）。两端圈与弹簧轴线的垂直度公差以及载荷允许偏差按 2 级精度查取（表 7-8）。

如选取旋绕比 $C = 7$，按照上列同样步骤计算，可得其主要几何参数为 $d = 6.5\text{mm}$，$D = 45\text{mm}$，$n = 3$ 圈，$n_1 = 5$ 圈，$H_0 = 52\text{mm}$，这些结果也满足基本要求。但有效圈数较少，弹簧直径较大，从结构型式看不如选取 $C = 5$ 的结构较为合理。

表 10-14 ［例 10-1］设计计算参数

序号	名称	代号	数量	单位	序号	名称	代号	数量	单位
1	旋绕比	C	4.5		10	安装切应力	τ_1		MPa
2	曲度系数	K	1		11	工作切应力	τ_2	534	
3	中径	D	25	mm	12	试验切应力	τ_s	608	
4	压并载荷	F_b	1667	N	13	刚度	F'	69.8	N/mm
5	压并高度	H_b	49.5	mm	14	弹簧变形能	U		N·mm
6	最大压并高度	H_{bma}			15	弹簧自振频率	ν		Hz
7	试验高度	H_s	49.5		16	迫振频率	ν_r		
8	材料抗拉强度	σ_b	1350	MPa	17	载荷作用次数	N		次
9	材料扭切强度	τ_b	608		18	材料长度	L	751	mm

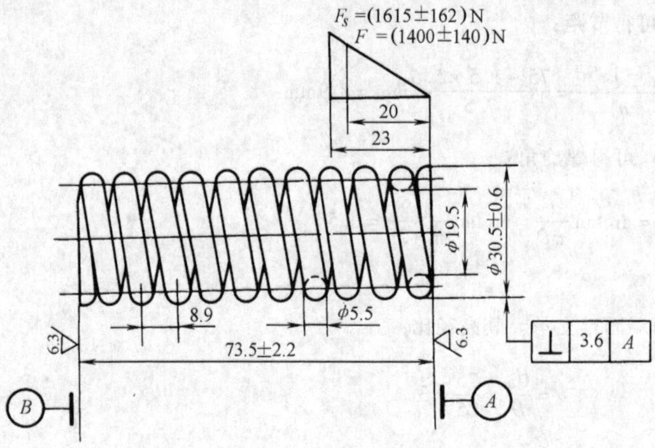

技术要求

1. 材料 B 组不锈钢丝
2. 旋向 右旋
3. 工作圈数 $n=7.5$
4. 总圈数 $n_1=9.5\pm0.25$
5. 材料长度 $L=751\text{mm}$
6. 端圈形式 YI
7. 表面处理 发蓝

图 10-11 例 10-1 螺旋压缩弹簧工作图

6.2 弹簧直径 D（或 D_1、D_2）为定值时的设计计算方法

当给出弹簧所受载荷 F，变形 f，许用切应力 $[\tau]$，而要求 D（或 D_1、D_2）为定值时，可将式（10-18）变换为

$$S=\left(\frac{\pi[\tau]}{8F}\right)D^2=KC^3 \tag{10-31a}$$

$$S=\left(\frac{\pi/[\tau]}{8F}\right)D_2^2=KC(C+1)^2 \tag{10-31b}$$

$$S=\left(\frac{\pi[\tau]}{8F}\right)D_1^2=KC(C-1)^2 \tag{10-31c}$$

根据上列公式计算所得 S 值，在图 10-12 上可查得对应于 D、D_1 或 D_2 的 C 和 C^4 值，然后再计算材料直径 d 和工作圈数 n。

【例 10-2】 已知一圆柱螺旋弹簧所承受的动载荷 $F=340\text{N}$，变形 $f=34\text{mm}$，中径 $D=40\text{mm}$，许用切应力 $[\tau]=450\text{MPa}$，切变模量 $G=78.4\times10^3\text{MPa}$，计算此弹簧的尺寸。

解 根据已知条件代入式（10-31a）得

$$S=\left(\frac{\pi[\tau]}{8F}\right)D^2=\frac{\pi\times450}{8\times340}\times40^2\approx830$$

查图 10-12 得 $C=8.9$，$C^4=6274.2$

$$d=\frac{D}{C}=\frac{40}{8.9}\text{mm}\approx 4.5\text{mm}$$

符合表 10-2 系列值。

根据表 10-13，可得弹簧有效圈数：

$$n=\frac{GDf}{8FC^4}=\frac{78400\times 40\times 34}{8\times 340\times 6274.2}\text{圈}=6.2\text{ 圈}$$

按表 10-5 系列，取 $n=6.5$ 圈。

如果要较精确的结果时，则应进行验算。

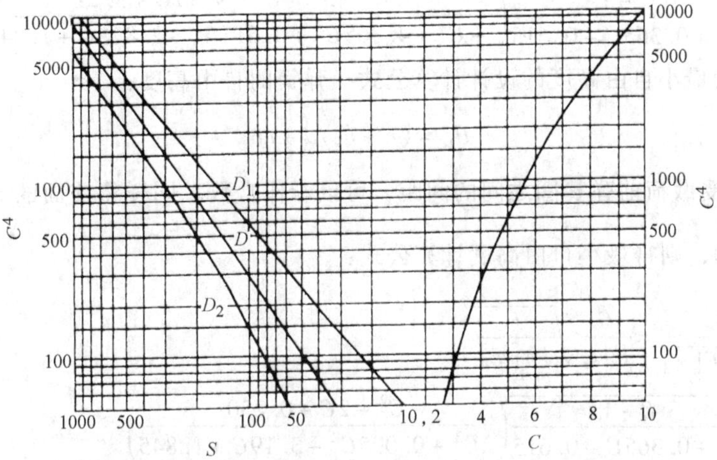

图 10-12　D（或 D_1、D_2）为定值时的设计用线图

6.3　弹簧为最小质量，或最小体积，或最小自由高度的设计计算方法

如要求所设计的弹簧在满足工作条件的要求下，质量或体积，或自由高度最小，可采用如下设计方法。

（1）弹簧为最小质量的设计计算公式　假设弹簧的密度为 ρ，则弹簧的质量：

$$m=\rho(n+n_z)(\pi D)\frac{\pi d^2}{4}$$

由表 10-13 知：

$$n=\frac{fGd}{8FC^3};\ d=\sqrt{\frac{8KFC}{\pi[\tau]}}$$

将 n 和 d 代入上式中，并取导数 $\frac{\mathrm{d}m}{\mathrm{d}C}=0$，则得弹簧最小质量的计算公式：

$$B=\frac{fG}{n_z\sqrt{8\pi F[\tau]}}=\frac{G}{F'n_z}\sqrt{\frac{F}{8\pi[\tau]}}$$

$$=\frac{C^3\sqrt{C^3-0.635C^2-0.98C+0.615}(5C^3-7.27C^2-1.21C+1.23)}{4(1.365C^4-0.732C^3-0.673C^2+0.981C-0.378)}\tag{10-32}$$

（2）弹簧为最小压并体积的设计计算公式　弹簧压并时的体积：

$$V=(n+n_z)\left(\frac{\pi d^3}{4}\right)(C+1)^2$$

同样将前面的 n 和 d 值代入上式中，并取导数 $\frac{\mathrm{d}V}{\mathrm{d}C}=0$，则得最小体积计算公式：

$$B=\frac{fG}{n_z\sqrt{8\pi F[\tau]}}=\frac{G}{F'n_z}\sqrt{\frac{F}{8\pi[\tau]}}$$

$$=\frac{C^4}{2}\sqrt{\frac{C-1}{C^2+0.365C-0.615}}\left(\frac{7C^3-5.54C^2-9.17C+3.21}{-C^4+4.365C^3+0.615C^2-2.825C+1.845}\right) \quad (10\text{-}33)$$

（3）弹簧为最小自由高度的设计计算公式　弹簧的自由高度：

$$H_0=(n+n_z)d+n\delta$$

式中，δ 为弹簧受载荷前弹簧圈之间的间距，可以看作常数。同样将前面的 n 和 d 值代入式中，并取 $\frac{\mathrm{d}H_0}{\mathrm{d}C}=0$，则得最小自由高度计算公式：

$$B=\frac{fG}{n_z\sqrt{8\pi F[\tau]}}=\frac{G}{F'n_z}\sqrt{\frac{F}{8\pi[\tau]}}$$

$$=\frac{C^4}{2}\sqrt{\frac{C-1}{C^2+0.365C-0.615}}\left(\frac{C^2-2C+0.250}{2C^3+0.095C^2-3.19C+1.845}\right) \quad (10\text{-}34)$$

图 10-13 是根据上列公式绘制的线图，由图可以查得对应于最小质量、最小体积和最小自由高度的 C 值，将 C 值代入前面的 n 和 d 的计算式，计算出 n、d 和 D 等几何尺寸，便可得到具有最小质量，或最小体积，或最小自由高度的弹簧。

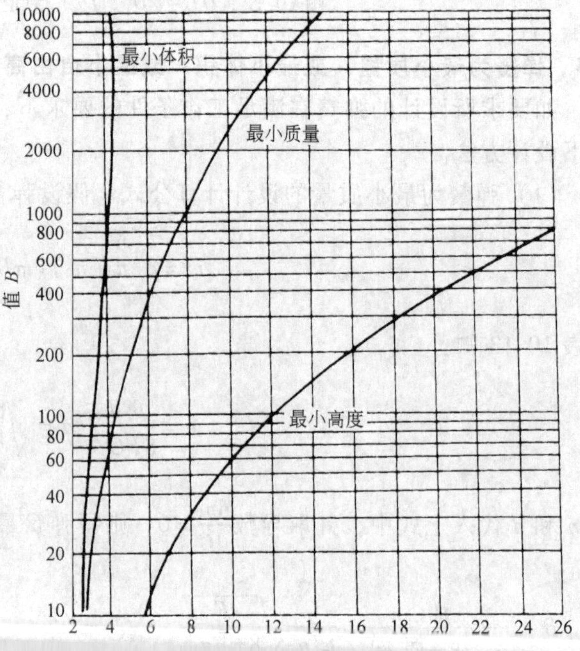

图 10-13　最小体积、最小质量和最小自由高度螺旋压缩弹簧设计用线图

【例 10-3】　设计安全阀用弹簧。已知工作条件为 $F_2=1471\text{N}$，$F_1=1137\text{N}$，行程 $h=f_2-f_1=8\text{mm}$。

解　材料选热轧 60Si2Mn。按有限寿命考虑，在表 10-11 查得 $[\tau]=568\text{MPa}$，试验切应力 $\tau_s=710\text{MPa}$。切变模量 $G=78800\text{MPa}$。其他参数计算见表 10-15。

从上例可以看出，在设计中单独追求某一指标，效果不一定好，如上例中最小体积和最小自由高度的弹簧尺寸显然不合适。因此要综合考虑。大致的选择是，为了得到比较小的体积，应取较小的旋绕比 C 值，为了得到比较小的自由高度，则应取较大的 C 值。

表 10-15　［例 10-3］参数计算表

参数名称	公　式	结　果		
		按最小质量计算法	按最小体积计算法	按最小自由高度计算法
最大工作变形	$f_2=\frac{f_2-f_1}{F_2-F_1}F_2$(mm)	35.2	35.2	35.2
查图线值	$B=\frac{f_2G}{n_z\sqrt{8\pi F_z[\tau]}}$(取 $n_z=2$)	292	292	292
旋绕比	$C=\frac{D}{d}$(查图 10-13)	5.6	3.8	18
曲度系数	$K=\frac{4C-1}{4C-4}+\frac{0.615}{C}$	1.28	1.42	1.08
弹簧材料直径	$d\geqslant1.6\sqrt{\frac{KF_2C}{[\tau]}}$(mm)	7(6.8)	6(6.0)	11(11.3)
弹簧中径	$D=Cd$(mm)	40(39.2)	23(22.8)	200(198)
有效圈数	$n=\frac{f_2Gd}{8F_2C^3}$(圈)	9(8.8)	25	0.43
试验载荷	按式(10-18) $F_s=\frac{\pi d^3\tau_s}{8KD}$(N)	1946	1921	1790
试验变形(取为压并变形 f_b)	按式(10-17) $f_s=\frac{8F_sD^3n}{Gd^4}$(mm)	45.7	44	41
节距	$t=d+\frac{f_b}{n}$(mm)	12.1	7.8	106
外径	$D_2=D+d$(mm)	47	28	211
内径	$D_1=D-d$(mm)	33	16	189
质量	$m=\rho(n_1+n_z)(\pi D)\frac{\pi d^2}{4}$(kg)	0.41	0.43	1.41
体积	$V=d(n+n_z)\left(\frac{\pi d^2}{4}\right)(C+1)^2$(mm^3)	1.3×10^5	1.1×10^5	9.27×10^5
自由高度	$H_0=nt+1.5d$(mm)	119	205	50
稳定性(取两端固定支承)	按表 9-3 $b=\frac{H_0}{D}\leqslant5.3$	3.0 满足要求	8.9 不满足要求	0.3 满足要求

6.4　弹簧的图解设计方法

图 10-14 是按直线标度法构成的线图，应用这种图可以比较简便地设计和验算弹簧。

应用此图时应当注意：图左端所示的切应力 τ 为未考虑曲度系数 K 的切应力，如果是计算受变载荷的弹簧，则按此图查得的 τ 应乘以 K。如果是设计受变载荷的弹簧，则应将许用切应力 $[\tau]$ 除以 K。此图是根据切变模量 $G=80000$MPa 绘制的，如材料的 G 值不等于此值时，所得变形应乘以 $80000/G$ 进行修正。

【例 10-4】 已知一受变载荷的弹簧的中径 $D=10$mm，弹簧材料直径 $d=1$mm，如其许用切应力 $[\tau]=450$MPa，求此弹簧的承载能力。

解 旋绕比：

$$C=\frac{D}{d}=10$$

其对应的曲度系数从图 10-14 的上端可以查得为 $K=1.145$，从而得

$$\tau=\frac{[\tau]}{K}=\frac{450}{1.145}\text{MPa}\approx 400\text{MPa}$$

从图右端的 $D=10\text{mm}$，$d=1\text{mm}$ 引线交于 a 点，然后沿着 F 的方向与 $\tau=400\text{MPa}$ 的标度线交于 b 点。沿着 F-f 的方向，向右与载荷标度交于 16N，则此弹簧所能承受的载荷 $F=16\text{N}$。

从 a 点沿着 F 的方向与 $\tau=400\text{MPa}$ 标度线交于 c 点，由 c 点沿着 F-f 的方向向左，与 f' 的标度线交于 1.5mm，则此弹簧单圈的变形为 $f'=1.5\text{mm}$。

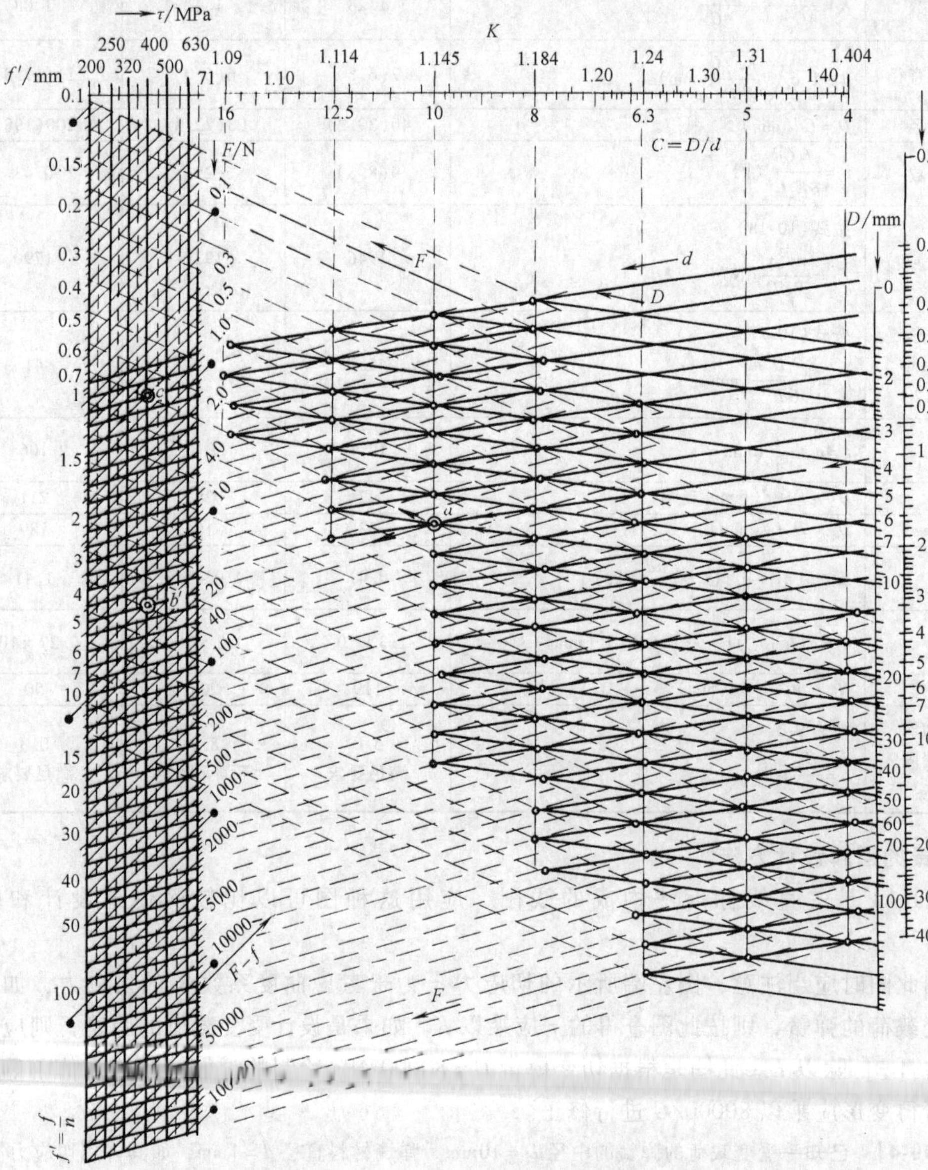

图 10-14 圆形截面材料压缩弹簧设计用线图

6.5 矩形和圆形截面材料压缩弹簧的比较选择计算方法

如图 10-15 所示，纵坐标 Q 为切应力 τ 与弹簧圈比压 $q=\dfrac{F}{\pi D_2^2/4}$之比，横坐标为旋绕比 C。

$$Q=\frac{\tau}{q}=\frac{\tau}{F\Big/\left(\dfrac{\pi D_2^2}{4}\right)}=\frac{D_2^2\tau}{1.28F}$$

$$\tau=Q\frac{1.28F}{D_2^2} \qquad (10\text{-}35)$$

对于给定外载荷 F 和外径 D_2 的弹簧，在选定材料，确定出 $[\tau]$ 之后，可以在图上查得圆形和矩形截面材料弹簧的 C 值，对它们进行比较选定之后，根据下式便可计算出矩形截面材料的短边长 a 或圆形截面材料的直径 d：

$$a(d)=\frac{D_2}{C+1}$$

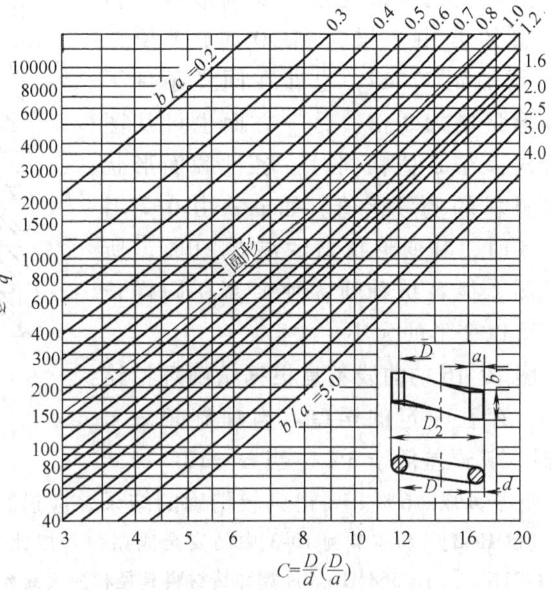

图 10-15 选择压缩弹簧材料截面尺寸用线图

从图上可以看出，弹簧材料截面形状改变时对弹簧承载能力的影响。如弹簧外径 D_2 相同，当 $C=6$ 时，圆形截面材料的 $Q=735$，而矩形截面材料 $b/a=2$ 时，下降到 $Q=280$，这说明在相同的切应力下，后者比前者承载能力高 2.6 倍，或者说在相同的外载荷作用下，后者的切应力是前者的 38%。

例如有一方形截面材料、$C=6$ 的弹簧想用另一承载能力比它提高 50% 的弹簧代替。这时，可先在图 10-15 上查得原弹簧的 $Q=680$，则替换弹簧的 $Q=\dfrac{680}{1+0.5}=453$。如该弹簧仍用方形材料，则其 $C=5.2$；如要保持外径 D_2 和 a 不变，应改用矩形截面材料，其 $b/a=1.38$；如要保持 D_2 和 b 不变，则应改用 $C=4.4$，$b/a=0.8$ 的矩形截面材料的弹簧。

根据弹簧的变形计算公式（10-14b），可以导出每圈弹簧的变形：

$$f'=Y\frac{D\tau}{G} \qquad (10\text{-}36)$$

式中，Y 为变形系数，对于圆形截面材料：

$$Y=\frac{\pi C}{K}$$

对于矩形截面材料：

$$Y=\frac{1}{2K'k_3}\pi C\left(1-\frac{1}{C}\right)$$

由上式可以看出 Y 与旋绕比 C 和矩形截面边长 b/a 有关，其值可在图 10-16 查得。

从图和公式可以看出，变形系数 Y 表示各种截面形状的弹簧材料，在不同旋绕比 C 时的变形比值。如圆形截面材料弹簧的 C 由 4 增大到 10 时，Y 值由 8.95 增加到 27.44，也即在同样条件下其变形量增加 3 倍。另一方面也可从图上看出，在 C 值相同时，各种截面形状弹簧材料的变形比值。如 b/a 由 0.2 增大到 5 时，其变形比值约减少 80%。所以从图上很容易看到各种弹簧在同样长度下可以变形的大小。

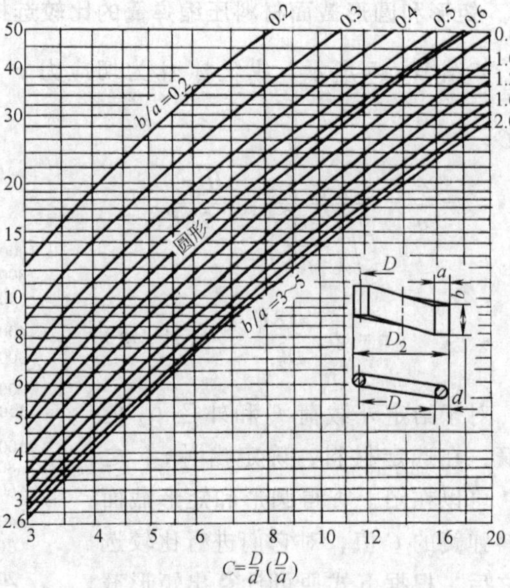

图 10-16 计算压缩弹簧变形用线图

图 10-16 的曲线不是根据精确理论绘制的，存在一定的误差。当螺旋角 $\alpha<10°$ 时，其误差低于 3%，当 $\alpha=12°\sim18°$ 时，低于 4%～6%。要得到较精确的结果，应进行必要的验算。

【例 10-5】 将本节例 10-3 中的安全阀用弹簧按此方法设计。原来已知 $D_2=47\text{mm}$，$f_2=35.2\text{mm}$，$F_2=1471\text{N}$，$[\tau]=568\text{MPa}$。计算弹簧材料直径和弹簧圈数。

解 （1）弹簧材料直径 根据式（10-34）得

$$Q=\frac{D_2^2[\tau]}{1.28F}=\frac{47^2\times568}{1.28\times1471}=666$$

根据图 10-15 查得 $C=5.8$，得

$$d=\frac{D_2}{C+1}=\frac{47}{5.8+1}\text{mm}=6.9\text{mm}$$

取 $d=7\text{mm}$，与前设计结果相同。

（2）弹簧工作圈数 实际的 $C=\frac{47-7}{7}=5.7$。根据 C 值在图 10-16 查得 $Y=12$。另外，根据 C 值在图 10-4 查得 $K=1.23$，从式（10-13）得

$$\tau=K\frac{8F_2C}{\pi d^2}=1.23\times\frac{8\times1471\times5.7}{\pi\times7^2}\text{MPa}=535\text{MPa}$$

代入式（10-36），得

$$f'=Y\frac{D_2\tau}{G}=12\times\frac{47\times535}{78800}\text{mm}=3.82\text{mm}$$

所以

$$n=\frac{f}{f'}=\frac{35.2}{3.82}\text{圈}=9.27\text{圈}$$

与前设计九圈基本相符。

（3）改用矩形截面材料弹簧 如果弹簧外径尺寸、弹簧高度和材料不变，试用矩形截面材料弹簧来代

替。按照要求应根据强度相等和变形相等进行设计。

强度相等的条件是此弹簧应等于原弹簧的实际切应力 535MPa，所以弹簧的实际 $Q=666\times\dfrac{535}{568}=627$。根据此值在图 10-15 和图 10-16 查得

$$\frac{b}{a}=0.8,\ C=5.4,\ Y=10,$$

$$\frac{b}{a}=0.7,\ C=4.8,\ Y=9.8,$$

为了保持原来的高度不变，则需要矩形截面材料弹簧在最大载荷时的变形与弹簧压并高度之比和圆形截面材料弹簧的相等。圆形截面材料弹簧的该比值为

$$\frac{Y\dfrac{D_2\tau}{G}n}{nd}=Y(C+1)\frac{\tau}{G}=12\times\left(\frac{40}{7}+1\right)\frac{\tau}{G}=81\ \frac{\tau}{G}$$

矩形截面材料的比值为

当 $b/a=0.8$ 时，

$$\frac{Y\dfrac{D_2\tau}{G}n}{nb}=\frac{Y(C+1)}{b/a}\ \frac{\tau}{G}=\frac{10\times(5.4+1)}{0.8}\ \frac{\tau}{G}=81\ \frac{\tau}{G}$$

当 $b/a=0.7$ 时，$C=4.8$ 时，

$$a=\frac{D_2}{C+1}=\frac{47}{4.8+1}\text{mm}=8.1\text{mm}$$

$$b=0.7a=0.7\times8.1\text{mm}=5.7\text{mm}$$

$$\frac{Y(C+1)}{b/a}=\frac{9.6\times(4.8+1)}{0.7}=80$$

$b/a=0.8$ 的矩形截面材料弹簧与圆形截面材料比较接近。

弹簧工作圈数

$$n=\frac{f}{f'}=\frac{f}{Y\dfrac{D_2\tau}{G}}=\frac{35.2}{10\times\dfrac{47\times535}{78800}}\text{圈}=11.0\text{ 圈}$$

7　大螺旋角圆柱螺旋压缩弹簧的设计计算

以上各节所用公式大都以式（10-17）和式（10-18）两基本公式为根据，假设螺旋角 $\alpha\approx0$ 的情况下推导出来的，这些公式适用于螺旋角较小的场合。当螺旋角比较大时，如应用这些公式计算，将产生比较大的误差。因此在设计计算大螺旋角的螺旋弹簧时，要考虑螺旋角的影响，在精确计算时，应采用第 9 章 3、4 节中相应的公式。在实际应用中，也可采用如下粗略的简便方法计算大螺旋角螺旋弹簧的变形和应力。

7.1　圆形截面材料大螺旋角压缩弹簧

对于大螺旋角螺旋压缩弹簧的变形计算可采用式（10-14a）：

$$f=\frac{\pi FD^3n}{4\cos\alpha}\left(\frac{\cos^2\alpha}{GI_p}+\frac{\sin^2\alpha}{EI}\right)$$

对于圆形截面材料极惯性矩 $I_p=\dfrac{\pi d^4}{32}$，惯性矩 $I=\dfrac{\pi d^4}{64}$代入上式得

$$f=\frac{8FD^3n}{Gd^4}\left(\cos\alpha+2\frac{G}{E}\frac{\sin^2\alpha}{\cos\alpha}\right)=\eta\frac{8FD^3n}{Gd^4} \tag{10-37}$$

$$\eta=\cos\alpha+2\frac{G}{E}\frac{\sin^2\alpha}{\cos\alpha} \tag{10-38}$$

式中 η——修正系数。

从式（10-37）可以看出，对于圆形截面材料的大螺旋角螺旋弹簧，只要对小螺旋角螺旋弹簧的变形计算式（10-17）乘以修正系数 η 就行了。

从式（9-15）和表 9-1 可以看出弹簧材料截面内的应力，当 $\alpha>0$ 时，K_{bp} 和 K_{tp} 随着螺旋角 α 的增大而增加，也就是正应力 σ_{bb} 和 σ_{tt} 随着 α 的增大而有所增加。但增加的值相对于切应力 τ 来说，仍然比较小，因而对切应力的影响也较小。所以一般在计算大螺旋角螺旋弹簧的应力时，可以不考虑 α 增大对切应力的影响。如有必要考虑这种影响时，弹簧的切应力仍可按下式计算，只是在曲度系数 K 中要考虑 α 的影响。

$$\tau=K\frac{8FD}{\pi d^3}$$

式中曲度系数 K 根据 α 和 C 可在图 10-17 中查得。

7.2 矩形截面材料大螺旋角压缩弹簧

螺旋角 α 的增大对切应力的影响较小，所以在大螺旋角的情况下，切应力计算式仍可采用式（10-21b）。对于变形可应用式（10-20b）的修正式：

$$f=\eta'\frac{\pi FD^3n}{4GI_p} \tag{10-39}$$

$$\eta'=\frac{\cos\alpha}{1+\dfrac{C_1\cos^4\alpha}{C^2-1}}+\frac{GI_p}{EI}\frac{\sin^2\alpha}{\cos\alpha} \tag{10-40}$$

式中 η'——修正系数；

C_1——系数，根据 b/a 或 a/b（取大于 1 的值）在图 10-18 中查得；

I——以 b 轴为中性轴的材料截面惯性矩，$I=a^3b/12$；

I_p——材料截面极惯性矩，见表 10-13；

C——旋绕比，$C=D/a$。

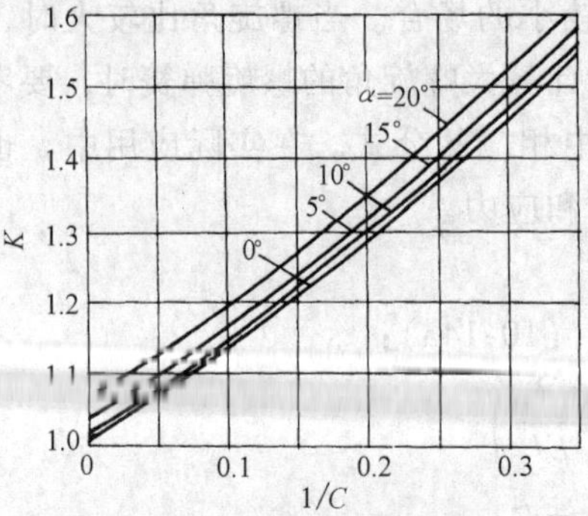

图 10-17 大螺旋角螺旋弹簧的曲度系数 K

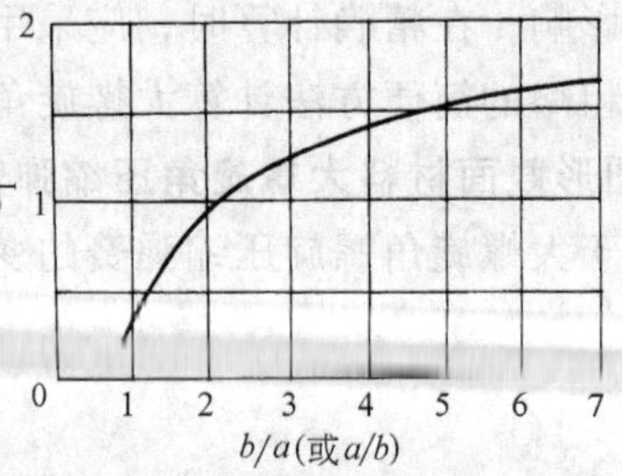

图 10-18 C_1 值

8　圆柱螺旋压缩弹簧受振动载荷时的设计计算

对于内燃机等所用的阀弹簧，因其承受高频率的周期性变载荷，所以应进行疲劳强度和振动验算。设弹簧所受振动载荷为

$$F(t)=F_m+F_a\sin 2\pi\nu_r t$$

则弹簧材料的切应力可按下式计算：

$$\tau_{\max}=\frac{8D}{\pi d^3}F_m+K\frac{8D}{\pi d^3}\frac{1}{1-(\nu_r/\nu)^2}F_a \tag{10-41a}$$

$$\tau_{\min}=\frac{8D}{\pi d^3}F_m-K\frac{8D}{\pi d^3}\frac{1}{1-(\nu_r/\nu)^2}F_a \tag{10-41b}$$

$$F_m=\frac{F_{\max}+F_{\min}}{2},\quad F_a=\frac{F_{\max}-F_{\min}}{2}$$

代入式（8-25）可计算出安全系数 S。

式中　$\tau_{\max}$——最大工作应力；

$\tau_{\min}$——最小工作应力；

F_m——平均载荷；

F_a——载荷幅；

ν_r——振动载荷的频率（Hz）；

ν——弹簧系统的自振频率（Hz），按式（9-81）计算。

根据 ν_r/ν 可在图 10-19 中查得 $\frac{1}{1-(\nu_r/\nu)^2}$ 值。它相当于不同频率 ν_r 的振动载荷所产生的振动对弹簧切应力的影响。从图上可以看出，当 $\nu_r/\nu\leqslant 0.1$ 和 $\nu_r/\nu\geqslant 2$ 时，$\frac{1}{1-(\nu_r/\nu)^2}$ 值

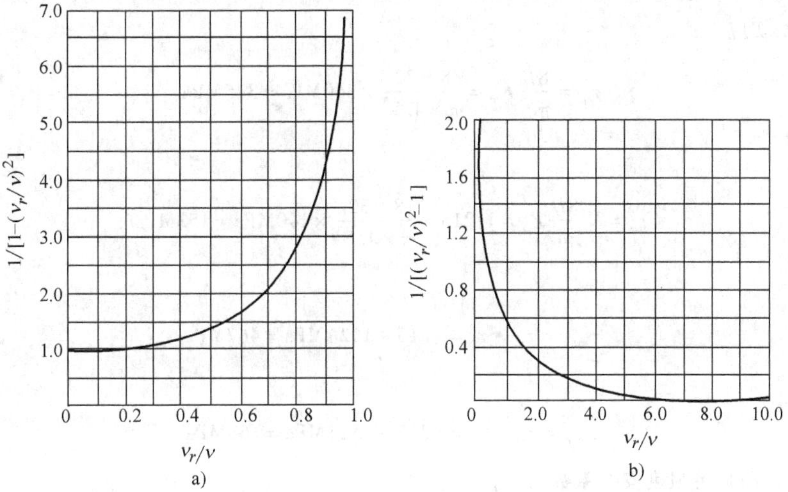

图 10-19　$\frac{1}{1-(\nu_r/\nu)^2}$ 和 $\frac{1}{(\nu_r/\nu)^2-1}$ 值

很小，说明此时振动对弹簧强度的影响很小。因此，为了避免由于振动对弹簧强度的影响，对于阀门一类的弹簧，应使 $\nu_r/\nu \leqslant 0.1$，对于减振弹簧，应使 $\nu_r/\nu \geqslant 2$。

弹簧的自振频率受尺寸偏差的影响较大，因此计算值的误差也可能较大，所以通过试验进行修正。

【例 10-6】 已知一气门弹簧的材料直径 $d=4.5\text{mm}$，弹簧中径 $D=32\text{mm}$，工作圈数 $n=6$ 圈，自由高度 $H_0=63\text{mm}$。弹簧的安装载荷 $F_1=220\text{N}$，工作载荷 $F_2=500\text{N}$，材料为油淬火回火 VDCrSi 钢丝，凸轮轴转速为 1400r/min。试验算此弹簧的共振性和疲劳强度。

解 由表 2-49 查得 VDCrSi 钢丝的 $\sigma_b=1810\text{MPa}$。由表 10-10 查得循环次数 N 大于 10^7 时的脉动循环疲劳极限 $\tau_0=0.35\times\sigma_b=0.35\times1810\text{MPa}=634\text{MPa}$，$\tau_s=0.55\times\sigma_b=0.55\times1810\text{MPa}=996\text{MPa}$。切变模量 $G=78800\text{MPa}$。

（1）振动性验算　按式（9-79b）得弹簧两端固定时的一阶自振频率为

$$\nu=3.56\times10^5\frac{d}{nD^2}=3.56\times10^5\times\frac{4.5}{6\times32^2}\text{Hz}=260.7\text{Hz}$$

而
$$\nu_r=\frac{1400}{60}\text{Hz}=23.3\text{Hz}$$

$$\nu_r/\nu=\frac{23.3}{260.7}=0.09$$

满足 $\nu_r/\nu<0.1$ 可不考虑振动的影响，$\dfrac{1}{1-\left(\dfrac{\nu_r}{\nu}\right)^2}\approx1$。

（2）疲劳强度验算　弹簧的平均载荷和载荷幅为

$$F_m=\frac{F_2+F_1}{2}=\frac{500+220}{2}\text{N}=360\text{N}$$

$$F_a=\frac{F_2-F_1}{2}=\frac{500-220}{2}\text{N}=140\text{N}$$

根据旋绕比　$C=\dfrac{D}{d}=\dfrac{32}{4.5}=7.1$，由图 10-4 查得曲度系数 $K=1.213$，按式（10-18）得弹簧材料的平均切应力：

$$\tau_m=\frac{8D}{\pi d^3}F_m=\frac{8\times32}{\pi\times4.5^3}\times360\text{MPa}=315\text{MPa}$$

切应力幅：

$$\tau_a=K\frac{8D}{\pi d^3}F_a=1.213\times\frac{8\times32}{\pi\times4.5^3}\times140\text{MPa}=152\text{MPa}$$

最大切应力：

$$\tau_{\max}=\tau_m+\tau_a=(315+152)\text{MPa}=467\text{MPa}$$

最小切应力：

$$\tau_{\min}=\tau_m-\tau_a=(315-152)\text{MPa}=163\text{MPa}$$

代入式（10-25）得疲劳强度安全系数为

$$S=\frac{\tau_0+0.75\tau_{\min}}{\tau_{\max}}=\frac{634+0.75\times163}{467}=1.6$$

满足 $S \geqslant S_{\min}=1.3$

（3）静强度验算　按式（8-26）可得静强度安全系数为

$$S_s=\frac{\tau_s}{\tau_{\max}}=\frac{996}{467}=2.1$$

满足 $S_s \geqslant S_{\min}=1.3$

9　强压处理的圆柱螺旋弹簧的设计计算

弹簧经强压处理后，若需达到处理的目的，则弹簧材料在径向一定的深度范围内产生的应力，应达到或超过屈服点 τ_s，此时弹簧所加的载荷可按式（10-42）近似计算：

$$F_p=K_p\frac{\pi d^3}{8D}\tau_s \tag{10-42}$$

对应的变形量：

$$f_p=\frac{\pi nD^2\tau_s}{Gd_s}=\frac{8nD^3F_p}{K_pGd^4\beta} \tag{10-43}$$

卸载时回弹量：

$$f_h=\frac{8nD^3F_p}{Gd^4} \tag{10-44}$$

剩余变形量：

$$f_y=f_p-f_h=f_h\left(\frac{1}{\eta}-1\right)=ef_h \tag{10-45}$$

$$\eta=f_h/f_p;\ e=\left(\frac{1}{\eta}\right)-1$$

不计剩余应力时，弹簧材料外径处的切应力为

$$\tau_d=K\frac{8F_pD}{\pi d^3}=KK_p\frac{8F_sD}{\pi d^3}=K_p\tau_s \tag{10-46}$$

式中　τ_s——弹簧材料的屈服点；

d_s——在弹簧材料截面内开始产生塑性变形时的直径；

β——与强化层深度有关的系数，$\beta=d_s/d$，为了保证质量，应使 $\beta \geqslant 0.5$；

K_p——强化系数，其值与弹簧材料的 σ_s/σ_b 和 β 值有关。当 $\beta \geqslant 0.5$ 时，碳素弹簧钢 $K_p=1.5\sim1.6$；硅锰弹簧钢 $K_p=1.3\sim1.4$，铬钒弹簧钢 $K_p=1.25\sim1.35$；

η——回弹率，根据 β 和 K_p 可得 $\eta=0.78\sim0.85$，β 大时取大值。对应的 $e=0.15\sim0.28$。

在进行计算时，根据选定的材料，确定系数 β、强化系数 K_p 和回弹率 η。为了保证工作的可靠性，一般取最大工作载荷 F 不超过强压处理载荷 F_p 的 0.8～0.9 倍，取许用切应力 $[\tau_d]=(0.85\sim0.9)K_p\tau_s$，再按此最大载荷 F，用一般基本公式计算主要参数 D、d 和 n。

弹簧的制造高度应比强压处理后的自由高度大 f_y 值。计算值与实际值可能有差异，应通过试验确定。进行强压处理的弹簧，应在工作图上注明强压载荷及处理前的弹簧高度。

10 受轴向和径向载荷作用的圆柱螺旋压缩弹簧的设计计算

在机械工程中，螺旋弹簧往往同时受有轴向载荷和径向载荷。在这种情况下，需要考虑螺旋弹簧的径向性能，如径向刚度、径向稳定性及应力状况等。

10.1 螺旋弹簧的径向刚度

图10-20为螺旋弹簧在轴向载荷 F 和径向载荷 F_r 作用下的变形情况。假设其上下支承面始终保持平行，则弹簧端部的径向变形 f_r 和轴向变形 f 根据式（9-59）和式（10-17）可知为

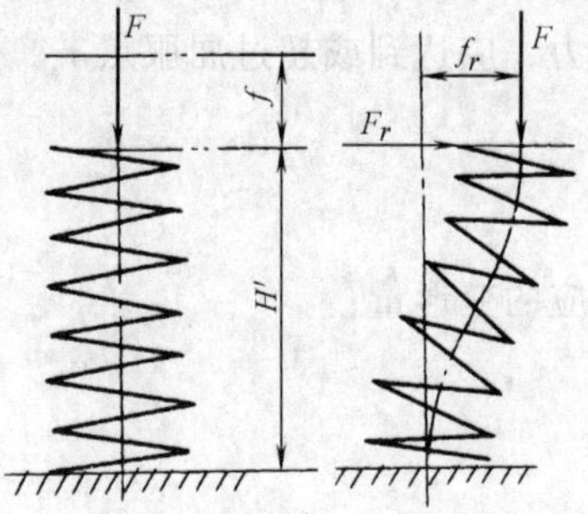

图10-20 螺旋弹簧的轴向变形和径向变形

$$f_r = \frac{F_r H^3}{12B}\left[1 + 1.3\left(\frac{D}{H}\right)^2\right]\eta$$

$$f = \frac{\pi D^3 nF}{4GI_p}$$

$$H = H' - d$$

$$B = \frac{2HEI}{\pi Dn\left(1 + \frac{E}{2G}\right)}$$

$$\eta = \frac{1}{1 - \frac{F}{F_c}}$$

式中 H——弹簧的有效工作高度；

H'——弹簧在平衡状态时，其上下支承面之间的距离；

B——弹簧的当量弯曲刚度，按式（9-45c）求得；

η——轴向载荷影响系数，其值可按式（9-54b）和式（9-55）计算。

根据以上各式可得变形比和刚度比为

$$\frac{f_r}{f} = \frac{F_r}{F}\left[0.295\left(\frac{H}{D}\right)^2 + 0.384\right]\eta \tag{10-47}$$

$$\frac{F'}{F'_r} = \left[0.295\left(\frac{H}{D}\right)^2 + 0.384\right]\eta \tag{10-48}$$

将 η 计算公式代入上式，则得轴向载荷 F 与临界轴向稳定性载荷 F_c 的比值：

$$\frac{F}{F_c} = \left\{1.3\left[\sqrt{1 + 4.29\left(\frac{D}{H}\right)^2} - 1\right]\right\}^{-1}\frac{f}{H} \tag{10-49}$$

图10-21的曲线是根据式（10-48）做出的，它表明刚度比 F'_r/F' 和 f_r/f 及 H/D 比值之间的函数关系。

当螺旋弹簧在径向载荷作用下，其上下支承面能相对转动时，根据式（9-58），将弹簧

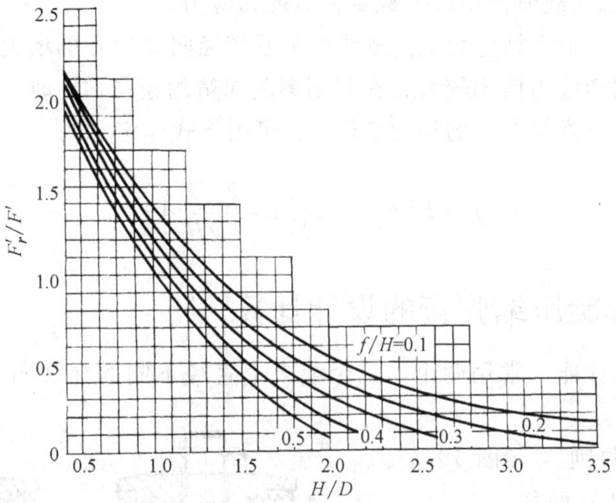

图 10-21 螺旋弹簧径向刚度 F_r' 计算用图

的当量弯曲刚度 B 的计算公式（9-45c）和当量切变刚度 S 的计算公式（9-48b）代入，则得弹簧的径向与轴向变形比、轴向与径向刚度比及轴向与临界轴向稳定性载荷比的计算式：

$$\frac{f_r}{f}=\frac{F_r}{F}\left[1.18\left(\frac{H}{D}\right)^2+0.384\right]\eta \tag{10-50}$$

$$\frac{F'}{F_r'}=\left[1.18\left(\frac{H}{D}\right)^2+0.384\right]\eta \tag{10-51}$$

$$\frac{F}{F_c}=\left\{1.3\left[\sqrt{1+1.07\left(\frac{D}{H}\right)^2}-1\right]\right\}^{-1}\frac{f}{H} \tag{10-52}$$

10.2 螺旋弹簧的径向稳定性

径向稳定性包括径向弹性稳定性和倾覆稳定性两方面。根据理论推导，保证径向弹性稳定性应满足的条件为

$$\frac{F_r'}{F'}\geqslant 1.2\frac{f}{H} \tag{10-53}$$

保证倾覆稳定性应满足的条件为

$$f_r\leqslant\frac{FD}{F_r'H+F} \tag{10-54}$$

$$F_r\leqslant\frac{FDF_r'}{F_r'H+F} \tag{10-55}$$

10.3 螺旋弹簧的切应力

螺旋弹簧端部同时受轴向载荷 F 和径向载荷 F_r 作用时，其最大切应力值 $\tau_{\max}$ 出现在端部弹簧圈的内侧，可用式（10-56）确定：

$$\frac{\tau_{\max}}{\tau}=1+\frac{f_r}{D}\left(1+\frac{F_r'/F'}{f/H}\right) \tag{10-56}$$

式中 τ——为仅有轴向载荷作用时，螺旋弹簧的切应力。

由上式可以看出，最大切应力 τ_{max} 按线性关系随径向变形 f_r 的增大而增大。由于弹簧径向变形所产生的附加切应力值比较大，在利用螺旋弹簧的径向弹性时，应该考虑这一点。

从强度考虑，螺旋弹簧允许的径向变形 f_r，可由下式确定

$$f_r = D\left(\frac{[\tau]}{\tau} - 1\right)\left(1 + \frac{F_r'/F'}{f/H}\right)^{-1} \tag{10-57}$$

11 圆柱组合螺旋压缩弹簧的设计计算

为了改善弹簧的性能，常用两个、三个或多个直径不同的弹簧同心安装，组成组合弹簧，如图 10-22 所示。

组合弹簧分为并列式（图 10-23a）和直列式（图 10-23b）两种。

并列式组合弹簧的当量刚度为

$$F' = F_1' + F_2' + \cdots + F_z' \tag{10-58}$$

直列式组合弹簧的当量刚度为

$$\frac{1}{F'} = \frac{1}{F_1'} + \frac{1}{F_2'} + \cdots + \frac{1}{F_z'} \tag{10-59}$$

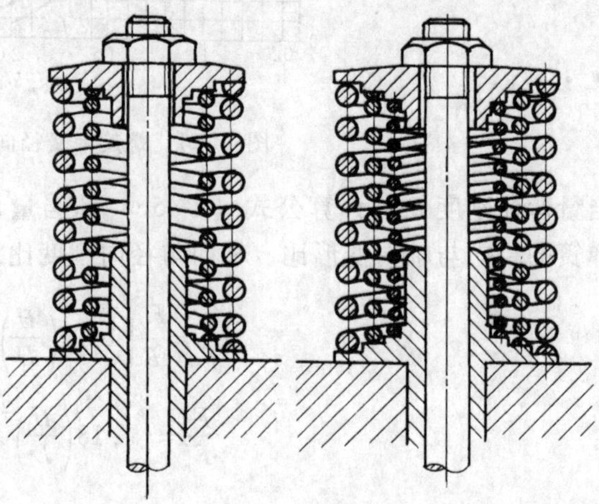

图 10-22 组合压缩螺旋弹簧

11.1 等变形并列式组合压缩弹簧

这种弹簧能承受的载荷较大。为了避免支承面的过大扭转和弹簧间的相互嵌入，以及保持各弹簧的同心度，弹簧应做成右旋和左旋的，并相互交替安装，如图 10-24a 所示。

这种弹簧受载荷后，总变形量及各组成弹簧的变形量均相等，即

$$f = f_1 = f_2 = \cdots = f_z$$

总载荷为各组成弹簧所受载荷之和，即

$$F = F_1 + F_2 + \cdots + F_z$$

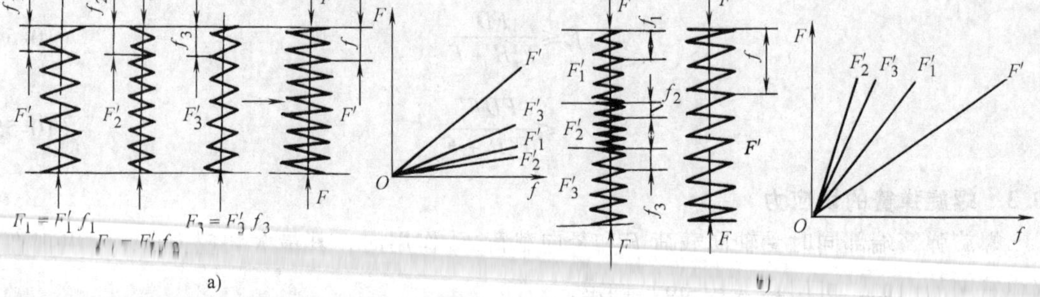

图 10-23 组合弹簧的形式及其特性线

a）并列式组合弹簧 b）直列式组合弹簧

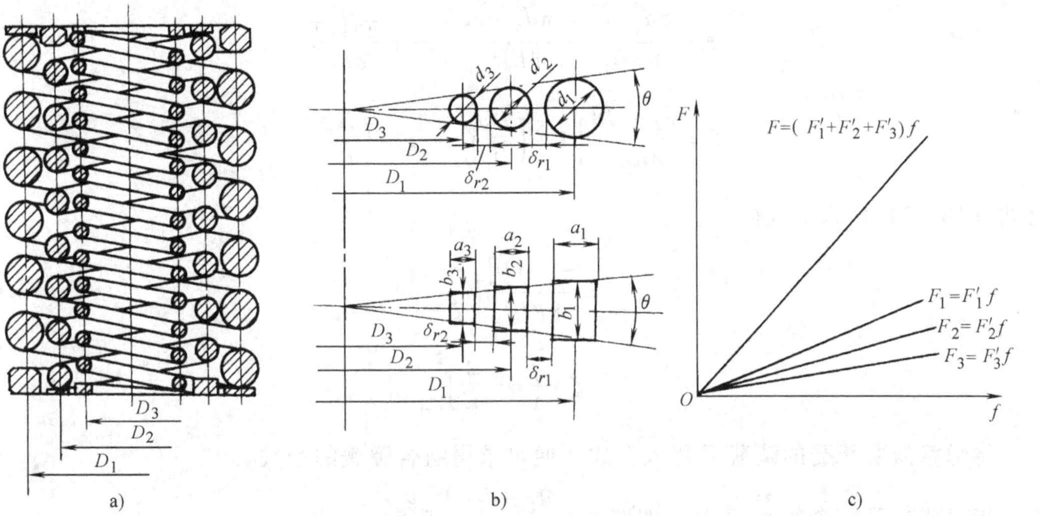

图 10-24　等变形并列组合压缩螺旋弹簧

a）并列组合弹簧　b）截面尺寸参数关系　c）刚度组合关系

各组成弹簧并紧时的高度相等，即

$$H_b = n_1 d_1 = n_2 d_2 = \cdots = n_z d_z$$

各组成弹簧受载荷后的应力相等。从而各组成弹簧的旋绕比亦相等，即

$$C = \frac{D_1}{d_1} = \frac{D_2}{d_2} = \cdots = \frac{D_z}{d_z}$$

为了实现上述各点，各组成弹簧材料的截面必须满足如图 10-24b 所示的要求。对圆截面材料组合弹簧，其夹角 θ 可由式（10-60）计算：

$$\tan\theta = \frac{2d}{D} = 2\sqrt{\frac{\pi H_b[\tau]}{KGf}} \tag{10-60}$$

式中　K——曲度系数。

各组成弹簧之间的径向间隙 δ_r，要考虑到弹簧的外径、弹簧材料截面尺寸的公差、弹簧的垂直度以及变形时的直径的变化。一般可取：

$$\delta_{(z-1)r} = \frac{d_{z-1} - d_z}{2} \tag{10-61}$$

从而得

$$D_z = D_{(z-1)} - 2d_{z-1} \tag{10-62}$$

为了确定组合弹簧的个数，需要确定外载荷 F 与组合弹簧个数 z 的关系。根据公式：

$$F = F_1 + F_2 + \cdots + F_z$$

将式（10-18）代入可得

$$F=\frac{\pi d_1^3[\tau]}{8KD_1}+\frac{\pi d_2^3[\tau]}{8KD_2}+\cdots+\frac{\pi d_z^3[\tau]}{8KD_z}$$

$$F=\frac{\pi[\tau]D_1^2}{8KC^3}\left[1+\left(\frac{D_2}{D_1}\right)^2+\cdots+\left(\frac{D_z}{D_1}\right)^2\right]$$

将式（10-62）代入上式得

$$F=\frac{\pi[\tau]D_1^2}{8KC^3}\left(\frac{\zeta^z-1}{\zeta-1}\right) \tag{10-63}$$

$$\zeta=\left(1-\frac{2}{C}\right)^2$$

将弹簧所要承受的载荷 F 代入上式，便可求得组合弹簧的个数 z。

当组成的弹簧个数 $z=2$ 时，如取 $\delta_r=\frac{d_1-d_2}{2}$，则得

$$\frac{d_1}{d_2}=\frac{D_1}{D_2}=\frac{n_2}{n_1}=\frac{C}{C-2}=\sqrt{\frac{F_1}{F_2}} \tag{10-64}$$

$$F_1+F_2=F \tag{10-65}$$

在设计计算时，根据 f、H_b 和 $[\tau]$，通过式（10-60）计算出 C 值和 θ 值，然后由弹簧个数 z 根据式（10-63）计算最外层弹簧的中径 D_1；或在给出最外层弹簧的中径 D_1 时，根据式（10-63）计算所需弹簧的个数。再按照式（10-61）和（10-62）进一步确定出 d_1、d_2、d_3、…、d_z 和 D_2、D_3、…、D_z。也可按图 10-24 所示图解法得到上列几何尺寸。

按上述步骤选择出最合适的几何尺寸和配置后，还应对各组成弹簧的变形和强度进行精确验算。

同理可得图 10-24b 所示矩形材料组合弹簧各弹簧材料截面合理布置的夹角 θ 为

$$\tan\theta=\frac{2a}{D}=2\sqrt{\frac{k_2 m\pi H_b[\tau]}{2k_1 Gf}} \tag{10-66}$$

式中 k_1、k_2——系数，见表 15-1；

m——矩形弹簧材料边长的比值，$m=b/a\geqslant 1$。

对于用钢丝卷制的弹簧，如果希望各组成弹簧为等强度，则必须考虑钢丝直径对强度的影响。强度与钢丝直径成反比，即

$$[\tau_1]=\frac{\alpha}{d_1},\ [\tau_2]=\frac{\alpha}{d_2},\ [\tau_3]=\frac{\alpha}{d_3},\ \cdots,\ [\tau_z]=\frac{\alpha}{d_z}$$

式中，α 为比例常数，这样可以得到：

$$\frac{D_1^2}{d_1^3}=\frac{D_2^2}{d_2^3}=\cdots=\frac{D_z^2}{d_z^3} \tag{10-67}$$

11.2 不等变形并列式组合压缩弹簧

图 10-25a 为不等高度弹簧组成的并列式组合弹簧，受载荷后各组成弹簧变形不等。这

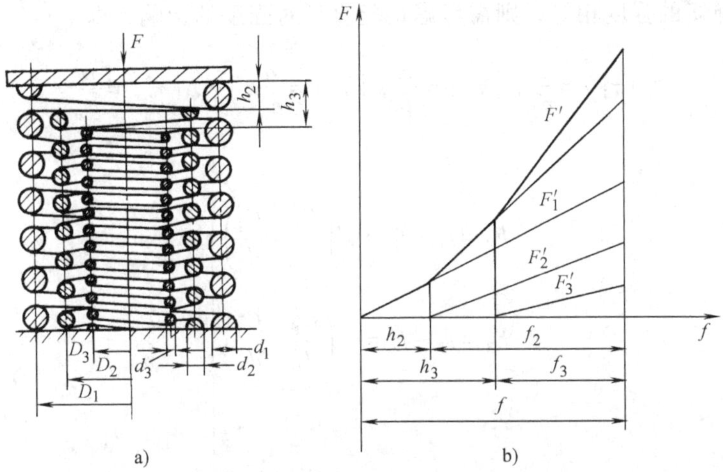

图 10-25 不等变形并列式组合压缩螺旋弹簧及其特性线

a）并列组合弹簧 b）刚度组合关系

种组合弹簧的特性线为非线性、刚度为变值，如图 10-25b 所示。只要合理地采用各种不等高度的弹簧，便可得到任意的弹簧刚度。

图 10-25a 所示，各组成弹簧由外层向内层依次减低 h_2、h_3、…、h_z，受载荷后，各组成弹簧的变形依次为 f_1、f_2、f_3、…、f_z，则

$$f_1 = h_2 + f_2 = h_3 + f_3 = \cdots = h_z + f_z$$

假设各组成弹簧的压并高度相等，即

$$H_b = n_1 d_1 = n_2 d_2 = \cdots = n_z d_z$$

则根据式（10-17）和式（10-18）得

$$f_1 = \frac{\pi n_1 d_1 [\tau]}{G} \cdot \frac{D_1^2}{d_1^2}$$

如各组成弹簧取相等的应力，则上式：

$$f_1 = \gamma C_1^2$$

$$\gamma = \frac{\pi H_b [\tau]}{G}$$

从式中可以看出 γ 为一常数。同理可得

$$f_2 = \gamma C_2^2,\ f_3 = \gamma C_3^2,\ \cdots,\ f_z = \gamma C_z^2$$

于是得各组成弹簧高度之差为

$$\left.\begin{aligned} h_2 &= f_1 - f_2 = \gamma(C_1^2 - C_2^2) \\ h_3 &= f_1 - f_3 = \gamma(C_1^2 - C_3^2) \\ &\vdots \\ h_z &= f_1 - f_z = \gamma(C_1^2 - C_z^2) \end{aligned}\right\} \tag{10-68}$$

如希望各组成弹簧的强度相等，则需考虑钢丝直径对强度的影响，即

$$[\tau_1]=\frac{\alpha}{d_1},\ [\tau_2]=\frac{\alpha}{d_2},\ [\tau_3]=\frac{\alpha}{d_3},\ \cdots,\ [\tau_z]=\frac{\alpha}{d_z}$$

则得

$$\left.\begin{aligned}h_2&=f_1-f_2=\gamma'\left(\frac{C_1^2}{d_1}-\frac{C_2^2}{d_2}\right)\\ h_3&=f_1-f_3=\gamma'\left(\frac{C_1^2}{d_1}-\frac{C_3^2}{d_3}\right)\\ &\vdots\\ h_z&=f_1-f_z=\gamma'\left(\frac{C_1^2}{d_1}-\frac{C_z^2}{d_z}\right)\end{aligned}\right\}\tag{10-69}$$

$$\gamma'=\frac{\pi H_b\alpha}{G}$$

假设各组成弹簧的刚度为 F_1'、F_2'、F_3'、…、F_z'，在各变形段 $h_n<f<h_{n+1}$，载荷与变形关系为

$$F=(F_1'+F_2'+\cdots+F_n')f-(F_2'h_2+F_3'h_3+\cdots F_n'h_n)$$

从而可得变形计算式：

$$f=\frac{F+F_2'h_2+F_3'h_3+\cdots F_n'h_n}{F_1'+F_2'+\cdots+F_n'}\tag{10-70}$$

以上关系如图 10-25b 所示。

11.3 直列式组合压缩弹簧

图 10-26a 为直列式组合压缩弹簧。各弹簧所受载荷相等，弹簧的总变形 f 为各组成弹簧变形 f_1、f_2、f_3、…、f_z 之和，即

$$F=F_1'f_1=F_2'f_2=\cdots F_z'f_z$$

$$f=f_1+f_2+\cdots+f_z$$

因而得组合弹簧的刚度（图 10-26b），其Ⅰ、Ⅱ、Ⅲ段的刚度分别为

$$\left.\begin{aligned}\frac{1}{F_{\rm I}'}&=\frac{1}{F_1'}+\frac{1}{F_2'}+\frac{1}{F_3'}\\ \frac{1}{F_{\rm II}'}&=\frac{1}{F_2'}+\frac{1}{F_3'}\\ \frac{1}{F_{\rm III}'}&=\frac{1}{F_3'}\end{aligned}\right\}\tag{10-71}$$

因此，利用此种结构型式的组合弹簧，可以得到递增的特性线。

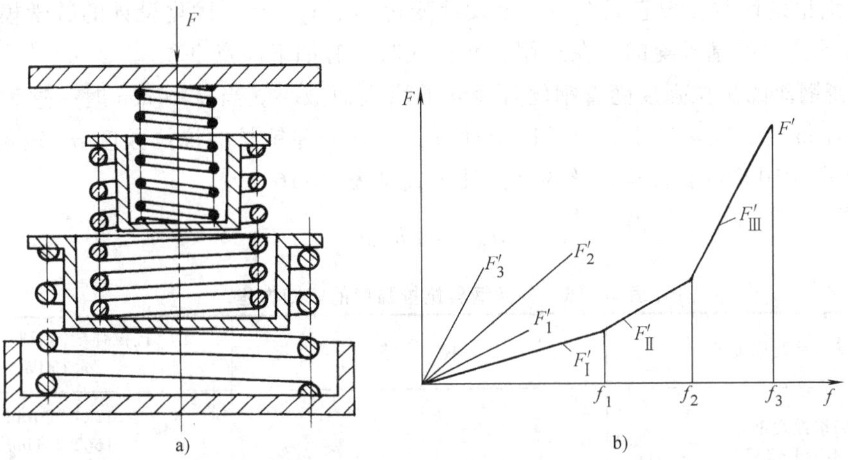

图 10-26　直列式组合压缩弹簧及其特性线

a）直列式组合弹簧　b）刚度组合关系

12　圆柱螺旋弹簧的优化设计计算

弹簧的结构较为简单，功能单纯，影响结构和性能的参变量少，所以设计者很早就在设计中运用解析法、图解分析法来寻求最优设计方案，而且取得了一定的成效。近些年来，随着计算机技术的发展，利用计算机开始采用非线性规划的优化设计方法。

弹簧的优化设计和机械的优化设计相同，就是在满足各种约束的条件下，使弹簧的结构参数或性能参数获得最优解。弹簧的性能参数有强度、寿命、精度、刚度、自振频率等；结构参数有钢丝直径、簧圈直径、高度、圈数、节距等；材料参数有应力、硬度等。可以把这些性能及结构参数看成参变量 x_1、x_2、…、x_n，通过设计计算公式，使上述变量组成不同的函数式，在满足各种约束条件下，实现下列目标之一，或者是它们的综合：经济性最好、质量最轻、体积最小、寿命最长、刚度最大、自振频率最合适、转速最高等。

一般弹簧的优化设计问题是多变量函数的有约束的优化问题，其数字模型为求解一组设计变量：

$$X=[x_1、x_2、\cdots、x_n]^T \tag{10-72}$$

使目标函数：

$$F(X)=F(x_1、x_2、\cdots、x_n) \tag{10-73}$$

在满足下面不等约束或等约束条件方程：

$$g_i(X)\geqslant 0 \quad 或 \quad g_i(X)\leqslant 0, i=1,2,\cdots,m \tag{10-74}$$

$$h_j(X)=0, j=1,2,\cdots,p \tag{10-75}$$

的情况下，达到最优值。

在弹簧优化设计中，较为困难的问题是建立数学模型。数学模型建立后，选择适当的优化方法，并应用其计算过程，通过计算机计算，即可求得优化解。下面以简例说明之。

从弹簧的设计公式可以看出，弹簧的基本结构参数为弹簧钢丝直径 d，弹簧中径 D 和工

作圈数 n，优化设计时，把它们作为三个设计变量 x_1、x_2、x_3。优化设计的数学模型仍是建立在一般设计公式的基础上的，在运用这些公式时，有如下注意事项。

1）弹簧钢丝的抗拉强度随着钢丝直径 d 的增大而减小。当 $d \leqslant 4\text{mm}$ 时，这种变化比较大；当 $d > 4\text{mm}$ 时，变化较小。为了便于计算，可将一些钢丝的抗拉强度 σ_b 表示为直径 d 的函数，见式（10-76）。各类钢丝的具体计算式见表10-16。

$$\sigma_b = a + b\ln d \tag{10-76}$$

表10-16 各类钢丝抗拉强度的回归方程①

钢丝名称及标准号	规格	抗拉强度的回归方程 σ_b/MPa
碳素弹簧钢丝 GB/T 4357	A B C	1324-200ln$d$ 1662-241ln$d$ 1883-252ln$d$
重要用途碳素弹簧钢丝 YB/T 5311	E F G	2072-358ln$d$ 2293-403ln$d$ 1926-226ln$d$
油淬火回火弹簧静态级、中疲劳级钢丝 GB/T 18983	FDC、TDC FDCrV-A、TDCrV-A FDCrV-B、TDCrV-B FDSiMn、TDSiMn FDCrSi、TDCrSi	1778-177ln$d$ 1765-174ln$d$ 1874-176ln$d$ 1849-104ln$d$ 2092-171ln$d$
油淬火回火弹簧高疲劳级钢丝 GB/T 18983	VDC VDCrV-A VDCrV-B VDCrSi	1768-181ln$d$ 1716-137ln$d$ 1827-221ln$d$ 2064-184ln$d$
弹簧用不锈钢丝 YB(T)11	A B C	1449-226ln$d$ 1689-160ln$d$ 1716-280ln$d$

注：利用本表计算式所得抗拉强度 σ_b 为最小值，与实际值相较，其最大误差不超过5%。

① 摘自李晓红，舒荣福的"弹簧钢丝抗拉强度与钢丝直径的回归分析及其应用"。见中国机械工程学会中国弹簧技术学组编。第六届全国弹簧学术会论文集，1995，161～167。

2）脉动循环疲劳极限与弹簧钢丝的抗拉强度有关。对应于各种循环作用次数 N 下的脉动疲劳极限 τ_0 可按表8-9选取。表中所列数值适用于一般情况下使用的高优质钢丝、铍青铜丝和青铜丝等制造的弹簧。为了使 τ_0 具有一定的可靠度，可乘以可靠性系数 K_r，其值可根据要求的可靠度在表10-17中查取。

3）表中所列许用应力值是正常温度下的，如在高温下工作，应乘以温度修正系数 K_t，其值为

$$K_t = \frac{344}{273 + T} \tag{10-77}$$

式中 T——工作温度（℃）。

4）为了便于计算机的运算，曲度系数可近似按式（10-78）计算：

$$K = \frac{1.6}{(D/d)^{0.14}} \tag{10-78}$$

【例 10-7】 有一气门用弹簧，已知安装高度 $H_1=50.8\text{mm}$，安装（初始）载荷 $F_1=272\text{N}$，最大工作载荷 $F_2=680\text{N}$，工作行程 $h=10.16\text{mm}$，弹簧的工作频率 $\nu_r=50\text{Hz}$；弹簧丝用油淬火的 VDCrV-A 钢丝，进行喷丸处理；工作温度为 126℃；要求弹簧中径为 $20\text{mm}\leqslant D\leqslant 50\text{mm}$，弹簧总圈数为 $4\leqslant n_1\leqslant 50$，支承圈数 $n_z=1.75$；旋绕比 $C\geqslant 6$；安全系数为 1.2；设计一个具有质量最轻的弹簧结构方案。

解 （1）性能参数　初选弹簧钢丝直径 $5.5\text{mm}<d\leqslant 6.5\text{mm}$，由表 2-49 可知对应的抗拉强度 $\sigma_b=1470\text{MPa}$。根据表 10-10 可知无限疲劳寿命的许用切应力为 $0.35\sigma_b$。

取可靠度为 90%，则由表 10-17 查得可靠性系数 $K_r=0.868$。又由式（10-77）得温度修正系数：

$$K_t=\frac{344}{273+T}=\frac{344}{273+126}=0.862$$

表 10-17　可靠性系数 K_r①

可靠度(%)	50	90	95	99	99.9	99.99
K_r	1.00	0.868	0.843	0.793	0.737	0.687

① 摘自［美］希格利 J. E. 机械工程设计. 南京工学院机械原理及机械零件教研室译. 北京：人民教育出版社，1981。

再考虑到抛丸处理，按提高疲劳强度 10% 计算。由此，可得实际应用脉动循环疲劳极限为

$$\tau_0=(1+0.1)0.35\sigma_bK_rK_t=1.1\times 515\times 0.868\times 0.862\text{MPa}=423\text{MPa}$$

$$\tau_s=(1+0.1)0.60\sigma_bK_rK_t=1.1\times 882\times 0.868\times 0.862\text{MPa}=726\text{MPa}$$

弹簧的平均载荷 F_m 和载荷幅 F_a 为

$$F_m=\frac{F_2+F_1}{2}=\frac{680+272}{2}\text{N}=476\text{N}$$

$$F_a=\frac{F_2-F_1}{2}=\frac{680-272}{2}\text{N}=204\text{N}$$

要求弹簧具有的刚度为

$$F'=\frac{F_2-F_1}{h}=\frac{680-272}{10.16}\text{N/mm}=40.2\text{N/mm}$$

弹簧的最大变形为

$$f=\frac{F_2}{F'}=\frac{680}{40.2}\text{mm}=16.92\text{mm}$$

（2）设计变量　取弹簧钢丝直径 d、弹簧中径 D 和弹簧总圈数 n_1 为设计变量，即

$$X=\begin{bmatrix}x_1\\x_2\\x_3\end{bmatrix}=\begin{bmatrix}d\\D\\n_1\end{bmatrix}$$

并作为连续变量考虑。

（3）目标函数　弹簧的质量为

$$m=\frac{\pi^2}{4}d^2Dn_1\rho$$

式中　ρ——钢丝材料的密度，$\rho=7.8\times 10^{-3}\text{kg/mm}^3$。

从而得目标函数式为

$$F(X)=m=\frac{\pi^2}{4}\times 7.8\times 10^{-6}x_1^2x_2x_3=1.925x_1^2x_2x_3$$

（4）约束条件 根据对弹簧功能和结构的要求，可列出下列约束方程：

1）由表10-13，式（10-78）和式（8-24）得疲劳强度的约束：

$$g_1(X)=\frac{S_{\min}-S}{S}=\frac{1.2}{S}-1\leqslant 0$$

$$S=\frac{\tau_0}{\left(\frac{2\tau_s-\tau_0}{\tau_s}\right)\tau_a+\left(\frac{\tau_0}{\tau_s}\right)\tau_m}=\frac{423}{\left(\frac{2\times 726-423}{726}\right)+\left(\frac{423}{726}\right)\tau_m}$$

$$\tau_a=K\frac{8F_aD}{\pi d^3}=\frac{1.6}{(D/d)^{0.14}}\cdot\frac{8F_aD}{\pi d^3}=\frac{830.3x_2^{0.86}}{x_1^{2.86}}$$

$$\tau_m=K\frac{8F_mD}{\pi d^3}=\frac{1.6}{(D/d)^{0.14}}\cdot\frac{8F_mD}{\pi d^3}=\frac{1939x_2^{0.86}}{x_1^{2.86}}$$

式中 $S_{\min}$——最小安全系数，根据要求 $S_{\min}=1.2$；

τ_s——弹簧钢丝的屈服点，由表10-10可知其值为 $\tau_s=0.5\sigma_b=0.5\times 1471\text{MPa}=736\text{MPa}$；

τ_a——弹簧的工作应力幅；

τ_m——弹簧的工作平均应力。

2）根据旋绕比的要求，得约束：

$$g_2(X)=\frac{C_{\min}-C}{C}=\frac{6x_1}{x_2}-1\leqslant 0$$

3）根据对弹簧中径尺寸的要求，得约束：

$$g_3(X)=\frac{D_{\min}-D}{D}=\frac{20}{x_2}-1\leqslant 0$$

$$g_4(X)=\frac{D-D_{\max}}{D_{\max}}=\frac{x_2}{50}-1\leqslant 0$$

4）根据压缩弹簧的稳定性条件 $F_2<F_c$ 得

$$g_5(X)=\frac{F_2-F_c}{F_c}=\frac{680}{F_c}-1\leqslant 0$$

$$F_c=0.813H_0\left[1-\sqrt{1-\frac{6.85}{\mu^2}\left(\frac{D}{H_0}\right)^2}\right]F'=32.68[(x_3-0.5)x_1+20.304]$$

$$\times\left\{1-\sqrt{1-13.980\left[\frac{x_2}{(x_3-0.5)x_1+20.304}\right]^2}\right\}$$

$$H_0=(n_1-0.5)d+1.2f=(x_3-0.5)x_1+20.304$$

式中 F_c——临界载荷，见式（9-67）；

μ——长度系数，按一端固定、一端铰支考虑，查表9-3，取 $\mu=0.7$。

当高径比 $H_0/D<3.7$ 时，取 $F_c=2F_2=1360\text{N}$。

5）由共振性条件，得

$$g_e(X)=\frac{13n_1-\nu}{\nu}=\frac{660}{\nu}-1\leqslant 0$$

$$\nu=3.56\times 10^5\times\frac{d}{n_1D^2}=3.56\times 10^5\times\frac{x_1}{x_3x_2^2}$$

式中　ν_r——弹簧的工作频率，为了防止振动的影响应满足 $10\nu_r \leqslant \nu$；

ν——弹簧的自振频率，见式（9-79b）。

6）为了保证弹簧在最大载荷作用下不发生并圈现象，要求弹簧在最大载荷 F_2 时的高度 H_2 应大于压并高度 H_b，为此应满足约束条件：

$$g_7(X)=\frac{H_b-H_2}{H_2}=0.0246x_1x_3-0.0123x_1-1\leqslant 0$$

$$H_2=H_1-h=(50.8-10.16)\,\text{mm}=40.64\,\text{mm}$$

$$H_b=(n_1-0.5)d=(x_3-0.5)x_1$$

式中　h——工作行程，按要求 $h=10.16\text{mm}$。

7）为了保证弹簧具有足够的刚度，要求的弹簧刚度 F'_a 与设计要求的刚度 F' 的误差小于 1/100，由此得约束：

$$h(X)=\begin{cases}0 & \text{当}(\theta)\leqslant 0\\(\theta) & \text{当}(\theta)>0\end{cases}$$

$$(\theta)=|F'_a-F'|-F'/100=\left|\frac{Gx_1^4}{8x_2^3(x_3-1.75)}-4.02\right|-0.0402$$

$$F'=\frac{Gd^4}{8D^3n}$$

式中　(θ)——超出的误差值；

F'——弹簧的刚度。

从上面分析得知，以质量为目标的气门弹簧的优化设计问题，是一个三维八个约束的非线性规划问题。

（5）计算结果　采用约束问题直接解法中的随机方向搜索法。送入边界值 $20\text{mm}\leqslant x_2\leqslant 50\text{mm}$ 和 $4\leqslant x_3\leqslant 50$。在可行区域内选择初始点 $X^{(0)}=[6,\ 40,\ 6.7873]^T$，给定初始步长 $\alpha^{(0)}=0.05$，进行随机搜索和迭代。计算所得优化设计方案列于表 10-18，在应用时，根据具体情况，可以从中选择出一组较为合适的方案。

表 10-18　［例 10-7］弹簧的优化设计方案

钢丝直径(x_1^*) d/mm	弹簧中径(x_2^*) D/mm	总圈数 $n_1=x_3^*$	自由高度 H_0/mm	弹簧质量 $F(x^*)$ m/kg	起作用的约束条件
5.8295	37.1729	7.3370	57.5645	0.1784	g_1,g_2,g_7,h
6.0706	42.6005	6.1167	57.5716	0.1849	g_1,h
6.2433	46.7055	5.4526	57.5940	0.1911	g_1,h
6.3221	48.5394	5.2084	57.5721	0.1945	g_1,h
6.3805	50.0126	5.0290	57.5747	0.1971	g_1,h
6.4110	50.7492	4.9448	57.5691	0.1987	g_1,h

注：* 表示优化值，$d=x_1^*$，$D=x_2^*$，$m=F(x^*)$。

13　圆柱螺旋弹簧的可靠性设计计算

在常规的弹簧设计中，有关强度和寿命等的评定，是以设计数据的均值为准则的。但由于材料、工艺、结构、使用等很多随机因素的影响，不论是强度和寿命，还是所受载荷和应力等均呈一定的统计分布状态。应用概率和统计理论进行可靠性设计，较常规设计更符合实际情况。所以近年来弹簧的可靠性设计得到了应用和发展。

在可靠性设计中，可靠性常用可靠度 R 度量。可靠度是指产品在规定的工作条件下，在预定的寿命内，保持正常功能的概率。反之，不能保持正常功能的概率，称为失效概率 F，即不可靠度。显然，

$$R+F=1 \tag{10-79}$$

可靠性除可靠度可作为度量指标外，还可用失效率、平均使用寿命、失效次数等指标作为度量指标。

13.1　弹簧的概率设计

弹簧的失效概率分布规律与零件类型、材料种类、应力状态以及使用环境等因素有关，如材料强度、磨损寿命、拉伸弹簧的疲劳强度等数据为正态分布；压缩弹簧的疲劳强度的数据为对数正态分布。

图 10-27 为一弹簧的强度 S 和应力 σ 的概率分布曲线，从图上可以看出强度均值 μ_S 远远大于应力的均值 μ_τ，按常规设计方法考虑，此弹簧满足强度要求。但实际上，由于两概率分布曲线有干涉区（图上阴影部分），当弹簧的实际强度和应力处于此干涉区时，仍会产生失效。显然，强度与应力的标准离差 σ_s 和 σ_τ 愈大，干涉区增加愈大，失效概率也愈大。

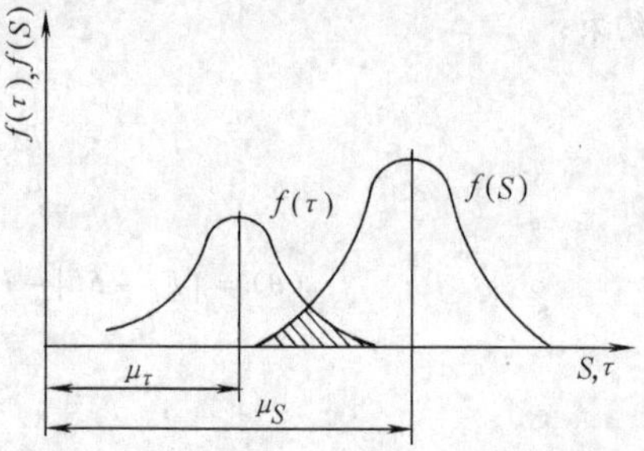

图 10-27　强度 S 和应力 σ 的分布曲线

弹簧的强度 S 和应力 τ 均为随机变量，强度与应力之差 $\delta=(S-\tau)>0$ 的概率为弹簧的可靠度，即

$$R=P(\delta>0)$$

由概率统计理论可知，当 S 与 τ 分布呈正态分布时，δ 的分布也呈正态分布，其均值和标准离差为

$$\mu_\delta=\mu_S-\mu_\tau$$

$$\sigma_\delta=\sqrt{\sigma_s^2+\sigma_\tau^2}$$

从而可得标准化变量：

$$Z_R=\frac{\mu_\delta}{\sigma_\delta}=\frac{\mu_S-\mu_\tau}{\sqrt{\sigma_s^2+\sigma_\tau^2}} \tag{10-80}$$

根据 Z_R 可在表 10-19 查得对应的可靠度 R 值。

表 10-19　Z_R 与 R 的对应值

Z_R	R	Z_R	R	Z_R	R
0	0.50	3.091	0.999	5.199	0.9999999
1.288	0.90	3.719	0.9999	5.612	0.99999999
1.645	0.95	4.265	0.99999	5.997	0.999999999
2.326	0.99	4.753	0.999999		

注：此表是根据正态概率分布数值表制定的。

在设计时，一般情况下，不要强求过高的可靠度，而是确定一个比较经济的 R 值，

即允许 S 和 τ 的分布曲线有一定的干涉（图10-28a）。若要所有可能出现的应力值都小于强度的可能值，也就是不发生干涉（图10-28b），则应提高弹簧的强度，这需要采用高强度材料，采取各种强化工艺措施，增大尺寸等，从而提高了成本，经济性较差。较小的强度 S 和应力 τ 的离差，可减小干涉区（图10-28c），提高可靠度。为此，需要采取提高载荷和应力的计算精确度，严格控制材质，尽量减小应力集中，消除有害的内应力，保证尺寸和精度等措施。这样做，当然也要增加零件成本，但往往带来很大的经济价值，尤其是可采取增大尺寸，不用过于贵重或短缺的材料，从而得到较高的可靠性水平。

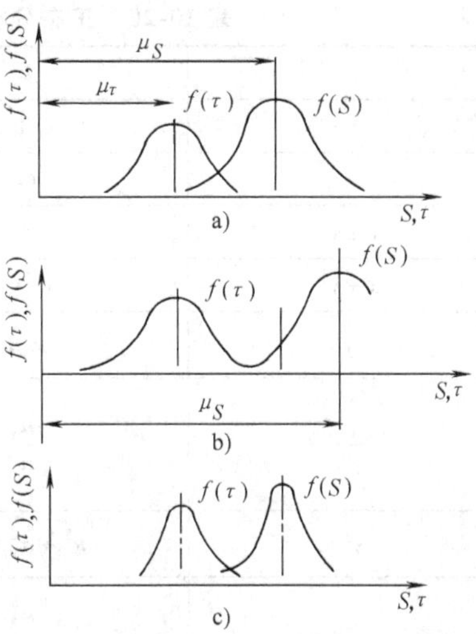

图10-28 强度 S 和应力 τ 分布的状态图

不同分布的数据，其可靠度的计算方法也不同。式（10-80）是根据正态分布推导的结果，此式也可应用于对数正态分布。其他分布数据的可靠度计算方法较为复杂，但可近似采用正态分布的计算方法，其结果偏于安全。

13.2 可靠性设计中的均值和标准离差

弹簧的基本设计公式是多维随机变量。

（1）参数的均值和标准离差　正态分布的参数，强度的均值 S 和标准离差 σ_s 可根据容量较大的数据 S_1，S_2，…，S_n，用下列公式估计：

$$\mu_s = \frac{1}{n}\sum_{i=1}^{n} S_i \tag{10-81}$$

$$\sigma_s = \sqrt{\frac{1}{n-1}\sum_{i=1}^{n}(S_i - \mu_s)^2} \tag{10-82}$$

应力的均值 μ_τ 和标准离差 σ_τ 的估计式与以上两式类同。

（2）函数式的均值和标准离差　弹簧的基本设计公式是多维参数，设其参数为 x_1，x_2，…，x_n，其函数式为 $z=f(x_1, x_2, \cdots, x_n)$，其均值 μ_z 和标准离差 σ_z 的计算式为

$$\mu_z \approx f(\mu_{x1}, \mu_{x2}, \cdots, \mu_{xn}) \tag{10-83}$$

$$\sigma_z \approx \left[\sum_{i=1}^{n}\left(\frac{\partial f(x)}{\partial x_i}\right)^2\bigg|_{x_i=\mu_{xi}} \sigma_{xi}^2\right]^{\frac{1}{2}} \tag{10-84}$$

当设计参数呈正态分布时，其均值和标准离差的计算式如表10-20所列。表中用方差的平方根作为函数的标准离差，也称均方差。$V_z(=\sigma_x/\mu_x)$ 称为变差系数。

（3）应力分布相关参数的统计数据　影响弹簧应力分布的材料、几何参数较多，但关于这些参数的统计数据仍然很缺乏，下面仅简单地介绍几个参数。

1）弹性模量　根据肯特（Kent）机械工程手册给出的钢材弹性模量统计值为 $E \pm \Delta E = (199868 \pm 6892)\text{MPa}$，其标准离差 $\sigma_E = \Delta E/3 = 6892/3\text{MPa} = 2297\text{MPa}$。

表 10-20 正态分布参数的各种函数均值和标准离差的计算式

z	μ_z	σ_z^2	V_z^2
c	c	0	0
cx	$c\mu_x$	$c^2\sigma_x^2$	V_x^2
$c \pm x$	$c \pm \mu_x$	σ_x^2	—
$x \pm y$	$\mu_x \pm \mu_y$	$\sigma_x^2 + \sigma_y^2$	—
xy	$\mu_x\mu_y$	$\mu_x^2\sigma_y^2 + \mu_y^2\sigma_x^2$	$V_x^2 + V_y^2$
$\dfrac{x}{y}$	$\dfrac{\mu_x}{\mu_y}$	$\dfrac{1}{\mu_y^2}\left(\dfrac{\mu_x^2\sigma_y^2 + \mu_y^2\sigma_x^2}{\mu_x^2 + \sigma_y^2}\right)$	$\dfrac{V_x^2 + V_y^2}{1 + V_y^2}$
x^2	$\mu_x^2 + \sigma_x^2 \approx \mu_x^2$	$(2\mu_x\sigma_x)^2$	$(2V_x)^2$
x^n	μ_x^n	$(n\mu_x^{n-1}\sigma_x)^2$	$(nV_x)^2$
$\ln x$	$\ln\mu_x - \dfrac{1}{2}\ln(V_x^2 + 1)$	$\ln(V_x^2 + 1)$	—
$\sqrt{ax^2 + by^2}$	$\sqrt{a\mu_x^2 + b\mu_y^2}$	$\dfrac{(a\mu_x\sigma_x)^2 + (b\mu_y\sigma_y)^2}{a\mu_x^2 + b\mu_y^2}$	$\dfrac{(aV_x\mu_x^2)^2 + (bV_y\mu_y^2)^2}{(a\mu_x^2 + b\mu_y^2)^2}$

切变模量 G 的统计量与弹性模量 E 呈线性关系，其关系式为

$$G = \frac{E}{2(1 + \mu)} \tag{10-85}$$

式中 μ——泊松比，$\mu = 0.3$。根据统计数据表明其离散程度较小，可以看作定值，不考虑其离散性。

根据此式可得切变模量的统计值为 $G \pm \Delta G = (76872 \pm 2651)$MPa，其标准离差：

$$\sigma_G = \Delta G/3 = 2651/3\text{MPa} = 883\text{MPa}$$

2）几何尺寸　弹簧在加工中容许的尺寸偏差多用公差来表示，当缺乏统计数据时，常常用容许偏差 $\pm\Delta$ 估计标准离差 σ。当预期的数据能集中在 $\mu \pm \Delta$ 的范围内时，如图 10-29 所示，这个范围便可用来确定一个大 z 样的极差。一般，标准离差的近似值为

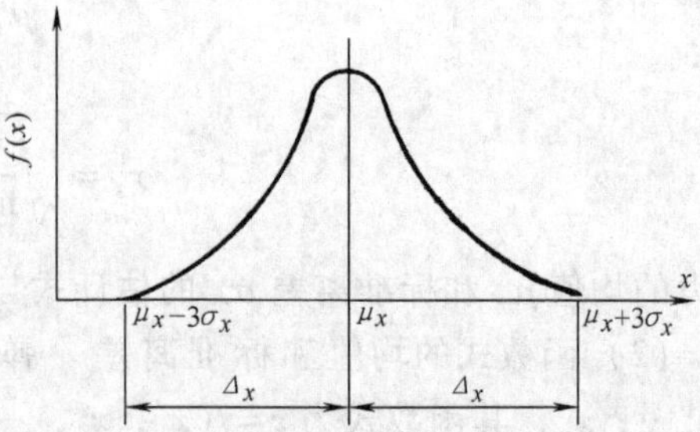

图 10-29 容许偏差 ±Δ 按正态分布估计的示意图

$$\sigma_x \approx \frac{(\mu_x + \Delta x) - (\mu_x - \Delta x)}{6} = \frac{\Delta x}{3} \tag{10-86}$$

此式也可用于确定载荷的标准离差。

【例 10-8】 对例 10-6 结果进行可靠性分析，确定其在疲劳寿命 $N \geq 10^6$ 次时的可靠度及弹簧的刚度 F'的分布参数。各参数的均值和标准离差，根据原设计结果，设其为正态分布。尺寸参数的公差值按 2 级精度查取。载荷分布按 $F \sim N$ (420, 42)MPa。

解　1）弹簧各尺寸的分布参数经查取列于表 10-21。

表 10-21　弹簧尺寸分布参数值

名　　称	均　值	公　差　值	标准离差	说　　明
钢丝直径 d/mm	$\mu_d=4.5$	±0.035	0.01	见表 2-39
弹簧中径 D/mm	$\mu_D=32$	±0.64	0.21	见表 7-6
弹簧圈数 n/圈	$\mu_n=6$	±0.25	0.08	见表 7-7
自由高度 H_0/mm	$\mu_{H_0}=63$	±1.26	0.42	见表 7-4

复合参数曲度系数 K 的分布参数，按式（10-78）可知曲度系数的近似计算式为

$$K=\frac{1.6}{(D/d)^{0.14}}$$

其均值和标准离差分别为

$$\mu_k=\frac{1.6}{(\mu_D/\mu_d)^{0.14}}=\frac{1.6}{(32/4.5)^{0.14}}=1.216$$

$$\sigma_k=\left[\left(\frac{\partial\mu_k}{\partial\mu_D}\right)^2\sigma_D^2+\left(\frac{\partial\mu_k}{\partial\mu_d}\right)^2\sigma_d^2\right]^{\frac{1}{2}}$$

$$=[(-1.6\times0.14\mu_d^{0.14}\mu_D^{-1.14})^2\sigma_D^2+(1.6\times0.14\mu_d^{-0.86}\mu_D^{-0.14})^2\sigma_d^2]^{\frac{1}{2}}$$

$$=[(-1.6\times0.14\times4.5^{0.14}\times32^{-1.14})^2\times0.21^2+(1.6\times0.14\times4.5^{-0.86}\times32^{-0.14})^2\times0.01^2]^{\frac{1}{2}}$$

$$=0.002$$

2）材料强度的均值和标准离差

① 由表 2-49 可知油淬火 VDCrV-A 钢丝对应于 $d=4.5$mm 的强度极限 $\sigma_b=(1520\sim1670)$MPa，按正态分布考虑，则其均值和标准离差近似为

$$\mu_{\sigma_b}=\frac{1520+1670}{2}\text{MPa}=1595\text{MPa}$$

$$\sigma_{\sigma_b}=\frac{1670-1520}{6}\text{MPa}=25\text{MPa}$$

② 根据表 8-9 可知弹簧在载荷作用 10^6 次循环下的脉动疲劳极限 $\tau_0=0.38\sigma_b$，从而由表 10-20 得脉动疲劳极限的均值和标准离差为

$$\mu_{\tau_0}=0.38\mu_{\sigma_b}=0.38\times1595\text{MPa}=606\text{MPa}$$

$$\sigma_{\tau_0}=(0.38^2\times\sigma_{\sigma_b}^2)^{\frac{1}{2}}=(0.38^2\times25^2)^{\frac{1}{2}}\text{MPa}=9.5\text{MPa}$$

3）弹簧受载荷后切应力的均值和标准离差　按表 10-13 计算：

$$\tau=K\frac{8FD}{\pi d^3}$$

按式（10-83）和式（10-84）可知其均值 μ_τ 和标准离差 σ_τ 为

$$\mu_\tau=\mu_k\frac{8\mu_F\mu_D}{\pi\mu_d^3}=1.216\times\frac{8\times420\times32}{\pi\times4.5^3}\text{MPa}=457\text{MPa}$$

$$\sigma_\tau=\left[\left(\frac{\partial\mu_\tau}{\partial\mu_k}\right)^2\sigma_k^2+\left(\frac{\partial\mu_\tau}{\partial\mu_F}\right)^2\sigma_F^2+\left(\frac{\partial\mu_\tau}{\partial\mu_D}\right)^2\sigma_D^2+\left(\frac{\partial\mu_\tau}{\partial\mu_d}\right)^2\sigma_d^2\right]^{\frac{1}{2}}$$

$$\frac{\partial\mu_\tau}{\partial\mu_k}=\frac{8\mu_F\mu_D}{\pi\mu_d^3}=\frac{8\times420\times32}{\pi\times4.5^3}=376$$

$$\frac{\partial\mu_\tau}{\partial\mu_F}=\mu_k\frac{8\mu_D}{\pi\mu_d^3}=1.216\times\frac{8\times32}{\pi\times4.5^3}=1.087$$

$$\frac{\partial\mu_\tau}{\partial\mu_D}=\mu_k\frac{8\mu_F}{\pi\mu_d^3}=1.216\times\frac{8\times420}{\pi\times4.5^3}=14.27$$

$$\frac{\partial\mu_\tau}{\partial\mu_d}=-3\mu_k\frac{8\mu_F\mu_D}{\pi\times\mu_d^4}=-3\times1.216\times\frac{8\times420\times32}{\pi\times4.5^4}=-304.5$$

$$\sigma_\tau=(376^2\times0.002^2+1.087^2\times42^2+14.27^2\times0.21^2+(-304.5)^2\times0.01^2)\text{MPa}$$

$$\approx45.9\text{MPa}\approx46\text{MPa}$$

4）弹簧在 10^6 次循环载荷作用下的可靠度　根据式（10-80）可得标准化变量：

$$\delta_R=\frac{\mu_s-\mu_\tau}{\sqrt{\sigma_s^2+\sigma_\tau^2}}=\frac{\mu_{\tau_0}-\mu_\tau}{\sqrt{\sigma_{\tau_0}^2+\sigma_\tau^2}}=\frac{606-457}{\sqrt{9.5^2+46^2}}=3.172$$

在表 10-19 中可查得可靠度 $R=0.999$。

5）确定弹簧刚度的分布参数　按表 10-13 可知弹簧刚度为

$$F'=\frac{Gd^4}{8D^3n}$$

设弹簧刚度为正态分布，按式（10-83）和式（10-84）得弹簧刚度的均值 $\mu_{F'}$ 和标准离差 $\sigma_{F'}$：

$$\mu_{F'}=\frac{\mu_G\mu_d^4}{8\mu_D^3\mu_n}=\frac{76872\times4.5^4}{8\times32^3\times6}\text{N/mm}=4.45\text{N/mm}$$

$$\sigma_{F'}=\left[\left(\frac{\partial\mu_{F'}}{\partial\mu_G}\right)^2\sigma_G^2+\left(\frac{\partial\mu_{F'}}{\partial\mu_d}\right)^2\sigma_d^2+\left(\frac{\partial\mu_{F'}}{\partial\mu_D}\right)^2\sigma_D^2+\left(\frac{\partial\mu_{F'}}{\partial\mu_n}\right)^2\sigma_n^2\right]^{\frac{1}{2}}$$

$$\frac{\partial\mu_{F'}}{\partial\mu_G}=\frac{\mu_d^4}{8\mu_D^3\mu_n}=\frac{4.5^4}{8\times32^3\times6}=2.6\times10^{-4}$$

$$\frac{\partial\mu_{F'}}{\partial\mu_d}=\frac{4\mu_G\mu_d^3}{8\mu_D^3\mu_n}=\frac{4\times76872\times4.5^3}{8\times32^3\times6}=17.81$$

$$\frac{\partial\mu_{F'}}{\partial\mu_D}=-\frac{3\mu_G\mu_d^4}{8\mu_D^4\mu_n}=-\frac{3\times76872\times4.5^4}{8\times32^4\times6}=-1.88$$

$$\frac{\partial\mu_{F'}}{\partial\mu_n}=-\frac{\mu_G\mu_d^4}{8\mu_D^4\mu_n^2}=-\frac{76872\times4.5^4}{8\times32^4\times6^2}=-0.10$$

代入上式得

$$\sigma_{F'}=[(2.6\times10^{-4})^2\times883^2+17.81^2\times0.01^2+(-1.88)^2\times0.21^2+(-0.10)^2\times0.08^2]^{\frac{1}{2}}\text{N/mm}=0.49\text{N/mm}$$

从而得弹簧刚度 F' 的正态分布参数为 $F'\sim N(4.45,\ 0.49)$N/mm。

14　圆柱螺旋压缩弹簧的调整结构

在许多设备中所用的螺旋压缩弹簧，常常需要调整其压缩力。压缩力调整的结构型式很多，表 10-22 所列为常用的一些典型结构，作为设计时的参考。

表 10-22　圆柱螺旋压缩弹簧的调整压缩力结构

结构类型	作用说明
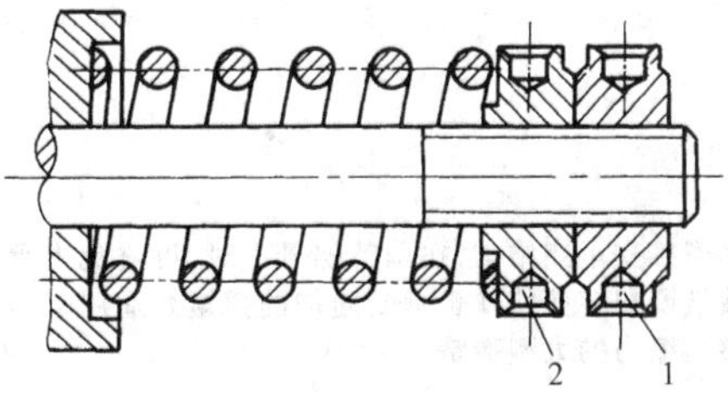 锁紧螺母	调整时，松动螺母 1，将螺母 2 也就是支承座旋到所要求的位置，调整所需要的弹簧压缩力，然后再锁紧螺母 1
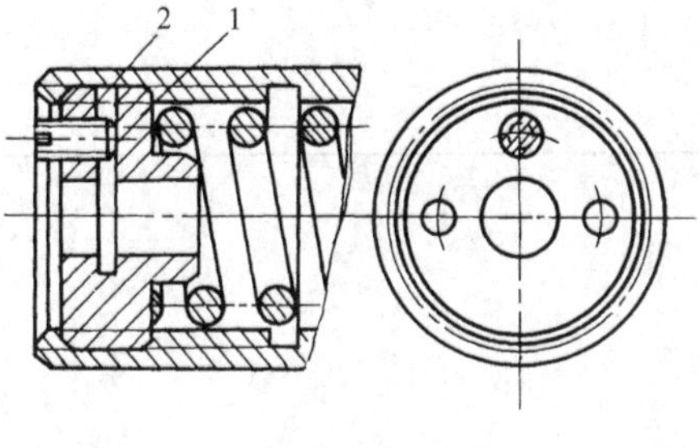 锁紧螺钉	调整时，将锁紧螺钉 2 旋松，然后调整支承座 1，旋到合适位置后，再将锁紧螺钉 2 拧紧
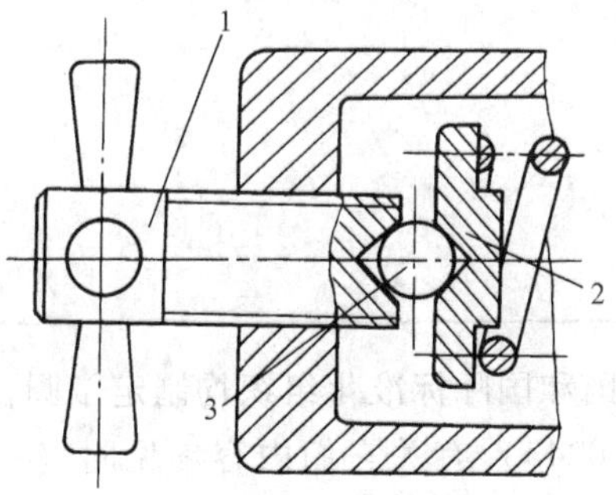 回转支承座	在调整螺旋 1 和支承座 2 之间嵌入钢球 3，这样调整螺旋就可以随着弹簧作用力的改变而自由回转
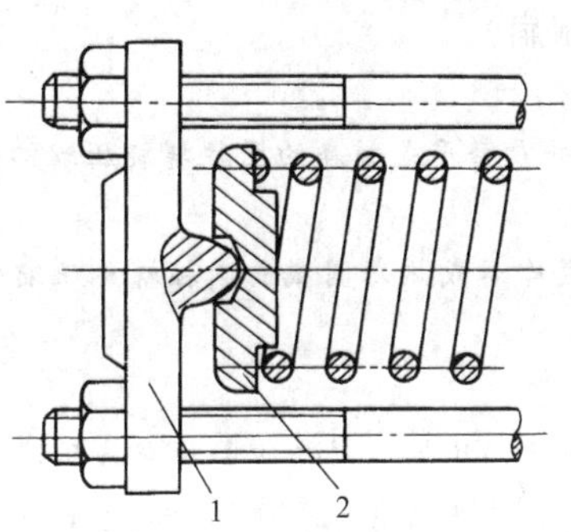 对心顶支承弹簧座	与回转支承座调整结构类似，弹簧座 2 可绕对心顶 1 回转。它适用于大型弹簧

（续）

结构类型	作用说明
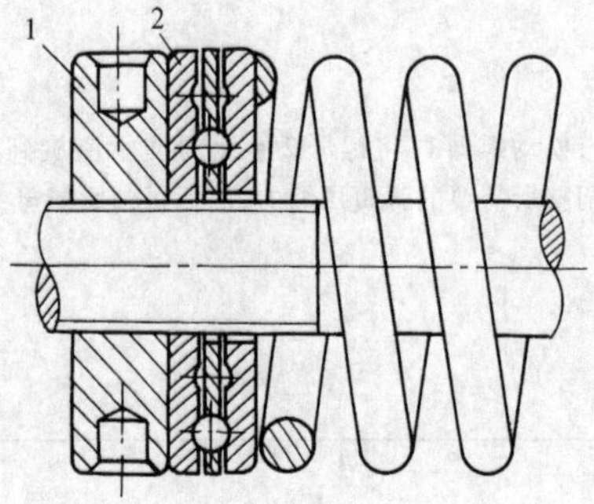 滚动摩擦支承座	滚动摩擦支承座结构，在调整螺母1时，可避免支承座带动弹簧端圈扭转而使弹簧承受附加的扭矩。适用于需要经常调整压缩力的大型弹簧
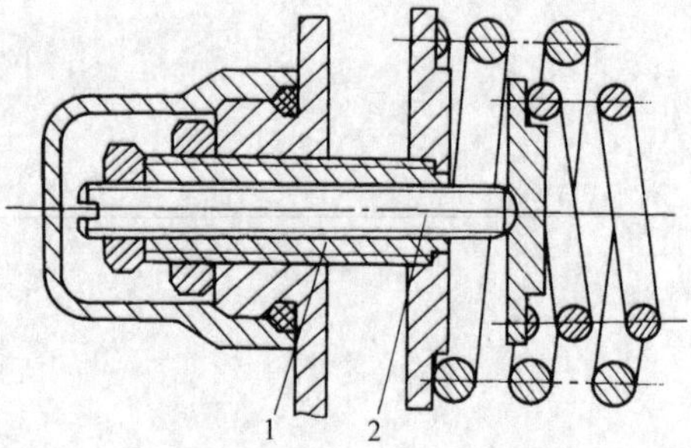 组合压缩弹簧的压缩力调整结构	通过螺杆1调整外层弹簧的压缩力，通过旋入螺杆1中的螺杆2调整内层弹簧的压缩力

为了便于设计者选用和生产制造厂批量生产。我国和国际标准化组织均制定了圆柱螺旋压缩弹簧的尺寸系列及参数（GB/T 2089）和（ISO 10243）有关它们内容参见附（一）和附（二）。

附（一） 普通圆柱螺旋压缩弹簧尺寸及参数㊀
（两端圈并紧磨平或制扁）

1. 应用范围

本标准规定了普通圆柱螺旋压缩弹簧的结构型式中两端圈并紧磨平或制扁的圆柱螺旋压缩弹簧的尺寸及参数。

本标准适用于受静负荷及循环次数 $N \leqslant 10^5$ 的动负荷的普通冷卷或热卷圆截面圆柱螺旋压缩弹簧（以下简称弹簧）。弹簧材料直径为0.5～60mm。

2. 弹簧的类型

弹簧的类型分：YA 冷卷两端圈并紧磨平圆柱螺旋压缩弹簧和 YB 热卷制扁的圆柱螺旋压缩弹簧（图10-30）。

㊀ 摘自 GB/T 2089—2009《普通圆柱螺旋压缩弹簧尺寸及参数（两端圈并紧磨平或制扁）》。

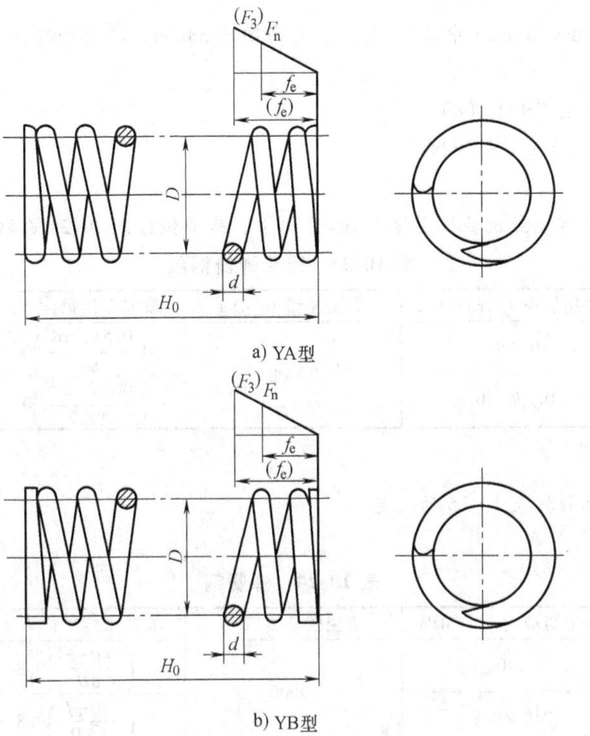

图 10-30　圆柱螺旋压缩弹簧

3. 技术要求

（1）材料　采用冷卷工艺时，选用材料性能不低于 GB/T 4357—1989 中 C 级（DM 型）碳素弹簧钢丝；采用热卷工艺时，选用材料性能不低于 GB/T 1222 的 60Si2MnA。如采用其他种类的材料，在计算中应采用其相应的力学性能数据。

（2）心轴及套筒　弹簧高径比 $b=H_0/D \geqslant 3.7$ 时，应考虑设置心轴或套筒。

（3）制造精度　冷卷或热卷弹簧的制造精度分别按 GB/T 1239 · 2 或 GB/T 23934 规定的 2、3 级精度选用。

（4）表面处理　弹簧表面处理需要时在订货合同中注明，表面处理的介质、方法应符合相应的环境保护法规，应尽量避免采用可能导致氢脆的表面处理方式。

（5）弹簧其他技术要求　弹簧其他技术要求按 GB/T 1239. 2 或 GB/T 23934 的规定。

4. 标记

（1）标记方法

弹簧的标记由类型、规格、精度代号、旋向代号和标准号组成。规定如下：

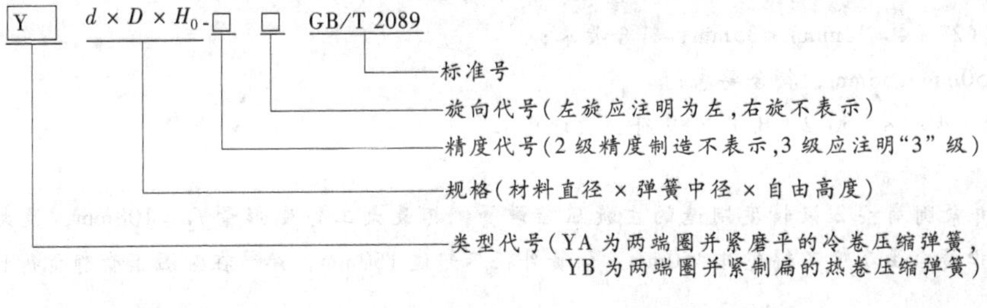

(2) 标记示例

YA 型弹簧，材料直径为3mm，中径为14mm，自由高度38mm，精度等级为2级，左旋的两端圈并紧磨平圆柱螺旋压缩弹簧。

标记：YA3×14×38 左 GB/T 2089

YB 型弹簧标记方法与 YA 型弹簧相同。

5. 许用应力

许用应力根据碳素弹簧钢丝抗拉强度按表10-23选取，弹簧钢按表10-24选取。

表 10-23 碳素弹簧钢丝

推荐负荷类型	许用切应力[τ]/MPa	切变模量 G/MPa	最大工作负荷 F_n/N	最大工作变形量 f_n/mm
静负荷	$0.5R_m$	79000	$\left(\frac{0.5R_m\pi d^3}{8D}\right)0.8$	$\left(\frac{0.5R_m\pi D^2 n}{Gd}\right)0.8$
循环次数为 $N\leqslant10^5$ 的动负荷	$(0.5R_m)0.8$		$\left(\frac{0.5R_m\pi d^3}{8KD}\right)0.8$	$\left(\frac{0.5R_m\pi D^2 n}{KGd}\right)0.8$

6. 弹簧尺寸及参数

弹簧的主要尺寸及参数按表10-25的规定。

7. 选用示例

表 10-24 弹簧钢

推荐负荷类型	许用切应力[τ]/MPa	切变模量 G/MPa	最大工作负荷 F_n/N	最大工作变形量 f_n/mm
静负荷	740	79000	$\left(\frac{740\pi d^3}{8D}\right)0.8$	$\left(\frac{740\pi D^2 n}{Gd}\right)0.8$
循环次数为 $N\leqslant10^5$ 的动负荷	740×0.8		$\left(\frac{740\pi d^3}{8KD}\right)0.8$	$\left(\frac{740\pi D^2 n}{KGd}\right)0.8$

注：试验切应力740MPa 选自 GB/T 23934—2015。

示例1：

一两端圈并紧磨平按2级精度制造的右旋压缩弹簧，要求安装负荷 $F_1=232$N，最大工作负荷 $F_2=490$N，工作行程 $f=10$mm，弹簧自由高度不得超过56mm，弹簧外径不得超过35mm，弹簧在常温下受动负荷循环次数小于 10^5 次。

解：已知 F_1、F_2、f，则弹簧刚度：

$$F'=\frac{F_2-F_1}{f_2-f_1}=\frac{F}{f}=\frac{490\text{N}-232\text{N}}{10\text{mm}}=25.8\text{N/mm}\approx26\text{N/mm}$$

按 $F=F'f$ 公式，则最大工作负荷下的变形量：

$$f_2=\frac{F}{F'}=\frac{490\text{N}}{26\text{N/mm}}=18.8\text{mm}$$

已知：弹簧自由高度不得超过56mm，弹簧外径不得超过35mm，弹簧刚度 $F'=26$N/mm，弹簧最大工作变形量 $f=18.8$mm；根据弹簧在常温下工作，受动负荷循环次数小于 10^5 次。

查表10-25，选规格 YA4×28×50，其中最大工作负荷 $F_n=545$N，最大工作变量 $f=21$mm。

验证合理性：

最大工作负荷 $F_2=490\text{N}<F_n=545$N，符合要求；

最大工作负荷下的变形量 $f_2=18.8\text{mm}<f_n=21$mm，符合要求；

弹簧外径（28+4=32mm）<35mm，符合要求；

弹簧高度50mm<56mm，符合要求；

选压簧：YA4×28×50-2 GB/T 2089 符合设计要求。

示例2：

一两端圈并紧制扁按2级精度制造的左旋压缩弹簧，其最大工作变形量 $f_2=108$mm，最大工作负荷 $F_2=11618$N，弹簧自由高度不得超过450mm，弹簧外径不超过150mm，弹簧在常温下受静负荷作用。

解：已知 F_2、f_2，则弹簧刚度：

$$F'=\frac{F}{f}=\frac{F_2}{f_2}=\frac{11618\text{N}}{108\text{mm}}=107.6\text{N/mm}$$

已知：弹簧最大工作变形量 $f_2=108$mm，最大工作负荷 $F_2=11618$N，弹簧刚度 $F'=107.6$N/mm，弹簧自由高度不得超过450mm，弹簧外径不超过150mm，弹簧在常温下受静负荷作用。

查表10-25，选规格YB 20×120×400，其中最大工作负荷 $F_n=15491$N，最大工作变量 $f=143$mm。

验证合理性：

最大工作负荷 $F_2=11618\text{N}<F_n=15491\text{N}$，符合要求；

最大工作负荷下的变形量 $f_2=108\text{mm}<f_n=143\text{mm}$，符合要求；

弹簧高度400mm<450mm，符合要求；

弹簧外径（120mm+20mm=140mm）<150mm，符合要求；

选压簧：YB 20×120×400-2 左 GB/T 2089 符合设计要求。

表10-25　弹簧的主要尺寸参数

d /mm	D /mm	F_n /N	D_{Xmax} /mm	D_{Tmin} /mm	n=2.5圈				n=4.5圈				n=6.5圈			
					H_0 /mm	f_n /mm	F'/(N/mm)	m /10^{-3}kg	H_0 /mm	f_n /mm	F'/(N/mm)	m /10^{-3}kg	H_0 /mm	f_n /mm	F'/(N/mm)	m /10^{-3}kg
1.8	9	179	6.2	12	13	3.1	57	2.52	18	5.6	32	3.64	25	8.1	22	4.77
	10	161	7.2	13	15	3.9	41	2.80	20	7.0	23	4.05	28	10	16	5.29
	12	134	8.2	16	16	5.6	24	3.36	24	10	13	4.86	32	15	9.2	6.35
	14	115	10	18	18	7.7	15	3.92	28	14	8.4	5.67	38	20	5.8	7.41
	16	101	12	20	20	10	10	4.49	32	18	5.6	6.48	45	26	3.9	8.47
	18	90	14	22	22	13	7	5.05	38	23	4.0	7.29	52	33	2.7	9.53
2.0	10	215	7	13	13	3.4	63	3.46	20	6.1	35	5.00	28	9.0	24	6.54
	12	179	8	16	15	4.8	37	4.15	24	9.0	20	6.00	32	13	14	7.84
	14	153	10	18	17	6.7	23	4.85	26	12	13	7.00	38	17	8.9	9.15
	16	134	12	20	19	8.9	15	5.54	30	16	8.6	8.00	42	23	5.9	10.46
	18	119	14	22	22	11	11	6.23	35	20	6.0	9.00	48	28	4.2	11.77
	20	107	15	25	24	14	7.9	6.92	40	24	4.4	10.00	55	36	3.0	13.07
2.5	12	339	7.5	17	16	3.8	89	6.49	24	6.8	50	9.37	32	10	34	12.26
	14	291	9.5	19	17	5.2	56	7.57	28	9.4	31	10.93	38	13	22	14.30
	16	255	12	21	19	6.7	38	8.65	30	12	21	12.50	40	18	14	16.34
	18	226	14	23	20	8.7	26	9.73	30	15	15	14.06	48	23	10	18.39
	20	204	15	26	24	11	19	10.81	38	19	11	15.62	52	28	7.4	20.43
	22	185	17	28	26	13	14	11.90	42	23	8.1	17.18	58	33	5.6	22.47
	25	163	20	31	30	16	10	13.52	48	30	5.5	19.53	70	43	3.8	25.53
3.0	14	475	9	19	18	4.1	117	10.90	28	7.3	65	15.75	38	11	45	20.59
	16	416	11	21	20	5.3	78	12.46	30	9.7	43	18.00	40	14	30	23.53
	18	370	13	23	22	6.7	55	14.02	35	12	30	20.25	45	18	21	26.47
	20	333	14	26	24	8.3	40	15.57	38	15	22	22.49	50	22	15	29.42
	22	303	16	28	24	10	30	17.13	40	18	17	24.74	58	25	12	32.36
	25	266	19	31	28	13	20	19.47	45	23	11	28.12	65	34	7.9	36.77
	28	238	22	34	32	16	15	21.80	52	29	8.1	31.49	70	43	5.6	41.18
	30	222	24	36	35	19	12	23.36	58	34	6.6	33.74	80	48	4.6	44.12
3.5	16	661	11	22	22	4.6	145	16.96	32	8.3	80	24.49	45	12	56	32.03
	18	587	13	24	22	5.8	102	19.08	35	10	56	27.56	48	15	39	36.03
	20	528	14	27	24	7.1	74	21.20	38	13	41	30.62	50	19	28	40.04
	22	480	16	29	26	8.6	56	23.32	40	15	31	33.68	55	23	21	44.04
	25	423	19	32	28	11	38	26.50	45	20	21	38.27	65	28	15	50.05
	28	377	22	35	32	14	27	29.68	50	25	15	42.86	70	38	10	56.05
	30	352	24	37	35	16	22	31.80	55	29	12	45.93	75	42	8.4	60.06
	32	330	25	40	38	18	18	33.92	60	33	10	48.99	80	47	7.0	64.06
	35	302	28	43	40	22	14	37.09	65	39	7.7	53.58	90	57	5.3	70.07

（续）

d /mm	D /mm	F_n /N	D_{Xmax} /mm	D_{Tmin} /mm	n=8.5 圈 H_0 /mm	f_n /mm	F'/(N/mm)	m /10^{-3} kg	n=10.5 圈 H_0 /mm	f_n /mm	F'/(N/mm)	m /10^{-3} kg	n=12.5 圈 H_0 /mm	f_n /mm	F'/(N/mm)	m /10^{-3} kg
1.8	9	179	6.2	12	32	11	17	5.89	38	13	14	7.01	42	16	11	8.13
	10	161	7.2	13	35	13	12	6.54	40	16	9.9	7.79	48	19	8.3	9.03
	12	134	8.2	16	40	19	7.1	7.85	50	24	5.7	9.34	58	28	4.8	10.84
	14	115	10	18	48	26	4.4	9.16	58	32	3.6	10.90	70	38	3.0	12.65
	16	101	12	20	60	34	3.0	10.47	70	42	2.4	12.46	80	51	2.0	14.45
	18	90	14	22	65	43	2.1	11.77	80	53	1.7	14.02	95	64	1.4	16.26
2.0	10	215	7	13	35	11	19	8.08	40	14	15	9.61	48	17	13	11.15
	12	179	8	16	40	16	11	9.69	48	21	8.7	11.54	58	25	7.3	13.38
	14	153	10	18	50	23	6.8	11.31	55	28	5.5	13.46	65	33	4.6	15.61
	16	134	12	20	55	30	4.5	12.92	65	37	3.7	15.38	75	43	3.1	17.84
	18	119	14	22	65	37	3.2	14.54	75	46	2.6	17.30	90	54	2.2	20.07
	20	107	15	25	75	47	2.3	16.15	90	56	1.9	19.23	105	67	1.6	22.30
2.5	12	339	7.5	17	40	13	26	15.14	50	16	21	18.02	58	19	18	20.91
	14	291	9.5	19	45	17	17	17.66	55	22	13	21.03	65	26	11	24.39
	16	255	12	21	52	23	11	20.19	65	28	9.0	24.03	75	34	7.5	27.88
	18	226	14	23	58	29	7.8	22.71	70	36	6.3	27.04	85	43	5.3	31.36
	20	204	15	26	65	36	5.7	25.23	80	44	4.6	30.04	95	52	3.9	34.85
	22	185	17	28	75	43	4.3	27.76	90	53	3.5	33.05	105	64	2.9	38.33
	25	163	20	31	90	56	2.9	31.54	105	68	2.4	37.55	120	82	2.0	43.56
3.0	14	475	9	19	48	14	34	25.44	58	17	28	30.28	65	21	23	35.13
	16	416	11	21	52	18	23	29.07	65	22	19	34.61	75	26	16	40.14
	18	370	13	23	58	23	16	32.70	70	28	13	38.93	80	34	11	45.16
	20	333	14	26	65	28	12	36.34	75	35	9.5	43.26	90	42	8.0	50.18
	22	303	16	28	70	34	8.8	39.97	85	42	7.2	47.58	100	51	6.0	55.20
	25	266	19	31	80	44	6.0	45.42	100	54	4.9	54.07	115	65	4.1	62.73
	28	238	22	34	95	55	4.3	50.87	115	68	3.5	60.56	140	82	2.9	70.25
	30	222	24	36	100	63	3.5	54.51	120	79	2.8	64.89	150	93	2.4	75.27
3.5	16	661	11	22	55	15	43	39.57	65	19	34	47.10	75	23	29	54.64
	18	587	13	24	58	20	30	44.51	70	24	24	52.99	80	29	20	61.47
	20	528	14	27	65	24	22	49.46	75	29	18	58.88	90	35	15	68.30
	22	480	16	29	70	30	16	54.41	85	37	13	64.77	100	44	11	75.13
	25	423	19	32	80	38	11	61.82	95	47	9.0	73.60	110	56	7.6	85.38
	28	377	22	35	90	48	7.9	69.24	110	59	6.4	82.43	130	70	5.4	95.62
	30	352	24	37	95	54	6.5	74.19	115	68	5.2	88.32	140	80	4.4	102.5
	32	330	25	40	105	62	5.3	79.14	130	77	4.3	94.21	150	92	3.6	109.3
	35	302	28	43	115	74	4.1	86.55	140	92	3.3	103.0	170	108	2.8	119.5
4.0	20	764	13	27	65	21	37	64.60	80	25	30	76.90	90	30	25	89.21
	22	694	15	29	70	25	28	71.06	85	30	23	84.60	100	37	19	98.13
	25	611	18	32	80	32	19	80.75	95	41	15	96.13	110	47	13	111.5
	28	545	21	35	90	39	14	90.44	105	50	11	107.7	130	59	9.2	124.9
	30	509	23	37	95	46	11	96.90	115	57	8.9	115.4	140	68	7.5	133.8
	32	477	24	40	100	52	9.1	103.4	120	65	7.3	123.0	150	77	6.2	142.7
	35	436	27	43	115	63	6.9	113.1	140	78	5.6	134.6	160	93	4.7	156.1
	38	402	30	46	130	74	5.4	122.7	150	91	4.4	146.1	180	109	3.7	169.5
	40	382	32	48	142	83	4.6	129.2	160	101	3.8	153.8	190	119	3.2	178.4

（续）

d /mm	D /mm	F_n /N	D_{Xmax} /mm	D_{Tmin} /mm	n=8.5 圈				n=10.5 圈				n=12.5 圈			
					H_0 /mm	f_n /mm	F'/(N/mm)	m /10^{-3} kg	H_0 /mm	f_n /mm	F'/(N/mm)	m /10^{-3} kg	H_0 /mm	f_n /mm	F'/(N/mm)	m /10^{-3} kg
4.5	22	988	15	30	70	22	45	89.9	85	27	36	107.1	100	33	30	124.2
	25	870	18	33	80	29	30	102.2	95	35	25	121.7	110	41	21	141.1
	28	777	21	36	85	35	22	114.5	105	43	18	136.3	120	52	15	158.1
	30	725	23	38	90	40	18	122.6	110	52	14	146.0	130	60	12	169.4
	32	680	24	41	100	45	15	130.8	120	57	12	155.7	140	69	9.9	180.6
	35	621	27	44	105	56	11	143.1	130	69	9.0	170.3	150	82	7.6	197.6
	38	572	30	47	110	66	8.7	155.3	145	82	7.0	184.9	160	97	5.9	214.5
	40	544	42	49	130	74	7.4	163.5	160	91	6.0	194.7	190	107	5.1	225.8
	45	483	37	54	150	93	5.2	184.0	180	115	4.2	219.0	220	134	3.6	254.0
5.0	25	1154	17	33	80	25	46	126.2	100	30	38	150.2	115	36	32	174.2
	28	1030	20	36	90	31	33	141.3	105	38	27	168.2	120	47	22	195.1
	30	962	22	38	95	36	27	151.4	115	44	22	180.2	130	53	18	209.1
	32	902	23	41	100	41	22	161.5	120	50	18	192.3	140	60	15	223.0
	35	824	26	44	110	48	17	176.6	130	59	14	210.3	150	69	12	243.9
	38	759	29	47	120	58	13	191.8	140	69	11	228.3	170	84	9.0	264.8
	40	721	31	49	130	66	11	201.9	150	78	9.2	240.3	180	93	7.7	278.8
	45	641	36	54	140	80	8.0	227.1	180	99	6.5	270.4	200	118	5.4	313.6
	50	577	41	59	170	99	5.8	252.3	200	123	4.7	300.4	240	144	4.0	348.5
6.0	30	1605	21	39	95	29	56	218.0	115	36	45	259.6	130	42	38	301.1
	32	1505	22	42	100	33	46	232.6	120	41	37	276.9	140	49	31	321.2
	35	1376	25	45	105	39	35	254.4	130	49	28	302.8	150	57	24	351.3
	38	1267	28	48	115	47	27	276.2	140	58	22	328.8	160	67	19	381.4
	40	1204	30	50	120	50	24	290.7	140	63	19	346.1	170	75	16	401.4
	45	1070	35	55	140	63	17	327.0	160	82	13	389.3	190	97	11	451.6
	50	963	40	60	150	80	12	363.4	190	98	9.8	432.6	220	117	8.2	501.8
	55	876	44	66	170	97	9.0	399.7	200	120	7.3	475.8	240	141	6.2	552.0
	60	803	49	71	190	115	7.0	436.1	240	143	5.6	519.1	280	171	4.7	602.2

d /mm	D /mm	F_0 /N	F_n /N	n=15.5 圈				n=18.25 圈				n=20.5 圈			
				H_{Lb} /mm	f_n /mm	F'/(N/mm)	m /10^{-3} kg	H_{Lb} /mm	f_n /mm	F'/(N/mm)	m /10^{-3} kg	H_{Lb} /mm	f_n /mm	F'/(N/mm)	m /10^{-3} kg
3.0	14	95.6	475	49.5	20.2	18.8	40.7	57.8	23.7	16.0	47.4	64.5	26.7	14.2	54.9
	16	73.2	416		27.2	12.6	48.8		32	10.7	56.5		36	9.53	62.8
	18	57.8	370		35.3	8.85	54.9		41.5	7.52	63.5		46.7	6.69	70.6
	20	46.8	333		44.4	6.45	61.0		52.2	5.48	70.5		58.6	4.88	78.5
	22	38.7	303		54.5	4.85	67.1		64.2	4.12	77.7		72.2	3.66	86.3
	25	29.9	266		71.5	3.30	76.3		84	2.81	88.3		94.4	2.50	98.1
3.5	18	107	587	57.8	29.3	16.4	74.7	67.4	34.5	13.9	86.5	75.3	38.7	12.4	96.1
	20	86.8	528		36.8	12.0	83.1		43.7	10.1	96.1		48.8	9.04	107
	22	71.7	480		45.5	8.98	91.4		53.5	7.63	106		60.1	6.79	118
	25	55.5	423		60	6.12	103		70.7	5.20	120		79.4	4.63	134
	28	44.2	377		76.3	4.36	116		89.9	3.70	135		101.2	3.29	150
	35	28.4	302		122.7	2.23	145		144.8	1.89	168		161.9	1.69	187
4.0	22	123	694	66	37.3	15.3	119	77.0	43.9	13.0	138	86.0	49.2	11.6	153
	25	94.7	611		49.6	10.4	136		58.2	8.87	157		65.4	7.89	174
	28	75.4	545		63.2	7.43	152		74.4	6.31	176		83.6	5.62	195
	32	57.8	477		84.2	4.98	174		99.1	4.23	201		111.5	3.76	223

（续）

d /mm	D /mm	F_0 /N	F_n /N	n=15.5圈 H_{Lb} /mm	f_n /mm	F'/ (N/mm)	m /10^{-3}kg	n=18.25圈 H_{Lb} /mm	f_n /mm	F'/ (N/mm)	m /10^{-3}kg	n=20.5圈 H_{Lb} /mm	f_n /mm	F'/ (N/mm)	m /10^{-3}kg
	35	48.3	436		102	3.80	190		120	3.23	220		134.6	2.88	244
4.0	40	37.0	382	66	135.3	2.55	217	77.0	159.7	2.16	251	86.0	178.8	1.93	279
	45	29.2	339		173.1	1.79	244		203.8	1.52	282		229.5	1.35	314
	25	152	870		43	16.7	172		50.6	14.2	199		57	12.6	221
	28	121	777		55.1	11.9	192		65	10.1	222		72.9	9.00	247
	32	92.6	680		73.7	7.97	220		86.8	6.77	254		97.4	6.03	282
4.5	35	77.4	621	74.3	89.3	6.09	240	86.6	104.9	5.18	278	96.8	117.9	4.61	309
	40	62.8	544		117.9	4.08	275		138.7	3.47	318		155.7	3.09	353
	45	46.8	483		152	2.87	309		179.5	2.43	357		201	2.17	397
	50	37.9	435		190	2.09	343		223.1	1.78	397		251.3	1.58	441
	25	232	1154		36.2	25.5	212		42.7	21.6	245		47.8	19.3	272
	28	184	1030		46.7	18.1	237		54.9	15.4	275		61.8	13.7	305
	32	141	902		62.4	12.2	271		73.9	10.3	314		82.8	9.19	349
5.0	35	118	824	82.5	76	9.29	297	96.3	89.5	7.89	343	107.5	100.6	7.02	381
	40	90.3	721		101.4	6.22	339		119.5	5.28	392		134.2	4.70	436
	45	71.3	641		130.4	4.37	381		153.6	3.71	441		172.6	3.30	490
	55	47.8	525		199.7	2.39	466		235.1	2.03	539		263.6	1.81	599
	32	292	1505		48.1	25.2	391		56.7	21.4	452		63.5	19.1	502
	35	244	1376		58.7	19.3	427		69	16.4	494		77.5	14.6	549
	40	187	1204		78.8	12.9	488		92.5	11.0	565		104.3	9.75	628
6.0	45	148	1070	99.0	101.8	9.06	549	116	119.7	7.70	635	129	134.6	6.85	706
	50	120	963		126.4	6.67	610		150.3	5.61	706		168.9	4.99	785
	60	83.2	803		188.4	3.82	732		221.5	3.25	847		249.1	2.89	941
	70	61.1	688		260.1	2.41	854		307.3	2.04	989		344.5	1.82	1100
	40	592	2753		53	40.8	868		62.5	34.6	1000		70.2	30.8	1120
	45	468	2447		69.2	28.6	976		81.4	24.3	1130		91.2	21.7	1260
	50	379	2203		87.3	20.9	1080		103.1	17.7	1260		115.4	15.8	1390
8.0	55	313	2002	132	107.6	15.7	1190	154	127	13.3	1380	172	141.9	11.9	1530
	60	263	1835		129.9	12.1	1300		152.6	10.3	1510		172.2	9.13	1670
	70	193	1573		181.3	7.61	1520		213.6	6.46	1760		240	5.75	1950
	80	148	1377		241	5.10	1740		283.8	4.33	2010		319.2	3.85	2230

d /mm	D /mm	F_n /N	D_{Xmax} /mm	D_{Tmin} /mm	n=2.5圈 H_0 /mm	f_n /mm	F'/ (N/mm)	m /10^{-3} kg	n=4.5圈 H_0 /mm	f_n /mm	F'/ (N/mm)	m /10^{-3} kg	n=6.5圈 H_0 /mm	f_n /mm	F'/ (N/mm)	m /10^{-3} kg
	32	3441	20	44	45	7	494	177.2	70	13	274	255.9	90	18	190	334.7
	35	3146	23	47	47	8	377	193.8	72	15	210	279.9	96	22	145	366.1
	[illegible]	[illegible]	[illegible]	[illegible]	49	10	295	210.1	76	18	164	303.9	98	26	113	397.4
8.0	40	2753	28	52	50	11	253	221.5	78	20	140	319.9	100	28	97	418.4
	45	2447	33	57	52	14	178	249.2	84	25	99	359.9	105	36	68	470.7
	50	2203	38	62	55	17	129	276.9	88	31	72	399.9	115	44	50	523.0

（续）

d /mm	D /mm	F_n /N	D_{Xmax} /mm	D_{Tmin} /mm	n = 2.5 圈				n = 4.5 圈				n = 6.5 圈			
					H_0 /mm	f_n /mm	F'/(N/mm)	m /10^{-3} kg	H_0 /mm	f_n /mm	F'/(N/mm)	m /10^{-3} kg	H_0 /mm	f_n /mm	F'/(N/mm)	m /10^{-3} kg
8.0	55	2002	42	68	58	21	97	304.5	90	37	54	439.9	130	54	37	575.2
	60	1835	47	73	60	24	75	332.2	100	44	42	479.9	140	63	29	627.5
	65	1694	52	78	65	29	59	359.9	110	51	33	519.9	150	74	23	679.8
	70	1573	57	83	70	33	47	387.6	115	61	26	559.9	160	87	18	732.1
	75	1468	62	88	75	39	38	415.3	130	70	21	599.9	180	98	15	784.4
	80	1377	67	93	80	43	32	443.0	140	77	18	639.8	190	115	12	836.7
10.0	40	5181	26	54	56	8	617	346.1	80	15	343	499.9	110	22	237	653.7
	45	4605	31	59	58	11	433	389.3	85	19	241	562.4	115	28	167	735.4
	50	4145	36	64	61	13	316	432.6	90	24	176	624.9	120	34	122	817.1
	55	3768	40	70	64	16	237	475.8	95	29	132	687.3	130	41	91	898.8
	60	3454	45	75	68	19	183	519.1	105	34	102	749.8	140	49	70	980.5
	65	3188	50	80	72	22	144	562.4	110	40	80	812.3	150	58	55	1062
	70	2961	55	85	75	26	115	605.6	115	46	64	874.8	160	67	44	1144
	75	2763	60	90	80	29	94	648.9	120	53	52	937.3	170	77	36	1226
	80	2591	65	95	86	34	77	692.1	130	60	43	999.8	180	86	30	1307
	85	2438	69	101	92	38	64	735.4	140	68	36	1062	190	98	25	1389
	90	2303	74	106	94	43	54	778.7	150	77	30	1125	200	110	21	1471
	95	2181	79	111	98	47	46	821.9	160	84	26	1187	220	121	18	1553
	100	2072	84	116	100	52	40	865.2	170	94	22	1250	240	138	15	1634
12.0	50	6891	34	66	70	11	655	622.9	105	19	364	900	140	27	252	1177
	55	6264	38	72	75	13	492	685.2	110	23	274	990	150	33	189	1294
	60	5742	43	77	75	15	379	747.5	120	27	211	1080	160	39	146	1412
	65	5301	48	82	80	18	298	809.8	130	32	166	1170	170	46	115	1530
	70	4922	53	87	85	21	239	872.1	130	37	133	1260	180	54	92	1647
	75	4594	58	92	90	24	194	934.4	140	43	108	1350	190	61	75	1765
	80	4307	63	97	95	27	160	996.7	150	48	89	1440	200	69	62	1883
	85	4053	67	103	100	30	133	1059	160	55	74	1530	220	79	51	2000
	90	3828	72	108	105	34	112	1121	170	62	62	1620	240	89	43	2118
	95	3627	77	113	110	38	96	1184	180	68	53	1710	240	98	37	2236
	100	3445	82	118	115	42	82	1246	190	75	46	1800	260	108	32	2353
	110	3132	92	128	130	51	62	1370	220	92	34	1980	300	131	24	2589
	120	2871	102	138	140	61	47	1495	240	110	26	2159	340	160	18	2824

d /mm	D /mm	F_n /N	D_{Xmax} /mm	D_{Tmin} /mm	n = 8.5 圈				n = 10.5 圈				n = 12.5 圈			
					H_0 /mm	f_n /mm	F'/(N/mm)	m /10^{-3} kg	H_0 /mm	f_n /mm	F'/(N/mm)	m /10^{-3} kg	H_0 /mm	f_n /mm	F'/(N/mm)	m /10^{-3} kg
8.0	32	3441	20	44	110	24	145	413.4	150	29	118	492.2	155	35	99	570.9
	35	3146	23	47	115	28	111	452.2	140	35	90	538.3	160	42	75	624.5
	38	2898	26	50	122	33	87	491.0	140	41	70	584.5	170	49	59	678.0
	40	2753	28	52	128	37	74	516.8	150	46	60	615.2	180	54	51	713.7
	45	2447	33	57	130	47	52	581.4	160	58	42	692.1	190	68	36	802.9
	50	2203	38	62	150	58	38	646.0	180	73	31	769.0	210	85	26	892.1
	55	2002	42	68	160	69	29	710.6	190	87	23	846.0	220	105	19	981.3
	60	1835	47	73	170	83	22	775.2	220	102	18	922.9	260	122	15	1071
	65	1694	52	78	190	100	17	839.8	240	121	14	999.8	280	141	12	1160
	70	1573	57	83	200	112	14	904.4	260	143	11	1077	300	167	9.4	1249

（续）

d /mm	D /mm	F_n /N	D_{Xmax} /mm	D_{Tmin} /mm	n=8.5圈 H_0 /mm	f_n /mm	F'/(N/mm)	m /10^{-3} kg	n=10.5圈 H_0 /mm	f_n /mm	F'/(N/mm)	m /10^{-3} kg	n=12.5圈 H_0 /mm	f_n /mm	F'/(N/mm)	m /10^{-3} kg
8.0	75	1468	62	88	220	133	11	969.0	280	161	9.1	1154	320	191	7.7	1338
	80	1377	67	93	260	148	9.3	1034	300	184	7.5	1230	360	219	6.3	1427
10.0	40	5181	26	54	140	28	182	807.5	160	35	147	961.3	190	42	123	1115
	45	4605	31	59	140	36	127	908.4	170	45	103	1081	200	53	87	1255
	50	4145	36	64	150	45	93	1009	190	55	75	1202	220	66	63	1394
	55	3768	40	70	170	54	70	1110	200	66	57	1322	240	80	47	1533
	60	3454	45	75	180	64	54	1211	210	79	44	1442	260	93	37	1673
	65	3188	50	80	190	76	42	1312	220	94	34	1562	260	110	29	1812
	70	2961	55	85	200	87	34	1413	240	110	27	1682	280	129	23	1951
	75	2763	60	90	220	99	28	1514	260	126	22	1802	300	145	19	2091
	80	2591	65	95	240	113	23	1615	280	144	18	1923	340	173	15	2230
	85	2438	69	101	255	128	19	1716	300	163	15	2043	360	188	13	2370
	90	2303	74	106	270	144	16	1817	320	177	13	2163	380	210	11	2509
	95	2181	79	111	280	156	14	1918	340	198	11	2283	400	237	9.2	2648
	100	2072	84	116	300	173	12	2019	360	220	9.4	2403	420	262	7.9	2788
12.0	50	6891	34	66	180	36	193	1454	220	44	156	1730	260	53	131	2007
	55	6264	38	72	190	43	145	1599	230	54	117	1903	260	64	98	2208
	60	5742	43	77	200	51	112	1744	240	64	90	2076	280	76	76	2409
	65	5301	48	82	220	60	88	1890	260	75	71	2249	300	88	60	2609
	70	4922	53	87	230	70	70	2035	280	86	57	2423	320	103	48	2810
	75	4594	58	92	240	81	57	2180	300	100	46	2596	340	118	39	3011
	80	4307	63	97	260	92	47	2326	320	113	38	2769	380	135	32	3212
	85	4053	67	103	280	104	39	2471	340	127	32	2942	400	152	27	3412
	90	3828	72	108	300	116	33	2616	360	142	27	3115	420	174	22	3613
	95	3627	77	113	320	130	28	2762	380	158	23	3288	450	191	19	3814
	100	3445	82	118	340	144	24	2907	420	172	20	3461	480	215	16	4014
	110	3132	92	128	380	174	18	3198	480	209	15	3807	550	261	12	4416
	120	2871	102	138	450	205	14	3488	520	261	11	4153	620	302	9.5	4817

d /mm	D /mm	F_n /N	D_{Xmax} /mm	D_{Tmin} /mm	n=2.5圈 H_0 /mm	f_n /mm	F'/(N/mm)	m /10^{-3} kg	n=4.5圈 H_0 /mm	f_n /mm	F'/(N/mm)	m /10^{-3} kg	n=6.5圈 H_0 /mm	f_n /mm	F'/(N/mm)	m /10^{-3} kg
14.0	60	10627	41	79	82	15	703	1017	130	27	390	1470	170	39	270	1922
	65	9809	46	84	85	18	553	1102	135	32	307	1592	180	46	213	2082
	70	9109	51	89	90	21	442	1187	140	37	246	1715	190	54	170	2242
	75	8501	56	94	95	24	360	1272	145	43	200	1837	200	62	138	2402
	80	7970	61	99	105	27	296	1357	150	48	165	1960	210	70	114	2562
	85	7501	65	105	110	30	247	1441	160	55	137	2082	220	79	95	2723
	90	7084	70	110	115	34	208	1526	170	61	116	2204	240	89	80	2883
	95	6712	75	115	120	38	177	1611	180	68	98	2327	240	99	68	3043
	100	6376	80	120	125	42	151	1696	190	76	81	2449	260	110	58	3203
	110	5796	90	130	130	51	114	1865	200	92	63	2694	280	132	44	3523
	120	5313	100	140	140	60	88	2035	220	108	49	2939	320	156	34	3844
	130	4905	109	151	150	71	69	2204	260	129	38	3184	360	182	27	4164

（续）

d /mm	D /mm	F_n /N	D_{Xmax} /mm	D_{Tmin} /mm	$n=2.5$ 圈 H_0 /mm	f_n /mm	F'/(N/mm)	m /10^{-3} kg	$n=4.5$ 圈 H_0 /mm	f_n /mm	F'/(N/mm)	m /10^{-3} kg	$n=6.5$ 圈 H_0 /mm	f_n /mm	F'/(N/mm)	m /10^{-3} kg
16.0	65	14642	44	86	90	16	943	1440	140	28	524	2080	190	40	363	2719
	70	13596	49	91	95	18	755	1550	150	32	419	2239	200	47	290	2929
	75	12690	54	96	100	21	614	1661	150	37	341	2399	210	54	236	3138
	80	11897	59	101	100	24	506	1772	160	42	281	2559	220	61	194	3347
	85	11197	63	107	105	27	422	1883	165	48	234	2719	230	69	162	3556
	90	10575	68	112	110	30	355	1993	170	54	197	2879	240	77	137	3765
	95	10018	73	117	115	33	302	2104	180	60	168	3039	250	86	116	3974
	100	9517	78	122	120	37	259	2215	190	66	144	3199	260	95	100	4184
	110	8652	88	132	130	45	194	2436	200	80	108	3519	280	115	75	4602
	120	7931	98	142	140	53	150	2658	220	96	83	3839	320	137	58	5020
	130	7321	107	153	150	62	118	2879	240	113	65	4159	340	163	45	5439
	140	6798	117	163	160	72	94	3101	260	131	52	4479	380	189	36	5857
	150	6345	127	173	180	82	77	3322	300	148	43	4799	400	212	30	6275
18.0	75	18068	52	98	105	18	983	2102	160	33	546	3037	220	48	378	3971
	80	16939	57	103	105	21	810	2243	160	38	450	3239	230	54	311	4236
	85	15943	61	109	110	24	675	2383	170	43	375	3442	240	61	260	4501
	90	15057	66	114	115	26	569	2523	180	48	316	3644	250	69	219	4765
	95	14264	71	119	120	29	484	2663	185	53	269	3847	260	77	186	5030
	100	13551	76	124	120	33	415	2803	190	59	230	4049	270	85	159	5295
	110	12319	85	134	130	39	312	3084	200	71	173	4454	280	103	120	5824
	120	11293	96	144	140	47	240	3364	220	85	133	4859	300	123	92	6354
	130	10424	105	155	150	55	189	3644	240	99	105	5264	340	143	73	6883
	140	9679	115	165	160	64	151	3924	260	115	84	5669	360	167	58	7413
	150	9034	125	175	170	73	123	4205	280	133	68	6074	400	192	47	7942
	160	8470	134	186	190	84	101	4485	300	151	56	6478	420	217	39	8472
	170	7971	143	197	200	95	84	4765	340	170	47	6883	480	249	32	9001

d /mm	D /mm	F_n /N	D_{Xmax} /mm	D_{Tmin} /mm	$n=8.5$ 圈 H_0 /mm	f_n /mm	F'/(N/mm)	m /10^{-3} kg	$n=10.5$ 圈 H_0 /mm	f_n /mm	F'/(N/mm)	m /10^{-3} kg	$n=12.5$ 圈 H_0 /mm	f_n /mm	F'/(N/mm)	m /10^{-3} kg
14.0	60	10627	41	79	220	51	207	2374	260	64	167	2826	300	75	141	3278
	65	9809	46	84	230	60	163	2572	270	74	132	3062	320	88	111	3552
	70	9109	51	89	240	70	130	2770	280	87	105	3297	340	104	88	3825
	75	8501	56	94	250	80	106	2968	300	99	86	3533	360	118	72	4098
	80	7970	61	99	270	92	87	3165	320	112	71	3768	380	135	59	4371
	85	7501	65	105	280	103	73	3363	340	127	59	4004	400	153	49	4644
	90	7084	70	110	300	116	61	3561	360	142	50	4239	420	169	42	4918
	95	6712	75	115	320	129	52	3759	380	160	42	4475	450	192	35	5191
	100	6376	80	120	320	142	45	3957	400	177	36	4710	480	213	30	5464
	110	5796	90	130	360	170	34	4352	450	215	27	5181	520	252	23	6011
	120	5313	100	140	400	204	26	4748	500	253	21	5653	580	295	18	6557
	130	4905	109	151	450	245	20	5144	550	307	16	6124	650	350	14	7103
16.0	65	14642	44	86	240	53	277	3359	280	65	224	3999	340	77	189	4639
	70	13596	49	91	240	61	222	3618	300	76	180	4307	350	90	151	4996
	75	12690	54	96	260	71	180	3876	320	87	146	4614	360	103	123	5353
	80	11897	59	101	260	80	149	4134	320	99	120	4922	380	118	101	5709

（续）

d /mm	D /mm	F_n /N	D_{Xmax} /mm	D_{Tmin} /mm	n=8.5圈 H_0 /mm	f_n /mm	F'/(N/mm)	m /10^{-3} kg	n=10.5圈 H_0 /mm	f_n /mm	F'/(N/mm)	m /10^{-3} kg	n=12.5圈 H_0 /mm	f_n /mm	F'/(N/mm)	m /10^{-3} kg
	85	11197	63	107	280	90	124	4393	340	112	100	5230	400	133	84	6066
	90	10575	68	112	300	102	104	4651	360	124	85	5537	420	149	71	6423
	95	10018	73	117	320	113	89	4910	380	139	72	5845	450	167	60	6780
	100	9517	78	122	320	125	76	5168	400	154	62	6152	480	183	52	7137
16.0	110	8652	88	132	360	152	57	5685	450	188	46	6768	520	222	39	7850
	120	7931	98	142	400	180	44	6202	480	220	36	7383	580	264	30	8564
	130	7321	107	153	450	209	35	6718	520	261	28	7998	620	305	24	9278
	140	6798	117	163	480	243	28	7235	580	309	22	8613	680	358	19	9991
	150	6345	127	173	520	276	23	7752	650	352	18	9229	750	423	15	10705
	75	18068	52	98	260	63	289	4906	320	77	234	5840	380	92	197	6774
	80	16939	57	103	280	71	238	5233	340	88	193	6229	400	105	162	7226
	85	15943	61	109	290	80	199	5560	350	99	161	6619	410	118	135	7678
	90	15057	66	114	300	90	167	5887	360	112	135	7008	420	132	114	8129
	95	14264	71	119	320	100	142	6214	380	124	115	7397	450	147	97	8581
	100	13551	76	124	340	111	122	6541	400	137	99	7787	480	163	83	9032
18.0	110	12319	86	134	360	134	92	7195	450	166	74	8565	520	199	62	9936
	120	11293	96	144	400	159	71	7849	480	198	57	9344	550	235	48	10839
	130	10424	105	155	420	186	56	8503	520	232	45	10123	620	274	38	11742
	140	9679	115	165	450	220	44	9157	550	269	36	10901	650	323	30	12645
	150	9034	125	175	500	251	36	9811	620	312	29	11680	720	361	25	13549
	160	8470	134	186	550	282	30	10465	680	353	24	12459	800	426	20	14452
	170	7971	143	197	600	319	25	11119	720	399	20	13237	850	469	17	15355

d /mm	D /mm	F_n /N	D_{Xmax} /mm	D_{Tmin} /mm	n=2.5圈 H_0 /mm	f_n /mm	F'/(N/mm)	m /10^{-3} kg	n=4.5圈 H_0 /mm	f_n /mm	F'/(N/mm)	m /10^{-3} kg	n=6.5圈 H_0 /mm	f_n /mm	F'/(N/mm)	m /10^{-3} kg
	80	23236	55	105	115	19	1234	2786	170	34	686	4025	240	49	475	5263
	85	21869	59	111	120	21	1029	2960	180	38	572	4276	250	55	396	5592
	90	20654	64	116	130	24	867	3135	190	43	482	4528	260	62	333	5921
	95	19567	69	121	140	27	737	3309	200	48	410	4779	270	69	284	6250
	100	18589	74	126	150	29	632	3483	210	53	351	5031	280	76	243	6579
	110	16899	84	136	160	36	475	3831	220	64	264	5534	290	92	183	7237
	120	15491	94	146	170	42	366	4179	230	76	203	6037	300	110	141	7895
20.0	130	14299	103	157	180	50	288	4528	240	89	160	6540	340	129	111	8552
	140	13278	113	167	190	58	230	4876	260	104	128	7043	360	149	89	9210
	150	12393	123	177	200	66	187	5224	280	119	104	7546	380	172	72	9868
	160	11618	132	188	205	75	154	5573	300	135	86	8049	420	197	59	10526
	170	10935	141	199	210	85	129	5921	320	154	71	8552	450	223	49	11184
	180	10327	151	209	220	96	108	6269	340	172	60	9056	480	246	42	11842
	190	9784	160	220	230	106	92	6618	380	192	51	9559	520	280	35	12500
	100	36306	69	131	140	24	1543	5407	220	42	857	7811	300	61	593	10214
	110	33006	79	141	150	28	1159	5948	230	51	644	8592	310	74	446	11235
25.0	120	30255	89	151	160	34	893	6489	240	61	498	9373	320	[illegible]	[illegible]	[illegible]
	130	27928	98	162	160	40	702	7030	260	72	390	10154	340	103	270	13278
	140	25933	108	172	170	46	562	7570	270	83	312	10935	360	120	216	14300
	150	24204	118	182	180	53	457	8111	280	95	254	11716	380	138	176	15321

（续）

d /mm	D /mm	F_n /N	D_{Xmax} /mm	D_{Tmin} /mm	n = 2.5 圈				n = 4.5 圈				n = 6.5 圈			
					H_0 /mm	f_n /mm	F'/(N/mm)	m /10^{-3} kg	H_0 /mm	f_n /mm	F'/(N/mm)	m /10^{-3} kg	H_0 /mm	f_n /mm	F'/(N/mm)	m /10^{-3} kg
25.0	160	22691	127	193	190	60	377	8652	300	109	209	12497	420	156	145	16342
	170	21357	136	204	200	68	314	9193	320	123	174	13278	450	177	121	17364
	180	20170	146	214	210	76	265	9733	340	137	147	14059	450	198	102	18385
	190	19109	155	225	220	85	225	10274	360	153	125	14840	500	220	87	19406
	200	18153	165	235	240	94	193	10815	380	170	107	15621	520	245	74	20428
	220	16503	184	256	260	114	145	11896	450	204	81	17183	580	295	56	22471
30.0	120	52281	84	156	170	28	1852	9404	260	51	1029	13583	340	73	712	17763
	130	48259	93	167	180	33	1456	10187	280	60	809	14715	360	86	560	19243
	140	44812	103	177	185	38	1166	10971	290	69	648	15847	380	100	448	20723
	150	41825	113	187	190	44	948	11755	300	79	527	16979	400	115	365	22204
	160	39211	122	198	210	50	781	12538	310	90	434	18111	420	131	300	23684
	170	36904	131	209	220	57	651	13322	320	102	352	19243	450	148	250	25164
	180	34854	141	219	230	63	549	14106	340	114	305	20375	460	165	211	26644
	190	33020	150	230	240	71	466	14889	360	127	259	21507	480	184	179	28124
	200	31369	160	240	250	78	400	15673	380	141	222	22639	520	204	154	29605
	220	28517	179	261	260	95	300	17240	420	171	167	24903	580	246	116	32565
	240	26141	198	282	280	113	231	18808	450	203	129	27167	620	294	89	35526
	260	24130	217	303	300	133	182	20375	500	239	101	29431	700	345	70	38486

d /mm	D /mm	F_n /N	D_{Xmax} /mm	D_{Tmin} /mm	n = 8.5 圈				n = 10.5 圈				n = 12.5 圈			
					H_0 /mm	f_n /mm	F'/(N/mm)	m /10^{-3} kg	H_0 /mm	f_n /mm	F'/(N/mm)	m /10^{-3} kg	H_0 /mm	f_n /mm	F'/(N/mm)	m /10^{-3} kg
20.0	80	23236	55	105	300	64	363	6460	350	79	294	7690	400	94	247	8921
	85	21869	59	111	310	72	303	6864	360	89	245	8171	420	106	206	9479
	90	20654	64	116	320	81	255	7268	380	100	206	8652	450	119	173	10036
	95	19567	69	121	330	90	217	7671	400	111	176	9132	460	133	147	10594
	100	18589	74	126	340	100	186	8075	420	124	150	9613	480	148	126	11151
	110	16899	84	136	360	121	140	8883	450	150	113	10574	520	178	95	12266
	120	15491	94	146	400	143	108	9690	480	178	87	11536	550	212	73	13381
	130	14299	103	157	420	168	85	10498	520	210	68	12497	600	247	58	14497
	140	13278	113	167	450	195	68	11305	550	241	55	13458	650	289	46	15612
	150	12393	123	177	500	225	55	12113	600	275	45	14420	700	335	37	16727
	160	11618	132	188	520	258	45	12920	650	314	37	15381	780	375	31	17842
	170	10935	141	199	580	288	38	13728	700	353	31	16342	850	421	26	18957
	180	10327	151	209	620	323	32	14535	750	397	26	17304	900	469	22	20072
	190	9784	160	220	680	362	27	15343	850	445	22	18265	950	544	18	21187
25.0	100	36306	69	131	360	80	454	12617	420	99	367	15020	520	117	309	17424
	110	33006	79	141	380	97	341	13879	460	120	276	16523	550	142	232	19166
	120	30255	89	151	400	115	263	15141	500	142	213	18025	580	169	179	20909
	130	27928	98	162	420	135	207	16402	520	167	167	19527	620	199	140	22651
	140	25933	108	172	450	157	165	17664	550	193	134	21029	650	232	112	24393
	150	24204	118	182	500	181	134	18926	600	222	109	22531	700	266	91	26136
	160	22691	127	193	520	204	111	20188	620	252	90	24033	750	303	75	27878
	170	21357	136	204	550	232	92	21449	680	285	75	25535	800	339	63	29620
	180	20170	146	214	600	263	78	22711	720	320	63	27037	850	381	53	31363
	190	19109	155	225	620	290	66	23973	780	354	54	28539	880	425	45	33105

（续）

d /mm	D /mm	F_n /N	D_{Xmax} /mm	D_{Tmin} /mm	$n=8.5$ 圈				$n=10.5$ 圈				$n=12.5$ 圈			
					H_0 /mm	f_n /mm	F'/(N/mm)	m /10^{-3} kg	H_0 /mm	f_n /mm	F'/(N/mm)	m /10^{-3} kg	H_0 /mm	f_n /mm	F'/(N/mm)	m /10^{-3} kg
25.0	200	18153	165	235	680	318	57	25234	800	395	46	30041	900	465	39	34848
	220	16503	184	256	750	384	43	27758	850	472	35	33045	950	569	29	38332
30.0	120	52281	84	156	450	96	545	21942	520	119	441	26122	620	141	370	30301
	130	48259	93	167	460	113	428	23771	550	139	347	28299	650	166	291	32826
	140	44812	103	177	480	131	343	25599	580	161	278	30475	680	192	233	35351
	150	41825	113	187	500	150	279	27428	620	185	226	32652	720	220	190	37877
	160	39211	122	198	520	170	230	29256	650	211	186	34829	750	251	156	40402
	170	36904	131	209	550	192	192	31085	680	238	155	37006	800	284	130	42927
	180	34854	141	219	580	216	161	32913	720	266	131	39183	850	317	110	45452
	190	33020	150	230	620	241	137	34742	750	297	111	41359	880	355	93	47977
	200	31369	160	240	650	266	118	36570	800	330	95	43536	910	392	80	50502
	220	28517	179	261	720	324	88	40228	900	396	72	47890	950	475	60	55552
	240	26141	198	282	800	384	68	43885	920	475	55	52244				
	260	24130	217	303	900	447	54	47542	980	561	43	56597				

附（二） 扁形截面材料圆柱螺旋压缩弹簧系列（摘自ISO 10243）

国际标准化组织制定了ISO 10243扁形截面材料圆柱螺旋压缩弹簧系列。根据承载能力（表10-26），将弹簧分为4类：轻型（LG）圆柱螺旋压缩弹簧系列（表10-27）、中型（MB）圆柱螺旋压缩弹簧系列（表10-28）、重型（HR）圆柱螺旋压缩弹簧系列（表10-29）和特重型（EHY）圆柱螺旋压缩弹簧系列（表10-30）。为了便于安装，在系列表中给出了套筒最小直径D_{min}和导杆最大直径d_{max}。

表中所列：

刚度$R(F)$的极限偏差：±10%；

自由高度$L(H_0)$的极限偏差：±1%，最小允差±0.75mm。

在选用弹簧的承载能力时，可参照表10-26。

表10-26 弹簧的承载特性

类型(颜色标记)	长寿命下的变形	最大工作下的变形	压并变形(近似值)
轻型(LG)(绿色)	$L\times30\%$	$L\times40\%$	$L\times50\%$
中型(MB)(蓝色)	$L\times25\%$	$L\times37.5\%$	$L\times45\%$
重型(HR)(红色)	$L\times20\%$	$L\times30\%$	$L\times40\%$
特重型(EHY)(黄色)	$L\times17\%$	$L\times25\%$	$L\times35\%$

订购时标以类型代号即可。例如订制20件中型弹簧，要求装配的套筒最小直径D_{min}为25mm，自由高度$L(H_0)$为51mm，则标示为MB 25051 $n°$ 20即可。

表10-27 轻型扁形截面材料圆柱螺旋压缩弹簧系列（ISO 10243）

类型代号	套筒最小直径 D_{min} /mm	导杆最大直径 d_{max} /mm	自由长度 $L(H_0)$ /mm	刚度 $R(F)$ /(N/mm)	长寿命变形（$L\times30\%$）		最大工作变形（$L\times40\%$）		压并变形 /mm
					变形 /mm	负荷 /N	变形 /mm	负荷 /N	
LG10-025	10	5	25	10.0	7.5	75	10.0	100	13
LG10-032			32	8.5	9.6	82	12.8	109	17
LG10-038			38	6.8	11.4	78	15.2	103	20
LG10-044			44	6.0	13.2	79	17.6	106	24
LG10-051			51	5.0	15.3	77	20.4	102	28
LG10-064			64	4.3	19.2	83	25.6	110	38
LG10-076			76	3.2	22.8	73	30.4	97	41
LG10-305			305	1.1	91.5	101	122.0	134	177

（续）

类型代号	套筒最小直径 D_{min} /mm	导杆最大直径 d_{max} /mm	自由长度 $L(H_0)$ /mm	刚度 $R(F)$ /(N/mm)	长寿命变形 (L×30%)		最大工作变形 (L×40%)		压并变形 /mm
					变形 /mm	负荷 /N	变形 /mm	负荷 /N	
LG13-025	12.5	6.3	25	17.9	7.5	134	10.0	179	13
LG13-032			32	16.4	9.6	157	12.8	210	17
LG13-038			38	13.6	11.4	155	15.2	207	21
LG13-044			44	12.1	13.2	160	17.6	213	25
LG13-051			51	11.4	15.3	174	20.4	233	31
LG13-064			64	9.3	19.2	179	25.6	238	38
LG13-076			76	7.1	22.8	162	30.4	216	44
LG13-089			89	5.4	26.7	144	35.6	192	50
LG13-305			305	1.4	91.5	128	122.0	171	165
LG16-025	16	8	25	23.4	7.5	176	10.0	234	12
LG16-032			32	22.9	9.6	220	12.8	293	16
LG16-038			38	19.3	11.4	220	15.2	293	21
LG16-044			44	17.1	13.2	226	17.6	301	25
LG16-051			51	15.7	15.3	240	20.4	320	31
LG16-064			64	10.7	19.2	205	25.6	274	36
LG16-076			76	10.0	22.8	228	30.4	304	40
LG16-089			89	8.6	26.7	230	35.6	306	47
LG16-102			102	7.8	30.6	239	40.8	318	56
LG16-305			305	2.5	91.5	229	122.0	305	168
LG20-025	20	10	25	55.8	7.5	419	10.0	558	13
LG20-032			32	45.0	9.6	432	12.8	576	16
LG20-038			38	33.3	11.4	380	15.2	506	18
LG20-044			44	30.0	13.2	396	17.6	528	23
LG20-051			51	24.5	15.3	375	20.4	500	26
LG20-064			64	20.0	19.2	384	25.6	512	34
LG20-076			76	16.0	22.8	365	30.4	486	40
LG20-089			89	14.0	26.7	374	35.6	498	48
LG20-102			102	12.0	30.6	367	40.8	490	55
LG20-115			115	10.9	34.5	376	46.0	501	64
LG20-127			127	9.5	38.1	362	50.8	483	69
LG20-139			139	8.4	41.7	350	55.6	467	74
LG20-152			152	7.5	45.6	342	60.8	456	83
LG20-305			305	4.0	91.5	366	122.0	488	170
LG25-025	25	12.5	25	100.0	7.5	750	10.0	1000	12
LG25-032			32	80.3	9.6	771	12.8	1028	16
LG25-038			38	62.0	11.4	707	15.2	942	20
LG25-044			44	52.9	13.2	698	17.6	931	22
LG25-051			51	44.0	15.3	673	20.4	898	25
LG25-064			64	35.2	19.2	676	25.6	901	34
LG25-076			76	28.0	22.8	638	30.4	851	39
LG25-089			89	24.0	26.7	641	35.6	854	46
LG25-102			102	21.1	30.6	646	40.8	861	54
LG25-115			115	18.7	34.5	645	46.0	860	62
LG25-127			127	16.7	38.1	636	50.8	848	68
LG25-139			139	15.3	41.7	638	55.6	851	75
LG25-152			152	14.0	45.6	638	60.8	851	83
LG25-178			178	12.5	53.4	668	71.2	890	101
LG25-203			203	10.4	60.9	633	81.2	844	111
LG25-305			305	7.0	91.5	641	122.0	854	170

（续）

类型代号	套筒最小直径 D_{min} /mm	导杆最大直径 d_{max} /mm	自由长度 $L(H_0)$ /mm	刚度 $R(F)$ /(N/mm)	长寿命变形（$L\times30\%$）		最大工作变形（$L\times40\%$）		压并变形 /mm
					变形 /mm	负荷 /N	变形 /mm	负荷 /N	
LG32-038			38	94.0	11.4	1072	15.2	1429	18
LG32-044			44	79.5	13.2	1049	17.6	1399	21
LG32-051			51	67.0	15.3	1025	20.4	1367	25
LG32-064			64	53.0	19.2	1018	25.6	1357	33
LG32-076			76	44.0	22.8	1003	30.4	1338	40
LG32-089			89	37.2	26.7	993	35.6	1324	48
LG32-102			102	32.0	30.6	979	40.8	1306	55
LG32-115	32	16	115	29.0	34.5	1001	46.0	1334	64
LG32-127			127	25.0	38.1	953	50.8	1270	69
LG32-139			139	23.0	41.7	959	55.6	1279	77
LG32-152			152	21.5	45.6	980	60.8	1307	86
LG32-178			178	18.2	53.4	972	71.2	1296	101
LG32-203			203	15.8	60.9	962	81.2	1283	115
LG32-254			254	12.5	76.2	953	101.6	1270	145
LG32-305			305	10.3	91.5	942	122.0	1257	177
LG40-051			51	92.0	15.3	1408	20.4	1877	25
LG40-064			64	73.0	19.2	1402	25.6	1869	33
LG40-076			76	63.0	22.8	1436	30.4	1915	41
LG40-089			89	51.0	26.7	1362	35.6	1816	47
LG40-102			102	43.0	30.6	1316	40.8	1754	54
LG40-115			115	39.6	34.5	1366	46.0	1822	59
LG40-127	40	20	127	37.0	38.1	1410	50.8	1880	67
LG40-139			139	32.0	41.7	1334	55.6	1779	72
LG40-152			152	28.0	45.6	1277	60.8	1702	76
LG40-178			178	25.2	53.4	1346	71.2	1794	95
LG40-203			203	22.7	60.9	1382	81.2	1843	112
LG40-254			254	17.0	76.2	1295	101.6	1727	135
LG40-305			305	14.8	91.5	1354	122.0	1806	166
LG50-064			64	156.0	19.2	2995	25.6	3994	28
LG50-076			76	125.0	22.8	2850	30.4	3800	34
LG50-089			89	109.0	26.7	2910	35.6	3880	43
LG50-102			102	94.0	30.6	2876	40.8	3835	50
LG50-115			115	81.0	34.5	2795	46.0	3726	57
LG50-127			127	71.0	38.1	2705	50.8	3607	62
LG50-139	50	25	139	66.5	41.7	2773	55.6	3697	71
LG50-152			152	60.0	45.6	2736	60.8	3648	77
LG50-178			178	52.0	53.4	2777	71.2	3702	94
LG50-203			203	44.0	60.9	2680	81.2	3573	105
LG50-229			229	38.2	68.7	2624	91.6	3499	127
LG50-254			254	35.0	76.2	2667	101.6	3556	138
LG50-305			305	28.5	91.5	2608	122.0	3477	164

（续）

类型代号	套筒最小直径 D_{min} /mm	导杆最大直径 d_{max} /mm	自由长度 $L(H_0)$ /mm	刚度 $R(F)$ /(N/mm)	长寿命变形 ($L\times30\%$)		最大工作变形 ($L\times40\%$)		压并变形 /mm
					变形 /mm	负荷 /N	变形 /mm	负荷 /N	
LG63-076	63	38	76	189.0	22.8	4309	30.4	5746	35
LG63-089			89	158.0	26.7	4219	35.6	5625	43
LG63-102			102	131.0	30.6	4009	40.8	5345	49
LG63-115			115	116.0	34.5	4002	46.0	5336	57
LG63-127			127	103.0	38.1	3924	50.8	5232	64
LG63-152			152	84.3	45.6	3844	60.8	5125	78
LG63-178			178	71.5	53.4	3818	71.2	5091	94
LG63-203			203	61.7	60.9	3758	81.2	5010	108
LG63-254			254	47.0	76.2	3581	101.6	4775	136
LG63-305			305	38.2	91.5	3495	122.0	4660	163

表 10-28　中型扁形截面材料圆柱螺旋压缩弹簧系列（ISO 10243）

类型代号	套筒最小直径 D_{min} /mm	导杆最大直径 d_{max} /mm	自由长度 $L(H)$ /mm	刚度 $R(F)$ /(N/mm)	长寿命变形 ($L\times30\%$)		最大工作变形 ($L\times40\%$)		压并变形 /mm
					变形 /mm	负荷 /N	变形 /mm	负荷 /N	
MB10-025	10	5	25	16.0	6.3	100	9.4	150	12
MB10-032			32	13.0	8.0	104	12.0	156	16
MB10-038			38	11.9	9.5	113	14.3	170	21
MB10-044			44	10.3	11.0	113	16.5	170	23
MB10-051			51	8.9	12.8	113	19.1	170	27
MB10-064			64	7.5	16.0	120	24.0	180	31
MB10-076			76	5.3	19.0	101	28.5	151	38
MB10-305			305	1.6	76.3	122	114.4	183	139
MB13-025	12.5	6.3	25	30.0	6.3	188	9.4	281	10
MB13-032			32	24.8	8.0	198	12.0	298	14
MB13-038			38	21.4	9.5	203	14.3	305	18
MB13-044			44	18.5	11.0	204	16.5	305	21
MB13-051			51	15.5	12.8	198	19.1	296	25
MB13-064			64	12.1	16.0	194	24.0	290	29
MB13-076			76	10.2	19.0	194	28.5	291	36
MB13-089			89	8.4	22.3	187	33.4	280	43
MB13-305			305	2.1	76.3	160	114.4	240	129
MB16-025	16	8	25	49.4	6.3	309	9.4	463	11
MB16-032			32	37.1	8.0	297	12.0	445	15
MB16-038			38	33.9	9.5	322	14.3	483	21
MB16-044			44	30.0	11.0	330	16.5	495	22
MB16-051			51	26.4	12.8	337	19.1	505	24
MB16-064			64	20.5	16.0	328	24.0	492	28
MB16-076			76	17.8	19.0	338	28.5	507	36
MB16-089			89	15.2	22.3	338	33.4	507	43
MB16-102			102	13.5	25.5	344	38.3	516	49
MB16-305			305	4.8	76.3	366	114.4	549	141

（续）

类型代号	套筒最小直径 D_{min} /mm	导杆最大直径 d_{max} /mm	自由长度 $L(H)$ /mm	刚度 $R(F)$ /(N/mm)	长寿命变形（$L\times30\%$）		最大工作变形（$L\times40\%$）		压并变形 /mm
					变形 /mm	负荷 /N	变形 /mm	负荷 /N	
MB20-025			25	98.0	6.3	613	9.4	919	10
MB20-032			32	72.6	8.0	581	12.0	871	14
MB20-038			38	56.0	9.5	532	14.3	798	16
MB20-044			44	47.5	11.0	523	16.5	784	19
MB20-051			51	41.7	12.8	532	19.1	798	24
MB20-064			64	32.3	16.0	517	24.0	775	30
MB20-076	20	10	76	25.1	19.0	477	28.5	715	34
MB20-089			89	22.0	22.3	490	33.4	734	42
MB20-102			102	19.8	25.5	505	38.3	757	50
MB20-115			115	18.1	28.8	520	43.1	781	59
MB20-127			127	16.6	31.8	527	47.6	791	66
MB20-139			139	15.1	34.8	525	52.1	787	73
MB20-152			152	13.2	38.0	502	57.0	752	76
MB20-305			305	6.1	76.3	465	114.4	698	148
MB25-025			25	147.0	6.3	919	9.4	1378	10
MB25-032			32	118.0	8.0	944	12.0	1416	15
MB25-038			38	93.0	9.5	884	14.3	1325	18
MB25-044			44	80.8	11.0	889	16.5	1333	22
MB25-051			51	68.6	12.8	875	19.1	1312	25
MB25-064			64	53.0	16.0	848	24.0	1272	34
MB25-076			76	43.2	19.0	821	28.5	1231	39
MB25-089	25	12.5	89	38.2	22.3	850	33.4	1275	47
MB25-102			102	33.0	25.5	842	38.3	1262	55
MB25-115			115	28.0	28.8	805	43.1	1208	60
MB25-127			127	25.9	31.8	822	47.6	1233	68
MB25-139			139	23.2	34.8	806	52.1	1209	70
MB25-152			152	20.8	38.0	790	57.0	1186	76
MB25-178			178	17.8	44.5	792	66.8	1188	86
MB25-203			203	15.8	50.8	802	76.1	1203	98
MB25-305			305	10.2	76.3	778	114.4	1167	151
MB32-038			38	185.0	9.5	1758	14.3	2636	16
MB32-044			44	158.0	11.0	1738	16.5	2607	20
MB32-051			51	134.0	12.8	1709	19.1	2563	24
MB32-064			64	99.0	16.0	1584	24.0	2376	30
MB32-076			76	80.5	19.0	1530	28.5	2294	36
MB32-089			89	69.1	22.3	1537	33.4	2306	44
MB32-102			102	58.8	25.5	1499	38.3	2249	50
MB32-115	32	16	115	51.5	28.8	1481	43.1	2221	57
MB32-127			127	44.8	31.8	1422	47.6	2134	61
MB32-139			139	42.3	34.8	1470	52.1	2205	70
MB32-152			152	37.8	38.0	1436	57.0	2155	76
MB32-178			178	32.5	44.5	1446	66.8	2169	90
MB32-203			203	28.9	50.8	1467	76.1	2200	102
MB32-254			254	21.4	63.5	1359	95.3	2038	125
MB32-305			305	18.3	76.3	1395	114.4	2093	152

（续）

类型代号	套筒最小直径 D_{min} /mm	导杆最大直径 d_{max} /mm	自由长度 $L(H)$ /mm	刚度 $R(F)$ /(N/mm)	长寿命变形（$L\times30\%$）		最大工作变形（$L\times40\%$）		压并变形 /mm
					变形 /mm	负荷 /N	变形 /mm	负荷 /N	
MB40-051	40	20	51	181.6	12.8	2315	19.1	3473	21
MB40-064			64	140.0	16.0	2240	24.0	3360	29
MB40-076			76	108.0	19.0	2052	28.5	3078	33
MB40-089			89	90.7	22.3	2018	33.4	3027	40
MB40-102			102	81.0	25.5	2066	38.3	3098	48
MB40-115			115	71.8	28.8	2064	43.1	3096	55
MB40-127			127	62.7	31.8	1991	47.6	2986	60
MB40-139			139	57.5	34.8	1998	52.1	2997	67
MB40-152			152	51.6	38.0	1961	57.0	2941	73
MB40-160			160	47.5	40.0	1900	60.0	2850	75
MB40-178			178	44.1	44.5	1962	66.8	2944	87
MB40-203			203	36.7	50.8	1863	76.1	2794	96
MB40-254			254	30.1	63.5	1911	95.3	2867	119
MB40-305			305	24.6	76.3	1876	114.4	2814	150
MB50-064	50	25	64	209.0	16.0	3344	24.0	5016	30
MB50-076			76	168.0	19.0	3192	28.5	4788	36
MB50-089			89	140.0	22.3	3115	33.4	4673	44
MB50-102			102	119.0	25.5	3035	38.3	4552	48
MB50-115			115	106.0	28.8	3048	43.1	4571	56
MB50-127			127	97.0	31.8	3080	47.6	4620	63
MB50-139			139	87.0	34.8	3023	52.1	4535	67
MB50-152			152	80.0	38.0	3040	57.0	4560	74
MB50-160			160	76.0	40.0	3040	60.0	4560	79
MB50-178			178	69.5	44.5	3093	66.8	4639	87
MB50-203			203	59.8	50.8	3035	76.1	4552	97
MB50-229			229	50.9	57.3	2914	85.9	4371	115
MB50-254			254	43.9	63.5	2788	95.3	4181	124
MB50-305			305	38.6	76.3	2943	114.4	4415	153
MB63-076	63	38	76	312.0	19.0	5928	28.5	8892	30
MB63-089			89	260.0	22.3	5785	33.4	8678	37
MB63-102			102	221.0	25.5	5636	38.3	8453	43
MB63-115			115	187.0	28.8	5376	43.1	8064	49
MB63-127			127	168.0	31.8	5334	47.6	8001	51
MB63-152			152	136.0	38.0	5168	57.0	7752	66
MB63-160			160	128.0	40.0	5120	60.0	7680	69
MB63-178			178	114.0	44.5	5073	66.8	7610	78
MB63-203			203	100.0	50.8	5075	76.1	7613	88
MB63-229			229	89.2	57.3	5107	85.9	7660	103
MB63-254			254	78.4	63.5	4978	95.3	7468	113
MB63-305			305	64.7	76.3	4933	114.4	7400	136

表 10-29 重型扁形截面材料圆柱螺旋压缩弹簧系列（ISO 10243）

类型代号	套筒最小直径 D_{min} /mm	导杆最大直径 d_{max} /mm	自由长度 $L(H)$ /mm	刚度 $R(F)$ /(N/mm)	长寿命变形（$L\times30\%$） 变形 /mm	长寿命变形（$L\times30\%$） 负荷 /N	最大工作变形（$L\times40\%$） 变形 /mm	最大工作变形（$L\times40\%$） 负荷 /N	压并变形 /mm
HR10-025	10	5	25	22.1	5.0	111	7.5	166	9
HR10-032			32	17.5	6.4	112	9.6	168	12
HR10-038			38	17.1	7.6	130	11.4	195	16
HR10-044			44	15.0	8.8	132	13.2	198	18
HR10-051			51	12.8	10.2	131	15.3	196	21
HR10-064			64	10.7	12.8	137	19.2	205	29
HR10-076			76	7.5	15.2	114	22.8	171	32
HR10-305			305	2.1	61.0	128	91.5	192	123
HR13-025	12.5	6.3	25	42.1	5.0	211	7.5	316	9
HR13-032			32	33.2	6.4	212	9.6	319	12
HR13-038			38	29.3	7.6	223	11.4	334	16
HR13-044			44	24.6	8.8	216	13.2	325	19
HR13-051			51	19.6	10.2	200	15.3	300	20
HR13-064			64	15.0	12.8	192	19.2	288	27
HR13-076			76	13.2	15.2	201	22.8	301	32
HR13-089			89	11.4	17.8	203	26.7	304	36
HR13-305			305	2.8	61.0	171	91.5	256	125
HR16-025	16	8	25	75.7	5.0	379	7.5	568	9
HR16-032			32	52.8	6.4	338	9.6	507	11
HR16-038			38	48.5	7.6	369	11.4	553	15
HR16-044			44	42.8	8.8	377	13.2	565	19
HR16-051			51	37.1	10.2	378	15.3	568	23
HR16-064			64	30.3	12.8	388	19.2	582	29
HR16-076			76	25.8	15.2	391	22.8	586	33
HR16-089			89	21.7	17.8	386	26.7	579	39
HR16-102			102	19.3	20.4	394	30.6	591	46
HR16-305			305	7.1	61.0	433	91.5	650	128
HR20-025	20	10	25	216.0	5.0	1080	7.5	1620	9
HR20-032			32	168.0	6.4	1075	9.6	1613	11
HR20-038			38	129.0	7.6	980	11.4	1471	13
HR20-044			44	112.0	8.8	986	13.2	1478	16
HR20-051			51	94.0	10.2	959	15.3	1438	19
HR20-064			64	72.1	12.8	923	19.2	1384	25
HR20-076			76	59.7	15.2	907	22.8	1361	30
HR20-089			89	50.5	17.8	899	26.7	1348	36
HR20-102			102	44.2	20.4	902	30.6	1353	42
HR20-115			115	38.4	23.0	883	34.5	1325	47
HR20-127			127	[illegible]	25.4	866	38.1	1299	51
HR20-139			139	31.0	27.8	862	41.7	1293	57
HR20-152			152	28.2	30.4	857	45.6	1286	62
HR20-305			305	15.0	61.0	915	91.5	1373	123

（续）

类型代号	套筒最小直径 D_{min} /mm	导杆最大直径 d_{max} /mm	自由长度 L(H) /mm	刚度 R(F) /(N/mm)	长寿命变形 (L×30%)		最大工作变形 (L×40%)		压并变形 /mm
					变形 /mm	负荷 /N	变形 /mm	负荷 /N	
HR25-025	25	12.5	25	375.0	5.0	1875	7.5	2813	9
HR25-032			32	297.0	6.4	1901	9.6	2851	11
HR25-038			38	219.0	7.6	1664	11.4	2497	13
HR25-044			44	187.0	8.8	1646	13.2	2468	16
HR25-051			51	156.0	10.2	1591	15.3	2387	19
HR25-064			64	123.0	12.8	1574	19.2	2362	26
HR25-076			76	99.0	15.2	1505	22.8	2257	30
HR25-089			89	84.0	17.8	1495	26.7	2243	36
HR25-102			102	73.0	20.4	1489	30.6	2234	40
HR25-115			115	65.0	23.0	1495	34.5	2243	46
HR25-127			127	57.7	25.4	1466	38.1	2198	50
HR25-139			139	52.7	27.8	1465	41.7	2198	56
HR25-152			152	47.8	30.4	1453	45.6	2180	61
HR25-178			178	41.0	35.6	1460	53.4	2189	74
HR25-203			203	35.8	40.6	1453	60.9	2180	79
HR25-305			305	22.9	61.0	1397	91.5	2095	121
HR32-038	32	16	38	388.0	7.6	2949	11.4	4423	13
HR32-044			44	324.0	8.8	2851	13.2	4277	15
HR32-051			51	272.0	10.2	2774	15.3	4162	17
HR32-064			64	212.0	12.8	2714	19.2	4070	24
HR32-076			76	172.0	15.2	2614	22.8	3922	29
HR32-089			89	141.0	17.8	2510	26.7	3765	33
HR32-102			102	122.0	20.4	2489	30.6	3733	39
HR32-115			115	107.0	23.0	2461	34.5	3692	45
HR32-127			127	93.0	25.4	2362	38.1	3543	48
HR32-139			139	86.0	27.8	2391	41.7	3586	55
HR32-152			152	78.0	30.4	2371	45.6	3557	60
HR32-178			178	67.2	35.6	2392	53.4	3588	71
HR32-203			203	59.1	40.6	2399	60.9	3599	83
HR32-254			254	46.4	50.8	2357	76.2	3536	101
HR32-305			305	38.0	61.0	2318	91.5	3477	120
HR40-051	40	20	51	350.0	10.2	3570	15.3	5355	18
HR40-064			64	269.0	12.8	3443	19.2	5165	25
HR40-076			76	219.0	15.2	3329	22.8	4993	30
HR40-089			89	190.0	17.8	3382	26.7	5073	37
HR40-102			102	163.0	20.4	3325	30.6	4988	42
HR40-115			115	142.0	23.0	3266	34.5	4899	48
HR40-127			127	128.0	25.4	3251	38.1	4877	54
HR40-139			139	115.0	27.8	3197	41.7	4796	58
HR40-152			152	105.0	30.4	3192	45.6	4788	63
HR40-178			178	89.0	35.6	3168	53.4	4753	73
HR40-203			203	77.0	40.6	3126	60.9	4689	84
HR40-254			254	61.0	50.8	3099	76.2	4648	103
HR40-305			305	51.0	61.0	3111	91.5	4667	128

（续）

类型代号	套筒最小直径 D_{min} /mm	导杆最大直径 d_{max} /mm	自由长度 $L(H)$ /mm	刚度 $R(F)$ /(N/mm)	长寿命变形 ($L \times 30\%$) 变形 /mm	长寿命变形 ($L \times 30\%$) 负荷 /N	最大工作变形 ($L \times 40\%$) 变形 /mm	最大工作变形 ($L \times 40\%$) 负荷 /N	压并变形 /mm
HR50-064			64	413.0	12.8	5286	19.2	7930	25
HR50-076			76	339.0	15.2	5153	22.8	7729	29
HR50-089			89	288.0	17.8	5126	26.7	7690	36
HR50-102			102	245.0	20.4	4998	30.6	7497	42
HR50-115			115	215.0	23.0	4945	34.5	7418	45
HR50-127	50	25	127	192.0	25.4	4877	38.1	7315	55
HR50-139			139	168.0	27.8	4670	41.7	7006	59
HR50-152			152	154.0	30.4	4682	45.6	7022	66
HR50-178			178	134.0	35.6	4770	53.4	7156	77
HR50-203			203	117.0	40.6	4750	60.9	7125	89
HR50-254			254	89.0	50.8	4521	76.2	6782	109
HR50-305			305	73.0	61.0	4453	91.5	6680	132
HR63-076			76	630.0	15.2	9576	22.8	14364	24
HR63-089			89	485.0	17.8	8633	26.7	12950	32
HR63-102			102	434.0	20.4	8854	30.6	13280	36
HR63-115			115	384.0	23.0	8832	34.5	13248	40
HR63-127	63	38	127	349.0	25.4	8865	38.1	13297	44
HR63-152			152	276.0	30.4	8390	45.6	12586	56
HR63-178			178	237.0	35.6	8437	53.4	12656	65
HR63-203			203	210.0	40.6	8526	60.9	12789	74
HR63-254			254	165.0	50.8	8382	76.2	12573	94
HR63-305			305	134.0	61.0	8174	91.5	12261	115

表 10-30 特重型扁形截面材料圆柱螺旋压缩弹簧系列（ISO 10243）

类型代号	套筒最小直径 D_{min} /mm	导杆最大直径 d_{max} /mm	自由长度 $L(H)$ /mm	刚度 $R(F)$ /(N/mm)	长寿命变形 ($L \times 30\%$) 变形 /mm	长寿命变形 ($L \times 30\%$) 负荷 /N	最大工作变形 ($L \times 40\%$) 变形 /mm	最大工作变形 ($L \times 40\%$) 负荷 /N	压并变形 /mm
EHY10-025			25	36.8	4.3	156	6.3	230	9
EHY10-032			32	27.9	5.4	152	8.0	223	12
EHY10-038			38	23.7	6.5	153	9.5	225	15
EHY10-044			44	19.2	7.5	144	11.0	211	16
EHY10-051	10	5	51	16.5	8.7	143	12.8	210	19
EHY10-064			64	13.2	10.9	144	16.0	211	25
EHY10-076			76	10.9	12.9	141	19.0	207	30
EHY10-305			305	2.6	51.9	135	76.3	198	119
EHY13-025			25	58.5	4.3	249	6.3	366	9
EHY13-032			32	43.9	5.4	239	8.0	351	12
EHY13-038			38	36.0	6.5	233	9.5	342	14
EHY13-044			44	30.3	7.5	227	11.0	333	18
EHY13-051	12.5	6.3	51	26.2	8.7	227	12.8	334	21
EHY13-064			64	21.0	10.9	221	16.0	339	28
EHY13-076			76	17.1	12.9	221	19.0	325	31
EHY13-089			89	14.5	15.1	219	22.3	323	38
EHY13-305			305	4.3	51.9	223	76.3	328	118

（续）

类型代号	套筒最小直径 D_{min} /mm	导杆最大直径 d_{max} /mm	自由长度 $L(H)$ /mm	刚度 $R(F)$ /(N/mm)	长寿命变形（$L\times30\%$）		最大工作变形（$L\times40\%$）		压并变形 /mm
					变形 /mm	负荷 /N	变形 /mm	负荷 /N	
EHY16-025	16	8	25	118.0	4.3	502	6.3	738	9
EHY16-032			32	89.0	5.4	484	8.0	712	12
EHY16-038			38	72.1	6.5	466	9.5	685	14
EHY16-044			44	60.9	7.5	456	11.0	670	16
EHY16-051			51	52.3	8.7	453	12.8	667	20
EHY16-064			64	41.2	10.9	448	16.0	659	26
EHY16-076			76	34.1	12.9	441	19.0	648	31
EHY16-089			89	29.5	15.1	446	22.3	656	37
EHY16-102			102	25.6	17.3	444	25.5	653	40
EHY16-305			305	8.4	51.9	436	76.3	641	122
EHY20-025	20	10	25	293.0	4.3	1245	6.3	1831	7
EHY20-032			32	224.0	5.4	1219	8.0	1792	9
EHY20-038			38	177.0	6.5	1143	9.5	1682	11
EHY20-044			44	149.0	7.5	1115	11.0	1639	14
EHY20-051			51	128.0	8.7	1110	12.8	1632	17
EHY20-064			64	99.0	10.9	1077	16.0	1584	22
EHY20-076			76	81.7	12.9	1056	19.0	1552	26
EHY20-089			89	69.5	15.1	1052	22.3	1546	32
EHY20-102			102	60.6	17.3	1051	25.5	1545	38
EHY20-115			115	53.0	19.6	1036	28.8	1524	42
EHY20-127			127	47.5	21.6	1026	31.8	1508	47
EHY20-139			139	43.0	23.6	1016	34.8	1494	51
EHY20-152			152	39.0	25.8	1008	38.0	1482	54
EHY20-305			305	21.2	51.9	1099	76.3	1617	107
EHY25-032	25	12.5	32	374.4	5.4	2037	8.0	2995	11
EHY25-038			38	346.0	6.5	2335	9.5	3287	13
EHY25-044			44	244.0	7.5	1825	11.0	2684	14
EHY25-051			51	207.5	8.7	1799	12.8	2646	17
EHY25-064			64	161.0	10.9	1752	16.0	2576	23
EHY25-076			76	130.8	12.9	1690	19.0	2485	28
EHY25-089			89	110.5	15.1	1672	22.3	2459	31
EHY25-102			102	96.3	17.3	1670	25.5	2456	36
EHY25-115			115	85.7	19.6	1675	28.8	2464	43
EHY25-127			127	76.3	21.6	1647	31.8	2423	47
EHY25-152			152	63.5	25.8	1641	38.0	2413	53
EHY25-178			178	53.9	30.3	1631	44.5	2399	64
EHY25-203			203	47.0	34.5	1622	50.8	2385	71
EHY25-305			305	30.9	51.9	1602	76.3	2356	115

（续）

类型代号	套筒最小直径 D_{min} /mm	导杆最大直径 d_{max} /mm	自由长度 $L(H)$ /mm	刚度 $R(F)$ /(N/mm)	长寿命变形（$L\times30\%$）		最大工作变形（$L\times40\%$）		压并变形 /mm
					变形 /mm	负荷 /N	变形 /mm	负荷 /N	
EHY32-038			38	528.2	6.5	3412	9.5	5018	11
EHY32-044			44	424.4	7.5	3175	11.0	4668	14
EHY32-051			51	353.0	8.7	3061	12.8	4501	17
EHY32-064			64	269.2	10.9	2929	16.0	4307	23
EHY32-076			76	218.5	12.9	2823	19.0	4152	26
EHY32-089			89	180.3	15.1	2728	22.3	4012	34
EHY32-102	32	16	102	155.0	17.3	2688	25.5	3953	36
EHY32-115			115	140.0	19.6	2737	28.8	4025	43
EHY32-127			127	124.0	21.6	2677	31.8	3937	48
EHY32-152			152	102.0	25.8	2636	38.0	3876	57
EHY32-178			178	88.2	30.3	2669	44.5	3925	64
EHY32-203			203	76.0	34.5	2623	50.8	3857	72
EHY32-254			254	60.8	43.2	2625	63.5	3861	91
EHY32-305			305	49.0	51.9	2541	76.3	3736	104
EHY40-051			51	628.0	8.7	5445	12.8	8007	16
EHY40-064			64	487.0	10.9	5299	16.0	7792	22
EHY40-076			76	379.0	12.9	4897	19.0	7201	26
EHY40-089			89	321.0	15.1	4857	22.3	7142	29
EHY40-102			102	281.0	17.3	4873	25.5	7166	36
EHY40-115			115	245.0	19.6	4790	28.8	7044	41
EHY40-127	40	20	127	221.0	21.6	4771	31.8	7017	43
EHY40-139			139	202.0	23.6	4773	34.8	7020	48
EHY40-152			152	168.0	25.8	4341	38.0	6384	56
EHY40-178			178	148.0	30.3	4478	44.5	6586	59
EHY40-203			203	132.0	34.5	4555	50.8	6699	72
EHY40-254			254	107.0	43.2	4620	63.5	6795	94
EHY40-305			305	87.8	51.9	4552	76.3	6695	107
EHY50-064			64	709.0	10.9	7714	16.0	11344	22
EHY50-076			76	572.0	12.9	7390	19.0	10868	26
EHY50-089			89	475.0	15.1	7187	22.3	10569	29
EHY50-102			102	405.0	17.3	7023	25.5	10328	32
EHY50-115			115	352.0	19.6	6882	28.8	10120	37
EHY50-127	50	25	127	316.0	21.6	6822	31.8	10033	43
EHY50-139			139	289.0	23.6	6829	34.8	10043	49
EHY50-152			152	239.0	25.8	6176	38.0	9082	51
EHY50-178			178	216.0	30.3	6536	44.5	9612	62
EHY50-203			203	187.0	34.5	6453	50.8	9490	72
EHY50-254			254	153.0	43.2	6607	63.5	9716	92
EHY50-305			305	127.0	51.9	6585	76.3	9684	107
EHY63-076			76	842.0	12.9	10879	19.0	15998	24
EHY63-089			89	726.0	15.1	10984	22.3	16154	28
EHY63-102			102	656.0	17.3	11375	25.5	16728	31
EHY63-115			115	534.0	19.6	10440	28.8	15353	38
EHY63-127	63	38	127	480.0	21.6	10363	31.8	15240	42
EHY63-152			152	396.0	25.8	10233	38.0	15048	51
EHY63-178			178	335.0	30.3	10137	44.5	14900	60
EHY63-203			203	297.0	34.5	10249	50.8	15073	68
EHY63-254			254	235.0	43.2	10147	63.5	14923	85
EHY63-305			305	194.0	51.9	10059	76.3	14793	103

附（三） 压缩、拉伸弹簧疲劳极限图

适用于未经喷丸处理的具有较好的耐疲劳性能的钢丝，如重要用途碳素弹簧钢丝、高疲劳级油淬火-回火弹簧钢丝制作的弹簧。从图 10-31 可以评估出弹簧的大致寿命。

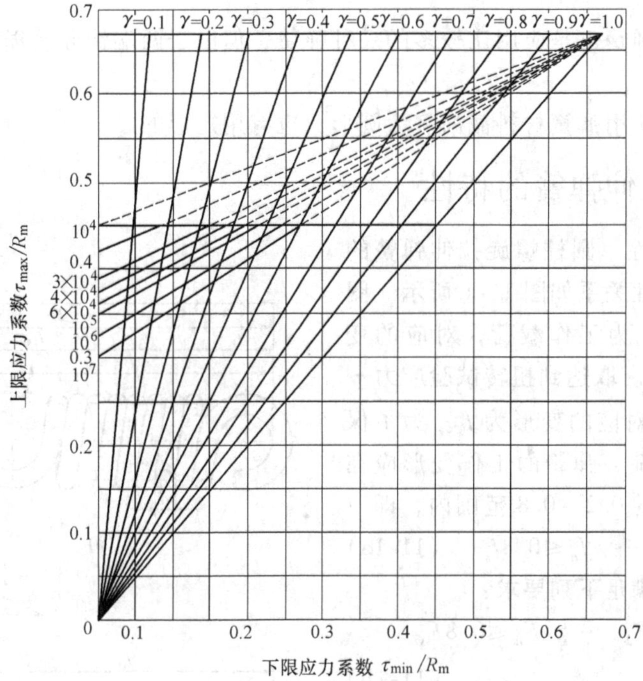

图 10-31 压缩、拉伸弹簧疲劳极限图

第 11 章　圆柱螺旋拉伸弹簧

圆柱螺旋拉伸弹簧也是应用比较多的一种弹簧，但由于两端钩环易损坏，所以尽可能采用压缩弹簧代替。

螺旋拉伸弹簧所用弹簧材料截面多为圆形，也有用矩形的。

1　圆柱螺旋拉伸弹簧的特性

（1）弹簧的特性　圆柱螺旋拉伸弹簧的基本几何参数和特性关系如图 11-1 所示。图中 F_1、F_2、…、F_n 为工作载荷，对应的变形为 f_1、f_2、…、f_n。取达到扭转试验应力 τ_s 的试验载荷为 F_s，对应的变形为 f_s。为了保证指定长度时的载荷，弹簧的工作变形应在试验载荷下变形量的 0.2～0.8 范围内，即

$$0.2f_s \leqslant f_1、f_2、\cdots、f_n \leqslant 0.8f_s \quad (11\text{-}1a)$$

对应的工作载荷应满足下列要求：

$$0.2F_s \leqslant F_1、F_2、\cdots、F_n \leqslant 0.8F_s \quad (11\text{-}1b)$$

F_1 一般为安装时的预加载荷。

在特殊需要保证刚度时，其刚度按试验载荷下变形量 f_s 的 30%～70% 选取。

（2）试验载荷　试验载荷 F_s 为测定弹簧特性时，弹簧允许承受的最大载荷，其值可参照式（10-3）计算。

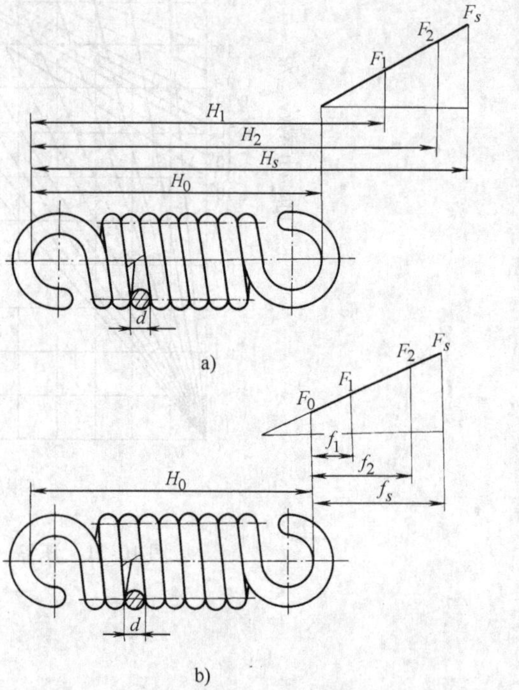

图 11-1　圆柱螺旋拉伸弹簧的基本几何参数和特性关系

a）无初拉力　b）有初拉力

（3）初拉力　拉伸弹簧一般为闭圈，即圈与圈之间接触。如用不需再淬火回火的弹簧钢丝卷制拉伸弹簧，在成形时，弹簧圈相互之间产生压缩力。当拉伸的外载荷作用于弹簧时，若载荷产生的拉伸应力未达到此力以前，弹簧不发生变形，当达到或超过此压缩力后，才开始发生变形。对应此压缩力的拉伸载荷，即为初拉力 F_0（图 11-1b）。压缩力在簧圈截面上产生的应力称为初应力 τ_0。拉伸弹簧的初拉力（初应力）取决于材料种类、材料直径、弹簧的旋绕比和加工方法。如弹簧不要初拉力，在各圈之间应有间隙。卷制成形后经过淬火的弹簧，没有初拉力。

初拉力可按式（11-2）计算：

$$F_0 = \frac{\pi d^3}{8D}\tau_0 \quad (11\text{-}2)$$

式中　d——弹簧材料直径；

D——弹簧中径；

τ_0——初应力，建议在图 11-2 中阴影区范围内选取。

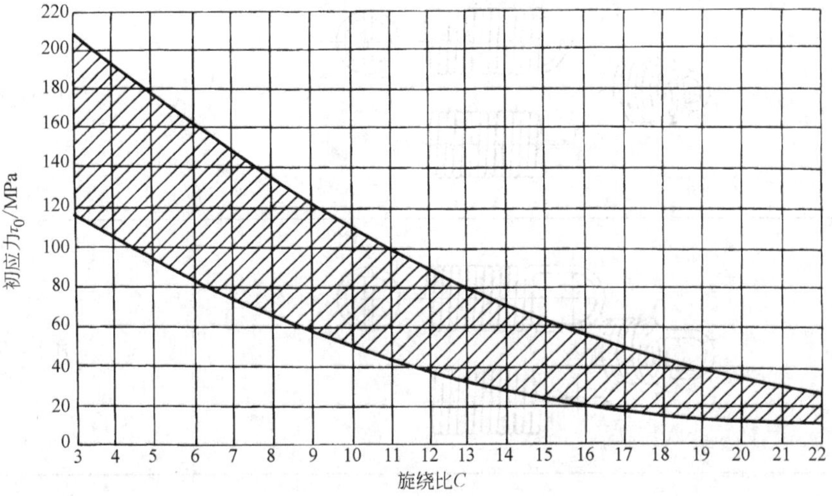

图 11-2　拉伸弹簧的初应力 τ_0

2　圆柱螺旋拉伸弹簧的结构设计

（1）弹簧的端部结构　拉伸弹簧的端部结构型式较多，其中常用的已纳入国家标准，见表 11-1。拉伸弹簧的端部形状主要是钩环，这些钩环由末端弹簧圈或钢丝弯折而成。在设计或选取端部结构型式时，主要考虑弹簧在机构中的安装方法、安装空间、载荷性质等因素。在满足要求的前提下，尽量选用简单的结构形状。半圆钩环（LⅠ和 RLⅠ），由弹簧末端弹簧圈弯扭至中心而成，弯扭处形成高的应力，适用于大旋绕比，而受载荷较小的弹簧。偏心圆钩环（LⅣ和 LⅤ），由末端弹簧圈弯折而成，钩环位于弹簧圈边缘的切线位置，由于载荷的偏心和钩环根部 90°的弯折，使钢丝承受较大的附加应力，这种端部结构型式适用于中等旋转比 $C=8\sim15$，载荷较小或不重要的弹簧。位于弹簧圈中间的圆钩环扭中心（LⅢ和 RLⅡ），也是由末端弹簧圈弯折扭至中心而成，过渡圆角半径大，与其他和偏心圆钩环相比，可以避免载荷的偏心，比较安全可靠，广泛用于旋绕比 $C<20$，承受较高载荷的弹簧。LⅡ和 LⅨ是长臂钩环，多应用于钢丝直径较小的弹簧。所有用弯折加工构成的钩环，都在钢丝的弯折处产生比较大的应力集中，所以，用弯折加工构成钩环的端部结构，建议应用于材料直径在 4mm 以下的弹簧。但由于这种方法简单，有时也用于材料直径达 10mm 左右的弹簧。但应使弯折圆角半径尽可能增大，而且要圆滑，不得有伤痕。为了减小应力集中，可采用附加钩环结构，如可调式（LⅦ型）结构，把具有螺旋的圆柱塞旋入弹簧两端 1.5～2.5 圈，在圆柱塞上另加螺杆，这种结构适用于材料直径大于 5mm 的弹簧。也可将弹簧末端做成锥形闭合端，另外附加可转钩环（LⅧ）。两端钩环的相对位置，可以在一直线上或互成 90°，或成所需要的任意角度。

有关端部结构尺寸的偏差及相对角偏差参见第 7 章相关节序。

表 11-1 圆柱螺旋拉伸弹簧的端部结构

代号	简图	端部结构形式
LⅠ（RLⅠ）	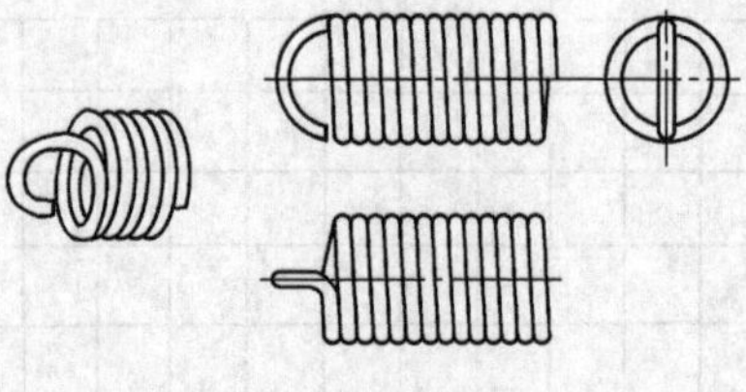	半圆钩环
LⅡ	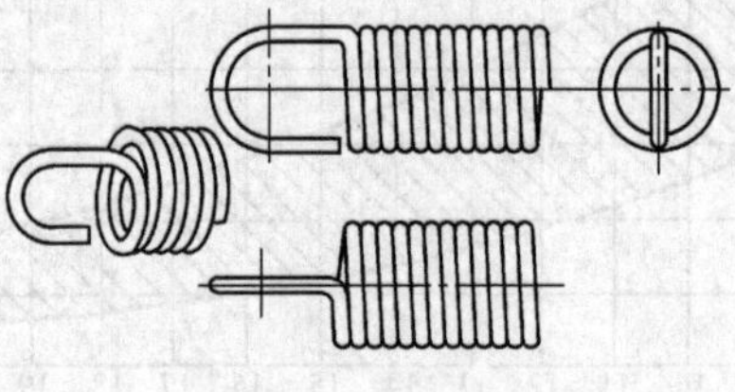	长臂半圆钩环
LⅢ（RLⅡ）	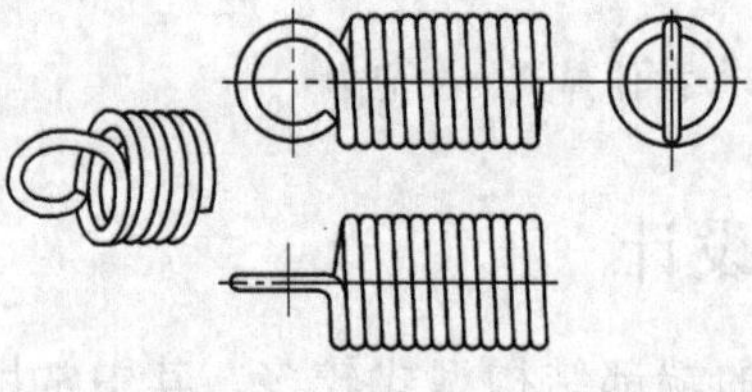	圆钩环扭中心
LⅣ	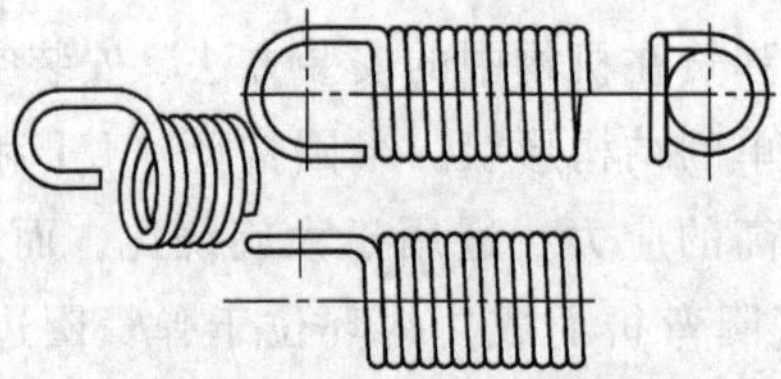	长臂偏心半圆钩环
LⅤ	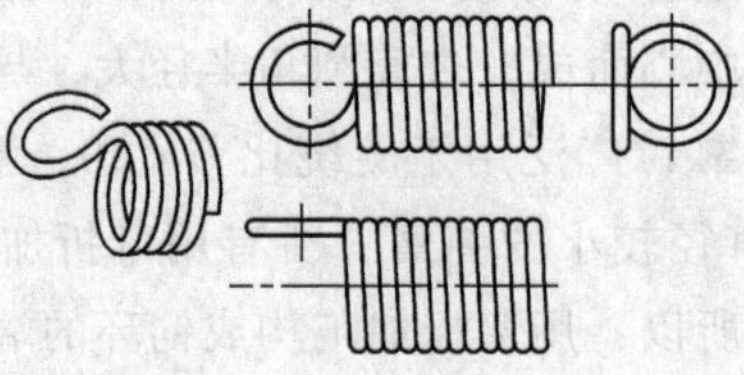	偏心圆钩环
LⅥ（RLⅢ）	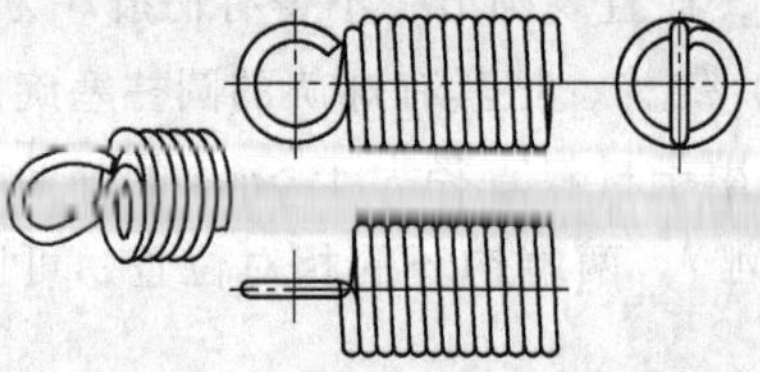	圆钩环压中心

（续）

代　号	简　　图	端部结构形式
LⅦ	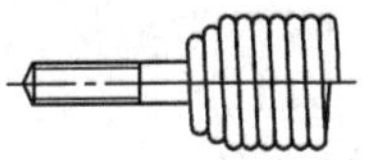	可调式拉簧
LⅧ	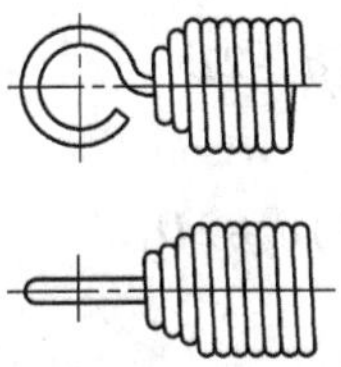	具有可转钩环
LⅨ	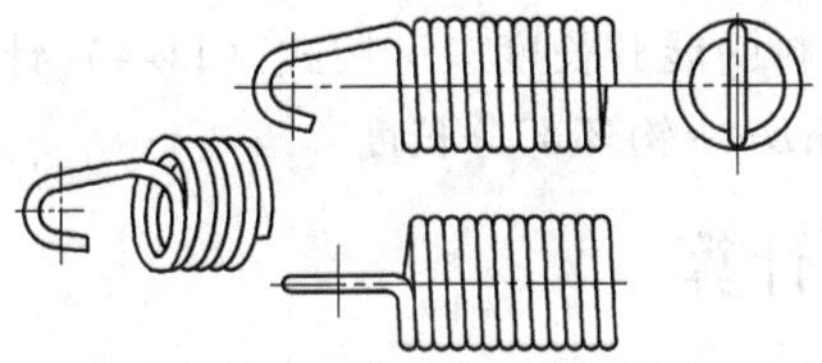	长臂小圆钩环
LX		连接式圆钩环

注：1. 代号 L 为冷成形弹簧，代号 RL 为热成形弹簧。

2. 弹簧形式推荐采用**圆钩环扭中心**。

3. 摘自 GB/T 1239.1。

（2）弹簧的圈数　拉伸弹簧的有效圈数 n 应符合表 11-2 系列值。在设计时，如 $n>20$，一般圆整为整圈；$n<20$，则一般圆整到半圈。拉伸弹簧的最少工作圈数为 2。

表 11-2　拉伸弹簧的有效圈数 n 系列　　（单位：圈）

2	3	4	5	6	7	8
9	10	11	12	13	14	15
16	17	18	19	20	22	25
28	30	35	40	45	50	55
60	65	70	80	90	100	

注：摘自 GB/T 1348。

拉伸弹簧的变形量除弹簧本体的变形量外，还应附加钩环的变形量。这附加的变形量一般可按：半圆钩环的变形量相当于弹簧体 0.1 圈的变形量，即两端都为半圆钩环时，工作圈数加上 0.2 圈；整圆钩环的变形量相当于弹簧体 0.5 圈的变形量，所以，两端为整圆钩环时，工作圈数应另加 1 圈。

（3）弹簧的中径　拉伸弹簧中径 D 建议按表 10-3 系列值选取。弹簧受到拉伸载荷之后，弹簧直径将要缩小，其缩小量按式（10-4）计算。

（4）弹簧的自由长度　自由长度 H_0 系指两钩环内侧的距离（图 11-1）。其值与端部结构有关，可按下列公式计算：

半圆钩环时

$$H_0=(n+1)d+D_1 \tag{11-3a}$$

整圆钩环时

$$H_0=(n+1)d+2D_1 \tag{11-3b}$$

圆钩环压中心时

$$H_0=(n+1.5)d+2D_1 \tag{11-3c}$$

（5）弹簧的其他结构参数

1）弹簧的螺旋角和节距。拉伸螺旋弹簧的节距 $t\approx d$，因而螺旋角 α 很小。

2）弹簧的旋绕比。拉伸弹簧的旋绕比在 4~6 范围内，可参看表 10-4 选取。

3）弹簧材料的长度。拉伸弹簧材料的展开长度，可按式（11-4）计算

$$L=\pi Dn+\text{钩环部分长度} \tag{11-4}$$

3 圆柱螺旋拉伸弹簧的设计计算

（1）弹簧螺旋体的设计计算　螺旋拉伸弹簧的强度和变形计算与螺旋压缩弹簧的完全相同，只是变形与应力的方向相反。因此，参照圆柱螺旋压缩弹簧的计算公式（10-12）~式(10-17）同样可以列出圆形截面材料螺旋拉伸弹簧的计算公式为

变形

$$f=\frac{8FD^3n}{Gd^4}=\frac{8FC^3n}{Gd} \tag{11-5}$$

切应力

$$\tau=K\frac{8FD}{\pi d^3}=K\frac{8FC}{\pi d^2} \tag{11-6}$$

刚度

$$F'=\frac{F}{f}=\frac{Gd^4}{8D^3n}=\frac{Gd}{8C^3n}=\frac{GD}{8C^4n} \tag{11-7}$$

工作圈数

$$n=\frac{Gd^4f}{8FD^3}=\frac{GD}{8C^4F'}=K\frac{Gf}{\pi dC^2\tau} \tag{11-8}$$

变形能

$$U=\frac{Ff}{2}=\frac{\tau^2V}{4G} \tag{11-9}$$

曲度系数

$$K=\frac{4C-1}{4C-4}+\frac{0.615}{C} \tag{11-10}$$

式中　F——弹簧所受的轴向载荷；

D——弹簧的中径；

d——弹簧材料的直径；

G——弹簧材料的切变模量；

C——旋绕比，$C=D/d$。

对于有初拉力 F_0 的拉伸弹簧的计算，上列有关变形计算公式中的载荷 F 应以（$F-F_0$）代替，其计算公式为

变形

$$f=\frac{8(F-F_0)D^3n}{Gd^4} \tag{11-11}$$

刚度

$$F'=\frac{(F-F_0)}{f}=\frac{Gd^4}{8D^3n} \tag{11-12}$$

工作圈数

$$n=\frac{Gd^4f}{8(F-F_0)D^3} \tag{11-13}$$

在计算拉伸弹簧时，考虑到钩环弯曲对应力的影响，往往将许用应力降低 20% 左右。由于圆柱螺旋拉伸弹簧的强度和变形计算公式与圆柱螺旋压缩弹簧的完全相同，所以压缩弹簧的所有设计方法，也完全适用于拉伸弹簧。

（2）钩环的强度计算　拉伸弹簧的钩环多由弹簧圈或钢丝弯折而成。在折弯处形成复合的切应力和拉伸应力，再加上应力集中，往往促成拉伸弹簧的损坏，因此应对拉伸弹簧钩环弯曲处的强度进行计算。精确的计算较为复杂，多采用近似计算方法。

1）圆钩环扭中心，如图 11-3 所示，钩环弯曲处的 $A—A$ 和 $B—B$ 截面处受载荷后，将分别产生弯曲应力 σ 和切应力 τ，其值可分别用下列公式近似计算

$$\sigma=\frac{16FD}{\pi d^3}\frac{r_1}{r_2} \tag{11-14}$$

$$\tau=\frac{8FD}{\pi d^3}\frac{r_3}{r_4} \tag{11-15}$$

式中　r_1、r_2、r_3 和 r_4——钩环的弯角半径，如图 11-3所示。

2）半圆钩环如图 11-4 所示，其最大拉伸应力发生在弯曲的 A 部位；其最大切应力发生在弯扭的 B 部位。弹簧在受到外载荷 F 作用后，A 部位将受到拉力 F 和弯矩 FD/Z 的作用，其拉伸应力为

$$\sigma=k_1\frac{16FD}{\pi d^3} \tag{11-16}$$

$$k_1=\frac{4C_1^2-C_1-1}{4C_1(C_1-1)}+\frac{1}{4C}$$

$$C_1=2r_1/d \quad C=D/d$$

最大切应力发生在弯扭的 B 部位的内侧，其值按式（11-17）计算：

$$\tau=k_2\frac{8FD}{\pi d^3} \tag{11-17}$$

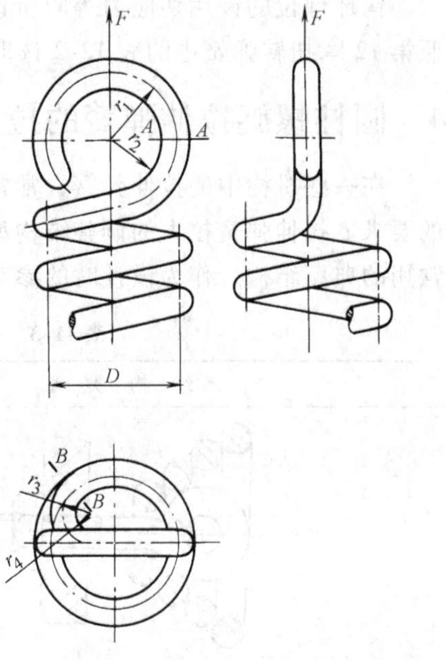

图 11-3　圆钩环扭中心结构

$$k_2 = \frac{4C_2 - 1}{4C_2 - 4}$$

$$C_2 = 2r_2/d$$

3）长臂圆钩环，如图 11-5 所示结构。

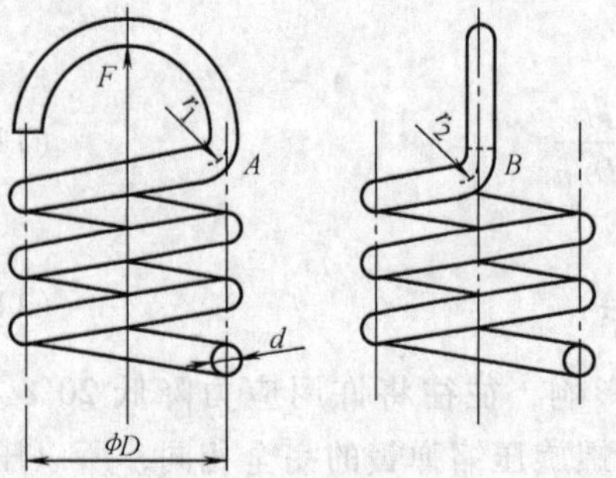

图 11-4 半圆钩环弯钩结构

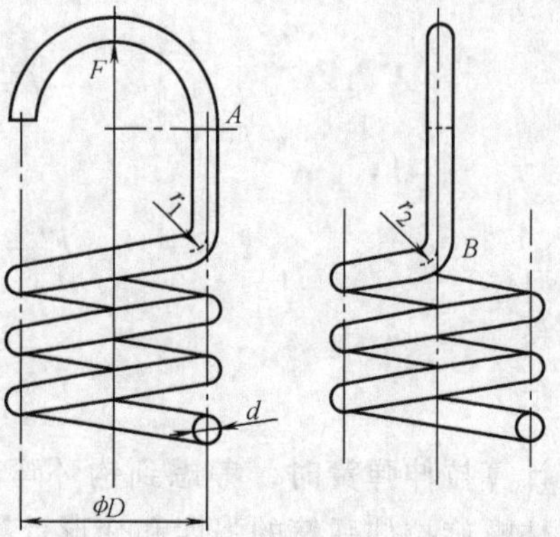

图 11-5 长臂圆钩环结构

弹簧在受到外拉伸载荷后，A 部位内侧将产生最大拉伸应力，B 部位内侧将产生最大切应力。A 部位的最大应力应是弯曲应力和拉伸应力的和，再考虑到应力集中，其值按式（11-18）计算：

$$\sigma = k_3 \frac{16FD}{\pi d^3} \tag{11-18}$$

$$k_3 = \frac{2C^2 - 1}{2C(C-1)},\ C = D/d$$

B 部位的最大切应力 τ，与半圆钩计算式（11-17）相同。

钩环部位的许用切应力等同所设计弹簧的许用切应力［τ］。许用弯曲应力［σ］可参照第 12 章扭转弹簧中的表 12-2 选取。

4 圆柱螺旋拉伸弹簧的拉力调整结构

在一些机构中的拉伸弹簧，常常需要调整其长度、改变其拉力，以满足机构对弹簧拉力的要求。拉伸弹簧拉力的调整结构型式很多，可根据不同需要自行设计，表 11-3 列举一些常用的典型结构，作为设计时的参考。

表 11-3 圆柱螺旋拉伸弹簧的拉力调整结构

结构类型	作用说明
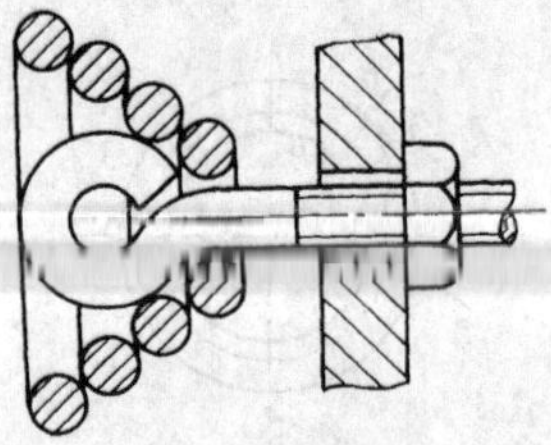 螺杆调整拉力的结构	弹簧端部做成圆锥闭合形，插入带环的螺杆，旋转螺母即可调整弹簧的拉力

（续）

结 构 类 型	作 用 说 明
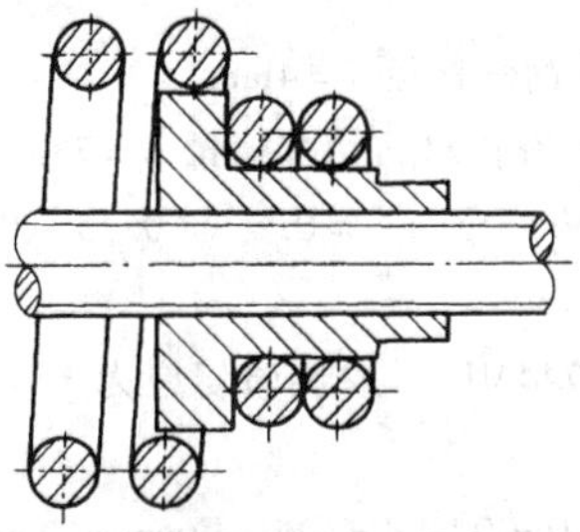 支承座为螺母的调整拉力的结构	弹簧安装在带有凸肩的螺母上，弹簧端部两圈的直径比正常直径小，以便固定，旋转螺母即可调整弹簧的拉力
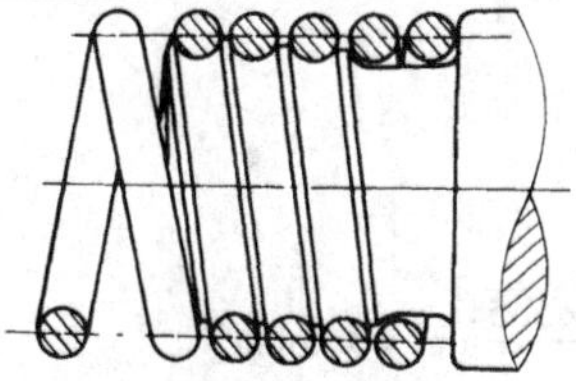 旋塞式调整结构	在螺旋拉杆上加工有螺旋槽，将拉杆旋入弹簧端部，转动拉杆即可调整弹簧的拉力
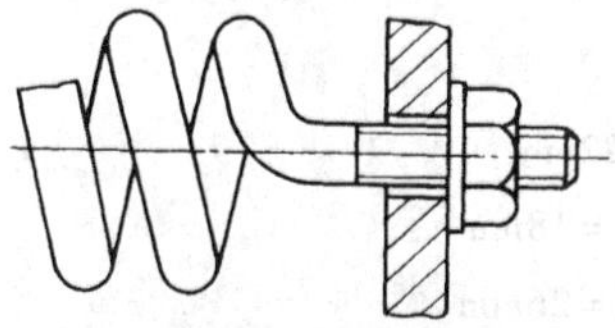 直尾式调整结构	将弹簧端做成直的，并加工出螺纹形成螺杆，旋转螺杆端的螺母即可调整弹簧的拉力
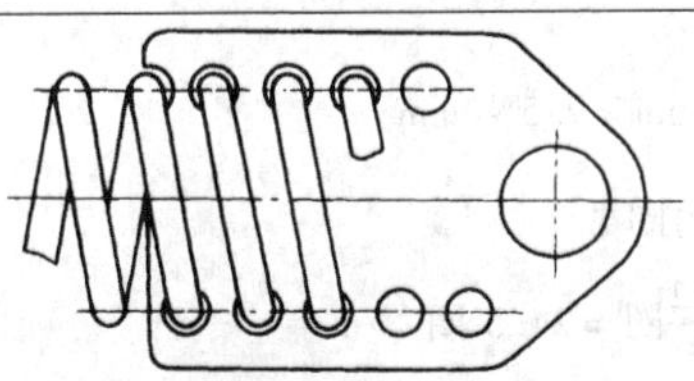 挂板式调整结构	在薄钢板上钻有两排圆孔，弹簧端部旋入钢板孔内 3 ~4 圈，靠旋入钢板孔内圈数的多少来调整弹簧的拉力
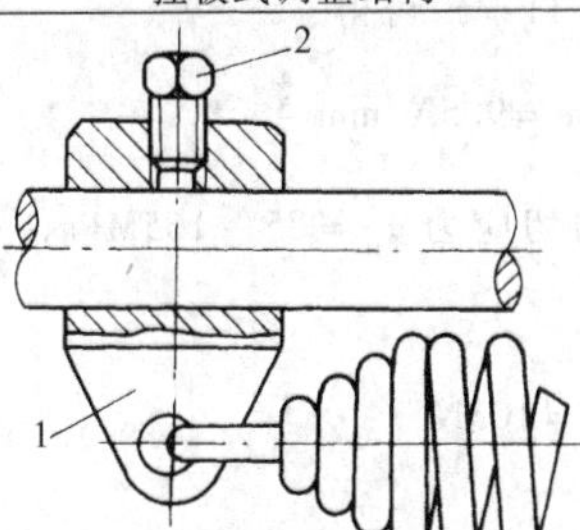 滑块式调整结构	弹簧端部挂在滑块 1 的圆孔内，滑块可沿导杆移动，当滑块滑移到合适的位置时，可用紧固螺钉 2 将其固定。调整滑块的位置就可以调整弹簧的拉力
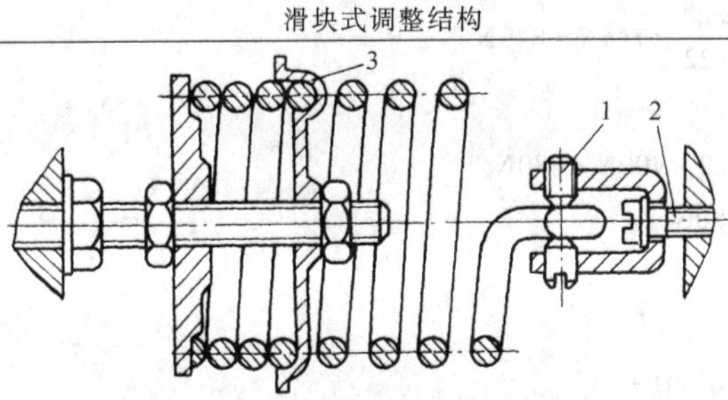 复式调整结构	螺钉 2 调整拉伸弹簧支座 1 的位置，以调整弹簧的拉力；波形盘 3 可以根据工作需要，调整拉伸弹簧的工作圈数。是一种较好的调整结构，但比较复杂

【例 11-1】 设计一拉伸弹簧，用于承受变载荷，作用次数 N 在 10^5 次以内。安装载荷 $F_1=210\text{N}$，工作载荷 $F_2=400\text{N}$，工作行程 $h=f_2-f_1=20\text{mm}\pm2\text{mm}$，采用 LⅢ圆钩环扭中心，外径 $D_2\leqslant26\text{mm}$。

解

(1) 选择材料　根据要求选用油淬火回火 TDC。初步假设钢丝直径 $d=4\text{mm}$。

由表 2-48 查得材料抗拉强度极限 $\sigma_b=1550\text{MPa}$，由表 2-6 查得材料切变模量 $G=78.8\times10^3\text{MPa}$。

根据表 10-10，按动负荷有限疲劳寿命取许用切应力的 80%，$[\tau]=0.8\times(0.45\sim0.50)\sigma_b=0.8\times(0.45\sim0.50)\times1550\text{MPa}=558\sim620\text{MPa}$，取 $[\tau]=558\text{MPa}$。

最大试验应力 $\tau_s=0.8\times0.60\sigma_b=0.8\times0.60\times1550\text{MPa}=744\text{MPa}$，取试验切应力 $\tau_s=1.2[\tau]=1.2\times558\text{MPa}=670\text{MPa}$，此值小于最大值，符合要求。

(2) 材料直径　根据题意取外径 $D_2=26\text{mm}$ 时，则弹簧中径 $D=D_2-d=(26-4)\text{mm}=22\text{mm}$，从而得旋绕比

$$C=\frac{D}{d}=\frac{22}{4}=5.5$$

查图 10-4 得曲度系数 $K=1.28$。

将有关数值代入式 (11-6) 取 $F=F_2$，得

$$d\geqslant1.6\sqrt{\frac{KF_2C}{[\tau]}}=1.6\sqrt{\frac{1.28\times400\times5.5}{558}}\text{mm}=3.6\text{mm}$$

与假设基本相符，按表 10-2 系列值，取 $d=4\text{mm}$。

(3) 弹簧圈直径

弹簧中径　$$D=Cd=5.5\times4\text{mm}=22\text{mm}$$

弹簧内径　$$D_1=D-d=(22-4)\text{mm}=18\text{mm}$$

弹簧外径　$$D_2=D+d=(22+4)\text{mm}=26\text{mm}$$

(4) 弹簧所需刚度　计算弹簧所需刚度

$$F'=\frac{F_2-F_1}{f_2-f_1}=\frac{400-210}{20}\text{N/mm}=9.5\text{N/mm}$$

(5) 弹簧的圈数和实际刚度　由式 (11-8) 可得弹簧的圈数

$$n=\frac{GD}{8C^4F'}=\frac{78.8\times10^3\times22}{8\times5.5^4\times9.5}\text{圈}=24.5\text{圈}$$

按表 11-2 系列值，取 $n=25$ 圈，则弹簧实际刚度，由式 (11-7) 可得

$$F'=\frac{Gd^4}{8D^3n}=\frac{78.8\times10^3\times4^4}{8\times22^3\times25}\text{N/mm}=9.5\text{N/mm}$$

(6) 弹簧的初拉力　根据图 11-2，当 $C=5.5$ 时，查得初切应力 $\tau_0=85\sim165\text{MPa}$，一般取低值，取 $\tau_0=90\text{MPa}$，则由式 (11-2) 得初拉力

$$F_0=\frac{\pi d^3}{8D}\tau_0=\frac{\pi\times4^3}{8\times22}\times90\text{N}=103\text{N}$$

(7) 弹簧的试验载荷　由式 (10-3) 可得最大试验载荷

$$F_s=\frac{\pi d^3}{8D}\tau_s=\frac{\pi\times4^3}{8\times22}\times744\text{N}=849\text{N}$$

按工作载荷可得试验载荷

$$F_s=1.2F_2=1.2\times400\text{N}=480\text{N}$$

此值小于最大试验载荷值，因而可取试验载荷 $F_s=480\text{N}$

(8) 弹簧的变形量

安装变形量

$$f_1=\frac{F_1-F_0}{F'}=\frac{210-103}{9.5}\text{mm}=11\text{mm}$$

工作变形量

$$f_2=\frac{F_2-F_0}{F'}=\frac{400-103}{9.5}\text{mm}=31\text{mm}$$

工作行程

$$h=f_2-f_1=(31-11)\text{mm}=20\text{mm}$$

符合 $h=30\text{mm}\pm2\text{mm}$ 的要求。

试验载荷下变形量

$$f_s=\frac{F_s-F_0}{F'}=\left(\frac{480-103}{9.5}\right)\text{mm}=40\text{mm}$$

（9）特性校核

$$\frac{f_1}{f_2}=\frac{11}{40}=0.28\quad \frac{f_2}{f_s}=\frac{31}{40}=0.78$$

满足 $0.2f_s\leqslant f_{1,2}\leqslant 0.8f_s$ 的要求。

（10）疲劳强度校核　由式（11-6）可得

$$\tau_{\min}=K\frac{8D}{\pi d^3}F_1=1.28\times\frac{8\times22}{\pi\times4^3}\times210\text{N/mm}^2=235\text{N/mm}^2$$

$$\tau_{\max}=K\frac{8D}{\pi d^3}F_2=1.28\times\frac{8\times22}{\pi\times4^3}\times400\text{N/mm}^2=448\text{N/mm}^2$$

从而可得

$$r=\frac{\tau_{\min}}{\tau_{\max}}=\frac{235}{448}=0.52$$

$$\frac{\tau_{\max}}{\sigma_b}=\frac{448}{1550}=0.29$$

从附（三）图 10-31 可以看出 $r=0.52$ 和 $\tau_{\max}/\sigma_b=0.29$ 的交点在 10^7 作用次数线以下，说明满足疲劳寿命 10^5 作用次数设计要求。

（11）钩环的强度验算　采用 LⅢ 圆钩环扭中心结构。参照图 11-3，取 $r_1=D/2=22/2\text{mm}=11\text{mm}$，$r_2=r_1-d/2=(11-4/2)\text{mm}=9\text{mm}$。按式（11-14）和式（11-15）可计算出危险截面 A—A 的弯曲应力：

$$\sigma=\frac{16F_2D}{\pi d^3}\frac{r_1}{r_2}=\frac{16\times400\times22}{\pi4^3}\times\frac{1}{9}\text{MPa}=856\text{MPa}$$

参照第 12 章扭转弹簧许用应力表 12-2，可知有限疲劳寿命的许用弯曲应力 $[\sigma]=(0.60\sim0.68)\sigma_b=(0.60\sim0.68)\times1550\text{MPa}=930\text{MPa}$ 此值满足 856MPa 的要求。

B—B 危险截面如取 $r_3=6\text{mm}$，$r_4=4\text{mm}$，则其扭切应力：

$$\tau=\frac{8F_2D}{\pi d^3}\frac{r_3}{r_4}=\frac{8\times400\times22}{\pi4^3}\times\frac{6}{4}\text{MPa}=525\text{MPa}$$

此值在许用应力 $[\tau]=558\text{MPa}$ 范围内满足要求。

1）结构参数：

自由长度，由式（11-3b）

$$H_0=(n+1)d+2D_1=[(25+1)\times4+2\times18]\text{mm}=140\text{mm}$$

安装长度　$H_1=H_0+f_1=(140+11)\text{mm}=151\text{mm}$

工作长度　$H_2=H_0+f_2=(140+42)\text{mm}=182\text{mm}$

试验长度　$H_s=H_0+f_s=(140+52)\text{mm}=192\text{mm}$

节距　$t\approx d=4\text{mm}$

螺旋角　$\alpha=\arctan\frac{t}{\pi D}=\arctan\frac{4}{\pi\times22}=3°19'$

弹簧材料展开长度由式（11-4）

$$L=\pi Dn+2\pi D(\text{钩环部分})=(\pi\times22\times25+2\times\pi\times22)\text{mm}=1866\text{mm}$$

2）弹簧典型工作图样：

① 弹簧工作图，如图 11-6 所示。

② 技术要求：

a. 端部形式 LⅢ型，圆钩环扭中心；

b. 圈数 $n=25$ 圈；

c. 旋向 右旋；

d. 表面处理 发蓝；

e. 制造技术条件 按 GB/T 1239.2，选用 2 级精度。

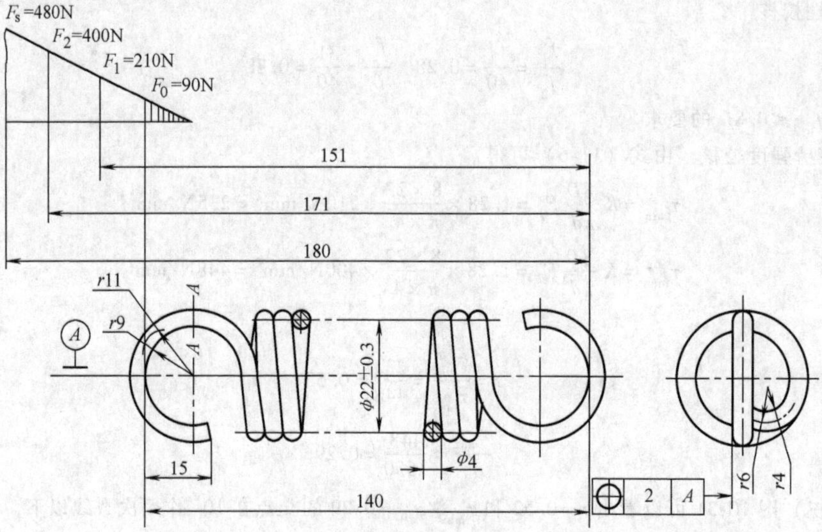

图 11-6 【例 11-1】螺旋拉伸弹簧工作图

3）有关数据见表 11-4。

表 11-4 ［例 11-1］的设计计算参数

序号	名 称	代号	数量	单位	序号	名 称	代号	数量	单位
1	旋绕比	C	5.5		8	试验切应力	τ_s	480	MPa
2	曲度系数	K	1.28	mm	9	刚度	F'	9.5	N/mm
3	中径	D	22		10	弹簧变形能	U		N · mm
4	材料抗拉强度	σ_b	1550		11	载荷作用次数	N	$\geqslant 10^6$	次
5	脉动疲劳极限	τ_0	90	MPa	12	材料长度	L	1866	mm
6	安装切应力	τ_1	235		13		v_r		
7	工作切应力	τ_2	448		14				

附（一） 冷卷圆柱螺旋拉伸弹簧技术条件㊀

1. 结构型式

弹簧结构型式见表 11-5。

㊀ 摘自 GB/T 1239.1—2009《冷卷圆柱螺旋拉伸弹簧技术条件》。该标准主要起草人：马友芳、章碧鸿、吴刚、刘翠玲、王卫、张涌森、姜膺、陆培根、尤伟明、蒋欣荣、张文伟、梁泉。

2. 材料

弹簧一般采用表 11-5 所规定的材料，若需用其他材料时，由供需双方商定。

表 11-5　弹簧一般采用的材料

序号	标准号	标准名称
1	GB/T 4357	碳素弹簧钢丝
2	YB/T 5311	重要用途碳素弹簧钢丝
3	GB/T 14955	青铜线
4	GB/T 18983	油淬火-回火弹簧钢丝
5	YB(T)11	弹簧用不锈钢丝
6	YS/T 571	铍青铜线

弹簧材料的质量应符合相应材料标准的有关规定，必须备有材料制造商的质量证明书，并经复验合格后方可使用。

3. 技术要求

产品应按经规定程序批准的产品图样及技术文件制造。

（1）极限偏差的等级　弹簧尺寸与特性的极限偏差分为 1、2、3 三个等级，各项目等级应根据使用需要分别独立选定。

（2）尺寸参数及极限偏差

① 内径或外径的极限偏差　弹簧内径或外径的极限偏差按表 11-6 的规定。

表 11-6　弹簧内径或外径的极限偏差　（单位：mm）

旋绕比 $C=D/d$	精度等级		
	1	2	3
4～8	$\pm0.010D$，最小 ±0.15	$\pm0.015D$，最小 ±0.20	$\pm0.025D$，最小 ±0.40
>8～15	$\pm0.015D$，最小 ±0.20	$\pm0.020D$，最小 ±0.30	$\pm0.030D$，最小 ±0.50
>15～22	$\pm0.020D$，最小 ±0.30	$\pm0.030D$，最小 ±0.50	$\pm0.040D$，最小 ±0.70

注：必要时弹簧内径或外径的极限偏差可以不对称使用，其公差值不变。

② 自由长度的极限偏差　弹簧自由长度 H_0（两钩环内侧之间的长度）的极限偏差，按表 11-7 的规定，当弹簧有特性要求时，自由长度作为参考；对于无初拉力的弹簧，自由长度的极限偏差由供需双方商定。

表 11-7　弹簧自由长度的极限偏差　（单位：mm）

旋绕比 $C=D/d$	精度等级		
	1	2	3
≥4～8	$\pm0.010H_0$，最小 ±0.2	$\pm0.020H_0$，最小 ±0.5	$\pm0.030H_0$，最小 ±0.6
>8～15	$\pm0.015H_0$，最小 ±0.5	$\pm0.030H_0$，最小 ±0.7	$\pm0.040H_0$，最小 ±0.8
>15～22	$\pm0.020H_0$，最小 ±0.6	$\pm0.040H_0$，最小 ±0.8	$\pm0.060H_0$，最小 ±1.0

注：必要时弹簧自由长度的极限偏差可以不对称使用，其公差值不变。

③ 总圈数　总圈数作为参考，当钩环位置有要求时，应保证钩环位置。

④ 两钩环相对角度的极限偏差　弹簧两钩环相对角度的极限偏差，如图 11-7 所示，极限偏差按表 11-8的规定。

表 11-8　弹簧两钩环相对角度的极限偏差

弹簧中径 D/mm	角度偏差 γ/(°)	弹簧中径 D/mm	角度偏差 γ/(°)
≤10	40	>25～55	20
>10～25	30	>55	15

⑤ 钩环中心面与弹簧轴心线位置度的极限偏差　对于半圆钩环、圆钩环扭中心，压中心钩环的弹簧钩环中心面与轴心线位置度如图 11-8 所示，极限偏差按表 11-9 的规定。其他钩环的位置度极限偏差由供需双方商定。

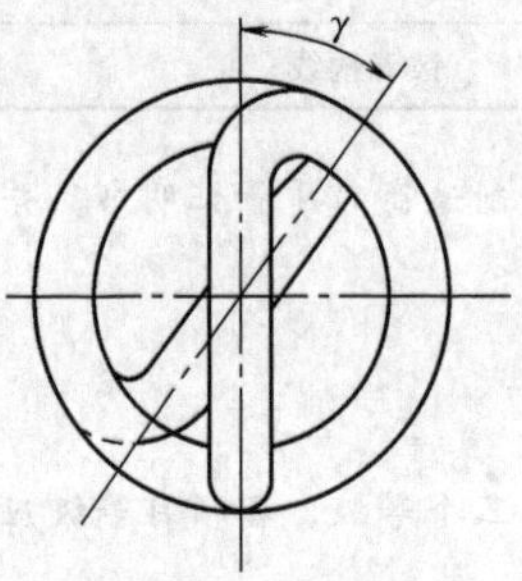

图 11-7　两钩环相对角度

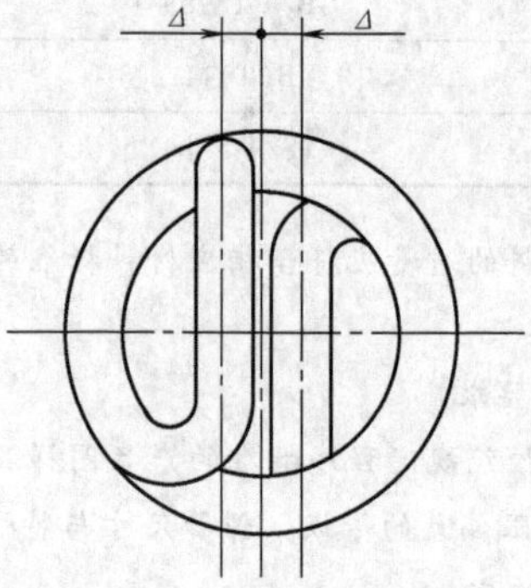

图 11-8　钩环中心面与轴心线位置度

表 11-9　钩环中心面与弹簧轴心线位置度的极限偏差　(单位：mm)

弹簧中径 D	>3～6	>6～10	>10～18	>18～30	>30～50	>50～120
极限偏差 Δ	0.5	1	1.5	2	2.5	3

⑥ 钩环钩部尺寸的极限偏差　弹簧钩环钩部尺寸 h_1（或钩环开口尺寸 h_2）如图 11-9 所示，其极限偏差按表 11-10 的规定。

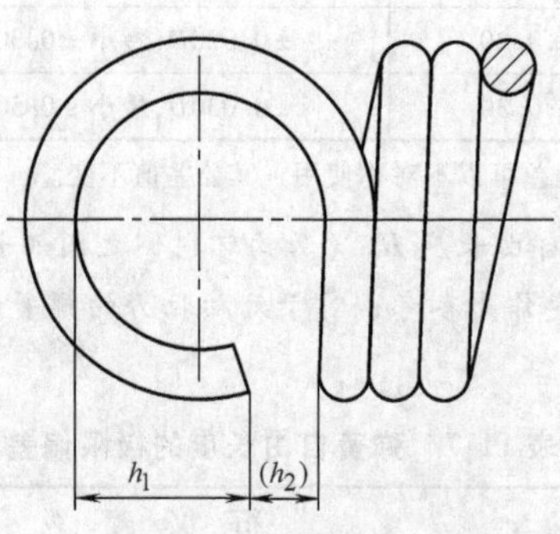

图 11-9　钩环钩部尺寸

表 11-10　钩环钩部尺寸的极限偏差　(单位：mm)

钩环钩部长度 h_1 或钩环开口尺寸 h_2	极限偏差	钩环钩部长度 h_1 或钩环开口尺寸 h_2	极限偏差
≤15	±1	>30～50	±3
>15～30	±2	>50	±4

注：必要时弹簧钩环钩部尺寸的极限偏差可以不对称使用，其公差值不变。

(3) 弹簧的特性　弹簧特性应符合以下两项规定，一般不同时选用，特殊需要时，由供需双方协商。

1）在指定长度的负荷下，弹簧变形量应在试验负荷下变形量的20%～80%之间。弹簧要求1级精度时，指定长度负荷下的变形量应在4mm以上。在最大变形量下的负荷应不大于试验负荷。

2）测量弹簧刚度时，其变形量应在试验负荷下变形量的30%～70%之间。

（4）特性的极限偏差

1）有效圈数大于3的弹簧，其指定长度时的负荷极限偏差按以下的规定选取，必要时可以不对称使用，其公差值不变。

$$\pm[(初拉力\times\alpha)+(指定长度时负荷-初拉力)\times\beta]$$

α（系数）按照表11-11的规定：β（系数）按照表11-12的规定。

2）弹簧刚度F'的极限偏差，按表11-13规定。

表11-11　系数α

精度等级	1	2	3
α	0.10	0.15	0.20

表11-12　系数β

精度等级		1	2	3
β	有效圈数 $3\leqslant n\leqslant10$	0.05	0.10	0.15
	有效圈数 $n>10$	0.04	0.08	0.12

表11-13　弹簧刚度F'的极限偏差

有效圈数 n	精度等级		
	1	2	3
$3\leqslant n\leqslant10$	$\pm0.05F'$	$\pm0.10F'$	$\pm0.15F'$
>10	$\pm0.04F'$	$\pm0.08F'$	$\pm0.12F'$

（5）热处理　弹簧在成形后需经去应力回火处理，用铍青铜线成形的弹簧需进行时效处理，其硬度不予考核。

（6）表面质量　弹簧表面应光滑，不得有肉眼可见的有害缺陷。

（7）表面处理　弹簧表面处理应在产品图样中注明，其处理的介质、方法应符合相应的环境保护法规，但弹簧应尽量避免采用可能导致氢脆的表面处理方法。

（8）其他　当弹簧有特殊技术要求（疲劳寿命等）时，由供需双方商定。

4. 试验方法

（1）弹簧特性　弹簧特性的测量在精度不低于±1%的弹簧试验机上进行，按图样规定测量其负荷或刚度。当测量指定变形量下负荷时，其预拉量由供需双方商定。弹簧特性的测定是将弹簧拉伸至试验负荷一次后进行。试验负荷应根据表11-14规定的试验应力计算：

$$F_s=\frac{\pi d^3}{8D}\tau_s$$

式中　F_s——试验负荷（N）；

τ_s——试验应力（MPa）；

d——材料直径（mm）；

D——弹簧中径（mm）。

当旋绕比≤6 时，可用曲度系数 K 值进行修正，其公式变为 $F_s = \dfrac{\pi d^3}{8KD}\tau_s$。

表 11-14

材　料	油淬火回火弹簧钢丝	碳素弹簧钢丝、重要用途碳素弹簧钢丝	弹簧用不锈钢丝	青铜线、铍青铜线（时效后）
弹簧试验应力	抗拉强度 ×0.44	抗拉强度 ×0.4	抗拉强度 ×0.36	抗拉强度 ×0.32

注：油淬火回火类钢丝、碳素弹簧钢丝、重要用途碳素弹簧钢丝（琴钢丝），根据现场实用情况可以提高 10% ~ 15%。——作者。

（2）内径或外径　用分度值小于或等于 0.02mm 的通用量具或专用量具测量，图样上标明外径或中径的测量外径，并以外径最大值为准；标明内径的测内径，并以内径最小值为准。

（3）自由长度　自由长度用分度值小于或等于 0.05mm 的通用量具或专用量具测量。

（4）钩环相对角度　两钩环相对角度采用专用量具或样板测量。

（5）钩环位置度　钩环位置度用通用量具或专用量具测量。

（6）钩环钩部尺寸　钩环钩部尺寸用通用量具或专用量具测量。

（7）表面质量　采用肉眼或用 5 倍放大镜目测检查弹簧表面。

（8）表面处理　弹簧表面处理按有关技术标准或协议规定进行。

（9）疲劳试验　当需要检查疲劳寿命时，疲劳试验按 GB/T 16947 进行。

5. 检验规则

（1）抽样检查　产品的验收抽样检查按 JB/T 7944 的规定，也可按供需双方商定。

（2）产品的检验项目　产品的检验项目：永久变形；弹簧特性；内径或外径；自由长度；钩环相对角度；钩环位置度；钩环钩部尺寸；表面质量；表面处理；总圈数；疲劳寿命（需要时进行）。

（3）弹簧检查项目分类　弹簧检查项目分类见表 11-15。

表 11-15　弹簧检查项目分类

A 缺陷项目	B 缺陷项目	C 缺陷项目
	弹簧特性、内径或外径、表面质量	自由长度、钩环相对角度、钩环位置度、钩环钩部尺寸、表面处理、总圈数

注：图样有要求时，疲劳寿命、永久变形可作为 A 缺陷项目进行检查。

6. 拉伸弹簧典型工作图样

拉伸弹簧典型工作图样如图 11-4 所示。

附（二）　普通圆柱螺旋拉伸弹簧尺寸及参数㊀

1. 范围

本标准规定了普通圆柱螺旋拉伸弹簧结构型式中（图 11-10）最常用的 LⅠ（半圆钩环型）、LⅢ（圆钩环扭中心型）及 LⅥ（圆钩环压中心型）的尺寸及参数。

本标准适用于受静负荷及循环次数在 $N \leqslant 10^5$ 的动负荷、有初拉力的圆截面圆柱螺旋拉伸弹簧（以下简称弹簧），弹簧材料直径为 0.5 ~ 8.0mm。

2. 弹簧的类型

（1）弹簧的类型分　LⅠ半圆钩环型、LⅢ圆钩环扭中心型和 LⅥ和圆钩环压中心型三种。

（2）有效圈尾数　三种类型的弹簧每一种又按有效圈尾数分为 A 型和 B 型，A 型有效圈尾数为 0.5，B 型有效圈尾数为 0.25。LⅠ半圆钩环型、LⅢ圆钩环扭中心型和 LⅥ和圆钩环压中心型。

㊀ 摘自 GB/T 2088—2009《普通圆柱螺旋拉伸弹簧尺寸及参数》。

3. 技术要求

（1）材料

选用 GB/T 4357—1989 中 C 级碳素弹簧钢丝。如采用其他种类的钢丝，在计算中应采用其相应的力学性能数据。

（2）弹簧自由长度

本标准表 11-17 中给出了 H_{Lb}参数，弹簧自由长度 H_0 按式（11-19）和式（11-20）近似计算：

LⅠ半圆钩环型自由长度： $H_0 = H_{Lb} + D_1$ （11-19）

LⅢ圆钩环扭中心和 LⅥ圆钩环压中心型：$H_0 = H_{Lb} + 2D_2$ （11-20）

（3）弹簧钩环

开口宽度 h_2 为：结构型式 LⅠ：$h_2 = 0.2D$；结构型式 LⅢ：$h_2 = 0.33D$；结构型式 LⅥ：$h_2 = (0.25 \sim 0.35)D$。

（4）制造精度

弹簧的负荷、外径和自由长度的极限偏差按 GB/T 23935 规定的 2、3 级精度选用。

（5）表面处理

弹簧表面处理需要时在订货合同中注明，表面处理的介质、方法应符合相应的环境保护法规，应尽量避免采用可能导致氢脆的表面处理方法。

（6）弹簧其他技术要求

弹簧其他技术要求按 GB/T 1239.1 的规定。

4. 标记

（1）标记方法

弹簧的标记由类型代号、型式代号、规格、精度代号、旋向代号和标准编号组成，规定如下：

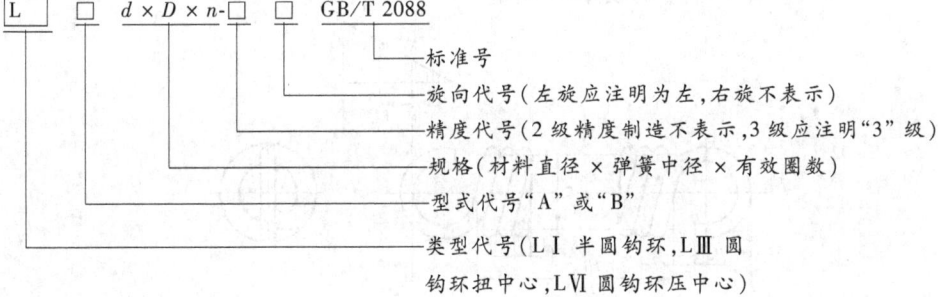

L □ $d \times D \times n$-□ □ GB/T 2088

- 标准号
- 旋向代号（左旋应注明为左，右旋不表示）
- 精度代号（2 级精度制造不表示，3 级应注明“3”级）
- 规格（材料直径 × 弹簧中径 × 有效圈数）
- 型式代号“A”或“B”
- 类型代号（LⅠ 半圆钩环，LⅢ 圆钩环扭中心，LⅥ 圆钩环压中心）

（2）标记示例

示例 1：

LⅠ型弹簧，材料直径为 1mm，弹簧中径为 7mm，有效圈数为 10.5，精度等级为 3 级，A 型左旋弹簧：

标记：LⅠA 1×7×10.5-3 左 GB/T 2088

示例 2：

LⅢ型弹簧，材料直径为 1mm，弹簧中径为 5mm，有效圈数为 12.25，精度为 2 级的 B 型弹簧：

标记：LⅢ B 1×5×12.25 GB/T 2088

示例 3：

LⅥ型弹簧，材料直径为 2.5mm，弹簧中径为 16mm，有效圈数为 30.25，精度为 3 级的 B 型弹簧：

标记：LⅥ B 2.5×16×30.25-3 GB/T 2088

5. 弹簧的许用应力和初拉力

1）许用应力根据碳素弹簧钢丝抗拉强度按表 11-16 选取。

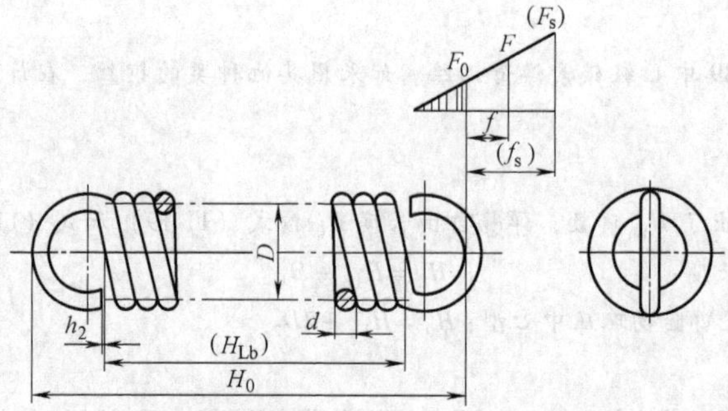

LⅠ半圆钩环型

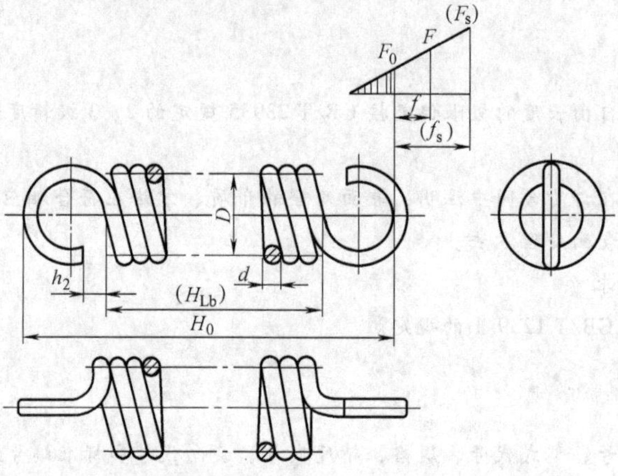

LⅢ圆钩环扭中心型

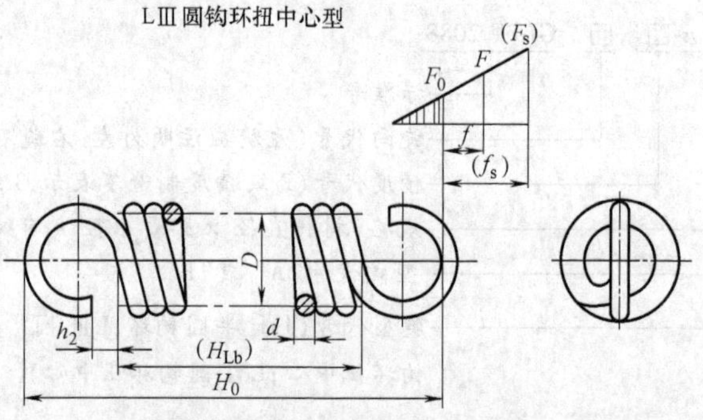

LⅥ圆钩环压中心型

图 11-10 圆柱螺旋拉伸弹簧

表 11-16 碳素弹簧钢丝

推荐负荷类型	许用切应力[τ] /MPa	切变模量 G /MPa	试验负荷 F_s /N	试验负荷下变形量 f_s /mm
静负荷	$0.4R_m$	79000	$\dfrac{0.4\pi d^3 R_m}{8D}$	$\dfrac{\pi D^2 n}{Gd}(0.4R_m-\tau_0)$
循环次数为 $N\leqslant10^5$ 的动负荷	$0.32R_m$			

2）弹簧的初拉力根据图 11-2 查取。

6. 弹簧尺寸及参数

弹簧的主要尺寸及参数按表 11-17 的规定。

表 11-17 弹簧尺寸及参数

d /mm	D /mm	F_0 /N	F_s /N	$n=8.25$ 圈				$n=10.5$ 圈				$n=12.25$ 圈			
				H_{Lb} /mm	f_s /mm	F' /(N/mm)	m /10^{-3} kg	H_{Lb} /mm	f_s /mm	F' /(N/mm)	m /10^{-3} kg	H_{Lb} /mm	f_s /mm	F' /(N/mm)	m /10^{-3} kg
	3	1.6	14.4		4.6	2.77	0.14		5.9	2.18	0.17		5.3	1.87	0.20
	3.5	1.2	12.3		6.4	1.74	0.15		8.1	1.37	0.20		9.8	1.18	0.23
0.5	4	0.9	10.8	4.6	8.5	1.17	0.18	5.8	10.8	0.92	0.23	6.6	15.7	0.79	0.26
	5	0.5	8.6		13.3	0.60	0.23		17	0.47	0.28		22.9	0.40	0.33
	6	0.4	7.2		19.4	0.35	0.27		25.2	0.27	0.34		31.5	0.23	0.40
	3	3.3	23.9		3.6	5.75	0.21		4.6	4.51	0.26		5.3	3.87	0.30
	4	1.9	17.9		6.6	2.42	0.29		8.4	1.90	0.35		9.8	1.53	0.39
0.6	5	1.2	14.3	5.6	10.6	1.24	0.36	6.9	13.4	0.975	0.44	7.9	15.7	0.836	0.50
	6	0.8	11.9		15.5	0.718	0.43		19.7	0.564	0.52		22.9	0.484	0.69
	7	0.6	10.2		21.2	0.452	0.50		27	0.355	0.61		31.5	0.305	0.69
	4	5.9	40.4		4.5	7.66	0.51		5.7	6.02	0.62		6.7	5.16	0.71
	5	3.8	32.3		7.3	3.92	0.63		9.3	3.08	0.78		10.8	2.64	0.88
0.8	6	2.6	26.9	7.4	10.7	2.27	0.76	9.2	13.7	1.78	0.93	10.6	15.9	1.53	1.06
	8	1.5	20.2		19.6	0.952	0.94		24.9	0.752	1.16		29	0.645	1.33
	9	1.2	18.0		25	0.673	1.05		31.8	0.528	1.30		37.1	0.453	1.50
	5	9.2	61.5		5.5	9.58	0.99		7	7.52	1.21		8.1	6.45	1.38
	6	6.4	51.3		8.1	5.54	1.19		10.3	4.35	1.45		12	3.73	1.66
1.0	7	4.7	44.0	9.3	11.3	3.49	1.39	11.5	14.3	2.74	1.69	13.3	16.7	2.35	1.93
	8	3.6	38.5		14.9	2.34	1.59		19	1.84	1.94		22.2	1.57	2.21
	10	2.3	30.8		23.8	1.20	1.99		30.3	0.940	2.42		35.4	0.806	2.76
	12	1.6	25.6		34.6	0.693	2.38		44.1	0.544	2.91		51.4	0.467	3.31
	6	13.3	86.4		6.4	11.5	1.72		8.1	9.03	2.09		9.7	7.74	2.38
	7	9.8	74.0		8.9	7.24	2.00		11.3	5.69	2.44		13.2	4.87	2.78
1.2	8	7.5	64.8	11.1	11.8	4.85	2.29	13.8	15	3.81	2.79	15.9	17.6	3.26	3.18
	10	4.8	51.8		19	2.48	2.86		19.5	2.41	2.93		28.1	1.67	3.97
	12	3.3	43.2		27.7	1.44	3.43		35.3	1.13	4.18		41.3	0.967	4.77
	14	2.4	37.0		38.2	0.905	4.00		48.7	0.711	4.88		56.8	0.609	5.56
	8	23.6	145		7.9	15.3	4.07		10.1	12.0	4.96		11.8	10.3	5.65
	10	15.1	116		12.9	7.84	5.08		16.4	6.16	6.20		19.1	5.28	7.07
1.6	12	10.5	97.0	14.8	19.1	4.54	6.10	18.4	24.2	3.57	7.44	21.2	28.3	3.06	8.48
	14	7.7	83.1		26.4	2.86	7.12		33.5	2.25	8.68		39.1	1.93	9.89
	16	5.9	72.7		34.8	1.92	8.13		44.5	1.50	9.92		51.8	1.29	11.3
	18	4.7	64.7		44.4	1.35	9.15		56.6	1.06	11.2		66.2	0.906	12.7
	10	37.0	215		9.3	19.2	7.94		11.9	15.0	9.68	26.5	13.8	12.9	11.0
	12	25.7	179		13.8	11.1	9.53		17.6	8.71	11.6		20.5	7.46	13.3
2.0	14	18.8	153	18.5	19.2	6.98	11.1	23.0	24.5	5.48	13.6		28.6	4.70	15.5
	16	14.4	134		25.6	4.68	12.7		32.6	3.67	15.5	26.5	38	3.15	17.7
	18	11.4	119		32.8	3.28	14.3		41.7	2.58	17.4		48.7	2.21	19.9
	20	9.2	107		40.9	2.39	15.9		52	1.88	19.4		60.7	1.61	22.1
	12	62.7	339		10.2	27.1	14.9		13	21.3	18.2		15.2	18.2	20.7
	14	46.1	291		1.4	17.0	17.4		18.3	13.4	21.2		21.3	11.5	24.2
2.5	16	35.3	255	23.1	19.3	11.4	19.9	28.8	24.5	8.97	24.2	33.1	28.6	7.69	27.6
	18	27.9	226		24.7	8.02	22.3		31.4	6.30	27.2		36.7	5.40	31.1
	20	22.6	204		31.1	5.84	24.8		39.5	4.59	30.3		46	3.94	34.5
	25	14.4	163		49.7	2.99	31.0		63.2	2.35	37.8		73.6	2.02	43.1

（续）

d /mm	D /mm	F_0 /N	F_s /N	n=15.5圈 H_{Lb} /mm	f_s /mm	F' /(N/mm)	m /10^{-3} kg	n=18.25圈 H_{Lb} /mm	f_s /mm	F' /(N/mm)	m /10^{-3} kg	n=20.5圈 H_{Lb} /mm	f_s /mm	F' /(N/mm)	m /10^{-3} kg
0.5	3	1.6	14.4	8.3	8.7	1.47	0.25	9.6	10.2	1.25	0.29	10.7	11.4	1.12	0.33
	3.5	1.2	12.3		11.9	0.929	0.30		14.1	0.789	0.34		15.8	0.702	0.38
	4	0.9	10.8		15.9	0.622	0.34		18.8	0.528	0.39		21.1	0.470	0.44
	5	0.6	8.6		25.1	0.319	0.42		29.5	0.271	0.49		33.2	0.241	0.55
	6	0.4	7.2		37	0.184	0.51		43.3	0.157	0.59		48.9	0.139	0.65
0.6	3	3.3	23.9	9.9	6.7	3.06	0.37	11.6	7.9	2.60	0.42	12.9	8.9	2.31	0.47
	4	1.9	17.9		12.4	1.29	0.49		14.5	1.10	0.57		16.4	0.975	0.63
	5	1.2	14.3		19.8	0.661	0.61		23.4	0.561	0.71		26.3	0.499	0.78
	6	0.8	11.9		29.1	0.382	0.73		34.2	0.325	0.85		38.4	0.289	0.94
	7	0.6	10.2		39.8	0.241	0.85		47.1	0.204	0.99		52.7	0.182	1.10
0.8	4	5.9	40.4	13.2	8.5	4.08	0.87	15.4	10	3.46	1.00	17.2	11.2	3.08	1.12
	5	3.8	32.3		13.6	2.09	1.08		16.1	1.77	1.26		18	1.58	1.39
	6	2.6	26.9		20.1	1.21	1.30		23.6	1.03	1.51		26.6	0.913	1.69
	8	1.5	20.2		36.7	0.510	1.74		43.2	0.433	2.01		48.6	0.385	2.23
	9	1.2	18.0		46.9	0.358	1.95		55.3	0.304	2.26		62	0.271	2.51
1.0	5	9.2	61.5	16.5	10.3	5.10	1.69	19.3	12.1	4.33	1.96	21.5	13.6	3.85	2.18
	6	6.4	51.3		15.2	2.95	2.03		17.9	2.51	2.35		25.1	1.79	3.20
	7	4.7	44.0		21.1	1.86	2.37		24.9	1.58	2.75		28.1	1.40	3.05
	8	3.6	38.5		28.1	1.24	2.71		32.9	1.06	3.14		37.1	0.941	3.49
	10	2.3	30.8		44.7	0.637	3.39		52.7	0.541	3.92		59.1	0.482	4.36
	12	1.6	25.6		65	0.369	4.07		76.7	0.313	4.71		86	0.279	5.23
1.2	6	13.3	86.4	19.8	11.9	6.12	2.93	23.1	14.1	5.19	3.39	25.8	15.8	4.62	3.77
	7	9.8	74.0		16.7	3.85	3.42		19.6	3.27	3.95		21.8	2.95	4.34
	8	7.5	64.8		22.2	2.58	3.90		26.2	2.19	4.52		29.4	1.95	5.02
	10	4.8	51.8		35.6	1.32	4.88		42	1.12	5.65		47	0.999	6.28
	12	3.3	43.2		52.2	0.765	5.86		61.5	0.649	6.78		69	0.578	7.53
	14	2.4	37.0		71.9	0.481	6.83		84.6	0.409	7.91		95.1	0.364	8.79
1.6	8	23.6	145	26.4	14.9	8.15	6.94	30.8	17.5	6.93	8.03	34.4	19.7	6.17	8.93
	10	15.1	116		24.1	4.18	8.68		28.4	3.55	10.1		31.9	3.16	11.2
	12	10.5	97.0		35.7	2.42	10.4		42.2	2.05	12.1		47.3	1.83	13.4
	14	7.7	83.1		49.6	1.52	12.2		58.4	1.29	14.1		65.6	1.15	15.6
	16	5.9	72.7		65.5	1.02	13.9		77.1	0.866	16.1		86.6	0.771	17.9
	18	4.7	64.7		83.8	0.716	15.6		98.7	0.608	18.1		110.9	0.541	20.1
2.0	10	37.0	215	33.0	17.5	10.20	13.6	38.5	20.6	8.66	15.7	43.0	23.1	7.71	17.4
	12	25.7	179		26	5.90	16.3		30.6	5.01	18.8		34.4	4.46	20.9
	14	18.8	153		36.2	3.71	19.0		42.5	3.16	22.0		47.8	2.81	24.4
	16	14.4	134		48	2.49	21.7		56.7	2.11	25.1		63.6	1.88	27.9
	18	11.4	119		61.5	1.75	24.4		72.7	1.48	28.2		81.5	1.32	31.4
	20	9.2	107		77	1.27	27.1		90.6	1.08	31.4		101.6	0.963	34.9
2.5	12	62.7	339	41.3	19.2	14.4	25.4	48.1	22.6	12.2	29.4	[illegible]	25.3	10.9	32.7
	14	46.1	291		27	9.07	29.7		31.8	7.70	34.3		35.7	6.86	38.1
	16	35.3	255		[illegible]	[illegible]	[illegible]		42.6	5.16	39.2		47.9	4.59	43.6
	18	27.9	226		46.4	4.27	38.1		54.7	3.62	44.1		61.3	[illegible]	[illegible]
	20	22.6	204		58.3	3.11	42.4		68.7	2.64	49.0		77.2	2.35	54.5
	25	14.4	163		128.1	11.59	53.0		110.1	1.35	61.3		123.8	1.20	68.1

（续）

d /mm	D /mm	F_0 /N	F_s /N	n=25.5圈 H_{Lb} /mm	f_s /mm	F' /(N/mm)	m /10^{-3} kg	n=30.25圈 H_{Lb} /mm	f_s /mm	F' /(N/mm)	m /10^{-3} kg	n=40.5圈 H_{Lb} /mm	f_s /mm	F' /(N/mm)	m /10^{-3} kg
0.5	3	1.6	14.4	13.2	14.3	0.896	0.40	15.6	19.8	0.648	0.54	20.8	22.7	0.564	0.62
	3.5	1.2	12.3		19.6	0.565	0.47		27.2	0.408	0.63		31.3	0.355	0.72
	4	0.9	10.8		26.2	0.378	0.53		36.1	0.274	0.72		41.6	0.238	0.82
	5	0.6	8.6		41.2	0.194	0.67		57.1	0.140	0.90		65.6	0.122	1.03
	6	0.4	7.2		60.7	0.112	0.80		83.8	0.081	1.08		96.3	0.0706	1.23
0.6	3	3.3	23.9	15.9	11.1	1.86	0.58	18.8	13.1	1.570	0.68	24.9	17.6	1.17	0.89
	4	1.9	17.9		20.4	0.784	0.77		24.2	0.661	0.90		32.4	0.494	1.19
	5	1.2	14.3		32.6	0.402	0.96		38.8	0.338	1.12		51.8	0.253	1.48
	6	0.8	11.9		47.8	0.232	1.15		56.6	0.196	1.35		76.0	0.146	1.78
	7	0.6	10.2		65.8	0.146	1.35		78.0	0.123	1.57		104.3	0.092	2.07
0.8	4	5.9	40.4	21.2	13.9	2.48	1.36	25.0	16.5	2.09	1.60	33.2	22.1	1.56	2.11
	5	3.8	32.3		22.4	1.27	1.70		26.6	1.07	2.00		35.7	0.799	2.63
	6	2.6	26.9		33.1	0.734	1.98		39.3	0.619	2.34		52.6	0.462	3.10
	8	1.5	20.2		60.3	0.310	2.64		71.6	0.261	3.11		95.9	0.195	4.13
	9	1.2	18.0		77.1	0.218	2.98		91.8	0.183	3.50		122.6	0.137	4.65
1.0	5	9.2	61.5	26.5	16.9	3.10	2.66	31.3	20.0	2.61	3.12	41.5	26.8	1.95	4.12
	6	6.4	51.3		25.1	1.79	3.20		29.7	1.51	3.75		39.7	1.13	4.94
	7	4.7	44.0		34.8	1.13	3.73		41.3	0.952	4.37		55.3	0.711	5.76
	8	3.6	38.5		46.2	0.756	4.26		54.7	0.638	5.00		73.3	0.476	6.59
	10	2.3	30.8		73.6	0.387	5.33		87.4	0.326	6.25		116.8	0.244	8.22
	12	1.6	25.6		107.1	0.224	6.39		127.0	0.189	7.50		170.2	0.141	9.88
1.2	6	13.3	86.4	31.8	19.7	3.72	4.60	37.5	23.4	3.13	5.40	49.8	31.2	2.34	7.11
	7	9.8	74.0		27.4	2.34	5.37		32.6	1.97	6.30		43.7	1.47	8.30
	8	7.5	64.8		36.5	1.57	6.14		43.4	1.32	7.20		58.0	0.988	9.48
	10	4.8	51.8		58.5	0.803	7.67		69.4	0.677	9.00		92.9	0.506	11.9
	12	3.3	43.2		85.8	0.465	9.20		101.8	0.392	10.8		136.2	0.293	14.2
	14	2.4	37.0		118.1	0.293	10.7		140.1	0.247	12.6		188	0.184	16.6
1.6	8	23.6	145	42.4	24.5	4.96	10.9	50.0	29.0	4.18	12.8	66.4	38.9	3.12	16.9
	10	15.1	116		39.7	2.54	13.6		47.1	2.14	16.0		63.1	1.60	21.1
	12	10.5	97.0		58.8	1.47	16.4		69.8	1.24	19.2		93.5	0.925	25.3
	14	7.7	83.1		81.5	0.925	19.1		96.7	0.780	22.4		129.6	0.582	29.5
	16	5.9	72.7		107.7	0.620	21.8		128	0.522	25.6		171.3	0.390	33.7
	18	4.7	64.7		137.9	0.435	24.6		163.5	0.367	28.8		219	0.274	37.9
2.0	10	37.0	215	53.0	28.7	6.20	21.3	62.5	34.1	5.22	25.0	83	45.6	3.90	32.9
	12	25.7	179		42.7	3.59	25.6		50.8	3.02	30.0		67.8	2.26	39.5
	14	18.8	153		59.4	2.26	29.8		70.6	1.90	35.0		94.5	1.42	46.1
	16	14.4	134		79.2	1.51	34.1		93.4	1.28	40.0		125.6	0.952	52.7
	18	11.4	119		101.5	1.06	38.4		120.1	0.896	45.0		160.8	0.669	59.3
	20	9.2	107		126.2	0.775	42.6		149.8	0.653	50.0		200.4	0.488	65.9
2.5	12	62.7	339	66.3	31.6	8.75	40.0	78.1	37.4	7.38	46.9	103.8	50.1	5.51	61.7
	14	46.1	291		44.4	5.51	46.6		52.7	4.65	54.7		70.6	3.47	72.0
	16	35.3	255		59.5	3.69	53.3		70.6	3.11	62.5		94.3	2.33	82.3
	18	27.9	226		76.5	2.59	59.9		90.5	2.19	70.3		121.5	1.63	92.6
	20	22.6	204		96.0	1.89	66.6		114.1	1.59	78.1		152.4	1.19	103
	25	14.4	163		153.5	0.968	83.2		182.1	0.816	92.6		243.6	0.610	129

（续）

d /mm	D /mm	F_0 /N	F_s /N	n = 8.25 圈 H_{Lb} /mm	f_s /mm	F' /(N/mm)	m /10^{-3} kg	n = 10.5 圈 H_{Lb} /mm	f_s /mm	F' /(N/mm)	m /10^{-3} kg	n = 12.25 圈 H_{Lb} /mm	f_s /mm	F' /(N/mm)	m /10^{-3} kg
3.0	14	95.6	475	27.8	10.7	35.3	23.0	34.5	13.6	27.8	28.5	39.8	15.9	23.8	32.8
	16	73.2	416		14.5	23.7	28.6		18.4	18.6	34.9		21.6	15.9	39.8
	18	57.8	370		18.8	16.6	32.2		23.8	13.1	39.2		27.9	11.2	44.7
	20	46.8	333		23.7	12.1	35.7		30.1	9.52	43.7		35.1	8.16	49.7
	22	38.7	303		29	9.11	39.3		37	7.15	47.9		43.1	6.13	54.7
	25	29.9	266		38	6.21	44.7		48.4	4.88	54.5		56.5	4.18	62.1
3.5	18	107	587	32.4	15.6	30.8	43.8	40.3	19.8	24.2	53.4	46.4	23.2	20.7	60.9
	20	86.8	528		19.6	22.5	48.6		25.1	17.6	59.3		29.2	15.1	67.6
	22	71.7	480		24.2	16.9	53.5		30.7	13.3	65.3		35.8	11.4	74.4
	25	55.5	423		32	11.5	60.8		40.7	9.03	74.2		47.5	7.74	84.5
	28	44.2	377		40.7	8.18	68.1		51.8	6.43	83.1		60.4	5.51	94.7
	35	28.4	302		65.3	4.19	85.1		83.2	3.29	104		97	2.82	118
4.0	22	123	694	37.0	19.8	28.8	69.9	46.0	25.3	22.6	85.2	53.0	29.4	19.4	97.2
	25	94.7	611		26.3	19.6	79.4		33.5	15.4	96.9		39.1	13.2	110
	28	75.4	545		33.5	14.0	89.0		42.7	11.0	109		50	9.40	124
	32	57.8	477		44.8	9.35	102		57	7.35	124		66.5	6.30	141
	35	48.3	436		54.2	7.15	111		69	5.62	136		80.6	4.81	155
	40	37.0	382		72	4.79	127		91.8	3.76	155		107.1	3.22	177
	45	29.2	339		92.2	3.36	143		118.7	2.61	174		137.1	2.26	199
4.5	25	152	870	41.6	15.6	46.1	101	51.8	29.1	24.7	123	59.6	33.9	21.2	140
	28	121	777		29.3	22.4	113		37.3	17.6	137		43.4	15.1	157
	32	92.6	680		39.2	15.0	129		49.8	11.8	157		58.2	10.1	179
	35	77.4	621		47.7	11.4	141		60.5	8.99	172		70.5	7.71	196
	40	62.8	544		62.7	7.67	161		79.8	6.03	196		93.1	5.17	224
	45	46.8	483		80.9	5.39	181		103.1	4.23	221		120.2	3.63	252
	50	37.9	435		101	3.93	201		128.5	3.09	245		150.4	2.64	280
5.0	25	232	1154	46.3	19.2	47.9	124	57.5	24.5	37.6	151	66.3	28.6	32.2	173
	28	184	1030		24.8	34.1	139		31.6	26.8	170		36.8	23.0	193
	32	141	902		33.4	22.8	159		42.5	17.9	194		49.4	15.4	221
	35	118	824		40.6	17.4	174		51.5	13.7	212		59.8	11.8	242
	40	90.3	721		53.9	11.7	199		68.7	9.18	242		80.1	7.87	276
	45	71.3	641		69.4	8.21	223		88.3	6.45	272		103	5.53	311
	55	47.8	525		106	4.50	273		135.2	3.53	333		157.5	3.03	380
6.0	32	292	1505	55.5	25.6	47.3	228	69	32.6	37.2	279	79.5	38	31.9	318
	35	244	1376		31.3	36.2	250		39.9	28.4	281		46.4	24.4	348
	40	187	1204		42	24.2	286		53.5	19	349		62.4	16.3	398
	45	148	1070		54.2	17	322		68.8	13.4	392		80.2	11.5	447
	50	120	963		68	12.4	357		86.5	9.75	436		100.8	8.36	497
	60	83.2	803		100.3	7.18	429		127.6	5.64	523		148.7	4.84	596
	70	61.1	688		138.7	4.52	500		176.6	3.55	610		205.5	3.05	696
8.0	40	592	2753	[illegible]	28.2	76.6	508	[illegible]	35.9	60.2	620	172	41.9	51.6	707
	45	468	2447		36.8	53.8	572		46.8	42.3	697		55.7	35.5	809
	50	379	2203		46.5	39.2	635		59.2	30.8	775		70.4	25.9	899
	55	313	2002		57.3	[illegible]	699		72.8	23.2	857		87.1	19.4	989
	60	263	1835		69.3	22.7	762		88.3	17.8	930		102.7	[illegible]	[illegible]
	70	193	1573		96.5	14.3	890		123.2	11.2	1080		143.3	9.63	1240
	80	148	1377		128.3	9.58	1020		163.4	7.52	1240		190.5	6.45	1410

（续）

d /mm	D /mm	F_0 /N	F_s /N	n = 15.5 圈				n = 18.25 圈				n = 20.5 圈			
				H_{Lb} /mm	f_s /mm	F' /(N/mm)	m /10^{-3} kg	H_{Lb} /mm	f_s /mm	F' /(N/mm)	m /10^{-3} kg	H_{Lb} /mm	f_s /mm	F' /(N/mm)	m /10^{-3} kg
3.0	14	95.6	475	49.5	20.2	18.8	40.7	57.8	23.7	16.0	47.4	64.5	26.7	14.2	54.9
	16	73.2	416		27.2	12.6	48.8		32	10.7	56.5		36	9.53	62.8
	18	57.8	370		35.3	8.85	54.9		41.5	7.52	63.5		46.7	6.69	70.6
	20	46.8	333		44.4	6.45	61.0		52.2	5.48	70.5		58.6	4.88	78.5
	22	38.7	303		54.5	4.85	67.1		64.2	4.12	77.7		72.2	3.66	86.3
	25	29.9	266		71.5	3.30	76.3		84	2.81	88.3		94.4	2.50	98.1
3.5	18	107	587	57.8	29.3	16.4	74.7	67.4	34.5	13.9	86.5	75.3	38.7	12.4	96.1
	20	86.8	528		36.8	12.0	83.1		43.7	10.1	96.1		48.8	9.04	107
	22	71.7	480		45.5	8.98	91.4		53.5	7.63	106		60.1	6.79	118
	25	55.5	423		60	6.12	103		70.7	5.20	120		79.4	4.63	134
	28	44.2	377		76.3	4.36	116		89.9	3.70	135		101.2	3.29	150
	35	28.4	302		122.7	2.23	145		144.8	1.89	168		161.9	1.69	187
4.0	22	123	694	66	37.3	15.3	119	77.0	43.9	13.0	138	86.0	49.2	11.6	153
	25	94.7	611		49.6	10.4	136		58.2	8.87	157		65.4	7.89	174
	28	75.4	545		63.2	7.43	152		74.4	6.31	176		83.6	5.62	195
	32	57.8	477		84.2	4.98	174		99.1	4.23	201		111.5	3.76	223
	35	48.3	436		102	3.80	190		120	3.23	220		134.6	2.88	244
	40	37.0	382		135.3	2.55	217		159.7	2.16	251		178.8	1.93	279
	45	29.2	339		173.1	1.79	244		203.8	1.52	282		229.5	1.35	314
4.5	25	152	870	74.3	43	16.7	172	86.6	50.6	14.2	199	96.8	57	12.6	221
	28	121	777		55.1	11.9	192		65	10.1	222		72.9	9.00	247
	32	92.6	680		73.7	7.97	220		86.8	6.77	254		97.4	6.03	282
	35	77.4	621		89.3	6.09	240		104.9	5.18	278		117.9	4.61	309
	40	62.8	544		117.9	4.08	275		138.7	3.47	318		155.7	3.09	353
	45	46.8	483		152	2.87	309		179.5	2.43	357		201	2.17	397
	50	37.9	435		190	2.09	343		223.1	1.78	397		251.3	1.58	441
5.0	25	232	1154	82.5	36.2	25.5	212	96.3	42.7	21.6	245	107.5	47.8	19.3	272
	28	184	1030		46.7	18.1	237		54.9	15.4	275		61.8	13.7	305
	32	141	902		62.4	12.2	271		73.9	10.3	314		82.8	9.19	349
	35	118	824		76	9.29	297		89.5	7.89	343		100.6	7.02	381
	40	90.3	721		101.4	6.22	339		119.5	5.28	392		134.2	4.70	436
	45	71.3	641		130.4	4.37	381		153.6	3.71	441		172.6	3.30	490
	55	47.8	525		199.7	2.39	466		235.1	2.03	539		263.6	1.81	599
6.0	32	292	1505	99.0	48.1	25.2	391	116	56.7	21.4	452	129	63.5	19.1	502
	35	244	1376		58.7	19.3	427		69	16.4	494		77.5	14.6	549
	40	187	1204		78.8	12.9	488		92.5	11.0	565		104.3	9.75	628
	45	148	1070		101.8	9.06	549		119.7	7.70	635		134.6	6.85	706
	50	120	963		126.4	6.67	610		150.3	5.61	706		168.9	4.99	785
	60	83.2	803		188.4	3.82	732		221.5	3.25	847		249.1	2.89	941
	70	61.1	688		260.1	2.41	854		307.3	2.04	989		344.5	1.82	1100
8.0	40	592	2753	132	53	40.8	868	154	62.5	34.6	1000	172	70.2	30.8	1120
	45	468	2447		69.2	28.6	976		81.4	24.3	1130		91.2	21.7	1260
	50	379	2203		87.3	20.9	1080		103.1	17.7	1260		115.4	15.8	1390
	55	313	2002		107.6	15.7	1190		127	13.3	1380		141.9	11.9	1530
	60	263	1835		129.9	12.1	1300		152.6	10.3	1510		172.2	9.13	1670
	70	193	1573		181.3	7.61	1520		213.6	6.46	1760		240	5.75	1950
	80	148	1377		241	5.10	1740		283.8	4.33	2010		319.2	3.85	2230

（续）

d /mm	D /mm	F_0 /N	F_s /N	n=25.5 圈 H_{Lb} /mm	f_s /mm	F' /(N/mm)	m /10^{-3} kg	n=30.25 圈 H_{Lb} /mm	f_s /mm	F' /(N/mm)	m /10^{-3} kg	n=40.5 圈 H_{Lb} /mm	f_s /mm	F' /(N/mm)	m /10^{-3} kg
3.0	14	95.5	475	79.5	33.3	11.4	67.1	93.8	39.4	9.64	78.7	124.5	52.7	7.20	104
	16	73.2	416		44.8	7.66	76.7		53.1	6.46	90.0		71.1	4.82	119
	18	57.8	370		58	5.38	86.3		68.9	4.53	101		92.1	3.39	133
	20	46.8	333		73	3.92	95.9		86.5	3.31	112		115.9	2.47	148
	22	38.7	303		89.6	2.95	106		106.6	2.48	124		142.9	1.85	163
	25	29.9	266		117.5	2.01	120		139.7	1.69	141		187.4	1.26	185
3.5	18	107	587	92.8	48.2	9.96	118	109.4	57.1	8.40	138	145.3	76.6	6.27	182
	20	86.8	528		60.8	7.26	131		72.1	6.12	153		96.5	4.57	202
	22	71.7	480		74.8	5.46	144		88.8	4.60	168		118.7	3.44	222
	25	55.5	423		98.8	3.72	163		117	3.14	191		157.1	2.34	252
	28	44.2	377		125.6	2.65	183		149.2	2.23	214		199.3	1.67	282
	35	28.4	302		201.2	1.36	228		240	1.14	268		320.8	0.853	353
4.0	22	123	694	106	61.3	9.31	188	125.0	72.7	7.85	220	166.0	97.4	5.86	290
	25	94.7	611		81.4	6.34	213		96.5	5.35	250		129.4	3.99	329
	28	75.4	545		103.9	4.52	239		123.3	3.81	280		165.4	2.84	369
	32	57.8	477		138.3	3.03	273		164.4	2.55	320		220.6	1.90	422
	35	48.3	436		167.8	2.31	298		198.8	1.95	350		265.5	1.46	461
	40	37.0	382		222.6	1.55	341		263.4	1.31	400		353.8	0.975	527
	45	29.2	339		284.2	1.09	384		337.8	0.917	450		452.3	0.685	593
4.5	25	152	870	119.3	70.4	10.2	270	140.6	83.8	8.57	316	186.8	112.2	6.40	417
	28	121	777		90.7	7.23	302		107.5	6.10	354		144.2	4.55	467
	32	92.6	680		121.1	4.85	345		143.6	4.09	405		192.6	3.05	534
	35	77.4	621		146.9	3.70	378		174.2	3.12	443		233.3	2.33	584
	40	62.8	544		194	2.48	432		230.2	2.09	506		308.5	1.56	666
	45	46.8	483		250.7	1.74	485		296.7	1.47	569		396.5	1.10	750
	50	37.9	435		312.7	1.27	539		371.1	1.07	633		496.4	0.800	834
5.0	25	232	1154	132.5	59.5	15.5	333	156.3	70.4	13.1	390	207.5	94.6	9.75	515
	28	184	1030		76.9	11.0	373		91.1	9.29	437		121.9	6.94	576
	32	141	902		103	7.39	426		122.2	6.23	500		163.7	4.65	659
	35	118	824		125	5.65	466		148.3	4.76	547		198.9	3.55	720
	40	90.3	721		166.9	3.78	533		197.7	3.19	625		265	2.38	823
	45	71.3	641		214.2	2.66	599		243.5	2.34	703		341.1	1.67	926
	55	47.8	525		329.1	1.45	732		388	1.23	859		521	0.916	1130
6.0	32	292	1505	159	79.3	15.3	614	188	94	12.9	720	249	125.8	9.64	948
	35	244	1376		96.8	11.7	671		114.7	9.87	787		153.6	7.37	1040
	40	187	1204		129.7	7.84	767		153.9	6.61	900		205.9	4.94	1190
	45	148	1070		167.3	5.51	863		198.7	4.64	1010		265.7	3.47	1330
	50	120	963		209.7	4.02	959		249.4	3.38	1120		333.2	2.53	1480
	60	83.2	803		310.3	2.32	1150		367.2	1.96	1350		493	1.46	1780
	70	61.1	688		429.4	1.46	1340		509.7	1.23	1570		680.7	0.921	2070
8.0	40	592	2753	212	87.1	24.8	1360	250	103.4	20.9	1600	332	138.5	15.6	2110
	45	468	2447		113.7	17.3	1530		134.6	14.7	1800		181.6	10.9	2370
	50	379	2203		143.6	12.7	1700		170.5	10.7	2000		228.3	7.99	2630
	55	313	2002		177.2	9.53	1880		210.1	8.04	2200		281.5	6.00	2900
	60	[illegible]	1835		214.2	7.34	2050		254	6.19	2400		340.3	4.62	3160
	70	193	1573		298.7	4.62	2390		[illegible]	[illegible]	[illegible]		474.2	2.91	3690
	80	148	1377		396.5	3.10	2730		470.9	2.61	3200		630.3	1.95	4210

注：1. 表中所列 F_0 值，不作考核项目。

2. 质量 m 为近似值，仅供参考。表中的数值是按 LⅢ及 LⅥ型弹簧的计算结果，对 LⅠ型弹簧，该数据略有偏大。

7. 选用示例

示例 1：

一拉伸弹簧，要求最小拉力 $F_1 = 147.15\text{N}$，最大拉力 $F_2 = 441.45\text{N}$，工作行程 $f = 75\text{mm}$，弹簧外径不得超过 32mm，此弹簧受变负荷循环次数小于 10^3 次。

解：已知 F_1、F_2 及 f，则弹簧刚度为

$$F' = \frac{F_2 - F_1}{f} = \frac{441.45 - 147.15}{75}\text{N/mm} = 3.92\text{N/mm}$$

因为弹簧受变负荷循环次数小于 10^3 次，所以允许：

$F_s \geqslant F_2$，即：$F_s \geqslant 441.45\text{N}$

已知：$F_s \geqslant 441.45\text{N}$，$F' = 3.92\text{N/mm}$，$D_2 \leqslant 32\text{mm}$

查表 11-17，选规格：LⅠA 4×25×40.5

其中：$F_s = 611\text{N}$，$f_s = 129.4\text{mm}$

$F_0 = 94.7\text{N}$，$F' = 3.99\text{N/mm}$

验证该弹簧工作特征：

$$F_1 = 147.15\text{N 时}，f_1 = \frac{F_1 - F_0}{F'} = \frac{147.15 - 94.7}{3.92}\text{mm} \approx 13.38\text{mm}$$

$$F_2 = 441.45\text{N 时}，f_2 = \frac{F_2 - F_0}{F'} = \frac{441.45 - 94.7}{3.92}\text{mm} \approx 88.46\text{mm}$$

$$f_2 + \frac{F_0}{F'} = \left(88.46 + \frac{94.7}{3.92}\right)\text{mm} = 112.62\text{mm}$$

所选弹簧 $f_s = 129.4\text{mm} > 112.62\text{mm}$，$F_s = 611\text{N} > 441.45\text{N}$

选拉簧：LⅠ A 4×25×40.5 GB/T 2088 符合设计要求。

示例 2：

一拉伸弹簧，要求最小拉力 $F_1 = 176.5\text{N}$，最大拉力 $F_2 = 333.5\text{N}$，工作行程 $f = 11\text{mm}$，弹簧外径不得超过 18mm，此弹簧受变负荷作用次数小于 10^3 次。

解：已知 F_1、F_2 及 f，则弹簧刚度为：

$$F' = \frac{F_2 - F_1}{f} = \frac{333.5 - 176.5}{11}\text{N/mm} = 14.27\text{N/mm}$$

因为弹簧受动负荷循环次数小于 10^3 次，可按受静负荷弹簧处理，表 11-17 数值运用于本弹簧设计要求。

$F_s \geqslant F_2$，即：$F_s \geqslant 333.5\text{N}$

已知：$F_s \geqslant 333.5\text{N}$，$F' = 14.27\text{N/mm}$，$D_2 \leqslant 18\text{mm}$

查表 3，选规格：LⅢ A 3×14×20.5

其中：$F_s = 475\text{N}$，$f_s = 26.7\text{mm}$

$F_0 = 95.6\text{N}$，$F' = 14.2\text{N/mm}$

验证该弹簧工作特征：

$$F_1 = 176.5\text{N 时}，f_1 = \frac{F_1 - F_0}{F'} = \frac{176.5 - 95.6}{14.2}\text{mm} \approx 5.70\text{mm}$$

$$F_2 = 333.5\text{N 时}，f_2 = \frac{F_2 - F_0}{F'} = \frac{333.5 - 95.6}{14.2}\text{mm} \approx 16.8\text{mm}$$

$$f_s = f_2 + \frac{F_0}{F'} = \left(16.8 + \frac{95.6}{14.2}\right)\text{mm} = 23.4\text{mm}$$

所选弹簧 $f_s = 33.4\text{mm} > 23.4\text{mm}$，$F_s = 475\text{N} > 333.54\text{N}$

选拉簧：LⅢ A 3×14×20.5 GB/T 2088 符合设计要求。

第 12 章　圆柱螺旋扭转弹簧

圆柱螺旋扭转弹簧在机械工程中主要用作压紧和储能，也可用作传动系统中的弹性环节等。螺旋扭转弹簧所用材料的截面多为圆形，其次是矩形，也有用椭圆形和梯形的。

1　圆柱螺旋扭转弹簧的特性

1.1　扭转弹簧的基本几何参数和特性

图 12-1 所示为圆柱螺旋扭转弹簧的基本几何参数和特性关系。T_1，T_2，…，T_n 为工作扭矩，对应的扭转变形角为 φ_1，φ_2，…，φ_n。取达到试验应力 σ_s 的试验扭矩为 T_s，对应的试验扭矩下的扭转变形角为 φ_s。为了保证指定扭转变形角下的扭矩，T 和 φ 应分别在试验扭矩 T_s 和试验扭矩下变形角 φ_s 的 20% ~80% 之间，即

$$0.2T_s \leqslant T_{1,2,3,\cdots,n} \leqslant 0.8T_s \tag{12-1a}$$

$$0.2\varphi_s \leqslant \varphi_{1,2,3,\cdots,n} \leqslant 0.8\varphi_s \tag{12-1b}$$

由于弹簧端部的结构形状，弹簧与导杆的摩擦等均影响弹簧的特性，所以无特殊需要时，不规定特性要求。如规定弹簧特性要求时，应采用簧圈间有间隙的弹簧，用指定扭转变形角时的扭矩进行考核。

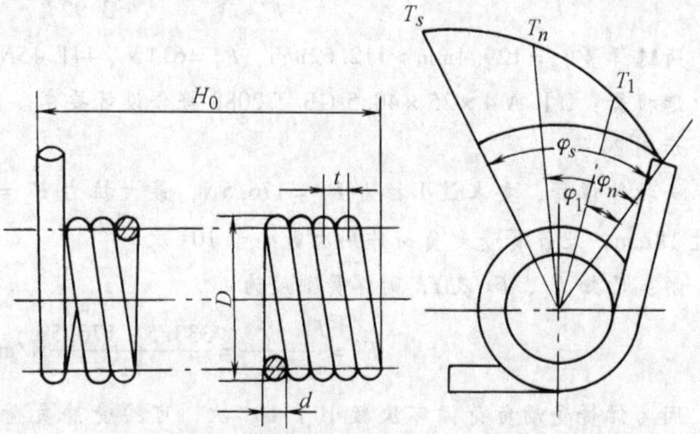

图 12-1　圆柱螺旋扭转弹簧的基本几何参数和特性关系

1.2　扭转弹簧的试验扭矩和试验扭矩下的变形角

试验扭矩 T_s 为弹簧允许的最大扭矩，其值可按式（12-2）计算：

$$T_s = \frac{\pi d^3}{32}\sigma_s \tag{12-2}$$

式中　d——弹簧材料直径；

σ_s——试验弯曲应力，其最大值在图 12-3 和表 12-2、表 12-3 中选取。

Ⅰ类和Ⅱ类载荷的弹簧，在有些情况下可取 $\sigma_s=(1.1\sim1.3)[\sigma]$，或取 $T_s=(1.1\sim1.3)T_n$。但取值不得超过最大试验弯曲应力值，或其对应的最大试验扭矩。试验扭矩下的变形角 φ_s 可根据 T_s 由式（12-12）计算。

2　圆柱螺旋扭转弹簧的结构设计

2.1　扭转弹簧的结构型式

（1）弹簧的类型　螺旋扭转弹簧的类型如图 12-2 所示。图 12-2a 为常用的普通形式扭

转弹簧；图 12-2b 为并列式双扭转弹簧；图 12-2c 为直列式双扭转弹簧。

图 12-2b 所示并列双扭转弹簧，是用一根弹簧材料在同一心轴上，向相反方向缠绕所得的两个圈数相同的弹簧。两弹簧的中间为扣环，两端为加扭矩的支点。其中每一个弹簧的扭转刚度，相当于以此两个弹簧的总长作为一单个弹簧使用时的 2 倍。并列双扭转弹簧的刚度为其单个弹簧的 4 倍，变形量则为其单个弹簧的 1/4。因此，这种并列双扭转弹簧效率高。图 12-2c 为内外直列双重扭转弹簧，这种结构与相同外径的扭转弹簧相比，几乎可以得到 2 倍变形量，也就是得到近 2 倍的变形角。因此，这种弹簧适用于空间小而需要大变形角的场合，或者扭矩作用于接近同一平面内的场合。

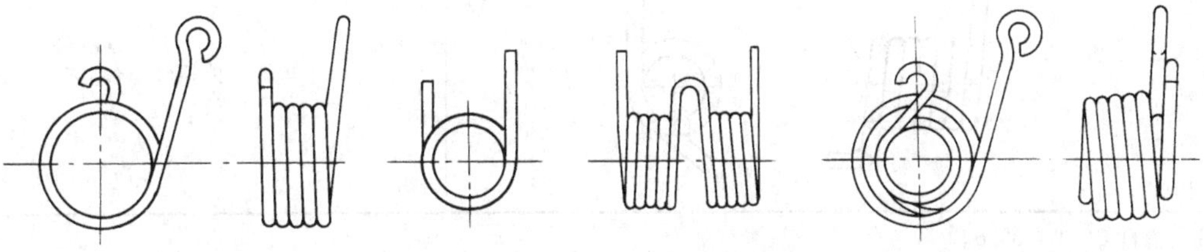

a)　　b)　　c)

图 12-2　螺旋扭转弹簧的类型

另外，螺旋扭转弹簧分为无间距和有间距两种。无间距弹簧因圈与圈之间并紧接触，摩擦力将影响工作特性线，但因其制造容易，所以仍被广泛采用。有间距的螺旋扭转弹簧用于精度要求高的场合，其圈间的间距一般取 $\delta \approx 0.5\text{mm}$。

表 12-1　螺旋扭转弹簧的结构型式

代号	简　图	端部结构型式
N Ⅰ	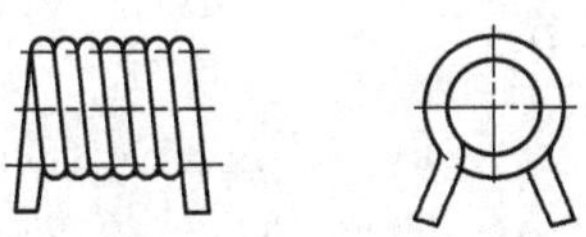	外臂扭转弹簧
N Ⅱ	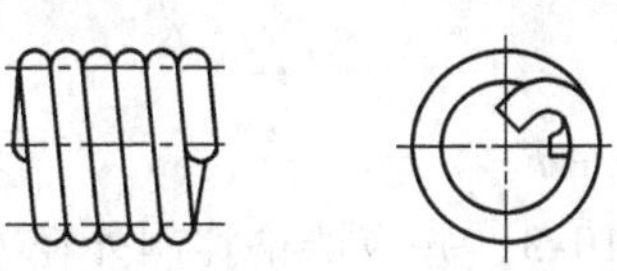	内臂扭转弹簧
N Ⅲ	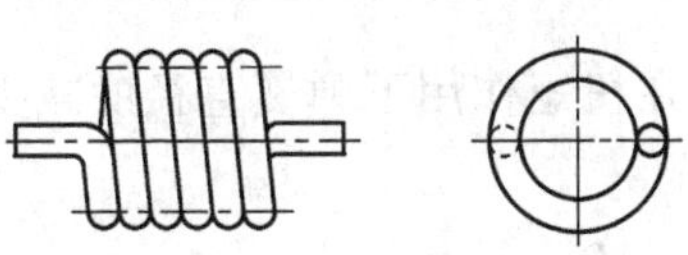	中心臂扭转弹簧
N Ⅳ	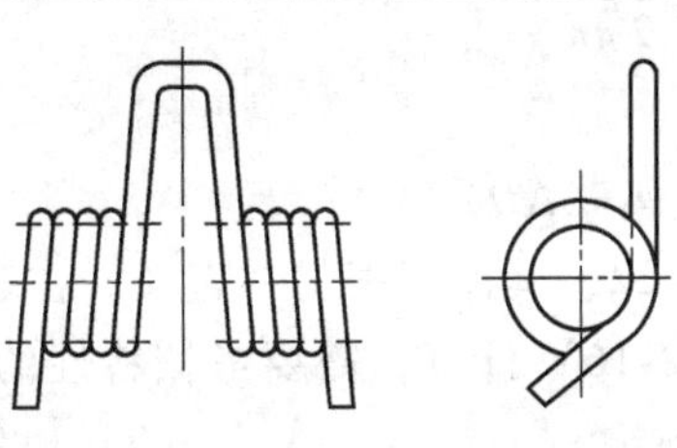	平列双扭弹簧

（续）

代号	简　　图	端部结构型式
NⅤ	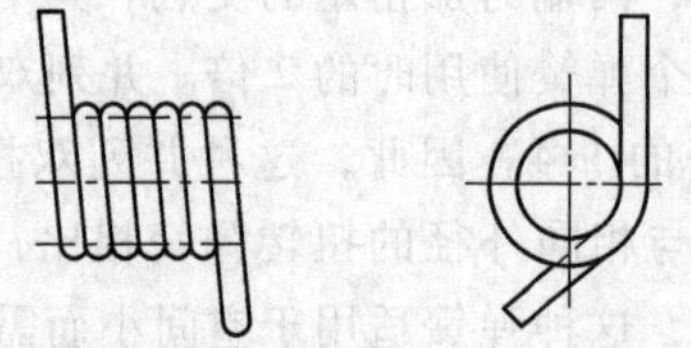	直臂扭转弹簧
NⅥ	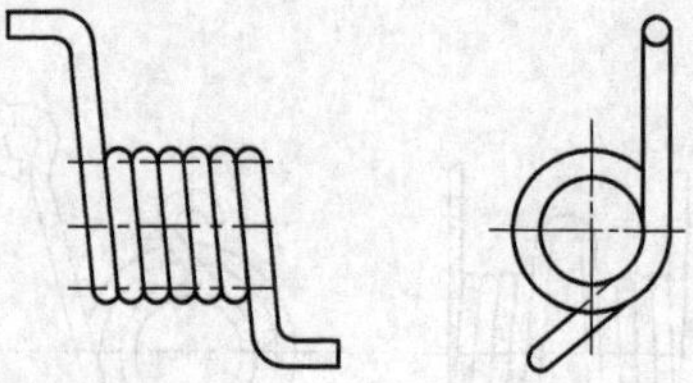	单臂弯曲扭转弹簧

注：摘自 GB/T 1239.6。

（2）弹簧的端部结构　扭转弹簧的端部结构型式很多，可以根据不同的安装方法和使用条件进行选用。表 12-1 所列为常用的几种结构型式，有外臂式（NⅠ）、内臂式（NⅡ）和中心臂式（NⅢ）等。有关它们的安装、使用情况见本章第 5 节。

2.2　扭转弹簧的结构参数计算

（1）弹簧材料直径　弹簧材料直径 d 由式（12-14）计算，其值应按表 10-2 选取系列值。如有特殊要求，超出表列范围时，所选值应符合材料直径规范。

（2）弹簧簧圈直径

弹簧中径：

$$D = \frac{D_1 + D_2}{2} \tag{12-3}$$

弹簧内径：

$$D_1 = D - d \tag{12-4}$$

弹簧外径：

$$D_2 = D + d \tag{12-5}$$

弹簧中径 D 按 GB/T 1358 的规定，参见表 10-3，并应严格控制外径 D_2 的偏差，其偏差值可按表 12-6 选取。

为了避免弹簧受扭矩后抱紧导杆，应考虑在扭矩作用下弹簧直径的减少。其减少值可近似地按式（12-6）计算：

$$\Delta D = \frac{\varphi_s D}{2\pi n} \tag{12-6}$$

导杆直径可按式（12-6）计算：

$$D' = 0.9(D_1 - \Delta D) \tag{12-7}$$

（3）弹簧的旋绕比　旋绕比 $C = D/d = 4 \sim 22$，其值根据材料直径 d 在表 10-4 中选取。

（4）弹簧圈数　弹簧有效圈数可由式（12-16）计算，需要考核特性的弹簧，一般有效工作圈不少于三圈。

（5）弹簧的自由角度　自由角度 φ_0 为无载荷时两扭臂的夹角，可根据需要确定。有特性要求的弹簧，自由角度不予考核。无特性要求的弹簧，自由角度的偏差应符合表 12-7 的规定。

（6）弹簧的节距　节距可按式（12-8）计算：

$$t = d + \delta \tag{12-8}$$

密卷弹簧的间距 $\delta = 0$。

（7）弹簧自由长度　弹簧自由长度可近似由式（12-9）计算：

$$H_0 = (nt + d) + \text{扭臂在弹簧轴线的长度} \tag{12-9}$$

式中 n 取整数，自由长度偏差应符合表 12-8 的规定。

（8）弹簧的螺旋角和旋向　螺旋角可按式（12-10）计算：

$$\alpha = \arctan \frac{t}{\pi D} \tag{12-10}$$

无特殊要求时簧圈一般为右旋。

（9）弹簧材料展开长度　弹簧材料展开长度可按式（12-11）计算：

$$L \approx \pi Dn + \text{扭臂部分长度} \tag{12-11}$$

3　圆柱螺旋扭转弹簧的许用弯曲应力

螺旋扭转弹簧的许用弯曲应力按所受载荷情况分为如下三类。其值根据载荷类型在图 12-3 和表 12-2、表 12-3 中选取。

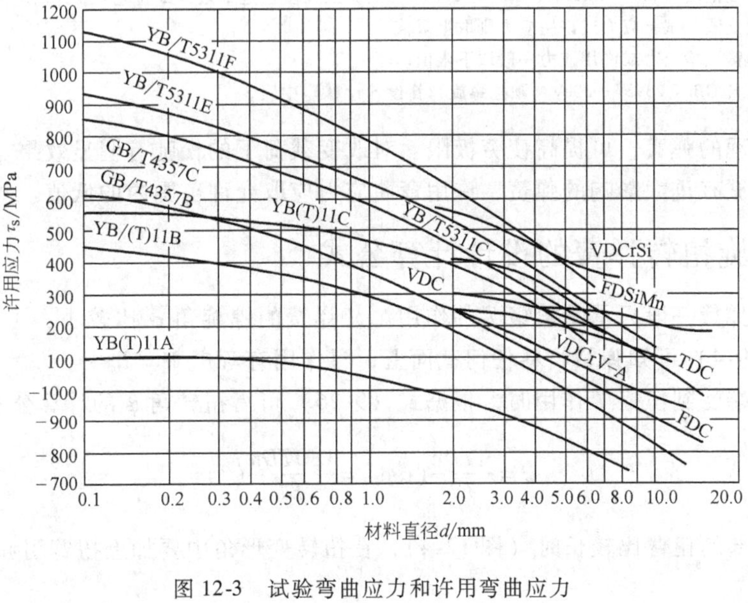

图 12-3　试验弯曲应力和许用弯曲应力

Ⅲ类载荷——受静载荷以及变载荷作用次数在 10^3 以下的载荷等，取图 12-3 中的所示值。

Ⅱ类载荷——受变载荷作用次数在 $10^3 \sim 10^6$ 次范围内的载荷，以及冲击载荷等，取图 12-3 中所示值的（75～85）%。

Ⅰ类载荷——受变载荷作用次数在 10^6 次以上的弹簧，取图 12-3 中所示值的（60～75）%。

表 12-2 冷卷扭转弹簧的试验应力及许用应力 （单位：MPa）

应力类型		材料		
		油淬火回火钢丝 碳素弹簧钢丝 重要用途 碳素弹簧钢丝	弹簧用 不锈钢丝	青铜线 铍青铜丝
试验弯曲应力 Rs①		$0.80R_m$	$0.75R_m$	$0.75R_m$
静负荷许用弯曲应力		$(0.75 \sim 0.80)R_m$	$(0.70 \sim 0.75)R_m$	$(0.70 \sim 0.75)R_m$
动负荷许用切应力	有限疲劳寿命	$(0.60 \sim 0.68)R_m$	$(0.55 \sim 0.65)R_m$	$(0.55 \sim 0.65)R_m$
	无限疲劳寿命	$(0.50 \sim 0.60)R_m$	$(0.45 \sim 0.55)R_m$	$(0.45 \sim 0.55)R_m$

注：1. 抗拉强度 R_m 选取材料标准的下限值。

2. 材料直径 d 小于 1mm 的弹簧钢丝，试验切应力为表列值的 90%，或如图 12-3 所示。

① 见表 12-13。

表 12-3 热卷扭转弹簧的试验应力及许用应力 （单位：MPa）

应力类型		材料
		60Si2Mn、60Si2MnA、50CrVA、55CrSiA、60CrMnA、60CrMnBA、60Si2CrA 以及 60Si2CrVA
试验弯曲应力		994～1232
静负荷许用弯曲应力		
动负荷许用弯曲应力	有限疲劳寿命	795～986
	无限疲劳寿命	636～788

注：1. 弹簧硬度范围为 42～52HRC（392～535HBW）时，当硬度接近下限，试验应力或许用应力则取下限值；当硬度接近上限，试验应力或许用应力则取上限值。

2. 扭转弹簧试验应力或许用应力一般取下限值。

3. 本表摘自 GB/T 23935—2009《圆柱螺旋弹簧设计计算》中表 5。

经强扭处理的弹簧，可提高疲劳极限。对改变载荷下的松弛有明显效果。对重要的，其损坏对整个机械有重大影响的弹簧，许用弯曲应力应取允许范围内的低值。

4 圆柱螺旋扭转弹簧的设计计算公式

螺旋扭转弹簧一般只承受扭矩 T 的作用。又弹簧的螺旋角 α 比较小，可以取 $\alpha \approx 0$，所以，根据式（9-4）可知弹簧材料任何截面上，只作用有弯矩 $M = T$。

当弹簧两端受到扭矩 T 作用时，根据式（9-26）可得扭转角 φ 的计算公式为

$$\varphi = \frac{\pi TDn}{EI}(\mathrm{rad}) = \frac{180TDn}{EI}(°) \tag{12-12}$$

当扭转弹簧端部的扭臂比较长时（图 12-4），在扭转变形角中要加上扭臂引起的变形角，其值为

$$\Delta\varphi = \frac{\frac{1}{3}(l_1 + l_2)T}{EI}(\mathrm{rad}) = \frac{57.3 \times \frac{1}{3}(l_1 + l_2)T}{EI}(°) \tag{12-13}$$

由于弹簧材料只受到弯矩 $M = T$ 的作用，因而根据式（9-10）可得弹簧圈内侧的最大应力：

$$\sigma = K_1 \frac{T}{Z_m} \quad (12\text{-}14)$$

根据式（12-12）和式（12-14）可得弹簧的刚度 T'、工作圈数 n 和变形能 U 的计算公式：

$$T' = \frac{T}{\varphi} = \frac{EI}{180Dn}[\mathrm{N \cdot mm/(°)}] \quad (12\text{-}15)$$

$$n = \frac{EI\varphi}{180TD}(圈) \quad (12\text{-}16)$$

$$U = \frac{T\varphi}{2} = \frac{V\sigma^2}{8E}[\mathrm{N \cdot mm \cdot (°)}] \quad (12\text{-}17)$$

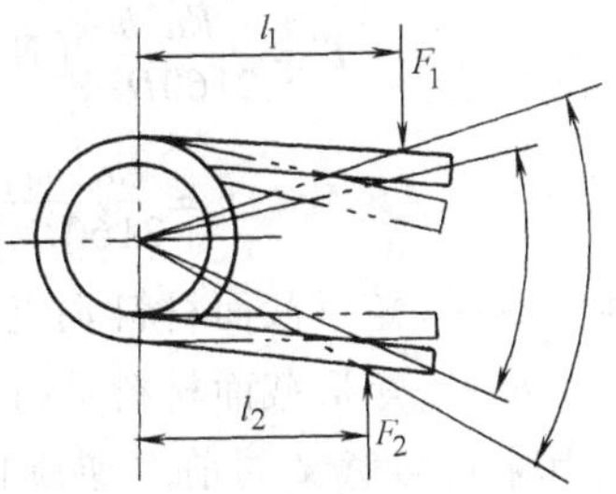

图 12-4　扭臂对扭转弹簧变形角的影响

式中　D——弹簧的中径（mm）；

E——弹簧材料的弹性模量（MPa）；

I——弹簧材料截面惯性矩（mm^4）；

Z_m——弹簧材料抗弯截面系数（mm^3）；

K_1——曲度系数，当顺旋向扭转时，取 $K_1=1$；

V——弹簧工作圈材料的体积（mm^3）。

4.1　圆形截面材料扭转弹簧的设计计算

对于圆形截面弹簧材料，惯性矩 $I=\frac{\pi d^4}{64}$，抗弯截面系数 $Z_m=\frac{\pi d^3}{32}$，代入式（12-12）~式（12-16）则得圆形截面弹簧材料扭转弹簧的设计计算公式为

$$\varphi = 3670\frac{\pi DT}{Ed^4}(°) \quad (12\text{-}18)$$

$$\sigma = K_1\frac{10.2T}{d^3}(\mathrm{MPa}) \quad (12\text{-}19)$$

$$T' = \frac{Ed^4}{3670Dn}[\mathrm{N \cdot mm/(°)}] \quad (12\text{-}20)$$

$$n = \frac{Ed^4\varphi}{3670DT}(圈) \quad (12\text{-}21)$$

式中，符号意义同前。逆旋向扭转时，曲度系数 K_1 可查图 12-5 或按式（12-22）计算：

$$K_1 = \frac{4C-1}{4C-4} \quad (12\text{-}22)$$

4.2　矩形截面材料扭转弹簧的设计计算

对于矩形截面材料，惯性矩 $I=\frac{a^3b}{12}$，抗弯截面系数 $Z_m=\frac{a^2b}{6}$，代入式（12-12）~式（12-16）则得矩形截面材料扭转弹簧的设计计算公式：

$$\varphi = 2160\frac{nD_2T}{Ea^3b}(°) \quad (12\text{-}23)$$

$$\sigma = K_1'\frac{6T}{a^3b}(\mathrm{MPa}) \quad (12\text{-}24)$$

$$T' = \frac{Ea^3 b}{2160 D_2 n} [\text{N} \cdot \text{mm}/(°)] \tag{12-25}$$

$$n = \frac{Ea^3 b\varphi°}{2160 D_2 T} (\text{圈}) \tag{12-26}$$

式中 a——矩形截面材料垂直于弹簧轴线的边长（mm）；

b——矩形截面材料平行于弹簧轴线的边长（mm）。

其余符号意义同前。逆旋向扭转时，曲度系数 K_1' 可根据旋绕比 $C = D/a$ 查图 12-5 或按式（12-27）计算：

$$K_1' = \frac{3C-1}{3C-3} \tag{12-27}$$

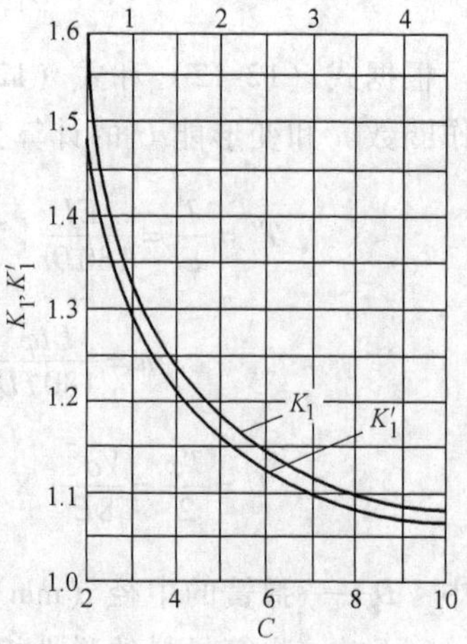

图 12-5 扭转弹簧曲度系数 K_1 和 K_1'

4.3 椭圆形截面材料扭转弹簧的设计计算

椭圆形截面材料的惯性矩 $I = \pi a^3 b/64$，抗弯截面系数 $Z_m = \pi a^3 b/32$，代入式(12-12)～式（12-16）则得椭圆形截面材料扭转弹簧的设计计算公式：

$$\varphi = 3760 \frac{nD_2 T}{Ea^3 b} (°) \tag{12-28}$$

$$\sigma = K_1 \frac{10.2T}{a^2 b} (\text{MPa}) \tag{12-29}$$

$$T' = \frac{Ea^3 b}{3670 n D_2} [\text{N} \cdot \text{mm}/(°)] \tag{12-30}$$

$$n = \frac{Ea^3 b\varphi°}{3670 D_2 T} (\text{圈}) \tag{12-31}$$

式中 a——椭圆形截面材料垂直弹簧轴线的短轴（mm）；

b——椭圆形截面材料平行于弹簧轴线的长轴（mm）；

K_1——曲度系数，同圆形截面弹簧材料，在应用图 12-5 或式（12-22）时，取旋绕比 $C = D/a$。

其余符号意义同前。

在端部钩环或有弯折的部位，弹簧材料将产生应力集中。对于圆形弹簧丝，根据弯曲内侧半径 r 与弹簧丝直径 d 的比 r/d，在图 12-5 中也可查得应力集中系数 K_1（即曲度系数）。此值与根据 C 查得的 K_1 值比较，在计算时取大值。对于矩形和椭圆形弹簧丝的应力集中，也可照此圆形弹簧丝处理。

如果螺旋扭转弹簧要得到精确的应力值，可用式（9-10）进行计算。

扭转弹簧受载荷后可能失去稳定性，对于稳定性的验算可参见第 9 章第 5 节。

4.4 扭转弹簧的疲劳强度校核

受变载荷的重要弹簧，应进行疲劳强度校核。进行校核时要考虑变载荷的循环特征 $r = T_{\min}/T_{\max} = \varphi_{\min}/\varphi_{\max} = \sigma_{\min}/\sigma_{\max}$，作用次数 N 以及材料表面状态等影响疲劳强度的各种因素。

对于用重要用途碳素弹簧钢丝、油淬火回火钢丝等优质钢丝制作的弹簧，其疲劳寿命可由图 12-6 确定。图中 $\sigma_{max}/\sigma_b=0.70$ 的横线，是不产生永久变形的极限值，永久变形允许程度可以适当向上移动，最高可到静载荷时的许用弯曲应力。

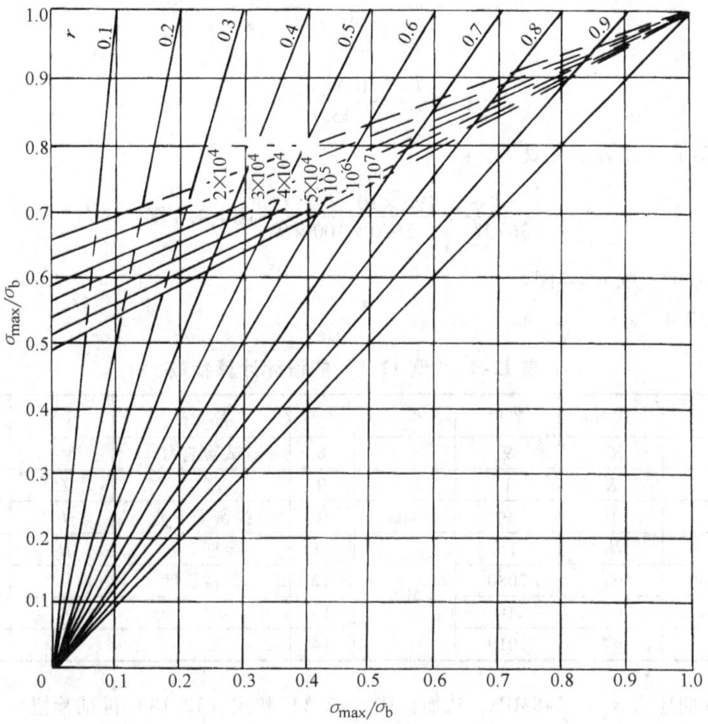

图 12-6　螺旋扭转弹簧疲劳寿命

【例 12-1】　设计一运动机构用 NⅣ型单臂弯曲扭转密卷螺旋扭转弹簧，安装扭矩 $T_1=20\text{N}\cdot\text{mm}$，工作扭矩 $T_2=100\text{N}\cdot\text{mm}$，工作扭转变形角 $\varphi=\varphi_2-\varphi_1=55°$，自由角度为 120°，臂长为 20mm，其对扭矩变形角的影响可以不计。要求结构尺寸紧凑。工作寿命 $N>10^7$ 以上。

解　1）根据结构紧凑要求，选用重要用途碳素弹簧钢丝 E 组。初步假设钢丝直径 $d=0.8\sim1.0\text{mm}$。查表 2-6 得材料弹性模量 $E=196\times10^3\text{MPa}$，由表 2-34 查得材料抗拉强度极限 $\sigma_b=2080\sim2430\text{MPa}$，取 $\sigma_b=2080\text{MPa}$。根据表 12-2 按无限疲劳寿命取许用应力 $[\sigma]=0.5\sigma_b=0.5\times2080\text{MPa}=1040\text{MPa}$。同表可得最大试验弯曲应力 $\sigma_s=0.8\sigma_b=0.8\times2080\text{MPa}=1664\text{MPa}$；取试验弯曲应力 $\sigma_s=1.2[\sigma]=1.2\times1040\text{MPa}=1248\text{MPa}$。此值小于最大试验弯曲应力，符合要求。

2）根据式（12-19），取 $K=1$，计算钢丝直径：

$$d=\sqrt[3]{\frac{10.2KT}{[\sigma]}}=\sqrt[3]{\frac{10.2\times1\times100}{1040}}\text{mm}=1\text{mm}$$

选取 $d=1\text{mm}$ 与假设基本相符，并符合表 10-2 所列 GB/T 1358 系列值。

3）按表 10-4 选取旋绕比 $C=9$，则弹簧中径：

$$D=Cd=9\times1\text{mm}=9\text{mm}$$

此值符合表 10-3 列 GB/T 1358 系列值。

由式（12-4）和式（12-5）得

弹簧内径：　$D_1=D-d=(9-1)\text{mm}=8\text{mm}$

弹簧外径：　$D_2=D+d=(9+1)\text{mm}=10\text{mm}$

4）弹簧刚度和扭转变形角，按式（12-15）可得

$$T'=\frac{T_2-T_1}{\varphi}=\frac{100-20}{55}\text{N}\cdot\text{mm}/(°)=1.45\text{N}\cdot\text{mm}/(°)$$

$$\varphi_1=\frac{T_1}{T'}=\frac{20}{1.45}(°)=13°$$

$$\varphi_1=\frac{T_2}{T'}=\frac{100}{1.45}(°)=63°$$

5）按式（12-21）可得弹簧有效圈数：

$$n=\frac{Ed^4\varphi}{3670T_2}=\frac{196\times10^3\times1^4\times63}{3670\times100\times9}\text{圈}=4.0\text{圈}$$

安装自由角度 $\varphi_0=120°$，取 $n=4$ 圈

计算数据见表12-4。

表12-4 ［例12-1］的设计计算参数

序号	名　称	代号	数量	单位	序号	名　称	代号	数量	单位
1	旋绕比	C	9		8	试验应力	σ_s	1248	MPa
2	曲度系数	K	1		9	刚度	T'	1.45	N/mm
3	中径	D	9	mm	10	弹簧变形能	U		N·mm
4	自由长度	H_o	15		11	导杆直径	D'	7	mm
5	材料抗拉强度	σ_b	2080	MPa	12	材料长度	L	165	
6	安装应力	σ_1	204		13		v_r		
7	工作应力	σ_2	1019		14				

6）根据试验弯曲应力 $\sigma_s=1248$MPa，从而由式（12-2）和式（12-18）得试验扭矩 T_s 和试验扭矩下的变形角 φ_s：

$$T_s=\frac{\pi d^3}{32}\sigma_s=\frac{\pi\times1^3}{32}\times1248\text{mm}=125\text{N}\cdot\text{mm}$$

$$\varphi_s=\frac{3670T_sDn}{Ed^4}=\frac{3670\times125\times9\times4}{191\times10^3\times1^4}(°)=86\ (°)$$

7）由式（12-6）和式（12-7）计算导杆直径 D'：

$$\Delta D=\frac{\varphi_sD}{360n}=\frac{81\times9}{360\times4}\text{mm}=0.54\text{mm}$$

$$D'=0.9(D_1-\Delta D)=0.9\times(8-0.54)\text{mm}=6.8\text{mm}$$

取导杆直径 $D'=7$mm。

8）确定寿命，由式（12-19）得

$$\sigma_{\max}=\frac{32T_2}{\pi d^3}=\frac{32\times100}{\pi\times1^3}\text{MPa}=1019\text{MPa}$$

$$\sigma_{\min}=\frac{32T_1}{\pi d^3}=\frac{32\times20}{\pi\times1^3}\text{MPa}=204\text{MPa}$$

从而得

$$\frac{\sigma_{\max}}{\sigma_b}=\frac{1019}{2080}=0.50$$

$$r=\frac{\sigma_{\min}}{\sigma_{\max}}=\frac{204}{1019}=0.20$$

从图12-6中可以看出 $\sigma_{\max}/\sigma_b$ 和 r 的交点在 10^7 作用次数线以下，表明此弹簧的疲劳寿命 $N>10^7$ 作用次数，满足设计要求。

9）自由长度由式（12-9）可得

$$
\begin{aligned}
H_o &= (nt + d) + \text{扭臂在轴线的长度} \\
&= [(4 \times 1 + 1) + (6 \times 2 - 2)]\text{mm} = (5 + 10)\text{mm} = 15\text{mm}
\end{aligned}
$$

10）弹簧材料展开长度，由式（12-11）可得

$$
\begin{aligned}
L &= \pi D n + \text{扭臂部分长度} \\
&= [\pi \times 9 \times 4 + 2 \times (20 + 6)]\text{mm} = 165\text{mm}
\end{aligned}
$$

11）弹簧典型工作图样，如图 12-7 所示。

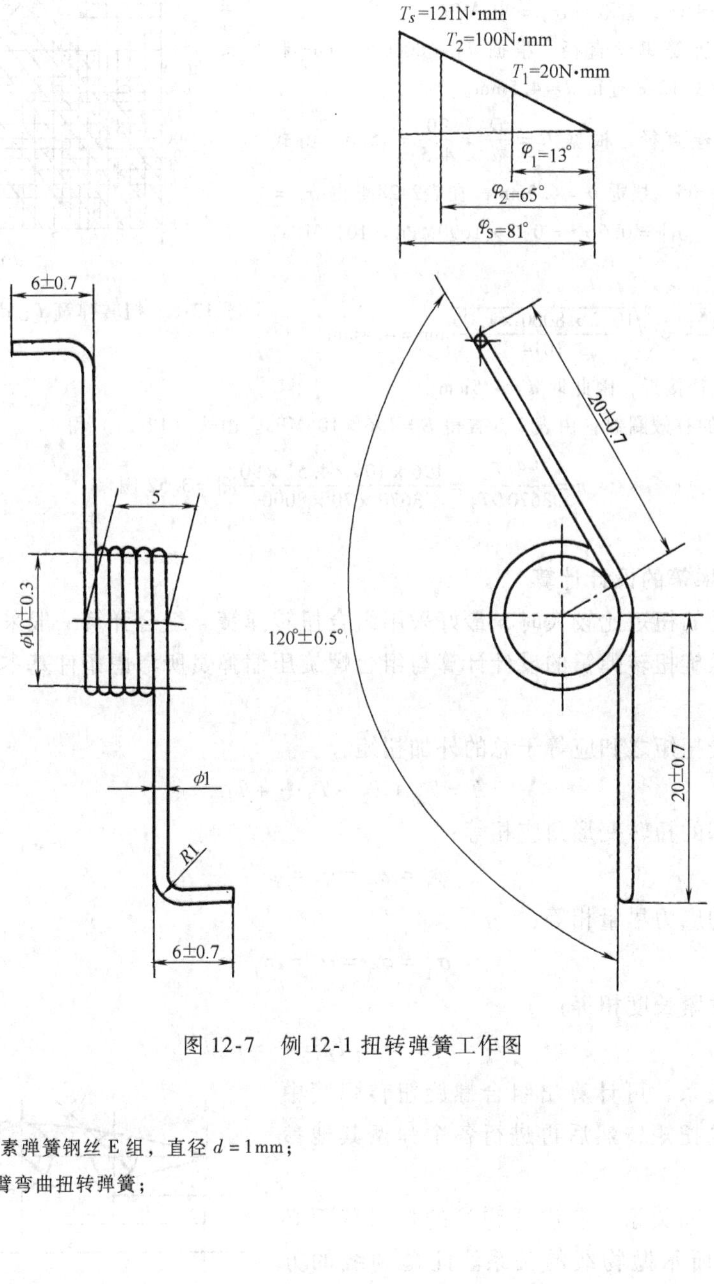

图 12-7　例 12-1 扭转弹簧工作图

技术要求

1. 材料　重要用途碳素弹簧钢丝 E 组，直径 $d = 1\text{mm}$；
2. 端部形式　NⅥ单臂弯曲扭转弹簧；
3. 圈数　四圈；
4. 旋向　右旋；
5. 表面处理　防锈；
6. 制造技术条件　按 GB/T 1239.3 选用 2 级精度。

4.5 扭转弹簧的简易计算法

如将螺旋扭转弹簧的曲度系数近似地取为 $K_1=1.2$，则扭矩 T、弹簧丝直径 d 和许用弯曲应力 [σ] 三者之间的关系如图 12-8 所示，此图的运用见 [例 12-2]。

【例 12-2】 已知一扭转螺旋弹簧的中径 $D=70\text{mm}$，工作时的扭转变形角 $\varphi_2=90°$，所受工作扭矩 $T_2=800\text{N}\cdot\text{mm}$，弹簧材料为 DH 型碳素弹簧钢丝。计算此弹簧的直径 d 和有效圈数 n。

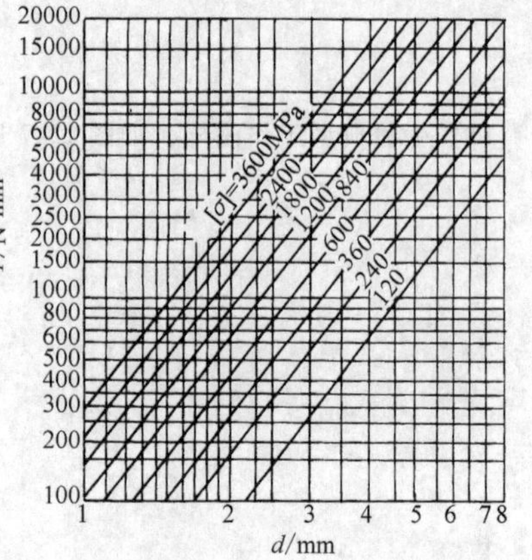

图 12-8 扭转弹簧 T、d 和 [σ] 的关系

解 碳素弹簧钢丝，暂取 [σ] $=900\text{MPa}$

1）初步查取弹簧钢丝直径，根据 $T_2=8000\text{N}\cdot\text{mm}$ 和 [σ] $=900\text{MPa}$，在图 12-8 查得 $d\approx4.5\text{mm}$。

2）核算弹簧丝直径，根据 $C=\dfrac{D}{d}=\dfrac{70}{4.5}=15.6$，由式（12-22）得 $K_1=1.05$。根据 $d=4.5\text{mm}$，在表2-28查得 $\sigma_b=1690\text{MPa}$，于是得 [σ] $=0.6\sigma_b=0.6\times1690\text{MPa}=1014\text{MPa}$。由式（12-19）得

$$d=\sqrt[3]{\frac{10.2T_2K_1}{[\sigma]}}=\sqrt[3]{\frac{10.2\times8000\times1.05}{1014}}\text{mm}=4.4\text{mm}$$

与查得的弹簧丝直径接近，因此取 $d=4.5\text{mm}$

3）计算弹簧的有效圈数，由表 2-6 查得 $E=196\times10^3\text{MPa}$。由式（12-21）得

$$n=\frac{Ed^4\varphi_2}{3670DT_2}=\frac{196\times10^3\times4.5^4\times90}{3670\times70\times8000}\text{圈}=3.52\text{ 圈}$$

取 $n=3.5$ 圈。

4.6 组合扭转弹簧的设计计算

当弹簧承受的扭矩比较大时，最好采用组合扭转弹簧。组合弹簧一般采用 2 个弹簧组合在一起。组合螺旋扭转弹簧的设计计算与组合螺旋压缩弹簧所考虑条件基本相同。其设计根据条件为

各弹簧所受扭矩之和应等于总的外加扭矩：

$$T=T_1+T_2+T_3\cdots+T_n$$

各弹簧端部的扭转变形角应相等：

$$\varphi_1=\varphi_2=\cdots=\varphi_n$$

各弹簧丝的应力尽量相等：

$$\sigma_1=\sigma_2=\cdots=\sigma_n$$

各弹簧的并紧长度相等：

$$H_b=n_1d_1=n_2d_2=\cdots=n_nd_n$$

根据以上关系，可计算出组合螺旋扭转弹簧中每个弹簧所受的扭矩，然后再进行各个弹簧其他参数的计算。

为了满足上列关系，各组合弹簧的材料截面必须满足图 12-9 所示抛物线的关系。此抛物线的方程为

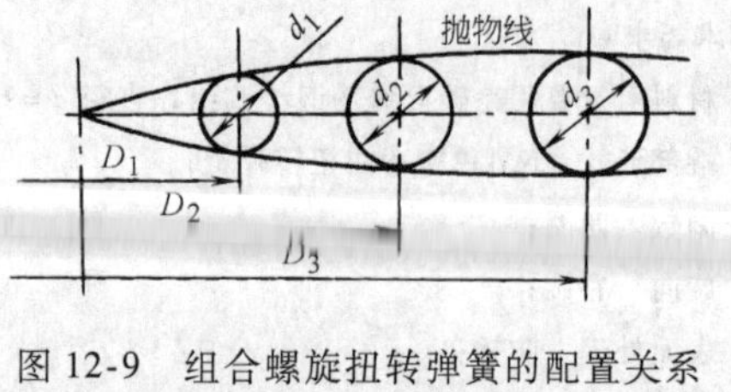

图 12-9 组合螺旋扭转弹簧的配置关系

$$d^2 = 4\zeta D$$

$$\zeta = \frac{\pi[\sigma]H_b}{2\varphi E}$$

式中 D——任一弹簧的中径；
d——任一弹簧材料的直径；
ζ——抛物线参数；
$[\sigma]$——许用弯曲应力；
φ——弹簧的扭转变形角；
H_b——弹簧的并紧长度；
E——弹簧材料的弹性模量。

在设计时，可先假设旋绕比 C，然后按式（12-32）计算弹簧材料直径：

$$d = \frac{2\pi H_b[\sigma]C}{E\varphi} \qquad (12\text{-}32)$$

再计算其他几何尺寸。

5 圆柱螺旋扭转弹簧的安装示例

有关螺旋扭转弹簧的安装和使用示例如图 12-10 所示。其中除图 b 为内臂结构外，其余均为外臂结构。

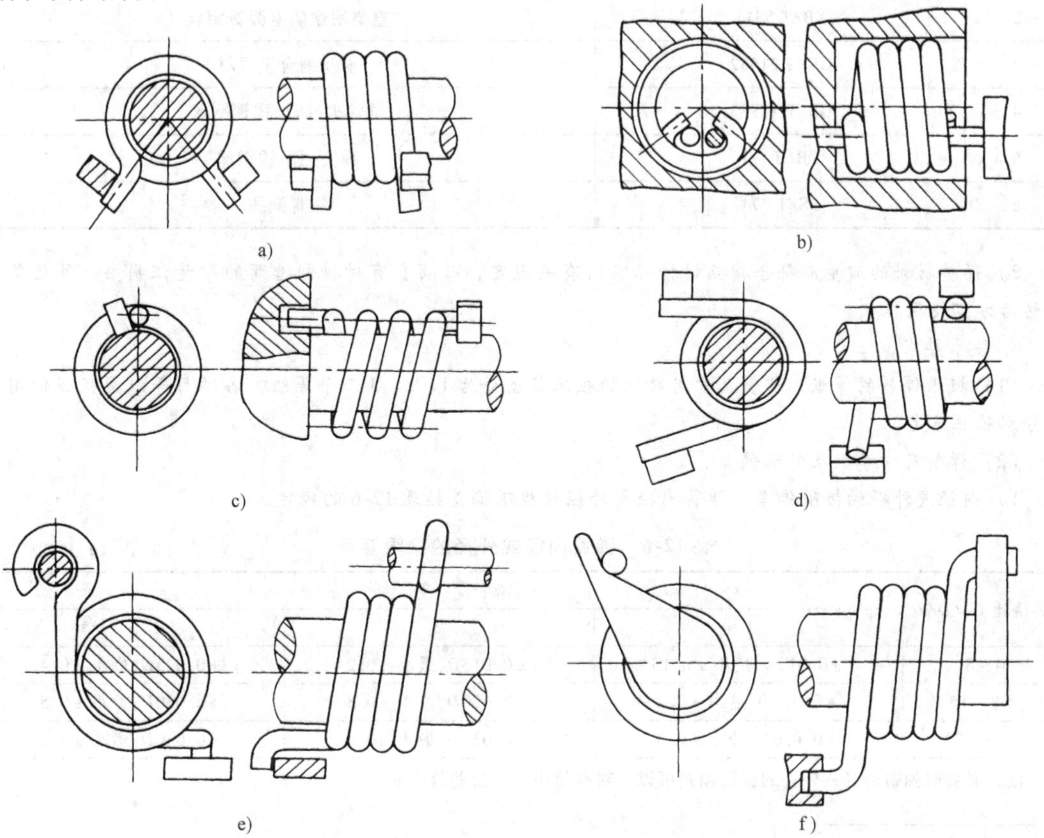

图 12-10 螺旋扭转弹簧安装示例

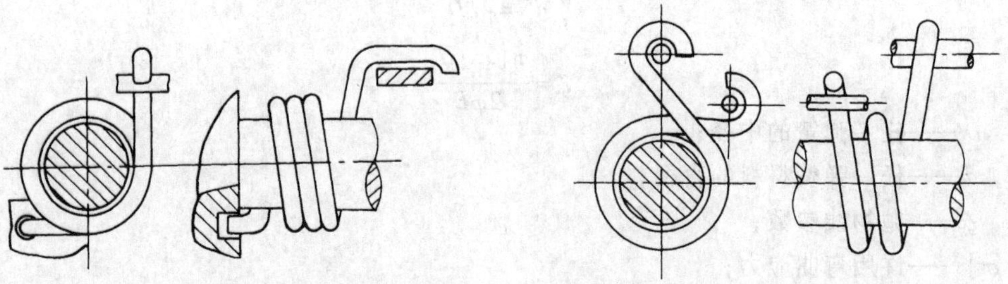

g) h)

图 12-10 螺旋扭转弹簧安装示例（续）

附 冷卷圆柱螺旋扭转弹簧技术条件㊀

1. 结构型式

弹簧的结构型式见表 12-5。

2. 材料

1）弹簧材料一般采用表 12-5 规定的材料，若需用其他材料时，由供需双方商定。

表 12-5 弹簧一般采用的材料

序号	标 准 号	标 准 名 称
1	GB/T 4357	碳素弹簧钢丝
2	YB/T 5311	重要用途碳素弹簧钢丝
3	GB/T 21652	铜及铜合金线材
4	GB/T 18983	油淬火-回火弹簧钢丝
5	YB(T)11	弹簧用不锈钢丝
6	YS/T 571	铍青铜线

2）弹簧材料的质量应符合相应材料标准的有关规定，必须备有材料制造商的质量证明书，并经复验合格后方可使用。

3. 技术要求

（1）极限偏差的等级 弹簧尺寸与特性的极限偏差分为 1、2、3 三个等级，各项目等级应根据使用需要分别独立选定。

（2）弹簧尺寸参数及极限偏差

1）内径或外径的极限偏差 弹簧内径或外径的极限偏差按表 12-6 的规定。

表 12-6 弹簧内径或外径的极限偏差 （单位：mm）

旋绕比 $C=D/d$	精 度 等 级		
	1	2	3
4 ~ 8	±0.010D,最小 ±0.15	±0.015D,最小 ±0.2	±0.025D,最小 ±0.4
>8 ~ 15	±0.015D,最小 ±0.2	±0.020D,最小 ±0.3	±0.030D,最小 ±0.5
>15 ~ 22	±0.020D,最小 ±0.3	±0.030D,最小 ±0.5	±0.040D,最小 ±0.7

注：必要时弹簧内径或外径的极限偏差可以不对称使用，其公差值不变。

㊀ 摘自 GB/T 1239.3《冷卷圆柱螺旋扭转弹簧技术条件》。

2）自由角度的极限偏差 弹簧有特性要求时自由角度做参考，无特性要求的弹簧，自由角度的极限偏差按表 12-7 规定。

表 12-7 弹簧自由角度的极限偏差 [单位：(°)]

有效圈数 n /圈	精度等级		
	1	2	3
≤3	±8	±10	±15
>3～10	±10	±15	±20
>10～20	±15	±20	±30
>20～30	±20	±30	±40

注：表中所列极限偏差数值，适用于旋绕比为 4～22 的弹簧。

3）自由长度的极限偏差 有间距弹簧的自由长度 H_0 的极限偏差按表 12-8 的规定，无间距弹簧的自由长度仅作参考。

表 12-8 弹簧的自由长度 H_0 的极限偏差 （单位：mm）

旋绕比 $C=D/d$	精度等级		
	1	2	3
4～8	$\pm0.015H_0$，最小 ±0.3	$\pm0.030H_0$，最小 ±0.6	$\pm0.050H_0$，最小 ±1.0
>8～15	$\pm0.020H_0$，最小 ±0.4	$\pm0.040H_0$，最小 ±0.8	$\pm0.070H_0$，最小 ±1.4
>15～22	$\pm0.030H_0$，最小 ±0.6	$\pm0.060H_0$，最小 ±1.2	$\pm0.090H_0$，最小 ±1.8

4）扭臂长度的极限偏差 弹簧扭臂长度的测量部位按图 12-11 所示，其极限偏差按表 12-9 规定。

表 12-9 弹簧扭臂长度的极限偏差 （单位：mm）

材料直径 d	精度等级		
	1	2	3
0.5～1	$\pm0.02L(L_1)$，最小 ±0.5	$\pm0.03L(L_1)$，最小 ±0.7	$\pm0.04L(L_1)$，最小 ±1.5
>1～2	$\pm0.02L(L_1)$，最小 ±0.7	$\pm0.03L(L_1)$，最小 ±1.0	$\pm0.04L(L_1)$，最小 ±2.0
>2～4	$\pm0.02L(L_1)$，最小 ±1.0	$\pm0.03L(L_1)$，最小 ±1.5	$\pm0.04L(L_1)$，最小 ±3.0
>4	$\pm0.02L(L_1)$，最小 ±1.5	$\pm0.03L(L_1)$，最小 ±2.0	$\pm0.04L(L_1)$，最小 ±4.0

（3）扭臂弯曲角度及其极限偏差

1）扭臂弯曲半径 r 如图 12-12 所示，不小于钢丝直径 d。

2）扭臂弯曲角度 α 如图 12-12 所示，其极限偏差按表 12-10 规定。

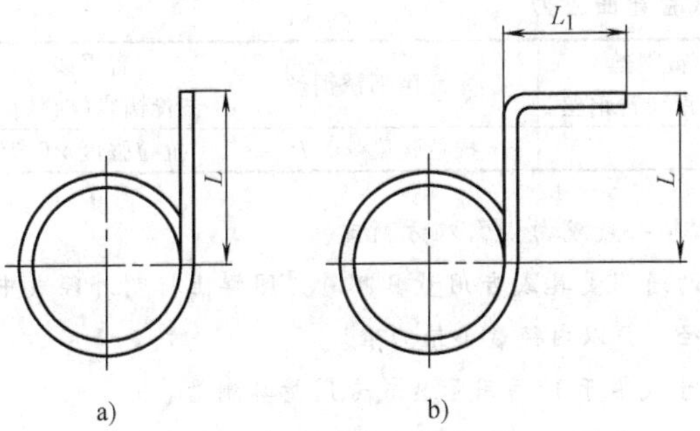

图 12-11 弹簧扭臂长度

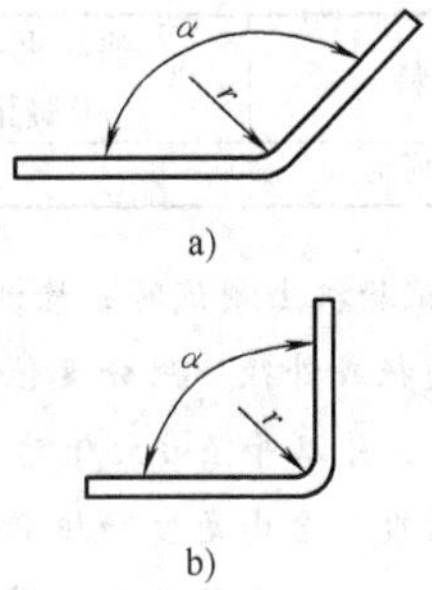

图 12-12 扭臂弯曲示意图

（4）特性的极限偏差

1）弹簧特性一般不做规定，需要时由需方在图样中确定，其极限偏差可以不对称使用，公差值不变。

表12-10 扭臂弯曲角度极限偏差 [单位：(°)]

等级	1	2	3
α 的极限偏差	±5	±10	±15

2）弹簧特性有规定时，在指定扭转角时的扭矩极限偏差按下式确定：

$$扭矩的极限偏差 = \pm(计算扭转角 \times \beta_1 + \beta_2) \times T'$$

式中 T'——弹簧扭转刚度［N·mm/(°)］；

β_1、β_2——按表12-11和表12-12的规定。

表12-11 β_1

等级	1	2	3
β_1	0.03	0.05	0.08

表12-12 β_2

圈数	≥3~10	>10~20	>20~30
β_2	10	15	20

(5) 热处理 弹簧在成形后需经去应力退火处理，用铍青铜线成形的弹簧需进行时效处理，其硬度不予考核。

(6) 表面质量 弹簧的表面应光滑，不得有肉眼可见的有害缺陷。

(7) 表面处理 弹簧表面处理应在产品图样中注明，其处理的介质、方法应符合相应的环境保护法规，但弹簧应尽量避免采用可能导致氢脆的表面处理方法。

(8) 其他 当弹簧有特殊技术要求时，由供需双方商定。

4. 试验方法

(1) 弹簧特性

1）弹簧特性的测量在精度不低于±1%的弹簧试验机上进行，按图样规定测量其扭矩。当测量指定扭转角下扭矩时，其预压量由供需双方商定。在测试时，应将弹簧扭转至试验扭矩三次之后进行。试验扭矩根据表12-13规定的试验应力计算：

$$T_s = \frac{\pi d^3}{32}\sigma_s$$

式中 T_s——试验扭矩（N·mm）；

σ_s——试验弯曲应力（MPa）；

d——材料直径（mm）。

表12-13 试验弯曲应力

材料	油淬火-回火弹簧钢丝	碳素弹簧钢丝 重要用途碳素弹簧钢丝、	弹簧用不锈钢丝	青铜线 铍青铜线（时效后）
试验弯曲应力 σ_s	抗拉强度×0.8		抗拉强度×0.75	抗拉强度×0.75

2）在试验机上测试时，检测扭矩的心轴与装配心轴一致或由供需双方商定。

(2) 内径或外径 用分度值小于或等于0.02mm的通用量具或专用量具测量，图样上标明外径或中径的测量外径，并以外径最大值为准；标明内径的测内径，并以内径最小值为准。

(3) 角度 自由角度和扭臂弯曲角度用分度值小于或等于1°通用量具或专用量具测量。

(4) 长度 自由长度和扭臂长度用分度值小于或等于0.02mm的通用量具或专用量具测量。

(5) 表面质量 采用肉眼或用5倍放大镜目测检查弹簧表面。

(6) 表面处理 弹簧表面处理按有关技术标准或协议规定进行。

(7) 疲劳试验 当需要检查疲劳寿命时，试验方法由供需双方协商。

5. 检验规则

(1) 抽样检查　产品的验收抽样检查按 JB/T 7944 的规定，也可按供需双方商定。

(2) 产品的检验项目　内径或外径；自由角度；自由长度；扭臂长度；扭臂弯曲角度；永久变形；弹簧特性；表面质量；表面处理。

(3) 弹簧检验项目分类　弹簧检验项目分类见表 12-14。

表 12-14　弹簧检验项目分类

A 类缺陷项目	B 类缺陷项目	C 类缺陷项目
疲劳寿命	内径或外径、弹簧特性、表面质量	自由角度、自由长度、扭臂长度、扭臂弯曲角度、表面处理

注：图样有要求时，疲劳寿命、永久变形可作为 A 缺陷项目进行检查。

6. 图样

冷卷圆柱螺旋扭转弹簧的图样如图 12-7 所示。

第 13 章　非圆形弹簧圈螺旋弹簧

非圆形弹簧圈螺旋弹簧的类型很多，常用的有方形、矩形、椭圆形和卵形等。这类弹簧在工作时，材料截面内的最大应力要比在同样条件下的普通圆柱螺旋弹簧高。另外，当弹簧圈为非对称形时，为了保证弹簧的稳定性，弹簧必须加导套或导杆。因此，这类弹簧只有在空间位置受到严格限制或在设计上有特殊要求时才采用，而且主要用于承受压缩载荷。

非圆形弹簧圈螺旋弹簧的材料截面一般为圆形。它们的特性线仍为直线型。

1　矩形和方形弹簧圈螺旋压缩弹簧

1.1　矩形弹簧圈弹簧的几何尺寸关系

图 13-1 为矩形和方形弹簧圈螺旋压缩弹簧的几何尺寸，方形弹簧圈弹簧是矩形弹簧圈弹簧的一种特殊形式。

弹簧材料的展开长度

$$L = n_1 \pi D \zeta_1 \qquad (13\text{-}1)$$

$$\zeta_1 = \frac{2}{\pi}\left[1 + \frac{b}{a}\left(1 - 0.43\frac{r}{b}\right)\right]$$

式中　ζ_1——材料展开长度修正系数；

n_1——弹簧的总圈数。

有关弹簧几何参数的选取和计算参照普通圆柱螺旋压缩弹簧。

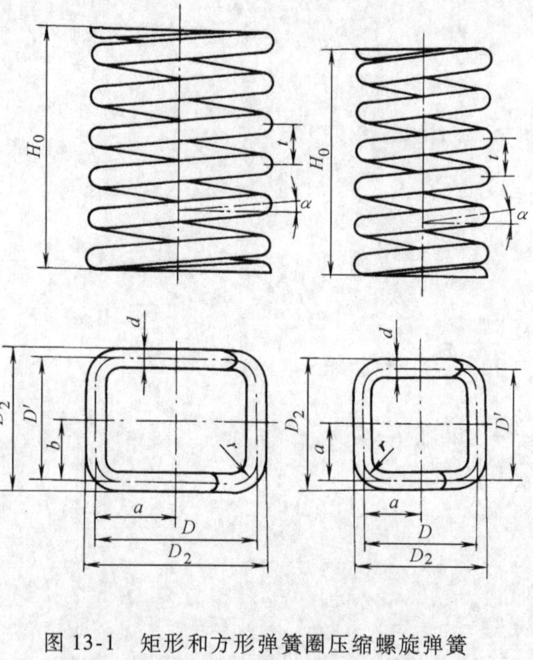

图 13-1　矩形和方形弹簧圈压缩螺旋弹簧

d—弹簧材料的直径　D_2—弹簧圈长边的外边长　D—弹簧圈长边的中边长　D_2'—弹簧圈短边的外边长　D'—弹簧圈短边的中边长　a—弹簧圈长边的半中边长　b—弹簧圈短边的半中边长　r—弹簧圈过渡圆角中半径　t—弹簧的节距　α—弹簧的螺旋角　H_0—弹簧的自由高度

1.2　矩形弹簧圈弹簧的设计计算

（1）弹簧的变形计算　图 13-2 为矩形弹簧圈螺旋压缩弹簧的受力分析。如图 13-2a 所示，当弹簧受到轴向压缩载荷 F 作用时，在任意弹簧圈的 A 处将作用有扭矩 $T = FR$ 和切向力 F。与普通圆柱螺旋弹簧一样，起主要作用的为扭矩 T。如图 13-2b 所示，此扭矩垂直于通过材料截面 A 和弹簧轴线的平面 V，而位于水平面 H 内，与弹簧圈 A 处的法向 n 轴的夹角为 δ。将此扭矩分解为绕 n 轴的弯矩 M_n 和绕切于弹簧圈 T 轴的扭矩 T_T，则

$$M_n = T\cos\delta = FR\cos\delta$$

$$T_T = T\sin\delta = FR\sin\delta$$

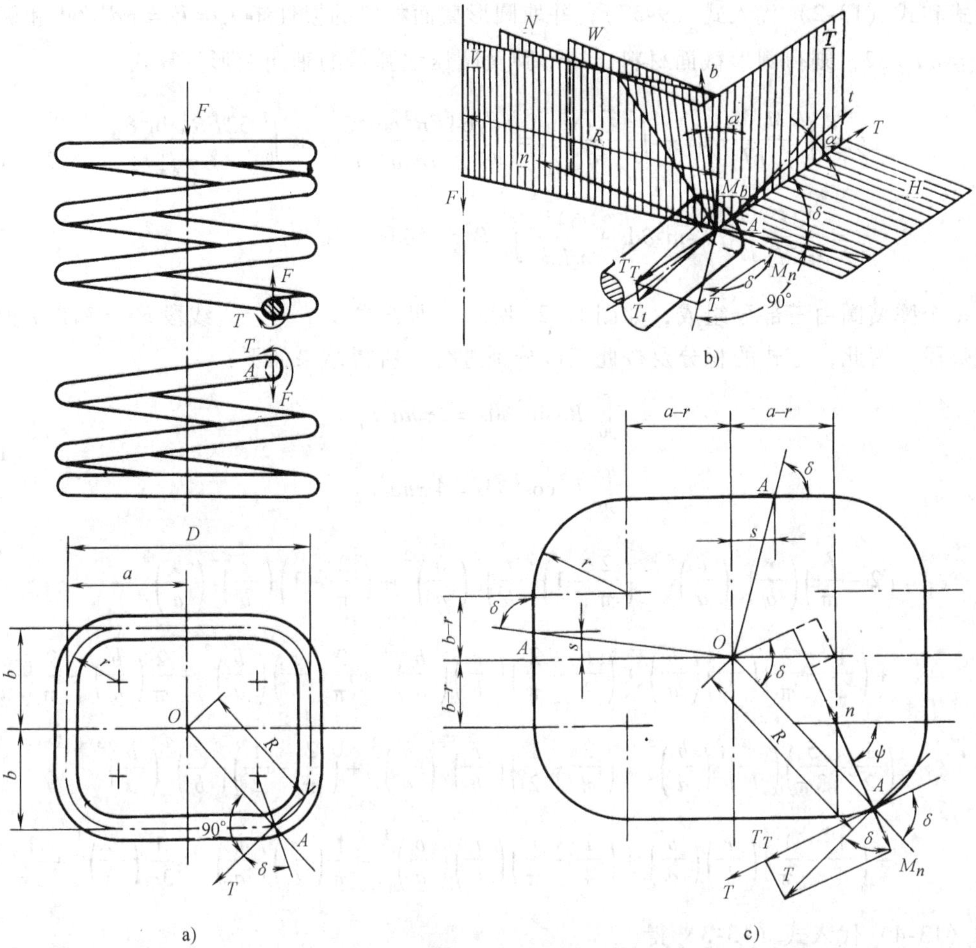

图 13-2　矩形弹簧圈螺旋压缩弹簧的受力分析

M_n 位于通过弹簧圈过渡圆弧中心线和材料截面 A 的平面 W（垂直平面）内；T_T 位于水平面 H 内，因而它又可分解为绕 t 轴回转的扭矩 T_t 和绕 b 轴回转的弯矩 M_b，其值为

$$T_t = T_T\cos\alpha = FR\sin\delta\cos\alpha$$

$$M_b = T_T\sin\alpha = FR\sin\delta\sin\alpha$$

T_t 切于弹簧材料中心线，位于弹簧材料中心线的切平面 T 内，M_b 位于弹簧材料横截面 N 与 T 平面的交线上。当螺旋角 $\alpha<10°$时，可取 $\sin\alpha\approx0$ 和 $\cos\alpha\approx1$。则综合以上各式可简化为

$$T_t = FR\sin\delta \tag{13-2a}$$

$$M_n = FR\cos\delta \tag{13-2b}$$

当弹簧轴向作用单位压缩载荷时，则

$$M_{1n} = R\cos\delta$$

$$T_{1t} = R\sin\delta$$

将上式和式（13-2）代入式（9-37），并取圆形截面材料的惯性矩 $I_n = I_b = \pi d^4/64$ 和极惯性矩 $I_p = \pi d^4/32$，则得圆形截面材料，矩形弹簧圈压缩弹簧的轴向变形计算式

$$f = \int_0^L \frac{M_n M_{1n}}{EI_n}\mathrm{d}s + \int_0^L \frac{T_t T_{1t}}{GI_p}\mathrm{d}s = \int_0^L \frac{64FR^2\cos^2\delta}{E\pi d^4}\mathrm{d}s + \int_0^L \frac{32FR^2\sin^2\delta}{G\pi d^4}\mathrm{d}s$$

$$= \frac{32F}{\pi Gd^4}\int_0^L R^2\sin^2\delta\mathrm{d}s + \frac{64F}{\pi Ed^4}\int_0^L R^2\cos^2\delta\mathrm{d}s \tag{13-3}$$

每个弹簧圈由三部分组成，如图 13-2c 所示，即直线段 $a-r$、直线段 $b-r$ 和以 r 为半径的圆弧段。因此，上式的积分要按此三段分别进行。所得结果如下：

$$\begin{aligned}\int_0^L R^2\sin^2\delta\mathrm{d}s &= 2\pi na^3\xi_1 \\ \int_0^L R^2\cos^2\delta\mathrm{d}s &= 4\pi na^3\xi_2\end{aligned} \tag{13-4}$$

$$\xi_1 = \left(2-\frac{6}{\pi}\right)\left(\frac{r}{b}\right)^3\left(\frac{b}{a}\right)^3 + \left(\frac{2}{\pi}-1\right)\left(\frac{r}{b}\right)^2\left(\frac{b}{a}\right)^2 + \left(\frac{2}{\pi}-1\right)\left(\frac{r}{b}\right)^2\left(\frac{b}{a}\right)^3$$

$$+\left(\frac{1}{2}-\frac{2}{\pi}\right)\left(\frac{r}{b}\right)\left(\frac{b}{a}\right) + \left(\frac{1}{2}-\frac{2}{\pi}\right)\left(\frac{r}{b}\right)\left(\frac{b}{a}\right)^3 + \frac{2}{\pi}\left(\frac{r}{b}\right)\left(\frac{b}{a}\right)^2 + \frac{2}{\pi}\left(\frac{b}{a}\right) + \frac{2}{\pi}\left(\frac{b}{a}\right)^2$$

$$\xi_2 = \left(\frac{1}{2}-\frac{5}{3\pi}\right)\left(\frac{r}{b}\right)^3\left(\frac{b}{a}\right)^3 + \left(\frac{2}{\pi}-\frac{1}{2}\right)\left(\frac{r}{b}\right)^2\left(\frac{b}{a}\right)^2 + \left(\frac{2}{\pi}-\frac{1}{2}\right)\left(\frac{r}{b}\right)^2\left(\frac{b}{a}\right)^3$$

$$+\left(\frac{1}{4}-\frac{1}{\pi}\right)\left(\frac{r}{b}\right)\left(\frac{b}{a}\right) + \left(\frac{1}{4}-\frac{1}{\pi}\right)\left(\frac{r}{b}\right)\left(\frac{b}{a}\right)^3 - \frac{1}{\pi}\left(\frac{r}{b}\right)\left(\frac{b}{a}\right)^2 + \frac{1}{3\pi}\left(\frac{b}{a}\right)^3 + \frac{1}{3\pi}$$

将式（13-4）代入式（13-3）得

$$f = \frac{8F(2a)^3 n}{Gd^4}\xi_1 + \frac{32F(2a)^3 n}{Ed^4}\xi_2 \tag{13-5}$$

将 $2a = D$ 和 $E = 2(1+\mu)G$ 代入式（13-5），整理后得

$$f = \frac{8FD^3 n}{Gd^4}\eta_1 \tag{13-6a}$$

$$\eta_1 = \xi_1 + \frac{2}{1+\mu}\xi_2 \tag{13-6b}$$

将 ξ_1 和 ξ_2 的计算式代入式（13-6b），设为钢制弹簧，取泊松比 $\mu = 0.3$，则得

$$\eta_1 = 0.043\left(\frac{r}{b}\right)^3\left(\frac{b}{a}\right)^3 - 0.153\left(\frac{r}{b}\right)^2\left(\frac{b}{a}\right)^3 - 0.153\left(\frac{r}{b}\right)^2\left(\frac{b}{a}\right)^2 - 0.242\left(\frac{r}{b}\right)\left(\frac{b}{a}\right)^3$$

$$+0.147\left(\frac{r}{b}\right)\left(\frac{b}{a}\right)^2 - 0.242\left(\frac{r}{b}\right)\left(\frac{b}{a}\right) + 0.163\left(\frac{b}{a}\right)^3 + 0.037\left(\frac{b}{a}\right)^2$$

$$+0.637\left(\frac{b}{a}\right) + 0.163 \tag{13-7}$$

从式（13-6）可以看出，矩形弹簧圈螺旋弹簧的变形计算，只要用普通圆柱螺旋压缩弹簧变形计算式计算后，再乘以变形修正系数 η_1 即可。变形修正系数 η_1 用式（13-7）计算较为繁琐，可根据 $\frac{r}{b}$ 和 $\frac{b}{a}$ 值在图 13-3 中查取。

当矩形弹簧圈几何尺寸关系为 $r/b=1$，$b/a=1$ 时，它就相当于圆形弹簧圈弹簧，这时从式（13-7）或图 13-3 可得 $\eta_1=1$。

从图 13-3 可以看出，在 r/b 相同的情况下，η_1 随着 b/a 的增大，也即随矩形边长差的增大而增大。同样，在 b/a 相同的情况下，η_1 随着 r/b 的减小，也即随过渡圆角半径的减小而增大。

对于矩形弹簧圈螺旋弹簧，如其过渡圆角半径 r 很小，取 $r\approx 0$，由式（13-3）~式（13-5）得其变形计算式

$$f=\frac{128Fn}{\pi Gd^4}ab(a+b)+\frac{256Fn}{3\pi Ed^4}(a^3+b^3) \tag{13-8}$$

对于方形弹簧圈螺旋弹簧，也可以按式（13-6）进行计算。如取 $r/b\approx 0$，$b/a=1$，由式（13-7）和图 13-3 可得变形修正系数 $\eta_1=1.6$。这说明边长与圆直径相等的方形弹簧圈弹簧比圆形弹簧圈弹簧的变形大 1.6 倍。

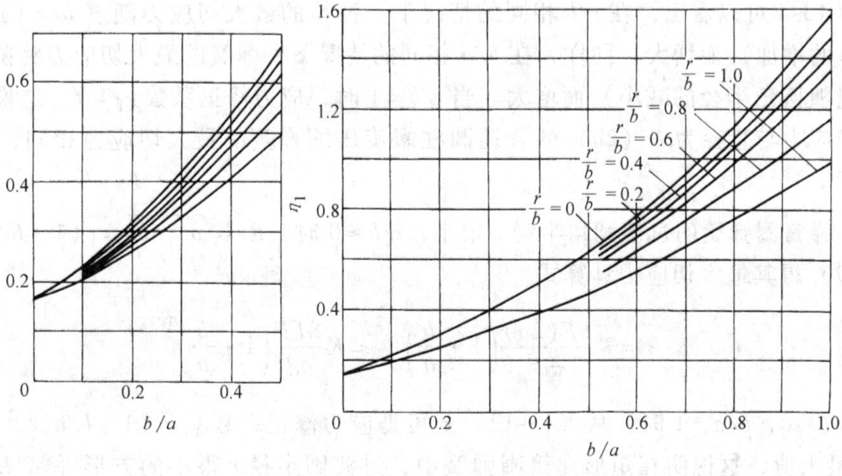

图 13-3　变形修正系数 η_1

（2）弹簧的强度计算　矩形弹簧圈的对角线与弹簧圈的交点 A，是弹簧圈距弹簧轴线的最远点，也即 R 为最大，所以弹簧圈在 A 点截面的应力为最大。

根据第三强度理论和式（13-2），可得弹簧切应力的计算式

$$\tau=K\frac{16\sqrt{T_t^2+M_n^2}}{\pi d^3}=K\frac{16FR}{\pi d^3}$$

$$\tau=K\frac{8F(2a)}{\pi d^3}\chi_1=K\frac{8FD}{\pi d^3}\chi_1 \tag{13-9}$$

$$R=r+[(a-r)^2+(b-r)^2]^{1/2}=a\chi_1 \tag{13-10}$$

$$\chi_1=\left(\frac{r}{b}\right)\left(\frac{b}{a}\right)+\left[1-2\left(\frac{r}{b}\right)\left(\frac{b}{a}\right)-2\left(\frac{r}{b}\right)\left(\frac{b}{a}\right)^2+2\left(\frac{r}{b}\right)^2\left(\frac{b}{a}\right)^2+\left(\frac{b}{a}\right)^2\right]^{1/2} \tag{13-11}$$

式中 K——曲度系数，根据式（10-19）计算或查图 10-4。在计算或查取 K 时，取旋绕比 $C=2r/d$；

χ_1——应力修正系数，根据式（13-11）计算或查图 13-4。

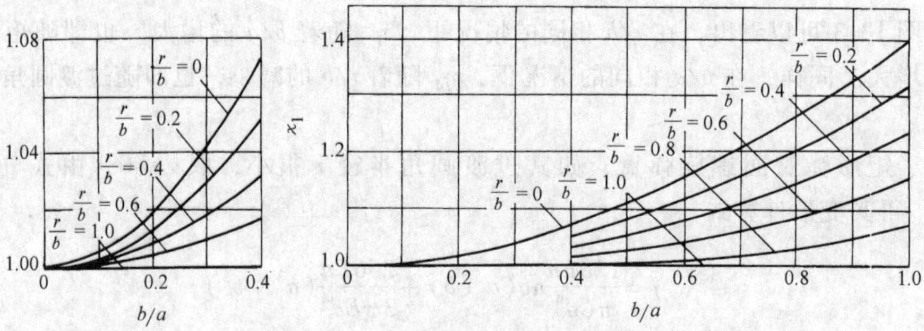

图 13-4 应力修正系数 χ_1

从式（13-9）可以看出，矩形弹簧圈螺旋压缩弹簧的切应力计算，可以用普通圆柱螺旋压缩弹簧的切应力计算公式计算后，再乘以应力修正系数 χ_1 即可。

从图 13-4 可以看出，在 r/b 相同的情况下，弹簧的最大切应力随着 b/a 的增大（即矩形边长差的增加）而增大。同样，在 b/a 相同的情况下，弹簧的最大切应力将随着 r/b 的减小（即过渡圆角半径的减小）而增大。当 $r/b=1$ 时，应力修正系数 $\chi_1=1$，这说明这种弹簧的最大切应力与直径为 D（$2a$）的普通圆柱螺旋压缩弹簧的最大切应力相同，也即具有相同的强度。

矩形弹簧圈弹簧的过渡圆角半径 r 很小，$r/b\approx0$ 时，$R\approx\sqrt{a^2+b^2}=a(1+b/a)^{1/2}$，代入式（13-9）得其最大切应力计算式

$$\tau=K\frac{8F(2a)}{\pi d^3}\left(1+\frac{b}{a}\right)^{1/2}=K\frac{8FD}{\pi d^3}\left(1+\frac{b}{a}\right)^{1/2} \tag{13-12}$$

当 $r/b\approx0$，$b/a=1$ 时，从（13-12）式可得应力修正系数 $\chi_1=(1+b/a)^{1/2}=1.4$，这也是 χ_1 的最大值，这说明在矩形弹簧圈弹簧中，过渡圆半径 r 很小的方形弹簧圈弹簧的强度最差，它的最大切应力为直径 $D(2a)$ 的普通圆柱螺旋弹簧的 1.4 倍。

2 椭圆形弹簧圈螺旋压缩弹簧

2.1 椭圆形弹簧圈弹簧的几何尺寸关系

椭圆形弹簧圈螺旋压缩弹簧的几何尺寸关系如图 13-5 所示。

其余符号同矩形弹簧圈弹簧。

弹簧材料的展开长度

$$L=n_1\pi D\zeta_2 \tag{13-13}$$

式中 n_1——弹簧的总圈数；

ζ_2——长度修正系数，可根据 b/a 在图 13-6 中查取。

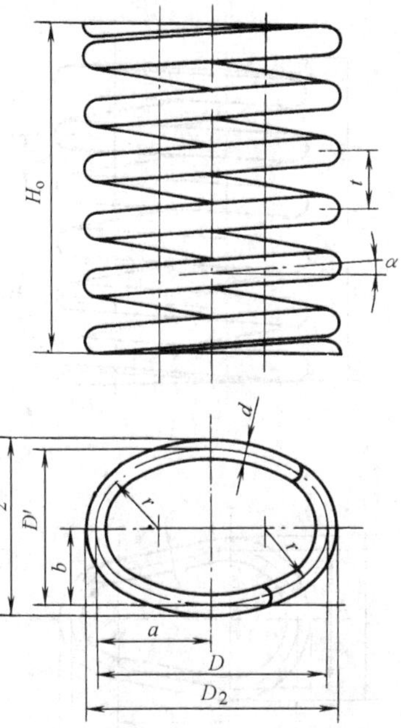

图 13-5　椭圆形弹簧圈螺旋压缩弹簧

D_2—弹簧圈长轴的外径　D—弹簧圈长轴的中径

a—弹簧圈长轴的中半径　D_2'—弹簧圈短轴的外径

D'—弹簧圈短轴的中径　b—弹簧圈短轴的中半径

r—弹簧圈长轴上的圆弧中半径

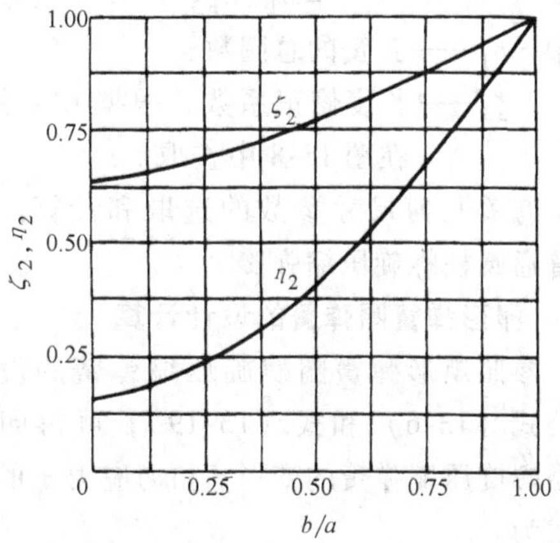

图 13-6　材料展开长度修正系数 ζ_2 和变形修正系数 η_2

有关弹簧几何尺寸参数的选取和计算，可参照普通圆柱螺旋压缩弹簧。

2.2　椭圆形弹簧圈弹簧的设计计算

参照矩形弹簧圈螺旋压缩弹簧的设计计算式（13-6）和式（13-19），可得椭圆形弹簧圈螺旋压缩弹簧的变形 f 和切应力 τ 的计算式为

$$f=\frac{8FD^3n}{Gd^4}\eta_2 \tag{13-14}$$

$$\tau=K\frac{8FD}{\pi d^3}\chi_2 \tag{13-15}$$

式中　η_2——变形修正系数，根据 b/a 查图 13-6；

χ_2——应力修正系数，$\chi_2=1$。

在查取曲度系数 K 时，取旋绕比

$$C=\frac{D}{d}\left(\frac{b}{a}\right)^2$$

3　卵形弹簧圈螺旋压缩弹簧

3.1　卵形弹簧圈弹簧的几何尺寸关系

卵形弹簧圈螺旋压缩弹簧的几何尺寸关系如图 13-7 所示。

其他符号同矩形弹簧圈螺旋压缩弹簧。

弹簧材料展开长度

$$L = n_1 \pi D \zeta_3 \tag{13-16}$$

式中 n_1——弹簧的总圈数；

ζ_3——长度修正系数，根据 r/R 和 e/R 在图 13-8 中查取。

有关几何尺寸参数的选取和计算，可参照普通圆柱螺旋压缩弹簧。

3.2 卵形弹簧圈弹簧的设计计算

参照矩形弹簧圈螺旋压缩弹簧的设计计算公式（13-6）和式（13-19），可得卵形弹簧圈螺旋压缩弹簧的变形 f 和切应力 τ 的计算公式为

$$f = \frac{8FD^3 n}{Gd^3}\eta_3 \tag{13-17}$$

$$\tau = K\frac{8FD}{\pi d^3}\chi_3 \tag{13-18}$$

式中 η_3——变形修正系数，根据 r/R 和 e/R 在图 13-9 中查取；

χ_3——应力修正系数，根据 r/R 和 e/R 在图 13-10 中查取。

非圆形弹簧圈弹簧的材料和许用应力的选取，可参照普通圆柱螺旋压缩弹簧。

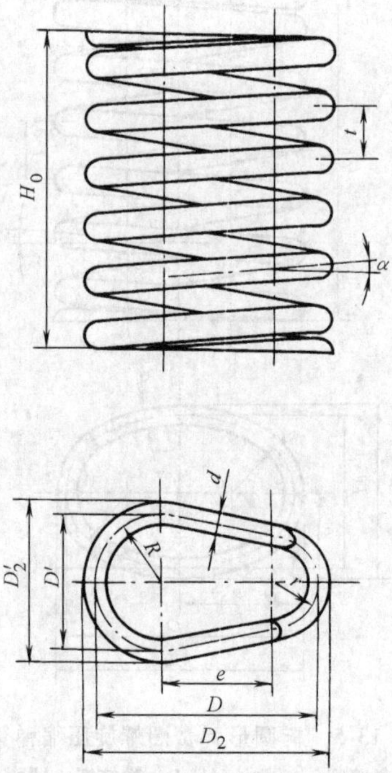

图 13-7 卵形弹簧圈螺旋压缩弹簧

D_2—弹簧圈长轴的外径 D—弹簧圈长轴的中径 D_2'—弹簧圈大端的外径 D'—弹簧圈大端的中径 R—弹簧圈大端圆弧的中半径 r—弹簧圈小端圆弧的中半径 e—弹簧圈大端圆弧和小端圆弧的中心距

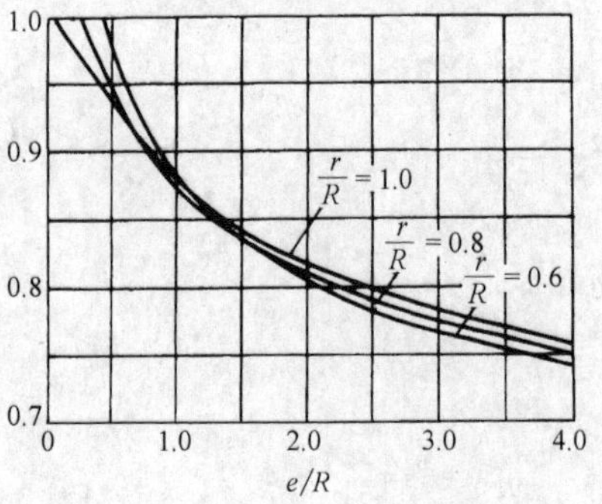

图 13-8 长度修正系数 ζ_3

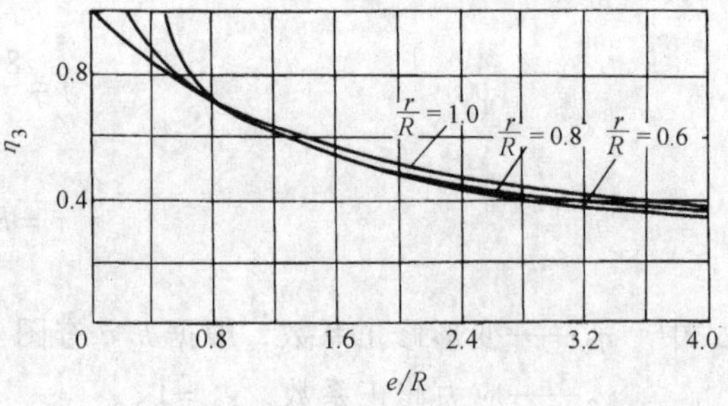

图 13-9 变形修正系数 η_3

【例 13-1】 设计一非圆弹簧圈螺旋压缩弹簧，安装在 48mm × 24mm 的矩形孔内；所受载荷 $F = 30\text{N}$，在此载荷作用下的变形为 120mm；载荷的变化次数 $N < 10^3$。

解 由于空间受限制，选择 DH 级碳素弹簧钢丝。选取弹簧钢丝的直径 $d = 1.6\text{mm}$，根据表 2-20 查得 $\sigma_b = 2090\text{MPa}$。参照表 10-10 按静负荷取许用应力 $[\tau] = 0.5\sigma_b = 0.5 \times 2090 = 1045\text{MPa}$，由表 2-6 取 $G = 8 \times 10^4\text{MPa}$。

（1）按矩形弹簧圈螺旋压缩弹簧设计

1）初选弹簧圈的几何尺寸。取短边的半中边长和中边长

$$b = 8.5\text{mm}, D' = 17\text{mm}$$

长边的半中边长和中边长

$$a = 21.5\text{mm}, D = 43\text{mm}$$

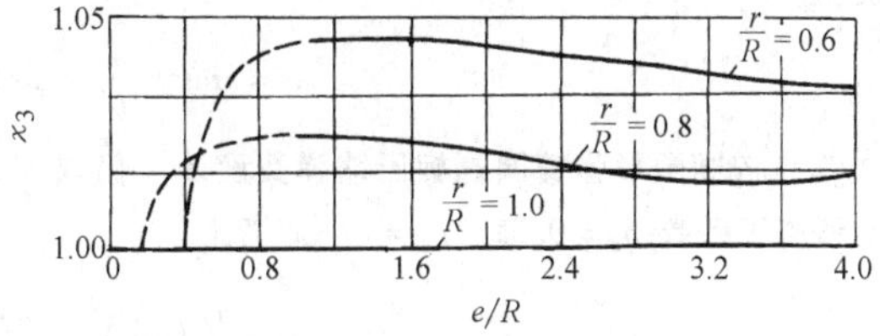

图 13-10　应力修正系数χ_3

弹簧圈与孔的间隙

$$\Delta b = \frac{1}{2}[24 - (D' + d)] = \frac{1}{2}[24 - (17 + 1.6)]\text{mm} = 2.7\text{mm}$$

$$\Delta a = \frac{1}{2}[48 - (D + d)] = \frac{1}{2}[48 - (43 + 1.6)]\text{mm} = 1.7\text{mm}$$

能保证弹簧的正常工作。

由上列数值得 $b/a = 0.4$，取 $r/b = 0.7$。根据此数值查图 13-3 和图 13-4 得变形修正系数 $\eta_1 = 0.47$ 和应力修正系数 $\chi_1 = 1.01$。

2）验算强度。由 $r/b = 0.7$，得 $r = 0.7 \times 8.5\text{mm} \approx 6\text{mm}$。从而得旋绕比 $C = \frac{2r}{d} = \frac{2 \times 6}{1.6} = 7.5$；由图 10-4 查得曲度系数 $K = 1.2$。将上列数值代入式（13-9），得弹簧的最大切应力

$$\tau = K\frac{8FD}{\pi d^3}\chi_1 = 1.2 \times \frac{8 \times 30 \times 43}{\pi \times 1.6^3} \times 1.01\text{MPa} = 972\text{MPa}$$

$\tau \leqslant [\tau] = 1045\text{MPa}$，满足强度要求。

3）确定弹簧的圈数。由式（13-6）得弹簧圈数为

$$n = \frac{Gd^4 f}{8FD^3\eta_1} = \frac{80000 \times 1.6^4 \times 120}{8 \times 30 \times 43^3 \times 0.47}\text{圈} = 7.0\text{圈}$$

取 $n = 7$ 圈。

4）确定弹簧的几何尺寸。两端各取一圈支承圈，则弹簧的总圈数 $n_1 = (7 + 2)$圈 $= 9$ 圈。因钢丝较细，两端不磨。弹簧的压并高度参照式（10-8b）

$$H_b = (n_1 + 1.5)d = (9 + 1.5) \times 1.6\text{mm} = 16.8\text{mm}$$

弹簧的自由高度

$$H_o = H_b + 1.2f = 16.8 + 1.2 \times 120\text{mm} = 161\text{mm}$$

弹簧的节距

$$t = \frac{1.2f}{n} + d = \frac{1.2 \times 120}{7} + 1.6\text{mm} = 22.2\text{mm}$$

由式（13-1）计算每个弹簧圈的材料长度

$$L' = \pi D\zeta_1$$

长度修正系数

$$\zeta_1 = \frac{2}{\pi}\left[1 + \frac{b}{a}\left(1 - 0.43\frac{r}{b}\right)\right] = \frac{2}{\pi}[1 + 0.4(1 - 0.43 \times 0.7)] = 0.815$$

代入上式得

$$L' = \pi \times 43 \times 0.815\text{mm} = 110\text{mm}$$

弹簧钢丝的总长度

$$L = n_1 L' = 9 \times 110\text{mm} = 990\text{mm}$$

螺旋角

$$\alpha = \arctan\frac{t}{L'} = \arctan\frac{22.2}{110} = 11°25'$$

（2）按椭圆形弹簧圈螺旋压缩弹簧设计　仍取 $b/a=0.4$，在图 13-6 查得钢丝长度修正系数 $\zeta_2=0.73$ 和变形修正系数 $\eta_2=0.32$，$\chi_2=1$。旋绕比

$$C = \frac{D}{d}\left(\frac{b}{a}\right)^2 = \frac{43}{1.6}\times(0.4)^2 = 4.3$$

由图 10-4 查得曲度系数 $K=1.37$。

1）验算强度。将数值代入式（13-15），得弹簧的最大切应力

$$\tau = K\frac{8FD}{\pi d^3}\chi_2 = 1.37\times\frac{8\times30\times43}{\pi\times1.6^3}\times1\text{MPa} = 1099\text{MPa}$$

与 $[\tau]=1045\text{MPa}$ 接近，基本满足强度要求。

2）确定弹簧的圈数。由式（13-14）得弹簧圈数为

$$n = \frac{Gd^4f}{8FD^3\eta_2} = \frac{80000\times1.6^4\times120}{8\times30\times43^3\times0.32}\text{圈} = 10.4\text{ 圈}$$

取 $n=10.5$ 圈。两端各取一圈支承圈，则弹簧的总圈数

$$n_1 = n + n_z = (10.5+2)\text{圈} = 12.5\text{ 圈}$$

3）弹簧钢丝的总长度

$$L = n_1\pi D\zeta_2 = 12.5\pi\times43\times0.73\text{mm} = 1233\text{mm}$$

其他几何尺寸计算从略。

（3）按卵形弹簧圈螺旋压缩弹簧设计　为了充分发挥空间的作用，取 $R=r=b=8.5\text{mm}$；从而得 $e=D-2R=(43-2\times8.5)\text{mm}=26\text{mm}$。根据 $r/R=1$，$e/R=3$，在图 13-8～图 13-10 查得长度修正系数 $\zeta_3=0.785$，变形修正系数 $\eta_3=0.43$，应力修正系数 $\chi_3=1$。

1）验算强度。旋绕比 $C=\frac{2r}{d}=\frac{2\times8.5}{1.6}=10.6$，由图 10-4 查得曲度系数 $K=1.114$，将数值代入式（13-18），得弹簧的最大切应力

$$\tau = K\frac{8FD}{\pi d^3}\chi_3 = 1.114\times\frac{8\times30\times43}{\pi\times1.6^3}\times1\text{MPa} = 914\text{MPa}$$

$\tau\leqslant[\tau]=1045\text{MPa}$，满足强度要求。

2）确定弹簧的圈数。由式（13-17）可得弹簧圈数为

$$n = \frac{Gd^4f}{8FD^3\eta_3} = \frac{80000\times1.6^4\times120}{8\times30\times43^3\times0.43}\text{圈} = 7.7\text{ 圈}$$

取 $n=8$ 圈，两端各取一圈支承圈，则弹簧的总圈数

$$n_1 = (8+2)\text{圈} = 10\text{ 圈}$$

3）弹簧钢丝的总长度

$$L = n_1\pi D\zeta_3 = 10\times\pi\times43\times0.785\text{mm} = 1061\text{mm}$$

其他几何尺寸计算从略。

从以上三种非圆形弹簧圈弹簧的设计结果可以看出：在具有同样的钢丝直径和最大外形尺寸的情况下，卵形弹簧圈弹簧的切应力最小，因而强度最高；矩形弹簧圈弹簧的圈数少，因而压并高度小，同时易于制造；而椭圆形弹簧圈弹簧的切应力比较大，圈数较多，用的钢丝长，因而这种弹簧相对于前两种弹簧要差些。

第 14 章　非线性特性线螺旋弹簧

从第 1 章第 2 节可知，特性线为非线性关系的螺旋弹簧有不等节距圆柱螺旋压缩弹簧、截锥螺旋弹簧、截锥涡卷螺旋弹簧以及组合螺旋弹簧等。这类弹簧的载荷与变形呈非线性关系，具有特殊的性能。它们所受的载荷达到一定程度后，在材料截面上的应力是沿材料的长度而变化的，因此，材料的尺寸要根据最大应力确定；弹簧的高度或长度要根据受载后所要求的变形确定。

1　不等节距圆柱螺旋压缩弹簧

图 14-1a 为不等节距圆柱压缩螺旋弹簧，它的节距大小不等。这种弹簧在受载后，当载荷达到一定程度时，随着载荷的增加，从小节距开始到大节距依次逐渐并紧，刚度也逐渐增大。特性线由线性关系变为非线性关系（渐增型，图 14-1b），从而，有利于防止弹簧共振和颤振现象的发生。弹簧节距的大小，可以是各个圈之间取成不同的节距，也可以几圈为一组取成几种不同的节距。弹簧节距可以由小到大单向排列，也可以按两端小中间大双向排列。

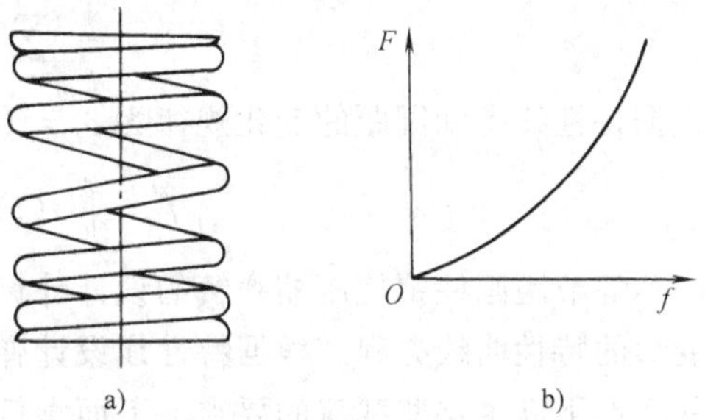

图 14-1　不等节距螺旋弹簧及其特性线

不等节距螺旋弹簧的设计计算与普通弹簧相同，需要计算的主要是变形和刚度。

不等节距圆柱螺旋压缩弹簧相当于多个不同节距弹簧的直列组合，根据表 10-13 式可得组成弹簧各圈的刚度为

$$p' = nF' = \frac{Gd^4}{8D^3} \tag{14-1}$$

设弹簧的有效工作圈数为 n，则此弹簧在未受载荷时的刚度 F'由式（10-71）可知为

$$\frac{1}{F'} = \sum_{i=1}^{n} \frac{1}{p'_i} = \frac{n}{p'} \tag{14-2}$$

如将弹簧圈序按弹簧间距由小到大排列，当弹簧圈 i 在载荷 F_i 作用下压并后，弹簧的剩余刚度 F'_i，根据式（14-2）可知为

$$\frac{1}{F'_i} = \frac{n-i}{p'} = \frac{1}{F'} - \frac{i}{p'} \tag{14-3}$$

从此式可得弹簧的有效工作圈数

$$n = \frac{p'}{F'_i} + i \tag{14-4}$$

弹簧圈 i 的间距 δ_i 也就是在载荷 F_i 作用下弹簧圈 i 的变形，当弹簧圈 i 的变形达到 δ_i 时，就并紧了。弹簧圈 i 的并紧过程是逐渐接触并紧的。如图 14-2 所示，当弹簧所受的载

荷由 F_{i-1} 增加到 F_i 时，弹簧圈 i 的刚度由 p' 逐渐增大到无穷大。在此过程中，弹簧圈 i 的变形量为 $\frac{1}{2}\times\left(\frac{F_i-F_{i-1}}{p'}\right)$，当弹簧圈 i 压并时，总的变形量为

$$\delta_i=\frac{F_{i-1}}{p'}+\frac{1}{2}\left(\frac{F_i-F_{i-1}}{p'}\right)=\frac{1}{2p'}(F_i+F_{i-1}) \quad (14\text{-}5)$$

从而得

$$F_i=2p'\delta_i-F_{i-1} \quad (14\text{-}6)$$

弹簧圈 i 的节距为

$$t_i=d+\delta_i \quad (14\text{-}7)$$

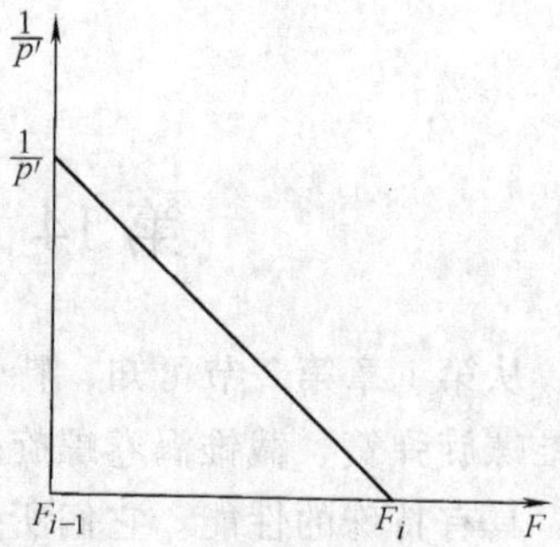

图 14-2 弹簧第 i 圈并紧时 p' 与 F_i 的关系

到弹簧圈 i 并圈时为止，整个弹簧的变形，由两部分组成：并圈部分的变形 $\sum_{i=1}^{i}\delta_i$ 和未并圈部分的变形 $(n-i)\delta_i$。因而得变形的计算式：

$$f_i=\sum_{i=1}^{i}\delta_i+(n-i)\delta_i \quad (14\text{-}8a)$$

如根据特性线得知圈距的变化规律为 $\delta_i=f(i)$，则上式变换为

$$f_i=\int_0^i f(i)\,\mathrm{d}i+(n-i)f(i) \quad (14\text{-}8b)$$

不等节距圆柱螺旋压缩弹簧的设计计算方法有多种，根据使用的要求，一种是给出载荷与变形的特性曲线方程，根据特性线设计弹簧；另一种是只给几个载荷，使设计的弹簧在给定的变形下满足这些载荷的要求。下面举例说明前一种方法的设计步骤。

【例 14-1】 设计一特性线方程为 $F=(0.28f+1.04)^2$ 的螺旋弹簧。特性线的线性段 $F_0=5\text{N}$；工作载荷范围 0 ~ 60N，要求中径 $D=16.3\text{mm}$。

解 弹簧材料选用 F 组重要用途碳素弹簧钢丝，设直径 $d=1.6\text{mm}$，查表 2-34 得抗拉强度 $\sigma_b=2150\sim2450\text{MPa}$；查表 2-6 得切变模量 $G=8\times10^4\text{MPa}$。参照表 10-10 按无限疲劳寿命可得许用切应力 $[\tau]=(0.35\sim0.40)\sigma_b=(0.35\sim0.40)\times2150\text{MPa}=753\sim860\text{MPa}$。

(1) 验算弹簧强度 根据 $C=D/d=16.3/1.6=10.2$，由图 10-4 得曲度系数 $K=1.14$，按表 10-13 式得

$$\tau=K\frac{8D}{\pi d^3}F=1.14\times\frac{8\times16.3}{\pi\times1.6^3}\times60\text{MPa}=694\text{MPa}$$

此值在许用应力以内，满足强度要求。

(2) 弹簧各圈的刚度 根据特性线方程 $F=(0.28f+1.04)^2$ 得

$$F'=\frac{\mathrm{d}F}{\mathrm{d}f}=0.56F^{1/2}$$

从而得任意圈 i 并圈时，所加载荷 F_i 和刚度 F'_i 的关系：

$$F_i=3.19F'^2_i$$

按式 (14-1) 得组成弹簧各圈的刚度：

$$p'=\frac{Gd^4}{8D^3}=\frac{80000\times1.6^4}{8\times16.3^3}\text{N/mm}=15.6\text{N/mm}$$

特性线曲线与弹簧刚的线性段的相交点，可根据 $F_0=5\text{N}$ 求得为 $f_0=4.3\text{mm}$。于是在弹簧未发生并圈以前，整个弹簧刚度：

$$F'=\frac{F_0}{f_0}=\frac{5}{4.3}\text{N/mm}=1.16\text{N/mm}$$

根据式（14-2）可得整个弹簧的有效工作圈数：

$$n=\frac{p'}{F'}=\frac{15.6}{1.16}\text{圈}\approx 13\text{ 圈}$$

第一圈的节距 t_1 和间距 δ_1 可按下列步骤计算。第一圈并圈后，弹簧的刚度 F_1' 可按式（14-3）求得

$$\frac{1}{F_1'}=\frac{1}{F'}-\frac{1}{p'}=\frac{1}{1.16}-\frac{1}{15.6}=0.797$$

$$F_1'=1.26\text{N/mm}$$

于是得到第一圈并圈时所需的载荷：

$$F_1=3.19F_1'^2=3.19\times1.26^2\text{N}\approx5.0\text{N}$$

第一圈并圈的变形量，即第一圈的间距，按式（14-5）得

$$\delta_1=\frac{1}{2p'}(F_0+F_1)=\frac{1}{2\times15.2}\times(5.0+5.0)\text{mm}=0.33\text{mm}$$

第一圈的节距，按式（14-7）得

$$t_1=d+\delta_1=(1.6+0.33)\text{mm}=1.93\text{mm}$$

依次类推，可以求得其他各圈的间距 δ_i 和节距 t_i，现将计算结果列于表 14-1。

表 14-1 例 14-1 不等节距弹簧参数计算表

并圈圈序 i	各圈刚度 p_i'/(N/mm)	各圈并圈后弹簧刚度 F_i'(N/mm)	各圈并圈时的载荷 F_i/N	间距 δ_i/mm	节距 t_i/mm
0		1.16	5.0		
1		1.26	5.0	0.33	1.93
2		1.37	5.8	0.35	1.95
3		1.51	7.1	0.42	2.02
4		1.68	8.7	0.52	2.12
5	15.6	1.89	11.1	0.65	2.25
6		2.16	14.4	0.84	2.44
7		2.51	19.5	1.12	2.72
8		3.01	28.1	1.57	3.17
9		3.16	43.7	2.36	3.96
10		5.00	73.3	3.98	5.58
11		7.46		3.98	5.58
12		14.70		3.98	5.58
13		50.00		3.98	5.58

从表（14-1）可以看出，第 10 圈并圈时的载荷 $F_{10}=73.3\text{N}$，已超过工作载荷 60N 的要求，为了结构的紧凑，而且保证一定的余隙，按最大工作载荷增加 20%，即 $1.2\times60=72\text{N}$ 计算间距。同时，以下各圈取等节距。

两端支承圈各取 3/4 圈，则弹簧的总圈数 $n_1=14.5$ 圈。弹簧的自由高度由表 10-6 得

$$H_0=\sum_{i=1}^{13}t_i+(n_z-0.5)d=(44.88+1.5\times1.6)\text{mm}$$
$$=47.28\text{mm}$$

取 $H_0=47.3\text{mm}$。

根据以上计算，此弹簧的结构如图 14-3 所示。

对于气门弹簧之类的弹簧，整个载荷与变形特性线无严格要求，只要使所设计的弹簧在给定的变形下满足给定载荷的要求就行。为了计算简便，一般可以根据要求，先假定特性线方程或假设圈距的变化规律，然后进行设计计算。

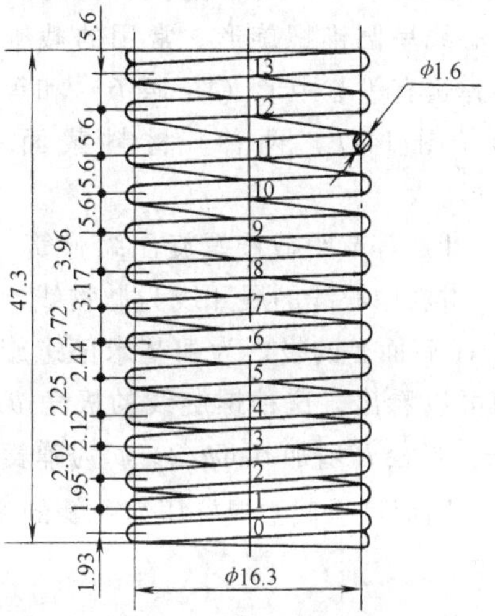

图 14-3 例 14-1 不等距弹簧结构图

2　截锥螺旋压缩弹簧[9]

图 14-4 为截锥螺旋压缩弹簧及其特性线。这种弹簧在受载以后，特性线（图 14-4b）的 OA 段是直线。当载荷逐渐增大时，弹簧从大圈开始逐渐接触，有效工作圈数随之减少，而刚度则逐渐增大，一直到所有弹簧圈完全压并为止。其特性线 AB 段为渐增型。这种弹簧的刚度是变值，所以，自振频率也是变值，有利于防止发生共振，因而多用于需要减振的场合。

由图 14-5 可以看出，截锥螺旋压缩弹簧的圆锥角 ψ 越大，弹簧的刚度变化越大、自振频率的变化率越高，对于消除或缓和共振越有利。但 ψ 大时，材料利用率低，而且当弹簧压并后，圈与圈之间的挤压力和径向分力均增大，从而使单位面积的挤压力加大，另一方面，可能发生自锁而不能回弹，因而 ψ 不能太大。但 ψ 大到弹簧大端半径 R_2 与小端半径 R_1 的差，$R_2-R_1\geqslant nd$ 时，则弹簧压并时，所有圈都落在支承座上，使压并高度 $H_b=d$，这种结构型式的弹簧在设计中也是经常采用的。

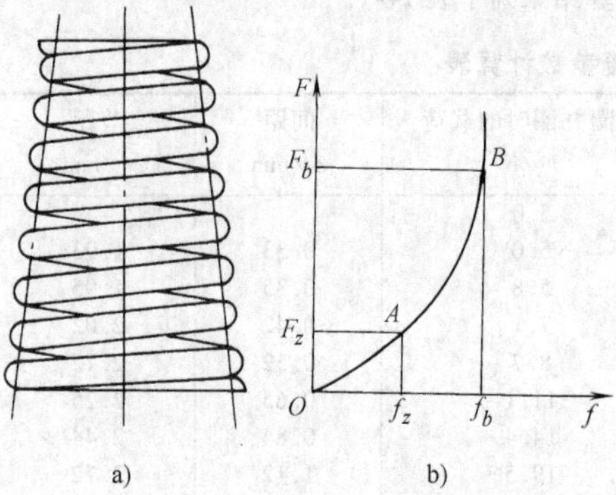

图 14-4　截锥螺旋弹簧及其特性线

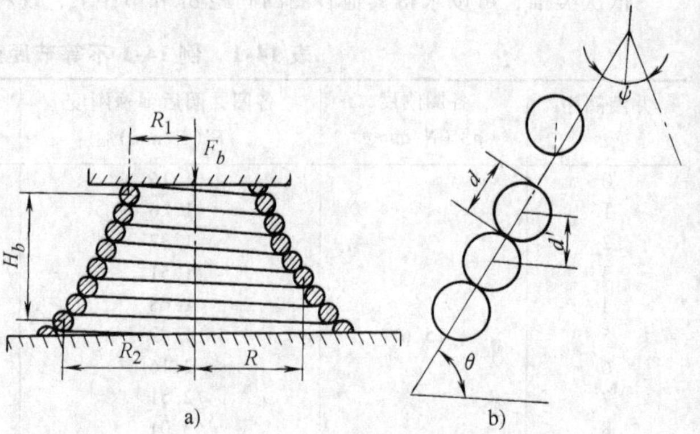

图 14-5　截锥螺旋压缩弹簧压并时的几何关系

a）压并状态　b）d' 与 d 的关系

2.1　截锥螺旋压缩弹簧的几何尺寸

如图 14-4 所示，这类弹簧的材料截面中心线呈圆锥螺旋形。常用的截锥螺旋压缩弹簧有等节距形（图 14-6）和等螺旋角形（图 14-7）两种。材料截面一般为圆形。

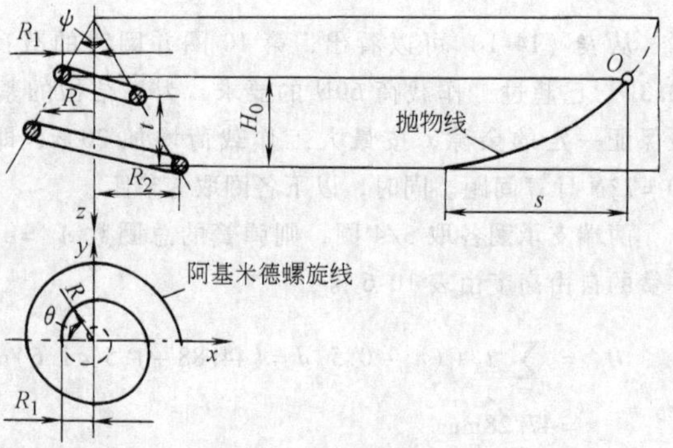

图 14-6　等节距截锥螺旋压缩弹簧

1）等节距截锥螺旋压缩弹簧（图 14-6）材料中心线的展开线为抛物线，螺旋线在 xy 底面上的投影为阿基米德螺旋线。由图可以看出，这种螺旋线的极角 θ 每增加 2π，半径 R 增加 $t\tan\psi/2$，ψ 为弹簧的圆锥角。因而可得截锥螺旋压缩弹簧的弹簧圈半径表达式为

$$R=R_1+\frac{t\tan\dfrac{\psi}{2}}{2\pi}\theta$$

当 $\theta=2\pi n$ 时，$R=R_2$，因而可得

$$\frac{t\tan\dfrac{\psi}{2}}{2\pi}=\frac{R_2-R_1}{2\pi n}$$

将此式代入上式得

$$R=R_1+\frac{R_2-R_1}{2\pi n}\theta \tag{14-9a}$$

如从大端数起计算弹簧圈 i 的半径时，则极角 $\theta_i=2\pi(n-i)$，代入上式，可得弹簧圈 i 的半径为

$$R_i=R_2-(R_2-R_1)\frac{i}{n} \tag{14-9b}$$

从大端到弹簧圈 i 的高度：

$$H_i=it \tag{14-10}$$

取 $i=n$，则得弹簧有效工作圈数的自由高度：

$$H_0'=nt \tag{14-11}$$

从图 14-5 可知，弹簧有效工作圈数的压并高度为

$$H_b=nd\sqrt{1-\left(\frac{R_2-R_1}{nd}\right)^2}=nd' \tag{14-12}$$

$$d'=d\sqrt{1+\left(\frac{R_2-R_1}{nd}\right)^2} \tag{14-13}$$

式中　d'——弹簧压并时的节距。

截锥螺旋压缩弹簧在最大半径 R_2 处，螺旋角 α 最小；而在最小半径 R_1 处，螺旋角 α 最大。这种弹簧螺旋角的最大值一般不超过 6°～8°。

弹簧材料的长度：

$$L\approx\frac{(R_2+R_1)\pi n_1}{\cos\alpha_m}\approx(R_2+R_1)\pi n_1 \tag{14-14a}$$

式中　α_m——螺旋角的平均值；

n_1——弹簧总圈数。

2）等螺旋角截锥螺旋压缩弹簧（图 14-7）材料中心线的展开线为直线，在 xy 底平面的投影为对数螺旋线，此螺旋线的方程为

$$R=R_1 e^{\frac{\theta}{2\pi n}\ln\frac{R_2}{R_1}} \tag{14-14b}$$

式中 θ 为极角。当 $\theta=2\pi n$ 时，$R=R_2$，从而得

$$R_2=R_1 e^{\ln\frac{R_2}{R_1}} \tag{14-14c}$$

从大端工作圈数起，任意弹簧圈 i 的极角 $\theta_i=2\pi(n-i)$，代入式（14-14b），并利用式（14-14c）的关系，得弹簧圈 i 的半径：

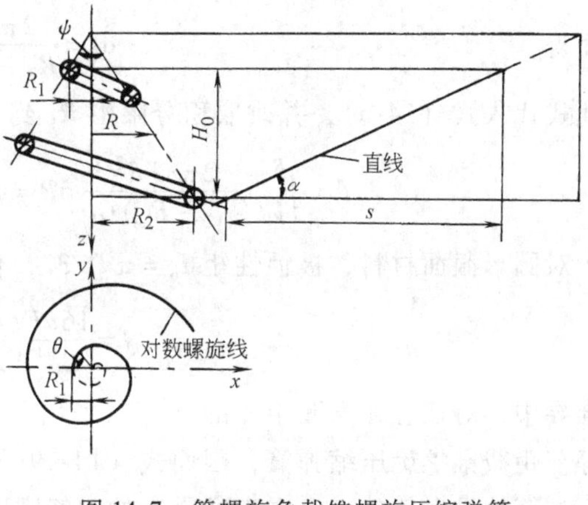

图 14-7　等螺旋角截锥螺旋压缩弹簧

$$R_i = R_2 \mathrm{e}^{-\frac{i}{n}\ln\frac{R_2}{R_1}} \tag{14-15a}$$

由于此式比较复杂，在使用中常用等节距圆锥弹簧弹簧圈 i 的半径的计算式（14-9）代替：

$$R_i \approx R_2 - (R_2 - R_1)\frac{i}{n} \tag{14-15b}$$

因螺旋角 α 比较小，所以从大端工作圈到弹簧圈 i 的高度 H_i 可按下列近似式计算：

$$H_i \approx 2\pi i\alpha\left[R_2 - (R_2 - R_1)\frac{i}{2n}\right] \tag{14-16}$$

弹簧有效工作圈数的自由高度：

$$H_0' = \pi n\alpha(R_2 + R_1) \tag{14-17}$$

弹簧材料的展开长度：

$$L \approx n_1\pi(R_2 + R_1) \tag{14-18}$$

2.2 截锥螺旋压缩弹簧的变形和强度计算

如前所述，截锥螺旋压缩弹簧在开始有弹簧圈接触以前，弹簧的刚度是常数，开始有弹簧圈接触以后，刚度逐渐增加，因而，其变形计算方法在开始有弹簧圈接触以前和以后是不同的。

（1）开始有弹簧圈接触以前的变形计算　由于截锥螺旋压缩弹簧的螺旋角 α 比较小，当弹簧受到轴向载荷 F 作用时，根据式（9-3）可近似地看作各弹簧圈材料截面只受到如下扭矩：

$$T_t \approx FR$$

在单位轴向载荷作用时，材料截面所受的扭矩：

$$T_{1t} \approx 1 \cdot R$$

将以上两式代入式（9-37），则得弹簧轴向变形的一般积分式：

$$f = \int_0^l \frac{T_t T_{1t}\mathrm{d}s}{GI_p} = \int_0^l \frac{FR^2}{GI_p}\mathrm{d}s \tag{14-18a}$$

又

$$\mathrm{d}s = R\mathrm{d}\theta \tag{14-18b}$$

根据式（14-9a），可得

$$\mathrm{d}\theta = \frac{2\pi n}{R_2 - R_1}\mathrm{d}R \tag{14-18c}$$

从而得

$$\mathrm{d}s = \frac{2\pi n}{R_2 - R_1}R\mathrm{d}R$$

将此式代入式（14-a），并改取积分限由 R_1 到 R_2，得变形计算式：

$$f = \int_{R_1}^{R_2}\frac{2\pi nFR^3}{(R_2 - R_1)GI_p}\mathrm{d}R = \pi nF\frac{(R_2^2 + R_1^2)(R_2 + R_1)}{2GI_p} \tag{14-19a}$$

对圆形截面材料，极惯性矩 $I_p = \pi d^4/32$，代入上式，得

$$f = \frac{16nF}{Gd^4}\left(\frac{R_2^4 - R_1^4}{R_2 - R_1}\right) \tag{14-19b}$$

在推导中，对任意弹簧圈半径的计算，采用了式（14-9a），由于此式同时适用于等螺旋角和等节距截锥螺旋压缩弹簧，因而式（14-19b）也同时适用于以上两种弹簧的变形计算。

弹簧的最大切应力，在直径最大的弹簧圈上，根据式（10-18）可知，其计算式为

$$\tau = K\frac{16FR_2}{\pi d^3} \tag{14-20}$$

式中 K——曲度系数，根据 $C=2R_2/d$ 在图 10-4 中查取。

由式（14-19b），可得截锥螺旋压缩弹簧的刚度计算式为

$$F' = \frac{Gd^4(R_2 - R_1)}{16n(R_2^4 - R_1^4)} \tag{14-21}$$

变形能计算式为

$$U = \frac{\tau^2 V}{8G}\left[1 - \left(\frac{R_1}{R_2}\right)^2\right] \tag{14-22}$$

$$V = \frac{\pi^2 d^2 n}{4}(R_2 + R_1)$$

式中 V——弹簧有效工作圈数的材料的体积。

（2）等螺旋角截锥压缩弹簧开始有弹簧圈接触后的变形和强度计算　对于等螺旋角截锥螺旋弹簧，开始接触的弹簧圈 i 的变形为

$$f_i' = 2\pi R_i \alpha - d'$$

根据此变形式和式（14-1），可得弹簧所受的载荷 $F_i = p_i' f_i'$，从而可得 F_i 与开始接触的弹簧圈 i 的半径 R_i 的关系式为

$$F_i = \frac{\pi G d^4}{32R_i^2}\left(\alpha - \frac{d'}{2\pi R_i}\right) \tag{14-23a}$$

式中 d'——弹簧压并后的节距，其值可按式（14-13）计算。

对于 $R_2 - R_1 \geqslant nd$ 的情况，压并的弹簧圈都落在支承座的平面上，这时 $d'=0$，上式应为

$$F_i = \frac{\pi G d^4}{32R_i^2}\alpha \tag{14-23b}$$

如果取 $R_i = R_1$，则可得整个弹簧压并时所受的载荷。

弹簧的变形分为两部分，一部分为弹簧圈未压并部分的变形，一部分是弹簧圈压并部分的变形。未压并部分的变形，根据开始接触的弹簧圈的半径 R_i，可用式（14-19b）求得

$$f_{1i} = \frac{16F_i(n-i)}{Gd^4}\left(\frac{R_i^4 - R_1^4}{R_i - R_1}\right) \tag{14-a'}$$

又接触圈数 i 与有效工作圈数 n 的比与半径 R 有如下关系：

$$\frac{i}{n} = \frac{R_2 - R_i}{R_2 - R_1} \tag{14-b'}$$

从而得

$$n-i=\left(1-\frac{R_2-R_i}{R_2-R_1}\right)n=\left(\frac{R_i-R_1}{R_2-R_1}\right)n \tag{14-c'}$$

将式（14-c′）代入式（14-a′）得

$$f_{1i}=\frac{16F_in}{Gd_4}\left(\frac{R_i^4-R_1^4}{R_2-R_1}\right) \tag{14-24}$$

由最大圈到开始接触的弹簧圈 i 的压并部分的变形，可根据螺旋角的变化求得。设压并后的螺旋角为 α'，则变形的微分式为

$$\mathrm{d}f_{2i}=(\alpha-\alpha')\mathrm{d}s$$

$$\alpha'=\frac{d'}{2\pi R_i}$$

$$\mathrm{d}s=R_i\mathrm{d}\theta$$

又由式（14-9）得

$$R_i=R_2-(R_2-R_1)\frac{\theta_i}{2n\pi}$$

将式（14-b′）和式（14-c′）代入式（14-a′），得

$$\mathrm{d}f_{2i}=\alpha\left[R_2-(R_2-R_1)\frac{\theta_i}{2n\pi}\right]\mathrm{d}\theta-\frac{d'}{2\pi}\mathrm{d}\theta$$

对上式由 0 到 $2i\pi$ 积分得

$$f_{2i}=n\pi\alpha\left(\frac{R_2^2-R_i^2}{R_2-R_1}\right)-nd'\frac{R_2-R_i}{R_2-R_1} \tag{14-25}$$

由式（14-24）和式（14-25），得截锥螺旋压缩弹簧在弹簧圈 i 开始压并时的总变形为

$$f_i=f_{1i}+f_{2i}=\frac{n}{R_2-R_1}\left[\frac{16F_i}{Gd^4}(R_i^4-R_1^4)+\pi\alpha(R_2^2-R_i^2)-d'(R_2-R_i)\right] \tag{14-26a}$$

对 $R_2-R_1\geqslant nd$ 的情况，$d'=0$，则式（14-26a）为

$$f_i=\frac{n}{R_2-R_1}\left[\frac{16F_i}{Gd^4}(R_i^4-R_1^4)+\pi\alpha(R_2^2-R_i^2)\right] \tag{14-26b}$$

当弹簧圈 i 开始接触时，直径最大的弹簧圈仍为自由圈，其上的切应力为

$$\tau_i=K\frac{16F_iR_i}{\pi d^3} \tag{14-27}$$

式中 K——曲度系数，根据旋绕比 $C=2R_i/d$ 在图 10-4 中查取。

（3）等节距截锥螺旋压缩弹簧开始有弹簧圈接触后的变形和强度计算 对于等节距为 t 的截锥螺旋压缩弹簧，开始接触的弹簧圈 i 的变形为

$$f_i'=t-d'$$

根据此变形式和式（14-1），可得弹簧所受的载荷 $F_i=p_i'f_i'$，其与开始接触的弹簧圈 i、半径 R_i 的关系式为

$$F_i=\frac{Gd^4}{64R_i^3}(t-d') \tag{14-28a}$$

式中 d'——并圈后的节距。

当 $R_2-R_1 \geqslant nd$ 时，$d'=0$，则式（14-28a）为

$$F_i=\frac{Gd^4}{64R_i^3}t \tag{14-28b}$$

如果取 $R_i=R_1$，则可得整个弹簧压并时所受的载荷。

弹簧的变形同样分为弹簧圈压并部分和未压并部分的变形。未压并部分的变形与等螺旋角弹簧计算式（14-24）相同，压并部分的变形为

$$f_{2i}=i(t-d')$$

从而得等节距截锥螺旋压缩弹簧在弹簧圈 i 开始压并时，整个弹簧的总变形为

$$f_i=f_{1i}+f_{2i}=\frac{n}{R_2-R_1}\left[\frac{16F_i}{Gd^4}(R_i^4-R_1^4)+(t-d')(R_2-R_i)\right] \tag{14-29a}$$

对 $R_2-R_1 \geqslant nd$ 的情况，$d'=0$，则式（14-29a）为

$$f_i=\frac{n}{R_2-R_1}\left[\frac{16F_i}{Gd^4}(R_i^4-R_1^4)+t(R_2-R_i)\right] \tag{14-29b}$$

弹簧的切应力计算式与等螺旋角弹簧的计算式（14-27）相同。

2.3　截锥螺旋压缩弹簧变形和强度计算公式

截锥螺旋压缩弹簧变形和强度计算公式汇总于表 14-2，从表中可以看出开始有弹簧圈接触后的计算较为复杂，截锥螺旋弹簧的变形也可以参照变节距圆柱螺旋弹簧逐圈进行计算。

表 14-2　圆截面材料圆锥螺旋弹簧的计算公式

参数名称		计算公式	
		等螺旋角 α	等节距 t
几何尺寸	第 i 圈的中半径 R	$R=R_2e^{-\frac{i}{n}\ln\frac{R_1}{R_2}}$ 常用 $R\approx R_2-(R_2-R_1)\frac{i}{n}$	$R=R_2-(R_2-R_1)\frac{i}{n}$
	第 i 圈的高度 H	$H=2\pi i\alpha\left[R_2-(R_2-R_1)\frac{i}{2n}\right]$	$H=it$
	自由高度 H_o	$H_o=n_1\pi\alpha(R_2+R_1)$	$H_o=n_1t$
	压并高度 H_b	$H_b=n_1d\sqrt{1-\left(\frac{R_2-R_1}{n_1d}\right)^2}=n_1d'$ $d'=d\sqrt{1-\left(\frac{R_2-R_1}{n_1d}\right)^2}$	
	弹簧材料长度 L	$L=n_1\pi(R_2+R_1)$	
弹簧圈接触前的变形和应力	变形 f	$f=\frac{16Fn}{Gd^4}\left(\frac{R_2^4-R_1^4}{R_2-R_1}\right)$	
	切应力 τ（在最大圈上）	$\tau=K\frac{16R_2}{\pi d^3}F$	
	刚度 F'	$F'=\frac{Gd^4}{16n}\left(\frac{R_2-R_1}{R_2^4-R_1^4}\right)$	
	变形能 U	$U=\frac{\tau^2V}{8G}\left[1-\left(\frac{R_1}{R_2}\right)^2\right]$ 弹簧圈工作体积 $V=\frac{\pi^2d^2}{4}(R_2+R_1)n$	

（续）

参数名称		计算公式	
		等螺旋角 α	等节距 t
开始有弹簧圈接触后的变形和应力	载荷 F 与最大自由圈中半径 R 的关系式	$F=\dfrac{\pi Gd^4}{32R^2}\left(\alpha-\dfrac{d'}{2\pi R}\right)$	$F=\dfrac{Gd^4}{64R^3}(t-d')$
	变形 f	$f=\dfrac{n}{R_2-R_1}\left[\dfrac{16F}{Gd^4}(R^4-R_1^4)+\pi\alpha(R_2^2-R^2)-d'(R_2-R)\right]$	$f=\dfrac{n}{R_2-R_1}\left[\dfrac{16F}{Gd^4}(R^4-R_1^4)+(t-d')(R_2-R)\right]$
	切应力 τ（在最大自由圈上）	$\tau=K\dfrac{16R}{\pi d^3}F$	

注：1. 第 i 圈系指从最大圈数起。

2. 开始有弹簧圈接触时，取最大自由圈中半径 $R=R_2$；完全压并时，取 $R=R_1$。

3. d' 为弹簧并圈后两圈之间的垂直距离。当 $R_2-R_1\geqslant nd$ 时，取 $d'=0$。

【例 14-2】 设计一承受周期性变载荷的截锥螺旋弹簧，最大工作载荷 600N，工作载荷下的刚度 $F'=25\text{N/mm}$。为了防止事故性超载，试验时，压缩到弹簧全部并圈。

解 按等螺旋角和等节距截锥螺旋压缩弹簧同时计算。拟取最大和最小工作圈中半径 $R_2=30\text{mm}$，$R_1=20\text{mm}$。两端各取支承圈 $n_z=1$。材料选用 DM 级碳素弹簧钢丝，设材料直径 $d=6\text{mm}$，由表 2-28 查得其抗拉强度 $\sigma_b=1400\sim1580\text{MPa}$，参照表 10-10 按无限疲劳寿命可得许用应力 $[\tau]=(0.35\sim0.40)\sigma_b=(0.35\sim0.40)\times1400\text{MPa}=490\sim560\text{MPa}$，取 $[\tau]=490\text{MPa}$，试验应力 $\tau_s=0.5\sigma_b=0.5\times1400\text{MPa}=700\text{MPa}$。由表 2-6 查得切变模量 $G=78700\text{MPa}$。

（1）按等螺旋角设计此圆锥螺旋压缩弹簧　取弹簧开始有弹簧圈接触时的载荷 F_z 为最大工作载荷的 85%，则 $F_z=0.85F=0.85\times600\text{N}\approx500\text{N}$。

1）计算弹簧的有效工作圈数，由式（14-21）得

$$n=\frac{Gd^4}{16F'}\left(\frac{R_2-R_1}{R_2^4-R_1^4}\right)=\frac{78700\times6^4}{16\times25}\left(\frac{30-20}{30^4-20^4}\right)=3.99$$

取 $n=4$ 圈。

2）计算螺旋角，由式（14-13）压并时的节距：

$$d'=d\sqrt{1-\left(\frac{R_2-R_1}{nd}\right)^2}=6\sqrt{1-\left(\frac{30-20}{4\times6}\right)^2}\text{mm}=5.45\text{mm}$$

根据式（14-23a）得

$$\alpha=\frac{32R_2^2F_z}{\pi Gd^4}+\frac{d'}{2\pi R_2}=\frac{32\times30^2\times500}{\pi\times78700\times6^4}+\frac{5.45}{2\pi\times30\text{rad}}=0.07312\text{rad}=4°11'$$

3）任意弹簧圈 i 的半径，由式（14-15b）得

$$R_i=R_2-(R_2-R_1)\frac{i}{n}=30-(30-20)\frac{i}{4}=30-2.5i$$

4）从大端工作圈到弹簧圈 i 的高度，由式（14-16）得

$$H_i=2\pi i\alpha\left[R_2-(R_2-R_1)\frac{i}{2n}\right]=2\pi i\times0.07312\times\left(30-2.5\times\frac{i}{2}\right)$$

$$0.4504i(30-1.25i)$$

5）弹簧有效工作圈数的自由高度，由式（14-17）得

$$H'_o=n\pi\alpha(R_2+R_1)=4\pi\times0.07312\times(30+20)\text{mm}=46\text{mm}$$

6）两端各取支承圈 $n_z=1$，则由于支承圈使得圈径的增大和减小：

$$R_2' = R_2 + \frac{n_z d(R_2 - R_1)}{\sqrt{H_o'^2 - (R_2 - R_1)^2}} = \left(30 + \frac{1 \times 6 \times (30 - 20)}{\sqrt{46^2 - (30 - 20)^2}}\right)\text{mm} = 31.3\text{mm}$$

$$R_1' = R_1 - \frac{n_z d(R_2 - R_1)}{\sqrt{H_o'^2 - (R_2 - R_1)^2}} = \left(20 - \frac{1 \times 6 \times (30 - 20)}{\sqrt{46^2 - (30 - 20)^2}}\right)\text{mm} = 18.7\text{mm}$$

7）弹簧钢丝的展开长度，由式（14-18）得

$$L \approx \pi n_1 (R_2' + R_1') = \pi(4 + 2)(31.3 + 18.7)\text{mm} = 942.5\text{mm}$$

8）根据式（14-23a）得载荷计算式：

$$F_i = \frac{\pi G d^4}{32 R_i^2}\left(\alpha - \frac{d'}{2\pi R_i}\right) = \frac{\pi \times 78700 \times 6^4}{32 R_i^2}\left(0.07312 - \frac{5.45}{2\pi R_i}\right)$$

$$= \frac{1.018 \times 10^7}{R_i^2}\left(0.07312 - \frac{0.8674}{R_i}\right)$$

9）根据式（14-26a）得变形计算式：

$$f_i = \frac{n}{R_2 - R_1}\left[\frac{16F_i}{Gd^4}(R_i^4 - R_1^4) + \pi\alpha(R_2^2 - R_i^2) - d'(R_2 - R_i)\right]$$

$$= \frac{4}{30 - 20}\left[\frac{16F_i}{78700 \times 6^4}(R_i^4 - 20^4) + 0.07312\pi(30^2 - R_i^2) - 5.45 \times (30 - R_i)\right]$$

$$= 6.173 \times 10^{-8}(R_i^4 - 16 \times 10^4)F_i - 9.188 \times 10^{-2} R_i^2 + 2.18 R_i + 17.3$$

10）根据式（14-27）得切应力计算式：

$$\tau_i = K\frac{16R_i}{\pi d^3}F_i = 0.02358 K R_i F_i$$

由以上所列表达式，可计算出弹簧的几何尺寸（图 14-8a）、载荷和变形以及载荷和应力关系（图 14-8b）。

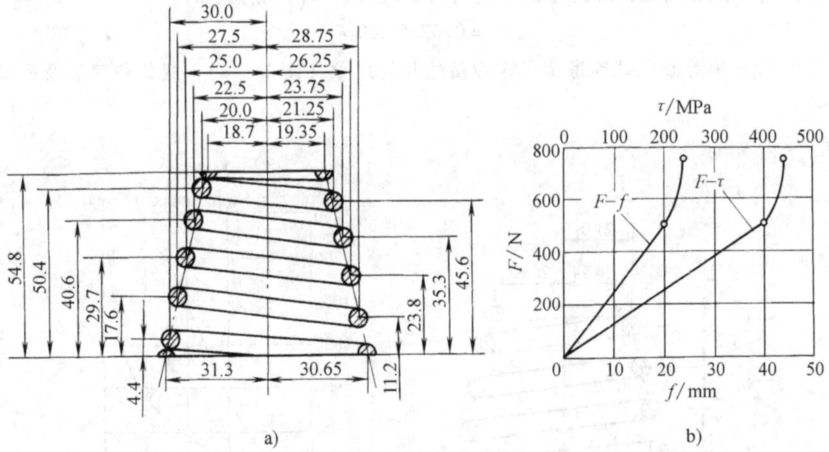

图 14-8　例 14-2 等螺旋角截锥螺旋压缩弹簧几何尺寸及特性线图

a）几何尺寸　b）载荷和变形、载荷和应力关系曲线

11）强度验算，取 $R_i = R_2$ 时，即弹簧开始接触时，$C = \frac{2R_2}{d} = \frac{60}{6} = 10$，查图 10-4，得 $K = 1.145$，$F_z = 500\text{N}$，得变形和切应力为

$$f_z = 6.173 \times 10^{-8}(R_2^4 - 16 \times 10^4)F_z - 9.188 \times 10^{-2} R_2^2 + 2.18 R_2 + 17.3$$

$$= [6.173 \times 10^{-8}(30^4 - 16 \times 10^4)500 - 9.188 \times 10^{-2} \times 30^2 + 2.18 \times 30 + 17.3]\text{mm}$$

$$= 20.1\text{mm}$$

$$\tau = 0.02358 \times 1.145 \times 500 \times 30\text{MPa} = 405\text{MPa}$$

取 $R_i=R_1$ 时，即弹簧完全压并时，$C=\dfrac{2R_1}{d}=\dfrac{40}{6}=6.6$，$K=1.227$，其载荷、变形和切应力为

$$F_b=\frac{1.018\times10^7}{20^2}\times\left(0.07312-\frac{0.8674}{20}\right)\text{N}=757\text{N}$$

$$\begin{aligned}f_b&=6.173\times10^{-8}(R_1^4-16\times10^4)F_b-9.188\times10^{-2}R_1^2+2.18R_1+17.3\\&=[6.173\times10^{-8}(20^4-16\times10^4)\times757-9.188\times10^{-2}\times20^2+2.18\times20+17.3]\text{mm}\\&=24.1\text{mm}\end{aligned}$$

$$\tau=0.02358\times1.227\times757\times20\text{MPa}=438\text{MPa}$$

因弹簧完全压并时的切应力 $\tau<\tau_s$，另外，从图14-8b的 F-τ 曲线上可以看到，最大工作载荷 $F=600$N 时，对应的切应力 $\tau=430$MPa，小于许用应力 $[\tau]=490$MPa，所以，强度基本满足要求。

（2）按等节距设计此截锥螺旋压缩弹簧　取节距 $t=11.5$mm，其 n、d'、H_i、R_i、R_2'、R_1' 和 L 值均与等螺旋角截锥螺旋压缩弹簧相同，不再计算。

1）由式（14-28a）得载荷计算式：

$$F_i=\frac{Gd^4}{64R_i^3}(t-d')=\frac{78700\times6^4}{64R_i^3}(11.5-5.45)=\frac{9.8\times10^6}{R_i^3}$$

2）由式（14-29a）得变形计算式：

$$\begin{aligned}f_i&=\frac{n}{R_2-R_1}\left[\frac{16F_i}{Gd^4}(R_i^4-R_1^4)+(t-d')(R_2-R_i)\right]\\&=\frac{4}{30-20}\left[\frac{16F_i}{78700\times6^4}(R_i^4-20^4)+(11.5-5.45)(30-R_i)\right]\\&=6.173\times10^{-8}\times(R_i^4-16\times10^4)F_i-2.42R_i+72.6\end{aligned}$$

3）切应力 τ_i 与等螺旋角截锥螺旋压缩弹簧的关系式（14-27）相同，即

$$\tau_i=0.02358KR_iF_i$$

由上列关系式，可计算出等节距截锥螺旋压缩弹簧的几何尺寸（图14-9a），载荷和变形及载荷和应力关系曲线（图14-9b）。

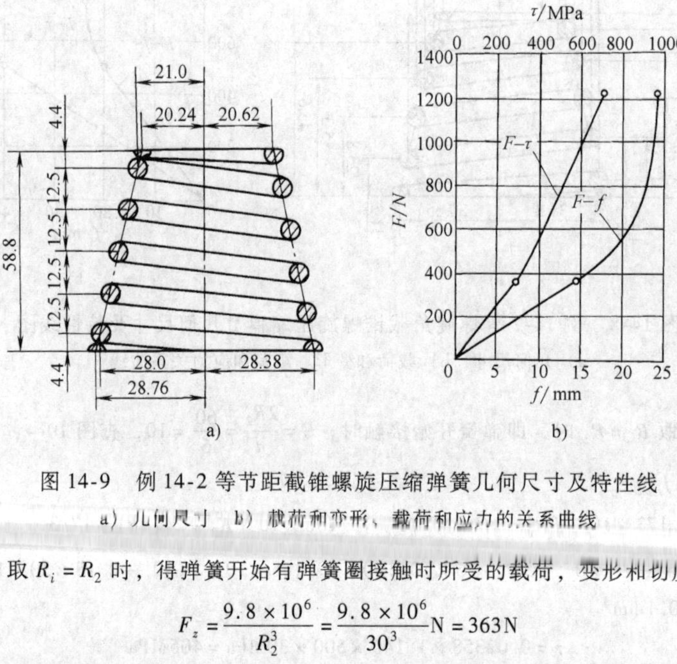

a)　　b)

图14-9　例14-2等节距截锥螺旋压缩弹簧几何尺寸及特性线

a）几何尺寸　b）载荷和变形、载荷和应力的关系曲线

4）强度验算，取 $R_i=R_2$ 时，得弹簧开始有弹簧圈接触时所受的载荷，变形和切应力

$$F_z=\frac{9.8\times10^6}{R_2^3}=\frac{9.8\times10^6}{30^3}\text{N}=363\text{N}$$

$$
\begin{aligned}
f_z &= 6.173\times10^{-8}\times(R_2^4-16\times10^4)F_z-2.42R_2+72.6\\
&=[6.173\times10^{-8}\times(30^4-16\times10^4)\times363-2.42\times30+72.6]\mathrm{mm}\\
&=14.6\mathrm{mm}
\end{aligned}
$$

$$\tau=0.02358KF_zR_2=0.02358\times1.145\times363\times30\mathrm{MPa}=294\mathrm{MPa}$$

取 $R_i=R_1$ 时，得弹簧圈完全压并时所受的载荷、变形和切应力

$$F_b=\frac{9.8\times10^6}{R_1^3}=\frac{9.8\times10^6}{20^3}\mathrm{N}=1225\mathrm{N}$$

$$
\begin{aligned}
f_b &= 6.173\times10^{-8}\times(R_1^4-16\times10^4)F_b-2.42R_1+72.6\\
&=[6.173\times10^{-8}\times(20^4-16\times10^4)\times1225-2.42\times20+72.6]\mathrm{mm}\\
&=24.2\mathrm{mm}
\end{aligned}
$$

$$\tau=0.02358KR_1F_b=0.02358\times1.227\times20\times1225\mathrm{MPa}=709\mathrm{MPa}$$

因弹簧圈完全压并时的切应力 $\tau\approx\tau_s$，另外，从图 14-9b 的 F-τ 曲线上可以看出，最大工作载荷 $F=600\mathrm{N}$ 时，对应的切应力 $\tau=420\mathrm{MPa}$，小于许用应力 $[\tau]=490\mathrm{MPa}$，所以，强度基本上满足要求。

3 中凹和中凸形螺旋弹簧[10]

中凹形（图 14-10a）和中凸形（图 14-10b）螺旋弹簧的特性与截锥螺旋弹簧相类似。中凹形螺旋弹簧主要用作坐垫弹簧；中凸形螺旋弹簧可代替截锥或不等节距圆柱螺旋弹簧，如气门弹簧。下面主要介绍中凹形螺旋弹簧的设计计算。

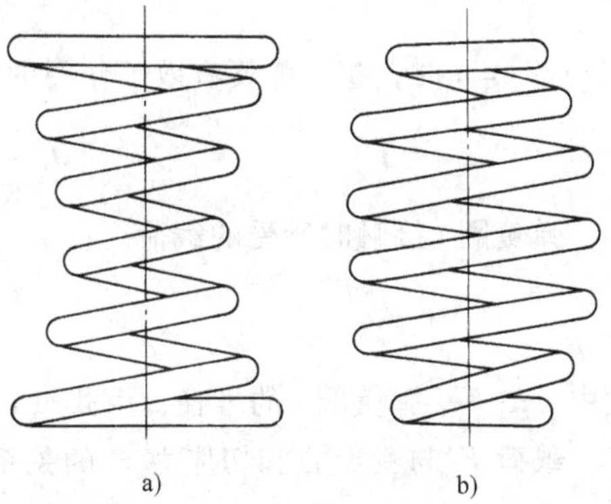

图 14-10 中凹形和中凸形螺旋弹簧

a）中凹形螺旋弹簧 b）中凸形螺旋弹簧

中凹形螺旋弹簧除有等螺旋角的（图14-11a）和等节距的（图 14-11b）之外，尚有等应力的（图 14-11c）。如以 R_2 为最大弹簧圈半径、R_1 为中间最小弹簧圈半径，与截锥螺旋弹簧相类似，可推导出从端部数起，弹簧圈 i 的半径 R_i 为

$$R_i=R_1+(R_2-R_1)\left(1-\frac{2i}{n}\right)^2 \quad (14\text{-}30)$$

在开始有弹簧圈接触前，载荷 F 与变形 f 和切应力 τ 的关系为

$$f=\frac{64nF}{35Gd^4}[5(R_2-R_1)^3+21R_1(R_2-R_1)^2+35R_2R_1^2] \quad (14\text{-}31)$$

$$\tau=K\frac{16FR_2}{\pi d^3} \quad (14\text{-}32)$$

式中 K——曲度系数，根据旋绕比 $C=2R_2/d$，用式（10-19）计算或查图 10-4。

中凹形螺旋弹簧在载荷作用下的压并情况比较复杂，有的弹簧圈是与支承座的平面接触；有的是弹簧圈与圈之间接触。弹簧圈与圈接触的情况多发生在靠近弹簧中间部分的弹簧圈，而且是在整个弹簧接近完全压并时才出现。所以，为了简化计算，弹簧在压并时，都看作是弹簧圈与支承座的平面接触。在开始有弹簧圈接触后的计算，与截锥螺旋弹簧一样，等螺旋角的与等节距的是不相同的，另外和等应力也不相同。下面分别介绍它们的设计计算式。

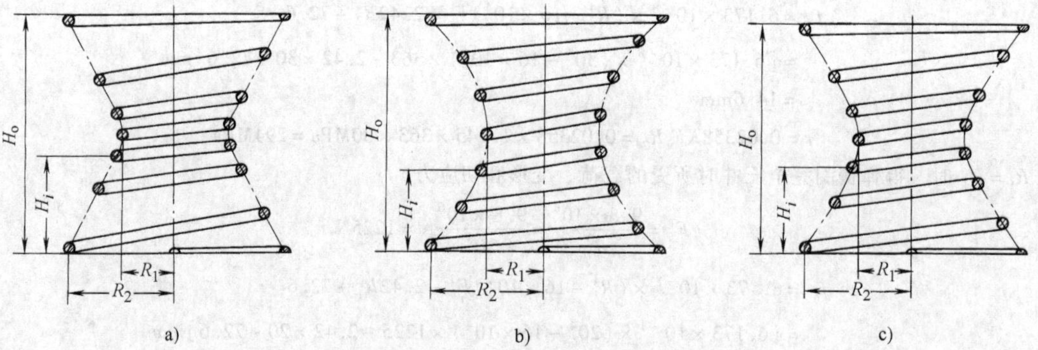

图 14-11　中凹形螺旋弹簧的类型
a）等螺旋角型　b）等节距型　c）等应力型

3.1　等螺旋角中凹形螺旋弹簧开始有弹簧圈接触后的变形与强度计算

从任一端到弹簧圈 i 的自由高度

$$H_i = 2\pi\alpha\left\{\frac{n}{6}(R_2 - R_1)\left[1 - \left(1 - \frac{2i}{n}\right)^3\right] + R_1 i\right\} \tag{14-33}$$

当 $i = n$ 时，整个弹簧有效工作圈的自由高度为

$$H_o = \frac{2n\pi\alpha}{3}(R_2 + 2R_1) \tag{14-34}$$

弹簧圈 i 接触时所受的载荷

$$F_i = \frac{\pi G d^4 \alpha}{32 R_i^2} \tag{14-35}$$

式中　R_i——弹簧圈 i 的半径，由式（14-30）计算。

载荷 F_i 与变形 f_i 和切应力 τ_i 的关系

$$f_i = \frac{64nF_i}{35Gd^4}\left(\frac{R_i - R_1}{R_2 - R_1}\right)^{1/2}\left[5(R_i - R_1)^3 + 21R_1(R_i - R_1)^2 + 35R_iR_1^2\right] + 2H_i \tag{14-36}$$

$$\tau_i = K\frac{16F_iR_i}{\pi d^3} \tag{14-37}$$

式中　K——曲度系数，根据 $C = 2R_i/d$，用式（10-19）计算或由图 10-4 查取。

3.2　等节距中凹形螺旋弹簧开始有弹簧圈接触后的变形与强度计算

从任一端到弹簧圈 i 的自由高度：

$$H_i = it \tag{14-38}$$

当 $i = n$ 时，整个弹簧有效工作圈的自由高度：

$$H_o = nt \tag{14-39}$$

弹簧圈 i 接触时所受的载荷：

$$F_i = \frac{Gd^4 t}{64R_i^3} \tag{14-40}$$

式中　t——节距。

载荷 F_i 与变形 f_i 的关系

$$f_i = \frac{64nF_i}{35Gd^4}\left(\frac{R_i - R_1}{R_2 - R_1}\right)^{1/2}[5(R_i - R_1)^3 + 21R_1(R_i - R_1)^2 + 35R_iR_1^2] +$$

$$nt\left[1 - \left(\frac{R_i - R_1}{R_2 - R_1}\right)^{1/2}\right] \tag{14-41}$$

载荷 F_i 与切应力 τ_i 的关系与等螺旋角相同，见式（14-37）。

3.3 等应力中凹形螺旋弹簧开始有弹簧圈接触后的变形与强度计算

由式（14-37）可以看出，略去曲度系数 K，如 R_iF_i 保持不变为常数，则弹簧圈开始接触后沿弹簧材料长度各处的应力也就保持为常数。为了能得到这样的关系，由式（14-35）可知，任意弹簧圈的螺旋角 α_i 和弹簧圈半径 R_i 应有如下关系：

$$\alpha_i = \alpha_2 \frac{R_i}{R_2} \tag{14-42}$$

式中 α_2 和 R_2——最大工作弹簧圈的螺旋角和半径。

从端部工作圈到弹簧圈 i 的自由高度：

$$H_i = \frac{H_o}{2} - \frac{n\pi\alpha_2}{15R_2}\left(\frac{R_i - R_1}{R_2 - R_1}\right)^{1/2}[3(R_i - R_1)^2 + 10R_1(R_i - R_1) + 15R_1^2] \tag{14-43}$$

当 $R_i = R_2$ 时，则整个弹簧有效工作圈的自由高度：

$$H_o = \frac{2n\pi\alpha_2}{15R_2}[3(R_2 - R_1)^2 + 10R_1(R_2 - R_1) + 15R_1^2] \tag{14-44}$$

弹簧圈 i 接触时弹簧所受的载荷：

$$F_i = \frac{\pi Gd^4\alpha_2}{32R_2R_i} \tag{14-45}$$

载荷 F_i 与变形 f_i 的关系：

$$f_i = \frac{64nF_i}{35Gd^4}\left(\frac{R_i - R_1}{R_2 - R_1}\right)^{1/2}[5(R_i - R_1)^3 + 21R_1(R_i - R_1)^2 + 35R_iR_1^2] + 2H_i \tag{14-46}$$

载荷 F_i 与切应力 τ_i 的计算式见式（14-37）。

对于中凸形螺旋弹簧，如以 R_1 为两端最小工作弹簧圈的半径，R_2 为中间最大弹簧圈的半径，从端部工作圈数起的弹簧圈 i 的半径 R_i 为

$$R_i = R_2 - (R_2 - R_1)\left(1 - \frac{2i}{n}\right)^2 \tag{14-47}$$

中凸形螺旋弹簧的压并过程与中凹形和截锥螺旋弹簧不一样，不是从两端的弹簧圈开始接触，而是从接近中间的弹簧圈先开始接触。所以，压并过程比较复杂。这里将只给出开始有弹簧圈接触前的载荷与变形关系式，供设计时参考。

$$f = \frac{64nF}{35Gd^4}[-5(R_2 - R_1)^3 + 21R_2(R_2 - R_1)^2 + 35R_2^2R_1] \tag{14-48}$$

4 截锥涡卷螺旋弹簧[9]

图 14-12 所示为截锥涡卷螺旋弹簧及其特性线，其特性线（图 14-12b）与截锥螺旋弹簧的特性线相似。这种弹簧能承受较大的载荷，能吸收较大的变形能，所以，结构紧凑。但这种弹簧的制造工艺较一般弹簧复杂，成本高，且由于弹簧圈之间的间隙小，热处理比较困

难，也不能进行抛丸处理。故除某些重型机械上因工作载荷变化范围大、振动冲击较强、而安装空间又受限制的减震装置上选用这种弹簧外，一般都不推荐选用。

截锥涡卷螺旋弹簧也有等螺旋角、等节距和等应力三种。如图 14-12a 以 R_2 为大端工作弹簧圈半径，R_1 为小端工作弹簧圈半径，则从大端工作圈数起的任意弹簧圈 i 的半径为

$$R_i = R_2 - (R_2 - R_1)\frac{i}{n} \tag{14-49}$$

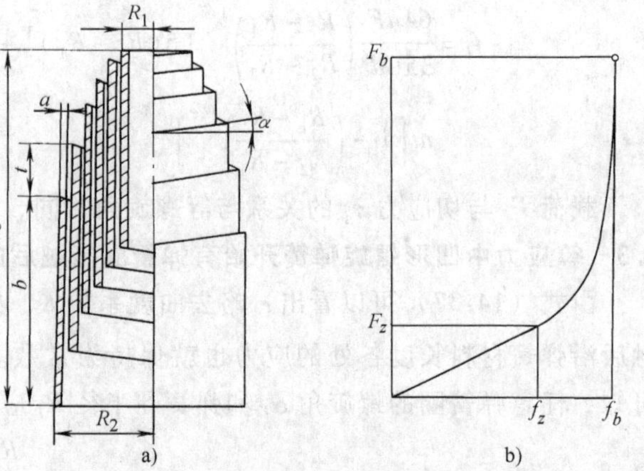

图 14-12 截锥涡卷螺旋弹簧及其特性线

在开始有弹簧圈接触前，载荷 F 与变形 f 和切应力 τ 的关系为

$$f = \frac{\pi n F}{2k_1 G b a^3}\left(\frac{R_2^4 - R_1^4}{R_2 - R_1}\right) \tag{14-50}$$

$$\tau = K'\frac{FR_2}{k_2 b a^2} \tag{14-51}$$

$$K' = 1 + \frac{a}{2R_2} \tag{14-52}$$

弹簧的刚度为

$$F' = \frac{2k_1 G b a^3}{n\pi}\left(\frac{R_2 - R_1}{R_2^4 - R_1^4}\right) \tag{14-53}$$

弹簧的变形能为

$$U = \frac{k_2^2 \tau^2 V}{4k_1 G}\left[1 + \left(\frac{R_1}{R_2}\right)^2\right] \tag{14-54}$$

式中 V——弹簧工作圈的材料体积；

K'——曲度系数；

k_1 和 k_2——系数，其值可查表 15-1；

a——弹簧材料的厚度；

b——弹簧材料的宽度。

在开始有弹簧圈接触以后，由于等螺旋角、等节距和等应力三种截锥涡卷弹簧的应力和变形情况不相同，下面分别给出它们的设计计算式。

4.1 等螺旋角截锥涡卷螺旋弹簧开始有弹簧圈接触后的变形与强度计算

从大端数起到弹簧圈 i 的自由高度：

$$H_i = n\pi\alpha\left(\frac{R_2^2 - R_i^2}{R_2 - R_1}\right) + b \tag{14-55}$$

式中，R_i 为弹簧圈 i 的半径，可由式（14-49）计算。如 $R_i = R_1$，则得弹簧工作圈的自由高度：

$$H_o = n\pi\alpha(R_2 + R_1) + b \tag{14-56}$$

弹簧圈 i 接触时所受的载荷：

$$F_i = \frac{k_1 G b a^3 \alpha}{R_i^2} \tag{14-57}$$

从上式可得螺旋角的计算式：

$$\alpha = \frac{F_i R_i^2}{k_1 G b a^3} \tag{14-58}$$

载荷 F_i 与变形 f_i、切应力 τ_i 的关系为

$$f_i = \frac{n\pi}{R_2 - R_1}\left[(R_2^2 - R_i^2)\alpha + \left(\frac{R_i^4 - R_1^4}{2k_1 G b a^3}\right)F_i\right] \tag{14-59}$$

$$\tau_i = K'\frac{F_i R_i}{k_2 b a^2} \tag{14-60}$$

4.2　等节距截锥涡卷螺旋弹簧开始有弹簧圈接触后的变形与强度计算

从大端数起到弹簧圈 i 的自由高度：

$$H_i = nt\left(\frac{R_2 - R_i}{R_2 - R_1}\right) + b \tag{14-61}$$

如 $R_i = R_1$，则得弹簧工作圈的自由高度：

$$H_o = nt + b \tag{14-62}$$

弹簧圈 i 的螺旋角：

$$\alpha_i = \frac{t}{2\pi R_i} \tag{14-63}$$

弹簧圈 i 接触时所受的载荷：

$$F_i = \frac{k_1 G b a^3 t}{2\pi R_i^3} \tag{14-64}$$

载荷 F_i 与变形 f_i 的关系：

$$f_i = \frac{n\pi}{R_2 - R_1}\left[(R_2 - R_i)\frac{t}{\pi} + \left(\frac{R_i^4 - R_1^4}{2k_1 G b a^3}\right)F_i\right] \tag{14-65}$$

载荷 F_i 和切应力 τ_i 的关系与等螺旋角截锥涡卷螺旋弹簧的相同，见式（14-60）。

4.3　等应力截锥涡卷螺旋弹簧开始有弹簧圈接触后的变形与强度计算

与等应力中凹形螺旋弹簧相似，等应力的条件应是任意弹簧圈 i 的螺旋角 α_i 与半径 R_i 的关系为

$$\alpha_i = \alpha_2 \frac{R_i}{R_2} \tag{14-66}$$

从大端到弹簧圈 i 的自由高度：

$$H_i = \frac{2n\pi\alpha_2}{3R_2}\left(\frac{R_2^3 - R_i^3}{R_2 - R_1}\right) + b \tag{14-67}$$

如 $R_i = R_1$，则得弹簧工作圈的自由高度：

$$H_o = \frac{2n\pi\alpha_2}{3R_2}[(R_2 + R_1)^2 - R_2 R_1] + b \tag{14-68}$$

弹簧圈 i 接触时所受的载荷：

$$F_i = \frac{k_1 Gba^3 \alpha_2}{R_2 R_i} \tag{14-69}$$

载荷 F_i 和变形 f_i 的关系：

$$f_i = \frac{n\pi}{R_2 - R_1}\left[\frac{2\alpha_2}{3R_2}(R_2^3 - R_i^3) + \left(\frac{R_i^4 - R_1^4}{2k_1 Gba^3}\right)F_i\right] \tag{14-70}$$

截锥涡卷螺旋弹簧实际是矩形截面材料的截锥螺旋弹簧的一种特殊情况，所以，以上的计算公式，也适用于 $R_2 - R_1 \geqslant na$ 的矩形截面材料的截锥螺旋弹簧。但矩形截面材料的截锥螺旋弹簧一般不按等应力要求设计。

截锥涡卷螺旋弹簧一般采用热卷成形，小型的也可冷卷。材料多用热轧硅锰弹簧钢板，也可用铬钒钢，在不太重要的地方还可用碳素弹簧钢或锰弹簧钢。坯料两端应加热辗薄，如无条件，也可以刨削。热卷时，要用特制的心棒在卷簧机上成形，手工卷制难以保证间隙，质量差。因弹簧间隙小，在油淬火时，最好采用热风循环炉加热、延长保温时间以及喷油冷却等措施来保证质量。

当上述材料经热处理后的硬度达到≥47HRC 时，则其许用应力可根据如下情况选取：所受载荷为压缩的静载荷或变载荷作用次数很少时，取 $[\tau] = 1330\text{MPa}$；当变载荷作用次数较多时，取 $[\tau] = 770\text{MPa}$；作为悬架使用时，取 $[\tau] = 1120\text{MPa}$；当所受载荷为压缩和拉伸的交变载荷时，取 $[\tau] = 380\text{MPa}$。

4.4 截锥涡卷螺旋弹簧变形和强度计算公式

截锥涡卷螺旋弹簧变形和强度计算公式汇总于表 14-3。

表 14-3 涡卷螺旋弹簧计算公式

参数名称		计算公式		
		等螺旋角	等节距	等应力
几何尺寸	展角 θ 处或第 i 圈的中半径 R	$R = R_2 - (R_2 - R_1)\frac{\theta}{2n\pi} = R_2 - (R_2 - R_1)\frac{i}{n}$		
	中半径 R 处的高度 H	$H = n\pi\alpha\left(\frac{R_2^2 - R^2}{R_2 - R_1}\right) + b$	$H = nt\left(\frac{R_2 - R}{R_2 - R_1}\right) + b$	$H = \frac{2n\pi\alpha_2}{3R_2}\left(\frac{R_2^3 - R^3}{R_2 - R_1}\right) + b$
	自由高度 H_o	$H_o = n\pi\alpha(R_2 + R_1) + b$	$H_o = nt + b$	$H_o = \frac{2n\pi\alpha_2}{3R_2}[(R_2 + R_1)^2 - R_2 R_1] + b$
	到中半径 R 处的展开长度 L	$L = n\pi\left(\frac{R_2^2 - R^2}{R_2 - R_1}\right)$		
弹簧圈接触前的变形和应力	变形 f	$f = \frac{n\pi F}{2k_2 Gba^3}\left(\frac{R_2^4 - R_1^4}{R_2 - R_1}\right)$		
	切应力 τ（在最大圈上）	$\tau = K'\frac{FR_2}{k_3 ba^2}$		
	刚度 F'	$F' = \frac{2k_2 Gba^3}{n\pi}\left(\frac{R_2 - R_1}{R_2^4 - R_1^4}\right)$		
	变形能 U	$U = \frac{k_3^2 \tau^2 V}{4k_2 G}\left[1 + \left(\frac{R_1}{R_2}\right)^2\right]$		

（续）

参数名称		计算公式		
		等螺旋角	等节距	等应力
开始有弹簧圈接触后的变形和应力	载荷 F 与最大自由圈中半径 R 的关系式	$F=\frac{k_2Gba^3\alpha}{R^2}$	$F=\frac{k_2Gba^3t}{2\pi R^3}$	$F=\frac{k_2Gba^3\alpha_2}{R_2R}$
	变形 f	$f=\frac{n\pi}{R_2-R_1}\left[(R_2^2-R^2)\alpha+\left(\frac{R^4-R_1^4}{2k_2Gba^3}\right)F\right]$	$f=\frac{n\pi}{R_2-R_1}\left[(R_2-R)\frac{t}{\pi}+\left(\frac{R^4-R_1^4}{2k_2Gba^3}\right)F\right]$	$f=\frac{n\pi}{R_2-R_1}\left[\frac{2\alpha_2}{3R_2}(R_2^3-R^3)+\left(\frac{R^4-R_1^4}{2k_2Gba^3}\right)F\right]$
	切应力 τ（在最大自由圈上）	$\tau=K'\frac{PR}{k_3ba^2}$		

注：1. 展角 θ 和最大自由圈中半径 R 处的高度 H 均从最大圈算起。

2. 开始有弹簧圈接触时，最大自由圈中半径 $R=R_2$；完全压并时，取 $R=R_1$。

3. α_2 为最大圈中半径 R_2 处的螺旋角。

4. 系数 k_2 和 k_3 见表 15-1。

5. 曲度系数取 $K'=1+\frac{\alpha}{2R}$。

下面举例说明截锥涡卷螺旋弹簧的设计步骤。

【例 14-3】 设计一截锥涡卷螺旋弹簧。设计要求为：最大工作圈半径 $R_2=43$mm，最小工作圈半径 $R_1=14$mm，弹簧板材料宽度 $b=28$mm，厚度 $a=4$mm；在开始有弹簧圈接触前，要求弹簧的刚度 $F'=48$N/mm，弹簧所受最大工作载荷 $F=1450$N，两端各有 3/4 圈支承圈。

解 选取弹簧材料为 60Si2MnA 扁钢，热处理后硬度 47HRC≥，取许用应力 $[\tau]=770$MPa，取试验应力 $\tau_s=1.2[\tau]=1.2\times770=924$MPa。

根据 $b/a=28/4=7$，在表 15-1 中查得 $k_1=k_2=0.3033$。

（1）按等螺旋角截锥涡卷螺旋弹簧设计　取开始有弹簧圈接触时的载荷 $F_z=0.85F=0.85\times1450\text{N}=1260\text{N}$。

1）弹簧的工作圈数由式（14-53）可得

$$n=\frac{2k_1Gba^3}{\pi F'}\left(\frac{R_2-R_1}{R_2^4-R_1^4}\right)=\frac{2\times0.3033\times78700\times28\times4^3}{\pi\times48}\left(\frac{43-14}{43^4-14^4}\right)\text{圈}=4.9\text{ 圈}$$

取 $n=5$ 圈。

2）弹簧的螺旋角由式（14-58）可得

$$\alpha=\frac{F_zR_2^2}{k_1Gba^3}=\frac{126\times43^2}{0.3033\times78700\times28\times4^3}\text{rad}=0.05358\text{rad}=3°4'$$

3）弹簧圈 i 的半径由式（14-49）可得

$$R_i=R_2-(R_2-R_1)\frac{i}{n}=43-(43-14)\frac{i}{5}=43-5.8i$$

4）从大端到弹簧圈 i 的自由高度由式（14-55）可得

$$H_i=n\pi\alpha\left(\frac{R_2^2-R_i^2}{R_2-R_1}\right)+b=5\pi\times0.05358\left[\frac{43^2-(43-5.8i)^2}{43-14}\right]+28$$

$$=0.3367i(43-2.9i)+28$$

5）弹簧扁钢的长度由式（14-55）计算，取 $\sin\alpha\approx\alpha$，可得由大端到弹簧圈 i 的有效工作圈的扁钢的长度：

$$l_i=\frac{H_i-b}{\sin\alpha}=n\pi\left(\frac{R_2^2-R_i^2}{R_2-R_1}\right)=5\pi\left[\frac{43^2-(43-5.8i)^2}{43-14}\right]=6.283i(43-2.9i)$$

由于要求两端各有支承圈 $n_z = 3/4$ 圈，取大端支承圈的最大外半径 $R'_2 = 45\text{mm}$，小端支承圈的最小内半径 $R'_1 = 12$，则可得两端支承圈的扁钢长度：

$$l'_2 = n_z \pi (R'_2 + R_2) = \frac{3\pi}{4}(45 + 43)\,\text{mm} = 207.3\text{mm}$$

$$l'_1 = n_z \pi (R'_1 + R_1) = \frac{3\pi}{4}(14 + 12)\,\text{mm} = 61.3\text{mm}$$

6）弹簧圈 i 开始接触时弹簧所受的载荷由式（14-57）可得

$$F_i = \frac{k_1 Gba^3 \alpha}{R_i^2} = \frac{0.3033 \times 78700 \times 28 \times 4^3 \times 0.05358}{R_i^2} = \frac{2.330 \times 10^6}{R_i^2}$$

7）弹簧圈 i 开始接触后弹簧的变形由式（14-59）可得

$$f_i = \frac{n\pi}{R_2 - R_1}\left[(R_2^2 - R_i^2)\alpha + \left(\frac{R_i^4 - R_1^4}{2k_1 Gba^3}\right)F_i\right] = \frac{5\pi}{43 - 14}\left[(43^2 - R_i^2)0.05358\right.$$

$$\left. + \left(\frac{R_i^4 - 14^4}{2 \times 0.3033 \times 78700 \times 28 \times 4^3}\right)F_i\right]$$

$$= 2.9 \times 10^{-2}(1.849 \times 10^3 - R_i^2) + 6.229 \times 10^{-9}(R_i^4 - 3.8416 \times 10^4)F_i$$

8）弹簧圈 i 开始接触后弹簧圈 i 的应力由式（14-52）和式（14-60）可得

$$K' = 1 + \frac{a}{2R_i} = 1 + \frac{2}{R_i} = 1 + \frac{2}{(43 - 5.8i)}$$

$$\tau_i = K' \frac{R_i}{k_2 ba^2} F_i = \left(1 + \frac{2}{R_i}\right)\frac{R_i}{0.3033 \times 28 \times 4^2} F_i = 7.36 \times 10^{-3}\left(1 + \frac{2}{R_i}\right) R_i F_i$$

依据上列各式计算所得等螺旋角截锥涡卷螺旋弹簧的主要几何尺寸、特性和切应力列于表 14-4。

根据表 14-4 所列数值绘制的等螺旋角截锥涡卷螺旋弹簧的几何形状如图 14-13a 所示，和材料尺寸如图 14-13b 所示，弹簧的特性线和载荷 F 与应力 τ 的关系曲线如图 14-13c 所示。

表 14-4 按等螺旋角截锥涡卷螺旋弹簧设计所得弹簧的主要几何尺寸、特性和切应力

并圈圈序 i	对应圈的半径 R_i/mm	从大圈到对应圈的自由高度 H_i/mm	从大圈到对应圈的材料长度 l_i/mm	对应圈接触时弹簧所受的载荷 F_i/N	对应圈接触时弹簧的变形 f_i/mm	对应圈接触时的应力 τ_i/MPa
0	43.0	28	0	1260	26.5	417
0.5	40.1	35	130.5			
1.0	37.2	41.5	251.9	1684	33.2	486
1.5	34.3	47.5	364.3	达到最大负荷 1450 要求		小于许用应力 770
2.0	31.4	53.1	462.1	2363	38.8	580
2.5	28.5	58.1	561.6			
3.0	25.6	62.7	646.6	3555	43.3	722
3.5	22.7	66.7	722.5			
4.0	19.8	70.3	789.3	5943	46.6	954
4.5	16.9	73.4	846.9			超出试验应力 924
5.0	14.0	76	895.4	11890	48.0	1400

（2）按等节距截锥涡卷螺旋弹簧设计 取节距 $t = 9.6\text{mm}$

主要几何参数：工作圈数 n，各弹簧圈的半径 R_i、大端支承圈的最大外半径 R'_2 和材料长度 l'_2、小端支承圈的最小内半径 R'_1 和材料长度 l'_1、弹簧工作圈材料的长度 l 等与等螺旋角截锥涡卷螺旋弹簧的计算方法和结果相同，不再重复计算。

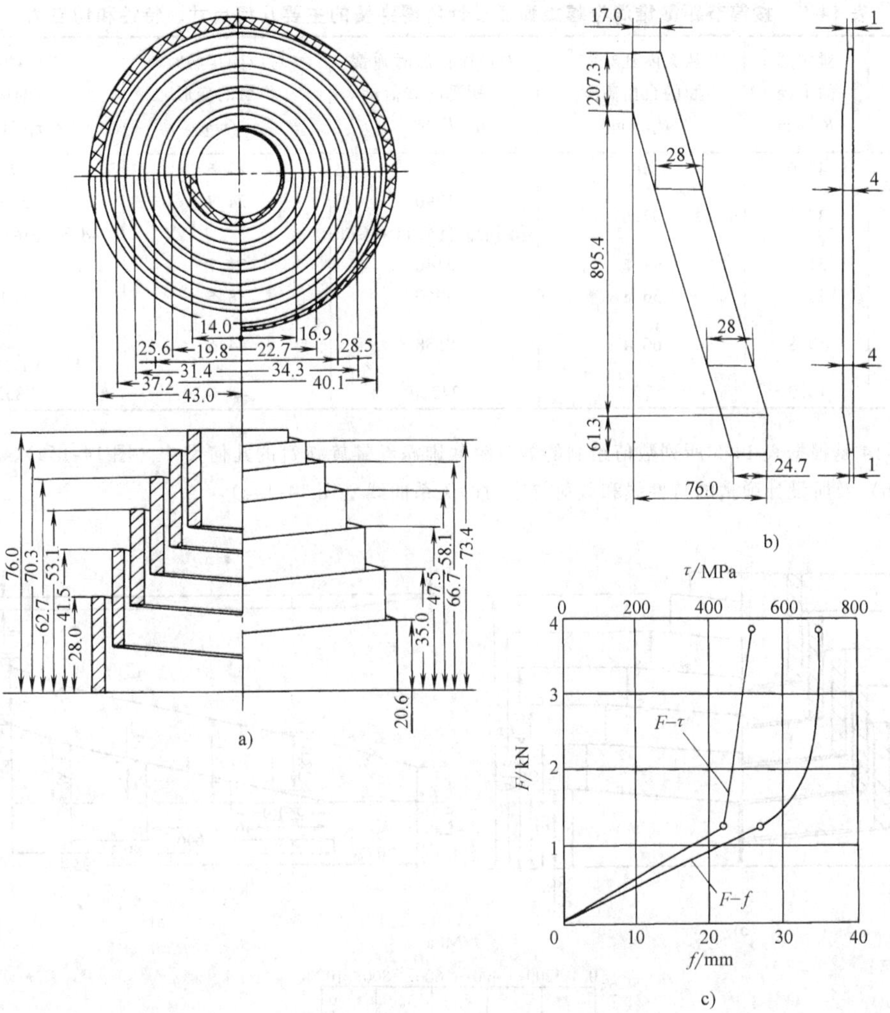

图 14-13 ［例 14-3］按等螺旋角设计截锥涡卷螺旋弹簧及特性线

a）几何尺寸　b）材料尺寸　c）特性线

1）从大端到弹簧圈 i 的自由高度由式（14-61）可得

$$H_i = nt\left(\frac{R_2 - R_i}{R_2 - R_1}\right) + b = 9.6i + 28$$

2）弹簧圈 i 开始接触时弹簧所受的载荷由式（14-64）可得

$$F_i = \frac{k_1 Gba^3 t}{2\pi R_i^3} = \frac{6.643 \times 10^7}{R_i^3}$$

3）弹簧圈 i 接触后弹簧的变形由式（14-65）可得

$$f_i = \frac{n\pi}{R_2 - R_1}\left[(R_2 - R_i)\frac{t}{\pi} + \left(\frac{R_i^4 - R_1^4}{2k_1 Gba^3}\right)F_i\right] = 9.6i + 6.229 \times 10^{-9}(R_i^4 - 3.8416 \times 10^4)F_i$$

4）弹簧圈 i 接触后的应力与等螺旋角截锥涡卷螺旋弹簧的相同，其值为

$$\tau_i = 7.36 \times 10^{-3}\left(1 + \frac{2}{R_i}\right)R_i F_i$$

依据上列各式计算所得等节距截锥涡卷螺旋弹簧的主要几何尺寸、特性和切应力等列于表 14-5。

表 14-5 按等节距截锥涡卷螺旋弹簧设计所得弹簧的主要几何尺寸、特性和切应力

并圈圈序 i	对应圈的半径 R_i/mm	从大圈到对应圈的自由高度 H_i/mm	对应圈接触时弹簧所受的载荷 F_i/N	对应圈接触时弹簧的变形 f_i/mm	对应圈接触时的应力 τ_i/MPa
0	43.0	28	836	17.6	277
1	37.2	37.6	1290 达到最大负荷 1450 要求	24.7	373 小于许用应力 770
2	31.4	47.2	2146	31.7	527
3	25.6	56.8	3960	38.5	804
4	19.8	66.4	8558	44.6	1373 超出试验应力 924
5	14.0	76	24210	48.0	2852

图 14-14 是根据表 14-5 所列数值绘制的等节距截锥涡卷螺旋弹簧的几何尺寸（图 14-14a）、材料尺寸（图 14-14b）及所设计弹簧的特性线和载荷与应力的关系曲线（图 14-14c）。

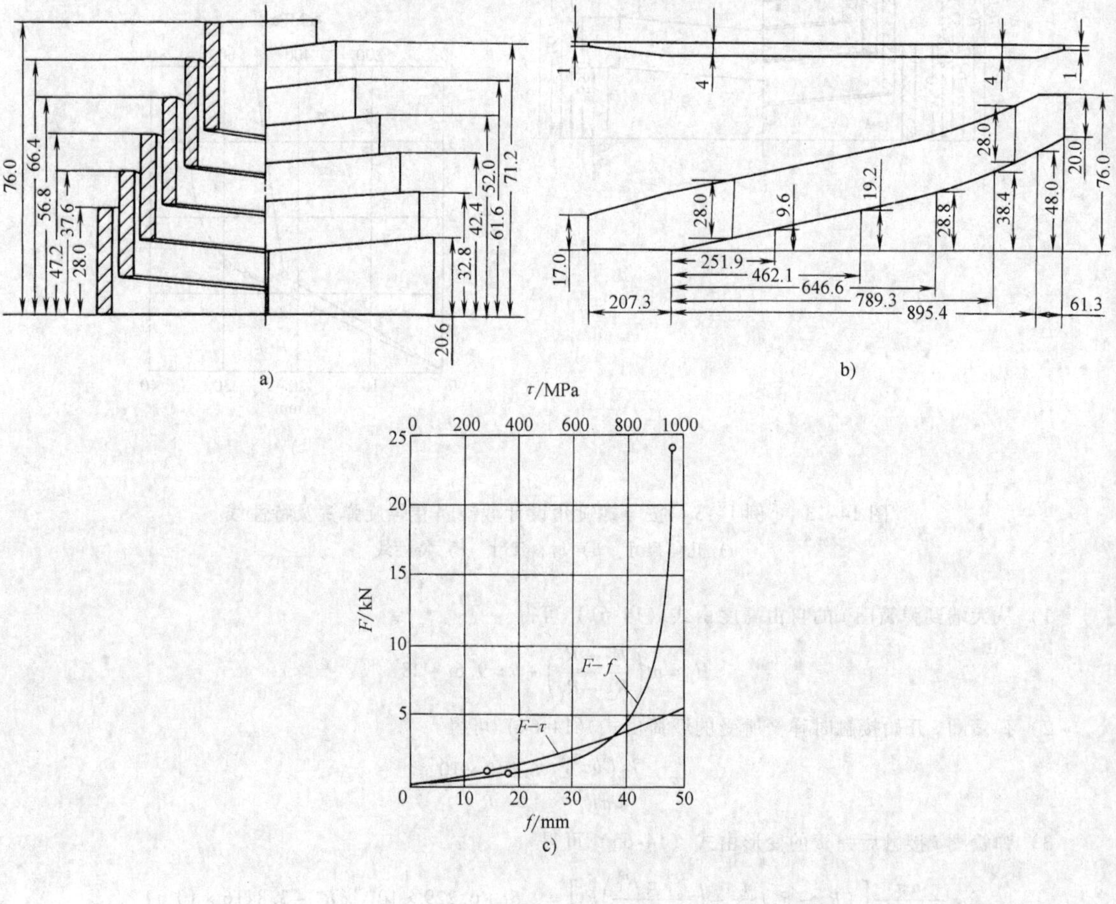

图 14-14 【例 14-3】按等节距设计截锥涡卷螺旋弹簧及特性线

a）几何尺寸 b）材料尺寸 c）特性线

（3）按等应力截锥涡卷螺旋弹簧设计 主要几何参数：工作圈数 n、各弹簧圈的半径 R_i、大端支承圈的最大外半径 R_2' 和材料长度 l_2'、小端支承圈的最小内半径 R_1' 和材料长度 l_1'、弹簧工作圈的材料长度 l 等与等螺旋角截锥涡卷螺旋弹簧的计算相同。

1）弹簧圈 i 的螺旋角 α_i，根据等螺旋角设计计算，已知半径 $R_2=43\text{mm}$ 处的螺旋角 $\alpha_2=0.05358\text{rad}=3°4'$，因而，由式（14-66）可得

$$\alpha_i=\alpha_2\frac{R_i}{R_2}=1.246\times10^{-3}R_i$$

2）从大端到弹簧圈 i 的自由高度由式（14-67）可得

$$H_i=\frac{2\pi n\alpha_2}{3R_2}\left(\frac{R_2^3-R_i^3}{R_2-R_1}\right)+b=4.5\times10^{-4}(7.9507\times10^4-R_i^3)+28$$

3）弹簧圈 i 开始接触时弹簧所受的载荷由式（14-69）可得

$$F_i=\frac{k_1Gba^3\alpha_2}{R_2R_i}=\frac{5.418\times10^4}{R_i}$$

4）弹簧圈 i 接触后弹簧的变形由式（14-70）可得

$$f_i=\frac{n\pi}{R_2-R_1}\left[\frac{2\alpha_2}{3R_2}(R_2^3-R_i^3)+\left(\frac{R_i^4-R_1^4}{2k_1Gba^3}\right)F_i\right]$$

$$=4.5\times10^{-4}(7.9507\times10^4-R_i^3)+6.229\times10^{-8}(R_i^4-3.8416\times10^4)F_i$$

5）弹簧圈 i 接触后的应力与等螺旋角截锥涡卷螺旋弹簧的相同，其值为

$$\tau_i=7.36\times10^{-3}\left(1+\frac{2}{R_i}\right)R_iF_i$$

依据上列各式计算所得等应力截锥涡卷螺旋弹簧的主要几何尺寸、特性和切应力等列于表 14-6。

表 14-6　按等应力截锥涡卷螺旋弹簧设计所得弹簧的主要几何尺寸、特性和切应力

并圈圈序 i	对应圈的半径 R_i/mm	从大圈到对应圈的自由高度 H_i/mm	对应圈接触时弹簧所受的载荷 F_i/N	对应圈接触时弹簧的变形 f_i/mm	对应圈接触时的应力 τ_i/MPa
0	43.0	28	1260	26.5	417
0.5	40.1	34.8			
1.0	37.2	40.6	1456 接近最大负荷 1450	29.6	420 小于许用应力 770
1.5	34.3	45.6			
2.0	31.4	49.9	1725	31.9	424
2.5	28.5	53.4			
3.0	25.6	56.2	2116	33.4	430
3.5	22.7	58.5			
4.0	19.8	60.3	2736	34.3	439
4.5	16.9	61.6			
5	14.0	62.5	3870	34.5	456

图 14-15 是根据表 14-6 所列数值绘制的等应力截锥涡卷螺旋弹簧的几何尺寸（图 14-15a）、弹簧材料尺寸（图 14-15b）及其特性线、载荷与应力关系曲线（图 14-15c）。

根据以上计算结果可以看出，等螺旋角和等节距截锥涡卷螺旋弹簧的压并应力较大。等应力截锥涡卷螺旋弹簧从开始有弹簧圈接触一直到压并时的应力，如果除去曲度系数 K 的影响外，则几乎是不变的，因此其压并应力较小。但三种结构型式截锥涡卷螺旋弹簧的最大工作应力均小于许用应力，所以，它们的强度满足要求。从变形方面看，等应力截锥涡卷螺旋弹簧相对于等螺旋角和等节距的全变形量小。

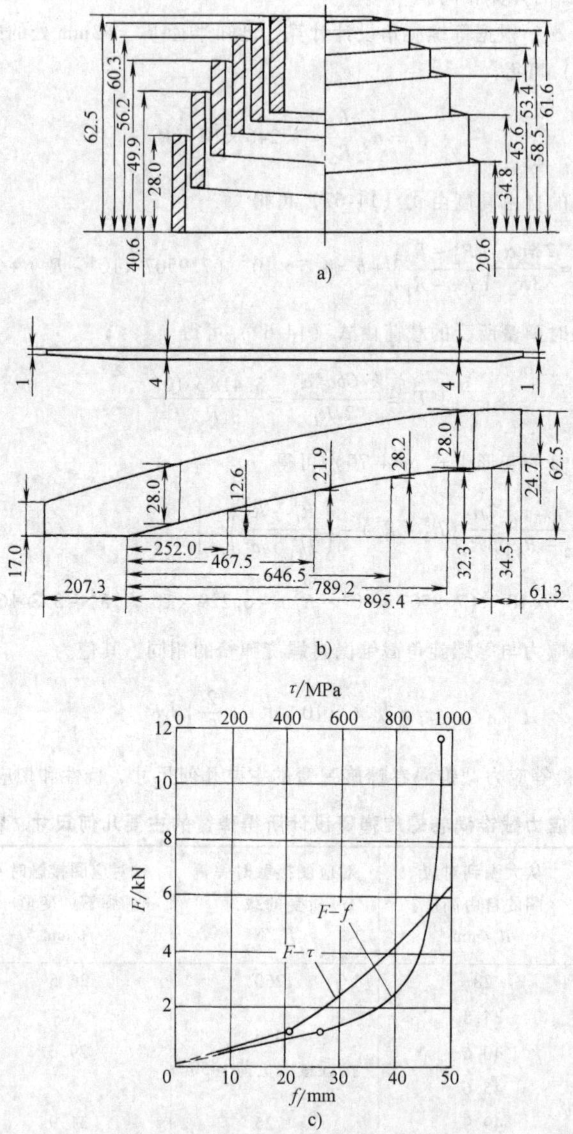

图 14-15 【例 14-3】按等应力设计截锥涡卷螺旋弹簧及特性线

a）几何尺寸 b）材料尺寸 c）特性线

第 15 章　扭 杆 弹 簧

1　扭杆弹簧的结构、类型和用途

扭杆弹簧的主体为一直杆，一端固定，一端承受载荷，如图 15-1 所示。它是利用扭杆的扭转弹性变形起弹簧作用的。从表 1-4 可以看出扭杆弹簧单位体积的变形能大，所以具有质量轻、结构简单、占空间小等优点。它主要用于汽车、铁道、火炮牵引和履带越野车辆的悬架装置。除此之外，在高速内燃机上，为了避免高速振动载荷在圆柱螺旋弹簧上引起的颤动，可用扭杆做辅助气门弹簧（图 15-2）；在使用空气弹簧作为缓冲器的铁道车辆和汽车上，采用扭杆弹簧做稳压器；有时为了缓和扭矩的变化，在驱动轴中插入扭杆等，它的应用范围正在逐渐扩大。

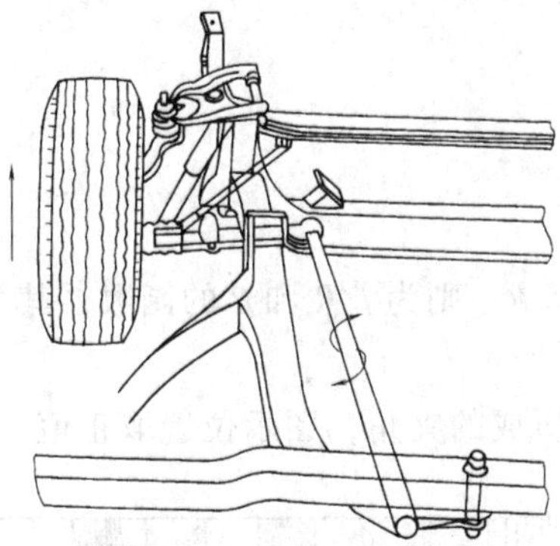

图 15-1　汽车悬架用扭杆弹簧

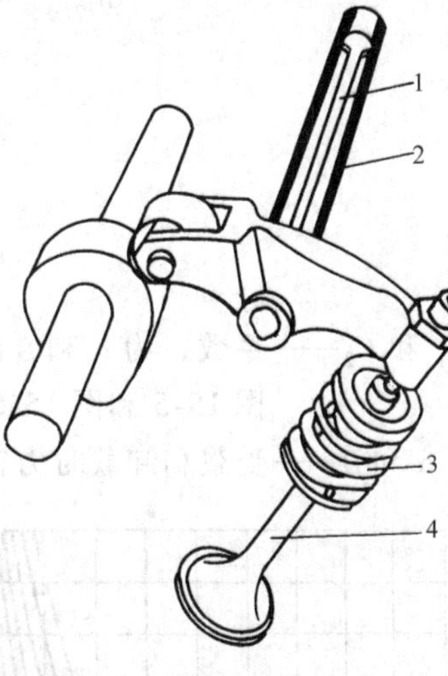

图 15-2　气门用辅助扭杆弹簧

1—扭杆　2—扭杆套　3—气门弹簧　4—气门

扭杆弹簧的扭杆截面形状有圆形、空心圆形、矩形、方形和多边形等，见表 15-2。

为了保证机构的刚度，扭杆弹簧也可以采用组合形式，有串联式（图 15-3a）和并联式（图 15-3b）。

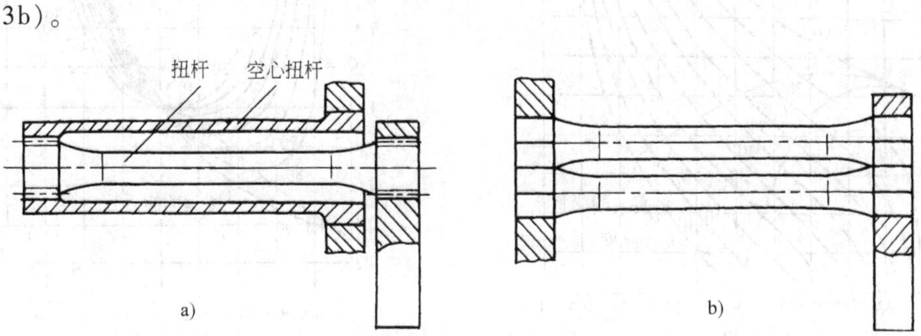

图 15-3　组合式扭杆弹簧

a）串联式扭杆弹簧　b）并联式扭杆弹簧

2 扭杆弹簧的载荷计算

图 15-4 为悬架装置扭杆弹簧的机构图。当作用在杆臂上的力 F 处于垂直位置时，此机构弹簧刚度不是定值，而是随着力臂的安装角度和变形角度在变化，因此在计算杆体所承受的扭矩 T 时，必须考虑力臂长度和位置。如图 15-4 所示，可知其所受扭矩 T、载荷 F 和刚度 T'、F'：

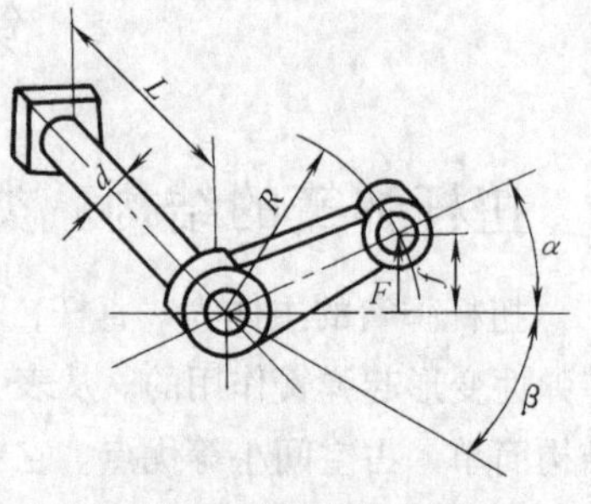

图 15-4 悬架装置扭杆弹簧机构图

$$T = FR\cos\alpha \tag{15-1}$$

$$T' = \frac{T}{\alpha + \beta} = \frac{T}{\varphi} \tag{15-2}$$

$$F = \frac{T'\varphi}{R\cos\alpha} = \frac{T'(\alpha + \beta)}{R\cos\alpha} = \frac{T'}{R}C_1 \tag{15-3}$$

$$F' = \frac{\mathrm{d}F}{\mathrm{d}f} = T'[1 + (\alpha + \beta)\tan\alpha]\frac{1}{R^2\cos^2\alpha} = \frac{T'}{R^2}C_2 \tag{15-4}$$

$$\varphi = \alpha + \beta$$

$$C_1 = \frac{\alpha + \beta}{\cos\alpha}$$

$$C_2 = \frac{1 + (\alpha + \beta)\tan\alpha}{\cos^2\alpha}$$

式中 C_1 和 C_2——系数，为 α 和 β 的函数，因 $\sin\alpha = f/R$，则为 f/R 和 β 的函数，其关系如图 15-5 和图 15-6 所示；

α 和 β——受载和卸载时力臂中心线和水平线所成的夹角，图示位置取正值。

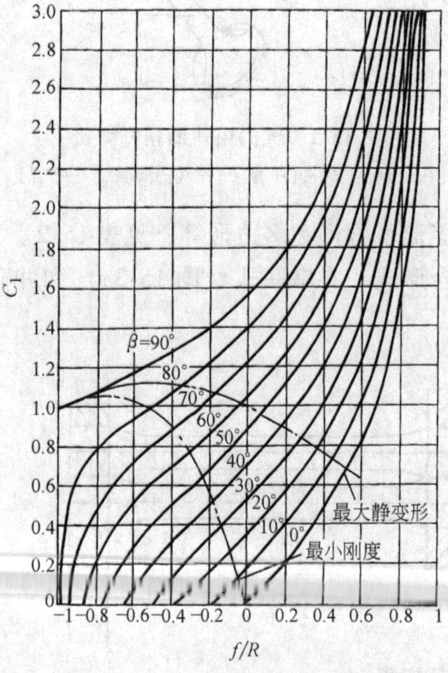

图 15-5 系数 C_1 值与 f/R 和 β 的关系

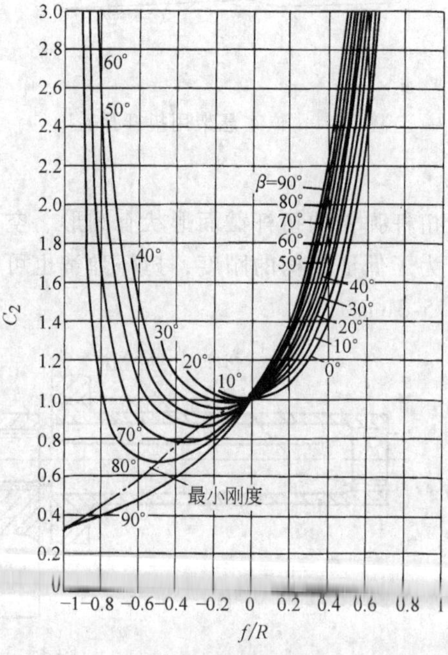

图 15-6 系数 C_2 值与 f/R 和 β 的关系

其余符号意义如图 15-4 所示。

取静变形 $f_s = F/F'$（图 1-3），则

$$f_s = \frac{R\cos\alpha}{\frac{1}{\alpha+\beta}+\tan\alpha} = RC_3 \qquad (15\text{-}5)$$

按式（1-7）可得静变形 f_s 和自振频率 ν（1/min）之间的关系为

$$f_s = \left(\frac{30}{\pi\nu}\right)^2 g \approx \frac{0.9\times10^6}{\nu^2} \qquad (15\text{-}6)$$

$$C_3 = \frac{\cos\alpha}{\frac{1}{\alpha+\beta}+\tan\alpha}$$

式中　C_3——与 C_1 和 C_2 相同，可表示为 f/R 和 β 的函数，如图 15-7 所示。

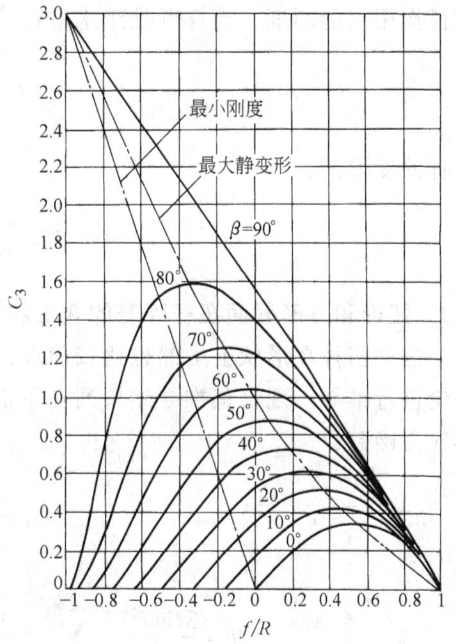

图 15-7　系数 C_3 值与 f/R 和 β 的关系

在设计悬架用扭杆弹簧时，载荷变化的范围可能很大，为了取得好的效果，应使弹簧刚度随着变形而增加。为此，从图 15-6 可以看出，应该使力臂在常用载荷作用下保持在水平或比水平高一些的位置，这样就可以充分利用图上右半部分弹簧的特性。

3　扭杆弹簧的变形和应力计算

3.1　圆形截面扭杆弹簧的变形和应力计算

圆形截面扭杆形状简单，所以它的变形和应力计算也较为简便。如图 15-4 所示，扭杆直径为 d，有效长度为 L，力臂长度为 R，则根据材料力学可知其极惯性矩：

$$I_p = \frac{\pi d^4}{32}$$

抗扭截面系数：

$$Z_t = \frac{\pi d^3}{16}$$

当其受到扭矩 T 的作用时，其扭转切应力：

$$\tau = \frac{T}{Z_t} = \frac{16T}{\pi d^3} \qquad (15\text{-}7)$$

其扭转变形角：

$$\varphi = \frac{TL}{GI_p} = \frac{32TL}{\pi d^4 G} = \frac{2\tau L}{dG} \qquad (15\text{-}8)$$

其扭转刚度：

$$T' = \frac{T}{\varphi} = \frac{\pi d^4 G}{32L} \qquad (15\text{-}9)$$

载荷作用点的刚度，当杆臂处于水平位置，即 $\alpha=0$ 和 $\beta=0$ 时，根据式（15-4）得

$$F'=\frac{\mathrm{d}F}{\mathrm{d}f}=\frac{\pi d^4 G}{32LR^2} \tag{15-10}$$

扭杆的变形能：

$$U=\frac{T\varphi}{2}=\frac{\pi d^2\tau^2 L}{16G}=\frac{\tau^2 V}{4G} \tag{15-11}$$

3.2 矩形和方形截面扭杆弹簧的变形和应力计算

这种扭杆在形状上虽然也比较简单，但其应力和变形的计算却比较复杂，需要应用弹性理论进行推导。现将其推导结果列在下面。如图 15-8 所示，矩形断面长边为 b，短边为 a，其应力函数：

$$\tau_{yz}=-\frac{\partial\Psi}{\partial x},\ \tau_{xy}=\frac{\partial\Psi}{\partial y} \tag{15-11a}$$

$$\Psi=\frac{8G\theta a^2}{\pi^3}\sum_{n=1,3,5,\cdots}^{\infty}\frac{1}{n^3}(-1)^{\frac{n-1}{2}}\left(1-\frac{\cosh\dfrac{n\pi y}{a}}{\cosh\dfrac{n\pi b}{2a}}\right)\cos\frac{n\pi x}{a} \tag{15-11b}$$

将式（15-b）代入式（15-a）得

$$\tau_{yz}=\frac{8G\theta a}{\pi^2}\sum_{n=1,3,5,\cdots}^{\infty}\frac{1}{n^2}(-1)^{\frac{n-1}{2}}\left(1-\frac{\cosh\dfrac{n\pi y}{a}}{\cosh\dfrac{n\pi b}{2a}}\right)\sin\frac{n\pi x}{a} \tag{15-11c}$$

$$\tau_{xz}=\frac{8G\theta a}{\pi^2}\sum_{n=1,3,5,\cdots}^{\infty}\frac{1}{n^2}(-1)^{\frac{n-1}{2}}\left(\frac{\sinh\dfrac{n\pi y}{a}}{\cosh\dfrac{n\pi b}{2a}}\right)\cos\frac{n\pi x}{a} \tag{15-11d}$$

根据式（15-c）和式（15-d）可得截面的切应力分布情况，如图 15-8 示，截面中心为零，随着与中心距离的增加，应力逐渐增大。其最大切应力位于长边 b 的中点，即 $y=0$，$x=\pm\dfrac{a}{2}$点。

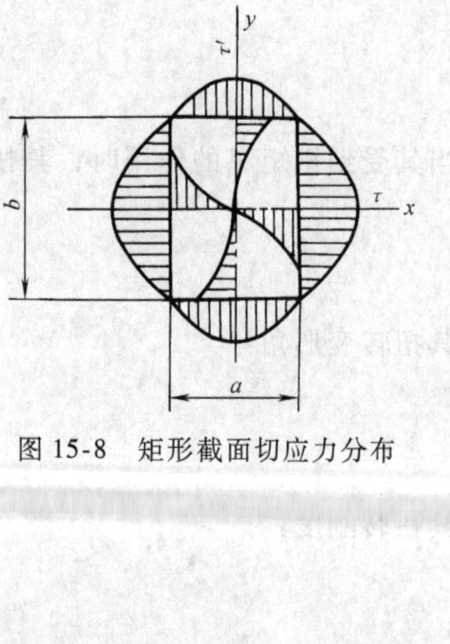

图 15-8 矩形截面切应力分布

根据式（15-c）可得此最大切应力为

$$\tau=\frac{8G\theta a}{\pi^2}\sum_{n=1,3,5,\cdots}^{\infty}\frac{1}{n^2}\left(1-\frac{1}{\cosh\dfrac{n\pi b}{2a}}\right)$$

又

$$\frac{\pi^2}{8}=\sum_{n=1,3,5,\cdots}^{\infty}\frac{1}{n^2}$$

代入上式得

$$\tau = G\theta a\left(1 - \frac{8}{\pi^2}\sum_{n=1,3,5,\cdots}^{\infty}\frac{1}{n^2\cosh\frac{n\pi b}{2a}}\right) \tag{15-11e}$$

式中 θ——扭杆单位长度的扭转变形角（rad）。

矩形截面扭杆所受扭矩 T 为

$$T = 2\iint \psi \mathrm{d}x\mathrm{d}y$$

$$T = \frac{G\theta a^3 b}{3}\left(1 - \frac{192a}{\pi^5 b}\sum_{n=1,3,5,\cdots}^{\infty}\frac{1}{n^5}\tanh\frac{n\pi b}{2a}\right) \tag{15-11f}$$

$$T = k_1 G\theta a^3 b \tag{15-11g}$$

从而得整个扭杆长度的变形角：

$$\varphi = \theta L = \frac{TL}{k_1 G a^3 b}\ (\mathrm{rad}) \tag{15-12}$$

将式（15-g）代入式（15-e）得长边 b 中点的最大切应力计算式：

$$\tau = \frac{T}{k_2 a^2 b} \tag{15-13}$$

由式（15-d）可得短边 a 中点的最大切应力计算式：

$$\tau' = k_3 \tau \tag{15-14}$$

$$k_1 = \frac{1}{3}\left(1 - \frac{192a}{\pi^5 b}\sum_{n=1,3,5,\cdots}^{\infty}\frac{1}{n^5}\tanh\frac{n\pi b}{2a}\right)$$

$$k_2 = \frac{k_1}{1 - \frac{8}{\pi^2}\sum_{n=1,3,5,\cdots}^{\infty}\frac{1}{n^2\cosh\frac{n\pi b}{2a}}}$$

系数 k_1 和 k_2 与 $\frac{b}{a}$ 有关，当 $4 \geqslant \frac{b}{a} \geqslant 1$ 时，可按下式近似计算：

$$k_1 \approx \frac{1}{3}\left[1 - 0.63\frac{a}{b} + 0.052\left(\frac{a}{b}\right)^5\right] \tag{15-15}$$

$$k_2 \approx \frac{1}{3 + 1.8\frac{a}{b}} \tag{15-16}$$

当 $\frac{b}{a} > 4$ 时，则 $\tanh\frac{n\pi b}{2a} = 1$，这时，

$$k_1 = k_2 \approx \frac{1}{3}\left(1 - 0.63\frac{a}{b}\right) \tag{15-17}$$

系数 k_1、k_2 和 k_3 见表 15-1。

表 15-1 矩形截面材料弹簧受扭转载荷时计算公式中所用系数 k_1，k_2 和 k_3

$\frac{b}{a}\left(或\frac{a}{b}\right)$①	k_1	k_2	k_3	$\frac{b}{a}\left(或\frac{a}{b}\right)$①	k_1	k_2	k_3
1.00	0.1406	0.2082	1.0000	1.75	0.2143	0.2390	0.8207
1.05	0.1474	0.2112		1.80	0.2174	0.2404	
1.10	0.1540	0.2139		1.90	0.2233	0.2432	
1.15	0.1602	0.2165		2.00	0.2287	0.2459	0.7951
1.20	0.1661	0.2189		2.25	0.2401	0.2520	
1.25	0.1717	0.2212	0.9160	2.50	0.2494	0.2576	0.7663
1.30	0.1771	0.2236		2.75	0.2570	0.2626	
1.35	0.1821	0.2254		3.00	0.2633	0.2672	
1.40	0.1869	0.2273		3.50	0.2733	0.2751	
1.45	0.1914	0.2289		4.00	0.2808	0.2817	0.7447
1.50	0.1958	0.2310	0.8590	4.50	0.2866	0.2870	
1.60	0.2037	0.2343	0.8418	5.00	0.2914	0.2915	0.7430
1.70	0.2109	0.2375		10.00	0.3123	0.3123	

① 对矩形截面材料螺旋弹簧，当 $b \geqslant a$ 时取 b/a，当 $a > b$ 时，取 a/b。

对于方形断面扭杆，边长 $a=b$，由式（15-15）和式（15-16）可得

$$k_1 = 0.1406,\ k_2 = 0.2082$$

而

$$k_3 = 1.0$$

根据式（15-12）和式（15-13）可得矩形截面扭杆的极惯性矩 I_p 和抗扭截面系数 Z_t 为

$$I_p = k_1 a^3 b$$

$$Z_t = k_2 a^2 b$$

由式（15-12）得扭转刚度计算公式为

$$T' = \frac{T}{\varphi} = \frac{k_1 a^3 bG}{L}\ (\mathrm{N \cdot mm/rad}) \tag{15-18}$$

载荷作用点的刚度，当力臂处于水平位置时，其计算公式为

$$F' = \frac{\mathrm{d}F}{\mathrm{d}f} = \frac{k_1 a^3 bG}{R^2 L} \tag{15-19}$$

由式（15-12）和式（15-13）得变形能计算公式为

$$U = \frac{T\varphi}{2} = \frac{k_2^2}{k_1}\frac{\tau^2 abL}{2G} = \frac{k_2^2}{k_1}\frac{\tau^2 V}{2G} \tag{15-20}$$

表 15-2 列出了各种截面形状的扭杆弹簧的有关设计计算公式。

表 15-2　各种截面形状扭杆弹簧的设计计算公式

杆的截面形状	极惯性矩 I_p/mm⁴	抗扭截面系数 Z_l/mm³	扭转变形角 φ/rad	扭转切应力 τ/MPa	扭角刚度 T'/[N·mm)/rad]	载荷作用点刚度 F'/(N/mm)	变形能 U/N·mm
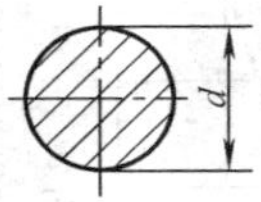	$I_p=\frac{\pi d^4}{32}$	$Z_l=\frac{\pi d^3}{36}$	$\varphi=\frac{32TL}{\pi d^4 G}=\frac{2\tau L}{dG}$	$\tau=\frac{16T}{\pi d^3}=\frac{\varphi dG}{2L}$	$T'=\frac{\pi d^4 G}{32L}$	$F'=\frac{\pi d^4}{32LR^2}$	$U=\frac{\tau^2 V}{4G}$
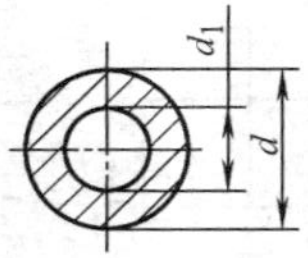	$l_p=\frac{\pi(d^4-d_1^4)}{32}$	$Z_l=\frac{\pi(d^4-d_1^4)}{16d}$	$\varphi=\frac{32TL}{\pi(d^4-d_1^4)G}=\frac{2\tau L}{dG}$	$\tau=\frac{16Td}{\pi(d^4-d_1^4)}=\frac{\varphi dG}{2L}$	$T'=\frac{\pi(d^4-d_1^4)G}{32L}$	$F'=\frac{\pi(d^4-d_1^4)G}{32LR^2}$	$U=\frac{\tau^2(d^2+d_1^2)V}{4d^2G}$
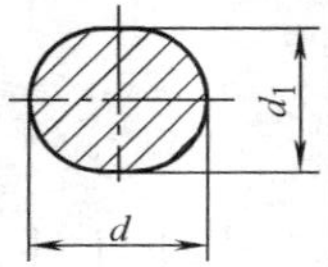	$l_p=\frac{\pi d^3-d_1^3}{16(d^2+d_1^2)}$	$Z_l=\frac{\pi dd_1^2}{16}$	$\varphi=\frac{16TL(d^2+d_1^2)}{\pi d^3 d_1^3 G}=\frac{\tau L(d^2+d_1^2)}{d^2 d_1 G}$	$\tau=\frac{16T}{\pi dd_1^2}=\frac{\varphi d^2 d_1 G}{L(d^2+d_1^2)}$	$T'=\frac{\pi d^3 d_1 G}{L(d^2+d_1^2)}$	$F'=\frac{\pi d^3 d_1^3 G}{16LR^2(d^2+d_1^2)}$	$U=\frac{\tau(d^2+d_1^2)V}{8d^2G}$
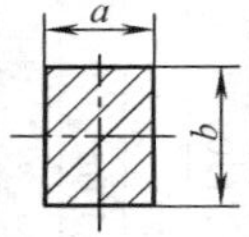	$l_p=k_1a^3b$	$Z_l=k_2a^2b$	$\varphi=\frac{TL}{k_1a^3bG}=\frac{k_2\tau L}{k_1aG}$	$\tau=\frac{T}{k_2a^2b}=\frac{k_1\varphi aG}{k_2L}$	$T'=\frac{k_1a^3bG}{L}$	$F'=\frac{k_1a^3bG}{LR^2}$	$U=\frac{k_2^2}{k_1}\frac{\tau^2V}{2G}$
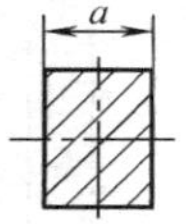	$l_p=0.141a^4$	$Z_l=0.208a^3$	$\varphi=\frac{TL}{0.141a_4G}=\frac{182\tau L}{aG}$	$\tau=\frac{T}{0.208a^3}=\frac{0.675\varphi aG}{L}$	$T'=\frac{0.141a^4G}{L}$	$F'=\frac{0.141a^4G}{LR^2}$	$U=\frac{\tau^2V}{6.48G}$
	$l_p=0.0216a^4$	$Z_l=0.05a^3$	$\varphi=\frac{TL}{0.0216a_4G}=\frac{2.31\tau L}{aG}$	$\tau=\frac{20T}{a^3}=\frac{0.43\varphi aG}{L}$	$T'=\frac{a^4G}{46.2L}$	$F'=\frac{a^4G}{46.2LR^2}$	$U=\frac{\tau^2V}{7.5G}$

注：$\varphi=TL/GI_p$，$\tau=T/Z_t$，$T'=T/\varphi$，$F'=\mathrm{d}F/\mathrm{d}f$，$U=T\varphi/2$。

4 扭杆弹簧的端部结构和有效工作长度

（1）端部结构 为了安装，扭杆端部可制成花键形（图 15-9a）、细齿形（图 15-9b）和多角形（图 15-9c）等，其中以细齿形应用较多。

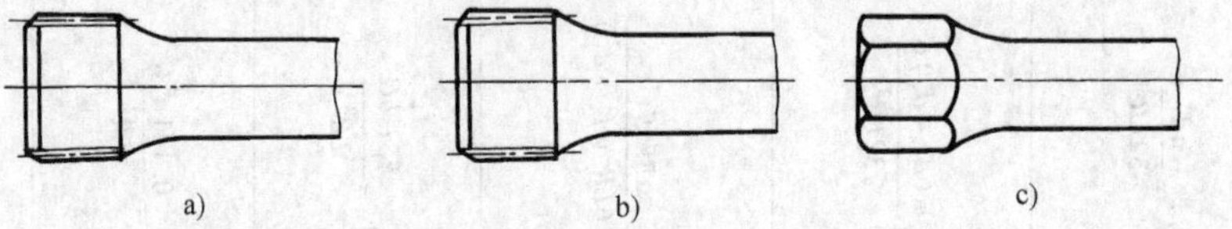

图 15-9 扭杆端部结构
a）花键形 b）细齿形 c）多角形

如图 15-10 所示，细齿形端部外径 $d_0=(1.15\sim1.25)d$，长度 $l_1=(0.5\sim0.7)d$，表 15-3 所列为其他结构尺寸参考值。端部为六角形时，其外切圆直径 $d_0=1.2d$，长度 $l_1=d$。为了避免过大的应力集中，端部与杆体连接处的过渡圆角半径 $R=(3\sim5)d$（图 15-10a）。如用圆锥形过渡时（图 15-10b），一般取锥顶角 $2\beta\geqslant30°$

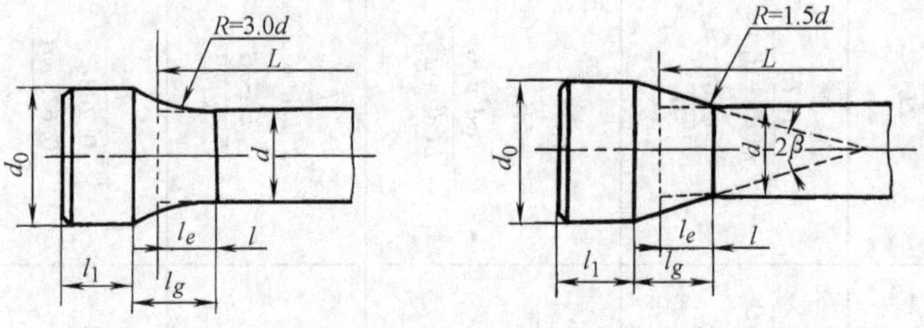

图 15-10 扭杆端部几何尺寸
a）圆弧过渡结构 b）圆锥过渡结构

为了防止疲劳破坏，花键齿间底部的圆角半径应足够大，并保证装配后，在全长上啮合，以免花键扭转降低寿命。

如安装扭杆的结构件刚性不足，在扭杆上会引起弯曲载荷。这也是扭杆折损的主要原因之一，为了避免这种情况，在两端或一端加橡胶。

（2）扭杆的有效工作长度 L 由于杆体两端的过渡部分也发生扭转变形，因此，在计算时，应将两端的过渡部分换算为当量长度。对于圆形截面扭杆，当采取图 15-10 所示的过渡形状时，其过渡部分的当量长度 l_e 可以在图 15-11 中查得。扭杆的有效工作长度为

$$L=l+2l_e$$

式中 l——扭杆杆体长度。

表 15-3 细齿形端部几何尺寸

齿形	渐开线
[illegible]	0.7 或 1.0
压力角	45°
外径	$(z+1)m$
内径	$(z-1)m$

注：表中 z——齿数。

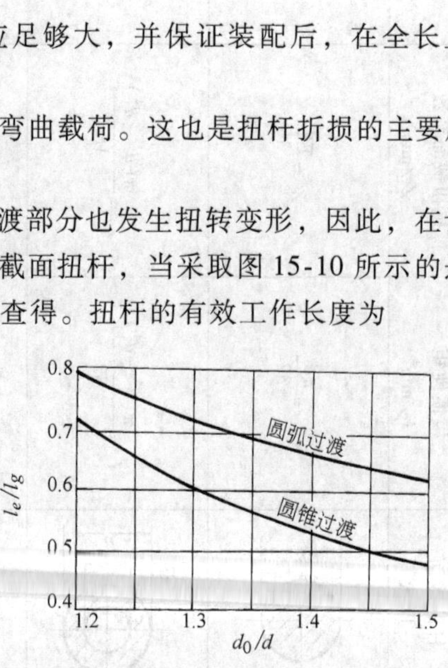

图 15-11 扭杆过渡部分的当量长度 l_e

5 扭杆弹簧的材料和许用应力

（1）材料的选择　扭杆弹簧一般采用热轧弹簧钢制造，材料应具有良好的淬透性和加工性。经热处理后硬度应达到50HRC左右。常用材料为硅锰和铬镍钼等合金钢，如60Si2MnA和45CrNiMoVA等，性能要求较低的场合，也可采用碳钢，如65Mn等。

扭杆弹簧的使用应力高，另一方面，直径的误差对弹簧的刚度影响比较大。所以扭杆表面大多经过磨削，尺寸精度不低于h12，表面粗糙度 $R_a \leqslant 0.8\mu m$。

（2）扭杆的许用应力　扭杆弹簧的许用应力根据其工作性质确定。对于车辆悬架用扭杆弹簧，仅承受单向变应力，如选用45CrNiMoVA或性能与其接近的合金钢，在热处理后硬度达到50HRC左右，其屈服点 $\sigma_s \geqslant 1400MPa$，再经滚压和强扭处理之后，其许用应力与疲劳寿命之间的关系（实验室值）如图15-12所示。一般轿车用扭杆，可取许用应力 $[\tau]=900MPa$。当其最小工作应力 $\tau_{min}=275MPa$ 时，从图上可知其循环寿命 $N=175\times10^3$ 次。载重汽车用扭杆，可取 $[\tau]=800MPa$，当 $\tau_{min}=200MPa$ 时，其 $N=250\times10^3$ 次。对于承受双向应力的扭杆，应参照对称疲劳极限确定其许用应力，当 $N=10^6$ 次时，其对称疲劳极限 $\sigma_{-1}\approx820MPa$，$\tau_{-1}=420MPa$。

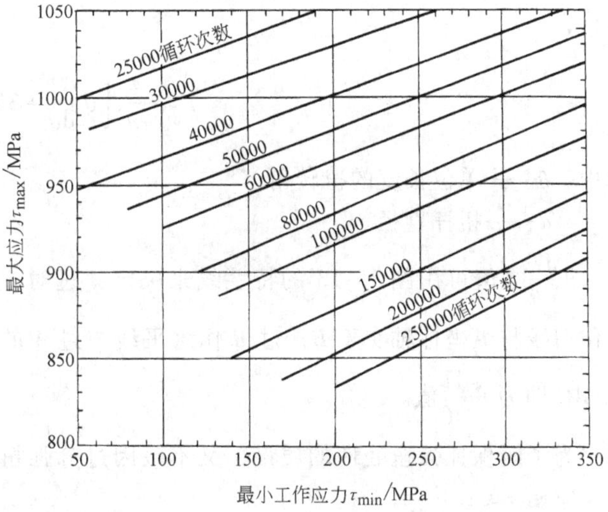

图15-12　许用应力与疲劳寿命的关系

对于军用和重要车辆的悬架扭杆，因采取严格的质量控制，其许用应力可达 $[\tau]=1100\sim1300MPa$。

舱盖、门和罩的平衡扭杆，以及稳定扭杆等，可用碳钢制作，其许用应力可取 $[\tau]=550\sim700MPa$。

扭杆经机械强化处理，其许用应力可接近或稍高于屈服强度，但机械强化处理不能提高其塑性变形率。因此，在确定许用应力时，要注意塑性变形率的允许程度。为此，要对扭杆用钢进行扭转试验。

6 扭杆弹簧的制造和检验

（1）制造　扭杆弹簧的工作应力比较高，所以制造技术要求较严。扭杆弹簧随用途和结构的不同，其制造工序也不相同，一般为切料、两端锻压出固定的端部、在缓冷或退火后加工外径和端部、淬火和回火、磨削、机械强化，最后进行表面防腐。

在淬火时，除了防止表面氧化和脱碳之外，应将扭杆垂直投入油中，以防变形。回火温度要控制准确，时间要足够长。

对扭杆进行抛丸、强扭和滚压等机械强化处理都可以提高疲劳寿命。抛丸和强扭处理一般同时采用，但必须先抛丸后强扭。如只采用强扭强化，效果较差。经强扭强化处理的扭杆，只能承受与强扭载荷相同的单向载荷。杆体滚压强化，尤其是两端的花键部分滚压强化，对提高寿命效果显著。

抛丸所用钢丸直径一般为0.8~1.0mm，但为了能使细齿端部也能抛到，钢丸直径应小于细齿圆角半径之半。

强扭强化处理的程度可简单确定为：在50HRC左右时，推荐预加载荷使其产生切应变$\gamma=0.02$rad左右，这样，扭杆产生的塑性切应变为0.005~0.009rad。

当所加扭矩T引起的切应力超过材料的弹性极限时，扭杆的表面应力可按式（15-21）计算：

$$\tau=\frac{4}{\pi d^3}\left[\theta\frac{\mathrm{d}T}{\mathrm{d}\theta}+3T\right] \tag{15-21}$$

式中 θ——单位长度的扭转角；

d——扭杆直径。

$\theta\frac{\mathrm{d}T}{\mathrm{d}\theta}$之值可用图15-13的特性线来决定：过对应于$T$的$A$点作切线与纵坐标轴交于$B$，过$B$作水平线与过$A$的垂线交于$C$，$AC$即为$\theta\frac{\mathrm{d}T}{\mathrm{d}\theta}$值。

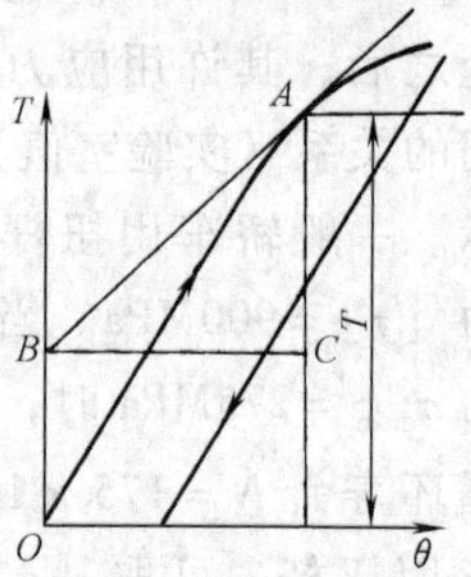

图15-13 $\theta\mathrm{d}T/\mathrm{d}\theta$的图解

为了既保证强扭处理的质量，又不致因过分强扭而造成废品，应使$\tau\leqslant1.1\sim1.3\tau_s$。

强扭处理后，切变模量G略有下降，对于碳素弹簧钢和低合金弹簧钢，G值约为76000MPa，所以，扭杆刚度有些降低。

滚压强化所获得的效果比较稳定，长期在振动载荷作用下也不降低，同时，因硬化层所占体积相对于扭杆体积很小，所以韧性基本保持不变。此外，对有应力集中的部位，其冲击承载能力还能有所提高。

高强度弹簧钢经滚压强化处理后，其塑性变形深度一般在0.2~0.8mm，硬度提高3~5HRC，疲劳极限可提高约20%~50%，表面粗糙度可降低1~2级。

图15-14为滚压加工示意图。滚压用滚子有滚珠和滚轮两种，它们的表面硬度为62HRC左右。由于滚轮比滚珠所产生的压力大，扭杆表面产生的塑性变形层较厚，因而其滚压效果优于滚珠。

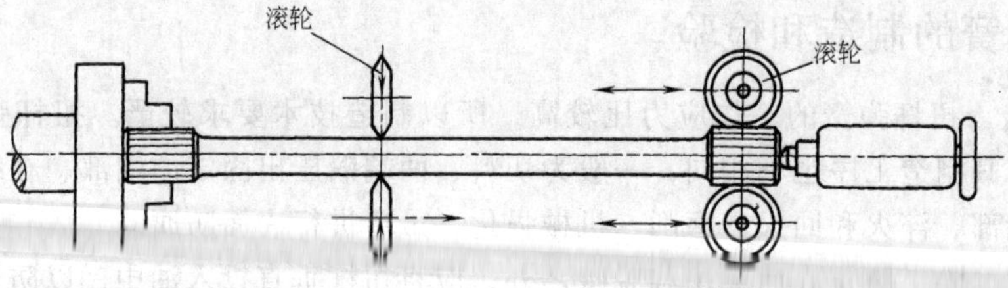

图15-14 滚压加工示意图

滚压力对滚压效果起着很重要的作用，但影响选择滚压力的因素很多，如材料的强度、滚子的半径、滚压次数、滚压进给量等。因此，滚压力可先按接触应力公式进行估算，在滚压试验中再适当修正，使其达到较好的滚压效果。

用滚轮滚压扭杆杆体时，其表面滚压接触应力 σ_c 可按式（15-22）估算：

$$\sigma_c = \alpha \sqrt[3]{FE^2\left(\frac{R+r}{Rr}\right)^2} \tag{15-22}$$

$$\alpha = F\left(\frac{R+r}{Rr}\right)$$

式中　F——作用于滚轮上的滚压力；

E——材料的弹性模量；

R——滚轮半径；

r——扭杆杆体半径；

α——系数。

用滚轮滚压端部花键齿根时，表面的滚压接触应力 σ_c 可按式（15-23）估算：

$$\sigma_c = \alpha \sqrt[3]{FE^2\frac{1}{R^2}} \tag{15-23}$$

$$\alpha = F\rho/R(r-\rho)$$

式中　α——系数；

r——花键齿根圆角半径；

ρ——滚轮顶部圆弧半径。

其余符号同前一式。

为了取得滚压效果，所加滚压力 F 应使接触应力 σ_c 超过屈服点 σ_s。

扭杆弹簧在制造加工过程中，它的防腐蚀处理要及时。

（2）检验

1）表面要光滑，不应有裂纹、伤痕、锈蚀和氧化等缺陷。

2）各部分尺寸应符号图样要求，不许有长度方向的弯曲；对于方形和多角形端部，两端安装部分的角度要吻合。

3）硬度应符合技术要求，一般情况下，合金钢的硬度在 47～51HRC，碳素钢的硬度在 48～55HRC。

4）最后必须全部经过磁力检验。

【例 15-1】　计算转臂与扭杆组成的圆形截面扭杆弹簧，如图 15-4 所示。其常用工作载荷 $F=2000\text{N}$，转臂长度 $R=300\text{mm}$，常用工作载荷作用点与水平位置的距离 $f=-20\text{mm}$，最大变形时 $f_{max}=80\text{mm}$，常用工作载荷作用下扭杆的自振频率 $\nu=66.5\text{min}^{-1}$。

解　1）常用工作载荷作用下扭杆的线性静变形 f_s，根据式（15-6）得

$$f_s \approx \frac{0.9\times10^6}{\nu^2} = \frac{0.9\times10^6}{66.5^2}\text{mm} = 204\text{mm}$$

2）常用工作载荷作用点的扭杆刚度：

$$F' = \frac{F}{f_s} = \frac{2000}{204}\text{N/mm} = 9.8\text{N/mm}$$

3）根据 f_s 计算 C_3，按式（15-5）得

$$C_3=\frac{f_s}{R}=\frac{204}{300}=0.68$$

4）根据$\frac{f}{R}=\frac{-20}{300}=-0.066$，$C_3=0.68$，查图15-7得

$$\beta=40°$$

5）查图15-6得$C_2=0.95$。

6）根据式（15-4）得扭杆的扭转刚度：

$$T'=\frac{F'R^2}{C_2}=\frac{9.8\times300^2}{0.95}\text{N}\cdot\text{mm/rad}=9.28\times10^5\text{N}\cdot\text{mm/rad}=1.62\times10^4\text{N}\cdot\text{mm/(°)}$$

7）转臂在最大变形时的夹角：

$$\alpha_{\max}=\arcsin\frac{f_{\max}}{R}=\arcsin\frac{80}{300}=15.45°$$

8）扭杆的最大扭转角$\varphi_{\max}$和最大扭矩$T_{\max}$：

$$\varphi_{\max}=\alpha_{\max}+\beta=15.45°+40°=55.45°$$

$$T_{\max}=T'\varphi_{\max}=162\times10^3\times55.45°\text{N}\cdot\text{mm}$$

$$=8.96\times10^5\text{N}\cdot\text{mm}$$

9）取许用应力$[\tau]=900$MPa，根据式（15-7）得扭杆直径：

$$d\geqslant\sqrt[3]{\frac{16T}{\pi[\tau]}}=\sqrt[3]{\frac{16\times8.96\times10^5}{\pi\times900}}\text{mm}=17.2\text{mm}$$

取$d=18$mm

10）扭杆的所需有效长度L，取$G=76000$MPa，由式（15-9）得

$$L=\frac{\pi d^4G}{32T'}=\frac{\pi\times18^4\times76000}{32\times9.28\times10^5}\text{mm}=844\text{mm}$$

7 稳定杆

稳定杆是将杆体和扭臂作成一体的扭杆，形状复杂，多用作小型车辆的稳定器（图15-15）。稳定杆端部多制成孔（图15-16a）或螺栓（图15-16b）作为装配固定连接。可用棒材或管材弯折而成，因而有实心和空心结构。

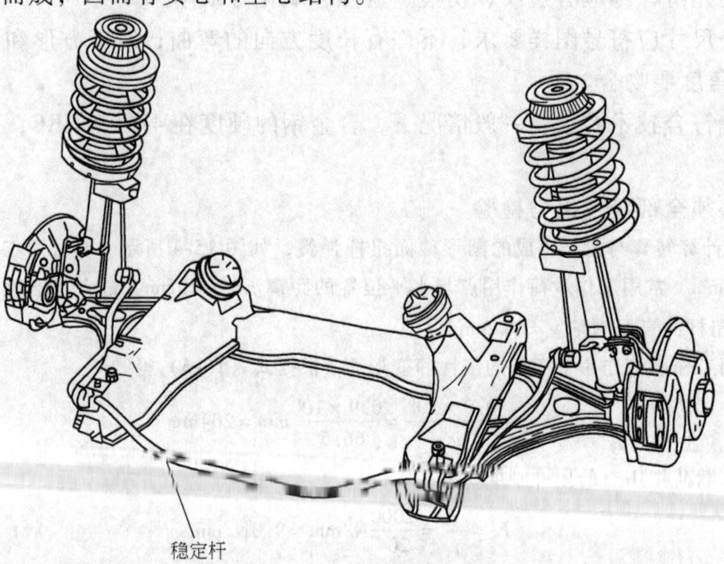

图15-15 小型车辆上的稳定器

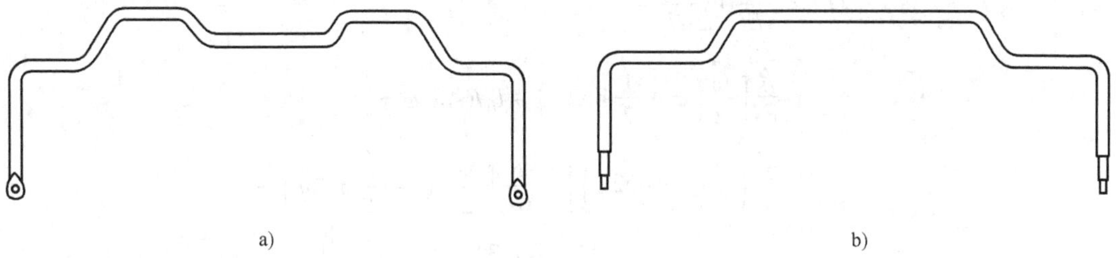

图 15-16　稳定杆的结构

a）孔端　b）螺栓端

（1）稳定杆的刚度和应力计算　稳定杆的结构形状很多，在此列出两种基本形式（图 15-17）的刚度和应力计算式。

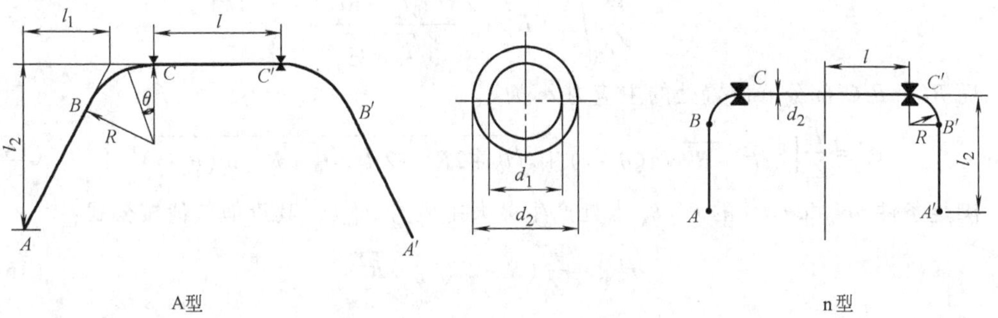

图 15-17　稳定杆受力分析简图

如图 15-17 所示 A 型稳定杆的支承点为 C 和 C'两点，端部 A 和 A'承受大小相等、方向相反的垂直力 F。ABC 和 $A'B'C'$相当于扭臂，CC'相当于扭杆。图中相应的几何参数为

$$l_0 = \sqrt{l_1^2 + l_2^2} - R\left(\frac{\sqrt{l_1^2 + l_2^2} - l_1}{l_2}\right)$$

$$\alpha = \arctan\frac{2R}{l}$$

$$\beta = \arctan\frac{R}{l_0}$$

$$\gamma = \arctan\frac{l_0 l_2 - Rl_1}{l_0 l_1 + Rl_2}$$

$$\varphi = \arctan\frac{l_2}{l_1}$$

棒材结构：

$$Z_t = \frac{\pi d^3}{16},\ I_p = \frac{\pi d^4}{32},\ I = \frac{\pi d^4}{64}$$

管材结构：

$$Z_t = \frac{\pi}{16 d_2}(d_2^4 - d_1^4),\ I_p = \frac{\pi}{32}(d_2^4 - d_1^4),\ I = \frac{\pi}{64}(d_2^4 - d_1^4)$$

受力点 A、A'的刚度为

$$2F' = \frac{l_0^3}{3EI} + \frac{l_2^2 l}{2GI_t} +$$
$$\frac{R}{EI}\left[\frac{l_0^2}{2}\left(\varphi + \frac{1}{2}\sin 2\varphi\right) + l_0 R \sin^2\varphi + \right.$$
$$\left.\frac{R^2}{2}\left(\varphi - \frac{1}{2}\sin 2\varphi\right)\right] + \frac{R}{GI_t}\left[\frac{l_0^2}{2}\left(\varphi - \frac{1}{2}\sin 2\varphi\right) + \right.$$
$$\left. l_0 R\ (1-\cos\varphi)^2 + R^2\left(\frac{3}{2}\varphi - 2\sin\varphi + \frac{1}{4}\sin 2\varphi\right)\right] \tag{15-24}$$

最大弯曲应力 σ 产生于 BC，$B'C'$部分的 $\theta = \varphi - \beta$ 点处，最大切应力产生于 C，C'点处，分别由下式给出。

$$\sigma = \frac{2F}{Z_t}\sqrt{l_0^2 + R^2} \tag{15-25}$$

$$\tau = \frac{F}{Z_t}\sqrt{l_0^2 + R^2 + \frac{2R(l_0 l_2 - R l_1)}{\sqrt{l_1^2 + l_2^2}}} \tag{15-26}$$

而 BC，$B'C'$部分 θ 位置处的主应力 σ' 为

$$\sigma' = \frac{F}{Z_t}\left[\sqrt{l_0^2 + R^2}\cos(\theta - r) + \sqrt{l_0^2 + 2R^2 - 2R\sqrt{l_0^2 + R^2}\sin(\theta - r)}\right] \tag{15-27}$$

满足条件 $d\sigma_n/d\theta = 0$ 的 $\theta = \theta_k$ 点处产生最大主应力 σ'_{max}，其近似数值按公式：

$$\sigma'_{max} \approx \frac{F}{Z_t}\left(R + 2\sqrt{l_0^2 + R^2}\right) \tag{15-28}$$

进行计算。

取上列各式中的 $l_1 = 0$，则可得图 15-17 所示 n 型稳定杆的计算式。

（2）棒材与管材稳定杆的比较 稳定杆在同样刚度的结构的情况下，管材结构的质量要比棒材结构的轻，但最大应力将有所增加。如图 15-17 所示，设棒材直径为 d，管材内径为 d_1，外径为 d_2，壁厚为 h。在要求轻量化率为 s 的情况下，管材的 d_1、d_2 和 h 可按下式计算：

$$d_1 = d\sqrt{(2s - s^2)/2(1-s)} \tag{15-29a}$$

$$d_2 = d\sqrt{(2 - 2s + s^2)/2(1-s)} \tag{15-29b}$$

$$h/d_2 = \left(1 - \sqrt{(2s - s^2)/(2 - 2s + s^2)}\right)/2 \tag{15-29c}$$

其管材相对于棒材稳定杆应力的增加率，如图 15-18 所示，等于管材外径的增加率。有关稳定杆的制造工艺参见第 30 章。

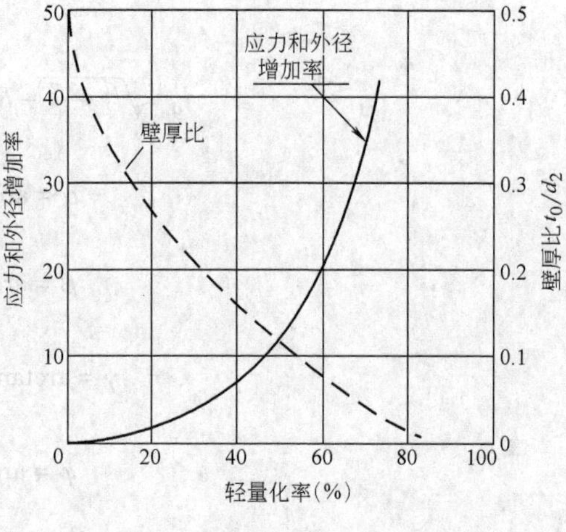

图 15-18 棒材和管材稳定杆质量和应力的变化

第 16 章　多股螺旋弹簧

1　多股螺旋弹簧的类型与特性

（1）类型　由于制造工艺的限制，多股螺旋弹簧（图 16-1）一般只有圆柱形一种。按受力情况分为多股螺旋压缩弹簧；多股螺旋拉伸弹簧；多股螺旋扭转弹簧，不过后者应用较少。

（2）结构和特性　多股螺旋弹簧一般是由 2 ~ 7 根 0.5 ~ 3mm 钢丝拧成钢索后，缠成的弹簧（图 16-1）。当组成钢索的钢丝为 2 ~ 4 股时，可制成无中心股的钢索，如图 16-2a ~ c 所示；当钢丝超过 4 股时，一般要制成有中心股的钢索，如图 16-2d、e 所示，这样可以增加各股钢丝相对位置的稳定性，减少受力后的相对位移。为保证弹簧在工作过程中，钢索不致松散，压缩弹簧钢索的旋向应与弹簧的旋向相反；拉伸弹簧钢索的旋向应与弹簧的旋向相同。由于此类弹簧钢索的特殊结构，形成了较合理的同心弹簧结构。具有一些其他类型螺旋弹簧所不可比拟的特性：

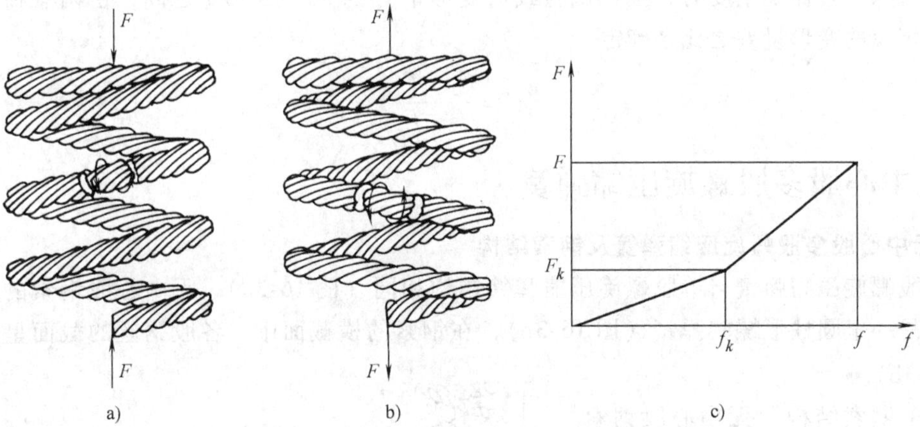

图 16-1　多股螺旋弹簧

a）压缩弹簧　b）拉伸弹簧　c）特性线

1）强度条件较好。因多股螺旋弹簧多采用直径较小的碳素弹簧钢丝制成，而碳素弹簧钢丝的直径越小，强度越高。

2）弹簧的特性曲线为两条直线组成的折线，具有明显的转折点 F_k，特性线较平直，柔度较大（图 16-1）。

3）由于弹簧工作时，钢索的各股钢丝间产生一定的摩擦力，可以消除弹簧的内振。但受频繁循环载荷作用时，磨损也较厉害。

4）与单股螺旋弹簧相比，具有比较高的寿命和安全性。

5）制造工艺较复杂，自动化程度低、成本高。因而，无特殊需要时一般不采用。

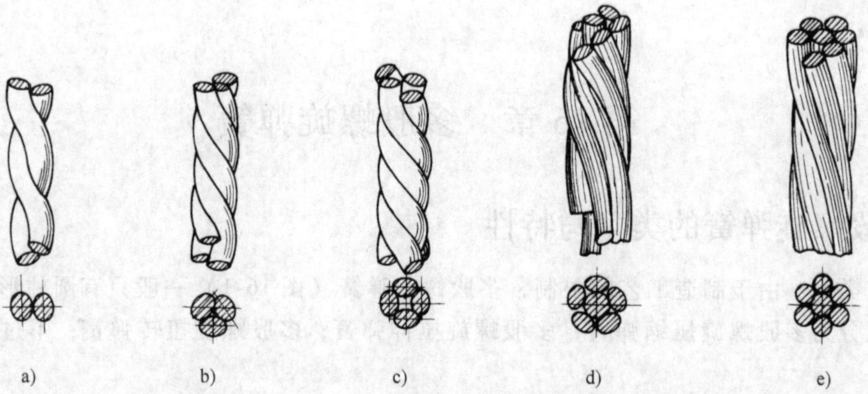

图 16-2　多股螺旋弹簧钢索结构

(3) 弹簧特性和刚度　为了保证弹簧工作进程中承受的载荷 $F_{1,2,3,\cdots,n}$ 与变形量 $f_{1,2,3,\cdots,n}$ 之间的特性（图 16-1），指定高度时的载荷，弹簧变形量应在试验载荷下变形量 f_s 的20% ~80% 之间：

$$0.2f_s \leqslant f_{1,2,3,\cdots,n} \leqslant 0.8f_s \tag{16-1}$$

在特殊需要保证刚度时，按在试验载荷变形量 f_s 的 30% ~70% 之间，由两载荷点的载荷差与相应的变形量差之比来确定。

$$F' = \frac{F_2 - F_1}{f_2 - f_1} \tag{16-2}$$

2　无中心股多股螺旋压缩弹簧

2.1　无中心股多股螺旋压缩弹簧及钢索结构

多股螺旋压缩弹簧与单股螺旋压缩弹簧结构相同（图 16-3a）。无中心股钢索的每股钢丝，都是一个圆柱形螺旋弹簧（图 16-3c），在钢索的横截面中，各股钢丝的截面呈椭圆形（图 16-3b）。

(1) 钢索结构　无中心股钢索的几何尺寸关系如图 16-3 和图 16-4 所示。

由图 16-3 及图 16-4，可得 ψ_0、m 和 β 三个参数之间的关系为

$$\psi_0 + \tan^2\beta\sin\psi_0 = \frac{2\pi}{m} \tag{16-3}$$

根据此式，可绘制 ψ_0、m 和 β 三个参数之间的关系曲线，如图 16-5所示。如已知其中两个参数，便可在图上找出对应的另一个参数。角 ψ_0 亦可由表 16-1 查出。

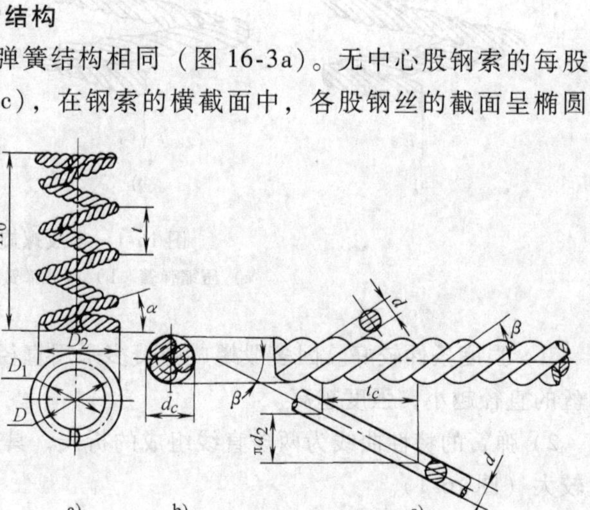

图 16-3　弹簧及钢索结构尺寸

d—钢索钢丝直径　d_c—钢索外径　d_2—通过各钢丝中心的圆的直径　β—钢索的拧角　t_c—钢索的索距

表 16-1　角 ψ_0 值

钢索股数	钢索拧角 β						
m	15°	20°	25°	30°	35°	40°	45°
2	180°	180°	180°	180°	180°	180°	180°
3	116°18′	113°	108°12′	101°18′	92°	80°24	67°18′
4	85°54′	82°27′	77°45′	71°54′	64°34′	56°30′	47°20′

通过各钢丝中心圆的直径 d_2 与 ψ_0 和 β 的关系为

$$d_2=\frac{2d}{\sqrt{4\sin^2\frac{\psi_0}{2}+\tan^2\beta\sin^2\psi_0}}=\frac{d}{\sin\frac{\psi_0}{2}\sqrt{1+\tan^2\beta\cos^2\frac{\psi_0}{2}}}=\varepsilon d \tag{16-4}$$

图 16-6 是根据式（16-3）及式（16-4）绘制的曲线。当已知钢索股数 m 和拧角 β 时，可由图上查得 $\varepsilon=d_2/d$ 比值。在已知钢丝直径 d 的情况下，则可求得钢索中通过各钢丝中心圆的直径 d_2 值。

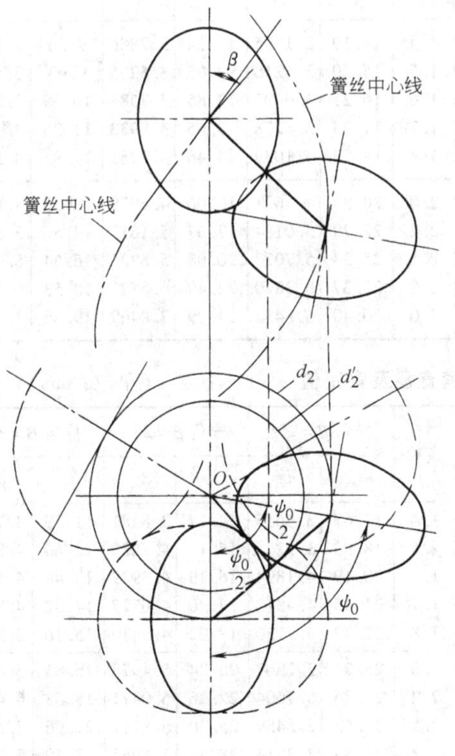

图 16-4　无中心股钢索的几何尺寸关系

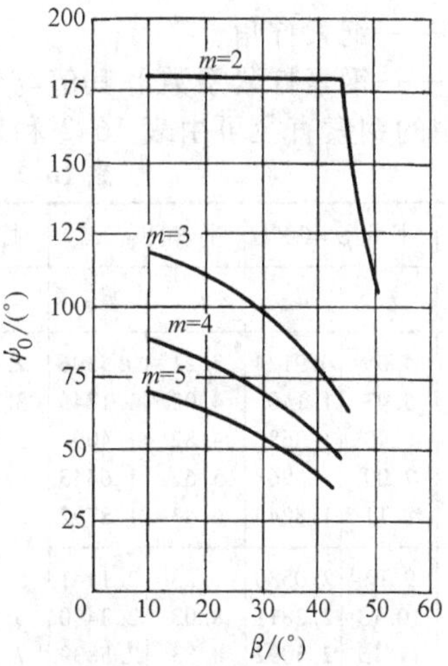

图 16-5　钢丝扭转角 ψ_0，钢索股数 m 和拧角 β 之间的关系曲线

m—组成钢索的钢丝的股数　ψ_0—相邻两股钢丝的两个切点在垂直于钢索中心线的投影面内，钢丝绕钢索中心线所转的角度（图 16-4）

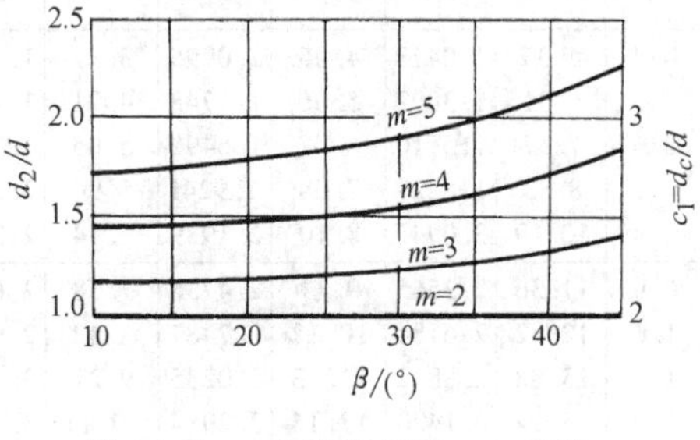

图 16-6　ε 和钢索指数 c_1、股数 m 和拧角 β 的关系曲线

钢索直径 d_c 与钢丝直径 d 的比称为钢索指数 c_1 即

$$c_1 = \frac{d_c}{d} \tag{16-5}$$

c_1 值可根据钢索股数 m 和拧角 β 由图16-6查得。

（2）钢索直径 d_c　钢索直径 d_c 的大小，与钢索的股数 m 及钢索拧角 β 有关，其值可用下式计算：

三股钢索直径：

$$d_{c3} = d\left(1 + \frac{\cos\beta}{\sqrt{\frac{1}{4} + \frac{\cos\beta}{2}}} + \lambda\right) \tag{16-6}$$

四股钢索直径：

$$d_{c4} = d\left(1 + \frac{\cos\beta}{\sqrt{\frac{\cos 2\beta}{2}}} + \lambda\right) \tag{16-7}$$

式中　β——钢索拧角；

λ——钢索拧紧系数。其值与钢索拧角 β 值成正比，一般可在0.1～0.2范围内选取。

常用的钢索直径可由表16-2和表16-3直接选取。

表16-2　三股钢索的钢索直径及索距值　（单位：mm）

序号	钢丝直径 d	拧角 $\beta=20°$		拧角 $\beta=25°$		拧角 $\beta=30°$		序号	钢丝直径 d	拧角 $\beta=20°$		拧角 $\beta=25°$		拧角 $\beta=30°$	
		t_c	d_{c3}	t_c	d_{c3}	t_c	d_{c3}			t_c	d_{c3}	t_c	d_{c3}	t_c	d_{c3}
1	0.4	4.05	0.9124	3.21	0.9396	2.65	0.9699	11	1.4	14.19	3.1935	11.24	3.2886	9.26	3.3946
2	0.5	5.07	1.1405	4.02	1.1745	3.31	1.2124	12	1.5	15.20	3.4216	12.05	3.5235	9.93	3.6371
3	0.6	6.08	1.3686	4.82	1.4094	3.97	1.4549	13	1.6	16.21	3.6497	12.85	3.7584	10.59	3.8796
4	0.7	7.09	1.5968	5.62	1.6443	4.63	1.6973	14	1.7	17.23	3.8778	13.65	3.9933	11.25	4.1221
5	0.8	8.11	1.8249	6.43	1.8792	5.29	1.9398	15	1.8	18.24	4.1059	14.46	4.2281	11.91	4.3645
6	0.9	9.12	2.0530	7.23	2.1141	5.96	2.1823	16	2.0	20.27	4.5621	16.06	4.6979	13.23	4.8495
7	1.0	10.13	2.2811	8.03	2.3490	6.62	2.4248	17	2.2	22.29	5.0184	17.67	5.1677	14.56	5.3344
8	1.1	11.15	2.5092	8.83	2.5839	7.28	2.6672	18	2.5	25.33	5.7027	20.08	5.8724	16.54	6.0619
9	1.2	12.16	2.7373	9.64	2.8188	7.94	2.9097	19	2.8	28.37	6.3870	22.49	6.5771	18.53	6.7893
10	1.3	13.17	2.9654	10.44	3.0537	8.60	3.1522	20	3.0	30.40	6.8432	24.09	7.0469	19.85	7.2742

表16-3　四股钢索的钢索直径及索距值　（单位：mm）

序号	钢丝直径 d	拧角 $\beta=20°$		拧角 $\beta=25°$		拧角 $\beta=30°$		序号	钢丝直径 d	拧角 $\beta=20°$		拧角 $\beta=25°$		拧角 $\beta=30°$	
		t_c	d_{c4}	t_c	d_{c4}	t_c	d_{c4}			t_c	d_{c4}	t_c	d_{c4}	t_c	d_{c4}
1	0.4	5.05	1.0473	4.05	1.0995	3.37	1.1728	11	1.4	17.67	3.6657	14.17	3.8481	11.79	4.1049
2	0.5	6.31	1.3092	5.06	1.3743	4.21	1.4660	12	1.5	18.93	3.9275	15.18	4.1230	12.64	4.3981
3	0.6	7.57	1.5710	6.07	1.6492	5.05	1.7592	13	1.6	20.19	4.1894	16.19	4.3979	13.48	4.6913
4	0.7	8.83	1.8329	7.08	1.9241	5.90	2.0524	14	1.7	21.45	4.4512	17.20	4.6727	14.32	4.9845
5	0.8	10.10	2.0947	8.10	2.1989	6.74	2.3456	15	1.8	22.72	4.7130	18.22	4.9476	15.16	5.2777
6	0.9	11.36	2.3565	9.11	2.4738	7.58	2.6389	16	2.0	25.24	5.2367	20.24	5.4973	16.85	5.8641
7	1.0	12.62	2.6184	10.12	2.7487	8.42	2.9321	17	2.2	27.76	5.7604	22.26	6.0471	18.53	6.4505
8	1.1	13.88	2.8802	11.13	3.0235	9.27	3.2253	18	2.5	31.55	6.5459	25.30	6.8717	21.06	7.3301
9	1.2	15.14	3.1420	12.14	3.2981	10.11	3.5185	19	2.8	35.33	7.3314	28.33	7.6963	23.59	8.2097
10	1.3	16.41	3.4039	13.16	3.5733	10.95	3.8117	20	3.0	37.86	7.8551	30.36	8.2460	25.27	8.7962

（3）钢索索距 t_c　可由下式计算：

$$t_c = \pi d_2 \cot\beta \tag{16-8}$$

$$d_2 = \varepsilon d \tag{16-9}$$

式中 d_2——钢索通过各钢丝中心圆的直径。其值可由式（16-4）进行较精确的计算；

ε——与钢索拧角有关的系数。其值可由图 16-6 或表 16-4 选取。

钢索索距 t_c，亦可按表 16-2 和表 16-3 所列数值选取。

（4）钢索其他几何尺寸的选取　根据实际情况，推荐按以下范围选取：

钢索股数 $m=2\sim4$，最好不小于 3。

钢索拧角一般取 $\beta=15°\sim30°$当要求弹簧具有较高的刚度时，β 最大可取到 45°；

表 16-4　系数 ε 值

钢索股数	钢索拧角 β/(°)				
m	15	20	25	30	35
2	1	1	1	1	1
3	1.166	1.174	1.192	1.216	1.252
4	1.456	1.462	1.502	1.548	1.606

当要求弹簧具有较大的减振作用时，β 可在 30°～40°范围内选取。当要求弹簧的特性曲线有较大范围的线性关系时，β 可在 22°～25°范围内选取。

2.2　无中心股多股螺旋压缩弹簧的设计计算

由于多股螺旋弹簧在未承受载荷时，钢索各股钢丝之间的接触是不紧密的，当载荷达到一定程度之后，各股钢丝才拧紧，故在钢索拧紧的前后，弹簧的特性是不一样的，为精确起见，应分别进行计算。

（1）钢索未拧紧前的设计与计算　当弹簧承受轴向载荷 F 时，如弹簧螺旋角较小，钢索主要受到扭矩 $T_t=FD/2$ 的作用。而每股钢丝又相当一个螺旋弹簧，将承受弯矩 M_b'和扭矩 T_t'的作用，其值为

$$M_b' = \frac{T_t}{m}\sin\beta = \frac{FD}{2m}\sin\beta$$

$$T_t' = \frac{T_t}{m}\cos\beta = \frac{FD}{2m}\cos\beta \tag{16-10}$$

按能量法则，可得钢索未拧紧前的变形计算公式：

$$f = \frac{8FD^3 n}{Gd^4 m\xi'} \tag{16-11}$$

$$\xi' = \frac{(1+\mu)\cos\beta}{1+\mu\cos^2\beta} \tag{16-12}$$

式中 ξ'——刚度系数，除可按上式计算外，也可根据拧角大小，由图 16-7 查得；

μ——材料的泊松比，对于钢丝 $\mu=0.3$。

当弹簧钢索拧紧时的作用载荷为 F_k 时，则对应的变形计算式：

$$f_k = \frac{8F_k D^3 n}{Gd^4 m\xi'} \tag{16-13}$$

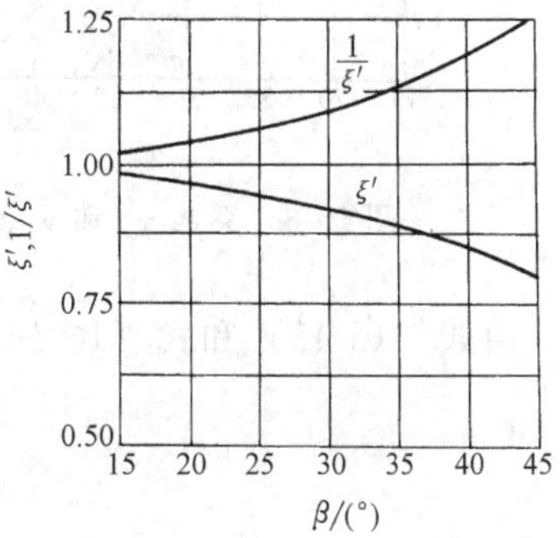

图 16-7　系数 ξ'和 $1/\xi'$值

（2）钢索拧紧后的设计与计算　在钢索拧紧后，钢索所承受的扭矩 T_t 将分为两部分，即拧紧钢索所需的扭矩 T_{tk}和续加扭矩 T_{tc}，其计算式为

$$T_{tk} = \frac{F_k D}{2}$$

$$T_{tc}=T_t-T_{tk}=\frac{(F-F_k)D}{2}$$

T_{tk}对钢索的每股钢丝作用的弯矩 M'_{bk}和扭矩 T'_{tk}分别为

$$M'_{bk}=\frac{T_{tk}}{m}\sin\beta=\frac{F_kD}{2m}\sin\beta \tag{16-14a}$$

$$T'_{tk}=\frac{T_{tk}}{m}\cos\beta=\frac{F_kD}{2m}\cos\beta \tag{16-14b}$$

T_{tc}对钢索的每股钢丝作用的弯矩 M'_{bc}和扭矩 T'_{tc}分别为

$$M'_{bc}=\gamma'_b\frac{T_{tc}}{m}\sin\beta=\gamma_b\frac{(F-F_k)D}{2m} \tag{16-15a}$$

$$T'_{tc}=\gamma'_t\frac{T_{tc}}{m}\cos\beta=\gamma_t\frac{(F-F_k)D}{2m} \tag{16-15b}$$

式中　γ_b 和 γ_t——钢索拧紧后，钢丝互相间的作用力对 M'_{bc}及 T'_{tc}的影响系数。其值与钢索股数 m 和钢索拧角 β 有关，可在图 16-8 中查得。

参照式（16-13）可得钢索拧紧后的变形 f_c 计算式：

$$f_c=\frac{8(F-F_k)D^3n}{Gd^4m\xi''} \tag{16-16}$$

式中　ξ''——系数，与钢索股数 m 和钢索拧角 β 有关，其值可由图 16-9 查得。

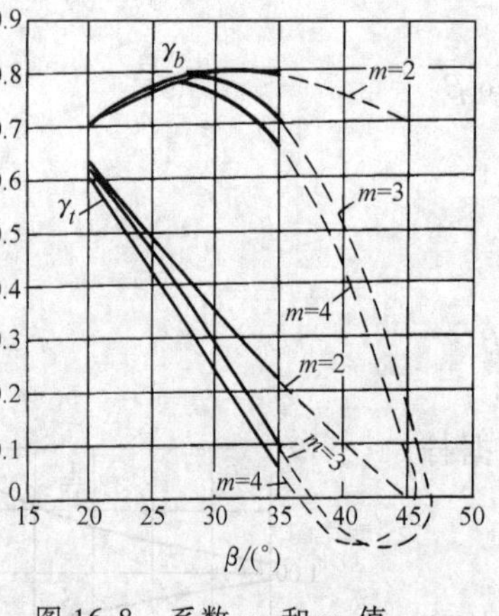

图 16-8　系数 γ_b 和 γ_t 值

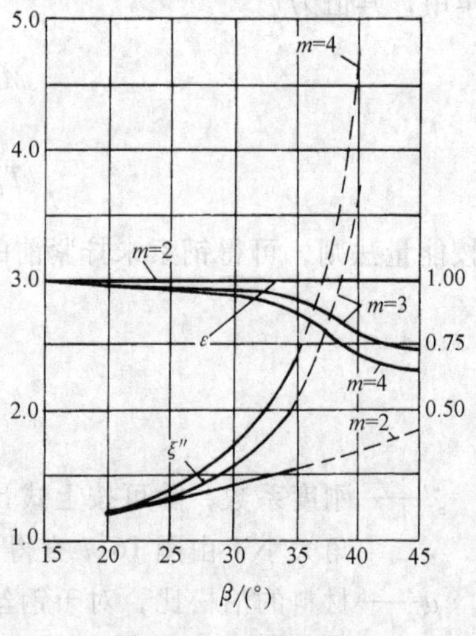

图 16-9　系数 ξ''值

由式（16-13）和式（16-16）可得多股螺旋压缩弹簧在承受载荷后，总的变形量计算式：

$$f=f_k+f_c=\frac{8FD^3n}{Gd^4m\xi} \tag{16-17}$$

$$\frac{1}{\xi}=\frac{1}{\xi'}\left(\frac{F_k}{F}\right)+\frac{1}{\xi''}\left(1-\frac{F_k}{F}\right) \tag{16-18}$$

式中　ξ——系数，与 ξ'和 ξ''有关，亦可根据 F_k/F 和 β 在图 16-10 中查得。

例如当 $F_k/F=0.2$，$\beta=30°$时，$1/\xi$ 值的查取法为从图底部横坐标 $\beta=30°$处向上做垂线与 $1/\xi''$和 $1/\xi'$两条曲线分别交于 A 和 B 点，过 A 和 B 点分别做横坐标的平行线与两边的纵

坐标轴分别交于 C 点和 D 点，连接 C 和 D，从上部横坐标 $F_k/F=0.2$ 处向下做垂线，与 CD 线交于 E 点，过 E 点做横坐标的平行线，与纵坐标轴 $1/\xi$ 交于 F，此 F 点即为所求的 $1/\xi=0.75$。

在一般计算中，系数 ξ 值，亦可按下列数值选取：

三股钢索　$\xi=1.2\sim1.3$　(16-19)

四股钢索　$\xi=1.1\sim1.2$　(16-20)

ξ 值与钢索拧角 β 值成正比。

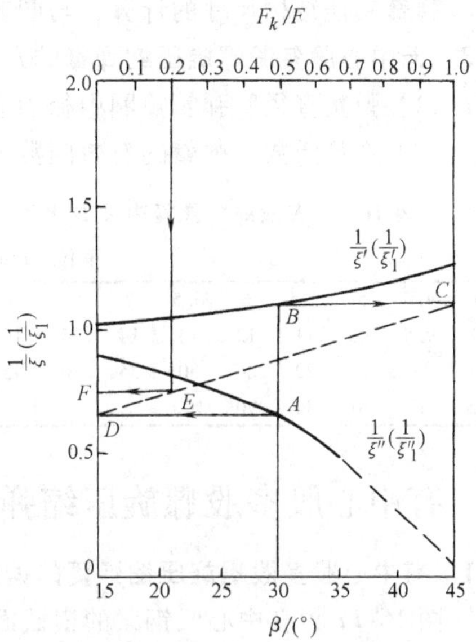

图 16-10　系数 $1/\xi$ 值

(3) 弹簧的强度计算　由式 (16-14) 和式 (16-15) 可得多股螺旋弹簧在拧紧钢索后，钢索所受的总扭矩 T_T 和总弯矩 M_B 为

$$T_T=T'_{tk}+T'_{tc}=\gamma_T\frac{FD}{2m} \tag{16-21}$$

$$\gamma_T=\frac{F_k}{F}\cos\beta+\gamma_t\left(1-\frac{F_k}{F}\right) \tag{16-22}$$

$$M_B=M'_{bk}+M'_{bc}=\gamma_B\frac{FD}{2m} \tag{16-23}$$

$$\gamma_B=\frac{F_k}{F}\sin\beta+\gamma_b\left(1-\frac{F_k}{F}\right) \tag{16-24}$$

根据第三强度理论，由上列各式可得多股螺旋弹簧的强度计算公式：

$$\tau=\frac{\sqrt{T_T^2+M_B^2}}{\frac{\pi d^3}{16}}=\sqrt{\gamma_B^2+\gamma_T^2}\frac{8FD}{m\pi d^3}=K_{\tau0}\frac{8FD}{m\pi d^3}\leqslant[\tau] \tag{16-25}$$

$$K_{\tau0}=\sqrt{\gamma_B^2+\gamma_T^2}$$

当取 $F_k=F$ 时，由式 (16-22) 和式 (16-24) 可知 $K_{\tau0}=(\gamma_B^2+\gamma_T^2)^{1/2}=1$，式 (16-25) 可简化为

$$\tau=\frac{8FD}{\pi d^3 m}\leqslant[\tau] \tag{16-26}$$

(4) 弹簧其他几何尺寸的选取与计算　弹簧旋绕比 C，一般应在 4～8 范围内选取，最小应不小于 3。

特性曲线折点的位置，即对应于特性曲线折点的载荷 F_k 与最大工作载荷 F 之比 F_k/F，一般取 1/3～1/4。

弹簧钢索的展开长 L，可按式 (16-27) 计算：

$$L=n_1\sqrt{(\pi D)^2+t^2} \tag{16-27}$$

弹簧钢丝的展开长 L_1，可按式 (16-28) 计算：

$$L_1=mL\sqrt{1+\left[\frac{\pi(d_c-d)}{t_c}\right]^2} \tag{16-28}$$

弹簧其他结构尺寸的计算，与圆截面材料单股螺旋压缩弹簧相同。

2.3 无中心股多股螺旋压缩弹簧的几何尺寸系列

（1）弹簧直径 弹簧簧圈中径 D 值可按表16-5推荐的系列选取。

（2）弹簧圈数 弹簧的有效圈数 n 可按表16-6推荐的系列选取。

表16-5 多股螺旋弹簧中径 D 系列

（单位：mm）

4	4.5	5	5.5	6	6.5	7	7.5	8	8.5
9	9.5	10	11	12	13	14	15	16	17
18	19	20	22	26	30	35	40	45	50
55	60	70	80	90	100				

表16-6 多股螺旋弹簧有效圈数 n 系列

（单位：圈）

3	3.5	4	4.5	5	5.5	6	7	8	9
10	11	12	13	14	15	16	18	20	22
25	28	30	32	35	38	40	45	50	

3 有中心股多股螺旋压缩弹簧

3.1 有中心股多股螺旋压缩弹簧的钢索结构

图16-11为有中心股钢索的横截面几何尺寸关系。

在选取钢丝直径时，应使 $d_1 > d_1'$。当 $m=5$ 时，取 $d_1 = d$。钢索拧角 $\beta = 25° \sim 30°$。$d_1'/d_1 = 0.84 \sim 0.9$，d_1' 为钢索外层钢丝拧紧时，内切圆直径。

$$d_2 = d_1 + d \tag{16-29}$$

钢索拧角 β 按式（16-30）计算：

$$\tan\beta = \frac{\pi d_2}{t_c'} = \frac{\pi(d_1 + d)}{t_c'} \tag{16-30}$$

由图16-12可知钢索拧角的极限值 β_j 为

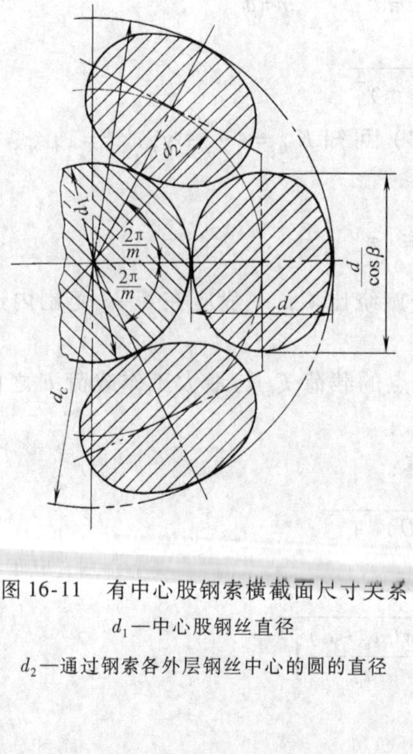

图16-11 有中心股钢索横截面尺寸关系

d_1—中心股钢丝直径

d_2—通过钢索各外层钢丝中心的圆的直径

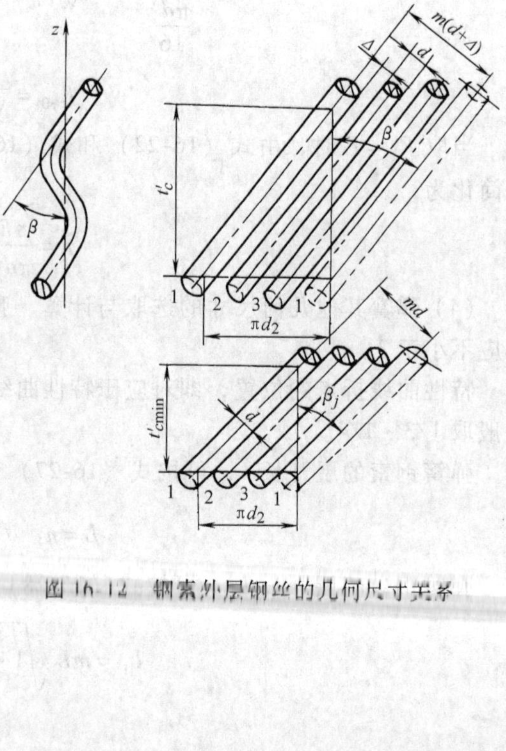

图16-12 钢索外层钢丝的几何尺寸关系

$$\tan\beta_j = \frac{\pi(d_1 + d)}{t_{c\min}} \tag{16-31a}$$

或

$$\cos\beta_j = \frac{md}{\pi d_2} = \frac{md}{\pi(d_1 + d)} \tag{16-31b}$$

钢索外径 d_c 为

$$d_c = d_1 + 2d \tag{16-32}$$

钢索长度 L 和弹簧钢丝展开长度 L_1，可用式（16-27）和式（16-28）计算。

3.2　有中心股多股螺旋压缩弹簧的设计计算

其计算方法与无中心股多股螺旋弹簧相同，当弹簧承受载荷后，钢索拧紧前后，弹簧的性能不一样，应分别进行计算。

(1) 钢索未拧紧前的设计计算　有中心股多股螺旋弹簧的钢索端头均应用焊接的方法固定。因而，中心股和外层各股钢丝在承受载荷后，具有同样的变形。外层各股钢丝是均匀承受载荷的，故当弹簧承受载荷 F 的作用时，钢索主要承受的扭矩为

$$T_t = \frac{FD}{2}$$

$$T_t = T_{t1} + mT_{t2} \tag{16-33}$$

式中　T_{t1}——中心股钢丝承受的扭矩；

T_{t2}——外层每股钢丝承受的扭矩。

中心股钢丝相当一螺旋弹簧，因此沿钢丝任意截面仅受到扭矩 T'_{t1} 的作用，其值为

$$T_{t1} = T'_{t1} = \chi T_{t2} \tag{16-34}$$

$$T_{t2} = \frac{T_t}{m + \chi} \tag{16-35}$$

$$\chi = \frac{1 + \mu\cos^2\beta}{(1 + \mu)\cos\beta}\left(\frac{d_1}{d}\right)^4 \tag{16-36}$$

式中　χ——系数。

当 $m = 5$，$d_1 = d$，$\mu = 0.3$ 时，χ 值可根据 β 值在图 16-13 中查取。

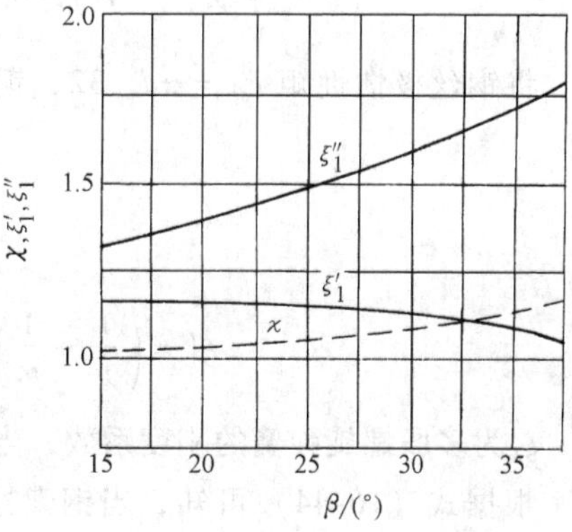

图 16-13　系数 X、ξ'_1 和 ξ''_1 值

当钢索受扭矩 T_t 作用时，外层钢丝所受的扭矩 T'_{t2} 和弯矩 M'_{b2} 分别为

$$T'_{t2} = T_{t2}\cos\beta = \frac{\cos\beta}{m + \chi}T_t = K_t T_t \tag{16-37}$$

$$M'_{b2} = T_{t2}\sin\beta = \frac{\sin\beta}{m + \chi}T_t = K_b T_t \tag{16-38}$$

$$K_t = \frac{\cos\beta}{m + \chi} \tag{16-39}$$

$$K_b = \frac{\sin\beta}{m + \chi} \tag{16-40}$$

当钢索受扭矩 T_t 时，中心股钢丝所受扭矩 T'_{t1} 为

$$T'_{t1}=T_{t1}=\frac{\chi T_t}{m+\chi}=K_{t1}T_t \tag{16-41}$$

$$K_{t1}=\frac{\chi}{m+\chi} \tag{16-42}$$

当 $m=5$，$d_1=d$，$\mu=0.3$ 时，系数 K_t、K_b、K_{t1} 值可在图16-14中查取。

由于中心股钢丝的变形与外层钢丝的变形相同，因而中心股钢丝的变形即整个弹簧的变形。

当弹簧受到轴向载荷 F 的作用时，根据式(16-41)和式（16-42）可知：

$$T'_{t1}=K_{t1}T_t=K_{t1}\frac{FD}{2}=\frac{\chi FD}{2(m+\chi)} \tag{16-43}$$

当中心股钢丝受到单位轴向载荷作用时，其所受的扭矩为

$$T'_{1t1}=\frac{1\cdot D}{2}$$

则弹簧的轴向变形：

$$f=\int_0^L\frac{T'_{t1}T'_{1t1}d_S}{GI_{p1}}=\frac{\chi FD^2L}{4(m+\chi)GI_{p1}}$$

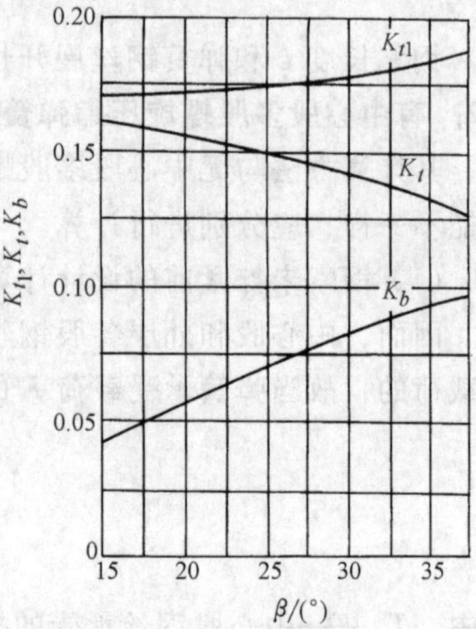

图16-14 系数 K_t、K_b、K_{t1} 值

将钢丝极惯性矩 $I_{p1}=\pi d^4/32$，钢丝长度 $L\approx\pi Dn$，代入上式得

$$f=\frac{8FD^3n}{Gd^4m\xi'_1} \tag{16-44}$$

$$\xi'_1=\left(\frac{1}{\chi}+\frac{1}{m}\right)\left(\frac{d_1}{d}\right)^4=\frac{(1+\mu)\cos\beta}{1+\mu\cos^2\beta}+\frac{1}{m}\left(\frac{d_1}{d}\right)^4$$

ξ'_1 为多股螺旋弹簧的刚度系数，当 $m=5$，$d_1=d$，$\mu=0.3$ 时，其值由图16-13直接查得。

根据式（16-44）可知，当钢索拧紧时，弹簧的变形为

$$f_k=\frac{8F_kD^3n}{Gd^4m\xi'_1} \tag{16-45}$$

（2）钢索拧紧后的设计计算　计算方法与无中心股多股螺旋压缩弹簧情况相同，当钢索拧紧后，钢索承受的扭矩 $T_t=FD/2$ 将分为两部分，即钢索拧紧所需的扭矩 T_{tk} 和续加扭矩 T_{tc}，其计算式分别为

$$T_{tk}=\frac{F_kD}{2}$$

$$T_{tc}=T_t-T_{tk}=\frac{(F-F_k)D}{2}$$

中心股钢丝所承受的续加扭矩 T'_{tc1} 为

$$T'_{tc1}=K'_{t1}T_{tc}=K'_{t1}\frac{(F-F_k)D}{2} \tag{16-46}$$

$$K'_{t1}=\frac{1}{1+\frac{m(1+\mu\sin^2 2\beta)}{\cos\beta}\left(\frac{d}{d_1}\right)^4} \tag{16-47}$$

外层各股钢丝所承受的续加扭矩 T'_{tc2} 和续加弯矩 M'_{bc2} 分别为

$$T'_{tc2}=K'_t T_{tc}=K'_t\frac{(F-F_k)D}{2} \tag{16-48}$$

$$M'_{bc2}=K'_b T_{tc}=K'_b\frac{(F-F_k)D}{2} \tag{16-49}$$

$$K'_t=\frac{\cos\beta\cos 2\beta}{\left[\left(\frac{d_1}{d}\right)^4\cos\beta+m(1+\mu\sin^2 2\beta)\right]} \tag{16-50}$$

$$K'_b=\frac{\sin 2\beta\cos\beta(1+\mu)}{\left[\left(\frac{d_1}{d}\right)^4\cos\beta+m(1+\mu\sin^2 2\beta)\right]} \tag{16-51}$$

对于 $m=5$，$d_1=d$，$\mu=0.3$ 的多股螺旋弹簧，可根据拧角 β，在图 16-15 中查取系数 K'_{t1}，K'_t 及 K'_b 的值。

在单位轴向载荷作用下，中心股钢丝承受的扭矩为

$$T'_{1tc1}=\frac{1\cdot D}{2}$$

由上式及式（16-46），参照式（16-44）的推导，可得弹簧在钢索拧紧后的轴向变形的计算式：

$$f_c=\frac{8(F-F_k)D^3 n}{Gd^4 m\xi''_1} \tag{16-52}$$

$$\xi''_1=\frac{1}{m}\left(\frac{d_1}{d}\right)^4+\frac{1+\mu\sin^2 2\beta}{\cos\beta} \tag{16-53}$$

对于 $m=5$，$d_1=d$，$\mu=0.3$ 的多股螺旋弹簧，ξ''_1 值可在图 16-13 中查取。

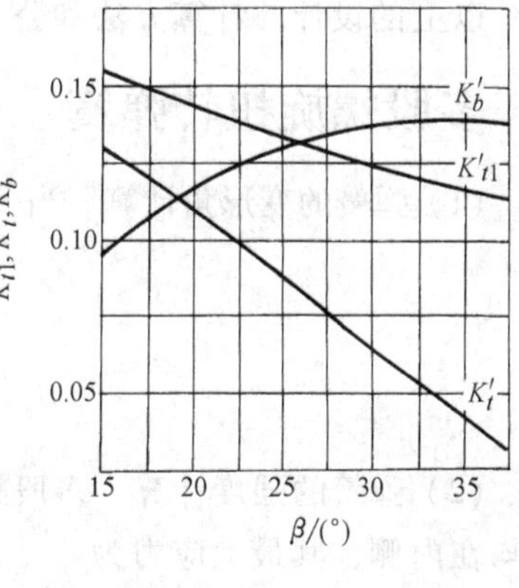

图 16-15　系数 K'_{t1}、K'_t、K'_b 值

由式（16-45）和式（16-52），可得有中心股多股螺旋弹簧在承受轴向载荷 F 后，总的变形量的计算式：

$$f=f_k+f_c=\frac{8FD^3 n}{Gd^4 m\xi_1} \tag{16-54}$$

$$\frac{1}{\xi_1}=\frac{1}{\xi'_1}\left(\frac{F_k}{P}\right)+\frac{1}{\xi''_1}\left(1-\frac{F_k}{F}\right) \tag{16-55}$$

$1/\xi_1$ 值可根据 $1/\xi'_1$ 和 $1/\xi''_1$ 值，参照无中心股多股螺旋弹簧的方法，在图 16-10 中查取。

（3）弹簧强度的计算　当弹簧所承受的载荷 $F>F_k$ 时，即弹簧在工作时，钢索将拧紧，如果略去钢索所受的切向力，则中心股钢丝的强度按式（16-56）计算：

$$\tau=K_{\tau 1}\frac{8FD}{\pi d^3}\leqslant[\tau] \tag{16-56}$$

$$K_{\tau 1}=K_{T1}=K_{t1}\frac{F_k}{F}+K'_{t1}\left(1-\frac{F_k}{F}\right) \tag{16-57}$$

对于 $m=5$，$d_1=d$，$\mu=0.3$ 的多股螺旋弹簧可根据拧角 β 的大小，由图 16-14 中查取 K_{t1} 值，由图 16-15 中查取 K'_{t1} 值。

外层各股钢丝的强度，可按式（16-58）计算：

$$\tau = K_\tau \frac{8FD}{\pi d^3} \tag{16-58}$$

$$K_\tau = \sqrt{K_T^2 + K_B^2} \tag{16-59}$$

$$K_T = K_t \frac{F_k}{F} + K'_t\left(1 - \frac{F_k}{F}\right) \tag{16-60}$$

$$K_B = K_b \frac{F_k}{F} + K'_b\left(1 - \frac{F_k}{F}\right) \tag{16-61}$$

对于 $m=5$，$d_1=d$，$\mu=0.3$ 的多股螺旋弹簧，可根据拧角 β 大小，由图 16-14 中查取 K_b 值，由图 16-15 中查取 K'_b值。

当弹簧所承受的载荷 $F<F_k$ 时，即弹簧在工作时，钢索未完全拧紧，如取 $F_k=F$ 时，则式（16-56）~式（16-59）中的 $K_{\tau1}=K_{t1}$，$K_T=K_t$，$K_B=K_b$。

以上的设计、计算方法和公式、图表等，均适用于多股螺旋拉伸弹簧。

4 多股螺旋扭转弹簧

（1）弹簧的变形角计算　当多股螺旋扭转弹簧承受扭矩 T 时，其扭转变形角 φ 计算公式为

$$\varphi = \zeta \frac{64\times 180DnT}{E\pi d^4 m}(^\circ) \tag{16-62}$$

$$\zeta = \frac{2+\mu\sin^2\beta}{2\cos\beta} \tag{16-63}$$

（2）弹簧的强度计算　多股螺旋扭转弹簧在扭矩 T 的作用下，各股钢丝任意截面的危险点均在内侧，其最大应力为

$$\sigma = K'\frac{10T}{d^3 m} \tag{16-64}$$

式中系数 K' 是考虑由于各股钢丝弯曲对应力的影响，其值可根据钢索股数 m 及钢索拧角 β，按表 16-7 查取。

表 16-7　系数 K'值

钢索股数	钢索拧角 β/(°)					
m	20	22	24	26	28	30
2	1.10	1.12	1.15	1.18	1.21	1.25
3	1.08	1.10	1.12	1.15	1.17	1.20
4	1.06	1.08	1.09	1.11	1.13	1.15

（3）弹簧的有关几何尺寸的选取　为避免多股螺旋扭转弹簧圈在工作时互相接触产生摩擦，弹簧圈之间应留有间隙，故其螺旋角一般为 $\alpha=5^\circ\sim8^\circ$。

钢索拧角一般应在 $\beta=20^\circ\sim30^\circ$范围内选取。弹簧旋绕比 C，一般应不小于 4。

5 多股螺旋弹簧的材料和许用应力的选取

多股螺旋弹簧一般应选用直径 $d<3$mm 的碳素弹簧钢丝（GB/T 4357）或重要用途碳素弹簧钢丝（YB/T 5311）或油淬火回火碳素弹簧钢丝（GB/T 18983）制造。有关这些钢丝的力学性能可参见第 2 章。其许用应力见表 16-8。

多股螺旋弹簧，根据其所受载荷性质及使用要求，分为两组，见表16-8。

表16-8　弹簧组别和许用应力

组　别	工作性质	变形速度 v/(m/s)	压缩、拉伸弹簧许用应力[τ]	扭转弹簧许用应力[σ]
Ⅰ	动载荷	$8 < v \leqslant 13$	$(0.43 \sim 0.52)\Delta R_m$	$(0.68 \sim 0.75)\Delta R_m$
	主要弹簧	$5 < v \leqslant 8$		
Ⅱ	一般弹簧	$v \leqslant 5$	$(0.57 \sim 0.62)\Delta R_m$	$(0.86 \sim 0.97)\Delta R_m$

注：1. 对重要的，其损坏对整个机械有重大影响的弹簧，许用应力应适当降低。
2. 摘自GB/T 13828。
3. σ_b 取钢丝对应抗拉强度的下限值。

由于多股螺旋弹簧工作时，各股钢丝之间互相磨损较大，所以当弹簧受动载荷作用次数在10^6次以上，即要求弹簧具有无限寿命次数时，不宜采用多股螺旋弹簧。

6　多股螺旋弹簧的制造工艺

下面以无中心股多股螺旋弹簧的制造工艺为重点，其工艺过程一般为缠制（包括拧钢索），钳工加工、回火、立定或强压（拉、扭）处理，试验和检验、修整、表面处理。

（1）多股螺旋弹簧的缠制　多股螺旋弹簧的缠制方法有两种：

1）拧钢索与缠弹簧在专用机床上同时进行。采用此种方法卷制的弹簧，质量好，但弹簧钢索索距及钢索直径尺寸不易直接检验，且机床及工装结构较复杂。

2）拧钢索与缠弹簧分别进行。此种方法是先在专用夹具上按要求拧成钢索，再缠弹簧。因而钢索索距及钢索直径可在拧制过程中直接测量，且使用的工装结构简单，易于掌握操作。但钢索拧好后，由于反弹而易发生松散现象。另外由于机床及工装长度的限制，拧制较长钢索时，要分段靠手工调整进行，使钢索索距及钢索直径均匀性较差。除特殊情况外，目前国内很少采用此种方法加工。

3）缠簧心轴直径D_1'与钢索直径，钢索索距，钢索股数，弹簧加工方法有关。可参考下列经验公式确定：

三股弹簧：
$$D_1' = (0.9 \sim 0.95)D_1' \tag{16-65}$$

四股弹簧：
$$D_1' = (0.85 \sim 0.90)D_1' \tag{16-66}$$

式中　D_1'——弹簧内径。

（2）多股螺旋弹簧的钳工加工　钳工加工包括切断、焊钢索端头、弯曲弹簧端头、修整等工步。

1）切断，将缠成的簧坯，用砂轮切成单件或按需要切齐弹簧端圈。当图样未规定弹簧总圈数的允差时，可按表16-9规定值加工。

2）焊头，弹簧需要焊接簧头时，应在产品图样中注明。焊接簧头时可用铜焊或气焊。用铜焊时，焊接部位长度应小于三倍钢索索径，最长不应大于10mm，加热长度应小于1个簧圈，焊后应打磨平滑。用气焊时，焊接部位应低温回火。不带支承圈的弹簧，不应焊接簧头。不焊簧头的弹簧，端头钢索不应有明显的松散。端头应去毛刺或倒棱。

表16-9　弹簧总圈数及极限偏差值

（单位：圈）

总圈数 n_1	弹簧组别	
	Ⅰ	Ⅱ
	极限偏差	
≤15	±0.25	±0.5
>15~30	±0.5	±0.75
>30~50	±0.75	±1
>50	±1	±1.5

注：摘自GB/T 13828。

3）弯头，用冷弯或热弯方法，将压簧支承圈、拉簧钩环、扭簧两臂弯曲成形。热弯时加热温度应不高于900℃，加热部位应少于一圈。冷弯时应注意防止钢索端头松散。

4）修整，视需要修整弹簧端部形状及螺距。修整时应注意保持钢索的均匀性，防止磨损钢丝表面。

（3）多股螺旋弹簧的回火　由于采用材料的单一，多股螺旋弹簧一般只进行200～300℃低温回火。目的是消除加工过程中的冷作应力。应尽量避免使用盐浴炉处理，以防止钢索中盐迹清洗不净而腐蚀钢丝。去应力回火在成形后进行，回火次数不限，硬度不予考核。

（4）多股螺旋弹簧的立定或强压处理　立定或强压处理方法是将压缩弹簧压至规定的高度或各圈并紧，拉伸弹簧拉伸至1.05倍的工作长度，扭转弹簧扭至1.05倍工作扭转角。

处理时持续的时间为

立定处理　按上述要求，压缩（拉伸、扭转）3～5次，每次保持3～5s。

强压处理　按上述要求，压缩至并紧高度，保持6～48h。拉伸弹簧及扭转弹簧一般不进行强拉、强扭处理。

强压弹簧在强压前弹簧的预制高度，一般采用试验的方法确定。对于碳素弹簧钢丝制成的多股螺旋压缩弹簧，可用下列经验公式初步确定预制高 H_0'。

三股弹簧：
$$H_0'=(1+0.125\sim0.175)H_0 \tag{16-67}$$

四股弹簧：
$$H_0'=(1+0.18\sim0.25)H_0 \tag{16-68}$$

H_0'的大小的选取，与弹簧旋绕比 C 成反比，与弹簧有效圈数 n 及钢索索距 t_c 成正比。

加温强压处理　处理方法与强压处理相同，加热温度按产品图样规定进行。本章不再详细介绍。

（5）多股螺旋弹簧的表面处理　多股螺旋弹簧的表面处理方法有：清洗热涂油、磷化、氧化、磷化浸漆、镀铬、镀镉、镀锌等。

由于弹簧结构的特点，多股螺旋弹簧不应进行喷丸处理，因喷丸时钢丸的压力容易使钢索产生变形以致松散，同时如钢丸喷入钢索的钢丝间隙中，不易清除，会直接影响弹簧的性能。

7　多股螺旋弹簧的试验和检验

（1）多股螺旋弹簧的特性及极限偏差

1）弹簧特性应按指定高度时的载荷或指定角度时的扭矩测定，见式（16-2）。

2）弹簧特性的极限偏差：

压缩（拉伸）弹簧，指定高度（长度）时的载荷 F 的极限偏差，按下列规定：

Ⅰ组弹簧　$\pm10\%F$

Ⅱ组弹簧　$\pm15\%F$

扭转弹簧指定角度时的扭矩 T 的极限偏差按下列规定：

Ⅰ组弹簧　$\pm10\%T$

Ⅱ组弹簧　$\pm15\%T$

弹簧特性的极限偏差，根据供需双方协议，可以不对称使用，其公差值不变。

弹簧特性的测定，应在立定处理、强压处理或加温强压处理后进行，在精度不低于1%的弹簧载荷（扭矩）试验机上进行。压缩弹簧测定时，应采用带斜面的坐垫，如图16-16所示。

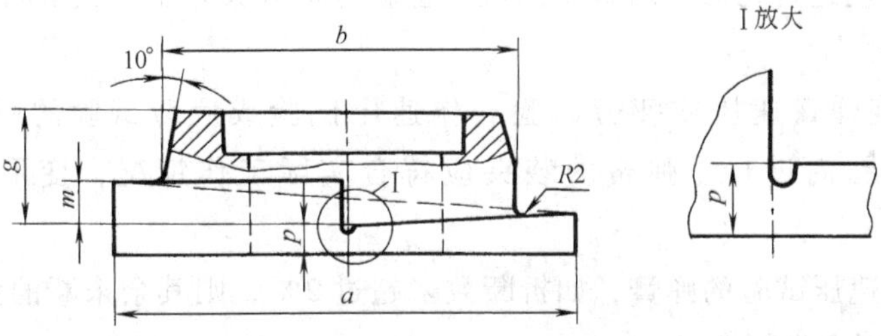

图16-16 压缩弹簧特性测定用坐垫

$a=D_2-(1\sim2)\text{mm}$ $b=D_2-2d_c-2\text{mm}$ $g=2d_c$ $m=d_c$ $p<0.5d_c$

（2）多股螺旋弹簧的试验载荷 试验载荷 F_s 为测定弹簧特性时，弹簧允许承受的最大载荷，其值按式（16-25）计算：

$$F_s=\frac{\pi d^3 m}{8DK_{\tau0}}\tau_s \qquad (16\text{-}69)$$

表16-10 试验切应力 τ_s

（单位：MPa）

材 料	油淬火回火钢丝	碳素钢丝、琴钢丝
试验切应力 τ_s	$0.6R_m$	$0.55R_m$

注：摘自GB/T 13828。

式中 τ_s——试验切应力，其最大值按表16-10选取，在有些情况下可取 $\tau_s=(1.2\sim1.3)[\tau]$。

（3）多股螺旋弹簧的尺寸及极限偏差

1）钢索索径及钢索索距。当拧钢索和缠弹簧同时进行时，钢索索径与钢索索距作为参考值，但钢索索距应均匀。当拧钢索和缠弹簧分两道工序进行时，钢索索径与钢索索距的极限偏差应在产品图样中注明。

表16-11 弹簧外径或内径的极限偏差

旋绕比 C (D/d_c)	弹簧组别			
	Ⅰ		Ⅱ	
	极限偏差/mm			
≤4	$\pm0.015D$	最小 ±0.2	$\pm0.025D$	最小 ±0.4
>4~8	$\pm0.02D$	最小 ±0.3	$\pm0.03D$	最小 ±0.5
>8~15	$\pm0.03D$	最小 ±0.5	$\pm0.04D$	最小 ±0.7

注：摘自GB/T 13828。

2）外径或内径。弹簧外径或内径的极限偏差，按表16-11的规定。

3）自由高度（长度）、自由角度。压缩（拉伸）弹簧自由高度（长度）的极限偏差按表16-12规定。当规定测定两点（F_1、F_2）或两点以上载荷时，则弹簧的自由高度作为参考值。

扭转弹簧自由角度的极限偏差，按表16-13的规定。

表16-12 压缩（拉伸）弹簧自由高度（长度）的极限偏差

自由高度(长度) H_0/mm	弹簧组别	
	Ⅰ	Ⅱ
	极限偏差/mm	
≤50	$\pm0.06H_0$	$\pm0.08H_0$
>50~100	$\pm0.05H_0$	$\pm0.06H_0$
>100~300	$\pm0.04H_0$	$\pm0.05H_0$
>300~500	$\pm0.03H_0$	$\pm0.04H_0$

注：摘自GB/T 13828。

表16-13 扭转弹簧自由角度的极限偏差

有效圈数 n	弹簧组别	
	Ⅰ	Ⅱ
	极限偏差/(°)	
≤3	±10	±15
>3~10	±15	±20
>10~20	±20	±30
>20~30	±30	±40

注：摘自GB/T 13828。

弹簧尺寸的极限偏差，必要时可以不对称使用，其公差值不变。

4）压并高度。压缩弹簧压并高度的极限偏差，应包括钢索索径偏差、圈数偏差和簧圈弯曲度引起的轴向偏差。压并高度一般不作规定，当需要规定时，应在产品图样中注明。检验压缩弹簧压并高度，可与强压处理、加温强压处理或测定特性同时进行。若压并高度大于产品图样规定时，应进行返修。对减少圈数，重新焊接端头并压平支承圈的弹簧，应重新回火，进行全部试验。

（4）多股螺旋弹簧速压或疲劳试验　作速压试验或疲劳试验的弹簧，应在工作行程（$H_1 \sim H_2$）范围内进行。弹簧的装夹应符合实际工作情况，变形速度按产品图样规定。

1）100%承受速压试验的弹簧，如折断数未超过2%，则其余未断的弹簧均为合格，如折断数超过2%，则全批报废。

2）承受疲劳试验的弹簧，未达到寿命定额时，应抽加倍数量的弹簧进行复试，如复试仍不合格时，则全批报废。

有关多股弹簧详细的试验和检验要求见GB/T 13828《多股圆柱螺旋弹簧》。

【例16-1】 设计一自动车床复位弹簧，要求弹簧中径$D \geqslant 2$mm，安装载荷$F_1 = 200$N，自安装高度将弹簧压缩100mm时，$F_2 = 480$N，弹簧工作时最大频率为8001/min。

解 1）根据已知条件，由表16-8可知此弹簧按Ⅰ组进行设计较为合适。采用无中心股多股螺旋压缩弹簧。

根据多股螺旋弹簧的特点，确定采用油淬火回火TDSiMn弹簧钢丝，并初选钢丝直径$d = 2.2$mm。由表2-48和表2-6查得，抗拉强度$\sigma_b(R_m) = 1800$MPa，切变模量$G = 80000$MPa。

按表16-8规定，弹簧许用切应力$[\tau] = (0.43 \sim 0.52)\sigma_b = (0.43 \sim 0.52) \times 1800 = (774 \sim 936)$MPa。最大试验切应力$\tau_s = (1.2 \sim 1.3)[\tau] = (1.2 \sim 1.3) \times 936 = (1123 \sim 1219)$MPa。

根据已知条件及表16-5选取弹簧中径$D = 26$mm。初选钢索股数$m = 3$。

2）根据式（16-25）验算弹簧强度，取$F_k/F = 0.2$，钢索拧角$\beta = 25°$。由图16-8查得：$\gamma_t = 0.47$，$\gamma_b = 0.77$代入式（16-22）和式（16-24）得

$$\gamma_T = \frac{F_k}{F}\cos\beta + \gamma_t\left(1 - \frac{F_k}{F}\right) = 0.2\cos 25° + 0.47 \times (1 - 0.2) = 0.56$$

$$\gamma_B = \frac{F_k}{F}\sin\beta + \gamma_b\left(1 - \frac{F_k}{F}\right) = 0.2\sin 25° + 0.77(1 - 0.2) = 0.7$$

从而得

$$K_{\tau 0} = \sqrt{\gamma_T^2 + \gamma_B^2} = \sqrt{0.56^2 + 0.7^2} = 0.9$$

代入式（16-25）得

$$\tau = K_{\tau 0}\frac{8F_2D}{\pi d^3 m} = 0.90 \times \frac{8 \times 480 \times 26}{\pi \times 2.2^3 \times 3}\text{MPa} = 895\text{MPa}$$

此值在$[\tau] = 774 \sim 936$MPa范围内，满足强度要求。

3）根据式（16-17）确定弹簧有效圈数n。

由图16-7和图16-9，根据$\beta = 25°$，查得$1/\xi' = 1.03$，$\xi'' = 1.3$，$1/\xi'' = 0.79$。

又由图16-10，根据$1/\xi'$和$1/\xi''$值查得，$1/\xi = 0.85$，或直接由式（16-11）取$\xi = 1.2$。

代入式（16-17）得

$$n=\frac{Gd^4fm\xi}{8FD^3}=\frac{80000\times2.2^4\times100\times3\times1.2}{8\times(480-200)\times26^3}\text{圈}=17.2\text{圈}$$

参照表 16-6 推荐的系列尺寸，取：

有效圈数　$n=18$ 圈

总圈数　$n_1=n+2=18+2$ 圈 $=20$ 圈

4）计算钢索直径及钢索索距。根据已确定之数据：$m=3$，$\beta=25°$，$d=2.2\text{mm}$，查表 16-2 得

钢索直径　$d_c=5.17\text{mm}$

钢索索距　$t_c=17.67\text{mm}$

钢索直径亦可用式（16-6）和图 16-6 计算得出。钢索索距亦可用式（16-8）、式（16-9）计算得出。

5）计算弹簧节距及螺旋角。根据弹簧受力变形情况，可得弹簧刚度：

$$F'=\frac{F_2-F_1}{f_2-f_1}=\frac{480-200}{100}\text{N/mm}=2.8\text{N/mm}$$

弹簧安装变形量：

$$f_1=\frac{F_1}{F'}=\frac{200}{2.8}\text{mm}=71\text{mm}$$

弹簧工作变形量：

$$f_2=\frac{F_2}{F'}=\frac{480}{2.8}\text{mm}=171\text{mm}$$

弹簧压并变形量及压并载荷，取 $f_2=0.8f_b$ 则

$$f_b=\frac{f_2}{0.8}=\frac{171}{0.8}\text{mm}=214\text{mm}$$

$$F_b=\frac{F_2}{0.8}=\frac{480}{0.8}\text{N}=600\text{N}$$

弹簧节距：

$$t=d_c+\frac{f_b}{n}=5.17+\frac{214}{18}\text{mm}=17.06\text{mm}$$

弹簧螺旋角：

$$\alpha=\arctan\frac{t}{\pi D}=\arctan\frac{17.06}{\pi\times26}=11°48'$$

6）确定弹簧高度：

弹簧压并高度：

$$H_b=(n_1+1)d_c=(20+1)\times5.17\text{mm}=109\text{mm}$$

弹簧自由高度：

$$H_0=H_b+f_b=109+214\text{mm}=323\text{mm}$$

7）确定弹簧直径：

弹簧外径：

$$D_2=D+d_c=26+5.17\text{mm}=31.2\text{mm}$$

弹簧内径：

$$D_1=D-d_c=26-5.17\text{mm}=20.8\text{mm}$$

8）计算弹簧钢索展开长度及钢丝总展开长度。

由式（16-27）得弹簧钢索展开长度：

$$L = n_1\sqrt{(\pi D)^2 + t^2}$$
$$= 20 \times \sqrt{(\pi \times 26)^2 + 17.06^2}\text{mm}$$
$$= 1669\text{mm}$$

由式（16-28）得钢丝总展开长度：

$$L_1 = mL\sqrt{1 + \left[\frac{\pi(d_c - d)}{t_c}\right]^2}$$
$$= 3 \times 1667 \times \sqrt{1 + \left[\frac{\pi(5.17 - 2.2)}{17.67}\right]^2}\text{mm}$$
$$= 5662\text{mm}$$

9）试验载荷和试验载荷下的高度和变形量。取试验切应力 $\tau_s = 1123\text{MPa}$。

由式（16-69）可得试验载荷：

$$F_s = \frac{\pi d^3 m}{8DK_{\tau 0}}\tau_s = \frac{\pi \times 2.2^3 \times 3}{8 \times 26 \times 0.9} \times 1123\text{N} = 602\text{N}$$

试验载荷下的变形量：

$$f_s = \frac{F_s}{F'} = \frac{602}{2.8}\text{mm} = 215\text{mm}$$

由于 $f_s > f_b$，取 $f_s = f_b = 214\text{mm}$。即试验载荷下的高度为

$$H_s = H_b = 109\text{mm}$$

10）特性校核：

$$\frac{f_1}{f_s} = \frac{71}{215} = 0.33; \quad \frac{f_2}{f_s} = \frac{171}{215} = 0.79$$

满足 $0.2F_s \leqslant F_{1,2} \leqslant 0.8F_s$ 的要求。

11）弹簧工作图样（图 16-17）

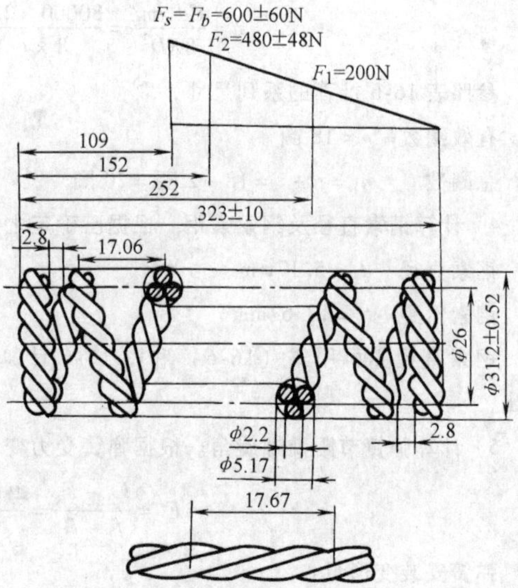

图 16-17 【例 16-1】弹簧工作图

技术要求

1. 材料 油淬火回火 TDSiMn 弹簧钢丝；
2. 弹簧工作组别 Ⅰ组；
3. 钢索拧向 左旋；
4. 弹簧旋向 右旋；
5. 有效圈数 18 圈；
6. 总圈数 20 圈 ±0.5 圈；
7. 弹簧展开长度 $L = 1669\text{mm}$
8. 三股钢丝展开总长度 $L_1 = 5662\text{mm}$
9. 压并应力 $\tau_b = 1118\text{MPa}$；
10. 试验切应力 $\tau_s = \tau_b$；
11. 热处理 回火；
12. 表面处理 热涂油；
13. 制造技术条件 GB/T 13828。

第 17 章 碟形弹簧

1 碟形弹簧的类型与结构

碟形弹簧简称碟簧，它常用金属钢带、钢板或锻造坯料加工成形，是一种刚度大、具有变刚度特性的一种截锥形弹簧。根据其截面和形状的不同，有表 17-1 所示以下主要类型。

表 17-1 碟形弹簧的主要类型

类型	特性	类型	特性
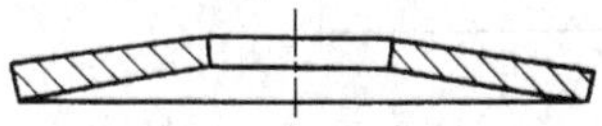 普通碟形弹簧	形状和结构简单，应用较广。可以单个、对合、叠合组合或复合组成碟簧组使用。承受静载荷或变载荷。用于重型机械和飞机、大炮等武器中作为强力缓冲和减振弹簧	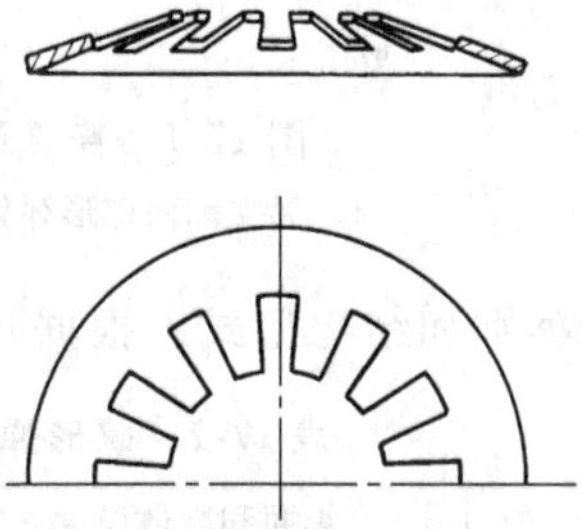 开槽形碟形弹簧	通常用于离合器中，如车床、汽车和拖拉机等的离合器
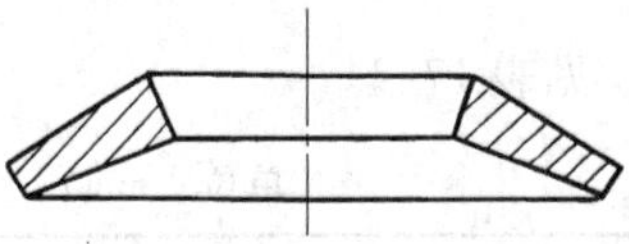 梯形截面碟形弹簧		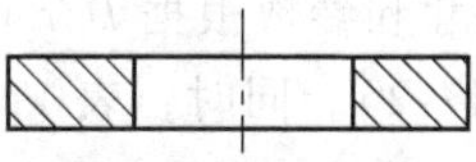 圆板形碟形弹簧	截面为圆板形，受载后产生变形而成为截圆锥形。结构简单，刚度较大，用于有特殊要求的场合
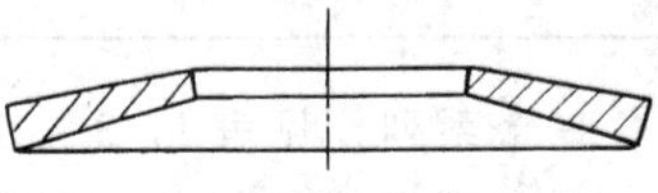 锥状梯形截面碟形弹簧		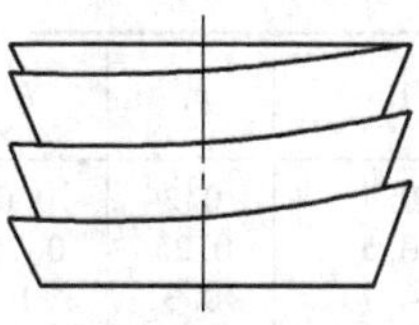 螺旋碟形弹簧	具有碟形弹簧和螺旋弹簧的双重特性，可以获得不同刚度的要求
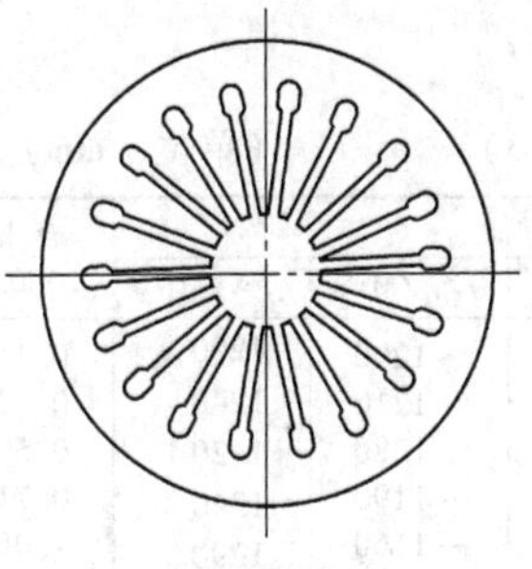 膜片弹簧	主要用于汽车离合器上，由分离指和碟簧两部分的作用		
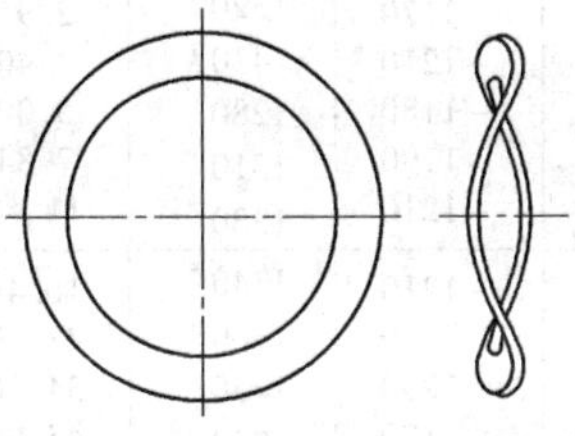 波形垫圈	机械密封中大量使用，进一步可发展为螺旋式波形弹簧	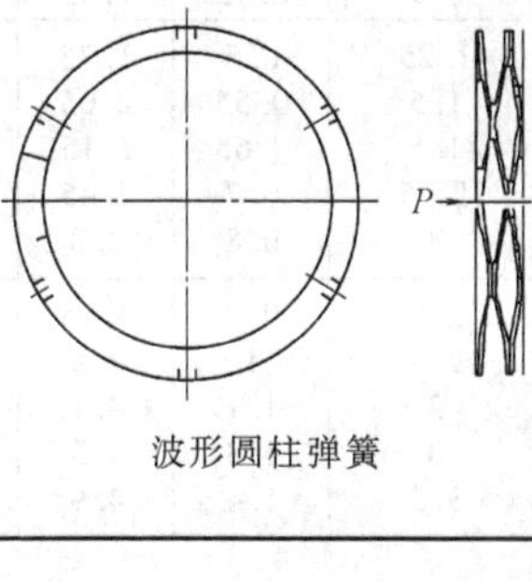 波形圆柱弹簧	利用波形垫圈重叠成圆柱形，可以得到较大的变形

本章主要阐述普通碟形弹簧（简称碟形弹簧）的设计和制造技术，对开槽形碟簧、膜片弹簧、螺旋碟簧的设计计算作扼要介绍。

1.1 普通碟形弹簧的结构

普通碟形弹簧已标准化，设计和制造可参照 GB/T 1972。

1）碟形弹簧根据支承结构不同有两种形式：一种是无支承面碟簧（图 17-1a），其内缘上边及外缘下边未经加工，因此承受载荷部分没有支承平面；另一种是有支承面碟簧（图 17-1b），内外缘经加工后形成支承面，载荷作用于支承面。

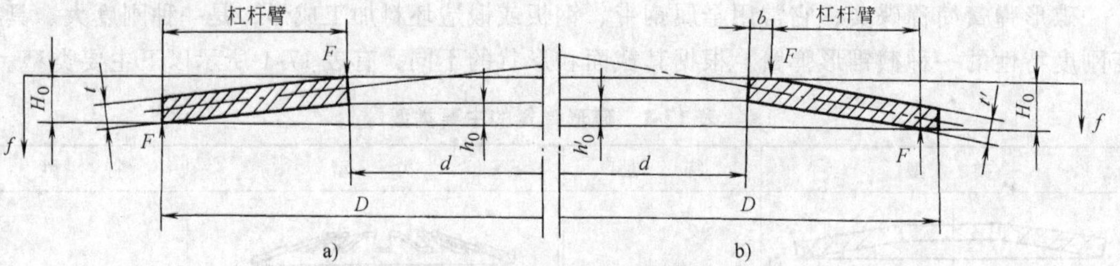

图 17-1 普通碟形弹簧的结构型式

a）无支承面碟形弹簧 b）有支承面碟形弹簧

2）碟形弹簧的类别和结构型式，根据其厚度 t 值分为三类，见表 17-2。

表 17-2 碟形弹簧的类别和结构型式 （单位：mm）

类别	碟簧厚度 t	支承面和减薄厚度	类别	碟簧厚度 t	支承面和减薄厚度
1	≤1.25	无，见图 17-1a	3	>6.0~14.0	有，见图 17-1b
2	1.25~6	无，见图 17-1a			

3）碟形弹簧的尺寸和参数根据 D/t 和 h_0/t 值分为 A、B、C 三个系列，见表 17-3~表 17-5（符号含义见图 17-2）。同时，表 17-6 列出了 GB/T 1972—2005 碟形弹簧的非常用碟形弹簧尺寸系列。

表 17-3 碟形弹簧系列 A

（$D/t\approx18$；$h_0/t\approx0.4$，$E=206\times10^3$MPa，$\mu=0.3$） （单位：mm）

类别	D	d	$t(t')$①	h_0	H	$f=0.75h_0$					Q/kg (1000 片)
						F/N	f	H_0-f	σ_{OM}②/MPa	σ③/MPa	
1	8	4.2	0.4	0.2	0.6	210	0.15	0.45	-1200	1200*	0.114
1	10	5.2	0.5	0.25	0.75	329	0.19	0.56	-1210	1240*	0.225
1	12.5	6.2	0.7	0.3	1	673	0.23	0.77	-1280	1420*	0.508
1	14	7.2	0.8	0.3	1.1	813	0.23	0.87	-1190	1340*	0.711
1	16	8.2	0.9	0.35	1.25	1000	0.26	0.99	-1160	1290*	1.050
	18	9.2	1.0	0.4	1.4	1250	0.3	1.1	-1170	1300*	1.480
	20	10.2	1.1	0.45	1.55	1530	0.34	1.21	-1180	1300*	2.010
	22.5	11.2	1.25	0.5	1.75	1950	0.38	1.37	-1170	1320*	2.94
	25	12.2	1.5	0.55	2.05	2910	0.41	1.64	-1210	1410*	4.40
	28	14.2	1.5	0.65	2.15	2850	0.49	1.66	-1180	1280*	5.39
	31.5	16.3	1.75	0.7	2.45	3900	0.53	1.92	-1190	1310*	7.84
	35.5	18.3	2	0.8	2.8	5190	0.6	2.2	-1210	1330*	11.40
	40	20.4	2.25	[illegible]	[illegible]	[illegible]	0.68	2.47	-1210	1340*	16.40
	45	22.4	2.5	1	3.5	7720	0.75	2.73	-1150	[illegible]	[illegible]
	50	25.4	3	1.1	4.1	12000	0.83	3.27	-1250	1430*	34.30
	56	28.5	3	1.3	4.3	11400	0.98	3.32	-1180	1280*	43.00
	63	31	3.5	1.4	4.9	15000	1.05	3.85	-1140	1300*	64.90

（续）

类别	D	d	$t(t')$①	h_0	H	$f=0.75h_0$					Q/kg
						F/N	f	H_0-f	$\sigma_{OM}^{②}$/MPa	$\sigma^{③}$/MPa	(1000片)
2	71	36	4	1.6	5.6	20500	1.2	4.4	-1200	1330*	91.80
	80	41	5	1.7	6.7	33700	1.28	5.42	-1260	1460*	145.0
	90	46	5	2	7	31400	1.5	5.5	-1170	1300*	184.5
	100	51	6	2.2	8.2	48000	1.65	6.55	-1250	1420*	273.7
	112	57	6	2.5	8.5	43800	1.88	6.62	-1130	1240*	343.8
3	125	64	8(7.5)	2.6	10.6	85900	1.95	8.65	-1280	1330*	533.0
	140	72	8(7.5)	3.2	11.2	85300	2.4	8.8	-1260	1280*	666.6
	160	82	10(9.4)	3.5	13.5	139000	2.63	10.87	-1320	1340*	1094
	180	92	10(9.4)	4	14	125000	3	11	-1180	1200*	1387
	200	102	12(11.25)	4.2	16.2	183000	3.15	13.05	-1210	1230*	2100
	225	112	12(11.25)	5	17	171000	3.75	13.25	-1120	1140	2640
	250	127	14(13.1)	5.6	19.6	249000	4.2	15.4	-1200	1220	3750

① 厚度 t 为公称值，t'是第 3 类碟簧的实际厚度。

② σ_{OM} 表示碟簧上表面 OM 点的计算应力（压应力）。

③ σ 给出的是下表面的最大计算拉应力，有 * 号的数值是在位置Ⅱ处算出的最大计算拉应力，无 * 号的数值是在位置Ⅲ处算出的最大计算拉应力。

表 17-4　碟形弹簧系列 B

（$D/t\approx28$；$h_0/t\approx0.75$，$E=206\times10^3$MPa，$\mu=0.3$）　　（单位：mm）

类别	D	d	$t(t')$①	h_0	H_0	$f=0.75h_0$					Q/kg
						F/N	f	H_0-f	$\sigma_{OM}^{②}$/MPa	$\sigma^{③}$/MPa	(1000片)
1	8	4.2	0.3	0.25	0.55	119	0.19	0.36	-1140	1330	0.086
	10	5.2	0.4	0.3	0.7	213	0.23	0.47	-1170	1300	0.180
	12.5	6.2	0.5	0.35	0.85	291	0.26	0.59	-1000	1110	0.363
	14	7.2	0.5	0.4	0.9	279	0.3	0.6	-970	1100	0.444
	16	8.2	0.6	0.45	1.05	412	0.34	0.71	-1010	1120	0.698
	18	9.2	0.7	0.5	1.2	572	0.38	0.82	-1040	1130	1.030
	20	10.2	0.8	0.55	1.35	745	0.41	0.94	-1030	1110	1.460
	22.5	11.2	0.8	0.65	1.45	710	0.49	0.96	-962	1080	1.880
	25	12.2	0.9	0.7	1.6	868	0.53	1.07	-938	1030	2.640
	28	14.2	1	0.8	1.8	1110	0.6	1.2	-961	1090	3.590
2	31.5	16.3	1.25	0.9	2.15	1920	0.68	1.47	-1090	1190	5.600
	35.5	18.3	1.25	1	2.25	1700	0.75	1.5	-944	1070	7.130
	40	20.4	1.5	1.15	2.65	2620	0.86	1.79	-1020	1130	10.95
	45	22.4	1.75	1.3	3.05	3660	0.98	2.07	-1050	1150	16.40
	50	25.4	2	1.4	3.4	4760	1.05	2.35	-1060	1140	22.90
	56	28.5	2	1.6	3.6	4440	1.2	2.4	-963	1090	28.70
	63	31	2.5	1.75	4.25	7180	1.31	2.94	-1020	1090	46.40
	71	36	2.5	2	4.5	6730	1.5	3	-934	1060	57.70
	80	41	3	2.3	5.3	10500	1.73	3.57	-1030	1140	87.30
	90	46	3.5	2.5	6	14200	1.88	4.12	-1030	1120	129.1
3	100	51	3.5	2.8	6.3	13100	2.1	4.2	-926	1050	159.7
	112	57	4	3.2	7.2	17800	2.4	4.8	-963	1090	229.2
	125	64	5	3.5	8.5	30000	2.63	5.87	-1060	1150	355.4
	140	72	5	4	9	27900	3	6	-970	1110	444.4
	160	82	6	4.5	10.5	41100	3.38	7.12	-1000	1110	698.3
	180	92	6	5.1	11.1	37500	3.83	7.27	-895	1040	885.4
4	200	102	8(7.5)	5.6	13.6	76400	4.2	9.4	-1060	1250	1369
	225	112	8(7.5)	6.5	14.5	70800	4.88	9.62	-951	1180	1761
	250	127	10(9.4)	7	17	119000	5.25	11.75	-1050	1240	2687

① 厚度 t 为公称值，t'是第 3 类碟簧的实际厚度。

② σ_{OM} 表示碟簧上表面 OM 点的计算应力（压应力）。

③ σ 给出的是下表面的最大计算拉应力，有 * 号的数值是在位置Ⅱ处算出的最大计算拉应力，无 * 号的数值是在位置Ⅲ处算出的最大计算拉应力。

表17-5 碟形弹簧系列C

（$D/t \approx 40$；$h_0/t \approx 1.3$，$E = 206 \times 10^3$ MPa，$\mu = 0.3$）（单位：mm）

类别	D	d	$t(t')$①	h_0	H_0	$f = 0.75h_0$					Q/kg (1000片)
						F/N	f	H_0-f	σ_{OM}②/MPa	σ③/MPa	
	8	4.2	0.2	0.25	0.45	39	0.19	0.26	−762	1040	0.057
	10	5.2	0.25	0.3	0.55	58	0.23	0.32	−734	980	0.112
	12.5	6.2	0.35	0.45	0.8	152	0.34	0.46	−944	1280	0.251
	14	7.2	0.35	0.45	0.8	123	0.34	0.46	−769	1060	0.311
	16	8.2	0.4	0.5	0.9	155	0.38	0.52	−751	1020	0.466
	18	9.2	0.45	0.6	1.05	214	0.45	0.6	−789	1110	0.661
1	20	10.2	0.5	0.65	1.15	254	0.49	0.66	−772	1070	0.912
	22.5	11.2	0.6	0.8	1.4	425	0.6	0.8	−883	1230	1.410
	25	12.2	0.7	0.9	1.6	601	0.68	0.92	−936	1270	2.060
	28	14.2	0.8	1	1.8	801	0.75	1.05	−961	1300	2.870
	31.5	16.3	0.8	1.05	1.85	687	0.79	1.06	−810	1130	3.580
	35.5	18.3	0.9	1.15	2.05	831	0.86	1.19	−779	1080	5.140
	40	20.4	1	1.3	2.3	1020	0.98	1.32	−772	1070	7.300
	45	22.4	1.25	1.6	2.85	1890	1.2	1.65	−920	1250	11.70
	50	22.4	1.25	1.6	2.85	1550	1.2	1.65	−754	1040	14.30
	56	28.5	1.5	1.95	3.45	2620	1.46	1.99	−879	1220	21.50
	63	31	1.8	2.35	4.15	4240	1.76	2.39	−985	1350	33.40
	71	36	2	2.6	4.6	5140	1.95	2.65	−971	1340	46.20
	80	41	2.25	2.95	5.2	6610	2.21	2.99	−982	1370	65.50
	90	46	2.5	3.2	5.7	7680	2.4	3.3	−935	1290	92.20
2	100	51	2.7	3.5	6.2	8610	2.63	3.57	−895	1240	123.2
	112	57	3	3.9	6.9	10500	2.93	3.97	−882	1220	171.9
	125	61	3.5	4.5	8	15100	3.38	4.62	−956	1320	248.9
	140	72	3.8	4.9	8.7	17200	3.68	5.02	−904	1250	337.7
	160	82	4.3	5.6	9.9	21800	4.2	5.7	−892	1240	500.4
	180	92	4.8	6.2	11	26400	4.65	6.35	−869	1200	708.4
	200	102	5.5	7	12.5	36100	5.25	7.25	−910	1250	1004
3	225	112	6.5(6.2)	7.1	13.6	44600	5.33	8.27	−840	1140	1456
	250	127	7(6.7)	7.8	14.8	50500	5.85	8.95	−814	1120	1915

① 厚度 t 为公称值，t' 是第3类碟簧的实际厚度。

② σ_{OM} 表示碟簧上表面 OM 点的计算应力（压应力）。

③ σ 给出的是下表面的最大计算拉应力，有 * 号的数值是在位置Ⅱ处算出的最大计算拉应力，无 * 号的数值是在位置Ⅲ处算出的最大计算拉应力。

表17-6 非常用碟形弹簧尺寸系列（GB/T 1972—2005）

（$E = 206 \times 10^3$ MPa，$\mu = 0.3$）（单位：mm）

类别	D	d	$t(t')$①	H_0	h_0	(h_0/t) h_0'/t'	$f = h_0$	$f \approx 0.75h_0$				Q/kg (1000片)
							σ_{OM}② /MPa	f	H_0-f	F /N	σ③ /MPa	
	260	131	14(12.9)	19.5	5.5	0.51	−1444	4.125	15.375	224687	1122	4012
	260	131	11.5(10.6)	18	6.5	0.70	−1392	4.875	13.125	150851	1188	3296
	260	131	9(8.3)	15.5	6.5	0.87	−1076	4.875	10.625	74483	986	2581
3	270	136	15(13.8)	21	6	0.52	−1565	4.5	16.500	279693	1223	4629
	270	136	13(12)	19	6	0.58	−1351	4.5	14.500	183541	1087	4025
	270	136	10(9.2)	17.5	7.5	0.90	−1276	5.625	11.875	109946	1189	3086
	280	142	16(14.75)	22	6	0.49	−1560	4.5	17.500	315987	1202	5296
	280	142	13(12)	20.5	7.5	0.71	−1566	5.625	14.875	218086	1341	4309

（续）

类别	D	d	$t(t')$①	H_0	h_0	(h_0/t) h_0'/t'	$f=h_0$ σ_{OM}② /MPa	$f\approx0.75h_0$ f	H_0-f	F /N	σ③ /MPa	Q/kg (1000片)
	280	142	10(9.2)	17.5	7.5	0.90	−1192	5.625	11.875	102681	1113	3304
	290	147	16(14.75)	22	6	0.49	−1454	4.500	17.500	294484	1120	5683
	290	147	13(12)	20.5	7.5	0.71	−1459	5.625	14.875	203246	1249	4623
	290	147	10.5(9.7)	18.5	8	0.91	−1244	6.000	12.500	118434	1161	3737
	300	152	16(14.75)	22.5	6.5	0.53	−1469	4.875	17.625	299199	1151	6084
	300	152	13.5(12.45)	21	7.5	0.69	−1417	5.625	15.375	211867	1202	5135
	300	152	11(10.15)	19	8	0.87	−1220	6.000	13.000	126270	1122	4168
	315	162	18(16.9)	25	7	0.48	−1629	5.250	19.750	419031	1236	7613
	315	162	15(13.8)	23.5	8.5	0.7	−1635	6.375	17.125	297519	1380	6209
	315	162	12(11.05)	21	9	0.9	−1368	6.750	14.250	169652	1283	4972
	330	167	17(15.65)	24	7	0.53	−1469	5.250	18.750	378013	1108	8451
	330	167	15(13.8)	23.5	8.5	0.70	−1473	6.375	17.125	272522	1259	6893
	330	167	12(11.05)	21	9	0.90	−1234	6.000	15.000	153045	1150	5519
	340	172	18(16.6)	25	7	0.51	−1384	5.250	19.750	356028	1045	8962
	340	172	15(13.8)	23.5	8.5	0.70	−1387	6.375	17.125	256672	1186	7318
	340	172	12(11.05)	21	9	0.90	−1162	6.750	14.250	144144	1083	5860
	355	182	19(17.5)	27	8	0.54	−1626	6.000	21.000	516889	1275	10568
	355	182	16.5(15.2)	26	9.5	0.71	−1576	7.125	18.875	353672	1359	8706
	355	182	13(12)	23	10	0.92	−1239	7.500	15.500	189116	1218	6873
	370	187	20(18.45)	28	8	0.52	−1484	6.000	22.000	71668	1157	11595
	370	187	16.5(15.2)	26	9.5	0.71	−1438	7.125	18.875	322730	1233	9552
3	370	187	13(12)	23	10	0.92	−1180	7.500	15.500	172570	1105	7541
	380	192	20(18.45)	28.5	8.5	0.54	−1492	6.375	22.125	476530	1179	12232
	380	192	17(15.65)	27	10	0.73	−1478	7.500	19.500	352946	1275	10376
	380	192	13.5(12.45)	23.5	10	0.89	−1163	7.500	16.000	182062	1077	8254
	400	202	21(19.35)	29.5	8.5	0.52	−1416	6.375	23.125	496432	1108	14220
	400	202	18(16.6)	28	10	0.69	−1416	7.500	20.500	375905	1168	12420
	400	202	14(12.9)	24.5	10.5	0.90	−1142	7.875	16.625	192737	1062	9480
	420	212	22(20.25)	31	9	0.53	−1423	6.750	24.250	548308	1118	6412
	420	212	19(17.5)	29.5	10.5	0.69	−1422	7.875	21.625	420725	1204	14183
	420	212	15(13.8)	26	11	0.88	−1163	8.250	17.750	224394	1076	11185
	440	222	23(21.1)	32.5	9.5	0.54	−1431	7.125	25.375	602805	1132	18775
	440	222	20(18.45)	31.5	11.5	0.71	−1491	8.625	22.875	491415	1274	16416
	440	222	16(14.75)	28	12	0.90	−1232	9.000	19.000	271589	1145	13124
	450	227	25(23.05)	36	11	0.56	−1718	8.250	27.750	859748	1369	21455
	450	227	21(19.35)	33	12	0.71	−1562	9.000	24.000	567109	1334	18011
	450	227	16(14.75)	28	12	0.90	−1178	9.000	19.000	259623	1095	13729
	480	242	26(23.95)	36	10	0.50	−1432	7.500	28.500	767144	1108	25373
	480	242	21.5(19.8)	34	12.5	0.72	−1463	9.375	24.625	557948	1256	20977
	480	242	17(15.65)	30	13	0.92	−1190	9.750	20.250	297357	1115	16580
	500	253	27(24.85)	38	11	0.53	−1509	8.250	29.750	875297	1186	28497
	500	253	22.5(20.75)	35.5	12.5	0.71	−1414	9.375	26.125	596978	1220	23794
	500	253	18(16.6)	31.5	13.5	0.90	−1214	10.125	21.375	337473	1100	19379

① 表中给出的 t 是碟簧厚度的公称数值，t'是第 3 类碟簧的实际厚度。

② σ_{OM}是碟簧上表面 OM 点的计算应力。

③ σ 为 σ_{II}（位置Ⅱ处的最大计算拉应力）和 σ_{III}（位置Ⅲ处的最大计算拉应力）中的较大值。

4）碟形弹簧系列标记。

$$D \times d \times t \times H_0\text{—精度要求}$$

技术要求按以下规定填写：参照 GB/T 1972，填写精度等级，并在精度等级前加字母“C”。

示例：

外径为 $\phi500$，内径为 $\phi253$，厚度为 18，减薄厚度为 16.6，自由高度为 31.5 的一级精度碟簧标记为：$\phi500 \times \phi253 \times 18 \times 31.5$—C1

外径为 $\phi500$，内径为 $\phi253$，厚度为 18，减薄厚度为 16.6，自由高度为 31.5 的二级精度碟簧标记为：$\phi500 \times \phi253 \times 18 \times 31.5$—C2

1.2　碟形弹簧的特点

1）在载荷作用方向上尺寸较小，且能在很小变形时承受很大载荷，轴向空间紧凑。与其他类型的弹簧比较，其单位体积材料的变形能较大。具有较好的缓冲吸振能力，特别是在采用叠合弹簧组时，由于表面摩擦阻尼作用，吸收冲击和消散能量的作用更显著。

2）具有变刚度特性。改变碟片内截锥高度 h 与碟片厚度 t 的比值，可以得到不同的弹簧特性曲线，可为直线型、渐增型、渐减型或者是它们的组合形式（图 17-8）。此外还可以通过由不同厚度碟片组合或由不同片数叠合碟片的组合得到变刚度特性（表 17-9）。

3）由于改变碟片数量或碟片的组合形式，可以得到不同的承载能力和特性曲线，因此每种尺寸的碟片，可以适应很广泛的使用范围，这就使备件的准备和管理都比较容易。

4）在承受很大载荷的组合弹簧中，每个碟片的尺寸不大，有利于制造和热处理。当一些碟片损坏时，只需个别更换，因而有利于维护和修理。

5）正确设计、制造的碟形弹簧，具有很长的使用寿命。

6）由于内截锥高度 h 和碟片厚度 t 对弹簧特性的影响很大，因此碟形弹簧的制造质量要求较高，限制了它的更广泛应用。均匀截面的碟形弹簧，其截面内应力分布也不均，因而影响其疲劳强度和单位体积材料吸振能力的提高。

碟形弹簧常用于重型机械设备（如大型锻压操作机、锅炉吊架等）、飞机、大炮等机器或武器中作强力缓冲和减振弹簧；也用于汽车和拖拉机的离合器或安全阀、减压阀中的压紧弹簧；在自动化装置的控制机构中也应用，此外还用作螺栓连接中的弹性垫圈。

2　碟形弹簧的载荷与变形关系

普通碟形弹簧分为无支承面和有支承面两种形式（图 17-1）。受载荷后，接触部分有、无支承面将影响其力臂大小的变化，因此这两种形式的碟簧的载荷和变形的特性关系是不同的，其计算式也有所不同。

2.1　无支承面碟形弹簧的载荷与变形关系

目前广泛应用的碟形弹簧计算方法是近似计算法。其假设条件为：一是在受载荷作用以后，沿碟形弹簧轴向的截面仍为矩形（即截面不发生扭曲变形），而此截面只是绕一中性点 O 回转（图 17-2），因此忽略了径向应力的影响；其二是假定外加载荷和支承面上的反作用力都是沿内、外圆周均匀分布，材料为完全弹性（没有塑性变形），并且忽略其接触表面上摩擦力的影响。

如图 17-2 所示，在碟片中取一块极小的扇形区，其圆心角为 $\mathrm{d}\theta$，在此扇形区内，距中性点 O 为 x 处取一微小宽度 $\mathrm{d}x$ 的窄条。当载荷作用于碟形弹簧上之后，由于变形，轴向截面将绕中性点转过 φ 角，$\mathrm{d}x$ 将移至虚线所示位置。产生了由于径向位移 $\mathrm{d}r$ 和角位移 φ 而引起的切向变形，并由此产生的切向应力，将引起一个绕中性点 O 的径向力矩，这个内力距应与载荷 F 所产生的力矩平衡。

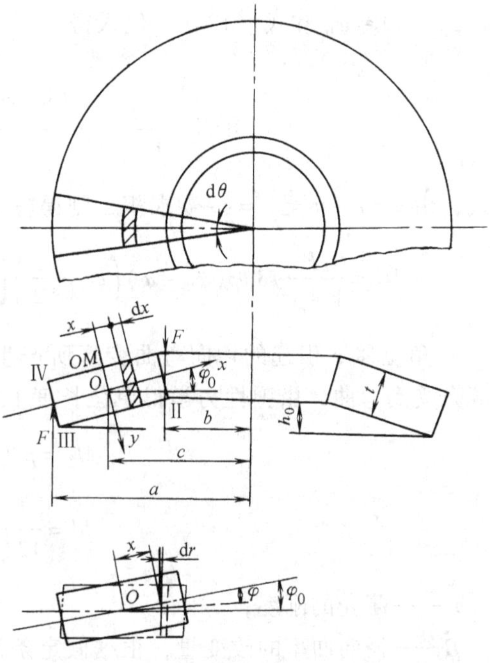

图 17-2　碟形弹簧的载荷和变形关系

（1）径向位移 $\mathrm{d}r$ 产生的切应力和径向内力矩　变形前截面内微小宽度 $\mathrm{d}x$ 的平均圆弧长度为

$$l_1 = \mathrm{d}\theta(c - x\cos\varphi_0)$$

变形后长度变为

$$l_2 = \mathrm{d}\theta[c - x\cos(\varphi_0 - \varphi)]$$

长度改变量为

$$l_1 - l_2 = \mathrm{d}\theta[x\cos\varphi_0 - x\cos(\varphi_0 - \varphi)] = \mathrm{d}\theta[x\cos\varphi_0(1 - \cos\varphi) + x\sin\varphi_0 \cdot \sin\varphi]$$

由于 φ_0 及 φ 角均很小，因此可取 $\cos\varphi_0 \approx 1$，$\sin\varphi_0 \approx \varphi_0$，$\sin\varphi \approx \varphi$，$1 - \cos\varphi_0 = 2\sin^2\dfrac{\varphi}{2} \approx \dfrac{\varphi^2}{2}$，因此

$$l_1 - l_2 = \mathrm{d}\theta x\varphi\left(\varphi_0 - \frac{\varphi}{2}\right)$$

切应变近似为

$$\varepsilon_1 = \frac{l_1 - l_2}{l_1} = \frac{x\varphi\left(\varphi - \dfrac{\varphi}{2}\right)}{(c - x)}$$

切应力（忽略径向应变）为

$$\sigma'_{t1} = \frac{E\varepsilon}{1 - \mu^2} = \frac{E}{1 - \mu^2} \cdot \frac{x\varphi\left(\varphi_0 - \dfrac{\varphi}{2}\right)}{c - x} \tag{17-1}$$

式中　E——弹性模量；

　　　μ——泊松比。

在微小宽度 $\mathrm{d}x$ 内，由径向位移产生的切应力所引起的绕中性点 O 的径向内力矩为

$$\mathrm{d}M_1' = \sigma_{t1}' t\mathrm{d}x\mathrm{d}\theta x\sin(\varphi_0 - \varphi)$$

以 $\sin(\varphi_0 - \varphi) \approx \varphi_0$ 和式（17-1）代入得

$$\mathrm{d}M_1' = \frac{E}{1-\mu^2} \cdot \frac{t\mathrm{d}\theta(\varphi_0 - \varphi)\left(\varphi_0 - \dfrac{\varphi}{2}\right)x^2\mathrm{d}x}{c-x}$$

对此式，由 $x = c - a$ 至 $x = c - b$ 求积，则得整个扇形区内的绕中性点 O 的径向内力矩为

$$M_1' = \frac{E}{1-\mu^2} t\mathrm{d}\theta\varphi(\varphi_0 - \varphi)\left(\varphi_0 - \frac{\varphi}{2}\right)\left[\frac{1}{2}(a^2 - b^2) - 2c(a+b) + c^2\ln\frac{a}{b}\right]$$

（2）角位移 φ 引起的切向弯曲变形所产生的切应力和径向内力矩　碟形弹簧可以看作是一薄壳受到弯曲，由弹性力学得单位长度上的切向弯矩 M_2 为

$$M_2 = p'(\alpha + \mu\beta) \tag{17-2}$$

$$p' = \frac{Et^3}{12(1-\mu^2)}$$

式中　p'——薄壳的刚度；

β——径向曲率的改变量，根据假定条件，轴向截面不变形，因此 $K_1 = 0$；

α——切向曲率的改变量。

因此，在微小宽度 $\mathrm{d}x$ 内的切向弯矩为

$$\mathrm{d}M_2 = p'\alpha\mathrm{d}x = \frac{Et^3}{12(1-\mu^2)}\alpha\mathrm{d}x$$

如图 17-3 所示，未加载时，碟形弹簧 x 处的切向曲率近似为 $\dfrac{\sin\varphi_0}{c-x}$，加载后产生变形，其曲率为 $\dfrac{\sin(\varphi_0 - \varphi)}{c-x}$，取 $\sin\varphi_0 \approx \varphi_0$ 和 $\sin(\varphi_0 - \varphi) \approx \varphi_0 - \varphi$ 代入得切向曲率的变化量为

$$\alpha = \frac{\varphi}{c-x}$$

所以

$$\mathrm{d}M_2 = \frac{Et^3}{12(1-\mu^2)} \cdot \frac{\varphi}{c-x}\mathrm{d}x$$

碟簧表面的切应力为

$$\sigma_{t2}' = \frac{\mathrm{d}M_2}{\dfrac{t^2\mathrm{d}x}{6}} = \frac{E}{1-\mu^2} \cdot \frac{\varphi}{c-x} \cdot \frac{t}{2} \tag{17-3}$$

距中心锥面为 y 的任意点处的切应力则为

$$\sigma_{t2}' = \frac{\mathrm{d}M_2}{\dfrac{t^3\mathrm{d}x}{12}}y = \frac{E}{1-\mu^2} \cdot \frac{\varphi}{c-x}y \tag{17-4}$$

如图 17-4 所示，在扇形区内切向弯矩的径向分量为

$$\mathrm{d}M_1'' = 2\mathrm{d}M_2\,\frac{\mathrm{d}\theta}{2} = \frac{Et^3}{12(1-\mu^2)}\frac{\varphi\mathrm{d}\theta}{(c-x)}\mathrm{d}x$$

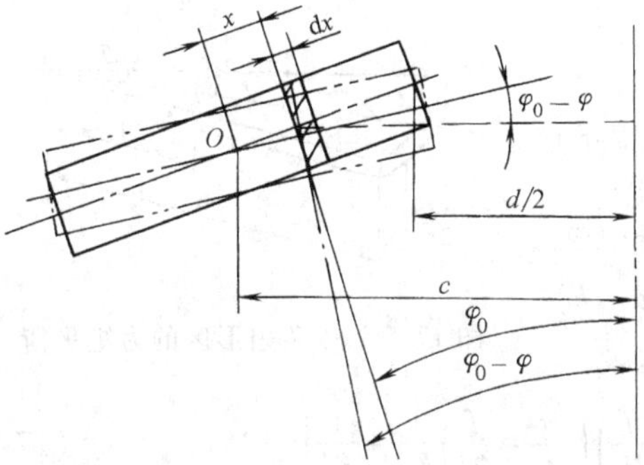

图 17-3　碟形弹簧受载荷后切向曲率的变化

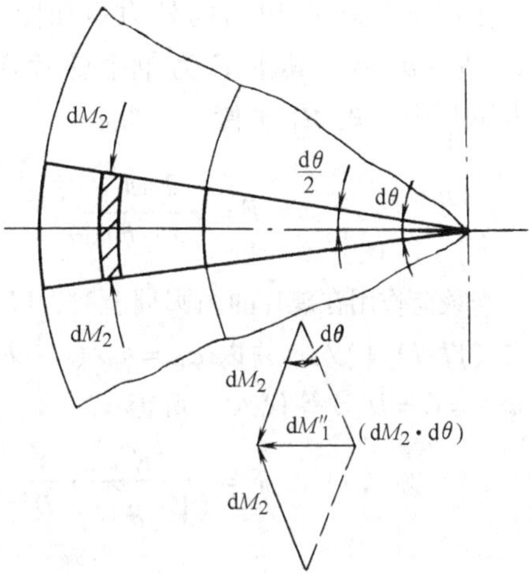

图 17-4　切向弯矩的径向分量

对整个截面，由 $x=c-a$ 至 $x=c-b$ 进行积分得

$$M_1'' = \frac{Et^3\varphi\mathrm{d}\theta}{12(1-\mu^2)}\int_{c-a}^{c-b}\frac{\mathrm{d}x}{c-x} = \frac{Et^3\varphi\mathrm{d}\theta}{12(1-\mu^2)}\ln\frac{a}{b}$$

总的径向内力矩为

$$M_1 = M_1' + M_1'' = \frac{E\varphi\mathrm{d}\theta}{(1-\mu^2)}\left\{\left[\frac{1}{2}(a^2-b^2)-2c(a-b)+c^2\ln\frac{a}{b}\right]\times(\varphi_0-\varphi)\left(\varphi_0-\frac{\varphi}{2}\right)t+\frac{t^3}{12}\ln\frac{a}{b}\right\} \tag{17-5}$$

中性点 O 至轴心的距离 c（图 17-3），可以由扇形区各切向力之和为零的平衡条件求得。在 $\mathrm{d}x$ 的微小宽度内，切向弯曲变形产生的切应力 σ_{t2}'，对于中心锥面为对称分布，因此其合成切向力为零，所以只需考虑由径向位移产生的切应力 σ_{t1}'。在 $\mathrm{d}x$ 内，σ_{t1}' 均匀分布在整个厚度 s 上，因此总的切向力平衡条件为

$$\int_{c-a}^{c-b}\sigma_{t1}'t\mathrm{d}x = 0$$

将式（17-1）代入得

$$\int_{c-a}^{c-b}\frac{x\mathrm{d}x}{c-x} = 0$$

由此得

$$c = \frac{a-b}{\ln\dfrac{a}{b}} \tag{17-6}$$

代入式（17-5）得

$$M_1=\frac{E\varphi\mathrm{d}\theta}{(1-\mu^2)}\left\{\left[\frac{1}{2}(a^2-b^2)-2\frac{(a-b)^2}{\ln\frac{a}{b}}+\frac{(a-b)^2}{\ln\frac{a}{b}}\right](\varphi_0-\varphi)\left(\varphi_0-\frac{\varphi}{2}\right)t+\frac{t^3}{12}\ln\frac{a}{b}\right\}\tag{17-7}$$

作用于扇形区 $\mathrm{d}\theta$ 内的外力矩如图 17-5 所示，应为 $F(a-b)\mathrm{d}\theta/2\pi$，其中 F 为单个碟片所受的轴向载荷。外力矩与内力矩 M_1 平衡，因此：

$$F=\frac{2\pi M_1}{(a-b)\mathrm{d}\theta}\tag{17-8}$$

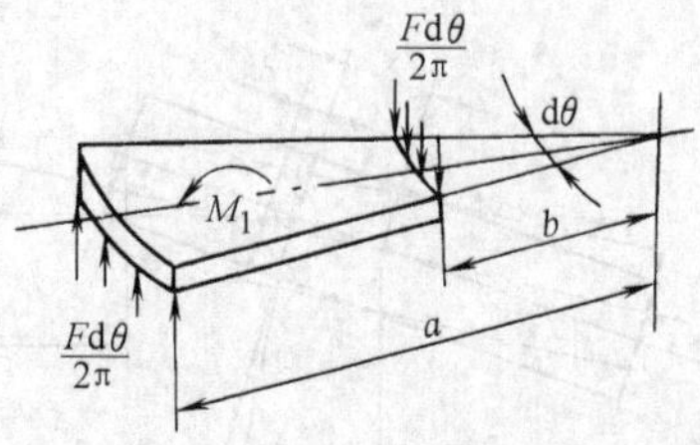

图 17-5 dθ 角扇形区的力矩平衡

当载荷作用在碟片的内圆周上时，以 $a\approx D/2$，$b\approx d/2$，及式（17-7）代入，并以 $\varphi_0=h_0/(a-b)$，$\varphi=f/(a-b)$ 和 $a/b=C=D/d$ 等代入，可得

$$F=\frac{4E}{(1-\mu^2)}\cdot\frac{t^4}{D^2}\cdot\frac{f}{t}\left[\left(\frac{h_0}{t}-\frac{f}{t}\right)\left(\frac{h_0}{t}-\frac{f}{2t}\right)\frac{1}{K_1}+\frac{1}{K_1'}\right]\tag{17-9}$$

$$K_1=\frac{1}{\pi}\cdot\frac{\left(\frac{C-1}{C}\right)^2}{\left(\frac{C+1}{C-1}\right)-\frac{2}{\ln C}}\tag{17-10}$$

$$K_1'=\frac{6}{\pi}\cdot\frac{\left(\frac{C-1}{C}\right)^2}{\ln C}\tag{17-11}$$

对于常用的 $C=1\sim4$，$K_1\approx K_1'$，因而式（17-9）简化为

$$F=\frac{4E}{(1-\mu^2)}\cdot\frac{t^4}{K_1D^2}\cdot\frac{f}{t}\times\left[\left(\frac{h_0}{t}-\frac{f}{t}\right)\left(\frac{h_0}{t}-\frac{f}{2t}\right)+1\right]\tag{17-12}$$

当变形 $f=h_0$，即碟簧被压平时的载荷为

$$F_c=F_{(f=h_0)}=\frac{4E}{(1-\mu^2)}\cdot\frac{t^3h_0}{K_1D^2}\tag{17-13}$$

$$F=mF_c\tag{17-14}$$

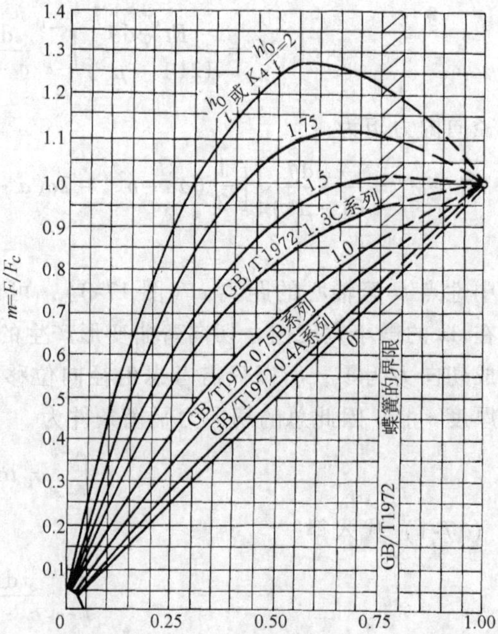

图 17-6 系数 m 与 f/h_0 和 h_0/t 的相关特性曲线

系数 K_1 值除按式（17-10）计算外，也可由表 17-7 查取。

系数 m 值可在图 17-6 中根据 f/h_0 和 h_0/t 查得。从而较为简便的按式（17-14）计算出碟簧的作用载荷。

表 17-7 系数 K_1、K_2 与 K_3

C	K_1	K_2	K_3	C	K_1	K_2	K_3	C	K_1	K_2	K_3
1.25	0.343	1.030	1.070	2.25	0.735	1.275	1.472	3.25	0.794	1.472	1.823
1.30	0.388	1.044	1.092	2.30	0.741	1.285	1.490	3.30	0.795	1.481	1.840
1.35	0.428	1.058	1.114	2.35	0.747	1.296	1.509	3.35	0.796	1.491	1.856
1.40	0.464	1.071	1.135	2.40	0.752	1.307	1.527	3.40	0.797	1.499	1.873
1.45	0.496	1.085	1.157	2.45	0.756	1.317	1.545	3.45	0.797	1.508	1.889
1.50	0.525	1.098	1.178	2.50	0.761	1.327	1.563	3.50	0.798	1.517	1.906
1.55	0.550	1.111	1.198	2.55	0.765	1.338	1.581	3.55	0.798	1.526	1.922
1.60	0.574	1.123	1.219	2.60	0.768	1.348	1.599	3.60	0.799	1.535	1.938
1.65	0.594	1.136	1.239	2.65	0.772	1.358	1.617	3.65	0.799	1.544	1.955
1.70	0.613	1.148	1.260	2.70	0.775	1.368	1.634	3.70	0.799	1.552	1.971
1.75	0.630	1.161	1.280	2.75	0.777	1.378	1.652	3.75	0.799	1.561	1.987
1.80	0.646	1.173	1.300	2.80	0.780	1.387	1.669	3.80	0.800	1.569	2.003
1.85	0.659	1.184	1.319	2.85	0.782	1.397	1.687	3.85	0.800	1.578	2.019
1.90	0.672	1.198	1.339	2.90	0.784	1.407	1.704	3.90	0.800	1.585	2.035
1.95	0.684	1.208	1.358	2.95	0.786	1.416	1.721	3.95	0.800	1.595	2.051
2.00	0.694	1.219	1.378	3.00	0.788	1.426	1.738	4.00	0.799	1.603	2.067
2.05	0.704	1.231	1.397	3.05	0.790	1.435	1.755	4.05	0.799	1.611	2.082
2.10	0.713	1.242	1.416	3.10	0.791	1.445	1.772	4.10	0.799	1.620	2.098
2.15	0.722	1.253	1.435	3.15	0.792	1.454	1.789	4.15	0.799	1.628	2.114
2.20	0.728	1.264	1.453	3.20	0.793	1.463	1.806	4.20	0.799	1.636	2.119

2.2 有支承面碟形弹簧的载荷与变形关系

目前一般承受较大载荷、尺寸较大的碟形弹簧，各表面均需切削加工，并且具有支承面。这样就能保证在采用数量较多的碟片组成组合弹簧时，能改善其支承条件和轮廓形状的精度。具有支承面的碟形弹簧，在受载后，由于变形而使截面绕中性点转动时，其载荷作用位置将改变，如图 17-7 所示。载荷作用在直径为 D^* 的外圆周和 d^* 的内圆周上。因此它与无支承面碟簧的载荷作用位置的区别，经推导可得

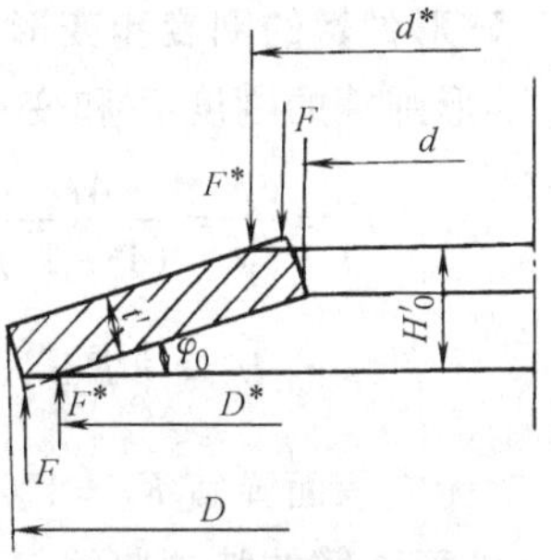

图 17-7 有支承面碟形弹簧载荷作用位置

$$D^* = \frac{1}{2}\left\{(D+d) + \frac{(D-d)\left[1+\sqrt{1-32t'h^*\eta/(D-d)^2}\right]}{2\eta}\right\} \tag{17-15}$$

$$d^* = D + d - D^* \tag{17-16}$$

$$\eta = \frac{1}{1-\dfrac{4C}{k(C-1)}} \quad h^* \approx H_0' - t' \tag{17-17}$$

式中 η——位置系数；

k——支承面宽度系数，$k = D/b$，一般取 $k = 90 \sim 200$。

有支承面碟簧的载荷和变形均可用无支承面碟簧的相关公式计算，但其内锥高度应修正为 $h_0' = \eta h^* = \eta(H_0' - t')$，并取支承面宽度系数 $k = D/b = 150$，则修正后的式（17-12）和式（17-13）为

$$F = \frac{4E}{(1-\mu^2)} \cdot \frac{t'^4}{K_1 D^2} \cdot K_4^2 \frac{f}{t'}\left[K_4^2\left(\frac{h_0'}{t'} - \frac{f}{t'}\right)\left(\frac{h_0'}{t'} - \frac{f}{2t'}\right) + 1\right] \tag{17-18}$$

$$F_c=F_{(f=h_0)}=\frac{4E}{(1-\mu^2)}\cdot\frac{t'^3h_0'}{K_1D^2}K_4 \tag{17-19}$$

$$F=mF_c \tag{17-20}$$

$$K_4=\sqrt{-\frac{C_1}{2}+\sqrt{\left(\frac{C_1}{2}\right)^2+C_2}} \tag{17-21}$$

$$C_1=\frac{(t'/t)^2}{\left(\frac{H_0}{4t}-\frac{t'}{t}+\frac{3}{4}\right)\left(\frac{5H_0}{8t}-\frac{t'}{t}+\frac{3}{8}\right)} \tag{17-22}$$

$$C_2=\frac{C_1}{(t'/t)^3}\left[\frac{5}{32}\left(\frac{H_0}{t}-1\right)^2+1\right] \tag{17-23}$$

系数 m 值根据 K_4h_0'/t' 和 f/h_0' 的比值在图17-6中查取。

在碟形弹簧标准中，对于有支承面碟簧的尺寸 D、d、H 等均与无支承面碟簧的相同，并且两种形式的同尺寸碟簧要保持按式（17-12）和式（17-18）计算的载荷 $F_{(f=0.75h_0)}$ 相等。但有支承面时，碟簧刚度将增大。为了满足标准的要求，保持其刚度与无支承面同尺寸碟簧接近，应将有支承面碟簧的厚度适当减薄至 t'。根据等效条件，可得各标准系列的 t'/t，其值列于表17-8。

表17-8 有支承面与无支承面厚度的等效比值 t'/t

系 列	A	B	C
t'/t	0.94	0.94	0.96

2.3 碟形弹簧的刚度和变形能

碟形弹簧的刚度 F' 和变形能 U 根据式（17-18）可得

$$F'=\frac{\mathrm{d}F}{\mathrm{d}f}=\frac{4E}{(1-\mu^2)}\cdot\frac{t^3}{K_1D^2}K_4^2\left\{K_4^2\left[\left(\frac{h_0}{t}\right)^2-\frac{3}{2}\left(\frac{h_0}{t}\right)\left(\frac{f}{t}\right)+\frac{1}{2}\left(\frac{f}{t}\right)^2\right]+1\right\} \tag{17-24}$$

$$U=\int_0^f F\mathrm{d}f=\frac{2E}{(1-\mu^2)}\cdot\frac{t^5}{K_1D^2}\left(\frac{f}{t}\right)^2K_4^2\left[K_4^2\left(\frac{h_0}{t}-\frac{f}{2t}\right)^2+1\right] \tag{17-25}$$

对无支承面弹簧 $K_4=1$。对有支承面弹簧上列公式中取 $t=t'$，$h_0=h_0'=H_0'-t'$。

2.4 碟形弹簧的特性曲线

从式（17-12）可以看出，碟形弹簧载荷和变形的特性与直径比 C（影响系数 K_1 值）、h_0/t 比值、t、h 和 D 等参数，以及载荷作用位置和有无支承面有关。当 C、t 和 D 各参数相同，并且使用条件一样时，则特性曲线只与 h_0/t 比值有关。由此可得图17-8所示的特性曲线形状。从该图可以看出 h_0/t 的影响很大。h_0/t 在不同的数值范围内时，特性曲线有不同的特点：

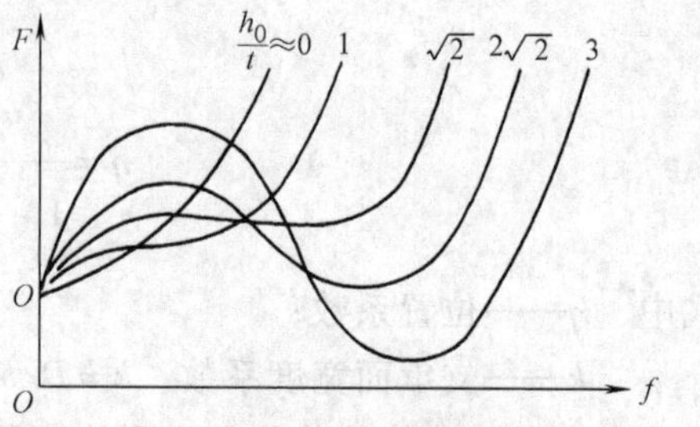

图17-8 碟形弹簧的特性曲线

1）$h_0/t=0\sim0.5$ 时，特性曲线接近于直线变化，与圆柱压缩螺旋弹簧近似。

2）$h_0/t=0.5\sim\sqrt{2}$ 时，弹簧刚度随 h_0/t 的增大而增大。但在 $h_0/t=\sqrt{2}$ 附近时，特性曲线将出现一段接近水平（刚度为零）的区域，这时载荷虽然没有变化而变形却继续增大。

3）$h_0/t>\sqrt{2}$ 时，载荷增大到一定值后，将出现载荷减小而变形却会继续增大的负刚度特性区域，这时碟簧的工作情况将是不稳定的。

4）$h_0/t>2\sqrt{2}$时，具有更大的负刚度特性区域，即不稳定工作情况的范围更大，在碟形弹簧变形量超过某一数值时，碟簧的截锥形将突然倒翻过来。

由于碟簧的特性曲线具有以上变化的特点，因此常常以改变 h_0/t 的大小来满足各种不同特性的工作要求。标准（GB/T 1972）中的 A、B、C 三个系列就是根据 h_0/t 和 D/t 的比值制定的，因此它们具有不同的特性曲线（图 17-6）。

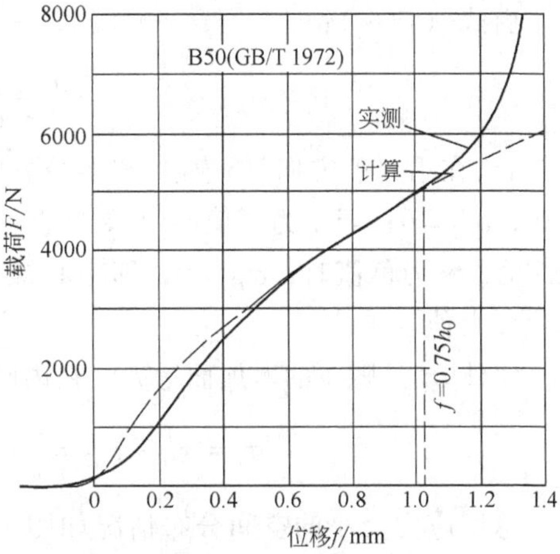

图 17-9　B50 碟簧计算和实测特性曲线

如果碟簧的 h 和 D 不变，则改变直径比 C，也将影响弹簧的特性。由式（17-10）可知，当 C 增大时，K_1 增大。同时，由式（17-12）可知，在同样大的变形 f 之下，K_1 增大后相应的载荷将较小，即弹簧刚度较小。当 $C=3\sim5$ 时，K_1 的变化很小，因此这时直径比 C 对弹簧特性几乎没有影响。

此外，由式（17-12）还可以看出，如果 C、D 和 h 一定，则变形大小相同时，载荷与 t^3 成正比，因此为保证弹簧特性符合工作要求，必须严格控制厚度 t 的尺寸和制造误差。

由计算得到的特性曲线与实际的特性曲线常常有一定的误差（图 17-9），这是由于受载荷后碟簧截面实际上是有变形的，支承面间也有摩擦，此外还有制造误差等因素的影响。当 $f/t>0.75$ 时，实测曲线偏离计算曲线较多，这是由于载荷作用点位置出现较大的变化造成的。

3　碟形弹簧的应力计算

3.1　碟形弹簧的应力计算公式

碟形弹簧截面中的总切应力，应是径向位移产生的切应力 σ'_{t1} 和由于角位移引起的切向弯曲变形所产生的切应力 σ'_{t2} 的总和。

由式（17-1）：

$$\sigma'_{t1}=\frac{E}{(1-\mu^2)}\frac{x\varphi\left(\varphi_0-\dfrac{\varphi}{2}\right)}{(c-x)}$$

可知，σ'_{t1} 在厚度方向（y 轴）各点是相同的，而沿半径方向（x 轴）各点则是变化的。在中心点 O，$x=0$，所以 $\sigma'_{t1}=0$。x 为负值时，$\sigma'_{t1}>0$，为拉应力；x 为正值时，$\sigma'_{t1}<0$，为压应力，其应力大小的分布情况如图 17-10a 所示。

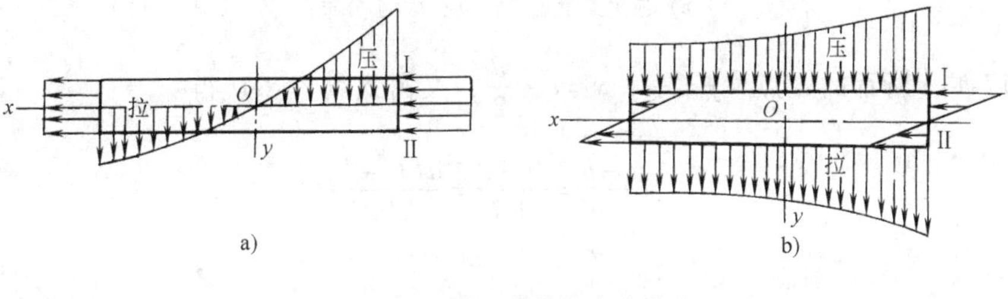

图 17-10　碟形弹簧的应力分布

a）σ'_{t1} 的分布　b）σ'_{t2} 的分布

由式（17-4）：

$$\sigma'_{t2}=\frac{E}{(1-\mu^2)}\frac{\varphi}{(c-x)}y$$

可知 σ'_{t2} 在沿厚度方向（y 轴）和半径方向（x 轴）各点的大小都是不同的。在中心锥面上，$y=0$，$\sigma'_{t2}=0$；当 y 为正值时（在中心锥面以内），$\sigma'_{t2}>0$，即中心锥面以内的下半部分受拉应力；y 为负值时，$\sigma'_{t2}<0$，即中心锥面以外的上半部分受压应力，而在内外表面上应力均达最大值。

此外 σ'_{t2} 还随 x 的增加而增大，在内圆周处达到最大值，如图 17-10b 所示。总的切应力为

$$\sigma_t=\sigma'_{t1}+\sigma'_{t2}=\frac{E\varphi}{(1-\mu^2)(c-x)}\left[x\left(\varphi_0-\frac{\varphi}{2}\right)+y\right] \quad (17\text{-}26)$$

总切应力大小的空间分布情况如图 17-11b 所示。在内、外圆周的上表面和下表面（图 17-11a 的Ⅰ、Ⅱ、Ⅲ、Ⅳ点）应力值均较大。

以 $\varphi_0=\dfrac{2h_0}{D-d}$，$\varphi=\dfrac{2f}{D-d}$ 代入式（17-26）得

$$\sigma_t=\frac{4Ef}{(1-\mu^2)(D-d)^2(c-x)}\left[x\left(h_0-\frac{f}{2}\right)+\frac{2y}{D-d}\right]$$

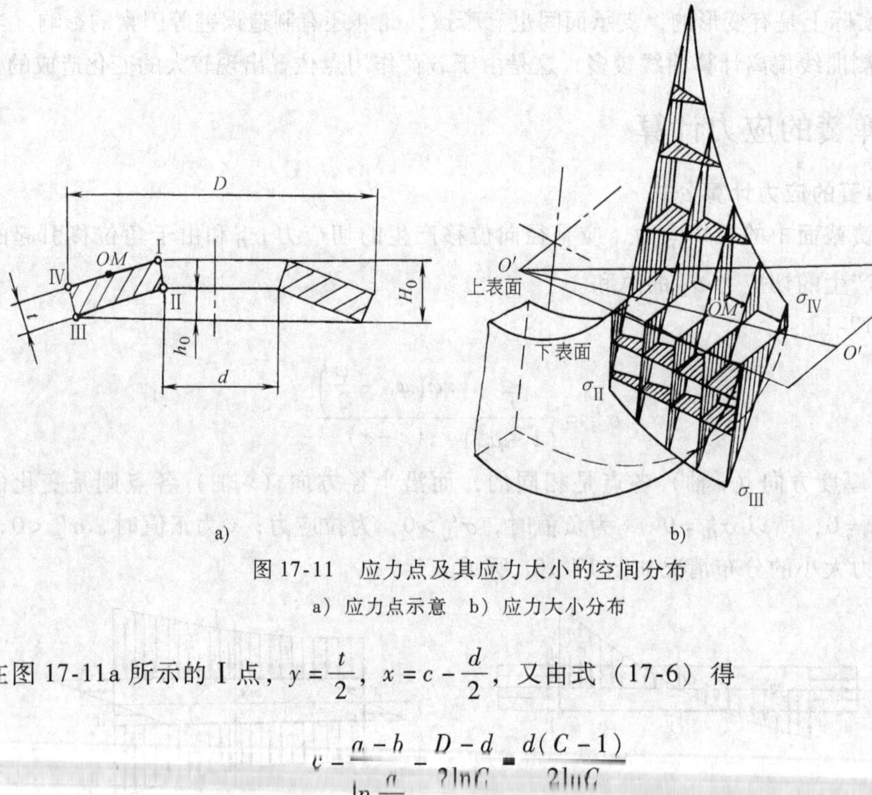

图 17-11 应力点及其应力大小的空间分布

a）应力点示意 b）应力大小分布

在图 17-11a 所示的Ⅰ点，$y=\dfrac{t}{2}$，$x=c-\dfrac{d}{2}$，又由式（17-6）得

$$c=\frac{a-b}{\ln\dfrac{a}{b}}=\frac{D-d}{2\ln C}=\frac{d(C-1)}{2\ln C}$$

则

$$x=\frac{d}{2}\left(\frac{C-1}{\ln C}-1\right)$$

代入上式得Ⅰ点应力为

$$\sigma_{\mathrm{I}}=\frac{4E}{1-\mu^2}\cdot\frac{t^2}{K_1D^2}\cdot\frac{f}{t}\left[\frac{6}{\pi\ln C}\left(\frac{C-1}{\ln C}-1\right)\left(\frac{h_0}{t}-\frac{f}{2t}\right)+\frac{6}{\pi\ln C}\left(\frac{C-1}{2}\right)\right]$$

同理可得其他各点应力，再考虑有无支承面的情况，经整理后为

$$\sigma_{\mathrm{I}}=-\frac{4E}{1-\mu^2}\frac{t^2}{K_1D^2}\frac{f}{t}K_4\left[K_4K_2\left(\frac{h_0}{t}-\frac{f}{2t}\right)+K_3\right] \tag{17-27}$$

$$\sigma_{\mathrm{II}}=-\frac{4E}{1-\mu^2}\frac{t^2}{K_1D^2}\frac{f}{t}K_4\left[K_4K_2\left(\frac{h_0}{t}-\frac{f}{2t}\right)-K_3\right] \tag{17-28}$$

$$\sigma_{\mathrm{III}}=-\frac{4E}{1-\mu^2}\frac{t^2}{K_1D^2}\frac{f}{t}\frac{1}{C}K_4\left[K_4(K_2-2K_3)\left(\frac{h_0}{t}-\frac{f}{2t}\right)-K_3\right] \tag{17-29}$$

$$\sigma_{\mathrm{IV}}=-\frac{4E}{1-\mu^2}\frac{t^2}{K_1D^2}\frac{f}{t}\frac{1}{C}K_4\left[K_4(K_2-2K_3)\left(\frac{h_0}{t}-\frac{f}{2t}\right)+K_3\right] \tag{17-30}$$

$$\sigma_{OM}=\frac{4E}{1-\mu^2}\cdot\frac{t^2}{K_1D^2}\cdot\frac{f}{t}\cdot\frac{3}{\pi}K_4 \tag{17-31}$$

$$K_2=\frac{6}{\pi}\frac{\frac{C-1}{\ln C}-1}{\ln C} \tag{17-32}$$

$$K_3=\frac{3}{\pi}\cdot\frac{C-1}{\ln C} \tag{17-33}$$

式中，K_1、K_2 和 K_3 由表 17-7 查取。K_4 见式（17-21）。

计算应力为正值时是拉应力，负值时为压应力。

由式（17-27）可知，当变形量 $f<2h_0$ 时，σ_{I} 始终为负值，即为压应力，与式(17-28)比较可得 $|\sigma_{\mathrm{I}}|>|\sigma_{\mathrm{II}}|$，即最大切应力在碟片内圆周的上表面的Ⅰ点。

当 $f=2h_0$ 时，由式（17-27）和式(17-28）可知Ⅰ点的压应力与Ⅱ点的拉应力的大小相等。

当 $f>2h_0$ 时，σ_{I} 始终为正值，即为拉应力，而 $|\sigma_{\mathrm{I}}|<|\sigma_{\mathrm{II}}|$，最大切应力在碟片内圆周下表面的Ⅱ点。

一般碟簧 $f<2h_0$，因此最大切应力在Ⅰ点，并且是压应力。

3.2　碟形弹簧实际应力的分布情况

图 17-11b 为计算应力的空间分布情况。实际上在最大应力点（Ⅰ点）应力达到屈服极限之后，当载荷继续增大时，该点应力不可能再增高。而截面内其他各点的应力则将仍然继续增大，因此应力分布将趋于均匀一些，如图

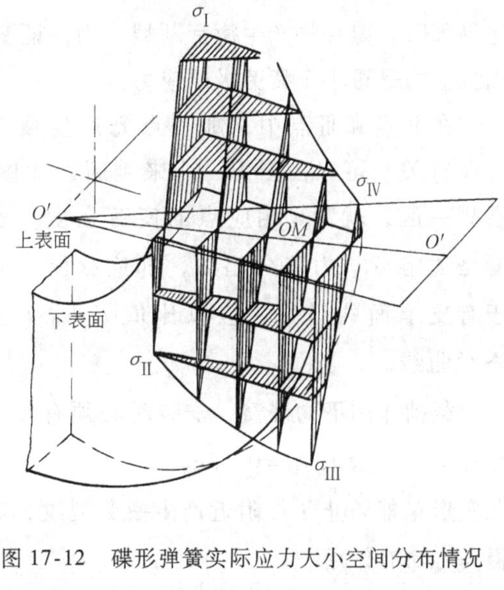

图 17-12　碟形弹簧实际应力大小空间分布情况

17-12 所示。可见只要截面内其他各点应力仍小于屈服极限，则Ⅰ点的计算压应力可能大大超过屈服极限而碟簧不失效。此外，在进行强压处理后，因高应力部分的塑性部分的塑性变形而产生的剩余应力，也是使实际应力的分布情况比理论计算结果趋于均匀。

式（17-31）σ_{OM}值系上表面 OM 与截面中性点 O 垂直点的应力。由图 17-12 可以看出碟簧受力后，OM 点的应力接近于材料的屈服极限，更能表征碟簧的强度，且计算简便。因而在标准中列出了此值的计算式。如用式（17-31）计算碟簧强度，取 $f=h_0$ 的 σ_{OM}值小于或等于材料的屈服极限。

4　碟形弹簧的强度和许用应力

碟簧在工作中可受到静载荷和变载荷的作用。由于工作中所受载荷性质不同，则其失效情况不同，因而强度计算的许用应力应予不同考虑。

（1）承受静载荷的碟簧的静强度和许用应力　在总工作时间内，载荷大小不变，或者载荷变化次数小于 10^4 次时，可视为静载荷。在静载荷作用下，碟形弹簧可能的失效形式是在最大应力点处产生塑性变形。为了保证自由高度 H_0 的稳定，应使压平时的 σ_{OM}接近材料的屈服极限。对于 60Si2MnA 和 50CrVA 的钢制弹簧，可取屈服极限 $\sigma_s=1400\sim1600\text{MPa}$。

（2）承受变载荷的碟簧的疲劳强度和许用应力　变载荷作用下碟簧的使用寿命分为：

1）无限寿命。可以承受 2×10^6 或更多次数载荷变化而不破坏；

2）有限寿命。可以在持久强度范围内承受 $1\times10^4\sim2\times10^6$ 次有限的载荷变化直至破坏。

承受变载荷的碟形弹簧，其失效形式为疲劳断裂。碟形弹簧疲劳源，都是在下表面受拉应力的内圆周Ⅱ点或外圆周Ⅲ点处。虽然Ⅱ、Ⅲ点并不是最大应力点，但是由反复变化作用的拉应力产生的疲劳裂纹是发展性的，因此在应力大小超过一定数值，应力循环次数达到一定界限时，碟片将产生疲劳断裂。为保证变载荷作用下碟形弹簧的强度，必须核验碟片下表面拉应力是否小于疲劳极限应力。

在Ⅱ点和Ⅲ点中，那一点先产生疲劳裂纹而比较危险，与直径比 $C=D/d$ 和比值 h_0/t 有关，可以由图 17-13 来判断。如图 17-13 所示，由 C 值和 h_0/t 比值确定的点落在哪一区，就验算相应点的疲劳强度，若落在两条曲线之间，则表明Ⅱ点或Ⅲ点都可能是危险点，为安全起见，都应核验。对于有支承面的弹簧，应以比值 $K_4h'_0/t'$ 去查对曲线。

载荷作用下的碟簧，安装时必须有预压变形量，一般取 $f_1=0.15h_0\sim0.20h_0$。此预压变形量能防止Ⅰ点附近产生疲劳裂纹，对提高寿命有作用。

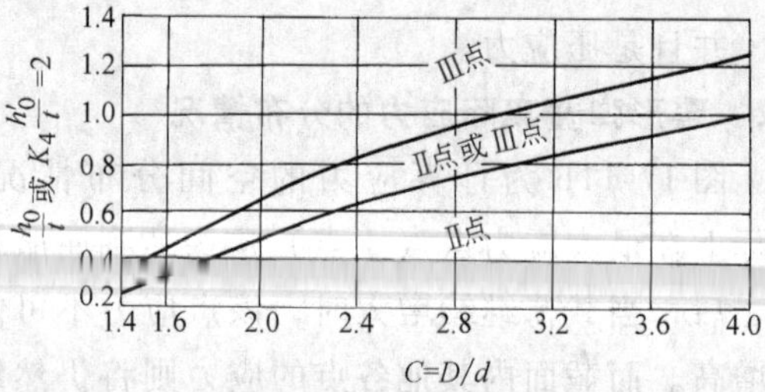

图 17-13　碟形弹簧疲劳破坏危险点的判断曲线

材料 50CrVA 的变载荷作用下的单个碟簧，或不超过 10 片的对合组合碟簧的疲劳极限，可根据寿命要求，碟簧厚度及上下限应力（$\sigma_{r\max}$、$\sigma_{r\min}$），在图 17-14～图 17-16 中查取。厚度 t > 14mm 和组合片数较多的组合碟簧，其他材料的碟簧，以及在特殊情况下，如环境温度较高、有化学影响等工作的碟簧应适当降低。

（3）蠕变和松弛　长期承受载荷的碟簧，随着时间的延续，会产生蠕变和松弛。发生蠕变时，受恒力作用的碟簧自由高度会缩减 ΔH_0。发生松弛时碟簧在不变高度上受压缩时，载荷会减少 ΔF。

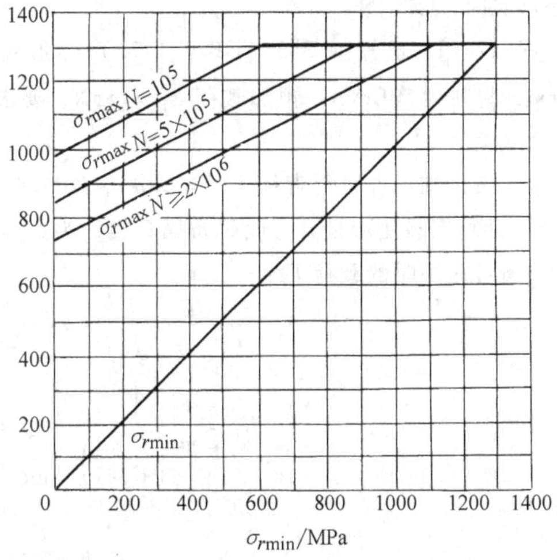

图 17-14　t < 1.25mm 碟簧的极限应力曲线

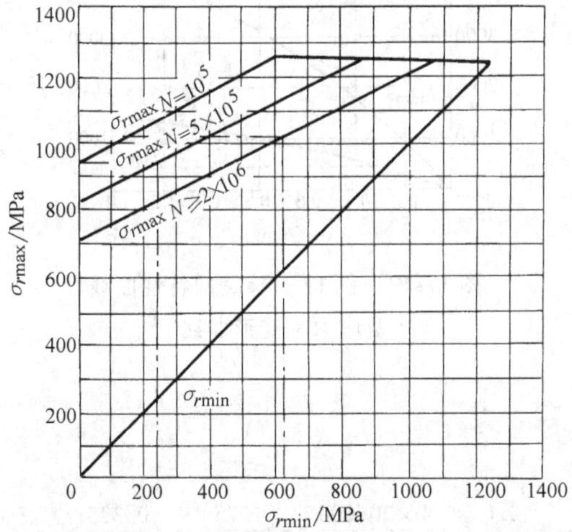

图 17-15　t = 1.25～6mm 碟簧的极限应力曲线

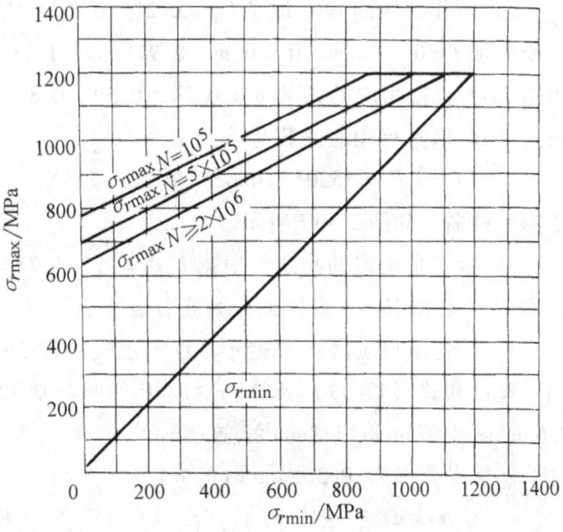

图 17-16　6mm < t ≤ 14mm 碟簧的极限应力曲线

5　碟形弹簧的设计

如前述碟形弹簧制定有国家标准，可按使用要求选定标准尺寸和参数后外购或自制，只在有特殊要求时，才自行设计。

5.1　标准碟形弹簧的选择

碟形弹簧标准中（表 17-3～表 17-6），规定了 D、d、t、h_0 和 H 的系列尺寸。按 D/t 和 h_0/t 的不同，分为 A、B、C 三个系列（$D/t \approx 18$，28，40；$h_0/t \approx 0.4$，0.75，1.3），以适应不同的结构尺寸、载荷大小和弹簧特性的要求。

碟簧一般按载荷和变形的关系、载荷大小、结构尺寸等要求，来选择适用的标准尺寸、碟片数量或组合形式。对于承受静载荷的、符合标准规定的碟形弹簧，能满足在变形 f = $0.75h_0$ 时的强度要求，而不会产生塑性变形，因此不必进行强度验算。如果承受变载荷，则应核验疲劳强度。碟簧在选定尺寸和结构以后，应计算并绘制弹簧特性曲线。如系自制，则还应画出工作图。

【例 17-1】 已知一 B45（GB/T 1972）碟形弹簧尺寸为 $D=45\text{mm}$，$d=22.4\text{mm}$，$t=1.75\text{mm}$，$h_0=1.3\text{mm}$，材料为 50CrVA，预加载荷 $F_1=155\text{N}$，要求寿命为 $N=2\times10^6$ 次，计算在变载荷下工作时，允许的最大载荷 F_2。

解 按已知条件可得直径比 $C=D/d=45/22.4\approx2$。按标准可知材料的弹性模量 $E=206000\text{MPa}$。

1）计算安装变形量 f_1 此碟簧属 2 类，为无支承面结构。将已知条件代入式（17-13）和式（17-10）计算碟簧被压平时的载荷 F_c：

$$F_c=\frac{4E}{(1-\mu^2)}\frac{t^3h_0}{K_1D^2}=\frac{4\times206000}{(1-0.3^2)}\times\frac{1.75^3\times1.3}{0.69\times45^2}\text{N}=4515\text{N}$$

$$K_1=\frac{1}{\pi}\frac{\left(\dfrac{C-1}{C}\right)^2}{\left(\dfrac{C+1}{C-1}\right)-\dfrac{2}{\ln C}}=\frac{1}{\pi}\times\frac{\left(\dfrac{2-1}{2}\right)^2}{\left(\dfrac{2+1}{2-1}\right)-\dfrac{2}{\ln2}}=0.69$$

得系数：

$$m=\frac{F_1}{F_c}=\frac{1520}{4515}=0.34$$

根据此值查图 17-6 得 $f_1/h_0=0.25$，从而得

$$f_1=0.25h_0=0.25\times1.3\text{mm}=0.325\text{mm}$$

2）制作特性曲线 取 $f/h_0=0.25$、0.5、0.75、1，即变形量 $f=0.325\text{mm}$、0.65mm、0.975mm、1.3mm 值，由图 17-6 查得相应的系数 $m=0.34$、0.59、0.82、1.0。按式（17-14）得相应的载荷

$$F=mF_c=1520\text{N}、2664\text{N}、3702\text{N}、4515\text{N}$$

绘制特性曲线如图 17-17 所示。

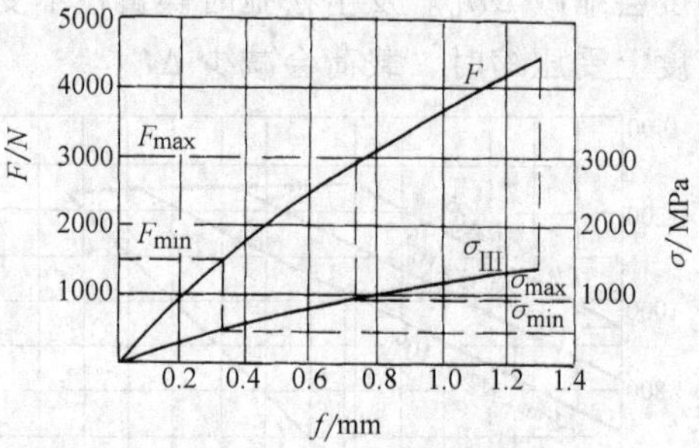

图 17-17 例 17-1 碟簧的特性曲线及应力和变形曲线

3）疲劳危险点的判定 根据 $h_0/t=1.3/1.75=0.74$ 和 $C=2$，在图 17-13 查得Ⅲ点为疲劳破坏点。

4）作危险点应力 $\sigma_{Ⅱ}$ 和变形曲线 由式（17-29）、式（17-32）和式（17-33）计算。对应于变形 $f=0.325\text{mm}$、0.65mm、0.975mm、1.3mm 的应力 $\sigma_{Ⅱ}$。

碟簧在变形 $f=0.325\text{mm}$ 时的 $\sigma_{Ⅱ}$ 为

$$\sigma_{Ⅱ}=-\frac{4E}{1-\mu^2}\frac{t^2}{K_1D^2}\frac{f}{t}\frac{1}{C}K_4\left[K_4(K_2-2K_3)\left(\frac{h_0}{t}-\frac{f}{2t}\right)-K_3\right]=-\frac{4\times206000}{1-0.3^2}\times\frac{1.75^2}{0.69\times45^2}\times\frac{0.325}{1.75}\times$$

$$\frac{1}{2}\times1\left[1\times(1.22-2\times1.38)\left(\frac{1.3}{1.75}-\frac{0.325}{2\times1.75}\right)-1.38\right]\text{MPa}=-439\text{MPa}$$

$$K_2=\frac{6}{\pi}\frac{\left(\dfrac{C-1}{\ln C}\right)-1}{\ln C}=\frac{6}{\pi}\times\frac{\left(\dfrac{2-1}{\ln2}\right)-1}{\ln2}=1.22$$

$$K_3=\frac{3}{\pi}\frac{C-1}{\ln C}=\frac{3}{\pi}\times\frac{2-1}{\ln2}=1.38$$

已知 $K_1=0.69$，无支承面碟簧 $K_4=1$。

同理，可得对应于变形 $f=0.65\text{mm}$，0.975mm，1.3mm 的应力 $\sigma_{Ⅱ}=-823\text{MPa}$，1156MPa，$-1431\text{MPa}$。根据所得变形和应力值绘制曲线，如图 17-17 所示。

5）确定最大应力 $\sigma_{\max}$ 按最小应力 $\sigma_{Ⅱ}=-439\text{MPa}$ 由图 17-15 极限应力图查得 $N=2\times10^6$ 次时的 $\sigma_{\max}=930\text{MPa}$。

6）确定所能承受的最大载荷 F_2 按最大应力 $\sigma_{\max}=930\text{MPa}$，由图 17-17 查得相应的最大载荷 $F_2=3000\text{N}$，相应的变形 $f_2=0.73\text{mm}$，$f_2/h_0=0.56$。

结论：此碟簧在变载荷作用下，当预加载荷 $F_1=1520\text{N}$ 时，其所允许的最大载荷 $F_2=3000\text{N}$，其变形

量应限制在$f_2 = 0.73\text{mm}$范围内。

5.2 非标准碟形弹簧的设计

设计非标准碟形弹簧时，主要的已知条件应有：载荷的大小和性质，弹簧特性曲线的形式（即载荷与变形关系），空间结构尺寸的限制条件（D，d 和空间高度 H）。设计需求的有：碟形弹簧的主要尺寸参数（h_0，t，D 和 d），选定材料，确定组合形式和碟片数量，完成特性曲线及画出零件工作图。其设计步骤大致为：

1）按特性曲线的形式要求，参照图 17-8 选定比值 h_0/t，要求特性曲线近于直线时，可取 $h_0/t \approx 0.5$，要求具有弹簧刚度为零的变形区域时，可取 $h_0/t \approx \sqrt{2}$；要求具有负刚度特性时，可取 $h_0/t > \sqrt{2}$，但此时弹簧易于产生突然压平或截锥形倒翻过来情形，引起特性线的突然改变。为避免发生这种情况，应在结构上采取一些防护措施。

厚度 t 较大的碟形弹簧，当 h_0/t 过大时，相应的变形 f 也可能比较大，而最大应力（Ⅰ点的压应力）也将增高，如果发生不能满足强度要求时，可以按强度条件另选适当的内截锥高度 h_0。

2）根据空间结构限制，选定 D 或 d，并确定比值 C。一般取 $C = 2$。碟形弹簧单位体积材料的变形能与直径比 C 有关，而在 $C \approx 1.7$ 时为最大，因此用于缓冲、吸振和储能的碟形弹簧，可取 $C = 1.7 \sim 2.5$。如为控制装置等用的碟簧，弹簧特性有特殊要求时，则可在 $C = 1.25 \sim 3.5$ 之间选取。C 值大于 3.5 时，将使外径过大而可能超出空间尺寸对外径的限制；C 值过小时，外径与内径接近，会给制造带来困难，因此通常 C 不小于 1.25。

3）选择材料和确定许用应力。受静载荷作用的碟簧在压平时的应力 σ_{OM} 应接近弹簧材料的屈服极限 σ_s。变载荷作用下的碟簧，一般选定尺寸后进行疲劳强度的核验计算，其许用应力幅应按最小应力 $\sigma_{\min}$ 和要求的使用寿命（循环次数 N）来选取。

4）给定比值 $f_{\max}/h_0$，并由应力计算公式求出满足强度要求的碟片厚度 t。在计算时，各式中的 f/t 值均以 $f_{\max}/t = (f_{\max}/h)(h/t)$ 代入。求出厚度 t 以后，应按材料规格并考虑加工余量要求来适当调整。

5）由 h_0/t 比值和 t 值求出内截锥高度 h_0。在变载荷下工作的碟簧还应在几何尺寸确定后，给定 $f_{\min}/h_0$，计算 $\sigma_{\min}$，并由此查出疲劳强度的极限应力 $\sigma_{\max}$ 和许用应力幅，核验其疲劳强度。

受变载荷作用的碟形弹簧，即使预加载荷较小（即初始变形较小）时，碟簧上表面的内圆周上Ⅰ点也会出现疲劳裂纹。这是由于强压处理后在该点产生残余变形而存在剩余拉应力引起的。虽然这种裂纹不致因载荷增大和循环次数增加而发展到使碟簧破坏，但是也会影响到碟簧的载荷和变形的特性，因此仍应尽量避免。当 $f_{\min} > (0.15 \sim 0.2) h_0$，Ⅰ点的剩余拉应力可以消除，所以为了保证特性的稳定，提高疲劳强度，一般承受变载荷的碟簧应取 $f_{\min}/h_0 \geqslant 0.15 \sim 0.2$。从减小碟簧的应力幅，提高疲劳强度考虑，则取 $f_{\min}/h_0 = 0.25 \sim 0.60$ 更为有利。

6）按载荷与变形关系的要求，确定弹簧组合方式和片数，并作为特性曲线和计算弹簧变形能。

7）绘制碟簧的零件工作图，确定各项技术要求。

由于影响碟簧载荷和变形关系的因素很多，因此在设计中为满足使用要求，常需不断调整参数 t、h_0 和 C 等，或改变组合形式和片数，并进行反复试算。

6 组合碟形弹簧

单片碟形弹簧的承载能力和变形有限，因此大都成组使用。采用不同的组合方式，可以得到各种特性，满足不同性能要求。

6.1 碟形弹簧的组合方式和特性

碟形弹簧的组合方式和特性见表 17-9。

表 17-9 碟形弹簧的组合方式，特性线和计算公式

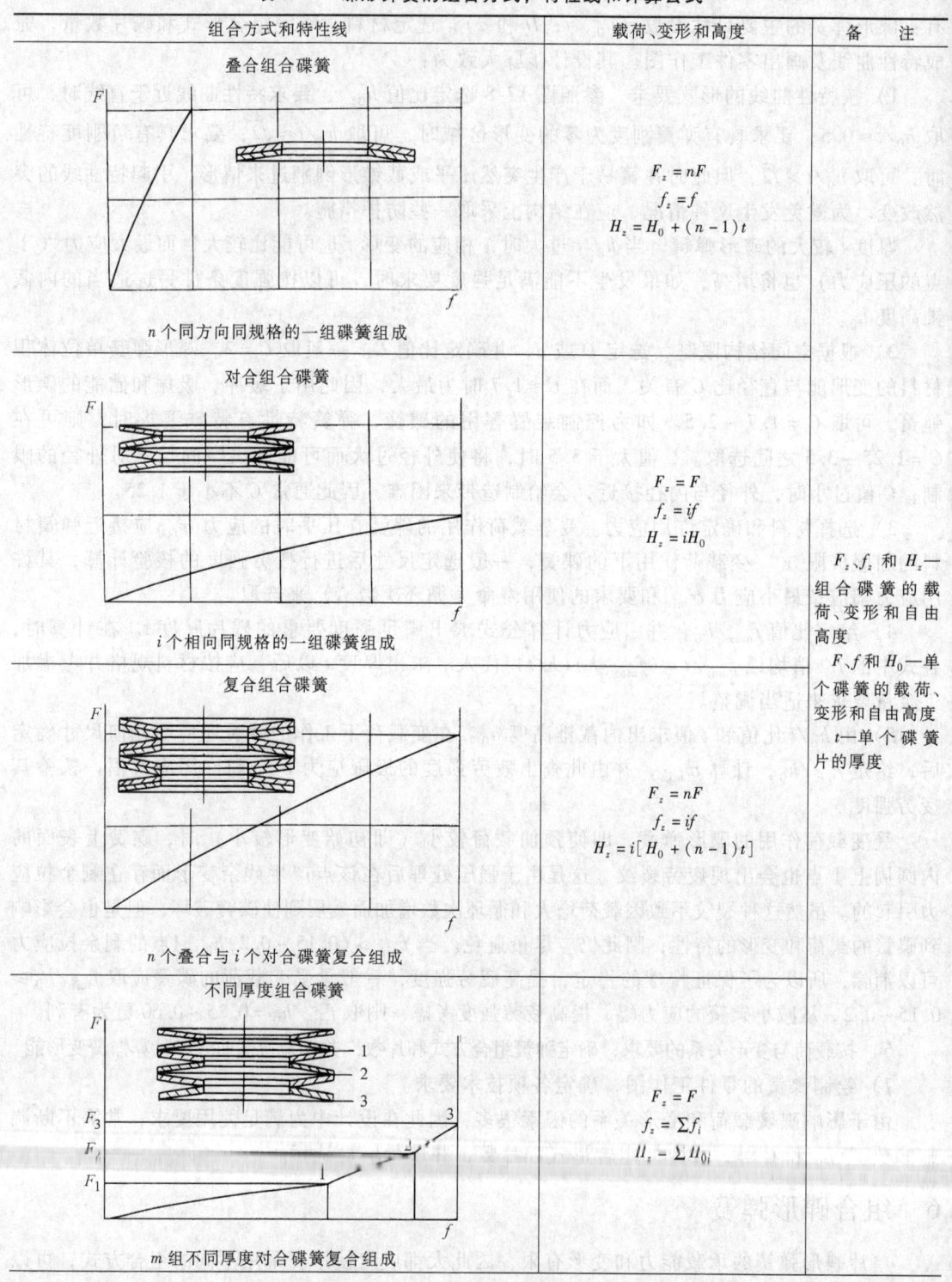

组合方式和特性线	载荷、变形和高度	备 注
叠合组合碟簧 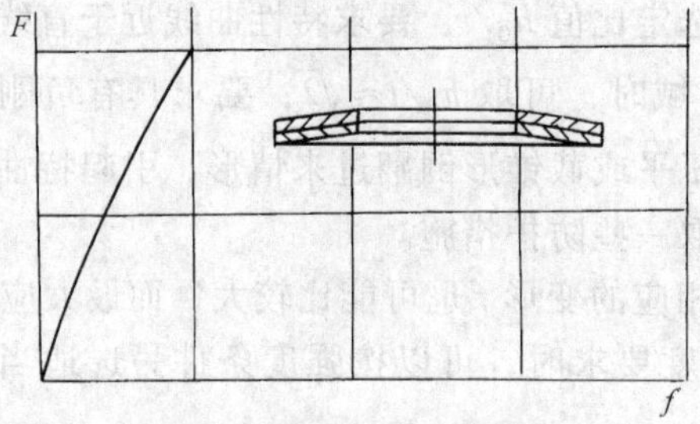 n 个同方向同规格的一组碟簧组成	$F_z = nF$ $f_z = f$ $H_z = H_0 + (n-1)t$	
对合组合碟簧 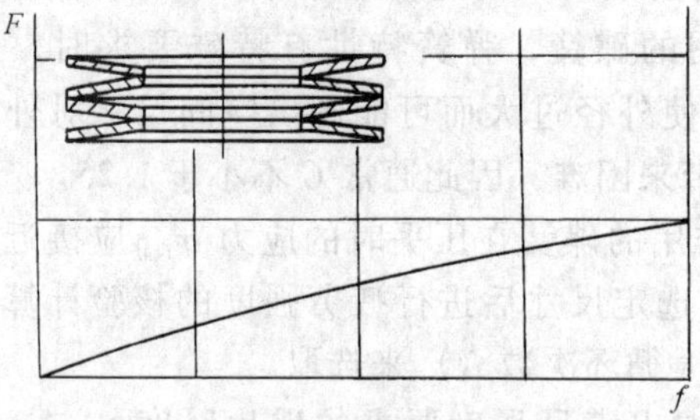 i 个相向同规格的一组碟簧组成	$F_z = F$ $f_z = if$ $H_z = iH_0$	F_z、f_z 和 H_z—组合碟簧的载荷、变形和自由高度 F、f 和 H_0—单个碟簧的载荷、变形和自由高度 t—单个碟簧片的厚度
复合组合碟簧 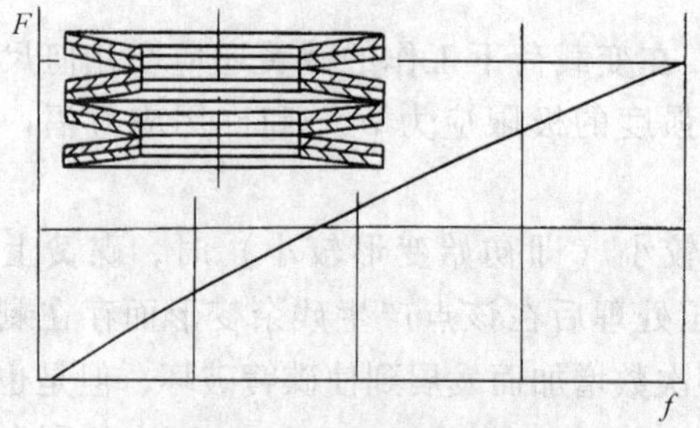 n 个叠合与 i 个对合碟簧复合组成	$F_z = nF$ $f_z = if$ $H_z = i[H_0 + (n-1)t]$	
不同厚度组合碟簧 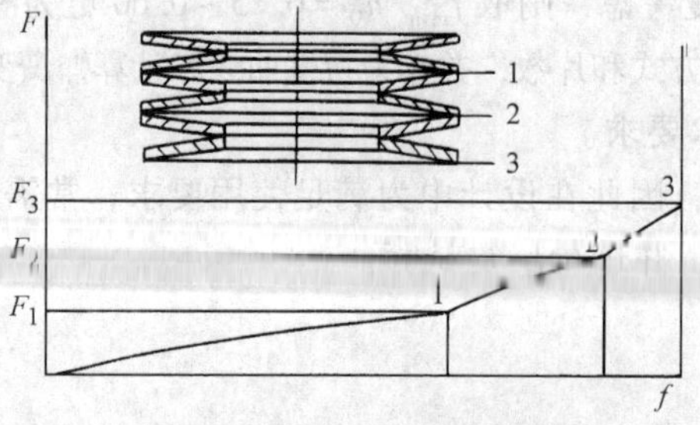 m 组不同厚度对合碟簧复合组成	$F_z = F$ $f_z = \sum f_i$ $H_z = \sum H_{0i}$	

（续）

组合方式和特性线	载荷、变形和高度	备　注
不同片数组合碟簧 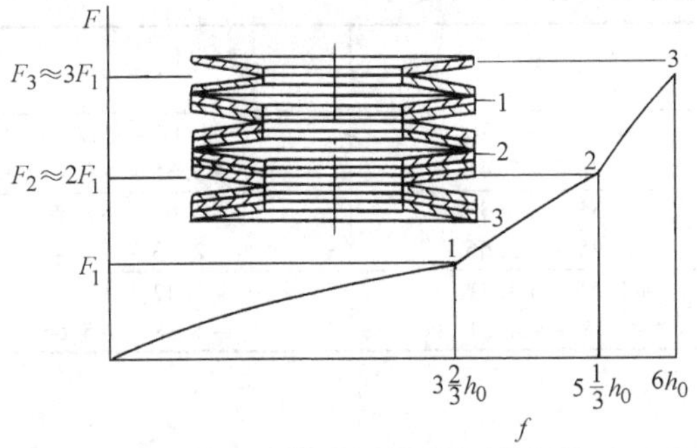 i 个不同片数叠合弹簧复合组成	$F_z=n_iF_i$ $f_z=\sum f_i$ $H_z=\sum[H_{0i}+(n_i-1)t]$	F_z、f_z 和 H_z—组合碟簧的载荷、变形和自由高度 F、f 和 H_0—单个碟簧的载荷、变形和自由高度 t—单个碟簧片的厚度

注：载荷与变形计算公式未计入摩擦力。

6.2　摩擦力对组合碟形弹簧特性的影响

前面所述计算方法，都忽略摩擦力影响，而实际上碟形弹簧受载后，在支承表面和叠合面上，在碟片与导向零件之间都有因表面相对滑动而产生的摩擦力，因此改变了碟形弹簧的特性曲线。图 17-18 为 1 ~4 片叠合碟形弹簧的实际特性曲线与理论特性曲线的区别。实线所示为实际的特性曲线。加载时，摩擦力阻碍变形的增加，因此使弹簧实际刚度增大。卸载时摩擦力将阻碍弹性变形的恢复，因此使弹簧实际刚度减小。摩擦力的大小与碟片表面质量和润滑情况有关，也与叠合层数有关。用作缓冲吸振的碟形弹簧，摩擦力起消能吸振作用，其影响是有利的。

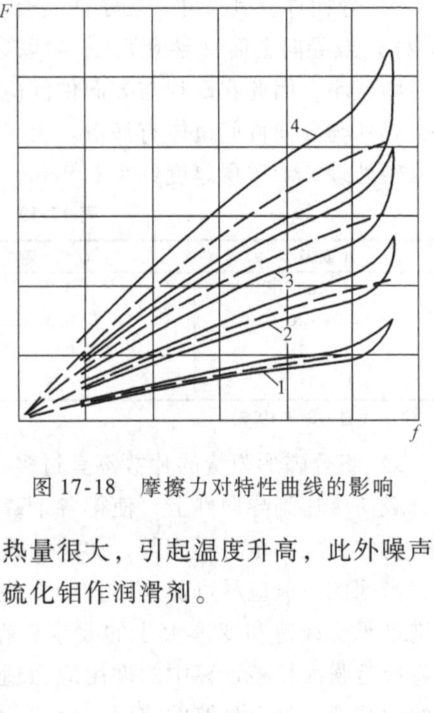

图 17-18　摩擦力对特性曲线的影响

但当振动频率较高、振幅较大时，由摩擦产生的热量很大，引起温度升高，此外噪声和磨损也大，因此必须考虑有良好的润滑。一般常用二硫化钼作润滑剂。

考虑摩擦力影响时，弹簧的载荷 F_z 计算式为

叠合组合碟簧：

$$F_z=\frac{nF}{1\pm f_M(n-1)\pm f_R} \tag{17-34}$$

复合组合碟簧，仅考虑叠合面间的摩擦时：

$$F_z=\frac{nF}{1\pm f_M(n-1)} \tag{17-35}$$

式中　F——碟簧未计摩擦力时的载荷；

f_M——碟簧锥面间的摩擦系数，见表 17-10；

f_R——承载边缘处的摩擦系数，见表 17-10；

n——碟簧的片数。

表 17-10　摩擦系数 f_M 和 f_R

系列	f_M	f_R
A	0.005 ~0.03	0.03 ~0.05
B	0.003 ~0.02	0.02 ~0.04
C	0.002 ~0.015	0.01 ~0.03

注：摘自 GB/T 1972。

用于加载时取正号，卸载时取负号。对于摩擦力的考虑也可以每层碟片按 ±2% ~3% 计算。摩擦力在载荷计算中所占比例见表 17-11。

表 17-11 摩擦力在载荷计算中所占比例 (%)

系列 \ 片数	n=1	n=2	n=3
系列 A	+3.09 ~ +5.26 −2.91 ~ −4.76	+3.63 ~ +8.70 −3.38 ~ −7.41	+4.17 ~ +12.36 −3.85 ~ −9.91
系列 B	+2.04 ~ +4.17 −1.96 ~ −3.85	+2.35 ~ +6.38 −2.25 ~ −5.66	+2.67 ~ +8.70 −2.53 ~ −7.41
系列 C	+1.01 ~ +3.09 −0.09 ~ −2.91	+1.21 ~ +4.71 −1.19 ~ −4.31	+1.42 ~ +6.38 −1.38 ~ −5.66

6.3 组合碟形弹簧设计中应注意的问题

1）组合碟形弹簧的设计计算，仍然是以单片碟形弹簧的计算为基础的，按其组合形式，求出其单片碟簧的载荷和变形，进行设计计算。

2）导向件及其尺寸。为了防止受载时碟片产生横向滑移，组合碟形弹簧应有导向心轴（导杆）或导向套筒（导套），一般以导向套筒的效果较好。由于碟片变形时，外径增大而内径则减小，因此在碟片与导向件间应有一定间隙，可由表 17-12 查取。为了减少摩擦力影响，碟片与导向件间也应有润滑。为了耐磨，导向件表面硬度应高于碟片硬度，尽量进行表面渗碳处理，渗碳层厚度约为 0.8mm，硬度一般为 55HRC，其表面粗糙度 $R_a<3.2\mu m$。

表 17-12 碟形弹簧与导向件的间隙 （单位：mm）

d 或 D	间 隙	d 或 D	间 隙
~16	0.2	>31.5 ~50	0.6
>16 ~20	0.3	>50 ~80	0.8
>20 ~26	0.4	>80 ~140	1.0
>26 ~31.5	0.5	>140 ~250	1.6

注：摘自 GB/T 1972。

3）组合碟形弹簧的片数不宜过多，因为在承受载荷时，碟片沿导向件表面滑动，将一部分载荷传递到导向件上，使得各个碟片承受的载荷将由动端的碟片开始向内依次递减。各碟片的应力大小也将不相等，动端的碟片应力最大，寿命最短。碟片愈多则受载的不均匀性愈大，因此一般应尽可能采用直径大些，片数较少的组合弹簧来满足承受载荷和变形大小的要求。在结构要求片数较多时，应将疲劳强度校核计算中的许用应力适当降低，以保证应力最大的动端碟片具有足够的使用寿命。

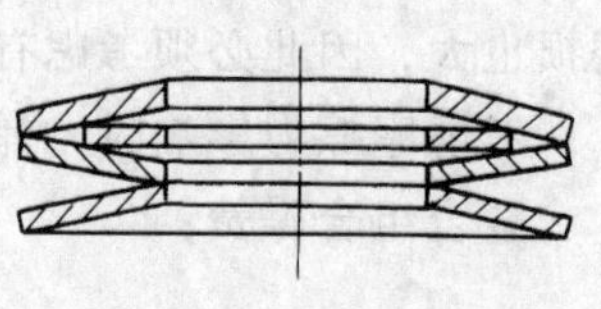

图 17-19 防止碟片变形量过大的结构

4）对于碟片厚度不同或叠合片数不同的组合碟形弹簧，为防止厚度较小或片数较少的碟片被压平而使应力过大，应该采取结构上的措施。例如在碟片之间加一个衬环（图 17-19）等，来保证这些碟片的最大变形在 $0.75h_0$ 以内。

7 碟形弹簧的制造

7.1 碟形弹簧材料的选择

碟形弹簧多用冷轧（表 2-90）或热轧钢带（表 2-91）、板材或锻造坯料（锻造比不小于 2）制造，其材料常为 60Si2MnA、50CrVA 等弹簧钢，厚度较薄（<1.1mm）的碟形弹簧也可以用高

碳钢制造。有防锈、防蚀、防磁或耐热等特殊要求时，也可以用不锈钢、耐热钢、青铜或玻璃钢等材料制造。

7.2 碟形弹簧的技术要求（参照 GB/T 1972）

1）普通碟形弹簧尺寸的极限偏差按表 17-13 的规定。

表 17-13 普通碟形弹簧尺寸的极限偏差

名 称	极 限 偏 差		名 称	极 限 偏 差	
	一级精度	二级精度		一级精度	二级精度
D	h12	h13	d	H12	H13

2）厚度的极限偏差按表 17-14 的规定。

3）自由高度的极限偏差按表 17-15 的规定。

表 17-14 厚度的极限偏差 （单位：mm）

类 别	$t(t')$	$t(t')$ 极限偏差
		一、二级精度
1	0.2 ~ 0.6	+0.02 -0.06
	>0.6 ~ <1.25	+0.03 -0.09
2	1.25 ~ 3.8	+0.04 -0.12
	>3.8 ~ 6	+0.05 -0.15
3	>6 ~ 16	±0.10

注：在保证特性要求的前提下，厚度极限偏差可在制造中作适当调整，但其公差带不得超出本表规定的范围。

4）碟形弹簧在 $H_0^- = 0.75h_0$ 时载荷的极限偏差按表 17-16 的规定。

表 17-15 自由高度极限偏差

（单位：mm）

类 别	$t(t')$	H_0 的极限偏差
		一、二级精度
1	<1.25	+0.10 -0.05
2	1.25 ~ 2	+0.15 -0.08
	>2 ~ 3	+0.20 -0.10
	>3 ~ 6	+0.30 -0.15
3	>6 ~ 16	±0.30

注：在保证特性要求的条件下，自由高度极限偏差在制造中可作适当调整，但其公差带不得超出本表规定的范围。

表 17-16 载荷的极限偏差

类 别	t/mm	$H_0^- = 0.75h_0$ 时，载荷的波动范围(%)	
		一级精度	二级精度
1	<1.25	+25 -7.5	+30 -10
2	1.25 ~ 3	+15 -7.5	+20 -10
	>3 ~ 6	+10 -5	+15 -7.5
3	>6 ~ 14	±5	±10

5）表面粗糙度与外观按表 17-17 的规定。

表 17-17 表面粗糙度与外观的规定 （单位：mm）

类 别	基本制造方法	表面粗糙度 Ra	
		上、下表面	内、外圆
1	冷冲成形，边缘倒圆角	3.2	12.5
2	冷或热成形，Ⅰ切削内外圆或平面，边缘倒圆角	6.3	6.3
	Ⅱ精冲，边缘倒圆角，冷成形或热成形	6.3	3.2
3	冷或热成形，加工所有表面，边缘倒圆角	12.5	12.5

6）碟形弹簧成形后必须进行热处理，淬火次数不得超过两次。淬、回火后的硬度必须在 42～52HRC 范围内。

7）经热处理后的碟形弹簧，其单面脱碳层的深度对Ⅰ类碟形弹簧，不得超过其厚度的 5%；对于Ⅱ、Ⅲ类碟形弹簧，不得超过其厚度的 3%（其最小值允许值为 0.06mm）。

8）碟形弹簧应全部进行强压处理。处理方法为一次压平，持续时间不少于 12h，或短时压平，压平次数不少于五次，压平力不小于 2 倍的 $F_f=0.75h_0$。

9）承受变载荷的碟形弹簧应进行喷丸或其他方法的表面强化处理。

10）碟形弹簧应进行防腐处理，如磷化、氧化、电镀、电泳或喷塑等形式。凡电镀处理后的碟形弹簧必须及时地进行去氢处理，以防氢脆。

7.3 碟形弹簧典型制造工艺

不同厚度的碟形弹簧其制造方法有所不同，现将三类碟形弹簧分别列出其工艺流程。

Ⅰ类碟形弹簧：

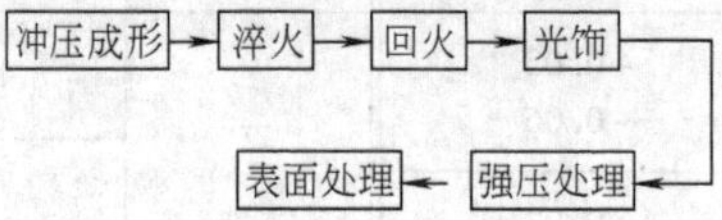

Ⅱ类碟形弹簧：

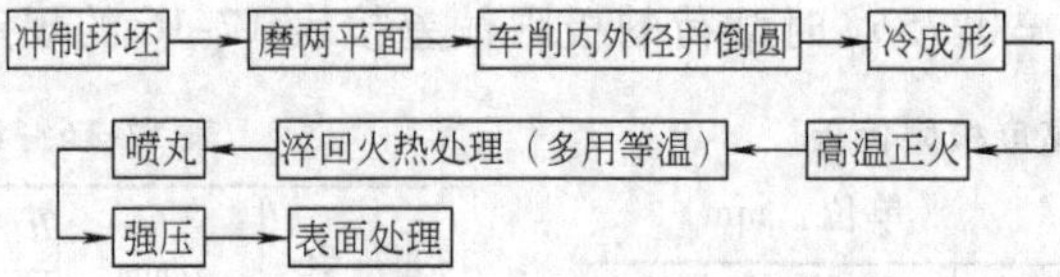

Ⅲ类碟形弹簧：

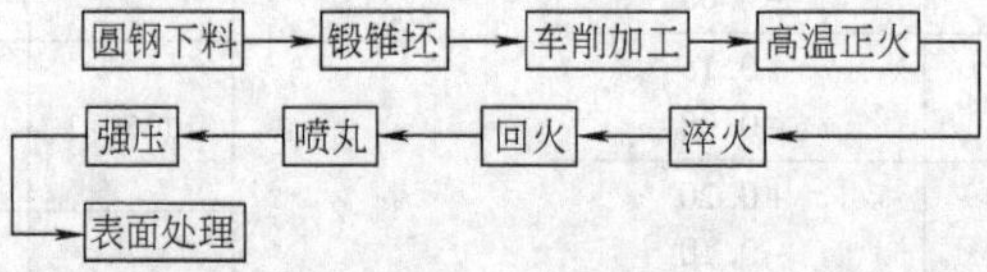

（1）冲压　冲制Ⅰ类碟形弹簧毛坯时，不需预留机加工余量。复合模或级进模的模具材料可为 Cr12、Cr12MoV 等常用冲裁模材料。凸模热处理硬度一般是 58～62HRC，凹模是 60～64HRC。

（2）磨削　热轧钢板表面公差、氧化脱碳及粗糙度都不能满足碟形弹簧的技术要求，所以必须经磨削加工，加工余量单边为 0.2～0.5mm。

（3）车削　车削碟形弹簧毛坯的加工余量常为 2～4mm，冲坯少锻坯多。宜选择 YG 系列刀头。倒圆宜用成形圆弧刀具。自动车床上多用陶瓷合金刀具。

（4）热处理　碟形弹簧工艺中的退火、正火、淬火、回火或等温处理的工艺参数都按热处理工艺规程进行。对于精度要求较高的碟形弹簧，特别是 h_0/t 较大，D/d 较小，且外径又较大的碟形弹簧应选用形变热处理工艺或模压回火。

碟形弹簧热处理的推荐硬度 1 类为 48～52HR，2 类为 46～49HR，3 类则为 44～48HR。

（5）毛坯尺寸

毛坯内径：$d' = d + \Delta d$

毛坯外径：$D' = D - \Delta D$

变化量 Δd 和 ΔD 与碟形弹簧尺寸大小有关，见表 17-18。

表 17-18 毛坯内径和外径变化量 Δd 和 ΔD①

系 列	Δd	ΔD	系 列	Δd	ΔD
A	$0.0774t$	$0.0698t$	C	$0.0538t$	$0.031t$
B	$0.0772t$	$0.0672t$			

① 表列数值需在实践中加以修正。

（6）成形　碟形弹簧需在成形模中成形。为保证其上下模的同心度凸模与凹模间需有定位装置，如图 17-20。定位心前端制成锥度，以适应碟形弹簧毛坯内孔的变化。上模与定位心的配合为间隙配合，推荐为 H9/h9；下模定位心部与碟形弹簧毛坯的配合，推荐为 H8/h8。

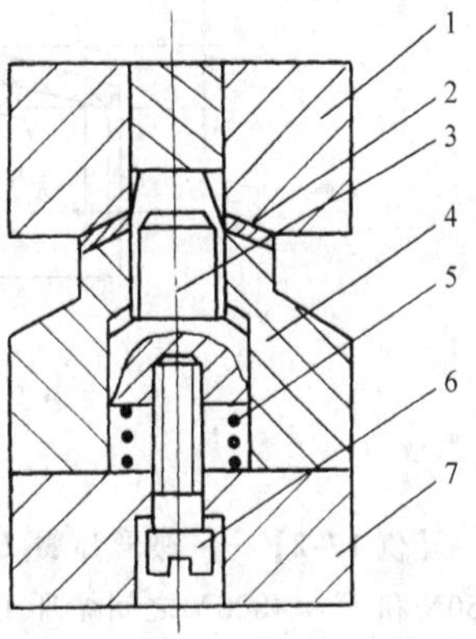

图 17-20　带弹性定位心的碟形弹簧成形模

1—成形上模　2—碟形弹簧毛坯　3—弹性定位心　4—成形下模　5—弹簧　6—螺钉　7—垫块

碟形弹簧的预留强压压缩量 Δh 与碟形弹簧的 h_0、t、D/d、h_0/t 以及 $1/D^2$ 等几何参数有关，并随热处理工艺而异，一般 $\Delta h \approx 0.2h_0$ 以上，其具体值可用下列经验公式求得

$t \leqslant 3\text{mm}$ 时：

$$\Delta h = -0.6935 + 0.1986t + 0.2775D/d + 0.1701h_0/t$$

$3 < t \leqslant 6\text{mm}$ 时：

$$\Delta h = -3.8844 + 0.5869D/d + 0.3842t + 0.0568(10^5/D^2) + 1.5078h_0/t$$

$t > 6\text{mm}$ 时：

$$\Delta h = 1.0106 - 0.3668D/d + 0.9271h_0/t$$

上述数据需在实践中修正，不同成形方式如冷成形、温成形、热成形和不同材料交货状态如退火状态、高温回火状态或冷轧状态回弹不同，可由工艺实验后确定。

（7）喷丸强化　承受变载荷的碟形弹簧在强压处理前应在内锥面进行喷丸强化。

（8）强压处理　根据技术要求进行。为消除蠕变影响，应进行低温强压处理，即将碟形弹簧在 200℃ 左右下进行强压处理，此法又称之热预压。

（9）表面处理　见 7.2 节技术要求中有关表面防腐项。

（10）检验　碟形弹簧制造的各个过程中都随有工序检验。出厂前还应作如下检验：

1）载荷检验。为了避免形状误差和摩擦的影响，在检验载荷时，应尽量在与使用相同的条件下进行。

2）外观和表面处理检验。

3）根据用户要求作疲劳试验。

各种检验应符合图样要求。

7.4 碟形弹簧的典型工作图

图 17-21 为碟形弹簧的典型工作图。

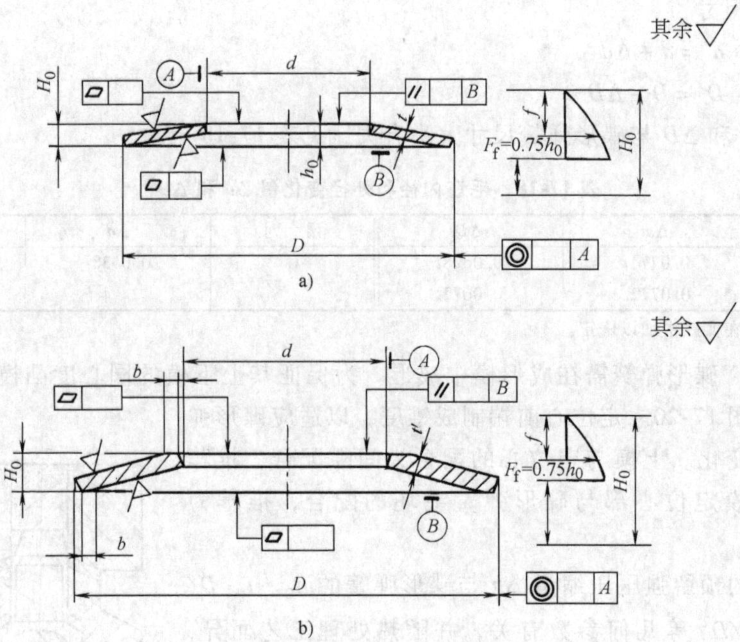

图 17-21 碟形弹簧典型工作图

a）无支承面碟形弹簧 b）有支承面碟形弹簧

【例 17-2】 一碟形弹簧 $D=40\text{mm}$，$d=20.4\text{mm}$，$t=2.25\text{mm}$，$h_0=0.9\text{mm}$，$H_0=3.15\text{mm}$，在 $F_1=1950\text{N}$ 和 $F_2=4000\text{N}$ 之间循环工作，试校核其寿命是否在持久寿命范围内。

解 根据相关碟形弹簧标准可知弹性模量 $E=206\times10^3\text{MPa}$，泊松比 $\mu=0.3$。又根据题列数据可知直径比 $C=D/d=40/204\approx2$。由表 17-7 查得 $K_1=0.694$，$K_2=1.214$，$K_3=1.378$。又无支承面碟形弹簧 $K_4=1$。

（1）碟形弹簧变形的计算 由式（17-13）可得碟形弹簧被压平时的载荷：

$$F_c=\frac{4E}{(1-\mu^2)K_1D^2}t^3h_0=\frac{4\times206\times10^3}{(1-0.3^2)}\times\frac{2.25^3\times0.9}{0.694\times40^2}\text{N}=8410\text{N}$$

从而得

$$\frac{F_1}{F_c}=\frac{1950}{8410}=0.23,\quad \frac{F_2}{F_c}=\frac{4000}{8410}=0.475$$

根据 $h_0/t=0.9/2.25=0.4$ 上列数值，从图 17-6 查得

$$\frac{f_1}{h_0}=0.22,\quad f_1=0.22h_0=0.22\times0.9\text{mm}=0.198\text{mm}$$

$$\frac{f_2}{h_0}=0.45,\quad f_2=0.45h_0=0.45\times0.9\text{mm}=0.405\text{mm}$$

（2）碟形弹簧疲劳破坏危险点的判定 根据 $C=2$ 和 $h_0/t=0.4$，由图 17-13 查得疲劳破坏危险位置是在碟形弹簧的Ⅱ点。

（3）碟形弹簧Ⅱ点的应力 将上列有关数据代入式（17-28）得载荷 $F_1=1500\text{N}$，即 $f_1=0.198\text{mm}$ 时的应力为

$$\sigma_{\text{Ⅱ}}(\sigma_{\min})=\frac{4E}{(1-\mu^2)}\frac{t^2}{K_1D^2}\frac{f_1}{t}K_4\left[K_4K_2\left(\frac{h_0}{t}-\frac{f_1}{2t}\right)-K_3\right]=\frac{4\times206\times10^3}{(1-0.3^2)}\times\frac{2.25^2}{0.694\times40^2}\times\frac{0.198}{2.25}\times$$

$$1\left[1\times1.214\left(\frac{0.9}{2.25}-\frac{0.198}{2\times2.25}\right)-1.378\right]\text{MPa}=342\text{MPa}$$

同理可得 $F_2=4000\text{N}$，即 $f_2=0.405\text{mm}$ 时的应力：

$$\sigma_{\text{II}}(\sigma_{max}) = 742\text{MPa}$$

从而得应力幅：

$$\sigma_a = \sigma_{max} - \sigma_{min} = 742 - 342\text{MPa} = 400\text{MPa}$$

（4）碟形弹簧的许用应力幅　根据 $\sigma_{min} = 342\text{MPa}$ 在图 17-15 查得循环寿命 $N = 2\times10^6$ 次时的许用最大应力 $\sigma_{rmax} = 870\text{MPa}$，从而得碟形弹簧疲劳强度应力幅：

$$\sigma_{ra} = \sigma_{rmax} - \sigma_{min} = 870 - 342\text{MPa} = 528\text{MPa}$$

（5）结论

$$\sigma_{rmax}(=870\text{MPa}) > \sigma_{max}(=742\text{MPa})$$

$$\sigma_{ra}(=528\text{MPa}) > \sigma_a(=400\text{MPa})$$

此碟形弹簧的疲劳寿命在 2×10^6 次以上。

【例 17-3】 设计一组合碟形弹簧，承受变载荷，在 $F_1 = 17500\text{N}$ 和 $F_2 = 54000\text{N}$ 之间循环工作，其最大工作变形量 $f_{z2} = 10\text{mm}$。要求其外径 $D = 125\text{mm}$。

解　按外径 $D = 125\text{mm}$ 要求，在表 17-3 ~ 表 17-5（GB/T 1972）中选取三种碟形弹簧型号，如下表所列。

碟形弹簧型号	D/mm	d/mm	$t(t')$/mm	h_0/mm	H_0/mm	$f=0.75h_0$		
						F/N	f/mm	σ_{II} 或 σ_{III}/MPa
A125	125	64	8(7.5)	2.6	10.6	85900	1.95	$\sigma_{\text{II}}=1330$
B125	125	64	5	3.5	8.5	30000	2.63	$\sigma_{\text{III}}=1150$
C125	125	61	3.5	4.5	8	15100	3.38	$\sigma_{\text{III}}=1320$

从表可见采用单片碟形弹簧不能满足要求。采用组合弹簧时，有两种方案可供选择，一为用 A 系列对合组合，一为用 B 系列复合组合（表 17-9）。

根据标准给定的材料，可知其弹性模量 $E = 206\times10^3\text{MPa}$，泊松比 $\mu = 0.3$。

（1）方案一　选用 A125 碟形弹簧对合组合。标准指明为有支承面结构。

1）确定系数。根据表列 A125 尺寸可知直径比 $C = 125/64 = 1.95$。从而由表 17-7 查得系数 $K_1 = 0.684$，$K_2 = 1.208$，$K_3 = 1.358$。

又根据表列尺寸可知 $t' \approx 7.5\text{mm}$，$t = 8\text{mm}$，$h_0 = 2.6\text{mm}$，$H_0 = 10.6\text{mm}$，从而由式（17-21）得

$$K_4 = \sqrt{-\frac{C_1}{2} + \sqrt{\left(\frac{C_1}{2}\right)^2 + C_2}} = \sqrt{-\frac{23}{2} + \sqrt{\left(\frac{23}{2}\right)^2 + 28.4}} = 1.084$$

$$C_1 = \frac{(t'/t)^2}{\left(\frac{H_0}{4t} - \frac{t'}{t} + \frac{3}{4}\right)\left(\frac{5H_0}{8t} - \frac{t'}{t} + \frac{3}{8}\right)} = \frac{(7.5/8)^2}{\left(\frac{10.6}{4\times8} - \frac{7.5}{8} + \frac{3}{4}\right)\left(\frac{5\times10.6}{8\times8} - \frac{7.5}{8} + \frac{3}{8}\right)} = 23$$

$$C_2 = \frac{C_1}{(t'/t)^3}\left[\frac{5}{32}\left(\frac{H_0}{t} - 1\right)^2 + 1\right] = \frac{23}{(7.5/8)}\left[\frac{5}{32}\left(\frac{10.6}{8} - 1\right)^2 + 1\right] = 28.4$$

2）碟形弹簧变形量的计算。由式（17-19）可得碟形弹簧被压平时的载荷：

$$F_c = \frac{4E}{(1-\mu^2)}\frac{t'^3 h_0'}{K_1 D^2}k_4^2 = \frac{4\times206\times10^3}{(1-0.3^2)}\times\frac{7.5^3\times2.6}{0.684\times125^2}\times1.084^2\text{N} = 109201\text{N}$$

$$\frac{F_1}{F_c} = \frac{17500}{109201} = 0.160,\quad \frac{F_2}{F_c} = \frac{54000}{109201} = 0.49$$

$$K_4\frac{h_0}{t'} = 1.084\times\frac{2.6}{7.5} = 0.376$$

根据上列数值由图 17-6 查得

$$\frac{f_1}{h_0}=0.14，f_1=0.14h_0=0.14\times2.6\text{mm}=0.364\text{mm}$$

$$\frac{f_2}{h_0}=0.44，f_2=0.44h_0=0.44\times2.6\text{mm}=1.144\text{mm}$$

3）组合弹簧的片数和结构尺寸。满足总变形量 $f_{z2}=10\text{mm}$，所需碟簧片数：

$$i=\frac{f_{z2}}{f_2}=10/1.144\text{ 片}=8.7\text{ 片}$$

为了便于组装，取 $i=10$ 片。则组合弹簧结构尺寸：

自由高度：$H_z=iH_0=10\times10.6\text{mm}=106\text{mm}$

载荷 F_1 作用下的高度：$H_1=H_z-if_1=106-10\times0.364\text{mm}=102\text{mm}$

载荷 F_2 作用下的高度：$H_2=H_z-if_2=106-10\times1.644\text{mm}=95\text{mm}$

工作总变形量：$f_{z2}=H_2-H_1=102-95\text{mm}=7\text{mm}$

满足不大于 10mm 的要求。

（2）方案二　选用 B125 碟簧复合组合。标准指明为无支承面碟簧。按其承载能力，每一叠合组用两个碟片，即 $n=2$。

1）确定系数。根据表列 B125 尺寸可知直径比 $C=125/64=1.95$。从而可知系数 K_1，K_2 和 K_3 同 A125 碟簧值。

2）单片碟簧载荷的计算。对复合组合弹簧应考虑叠合面间摩擦力对载荷的影响。由表 17-6 取摩擦系数 $f_M=0.01$。则根据式（17-35）可得碟片所受载荷为

$$F_1=F_{z1}\frac{1-f_M(n-1)}{n}=17500\times\frac{1-0.01\times(2-1)}{2}\text{N}=8663\text{N}$$

$$F_2=F_{z2}\frac{1-f_M(n-1)}{n}=54000\times\frac{1-0.01\times(2-1)}{2}\text{N}=26730\text{N}$$

由式（17-13）可得碟簧被压平时的载荷：

$$F_c=\frac{4E}{(1-\mu^2)}\frac{t^3h_0}{K_1D^2}=\frac{4\times206\times10^3}{(1-0.3)^2}\times\frac{5^3\times3.5}{0.684\times125^2}\text{N}=37067\text{N}$$

3）碟簧变形量计算。由上列数据可得

$$\frac{F_1}{F_c}=\frac{8663}{37067}=0.234，\frac{F_2}{F_c}=\frac{26730}{37067}=0.721$$

又

$$\frac{h_0}{t}=\frac{3.5}{5}\approx0.7$$

由图 17-6 查得

$$\frac{f_1}{h_0}=0.16，f_1=0.16h_0=0.16\times3.5\text{mm}=0.56\text{mm}$$

$$\frac{f_2}{h_0}=0.61，f_2=0.61h_0=0.61\times3.5\text{mm}=2.14\text{mm}$$

4）叠合组数和结构尺寸。满足总变形量 $f_{z2}=10\text{mm}$，由表 17-9 可知所需叠合组数：

$$i=\frac{f_{z2}}{f_2}=\frac{10}{2.14}=4.7$$

为了便于组装，取六个叠合组。则组合碟簧的结构尺寸：

自由高度：$H_z=i[H_0+(n-1)t]=6\times[8.5+(2-1)\times6]\text{mm}=87\text{mm}$

载荷 F_1 作用下的高度：$H_1=H_z-if_1=(67.5-6\times0.56)\text{mm}=84\text{mm}$

载荷 F_2 作用下的高度：$H_2=H_z-if_2=(67.5-6\times2.14)\text{mm}=74\text{mm}$

组合弹簧的总变形量：$f_{z2}=H_z-H_2=(84-74)\text{mm}=10\text{mm}$

满足不大于 10mm 要求值，可用。

（3）确定方案　方案二弹簧组高度较小，单个碟形弹簧的利用率也较好。而且组装时，也可使两端为外圆支承。

（4）疲劳强度计算　确定疲劳破坏的危险点和计算疲劳寿命。

1）疲劳破坏危险点的判定。根据 $C=D/d=125/64=1.95$ 和 $h_0/t=3.5/5=0.7$，由图 17-13 查得疲劳破坏危险位置在碟形弹簧的Ⅲ点。

2）碟形弹簧Ⅲ点的应力。将有关数据代入式（17-29）得载荷 $F_1=8663\text{N}$ 和变形 $f_1=0.56\text{mm}$ 时的应力为

$$\sigma_{\text{Ⅲ}}(\sigma_{\min})=\frac{-4E}{(1-\mu^2)}\frac{t^2}{K_1D^2}\frac{f_1}{t}\frac{1}{C}K_4\left[K_4(K_2-2K_3)\left(\frac{h_0}{t}-\frac{f_1}{2t}\right)-K_3\right]$$

$$=\frac{-4\times206\times10^3}{1-0.3^2}\times\frac{5^2}{0.684\times125^2}\times\frac{0.56}{5}\times\frac{1}{1.95}\times1\times$$

$$\left[1\times(1.208-2\times1.358)\times\left(\frac{3.5}{5}-\frac{0.56}{2\times5}\right)-1.358\right]\text{MPa}=284\text{MPa}$$

同理可得载荷 $F_2=2673\text{N}$ 和变形 $f_2=2.14\text{mm}$ 时的应力

$$\sigma_{\text{Ⅲ}}(\sigma_{\max})=\frac{-4\times206\times10^3}{1-0.3^2}\times\frac{5^2}{0.684\times125^2}\times\frac{2.14}{5}\times\frac{1}{1.95}\times1\times$$

$$\left[1\times(1.208-2\times1.358)\times\left(\frac{3.5}{5}-\frac{2.14}{2\times5}\right)-1.358\right]\text{MPa}=972\text{MPa}$$

3）疲劳寿命。根据 $\sigma_{\min}=284\text{MPa}$ 和 $\sigma_{\max}=972\text{MPa}$，由图 17-15 查得循环寿命在 10^5 次以上。

（5）弹簧的刚度　由式（17-24）可得变形 $f_2=2.14\text{mm}$ 时，单片碟形弹簧的刚度为

$$F'=\frac{-4E}{(1-\mu^2)}\frac{t^3}{K_1D^2}K_4^2\left[K_4^2\left(\frac{h_0}{t}\right)^2-\frac{3}{2}\left(\frac{h_0}{t}\right)\left(\frac{f_2}{t}\right)+\frac{1}{2}\left(\frac{f_2}{t}\right)^2+1\right]=\frac{4\times206\times10^3}{1-0.3^2}\times$$

$$\frac{5^3}{0.684\times125^2}\times1\times\left\{1^2\times\left[\left(\frac{3.5}{5}\right)^2-\frac{3}{2}\left(\frac{3.5}{5}\right)\times\left(\frac{2.14}{5}\right)+\frac{1}{2}\left(\frac{2.14}{5}\right)^2\right]+1\right\}\text{N/mm}$$

$$=10723\text{N/mm}$$

一个叠合弹簧组在变形 $f_2=2.14\text{mm}$ 的刚度为

$$nF'=2\times10723\text{N/mm}=20546\text{N/mm}$$

复合弹簧组的总变形 $f_{z2}=10\text{mm}$ 时的总刚度为

$$F_z'=\frac{nF'}{i}=\frac{2\times10723}{6}\text{mm}=3574\text{N/mm}$$

（6）弹簧的变形能　由式（17-25）可得单片碟形弹簧在变形量 $f_2=2.14\text{mm}$ 时的变形能：

$$U=\frac{2E}{1-\mu^2}\frac{t^5}{K_1D^2}\left(\frac{f_2}{t}\right)^2K_4^2\left[K_4^2\left(\frac{h_0}{t}-\frac{f_2}{2t}\right)^2+1\right]=\frac{2\times206\times10^3}{1-0.3^2}\times\frac{5^5}{0.684\times125^2}\times\left(\frac{2.14}{5}\right)^2\times$$

$$1^2\times\left[1^2\times\left(\frac{3.5}{5}-\frac{2.14}{2\times5}\right)^2+1\right]\text{N}\cdot\text{mm}=29978\text{N}\cdot\text{mm}$$

弹簧组的总变形能：

$$U_z=inU=6\times2\times29978\text{N}\cdot\text{mm}=359736\text{N}\cdot\text{mm}$$

8 其他类型碟形弹簧计算简介

8.1 梯形截面碟形弹簧计算公式

梯形截面碟簧（图 17-22）截面中的应力分布较普通碟簧更为均匀，可得到更佳的疲劳寿命。在相同锥角的碟簧中，它允许的变形量可减小，因而作为行程限制器而不需要任何附加零件。

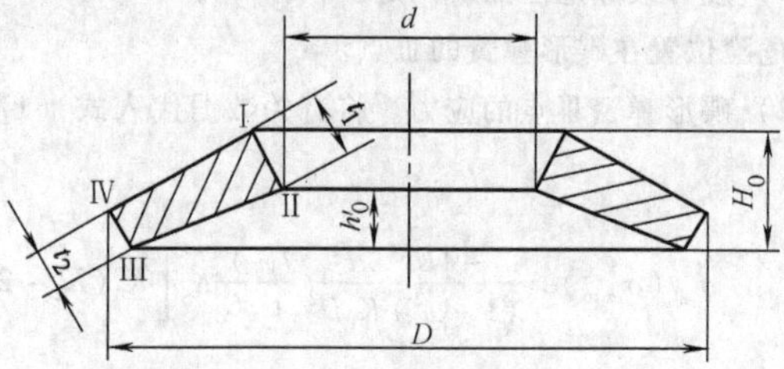

图 17-22 梯形截面碟簧

1）载荷和变形计算公式（图 17-22）：

$$F=\frac{4E}{1-\mu^2}\frac{ft_1^3}{D^2}\left[K_5\left(\frac{h_0}{t_1}-\frac{f}{t_1}\right)\left(\frac{h_0}{t_1}-\frac{f}{2t_1}\right)+K_6\right] \tag{17-36}$$

$$h_0=h_0'+\frac{t_1-t_2}{2} \tag{17-37}$$

式中 f——变形量；

K_5、K_6——系数，由图 17-23 查取。

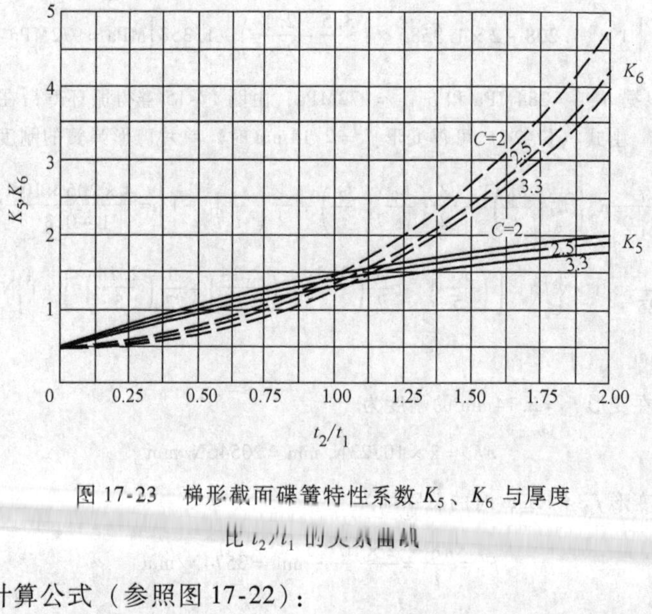

图 17-23 梯形截面碟簧特性系数 K_5、K_6 与厚度比 t_2/t_1 的关系曲线

2）各点应力计算公式（参照图 17-22）：

$$\sigma_{\mathrm{I}} = -\frac{4E}{1-\mu^2}\frac{K_3 f t_1}{K_1 D^2}\left[K\left(\frac{h_0}{t_1}-\frac{f}{2t_1}\right)+1\right] \tag{17-38}$$

$$\sigma_{\mathrm{II}} = -\frac{4E}{1-\mu^2}\frac{K_3 f t_1}{K_1 D^2}\left[K\left(\frac{h_0}{t_1}-\frac{f}{2t_1}\right)-1\right] \tag{17-39}$$

$$\sigma_{\mathrm{III}} = -\frac{4E}{1-\mu^2}\frac{K_3 f t_1}{K_1 C D^2}\left[(2-K)\left(\frac{h_0}{t_1}-\frac{f}{2t_1}\right)+\frac{t_2}{t_1}\right] \tag{17-40}$$

$$\sigma_{\mathrm{IV}} = -\frac{4E}{1-\mu^2}\frac{K_3 f t_1}{K_1 C D^2}\left[(2-K)\left(\frac{h_0}{t_1}-\frac{f}{2t_1}\right)-\frac{t_2}{t_1}\right] \tag{17-41}$$

式中 K——系数，可由图 17-24 中的曲线查得。

K_1、K_3——系数与矩形截面相同，可按式（17-10）和式（17-33）计算，或根据直径比 C 由表 17-7 查取。

8.2 锥状梯形截面碟形弹簧计算公式

锥状梯形截面碟簧如图 17-25 所示。承载变形过程中，它的载荷始终作用在外圆周上，这就避免了普通碟簧在 $f>0.75h_0$ 后因载荷内移而使载荷和应力的实测加大的现象，并使应力分布均匀化。

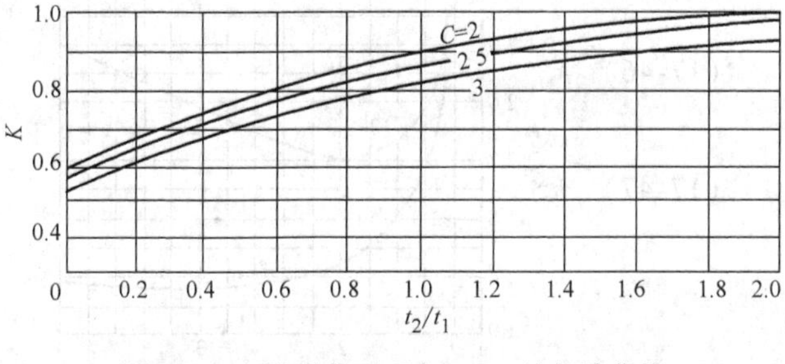

图 17-24 梯形截面 K 与 t_2/t_1 的相关曲线

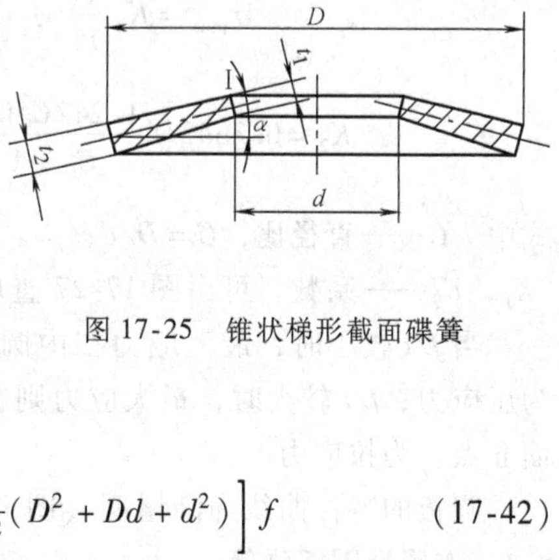

图 17-25 锥状梯形截面碟簧

载荷 F 和变形 f 计算公式（图 17-25）为

$$F = \frac{2}{3}\pi E\frac{t_2}{(D-d)D}\left[\frac{\alpha^2}{4}(D-d)^2+\frac{t_2^2}{3D^2}(D^2+Dd+d^2)\right]f \tag{17-42}$$

应力计算公式（图 17-25）为

$$\sigma_{\mathrm{I}} = \frac{E}{D-d}\left(\alpha\frac{D-d}{d}+\frac{t_2}{D}\right)f \tag{17-43}$$

式中 f——碟簧变形量；

α——碟簧中心锥角。

8.3 圆板弹簧

矩形圆板弹簧 图 17-26 为圆板弹簧，载荷作用于内、外圆周上以后，产生轴向变形而成为截圆锥形。

变形 f 与载荷 F 关系式（图 17-26a）为

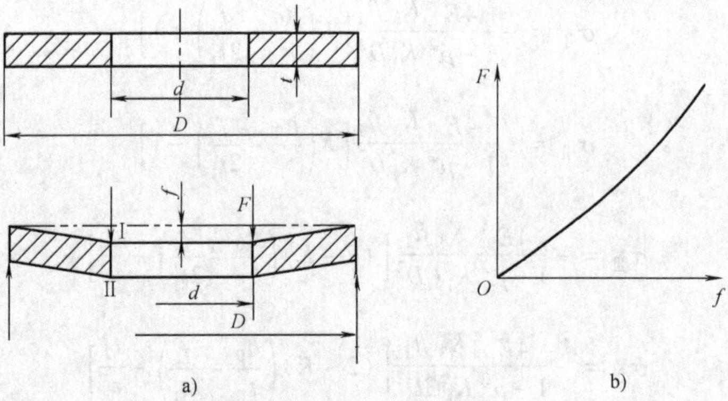

图 17-26 圆板弹簧载荷和变形

a）圆板弹簧受载图 b）圆板弹簧特性曲线

$$f = K_1 \frac{FD^2}{4Et^3} \tag{17-44}$$

$$K_1 = \left[0.5514 \frac{C^2 - 1}{C^2} + \frac{1.614(\ln C)^2}{C^2 - 1} \right]^{-1} \tag{17-45}$$

最大应力计算式（图 17-26a）为

$$\sigma_{\max} = K_2 \frac{F}{t^2} \tag{17-46}$$

$$K_2 = 0.3343 + \frac{1.242C^2 \ln C}{C^2 - 1} \tag{17-47}$$

式中 C——直径比，$C = D/d$；

K_1，K_2——系数，可由图 17-27 查取。

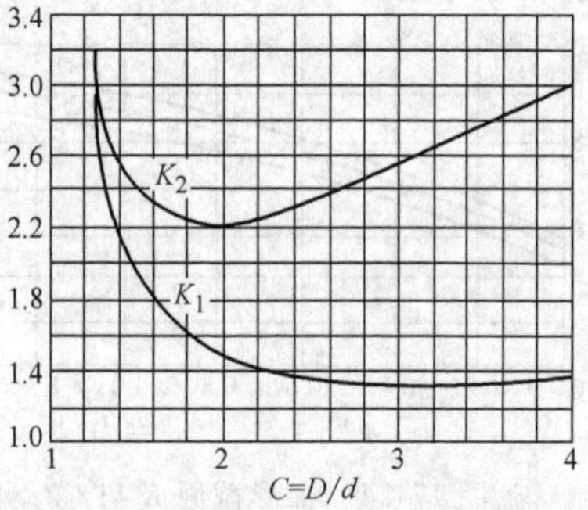

图 17-27 系数 K_1 和 K_2

当 f/t 较小时，最大应力在内圆周上表面Ⅰ点，为压应力；f/t 较大时，最大应力则在内圆周的下表面Ⅱ点，为拉应力。

圆板的特性曲线为渐增型（图 17-26b）。

8.4 变厚度圆板弹簧

实际应用中，圆板弹簧的圆板为变厚度。中心较薄，圆周较厚（图 17-28a），并且常以组合形式应用（图 17-28b）。

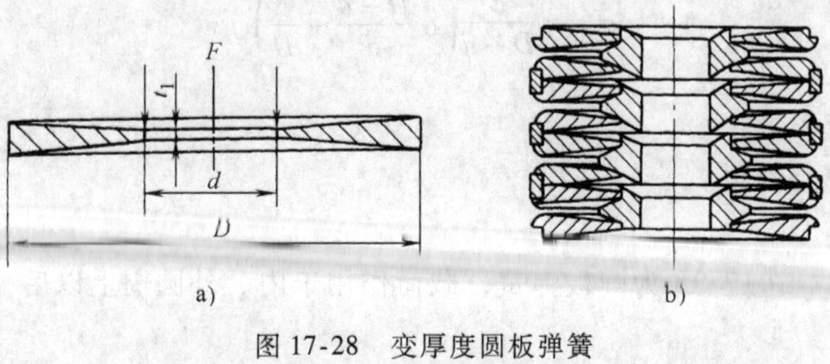

图 17-28 变厚度圆板弹簧

a）单片式 b）组合式

变厚度圆板弹簧的变形 f 和最大应力 $\sigma_{\max}$ 计算式（图 17-28）为

$$f=\eta K\frac{FD^2}{4Et_1^3} \tag{17-48}$$

$$\sigma_{\max}=K_3\frac{F}{t_1^2} \tag{17-49}$$

$$\eta=\frac{1}{1+1.5f^2/[t_1^2(C^2+C+1)]} \tag{17-50}$$

$$K=\frac{5.73(C-1)}{C^2(C^2+C+1)} \tag{17-51}$$

$$K_3=\frac{2.86}{C^2+C+1} \tag{17-52}$$

式中　η——修正系数，对于小变形量 $\eta\approx1$；

　　C——直径比，$C=D/d$。

在计算大变形量时，可先取 $\eta\approx1$，由式（17-48）求得 f 的近似值，代入式（17-50）求得变形修正系数 η。便可求得修正后的 f 值。

8.5　开槽碟形弹簧（膜片弹簧）

（1）开槽碟形弹簧的特性及应用　开槽形碟簧是由碟簧部分和片簧（舌片）部分所组成（图 17-29），它综合了碟形弹簧和悬臂片弹簧的一些特性，在较小的载荷作用下产生较大的变形。常用于轴向尺寸受到限制而允许外径较大的场合，如离合器以及需要有渐减形特性曲线的场合。

开槽碟形弹簧的载荷 F 与变形 f 的特性曲线，如图 17-30 所示。从图中可以看出是由片簧的线性特性线和碟形弹簧的特性曲线两部分所组成。据比值 h_0/t（未开槽部分碟形弹簧圆锥高度 h_0 与碟片厚度 t 之比）看，这种特性曲线的中间段的比值处于 $\sqrt{2}\leqslant h_0/t\pi2\sqrt{2}$，有平稳段。当载荷变化不大时，而变形量变化较大。正因为如此，这种特性的弹簧适用于拖拉机离合器，当从动盘摩擦片磨损量很大变形有很大变化，但仍可以保持压紧力的变化不大。

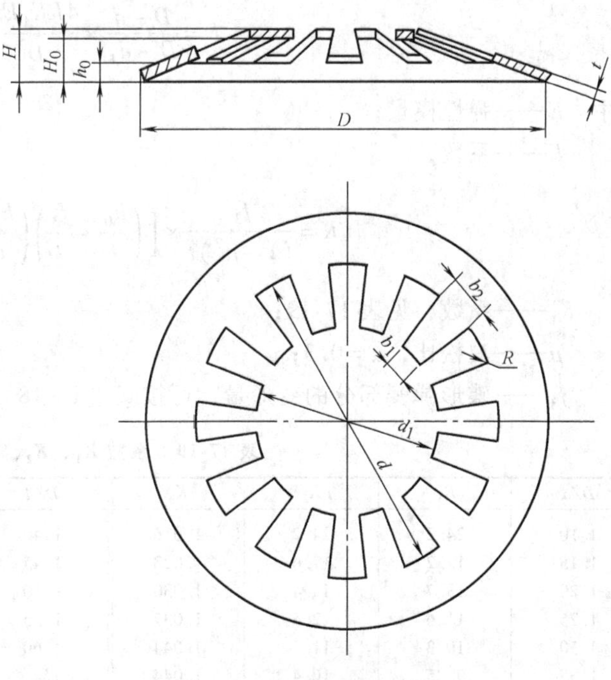

图 17-29　开槽碟形弹簧

b_1—片簧小端宽度　b_2—片簧大端宽度　d—碟形弹簧（未开槽部分）的锥端（片簧底部）直径　d_1—开槽碟形弹簧的锥端（片簧顶部）直径　D—碟形弹簧（未开槽部分）的锥底直径　h_0—碟形弹簧（未开槽部分）的内锥高度　H—开槽碟形弹簧的高度　H_0—开槽碟形弹簧的内锥高度

（2）开槽碟形弹簧的计算公式　开槽碟形弹簧是由碟形弹簧

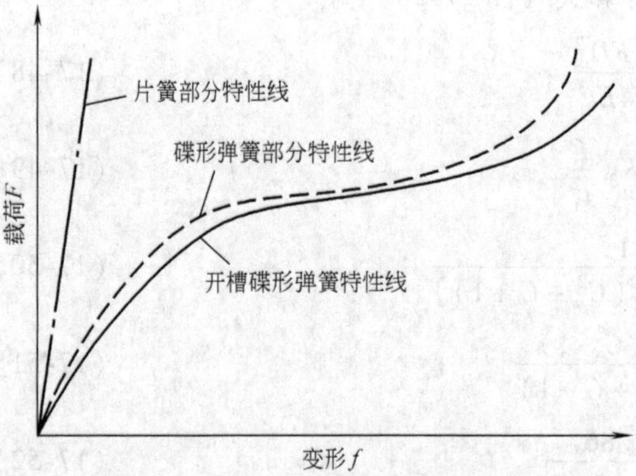

图 17-30 开槽碟形弹簧特性曲线

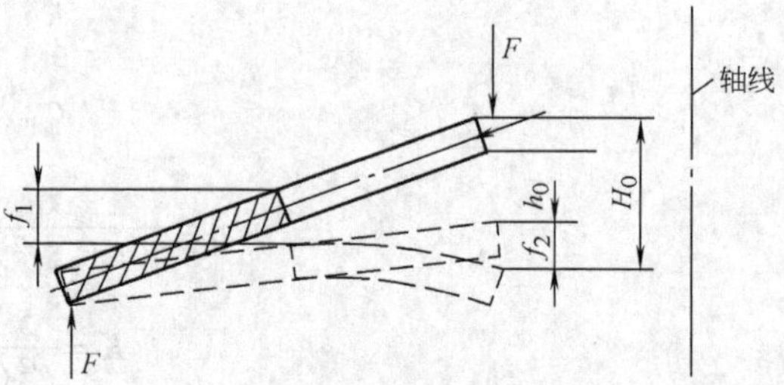

图 17-31 开槽碟形弹簧计算公式符号

部分和片簧（舌片）部分所组成，受载时，整个弹簧变形量也由两部分变形量组成。如果需要确定新尺寸，则舌片变形量 f_2 在第一次近似计算时可以忽略，因为 f_2 约占总变形量的 10%或更小。将计算得到的尺寸，再考虑 f_2 的因素，稍加修正即可。计算方法很多，现选易于计算的方法列后。公式中符号如图 17-31 所示。

1）开槽碟形弹簧的载荷 F 计算公式：

$$F=\frac{D-d}{D-d_1}\times\frac{4KK_1Et^4}{D^2} \tag{17-53}$$

式中 E——弹性模量；

K——系数，

$$K=\frac{f_3}{(1-\mu^2)t}\times\left[\left(\frac{h_0}{t}-\frac{f_3}{t}\right)\left(\frac{h_0}{t}-\frac{f_3}{2t}\right)+1\right]$$

K_1——系数，见表 17-19；

μ——泊松比，$\mu=0.3$；

f_3——碟形弹簧部分的变形量，可按式（17-18）或式（17-24）计算。

表 17-19 系数 K_1、K_2、K_3 值

D/d	K_1	K_2	K_3	D/d	K_1	K_2	K_3
1.10	24.2	24.2	1.016	1.40	8.63	9.80	1.050
1.15	17.2	17.6	1.023	1.45	8.08	9.35	1.061
1.20	13.7	14.4	1.030	1.50	7.64	9.00	1.066
1.25	11.6	12.5	1.037	1.55	7.29	8.75	1.072
1.30	10.3	11.3	1.044	1.60	7.00	8.53	1.078
1.35	9.35	10.4	1.044				

2）开槽碟形弹簧簧片厚度 t 计算公式：

$$t=\sqrt[4]{\left(\frac{D-d_1}{D-d}\right)}\times\sqrt[4]{\frac{D^2F}{4KK_1E}} \tag{17-54}$$

用上式可求得 t。K_1 是随 h_0/t 的变化而变化的，在计算 t 值之前，须先假定 h_0/t 的值。

3）开槽碟形弹簧的总变形量 f 计算公式：

$$f = f_1 + f_2 \tag{17-55}$$

式中 f_1——未开槽部分碟形弹簧的变形量；

$$f_1 = f_3 \times \frac{D - d_1}{D - d} \tag{17-56}$$

f_2——片簧部分变形量：

$$f_2 = \frac{C'(d - d_1)^3(1 - \mu^2)}{2Et^3 b_2 n}F \tag{17-57}$$

C'——系数，可根据 b_1/b_2，在表 17-20 查得，或按下式计算：

$$C' = \frac{3}{(1 - b_1/b_2)} \times \left[\frac{1}{2} - 2\left(\frac{b_1}{b_2}\right) + \left(\frac{b_1}{b_2}\right)^3\left(\frac{3}{2} - \lg\frac{b_1}{b_2}\right)\right]$$

表 17-20 系数 C' 值

b_1/b_2	0.2	0.3	0.4	0.5	0.6	0.7	0.8	0.9	1.0
C'	1.31	1.25	1.20	1.16	1.12	1.08	1.05	1.03	1.0

4）开槽碟形弹簧的应力 σ 计算公式：

$$\sigma = \frac{E}{(1 - \mu^2)} \times \frac{t}{D^2} \times \frac{d}{D}K_2 f_1\left[1 + K_3\left(\frac{h_0}{t} - \frac{f_1}{2t}\right)\right] \tag{17-58}$$

式中 K_2——系数；

K_3——系数。

$$K_2 = \frac{2(D/d)^2}{(D/d) - 1}$$

$$K_3 = 2 - 2\left[\frac{1}{\ln(D/d)} - \frac{1}{(D/d) - 1}\right]$$

（3）开槽碟形弹簧参数的选择

1）$C = D/d_1$ 可选用 1.8、2.0、2.5、3.0。

2）D/d 可选用 1.15、1.20、1.3、1.4、1.5。

3）D/t 可选用 70、80、90、100。

4）h_0/t 可选用 1.3、1.4、1.5、1.6、1.8、2.0、2.2。

5）片簧片数 Z 可选用 8、12、16、18、20。

6）片簧根部半径 R 可选用 t，$2t$，$>2t$。

7）未开槽部分碟形弹簧的内锥高：

$$h_0 = \frac{1 - d/D}{1 - d_1/D}H_0 \tag{17-59}$$

8）$b_2/b_1 = d/d_1$。

开槽碟形弹簧的结构型式很多，主要表现片簧和碟形弹簧联结的过渡部分，如图 17-32 所示。这些结构型式减缓了片簧和碟形弹簧联结过渡部分的应力集中。这些结构型式也称为膜片碟簧。膜片碟簧广泛用于车辆的离合器中作压紧元件，也可用作传动件位移补偿或其他

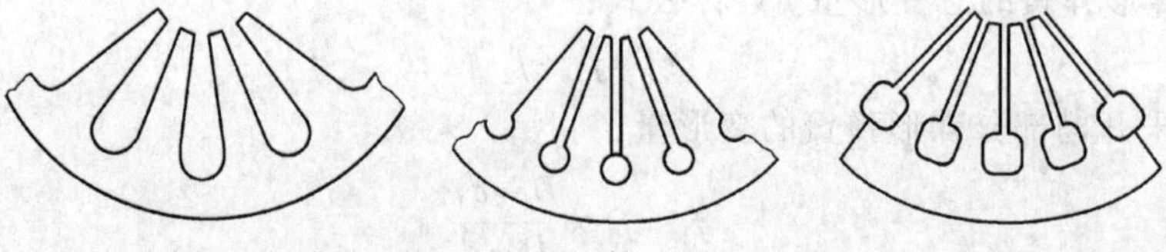

图 17-32 膜片碟簧

机械离合器中，膜片碟簧多是单片使用，很少把几片叠成组使用。

8.6 螺旋碟形弹簧

（1）螺旋碟形弹簧的特性及应用 螺旋碟形弹簧图 17-33a 所示，直观为圆柱形，其特性线如图 17-33b 所示，与蜗卷螺旋弹簧相似。在行程不大的情况下，碟簧面尚未接触，其特性线为直线性；当碟形锥面接触时，产生摩擦力，刚度急剧上升。这种弹簧结构紧凑，能承受较大载荷，能吸收较大的变形能，适用于减振和缓冲的场合。

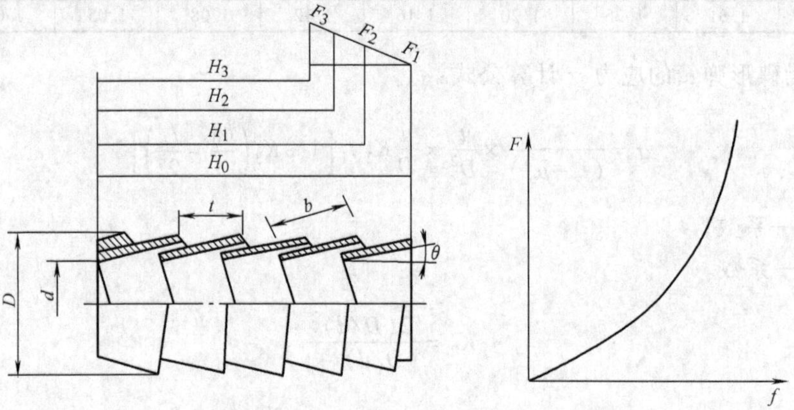

图 17-33 螺旋碟形弹簧的结构和特性线

a）螺旋碟形弹簧的结构 b）螺旋碟形弹簧的特性线

（2）螺旋碟形弹簧的设计计算

1）在弹簧尚未相互接触时，弹簧的强度和变形计算：

强度计算：

$$\tau_{\max}=\frac{FD}{2k_2a^2b} \tag{17-60}$$

变形计算：

$$f=\frac{\pi nFD^2}{4GK_1ab^3\sin\beta} \tag{17-61}$$

2）在弹簧开始有弹簧圆锥圈相互接触时，弹簧的强度和变形计算：

强度计算式：

$$\tau_{\max}=\frac{Ft}{K_2a^2b(\sin\theta+f\cos\theta)} \tag{17-62}$$

变形计算式：

$$f=\frac{K_2 nD^2 Ft}{2Gnab^3\cos\theta+K_2 D^2 F} \tag{17-63}$$

系数：

$$K_2=\frac{\pi}{K_1(\sin^2\theta+f\cos\theta)}$$

式中　a——材料厚度（mm）；

b——材料宽度（mm）；

θ——弹簧的圆锥角（°）；

t——节距；

K_1、K_2——系数表 17-19。

8.7　波形垫圈和波形圆柱弹簧

由图 17-34 可以看出构成波形圆柱弹簧（图 17-34a）是波形垫圈（图 17-34b）。所以波形圆柱弹簧的受力分析和计算是基于波形垫圈。

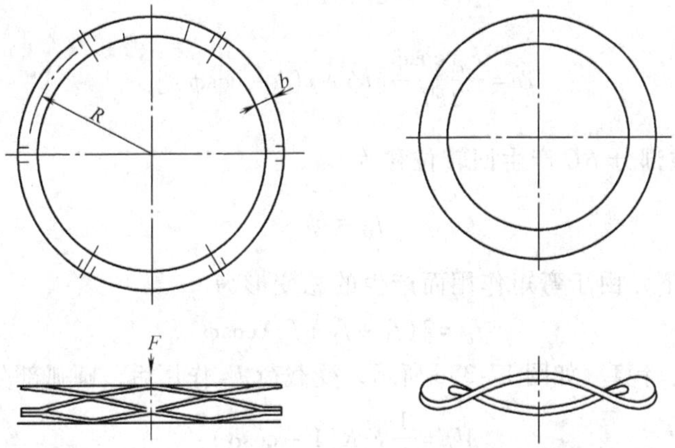

图 17-34　波形垫圈及波形圆柱弹簧

a）波形圆柱弹簧　b）波形垫圈

（1）弯曲变形的计算　图 17-35a 是一个波形的展开图，由图中可以看出波形弹簧是由直线 BC 和圆弧 AC 两部分组成（图 17-35b），在载荷 F_i 作用下，其受的弯矩分别为

$$M_1=\frac{1}{2}Fx\cos\phi$$

$$M_2=\frac{1}{2}F_i(l+r\sin\theta)\cos\phi$$

它们对应的变形分别为

$$f_1=\frac{l^3\cos^2\phi}{12EI_z}F_i \tag{17-64}$$

$$f_2=\frac{r\cos\phi}{4EI_z}\left[l^2\phi+2lr(1-\cos\phi)+\frac{1}{4}r^2(2\phi-\sin2\phi)\right]F_i \tag{17-65}$$

式中　$I_z=bh^3/12$，其余符号参照图示。

由弯矩 M_2 在 C 处产生的角变形：

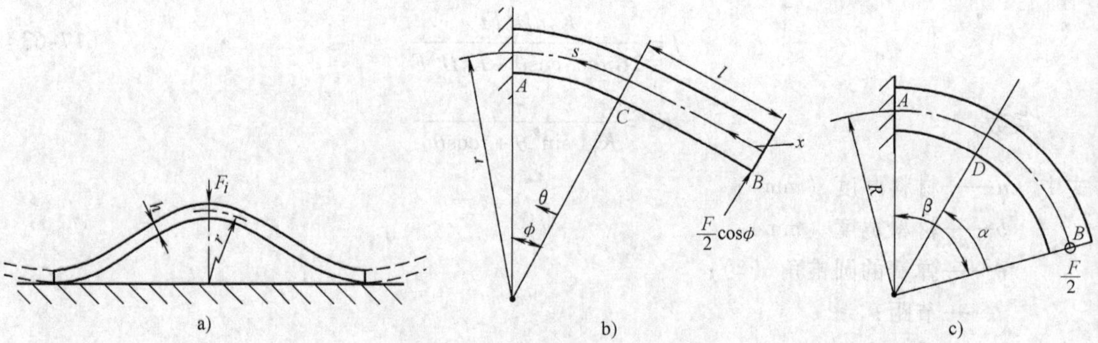

图 17-35　波形垫圈的受力分析

a）一个波形的展开图　b）弯矩作用示意图　c）扭矩作用示意图

$$\frac{\mathrm{d}\psi}{\mathrm{d}s}=\frac{M_2}{EI_z}$$

$$\psi=\frac{F_i r\cos\phi}{2EI_z}[l\phi+r(1-\cos\phi)]$$

由此角变形，使直线部分 BC 产生回转位移为

$$f_\psi=l\psi$$

因而在载荷 F_i 作用下，由于弯矩作用而产生的总变形为

$$f_b=2(f_1+f_2+f_\psi)\cos\phi \tag{17-66}$$

（2）扭转变形的计算　如图 17-35c 所示，受载荷 F_i 作用后，圆弧部分将受到扭矩作用。

$$M_t=\frac{1}{2}F_iR(1-\cos\alpha)$$

产生的扭转角：

$$\frac{\mathrm{d}\theta_t}{\mathrm{d}s}=\frac{M_t}{GI_p}$$

其中，　$I_p=bh(b^2+h^2)/12$

一个波形的扭转变形：

$$f_t=2RQ_t=\frac{2R^3(\beta-\sin\beta)}{GI_\beta}F_i$$

波形垫圈的变形，一个波形的总变形

$$f'=f_b+f_e \tag{17-67}$$

如波形垫圈的波形为 i 个，则其总的载荷为

$$F=iF_i \tag{17-68}$$

（3）波形圆柱弹簧的变形和刚度的计算　设弹簧的有效圈数为 n，每圈的波形数为 i，根据式（17-67）和式（17-68）可得，弹簧的变形为

$$f=nf' \tag{17-69}$$

其刚度为

$$F' = \frac{F}{f} = \frac{iF_i}{nf'} \tag{17-70}$$

（4）波形垫圈的应力计算　在图 17-35c 所示波形 D 截面处，由于 F_i 的作用，将产生弯矩 M_b 和扭矩 M_t：

$$M_b = F_i R\sin\alpha/2$$

$$M_t = F_i R(1-\cos\alpha)/2$$

因而产生的弯曲和扭转应力：

$$\sigma_b = \frac{M_b}{Z_m} = \frac{3F_i R\sin\alpha}{bh^2}$$

$$\tau_t = \frac{1}{K_2}\cdot\frac{M_t}{bh^2} = \frac{FR(1-\cos\alpha)}{2K_2 bh^2}$$

式中，系数 K_2 见表 17-19。

其最大正应力 σ_1 和最大切应力 τ_{max} 在波形截面 D 的矩形长边的中间，其值分别为

$$\sigma_1 = \frac{\sigma_b}{2} + \sqrt{\frac{\sigma_b^2}{4} + \tau_t^2} \tag{17-71}$$

$$\tau_{max} = \sqrt{\frac{\sigma_b^2}{2} + \tau_t^2} \tag{17-72}$$

主应力 σ_1 作用方向相对于轴线呈角 $\theta = \tan^{-1}\left(\frac{2\tau_t}{\sigma_b}\right)$ 方向。最大切应力呈 45°方向。

第18章　环 形 弹 簧

1　环形弹簧的结构和特性

（1）环形弹簧的结构　环形弹簧由带有内锥面的外圆环和带有外锥面的内圆环配合组成（图18-1a）。内、外圆环的尺寸和对数根据承受载荷的大小和变形的要求来决定。

当轴向载荷 F 作用在圆环端面上时（图18-1b）。在外圆环和内圆环接触的圆锥面上，作用有法向压力，使外圆环直径扩大受拉伸作用，内圆环直径缩小受压缩作用。各圆环沿圆锥面相对运动而互相压入，弹簧轴向尺寸缩短，即产生弹簧轴向变形 f。

环形弹簧一般安装在导向套筒或心轴上，由于受载后外圆环的外径增大，内圆环的内径缩小，因此，外圆环与导向套筒、内圆环与心轴间均应留有适当的间隙（一般约为直径的2%）。

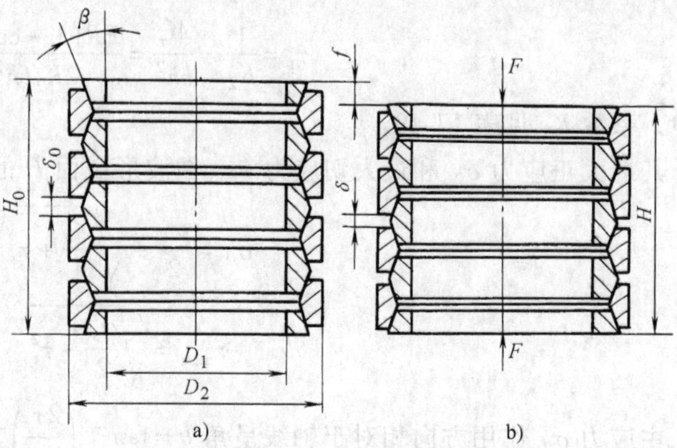

图18-1　环形弹簧的结构

a）自由状态　b）受载荷状态

D_1—弹簧的内径　D_2—弹簧的外径　H_0—弹簧的自由高度

δ_0—弹簧外圆环间的轴向间距　β—弹簧圆环的圆锥半角

δ—弹簧受载荷后外圆环间的轴向间距　H—弹簧受载荷后的高度

（2）环形弹簧的特性　由于外圆环和内圆环沿配合圆锥面相对滑动时，接触表面具有很大的摩擦力。加载时，轴向力 F 由表面压力和摩擦力平衡，因此，相当于减小了轴向载荷的作用，即增大了弹簧刚度。卸载时，摩擦力阻滞了弹簧弹性变形的恢复，因此，相当于减小了弹簧作用力。如图18-2所示，环形弹簧在一个加载和卸载循环中的特性曲线为 $OABO$，如果没有摩擦力的作用，则应为 OC。卸载时，特性曲线由 B 点开始，而不是由 E 点，这是由于摩擦使弹簧弹性滞后引起的。

由特性曲线可以明显看出，面积 $OABO$ 部分即为在加载和卸载循环中，由摩擦力转化为热能所消耗的功，其大小几乎可达加载过程所作功（$OADO$ 面积）的60%～70%。因此，环形弹簧的缓冲减振能力很高，单位体积材料的储能能力比其他类型弹簧大。

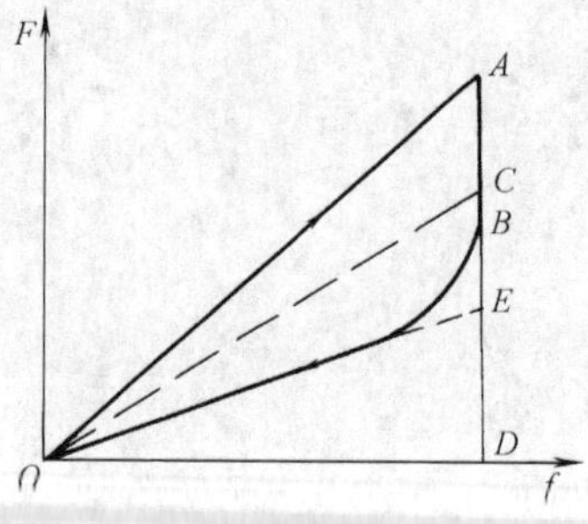

图18-2　环形弹簧的特性曲线

（3）环形弹簧的应用　环形弹簧常用在空间尺寸受限制而又要求强力缓冲的场合，例如大型管道的吊架（图18-3a），振动机械的支承（图18-3b），重型铁路车辆的连接部分等。

环形弹簧也可组成组合弹簧应用，即采用两套不同直径环形弹簧同心安装（图 18-4），或由环形弹簧与另一个圆柱螺旋弹簧组成组合弹簧。

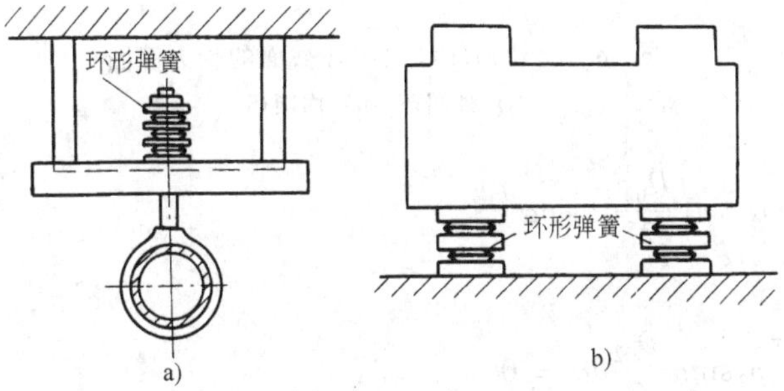

图 18-3　环形弹簧的应用举例

a）大型管道吊架　b）振动机械支承

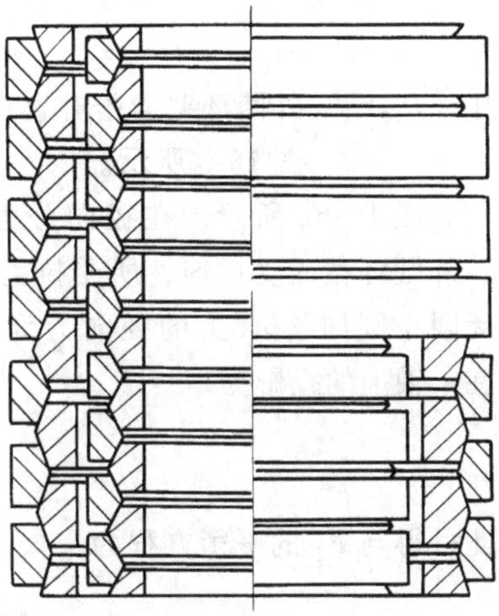

图 18-4　组合环形弹簧

环形弹簧由许多对内、外圆环组成，因此损坏或磨损后，只需更换个别圆环即可，修理较容易，也比较经济。

为了防止环形弹簧圆锥表面间受擦伤和黏着，减少磨损、消除噪声和冷却其工作表面，应在接触面间加入润滑剂。常用的固体润滑剂为石墨等，或采用润滑脂。

2　环形弹簧的设计计算

2.1　环形弹簧的受力分析

如图 18-5 所示，环形弹簧端面受轴向力 F 作用，内、外圆环的圆锥表面上受正压力 N。由于表面相对滑动产生的摩擦力为 Nf_μ（f_μ 为摩擦系数），因此加载时，力的平衡方程为

$$F = N\sin\beta + Nf_\mu\cos\beta$$
$$= N(\sin\beta + f_\mu\cos\beta)$$

所以

$$N = \frac{F}{\sin\beta + f_\mu\cos\beta} \qquad (18\text{-}1)$$

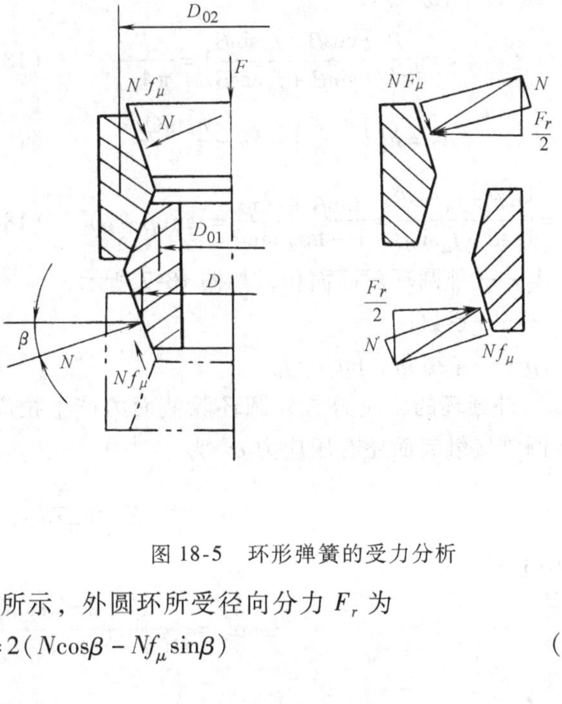

图 18-5　环形弹簧的受力分析

2.2　环形弹簧外圆环的应力计算

（1）外圆环的拉应力　如图 18-5 所示，外圆环所受径向分力 F_r 为

$$F_r = 2(N\cos\beta - Nf_\mu\sin\beta) \qquad (18\text{-}2)$$

外圆环截面中心圆周上单位长度的径向分力 p_2 为

$$p_2 = \frac{F_r}{\pi D_{02}} = \frac{2N(\cos\beta - f_\mu \sin\beta)}{\pi D_{02}} \tag{18-3}$$

式中 D_{02}——外圆环截面中心直径，如图 18-6 所示。

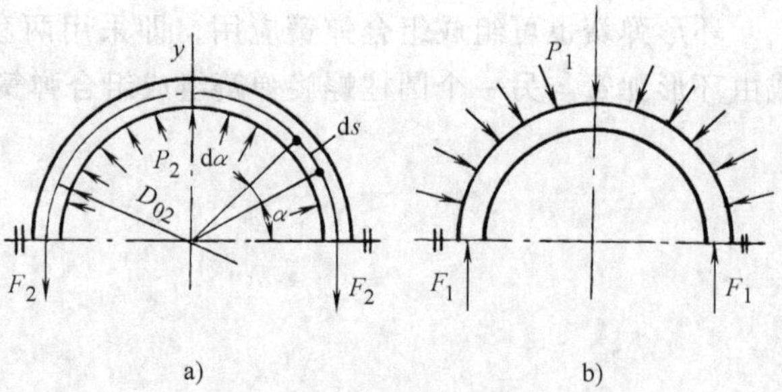

图 18-6 外圆环和内圆环截面的受力简图

a）外圆环 b）内圆环

如图 18-6a 所示，在径向分力作用下，外圆环截面受拉伸，所受拉力为 F_2 在无限小圆周长 ds 上的径向力为 p_2ds，它在 y 轴上的投影为

$$p_2 \mathrm{d}s\sin\alpha = p_2 \frac{D_{02}}{2}\mathrm{d}\alpha\sin\alpha$$

因此可得与 F_2 的平衡方程为

$$2F_2 - \int_0^\pi p_2 \sin\alpha \frac{D_{02}}{2}\mathrm{d}\alpha = 0$$

$$F_2 = \frac{p_2 D_{02}}{2} \tag{18-4}$$

由于环形弹簧圆环壁厚较小，一般为直径的 $\left(\frac{1}{15} \sim \frac{1}{30}\right)$，因此，按简化计算，外圆环截面中的拉应力为

$$\sigma'_2 = \frac{F_2}{A_2} = \frac{p_2 D_{02}}{2A_2} = \frac{N(\cos\beta - f_\mu \sin\beta)}{\pi A_2} \tag{18-5}$$

将式（18-1）代入得

$$\sigma'_2 = \frac{F}{\pi A_2}\left(\frac{\cos\beta - f_\mu \sin\beta}{\sin\beta + f_\mu \cos\beta}\right) = \frac{F}{\pi A_2 \gamma} \tag{18-6}$$

$$A_2 = h\left(b + \frac{s}{2}\right) = hb + \frac{h^2 \tan\beta}{4} \tag{18-7}$$

$$\gamma = \frac{\sin\beta + f_\mu \cos\beta}{\cos\beta - f_\mu \sin\beta} = \frac{\tan\beta + \tan\rho}{1 - \tan\rho\tan\beta} = \tan(\beta + \rho) \tag{18-8}$$

式中 A_2——外圆环截面面积，如图 18-7 所示；

γ——系数；

ρ——摩擦角，$\tan\rho = f_\mu$。

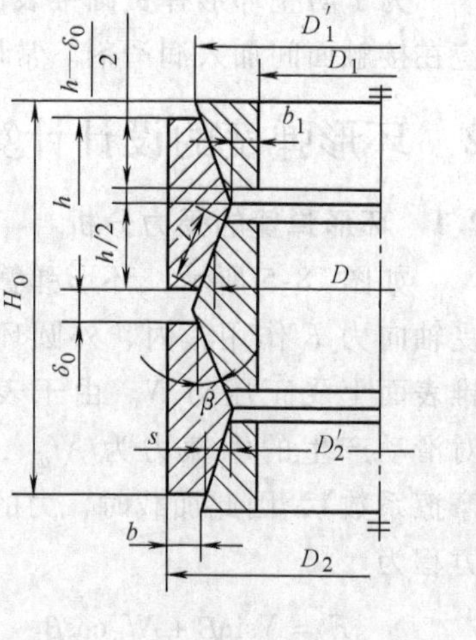

图 18-7 环形弹簧尺寸示意图

（2）外圆环的压应力 外圆环除截面内产生拉应力外，在圆锥接触表面还有压应力 σ_c 为

$$\sigma_c = \frac{N}{\pi D l} \tag{18-9}$$

由式（18-5）得

$$\sigma_c = \frac{2\sigma'_2 A_2}{D(h - \delta_0)(1 - f_\mu \tan\beta)} \tag{18-10}$$

由于横向变形，在外圆环内表面的圆周方向的拉应力为

$$\sigma''_2 = \frac{1}{\mu}\sigma_c \tag{18-11}$$

因此在外圆环内表面的最大应力为

$$\begin{aligned}\sigma_2 &= \sigma'_2 + \sigma''_2 = \sigma'_2 + \frac{2\sigma'_2 A_2}{\mu D(h-\delta_0)(1-f_\mu \tan\beta)} \\ &= \frac{F}{\pi A_2 \gamma}\left[1 + \frac{2A_2}{\mu D(h-\delta_0)(1-f_\mu \tan\beta)}\right]\end{aligned} \tag{18-12}$$

$$D = \frac{1}{2}[(D_2 - 2b) + (D_1 + 2b_1)] \tag{18-13}$$

$$l = \frac{h-\delta_0}{2\cos\beta} \tag{18-14}$$

式中 D——圆锥接触面的中径，如图 18-7 所示；

l——接触面宽度，如图 18-7 所示；

μ——材料的泊松比。

2.3 环形弹簧内圆环的应力计算

内圆环所受径向分力与外圆环一样同为 F_r。内圆环截面中心圆周上单位长度的径向分力为

$$p_1 = \frac{F_r}{\pi D_{01}} = \frac{2N(\cos\beta - f_\mu \sin\beta)}{\pi D_{01}} \tag{18-15}$$

图 18-6b 所示，在径向分力作用下，内圆环截面受压缩，所受压力为

$$F_1 = \frac{p_1 D_{01}}{2} \tag{18-16}$$

截面中的压应力则为

$$\sigma_1 = \frac{F_1}{A_1} = \frac{p_1 D_{01}}{2A_1} = \frac{N(\cos\beta - f_\mu \sin\beta)}{\pi A_1} \tag{18-17}$$

将式（18-1）代入得内圆环的最大应力：

$$\sigma_1 = \frac{F}{\pi A_1}\left(\frac{\cos\beta - f_\mu \sin\beta}{\sin\beta + f_\mu \cos\beta}\right) = \frac{F}{\pi A_1 \gamma} \tag{18-18}$$

$$A_1 = h\left(b_1 + \frac{s}{2}\right) = hb_1 + \frac{h^2 \tan\beta}{4} \tag{18-19}$$

式中 D_{01}——内圆环截面中心直径；

A_1——内圆环截面面积，如图 18-7 所示。

内圆环接触表面的压应力 σ_c 与外圆环相同，可用式（18-10）求得。由于横向变形在内圆环表面的圆周方向的拉应力也可用式（18-11）求出。因此，在内圆环外表面的应力为 $\sigma_1 - \sigma''_2$。显然，在内圆环截面上的最大压应力不在接触表面，而在截面内，其大小可由式（18-18）求出，即 σ_1。

为了满足强度要求，由式（18-12）和式（18-18）求出的外圆环和内圆环的最大应力都应小于许用应力。

2.4 环形弹簧的变形计算

加载和卸载时，由于接触面上摩擦力方向不同，因此载荷与变形的关系不同。

（1）加载时　环形弹簧受轴向力作用后（图 18-8），由于径向分力而使外圆环直径增大，内圆环直径减小，其径向变形量 Δr_1 和 Δr_2 与截面应力的关系近似为

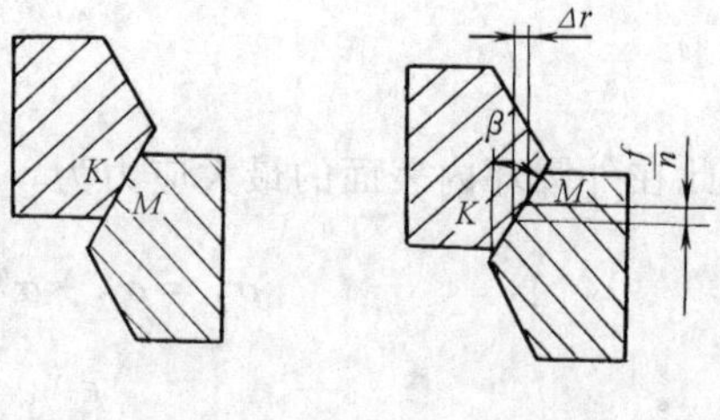

a)　　b)

图 18-8　轴向变形量与径向变形量的关系
a）加载前　b）加载后

内圆环：

$$\Delta r_1 = \frac{\sigma_1 D_{01}}{2E}$$

外圆环：

$$\Delta r_2 = \frac{\sigma_2 D_{02}}{2E}$$

总的径向变形为

$$\Delta r = \Delta r_1 + \Delta r_2 = \frac{1}{2E}(\sigma_1 D_{01} + \sigma_2 D_{02}) \tag{18-20}$$

由图 18-8 可知，当未加载时，外圆环圆锥面上的 K 点与内圆环圆锥面上的 M 点接触。加载后，由于直径变化，内圆环与外圆环沿圆锥面滑动，K 点与 M 点不接触，其轴向位置的变化即为轴向变形量。由图可得，一对圆锥接触面的环形弹簧的轴向变形为

$$\frac{f}{n} = \frac{\Delta r}{\tan\beta} = \frac{1}{2E\tan\beta}(\sigma_1 D_{01} + \sigma_2 D_{02}) \tag{18-21}$$

将式（18-6）和式（18-18）代入得

$$\frac{f}{n} = \frac{F}{2\pi E\gamma\tan\beta}\left(\frac{D_{01}}{A_1} + \frac{D_{02}}{A_2}\right)$$

从而得环形弹簧的轴向总变形量为

$$f = \frac{nF}{2\pi E\gamma\tan\beta}\left(\frac{D_{01}}{A_1} + \frac{D_{02}}{A_2}\right) \tag{18-22}$$

式中　n——环形弹簧的圆接触面的对数。

（2）卸载时　如图 18-9 所示，卸载时摩擦力方向改变，因此在圆锥表面上的正压力与轴向力 F 的关系为

$$N = \frac{F}{\sin\beta - f_\mu\cos\beta} \tag{18-23}$$

外圆环和内圆环所受径向分力 F_r 为

$$F_r = 2(N\cos\beta + Nf_\mu\sin\beta) = 2F\frac{\cos\beta + f_\mu\sin\beta}{\sin\beta - f_\mu\cos\beta} = \frac{2F}{\gamma'} \tag{18-24}$$

$$\gamma' = \frac{\sin\beta - f_\mu\cos\beta}{\cos\beta + f_\mu\sin\beta} = \frac{\tan\beta - \tan\rho}{1 + \tan\beta\tan\rho} = \tan(\beta - \rho) \tag{18-25}$$

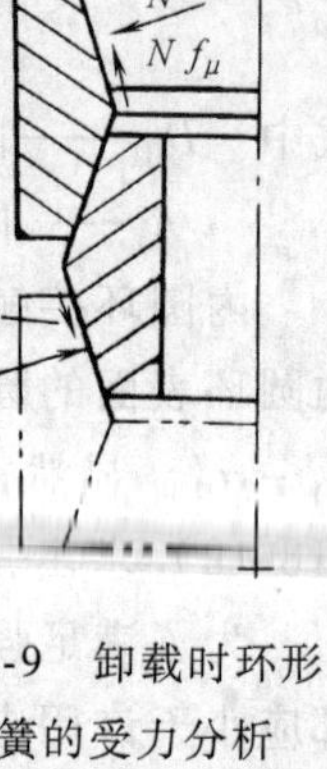

图 18-9　卸载时环形弹簧的受力分析

同理，由式（18-3）、式（18-6）、式（18-15）、式（18-18）和式（18-22），可得卸载时环形弹簧的变形和载荷 F_R 的关系为

$$f=\frac{nF_R}{2\pi E\gamma'\tan\beta}\left(\frac{D_{01}}{A_1}+\frac{D_{02}}{A_2}\right) \tag{18-26}$$

卸载过程中，环形弹簧的弹性变形开始恢复时，其变形量与加载时的最后变形量 f 相同，因此由式（18-22）和式（18-26）可得

$$\frac{F_R}{\gamma'}=\frac{F}{\gamma}$$

所以，弹性变形开始恢复时的载荷 F_R 为

$$F_R=F\frac{\gamma'}{\gamma} \tag{18-27}$$

式中　γ'——系数。

2.5　环形弹簧的变形能

由式（18-22）、式（18-26）和图 18-2 可知，环形弹簧的特性曲线为线性关系，因此加载时，环形弹簧吸收的变形能为

$$U=\frac{1}{2}Ff \tag{18-28}$$

卸载时，弹簧所释放的变形能为

$$U_R=\frac{1}{2}F_Rf=\frac{1}{2}\left(F\frac{\gamma'}{\gamma}\right)f=U\frac{\gamma'}{\gamma} \tag{18-29}$$

因此一次加载循环中，环形弹簧由于摩擦而消耗的能量为

$$U_0=U-U_R=\left(1-\frac{\gamma'}{\gamma}\right)U=\psi U \tag{18-30}$$

$$\psi=1-\frac{\gamma'}{\gamma}$$

式中　ψ——阻尼系数。

2.6　环形弹簧的试验载荷和试验载荷下的变形

设试验载荷 F_s 下的变形量为 f_s，则根据式（18-22）可得弹簧的试验载荷为

$$F_s=\frac{2\pi E\gamma\tan\beta f_s}{n\left(\frac{D_{01}}{A_1}+\frac{D_{02}}{A_2}\right)} \tag{18-31}$$

$$f_s=\frac{n}{2}(\delta_0-\delta_{\min}) \tag{18-32}$$

式中　n——环形弹簧圆锥接触面对数，由式（18-22）计算；

$\delta_{\min}$——弹簧圆环间在工作极限位置应保留的最小间距。

2.7　环形弹簧的结构参数计算

参照图 18-7 所示各部分尺寸符号，可得如下主要几何尺寸关系：

（1）圆环直径

外圆环外径：

$$D_2 = D_1 + 2(b + b_1) + (h - \delta_0)\tan\beta \tag{18-33}$$

外圆环内径：

$$D'_2 = D_2 - 2\left(b + \frac{1}{2}h\tan\beta\right) \tag{18-34}$$

外圆环截面中心直径：

$$D_{02} \approx D_2 - 1.3b \tag{18-35}$$

内圆环外径：

$$D'_1 = D_1 + 2\left(b_1 + \frac{1}{2}h\tan\beta\right) \tag{18-36}$$

内圆环截面中心直径：

$$D_{01} \approx D_1 + 1.3b \tag{18-37}$$

（2）圆环高 h　一般取 $h = (1/5.6 \sim 1/3)D$。h 过小，则圆环截面面积小，应力较大，同时圆锥接触面面积小，表面应力增大；h 过大，则因一般圆环截面厚度较小，制造比较困难。

（3）圆环厚度 b 和 b_1　圆环厚度与强度要求有关，一般在初选时可取 $b = b_1 \geqslant (1/6 \sim 1/2)h$。由于外圆环截面受拉应力，内圆环截面受压应力，但材料的抗拉疲劳强度低于抗压疲劳强度，因此，在高度 h 相同和材料相同的条件下，要使外圆环和内圆环达到强度相近，则应使 $b > b_1$，一般可取 $b = 1.3b_1$。

（4）圆环件数 n_0　包括两端的单锥面圆环在内，内外圆环的总数 n_0 为

$$n_0 = n + 1 \tag{18-38}$$

一般将两端的内圆环作成单锥面圆环，因此外圆环数为

$$n_1 = \frac{n}{2} \tag{18-39}$$

式中　n——环形弹簧圆锥接触面的对数，由式（18-22）根据弹簧承受载荷 F 条件下的总变形量 f 的要求，计算确定。

（5）自由高度 H_0 和并紧高度 H_b　由图18-7可以看出，环形弹簧的自由高度：

$$H_0 = \frac{1}{2}n(h + \delta_0) \tag{18-40}$$

式中　δ_0——自由状态下，相邻两外圆环（或内圆环）间的间距，一般取 $\delta_0 = (1/4)h$。

当环形弹簧被压缩到相邻各外圆环（或内圆环）的端面接触时，亦即其并紧高度为

$$H_b = \frac{1}{2}nh \tag{18-41}$$

为了保证弹簧的稳定性，应使 $H_b \geqslant 4f$。

环形弹簧并紧后，弹簧刚度将趋向无限大，即失去弹簧的作用。为避免发生此种情况，应使弹簧工作极限位置保留有最小间距 $\delta_{min} \geqslant 1$mm 的间隙，直径较大或加工精度较低时，最小间距应取大些。一般精度较低时可取：

$$\delta_{min} \approx \frac{D}{50} \tag{18-42}$$

精度较高时取：

$$\delta_{\min} \approx \frac{D}{100} \tag{18-43}$$

（6）圆锥半角 β 由式（18-8）和式（18-22）可知，当半角 β 选取较小时，弹簧刚度较小，若 $\beta<\rho$，则卸载时将产生自锁，即不能回弹。β 选取过大时，在摩擦角 ρ 相同的条件下，γ'/γ 值较大，由式（18-27）可知，卸载时，弹性变形恢复时的载荷 F_R 较大，也就是由摩擦力引起的滞后衰减较小，图 18-2 特性曲线中的面积 *OABO* 较小，环形弹簧缓冲吸振能力降低。设计时，可取 $\beta=12°\sim20°$，接触表面加工精度较高时，可取 $\beta=12°$；加工精度一般时，常取斜度为 1:4，这时 $\beta=14°3'$；润滑条件较差，摩擦系数较大时，β 应取得大一些，以免发生自锁。

（7）摩擦系数 f_μ 和摩擦角 ρ 具有良好润滑条件的环形弹簧，圆锥接触表面的摩擦系数和摩擦角可按下列条件决定：

接触面未经精加工的重载工作条件：

$$\rho \approx 9° \qquad f_\mu \approx 0.16$$

接触面经精加工的重载工作条件：

$$\rho \approx 8°30' \qquad f_\mu \approx 0.15$$

接触面经精加工的轻载工作条件：

$$\rho \approx 7° \qquad f_\mu \approx 0.12$$

在设计环形弹簧时，其外廓尺寸一般均受结构条件限制而有一定要求，因此环形弹簧的外径 D_2、内径 D_1、自由高度 H_0 和并紧高度 H_b 等几何尺寸，均应注意检查是否满足结构尺寸限制的要求。

3 环形弹簧的材料和许用应力

环形弹簧常用材料可选用 60Si2MnA，65Si2MnWA，55CrSiA 或 50CrMn 等弹簧钢。

环形弹簧的许用应力见表 18-1。

表 18-1 环形弹簧的许用应力 （单位：MPa）

加工和使用条件	平均许用应力① $[\sigma_m]$	外圆环许用应力 $[\sigma_2]$	内圆环许用应力 $[\sigma_1]$
一般使用寿命	1050	900	1200
短的使用寿命，接触表面未经精加工	1150	1000	1300
短的使用寿命，接触表面经精加工	1350	1200	1500

① 平均许用应力 $[\sigma_m]$ 为外圆环截面拉应力 $[\sigma_2]$ 和内圆环截面压应力 $[\sigma_1]$ 的平均值。

任何材料的环形弹簧，都要保证弹簧在压缩到并紧高度时，其应力不会超过材料的弹性极限。

4 环形弹簧的制造和技术要求

环形弹簧的毛坯，可用自由锻或轧制方法获得。生产量小时，用自由锻，再经机械加工得到成品形状和尺寸。大量生产时，则用无缝钢管下料，由专用套圈轧机轧至成品形状和尺寸。成形后，经检验合格再进行热处理。必要时，在热处理后对接触表面进行磨削加工。一般圆锥接触表面加工粗糙度 $R_a=1.6\sim0.4\mu m$，热处理后表面硬度为 40～60HRC。

由于圆环厚度较小，制造中应特别注意不要使圆环产生扭曲。为了保证装配时各圆环具有互换性，要求每个圆环的圆锥角和高度尺寸在公差范围内。

环形弹簧的零件工作图上，应注明每个圆锥接触面的试验载荷及相应的变形大小，以便于进行成品质量检查。

5 环形弹簧结构参数荐用值

表 18-2 所列为环形弹簧结构参数的荐用值及其特性，设计弹簧时可参照选用。

表 18-2 环形弹簧结构参数荐用值及其特性

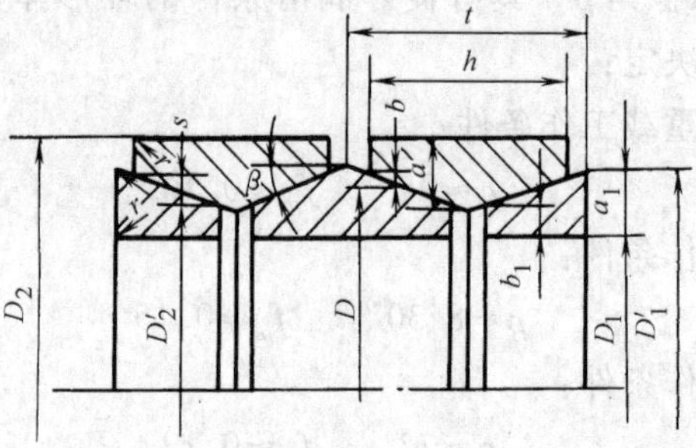

结构尺寸/mm									最大应力/MPa		一对接触面的轴向变形 $f\cdot n^{-1}$/mm①	最大载荷/kN	
圆环直径 D_2	圆环直径 D_1	节距 t	a	b	a_1	b_1	h	r	σ_2	σ_1		不计摩擦	计摩擦 $f_\mu=0.16$
489	428.5	102	24.5	13.0	21.0	9.5	78	3.0			7.9	1249	1998
391	341.8	82	19.5	10.5	17.0	8.0	62	2.5			6.25	790	1264
313	274.8	66	15.5	8.0	13.5	6.0	50	2.0			5.0	504	806
250	218.6	52	12.5	6.0	11.0	5.0	40	1.6			3.9	330	528
200	173.8	42	10.0	5.5	9.0	4.5	32	1.3	920	1100	3.3	201	322
160	140.5	34	8.5	4.0	7.0	3.0	26	1.0			2.44	138.8	222
128	111.6	27	6.5	3.0	5.5	2.5	21	—			2.1	89	142
102	89.5	22	5.0	2.5	4.5	2.0	17	—			1.65	53	85
82	72.1	18	4.0	2.0	3.5	1.5	14	—			1.35	34.7	55.5

① 计算一对接触面的轴向变形 f/n（n 为接触面对数）时，取弹性模量 $E=206\times10^3$MPa。

6 切口弹簧

切口弹簧（图 18-10）系采用圆钢或钢管加工而成。相当于连成一体的环形弹簧。当受到轴向载荷作用后，各环产生变形。为了固定需要，端部可制成螺纹。这种弹簧可作为压缩弹簧，也可作为拉伸弹簧使用。由于其刚度精确，特别适用于精密仪器。

图 18-11 是切口弹簧受到轴向载荷下作用后，一个圆环圈的受力分析。据此受力情况，可得其刚度计算式：

$$F'=\frac{256Ebh^3}{n\pi D^3} \tag{18-44}$$

最大应力计算式：

$$\sigma_{max}=\frac{3\pi FD}{16bh^2} \tag{18-45}$$

式中 D——弹簧圈中径；

b——弹簧圈径向宽度；

h——弹簧圈轴向厚度；

n——弹簧圈圈数；

E——材料弹性模量。

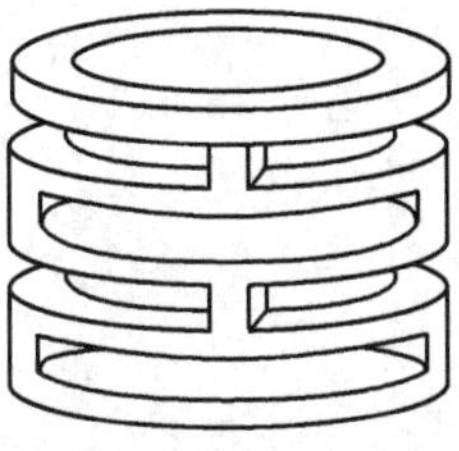

图 18-10 切口弹簧

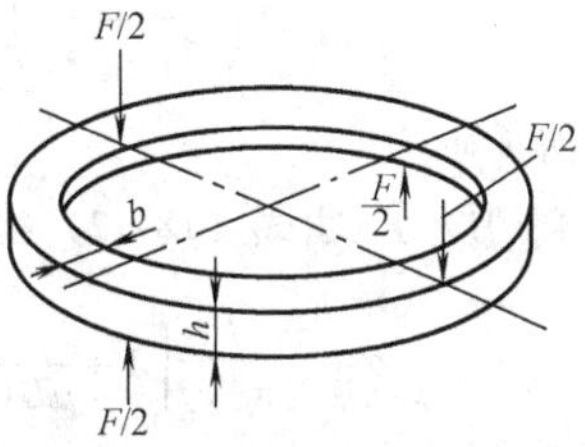

图 18-11 切口弹簧圈受力分析

【例 18-1】 设计一环形弹簧缓冲装置，承受载荷 1.2×10^6N，轴向变形量 26mm，安装轴向变形量为 10mm。

解 （1）选择材料 材料选用 60Si2MnA，由表 2-7 查得屈服点 $\sigma_s(R_{eL})=1375$MPa，弹性模量 $E=206\times10^3$MPa。由表 18-1 查得外环许用应力 $[\sigma_1]=900$MPa，内环许用应力 $[\sigma_2]=1200$MPa。

（2）选择结构尺寸 由表 18-2，根据所承受载荷，选用结构尺寸如下：

外圆环

外径 $D_2=489$mm

厚度 $a=24.5$mm

边缘厚度 $b=13$mm

内径 $D_2'=D_2-2a=(489-2\times24.5)\text{mm}=440\text{mm}$

中心直径 $D_{02}=D_2-a=(489-24.5)\text{mm}=464.5\text{mm}$

内圆环

内径 $D_1=428.5$mm

厚度 $a_1=21$mm

边缘厚度 $b_1=9.5$mm

外径 $D_1'=D_1+2a_1=(428.5+2\times21)\text{mm}=470.5\text{mm}$

中心直径 $D_{01}=D_1+a_1=(428.5+21)\text{mm}=449.5\text{mm}$

圆环高度 $h=78$mm

圆环圆锥半角 $\beta=\arctan\dfrac{a-b}{h/2}=\arctan\dfrac{24.5-13}{78/2}=16.4°$

弹簧的节距 $t=102$mm

取摩擦系数 $f_\mu=0.16$，对应的摩擦角 $\rho=9°$

弹簧的间距 $\delta_0=t-h=(102-78)\text{mm}=24\text{mm}$

由式（18-13）可得弹簧中径：

$$D=\frac{1}{2}[(D_2-2b)+(D_1+2b_1)]$$

$$=\frac{1}{2}[(489-2\times13)+(428.5+2\times9.5)]\text{mm}=455.3\text{mm}$$

由式（18-7）和式（18-19）得外内圆环的截面面积：

$$A_2=hb+\frac{h^2\tan\beta}{4}=78\times13+\frac{78^2\times\tan16.4}{4}\text{mm}^2=1462\text{mm}^2$$

$$A_1 = hb_1 + \frac{h^2 \tan\beta}{4} = 78 \times 9.5 + \frac{78^2 \times \tan 16.4}{4} \mathrm{mm}^2 = 1189 \mathrm{mm}^2$$

系数：

$$\gamma = \tan(\beta + \rho) = \tan(16.4 + 9) = 0.475$$

（3）圆锥接触面的对数　由式（18-22）可得圆锥接触面的对数：

$$n = \frac{2\pi E\gamma \tan\beta f}{F\left(\dfrac{D_{01}}{A_1} + \dfrac{D_{02}}{A_2}\right)} = \frac{2\pi \times 206 \times 10^3 \times 0.475 \times \tan 16.4 \times 26}{1.2 \times 10^6 \times \left(\dfrac{449.5}{1189} + \dfrac{464.5}{1462}\right)} = 5.6$$

取圆锥接触面 6 对。

（4）圆环的应力　由式（18-12）得外圆环的内表面最大应力为

$$\sigma_2 = \frac{F}{\pi A_2 \gamma}\left[1 + \frac{2A_2}{\mu D(h - \delta_0)(1 - f_\mu \tan\beta)}\right]$$

$$= \frac{1.2 \times 10^6}{\pi \times 1462 \times 0.475}\left[1 + \frac{2 \times 1462}{0.3 \times 455.3 \times (78 - 24) \times (1 - 0.16 \tan 16.4)}\right] \mathrm{MPa}$$

$$= 779 \mathrm{MPa}$$

小于许用值 $[\sigma_2] = 900\mathrm{MPa}$。

由式（18-18）得内圆环压应力为

$$\sigma_1 = \frac{F}{\pi A_1 \gamma} = \frac{1.2 \times 10^6}{\pi \times 1189 \times 0.475} \mathrm{MPa} = 677 \mathrm{MPa}$$

小于许用值 $[\sigma_1] = 1200\mathrm{MPa}$。

（5）弹簧的变形量　由式（18-22）可得弹簧的实际轴向变形量为

$$f = \frac{nF}{2\pi E\gamma \tan\beta}\left(\frac{D_{01}}{A_1} + \frac{D_{02}}{A_2}\right)$$

$$= \frac{6 \times 1.2 \times 10^6}{2\pi \times 206 \times 10^3 \times 0.475 \times \tan 16.4}\left(\frac{449.5}{1189} + \frac{464.5}{1462}\right) \mathrm{mm} = 28 \mathrm{mm}$$

（6）试验载荷和试验载荷下的变形量　本设计圆环直径较大，因此按式（18-42）计算弹簧的最小间距：

$$\delta_{\min} = \frac{D}{50} = \frac{455.3}{50} \mathrm{mm} \approx 9 \mathrm{mm}$$

则由式（18-32）得试验变形量：

$$f_s = \frac{n}{2}(\delta_0 - \delta_{\min}) = \frac{6}{2}(24 - 9) \mathrm{mm} = 45 \mathrm{mm}$$

对应的试验载荷可由式（18-31）求得

$$F_s = \frac{2\pi E\gamma \tan\beta f_s}{n\left(\dfrac{D_{01}}{A_1} + \dfrac{D_{02}}{A_2}\right)} = \frac{2\pi \times 206 \times 10^7 \times 0.475 \times \tan 16.4 \times 45}{6 \times \left(\dfrac{449.5}{1189} + \dfrac{464.5}{1462}\right)} \mathrm{N}$$

$$= 1.95 \times 10^6 \mathrm{N}$$

（7）试验载荷下的强度验算　对应于试验载荷 F_s 下的试验应力，由式（18-12）和式（18-18）可得

$$\sigma_{2s} = \frac{F_s}{\pi A_2 \gamma}\left[1 + \frac{2A_2}{\mu D(h - \delta_0)(1 - f_\mu \tan\beta)}\right]$$

$$= \frac{1.95 \times 10^6}{\pi \times 1462 \times 0.475}\left[1 + \frac{2 \times 1462}{0.3 \times 455.3 \times (178 - 24) \times (1 - 0.16 \tan 16.4)}\right] \mathrm{MPa}$$

$$= 1270 \mathrm{MPa}$$

$$\sigma_{1s}=\frac{F_s}{\pi A_1\gamma}=\frac{1.95\times10^6}{\pi\times1189\times0.475}\text{MPa}=1099\text{MPa}$$

均小于屈服点 $\sigma_s=1375\text{MPa}$。

（8）弹簧相关结构参数的确定

1）圆环件数：

圆环总件数，由式（18-38）可知为

$$n_0=n+1=6+1=7$$

外圆环件数，由式（18-39）可知为

$$n_1=\frac{n}{2}=\frac{6}{2}=3$$

2）弹簧的高度：

自由高度，按式（18-40）计算：

$$H_0=\frac{1}{2}n(h+\delta_0)$$

$$=\frac{1}{2}\times6\times(78+24)\text{mm}=306\text{mm}$$

作用载荷下的高度：

$$H=H_0-f=(306-28)\text{mm}=278\text{mm}$$

试验载荷下的高度：

$$H_s=H_0-f_s=(306-45)\text{mm}=261\text{mm}$$

安装高度：

$$H_1=H_0-f_1=(306-10)\text{mm}=296\text{mm}$$

（9）弹簧的工作图　图 18-12 为弹簧装配图，图 18-13 为弹簧圆环零件工作图。

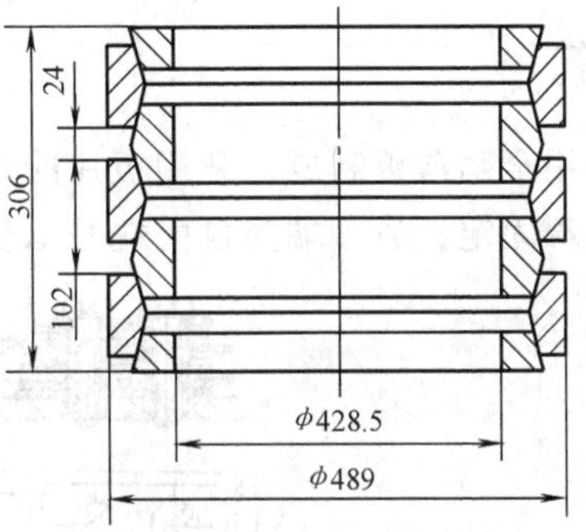

图 18-12 【例 18-1】环形弹簧装配图

技术要求

1. 装配前应将环形零件进行清洗，不得有锈蚀，油垢；
2. 接触表面应涂适量润滑油，其余表面涂防锈油；
3. 对接触表面进行接触斑点检查，其接触面积应大于 60%；
4. 在试验载荷作用下压缩三次，其高度的剩余变形不得大于 3mm。

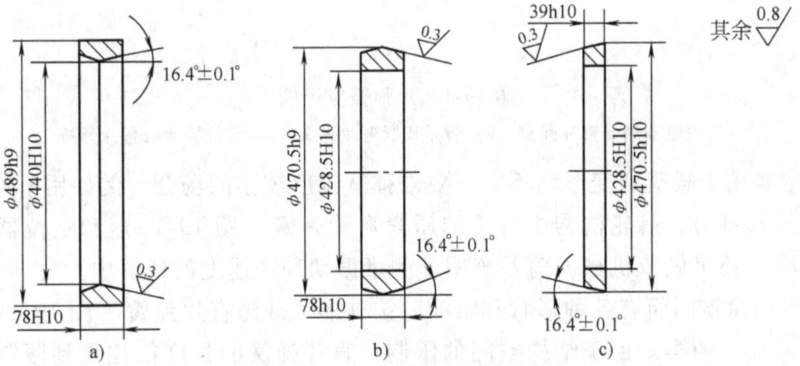

图 18-13　例 18-1 圆环零件工作图

a）外圆环　b）内圆环　c）端圆环

技术要求

1. 材料　60Si2MnA，热处理后硬度 45～50HRC；
2. 倒棱　去毛刺；
3. 表面不得有锈蚀和裂纹；
4. 表面进行氧化处理。

第 19 章　片弹簧、线弹簧和弹性挡圈

1　片弹簧

片弹簧用金属薄板制成，利用板片的弯曲变形而起弹簧作用。通常采用矩形截面，工作时可以是一端固定，另一端为自由端并承受载荷（图 19-1），或两端固定，中间承受载荷。

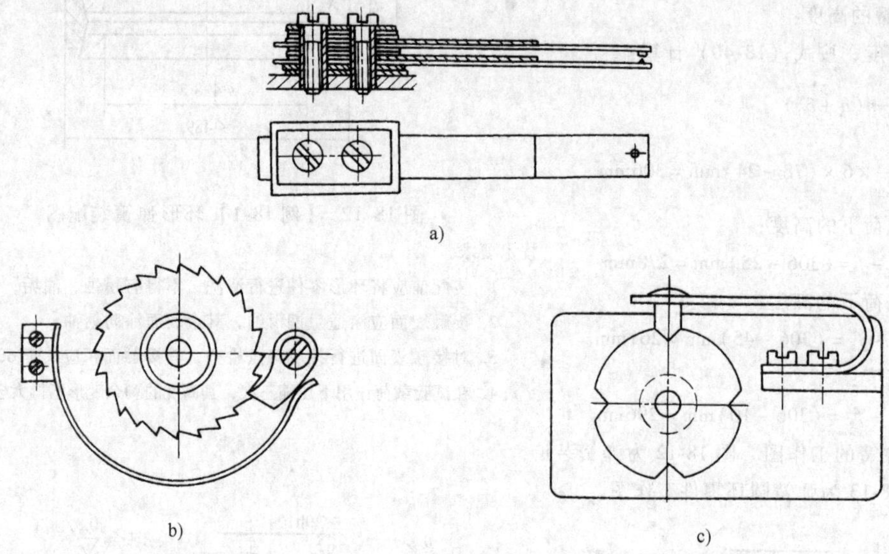

图 19-1　片弹簧应用例

a）继电器触点直片弹簧　b）棘爪压紧弯片弹簧　c）定位器接触弯片弹簧

片弹簧主要用于载荷和变形均不大、要求弹簧刚度较小的场合。例如用于继电器的触点直片弹簧（图 19-1a），棘轮机构中棘爪的压紧弯片弹簧（图 19-1b）和定位器接触弯片弹簧（图 19-1c），还可做成机械振荡系统用于测量振动和加速度的仪器中。

片弹簧因用途不同而有各种形状和结构。按外形可分为直片弹簧（图 19-1a）和弯片弹簧（图 19-1b、c）两类。由于结构空间的限制，直片弹簧的长度往往受到限制，在这种情况下，采用弯片弹簧可以在较小的空间内，而有较长的工作长度。

需要承受较大载荷时，可以采用由几个单片弹簧重叠组成叠片弹簧（图 19-2），为使各片均能自由活动，可以在各片间加衬垫（图 19-2a），或以不同长度弹簧片倾斜连接（图 19-2b）。

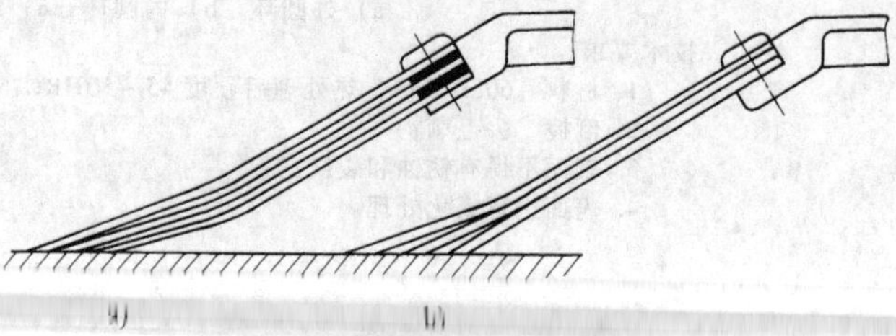

图 19-2　叠片弹簧

a）各片间加衬垫　b）不同长度弹簧片

片弹簧具有以下特点：

1）由于板片厚度小，因而在变形较大时，弯曲应力也不高。

2）采用一些辅助零件，可以容易地得到非线性特性。图 19-3a 为用调节支撑螺钉的位置实现改变片弹簧的特性；图 19-3b、c 采用曲线形的支撑板或平板来改变片弹簧的特性，其特性曲线是平滑变化的。

3）片弹簧多采用金属薄片制作，可以冲压成形，适合于批量生产。

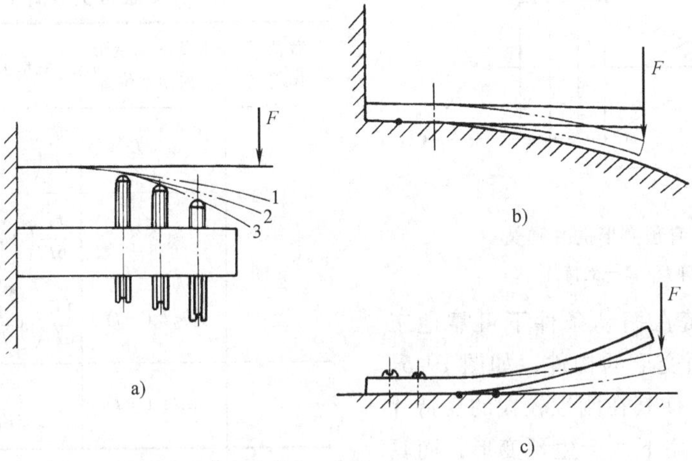

图 19-3　变刚度片弹簧

a）调节支撑螺钉　b）曲线形支承板　c）平板支撑

1.1　直片弹簧的计算

（1）一端固定的矩形弹簧的计算　如图 19-4 所示，O 为固定端，C 为自由端，载荷 F 作用于 A（$AO=l_1$），任意点 B（$BO=l_2$）的变形 f 计算式推证如下。

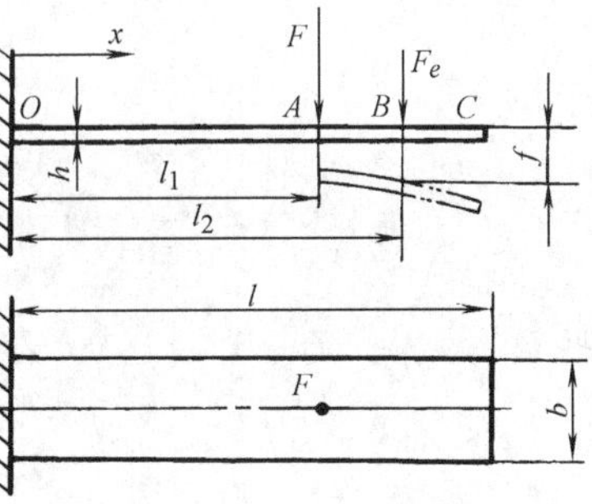

图 19-4　矩形片弹簧计算示意图

当 B 点作用一假想载荷 F_e，设在 BC 段内的弯矩为 M_1，AB 段内为 M_2，OA 段内为 M_3，则 $M_1=0$，$M_2=F_e(l_2-x)$，$M_3=F_e(l_2-x)+F(l_1-x)$，在片弹簧全长范围内弯曲变形能为

$$U=\frac{1}{2EI}\int_l M^2(x)\,\mathrm{d}x$$

$$=\frac{1}{2EI}\int_{l_1}^{l_2}[F_e(l_2-x)]^2\mathrm{d}x+\frac{1}{2EI}\int_0^{l_1}[F_e(l_2-x)+F(l_1-x)]^2\mathrm{d}x$$

对 F_e 求偏导数，并以 $F_e=0$ 代入，则得任意点 B 的变形为

$$f=\frac{\partial U}{\partial F_e}\bigg|_{F_e=0}=\frac{Fl_1^3}{6EI}\left(3\frac{l_2}{l_1}-1\right) \tag{19-1}$$

式中　I——固定端截面惯性矩，$I=bh^3/12$，当 $b/h>10$ 时，$I=bh^3/12(1-\mu^2)$，μ 为泊松比；

E——材料弹性模量。

板片的弯曲应力在固定端 O 点为最大，当载荷 F 作用在自由端 C 点时，其最大应力为

$$\sigma=\frac{Fl}{Z_m} \tag{19-2}$$

式中 Z_m——固定端抗弯截面系数，$Z_m=bh^2/6$。

表19-1所列为矩形片弹簧在载荷 F 不同作用点下，变形 f 和弯曲应力 σ 计算式。

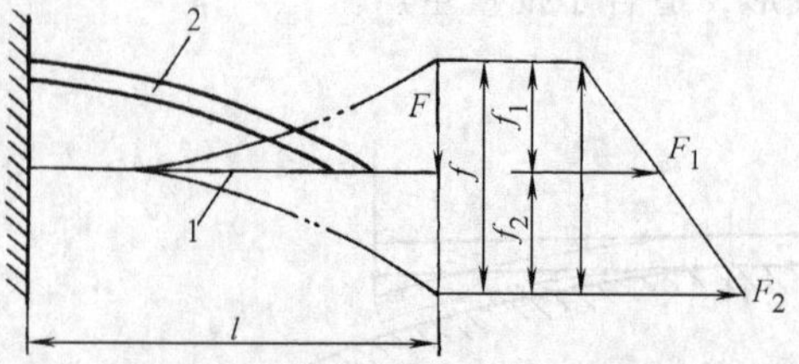

图19-5 有预变形的片弹簧

1—片弹簧 2—支持片

表19-1 矩形片弹簧的变形 f 和弯曲应力 σ 计算式

载荷 F 作用点	载荷 F 与变形 f 的相互位置	变形 f/mm	固定端最大应力 σ/MPa
A	$l_1<l_2$	$\frac{Fl_1^3}{6EI}\left(3\frac{l_2}{l_1}-1\right)$	$\frac{Fl_1}{Z_m}$
	$l_1>l_2$	$\frac{Fl_1^3}{6EI}\left(3-\frac{l_2}{l_1}\right)$	
	$l_1<l_2(=l)$	$\frac{Fl_1^3}{6EI}\left(3\frac{l}{l_1}-1\right)$	$\frac{Fl}{Z_m}$
C	$l_1>l_2(=l)$	$\frac{Fl^3}{3EI}$	

注：符号意义如图19-4所示。

为了使片弹簧在振动条件下可靠地工作，可采用具有预变形的构件，如图19-5，在片弹簧安装时，使其在刚性较大的支持片（图19-5中2）作用下，产生预变形，而具有一定的预应力。若预变形为 f_1，预加载荷为 F_1，则外载荷小于 F_1 时，片弹簧不产生变形。只有在外载荷大于 F_1 时，片弹簧才离开支持片而开始变形。设片弹簧的工作变形为 f_2，则具有预应力的片弹簧的总变形为

$$f=f_1+f_2$$

由于

$$\frac{f_1}{f_2}=\frac{F_1}{F_2}=\frac{F_1}{F-F_1}$$

因此

$$f_1=\frac{F_1}{F-F_1}f_2 \tag{19-3}$$

设计时，按工作要求的载荷 F 和变形 f_2，选定预加载荷 F_1，由式（19-3）求出 f_1，即可得到总变形 f，并利用式（19-1）和式（19-2）进行设计计算或核验计算。

以上各计算式都是在假定变形较小时导出的，变形较大（$f>0.2l$）时，则由于力臂由 l 变为 l'（图19-6），因而影响计算结果的准确程度，为了修正其误差，可以用下式计算其应力 σ' 和变形 f'：

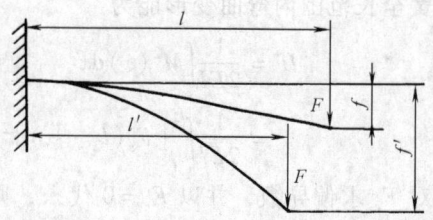

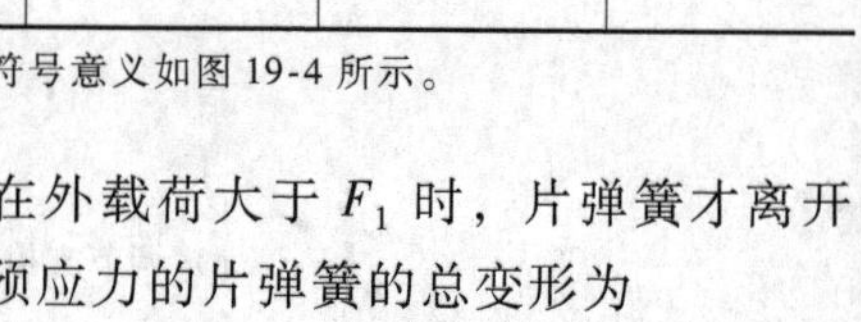

图19-6 大变形的矩形片弹簧

$$\sigma'=K_1\sigma \tag{19-4}$$

$$f'=\eta_1 f \tag{19-5}$$

$$K_1=l'/l,\ \eta_1=f'/f$$

式中　σ——按小变形计算公式所得应力；

f——按小变形计算公式所得变形；

K_1、η_1——修正系数，它们的值可根据 $\alpha = Fl^2/EI$ 值，由图 19-7 查得。

当载荷 F 很小时，$K_1 \approx 1$，$\alpha = 1$ 时，$K_1 = 0.95$，$\eta_1 = 0.92$，可见在一般情况下，影响并不大。

（2）一端固定的阶梯形片弹簧的计算　图 19-8 所示为阶梯形片弹簧，当在自由端 B 作用载荷 F 时，载荷作用点处的变形，应为

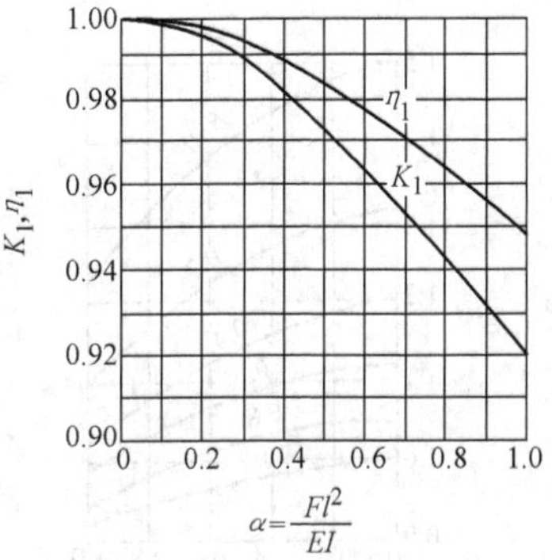

图 19-7　修正系数 K_1 和 η_1

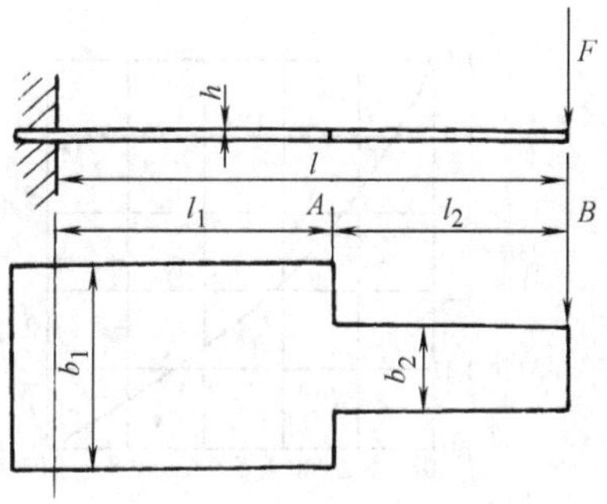

图 19-8　阶梯形片弹簧

$$f = f_A + \varphi_A l_2 + f_B = \frac{Fll_1^2}{6EI_1}\left(3 - \frac{l_1}{l}\right) + \frac{Fll_1 l_2}{2EI_1}\left(2 - \frac{l_1}{l}\right) + \frac{Fl_2^3}{3EI_2} \tag{19-6}$$

式中　f_A——A 点的变形；

φ_A——A 点的变形角；

f_B——长度为 l_2，宽度为 b_2 部分片弹簧在载荷作用点的变形；

I_1——宽度为 b_1 部分的截面惯性矩；

I_2——宽度为 b_2 部分的截面惯性矩；

E——材料弹性模量。

（3）一端固定的梯形和三角形片弹簧的计算　图 19-9 为梯形和三角形的片弹簧。当自由端作用载荷时，载荷作用点的变形可按式（19-7）计算：

$$f = \eta_2 \frac{Fl^3}{3EI} \tag{19-7}$$

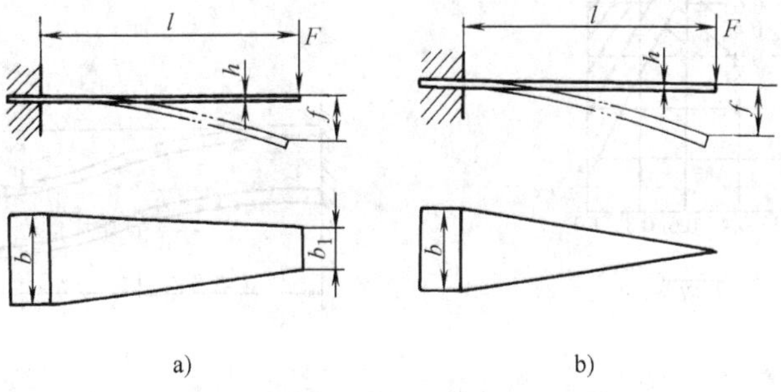

图 19-9　梯形和三角形片弹簧

a）梯形　b）三角形

$$\eta_2 = \frac{3}{1-\beta}\left[\frac{3}{2} - \frac{1}{1-\beta} - \left(\frac{\beta}{1-\beta}\right)^2 \ln\beta\right] \tag{19-8}$$

$$\beta = \frac{b_1}{b}$$

式中　η_2——变形系数，可根据 β 值在图 19-10 中查出；

β——形状系数，矩形片弹簧 $\beta = 1$，三角形片弹簧 $\beta = 0$，梯形片弹簧 $0 < \beta < 1$。

当变形较大时，同样应按式（19-5）进行修正。其修正系数 η_1 可根据 $\alpha = Fl^2/EI$ 和形状系数 $\beta = b_1/b$ 在图 19-11 中查得。

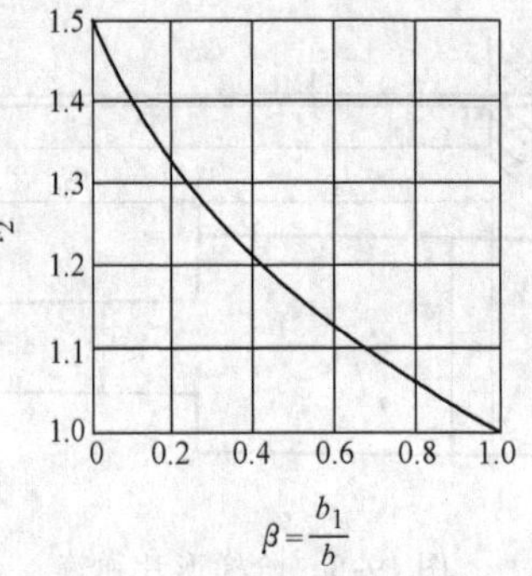

图 19-10　变形系数 η_2 与形状系数 β 的关系

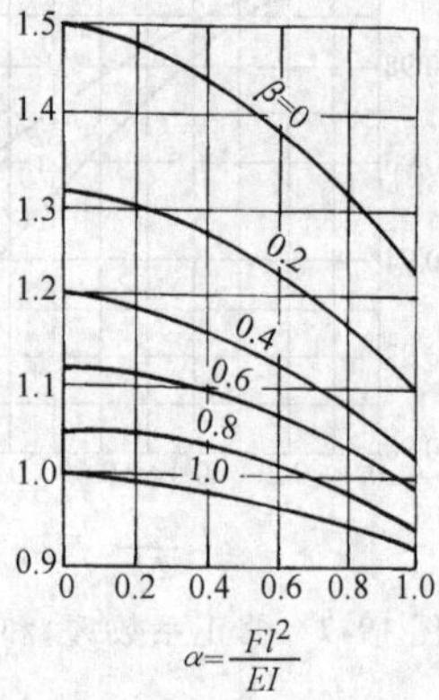

图 19-11　大变形梯形和三角形片弹簧变形修正系数 η_1

最大弯曲应力仍按表 19-1 式计算。当变形较大时，同样应按式（19-4）进行修正。其修正系数 K_1 可根据 $\alpha = Fl^2/EI$ 和形状系数 $\beta = b_1/b$ 在图 19-12 中查得。

（4）一端固定复式片弹簧的计算　采用图 19-13a 所示之复式片弹簧，可以使自由端在载荷作用下产生变形以后，仍保持其端面位置垂直，这在要求接触面在受载后仍保持良好接触的场合非常必要。图 19-13b 为复式弹簧的变形情况。

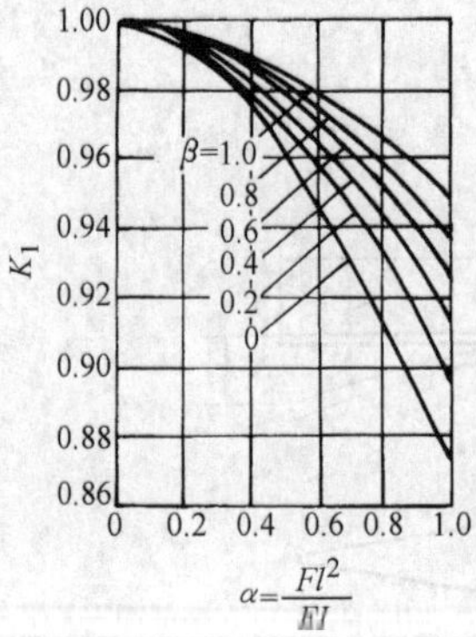

图 19-12　大变形梯形和三角形片弹簧应力修正系数 K_1

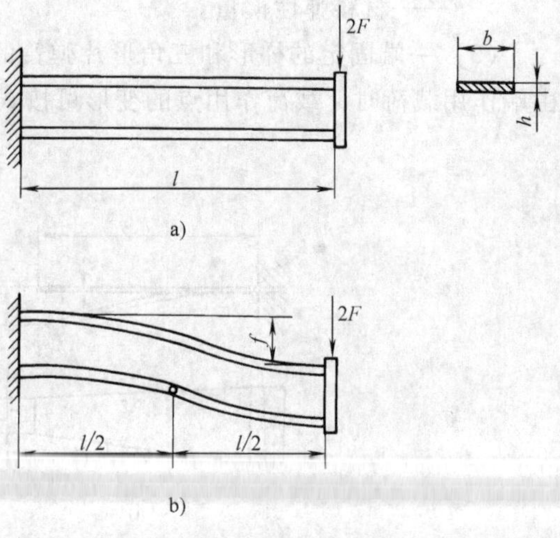

图 19-13　复式弹簧
a）结构　b）变形示意

复式弹簧端部受载时，其自由端的变形可按下式计算：

$$f=\frac{Fl^3}{12EI}=\frac{Fl^3}{Ebh^3}=\frac{l^2}{3Eh}\sigma \tag{19-9}$$

（5）两端自由支承的矩形片弹簧的计算　图 19-14 为两端自由支承的矩形片弹簧，按材料力学的计算方法，载荷作用于中点时，该点的变形为

$$f=\frac{Fl^3}{48EI}=\frac{Fl^3}{4Ebh^3}=\frac{l^2}{6Eh}\sigma \tag{19-10}$$

（6）两端固定支承的矩形片弹簧的计算　图 19-15 为两端固定的矩形片弹簧，中点作用载荷时，该点的变形为

$$f=\frac{Fl^3}{192EI}=\frac{Fl^3}{16Ebh^3}=\frac{l^2}{12Eh}\sigma \tag{19-11}$$

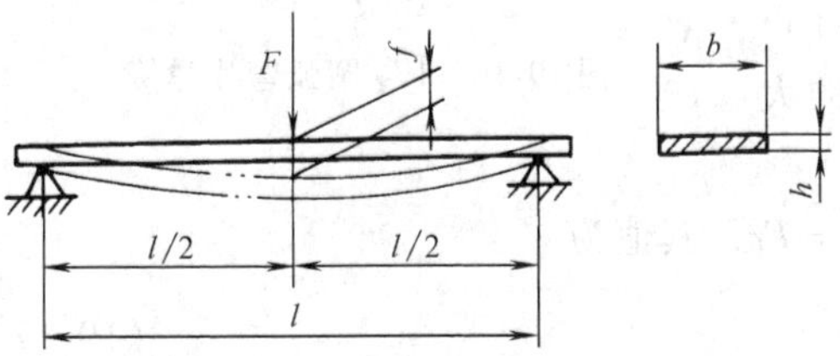

图 19-14　两端自由支承的片弹簧

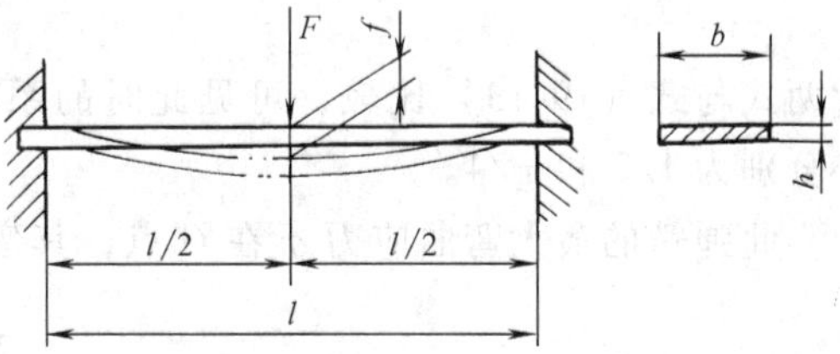

图 19-15　两端固定支承的片弹簧

（7）叠片弹簧的计算　叠片弹簧可以按照单片弹簧的计算方法计算，只是各单片承受的载荷为

$$F=\frac{\sum F}{n} \tag{19-12}$$

式中　$\sum F$——叠片弹簧所受的总载荷；

n——叠片弹簧的片数。

如要考虑各片之间的摩擦，则应对计算结果进行适当的修正。

1.2　弯片弹簧的计算

一般情况下弯片弹簧按结构要求进行设计，不进行计算，或者按直片弹簧进行近似计算。当要求准确确定载荷与变形的关系时，应按曲梁公式计算。宽度和厚度相同，由圆弧和直线构成的弯片弹簧的变形计算公式的一般形式为

$$f=C\frac{Fr^3}{EI} \tag{19-13}$$

式中　r——圆弧半径；

C——系数；

F——垂直作用或水平作用的载荷。

弯片弹簧的最大应力因载荷作用点和方向的变化而发生在不同的截面。弯片弹簧的危险截面主要承受弯曲应力，其计算式为

$$\sigma=\frac{M}{Z_m} \tag{19-14}$$

式中　M——危险截面的作用弯矩；

Z_m——危险截面的抗弯截面系数。

图19-16为1/4圆弧的弯片弹簧，自由端作用垂直载荷 F，f_x 和 f_y 分别为水平变形和垂直变形。若在自由端加一假想水平载荷 F_e，则弹簧截面受弯曲力矩为

$$M = Fr\cos\varphi + F_e(1-\sin\varphi)$$

弯片弹簧在全长内的弯曲弹性位能为

$$U = \frac{1}{2EI}\int_0^{\frac{\pi}{2}}[Fr\cos\varphi + F_e r(1-\sin\theta)]^2 r\mathrm{d}\varphi$$

由此求得水平变形 f_x 和垂直弯形 f_y 分别为

$$f_x = \frac{\partial U}{\partial F_e}\bigg|_{F_e=0} = \frac{1}{2}\frac{Fr^3}{EI} \qquad (19\text{-}15)$$

$$f_y = \frac{\partial U}{\partial F}\bigg|_{F=0} = \frac{Fr^3}{EI}\int_0^{\frac{\pi}{2}}\cos^2\varphi\mathrm{d}\varphi = \frac{\pi}{4}\frac{Fr^3}{EI} \qquad (19\text{-}16)$$

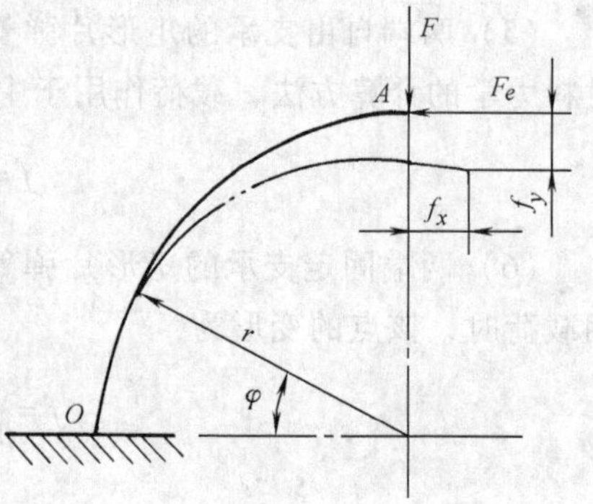

图19-16 1/4圆弧弯片弹簧

此两式与式（19-13）比较，可见此时的系数 C 的大小分别为1/2和π/4。

此弹簧的最大弯曲应力 σ 在 O 点，其弯矩 $M=Fr$，其值为

$$\sigma = \frac{Fr}{Z_m} \qquad (19\text{-}17)$$

当1/4圆弧弯片弹簧自由端作用水平载荷 F 时同理可得其水平和垂直变形的计算式为

$$f_x = \left(\frac{3\pi}{4}-2\right)\frac{Fr^3}{EI} \qquad (19\text{-}18a)$$

$$f_y = \frac{1}{2}\frac{Fr^3}{EI} \qquad (19\text{-}18b)$$

可知其系数 C 分别为（3π/4－2）和1/2。

应力计算式同式（19-17）。

任意角度圆弧和直线两部分构成的弯片弹簧（图19-17），在自由端作用垂直载荷 F 时，其水平变形 f_x 和垂直变形 f_y 的计算式为

$$f_x = C_x\frac{Fr^3}{EI} \qquad (19\text{-}19)$$

$$f_y = C_y\frac{Fr^3}{EI} \qquad (19\text{-}20)$$

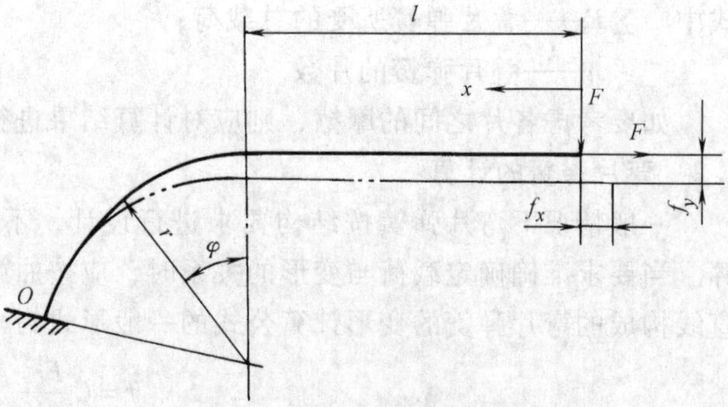

图19-17 任意角度圆弧和直线两部分构成的弯片弹簧

$$C_x = \frac{l}{r}\varphi - \frac{l}{r}\sin\varphi - \cos\varphi + \frac{1}{4}(\cos2\varphi+3) \qquad (19\text{-}21)$$

$$C_y = \frac{1}{3}\left(\frac{l}{r}\right)^3 + \left(\frac{l}{r}\right)^2\varphi + 2\frac{l}{r} - 2\frac{l}{r}\cos\varphi + \frac{\varphi}{2} - \frac{1}{4}\sin2\varphi \qquad (19\text{-}22)$$

当在自由端作用水平载荷 F 时，其水平变形 f_x 和垂直变形 f_y 的计算式为

$$f_x = C_x\frac{Fr^3}{EI} \qquad (19\text{-}23)$$

$$f_y = C_y \frac{Fr^3}{EI} \tag{19-24}$$

$$C_x = \frac{3}{2}\varphi - 2\sin\varphi + \frac{1}{4}\sin 2\varphi \tag{19-25}$$

$$C_y = \frac{l}{r}\varphi - \cos\varphi - \frac{l}{r}\sin\varphi + \frac{1}{4}\cos 2\varphi + \frac{3}{4} \tag{19-26}$$

此种弯片弹簧的最大应力点随载荷作用位置、方向，以及圆弧角 φ 的大小而变动。图 19-17 所示情况，其最大应力点在固定端。在求得弯矩 M 后，代入式（19-14）即可求得最大弯曲应力值。

常用弯片弹簧典型结构的变形、刚度和最大应力计算式见表 19-2。表中的结构系数 C 如图 19-18 ~ 图 19-22 所示。

表 19-2　弯片弹簧计算公式

结构和受力状态	变形 f/mm	刚度 F'/(N/mm)	最大应力 σ/MPa
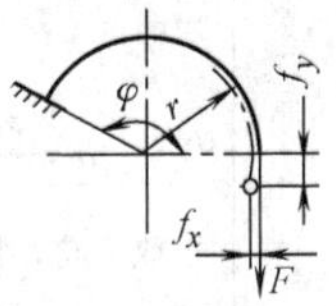	$f_x = C_1 \frac{Fr^3}{EI}$ $f_y = C_2 \frac{Fr^3}{EI}$	$F'_x = \frac{1}{C_1}\frac{EI}{r^3}$ $F'_y = \frac{1}{C_2}\frac{EI}{r^3}$	$\sigma = \frac{Fr(1-\cos\varphi)}{Z_m}$
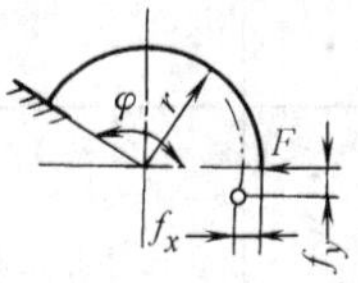	$f_x = C_3 \frac{Fr^3}{EI}$ $f_y = C_2 \frac{Fr^3}{EI}$	$F'_x = \frac{1}{C_3}\frac{EI}{r^3}$ $F'_y = \frac{1}{C_2}\frac{EI}{r^3}$	$\sigma = \frac{Fr\sin\varphi}{Z_m}$ $\varphi \geqslant 90°$时取 $\varphi = 90°$
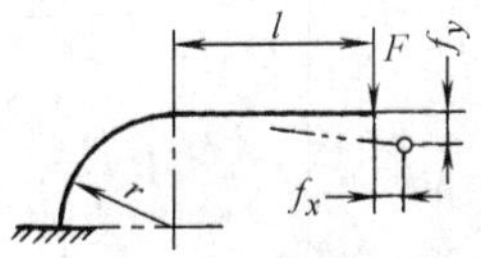	$f_x = C_5 \frac{Fr^3}{EI}$ $f_y = C_4 \frac{Fr^3}{EI}$	$F'_x = \frac{1}{C_5}\frac{EI}{r^3}$ $F'_y = \frac{1}{C_4}\frac{EI}{r^3}$	$\sigma = \frac{F(l+r)}{Z_m}$
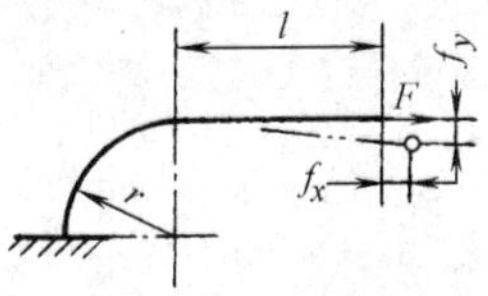	$f_x = 0.36 \frac{Fr^3}{EI}$ $f_y = C_4 \frac{Fr^3}{EI}$	$F'_x = \frac{1}{0.36}\frac{EI}{r^3}$ $F'_y = \frac{1}{C_4}\frac{EI}{r^3}$	$\sigma = \frac{Fr}{Z_m}$
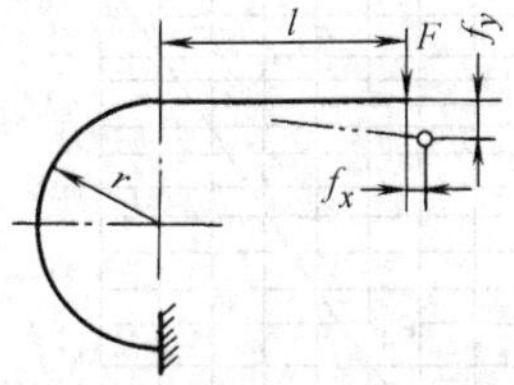	$f_x = C_6 \frac{Fr^3}{EI}$ $f_y = C_7 \frac{Fr^3}{EI}$	$F'_x = \frac{1}{C_6}\frac{EI}{r^3}$ $F'_y = \frac{1}{C_7}\frac{EI}{r^3}$	$\sigma = \frac{F(l+r)}{Z_m}$
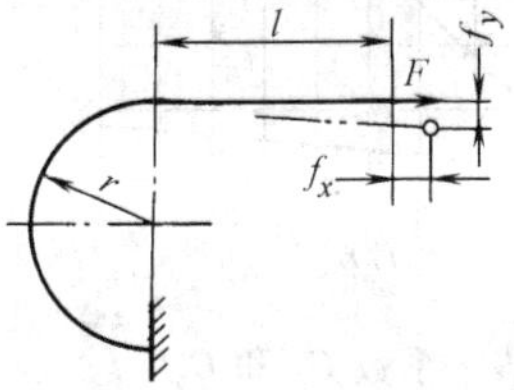	$f_x = 4.71 \frac{Fr^3}{EI}$ $f_y = C_6 \frac{Fr^3}{EI}$	$F'_x = \frac{1}{4.71}\frac{EI}{r^3}$ $F'_y = \frac{1}{C_6}\frac{EI}{r^3}$	$\sigma = \frac{2Fr}{Z_m}$

（续）

结构和受力状态	变形 f/mm	刚度 F'/(N/mm)	最大应力 σ/MPa
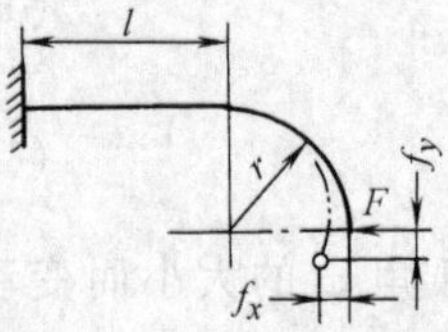	$f_x=C_8\dfrac{Fr^3}{EI}$ $f_y=C_9\dfrac{Fr^3}{EI}$	$F'_x=\dfrac{1}{C_8}\dfrac{EI}{r^3}$ $F'_y=\dfrac{1}{C_9}\dfrac{EI}{r^3}$	$\sigma=\dfrac{Fr}{Z_m}$
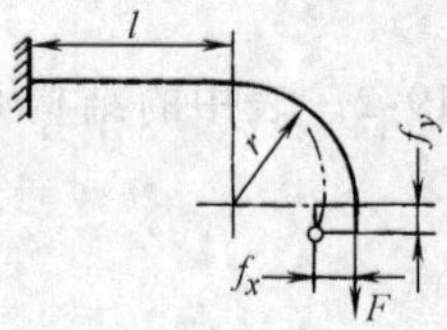	$f_x=C_9\dfrac{Fr^3}{EI}$ $f_y=C_{10}\dfrac{Fr^3}{EI}$	$F'_x=\dfrac{1}{C_9}\dfrac{EI}{r^3}$ $F'_y=\dfrac{1}{C_{10}}\dfrac{EI}{r^3}$	$\sigma=\dfrac{F(l+r)}{Z_m}$
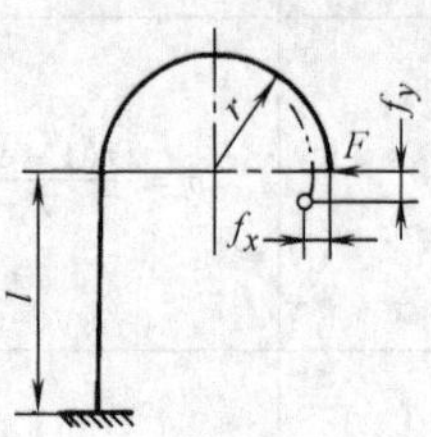	$f_x=C_{11}\dfrac{Fr^3}{EI}$ $f_y=C_{12}\dfrac{Fr^3}{EI}$	$F'_x=\dfrac{1}{C_{11}}\dfrac{EI}{r^3}$ $F'_y=\dfrac{1}{C}\dfrac{EI}{r^3}$	$\sigma=\dfrac{Fr(l)}{Z_m}$ 取 r 或 l 中的大者
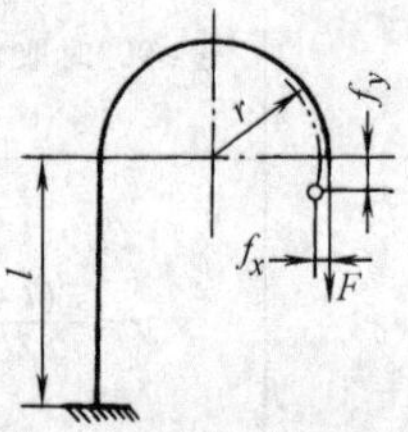	$f_x=C_{12}\dfrac{Fr^3}{EI}$ $f_y=C_{13}\dfrac{Fr^3}{EI}$	$F'_x=\dfrac{1}{C_{12}}\dfrac{EI}{r^3}$ $F'_y=\dfrac{1}{C_{13}}\dfrac{EI}{r^3}$	$\sigma=\dfrac{Fr}{Z_m}$

注：I——片弹簧截面惯性矩，$I=bh^3/12$；

Z_m——片弹簧抗弯截面系数，$Z_m=bh^2/6$；

E——材料弹性模量；

$C_1\sim C_{13}$——系数，其值如图19-18～图19-22所示。

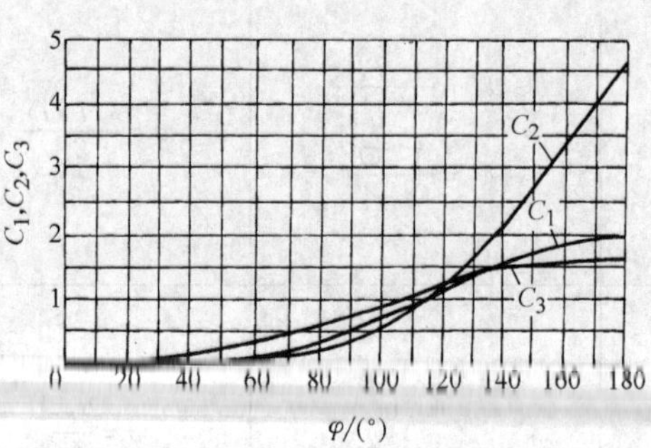

图19-18 系数 C_1、C_2 和 C_3

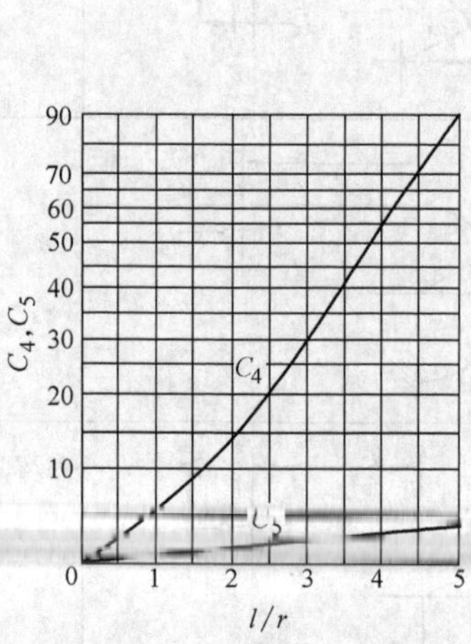

图19-19 系数 C_4 和 C_5

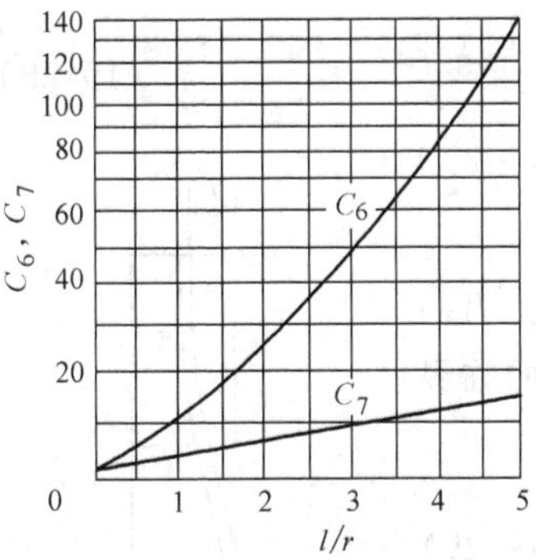

图 19-20 系数 C_6 和 C_7

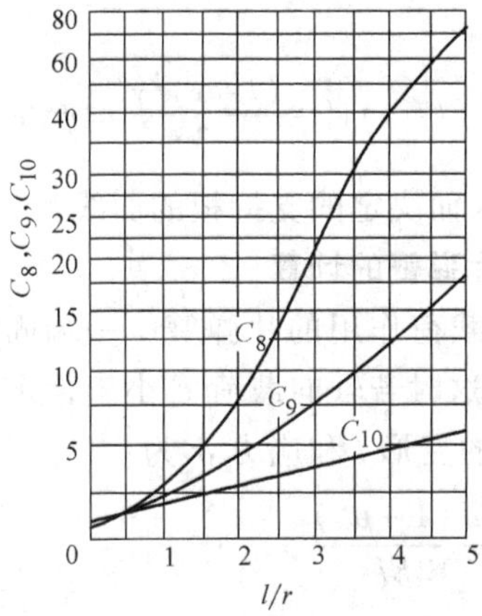

图 19-21 系数 C_8、C_9 和 C_{10}

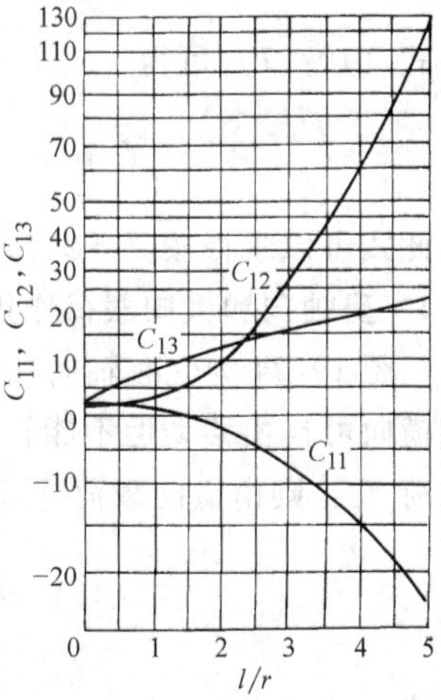

图 19-22 系数 C_{11}、C_{12}和 C_{13}

1.3 变刚度片弹簧的计算

图 19-23 为变刚度片弹簧在受载荷作用后，其固定端的支承接触位置依次改变，因而力臂是变化的。若支持板的曲线为 $y=f(x)$，载荷 F 作用在自由端时，接触位置离固定端的距离为 x，则自由端的变形为

$$f=y+(l-x)\frac{\mathrm{d}y}{\mathrm{d}x}+\frac{F(l-x)^3}{3EI}\approx y+(l-x)y'+\frac{1}{3}(l-x)^2y'' \tag{19-27}$$

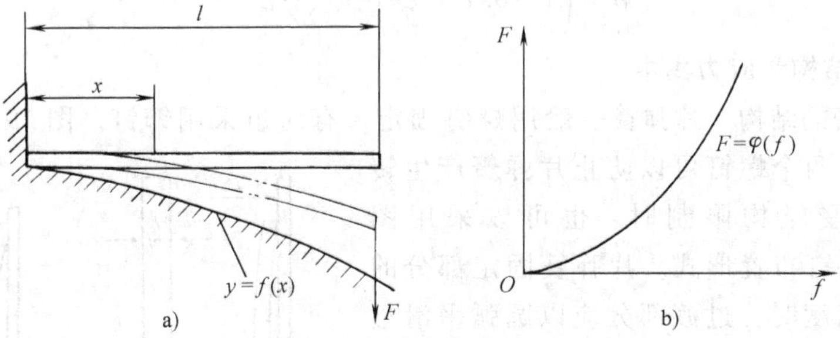

图 19-23 变刚度片弹簧

a）计算符号 b）特性曲线

若开始受载荷作用时片弹簧的刚度为

$$F'_0=\frac{3EI}{l^3(1-\mu^2)}$$

则在 x 点处接触时的弹簧刚度应为

$$F'_x=F'_0\frac{l^3}{(l-x)^3}$$

如果弹簧要求的载荷与变形的函数关系为 $F=\varphi(f)$（图 19-23b），则其刚度 $F'_x=\dfrac{\mathrm{d}F}{\mathrm{d}f}=\varphi'(f)$，因而

$$f=\psi(F'_x)$$

由式（19-27）可得

$$y+(l-x)y'+\frac{(l-x)^2y''}{3}=\psi(F'_x) \tag{19-28}$$

由此式可以求得按 $F=\varphi(f)$ 要求而决定的支持板的曲线为 $y=f(x)$。

1.4 受轴向和横向载荷作用的片弹簧的计算

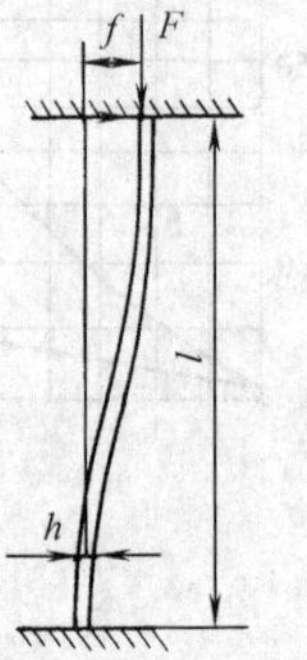

图 19-24 受轴向载荷 F 和横向载荷 F_r 同时作用的片弹簧

图 19-24 为受有轴向和横向载荷作用的片弹簧，一端固定，另一端横向可自由移动但不能转动。这时若轴向载荷 F 小于稳定性的临界载荷 F_c，则由横向载荷 F_r 产生的变形 f 和应力 σ 为

$$f=\frac{F_rl^3(1-\mu^2)}{12EI} \tag{19-29}$$

$$\sigma=\frac{F_rl(1-\mu^2)}{2Z_m} \tag{19-30}$$

$$F_c=\frac{EI\pi^2}{l} \tag{19-31}$$

如载荷 $F>F_c$，在图 19-24 所示杆端固定的情况下，则其变形 f 和应力 σ 为

$$f=\left(\frac{1}{1-F/F_c}\right)\frac{F_rl^3(1-\mu^2)}{12EI} \tag{19-32}$$

$$\sigma=\left(1-0.178\frac{F}{F_c}\right)\frac{F_rl(1-\mu^2)}{2Z_m} \tag{19-33}$$

1.5 片弹簧的结构和应力集中

（1）片弹簧的结构　片弹簧一般用螺钉固定，有时也采用铆钉，图 19-25 为最常见的固定方法，采用两个螺钉可以防止片弹簧产生转动。如果长度受结构限制时，也可以采用图 19-25b所示的螺钉布置形式。片弹簧固定部分的宽度大于板片宽度时，过渡部分应以圆弧平滑过渡，以减小应力集中。

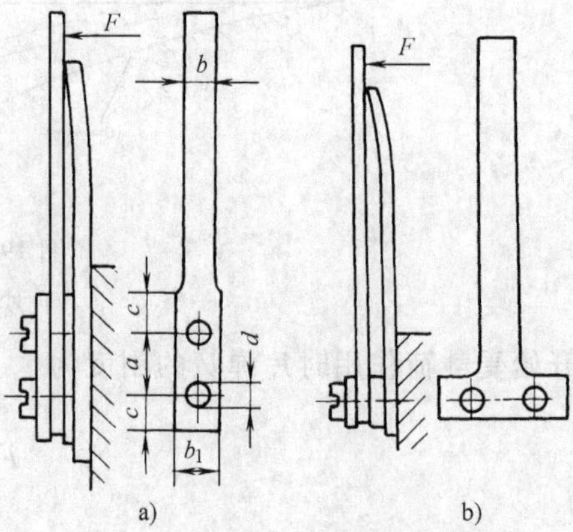

图 19-25 片弹簧结构

a）轴向布置螺钉　b）横向布置螺钉

$a=(1.1\sim1.2)b_1$　$b_1=1.2b$

$c=(0.60\sim0.64)b_1$　$d=(0.72\sim0.77)b_1$

（2）片弹簧的应力集中　前面所述片弹簧计算中的应力均为名义应力，实际上由于片弹簧结构形状具有圆弧、圆孔和截面的变形，因而在这些地方都有应力集中。在静载荷作用下，或作用载荷变化次数较少时，可以不予考虑，而在变载荷作用下，应力集中对疲劳强度的影响很大，因此必须考虑应力集中系数 K_σ，所以实际最大应力应为

$$\sigma_{max}=K_\sigma\sigma \tag{19-34}$$

式中　σ——名义应力。

图 19-26 为片弹簧弯曲部分的应力集中系数 K_σ，按厚度 h 和圆弧直径 $2R$ 的比值查取。

图 19-27 为具有圆孔的片弹簧的应力集中系数，由圆孔直径 d 和宽度 b 的比值查取。

图 19-28 为板片呈阶梯变化处的应力集中系数，由过渡处圆角半径 r 和较小宽度 b 的比值查取。

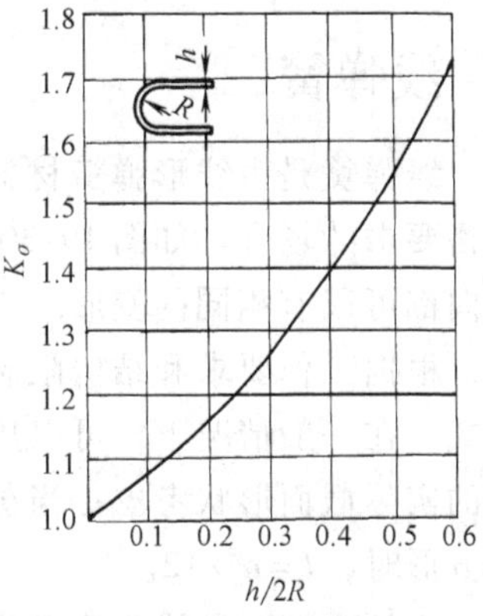

图 19-26　片弹簧弯曲部分应力集中系数

1.6　片弹簧的材料和许用应力

片弹簧材料大多采用碳钢，只在要求强度较高时才用合金钢。碳钢常用牌号为 50、75、85、T7、T10 等。要求防腐蚀、耐热或具有良好的导电性能时，采用不锈钢、耐热钢或铜合金等材料。片弹簧一般采用轧制并经热处理的材料，见表 21-2 和表 2-91。

片弹簧的许用应力与加工过程中的冲压缺陷和弯曲时的曲率半径等因素有关。钢制片弹簧的许用应力可根据片的厚度参照表 19-3 查取。对碳的质量分数为 0.65% ~0.85% 的碳钢，硬度为 45 ~48HRC 时，其在变载荷作用下的极限应力，可参照图 19-29 查取。

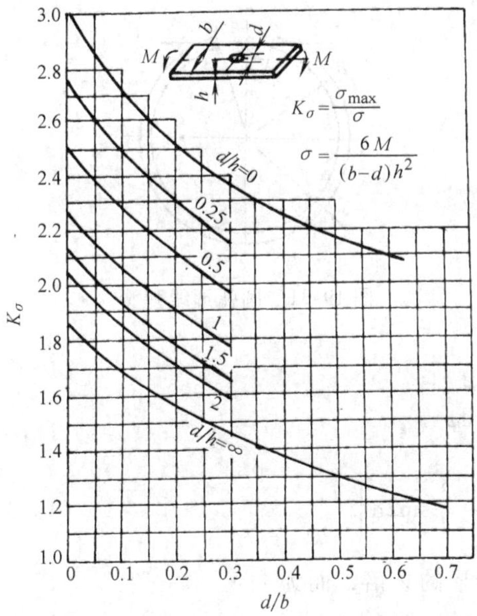

图 19-27　片弹簧上圆孔应力集中系数

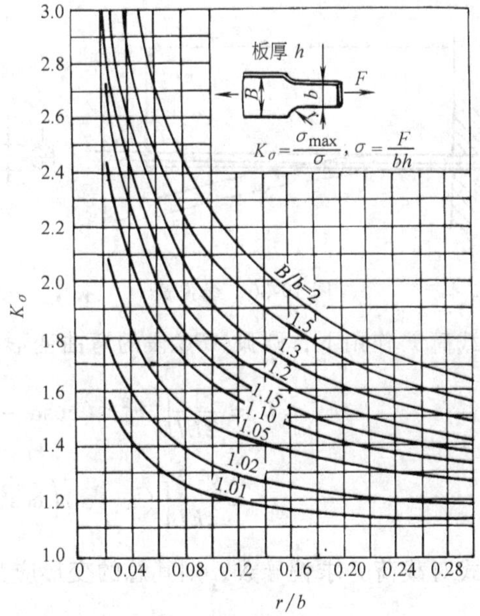

图 19-28　片弹簧阶梯变化处的应力集中系数

表 19-3　片弹簧的许用应力

（单位：MPa）

片厚 h/mm	0.12	0.25	0.50	0.70	1.0	1.5	2.3
静载荷许用应力[σ]	1350	1250	1130	1050	1000	870	830
变载荷许用应力[σ]	1050	1000	920	870	830	700	680

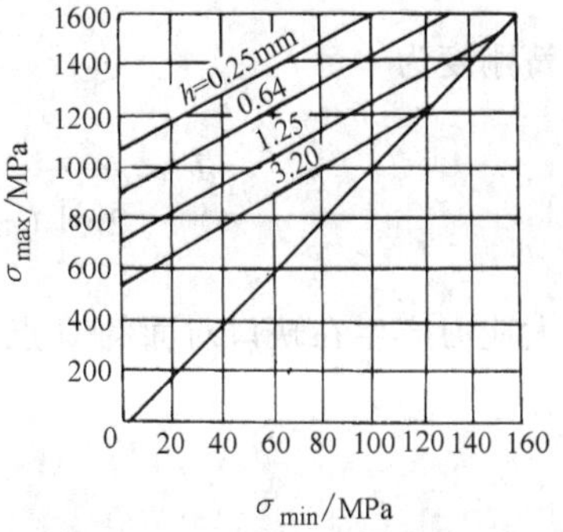

图 19-29　片弹簧极限应力

2 线弹簧

线弹簧是由线形弹簧材料按一定形状制造的弹簧。一般用于载荷较小，对弹簧特性没有严格要求的场合。如图 19-30 所示，其断面多为圆形，因此载荷作用没有方向限制，在各个方向都可以有相同的变形。

根据工作要求和结构限制的不同，线弹簧的形状有许多种类，因此不可能有同样的计算公式。在一般情况下，可以用片弹簧的计算方法，只需将相应公式中的截面惯性矩 I 按线弹簧的实际截面形状考虑：当截面是一直径为 d 的圆形时，$I=\pi d^4/64$；截面是一边长为 a 的正方形时，$I=a^4/12$。

下面介绍三种线弹簧典型结构的计算方法。

2.1 圆弧形线弹簧的计算

图 19-31 为圆弧形线弹簧。钢丝挡圈和弹簧圈即为这类线弹簧。若作用载荷为 F 时，任意一点 B 所受弯曲力矩为 M，则

$$M = Fr(\cos\alpha - \cos\varphi)$$

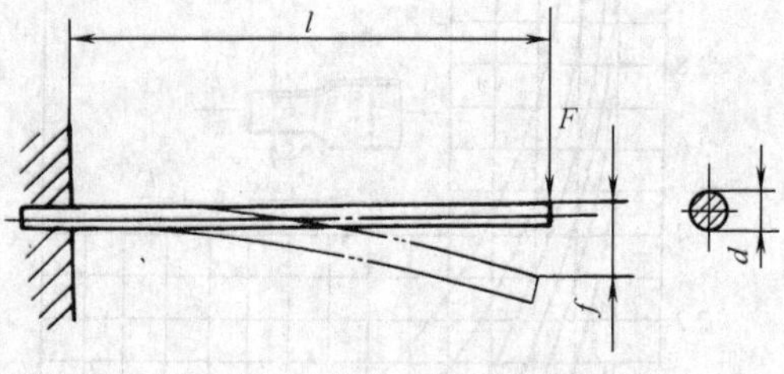

图 19-30 线弹簧

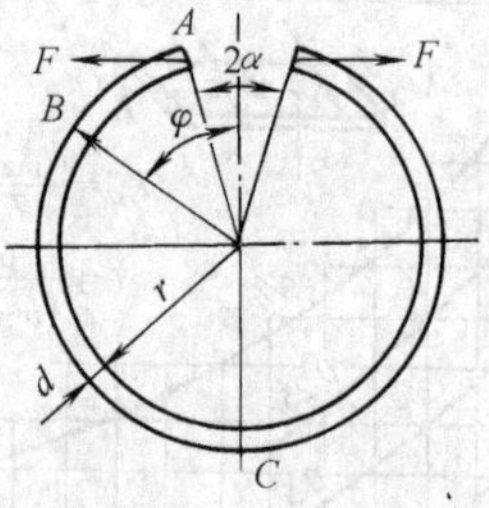

图 19-31 圆弧形线弹簧

在载荷 F 作用下，圆弧 ABC 段的弯曲变形能为

$$U = \frac{1}{2EI}\int_{\alpha}^{\pi} F^2 r^2 (\cos\alpha - \cos\varphi)^2 r\mathrm{d}\varphi$$

$$= \frac{F^2 r^3}{2EI}\left[(\pi-\alpha)\left(\cos^2\alpha + \frac{1}{2}\right) + \frac{3}{4}\sin 2\alpha\right] \tag{19-35}$$

上式对载荷 F 求偏导数，则其总的变形应为 A 点变形的 2 倍，而为

$$f = 2\frac{\partial U}{\partial F} = \frac{2Fr^3}{EI}\left[(\pi-\alpha)\left(\cos^2\alpha + \frac{1}{2}\right) + \frac{3}{4}\sin 2\alpha\right]$$

弹簧刚度为

$$F' = \frac{EI}{2r^3\left[(\pi-\alpha)\left(\cos^2\alpha + \frac{1}{2}\right) + \frac{3}{4}\sin 2\alpha\right]} \tag{19-36}$$

最大应力产生在缺口对面的 C 点为

$$\sigma = \frac{Fr(\cos\alpha + 1)}{Z_m} \tag{19-37}$$

式中 I——线弹簧的惯性矩，直径为 d 的圆截面 $I=\pi d^4/64$，边长为 a 的方截面 $I=a^4/12$；

Z_m——线弹簧的抗弯截面系数，直径为 d 的圆截面 $Z_m=\pi d^3/32$，边长为 a 的方截面 $Z_m=a^3/6$；

E——材料弹性模量。

2.2 圆弧和直线构成的线弹簧的计算

图 19-32 为由圆弧和直线构成的线弹簧，作用载荷 F 时，BC 直线段任意截面所受的弯曲力矩为

$$M_1=Fx\cos\alpha$$

AB 圆弧段的弯曲力矩为

$$M_2=F(l+r\sin\varphi)\cos\alpha$$

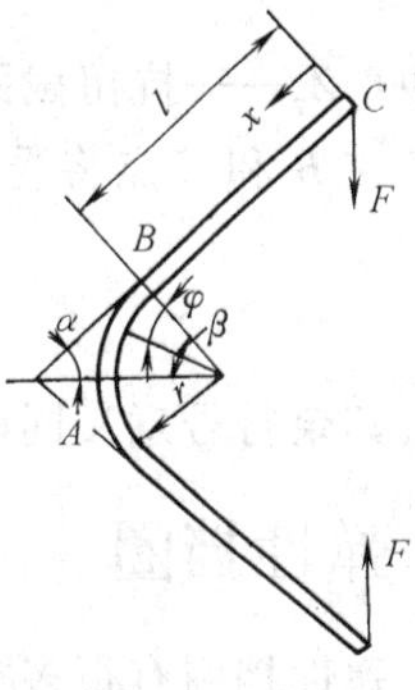

图 19-32 圆弧和直线构成的线弹簧

在 ABC 段的弯曲变形能为

$$U=\frac{1}{2EI}\int_0^l F^2x^2\cos^2\alpha\mathrm{d}x+\frac{1}{2EI}\int_0^\beta F^2(l+r\sin\varphi)^2\cos^2\alpha r\mathrm{d}\varphi$$

$$=\frac{F^2l^3\cos^2\alpha}{6EI}+\frac{F^2r\cos^2\alpha}{2EI}\left[l^2\beta+2lr(1-\cos\beta)+\frac{r^2}{2}\left(\beta-\frac{\sin2\beta}{2}\right)\right]$$

对 U 求载荷 F 的偏导数得 C 点的变形为

$$f_c=\frac{\partial U}{\partial F}=\frac{Fl^3\cos^2\alpha}{3EI}+\frac{Fr\cos^2\alpha}{EI}\left[l^2\beta+2lr(1-\cos\beta)+\frac{r^2}{2}\left(\beta-\frac{\sin2\beta}{2}\right)\right]\quad(19\text{-}38)$$

弹簧两端的总变形 f 应为上式的 2 倍，其值为

$$f=\frac{2Fl^3\cos^2\alpha}{3EI}+\frac{2Fr\cos^2\alpha}{EI}\left[l^2\beta+2lr(1-\cos\beta)+\frac{r^2}{2}\left(\beta-\frac{\sin2\beta}{2}\right)\right]\quad(19\text{-}39)$$

弹簧刚度为

$$F'=\frac{F}{f_c}=\frac{3EI}{2\cos^2\alpha\left[l^3+3r\left(l^2\beta+2lr-2lr\cos\beta+\frac{r^2\beta}{2}-\frac{r^2\sin2\beta}{4}\right)\right]}\quad(19\text{-}40)$$

最大应力产生在 A 点为

$$\sigma=\frac{F(l+r\sin\beta)\cos\alpha}{Z_m}\quad(19\text{-}41)$$

符号意义同前。

2.3 Z 形线弹簧

图 19-33 示为 Z 形弹簧，如在 A 和 D 两端作用有和弹簧平面垂直的载荷 F，则在 AB 和 CD 段将承受弯矩作用，BC 段将受到扭矩的作用。此结构是以 BC 为轴线的扭转结构。A 和 D 两端的相对位移为 $2f$，则

$$f=\frac{32Fr^2}{\pi d^4}\left(\frac{2r}{3E}+\frac{l}{G}\right)\quad(19\text{-}42)$$

AB 和 CD 段最大弯曲应力：

$$\sigma=\frac{Fr}{Z_m}\quad(19\text{-}43)$$

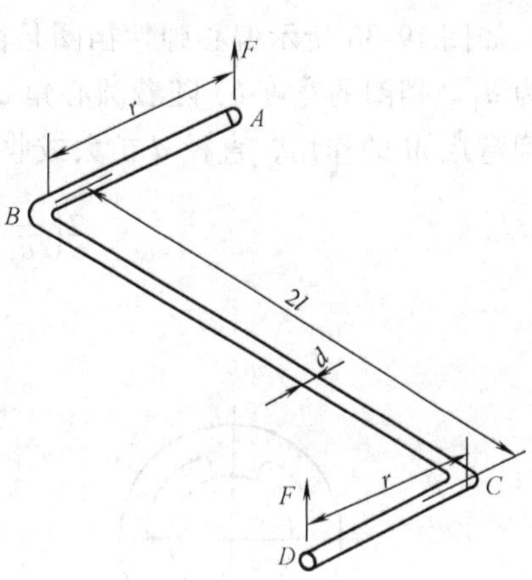

图 19-33 Z 形弹簧

BC 段的扭转应力：

$$\tau = \frac{Fr}{Z_t} \tag{19-44}$$

式中 Z_t——抗扭截面模量。

在 B 和 C 点将受到弯曲和扭转应力的复合作用，按强度理论其值为

$$\tau_{\max} = \sqrt{\left(\frac{\sigma}{2}\right)^2 + \tau^2} \tag{19-45}$$

其余符号意义同前。

3 弹性挡圈

弹性挡圈有很多类型，图19-34为最简单的钢丝挡圈（GB/T 895）。图19-35为同心弹性挡圈，由于装配后不易拆卸，常用于不需拆卸的场合。图19-36为偏心弹性挡圈（GB/T 893和GB/T 894），这是最常用的轴向止挡零件，两端有小孔，可用钢丝夹钳装拆，但需由轴向装入。分孔用和轴用两种，用65Mn带钢制成，热处理后硬度应达44～53HRC，其名义直径为轴的外径或孔的内径，一般可用于承受中等轴向载荷。图19-37为E形弹性挡圈，有120°的缺口，可以由轴的半径方向插入，用在轴端止挡位置要求严格的场合，防止零件产生轴向移动，装拆均很方便。

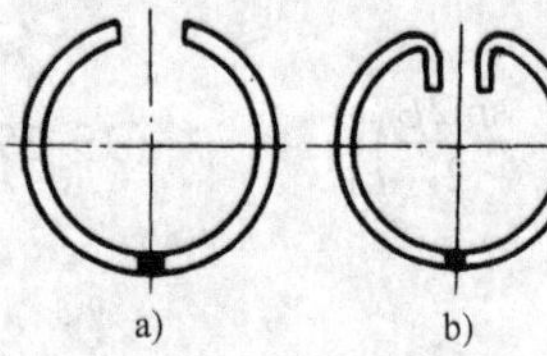

图19-34 钢丝挡圈

a）轴用 b）孔用

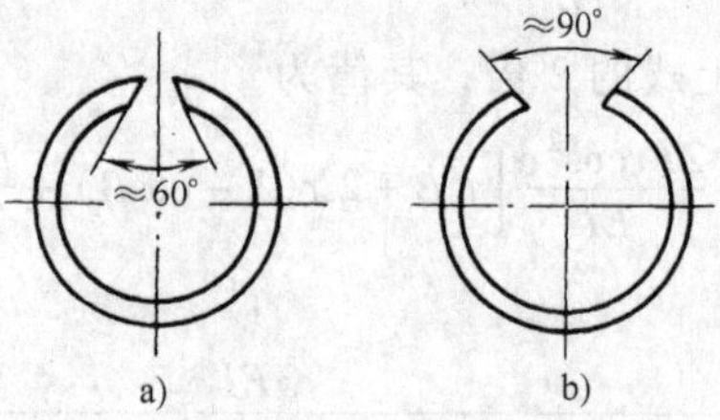

图19-35 同心弹性挡圈

a）轴用 b）孔用

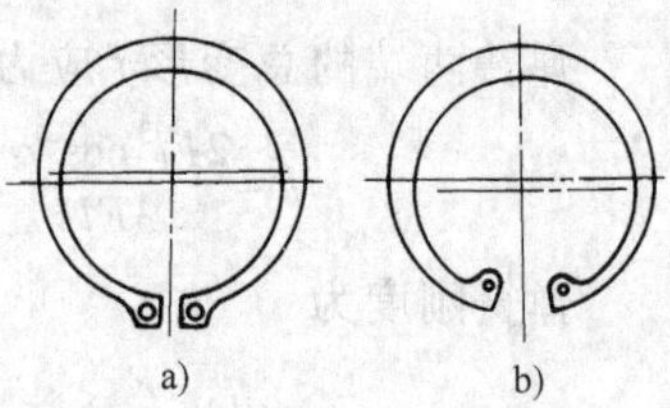

图19-36 偏心弹性挡圈

a）轴用 b）孔用

有关钢丝挡圈和同心弹性挡圈的变形和应力计算可参照圆弧形线弹簧的分析和计算方法进行。下面仅介绍常用偏心弹性挡圈有关参数的计算方法。

如图19-38所示偏心弹性挡圈是由偏心为 δ 的两个不同圆构成。外圆直径为 d_2，内圆直径为 d_1。挡圈的宽度 b_φ 随着圆心角 φ 的大小而变化。安装时在缺口作用切向载荷 F，挡圈受到弯矩 M 的作用，直径 d 扩大或收缩至 D，由材料力学可知：

$$2\left(\frac{1}{d} - \frac{1}{D}\right) = \pm \frac{M}{EI} = \pm \frac{2}{Eb}\frac{M}{Z_m}$$

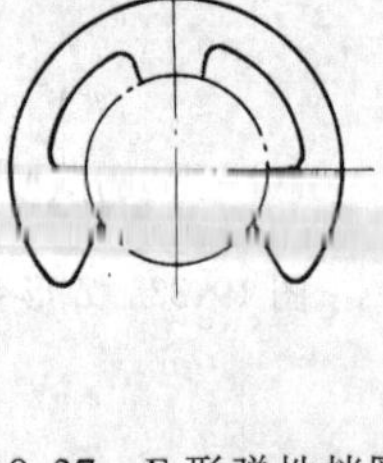

图19-37 E形弹性挡圈

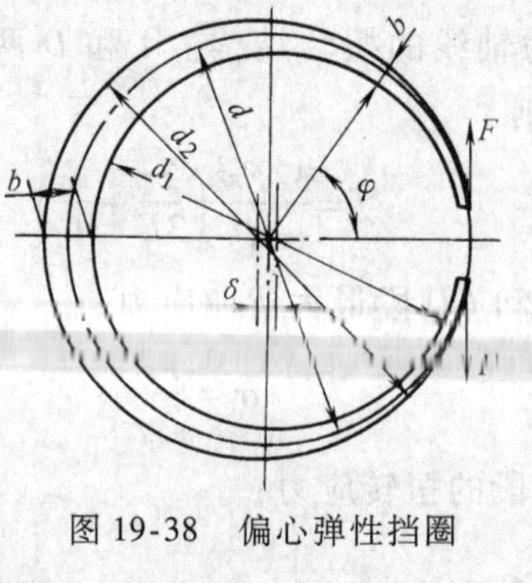

图19-38 偏心弹性挡圈

从而得最大应力

$$\sigma = \pm\left(\frac{D-d}{D}\right)\frac{Eb}{d} \tag{19-46}$$

任意圆心角 φ 处的应力

$$\sigma_{\varphi} = K_{\varphi}\sigma \tag{19-47}$$

$$K_{\varphi} = \frac{1-\cos\varphi}{2\left[1-\left(\frac{\delta}{b}\right)(1+\cos\varphi)\right]^2} \tag{19-48}$$

式中　K_{φ}——应力系数。

当 $\delta/b=0.26\sim0.30$ 和 $\varphi=180°\sim90°$时，$K_{\varphi}\approx1$，也即 $\sigma_{\varphi}\approx\sigma$，表明挡圈各处的强度近似相等。这样就能使挡圈在变形后仍能保持圆形。由此得外径 d_2 和内径 d_1 的关系为

$$d_2 = d_1 + (1.4\sim1.48)b \tag{19-49}$$

任意圆心角 φ 处的宽度：

$$b_{\varphi} = \sqrt[3]{\frac{r(1-\cos\varphi)}{d}}\,b \tag{19-50}$$

弹性挡圈能承受的轴向力：

$$F = \pi dh[\tau_b] \tag{19-51}$$

式中　$[\tau_b]$——许用切应力，一般取 250MPa。

弹性挡圈能承受的轴向力要大于轴端允许承受的轴向力，因此设计时要注意轴端的强度。

【例 19-1】　设计直线和半圆弧构成的蛇形弹簧。要求结构尺寸 $l=10$mm，$r=5$mm。当其两端受到拉伸变载荷 $F=2.5$N 作用后的变形 $f=4.5$mm。

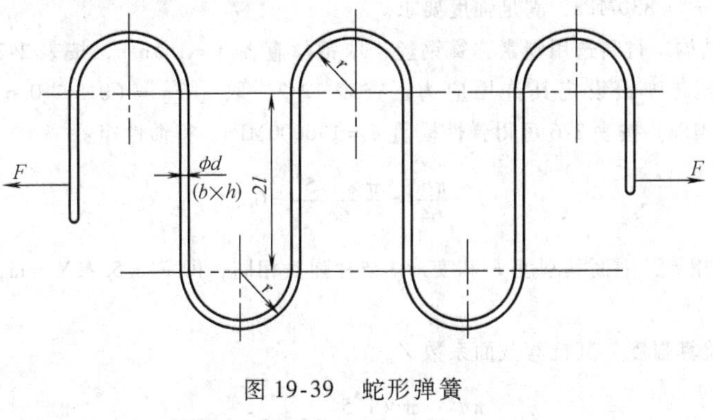

图 19-39　蛇形弹簧

解　此弹簧的刚度按式（19-40）计算：

$$F' = \frac{F}{f} = \frac{3EI}{2\cos^2\alpha\left[l^3+3r\left(l^2\beta+2lr-2lr\cos\beta+\frac{r^2\beta}{2}-\frac{r^2\sin2\beta}{4}\right)\right]}$$

按图 19-39 所示蛇形弹簧为 $n=5$ 个同样直线和半圆弧构成，其角 $\alpha=0$，角 $\beta=90°$，则上式简化为

$$F' = \frac{EI}{2n\left[\frac{l^3}{3} + r\left(\frac{l^2\pi}{2} + 2lr + \frac{r^2\pi}{4}\right)\right]} \tag{19-52}$$

应力计算式（19-41）：

$$\sigma = \frac{F(l + r\sin\beta)\cos\alpha}{Z_m}$$

简化为

$$\sigma = \frac{F(l+r)}{Z_m} \tag{19-53}$$

按片弹簧和线弹簧两种结构设计。

1）采用片弹簧结构。材料选用Ⅱ级热处理钢带，取 $b \times h = 3 \times 1\text{mm}^2$。由表 19-3 查得变载荷作用下的许用应力 $[\sigma] = 830\text{MPa}$。按表 2-6 查得弹性模量 $E = 196000\text{MPa}$。其惯性矩：

$$I = \frac{bh^3}{12} = \frac{3 \times 1^3}{12}\text{mm}^4 = 0.25\text{mm}^4$$

将相关数据代入式（19-52）得刚度：

$$F' = \frac{196000 \times 0.25}{2 \times 5\left[\frac{10^3}{3} + 5\left(\frac{10^2\pi}{2} + 2 \times 10 \times 5 + \frac{5^2\pi}{4}\right)\right]}\text{N/mm} = 2.85\text{N/mm}$$

作用拉伸载荷 $F = 25\text{N}$ 的变形为

$$f = \frac{F}{F'} = \frac{25}{2.85}\text{mm} = 8.76\text{mm}$$

与要求值 $f = 4.5\text{mm}$ 接近。

按式（19-53）验算强度。其抗弯截面系数 Z_m 为：

$$Z_m = \frac{bh^2}{6} = \frac{3 \times 1^2}{6}\text{mm}^3 = 0.5\text{mm}^3$$

其弯曲应力：

$$\sigma = \frac{F(l+r)}{Z_m} = \frac{25(10+5)}{0.5}\text{MPa} = 750\text{MPa}$$

此值小于许用应力 $[\sigma] = 830\text{MPa}$，满足强度要求。

2）采用线弹簧结构。材料选用碳素弹簧钢丝，取钢丝直径 $d = 1.5\text{mm}$，按表 2-28SM 型查取抗拉强度 $\sigma_b = 1850\text{MPa}$。参照扭转弹簧设定其许用应力，查表 12-2，取 $[\sigma] = (0.5 \sim 0.6)\sigma_b = (0.5 \sim 0.6) \times 1850\text{MPa} = 925 \sim 1110\text{MPa}$。按表 2-6 可得弹性模量 $E = 196000\text{MPa}$。得惯性矩：

$$I = \frac{\pi d^4}{64} = \frac{\pi \times 1.5^4}{64} = 0.25$$

此值与片弹簧惯性矩相等，因而其刚度 F' 和变形 f 与片弹簧相同，即 $F' = 5.71\text{N/mm}$，$f = 4.38\text{mm}$，与要求值接近。

按式（19-53）验算强度。其抗弯截面系数 Z_m 为

$$Z_m = \frac{\pi d^3}{16} = \frac{\pi \times 1.5^3}{16}\text{mm}^3 = 0.66\text{mm}^3$$

在载荷 $F = 25\text{N}$ 作用下的弯曲应力：

$$\sigma = \frac{F(l+r)}{Z_m} = \frac{25(10+5)}{0.66}\text{MPa} = 568\text{MPa}$$

此值小于许用应力 $[\sigma] = 925 \sim 1110\text{MPa}$，满足强度要求。

第20章　板　弹　簧⊖

1　板弹簧的类型和用途

板弹簧主要用于汽车、拖拉机以及铁道车辆等的弹性悬架装置，起缓冲和减振的作用，一般用钢板组成。按照形状和传递载荷方式的不同，板弹簧可分为椭圆形、弓形、伸臂弓形、悬臂形和直线形等几种，如图20-1所示。在弓形板弹簧中，根据悬架装置的需要，可以做成对称型和非对称型两种结构，弓形板弹簧在汽车中用得最广，椭圆形板弹簧主要用于铁道车辆。

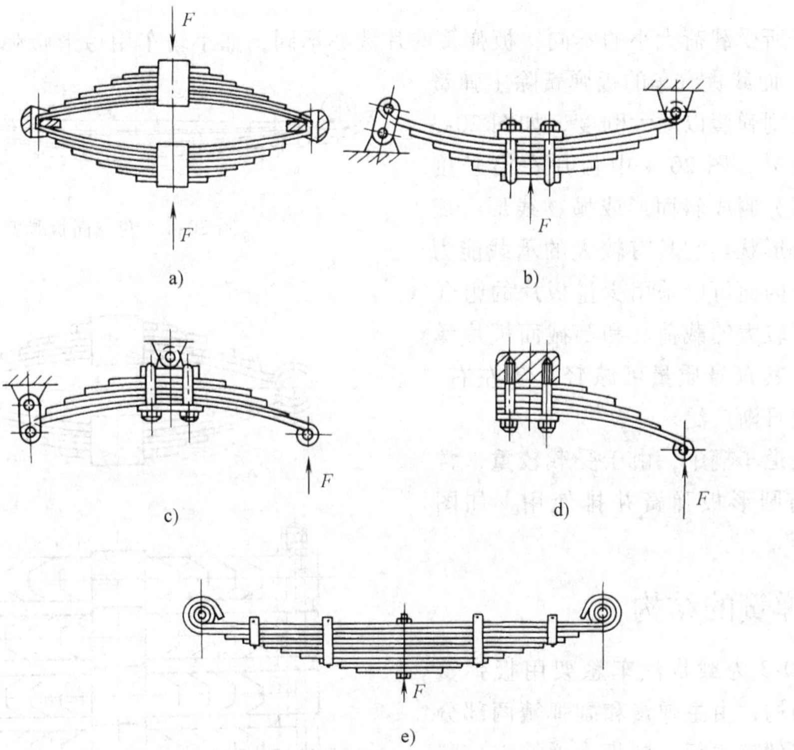

图20-1　板弹簧的类型

a）椭圆形板弹簧　b）弓形板弹簧　c）伸臂弓形板弹簧　d）悬臂形板弹簧　e）直线形板弹簧

在汽车中，有时采用刚度随变形增大而增大的变刚度弹簧，它能使汽车在空载和重载下得到同样的减振效果和行驶平顺性。这类板弹簧刚度的变化是通过两种方式实现的：一是某些钢板变形到一定程度时，预留间隙消失，如图20-2a所示；二是变形后，弹簧端接触面的位移使弹簧的长度减小，如图20-2b所示。

⊖　参照王效卿、牟正明、王军、汤银霞、王少菊和许金兵等高级工程师为ISO/TC227起草的《钢板弹簧设计方法、技术要求、试验方法》提案进行修订。

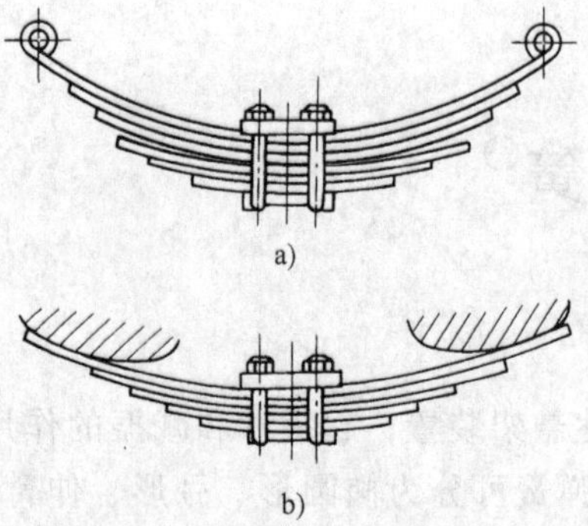

图 20-2 变刚度板弹簧

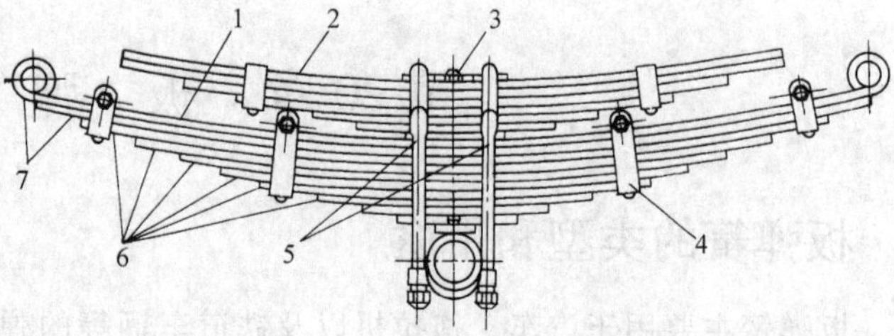

图 20-3 载货汽车悬架用板弹簧

1—主弹簧 2—副弹簧 3—中心螺栓 4—弹簧卡 5—骑马螺栓 6—副板 7—主板

由于所受载荷大小的不同，板弹簧的片数亦不同，如小轿车用弓形板弹簧的片数可少至1~3片；而载货汽车的板弹簧除主弹簧外还增设副弹簧以增大刚度，如图20-3所示。另外，图20-4中板片在沿长度方向上部分制成斜面形或抛物线形，成为变截面形状。它具有较大的承载能力和刚度，因而可以采用少量板片的组合便能承受较大的载荷。和等截面板片弹簧相比，其自身质量可减轻1/3左右。它的应用日渐广泛。

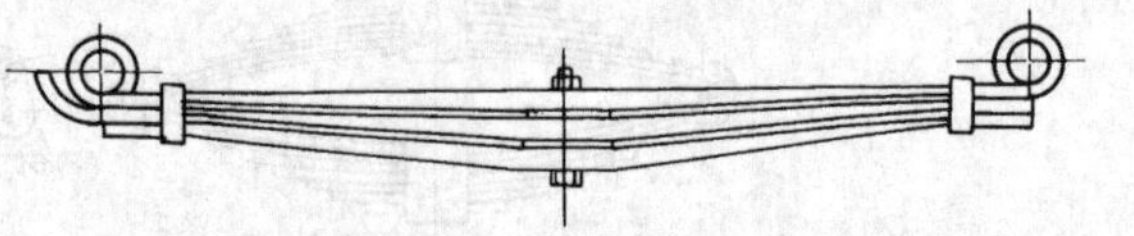

图 20-4 变截面板弹簧

在铁道车辆中，由于受载较重，常将几组椭圆形板弹簧并排使用，如图20-5所示。

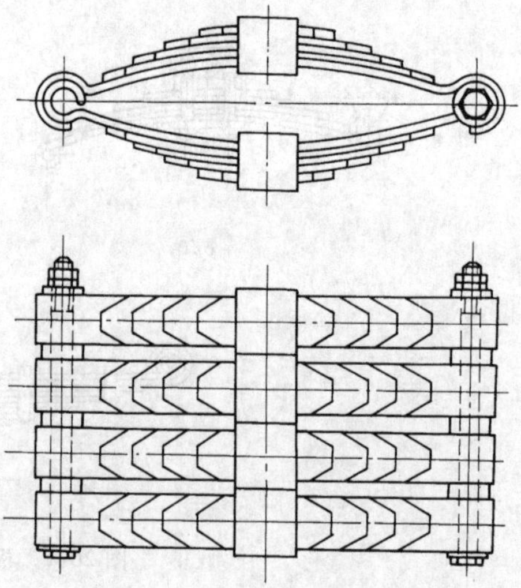

图 20-5 铁道车辆用组合板弹簧

2 板弹簧的结构

图20-3为载货汽车悬架用板弹簧的一般结构，由主弹簧和副弹簧两部分组成，零件有主板、副板、弹簧卡、骑马螺栓等。

2.1 弹簧钢板的截面形状

常用弹簧钢板的截面形状如图20-6所示。在汽车和铁道车辆中以矩形截面（图20-6a）和双凹弧截面（图20-6b）应用最广；为了防止板片侧向滑移，有时采用带凸肋的钢板（图20-6c）；另外，为了延长使用寿命，减少钢板消耗，也可以用带梯形槽的钢板（节约约10%），槽可制成单槽或双槽（图20-6d）。

2.2 主板端部结构

主板端部的结构形状较多，汽车用板弹簧的主板端部都做成卷耳与车体相连接，图20-

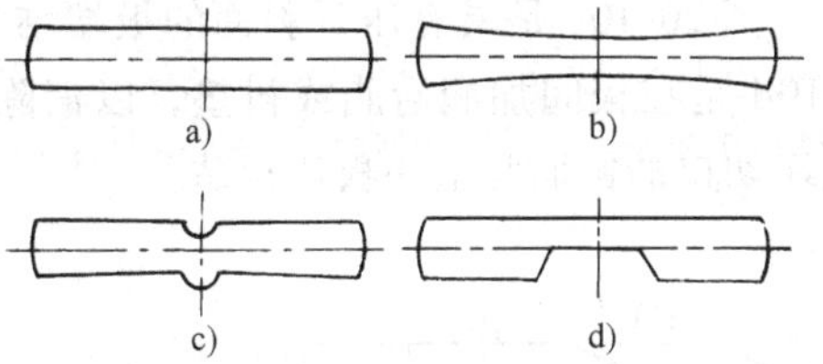

图 20-6　弹簧钢板的截面形状

a）矩形截面　b）双凹弧截面　c）带凸肋的截面　d）带梯形槽的截面

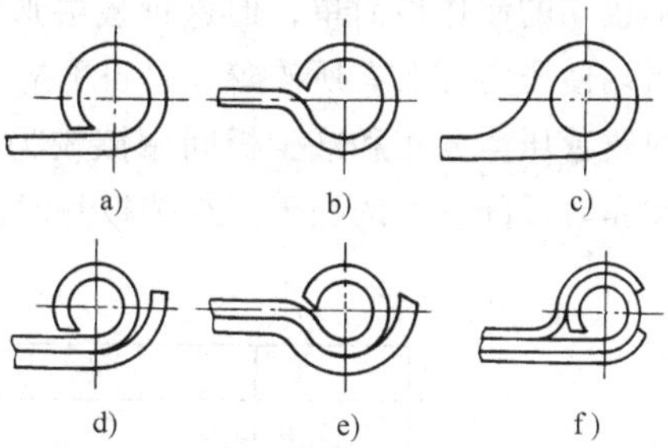

图 20-7　卷耳状主板端部结构

7a ~ 图 20-7c 是三种卷耳的基本形状。在重载荷下工作的板弹簧，为了提高卷耳强度，在卷耳上常并列有包耳，如图 20-7d ~ 图 20-7f 所示。包耳由第二主板弯成。

主板端部结构除卷耳状外，还有几种形式，如图 20-8 所示。图 20-8a 是最简单的支撑式板端结构，不能传递牵引力；图 20-8b 是在板端上固定一个带孔的钢枕以代替主板卷耳，可以传递较大的牵引力；图 20-8c、图 20-8d 是椭圆形板弹簧的板端结构。

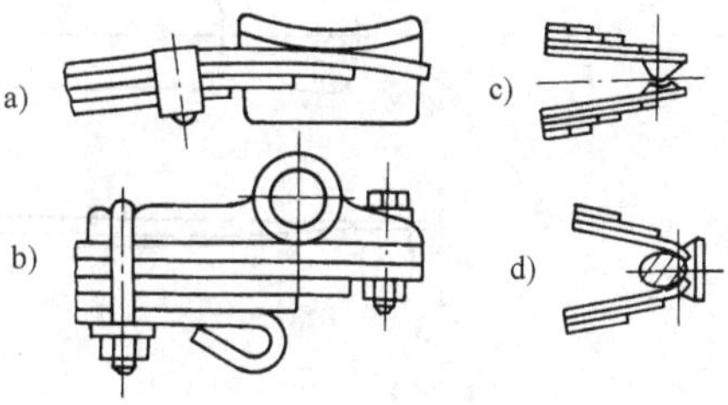

图 20-8　主板端部结构的其他形式

图 20-9 为卷耳用衬套结构。图 20-9a 为开有油沟的青铜衬套，用于一般客车；图 20-9b 为有青铜衬的衬套，衬套内也开有油沟，一般用于客车或小型货车；图 20-9c 和 d 为小型轿车中使用的橡胶轴瓦结构。

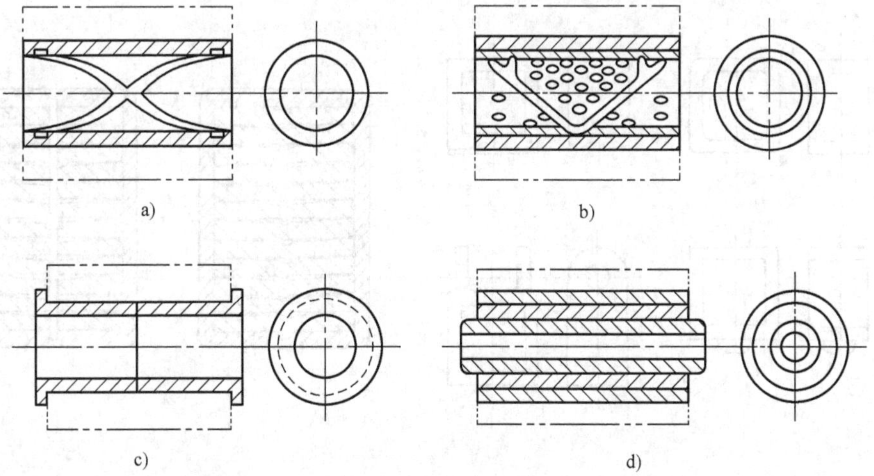

图 20-9　卷耳用衬套结构

a）青铜衬套　b）有青铜衬衬套　c）和 d）橡胶衬套

2.3　副板端部结构

长度小于板弹簧弦长的钢板称为副板，其端部结构如图 20-10 所示，其中以图 20-10a 直角形板端的制作最简单，但这种板端形状会引起板间压力集中，使磨损加快。图 20-10b 的梯形板端使压力分布有所改善，是目前应用较广的一种。图 20-10c 是具有压延斜面的板端结构，它对改善压力分布和减少板间摩擦较为有利。图 20-10d 是在板间加润滑脂或衬垫，以消除板簧动作时板间发生的噪声。组装板片时，应注意将板端切口的钝面与上一板片相贴。

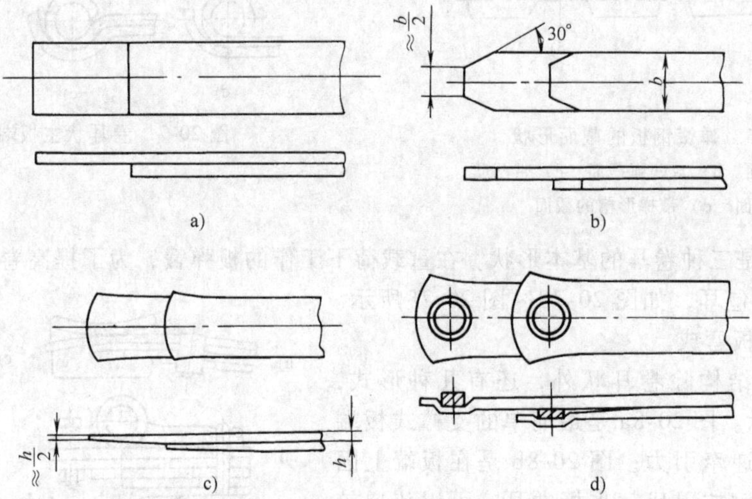

图 20-10　副板的端部结构

a）直角形　b）梯形　c）压延斜面形　d）具有衬垫形

2.4　板弹簧的固定结构

（1）中部固定结构　在组装汽车板弹簧钢板时，中部除用高强度中心螺栓定位外，还用骑马螺栓紧固。对于铁道车辆的板弹簧，则采用簧箍紧固。簧箍的结构如图 20-11 所示。

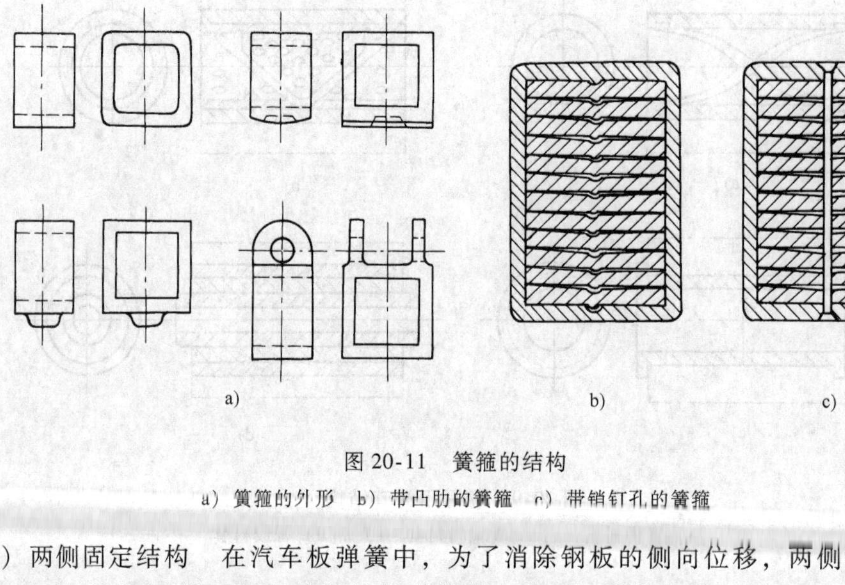

图 20-11　簧箍的结构

a）簧箍的外形　b）带凸肋的簧箍　c）带销钉孔的簧箍

（2）两侧固定结构　在汽车板弹簧中，为了消除钢板的侧向位移，两侧装有弹簧卡，如图 20-12 所示。图 a 是采用套管螺栓的弹簧卡，常用于载货汽车；图 b 用于中型载货汽车；图 c 是用于轻型载货汽车的薄板冲压封闭型弹簧卡。弹簧卡的另一作用是当板弹簧回弹

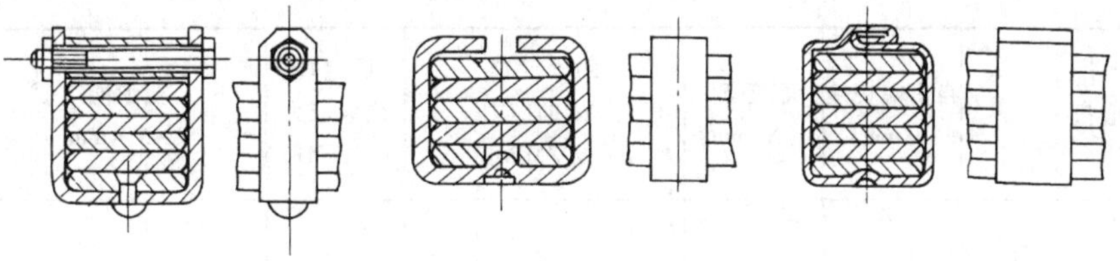

a) b) c)

图 20-12 弹簧卡的结构

a）套管螺栓弹簧卡 b）环形弹簧卡 c）封闭型弹簧卡

时能将作用力传递给较多的板片，以保护主板。为了消除噪声，在簧卡和板片间加润滑脂或衬垫。

3 单板弹簧的计算

单板弹簧的计算是分析多板弹簧的基础。为了便于计算，作如下假设：钢板的曲率不大，可当作直板来考虑；钢板的变形与它的长度相比很小，因此认为在变形过程中，载荷的作用方向不变。如此，其计算方法与直片弹簧相同（第 19 章 1.1 节）。参照直片弹簧的分析可得几种悬臂单板弹簧的计算公式见表 20-1。此式也适用于两端支承而中间受载的椭圆形或弓形单板弹簧。

在相同载荷作用下，用单板弹簧不如用多板弹簧紧凑。除一些小轿车外，目前多数车辆均采用多板弹簧。

表 20-1 单板弹簧的计算公式

钢板形状	自由端挠度 f/mm	刚度 F' /(N/mm)	距固定端 x 处的应力 σ_x/MPa	固定端最大应力 σ_{max}/MPa	变形能 U/N · mm	材料利用系数 k
矩形 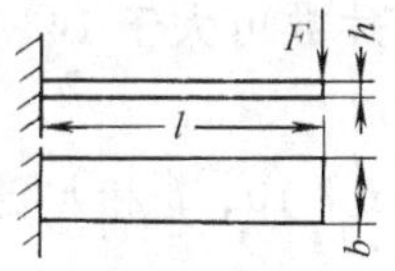	$\frac{Fl^3}{3EI_0}$	$\frac{3EI_0}{l^3}$	$\frac{F(l-x)}{Z_{m0}}$	$\frac{Fl}{Z_{m0}}$	$\frac{F^2l^3}{6EI_0}=kV\frac{\sigma_{max}^2}{E}$	$\frac{1}{18}$
三角形 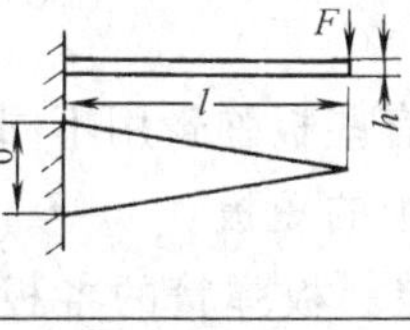	$\frac{Fl^3}{2EI_0}$	$\frac{2EI_0}{l^3}$	$\frac{Fl}{Z_{m0}}$ （沿板全长不变）	$\frac{Fl}{Z_{m0}}$	$\frac{F^2l^3}{4EI_0}=kV\frac{\sigma_{max}^2}{E}$	$\frac{1}{6}$
抛物线形 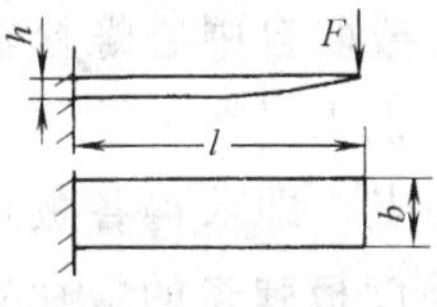	$\frac{2Fl^3}{3EI_0}$	$\frac{3EI_0}{2l^3}$	$\frac{Fl}{Z_{m0}}$ （沿板全长不变）	$\frac{Fl}{Z_{m0}}$	$\frac{F^2l^3}{3EI_0}=kV\frac{\sigma_{max}^2}{E}$	$\frac{1}{6}$

（续）

钢板形状	自由端挠度 f/mm	刚度 F' /(N/mm)	距固定端 x 处的应力 σ_x/MPa	固定端最大应力 $\sigma_{\max}$/MPa	变形能 U/N · mm	材料利用系数 k
梯形 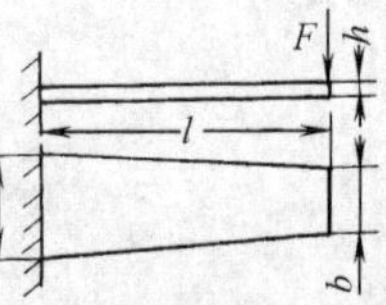	$\eta_2 \dfrac{Fl^3}{3EI_0}$	$\dfrac{3EI_0}{\eta_2 l^3}$	$\dfrac{Fl\left(1-\dfrac{x}{l}\right)}{Z_{m0}\left[1-(1-\beta)\dfrac{x}{l}\right]}$	$\dfrac{Fl}{Z_{m0}}$	$\eta_2 \dfrac{F^2 l^3}{6EI_0}=kV\dfrac{\sigma_{\max}^2}{E}$	$\dfrac{1}{9}\left(\dfrac{\eta_2}{1+\beta}\right)$

注：I_0—弹簧钢板固定端截面的惯性矩，$I_0=b_0h^3/12$（mm^4）；

Z_{m0}—弹簧钢板固定端截面的抗弯截面系数，$Z_{m0}=b_0h^2/6$（mm^3）；

V—弹簧钢板的体积（mm^3）；

k—弹簧钢板的材料利用系数，$k=UE/(V\sigma_{\max}^2)$；

β—弹簧钢板的形状系数，$\beta=b/b_0$（矩形 $\beta=1$ 三角形 $\beta=0$）；

η_2—挠度系数，可按式（19-8）计算或从图 19-10 中查得。

4 多板弹簧的计算

从表 20-1 中公式可知，图 20-12a 所示三角形板片是一种等强度梁。将切割成的板片叠在一起，便构成等强度的多板弹簧，如图 20-12b 所示。实际上，由于主板的三角形板端不便制作卷耳，常需采用近似于梯形的板端。

多板弹簧有时采用几组不同厚度的板片组成，各板片在组装前（自由状态下）具有不同的曲率，组装后，由于中心螺栓拉紧而使板片产生不同的预紧力，因此，多板弹簧受载时很难做到等应力。

4.1 多板弹簧主要形状尺寸参数的选择

多板弹簧的主要尺寸和参数是：伸直状态下弹簧的工作长度 l，板片的数量 n 及其截面尺寸 $b\times h$。

（1）板片数量　汽车板弹簧一般用 $n=6\sim14$ 片组成，受重载的弹簧片数可大于 14，甚至超过 20。为了减少片数，可适当增加厚板的数量。

（2）板片截面尺寸的确定　板弹簧采用相同厚度的板片时，取 $b/h=6\sim10$，b 和 h 要符合现有扁钢的规格。然后按式（20-1）计算出板片的数量：

$$n=\frac{12I_0}{bh^3} \tag{20-1}$$

用相同厚度板片组成的板弹簧，制造比较简单，但材料利用率低。有些板弹簧用不同厚度的板片组成，一般厚度不多于三种，以最厚的作主板，最薄的作副板中的短板。

（3）各板片长度的确定　板弹簧工作长度由其结构及车辆布置确定。板弹簧的各板片长度用作图法确定比较方便。如图 20-13a，作一直线 O-O 代表中心螺栓轴线，按照规定的比例尺，沿垂线逐片截取板片厚度的立方值 h_i^3。在最上面一根水平线上截取自中心螺栓轴线至卷耳中心线或支撑中点的距离 $l_1/2$（得交点 A），而在下面倒数第二根水平线上截取中心螺栓轴线至最短片板端的距离 $l_n/2$（得交点 B），用直线连接 A、B 两点，即求得各板片的长度。图中按虚线 AC 组成的各板片长度（板端取压延斜面）表示等强度板弹簧的板片外形。图 20-13b 是板片厚度不同时各板片长度的确定法。

在利用作图法确定板片长度时，最短板片的长度应根据结构决定：如果板弹簧用骑马螺栓安装，则最短板片长度之半应比自中心螺栓轴线 O-O 至骑马螺栓轴线 m-m 的距离要大些。

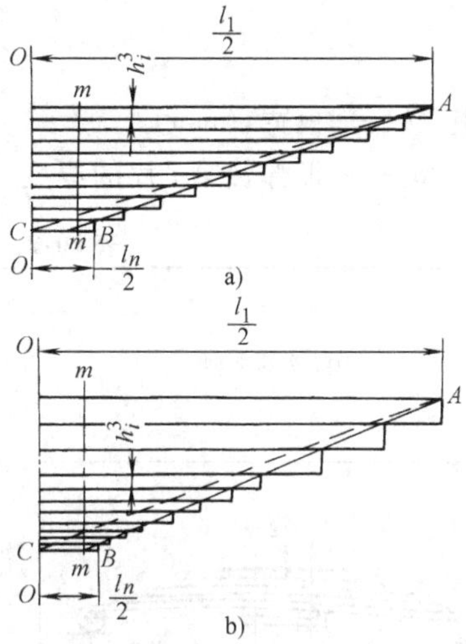

图 20-13　确定板片长度的作图法

（4）自由状态下板弹簧弧高的确定　自由状态下板弹簧弧高 H_0（图 20-14）是指组装后未经预压处理的板弹簧的弧高，其值决定于：①车辆悬架结构在满载时所需要的板弹簧弧高 H。②板弹簧在满载时产生的静挠度 f。③预压处理造成的剩余变形 γ。因此

$$H_0 = H + f + \gamma \tag{20-2}$$

其中 γ 值可根据经验按下列不同情况选取：在制造条件较完善并经过严格处理的板弹簧 $\gamma = 0.05f_0$[⊖]；制造和热处理条件较差的板弹簧 $\gamma = 0.06f_0$；用手工方式生产的板弹簧 $\gamma = 0.07f_0$（已达允许的极限值）。

（5）自由状态下板弹簧曲率半径及弦长的计算　如图 20-14 所示，设卷耳的内径为 d，伸直的板弹簧两卷耳的中心距离为 L，则板弹簧中主板的曲率半径 R_0 可用式（20-3）计算：

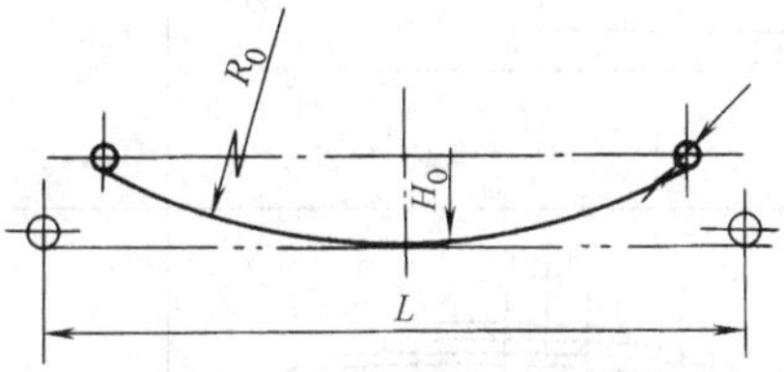

图 20-14　板片曲率参数计算

$$R_0 = \frac{\left(\frac{L}{2}\right)^2}{2H_0 - d} \tag{20-3}$$

组装的板弹簧的半个弦长 $\overline{L}$（自中心螺栓至卷耳中心的距离）用式（20-4）计算：

$$\overline{L} = \left[\sqrt{\left(\frac{L}{2}\right)^2 + \left(H_0 - \frac{d}{2}\right)^2}\right]\left(1 - \frac{d}{2R_0}\right) \tag{20-4}$$

为计算简便起见，亦可将卷耳内径 d 忽略不计。

4.2　多板弹簧的展开计算法

理想的等厚度多板弹簧板片的展开面应是等强度的三角形板片（图 20-15）。由于主板的三角形板端不便制作卷耳，常需采用近似于梯形的板端。因而设计时，一般用梯形单板弹簧的计算公式来近似确定多板弹簧的主要尺寸和参数。由于这样的方法是假定各板片具有相同曲率的情况下进行的，所以也是共同曲率法的一种。各类多板弹簧的挠度和最大弯矩的计算公式见表 20-2。

对不同结构特征的板弹簧，在挠度计算公式中，用变形系数 η_3 来修正，其值见表 20-3。

静载荷下的挠度以及附加动挠度值根据不同车辆行驶平顺性要求给定。这些数值确定后，利用表 20-2 中公式，便可求得板弹簧所需的截面总惯性矩 I_0，即

⊖　f_0 的大概值可按表 20-2 中公式计算。

$$I_0=\frac{b\sum h_i^3}{12} \tag{20-5}$$

式中 b——板宽（mm）；

h_i——板弹簧第 i 片的厚度（mm）。

表 20-2 多板弹簧的挠度和最大弯矩计算公式

板弹簧的类型	板弹簧的挠度 f/mm a）有骑马螺栓 b）没有骑马螺栓	由 F 力引起的最大弯矩 M/N · mm	预压时的近似挠度 f_0/mm
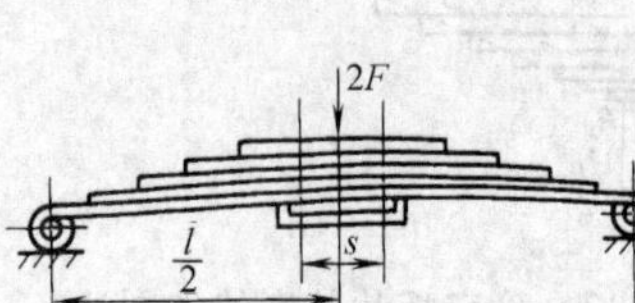 a) 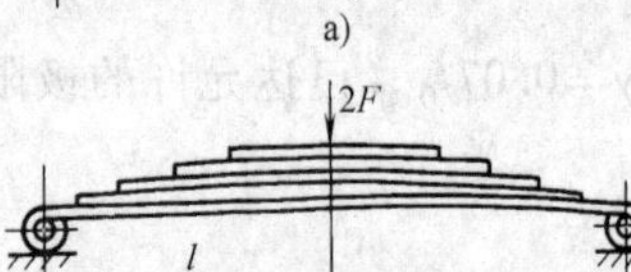 b)	a）$f=\eta_3\dfrac{F\left(l-\dfrac{s}{2}\right)^3}{24EI_0}$ b）$f=\eta_3\dfrac{Fl^3}{24EI_0}$	$M=\dfrac{F(l-s)}{2}$	$f_0=\dfrac{l^2}{800h_1}$
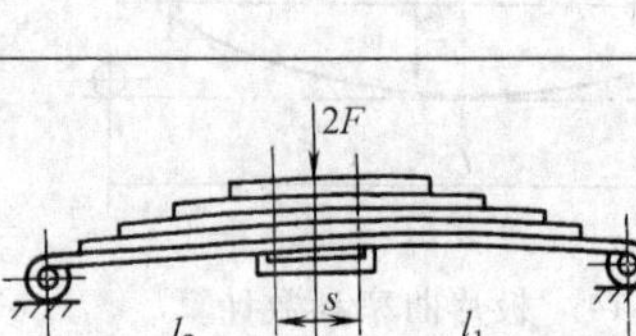 a) 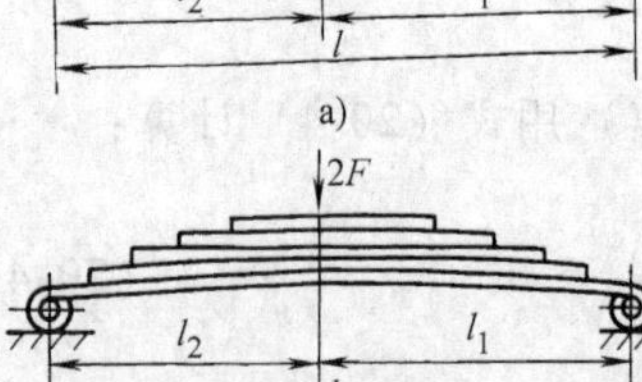 b)	a）$f=\eta_3\dfrac{2F\left[l_1^2\left(l_2-\dfrac{s}{4}\right)^3+l_2^2\left(l_1-\dfrac{s}{4}\right)^3\right]}{3EI_0l^2}$ b）$f=\eta_3\dfrac{2Fl_1^2l_2^2}{3EI_0l}$	$M=\dfrac{2Fl_2\left(l_1-\dfrac{s}{2}\right)}{l}$或 $M=\dfrac{2Fl_1\left(l_2-\dfrac{s}{2}\right)}{l}$	$f_0=\dfrac{l_1l_2}{200h_1}$
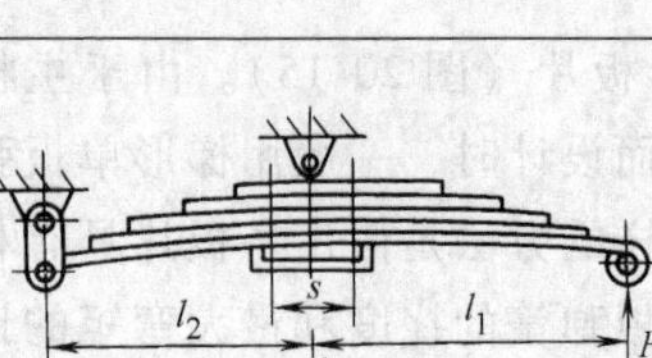 a) 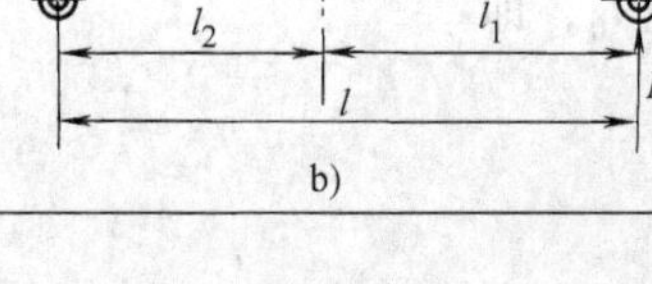 b)	a）$f=\eta_3\dfrac{F\left[\left(l_1-\dfrac{s}{4}\right)^3+\left(\dfrac{l_1}{l_2}\right)^2\left(l_2-\dfrac{s}{4}\right)^3\right]}{3EI_0}$ b）$f=\eta_3\dfrac{Fl_1^2l}{3EI_0}$	$M=F\left(l_1-\dfrac{s}{2}\right)$ 或 $M=\dfrac{2Fl_2\left(l_2-\dfrac{s}{2}\right)}{l_1}$	$f_0=\dfrac{l_1l_2}{200h_1}$ （设在预压时弹簧是在中心螺栓轴线处受载）

（续）

板弹簧的类型	板弹簧的挠度 f/mm a)有骑马螺栓　b)没有骑马螺栓	由 F 力引起的最大弯矩 M/N · mm	预压时的近似挠度 f_0/mm
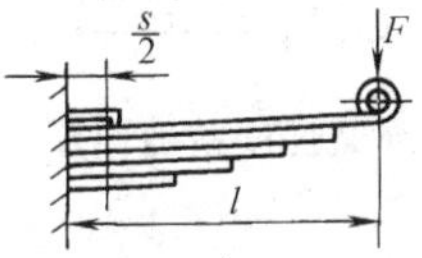 a) 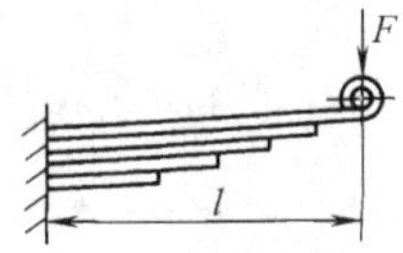 b)	a) $f=\eta_3\dfrac{F\left(l_1-\dfrac{s}{4}\right)^3}{3EI_0}$ b) $f=\eta_3\dfrac{Fl^3}{3EI_0}$	$M=F\left(l-\dfrac{s}{2}\right)$	$f_0=\dfrac{l^2}{200h_1}$

注：η_3—变形修正系数，其值见表 20-3；h_1—主板厚度（mm）。

表 20-3　变形系数 η_3 值

板弹簧的结构特征	变形系数 η_3
等强度梁	1.5
与等强度梁相近的板端具有压延斜面的板弹簧	1.4～1.45
板端为直角形的板弹簧，其第二板片与主板长度相同，同时主板上面的钢板不多于一片者	1.35
板端为直角形的板弹簧，其中有 2～3 片长度与主板相同，同时主板上面有数片钢板者	1.3
具有多片等于主板长度的钢板的特重型板弹簧	1.25

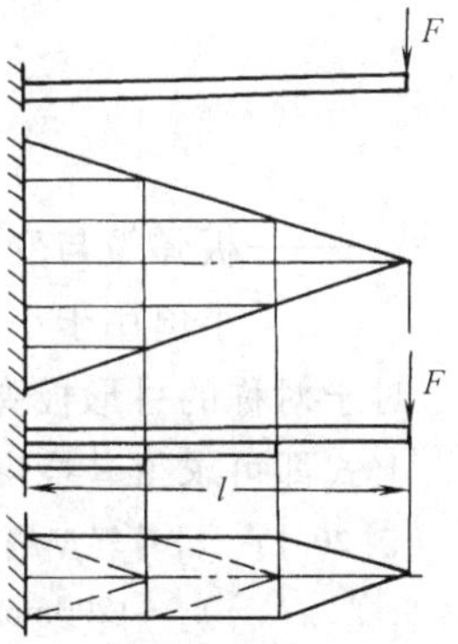

图 20-15　等强度板弹簧

确定的片数和截面尺寸除应满足 I_0 的要求外，还要用下式验算最厚板片（一般是主板）的应力：

$$\sigma=\frac{M_{max}h_1}{2I_0}\leqslant[\sigma]\quad(\text{MPa})\qquad(20\text{-}6)$$

式中　M_{max}——最大静弯矩（N · mm）；

I_0——板弹簧计算截面的总惯性矩（mm^4）；

h_1——最厚钢板的厚度（mm）。

对于不承受制动或牵引力的板弹簧，最大静弯矩 M_{max} 等于静垂直外载荷所引起的弯矩；对于承受制动或牵引力的板弹簧，最大静弯矩是静垂直外载荷所引起的弯矩和制动（或牵引）力所引起的弯矩之代数和。

如果应力 σ 超过许用范围，必须增加 I_0 或改选 h_1。为使板弹簧刚度满足设计要求，在增加 I_0 的同时要相应加大板弹簧的工作长度。

4.3　多板弹簧的共同曲率计算法

按表 20-2 中公式所求得的挠度是大概值。在确定了板弹簧的片数和尺寸后，可以较精确地计算其挠度（或刚度）。假设各板片在弯曲时曲率相等，即把板弹簧当作一变截面梁来分析，这时每个截面的惯性矩等于该截面的各片惯性矩之和$\sum I_i$。利用能量法求变截面梁变形的原理，得到计算悬臂板弹簧（图20-16）的挠度公式：

$$f=\alpha\frac{F}{3E}\sum_{i=1}^{n}a_{i+1}^{3}(Y_i-Y_{i+1}) \qquad (20\text{-}7)$$

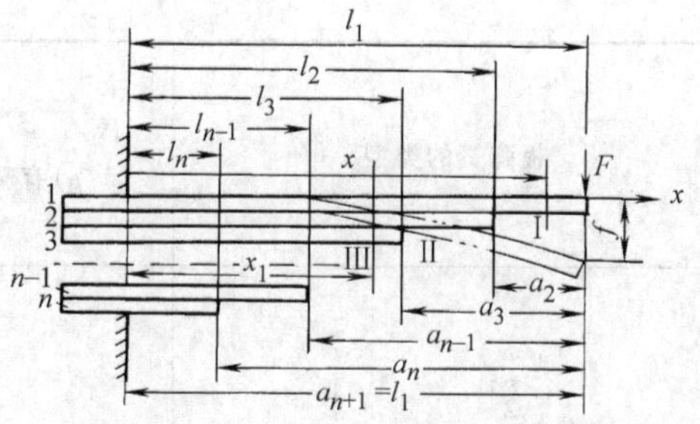

图20-16 板弹簧挠度精确计算

在线性特性下的刚度为

$$F'=\frac{3E}{\alpha\sum_{i=1}^{n}a_{i+1}^{3}(Y_i-Y_{i+1})} \qquad (20\text{-}8)$$

$$a_i=l_1-l_i,Y_i=\frac{1}{\sum_{1}^{i}I_i}$$

$$a_{n+1}^{3}=l_1^{3}\ (因为\ l_{n+1}=0)$$

$$Y_{n+1}=0\ (因为在固定截面外惯性矩是无穷大)$$

式中 α——板弹簧与变截面梁之间的修正系数，其值为1.15～1.21，大值用于载货汽车，小值用于小轿车。

对于对称的弓形板弹簧，如作用在中心螺栓处的载荷为$2F$，则板端所受载荷为F，用F代入上式即可求得其挠度和变形。

【例20-1】 计算轻型越野汽车后悬架板弹簧的刚度。已知：板厚$h=6.5$mm，板宽$b=63$mm，共七片，各片长度为$L_1=L_2=1200$mm，$L_3=1020$mm，$L_4=860$mm，$L_5=700$mm，$L_6=480$mm，$L_7=250$mm。

解 板弹簧刚度计算见表20-4。

将表中数值代入式（20-8），可求得固定前的板弹簧刚度：

$$F'=\frac{3E}{\alpha\sum_{i=1}^{n}a_{i+1}^{3}(Y_i-Y_{i+1})}=\frac{3\times2.1\times10^5}{1.18\times25157.1}\text{N/mm}=21.3\text{N/mm}$$

而用骑马螺栓固定后板弹簧的刚度为

$$F'=\frac{3\times2.1\times10^5}{1.18\times21673.9}\text{N/mm}=24.7\text{N/mm}$$

4.4 多板弹簧的集中载荷计算法

集中载荷计算法又称板端计算法。与共用曲率计算法相反，集中载荷法假设多板弹簧在任何载荷作用下，各板片间只在端部无摩擦的接触，即板片间力的传递只在板端接触部位发生。假设板端传力的方法与实际结果相近，因此，在板片工作应力的计算中多采用。

表 20-4　[例 20-1] 板弹簧刚度计算有关数值

板片序号 i	板片长度之半 l_i	$a_{i+1}=l_1-l_i$	$\sum_1^i I_i$	$Y_i=\frac{1}{\sum_1^i I_i}$	Y_i-Y_{i+1}	a_{i+1}^3	$a_{i+1}^3(Y_i-Y_{i+1})$	$\sum_{i=1}^n a_{i+1}^3(Y_i-Y_{i+1})$
1	600		1442	6.9348				
2	600	0	2884	3.4674	3.4674	0	0	
3	510	90	4326	2.3116	1.1158	729	84.3	
4	430	170	5768	1.7337	0.5779	4913	283.9	
5	350	250	7210	1.3870	0.3467	15625	541.7	
6	240	360	8652	1.1558	0.2312	46656	1078.7	
7	125	475	10094	0.9907	0.1551	107172	1769.4	3758.0
8	0	600			0.9907	216000	21399.1	25157.1
	34.5①	565.5			0.9907	180841	17915.9	21673.9

① 用骑马螺栓固定后的 l_i 值。

(1) 板片工作应力及挠度的计算　图 20-17a 为按板端法计算板片工作应力示意图。板片之间两端以滚柱相隔表示端部传力，中部用骑马螺栓刚性地固定在一起。计算时为了简便，略去板弹簧的另一半，从而构成一组一端固定而外力作用在自由端的悬臂梁（图 20-17b）。

根据相邻两板片接触处位移相等的假设，可以列出与接触点未知力 F_2，F_3，F_4，…，F_n 数目相等的 $n-1$ 个变形方程式组：

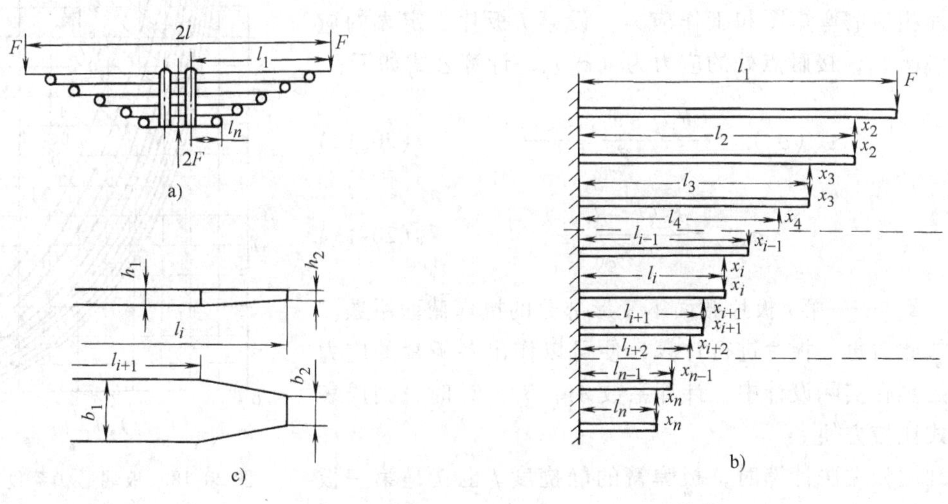

图 20-17　板端法计算板片工作应力

$$
\left.\begin{aligned}
&A_2F+B_2F_2+C_2F_3=0\\
&A_3F_2+B_3F_3+C_3F_4=0\\
&\vdots\\
&A_iF_{i-1}+B_iF_i+C_iF_{i+1}=0\\
&\vdots\\
&A_nF_{n-1}+B_nF_n+C_nF_{n+1}=0
\end{aligned}\right\}\qquad(20\text{-}9)
$$

上述方程式组中，未知数项的 A_i，B_i，C_i（$i=2, 3, \cdots, n$）与板端形状系数 λ 有关，可由式（20-10）计算：

$$\left.\begin{aligned} A_i &= 0.5\frac{I_i}{I_{i-1}}\left(3\frac{l_{i-1}}{l_i}-1\right) \\ B_i &= -\left[1+\frac{I_i}{I_{i-1}}+\frac{\lambda_i(l_i-l_{i+1})^3}{l_i^3}\right] \\ C_i &= 0.5\left(\frac{l_{i+1}}{l_i}\right)^3\left(3\frac{l_i}{l_{i+1}}-1\right) \end{aligned}\right\} \tag{20-10}$$

当板片端部形状为直角形（即板片宽度 b 和厚度 h 均不变）时，$\lambda_i=0$；而当板端宽度和厚度按直线变化时（图 20-17c），λ_i 可按式（20-11）计算：

$$\lambda_i=\frac{3\left(\dfrac{b_2}{b_1}\right)^2}{\left[\left(\dfrac{h_2}{h_1}\right)-\left(\dfrac{b_2}{b_1}\right)\right]^3}\ln\frac{\left(\dfrac{h_2}{h_1}\right)}{\left(\dfrac{b_2}{b_1}\right)}+\frac{3\left[\left(\dfrac{h_2}{h_1}\right)-3\left(\dfrac{b_2}{b_1}\right)\right]}{2\left[\left(\dfrac{h_2}{h_1}\right)-\left(\dfrac{b_2}{b_1}\right)\right]^2}-1 \tag{20-11}$$

λ_i 值也可以从图 20-18 中曲线查得。

由式（20-10）计算出方程组（20-9）中的各项系数，便可解得各板片端部作用力 F_2，F_3，…，F_n，从而确定各板片相应的弯矩图和工作应力。设第 i 板片固定端的应力为 $(\sigma_i)_0$，接触点处的应力为 $(\sigma_i)_c$，计算公式如下：

$$(\sigma_i)_0=\frac{(F_il_i-F_{i+1}l_{i+1})}{Z_{m0}} \tag{20-12}$$

$$(\sigma_i)_c=\frac{F_i(l_i-l_{i+1})}{Z_{m0}} \tag{20-13}$$

式中 Z_{m0}——第 i 板片截面不变形部分的抗弯截面系数。

如此对每一板片进行计算，便可以作出各板片的应力分布图。在实际设计中，计算系数 A_i、B_i、C_i 时，列成表格形式比较方便。

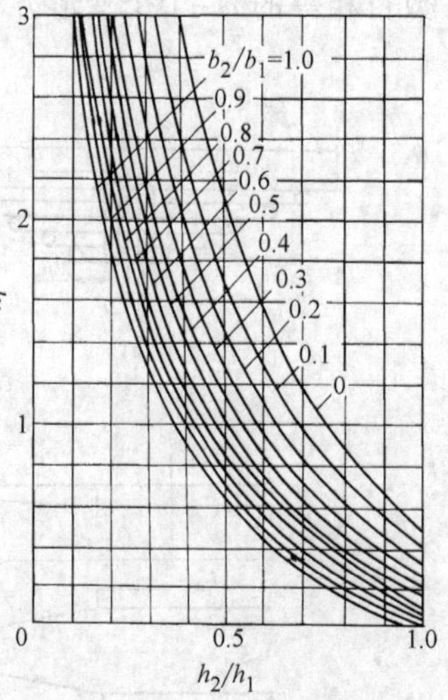

图 20-18 板端形状系数 λ_i

利用板端法计算时，板弹簧的静挠度 f 也就是第一板片在外力 F 和 F_2 作用下，在 F 作用点处的挠度值 f_1，可用式（20-14）计算：

$$f=f_1=\frac{Fl_1^3}{3EI_1}\left[1+\lambda_1\left(1-\frac{l_2}{l_1}\right)^3\right]-\frac{F_2l_1^3}{6EI_1}\left[3\left(\frac{l_2}{l_1}\right)^2-\left(\frac{l_2}{l_1}\right)^3\right] \tag{20-14}$$

为了使各板片在外力作用下产生的应力相接近，板弹簧应该用不同厚度或板端经过压延的板片组成。这时将最短板加长或减薄都是有利的。

【例 20-2】 计算总重 90kN 的载重汽车的前悬架板弹簧板片的工作应力，已知卷耳处作用载荷 $F=4675$N，板弹簧共八片，板厚 $h=8$mm，板宽 $b=76$mm，各板片的全长为 $L_1=L_2=1350$mm，$L_3=1170$mm，$L_4=990$mm，$L_5=810$mm，$L_6=630$mm，$L_7=450$mm，$L_8=270$mm。骑马螺栓间距 $S=50$mm。为直角形

端部。

解　按式（20-10）确定的有关数值见表 20-5。

表 20-5　各板片的工作应力计算表

板片序号 i	板片工作长度之半 l_i/mm	$\frac{I_i}{I_{i-1}}$	$\frac{l_{i-1}}{l_i}$	$A_i=0.5\frac{I_i}{I_{i-1}}\left(3\frac{l_{i-1}}{l_i}-1\right)$	$B_i=-1-\frac{I_i}{I_{i-1}}$	$C_i=0.5\left(\frac{l_{i+1}}{l_i}\right)^3\left(3\frac{l_i}{l_{i+1}}-1\right)$
1	650	—	—	—	—	—
2	650	1	1.0	1.0	-2	0.7936
3	560	1	1.16	1.247	-2	0.7610
4	470	1	1.19	1.287	-2	0.7163
5	380	1	1.235	1.355	-2	0.6514
6	290	1	1.309	1.467	-2	0.5494
7	200	1	1.448	1.675	-2	0.3705
8	110	1	1.805	1.818	-2	0

将上表有关数值代入式（20-10）可得

$$
\begin{cases}
4675-2F_2+0.7936F_3=0\\
1.247F_2-2F_3+0.7610F_4=0\\
1.287F_3-2F_4+0.7163F_5=0\\
1.355F_4-2F_5+0.6514F_6=0\\
1.467F_5-2F_6+0.5494F_7=0\\
1.675F_6-2F_7+0.3705F_8=0\\
1.818F_7-2F_8=0
\end{cases}
$$

解上方程组得

$F_2=3890\text{N}$，$F_3=3910\text{N}$，$F_4=3950\text{N}$，

$F_5=4010\text{N}$，$F_6=4100\text{N}$，$F_7=4350\text{N}$，

$F_8=4940\text{N}$。

按式（20-12）和式（20-13）计算的各板片固定端应力 $(\sigma_i)_0$ 和接触点处的应力 $(\sigma_i)_c$ 值见表 20-6。

表 20-6　各板片固定端应力 $(\boldsymbol{\sigma}_i)_0$ 和接触点处应力 $(\boldsymbol{\sigma}_i)_c$

板片序号 i	板片工作长度之半 l_i	(l_i-l_{i+1})	F_i/N	$F_il_i(\times10^3)$ /N·mm	$(F_il_i-F_{i+1}l_{i+1})$ $(\times10^3)$/N·mm	$(\sigma_i)_0$ /MPa	$F_i(l_i-l_{i+1})$ $(\times10^3)$/N·mm	$(\sigma_i)_c$ /MPa
1	650	0	4675	3034	504	621	—	—
2	650	90	3890	2530	340	417	350	432
3	560	90	3910	2190	330	406	352	435
4	470	90	3950	1860	335	413	355	438
5	380	90	4010	1575	335	413	361	446
6	290	90	4100	1190	320	394	369	456
7	200	90	4350	870	326	402	391	483
8	110	90	4940	544	544	670	—	—

（2）板片在自由状态下曲率半径的计算　板弹簧的所有板片通常冲压成不同的曲率半径（图 20-19），组装时，用中心螺栓或簧箍将板片夹紧在一起，致使所有板片的曲率半径均发生变化。设计时，应使组装后板弹簧的总成曲率半径（亦即主板的曲率半径 R_0）符合式（20-4）计算所得结果。

由于组装夹紧时各板片曲率半径的变化，使各板片在未受外载荷作用之前就产生了预应力。这时第 i 片的预应力 σ_{0i} 与其组装前、后的曲率半径的关系可用式（20-15）表示

$$\sigma_{0i}=\frac{EI_i}{Z_{mi}}\left(\frac{1}{R_i}-\frac{1}{R_{0i}}\right) \quad (20\text{-}15)$$

$$(i=1,2,3\cdots,n)$$

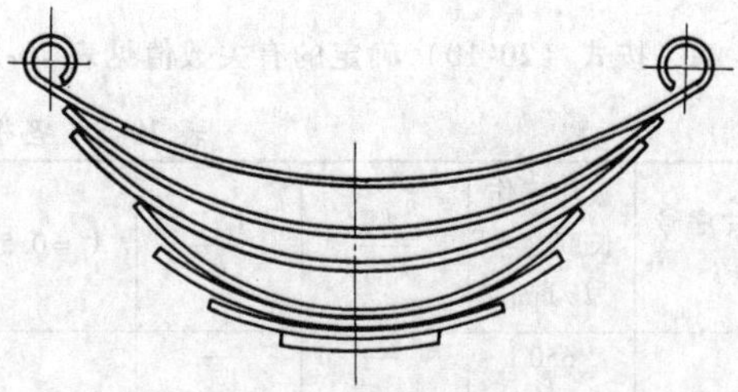

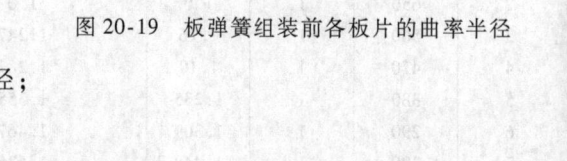

图 20-19 板弹簧组装前各板片的曲率半径

式中 R_{0i}——第 i 板在组装后的曲率半径；

R_i——第 i 板在自由状态下的曲率半径；

I_i——第 i 板的惯性矩；

Z_{mi}——第 i 板的抗弯截面系数。

已组装好的板弹簧在自由状态下的曲率半径 R_0 可由式（20-3）算得，如忽略板片厚度不计，根据无间隙接触的假设可以认为

$$R_{01}=R_{02}=\cdots=R_{0i}\cdots=R_{0n}=R_0$$

则式（20-15）为

$$\sigma_{0i}=\frac{EI_i}{Z_{mi}}\left(\frac{1}{R_i}-\frac{1}{R_0}\right) \quad (20\text{-}16)$$

如板片为矩形截面，则

$$\sigma_{0i}=\frac{Eh_i}{2}\left(\frac{1}{R_i}-\frac{1}{R_0}\right) \quad (20\text{-}17)$$

由式（20-16）和式（20-17）可知，当各板片组装预应力值给定后，便可求出板片在自由状态下的曲率半径 R_i。

在确定预应力时，应使主板的预应力为负值（与外载荷引起的工作应力方向相反），短板片的预应力为正值、其他板片取中间值。由已有结构分析得出：对于等厚板片的板弹簧，设计时一般取第一、二板片的预应力为 -80 ~ -150MPa，最后几片预应力为 20 ~ 60MPa；对于不等厚板片的板弹簧，为了保证各板片有相近的使用寿命，组装预应力的选择应按疲劳曲线确定。

确定的一组板片在自由状态下的曲率半径 R_i 是否合适，还须进行核算。按组装中势能最小的原理求出板弹簧在自由状态下（组装好的）曲率半径 R_0，与式（20-3）所确定的 R_0 值相比，如两者接近，便认为合适，否则要调整各板片预应力重新进行计算。组装好的板弹簧自由状态下的曲率半径 R_0 为

$$\frac{1}{R_0}=\frac{\sum\left(\frac{L_iI_i}{R_i}\right)}{\sum L_iI_i} \quad (20\text{-}18)$$

式中 L_i——第 i 板片的全长；

I_i——第 i 板片的惯性矩。

对于等厚板片的板弹簧，上式可写成

$$\frac{1}{R_0}=\frac{\sum\frac{L_i}{R_i}}{\sum L_i} \quad (20\text{-}19)$$

【例 20-3】 对［例 20-2］，如已知板弹簧组装后自由状态下弧高 $H_0 = 130\text{mm}$，试确定各板片的自由状态下曲率半径。

解 按式（20-3）可确定组装后板弹簧曲率半径（卷耳直径 d 忽略不计）：

$$R_0 = \frac{L^2}{8H_0} = \frac{1350^2}{8 \times 130}\text{mm} = 1750\text{mm}$$

（1）经初步试算各板片曲率半径 R_i 定为

$R_1 = 2000\text{mm}$，$R_2 = 1795\text{mm}$，$R_3 = 1780\text{mm}$，$R_4 = 1750\text{mm}$，$R_5 = 1735\text{mm}$，$R_6 = 1720\text{mm}$，$R_7 = 1660\text{mm}$，$R_8 = 1620\text{mm}$。

按式（20-17）计算各板片的组装预应力见表 20-7。

表 20-7 各板片的组装预应力

板片序号 i	R_i/mm	$\frac{1}{R_i}$ /(1/mm)	$\frac{1}{R_0}$ /(1/mm)	$\frac{1}{R_i} - \frac{1}{R_0}$ /(1/mm)	$\frac{Eh_i}{2}$ /(N/mm)	σ_{0i}/MPa
1	2000	0.000500	0.000571	-0.000071	840000	-59.5
2	1795	0.000556	0.000571	-0.000015	840000	-12.6
3	1780	0.000560	0.000571	-0.000011	840000	-8.4
4	1750	0.000571	0.000571	0	840000	0
5	1735	0.000576	0.000571	0.000005	840000	4.2
6	1720	0.000581	0.000571	0.00001	840000	11.0
7	1660	0.000602	0.000571	0.000031	840000	26.5
8	1620	0.000617	0.000571	0.000046	840000	38.8

（2）按式（20-19）核验组装后板弹簧在自由状态下曲率半径值

$$\frac{1}{R_0} = \frac{\sum \frac{L_i}{R_i}}{\sum L_i} = \frac{\frac{1350}{2000} + \frac{1350}{1795} + \frac{1170}{1780} + \frac{990}{1750} + \frac{810}{1735} + \frac{630}{1720} + \frac{450}{1660} + \frac{270}{1620}}{1350 + 1350 + 1170 + 990 + 810 + 630 + 450 + 270}\text{1/mm} = 0.000561 \quad \text{1/mm}$$

由此可得组装后的曲率半径为

$$R_0 = 1780\text{mm}$$

实际板弹簧在自由状态下的弧高：

$$H_0' = \frac{L^2}{8R_0} = \frac{1350^2}{8 \times 1780}\text{mm} = 127.9\text{mm}$$

与设计要求相差不大，可以认为各板片所定曲率半径合理。

5 变刚度和变截面板弹簧的计算

5.1 变刚度板弹簧的计算

变刚度板弹簧（图 20-2）的特性线呈非线性，具有较为稳定的固有频率，从而增加了车辆行驶的平顺性。以图 20-20 组合式变刚度板弹簧为例，简要介绍其计算特点。当载荷小时仅由主弹簧承受，载荷增大到 F_1，主弹簧和副弹簧开始接触，随着载荷的增大接触范围逐渐增大，载荷增大到 F_2 时达到完全接触状态，而后主弹簧和副弹簧便成为一体，共同承受载荷。因此，变刚度弹簧的特性分三阶段：

1）主弹簧和副弹簧开始接触前，刚度为定值，特性线呈线性。

2）主弹簧和副弹簧开始接触到完全接触，刚度逐渐增大，特性线呈渐增性。

3）主弹簧和副弹簧完全接触后形成一体，载荷继续增大时，刚度趋于定值，特性线近似为线性。

（1）弹簧的载荷 如图 20-20 所示，主弹簧和副弹簧的曲率半径分别为 R_m 和 R_a，主弹簧和副弹簧开始接触时和完全接触时两端的载荷分别为 F_1 和 F_2，其值可按悬臂梁的结构求得。图 20-21 为其展开图，根据此图可列出计算式

$$\frac{F_1 l_m}{EI_{m0}} = \frac{1}{R_m} - \frac{1}{R_a} \tag{20-20}$$

$$\frac{F_2(l_m - l_a)}{EI_{m0}} = \frac{1}{R_m} - \frac{1}{R_a} \tag{20-21}$$

$$\frac{F_1}{F_2} = \frac{l_m}{l_m - l_a} \tag{20-22}$$

式中 I_{m0}——主弹簧中央部分整个截面的惯性矩。

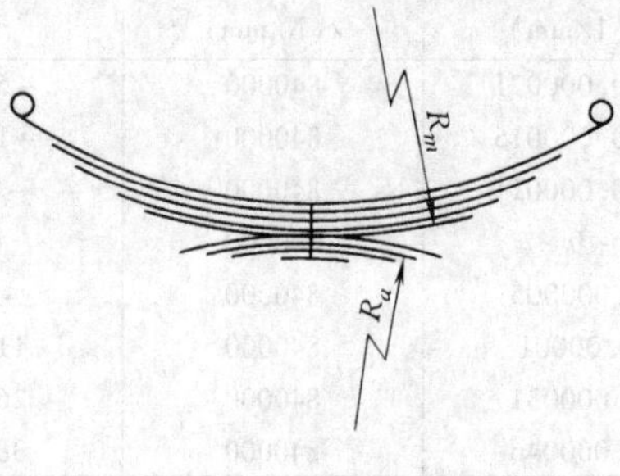

图 20-20 组合式变刚度板弹簧

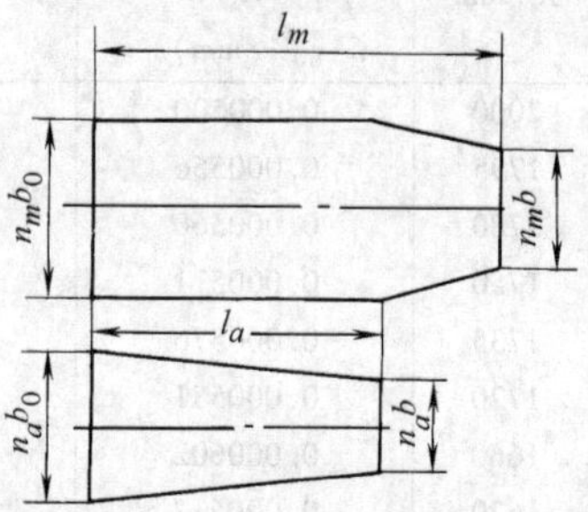

图 20-21 组合式变刚度板弹簧的展开图

由此可见，载荷 F_1 和 F_2 的比值仅取决于主弹簧和副弹簧的跨距。

（2）主弹簧和副弹簧接触前的弹簧刚度 根据弹簧的展开图，按类似单片弹簧求得其刚度为

$$F_1' = \frac{3EI_{m0}}{l_m^3} \frac{1}{1 + (\eta_2 - 1)\left(1 - \frac{l_a}{l_m}\right)^2} \tag{20-23}$$

式中 η_2——挠度系数，其值可见表 20-1。

根据此式可求得主弹簧和副弹簧开始接触时的载荷 F_1 作用下的弹簧变形 f_1。

（3）主弹簧和副弹簧达到完全接触时弹簧的变形 主弹簧和副弹簧刚达到完全接触时的变形可按式（20-24）计算：

$$f_2 = \frac{F_2 l_m^3}{3EI_{m0}}\left[1 + (\eta_1 - 1)\left(1 - \frac{l_a}{l_m}\right)^3 - \frac{F(l_a)}{\varphi(1-\xi)}\right] \tag{20-24}$$

$$F(l_a) = \frac{1}{2}\left(\frac{l_a}{l_m}\right)^3 [6A - 3 - \varphi(1-\xi)] - \frac{3}{2}\left(\frac{l_a}{l_m}\right)^2 [2 - \varphi(1-\xi)] + 3\left(\frac{l_a}{l_m}\right)^2 (A-1)\left[A\left(\frac{l_a}{l_m}\right) - 1\right]\ln\left[1 - \frac{1}{A}\right]$$

$$A = \frac{1+\varphi}{\varphi(1-\xi)}$$

$$\varphi = \frac{I_a}{I_m}$$

$$\xi = \frac{b}{b_0}$$

主弹簧和副弹簧由接触开始至完全接触这阶段的特性由于是非线性，计算很复杂㊀。实用上按式（20-22）和式（20-23）求出 F_1 和 F_2 作用下的变形和刚度。它们的刚度之间可用一近似曲线加以连接，这样就得到有实用价值的弹簧特性线。

（4）主弹簧和副弹簧完全接触后的弹簧刚度　此时的刚度可按式（20-25）计算：

$$F_3' = \frac{3EI_{m0}}{l_m^3}\left[\frac{1}{\left[1-\left(\frac{l_a}{l_m}\right)^3\right]\eta_2 - \frac{3\eta_4}{\varphi(1-\xi)}}\right] \tag{20-25}$$

$$\eta_4 = \frac{1}{2}\left(\frac{l_a}{l_m}\right)^3(1+2A) - 2\left(\frac{l_a}{l_m}\right)^2 + \left(\frac{l_a}{l_m}\right)\left[A\left(\frac{l_a}{l_m}\right) - 1\right]\ln\left(1-\frac{1}{A}\right)$$

各符号意义同前。

（5）弹簧的应力　当弹簧受到载荷 F 作用时，主弹簧和副弹簧在截面上产生的应力分别为 σ_m 和 σ_a，其值为

当 $F \leqslant F_1$ 时：

$$\sigma_m = \frac{Fl_m}{Z_{mm}} \tag{20-26}$$

$$\sigma_a = 0$$

当 $F > F_1$ 时：

$$\left.\begin{aligned}\sigma_m &= \frac{l_m}{Z_{mm}}\left[\frac{1}{1+\varphi}(F+F_1\varphi)\right]\\ \sigma_a &= \frac{l_m}{Z_{ma}}\left[\frac{\varphi}{1+\varphi}(F-F_1)\right]\end{aligned}\right\} \tag{20-27}$$

式中　Z_{mm}——主弹簧的抗弯截面系数；

Z_{ma}——副弹簧的抗弯截面系数。

5.2 梯形变截面板弹簧的计算

梯形变截面板弹簧（图 20-22），其板片的两边沿长度方向部分制成斜面形状（图 20-22a），从而使各板片的应力较均匀（图 20-22b），达到减轻弹簧自身质量的目的。此种弹簧在计算时，可把弹簧看成是板片的叠加，取其一板分析计算。

（1）弹簧的变形和刚度　对称形斜面板片如图 20-22 所示，如板端各作用载荷 F，板片的变形和刚度的计算式：

$$f = \frac{\eta_5 Fl^3}{3EI_0} \tag{20-28}$$

$$F' = \frac{3EI_0}{\eta_5 l^3} \tag{20-29}$$

式中　I_0——板片中央截面的惯性矩，$I_0 = bh_1^3/12$。

㊀ 详见参考文献［9］150～157 页。

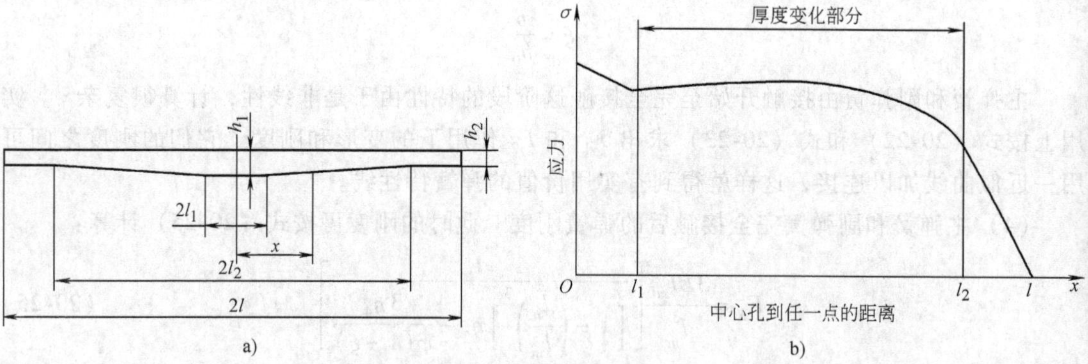

图 20-22 具有梯形斜面形状的板片

a) 梯形变截面板片形状 b) 梯形变截面板片应力分布

变形系数：

$$\eta_5 = 1-(1-\lambda_2)^3+(h_1/h_2)^3(1-\lambda_2)^3+3(h_1/h_2)^3\left(\frac{\lambda_2-\lambda_1}{(h_1/h_2)-1}\right)^3$$

$$\left\{\ln\frac{h_1}{h_2}-2\left(\frac{1-(h_1/h_2)-\lambda_1+(h_1/h_2)\lambda_2}{\lambda_2-\lambda_1}\right)\right\}\times\left(1-\frac{1}{(h_1/h_2)}\right)$$

$$+\frac{1}{2}\left(\frac{1-(h_1/h_2)-\lambda_2+(h_1/h_2)\lambda_2}{\lambda_2-\lambda_1}\right)^2\left(1-\frac{1}{(h_1/h_2)^2}\right)$$

$$\lambda_1=\frac{l_1}{l},\ \lambda_2=\frac{l_2}{l}$$

（2）板片的应力　如前述梯形变截面板片受载后，沿梯形板片长度部分的应力分布（图 20-22b）较均匀。参照图 20-22a 的结构参数，导出其沿梯形截面部分的应力计算式：

$$\sigma_x=\frac{6Fl}{bh^2}-\frac{1-\mu}{\left\{1-\left(1-\frac{h_2}{h_1}\right)\times\left(\frac{\mu-\lambda_1}{\lambda_2-\lambda_1}\right)\right\}^2}$$

$$\mu=\frac{x}{l}$$

中央截面处的应力最大，其值为

$$\sigma_0=\frac{6Fl}{bh^2}$$

式中参数 λ_1 和 λ_2 同前。

5.3 抛物线形变截面板弹簧的计算

抛物线形变截面板弹簧，其板片的两边沿长度方向部分制成抛物线形状（图 20-23a），从而使板片的应力接近相同（图 20-23b），达到减轻弹簧质量的目的。同样，此种弹簧可取其一片分析计算。

弹簧的变形和刚度。对称的抛物线形变截面板片如图 20-23 所示。如板端作用载荷 F，则板片的变形和刚度的计算式为

$$f=\frac{\eta_6 Fl^3}{3EI_0}$$

$$F' = \frac{3EI_0}{\eta_6 l^3}$$

$$\eta_6 = 1 + \left(1 - \frac{l_1}{l}\right)^3 \left[1 - 2\left(1 - \frac{l_2 - l_1}{l - l_1}\right)^{\frac{3}{2}}\right] + \left(1 - \frac{l_2}{l}\right)^3 \left(\frac{h_1}{h_2}\right)$$

式中，符号 I_0 意义同前。

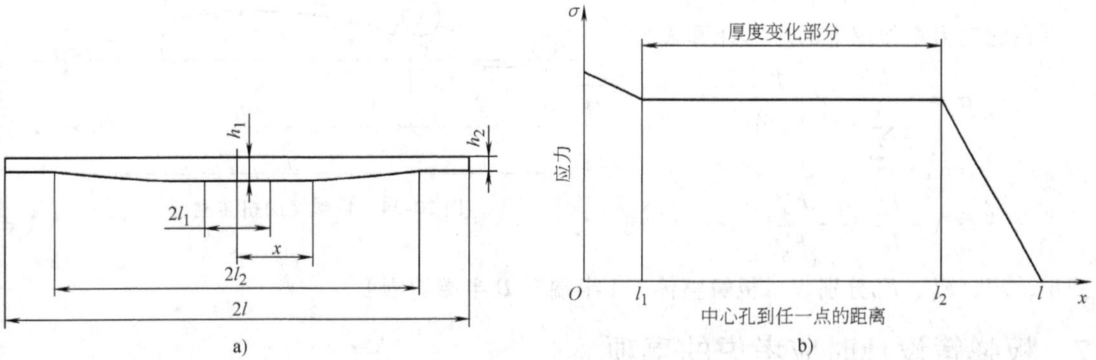

图 20-23　抛物线形变截面板片及其应力分布

a）抛物线形板片　b）沿板长应力的分布

簧片厚度在 $l_1 \sim l_2$ 的范围内呈抛物线变化时，到中心孔任意距离 x 处的厚度计算式

$$h = h_1 \sqrt{\frac{l - x}{l - l_1}}$$

l_2 计算式

$$l_2 = l - (l - l_1)\left(\frac{t_2}{t_1}\right)$$

板片的应力：当板片两端受到载荷 F 作用时，沿长度方向 x 处的应力为

$$\left.\begin{aligned}
&\text{当 } 0 \leqslant x \leqslant l_1 \text{ 时} \\
&\sigma = \frac{6F(l - x)}{bh_1^2} \\
&\text{当 } l_1 \leqslant x \leqslant l_2 \text{ 时} \\
&\sigma = \frac{6F(l - l_1)}{bh_1^2} = \frac{6F(l - l_2)}{bh_1^2} \\
&\text{当 } l_2 \leqslant x \leqslant l \text{ 时} \\
&\sigma = \frac{6F(l - x)}{bh_2^2}
\end{aligned}\right\} \qquad (20\text{-}30)$$

若弹簧是由两片以上板片组成的，则弹簧的刚度为各板片刚度之和。根据各板片刚度求得其所受载荷值，进而便可由式（20-30）计算其应力。

非对称形变截面弹簧的计算，可以载荷作用点为界，将其分成两部分，各自按悬臂梁分别计算出刚度 F_1'、F_2'，然后代入式（20-28）和式（20-30）便可计算其变形和应力。

6　板弹簧的扭转刚度

车辆起动和制动时，悬架板弹簧将受到起动和制动力矩的作用（图 20-24）。车辆悬架板弹簧承受起动和制动力矩的能力，可由弹簧的扭转刚度 T' 表示，其计算式为

$$T' = F'l^2\,\frac{6(1+x\lambda^2)}{(1+x)(1+\lambda)^2}$$

在此动力矩作用下的应力计算式为

$$\sigma_t = \frac{h_l}{2\sum\limits_{i=1}^{n} I_i} \times \frac{T}{1+\lambda}$$

$$\lambda = \frac{l_A}{l_B} \quad x = \frac{F'_A}{F'_B}$$

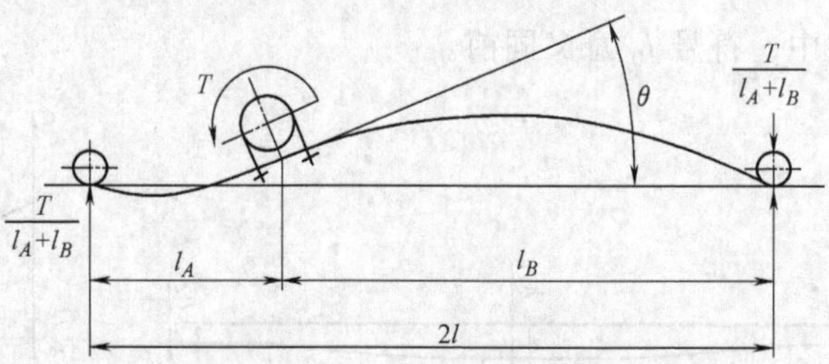

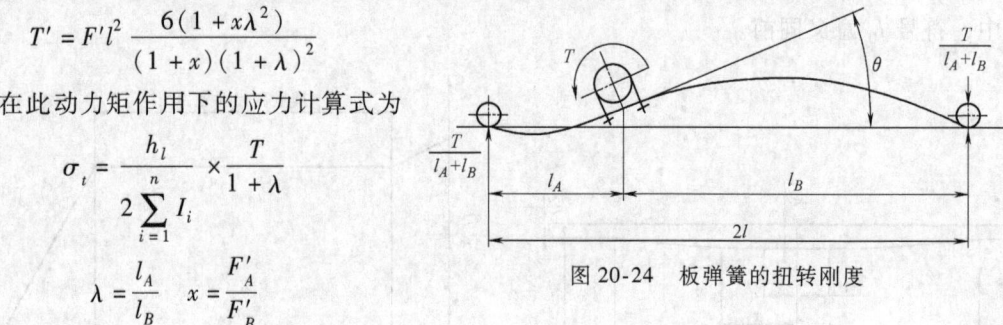

图 20-24　板弹簧的扭转刚度

式中，F'、F'_A、F'_B分别表示板簧整体、A 半端和 B 半端的刚度。

7　板弹簧设计时应考虑的事项

（1）无效长度　多板弹簧中央部分用 U 形螺栓或类似零件紧固，紧固后其有效工作长度要缩短，从而使弹簧的刚度加大。紧固部分长度不起弹性作用称为无效长度。弹簧的无效长度值，取决于紧固的类型；如图 20-25 所示汽车用 U 形螺栓紧固。无效长度取（0.4～0.8）U；图 20-26 所示铁道车辆用簧箍紧固，无效长度取 0.6B；图 20-27 所示为载重汽车用骑马螺栓紧固，可不考虑无效长度。

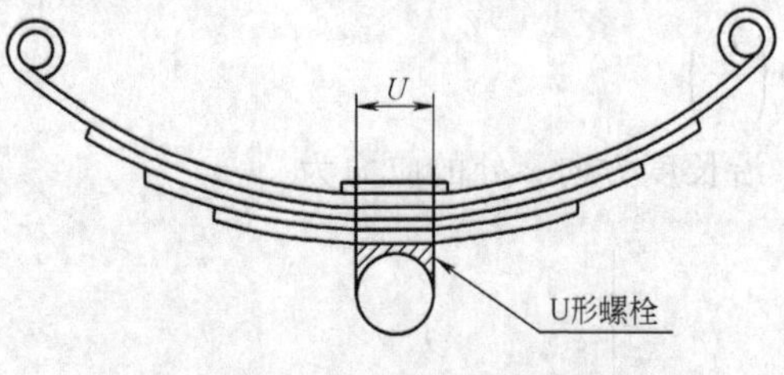

图 20-25　汽车用 U 形螺栓紧固

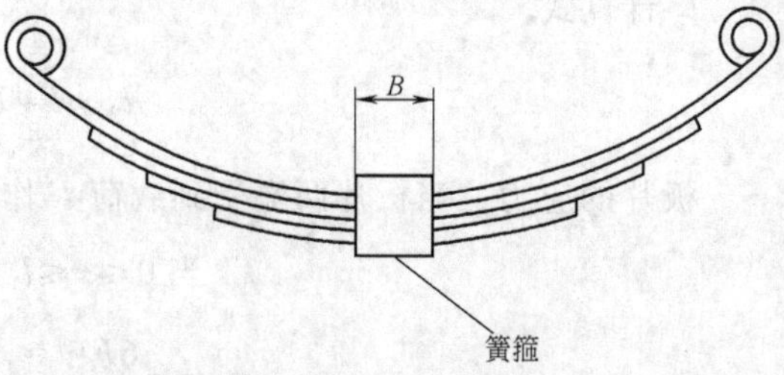

图 20-26　铁道车辆用簧箍紧固

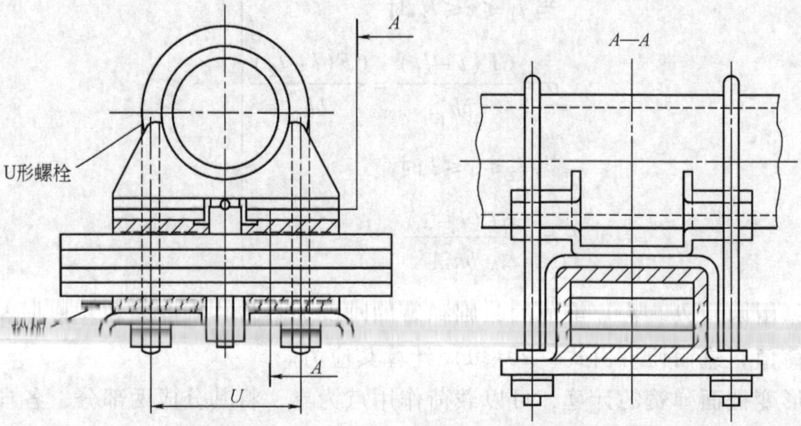

图 20-27　载重汽车用骑马螺栓紧固

铁道车辆用带簧箍的多板弹簧的应力，按下式计算：

当 $l/n<80\text{mm}$ 时：

$$\sigma=\frac{5.5F(l-0.3B)}{nbh^3}$$

当 $l/n>80\text{mm}$ 时：

$$\sigma=\frac{5.3Fl}{nbh^3}$$

（2）阻尼特性及动刚度　多片弹簧存在片间摩擦，所以当它承受垂直载荷时，这种摩擦力就要反映到弹簧的弹性特性上来，其特性线形成一个迟滞回线称为阻尼特性（图20-28）。

当板弹簧在一定载荷下的平衡位置振动，其力对位移的变化就形成一个小回线。这里引入“动刚度”或“等效刚度”的概念，以动态刚度来计算一定幅值下的自振频率。

动刚度随着弹簧载荷的增大或振幅的减小而增大。阻尼值随着弹簧载荷或振幅的增大而增大。

板弹簧由于存在阻尼，所以可以起到减振的作用。这种阻尼随着载荷和振幅的增大而增大，但是，相应也引起动刚度增大，为减少片间摩擦，就要减少板片数或是在板片端加装摩擦系数低的衬垫等方法。另外，也可利用润滑来降低片间的摩擦，但持续性效果差。

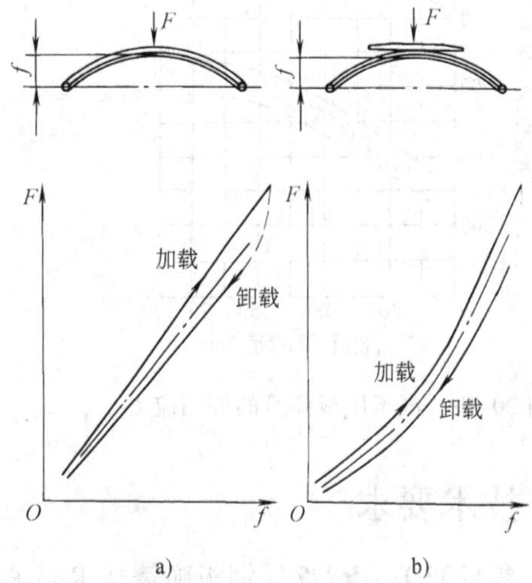

图 20-28　板弹簧的特性线

a）主弹簧　b）主副弹簧

（3）磨损　板弹簧的中央紧固部分容易因摩擦而产生磨损，为了减小磨损有在簧片间加装树脂或软钢的中心衬垫等方法。如果引起摩擦的部位的作用应力高，就容易引起疲劳破坏。例如：在用 U 形螺栓的紧固部位，从螺栓的紧固处折损的情况。

8　板弹簧的材料、强化技术、许用应力

（1）板弹簧的材料与强化技术　板弹簧的材料参见国标 GB 1222（表 2-7），板弹簧的材料目前应用最广泛的是 55Si2Mn、60Si2MnA 及 55SiMnVB。板片厚度大于 12mm 时，建议用 55SiMnVB。板片经热处理后硬度应达到 39～47HRC，并在其凹面进行喷丸处理，以提高其使用寿命。

组装完成的板弹簧都应进行强压处理，强压处理时，加载所引起的变形值一般要达到使用时静挠度的 2～3 倍，使整个板弹簧产生的剩余变形为 6～12mm，在第二次用同样载荷加载之后，剩余变形将减少为 1～2mm，第三次加载之后，制造较好的板弹簧就不再有显著的剩余变形。大量生产时，往往只作一次强压处理，处理后的板弹簧在作用力比强压力小 500～1000N 的情况下，不应再产生剩余变形。

汽车钢板弹簧喷丸处理规程见 ZB/T 06001。

（2）板弹簧的许用应力 板弹簧在实际使用时是车辆整体结构的一部分，主要载荷是垂直方向的作用力，但同时也受到其他各种载荷的作用（纵向和横向水平力及扭矩等）。这些载荷又是随行驶条件和路况等因素而变化，在设计时很难加以全面考虑，一般仅按垂直载荷产生的应力来设计。汽车用板弹簧的许用应力如图 20-29 所示，适用于热处理后经喷丸和预压处理的板片。弹簧板片的疲劳极限如图 20-30 所示，当已知板片的应力变化幅度时，由图可查得板片的疲劳极限，进而确定其许用应力。

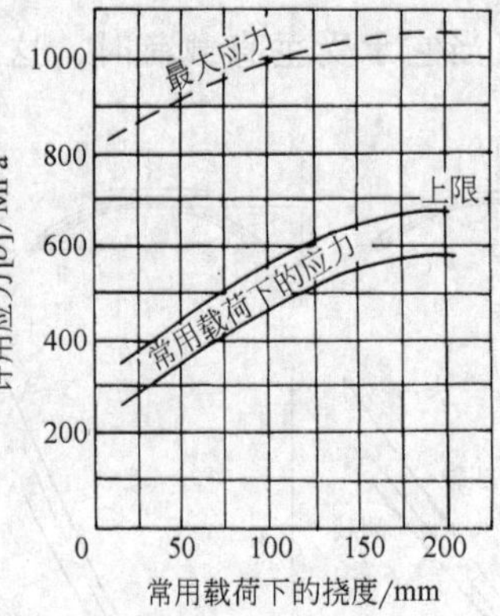

图 20-29 汽车用板弹簧的许用应力

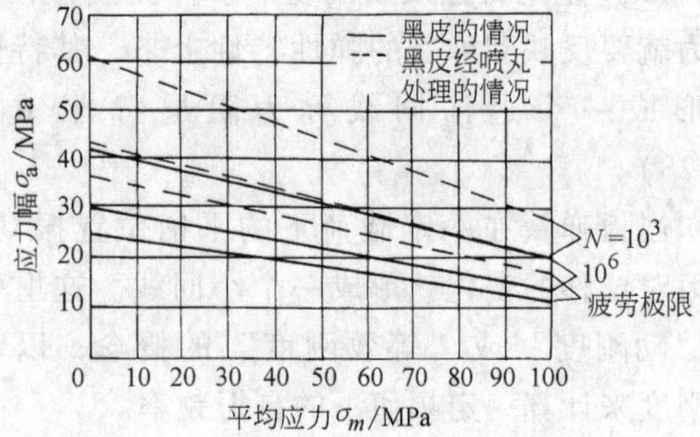

图 20-30 弹簧板片的疲劳极限

9 技术要求

参照 ISO/TC 227《钢板弹簧技术要求》提案中有关技术要求摘录如下，作为参考。

9.1 尺寸及偏差

（1）总成长度偏差 板弹簧总成（平直时）长度偏差见表 20-8。

表 20-8 总成长度偏差 （单位：mm）

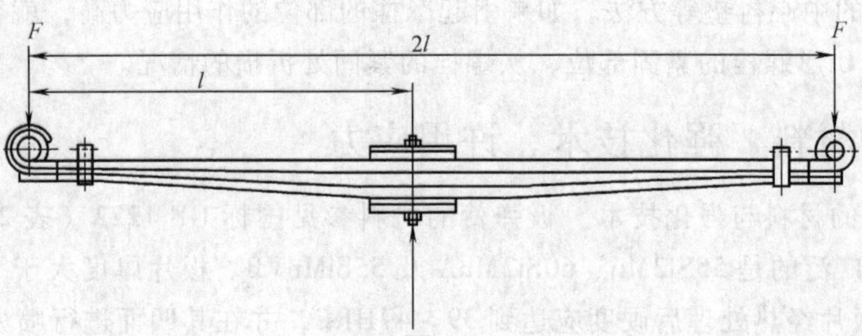

作用长度 2l		半端作用长度 l	
长度范围	允许偏差	长度范围	允许偏差
≤2000	±3	≤1000	±1.5
>2000	±4	>1000	±2

（2）卷耳垂直度、卷耳平行度偏差 板弹簧卷耳装入衬套后，卷耳垂直度和卷耳平行度偏差不得大于1%，如图 20-31 所示。

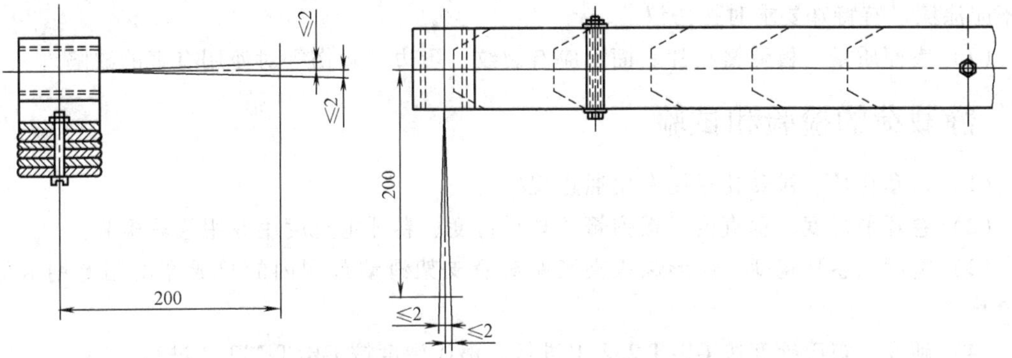

图 20-31 卷耳垂直度、平行度示意图

(3) 总成宽度偏差 板弹簧总成夹紧后，在 U 形栓夹紧距离范围内的总成宽度偏差应符合表 20-9 的规定。有特殊要求时按图样或协议。

表 20-9 总成宽度偏差 (单位：mm)

总成宽度	宽度偏差	总成宽度	宽度偏差
≤100	+2.5	>100	+3

(4) 静载弧高偏差 板弹簧总成静载弧高偏差：一般弹簧 ±5mm，重型车弹簧 ±7mm。

(5) 侧面弯曲 板弹簧总成装入支架内的各片的侧面弯曲不大于 1.5mm/m，其余各片不大于 3mm/m。

(6) 衬套内径偏差 板弹簧衬套内径偏差按产品图样规定。

(7) 卷耳宽度偏差 板弹簧吊耳宽度偏差按产品图样规定。

9.2 性能要求

板弹簧总成刚度偏差一般为 ±10%，特殊要求时由双方协商。

9.3 工艺要求

(1) 硬度 板弹簧板片经热处理后，硬度为 375 ~461HB (40.5 ~48HRC)。有特殊要求时按图样或协议。

(2) 脱碳 板弹簧板片经热处理后，单边总的脱碳层（全脱碳 + 部分脱碳）深度符合表 20-10 的规定。

表 20-10 脱碳层（全脱碳 + 部分脱碳）深度允值 (单位：mm)

片厚	脱碳层深度
≤8	≤片厚的 3%
>8	≤片厚的 2.5% 或 0.5,取小值

(3) 喷丸 板弹簧板片在热处理后、组装前（或单片涂装前）应进行喷丸处理，按 ZB/T 06001 进行。

(4) 装配

1) 板弹簧总成装配时应在板弹簧板片摩擦面上涂以润滑剂（片间有垫片的除外）。

2) 弹簧板片间间隙应均匀。

(5) 预压 板弹簧总成必须进行预压处理。预压后无永久变形。

(6) 涂装 板弹簧总成涂漆，涂层应均匀，不应有漏漆，起泡等缺陷，卷耳衬套内表面不应涂漆。有特殊要求时按协议。

（7）表面质量 板弹簧板片表面不应有裂纹、飞边、碰伤等对使用有害的缺陷。

10 静载荷的检验和试验

（1）衬套孔径 衬套孔径用专用通止规检验。

（2）卷耳平行度、垂直度 板弹簧卷耳平行度、卷耳垂直度用专用检具检验。

（3）宽度 卷耳宽度、U形螺栓夹紧距离及支架滑动范围内的总成宽度用专用卡板进行检验。

（4）硬度 布氏硬度按GB/T 232.1进行，洛氏硬度按GB/T 232.2进行。

（5）脱碳 层弹簧板片脱碳层深度检验按GB/T 224进行。

（6）表面质量 板弹簧表面质量采用目测法检验。

（7）性能

1）试验装置（图20-32）应能使弹簧保持稳定，并可以水平放置无阻力地滑动、连续地施加静态的试验力；配备测量力及变形的测量机构。试验装置的精度为1%，变形量按GB/T 8170修整到0.5mm单位的数值。

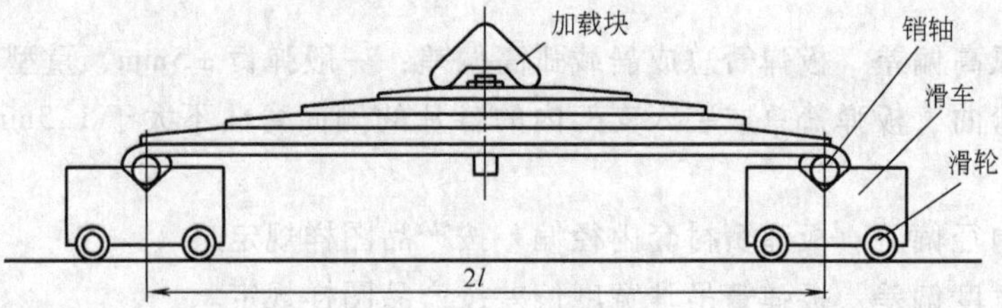

图20-32 试验装置

2）支承与夹持方法，板弹簧支承方法如图20-33所示。中间部分按产品图样规定的夹持方法和条件夹紧。

3）刚度，自由状态下对板弹簧进行刚度试验时，载荷通过图20-34所示的加载块施加。

线性板弹簧的刚度检测：

首先缓慢地对板弹簧加载到最大试验载荷并卸载到零载荷后，再对弹簧施加第一指定载荷、第二指定载荷，测定对应的变形量，记录载荷及变形量；继续加载至最大试验载荷后卸载，记录对应载荷及变形量。有特殊要求的弹簧其刚度试验按双方协议。

板弹簧弹性变形及刚度实测值的确定。

变形量：

$$f=(f_{21}+f_{22})/2-(f_{11}+f_{12})/2$$

式中 f——弹性变形量；

f_{11}——第一指定载荷 F_1 下的加载变形量；

f_{12}——第一指定载荷 F_1 下的卸载变形量；

f_{21}——第二指定载荷 F_2 下的加载变形量；

f_{22}——第二指定载荷 F_2 下的卸载变形量。

实测刚度：

$$F'=(F_2-F_1)/f$$

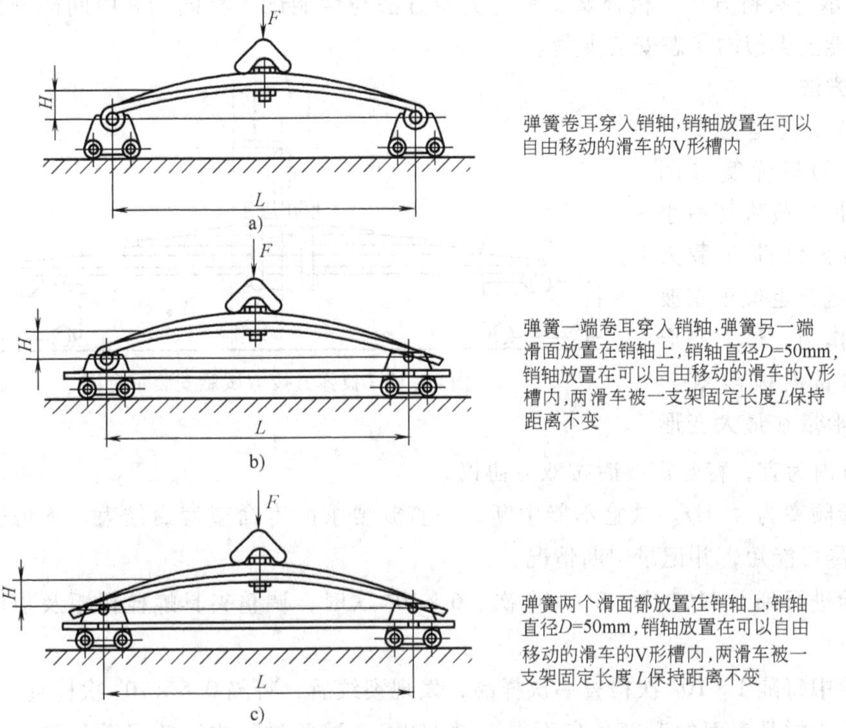
F
H
L
a)
弹簧卷耳穿入销轴，销轴放置在可以自由移动的滑车的V形槽内
F
H
L
b)
弹簧一端卷耳穿入销轴，弹簧另一端滑面放置在销轴上，销轴直径D=50mm，销轴放置在可以自由移动的滑车的V形槽内，两滑车被一支架固定长度L保持距离不变
F
H
L
c)
弹簧两个滑面都放置在销轴上，销轴直径D=50mm，销轴放置在可以自由移动的滑车的V形槽内，两滑车被一支架固定长度L保持距离不变

图 20-33 支承与夹持方法

弹簧刚度的数值，要保留小数点后两位，并按 GB/T 8170 适当进行修整。

非线性板弹簧的刚度检测可以参考线性板弹簧的刚度检测方法，也可以按双方的协议执行。

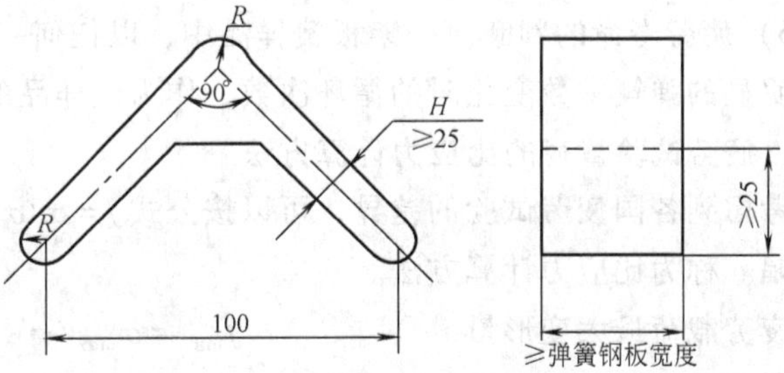

图 20-34 加载块

4）静载弧高。首先缓慢地对板弹簧加载到最大试验载荷并卸载到零载荷后，测量弹簧自由弧高 H_0，再对弹簧施加指定载荷，记录对应弧高 H_1；继续加载至最大试验载荷后卸载，记录指定载荷的弧高 H_2。

钢板弹簧的静载弧高：

$$H = H_0 - (H_2 + H_1)/2$$

11 疲劳试验

11.1 试验装置及支承与夹持方法

（1）试验装置 试验装置应具有能将弹簧的两端保持稳定，并且与弹簧通常的使用状态等同的功能，在中央部的作用力中心反复施加力。为此，应配备力及变形量的动态计量和记录装置。另外，试验装置精度为1%。

（2）支承与夹持方法 板弹簧支承与夹持方法与性能试验相同，其中间部分按车上装车状态或功能上类似的状态安装夹紧。

11.2 试验方法

1）疲劳试验是对安装于试验台上的板弹簧（图20-35），在最小载荷（最小变形）到最大载荷（最大变形）之间进行近似正弦波变化的循环作用。最大变形量不超过弹簧的极限变形量，最小变形量在最大变形量的1/10以内为宜，特殊需要时按双方协议。

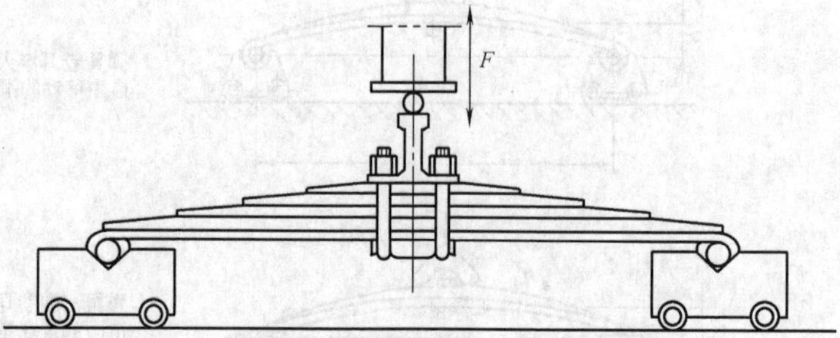

图20-35 板弹簧疲劳试验安装示意图

2）试验频率为≤3Hz。试验不能中断，一直到要求的寿命或寿命结束。不得已中断试验时时间应尽可能短，并记录中断情况。

3）试验进行到1×10^4次、3×10^4次、6×10^4次时，调整夹具螺栓扭矩及预压变形量至规定值。

4）试验中每隔1×10^4次检查一次样品，发现裂纹后，每隔0.5×10^4次检查一次。

5）试验中样品表面的温度最高不得超过150℃。试验过程中弹簧显著发热，或发生异样声音等若干异常时，应记录内容并报告。

6）疲劳寿命的判断。一架板簧样品中，以任何一片簧片最先出现宏观裂纹、折损或者引起明显的弹簧常数变化时的循环次数，作为该样品的寿命。

11.3 疲劳试验载荷的比应力计算方法

考虑到各国疲劳试验的差异，可以按公式$f=\sigma/\sigma'$将疲劳载荷换算成指定应力状态的试验振幅。称为比应力计算方法。

疲劳载荷最大变形量 $f_{max}=\sigma_{max}/\sigma'$

疲劳载荷最小变形量 $f_{min}=\sigma_{min}/\sigma'$

疲劳载荷振幅 $f_a=(f_{max}-f_{min})/2$

式中 σ_{max}——最大应力；

σ_{min}——最小应力；

σ'——比应力。

板弹簧比应力σ'的计算公式如下：

a）普通对称式多片板弹簧：

$$\sigma'=\frac{1}{\eta}\times\frac{12E}{L_e^2}\times\frac{\sum I_0}{\sum z_{m0}}$$

b）普通不对称式多片板弹簧：

$$\sigma'=\frac{F'_j l_1 l_{e2}}{L\sum z_{m0}}$$

c）各片中部等厚的少片变截面板弹簧：

$$\sigma' = \frac{3L_eF_j'}{2nbh^2}$$

d）各片中部不等厚的少片变截面板弹簧：

$$\sigma' = \frac{L_eF_jh_i}{8\sum I_0}$$

$$\eta = \frac{3}{(1-n'/n)^3} \times \left[\frac{1}{2} - 2(n'/n) + (n'/n)^2\left(\frac{3}{2} - \ln(n'/n)\right)\right]$$

$$L_e = L - as$$

$$F_j' = (L/L_e)^3 \times F'$$

式中 E——弹性模量；

η——形状系数；

$\sum I_0$——根部总惯性矩；

$\sum z_{m0}$——根部总抗弯截面系数；

l_1——不对称板弹簧短端长度；

l_{e2}——不对称板弹簧长端有效长度；

L——板弹簧作用长度；

L_e——板弹簧有效作用长度；

h_i——最大应力片厚度；

s——U形螺栓夹紧距离；

a——无效长度系数，一般取0.5；

F_j'——总成夹紧刚度；

n'——主片数；

n——总片数；

b——簧片宽度；

h——簧片厚度；

F'——板簧自由状态下的理论计算刚度。

12 试验记录及报告

各试验结果的报告项目及记录项目，见表20-11。试验结果的记录，按双方协议确定的保存期限保管。

表20-11 试验记录及报告事项

试验种类	报告项目	原始记录项目
一般事项	a)弹簧名称、材质、硬度、参数、其他处理等 b)试验项目 c)报告年月日 d)试验负责人姓名	a)试验开始及结束时间 b)试验期间内试验室温度及湿度 c)其他特殊记录事项 d)试验设备、仪器鉴定有效期限 e)变形量或高度基准
弹簧特性	a)指定载荷、变形量、静载弧高 b)最大载荷 c)刚度	a)载荷 b)高度 c)变形量
疲劳	a)试验的最大载荷(最大变形)、最小载荷(最小变形) b)疲劳寿命 c)失效簧片编号和失效情况	a)作用载荷的平均值及振幅值 b)试验频率 c)其他特殊记录事项

第 21 章　平面涡卷弹簧

1　平面涡卷弹簧的结构、特点和用途

平面涡卷弹簧是用细长弹簧材料，绕制成平面螺旋线形的一种弹簧（图 21-1）。弹簧一端固定，另一端作用扭矩后，材料受弯曲力矩，产生弯曲弹性变形，因而弹簧在自身平面内产生扭转。其变形角的大小与扭矩成正比。

平面涡卷弹簧的卷绕成形比较简单，它的刚度较小，一般在静载荷下工作。由于卷绕圈数可以很多，变形角大，具有在较小体积内储存较多能量的特点。材料截面形状可以是长方形的（如钢带）或圆形的（如钢丝）。长方形截面的单位体积储能能力较大，用得较多。

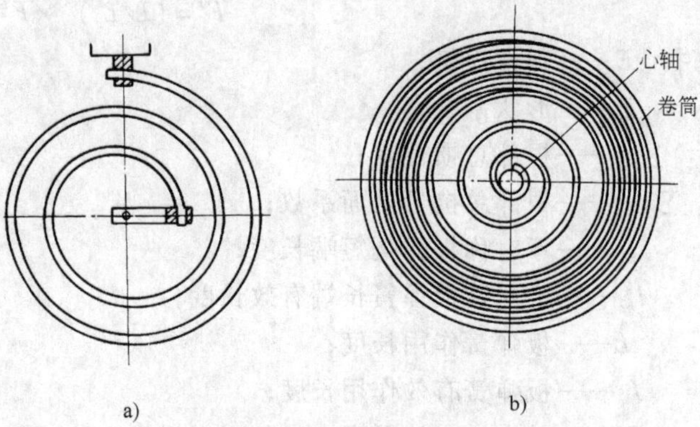

图 21-1　平面涡卷弹簧

a）非接触形平面涡卷弹簧　b）接触形平面涡卷弹簧

平面涡卷弹簧根据相邻各圈接触与否，分为非接触形（图 21-1a）和接触形（图 21-1b）两类。它们的用途，特性和设计计算方法都有所不同。

非接触形平面涡卷弹簧在工作中各圈均不接触，常用来产生反作用力矩。例如用于电动机电刷的压紧弹簧和仪器、钟表中的游丝等均属于这一类。

接触形平面涡卷弹簧的相邻各圈互相接触，圈数较多，可储存较大的能量，常用来作为各种仪器或钟表机构中的原动机。

2　平面涡卷弹簧的变形和刚度计算公式

2.1　非接触形平面涡卷弹簧的变形和刚度计算公式

（1）外端固定　图 21-2 为外端固定的非接触形平面涡卷弹簧。设轴上作用扭矩 T 后，外端 A 点受力矩 T_1、切向力 F_t 和径向力 F_r，而且

$$T_0 = F_t R + T_1 \tag{21-1}$$

在坐标为（x，y）的弹簧上，任意一点所受的弯曲力矩为

$$T = F_t(R + y) + T_1 - F_r x \tag{21-2}$$

以式（21-1）求得的 F_t 代入则得

$$T = T_0\left(1 + \frac{y}{R}\right) - T_1\frac{y}{R} - F_r x \tag{21-3}$$

取长度为无限小的 ds 弹簧单元体，则此单元体内弯曲弹性变形能为

$$\mathrm{d}U = \frac{T^2\mathrm{d}s}{2EI}$$

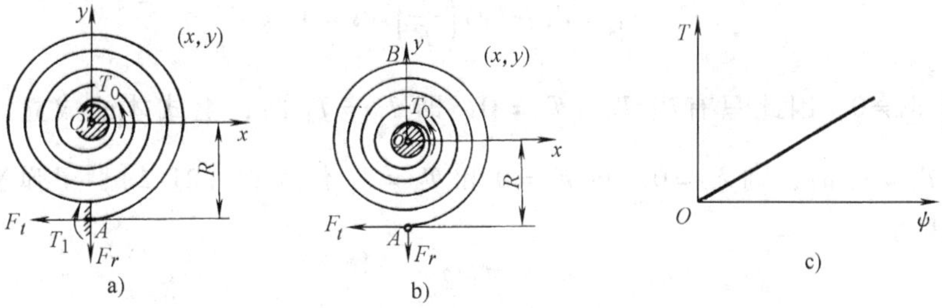

图 21-2　外端固定的非接触形平面涡卷弹簧

a）外端固定　b）外端回转　c）特性线

当涡卷弹簧的有效长度为 l 时，将上式沿曲线全长积分即为弹簧总的变形能

$$U=\int_0^l \mathrm{d}U=\int_0^l \frac{T^2}{2EI}\mathrm{d}s$$

由卡氏定理知，当弹簧变形时，A 点的径向位移及转角为0，力矩 T_1 和径向力 F_r 都不做功，因此

$$\frac{\partial U}{\partial T_1}=\int_0^l \frac{T}{EI}\frac{\partial T}{\partial T_1}\mathrm{d}s=0$$

$$\frac{\partial U}{\partial F_r}=\int_0^l \frac{T}{EI}\frac{\partial T}{\partial F_r}\mathrm{d}s=0$$

将式（21-3）分别对 T_1 和 F_r 取偏导数，得 $\dfrac{\partial T}{\partial T_1}=-\dfrac{y}{R}$，$\dfrac{\partial T}{\partial F_r}=-x$，并将式（21-3）的 T 代入得

$$\int_0^l \left[T_0\left(1+\frac{y}{R}\right)-T_1\frac{y}{R}-F_r x\right]\frac{y}{R}\mathrm{d}s=0 \tag{21-4}$$

$$\int_0^l \left[T_0\left(1+\frac{y}{R}\right)-T_1\frac{y}{R}-F_r x\right]x\mathrm{d}s=0 \tag{21-5}$$

T_0 作用下的变形角为

$$\psi=\frac{\partial U}{\partial T_0}=\int_0^l \frac{T}{EI}\frac{\partial T}{\partial T_0}\mathrm{d}s$$

将式（21-3）对 T_0 取偏导数得 $\dfrac{\partial T}{\partial T_0}=1+\dfrac{y}{R}$，并将式（21-3）的 T 代入得

$$\psi=\frac{1}{EI}\int_0^l \left[T_0\left(1+\frac{y}{R}\right)-T_1\frac{y}{R}-F_r x\right]\left(1+\frac{y}{R}\right)\mathrm{d}s \tag{21-6}$$

由式（21-5）

$$\int_0^l T_0 x\mathrm{d}s+\int_0^l T_0\frac{xy}{R}\mathrm{d}s-\int_0^l T_1\frac{xy}{R}\mathrm{d}s-\int_0^l F_r x^2\mathrm{d}s=0 \tag{21-7}$$

当涡卷弹簧圈数很多时，对 x、y 轴及 O 点接近对称，则

$$\int_0^l x\mathrm{d}s\approx 0,\ \int_0^l y\mathrm{d}s\approx 0,\ \int_0^l xy\mathrm{d}s\approx 0$$

因此将式（21-7）整理得

$$\int_0^l F_r x^2\mathrm{d}s=0$$

由于 $\int_0^l x^2\mathrm{d}s\neq 0$，所以 $F_r=0$，而式（21-4）成为

$$\int_0^l (T_0 - T_1)\left(\frac{y}{R}\right)^2 \mathrm{d}s = 0$$

由于$\int_0^l \left(\frac{y}{R}\right)^2 \mathrm{d}s \neq 0$，因此只有当 $T_0 - T_1 = 0$，即 $T_0 = T_1$ 时，上式才能成立。同时，由式（21-1），当 $T_0 = T_1$ 时，则 $F_t = 0$。将 $F_r = 0$ 和 $T_0 = T_1$ 代入式（21-2），得弹簧任意一点上所受弯曲力矩为

$$T = T_0$$

即轴上作用扭矩 T_0 以后，在弹簧全长各个截面内，都承受相同大小的弯曲力矩，并且与轴上作用的扭矩相等。

由于$\int_0^l \left(\frac{y}{R}\right) \mathrm{d}s = 0$，$\int_0^l \mathrm{d}s = l$，所以式（21-6）化简为

$$\psi = \frac{T_0 l}{EI} \tag{21-8}$$

$$T' = \frac{T_0}{\psi} = \frac{EI}{l} \tag{21-9}$$

式中 T'——弹簧的扭转刚度；

E——弹簧材料的弹性模量；

I——弹簧材料的截面惯性矩。

（2）外端回转（铰接） 由于制造安装比较容易，这种结构应用较多。如图21-3所示，轴上作用扭矩 T_0 以后，外端铰接点 A 不受力矩。设 A 点受切向力 F_t、径向力 F_r，这时弹簧

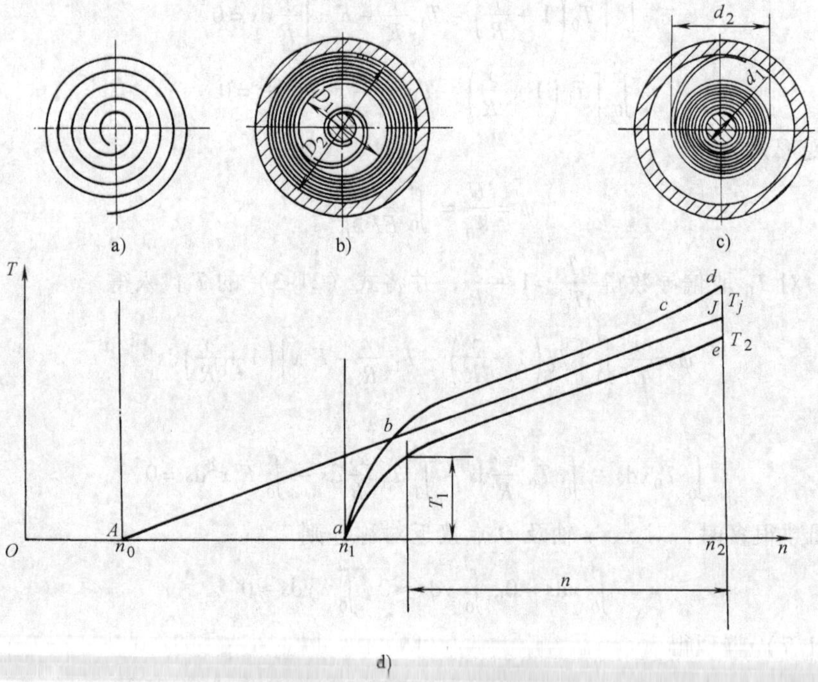

图21-3 接触形平面涡卷弹簧

a）自由状态 b）松卷状态 c）卷紧状态 d）特性线

每一截面所受弯曲力矩都不相同，在任意一点（x，y）上的弯曲力矩为

$$T = F_t(R+y) - F_r x$$

由平衡条件得

$$T_0 = F_t R$$

所以 $F_t = \dfrac{T_0}{R}$，代入上式得

$$T = T_0\left(1+\frac{y}{R}\right) - F_r x \tag{21-10}$$

上式即（21-3）式中 $T_1=0$。同样根据卡氏定理，由于 A 点无径向位移，径向力 F_r 不作功，因此

$$\frac{\partial U}{\partial F_r} = \int_0^l \frac{T}{EI}\frac{\partial T}{\partial F_r}\mathrm{d}s = 0$$

由式（21-10），$\dfrac{\partial T}{\partial F_r} = -x$，并将式（21-10）的 T 同时代入上式得

$$\int_0^l \left[T_0\left(1+\frac{y}{R}\right) - F_r x\right] x\mathrm{d}s = 0$$

由于 $\int_0^l F_r x^2 \mathrm{d}s = 0$，而 $\int_0^l x^2 \mathrm{d}s$ 不为零，因此径向力 F_r 应为零。将 $T_1=0$，$F_r=0$ 和 $\int_0^l y\mathrm{d}s = 0$ 代入式（21-6），则变形角

$$\psi = \frac{T_0}{EI}\int_0^l \left(1+\frac{y}{R}\right)^2 \mathrm{d}s = \frac{T_0}{EI}\int_0^l \left(1+\frac{y^2}{R^2}\right)\mathrm{d}s$$

圈数很多时，$\int_0^l \left(\dfrac{y}{R}\right)^2 \mathrm{d}s \approx \dfrac{1}{4}$，因此上式经整理后，可得变形角和扭转刚度计算式为

$$\psi = \frac{1.25T_0 l}{EI} \tag{21-11}$$

$$T' = \frac{T_0}{\psi} = \frac{EI}{1.25l} \tag{21-12}$$

可见在同样扭矩的条件下，外端回转时的变形角比外端固定的大25%。

在与铰接点相对的 B 点处，$y=R$，代入式（21-10），并且 $F_r=0$，则 B 点弯矩 $T=2T_0$，即此点截面所受弯曲力矩最大，为外端固定时的2倍。

由式（21-9）和式（21-12）可知在一定的材料截面和长度时，即为线性特性线（图21-2c）。

2.2 接触形平面涡卷弹簧的变形和刚度计算公式

接触形平面涡卷弹簧，外端固定在卷筒内壁上，内端固定在轴上。轴上作用力矩时，弹簧被卷紧并积蓄能量，松卷时释放出变形能，带动卷筒而输出工作扭矩。图21-3b为弹簧松卷状态，由于卷筒内径比弹簧的自由状态（图21-3a）外径小，因而弹簧各圈紧密接触，并压紧在筒壁上。图21-3c为弹簧卷紧抱在轴上时的状态，各圈也是紧密接触的。在卷紧和松卷过程中，各圈间接触并相对滑动而具有摩擦，所以反映接触形平面涡卷弹簧的扭矩与变形角关系的特性曲线，除与弹簧材料、卷筒内径、心轴直径、弹簧长度、截面尺寸和内外端的固定方式等因素有关外，还与弹簧材料表面的粗糙度和润滑条件等因素有关。因此按计算方法得出的特性曲线与实测曲线往往出入较大。图21-3d为接触形平面涡卷弹簧特性曲线的形

状。图中 ad 段为卷紧弹簧时所需扭矩与弹簧变形角（以变形圈数 n 表示）的关系曲线，ea 段为松卷时弹簧工作力矩与变形角的关系曲线。当轴上作用了扭矩，开始卷紧弹簧时，压紧在卷筒内壁上的各圈，将逐渐依次分开而参加变形（ab 段），只有在最后一圈也脱离筒壁后，弹簧才在全长内产生变形，这时特性曲线接近为直线（bc 段）。继续加载时，弹簧各圈将逐渐拉紧而旋绕在心轴上，特性曲线急剧变化而成为渐增形（cd 段）。松卷时，由于圈间摩擦和弹性滞后的影响，最大力矩在 e 点，特性曲线与卷紧时的不重合。在弹簧全长内都产生变形时，即其特性线处于 bc 段时，其特性与非接触形涡卷弹簧相近，因此可以利用式（21-8）和式（21-9）计算其变形和刚度。以 e 点的放松力矩为最大工作扭矩 T_2 计算其强度。AJ 为理论特性线，J 点为极限扭矩 T_j。

3 平面涡卷弹簧的设计计算

3.1 平面涡卷弹簧的基本计算公式

根据式（21-8）和式（21-11）可知扭矩 T 作用下的变形角：

$$\psi=\frac{Tl}{EI} \tag{21-13}$$

取 $\psi=2\pi n$，则得扭矩 T 作用下的工作转数：

$$n=\frac{Tl}{2\pi EI} \tag{21-14}$$

扭矩 T 作用下的弯曲应力：

$$\sigma=\frac{T}{Z_m}\leqslant[\sigma] \tag{21-15}$$

式中 l——材料的展开有效长度；

E——材料的弹性模量；

I——材料截面惯性矩，对于矩形截面，$I=bh^3/12$，b 为截面宽度，h 为材料厚度；对于圆形截面，$I=\pi d^2/64$，d 为截面的直径；

Z_m——抗弯截面系数，矩形截面 $Z_m=bh^2/6$，圆形截面 $Z_m=\pi d^3/32$；

$[\sigma]$——许用弯曲应力。

平面涡卷弹簧材料多为矩形截面，因而下列设计计算公式均适用于矩形截面材料。对于圆形截面材料只要在式中代入相应的惯性矩 I 和抗弯截面系数 Z_m。

3.2 非接触形平面涡卷弹簧的设计计算

非接触形平面涡卷弹簧的设计，一般给出承受的转矩 T 和相应的变形角 ψ。根据工作条件选出较为合适的材料后，进行有关参数的计算。所列强度和变形计算式以及它们的导出式多为近似式，计算结果与实际情况有一定的误差，尤其当弹簧圈数小于3时，误差更大。对于要求精度较高的弹簧，应进行试验修正。

1）弹簧的变形角，按式（21-13）可知为

$$\psi=\frac{12K_1Tl}{Ebh^3}=\frac{2K_1l[\sigma]}{Eh} \tag{21-16}$$

式中 K_1——系数，外端固定时 $K_1=1$；外端回转时 $K_1=1.25$。

2）弹簧的刚度 T'，按式（21-16）可知为

$$T' = \frac{T}{\psi} = \frac{Ebh^3}{12K_1 l} = \frac{ETh}{2K_1 l[\sigma]} \tag{21-17}$$

非接触形平面涡卷弹簧刚度较为稳定。

3）弹簧材料截面的厚度 h，按式（21-15）可知为

$$h = \sqrt{\frac{6K_2 T}{b[\sigma]}} \tag{21-18}$$

式中 K_2——系数，外端固定时，$K_2 = 1$，外端回转时，$K_2 = 2$。

所选 h 值应符合表2-75系列值。设计时一般是根据安装空间的要求，由表2-75系列值选取宽度 b 值，然后计算 h 值。

4）弹簧的工作转数，按式（21-14）可知为

$$n = \frac{\psi}{2\pi} = \frac{6K_1 Tl}{\pi Ebh^3} = \frac{K_1 l[\sigma]}{\pi Eh} \tag{21-19}$$

5）弹簧材料的有效工作长度，按式（21-19）和式（21-18）可知为

$$l = \frac{Ebh^3\psi}{12K_1 T} = \frac{\pi Ebh^3 n}{6K_1 T} = \frac{\pi Ehn}{K_1[\sigma]} \tag{21-20}$$

6）弹簧材料的展开长度：

$$L = l + \text{两端固定部分长度} \tag{21-21}$$

7）弹簧的节距：

$$t = \frac{\pi(R^2 - R_1^2)}{l} \tag{21-22}$$

8）弹簧的内半径 R_1 和外半径 R：

$$R_1 = (8 \sim 15)h \tag{21-23}$$

$$\left.\begin{aligned} R &= R_1 + n_0 t \\ R &= \frac{2l}{\psi} - R_1 \end{aligned}\right\} \tag{21-24}$$

9）弹簧的强度校验：

$$\sigma = \frac{6K_2 T}{bh^2} = \frac{n\pi EhK_2}{K_1 l} \leqslant [\sigma] \tag{21-25}$$

3.3 接触形平面涡卷弹簧的设计计算

接触形平面涡卷弹簧的设计计算，一般根据给出最大输出扭矩 T_2 以及相应的工作转数 n，进行有关参数的选择和计算。

1）弹簧的扭矩，参照图21-3和式（21-15）可知极限扭矩：

$$T_j = \frac{bh^2}{6}\sigma_b \tag{21-26}$$

最大输出扭矩：

$$T_2 = K_3 T_j = K_3 \frac{bh^3}{6}\sigma_b \tag{21-27}$$

最小输出扭矩：

$$T_1 = (0.5 \sim 0.7)T_2 = (0.5 \sim 0.7)K_3 \frac{bh^3}{6}\sigma_b \tag{21-28}$$

式中 K_3——固定系数，和外端固定形式有关，按表21-1查取；

σ_b——材料的抗拉强度极限。

表 21-1 固定系数 K_3

固定形式	铰式固定	销式固定	V形固定	衬片固定
K_3	0.65~0.70	0.72~0.78	0.80~0.85	0.90~0.95

2）弹簧的工作转数与圈数，参照图 21-3 和式（21-14）和式（21-27），可知其理论工作转数：

$$n=\frac{6T_2 l}{\pi Ebh^3}=\frac{K_3 l\sigma_b}{\pi Eh} \tag{21-29}$$

自由状态下，弹簧的圈数：

$$n_0=\frac{1}{2h}\left(\sqrt{\frac{4lh}{n}+d_1^2}-d_1\right)-\frac{K_3 l\sigma_b}{\pi Eh} \tag{21-30}$$

弹簧置于盒内，未加扭矩状态下的圈数：

$$n_1=\frac{1}{2h}\left(D_2-\sqrt{D_2^2-\frac{4lh}{\pi}}\right) \tag{21-31}$$

弹簧卷紧在心轴上的圈数：

$$n_2=\frac{1}{2h}\left(\sqrt{\frac{4lh}{\pi}+d_1^2}-d_1\right) \tag{21-32}$$

弹簧的有效工作转数：

$$n=K_4(n_2-n_1) \tag{21-33}$$

式中 K_4——有效系数；其值可根据 d_1/h，在图 21-4 中查取。

3）弹簧材料截面的厚度，由式（21-26）可知为

$$h=\sqrt{\frac{6T_j}{b\sigma_b}}=\sqrt{\frac{6T_2}{K_3 b\sigma_b}} \tag{21-34}$$

设计时，一般先根据安装空间的要求选取宽度 b 值，然后计算 h 值。最后所选的 h 和 b 值，应符合表 2-75 系列值。

4）弹簧的心轴：

$$d_1\geqslant(15\sim25)h \tag{21-35}$$

弹簧卷紧在心轴上的外直径：

$$d_2=\sqrt{\frac{4lh}{\pi}+d_1^2} \tag{21-36}$$

5）簧盒内直径：

$$D_2=\sqrt{2.55lh+d_1^2} \tag{21-37}$$

弹簧松卷时簧圈内直径：

$$D_1=\sqrt{D_2^2-\frac{4lh}{4}} \tag{21-38}$$

6）弹簧材料的展开长度，工作部分材料展开长度：

$$l=\frac{\pi Eh}{K_3\sigma_b}(n_2-n_1)=\frac{\pi Ehn}{K_3K_4\sigma_b} \tag{21-39}$$

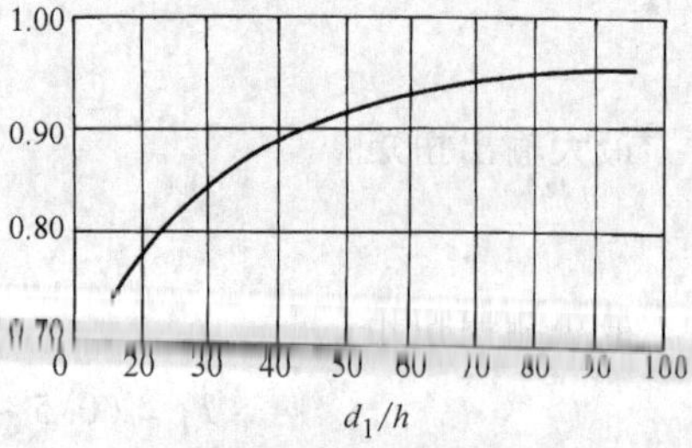

图 21-4 有效系数 K_4

材料展开长度：

$$L = l + l_d + l_D \tag{21-40}$$

式中　l_d——固定于心轴上的长度，一般取 $l_d = (1 \sim 1.5)\pi d_1$；

l_D——固定于簧盒上的长度，一般取 $l_D = 0.8\pi d_1$。

设计时，一般可取 $l/h = 3000 \sim 7000$，最大不得超过 15000。

3.4　平面涡卷弹簧设计时应注意的问题

1）平面涡卷弹簧的心轴直径一般应为 $d_1 = (15 \sim 25)h$，直径太小，则因弹簧内圈卷绕曲率半径小而弯曲应力大，并且在内端有较大的应力集中而造成损坏；直径过大则因变形圈数过少而使有效的工作力矩减少。

2）圈数少于三圈的非接触形平面涡卷弹簧，由于圈数少，在受载后各个不同位置所受弯矩不相同，各个截面的应力也不相等，计算时应特殊考虑。

3）由于端部固定方法对弹簧的特性和应力大小影响很大，设计时应注意选择。

4）接触形平面涡卷弹簧使用时应加入润滑剂，以减少各圈间摩擦对弹簧特性的影响。

4　定载荷和定扭矩平面涡卷弹簧

弹簧大都是随着变形的增加，其相应的载荷也将线性或非线性地增大。图 21-5 所示定载荷和定扭矩弹簧，在工作时载荷 F 和扭矩 T 不随变形的大小而变化，接近一定值。从而满足某些机械和仪表装置的要求。它们是接触形平面涡卷弹簧的特殊结构型式。

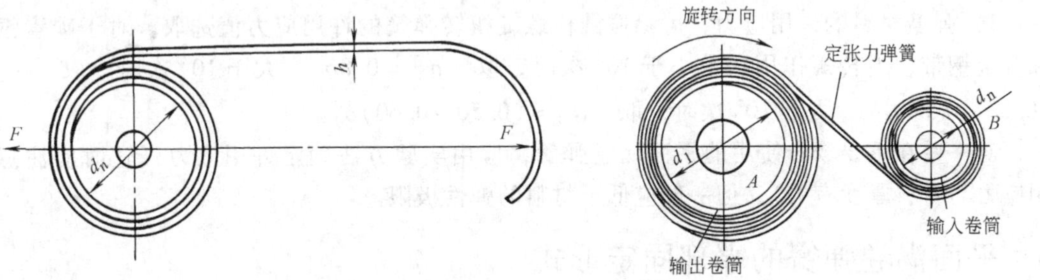

图 21-5　定载荷和定扭矩平面涡卷弹簧

a）定载荷弹簧　b）定扭矩弹簧

定载荷和定扭矩弹簧的计算式为

$$F = \frac{Ebh^3}{6.6d_n^2} \tag{21-41}$$

$$\sigma = \frac{Eh}{d_n} \tag{21-42}$$

$$T = \frac{Ebh^3 d_1}{12}\left(\frac{1}{d_n} + \frac{1}{d_1}\right)^2 \tag{21-43}$$

$$\sigma = Eh\left(\frac{1}{d_n} + \frac{1}{d_1}\right) \tag{21-44}$$

式中　d_n——弹簧自由状态下的内圈直径；

d_1——弹簧的心轴直径，取 $d_1 = 1.6d_n$。

5 平面涡卷弹簧的材料、制造和许用应力

1）弹簧一般采用表21-2所列材料制造，也可按供需双方商定的其他材料制造，如不锈钢、黄铜、青铜或耐腐蚀的高弹性合金材料等。材料厚度和宽度的荐用尺寸系列见表2-75。其相关的硬度和强度见表2-91。

表21-2 平面涡卷弹簧常用材料

标准号	材料名称	牌号	推荐使用范围
YB/T 5058	弹簧钢、工具钢冷轧钢带	65Mn、50CrVA、60Si2MnA、60Si2Mn	非接触形涡卷簧，厚度≥3mm的接触形涡卷簧
YB/T 5063	热处理弹簧钢带Ⅰ、Ⅱ、Ⅲ组	65Mn、T7A、T8A、T9A、50CrVA、60Si2MnA、65Si2MnA、70Si2Cr	接触形涡卷簧，厚度<3mm
YB/T 5183	汽车车身附件用异形钢丝	65Mn、50CrVA	非接触形涡卷簧

2）工艺方法随弹簧技术要求（如材料、寿命、弹簧特性等）、批量而定。一般厚度<3mm的接触形平面涡卷弹簧的制造过程大致为：下料（修边、淬火、回火、表面研磨一般在钢带生产厂完成）、内外端固定部位加工、去应力回火、卷制成形。卷制成形的方法，一般为将材料在心轴上逐圈绕紧后，用合适的夹圈夹紧，或直接装入簧盒。材料厚度较大的接触形平面涡卷弹簧，可以在专用模具中用热成形方法或用退火材料冷成形方法卷制成形到涡卷簧松圈状态，在成形后热处理，热处理后再在心轴上逐圈绕紧，用合适的夹圈夹紧。非接触形平面涡卷簧一般用热成形方法或用退火材料冷成形方法成形加工（成形后需去应力回火）。成形后进行热处理和表面防腐处理。无须使用夹圈。

3）弹簧材料的许用应力，可参照圆柱螺旋扭转弹簧的许用应力值选取。对于碳素钢带和合金钢带，当转矩作用次数小于10^3次时，取$[\sigma]=0.8\sigma_b$，大于10^3次时，取$[\sigma]=(0.60\sim0.80)\sigma_b$，大于$10^5$次时，取$[\sigma]=(0.50\sim0.60)\sigma_b$。

对一些在重要场合使用的平面涡卷弹簧，应由实验方法确定许用应力（这时应注意许用应力与材料厚度有关），但一般应低于材料的弹性极限。

6 平面涡卷弹簧的端部固定形式

平面涡卷弹簧的内端和外端固定形式见表21-3和表21-4。

表21-3 平面涡卷弹簧的内端固定形式

形式	应用范围	形式	应用范围
 V形槽固定	适用于具有大心轴直径的弹簧	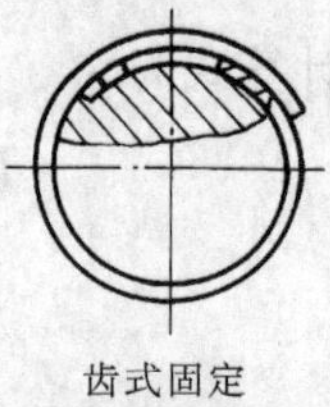 齿式固定	将心轴表面制成螺旋线形状，用弯钩将弹簧端部加以固定。适用于重要和精密机构中的弹簧
 弯钩固定	适用于材料较厚的弹簧	 销式固定	结构简单，适用于不太重要机构中的弹簧，[illegible]使弹簧材料生产较大应力集中

表 21-4 平面涡卷弹簧的外端固定形式

形 式	应用范围	形 式	应用范围
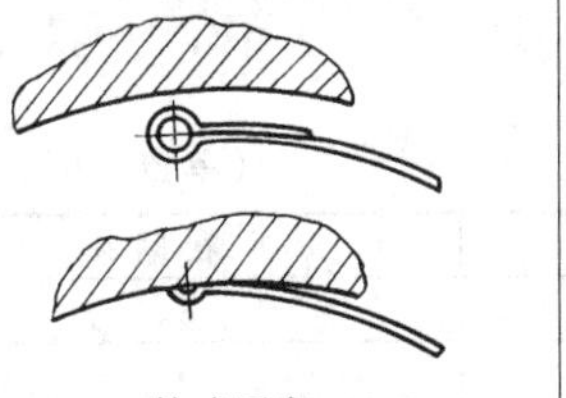 铰式固定	圈间摩擦较大，使输出转矩降低很多，且刚度不稳，不适用于精密和特别重要机构中的弹簧	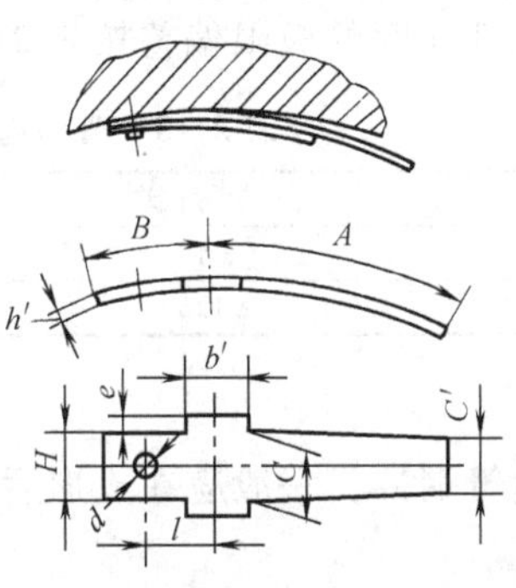 衬片固定 $A=(0.25\sim0.40)\pi R$ $B=(0.5\sim0.6)A$ $h'=h, b'=(6\sim8)h'$ $l=(0.5\sim0.6)B$ $C=H=(0.93\sim0.97)b$ $C'=(0.65\sim0.75)b$ $e=(6\sim8)h, d=0.3H$	在端部铆接一衬片，将衬片两侧的两个凸耳分别插入盒底和盒盖的长方形孔中，由于衬片可在方孔中进行径向移动，从而卷紧时减少了圈间摩擦，具有较为稳定的刚度，是较为合理的一种固定形式
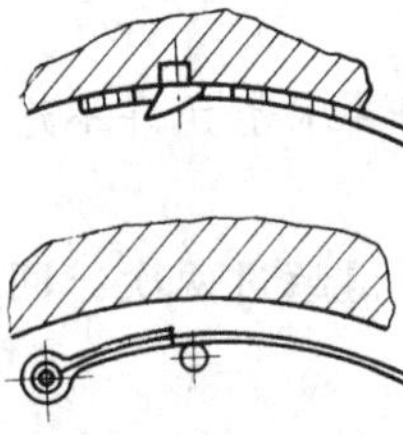 销式固定	圈间摩擦较铰式固定为低，适用于较大尺寸的弹簧		
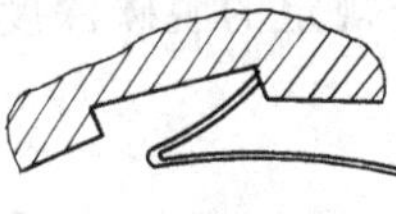 V 形固定	结构简单，适用于尺寸较小的弹簧，在弯曲处容易断裂		

7 技术要求

下列内容摘自 JB/T 6654《平面涡卷弹簧技术条件》。

(1) 尺寸参数及偏差 尺寸参数系列见表 2-75。

1) 弹簧各圈应过渡均匀，不允许有明显的凹凸现象。等节距弹簧的节距均匀度公差按图样规定。

2) 弹簧各圈应在垂直于涡旋中心线的同一平面上，其平面度按表 21-5 规定。

3) 非接触形弹簧圈数的极限偏差按表 21-6 的规定，当有特殊要求时按供需双方协议。

表 21-5 平面度公差 (单位：mm)

弹簧外径	≤50	>50~100	>100~200	>200
平面度公差	1	2	3	协议

表 21-6 非接触形弹簧圈数的极限偏差 (单位：圈)

弹簧名称	极限偏差	
	1 级精度	2 级精度
非接触形平面涡卷弹簧	±0.125	±0.25

4) 弹簧外径 D_2 和内径 D_1 的极限偏差按表 21-7 的规定。

表 21-7 弹簧外径 D_2 和内径 D_1 的极限偏差 (单位：mm)

精度等级	1 级	2 级
极限	$\pm0.03D_2$ 最小 ±0.5	$\pm0.04D_2$ 最小 ±0.7
偏差	$\pm0.03D_1$ 最小 ±0.3	$\pm0.04D_1$ 最小 ±0.4

非接触形平面涡卷弹簧的外半径或内半径，为便于测量按下式近似计算为外径或内径：

$$D_2 = 2R - 0.5t;\ D_1 = 2R_1 + 0.5t。\tag{21-45}$$

5）弹簧内、外端部夹持部分的弯钩或小孔形状尺寸及其极限偏差按图样规定。

6）弹簧弯钩钩部长度的极限偏差按表 21-8 的规定。

表 21-8　弯钩钩部长度的极限偏差　（单位：mm）

弯钩钩部长度	极限偏差	弯钩钩部长度	极限偏差
≤10	±1	>30	±2
>10~30	±1.5		

（2）热处理

1）用热处理弹簧钢带，一般应在成形后去应力退火，但根据使用要求也允许不进行去应力退火。

2）用退火状态的材料，需经淬火、回火处理的弹簧，淬火次数不得超过两次，回火次数不限，其硬度值在（400~504）HV 或（42~50）HRC 范围之内。

3）经淬火、回火处理的弹簧，其金相组织应符合有关标准的规定。

4）经淬火、回火处理的弹簧，单面脱碳层深度允许为原材料标准规定的脱碳深度再增加材料厚度尺寸的 0.25%。

（3）其他

1）弹簧表面应光滑，侧面锐角倒棱或成圆弧，不允许有明显的毛刺缺陷。

2）弹簧表面应进行氧化处理或其他防腐处理。

3）弹簧有其他技术要求时，由供需双方协议规定。

8　试验方法和检验规则

8.1　试验方法

1）材料截面尺寸：用分度值为 0.02mm 游标卡尺或千分尺测量。

2）平面度：用 2 级精度平板和塞尺测量弹簧最大间隙。

3）弹簧圈数：目测或用专用量具检查。

4）弹簧外径、内径：用分度值为 0.02mm 游标卡尺在弹簧内、外圈离端头 0.125 圈处测量相当于外径或内径尺寸。

5）其他参数尺寸：用分度值为 0.02mm 游标卡尺测量，也可用专用量具检查。

6）金相：采用产品或试块检查，试验方法按有关规定。

7）硬度、脱碳层深度：采用产品或试块检查，按 GB/T 230 及 GB/T 224 的规定。

8）弹簧氧化处理：用 3% 硫酸铜点滴在产品上或 2% 硫酸铜浸泡，在规定时间内，目测其氧化膜不变色。

8.2　检验规则

1）弹簧各项项目的检验按标准各有关规定，经企业质检部门检验合格，并附有产品合格证方能出厂。

2）弹簧一般检查下列项目：

关键项目：金相、硬度、脱碳层。

主要项目：内外径、圈数、平面度。

一般项目：端部孔径或弯钩形状、弯钩钩部长度、外观、材料厚度、材料宽度。

3）订货单位对成批生产的弹簧进行抽样验收检查时，应根据 GB/T 2828 的规定。检查水平和抽样方案由供需双方协议。

【例 21-1】 设计一平衡用非接触形平面涡卷弹簧，承受的转矩 $T=38.3\text{N}\cdot\text{m}$，变形角 $\psi=31.5\text{rad}$，允许安装宽度 $b=50\text{mm}$，外端为固定式，要求使寿命大于 10^5 作用次。此弹簧的作用较为重要。

解 （1）弹簧材料和许用应力　根据表 21-2 选用 I 级强度热处理钢带，再由表 2-91 可查得硬度 40 ~ 48HRC（HV375 ~ 485），抗拉强度 $\sigma_b=1270\text{MPa}$。

按 5 节可知，使用寿命大于 10^5 作用次时，其许用应力 $[\sigma]=(0.5\sim0.6)\sigma_b=(0.5\sim0.6)\times1270\text{MPa}=635\sim762\text{MPa}$；根据其重要程度取 $[\sigma]=730\text{MPa}$。

（2）弹簧材料的截面尺寸　按要求在表 2-75 选取材料宽度 $b=50\text{mm}$，另一方面由于弹簧要求外端固定，则系数 $K_2=1$，由式（21-18）得材料厚度

$$h=\sqrt{\frac{6K_2T}{b[\sigma]}}=\sqrt{\frac{6\times1\times38300}{50\times730}}\text{mm}\approx2.5\text{mm}$$

符合表 2-57 系列值。

（3）弹簧的有效工作长度　由于外端固定，取 $K_1=1$，按式（21-20）得长度

$$l=\frac{Ebh_3\psi}{12K_1T}=\frac{206000\times50\times2.5^3\times31.5}{12\times1\times38300}\text{mm}=10710\text{mm}$$

（4）弹簧的几何参数　弹簧圈的内半径，按式（21-23）计算

$$R_1=(8\sim15)h=(8\sim15)\times2.5\text{mm}=20\sim37.5\text{mm}$$

取 $R_1=30\text{mm}$。

弹簧圈的外半径，按式（21-24）计算

$$R=\frac{2l}{\psi}-R_2=\frac{2\times10710}{31.5}-30\text{mm}=650\text{mm}$$

取 $R=650\text{mm}$。

弹簧的节距，按式（21-22）计算

$$t=\frac{\pi(R^2-R_2^2)}{l}=\frac{\pi(650^2-30^2)}{10710}\text{mm}=123.7\text{mm}$$

取 $t=124\text{mm}$。

弹簧自由状态下的圈数，按式（21-24）计算

$$n_0=\frac{R-R_2}{t}=\frac{650-30}{124}\text{圈}=5\text{圈}$$

弹簧材料的展开长度，两端各取固定部分长度 145mm，则

$$L=l+\text{两端固定部分长度}=(10710+2\times145)\text{mm}=11000\text{mm}$$

（5）弹簧的工作图（图 21-6）

技术要求

1）材料采用 I 级强度热处理钢带，42 ~ 45HRC；

2）弹簧自由状态下的工作圈数，$n_0=(5\pm0.25)$圈；

3）弹簧平面度公差≤2mm；

4）弹簧各圈应过渡均匀，不允许有明显的凹凸波浪形状；

5）弹簧表面应光滑，侧面锐角倒棱，不允许有明显的毛刺缺陷；

6）弹簧表面处理，氧化。

【例 21-2】 设计一储能用接触形平面涡卷弹簧，要求最小输出转矩 $T_1=900\text{N}\cdot\text{mm}$，最大输出转矩 $T_2=1800\text{N}\cdot\text{mm}$，有效工作转数 $n=8$ 转。材料为Ⅱ级热处理弹簧钢带，其硬度为 48 ~ 55HRC（486 ~

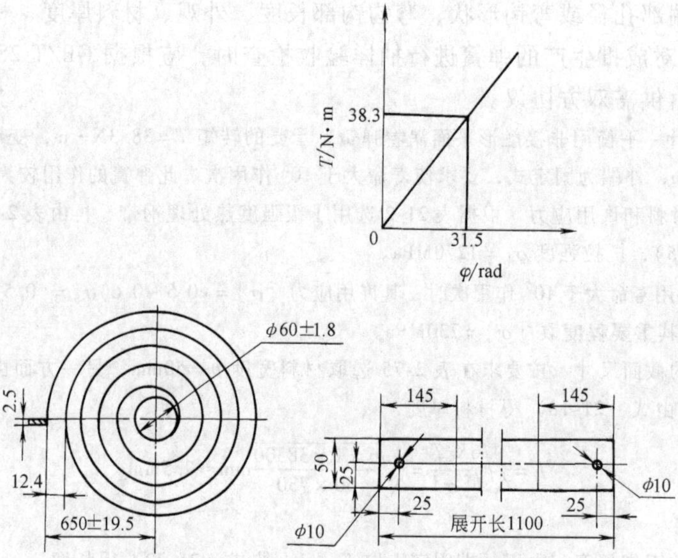

图 21-6 例 21-1 非接触形平面涡卷弹簧工作图

600HV)，外端为 V 形固定。

解 根据材料硬度 53HRC，由表 2-91 查得材料抗拉强度 $\sigma_b = 1560\text{MPa}$。按外端为 V 形固定，由表21-1 查得系数 $K_3 = 0.85$。选取 $d_1/h = 30$，由图 21-4 可查得系数 $K_4 = 0.84$。

(1) 弹簧的极限转矩 由式（21-27）可得

$$T_j = \frac{T_2}{K_2} = \frac{1800}{0.85}\text{N}\cdot\text{mm} = 2118\text{N}\cdot\text{mm}$$

(2) 弹簧材料的截面尺寸 由表 2-75 选取材料宽度 $b = 14\text{mm}$，将有关参数代入式（21-34）可得材料厚度

$$h = \sqrt{\frac{6T_j}{b\sigma_b}} = \sqrt{\frac{6\times 2118}{14\times 1580}}\text{mm} = 0.76\text{mm}$$

按表 2-75 系列值，取 $h = 0.8\text{mm}$。

(3) 弹簧材料的展开长度 由式（21-39）可得材料有效工作展开长度

$$l = \frac{\pi Ehn}{K_3K_4\sigma_b} = \frac{\pi\times 206000\times 0.8\times 8}{0.85\times 0.84\times 1569}\text{mm} = 3654\text{mm}$$

心轴固定部分长度，按 $d_1 = 30h \approx 25\text{mm}$，可得心轴和簧盒固定部分长度

$$l_d = 1.2\pi d_1 = 1.2\pi\times 25\text{mm} \approx 95\text{mm}$$

$$l_D = 0.8\pi d_1 = 0.8\pi\times 25\text{mm} \approx 63\text{mm}$$

材料展开长度

$$L = l + l_d + l_D = 3654 + 95 + 63\text{mm} = 3812\text{mm}$$

(4) 弹簧心轴和簧盒直径 已知心轴 $d_1 = 25\text{mm}$，由式（21-37）可得簧盒内直径

$$D_2 = \sqrt{2.55lh + d_2^2} = \sqrt{2.55\times 3654\times 0.8 + 25^2}\text{mm} = 89.8\text{mm}$$

取 $D_2 = 85\text{mm}$。

(5) 弹簧的圈数和转数 自由状态下的圈数由式（21-30）计算

$$n_0 = \frac{1}{2h}\left(\sqrt{\frac{4lh}{\pi} + d_1^2} - d_2\right) - \frac{K_3 l\sigma_b}{\pi Eh} = \left[\frac{1}{2\times 0.8}\left(\sqrt{\frac{4\times 3654\times 0.8}{\pi} + 25^2} - 25\right) - \frac{0.85\times 3654\times 1569}{\pi\times 206000\times 0.8}\right]\text{圈} = 16.2\text{圈}$$

弹簧卷紧在心轴上的圈数，由式（21-32）计算

$$n_2 = \frac{1}{2h}\left(\sqrt{\frac{4lh}{\pi}+d_1^2}-d_1\right)=\frac{1}{2\times 0.8}\left(\sqrt{\frac{4\times 3654\times 0.8}{\pi}+25^2}-25\right)\text{圈}=25.6\text{圈}$$

弹簧未受外加扭矩时的圈数，由式（21-31）计算

$$n_1 = \frac{1}{2h}\left(D_2-\sqrt{D_2^2-\frac{4lh}{\pi}}\right)=\frac{1}{2\times 0.8}\left(85-\sqrt{85^2-\frac{4\times 3654\times 0.8}{\pi}}\right)\text{圈}=16.1\text{圈}$$

弹簧的有效工作转数由式（21-33）得

$$n = K_4(n_2-n_1)=0.84(25.6-16.1)\text{转}=8\text{转}$$

此值符合要求。

（6）弹簧的工作图（图21-7）

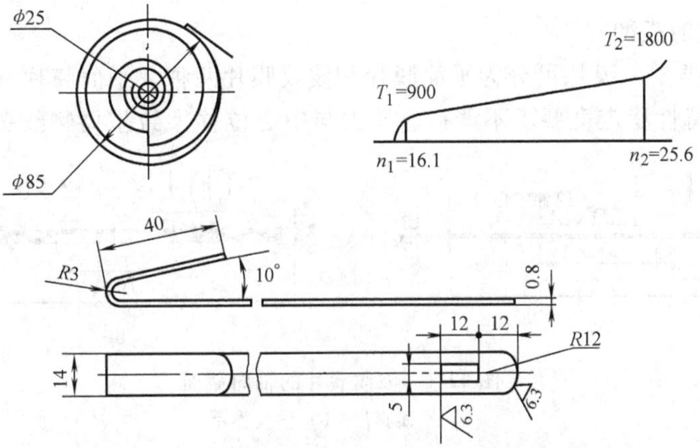

图21-7　例21-2接触形平面涡卷弹簧工作图

技术要求

1）材料　Ⅱ级强度热处理钢带（YB/T 5063），其硬度为48～55HRC；

2）弹簧自由状态圈数　$n_0=16.2$ 圈；

3）弹簧的有效工作转数　$n=8$ 转；

4）弹簧的材料的展开长度　$L=3812\text{mm}$；

5）表面处理　氧化后涂防锈油。

第 22 章　膜片及膜盒[5]

由于膜片及膜盒对压力反应灵敏，在不大的几何尺寸下，可获得显著和较高的自振频率和输出力，常用作气体或液体压力（或压力差）测量装置的敏感元件。

1　膜片及膜盒的类型和特性

1.1　膜片及膜盒的类型

（1）膜片的类型　膜片可分为平面膜片和波纹膜片两种。平面膜片（图 22-1a）一般用于中心位移小、特性稳定度要求不严格、压力与中心位移大致呈抛物线关系的测量装置中。

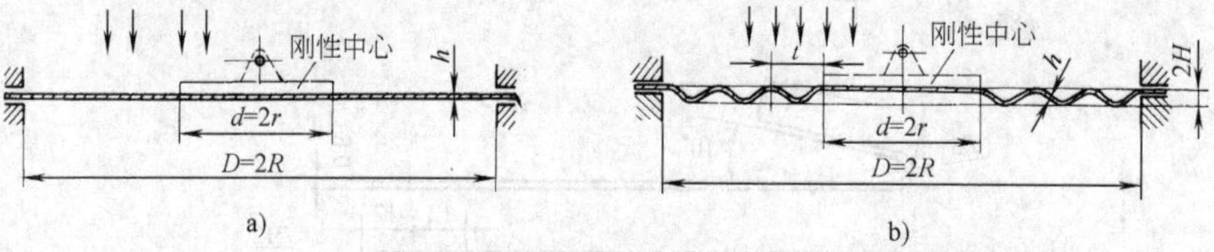

图 22-1　波纹膜片的轴向截面

a）平面膜片　b）波纹膜片

波纹膜片（图 22-1b）是一个带有环状同心波纹的薄圆片，按波纹的类型可分为正弦形、梯形、锯齿形、圆形和弧形等，如图 22-2 所示。

波纹膜片与平面膜片比较有以下优点：

1）中心位移大。即材料一定时，不产生塑性变形的中心挠度较大；

2）压力位移特性可以呈线性关系或非线性关系；

3）特性稳定，边缘固定时，可能产生的扭曲较小；

4）由于波纹的形状不同，压力与中心位移的关系可以是多种多样的。因此，有可能按需要的特性曲线来设计膜片，以满足不同的测量要求。

膜片作为测量元件时的缺点：有迟滞、灵敏度受环境温度的影响，设计难以满足预定的特性要求。目前所应用的膜片波纹形截面多数是由实验方法得到的。

（2）膜盒的类型　膜盒由两片单膜片沿圆周焊接在一起，目的是增大位移。用作膜盒的膜片，一般都有特殊的边缘，如图 22-3 所示。膜盒分为压力、真空和填充式三种类型，如图 22-4 所示。

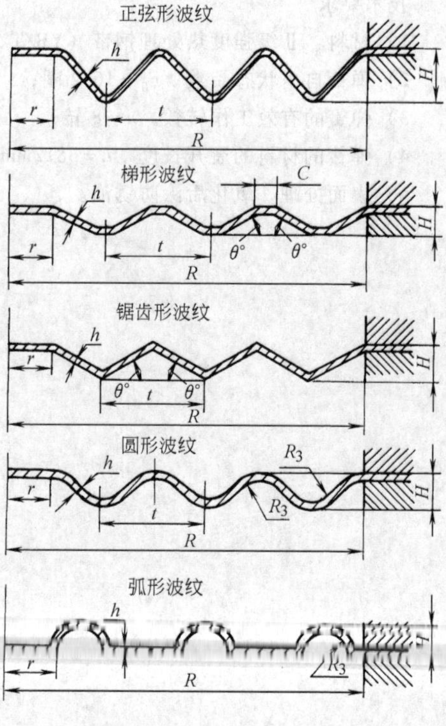

图 22-2　波纹膜片的形状

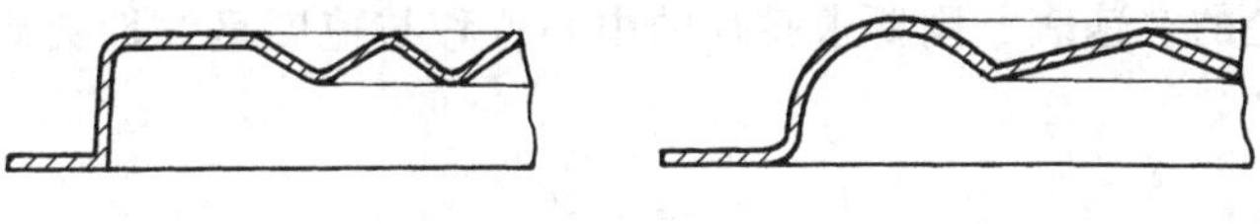

图 22-3 带边缘波纹的膜片

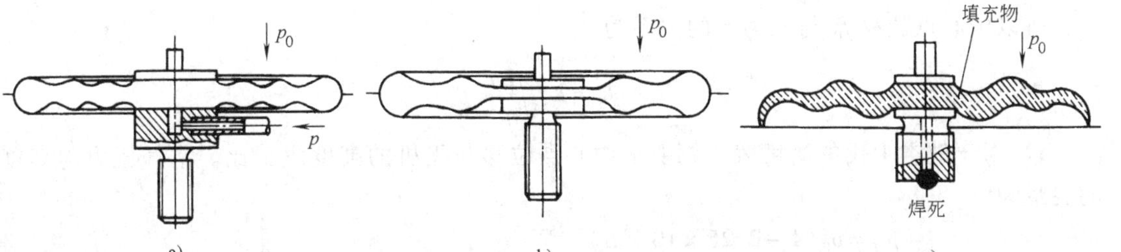

图 22-4 膜盒的类型

a）压力膜盒 b）真空膜盒 c）填充式膜盒

（3）膜片、膜盒按连接分类 按膜片、膜盒在配套装置中的连接形式可分为四类，如图 22-5 所示。它们的外边缘可用钎焊、熔焊或用螺纹固定。在其中心焊有中心杆。外边缘连接要坚固，且尽可能避免剩余外力或歪曲。

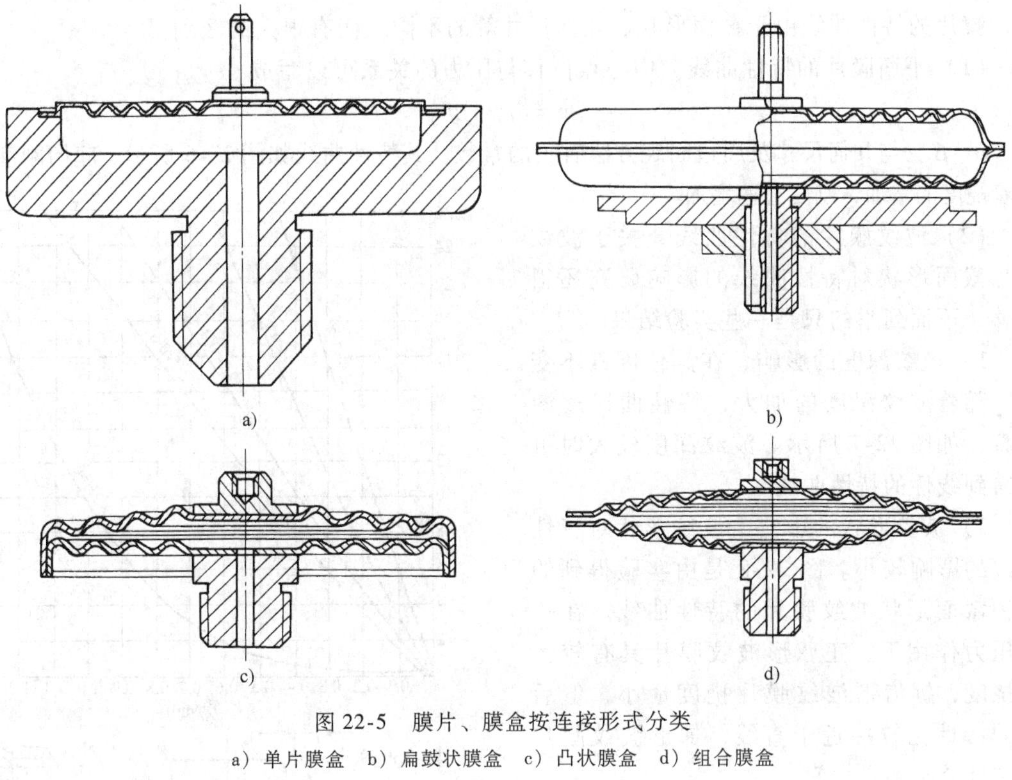

图 22-5 膜片、膜盒按连接形式分类

a）单片膜盒 b）扁鼓状膜盒 c）凸状膜盒 d）组合膜盒

1.2 膜片的特性曲线

对于不同的仪表，要求膜片有不同的特性曲线，通常可分为三种：

1）对于测量压力的仪表，要求膜片的中心位移与压力呈线性关系。

2）对于飞机上的空速表，则要求膜片的中心位移与速度呈线性关系，因为速度与压力的关系为

$$v=\sqrt{\frac{2p}{\rho}}$$

式中 ρ——空气的密度；

p——动压。

所以中心点位移 f_0 与压力 p 的关系为

$$f_0=K\sqrt{\frac{2p}{\rho}}$$

3）对于航空上用的高度表，则要求中心点位移与飞机的高度成正比。空气压力与高度的关系为

$$p_H=p_0(1-2.26\times10^{-5}H)^{5.256}$$

式中 p_0——地面上空气压力；

H——高度；

p_H——在高度 H 处的空气压力。

所以，高度表上用的膜片，其中心点位移与压力的关系必须使中心点位移与高度呈线性关系。

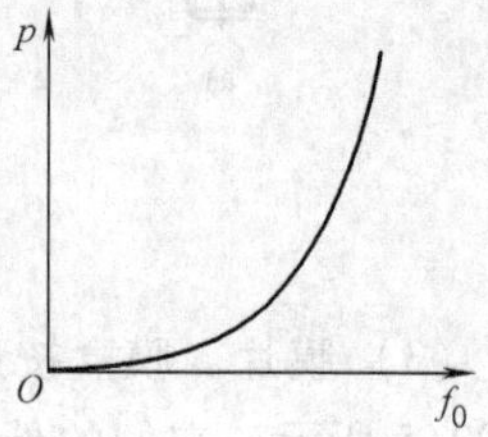

图 22-6 平面膜片的特性

膜片与膜盒特性曲线的研究主要是用实验的方法。实验指出，膜片的特性曲线由于截面形状、几何尺寸等的不同，而有很大的区别。

（1）平面膜片的特性曲线　中心点位移与压力的关系可以写成

$$p=\alpha f_0+\beta f_0^3$$

α、β 为与几何尺寸及周边固定方法有关的常数。其特性曲线如图 22-6 所示。起始刚度小，随着挠度的增加，刚度急速增加。

（2）波纹膜片的特性曲线　关于波纹膜片截面形状对特性曲线的影响研究还很不够，下面列举的只是一些实验结果。

1）波纹深度的影响，在其他因素不变时，随着波纹深度的加大，特性曲线逐渐平直，如图 22-7 所示。波纹深度较大时可以得到线性的特性曲线。

2）波纹形状的影响，波纹形状对特性曲线的影响较小。图 22-8 是由实验得到的各种截面形状波纹膜片的特性曲线。在一定压力作用下，正弦形波纹膜片具有较大的挠度，锯齿形波纹膜片挠度最小，但后者的特性比较接近于直线，梯形波纹膜片的特性介乎两者之间。

3）波纹数的影响，在波纹深度不变的情况下，改变波纹数目对特性曲线影响很小。

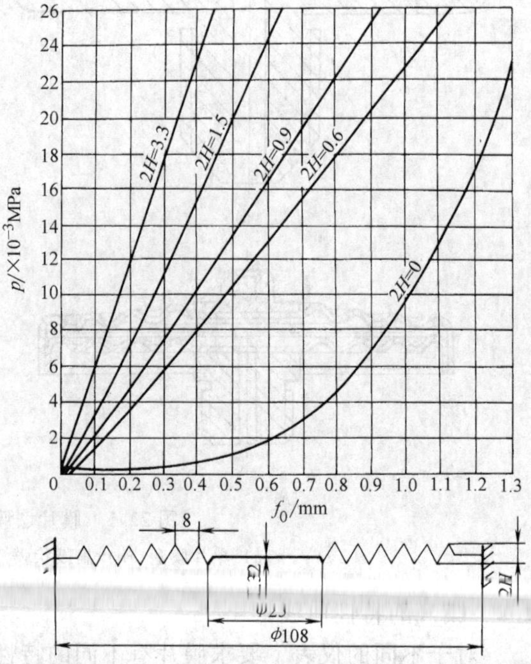

图 22-7 波纹深度对特性的影响

4）边缘波纹的影响，边缘波纹对膜片的特性影响甚大。有边缘波纹的膜片中心点位移要比无边缘波纹的大几倍，如图 22-9 所示。实验指出，略为增减边缘波纹的半径时，将显著改变膜片的特性，因为这种膜片的位移主要是由边缘波纹所决定，中部波纹所起的作用较小。

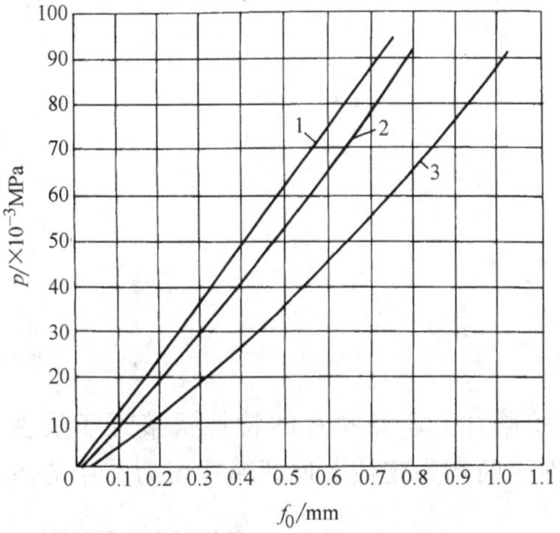

图 22-8 波纹形状对特性的影响

1—锯齿形 2—梯形 3—正弦形

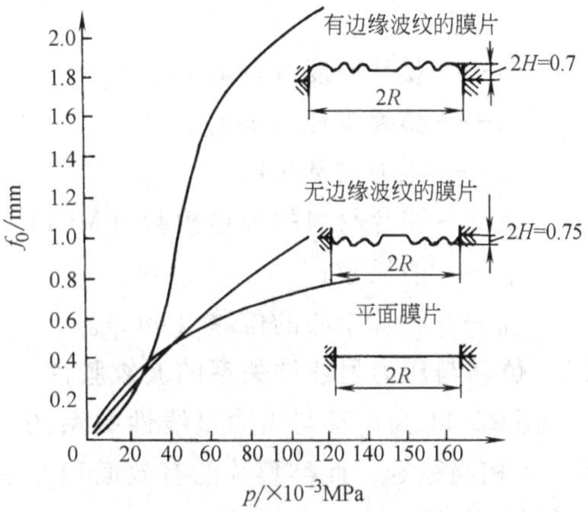

图 22-9 边缘波纹对膜片特性的影响

5）膜片厚度的影响，膜片的厚度对其特性影响较大，增加膜片厚度，将使刚度增大。

6）膜片直径的影响，增大直径，将使灵敏度增加。

从以上说明可知，改变膜片的几何参数，可使膜片具有各种不同的特性，因此可以用适当选择膜片几何参数的方法，得到所需要的各种特性。但是用改变波纹形状及其他参数来对膜片特性做实验研究，以获得所需的特性，实际上是困难的。因此，设计时多数从已有实际膜片形式中选取合适的或稍作修改。多种式样的标准膜片，有对压力为线性的，有对空速为线性的，有对高度为线性的，可供参考选用。

1.3 膜盒的特性设计

膜盒的特性为两个膜片特性之和。

2 膜片的设计计算

膜片上的波纹对它的特性有很大的影响，而波纹形状的种类又很多，难以用简单而较精确的工程实用公式来计算。实际设计时多靠制造和检验者的经验及典型设计资料。

2.1 平面膜片特性计算

根据膜片固定方法可分为滑装和刚性固定两种。滑装的系指外端固定，在膜片变形时可在径向方向自由的滑动，而刚性固定则是固定不动的。膜片受载后（图 22-10）的特性如下：

滑装固定膜片的特性公式

$$\frac{pR^4}{Eh^4}=\frac{16}{3(1-\mu^2)}\cdot\frac{f_0}{h}-\frac{6}{7}\left(\frac{f_0}{h}\right)^3 \qquad (22\text{-}1)$$

刚性固定膜片特性公式

$$\frac{pR^4}{Eh^4}=\frac{16}{3(1-\mu^2)}\cdot\frac{f_0}{h}-\frac{2}{21}\left(\frac{23-9\mu}{1-\mu}\right)\left(\frac{f_0}{h}\right)^3 \qquad (22\text{-}2)$$

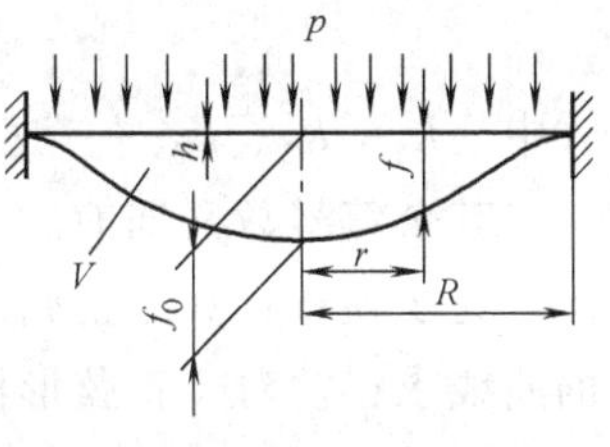

图 22-10 平面膜片受载荷图

当位移不大时，可将三次方项忽略不计，则两公式为

$$\frac{pR^4}{Eh^4}=\frac{16}{3(1-\mu^2)}\cdot\frac{f_0}{h} \tag{22-3}$$

$$f_0=\frac{3(1-\mu^2)}{16E}\cdot\frac{R^4}{h^3}p \tag{22-4}$$

式中 h——膜片厚度（mm）；

R——膜片半径（mm）；

p——压力（MPa）；

E——膜片材料的弹性模数（MPa）；

μ——泊松数；

f_0——膜片中心的位移（mm）。

2.2 位移与压力呈线性关系的波纹膜片

图 22-11 为位移与压力呈线性关系的 E 型波纹膜片。E 型膜片的特性很接近于线性关系，且相当稳定。此类膜片的有效面积在整个特性区间均为定值。E 型膜片压力与中心点位移的关系如下：

$$f_0=\frac{(1-\mu^2)}{E}\cdot\frac{D^4}{(66h^3+0.0142hD^2)}p \tag{22-5}$$

式中 D——膜片直径（mm）。

其余符号意义同前。

上面公式适用于 $D/h\leqslant300$ 的膜片。

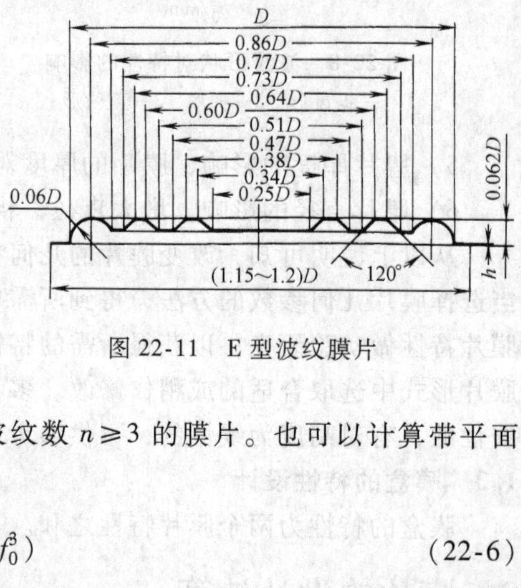

图 22-11 E 型波纹膜片

2.3 位移与压力呈非线性关系的波纹膜片

下面介绍的公式适用于 $f_0<(20\sim30)h$、无边缘波纹、无硬中心，任意形状的周期性波纹，且波纹数 $n\geqslant3$ 的膜片。也可以计算带平面部分的膜片，而所引起的误差并不显著。

$$p=\frac{Eh}{R^4}(ah^2f_0+bf_0^3) \tag{22-6}$$

$$a=\frac{4(n+3)}{3K_1\left(1-\frac{\mu^2}{n}\right)} \tag{22-7}$$

$$b=\frac{32K_1}{(m^2-9)}\left[\frac{1}{6}-\frac{3-\mu}{(m-\mu)(m+3)}\right] \tag{22-8}$$

$$m=\sqrt{K_1K_2} \tag{22-9}$$

$$n=K_1K_3 \tag{22-10}$$

式中 K_1、K_2、K_3——波纹断面相对系数，见表 22-1。

其余符号意义同前。

为了便于计算，正弦形和锯齿形波纹膜片的系数 a 和 b，可由图 22-12 ~ 图 22-13 所列的曲线求得。对于正弦形波纹，这些系数由深度比 H/h 和 H/t 决定。对于锯齿形波纹，则由 H/h 和波纹斜角 θ_0 决定。这里 H 为波纹高度，h 为材料厚度，t 为波长（图 22-2）。

表 22-1 常用波纹截面相对系数 $K_1K_2K_3$

截面形状		K_1	K_2	K_3
梯形 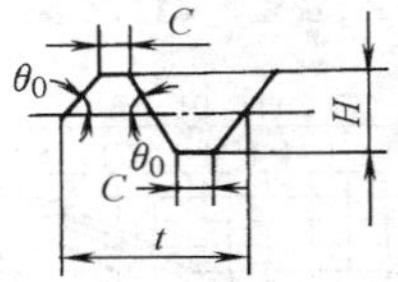		$\dfrac{1-\dfrac{2C}{t}}{\cos\theta_0}+\dfrac{2C}{t}$	$\dfrac{H^2}{h^2}\left[\dfrac{1-\dfrac{2C}{t}}{\cos\theta_0}+\dfrac{6C}{t}\right]+\left(1-\dfrac{2C}{t}\right)\cos\theta_0+\dfrac{2C}{t}$	$\dfrac{H^2}{h^2}\left[\dfrac{1-\dfrac{2C}{t}}{\cos\theta_0}+\dfrac{6C}{t}\right]+\dfrac{1-\dfrac{2C}{t}}{\cos\theta_0}+\dfrac{2C}{t}$
锯齿形 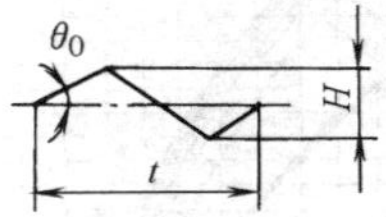		$\dfrac{1}{\cos\theta_0}$	$\dfrac{H^2}{h^2\cos\theta_0}+\cos\theta_0$	$\dfrac{H^2}{h^2\cos\theta_0}+\dfrac{1}{\cos^3\theta_0}$
正弦形 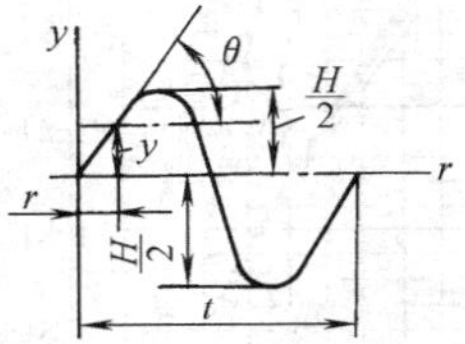	当$\dfrac{H}{t}<8$	1	$\dfrac{3}{2}\cdot\dfrac{H^2}{h^2}+1$	$\dfrac{3}{2}\cdot\dfrac{H^2}{h^2}+1$
	任意深度的截面形状	$\dfrac{2}{\pi\sqrt{1-C^2}}A_0$	$\dfrac{2H^2}{\pi h^2\sqrt{1-C^2}}\left[\left(\dfrac{1}{C^2}-1\right)B_0+\left(2-\dfrac{1}{C^2}\right)A_0\right]+\dfrac{2\sqrt{1-C^2}}{\pi}B_0$	$\dfrac{2H^2}{\pi h^2\sqrt{1-C^2}}\left[\left(\dfrac{1}{C^2}-1\right)B_0+\left(2-\dfrac{1}{C^2}\right)A_0\right]+\dfrac{2}{3\pi\sqrt{1-C^2}}\left[\dfrac{2(2-C^2)}{1-C^2}A_0-B_0\right]$

式中 $A_0=\int_0^{\frac{\pi}{2}}\left(\sqrt{1-C^2\sin\alpha}\right)d\alpha$；$B_0=\int_0^{\frac{\pi}{2}}\dfrac{d\alpha}{\sqrt{1-C^2\sin^2\alpha}}$；$\alpha=2\pi\dfrac{r}{t}$；$C=\dfrac{\dfrac{H\pi}{t}}{\sqrt{1+\left(\dfrac{H\pi}{t}\right)^2}}$

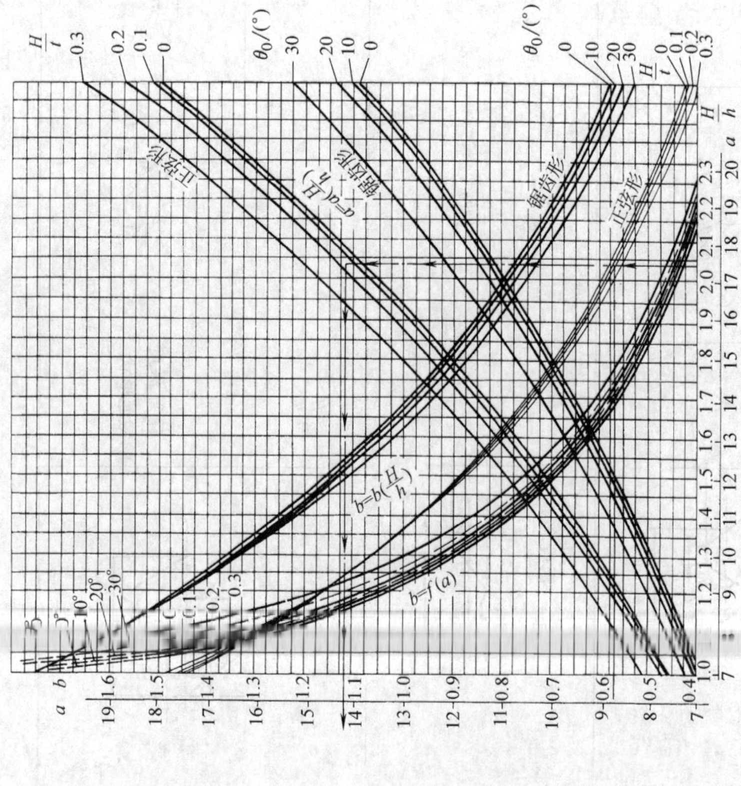

图 22-12 系数 $a=a(H/h)$、$b=b(H/h)$ 和 $b=f(a)$

适用于 H/h 在 1~2.5 范围内变化的正弦形和锯齿形截面

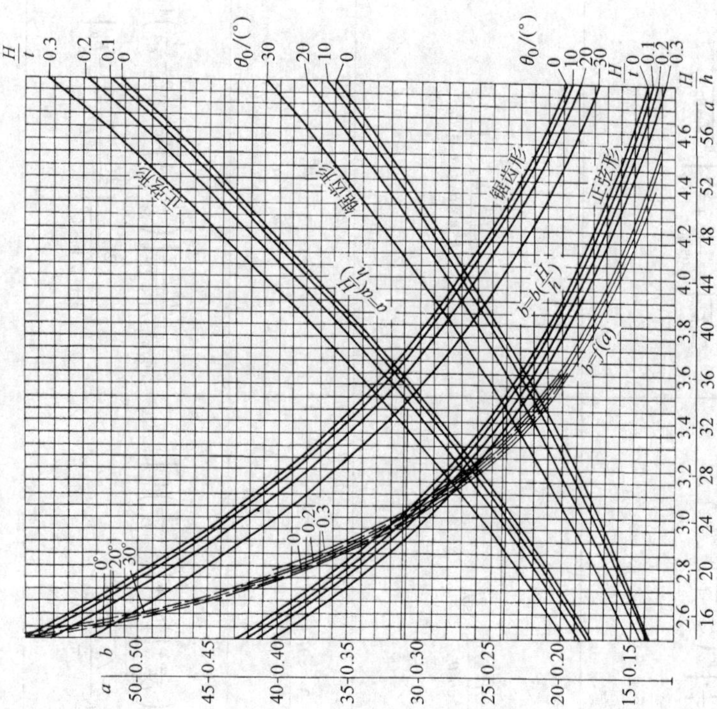

图 22-13 系数 $a=a(H/h)$、$b=b(H/h)$ 和 $b=f(a)$

适用于 H/h 在 2.5~4.8 范围内变化的正弦形和锯齿形截面

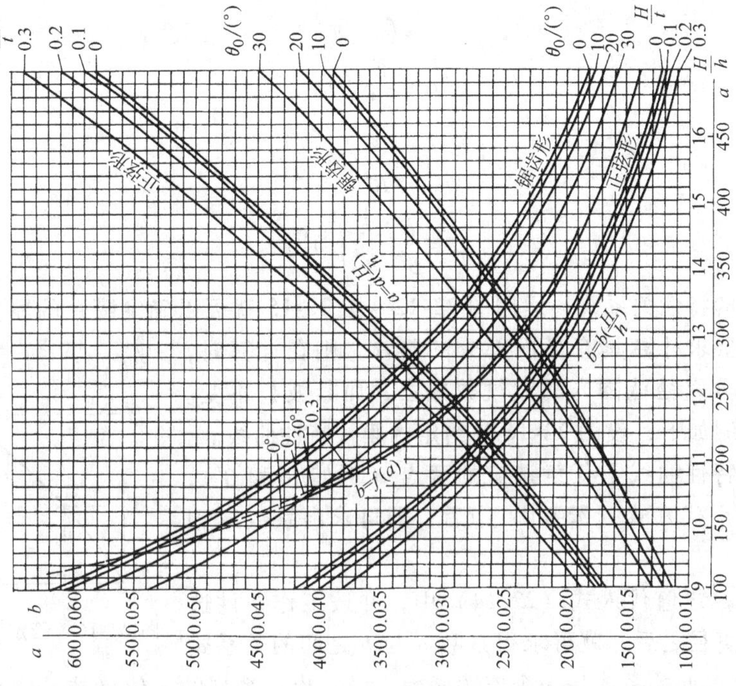

图 22-15　系数 $a=a(H/h)$、$b=b(H/h)$ 和 $b=f(a)$
适用于 H/h 在 9～17 范围内变化的正弦形和锯齿形截面

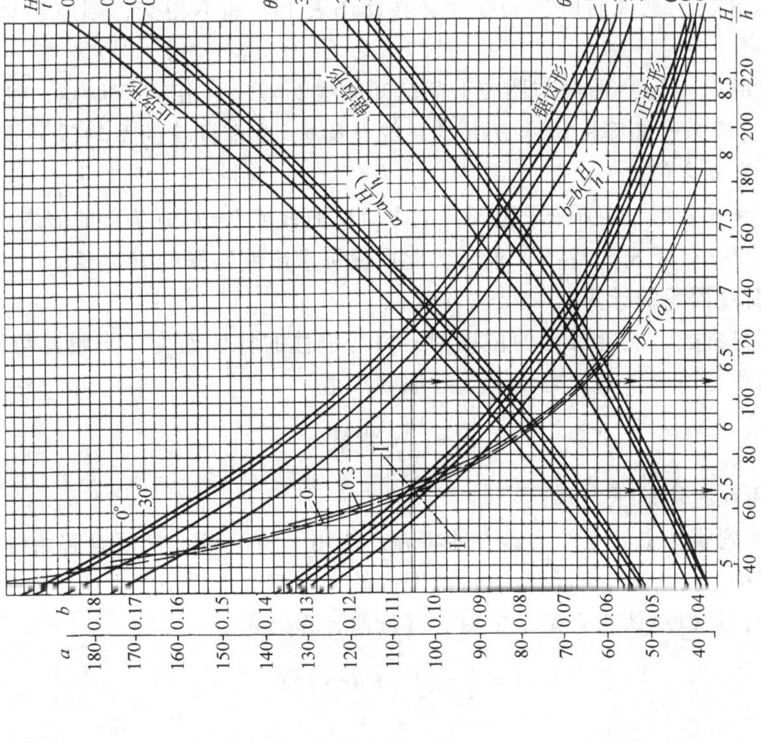

图 22-14　系数 $a=a(H/h)$、$b=b(H/h)$ 和 $b=f(a)$
适用于 H/h 在 4.8～9 范围内变化的正弦形和锯齿形截面

2.4 按照给定的特性曲线计算膜片

表达式写成：

$$p = \alpha f_0 + \beta f_0^3 \tag{22-11}$$

$$\alpha = \frac{E}{R^4} h^3 a \tag{22-12}$$

$$\beta = \frac{E}{R^4} hb \tag{22-13}$$

则

$$\alpha = \frac{a}{\beta^3} \left(\frac{E}{R^4} \right)^2 b^3 \tag{22-14}$$

按这个给定的特性关系式，运用图 22-12 ~ 图 22-15 就可以确定膜片的厚度和波纹深度等几尺寸。如果要求计算具有平面部分的膜片，则在计算时，将相当于平面部分直径范围内的波纹数减去，而其波长不变。此种计算方法介绍如下，设图 22-16 为给定的膜片特性曲线。

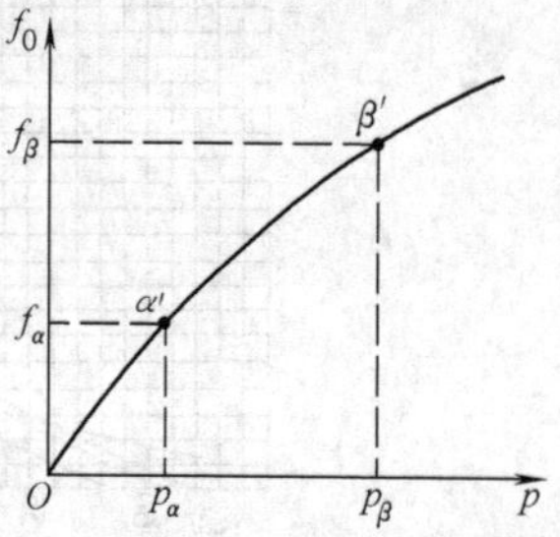

图 22-16 给定膜片特性曲线

在给定膜片特性曲线上任意选定的两点（例如 α' 和 β'），将其对应的 p 及 f_0 代入式（22-11）中后，即可求出系数 α 和 β 之值。

将系数 α 和 β 之值代入式（22-14）中，并按工作条件选择好膜片材料及直径之后，就可求得系数 a 与 b 之间的关系式 $b=f(a)$。很显然，此关系式是一个连续函数。设定出一系列的 a 值（或 b 值）之后即可得出相应 b 值（或 a 值），即可在 b 与 a 的坐标中得出 $b=f(a)$ 的曲线。

根据给定的膜片特性曲线求出 $b=f(a)$ 曲线之后，将此曲线画在 b 与 a 的坐标图上。如果所计算的 $b=f(a)$ 曲线和图 22-12 ~ 图 22-15 四组中任一一组已知膜片尺寸 H/h 相对应的 $b=f(a)$ 曲线相交，则说明所求的膜片必在此图表上。如不相交，则应到另外三组图表上去查。

假设所计算的 $b=f(a)$ 曲线与图表上的已知曲线 $b=f(a)$ 相交于 m 点，则此 m 点的坐标（b 及 a）值，即为已知膜片尺寸 H/h 的系数 b 及 a，亦即计算的 $b=f(a)$ 曲线相应的待求膜片的系数 b 和 a 之值。

求得系数 b 和 a 之后，可根据图中 $a=a(H/h)$ 曲线或 $b=b(H/h)$ 曲线求出（H/h）之值。h 可由式（22-2）或式（22-3）求出，此后便可求出波纹深度 H 之值。

2.5 波纹膜片有效面积的计算

有效面积不是常数，它随膜片的位移和压力与位移的特性而变。当膜片特性为线性时，可以认为有效面积是一个常数，可由下式近似的求得

$$A = \frac{F}{p} = \text{常数} \tag{22-15}$$

式中 p——作用在膜片的压力差；

F——作用到膜片中心上的力，并能将在 p 作用下的位移 f_0 恢复至起始位置。

在实际计算中，由于有效面积在工作范围内的变化相对来说是不大的，对于这个微小的变化可忽略不计，近似地认为它是个常数。其近似计算公式如下：

$$A = \frac{1}{3}\pi (R^2 + Rr + r^2) \tag{22-16}$$

式中 R——膜片的工作半径（图 22-1）；

r——硬心半径（图 22-1）。

利用有效面积的概念，可按式（22-17）计算以压力单位 Δp 表示的摩擦误差绝对值。

$$\Delta p = \frac{F_\mu}{A} \tag{22-17}$$

式中 F_μ——换算到膜盒中心的仪表机构摩擦力。

2.6 膜片的牵引力

在仪表里当膜片或膜盒产生位移时，就受到来自传动机构或与其相连接的其他零件的阻力。机构的阻力可设想换算到膜片中心的集中力。为了使机构运动，必须使膜片能够克服这个阻力。当压力作用到膜片上时，其中心产生的能够克服阻力的力称为牵引力。可由式（22-15）确定，即

$$F = Ap \tag{22-18}$$

3 膜片的材料

（1）对材料的要求 材料应具备足够的延伸率，足够的强度极限，结构组织均匀，具有抗锈性，便于焊接或钎焊；具有良好塑性，便于制成凹凸较大的波纹；弹性模量温度系数小。

（2）常用材料 膜片常用材料见表 22-2。

表 22-2 膜片常用材料

锡青铜 QSn4-3 QSn6.5-0.4	制成的膜片其特点是强度极限高，延伸率和硬度较大，能承受冲击和振动，特性曲线稳定，弹性迟滞及弹性后效作用小。此外，便于钎焊和熔焊，并有很高的防锈性
黄铜 H62	制造的膜片性能较锡青铜差。只能用于制造不重要的波纹膜片。冷作过的黄铜易产生裂缝，且弹性迟滞及弹性后效作用较大
锌白铜 BZn15-20	锌白铜与黄铜相比，有较高的防锈性，易于钎焊和熔焊
不锈钢 1Cr18Ni9Ti	其防锈性较高。可用它来制造在侵蚀性介质中工作的波纹膜片。但用不锈钢制造膜盒极为复杂，因不锈钢不能钎焊，而电焊膜盒极为复杂，且成本高昂
铍青铜 QBe2	具有很高的力学性能和极好防锈性。淬火后塑性很高，易于形成复杂的波纹形状。铍青铜制造的波纹膜片特性最为稳定，故铍青铜为制造波纹膜片最常用的材料。其缺点是成本高，且在热处理时易发生扭曲变形。但在热处理时使用特殊夹具可以减轻此影响。有毒性
工具钢 T8A、T10A 和 65Mn 钢	适于制造承受载荷的波纹膜片。钢制波纹膜片弹性迟滞较大，且不易焊接
弹性元件用合金 3J1、3J53	3J1 有弱磁性，耐腐蚀，在 200℃ 以下有良好的弹性，经时效处理后可获得很高的弹性和强度。加工性能和焊接性能良好。在磷酸、含硫石油及其他定温介质中有良好的耐腐蚀性。3J53 合金在 -60～100℃ 范围内具有低的弹性模量温度系数，较高的弹性和强度，加工性能好
低膨胀合金 4J36、4J32	4J36、4J32 分别在 0～100℃、-60～100℃ 范围内具有很低的膨胀系数，塑性良好。适用于要求弹性不随温度变化而变化的波纹膜片

【例 22-1】 根据下列数据计算并绘制锯齿形波纹膜片的特性曲线和求膜片的有效面积；膜盒的工作直径 $2R = 60$mm；硬心直径 $2r = 21.8$mm；膜片厚度 $h = 0.15$mm；波纹深度 $H = 0.52$mm；波纹的斜角 $\theta_0 = 30°$；波纹数 $n = 4$；泊松比 $\mu = 0.3$；膜片材料是铍青铜，弹性模量 $E = 1.35 \times 10^5$MPa。

解 1）求 H/h 值：

$$\frac{H}{h} = \frac{0.52}{0.15} = 3.47$$

2）按图 22-13 曲线 $a = a(H/h)$ 和 $b = b(H/h)$，根据波纹斜角 $\theta_0 = 30°$ 的锯齿形波纹和已知的比值 H/h

查得系数 a 和 b 为

$$a = 24.2;\ b = 0.311$$

3）将已知的和计算的数值代入式（22-6）得

$$p = \frac{Eh}{R^4}(ah^2 f_0 + bf_0^3) = \frac{1.35 \times 10^6 \times 0.15}{30^4}(24.2 \times 0.15^2 f_0 + 0.311 f_0^3) = 0.1361 f_0 + 0.0778 f_0^3$$

4）给出若干个 f_0 的值，求出对应于这些位移 f_0 的压力，其将结果列表如下：

f_0/mm	0.2	0.5	1.0	1.3	1.5	1.8	2.0
$p \times 10^{-3}$/MPa	2.785	7.778	21.375	34.778	46.660	69.846	89.425

5）根据所得的数据绘制膜片的 $f_0 = f(p)$ 特性曲线（图22-17）。

6）求膜片的有效面积：

$$A = \frac{1}{3}\pi(R^2 + Rr + r^2) = \frac{1}{3} \times 3.14 \times (30^2 + 30 \times 10.9 + 10.9^2)\text{mm}^2 = 1409\text{mm}^2$$

【例22-2】 设已给定膜片特性曲线（图22-18），设计符合于给定特性的膜片。

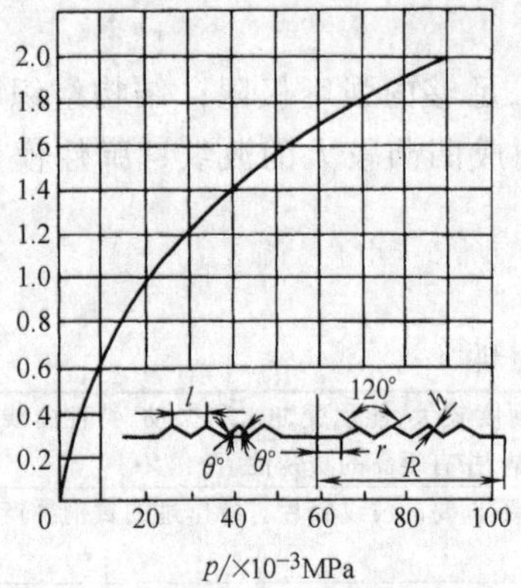

图22-17 【例22-1】锯齿形波纹膜片的特性曲线

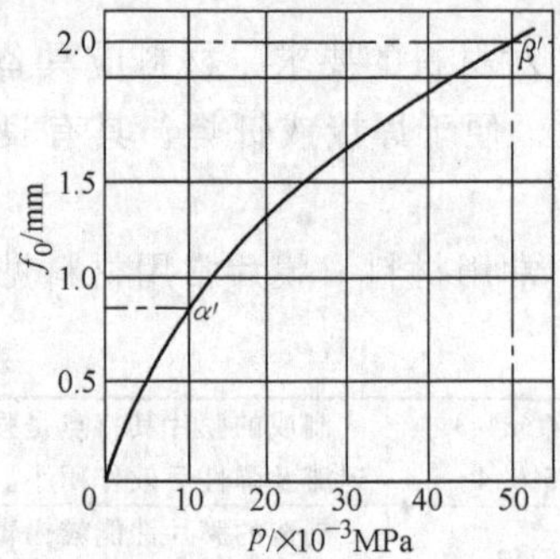

图22-18 【例22-2】要求膜片的特性曲线

解 1）从结构上考虑给定的仪表外廓尺寸，取膜片直径 $2R = 2 \times 25$mm。材料选用铍青铜QBe2.5，其弹性模量 $E = 1.35 \times 10^5$MPa 和泊松比 $\mu = 0.3$。

2）在给定的特性曲线上任取两点（在特性曲线的始端和末端），这些点对应于

$$p_1 = 0.01\text{MPa},\ f_{01} = 0.875\text{mm},$$
$$p_2 = 0.05\text{MPa},\ f_{02} = 2.187\text{mm}。$$

3）将所得的值代入式（22-11）得

$$0.01 = \alpha \times 0.875 + \beta \times 0.875^3$$
$$0.05 = \alpha \times 2.187 + \beta \times 2.187^3$$

解联立方程式得

$$\alpha = 0.0112, \beta = 0.00284$$

4）将 α、β 值代入式（22-14）得

$$a = \frac{\alpha}{\beta^3}\left(\frac{E}{R^4}\right)b^3 = \frac{0.0112}{0.00284^3}\left(\frac{1.35 \times 10^5}{25^4}\right)^2 b^3$$

则

$$a = [illegible]$$

5）任取系数 b 的若干个值，算得系数 a，并将各个与 b 对应的 a 值列表如下：

b	0.1	0.105	0.11	0.12
a	58.162	66.88	77.4	99.03

6）绘制 $b=f(a)$ 的相关曲线（图 22-14 中的虚线Ⅰ-Ⅰ）。

7）选用斜角 $\theta_0=30°$的锯齿形波纹膜片，则从曲线Ⅰ-Ⅰ 和斜角 $\theta_0=30°$的锯齿形波纹膜片曲线 $b=f(a)$的交点求得

$$a=67, b=0.106$$

8）按照斜角为 30°的锯齿形波纹膜片的曲线 $b=b(H/h)$，求得 $H/h=6.32$。

9）按式（22-13）求膜片厚度

$$h=\frac{\beta R^4}{Eb}=\frac{0.00284\times 25^4}{1.35\times 10^5\times 0.106}\text{mm}=0.077\text{mm}$$

10）膜片波纹深度

$$H=6.32h=6.32\times 0.077\text{mm}=0.49\text{mm}$$

11）波纹长度

$$t=\frac{2H}{\tan\theta_0}=\frac{2\times 0.49}{\tan 30°}\text{mm}=1.7\text{mm}$$

12）取硬性中心半径 $r=5\text{mm}$，求波纹数

$$n=\frac{R-r}{t}=\frac{25-5}{1.7}=11.76$$

取 $n=12$

13）按照所得的数据绘制膜片的形状（从略）。

第 23 章　压力弹簧管

1　压力弹簧管的类型和特性

1.1　压力弹簧管的类型

压力弹簧管也称为包端管，它广泛应用在压力表和压力转换器中，如压力、液面、流量和温度等调节器的转换器。其类型列于表 23-1，截面形状列于表 23-2。常用的截面是椭圆

表 23-1　压力弹簧管的类型

形　状	名　称	采用的截面(表 23-2)	备　注
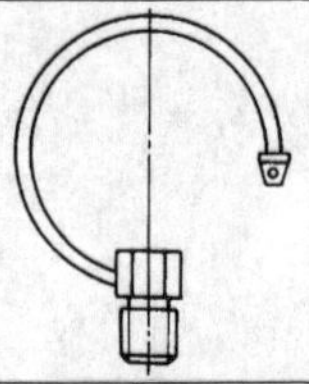	单圈弹簧管	任何截面	张角可达 10°
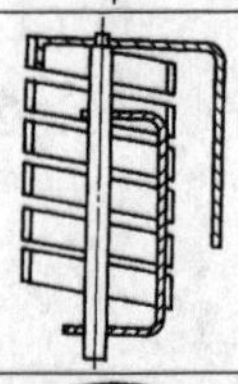	螺旋形弹簧管	序号 3、4、6、7	张角可达 $n \times 10°$ n—螺旋工作圈数
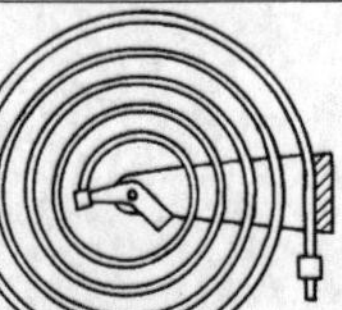	平面涡卷形弹簧管	序号 3、6、7	张角可达 $n \times 10°$ n—螺旋工作圈数
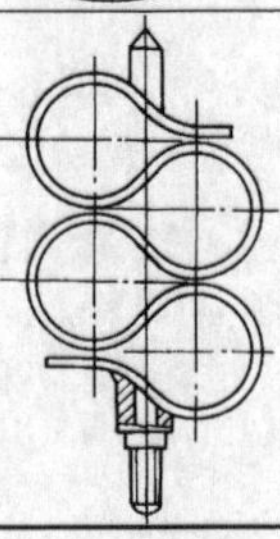	S 形弹簧管	序号 3、6、7	弹簧管自由端可作直线位移

表 23-2　压力弹簧管的截面形状

序号	图　形	序号	图　形	序号	图　形	序号	图　形	序号	图　形
1	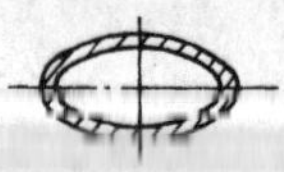	3	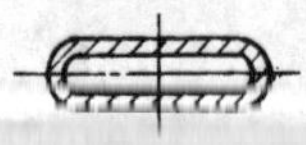	5		7	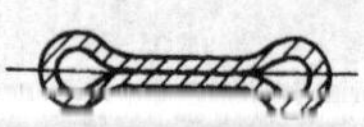	9	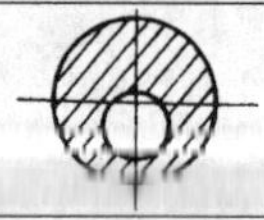
2	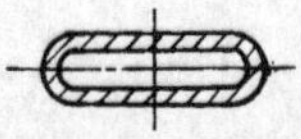	4	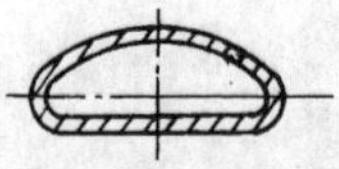	6	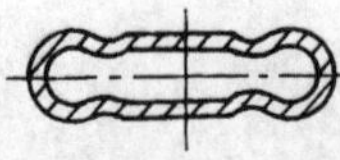	8	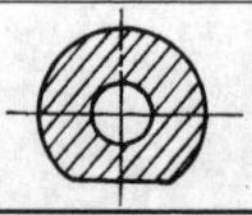		

形和扁圆形。单圈弹簧管自由端的位移小。在自由端要求不用放大机构而能获得大的位移时，可用螺旋弹簧管或平面涡卷形弹簧管。

1.2　压力弹簧管的特性

（1）特性曲线　图 23-1 所示扁弹簧管的特性曲线，这是由实验方法得到的。实验曲线指出，在弹簧管工作压力范围内，压力与行程的关系是线性的。

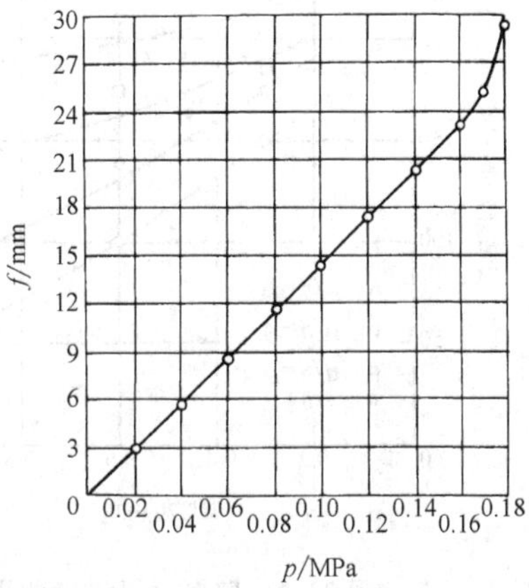

图 23-1　扁弹簧管特性曲线

（2）比例极限　从弹簧管的特性曲线看出，当压力增加到某一数值之后，特性将不能保持线性关系，这时的压力称为比例极限。许用被测量最大压力应在比例极限的 0.4 ~ 0.7 范围内选用，以减少弹性迟滞与弹性后效误差。

（3）灵敏度　灵敏度是指弹簧管自由端位移增量 Δf 与内外压差的增量 Δp 之比的极限，即

$$S = \lim_{\Delta p \to 0} \frac{\Delta f}{\Delta p}$$

实验指出，当弹簧管在工作压力范围内，自由端位移 f 与被测压力 p 保持线性关系，故灵敏度为一常数。

（4）弹簧管几何尺寸对特性的影响

1）轴长比　根据实验，在其他条件不变时，轴长比愈大，弹簧管的灵敏度愈高，如图 23-2 所示。轴长比愈大，比例极限愈低，如图 23-3 所示。

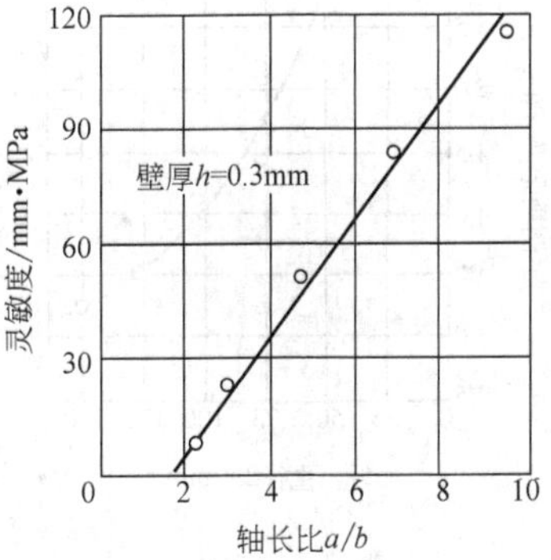

图 23-2　轴长比与灵敏度的关系

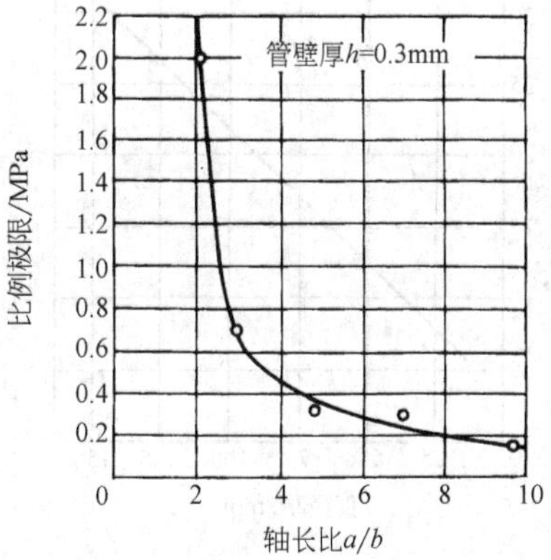

图 23-3　轴长比与比例极限的关系

由实验结果看出，轴长比选择 4 ~ 6 比较合适，原因是：

① 当轴长比很小时，灵敏度低；而当轴长比很大时，比例极限又变得很低。

② 当轴长比为 4 ~ 6 依靠增加壁厚的办法来提高工作压力时，将不会使灵敏度剧烈地减小。

③ 当轴长比为 4 ~ 6 时，若略有些变化，对比例极限影响不大。因此，若有制造上的误差，将不致剧烈地影响弹簧管的特性。

2）壁厚　壁厚对灵敏度的影响如图 23-4 所示。壁厚增加时，灵敏度降低，当轴长比较小时，随着壁厚的增加，灵敏度很快降低，而当轴长比较大时，则降低很慢。壁厚对比例极

限的影响如图23-5所示。增加壁厚会提高弹簧管的比例极限。当壁厚在0.2～0.4mm时，比例极限变化不大。

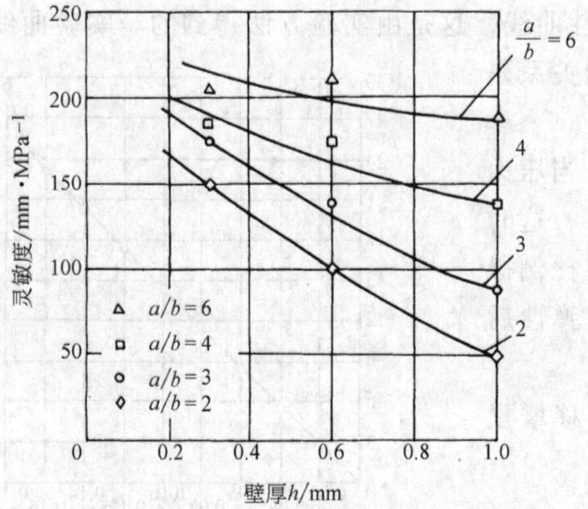

图23-4 壁厚对灵敏度的影响

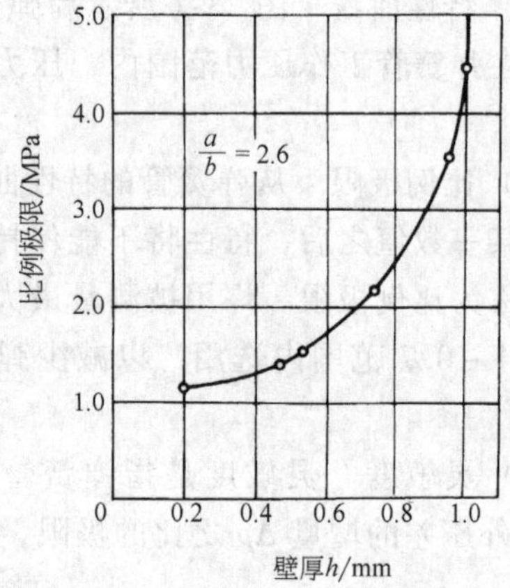

图23-5 壁厚对比例极限的影响

3）弹簧管的直径 弹簧管的灵敏度随着直径的增大而增加。但增大直径将要增大仪表的尺寸。直径对自由端位移的影响如图23-6所示。

比例极限随着直径的增大而减小，如图23-7所示。

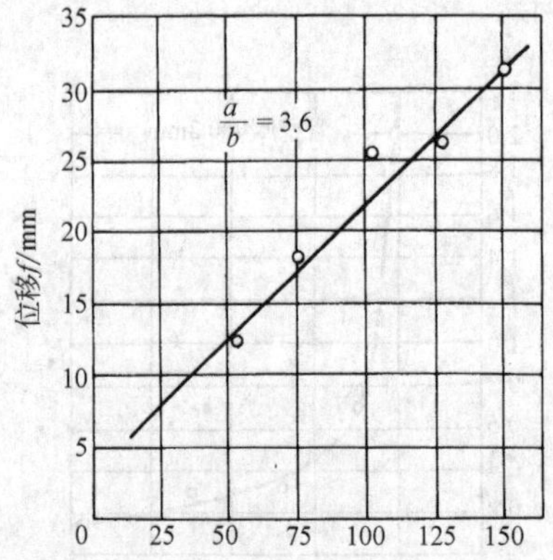

图23-6 直径对自由端位移的影响

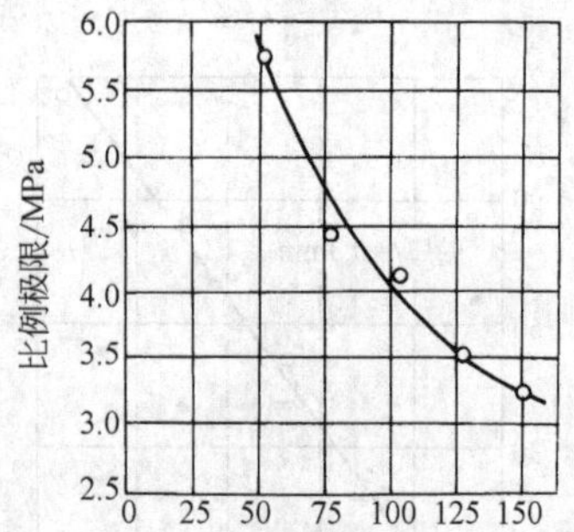

图23-7 直径与比例极限的关系

2 压力弹簧管的设计计算

设计的大体程序是根据与弹簧管配套装置的要求和已有的数据（包括弹簧管的系列标准），初选几何形状及尺寸，再代入公式验算，经研制和实验后最后确定尺寸形状。一般只进行刚度计算或验算。弹簧管的形状，大多数设计为超半圆弧（270°左右）形。

2.1 承受低压的单圈薄壁弹簧管的计算

当 $h/b \leqslant 0.7$ 时，参照图23-8，可得下列公式：

（1）刚度（位移）计算公式

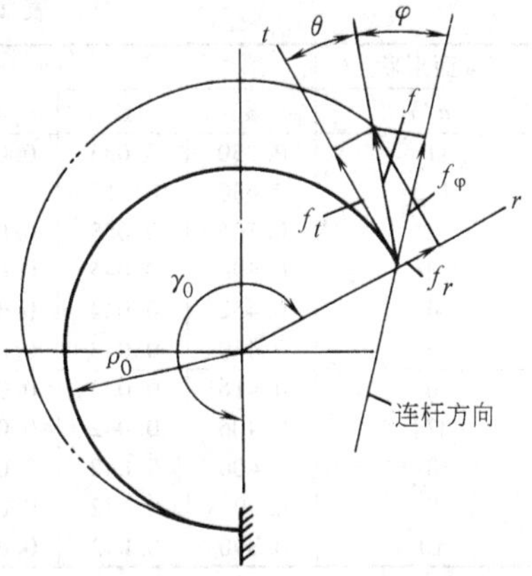

图 23-8 管端位移

1）切向位移：

$$f_t = \frac{\gamma_0 - \gamma}{\gamma_0}\rho_0(\gamma_0 - \sin\gamma_0)$$

$$= p\frac{(1-\mu^2)\rho_0^3}{Ebh}\left(1-\frac{b^2}{a^2}\right)\frac{\alpha}{\beta + x^2}(\gamma_0 - \sin\gamma_0) \tag{23-1}$$

$$x = \frac{\rho_0 h}{a^2} \tag{23-2}$$

2）径向位移：

$$f_r = \frac{\gamma_0 - \gamma}{\gamma_0}\rho_0(1-\cos\gamma_0) = p\frac{(1-\mu^2)\rho_0^3}{Ebh}\left(1-\frac{b^2}{a^2}\right)$$

$$\frac{\alpha}{\beta + x^2}(1-\cos\gamma_0) \tag{23-3}$$

3）总位移f：

$$f = \sqrt{f_t^2 + f_r^2} = p\frac{(1-\mu^2)\rho_0^3}{Ebh}\left(1-\frac{b^2}{a^2}\right)\frac{\alpha}{(\beta + x^2)}\sqrt{(\gamma_0 - \sin\gamma_0)^2 + (1-\cos\gamma_0)^2} \tag{23-4}$$

4）总位移方向与切线方向夹角：

$$\theta = \arccos\frac{f_t}{f} = \arccos\frac{\gamma_0 - \sin\gamma_0}{\sqrt{(\gamma_0 - \sin\gamma_0)^2 + (1-\cos\gamma_0)^2}} \tag{23-5}$$

5）与总位移f方向与任何夹角φ方向上的位移：

$$f_\varphi = f\cos\varphi \tag{23-6}$$

求f_φ便于求传给指针转动机构的移动量，愈使这个位移量尽可能大，则φ角应尽可能小。

上列各式中符号的意义：

γ_0、γ——压力作用前后弹簧管端的中心角；

p——作用到弹簧管上的压力差；

μ——管材的泊松系数；

E——管材的弹性模量；

ρ_0——弹簧管变化前的曲率半径；

a、b——弹簧管的长半轴和短半轴；

h——管壁厚度；

α、β——系数，与管子截面形状和比值a/b有关。当管子为椭圆或平扁圆截面时，其值可由表 23-3 查出；

x——弹簧管的基本参数，$x = \rho_0 h/a^2$。

（2）端部变形时的牵引力计算公式　弹簧管内外有压力差时，随着端部的移动会产生一定的力。在设计有传动机构的仪表时，须计算此力，以便带动机构。把满足刚度公式的参数代入牵引力公式，看能带动传动机构时所需之压力是否大于规定值。压力过大时，减少机构阻力或再改变尺寸。直到合适时，再经试制实验。参照图 23-8 可得：

表 23-3 弹簧管计算公式中的系数值

截面形状	椭圆形					平扁圆形				
a/b	α	β	S_2	ξ	m	α	β	S_2	ξ	m
1	0.750	0.083	0.0982	0.833	0.197	0.637	0.096	0.0833	0.811	0.149
1.5	0.636	0.062	0.0775	0.662	0.149	0.595	0.110	0.0848	0.713	0.151
2	0.566	0.053	0.0662	0.584	0.142	0.548	0.115	0.0815	0.652	0.144
3	0.493	0.045	0.0565	0.499	0.121	0.480	0.121	0.0743	0.591	0.131
4	0.452	0.044	0.0515	0.459	0.110	0.437	0.121	0.0690	0.552	0.122
5	0.430	0.043	0.0480	0.439	0.106	0.408	0.121	0.0652	0.524	0.115
6	0.416	0.042	0.0465	0.429	0.102	0.388	0.121	0.0624	0.504	0.110
7	0.406	0.042	0.0460	0.423	0.100	0.372	0.120	0.0602	0.488	0.107
8	0.400	0.042	0.0455	0.416	0.098	0.360	0.119	0.0585	0.476	0.105
9	0.395	0.042	0.0450	0.410	0.097	0.350	0.119	0.0571	0.467	0.103
10	0.390	0.042	0.0445	0.404	0.095	0.343	0.118	0.0560	0.459	0.101

1）切向力：

$$F_t = pab\left(1-\frac{b^2}{a^2}\right)\frac{48S_2}{(\xi+x^2)}\frac{(\gamma_0-\sin\gamma_0)}{(3\gamma_0-4\sin\gamma_0+\sin\gamma_0\cos\gamma_0)} \tag{23-7}$$

2）径向力：

$$F_r = pab\left(1-\frac{b^2}{a^2}\right)\frac{48S_2}{(\xi+x^2)}\frac{(1-\cos\gamma_0)}{(\gamma_0-\sin\gamma_0\cos\gamma_0)} \tag{23-8}$$

3）总牵引力：

$$F=\sqrt{F_t^2+F_r^2} \tag{23-9}$$

式中系数 ξ、S_2 与 a/b 有关，可从表 23-3 中选取。

（3）作温度计时的计算公式　在管内充满的液体因温度变化而改变体积时，可使管端移动，借此以示温度。体积变化 ΔV 与管端位移 f 的关系式如下：

$$\Delta V = 12fab\gamma_0\left(1-\frac{b^2}{a^2}\right)\frac{m}{\alpha\sqrt{(1-\cos\gamma_0)^2+(\gamma_0-\sin\gamma_0)^2}} \tag{23-10}$$

式中的系数 m 和 α 可查表 23-3。

2.2 承受高压的单圈厚壁弹簧管的计算

当 $h/b=0.8\sim1.2$ 时，参照图 23-8 可得下列公式。

（1）刚度（位移）计算公式

1）自由端总位移：

$$f = p\frac{(1-\mu^2)\rho_0^3(1-\chi)}{Ebh\left(\frac{h^2}{12b^2}+\chi\right)}\sqrt{(\gamma_0-\sin\gamma_0)^2+(1-\cos\gamma_0)^2} \tag{23-11}$$

2）切向位移：

$$f_t = p\frac{(1-\mu^2)\rho_0^3(1-\chi)}{Ebh\left(\frac{h^2}{12b^2}+\chi\right)}(\gamma_0-\sin\gamma_0) \tag{23-12}$$

3）径向位移：

$$f_r = p\frac{(1-\mu^2)\rho_0^3(1-\chi)}{Ebh\left(\frac{h^2}{12b^2}+\chi\right)}(1-\cos\gamma_0) \tag{23-13}$$

4）总位移方向角：

$$\theta = \arccos \frac{f_t}{f} \tag{23-14}$$

（2）牵引力计算公式

1）切向牵引力：

$$F_t = 8pab(1-\chi)\frac{\gamma_0 - \sin\gamma_0}{3\gamma_0 - 4\sin\gamma_0 + \sin\gamma_0\cos\gamma_0} \tag{23-15}$$

2）径向牵引力：

$$F_r = 8pab(1-\chi)\frac{1-\cos\gamma_0}{\gamma_0 - \sin\gamma_0\cos\gamma_0} \tag{23-16}$$

3）总牵引力：

$$F = \sqrt{F_t^2 + F_r^2} \tag{23-17}$$

$$\chi = \frac{\mathrm{sh}^2\omega + \sin^2\omega}{\omega(\mathrm{ch}\omega\mathrm{sh}\omega + \cos\omega\sin\omega)} \tag{23-18}$$

$$\omega = \sqrt{\frac{\sqrt{3}}{x}},\ x = \frac{\rho_0 h}{a^2}$$

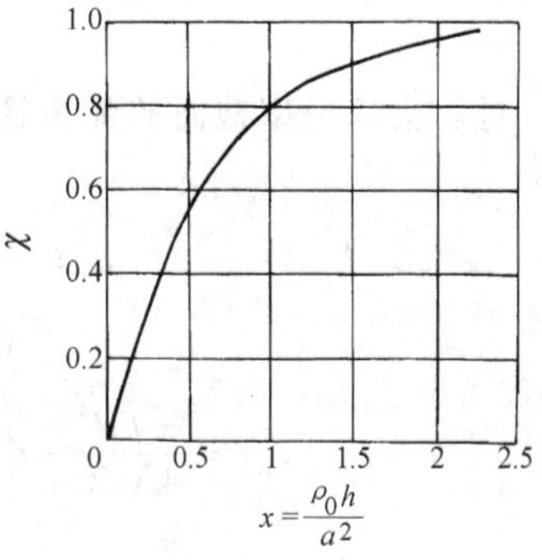

图 23-9　χ 与 $x\left(=\frac{\rho_0 h}{a^2}\right)$ 的关系曲线

χ 与系数 x 的相关曲线，如图 23-9 所示。

2.3　异形截面弹簧管的计算

当压力达到 2000MPa 时，可采用图 23-10 所示两种弹簧管，图 23-10a 是其截面形状为带偏心圆孔的，图 23-10b 是被切去一部分的弹簧管。

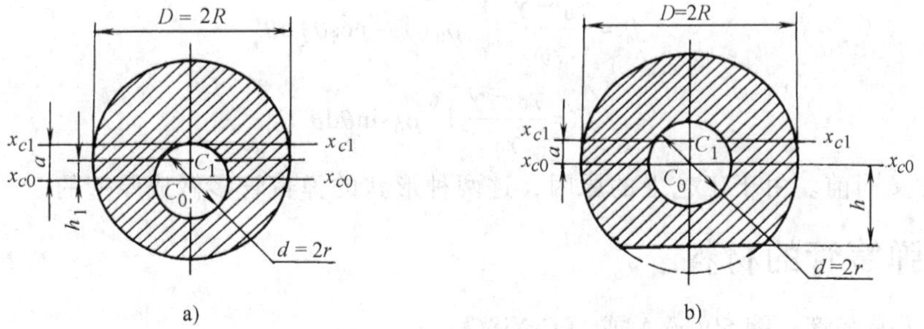

图 23-10　异形截面弹簧管截面

a）偏心孔　b）切去部分

自由端位移公式：

$$f_t = \frac{M\rho_0^2}{EI_{xc1}}(\gamma_0 - \sin\gamma_0) - \frac{N\rho_0}{EA}\sin\gamma_0 \tag{23-19}$$

$$f_r = \frac{M\rho_0^2}{EI_{xc1}}(1-\cos\gamma_0) + \frac{N\rho_0}{EA}(1-\cos\gamma_0) \tag{23-20}$$

$$f = \sqrt{f_t^2 + f_r^2} \tag{23-21}$$

$$N = p\pi\gamma_0^2,\ M = Na = Pa\pi\gamma_0^2 \tag{23-22}$$

式中　N——作用在圆孔的纵轴上的力；

M——相对于 x_{c1} 轴的弯矩；

I_{xc1}——绕 x_{c1} 轴的惯性矩；

A——截面面积。

对偏心孔型截面的弹簧管（图 23-10a）：

$$a=\frac{R^2h}{R^2-r^2} \tag{23-23}$$

$$I_{xc1}=\frac{\pi}{4}(R^4-r^4)+\pi[R^2(a-h_1)^2-a^2r^2] \tag{23-24}$$

$$A=\pi(R^2-r^2) \tag{23-25}$$

对切去部分型截面的弹簧管（图 23-10b）：

$$a=\frac{\frac{3}{4}\sqrt{R^2-h^2}}{\pi\left(\frac{R^2}{2}-r^2\right)+h\ \sqrt{R^2+h^2}+R^2\arcsin\frac{h}{R}} \tag{23-26}$$

$$I_{xc1}=\frac{\pi}{4}\left(\frac{R^4}{2}-r^4\right)+\frac{R^4}{2}\left[\arcsin\frac{h}{R}-\frac{h}{R}\sqrt{1-\frac{h^2}{R^2}\left(1-\frac{2h}{R}\right)}\right]-a^2A$$

$$A=\pi(R^2-r^2)+h\ \sqrt{R^2-h^2}-R^2\arccos\frac{h}{R} \tag{23-27}$$

2.4 螺旋和平面涡卷弹簧管的计算

螺旋弹簧管的中心角变化、末端位移、牵引力和内部体积的变化与单圈弹簧管的计算公式相同，但此时式中 $\gamma_0=2\pi n$，这里 n 为弹簧管的圈数。

平面涡卷形弹簧管的位移与压力的关系式，将 $\rho_0=f(\theta)$ 代入下列两式即可。

$$f_t=\frac{\gamma_0-\gamma}{\gamma_0}\int_0^{\gamma_0}\rho_0(1-\cos\theta)\mathrm{d}\theta \tag{23-28}$$

$$f_r=\frac{\gamma_0-\gamma}{\gamma_0}\int_0^{\gamma_0}\rho_0\sin\theta\mathrm{d}\theta \tag{23-29}$$

式中符号意义同前。由于工艺上的原因，这两种形状的弹簧管多做成厚壁的。

3 压力弹簧管的材料

1）高压弹簧管　钢 50CrVA 或 18CrNiWA。

2）弹性迟滞要求小的弹簧管　铍青铜 QBe2、QBe1.9 或锰白铜。

3）中压或弹性滞后误差要求不严格的弹簧管　锡青铜 QSn4-3 或黄铜 H62、H68。

4）低压弹簧管　用石英制造，它的耐温范围宽而且没有弹性滞后现象。

有关结构及尺寸系列见专业手册。

【**例 23-1**】 求扁圆形弹簧管端部总位移的大小和方向。已知弹簧管的起始中心角 $\gamma_0=220°$，曲率半径 $\rho_0=20\text{mm}$。管子截面为扁圆形：$2a=10\text{mm}$，$2b=1.85\text{mm}$，管壁厚 $h=0.38\text{mm}$。材料为锡青铜，$E=1\times10^5\text{MPa}$，$\mu=0.3$，最大工作压力 $p_{max}=1.5\text{MPa}$。

解　1）求轴长比 a/b 值。$a=10/2=5\text{mm}$，$b=1.85/2=0.925\text{mm}$。

$$\frac{a}{b}=\frac{5}{0.925}=5.4$$

2）根据已知 a/b 比值从表 23-3 中选取扁圆形截面的系数 α 和 β：

$$\alpha = 0.4;\beta = 0.121$$

3）求弹簧管的基本参数，由式（23-2）得

$$x = \frac{\rho_0 h}{a^2} = \frac{20 \times 0.38}{5^2} = 0.304$$

4）求管端部总位移。因 $h/b = 0.38/0.925 = 0.41$，所以应按薄壁式（23-4）计算。

$$f = \frac{p(1-\mu^2)\rho_0^3}{Ebh}\left(1 - \frac{b^2}{a^2}\right)\frac{\alpha}{\beta + x^2}\sqrt{(\gamma_0 - \sin\gamma_0)^2 + (1 - \cos\gamma_0)^2}$$

$$= \frac{1.5(1-0.3)^2 \times 20^3}{1 \times 10^5 \times 0.925 \times 0.38} \times \left(1 - \frac{0.925^2}{5^2}\right) \times \frac{0.4}{0.121 + 0.304^2}$$

$$\times \sqrt{\left(\frac{220\pi}{180} - \sin220°\right)^2 + (1 - \cos220°)^2}$$

$$= 2.72\text{mm}$$

5）求总位移方向与圆弧切线方向之间的夹角，由式（23-5）得

$$\theta = \arccos\frac{\gamma_0 - \sin\gamma_0}{\sqrt{(\gamma_0 - \sin\gamma_0)^2 + (1 - \cos\gamma_0)^2}}$$

$$= \arccos\frac{\frac{220\pi}{180} - \sin220°}{\sqrt{\left(\frac{220\pi}{180} - \sin220°\right)^2 + (1 - \cos220°)^2}}$$

$$\approx 21°$$

第 24 章　橡胶弹簧

1　橡胶弹簧的类型和弹性特性

橡胶弹簧是利用橡胶弹性变形实现弹簧作用的减振元件，由于它具有以下优点，在机械工程中应用日益广泛。

1）形状不受限制，各个方向的刚度可以根据设计要求自由选择；

2）弹性模量很小，可以得到较大的弹性变形，容易实现理想的非线性特性；

3）具有较高的内阻，对突然冲击和高频振动的吸收以及隔声效果良好；

4）同一橡胶弹簧能同时承受多向载荷，因而可使悬架系统的结构简化；

5）安装和拆卸简便，而且无需润滑，所以有利于维护和保养。

橡胶弹簧的缺点是耐高低温性和耐油性比金属弹簧差。这些缺点通过橡胶聚合物的适当选择，可以在一定程度上得到改善。图 24-1 为矿车轴箱支承采用人字形橡胶弹簧。

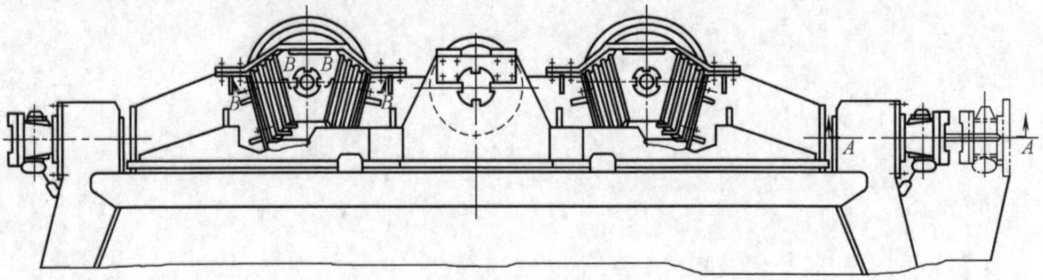

图 24-1　矿车轴箱人字形橡胶弹簧支承

1.1　橡胶弹簧的类型

橡胶弹簧按形状可以分为压缩型、剪切型和复合型三类。使产品具有这些形状是为了使橡胶弹簧各个方向的刚度比能适应广泛的性能要求。一般，压缩型橡胶弹簧能承受较大的载荷，多用于载荷大或空间地位小的地方。剪切型橡胶弹簧一般用于希望主方向的刚度特别低的场合或载荷轻、转速低的机器支承上。在压缩型和剪切型橡胶弹簧的垂直和横向刚度比均不能达到设计要求值时，需采用复合型橡胶弹簧。表 24-1 是橡胶弹簧通常采用的垂直和横向刚度比值范围。

表 24-1　橡胶弹簧的垂直和横向刚度比

类型	垂直刚度/横向刚度
压缩型	4.5 以上
剪切型	0.2 以下
复合型	0.2～4.5

1.2　橡胶弹簧的变形计算

（1）拉伸和压缩变形　橡胶元件在简单拉伸和压缩变形时，其应力 σ 与应变 ε 之间的关系式为

$$\sigma = \frac{E_0}{3}\left[(1+\varepsilon) - (1+\varepsilon)^{-2}\right] \tag{24-1}$$

$$\varepsilon = \frac{f}{h}$$

式中 E_a——表观弹性模量；

f——变形量；

h——橡胶元件高度。

对于压缩变形，在主要应用范围内，一般 $\varepsilon < 50\%$。当 $\varepsilon < 15\%$ 时，可近似取：

$$\sigma \approx E_a \varepsilon \tag{24-2}$$

橡胶弹簧在压缩时，其表观弹性模量 E_a 与橡胶元件的几何形状有关，可表示为

$$E_a = iG \tag{24-3}$$

$$\left.\begin{aligned}
&\text{垫圈：} && i = 3 + ks^2 \\
&\text{衬套：} && i = 4 + 0.56ks^2 \\
&\text{矩形块：} && i = \frac{1}{1 + b/a}\left[4 + 2\frac{b}{a} + 0.56\left(1 + \frac{b}{a}\right)^2 ks^2\right] \\
& && k = 10.7 - 0.098\text{HS}
\end{aligned}\right\} \tag{24-4}$$

式中 G——橡胶的切变模量；

i——几何形状和硬度影响系数；

HS——肖氏硬度；

s——形状系数，承载面积 A_L 与自由面积 A_r 之比值，直径为 d，高为 h 的圆柱体，$s = d/4h$；长为 a，宽为 b，高为 h 的矩形块，$s = ab/2(a+b)h$ 等。

橡胶弹簧在拉伸时，表观弹性模量 E_a 为

$$E_a = 3G \tag{24-5}$$

（2）剪切变形　橡胶元件在受剪切力作用时，其切应力 τ 和切应变 γ 之间的关系为

$$\tau = G_a \gamma \tag{24-6}$$

$$\gamma = \frac{f_r}{h} \tag{24-7}$$

式中 G_a——表观切变模量；

f_r——切变形量；

h——橡胶元件高度；

γ——切变形角。

橡胶的表观切变模量为

$$G_a = jG \tag{24-8}$$

$$j = \left(1 + \frac{h^2}{12i\rho^2}\right)^{-1} \tag{24-9}$$

式中 j——弯曲变形影响系数；

i——几何形状和硬度影响系数，由式（24-4）确定；

ρ——回转半径，直径为 d 的圆柱体，$\rho = d/4$。

当橡胶圆柱体的 h/d 或矩形块的 h/d（或 b）之值小于 0.5 时，可略去弯曲变形影响。对于较薄的橡胶衬套亦按同样处理，可近似取：

$$G_a \approx G \tag{24-10}$$

（3）切变模量和硬度的关系　根据以上分析，橡胶弹簧在压缩或剪切下的应力和应变

关系可以归结为确定橡胶的切变模量 G。但是在技术条件中，一般并不规定切变模量，而是规定橡胶的硬度。

切变模量 G 和肖氏硬度 HS 的关系如图 24-2 所示，在实用范围内亦可近似地用式(24-11)表示：

$$G=0.117e^{0.034HS}\quad(\mathrm{MPa})\qquad(24\text{-}11)$$

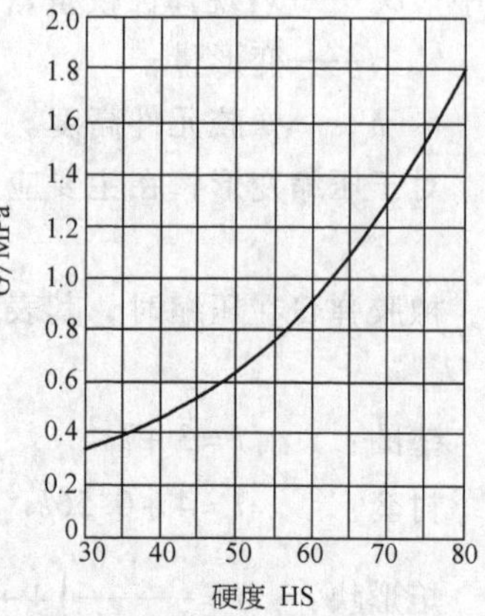

图 24-2 切变模量和肖氏硬度的关系

2 橡胶弹簧的静刚度计算

由于橡胶弹簧在压缩时的应力和应变关系是非线性的，所以压缩刚度是变值，但在小变形情况下，压缩刚度可近似地视为常数。下面主要介绍小变形的情况。

2.1 圆柱形橡胶弹簧

圆柱形橡胶弹簧静刚度的计算公式见表 24-2。

表 24-2 圆柱形橡胶弹簧静刚度计算公式

变形	简 图	刚度计算公式	变形	简 图	刚度计算公式
压缩	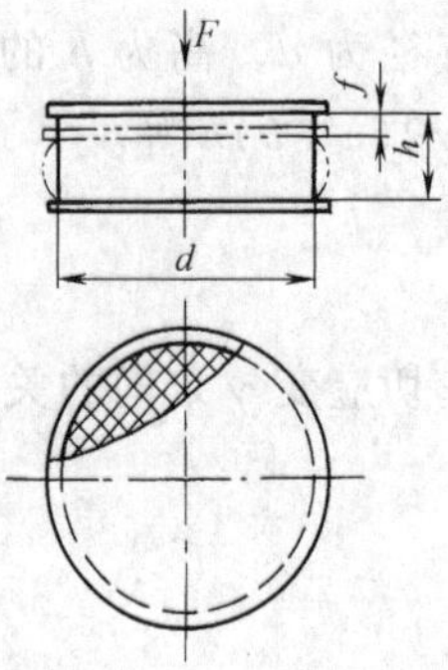	$F'=E_a\frac{\pi d^2}{4h}$	弯曲	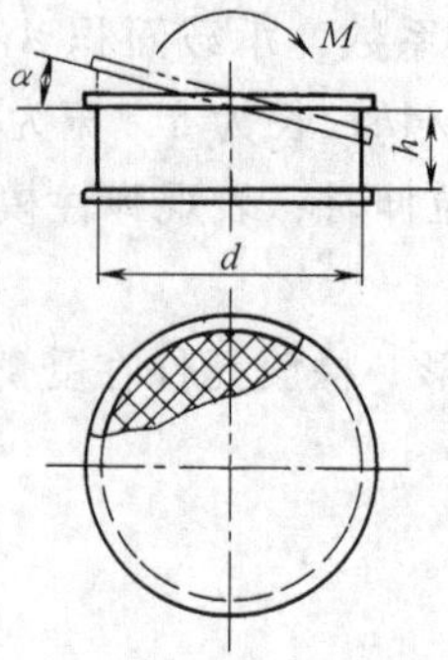	$M'=E_a\frac{\pi d^4}{64h}$
剪切	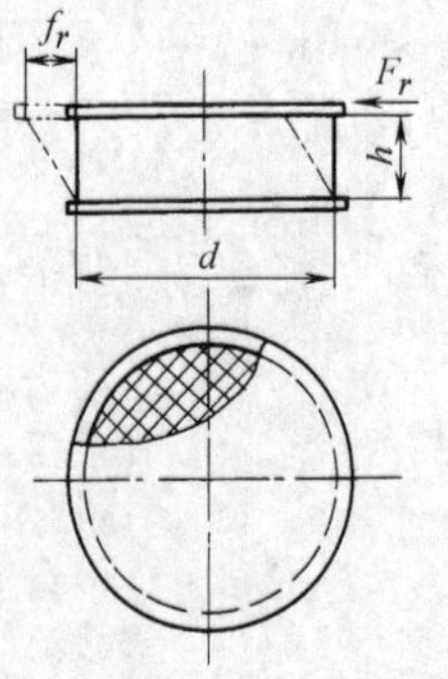	$F'_r=G\frac{\pi d^2}{4h}$	扭转	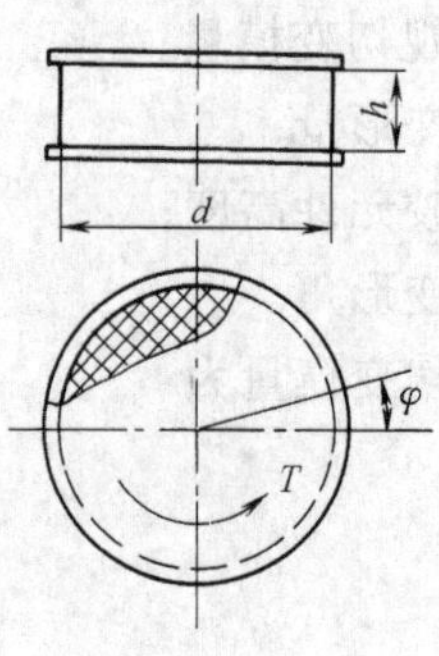	$T'=G\frac{\pi d^4}{32h}$

2.2 圆环形橡胶弹簧

圆环形橡胶弹簧静刚度计算公式见表 24-3。

2.3 矩形橡胶弹簧

矩形橡胶弹簧静刚度计算公式见表 24-4。

2.4 端部带圆角的橡胶弹簧

端部带圆角的橡胶弹簧静刚度计算公式见表 24-5。

表 24-3 圆环形橡胶弹簧静刚度计算公式

变形	简　　图	刚度计算公式	变形	简　　图	刚度计算公式
压缩	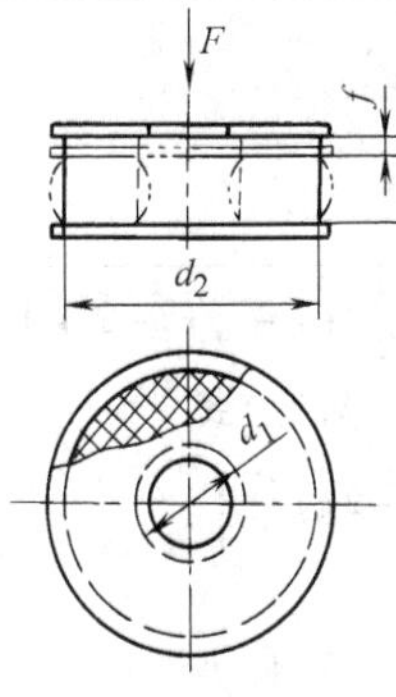	$F' = E_a \dfrac{\pi(d_2^2 - d_1^2)}{4h}$	弯曲	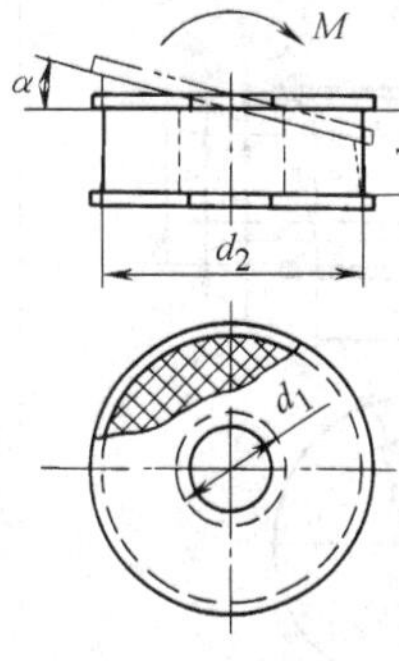	$M' = E_a \dfrac{\pi(d_2^4 - d_1^4)}{64h}$
剪切	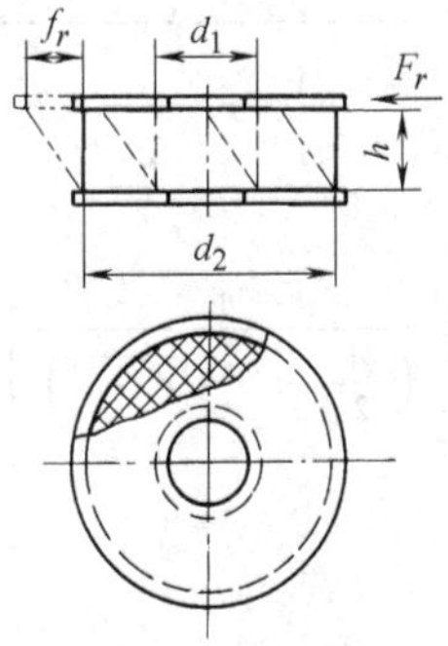	$F_r' = G \dfrac{\pi(d_2^2 - d_1^2)}{4h}$	扭转	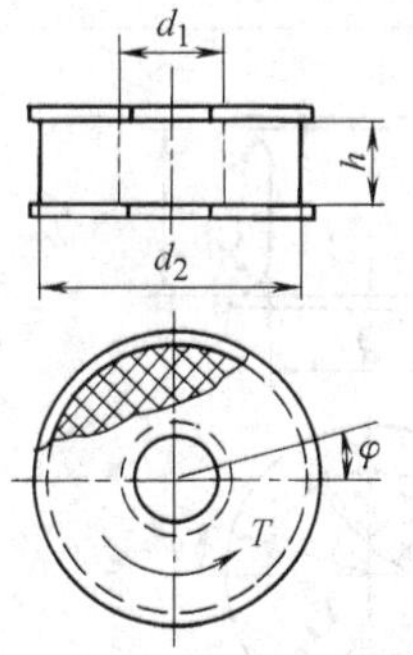	$T' = G \dfrac{\pi(d_2^4 - d_1^4)}{32h}$

表 24-4 矩形橡胶弹簧静刚度计算公式

变形	简　　图	刚度计算公式	变形	简　　图	刚度计算公式
压缩	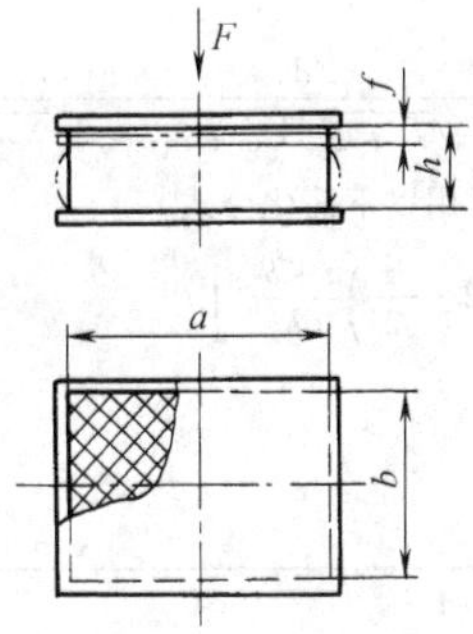	$F' = E_a \dfrac{ab}{h}$	弯曲	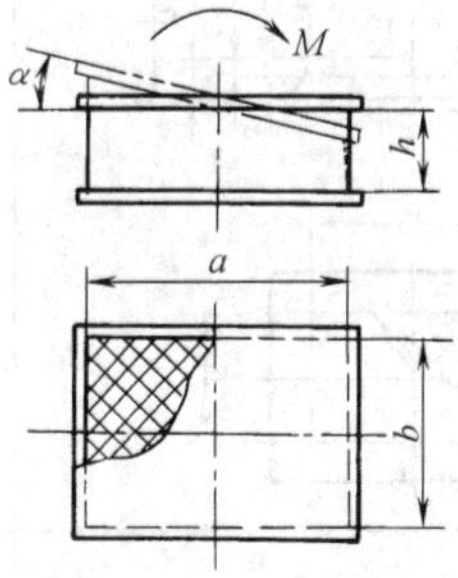	$M' = E_a \dfrac{a^3 b}{12h}$
剪切	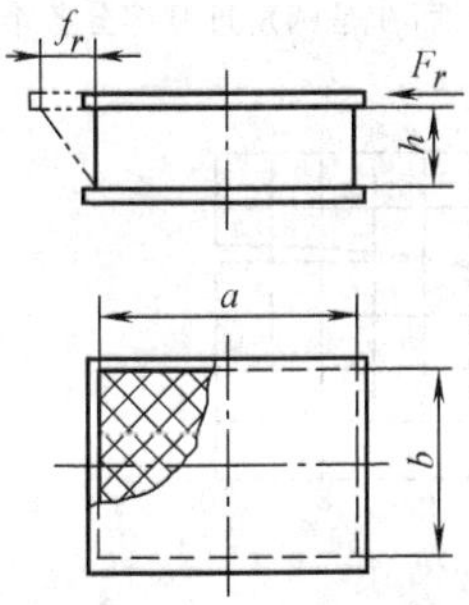	$F_r' = G \dfrac{ab}{h}$	扭转	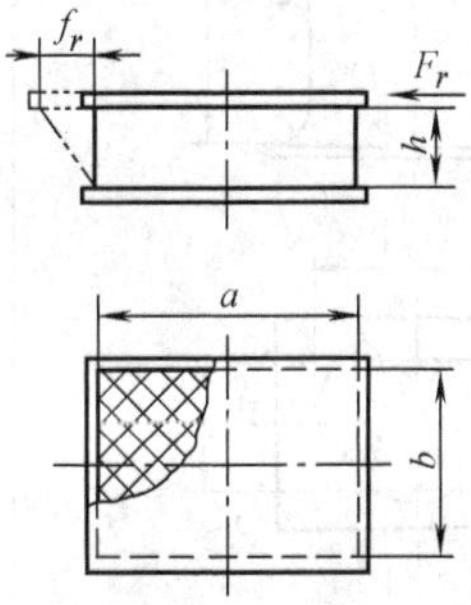	$T' = G \dfrac{ab(a^2 + b^2)}{12h}$

表 24-5 端部带圆角的橡胶弹簧静刚度计算公式

变形	简 图	刚度计算公式
压缩	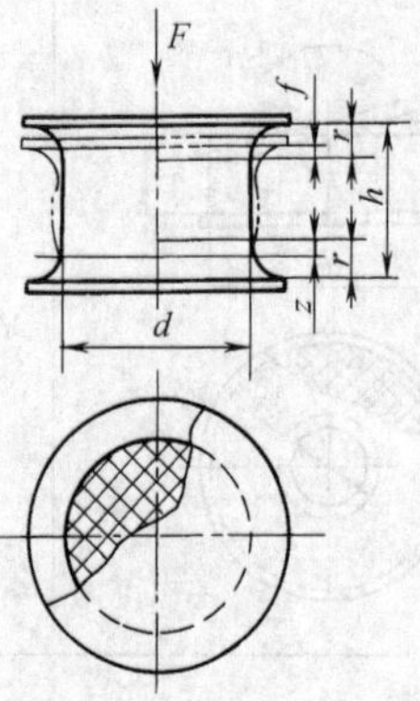	$F'=E_a\pi\left[\frac{4(h-2r)}{d^2}+2\int_0^r\frac{dz}{\left(\frac{d}{2}+r-\sqrt{r^2-z^2}\right)^2}\right]^{-1}$ 当 $r\ll d$ 时,可用以下简化公式 $F'=E_a\frac{\pi d^2}{4}\left[h-(8-2\pi)\frac{r^2}{d}\right]^{-1}$
扭转	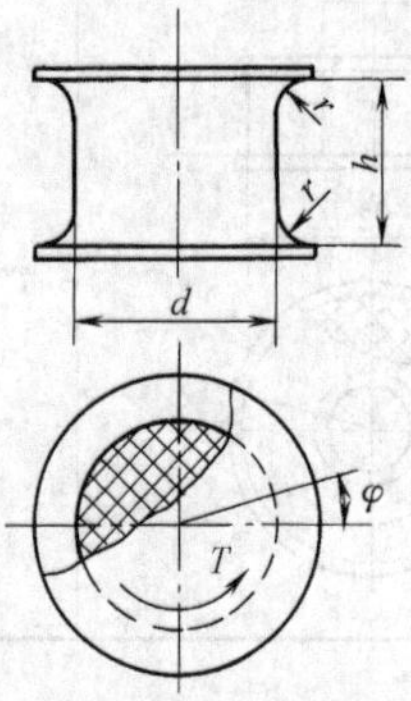	$T'=G\pi\left[\frac{32(h-2r)}{d^4}+4\int_0^r\frac{dz}{\left(\frac{d}{2}+r-\sqrt{r^2-z^2}\right)^4}\right]^{-1}$
压缩	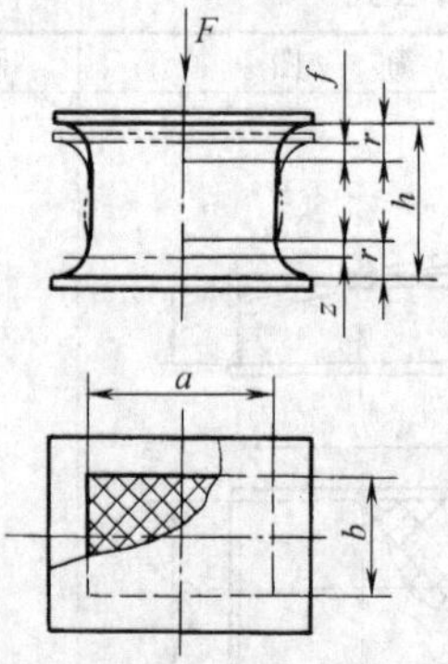	$F'=E_a\left[\frac{h-2r}{ab}+2\int_0^r\frac{dz}{(a+r-\sqrt{r^2-z^2})(b+r-\sqrt{r^2-z^2})}\right]^{-1}$ 当 $r\ll a,b$ 时,可用以下简化公式 $F=E_a ab\left[h-\left(2-\frac{\pi}{2}\right)\frac{a+b}{ab}r^2\right]^{-1}$
扭转	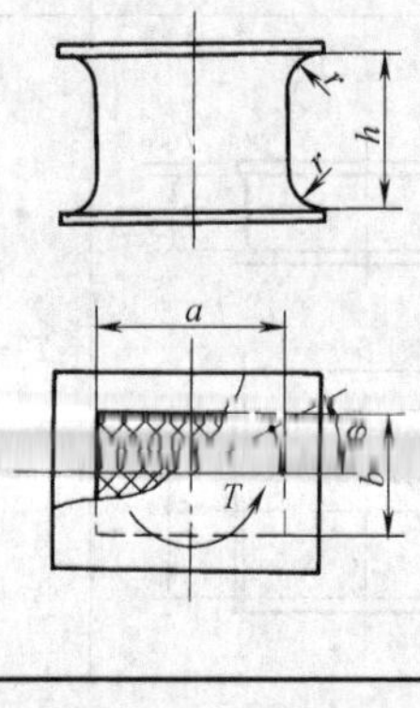	$T'=G\left[\frac{h-2r}{\beta ab^3}+\int_0^r\frac{2}{\beta'}\frac{dz}{(a+r-\sqrt{r^2-z^2})(a+r-\sqrt{r^2-z^2})^3}\right]^{-1}$ 式中 β 为取决于等截面边长比 a/b,而 β' 是圆角过渡部分各个不同截面的 β 系数值,β 值见下图 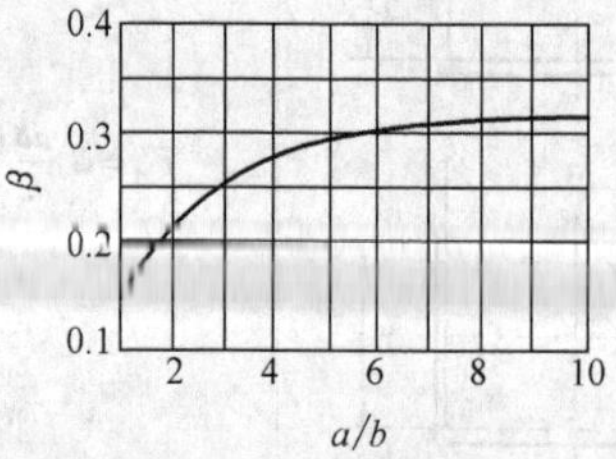

2.5 截锥形橡胶弹簧

截锥形橡胶弹簧静刚度计算公式见表24-6。

表24-6 截锥形橡胶弹簧静刚度计算公式

变形	简　图	刚度计算公式	变形	简　图	刚度计算公式
压缩	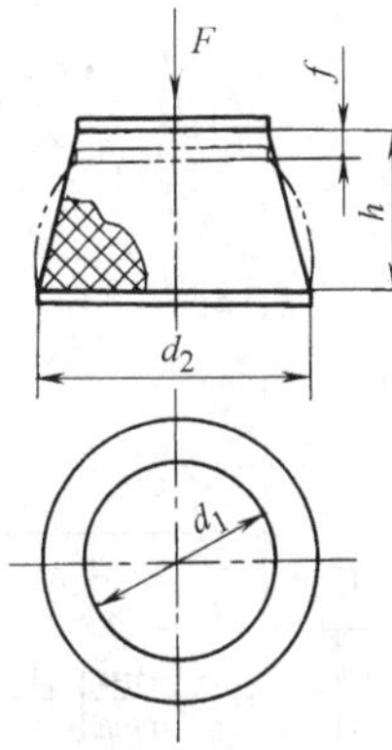	$F'=E_a\dfrac{\pi d_1 d_2}{4h}$	压缩	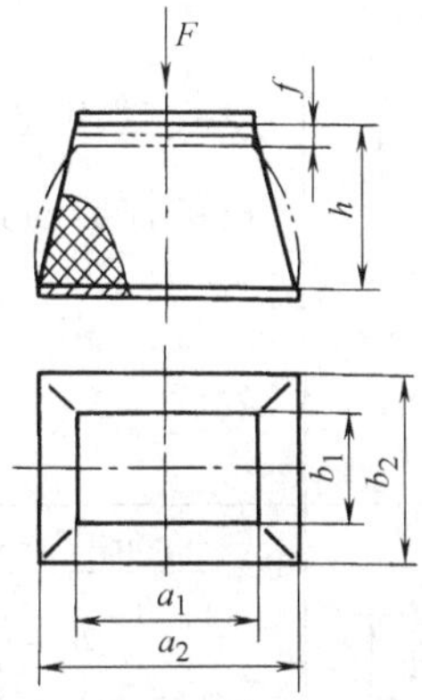	有公共锥顶时 $T'=E_a\dfrac{a_2b_1}{h}$ 无公共锥顶时 $T'=E_a\dfrac{a_1b_2-a_2b_1}{h\ln\dfrac{a_1b_2}{a_2b_1}}$
剪切	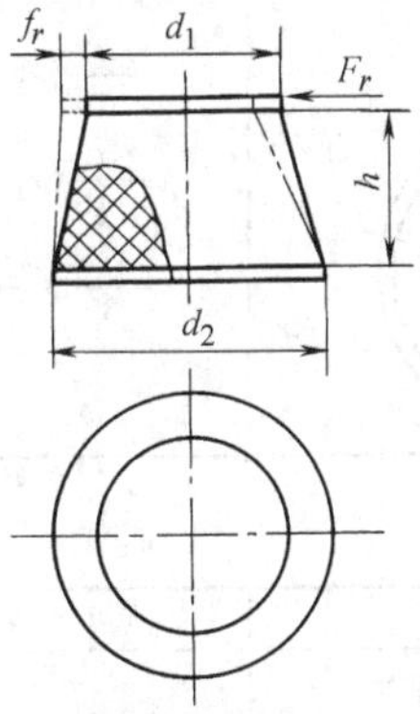	$F'_r=G\dfrac{\pi d_1 d_2}{4h}$	剪切	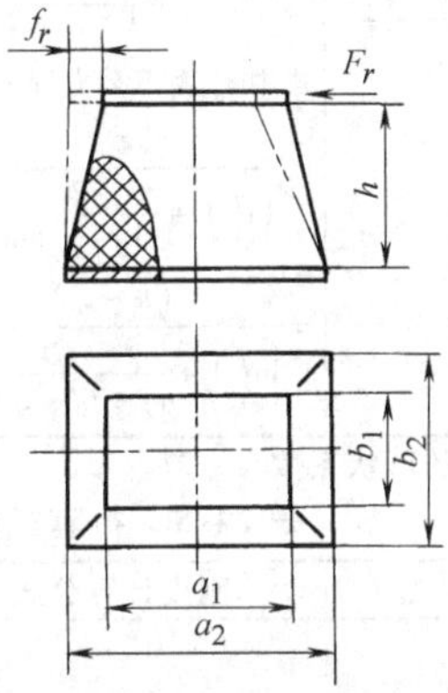	有公共锥顶时 $F'_r=G\dfrac{a_2b_1}{h}$ 无公共锥顶时 $F'_r=G\dfrac{a_1b_2-a_2b_1}{h\ln\dfrac{a_1b_2}{a_2b_1}}$
扭转	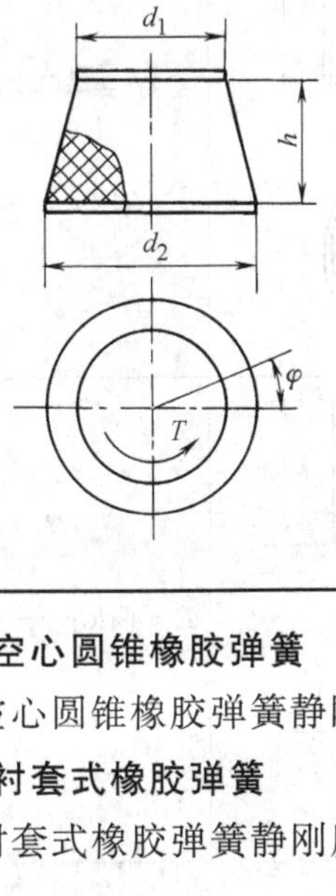	$T'=\left(\dfrac{3\pi G}{32h}\right)\times\left(\dfrac{d_1^3d_2^3}{d_1^2+d_1d_2+d_2^2}\right)$	扭转	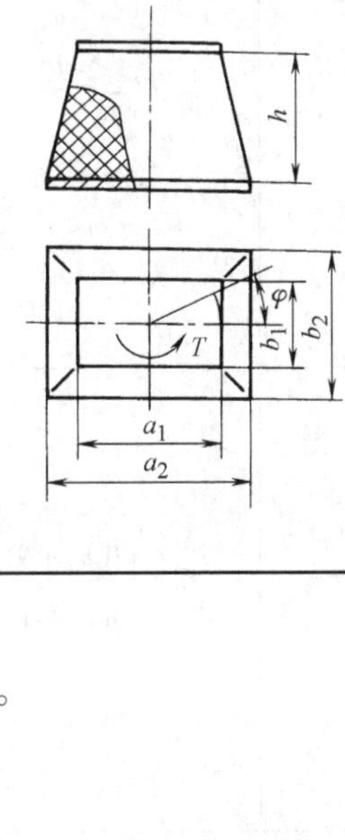	有公共锥顶时 $T'=G\dfrac{\beta}{h}\dfrac{3a_2b_1^3b_2^2}{b_1^2+b_1b_2+b_2^2}$ 无公共锥顶时 $T'=G\dfrac{\beta}{h}\times\left\{\dfrac{(a_2-a_1)^2}{(a_2b_1-a_1b_2)^3}\ln\dfrac{a_2b_1}{a_1b_2}-\dfrac{b_2-b_1}{(a_2b_1-a_1b_2)^2b_1^2b_2^2}\times\left[(a_2-a_1)b_1b_2+\dfrac{1}{2}\times(b_1+b_2)(a_2b_1-a_1b_2)\right]\right\}^{-1}$ 式中β的值见表24-5

2.6 空心圆锥橡胶弹簧

空心圆锥橡胶弹簧静刚度计算公式见表24-7。

2.7 衬套式橡胶弹簧

衬套式橡胶弹簧静刚度计算公式见表24-8。

表 24-7 空心圆锥橡胶弹簧静刚度计算公式

变形	简 图	刚度计算公式	变形	简 图	刚度计算公式
轴向	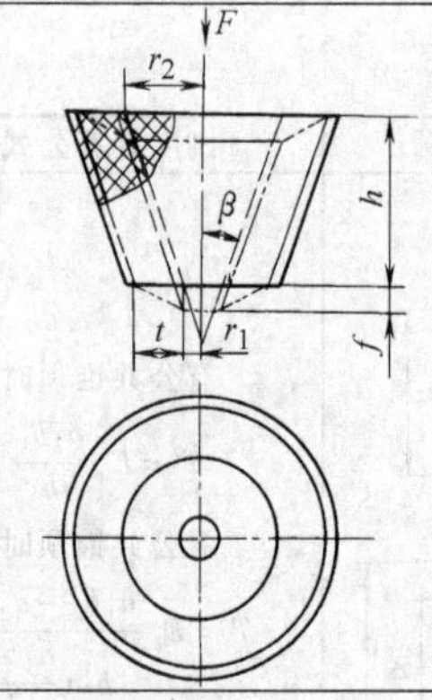	$F'=\dfrac{\pi h(r_1+r_2)}{t}\times(E_a\sin^2\beta+G\cos^2\beta)$	径向	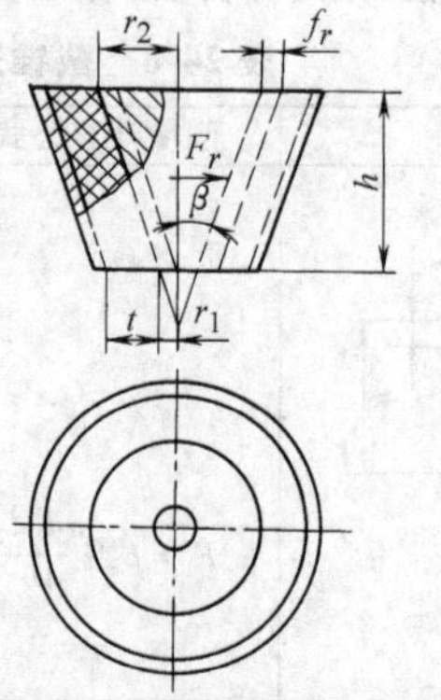	$F'_r=\dfrac{\pi(r_2-r_1)}{\tan\beta\ln\left(1+\dfrac{2t}{r_2+r_1}\right)}\times(E_a+G)$
弯曲	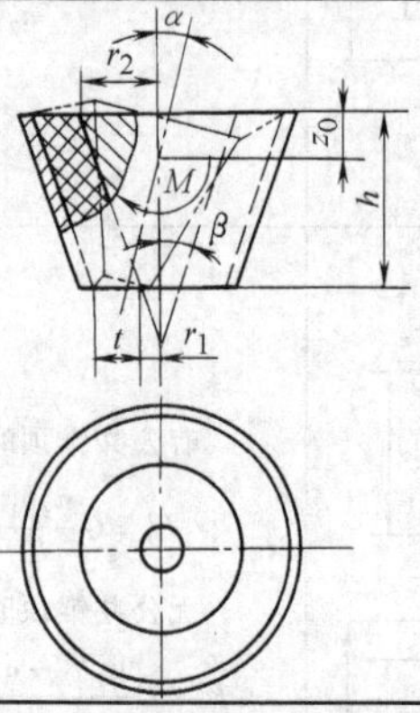	$M'=\dfrac{\pi hz_0^2(E_a+G)}{3\ln\left(1+\dfrac{2t}{2r_2-z_0\tan\beta}\right)}+\dfrac{\pi G}{3\tan\beta}\dfrac{(r_2+t)^3-(r_1+t)^3}{\ln\left(\dfrac{2t}{1+r_1+r_2}\right)}$ 式中 z_0 由下列方程式求解 $\dfrac{z_0}{\ln\left(1+\dfrac{2t}{2r_2-z_0\tan\beta}\right)}=\dfrac{(h-z_0)^2}{\ln\left(1+\dfrac{2t}{r_1+r_2-z_0\tan\beta}\right)}$	扭转	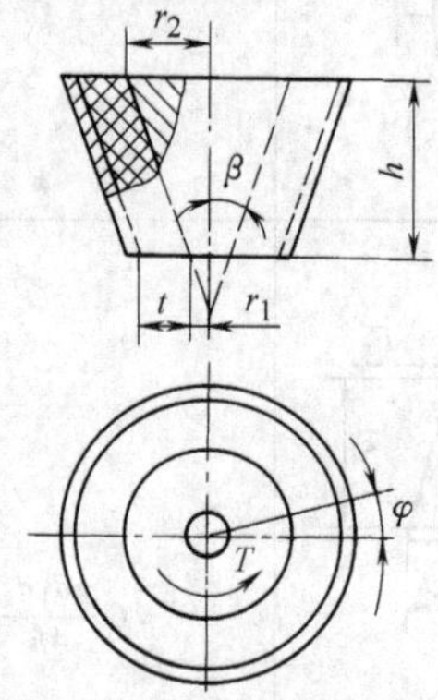	$T'=\dfrac{4\pi G}{t\tan\beta}\left[\dfrac{1}{8}(r_2^4-r_1^4)+\dfrac{t}{4}(r_2^3-r_1^3)+\dfrac{t^2}{16}(r_2^2-r_1^2)-\dfrac{t^3}{16}(r_2-r_1)-\dfrac{t^4}{32}\ln\dfrac{2r_2+t}{2r_1+t}\right]$

注：空心圆锥橡胶弹簧的形状系数为 $s/2b$。

表 24-8 衬套式橡胶弹簧静刚度计算公式

变形	简 图	刚度计算公式	变形	简 图	刚度计算公式
轴向	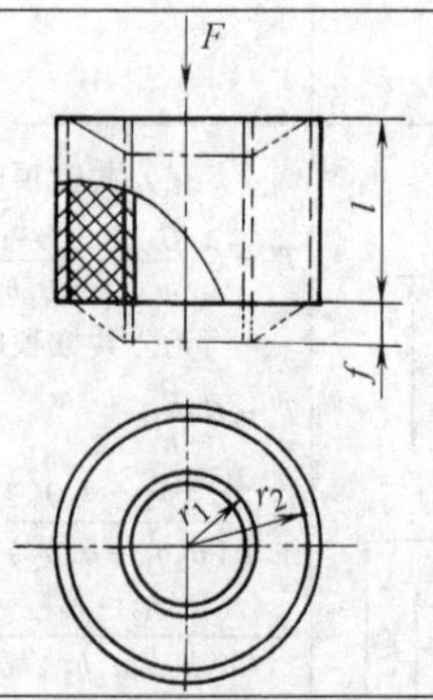	$F'=\dfrac{2\pi lG}{\ln\dfrac{r_2}{r_1}}$	弯曲	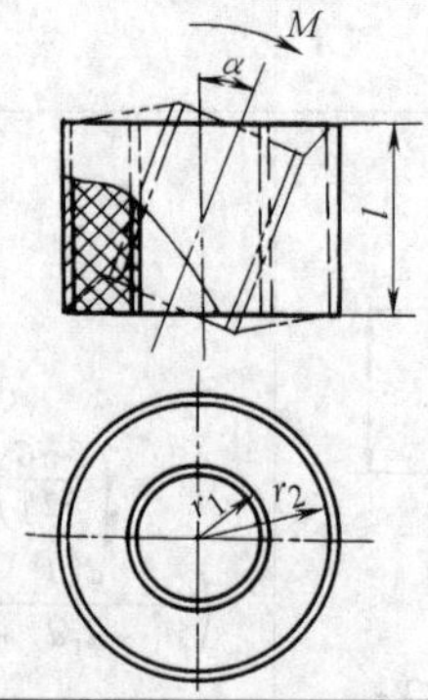	$M'=\dfrac{\pi l^3(E_a+G)}{12\ln\dfrac{r_2}{r_1}}$
径向	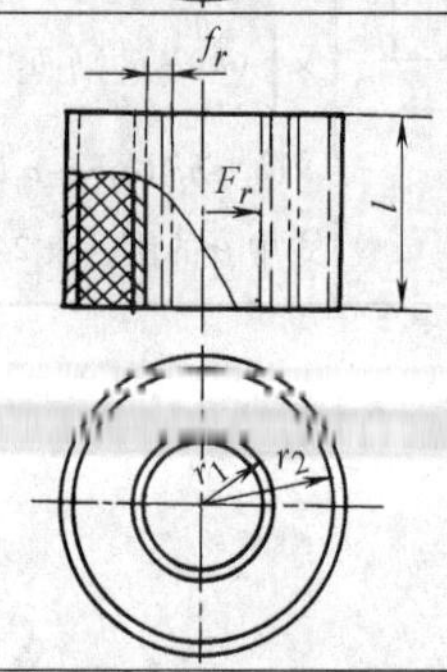	$F'_r=\dfrac{\pi l(E_a+G)}{\ln\left(\dfrac{r_2}{r_1}\right)}$	扭转	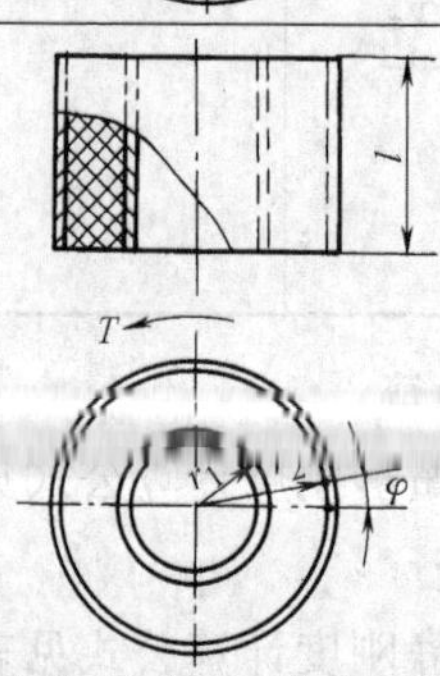	$T'=4\pi lG\left(\dfrac{1}{r_1^2}-\dfrac{1}{r_2^2}\right)^{-1}$

（续）

变形	简　图	刚度计算公式	变形	简　图	刚度计算公式
轴向	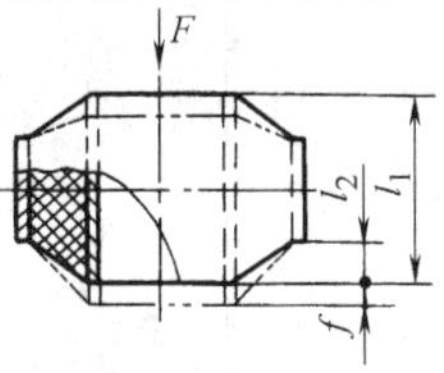 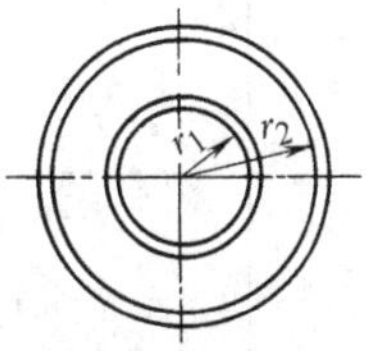	$F'=\dfrac{2\pi G(l_1r_2-l_2r_1)}{(r_2-r_1)\ln\dfrac{l_1r_2}{l_2r_1}}$	扭转	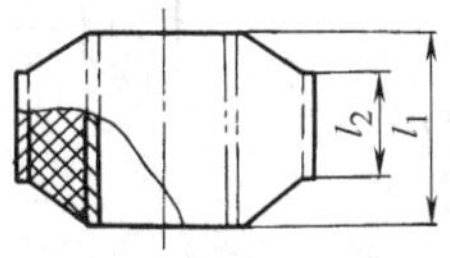 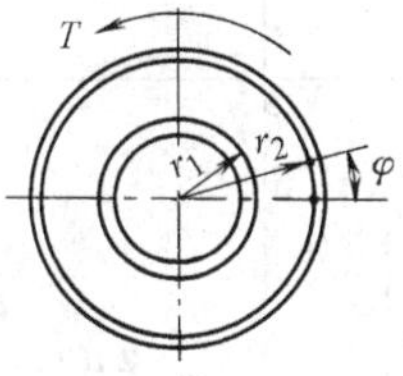	$T'=\dfrac{4\pi G(l_1r_2-l_2r_1)}{r_2-r_1}\times\left[\left(\dfrac{1}{r_1^2}-\dfrac{1}{r_2^2}\right)-\dfrac{2(l_2-l_1)}{l_1r_2-l_2r_1}\left(\dfrac{1}{r_1}-\dfrac{1}{r_2}\right)+2\left(\dfrac{l_2-l_1}{l_1r_2-l_2r_1}\right)^2\times\ln\left(\dfrac{r_2l_1}{r_1l_2}\right)\right]^{-1}$
径向	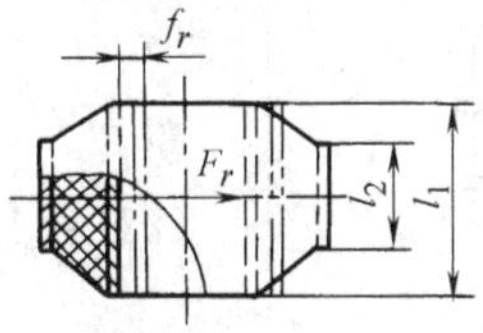 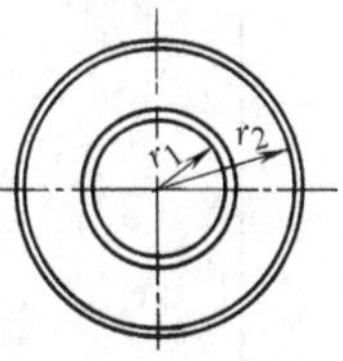	$F'_r=\dfrac{\pi(E_a+G)(l_1r_2-l_2r_1)}{(r_2-r_1)\ln\dfrac{l_1r_2}{l_2r_1}}$			

注：1. 对于等长度衬套式橡胶弹簧，其形状系数按下式计算：

$$s=\frac{l}{(r_1+r_2)\ln\dfrac{r_2}{r_1}}\approx\frac{l}{2(r_2-r_1)}$$

2. 对于长度随半径线性变化的衬套式橡胶弹簧，其形状系数按下式计算：

$$s=\frac{l_1r_2-l_2r_1}{(r_2^2-r_1^2)\ln\dfrac{l_1r_2}{l_2r_1}}$$

2.8 组合式橡胶弹簧

组合式橡胶弹簧静刚度计算公式见表24-9。

表 24-9 组合式橡胶弹簧静刚度计算公式

变形	简　图	刚度计算公式	变形	简　图	刚度计算公式
垂直	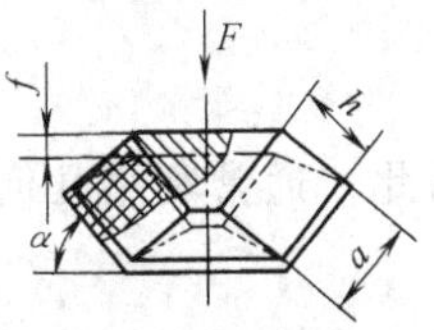 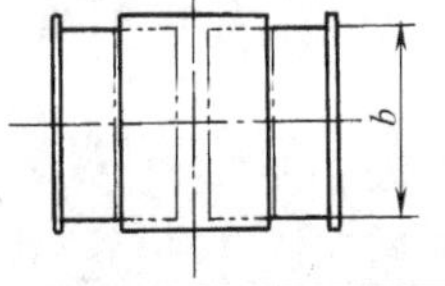	$F'=\dfrac{2ab}{h}\times(E_a\cos^2\alpha+G\sin^2\alpha)$	横向	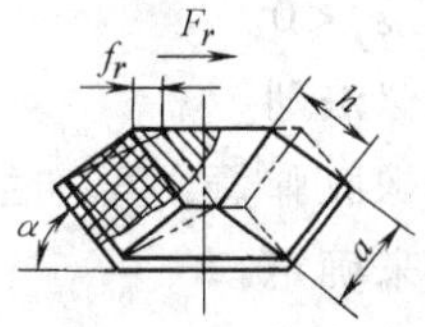 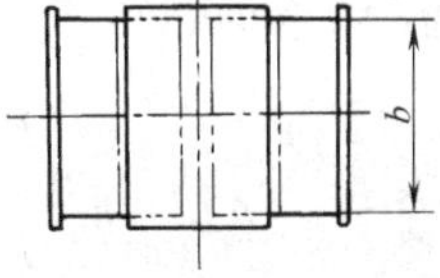	$F'_r=\dfrac{2ab}{h}\times(E_a\sin^2\alpha+G\cos^2\alpha)$

（续）

变形	简　　图	刚度计算公式	变形	简　　图	刚度计算公式
剪切	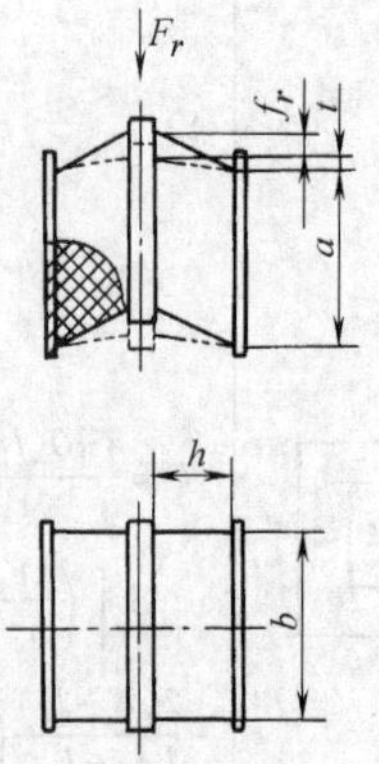	$F_r' = \frac{2abG}{h} \times \left[1+\left(\frac{t}{h}\right)^2\right]^{-1}$	垂直	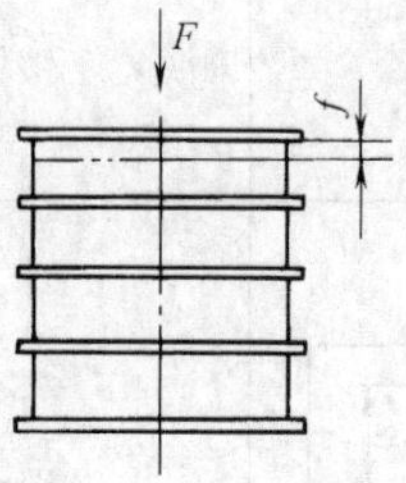	$F' = \left(\sum_{i=1}^{n}\frac{1}{p_i'}\right)^{-1}$ p_i'——各组成橡胶元件的压缩刚度 当 $p_1' = p_2' = \cdots = p_n' = p'$时，则 $F' = \frac{p'}{n}$
	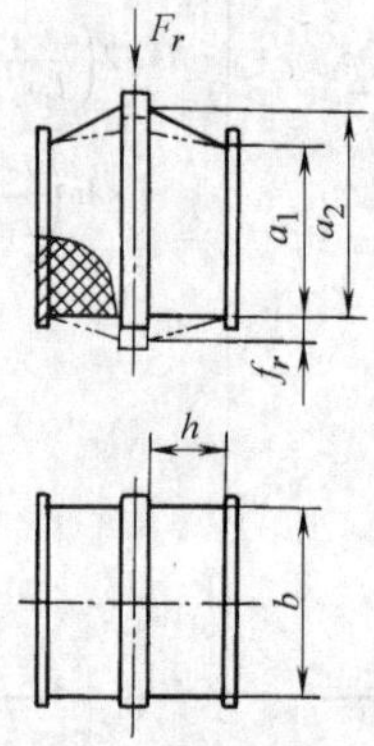	$F_r' = \frac{2aG(a_2 - a_1)}{h\ln\frac{a_2}{a_1}} \approx \frac{bG(a_1 - a_2)}{h}$			

2.9　衬套式橡胶弹簧挤缩加工的影响

挤缩加工可以显著改善衬套式橡胶弹簧的耐久性能，但其刚度也将有较大改变。一般，其轴向剪切刚度减小，径向压缩刚度增大。挤缩加工的影响根据挤缩率 $\varepsilon_j = (t_0 - t)/t_0$（$t_0$，$t = r_2 - r_1$ 分别为挤缩前后的橡胶衬套厚度）的变化，将表 24-8 中各公式的 G 和 E_a 作如下修正置换即可，但是 r_1、r_2、l、l_1 和 l_2 等的尺寸要用挤缩加工后的数值：

$$G \longrightarrow (1+\varepsilon_j)^2 G$$

$$E_a \longrightarrow \frac{1}{3}\left[1+\frac{2}{(1+\varepsilon_j)^3}\right]E_a$$

一般 $t < t_0$，所以 $\varepsilon_j < 0$。

2.10　橡胶弹簧的相似法则

形状比较复杂的橡胶弹簧，其弹性特性的理论计算很困难，因此，通常利用几何形状相似的模型，通过实验来确定。

设由模型测得的特性线为 $F_m = f(\varepsilon)$，而刚度为 F_m'，则线性尺寸比模型大 n 倍的实物的特性线和刚度分别为

$$\left.\begin{aligned} F &= n^2 f(\varepsilon) = n^2 F_m \\ F' &= nF_m' \end{aligned}\right\} \tag{24-12}$$

3 橡胶弹簧的动态力学性能

当载荷作用于橡胶元件时，变形总是滞后于载荷。这种滞后在静力状态下影响不大，但在动力状态下则很重要，成为设计橡胶弹簧时必要考虑的一个重要问题。

(1) 橡胶弹簧的动刚度　由于力与变形间存在一相位差，所以橡胶弹簧的动态特性线是一滞后回线。如果力和变形是按正弦曲线变化的，则该回线是一椭圆。而椭圆的长轴 AB 的斜率就是橡胶弹簧的动刚度 F'_d。如图 24-3 所示，动刚度 F'_d 大于静刚度 F'_s。

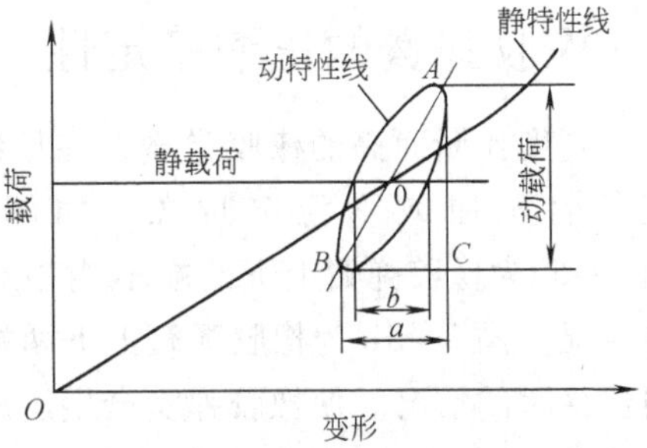

图 24-3　橡胶弹簧的动态力学特性

橡胶弹簧的动刚度不仅取决于生胶的型号和填充度，而且还和温度、硬度、变形振幅和速度以及平均应力或平均应变等因素有关。所以在确定橡胶弹簧的动力特性时，试验条件应尽可能接近橡胶弹簧的使用条件。目前在设计橡胶弹簧时，可初步取动刚度为静刚度的1.3~1.4 倍。

(2) 橡胶弹簧的减振阻尼　如上所述，橡胶弹簧的动态特性线是一条滞后回线。该回线的面积等于橡胶弹簧在每个动力循环所损耗的能量，表现为橡胶弹簧所固有的力学阻尼，其阻尼系数 ψ 可由式 (24-13) 计算：

$$\psi = \frac{F'_d b}{2\pi \nu_r a} \tag{24-13}$$

式中　ν_r——载荷频率；

F'_d——橡胶弹簧的动刚度。

设弹簧系统的自振频率为

$$\nu = \frac{1}{2\pi}\sqrt{\frac{F'_d}{m}}$$

临界阻尼系数为

$$\psi_c = 2\sqrt{mF'_d}$$

式中　m——弹簧上的质量，则

$$\psi = \frac{2\pi\gamma^2 m}{\nu_r}\ \frac{b}{a} \tag{24-14}$$

橡胶弹簧系统的减振因素 D 为

$$D = \frac{\psi}{\psi_c} = \frac{\nu}{2\nu_r}\ \frac{b}{a} \tag{24-15}$$

通常取 $D = 0.025 \sim 0.065$。

(3) 橡胶弹簧的动力学模型　橡胶弹簧属于黏弹性体。根据黏弹性体的力学性质，可有各种不同的力学模型。图 24-4 所示模型，能较为真实地反映出橡胶弹簧的动力学性质。

如果两模型的弹簧刚度和阻尼系数 ψ 满足以下条件：

$$\left.\begin{aligned} F'_{A'} &= F'_A + F'_M \\ F'_V &= F'_A\left(1 + \frac{F'_A}{F'_M}\right) \\ \psi_V F'_M F'_A &= \psi_M F'_V F'_{A'} \end{aligned}\right\} \tag{24-16}$$

则这两个模型等价，即具有同样的力学性质。至于在研究橡胶弹簧的动力学性能时采用哪一个模型，则要从数学角度看怎样方便而定。一般，用黏弹性力学性质时，采用V模型求解比较方便，而用变形的情况时，则采用M模型比较适合。但是，把某个作为函数，而另一个作为反应函数，这在原理上是可以任意的。

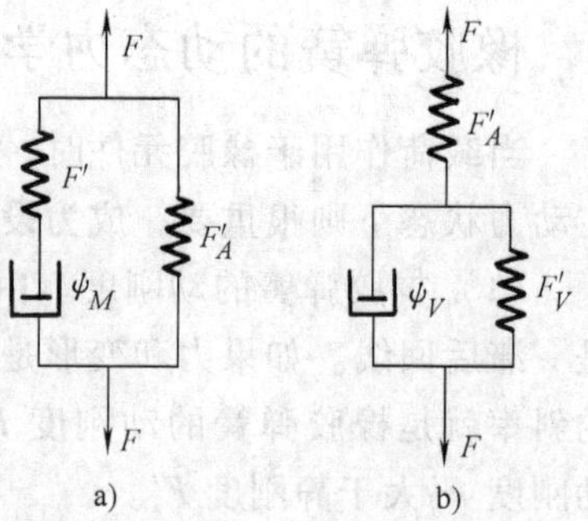

图 24-4 橡胶弹簧的动力学模型
a) M模型 b) V模型

4 橡胶弹簧的压缩稳定性

高度比断面高的橡胶弹簧，在压缩到一定程度时，可能产生压屈或不稳定现象。如图 24-5 所示，图 24-5a为橡胶弹簧上下两端不能相对横向位移时的情况，图 24-5b 为橡胶弹簧上下两端可以相对横向位移时的情况。使橡胶弹簧产生压屈或不稳定的载荷称之为临界载荷，相应的应变称之为临界应变。

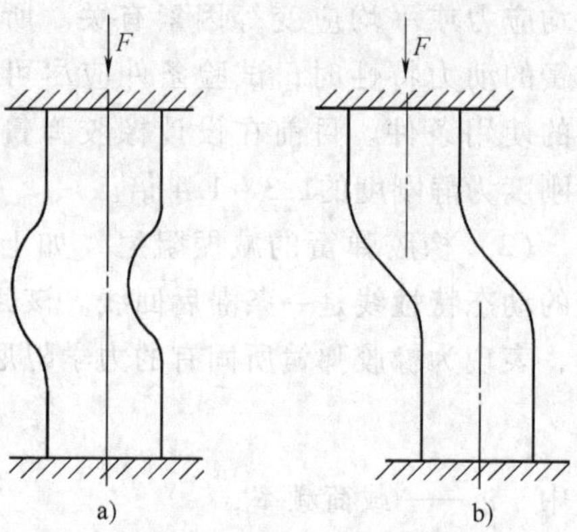

图 24-5 橡胶弹簧的压屈或不稳定现象

橡胶弹簧的临界应变可由表 24-10 所列公式确定，图 24-6 是按表中公式做出的临界应变曲线。一般对于圆柱形橡胶弹簧，若其高度 h 与直径 d 之比 $h/d<0.6$，或对于矩形橡胶弹簧，若其高度 h 与截面短边长度 b 之比 $h/b<0.6$，不会产生压屈或不稳定现象。

表 24-10 橡胶弹簧的临界应变计算公式

	两端不能相对横向位移	两端可以相对横向位移
圆柱形	$\varepsilon_{cr}=\dfrac{1}{1+1.62\left(\dfrac{h}{d}\right)^2}$	$\varepsilon'_{cr}=\dfrac{1}{1+6.48\left(\dfrac{h}{d}\right)^2}$
矩形	$\varepsilon_{cr}=\dfrac{1}{1+1.21\left(\dfrac{h}{b}\right)^2}$	$\varepsilon'_{cr}=\dfrac{1}{1+4.84\left(\dfrac{h}{b}\right)^2}$

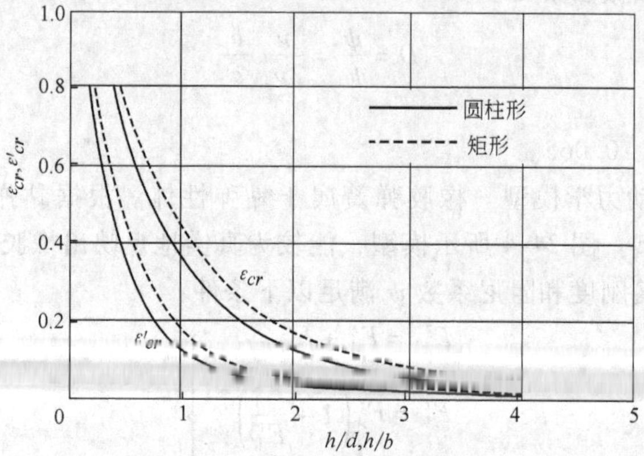

图 24-6 圆柱形和矩形橡胶弹簧的临界应变

5 橡胶弹簧的许用应力

橡胶弹簧的使用寿命与它工作时的应力和应变状况有关，所以应合理地选取许用应力和许用应变。橡胶弹簧的许用应力和许用应变见表24-11。

选择许用应力时，不仅要考虑橡胶的极限强度，而且还要考虑橡胶与金属的固定强度。

橡胶弹簧的疲劳破坏主要由拉伸应力集中处产生的裂纹、金属黏结处发生的剥离以及压缩侧的折皱等逐步发展形成的。所以，在设计时应尽量避免橡胶元件有应力集中，并尽量使元件表面的变形比较均匀。

表24-11 橡胶弹簧的许用应力和许用应变

应力和应变的类型	许用应力/MPa		许用应变(%)	
	静态	动态	静态	动态
压缩	30	±10	15	5
剪切	15	±0.4	25	8
扭转	20	±0.7	—	—

6 橡胶弹簧的设计

橡胶弹簧的正确设计，可充分发挥其减振功能，并使其具有比较稳定的弹性特性和较高的使用寿命。为此，必须适当选择橡胶弹簧的材质、几何形状（图24-7）和结构（图24-8）。

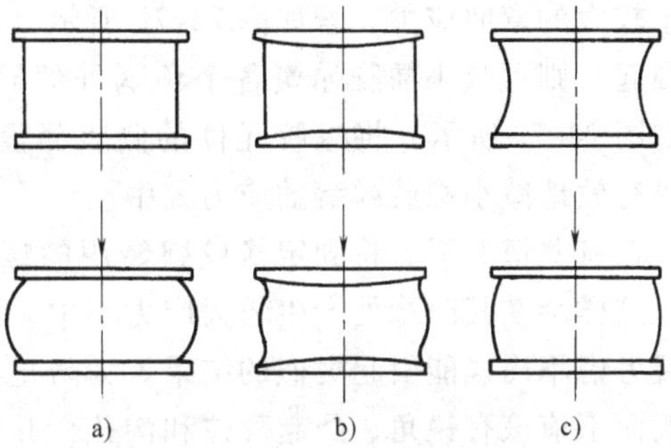

图24-7 几种简单橡胶弹簧在压缩时侧表面的形状变化

6.1 橡胶弹簧材质的选择

作为减振用的橡胶弹簧，要求其弹性特性的波动尽量小，其性能不随使用条件变化而发生太大变化，并要求长期使用而性能变化不大。在使用环境方面，往往会遇到温度、油、臭氧和日光等问题，因而需要根据各种不同的使用工作情况而选择相应的橡胶材料。

目前，已用于制造橡胶减振元件的生胶有以下几种：

(1) 天然橡胶　是橡胶弹簧的常用材料，它具有优良的物理力学性能和加工性能，动态特性稳定，滞后损耗小，但它的耐候性和耐油性较差。

(2) 丁苯橡胶　它的耐候性和耐热性较好，而滞后损耗较大，抗撕裂强度较差，但通过添加增强剂可以获得接近于天然橡胶的力学强度。

(3) 顺丁橡胶　它很少单独用作橡胶弹簧的原材料，常与天然橡胶，丁苯橡胶混合使用。顺丁橡胶滞后损耗较小，弹性良好，尤其在低温条件下能保持良好的弹性。它与天然橡胶相比，其耐候性和耐油性均较好，而力学性能则较差。

(4) 异戊二烯橡胶　也称合成天然橡胶。它的动态特性、耐候性、耐油性等与天然橡胶大致相同，但力学性能稍差，在很多情况下和其他橡胶混合使用。

(5) 丁腈橡胶　具有优良的耐油性能，但耐油性能受内烯腈含量的影响。制造橡胶弹簧的丁腈橡胶，采用丙烯腈含量为25%～30%的品种。若丙烯腈含量过高，橡胶将变硬，所以不宜作为橡胶减振元件的基本原料。由于丁腈橡胶的滞后损耗较大，故多与其他橡胶混合使用。

(6) 氯丁橡胶　具有优良的耐候性能。除滞后损耗较大外，可以认为它和天然橡胶相差无几，因而有时可以取代天然橡胶。

(7) 丁基橡胶　它具有优良的振动阻尼特性，耐候性和耐热性，但耐低温性能和加工性能较差。这种橡胶的硫化速度较慢，粘接性能不太好，与其他橡胶的混合性能也较差。

(8) 乙丙橡胶　它的耐候性和耐热性好，尤其耐臭氧性特别优良。它与少量天然橡胶、丁苯橡胶混合使用可以改善这些特性，作为在高温环境下使用的橡胶减振元件的材料。

6.2 橡胶弹簧的形状和结构设计

无论是橡胶元件或是金属配件，如果形状设计不当，都可能引起橡胶弹簧的应力集中，图24-7所示简单压缩型橡胶弹簧可以说明这一情况，在图24-7a所示结构中，金属配件不引起应力集中，但由于橡胶侧面鼓胀而在各个角隅处将产生较大的弯曲应力。若如图24-7b所示，将支承板做成稍微凸起，则可减小橡胶弹簧各个角隅处的局部应力。此外，若如图24-7c所示，将橡胶元件的侧表面设计成凹入形状，则可有效地减小橡胶弹簧的应力集中。

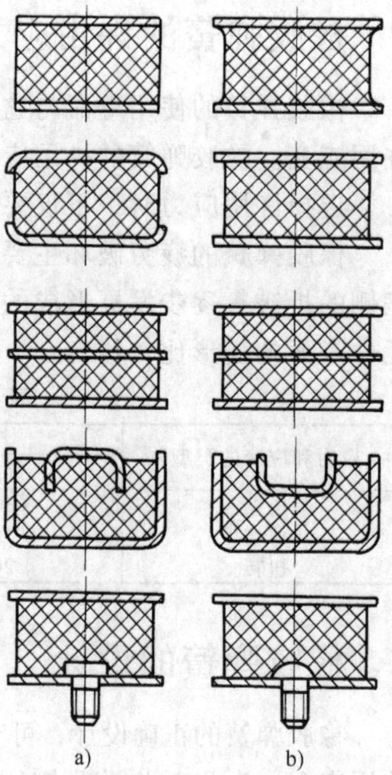

图24-8　橡胶弹簧结构设计

a) 不适当的设计　b) 较适当的设计

在有些情况下，将固定橡胶弹簧用的螺栓头或带螺纹孔的凸耳焊在金属配件的内表面上，这样会在其凸缘处产生较大应力集中，而导致橡胶弹簧的总强度降低。对配件的形状或配置考虑不周也能引起类似的结果。为防止在橡胶弹簧中形成应力集中源，与橡胶接触的配件表面不应该有锐角、凸起部位和沟孔，并且在形状上尽量使橡胶表面的变形比较均匀。图24-8所示结构设计，从应力集中的角度来看，图24-8a为一些不适当的设计，图24-8b为较适当的设计。当分析橡胶弹簧与其他结构零件结合情况时，应考虑到橡胶弹簧受载时其横截面形状的变化情况，避免产生较大接触应力和严重磨损。

对于带有金属配件橡胶弹簧，其寿命主要取决于橡胶与金属结合的牢靠程度。所以要特别注意橡胶与金属的结合工艺。如金属配件的表面锈蚀、油和灰等一定要清除干净，表面不得为油污等脏污；黏合剂的涂布和干燥过程必须在适合于黏合剂的温度环境下进行。一般说来，黏合过程要十分注意防避潮湿和灰尘，黏合剂涂布后的保存方法和硫化前的停放时间等，都应根据黏合剂的种类规定适当的容许范围。

7 橡胶弹簧的性能试验

橡胶弹簧的试验一般应在20～30℃的室温下进行，并且试验前应在该室温条件下放置6h以上。

7.1 硬度试验

橡胶弹簧的橡胶材料通常用硬度表示其弹性模量，这是因为硬度测量比较方便而且可以不损坏制品。

硬度试验方法可按照有关标准（GB531）进行，但应注意以下事项：

1）不要在黏结面附近测定；

2）垂直压触橡胶表面，直接读取度数。蠕变大的橡胶，压触速度和读取时间不同，所得数值也不同；

3）橡胶表面覆盖一层氯丁橡胶外皮时，测定硬度没有意义。

7.2 黏结性能试验

黏结性能试验的目的是检查橡胶与金属的黏结质量，查出黏结不良的制品。试验时的加载方向有拉伸、剪切和压缩等，可根据制品的使用工作情况而定。对于合格制品，拉伸和剪切的扯离试验载荷通常取2MPa左右。当有两个以上黏结面时（如橡胶衬套等），要按最小黏结面积确定试验载荷。用压缩方式试验黏结性能时，试验载荷一般取6MPa左右。

7.3 静特性试验

一般，在测定橡胶弹簧的静载荷与挠度特性曲线时，以载荷 F 作为独立变量，而对应的挠度以函数 $f(F)$ 表示。

由于橡胶弹簧的载荷与挠度特性曲线具有不同程度的滞后效应，第一个循环和第二个循环的曲线不一样，重复试验，曲线会逐渐趋于一致。因此，为了得到稳定的试验数据，试件应进行三次从零载荷到最大试验载荷的预压后才开始正式测定其数值。加载应缓慢而均匀，一般从零载荷到最大试验载荷的时间可控制在30s左右。

可以根据所测得的静特性曲线确定橡胶弹簧的静刚度。由于橡胶弹簧的载荷与挠度特性曲线是非线性的，要确定其静刚度值需规定试验载荷的范围。试验载荷的下限 F_1 和上限 F_2 是根据橡胶弹簧的使用条件确定的，一般取：

$$\left.\begin{aligned} F_1 &= (0.50 \sim 0.75)F_0 \\ F_2 &= (1.25 \sim 1.50)F_0 \end{aligned}\right\} \tag{24-17}$$

式中　F_0——橡胶弹簧的额定载荷。

在正式试验的加载过程中，读取对应于载荷 F_1 和 F_2 时的挠度值 $f(F_1)$ 和 $f(F_2)$，可由式（24-18）计算橡胶弹簧的静刚度：

$$F_0' = \frac{F_2 - F_1}{f(F_2) - f(F_1)} \tag{24-18}$$

在质量管理上也可不求弹簧刚度 F'，而求分母 $f(F_2) - f(F_1)$。

7.4 动特性试验

动特性试验的目的是测定橡胶弹簧的动刚度和内部阻尼。除在第3节介绍的外，一般可采用以下方法。

（1）共振法　将橡胶弹簧和质量为 m 的物体按单自由度振动系统安装在振动台上，启动振动台，调节振动台频率进行连续扫描，找出系统的共振点。测量系统的共振圆频率 ω、质量 m 的共振振幅 A 和振动台激扰振幅 A_0。根据这些振动参数可以由以下公式计算出橡胶弹簧的动刚度 F_d' 和减振因数 D：

$$F_d' = m\omega^2 \tag{24-19}$$

$$D = \frac{1}{2\left(\dfrac{A}{A_0}\right)} \tag{24-20}$$

（2）衰减法 将由橡胶弹簧和质量 m 构成的单自由度系统安装在刚性基座上，然后给予瞬时激扰使之产生自由振动。由所记录的衰减波和时间标记可以直接求得系统的自振圆频率 ω，从而由式（24-19）计算出橡胶弹簧的动刚度 F'_d。

可以由衰减振动波上任意两个相邻振幅 A_n 和 A_{n+1} 用式（24-21）计算出减振因数：

$$D=\frac{1}{2\pi}\ln\frac{A_n}{A_{n+1}} \tag{24-21}$$

7.5 振动疲劳试验

疲劳试验的目的主要是评定橡胶弹簧的使用寿命，这可以通过测定橡胶弹簧在疲劳试验前后的特性变化和橡胶剩余永久变形来进行评定。

疲劳试验工作情况，如振动频率、试验载荷和振幅等，应尽可能接近于橡胶弹簧的实际使用条件。但有时为了缩短试验时间可以适当调整试验工作情况。一般，振动频率可以根据疲劳试验机条件定为每分钟150次、300次、600次、1200次和1800次，而振动次数可以定为 0.5×10^6 次、1×10^6 次、2×10^6 次和 4×10^6 次。原则上，试验应该连续进行并达到所指定的振动次数。

8 橡胶-金属螺旋复合弹簧

图24-9a所示是由橡胶与金属螺旋弹簧制成的复合压缩弹簧，它的特性线为渐增型（图24-9b）。这种螺旋复合弹簧与橡胶弹簧相比有较大的刚性，与金属弹簧相比有较大的阻尼性。因此，它具有承载能力大、减振性强、耐腐蚀、耐磨损和防爆等优点，适用于矿山机械和重型车辆的悬架结构等。但制造成本较高。

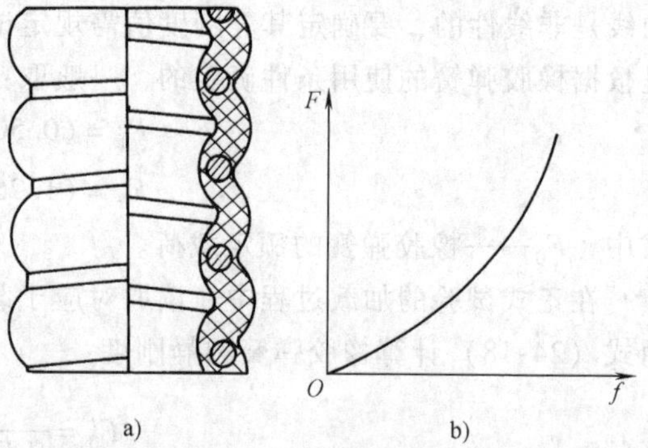

图24-9 橡胶-金属螺旋复合弹簧

8.1 橡胶-金属螺旋复合弹簧的结构型式及代号

螺旋复合弹簧制定有机械行业标准 JB/T 8584。其结构型式及代号见表24-12。在标准中列有尺寸系列，可根据承受的载荷和空间尺寸选用。

8.2 橡胶-金属螺旋复合弹簧尺寸系列

橡胶-金属螺旋复合弹簧尺寸系列见表24-13。

橡胶-金属螺旋复合弹簧的尺寸系列可根据下列要求进行选用：

1）所承受的静载荷和空间尺寸。

2）静载荷是指安装在振动机械上的每只弹簧的许用静载荷。

3）静刚度是指垂直方向的静刚度。

选用时设备实际载荷应在许用值 ±15% 以内，水平方向刚度是垂直方向刚度的1/5～1/3倍。

8.3 橡胶-金属螺旋复合弹簧的计算公式

（1）复合弹簧的刚度 复合弹簧的静刚度计算是一种近似计算。其实际值与计算值的差异必须通过修正系数加以修正，修正系数是由试验对比得出的。

$$F' = k(F_1' + F_2')$$

式中 F_1'——金属弹簧的刚度，其值参见第 10 章；

F_2'——橡胶弹簧的静刚度，其值可根据表 24-3 所列公式计算；

k——修正系数，k 值只在相同尺寸模具做出的复合弹簧才为恒定值，若模具有变化则 k 值需重做试验得出。

（2）复合弹簧的固有频率　复合弹簧的固有频率 f_n 可按下式计算：

$$f_n = \left(1.4 \times 980 \times \frac{F'}{F}\right)^{\frac{1}{2}} \times \frac{1}{2\pi}$$

式中 f_n——橡胶-金属螺旋复合弹簧的固有频率（Hz）；

F'——橡胶-金属螺旋复合弹簧的刚度（N/mm）；

F——静载荷（N）。

表 24-12　橡胶-金属螺旋复合弹簧的结构型式及代号

代号	名称	结构型式	图示	代号	名称	结构型式	图示
FA	内外螺旋型	金属螺旋弹簧内外均被螺旋型的橡胶所包裹	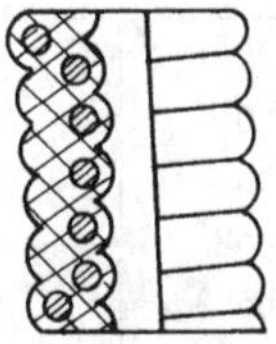	FTA	带铁板内外螺旋型	代号为 FA 的复合弹簧的两端或一端硫化有铁板	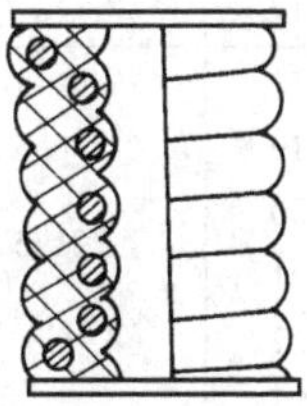
FB	外螺旋内直型	金属螺旋弹簧外表面为螺旋型的橡胶所包裹，金属螺旋弹簧内表面为光滑筒型的橡胶所包裹	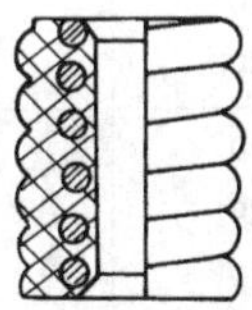	FTB	带铁板外螺旋内直型	代号为 FB 的复合弹簧的两端或一端硫化有铁板	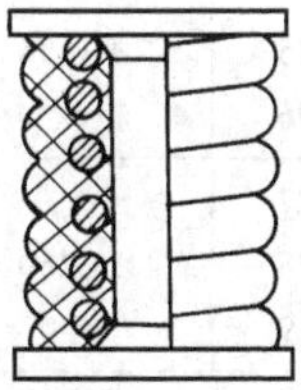
FC	直筒型	金属螺旋弹簧内外均被光滑筒型的橡胶所包裹	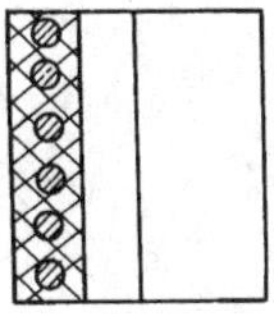	FTC	带铁板直筒型	代号为 FC 的复合弹簧的两端或一端硫化有铁板	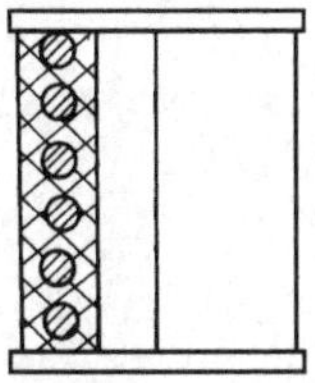
FD	外直内螺旋型	金属螺旋弹簧内表面为螺旋型的橡胶所包裹，金属螺旋弹簧外表面为光滑筒型的橡胶所包裹	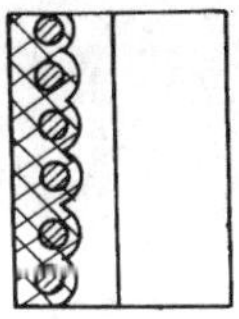	FTD	带铁板外直内螺旋型	代号为 FD 的复合弹簧的两端或一端硫化有铁板	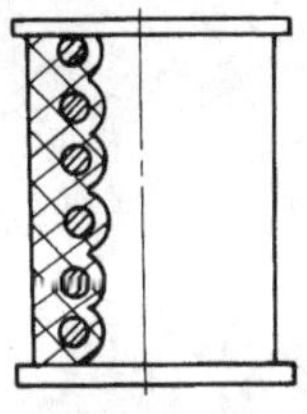

注：摘自 JB/T 8584。

表 24-13 橡胶-金属螺旋复合弹簧尺寸系列

序号	产品代号	外径 D_2 /mm	内径 D_1 /mm	自由高度 H_0 /mm	最大外径 D_m /mm	静载荷 T /N	静刚度 T' /(N/mm)
1	FB52	52	25	120	62	980	78
2	FB85	85	85	120	92	3530	196
3		85	85	150	92	3720	167
4		85	85	150	108	1860	59
5	FC102	102	60	255	120	980	52
6		102	60	255	120	1470	64
7		102	60	255	120	1960	74
8		102	60	255	120	2450	98
9		102	60	255	120	2940	123
10	FA135	135	60	150	150	1960	74
11		135	60	150	150	2550	98
12	FC148	148	100	270	170	6370	1270
13		148	100	270	170	4410	147
14		148	100	270	170	8820	176
15		148	80	270	170	7840	196
16		148	80	270	170	2450	245
17		148	92	270	170	20090	342
18	FC155	155	62	290	180	6270	157
19		155	62	290	180	7450	186
20		155	62	290	180	8330	206
21		155	62	290	180	9800	235
22		155	62	290	180	10780	265
23		155	62	290	180	11760	294
24	FA196	196	80	290	220	9800	372
25		196	90	270	220	11760	392
26		196	100	250	220	13720	412
27	FC260	260	120	429	310	12740	230
28		260	120	429	310	14700	284
29		260	120	429	310	19600	392
30	FC310	310	150	400	370	29400	588

注：D_m 为橡胶-金属螺旋复合弹簧压缩时的最大外径。

第25章　空 气 弹 簧

1　空气弹簧的特点

空气弹簧是在柔性密闭容器中加入压力空气，利用空气的可压缩性实现弹性作用的一种非金属弹簧。它具有优良的弹性特性，用在车辆悬架装置中可以大大改善车辆的动力性能，从而显著提高其运行舒适度。所以，空气弹簧在汽车和铁路机车车辆上得到广泛的应用。此外，由于它和普通钢制弹簧比较有许多优点，所以现在被应用于压力机、剪切机、压缩机、离心机、振动输送机、振动筛、空气锤、铸造机械和纺织机械等方面作为隔振元件；也用作电子显微镜、激光仪器、集成电路及其他物理化学分析精密仪器等支承，以隔离地基的振动。

在机械的减振系统中，采用空气弹簧有以下优点：

1）通过高度控制阀，可使空气弹簧的工作高度在任何载荷下保持一定，也可使弹簧在同一载荷下具有不同的高度，因此，有利于适应多种结构上的要求。

2）空气弹簧具有非线性特性，可以根据需要将它的特性线设计成比较理想的曲线。

3）空气弹簧的刚度随载荷而变，因而在任何载荷下自振频率不变，使弹簧装置具有几乎不变的性能。

4）空气弹簧的刚度可根据需要，借助于改变附加空气室的容积进行选择，而且可选择得很低。

5）同一空气弹簧，能同时承受轴向和径向载荷，也能传递扭矩，而通过内压力的调整，还可以得到不同的承载能力，因此能适应多种载荷的需要。

6）吸收高频振动和隔声的性能好。

7）在空气弹簧本体和附加空气室之间设一节流孔，能起到阻尼作用，如孔径选择适当，可不设减振器。

2　空气弹簧的结构和类型

如图25-1所示，空气弹簧橡胶囊是由帘线层、内外橡胶层和成形钢丝圈硫化而成的。空气弹簧上的载荷主要是由帘线承受，帘线的材质对空气弹簧的耐压性和耐久性起决定性的作用，因此采用高强度的人造丝、尼龙或聚酯。内层橡胶主要是用以密封，因此采用气密性和耐油性较好的橡胶。而外层橡胶除了密封外，还起保护作用。因此，外层橡胶还应考虑能抗太阳辐射和臭氧的侵蚀，一般采用氯丁橡胶。钢丝圈是用来固定帘线层并使橡胶囊与金属配件之间紧密配合，以确保空气弹簧的气密性。钢丝圈一般由多根硬质钢丝排列制成。

空气弹簧的密封一般有两种方法，一种是螺钉紧封式，即利用金属压环和螺钉夹紧加以密封；另一种是压力自封式，即利用橡胶囊内部的空气压力将橡胶囊端面与上下盖（或内外筒）卡紧加以密封。后者结构简单，组装检修方便，应用渐广。

空气弹簧大致可分为囊式和膜式两类。囊式空气弹簧可根据需要设计成单曲的、双曲的和三曲的；膜式空气弹簧则有约束膜式和自由膜式两种。在支承方式上，空气弹簧有刚性支承和弹性支承两种结构。

囊式空气弹簧的优点是寿命长，缺点是刚度大，制造工艺比较复杂。约束膜式空气弹簧的优点是刚度小，并且特性线容易通过约束裙（内外筒）的形状来控制，缺点是由于橡胶膜的工作状况复杂而使耐久性差。自由膜式空气弹簧由于没有约束橡胶膜变形的内外筒，可减轻橡胶膜磨损，因而寿命长。

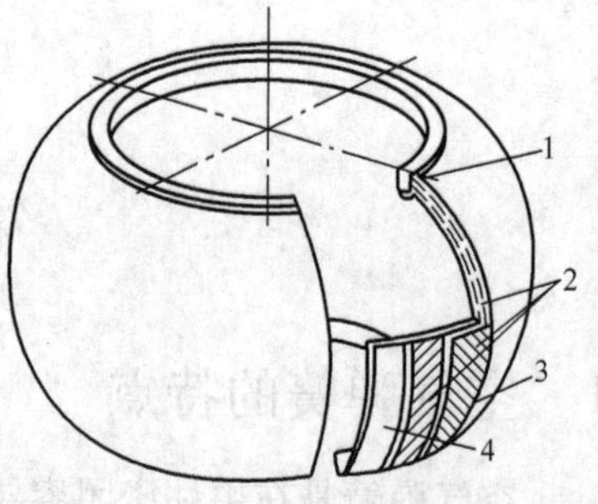

图 25-1　空气弹簧橡胶囊的结构

1—钢丝圈　2—帘线　3—外橡胶层　4—内橡胶层

图 25-2 ~ 图 25-5 是我国铁道车辆早期应用的几种空气弹簧结构实例，均为刚性支承，并由固定节流孔提供垂向阻尼。近年来，铁道车辆已普遍采用橡胶堆弹性支承的自由膜式空气弹簧，并采用可调阻尼节流阀（可变节流孔），图 25-6 所示为一结构实例。这种结构的优点是，可以显著降低空气弹簧的横向刚度，并使节流孔的流量特性线性化，这有利于提高车辆的垂向和横向振动性能。这种新一代空气弹簧已经形成系列产品，广泛应用于我国提速客车和动车组以及地铁和城轨车辆。

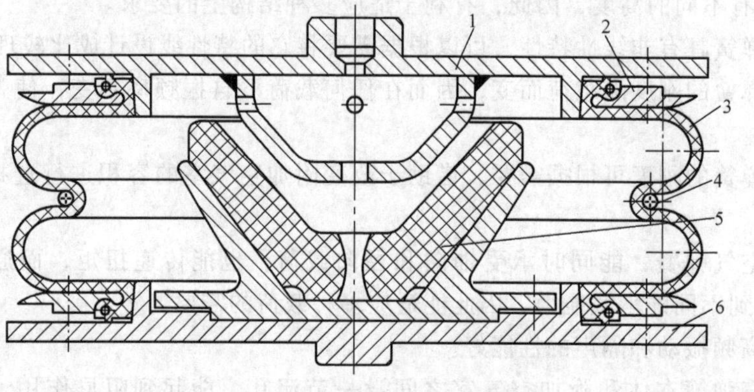

图 25-2　囊式空气弹簧结构

1—上盖　2—压环　3—橡胶囊　4—腰环　5—橡胶垫　6—下盖

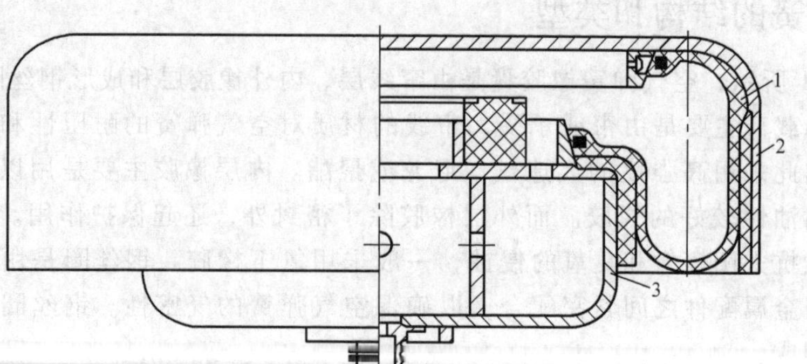

图 25-3　约束膜式空气弹簧结构

1—橡胶膜　2—外筒　3—内筒

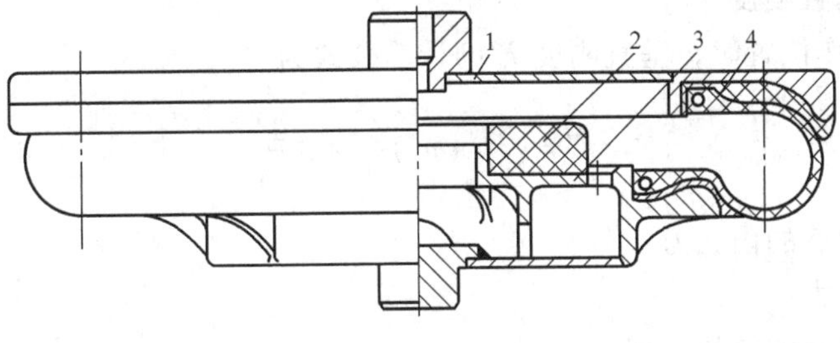

图 25-4　自由膜式空气弹簧结构

1—上盖　2—橡胶垫　3—下座　4—橡胶膜

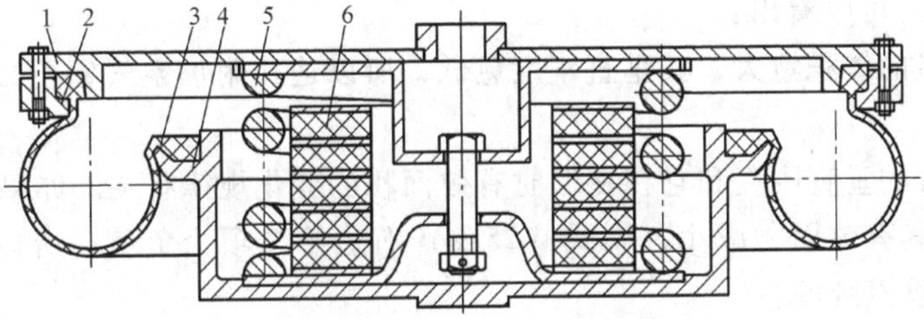

图 25-5　组合式空气弹簧结构

1—上盖　2—压环　3—橡胶膜　4—下座　5—钢弹簧　6—应急弹簧

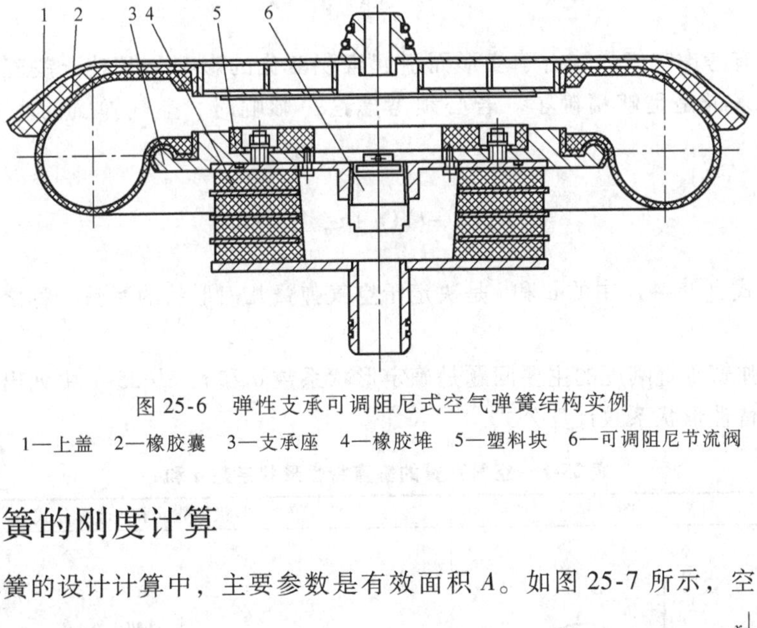

图 25-6　弹性支承可调阻尼式空气弹簧结构实例

1—上盖　2—橡胶囊　3—支承座　4—橡胶堆　5—塑料块　6—可调阻尼节流阀

3　空气弹簧的刚度计算

在空气弹簧的设计计算中，主要参数是有效面积 A。如图 25-7 所示，空气弹簧上所受的载荷：

$$F = Ap = \pi R^2 p \qquad (25\text{-}1)$$

$$A = \pi R^2$$

式中　R——空气弹簧的有效半径；

p——空气弹簧的内压力。

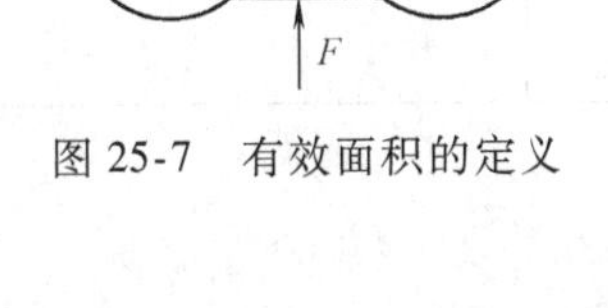

图 25-7　有效面积的定义

3.1 空气弹簧的垂直刚度

空气弹簧在工作位置时，垂直刚度 F' 的计算公式为

$$F' = \chi(p + p_a)\frac{A^2}{V} + p\frac{\mathrm{d}A}{\mathrm{d}x} \tag{25-2}$$

式中 p——空气弹簧的内压力；

p_a——大气压力；

V——空气弹簧的有效体积；

χ——多变指数，在等温过程（如计算静刚度时）$\chi = 1$，在绝热过程 $\chi = 1.4$，在一般动态过程 $1 < \chi < 1.4$。

从式（25-2）可以看出：

1）空气弹簧的体积愈大，其垂直刚度愈低，所以连接附加空气室可以减小空气弹簧的垂直刚度。

2）空气弹簧的垂直刚度和它在变形时有效面积的变化规律有关。如果 $\mathrm{d}A/\mathrm{d}x < 0$，即空气弹簧在压缩时其有效面积减小，则式（25-2）右边第二项为负值。所以也可用这个方法减小空气弹簧的垂直刚度。

计算空气弹簧垂直刚度的主要问题是确定与空气弹簧几何形状有关的 $\mathrm{d}A/\mathrm{d}x$。

设 $\mathrm{d}A/\mathrm{d}x = aA$，于是式（25-2）可改写为

$$F' = \chi(p + p_a)\frac{A^2}{V} + apA \tag{25-3}$$

式（25-3）没有考虑空气弹簧由于变形而引起容积变化的影响，但对于铁道车辆等实际应用的空气弹簧来说是足够精确了。若必须考虑这一影响时，空气弹簧的垂直刚度可由式（25-4）计算：

$$F' = \chi(1 + t)(p + p_a)\frac{A^2}{V} + apA \tag{25-4}$$

式（25-3）和式（25-4）中的 a 和 t 是决定于空气弹簧几何形状的系数，称之为垂直特性形状系数。

计算空气弹簧垂直刚度的主要问题是确定形状系数 a 和 t，表 25-1 中列出了各种形式空气弹簧的垂直特性形状系数计算公式。

表 25-1 空气弹簧的垂直特性形状系数 a 和 t

形式	简　图	形状系数 a 和 t 计算公式
囊式空气弹簧	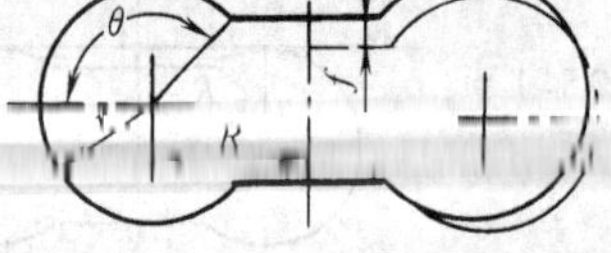	$a = \frac{1}{nR}\frac{\cos\theta + \theta\sin\theta}{\sin\theta - \theta\cos\theta}$ $t = \frac{r^2}{R^2}\left(2 - \frac{\theta^2\sin\theta}{\sin\theta - \theta\cos\theta}\right)$

（续）

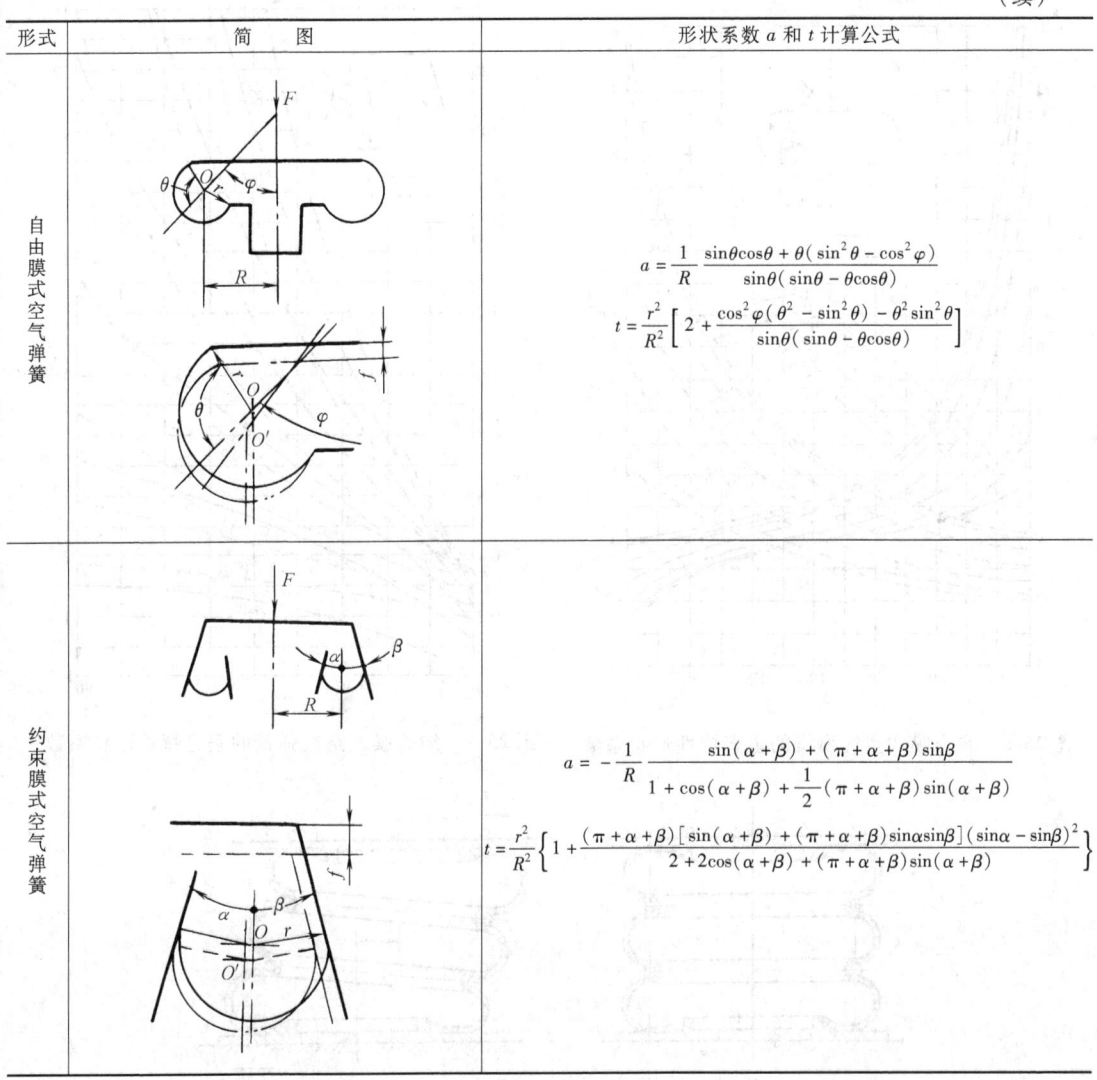

形式	简　　图	形状系数 a 和 t 计算公式
自由膜式空气弹簧	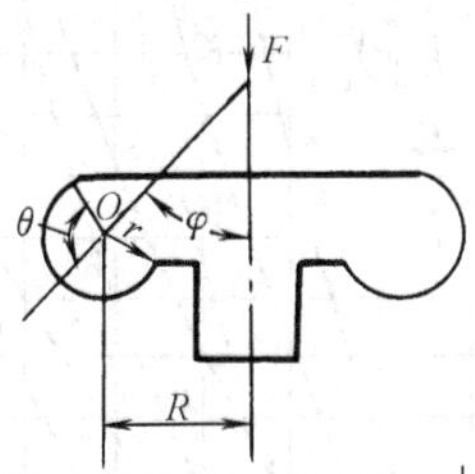 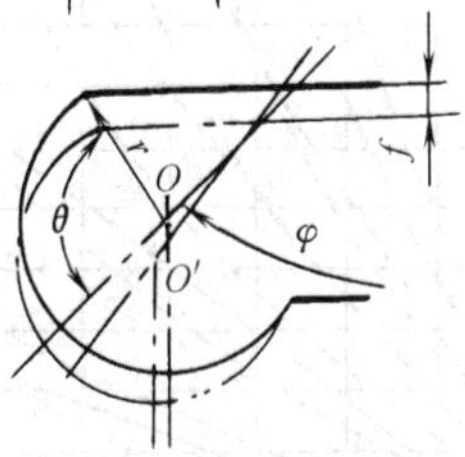	$a=\frac{1}{R}\frac{\sin\theta\cos\theta+\theta(\sin^2\theta-\cos^2\varphi)}{\sin\theta(\sin\theta-\theta\cos\theta)}$ $t=\frac{r^2}{R^2}\left[2+\frac{\cos^2\varphi(\theta^2-\sin^2\theta)-\theta^2\sin^2\theta}{\sin\theta(\sin\theta-\theta\cos\theta)}\right]$
约束膜式空气弹簧	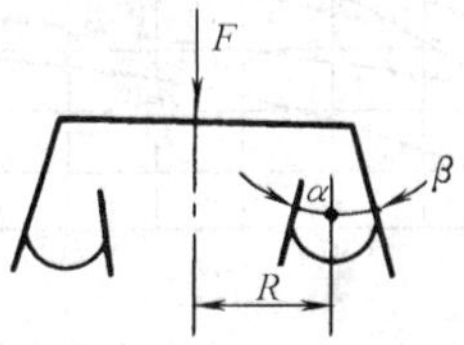 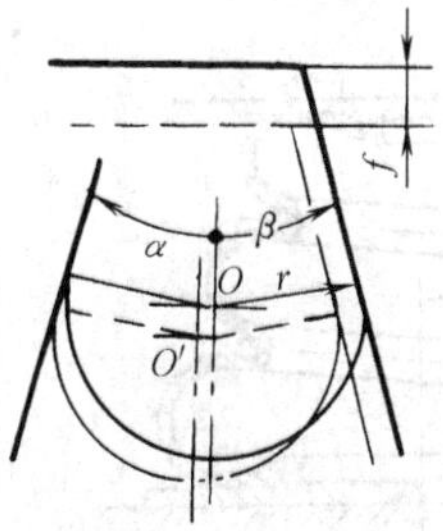	$a=-\frac{1}{R}\frac{\sin(\alpha+\beta)+(\pi+\alpha+\beta)\sin\beta}{1+\cos(\alpha+\beta)+\frac{1}{2}(\pi+\alpha+\beta)\sin(\alpha+\beta)}$ $t=\frac{r^2}{R^2}\left\{1+\frac{(\pi+\alpha+\beta)[\sin(\alpha+\beta)+(\pi+\alpha+\beta)\sin\alpha\sin\beta](\sin\alpha-\sin\beta)^2}{2+2\cos(\alpha+\beta)+(\pi+\alpha+\beta)\sin(\alpha+\beta)}\right\}$

图 25-8 和图 25-9 是根据表 25-1 中的有关公式做出的空气弹簧垂直特性形状系数 a 和 t 的计算图。由这些图可以很方便地根据需要选择适当的几何参数，使形状系数 a 和 t 取得很小，以达到降低垂直刚度的目的。

3.2　空气弹簧的横向刚度

空气弹簧的横向刚度计算要比垂直刚度计算困难，因为它不仅与空气弹簧的几何形状有关，而且受材质的影响也较大。

（1）囊式空气弹簧　一般囊式空气弹簧在横向载荷作用下的变形，是显示受弯曲和剪切作用的合成变形，如图 25-10 所示。

1）单曲囊式空气弹簧的弯曲刚度（图 25-11）计算公式：

$$M'=\frac{1}{2}a\pi pR^3(R+r\cos\theta) \tag{25-5}$$

式中　a——囊式空气弹簧的垂直特性形状系数，可由表 25-1 中的有关公式确定。

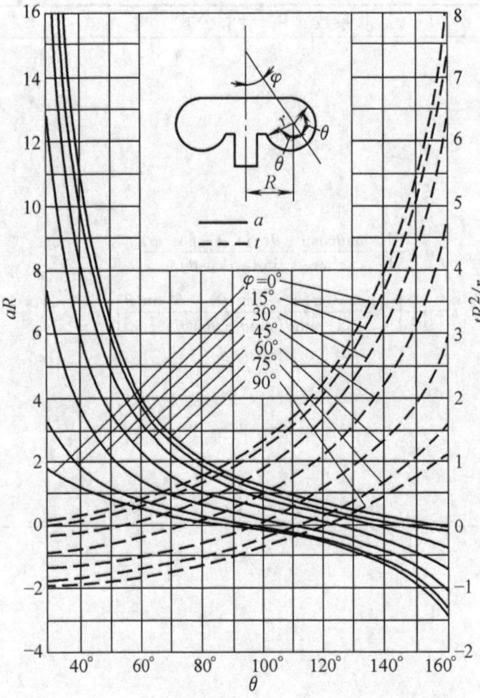

图 25-8 自由膜式空气弹簧的垂直特性形状系数

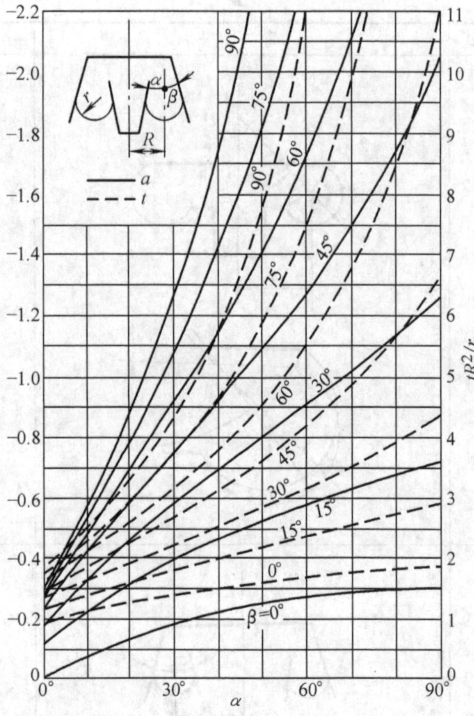

图 25-9 约束膜式空气弹簧的垂直特性形状系数

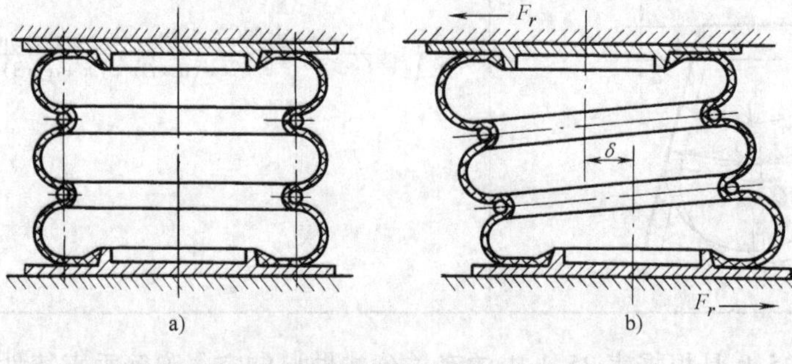

图 25-10 橡胶囊在横向载荷作用下的变形

2）单曲囊式空气弹簧的剪切刚度（图 25-12）计算公式：

$$F'_{1r}=\frac{\pi}{8r\theta}\rho iE_f(R+r\cos\theta)\sin^2 2\varphi \qquad (25\text{-}6)$$

式中 ρ——帘线的密度；

i——帘线的层数；

E_f——一根帘线的截面积与其纵向弹性模量的积；

φ——帘线相对纬线的角度。

对于多曲囊式空气弹簧，横断面受弯曲和剪切载荷而发生的变形，可以利用力和力矩的平衡，将各曲的变形叠加起来而得到。若横断面总的变形很小时，则多曲囊式空气弹簧的横向刚度 F'_r 可由式（25-7）计算求得

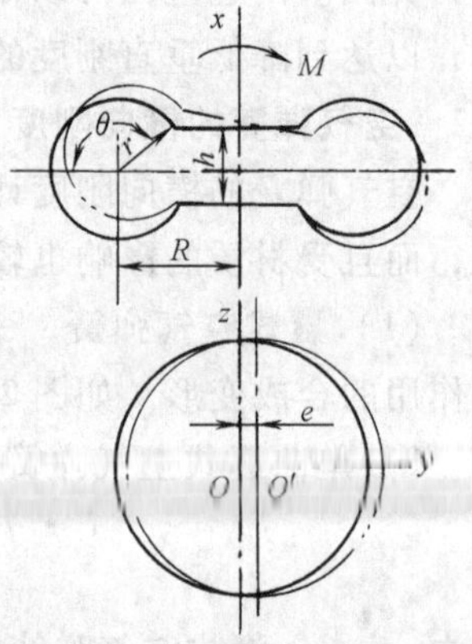

图 25-11 空气弹簧的弯曲变形

$$F'_r = \left\{ \frac{n}{F'_{1r}} + \frac{\left[(n-1)\left(h + h' + \frac{F}{F'_{1r}} \right) \right]^2}{\left(2M' + \frac{1}{2}\frac{F^2}{F'_{1r}} \right) - F(n-1)\left(h + h' + \frac{F}{F'_{1r}} \right)} \right\}^{-1} \tag{25-7}$$

式中　h——一曲橡胶囊的高度；

h'——中间腰环的高度；

F——空气弹簧所受垂直载荷；

M'——弯曲刚度，由式（25-5）计算；

F'_{1r}——剪切刚度，由式（25-6）计算；

n——空气弹簧的曲数。

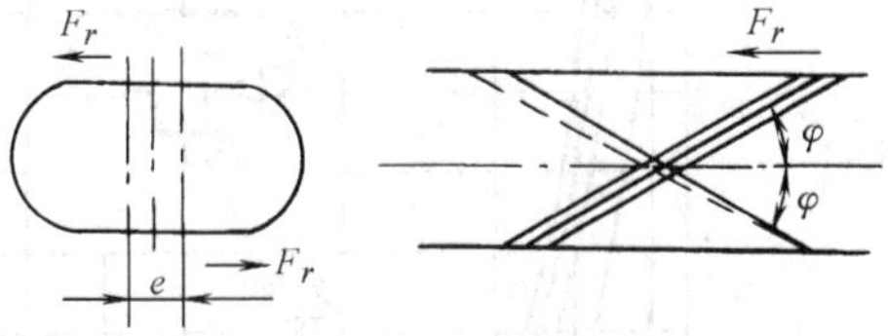

图 25-12　空气弹簧的剪切变形

由式（25-7）可以看出，空气弹簧的曲数愈多，则其横向刚度愈小。实际上四曲以上的空气弹簧，由于弹性不稳定现象，已不适于承受横向载荷的场合。此外，在利用空气弹簧横向弹性时，应使横向振幅最大不超过橡胶囊高度的20%，尽可能控制在10%以下。

（2）膜式空气弹簧　自由膜式和约束膜式空气弹簧的横向刚度 F'_r 可用式（25-8）计算：

$$F'_r = bpA + F'_0 \tag{25-8}$$

式中　p——空气弹簧的内压力；

A——空气弹簧的有效面积；

F'_0——橡胶—帘线膜本身的横向刚度；

b——决定于空气弹簧几何参数的横向特性形状系数，其计算公式见表 25-2。

表 25-2　空气弹簧的横向特性形状系数 b

形式	简　图	形状系数 b 计算公式
自由膜式空气弹簧	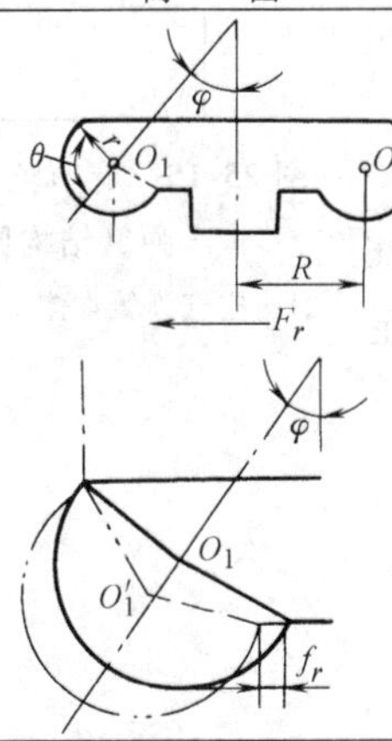	$b = \dfrac{1}{2R}\dfrac{\sin\theta\cos\theta + \theta(\sin^2\theta - \sin^2\varphi)}{\sin\theta(\sin\theta - \theta\cos\theta)}$
约束膜式空气弹簧	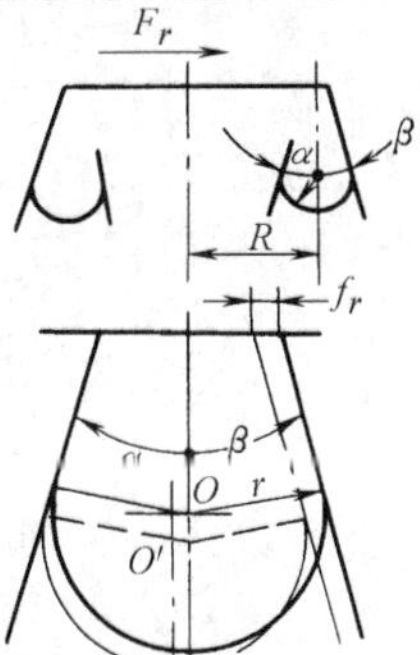	$b = \dfrac{1}{2R}\dfrac{-\sin(\alpha+\beta) + (\pi+\alpha+\beta)\cos\alpha\cos\beta}{1+\cos(\alpha+\beta) + \frac{1}{2}(\pi+\alpha+\beta)\sin(\alpha+\beta)}$

图25-13和图25-14是根据表25-2中的有关公式做出的空气弹簧横向特性形状系数 b 的计算图。

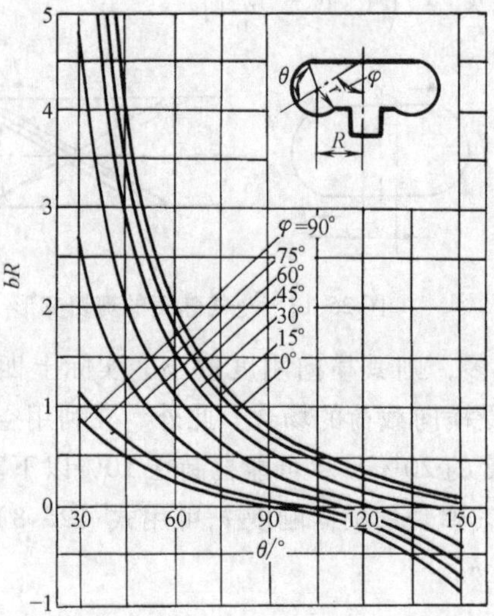

图25-13 自由膜式空气弹簧的形状系数 b

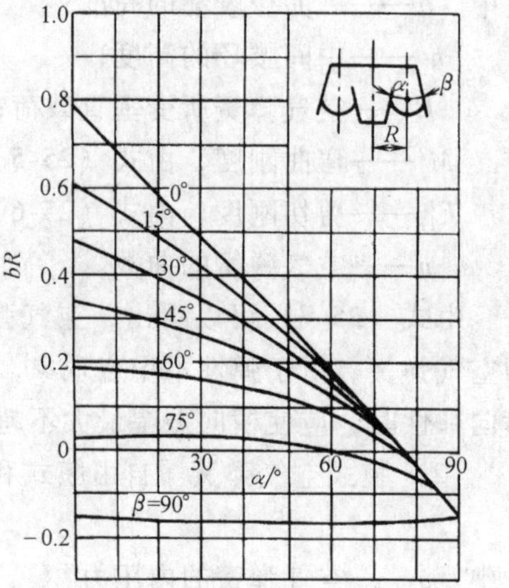

图25-14 约束膜式空气弹簧的形状系数 b

4 空气弹簧的减振阻尼

在空气弹簧本体和附加空气室之间设一节流孔，如图25-15所示，当空气流过节流孔时由于阻力而吸收一部分振动能量，从而起到减振阻尼的作用。

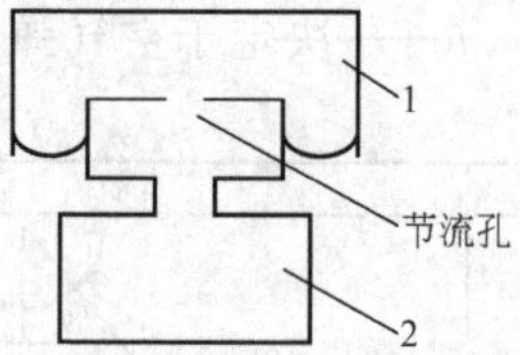

图25-15 有节流孔阻尼的空气弹簧结构原理图

1—空气弹簧本体 2—附加空气室

4.1 空气弹簧的力学模型

在有节流孔阻尼的情况下，空气弹簧可以采用图25-16所示的力学模型。图中的弹簧刚度 F_1' 和 F_2' 以及减振器阻尼系数 ψ_1，与式（25-9）相对应：

$$\left.\begin{aligned}
F_1' &= \chi(p+p_a)\frac{A^2}{V}\\
F_2' &= p\frac{\mathrm{d}A}{\mathrm{d}x}\\
\psi_1 &= R\rho A^2 g\\
\xi &= \frac{V_1}{V_2}\\
F &= pA
\end{aligned}\right\}\qquad(25\text{-}9)$$

式中 F——空气弹簧的载荷；

V_1——空气弹簧本体的容积；

V_2——附加空气室的容积；

ρ——空气的密度；

R——流量阻力系数。

其他符号的意义同前。

4.2 空气弹簧的频率和阻尼

图 25-17 为具有节流孔阻尼的空气弹簧悬架系统，其自由振动的方程式为

$$\left.\begin{aligned} m\ddot{x}+(F_1'+F_2')x-F_1'y=0 \\ \psi_1\dot{y}+(1+\xi)F_1'y-F_1'x=0 \end{aligned}\right\} \tag{25-10}$$

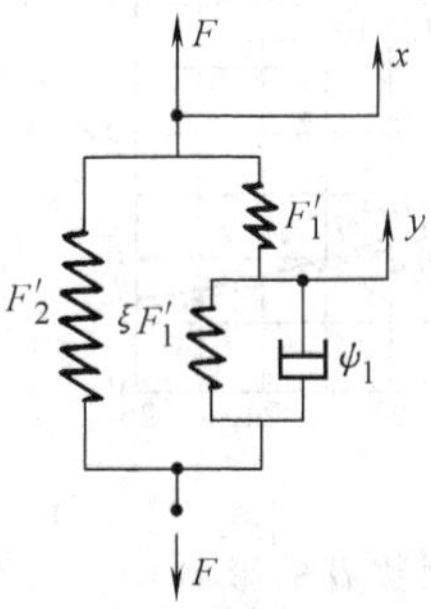

图 25-16 有阻尼的空气弹簧力学模型

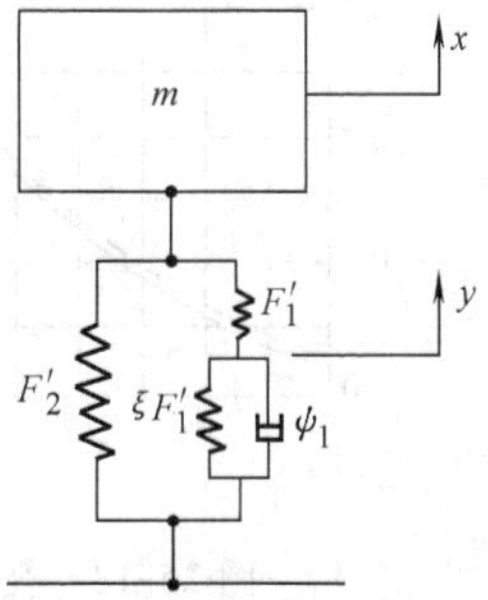

图 25-17 有阻尼空气弹簧悬架系统

式（25-10）的特性方程式为

$$\lambda^3+(1+\xi)\frac{n_1}{2\mu}\lambda^2+(n_1^2+n_2^2)\lambda+\frac{n_1}{2\mu}[\xi n_1^2+(1+\xi)n_2^2]=0 \tag{25-11}$$

其中，

$$n_1=\sqrt{\frac{F_1'}{m}} \quad n_2=\sqrt{\frac{F_2'}{m}} \quad \mu=\frac{\varepsilon}{n_1} \quad \varepsilon=\frac{\psi}{2m}$$

通常，式（25-11）具有一个实根 $\lambda_1=-\alpha$ 和两个复根 $\lambda_{2,3}=-\beta\pm i\gamma$。$\alpha$、$\beta$ 和 γ 为实数，$i=-1$。所要考察的主要是式（25-11）的衰减振动解的复根。在普通的弹簧和减振器并联的单自由度振动系统场合，若设其自振圆频率为 ω，减振因数为 D，则特性方程式的复根为 $\lambda=-D\omega\pm i\sqrt{1-D^2}\omega$。因此，与此对比，求得式（25-11）的复根之实部 β 和虚部 γ 后，便可由式（25-12）确定具有节流孔阻尼的空气弹簧悬架系统的自振频率 f 和减振因数 D：

$$\left.\begin{aligned} f=\frac{1}{2\pi\sqrt{\beta^2+\gamma^2}} \\ D=\frac{\beta}{\sqrt{\beta^2+\gamma^2}} \end{aligned}\right\} \tag{25-12}$$

下面以一铁道车辆用空气弹簧实例来考察各设计参数对空气弹簧悬架系统振动特性的影响。

（1）簧上载荷 F 的影响　图 25-18 是簧上载荷 F 与振动特性的关系。可以看出，在铁道车辆的实际簧上载荷范围内［$(8\sim12)\times10^4$N］，簧上载荷 F 对自振频率 f 和减振因数 D 的影响不大。因此，在数学分析时，以某一簧上载荷为基础就可以了。

（2）容积比 ξ 的影响　图 25-19 是空气弹簧本体容积 V_1 与附加空气室容积 V_2 之比 ξ

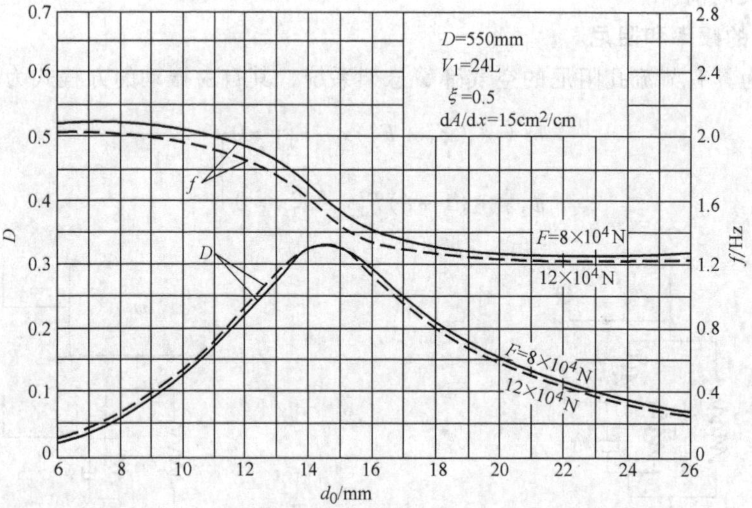

图25-18 簧上载荷 F 对自振频率 f 和减振因数 D 的影响

D—减振因数 F—簧上载荷 f—自振频率 V_1—弹簧本体容积 d_0—最佳直径

dA/dx—有效面积变化率

($\xi=V_1/V_2$) 与振动特性的关系。可以看出，容积比 ξ 对自振频率 f 和减振因数 D 的影响较大。附加空气室的容积可根据要求的自振频率确定，节流孔直径可根据要求的减振因数确定。一般，可取 $\xi=0.5$ 左右。

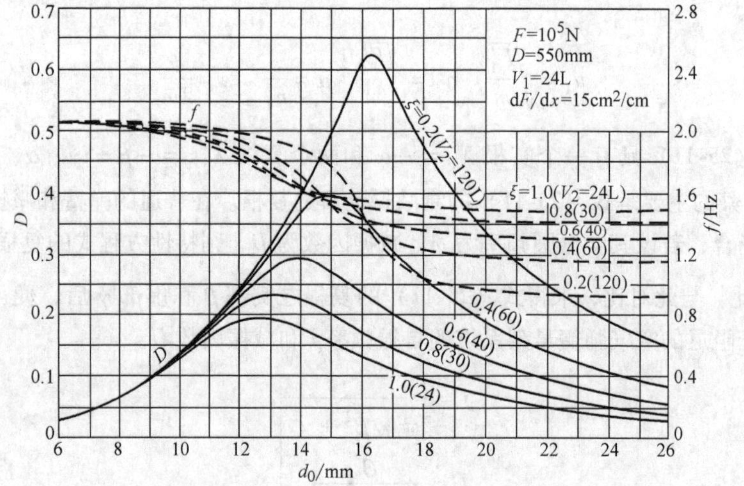

图25-19 容积比 ξ 对自振频率 f 和减振因数 D 的影响

V_2—附加空气室容积

(3) 有效面积变化率 dA/dx 的影响 图25-20 是空气弹簧有效面积变化率 dA/dx 与振动特性的关系。可以看出，dA/dx 由负值向正值变化时，则构成最大减振因数 D_{max} 的自振频率 f 值增高，而 D_{max} 本身也增大。然而，如图25-21 所示，当 dA/dx 为正时，为使刚度 F' 保持一定所需要的附加空气室容积 V_2 将急剧增大，而这往往受到空间地位的限制。当 dA/dx 为负时，所需要的附加空气室容积可以减小，但这时最大减振因数 D_{max} 也随之变小，难以保证足够的减振阻尼。所以，在有适当大小附加空气室时，希望采用 dA/dx 接近于零的空气弹簧。

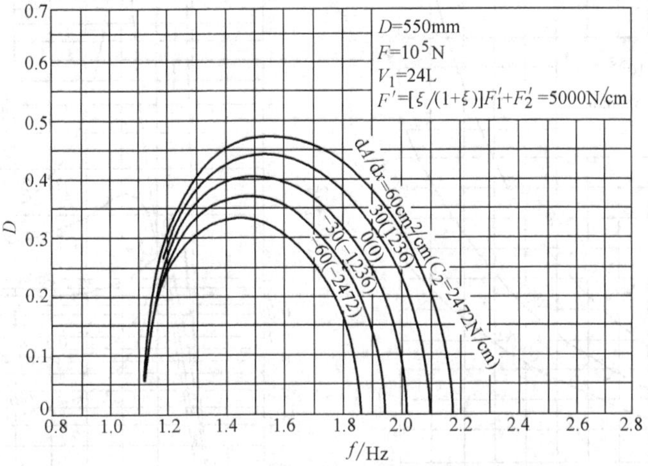

图 25-20 有效面积变化率 dA/dx 与振动特性的关系

4.3 节流孔的最佳直径

已知最佳阻尼 μ_0 时，节流孔的最佳直径 d_0 可由式（25-13）近似计算：

$$d_0 = 0.0185 \times \left(\frac{A}{\mu_0}\right)^{\frac{1}{3}} \left[\frac{(p+1)V_1}{m}\right]^{\frac{1}{6}} \tag{25-13}$$

式中 m——空气弹簧所承受物体的质量；

V_1——空气弹簧本体的容积；

A——空气弹簧的有效面积；

p——空气弹簧的内压力。

一般，车辆的振动性能可以用振动加速度来评价。图 25-17 所示具有节流孔阻尼的空气弹簧悬架系统，在正弦干扰 $x_0 = X_0\sin\omega t$ 作用下的运动方程式为

$$\left.\begin{aligned} m\ddot{x} + (F_1' + F_2')x - F_1'y &= (F_1' + F_2')x_0 \\ \psi_1\dot{y} + (1+\xi)F_1'y - F_1'x &= -F_1'x \end{aligned}\right\} \tag{25-14}$$

解上列联立方程式，得簧上质量 m 的绝对传递率（加速度放大倍率）T_A 为

$$T_A = \left(\frac{X}{X_0}\right)\eta^2 = \sqrt{\frac{[\xi + (1+\xi)k]^2 + 4\mu^2\eta^2(1+\xi)^2}{[(1+\xi)(1+k-\eta^2) - 1]^2 + 4\mu^2\eta^2(1+k-\eta^2)^2}}\,\eta^2 \tag{25-15}$$

$$\eta = \frac{\omega}{n_1} \quad \mu = \frac{\varepsilon}{n_1} \quad n_1 = \sqrt{\frac{F_1'}{m}}$$

$$\varepsilon = \frac{\psi_1}{2m} \quad \xi = \frac{V_1}{V_2} \quad k = \frac{F_2'}{F_1'}$$

可以证明，如图 25-22 所示，弹簧上质量 m 在各种阻尼值 μ 下，加速度共振曲线有一交点 C，所以阻尼最好选择得使共振曲线的极大值位于交点 C。

根据研究，对于振动加速度的最佳阻尼值 μ_0 可由式（25-16）确定：

$$\mu_0 = \frac{1}{2(1+k)}\sqrt{\frac{[(1+\xi)(1+k) - 1][2(1+\xi)(1+k) - 1]}{2(1+k)}} \tag{25-16}$$

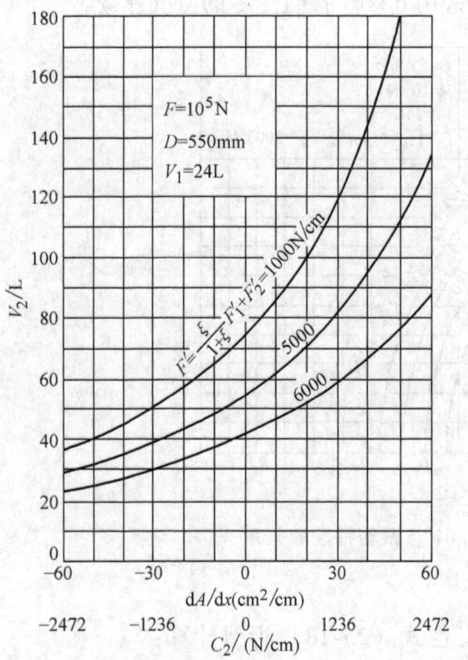

图 25-21 使刚度 F' 保持一定时，有效面积变化率 dA/dx 与附加空气室容积 V_2 的关系

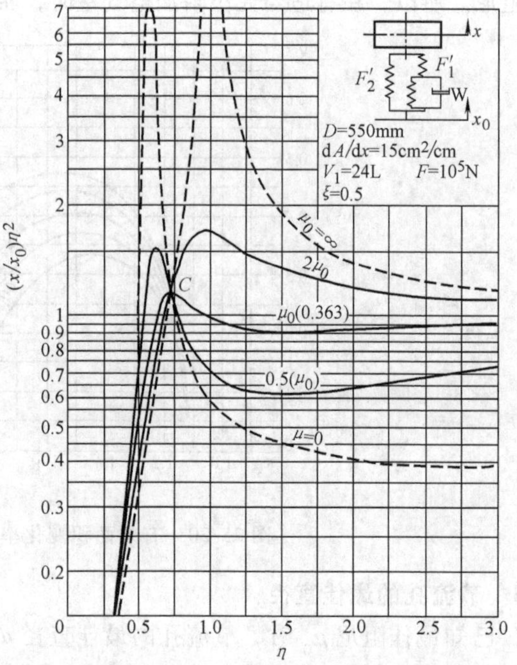

图 25-22 空气弹簧悬架系统的振动加速度共振曲线

图 25-23 示出了在不同 k 值时的节流孔最佳直径 d_0 和最佳阻尼 μ_0 与容积比 ξ 的关系。由于目前车辆采用的空气弹簧一般是 ξ 值小于 0.05，容积比 ξ 大于 0.2，因而，由图 25-23 可以看出，k 值对节流孔的最佳直径 d_0 和最佳阻尼 μ_0 的影响不大。所以，在进行初步振动分析与确定节流孔的最佳直径 d_0 和最佳阻尼 μ_0 时，可以略去空气弹簧有效面积变化率 dA/dx 的影响，即采用图 25-24 所示 $k=0$ 的简化系统。其实，根据动力学性能分析，空气弹簧有效面积的变化率接近零，容积比 ξ 取 0.5 左右也是有利的。

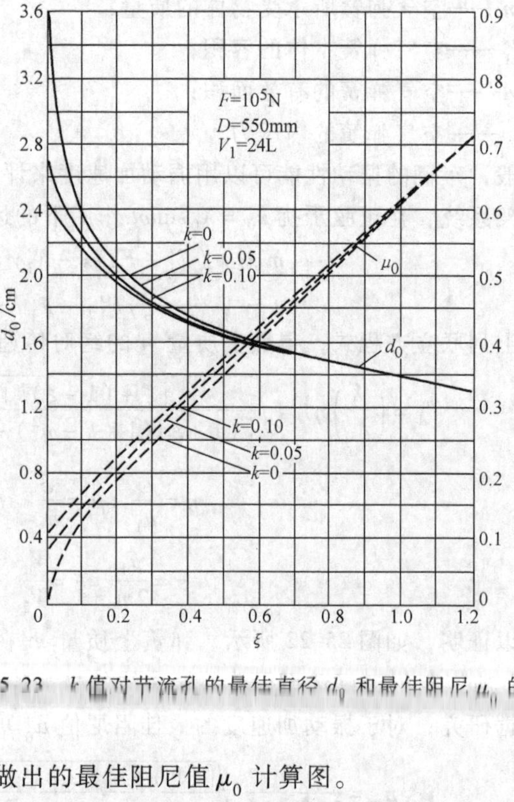

图 25-23 k 值对节流孔的最佳直径 d_0 和最佳阻尼 μ_0 的影响

根据对图 25-24 所示简化系统的研究，对于各种振动的最佳阻尼值 μ_0 可由表 25-9 所列公式确定。可以看出，最佳阻尼值 μ_0 仅决定于容积比 ξ。图 25-25 是根据表中所列公式做出的最佳阻尼值 μ_0 计算图。

表 25-3　空气弹簧的最佳阻尼值 μ_0 计算公式

项目	最佳阻尼值 μ_0 计算公式
自由振动	$\mu_0=\mu_0^0=\frac{1}{2}\sqrt[4]{\xi(1+\xi)^3}$
强迫振动的振幅	$\mu_0=\mu_0'=\frac{1+\xi}{2}\sqrt{\frac{1+2\xi}{2(1+\xi)}}$
强迫振动的加速度	$\mu_0=\mu_0''=\frac{1}{2}\sqrt{\frac{\xi(1+2\xi)}{2}}$

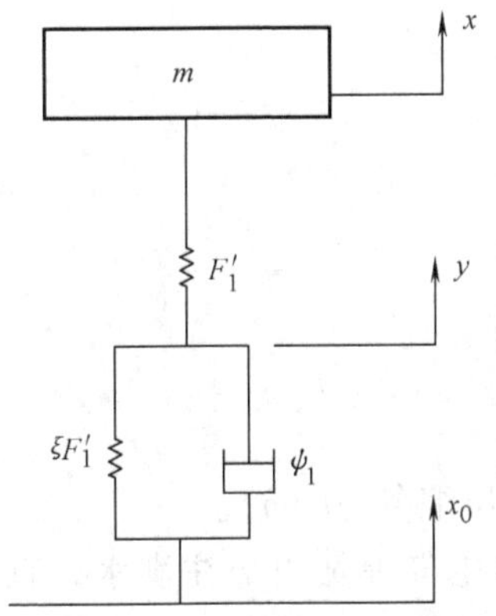

图 25-24　有阻尼空气弹簧悬挂的简化系统

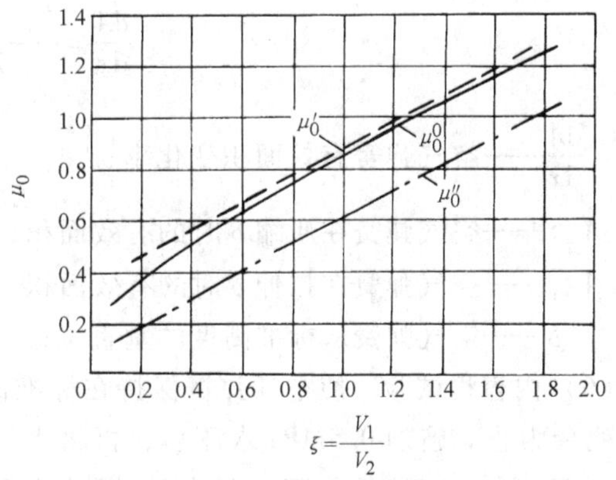

图 25-25　最佳阻尼比 μ_0 和容积 ξ 的关系

5　空气弹簧的试验方法

（1）外观检查　应对空气弹簧的橡胶囊（膜）逐个地进行检查，主要检查内容为：

1）各部分的几何尺寸是否正确；

2）内外表面的粗糙度是否符合要求，帘线有无外露；

3）有无异物夹入或黏附着；

4）有无伤痕和裂纹等缺陷；

5）子口有无偏移；

6）密封压筋是否完整。

（2）气密试验　使空气弹簧保持在标准高度，充以常用最高工作压力的压缩空气，保压 24h 后测定其压力下降量。一般，要求压力下降量在 0.02MPa 以下。

（3）耐压试验

1）常用耐压试验　使空气弹簧保持在标准高度，充入相当于常用最高工作压力 2.5 倍的压缩空气，放置 3min 后，检查空气弹簧各部有无漏气和异常变形。

2）耐压破坏试验　使空气弹簧保持在标准高度，充入压力为 2MPa 的水压，放置 3min 后，检查空气弹簧各部有无渗漏和破坏。

（4）有效面积试验　使空气弹簧保持在标准高度，测定此时的空气弹簧载荷和内压，有效面积按式（25-17）计算：

$$A=\frac{F}{p} \tag{25-17}$$

式中 A——空气弹簧的有效面积；

F——空气弹簧的载荷；

p——空气弹簧的内压。

（5）有效面积变化率试验 使空气弹簧由标准高度压缩10mm，测量此时的有效面积。再使空气弹簧由标准高度拉伸10mm，测量此时的有效面积。空气弹簧测量此时的有效面积变化率按式（25-17）计算：

$$\frac{dA}{dx}=\frac{A_{+1}-A_{-1}}{2\delta} \tag{25-18}$$

式中 $\frac{dA}{dx}$——空气弹簧有效面积变化率；

A_{+1}——空气弹簧在压缩δ时的有效面积；

A_{-1}——空气弹簧在拉伸δ时的有效面积；

δ——空气弹簧从标准高度的垂直位移（拉伸、压缩各10mm）。

（6）内容积试验 使空气弹簧保持在标准高度，向空气弹簧内部注满水，直至内部无空气残余为止。施加0.5MPa水压后，再将水压降至0.4MPa、0.3MPa、0.2MPa、0.1MPa、0MPa，逐渐将空气弹簧内部的水排出。测量各种水压时的排水量，最后测定残余水量。

按照上述顺序，计算出各种内压状态下空气弹簧内部水量，以所得数值作为空气弹簧在各种内压下的内容积。

（7）静特性试验

1）垂直静刚度试验 使空气弹簧保持在标准高度，充入0.1MPa、0.2MPa、0.3MPa、0.4MPa、0.5MPa的压缩空气，在每种压力情况下，设定振动频率为0.02Hz，测定其最大工作行程范围的垂直载荷-位移特性曲线。以测定所得滞后回线的中心线之值作为载荷的大小，空气弹簧的垂直静刚度按式（25-19）计算：

$$F'=\frac{F_{+1}-F_{-1}}{2\delta} \tag{25-19}$$

式中 F'——空气弹簧的垂直静刚度；

F_{+1}——空气弹簧压缩δ时的载荷；

F_{-1}——空气弹簧拉伸δ时的载荷；

δ——空气弹簧自工作高度的垂直位移（拉伸、压缩各10mm）。

2）横向静刚度试验 使空气弹簧保持在标准高度，充入0.1MPa、0.2MPa、0.3MPa、0.4MPa、0.5MPa的压缩空气，在每种压力情况下，设定振动频率为0.02Hz，测定其最大工作行程范围的横向载荷-位移特性曲线，试验时可用单个空气弹簧进行，也可用两个空气弹簧组合进行。以测定所得滞后回线的中心线之值作为载荷的大小，空气弹簧的横向静刚度按式（25-20）、式（25-21）计算：

① 用单个空气弹簧时：

$$F'_r = \frac{F_{r+1} - F_{r-1}}{2\delta'} \tag{25-20}$$

② 用两个空气弹簧组合时：

$$F'_r = \frac{F_{r+1} - F_{r-1}}{4\delta'} \tag{25-21}$$

式中　F'_r——空气弹簧的横向静刚度；

F_{r+1}——空气弹簧横向位移 δ' 时的横向载荷；

F_{r-1}——空气弹簧反向横向位移 δ' 时的横向载荷；

δ'——空气弹簧自中立位置的横向位移（左、右各 10mm）。

（8）动特性试验

1）垂直动刚度试验。将空气弹簧安装在振动试验台上，在空气弹簧上面放置摩擦力很小并在垂直方向导向的砝码（质量），使空气弹簧内压力达到要求。空气弹簧与一定内容积的附加空气室相连接，在两者之间安装规定的节流阀。在这种状态下，在空气弹簧的底部分别予以振幅为 1～5mm、频率为 0.5～5 的简谐振动。测定在各种振幅与频率下空气弹簧上平面的振幅 X_1 及下平面的振幅 X_2，求出振幅传递率 X_1/X_2。振动频率间隔取激励加速度 ±0.1g，在共振点附近，将激励振动频率分得细些，测定点多些，以准确计算振幅传递率为最大时的共振频率。

空气弹簧垂直动刚度按式（25-22）计算：

$$F'_d = 4\pi^2 f_n^2 m \tag{25-22}$$

式中　F'_d——空气弹簧的垂直动刚度；

f_n——共振频率；

m——空气弹簧上面的砝码质量。

2）横向动刚度试验。使空气弹簧保持在标准高度，充入 0.1MPa、0.2MPa、0.3MPa、0.4MPa、0.5MPa 的压缩空气，在每种压力情况下，使空气弹簧以振幅为 10mm、频率为 0.5～1.5Hz 横向振动，绘出横向载荷-位移特性曲线，以测定所得滞后回线的中心线之值作为载荷的大小，空气弹簧的横向动刚度按式（25-23）、式（25-24）计算：

① 用单个空气弹簧时：

$$F'_{rd} = \frac{F_{rd+1} - F_{rd-1}}{2\delta''} \tag{25-23}$$

② 用两个空气弹簧组合时：

$$F'_{rd} = \frac{F_{rd+1} - F_{rd-1}}{4\delta''} \tag{25-24}$$

式中　F'_{rd}——空气弹簧的横向静刚度；

F_{rd+1}——空气弹簧横向位移 δ' 时的横向载荷；

F_{rd-1}——空气弹簧反向横向位移 δ' 时的横向载荷；

δ''——空气弹簧自中立位置的横向位移（左、右各 10mm）。

3）阻尼系数试验。由垂直动刚度试验确定的振幅传递率 X_1/X_2 的最大值（共振倍率）按式（25-25）计算阻尼系数：

$$\psi_1 = \frac{2\pi f_n m}{\sqrt{\mu^2 - 1}} \tag{25-25}$$

式中 ψ_1——阻尼系数；

μ——共振倍率（在共振频率的振幅传递率 X_1/X_2 的最大值）；

f_n——共振频率；

m——空气弹簧上面的砝码质量。

（9）疲劳试验

1）垂直疲劳试验。使空气弹簧保持在标准高度，充入 0.5MPa 的压缩空气，以 1～3Hz 中的任一频率和最大工作行程作垂直振动。当垂直振动次数达到 1×10^6 次后，检查空气弹簧各部有无异常。

2）横向疲劳试验。使空气弹簧保持在标准高度，充入 0.5MPa 的压缩空气，以 0.5～1.5Hz 中的任一频率和最大工作行程作横向振动。当垂直振动次数达到 2×10^5 次后，检查空气弹簧各部有无异常。

疲劳试验中，空气弹簧的平均内压力不应小于常用最高内压力。

（10）橡胶材料试验　从与制品内外层橡胶同批材料且硫化状态相同的橡胶板中取试片，根据橡胶物理力学性能试验方法的有关规定进行抗拉试验、老化试验和弯曲试验等。

6　气弹簧

液力-空气弹簧是以惰性气体（氮气等）作为弹性介质，用油液（例如变压器油和透平油各50%）予以密封、润滑并传递压力的弹性元件简称气弹簧。它实际上是套筒式空气弹簧的一种变形，也是为了进一步改善套筒式空气弹簧的弹性特性而发展的。所以，它也具有空气弹簧的一般特点。气弹簧一般由缸筒、活塞（杆）、密封件和外部连接件组成。高压氮气或惰性气体和油液在缸内自成回路。活塞上的阻尼使有杆腔和无杆腔相通，使两腔压力相等。利用两腔受力面积差和气体的可压缩性产生弹力。

气弹簧具有结构轻巧，工作行程大；运动平稳，能起阻尼缓冲作用；具有稳定接近不变的特性线；操作简便，安全可靠。但加工成本较高。

根据套筒式空气弹簧原理，可知气弹簧处于任意行程 s 时的作用力为：

$$F = \frac{p_0 V_0 A}{V_0 - As} \tag{25-26}$$

式中 p_0——气缸内的初始压力；

V_0——气缸内的初始容积；

A——活塞杆的截面积。

气弹簧因用途不同，而有不同的结构和类型。我国目前生产的气弹簧有不可锁定气弹簧和可锁定气弹簧两类。

6.1　不可锁定气弹簧

不可锁定气弹簧根据用途需要有压缩和拉伸气弹簧两种。

（1）压缩气弹簧（图25-26）　压缩气弹簧广泛用于汽车、建筑设备、医疗器械等场合，主要起支承作用。这种弹簧结构简单，使用时，活塞杆向下。活塞杆压入缸筒内时，缸筒内部分油液自动流入有杆的缸腔内。由于缸筒内活塞两端面的压差，迫使活塞杆伸出。接近终点时，腔内油液起缓冲作用。

从伸展和压缩过程所形成的环形特性曲线可以看出整个行程分为液力阻尼 AM 和气动阻尼 MD 两段。

（2）拉伸气弹簧　拉伸气弹簧主要用于门窗的启闭、健身器的复位装置等。其作用原理与压缩气弹簧相同。

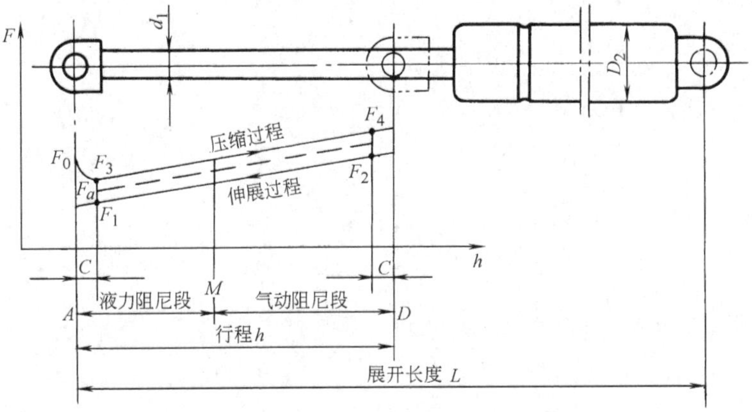

图25-26　压缩气弹簧及其特性线

F_0—气动力　F_1、F_2—最小和最大伸展力　F_3、F_4—最小和最大压缩力　F_a—公称力

6.2　可锁定气弹簧

可锁定气弹簧按使用情况可分为角调和升降可锁定气弹簧，按其性能又可分为刚性和弹性可锁定气弹簧，按其结构特点可分为单筒和双筒可锁定气弹簧。

（1）角调可锁定气弹簧（图25-27）　角调可锁定气弹簧是一种无级调节元件，其应用范围很广。主要用于座椅、医疗床、绘图仪及办公设备等的调节。角调可锁定弹簧是单筒式结构。装浮动活塞的属刚性锁定，在杆腔内加入一定的油液。不装浮动活塞的属弹性锁定，在杆腔不加油液。角调可锁定气弹簧的气、油路通过截止阀把有杆腔与无杆腔沟通。当按压小活门按钮时，截止阀开启，活塞杆伸出；松开按钮时，阀门关闭，弹簧将被锁

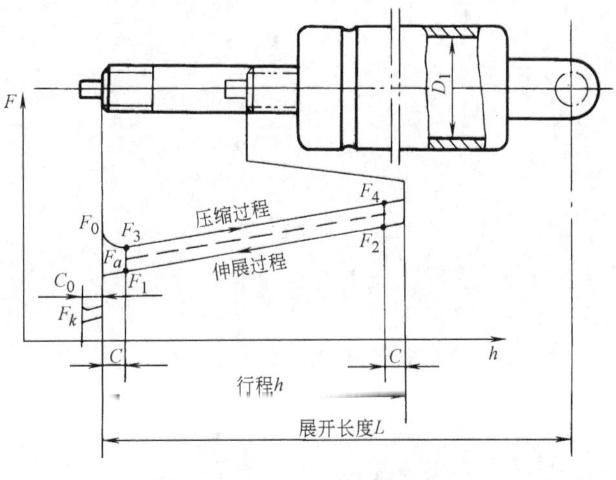

图25-27　角调可锁定气弹簧及其特性线

定。其在工作过程中所形成的环形特性线如图25-27所示，类似于不可锁定压缩气弹簧。但为解除气弹簧锁定状态开启力 F_k 形成一附加环形特性线。

（2）升降可锁定气弹簧（图25-28） 升降可锁定气弹簧主要用于旋转椅的高度调整。这种弹簧一般为双筒结构，且弹性锁定。运动情况与角调可锁定气弹簧类似。座椅通过操作调节杆可缓慢升降，使其达到最佳位置。

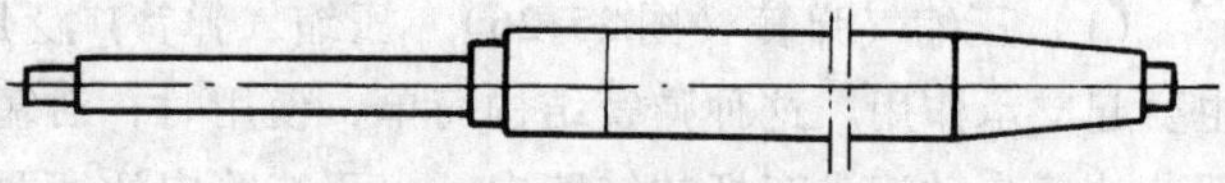

图25-28 升降可锁定气弹簧

气弹簧除了上述两类以外，还有一些变异的品种，如用于洗衣机下面的起隔振作用的气弹簧等。

第 26 章　弹簧的失效及预防

1　概论

1.1　弹簧失效的定义及危害性

弹簧是工农业机械产品和生活用品中广泛应用而又重要的一种基础性零件，品种繁多，用量巨大。例如：一辆 130 型汽车装有 56 种 122 件弹簧；一台 4D22-160 型 CO_2 压缩机需用 564 只气阀弹簧；纺织机械中的 PK-225 型摇架设有前、中、后三个加压弹簧，它们是控制纺纱松紧度和纱的均匀度的关键性零件，纱锭越多，所需摇架的数量越多，则配置的加压弹簧的数量越大。

由于种种原因，弹簧或弹性元件失去原有功能的现象经常发生。按照国际上通用的定义："弹簧产品丧失了其规定功能的现象称为失效"。与此有关的技术术语，如故障、事故、不合格件等的概念请参阅相关文献。

弹簧的失效会带来巨大的经济损失，据 20 世纪 80 年代统计，每年给我国造成的经济损失达数亿元。表 26-1 中列出了各类重要弹簧的失效模式和年经济损失等情况。一些重要弹簧的失效还可能引发一些难以预料的恶性事故。例如：机动车辆的制动弹簧和悬架弹簧的失效可能引发机毁人亡的严重后果；飞机起落架弹簧如果失效，该机就难以安全顺利着陆，大炮或机枪的击发器一旦失效将可能贻误战机，人造卫星太阳能叶片的控制弹簧如果失效，将造成失控状态。

表 26-1　重要弹簧的失效模式和造成的年经济损失

弹簧类别		主要失效模式	失效率	年经济损失/万元
螺旋弹簧	气门(阀门)弹簧	疲劳断裂	1/1000～1/10000 国际水平:百万分之一	从各种汽车、机床、拖拉机及压缩机统计事故造成的年损失:3000
	喷油嘴弹簧	疲劳断裂,应力松弛		
	悬架弹簧	疲劳断裂,应力松弛		
	模具强力弹簧	疲劳断裂,应力松弛	失效率远超过阀门弹簧	
	纺织摇架加压弹簧	应力松弛变形	载荷损失率:我国为 10%～15%,国际水平为 6%～8%,寿命只达德国的 1/3	严重影响棉纺织品、服装等商品的出口,也影响纺织机械产品出口,造成很大的外汇损失
	坐垫弹簧及沙发簧	应力松弛变形		
	油井密封扭簧	应力松弛变形	50% 发生漏油	5000
	铁道车辆等用缓冲簧	断裂,松弛变形		
	各类卡簧	断裂,松弛变形		
	武器、子母弹用功能弹簧	断裂,松弛变形	严重影响武器、仪器仪表精度或失控	
板弹簧	汽车钢板弹簧铁道车辆等用板弹簧	疲劳断裂,松弛变形及磨损	备件占用料 40%,比国外多用 50% 的钢材	以年耗钢板 25～30 万 t,多用钢 10 万 t 计,年损失达 3 亿元
碟簧	各类机械用碟簧	断裂及变形		
功能弹性合金元件	各种游丝,发条,波纹管,膜片及模盒,平面涡卷弹簧	应力松弛及永久变形	性能满足不了要求,其精度比国外差几个数量级	有些原料或弹性元件靠进口,浪费不少外汇

1.2 弹簧的失效分析及其意义

由上述弹簧或弹性元件的失效给人们生命带来很大的威胁和重大的经济损失，迫使企业管理人员充分注意到弹簧失效的危害性，要求从事科学技术人员加强其失效分析工作，并相应提出预防弹簧失效的有效技术措施。

弹簧的生产和应用过程中曾一度以易损件对待。因为它的功能很多，几乎所有的工农业、交通运输业和生活用品中都非常广泛使用各种各样的弹簧、弹性元件。且在使用过程中极易损坏。虽然它在设计时一般选用优质的特殊钢材制造，有些控制性弹簧往往承受高应力且在变应力条件下工作，而环境温度及周围介质对它的影响也很大，所以，弹簧的失效总是难以避免的。这种失效的一般规律是：在薄弱的环节或部位开始萌生裂纹，然后发生扩展，最后造成零部件的整体失效。另一方面，在弹簧失效的残骸上总会保留一些失效过程的相关信息。失效分析就是针对失效弹簧进行全面、系统、深入细致地分析。为了完成失效分析任务，就必须用传统的和最新的研究方法及分析仪器进行研究工作。首先，应明确弹簧失效的模式；其次，找出它发生失效的内部和外部原因；第三，提出各种改进及预防措施，防止同类失效事故的再发生。所以，失效分析对于企业不断提高弹簧产品质量、可靠度和使用寿命等都是极为重要的管理手段，也是失效分析的目的。

不过，失效分析的目的不是创造出无限寿命的弹簧产品，而是要求它在给定寿命期限内不发生早期失效。弹簧失效分析过程中找出其主次原因是其核心工作内容。图 26-1 扼要地说明了弹簧失效分析中各项内容、预测寿命及其基础理论研究之间的相关性。从该图中应强调的几个问题：

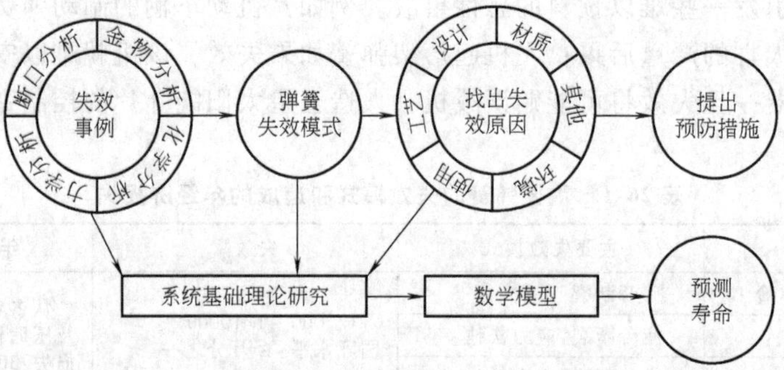

图 26-1 弹簧失效分析，寿命预测及预防的相关性

1）弹簧的失效分析不仅是技术活动，也是重要的受理活动。因为引起弹簧失效的原因很多，例如设计思路是否正确和科学；材质选择是否合理和符合技术条件；制造工序安排、制造方法和工艺是否合理；安装选配及维修时间是否妥当；弹簧的工作温度是否符合技术条件；工作介质是否呈中性，不会发生化学腐蚀；甚至车间的文明生产程度（如弹簧材料的搬运和储存等过程）都可能导致某种损伤。上述种种原因都可诱发弹簧失效。很显然，弹簧失效分析不能限于技术方面，它与全厂的质量管理工作密切相关。

2）材料是弹簧失效分析的物质基础。实践表明，弹簧发生失效事故往往与选用的材质好坏密切相关。弹簧有表里、大小之分，形状也不尽相同，不能认为它的化学成分组织结构均匀和理想。在其生产过程中，表面及内部都可能存在缺陷。例如表面可能有划痕、凹坑、斑疤、折叠、裂纹和表面脱碳等；内部可能有粗大的金属夹杂物和不正常的金相组织等；这些缺陷往往是诱发弹簧发生早期断裂失效的主要根源。因此，应对选用原材料或弹簧失效残骸进行化学成分分析、断口分析、金相组织（包括脱碳层、夹杂物类别及等级）分析和力学性能分析，其中硬度、强韧性水平和屈强比等指标具有重要意义。在变载荷工作条件下的弹簧对材料的疲劳强度极限、在静载荷下长期工作的弹簧或弹性元件对材料的应力松弛性能是否能满足设计时提出的技术要求。

在目视或低倍的断口分析（特别是应用扫描电镜来观察断口），由其断口形貌能大致判断弹簧的失效模式：是脆性断裂，还是塑性断裂或两者复合；是疲劳失效，还是应力松弛失效；或其他复合的失效模式。

3）如上所述，失效分析的主要任务是找出弹簧失效的主次原因，提出相应的改进（预防的）技术措施，防止失效事故的发生。另外一个实际和理论上的重要问题是如何计算或预测弹簧的使用寿命。这是弹簧技术中一个更深层次的理论和实践的科学问题。解决这些问题一般应通过比较系统的试验、取得试验数据绘制成曲线或采用计算技术便可估算出弹簧的使用寿命（总寿命或剩余寿命）。这些问题将在后续各节中作具体介绍。

1.3 弹簧失效模式的基本类型

在工作过程中诱发弹簧失效的因素很多，有内因和外因两个方面。材质是内因，它是依据，外因只能通过内因而起作用。由于材料表面和内部都存在这样那样的缺陷，尤其是其内部存在的问题比较隐蔽。而外因（承受载荷、温度、环境及工作时间等）是失效分析时应首先要弄清楚的问题。如查阅一些设计图样中要求的技术条件：应力的大小、状态及方式；环境温度及接触的介质；失效前已安全运转了多长时间等。正是这些外因和材料（弹簧）表里相互作用，使材料内部组织及性能发生由量变到质变，导致它的失效。弹簧失效的表现形式，大致有三种：弹性变形或塑性变形；断裂；材料内部组织及性能发生了变化如应力松弛等。所谓失效模式就是弹簧材料受到外部各种因素（主要是应力、温度和介质）作用下发生了物理或化学作用后产生了形态与性能改变的过程，可能出现上述几种失效的表现形式，通过不同的组合方式而构成各种各样的失效模式，最常见的失效模式有：

1）塑性变形与塑性断裂失效；

2）脆性断裂失效；

3）疲劳断裂、腐蚀疲劳断裂失效；

4）磨损—断裂失效；

5）应力松弛（或松弛变形）失效。

(1) 塑性变形和塑性断裂失效　弹簧一般是在弹性极限范围内工作。但是，当外加应力超过上述弹性极限时将产生不可恢复的塑性变形。此种情况称为屈服失效。屈服失效的判据是该失效弹簧是否发生了明显的不可恢复的塑性变形，即看它和正常弹簧（形状和尺寸）进行比较，是否产生了弯曲或扭曲等特征，如图 26-2a 所示。改进措施是适当降低弹簧所承受的应力水平或提高材料的屈服强度。

当外加载荷更大，超过了弹簧材料的屈服强度（σ_s 或 $\sigma_{0.2}$）时将产生不可恢复的塑性变形；如再增大外加应力超过了该材料的抗拉强度极限时，该弹簧将发生断裂，如图 26-2b 所示，图 26-2c 为其断口的低倍（20×）组织，其剪切方向与钢丝轴较大，这种情况称之为塑性断裂失效。它的主要特征是：在断口附近处有宏观的塑性变形；用扫描电镜观察时可看到大面积的韧窝形貌，图 26-3 为高碳钢冷拔弹簧钢丝采用三种不同的分析方法得到的金相照片，其中图 26-3a 为用 OM 观察时的光学金相照片，它是典型的高碳钢丝冷拔后的纤维状组织；图 26-3b 是用扫描电镜（SEM）观察钢丝轴芯方向（即纵向）拉伸试验的断口时，

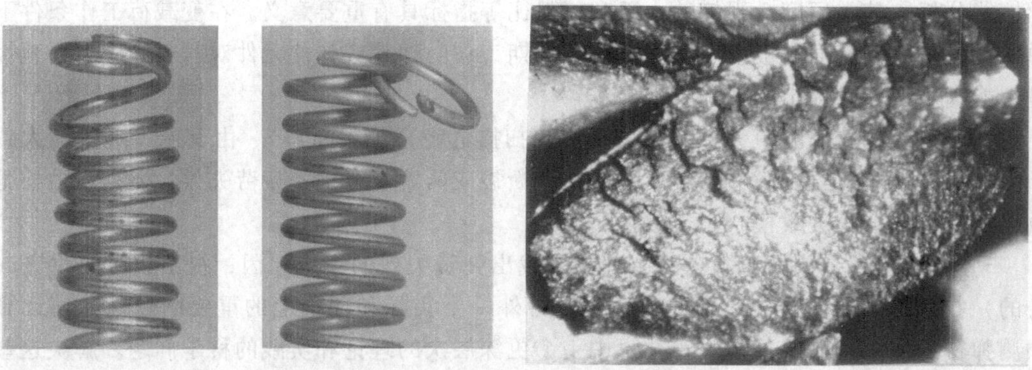

a) b) c)

图 26-2 冷拔高碳钢丝弹簧的失效

a）塑性变形失效（0.9×） b）塑性断裂失效（0.9×） c）断口形貌（20×）

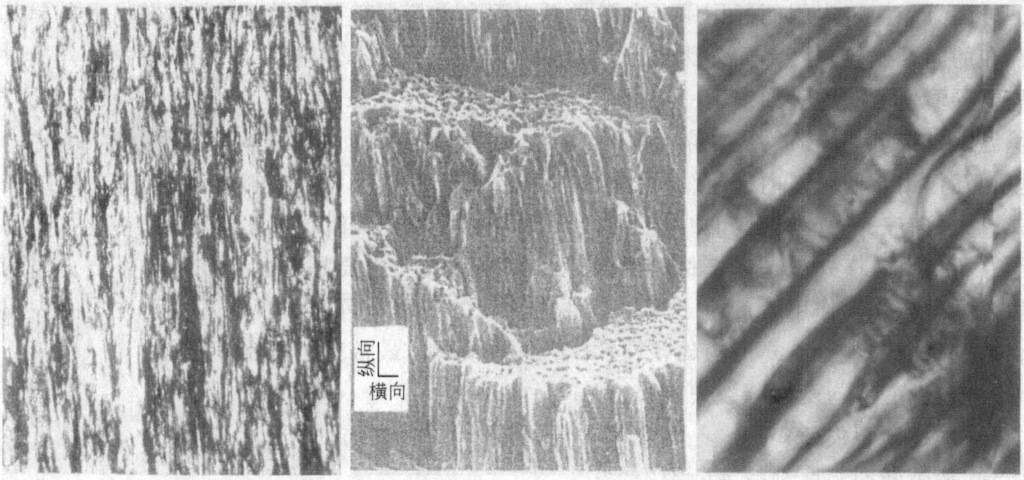

a) b) c)

图 26-3 冷拔高碳弹簧的三种试验法摄取的金相照片

a）OM 组织（纤维状）(500×) b）SEM 组织（韧窝）(2400×) c）TEM 组织（条带）(100000×)

则呈细小、均匀的韧窝，而且它们是由近似平行分布的条束状纤维所构成，立体感很强。图 26-3c 是其试片用透射电子显微镜（TEM）摄得的条带组织，因放大倍数很高，不仅可看到原始组织图 26-3a 中铁素体经高面缩率变形后的条带（白色），而且在白色条带内部还可看到它的位错亚结构、白色条带之间是渗碳体质点富集的区域。是两相弥散分布的组织，极易腐蚀着色，故为黑色条带。这表明高强度冷拔钢丝低倍到高倍组织的变化。

应当指出，韧窝的形状及排列方向可以反映试件扭转的方向。

（2）脆性断裂失效 上述塑性断裂失效时从断口处可看到明显的塑性变形，并且在断裂前消耗了可观的能量，而弹簧的脆性断裂失效时其断口上几乎看不到塑性变形的迹象。这是上述两种失效断口的根本区别。广义的脆性断裂有如下几种：

1）单次加载时发生的断裂称为狭义的脆性断裂，例如：弹簧表面有严重划伤或缺口。热处理时加热温度过高造成材料内部晶粒粗大、未进行回火或回火不足、脆性相呈网状分布等。从外部工作条件分析，可能发生低温脆性断裂、三向拉应力作用下材料容易脆断。

2）多次加载（变应力）时引发的断裂现象俗称疲劳断裂。

3）环境诱发的脆性断裂还有氢致脆、应力腐蚀断裂等。

有时把黑脆（石墨）和镉脆也属于脆性断裂范畴。作者在《弹簧的失效分析》第二章第五节[11]中曾对氢脆、镉脆及黑脆失效等内容有较详细的论述，在此不再重复。

脆性断口上没有明亮的晶粒形貌，由于裂纹扩展迅速断裂时消耗的能量很少（和塑性断裂时比较）。一般情况下，断口平面与受力方向垂直，断口相当平滑，呈人字形（或 V 或倒 V 形）花样，其汇合处指向裂纹源。例如：55Si2 弹簧钢由于回火不足时发生了脆断，如图 26-4 所示。

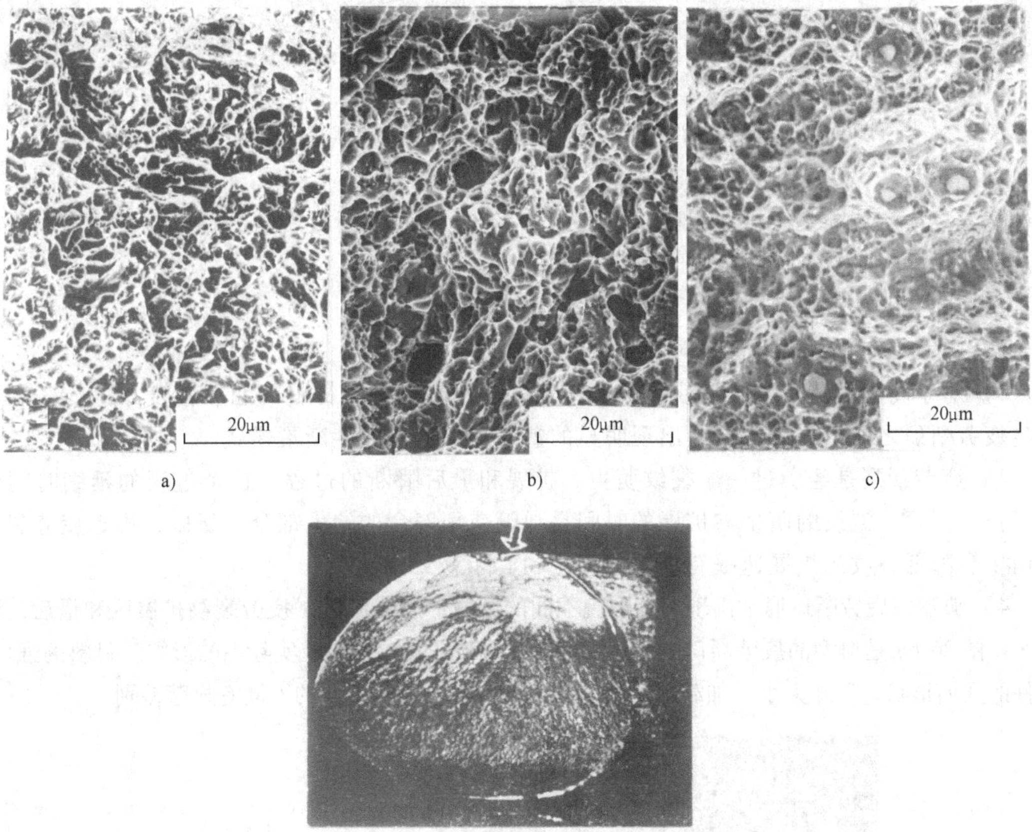

a)　b)　c)

d)

图 26-4　55Si2 弹簧钢的脆性断裂

图 26-5 所示两张照片为 50CrVA 钢丝（ϕ4.5mm）断中心部扫描形貌（SEM）由这两张照片可清晰看到沿晶断裂如图 26-5a 所示，而图 26-5b 所示酷似堆集的冰糖块，故称它为冰糖状断口，是典型的脆性断口形。造成脆性断裂是热处理工艺不当所致。主要原因是由于钢丝奥氏体化时引起晶粒粗大或回火不足造成的结果。

（3）疲劳断裂失效　疲劳断裂是弹性元件和各类弹簧失效中最常见而又最重要的失效模式。如果弹簧材料承受的静载荷，发生断裂之前一般要经历弹性变形、塑性变形和塑性失稳等几个阶段。但是在承受循环变载荷时，虽然其最大负荷小于材料的屈服或弹性极限（σ_e 或 τ_e），一般不会发生明显的塑性变形，但经过一定次数的应力循环后却发生了断裂，

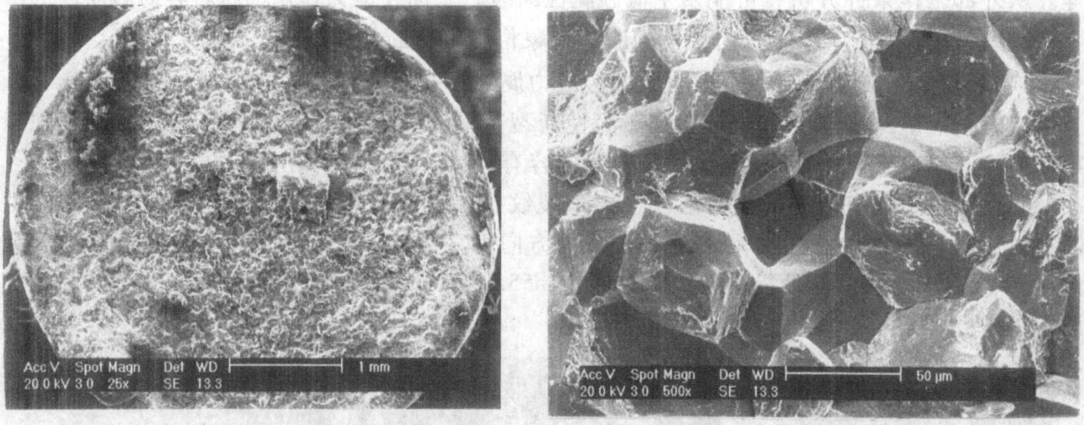

a) b)

图 26-5 50CrVA 油淬火回火钢丝（ϕ4.5mm）试样断口心部的 SEM 形貌

a）沿晶断裂 b）冰糖状断口

此种现象称为疲劳断裂。试验表明，变载荷（S）越大时，断裂所需的循环次数（N）将越少。通常用 S-N 曲线来表示（图 8-11）。

疲劳断裂的一般特征概述如下。

1）弹簧是在变载荷下工作时发生疲劳断裂失效。

2）对于高周疲劳（应力疲劳），变载荷的最大值小于该材料的屈服强度（σ_s 或 $\sigma_{0.2}$）发生疲劳断裂之前或之后均不会出现明显的塑性变形，呈脆性断裂模式。

3）疲劳断裂是经历过一个裂纹萌生、扩展和最后瞬断的过程；这个过程的延续时间可能很长，但是，裂纹的萌生与扩展的时间是弹簧使用寿命的绝大部分，所以，推迟疲劳裂纹的萌生和降低裂纹的扩展速率有重要的理论和实际意义。

4）典型的疲劳断口通常出现三个形貌不同的区域：疲劳源区、疲劳裂纹扩展区和最后的瞬断区。图 26-6a 是典型的疲劳断口的宏观形貌图 26-6b 是其示意图，实际中的形貌随材料的强度、试件的几何形状、尺寸大小、加载水平和表面残余应力状态等因素的不同有显著差别。

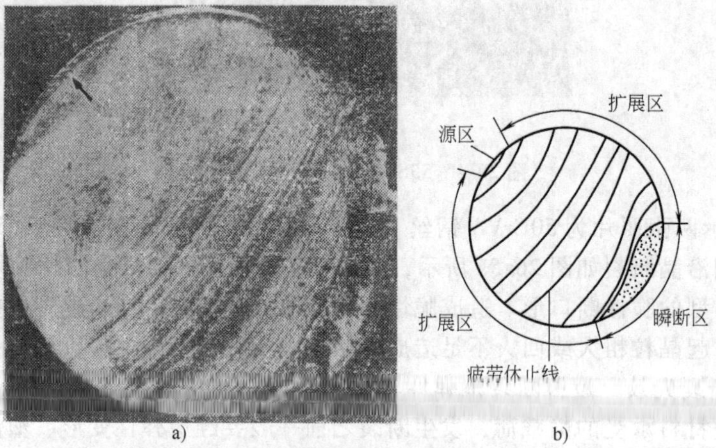

a) b)

图 26-6 圆截面杆件的典型疲劳断口[3]

a）断口宏观形貌 b）断口三个区域的示意图

疲劳裂纹区：由于弹簧材料的生产和弹簧的制造过程中在弹簧的表面可能留存一些缺陷，而且它又是承受最大的切应力之处，因而在表面最容易萌生裂纹源。源区在其断口上多呈半圆或半椭圆等形貌，如图 26-7a 所示由于源区内的裂纹扩展速率缓慢，经变应力反复作用下呈光亮、平坦，但其所占断口面积的比例却很小。当弹簧表面经过合适的喷丸处理后又有足够高的压应力时，疲劳裂纹源将移至弹簧的次表面层，它呈“鱼眼状”断口，如图 26-7b箭头所指。

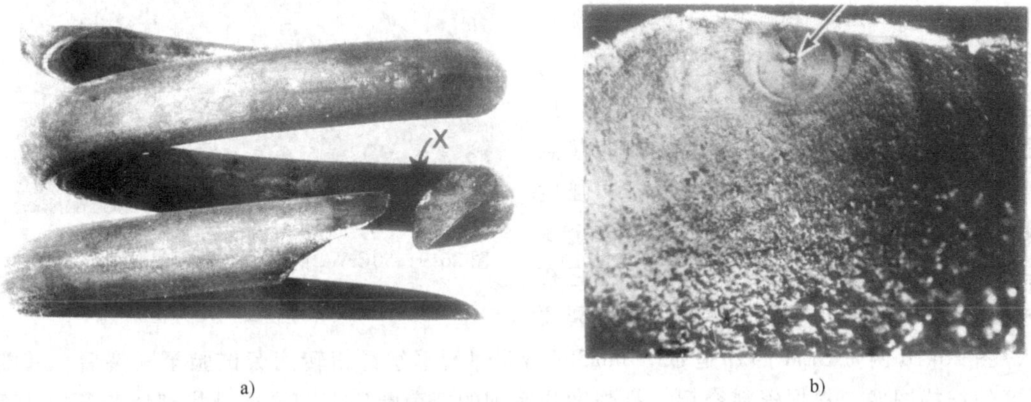

图 26-7 弹簧的疲劳断裂源区（低倍照片）

a）压缩螺旋弹簧断裂圈，在其内径边际处标出白色亮点 X，它与轴向呈 45° b）60Si2 钢摇枕簧的鱼眼状疲劳断口源

对于钢丝直径比较细小的螺旋弹簧，从疲劳断口上却很难区分这三个区域。目前，一般采用扫描电子显微镜进行观察或拍照，则可得到更多的信息。图 26-8 所示分别为 50CrVA 油淬火及形变热处理钢丝经扭转疲劳试验断口的放大形貌 SEM，从相片中亦可看出，疲劳断口也是由三个区域所组成，疲劳源区（Ⅰ区）都靠近钢丝表面，它所占整个断面积的比例很小，但形变热处理钢丝者稍大些，断面较光滑；而油淬火钢丝断面较粗糙。疲劳裂纹扩展区（Ⅱ区）的面积很大，约占整个断口面积 80% 以上，而且经形变热处理的钢丝比油淬火

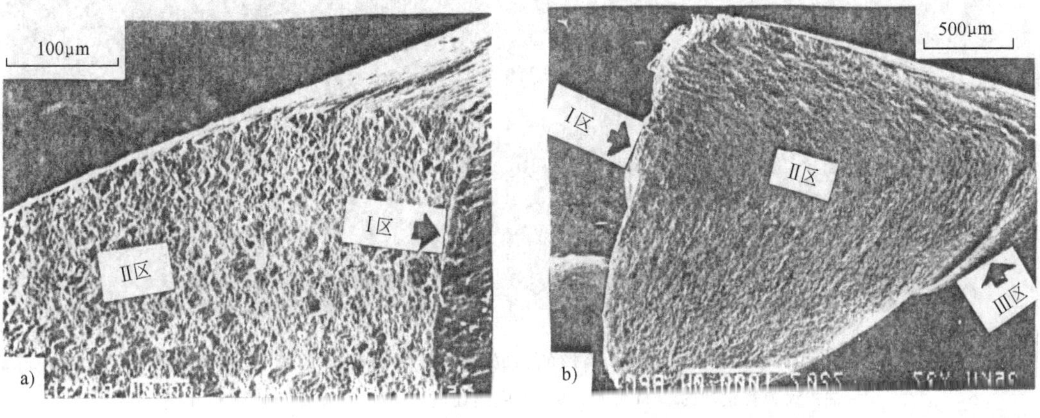

图 26-8 ϕ3.5mm50CrVA 钢丝的扭转疲劳断口形貌

a）油淬火钢丝（OTW） b）形变热处理（LTMT）钢丝

钢丝者还要大些；两者断口平面法线与其轴向夹角呈45°~50°角。瞬断区（Ⅲ区）所占断口面积亦较小，其断口平面法线与钢丝轴向的夹角却较大。

疲劳裂纹扩展区，从断口形貌看，该区域也比较平滑。这表明裂纹扩展速率较慢，裂纹面为相接触和摩擦造成的。它的扩展方向与最大拉应力方向相垂直。通常，用放大镜或肉眼就可看到断口上呈现的“海滩状”“贝壳状”或“年轮状”花样似的疲劳休止线；有时呈放射状形态，可观察到其射线均集于疲劳裂纹源，或与海滩状条带相垂直、而其曲率半径为最小处能确定断裂的起点（疲劳源）。另一方面，高（或超高）强度钢的弹簧疲劳断裂源往往是由脆性的非金属夹杂物引起的，如图26-9所示。因为它在外力作用下，很容易脱离基体而形成微裂纹。

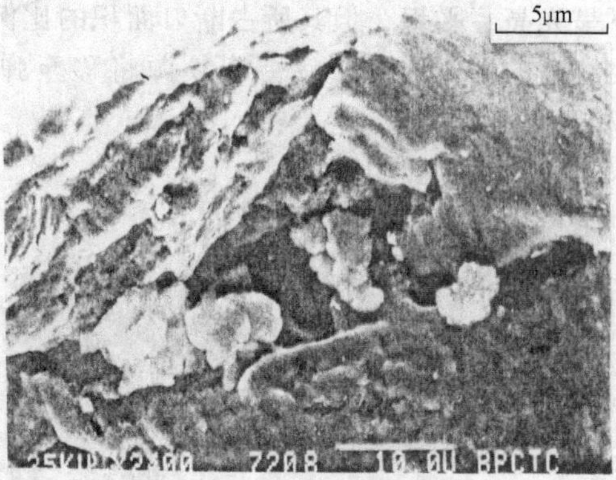

图26-9 50CrVA钢丝中夹杂物引起的疲裂裂纹

图26-10两张SEM照片是ϕ3.5mm50CrVA弹簧钢丝经扭转疲劳试验至断裂后，其断口Ⅱ区的扫描图像。根据资料介绍，高强度弹簧钢的疲劳断口上扫描很难找到疲劳条带：而且认为疲劳条带是疲劳断口上标志疲劳断裂所特有的特征。据现有资料看，还很少介绍油淬火弹簧钢丝（属于超高强度级）扭转疲劳断口上SEM照片，从图26-10a所示照片看，似乎是比较典型的韧窝，油淬火钢丝的韧窝比形变热处理钢丝者要匀细些，几乎在窝里看不到VC碳化物，而后者的窝里却可看到VC质点的存在。其次，油淬火钢丝的SEM形貌中，有山脉状的疲劳辉纹（网络状分布）“山脊”和“山谷”状明显，而且呈规律性变化、有按顺时针方向旋转的趋势（即受外加扭转应力的影响所致）。但形变热处理钢丝的疲劳辉纹同样有类似上述周期性变化，但其分布的方向性却不明显。

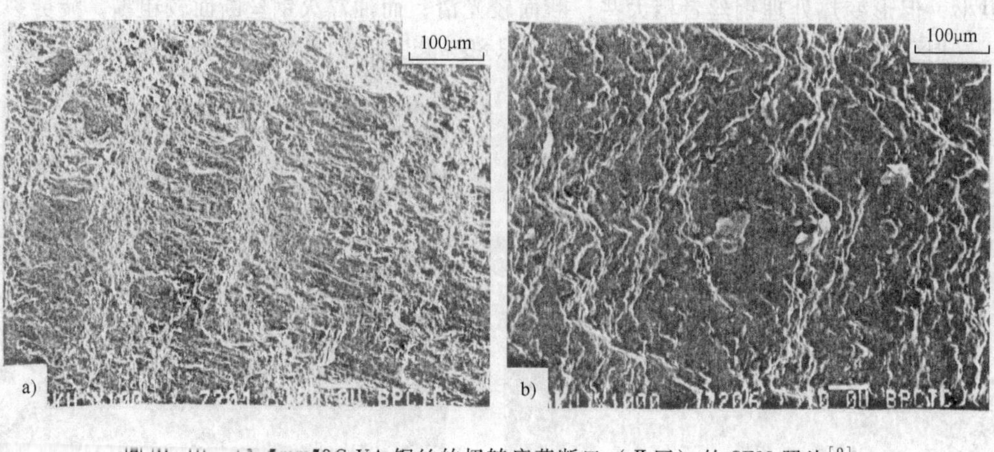

图26-10 ϕ3.5mm50CrVA钢丝的扭转疲劳断口（Ⅱ区）的SEM照片[9]

a）油淬火弹簧钢丝的SEM照片 b）形变热处理（LTMT）弹簧钢丝的SEM照片

瞬断区的产生是由于疲劳裂纹的不断扩展，使有效的承载面积逐步减少，相应的工作应力却逐渐增大。当它超过了材料的断裂抗力时，弹簧就会瞬时发生塑性断裂。此区的断口也比较粗糙、凸凹不平。对于脆性材料，当裂纹扩展达到该材料的临界长度时，也将发生瞬时脆性断裂。

（4）腐蚀疲劳断裂失效　如果弹簧在有腐蚀性介质中长期工作时可能发生腐蚀疲劳断裂失效。图26-11是一个实例：该弹簧由高碳冷拔钢丝（ϕ2.6mm）制造，表面经过良好的电镀作保护层，因为弹簧用于采煤机主泵，是在含硫量较高的油中工作，并承受高应力。这批弹簧在多台套机器上服役不久就发生了早期失效。图26-11a为中部断裂的部分弹簧，由此弹簧表面可看见局部腐蚀比较严重、出现了麻坑，保护镀层局部已经剥落图26-11b中箭头1所指为电镀层，箭头2为保护层已剥落后形成的腐蚀坑形貌。图26-11c为断口的低倍组织（20×）。

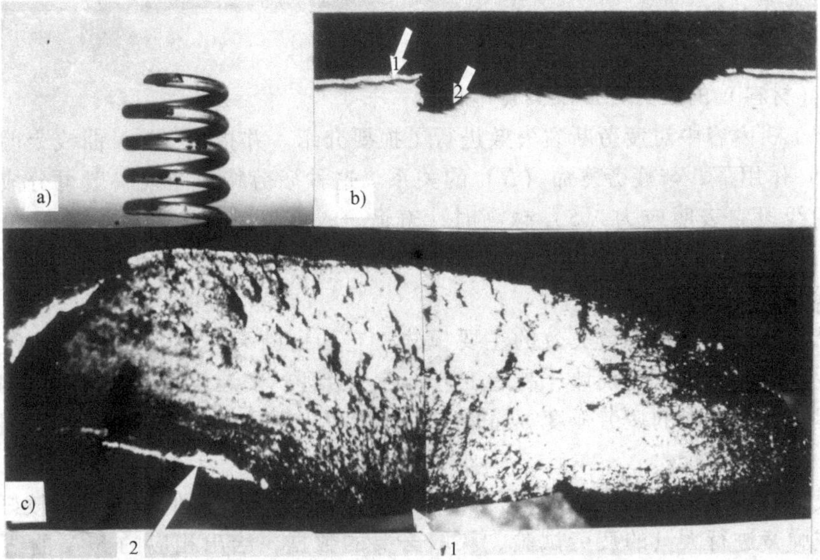

图26-11　采煤机主泵马达弹簧的腐蚀疲劳断裂失效[4]
a）弹簧中部磨损、腐蚀疲劳断裂失效（0.8×）　b）弹簧断口的低倍组织（20×）　c）弹簧表面电镀保护层剥落及腐蚀坑

由图可见疲劳源（箭头1所示）区、裂纹扩展区（呈放射状）和瞬断区与剪切唇（箭头2所示），它具有典型腐蚀疲劳断裂时的断口特征。三个区域分布很明显，疲劳源是在弹簧内侧的腐蚀坑，放射状花纹疲劳裂纹的扩展方向，其断口表面比较粗糙，说明疲劳裂纹的扩展速率也较高，故造成该批弹簧早期断裂。更准确地说，上述情况是属于应力腐蚀疲劳断裂。

（5）弹簧的磨损失效　各种螺旋的端圈和内外径表面将与其偶件表面接触时，由于往复运动而产生摩擦及磨损，例如上述采煤机主泵马达弹簧由于设计不当，长径比过大，使弹簧工作时侧弯，造成中部磨损严重而断裂；汽车及火车等所用板弹簧，其间发生摩擦与磨损外，还发生腐蚀磨损、磨料磨损、疲劳磨损及微振磨损等。这些磨损带来的失效将显著降低板簧的使用寿命。

应该指出，单一的磨损失效模式很少见到，它一般不会直接引起弹簧断裂，但它可能是导致弹簧失效的重要原因。对于钢丝直径比较细的弹簧，在腐蚀介质并承受高应力条件下长期往复工作时，比较容易发生磨损—腐蚀—疲劳复合模式失效，将显著降低弹簧的使用寿命。

（6）弹簧的应力松弛与变形失效　弹簧在服役过程中发生失效的模式主要有两大类：断裂和应力松弛。事实表明，重要弹簧发生了断裂失效，其带来的危害性比较直接，人们都非常关心和重视；而应力松弛（变形）造成不同程度的失效现象更为普遍，却关心不够，因为这类失效的危害性似乎不如断裂那样明显和严重。但是应力松弛（或松弛变形）对于所有的工作弹簧几乎都是客观存在的。例如，工业电器用的各种插座和计算机中使用的键盘等都普遍存在接触不良的现象，究其原因皆是应力松弛（变形）带来的结果，对于那些精密弹簧或控制性、关键性弹簧来说，应力松弛（变形）失效就是一个难以解决的技术难题。有关这些内容将在本章 3 节中作详细介绍。

2　弹簧的疲劳断裂失效及预防

2.1　弹簧（材料）的疲劳强度及其影响因素

在前节 1.3 内容中对疲劳断裂失效进行了扼要介绍。并指出：S-N 曲线表明弹簧材料在变应力（S）作用下，与疲劳寿命（N）的关系。这种疲劳特征曲线一般可分成两部分：往右下倾斜的线段它表明应力（S）越高时、寿命（N）越短，代表材料的早期疲劳断裂失效；其次，是水平线段［右部 $N \geqslant 10^7$］，即不发生疲劳断裂失效现象，人们把此时对应的应力称为该弹簧材料的疲劳极限。

据统计，疲劳断裂是弹簧失效的主要模式，它约占断裂失效的 80% ~90%。为了提高弹簧的使用寿命，除了正确设计、制造工艺先进及合理的安装使用外，最根本的技术措施是需要不断提高选用材料的疲劳强度。通常，可按疲劳极限的高低来表征弹簧材料疲劳性能的好坏。

疲劳设计时需求所选材料的疲劳极限数据和评估疲劳寿命高低。为此，较好的方法是对各种材料或弹簧进行大量的疲劳试验、获取必要的数据，绘出相应的 S-N 曲线。相关内容参见第 8 章弹簧的疲劳强度。

下面讨论弹簧选用材料的疲劳强度及其影响因素。目前，我国弹簧钢含有 17 个牌号（相关内容参见第 2 章弹簧材料），其中碳素钢有三个牌号：65、70 及 85；其余为低合金钢。从图 26-12 中所阐明的含碳量与钢的综合力学性能 S_K、σ_b、$\sigma_{0.2}$、ψ_K、δ_{10}、α_K 的关系，不同碳含量的弹簧钢淬火时获得马氏体的最大硬度（HRC 值）的变化不大、其差值很小，但以含碳量约 0.6% 时最高。而钢的强度指标（如 σ_b、$\sigma_{0.2}$ 及 S_K）和塑性、韧性指标却急剧降低，故不宜在此种组织状态下来制造弹簧，而是采取韧化处理（俗称索氏体化处理或铅浴等温淬火处理）、再通过深度多道次冷拔后达到钢丝成品尺寸、直接绕制成弹簧。大多数低合金弹簧钢的含碳量范围在 0.6% 左右，经不同热处理后的强硬性指标均随碳含量的增加几乎呈直线性增高，而塑性指标基本上保持不变。

图 26-13 更加简明表示了含碳量对碳素弹簧钢经五种不同热处理时的抗拉强度（σ_b）影响规律：低温形变热处理后的 σ_b 最高，普通热处理者其次，索氏体化（铅浴等温淬火后）再经深度冷拔者再次之，正火 + 冷拔或仅经过正火者的 σ_b 最低，这是由于不同热处理后获得了不同金相组织的结果。

图 26-14 说明碳素钢中的 T8A（共析成分）钢丝（直径为 0.5 及 1.5mm）的拉压和扭转时的疲劳强度极限（σ_{-1} 和 τ_{-1}）与拉拔时总面缩率（ε）的关系曲线。由该图中近似平

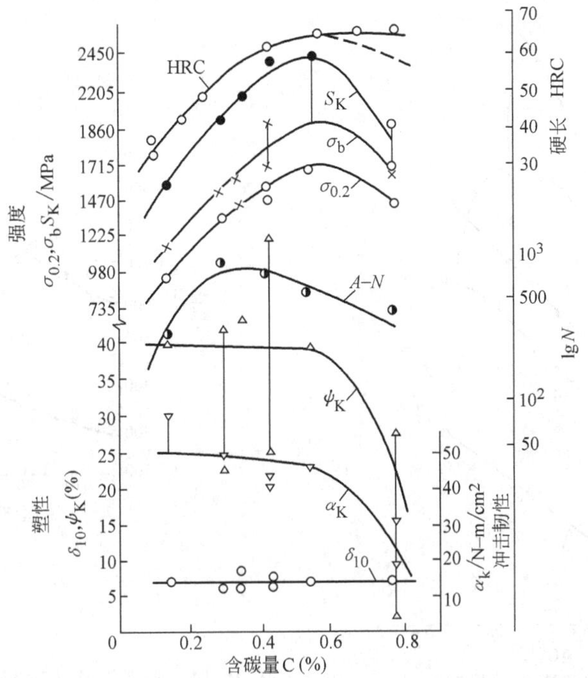

图 26-12　钢的综合力学性能与含碳量的关系

热处理条件：正常淬火后，<0.3%（C）时用200℃回火，(0.3~0.5)%（C）用200℃回火两组数据，>0.5%（C）时，用300℃回火；$A=56.7$kg·cm时的冲击次数N

行的趋势可判断，冷拔时的总面缩率（ε）增大，则T8A钢丝的疲劳强度极限（σ_{-1}和τ_{-1}）不断提高。

由图26-14还可看出，弹簧钢的最大硬度值取决于钢中的碳含量高低，低合金弹簧钢经过热处理后的最高硬度值基本上也符合这个规律。不过其变化曲线相同或者稍高一些。在低合金弹簧钢中适量加入各种合金元素的目的主要是增加钢的淬透性和细化晶粒，例如，Cr（铬）、Mn（锰）、Mo（钼）、Si（硅）及B（硼）等元素的单一或复合加入钢中，就是实例。在不锈和耐热弹簧钢中为了获得某些特殊物理、化学性能的目的需加入数量较多的Cr、Ni（镍）、Mo等元素。其次，在弹簧钢中加入少量或微量合金元素V（钒）、Ti（钛）Nb（铌）等形成弥散分布的难溶碳化物质点，阻碍奥氏体晶粒的急剧长大。所以，碳素弹簧钢通常用作细小直径的线材或钢丝和较薄的带材；而各种低合金弹簧钢主要用来制造直径较大的棒材或钢板当然亦可制成各种规格的线材或片材。

在各种弹簧的设计中，其强度指标是材料的抗拉强度（σ_b）、屈服极限（σ_s或$\sigma_{0.2}$）；抗剪（扭）强度（τ_b）（τ_s）和屈强比（σ_s/σ_b或τ_s/τ_b），钢丝化学成分和组织结构对以上三种指标的影响是一致的在承受变应力条件下的弹簧（元件）还必须了解疲劳极限（σ_{-1}或τ_{-1}），材料的疲劳极限和屈服极限，抗拉强度之间也存在一定的关系，例如，$(\sigma_{-1}/\sigma_b)\approx0.35\sim0.55$（取近似中值为0.5）。并且，含碳量偏上限、合金元素一般使金相组织，晶粒度更加微细，则σ_s愈高；屈强比（σ_s/σ_b）越大时，则钢的疲劳强度也就越高。

前面已指出，钢材的表面状态对其疲劳强度有重要影响，因为弹簧工作时承受最大应力多发生在材料的表层；另一方面，材料的表层往往存在各种各样的缺陷，对于高或特高强度

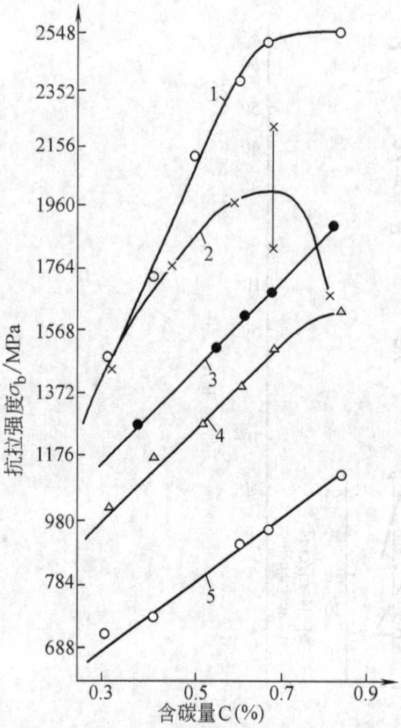

图 26-13 碳素弹簧钢含碳量对抗拉强度（σ_b）的影响

1—低温形变热处理（形变量 31.7%、290℃回火 30min，钢丝直径 2.48mm 2—普通热处理（200～300℃回火） 3—索氏体处理后加冷拉（总面缩率为 74%，钢丝直径 2.48mm） 4—正火后加冷拉（面缩率为 33%，钢丝直径 2.48mm） 5—正火后（钢丝直径 3.0mm）

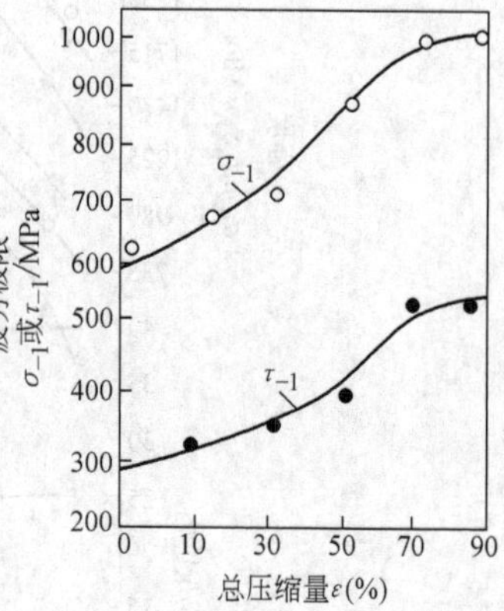

图 26-14 碳素钢丝（T8A）的拉压和扭转时的疲劳强度极限与总面缩率的关系曲线

的弹簧钢来说，材料表面层存在任何较小的伤痕都相当一个危险的尖锐缺口，在变应力作用下均可成为疲劳裂纹源，将显著降低弹簧材料的疲劳寿命。图 26-15 说明了表面质量（不同加工方法）在不同 σ_b 条件下的疲劳强度极限（σ_{-1}）。由此图可知，提高钢的抗拉强度，则它的疲劳强度极限相应提高；而表面经过抛光或磨削加工时具有最高的疲劳极限。所以，对于重要用途的弹簧或弹性元件选用磨光或抛光钢丝来制造。

如在弹簧表层形成有益的残余压应力能有效地提高其疲劳寿命，如采取预应力喷丸时还可进一步提高弹簧的疲劳寿命（约 30%）。所以，对于那些在热处理时容易氧化和脱碳的热成形螺旋弹簧和板簧，喷丸是不可缺少的重要工序。此外，对于一些精密仪器。仪表中使用的弹簧或弹性元件，通常采用煮黑或电镀等方法提高防腐性能和增加美观。但应防止产生氢脆，以免降低材料基

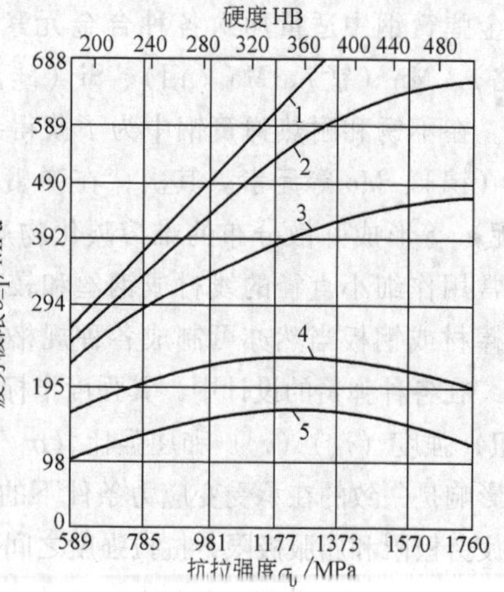

图 26-15 表面质量对钢的抗拉强度极限（σ_b）和疲劳极限（σ_{-1}）的影响

1—抛光加工 2—磨削加工 3—切削加工 4—热轧状态 5—锻造加工

体的疲劳性能。但是，在腐蚀性介质工作时，防护不好时将降低疲劳极限。

表面化学热处理（如离子氮化等）可以改变弹簧表层的化学成分、显微组织和性能，并且能形成较高的残余压应力，亦可提高弹簧的疲劳性能。

几种典型低合金弹簧钢经不同热处理后的 *S-N* 曲线如图 26-16 ~ 图 26-20 所示。由图 26-16 可知，硅锰弹簧钢的表面脱碳倾向较显著，在相同回火条件下，表面脱碳（曲线 5）的 55Si2Mn 弹簧钢的疲劳极限比没有脱碳者（曲线 1）低许多。而且，回火温度越低时（材料的强度越高时），表面脱碳对疲劳极限的影响越显著。图 26-17 说明等温淬火和直接油淬的 60Si2MnA 及 60Si2CrA 两种弹簧钢的疲劳极限的影响规律，*S-N* 曲线表明，等温淬火者比油淬者具有较高的疲劳寿命。该图同样反映了回火温度对其疲劳极限的某些影响规律。图 26-18、图 26-19 是硼弹簧钢（55CrMnB）经高温形变热处理、重复淬火和普通热处理后的 *S-N* 曲线。试验证明：无论是高温形变热处理还是普通热处理，当奥氏体温度为 950℃，该钢可获得最高的疲劳极限，并且，形变量的改变对其影响不大。55CrMnB 钢经 15% ~50% 范围内形变时再在 250℃ 回火可获得高的疲劳强度；对于普通热处理在 450 ~ 500℃ 回火后亦可得到较好的疲劳强度。图 26-20 是 50CrVA 钢丝（丝径为 3. 2mm）经过三种不同热处理后的弯曲疲劳曲线，比较表明，经高温形变热处理和重复热处理后比只进行过普通热处理者具有更好的疲劳性能，其主要原因是由于高温形变热处理后使 50CrVA 钢丝（在 250 ~450℃ 范围内回火 1h）具有更高的综合机械性能（即强韧性更好）和疲劳寿命。

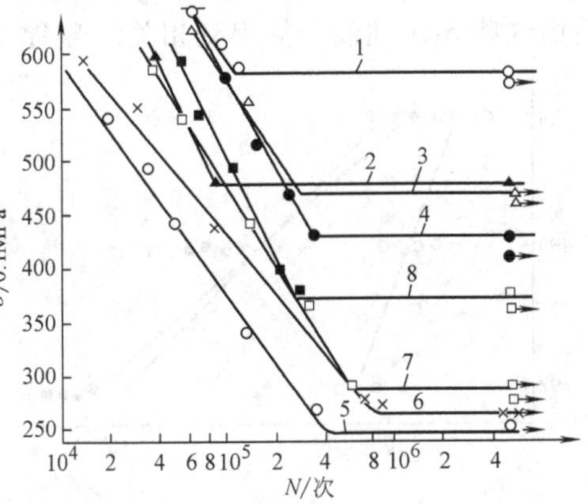

图 26-16　55Si2Mn 经不同热处理后的 *S-N* 曲线

55Si2Mn 钢的淬火加热温度 930℃

降至 860℃ ±10℃ 水淬或油淬曲线：

1—250℃回火，没有脱碳　5—250℃回火，表面脱碳

2—350℃回火，没有脱碳　6—360℃回火，表面脱碳

3—450℃回火，没有脱碳　7—500℃回火，表面脱碳

4—500℃回火，没有脱碳　8—450℃回火，表面脱碳

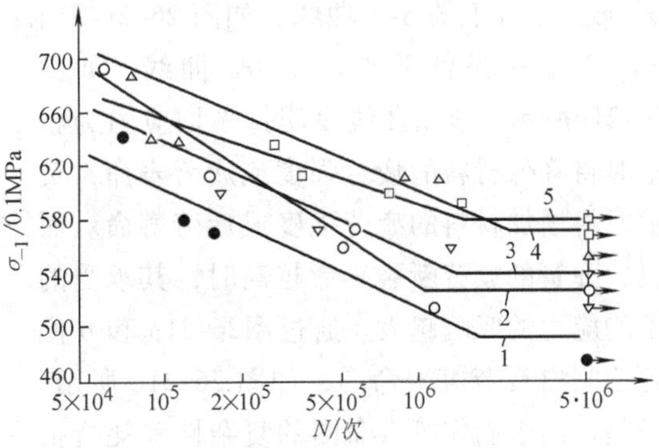

图 26-17　60Si2MnA 和 60SiCrA 经不同热处理后的 *S-N* 曲线

1—60Si2MnA，880 ~ 890℃油淬，400 ~ 410℃回火

2—60Si2MnA，等温淬火，在 285 ~ 300℃保持 45min

3—60Si2CrA，880 ~ 890℃油淬，400 ~ 410℃回火

4—60Si2CrA，等温淬火，在 290 ~ 300℃保持 45min

5—60Si2CrA，同 4 在 300 ~ 325℃回火

弹簧在服役时往往承受非对称变载荷，即 $\sigma_m \neq 0$ 或不同循环特征 r，此时的疲劳设计及疲劳失效分析需要有在不同的 σ_m 或 r 条件下的 *S-N* 曲线。为此，首先需通过试验得出在各种

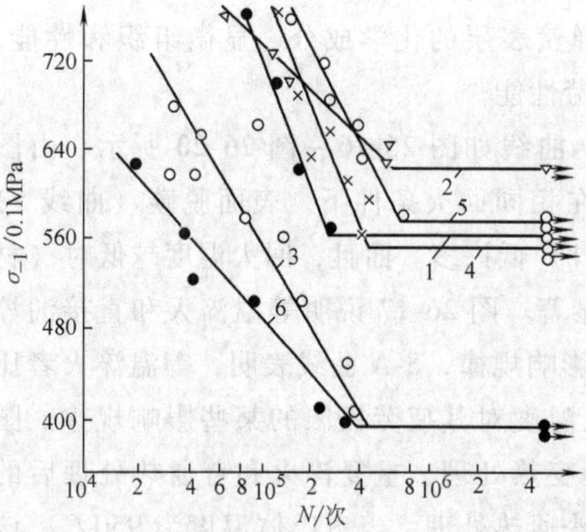

图 26-18 55CrMnB 经高温形变热处理后的 S-N 曲线

55CrMnB 钢高温形变热处理面缩率为 50%，250℃回火 1h，无缺口的磨光试样形变（奥氏体化）温度：1—900℃ 2—950℃ 3—1050℃

重复淬火温度：4—900℃ 5—950℃ 6—1050℃

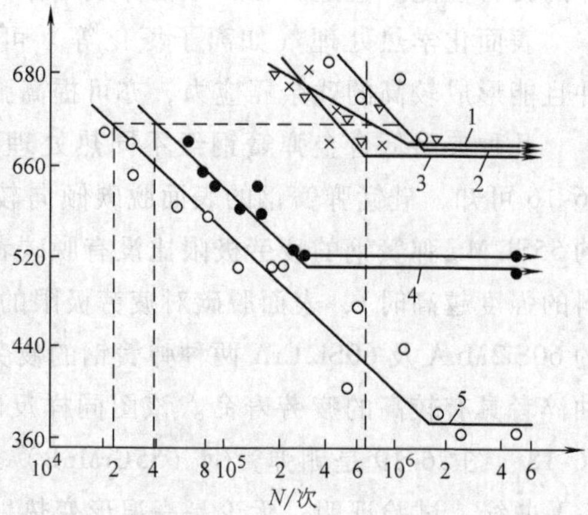

图 26-19 55CrMnB 经高温形变和普通热处理后的 S-N 曲线

1—形变量 15%，250℃回火

2—形变量 25%，250℃回火

3—形变量 50%，250℃回火

4—普通淬火和 500℃回火

5—普通淬火和 250℃回火

σ_m 或 r 条件下的 S-N 曲线，如图 26-21 所示；然后由这些 S-N 曲线计算得到相关的寿命 N_1、N_2、N_3、…条件下的 $\sigma_a-\sigma_m$ 曲线，如图 26-21b所示。该组曲线表明：平均应力为正值时将降低材料的疲劳强度或疲劳寿命，负值时将增加材料的疲劳强度或疲劳寿命。而且，弹簧的疲劳断裂寿命越高时，其承受的平均应力的影响越大。通过图26-21a 和 b 便可绘制出疲劳等寿命图，如图 26-21c 所示。但是，由于制作等寿命图的复杂性和耗费很大的人力和财力，在手册中想查阅各种弹簧材料的疲劳等寿命图还是相当困难。此时可借助于平均应力与疲劳强度之间存在经验关系来估算其疲劳强度或疲劳寿命。如果材料的 σ_b、σ_N、已知，则依据古德曼（Goodman）线性关系式：

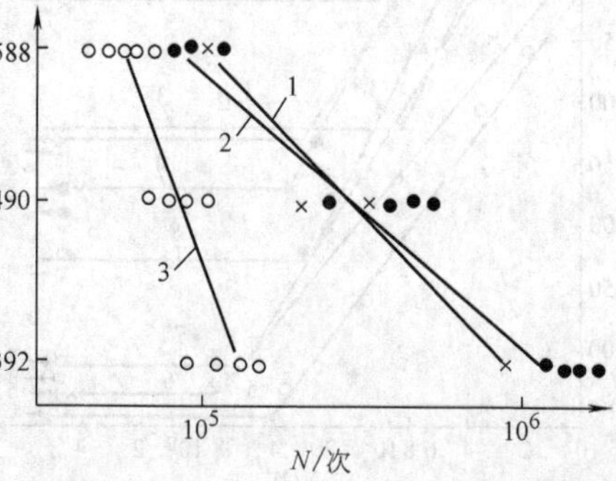

图 26-20 50CrVA 钢丝（ϕ3.2mm）的弯曲 S-N 曲线

1—高温形变热处理 930℃变形 20% 2—重复热处理：860℃加热 1～3min 后快速淬火，在 240，300℃回火 60min

3—普通热处理：860℃淬火，380℃回火回火时间均匀 60min

$$\sigma_a/\sigma_N+\sigma_m/\sigma_b=1 \tag{26-1}$$

就可求出不同的 σ_m（平均应力）所对应的 σ_a 值。

有时还可用修正的古德曼（Goodman）关系式来估算材料的高周疲劳断裂强度，参见第 8 章 7 节。

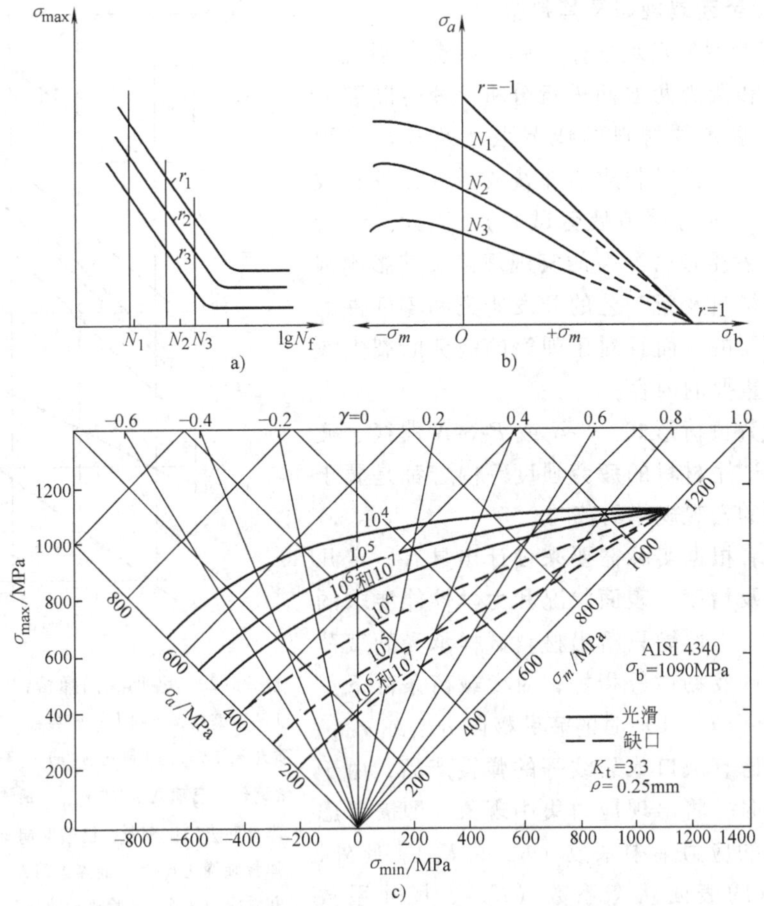

图 26-21 不同平均应力 σ_m 或循环特征 r 对材料的疲劳强度（或寿命）的影响

a）各种 r 下的 S-N 曲线 b）根据 S-N 曲线绘制的 $\sigma_a-\sigma_m$ 曲线

c）由图 a 和 b 获得的疲劳等寿命图（Goodman 图）

生产实际中，往往需要直接测定弹簧的疲劳寿命，例如各种阀门弹簧的疲劳性能如图 26-22 所示。试验是在设定实验参数条件下对不同材料和表面喷丸与否的具体弹簧进行疲劳试验的结果。

由以上分析可得如下主要试验规律：

1）弹簧材料不同，则有不同的疲劳极限。材料的静强度（σ_b、σ_s、HRC 等）越高，其疲劳极限也越高；在一定范围内两者之间存在良好的线性关系；材料的纯净度越高，其内部组织和夹杂物质点越游散、匀、圆时、晶粒游越细小时，其疲劳寿命越长；例如：油淬火回火低含金钢丝弹簧的疲劳寿命高于油淬火回火碳素钢丝。趋细晶经油淬火回火钢丝比普通油淬火钢丝卷制的弹簧具有更高的疲劳寿命。

2）弹簧材料的表面质量越好（即其粗糙度小、无表面微裂纹或类裂纹等缺陷），则弹簧的疲劳寿命越高；如表面层有脱碳现象时将显著降低其疲劳性能；如在弹簧材料表层引入有益的残留压应力（如适当喷丸），将显著提高其疲劳寿命。

3）工况条件苛刻，如工作应力幅过高、环境腐蚀性强或温度过高等，均将降低弹簧的使用寿命。

2.2 弹簧的疲劳断裂规律及其判据

（1）疲劳断裂的宏观规律 弹簧疲劳断裂规律大致可从宏观和微观两方面进行分析。疲劳断裂分析，不仅要了解各种材料的疲劳强度及其影响因素，还需了解这些材料制成的弹簧或弹性元件失效现象的再现性（进行模拟疲劳试验）。因此，认清弹簧（材料）发生疲劳断裂的宏观规律及其影响因素，不仅对新材料及新工艺的开发研究和零部件的疲劳设计是必要的，而且对于弹簧的疲劳断裂失效分析也是十分重要的内容。

前述的疲劳负荷形式、S-N 或 P-S-N 曲线、疲劳寿命曲线和选用材料的疲劳强度等内容都是属于有关疲劳断裂的宏观规律的范畴。

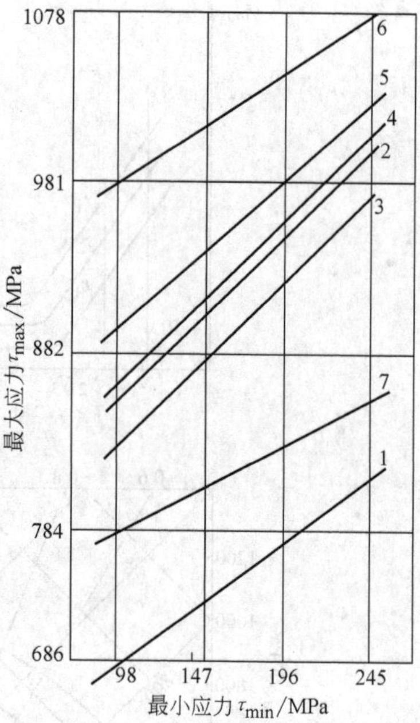

图26-22 各种阀门弹簧钢丝的疲劳性能

1—琴钢丝，未喷丸试验参数 2—琴钢丝，已喷丸 τ_1 或 τ_{min}（最初应力） 3—油淬火回火碳素钢丝，已喷丸 τ_2 或 τ_{max}（最终应力） 4—油淬火回火铬硅钢丝，已喷丸钢丝直径 $\phi3.8$mm，弹簧旋绕比6 5—油淬火回火铬钒钢丝，已喷丸总圈数7.5，试验机转速400r/min 6—超细晶油淬火钢丝，已喷丸应力循环次数 15×10^6 不断裂 7—超细晶油淬火钢丝，未喷丸

弹簧设计者根据实际需要来设计出具有一定几何形状、尺寸及精度、表面状况和力学性能要求的产品，材料的力学性能只给出材料试样承受静载荷下的强度、塑性及韧性等指标；对变载荷条件下只给出对称循环（$r=-1$）时的疲劳极限 σ_{-1} 或 τ_{-1}。此时，还需考虑有缺口或裂纹等的弹簧产品，由于缺口等的存在时，将出现应力集中现象，即需考虑影响疲劳极限的应力集中系数（K_σ 或 K_τ）。此外，还要考虑材料的表面状态系数（K_β）、尺寸系数（K_ε）、温度系数（K_t）等因素的影响。所以，实际的弹簧材料的疲劳极限由第8章4节可知为

$$\sigma'_{-1}=\left(\frac{K_\beta\cdot K_\varepsilon\cdot K_t}{K_\sigma}\right)\sigma_{-1} \tag{26-2}$$

或

$$\tau'_{-1}=\left(\frac{K_\beta\cdot K_\varepsilon\cdot K_t}{K_\tau}\right)\tau_{-1} \tag{26-3}$$

不仅如此，有人认为：应分别考虑上述因素的影响，把应力集中系数 K_f 和缺口敏感性指数 q 分开，对于高周疲劳条件下定义为

$$K_f=\frac{有效疲劳应力}{名义疲劳应力} \tag{26-4}$$

$$q=\frac{K_f-1}{K_t-1} \tag{26-5}$$

钢在轴向弯曲及扭转加载时，q 值随缺口半径 r 的变化而改变，r 增大时，q 值呈指数上升；而且，材料的 σ_b 越高时，q 值的增大越明显。q 值不仅是材料的函数，也是缺口半径的函数。

$$K_f=1+\frac{K_t-1}{1+\sqrt{\rho'/r}} \tag{26-6}$$

上式中 ρ' 是一个与材料晶粒尺寸有关的常数。钢的 $\sqrt{\rho'}$ 值随材料的 σ_b 升高而降低。将式

(26-6) 代入式 (26-5) 中得到

$$q = \frac{1}{1 + \sqrt{\rho'/r}} \tag{26-7}$$

经上式计算的结果表明能满足大多数工程上的要求。

如从有关手册或图表中查得材料的弹性应力集中系数 K_t 及 $\sqrt{\rho'}$ 值后可求出 K_f

$$K_f = q(K_t - 1) + 1 \tag{26-8}$$

还有些作者把 K_f 定义为

$$K_f = \frac{\text{光滑试样的疲劳强度极限}}{\text{缺口试样的疲劳强度极限}} \tag{26-9}$$

上式只适用于长寿命 ($N_f > 10^5$ 次) 的情况。此时的 K_f 为一常数；在短寿命时，K_f 是循环次数的函数，它随 N_f 的增大而增加；趋近 $N_f = 10^5$ 时，K_f 值逐渐趋于稳定不变。

弹簧一般选用超高强度的特殊钢材来制造，σ_b 很高，对缺口敏感性大 (即 q 值越高)；另一方面，$\sqrt{\rho'}$ 值随 σ_b 升高而降低。由于缺口处的平行于外力 (轴向) 的最大应力 ($\sigma_{y \cdot max}$) 将等于净截面应力 (σ_n) 乘以 K_f，这表明疲劳极限的宏观性质。而 ρ' 是与材料的晶粒尺寸大小有关的常数，显然它具有微观组织有关的性质。不仅如此，应力集中现象也有宏观和微观之分。目前在宏观力学 (如材料力学) 的基础上、又建立了断裂力学，将来正在形成微观力学。所以，疲劳断裂规律中宏观与微观分析是密不可分的。

有些弹簧在服役中承受一系列不同幅值 (r) 组成的变载荷，对于承受这种变载荷弹簧的疲劳寿命的估算，可采用米纳 (Miner) 的累积损伤假说，参见第 8 章 10 节。

线性累积损伤规则的优点是简单适用，是统计性的，也是宏观性质的。但是，在变载荷下的弹簧，其疲劳失效是一个损伤累积过程，它是由微观应力集中 (如位错塞积等) 引起的变形和微裂纹的形成到扩展为宏观裂纹直至断裂的过程。也可以说，它是循环应力-循环应变条件下引起的材料的金相组织发生微观变化和力学性能方面的循环硬化与软化交替变化的过程。

(2) 弹簧疲劳断裂失效的微观规律　如上所述，特别是通过宏观分析后可知，弹簧的疲劳断裂过程一般由三部分组成：裂纹核的形成、裂纹的扩展和最后发生瞬时断裂。裂纹源的萌生方式有多种多样，对于由各种弹簧材料制造的弹簧来说，它的表面可能存在各种各样的缺陷：如从材料生产过程 (轧制和拉拔等) 带来的缺陷有裂纹、刻痕、斑疤、折叠、蚀坑或凹坑、缩孔残余、表面脱碳层、氧化皮和材料内部的各种脆性夹杂物或强化相等都可成为疲劳裂纹源，其中各种尖细的表面缺陷处及结构设计缺陷，如沟、孔槽及阶梯变径处往往是构件疲劳失效的先天性疲劳裂纹源。

对弹簧疲劳断口或试样进行微观分析时可以探寻宏观分析时无法看到的其断裂过程的某些细节，进而形成疲劳断裂的微观规律或机制。断裂的微观过程也可以分为三个阶段：裂纹形核、裂纹扩展和瞬时断裂。

1) 疲劳裂纹的萌生。除了上述先天性的疲劳裂纹源外，也可能在滑移带或驻留滑移带上、晶粒边界或孪晶界上、第二相与基体的界面等处萌生。

金属材料具有一定形状的晶体结构，而且实际晶体是不完整的，总是存在一些缺陷。另一方面，晶体在受力时发生塑性变形不是均匀地发生于整个晶体中，而是一个不均匀的过程。当应力超过其弹性极限后，晶体中就在层片之间发生相对位移（即滑移），这种位移在应力去除后是不能恢复的，大量的层片间的滑动形成的滑移带（线）就构成了宏观的塑性变形。

弹簧材料中的晶粒相当微细，在变应力作用到一定次数后，只在某些晶粒内出现滑移线，其分布也极不均匀，在后续的应力循环过程中，有些粗大的滑移线（带）在变宽，逐渐形成疲劳条件下独特的驻留滑移带。随着循环次数继续增加，这样的驻留滑移带也不断变厚，而新生的滑移线逐渐布满各个晶粒。观察表明，疲劳裂纹往往就萌生于这些驻留滑移带内部或边缘地带。

多晶体材料的滑移导致另一种现象就是在滑移带上形成挤出和挤入。挤出部分随着循环而逐渐增高，而挤入部分则向滑移带的纵深处扩展，逐渐形成一条宏观的疲劳裂纹。可以说，它是疲劳裂纹萌生的一种机制。

应当指出，屈服强度低的材料比较容易在疲劳过程中较早地出现滑移带，并在驻留滑移带上挤出、挤入处萌生疲劳裂纹。所以，不断提高弹簧材料的屈服极限能有效地预防早期萌生疲劳裂纹，从而延长弹簧的疲劳寿命。

金属晶体中存在着位错及其运动对金属塑性变形和断裂规律得到了更为合理的解释，并把宏观和微观规律紧密地联系起来；特别是位错理论的不断发展和完善以及用电子显微镜直接看到位错运动的生动情景，充分证明，滑移并不是晶体中的一部分沿着滑移面对另一部分作刚性整体位移，而是通过位错在滑移面上运动逐步地进行的。大量位错（n 个）沿着同一滑移面移到该晶体表面就形成了显微镜下观察到的滑移线台阶。当位错滑移时遇到晶界、夹杂物、第二相质点或固定位错等，它们就沿该滑移面在这些障碍物前塞积，并在其前端形成了高应力集中区。如果这些高应力集中的应力得不到松弛时，则在位错塞积的晶界等障碍物的另一边发生新的塑性变形（滑移），甚至形成微裂纹；这种现象都在显微金相试验中得到证实，在弹簧材料失效分析中也充分说明：晶界、孪晶界及非金属夹杂物（如硅酸盐、硫化物、氧化物等）处也是疲劳裂纹容易萌生的地区。

另一方面，弹簧材料的强度（特别是屈服强度）随其晶粒细化而提高，即屈服强度（σ_s 或 τ_s）与晶粒直径（$d^{-\frac{1}{2}}$）呈正比。晶粒越细，则其疲劳强度越高。因为晶粒越细时不仅能抑制疲劳裂纹在晶界上萌生，而且能使滑移线的分布比较均匀，延迟在滑移带上萌生疲劳裂纹。此外，上述各种夹杂物和强化相的形态、大小、数量及其分布对弹簧材料的疲劳性能也有重要影响。

2）疲劳裂纹的扩展过程。疲劳裂纹的扩展过程可分为两个阶段：第一个阶段是微裂纹的扩展；第二阶段是宏观裂纹的扩展。Ⅰ阶段扩展是在相界面或晶界或孪晶界部位形成裂纹核之后，在变应力作用下这些微裂纹沿着与表面应力轴成 45°角的最大切应力方向向内部纵深扩展，如图 26-23 所示。此时的扩展速度$\left(\frac{da}{dN}\right) < 3\times10^{-[illegible]}$ mm/cycle。Ⅰ阶段的裂纹扩展深度只有几个晶粒尺寸范围。当裂纹走向由 45°转变到与拉应力轴正交时，可认为

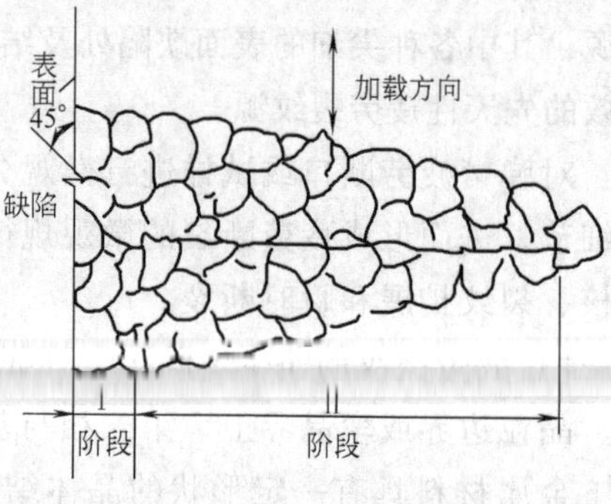

图 26-23 疲劳裂纹两阶段扩展示意图

裂纹已进入Ⅱ阶段扩展，其扩展速率约在$\left(\frac{d\sigma}{dN}\right)$ = $(3\times10^{-7}\sim10^{-2})$mm/cycle 的范围。

应当说明，Ⅰ阶段扩展时的断口形貌相当复杂，它可能出现多种形貌，如沿晶、韧窝、滑移带及疲劳条带或混合型断口形貌；Ⅱ阶段的断口形貌也是各式各样：如解理、沿晶、韧窝及疲劳条带等。无论是第Ⅰ还是第Ⅱ阶段的裂纹扩展时的断口形貌特征均与弹簧材料的组织结构和试验条件等密切相关。但是，其中疲劳条带是材料在疲劳运转条件下所独有的疲劳断口形貌的微观特征，同时，它可作为疲劳断裂失效的重要判据，如图 26-23 所示。

3）瞬时断裂。当疲劳裂纹扩展达到该材料的断裂强度时，弹性元件便发生瞬时断裂。瞬断区域一般呈现脆性破坏的宏观特征，即较粗糙的晶粒状结构，主应力方向与断口平面基本垂直。它是疲劳断裂过程中的最后阶段，其断口微观形貌与静载断裂大致相同。如材料的塑性很好时，在瞬断区将出现纤维状结构，局部出现剪切。

实际中弹簧元件的疲劳断口形貌并不像图 26-6 那样明晰的特征。如图 26-8 和图 26-10 所示的扭转疲劳试验时用扫描电镜摄得断口形貌那样微细类似水纹波浪振动时的峰谷交替状，它是一些排列较致密、但高度差很小的疲劳条带。

（3）弹簧疲劳断裂失效的判据　弹簧的疲劳断裂失效是在变应力作用下发生的事故；变应力是指应力的大小、方向或大小和方向同时都随时间作周期性改变的应力。这是弹簧服役时的工况条件，其主要内容包括：应力循环方式及水平及工作环境等。这些是判断弹簧疲劳失效的根据之一。

首先，找到疲劳断裂源的位置。通过弹簧件断口的宏观分析、研究后，一般可以获得初步结果。可以说，疲劳断口的宏观分析也是其失效的基本内容。

实践表明，弹簧表面上存在的各种缺陷或类裂纹就是一些先天的疲劳断裂源。

承受应力最大处往往是弹簧的内、外表面，在循环应力作用下这些表面缺陷和微裂纹就是疲劳裂纹成核处，并随后发生裂纹扩展，直至断裂。所以，有些弹簧的断裂就发生在这些部位。对于冷成形材料（冷拔强化钢丝和油淬火、回火弹簧钢丝）一般属于高强度或超高强度钢材，特别注意这种材料的表面质量，只有满足标准的各项技术要求后才能投料生产；而且在弹簧生产过程中不许产生新的表面缺陷。

第二，由于钢材的化学成分的复杂性和某些化学成分的含量的具体规定，采用不同的冶炼技术与方法，则钢质的纯净度便有较大差别。为了确保弹簧材料的高强韧性，对钢中存在的多种夹杂物，这些夹杂物强化相均比基体脆性大，特别是那些尖角形的大块脆性夹杂物，在外加应力作用下，将阻碍位错运动，造成位错的塞积和应力集中，于是在内部或亚表面层形成疲劳裂纹。由断裂力学可知，各种夹杂物和脆性的第二相质点的体积百分数（f_n）越大，其断裂强度因子（K_{IC}）值越低，疲劳强度就越低。所以，冶炼时不断提高弹簧钢材的纯净度是提高其断裂韧性和弹簧的使用寿命的重要途径。图 26-24 表示电渣

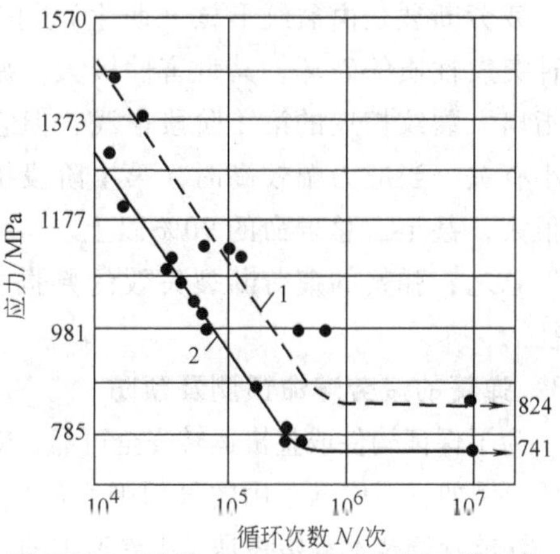

图 26-24　冶熔方法对 50CrVA 钢丝脉动拉伸疲劳曲线的影响

1—电渣重熔　2—普通冶炼

重熔和普通冶炼的50CrVA钢丝经脉动拉伸疲劳（极限）曲线的比较，该图表明，在相同的热处理条件下，前者的脉动疲劳极限高于后者。金相分析说明，钢中夹杂物总量前者为2级（高质量时应为0.5级），后者为3.5级；另外一个原因，前者具有更好的表面质量。

前面已经强调，疲劳断裂，在宏观断口上呈现形貌有明显的三个区域。但是，在某些条件下弹簧的疲劳断口形貌不典型，上述三个区域的界限不明显，此时将易发生误判为其他性质断口（如静载脆性断口，冲击断口等）的现象。关于如何区分上述断口的论述请查阅相关资料。

第三，疲劳断口的基本宏观特征是海滩（或贝壳）花样，它是识别和判断疲劳断裂的主要依据。但是，只靠肉眼或低倍观察断口形貌来说明疲劳线的形成原因是不够充分的，还需更加先进的设备来研究断口的微观形貌并找到一些微观特征，不仅对于了解疲劳断裂过程中裂纹的萌生与扩展的微观机理及其影响因素有重要意义，而且，对于进一步提高弹簧的使用寿命也有积极的指导意义。

显微分析表明，疲劳裂纹的萌生大致有三类：弹簧表面的不均匀变形处引起微裂纹的形成、沿晶界或沿夹杂物、第二相质点周界形成。因为应力循环次数增大时，驻留滑移带上产生挤出或挤入现象，从而导致微裂纹的萌生。高碳弹簧钢热处理不当时，导致回火脆现象，容易出现沿晶粒间界断裂。

疲劳断裂最显著的微观特征是其扩展区断口上均可观察到疲劳条带，不同工况条件下不同弹簧材料的疲劳条带形貌也不一致，有如下规律：铝合金（图26-25）、钛合金及奥氏体不锈钢者有时呈连续分布；有时呈断续分布（如高强度结构钢）；疲劳条带的间距随其裂纹扩展长度的延伸而变宽，也随循环应力的加大而增大；每一次应力循环形成一条疲劳条带，疲劳条带按其台阶数量多少又可分为塑性和脆性两种。并且，可用疲劳条带的宽度大小来估算其疲劳寿命长短。

图26-25 铝合金疲劳断口上的疲劳条带（1500×）

疲劳断裂是由裂纹形核（萌生）、扩展和瞬断的过程。由于瞬断阶段所占寿命太短，是一种突发性质的破坏，其危害性极大。疲劳寿命是由裂纹扩展时的两个阶段所决定的。前面已指出，裂纹扩展的第Ⅰ阶段很浅，但它在总疲劳寿命中占的比例并不小，这与应力幅值的大小有关。当应力幅较高时，第Ⅰ阶段扩展所占循环数较小；但它较低时，所占的循环数可能很大，甚至占总寿命的90%以上。

总之，弹簧的疲劳断裂失效的判据主要来自宏观及微观分析两个方面所观察到的断口特征。

2.3 弹簧的疲劳寿命预测及预防

为了保证构件或整机运转安全可靠，对一些重要弹簧要求很长的使用寿命，或者说其失效率极低。例如，现代汽车用的气门弹簧的失效率要求在1～2只/亿个。所以，预测弹簧的疲劳寿命、寻求延寿技术等始终是工程界追求的一项长期的战略任务，它具有深远的技术经济意义。

预测或估算弹簧的疲劳寿命不是一件容易的事情，尤其是要精确计算则更为困难。最常用的方法是通过大量工程性实验来考核或验证弹簧的使用寿命是否能达到设计要求，使其失效率降低到允许的程度。从理论上预测或估算弹簧的疲劳寿命，早期依据曼耐尔（Miner. M. A）的累积疲劳损伤线性方程或用其他参考资料来进行。由第8章10节可知曼耐尔定理如表达式（8-34）为

$$\sum_{i=1}^{k} \frac{n_i}{N_i} = 1 \tag{26-10}$$

它是一个近似表达式。认为弹簧在 S-N 曲线上任一应力幅 σ_i 下所经历的循环次数为 n_i，由此引起的疲劳损伤度与该循环数 n_i 在 σ_i 下发生断裂时的 N_i 的比值（n_i/N_i）成正比。若已知 n_1、$n_2 \cdots n_{i-1}$，N_1、$N_2 \cdots N_{i-1}$，则可根据上式算出 n_i，即

$$n_i = N_i\left(1 - \sum_{i=1}^{k} \frac{n_{i-1}}{N_{i-1}}\right) \tag{26-11}$$

巴氏（Basquin）的疲劳寿命与应力振幅之间的关系式是依据用双对数坐标表示的 σ-N 曲线上，有限寿命部分为一倾斜的直线，由式（8-12）可知该方程：

$$\sigma^{\chi} N = C \tag{26-12}$$

$$\lg N + x\lg\sigma = \lg C$$

式中　χ——直线的斜率；

C——常数。

经（$i-1$）级加载后的剩余寿命（n_s）为

$$n_s = N_i - \left\{N_{i-1} - \left[N_{i-2} - (\cdots)\left(\frac{\sigma_{i-3}}{\sigma_{i-2}}\right)^{\chi}\right]\left(\frac{\sigma_{i-2}}{\sigma_{i-1}}\right)^{\chi}\right\}\left(\frac{\sigma_{i-1}}{\sigma_i}\right)^{\chi} \tag{26-13}$$

上述两种预测寿命的方法都是从实践中导出的，它考虑了疲劳损伤过程的积累，但没有和裂纹、缺陷的存在及其尺寸大小的影响联系起来，故有它的局限性。随着科学的进步和研究方法的发展，和 S-N 曲线相类似，疲劳裂纹扩展速率（$\mathrm{d}a/\mathrm{d}N$）和应力强度因子振幅（ΔK）关系曲线亦已大量测出。由这些曲线可获得两个重要数据：一个是疲劳裂纹扩展的门槛值（ΔK_{th}）；另一个是 $\mathrm{d}a/\mathrm{d}N$。弹簧的疲劳寿命为裂纹萌生寿命与裂纹扩展寿命两部分之和，则可根据帕瑞（Paris）公式

$$\frac{\mathrm{d}a}{\mathrm{d}N} = A(\Delta K)^n \tag{26-14}$$

估算其疲劳寿命，式中 A、n 是决定于材料的常数；n 一般为 2~4。

弹簧并非那么理想，在其表面和内部总是有这样那样的缺陷，可以认为，和大多数工程构件一样，弹簧也是裂纹体。对于裂纹体的应力分析和损伤容限必须进行认真研究。

由断裂力学可知，应力幅和裂纹尺寸存在如下关系式：

$$\Delta K = Y\Delta\sigma\sqrt{\pi a} \tag{26-15}$$

式中　Y——裂纹形状因子；

$\Delta\sigma$——应力振幅；

a——裂纹长度。

则弹簧的有效寿命 N_f

$$N_c = N_f = \int_{a_0}^{a_c} \mathrm{d}N = \int_{a_0}^{a_c} \frac{\mathrm{d}a}{A(\Delta K)^n} = \int_{a_0}^{a_c} \frac{\mathrm{d}a}{Y(\Delta\sigma)^n(\pi a)^{n/2}} \tag{26-16}$$

式中　N_c——从 a_0 扩展到 a_c 时的寿命；

a_0——初始裂纹尺寸；

a_c——临界裂纹尺寸。

福尔曼（Forman）的修正公式为

$$N_f = \int_{a_0}^{a_c} \left[\frac{(1-r)K_c - \Delta K}{A(\Delta K)^n} \right] \tag{26-17}$$

式中 r——$\sigma_{\min}/\sigma_{\max}$（循环特征）；

K_c——材料的断裂韧性。

上述公式中，如已知 n、$\Delta\sigma$、a_0、a_c 等，就可求得 N_f（或 N_c）。

对于在高应力与高频率等条件下工作的阀门弹簧，上述公式中最主要的参数是 a_0 和应力幅值（$\Delta\sigma$）或 ΔK_{th}值。为了保证它工作时安全可靠，使用寿命（N_c 或 N_f）长，力求其表面或内部有最小的 a_0，最高的 ΔK_{th}值。即裂纹不易在自由表面（表层）萌生，或者虽有微裂纹、工作时 ΔK 应小于 ΔK_{th}，不让裂纹扩展。但是，自然萌生裂纹尺寸一般在 1 ~10μm 数量级，它相当于金属材料中非金属夹杂物或第二相质点的尺寸。而弹簧制造工艺过程中带来的某些损伤（或缺陷），其尺寸要大几个数量级（>1mm），它们便成了天然的疲劳源，这将显著降低弹簧的使用寿命。疲劳裂纹的扩展一般分为三阶段，对于高速、高应力运转的阀门弹簧来说，因第Ⅱ、Ⅲ阶段时$\frac{da}{dN}$较快（约为 10^{-7} ~ 10^{-2}mm/cycle）、所占的疲劳寿命百分数很小，故只考虑疲劳裂纹扩展的第Ⅰ阶段，即只考虑位错亚结构发展后的裂纹萌生过程，此阶段的$\frac{da}{dN}$很小（< 10^{-8}mm/cycle），却占有绝大部分（80% ~90%）的弹簧疲劳寿命。

据资料介绍，瑞典哥尔福（Garphyttan）弹簧分厂气门弹簧 1984 年后的失效率为 1 件/百万，我国气门弹簧失效率远高于此值。如前所述，a_0 应控制在 10μm 以下，才能避免在弹簧表面或内部自然萌生裂纹。如果把 a_0 由 10μm 扩大（由于各种原因）到 1mm（1000μm），设最终裂纹扩展都是 10mm，计算两者的寿命比（N_{10}/N_{1000}）分别为 3（$n=2$ 时）、14（$n=3$时）、111（$n=4$ 时）。由此可见，弹簧疲劳寿命缩短了几倍到两个数量级。所以，测量或控制 a_0 是非常重要的任务。

a_0 值一般由无损检测（NDE）、即用超声波或涡流探伤等方法测定，灵敏度很高时方能显示出几个微米级（甚至 <1μm）的缺陷。

ΔK_{th}可从$\frac{da}{dN}-\Delta K$ 曲线中直接测出，影响它的主要因素有：材料的显微组织，循环特征（r）及腐蚀环境等。细化晶粒尺寸使 ΔK_{th}升高，材料的强度越高，则要求损伤容限尺寸就越小；r 增大时使 ΔK_{th}下降；工作环境的腐蚀性增强，导致 ΔK_{th}降低。

3 弹簧的应力松弛失效及预防[10]

3.1 弹簧（材料）应力松弛失效现象及其主要特性指标

应力松弛是一种相当普遍存在的现象，不仅存在于由金属材料制造的弹性元件或构件中（如各种弹簧、游丝、膜片及紧固件等），也存在于由非金属材料制造的构件中（如高分子材料制品、混凝土构件等）。应力松弛现象是弹簧和弹性元件失效形式之一，故研究应力松弛的变化规律、探求其本质及其影响因素，对于提高元件或构件的抗应力松弛性能，预防或预测其使用寿命，具有重要的理论和实际意义。

应力松弛是在恒应变条件下，金属材料或元件的应力随时间延续而减小的现象。GB/T 10120—1988《金属应力松弛试验方法》，其中有拉伸及弯曲等不同试样可供选择。所得试验结果可绘出典型的应力松弛（动力学）曲线，如图 26-26 所示。该曲线明显分为两个阶段：第Ⅰ阶段（图中 ab 线段）持续较短时间，应力随时间延长而急剧下降；第Ⅱ阶段（图中 bc 线段）的持续时间很长，应力随时间延续而缓慢降低，并趋向恒定值。在一定温度（T）和一定初始应力（σ_0）的条件下，材料或元件的抗应力松弛性能好坏可用如下特性指标表征。

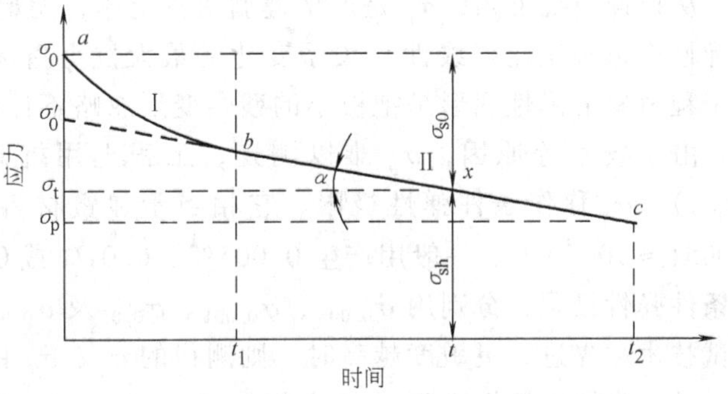

图 26-26 典型的应力松弛（动力学）曲线

1）剩余应力 σ_{sh}，σ_{sh} 表示在初始应力作用下，经过规定时间 t 后，材料或元件剩余应力的大小。它可用剩余应力与初始应力之比的百分数表示，表征材料抗应力松弛稳定性的好坏，σ_{sh}（或 σ_{sh}/σ_0）值越大，表示材料或元件的抗松弛性能越好。松弛应力 σ_{s0}，即应力松弛过程中任一时间试样内所减少的应力，即初始应力与剩余应力之差，通常用 $\sigma_{s0}=(\sigma_0-\sigma_{sh})/\sigma_0$ 的百分数表示。显然，这个百分数越小时，表征材料的抗松弛性能越好。

2）应力松弛率 v_s，v_s 表示单位时间的应力下降值，即给定瞬间的应力松弛曲线的斜率$\left(v_s=\dfrac{d\sigma}{dt}\right)$。显然，第Ⅰ阶段曲线的斜率比第Ⅱ阶段的大得多，即 $(v_s)_{\mathrm{I}}>(v_s)_{\mathrm{II}}$。第Ⅱ阶段的应力松弛率最小并趋于一恒定值。$v_s$ 值越小表示材料或元件的抗应力松弛性能越好。

3）松弛Ⅰ阶段的松弛稳定系数 S_0，S_0 是松弛曲线的直线部分从Ⅰ阶段结束时间 t_1（即 b 点）外延至应力坐标轴的应力值 σ_0' 与初始应力 σ_0 之比，即 $S_0=\sigma_0'/\sigma_0$。S_0 表示松弛Ⅰ阶段的特征，其值越大，材料或元件的抗松弛性能越好。

4）松弛Ⅱ阶段的松弛速度系数 t_0，$t_0=1/\tan\alpha$，α 为松弛曲线的直线部分与时间坐标轴之间的夹角，t_0 为 v_s 的倒数。t_0 表示了松弛Ⅱ阶段的特征。α 角越小，则 t_0 越大，表示材料或元件的抗松弛性能越好。

根据弹性元件的服役条件，需综合考虑上述特性指标才能较全面地评定各种弹簧材料或元件的抗应力松弛性能的好坏。

由于应力松弛试验时间很长（一般需 10^5h），故时间坐标多采用对数表示。应力（σ 或 $\Delta\sigma$）用载荷（F 或 ΔF）代替，所以应力松弛曲线可用各种不同的方式绘制，如 σ_{s0} $\left(\text{或}\dfrac{\Delta\sigma}{\sigma_0}\right)$—$t$；$\left(\dfrac{\Delta F}{F_0}\times100\%—t\right)$；$\dfrac{\Delta F}{F_0}$—$\ln t$；$\lg\sigma$—$\lg t$；$\dfrac{1}{K}$—$\lg t$；$T$—$\sigma$ 等。应力松弛试验要求在一定温度及恒应变等条件下进行，必须对测试设备、系统、试件、温度及应变量等进行精确控制，使系统误差达到允许的程度。这种要求对于弹簧行业普遍推广是难以实现的，目前，大多数生产厂家和用户是按产品技术条件进行对比试验后评定。

(1) 应力松弛性能与抗微塑性变形强度指标的关系　弹簧材料（包括软态和硬态）在外加载荷的作用下，首先发生弹性变形，随着负荷的增加，便发生塑性变形，直至断裂三个明显的过程，常用瞬时拉伸图（应力-应变曲线）来表示（图2-27b）。由这些曲线可测得一些重要的强度指标：如 σ_p（比例极限）、σ_e（弹性极限）、σ_s 或 $\sigma_{0.2}$（屈服极限）和（强度极限）σ_b，其中前三项指标通称为抗微塑性变形的强度指标。它们和材料的弹性模量（E 或 G）不同，这是几个对材料的成分、组织及加工状态都非常敏感的力学性能指标。

从拉伸曲线可知，σ_p 是严格遵循胡克定律，无塑性变形，即 $\sigma_p=\varepsilon_e$。σ_p 是保证弹簧的弹性变形按正比（线性）关系变化的最大抗力指标。无塑性变形是理想的弹性体，实际工程材料的弹性变形是把极小的残余变形忽略不计而已，σ_p 与 σ_e 没有本质的区别。

由于技术等原因，σ_p 难以测定，工程上用抗微塑性变形的强度指标为 σ_e 及 σ_s（$\sigma_{0.2}$）：σ_e 称作条件弹性极限、它相当于弹簧材料拉伸时的微塑性变形量为0.001～0.005($\approx 10^{-3}$)%。一般用产生0.005%、0.01%或0.05%的残余变形量的应力值作为工程条件弹性极限，分别用 $\sigma_{0.005}$、$\sigma_{0.001}$、$\sigma_{0.05}$ 及 $\sigma_{0.01}$ 表示。它们的数值均远大于 σ_p；如测试技术越先进、灵敏度越高时，则测得的 σ_p、σ_e 将越低。

另一个抗微塑性变形的抗力指标是 σ_s 或 $\sigma_{0.2}$，称为屈服强度（或称屈服限或屈服点）、它代表试验过程负荷不增加甚至有所下降时而试样仍在继续变形的最小应力值。对于没有明显屈服现象的硬态弹簧材料，则采用残留变形量达到0.2%时所对应的应力值作为屈服强度，记作 $\sigma_{0.2}$。

总之，σ_s 或 $\sigma_{0.2}$ 是设计弹簧或弹性元件时最重要的力学性能指标，而且，它也是在变负荷作用时设计选取最大应力（σ_{max} 或 τ_{max}）时，σ_s（τ_s）也是一个弹簧的疲劳极限不可超越的抗力指标。

前面已指出，应力松弛是研究应力（或应变）随工作时间延长而降低（增加）的现象，故抗应力松弛性能指标与 σ_s、σ_p 等有很密切的关系。虽然它们都是在室温下瞬时测得的，但是，长时间也是由短时间不断累积的结果。在负荷条件下，工作时间将是影响材料性能的一个重要因素。即使在弹性变形范围内，由于承载时间的延长，弹簧材料内部将通过位错运动使弹性变形逐步转变为微塑性变形，微塑性变形量的积累便可变成可观的残留变形（永久变形）。所以，抗应力松弛性能指标实质上也是一种抗微塑性变形的强度指标。它和 σ_s、σ_e 及 σ_p 有等效意义，换句话说，提高材料的屈服极限、弹性极限和比例极限等指标均有利于改善弹簧或弹性元件的抗应力松弛性能。

(2) 应力松弛和蠕变的关系　温度对材料力学性能的影响特别显著。按温度高低不同，应力松弛一般可分为高温松弛、室温及低温松弛。在高温下使用的弹性元件和液压件、汽轮机和燃气轮机组合转子或法兰的紧固螺栓等都是在应力松弛下工作的实例。一般认为，金属材料的高温应力松弛是由于蠕变现象引起的。室温或低温应力松弛是否也是由蠕变引起的呢？这个问题尚存在争论。不论哪种松弛现象都与在载荷下引起的位错运动有关，较低温度下，即使在弹性极限以下工作，由于时间的延续，材料中的弹性变形通过位错运动将逐步转变为微塑性变形。如温度较高，这种转变趋势显著增大，这就是蠕变现象。

若将应力松弛和蠕变进行比较，由图26-27可看清二者的异同点。松弛试验时，总变形量（ε_0）不变，随时间的延长，塑性变形（ε_p）不断取代弹性变形（ε_e），使弹性应力不断

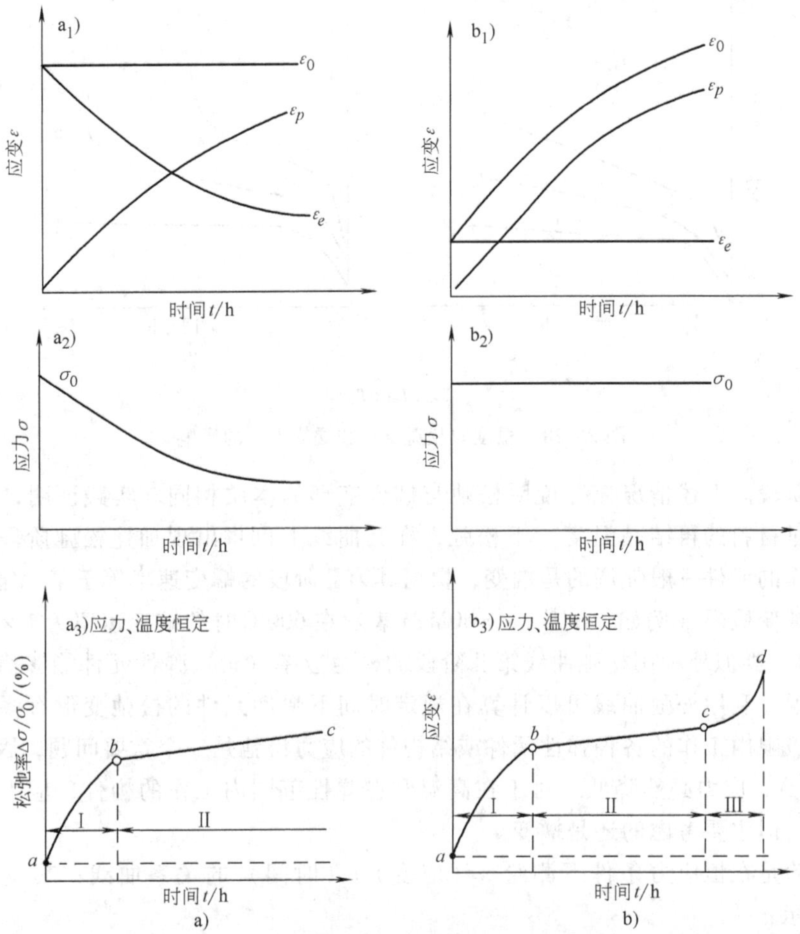

图 26-27 典型的松弛和蠕变曲线[7]比较示意图

a）松弛典型曲线（a_1、a_2 和 a_3） b）蠕变典型曲线（b_1、b_2 和 b_3）

下降（图 a_1）。而蠕变时，应力（σ_0）保持不变（图 b），塑性变形 ε_p 和总变形 ε_0 均随时间延长而增加（图 b_1）。

松弛和蠕变现象的表现形式不同，但应力松弛（特别是高温应力松弛）和蠕变现象在本质上讲并无区别。松弛可看作是一种在应力不断减小条件下的蠕变过程，或者说是在总应变量不变条件下的蠕变。蠕变抗力高的材料，应力松弛抗力一般也高，但两者不能互相取代。

下面分析应力松弛和蠕变相似之处。图 26-27 中 a_3 是用松弛率（应力或载荷松弛率,%）为纵坐标和时间为横坐标的动力学曲线。松弛过程分为两个阶段，即第Ⅰ阶段的减速、动态松弛和第Ⅱ阶段的恒稳态松弛。蠕变曲线（图 26-27 中 b_3）是金属材料在一定温度和恒定应力下，随时间的延续，塑性变形逐渐增大。该曲线可分为三个阶段：第Ⅰ阶段 ab 为减速蠕变（它与减速松弛阶段对应）；第Ⅱ阶段 bc 为恒速蠕变（它与恒速松弛阶段对应）；第Ⅲ阶段 cd 为加速蠕变。在较低温度下松弛一般不出现加速松弛过程。

从温度对松弛和蠕变曲线的影响看，两者的本质是相同的。由图 26-28 可知，如温度较高时，明显出现三个阶段的蠕变现象。如温度较低时（如 T_1），其蠕变曲线需很长的时间才可能出现、甚至不出现蠕变的第Ⅲ阶段。因松弛温度一般不高，故在松弛曲线一般只发展到

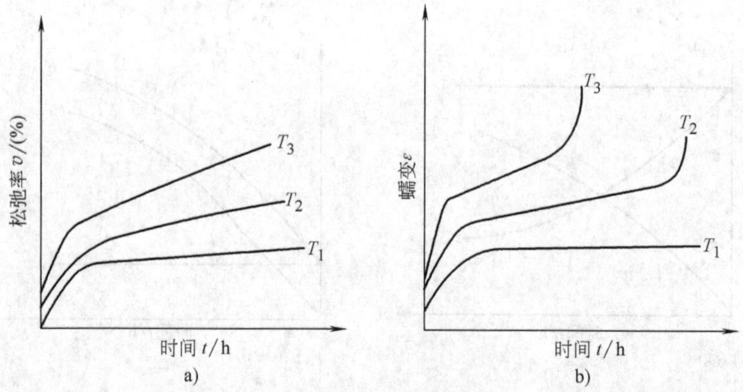

$T_1 < T_2 < T_3$

图 26-28 温度对松弛 a）和蠕变 b）的影响

松弛的第Ⅱ阶段。上述情况充分说明松弛与蠕变变形的本质相同。实践证明，在高温（即工作温度超过材料的再结晶温度）下松弛，在其曲线上也将出现加速松弛阶段Ⅲ。在工程上，高温工作的元件一般强调的是蠕变，根据其第Ⅱ阶段的蠕变速率等于某一定值所对应的应力定义为蠕变极限（例如，$\sigma_{1\times10^{-5}}^{600}=60\text{MPa}$ 表示在600℃时的蠕变速率为 $1\times10^{-5}\%$ 条件的蠕变极限)。类似地利用松弛曲线第Ⅱ阶段的松弛速率（ν_s）弹性元件能够稳定工作多长时间；或者说，利用松弛曲线可以计算在规定时间下弹性元件的松弛变形有多大。应当指出，在弹性极限内工作的各种弹性元件或结构件的应力松弛是一个重要问题，因为保持恒应变（$\sigma_e=E\varepsilon_e$)，应力必然降低。对于在高温和在弹性范围内工作的构件，应力松弛虽是一个严重问题，但主要考虑的还是蠕变。

蠕变试验是在恒应力条件下测绘 ε（应变）-t（时间）的关系曲线，其应变 ε 可用式(26-18) 表示：

$$\varepsilon=\varepsilon_0+\beta t^n+kt \tag{26-18}$$

式中 ε_0——瞬时应变；

β，n，k——常数，n 为小于1的正数。

上式右边第一项（ε_0）包括起始的弹性和塑性变形；第二项为减速蠕变期引起的应变；第三项是恒速蠕变引起的应变。

将式（26-18）对时间求导，得

$$\varepsilon'=\beta nt^{n-1}+k \tag{26-19}$$

当 t 很小时，式（26-18）右边第一项起决定作用；当 t 继续增大时，第二项将起主要作用，表示已进入第Ⅱ阶段蠕变。如温度高时，将使蠕变Ⅱ阶段缩短，较早地进入第Ⅲ阶段，ε 显著增大，造成材料或构件失稳而发生断裂事故。

对于弹性元件，由于应力松弛过大而丧失应有的功能，但一般不会出现断裂现象。

（3）应力松弛与弹性减（衰）退 在一些文献中，应力松弛称为弹性减（衰）退，这种看法是从不同角度提出的，二者既有联系又有区别。前者强调在恒应变条件下，应力随工作时间延续而下降的现象；后者强调的是弹性变形能的衰退现象。两者都与时间有函数关系，是弹性不完整（滞弹性）的时间效应。

弹性变形能一般用弹性比功的大小来表示。弹性比功是指金属材料在开始塑性变形前单位体积内所吸收的最大弹性变形能（功），它表示材料或元件吸收变形能而不发生永久变形的能力。弹簧或弹性元件的储能密度与弹性敏感性都与弹性比功（U_e）成正比。从材料的拉伸曲线分析可知弹性比功 U_e 为

$$U_e = \frac{1}{2}\sigma_e\varepsilon_e = \frac{1\sigma_e^2}{2E} \approx \frac{\sigma_p^2}{2E} \tag{26-20}$$

由式（26-20）可知，提高弹性元件的弹性和弹性比功，需要提高材料的弹性极限 σ_e 或降低其弹性模量 E。显然，提高 σ_e 更为有效。许多强化技术可提高材料的弹性极限，也就是提高元件的弹性和弹性比功。工作温度和时间也是影响元件弹性的重要因素。要讨论应力（σ）、应变（ε）、时间（t）三者的关系或 U_e—t 关系，则问题就变得复杂。应力松弛、弹性后效及弹性滞后等现象都属于弹性不完整性的时间效应。除弹性不完整性外还有能量效应（能量消耗），时间效应越大，能量效应越大。

由此可见，应力松弛或弹性衰退现象直接影响弹簧或弹性元件功能的发挥。这些功能如功能转换（变形能即位能转变为机械功或动能）、缓冲或减震、机械储能或释放变形能等。还影响到连接件（如各种螺栓）和预应力钢丝（构件）的承载能力和安全性。

式（26-20）适用于杆件的拉伸或压缩。对于多板弹簧、平面蜗卷弹簧及矩形截面的扭转螺旋弹簧，式（26-20）的系数应改为1/6；对于圆截面的扭转螺旋弹簧相应地改用1/8；对于矩形截面的悬臂板弹簧改为1/18（表1-1）；对于压缩或拉伸的圆截面的扭杆弹簧，因承受的是切应力，故其弹性应变能（U）应为

$$U = k\frac{\tau}{G} \tag{26-21}$$

式中，k 为材料的利用系数（表1-1），它与弹性元件的结构设计有关。如 $k=1/4$，$G \approx E/2.6$，$\tau = \sigma/\sqrt{3} = 0.577\sigma$，则通过换算就可以求出 U。U 和 k 值越高，表明材料利用得越好。比较各类弹簧的 U、k 值，就能说明圆截面压缩和拉伸弹簧应用最广泛的原因。

由上述分析可知，应力松弛与松弛变形是同时发生的，在工程上有时强调应力松弛到何等水平，有时强调松弛变形到何等程度，两者是同一问题的两个侧面。而弹性衰退是指能量（功）消耗到什么程度。对于弹性元件，弹性衰退显然比应力松弛的内涵更丰富。

3.2　应力松弛机理及其应用

应力松弛机理主要包括如下内容：应力松弛过程的热力学、动力学及其影响因素，应力松弛过程中微观组织、位错亚结构的变化及应力松弛机制等。众所周知，热力学主要讨论材料应力松弛过程的能量条件、趋势及驱动力，研究松弛过程发生的必然性；动力学主要研究该过程的速度快慢及松弛到何等程度的影响因素。显然，研究各种影响因素可以改变弹簧（材料）松弛性能和寻求比较经济的技术措施，有效地提高其应力松弛稳定性。这些工作对于提高弹性元件的产品质量有重要的理论及实际意义。

（1）应力松弛的热力学分析　热力学是研究热和机械功相互转化，进而研究物质的热性质、热运动规律及不稳定态转变趋势的科学。金属材料应力松弛的实质就是一种不稳定态向稳定态转变的必然趋势。热力学第二定律指出，在恒温、恒容条件下，系统的自由能变化（ΔF）可用式（26-22）表示：

$$\Delta F = \mathrm{d}U - T\mathrm{d}S \tag{26-22}$$

式中　$\mathrm{d}U$——系统的内能变化；

T——温度；

$\mathrm{d}S$——系统熵的变化。

由式（26-22）可知，自由能是内能（U）的一部分，该部分能量的降低（即 $\mathrm{d}F<0$ 时）就是系统进行某种自发过程的驱动力。弹簧（材料）在应力松弛过程中，内能的变化包括两部分，即材料内部组织结构变化引起的内能变化（$\mathrm{d}U_s$）和弹簧应变能的变化（$\mathrm{d}U_e$），用式(26-23）表示：

$$\mathrm{d}U=\mathrm{d}U_s+\mathrm{d}U_e \tag{26-23}$$

如用单位体积的弹性应变能表示时，对于压缩螺旋弹簧和扭杆弹簧，有：

$$\mathrm{d}U_e=k_1\tau\mathrm{d}\tau \tag{26-24a}$$

对于扭转螺旋弹簧、钢板弹簧和片弹簧，有：

$$\mathrm{d}U_e=k_2\sigma\mathrm{d}\sigma \tag{26-24b}$$

式中 k_1——材料利用系数，与切变模量 G 有关，$k_1=\dfrac{1}{4}$（表 1-1）；

k_2——材料利用系数，与弹性模量 E 有关，$k_2=\dfrac{1}{6}\sim\dfrac{1}{18}$（表 1-1）；

τ——弹簧承受的切应力；

σ——正应力。

故式（26-23）可写成：

$$\left.\begin{aligned}\mathrm{d}F&=\mathrm{d}U_s-T\mathrm{d}S+k_1\tau\mathrm{d}\tau\\ \mathrm{d}F&=\mathrm{d}U_s-T\mathrm{d}S+k_2\sigma\mathrm{d}\sigma\end{aligned}\right\} \tag{26-25}$$

从热力学角度看，当 $\mathrm{d}F<0$ 时，弹簧应力松弛将自动进行。

下面从三个方面进行热力学分析。

首先，式（26-25）中 $\mathrm{d}U_s$ 项是反映弹簧材料内部组织、位错亚结构不同引起的内能变化。弹簧（材料）都是经过具体的强化工艺生产出来的产品，其内部组织和亚结构都是不均匀的，无论是经过冷拔强化的碳素弹簧钢丝、不锈弹簧钢丝及各种铜合金等，还是各种油淬火回火钢丝都是如此。例如，高碳冷拔强化的弹簧钢丝是经过铅淬火后再通过多道次冷拔达到所需尺寸和力学性能指标的，其组织和亚结构都发生了一系列变化。钢丝经铅淬火后的金相组织是极细片状珠光体（即索氏体），它是由片状铁素体（占体积百分数 90% 左右）和片层状渗碳体所构成，类似一种复合材料。铁素体的抗拉强度相当低（σ_b 不到 600MPa）；而渗碳体的强度很高（σ_b 可达 8000MPa）。这表明两相（$\alpha+Fe_3C$）的应变能力有很大差别，即铁素体容易发生塑性变形，拉拔时的变形主要是在铁素体内进行，而渗碳体性脆，塑性变形能力很差，拉拔时容易碎裂。还应指出，由于钢中含碳量及合金元素的不同，以及热处理工艺参数波动等因素的影响，在钢丝中还可能出现先共析铁素体或上贝氏体，甚至出现脆性相——马氏体等不良组织。它们也会影响钢的冷拔变形过程，因而影响钢丝的力学性能。经过深度冷拔后钢的组织一般呈纤维状，位错密度（ρ）由原来的 $10^{7\sim8}$ 根/cm^2 增加到 $10^{11\sim12}$ 根/cm^2，但位错的分布仍然很不均匀。钢丝的抗拉强度增量 $\Delta\sigma\propto\sqrt{\rho}$。由此可见，冷拔强化的原理是位错强化的结果。

冷拔弹簧钢丝的位错亚结构呈平行排列的黑色条带状。应变主要在白色条带（铁素体）内进行；渗碳体在冷拉时产生断裂，经多次冷变形和热处理逐步变成球状，它们分布（主要地）在黑白条带之间的区域内。另一方面，在白色条带边际处的位错密度远高于内部，即在黑色条带内部或附近堆积了许多位错，形成了泡状位错亚结构。这些区域的应力集中非常显著，其应变量（ε）越大，则位错亚结构中的位错密度越高，因而使黑色条带变宽，这表示其应力集中程度越大。显然，冷拔钢丝的内能大，它处于一种不稳定的组织状态，在环境温度或在应力和温度的共同作用下，这种不稳定的位错亚结构将向比较稳定的状态（或叫准稳定态或稳定态）转变，即向内能较低的（或可动位错密度较低）状态转变，这是材料发生应力松弛的内因。

其次，由式（26-25）可知，应力松弛的驱动力还可来自 TdS 项。温度（T）升高时，TdS 值越大，表示应力松弛的驱动力越大。大量事实证明，元件的环境温度是影响其应力松弛的主要因素（外因）。

再次，设 dU_s 与 TdS 值大体相同，只有工作应力降低，即 $d\tau<0$ 或 $d\sigma<0$ 时，才使 $dF<0$。所以，在恒温及恒应变条件下，弹簧应力松弛过程的驱动力主要来自应变能的降低。换句话说，应力松弛就是应力逐步降低或其应变逐渐增大的过程。

（2）松弛动力学分析　根据各种金属材料或弹性元件在不同热处理工艺和不同的强压（弯、扭等）方法处理后的应力松弛曲线，采用回归分析方法拟合出相对应的松弛动力学方程，计算出各项松弛特性指标，其中又以松弛速率（ν_s）最重要。由于弹簧或弹性元件受力条件不同，可以将 ν_s 表达为不同形式：如用应力形式表示为$\frac{\tau_0-\tau}{\tau_0}\times100\%$或$\frac{\sigma_0-\sigma}{\sigma_0}\times100\%$，以负荷表示更简便，如$\frac{\Delta F}{F_0}\times100\%$。弯曲试验时则用挠度损失率$\frac{\Delta f}{f_0}\times100\%$表示，扭转试验时则用扭转角减少率$\frac{\Delta\rho}{\rho_0}\times100\%$表示。在工程上以负荷损失率的应用较为普遍。

应力松弛动力学方程通式为

$$\sigma_{sh}=a_0-b\ln t \tag{26-26}$$

$$\nu_s=a_0+b\ln t \tag{26-27}$$

式中　σ_{sh}——弹簧松弛 t 时间的剩余应力（MPa）；

ν_s——负荷损失率，$\nu_s=\frac{\Delta F}{F_0}\times100\%$；

a_0——松弛开始时的初始应力，（该直线方程与纵坐标轴上的截距）（MPa）；

b——应力松弛率，即该直线段的斜率；

t——松弛时间（h）。

上述两式适用于应力松弛曲线的Ⅰ、Ⅱ阶段，由于松弛Ⅰ阶段持续时间一般较短，试验数据比较分散，回归分析时的标准方差和相关系数均不如松弛第Ⅱ阶段那样好；另一方面，对弹簧或弹性元件采取热强压处理或电强压处理后，松弛Ⅰ阶段消失，只出现稳定态松弛第Ⅱ阶段，故在表26-2中只列出常用钢丝制摇架弹簧松弛曲线的第Ⅱ阶段时的特性指标 a_0（s_0）、b（ν_s）和工作十年后的负荷损失率（$\Delta F/F_0$,%）$_{10}$。

利用研究的各种金属材料经不同热处理及弹簧经不同的强压处理后的松弛曲线和拟合的松弛动力学方程所反映的松弛特性指标（表26-2），可得如下结论：

表 26-2　常用钢丝制摇架弹簧抗应力松弛的特性指标

线号	钢丝种类	强压方法	松弛Ⅱ阶段特性指标		$\left(\frac{\Delta F}{F_0},\%\right)_{10}$
			$a(S_0)$	$b(\nu_s)$	
1	65,冷拔态	未强压处理	6.89	0.383	11.25
2	Ⅱ$_a$,冷拔态	未强压处理	5.74	0.304	9.20
3	65,油淬火	未强压处理	5.22	0.190	7.36

（续）

线号	钢丝种类	强压方法	松弛Ⅱ阶段特性指标		$\left(\frac{\Delta F}{F_0},\%\right)_{10}$
			$a(S_0)$	$b(\nu_s)$	
4	50CrVA，油淬火	未强压处理	4.26	0.150	6.00
5	50CrVA，形变热处理	未强压处理	3.75	0.142	5.37
6	$Ⅱ_a$，冷拔态	冷强压(25℃，16h，392N)	3.28	0.154	5.04
7	$Ⅱ_a$，冷拔态	热强压处理	0.85	0.219	3.34
8	65，油淬火	热强压处理	0.73	0.145	2.38
9	50CrVA，油淬火	热强压处理	0.53	0.080	1.44
10	50CrVA，形变热处理	热强压处理	0.41	0.061	1.09

1）利用各种松弛曲线及其回归方程能比较全面地评价弹簧的松弛指标。a_0（即 S_0），b（即 ν_s）$\left(\frac{\Delta F}{F_0}, 100\%\right)_{10}$ 的值越小，则弹簧（材料）的抗松弛性能越好。

2）适当进行热强压处理能显著地提高弹簧的抗应力松弛性能，冷强压亦可改善其松弛性能，但其效果比热强压者差得多，未经强压处理的抗应力松弛性能最差。

3）50CrVA 油淬火钢丝弹簧的抗应力松弛性能优于 65 或 65Mn 钢；从钢丝组织状态比较时，形变热处理钢丝弹簧的抗应力松弛性能优于油淬火回火者，冷拔态钢丝制弹簧的抗应力松弛性能最差。

4）如纺织机的摇架弹簧工作十年后的负荷损失率要求小于 5% 时，经过热强压处理后都能满足设计时的技术要求。如从经济上考虑低成本宜选用冷拔碳素弹簧钢丝（C 组）制造该类弹簧，但必须进行适当的热强压处理。

5）如设计制造某种弹簧的技术条件中规定了它的负荷损失率水平，便可借助上述的回归方程$\left(\frac{\Delta F}{F_0},\%\right)$。如在设计制造某种弹簧的技术条件中规定了它的负荷损失率水平，则可借助上述回归方程预测出该弹簧或弹性元件的使用寿命。

应力松弛试验方法规定，在试验时弹簧的总应变（ε_0）应保持恒定。总应变包括弹性应变（ε_e）和塑性应变（ε_p）两部分，即

$$\varepsilon_0 = \varepsilon_e + \varepsilon_p = 常数 \tag{26-28}$$

或

$$\varepsilon_p = \varepsilon_0 - \varepsilon_e = \frac{E}{\sigma_e} - \frac{E}{\sigma_0} = \frac{1}{E}(\sigma_0 - \sigma_e) \tag{26-29}$$

上式两边对时间（t）取导数，得

$$\varepsilon_p{}' = -\frac{1}{E}\left(\frac{d\sigma}{dt}\right) \tag{26-30}$$

图 26-29 为铬钼钢（2.25Cr + Mo）在 500℃ 时不同 ε_0 值的应力松弛曲线。该图中曲线表明，应力（σ）越高、ε_0 值越大时，铬钼钢的应力松弛现象越严重。

由图 26-29 可求出应力的降低速度$\left(\frac{d\sigma}{dt}\right)$，代入式（26-30），便得到 ε'_p 与 σ 的关系曲线，如图 26-30 所示。该图也表现了材料的应力松弛特征：松弛过程可分为两个阶段，Ⅰ阶段说明塑性变形速率 ε'_p 与应力 σ 及总应变 ε_0 的大小有关，而Ⅱ阶段it ε'_p 与 ε_0 的大小无关，仅与 σ 有关。由此可见，应力松弛过程的两个阶段与其蠕变的Ⅰ、Ⅱ阶段有相似之处。

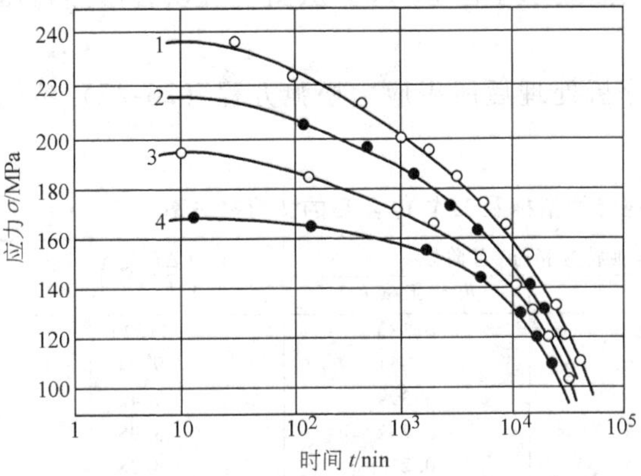

图 26-29 铬钼钢在 500℃时的松弛曲线[5]

1—$\varepsilon_0=0.20\%$ 2—$\varepsilon_0=0.15\%$

3—$\varepsilon_0=0.12\%$ 4—$\varepsilon_0=0.10\%$

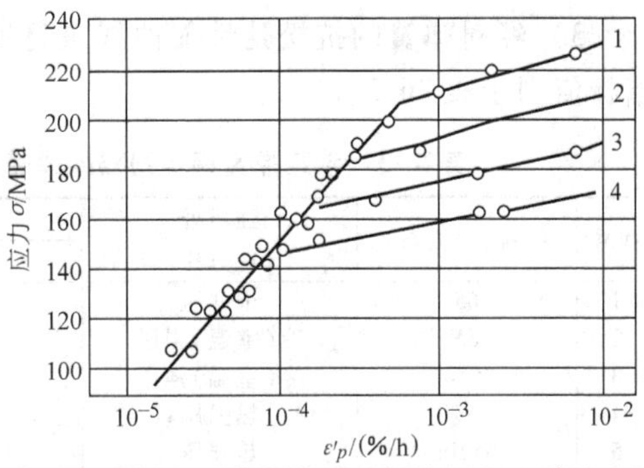

图 26-30 铬钼钢的应力-塑性变形速率曲线

（图中各线号与图 26-29 相对应）

3.3 应力松弛性能曲线及其影响因素

以各种弹簧材料制成的典型弹簧或弹性元件为例，阐明它们在不同处理后的应力松弛或负荷损失率曲线和其特性指标的变化规律。

（1）冷拔碳素弹簧钢丝制弹簧的负荷损失率曲线及松弛特性指标 采用 65 和 65Mn 牌号冷拔碳素弹簧钢丝 C 组制成纺织摇架弹簧。其主要参数及技术条件为

自由高度 $H_0=37\text{mm}$；中径 $D=25.25\text{mm}$；钢丝直径 $d=2.5\text{mm}$；螺距 $t=4.8\text{mm}$；在 50℃以下工作十年后，查看其负荷损失率（$\Delta F/F_0$，%）。

1）去应力退火温度。图 26-31 所示为弹簧分别在 200℃、350℃及 450℃退火后测得的抗松弛性能曲线。从图上可以看出，弹簧在 350℃（250～380℃）温度下进行应力退火可获得较好的抗松弛性能。

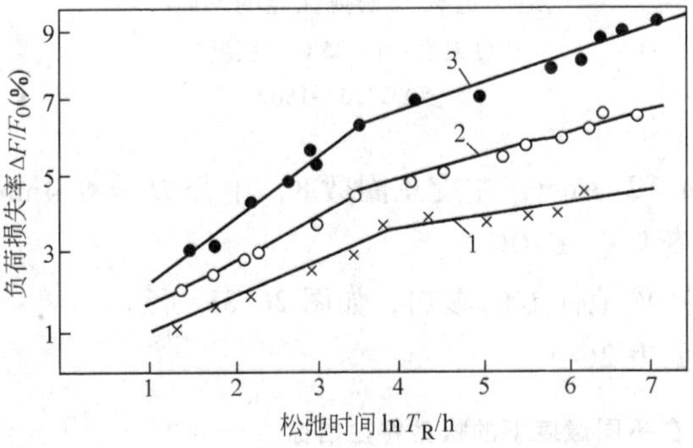

图 26-31 碳素弹簧钢丝制弹簧在不同温度去应力退火后的松弛曲线

1—350℃ 2—200℃ 3—450℃

松弛条件：$T_R=80$℃，$F_0=284.2\text{MPa}$

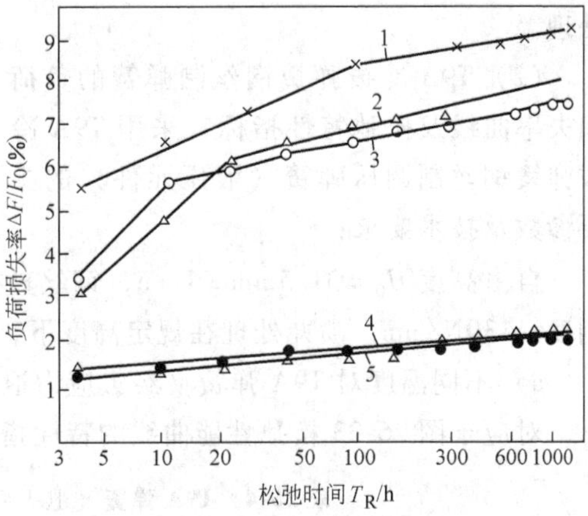

图 26-32 碳素弹簧钢丝制弹簧经不同强压处理后的抗松弛性能曲线

1—65 钢丝制簧，未强压 2—65 钢丝制簧，室温强压（400N，25℃，3h） 3—65Mn 钢丝制簧，室温强压（400N，25℃，3h） 4—65 钢丝制簧，热强压（400N，170℃，3h） 5—65Mn 钢丝制簧，热强压（400N，170℃，3h）

2）采用不同强压处理方法所得抗松弛性能曲线示于图26-32。从图中可以看出热强压可以获得较好的抗松弛性能。

3）经对弹簧的抗松弛性能曲线进行回归分析处理后所得应力松弛方程（26-27）特性指标值列于表26-3。

表26-3 碳素弹簧钢丝制摇架弹簧的松弛特性指标及工作10年后的负荷损失率

线号	材料（冷拔态）	强压处理方法	松弛特性指标（Ⅱ阶段）		$\left(\frac{\Delta F}{F_0},\%\right)_{10}$
			a	b（松弛率 ν_s）	
1	65	未强压	6.89	0.383	11.25
2	65	冷（室温）强压	5.234	0.351	9.24
3	65Mn	冷（室温）强压	5.116	0.399	9.42
4	65	热强压	1.635	0.237	3.98
5	65Mn	热强压	1.645	0.215	3.78

由以上不同处理方法所得结果可知：

a）由碳素弹簧钢丝卷制的弹簧必须进行合适的去应力退火处理才能获得较好的抗应力松弛性能。

b）由图26-32曲线及表26-3可知：碳素弹簧钢丝制弹簧未强压或只经室温冷强压时，其负荷损失率曲线明显地分为两阶段，但经热强压处理后，则松弛Ⅰ阶段消失，只出现松弛Ⅱ阶段；而且65Mn抗松弛性能稍优于65钢丝。只有经过热强压处理时，其 $\left(\frac{\Delta F}{F_0},\%\right)_{10}$ 年均 $<5\%$，而未强压或只进行冷强压者均 $>9\%$，所以对于摇架弹簧必须在卷簧后进行合适的热强压处理。

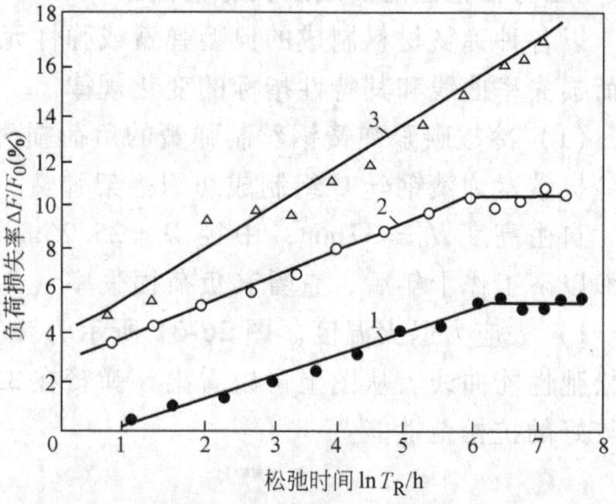

图26-33 温度对T9A弹簧（经去应力退火）松弛性能的影响

松弛温度：1—25℃（室温）

2—80℃ 3—160℃

（2）T9A冷拔弹簧钢丝制弹簧的负荷损失率曲线及松弛特性指标 采用T9A冷拔弹簧钢丝制调压弹簧（液压元件）的主要参数及技术要求：

自由高度 $H_0=31.5\text{mm}\pm1\text{mm}$，钢丝直径 $d=2.8\text{mm}$，左旋总圈数8，中径 $D_2=8.4\text{mm}$，刚度：130N/mm，喷丸处理在规定高度下，负荷偏差 $\pm10\%$。

a）不同温度对T9A弹簧（经去应力退火）松弛性能的影响，如图26-33所示。

对应于图26-33松弛性能曲线的特性指标见表26-4。

表26-4 T9A弹簧（退火后）在不同温度下的松弛特性指标

序号	松弛温度/℃	Ⅰ阶段松弛特性指标		误差（%）	Ⅱ阶段松弛特性指标		误差（%）	$\left(\frac{\Delta F}{F_0},\%\right)_{10}$
		a_1	b_1		a_2	$b_2(\nu_s)$		
1	25（室温）	~0	0.841	3.3	5.172	0.05	0.01	5.74
2	80	2.49	1.254	0.2	9.025	0.11	0.11	10.28
3	160	3.162	1.948	2.07	—	—	—	25.33

由图 26-33 松弛曲线和表 26-4 松弛特性指标可以看出均不满足负荷损失率≤5%的要求。

b）经不同强压处理后，对 T9A 弹簧（经去应力退火）松弛性能的影响，如图 26-34 所示。对应于松弛性能曲线的特性指标如表 26-5 所示。

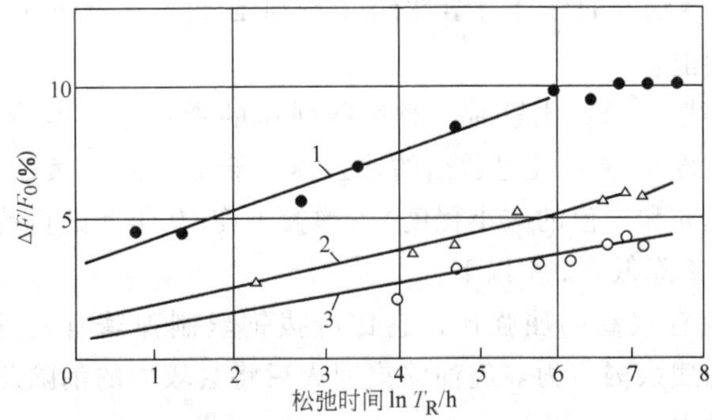

图 26-34　强压处理方法对调压弹簧（T9A）负荷损失率的影响

（去应力退火工艺：360℃，30min　松弛条件：$F_0=392N$，$T_R=80℃$）

表 26-5　不同强压处理对弹簧（T9A）的松弛特性指标的影响

序号	强压处理方法	Ⅰ阶段松弛特性指标		Ⅱ阶段松弛特性指标		$\left(\frac{\Delta F}{F_0},\%\right)_{10}$
		a	b	a	b	
1	未强压	2.49	1.254	9.025	0.11	10.28
2	工频电强压	—	—	0.6	0.81	9.81
3	热强压	—	—	0.447	0.50	6.13

由图 26-34 和表 26-5 可看出，只经去应力退火而不进行热强压的 T9A 簧，其负荷损失率相当大。在负荷 392N、80℃条件下工作 400h 后，其负荷损失率已达 10%。这对于液压元件中使用的弹簧是不允许的。如上述弹簧进行适当的热强压处理后，才能具有较好的抗应力松弛性能，工作 10 年后的负荷损失率略超过 6%。进行工频电强压处理的负荷损失率也高于热强压处理的。

（3）油淬火回火 65 碳素弹簧钢丝制弹簧的负荷损失率曲线及松弛特性指标　采用不同工艺（表 26-6）油淬火回火 65 碳素弹簧钢丝 $\phi2.5$mm 制成纺织摇架弹簧。

将弹簧分成若干组，每组 4～5 只弹簧，再进行不同的强压处理和松弛试验，松弛条件为$F_0=284N$，测得弹簧的负荷损失率如图 26-35 所示。

表 26-6　油淬火回火 65 碳素弹簧钢丝制摇架弹簧的处理工艺及应力松弛特性指标

序号	处理工艺		强压处理工艺	Ⅰ阶段松弛特性		Ⅱ阶段松弛特性		$\left(\frac{\Delta F}{F_0},\%\right)_{10}$
	淬火	回火/℃		a	b	a	b	
1	电接触快速加热至 930℃ ± 20℃后油冷	450	未强压	7.69	0.73	8.77	0.50	14.46
2		420		3.50	0.57	5.23	0.19	7.36
3		450	冷强压（F_p:384N，25℃，16h）	2.88	1.02	5.70	0.24	8.40
4		420		2.17	1.39	5.62	0.23	8.19
5		450	热强压（F_p:384N，240℃，1h）			0.77	0.18	2.85
6		420				0.73	0.15	2.38
7	冷拔态		未强压	4.74	0.86	6.89	0.38	11.25
8			热强压	—	—	0.85	0.22	3.34

图 26-35 中各曲线的处理方法和松弛特性指标见表 26-6。为了比较，表中还列出了冷拔态 65 钢丝弹簧的应力松弛特性，小结如下：

1）油淬火回火工艺对钢丝的力学性能有重要影响，对于 65 钢，比较合适的回火温度宜选 420℃。此时可获得较好的综合力学性能（特别是 σ_b、$\sigma_{0.2}$ 和（$\sigma_{0.2}/\sigma_b$））；同时，又有较高的抗应力松弛性能。

2）和未强压（曲线 1、2）比较时，经过冷强压的弹簧，其负荷损失率有所降低（曲线 3、4）；如弹簧（曲线 5、6）经过适当的热强压，会显著降低负荷损失率（参看表 26-6 中Ⅱ阶段松弛特性指标 b 和 a 值的减小程度），弹簧工作 10 年后的负荷损失率将由冷强压或未强压弹簧的 8% ~14% 降低到 3% 以下。

3）油淬火 65 钢丝有很高的屈强比，它比冷拔钢丝制弹簧有较好的抗应力松弛性能。在冷拔钢丝中有很高的残余内应力。经油淬火回火后将会较大的消除此残余应力，从而降低了弹簧松弛过程的驱动力。

（4）低温形变热处理（LTMT）碳素弹簧钢丝的应力松弛曲线及松弛特性指标　LTMT 65Mn 弹簧钢丝制弹簧经不同处理后弹簧的松弛曲线如图 26-36 所示，各松弛曲线Ⅱ阶段的回归方程和有关松弛特性列于表 26-7。

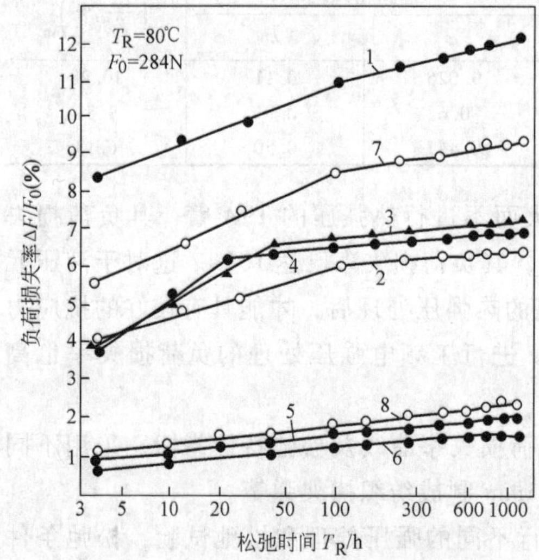

图 26-35　油淬火回火 65 钢丝制摇架弹簧的应力松弛曲线

注：图中序号参数见表 26-6。

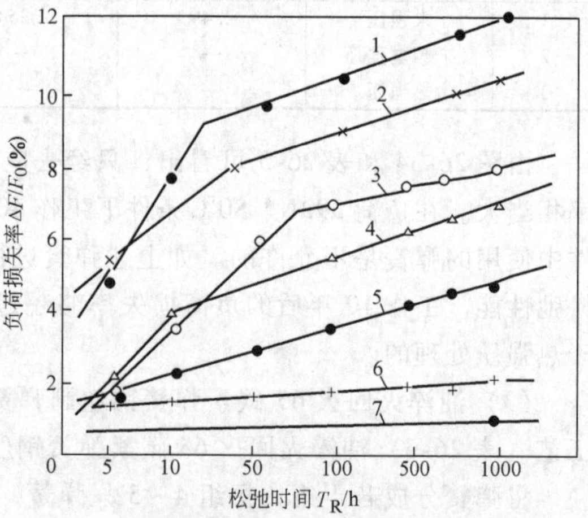

图 26-36　LTMT 65Mn 弹簧钢丝制弹簧经不同强压后的松弛曲线

松弛试验条件：应力 τ_{sh} = 800MPa，温度 T_{sh} = 80℃

表 26-7　LTMT 65Mn 弹簧钢丝的力学性能及所制弹簧经不同强压处理后的松弛特性

图 26-36 曲线号	LTMT 处理后的力学性能		处理工艺	松弛Ⅱ阶段特性指标		$\left(\frac{\Delta F}{F_0},\%\right)_{10}$
	σ_b/MPa	ψ(%)		a	$b(v_s)$	
1	1792	56	280℃去应力退火，冷压并 24h	6.696	0.752	15.3
2	2020	53		5.885	0.554	12.2
3	1792	56	310℃去应力退火，冷压并 24h（冷强压处理）	4.157	0.514	10.2
4	1912	54		1.720	0.698	9.7
5	2020	53		0.799	0.479	6.2
6	2020	53	280℃去应力退火 + 热强压处理（170℃压并 3h）	1.5	约为 0	1.5
7	2229	47		0.6		0.6

从图 26-36 和表 26-7 中可以看出 LTMT 能显著提高钢的抗拉强度水平和微塑性变形抗力（$\sigma_{0.2}$及 σ_e），它的屈强比和普通热处理比较是最高的。而且 LTMT 钢丝的 σ_b 愈高，无论是通过冷强压还是热强压处理，弹簧的负荷损失率都愈小。例如，线号 3、4、5 对应的 σ_b 分别为 1792MPa、1912MPa、2020MPa，处理后弹簧工作 10 年的负荷损失率$\left(\frac{\Delta F}{F_0},\%\right)_{10}$相应为 10.2%、9.7%及 6.2%。经过热强压处理后的弹簧，其负荷损失率将更小。

（5）不同热处理方法对几种弹簧钢丝应力松弛的影响　图 26-37～图 26-40 是经普通热处理、等温淬火、重复热处理和高温形变热处理等，对 T10A、70Si2CrA（图 26-37）、60Si2MnA（图 26-38）、55CrMnB（图 26-39）和 50CrVA（图 26-40）等的应力松弛曲线。由这些曲线表明：T10A 与 70Si2CrA 两种钢经调质处理的弹簧比只经淬火者有更好的抗应力松弛性能；60Si2MnA 经合适的等温淬火者又比调质者要好；对于 55CrMnB 钢经 HTMT 处理者比经普通热处理者要好；在该钢中加入微量的锆（Zr）比未加入者具有较高的抗应力松弛性能；对于 50CrVA 钢丝制弹簧，由于钢丝经过 HTMT 后的持久极限达 1650MPa，而普通热处理者只达前者的 85%，前者的有限耐久寿命是普通热处理的5～8 倍。如果经 HTMT 50CrVA 钢丝制弹簧后回火工艺（300℃×60min）恰当时，将具有最高的抗应力松弛性能。

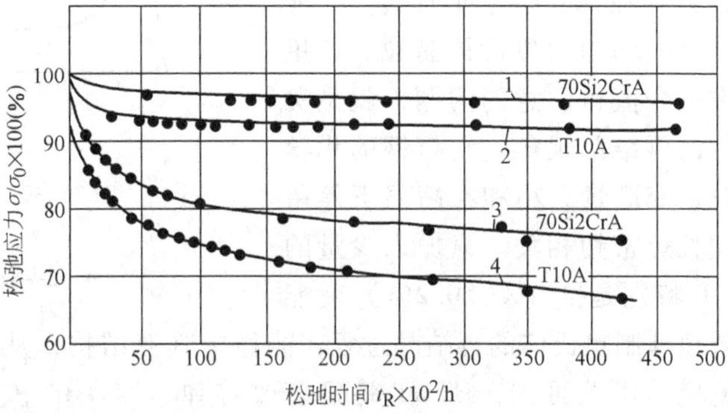

图 26-37　70Si2CrA 和 T10A 钢在 20℃时的应力松弛曲线
1、2—调质处理　3、4—淬火后

1）调质处理对弹簧应力松弛性能的影响。图 26-37 为 70Si2CrA 和 T10A 经淬火后和调质后在 20℃时的应力松弛曲线。由图可知，两种钢在调质后比不回火的抗应力松弛性能要好得多。事实上，淬火和回火工艺参数都对钢热处理后的组织和力学性能有很大影响，自然会影响到弹簧的抗应力松弛性能。

2）60Si2MnA 钢制弹簧经不同热处理后的松弛性能。图 26-38 为 60Si2MnA 钢制弹簧经不同温度下贝氏体等温淬火和调质处理后其自由高度变化与负荷时间的关系。由该图可看出，在 280～320℃范围内进行等温淬火和补充回火的弹簧，其自由高度的变化皆小于调质处理弹簧，其中又以 280℃等温时的松弛变形量最小，弹簧的松弛稳定性能提高 8%～12%。这是由于下贝氏体形成过程分割了过冷奥氏体，使有效晶粒度变细，从而提高了钢的屈强比和弹性极限。

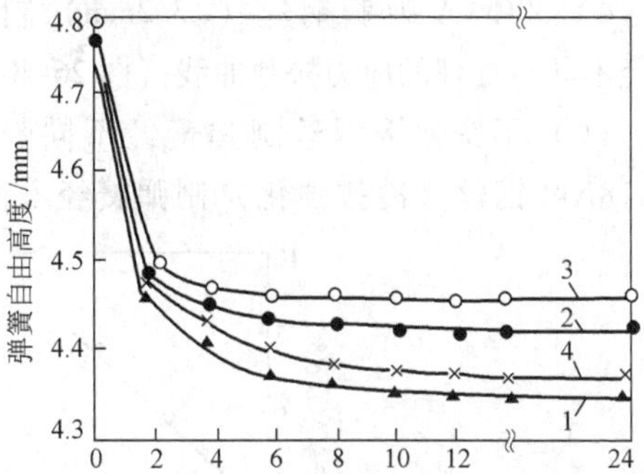

图 26-38　60Si2MnA 钢制弹簧经不同热处理后自由高度变化与负荷时间的关系
1—调质处理，淬火+420℃回火　2—等温淬火，300℃等温，300℃补充回火　3—等温淬火，280℃等温，300℃补充回火　4—等温淬火，320℃等温

3）高温形变热处理（HTMT）对弹簧松弛性能的影响。现以 55CrMnB 钢为例进行分析。在进行 HTMT 时：奥氏体化温度选择 950℃。若

加热温度过高容易发生奥氏体的再结晶和晶粒长大，这将降低钢的强度和塑性，使其亚结构尺寸粗化；若加热温度太低，变形晶粒未能完全消失，使塑性变形困难。经验表明，只有在950℃附近加热，才能获得比较均匀的奥氏体晶粒。这里存在一个值得注意的问题，就是奥氏体的再结晶现象。它与钢的化学成分、变形量大小和在高温下停留时间长短密切相关。只加入少量的Ti、B特别是锆（Zr，0.2%）就能有效地抑制奥氏体的再结晶过程，能稳定其亚结构，从而使HTMT后弹簧钢的力学性能相应稳定。由此可知，HTMT将显著改善弹簧材料的抗松弛性能。图26-39为55CrMnB钢的松弛曲线，在相同的试验应力下，经HTMT（300℃回火）并500h松弛后的应力降低仅0.5%（曲线2），而经普通热处理（350℃回火）的应力相应为2.5%（曲线4）。如在55CrMnB钢中加入少量的锆（Zr）后，无论进行HTMT（曲线1）还是进行普通热处理（曲线3）都将提高其抗松弛性能。这又一次证明，弹簧材料的应力松弛性能不仅与其化学成分有关，也与热处理技术有密切关系。

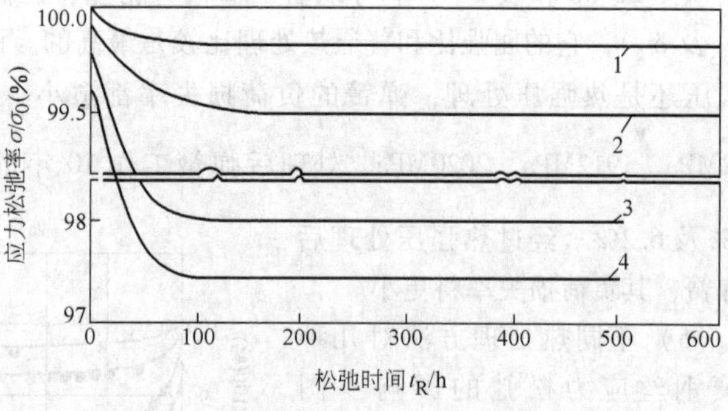

图26-39 55CrMnB钢的应力松弛曲线

1、3—加Zr 2、4—未加Zr

1、2—经HTMT 3、4—经普通热处理

4）50CrVA弹簧钢丝（ϕ3.2mm）制弹簧经不同热处理的应力松弛曲线（图26-40）。

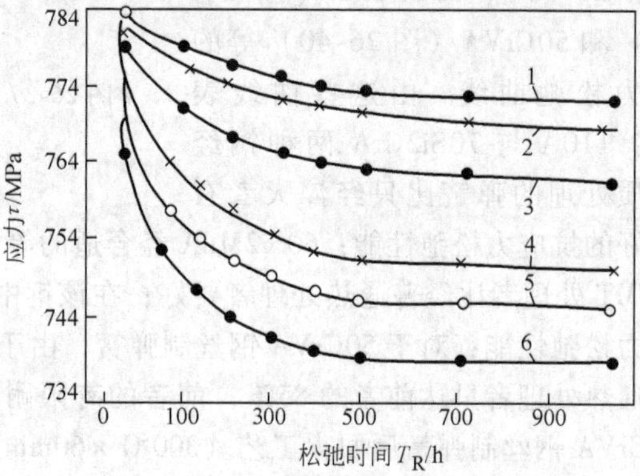

图26-40 经不同热处理的50CrVA弹簧钢丝（ϕ3.2mm）的应力松弛曲线

1、2—300℃回火 3—380℃回火 4、5、6—460℃回火

●—HTMT ×—重复热处理 ○—普通热处理

（6）不锈弹簧钢丝制弹簧经不同强压后对弹簧应力松弛性能的影响 图26-41示为1Cr18Ni9钢丝（冷拔强化）制弹簧经不同强压处理后在不同温度下松弛试验时得到的曲线

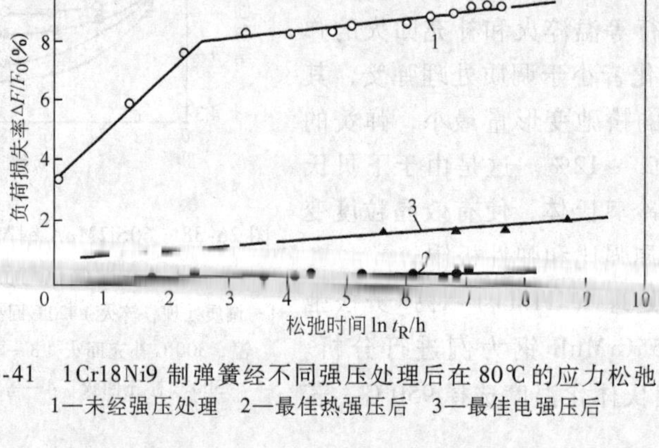

图26-41 1Cr18Ni9制弹簧经不同强压处理后在80℃的应力松弛曲线

1—未经强压处理 2—最佳热强压后 3—最佳电强压后

和应力松弛方程指标与工作10年后的负荷损失率（表26-8）。实验结果表明，只有经过热强压处理的弹簧并在80℃松弛时，该弹簧工作（室温下）10年后的松弛率<5%才能满足技术条件要求。

表26-8 1Cr18Ni9制弹簧经不同强压处理后在80℃的应力松弛特性指标

曲线号	强压处理方法	Ⅱ阶段松弛特性指标		误差(%)	负荷损失率 $\left(\frac{\Delta F}{F_0},\%\right)_{10}$	注
		a	$b(\nu_s)$			
1	最佳去应力退火后（400~430℃×45min）	6.96	0.31	0.22	10.43	未强压
2	最佳电强压处理（75A×55×343N）	0.97	0.28	0.52	4.16	经最佳去应力退火
3	最佳热强压处理后（200℃×3h×314N）	0.12	0.05	0.22	0.64	经最佳去应力退火

4 弹簧失效分析及预防案例

前两节重点介绍了弹簧的疲劳断裂失效和应力松弛失效分析与预防技术，但是，单纯的疲劳断裂失效或应力松弛失效案例虽然有，却并不多见，在实际中比较多见的弹簧失效案例是比较复杂的，它是多种失效机制整合的结果。现再补充介绍几个来自实际的弹簧失效分析案例。

4.1 AM500采煤机主泵马达弹簧的失效分析及预防

AM500是一种从国外引进的大型采煤机械，共16台，其中大部分停产，造成很大的经济损失。主要原因是由于该机主泵马达弹簧过早失效带来的恶果。

为了挽救损失对此弹簧进行了失效分析。

1）弹簧的形状及具体尺寸。螺旋弹簧的自由高度 $H_0=100$mm，中径 $D=18.6$mm，工作圈数 $n=16$，钢丝直径 $d=2.6$mm，材料：碳素弹簧钢丝，表面进行了镀锌或镀镉。

2）负荷测定及失效分析。对四个弹簧配件进行了负荷测定，当弹簧的预装高度 $H_1=79$mm时的负荷 $F_1=98$N；当它压至 $H_2=53$mm时，负荷 $F_2=(219\sim229)$N（最大值）。但是，当负荷从 F_1 压至 F_2 时，该弹簧发生了失稳（弯曲变形）现象，其挠度可达2~3mm。由此导致弹簧外侧表面与柱塞内壁之间及圈之间产生了局部摩擦（尤以弹簧中段的摩擦最严重），故该弹簧工作时除承受压缩负荷外，还要承受弯曲负荷和摩擦及磨损。所以，导致该弹簧在中部发生了脆断失效。

如 $F_2=229$N时，计算弹簧钢丝所受的切应力 $\tau_2=747$MPa；依据钢丝的强度（σ_b）水平和应力循环次数 $N=10^6$，则其扭转疲劳极限 $\tau_0=583$MPa，如 $N=10^7$ 时，则 $\tau_0=530$MPa；由此可知，该弹簧丝承受的最大切应力 τ_2 比许用应力 τ 要高34%，则弹簧工作时间可在10~100h范围内发生断裂失效，这批弹簧恰似这种情况。

3）弹簧的失效分析：宏观分析：首先，用目观察这批弹簧在使用过程中受到不同程度的腐蚀，即在弹簧丝表面上可见到蚀坑（图26-11a）、高倍组织（100×）则更清晰（图26-11c）。检查四件失效弹簧中有三个是断裂失效，其中一个断于端圈，另两个断于弹簧的中部（图26-11a）；另一件是由于端部发生了很明显的塑性变形而失效。

发生上述失效的原因是当弹簧受力较大时将引起整个弹簧的弯曲变形，即其中部鼓凸，两端圈翘起。鼓凸部分与柱塞内壁发生了相互摩擦，导致弹簧丝外侧面的严重磨损。如弹簧两端翘起时，它将离开正常安装位置、局部滑移到油缸体中弹簧座的台阶处，当柱塞往下运动时，弹簧下部被柱塞卡住或引起很大的塑性变形或造成了弹簧的早期断裂失效。

断口分析如1.3节中介绍（图26-11b），表明它具有腐蚀疲劳早期断裂的失效断口特点。

显微分析：对该弹簧材料进行了金相组织和夹杂物分析。600×的金相照片表明，该钢丝纵断面的金相组织为冷拔碳素钢的纤维状组织；在两个断裂弹簧中看到了粗大的脆性夹杂物。

4）结论：

① 该螺旋弹簧设计不合理，主要表现有两个方面，一是没有保证螺旋弹簧工作时的稳定性；二是选取许用切应力过高。前者在弹簧的高径比设计过大。此弹簧的高径比（H_0/D）$b=100/18.6\approx5.4$，超出了一般应用值3，故该弹簧工作时失稳，发生了弹簧中部凸、端圈翘的不良现象，这样将显著增加该弹簧的工作应力，又使它中部钢丝外表面与柱塞内壁之间的摩擦和磨损。导致该弹簧的早期断裂失效或发生过大的永久变形失效，即显著缩短了弹簧的使用寿命。另一方面，设计时许用的工作切应力选取过高。钢丝扭转疲劳极限只有583MPa，而该弹簧材料承受的切应力在745MPa以上，这将显著缩短该弹簧的疲劳寿命。

② 该弹簧制作时选用的冷拔碳素钢丝，它的冶金质量低劣，其中脆性氧化物夹杂达三级，在尖角形大块夹杂物处极易引起应力集中、形成疲劳断裂源，从而缩短该弹簧的工作寿命。

③ 采用含硫过高的润滑油作介质，是造成该弹簧发生早期断裂的主要原因，它是该弹簧发生腐蚀疲劳断裂失效的根源。

4.2 安全阀弹簧的疲劳失效分析

该弹簧外径 $D_2=196.85\text{mm}$、高度 $H_0=304.8\text{mm}$，选用H21型热作模具钢（与国产牌号3Cr2W8A钢相当）棒（ϕ34.9mm）制造。安装在蒸汽透平机上，作为安全阀使用。蒸汽温度为(330～400)℃。当透平气压达24.5N时，安全阀应工作。但是压力尚未超过17.7N时，该安全阀弹簧就碎成12段，其中的两段如图26-42a所示。断裂前该簧工作了约四年。

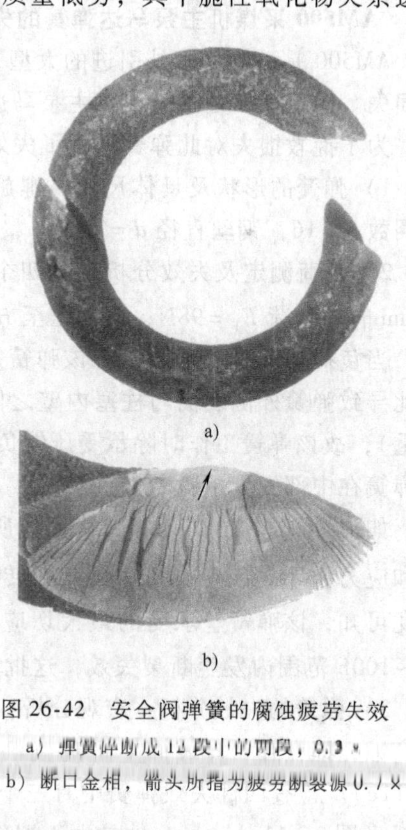

图26-42 安全阀弹簧的腐蚀疲劳失效

a）弹簧碎断成12段中的两段，0.3×

b）断口金相，箭头所指为疲劳断裂源0.7×

从该图26-42b可看出，断口中部分呈现海滩状形貌，断裂源在钢棒的表面（如图26-42b中箭头所指）、疲劳源区、裂纹扩展区和瞬断区均清晰可见，是典型的疲劳型脆性断口，由碎断成12段和断口形貌，可初步判断该阀弹簧承受负荷是比较均匀的。

化学成分分析表明：弹簧材料成分大致和热作模具钢（3Cr2W8A）相符，但其含钨量只有 7.8%，按标准应为 9% ~10%。

从几个断口处截取试样进行金相分析，发现在邻近断口表面处看到腐蚀坑，从这些蚀坑萌生裂纹，它们呈放射状扩展；其中一个表面蚀坑的直径达 1.14mm，萌生了两个深度为 0.7mm 及 1.5mm 的裂纹。裂纹内部有氧化铁腐蚀产物、这些产物分布在球形碳化物的周围。

弹簧钢的显微组织为回火马氏体，由于该钢中含有很多的碳化物形成元素（如 Cr 和 W），经过锻造、轧压、拉拔及退火等工序，故组织中保留大量的球形碳化物。不过，该弹簧表面已发生了脱碳现象；而且，表层的晶粒比其内部者要粗大，这是由于热处理不当时造成的。

该阀弹簧是在潮湿空气中长期工作，在应力作用下易形成局部点状腐蚀坑，在球状碳化物周围分布着氧化铁型的腐蚀产物，所以，弹簧的破坏属于腐蚀疲劳失效。

预防失效的措施：采用新型开顶式阀，阀弹簧经喷丸和表面镀锌处理，这种安全阀工作四年多仍未发生失效。另外一种办法是选用耐蚀的金属材料，如奥氏体不锈钢或镍基合金来制造这种安全阀弹簧。

4.3 汽车气门弹簧的失效分析及预防

气门弹簧是汽车发动机中一个重要的零件。汽车朝着高速、功率大、重量轻、耗油低、少（无）污染和舒适性好的方向发展，对气门弹簧的质量要求越来越高，希望它在长期服役中不发生疲劳断裂及较小的应力松弛。可以这样认为：阀门用材料的发展方向也就是油淬火回火弹簧钢丝的发展方向。因为，冷拔钢丝制很难满足汽车气门弹簧的工作条件，要求承受高应力、高疲劳和较高的工作温度，即所谓“三高”。一般选用低合金油淬火钢丝来绕制气门弹簧。

例如，美国福特汽车制造厂商 20 世纪 50 年代选用优质的油淬火回火碳素弹簧钢丝作气门弹簧材料，其用量曾达 80%；航空发动机（如 B52 远航轰炸机等）选用 50CrVA 油淬火回火钢丝制造气门弹簧。日本丰田牌等小轿车在 20 世纪 70 年代前后选用 JIS3561 的 SWO-V、G3565 的 SWO-CrV-V 及 G3566 的 SWOSC-V 等牌号来制造气门弹簧（牌号中的-V 指气门专用钢丝）。上述钢丝在化学成分及力学性能等方面的要求和欧美国家的产品相类似或稍低些（如抗拉强度 σ_b 约低 100MPa 左右）。德国奔驰牌汽车的气门弹簧选用瑞典 Garphyttann 厂商生产的 OTEVA-31、OTEVA-60、OTEVA-62 及 OTEVA-70 等油淬火钢丝制造。我国目前制造气门弹簧用的有油淬火回火钢丝（GB/T 18983）和铬钒合金弹簧钢丝（YB/T 5136）。目前，为了抢占阀簧用弹簧材料市场，加速汽车工业发展和竞争力度，都在潜心开发超高强度、超细晶粒、多元少量合金化（如 V、Nb 等）及成本低廉的新型弹簧材料。

气门弹簧的失效主要有两种形式：即疲劳断裂失效和应力松弛失效。由于汽车是交通工具，看来气门弹簧的疲劳断裂失效比其应力松弛失效有更大的危害性。

预防气门弹簧失效的技术措施主要是：尽可能提高弹簧材料的强韧性水平。即从提高其强度极限和断裂韧性两方面着手，强度主要是指 σ_b 和屈强比（σ_s/σ_b）两项指标，它不仅能满足高应力的需求，也是抗微塑性变形的指标（抗应力松弛性能指标）所需求；而断裂韧性指标与屈服强度和延伸率有密切关系；而改善钢的韧性及塑性指标主要与其组织均匀细程度、晶粒度的微细化和钢质的纯净度有密切关系，故要求采用先进的冶金技术（如真空熔炼或电渣重熔技术等）和热处理技术（如超细晶粒处理等）。此外，还需提高钢丝表面质量或采取合适的表层强化技术（如喷丸等）进一步提高气门弹簧的疲劳寿命和抗应力松弛稳定性。

4.4 平面涡卷弹簧的失效分析及预防

本手册第 21 章对平面涡卷弹簧的种类、结构、特点、设计计算、选材、制造和用途等进行了较详细论述。这里只对汽车（特别是载重汽车）玻璃升降器的平衡弹簧的失效分析和预防技术进行扼要介绍。

汽车玻璃升降器平衡弹簧属于非接触型的平面涡卷弹簧，其结构形状及尺寸如图 26-43 所示。

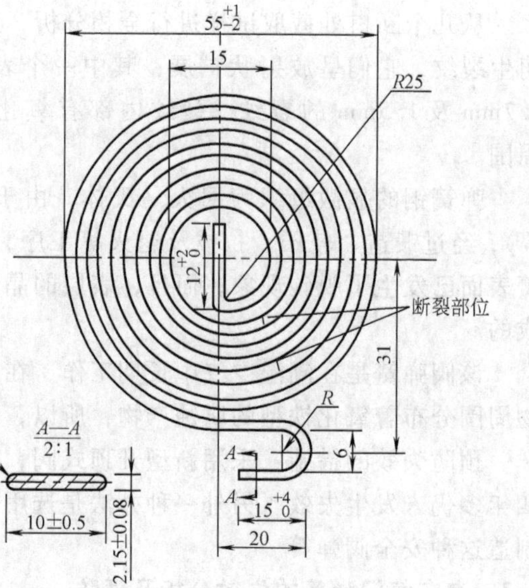

图 26-43 汽车平衡弹簧（平面涡卷型）的结构图

这种弹簧的一般失效方式有二：一为断裂（见图中箭头示出常见的断裂部位），二为松弛变形失效，不起平衡作用。

弹簧应用扁钢带（表 21-2）制造。用于制造平衡弹簧扁钢的厚度一般为 2.0～2.5mm。宽度为 10～12mm。这种扁钢带由 65Mn 制造，以退火态或热处理强化态供货。如用退火态制造平衡弹簧时，其原始组织为球状珠光体，硬度不大于 110HBW，以利于冷绕成型。成型的平衡弹簧必须进行合适的热处理才能达到所要求的综合力学性能。通常以硬度值分为两类：38～43HRC 和 44～48HRC。可以由改变回火温度来实现。热处理时扁钢单边脱碳层（铁素体＋过渡层）不应超过公称尺寸的 1.5%。钢带表面不得有横向裂纹、缺口及划痕等缺陷。平衡弹簧的模拟台架往复疲劳试验寿命达三万次。对于截面尺寸厚而宽的平衡弹簧不宜选用淬透性很差的碳素钢和 65Mn 钢，而应选择淬透性较高的硅锰钢、铬钒钢或硅铬钢来制造了。

热处理是保证平衡弹簧获得优良疲劳性能和抗应力松弛的关键工序。表 26-9 列出了 65Mn 钢带经不同热处理后的金相组织和力学性能，表 26-10 为平衡弹簧的疲劳寿命与热处理方法的关系。由表 26-9 及表 26-10 可知，精心控制工艺参数和改进热处理方法，可将平衡弹簧的疲劳寿命由不到 2 万次提高到 4 万次以上的国际水平。

表 26-9 65Mn 扁钢带经不同热处理后的组织和力学性能

序号	热处理方法	组织构成①	淬火后硬度 HRC		回火后硬度 HRC		抗拉强度 σ_b/MPa	
			A	B	A	B	A	B
1	直接油淬	～100% M	61	62	48	49	1579	1707
2	分级淬火	70% M＋30% $B_下$	50	57	50	50	1687	1717
3	分级-等温淬火	30% M＋70% $B_下$	55	56	50	50	1707	—
4	等温淬火	～100% $B_下$	52	53	50	50	1687	—

① M—马氏体，$B_下$—下贝氏体，A—$10\times2.15mm^2$ 带钢，B—$12\times2.5mm^2$ 带钢。

表 26-10 65Mn 扁钢制平衡弹簧的往复疲劳寿命与热处理的关系

淬火方法	热处理主要工艺参数	往复疲劳寿命/次 ((3~10)个弹簧的平均值)
直接油淬	(820±10)℃盐浴炉中加热 10min 后机油淬火，370℃回火 1h	35752
分级淬火	(860±10)℃盐浴炉中加热 8min 后在 280℃硝盐浴炉中分级冷却 2min、370℃回火 1h	60202
分级-等温	同上，只是在 280℃硝盐浴炉中停留 20min、370℃回火 1h	40195
等温淬火	(860±10)℃盐浴炉中加热 8min 后放在(320±10)℃硝盐浴炉中等温 30min、370℃回火 1h	59967

实践中表明，等温热处理（分级或等温淬火）比直接油淬者的内应力小得多，由于下贝氏体将分割奥氏体晶粒，使有效晶粒度变细，有利于提高 65Mn 钢的强韧性和屈强比，不仅显著降低显微裂纹的形成概率，减少平衡弹簧的热处理变形，而且有效地改善了它的应力松弛性能。

如选用力学性能已经达到了要求的热处理扁钢带制造平衡弹簧时，冷卷成型要比用退火材料困难，特别是内外弯钩处的曲率半径较小，采用适当的退火使硬度降低，便于冷成型。用这种方法制造的平衡弹簧不需进行高温加热淬火，只需进行去应力退火处理。这种情况和用油淬火钢丝制弹簧是相同的。

平衡弹簧或其他平面蜗卷弹簧通过合适的缠紧处理能进一步改善它的疲劳寿命（提高约 20%），非常有效地减少其松弛变形量。缠紧处理可在室温下（冷缠紧）或在加温条件下（热缠紧）进行。由于汽车玻璃升降器平衡弹簧对抗松弛性能要求不高，一般只采用冷缠紧（或叫冷强扭）就可满足技术要求。对于自动武器供弹具中的蜗卷弹簧为了工作可靠，要求它有高稳定弹性能，尽可能减小松弛变形（即抗弹减性能好），一般采用冷缠紧处理 24h 或采用较短时间的热缠紧处理。

缠紧处理时用的心轴应略小于蜗卷弹簧缠绕成型时所用的心轴（回转轴）。设 h 为扁钢丝的厚度，d_1 为心轴直径，r 为蜗卷弹簧在自由状态下矢径的尺寸，则根据下式由 r 值求出 d_1 值：

$$d_1 = \frac{2r+h}{\dfrac{1}{1-E_l/E}+\left(\dfrac{3\sigma_s}{Eh}\right)\left(r+\dfrac{h}{2}\right)}-h \tag{26-31}$$

式中 σ_s——扁钢带的屈服强度；

E——扁钢带的弹性模量；

E_l——强化模量 [$E_l=(0.05\sim0.35)E$]，一般呈线性强化。

具体方法是将钢带旋紧在一心棒上或专用的装置内，扭紧到弹簧各圈贴靠而接近“固合”状态，并保持一定时间（在室温或加温状态下）后松开。

缠紧处理时钢带承受很大的弯矩，材料内部发生了弹塑性变形，松开后呈自由状态时仍保留了有益的残余应力，从而提高其疲劳寿命和抗松弛变形的能力。

第27章 悬架弹簧

1 悬架弹簧的作用、形状和安装方式及发展趋势

1.1 悬架弹簧的作用

悬架弹簧是汽车底盘系统的重要零件，主要用于乘用车，其作用如下：

1）与减振器共同承载车辆动力系统、车身系统与乘员质量。

2）吸收车辆行驶振动，提高乘坐舒适性。

3）利用弹簧张力，作用于轮胎，使轮胎保持抓地能力，保证车辆行驶过程不至于因轮胎不着地导致方向失控。

图27-1所示为悬架弹簧在汽车中的安装位置。

1.2 悬架弹簧的形状和安装方式

悬架弹簧形状多样，从大类上分属于螺旋压缩弹簧类。悬架弹簧一般与汽车减振器配套使用，组成车的减振系统。

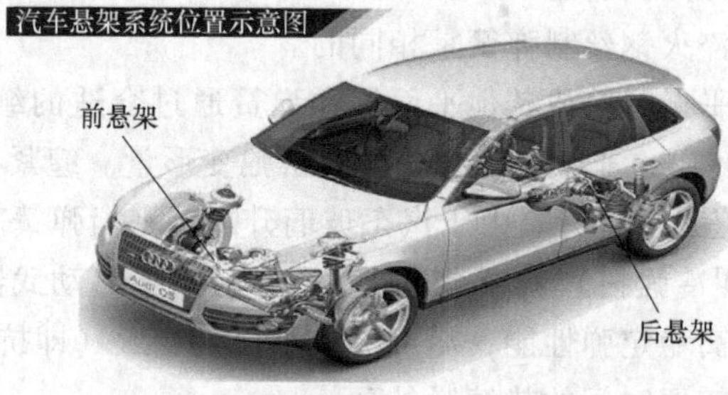

图27-1 悬架弹簧在汽车中的安装位置

大多数乘用车的汽车底盘悬架系统采用独立或半独立悬架。前悬架以独立悬架为主，最常用的形式为麦弗逊式（或双叉臂式）独立悬架，弹簧与减振器组装在一起。后悬架从市场定位、成本与空间考虑，会选择多连杆独立式悬架或者扭转梁式、拖曳臂式（纵向H形）半独立悬架，弹簧与减振器分开安装。高档豪华型轿车用主动空气悬架，数量不多。重型载货车和大型商用乘用车采用承载能力更强的钢板弹簧减振，轻型载货车和小型商用车（面包车）前悬架采用螺旋弹簧减振，后悬架采用钢板弹簧减振。

麦弗逊式悬架弹簧与减振器一体化，弹簧安装于减振器中（图27-2、图27-3），弹簧形状主要为圆柱形螺旋弹簧，现前悬架弹簧趋向于使用S形（也有主机厂称为L形）弹簧。后悬架弹簧与减振器通常分开安装，形状以普通圆柱形螺旋弹簧为主，较少采取S形弹簧和"Miniblock"型设计。图27-4、图27-5所示为后悬架弹簧安装位置示意图。图27-6～图

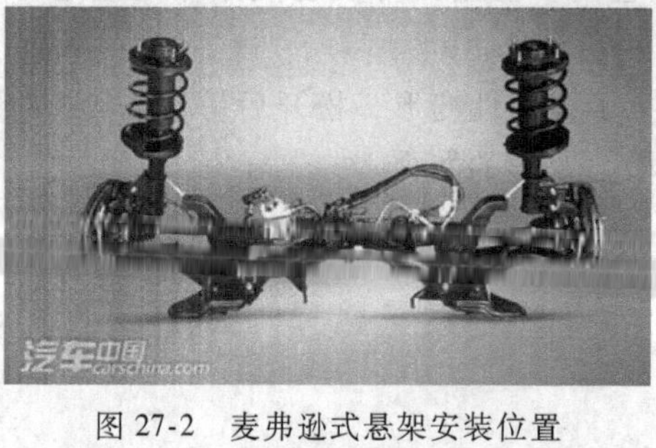

图27-2 麦弗逊式悬架安装位置

图27-3 悬架弹簧与减振器组合安装

27-11所示为各种悬架弹簧外形图。图 27-6 所示为两端小圈悬架弹簧，图 27-7 所示为一端锻平另一端开口悬架弹簧，图 27-8 所示为截锥形悬架弹簧，图 27-9 所示为不等节距悬架弹簧图，图 27-10 所示为变线径中凸形悬架弹簧（Miniblock 弹簧），图 27-11 所示为一端小圈，一端开口带橡胶套悬架弹簧。弹簧之所以有不同形状，主要与弹簧的力学性能、承载要求、安装空间以及与减振器匹配要求有关。

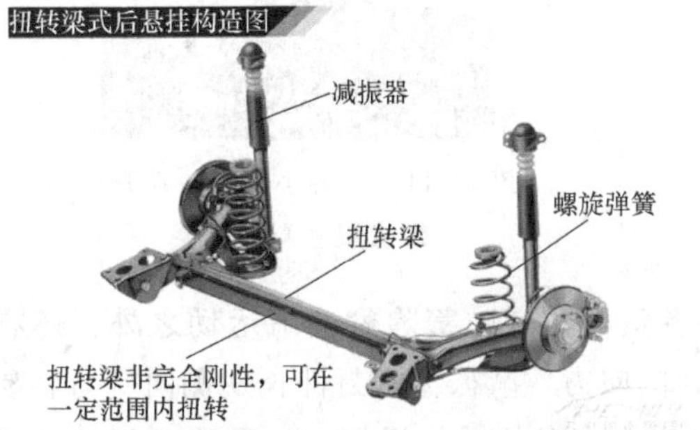

图 27-4　扭转梁式后悬架弹簧与减振器分开安装

图 27-5　后悬架弹簧在后轿安装位置

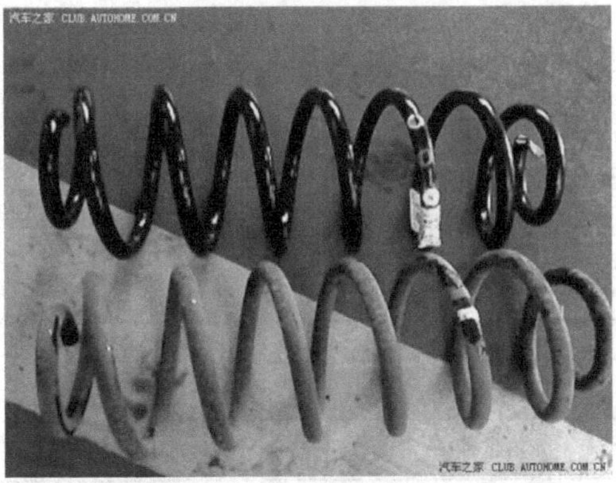

图 27-6　两端小圈悬架弹簧

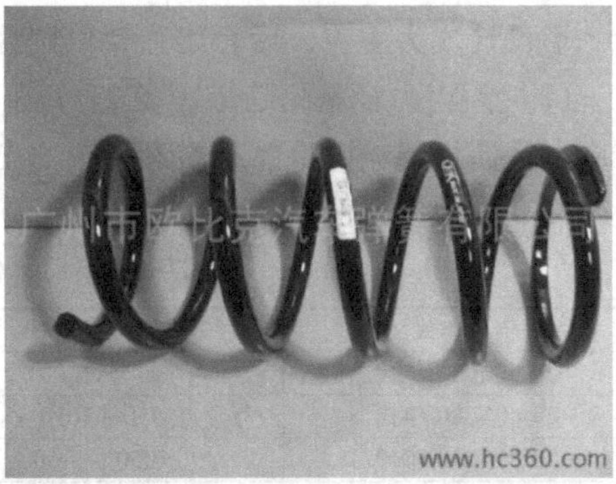

图 27-7　一端锻平另一端开口悬架弹簧

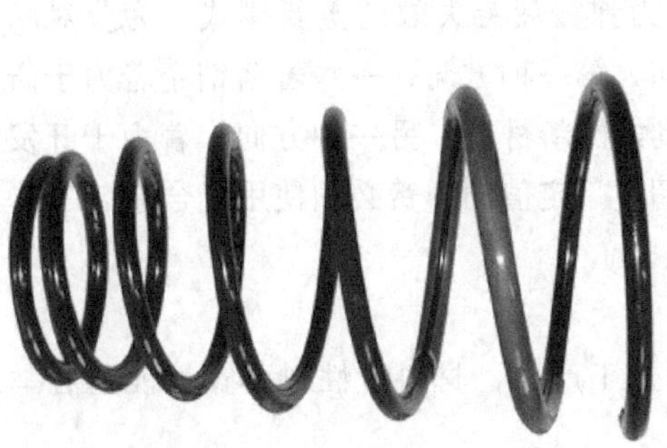

图 27-8　截锥形悬架弹簧

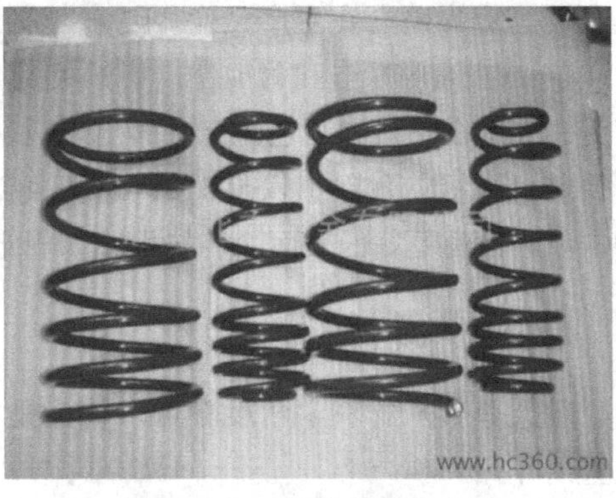

图 27-9　不等节距悬架弹簧

1.3　悬架弹簧的发展趋势

（1）优化设计　前悬架弹簧采用带侧向力的 S 形弹簧设计。车辆高速过弯时，由于离心力作用，车辆（轮胎）向外倾侧，为了使车辆高速过弯时轮胎与地面仍保持 90°，车辆调

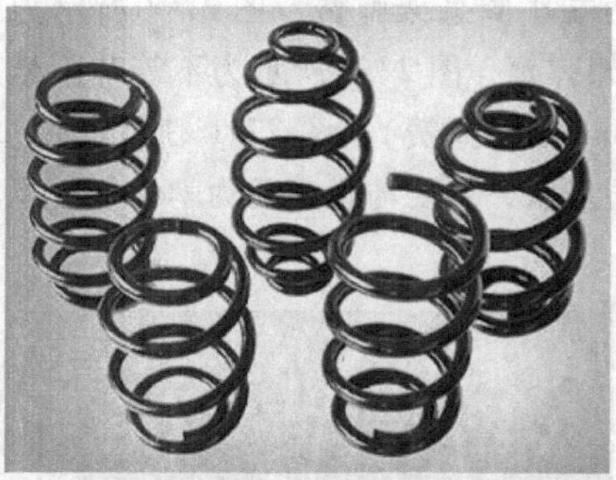

图 27-10 变线径中凸形悬架弹簧（Miniblock 弹簧）

图 27-11 一端小圈，一端开口带橡胶套悬架弹簧

校有意将车轮内倾1°~2°，此角称为内倾角或者负倾角。弹簧除做上下运动之外，还有左右摆动，减振器除受到垂直方向力之外，还受到侧向力，减振器密封件长期侧向受力容易漏油。S形弹簧的设计思路是向减振器提供与侧向受力方向相反的反力，从而达到延长减振器寿命之目的。麦弗逊式悬架因减振器与弹簧组合安装，S形弹簧的作用较为明显。后悬架减振器与弹簧一般分开安装，S形弹簧侧向力对延长减振器寿命作用不大，所以前悬架弹簧采用S形设计成为主流，后悬架弹簧以圆柱形弹簧或者 Miniblock 弹簧设计为多。

（2）高应力轻量化趋势　表27-1为不同年代悬架弹簧最大应力设计值范围图。弹簧设计应力呈递增趋势，目前最高设计应力已达到1300MPa，整车对轻量化和节能要求是主要促进弹簧高应力设计的主因。

表 27-1　不同年代悬架弹簧最大应力设计范围

年　代	设计应力/MPa	年　代	设计应力/MPa
20世纪70年代	900~1000	2000年之后	1100~1200
20世纪80年代	950~1050		
20世纪90年代	1050~1150	目前	1150~1300

（3）弹簧喷丸强化技术要求提高　高应力化必然对材料表面强化要求提高，多次喷丸、热喷丸、应力喷丸在生产上应用越来越普遍。

（4）提高耐冲击和耐蚀性　腐蚀疲劳成为高应力弹簧疲劳失效的重要模式。为应对腐蚀疲劳失效，在材料和工艺研究方面出现两种研究方向，第一种方向，一些著名钢企着力于研发弹簧最大许用应力超过1200MPa，耐腐蚀疲劳性能良好的新材料；另一种方向，着力于开发耐冲击和耐蚀性更好的表面涂装技术，如规定硬度值超过一定值的弹簧必须使用复合涂装工艺。

2　悬架弹簧材料

悬架弹簧从材料学角度看可以认为是材料的深加工产品，材料特性对弹簧性能起着举足轻重的作用。

2.1　悬架弹簧对材料的基本要求

（1）高的强度和屈强比指标　高抗拉强度，冷卷的材料抗拉强度一般要求为1000MPa等级（热卷弹簧热处理之后硬度>51HRC），高应力悬架弹簧材料抗拉强度要求达到2000MPa等级（热卷弹簧热处理之后硬度>53HRC）；屈强比>0.9。七八十年代经常使用的材料如 50CrVA（50CrV4、SUP10、SAE5160）和 55CrMnA（55Cr3、SUP9、SAE5155）因为强度和屈强比难以适应悬架弹簧高应力化趋势逐渐被淘汰。弹簧钢中合金元素 Si 不但能有效地提高材料的抗拉强度，还能显著地提高屈服强度，含 Si 元素弹簧钢的屈服强度 $\sigma_{0.2} \approx (0.9 \sim 0.92)\sigma_b$，剪切屈服强度 $\tau_{0.3} \approx (0.54 \sim 0.56)\sigma_b$。因此有更高抗拉强度和屈强比的 55SiCr（54SiCr6、SUP12、SAE9254）和它加 V 的材料已经取代 Cr-V 和 Cr-Mn 系列钢种，成为目前悬架弹簧材料的主流。

（2）高的钢丝直径尺寸精度要求　弹簧负荷和线径存在 d^4 之间关系，悬架弹簧负荷公差一般为 ±4%，高要求的负荷公差 ±2% ~3%，为了保证弹簧负荷与刚度，对材料尺寸要求很高，公差要求控制在 h10 或 h11 级以内。表 27-2 为常用悬架弹簧材料的尺寸公差。

表 27-2　常用悬架弹簧材料的尺寸公差　（单位：mm）

钢丝直径	采用对称公差		采用单向公差	
	h10	h11	h10	h11
10 ~ 16	±0.035	±0.055	+0/ -0.07	+0/ -0.11

注：本表摘自 GB/T 342《冷拉圆钢丝尺寸、外形、重量及允许偏差》。

（3）优异的表面质量

1）材料表面不允许存在全脱碳，部分脱碳不超过 0.05mm。

2）材料表面光滑、平整，不允许存在裂纹、折叠和目视可见的发纹（酸蚀试验后）、夹层、划痕、翘皮、竹节等缺陷。

3）材料力学性能要求：油淬火-回火钢丝和感应加热钢丝，同一捆材料抗拉强度波动不大于 50MPa；同一强度等级材料的抗拉强度误差不大于 100MPa。

（4）金相组织要求

1）夹杂物限制：比较通行采用金相中的最严重视场法评级，评级标准按 ISO4967（基于 ASTM　E45），我国的等同标准为 GB/T 10561《钢中非金属夹杂物含量的测定标准评级图 显微检验法》。大众可能会要求用更复杂的 K 法评级（双方沟通后也可采最严重视场法，即 M 法）。表 27-3 为非金属夹杂物等级的参考要求，最终还需顾客、弹簧生产商和材料制造商三方沟通后决定。高应力弹簧（最大应力超过 1100MPa）建议使用超纯净钢，超纯净钢的夹杂物等级相应下降 0.5 级。

表 27-3　悬架弹簧材料非金属夹杂物等级的参考要求

A 类（硫化物类）		B 类（氧化铝类）		C 类（硅酸盐类）		D 类（球状氧化物类）	
细系	粗系	细系	粗系	细系	粗系	细系	粗系
2.0	1.5	2.0	1.0	1.5	1.5	1.5	1.0

2）材料偏析：常见的有枝晶偏析和框形偏析。枝晶偏析是钢在凝固过程中合金中高熔点元素首先析出形成枝晶骨架，继而其他成分在枝晶骨架上结晶长大，形成树枝状结构，因此又称为树枝状偏析。框形偏析也是钢在凝固时所产生的冶金缺陷，框的成分为低熔点杂质。两类偏析都是在钢凝固过程中形成，使用一般的热处理手段难以解决，枝晶偏析主要靠大轧比将枝晶轧碎，使用大方坯大轧比工艺可以改善。框形偏析可以通过提高钢的纯净度和钢锭凝固方式改善。目前悬架弹簧材料标准中对偏析没有明确的规定和评级要求，但偏析会对悬架弹簧疲劳性能产生不利影响。

2.2　国产悬架弹簧材料及替代产品

（1）国产悬架弹簧材料　GB/T 1222 是我国弹簧钢专门标准，共计 17 种牌号，表 27-4

仅列出国产悬架弹簧的常用材料成分。

表 27-4 国产悬架弹簧常用材料成分

牌号 GB/T1222	化学成分(质量分数%)						
	C	Si	Mn	Cr	V	S	P
50CrVA	0.46~0.54	0.17~0.37	0.50~0.80	0.80~1.00	0.10~0.20	≤0.030	≤0.030
60Si2MnA	0.56~0.64	1.60~2.00	0.60~0.90	≤0.35	—	≤0.030	≤0.030
55CrMnA	0.52~0.60	0.17~0.37	0.65~0.95	0.65~0.95	—	≤0.030	≤0.030
60CrMnA	0.56~0.64	0.17~0.37	0.70~1.00	0.70~1.00	—	≤0.030	≤0.030
55SiCr	0.51~0.59	1.20~1.60	0.50~0.80	0.50~0.80	—	≤0.015	≤0.025
55SiCr+V	0.51~0.59	1.20~1.60	0.50~0.80	0.50~0.80	0.10~0.20	≤0.015	≤0.025
60Si2CrA	0.56~0.64	1.40~1.80	0.40~0.70	0.70~1.00	—	≤0.030	≤0.030
60Si2CrVA	0.56~0.64	1.40~1.80	0.40~0.70	0.90~1.20	0.10~0.20	≤0.030	≤0.030

注：1. 表中55SiCr和55SiCr+V牌号材料成分系宝钢协议标准，其余摘自GB1222标准。

2. 目前能以感应加热状态和油淬火-回火态供货的牌号有60Si2MnA、55SiCr、55SiCr+V，其他材料均为退火态。

(2) 悬架弹簧材料替代　原则上化学成分相近的材料可以进行替代，实际上国产材料与先进国家的材料虽然成分相近，但材料的表面质量、内部组织和力学性能上还有差距，材料替代必须取得主机厂同意和试验认证。表27-5所列为国内外悬架弹簧材料化学成分近似牌号。

表 27-5 国内外悬架弹簧材料化学成分近似牌号

国产牌号	德国 (DIN17221)	日本 (JISG4801)	美国 (SAE)	法国 (NFA36-571)	韩国 (KS D3701)
50CrVA	50CrV4(1.8159)	SUP10	6150	51CrV4	SPS6
60Si2MA	60SiMn5(1.5142)	SUP6/SUP7	9260	60Si7	SPS3
55CrMnA	55Cr3(1.7176)	SUP9	5155	55Cr3	SPS5
60CrMnA	—	SUP9A	5160	—	SPS5A
55SiCr	54SiCr6(1.7102)	SUP12	9254	54SiCr6	SPS8
55SiCr+V	54SiCr6+V	SUP12+V	9254+V	—	—
60Si2CrA	60SiCr7(1.7108)	—	9261	61SiCr7	—
60Si2CrVA	—	SRS60*	—	60SiCrV7	—

注：1. 德国牌号括号内为材料号（W-Nr），美国材料为美国汽车工程协会（SAE）牌号，法国为采用化学元素标注的新标准牌号。

2. 打"*"号的是日本神户制钢为高应力悬架弹簧研发的公司牌号。

2.3 悬架弹簧材料发展趋势

(1) 材料系列　Cr-V系、Cr-Mn系材料因抗拉强度（$\sigma_b<1800$MPa）和屈强比较低（$\sigma_{0.2}/\sigma_b<0.9$）已趋于淘汰。Si-Mn系材料用于低应力悬架弹簧制造。Si-Cr系和Si-Cr-V系成为目前悬架弹簧材料主流，55SiCr常用于制造$\tau_{max}\leqslant1150$MPa的悬架弹簧，55SiCrV常用于制造$\tau_{max}\leqslant1200$MPa悬架弹簧。高应力弹簧（$\tau_{max}\geqslant1100$MPa）多使用硫、磷含量更低的超纯净材料。

(2) 材料状态

1) 热处理状态，热存的退火态材料使用量比例减少，适合冷卷硬化态的材料使用量比例增加。硬化态材料中，感应加热（IT）材料比例增加，油淬火-回火（OT）材料比例减少。硬化材料中不同抗拉强度等级材料的使用量：2000MPa等级增加，1800MPa等级下降，1600MPa等级材料日益减少。

2）材料表面状态：通过酸洗、剥皮或者喷丸等手段进行表面预处理。酸洗存在环境污染问题和氢脆风险，使用受到限止。剥皮 + 压光 + 校直，是退火材料较好的加工方式，尤其适合于加工变截面材料，效果好但成本高。对材料表面进行喷丸清理的优点是污染少，损耗率比剥皮方式低，但对盘条要求较高，表面缺陷严重的材料喷丸不能将缺陷彻底清除干净。材料经过酸洗或者喷丸预处理后，须对材料进行拉拔，能进一步改善表面质量与尺寸精度。材料在交付之前一般进行过涡流检测处理。

（3）悬架弹簧的高应力趋势　现在所用的 ITW（感应加热钢丝）还是 OTW（油淬火-回火钢丝）生产的 55SiCrV 材料使用应力 τ_{max} = 1200MPa 已处于极限，若要制造更高应力的悬架弹簧，55SiCrV 材料必须经过特殊处理（表面软化）或者考虑使用新材料。

2.4　悬架弹簧新材料

悬架弹簧新材料指可以满足弹簧许用应力 $\tau_{max} \geqslant (1200 \sim 1300)$ MPa 的材料。新材料在研发过程充分考虑在 $\tau_{max} \geqslant (1200 \sim 1300)$ MPa 高应力下服役弹簧的失效模式。

（1）材料的抗腐蚀疲劳性能　高应力（高强度）服役条件下，材料比一般应力条件更容易受腐蚀，形成腐蚀小孔。腐蚀疲劳的疲劳源首先萌生于弹簧原来已经形成腐蚀孔的基础上。腐蚀疲劳没有明显的疲劳极限，疲劳寿命远低于一般疲劳。新材料通过降低材料含碳量、添加 Ni、Cu、Mo 等元素延缓和抑制腐蚀孔的产生。

（2）韧性　高应力悬架弹簧服役应力已经达到甚至于超过材料的屈服强度，弹簧疲劳类型从一般疲劳（应力疲劳）转变为低周疲劳（应变疲劳）。材料在高应力条件下发生循环软化，在保证强度的前提下，提高材料韧性有利于延长疲劳寿命。

（3）已经商品化的新材料　自 20 世纪 90 年代开始，日本神户、三菱、大同、爱知等钢铁企业与弹簧制造商一起投入研发许用应力 1200MPa 以上的悬架弹簧新材料。各自研发出一批新材料，其中最典型并且已经商品化材料当数 UHS1900 和 UHS2000，前者用于最大应力 1200MPa 弹簧的制造，后者用于制造最大应力为 1300MPa 的弹簧。新材料成分设计重点在于提高材料强度的同时，注重降低材料腐蚀疲劳倾向，为了达到既保证材料强度，又提高耐电化学腐蚀抗力的目的，在钢中提高强化铁素体元素 Si 的含量，增加多种碳化物元素（V、Mo、Cr），以第二相粒子强化基体；此外，降低 C 的含量增加 Ni 的含量，减少、延迟与抑制腐蚀坑发生。表 27-6 所列为两种材料的主要化学成分。

表 27-6　日本神户制钢高应力/耐腐蚀疲劳悬架弹簧新材料化学成分（质量分数：%）

牌　号	化学成分									
	C	Si	Mn	P	S	Cu	Ni	Cr	Mo	V
UHS1900	0.38 ~ 0.42	1.70 ~ 1.90	0.10 ~ 0.45	≤0.025	≤0.025	0.20 ~ 0.30	0.30 ~ 0.60	1.00 ~ 1.10	—	0.15 ~ 0.20
UHS2000	0.38 ~ 0.43	2.40 ~ 2.60	0.30 ~ 0.45	≤0.025	≤0.025	≤0.30	1.65 ~ 2.00	0.70 ~ 1.00	0.35 ~ 0.60	0.15 ~ 0.25

2.5　非金属悬架弹簧材料

虽然非金属弹簧如橡胶弹簧已经广泛用于大型商用车和载货车，但尚未见用于螺旋式悬架弹簧，近来奥迪公司尝试采用玻璃纤维悬架弹簧，图 27-12 中左图为用玻璃纤维制造的悬架弹簧，具体细节目前不详。

图 27-12　奥迪玻璃纤维悬架弹簧

3 悬架弹簧产品设计

3.1 产品设计要求

现代汽车工业在产品方面开发普遍实行平台策略，产品以平台为单位进行分解，大部分零件通过分包的形式委托专业供应商设计，主机厂只关注于核心总成件的研发，这样可以大大缩短开发时间，节省开发成本。况且主机厂对于一些非常专业的零件在生产技术和经验方面并不如专业厂，将零件交给真正的“专家”设计，无论在时间还是成本上都有无可比拟的优势。在委托设计开发专业厂的选择方面，主机厂有一套严格的评审方法，通过对专业厂全面考察（技术研发能力与试验手段、经验、业绩、价格、同步工程等）筛选出最优秀的供应商作为委托设计供应商。对设计供应商有如下要求：

1）完善的设计开发手段与体系（硬件、软件、试验手段、人才、组织）。

2）丰富的类似产品的设计开发与生产经验。

3）行业翘楚，良好的业绩与口碑（产品质量+服务）。

4）快速反应能力，主机厂要求调整设计参数，快速同步跟进，规定期限内完成重新设计，制造出符合要求的样品。

5）沟通方便：语言、软件兼容、配合默契度，主机厂提出参与匹配试验、试装车与道路试验能够及时到达。

6）价格合理：首先，目前主机厂奉行全球采购，每种平台指定1~2家作为采购点，能够争取到设计任务的供应商，无疑是拿到了批量生产订单的决定性筹码；第二，充分利用自身技术强项（或专利），弹簧参数量身定做，设置隐形技术门槛，阻止与妨碍竞争者进入；第三，享有知识产权；第四，在价格上有讨价还价的回旋余地。利益驱使下各供应商无不期望成为设计供应商（也称为一级供应商）。但能够进入一级供应商圈子的企业并不多。欧美车系悬架弹簧和稳定杆有M&B、克虏伯、欧雷法、Rockwell等几家，近年来M&B以S形弹簧设计优势、稳定杆内壁喷丸工艺优势，在几家中取得相对优势。气门弹簧设计一级供应商主要有M&B和Scherdel两家。

3.2 悬架弹簧设计的输入与输出

产品设计输入，也可理解为顾客对产品的要求。主机厂从整车定位（车辆价格与配置、适用人群与用途、销售国道路、政策与法规、研发周期）出发，对一级供应商进行技术交底，提出最基本的参数要求：

1）弹簧安装高度（下止点）和在此高度下的弹簧负荷；弹簧最大变形量（上止点）与负荷（一般作为参考值），主机厂给出的可能是系列参数。同一车型（平台）因配置不同，参数会有变化，主机厂以列表形式告知。

2）弹簧刚度（有些主机厂称为柔度，柔度值为刚度的倒数）：刚度是与舒适性有关的指标，主机厂会根据所在国道路、车辆用途和定位提出要求。弹簧刚度的测量范围一般在安装高度±25mm范围内，变线径、变外径、变节距的非直线型刚度弹簧可能还要求测其他高度下的刚度，在产品认可阶段可能要求供应商提供不同测量点的刚度曲线。

3）弹簧从安装高度到最大压缩高度弹簧允许占用的最大空间；与弹簧匹配的座（两端）形状（螺旋升角与内、外径），材质（钢座或者橡胶座），弹簧两端圈与底座配合的基准尺寸（一般以内径为准）。

4）弹簧可靠性要求：主要指疲劳寿命（包括常规疲劳与盐雾疲劳）和松弛性要求。

5）主机厂相关的材料标准、技术标准、试验标准（试验方法，接收准则）。

6）政策法规：排放要求和限止使用的有害物质清单。

3.3　设计过程双方需要沟通的参数

1）材料与状态：材料牌号，规格，线径（等径或者变径），表面状态（热轧、冷拉、剥皮），表面缺陷允许值（表面粗糙度、脱碳、拉丝、划痕、麻点等）。

2）弹簧硬度与组织状态：硬度单位国产与日韩车系一般使用 HRC，德系使用 HV，美系 HRC 或者 HBW（硬质合金压头），产品图样标注与交付时不同硬度之间是否允许按国标或者欧标换算。基本组织还包括夹杂物等级要求与测量方法。

3）成形方式：热卷或者冷卷（热卷上料端会有 8 ~ 20mm 直头，尾端有压痕）。

4）弹簧内外径公差：弹簧两端圈配合公差（一般小圈端为 ±(0.5 ~ 1)mm，大圈端为 ±(1 ~ 1.5)mm，从小圈过渡到大圈之间的过渡圈要求与考核测量点，如需要在 0° ~ 180°；90° ~ 270°；180° ~ 360°之间进行考核。考核过渡圈尺寸的目的是为了更好地控制弹簧从小圈过渡到大圈的轮廓曲线。弹簧体外径公差较松，在与其他零件不会发生干涉的前提下，主机厂可能只给出最大值。自由长度作为负荷调节参数，一般不作要求，弹簧制造商根据弹簧负荷在生产过程自行调节。

5）弹簧端圈与底座贴合度：弹簧安装高度下，最少不低于 180°通常要求 225° ~ 240°。

6）弹簧节距：在弹簧体中间部分不作强制性要求，但在两端圈与相邻圈之间会有要求。弹簧压到上止点（最低高度）节距间隙最低要求为不接触（透光法），通常要求间隙不小于 1 ~ 1.5mm。弹簧疲劳试验过程听不到弹簧圈之间接触发出的噪声。

7）垂直度：一般不要求，部分主机厂有要求（日系悬架弹簧，特别是一端磨平弹簧）。

8）异响要求：主要针对弹簧行驶过程，特别是转弯过程所发出的“咔嗒”声，异响的原因很多，主要与弹簧的总圈数和端圈是否加橡胶套有关。

9）涂装和耐蚀性要求：作为硬指标写入设计图样与标准，各主机厂要求差异颇大，美系和欧系车要求高于日韩系。如通用和福特等要求弹簧硬度大于 52HRC 的弹簧必须使用复合涂装，耐蚀性试验要求项目众多，主机厂会在开发过程与弹簧制造商交底。

10）悬架弹簧设计计算和应力：弹簧的几何尺寸、刚度与负荷、应力可以按普通圆柱螺旋弹簧的设计公式计算。有效圈与总圈数一般相差一圈。设计过程弹簧刚度（负荷）作为已知输入参数，弹簧体外径（中径）、并紧高度（低于上止点）和弹簧处于上止点位置时最大应力作为边界限制条件，利用弹簧计算软件，通过调整材料线径、圈数、自由高度等进行多方案论证设计优化。目前悬架弹簧高应力趋势明显，弹簧最大应力取值一般都在 1100MPa 以上，应力值 1150 ~ 1200MPa 属于常态化设计。最大应力 1200 ~ 1300MPa 已经进入实际应用阶段。高应力带来轻量化，新设计弹簧前悬架弹簧质量一般不超过 3kg，后悬架弹簧基本在 2kg 左右。S 形弹簧与变线径弹簧设计需通过有限元进行建模计算。其中 Anysls 软件是设计过程中常用的 CAE 分析软件。图 27-13 所示为 MINIBLOCk 弹簧设计有限元模型。

图 27-13　MINIBLOCk 弹簧设计有限元模型

3.4 悬架弹簧产品设计流程

悬架弹簧设计过程基本上是与主机厂进行同步开发的过程。设计过程主机厂向设计供应商进行技术交底与沟通（包括进度与节点），设计供应商将主机厂技术要求与双方沟通达成一致的数据作为输入，设定产品设计工作流程。在此过程需要经过可行性论证、设计与验证多方案论证、D-FMEA、特殊特性分级、控制计划（设计阶段）、首件样品试制、试验验证与数据分析。在反复试验论证与装车试验、道路试验的基础上持续改进，以设计优化最终结果作为产品设计输出递交主机厂批准。设计过程除了主机厂提供的参数之外，双方沟通之后确定的参数，主机厂同样拥有很大发言权，德系车参数基本由主机厂定，美系车承担设计任务的供应商有较大自由度，只需按照SOR（供货要求声明）要求进行设计。设计供应商在产品设计阶段的质量控制，输入与输出，除按照ISO/TS 16949中要素7《产品实现》流程开展设计工作之外，还要满足主机的厂特殊要求（如大众按Formel Q；通用按《供应商要求声明》）。产品性能必须全部满足（包括成本、价格与降价承诺），设计图样与标准须经过主机厂批准，但知识产权归属于承担设计任务的供应商。批产之后有知识产权的供应商认为有必要修改图样，需按主机厂发布的图样修改流程提出申请，并得到批准。图27-14所示为悬架弹簧产品设计工作流程图。

3.5 设计输出参数

（1）材料

1）材料牌号、规格与公差要求、展开长度（参考）。

2）材料表面状态（脱碳要求、冷拔、剥皮）、夹杂物等级与评级标准。

3）推荐牌号：表27-7所推荐的为国产材料牌号，如顾客要求使用进口材料，表中列有供参考的相似牌号，国产材料替代进口材料，需经顾客批准。材料表面状态、金相组织和尺寸偏差已经在第2节中述及。

表27-7 悬架弹簧推荐材料

τ_{max}/MPa	推荐牌号	相似牌号
≤1000	55CrMn 50CrVA 60Si2MnA	55Cr3/SUP9 50CrV4/SUP10 60SiMn5/SUP7
>1000~1050	50CrVA 60Si2MnA 55SiCr	50CrV4/SUP10 60SiMn5/SUP7 54SiCr6/SUP12/SAE9254
>1050~1100	55SiCr	54SiCr6/SUP12/SAE9254
>1100~1150	55SiCr 超纯净级	54SiCr6/SUP12/SAE9254
>1150~1200	55SiCrV 超纯净级	54SiCr6V/SUP12V/SAE9254V SRS60

4）材料热处理状态：与弹簧成形工艺有关，热卷用退火态材料，冷卷用材料用感应加热（ITW）或油淬火-回火（OTW）材料。选择材料抗拉强度等级与弹簧最大应力有关。当τ_{max}≤1000MPa用抗拉强度1600MPa等级材料即可满足；τ_{max}≤1050MPa用抗拉强度1800MPa等级材料；τ_{max}≤1100MPa用抗拉强度1800~1900MPa等级材料；τ_{max}>1100MPa考虑使用抗拉强度1900~2000MPa等级材料；τ_{max}>1150MPa使用抗拉强度2000MPa等级材料。

（2）弹簧尺寸推荐公差 弹簧设计尺寸推荐公差见表27-8。

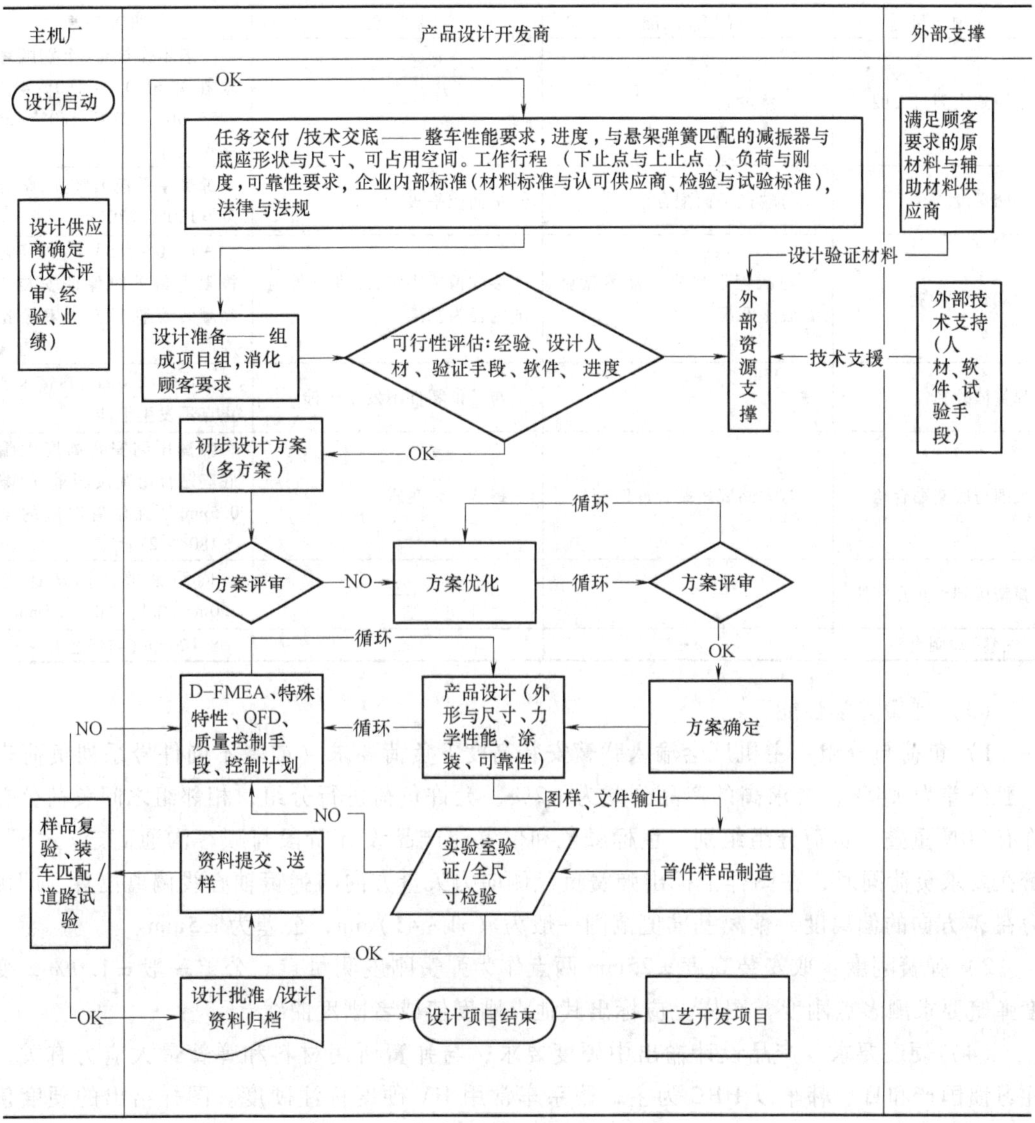

图 27-14 悬架弹簧产品设计工作流程图

表 27-8 悬架弹簧设计尺寸推荐公差

项目	配合/匹配	基准	推荐公差
自由长度	—	负荷作为调节自由长度基准	不设公差，长度作为参考
总圈数	与底座和端盖匹配	以减振器或者安装座与盖为基准	±（8°~30°），总圈数处于极限上偏差时保证安装，总圈数处于下偏差无异响
有效圈	仅作为设计参数	总圈数	有效圈数 = 总圈数 -1 圈
小圈内径	与减振器端盖或安装盖动配合	减振器端盖或安装盖外径（上偏差）为基准	±0.5~1.0mm，内径处于极限下偏差保证安装
小圈内径包角	小圈与端盖外径之间贴合角度	减振器或安装座端盖	>180°~225°

（续）

项 目	配合/匹配	基 准	推荐公差
小圈到大圈过渡圈	自然过渡	—	一般不作规定，个别顾客要求在测量 0°~180°；45°~225°；90°~270°；180°~360°多点尺寸
小圈平度	与端盖平面配合	平面或平板	弹簧在平板上竖立，贴合角度 >180°~270°
大端外（内）径	与减振器底座或后悬架弹簧底座匹配	装配情况决定，以底座外径或内径为基准	±(1.0~1.5)mm 外径处于极限上偏差时保证安装。大端圈装橡胶套应考虑橡胶套厚度
弹簧体外径	—	与其他零件不发生干涉	±1.0~2.0mm；弹簧压到上止点不发生干涉
大圈与底座贴合角	与大圈底座贴合性匹配	螺旋升角底座	弹簧压到安装高度大圈与底座贴合用塞尺测量，间隙 <0.5mm 所在位置对应的角度 >180°~270°
弹簧压到上止点间距	—	—	间距公差范围从透光~2.0mm，常用 1.0~1.5mm
（热卷）端圈直头	—	—	8~20mm（与线径有关）

（3）弹簧力学性能

1）负荷与分组：主机厂会输入弹簧安装高度下负荷要求（或者不同件号系列负荷表），一般公差为 ±4%，要求高的产品公差为 ±2%。允许负荷进行分组，相邻组之间负荷公差允许有 20N 重叠。负荷分组组别、色标颜色和位置在产品设计阶段与顾客沟通商定。“S”弹簧在要求负荷同时，在图样上标出弹簧负荷侧向力矢量方向与弹簧轴心线偏离位置，即侧向力在 X 方向的偏离度，偏离基准值范围一般为（31~41）mm，公差为 ±5mm。

2）弹簧刚度：取安装高度 ±25mm 两点作为弹簧刚度测量点。公差一般 ±1.0%，变刚度弹簧要求测多点刚度，图样上应标出其他点刚度值或者刚度曲线。

（4）硬度要求　产品设计输出中硬度要求，与弹簧所用材料和弹簧最大应力有关，标注习惯国产和日、韩车以 HRC 为主，德系车常用 HV 硬度标注硬度。图样给出的硬度值比实际生产时宽松，允许范围一般取 3~4HRC，也有例外，如大众一般硬度取值范围 570+40HV，相当于 53.5~55.5HRC，只有 2HRC。批量生产产品硬度实际波动范围一般小于图样。表 27-9 为产品设计推荐硬度范围和对应的材料抗拉强度（参考 GB/T 1172 铬锰硅钢）。

表 27-9　弹簧产品设计硬度取值范围

弹簧最大应力 τ_{max}/MPa	HRC	HV	σ_b/MPa
≤1000	48~52	478~543	1595~1830
>1000~1050	50~53	509~561	1710~1900
>1050~1100	51~54	525~579	1770~1970
>1100~1150	52~55	543~599	1830~2045
>1150~1200	53~56	561~670	1900~2130

（5）弹簧耐蚀要求　耐蚀要求与试验方法一般作为主机厂向设计开发商输入，在图样上标注主机厂企业标准号，作为技术要求条款。如通用以 GM9984164 标注于图面，在此下

面还有多达十多项子标准，大众也是如此。主机厂的企业标准作为知识产权的组成部分，只有接受委托的设计开发商和产品供应商在签订保密协议之后才能拿到标准。比较通行的试验项目有盐雾试验、盐雾—湿热—常温交替循环试验、刻划试验、涂层结合力检验、冲击试验和石击试验等。各主机厂会有不同要求，以盐雾试验为例，从 480 ~ 1000h 均有，设计开发商需在输出图样上标注所引用的标准号。

（6）疲劳寿命　疲劳有普通疲劳和盐雾疲劳两大类，各主机厂要求并不相同，最高要求普通疲劳 100 次 + 盐雾疲劳 50 万次，一般要求普通疲劳 40 万次，最低要求普通疲劳 20 万次。疲劳振幅下止点到上止点，振幅大体上在 150 ~ 200mm 之间。振动频率一般不作严格规定，试验频率在 1 ~ 6Hz 之间。也有在图样上标出要按照一定的振动频率进行试验，弹簧制造企业最常用的频率 3 ~ 4Hz。普通疲劳试验有从最高点到最低点，以上、下直线方式振动，也有要求模拟弹簧实际工况，以摆动形式振动，在设计开发图样上应该注明。盐雾疲劳试验所用 NaCl 溶液浓度为 5%，在常温状态下以雾状喷向疲劳试验中的弹簧，因此，盐雾疲劳试验机需密封，所有接触盐雾的零件都用耐腐蚀材料制造。

（7）弹簧抗松弛性能　弹簧抗松弛性能试验方法有两种，应在图样上标明。一种测量弹簧经过短压处理后的负荷变化（如将弹簧连续压到并紧 30 次，测量压缩前后的负荷变化）。另一种将弹簧压缩到指定高度（如取上止点）保持一段时间（如 16h），测量压缩前后负荷变化。负荷减少允许值以技术条款形式出现在图样。

（8）弹簧疲劳试验前后负荷衰减　弹簧疲劳试验前后负荷衰减，指测量弹簧安装高度在疲劳试验前和试验后的负荷变化，负荷允许衰减一般取 3% ~5%，具体数值需与主机厂沟通后，作为技术条款写入图样。

4　悬架弹簧工艺开发

悬架弹簧制造的任务是将产品设计阶段的输出图样与标准作为输入，通过一定的工艺手段，生产符合产品图样与标准的实物。为了保证所生产的产品完全符合设计意图，承担弹簧制造任务的供应商除了具有达到产品要求的设备与试验手段之外，还需投入相应的有专业技能的人力。进行过程（工艺）开发（策划），制订出满足顾客所有要求的工艺方案。悬架弹簧作为重要的功能件，主机厂在选择产品供应商时会进行多轮筛选，第一轮报价关，只有符合目标价的供应商才能进入下一轮；第二轮技术评审关，主要考察供应商的技术装备、试验手段及技术人员素质与经验能否满足产品生产要求；第三轮质量评审关，供应商需通过 ISO/TS 16949 评审之外，还需通过主机厂自身的质量评审标准，如大众汽车公司的《Formel Q》，通用汽车公司的《供应商要求声明》等。所有评审通过之后供应商还需承诺遵守法规、保密、降价、违约责任等条款。所有工作完成之后主机厂才向选中的“潜在供应商”交付技术资料，商定各时间节点，如首件工装样品（OTS 样品）送样时间、试生产（大众汽车公司称为 2TP）、批产（SOP）生产等。首批样品送样资料（PPAP）多达十多种，供应商必须按照顾客规定等级提交过程开发资料。工艺开发供应商与顾客沟通时，顾客会向供应商提供下列技术资料和要求，作为工艺开发输入。

4.1　工艺开发输入

1）产品图样和标准（产品标准和试验标准）。

2）参考样品和与弹簧匹配的减振器或者装配座。

3）追溯性标识要求。

4）物流与包装要求。

5）工程能力指数（含机器能力指数）要求。

6）开发时间节点和供应商产能要求。

7）PPAP提交等级、工装样品（OTS样品）提交数量与方式，开发文件格式和清单。

8）违约责任。

4.2 工艺开发流程

为了实现工艺开发目标，供应商针对具体产品设立项目组，工艺开发可参照图27-15流程图。

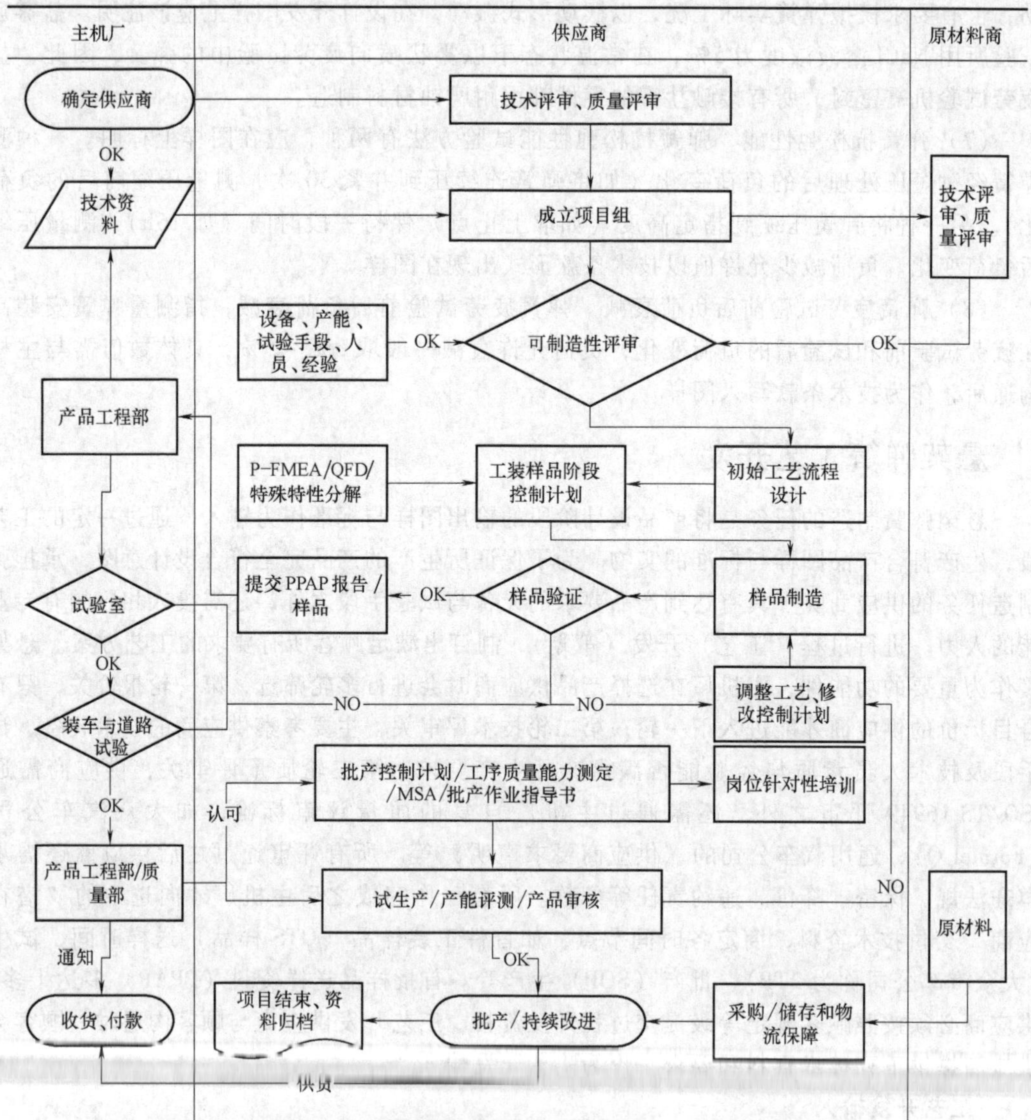

图27-15 悬架弹簧工艺开发流程

4.3　悬架弹簧生产流程

下面给出三种悬架弹簧不同的生产流程，可将它们分别称为长生产流程，短生产流程和简易生产流程。

（1）长生产流程　图 27-16 所示为长生产流程图。考虑了顾客对弹簧磁力检测的要求，流程比较冗长，利用回火余热进行热压，工艺难度大，弹簧从 400℃ 回火温度，降到 200 ~ 250℃ 热压温度，如果降温和均温措施，在回火炉内实现，炉子结构十分复杂，用空冷降温方案弹簧热压温度的一致性难以保证，弹簧热压后长度离散性大。本工艺考虑到热压后弹簧长度离散性，增加了工序检查和冷压补救措施。

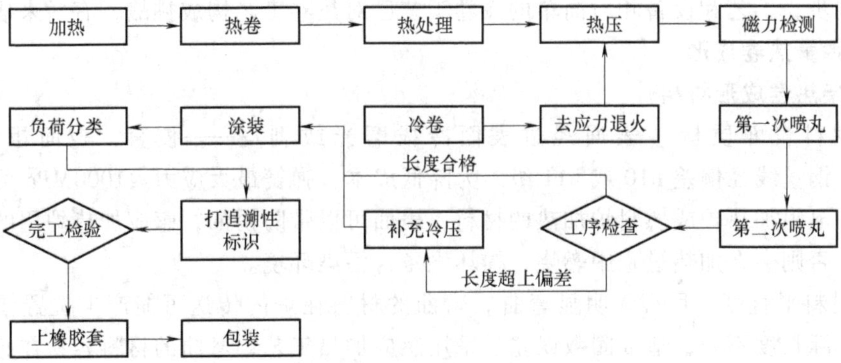

图 27-16　长生产流程

（2）短生产流程　图 27-17 所示为短生产流程图。短生产流程不设磁力检测工序，第二次喷丸之后弹簧进入炉中重新加热。本次加热专门为热压准备，温度控制与生产节拍之间控制可以做得比较完美，减少长度离散性，短流程取消了工序检查和补充冷压工序，弹簧要重新进行一次加热是其不足。短流程工艺路线喷丸之后热压与 krupp 专利号 09/126059（1997 年 2 月 8 日公布，现已到期失效）中所列过程部分相同。

（3）简易生产流程　图 27-18 所示为简易生产流程。以冷压取代热压，经济性好，弹簧的

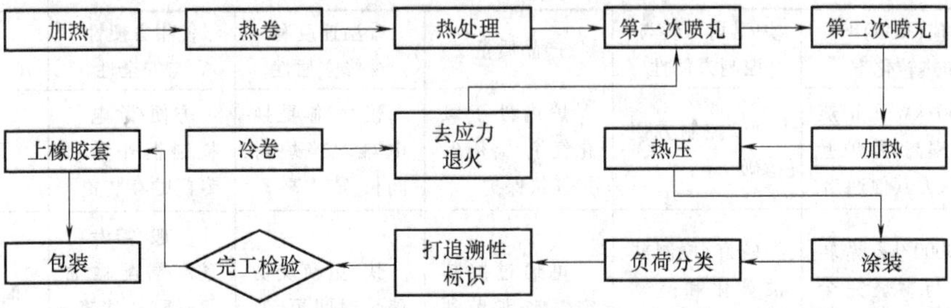

图 27-17　短生产流程

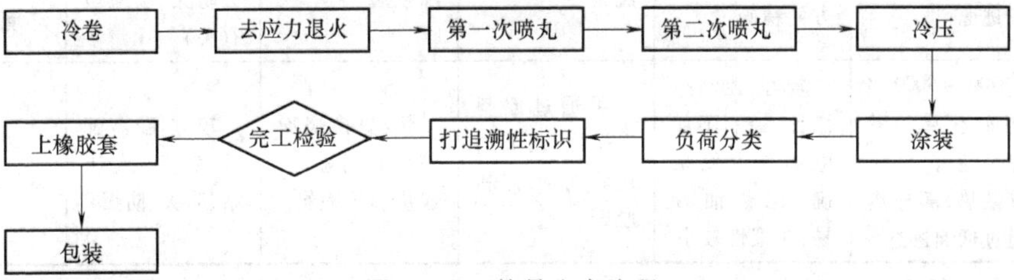

图 27-18　简易生产流程

抗松弛性和压应力不如热压，适合于中小型弹簧企业，为目前一般弹簧企业采用的主流工艺。

5 悬架弹簧成形工艺

悬架弹簧成形工艺分为热卷成形与冷卷成形。热卷曾经是悬架弹簧成形的主流生产工艺，优势是材料成本低，弹簧尺寸稳定性好，材料更换炉号无须重新试样，可以生产冷卷比较困难的变径材料弹簧以及粗线径（>16mm）弹簧。热卷还在弹簧成形过程中有形变强化作用，热处理后残余拉应力小等优点。热卷工艺占地大，耗能高，生产环境有一定污染，热卷属于“有心”卷绕，生产S形弹簧比较困难，随着S形弹簧在汽车上使用越来越多和冷卷材料的进步，工艺和设备相对简单的冷卷工艺已对热卷工艺构成挑战，有后来居上之势。

5.1 悬架弹簧热卷成形

5.1.1 悬架热卷成形材料

（1）材料表面质量　表面经过表面冷拔磨光或剥皮——校直，表面粗糙度低于$Ra1.6\mu m$，钢丝线径偏差h10或h11级。为降低成本，弹簧最大应力≤1000MPa可使用冷拔钢丝制造。电阻加热炉或燃料炉加热的材料，表面可以带防锈油，感应加热炉用的材料不能沾上油脂，否则会在加热过程中燃烧，损坏设备，污染环境。

（2）材料平直度　目视无明显弯曲，弯曲的材料在炉内传送可能产生位置错动，还会造成材料实际长度不一，造成圈数误差。采用感应加热工艺，弯曲的材料容易在感应圈内卡住，导致设备损坏，加大感应圈孔径，又会使耦合变差，热效率下降。

（3）材料内部组织均匀性　材料内部组织严重不均匀，会影响材料炉内加热时奥氏体化的均匀度，目视炉内加热的棒料，可观察到同根材料不同位置存在颜色差异，材料加热不均匀，还会造成卷绕后各弹簧圈回弹不一及热处理硬度差异。

（4）材料应干燥　带有水分的材料加热过程会促进脱碳。

5.1.2 热卷成形燃料炉和电阻式加热炉

（1）加热能源　加热能源包括电、柴油、天然气，三者性能和效果比较见表27-10。

表27-10　热卷悬架弹簧加热炉不同能源性能和效果比较

能源	热值(kcal)① 和热转化率	炉温均匀度与控制方便性	产品质量	升温速度和维修方便性	使用方便性与安全性	环境影响与清洁性
电	860/kW·h 热转化率高，除炉壁散热，无其他逸出	好/控制方便精确	炉内处于氧化气氛，需用保护气氛保护	慢/维修更换电热丝停炉时间长，成本高	方便/除电气控制柜外无须专门贮存装置	无，清洁
柴油	10000/kg 热转化率与燃烧完全性有关，除炉壁散热，部分热量通过烟囱逃逸	较好/控制柴油雾化和空燃比，存在热惯性，控制不如电方便精确	可通过控制空燃比，调节到还原气氛，抑制脱碳	快/更换烧嘴停炉时间短，但要经常清查烧嘴积炭	一般/需专门贮存需配输油管、阀门、油罐，防火、防爆，冬天防冻（与地域有关）	排烟，有CO_2和氮氧化合物排出，燃烧不好排黑烟，影响环境
天然气	（8700~9000）/m^3 热转化率与燃烧完全性有关，除炉壁散热，部分热量通过烟囱逃逸	较好/控制空燃比，控制不如电加热方便精确，比柴油容易，热惯性较小	可通过控制空燃比，调节到还原气氛，抑制脱碳	快/更换烧嘴停炉时间短，一般烧嘴不积炭	较方便/需配输气管、减压站、防火、防爆	较清洁，尾气排放以CO_2为主

① 1kcal=4.1868kJ。

(2) 加热炉进料　炉子呈方形，送料方式一般为步进式，一端为进料口，另一端为出料口。材料有直进和横进两种方式，前者材料通过进料辊轮将材料送入炉内，炉内转动的螺旋丝杠将材料向前推进，送到终点，材料落入出料辊轮，将材料输送出炉。后者材料横向进入炉内，步进装置上下往复摆动，材料向前步进，直到材料输送出炉。加热时要求炉内维持正压，防止炉外空气进入炉内，材料的进出口用火帘封口，炉内保持还原态气氛。

(3) 炉内气氛与影响　高温下弹簧钢中的铁原子和碳原子都非常活泼，铁原子和碳原子分别能与空气中的氧、水汽、二氧化碳发生化学反应：

1) Fe 原子和 C 原子与 O 发生的化学反应：

$$2Fe + O_2 \rightarrow 2FeO$$

$$3Fe + 2O_2 \rightarrow Fe_3O_4$$

$$4Fe + 3O_2 \rightarrow 2Fe_2O_3$$

$$C + O_2 \rightarrow CO_2$$

2) Fe 原子和 C 原子与 H_2O 发生的化学反应：

$$Fe + H_2O \rightarrow FeO + H_2$$

$$3Fe + 4H_2O \rightarrow Fe_3O_4 + 4H_2$$

$$2Fe + 3H_2O \rightarrow Fe_2O_3 + 3H_2$$

$$C + 2H_2O \rightarrow CO_2 + 2H_2$$

3) Fe 原子和 C 原子与 CO_2 发生的化学反应：

$$Fe + CO_2 \rightarrow FeO + CO$$

$$C + CO_2 \rightarrow 2CO$$

由上面列出的化学反应方程式可知，当炉内存在 O_2、H_2O 和 CO_2 等三种成分，弹簧材料会发生氧化与脱碳现象，两者一般同时存在。FeO 和 Fe_2O_3 的结构疏松，易形成氧化皮脱落。钢中的 C 与 O_2 和 H_2O 发生化学反应后，生成 CO_2 又与 C 发生化学反应，生成 CO，虽则 CO 在铁原子的催化作用下能裂解出具有活性的 C 原子，具有渗碳作用，但脱碳的效应远大于渗碳，CO_2 总体呈现的是脱碳趋势。表 27-11 列出了高温下炉内气体成分对弹簧材料的作用。

表 27-11　高温下炉内气体成分对弹簧材料的作用

材料	氧气	二氧化碳	一氧化碳	氢气	甲烷	水汽
弹簧钢	氧化、脱碳	氧化、脱碳	渗碳	脱碳 *	渗 碳	氧化、脱碳

注：* 表示含有水汽，即使十分微量。

从表 27-10 归纳出：O_2、CO_2 和 H_2O 是引起弹簧钢氧化和脱碳的主要因素，H_2 在有水汽存在的条件下也会起脱碳作用。有害的气氛可能来源于炉子的密封性不良，热电偶缝隙、搅拌风扇和传动机构处漏风。有害气氛进入炉内另一个途径是进料时气体随同进入，出料时产生抽吸效应，炉内压力下降，炉外空气在压差推动下窜入炉内。

5.1.3　加热炉内保护气氛的应用

(1) 燃料炉　燃料炉内一般不加保护气氛，主要采取控制炉内气氛处于还原态。燃料炉的能源采用柴油和天然气的成分以烷烃为主，柴油由多种直链烷烃组成，天然气的主要成分为甲烷 (CH_4)，其他有少量氢气 (H_2)、乙烷 (C_2H_6)、丙烷 (C_3H_8)、氮气 (N_2)、二氧化碳 (CO_2)、水汽 (H_2O) 和硫化氢 (H_2S) 等。燃料燃烧过程需与空气按比例混合，控制空燃比（进风量），使炉内维持一定的一氧化碳浓度，使炉内气氛处于还原状态，材料受到保护。

（2）电阻式加热炉　电阻式加热炉内需要增加富碳的保护气氛，才能防止材料加热过程产生氧化和脱碳。将悬架弹簧材料中的合金元素折算成碳当量，炉内的碳势浓度达到0.7%以上才能起到防止脱碳的作用。就保护效果而言，采取炉外裂解吸热式气氛送入炉内的方案较好，但整套装置成本高，且有安全性要求。弹簧生产使用相对简易的炉内裂解滴注式为多。适合滴入炉内的液体有煤油、丙烷（C_3H_8）及甲醇（CH_3OH）+乙醇（C_2H_5OH），煤油和丙烷的优点是碳势高，但易积炭，使电热丝渗碳、放电，导致电热丝寿命下降，比较适合带炉罐热处理炉场合应用；甲醇+乙醇以甲醇作为载体气，乙醇作为富化气，它们在炉内的裂解产物一氧化碳对材料氧化、脱碳起保护作用。悬架弹簧连续进出料的加热特点，炉门长期开启，无法完全隔断，空气随材料进出带入。难以做到完全不脱碳。

（3）甲醇+乙醇保护气氛作用原理和使用

1）甲醇的裂解：甲醇在550～700℃裂解会产生炭黑，700℃以上裂解主要发生的反应为：$CH_3OH \rightarrow CO + 2H_2$。表27-12所列为甲醇在700～950℃时的裂解产物。

表27-12　甲醇在700～950℃时的裂解产物

温度/℃	裂解产物组分（体积分数%）					
	CO_2	CO	H_2	CH_4	$C/(g/m^3)$ *	露点/℃
700	4.53	22.04	60.52	4.85	30.80	43.45
800	1.21	30.34	64.06	1.93	7.37	21.29
850	0.57	31.92	64.90	1.27	2.74	11.46
900	0.28	32.69	65.45	0.85	0.66	2.79
950	0.14	32.99	65.84	0.57	0.80	-4.36

注："*"气氛通入炉内所沉积的碳。

2）乙醇在炉内高温条件下的裂解反应为：$CH_3CH_2OH \rightarrow CO + CH_4 + H_2$，气相甲烷高温条件下进一步裂解为具有活性的碳原子反应为：$CH_4 \rightarrow 2H_2 + C$，相比于甲醇，乙醇在裂解过程所产生的活性碳原子具有渗碳作用，它对弹簧钢表面的脱碳保护作用强于甲醇。但乙醇裂解所产生的活性碳原子只能短暂存在，碳原子在气相中不断运动，相互靠拢，结合成原子团（6个以上碳原子），即形成炭黑。

3）甲醇+乙醇滴注式保护气氛的优劣分析：优点为装置简单，操作方便；缺点有效果不如炉外裂解，炉内碳势均匀性差，滴入位置附近碳势高，方型炉体的四周有死角，需用搅拌风扇。同时滴入量太大裂解不良，产生积焦现象，甚至造成滴口堵塞。

4）甲醇+乙醇的滴注方法和用量：升温过程的炉子，待炉温升到750℃以上开始滴入载体气——甲醇，进行排气。待炉温升到900℃左右开始同时滴入富化气——乙醇。炉温到指定温度后即可以开始加料生产。需要注意事项，甲醇要等炉温升到750℃后滴入，过早滴入，甲醇积聚炉内未充分裂解，极易造成积炭，甚至引起爆炸。

5）甲醇和乙醇用量：与炉型有关，甲、乙醇滴入比例一般取2:1，即甲醇占全部用量的2/3，乙醇占1/3，乙醇滴入过量少则碳势不足，滴入量太多则会产生积炭。炉内碳势可用氧探头或红外线二氧化碳气体分析仪进行测量，用目视观察进出料口火焰，如果为蓝色火焰，则说明滴量不足，正常尾气燃烧颜色为蓝黄色，使用甲醇+乙醇作为保护气氛，它的碳当量较低，观察不到热处理渗碳过程尾气燃烧带黑烟的现象。

5.1.4 悬架弹簧加热炉碳势要求与测量

（1）碳势的概念 碳势是钢在奥氏体化条件下的含碳量，它与周围气氛相比较，当钢的碳势高于周围气氛的浓度，钢表面的碳会逸出，形成脱碳。反之，周围气氛碳势高于钢中的含碳量，碳会进入钢的表面形成渗碳。两者平衡，钢的表面既不脱碳也不渗碳。影响钢碳势高低除主要因素含碳量之外，还和合金元素含量有关，一般合金元素均不同程度使钢的碳势升高，其中尤其以锰的作用最大，因此像55CrMnA和55SiCr它们的平均含碳量0.55%，但周围气氛碳势达到0.7%左右才能使它们不脱碳。

（2）悬架弹簧加热炉炉内碳势测量 目前用红外线二氧化碳分析仪测量碳势已经不多，应用最多的仪器为氧探头，氧探头为插入炉内的氧化锆（ZrO_2）探头，低温时，氧化锆内阻认为无穷大，探头处于开路，仪表上所显示的数据无意义，当温度高于650℃，氧化锆离解为锆离子和氧离子，周围存在氧浓度差时，就会发生锆和氧离子迁移，产生浓差电动势。通过导线测得浓差电动势E，从而换算出炉内的碳势浓度。炉内不同气氛所产生的浓差电动势E可由下式算出

$$E = 0.215 \times T \times \ln(p_{01}/p_{02}) = 0.25 \times T \times \ln(0.2095/p_{02})$$

式中 E——浓差电动势（mV）；

T——氧化锆探头温度（热力学温度 K）；

p_{01}——参比气的氧分压，当用空气作为参比气时取0.2095；

p_{02}——炉内气氛中氧分压；

ln——以e为底的对数。

（3）氧探头的主要技术参数

使用温度：750～1100℃；

使用寿命大于18个月；

响应时间小于1s；

参比气流量50～200mL/min。

（4）氧探头安装和使用注意事项

1）氧探头必须正确安装才能测量到真正的碳势。竖装探头须插入炉内80～150mm，横装插入炉内100mm左右，太深容易引起弯曲。连续炉、网带炉不能将探头装在夹层或者炉壁内。探头不要与热源靠得太近，并保持良好通风。

2）探头的核心部件是陶瓷管，头部必须加保护套管以防骤冷、骤热，防止激烈的振动及机械碰撞。

3）探头应在炉子冷却时装卸，如必须在高温下装卸，则应慢慢插入或拔出，速率约为每5min移动1/3探头长度。垂直装卸时需装定位环，防止火苗上窜或探头下落造成损坏。

4）通入参比气（一般用空气）流量不得超过300mL/min，自动除碳时空气流量不超过500mL/min，流量过大易造成瓷管瀑裂。尽可能采取微量气泵并用小流量计限流。

5）保持参比气路的通畅，参比气路发生堵塞或者泄漏，都会造成信号明显下降，碳势失控。

6）自动除碳是预防结炭、保证信号正常的重要技术手段，为消除积炭而向探头输入大量空气，会烧毁探头，必须用继电器或微机控制除碳时间，限制空气流量，禁止使用手工方式除碳。

7）新炉调试和旧炉大修之后应先让炉子充分运行之后再插入氧探头，一般有炉罐的炉子至少48h，无炉罐的炉子至少十天之后，待炉体处于稳定后才开始启用氧探头。

8）工艺对氧探头的使用也有很大的关系，其中用煤油作为渗碳剂的应该特别小心，因为煤油的碳链长，成分复杂，不易完全裂解，容易产生焦油状积炭，影响氧探头正常工作。

9）探头长期使用探头信号输出会略有下降，需要通过测定试片含碳量后确定补偿值。

表27-13列出了炉气中CO含量为30%时，不同温度碳势与氧探头输出值表，为了直观表达炉内碳势，一般通过软件将氧探头输出的电势换算成碳势，直接在仪表上显示出炉内的碳势值。更进一步可以将氧探头——热电偶——保护气氛流量计组成由微机控制的碳势自动管理系统，根据炉内温度和碳势的实际状态，自动控制碳势。

表27-13 炉气中CO含量30%时，不同温度碳势与氧探头输出值

碳势 /(%)	氧探头电势输出值 /mV(各不同型号输出值略有不同)								
	800℃	825℃	850℃	875℃	900℃	925℃	950℃	970℃	1000℃
0.40	—	1048	1053	1058	1063	1069	1074	1079	1084
0.45	1049	1054	1059	1065	1070	1075	1081	1086	1091
0.50	1054	1060	1065	1071	1076	1082	1087	1093	1098
0.55	1059	1065	1071	1076	1082	1087	1093	1099	1104
0.60	1064	1070	1076	1081	1087	1093	1098	1104	1110
0.65	1068	1074	1080	1086	1092	1098	1103	1109	1115
0.70	1073	1079	1085	1090	1096	1102	1108	1114	1120
0.75	1077	1083	1089	1095	1101	1107	1113	1119	1125
0.80	1080	1086	1093	1099	1105	1111	1117	1123	1129
0.85	1084	1090	1096	1103	1109	1115	1121	1127	1133
0.90	—	1094	1100	1106	1112	1119	1125	1131	1137
0.95	—	1097	1103	1110	1116	1122	1129	1135	1141
1.00	—	1100	1107	1113	1120	1126	1132	1139	1145

5.1.5 电阻炉、燃料炉热卷成形加热工艺

1）温度：930℃ ±10℃，考虑下面几方面因素进行微调，钢丝线径 $\Phi \geqslant 15$mm，加热温度取上限；线径 $\Phi \leqslant 10$mm，温度也取上限。前者主要考虑奥氏体均匀化、卷簧过程材料与心轴比较服帖、直头长度等因素。后者主要考虑卷簧过程温度下降与淬火效果。

2）保温时间：材料进炉到出炉的时间，一般取线径每毫米1～1.2min，粗线径材料取上限。出炉材料颜色目视无色差，有亮暗不均现象，需要延长加热时间。

3）炉内碳势≥0.7%。

5.1.6 感应式加热

悬架弹簧热卷方式使用感应加热越来越多，总的趋势感应加热已居首位，其次天然气加热，柴油和电阻炉加热淡出。感应加热具有加热速度快，基本可以做到无脱碳，晶粒细，比其他加热方式低1～2级。加热炉无须升温，随时可用。

1）感应加热原理：电流通过线圈时，线圈内产生磁场，导体在线圈中通过，线圈内磁力线被导体切割，导体上产生感应电动势并产生涡流，材料被加热。

2）材料感应加热特点：感应加热有很多独特的效应，如表面效应（趋肤效应）、尖角效应、邻近效应、圆环效应、导磁体槽口效应等，利用这些效应，组成不同的线圈，加热形状各异的工件。悬架弹簧材料形状相对规则，主要为圆形棒料，在众多效应中主要考虑表面效应。由于表面效应的作用，涡流集中在表面，随着深度增加，产生的热量按指数规律急剧

下降。材料表面首先被加热，频率越高材料加热深度越浅，一般将加热电流减小到表面 $1/e$ 处位置（电流约为表面之 36.79%）定义为材料透热深度 d(mm)，透热深度 d 可用下式表示：

$$d = 56.4\sqrt{\rho/\mu f}$$

式中　ρ——导体的电阻率（$\Omega \cdot cm$）；

μ——导体的磁导率（H/m）；

f——电流频率（Hz）。

钢铁材料电阻率 ρ，在加热过程随温度升高而上升；磁导率 μ 在居里点以下，基本不变，到达居里点之后，μ 值突然下降到真空的磁导率，涡流透入深度显著增大。当弹簧材料线径超过透热深度，心部主要以传导方式传热。感应加热根据频率可分为工频、中频、高频等多种加热方式，表 27-14 所列为感应加热频率分类。

表 27-14　感应加热频率分类　（单位：kHz）

感应加热方式	工　频	中　频	超音频	高频
频率	50Hz	4～30	30～40	≥100

5.1.7　悬架弹簧感应加热频率

悬架弹簧材料线径大都在 16mm 以下，感应加热频率通常选择 4～10kHz 的中频段，也称为中频加热，工艺要求心部透热，加热温度在 900～1000℃，在此阶段，磁导率 μ 和电阻率 ρ 基本上将其视为定值，上面透热深度（mm）可简化为

$$d = 500/\sqrt{f}$$

按照此公式计算，线径为 16mm 悬架弹簧，透热深度 8mm，计算频率

$$f = (500/8)^2 Hz = 3906Hz \approx 4000Hz$$

工艺上综合考虑生产效率可采取两段频率加热，第一段 4kHz，侧重于增加透热深度；第二段采用 10kHz，侧重于提高表面升温速度。若取 10kHz 一种频率，在后级需设均热炉，使材料均热过程减少材料内外温差。表 27-15 所列为中频加热不同频率透入深度，图 27-19 所示为中频感应加热炉。

图 27-19　中频感应加热炉

表 27-15　中频加热不同频率透入深度

频率/kHz	1.0	2.5	4.0	8.0	10.0	30.0
透入深度/mm	15.8	10.0	7.9	5.6	5.0	2.9

5.1.8　感应加热成形加热功率

1）感应加热理想热转换效率可达 70% 以上，实际上因为耦合条件、加热过程中散热等因素热转换效率有较大下降，工艺上每吨材料从室温加热到 1000℃，装机功率可取 400～500kW。以每根弹簧重 3kg，每分钟 6 根件计算，装机功率在 500kW 左右。

2）感应加热炉感应圈设计除考虑比功率之外，工艺上应考虑与热转换效率关系甚大的感应圈与棒料之间的匹配间隙，间隙越小越好。为了提高热效率，要求感应圈孔径分组间隔

尽可能缩小，规格可分为每 2mm 一组。

3）炉子感应圈直线度有较高要求，以保证加热过程棒料始终处于感应圈中心位置，不会与感应圈壁相碰而导致绝缘瓷管碎裂。因此同一台炉子感应圈组不宜超过四个，感应圈过多，感应圈之间保持直线度难度增大。此外，炉子送料机构的导向可靠，直线度好，摆幅小，每次更换感应圈之后要重新调校中心和感应圈组的直线度。被加热棒料的直线度应有充分的保证，目视没有可见的弯曲，弯曲的材料不仅会碰坏瓷管，而且会产生棒料四周加热不均现象。

4）加热变径材料需要另外配置补充加热感应圈：由于材料线径变化。材料细端与感应圈耦合间隙变大，出现加热不足现象，为了消除此现象，材料通过正常加热线圈之后，应进入专门配置的高比功率的高频加热感应圈，对材料补充加热，感应圈频率选择 100kHz 或者 150kHz，功率 150kW。对于等径棒料加热，此感应圈关闭。

5.1.9 感应加热温度选择

感应加热具有升温快的优点，材料从室温升到 1000℃ 只需几秒到十几秒（视设备功率而定），基本上不会产生氧化和脱碳，由于加热速度快 Ac_3 升高，有效地阻止了晶粒长大。悬架弹簧感应加热温度范围一般取 980℃ ±20℃，采取较高加热温度是因为：

1）加热速度快，Ac_3 升高，材料不会发生发生氧化和脱碳，晶粒不会长大，晶粒度比传统加热细 1 ~2 级。

2）提高表面和心部的温度均匀性。较高的加热温度致使表面与心部温度梯度增加，有利于加快表面温度向心部传导。

3）有利于悬架弹簧热卷成形。较高的卷绕温度使弹簧的成形工艺性和回弹控制更为容易，卷绕过程材料表面散热大于心部，加之传导作用，弹簧成形之后弹簧内外温差基本已经趋于一致，淬火后弹簧表面与心部硬度偏差可控制在洛氏硬度的一度左右。

4）加热温度升温速度可通过对各感应圈调功方式进行调节。

（1）产品加热温度设置

1）材料线径：线径大于 16mm 或小于 12mm 的温度取上限，前者从加大温度梯度促进热传导和改善卷绕工艺性出发，后者考虑卷绕过程温度下降的影响。

2）材料晶粒度长大倾向：CrMn 和 SiMn 钢种，脱碳和晶粒长大倾向大，又因为 Mn 为扩大 γ 相元素，奥氏体转变温度较低，温度可取下限。SiCr + V 钢种，V 能有效阻止晶粒长大，且 Si、Cr 均为缩小 γ 相元素，推高奥氏体转变温度，加热温度取上限有利于奥氏体均匀化，加快表面向心部热传导。

3）卷绕工艺性：形状复杂的产品，如材料变径的中凸形弹簧，两端头线径细，成形时间长，温度低容易造成端圈不圆和回弹率控制困难现象，还有可能端头淬火后产生非马氏体转变，应将温度设置高一些为好。

（2）感应加热应注意的问题

1）表面有油的材料不能进入加热感应圈，否则材料表面油受热冒烟燃烧，造成感应圈内积炭或者熔坏感应圈。

2）弯曲的材料不能进入加热感应圈，材料在感应圈内被卡，导致材料在感应圈内熔化，造成感应圈报废。

3）变径材料加热需要用补充加热和均热手段弥补，否则细端会出现明显加热不足。

4）加热完成之后出料架送料轮转速有快慢两档，近卷簧机处送料速度加快，使它与下一根料距离拉开。

5）加热感应圈与送料轮（要求用顺磁材料制造，一般用奥氏体不锈钢）绝缘，否则送料轮与材料之间会出现打火，材料形成烧灼斑，日后有可能成为疲劳源。

6）重视感应圈冷却，感应圈冷却应用工业纯水，水中没有杂质和结垢物，感应圈被杂质堵塞或结垢会造成感应圈烧坏，开炉时先开启冷却循环，关炉时在确认感应圈电路切断之后才能关闭冷却水。

5.1.10 热卷上料

热卷上料，将加热之后的材料送到卷簧机起始位置，上料分人工上料和自动上料两种方式，卷簧机接收到材料之后，卷簧机起动（人工开关控制或自动控制），卷簧开始。上料动作可分解为：

材料出料口→传送到卷簧机旁→机械手（或人工）夹住材料并抬升→将材料送到卷簧心轴端头定位位置→卷簧机端面板活动夹头将材料端头夹紧→夹钳同步将材料夹住后往前送→卷簧机起动卷绕端圈→端圈卷绕完成→上料夹钳松开→复位，上料动作完成。

圆截面材料上料动作相对简单，端头锻平材料的上料动作复杂得多，需要辨认端头平面，在材料被夹钳、抬升、材料向前输送过程，保证端圈锻扁平面始终与卷簧机面板相贴，垂直于心轴，直到完成端圈卷绕完成为止。

5.1.11 热卷成形卷簧机

卷簧机样式有靠模式和 CNC 式两类，靠模式卷簧机上每个靠模螺旋线与特定产品匹配，圈数比实际弹簧多 90°左右。靠模安装在心轴上方或后上方，与心轴距离可调，两者的理论距离从靠模螺旋槽底径到心轴外径恰好等于一根钢丝的长度。心轴端部卷小圈位置往里凹，靠模相应外凸，靠模始终起到节距导向作用。心轴起动，靠模通过齿轮与心轴按 1:1 速比啮合，反向转动，全程导向，直到弹簧完成卷绕为止。CNC 式卷簧机与靠模式卷簧机不同之处在于它用程序可控的节距导轮取代了靠模，节距导轮上下、左右、水平方向在程序指令下均可活动，上下移动目的使导轮底径在卷簧全过程与心轴保持一根钢丝的距离。左右移动控制弹簧的螺旋升角，作用相当于靠模螺旋线，起到控制节距的作用。导轮的水平移动目的对卷簧全过程进行导向，一件弹簧卷完，节距导轮自动返回起始位置，周而复始。两种卷簧机的比较见表 27-16。图 27-20 所示为热卷弹簧机。

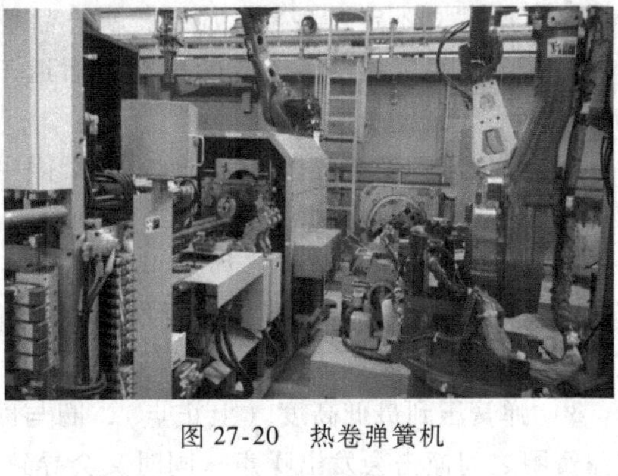

图 27-20 热卷弹簧机

表 27-16 靠模式与 CNC 式卷簧机的比较

比较项	靠模式卷簧机	CNC 式卷簧机
节距控制手段	靠模螺旋线	节距导轮
操控性能	简单、方便	较复杂，需要设置程序
质量可靠性	可靠	较可靠，取决于系统可靠性
生产效率	高，适合大批量生产	较高，大批量生产不及靠模式，更适合新产品试制，和小批量柔性化生产

（续）

比较项	靠模式卷簧机	CNC 式卷簧机
工装制造成本	高	低
工装通用性	差，一对一	好，同一线径通用
工装更换和调整	慢，需拆装	快，只需调整程序

5.1.12 热卷成形卷簧生产准备和工装调整

（1）卷簧心轴　卷簧心轴要考虑弹簧卷后回弹率，影响弹簧回弹率的因素有加热温度、旋绕比和材料。在相同条件下，旋绕比小，回弹率相应下降。具体产品回弹率，须在新产品试样阶段进行试验后才能确定，大部分悬架弹簧热卷之后回弹率在1mm左右。悬架弹簧成形之后有抽芯过程，由于弹簧存在回弹率，心轴可设计成圆柱形，不考虑抽心所需的拔模锥度，只有在少数情况下回弹率异常，影响弹簧抽心时才考虑拔模锥度，一般锥度取0.5mm即可。卷簧心轴受热之后直径增大，心轴热膨胀产生的尺寸变化因素应预先考虑在内，通常心轴膨胀尺寸为0.3～0.4mm。心轴设计还需要考虑后道工序对弹簧直径尺寸的影响，通常淬火、回火对弹簧尺寸影响甚微，可不作考虑，但压缩工序对弹簧直径影响颇大，影响规律为外径增大，总圈数减少。变化值与预制高度弹簧放长量呈正相关，但压缩对端头小圈尺寸变化不大，每种产品的实际变化值要经过试样后确定。

端头有小圈的卷簧心轴端头起始位置设计成凸轮状，一般从起始到180°位置尺寸与弹簧端圈内径相等。之后以螺旋线形式向外展开，到达360°时，尺寸与心轴相同，为了简化心轴制造，端圈凸轮单独制造，其厚度等于一根钢丝的距离，制作完成之后用螺栓与心轴连接。

（2）靠模和节距导向轮　靠模螺旋线设计要考虑后道工序——回火、喷丸、压缩、涂装和测力对尺寸变化所造成的综合效应，放出预留高度。预留高度比成品弹簧高度最多放长10%～12%，过长的预留尺寸在弹簧压缩过程会产生“立不定”现象，而且弹簧容易发生弯曲，克服“立不定”现象，应从提高产品硬度的方向考虑。

弹簧节距螺旋线设计还应考虑经过后道工序以及弹簧安装状态的受力情况，基本原则如下：

1）弹簧压到安装位置（下止点），端圈平面与安装座贴合角度达到180°以上，但贴合角度过多会使有效圈减少，弹簧工作圈应力升高。

2）弹簧从180°～450°（即从半圈到1.25圈）螺旋升角比适当减小，在服役状态下弹簧此位置处于复杂受力状态，失效概率高于其他工作圈，减少螺旋升角有利于降低该位置应力。

3）弹簧压到最低高度（上止点），圈与圈不能接触，如发生接触，一方面弹簧使用过程弹簧圈之间撞击会发出噪声，同时又会导致涂层剥落，增大弹簧发生接触疲劳与腐蚀疲劳的风险。若弹簧发生圈与圈接触，接触的簧圈成为死圈，相当于有效圈发生减少，弹簧继续向下运动，使未接触圈簧圈所受应力骤然增大，造成过载疲劳断裂。

4）总圈数为整圈的和半圈的弹簧压缩过程会产生变形差异，整圈弹簧端头位置比对面多一根钢丝，致使弹簧上下过渡圈两边刚性和受力不同，弹簧压缩后容易产生弯曲。

上面这些现象在靠模设计之初应充分考虑，对靠模螺旋线做出修正。

5.1.13 弹簧热卷过程

热卷工装准备完成之后，即进入热卷试样，加热材料出炉后从出料架到达卷簧机，通过人工或机械上料，如5.1.10所述；卷簧机面板轧头将材料夹紧，启动开关，在靠模或节距导向轮引导下，材料被卷绕成形，卷簧机的后部有一前后可移动和转动的锥形套圈，负责将成形弹簧最后半圈压紧，防止弹簧尾端弹开。卷簧结束，制动机构将卷簧运动轴抱住制动，气动机构将卷簧心轴抽出，卷簧过程基本完成。两端开口与一端小圈，一端开口的悬架弹簧，卷簧完成之后直接进入油池淬火。因为弹簧热卷上料起始首先需用轧头将材料端头夹紧，造成弹簧起始端带有长8~20mm的直头，直头是热卷与冷卷明显的区别标志。

5.1.14　弹簧端圈成形（猪尾巴机）

两端都是小圈的弹簧，卷簧机只能完成一端小圈的卷绕，另一端小圈要通过端圈成形机完成。在生产中有两种形式的端圈成形机，一种结构相对简单，只能完成一圈以下小圈的成形，主要运动件为气动旋转气缸，操作者将第一次成形后弹簧用钳子钳住，放在V形槽上，把另一端端头对准小圈成形定位凸轮，踩动脚踏开关，气动轧头将端头轧紧并旋转，到达定位点后松开，小圈成形结束，弹簧进入淬火操作。另一种最多能完成2.25圈的小圈成形，同时还能收小弹簧外径，在端圈轧紧旋转的同时，成形机的定位工装插入弹簧节距，对待卷小圈弹簧的节距与内径进行定位，卷制完成之后定位装置松开，各机构复位。图27-21所示为小圈成形机（猪尾巴机）。

图27-21　小圈成形机（猪尾巴机）

5.1.15　变线径、变外径中凸形悬架弹簧热成形

变线径、变外径中凸形悬架弹簧也称为Miniblock弹簧，较之圆柱形悬架弹簧，该弹簧具有体积小、重量轻，并紧高度低、刚度可变等优点。轿车后减振系统使用Miniblock弹簧能改善轿车后排空间。制造Miniblock弹簧材料要经过剥皮、滚光、校直等加工工序，成形工艺复杂，弹簧变径圈数超过2.25圈以上，需要两次卷绕成形。成形流程：

材料加热→第一台卷簧机卷前半截→传送→第二台卷簧机卷后半截→传送→两半截弹簧之间的直线连接段由模压扭转成形→余热淬火

成形的关键在于弹簧成形过程动作衔接准时，定位准确，时间节拍控制在17s之内，时间过长弹簧的细端可能产生非马氏体转变，硬度不足。变线径、变外径中凸形悬架弹簧生产工艺复杂，成形需要两台卷簧机和成形模三者配合，工步间传送必须用机械手完成，因此，设备调整复杂，生产效率低，废品率高。对技术装备和操作人员的素质有很高要求。

5.2　悬架弹簧冷卷成形

悬架弹簧冷卷成形因为具有所需设备少、工艺简单等优点，特别在生产S形弹簧方面比热卷有明显优势，冷卷成为国内弹簧生产企业绝对主流。

5.2.1　冷卷材料

（1）材料牌号　悬架弹簧冷成形所使用的材料有国产和进口两类，牌号以55SiCr（近似牌号54SiCr6、SAE9254、SUP12）和55SiCrV（近似牌号54SiCr6+V、SAE9254+V、SUP12+V）、60Si2MnA（SUP6/SUP7）为主，杉田生产的SRS60（神户坯料，成分相当于60SiCrVA），供货的热处理状态有感应加热（ITW）材料和油淬火-回火（OTW）材料两类，用退火态材料冷卷之后再进行热处理的工艺很少用到。韩国大圆钢业用退火态变截面钢丝冷卷生产 Miniblock 弹簧，然后进行热处理是其生产特色。

（2）冷卷材料生产过程简介

1）感应加热钢丝：盘料→喷丸清理→涡流探伤检测（加修磨去除表面缺陷）→拉拔→感应加热→水淬→感应加热回火→上油包装

感应加热钢丝是日本热炼公司 20 世纪 80 年代发明的专利，简称 ITW 钢丝。ITW 钢丝具有强度高、晶粒细、塑性好的优点，抗拉强度有 200kg（2000MPa）、190kg（1900MPa）、180kg（1800MPa）和 160kg（1600MPa）四个等级，200kg 级材料用于应力 > 1100MPa 悬架弹簧，180kg 级材料用于应力 < 1100MPa 悬架弹簧，160kg 级材料用于应力 < 1050MPa 悬架弹簧。

2）油淬火-回火钢丝：材质与感应加热钢丝相同，采用淬火 + 回火工艺方法生产，材料强度和塑性逊于感应加热钢丝，抗拉强度以 180kg（1800MPa）级为主，进口的 SRS60 的抗拉强度能达 200kg（2000MPa）。生产过程如下：

盘料→酸洗清理→拉拔→加热→油淬→铅浴回火→(无损检测)→上油包装

5.2.2 冷卷悬架弹簧卷簧机

使用大规格 CNC 自动卷簧机进行卷绕，设备大多从德国和中国台湾采购，质量状况德国 WAFIOS 最好，中国台湾卷簧机以价格取胜。悬架弹簧卷簧机结构与小规格自动卷簧机基本相同，功率大很多，总功率达 100kW 以上。早一些时候的卷簧机采用液压伺服控制，为了稳定液压系统工作，卷簧机需要附属配置水冷却系统。现在卷簧机的大部分运动机构改用伺服电动机，使用比以往更方便。悬架弹簧冷卷卷簧机如图 27-22 所示。

图 27-22 悬架弹簧冷卷卷簧机

（1）料架 用以承载钢丝，料架带旋转送料机构，收到送料指令，料架主动旋转，摆臂张紧使材料保持张力。料架带制动装置，收到制动指令，料架制动装置启动停止送料。料架承载能力不低于 2t，料盘直径大于 2.5m，四周用铁皮围住，上面加盖，防止钢丝拆包和送料过程钢丝弹出伤人。

（2）导向机构 由两组互相垂直的滚轮组成，主要起导向作用，使钢丝顺利进入送料滚轮，同时还对钢丝起到辅助校直作用。

（3）送料滚轮 由一组 4 ~ 5 对带槽的滚轮所组成，材料在其中穿过，滚轮的加压装置将钢丝压紧，收到送料指令，滚轮转动送出等于弹簧展开长度的材料。送料过程要求平稳、送料长度准确，当前 CNC 卷簧机的长度控制精度可达 0.01mm。卷簧机送料要输出强大的扭矩，用伺服电动机驱动。送料滚轮由工具钢制造，对硬度、表面粗糙度、制造的尺寸精度、几何公差要求非常高，外圆上有多条槽，分别对应不同钢丝直径，每条滚轮槽的半径 R 对应一种钢丝线径，从经济性考虑，常采取一条槽兼用两种规格的方案，例如标称 $R = 12$mm 的槽，可用于 ϕ 为 12 ~ 13mm 的钢丝送料。理论上滚轮槽深越接近材料半径送料效果越好，送小旋绕比簧圈尤其有利，事实上由于槽深与半径相等，同一对滚轮之间间隙为零，反而导致无法送料。一般要求新的送料滚轮在压紧状态下送料时上下滚轮之间有2mm左右的间隙，使用过程不断磨损，槽深逐渐加大间隙减小，直到接近无间隙，对滚轮槽进行磨加工，改用于大一档规格材料送料。

送料滚轮在使用过程承受巨大载荷，需要经常检查送料槽的状态，轻微划伤可用磨石修磨；若存在变形、开裂、剥落等严重缺陷，则需要更换滚轮。

(4) 导丝板　由若干组纺锤状底板和盖板组成，位于材料进出口和滚轮之间，导丝板主要起导向作用，保障材料顺利导入滚轮和滚轮出口后的导向。滚轮之间的导丝板底板用方形槽即可，槽宽和槽深与钢丝动配合，配合间隙可达0.5mm。进出口处的导丝板呈“∩”形，槽底为圆形，槽深相当于一根钢丝。盖板可以不用开槽，出口位置导丝板与顶杆共同组成弹簧成形定位点，系受力构件。导丝板对耐磨性要求较高，由淬硬的工具钢材料制作，出口位置导线板甚至镶硬质合金以增加耐磨性。

(5) 顶杆　由形状相同的一对杆件组成，端部为可转动的带槽滚轮，顶杆滚轮槽 R 一般比钢丝线径大1mm左右，过大对节距控制不利，过小不利于弹簧顺利进入螺旋升角阶段。槽深约等于线径的2/5，送料轮送出的弹簧钢丝，两件顶杆与出口导丝板三点组成弹簧成圆定位点，顶杆通过前进与后退控制弹簧直径。弹簧冷卷时，顶杆顶端滚轮承受巨大压力，对耐磨和配合精度都有要求，材料由工具钢或轴承钢制造，硬度≥60HRC，与材料接触处光洁，减少摩擦或避免划伤材料。

(6) 节距推杆　可以采用由里向外推的方式，也可以采用从下往上推形式。由里向外推的节距推杆端部呈“L”形，在推出节距的同时有钩住并控制弹簧内径作用，防止卷大螺旋升角弹簧产生弹簧体比端圈小的现象。

(7) 落料机构　由心轴、切刀组成，材料为高速工具钢（常用牌号W18Cr4V或W6Mo5Cr4V2），硬度≥63HRC。心轴和切刀刀口需要稍作倒角，否则容易崩刃。弹簧卷制完成之后，进入落料阶段，心轴不动，切刀向下运动完成落料动作，心轴与切刀之间配合，上下之间不碰前提下，不需留间隙，上下刀之间存在配合间隙，弹簧下料之后容易产生内毛刺。落料机构在弹簧落料时承担重载荷，目前这部分仍保持液压伺服控制。

悬架弹簧冷成形卷簧机结构较为复杂，在卷簧过程，从送料开始到落料结束的动作配合都由程序控制。

5.2.3 冷卷弹簧试样

(1) 试样　弹簧冷卷成败的关键，与操作者的经验密切相关。新产品要试样，成熟产品重新生产也需要试样，甚至同一批产品炉号更换之后也要试样，频繁的试样是弹簧冷卷最为人诟病，但又无法避免的必需步骤。因为生产过程中的各后续工序都会对弹簧性能产生影响，造成的变化规律至今无法清晰地用数学方式表达，主要靠经验与实际验证。所谓试样是让有经验的操作人员根据经验先试做3~5件弹簧，仿照正常生产流程进行回火-喷丸-压缩-涂装-上橡胶套（如果需要）过一遍，之后验证弹簧尺寸和负荷与刚度，S形弹簧增加弹簧侧向力与弹簧轴心线的偏离是否符合要求。根据第一次试样结果决定是否需要调整参数或者重新试样，直到所有参数达到要求为止。新产品和S形弹簧试样可能要进行多次试样，时间持续不止一天。

(2) 一般规律　总体上以经验为主，但也不是毫无规律可循，试样之后尺寸变化趋势：内径收缩，圈数增加，长度缩短。弹簧小圈收缩量在0.9~1.3mm之间，弹簧体外径收缩量在1.5~2.0mm之间，弹簧预制高度放长量与弹簧应力和压缩工艺（冷压还是热压）正相关，一般放长量选择为弹簧高度10%~15%，如果放长量达到弹簧高度15%以上仍然不能立定，再增加预制高度收效不大，可能要从改变材料强度、增大弹簧外径或者增加弹簧圈数以及增加线径等级几方面着手。S形弹簧侧向力偏心距离通过改变弹簧上某些节距大小调整（一般选择小圈端）。

5.2.4 冷卷弹簧注意事项

1）新产品试样一般用通用量具，如游标卡尺、高度尺、塞尺等，调整结束将参数冻结，批量生产开始之前以这些参数作为输入制造专用量具。S形弹簧弯曲度更要有对应的专用量具控制。为卷簧所制造的专用量具不能和压缩工序以及成品工序通用，用错会造成批量报废。

2）冷成形出料端小圈180°范围内很难做到完全平整，弹簧端圈与安装座（生产现场用平板取代）之间间隙容易超差（一般要求端头开始180°范围内≤0.5mm），通过调整顶杆角度调节。

3）弹簧落料端的端圈会发生弹大现象，可以通过程序弥补。

4）同批弹簧的自由长度和直径受材料、工装和设备精度影响，波动较大，注意跟踪监控，建议间隔五件抽一件样品用专用量具验证。

5）冷卷弹簧系无芯卷绕，弹簧同轴度要依靠工装和程序调整。

6）如弹簧落料心轴和切刀间隙调整不好，落料处易产生内毛刺，切刀、心轴发生崩刃更要及时更换和修磨。

7）S形弹簧节距调整避免集中只调整弹簧的一个节距，节距调节尽可能做到逐步过渡，集中于一个节距，造成局部应力过大，于疲劳性能不利。

8）弹簧压缩过程节距变化均匀，压到上止点位置弹簧圈之间不接触，对于S形弹簧尤其重要。

9）由于弹簧属于柔性件，压到上止点位置出现弯曲现象不可避免，但要求内径不能与减振器活塞杆防尘罩发生擦碰，外径不能与底盘其他零件干涉。

10）若弹簧冷卷之后存在很大内应力（≥+900MPa），应尽快进行去应力退火。在等待期间避免接触水、酸等有害物，这些微量有害物足以引起弹簧应力开裂。图27-23所示为某弹簧（材料σ_b>2050MPa）未及时退火，在放置过程遇到潮湿环境后发生应力开裂。

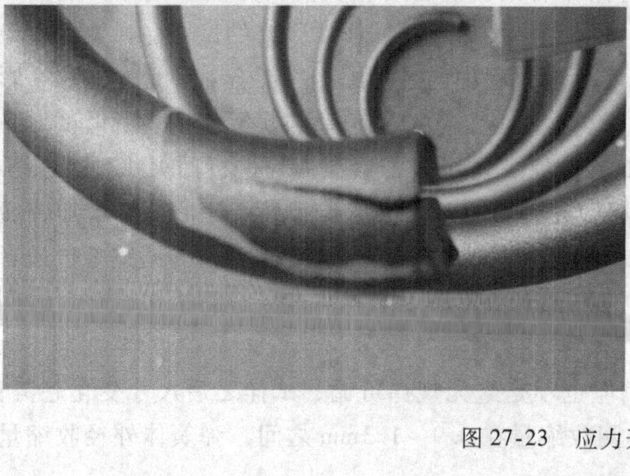

图27-23 应力开裂

11）冷卷弹簧卷簧后残余应力深度分布：图 27-24 为某弹簧公司对冷卷后弹簧所做的 X 线应力剥层分析报告，材料牌号 SWI200，$d=11.75$，X 线方向弹簧轴向 45°。

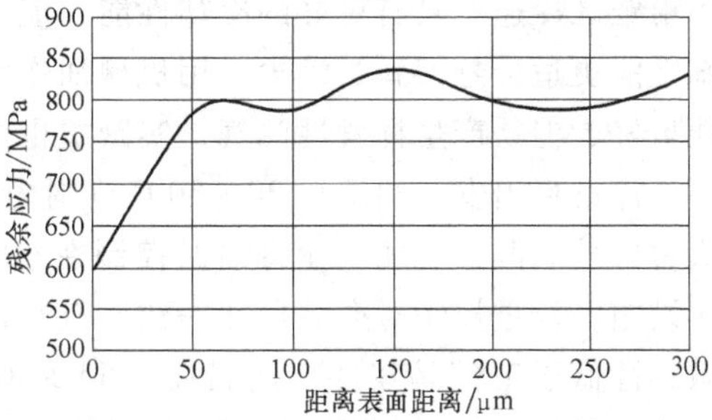

图 27-24　SWI200 材料弹簧卷后残余应力分布

5.3　变径材料中凸形悬架弹簧冷卷

（1）自动卷簧机成形　国内没有自动卷簧机卷绕变径材料中凸形悬架弹簧的实例，国外已有应用。卷簧机的送料滚轮能跟随钢丝的线径上下浮动，此项技术德国 WAFIOS 公司已经解决，用退火态剥皮盘料，卷簧机成形后进行热处理，此项技术未大量推广应用。

（2）车床卷簧成形　韩国大圆公司的专利技术，将成形模设计为多片可装拆的形式，两名工人操作，完成送料、成形模拆装与装夹，熟练工人拆装速度非常快，卷簧节拍可达每分钟 4 件左右。材料为退火态，后续在专门的加热炉中热处理，弹簧放置于加热炉中凹形的定位架上，防止加热过程中变形，淬火和回火与常规工艺相同。这种工艺生产效率和成本都可与热成形相媲美。

6　弹簧热处理

6.1　热卷后的弹簧淬火

（1）入油温度　弹簧热卷结束表面温度降至 850℃ 左右，温度高于 Ar_3，可利用余热对其淬火，弹簧入油温度高于 800℃ 淬火不会有负面影响。

（2）淬火剂　表 27-17 列出了适用于悬架弹簧淬火的几种油品的性能指标。

表 27-17　悬架弹簧淬火用油性能

油品种类	机械油			淬火油			
指标/品种	L-AN15	L-AN22	L-AN32	1 号	2 号	WPZ-1	WPZ-2
运动黏度 40℃/(mm²/s)	13.5～16.5	19.8～24.2	28.8～35.2	30	26	<18	<30
水溶性酸和碱	无						
酸度中和值/(mgkOH/g)	按报告			0.1	0.1	—	—
机械杂质　不大于(%)	0.05	0.05	0.07	—	—	—	—
水分　不大于(%)	痕迹			无			
闪点(开口)/℃　≥	150			170	170	170	180
特性温度/℃	—	—	—	480	580	480	500
特性时间/s　≤	—	—	—	4.7	3.8	—	—
(800→400)℃冷却时间/s　≤	—	—	—	5.0	4.5	5.0	5.0

优良的淬火冷却介质在弹簧淬火过程中，在过冷奥氏体最不稳定温度（550℃附近）时有最快的冷速，而在马氏体形成温度 *Ms* 点（300℃附近）时具有缓慢的冷速。机械油用途定位于机械润滑，相比专用淬火油在过冷奥氏体最不稳定温度的冷速较慢，而在马氏体形成温度的冷速基本相似，对于线径粗，散热面小的工件与淬透性较差的钢种，机械油的冷速特性难以满足工件淬透的要求。热卷悬架弹簧，材质为合金弹簧钢，线径较细（轻型载货汽车）20mm 左右，常用线径为 12～16mm，悬架弹簧形状有利于淬火过程热交换，机械油作为淬火剂，基本能淬透。专用淬火油在机械油的基础上加入了添加剂，有利于提高过冷奥氏

体不稳定区冷速，具有更好的冷却性能，但成本高。淬火油中 2 号淬火油，无论特性温度、冷却性能更适合悬架弹簧淬火。用机械油作为淬火剂，运动黏度低的油品流动性较好，冷却性能虽好，但易产生挥发性油气，实践中也可用不同黏度的油品混合，调节运动黏度。

从淬透性出发，油温在 20 ~ 80℃ 范围内淬火都能淬透，但油温差异过大，易造成弹簧淬火后尺寸离散，有些企业将油温控制在 60 ~ 80℃，油槽有冷却循环系统，还有油温自动加热设施，双重控制对产品尺寸一致性有利，但成本相应升高。悬架弹簧对热处理尺寸变化的敏感性低于工模具零件，油温在（60 ± 40）℃ 下使用，基本能满足油温所造成的尺寸变化。热处理操作更应重视悬架弹簧入油方式和油池循环的进油口和出油口的布置，弹簧淬火放平滚动入油，比弹簧放在 V 形槽浸入油池的冷却均匀性更好。弹簧滚入油池过程，由于旋向的作用，行进路线不是直线，在油面线下设 1 ~ 2 道挡板将弹簧扶正，以减缓弹簧入油初速。油池冷却循环应避免冷油的进油口直接对着入油的弹簧，避免造成弹簧各部分冷却不均，变形增加。较好的冷却循环应能保证冷油进入油池与弹簧接触之前和原来油池内的热油充分混合，利用热油和冷油的比重差异，用溢油方式，让热油溢出。应严格防止弹簧入油时半截弹簧露在油面之上，这样可能造成油池起火。油温升高会造成黏度降低，使流动性改善，冷却均匀性增加，但油温升高会使油品氧化，每升高 10℃，氧化将增加 1.5 ~ 4 倍，日久导致油品冷却性能下降。所以悬架弹簧淬火尽量开启冷却循环，使油温不致过高，短时油温最高不超过 120℃。

悬架弹簧自重小，散热面大，在流动的油中停留 2min 以上，可以出油，但此时弹簧表面温度较高，虽然出油后会出现冒烟现象，但组织转变基本完成和在油中停留时间更长的弹簧组织无多大差异。

（3）弹簧淬火硬度与组织 正常淬火后弹簧硬度≥60HRC，55SiCr、55SiCr + V、55CrMn 等钢种不同炉批号受含碳量波动的影响，有时硬度≥58HRC，若检查工艺参数和操作过程并无异常，也属允许范围。60Si2CrA、60Si2CrVA、60Si2MnA、60CrMnA 等材料硬度一般不低于 60HRC，发生硬度不足，首先考虑加热参数、炉内气氛是否正常，其次检查操作过程和入油温度。硬度低比较多见的原因为加热不足，在金相显微镜下可发现欠热组织——未熔铁素体。此现象多见于加热炉发热元件损坏或粗线径加热保温时间不足，变线径材料生产节拍过于迟缓造成过冷奥氏体已经分解所致，表面脱碳会造成弹簧表面硬度下降。

悬架弹簧正常淬火组织为淬火马氏体，形态以细针状马氏体为主，在放大 500 倍的显微镜下，可见到马氏体呈针状和片状分布，Cr-Mn 和 Si-Mn 钢的组织较粗，含 V 的 Si-Cr 钢，马氏体组织最细。相同材料感应加热淬火组织比传统加热更细。

紧接淬火之后弹簧进入回火工序，有些企业淬火之后增加热水清洗，从技术角度可有可无，从环保角度则有减少环境污染的作用。

6.2 弹簧回火

（1）回火硬度 回火温度决定了悬架弹簧硬度（强度），硬度选择与弹簧服役的最大应力有关，表 27-18 是不同应力条件弹簧推荐硬度选择范围。表 27-19 所列为不同回火后硬度参考值，每批弹簧因材料成分波动、加热参数波动，硬度值相应有所波动，正常波动为 ±1.0HRC，极端情况为 ±1.5HRC。就材料力学性能而言，硬度提高必然伴随塑性下降，缺口敏感性增加，对弹簧表面缺陷（碰伤、脱碳）要求提高。对具体钢种，Cr-Mn 和 Si-Mn 系钢种，硬度控制在 49HRC 以下比较合理。Si-Cr 系钢种取硬度 52HRC 用以制造应力

1100MPa以下弹簧，应力1100MPa以上弹簧需要取更高硬度，考虑使用超纯净钢。加V的Si-Cr+V超纯净钢制造应力1150~1200MPa的高应力悬架弹簧硬度可以取54HRC左右。

表27-18 热卷悬架弹簧硬度推荐值

最大应力/MPa	<1000	1000~1050	1050~1100	1100~1150	1150~1200
硬度/HRC	48~52	52±1.5	52.5±1.0	53.5±1.0	54.5±1.0

表27-19 悬架弹簧不同材料回火硬度 （单位：HRC）

材料	回火温度						
	380℃	390℃	400℃	410℃	420℃	430℃	440℃
50CrVA	48	—	—	—	—	—	—
55CrMnA	—	50	49	48	—	—	—
60Si2MnA	—	—	—	—	51	50	49
60Si2CrA					53	52	51
60CrMnA	—	—	51	50	49	—	—
55SiCr	54	53	52	51	50	—	—
55SiCrV	54.5	53.5	52.5	51.5	50.5		

（2）保温时间　弹簧回火的第一阶段表现为硬度迅速下降，保温到15min硬度已接近要求硬度，但淬火应力远未彻底消除，需要继续保温，消除淬火应力。通常悬架弹簧回火保温时间不应低于45min。

（3）回火组织　回火基体组织为回火马氏体，马氏体组织位向清晰可见。由于弹簧回火后基体为回火屈氏体的概念根深蒂固，部分企业还是约定俗成将其称为回火屈氏体。其实两者在金相上是完全不同的组织，屈氏体属于极细珠光体，高硬度悬架弹簧的金相组织，马氏体特征明显。

（4）回火脆性　Si-Cr、Si-Mn、Cr-Mn系列钢种都属第二类回火脆性敏感钢种，悬架弹簧的回火温度处于该温度区域，回火后宜采取快冷措施（风冷或水冷）。已经发生第二类回火脆性的产品，可通过再次回火后快冷的方式予以消除。悬架弹簧形状有利于散热，罕有发生第二类回火脆性，除非生产中有弹簧遗留在炉中随炉冷却。

（5）淬火、回火后弹簧的尺寸变化　弹簧直径变化量在0.3mm之内，目视圈数无明显变化。

6.3 冷卷弹簧去应力退火

（1）去应力退火　去应力退火的目的是消除卷簧形成的残余应力、稳定尺寸，同时起到补充回火作用。

（2）去应力退火温度与抗拉强度关系　图27-25所示为热炼公司所做的退火温度与抗拉强度关系试验曲线，退火保温时间30min，供参考。

（3）热炼公司推荐的去应力退火温度　SWI180——退火温度400℃±10℃，保温30min以上；SWI200——退火温度380℃±10℃，保温30min以上。

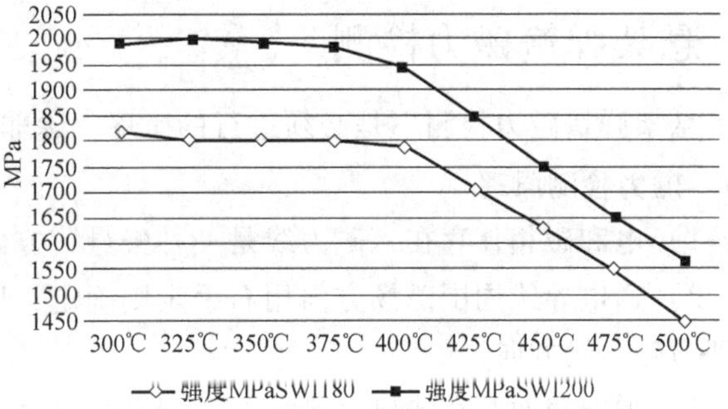

图27-25 SWI180和SWI200的回火温度与抗拉强度关系

上述均为推荐工艺，由于每批材料成分与热处理过程参数会有微量波动，供应商提供材料抗拉强度也会有上下波动，弹簧冷卷之后还需在此温度基础上进行微调，一般高应力弹簧和S形弹簧退火温度公差最好控制在±5℃之内。

（4）快速退火　一般将去应力退火保温时间控制在15min之内的工艺称为快速退火工艺，快速退火工艺的优点为生产效率高且大幅度节能，存在问题是卷簧残留应力消除不彻底，有时可达+300MPa以上。后续工艺如采用热压+热喷丸，可以抵消应力消除不彻底的负面作用。

（5）退火温度与抗拉强度　如图27-25示SWI180和SWI200退火温度与抗拉强度关系，随着退火温度的提高抗拉强度显著下降。

（6）退火温度与残余应力　冷卷弹簧成形之后存在很大内应力，即使经过消除应力退火，残余拉应力并不能得到完全消除。图27-26为SWI180和SWI200退火温度与残余应力关系，从中可以看出随着退火温度的提高残余应力显著下降。

（7）去应力退火保温时间与残余应力的关系　图27-27为热炼公司提供的试验曲线，样品弹簧$d=11.5$mm；$D=115.0$mm。残余应力测量弹簧内侧表面45°方向，SWI180样品退火温度400℃。SWI200样品退火温度375℃。

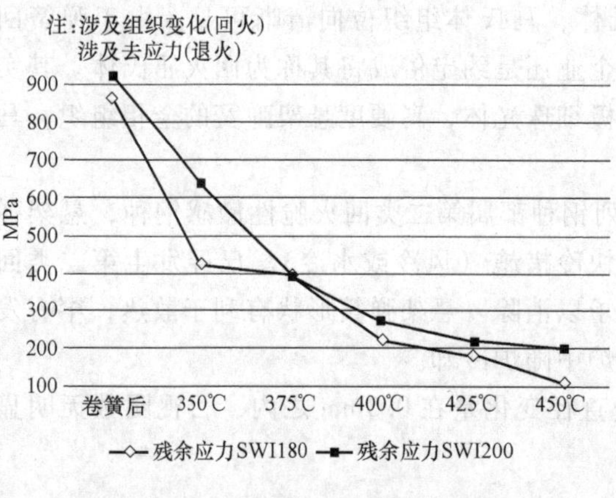

图27-26　退火温度与残余应力关系

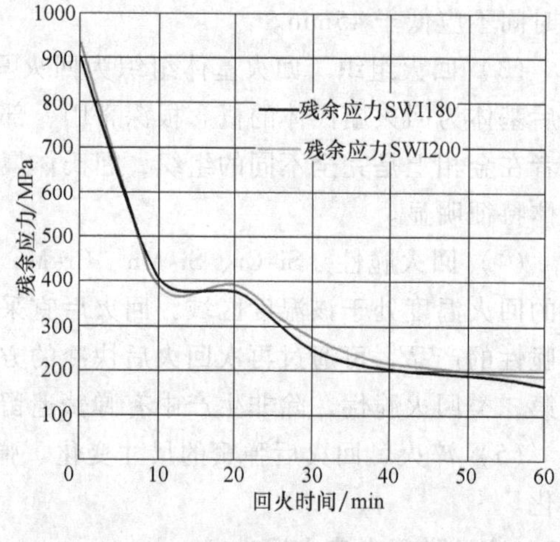

图27-27　退火保温时间与残余应力的关系

7　悬架弹簧磁力检测

悬架弹簧磁力检测不是必须进行的工序，除非有特殊要求的情况下进行。

7.1　磁力检测原理

1）电和磁相伴存在，磁力线是一种矢量，方向为从N至S。

2）通电导线周围磁场方向用右手定则确定，以大拇指指方向作为电流方向，四指的方向即为磁力线方向。

3）弹簧表面存在缺口（缺陷）在外磁场作用下产生感应磁场，感应磁场吸引磁性物质（磁粉），从而勾勒出缺口的形状特征。弹簧磁力检测主要发现弹簧的开口型缺陷，如裂纹、拉丝、麻点、划痕等，非开口型缺陷的发现能力差。

4）磁力检测通电方法：直接通电法，弹簧两端夹持后通电，主要发现沿弹簧螺旋线纵向开口型缺陷。中心导体法，弹簧中间穿心轴通电主要发现弹簧螺旋线横向开口型缺陷。

5）缺陷发现能力：缺陷的发现和磁力线方向夹角有关，缺陷与磁力线走向垂直，发现能力最强；缺陷与磁力线走向一致则不能被发现。悬架弹簧检测 通电方法可采取直接通电法（弹簧作为导体夹持后通电），和中心导体法（在弹簧体中间插入铜棒）两种。端部带小圈的悬架弹簧，受形状限止，铜棒直径不能很粗，中心导体法弹簧体上的感应磁场强度与导体距离平方成反比，螺旋线位置的磁场强度衰减明显，发现横向缺陷能力下降。JB/T 0759—2010 不推荐工序检测中使用中心导体法。

7.2 磁化液

磁化液以水基为主，油基淡出。水基磁化液配制方便，只需在水中加入 0.1% ~0.3% 荧光磁粉和防沉淀的悬浮剂、消泡剂等助剂搅拌（有磁粉与助剂配好的产品出售），磁粉比例过高影响到衬度，灵敏度反而降低。

（1）磁化液组成

1）荧光磁粉：在过筛后的铁粉或四氧化三铁粉上包裹一层荧光物质，荧光物在紫外线（黑光灯波长 320 ~400nm）照射下发出人眼敏感的黄绿色可见光。粒度粗细有 400 目、450 目、500 目、600 目等多种规格，悬架弹簧检测使用 500 目。

2）磁粉分散剂：荧光磁粉和水的密度相差很大，水中加入磁粉之后容易产生沉淀，分散剂的作用具有良好的分散性和润湿性，能很快地将磁粉分散开来，并且能够长时间将磁粉颗粒悬浮在水中，保证磁悬液浓度的均匀，提高灵敏度。

3）消泡剂：荧光磁悬液的助剂，具有良好的消泡性，能快速消除磁悬液中的泡沫，使观察缺陷清晰度变好。

4）防锈剂：配制磁悬液的助剂。具有良好的防锈性，能提高磁悬液对工件的防锈蚀效果。若悬架弹簧在检测之后立即进行喷丸处理，可以不加防锈剂。

（2）磁化液配方

1）磁化液每升水中磁粉和助剂的加入量：

荧光磁粉：1 ~3g；分散剂：每升添加 20 ~40g；消泡剂：每升添加 20g，配制时应将消泡剂摇动均匀后加入；防锈剂：每升添加 20 ~40g。

2）磁化液配制：分别将主料磁粉、助剂分散剂、消泡剂和防锈剂按比例加入，搅拌均匀即可使用。助剂中分散剂必须添加，是否使用消泡剂，根据磁化液泡沫多寡酌定，是否使用防锈剂，决定于弹簧检测后进入下道工序的等候时间。

3）复合荧光磁粉：事先将各种组合成分配制好，已经具备润湿表面、分散、悬浮、消泡和防锈等功能，只需直接加入水中即可使用，配方：5 ~7g/L。

4）注意事项：磁粉罐开封后，请密封存储，尽快用完。勿将荧光磁粉存放在阳光直射场所或 40℃以上的潮湿地方。

7.3 紫外线照度

紫外线主要用于激发荧光粉中电子发生跃迁，电子从高能态退落至低能态时以可见光形式释放能量。

（1）紫外线波长　紫外线按照波长分为 UVA320 ~400nm、UVB290 ~320nm、UVC200 ~290nm 三种。波长越短能量越高，对人眼和皮肤的伤害越大。JB/T 4730.4—2005 规定磁力检测用紫外线黑光灯只允许使用对人体皮肤和眼睛损害较小的 UVA 波段，波长 320 ~ 400nm，中心波长约为 365nm。合格的黑光灯的灯光中应该只有 UVA 波段紫外线，不含 UVB 和 UVC 波段紫外线。

（2）紫外线灯（黑光灯） 悬架弹簧检测选择长方形大面积黑光灯观察比较方便，进口紫外线灯价格昂贵，频繁开和关或者在灯泡上溅上检测液都会严重缩短灯的寿命。最新市场上有适合磁力检测的大面积 LED 冷光源黑光灯问世，可以即开即用，寿命可以达到 50000h，波长在 UVA 波长中段 365 ~ 370nm，紫外线照度可达 $4000\mu W/cm^2$。

（3）紫外线灯照度 在弹簧观察位置紫外线照度要求 $\geq 1000\mu W/cm^2$（lx）。操作时佩戴防护用品（防紫外线眼睛，裸露手涂防晒霜，防晒霜 SPA 值 >30）。表 27-20 推荐几款大面积 LED 冷光源黑光灯，作为选用参考。

表 27-20 适合于悬架弹簧磁力检测的 LED 紫外线灯规格

型号	照度面积 /mm^2	功耗 /W	外形尺寸/mm × mm × mm
CrackCheck-365/8	300 × 260	24	310 × 235 × 115
CrackCheck-365/12	420 × 260	36	435 × 240 × 115
CrackCheck-365/16	540 × 260	48	550 × 235 × 115
CrackCheck-365/20	660 × 260	60	670 × 235 × 115

7.4 暗室

为了让观察者有好的光线对比度和安静的工作环境，尽可能安排检查人员在暗室内进行缺陷检查，暗室大小和工位设置由生产节拍决定。磁化后弹簧在专用滚道上滚动，检查人员仔细观察弹簧内圈和外圈，暗室内设判废通道和合格通道，暗室内保持通风良好和适宜的温度。

7.5 标准试片

（1）试片型号 标准试片有 A 型、M 型、C 型和 D 型等多种试片，A 型试片外形 20mm × 20mm 正方形，中间圆 ϕ10mm，十字槽 6mm × 6mm；D 型号试片外形 10mm × 10mm 正方形，中间圆 ϕ5mm，十字槽 3mm × 3mm（均为 A 型试片的二分之一）。C 型号试片外形呈长方形，总长 30mm，宽 10mm。M 型试片外形 20mm × 20mm 正方形，中间分布三同心圆。

（2）悬架弹簧检测试片选择 使用 C 型号和 D 型试片比较合适，图 27-28 和图 27-29 所示分别为 C 型试片和 D 型试片。

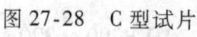

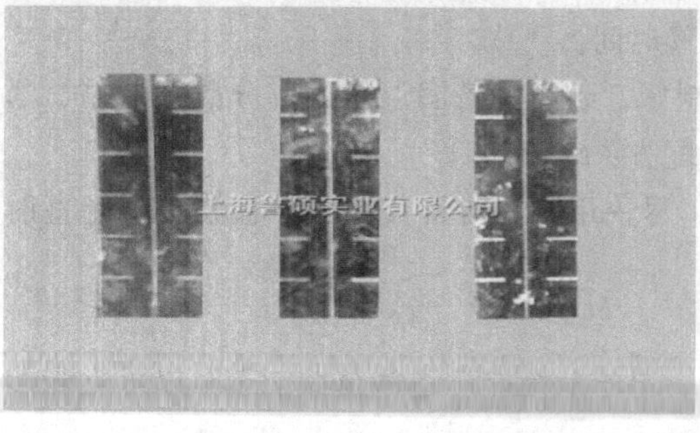

图 27-28 C 型试片

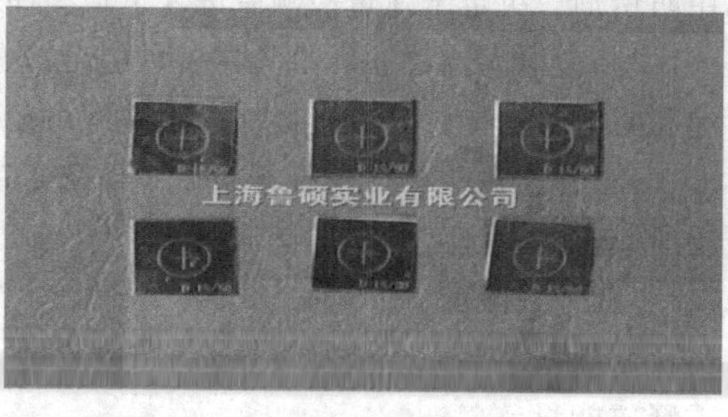

图 27-29 D 型试片

（3）试片使用 C 型试片可以剪开（每块最多剪成五片）或不剪开使用。D 型试片由圆和十字组成，可以同时测定不同方向的磁特性，适宜评价复合磁化灵敏度，不能剪开使用。

（4）试片人工缺陷规格　为了适应不同需要，标准试片有多种规格供用户选择，表27-21列出比较适合于悬架弹簧检测和设备校正的C型和D型试片的部分规格（JB/T 6065）。

表 27-21　C 型和 D 型试片规格　（单位：μm）

试片型号与规格	人工缺陷槽深度	槽深偏差	人工缺陷宽度范围
C-8/50	8	±3	50~80
C-15/50	15	±5	50~90
D-7/50	7	±3	50~80
D-15/50	15	±5	50~90

（5）试片使用　悬架弹簧更换产品之后开始检测作业前，先将贴有试片的弹簧进行一次校验，校验时将试片带有磁痕的一面反贴在悬架弹簧上（贴试片处弹簧表面磨平），进行磁化效果和灵敏度测定。所用试片型号推荐C-15/50或者D-15/50等级，深度15μm；宽度50μm的试片基本可以满足悬架弹簧检测要求。试片另一用途，校验检测机设备和调整弹簧检测参数（电流和磁化时间）。检测设备校验，隔3~6月用标准试片校验一次。

（6）试片保养

1）试片使用前，用柔软的纸或纱布轻轻地把试片表面的油渍擦去，再用胶带纸紧密地贴在工件上，保证试片与被检面接触良好。

2）试片用后涂防锈油。

3）试片有锈蚀、褶折或磁特性发生改变时不得继续使用。

7.6　磁化方法

（1）磁化方法的种类　磁化方法有直流磁化与交流磁化两种，悬架弹簧检测一般使用交流磁化。

（2）磁化液喷淋和通电　有磁化液通电同时喷淋磁化液和通电后喷淋磁化液两种方法，前者称为连续法，后者称为剩磁法。悬架弹簧检测使用连续法，在弹簧通交流电同时喷淋磁化液。

（3）检测电流　直接通电法，电流为每毫米线径20A；中心导电法，电流为每毫米40~50A，通电时间1~3s（按JB/T 0759—2010）。

（4）弹簧磁化注意点

1）防止弹簧与导电板接触过程有火花溅出，产生火花的接触点在距端圈180°非工作圈之内问题不大，180°之外位置，可能成为隐藏的疲劳源。

2）使用中心导电法，导体与弹簧应保持绝缘。

7.7　缺陷检查

弹簧磁化之后，进入检查判断环节，检查人员经验与责任心是最重要的影响因素。检查人员必须经过正规培训，有相应资质。视力（矫正视力）每年检查一次，不低于0.8（标准要求1.0），且不能有色盲。为防止视觉疲劳造成判断力下降，检查人员可以采取轮流观察作业，每工作50min，休息10min。

7.8　退磁

经过磁化后的弹簧仍带有磁性——剩磁，悬架弹簧对剩磁强度要求不高，检测后弹簧列队通过退磁线圈即可满足剩磁要求。剩磁强度可以使用剩磁仪检查，退磁在 JB/T 0579—2010《圆柱螺旋压缩弹簧磁粉检测方法》中不作为强制性要求。

8 悬架弹簧压缩处理

弹簧压缩处理的目的是将弹簧压到并紧，或者上止点之下，达到稳定尺寸，减少使用过程弹簧松弛，弹簧经过压缩之后所产生的残余压应力对提高弹簧疲劳寿命有利。

悬架弹簧压缩工艺有热压和冷压两种工艺。

8.1 热压缩处理工艺

（1）热压温度　弹簧加热到150～250℃后进行压缩。

（2）热压过程

加热→上料→（弹簧抬升）认头→（弹簧抬升）压缩（一次）→冷却→下料。

（3）注意事项

1）弹簧热压高度首选为压到并紧，弹簧不易产生工艺上不希望出现的弯曲。

2）只有在压到并紧长度后弹簧的自由长度不能达到要求的前提下，才选择不压到并紧，改为压到上止点以下高度。

3）弹簧热压温度选择同样取决于弹簧的压至工艺高度下的变形量，如果在该温度下弹簧压到并紧变形量超过预期，或出现“立不定”现象，热压温度选择下限，反之弹簧压缩之后自由长度仍然超长，则选择较高温度。

8.2 热压缩处理的时机选择

（1）弹簧回火或者去应力退火之后进行热压缩处理　弹簧在回（退）火炉中或者在传送过程，将弹簧温度降至热压工艺温度后进行热压缩处理。

1）优点：可以利用退火余热，工艺紧凑。如果控制得当，热压之后弹簧不进行冷却，还可以带着余热进行热喷丸。

2）缺点：热压温度控制如在回（退）火炉内完成，炉内要配置相应的降温—均温措施，导致回（退）火炉长度增加，结构复杂。

弹簧出炉后传送过程中解决降温—均温问题，弹簧温度一致性控制比较困难，热压之后弹簧长度离散性大。

（2）弹簧结束喷丸之后进行热压缩处理　将弹簧重新加热到热压温度，进行热压缩处理。

1）优点：弹簧的温度一致性解决得很好，弹簧热压之后长度离散性小。

2）缺点：需对弹簧重新加热一次。

（3）智能热压机　热压机可自动感知受压过程中弹簧的负荷，操作人员预先设定负荷值，弹簧压缩过程负荷已经达到设定值，热压机压头不再向前继续压缩，反之压头继续前进，直到达到设定值为止，带智能的热压机能有效地减少弹簧（负荷）参数的离散性。

8.3 冷压缩处理

大多数中小型生产企业所用的压缩处理工艺为冷压，相比热压工艺，冷压的工艺简单，设备投入小，但效果不如热压。

1）冷压工艺顺序：喷丸之后涂装之前。

2）弹簧冷压次数：一般取3～6次，弹簧压到并紧。

3）两次之间退程距离超过弹簧自由长度的2/3。

4）悬架弹簧冷压缩处理机外形如图27-30所示。

图27-30　悬架弹簧冷压缩处理机

弹簧压缩处理之后尺寸发生变化，一般规律自由长度短缩，弹簧体外径增加，小端外径基本不发生变化，弹簧圈数变化不大。

9　悬架弹簧喷丸处理

悬架弹簧最重要的强化工艺手段，有一次喷丸、二次和多次喷丸、热喷丸、应力喷丸等多种工艺选择。

9.1　喷丸作用

弹簧通过喷丸表面产生残余压应力，喷丸还能使弹簧表面组织致密，增加硬度和位错密度，形成类似复合材料结构。多次喷丸尤其用小丸粒喷丸，表面将起到磨削作用，可以改善弹簧表面粗糙度。

9.2　喷丸设备

悬架弹簧喷丸设备主要为通过式离心喷丸机，弹簧进入喷丸机之后辊杠使弹簧转动，拨叉推动弹簧在喷丸室内前进，接受丸粒喷射。进入喷头的丸粒被加速至75～85m/s喷射至弹簧。悬架弹簧喷丸机的喷头有二喷头和四喷头，通道有单通道和双通道。图27-31所示为悬架弹簧通过式喷丸机。

图27-31　悬架弹簧喷丸机

9.3　喷丸丸粒

铸钢丸基本淘汰，陶瓷丸粒价格昂贵，还未进入悬架弹簧生产实用。主流采用钢丝切丸，丸粒选择主要考虑如下因素：

（1）圆度　衡量丸粒形状的指标，分四个等级。图27-32为不同圆度等级丸粒。

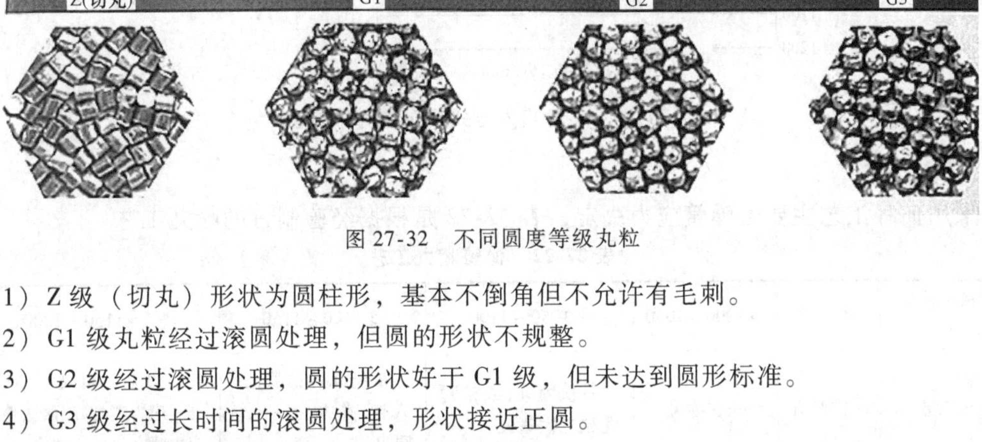

图27-32　不同圆度等级丸粒

1）Z级（切丸）形状为圆柱形，基本不倒角但不允许有毛刺。

2）G1级丸粒经过滚圆处理，但圆的形状不规整。

3）G2级经过滚圆处理，圆的形状好于G1级，但未达到圆形标准。

4）G3级经过长时间的滚圆处理，形状接近正圆。

综合考虑质量和成本，一般选用G1或G2级丸粒。

（2）硬度 以丸粒的显微硬度标称，悬架弹簧选用 640HV 级居多，硬度更高的 700HV 级，因成本关系用者不多，同级硬度允许公差 ±30HV。

（3）尺寸 以丸粒直径标称。

1）第一次喷丸（粗喷丸）常用丸粒直径 0.8mm，用直径更大的丸粒喷丸可以获得更大的能量，但表面粗糙度变差。

2）第二次喷丸（精喷丸）应比第一次喷丸的丸粒细，可以选择 0.4 ~0.6mm 丸粒。

9.4 喷丸方法

（1）普通喷丸 弹簧呈自由状态，在常温下进行。第一次（粗喷丸）用 0.8mm 丸粒，第二次（精喷丸）用 0.4 ~0.6mm 丸粒。

（2）热喷丸 弹簧呈自由状态，在 200 ~220℃ 温度下进行，丸粒 0.8mm。热喷丸可以喷一次丸就结束，也可以在热喷丸之后，再加一次普通喷丸（丸粒大小由企业根据设备决定，推荐热喷丸后使用细丸粒喷）组成组合喷丸。热喷丸设备需要用为热喷丸设计的热喷丸机，设备能在温度 300℃ 以下正常工作，喷丸机吸尘器内加消石灰，否则吸尘器内易引起粉尘燃烧。

（3）应力喷丸 弹簧进入喷丸室之后压头将弹簧压下，使其在受力状态下接受喷丸。在常温下进行，丸粒 0.6 ~0.8mm，以选 0.6mm 为多。应力喷丸常用作普通喷丸或者热喷丸的后续喷丸。

弹簧在以上三种条件下进行喷丸，所产生的残余压应力以应力喷丸最高，热喷丸次之，普通喷丸较低。图 27-33 所示为不同喷丸方式残余压应力示意图。

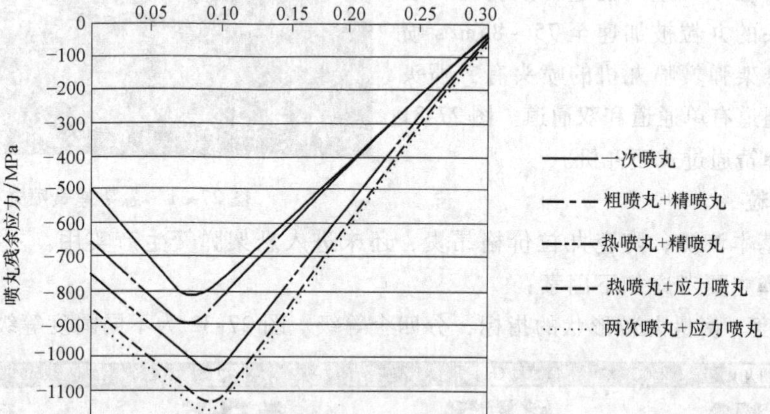

图 27-33 各种喷丸方式残余应力示意图

9.5 喷丸工艺

采用何种工艺主要由弹簧应力决定，表 27-22 是根据经验制订的喷丸工艺。

表 27-22 弹簧喷丸工艺

弹簧最大应力/MPa	≤1000	>1000 ~1050	>1050 ~1100	>1100 ~1150	>1150 ~1200
喷丸工艺	一次喷丸	一次喷丸	一次喷丸，或相同丸粒二次喷丸	粗喷丸 + 精喷丸，或热喷丸 + 一次喷丸	热喷丸 + 精喷丸，或热喷丸 + 应力喷丸，或两次喷丸 + 应力喷丸

9.6 影响喷丸质量的因素与控制

喷丸属于整个生产环节中的关键工序，直接影响到弹簧的疲劳寿命，在过程中有多种因素影响喷丸质量。

丸粒检验标准大都借用 VDFI 8001（德国弹簧协会标准），与之等同的标准 DIN8201-4。也可按 SAE J441（美国动力机械工程师协会标准）标准检验。下列检验方法为 VDFI8001 的检验要求。

（1）目视检验 从样本中取出一定数量丸粒，把它们紧密平铺在平面上，用一块 100×30 胶带取样，样品放在放大 25 倍的体视显微镜下观察，与标准样板比对，丸粒的缺陷比例不超过 2‰，第一次检查缺陷比例在 2%～4% 之间，允许第二次抽样，但检查结果必须在 2% 以内，超过 4% 直接退货。

（2）丸粒尺寸 筛网法，检验丸粒的过筛率与留筛率。

1）筛孔尺寸：第一筛为公称尺寸 +0.1 mm，第二筛为公称尺寸，第三筛为公称尺寸 -0.1mm。以 0.8 mm 丸粒为例，第一筛筛孔尺寸 0.9 mm；第二筛筛孔尺寸为 0.8 mm；第三筛筛孔尺寸为 0.7 mm；

2）要求：丸粒尺寸检验（筛网法）见表 27-23。

表 27-23 丸粒尺寸检验（筛网法）

第一筛留筛率	第二筛留筛率	第三筛过筛率	其余
≤5%	≥85%	≤10%	≤5%

（3）丸粒硬度（维氏硬度）检查

1）样本：50 粒左右，用环氧树脂镶嵌（温度低于 140℃）进行打磨和抛光，打磨深度应达到丸粒直径的 1/3，用 3% 硝酸酒精轻轻擦拭腐蚀，然后取中间 20 粒丸粒进行硬度测试，计算算术平均值。

2）显微硬度检验：压头载荷：公称直径≤0.3mm 丸粒，载荷 4.9035N（HV0.5）；公称直径 0.4～1.0mm 丸粒，载荷 9.807N（HV1）。

3）硬度允许偏差：丸粒名义硬度等级 ±30HV。

9.7 耐久性试验

1）设备：欧文（ERVIN）试验机。

2）样本：取 220g 样本，另取 100g 作为补充样本。

3）试验方法：第一步将 220g 样本放入欧文试验机运转，每 500 次为一个循环，每个循环结束后，样本取出用 0.3mm 筛子过筛，由此造成的重量损失，用备用样本补足，经过足够多的循环之后，所有备用样本全部补充用完，也即是总的重量损失达到 100g，由此算出丸粒损失 100g 时的转数，定义为耐久性。

4）丸粒耐久性要求：见表 27-24 所列。

表 27-24 丸粒耐久性要求

丸粒直径 /mm	硬度等级 /HV	硬度范围 /HV	材料	G1 级 最小转数	G2 级 最小转数	G3 级 最小转数
0.3	640	610～670	D75-2	4600	4500	4400
	670	640～700	D75-2	4500	4400	4300
	700	670～730	D85-2	4600	4500	4400

（续）

丸粒直径/mm	硬度等级/HV	硬度范围/HV	材料	G1 级最小转数	G2 级最小转数	G3 级最小转数
0.4	640	610～670	D75-2	4400	4300	4200
	670	640～700	D75-2	4300	4200	4100
	700	670～730	D85-2	4400	4300	4200
0.5	640	610～670	D75-2	4200	4100	4000
	670	640～700	D75-2	4100	4000	3900
	700	670～730	D85-2	4200	4100	4000
0.6	640	610～670	D75-2	4000	3900	3800
	670	640～700	D75-2	3900	3800	3700
	700	670～730	D85-2	4000	3900	3800
0.7	640	610～670	D75-2	3700	3600	3500
	670	640～700	D75-2	3600	3500	3400
	700	670～730	D85-2	3700	3600	3500
0.8	640	610～670	D75-2	3500	3400	3300
	670	640～700	D75-2	3400	3300	3200
	700	670～730	D85-2	3500	3400	3300
0.9	640	610～670	D75-2	3300	3200	3100
	670	640～700	D75-2	3200	3100	3000
	700	670～730	D85-2	3300	3200	3100
1.0	640	610～670	D75-2	3100	3000	2900
	670	640～700	D75-2	3000	2900	2800
	700	670～730	D85-2	3100	3000	2900

注：丸粒材料标准按 DIN 17140《普通钢和非合金优质钢轧制线材，质量规定》

9.8　喷丸机参数控制

（1）丸粒流量控制　丸粒流量通过电流表间接控制。每台喷丸机配置拖动抛头的电动机功率不同，电流不同，具体到每台喷丸机，都要规定电流上限与下限值，当电流接近下限值，表示喷丸机应添加丸粒，丸粒添加遵循勤加、少加的原则。

（2）喷丸机丸粒落点　悬架弹簧使用的离心式喷丸机抛头转速一般都在2000r/min以上，丸粒经过抛头加速，在切线方向高速甩出。JSMA标准（日本弹簧工业会标准中图5.4）推荐理想落点，喷射角近84°，丸粒分布中间密两边疏（见图27-34）。

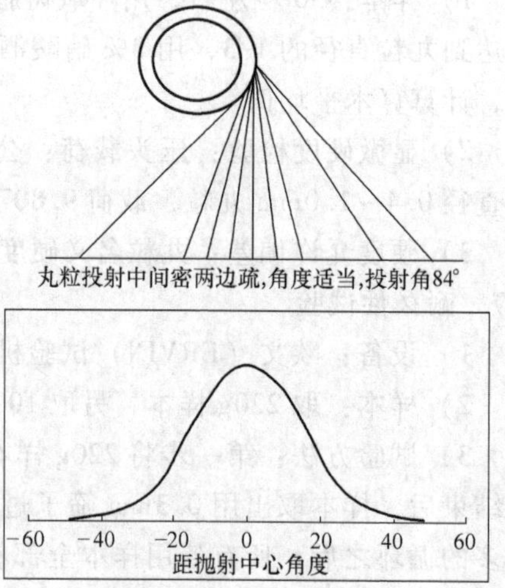

图 27-34　JSMA 推荐的喷丸机丸粒理想落点

（3）喷丸机落点试验　喷丸机丸粒落点关系到丸粒是否有效地喷射到弹簧，换而言之落点关系到喷丸效果，因此最好能定期测定。

1）试验方法：选用宽近300mm，厚近2mm，长约于喷丸室等长的钢板，钢板表面可以涂油漆，也可以不涂。将钢板放置于喷丸机辊杠上，辊杠和拨叉不动，抛头分别打开或同时打开均可，持续时间30s～1min，结束后将钢板取出，观察与测量丸粒打击钢板印下的痕迹。

2）钢板在丸粒打击下会发生蜷曲，肉眼可以观察到蜷曲的钢板上有两个呈蓝灰色或焦灰色的两个近似椭圆，蜷曲原因是钢板受丸粒冲击的一面，表面积增大所致，颜色发生变化是因为钢板在丸粒冲击下温度升高造成。

3）两个变形区称为热点或热区，相互之间边界一般不交集，但希望两个热区越接近越好。热区长度覆盖范围，可以按 JSMA 推荐长度评估，一般希望丸粒的分布状态为：两端距喷丸机进口与出口 100～300mm，宽度 200～250mm。

4）长度覆盖距离短，说明弹簧在喷丸室内实际有效受丸长度少，过长易出现丸粒向喷丸机外飞溅。热区的覆盖宽度过宽表示丸粒轨迹分散，丸粒没有集中打到弹簧，部分丸粒在空飞冲击护板。

5）良好的工艺控制要求定期做落点试验，有问题立即寻找原因，调整定向套角度，定向套更换之后重新做落点试验。

（4）喷丸机内丸粒比例检查　喷丸机内丸粒经过一段时间使用，丸粒逐渐消耗，表现为丸粒尺寸减小，部分丸粒破碎或者成为粉末被吸尘机吸走。以首次加入的丸粒尺寸为 0.8mm 喷丸机为例，经过一段时间运转，喷丸机中的丸粒不可能只有单一的 0.8mm 丸粒，实际是各种规格丸粒的混合体，工艺上允许不同规格的丸粒以一定比例存在。还是以 0.8mm 丸粒为主体的喷丸机为例，控制计划要求丸粒比例 0.8mm 丸粒比例占到（65～85)%，0.4～0.7mm 丸粒占（10～25)%，0.4mm 以下尺寸丸粒占 5% 以下。为了验证比例是否符合要求，摸清喷丸机内不同规格丸粒的比例，推荐至少每天做一次丸粒比例检查。丸粒比例检查操作步骤：

1）从丸粒仓随机抽取 1kg 左右丸粒作为样本。

2）将样本丸粒放在天平上称重（天平精度 0.1g)，记录样本重量。

3）用不同规格的检验筛对丸粒进行筛分，分别用孔径 0.8mm、0.7mm、0.6mm、0.5mm 和 0.4mm 的筛网进行筛选。

4）分别对各筛子留下的丸粒称重，小于 0.4mm 的列入粉尘一类。

5）计算各种规格丸粒的百分比，与控制计划比对。

6）调整丸粒比例：比例符合要求，且电流值同样符合，不作处理。粉尘比例过高，加大吸风力度，同时添加新丸粒，添加的新丸粒充分混合之后重新抽样检查，直到比例符合要求为止。若大丸粒比例过高，说明吸尘机风量过大，部分还可以利用的丸粒被作为粉尘吸走，造成浪费，可以减小风量，提高丸粒利用率。

（5）喷丸机叶片碎裂处理步骤

1）按下红色紧急按钮，紧急停机。

2）打开维修门，取出所有在喷丸机内弹簧，进行隔离，等候质量人员处理。

3）用手电筒对喷丸机内故障进行初步自查，检查其他部件是否被碎片击伤，自己不能排除，请专业维护修人员维修。

4）所有丸粒仓内丸粒要全部过筛，确认所有碎片已经被清理。

9.9 喷丸效果检测

9.9.1 喷丸应力的定量测定设备——X 射线应力仪

喷丸作为最重要的强化工艺广泛应用于弹簧生产过程，常用的喷丸强度和覆盖率检验适用于现场生产，无法定量检测残余压应力值和压应力的分布层深。在产品设计和工艺开发以及验证阶段，必须对弹簧的不同喷丸工艺喷丸产生的残余压应力进行分析、研究、比较，以确定最佳工艺，X 射线应力仪作为对残余应力分布有效的检测手段，在弹簧行业应用日益普及，目前已经在弹簧行业实验室应用的 X 射线应力仪品牌有：加拿大 PROTO、日本 ORIHARA 及国产爱斯特。图 27-35 所示为国产 X 射线应力仪。

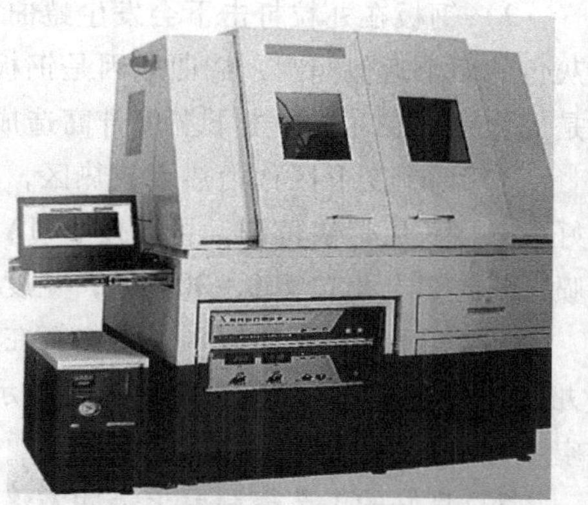

图 27-35 国产 X 射线应力仪

9.9.2 X 线应力测试标准

现行标准主要有 GB/T 7704《无损检测 X 射线应力测定方法》。机械通用零部件工业协会弹簧专业分会所颁布的 CSSA50001《螺旋弹簧残余应力测量技术标准》，是在 GB/T 7704 基础上参考和吸纳了大众 PV1005 有关弹簧残余应力测量有关要求所建立。

（1）应力测定原理　X 射线应力测定是根据 X 射线衍射测出的晶面间距变化来计算材料应力的方法。

（2）参数选择　对弹簧钢系，用 CrKα 射线，接收光阑采用钒箔滤波片。衍射晶面取 {211}，此时应力常数 K = −318MPa/(°)。

（3）试样表面　必须没有污垢、油膜、厚氧化层和附加应力层等。表面粗糙度 *Ra* 应小于 10μm，当被测表面不满足上述条件，必须对表面进行清理或者电解抛光。弹簧样品长度大于直径 3 倍。切割样品时冷却速度足够，防止产生附加应力。

（4）X 线入射角　选择弹簧内圈，右旋弹簧入射角为 45°，左旋弹簧入射角为 135°。

（5）瞄准　试样测定表面应准确地设置在测角仪的迴转中心，测角仪迴转半径为标准距离，设置的距离由仪器决定，平行光束法误差不超过 ±0.5mm，聚焦法不超过 ±0.25mm。由于被测弹簧为曲面，入射角对准比平面类困难，特别钢丝较细时难度更大，因此需要用校直管辅助，校直管要求见表 27-25。

表 27-25 校直管孔径选择　（单位：mm）

样品钢丝直径	校直管直径	样品钢丝直径	校直管直径
>10	1.5 ~ 2	>2	0.8
5 ~ 0	1.0 ~ 1.5		
>3	1.0	>1	0.5

（6）剥层　为了测量距表面不同深度的残余应力，可以用电解抛光或者化学抛光方法进行剥层。在剥层时，其他部位用不导电的或者耐腐蚀的油漆包裹住，其半径至少比光斑大 0.5mm，但最大不超过 1.5mm。

1）剥层深度：以 50μm 为单位，最大剥层深度 300μm。

2）剥层深度允许误差：见表 27-26。

表 27-26 剥层深度允许误差　（单位：μm）

测量深度	剥层误差	测量深度	剥层误差	测量深度	剥层误差
表面	1 ~ 5	50 ~ 150	±10	>150	±20

（7）测量方法

1）同倾法：测定方向平面 ψ 角和 2θ 扫描平面重合的应力测定方法，同倾固定 ψ_0 法，入射角 ψ_0 保持不变的方法，建议设定角度为45°。

2）侧倾法：测定方向 ψ 平面和 2θ 扫描平面相互垂直，衍射面法线位于测定方向平面内的测定方法，建议入射角 ψ_0 角度为45°。

3）2θ 范围内应不小于衍射峰半高宽的4倍，保证得到完整的衍射曲线。

4）定峰方法：可选择交相关法、半高法或者重心法。

5）图27-36为X线测得的残余应力报告示意图。

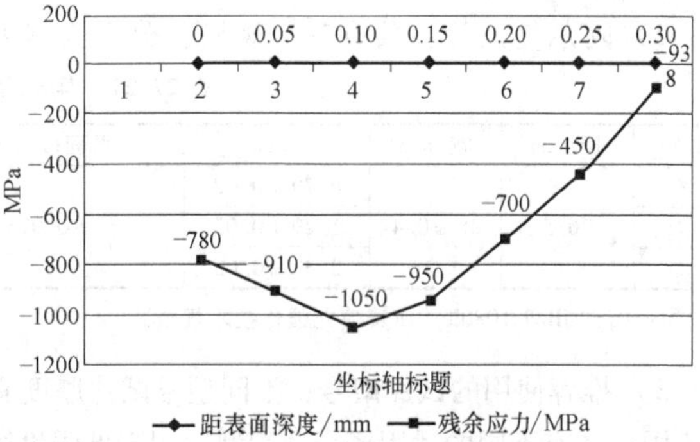

图27-36 X线应力测试报告示意图

（8）X线应力仪最新发展趋势

1）目前国外品牌X射线残余应力仪产品是以提供微焦斑作为其产品的核心支承，其优势在于它的焦斑面积小，可使单位面积上的光子数增多，进而提高相对光强。如加拿大PROTO公司旗下诸多产品，焦斑大小仅在0.5mm×0.5mm左右。

2）未来结合微焦斑光源，毛细管X射线透镜的优势将得到完全发挥。当使用微区X射线残余应力仪测量直径 ϕ2.5mm的弹簧轴向应力（微曲面样品）时，对比常规X射线残余应力仪（配备 ϕ0.63mm光阑准直器），在不同计数时间下 ψ 为0°方向衍射峰高增强10.66倍。同理，衍射强度在 ψ 为0°方向增强13.45倍。

3）随着现代机械领域的迅猛发展，弹簧制造行业无论在生产规模还是产量方面均获得了极大促进，弹簧服役条件的苛刻要求与日俱增，急需研究新的弹簧质量检测方法，微区X射线残余应力仪无疑将成为新选择。

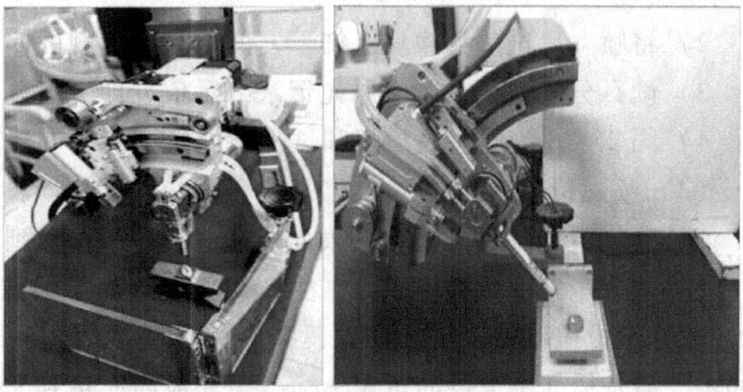

图27-37 微区X射线应力仪

4）毛细管X射线透镜在微区残余应力方面的研究也会逐步向微焦斑类应力仪倾斜，有望达到微区光强增益在20倍以上。目前已有的试验效果来看，经反复进行优化设计的毛细管X射线透镜将很有希望完成这一新目标，前景比较乐观。

5）图27-37为加拿大PROTO微区X射线应力仪。

9.9.3 喷丸效果现场评价

X射线应力测试优点可以得到定量的压应力值曲线，缺点必须由实验室专业人员去做，试验周期长，不能做到快速反应，等结果出来生产情况早已发生变化，因此生产现场用得最广的还是通过测量阿尔曼试片弧高和覆盖率的方法来评价弹簧的喷丸效果。

（1）阿尔曼试片测量原理和规格

1）原理：阿尔曼试片装夹在专用模块上接受喷丸，受到丸粒打击的一面产生塑性变形，表面积增大，没有受丸粒打击的另一面表面积不变，表面积增加的一面受到另一面的牵制产生弧形隆起，弧度越高表明受丸粒打击一面的塑性变形越大，通过测量试片的弧形隆起高度，衡量喷丸强弱水平，测得的弧形高度称为阿尔曼试片弧高。

2）阿尔曼试片：共有三种规格，分别为 N 型、A 型和 C 型，规格型号见表 27-27。

表 27-27 阿尔曼试片规格

型号	长/mm	宽/mm	厚/mm	平面度/mm	表面粗糙度 $Ra/\mu m$	硬度/HRC
N	76.5	38 ± 0.4	0.79 ± 0.02	± 0.025	0.63 ~ 1.25	44 ~ 50
A			1.29 ± 0.02			
C			2.38 ± 0.02			

注：摘自 JB/T 10802《弹簧喷丸强化技术规范》。

3）推荐使用的试片型号：不同型号试片厚度有所差异，在接受同等喷丸条件下隆起弧高有所不同，各有不同的适用场合。N 型适用于低强度喷丸，喷丸强度 <0.15mm；A 型适用于中等强度喷丸，喷丸强度（0.15 ~ 0.6）mm；C 型适用于高强度喷丸，喷丸强度 >0.6mm。弹簧喷丸使用 A 型试片最合适。为了表明喷丸所用试片的型号，一般在弧高值后面加上试片型号以示区别，如 0.45mmA 表示用 A 型试片测得的阿尔曼试片弧高为 0.45mm。

4）试片装夹：悬架弹簧装夹试片模块一般直接焊接在弹簧体内，一个弹簧焊两个相互成 180°的模块，每个模块装夹两片试片。

（2）喷丸强度测量方法　按 JB/T 10802《弹簧喷丸强化技术规范》，弹簧喷丸试片从模块上拆下之后放在阿尔曼试片专用量规上测量。测量步骤：

1）将未经过喷丸的试片紧贴量规的四个钢球校零，记录百分表读数（也可以将百分表调到零位）。

2）将喷丸后试片从模块上卸下，凹面紧贴量规的四个钢球。

3）读百分表示值，减去原先记录的示值，即为喷丸试片的弧高值。

4）图 27-38 为阿尔曼量规和试片喷丸弧高测量方法。

（3）喷丸覆盖率检查

1）喷丸覆盖率含义：弹簧表面被丸粒打击所覆盖到的面积与弹簧表面积之比。

2）喷丸覆盖率的检查方法：生产现场用试片与标准图片比较，来确定覆盖率，为了更清楚地分辨覆盖率可以使用放大镜或者体视显微镜进一步比对确认。工艺要求覆盖率达到 100%，但是标准中提供的覆盖率标准图片最高能达到 98%，覆盖率 98% 和 100% 用图片已经无法区分，因此覆盖率达到 98% 实际和达到 100% 是等效的。

3）验证喷丸是否达到饱和覆盖率：将已经喷过丸的试片，测量弧高值，再次将试片装夹在模块上喷丸，卸下试片后再次测量试片弧高，比较两次喷丸之间的弧高差值，弧高差值 <10%，认为上一次喷丸已经达到饱和。

4）多次喷丸覆盖率：经过一次喷丸覆盖率达到 100% 的弹簧再次喷丸，认为经过再次喷丸之后，弹簧的覆盖率为 200%，以此类推。

5）覆盖率图片：图 27-39 所示为不同覆盖率的标准图片，摘自 JB/T 10802《弹簧喷丸强化技术规范》。

（4）喷丸覆盖率研究

1）目前生产中多次喷丸成为主流，多次喷丸的目的中第一次喷丸以获得残余压应力为

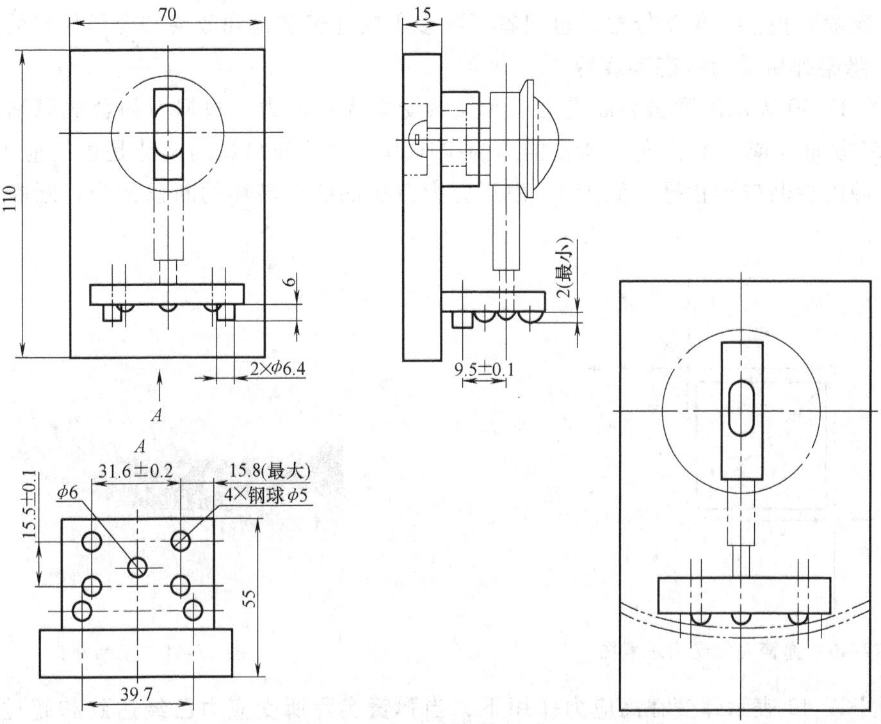

图 27-38　喷丸弧高测量量具

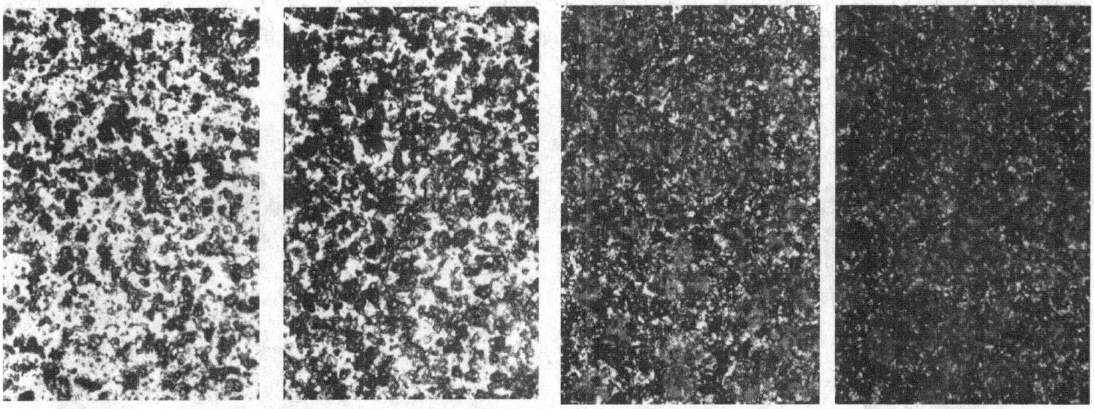

覆盖率50%　覆盖率70%　覆盖率90%　覆盖率98%

图 27-39　不同覆盖率的标准图片

主，第二次或者更多次喷丸的目的除了继续增加残余压应力之外，更重要的目的在于改善表面组织结构和表面粗糙度。

2）多次喷丸以多少次喷丸最为适宜，学者通过对弹簧材料喷丸残余应力场的计算机模拟，结论是：“经过 100% 覆盖率撞击后，弹丸正下方靶材塑性变形区虽然出现了一定深度的压应力场，此时靶材残余应力场并非均匀，局部区域甚至存在拉应力。经过 200% 覆盖率撞击靶材表面残余压应力有所均匀，靶材表面几乎全为压应力。经过 400% 撞击后表面残余压应力更为均匀。”

3）计算机模拟得出结论与目前高应力悬架弹簧生产中所采取的喷丸强化工艺基本吻合。为多次喷丸提供了科学依据，也回答了喷多少次丸经济性和效果结合得最好的问题。

（5）悬架弹簧受力状态和疲劳

1）图27-40表示的弹簧表面受力单元虽然受力为剪应力，根据力的合成原则，在受力单元的45°方向（或135°方向）所受的力为拉应力，大部分弹簧的疲劳是由拉应力所产生，弹簧疲劳源附近断口形状呈近似45°，由正应力造成的疲劳破坏的断口称为正断断口，如图27-41所示。

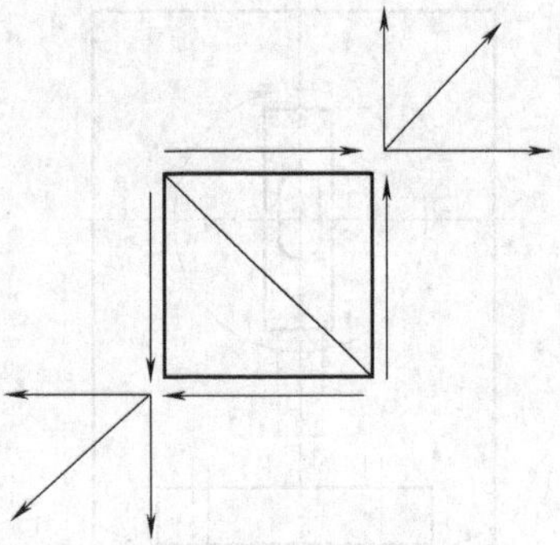

图27-40 弹簧表面受力示意图

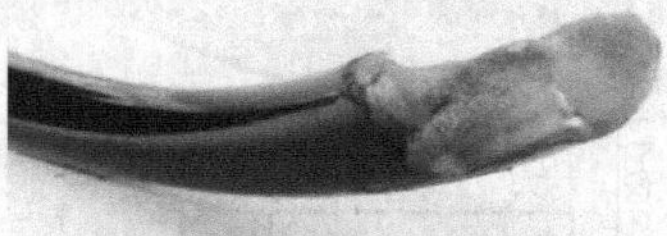

图27-41 正断断口

2）图27-42表示弹簧在高应力作用下，当弹簧实际所受应力已经达到和超过 $\tau_{0.3}$，弹簧每经受一次交变应力，就会发生微小应变，随着循环次数增加，应变量越来越大，材料出现循环软化现象，进而加剧了塑性变形量，弹簧很快失效，切应力是产生应变疲劳的主因，特征是断口近90°，这类断口称为切断断口，如图27-43所示，切断断口的疲劳寿命比正断断口形状短很多，一般低于10万次。

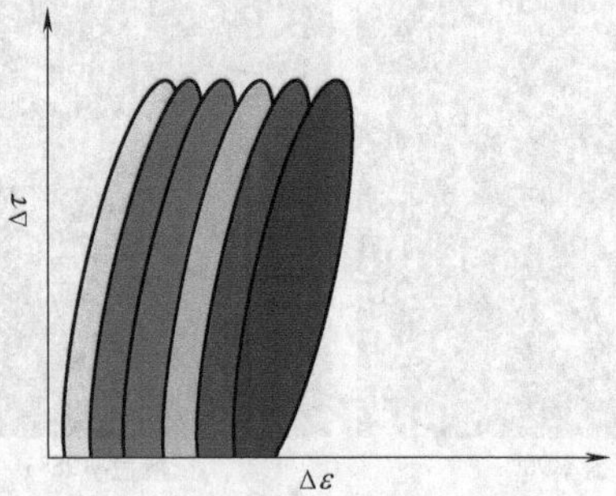

图27-42 高应力产生应变

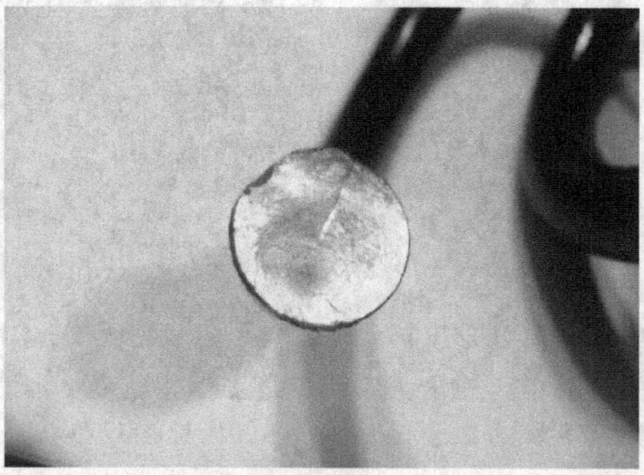

图27-43 切断断口

（6）两种不同类型断口与喷丸强化机制的关联性最新研究成果 通过建立数学模型，分析弹簧表面任意面接受喷丸之后，压应力对不同方向的强化作用（详见参考资料《圆柱螺旋弹簧的正断/切断的疲劳断裂模式与提高其抗力的途径》一文）。由此诠释喷丸多种强化机制对不同断裂模式的作用，为高应力（应力 $\geq \tau_{0.3}$）弹簧多次喷丸工艺提供理论依据。

1）喷丸所产生的残余压应力对正应力断裂模式（45°/135°方向）的疲劳失效有显著的强化作用，残余压应力对切应力（0°/90°方向）所造成的疲劳失效没有强化作用；

2）喷丸同时存在两种强化作用，即残余压应力强化和组织结构强化。组织强化作用产生于喷丸过程表面冷作硬化，材料表面位错密度增加、硬度提高，材料发生改性，形成类似复合材料结构；

3）多次喷丸除了有助于提高残余压应力之外，更重要的作用在于组织强化、改善表面粗糙度。组织结构强化对切应力破坏，尤其是切断断裂模式的疲劳强度具有良好的强化作用。

4）喷丸所产生的残余压应力强化和组织强化同等重要，后者对于高应力弹簧，使用应力已经超过材料 $\tau_{0.3}$ 的弹簧作用尤其重要。

5）由于喷丸产生的残余压应力对0°/90°方向没有强化作用，在疲劳应力超过材料实际扭转屈服强度 $\tau_{0.3}$ 时，假如弹簧喷丸之后组织强化不足，在此方向材料微单元率先产生屈服，位错启动滑移，弹簧每经过一次循环都产生微小的应变，材料反复产生应变导致材料软化，位错滑移加速，更进一步促使材料强度下降，最终导致疲劳失效。

6）疲劳起源于高应力条件下材料的应变，应变过程材料伴有循环软化特征的疲劳模式称为应变疲劳（也称为低周疲劳）。应变疲劳和普通疲劳（应力疲劳）的比较见表27-28。

表27-28 应变疲劳和应力疲劳比较

疲劳方式	应力疲劳	应变疲劳
作用力	正应力	切应力
宏观形貌	~45°(裂源附近)	~90°
疲劳源	单个为主	多个
疲劳扩展	形核—扩展—瞬断	循环软化
疲劳源起始位置	最大应力部位或缺陷部位	弹簧表面，与缺陷不完全有关
断口特征	疲劳源和扩展区呈小三角状(偶尔放大镜下看到贝纹线)；瞬断区(放射线+劈柴状)；最后断裂区(剪切唇)	类似塑性断口，最后断裂区位于近中心
疲劳寿命	较高	低，不超过10万次
喷丸压应力对提高寿命影响	明显	无
组织强化、表面粗糙度改善	有效果	明显效果
疲劳寿命改进方向	提高压应力	组织强化、改善表面粗糙度
工艺措施	热喷丸、应力喷丸	保证基础压应力，增加小丸粒喷丸次数

7）使材料不发生应变，是提高应力弹簧疲劳寿命的最有效的途径。

8）喷丸产生的残余压应力并不能阻止应变的发生，唯有喷丸产生的材料组织改性、表面强度提高、表面粗糙度改善三者综合，才是阻止材料产生应变最有效，最有针对性的措施。

9）高应力弹簧喷丸强化工艺，不能仅仅着眼于残余压应力，更应重视表面组织结构强化效果和表面粗糙度的改善。

10）组织结构强化在于阻止材料在高应力条件下发生应变，表面粗糙度改善为了减少应力集中。

11）工艺上用小丸粒多次喷丸对防止应变疲劳较之使用粗丸粒更为有效。

12）高应力弹簧45°/135°方向的应力并不低，疲劳源也可能从这些方向萌生，追求适度的残余压应力仍有必要。

10 悬架弹簧表面涂装处理

涂装是悬架弹簧生产过程三大重点工序之一，腐蚀疲劳成为高应力弹簧主要失效模式之一。早期悬架弹簧涂装以阴极电泳为主，涂层厚度要求为30μm。20世纪80年代静电喷涂兴起，全面取代了阴极电泳，在此基础上发展为一次喷涂、两次喷涂等工艺。两次喷涂又有冷涂锌+聚氨酯和热涂锌+热涂低温环氧两种工艺模式。两次喷涂中热喷涂工艺抗石击能力和耐蚀能力最好，如通用规定硬度≥52HRC的悬架弹簧必须采用两次热喷涂工艺。图27-44所示为三种不同涂装工艺示意图。

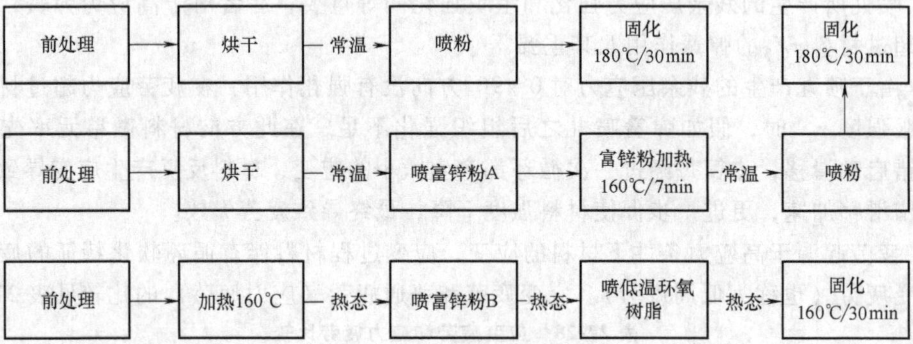

图27-44 悬架弹簧不同涂装工艺示意

10.1 悬架弹簧涂装总体工艺过程

工艺步骤：由上料、前处理、喷粉、固化、下料等若干个工步组成。全自动化涂装生产线，全过程自动进行。

1）上料：一般由人工完成，弹簧挂钩位置在非工作圈。

2）前处理：使弹簧表面形成一层细密的磷化膜，磷化膜本身有一定的防腐能力，另一目的在于增加弹簧表面积，使得涂层与弹簧结合力增加。

3）喷粉：粉末通过高压发生器和静电喷枪使粉末带-8000V左右高压静电，然后喷枪将带电粉末喷向弹簧（0V）利用正负电异性相吸的原理，附着于弹簧表面。

4）固化：粉末在固化炉内发生交联反应，粉末中所含的流平剂用以增加粉末在交联反应过程中的塑性流动，使固化后弹簧表面涂层均匀平整有光泽。

5）出炉和下料：弹簧从固化炉出炉表面涂层柔软，必须经过冷却表面涂层变硬后，才能将弹簧从悬挂链上取下，至此整个涂装工序基本完成。

6）弹簧挂钩位置补漆：下料后挂钩处未喷上粉末位置，允许不补漆，我国弹簧企业大都用人工对该处进行修补。

10.2 前处理

前处理过程细分为表面清洁、活化、磷化、清洗、烘干等若干个工步。前处理过程使用喷淋法，所有过程在不锈钢棚体内进行，也有使用喷淋和浸泡结合法，即除了磷化采用浸泡法之外，其余工步使用喷淋。

10.2.1 表面清洁

表面清洁的目的是去除附着于弹簧表面的油污或其他杂质。

1）弹簧涂装之前经过喷丸处理，不需要进行预脱脂，只需一次脱脂即可。

2）过程：脱脂（60~80℃）→热水洗（40~60℃）→清水洗（常温）→去离子水洗（常温，电导率≤100μS）。表面清洁由以上四个步骤组成，总时间为4min或以上。每步骤时间1min左右，其中喷淋维持30s，两端隔水区各15s。

10.2.2　表面调整处理

（1）表面调整处理原理　表面调整处理简称表调，作用使金属表面活化，为后续磷化提供结晶核。

1）表调液有效成分：弱碱性的胶体磷酸钛盐溶液。

2）金属表面活化原理：磷酸钛盐在水溶液中形成胶体乳液，带负电荷的胶体钛粒子（粒径为100～1000nm）吸附在清洁处理后的弹簧表面，形成无数个活性点（Ti盐），为磷化晶体生长提供晶核，磷化时首先在表面活性点上形成磷酸盐晶核，然后晶体继续生长生成磷化膜。

（2）影响因素　Ti盐在弹簧表面被吸附形成活性点，活性点多少直接影响到以后弹簧在磷化处理时生成的磷化膜结晶的大小与晶核的分布密度。

1）胶体Ti盐粒子越小，弹簧表面单位面积所吸附胶体Ti盐粒子越多，磷化时所产生的磷化膜结晶越细致、越密。

2）生成的磷酸锌结晶越粗大，磷化速度也慢。

3）胶体状磷酸钛溶液中所带的电荷为负电荷，如果表调液中混入带正电荷的H^+、Na^+、Ca^{2+}、Mg^{2+}、Fe^{2+}等离子，会导致表调液中胶体负电荷降低，胶体Ti盐粒子产生凝结，粒径增大，从而降低在弹簧表面的吸附能力，甚至失去活化作用。

4）为了减少和防止弹簧表面清洁过程将携带正电荷成分的残液进入表调液造成不良影响，在表面清洁处理最后一次清洗时尽量使用不带离子的去离子水。

5）在表调液中添加一定量的焦磷酸钠、三聚磷酸钠、EDTA等络合剂，络合水中的Na^+、Ca^{2+}、Mg^{2+}离子，起到降低带正电荷离子对胶体Ti盐粒子的凝结作用。

（3）表调处理时间　表调区通过时间60～75s，喷淋区时间30～45s；两端隔水时间各15s。

（4）表调液　pH与处理处理温度　pH取8.0～9.5；温度为常温。

（5）表调效果控制

1）除了喷淋时间与pH之外，很大程度上还取决于表调液中活性钛的浓度，胶体颗粒浓度控制在每升溶液中几十至100mg范围，均能充分发挥钛盐的表调作用。

2）生产中一般采用目视法检查表调液的状态；如果呈透明状白色乳浊液（胶体漂浮态），表明表调液属于正常；白色乳浊液转变为棕色或出现白色混浊状（胶凝）甚至沉淀，均表明表调液工作不正常甚至失效，需要调整、更换。

3）弹簧经磷化成膜后，膜的状态也能反映表调液的工作情况，如果出现弹簧局部不上膜或磷化后弹簧表面发黄，首先检查表调液，只有排除表调液不正常的前提下，再去寻找与检查磷化液的状态。

4）表调液对磷化膜的成膜质量极其重要和表调液自身的性质（胶体态粒子、带电性）和Ti盐含量1‰～2‰，表调液经一定时间运转后，它的活性会逐步衰减直至失效。因此，表调液需要定时添加和定期更换。

10.2.3　表面磷化处理

磷化处理是弹簧前处理中的关键步骤，磷化膜本身有一定的防腐作用，更主要目的为了提高后续喷涂层的附着力。

（1）磷化液分类　有铁系和锌系两大类，悬架弹簧采用锌系磷化液。磷化液和促进剂均由专业生产厂提供。

（2）锌系磷化液成分　磷化膜由金属磷酸盐沉积而成，锌系磷化膜的主要成分是 P 相：磷酸铁锌 $Zn_2Fe(PO_4)_2 \cdot 4H_2O$ 和 H 相：磷酸锌 $Zn_3(PO_4)_2 \cdot 4H_2O$。

（3）磷化喷淋方式　有喷淋和浸泡两种工艺，各有优缺点。

1）喷淋法：优点：磷化过程在棚体内进行，悬挂链不需要有下降和上升的过程。缺点：喷头容易被磷化渣堵塞，需要经常检查与清洗喷头。

2）浸泡法：优点：避免了喷头堵塞的隐患。缺点：悬挂链需要有一个下降和上升的过程，生产流程加长。为防止悬浮在槽内的渣液粘在弹簧表面，槽内渣液要勤于清除。

（4）磷化温度　大多采用中温磷化，磷化温度为 50℃。

（5）磷化液成分参数　主要有总酸度、游离酸度、促进剂三项，选用的磷化液厂商不同，成分参数会稍有差异。

1）多数磷化液的总酸度要求为 18 ~ 22 点。

2）游离酸度为 0.8 ~ 1.2 点。

3）促进剂浓度为 2 ~ 3 点。

4）在采购磷化液时，磷化液生产商会给出他们磷化液及促进剂的最佳值。

（6）磷化时间　弹簧磷化总时间一般为 3 ~ 5min，其中弹簧处于喷淋区或者浸泡时间不少于 3min，两端隔水区时间各 15s。

（7）磷化质量控制　磷化质量关键体现在对工艺参数控制，如温度、磷化槽总酸度、游离酸度和促进剂控制，每班需要检查 1 ~ 2 次。

1）磷化槽内含渣量的控制：每工作日结束之后必须将磷化液泵入高位槽沉淀，槽内残渣及时清理干净。第二天工作日开始首先将沉淀后清澄的磷化液重新泵回磷化槽，沉淀下来的残渣放到排污沟，进行三废处理。

2）磷化液残渣易堵塞喷头，需定期对棚架内喷淋头进行检查，及时更换堵塞的喷头。

3）总酸度检验：磷化液中化合酸和游离酸浓度的总和，亦称全酸度。磷化液总酸度的检验：取磷化液（工作液）10mL，置于 150mL 的锥瓶中，加入 50mL 蒸馏水，加入 3 ~ 4 滴酚酞指示剂，然后用 0.1N 氢氧化钠标准溶液滴定试液，由无色变成粉红色即为终点，所消耗 NaOH 标准溶液的毫升数，即为该磷化液总酸度的点数。

4）游离酸度检验：游离酸度指磷化液中游离态氢离子的浓度。游离酸度也以“点”为单位。游离酸度检验方法：取磷化液（工作液）10mL，置于 150mL 的锥瓶中，加入 50mL 蒸馏水，再滴入 3 ~ 4 滴溴酚蓝指示剂，用 0.1N NaOH 标准溶液滴定至试液由浅黄色变成蓝紫色，所消耗 NaOH 标准溶液的毫升数，即为该磷化液游离酸的点数。

5）促进剂检验：测定促进剂浓度用酵管法，即测定氨基磺酸与磷化槽液中 NO_2-反应生成氮气量。在发酵管中添加磷化槽液约八分满，加入 2 ~ 3g 氨基磺酸钠，迅速用手指摁住发酵管口，沿垂直面向外翻转 180°，使氨基磺酸与药液充分反应，静止 1min 再按原翻转方向翻回，发酵管顶部气体量的毫升数即为促进剂浓度。

6）钝化处理　此工艺通常不列入正式工步，只在送样阶段使用。传统使用铬酸钝化，铬酸有剧毒，且不能排放。市场上有无铬钝化液，但增加钝化工序需要增加专门槽，加长棚体，且三废处理也比较困难。因而为送样而设的钝化处理通常不设专门槽，只用临时性容器，将送弹簧磷化处理之后放在钝化液中浸泡钝化，处理结束后钝化液撤除。

(8) 磷化后清洗　目的是洗掉弹簧表面残留磷化液，经过磷化处理后弹簧一般需要经过三次清洗，第一次为自来水洗（含钙、镁离子高的硬水不能使用），第二次为纯水洗，第三次为新鲜纯水洗。

1) 自来水洗：总时间 1min，喷淋区 30s；两端隔水区各式各 15s，水质要求无杂质，除含钙、镁离子的硬水不能使用之外含锰与铁离子的水也不能使用。

2) 纯水洗：总时间 1min，其中喷淋区 30s；两端隔水区各 15s，此处纯水来自新鲜纯水溢流，电导率小于 100μS 即可。

3) 新鲜纯水洗：总时间 1.5min，其中喷淋区 60s；两端隔水区各式各 15s，新鲜纯水来自纯水发生器，电导率要求小于 5μS，对水质要求高。

4) 为了充分满足纯水需要，涂装生产线必须配备纯水发生器，纯水发生器有足够产能提供符合电导率要求的新鲜纯水。

(9) 烘干　目的去除经过磷化清洗后弹簧表面残余水分，温度控制要求不高，只要达到去除水分的目的即可，使用热风烘干要求热风不带灰尘，避免弹簧表面沾染灰尘，采用两次热涂装方案的生产线，磷化后弹簧直接进入加热炉不需要烘干炉。

10.3 静电喷粉

完成前处理之后的弹簧进入静电喷涂工序，目的通过静电作用使弹簧表面吸附一层粉末。

10.3.1 静电粉末

主要有聚酯型、环氧树脂型和富锌粉等。

(1) 聚酯型粉末　韧性好于环氧树脂，而耐紫外线日照不如环氧树脂。两类粉末均在悬架弹簧上使用，但以聚酯型应用较多。

(2) 富锌粉　有冷喷富锌粉和热喷富锌粉两类，应用于不同场合。

(3) 低温环氧树脂　新研发专门用于高应力弹簧的粉末，耐冲击性特别好，主要用于两次热涂装。

(4) 富锌粉使用方法　目前有两种工艺方式。

1) 常温下使用：弹簧在常温下喷一层富锌粉，以后经过短时 5～7min 加热，使富锌粉熔化附着于弹簧，而后弹簧喷聚酯或环氧树脂粉。

2) 热态下使用：将弹簧加热到 160℃ 左右，将富锌粉喷向加热后弹簧，之后立即向热态弹簧再喷一层低温环氧树脂粉。

3) 两种工艺使用的富锌粉型号不同，热态喷富锌粉 + 低温环氧树脂涂装工艺，弹簧表面抗石击能力强，但工艺复杂，成本高。唯有这种工艺能通过以严酷著称的通用汽车公司的相关试验标准（GM9984164）。

10.3.2 静电喷粉设备

主要设备有高压静电发生器、喷枪、粉房、供粉系统和粉末回收装置所组成。其中喷枪用经过干燥处理的压缩空气为动力源。图 27-45 所示为静电喷粉与粉末回收过程图。

(1) 静电发生器　高压静电发生器任务为产生高达 -8000～-9000V 的负高压静电，静电发生器通过电缆将负高压传至静电喷枪，粉末在压缩空气驱动下通过喷枪内带静电的针，获得负高压，吊挂在悬挂链上的弹簧电压为 0V，在异性相吸的作用下粉末被弹簧所吸附，这一过程在专用的喷粉房内完成，称为上粉或授粉。

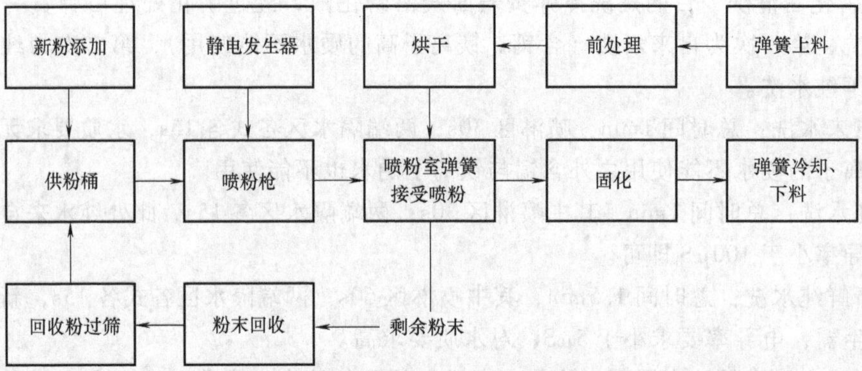

图27-45 静电喷粉与粉末回收过程图

（2）喷粉枪 有移动枪和固定枪两类。固定枪需根据弹簧外形、结合生产经验调整喷枪摆放距离与角度。移动枪只需调整好喷枪到弹簧的距离与上下移动范围即可，上粉均匀性好于固定枪。无论固定枪还是移动枪，枪体一定要接地。喷枪至弹簧表面的距离以150～300mm为宜（经验值），弹簧喷涂电压使用的电压范围一般取－8000～－8500V。在实际生产中，根据不同品种粉末的特点、不同型号的弹簧以及工件表面实际喷涂效果来选择最佳工艺参数。吊挂弹簧用的挂具、悬挂链接地必须良好。

（3）静电喷涂压缩空气 静电喷涂动力驱动源依赖于压缩空气。压缩空气压力波动和湿度、洁净度对喷枪出粉量和粉末状态有直接影响，压缩空气中油水分离不充分、不彻底含量超标，必然影响涂装膜层的质量。水、油污及其他异物往往是涂层产生针孔、缩孔、结团、起皮或结合力不良的原因。压缩空气中水和杂质含量超标，还会造成粉末流化不好、粉末结块、堵塞喷枪、吸粉管堵塞、流化板失效等诸多问题。

（4）压缩空气压力与质量的要求

1）压力范围：0.6～0.8MPa，通常要求稳定保持0.6MPa。喷涂过程压缩空气处于连续用气状态，为了达到保压，应在喷粉室附近设置喷粉专用压缩空气贮气罐，容积不小于$1m^3$；

2）压缩空气质量：一般要进行二次净化后才能使用，第一次吸附干燥处理，初步去除压缩空气中水分和油、灰尘；第二次冷凝干燥处理，通过冷冻干燥机将压缩空气进行降温、冷凝，将经过初步处理的压缩空气冷凝到3℃，使得空气中残余水分冷凝析出，经过二次净化后的压缩空气进入喷粉专用贮气罐；

3）贮气罐中压缩空气质量指标：水不大于（1.0～1.5）g/m^3，油不大于（0.10～0.15）$\times10^{-4}\%$，灰尘颗粒（5μm）≤$5g/m^3$，压缩空气的露点温度≤3℃。

（5）喷粉室环境要求

1）一次喷涂和两次喷涂（冷喷涂）：与外界相对隔离，环境干净，附近无杂质可燃物堆放，照明充足，温度常温。

2）两次热喷涂：喷粉室要求非常高，要求与外界隔离之外，喷粉室内温度最好控制在10～30℃，相对湿度：45%～55%，粉房内风速不大于0.3m/s。为了达到如此高要求，喷粉室内需配置空调和除湿机。

3）两次热喷涂为了防止弹簧冷却和缩小弹簧上下部温差，工艺上要尽量缩短第一次喷富锌粉和第二次喷低温环氧粉之间距离，两台喷粉房一般同时安排在同一喷粉室内。

4）富锌粉末和低温环氧树脂粉末都是属于易燃品，倘若有粉末逸出状况存在，极易发生爆燃。因此喷粉室要使用阻燃材料建造，有抽风装置，可燃物不能进入，采用防爆照明。

（6）喷粉房要求　喷粉房一般使用不锈钢材料制作。

1）喷粉房的作用除了弹簧在此上粉之外，还要防止喷粉过程粉末向外散逸，弹簧进口和出口、喷枪上下移动空间均是粉末可能发生逃逸的地方，为了避免粉末外逸，要求喷粉房相对于外界保持负压状态，所以在喷粉房选型时空间、各开口尺寸和与吸风量匹配是重要考虑因素。

2）粉房配套设备的压缩空气压力　整个粉房系统有多个压缩空气使用点，不同涂装设备制造商对各压缩空气使用点的压力要求会有所不同，各用气点压力在 0.5 ~ 5.0bar（$1bar = 10^5Pa$）之间，具体值喷粉设备制造商对各用气点压力会在说明书中载明；

（7）静电电压为 -8.0kV ~ -8.5kV，喷粉枪和高压电缆绝缘良好。

10.4　涂层的固化

弹簧表面涂装粉末属于热固性粉末，固化过程是在一定的温度环境下粉末分子发生交联反应，使得本来是线性的小分子变成网状立体的大分子结构，附着于弹簧表面从而起到表面防护作用。弹簧涂装使用的环氧型、聚酯型等系列粉末颜色多为黑色。

（1）固化温度

1）聚氨酯、普通环氧树脂和冷态涂锌 + 聚氨酯，上粉之后弹簧固化温度为 180℃；

2）低温环氧粉末，固化温度一般为 160℃，最低可低至 140℃，但时间相应延长。

（2）固化时间　弹簧表面到达规定温度时开始计算。保温时间 30min。保温时间不足会造成质量问题，如表面涂层发软。

（3）固化炉能源和温度控制

1）能源：能源包括电、天然气、柴油等三大类，从控制方便、清洁、温度均匀性和热惰性等方面衡量，用电能最优，但热值和升温速度方面不如后两者。

2）温度均匀性与温控：

① 两次热喷涂工艺：热涂锌之前，要用均热炉将弹簧加热到（160 ~ 180）℃，均热炉有较高的要求，由于热量有向上传的特性，均热炉加热后弹簧会出现上端温度高于下端的现象，造成弹簧对富锌粉和后续的低温环氧粉末的吸附、熔化能力差异，导致涂层厚薄不匀，甚至局部露底。因此均热炉功率布置方面，炉子下部功率稍微加大，弥补热气上串造成的温差。

② 固化温度：固化炉温度不均匀或因热惰性导致弹簧局部表面温度高于 200℃，涂层会发黄变脆；温度低于 150℃或保温时间不足弹簧涂层发软。

10.5　涂装之后弹簧的尺寸与性能变化

1）弹簧自由长度：固化过程使喷丸和压缩产生的内应力得到部分释放，自由长度伸长 1 ~ 2mm，属于正常现象，在后面负荷分类预压一次时会缩短一些，但不可能退回到涂装之前，这些变化应在试验过程预先识别。

2）弹簧内外径：涂装之后由于粉末附着于弹簧表面，引起内径减小，外径增大，两次热喷涂后内外径减小与增大量≥0.5mm。

3）弹簧并紧长度、负荷和刚度，弹簧经过两次热喷涂之后有明显增加，在试验时要预计到。

10.6 弹簧涂装质量

（1）涂层厚度

1）一次涂装：厚度≥80μm，不设定上限。有些顾客对涂层上下限都有限制，如大众要求 160μm≥涂层厚度≥60μm。

2）二次涂装，弹簧冷态喷富锌粉 A：厚度≥150μm。

3）二次涂装，弹簧热态喷富锌粉 B：厚度≥250μm。

（2）涂层厚度测量

生产现场用磁性测厚仪测量，因为弹簧表面为曲面，测量方法与平面类有所不同。

1）涂层厚度测量方法

① 测厚仪校零：将测厚仪测量头紧贴还未涂装弹簧（曲面）表面，进行校零。

② 测厚仪读数校正：将已知厚度的标准薄片，包裹在未涂装弹簧（曲面），将测厚仪测量头紧贴标准薄片，进行多点示值校正。

③ 经过校正后的测厚仪，用于测量经过涂装弹簧厚度。

2）涂层均匀性：弹簧静电涂装之后各圈涂层厚度很难达到一致，这是因为弹簧的特殊形状产生“法拉第笼”效应所致。一般规律弹簧涂装之后外圈的厚度大于内圈，在弹簧挂钩的对面，由于电荷优先被吊钩所吸引，厚度也会相应降低。

3）弹簧涂装常见质量问题与原因，见表 27-29 所列。

表 27-29 涂装常见质量问题与原因

问题和现象	原因
保管过程粉末结块	1. 保管不当；低温环氧粉要求保管温度低于 21℃；相对湿度小于 50%； 2. 一次领用太多，没有用完暴露在空气中； 3. 粉末超过有效期（低温环氧粉末有效期一年）
涂装时粉末结块	1. 压缩空气含水量大； 2. 掺入的回收粉比例过高； 3. 喷粉房环境差，没有除湿，主要针对两次热喷涂工艺
粉枪堵塞	1. 粉末中含有杂质； 2. 粉枪出粉口因粉末熔化堵塞（主要发生在两次热涂装，喷粉房温度高，喷枪处在热态）； 3. 回收粉比例高或者粉末本身结块； 4. 压缩空气含水量超标
粉枪出粉不稳定	1. 压缩空气压力不稳； 2. 供粉装置不正常； 3. 供粉到粉枪距离太长或皮管被压
不出粉或不上粉	1. 高压发生器工作不正常； 2. 喷枪损坏； 3. 压缩空气压力过高； 4. 喷粉枪与弹簧之间距离没有调好
涂层局部凸起	1. 结块粉末或杂物喷到弹簧上； 2. 固化室长期未清理，垃圾落到弹簧上
涂层厚度不均	1. 喷粉枪出粉不均匀； 2. 喷粉枪位置布置不当； 3. 喷粉电压不正常； 4. 压缩空气压力不稳定

（续）

问题和现象	原　因
涂层露底	1. 喷粉枪出粉不均匀； 2. 喷粉枪位置布置不当； 3. 喷粉电压不正常； 4. 压缩空气压力不稳定； 5. 两次热涂装弹簧加热温度不均匀； 6. 喷粉房空气流动大，弹簧表面温度下降，下部温度低于上部
涂层表面颗粒物	1. 粉末中含有杂物； 2. 粉末结块； 3. 回收粉比例如过高； 4. 固化炉长期未清理
涂层表面发软	1. 固化温度过低； 2. 固化保温时间不足
涂层表面发黄、变脆	固化温度过高
涂层表面橘皮	1. 炉温过高，没有足够流平时间； 2. 空气压力或者静电电压过高； 3. 喷粉过程弹簧晃动； 4. 回收粉比例过高，热喷涂经常发生
针孔和气泡	1. 弹簧进入喷粉房未烘干； 2. 弹簧前处理脱脂不良； 3. 压缩空气含水量高
涂层附着力差	1. 表面脱脂、清洁工作不好； 2. 表调液失活； 3. 磷化液参数没有控制好； 4. 磷化后清洗不到位； 5. 返工产品原有涂层没有清理干净

10.7　涂装的悬挂链

悬挂链贯穿涂装全过程，承担弹簧传送，是涂装线故障多发之处，应予重视。

悬挂链系统组成：导轨和导轮、悬挂链、润滑装置、驱动电动机（带减速装置）、立柱和张紧装置。

（1）导轨和导轮

1）导轨：导轨要求结实、刚性好，爬坡角度 $<30°$，一般在 27°左右。炉内拐弯半径不小于 600mm，导轨材料直行部分用普通碳素钢制造，拐弯部分要求用锰钢制造，常用材料 16Mn，最好经过热处理淬火，至少经过正火处理。

2）导轮：采用双导轮结构，为节约成本采用单导轮受力不均匀，导轨容易单边磨损。在拐弯处单导轮容易卡死，造成整条悬挂链拉断。

（2）悬挂链、润滑和驱动

1）悬挂链。

① 弹簧吊挂：有带旋转和不旋转两种，带旋转的悬挂链吊点上部有一齿轮，当吊挂弹簧通过喷粉房时，齿轮与齿条契合，弹簧发生旋转。旋转式吊挂优点：喷粉枪单边布置，最多只需用三把喷枪，喷粉房空间小，喷粉房负压容易保持。缺点：弹簧旋转占用空间大，吊挂外径 180mm 左右的 S 形弹簧，吊距需间隔 400mm，且不能采用双吊钩方案。同样直径弹簧不旋转吊点间距只需要 300mm 左右，在生产率上有较大差距，且能使用双吊钩方案。但是不带旋转喷枪要两边布置，喷枪至少要 4 把，喷粉房空间较大，需要加大吸风量才能保持

负压。

② 吊重能力：单点吊重能力一般在25kg以上，对自重在3kg及以下弹簧完全没有问题，一个吊点吊挂两个弹簧经济上最合算，但弹簧之间相互争取粉末，易造成弹簧各圈之间厚度差异。

2）润滑：多数使用油杯+接油盘方案，但经常发生润滑油滴到已经完成喷粉的弹簧上，造成质量瑕疵，国外有润滑刷（见图27-46为润滑刷为瑞士产），上部为盛油筒下部为毛刷，能够较好地解决滴油痼疾，国内没有相似产品，在悬挂链上使用效果如何缺少相关经验。

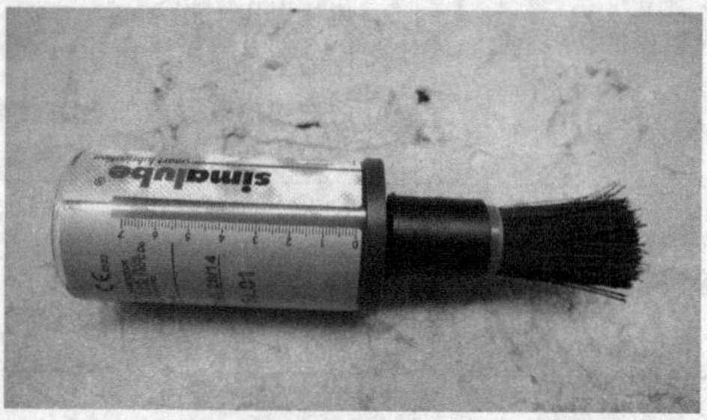

图27-46 润滑刷

3）驱动：悬挂链超300m就需要用双驱动，双驱动用两个变频电动机协力拖动，一个为主电动机，一个为跟随电动机，后者的频率紧紧跟随前者，理论完全保持同步，但由于两个电动机之间总是存在微小差异，并且悬挂链本身存在节距偏差、使用后节距拉长等因素，加上有时悬挂链在拐弯时卡等原因，种种因素叠加在一起，产生同步差，严重时会造成悬挂链拉断。

4）立柱和张紧装置：通常不会有问题，立柱起支承作用，只要刚性足够，基本无问题，张紧装置主要是位置布置得当，也无甚大的问题。

10.8 新的前处理技术

硅烷处理技术是最近兴起可以取代磷化的前处理技术。硅烷处理在金属表面上形成具有Si-O-Si三维网状结构的有机膜，它所形成的Si-O-Me共价键分子间的结合力很强，所以性能很稳定，从而可以提高产品的防腐蚀能力。硅烷处理的优点还表现为工艺简单，相比于磷化工艺，中间不需要表调处理，原来的前处理生产线设备无须改造，即可使用。并且在前处理过程可以做到无渣液产生，硅烷处理工艺过程与传统磷化处理过程比较如图27-47所示。

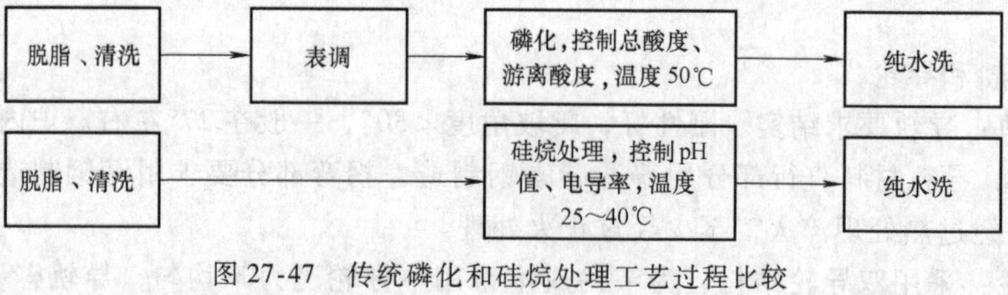

图27-47 传统磷化和硅烷处理工艺过程比较

目前硅烷处理已经在汽车工业上开始试用，2005年开始分别在宝马、奔驰、大众、奥迪、雷诺、欧宝等汽车公司进行了整车或车身零部件的测试，国内也有主机厂使用。硅烷原液现在已经有现成商品供应。虽然硅烷处理技术前景看好，但悬架弹簧制造过程尚未引入。

11 悬架弹簧的负荷分类、标志与加橡胶套

11.1 悬架弹簧的负荷分类

涂装结束后对弹簧负荷进行100%负荷检测和分类，负荷合格的弹簧，还要根据负荷大小分成若干组，并以颜色标记加以区别，这一过程称为负荷分类，负荷分类需在专用负荷分

类机上进行。

（1）负荷标样

1）标样的任务：将负荷量值传递到负荷分类机。

2）标样制作：选择与待分类产品相同的弹簧，该将弹簧进行长时间的压缩，如采取热压、静压或多次冷压的办法使其负荷稳定化，然后弹簧在精度等级更高的实验室的负荷试验机中测量负荷，对弹簧负荷值进行标识。

3）量值传递：负荷分类机根据标样的负荷值进行示值校正，校正值与实验室所测量值相同，量值传递完成。

4）标样管理：要求与量具相同，有明显的识别标记，保存在不会受到振动的地点，定期送到实验室内进行复核、检定。

（2）负荷分类机

1）负荷分类机：图 27-48 所示为日本 Morita 公司自动负荷分类机，具有弹簧负荷自动分类、自动打印标识和生产统计及 SPC 功能，控制终端带网络接口，可以实现远程控制。分类机所带计算机系统能设置弹簧负荷分组组别，对负荷合格的产品和超差产品自动分类，合格产品根据设置的力值分组，打印不同标识。

图 27-48　Morita 公司自动负荷分类机

中小企业大多使用立式测力机，压至高度用挡块定位，弹簧上下料和认头、划线（负荷标识）全部人工完成。

2）自动负荷分类机的负荷分类过程如图 27-49 所示。

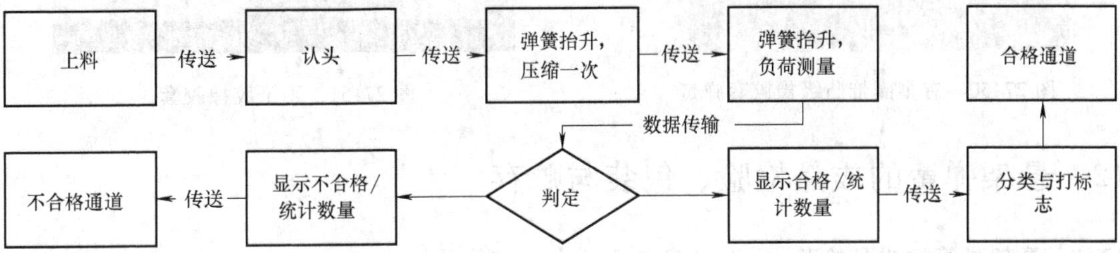

图 27-49　自动负荷分类机测力和分类过程

3）刚度测量：功能上负荷分类机能胜任弹簧刚度测量，相对于负荷，弹簧刚度波动较小，一般只作抽查，不作 100% 测量，刚度抽查多数在实验室测力机上进行，S 形弹簧偏离弹簧轴心线距离，目前自动负荷分类机上难以测量，同样只做抽查，必须使用实验室的六分力测力机才能测量。

4）对最终有橡胶套的弹簧负荷分类：理论上负荷分类工序应该安排在上橡胶套工序之后，因为橡胶套对弹簧负荷和刚度都有影响。但从工艺实际出发，弹簧上完橡胶套后测量负荷，负荷不合格弹簧需要返工或报废之前要将橡胶套剥下，剥橡胶套费时费工，尤其是上过热熔胶的弹簧剥橡胶套非常困难，工艺上采取变通做法，在试样过程将未上橡胶套弹簧和上完橡胶套之后弹簧负荷差值预先扣除，只要工艺控制得当做法可行。

11.2 悬架弹簧的追溯性标志

在负荷合格已经分类的弹簧，还需要按照主机厂要求，打追溯性标志。追溯性标志文字和符号，一般由主机厂和供应商共同商定，目的为了便于识别供应商所生产产品的件号、生产日期，一旦发生质量问题可以迅速追溯当时生产过程，包括操作者、生产数量，直至弹簧材料炉批号。追溯性标识多数用移印机打印，也有用条形码作为标志。早期以热卷为主的年代，要求弹簧热卷过程在材料端头打钢印的做法已经不用。

11.3 加橡胶套的作用

加橡胶套的作用，主要为了减少噪声，附带保护弹簧涂层。

所加橡胶套一般位于弹簧大端圈，圈数为一圈。但不尽然，有些产品要求上多圈橡胶套，而且橡胶套带凸缘，其作用不仅降低噪声，当车辆遇到颠簸路面与凹坑，带凸缘橡胶套与相邻圈接触，致使弹簧有效圈减少，刚度增大，起到缓冲和提高乘坐舒适性作用。橡胶套黏合剂，一般产品上不干胶，高要求产品上热熔胶。热熔胶需在专用加热炉中将胶加热到160℃，成为可流动胶水，然后用专用上胶枪将胶水均匀地涂在胶套内侧。图27-50所示为上三圈橡胶套的别克后弹簧，第二和第三圈橡胶套带凸缘。图27-51所示为不干胶橡胶套。

图27-50 有多圈带凸缘橡胶套弹簧

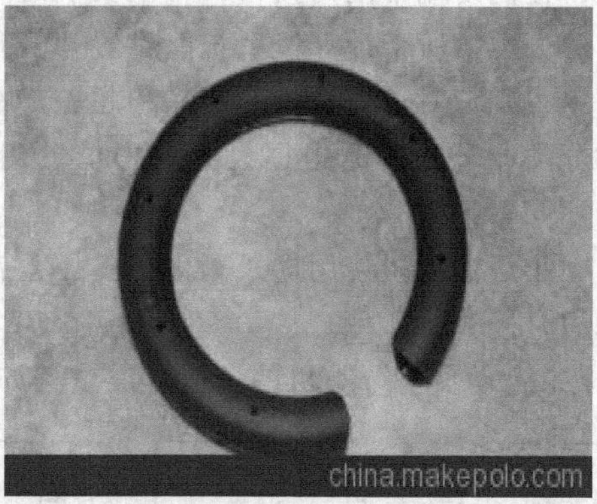

图27-51 不干胶橡胶套

12 悬架弹簧的成品检验、包装与贮存

12.1 悬架弹簧的成品检验

一般在弹簧制造工序基本完成，上橡胶套之前进行（理由与负荷分类放在前面相同），从某种意义上来说还不是真正的成品，称它为完工检验更加恰当。完工检验的任务通过抽样对本批产品的符合性判断，决定产品能否进入包装工序及入库。成品检验的主要检验项目如下：

（1）外观检验　以目视为主，主要检查产品外观和涂层有无损伤、产品分类标识和追溯性标识是否有缺失，分类标志和追溯性标识油漆是否模糊、流挂。涂装表面是否平滑，颜色是否正常，无肉眼可见的露底、颗粒、橘皮、气孔等缺陷。

（2）尺寸检验　以产品图样和检验作业指导书为依据，进行抽样检验。样本弹簧的尺寸参数（包括涂层厚度）样品所有检查项目全部合格，交付的产品必须是零缺陷。

（3）负荷检验　悬架弹簧产品检验用负荷试验机及带侧向力的负荷试验机测量，示意图见图 27-52。负荷检验主要用作对样本弹簧的负荷、侧向力和刚度进行测量，检验弹簧负荷同时对弹簧分类组别进行复核，分类组别标记是否准确；弹簧刚度；侧向力力值和偏离轴线中心位置等等。有些必须在负荷试验机上同时进行测量的项目，如弹簧在安装高度下，端圈 180°范围内与底座之间间隙（通常≤0.5mm）；压到极限高度节距间隙（各主机厂要求不同，范围从 0.5~2.0mm 不等）；弹簧并紧高度；弹簧压到极限位置外径包络线是否超出许可极限等项目也同时进行。

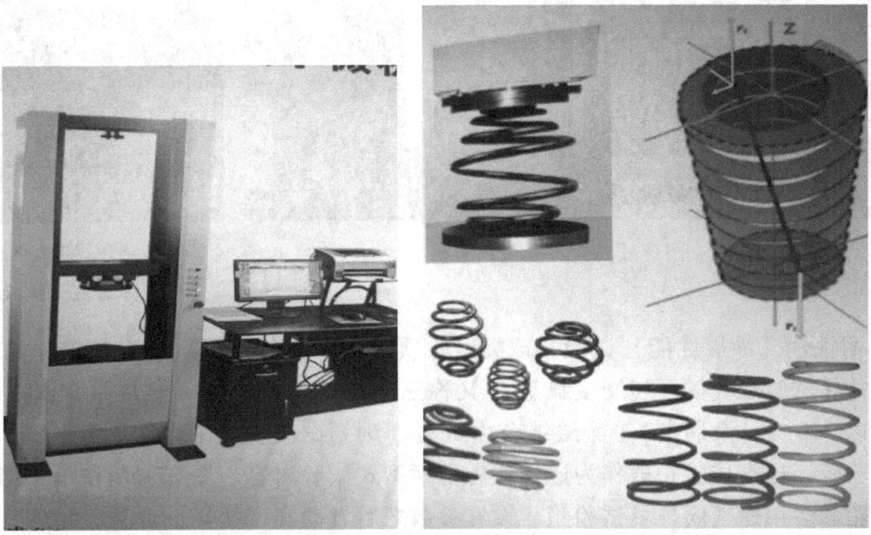

图 27-52 左为弹簧负荷试验机，右为弹簧侧向力测量示意图

（4）性能试验 下列试验一般委托实验室进行，试验室出具试验报告，提交给成品检验员，成品检验员以试验报告作为产品能否放行的依据之一。

（5）疲劳试验 疲劳试验是检验弹簧可靠性的重要指标，有直打式疲劳、模拟弹簧装车摆动式疲劳、盐雾疲劳等多种试验方式。疲劳试验的试验周期、抽样和试验方法，在设计开发阶段由主机厂和供应商共同商定，列入检验作业指导书，成品检验按规定执行。

1）普通直打式疲劳试验（见图 27-53）：弹簧在下止点至上止点做直线往复振动。

图 27-53 直打式悬架弹簧疲劳试验机

2）摆动式疲劳试验：弹簧模仿装车工况在上止点至上止点之间进行摆动式振动，由于振动轨迹与手风琴有几分相似，所以又称手风琴式或拍打式疲劳，摆动式疲劳试验条件比直打式严格，更接近实际工况；盐雾疲劳试验机都兼有摆动式疲劳试验功能，差别在于此时弹簧试验在常温干燥条件下进行。

3）盐雾疲劳试验（见图 27-54 和图 27-55）：盐雾疲劳试验比前两种疲劳试验更为严酷，弹簧在以摆动形式振动同时还需接受盐雾喷射，盐雾浓度为 5% NaCl 溶液，温度 35℃，以雾状形式喷向弹簧。

图27-54 国产效高盐雾疲劳试验机

图27-55 德国IABG悬架弹簧疲劳试验机

（6）耐蚀性（涂层性能）试验 该类试验项目众多，各主机厂各有标准。比较多的试验项目有盐雾试验和气候环境交变试验（又称三循环试验：盐雾→湿热→常温三种环境状况交替，以24h为一个周期）、涂层结合力试验（刻划试验、黏结力试验）、石击试验、低温冲击试验等，这类试验一般作为送样或者定期型式试验内容。图27-56和图27-57所示为盐雾试验箱和多用途气候环境试验箱。设置参数之后自动实现盐雾、常温、湿热三种试验条件交替。

图27-56 盐雾试验箱

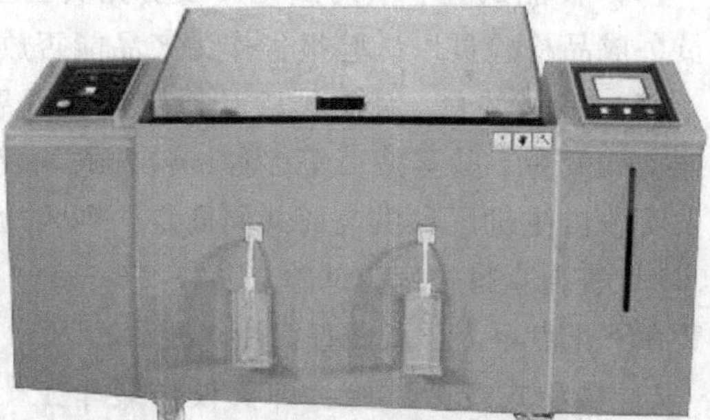

图27-57 气候环境试验箱

12.2 产品的包装

所有检验与试验项目通过产品进入包装工序，产品包装是产品生产的最后工序，产品包装必须按照包装作业指导书操作。包装材料（如塑料纸、瓦楞纸）、容器——周转箱、纸箱，每箱数量与条形码均按照与主机厂约定。

12.3 产品入库

在成品检验合格，包装工序结束之后，产品入库，进入贮存环节。悬架弹簧贮存条件要求不高，仓库只需保持干燥、不漏水，便于数量清点，通道顺畅即可，但需遵循先进先出（FIFO）的原则。

第28章　气门弹簧

1　气门弹簧的功能及工作原理

气门弹簧功能：气门弹簧外形简单（见图28-1）却是发动机配气机构中最重要的功能性零件之一。该工件服役条件苛刻，发动机起动时气门弹簧以发动机转速二分之一的频率进行高速振动，环境温度约140℃。

1.1　气门弹簧的功能

（1）在压缩和做功行程，气门关闭期间，利用弹簧预紧力将气门与气门座压紧，保证气缸处于气密状态。

（2）在进气或排气时，气门开启，升程段凸轮对气门弹簧做功，气门弹簧在外力作用下压缩贮能，回程段气门弹簧释放贮藏的机械能，提供负加速度的力，推动气门组中运动件回程，直到气门关闭落座。

（3）气门开启到关闭的运动过程，气门弹簧利用弹性力保证气门组运动件始终不脱离凸轮控制。

1.2　气门弹簧的工作原理

为了了解气门弹簧工作原理，有必要将配气机构和运动方式作比较系统的阐述。

1.2.1　配气机构

配气机构由凸轮轴与传递凸轮作用力的挺杆、摇臂、液压挺柱以及气门组所组成。气门组包括进气门、排气门、气门导管、气门锁片、气门油封、与气门密封匹配的气门座、气门弹簧、与气门弹簧上、下座等。图28-2所示为显示凸轮、摇臂、气门、气门弹簧的发动机剖面图，图28-2中凸轮侧置，因存在占地空间大，挺杆刚性不足弯曲等问题，目前主要在载重车上使用。图28-3所示为凸轮侧置式发动机剖面图。图28-4所示为凸轮顶置式发动机示意图，凸轮置于发动机顶部，省去了挺杆、摇臂等机构，因此结构紧凑，因为顶置式发动

图28-1　气门弹簧外形

图28-2　发动机剖面图

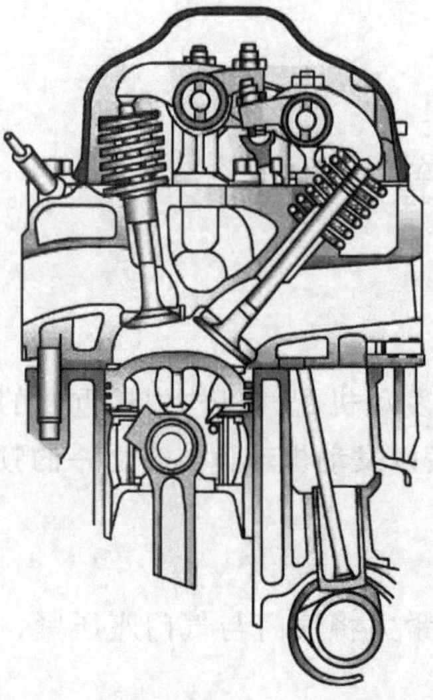

图 28-3　凸轮侧置式发动机剖面图

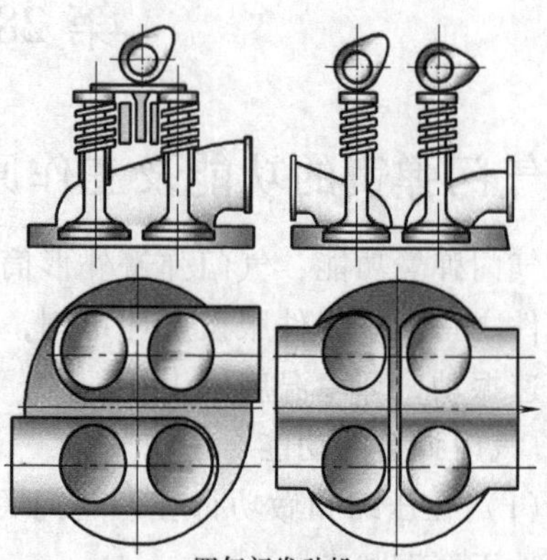

图 28-4　凸轮顶置式发动机

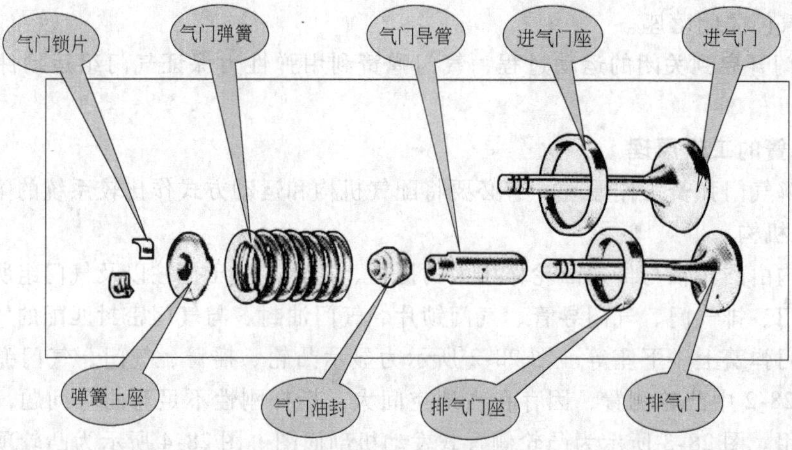

图 28-5　气门组零件

机的凸轮轴位于发动机缸盖上部，因此高度较高。顶置式发动机是目前发动机的主流。图 28-5 所示为气门弹簧和与之匹配的气门组零件，其中气门导管与气缸盖为过盈配合，起到气门导向及散热作用。进、排气门座镶在进、排气孔内壁，与气门锥面贴合以保证气门关闭时的气密性。气门导管、弹簧下座和进排气门座在气门开、闭时不发生运动，为非运动件。图 28-6 所示为气门组零件，其中液压挺柱的主要作用为消除凸轮与气门（与气门弹簧上盖）之间的间隙及传递凸轮作用力。在凸轮作用下，驱动气门随运动件运动，并与之同步。液压挺柱与气门、气门弹簧上盖、锁扣、气门弹簧等组成了气门运动件系统，在气门进行正

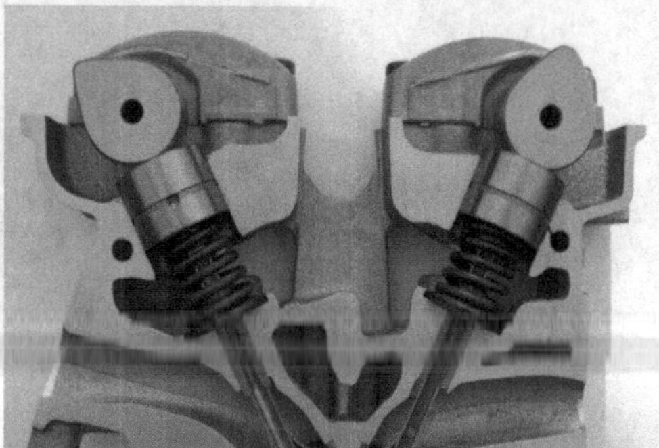

图 28-6　液压挺柱与气门弹簧

加速度与负加速度运动时，液压挺柱也成为惯性质量的一部分。

1.2.2　发动机配气

（1）发动机配气要求

1）在规定的时间内完成气门的开启与关闭。

2）良好的换气质量，新鲜空气应尽可能充分地吸入气缸；燃烧后的废气应尽可能完全地排出气缸。

3）进排气门具有合适的开启和关闭时间，进气和排气时间充分并且顺畅。

（2）配气相位　图 28-7 所示为发动机配气相位示意图。

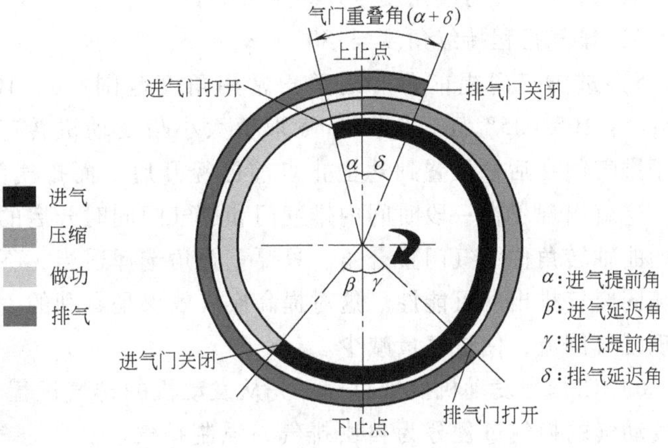

图 28-7　发动机配气相位示意图

四冲程发动机的工作由进气、压缩、做功和排气等四个冲程组成，曲轴旋转一周，完成两个冲程，每转两周即 720°发动机完成四个冲程，做一次功。理论上内燃机四冲程相位应与活塞冲程的开始和结束相对应：即发动机在第一个 360°周期，当活塞运动到上止点时进气门开启，活塞运动到达下止点时进气门关闭；活塞由下止点向上运动，进入第二个冲程——压缩冲程，活塞运动至上止点，压缩冲程结束。发动机进入第三个冲程，即发动机进入第二个 360°周期时，发动机点火（汽油机）或发火（柴油机），活塞在做功产生的高压下向下运动，发动机活塞位置从上止点运动到下止点；尔后排气门开启进行排气，当活塞向上运动到上止点，排气门关闭，发动机进入下一个工作周期。但理论上的配气相位既不能保证发动机达到最佳的工况，也不能保证有充足的进气和干净地排气。为了保证气缸进气充分和排气彻底，必须对配气相位进行重新考虑和设计。合理的设计方案简单地讲，就是要对配气相位采取进（排）气门早开和迟关方案，即进气门在活塞到达上止点前提前开启，在下止点后延迟关闭；排气门在活塞到达下止点前提前开启，在上止点后延迟关闭。进气门提前打开是为了保证进气冲程开始时，进气门已有较大的开度，减少进气时阻力，增加空气进入气缸的充量，延迟关闭，是为了在压缩冲程开始时，利用进气流的惯性和气缸内外压力差，继续进气。排气门提前开启，是为了利用做功冲程即将结束时气缸内外压力差不大，实现快速自由排气，稍早开排气门不仅不影响做功冲程，反而可以减少排气冲程所消耗的功，使气缸内的废气较好地排出，延迟关闭是为了在排气冲程终了时，气缸内废气压力高于排气管压力，利用压力差以及排气流的惯性更多地清除气缸内的废气（扫气）。

1）进气门的提前开启和延迟关闭：理论上当活塞运动至最高位置——上止点，进气门应该同步开启，发动机开始进气。然而实际上活塞尚未到达上止点，进气门已经提前打开，提前打开的角度称为提前角或早开角，一般用希腊字母 α 表示。理论上当活塞运动至最低位置——下止点，进气门同步关闭，进气停止。然而实际上活塞到达下止点位置，进气门还未关闭，再继续进气，延迟关闭的角度称为迟关角或迟闭角，一般用希腊字母β表示。

2）排气门的提前开启和延迟关闭：理论上当活塞运动位置到达最低位置——下止点，排气门同步开启，发动机开始排气，然而实际上活塞还未到达下止点，排气门已经提前打开，发动机已经开始排气（自由排气阶段），提前打开的角度称为提前角或早开角，一般用希腊字母γ表示。当活塞运动位置到达上止点，排气门应该同步关闭，停止排气，然而实际上活塞到达上止点位置时，排气门尚未关闭，继续在排气（进入扫气阶段），延迟关闭的角度称为迟关角或迟闭角，一般用希腊字母δ表示。

3）进气行程持续角度 $=180° + \alpha + \beta$。

4）排气行程持续角度 $=180° + \gamma + \delta$。

5）进排气门提前角和迟关角常用角度范围：α：10°～40°；β：40°～80°；γ：30°～70°；δ：10°～35°。α、β、γ和δ取值大小与发动机转速有关，对于高转速发动机取上限。由于进气门在活塞位置到达上止点前已经开启，而排气门在活塞位置到达上止点后尚未关闭，这就出现了在一段时间内排气门和进气门同时开启的现象，这种现象称为气门重叠，相应的曲轴转角称为气门重叠角。只要重叠角选择适当，不会产生废气倒流入进气管和新鲜气体随同废气排出的可能性。这对提高换气效果是有利的。但是如果重叠角配置过大，就可能出现废气倒流，使进气量减少。

6）四行程发动机换气过程：先从发动机的排气过程谈起，根据气体流动的特点，可以将发动气的换气过程分为自由排气、强制排气、进气、气门叠开及燃烧室扫气（进排气门重叠期进气门吸入空气驱除废气）五个阶段。

① 自由排气期：从排气门打开到缸内压力接近排气管压力的这段时间称为自由排气阶段。在这一阶段，气体不需借助外力而自行排出气缸。

② 强制排气期：气缸内的废气被上行的活塞强制推出。由于排气门流通截面处的节流作用，气缸内的平均压力比排气管内的压力要略高一些。

③ 进气期：为了在进气行程开始时进气门就有一定的流通截面，进气门应提前开启，进气门的提前开启角为上止点前10°～40°。

④ 气门重叠开启期：由于排气门延迟关闭和进气门提前打开，在换气过程的上止点附近，有一段时间出现进、排气门同时打开，这段时间称为气门重叠开启期，角度称为气门重叠开启角。在气门重叠开启期内，进气系统、燃烧室、排气系统三者被连通。气门的重叠开启角一般为20°～60°。

⑤ 扫气：排气门还未完全关闭，进气门在继续进气，利用进气与废气之间的压力差，将废气向外驱赶，称为扫气。

7）对配气相位调整的目的只是为了最大限度地保证新鲜空气进入，最大限度地让废气排出，经过精心设计后，发动机充气效率η最高可接近90%。

8）发动机配气相位是气门弹簧设计必须了解的知识，相关的提前角和迟闭角α、β、γ和δ在气门弹簧设计时都会用到。

2 气门弹簧的材料

气门弹簧严酷和繁重的服役条件，对气门弹簧材料的特殊要求，制定有《阀门弹簧钢丝》标准。阀门弹簧钢丝作为专用钢种，从炼钢到钢丝生产全过程均需要严格的质量控制。

阀门弹簧钢丝前面冠以“阀门弹簧专用”；或在钢的后缀增加“V”（VALVE SPRING）。从这个意义上来说，对于气门弹簧的质量而言，阀门弹簧钢丝的质量因素基本上要占到70%以上。

2.1 阀门弹簧钢丝生产过程和主要供应商

退火状态钢丝趋于淘汰，现基本上都使用油淬火-回火钢丝（下面简称油淬火钢丝）。油淬火钢丝在弹簧卷绕之后，不需要再进行淬火和回火处理，只对卷制好的弹簧进行去应力退火即可，简化了工艺，已为绝大多数生产企业采用。油淬火钢丝基本生产流程如下：

弹簧钢盘条→剥皮→拉拔→加热（带保护气氛管式炉）→油淬火→回火（铅浴）→收线→无损检测（贯通式和旋转式两次涡流无损检测）→上油→包装。

阀门弹簧钢丝制品质量好坏与盘条的质量有直接关系，主机厂下发的图样与标准，不仅列出认可的线材供应商，同时列出认可的盘条供应商，弹簧生产企业采购原材料必须从主机厂认可的材料供应商中选择。国内阀门弹簧盘条生产企业主要是宝钢，国外有神户制钢、新日铁、浦项制铁、德国米塔尔（前身系德国汉堡钢公司1995年为印度LNM收购）、荷兰莱斯托等。宝钢生产的阀门弹簧钢盘条整体质量水平与国外相比还有差距。国内气门弹簧生产企业阀门弹簧钢丝的主要供应商见表28-1。

表28-1 国内外阀门弹簧钢丝主要生产商

国内生产商	国外生产商	国内生产商	国外生产商
郑州金属制品院	铃木-加普腾钢丝公司（日本-瑞典）		住友电工株式会社（日本）
浙江海纳金属制品公司	三兴（Cuncal）线材株式会社（日本）		
宝钢二钢公司	杉田制线株式会社（日本）		Kiswire（韩国高丽制钢旗下）

2.2 国产阀门弹簧钢丝

（1）国产阀门弹簧用钢丝标准　根据GB/T 18983《油淬火-回火弹簧钢丝》推荐，油淬火弹簧钢丝按照用途分为静态、中疲劳、高疲劳三个类别，气门弹簧应选择高疲劳材料（VD级）制造。VD级材料按照材料的抗拉强度，又细分为低强度、中强度、高强度三个等级，四种牌号。低强度碳素钢丝VDC；中强度铬钒系VDCrV-A和VDCrV-B；高强度铬硅系VDCrSi，四种材料的化学成分和力学性能见表28-2和表28-3。

表28-2 国产阀门弹簧用钢丝化学成分 （质量分数：%）

代号	C	Si	Mn	$P_{最大}$	$S_{最大}$	Cr	V	$Cu_{最大}$
VDC	0.60~0.75	0.10~0.35	0.50~1.20	0.020	0.025	—	—	0.12
VDCrV-A	0.47~0.55	0.10~0.40	0.60~1.20	0.025	0.025	0.80~1.10	0.15~0.25	0.12
VDCrV-B	0.62~0.72	0.10~0.35	0.50~0.90	0.025	0.025	0.40~0.60	0.15~0.25	0.12
VDCrSi	0.50~0.60	1.20~1.60	0.50~0.90	0.025	0.025	0.50~0.80	—	0.12

表28-3 国产阀门弹簧用钢丝力学性能

线径/mm	抗拉强度/MPa				断面收缩率 $\psi\geqslant$(%)
	VDC	VDCrV-A	VDCrV-B	VDCrSi	
>2.00~2.50	1630~1780	1620~1770	1720~1860	1900~2060	45
>2.50~2.70	1610~1760	1610~1760	1690~1840	1890~2040	45
>2.70~3.00	1590~1740	1600~1750	1660~1810	1880~2030	45
>3.00~3.20	1570~1720	1580~1730	1640~1790	1870~2020	45
>3.20~3.50	1550~1700	1560~1710	1620~1770	1860~2010	45
>3.50~4.00	1530~1680	1540~1690	1570~1720	1840~1990	45

（续）

线径/mm	抗拉强度/MPa				断面收缩率 $\psi\geqslant$（%）
	VDC	VDCrV-A	VDCrV-B	VDCrSi	
>4.20~4.50	1510~1660	152~01670	1540~1690	1810~1960	45
>4.70~5.00	1490~1640	1500~1650	1520~1670	1870~1930	45
>5.00~5.60	1470~1620	1480~1630	1490~1640	1750~1900	40
>5.60~6.00	1450~1600	1470~1620	1470~1620	1730~1890	40

（2）直径尺寸偏差 GB/T 18983 规定的用于高疲劳性能气门弹簧钢丝（VD）的直径尺寸偏差见表28-4。

表28-4 高疲劳性能气门弹簧钢丝（VD）的直径尺寸偏差（单位：mm）

VD钢丝公称直径	允许偏差（±）	VD钢丝公称直径	允许偏差（±）
>1.80~2.80	0.025	>4.00~5.50	0.035
>2.80~4.00	0.030	>5.50~7.00	0.040

（3）材料表面质量要求 气门弹簧对材料的表面质量要求极高，材料表面存在微小的表面缺陷就有可能成为弹簧疲劳的发源地，GB/T 18983 对 VD 级材料的表面质量的表述："钢丝表面光滑，不应有对钢丝使用可能产生有害影响的划伤、裂纹、锈蚀、折叠、结疤等缺陷；允许有最大深度不超过表28-5规定深度的缺陷。"

表28-5 VD级钢丝表面缺陷最大允许深度

钢丝直径 d/mm	VD级材料表面缺陷允许的最大深度	钢丝直径 d/mm	VD级材料表面缺陷允许的最大深度
0.50~2.00	0.01mm	2.00~6.00	0.5%d

（4）其他质量要求

1）钢丝不圆度不得大于尺寸允许偏差的一半。

2）钢丝外形应规整，不得有影响使用的弯曲。

3）VD级钢丝表面不得有全脱碳层，部分脱碳层最大允许深度1.0%d。

4）VD级钢丝非金属夹杂物由供需双方确定。

5）VD级同一盘钢丝抗拉强度允许波动范围不应超过50MPa。

6）缠绕与扭转试验：公称直径小于3.00mm的钢丝应进行缠绕试验，缠绕心轴等于钢丝直径，缠绕圈数至少4圈，试验后材料表面不得产生裂纹或断开。直径为0.70~6.00mm的钢丝应进行扭转试验，试样标距100d，根据标准的试验方法，可以选择单向扭转（同一方向扭转次数至少三次，直到扭断为止，断口应平齐）。VD级钢也可发选择双向扭转的试验方法，具体要求见28-6。

表28-6 国产阀门弹簧钢丝反复扭转试验要求

公称直径/mm	VDC		VDCrV		VDCrSi	
	右转/圈数	左转/圈数	右转/圈数	左转/圈数	右转/圈数	左转/圈数
>1.60~2.50	6	14	6	4	1	0
>2.50~3.00		12				
>3.00~3.50		10				
>3.50~4.50		8				
>4.50~5.60		6			3	
>5.60~6.00		4				

2.3 进口阀门弹簧钢丝

国产阀门弹簧钢丝在性能和品种上都存在不足，难以适应气门弹簧向高应力发展的趋势，中高应力气门弹簧使用进口钢丝的现象十分普遍。进口材料主要供应商有铃木-加普腾钢丝公司、三兴线材（SUNCAL）、住友电工（日）、Kiswire（韩）等。

（1）铃木-加普腾钢丝公司的品种　铃木-加普腾钢丝公司是进口阀门弹簧钢丝中品种系列最全，市场占有率最高的生产商，其盘条来源于神户制钢、新日铁、浦项制铁。其中高端产品 OTEVA101SC/OTEVA91SC 盘条来自新日铁，另一高端产品 OTEVA90SC 来自神户制钢，这三个牌号是铃木-加普腾钢丝公司专门为高应力气门弹簧开发，可用于渗氮处理的阀门弹簧钢丝。渗氮处理之后，气门弹簧最大许用应力可以达到 1000～1100MPa。弹簧经过渗氮处理后和不经渗氮处理相比，许用应力提高 100MPa 以上。为了使弹簧在较高的温度（450～470℃）下长时间 5～20h 渗氮，材料中提高了 Si 的含量（1.80～2.20）%，还添加了 Cr、V、Mo、W 等多种氮化物元素。这类元素又是强碳化物（Cr 为中等碳化物元素）元素，对提高回火抗力，细化晶粒元素作用显著。中端和低端产品盘条为降低成本压力，可能来自国外其他盘条生产商。铃木-加普腾公司阀门弹簧钢丝的牌号与成分见表 28-7。

表 28-7　铃木-加普腾公司阀门弹簧钢丝产品　　（质量分数：%）

牌　号	C	Si	Mn	P_{max}	S_{max}	Cr	V	Ni	Mo	W
OTEVA101SC	0.50～0.70	2.10～2.40	0.30～0.70	0.020	0.025	1.10～1.40	0.05～0.25	—	0.05～0.25	0.05～0.25
OTEVA91SC	0.50～0.70	1.80～2.20	0.30～0.60	0.020	0.020	0.80～1.00	0.05～0.15	—	0.05～0.15	—
OTEVA90SC	0.50～0.70	1.80～2.20	0.70～1.00	0.020	0.020	0.85～1.05	0.05～0.15	0.20～0.40	—	—
OTEVA76SC	0.57～0.62	1.30～1.60	0.50～0.80	0.020	0.020	0.80～1.00	0.05～0.15	0.20～0.50	—	—
OTEVA75SC	0.50～0.70	1.20～1.65	0.50～0.80	0.020	0.020	0.50～1.00	0.05～0.15	—	—	—
OTEVA70SC	0.50～0.60	1.20～1.60	0.50～0.80	0.020	0.020	0.50～0.80	—	—	—	—
SWOSC-VHV	0.50～0.70	1.20～1.65	0.50～0.80	0.020	0.020	0.50～1.00	0.05～0.20	—	—	—
SWOSC-V	0.50～0.60	1.20～～1.60	0.50～～0.80	0.020	0.020	0.～50～0.80	—	—	—	—

注：1. OTEVA 为加普腾的企业阀门弹簧专用钢丝名；后缀 SC 表示为超纯净级。

2. SWOSC-VHV、SWOSC-V 系日本阀门弹簧钢丝牌号。

（2）铃木-加普腾阀门弹簧钢丝力学性能　相关弹簧钢丝力学性能弹簧钢丝力学性能见表 28-8～表 28-11。

表 28-8　OTEVA101/91/90SC 力学性能

钢丝直径 /mm	牌　号	公差 ±/mm	抗拉强度 /MPa	同一盘钢丝强度波动	断面收缩率不低于（%）	扭转（$L=300$）不低于 /圈
2.00～2.50	OTEVA101SC	0.020	2100～2200	≤50MPa	40	2
	OTEVA91SC		2180～2280		45	5
	OTEVA90SC		2180～2280		45	5

（续）

钢丝直径 /mm	牌号	公差 ±/mm	抗拉强度 /MPa	同一盘钢丝强度波动	断面收缩率不低于（%）	扭转（$L=300$）不低于/圈
>2.50~3.20	OTEVA101SC	0.020	2100~2200	≤50MPa	40	2
	OTEVA91SC		2130~2230		45	5
	OTEVA90SC		2130~2230		45	5
>3.2~4.00	OTEVA101SC	0.025	2100~2200		40	2
	OTEVA91SC		2080~2180		45	3
	OTEVA90SC		2080~2180		45	4
>4.00~5.00	OTEVA101SC	0.025	2100~2200		45	2
	OTEVA91SC		2030~2130		45	3
	OTEVA90SC		2030~2130		45	3
>5.00~5.60	OTEVA91SC	0.030	1980~2080		40	3
	OTEVA90SC		1980~2080		40	3
>5.60~6.00	OTEVA91SC	0.035	1980~2080		40	3
	OTEVA90SC		1890~2080		40	3

表 28-9 OTEVA76SC 力学性能

钢丝直径 /mm	公差 ±/mm	抗拉强度 /MPa	同一盘钢丝强度波动	断面收缩率不低于（%）	扭转（$L=300$）不低于/圈
2.00~2.50	0.020	2110~2210	≤50MPa	45	5
>2.50~3.20	0.020	2060~2160		45	5
>3.2~04.00	0.025	2010~2110		45	4
>4.00~5.00	0.025	1960~2060		45	3
>5.00~5.60	0.030	1910~2010		40	3
>5.60~6.00	0.035	1910~2010		40	3

表 28-10 OTEVA75SC/SWOSC-VHV 力学性能

钢丝直径 /mm	公差± /mm	抗拉强度 /MPa	同一盘钢丝强度波动	断面收缩率不低于（%）	扭转（$L=300$）不低于/圈
>2.00~2.50	0.020	2110~2210	≤50MPa	45	5
>2.50~3.20	0.020	2060~2160		45	5
>3.20~4.00	0.025	2010~2110		45	4
>4.00~5.00	0.025	1960~2060		45	3
>5.00~5.60	0.030	1910~2010		40	3
>5.60~6.00	0.035	1910~2010		40	3

表 28-11 OTEVA70SC/SWOSC-V 力学性能

钢丝直径 /mm	公差± /mm	抗拉强度 /（N/mm^2）	同一盘钢丝强度波动	断面收缩率不低于（%）	扭转（$L=300$）不低于/圈
>2.00~2.50	0.020	1960~2060	≤50MPa	50	5
>2.50~3.00	0.020	1910~2010		50	4
>3.00~3.20	0.020	1910~2010		45	4
>3.20~3.50	0.025	1910~2010		45	4
>3.50~4.50	0.025	1860~1960		45	4
>4.50~5.00	0.025	1810~1910		45	3
>5.00~5.60	0.030	1810~1910		40	3
>5.60~6.00	0.035	1760~1860		40	3

（3）加普腾阀门弹簧钢丝的表面缺陷 根据产品定位：

OTEVA70SC/SWOSC-V 为低端产品，用于制造一般应力气门弹簧，用户可以选择剥皮或者不剥皮。

OTEVA75SC/SWOSC-VHV 为中端产品，用于制造中高应力气门弹簧。

OTEVA76SC 为高中端产品，用于制造不需渗氮的高应力气门弹簧。

OTEVA101/SCOTEVA91SC/OTEVA90SC 为高端产品，用于制造表面需进行渗氮处理的特高应力气门弹簧；

OTEVA75SC/SWOSC-VHV 以上牌号钢丝全部使用剥皮工艺，产品都经过两次涡流检测，其中贯通式探头负责探查横向缺陷，旋转式探头负责纵向缺陷，发现缺陷深度能力 40μm。

（4）表面脱碳层深度 不允许存在全脱碳，部分脱碳深度不大于钢丝直径的 0.5%。

（5）非金属夹杂物检测方法

1）铃木-加普腾的（Max-T 法）尺寸计数法，距钢丝表面 15μm 范围内最多允许的数量：尺寸（5~10）μm 最多 50 个；（10~15）μm 最多 7 个；>15μm 最多 0 个。

2）对钢丝中夹杂物评级，更加通用的评级方法为 ASTM E45 中的方法 A（等同标准 GB/T 10561《钢中非金属夹杂物含量的测定标准评级图 显微检验法》），采购其他供应商钢丝应无问题。但采购加普腾-铃木公司钢丝，需与铃木-加普腾法（Max-T 法）统一；

3）ASTM E45 方法 A 对气门弹簧超纯净钢评级要求：

取样位置：纵向从表面~1/3 半径处，总评价面积 $160mm^2$，放大倍数 100 倍。

评级要求：见表 28-12 D 类夹杂物最大允许长度不超过 15μm。

表 28-12 超纯净 Si-Cr 阀门弹簧材料 ASTM E45 法非金属夹杂物评级要求

A类（硫化物）		B类（氧化物）		C类（硅酸盐）		D类（球状氧化物）	
粗系	细系	粗系	细系	粗系	细系	粗系	细系
1.0	0.5	1.0	0	0.5	0.5	0.5	0
单个区域不劣于							
1.5	1.0	1.0	0	1.0	1.0	0.5	0

注：按照 ASTM-E45 标准的评级要求。

（6）国内阀门弹簧钢丝生产 国内阀门弹簧钢丝生产商目前不生产非圆截面材料，外资在华企业和进口材料可按照用户要求生产非圆形——卵形或椭圆形截面材料。

（7）材料的替代 表 28-13 列出的各国阀门弹簧钢丝对照表仅指其化学成分相近。但由于各国弹簧钢丝盘条水平与阀门弹簧钢丝加工水平差异，材料性能有很大差距，材料替代应慎重选择，必须经过试验和验证并征得最终用户的同意。铃木-加普腾钢丝公司生产的 SWOSC-V 和 OTEVA70SC；SWOSC-VHV 和 OTEVA75SC 的性能经过整合，同规格钢丝力学性能指标分别与 OTEVA70SC 和 OTEVA75SC 相同。用户采购参照 JIS 标准生产的阀门钢丝，同规格钢丝抗拉强度离差 150N 用户能否接受应校核确认。

表 28-13 中、日、德、美、瑞典、韩阀门弹簧钢丝近似成分牌号对照表

中	日	欧洲 EN 10270	美 ASTM	瑞 典	韩
VDCrSi	SWOSC-V	VDSiCr	A877	OTEVA70SC	KIVOT-CS
—	SWOSC-VHV	VDSiCiV	—	OTEVA75SC	—
—	—	—	—	OTEVA76SC	—

（续）

中	日	欧洲 EN 10270	美 ASTM	瑞 典	韩
—	—	—	—	OTEVA90SC	—
—	—	—	—	OTEVA91SC	—
—	—	—	—	OT EVA101SC	—

3 气门弹簧设计

3.1 气门弹簧发展趋势

（1）圆柱螺旋气门弹簧

1）高应力：轻量化技术使发动机走向高功率（升功率60kW以上），小型化。配气机构进排气采用多气门（以四气门可变正时为主）配置成为主流，多气门配置留给气门弹簧设计的空间大大压缩，驱动气门弹簧向高应力方向发展。有无限寿命要求气门弹簧的设计许用应力，GB/T 23935《圆柱螺旋弹簧设计计算》的推荐值范围（0.35~0.40）σ_b。目前突破规范要求，将设计应力提升到（0.45~0.5）σ_b 的高应力设计经常见到。柴油机（不包括使用共轨喷射的轿车柴油机）对气门弹簧空间相对宽松，弹簧设计应力选择余地较大，加上从成本考虑，会选择国产阀门弹簧钢丝制造，设计更多考虑性价比，总体上应力也在提高，特别车用高速柴油机弹簧设计应力处在推荐规范上限或稍有超过。表28-14为目前不同发动机气门弹簧设计应力范围。

表28-14 气门弹簧设计应力范围 （单位：MPa）

工程用柴油机	车用柴油机（转速>3000r/min）	汽油发动机	轻量化设计
650~750	>700~800	>800~900	>900~1000

2）高应力对弹簧材料要求相应提高，普遍使用表面经过剥皮的超纯净级材料，表面缺陷两次涡流无损检测，但缺陷发现能力受技术限止，仍为40μm。

3）发动机高度要求，结构紧凑的发动机气门弹簧采用非圆截面材料制造。

4）阀门弹簧钢丝Cr-V系钢种趋于淘汰，Si-Cr系列钢种成为绝对主流，在此基础上开发出适用于不同应力的新材料。我国阀门弹簧钢丝的质量和品种均与进口产品差距巨大，尤其在高应力气门弹簧制造领域，国产钢丝几无立足之地。在工艺方面我国对高应力气门弹簧渗氮工艺还处于探索状态。

（2）异形截面气门弹簧问题的提出　顶置式多气门方案已经成为汽车发动机的主流配置方案，图28-8、28-9所示为顶置式多气门配置方案及传动示意图。为了提高升功率，发动机转速加快，进气和排气时间缩短，多气门成为必然选择，同一缸容纳气门数比以前增加一倍，会导致气门和气门弹簧位置空间受到压缩，为了降低发动机高度，又要求降低气门弹簧并紧高度，异形截面气门弹簧是应对这种趋势的选择结果。目前气门弹簧上使用的异形截面主要有卵形和椭圆形两种。日本弹簧协会早在20世纪90年代初即对异形截面弹簧的设计理论展开研究，在高应力气门弹簧和离合器弹簧已经得到广泛应用。

3.2 气门弹簧设计考虑因素

（1）材料

1）钢丝线径尽可能取标准序列。

2）在材料性能和成本之间，性能和质量为优先考虑因素，优先选择经过剥皮处理的超

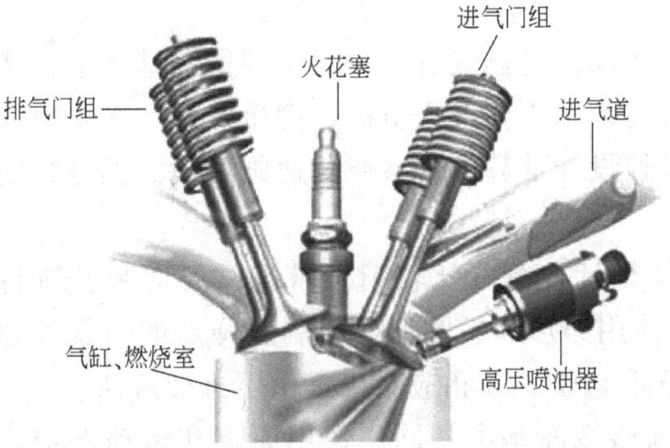

图 28-8　四气门发动机气门组示意图

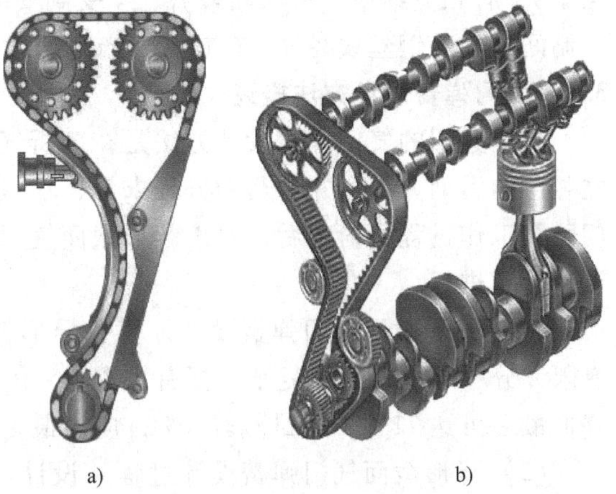

a)　　　b)

图 28-9　顶置式双凸轮轴传动示意图

a）链条传动　b）齿带传动

纯净级阀门弹簧钢丝。

3）在保证材料质量的前提下，经过许用应力与安全系数校核，优先选择成本相对较低、货源比较容易获得的材料。

4）指定材料牌号：供应商，必要时除指定钢丝供应商外，可以指定盘条供应商。

（2）性能

1）在满足顾客各项初始要求前提下，在弹簧轻量化（成本）与应力之间选择，优先选择降低应力，以换取可靠性。

2）设计必须考虑弹簧的自振频率（固有频率），弹簧最高振动频率与自振频率之比推荐值≥10。

3）弹簧负荷 F_2 有足够的回弹力，留有储备量。F_1/F_2 负荷应分配合理，F_1 和 F_2 比例推荐 $F_1=(0.4\sim0.6)F_2$。F_1 的值主要保证气门在关闭期间的密封性，需要考虑的因素如下：

① 保证气门密封前提下，减小气门杆受力（气门杆在开闭过程承受高温冲击载荷和高温湍流腐蚀，循环特征 σ_0）。

② 气门弹簧工作对象：汽油发动机气门质量和振动小于柴油机，气缸内温度低于柴油机。

③ 气门弹簧服役过程中因热松弛和疲劳产生的负荷自然衰减，衰减量一般能达到10%。

④ 气门弹簧在经历负荷衰减之后，仍保证气门密封性。根据经验推荐 F_1 在（220～300）N 之间选取。

（3）工艺性

1）推荐弹簧旋绕比 C 在 6～8 选择，对卷簧有利，高应力弹簧受空间限制不一定能做到。尾圈优先选择 0.5 圈对磨簧、弹簧垂直度和节距受力均匀性均有利。

2）力求弹簧线性处于最好区间：H_1 和 H_2 落入全变形量（20～85）% 范围。

3）考虑工艺制造偏差，弹簧设计应有足够负荷储备。

（4）参数之间关联性　F_2 数值决定于运动方程求解结果，选择 $F_1=(0.4\sim0.6)F_2$，相

当于 F_1 有相应约束，关联因素 f_1、f_2 受到安装高度和升程限制，相应 F' 也受到限制。这些限制间接地对钢丝线径 d、有效圈 n 产生制约，中径 D 受到装配空间和旋绕比制约。

3.3 气门弹簧设计方法概述

这里介绍的气门弹簧设计方法是在剖析气门运动件进排气过程中运动规律的基础上，建立相应的运动方程，并对运动方程求解，求得气门弹簧工作过程负荷，简单实用。在求得气门弹簧工作过程负荷之后，对于圆形截面气门弹簧设计计算，可参照普通圆形截面螺旋弹簧设计计算进行。

（1）异形截面气门弹簧设计计算　异形截面设计计算的比较精确求解需要对弹簧进行有限元分析求解，过程复杂。据有关资料⊖介绍使用卵形和椭圆形截面制造弹簧的并紧长度降低最多可达21%，质量减轻8%，应力最多降低17%，在相应文中提供了近似解法。

（2）异形截面气门弹簧设计过程　设计与圆形截面基本相同，作用原理和运动方程求解完全相同，弹簧刚度、应力计算有局部修正。因为多气门发动机的结构比较紧凑，留给弹簧的空间有限，这类弹簧设计应力多在800MPa以上，最新改型的大众EA888发动机气门弹簧设计应力已经达到940MPa，材料使用OTEVA75SC应力已经超过 $0.45\sigma_b$，工艺制造难度相当大。

非圆截面弹簧的运动方程和圆截面相同，从实用出发，对负荷和应力提供的是近似算法，精确求解需要建立有限元模型，可参阅相关资料⊖。

（3）异形截面材料应力峰偏移　圆截面材料卷成弹簧后，最大应力位于弹簧内侧，异形材料截面卷成弹簧之后，最大应力峰会偏离弹簧最内侧，偏移角度 $\theta°$ 和弹簧旋绕比与长短轴比有关，图28-10～图28-12分别给出了椭圆截面与卵形截面不同长短轴和旋绕比弹簧应力峰的偏移角。

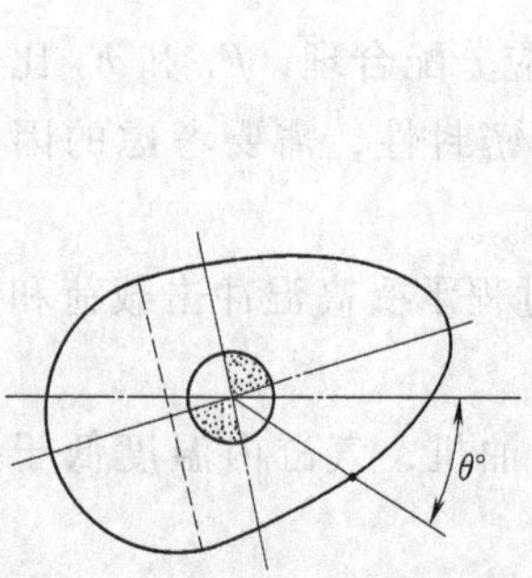

图28-10　异形截面应力峰偏移示意图

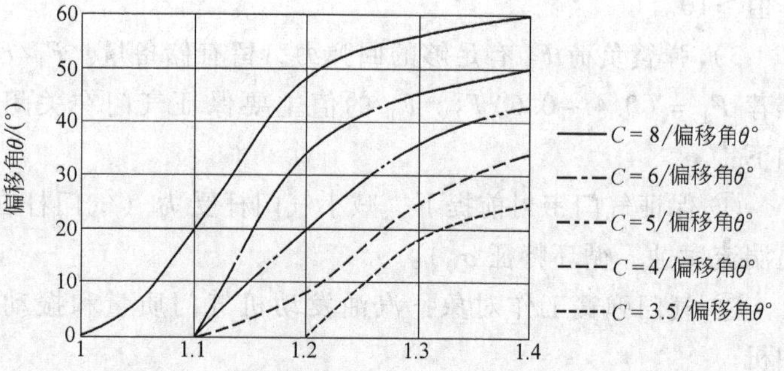

图28-11　椭圆截面弹簧应力峰偏移角

3.4 设计输入

按顾客初始要求输入：

1）发动机（最高）转速。

2）给予气门弹簧的安装空间。

⊖ 引自陈立：《椭圆及卵形钢丝高应力螺旋弹簧的设计和制造》，《弹簧工程》2013年第二期。

3）气门运动组件：挺柱、气门、气门弹簧（上）盖、气门锁片质量（气门弹簧本身既作为受力构件，又作为运动件的一部分，以弹簧质量的1/3列入其惯性质量，由设计者给出）。

4）气门弹簧安装高度（气门弹簧预紧高度）和行程（最大升程）。

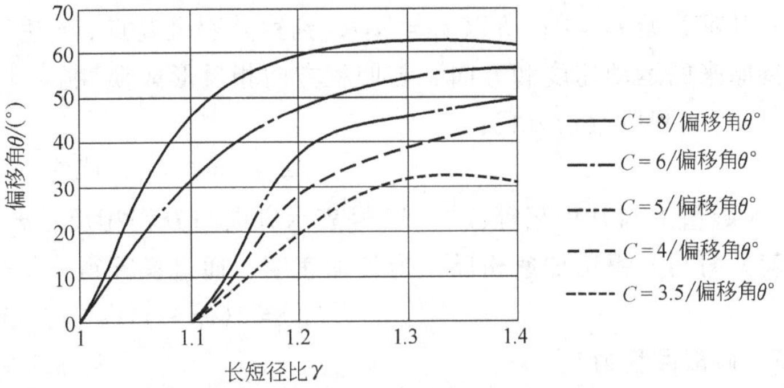

图28-12　卵形截面弹簧应力峰偏移角

5）与发动机有关的时间分配参数：α、β、γ、δ值。

3.5　建立运动方程

（1）设曲轴每转一圈时间T　设曲轴每分钟最高转速为n，则曲轴每秒转圈数（频率）$H=n/60$，其倒数即为曲轴每转一圈需要的时间（s），设T为曲轴每转一圈时间，则$T=60/n$。

例：某柴油机最高转速3800r/min，曲轴转一圈时间$T=60/n=(60/3800)\mathrm{s}=0.0158\mathrm{s}$。

（2）分别计算进气门和排气门从开启到关闭时间

进气门从开启到关闭时间　$t_1=T(180°+\alpha+\beta)/360°$

排气门从开启到关闭时间　$t_2=T(180°+\gamma+\delta)/360°$

例：已知某柴油机最高转速3800r/min，进气门$\alpha+\beta=63°$；排气门$\gamma+\delta=68°$进气门从开启到关闭的角度：$180°+\alpha+\beta=243°$；排气门从开启到关闭的角度$180°+\gamma+\delta=248°$。

进气门从进气开始到关闭时间$t_1=T(180°+\alpha+\beta)/360°=(0.0158\times243/360)\mathrm{s}=0.01067\mathrm{s}$

排气门从排气开始到关闭时间$t_2=T(180°+\gamma+\delta)/360°=(0.0158\times248/360)\mathrm{s}=0.01088\mathrm{s}$

（3）进气门和排气门升程和回程时间　从气门运动规律可知，气门从开启到关闭，经历了开启→最大升程→关闭的过程序。显然t_1和t_2的时间再可分为两个相等的部分，即气门从开启到最大升程与气门从最大升程回到关闭状态所耗用时间分别为$t_1/2$和$t_2/2$。令$t_3=t_1/2$和$t_4=t_2/2$。

因为t_3和t_4在数值上有不同，运动方程序和计算方法完全相同，为了简化计算过程，下面计算过程时间用t作为代表，不再区分t_3和t_4。

（4）计算运动件在升程段加速度和到达升程最高点末速度

1）加速运动方程：

$$s=v_0t+a_1t^2/2$$

式中　s——气门升程；

v_0——升程开始前初速度；

t——到达升程最高点时间；

a_1——升程正加速度。

由于升程开始前气门处于静止状态，所以$v_0=0$，$s=a_1t^2/2$；即$a_1=2s/t^2$

2）在升程加速运动中运动件的速度方程：

$$v_t = v_0 + a_1 t$$

升程开始 $v_0 = 0$；所以 $v_t = a_1 t$，到达升程最高点，v_t达到最大值。回程开始，运动件仍保持原来的运动速度和方向，与回程方向相反形成惯性。

3）回程段运动方程：

$$-s = v_t t + (-a_2) t^2/2$$

s 数值上与升程相等，“ - ”号表示方向与升程相反；a_2 为回程加速度，“ - ”号表示加速度方向与升程正加速相反，为负加速度。通过换算得

$$a_2 = 2(v_t t + s)/t^2$$

3.6 弹簧回程力

弹簧回程力

$$F = ma_2$$

式中 m = 运动件质量 + 弹簧质量/3，气门弹簧质量根据经验预估，实际计算值质量轻于预估值无须修正，重于计算值 1g 以内，对弹簧负荷影响不大无须修正。

1）相同方法分别求出 $F_{进}$ 和 $F_{排}$ 的负加速度力。如果顾客要求进排气的气门弹簧使用一种弹簧，则取其中大值为理论值 $F_{理}$。如顾客要求进排气使用不同的弹簧，则进气弹簧和排气弹簧分开设计，根据 $F_{进}$ 和 $F_{排}$ 求出各自的理论值。

2）在已经求出理论负荷 $F_{理}$ 的基础上，在此基础上增加储备系数 ξ（或称为弹簧裕度），一般储备系数 ξ 取 1.3。此外还考虑弹簧生产过程的负荷工艺偏差，一般取 5%；弹簧在高温条件下服役过程产生弹性松弛；弹簧长期疲劳引起的负荷减退等级各种因素，后两者一般取 10% 的负荷储备，三种因素累加负荷储备值取 15%，即

$$F = F_{理} \times 1.3 \times 1.15$$

这时求得的 F 可作为设计依据。

3.7 弹簧设计

（1）初定弹簧钢丝线径 d 和弹簧圈数范围　根据初始条件，和其他约束条件，如弹簧内、外径、弹簧并紧高度、线性区间、弹簧寿命要求，初定弹簧应力范围。结合材料强度、成本，并结合材料标准系列，初步选择钢丝线 d，根据经验，气门弹簧钢丝线径多数在 (3.0 ~ 5.0)mm 之间。两端并紧磨平气门弹簧的弹簧总圈数 n_1 和有效圈数 n 之间关系为：$n = n_1 - 2$。气门弹簧有效圈数不宜少于 4 圈，过少圈数对疲劳不利，弹簧尾圈优先推荐为 0.5 圈。

（2）初定弹簧中径 D　根据约束条件选择弹簧钢丝线径 d 和弹簧中径 D；$D = (D_1 + D_2)/2$。

式中　d——钢丝线径；

D_1 弹簧内径，$D_1 = D - d$；

D_2 弹簧外径，$D_2 = D + d$。

（3）计算弹簧刚度 F'　根据钢丝线径 d、弹簧中径 D、弹簧工作圈 n，求出弹簧刚度

$$F' = Gd^4/8D^3 n$$

式中　G——切变模量。

（4）计算变形量 f_2　得到 F'值之后，求出达到 F 值的变形量 f_2 为

$$f_2 = F/F'$$

式中　F——在理论值 $F_{理}$ 基础上增加储备后的数值。

求弹簧最大工作负荷　　　　　$F_2 = f_2 F'$

若从上式求得的 $F_2 \geqslant F$，无须修正，当 $F_2 \leqslant F$ 差异小于0.5%，也无须修正。误差一般出于运算过程四舍五入环节，可以不作修正，当误差大于0.5%重新校核计算环节出错的可能性。

（5）计算 H_2 高度　$H_2 = H_1 -$ 气门升程。H_1 是弹簧安装高度，H_1 和升程一般会在输入的初始条件中给出。如进气门和排气门弹簧使用一种弹簧，且气门升程不同，取升程距离大者。

（6）计算弹簧自由高度 H_0

$$H_0 = H_2 + F_2/F' = H_2 + f_2$$

式中　H_2、f_2——弹簧最大工作高度和最大变形量。

（7）计算弹簧安装高度 H_1 的预紧力 F_1

$$F_1 = (H_0 - H_1)F' = f_1 F'$$

式中　H_1——安装高度在设计输入中已经给出。

（8）计算弹簧并紧时的理论并紧力 F_b

$$F_b = F' f_b$$

式中　$f_b = H_0 - H_b$。

根据初始条件、运动方程求解和根据约束条件对基本参数设定后所进行的计算，已经得出弹簧参数：d、n_1、n、D、D_1、D_2、F'、H_0、H_1、f_1、H_2、f_2、F_1、F_2、f_b、F_b。

（9）计算弹簧应力

1）求弹簧旋绕比 C：　　　$C = D/d$

2）求曲度修正系数 K：　　$K = (4C-1)/(4C-4) + 0.615/C$

3）求单位变形量应力：　　$\tau' = 8KDF'/\pi d^3$

τ'的含义为弹簧每变形1mm所需的应力，随后分别乘上变形量求出 τ_1 和 τ_2。

4）弹簧从自由高度压到 H_1 时应力：$\tau_1 = (H_0 - H_1)\tau'$

5）弹簧从自由高度压到 H_2 时应力：$\tau_2 = (H_0 - H_2)\tau'$

6）弹簧压到并紧应力：$\tau_b = (H_0 - H_b)\tau'$

7）另一种方法，通过公式直接求出 τ_1 和 τ_2：

$$\tau_1 = 8KDF_1/\pi d^3;\ \tau_2 = 8KDF_2/\pi d^3$$

两种方法都是可以使用，求得的应力值应该相同，可以任选一种。

（10）弹簧安全性校核

1）安全系数的校核：安全系数 S 的计算式

$$S = (0.3\sigma_b + 0.75\tau_1)/\tau_2 \geqslant S_{min}$$

最小安全系数 $S_{min} = 1.1 \sim 1.3$。式中 σ_b 为材料抗拉强度，取该规格材料抗拉强度下限。当数值小于1.1表示弹簧应力过高，蕴含疲劳风险，数值超过1.3表示疲劳风险较低，但材料利用率不高，可以适当提高应力。

2）应力与材料抗拉强度比值法：弹簧应力与材料抗拉强度比值要求 $\tau_2 < [\tau]$，经过喷丸强化弹簧许用应力 $[\tau] \approx 0.4\sigma_b$。

3）说明：当前轻量化高应力设计成为趋势，GB/T 23539《圆柱螺旋弹簧设计计算》推荐的安全校核标准已经突破，两种校核方法只要其中之一通过，即认为设计可以通过。倘若两种校核方法均通不过，即弹簧安全系数 $S<1.1$；弹簧应力/强度比突破 $0.4\sigma_b$，当出现此类现象，弹簧空间有回旋余地时可以选择重新设计，适当降低应力，如果没有改变设计可能，从改变材料和工艺着手，如使用强度更高的材料，或者使用应力优化、多次喷丸、渗氮工艺。

（11）自振频率校验

$$f_e = 3.56 \times 10^5 d/\pi D^2$$

弹簧自振频率达到受迫振动频率10倍以上，否则修正设计参数。

（12）计算弹簧展开长度 L

$$L = \pi D n_1/\cos\alpha \approx \pi D n_1$$

（13）计算弹簧质量 m

$$m = \pi d^2 L\rho/4$$

式中　ρ——弹簧密度，数值为 7.85g/cm^3。

弹簧质量低于预估质量，或者相差小于1g，对弹簧力影响不大不必重新计算弹簧负荷，这些误差都已经包含在储备系数中了。

（14）计算弹簧节距 t，和间距 δ　在两端并紧磨平 $n_1 = n+2$ 条件下：

$$t = (H_0 - 1.5d)/n$$

一般 $0.28D \leqslant t < 0.5D$。

$$\delta = t - d$$

上式中的 t 与 δ 都是理论计算值，在弹簧制造和验收过程作为参考指标，不作为强制性指标。

（15）计算弹簧并紧高度 H_b

$$H_b = n_1 d_{max}$$

式中　d_{max}——该规格钢丝线径最上偏差。

本公式系引用相关标准，工艺实践中两端并紧磨平弹簧并紧长度可以做到 $(n_1 - 0.5)d_{max}$。

（16）验算弹簧外径变化　弹簧从自由高度压至并紧，弹簧外径会增大，气门弹簧在压缩过程外径变化 ΔD，一般增大量应不超过0.2mm。计算式：

$$\Delta D = 0.05 \times (t^2 - d^2)/D, D_{2max} = D_2 + \Delta D$$

（17）弹簧压到最大工作高度变形量 f_2 与全变形量 f_b 之比

$$f_2/f_b \times 100\%$$

（18）弹簧稳定性校核　一般弹簧设计过程，校核高径比 H_0/D 值，校核目的验证弹簧在不同支承条件下，弹簧能否直立的稳定性，主要适用于细长型弹簧，对于两端固定支承的弹簧，高径比（H_0/D）不大于5.3即合格。气门弹簧支承性质属于两端固定支承，气门弹簧高径比不可能大于5.3，一般不作稳定性校核。

4　气门弹簧的生产工艺

气门弹簧生产工艺流程，如图28-13所示。

1）采用工艺1或者工艺2由生产商与顾客沟通后决定。

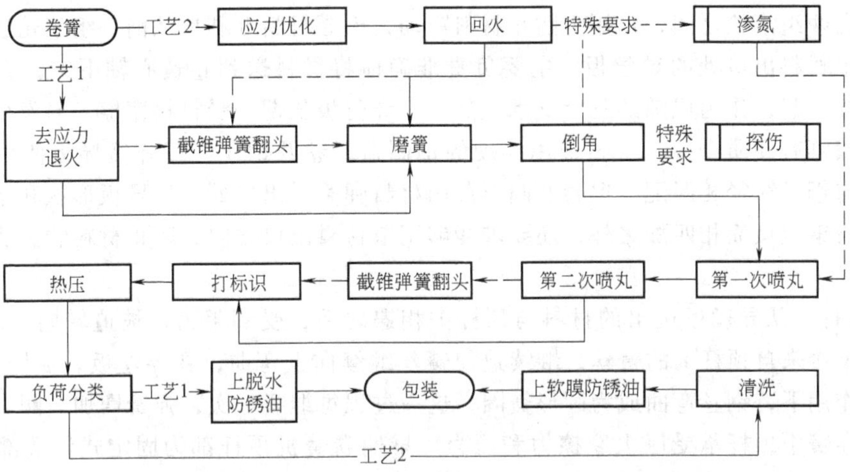

图 28-13 气门弹簧生产工艺流程图

2）当弹簧为截锥形时，使用虚线工艺流程。

3）无损检测和渗氮作为顾客特殊要求。

4.1 气门弹簧的卷簧

（1）卷簧机 常用卷气门弹簧的自动卷簧机规格为 5～8mm，如图 28-14 所示。卷簧机主要由料架和机身两大部分组成，机身外部有两组相互垂直的校直滚轮、送料滚轮（3～4 组）、导丝板、卷簧心轴、切刀、两个顶杆（卷簧销）、节距推杆、变径凸轮等；机身内的传动机构一般使用伺服电动机。目前卷气门弹簧的卷簧机多数使用 CNC 式卷簧机，可以通过面板进行人机对话并设定程序。机械式卷簧机时代，卷簧参数需人工调整，CNC 卷簧机人工调整过程大大简化，操作者通过人机对话界面，输入相关数据，即完成了对弹簧参数调整。

图 28-14 卷簧机

卷簧机附件及作用：

1）料盘：功能一是承载原材料，二是在送料时与卷簧过程保持同步，拉紧钢丝，使钢丝产生一定张力。

2）校直滚轮的作用，对钢丝校直、导向。

3）送料滚轮：由几对带槽的轮子组成每个滚轮开有几种不同规格的槽，槽形为半圆形，常用槽形（单位为 mm）$\phi4.5$、$\phi4.2$、$\phi4.0$、$\phi3.8$、$\phi3.6$、$\phi3.2$、$\phi3.0$、$\phi2.8$、$\phi2.5$ 等供不同规格钢丝选择使用。送料是滚轮的主要任务，送料开始，滚轮转动，每次送料长度等于预先设定的弹簧展开长度。机械式卷簧机存在机械传动误差并且受操作者技能影响，送料精度难以做到非常精确。CNC 卷簧机，使用计算机控制技术，送料精度可达 0.01mm。送料滚轮材料一般采用 Cr12、Cr12MoV、GCr15 等工具钢制造，硬度不低于 62HRC，尺寸精度要求较高，表面粗糙度 $Ra0.8\mu m$ 以上。

4）导丝板：简称导板，由3～4组组成，一组导板由带槽的下导板和上盖板组成，导丝板按装在两组滚轮之间，作用为防止材料窜动，引导材料顺利地从前一组滚轮进入下一组滚轮。位于材料出口处的导丝板，主要负责准确地将材料送到卷簧心轴下方，直至顶杆承接，与顶杆一起，作为成圆的三个支承点之一。导丝板长期经受材料摩擦，易发生磨损，导丝板槽一般镶有硬质合金，上盖板用淬硬的钢制造。卷圆钢丝气门弹簧导板使用方形槽即可，尺寸与钢丝线径相匹配，但卷非圆形截面材料弹簧，出口处一块导板形状和结构非常重要，槽形与钢丝截面相匹配之外，还要求能够调节材料出口方向，防止材料卷制成簧圈时发生倾侧。

5）顶杆：从导丝板送出的材料与顶杆1相遇之后，受到阻力，被迫转向，向上弯曲，顶杆2则承接来自顶杆1的簧丝，继续迫使簧丝继续向上弯曲，在导丝板、顶杆1、顶杆2三点共同作用下，钢丝弯曲成为圆形簧圈，这一过程每继续一次，弹簧增加一圈，直至送料停止。在卷簧中顶杆承受巨大摩擦力和压力，早期卷簧机顶杆都为固定式，端部镶硬质合金。现倾向于使用端部带滚轮的顶杆，在簧圈成形过程，顶杆端部从滑动摩擦变成滚动摩擦，有利于减少摩擦和送料阻力，延长顶杆的使用寿命，还能减少材料成形过程中所受的划伤。

6）节距推杆：有两种形式，一种为带钩的形式，运动方式为从里向外推，另一种为带角度的楔形刀，运动方式为从下向上推。在簧圈形成过程中节距推杆从里向外（或从下往上）运动，使簧圈之间产生间距。运动轨迹：由原点开始——慢慢外推——逐渐加大——定速——逐渐减慢——返回原点。一个循环动作结束，卷簧动作完成，落料刀紧接在后从上向下动作。

7）落料刀和心轴：形成一副落料模，负责落料。弹簧落料时上、下刀具需要承受巨大冲击力，刀具使用W18Cr4V或W6Mo5Cr4V2等高速钢制造，硬度≥63HRC。

8）变径机构：主要生产变径弹簧时使用，变径机构通过控制顶杆的前进或后退，达到弹簧外径变化的目的，气门弹簧多数为等外径圆柱形螺旋弹簧，少数截锥形气门弹簧在卷簧过程要使用变径机构。

（2）试样 气门弹簧生产过程遇到钢丝炉号变动、材料线径公差变化，在卷簧时弹簧内（外）径、总圈数、螺旋角及并圈多少、自由长度等参数也会随之波动。弹簧去应力退火后外径收缩、圈数增加及弹簧热压后自由高度的减小，都会导致最终负荷波动。弹簧的生产过程中，更换产品、更换材料、甚至同一种材料，不同炉号变更之后，都要通过试样验证，对部分参数进行调整之后，才能开始正式的批量生产。所谓试样就是先试卷若干个弹簧（一般5～10件）按照正常的弹簧工艺，从头到尾试做一遍，然后检查产品的所有参数是否符合工艺、图样、标准范围。弹簧试样是工序中非常重要的一环，必须尽可能将各种参数试到公称值，因为在随后的批量生产时，弹簧参数还会发生随机变化，只有试样样品处于中间公差，才能保证批量生产时的工程能力指数C_{PK}值达到1.33。批量产品尺寸参数偏差才有可能落入允许公差的75%范围之内。试样样品中个别参数已经超出公差，或已处于边界极限状态，则要考虑对参数进行调整，重新试样。此项工作需要有经验的技术人员亲自参与。

气门弹簧试样参数调节，优先调节弹簧自由高度，其次考虑调整端圈并头，再其次调节总圈数。在这些参数调整之后还不能满足，才考虑调整弹簧中径和钢丝线径，弹簧的自由高度和并头作为调节参数可以作较大幅度调整，其他参数只能在公差允许范围内进行微调。

（3）卷簧操作注意点

1）经过无损检测的钢丝卷成弹簧之后，凡带有缺陷色标的弹簧一律作为废品。

2）料盘上的张紧机构应与送料保持同步，张紧力恒定，制动装置有效，否则可能导致弹簧外径不稳。

3）拔直机构调整到位，保证送料时所有拔直轮都在转动。

4）送料滚轮槽形选择准确，压紧力不宜过大，以能顺利送出料为原则，对于每一对送料轮对材料的压紧力，出口处最大，依次递减。为防止压紧力过大造成材料产生压痕，经常检查滚轮有否磨损、损伤或粘上硬粒，使材料产生拉丝。

5）导板经常检查槽和盖板是否磨损、毛糙，所镶的硬质合金是否已经崩裂，使材料划伤或在出口处跳动。

6）顶杆重点检查顶杆端部或滚轮是否划伤簧圈表面，若卷簧过程顶杆存在间隙，则会造成弹簧外径不稳。

7）落料刀和心轴检查上下刀的配合间隙，上下刀间隙0～0.05mm，落料时上下刀以不相撞为原则，但配合间隙过大弹簧下料之后会产生内毛刺。落料时下刀刀架承受巨大冲击力，造成落料心轴晃动（一般用垫铁消除间隙），为防止上刀频繁地上下运动而导致导轨磨损，需要经常用塞铁调整间隙。

8）每盘材料头尾2m往往存在平整度差、材料缺陷等问题，一般作丢弃处理。

（4）异形截面材料卷簧　异形截面气门弹簧材料一般为专料专用，价格高于圆截面。椭圆截面可以用数学解析式表达，卵形截面中弗兹卵形系由一个半圆和一个半椭圆组成，其他卵形有多曲率圆弧、四次多项式圆弧平滑过渡所形成，形状无法用数学解析式表达，必须使用专用拉丝模。材料生产过程中，材料各部分拉拔变形量不同，使得材料在经过拉拔后应力分布不均匀，材料发生扭曲，所以材料生产厂生产异形截面钢丝需要具备专有生产技术。

气门弹簧卷簧在成形过程，钢丝会发生旋转。这对于圆截面钢丝无关紧要，而对于异形截面钢丝，成形过程如何控制钢丝发生旋转，不发生倾斜是弹簧成形过程的关键。异形截面材料成形围绕着如何利用工装控制弹簧发生侧斜，使成形后弹簧各簧圈对应位置材料长轴的轴心线相互平行，成形中，滚轮、导丝板、顶杆三者的形状在卷簧过程中协同配合，是成形成败关键。

1）滚轮：滚轮形状仿照钢丝截面（以卵形为例），下滚轮槽仿卵形大端，上滚轮槽仿卵形小端。上、下滚轮槽尺寸比卵形材料的轮廓线大0.1～0.2mm，深度上下滚轮各占轮廓线深度1/3左右。滚轮长轴轴心线向机床床身方向内倾约5°～8°（不同形状卵形材料需经试验后确定）。滚轮槽形大于材料轮廓线和轴心线向内倾斜，是设计要点。滚轮轮廓线与材料尺寸配合过紧，材料送料过程阻力过大，易产生无法送料或拉丝，滚轮向里侧倾的目的为了减小弹簧成形过程的材料旋转效应。

2）导丝板：中间组的导丝板槽形制成仿卵形最佳，尺寸比卵形轮廓线大0.2～0.3mm，出于成本与制作方便也可制成长方形槽，长方形尺寸比材料放大0.3mm左右，起到既能导向，又不会产生拉丝为原则。材料出口位置导丝板的形状与尺寸是能否成功卷簧的关键，导板心部设计成两个半圆，两个半圆合拢用定位销固定位，心部中间轮廓呈卵形，尺寸比钢丝轮廓线大0.10～0.15mm，以能控制材料发生倾斜和不产生拉丝为原则，导板心部可以转动，通过转动纠正和控制材料的倾斜。

3）顶杆：两根顶杆与出口位置导丝板三者组合，扮演着三点成圆的角色，在异形材料卷簧过程中，它们的作用不可忽视。顶杆前端有滚轮和固定（钨钢）两种样式，滚轮式顶杆在弹簧成形中自身产生旋转，成形阻力小，不易产生拉丝，但制作精度要求高，如果弹簧成形时顶杆滚轮与心轴销之间存在间隙，会导致弹簧外圈尺寸不稳。固定式顶杆制作要求低，但易产生拉丝。两种类型顶杆或者它们的组合，均可用于异形截面材料成形。顶杆开口大小相当于大端最宽处尺寸，为避免划伤材料，开口处边缘倒角，顶杆槽深稍大于卵形材料大端底部到卵形材料最宽处所对应的深度。顶杆在调试产品时配合出口导丝板，通过左右转动，协同控制材料倾斜。

（5）卷簧工序常见问题和原因以及消除或调整方法　卷簧常见问题与原因见表28-15。

表28-15　卷簧常见问题与原因

问　题	可能的原因	消除或调整方法
送料张紧力不稳	料盘与送料速度不同步或制动装置失灵； 拔直滚轮未调好或未用； 送料滚轮圆度超差或者滚轮底径磨损	检查料盘的张紧机构与制动机构； 调节拔直滚轮； 更换送料滚轮
弹簧表面划伤	材料本身缺陷； 校直轮、送料轮、导板表面剥落或沾上硬物； 落料心轴崩刃； 顶杆表面有伤	更换材料或将有缺陷的材料剪去； 检查校直轮、送料轮、导板进行清洁或研磨； 更换或修磨； 更换或研磨
弹簧外径不稳	材料存在内应力、强度不均匀； 材料在料架上没有理顺，送料过程材料受压； 料架张紧力不稳定	更换材料； 重新整理材料或换向后再试； 检查和调整料架张紧力
节距不稳、自由长度变化过大	材料内应力、强度不均匀； 节距推杆运动设置（节距凸轮形状、原点和参数设置不到位）； 节距推杆未固定好	更换材料； 检查节距推杆运动设置有松动锁紧，或重新设定原点
总圈数不稳	送料长度不精确； 弹簧外径不稳	检查参数设置、滚轮有否打滑； 检查顶杆是否固定好
弹簧端头并圈不良	材料内应力； 顶杆角度没调整好； 节距凸轮形状、原点和参数设置不到位，使两端头螺旋角、并圈不良	更换材料； 重新调整顶杆； 修磨凸轮或调整设置的参数
弹簧端圈毛刺	落料刀和心轴配合间隙过大；切刀和心轴刚性不足，塞铁松动	调整落料刀和心轴配合间隙； 检查塞铁、垫块是否松动
滚轮打滑，送料送不出	滚轮压紧力不足； 滚轮槽磨损； 滚轮槽规格未选对	重新压紧； 更换滚轮； 重新选择
卷簧过程材料突然断裂	材料有缺陷； 材料组织不稳定	更换材料
异形截面材料送不出料或有拉丝	滚轮轮廓线或尺寸不对；导板尺寸与粗糙度不好； 顶杆未倒角	检查和清洁滚轮和导板轮廓线尺寸，顶杆倒角
异形材料卷簧簧圈倾侧	工装（滚轮、导丝板、顶杆）尺寸过大； 出口位置的导板与顶杆动作不协调	检查工装尺寸，更换不合格工装； 重新调整出口处导板、顶杆位置

4.2 气门弹簧的退火及应力优化

图 28-15 气门弹簧网带式退火炉

（1）去应力退火 油淬火钢丝卷成弹簧，材料产生塑性变形，残留卷制拉应力。同时原材料生产阶段由于流程关系，退火时间短，虽然硬度已经达到要求，但内应力并未得到很好消除，并且淬火过程还可能存在不稳定性组织（残留奥氏体）；在材料处于应力储存状态，以及受到气温变化与卷簧机械力等外部因素，就有可能转变为未回火的马氏体组织，出现材料在储存期发生爆断或者卷簧时发生折断的现象。为消除卷簧应力和组织不稳定等因素，弹簧卷后应立即进行去应力退火。非连续式生产，尽可能在4h之内退火。图 28-15 所示为气门弹簧网带式退火炉。

1）去应力退火的目的：去内应力，并起到补充退火作用；稳定尺寸，弹簧经过去应力退火之后，外径收缩，圈数增加，自由长度变化。弹簧未经去内应力退火，磨簧时受热应力释放，会产生端圈缝隙，外径、圈数不稳等现象。

2）去应力退火温度和时间：去应力退火温度和材料牌号、弹簧服役应力有关，以55CrSi（OTEVA70SC）、60SiCrV（近似 OTEVA75SC）为例，一般退火温度取（390～410)℃，保温时间不少于30min。气门弹簧经过去应力退火处理后，尺寸变化规律：外径收缩（0.2～0.4)mm，收缩量与中径、旋绕比和钢丝炉号有关。圈数增加，自由高度下降，具体变化值要通过试样才能确定。

（2）弹簧应力优化处理 油淬火钢丝卷成弹簧之际，材料发生塑性变形，产生有害拉应力，虽然及时进行去应力退火，残余应力无法彻底消除。弹簧卷后残余拉应力可高达900MPa左右，在390～410℃温度下去应力退火，拉应力有所下降，但还存在300MPa左右残余拉应力，无法消除。应力优化的基本思路是采用对成形后弹簧进行高温重结晶的方法，消除残余拉应力，达到应力优化的目的。

弹簧应力优化工艺加热温度880～900℃，保温10～15min，油冷380～400℃回火（根据硬度要求)，回火保温时间45～60min。

1）优点：弹簧残余拉应力得到彻底消除。

2）缺点：工艺复杂，成本高。加热必须采取气氛保护措施，否则存在弹簧脱碳风险，其次弹簧在进入油池淬火时，部分弹簧受到碰撞后变形甚至报废。

3）应力优化处理设备：带炉罐的网带式保护气氛炉，炉内滴入的载体气甲醇，富化气可选择丙烷等，碳势浓度0.7%～0.8%（用氧探头对碳势测定）。网带炉的出口与油槽相接，加热后弹簧落入油槽淬火之后，被传送带提升出液面，随即送进回火炉进行回火。保护气氛在炉内裂解之后尾气在弹簧进料口燃烧形成密封火帘，防止空气窜入造成脱碳。

4）应力优化机组的炉罐用高温合金制造，使用寿命为2～3年，届时应力优化炉机组应大修更换炉罐，更新网带，维修传动装置，这也是应力优化处理成本高的原因之一。

4.3 气门弹簧的磨簧

弹簧经过消除应力或应力优化处理之后进入磨簧工序。磨簧的任务是将弹簧两端面磨平，并使弹簧的自由高度、垂直度、磨面度数、端厚、端圈间隙达到工艺规定。

（1）磨簧机　按照砂轮的磨头数量分有双磨头和四磨头两种；按磨头进给方式分有固定式和自动进给式两种。四磨头磨簧机由两对磨头组成，分别承担粗磨和精磨功能，双磨头磨簧机一般为自动进给式，不分粗磨与精磨，磨簧任务一次完成。图28-16所示为四磨头双端面磨簧机。

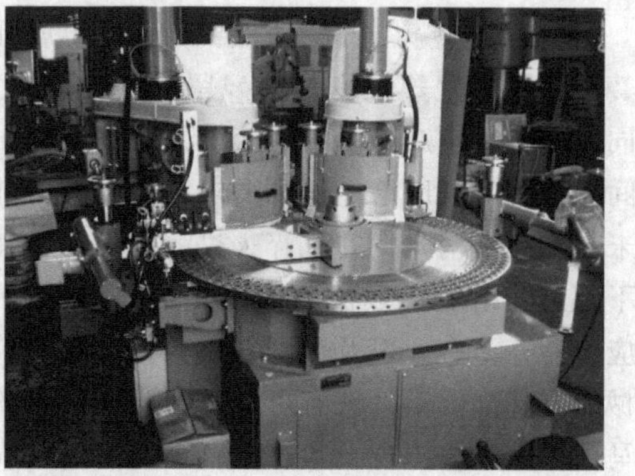

图28-16　四磨头双端面磨簧机

自动进给式磨簧机磨簧的长度可以设定，弹簧磨削过程上磨头慢慢下降进给，到达设定长度，一次磨簧过程结束，上磨头返回。质量意义上讲这种方式磨簧最为合理，弹簧的磨面、自由高度都有保证，但每轮磨完之后需要重新上料，生产效率不高。它的改进型是带两个料盘的磨簧机，一个磨盘工作，另一个磨盘上料，减少了停机上料时间，生产效率提高近一倍。

1）磨盘与磨套：磨簧机磨盘为扁平状圆盘，盘上分布1~4排圆孔，圆孔用以安放磨套。还有一种磨盘不用磨套，直接将弹簧放进孔内进行磨簧，这种磨簧方式适合磨长度较短的小型弹簧，不适合磨气门弹簧，气门弹簧考虑通用性，方便品种更换，使用磨套进行磨簧。磨套为带台阶的柱状体，内孔尺寸比弹簧允许的最大外径大0.3mm左右，使得弹簧在磨削过程可以自由转动，磨套长度约等于弹簧磨后自由长度的90%，磨套与磨盘孔之间的配合等级，采用过渡配合，用木锤或铜锤敲击（不能用铁锤）即可装拆。磨盘和磨套属于磨簧机的附件和工装，更换下来暂时不用的磨盘最好采取悬吊方式保管，防止变形，磨套要经常检查内孔的磨损，磨损超过0.2mm，应考虑更换，更换的磨套改用于大一挡尺寸的弹簧。

2）砂轮的磨料、硬度与粒度：砂轮磨料一般使用棕刚玉（Al_2O_3）砂轮，结合剂为树脂。磨弹簧的砂轮硬度与磨削效率有关，通常在L、M、N三级中选择，级别越低，硬度相应低，磨簧时已经变钝的表层砂粒相对容易脱落，暴露出新的锋利的砂粒层，磨削效率高，但砂轮损耗大。砂轮硬度选择要在经济与效率之间做出平衡。合理的选择是钢丝较粗、硬度较高的弹簧使用低硬度砂轮，反之选择较高硬度的砂轮。企业准备多种硬度砂轮，必然增加库存和管理费用，一般推荐折中方案，即选择M级，兼顾各方面因素。砂轮的粒度与生产效率与弹簧磨面表面粗糙度和垂直度有关，较粗的粒度得到较高的生产效率，但磨面表面粗糙度较差，气门弹簧选用20粒或者24粒。至于砂轮的线速度和磨床电动机转速与砂轮直径有关，线速度越快，磨削效率越高，但对砂轮黏结力，动平衡要求相应提高，砂轮线速度一般选在36~50m/s之间。砂轮更换之后应进行动平衡检查，若动平衡不良，不仅会影响弹簧的磨面质量，还会使磨簧机发生颤振，噪声大增，甚至损坏磨簧机。有些磨簧砂轮上均布很多小孔，目的是为了散热，有利于减慢砂轮面变钝，防止弹簧磨面过热。

（2）吸尘机　与磨簧配套的设备，有湿式和干式两种类型，湿式吸尘机不向空中排放粉尘，但要定期清理粉尘淤泥。干式吸尘机缺点是会向空中排放一部分粉尘，造成环境污染，粉尘清理比较方便，目前主流是干式吸尘机。吸尘机作用有二，其一是改善作业环境；

其二带走一部分磨簧热量，防止砂轮发热结合剂变软，弹簧磨面过热，磨面颜色呈黄色或蓝紫色，后一种作用非常重要，但易被忽视。

（3）磨簧操作与注意事项

1）理想的磨盘转动轨迹是磨套中心恰好通过砂轮中心，这样砂轮面得到最大限度的利用，即便如此砂轮还会存在不均匀磨损，因为在磨簧过程，线速度最大的砂轮边缘首先与弹簧接触，切削量最大磨损最快，越近中心砂轮线速度越小，磨损相应减少。经过一段时间磨簧，砂轮边缘磨损厉害，厚度减薄明显，中心附近位置磨损不明显，砂轮形状边缘薄中间厚，造成弹簧磨后垂直度变差，自由高度离散度增大，磨面角度不一。因此操作者根据弹簧磨削质量变化和操作经验，每隔一段时间用砂轮修整器对砂轮进行修整，打去凸起部分，使砂轮面平度恢复，同时对磨削高度重新调校。每次砂轮修整间隔时间和弹簧钢丝粗细、硬度、砂轮材质和砂轮制造质量有关，质量优异的砂轮每班可能只要修整 1 ~ 2 次，质量欠佳的砂轮不到 1h 就需要修整。

2）固定式磨床的压下量，与弹簧形状有关，钢丝细、刚度小的弹簧压下量小一些，反之可以大一点，尤其尾圈为整圈的弹簧，压下量一大，距端头 180°附近翘起，首先被磨到，磨面呈现倒锥形。

3）磨削角度，270° ~ 300°，开孔超过三排的磨盘，最里层会出现弹簧磨削角度低于外层弹簧，自由长度高于外层的现象，磨削角度不足，且自由长度超过的弹簧需要作返工处理。

4）端头厚度，要求 $1/4d \sim 1/8d$ 之间，端头过薄的弹簧在服役时，端头有可能率先断裂，断头甚至于落入气缸，造成重大损失。

5）端头间隙，要求低于 0.3mm，造成间隙过大有多方面原因，卷簧原因有弹簧本身併头少，热处理原因有消除应力不彻底、磨簧原因有压下量过大；砂轮型号选择不正确，砂轮变钝之后砂粒不能脱落，露出新的锐利的磨削面；变钝的砂轮没有及时修整；吸尘机风量不足弹簧磨面温度升高等。

6）弹簧磨面发黄、发蓝，产生这种现象的弹簧磨面，有可能瞬间升至相变高温，继而快速冷却所致。这类弹簧的磨面，特别是端部已经形成复杂应力区，高应力弹簧出现端头发黄、发蓝现象应作报废处理。

7）磨簧常见问题与原因见表 28-16。

表 28-16　磨簧常见问题与原因

问　题	可能的原因	消除或调整方法
垂直度超差	卷簧螺旋角未调好； 一次性压下量过大； 砂轮未及时修整； 磨盘不平，转动发生摆动 磨套与磨盘配合间隙过大或磨套与磨盘垂直度差； 磨套与弹簧间隙过大或长度过短； 磨套过紧，或被砂粒嵌住，在磨簧过程弹簧不转动	要求卷簧改进； 减少压下量； 修整砂轮； 校正或更换料盘； 更换磨套； 更换磨套； 更换磨套或清除砂粒
自由高度不合格	弹簧压下或进给高度不适当； 砂轮没有修整好	调整或改变压下高度； 修整砂轮

（续）

问 题	可能的原因	消除或调整方法
弹簧端头过薄	压下量或进给量过大； 卷簧自由高度离散度大	减少压下量与进给量； 进行长度分选后分组进行磨簧
端头间隙不合格	压下量或进给量过大； 砂轮过钝,未及时修整； 除尘机冷却风量不足； 卷簧端圈并头不足； 卷簧应力未消除彻底消除	减少压下量与进给量； 更换砂轮型号,及时修整砂轮； 清除除尘机积尘,或堵塞管道漏风孔,更换风量过小的除尘机； 重新消除应力
端圈发黄、发蓝	压下量或进给量过大； 砂轮过钝,未及时修整； 砂轮硬度或粒度未选好； 除尘机冷却风量不足	减少压下量与进给量； 修整砂轮； 重新选择砂轮； 清除除尘机积尘,或堵塞管道漏风孔,更换风量过小的除尘机
弹簧磨面不足或过大	压下量或进给量过大或过小； 弹簧自由高度离散度大； 磨盘孔层数过多	调整压下量或参数设定； 进行长度分选后分组磨； 调换磨盘或最里层不放弹簧
弹簧磨面倒锥形	磨簧压下量过大； 卷簧螺旋角未掌握好； 磨套与弹簧配合间隙过大	减少压下量； 要求卷簧改进； 更换磨套

4.4 气门弹簧的倒角

气门弹簧倒内角与外角应在专门倒角机上进行，对倒角角度要求相对较低，弹簧倒内角砂轮外径小，磨削效率低，需要转速达10000r/min以上的高速电动机带动，倒内角使用锥形砂轮，材料用普通砂轮磨损很快，通常使用寿命长的金刚石砂轮，减少砂轮更换频次。倒外角机在弹簧列队通过时对弹簧进行倒角。图28-17所示为气门弹簧倒角机。

图28-17 气门弹簧倒角机

4.5 无损检测和渗氮

无损检测和渗氮属于特殊工艺，需要时进行。

（1）无损检测 一般使用磁力检测，原理与悬架弹簧相同，国内有专门用于气门弹簧无损检测设备，生产效率不高，还有采用立方形容器在X方向和Y方向缠绕电缆，Z方向装入弹簧后喷淋磁化液，封闭后通电磁化的解决方案。不论何种解决方案最后还需人工进行判别，判别方式和悬架弹簧相同，弹簧磁化后进行退磁处理。

（2）渗氮 高应力弹簧渗氮从开始研究到现在，时间超过四分之一世纪，在气门弹簧上推广应用还存在诸多问题，材料方面渗氮用阀门钢丝有OTEVA90SC、OTEVA91SC、OTEVA101SC比较成熟。渗氮的主要障碍在于工艺，超低温渗氮时间长，需要5~20h；材料成本和渗氮处理成本都是非常高昂，而且渗氮层薄，最多渗层只能达到0.14mm以下；渗氮层的质量方面不够稳定，渗氮层厚度不均匀。在相结构方面，除了希望得到的γ'相之外，还存在可以容忍的白亮层ε相，渗氮炉内温度不均匀、氨分解气流动不畅或者退氮时间不足，弹簧表面局部区域出现脆性相ξ相。一般认为，弹簧渗氮之后的相结构优良，应该增加喷丸；如果存在脆性相ξ相，弹簧喷丸之后表面产生微裂纹，反而会形成疲劳源。关于弹簧渗氮的原理与工艺将在专门章节中论及。

4.6 喷丸

气门弹簧高应力趋势，使以往一次喷丸工艺逐渐被两次喷丸工艺所取代。喷丸设备方面，滚筒式喷丸机趋于淘汰，主要使用履带式和通过式喷丸机。通过式喷丸机的优点是弹簧列队从喷丸室通过，接受喷丸，一方面可以避免喷丸过程弹簧相互嵌顿，二来可以实现连线不落地生产，使用比较普遍。

（1）丸粒　使用钢丝切丸，硬度以640HV级最为普遍。按圆度分为Z级（圆柱形）、G1、G2、G3四个级别，G1级系在Z级基础上去除了锐角，G3级基本为圆形，G2介于G1、G3之间。G3级质量最理想但价格最贵，考虑成本，一般用G2级。尺寸第一次喷丸用0.6mm或0.7mm，重点解决喷丸强度和压应力深度问题。第二次喷丸用0.3mm或0.4mm，兼具磨削作用，主要目的在于改善弹簧表面粗糙度，同时进一步提升弹簧表面残余压应力。

近些年新型陶瓷丸粒的优点逐渐被气门弹簧生产商所知晓，陶瓷丸粒具有硬度高、圆度好、质量轻、对喷丸叶片磨损小等优点，特别适合用在第二次改善弹簧表面质量喷丸上，对改善第一次喷丸后表面粗糙度有很好效果。陶瓷丸粒喷丸在我国还是新兴事物，价格高对它的消耗和使用成本缺乏了解，正处于导入过程，还没有在弹簧企业推广应用。

（2）喷丸机　通过抛头将丸粒加速，以每50~60m/s以上速度喷向弹簧，弹簧接受丸粒击打后表层产生塑性变形，残余的压应力在弹簧服役时起到抵消一部分拉应力的作用。丸粒速度、丸粒流量、落点、生产效率是衡量喷丸机的重要指标。图28-18所示为气门弹簧通过式喷丸机。

图28-18　气门弹簧通过式喷丸机（两台组合）

（3）喷丸效果测量　生产现场评价喷丸效果，主要通过测量阿尔曼试片弧高和覆盖率来评定。阿尔曼试片弧高用专用的阿尔曼量规测量，喷丸覆盖率则与标准图片进行比对。气门弹簧第一次喷丸后弧高大致在0.30~0.40mmA之间，经过第二次喷丸之后弧高变化不大，最多增加0.05~0.10mmA，单独测第二次喷丸弧高大约为0.15~0.25mmA。喷丸覆盖率要求达到95%以上。实验室使用X线应力仪测量弹簧残留压应力，评价喷丸效果。经过两次喷丸之后气门弹簧表面压应力在-600MPa以上，距表面50~100μm处达到峰值，可达-900MPa，正常喷丸的强化深度可以达到300μm，此处残余压应力尚可达到-50MPa。

（4）喷丸工序的注意事项

1）定期检查喷丸丸粒落点轨迹，其长度、宽度是否正常，更换叶片或调整分丸轮及定向套之后，必须对落点轨迹重新测定。

2）更换喷丸机叶片之前对叶片进行称重、配对，同一组叶片重量差异不超过5g，重量差过大会影响到动平衡，造成电动机过负荷，噪声增加。

3）喷丸过程叶片发生意外断裂，立即关闭喷丸机，所有产品作为可疑产品隔离，喷丸机中所有丸粒经过重新筛选后方能使用。

(5) 喷丸常见问题和解决方法　喷丸常见问题和解决方法见表28-17。

表28-17　喷丸常见问题与原因

问　题	可能的原因	消除或调整方法
弧高低	丸粒线速度低； 选择了小的丸粒尺寸； 丸粒流量不足； 选择的丸粒硬度过低； 丸粒的破碎率太高； 抛头抛射角未调好	改进抛头，提高转速； 更换较大尺寸规格的丸粒； 添加丸粒、检查有否漏丸现象； 提高丸粒硬度； 改用不易破碎的钢丝切丸； 调整定向套角度； 增加喷丸次数
覆盖率不足	丸粒流量不足； 抛头抛射角未调好	添加丸粒、检查有否漏丸现象； 调整定向套角度； 增加喷丸次数
表面粗糙、翘皮	丸粒过大； 使用了带锐角或易破碎的丸粒	改用较小尺寸规格的丸粒或降低抛头转速； 改用不易破碎的改用不易破碎的钢丝切丸
表面划伤	使用了带锐角或易破碎的丸粒； 丸粒混入了叶片碎片	改用圆度较好的丸粒、用钢丝切丸； 重新筛选喷丸机内丸粒
压应力值低、层深浅	丸粒线速度低； 选择了小的丸粒尺寸； 丸粒流量不足； 选择的丸粒硬度过低； 丸粒的破碎率太高； 抛头抛射角未调好	改进抛头，提高转速； 更换较大尺寸规格的丸粒； 添加丸粒、检查有否漏丸现象； 提高丸粒硬度； 改用不易破碎的钢丝切丸； 调整定向套角度； 增加喷丸次数

4.7 气门弹簧的热压

热压的目的是稳定尺寸，同时也有增加压应力而强化的作用。气门弹簧热压使用较多的加热设备为空气加热炉，图28-19所示为气门弹簧热压机进口排队传送装置，弹簧排列成行被缓缓推进炉内。加热温度200～250℃，弹簧透热之后落入特制的杯中，液压驱动压头自上而下将弹簧压到并紧，同时喷水冷却，弹簧热压后缩短的长度，在卷簧试样时事先确定，预留热压收缩余量。弹簧经过热压之后抗松弛能力显著提高，对提高弹簧疲劳性能也有一定帮助。图28-20所示为气门弹簧热压机出料口。

图28-19　气门弹簧热压机进口排队传送装置

图28-20　气门弹簧热压机出料口

(1) 截锥形弹簧　热压之前，截锥形弹簧须检查大小端方向是否一致，不一致通过调整方向解决，弹簧需要打识别标记，在进热压炉之前以人工或者自动方式打印标记。

（2）冷却剂　热压之后连线生产使用纯净水作为冷却剂，弹簧热压后产品需要中间存放一段时间的，需用中间防锈水，配方为 1.5% ~2.0% $NaNO_2$ +0.5% ~0.6% Na_2CO_3，防锈期在一星期左右。避免用自来水作为冷却剂，自来水中残留的氯离子，会腐蚀弹簧表面，造成弹簧腐蚀疲劳。

（3）热压操作注意事项

1）弹簧进入热压炉前，检查端圈是否有喷丸丸粒嵌入，如有应先将其剔除，防止热压时端圈压伤。

2）若弹簧热压之后自由长度离散度过大应检查压头定位准否，是否松动，液压动作是否到位。

3）发现有弹簧压伤立即取出放入废品箱。

4.8　负荷检测

弹簧经过热压之后，便可进入负荷分类工序，气门弹簧要求 100% 对两道负荷进行检测，剔除力大和力小的不合格弹簧，其中力小的弹簧无法返工，只能作为废品，力大的弹簧可以通过提高热压温度，再次热压的方式进行返工。现代的负荷分类机都已使用伺服电动机，计算机采样，可以自动进行 SPC 分析，数据可以储存，随时调用。图 28-21 所示为气门弹簧负荷分类机。

图 28-21　气门弹簧负荷分类机

4.9　表面防腐处理和包装

防腐处理和包装是气门弹簧生产的最后两道工序，传统的表面处理手段多采用发黑，因涉及酸洗会产生氢脆，生产过程中有三废物质产生，高应力气门弹簧生产已经摈弃不用，以上防锈油取代。

（1）防腐处理

1）上脱水防锈油：用得较多普遍的工艺的为弹簧经过负荷分类之后，传送装置将合格弹簧送入防锈油油池，上脱水防锈油，脱水防锈油优先浸润在弹簧表面，驱除热压后残留的水分，从而起到防锈作用。虽然弹簧表面残留水分被脱水防锈油置换，但是弹簧表面多少还会残留少量水分，成为保质期内生锈的潜在危险因素。

2）清洗—烘干—上油：弹簧在负荷分类之后上脱水防锈油，该工艺的优点是简单，为不少企业采用，但随着主机厂对弹簧锈蚀要求提高与对清洁度考核，原来的工艺难以适应。另一种工艺对弹簧负荷分类合格的弹簧超声波清洗之后进行烘干，然后上软膜防锈油。经过清洗—烘干—上油之后，既解决了清洁度问题，在弹簧表面包裹一层难以察觉的透明薄膜，防锈能力超过原来工艺。目前存在的问题除成本因素之外，在防锈油使用和保管方面对防火要求较高，国内使用不普遍，但随着对气门弹簧清洁度和防蚀能力的提高，这种工艺必然会逐渐取代原来工艺。

（2）弹簧的包装方式一般和需方共同商定，多数采用塑料包装之后，放入周转箱直接送用户。

5 气门弹簧的检验与质量控制

5.1 气门弹簧的检测和试验用计量器具

气门弹簧的检测和试验用计量器具见表28-18。

表28-18 气门弹簧检测和试验用计量器具

量具/仪器名称	精度/分辨率	用途
千分尺	0.01mm	测量钢丝线径
游标卡尺	0.02mm	检查几何尺寸
百分表+阿尔曼量规+试片+断覆盖率图片	0.01mm	评价喷丸强度、覆盖率
平板	二级	检查几何尺寸
宽座角尺	三级	检查几何尺寸
塞尺	—	检查几何尺寸
块规	五等(套)	长度基准,校正长度类量具尺寸
化学器皿+盐酸(或硫酸)	—	酸蚀法检查材料与弹簧表面缺陷
放大镜	5倍	检查材料表面缺陷
表面粗糙度样板	—	比对磨面表面粗糙度
弹簧负荷试验机	1%	测弹簧负荷
标准测力环	三等	校正与校验弹簧负荷试验机
10t万能材料试验机	带拉伸曲线绘画功能	检验材料抗拉强度
材料扭转试验机	带单向及反复扭转功能	检验材料扭转性能
材料弯曲试验机	机械式	检验材料弯曲性能
体视显微镜	带拍照功能	检查材料和弹簧表面、丸粒圆度、失效断口观察、宏观拍照
洛氏硬度计	±1HRC,使用标准硬度块校正	测量弹簧硬度
维氏硬度计	HV10	测量弹簧硬度
显微硬度计	单独配置带自动读数功能或金相显微镜附带	测量丸粒及弹簧显微组织硬度、渗氮层硬度
天平	感量0.1mg	清洁度检查、丸粒比例检查
糖量计	—	检查防锈水成分
X线应力仪	衍射斑点0.5mm,带测量结果输出,配电解抛光剥层装置	弹簧压应力深度测定
标准检验筛	套	检查丸粒尺寸
化学元素分析仪器	套+操作台+通风柜	检查检查材料元素成分
光学显微镜	附带切割、镶嵌、抛光等制样配套装置	检查材料/弹簧金相组织、脱碳、表面渗氮层组织
扫描电镜	带电子探针,配超声波清洗机	检查检查材料元素成分
烘箱	可用到500℃	试样、检查弹簧松弛

5.2 弹簧材料的检验方法

1）外观检验：包装完整，无弯曲，油淬火钢丝放开后有良好的挺直性，无肉眼可见的弯曲。

2）表面质量检验：材料表面无肉眼可见的裂纹、分层、鳞皮、擦伤、划痕、拉丝、凹坑、皮纹、锈蚀、竹节等缺陷，除肉眼检查外，可用5倍放大镜与酸蚀法对表面进一步检查。

3）钢丝线径检验：用千分尺测量钢丝直径，第一次检查完毕后调换180°位置再次测量钢丝线径，检查钢丝圆度，圆度应为钢丝线径公差1/2。

4）力学性能检验：抗拉强度、断面收缩率在万能材料试验机上进行，扭转和弯曲性能检验需用专用钢丝扭转试验机与弯曲试验机，缠绕性能可在普通车床上进行。

5）化学成分检验：化学成分超差极为罕见，此项检查需要置办相关应配套仪器，用直读光谱仪检测细钢丝误差较大，并不适宜。

6）材料脱碳：镶嵌做成金相样品后，经抛光腐蚀放大100倍检查材料横截面，寻找出最大脱碳区域，用测微标尺测量脱碳层深度。试验方法参照GB/T 224《钢的脱碳深度测定法》。

7）金相组织：镶嵌做成金相样品后，抛光后用3% HNO_3 酒精腐蚀后放大500倍检查纵横两个截面。

8）夹杂物检查：用暗场和偏光法检查，与标准图谱（如ASTM E45所附图片，铃木-加普腾产品用加普腾法）比对后评级。

5.3　气门弹簧产品检验

（1）产品抽样　随机抽样，一次抽样样本数一般为20件，汽车行业不认可GB/T 2828的AQL值，即使使用计数抽样方法，AQL=0。

（2）硬度检查　气门弹簧材料线径较细，必须借助专用夹具或镶嵌后检查，洛氏硬度一般用C标，即HRC，用维氏硬度载荷一般为98N（10kg），即10HV。检查前用标准硬度块对硬度计进行校正。验方法按GB/T 230《金属洛氏硬度试验》、GB/T 4340《金属维氏硬度试验》。弹簧硬度以热处理参数控制为主，硬度检查为辅。

（3）气门弹簧几何尺寸检验　所有几何尺寸检验须对弹簧预压一次以后进行，预压高度应为弹簧对应试验负荷的高度或并紧高度。若采用并紧高度，其压并力最大为理论并紧力的1.5倍。

1）永久变形：在弹簧试验机上将弹簧压到试验负荷对应的高度或将弹簧压到压并高度短暂压缩两次，测量压缩前后的自由高度变化值。

2）弹簧直径：用分度值不低于0.02mm的游标卡尺测量，图样上标注外径或中径的弹簧则测其外径，并以测得的外径最大值为准。图样上标注内径的测量内径，以测得的内径最小值为准。

3）自由高度：用分度值不低于0.02mm的游标卡尺测量，以测得的最高值为准。

4）两端圈与邻圈间隙：用标准塞尺检查。

5）垂直度：将弹簧竖放在二级精度平板上，用三级精度宽座角尺测量，将弹簧自转一周，用塞尺测量垂直度的最大偏差（端头至1/2圈处考核相邻第二圈），一端检查结束后再检查另一端。

6）弹簧轴线直度（弯曲度）：将弹簧平放在二级精度平板上，滚动一圈，用塞尺测量弹簧与平板之间最大间隙。

7）弹簧两端面平行度：将弹簧竖放在二级精度平板上，用带座的百分表围绕弹簧磨面一周，测量其最大值与最小值，其差值即为弹簧两端面平行度。

8）磨面表面粗糙度：用表面粗糙度样板作比对，有争议时可用表面粗糙度仪进行测量，并以表面粗糙度仪测得的数据为准。

9）弹簧间距：用分度值不低于0.02mm的游标卡尺测量，节距值为间距加一根钢丝线径。

10）端厚：用分度值不低于0.02mm的游标卡尺测量端头与相邻圈值，测得的值减去一根钢丝即为端厚。

11）弹簧旋向：目测（一般为右旋，左旋需在图样上特别标明）。

12）节距均匀度：用弹簧试验机将弹簧压到事先商定的高度（负荷或全变形量的百分之几），然后用透光法或塞尺观察或测量弹簧间距（方法事先商定），未商定的情况下，默认值为压到全变形量的85%，圈与圈之间不允许发生接触。

13）弹簧并紧高度：用长度示值最小为0.01mm的弹簧试验机将弹簧压到并紧，观察试验机所显示的高度。

14）磨面角度：一般用目视法，有争议时可用印痕法，弹簧磨面沾上印泥后，将印痕压在事先按照弹簧内径和外径的同心圆纸上，用量角器测量。

（4）负荷检验

1）弹簧负荷试验机：精度不低于1%，并在有效的检定周期内，测量前用标准器（三等测力环）校正，允许用修正值对测量结果进行修正。

2）测量长度校准：用块规（五等）进行校准，零位校准是将弹簧负荷试验机上下压盘压到并紧，力值达到气门弹簧预测值后置零，目的在于消除负荷试验上下位移装置间隙。

3）弹簧负载测量：测量前对弹簧预压至并紧一次，最大压并力不应超过理论并紧力的1.5倍，不能压到并紧的高应力弹簧，压到$1.1F_2$所对应的高度。测力时样品弹簧尽可能摆放在压盘中央位置。

4）弹簧刚度检查：在弹簧全变形量的30%～70%范围内选取两点，分别测量每点的负荷，取其差值，除两点变形量。

5）负载检测：负荷100%检测的过程，操作开始前，先用与负荷测量高度相对应的专用量块对压头位置校准，然后将负荷已知的标准弹簧若干件放入负荷试验机进行验证，对示值进行校准。

（5）喷丸检验

1）喷丸丸粒和比例检查：检查方法与悬架弹簧相同，新丸粒进厂检查主要检查形状、硬度、丸粒的留筛率和通过率。工艺过程主要根据丸粒比例，决定是否添加丸粒。

2）喷丸效果评价：通过阿尔曼试片弧高和样本覆盖率与标准图片比对。有特殊约定可用X线应力仪测量弹簧的残余压应力，在双方接受的前提下，可以对弹簧残余压应力深度进行剥层分析，剥层的最大深度为300μm。

（6）弹簧清洁度　某些主机厂已经将此参数作为考核指标，样本数量随机抽一台套还是抽取10件按双方约定。检查方法是否按照GB/T 3821《中小功率内燃机清洁度测定方法》也需约定。按GB/T 3821《中小功率内燃机清洁度测定方法》检查过程按下面几个步骤：①用事前经过过滤的溶剂清洗弹簧。②用事前经过烘干、称过质量的滤纸对清洗过弹簧的溶液过滤。③将残留在滤纸上清洗液烘干。④对烘干后滤纸再称质量。⑤比较两次称量的质量，其差值除以样本数，认为是沾在弹簧上的杂质平均含量。每件弹簧允许杂质含量指标同样须双方约定，推荐每件杂质含量在0.9～1.1mg范围中选择。

（7）弹簧疲劳试验　弹簧疲劳试验，主机厂不认可JB/T 10591《内燃机气门弹簧技术条件》规定疲劳次数2.3×10^7次循环不断裂的规定，而以自己的台架试验结果作为产品认可和质量判定的依据，两者之间循环次数相差接近一个数量级。实际上要求气门弹簧有无限长的疲劳寿命。样本数量不低于一台发动机的弹簧用量。气门弹簧疲劳试验机都为谐振式，试验频率与弹簧刚度和振动体系固有频率有关，频率不可调，和车辆行驶过程的实际工况有一定差异，尤其不能反映出弹簧不同频率下弹簧谐波所产生的应力叠加。

6　气门弹簧疲劳失效原因与预防

高应力设计趋势不可逆，GB/T 23935—2009 中的指导值 $(0.35 \sim 0.4)\sigma_b$，新设计气门弹簧往往突破标准要求，应力 $>0.4\sigma_b$ 成为常态，最高设计应力接近 $0.5\sigma_b$，高应力气门弹簧疲劳风险高，生产企业必须从前期开发、工艺、材料及批产管理几方面着手防范与降低风险。图 28-22 所示气门弹簧疲劳断口。

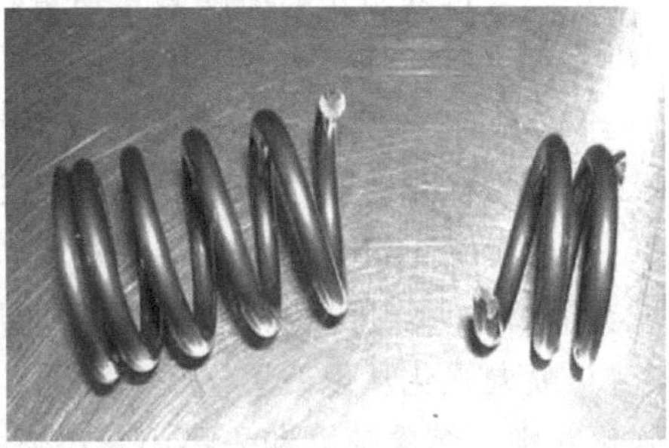

图 28-22　气门弹簧疲劳断口

（1）前期工艺开发

1）高应力设计成为趋势：与 20 世纪中期相比，气门弹簧设计应力值增幅 80% ~100%，应力设计指导值 GB/T 1239—1976 为 $0.3\sigma_b$，GB/T 23935—2009 为 $0.4\sigma_b$，有赖于技术进步，特别是设计过程有限元分析技术应用，新设计气门弹簧应力基本上 $>0.4\sigma_b$，接近 $0.5\sigma_b$。高应力设计优点不言而喻，促进和实现了发动向小型化、多气门方向转型；拉动了气门弹簧生产向一物流不落地方向发展；促使原材料生产商采用更先进的冶金和加工手段，如炉外精炼、大方坯技术、超纯净钢、材料剥皮、无损检测。并且开发出一批可以用于渗氮的阀门弹簧钢丝。

2）利用有限元仿真模型、台架验证弹簧应力分布和气门弹簧不同振动频率发生颤振所在位置、应力叠加幅度。弹簧在振动时产生多次谐波，在特定频率，谐波相位与基波相位相同，产生的应力叠加现象称为颤振，表现为弹簧某一圈实际应力远高于计算应力，这一现象有限元分析难以重现，必须在设计和工艺研发过程用实样验证。图 28-23 所示为用于验证应力叠加台架，图 28-24 所示为贴应变片研究各弹簧圈应力的弹簧样本。

图 28-23　气门弹簧试验台架

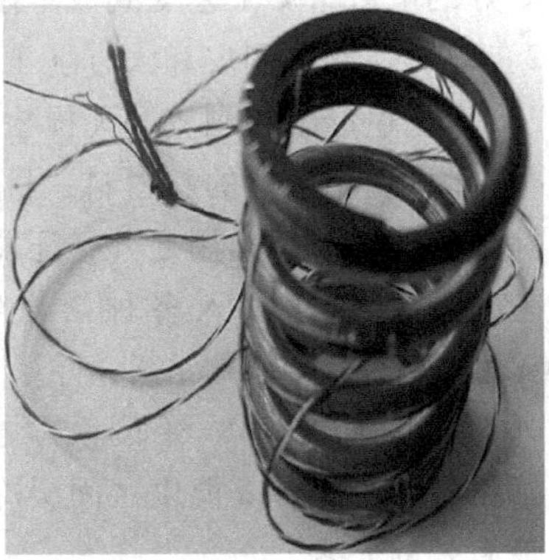

图 28-24　贴应变片弹簧样本

3）疲劳模式转化：除了颤振现象之外，高应力气门弹簧应力已经接近或者超过材料的剪切服强度 $\tau_{0.3}$，疲劳失效模式有可能从以往的应力疲劳转化为应变疲劳（低周疲劳），应变疲劳时材料发生循环软化，疲劳断口从正断断口转为切断断口，疲劳断口宏观表现为从原来45°为主转向近乎90°，喷丸产生的压应力对切断断口没有强化作用。喷丸所产生的冷作硬化作用会使材料表面强度提高，这才对切断断口有帮助。

4）高应力设计带来很多好处，但高应力设计带来颤振和疲劳模式变化使弹簧潜在失效风险增加，在设计源头尽量降低设计应力是最有效的选项，在设计无法改变的条件下，改进工艺和材料选择必须跟上。

（2）弹簧制造工艺与疲劳失效

1）工艺过程防止表面缺陷：弹簧断裂韧性 $K_1 = Y\Delta\sigma(\pi a)^{-1/2}$，式中 Y 为形状因子，当弹簧表面存在缺陷时，产生应力集中，高应力弹簧应力幅 $\Delta\sigma$ 难以改变；a 为裂缝纹半长度，当 $K_1 > K_{1C}$ 弹簧断裂，因此高应力气门弹簧对表面缺陷敏感性非常之高。

2）应力优化：通过SOFE工艺降低卷簧残留的有害应力。

3）磨簧防止端头发热、端头过薄：磨面发热使弹簧端头形成复杂应力区，过薄的端头造成支承圈端头强度减弱，弹簧振动时局部发生挠曲，反复挠曲弹簧端头率先断裂。

4）喷丸强化从以改善压应力为主，转变为改善压应力与改善表面粗糙度并重；表面冷作强化并举，多次喷丸和采用小丸粒喷丸的作用尤其重要。

5）采用渗氮处理工艺：渗氮使材料表面硬度（强度）显著提高，显然对提高应变疲劳抗力极为有效，同时渗氮还产生有益的压应力。

6）重视热压冷却水质：用去离子水作为冷却介质，不使用普通水作为热压冷却水主要是因为普通水（包括自来水）中可能含有氯离子成分或者大气中 CO_2 和 SO_2，成为弹簧腐蚀疲劳原因。

7）弹簧受到负载后，使用脱水防锈油，不能做到完全脱水，空气中有害成分可以穿透油膜溶入残留水分之中造成腐蚀。

（3）原材料与疲劳失效

1）阀门钢丝冶炼超纯净化，除了控制有害元素之外，还应对形成非金属夹杂物源头氧含量进行控制，除此之外还要对可能成为非金属夹杂物成分的Al、Ti和不能以固溶态存在的Cu元素进行控制，氢作为有害元素不允许发现。炉外精炼真空脱气对减少夹杂物作用巨大，更好的电渣重熔工艺受到成本限制，在中低端阀门钢丝上未应用。

2）坯料检测、剥皮和大方坯工艺在阀门钢丝上成熟应用。

3）钢丝生产采用剥皮和无损检测工艺。

4）研发用于渗氮的新材料：目前已经商品化的OTEVA101SC/91SC/90SC有较高的含硅量，除了强化铁素体作用之外，还能显著提高渗氮温度，有利于增加渗氮层深度。除此之外以上三种新材料还加入多种渗氮物元素使得弹簧渗氮处理之后有更高的硬度。OTEVA101SC/91SC增加Mo元素，除了出于Mo属于强碳化物元素、同时也是渗氮物元素的考虑之外，显然还出于Mo降低第二类回火脆性作用的考虑，因为Si-Cr钢属于第二类回火脆性敏感钢种，渗氮在其温度区间缓冷，第二类回火脆性有可能发生，Mo是抑制第二类回火脆性最有效的元素。

（4）管理

1）生产过程采用不落地、连续、一物流生产，减少人为因素对产品质量影响。

2）注重人员培训：凭证上岗，减少熟练人员频繁更换；重视从事设备保障的技术人员和维修人员的作用。

3）按照 GB/T 16949 各项要求进行过程控制，重要工序设立质量控制点。

4）加快新的在线检测技术应用：如电子影像、缺陷探测仪等。

【例 28-1】 设计圆截面气门弹簧（车用柴油机）。

（1）初始条件

1）最高额定转速：3800r/min；

2）气门弹簧安装高度（H_1）40.3mm；

3）进气升程：9.27mm；排气升程：10.35mm；

4）气门弹簧空间要求：外径 $D_1<32\text{mm}$；内径 $D_2\geqslant 22.5\text{mm}$；

5）压并高度 $H_b\leqslant 27\text{mm}$；

6）配气机构质量：挺柱 + 锁夹 + 气门弹簧上座 = (70 ± 3)g；

7）进气门质量：82.5g；排气门质量：68.8g；

8）进气门组件最大质量：$m_1=(70+3+82.5)\text{g}=155.5\text{g}=0.1555\text{kg}$；

9）排气门组件最大质量：$m_2=(70+3+68.8)\text{g}=141.8\text{g}=0.1418\text{kg}$；

10）进气门总进气角：$180°+\alpha+\beta=243°$；

11）排气门总排气角：$180°+\gamma+\delta=248°$；

12）要求进气门和排气门使用同一种弹簧。

（2）设计依据

1）GB/T 1805《弹簧术语》；

2）GB/T 23935《圆柱螺旋弹簧设计计算》；

3）JB/T 10591《内燃机气门弹簧技术条件》。

（3）主要参考资料

1）《汽车摩托车构造与工作原理》；

2）《汽车发动机配气机构》；

3）《发动机的气门弹簧》；

4）《弹簧》；

5）《机械弹簧手册》。

（4）凸轮与气门弹簧关系分析

1）凸轮配气相位：凸轮轴转速与曲轴速比 $i=1:2$，即凸轮轴的转速为曲轴转速的 1/2。凸轮轴的进气凸轮负责进气门的开启与关闭，排气凸轮负责排气门的开启与关闭。

为了使气缸有充足的进气量，进气门采取了提前进气与延迟关闭的方法，进气提前角为 α，进气迟闭角为 β。排气门为了使做功后气缸内废气尽可能排除干净，同样采取了提前开启和滞后关闭的方法，排气提前角为 γ，排气迟闭角为 δ。其中排气门迟闭角 δ 与进气门提前角 α 会产生重叠，目的为了利用进气压力将残余废气清除，称为扫气。工况良好的发动机，新鲜空气充盈率应能达到 90%。

2）四冲程发动机曲轴每转动 360°完成两个冲程，第一轮进气与压缩冲程，进气门弹簧开闭一次；下一轮为做功与排气冲程，排气门弹簧开闭一次，如此反复交替。进排气门开启与关闭完全受进气凸轮和排气凸轮控制，弹簧在凸轮周期性作用力下进行受迫振动。凸轮与气门运动件脱离接触期间，气门弹簧处于关闭状态，要求弹簧预紧力保证气门处于关闭状态。

3）凸轮进入升程段，弹簧受到凸轮作用力产生变形，凸轮（或通过摇臂）对气门运动件施压，促使其进行正加速运动，凸轮运动从缓冲段→腹圆段→顶圆段，气门升程达到最大，气门运动件末速度达到最大值。在此过程弹簧吸收振动，利用弹性力，阻止气门运动件脱离凸轮控制，储存变形能。

4）凸轮进入回程段，弹簧释放变形能，利用回弹力，提供气门运动件回程负加速运动作用力，在负加速运动期间，弹簧力克服气门运动件向升程方向的运动惯性，阻止运动件因惯性脱离凸轮控制，并以负方向加速运动，将气门运动件推向回程方向，直到气门关闭落座。

5）为了使弹簧有足够的力克服惯性并且进行负加速运动，弹簧力必须有一定的储备，称为储备系数或弹簧裕度 ξ，设 $\xi=1.3$。

（5）分析发动机转速与气门运动件运动状态

1）发动机每秒最高转速 $v=(3800/60)\,\mathrm{r/s}=63.33\ \mathrm{r/s}$；

2）曲轴转过一圈（360°）所需时间：$t=(1/63.33)\,\mathrm{s}=0.0158\mathrm{s}$；

3）进气和排气门存在提前角和迟闭角，根据初始条件，进气门角度243°排气角度248°，即进气门从开启到关闭总时间 $=(00158\times243/360)\,\mathrm{s}=0.01067\mathrm{s}$，升程和回程时间相等，所以 $t_1=(0.01067/2)\,\mathrm{s}=0.005333\mathrm{s}$。

排气门从开启到关闭总时间 $=(0.0158\times248/360)\,\mathrm{s}=0.010884\mathrm{s}$，升程和回程时间相等，$t_2=(0.010884/2)\,\mathrm{s}=0.005442\mathrm{s}$。

4）进气门运动方程：距离 $s_1=v_0t_1+a_1t_1^2/2$，升程开始 $v_0=0\mathrm{m/s}$。所以

$$a_1=2s_1/t_1^2=(2\times0.00927/0.005333^2)\,\mathrm{m/s^2}=651.88\mathrm{m/s^2}$$

进气门到达最大升程末速度：

$$v_1=v_0+a_1t_1=(0+651.88\times0.005333)\,\mathrm{m/s}=3.48\mathrm{m/s}$$

5）排气门运动方程：距离 $s_2=v_0t_2+a_2t_2^2/2$，升程开始 $v_0=0\mathrm{m/s}$。所以

$$a_2=2s_2/t_2^2=(2\times0.01035/0.005442^2)\,\mathrm{m/s^2}=698.96\mathrm{m/s^2}$$

排气门到达最大升程末速度

$$v_2=v_0+a_2t_2=(0+698.96\times0.005442)\,\mathrm{m/s}=3.804\mathrm{m/s}$$

6）进气门回程运动方程：

$$-s_1=v_1t_1+(-a_3)t_1^2/2$$

s_1 和 a_3 前的负号表示反向距离和负方向加速度，v_1 为进气门升程段最大末速度，运动方向与回程方向相反。从上式得

$$a_3=2\times(s_1+v_1t_1)/t_1^2=2\times(0.00927+3.48\times0.005333)/0.005333^2=1957\mathrm{m/s^2}$$

7）排气门回程运动方程：

$$-s_2=v_2t_2+(-a_4)t_2^2/2$$

s_2 和 a_4 负号表示反向距离和负加速度，v_2 为排气门升程段最大末速度，运动方向与回程方向相反。从上式得

$$a_4=2\times(s_2+v_2t_2)/{t_2}^2=2\times[(0.01035+3.804\times0.005442)/0.005442^2]\,\mathrm{m/s^2}=2097\mathrm{m/s^2}$$

（6）计算弹簧负荷

1）进气门组和排气门组弹簧理论负荷：

设气门弹簧质量52.5g，其1/3值作为弹簧惯性质量，为 $17.5\mathrm{g}=0.0175\mathrm{kg}$。

气门运动组件惯性质量 = 气门 + 锁片 + 挺柱 + 弹簧质量/3

$$F_{进}=\mathrm{m}_{进}\,a_3=(0.1555\mathrm{kg}+0.0175\mathrm{kg})\times1957\mathrm{m/s^2}=338.6\mathrm{N}$$

$$F_{排}=\mathrm{m}_{排}\,a_4=(0.1418\mathrm{kg}+0.0175\mathrm{kg})\times2097\mathrm{m/s^2}=334.1\mathrm{N}$$

2）考虑各种影响因素后弹簧负荷：

弹簧力储备系数 $\xi=1.3$。考虑热松弛、疲劳后负荷衰减和弹簧制造公差，适当增大弹簧储备系数，在 $\xi=1.3$ 基础上再增加15%，即进气门弹簧

$$F_{储进}=1.3\times1.15\times F_{进}=1.3\times1.15\times336.8\mathrm{N}=506.2\mathrm{N}$$

排气门弹簧同样如此，所以

$$F_{排储}=1.3\times1.15\times332.3\mathrm{N}=499.5\mathrm{N}$$

因为要求进排气使用同一种弹簧，计算结果 $F_{进储} > F_{排储}$ 所以取 $F_{进储} = 506.2\text{N}$ 作为计算结果。

（7）设定弹簧基本参数

1）根据设计经验，气门弹簧工作圈选择 $7 \geqslant n \geqslant 4.0$ 之间，尾圈选择 0.5 圈比较合适，选择工作圈 $n = 4.5$，总圈数 $n_1 = 6.5$。

2）根据初始条件提出弹簧并紧高度：$H_b \leqslant 27$，所以 $d \leqslant 4.0$，选 $d = 3.9$；

3）弹簧内径和外径（包括制造公差）必须满足：$D_1 \geqslant 23.5$；$D_2 \leqslant 32$；选 $D = 27.0\text{mm}$。

（8）计算弹簧参数

1）计算弹簧刚度

$$F' = Gd^4/8D^3 n = (78500 \times 3.9^4/8 \times 27.0^3 \times 4.5)\text{N/mm} = 25.63\text{N/mm}$$

2）确定弹簧自由高度：根据 F' 值，达到负荷 $F_{进储}$ 需要变形量

$$f_{2进} = F_{进储}/F' = (506.2/25.63)\text{mm} = 19.75\text{mm}$$

根据初始条件，弹簧最大压缩高度

$$H_2 = H_1 - 9.27 = (40.3 - 9.27)\text{mm} = 31.03\text{mm}$$

$$H_0 = H_2 + f_{2进} = (31.03 + 19.75)\text{mm} = 50.78\text{mm} \approx 50.8\text{mm}$$

3）求弹簧预紧力 F_1、工作高度负荷 $F_{2进}$、$F_{2排}$、并紧力 H_b：

计算预紧负荷：

$$F_1 = (H_0 - H_1)F' = (50.8 - 40.3) \times 25.63\text{N} = 269.1\text{N}$$

复核进气门弹簧工作高度下负荷：

$$F_{2进} = (H_0 - H_{2进})F' = (50.8 - 31.03) \times 25.63\text{N} = 506.7\text{N}$$

结论：$F_{2进} = 506.7\text{N} >$ 储备值 $F_{进储} = 506.2\text{N}$，$F_{2进}$ 与 $F_{进储}$ 差值为 0.5N 且为正值，符合要求不需修正。

计算排气门弹簧工作高度下负荷：

$$F_{2排} = (H_0 - H_{2排})F' = [(50.8 - 29.95) \times 25.63]\text{N} = 534.4\text{N}$$

计算并紧力：

$$F_b = (50.8 - 25.35)F' = (25.45 \times 25.63)\text{N} = 652.3\text{N}$$

（9）计算弹簧旋绕比 C 和曲度修正系数 K

1）计算旋绕比。$C = D/d = 27.0/3.9 = 6.92$。

2）计算修正系数。

$$K = (4C - 1/4C - 4) + 0.615/C = (4 \times 6.92 - 1)/4 \times (6.92 - 4) + 0.615/6.92 = 1.216$$

（10）弹簧应力计算

顾客要求进、排气门使用同一种规格气门弹簧，在运动方程求解中，进气门弹簧理论负荷值应大于排气门弹簧，为保证进气门弹簧负荷，负荷设计以进气门作为基准。然而由于排气门升程大于进气门升程，排气门弹簧压到最大升程负荷高于进气门弹簧，出于安全性考虑，在弹簧负荷测量和安全性校核中以负荷较高的排气门弹簧负荷作为校核和材料选择的参数。

1）计算弹簧压到安装高度 H_1 应力：

$$\tau_1 = 8KF_1D/\pi d^3 = (8 \times 1.216 \times 269.1 \times 27.0/3.14 \times 3.9^3)\text{N/mm}^2 = 379.5\text{N/mm}^2$$

2）计算进气门弹簧压到最大升程应力：

$$\tau_{进2} = 8KF_{进2}D/\pi d^3 = (8 \times 1.216 \times 506.7 \times 27.0/3.14 \times 3.9^3)\text{N/mm}^2 = 714.5\text{N/mm}^2$$

3）计算排气门弹簧压到最大升程应力：

$$\tau_{排2} = 8KF_{排2}D/\pi d^3 = (8 \times 1.216 \times 534.4 \times 27.0/3.14 \times 3.9^3)\text{N/mm}^2 = 753.9\text{N/mm}^2$$

4）计算弹簧并紧应力

$$\tau_b = 8KF_bD/\pi d^3 = (8 \times 1.216 \times 652.3 \times 27.0/3.14 \times 3.9^3)\text{N/mm}^2 = 919.8\text{N/mm}^2$$

5）计算进气门弹簧循环特性：

$$\gamma = \tau_1/\tau_{2进} = 379.5/714.5 = 0.53$$

6）计算排气门弹簧循环特性：

$$\gamma = \tau_1/\tau_{2排} = 379.5/753.9 = 0.50$$

（11）弹簧安全性校核：以应力较高的排气门弹簧作为校准对象

1）第一种校核方法，安全系数法：要求 $S_{\min} = (0.3\sigma_b + 0.75\tau_1)/\tau_2 \geqslant 1.1 \sim 1.3$，其中 σ_b 取该规格抗拉强度下限。

国产油淬回火钢丝系列（见表 28-3）：VDCrS，$\phi3.9$mm，$\sigma_b = 1840 \sim 1990$MPa，取 1840MPa 作为校核数据则有：

$$S_2 = (0.3 \times 1840 + 0.75 \times 398.8)/726.5 = (552 + 284.6)/753.9 = 1.11$$

查铃木-加普腾油淬回火钢丝系列（见表 28-11）：OTEVA70SC，$\phi3.9$mm，$\sigma_b = 1860 \sim 1960$MPa，取 1860MPa 作为校核数据则有：

$$S_1 = (0.3 \times 1860 + 0.75 \times 379.5)/753.9 = (558 + 284.6)/753.9 = 1.118$$

查铃木-加普腾油淬回火钢丝系列（见表 28-11）：OTEVA75SC，$\phi4.0$，$\sigma_b = 2010 \sim 2110$MPa，以最低抗拉强度 2010MPa 作为校核数据则有：

$$S_3 = (0.3 \times 2010 + 0.75 \times 398.8)/726.5 = (603 + 284.6)/753.9 = 1.18$$

2）第二种校核方法，最大工作应力与抗拉强度比值法，要求：$\tau_{2排}/\sigma_b \leqslant 0.4\sigma_b$，相应有：

VDCrSi　$\tau_{2排}/\sigma_b = 753.9/1840 = 0.41 > 0.4\sigma_b$

OTEVA70SC　$\tau_{2排}/\sigma_b = 753.9/1860 = 0.405 > 0.4\sigma_b$

OTEVA75SC　$\tau_{2排}/\sigma_b = 753.9/2010 = 0.375 < 0.4\sigma_b$

3）经过对三种材料按两种安全校核方式对弹簧最大工作应力进行校核，安全系数法校核结果如下：VDCrSi 和 OTEVA70SC 安全系数分别为：1.118 和 1.11，处于 $S \geqslant 1.1 \sim 1.3$ 安全范围。使用强度比值法校核结果：VDCrSi$\tau_2/\sigma_b = 0.41$；OTEVA70SC$\tau_2/\sigma_b = 0.405$，稍大于 $0.4\sigma_b$。两种安全性校核出现不同结果，出现这类矛盾，说明材料潜能基本处于极限，只要材料质量符合规范，工艺控制得当，就可以将 VDCrSi 和 OTEVA70SC 作为选择对象，前提是材料质量稳定，经过剥皮处理。OTEVA75SC 安全性更好，成本高不推荐使用。

（12）弹簧展开长度、重量与其他几何尺寸计算

1）弹簧展开长度：

$$L = \pi D n_1 = (3.14 \times 27.0 \times 6.5)\text{mm} = 551.07\text{mm} = 55.1\text{cm}$$

2）弹簧质量：

$$m = \pi d^2 n_1 L\rho/4 = (3.14 \times 0.39^2 \times 55.1 \times 7.85/4)\text{g} = 51.64\text{g} \approx 51.6\text{g} = 0.0516\text{kg}$$

比原设定的惯性质量轻 0.9g，对弹簧惯性质量无须修正。

3）弹簧节距：

$$t_1 = (H_0 - 1.5d)/n = (50.8/4.5)\text{mm} = 11.3\text{mm}$$

节距 $t = 0.419D$，满足 $0.28D \leqslant t \leqslant 0.5D$ 要求

4）弹簧间距：$\delta = (11.3 - 3.9)\text{mm} = 7.4\text{mm}$

5）弹簧最大并紧长度：$H_b = n_1 d_{\max} = (6.5 \times 3.93)\text{mm} = 25.55\text{mm}$

6）弹簧压到并紧高度外径增大量：

$$\Delta D = 0.05(t^2 - d^2)/D = [0.05(127.7 - 15.2)/27.0]\text{mm} = 0.208\text{mm} \approx 0.21\text{mm}$$

压到并紧后弹簧外径：

$$D_2 = D + d + \Delta D = (27.0 + 3.9 + 0.21)\text{mm} = 31.1\text{mm}$$

压到并紧不会影响升程安装空间。

7）弹簧压到排气门最大升程时变形量 $f_{2排}$ 与弹簧全变形量的百分比：

$$f_2/f_b \times 100\% = 20.85/25.45 = 0.819 \times 100\% = 81.9\%$$

排气门最大变形量为全形量 81.9%，小于 85% 预定值。

（13）自振频率校核：

1）弹簧最高每分钟振动次数为 3800/2 = 1900r/min，振动频率为 31.67Hz。

2）弹簧自振频率（固有频率）：

$$f_e = 3.56 \times 10^5 \times d/nD^2 = (356000 \times 3.9/4.5 \times 27.0^2)\,\text{Hz} = 423.2\text{Hz}$$

3）弹簧自振频率与作用力频率比较：423.2/31.67 = 13.7 > 10，弹簧不会发生共振。

（14）设计输出验证

1）弹簧尺寸对初始条件验证：

	要求条件/mm	标称尺寸 /mm	极限尺寸 /mm
弹簧外径 D_2	≤32.00	30.90	31.41
弹簧内径 D_1	≥22.50	23.10	22.80
并紧高度 H_b	≤27	25.35	25.55

弹簧内外径应综合考虑弹簧制造公差、弹簧压力及外径增大等因素。

2）弹簧负荷验证：经对进气门与排气门气门运动件运动方程分别求解，在进气门 243°和排气门 248°条件下，通过对弹簧理论负荷力的计算，除按常规增加储备负荷之外，还考虑了温度、疲劳等因素可能导致的负荷下降；并且还对制造过程负荷处于下偏差时预留了负荷补偿准备，总的负荷储备量达到规范上限值，接近负荷计算理论值的 1.5 倍（规范 1.2～1.5 之间）。在额定最高转速 3800r/min，弹簧负荷储备率 49.5%，完全满足进、排气门预紧力、复位力和克服惯性力要求。

3）材料推荐：弹簧安全性使用三种材料和采用两种方法校核，OTEVA70SC 安全系数 $S = 1.118$；VD-CrSi$S = 1.11$，均达到 $S \geqslant 1.1 \sim 1.3$ 的要求，对 τ_2/σ_b 校核，前者 0.405，后者 0.41，稍稍超过 $0.4\sigma_b$ 要求，两种方法校核出现不同结果，显示使用 OTEVA70SC/VDSiCr 材料接近许用应力极限，提示采购材料抗拉强度尽可能选择中公差或者以上，同时需要加强工艺管理。材料质量稳定，且进行剥皮与无损检测处理，OTEVA75SC 的安全性校核结果：$S = 1.18$，$\tau_2/\sigma_b = 0.375$ 有更好的安全性，材料成本较高是否选用，由弹簧制造商和主机厂沟通后决定。

4）对弹簧固有频率（自振频率）与作用力频率周期进行校核，在最高额定转速条件下，弹簧自振频率超过振动频率 10 倍以上，弹簧服役过程中不会发生共振现象。

（15）弹簧设计结果汇总

1）弹簧设计尺寸参数见表 28-19。

表 28-19　弹簧设计尺寸参数

参数	规格	公差	参数	规格	公差
D/mm	3.9	±0.03	材料	OTEVA70SC 或 VDCrSi	强度尽量选择中公差以上，剥皮、无损检测
D/mm	27.0	—	t/mm	11.3	参考
D_1/mm	23.1	±0.3	δ/mm	7.4	参考
D_2/mm	30.9	±0.3	自振频率	423.2	—
L/mm	551	—	m/g	51.6	—
n_1/圈	6.5	±0.25	n/圈	4.5	—
C	6.92	—	K	1.216	—
γ	进 0.53 排 0.50	—	$f_{2排}/f_b$	81.9%	—
S	1.118/1.11	1.1～1.3	τ_2/σ_b	0.405/0.41	>$0.4\sigma_b$

2）弹簧设计性能参数见表 28-20。

（16）333 技术要求

1）卷簧后的弹簧应在 4h 之内进行去应力退火，退火保温时间不低于 30min，弹簧回火后硬度范围：(51～53)HRC；

表 28-20 弹簧设计性能参数

参数	规格	公差	参数	规格	公差
H_0/mm	50.8	参考	F'/N	25.63	—
H_1/mm	40.3	—	f_1/mm	10.5	—
$H_{2进}$/mm	31.03	—	f_2/mm	19.77	—
$H_{2排}$/mm	29.95	—	f_2/mm	20.85	—
H_b/mm	25.35	—	f_b/mm	25.45	—
F_1/N	269.1	±8%	τ_1/MPa	379.5	—
$F_{2进}$/N	506.7	参考	$\tau_{2进}$/MPa	714.5	—
$F_{2排}$/N	534.4	±5%	$\tau_{2排}$/MPa	753.9	—
F_b/N	652.3	—	τ_b/MPa	919.8	—

2）弹簧两端并紧磨平，磨削平面部分应大于或等于端圈周长的3/4，不得有锐边和毛刺。表面粗糙度不低于 $Ra6.3\mu m$，端圈与相邻圈间隙≤0.3，磨削端面厚度为 $d/8 \sim d/4$；

3）两端磨平面对弹簧素线垂直度≤3%；

4）弹簧卷簧后不能发生明显的弯曲和凹凸，弹簧并紧高度不大于27mm；

5）弹簧表面两次喷丸强化处理，第一次喷丸强度不小于0.3A，第二次喷丸强度不小于0.2A，喷丸表面覆盖率>95%。

6）弹簧清洁度要求：每件弹簧杂质含量不大于1mg。检查方法按 GB/T 3821《中小功率内燃机清洁度测量方法》，每批样本抽查量不少于一台/套；

7）弹簧表面防腐处理，在正常保管条件下，在12月保质期内弹簧不能生锈；

8）弹簧经 2.3×10^7 次循环试验，不允许断裂。试验前后负荷损失率≤5% F_2；

9）松弛要求：弹簧压至 $1.1F_2$，在140℃下保持16h，负荷损失率≤5% F_2；

10）弹簧工艺调整参数。

允许通过调整弹簧自由高度 H_0 和节距 t，对弹簧负荷进行调整。节距和间距作为参考指标不考核。

【例 28-2】 设计椭圆截面气门弹簧（汽车发动机用）。

（1）输入数据

1）最高额定转速：6000r/min。

2）气门弹簧安装高度：$H_1=36.0$mm。

3）气门升程：10.00mm。

4）气门弹簧空间要求：外径≤25.0mm；内径≥16.0mm。

5）压并高度：$H_b\leqslant25.0$mm。

6）气门组总质量：$m=112$g。

7）进气门总进气角：252°。

（2）设计依据

1）GB/T 1805《弹簧术语》。

2）GB/T 23539《圆柱螺旋弹簧设计计算》。

3）JB/T 10591《内燃机气门弹簧技术条件》。

（3）主要参考资料

1）《汽车摩托车构造与工作原理》。

2）《汽车发动机配气机构》。

3）《发动机的气门弹簧》。

4）《弹簧》。

5）《机械弹簧手册》。

6）《椭圆及卵形钢丝高应力螺旋弹簧的设计和制造》。

（4）计算发动机转速与气门运动件运动状态

1）发动机每秒最高转速：$v=(6000/60)\mathrm{r/s}=100\mathrm{r/s}$；

2）曲轴转过一圈（360°）所需时间：$t=(1/100)\mathrm{s}=0.01\mathrm{s}$；

3）根据顾客初始条件，进气门角度252°，气门从开启到关闭总时间：

$$t=(0.01\times 252/360)\mathrm{s}=0.007\mathrm{s},$$

升程和回程时间相等，所以

$$t_1=t/2=(0.007/2)\mathrm{s}=0.0035\mathrm{s};$$

4）气门运动方程：距离 $s_1=v_0t_1+a_1t_1^2/2$，升程开始 $v_0=0$，所以

$$a_1=2s_1/t_1^2=(2\times 0.01/0.0035^2)\mathrm{m/s^2}=816.33\mathrm{m/s^2}$$

气门到达最大升程末速度

$$v_t=v_0+a_1t_1=(0+816.33\times 0.0035)\mathrm{m/s}=2.86\mathrm{m/s}$$

5）气门回程运动方程：距离 $-s_1=v_1t_1+(-a_2)t_1^2/2$，$s_1$ 和 $-a_2$ 的负号表示反向距离和反向加速度，v_1 为气门升程段最大末速度，运动方向与回程方向相反。从上式得：

$$a_2=2\times(s_1+v_tt_1)/t_1^2=[2\times(0.01+2.86\times 0.0035)/0.0035^2]\mathrm{m/s^2}=3266.9\mathrm{m/s^2}$$

（5）计算弹簧负荷

1）进气门组和排气门组弹簧理论负荷：设气门弹簧质量39g，其1/3值为13g=0.013kg作为弹簧惯性质量。气门运动组件惯性质量=（气门+锁片+挺柱+弹簧质量/3）。气门组弹簧理论负荷：

$$F_{理}=ma_2=(0.112\mathrm{kg}+0.013\mathrm{kg})\times 3266.9\mathrm{m/s^2}=408.36\mathrm{N}$$

2）考虑各种影响因素后弹簧负荷：弹簧力储备系数 $\xi=1.3$。考虑热松弛、疲劳后负荷衰减和弹簧制造工差，适当增大弹簧储备系数，在 $\xi=1.3$ 基础上再增加15%，即进气门弹簧负荷：

$$F_{储}=1.3\times 1.15\times F_{理}=(1.3\times 1.15\times 408.36)\mathrm{N}=610.5\mathrm{N}$$

（6）设定弹簧基本参数

1）根据设计经验，气门弹簧工作圈选择 $7\geqslant n\geqslant 4.0$ 之间，尾圈选择0.5圈比较合适，因此选择 $n=5.5$，总圈数 $n_1=7.5$；

2）根据初始条件提出弹簧并紧高度：$H_b\leqslant 25\mathrm{mm}$，选椭圆形截面材料，长径 $L=4.0\mathrm{mm}$，短径 $m=3.2\mathrm{mm}$；

3）弹簧内径和外径（包括制造公差）必须满足：$D_1\geqslant 16.00\mathrm{mm}$；$D_2\leqslant 25.00\mathrm{mm}$；选 $D=20.50\mathrm{mm}$。

（7）计算弹簧参数

设 r 为椭圆截面材料长径与短径之比，$r=L/m=4.0/3.2=1.25$；

设 η 为弹簧刚度修正系数，$\eta=2r/(r^2+1)=2\times 1.25/(1.25^2+1)=0.9756$；

设 d_g 为椭圆截面材料当量直径，$d_g=\sqrt{Lm}=\sqrt{4.0\times 3.2}\mathrm{mm}=3.578\mathrm{mm}$；

设 D_g 为弹簧重心径，对于椭圆截面 $D_g=D$。

（8）弹簧参数计算

1）弹簧刚度：

$$F'=\frac{\eta G d_g^4}{8nD_g^3}=(0.9756\times 78500\times 3.578^4/8\times 5.5\times 20.5^3)\mathrm{N/mm}=33.11\mathrm{N/mm}$$

2）确定弹簧自由高度：

根据 F' 值，达到负荷 $F_{储}$ 需要变形量 $f_2=F_{储}/F'=(610.5/33.11)\mathrm{mm}=18.44\mathrm{mm}$

根据初始条件，弹簧安装高度36mm，升程10mm，弹簧

$$H_2=H_1-10=(36-10)\mathrm{mm}=26\mathrm{mm}$$

$$H_0=H_2+f_2=(26.0+18.44=44.44)\mathrm{mm}\approx 44.5\mathrm{mm}$$

3）求弹簧预紧力 F_1、工作高度负荷 $F_{2进}$、$F_{2排}$、并紧力 H_b、

计算预紧负荷：

$$F_1 = (H_0 - H_1)F' = [(44.5 - 36) \times 33.11]\text{N} = 281.4\text{N}$$

复核气门弹簧工作高度下负荷：

$$F_2 = (H_0 - H_2)F' = [(44.5 - 26.0) \times 33.11]\text{N} = 612.5\text{N}$$

结论：$F_2 = 612.5\text{N} >$ 储备值 $F_{储} = 610.5\text{N}$，差值 2.0N，且为正值，符合要求不需修正。

4）计算并紧力：并紧高度 $H_b = mn_1 = (3.2 \times 7.5)\text{mm} = 24\text{mm}$

$$F_b = (H_0 - H_b)F' = (44.5 - 24.0)F' = (20.5 \times 33.11)\text{N} = 678.8\text{N}$$

（9）计算弹簧旋绕比 C 和曲度修正系数 K

1）椭圆截面材料当量直径 $d_g = \sqrt{Lm} = 3.578\text{mm}$ 计算旋绕比

$$C = D_g/d_g = 20.5/3.578 = 5.73$$

2）椭圆截面材料修正系数

$$K = a_0 + a_1/C + a_2/C^2 = 1.13 - 0.08/5.73 + 3.19/5.73^2 = 1.13 - 0.014 + 0.097 = 1.213$$

按 $L/m = 1.25$，在表 28-23 中查得 $a_0 = 1.13$、$a_1 = 0.08$ 和 $a_2 = 3.19$ 值。

（10）计算弹簧应力

1）计算弹簧压到安装高度 H_1 应力：

$$\tau_1 = \frac{8kF_1D_g}{\pi d_g^3} = (8 \times 1.213 \times 281.4 \times 20.5/3.14 \times 3.578^3)\text{N/mm}^2 = 389.2\text{N/mm}^2$$

2）弹簧压到最大升程应力：

$$\tau_2 = 8KF_2D_g/\pi d_g^3 = (8 \times 1.213 \times 612.5 \times 20.5/3.14 \times 3.578^3)\text{N/mm}^2 = 847.2\text{N/mm}^2$$

3）计算弹簧并紧应力：

$$\tau_b = 8KF_bD/\pi d^3 = (8 \times 1.213 \times 678.8 \times 20.5/3.14 \times 3.578^3)\text{N/mm}^2 = 938.9\text{N/mm}^2$$

4）计算气门弹簧循环特性：$\gamma = \tau_1/\tau_2 = 389.2/847.2 = 0.46$

（11）弹簧安全性校核

1）第一种校核，安全系数法：要求 $S_{min} = (0.3\sigma_b + 0.75\tau_1)/\tau_2 \geqslant 1.1 \sim 1.3$，其中 σ_b 取该规格抗拉强度下限，查铃木-加普腾油淬回火钢丝系列（表 28-11）OTEVA75SC 相近规格 $\phi3.6$ 钢丝抗拉强度 $\sigma_b =$ 2010 ~ 2110MPa。以最低抗拉强度 2010MPa 作为校核数据则有：

$$S = (0.3 \times 2010 + 0.75 \times 389.2)/847.2 = (603 + 291.9)/847.2 = 1.056$$

2）第二种校核，弹簧最大工作应力与抗拉强度比值法，要求 $[\tau] = \tau_2/\sigma_b \leqslant 0.4\sigma_b$，相应 OTEVA75SC 有：

$$\tau_2/\sigma_b = 847.2/2010 = 0.42 > 0.4\sigma_b$$

3）经过两种安全校核方式对弹簧最大工作应力进行校核，安全系数法：OTEVA75SC $S = 1.056 <$ 1.1 ~ 1.3。强度比值法校核：OTEVA75SC$\tau_2/\sigma_b = 0.42$；大于 $0.4\sigma_b$。说明使用 OTEVA75SC 材料安全性存在一定风险，必须在工艺上采取强化措施。

（12）弹簧展开长度、质量与其他几何尺寸计算

1）弹簧展开长度：

$$L = \pi D_g n_1 = (3.14 \times 20.5 \times 7.5)\text{mm} = 482.8\text{mm} = 48.28\text{cm}$$

2）弹簧质量：

$$m = \pi d_g^2 n_1 L\rho/4 = (3.14 \times 0.3578^2 \times 48.28 \times 7.85/4)\text{g} = 38.1\text{g} = 0.0381\text{kg}$$

比原设定的惯性质量轻 0.9g，对弹簧惯性质量无须修正。

3）弹簧节距： $t = (H_0 - 1.5m)/n = [(44.5 - 1.5 \times 3.2)/5.5]\text{mm} = 7.2\text{mm}$

节距 $t = 7.2/20.5 = 0.35D$，满足 $0.28D \leqslant t \leqslant 0.5D$ 要求

4）弹簧间距： $\delta = (7.2 - 3.2)\text{mm} = 4.0\text{mm}$

5）弹簧最大并紧长度： $H_b = n_1 d_{max} = (7.5 \times 3.225)\text{mm} = 24.2\text{mm}$

6）弹簧压到并紧高度外径增大量：

$$\Delta D = 0.05(t^2 - m^2)/D_g = [0.05(7.2^2 - 3.2^2)/20.5]\text{mm} = 0.10\text{mm}$$

压到并紧后弹簧外径：　$D_2 = D + L + \Delta D = (20.5 + 4.0 + 0.10)\text{mm} = 24.6\text{mm}$

压到并紧后的外径小于允许的外径空间25mm，满足要求。

7）弹簧压到排气门最大升程时变形量f_2与弹簧全变形量的百分比 = 气门弹簧最大升程时变形量/弹簧全变形量×100%

$$f_2/(H_0 - H_b) \times 100\% = 18.44/(44.5 - 24.2) \times 100\% = 0.9 \times 100\% = 90\%$$

最大变形量为全形量90%，大于85%，说明弹簧生产过程对节距均匀性要求极高。

（13）自振频率校核

1）弹簧每分钟最高振动次数6000/2 = 3000r/min，振动频率3000/60 = 50Hz

2）弹簧自振频率（固有频率）：

$$f_e = 3.56 \times 10^5 \times d_g/nD_g^2 = (356000 \times 3.578/5.5 \times 20.5^2)\text{Hz} = 551.1\text{Hz}$$

3）弹簧自振频率与作用力频率比：551.1/50 = 11.02 > 10，弹簧不会发生共振。

（14）设计验证

1）弹簧尺寸初始条件满足性验证：

	要求条件/mm	标称尺寸/mm	极限尺寸/mm
弹簧外径 D_2	≤25.00	24.50	24.80
弹簧内径 D_1	≥16.00	16.50	16.30
并紧高度 H_b	≤25.00	24.00	24.20

弹簧内外径已经综合考虑弹簧制造公差，弹簧压并外径增大等因素。

2）弹簧负荷验证：对进气门组运动运动方程求解，在气门进气角为252°条件下，通过对弹簧理论负荷力的计算，除按常规增加储备负荷之外，还考虑了温度、疲劳等因素可能导致的负荷下降，还对制造过程负荷处于下偏差时预留了负荷补偿准备，设计负荷612.5N，负荷储备量达到上限值，在最高转速6000r/min，弹簧负荷储备率49.5%，完全满足气门预紧力、复位力和克服惯性力要求。

3）材料：本设计从成本和生产经验考虑，材料选择OTEVA75SC/SWOSC-VHV，安全性采用两种方法校核，OTEVA75SC安全系数$S = 1.1056$；用τ_2/σ_b法校核，数值为0.42，材料处于抗拉强度下限时，设计应力已经突破传统设计规范，在目前气门弹簧高趋势下，弹簧设计应力突破传统规范已经成为常态。应对新常态，弹簧制造商在采购材料时尽可能选择材料质量稳定的材料生产商，抗拉强度处于中公差以上，且进行剥皮与无损检测处理。同时在生产过程要采取必要的工艺措施。

4）对弹簧固有频率（自振频率）与作用力频率周期进行校核，弹簧自振频率551.1Hz，在最高额定转速条件下，已经超过弹簧迫振动频率10倍以上，弹簧服役过程中不会出现共振现象。

（15）弹簧设计结果汇总

1）尺寸参数汇总表见表28-21。

表28-21　尺寸参数汇总表

参数	规格	公差	参数	规格	公差
D/mm	4.00×3.20 椭圆形截面	±0.025	材料牌号	OTEVA75SC/ SWOSC-VHV	强度选择中公差 以上，剥皮、无损检测
D/mm	20.50	—	t/mm	7.10	参考
D_1/mm	16.50	±0.20*	δ/mm	3.90	参考
D_2/mm	24.50	±0.20*	自振频率	511.1	—
L/mm	482.8	—	m/g	38.1	—
n_1/圈	7.5	±0.10*	n/圈	5.5	
C	5.73	—	K	1.213	—
γ	0.46	—	f_2/f_b	90%	—
S	1.056	—	τ_2/σ_b	0.42	$>0.4\sigma_b$

注：有“*”标记的参数要求高于JB/T 10591。

2）性能参数汇总表见表 28-22。

表 28-22 性能参数汇总表

参数	规格	公差	参数	规格	公差
H_0/mm	44.50	参考	F'/N	33.11	—
H_1/mm	36.00	—	f_1/mm	8.50	—
H_2/mm	26.00	—	f_2/mm	18.50	—
H_b/mm	24.00	—	f_b/mm	20.50	—
F_1/N	281.4	±5% *	τ_1/MPa	389.2	—
F_2/N	612.5	±5%	τ_2/MPa	847.2	—
F_b/N	678.8	参考	τ_b/MPa	938.9	—

注：有“*”标记的参数要求高于 JB/T 10591。

（16）技术要求

1）卷簧后弹簧应在 4h 之内进行去应力退火，退火保温时间不低于 30min，弹簧退火后硬度范围：53～55HRC。

2）弹簧两端并紧磨平，磨削平面部分应大于或等于端圈周长的 3/4，不得有锐边和毛刺。磨面表面粗糙度不低于 Ra6.3μm，端圈与相邻圈间隙≤0.3 mm，磨削端面厚度为 $d/8$～$d/4$。

3）两端磨平面对弹簧素线垂直度≤1.75%。

4）弹簧卷簧后不能发生明显的侧倾，弹簧并紧高度不大于 25mm。

5）弹簧表面两次喷丸强化处理，第一次喷丸强度不小于 0.35A，第二次喷丸强度不小于 0.15～0.25A，喷丸表面覆盖率 >98%。

6）弹簧清洁度要求：每件弹簧杂质含量不大于 1mg。检查方法按 GB/T 3821《中小功率内燃机清洁度测量方法》，每批样本抽查量不少于一台/套。

7）弹簧表面防腐处理，在正常保管条件下，在 12 月保质期内弹簧不能生锈。

8）弹簧经 2.3×10^7 次循环试验，不允许断裂。试验前后负荷损失率≤5% F_2。

9）松弛要求：弹簧压至 $1.1F_2$，在 140℃下保持 16h，负荷损失率≤5% F_2；

10）弹簧工艺调整参数：允许通过调整弹簧自由高度 H_0 和节距 t，对弹簧负荷进行调整。节距和间距作为参考指标不考核。

表 28-23 椭圆截面和弗兹卵形截面应力修正系数 $k=a_0+a_1/C+a_2/C^2$ 中 a_0、a_1、a_2 常数值

长轴/短轴	椭圆截面			弗兹卵形截面①		
r	a_0	a_1	a_2	a_0	a_1	a_2
1.0	1.01	1.28	1.16	1.01	1.28	1.16
1.02	1.00	1.28	1.18	0.99	1.30	1.19
1.04	0.99	1.27	1.21	0.99	0.96	2.96
1.06	0.98	1.27	1.24	1.02	0.54	4.10
1.08	1.00	0.73	3.65	1.05	0.11	5.15
1.10	1.02	0.46	4.22	1.08	-0.11	5.04
1.12	1.03	0.31	4.23	1.10	-0.13	4.11
1.14	1.05	0.16	4.32	1.12	-0.14	3.56
1.16	1.06	0.13	3.84	1.14	-0.15	3.09
1.18	1.08	-0.03	4.16	1.15	-0.18	3.07
1.20	1.10	-0.04	[illegible]	1.16	-0.24	3.31
1.22	1.11	-0.04	3.37	1.17	-0.19	3.00
1.24	1.12	-0.05	3.12	1.18	-0.18	2.81
1.26	1.14	-0.11	3.25	1.19	-0.18	2.66

（续）

长轴/短轴	椭圆截面			弗兹卵形截面①		
r	a_0	a_1	a_2	a_0	a_1	a_2
1.28	1.15	-0.17	3.54	1.20	-0.19	2.58
1.30	1.15	-0.14	3.27	1.21	-0.19	2.45
1.32	1.16	-0.12	3.07	1.22	-0.19	2.40
1.34	1.17	-0.10	2.92	1.23	-0.20	2.34
1.36	1.18	-0.09	2.78	1.24	-0.22	2.34
1.38	1.18	-0.09	2.67	1.25	-0.23	2.30
1.40	1.19	-0.09	2.62	1.26	-0.23	2.27
1.42	1.20	-0.14	2.85	1.27	-0.23	2.26

① Fushs 断面是由半圆和半椭圆组合而成的，弹簧绕制时，半椭圆侧面向弹簧轴线。该方案是由 STANFORD 大学的 *H.* O. Fushs 教授提出，因而以此命名。

第 29 章　离合器减振弹簧及喷油器调压弹簧

1　离合器减振弹簧与喷油器调压弹簧的用途

（1）离合器减振弹簧和调压弹簧的用途　离合器减振弹簧安装在从动盘槽中（图 29-1），在离合器贴合瞬间，弹簧通过变形吸收能量，从而起到减振作用，减少离合器在贴合的瞬间发动机动力对变速器的冲击。喷油器调压弹簧安装在喷油器中（图 29-2），主要起到控制喷油器针阀关闭和开启作用，喷油器在不喷油时，弹簧压力使针阀处于关闭状态；当高压燃油作用在喷油器针阀上的轴向力超过调压弹簧的预紧力时，弹簧变形，针阀被抬起（开启），燃油通过喷油器上的喷孔喷入燃烧室中。供油中断时，弹簧变形恢复，喷油器针阀在调压弹簧的作用下，紧压于喷油器体密封锥面上（关闭），燃油喷射停止。

图 29-1　离合器减振弹簧

（2）离合器弹簧和喷油器调压弹簧特点　两种弹簧的安装空间比较小，弹簧外形紧凑

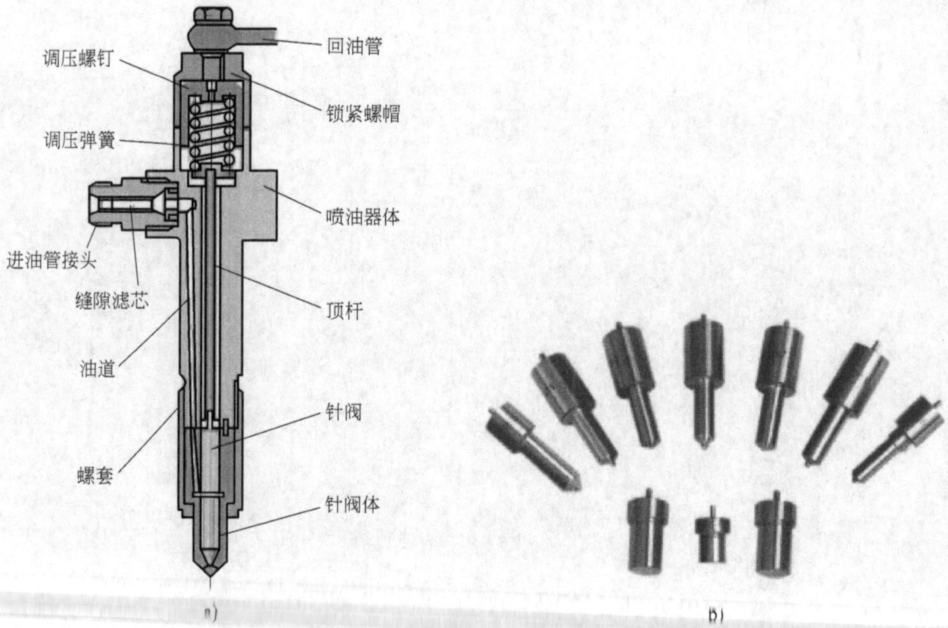

图 29-2　喷油器调压弹簧在喷油器中安装位置

a）喷油器结构示意图　b）喷油器外形示意图

(图 29-3)，工艺与技术要求上有很多相同之处，例如：弹簧旋绕比小，卷簧落料可能用到折断落料技术。弹簧对永久变形的要求都很高，生产工艺中都要对弹簧进行热压处理。磨面质量要求高，弹簧的磨削角度都在 300°以上，因此磨簧有时要分次完成。其他弹簧相对次要的指标，如倒角，对这两种弹簧的作为重要质量指标进行考核。

图 29-3　喷油器调压弹簧外形

(3) 两种弹簧的相异之处　两种弹簧有很多相同之处，但相异之处也不少，见表 29-1。

表 29-1　离合器减振弹簧与调压弹簧技术要求项目比较

比较项目	喷油器调压弹簧	离合器减振弹簧
弹簧材料	VDSiCr/OTEVA70SC/OTEVA75SC/SWOSC-V/SWOSC-VHV	TDSiCr/VDSiCr/OTEVA70SC/OTEVA75SC/OTEVA90SC/SWOSC-V/SWOSC-VHV
材料线径规格/mm	2～3，不超过 4	不低于 3，最高 6～7
材料形状	圆形	圆形为主，也有异形截面产品
弹簧总圈数	多，不低于 7 圈	少，不多于 6 圈
倒角	倒内角和外角	倒外角
弹簧刚度要求	非常高	不要求
弹簧垂直度	非常重要，技术要求高	一般要求(1.7°～2.5°)
两端面平行度	非常重要，技术要求高	不要求
载荷性质	交变	冲击
特殊强化要求	不要求	有些产品要求渗氮
清洁度	非常高	一般
检测要求	可能有	不要求
负荷分选	一般没有	可能有

2　离合器减振弹簧和喷油器调压弹簧的材料

离合器减振弹簧和喷油器调压弹簧的材料牌号见表 29-1，这两类弹簧同样有向高应力发展趋势，离合器减振弹簧尤为明显，如大众 DQ200 和 DQ300 的双离合器减振弹簧使用异形（椭圆或卵形）截面的 OTEVA90SC 材料，相比于圆截面，异形截面有更低的并紧长度，换而言之弹簧缓冲减振有更大的行程，为离合器结构设计得更紧凑提供可能性，出于同样目的，选择可渗氮的 OTEVA90SC 材料，这也是为了使弹簧经过渗氮处理后，可以承受更高应力，从而在同等负荷条件下，弹簧可以设计得外形更小，圈数更少。

离合器减振弹簧工作过程承受冲击载荷，对弹簧变形要求高，服役条件比较苛刻，因此必须选择松弛和疲劳性能好的油淬火-回火材料制造。喷油器调压弹簧的服役性质，弹簧变形对喷油器喷油雾化和设定时间内关闭与喷油器不发生滴漏有很大影响，而且弹簧刚度对喷油器针阀开启压力和各缸开启压力一致性很重要，表现在对材料要求方面，同样选择松弛性能好的油淬火-回火材料之外，还对材料尺寸公差和一致性敏感，工艺上对同一批投产材料可能要采取以 0.01mm 为单位进行分拣。

3 离合器减振弹簧和喷油器调压弹簧的制造工艺流程

离合器减振弹簧和喷油器调压弹簧的制造工艺流程如图29-4和图29-5所示。

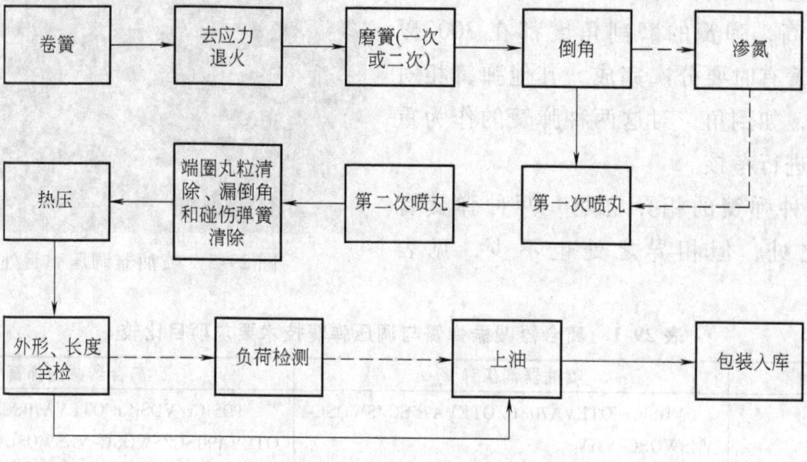

图29-4 离合器减振弹簧制造工艺流程

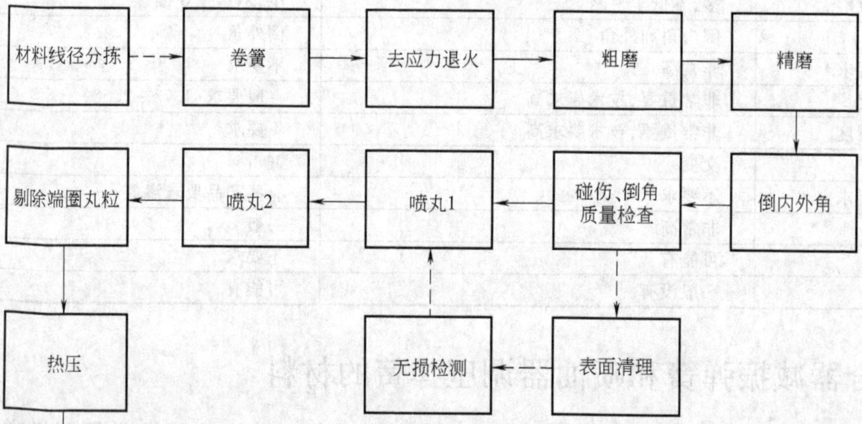

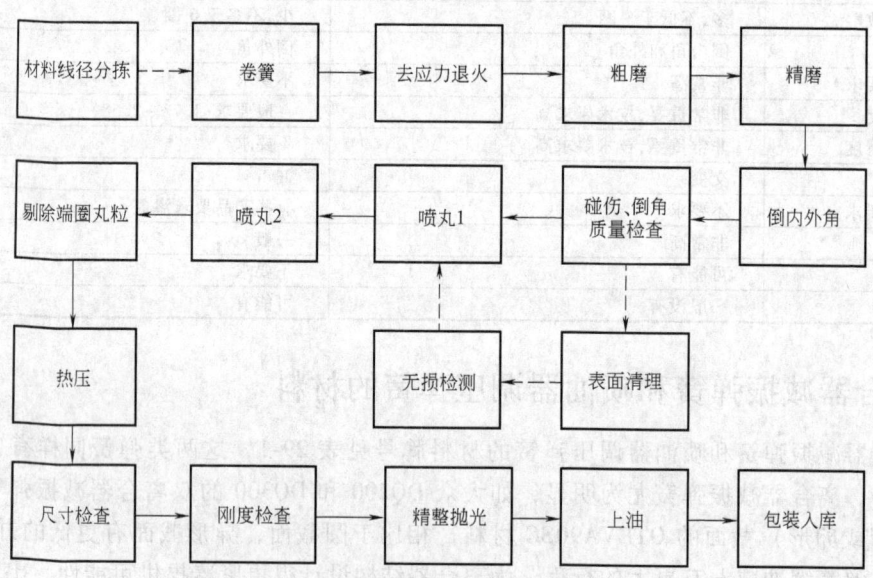

图29-5 喷油器调压弹簧制造工艺流程

3.1 卷簧

（1）卷簧机和落料方式 离合器减振弹簧和喷油器调压弹簧的旋绕比小，卷簧阻力大，因此选择的卷簧机规格大于卷簧机标称规格，离合器减振弹簧选6~8mm卷簧机，卷粗线径的弹簧可能要选12mm规格的卷簧机，喷油器调压弹簧也须选8mm或者以上规格的卷簧机。这类弹簧内径小，不能按照常规用切刀和心轴组成落料模，而要配备折断装置或者落料切口+撞击方式落料。两类弹簧都属于精密弹簧，而且应力及表面质量要求都很高，卷簧工装最好经过抛光处理，尽可能减少卷簧过程表面损伤。

（2）卷簧要求　对卷簧自由长度、圈数、螺旋角敏感，尺寸离散造成的后果不仅仅局限于影响到弹簧的自由长度、负荷与刚度，还在于会对后道工序磨簧带来诸多问题。弹簧的重要质量指标，如自由长度、磨面角度、端厚、端圈间隙、垂直度、平行度几乎在磨簧工序中已经基本定型，磨簧之后使这些参数离散，除了磨簧本身原因之外，还有一部分原因归咎于卷簧的过程控制，如卷簧螺旋角对弹簧垂直度几乎有决定性影响。由此这类弹簧批产之前试样尤其重要，试样通过后相比一般弹簧，批产卷簧速度不能过快，并且对弹簧卷簧的尺寸参数检查频度相应增加。在条件允许前提下，采用电子影像技术，对尺寸参数进行实时监控，闭环控制，是比较好的办法，或者在磨簧前对弹簧进行一次长度分选也是办法之一。

（3）异形截面弹簧的卷制　卷制异形截面弹簧还多一项对钢丝侧倾控制，控制方法在气门弹簧卷簧过程中已经提及，卷簧时材料发生侧倾必然会影响到弹簧的并紧长度。检查钢丝卷簧后钢丝是否发生侧倾，除肉眼观察之外，还可以将抽查样本用镶嵌法将弹簧固定后剖开，放在显微镜下观察测量。但这样方法只能用于产品抽查，在现场使用时效性不佳，在生产现场主要还是依靠工装和加强对弹簧自由长度检查进行间接控制。

3.2　去应力退火

去应力退火，VDSiCr/OTEVA70SC/SWOSC-V，温度为 400 ± 10℃；OTEVA75SC/SWOSC-VHV，温度为 410 ± 10℃；应力高的弹簧温度取下限。相比气门弹簧这两类弹簧卷后残余应力更高，保温时间至少 0.5h。弹簧去应力退火之后弹簧尺寸变化规律和气门弹簧相同，但外径收缩量小很多，调压弹簧一般在 0.1mm 左右，离合器减振弹簧在 0.2mm 以下。使用 OTEVA90SC 材质的离合器减振弹簧如果后面伴有渗氮要求，消除应力回火可取渗氮工艺相当的温度（450 ~ 460）℃，保温时间同样取 30min，取较高温度回火，一方面 OTEVA90SC 材料含硅量在 2% 左右，回火稳定性好，硬度不会有明显下降，而应力消除更彻底，对减少弹簧磨簧时因端头受热，应力释放引起端头隙缝有好处。

3.3　磨簧

磨簧决定弹簧最终产品特殊特性的重要工序，调压弹簧一般需要经过粗磨和精磨二次磨簧才能完成。离合器减振弹簧根据线径粗细决定分粗磨、精磨两次完成，还是磨一次直接完成，通常线径 4mm 或 4mm 以下的弹簧磨一次，4mm 以上的弹簧分粗磨和精磨两次完成。

3.3.1　磨簧用砂轮

磨簧在离合器减振弹簧和喷油器调压弹簧生产过程中作用重要，一方面砂轮消耗在生产成本中占辅助材料第一位，仅次于原材料；另一方面，磨簧质量与砂轮关系密切，砂轮的主要参数有磨料、粒度、黏合剂、硬度和组织。

（1）磨料　磨弹簧常用磨料性能见表 29-2。磨料要求高硬度、良好的耐磨性与耐热性、一定的韧性和锋利的棱角。磨弹簧磨料以褐色氧化铝（成分：91% ~96% Al_2O_3）——棕刚玉（代号 A）用得最普遍，其次为白色氧化铝（成分：97% ~99% Al_2O_3）——白刚玉（代号 WA）。喷油器调压弹簧精磨也可选择黑色碳化硅（代号 C，成分 >95% SiC）、绿色碳化硅（GC，成分 >99% SiC），精磨如果成本能够承受，从弹簧磨面质量和减少砂轮更换频次出发，可以选人造金刚石（代号 MBD）磨料，人造金刚石价格昂贵，从经济性考虑，适用于磨削量小的精磨工序。磨料中白刚玉硬度和成本略高于棕刚玉，破碎率高于棕刚玉，磨粒比较易脱落，自锐性好，磨削产生的热量小，适用于追求磨削效率的离合器弹簧粗磨。棕刚玉的硬度稍低，但韧性好，破碎率低，适用于弹簧粗磨或者精磨。黑色碳化硅和绿色碳化硅磨料硬度高于刚玉类磨料，硬而脆，导热性和导电性好。人造金刚石最大的优点是极其耐磨，但价格昂贵。

表 29-2 磨弹簧常用磨料性能

名称	代号	主要成分	显微硬度/HV	颜色	特性
棕刚玉	A	91%~96% Al_2O_3	2200~2288	棕褐色	硬度高、韧性好，价格便宜。磨弹簧使用量最多的磨料
白刚玉	WA	97%~99% Al_2O_3	2200~2300	白色	硬度和价格稍高于棕刚玉，易碎性高于棕刚玉，自锐性好于棕刚玉
黑色碳化硅	C	>95% SiC	2480~3320	黑色带光泽	硬度高于刚玉，性脆而锋利，导热性和导电性好
绿色碳化硅	GC	>99% SiC	3280~3400	绿色带光泽	硬度和导电性比黑色碳化硅更高，脆而锋利，导热性好
人造金刚石	MBD	碳结晶体	10000	乳白色	硬度极高，极耐磨，性脆适用于磨削量小的精磨

（2）磨料的粒度 磨料的大小，以粒度号（#）表示，其含义为每平方英寸筛网能通过的磨粒多少，号越小表示磨料的粒度越大。粗磨用较粗的磨粒，磨面表面粗糙度较差，但生产效率高，精磨根据图样对弹簧端面表面粗糙度要求选粒度号较大的砂轮。磨弹簧粒度选择范围一般在16~60号之间。表29-3所列为磨削弹簧砂轮常用粒度对应的颗粒大小。

表 29-3 磨削弹簧端面砂轮粒度对应的颗粒尺寸

标称粒度号/#	颗粒尺寸范围/μm	标称粒度号/#	颗粒尺寸范围/μm
16	1000~1250	36	400~500
20	800~1000		
24	630~800	46	315~400
30	500~630	60	315~250

（3）砂轮的结合剂 把磨料结合在一起组成磨具的材料，砂轮的强度、耐冲击性、耐热性及耐蚀性皆取决于结合剂的种类。陶瓷结合剂（代号V）耐热性、耐蚀性好、气孔率大、易保持轮廓，缺点弹性差，砂轮最高线速度不超过35m/s。磨喷油器调压弹簧如果砂轮直径较小，线速度不超过35m/s，可以选择陶瓷结合剂砂轮。磨离合器减振弹簧所用砂轮直径较大，线速度大都高于35m/s，磨簧砂轮一般用树脂（代号B）作为结合剂。树脂结合剂的砂轮线速度可以用到50 m/s，且强度高、弹性大，耐冲击、自锐性好，制作的磨具不易破碎；缺点是因为黏结性差，所以磨损快，外形不易保持。并由于气孔率小，散热性不好，导致耐热性差，温度超过250℃后结合剂会变软。树脂结合剂遇到碱性液体会发生化学反应，所以不能使用碱性液体作为冷却介质，好在弹簧磨削一般采用干磨，这一特性对磨弹簧砂轮的使用影响不大。但树脂结合剂砂轮的贮存有效期为一年，贮存期超过一年的砂轮，如重新使用，先用肉眼检查有无裂纹，然后用木锤轻轻叩击，没有隐裂的砂轮敲击所发出声音清脆，有隐裂纹的砂轮的声音为哑声，经过检查没有隐裂纹的砂轮安装之后，还需要空转一段时间，才能投入正常使用。

（4）砂轮的硬度 砂轮的硬度和磨料的硬度是两个不同的概念，它特指磨料从砂轮上脱落的难易程度，砂轮硬度高表示磨粒难以从砂轮上脱落，硬度软表示磨粒容易从砂轮上脱落。因此硬度高的砂轮耐用，但因为磨粒不易脱落，磨削效率低；硬度软的砂轮不耐用，但砂粒易脱落，变钝的砂粒脱落之后，露出新的锋利的磨粒，有利于提高磨削效率，减少发热量。砂轮的硬度等级从 D ~ Y 共分十六个小级。粗分为超软、软、中软、中、中硬、硬、超硬七个大级。磨削弹簧砂轮的硬度等级一般选 K（中软 1）、L（中软 2）、M（中 1）、N（中 2）和 P（中硬 1）五个等级，见表 29-4。

表 29-4　磨弹簧砂轮硬度选择

砂轮硬度	中软 1	中软 2	中 1	中 2	中硬 1
硬度代号	K	L	M	N	P
用途	粗磨	粗磨	粗磨/精磨	精磨	精磨

（5）砂轮的组织　反映了磨料、结合剂和气孔三者的比例关系，磨料所占的比例越高，组织越紧密，气孔越小，反之磨料所占的比例越低，组织越疏松。砂轮的组织粗分为紧密、中等、疏松三大等级，细分从 0 ~ 14 共为 15 个等级，将磨料所占 62% 定义为最紧密级——0 级，以后磨料所占比例每下降 2%，组织密度降低一级，由此推算组织最疏松的 14 级，磨料的所占为 34%（见表 29-5）。组织紧密的砂轮磨出的工件表面粗糙度好，但容纳的磨屑空间小，散热差。反之，组织疏松的砂轮容纳磨屑空间大，散热好，适合于粗磨。没有特别说明，供货砂轮的组织号默认为中等级别，组织号中等的砂轮适用范围最广。关系到砂轮供货，大部分弹簧生产企业还没有组织号概念，而砂轮生产企业从经济利益出发选择同一等级，如组织号同为中等的 4 号与 7 号相比，同一块砂轮磨料含量可以少用 6%，砂轮制造商都会倾向于供应本级中磨料含量较低的砂轮。事实也是如此，弹簧生产企业反映砂轮疏松的呼声不少。由此综合考量，离合器减振弹簧和喷油器调压弹簧的特性来看采用组织号 4 ~ 8 号比较合理，6 ~ 8 号用于粗磨，4 ~ 5 号用于精磨。

表 29-5　砂轮组织号分级及不同等级磨料所占百分用比　（质量分数：%）

类别	紧　密				中　等				疏　松						
组织号	0	1	2	3	4	5	6	7	8	9	10	11	12	13	14
磨料比例	62	60	58	56	54	52	50	48	46	44	42	40	38	36	34

3.3.2　磨簧工艺准备

（1）砂轮选择　磨削在机械加工中占有重要位置，不同磨削任务对砂轮要求迥然不同，离合器减振弹簧和调压弹簧的磨簧工序是整个生产链中的核心工艺之一，工作量大且要求高，粗磨和精磨任务不同，理应选择效率最佳成本最低的砂轮，涉及具体企业，往往倾向于减少砂轮的规格品种，注重通用性，压缩采购成本和减少库存。一般磨簧采用树脂作为结合剂比较普遍，综合磨削效率、自锐性、磨屑容纳能力等因素推荐磨簧砂轮规格（见表 29-6）。

表 29-6　磨簧砂轮规格推荐

离合器减振弹簧							
粗　磨				精　磨			
磨料	粒度	硬度	组织号	磨料	粒度	硬度	组织号
WA/A	16 ~ 20	K/L	7/8	A	24 ~ 36	M/N	5/6
喷油器调压弹簧							
粗　磨				精　磨			
磨料	粒度	硬度	组织号	磨料	粒度	硬度	组织号
A/C	24/30/36	L/M	6/7	C/GC/MBD	46 ~ 60	N/P	4/5

（2）磨簧机 采用自动进给式磨簧机或者双料盘磨簧机。离合器减振弹簧粗磨重点为生产效率，所用的砂轮机规格较大，砂轮直径一般为 600mm，线速度在 36m/s 以上。精磨磨簧机的规格可以选与粗磨一致，也可选择小一档规格，砂轮直径 400～450mm。喷油器调压弹簧磨簧机粗磨砂轮规格一般为 400～450mm，精磨砂轮规格选择 300mm 左右或者更小，线速度 36m/s 以下。喷油器调压弹簧精磨用的磨簧机磨盘尺寸不能过大，磨盘孔不宜超过两排，否则磨面一致性变差，影响到垂直度，垂直度高要求的调压弹簧最好使用行星式磨簧机。

（3）磨套 磨套内孔尺寸尽量接近弹簧最大外径，弹簧在磨套内能够转动。磨套长度越长，弹簧磨后垂直度越好，所以磨套长度以尽量接近于弹簧磨后长度，而磨套不被砂轮磨到为佳。磨套与磨盘配合不宜过松，一般为过渡配合，磨套装拆必须用木锤敲击才能完成，磨套内孔与磨盘、砂轮平面三者之间垂直度良好。

1）离合器减振弹簧：粗磨磨套一般从精磨磨套磨损后改造而来，孔径比弹簧最大外径大 0.3～0.4mm；精磨磨套孔径比弹簧最大外径大 0.1～0.2mm。粗磨磨套长度为（0.8～0.9）H_0，精磨磨套长度约 0.9H_0。

2）喷油器调压弹簧：粗磨磨套孔径比弹簧最大外径大 0.1～0.2mm；精磨磨套孔径比弹簧最大外径大 0.1mm。粗磨磨套长度约 0.9H_0，精磨磨套长度 >0.9H_0。垂直度要求高的弹簧，为减少磨套与磨盘配合引起的垂直度影响，可以不用磨套，直接在磨盘上打孔。

（4）砂轮装拆 磨簧用砂轮中间不开孔，砂轮正面布满小孔，有利于散热和磨削锐度，砂轮背面预埋多个螺孔与磨头转盘连接，砂轮螺孔规格和角度已经标准化，螺钉紧固遵循对角紧固原则，紧固度压紧到足以带动砂轮不松动程度，用加长力臂增大压紧力的做法有可能损伤砂轮。

3.3.3 磨簧工艺

（1）粗磨 磨面约 240°～270°，离合器减振弹簧端厚（1/4～1/6）d；调压弹簧端厚（1/6～1/8）d。

（2）精磨 磨面约 300°～330°，端厚（1/8～1/10）d。

3.3.4 磨簧质量控制

磨簧是离合器减振弹簧和喷油器调压弹簧关键工序，磨簧质量指标不达标后道工序无法纠正，实际生产中将精磨作为质量控制点，相关指标，如自由长度、垂直度、平行度，每盘磨完后须抽 5～10 件进行检查，其中一些项目列入 SPC 监控项。发现指标有变劣趋势对砂轮进行修磨、调整长度设置。

（1）离合器减振弹簧检查项目 磨面角度、自由长度、端厚、磨面颜色。磨面：300°～330°；自由长度与最终产品要求有关，要求高于图样，自由高度在图样允许值基础上，加严 0.05mm。端厚 >1/10d；磨面不允许出现发黄、发蓝。

（2）喷油器调压弹簧检查项目 磨面角度、垂直度、平行度、端厚、磨面颜色。磨面：300°～330°；垂直度和平行度与最终产品要求有关，要求高于图样，在图样允许值基础上，垂直度指标加严 0.03～0.05mm。端厚 >1/10d；磨面不允许出现发黄、发蓝。

3.3.5 磨簧常见问题与原因

磨簧常见问题与原因见表 29-7。

表 29-7 磨簧常见问题与原因

问题描述	可能原因	解决办法
同一盘弹簧磨面角度离散，端头过薄和过厚同时存在	1. 卷簧自由长度控制不好； 2. 卷簧螺旋角控制不好； 3. 磨盘平度不好，转动时晃动 4. 磨盘开孔排数多； 5. 磨套孔径过大、高度太低、与磨盘配合过松； 6. 弹簧被磨粒卡住，在磨套内不旋转； 7. 砂轮不均匀磨损； 8. 磨簧时间不足，磨盘转圈数未到规定圈； 9. 压下长度设置不当或定位失灵	1. 长度分选后磨簧； 2 调整卷簧螺旋角； 3. 更换磨盘，暂时不用磨盘采取吊挂存放； 4. 减少排数，里排不放弹簧 5. 更换磨套； 6. 清除磨套内磨粒 7. 修整砂轮； 8. 按照工艺磨簧； 9. 检查长度设置
自由长度超差	1. 卷簧自由长度控制不好； 2. 卷簧螺旋角控制不好； 3. 磨盘平度不好，转动时晃动； 4. 磨盘开孔排数多； 5. 磨套孔径过大、高度太低、与磨盘配合过松； 6. 磨面不锐利或者砂轮选择不当； 7. 磨簧时间不足，磨盘转圈数未到规定圈； 8. 长度设置不当或定位失灵	1. 长度分选后磨簧； 2. 调整卷簧螺旋角； 3. 更换磨盘，暂时不用磨盘采取吊挂存放； 4. 减少排数，里排不放弹簧； 5. 更换磨套； 6. 修正砂轮或更换砂轮型号； 7. 修整砂轮； 8. 按照工艺磨簧； 9. 检查长度设置
垂直度超差	1. 卷簧自由长度控制不好； 2. 卷簧螺旋角控制不好； 3. 磨盘平度不好，转动时晃动； 4. 磨盘开孔排数多； 5. 磨套孔径过大、高度太低、与磨盘配合过松； 6. 磨面不锐利或者砂轮选择不当； 7. 磨簧时间不足，磨盘转圈数未到规定圈数	1. 长度分选后磨簧； 2 调整卷簧螺旋角； 3. 更换磨盘，暂时不用磨盘采取吊挂存放； 4. 减少排数，里排不放弹簧； 5. 更换磨套； 6. 修整砂轮或更换砂轮型号； 7. 按照工艺磨簧
平行度超差	1. 卷簧自由长度控制不好； 2. 卷簧螺旋角控制不好； 3. 磨盘平度不好，转动时晃动； 4. 磨盘开孔排数多； 5. 磨套孔径过大、高度太低、与磨盘配合过松； 6. 磨面不锐利或者砂轮选择不当； 7. 磨簧时间不足，磨盘转圈数未到规定圈	1. 长度分选后磨簧； 2 调整卷簧螺旋角； 3. 更换磨盘，暂时不用磨盘采取吊挂存放； 4. 减少排数，里排不放弹簧； 5. 更换磨套； 6. 修整砂轮或更换砂轮型号； 7. 按照工艺磨簧
端圈发黄或发蓝	1. 磨面不锐利或者砂轮选择不当； 2. 长度设置不当或定位失灵； 3. 吸尘机风量不足	1. 修整砂轮或更换砂轮型号； 2. 调整和检查长度设置； 3. 加大吸尘机风量，清除管道积尘

3.4 弹簧倒角

（1）倒角工艺 倒角机结构基本与气门弹簧倒角机相同。离合器减振弹簧单弹簧结构要求倒外角，不要求倒内角；内外双弹簧结构要求倒内角和外角；预减振弹簧只要求无毛刺，不要求倒角；喷油器调压弹簧要求同时倒内角和外角。倒外角机砂轮的磨料一般用黑色碳化硅或者绿色碳化硅磨料，粒度60#。弹簧横卧列队自转在可调整的通道内通过，接受一对旋转砂轮倒角，主要质量问题有倒角长度不够、碰伤、两边倒角不对称等。倒角机方面原因包括：通道宽度没有调整好或者未锁紧通道发生松动；弹簧方面原因包括：自由长度偏差大，部分弹簧列队通过时砂轮磨削量不足；砂轮方面原因包括：砂轮没有及时修整或者位置没有调好，砂轮修整后位置没有重新调整等。喷油器调压弹簧倒内角用的倒内角机电动机转速10000r/min以上，砂轮材质人造金刚石。

（2）倒角要求

1）倒角角度：>180°~270°。

2）倒角宽度和角度：离合器减振弹簧（$1/4d \pm 1/8d$）×（45°±5°）；喷油器调压弹簧1mm×45°。

3）弹簧两端倒角长度、宽度和角度，目视无明显差异。

4）倒角不允许碰伤第二圈。

3.5 渗氮和无损检测

渗氮和无损检测为特殊工艺，顾客有要求时进行。当DSG双离合器减振弹簧，材质为OTEVA90SC时，可进行渗氮处理，渗氮处理工艺在第31章中阐述。

喷油器调压弹簧进行无损检测时，采用超声法检测。

3.6 超声检测

3.6.1 超声检测基本原理及探头

（1）超声检测基本原理 超声检测仪通过压电晶片产生超声波，无损检测常用的超声波频率有2.5MHz、5.0MHz及10MHz，目前最高频率可达20MHz。超声波除了频率高于声波之外，波的性质波形和传播方式和波的物理特性基本和和声波相同，如波形有纵波、横波和表面波，以纵波为主。需要通过介质传播，波从一种介质进入另一种介质会产生折射和反射，遇到大于波长的障碍物产生反射，遇到等于或者小于波长物体产生绕射等。由于超声波的波长远小于声波，因此能够使波产生反射的障碍物尺寸远小于普通声波，波的指向好，生产应用中利用捕捉超声波的反射波，发现缺陷。

（2）超声波探头 有直探头、斜探头和表面波探头三种，实际上三者的作用原理完全相同。直探头波的发射方向与被探物体垂直，斜探头波的发射方向与被探物体成一定夹角，而当夹角大于62°，超声波沿着被探物体表面传播，便是表面波探头。弹簧无损检测使用表面波探头。超声波探头的发射探头和接收探头可以分开，各司其职，也可集成为一个探头，兼具发射和接收功能。

（3）超声波在铁和钢中传播速度和波长

1）超声波在铁和钢中的传播速度与声阻抗见表29-8。

表29-8 超声波在铁和钢中的传播速度与声阻抗

材料	密度ρ/（kg/m^3）	传播速度/（m/s）			声阻（纵波）/（$10^7 Pa \cdot s/m$）
		纵波	横波	表面波	
铁	7700	5850	3230	3060	4.56
钢	7850	5880~5950	3230	—	4.53

注：上表数据摘自《热处理手册》第四卷，从上表分析，超声波在弹簧钢中传播速度范围基本相同。

2）超声波在铁钢材料中传播波的波长：超声波的波长、频率和传播速度之间的关系为

$$\lambda = C/f_0$$

式中 λ——波长；

C——传播速度；

f_0——超声波频率；根据公式可以得到不同超声波频率和不同波形在钢中传播的波长（见表29-9）。

3）常用耦合剂声阻（见表29-10）。

表 29-9 不同频率超声波在钢中传播的波长

超声波频率 f_0/MHz	纵波波长 λ/mm	横波波长 λ/mm	表面波波长 λ/mm
2.5	2.35~2.38	1.29	1.22
5	1.18~1.19	0.65	0.61
10	0.59~0.60	0.32	0.31
20	0.30~0.30	0.16	0.15

注：表面波速度参考铁的速度。

表 29-10 常用耦合剂声阻

耦合剂种类	声阻/(10^7Pa·s/m)	耦合剂种类	声阻/(10^7Pa·s/m)
水玻璃	4.0	水	1.5
甘油	2.4	机械油	1.3

3.6.2 超声检测

（1）超声检测 探头与被探物之间使用耦合剂耦合，耦合剂的声阻最好接近于被检测材料。超声波一部分在被检测物顶部产生反射并为接收探头检测到，一部分在被检测物内传播，直到被检测物体底部边界，再次反射并为接收探头探测到，接收探头探测到的两次反射波之间存在时间差。两次收到的波前者称为顶波，后者称为底波，利用顶波和底波之间的时间差可以测量被探物体的厚度。当被检测物体中间存在缺陷，一部分波遇到障碍产生反射，被接收探头探测到，于是在顶波和底波之间产生了另一个波，即缺陷波。通过分析缺陷的波与顶波之间时间差（距离）和波宽，计算出缺陷的位置与大小。

（2）超声检测特点

1）由于超声检测过程对缺陷位置与大小的判断建立在对反射波位置波宽的基础上的，当缺陷的方向与波的走向垂直时，缺陷波得到最大反射，波高和波宽比较真实地反映了缺陷的形态；当缺陷与波的走向形成一定角度时，反射减小；当缺陷与波的走向相同，反射波进一步减小，甚至于消失。所以超声检测探测到的并不是真正的缺陷形状，而是将缺陷波与标准试块的波形比较后得到的“当量值”。如 $\phi2$ 平底孔，表示缺陷大小与垂直于波方向，缺陷大小为 $\phi2$ 标准试块所反射的波是同一当量，视其缺陷为 $\phi2$。

2）超声波具有波的一切特性，包括波的绕射效应，当缺陷大小与超声波波长“λ”相比近似或更小时，超声波遇到缺陷会不产生反射，而是绕过缺陷。换而言之超声检测不能探测到≤λ 的缺陷。不同频率超声波波长在表 29-9 中已经列出。

（3）超声检测缺陷判据方法

1）当量测定法：检测测得的波高与相同条件下标准试块所测得波高一致，即认为人工试块大小即为被探物的缺陷，当量法不适用于弹簧超声检测。

2）探头移动定量法：

① 6dB 法：测得缺陷波以后，将增益提高 6dB，移动探头，当提高增益后测得的波高与未提高增益波高相同时，移动距离即判定为缺陷大小。

② 半高法：探头测得最大波高后移动探头，当反射波高为最大波高一半时，移动距离即作为缺陷大小。

③ 绝对灵敏度测量法：仪器灵敏度不动，缺陷回波降到规定位置时，移动距离即作为缺陷大小的指示距离。

3）波高定量法：

① 缺陷回波高度法：以缺陷回波高度（绝对值法）或缺陷回波高度与屏高之比（饱和点高度）相对值表示缺陷大小。

② 底波高度百分比法：用缺陷波与底波（无缺陷波）的百分比确定缺陷大小。

③ 距离波幅曲线法：用计算法或实测法，绘制出被探物的测长线、定量线和判废线，仪器性能良好时，可以直接读缺陷大小。

（4）超声检测仪的选择　由于超声波本身的特性，弹簧使用超声检测带有一定的局限性，近来超声波仪器进步很快，为弹簧超声检测提供了前所未有的物质基础，弹簧无损检测可选择20MHz超声检测仪，弹簧判废根据弹簧特点选择波高定量法中的一种。

3.7 离合器减振弹簧与喷油器调压弹簧的喷丸强化及热压

3.7.1 喷丸工艺

离合器减振弹簧和喷油器调压弹簧都用履带式喷丸机喷丸，随着弹簧应力提高，喷丸次数从一次提高到两次。

（1）喷丸机与丸粒　两种弹簧均使用履带式喷丸机。丸粒喷射速度50～60m/s，两种产品喷丸丸粒尺寸稍有不同，离合器减振弹簧第一次喷丸粒径0.7mm，第二次喷丸粒径0.4～0.5mm；喷油器调压弹簧第一次喷丸粒径0.5～0.6mm，第二次喷丸粒径0.3～0.4mm。丸粒硬度640HV还是主流，硬度为700HV和800HV等级的丸粒已经开始应用于高应力离合器弹簧渗氮后喷丸。陶瓷丸粒具有圆度好、密度低、喷丸后弹簧表面粗糙度好及喷丸机叶片磨损小等优点，但价格昂贵未被弹簧行业引进应用。

（2）喷丸强度　离合器减振弹簧第一次喷丸弧高0.35～0.45mm A，第二次喷丸0.15～0.25mm A；喷油器调压弹簧第一次喷丸强度0.25～0.35mm A，第二次喷丸强度0.1～0.15mm A。

（3）剔丸粒　两种弹簧喷丸之后端圈可能嵌入丸粒，在热压之前必须去除，剔丸粒目前以手工为主，弹簧放在放大镜下检查，在剔丸粒同时对外观损伤、倒角不合格的弹簧一并剔除。

3.7.2 热压

热压是保证永久变形的重要工序，离合器减振弹簧和喷油器调压弹簧热压需要专门工装，工装由压块和压板组成，压块厚度等于弹簧并紧高度或者工艺规定高度，压块上上打孔，孔径略大于弹簧并紧时外径，不宜过松，否则弹簧垂直度难保证。弹簧装入压块孔后，上、下压板将压块压紧后用螺栓固定，送入热压炉。

（1）热压工艺　温度200℃左右，保温时间为30min以上，热压炉内温度应均匀，否则压后一致性变差。

（2）热压弹簧并紧长度一致性差异　弹簧磨后端厚和圈数不同，厚的和圈数多的弹簧先并紧，压板无法继续下压，端薄的和圈数少的弹簧实际上没有完全并紧，没有并紧的弹簧长度缩量不足，各弹簧圈受力存在差异造成垂直度较差，热压结束后弹簧自由长度离散，永久变形量产生差异，问题主要出在对卷簧和磨簧过程的质量控制。

（3）热压后冷却　水冷和空冷均可，水冷效果好工装周转快，但工装易发生变形。

3.7.3 热压后操作

（1）长度分选　自由长度是离合器减振弹簧的重要指标，公差±(0.15～0.30)mm，或者按照标准需要对自由长度100%分选。检查过程剔除热压压弯弹簧，对外径100%检查。

弹簧自由长度目前以人工分选为主，用高低规对弹簧逐个鉴别，离合器弹簧自由长度允许公差见表29-11。

喷油器调压弹簧的自由长度可以用螺钉或者垫片调节，长度公差相对宽松，GB/T 2940规定公差螺钉调节 $\pm0.025\ H_0$，垫片调节 $\pm0.01H_0$。表29-11所列为离合器弹簧自由长度允许公差。

表29-11 离合器弹簧自由长度允许公差

（单位：mm）

自由高度	精度等级	
	1	2
<30	±0.15	±0.20
≥30～50	+0.20/－0.15	±0.25
≥50	±0.30	±0.35

注：1. 根据需要也可取公差值相等的偏差。

2. 自由高度测量应在表面处理之前进行。

3. 离合器减振弹簧参数偏差允许值摘自标准草案。

（2）总圈数检测

1）离合器弹簧：当弹簧对自由高度及负荷特性及工作行程有要求的前提下，允许弹簧总圈数作为调节参数。

2）喷油器调压弹簧：GB/T 2940未对总圈数作出规定，意味着在保证弹簧刚度前提下允许总圈数作为调节参数。如果顾客图样对总圈数有公差要求，则按图样规定执行。

（3）弹簧垂直度和平行度　弹簧垂直度检测见图29-6。

垂直度和平行度是喷油器调压弹簧的重要指标，一般产品垂直度允许偏差为0.3mm，高要求调压弹簧垂直度允许偏差0.2mm。平行度要求0.1mm，根据生产经验与不同产品垂直度要求，进行抽查或者100%垂直度检查。平行度检查一般采取抽查，样本按GB/T 2940或者内控标准。

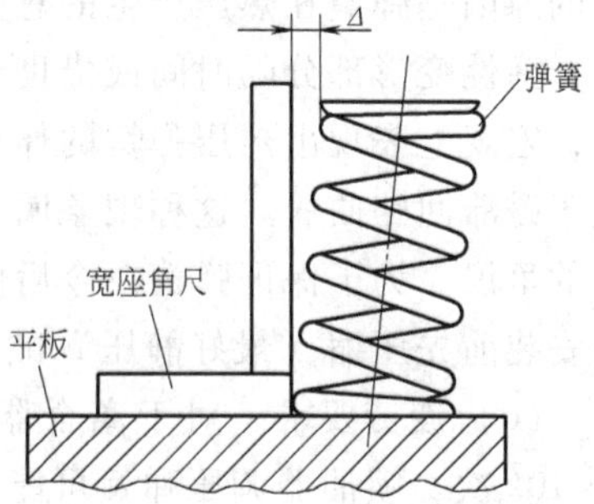

图29-6　弹簧垂直度检测

离合器减振弹簧垂直度要求较低，一级精度3%(1.7°)，二级精度4.4%(2.5°)。

3.8 离合器减振弹簧与喷油器调压弹簧的检验、包装及贮存

（1）负荷与刚度检验

1）离合器减振弹簧：负荷虽然作为重要参数，重要度不如弹簧自由长度，一级精度变形量≤2，$\pm0.12F$；变形量>2，$\pm0.07F$。部分产品要求负荷100%分选，有些产品对负荷只要求抽查。

2）喷油器调压弹簧：负荷一般检查压下负荷，检查开始为保证负荷试验机压盘和弹簧端面充分接触，弹簧须预加载一个初始负荷（大小由双方商定）一般为10N，到达初始负荷时高度开始计算压下量，试验机按图样变形量要求将弹簧向下压缩，检测负荷。如果检测弹簧刚度，两个测量点的位置同样由供需双方商定，无约定按GB/T 2940中的规定，在全变形量30%～70%范围内选取。按GB/T 2940中的规定，喷油器调压弹簧刚度偏差 $\pm0.06F'$。

（2）精整抛光　喷油器调压弹簧顾客可以要求对弹簧进行精整抛光处理，抛光设备滚筒式和振动式均可，滚筒式抛光在滚筒内放入木屑、皮革和洗涤剂，振动式抛光机内放入各种形状的磨料和洗涤剂，磨料要求振动过程能够穿进弹簧内径，对弹簧内径抛光，振动式抛光机的抛光效果不如滚筒式抛光机，滚筒式抛光机的抛光效率不如振动式抛光机。不论何种抛光方式，不允许用加酸的方法加快抛光速度。弹簧抛光之后进入清洗烘干过程，如果弹簧

带磁性，应先进行退磁，然后清洗烘干。

（3）清洁度检验　喷油器调压弹簧清洁度是重要质量指标，抽样与检查方法，供需双方按约定，无约定按 GB/T 3821《中小功率内燃机清洁度测定方法》。

（4）永久变形　两种弹簧的重要指标，离合器减振弹簧一级精度变形量≤$0.0015H_0$，二级精度≤$0.002H_0$。喷油器调压弹簧在 GB/T 2940 标准中提到弹簧不允许永久变形，未提出具体指标，测量方法规定弹簧预压到指定高度二次后测量弹簧自由长度，再压第三次，第三次压后自由高度与第二次之间差值小于 0.05mm 认为没有自由变形。弹簧自由长度检查如图 29-7 所示。

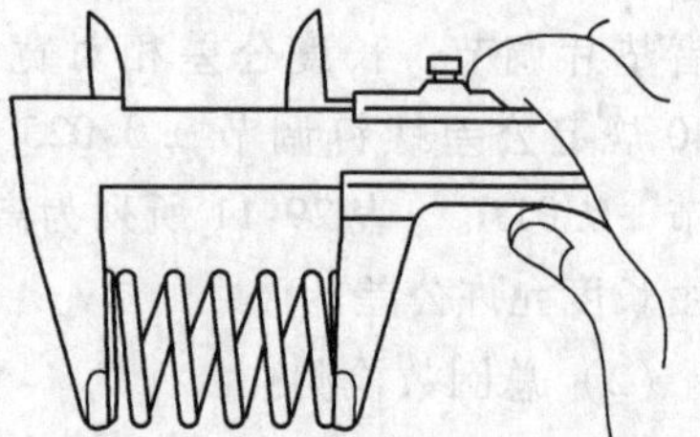

图 29-7　弹簧自由长度检查

（5）滞弹性效应　离合器减振弹簧和喷油器调压弹簧在热压之后存放一段时间，或者经过抛光与运输之后，弹簧的自由长度会变长，长度增加量为 0.10mm 左右，这一现象称为滞弹性。产生此现象的原因是弹簧在热压产生的总变形中，除不可恢复的塑性变形之外，部分变形属于弹性变形，弹性变形部分随时间或借助于外部能量输入（如抛光和运输过程中的振动）会慢慢恢复，宏观上表现出热压弹簧的伸长，这种现象称为滞弹性，弹性变形部分的伸长滞后过程类似于磁滞回路曲线。这种现象属于金属材料共有的特性，须与顾客事先沟通，届时避免不必要的争议。为了保证弹簧在今后使用时不变形，除了弹簧制造商采取工艺措施外，顾客在弹簧安装前先压缩（最好静压）减少弹性滞后效应的负面影响。

（6）疲劳要求　对于离合器减振弹簧疲劳寿命，一般产品为 3×10^6 次，高端产品为 1×10^7 次。喷油器调压弹簧可能要求做 3×10^6 次筛选。

包装及储存参照“第 27 章悬架弹簧，第 12 节”。

3.9　产品质量趋势

（1）离合器减振弹簧

1）高应力趋势：目前应力已经达到 1200MPa 级。

2）小型化：DSG 在轿车上使用，促使离合器弹簧向小型化方向发展，相比于圆截面，用异形截面制造的弹簧同等负荷下有更小的并紧长度，更大的行程。

3）尺寸要求提高，H_0 长度公差 ±0.3mm ~ ±0.15mm。

4）弹簧表面渗氮。

5）使用电子影像检测设备对弹簧自由长度、螺旋角等参数进行闭环控制。

6）弹簧自由长度自动检测。

7）部分离合器弹簧外形要求弧形。

（2）喷油器调压弹簧

1）尺寸精度提高：弹簧垂直度 0.2mm，平行度 0.1mm。

2）抛光、清洁度要求扩大到所有产品。

3）使用电子影像检测设备对弹簧自由长度、螺旋角等参数进行闭环控制。国内专门为弹簧生产和检测的电子影像探测设备成熟产品已经问世。图 29-8 所示为卷簧机摄像控制系统，可安装在卷簧机上实时监控，自动修正，支持数据统计、分选择功能，最多支持 5 通道。图 29-9 所示为 LED 3D 摄像分析仪，测量项目弹簧外径、垂直度、平行度、磨面百分比（角度），测量前弹簧需用工装定位，适用环境实验室，不支持在线检测，规格和精度见表 29-12。

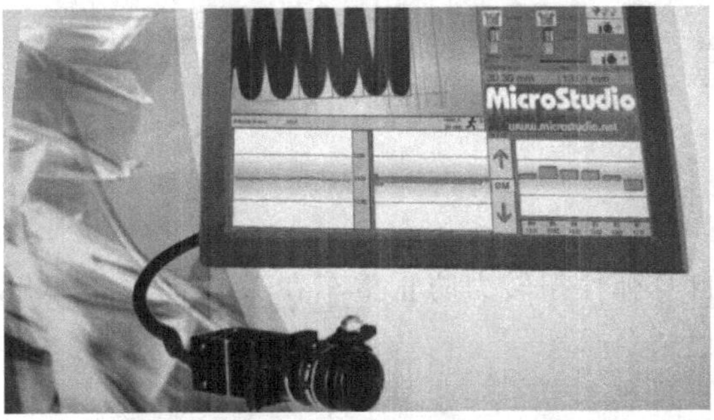

图 29-8　卷簧机摄像控制系统

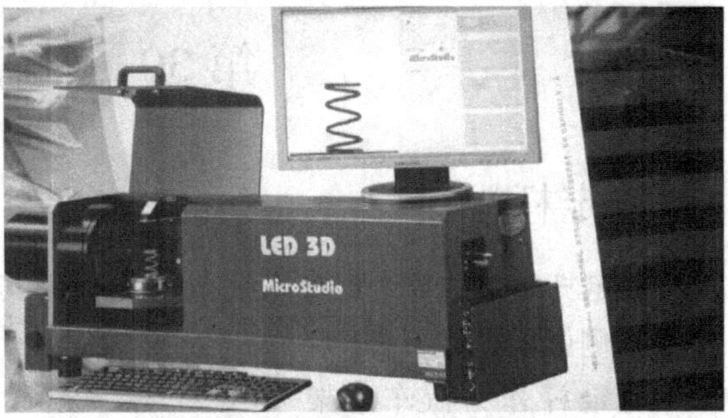

图 29-9　LED 3D 摄像分析仪

表 29-12　LED 3D 摄像分析仪规格和精度　（单位：mm）

型号	最大弹簧尺寸		最小测量线径	精度（位置固定、定位良好）
	长度	外径		
LED3D-50H	46	30	0.10	0.01
LED3D-100H	88	78	0.20	0.02
LED3D-120H	115	96	0.20	0.02
LED3D-700	700	280	1.00	0.20

第30章　稳　定　杆

1　稳定杆概述

稳定杆是横置安装在整车底盘下，利用其自身弹性扭转力防止整车在X方向（整车坐标系）侧倾的弹性杆件。

稳定杆作为汽车悬架系统中的重要零件，主要用于乘用车。随着经济发展、高速公路建设和对乘坐舒适性要求的提高，商用车（客车和货车）也将稳定杆作为悬架系统的配置选项。根据不同整车厂的定义，稳定杆有时也称为“横向稳定杆”。稳定杆的英文名称有很多，常用的英文名称有：Stabilizer bar 和 Anti-Roll bar。图30-1所示为稳定杆在汽车中的安装位置示意图。

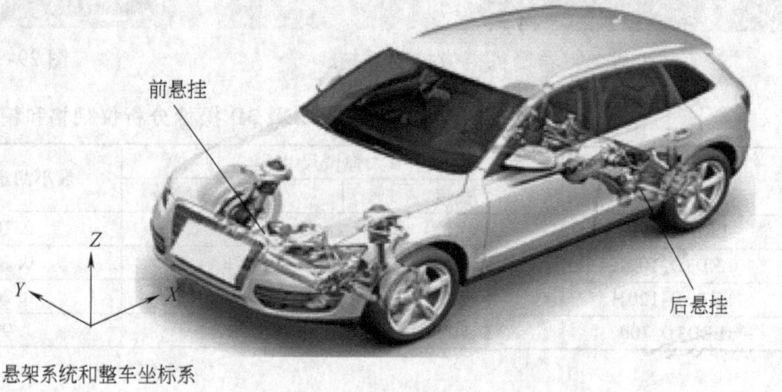

图30-1　稳定杆在汽车中的安装位置示意图

1.1　稳定杆结构型式和作用

稳定杆外形一般是截面为圆形的弹簧钢弯制而成的一个弹性构件，形状类似“U”形，横置在汽车的前悬架（前稳定杆）和后悬架端（后稳定杆）。稳定杆与车桥的连接点位于中部，常用橡胶支承和卡箍与车轿紧固在一起，端部通过连接杆固定在左右悬架减振器或者是下摇臂上。当车辆运动轨迹发生改变时，稳定杆产生扭转变形，并将自身扭转变形所产生的变形力反馈给车身，以防止车辆在急速转弯和较大颠簸的路面发生过大的横向（X）滚动，改善平顺性。图30-2所示为前稳定杆安装位置和与前桥的连接示意图。

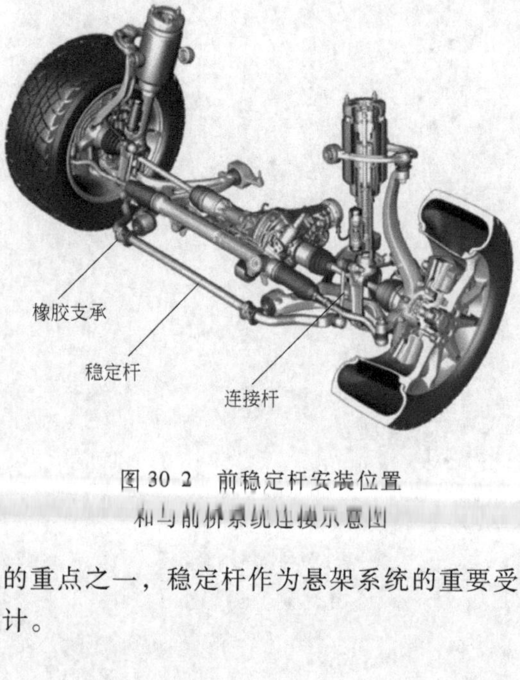

图30-2　前稳定杆安装位置和与前桥系统连接示意图

1.2　稳定杆的发展趋势

随着世界各国对环境问题的日益关注，对汽车排放的要求越来越严。有利于减少排放的轻量化设计成为整车设计的必须要考虑的重点之一，稳定杆作为悬架系统的重要受力构件，同样需要按照轻量化的趋势要求进行设计。

（1）以空心材料替代实心材料达到轻量化　使用空心材料替代实心材料设计的稳定杆，可以减重30%～50%。空心材料作为稳定杆减重设计的重要手段，越来越多地应用在整车设计上。配置前后两根稳定杆的汽车，前稳定杆直径较粗，用空心杆设计减重效果更为明显，后稳定杆直径较细，减重作用相对较小，所以前稳定杆使用空心杆后稳定杆使用实心杆的设计方案较为常见。图30-3所示为空心稳定杆和材料剖面。

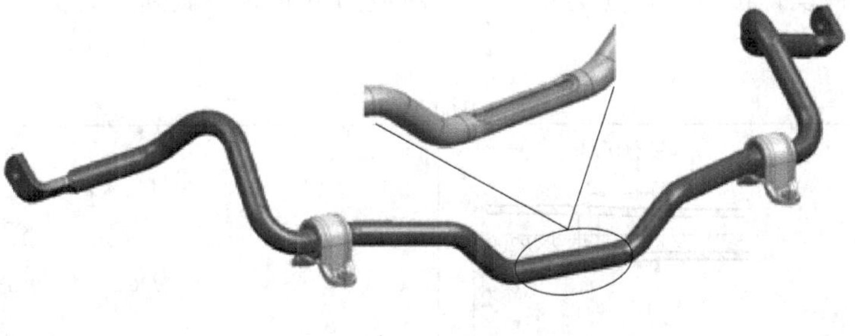

图30-3　空心稳定杆和材料剖面

（2）提高应力达到轻量化　刚度是稳定杆的在整车中的重要使用特性，一般而言，稳定杆的刚度要求由整车性能决定。如何使用较少的材料以达到既定刚度要求，也是目前稳定杆的主流设计方向之一，这一点在欧美车系表现尤为明显，短杆臂设计是近年来欧美主要汽车厂稳定杆设计主要的选择的方向。短杆臂设计与以往设计的不同之处在于稳定杆的杆臂设计比以往更短，这种设计可以用比较少的材料，达到高刚度的目的，从而达到减重效果。短杆臂设计势必导致应力的增加，对疲劳的要求上升，对稳定杆制造工艺提出更高要求。图30-4表明近年来稳定杆设计应力上升的趋势。

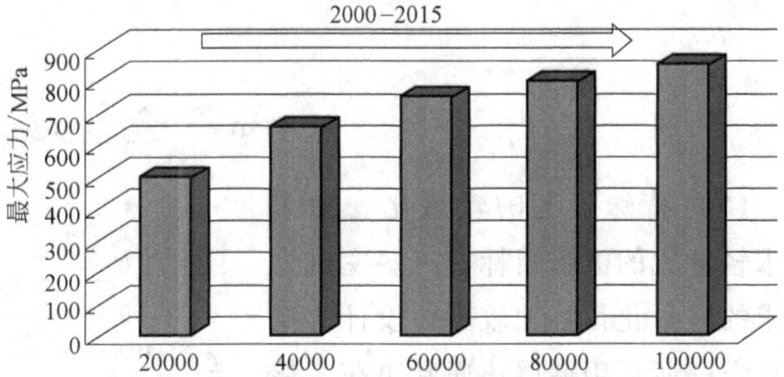

图30-4　稳定杆设计应力上升趋势

（3）总成化高刚度橡胶支承的设计　目前稳定杆的设计向稳定杆总成方向发展。稳定杆与车桥连接装置从铁质卡箍演化为更轻的橡胶卡箍设计。稳定杆制造供应商负责将稳定杆的卡箍和橡胶与稳定杆装配成总成，并以稳定杆总成向主机厂供货，以方便主机厂装配。图30-5所示为带骨架的橡胶支承和卡箍的一体化设计。稳定杆使用的橡胶基本上采用高径向刚度带骨架的橡胶件，采用这种设计方案的好处是可以有效地减少橡胶带来的稳定杆系统刚度的衰减。从一些设计计算的结果来看，用高刚度带骨架的橡胶件替代纯橡胶件，可以增加稳定杆系统的刚度达到5%以上，在保证稳定杆系统刚度不变的前提下，稳定杆的质量可减少

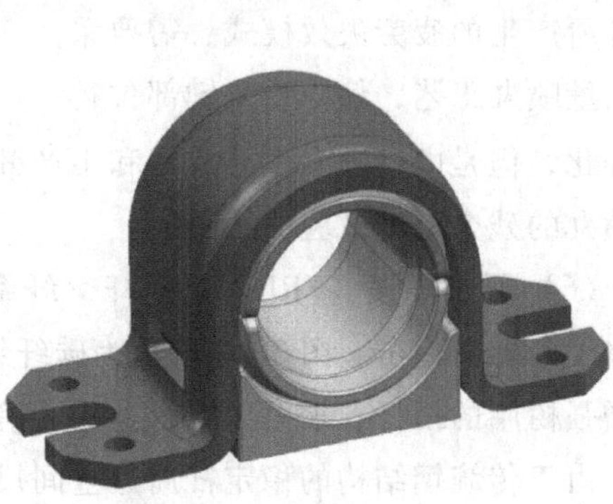

图30-5　带骨架的橡胶支承和卡箍的一体化设计

3%左右。

（4）特殊的轻量化设计　目前有些高端的车型，采用变径的空心材料用于稳定杆的设计制造，可以达到进一步的轻量化的要求，由于材料的获得不易，目前未能得到广泛的应用。图30-6所示为变径空心稳定杆。

对这类特殊轻量化设计进行分析研究，结果来看，变径空心材料并不能完全达到进一步轻量化，只是这种设计可以在高应力情况下，对应力分布状态做到应力优化。

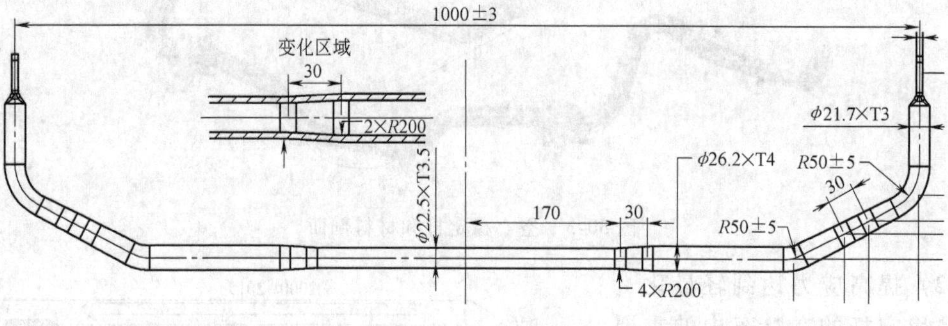

图30-6　变径空心稳定杆

（5）特殊工艺的轻量化　为了追求轻量化的极致目标，一些主机厂要求的轻量化目标比较高，设计的空心稳定杆所采用壁厚比通常更薄，壁厚/直径＜12%，减重效果接近50%，这种设计的负面问题是稳定杆的疲劳失效模式发生改变，引起破坏的疲劳源往往起源于内壁。针对这种设计所产生的疲劳失效模式，需要采用内壁喷丸工艺，使内壁关键部位得到强化，但是内壁喷丸工艺成本和生产效率都存在问题，目前难以普及。图30-7所示为内壁喷丸的残余应力试验曲线。

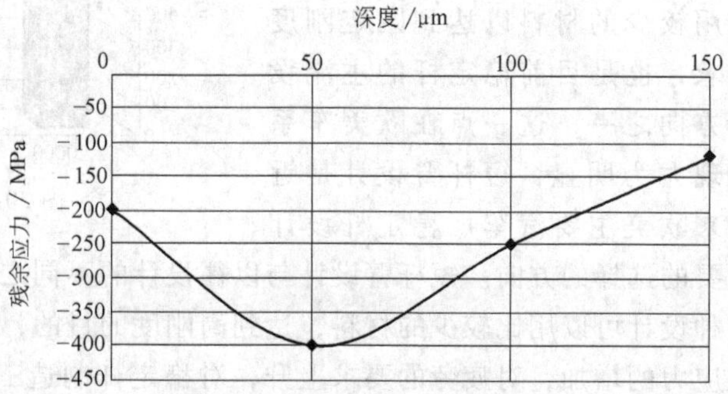

图30-7　内壁喷丸残余应力试验曲线

（6）纤维增强（FRP）稳定杆　纤维增强树脂材料广泛的使用给传统的金属制品行业带来了一定的冲击。图30-8所示为碳纤维增强树脂稳定杆。该稳定杆采用的是空心的碳纤维增强树脂的扭杆，辅助以铝合金的臂膀来替代传统的稳定杆，可以达到最大幅度的减重目标。由于传统钢结构的稳定杆周边空间尺寸有限，用此类型的稳定杆来替代传统的钢结构稳定杆存在空间尺寸局限，需要重新设计构造底盘和悬架系统。

近期报道称，碳纤维增强树脂（CFRP）或者玻璃纤维增强树脂（GFRP）的稳定杆已经有使用在量产车上的先例。据悉使用碳纤维增强稳定杆的已知量产的车型是AUDI R8，制造稳定杆的工艺技术细节尚未对外透露。

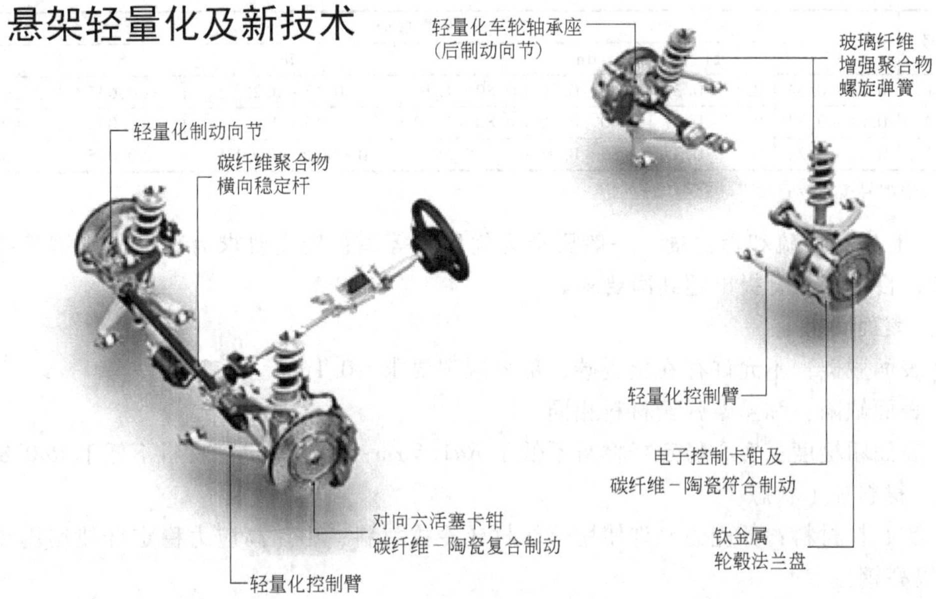

图 30-8 碳纤维增强树脂稳定杆

2 稳定杆材料

2.1 稳定杆材料的成分和牌号

广义上稳定杆属于弹性件范畴，也可以看作是一种异形弹簧。一般地讲适用于制造悬架弹簧（见第27章第2节）的材料，均可以用以制造稳定杆。

(1) 国产实心稳定杆常用材料成分 表30-1列出了国产实心稳定杆常用材料成分，材料分属于Cr-V系、Si-Mn系、Cr-Mn系、Si-Cr系，早期低应力稳定杆，最多使用的材料为55CrMnA（55Cr3）。随着稳定杆应力提高，强度和屈强比指标更高的55SiCr（~54SiCr6）使用比例逐步增加，并有取代55CrMnA趋势。

表 30-1 国产实心稳定杆常用材料成分 （质量分数：%）

牌号	化学成分						
	C	Si	Mn	Cr	V	S	P
50CrVA	0.46~0.54	0.17~0.37	0.50~0.80	0.80~1.00	0.10~0.20	≤0.030	≤0.030
60Si2MnA	0.56~0.64	1.60~2.00	0.60~0.90	≤0.35	—	≤0.030	≤0.030
55CrMnA	0.52~0.60	0.17~0.37	0.65~0.95	0.65~0.95	—	≤0.030	≤0.030
55SiCr	0.51~0.59	1.20~1.60	0.50~0.80	0.50~0.80	—	≤0.015	≤0.025

注：1. 表中55SiCr牌号材料成分系宝钢协议标准，其余摘自GB/T 1222。
2. 55SiCr如用于细杆径（直径<16mm）稳定杆制造，一般会用硬化态材料冷弯成形工艺，省去淬火过程。

(2) 国产空心稳定杆材料 相比实心稳定杆，我国空心稳定杆的起步晚，没有形成自己的独立钢号系统，一般借用《合金结构钢》标准中某些牌号。表30-2为国产空心稳定杆常用材料成分。

2.2 稳定杆材料的质量要求

实心稳定杆材料质量要求基本和悬架弹簧相似，某些指标略低于悬架弹簧材料要求。

表 30-2　国产空心稳定杆常用材料成分　　（质量分数：%）

牌　号	化学成分						
	C	Si	Mn	Cr	Mo	S	P
30CrMo	0.26～0.34	0.17～0.37	0.40～0.70	0.80～1.10	0.15～0.25	≤0.035	≤0.035
30CrMoA	0.26～0.33	0.17～0.37	0.40～0.70	0.80～1.10	0.15～0.25	≤0.030	≤0.030
20Mn2B	0.17～0.24	0.17～0.37	0.65～0.95	≤0.25	B0.0005～0.0035	≤0.035	≤0.035

注：表中牌号按 GB/T 3077《合金结构钢》。

（1）有害杂质硫和磷含量　一般要求为优质钢等级；较高要求为高级优质钢等级（加后缀 A），目前还没有提出超纯净要求。

（2）表面状态

1）表面脱碳：不允许存在全脱碳，部分脱碳要求≤0.1mm。

2）表面缺陷：和悬架弹簧材料相同。

3）表面粗糙度：实心稳定杆材料不低于 $Ra1.6\mu m$；空心稳定杆材料不低于 $Ra0.8\mu m$。

（3）材料加工状态

1）实心杆材料：低应力允许使用热轧材或冷拔材料；中、高应力稳定杆使用剥皮磨光材料（银亮钢）。

2）空心杆材料：低应力使用外表面经过冷拔的 30CrMo/30CrMoA 无缝钢管；中高应力稳定杆使用内、外壁经过精轧后精拉焊管；精拉焊管表面质量优于无缝管，以前一直依赖于进口，目前正在国产化进程之中。

2.3　国外常用的稳定杆原材料与替代材料

（1）实心稳定杆材料对比与替代　表 30-3 列出了国产实心稳定杆材料与国外相近材料对比表。相近材料仅指化学成分相似或相近，不能否认内在质量国产材料和进口材料还存在一定差异，近年来用国产材料（实心）替代进口材料取得了不俗的进展，但涉及具体产品的材料替代，首先要征得顾客同意，其次在产品开发过程需要进行试验验证，以数据证明替代的可行性。

表 30-3　国产稳定杆（实心）材料和国外相近牌号对比表

国产牌号	德 DIN17221	日 JIS G4801	美 SAE	法 NFA36-571	韩 KS D3701
50CrVA	51CrV4(1.8159)	SUP10	6150	51CrV4	SPS6
60Si2MnA	60SiMn5(1.5142)	SUP6/SUP7	9260	60Si7	SPS3
55CrMnA	55Cr3(1.7176)	SUP9	5155	55Cr3	SPS5
55SiCr	54SiCr6(1.7102)	SUP12	9254	54SiCr6	SPS8

（2）国产材料替代进口材料　近年来轿车前悬架稳定杆大量使用空心杆设计，相比实心杆材料，国产材料无论在品种上、材料加工工艺上、品质上和进口材料差距甚大，很难简单地以国产材料替代进口材料，表 30-4 列出的对比表仅供参考。

表 30-4　国产稳定杆（空心）材料和国外相近材料对比表

国产牌号	德 EN10305	日(企业标准)	美 SAE	法 EN10305	韩(企业标准)
20Mn2B	26MnB5	N22CB/ASB25N	15B26	26MnB5	DP2
30CrMoA		—	4130	—	—
—	34MnB5		15B27	34MnB5	DPT1470

（3）国内的主机厂（欧美系）空心管材料　根据稳定杆使用应力的高低，选择最多的材料牌号为 26MnB5 和 34MnB5。之前这两种空心管材料主要靠进口，目前已经开始列入国

产化计划，有望以后可以在国内钢厂采购到相同牌号材料。当前空心管材料牌号国产化虽然已经取得进展，但急需解决的工艺问题正在攻关。从欧洲进口的空心管材料，制管标准按照 EN 10305-2《焊接冷拔精密钢管》，内外壁均经过精轧、压光与精拉，表面质量特别是内表面质量十分优异，对起源于内壁的疲劳源有较佳抗力。国内目前生产无缝钢管使用标准 GB/T 3639《冷拔或冷轧精密无缝钢管》，相比于按照 EN 10305-2 标准制造的空心管质量差异明显，特别是最重要的无缝管内壁非常粗糙，成为好发疲劳源的所在地，期望不久将来按照 EN 10305-2 标准制造的钢管在国内开发成功。

2.4 稳定杆材料的选择

稳定杆材料选择所需考虑的因素如下：

1）材料类别：实心杆还是空心管。

2）材料性能：

① 热处理后材料强度和屈强比（涉及更有效地发挥材料潜力）。

②晶粒度和脱碳敏感性。

③ 缺口敏感性。

④ 非金属夹杂物。

3）材料易采购性。

4）经济性。

稳定杆材料推荐牌号见表 30-5。

表 30-5 稳定杆材料推荐牌号

类 型	应力/MPa	推 荐 牌 号
实心杆	≤500	55CrMnA(55Cr3)热轧或冷拔态
	>500~700	55CrMnA(55Cr3)/60Si2MnA/50CrVA
	>700~850	55CrMnA(55Cr3)/55SiCr(54SiCr6)银亮钢
	>800	55SiCr(54SiCr6)银亮钢
空心管	>600~700	30CrMoA/26MnB5 国产或进口
	>700~800	26MnB5/34MnB5 进口
	>800	34MnB5 进口

3 稳定杆设计开发的基本规则

3.1 稳定杆尺寸与配合特点

稳定杆的使用和安装特点，决定了稳定杆除了保证底盘系统中车轿和悬架之间的准确连接之外，还必须保证安装之后与其他零件的相容性，相互之间不发生干涉。因此稳定杆设计和制造过程，保证尺寸的匹配性显得格外重要，为了避免稳定杆在日后产生安装与匹配问题，在稳定杆设计中首先需要引入硬点的概念。

（1）硬点的概念和稳定杆的硬点 硬点（Hardpoint）是指整车总体设计布局过程，为保证零部件之间的协调和装配关系，以及造型风格而要求确定的控制点（或坐标）、控制线、控制面及控制结构的总称，俗称设计硬点。硬点由整车设计部门确定与提出，整车厂提供最终的数据。硬点是汽车零部件设计和选型、内外饰、附件设计及车身钣金设计的最重要依据，也是各项目组共同认可的尺度和设计原则。可以使项目组既有分工而不乱，各总成与零部件进行并行设计的重要方法。一般情况下，硬点确定之后，在设计过程中其坐标位置不再轻易调整。对于稳定杆设计供应商来说，硬点数据由客户（主机厂）传递输入，如需调整设计硬点，需要和主机厂所有有关的设计人员协调，工作量极大，除非出现颠覆性理由，否则不能更改。一般分配到稳定杆的产品上有四个硬点，如图 30-9 所示。图中所示橡胶中心的硬点，在稳定杆设计过程中，可以换算成稳定杆的中心安装位置。端部连接杆的下中心点，设计过程中可以换算成稳定杆的端部锻扁位置的安装平面和安装孔的中心。

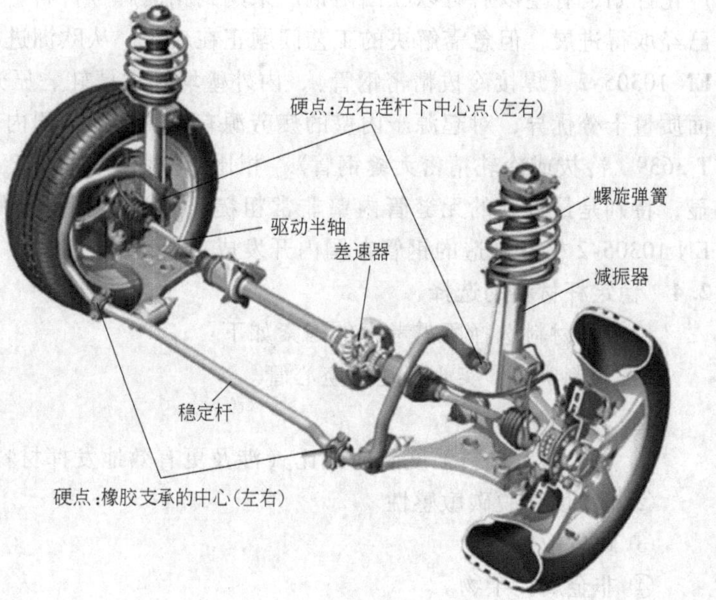

图 30-9 稳定杆的硬点

（2）稳定杆尺寸与配合要求

1）主要配合点：硬点是稳定杆与底盘系统中车轿和悬架的主要配合点，尺寸上必须保证。

2）出于整车的布局和功能需要，底盘系统中会同时分布其他功能件，稳定杆安装之后无论在静态条件还是车辆行驶过程都不允许与其他零件发生干涉，并且留有适当的间隙。

3）从整车设计角度出发，其他功能件形状不易变更，位置调整相对困难，要求稳定杆设计尺寸必须考虑和避开可能发生干涉的部位，由此造成了稳定杆形状的特殊性。

3.2 稳定杆主要使用性能参数

（1）刚度 刚度是稳定杆的主要的使用特性，也是整车悬架系统调教所关注的重要特性。同一平台的不同车型，由于整车的载荷、拐弯半径、速度和侧倾要求不同，稳定杆要选择不同的刚度与之匹配。不同的客户，也会对刚度的要求各异，刚度又分为如下几种：

最常用的表示稳定杆刚度的方法，计算方式也最简单，被大多数主机厂引用，参照图 30-10。

1）弹簧刚度：

$$F' = F/(2\times C)$$

式中 F——作用于稳定杆两端的力；

C——稳定杆端部发生的挠度。

2）扭转刚度：也经常被客户引用，作为输入条件，扭转刚度计算公式如下

$$T' = F\times L/(2\theta)$$

式中 F——作用于稳定杆两端的力；

L——稳定杆端部作用力与硬点的垂直距离；

θ——稳定杆端部力作用点相对于硬点中心发生的位移角度。

3）稳定杆刚度对整车使用性能起着最重要作用，稳定杆刚度过大或过小都会对车辆的操控性、平顺性等造成不好的影响。一般情况下顾客（主机厂）整体设计布局完成后，还会对悬架系统零件的刚度在一定范围内进行调整。顾客在稳定杆初步设计时给出的刚度范围往往比较宽泛，如刚度设计定义为弹簧刚度：20～40N/mm，或者是扭转刚度 30～60Nm/(°)。稳定杆设计供应商则要对稳定杆的刚度作为设计输入进行计算，选定对应刚度范围的稳定杆直径范围。一般会根据顾客的要求建议以每 1mm 作为一个设计单位，设计一根稳定杆，覆盖到顾客设计要求的全部刚度范围。刚度的一般计算方法，可参照第 15 章稳定杆那一节，精确的计算，建议采用有限元（FEA）进行设计计算，如图 30-10。

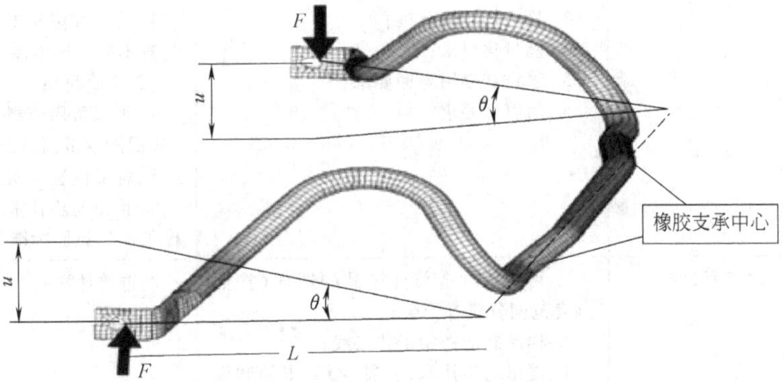

图 30-10 稳定杆刚度计算示意图

4）稳定杆的形状设计定义后，稳定杆的刚度只与稳定杆的直径有关系，图 30-12 下面的附表是某一型号的稳定杆的刚度计算的结果，最终设计结果输出为稳定杆的直径范围，同时稳定杆的质量也可以计算输出。

（2）耐久试验 稳定杆的耐久性要求同悬架弹簧一样，也是稳定杆的重要特性。顾客一般定义稳定杆的设计寿命要求为里程数，或者是时间要求（例如 5 年或 15 万 km），要求交付给供应商作为设计输入。设计供应商则要根据顾客要求的疲劳寿命或行驶时间或里程，以及路况的设置，进行稳定杆的疲劳寿命的计算，并测试，具体见下节。

（3）防腐蚀要求 稳定杆是底盘悬架类零件，属于应力工作部件，应力腐蚀和腐蚀疲劳失效应是产品设计中必须考虑的因素。稳定杆设计供应商除了自己对腐蚀的理解和经验之外，还必须满足主机厂的个性化要求，一般而言，各主机厂对稳定杆的防腐蚀要求大同小异，但各自又有自己的腐蚀试验标准。近年随着稳定杆应力上升，主机厂对防腐蚀的要求有所提升。原来通常只要求进行中性盐雾腐蚀试验，现普遍提升到要求稳定杆进行循环腐蚀试验，具体的试验标准各主机厂有所差异，供应商需按顾客要求进行腐蚀试验。

3.3 稳定杆的设计路径

设计路途主要围绕着稳定杆的尺寸匹配特性和使用特性而展开，大致上遵循：

初始设计→产品设计→样品制造→产品验证→图样确认。

其中每一个节点还会衍生和分解出具体的工作任务，制订出相应的工作文件，如设计阶段需要做 D-FMEA、控制计划，样品制造需要制订作业指导书、验证阶段需要编制试验大纲等等。一般而言，前一阶段的输出作为后一阶段的输入，各阶段之间还存在沟通与反馈机制，各阶段的主要输入与输出见表 30-6。

表 30-6 稳定杆设计路径

阶段	实施方	输入	输出
初始设计	主机厂	1. 新车型定位、用途与性能； 2. 底盘系统布局	1. 硬点位置与坐标； 2. 稳定杆初始形状、尺寸与配合要求； 3. 稳定杆刚度范围； 4. 轻量化要求； 5. 稳定杆使用寿命要求； 6. 耐腐蚀要求
产品设计	供应商为主，主机厂提供意见	1. 硬点位置与坐标； 2. 稳定杆初始形状、尺寸与配合要求； 3. 稳定杆刚度范围； 4. 轻量化要求； 5. 稳定杆使用寿命要求； 6. 耐腐蚀要求	1. 设计与完善稳定杆尺寸形状； 2. 选择材料（含卡箍与橡胶件）； 3. 利用有限元工具，建立数学模型，计算不同设计方案应力、刚度、预计寿命（S-N 曲线）； 4. 形成可用于制造首件样品的图纸（按照刚度范围分成若干组）； 5. 样品制造初始工艺路线； 6. 提出初步技术（包括材料、卡箍和橡胶件）、试验标准与工艺要求
样品制造	供应商为主	1. 可用于制造首件样品的图样（按照刚度范围分成若干组）； 2. 样品制造初始工艺路线； 3. 提出初步技术（包括材料、卡箍和橡胶件）与工艺要求	制造首件样品
设计验证	供应商和顾客共同参与	1. 图样； 2. 首件样品； 3. 顾客传递的技术要求与标准（刚度、寿命、耐蚀性）； 4. 初步技术（包括材料、卡箍和橡胶件）、试验标准与工艺要求； 5. 尺寸匹配要求	1. 材料报告（含橡胶件与卡箍）； 2. 尺寸报告； 3. 性能报告（刚度、寿命、耐蚀性、橡胶件横向抗力）； 4. 失效分析（如果有）； 5. 装车匹配结果报告； 6. 驾乘感受（舒适性、操控性、平顺性、噪声） *可能需要多轮验证，供应商和顾客沟通，决定改进设计或者从现有样品中筛选出最优方案
图样确认（图纸冻结）	供应商和顾客共同参与，顾客有最终确认权	1. 材料报告（含橡胶件与卡箍）； 2. 尺寸报告 3. 性能报告（刚度、寿命、耐蚀性）； 4. 失效分析（如果有）； 5. 装车匹配结果报告； 6. 驾乘感受（舒适性、平顺性、噪声）； 7. 改进设计或筛选出的最佳方案	1. 材料（含卡箍、橡胶件）供应商、规格和技术条件锁定； 2. 图样冻结（含尺寸公差和技术条件）； 3. 技术标准、试验标准、工艺路线锁定； 4. 标识确定； 5. 顾客对图样和相关标准认可； 6. 边界样品认可； 7. 成形模具和专用量具图样（模具需要验证，量具做 MSA）

4 稳定杆的设计

稳定杆的设计开发遵循的国际通用标准 ISO/TS 16949 的开发设计流程，不同的主机厂对设计的要求各有其特殊的要求，下文根据稳定杆的技术上的一些共同的设计特性做一些介绍。

4.1　按顾客要求输入

主机厂一般把稳定杆作为一级零件来进行设计管理，稳定杆的设计技术规范由主机厂进行编制。稳定杆的技术规范一般涵盖如下内容：

（1）稳定杆初始的概念数模　如果需要包含卡箍和橡胶的设计需求，需传递稳定杆和橡胶卡箍的总成设计概念数模。一般来说概念数模定义的是稳定杆的路径、硬点、稳定杆卡箍的装配关系等。如图 30-11 所示。

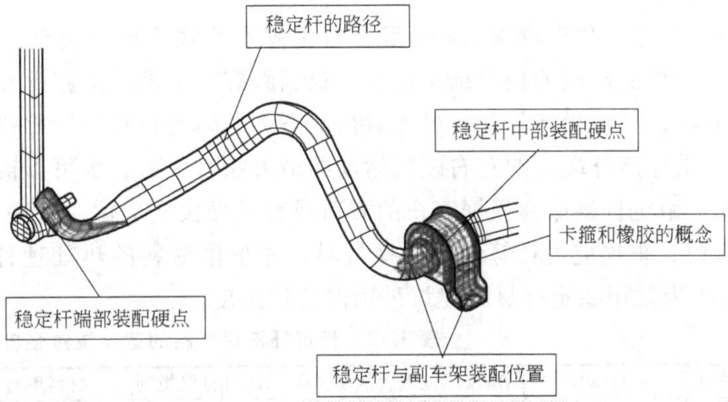

图 30-11　稳定杆的输入

1）稳定杆的路径：包括给定稳定杆的形状和走向，该概念设计是在整车布局时完成，在稳定杆采购发包前已经定义完成。整车布局阶段属于主机厂的保密阶段，一般稳定杆供应商很难参与到该阶段的设计。目前有些主机厂调整采购战略，培养供应商成为战略供应商，已经有些欧美的稳定杆设计供应商可以参与到项目的概念设计中。

2）稳定杆的端部硬点和中部装配硬点：该坐标点，也在整车概念设计布局时输出，稳定杆设计供应商无权做出更改，如由于设计和工艺问题导致这些硬点必须更改，需提交主机厂，在与主机厂协调取得同意后方能更改。

3）卡箍和橡胶件的设计：概念设计由主机厂提供，设计供应商根据概念设计完善卡箍和橡胶件的设计。有些主机厂的稳定杆设计不包含卡箍和橡胶件，则无须对其进行设计。

4）稳定杆和副车架的装配位置：该概念设计定义稳定杆装配在副车架上的装配方式，连接件的尺寸和位置。例如：装配孔的大小，螺栓装配的方向（正向和反向），螺栓的规格尺寸。

（2）稳定杆的刚度　为了给悬架系统设定刚度的配合，主机厂提供稳定杆的刚度设计的范围，应根据顾客要求的刚度范围，对稳定杆的直径进行设计，建议采用有限元（FEA）方式进行分析。图 30-12 所示为某稳定杆刚度计算有限元模型和刚度结果输出。

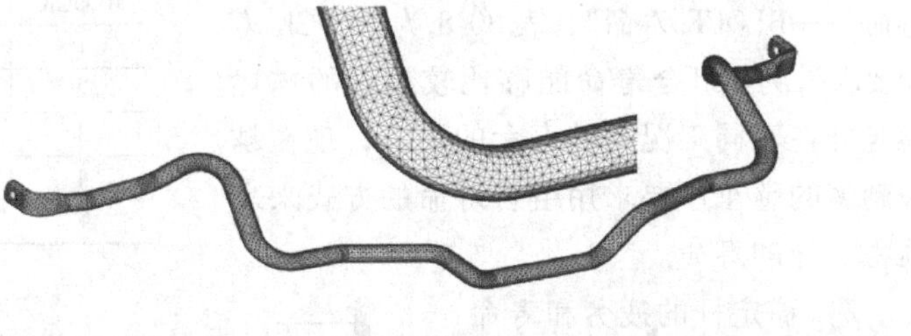

稳定杆直径 /mm	目标刚度 /(N/mm)	重量 /g	设计计算刚度 /(N/mm)
21.5	20	4653	20.6
22.5	N/A	5057	24.7
23.5	30	5479	29.6
24.5	N/A	5919	34.9
25.5	40	6377	41.2

图 30-12　某稳定杆刚度计算有限元模型和刚度结果输出

（3）稳定杆强度设计和材料选择　为了定义稳定杆材料和热处理强度，在初始的客户输入阶段，顾客会提供车桥悬架系统的动力学模拟分析结果（Kinematic Analysis），动力学仿真软件 ADMAS 被广泛地使用在整车悬架系统设计计算中。经过软件的设计计算，模拟路况的分析，可以求解出悬架系统各硬点的载荷——三维方向的力和扭矩。作为输出提供给各分系统的供应商。

1）稳定杆供应商对于稳定稳定杆上硬点的载荷比较关心，供应商只需从载荷结果中提炼出稳定杆的硬点的输出结果即可。根据顾客定义的不同路况和车辆行驶情况，从中选择出最大载荷，并对稳定杆处于最大载荷状态下的强度进行设计校核。有时顾客会根据车辆的结构，提供稳定杆端部的左右硬点运动的最大相对位移，也可以被引用为强度校核的依据。

2）稳定杆供应商根据客户的载荷或者是最大变形输入，进行应力的设计计算（一般应用 FEA），根据应力计算结果选择材料。并根据材料的热处理特性选择材料和热处理强度，表 30-7 为常用稳定杆材料建议采用的抗拉强度。

表 30-7　稳定杆常用材料的建议抗拉强度

材料类别	材料牌号	建议热处理后抗拉强度/MPa	材料类别	材料牌号	建议热处理后抗拉强度/MPa
实心	55CrMn(55Cr3)	1400～1600	空心	26MnB5	1100～1300 或 1500～1700
实心	55SiCr(54SiCr6)	1500～1800	空心	34MnB5	1500～1800

（4）稳定杆疲劳和寿命设计　稳定杆的刚度属于重要使用特性，合理的选择稳定杆的刚度，可以比较好的满足整车驾乘感受。而稳定杆的疲劳和寿命特性则是稳定杆的安全特性。要保证稳定杆在其服役寿命周期内不会失效断裂。断裂是稳定杆的最严重的失效模式，引起稳定杆早期失效的原因很多，本处只从设计角度来阐述稳定杆的疲劳寿命。

1）客户的输入，有对于稳定杆的寿命的定义，有如下几种定义方式：

① 根据综合路况的信息，定义统计寿命。例如：B10 > 100000 次。

② 根据路况的信息，定义不同路况下的寿命。例如：最大扭转路况 20000 次；2G 加速度下转弯 20000 次等。

③ 客户输入不同的载荷情况下的“组合寿命——BLOCK 寿命”，表 30-8 为 BLOCK 寿命要求举例。组合寿命能够比较准确的描述稳定杆在不同工况下的寿命的要求，现在越来越多的整车厂要求用组合寿命的方式来表达稳定杆的寿命。

表 30-8　稳定杆 BLOCK 寿命

BLOCK	稳定杆端部的力/N	寿命/次	循环/次
1	2000	10000	×10
2	2500	5000	
3	3500	3000	
4	5000	50	
合计寿命			180500

2）稳定杆的疲劳和寿命的设计：需要供应商具备设计和产品的基础研发能力，首先要具备稳定杆的应力计算能力，根据载荷计算出稳定杆在服役状态下承受到的最大应力。稳定杆应力分析，必须采用的有限元进行建模与计算，有限元模型的加载

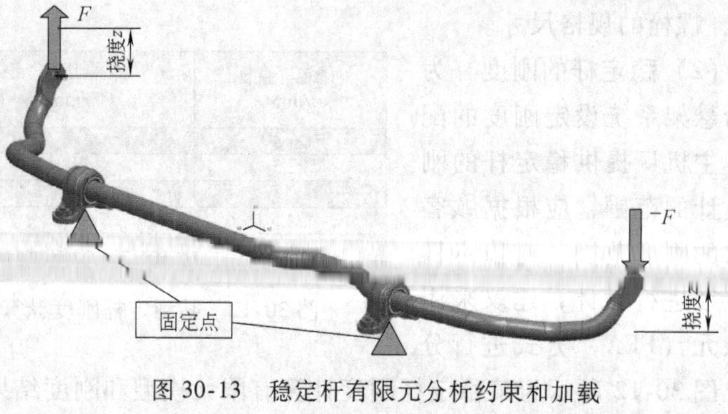

图 30-13　稳定杆有限元分析约束和加载

和约束见图30-13。使用有限元方法和相应的软件计算结果图示见图30-14。

3）稳定杆应力的评价：欧美体系采用的是梅塞思应力（Mises Stress），日韩体系采用的是最大主应力（Max Principal Stress）。建议采用欧美体系的梅塞思应力来评判稳定杆的最大应力。如图30-14最大应力发生的位置在稳定杆中部橡胶支承的位置附近。

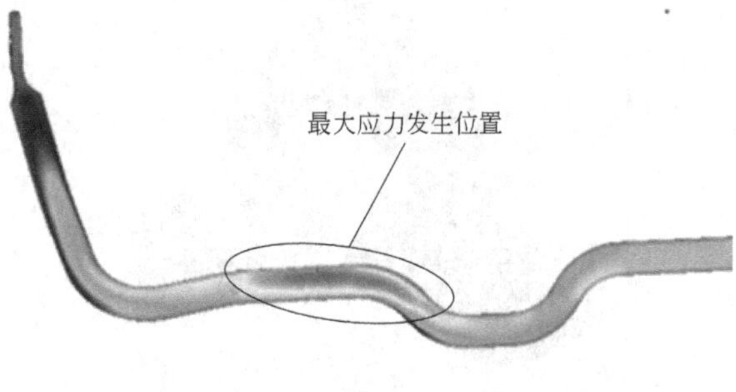

图30-14 稳定杆有限元分析应力云图

4）稳定杆设计供应商根据稳定杆最终成品的疲劳和对应的应力分析结果，建立自己的 *S-N* 曲线和应力疲劳寿命经验公式，通过不断积累在以后的新产品开发设计的时候可以建立自己的应力寿命评估方式。

5）表30-9系根据顾客（见表30-8）提出的“组合寿命——BLOCK寿命”要求，所进行的疲劳寿命的校核评价实例。根据损伤理论，实际寿命和设计计算寿命的比值作为累加损伤进行计算，总损伤小于1.0即为合格，即可以满足客户的一个寿命的要求。本例根据计算的理论推导，在该多种疲劳载荷条件下，总损伤（Total damage）值为0.367，与出现必然失效概率（总损伤率（Total damage）=1.0）的比值为2.725，换而言之，该稳定杆理论上可以达到2.7倍左右的寿命，换算成疲劳次数也就是可以达到50万左右的寿命。

表30-9 稳定杆BLOCK寿命评价表

Block	载荷/N	客户要求寿命/次			$\sigma_{v,max}$/MPa	计算寿命/次	损伤率/%
		单个循环寿命	循环	BLOCK寿命			
1	2000	10000	×10	100000	350	1000000	0.1
2	2500	5000		50000	450	500000	0.1
3	3500	3000		30000	620	200000	0.15
4	5000	50		500	875	30000	0.017
						总损伤率	0.367

4.2 稳定杆附件的设计

有些主机厂把稳定杆作为总成件委托给稳定杆供应商来进行设计，这就需要稳定杆供应商具备其他一些零件设计能力。图30-15为包括附件在内的稳定杆总成图。

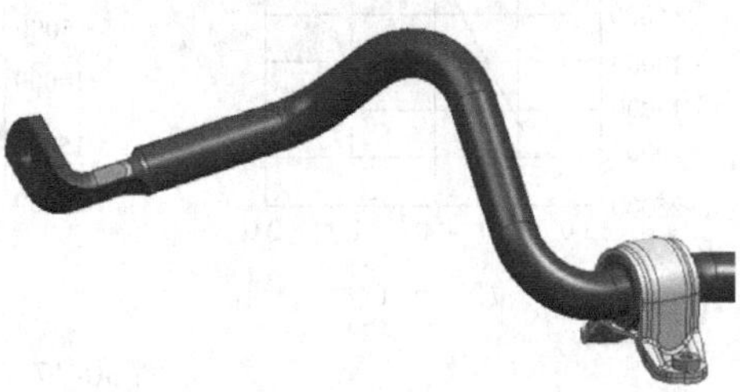
图30-15 稳定杆总成图

简单介绍卡箍和橡胶作为稳定杆总成的设计要点。

（1）卡箍的设计 卡箍的设计包括形状设计、强度设计以及疲劳设计。按照顾客所输入的稳定杆中部支承位置硬点的载荷，建立有限元模型对卡箍的强度进行设计分析，按照强度和应力的设计结果选择材料和冲压件的板厚。图30-16为根据有限元设计的卡箍和应力分布图。

（2）橡胶件的设计 橡胶件的设计同样分为形状设计和性能设计，按照客户输入的形状包络尺寸进行橡胶的外形设计，在客户输入条件里应明确定义橡胶的特性参数，例如：径向刚度，扭转刚度，轴向刚度等，如图30-17所示。对于橡胶件的设计计算，稳定杆的供应

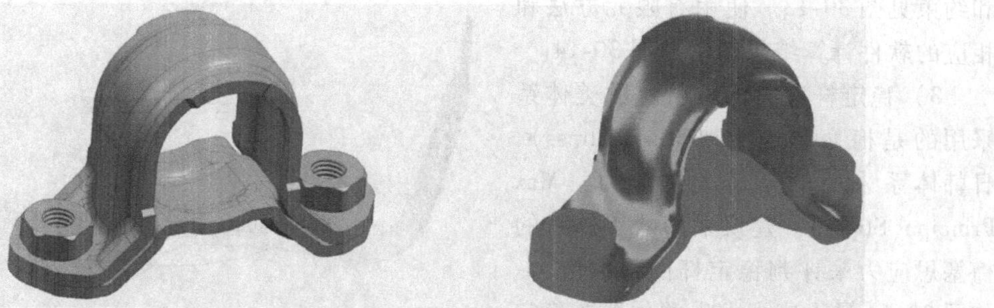

图 30-16 卡箍的形状设计和有限元计算应力云图

商往往没有橡胶件的供应商专业，需要稳定杆供应商和橡胶件供应商进行紧密合作，对稳定杆的橡胶件以及与卡箍的匹配进行联合设计，稳定杆供应商将顾客要求传递给下一级供应商。

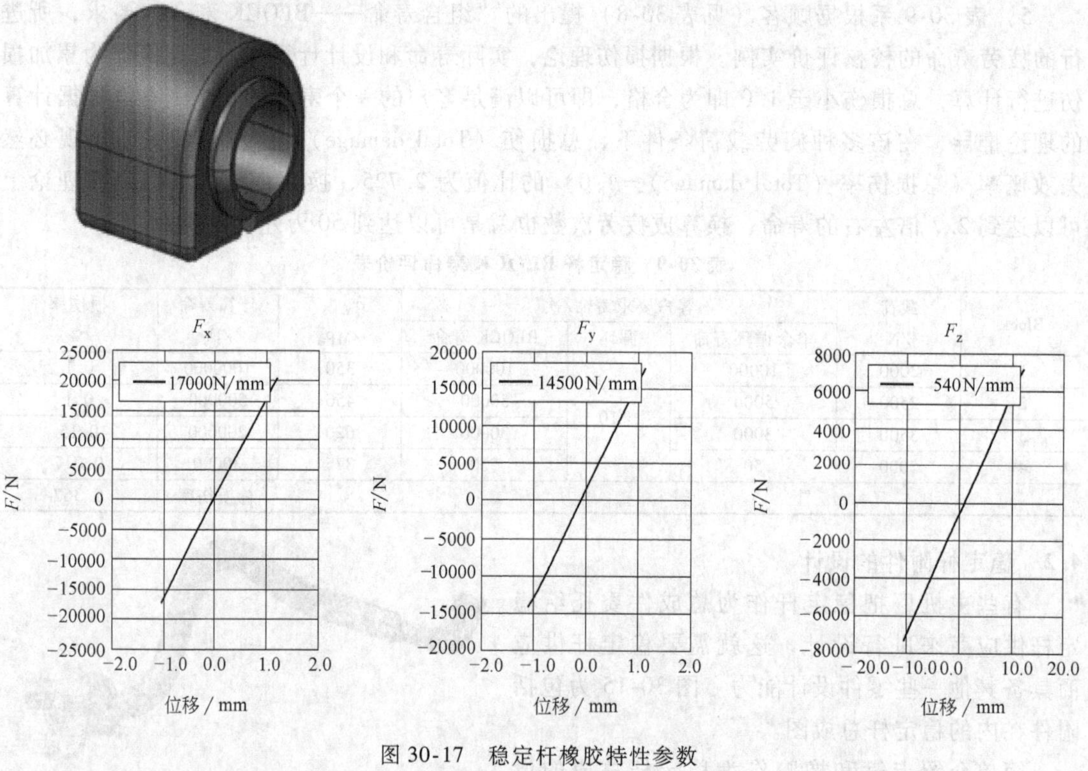

图 30-17 稳定杆橡胶特性参数

4.3 稳定杆的设计验证

稳定杆的设计完成后需提供数模和图样以供主机厂设计校核，确认数模与图样。在数模与图样确认完成后，可以根据图样开始制造初始样品（Prototype）。初始样品提交给主机厂后，主机厂需要对样品进行设计验证，验证的目的如下：

（1）装配尺寸验证 真实的零件装配，测量装配尺寸以及和周边零件的干涉检查等。

（2）动态性能验证

1）驾乘主观评价：主要目的评价不同刚度稳定杆和整车的匹配性能与驾乘感觉，为以后量产车型选择刚度最合适的稳定杆。

2）稳定杆附件的刚度设计验证：对稳定杆的橡胶支承进行刚度特性进行评判，确定橡胶件的刚度特性。

3）稳定杆的刚度和材料的直径相关，选择稳定杆的刚度也就是等同于选择稳定杆的材料直径。在制造初始样品的时候，按照刚度计算的结果，制造不同直径的样品，提交给主机厂，由主机厂对不同刚度稳定杆进行装配验证和动态验证，体验不同刚度的驾乘感觉。

（3）动态路谱和疲劳耐久的测试　样品整车组装完成后，在各种路况的条件下测试采集路谱，同时按照测试路况对样车（包括稳定杆）进行真实路况的耐久测试。通过这些测试项目评价与验证动态条件下设计计算的准确性。动态路谱采集，还为以后的疲劳耐久的设计校核提供数据。

（4）根据验证结果，反馈修改产品的形状（如需要），从中选择与确认最合适的稳定杆刚度（杆径），确定橡胶支承的刚度特性，以及装配尺寸。

4.4　稳定杆的图样冻结

根据验证结果和反馈，再次修改稳定杆图样和产品的特性要求（如需要），经过反复的验证，对结果进行评价，直到各项指标与参数达到最优化为止，设计验证告一段落，锁定图样（图样冻结），输出用于量产的图样，并发布开模指令（tooling kick off）。至此，稳定杆的设计阶段告一段落，可以进入稳定杆的工艺开发阶段。在设计阶段按照 ISO/TS 16949 要求的产品开发流程，走过 D-FMEA、产品设计、首件样品控制计划、样品制造、设计验证等各项工作步骤。

5　稳定杆的工艺开发

稳定杆的冻结图样发布后，标志着稳定杆的设计开发完成，工艺开发开始。工艺开发以设计开发为输入，通过恰当的工艺手段实现稳定杆批量生产。工艺开发需要对工艺路线、生产设备（包括专用设备、工装模具）、过程控制（包括质量能力、测量方法、专用量具）及人员培训进行全面策划。

（1）工艺路线策划　根据所输入的图样与标准（产品标准、试验标准），策划产品的工艺路线，稳定杆的成形工艺有冷成形和热成形两种选择。将在下节详细表述。

（2）工艺潜在失效模式分析（P-FMEA）　工艺开发经常用到的工具，对工艺路线中每个工序输出的过程特性，进行识别与分析，按照特殊特性的风险高低、探测度和出现概率进行评价（评分），根据风险系数的大小，调整或改进过程控制条件，从而降低过程的风险系数，P-FMEA 贯穿整个稳定杆的工艺过程，量产之后 P-FMEA 还可以滚动发展，为减少变差、持续改进提供分析依据和思路。

（3）控制计划　编制产品过程控制计划，把稳定杆工艺过程中的设备和工艺参数，按照稳定杆生产的工艺顺序，写在特定的表格上。在编制控制计划的过程中将 P-FMEA 的分析结论作为输入，提出可行的改进措施，确保过程受控，把最稳健的工艺参数写入控制计划。

（4）作业指导书　根据产品控制计划，制作现场操作工人使用的作业指导书，操作工按照作业指导书所描述的操作方法与控制手段，使得过程操作准确，实现预定的质量目标。

（5）检验作业指导书　工艺过程中质量控制人员和检验人员使用的作业指导书，用于指导质量检验人员，如何合理地抽样、准确使用测量工具、控制方法（如 SPC），及早发现和预防过程变劣以及数据记录。

（6）试验大纲（DVP）工艺开发过程中，编制的产品试验与检验大纲，按照大纲规定的试验项目和时间验证量产产品过程稳定性，评价产品可靠性。

（7）产品审核 对已经入库产品以用户的眼光审视产品的符合性与适用性，对量产产品中长期质量水平做出评价，为持续改进提供输入。

6 稳定杆的成形方式、工艺流程与热处理

6.1 稳定杆的成形方式

稳定杆分为冷成形和热成形两种成形方式，冷成形和热成形的方式的选择，主要根据产品的形状、材料、产量和设备的能力选择。

（1）热成形 一般对应着实心材料，空心管稳定杆如果形状比较简单，也可以采用热成形方式。

（2）冷成形 一般对应着空心管材料，有一些直径比较细的产品（后稳定杆为主，直径<16mm），可以采用调质后的实心材料进行冷成形加工，成形后去应力退火即可。还有一些低应力稳定杆采用的是非调质钢（如38MnSiVS5或S48CV）材料，也可以采用冷成形的方式。

6.2 稳定杆的工艺流程

（1）热成形工艺 将稳定杆材料先加热到奥氏体化的成形温度，然后用专用设备（成形模）完成形状加工，利用余温进行热处理的一种工艺方式。热成形工艺路线如图30-18所示，热成形工艺的工装模具及专用设备见表30-10。

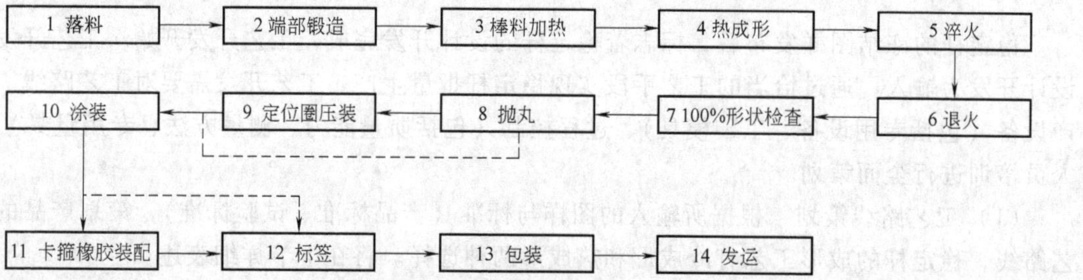

图30-18 稳定杆热成形工艺路线

表30-10 热成形工艺的工装模具及专用设备表

工序编号	设备	工装模具与专用设备
2	压力机	端部锻造模
4	热成形单元(加热炉,液压站)	热成形机
7	—	形状检具
9	压圈设备	压圈模
11	—	卡箍橡胶装配专机

（2）冷成形工艺 稳定杆先成形，完成形状加工后，再对稳定杆进行热处理的一种工艺方式，多用于空心稳定杆生产，工艺路线和对应的工装模具及专用设备如图30-19和表30-11所示。冷成形大部分工艺流程为图30-19所表达的工艺，但是工艺并不是一成不变，根据产品结构及产品的材料可以对工艺流程进行调整，例如：端部锻造的工艺可以放在CNC弯管之前。

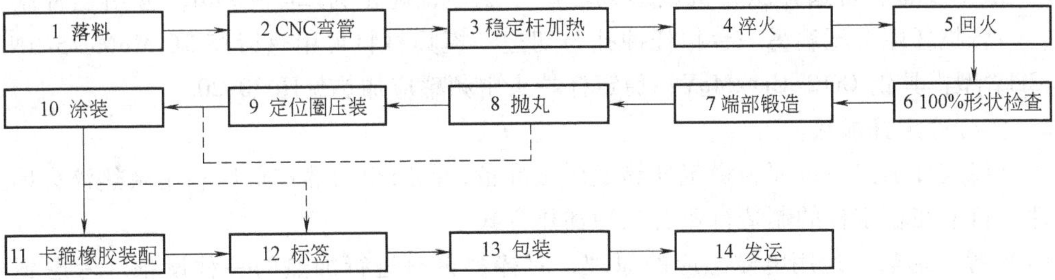

图 30-19　稳定杆冷成形工艺路线

表 30-11　稳定杆冷成形工装模具专用设备表

工序编号	对应设备名称	工装模具专用设备	工序编号	对应设备名称	工装模具专用设备
2	CNC 弯管机	弯管模具	9	压圈设备	压圈模具
4	淬火机	淬火夹具			
7	压力机	端部锻造模具	11	—	卡箍橡胶装配专机

6.3　稳定杆的加热与成形

6.3.1　端部成形

稳定杆端部主要用于和左右悬架连接，早先稳定杆端部有多种形状，如球头形（普桑车）、螺纹连接形（奥迪 100），现在都趋向于端部冲孔形，其他端部形式逐步淘汰。

（1）端部成形工序　实心杆热成形端部成形工序在稳定杆成形之前，空心稳定杆端部成形顺序有两种处理方式，一种在冷弯之前进行，另一种在空心杆热处理冷校正之后（100% 放入量块形状检查之后，超差部位进阶校正）进行，后一种方法生产工件的位置公差较前一种方法好，应用更普遍。

（2）端头成形设备

1）加热设备：一般使用中频感应加热，加热温度（950～1050）℃，加热原则粗线径温度取上限，细线径取下限；材料中含有扩大 γ 相元素的加热温度稍低，含有缩小 γ 相元素材料加热温度稍高，如 55CrMnA（55Cr3）的端部加热温度可比 55SiCr（54SiCr6）低（30～50）℃；图30-20为稳定杆端头中频感应加热炉。

图 30-20　稳定杆端头中频感应加热炉

2）成形设备：可选择压力机成形或者压床成形，吨位为250～350t。常用二台压力机并列，一台担任端头压扁另一台担任冲孔与切边。模具材料可用热锻模5CrMnMo/5CrNiMo，或者Cr12型模具钢Cr12/Cr12MoV；稳定杆端头中频感应加热见图30-20。

6.3.2 实心稳定杆加热

实心稳定杆加热一方面为稳定杆热成形做准备，同时也为热成形后利用余热淬火确立温度条件。目前在稳定杆的制造行业有三种加热方式。

（1）感应加热 运用电磁感应的原理，对棒料钢材进行加热的一种设备。考虑到批量生产的需求，棒料感应加热炉感应圈一般设计成长腰形，材料水平横向排列通过感应圈，水平切割磁力线，从而达到钢材被加热的目的。感应加热炉的原理如图30-21所示，感应加热炉照片见图30-22。感应加热炉优点如下：

1）设备占地小。

2）设备投资比较小，生产线建造周期比较快。

3）加热速度快，加热过程中脱碳小，几乎无脱碳。

感应加热炉的缺点如下：

1）加热温度不是特别稳定，由于无法使用温度闭环控制加热温度，所以该加热炉的温度控制的误差比较大，出炉温度误差可以达到（60～80）℃，成形时的形状不易控制，导致后道形状校正工序工作量增大。

2）细线径的材料，加热不易，温度无法达到设定的温度。

3）长度比较长的细线径材料，加热出炉，材料容易弯曲，为后续的成形带来困难。

4）用电成本比较高。

5）由于感应加热的原理需要材料紧密排列，从而对自动化的实现不利。

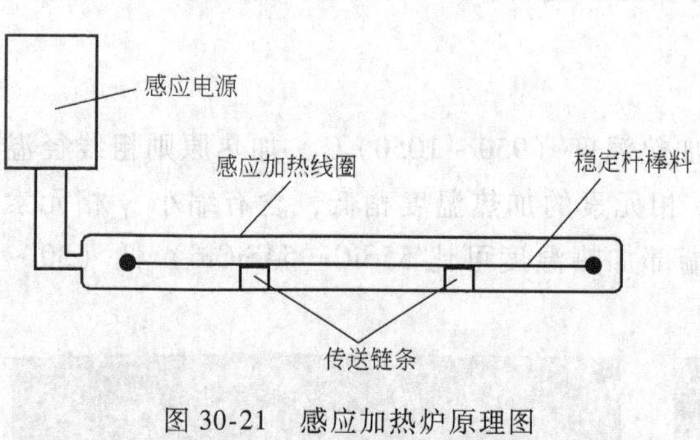

图30-21 感应加热炉原理图

图30-22 稳定杆感应加热炉

（2）燃气步进式棒料加热炉 图30-23所示为燃气式步进加热炉，采用的加热方式是燃气在炉膛内燃烧，热量通过辐射方式加热材料，材料在炉膛内以步进方式向前运动。

图30-23 燃气步进式棒料加热炉

燃气炉的优点如下：

1）温度比较均匀，出炉温度可以控制在±10℃（设置更精确）范围内。

2）炉膛温度可以进行闭环反馈控制，温度设定和控制比较方便。

3）由于采用辐射式加热方式，杆身上的温度比较均匀，材料粗细均可加热，不易弯曲。

4）燃气的使用成本比较低。

5）材料间的间距明确，容易实现自动化。

燃气炉的缺点如下：

1）炉子占地面积比较大，建造周期长，投资大。

2）炉体比较长，炉体里容纳的产品多（60～100根），一旦发生故障，处理炉内遗留材料困难。

3）由于是辐射式加热，材料加热时间长，脱碳控制不易。

（3）其他加热方式　国内外稳定杆生产企业，采用最多的是上面两种加热设备，也有一些其他加热方式设备，应用不是很广泛，例如采用电阻式棒料加热，这种加热设备采用逐根加热的方式，生产效率不高。

6.3.3 冷成形稳定杆加热

加热在稳定杆形状加工完成后进行，设备需要根据稳定杆的形状进行特殊定制，目前主要加热方式如下：

（1）电阻式加热（通电加热）在稳定杆两端通入电流（低压，大电流），在较短的时间内把单根稳定杆加热到高温的一种设备，多用于空心稳定杆的热处理前加热。通电式加热设备是采取逐根加热方式的一种设备，由于采用了温度探头探测和反馈控制技术，可以做到批量生产时，产品的加热温度的变差小；加热速度快、效果好。生产效率可以达到每30～60s完成一根产品的加热，稳定杆采用电阻方式脱碳很小，几乎无脱碳。但由于稳定杆在前期冷弯成形时，材料弯曲处变形大于其他部位，弯曲处的截面材料厚薄不均，从而导致电阻分布的不均匀。在通过大电流时，弯曲处截面上电流密度分布差异明显，电流密度大的位置温度高，电流密度小的位置温度低。当产品形状复杂，弯曲变形比较大，弯曲处，尤其是疲劳高应力所在区域内外表面温度相差变大，导致产品热处理后组织形态不均匀，从而影响到产品的疲劳性能。对于这一缺点，目前所采取的补救措施有调整加热程序；采用分段式加热；利用加热、均温的组合，适当延长加热时间等方法，以缩小内外表面的温差。图30-24所示为电阻式加热设备原理图。

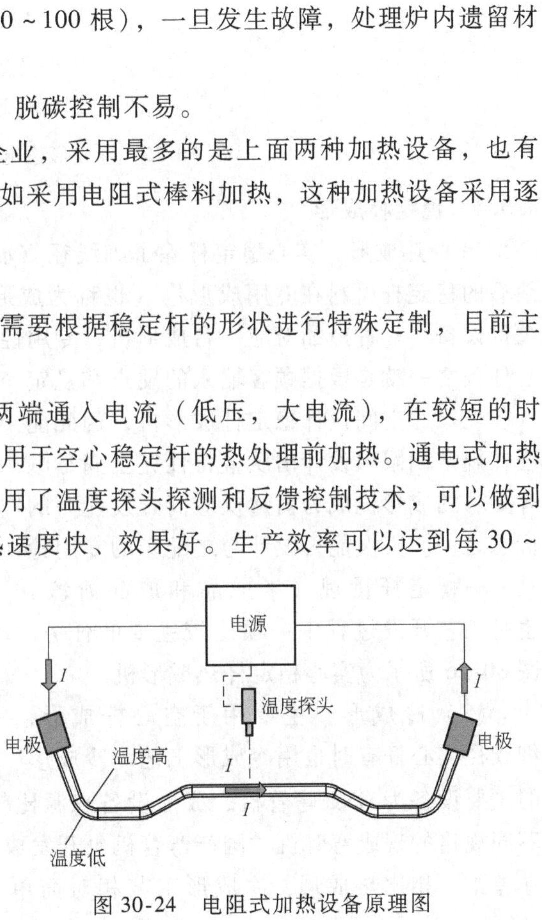

图30-24　电阻式加热设备原理图

（2）燃气式加热炉　关于已成形后的稳定杆所采用的燃气加热炉，不同公司有其不同的方式，结构原理与热成形所用的燃气步进式棒料加热炉相同，但是冷成形后的稳定杆已经成形，所以炉膛开口比较大，燃烧室的气氛控制难度比较大，容易引起材料表面脱碳。解决这一问题，可以考虑采用带气氛保护的燃气加热炉，天然气在辐射管内燃烧（而不是在炉膛内直燃），通过辐射方式加热炉膛，炉膛内辅之以氮气保护气氛，可以达到比较好的加热效果。图30-25所示为带氮气保护的燃气加热炉。

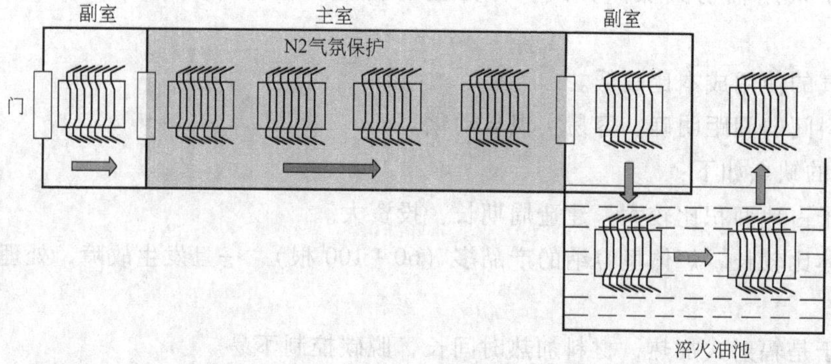

图 30-25 冷成形稳定杆所采用燃气式加热炉

6.3.4 稳定杆成形

（1）热成形 实心稳定杆除了细线径（$\phi<16$mm）之外，都采用热成形工艺。经过加热后的稳定杆材料在专用成形机（也称为成形模）上成形，成形机是整个热成形工艺中的关键设备。一种产品对应一台成形机，专用性强，在产品工艺开发过程，稳定杆供应商的中心任务之一就是根据顾客输入的硬点和稳定杆装配尺寸空间设计稳定杆成形机，因此能否在规定期限内设计出质量特性完全满足顾客要求的成形机成为衡量供应商开发能力的标志之一。其次能否设计与之配套的专用检具——稳定杆量规（半成品和成品阶段）也是工艺开发过程中一项比较主要的任务。图 30-26 所示为实心稳定杆热成形机。

图 30-26 实心稳定杆热成形机

（2）冷成形 主要用于空心杆成形，细线径实心杆有时也用冷成形工艺。冷成形的主要设备为 CNC 弯管机，成形设备来源比较普遍，德国、意大利、我国台湾都可以供应不同规格的现成弯管机，国产弯管机也开发成功，只是不同产地弯管机的质量水平和刚性存在差距。相比热成形，冷成形工艺相对简单，只要按照指令输入程序即可完成稳定杆的成形。

6.4 稳定杆热处理概述

6.4.1 稳定杆热处理基本知识

稳定杆材料中碳和合金元素的作用。

（1）碳（C） 碳是决定稳定杆热处理后组织形态和硬度的主要元素，含量在 0.2% ~ 0.6% 不等。碳属于扩大 γ 相元素，碳在奥氏体中最大溶解度为 2.11%；而在铁素体中溶解度仅为 0.0218%，热处理淬火冷却速度足够快，溶于奥氏体中的碳元素来不及析出，形成 α 铁中过饱和固溶体，通常称之为马氏体。马氏体形态和硬度主要取决于马氏体本身的含碳量。

1）w(C) <0.3% 的低碳马氏体，也称为板条状马氏体，低碳马氏体形态呈束状，组织位向 {111}，亚结构以位错为主，硬度较低（<45HRC），塑性与韧性好，在 A→M 转化过

程中组织应力低。

2）$w(C)\geqslant0.3\%\sim0.5\%$ 的混合型马氏体，组织中既存在板条状马氏体，也存在片状（针状）马氏体（高碳高氏体）形态，两者比例取决于含碳量。混合型马氏体的力学特性差异大，含碳量下限力学特性接近低碳马氏体，含碳量上限力学特性接近于高碳马氏体，硬度和组织应力表现同样如此。

3）$w(C)>0.5\%$，组织形态以片状马氏体（高碳马氏体）为主，显微镜下马氏体形态呈片状或针状，组织位向｛259｝，亚结构以孪晶为主，马氏体片存在中脊，硬度高（≥60HRC），在A→M转化过程中组织应力高。

（2）硅（Si） 稳定杆材料中硅有时不作为特意添加的合金元素，而Si-Mn系和Si-Cr系钢种中Si作为合金元素存在。Si属于缩小γ相元素、非碳化物元素，对细化晶粒作用不大。Si最大的优点在于奥氏体化过程中能溶入铁素体，强化铁素体作用明显，回火过程溶入铁素体中的Si再析出，需要增加能量，表现为含Si材料有很好的回火稳定性。由于Si有强化铁素体作用，含Si的稳定杆材料有比其他钢种有更高的抗拉强度和屈服强度与弹性极限，$\sigma_{0.2}/\sigma_b>0.9$。作为合金元素Si能使等温转变曲线右移，但作用不很强烈。

（3）锰（Mn） 平均锰含量小于0.8%不作为合金元素，只作为冶炼过程为消除硫危害性而加入的元素。平均锰含量超过0.8%，视为合金元素。锰能使等温转变曲线强烈右移，使材料的淬透性增加。Mn属于扩大γ相元素和弱碳化物元素，细化晶粒作用不大，含Mn钢容易过热，晶粒比较粗。

（4）铬（Cr） 弹簧钢中经常添加的合金元素，Cr属于缩小γ相和中等碳化物元素，能和碳形成M_7C_3和$M_{23}C_6$两类合金碳化物，细化晶粒的作用不如V。Cr也是促使等温转变曲线右移元素，能提高淬透性，但作用不如Mn和B，在弹簧钢中添加量（平均值）不超过1%。

（5）钼（Mo） 经常出现在高速工具钢、工具钢、不锈钢中的合金元素，弹簧钢中很少添加，Mo属于缩小γ相和强碳化物元素，细化晶粒作用明显，但稍差于V和Nb。稳定杆用30CrMoA不属于弹簧钢专用钢种。

（6）钒（V） V是性能优异的合金元素，仅需添加少量钒0.05%～0.15%，就能使材料性能发生很大改善。V属于缩小γ相元素和强碳化物元素，VC属于简单立方晶体，分布弥漫，并且在较高温度下VC不会聚集粗化，因而细化晶粒作用极其明显，含V的钢晶粒极细，是十分优异的弹簧钢，但由于50CrVA含碳量较低，硬度较低，且回火稳定性和屈强比不如含硅钢种，近年来逐渐被Si-Cr钢取代。

（7）硼（B） 使等温转变曲线强烈右移的元素，只需添加极微量0.0003%～0.004%即能使钢的淬透性大大提高。常用添加量为0.0005%～0.004%，超过0.004%淬透性反而下降。B还有净化晶界作用，稳定杆空心管使用添加Mn和B的低碳合金钢能在水和水剂淬火液中淬透。

6.4.2 热成形稳定杆材料加热

热成形稳定杆材料加热，确切地讲，系指对端头锻造完成的稳定杆棒料进行加热，通常采用的加热方式有中频感应加热和燃气加热，因为热成形本质上属于压力加工类（锻压）成形方式，加热温度（始锻温度）一般较高，在950～1000℃左右。

6.5 稳定杆的淬火

（1）淬火 无论是实心杆还是空心杆，淬火是必经的工序。影响稳定杆淬透性、淬火组织和硬度的因素在6.4.1中已述。总体上实心杆淬火组织以片状马氏体为主，淬透性好，硬度高组织应力大，淬火冷却介质以油为主。空心管材料淬火组织基本以低碳马氏体为主，含碳量处于上限的材料存在少许片状马氏体，总体上淬透性不如含碳量高的实心杆材料，但淬火应力小，可以用冷速激烈的介质水或水基淬火液。

（2）淬火剂

1）淬火油：常用2号淬火油，冷却性能缓和，过冷奥氏体最不稳定区冷却速度低于水，但是在组织发生转变的 *Ms* 点的冷速也小，因而用油作为淬火剂组织应力小。淬火油价格高、易燃是其缺点。

2）水：价廉、易得、清洁。在过冷奥氏体最不稳定区冷却速度高于油，但是在组织发生转变的 *Ms* 点冷速也大。一般合金钢组织应力大，采用水作为淬火剂易开裂，但低碳马氏体钢组织转变应力小，可以用水作为淬火剂。

3）水基淬火液：使用最广最有代表性的当数PAG淬火液，学名聚烷撑乙二醇。PAG存在逆溶现象，所以在过冷奥氏体不稳定区冷却性能接近于水，*Ms* 点温度附近冷却性能接近油。理论冷却性能优异，实际使用由于聚合物成分附着于工件，不断被工件带出，影响冷却性能的稳定性，需要经常测定和补充是其不足。

4）稳定杆淬火冷却介质推荐表30-12所列。

表30-12 稳定杆材料常用淬火冷却介质

稳定杆	材 料	淬火冷却介质
实心	60Si2Mn、55CrMnA(55Cr3)55SiCr、(54SiCr6)	油
空心	30CrMoA、20Mn2B、26MnB5、34MnB5	水(和水基淬火液)、油(30CrMoA)

注：1. 表30-12推荐的稳定杆淬火冷却介质，但不是绝对的，有的企业对弹簧钢一类的材料采用水+PAG（有机聚合物）的复合介质进行淬火，也是一种选择。

2. 建议选用带传送机构的淬火槽，保证材料的充分冷却，淬火冷却介质建议采用温控和介质搅拌装置，减少由于淬火冷却介质因素所造成的工件变形量增加。

6.6 稳定杆的回火

淬火完成后，需对稳定杆进行回火处理。将经过淬火的工件重新加热到适当的回火温度，保温一段时间，使其完成相组织转变，然后在空气、水或油等介质中冷却。回火的目的在于减低或消除稳定杆淬火后的内应力，降低硬度，提高延展性和韧性，也为提高稳定杆的疲劳耐久性能打下组织基础。

（1）回火设备 常用的回火设备有连续式回火炉和周期式回火炉，回火炉的加热能源可采用电、燃气或者柴油。

1）连续式回火炉：通常采用链条输送方式的回火设备，稳定杆在链条拖动下经过加热系统构建的温度场，达到逐根连续回火的一种设备。图30-27所示为连续式回火炉。

图30-27 连续式回火炉

2）箱式回火炉：属于周期期性回火设

备，稳定杆置于固定架工位器具，送入回火炉后，在封闭空间进行回火。回火过程中，稳定杆处于固定的位置，考虑批量生产效率，一般装载量比较大，可达 40~100 根。箱式回火炉回火的生产方式属于逐批周期性生产。

（2）稳定杆回火工艺与硬度　表 30-13 所列为稳定杆回火推荐温度和硬度参考值，由于在稳定杆成形过程加热方式差异，所用淬火剂不同，淬火硬度一致性较差，表 30-13 所列数值仅供参考。

表 30-13　稳定杆回火温度和硬度值

类　型	牌　号	回火温度/℃	硬度/HRC
实心杆	50CrVA	380	46~49
	60Si2MnA	440	46~49
	55CrMnA	420	43~46
	55SiCr	420	48~51
空心杆	30CrMoA（国产无缝管）	250	45~48
	26MnB5（进口）	200 或者不回火使用	36~42
	34MnB5（进口）	200	44~47

7　稳定杆的冷校正、喷丸及其他工艺

7.1　冷校正

稳定杆冷校正是一种自检工序，由于前道成形和热处理等工序的工艺参数存在不同程度变异，造成稳定杆回火之后，形状存在一定的离散性。稳定杆在回火之后需要用专用检具将稳定杆形状与标准检具（见图 30-28）进行 100% 核查，对偏离标准检具的部位用人工进行校正。由于使稳定杆形状产生离差的原因错综复杂，目前还无法做到稳定杆变形自动校正。

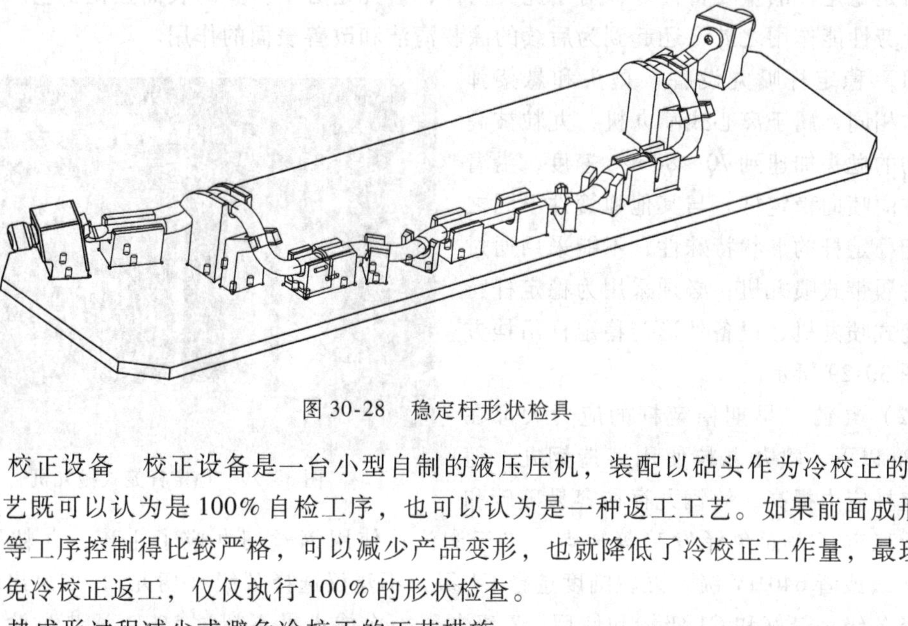

图 30-28　稳定杆形状检具

（1）校正设备　校正设备是一台小型自制的液压压机，装配以砧头作为冷校正的模具。冷校正工艺既可以认为是 100% 自检工序，也可以认为是一种返工工艺。如果前面成形、淬火、回火等工序控制得比较严格，可以减少产品变形，也就降低了冷校正工作量，最理想能够做到避免冷校正返工，仅仅执行 100% 的形状检查。

（2）热成形过程减少或避免冷校正的工艺措施

1）成形前棒料加热温度控制尽量精确，温度变差控制在 ±10℃ 范围内为宜。

2）成形模具设计调试工作做到精益求精，生产过程发现变差即时修正。

3）成形温度控制，也就是成形节拍控制好，保证产品在模具中停留时间相同，产品终锻（压）温度保持相同，使产品淬火入油的温度变差足够小。

4）保证淬火油的较小的温度变差，从而保证产品淬火变形的一致性。

5）回火炉的温度变差足够小，回火炉的温度公差控制到 ±5℃以内。

6）淬火入油、回火摆放稳定杆的姿态一致，确保稳定杆入油条件和回火温度的一致性。

7）淬火时使用夹具淬火，控制淬火变形。

（3）冷成形过程减少或避免冷校正的工艺措施

1）保证 CNC 弯管机的精度，在生产过程中尽量减少设备变差而引起的产品形状误差。

2）保证冷弯材料的一致性，减少冷弯时材料的回弹不一致引起的产品形状误差。

3）减少淬火加热温度变差和由于弯管形状变化引起的温度场差异。

4）约束淬火，是减少弯曲后稳定杆淬火变形的一种比较好的方法。

5）改变冷成形热处理工艺，使用已经经过强化材料进行冷弯，弯制后去应力退火即可。

（4）冷校正操作注意点

1）冷校正点位置应选择稳定杆应力相对较小的区域，禁止选择最大应力区所在位置作为校正点。

2）鉴于冷校正还是以人工操作为主，从事冷校正工作的操作工必须经过培训后上岗。

3）在作业指导书上以图示或文字描述方式标明校正点禁区。

7.2 喷丸

稳定杆是一种特殊形状的弹簧，在车辆运动过程中，承受交变应力载荷，所以稳定的疲劳寿命是稳定杆的重要特性。针对于此类构件，喷丸是必不可少的表面强化工艺。喷丸除了提高疲劳性能作用之外，还起到为后续的涂装清洁和改善表面的作用。

（1）稳定杆喷丸设备　抛头和悬架弹簧基本相同，属于离心式喷丸机，丸粒被高速转动的抛头加速到 70～80m/s 速度，沿着切线方向喷向稳定杆。与其他弹簧件不同之处在于稳定杆的形状特殊性，不能采用通过式或者履带式喷丸机，必须采用为稳定杆特制的笼式喷丸机，设备外形与稳定杆吊挂方式如图 30-29 所示。

图 30-29　稳定杆笼式抛丸机

（2）丸粒　早期稳定杆的应力大都在 600MPa 以下，喷丸丸粒使用铸造钢丸，随着稳定杆应力提高，铸钢丸存在容易破碎和喷丸后稳定杆表面色泽发暗等缺点，趋于淘汰，使用钢丝切丸成了主流，丸粒硬度选择 560HV 级或者 640HV 级。丸粒圆度选择 G1 级，不建议选择 Z 级（切丸），如果出于成本考虑选择 Z 级，最好和 G1 级掺和使用，Z 级丸粒一次掺入量不超过 5%，逐步过渡。稳定杆喷丸丸强度推荐见表 30-14 所列。

表 30-14　稳定杆喷丸丸粒和强度推荐

钢丝切丸丸粒尺寸	覆盖率	喷丸弧高(A 试片)
0.6～1.2mm	≥80%	>0.3mmA

(3) 喷丸强度　稳定杆所要求的抛丸强度随着稳定杆产品的疲劳强度（对应着疲劳应力）高低要求不同，高应力的产品抛丸强度要求较高，低应力的产品要求较低。定量测定成品表面的残余应力最能够反应喷丸效果。但残余应力测试设备比较昂贵，测试周期比较长，现场工艺使用喷丸覆盖率和测量阿尔曼试片弧高的方法评价喷丸工艺效果。

(4) 组合喷丸技术　高应力稳定杆，可以采用组合抛丸技术，就是使用不同丸粒对稳定杆进行多次喷丸，从而达到比较好的残余应力分布。使得表面残余压应力较高，次表面残余压应力更大、更深。组合抛丸有助于大幅度的提高稳定杆的疲劳寿命。

(5) 内壁喷丸　高应力壁厚薄的空心杆，需要进行内壁喷丸。采用压缩空气驱动丸粒，将专用喷嘴插入空心稳定杆内，要求喷射出的丸粒方向集中于稳定杆内壁的高应力位置，达到内壁强化，提高产品疲劳寿命的目的。内壁喷丸对提高壁厚较薄空心杆的疲劳寿命十分有效，但囿于成本和生产效率，内壁喷丸工艺目前没有在量产产品上全面推广。

7.3　涂装前套环压装

稳定杆涂装前，需要实施一些其他工艺，其中最重要的是定位套环的压装。定位套环是为了防止稳定杆中间硬点在受到侧向力之后发生左右横向滑动而设计的一种止推装置。定位套环固定在稳定杆橡胶件的外侧或内侧，一般有两个定位套环。

(1) 定位套环压装 有多种材料和设计方式，根据设计和工艺要求，定位套环压装工序有的安排在喷丸之后，涂装之前进行，有的安排在涂装后进行。

(2) 套环的材料和装配　一般可以分为：

1) 钢制套环，一般采用低碳钢，例如：10 钢，套环在涂装之前装配。

2) 低碳钢椭圆形套环、橡胶套环、铝合金套环、尼龙套环，套环在涂装后装配。

(3) 套环的压装设备 是一种特殊设计的双头液压压机，辅助以套环的压装模具，套环在液压压力作用下，内径变形缩小，以过盈的方式固定在稳定杆图样所定义的尺寸位置。使用液压压装的套环，抵抗侧向力的能力强，成品测试侧向力可以达到 5000N 左右。

8　稳定杆表面涂装工艺

稳定杆在完成成形、热处理、冷校正以及表面喷丸后（或者压好钢制套环后），接着要对稳定杆进行表面防腐处理，也是对稳定杆进行表面涂装。稳定杆常用的涂装方式，有粉末涂装和阴极电泳两种方式，两种涂装方式的前处理均需经过磷化处理。某些有特殊防腐蚀要求的稳定杆，需要在阴极电泳后再进行粉末涂装，即双层涂装。稳定杆的涂装工艺和防腐蚀考核要求与悬架弹簧基本相同，不同之处在于稳定杆产品尺寸结构比悬架弹簧大，所以稳定杆的涂装生产线比悬架弹簧更加宽大。具体工艺过程可以参照第 27 章第 7 节。

除了工艺过程与悬架弹簧基本相同之外，稳定杆的涂装还有些特殊的要求，主要是对于稳定杆的端部孔的平面，为了保证连接杆的螺母装配扭矩的要求，需要较薄的涂层厚度，一般涂层的厚度要求 $<20\mu m$，对于该要求，一般采用的是浸漆的解决方案。有些顾客对于端部的涂层厚度要求 $20\sim80\mu m$，并且对端部的涂层盐雾腐蚀要求不低于对杆身的要求，针对此类产品的端部涂层要求的提高，需要采用局部涂装的专门解决方案，因牵扯到企业工艺

KNOW-HOW 不详细展开。

9 稳定杆橡胶支承黏接工艺

9.1 稳定杆橡胶支承结构

（1）滑动式橡胶支承 这种结构橡胶为纯橡胶件，内孔与稳定杆外径的过盈度比较小，内部无骨架，径向刚度和扭转刚度比较小。滑动式橡胶支承外形见图 30-30。这种结构的橡胶件，尤其是在寒冷的气候下，无法避免摩擦产生的噪声，北方的车辆驾驶者对此可能比较常见。

（2）抱紧式橡胶支承 结构如图 30-31，抱紧式橡胶支承内表面与稳定杆外径配合后有比较大的过盈预紧力，这种结构的橡胶支承一般设计为双层橡胶的结构，橡胶中间辅助以骨架增强。骨架的材料可以选择金属和非金属材料。在稳定杆受力扭转时，橡胶支承和稳定杆之间无相对滑动，但内层橡胶的会发生变形。这种橡胶支承一般径向刚度和扭转刚度都比较大。采用该结构的橡胶可以在一定程度上降低噪声的产生，但是随着车辆使用年限的延长橡胶老化，冬季缓慢地行驶在颠簸的路面，噪声比较明显，无法避免。

图 30-30 滑动式橡胶支承

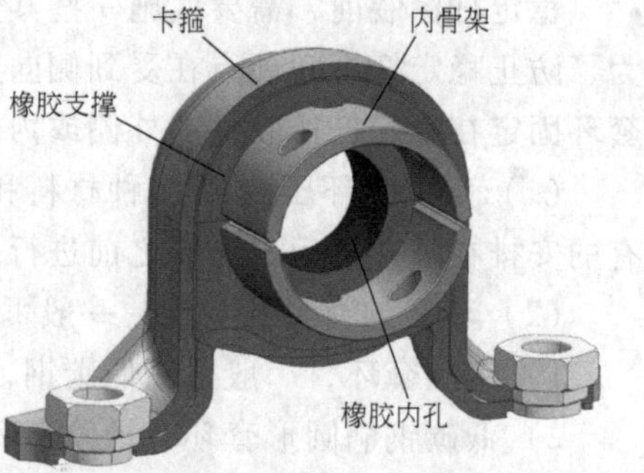

图 30-31 抱紧式橡胶支承

9.2 硫化黏接橡胶

硫化黏接的橡胶可以采用上述的两种橡胶结构，采用橡胶硫化技术，把橡胶固定黏接在稳定杆的表面，从而达到避免噪声的目的。

1）硫化黏接橡胶的工艺：

a）直接硫化方式：用混炼后的生胶直接硫化黏接在稳定杆的表面，俗称一段硫化黏接。

b）后硫化黏接：采用已经硫化完成后的橡胶支承，通过硫化的方式，把橡胶支承黏接在稳定杆的表面。俗称二段硫化黏接，目前使用比较广泛的是后硫化黏接的技术。

2）后硫化黏接技术工艺以及检验：

a）橡胶件准备：准备过程见图 30-32，图中硫化助剂也可以涂覆在稳定杆表面，如果硫化助剂涂覆在稳定杆表面，橡胶件只需清洁即可；

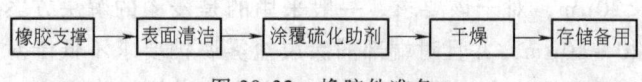

橡胶支撑 → 表面清洁 → 涂覆硫化助剂 → 干燥 → 存储备用

图 30-32 橡胶件准备

b）硫化黏接：橡胶支承或稳定杆装配位置表面已经涂覆好硫化助剂，用夹具的夹紧施加预紧力把橡胶紧固在稳定杆表面，在硫化设备内局部加热，或者是在加热炉内对稳定杆进行整体加热。完成后拆卸夹具，后硫化黏接完成。图 30-33 所示为硫化黏接示意图。

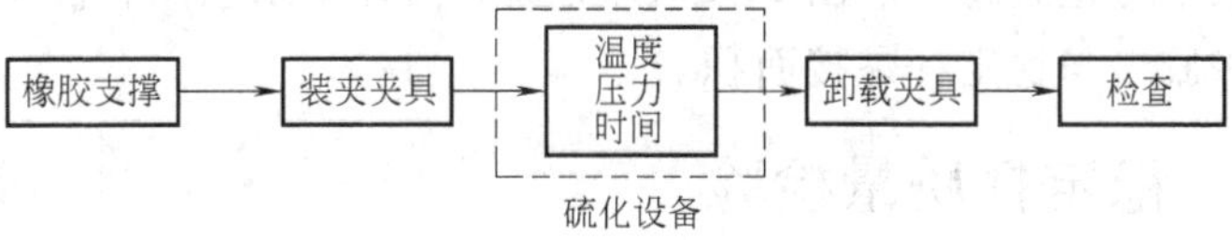

图 30-33 硫化黏接示意图

3）硫化黏接设备：一般由供应商专门研发，设备的具体结构与工艺同样作为 KNOW-HOW 保密。整体加热的设备就是一个类似于回火炉的装置，图 30-34 描述的是局部加热的设备原理，局部加热的设备采用的是感应加热方式，比较节省能源，并且对橡胶的性能的变化影响较少。

4）硫化黏接质量检验：硫化黏接完成后，对稳定杆上橡胶件硫化与黏接质量的评判，目前尚没有专门的质量评判标准，现阶段采用的评价方法为黏接力和黏接面积评价法。

a）黏接力评价：样本取自硫化完成后并且橡胶件已经黏接好的稳定杆，仿照整车装配状态进行轴向推力试验，记录破坏撕裂时的最大载荷，作为黏接力的检验结果。图 30-35 为硫化黏接轴向推力试验图，撕裂破坏力多大作为合格标准，按照主机厂图样或者相关技术标准评价。

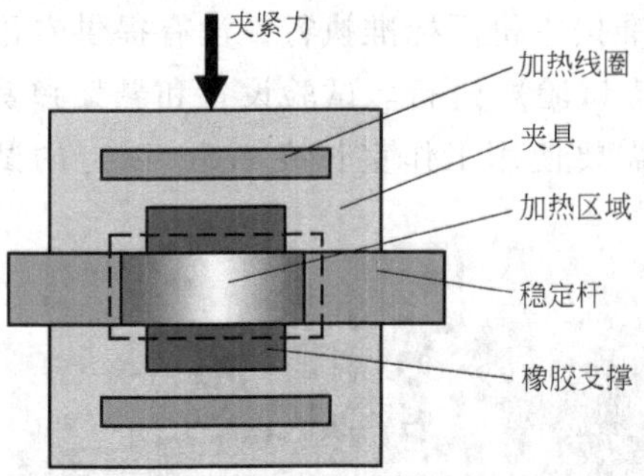

图 30-34 后硫化黏接局部加热原理图

图 30-35 硫化黏接轴向推力试验图

b）黏接面的评价：轴向推力试验完成后，得到破坏后的稳定杆和橡胶残件，需要对橡胶的撕裂面进行评价。撕裂面的评价标准是橡胶破坏总面积中，黏接面积达到 80% 以上就是可以接受的。正常情况下，橡胶件破坏后黏接面积所占比例越大，轴

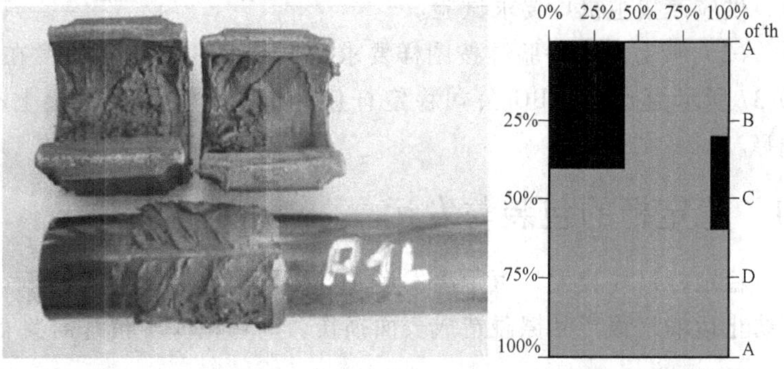

图 30-36 对撕裂面评价示意

向的推力也就越大。图 30-36 为对撕裂面评价示意图，图中绿色部分为黏接面积，黑色部分为橡胶未与稳定杆黏接面积。

10 稳定杆质量检验

10.1 尺寸检验

1）设计阶段和工艺开发阶段：首件样品和 OTS 样品主要使用三维坐标测量仪对稳定杆尺寸进行全尺寸检验。

2）专用检具验收：使用三维作标测量仪对专用检具轮廓线进行全尺寸检验，检查专用检具是否能够包含图样所有尺寸，并对量具测量能力（MSA）做出评价。

3）量产阶段：生产现场主要使用专用检具。需要配备针对冷弯后、冷校正后及成品阶段三套不同的检具。

4）质量评审、产品审核一般以专用检具检验，有疑问时用三维坐标测量仪进行复核，最终以三维坐标测量仪测得的数值为准。

10.2 性能检验

（1）涂层检验

1）目视检验：主要检验稳定杆涂层外观，现场和实验室必须配备可供比对的边界样品。

2）涂层厚度检验：现场使用磁性测厚仪，测厚仪的校正与检验方法与悬架弹簧相同。

3）盐雾试验与气候循环试验：主机厂有专用标准按主机厂标准执行，没有提供专用标准试验方法按 GB/T 10125《人造气氛腐蚀试验　盐雾试验》进行。试验设备和悬架弹簧相同，由于稳定杆尺寸较大，做盐雾和气候循环试验需要使用工作室长度 1.5m 以上的试验箱，如供应商试验设备工作室尺寸不够，在顾客同意前提下，也可以从稳定杆中截取一截样品或者用样板进行试验验证。

4）其他实验室耐蚀试验项目，如刻画试验、石击试验、常温冲击和冷冻冲击试验方法皆与悬架弹簧相同。试验要求各主机厂会有所差异，供应商按主机厂要求试验。

图 30-37　德国 IABG 公司稳定杆疲劳试验台架

（2）疲劳寿命检验　按图样要求的试验条件与扭转角度在专用试验架上进行试验。图 30-37 所示为德国 IABG 公司稳定杆疲劳试验台架，在台架上有常规疲劳和盐雾疲劳两种选择。

11 稳定杆的包装与发运

稳定杆尺寸较大，短距离发运一般用可回收的专用周转箱，长距离以木箱形式发运。为了防止运输过程产品擦碰造成表面损伤，周转箱或木箱都需要有相应的固定装置。

第31章　弹簧渗氮处理

1　弹簧渗氮适用对象与适用于渗氮的材料

1.1　弹簧渗氮适用对象

（1）弹簧渗氮　在低于 Ac_1 温度以下，弹簧置于渗氮炉内，通入含有氮的气体（NH_3），含氮气体分解出具有活性的氮原子，渗入弹簧表面。从而形成具有高硬度、高耐磨性、压应力的渗氮层，达到提高弹簧疲劳性能和抗松弛性的目的。

（2）弹簧渗氮技术的进展和发展　弹簧表面渗氮的思想起始于20世纪80年代，由于当时材料无法在普通渗氮温度下接受渗氮，而在超低温下渗氮效果不佳，所以一直处于探索之中。21世纪初神户制钢首先开发出可用于渗氮的新材料OTEVA90SC，近来新日铁又开发出用于渗氮的另外两种材料OTEVA91SC、OTEVA101SC，为弹簧渗氮提供了材料保证。即使如此弹簧渗氮还涉及一系列工艺问题，渗氮工艺日本弹簧企业处于前列，具体工艺处于保密状态，细节不对外公开，也无文献可以查照。我国弹簧渗氮处于起步状态，虽然有个别弹簧企业已经引进或购入渗氮设备，但对弹簧渗氮理论研究和工艺开发仍处于摸索阶段，有些遇到主机厂指定必须渗氮的弹簧产品，交给专业热处理厂代工，质量也不过关，表现为白亮层厚度不均匀，渗层脆性大等。本章属于首度公开发表的研究资料，对弹簧渗氮过程理论和工艺研究进行了比较系统的阐述，同时介绍了世界上一些先进的渗氮设备和工艺供读者参考。

（3）渗氮工艺适用的弹簧产品　目前主要用于高应力离合器减振弹簧和气门弹簧。

1.2　适用于渗氮的材料

适用于渗氮的材料有 OTEVA90SC、OTEVA91SC、OTEVA101SC 三种，目前也有用 OTEVA70SC（SWOSC-V）、OTEVA75SC（SWOSC-VHV）、OTEVA76SC 进行渗氮的尝试，生成的渗氮层薄，而且心部硬度下降显著。前三种为渗氮研发的材料共同特点：

1）含碳量较高（$w(C)$：0.5%～0.7%）材料，热处理后具有高强度。

2）高含硅量，平均Si含量为2%或更高。Si属于强化铁素体元素，除能有效地提高材料屈强比之外，还能提高材料的回火稳定性，材料在较高渗氮温度450～470℃下仍能保持高强度（高硬度）。

3）材料中多种元素既是强碳化物元素，也是氮化物元素。渗氮过程形成的氮化物具有极高硬度，起到第二相粒子强化作用。

4）少量多元合金强化方案。

5）Mo元素降低材料在第二类回火脆性温度下长期停留造成韧性下降的风险。

2　弹簧渗氮设备和渗氮炉气材料

2.1　弹簧渗氮设备

（1）井式炉 常用为带炉罐（渗氮罐）的井式炉，外形和内部结构如图31-1所示。国产井式渗氮炉生产企业众多，质量良莠不齐，炉罐一般为奥氏体不锈钢制作，内壁没有经过涂覆处理。近年来有些渗氮炉带预抽真空功能，能显著节省换气时间。如果顾客有要求也可配套氢探测仪，自动控制氮势。

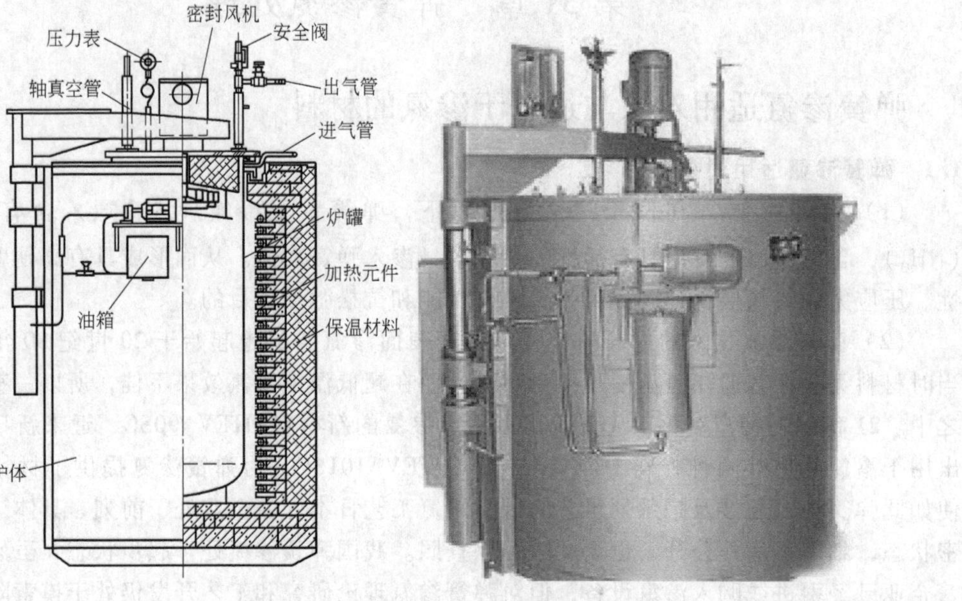

图 31-1 井式渗氮炉外形和结构

井式渗氮炉一般安装在基础坑内，弹簧放入料筐之后，用行车吊起料筐放在炉内加热。渗氮炉的炉盖由电动机经减速机带动，自动升降，炉盖关闭后，另有压紧螺栓保证渗氮炉真空密封性。先抽真空，后通入氨气进行渗氮处理。用于渗氮的井式炉除了要求密封性能良好之外，还要求炉内气氛浓度均匀，温度均匀，上下和四周各点温度差不大于 ±5℃。炉罐材料一般选用 12Cr18Ni9 奥氏体不锈钢。12Cr18Ni9 材料制造的渗氮罐对氨分解率有催化作用，使用若干次后，催化作用增强，氨分解率不断提高，影响到产品渗氮产物的相结构，为此必须采取加大氨的通量降低分解率，稳定渗氮质量。同时使用一定时间之后，为防止氨分解率过高，稳定质量，需要将炉罐加热到 800 ~ 860℃，空载保温 2 ~ 4h 进行退氮处理。为了解决 12Cr18Ni9 材料炉罐产生的催化作用，通过改变炉罐材料或采用表面涂层的方法，如采用高温搪瓷炉罐，对炉罐表面镀镍、渗铝。采用耐高温搪瓷或者表面经过渗铝的炉罐可以使用很长时间无须退氮，延长了炉罐的使用寿命，提高了炉罐的使用效率。

（2）箱式的渗氮炉　大多数渗氮使用井式炉，但也有外形为箱式的渗氮炉，德国易普森（IPSEN）工业炉公司 CRV 系列预抽真空渗氮炉（可以多用途），该炉外形见图 31-2，产品特点：

1）预抽真空，弹簧表面质量好。

2）氢探头和 Nitro-Profor 控制系统，能精确控制氮势，工艺重复性好。

图 31-2 IPSEN CRV 系列渗氮炉（多用途）

3）可选择带式或鼠笼式加热元件。

4）采用内外双冷却系统，弹簧冷却速度快。

5）可进行前氧化和后氧化处理。

6）箱形外形，配有手动式或自动式料车，方便出炉操作。

7）全部机构设施均布置于地面，设备维护操作简便。CRV 系列渗氮炉主要技术参数如表 31-1。

表 31-1　易普森预抽真空渗氮炉

参　　数		单位	CRV514	CRV1714
使用温度		℃	150～750	150～750
额定功率		kW	80	180
工作室尺寸	*L*	mm	910	1220
	W	mm	610	910
	H	mm	610	910
最大装炉量		kg	600	1500
热区材料		—	特殊陶瓷纤维（带炉罐）	
炉温均匀度		℃	±5	±5
极限真空度（预抽真空阶段）		mbar	40（0.04atm）	
最大充气压力		mbar	1000（1atm）	

2.2　弹簧渗氮炉气材料

1）弹簧渗氮提供活性氮原子材料主要为氨（NH_3），渗氮所用的氨含水量不大于 2%，若含水量超过该值，须用生石灰或硅胶吸附氨中水分。

2）弹簧渗氮过程需要用氮气作为辅助原料，可以根据用量大小选择制氮机。

3　弹簧渗氮基本原理

3.1　基本原理

（1）活性氮原子产生与相组织　氨在渗氮温度下进行裂解，其化学反应式：

$$2NH_3 \rightarrow N_2 + 3H_2;$$

氨裂解之后，产生带活性的 N 原子，活性 N 原子吸附于弹簧表面，在温度（能量）驱动下渗入弹簧表面。

（2）渗氮产物　有两类产物，第一类，与弹簧中 Cr、V、Mo、W 等合金元素形成合金氮化物如：CrN（面心立方结构，显微硬度 1093HV）、VN（面心方方结构，显微硬度 1520HV）；第二类，氮原子渗入弹簧基体，不同的渗氮工艺参数可以形成不同相结构的氮化物，其相结构和性能见表 31-2。

γ'相是弹簧渗氮希望得到的组织，ε相在弹簧渗氮过程难以完全避免，光镜下ε相呈白亮层，当白亮层厚度不超过 2μm 时，可以接受。弹簧渗氮在高氮势下停留时间长，并且后期没有经过退氮处理，可能出现ξ相（Fe_2N，氮含量（11～11.8）%），ξ相具有斜方点阵结构，脆性很大，属于弹簧渗氮过程不希望出现的组织。

3.2　氮势和氨分解率

（1）氮势γ　表征渗氮气氛在弹簧渗氮温度下渗氮能力的热力学度量，是炉气中氨的分压与氢分压的 1.5 次方的比值，其数学表达式：

$$\gamma = \frac{p_{NH_3}}{p_{H_2}^{1.5}}$$

表 31-2 弹簧渗氮可能形成的含渗氮合物

相组成物名称	本质及化学式	晶体结构与点阵常数 /nm	含氮量/(%)	主要性能
γ'相	Fe_4N 化合物为基的固溶体，$Fe_{3-4}N$	面心立方 0.3791～0.3801	5.7～6.1	有铁磁性，硬度较高脆性小
ε相	以渗氮物为基的固溶体，$Fe_{2-3}N$	密排六立	4.55～11	硬度较高，脆性不大，耐蚀性好
ξ相	以 Fe_2N 化合物为基的固溶体，Fe_2N	斜方	11.1～11.8	脆性大(渗氮过程有害相)

(2) 氨分解率　表征炉内氨分解为氢和活性氮原子的程度，一般以百分比表示，用 V 表示。氨分解率与氮势存在数学关系，通过测量氨分解率，可以计算出炉内氮势所处状态。氨分解率易于测得，所以生产中用控制氨分解率百分比的方法，间接控制氮势，氨分解率是弹簧渗氮过程的重要工艺控制参数。

(3) 氨分解率与氮势之间的关系　在固定的渗氮温度下，氨分解率取决于供氨的流量，供氨量越多，氨分解率 V 越低，表示气氛中氮势越高，气氛中活性氮原子越多，其数学表达式如下：

$$V = 1 - p_{NH_3}$$

V 的测试仪是一个带刻有体积百分比的容积瓶（俗称泡泡瓶），在测量时先将炉气充满容积瓶，然后向瓶内注水，由于氨几乎全部溶于水，因此瓶内水所占的体积百分数即为炉气中氨的体积百分数。也等于炉气中氨的分压。炉气中的氮势，除用容积法测出氨分压 p_{NH_3} 通过计算得出氮势必之外，也可以用 PE 氢探头测出氢分压 p_{H_2} 然后通过计算得到炉气中的氮势：

$$\gamma = \frac{1 - V}{(0.75V)^{1.5}} \quad 或 \quad \gamma = \frac{1 - (4/3)p_{H_2}}{p_{H_2}^{1.5}}$$

(4) 氨分解率与温度的关系　当供氨量固定时，温度与氨分解率之间关系如下：渗氮温度越高，氮分解率 V 越高，气氛中活性氮原子相应减少，气氛中氮势越低。

但是并不能由此得出渗氮温度越低，氨分解率越低，气氛中氮势越高对渗氮越有利的结论，错误之处在于第一，氨需要在一定温度下才能分解，其二，弹簧渗氮由三个步骤组成，即活性氮原子吸附于弹簧表面，开始渗入弹簧表面，从表面往里扩散。三个步骤中尤其后二个步骤，需要能量（温度）的驱动才能进行（在热力学讨论中会提到）。表面氮势过高，高浓度活性氮原子聚集于弹簧表面，容易形成高脆性的有害组织 ξ 相。总之氮势高和低具有利与弊的二重性，弹簧渗氮工艺要权衡利弊，寻找出最佳的结合点。

(5) 弹簧渗氮材料　推荐材料 OTEVA90SC、OTEVA91SC 和 OTEVA101SC。三种材料系铃木－加普腾专门为弹簧渗氮开发的钢种，前者坯料来自神户制钢，后两者坯料来自新日铁。钢中含有较高的含碳量和材料强度（硬度）高，并含 Si、Cr、V、Mo、W 和 Ni 等元素，较高的 Si 含量能提高抗钢丝的回火稳定性，有利于弹簧在较高的温度下进行渗氮。三种材料可以在 450～470℃ 条件下渗氮。在获得较厚的渗层条件下，仍能保持较高硬度，但材料成本高昂，一般弹簧生产商与顾客难以承受。有些离合器减振弹簧生产商用价格较廉的 OTEVA70SC 和 OTEVA75SC 渗氮，在 420～430℃ 条件下渗氮。OTEVA70SC 和 OTEVA75SC 渗氮因为渗氮温度低，渗氮层薄，大约为（0.06～0.08）mm，并且渗氮过程弹簧长期在较高温度下停留，心部硬度下降，硬度大约为（48~49）HRC，综合效果不够理想。

4　影响弹簧渗氮的热力学和工艺因素

4.1　热力学因素

（1）弹簧渗氮时氮势浓度梯度　在渗氮温度下，对应于一定时间，在弹簧表面形成最低化合物层的最低氮势称为氮势门槛值。弹簧渗氮的氮势必须超过门槛值，否则渗氮无法进行。门槛值是时间的函数，延长渗氮时间可以降低门槛值。

（2）弹簧渗氮深度与温度的关系　在氮势门槛值之上，渗氮层深度与温度关系，与自然常数 e 为底的热力学温度 T 呈指数关系，与时间呈系数关系。弹簧在渗氮过程温度对渗层深度的影响大于时间的影响。

（3）活性氮原子渗入弹簧的过程　可以分解为几个阶段，在一定的温度下氨分解出活性氮原子，氮原子吸附在弹簧表面，在活化能温度的驱动下氮原子渗入弹簧表面，氮原子在能量温度的推动下向弹簧里层扩散，新的活性氮原子再吸附于弹簧表面，重复上面的过程。弹簧渗氮过程随着渗层厚度增加，自由能（内能）提高。当弹簧内能与外界驱动能达到平衡时，热力学过程趋于平衡，氮原子渗入趋于饱和。进一步增加渗层深度，最有效的方法是打破平衡状态，提高外界的驱动能温度，增加时间也有一定效果，作用不如提高温度明显。

（4）氮势　活性氮原子的供给问题，是弹簧渗氮的重要因素，气氛中必须存在足够多的活性氮原子，使表面弹簧与周围气氛之间，即炉内活性氮原子与弹簧表面有足够的浓度差形成浓度梯度（氮势），氮势相当于一种势能，渗氮开始，利用高氮势气氛，让弹簧表面吸附到足够多的活性氮原子。

（5）氮势、温度和时间的关系　通俗地比喻，氮势提供的是渗氮的原料，性质类似于势能，氮势愈高，炉内气氛与弹簧表面之间浓度梯度愈大，弹簧单位表面积吸附着更多的活性氮原子，氮势解决的是渗氮可能性问题。温度是渗氮的必要条件，决定渗氮过程能否进行，性质好比动能，驱动活性氮原子进入弹簧，并向弹簧内部扩散，解决的是渗氮的速度问题。时间是渗氮的充分条件，解决过程的持续性问题，让这种过程持续地进行。高氮势必须有温度与时间的配合，否则虽然有足够多的氮原子吸附于弹簧表面，却没有足够的驱动能，过多氮原子与铁反应生成有害的脆性 ξ 相。所以在弹簧渗氮过程，氨分解率（即对氮势控制）、温度和时间三者必须相互配合，渗氮方能向可控方向进行。氮势、温度与时间三者都是影响弹簧渗氮的生成物与渗层厚度的重要因素。

4.2　弹簧渗氮工艺性限制条件

（1）根据弹簧使用要求，希望弹簧经过渗氮处理后，材料基体仍能够保持较高的强度（硬度），高应力离合器弹簧和高应力气门弹簧渗氮处理后，心部理想硬度能保持 52HRC 以上。

（2）生产率要求：总时间（包括生产准备时间）控制在 12~24h。

4.3　弹簧渗氮特点

1）温度和时间：弹簧的使用特点决定了弹簧渗氮处理不可能使用比较高的驱动能，如通常渗氮取 480~560℃的温度，时间取几十小时到上百小时，这些渗氮工艺参数对弹簧不合适。

2）弹簧渗氮工艺特点：因为弹簧渗氮温度低、时间短，渗氮氮势门槛值必须高于普通渗氮的门槛值，因此弹簧渗氮要采用比普通渗氮更高的氮势（低氨分解率），但在高氮势下渗氮生成ξ相的风险增加。

3）出于弹簧的性能要求，对OTEVA90SC/OTEVA91SC/101SC材料渗氮温度不能超过470℃，OTEVA70SC和OTEVA75SC材料经过渗氮处理，弹簧基体强度下降显著，不推荐作为弹簧渗氮材料，但出于市场要求，必须渗氮，温度下降至（420~430)℃之间。

4）渗氮工艺：对OTEVA90SC/OTE VA91SC/OTEA101SC材料，可考虑一段法和二段法两种工艺，其他材料只有一段法可取，不具备开展多段渗氮工艺的条件。

5）弹簧表面状态：为了保证活性氮原子吸附弹簧表面，除有足够的活性氮原子供给之外，还要保证氮原子能顺利地吸附于弹簧表面，换而言之，倘若弹簧表面存在阻碍氮原子吸附的因素，同样会影响渗氮效果。通常的影响因素有弹簧表面存在钝化层、油污、锈蚀等，可以通过喷丸的方法对表面进行清理。喷丸清理弹簧表面不宜使用粗丸粒，只需使用细丸粒对弹簧进行轻抛，达到清理目的即可。

5 弹簧渗氮工艺

5.1 工艺准备

（1）炉子和仪表和附属设施检查　在用炉罐时，对其搅拌风扇、电热偶、控温仪表、液氨瓶、流量计、压力计、氨分解测定仪、干燥罐（吸附氨中水分，含水量小于2%可以不用）进行检查，保证各种管路系统与电气系统工作正常，炉内温差小于±5℃。

（2）弹簧盛器清洗　不能存在油污和锈蚀。弹簧盛器长期在渗氮环境下工作易变脆，最好表面镀镍能延长使用时间。

（3）弹簧表面清理和清洁　关系到弹簧渗氮效果的重要因素，应十分重视，方法如下：

1）表面喷丸清理+汽油清洗，或者使用丙酮、酒精作为清洗剂。

2）表面喷丸清理+退磁+超声波清洗，使用超声波，清洗剂不能使用含钙、镁、钠等离子的硬水，也不能使用防锈水，应使用去离子水或纯水。水温约为80℃，以使弹簧清洗之后立即干燥，省去烘干工序，若超声波清洗之后遇到空气表面产生轻微发黄可不必介意，渗氮炉内的氨和氢都是还原剂，在207℃以上氨的还原性甚至于比氢还强，会在炉内与氧发生化学反应，夺取铁表面因氧化发黄层中氧原子，并将其还原成水。

3）喷丸清理注意点：喷丸清理目的与强化不同，只需使用尺寸较小的丸粒，推荐尺寸为0.3~0.4mm，清理时间不能过长，用大尺寸丸粒清理，弹簧表面粗糙度变差，反而可能形成未来的裂纹源。喷丸时间尽可能短，时间过长表面产生变形层，产生钝化作用，阻碍氮原子渗入。弹簧在喷丸之后必须进行退磁处理，防止丸粒碎屑吸附在弹簧表面，退磁后弹簧剩磁强度<3Gs。

4）弹簧清洗之后保持干燥，立即进炉，最长不超过2h。

5.2 弹簧渗氮表面活化和催渗

一般工件渗氮时间从几十到上百小时，弹簧由于渗氮温度低、时间短，更迫切希望缩短这一过程，后面列出实践中总结出的多种催渗工艺方法供选用。

（1）预磷化　弹簧进行磷化处理，表面磷化之后，钝化膜破坏并形成疏松多孔的磷化膜，磷化膜可以杜绝新钝化膜形成，有利于氮原子的吸附和扩散。

（2）氯化铵法（不推荐） 按渗氮炉罐容积和渗氮周期的长短，以0.15~0.6kg/m^3 的加入量与石英砂混合，（NH_4Cl 与 SiO_2 体积之比为1：200），置于炉罐底部。渗氮过程氯化氨缓慢分解出而产生的氯化氢可破坏钝化膜。

（3）四氯化碳滴入法（不推荐） 开始渗氮1~2h内，在通氨的同时，慢慢滴入（10~50）mL四氯化碳于炉罐中，四氯化碳分解出氯气，破坏钝化膜。

（4）预氧化催渗 预氧化催渗工艺在其他工件上已经使用，并取得不错效果，在弹簧上使用未见报道。所谓预氧化就是在渗氮之前将工件加热到350~450℃（如在弹簧上应用只能加热到350~400℃），生成一层厚度为1μm左右的 Fe_3O_4 氧化膜，此薄膜在随后的渗氮过程起到增加活性和催渗作用。预氧化目的使钢件产生轻微氧化，适当地提高表面粗糙度，人为地增加表面人工缺陷（纳米级），使活性氮原子容易吸附。预氧化的催渗机理一般认为钢在500℃以下氧化一段时间，可以获得致密结构的 Fe_3O_4 氧化膜（1μm），在渗氮初期被还原成洁净的新生表面，呈现出很高的化学活性，同时工件表面还有位错露头、台阶和各种表面缺陷形成，悬键形成，具有较低“势垒”使渗剂的被吸附概率和吸附量增加，促使分子断键，在渗氮中起到触媒的作用，从而使活性氮原子渗入过程加快。

以上四种方法，第一种方法可以适当尝试；第二种和第三种方法会产生氯化氢气体，腐蚀弹簧；四氯化碳分解过程中会产生氯气，于健康不利。第四种预氧化工艺在其他钢中取得较好的效果，技术成熟，已经见诸多篇文献报道，虽然对弹簧渗氮的促进效果尚待论证，非常值得尝试。

5.3 渗氮装炉和换气

（1）弹簧装筐进炉 将清洗后弹簧放入筐中，放平摊开，各筐一层层叠放于炉中，注意筐与筐之间留有一定间距，保证炉气循环通畅。

（2）换气

1）传统方法：不升温先进行换气，用氨气替换炉内空气，直至氨气的体积分数达到80%~90%，氧含量降至2%~4%开始升温，因为氨气的密度小于空气，所以通入氨气方法换气的时间长，效率低。

2）氮气取代氨气换气，换气时间可以节约1/2~1/3。这种换气方法也比较落后，除不锈钢渗氮使用之外，其他钢种逐渐改用其他方法。

3）渗氮件进炉之后立即升温法：同时导入氨气，氨在200℃以上自然分解率已达到74.7%，在300℃以上分解率更高，氨本身的还原性比氢高，同时氢亦能和氧反应生成水。氨与氧的还原反应：$4NH_3+3O_2 \rightarrow 2N_2+6H_2O$。

氢和氧反应与氨和氧反应过程的自由能变化 $\Delta E<0$（也即是能量降低的过程，因此这种反应在热力学有充分的理论依据）。这种换气方法简便，生产效率比上两种方法效率高，但气氛的成分与温度场的均匀性较差，易造成弹簧渗氮质量的一致性不好。

4）预抽真空法：目前比较先进的方法，弹簧装炉之后，用真空泵抽去炉内残留空气，待达到一定的真空度之后（国外设备预抽真空后炉内真空度0.04bar），停止抽气，升温并通入氨气，这种方法克服了前几种方法的缺点。现在国外先进的设备都已经用预抽真空法代替传统的换气方法。国内热处理设备厂也可供应具有预抽真空的渗氮炉设备。

5.4 弹簧渗氮温度、时间和氨分解率

1）温度：OTEVA90SC/OTEVA91SC/OTE101SC取450~470℃；OTEVA75SC取430℃；

OTEVA70SC 取 420℃。

2）时间：快速渗氮时间为 6～12h，正常工艺 12～18h（不算准备阶段、换气、升温等辅助性时间）。OTEVA90SC/OTEVA91SC/OTE101SC 使用一段法或二段法，其余材料采用一段法工艺。

3）氨分解率：氮势高低主要取决于氨分解率，在相同温度下氨分解又取决于氨分压，从式 $V=1-p_{NH_3}$ 可知，为了得到高氮势，弹簧表面与活性氮原子之间产生高浓度梯度，必须提高氨分压，换言而之必须加大氨的供应量。弹簧渗氮在开始渗氮的 3～5h，采取比常规渗氮更低的氨分解率，基本上控制到 15%～22%，扩散阶段将氨分解率提高到 40%～60%，以利于氮原子向里层扩散。因为分解率为 10%～40% 时活性氮原子多，零件表面可大量吸收氮。分解率超过 60% 时，气氛中的氢含量在 52% 以上，将产生脱氮作用，此时不仅活性氮原子数量减小，而且大量氢分子和氮分子停滞于零件表面附近，使氮原子不易为表面所吸收，从而使零件表面含氮量降低，渗氮层深度也减薄。氨分解率对渗氮层硬度与深度的影响，主要表现在渗氮初期几个小时内。最后 2～3h 将氨分解率提高到 80% 以上，进行退氮处理，即进一步减少氨供气量（降低氮势，减少活性氮原子量），目的是使氮原子更进一步向深层扩散，表面进一步减少活性氮原子供给量，防止产生含氮量高、出现脆性大的 ξ 相。对已经产生的 ξ 相通过退氮处理使得 ξ 相转变为 ε 相。向炉内的供氨量经过：多到中到少三个阶段。一般渗氮炉均有相应仪器控制氨分解率，先进的渗氮炉，全程氨供气量可以自动控制。

4）退氮处理结束之后，炉子通入氮气，以保持正压，防止外面空气窜入，开始降温。炉温降到 200℃ 以下弹簧出炉，弹簧整个渗氮过程结束。

5）图 31-3～图 31-7 为各种不同材料渗氮工艺图，OTEVA70SC 和 OTEVA75SC 材料不推荐进行渗氮处理，考虑到目前国内有企业在进行这方面的实践，列出作为参考。

6）弹簧渗氮处理之后表面与心部硬度：弹簧渗氮过程长时期在高于普通退火温度下停留，心部强度（硬度）下降不可避免。渗氮处理后，表面硬度 OTEVA90SC/OTEVA91SC > 800HV；心部硬度 > 51HRC。OTEEVA101SC 渗氮处理表面硬度 > 850HV；心部硬度 > 52HRC。OTEVA70SC 渗氮处理表面硬度 > 750HV；心部硬度 ≈ 48HRC。OTEVA75SC 渗氮处理表面硬度 > 780HV；心部硬度 48～49HRC。

7）弹簧渗氮工艺流程图（见图 31-3）。

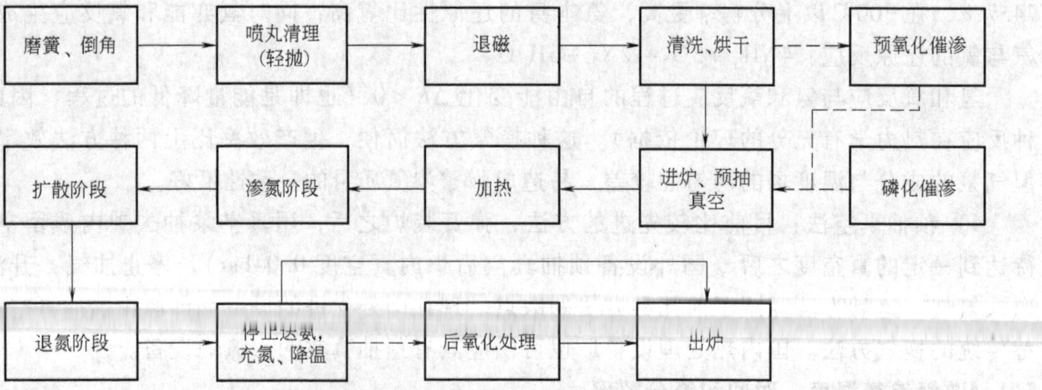

图 31-3 弹簧渗氮工艺流程图

图 31-3 中虚线所示为增加表面活性的催渗工艺，磷化为传统工艺，预氧化为新工艺。两种工艺，只需取其中之一。催渗效果与设备、工艺有关，须经过工艺验证。后氧化工艺根据最终产品色泽要求进行试验验证。先进的渗氮设备已经同时具备弹簧渗氮所需要的预氧化催化后氧化处理功能。相关渗氮工艺如图 31-4～图 31-7 所示。

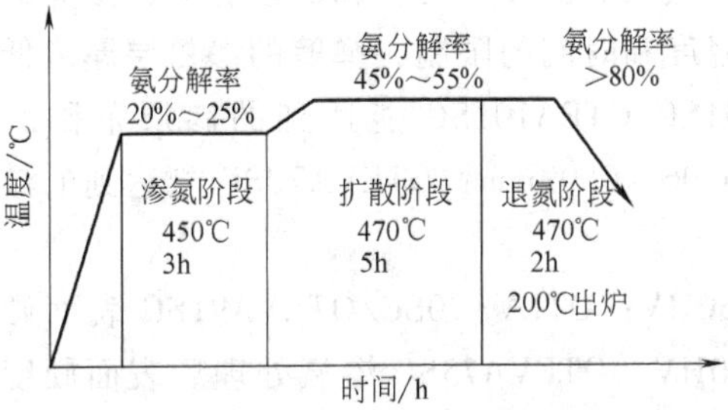

图 31-4　OTEVA90SC/OTEVA91SC/OTE101SC 二段法渗氮工艺

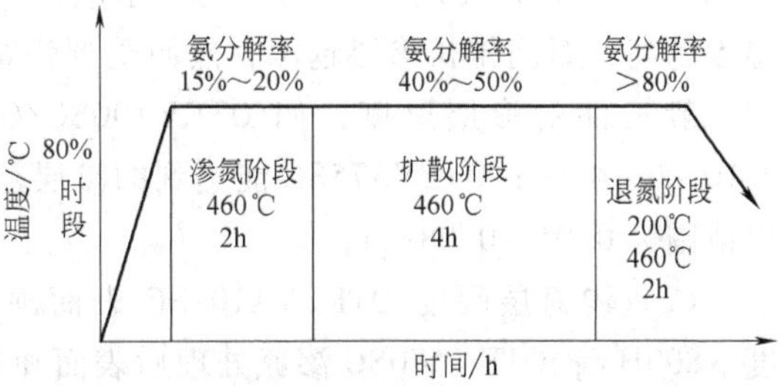

图 31-5　OTEVA90SC/OTEVA91SC/OTE101SC 一段法快速渗氮工艺

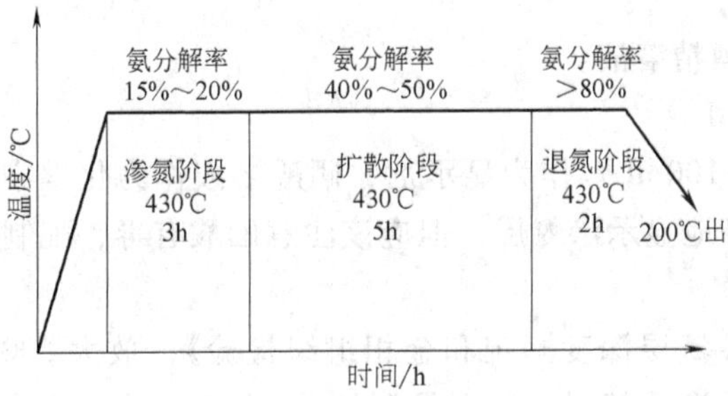

图 31-6　OTEVA75SC 渗氮工艺

图 31-7　OTEVA70SC 弹簧渗氮工艺

5.5 弹簧渗氮后喷丸处理

弹簧渗氮虽然有压应力产生，但渗层薄，压应力的深度分布浅，增加喷丸（2～3）次，可以使压应力值和压应力层深度进一步提高。但弹簧经过渗氮处理，表面强度（硬度）明显提高，缺口敏感性相应提高，保证表面粗糙度的意义尤其重要，喷丸虽然可以进一步提高压应力，但如果因此造成弹簧的表面粗糙度上升，尤其是当渗氮层组织的相结构不完美、存在脆性相或喷丸造成表面微裂纹，有利作用被有害因素抵消，综合起来不利于疲劳寿命提高。如果渗氮层表面存在脆性 ξ 相，弹簧喷丸过程中脆性 ξ 相表面会发生崩裂，形成疲劳源，反而增加疲劳风险，实践中已经发现弹簧渗氮后疲劳寿命不仅没有提高反而降低的现象。因此弹簧经过渗氮之后喷丸工艺要慎重，首先判断弹簧渗氮之后表面是否存在脆性相，如存在脆性相，喷丸弊大于利，反之则利大于弊。在相结构正常前提下，渗氮之后再喷丸，两者的有利因素起到叠加作用。弹簧渗氮之后进行喷丸应从表面粗糙度和压应力之间做权衡，不推荐大丸粒高强度喷丸，采取小丸粒中低强度二次喷丸处理比较适宜。第一次喷丸丸粒尺寸 0.5mm，喷丸弧高 0.25～0.35A，第二次喷丸丸粒尺寸 0.30mm，喷丸弧高 0.15～0.25A。也可参考铃木-加普腾所推荐的喷丸工艺。

6 弹簧渗氮层相结构和深度检测

6.1 弹簧渗氮层相结构

（1）相结构　渗氮弹簧从外向内，表层不允许出现脆性极大的ξ相。允许出现深度不大于0.002mm 的白亮层（ε相）。再往里应为γ′相。渗氮层的深度和材料和工艺有关，渗氮的温度越高，时间越长渗层越深，然而受到弹簧渗氮温度和时间的限制，弹簧的渗氮层厚度低于一般工件的渗层厚度，如 OTEVA90SC/OTEVA91SC/OTEA101SC 能达到的渗层范围为0.10～0.14mm；OTEVA75SC 能达到的渗层范围为0.06～0.09mm；OTEVA70SC 能达到的渗层范围为0.05～0.08mm。

（2）渗氮层硬度 OTEEVA101SC 表面硬度 >850HV；OTEVA90SC/OTEVA91SC 表面硬度 >800HV；OTEVA70SC 渗氮处理后表面硬度 >750HV；OTEVA75SC 渗氮处理后表面硬度 >780HV。

6.2 渗氮层深度检测

（1）金相法

1）腐蚀剂：

① 2%～4% HNO_3 酒精或 3%～4% 苦味酸酒精溶液。

② 硫酸铜 4g + 浓硫酸或盐酸 20mL + 水 20mL。

③ 硒酸溶液（硒酸 10mL 盐酸 10mL、酒精 100mL）作为显示剂，硒酸溶液作为化学染色剂，渗氮扩散层上染上蓝色硒膜，因而能良好地显示渗氮层。但应该注意硒酸有毒，配制硒酸溶液最好在通风柜中操作。

2）检测方法：按 GB/T 11354《钢铁零件渗氮层深度测定和金相组织检验》，放大 500 倍光镜下测量。先用腐蚀剂进行腐蚀式样，显示渗透氮层，测至最深处的 γ′ 相针的位置作为终点。因为金相法无法显示氮在 α 铁中或合金铁素体中的固溶体，所以一般测得的深度低于硬度法。

3）组织形态：正常渗氮层组织，不允许出现游离铁素体、网状、鱼骨状或针状渗氮物。弹簧渗氮层没有图谱，推荐借用《汽车、摩托车钢质活塞环氮化（渗氮）深度测定及金相组织检验》（标准报批稿）中所列金相图谱。

（2）硬度法　按 GB/T 11354《钢铁零件渗氮层深度测定和金相组织检验》方法，取弹簧或者样棒的纵剖面，将样品磨成如图 31-8 中深色部分斜坡状，图中为了增加斜坡厚与薄的对比感，于最厚和最薄处作了夸大处理。根据弹簧渗氮层厚度，于最薄处只需在原来厚度基础上磨去 0.3mm 左右即可，然后将磨好的样品磨面向下放平进行镶嵌、抛光至表面粗糙度为 *Ra*0.8μm。沿着磨掉部分的斜面，从厚处（表面）到薄处逐点进行维氏或努氏硬度测量，载荷 100g，直到硬度高于基体芯部硬度值 50HV0.1 位置，最厚处（表面）减去该所在位置的厚度即为渗氮层深度。弹簧的渗氮温度低、渗层浅，目前尚无针对弹簧渗氮层的硬度测量载荷标准，暂按国家相关标准进行硬度测定。当金相法与硬度法测得的渗氮层深度不一致时，以硬度法测得的深度为准。

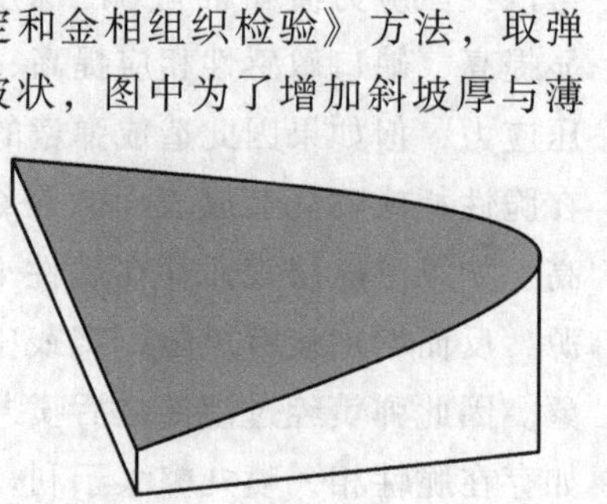

图 31-8　硬度测试法试样

（3）脆性评级 渗氮层出现脆性的原因是渗透氮层中出现了ξ相，一般工件评定方法有相应的国家标准，压头载荷取5HV或10HV。评定方法用维氏硬度压痕的完整性来评定。将维氏硬度压痕放在放大100倍下观察，每件至少测三点，其中二点以上处于相同级别才能定级，否则加测一点。分级方法为压痕边缘完整无崩碎为1级（不脆）；边缘一侧略有崩碎为2级（略脆）；边缘有2处或3处发生崩碎为3级（脆）；边缘4处边缘均发生崩碎为4级（很脆）；1～2级为合格品，3～4级为不合格品。对于弹簧来说由于很薄，弹簧渗氮检测标准还处于探索阶段，建议借用《汽车、摩托车钢质活塞环氮化（渗氮）深度测定及金相组织检验》（标准报批稿）第10.1条："有效渗氮层硬度 用维氏硬度计检测，载荷1kg，保荷时间5～10s"。

（4）弹簧渗氮外观 肉眼观察正常渗氮弹簧表面为银灰色或暗灰色，不存在花斑、锈迹、裂纹、剥落、软点、氧化色（弹簧有意要求氧化色的除外）。

（5）后氧化工艺与弹簧表面颜色

1）弹簧渗氮退氮处理结束，停止加热通入氮气将氨置换，炉温降到200℃后出炉。弹簧表面颜色为银灰色或暗灰色。

2）弹簧渗氮处理后要求其他颜色，可采取后氧化工艺：

a）弹簧表面呈蓝黑色：在渗氮退氮处理结束后，通入氮气将炉内残留氨气清除后通入空气，在渗氮温度下保温30min后出炉。

b）弹簧颜色呈青蓝色：在渗氮退氮处理结束，通入氮气将氨气置换结束后，降温到350～380℃，通入空气置换氮气，保温30min后出炉。

c）弹簧颜色呈黄色：在渗氮退氮处理结束，通入氮气将氨气置换结束后，快速降温降到260～280℃，通入空气置换氮气，保温30min后出炉。若280℃保温，弹簧表面颜色得到深黄色；若260℃保温，将得到浅黄色。

d）后氧化工艺借鉴时下热门的QPQ处理（"QPQ"是英文"Quench—Polish—Quench"的字头缩写。原意为淬火—抛光—淬火，在国内把它称作QPQ盐浴复合处理技术。由德国迪高沙公司在20世纪70年代发明），与QPQ工艺不同点在于QPQ技术通过一次盐浴渗氮+一次盐浴氧化物处理，达到提高耐磨性、抗蚀性和疲劳性的目的。弹簧气体渗氮之后的后氧化主要追求颜色变化，至于后氧化处理之后是否会带来QPQ处理某些效果，还没有系统研究。

3）弹簧出炉后颜色深浅不均，可再将弹簧放入上述温度的空气退火炉中退火一次。

（6）弹簧渗氮缺陷产生原因及防止措施 见表31-3。

表31-3 弹簧渗氮缺陷产生原因及防止措施

缺陷种类	产生原因	防止措施
渗氮层硬度低或不均匀或有亮块、亮点	氨分解率过高或炉罐久未退氮，启用新炉罐未进行预渗 弹簧未洗净，表面有油渍；材料组织不均匀； 炉子密封不良，漏气、炉内温度不均匀，通氨管道堵塞； 装炉不当，气氛循环不良	降低氨分解率；炉罐退氮；新炉罐进行预渗 加强清洗； 检查材料是否存在偏析、带状等不良组织； 改进炉子密封性能和温度均匀度； 检查通氨管道；检查炉子气氛循环系统，合理装炉

（续）

缺陷种类	产生原因	防止措施
渗氮层浅	温度偏低，保温时间短； 炉罐久未退氮； 第二阶段氨分解率低，装炉不当，弹簧过于紧，影响到炉气循环	提高温度； 延长时间； 退氮或使用新式防渗炉罐； 提高第二阶段氨分解率，改进装炉方式，改善炉气循环
渗氮层脆性大	出现ξ相	提高炉内气氛和温度均匀性；渗氮第二和第三阶段提高氨分解率，延长退氮时间，促使ξ相向ε相转变
弹簧氧化色	冷却时供氨不足，造成罐内负压，吸入空气； 炉罐密封不好； 氨的含水量高； 出炉温度高	渗氮结束时继续供氨，使炉内保持正压； 改进密封性； 改进含水量； 炉冷至200℃以下出炉（要求弹簧渗氮后进行后氧化处理的，按4.2处理）
表面腐蚀	氯化铵或四氯化碳加入量太多	减少加入量（弹簧一般不需要加氯化铵或四氯化碳）
渗氮层出现鱼骨状或网状组织	氨的含水量高； 气氛氮势过高	降低氨的含水量； 提高氨分解率

7 弹簧渗氮安全生产

在炉中氨未得到完全清除之前，禁止通入空气，防止发生爆炸。

氨是弹簧渗氮的主要化工原料，从事渗氮工作除一般安全知识外，对氨的毒性了解和预防氨中毒也是所有从事此项工作人员的必备知识。

（1）氨的毒性 氨（NH_3）也称为阿摩尼亚，是一种有毒的无色而具有强烈刺激性臭味的气体，比空气轻（相对密度为0.6），可感觉最低浓度为$5.3\times10^{-4}\%$。氨是一种碱性物质，它对接触的皮肤组织都有腐蚀和刺激作用。氨可以吸收皮肤组织中的水分，使组织蛋白变性，并使组织脂肪皂化，破坏细胞膜结构。氨的溶解度极高，所以主要对动物或人体的上呼吸道有刺激和腐蚀作用，减弱人体对疾病的抵抗力。浓度过高时除腐蚀作用外，还可通过三叉神经末梢的反射作用而引起心脏停搏和呼吸停止。氨通常以气体形式吸入人体，进入肺泡内的氨少部分会被二氧化碳所中和，余下被吸收至血液，少量的氨可随汗液、尿或呼吸排出体外。氨的危险性主要表现在两个方面，一是氨发生泄漏之后会发生爆炸，二是氨被吸入肺后容易通过肺泡进入血液，与血红蛋白结合，破坏运氧功能。短期内吸入大量氨气后可能出现流泪、咽痛、声音嘶哑、咳嗽、痰带血丝、胸闷或呼吸困难，还可伴有头晕、头痛、恶心、呕吐、乏力等，严重者可发生肺水肿、成人呼吸窘迫综合征，短期内大量吸入会导致死亡。

（2）氨的理化性质 氨为无色气体，有刺激性恶臭味，易于液化，在20℃下891kPa即可液化，并放出大量的热。液氨在温度变化时，体积变化的系数很大。液氨的相对密度0.60，熔点-77.7℃，沸点-33.35℃，临界温度132.44℃。蒸气状态的相对密度0.597，分子量17.03，密度0.7714g/L，熔点-77.7℃，沸点-33.35℃，自燃点651.11℃，蒸气压1013.08kPa（25.7℃）。蒸气与空气混合物爆炸极限16%~25%（最易引燃浓度17%）。氨在20℃水中溶解度为34%，25℃时，在无水乙醇中溶解度为10%，在甲醇中溶解度为16%，它还溶于氯仿、乙醚，它是许多元素和化合物的良好溶剂。水溶液呈碱性，0.1N水溶液pH酸碱度为11.1。液态氨会侵蚀某些塑料制品，橡胶和涂层。氨燃烧呈明火，且遇热难以点燃因而危险性较低，但氨和空气混合物达到一定浓度范围遇明火会发生燃烧和爆炸，如有油类或其他可燃性物质存在，则危险性更高。氨与硫酸或其他强无机酸反应放热，混合物可达到沸腾。不能与下列物质共存：乙醛、丙烯醛、硼、卤素、环氧乙烷、次氯酸、硝酸、汞、氯化银、硫、锑、过氧化氢等。

(3) 氨的危险特性　氨虽有易燃性的危险特性，但只在烈火的情况下，在有限的区域内才显示出来。若有油脂或其他可燃物存在，能增强燃烧危险。爆炸极限（16~25)%。自燃点651℃。毒性分级：高毒。

氨对人的皮肤、黏膜及眼睛有腐蚀性，人对空气中不同浓度氨含量的反应如下：浓度达到万分之二含量，即有明显的刺鼻气味；在万分之一浓度下停留几分钟后主观感到眼鼻受刺激，浓度达到万分之七时感到严重刺激眼鼻；浓度达到万分之十七及以上时可引起严重咳嗽、支气管痉挛、肺水肿和窒息。若人直接接触液氨可引起严重灼伤。

(4) 发生氨泄漏的应急措施

1) 消防方法：消防人员必须穿戴全身防护服，切断一切气源。用水控制火场。

2) 急救：救护时必须穿戴全身防护服。应使吸入氨气的患者急速脱离污染区。如呼吸很弱或停止时，立即进行人工呼吸，同时输氧，安置休息并保暖。严重者立即送医院救治。眼睛或皮肤受污染时用大量水冲洗15min以上，应脱下受污染的衣服，迅速就医诊治。

8　渗氮处理中氨的管理

弹簧渗氮处理使用含水量在2%以下的纯氨，纯氨经过压缩成液态之后贮存在专用的钢瓶中（见图31-9）。在渗氮过程中，液氨通过阀门管道减压汽化，然后将氨气通入渗氮炉。在达到渗氮温度，氨（气）发生分解，得到活性氮原子，活性氮原子通过吸附、扩散进入弹簧表面，达到渗氮的目的。渗氮过程的安全要求：

图31-9　液氨钢瓶

1) 钢瓶要单独存放，不能露天储存，储存地保持通风。

2) 钢瓶相连接的管道、阀门是否可靠，应作为交接班点检项目，列入每班点检记录。发现有不正常立即关闭总阀，第一时间上报。检查漏气的方法：用酚酞试纸浸湿后放在怀疑的漏气处，试纸变为红色证明存在漏气现象。

3) 炉子密封良好，尾气通过点燃来烧干净，若发现尾气火焰熄灭或不正常，立即检查原因采取应急措施。

4) 操作阀门开关、检查管道时应带胶质手套，防止操作者直接与液氨接触。

5) 渗氮工作场所保持通风，车间内至少保留两扇门，门设置为向外开，有人工作时，门不允许上锁，以备发生紧急情况时，作为应急逃生通道。氨的存放要严格遵守作业规程，不能暴晒，不允许与上文谈及的物质共同贮存，具体地说，渗氮的液氮钢瓶要有专门的存放场地。

6）弹簧渗氮车间内不允许存放乙醛、丙烯醛、硼、卤素、环氧乙烷、次氯酸、硝酸、汞、氯化银、硫、锑、过氧化氢等容易与氨发生化学反应并能引起爆炸的物质。

7）车间内应备有防毒面具，供员工在紧急状态下备用。

8）与渗氮操作相关的员工和管理者上岗前必须经过氨的毒性知识、事故预防、紧急救援和逃生知识方面的培训，只有经过培训、考试合格的人员才能取得上岗资格。

9）渗氮操作场所禁止吸烟。

10）生产过程各项安全操作要求以书面文件和图片张贴和公布在相关的操作工位，起到随时提醒和警示的作用。

第 32 章　碟形弹簧的制造工艺

1　碟形弹簧的类型

碟形弹簧包括普通碟形弹簧、梯形截面碟形弹簧、开槽形碟簧、机械膜片弹簧、波形弹簧垫圈、圆板形碟簧、螺旋碟簧和波形圆柱弹簧（又称对顶波簧）等。

普通碟形弹簧按厚度又分为三组：

Ⅰ组：$t \leqslant 1.25$mm；

Ⅱ组：6mm $\geqslant t > 1.25$mm；

Ⅲ组：$t > 6$mm。

不同的碟形弹簧制造方法有所不同。

不论哪种碟形弹簧在制造前都应对用户图样进行复核确认，主要确认如下几点：

1）图样材料是否可以购得。

2）图样的技术要求是否合理，能否有制造手段实现。

3）图样的各项技术要求是否有检验手段予以验证。

如果对图样有异议应通过沟通达成共识。

2　碟形弹簧的材料选用与热处理

（1）碟形弹簧的材料选用　碟簧材料一般选用 60Si2MnA 和 50CrVA 等弹簧钢材料，对于Ⅰ组碟形弹簧也可采用碳素弹簧钢 65Mn 材料。对于非标超厚碟簧，如厚度 $t \geqslant 30$mm 以上的，可选用 60Si2CrVA；对于 $t \geqslant 50$mm 的，可选用 51CrMoV4（DIN 17721）或 52 CrMoV4（EN10089）。如果碟簧需要在高温条件下服役，一般选用 30W4Cr2VA，当环境温度 >500℃ 时，可选用高速钢 W18Cr4V、W6Mo5Cr4V2 和合金工具钢 4Cr5MoSiV1 等材料。

12Cr13 马氏体不锈钢，有一定的抗腐蚀能力，常被用来制造潮湿环境条件下使用的碟形弹簧。奥氏体不锈钢比马氏体不锈钢有更好的耐腐蚀能力，Ⅰ、Ⅱ组碟簧（$t \leqslant 3$mm）常用这些牌号，但当 $t \geqslant 3$mm 时，由于奥氏体不锈钢无法通过热处理强化，必须改用沉淀硬化不锈钢 0Cr17Ni4Cu4Nb、0Cr17Ni7Al、0Cr15Ni7Mo2Al 这三个牌号的材料来取代。

当遇到既要耐高温，又在腐蚀环境条件下使用的碟形弹簧，制造碟簧的材料应选用铁素体高温合金，如 GH2132、GH2135，它们可以在 600℃ 环境下使用；如果碟簧既要耐高温，又要耐腐蚀，还要无磁性，则必须使用镍基高温合金 GH4145 或者 GH4169，它们的使用温度都可达到 600℃，GH4090 的使用温度可以达到 700℃。

根据不同使用环境要求，碟簧材料也可选用铝青铜、铬青铜和铝白铜，最广泛使用的是铍青铜。

不论是弹簧钢、不锈钢、工具钢、高温合金都会随着使用温度的提高而发生蠕变和松弛现象，弹性模量 E 和切变模量 G 都会相应下降，常用于碟形弹簧制造材料的有关密度、在不同温度下的弹性模量 E 和抗拉强度 R_m 及适用范围见表 32-1。

表 32-1 常用于碟形弹簧制造材料的有关密度、在不同温度下的弹性模量 E 和抗拉强度 R_m 及适用范围

	牌号	密度/(kg/dm³)	$E/1\times10^3$ MPa	不同温度下的弹性模量 ($E/1\times10^3$ MPa)						适用环境/℃	R_m/MPa	备注
				100℃	200℃	300℃	400℃	500℃	600℃			
弹簧钢	65Mn	7.85 (7.81)	206	202	/	/	/	/	/	-20 ~ +100	980	同美 1566
	60Si2MnA	7.85	206			/	/	/	/	+250	1568	同 ISO61SiCr7
	50CrVA	7.85	206	202	196	/	/	/	/	-50 ~ +250	1274	同 ISO51CrV4
	30W4Cr2V	8.2	206	202	196	189	178	162	/	-40 +500	1470	
高速工具钢	W18Cr4V	7.7	209	205	199	192	181	/		-40 ~ +600	1200 ~ 1400	
奥氏体不锈钢	12Cr18Ni9	7.9	195									同美 302
	12Cr17Ni7	7.9	195									同美 301
	06Cr19Ni10	7.9	195									同美 304
	06Cr17Ni12Mo2	7.9	195									同美 316
马氏体不锈钢	12Cr13	7.9	195								1117	同美 410
沉淀硬化不锈钢	0Cr17Ni4Cu4Nb	7.9	195							-200 ~ +200	1310 ~ 1500	同美 630
	0Cr17Ni7Al	7.9	195	190	180	171	/	/	/	-200 ~ +300	1548 ~ 1822	同美 631
	0Cr15Ni7Mo2Al	7.95	185	181	176	/	/	/	/	-200 ~ +200	1607 ~ 1823	同美 632
弹簧钢	60Si2CrA	7.85	206				/	/	/	-40 ~ +250	>1764	
	60Si2CrVA	7.85	206				/	/	/	-40 ~ +250	>1862	
热作模具钢	4Cr5MoSiV1	7.8	210							+600		同美 H13
铁基高温合金	GH2132	7.93	197.6				171	163	157		>900	同美 A286
	GH2135	7.93	196.6					169.5	161.3		>880	同美 808
镍基高温合金	GH4145	8.28	214	207	198	190	179	170	158	-200 ~ +600	≥1170	同美 InconelX-750
	GH4169	8.19	199	195	190	185	179	174	167	-200 ~ +600	≥1240	同美 Inconel718
	GH4090	8.18	220	216	208	202	193	187	178	-200 ~ +700	≥1100	同美 Nimonic90
铜合金	QBe2	8.3	135	131	125					-260 ~ +200	1270 ~ 1450	同 ISO CuBe2

(2) 碟形弹簧的材料选用与热处理 上述材料的热处理制度可在手册第 5 章中查见，但碟形弹簧随着尺寸大小，材质品种不同而不同。对于尺寸较小，厚度较薄的Ⅰ组碟形弹簧，宜采用真空热处理和光亮淬火、回火工艺，以避免或减少表面氧化脱碳。对于Ⅱ组碟形弹簧最好用等温淬火工艺，它可以使碟形弹簧的热处理减少变形，并得到下贝氏体的金相组织，获得良好的延展性和韧性。它的工艺制度是将碟簧加热到该钢种的淬火温度，根据厚度保持一定时间，以获得均匀的奥氏体组织，然后淬入 Ms 点以上 20 ~ 50℃ 的盐浴里，等温足够时间，使过冷奥氏体基本上完全转变为下贝氏体组织，再将弹簧取出空冷。如果希望弹性极限和冲击性进一步提高，还可以等温淬火后再加一次高于等温淬火温度的回火处理。

60Si2MnA 和 50CrVA 等温淬火规范见表 32-2。

表 32-2 等温淬火规范表

牌号	加热温度/℃	等温淬火温度/℃	等温淬火保持时间/min	硬度/HRC
60Si2MnA	870^{+10}_{-10}	200 ~ 290	30	42 ~ 52
50CrVA	850^{+10}_{-10}	200 ~ 300	30	42 ~ 52

碟簧等温热处理都用生产线进行生产，图 32-1 是一条典型的等温热处理生产线。

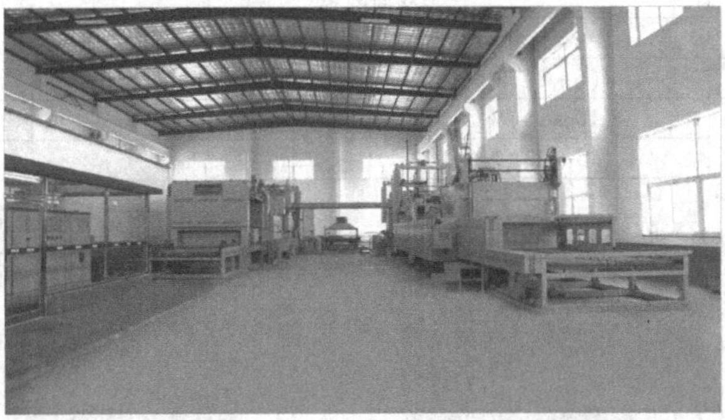

图 32-1　等温热处理生产线

其中 4Cr5MoSiV1 系热作模具钢，广泛应用于石化和电力工程的机械密封中，用于制造超高扭矩耐高温的碟形弹簧，其热处理工艺如图 32-2 所示。

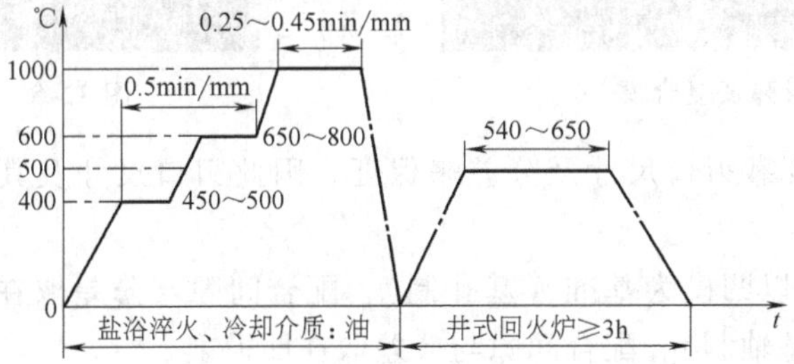

图 32-2　4Cr5MoSiV1 热处理工艺图

3　普通碟形弹簧的制造工艺

不同组别碟形弹簧的制造工艺流程有一定的差别。

3.1　Ⅰ组碟形弹簧的制造工艺

Ⅰ组碟形弹簧的制造工艺流程如图 32-3 所示。

图 32-3　Ⅰ组碟形弹簧的制造工艺生产流程

（1）冲压成形　对于不同批量的碟形弹簧可以采用不同的冲制工艺，如单只冲制、排列冲制、自动冲制等。不论采用何种冲制工艺，都将毛坯材料的内孔、成形、外孔用步进冲模冲成带锥度的半成品。如果只制造少量样品或者用作试样件，从节省模具费用或为今后批产模具开发进行前期验证，可先冲成平坯，再用成形模在油压机上成形。碟簧冲模一般使用复合模或级进模（见图 32-4），对小批量产品则可使用单工序的落料模（见图 32-5）。

碟形弹簧冲模常用 Cr12 和 Cr12MoV 材料制造，凸模热处理后的硬度在 58～62HRC 之间，凹模硬度为 60～64HRC，凹模硬度比凸模硬度稍高。

碟簧冲压模具配合间隙值推荐见表 32-3。

表 32-3 碟簧冲压模具配合间隙值推荐表

材料厚度 /mm	双面间隙		备 注
	软材料	硬材料	
$t<1$	$(6\sim8)\%\ t$	$(8\sim10)\%\ t$	Ⅰ组碟簧
$t=1\sim3$	$(10\sim15)\%\ t$	$(11\sim17)\%\ t$	Ⅰ组或Ⅱ组碟簧
$t=1\sim6$	$(15\sim22)\%\ t$	$(17\sim28)\%\ t$	Ⅱ组碟簧

图 32-4 碟形弹簧复合模

图 32-5 单工序的落料模

模具的合理间隙要靠刃口尺寸及公差来保证，因此刃口尺寸及其制造公差应考虑如下因素：

1）设计落料模时以凹模为基准（基孔制），配合间隙与公差取在凸模上；而设计冲孔时则以凸模为基准（基轴制），配合间隙与公差取在凹模上。

2）考虑模具磨损，设计落料模时，凹模基本尺寸取弹簧尺寸公差范围内的下偏差；反之，凸模尺寸则应取弹簧孔的尺寸范围内的上偏差，凸凹模间的间隙则取最小合理间隙值。

3）选择冲床时，其吨位应高于所需冲裁力，对碟簧而言冲裁力理论值 $F_0=(D+d)\pi tR_m$，用 R_m 而不用 τ_b 是考虑了安全系数。选用冲床吨位时则按 1.3 F_0 选用即可。

（2）淬火　对于Ⅰ组碟簧需用无氧化淬火工艺，真空炉、专用炉都可以，由于材料薄，其他淬火炉容易造成氧化脱碳。具体淬火工艺视不同材料而异，参见 2 节“碟形弹簧的材料选用与热处理”。

（3）回火　回火可用无氧化炉（又称光亮回火炉）进行，也可用有保护气氛的回火炉进行，也有用转炉的，回火工艺参见 2 节“碟形弹簧的材料与热处理”。Ⅰ组碟簧的 C 系列（$D/t\approx40$，$h_0/t\approx1.3$）尺寸刚度小，易变形，可以使用回火夹具来保证，常见回火夹具如图 32-6 所示。

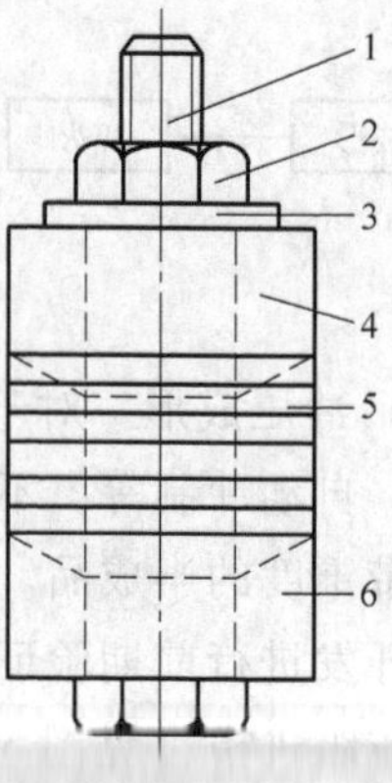

图 32-6 碟簧回火夹具

1—螺栓 2—螺母 3—垫圈 4—凸模 5—碟形弹簧 6—凹模

（4）光饰处理　光饰处理采用光饰振动机进行，普遍应用于Ⅰ组碟形弹簧的去毛刺工序，通过光饰处理，冲压毛刺基本可以清除干净，并将冲压工序出现的切口撕裂纹振动成圆边缘，这对提高碟簧使用寿命有极大的好处，需要注意的是经过光饰处理后，如果圆角太大会使碟簧刚度加大，即在相同变形情况下载荷变大，这是因为碟簧受力的杠杆臂缩短。

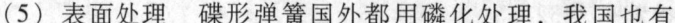

（5）表面处理　碟形弹簧国外都用磷化处理，我国也有

用氧化处理的，还可根据用户需要进行达克罗、交美特、电泳或机械镀处理。不推荐使用任何电镀方法对碟簧进行表面处理，因为碟簧应力高，极易产生氢脆断裂，即使及时去氢也难以完全保证杜绝氢脆。具体表面处理工艺可参见第6章“弹簧表面的处理”。

（6）强压处理 强压处理是碟簧制造的关键工序。国家标准要求强压次数5次，强压力$\geqslant 2F_{f=0.75h_0}$强压的目的有三：一是消除预置高度的塑性变形；二是筛选由于材料和热处理后造成的碟簧是否有个别开裂或高度达不到的不合格品；三是给碟簧一个有效的压应力以抵抗碟簧内锥面产生的拉应力，延长碟簧的使用寿命。

强压处理方法很多，可以一只一只地强压，也可以用压具串联强压（见图32-7），更可以用自动强压机强压。自动强压机有液压（见图32-8）和气压（见图32-9）两种形式，油压可以调整保压时间，气压速度快、效率高。

图32-7 组合式强压压具

图32-8 液压式碟簧强压机

图32-9 气动式碟簧强压机

碟簧强压过程如果配上自动送料器则可以形成自动强压生产线，如再配上高度自动检测设备与出口端相连，则就形成碟簧自动强压在线检测生产线，效率可以极大地提高。

自动强压机适用于小规格、大批量产品生产；对于大规格、中小批量的产品可以用组合式强压压具在油压机上进行；对于外径$D>250$mm的非标碟簧宜采用单片强压工艺。

（7）检验 现代企业质量管理要求检验贯穿在碟簧生产全过程，每道工序都设有检验工位，也可以用自动化在线检测，筛选其各项技术要求。材料入库前应复检材质保证书。

根据国家标准要求，对碟形弹簧成品各项技术要求检验时，应首先将碟形弹簧进行永久变形检验。即将碟形弹簧在试验机上用两倍$f\approx 0.75h_0$时的负荷将成品压缩3次，以第二次和第三次压缩后的自由高度，其差值即为永久变形量。永久变形检验后，碟簧的自由高度应在表17-15规定的极限偏差范围内。

1）几何尺寸检验：普通碟簧尺寸的极限偏差见表17-13。碟簧的厚度用千分尺在碟簧中心处沿圆周测量至少3点，取最大值，其极限偏差见表17-14。碟簧的直径用分度值小于0.02mm的游标卡尺测量，圆周范围内至少测量3点，外径取最大值，内径取最小值；碟簧的自由高度在二级精度平台上，用分度值小于0.02mm的游标深度尺测量。圆周范围内至少测量3点，取最大值，其极限偏差见表17-15。

2）特性负荷检验：单片碟簧的负荷在精度不低于1%的试验机上进行，测量加载到$H_0-0.75\,h_0$时的负荷或$H_0-0.75h_0\cdot i$（$i\leqslant 10$片，对合组合）时的负荷，试验时要用润滑剂，两端的压板硬度必须在52 HRC以上，表面粗糙度$Ra<1.6\mu$m。

如组合测试时，除上述要求相同，其导向件与碟簧之间的间隙应符合表 32-4 的规定。

表 32-4 导向件与碟簧之间的间隙 （单位：mm）

d 或 D	间隙	d 或 D	间隙
~16	0.2	>31.5~50	0.6
>16~20	0.3	>50~80	0.8
>20~26	0.4	>80~140	1
>26~31.5	0.5	>140~250	1.6

导向件导向表面的硬度最低不小于 55HRC，导向件表面粗糙度 $Ra<3.2\mu m$。

载荷的波动范围见表 17-16。

3）硬度检验：碟簧硬度按 GB/T 230.1 或 GB/T 4340.1 的规定，厚度 <1mm，在维氏（或表面洛氏）硬度计上进行；厚度≥1 mm，在洛氏硬度计上进行。试验压痕应在碟簧上表面的中心处。每件测量 4 点，其中第 1 点不考核，取后 3 点的平均值。

4）脱碳检验：碟簧脱碳层深度按 GB/T 224 的规定进行。

5）表面质量检验：碟簧的表面质量用 10 倍放大镜，目测检查。

6）表面粗糙度检验：碟簧的表面粗糙度用粗糙度比较样块检验。碟簧的表面粗糙度和外观的规定见表 17-17。

碟簧的其他技术要求如有防腐处理、表面强化处理及其他特殊技术要求（如疲劳、松弛和蠕变），则应按供需双方协议规定的方法检验。

碟形弹簧特性检查分为单片碟簧和组合碟簧的检查，可根据用户或图样进行；有些用户不仅对加载特性还对卸载特性有要求；对组合碟簧特性的要求又分为对合组合、叠合组合和复合组合三种，制造厂商都应满足其检验的要求。

如果用户对碟簧的寿命提出要求，制造厂商也应根据合同要求进行试验。图 32-10 是试验寿命的一种疲劳试验机。

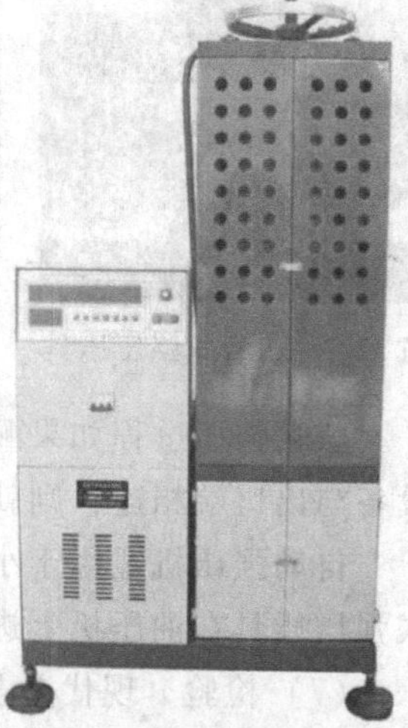

图 32-10 碟簧疲劳试验机

3.2 Ⅱ组碟形弹簧的制造工艺

Ⅱ组碟形弹簧的制造工艺流程如图 32-11 所示。

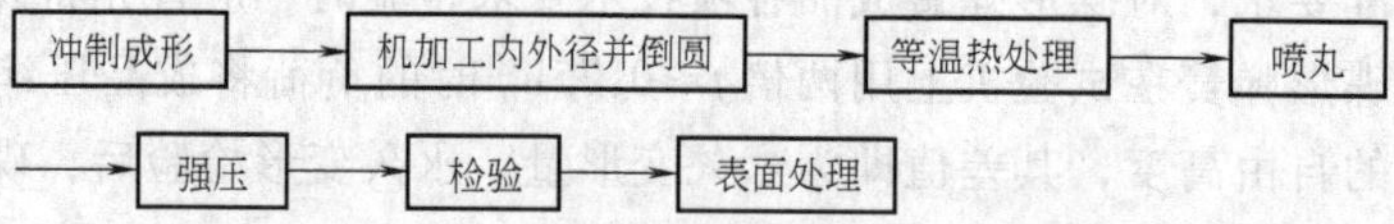

图 32-11 Ⅱ组碟形弹簧的制造工艺生产流程

（1）冲压成形 冲压成形工序与Ⅰ组碟簧相同。如果材料用热轧钢板或热轧弹簧扁钢时，则不能用一次冲压成形工序，而必须先冲制一个环形的毛坯，对环坯的内外径和两平面必须进行机加工。

成形模具应有中心自动导向装置，不能用简单的凹凸模具（见图 32-12）进行成形，这样成锥的毛坯不能保证其内外径同心度。应使用自定位碟簧成形模（见图 32-13）。

（2）机加工内外径并倒圆 R（见图 32-14） 冲制出的锥坯（或平坯）在上表面有挤压纹和下表面有撕裂纹，撕裂纹容易成为疲劳源，另碟簧边缘会引起应力集中。为了消除这些疲

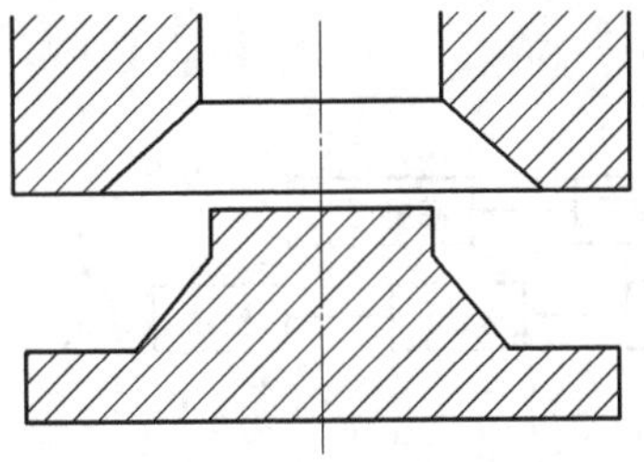

图 32-12　不正确的成形模具

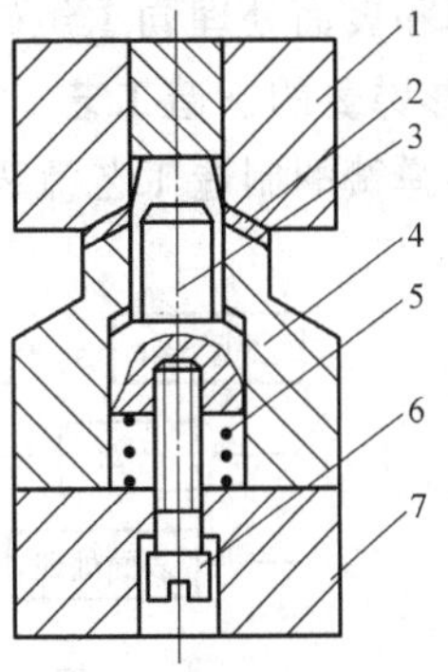

图 32-13　成形模具图

1—成形上模　2—碟形弹簧毛坯　3—弹性定位心
4—成形下模　5—弹簧　6—螺钉　7—垫块

劳隐患，需进行内外径机加工，以期达到设计寿命。在进行倒圆时，如倒圆小于工艺值，起不到倒圆的作用，倒圆大于工艺值，会使刚度增加。因此倒圆要适度，其推荐值，见表 32-5。

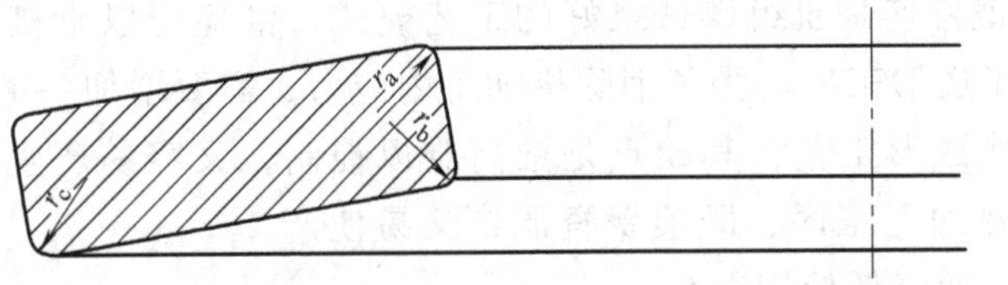

图 32-14　碟簧倒圆示意图

表 32-5　Ⅱ组碟形弹簧倒圆推荐表　（单位：mm）

t	$h_0/t<0.9$		$h_0/t\geqslant0.9$		t	$h_0/t<0.9$		$h_0/t\geqslant0.9$	
	$r_b=r_c$	r_a	$r_b=r_c$	r_a		$r_b=r_c$	r_a	$r_b=r_c$	r_a
≤1.1	0.2	—	0.15	—	3.5~4	0.8	—	0.6	—
1.2~1.25	0.25	—	0.2	—	4.3	1	—	0.6	—
1.5~1.75	0.3	—	0.2	—	4.8	1.1	—	0.8	—
1.8~2.25	0.4	—	0.3	—	5	1.2	—	0.8	—
2.5~2.75	0.5	—	0.4	—	5.5	1.25	—	1	0.8
3	0.6	—	0.5	—	6	1.5	1.2	1	1

（3）等温淬火　Ⅱ组碟簧应用等温淬火工艺，可以获得良好的塑性和韧性，并且对产品变形影响最小。其工艺如图 32-15 所示。

（4）喷丸　普通喷丸（又称自动喷丸）有利于清除表面氧化物，也是后道表面处理工艺的前处理，要求喷丸覆盖率≥95%，丸粒可选用 ϕ（0.4 ~ 0.6）mm，也可采用组合喷丸，即 2 次喷丸，详见手册第 5 章的“弹簧的喷丸处理”。

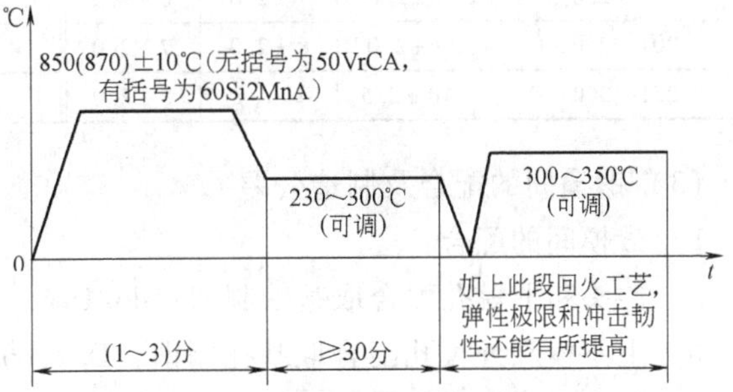

图 32-15　碟形弹簧等温淬火工艺图

强压处理和表面处理同Ⅰ组碟簧。

3.3 Ⅲ组碟形弹簧的制造工艺

Ⅲ组碟形弹簧的制造工艺流程如图 32-16 所示。

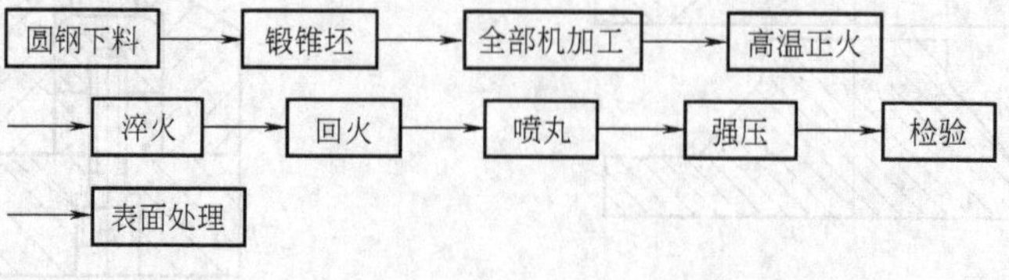

图 32-16 Ⅲ组碟形弹簧工艺生产流程

（1）圆钢下料 圆钢下料的尺寸应充分考虑锻造比大于2，如果达不到此要求，则锻坯的内部纤维组织就达不到与碟簧成品的承载方向非同向的要求，从而影响碟簧的寿命。合理计算锻造工艺的损耗也是下料设计的重要步骤之一。

锻造毛坯还应留有各项尺寸后加工的余量，标准碟簧需留有 2 ~ 4mm 的加工余量，以确保机加工后碟簧成品没有因锻造工艺产生的氧化脱碳和半脱碳层。

（2）锻锥坯 锻锥坯是Ⅲ组碟簧最好的工艺模式，锥坯可以直接转到数控机床进行机加工，锻锥坯减少了成形工序。为了消除机加工内应力，需要增加一道正火工艺。而用锻平坯加工成平坯后的冷成形工艺，其缺点是锥高难以控制，又容易产生断裂；如将平坯热成形，需再增加一道热加工工序，既浪费资源，又易使产品内部晶粒增大，从而降低使用寿命。

对于暂不具备数控车削的企业只能用锻平坯工艺，工件车成平坯后再进行成型，这种落后的工艺终将趋于淘汰。碟形弹簧锥坯锻造应用热锻模加工。常用模具结构如图 32-17 所示，图 32-18 为锻模零件示意图。在没有精锻的条件或批量不大的情况下，可采用自由锻及简易模锻法。自由锻毛坯余量及其公差见表 32-6。

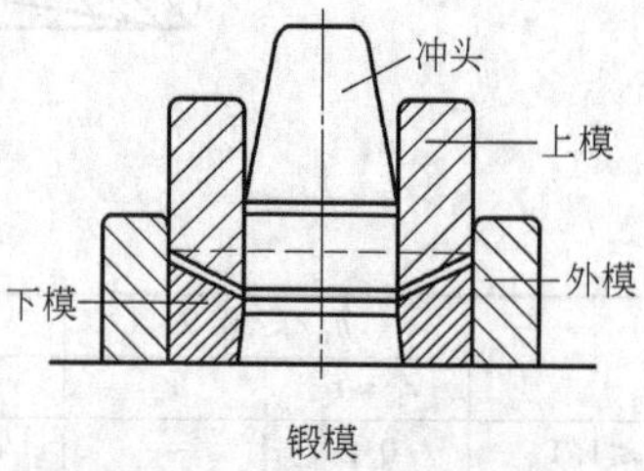

图 32-17 热锻模结构示意图

表 32-6 自由锻毛坯余量及其公差推荐表 （单位：mm）

余量及工艺 / 产品直径	D	d	t	余量及工艺 / 产品直径	D	d	t
151 ~ 200	7 ± 2.0	7 ± 2.0	6 ± 1.5	301 ~ 350	12 ± 3.0	12 ± 3.0	9 ± 2.0
201 ~ 250	8 ± 2.0	8 ± 2.0	7 ± 2.0	351 ~ -400	14 ± 3.0	$14^{+3.0}_{-4.0}$	$10^{+2.0}_{-3.0}$
251 ~ 300	10 ± 2.5	$10^{+2.0}_{-3.0}$	8 ± 2.0	401 ~ 450	15 ± 3.0	$15^{+3.0}_{-4.0}$	$11^{+2.0}_{-3.0}$

（3）锻模间的配合及制造公差

1）锻模间的配合：

a）冲头和上模孔配合取基轴制即：d6/De6；

b）上下模和外模孔配合取基孔制即：D6/de6。

2）制造公差：下模刃口孔径取 5 级制造精度，公差为正值。

3）锻模材料与硬度见表 32-7。

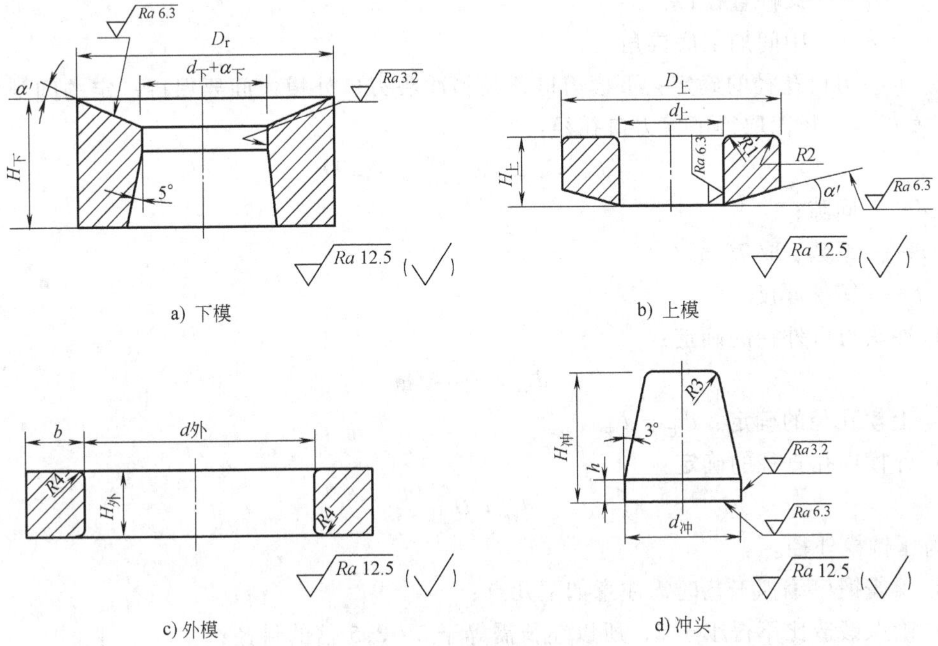

图 32-18　锻模零件示意图

表 32-7　锻模材料与硬度

名称	材料	代用材料	硬度　HRC	备　　注
下模	T8A	T7、60Si2Mn	48 ~ 52	注：1. $D_下=D_上$。 2. 锻件外径≤250mm，用外模定位锻件；外径>250mm，可用圆棒烧焊定位。
上模	45	40Cr	35 ~ 40，40 ~ 45	
冲头	T8A	T7、60Si2Mn	48 ~ 52	
外模	45	40Cr	35 ~ 40	

4）碟簧锻模有关尺寸的确定见表 32-8。

表 32-8　碟簧锻模有关尺寸　　（单位：mm）

锻件外径 / 锻件尺寸	50 ~ 100	100 ~ 150	150 ~ 200	200 ~ 250	250 ~ 300	300 ~ 350	35 ~ 400	400 ~ 450	450 ~ 500
$H_下$	40	45	50	55	65	70	80	85	90
$H_上$	45	50	55	60	70	75	85	90	95
$H_外$	70	80	85	95					
$H_冲$	65	75	80	85	100	110	125	130	140
$H_刃$	3	5	5	5	6	6	7	8	8
R_1	3	5	5	6	6	6	8	10	10
R_2	3	5	5	6	6	6	8	8	10
R_3	3	3	5	6	6	6	6	6	8
R_4	5	5	6	8					
b	30	35	40	45					

a）压锥上下模外径的确定：

$$D=D_1+2\sin\alpha'\times t+0.7\%D_1$$

式中　0.7%——锻件冷缩量；

D_1——锻件直径；

α——中间加工底锥角。

b）下模刃口孔径的确定：下模刃口孔径和冲头刃口外模之间要保持一定的间隙，并以扩大下模刃口外径而取得下模刃口孔径：

$$d_{下} = d_{冲} + Z \qquad Z = kt$$

式中 Z——间隙；

k——系数，取7%；

t——锻件厚度。

c）冲头刃口外径的确定：

$$d_{冲} = d - 余量$$

d）上模孔径的确定：$d_{上} = d_{冲}$

e）外模内孔直径的确定：

$$d_{外} = D_{上、下}$$

$D_{上、下}$为压锥模外径。

5）碟簧锻模编拟工艺时需注意如下几点：

a）确保锻造比不得小于2，所以坯长需等于2～2.5倍的料径；

b）如用60Si2MnA材料：始锻温度为1150℃，终锻温度需大于800℃。宜堆冷，或放在石灰箱中缓冷。

c）锻造工序如图32-19所示：

锻扁：首先将锻好的原材料通过中频加热，再到锻锤上锻成圆饼状。

滚圆：由于自由锻时圆饼不一定成圆形，所以在锻件红热状态时需要滚圆，但滚圆后两端面会不平整。

锻平：将圆形不够平整的锻件再用锻锤进行锻平。

压锥、冲孔：将锻平的锻件剩红热状态放入锥模中锻成锥形，同时又将中孔锻出（其实就是用一模头将其中孔趁热冲出，只是不在冲床上操作而已）。

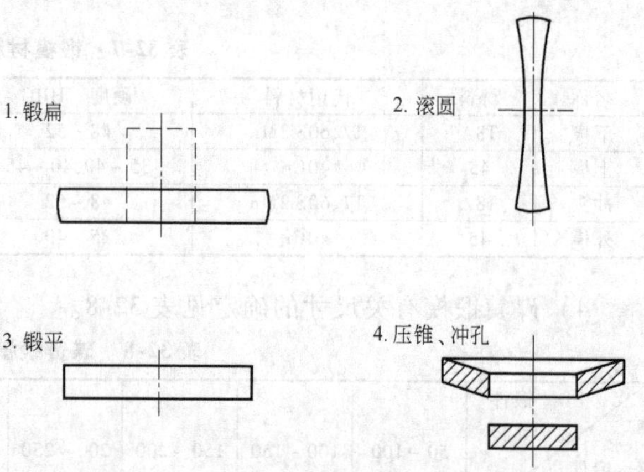

图32-19 锻造工序示意图

d）模内压锥后冲切，此时锻造温度应不大于900℃，但不能小于800℃。不同材料始锻、终锻温度不一样，应按照工艺文件或工序卡要求操作。常用制造碟簧的金属材料锻造温度范围见表32-9。

表32-9 碟簧常用材料始锻和终锻温度

材料品名	牌号	始锻温度/℃	终锻温度/℃	材料品名	牌号	始锻温度/℃	终锻温度/℃
碳素钢	T7、T8、T9、T10	1100	770	高温合金	GH4169，GH4145	1200	1000
合金弹簧钢	60Si2MnA，50CrVA	1150	800	不锈钢	3Cr13，4Cr13	1180	850
高速工具钢	W14Cr4V、W6Cr5Mo4V2	1150	900				

国外对于大批量的Ⅲ组碟形弹簧也有用摆动碾压成型的（简称摆辗）。其工作原理如图 32-20 所示。

具体工艺过程是：将计算好的碟簧红热毛坯 2 放在机座上，用一只设计好的截锥形的上模（也称摆头 1）安在摆辗机的上夹头上，对其毛坯进行局部滚动碾压，在碾压过程的同时，并绕中心连续滚动。转速一般为 200 ~ 250r/min 。工作台由进给油缸 4 推动滑块 3 作等速度垂直送进，压力调节到使坯料的变形能渗透到坯料底面。此方法的优点是节省原材料及产品质量高，但对模具寿命要求高。

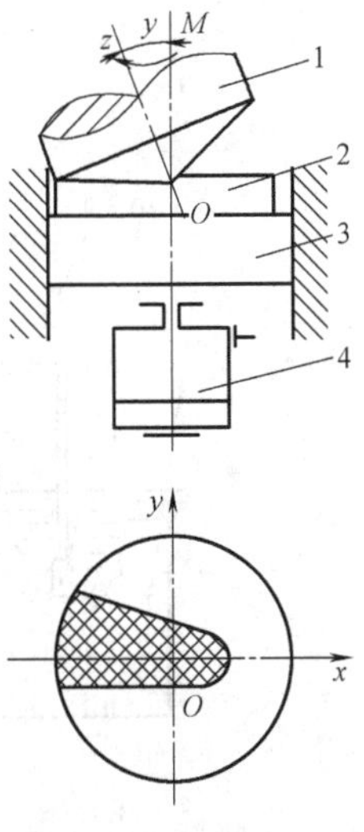

图 32-20　摆动碾压示意图

1—上模　2—碟簧毛坯

3—滑块　4—进给油缸

（4）机加工　Ⅲ组碟簧的机加工是全面的，既包括两平面又包括内外径和边缘倒圆，还可以将所需支承面预先车出，以免成品再进行磨上下支承面。

支承面的宽度建议为外径的 1/150，倒圆值建议如表 32-10。

（5）高温正火　高温正火的目的是消除半成品在机加工过程所产生的内应力，减少淬火时的变形，对形位公差要求严格的产品需要增加这道工序。如果用中频加热成型淬火机进行形变热处理，则本工序可以免除。碟簧形变热处理又称压淬，图 32-21 是中频加热淬火装置示意图。

表 32-10　Ⅲ组碟簧倒圆推荐表

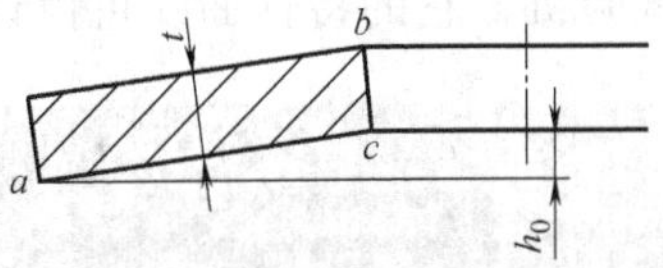

t /mm	$h_0/t<0.9$		$h_0/t\geqslant 0.9$		t /mm	$h_0/t<0.9$		$h_0/t\geqslant 0.9$	
	$r_b=r_c$/mm	r_a/mm	$r_b=r_c$/mm	r_a/mm		$r_b=r_c$/mm	r_a/mm	$r_b=r_c$/mm	r_a/mm
6.5	1.75	1.2	1	1	12	2.25	2	1.5	1.5
7	1.8	1.5	1	1	13	2.5	2.5	1.5	1.5
8	2	1.5	1	1	14	2.7	2.5	1.5	1.5
10	2.1	2	1.5	1.5	16	2.75	3	2	2
$h_0/t=0.9$ 时，内径倒 $r\leqslant 1/5\ t$									

（6）回火　对已经淬火的碟形弹簧需及时回火，相隔时间不宜大于 4h，以防淬火应力影响碟簧质量。回火温度应根据产品硬度要求而定，保温时间应足够长，以保证回火后能得到完全的回火屈氏体组织，保温时间一般不低于 3h。

对于Ⅲ组碟簧中的 C 系列规格，为避免变形过大，需要用专用夹具回火。夹具可参见Ⅰ组碟簧的回火夹具（见图 32-7）。值得注意的是，装夹过程不宜一次压紧到位，以防马氏体组织断裂。为保证碟簧质量，可分 150℃、200℃、300℃ 分次压紧直到最终回火温度，分次压紧间隔时间应视所夹碟簧厚度与数量决定。

（7）喷丸　喷丸应根据客户要求进行，可以不喷丸也可以喷丸。喷丸又分为全喷丸、内锥喷丸和应力喷丸等多种形式。其中全喷丸和内锥喷丸工艺比较容易实现；应力喷丸比较

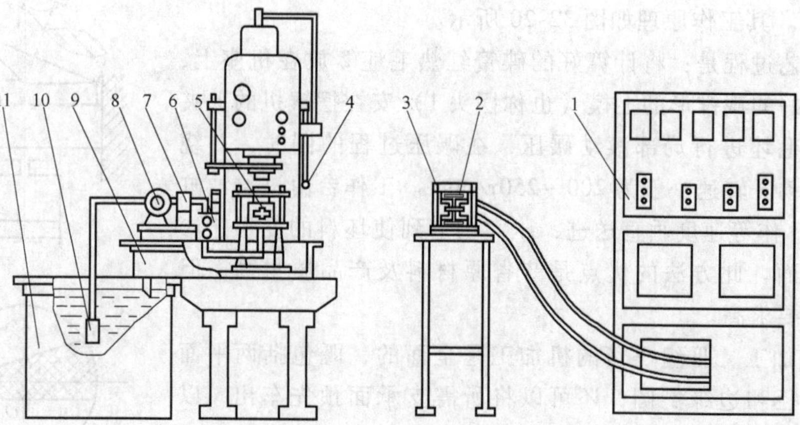

图32-21 碟簧中频形变淬火装置

1—中频电源控制柜 2—中频变压器 3—感应器 4—单注油压机 5—淬火压模 6—电源控制箱 7—电磁阀 8—齿轮油泵 9—溢油箱 10—滤油器 11—油箱

复杂，因为把碟簧送上压力夹具后，内外径最需要喷丸的区域难以受到丸粒的全部喷射。

强压、检验及表面处理工艺均同Ⅱ组碟形弹簧。

3.4 碟形弹簧负荷试验机

碟形弹簧由于刚度大，位移很小就会产生较大载荷，因此碟簧负荷试验机应有专用设备，图32-22是400T碟簧专用试验机，它的特性曲线可由计算机直接打印出。

图32-22 400T碟簧试验机

4 机械膜片弹簧（含开槽形碟形弹簧）的制造工艺

机械膜片弹簧是碟形弹簧派生出的一种带分离指的碟形弹簧，一般厚度较薄、外径较大，D/t 在 40 以上，热处理后极易变形，因此其制造工艺有所特殊，图 32-23 为其工艺流程。

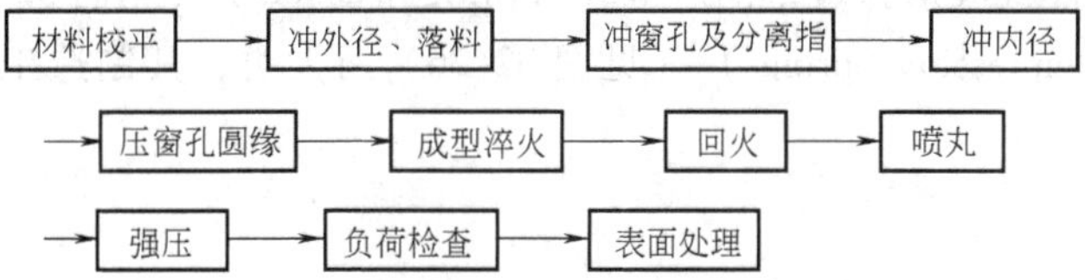

图 32-23　机械膜片弹簧制造工艺流程图

1）材料校平：由于原材料为钢带，多以盘状进货，为使其平整，一般都用滚轮轧平，现在市场上有专门轧平机供应。

2）冲外径、落料，此工艺同Ⅰ、Ⅱ组普通碟簧。

3）冲工艺孔、窗口小孔及槽，此工艺亦同Ⅰ、Ⅱ组普通碟簧。

4）冲内径，此工序一定在上述工序后进行，这两道工序不能用反，因为先冲出内径后，分离指端会分层断裂。

5）压窗孔圆缘（又称压 R）：对开槽的窗口小孔需要压圆缘，以防止应力集中，在槽根处产生早期断裂。压 R 模具较为简单（见图 32-24），下模孔比窗口稍大，上模是带锥度的硬质合金模头，可在冲床上进行。

对碟簧毛坯只需要在下表面压 R，一是取消撕裂纹，二是形成有效压应力，以提高膜片簧使用寿命。

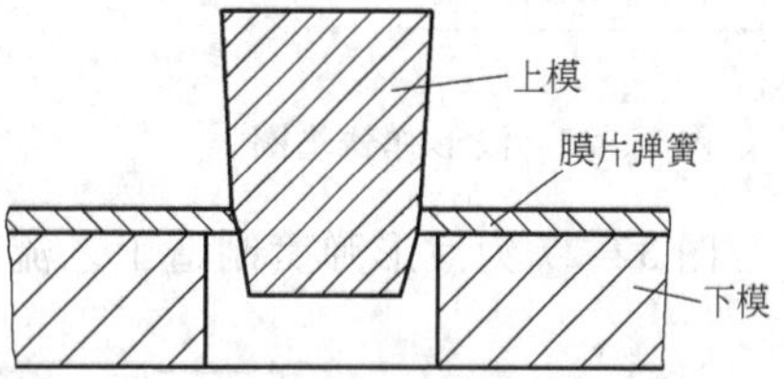

图 32-24　膜片弹簧压 R 示意图

6）成型淬火：这道工序同Ⅲ组普通碟形弹簧，即用成型淬火机床进行形变热处理，但更先进的工艺是用内水冷模具形变淬火，最厚处可达 4.5mm。这样的工艺可以减少形变，减少污染，节约资源，压淬时间可在 1 分钟上下调整，以保证淬透。

7）回火：回火在井式回火炉内进行，对于大外径易翘曲变形的机械膜片簧可使用回火夹具；如用网带回火炉则可提高生产效率，回火一般可以空冷，但不能堆冷，避免产生第二类回火脆性。

8）喷丸：只需对内锥面单面喷丸，另一面可用喷砂清理氧化皮。对汽车离合器用的机械膜片簧则可以制作专用夹具，在专用喷丸机内进行，以提高内锥面残余压应力，提高使用寿命。粒丸一般选用 ϕ（0.4 ~ 0.6）mm 的钢丝切丸。

9）强压：对于一般机械膜片簧（含开槽形碟簧）强压压平即可，但对于汽车离合器专用的机械膜片弹簧则需根据工况条件用专用压具压至反向，方能保证其质量。如果强压后分离指端部高度有些不一致，可以进行人工调整，以保证各分离指在同一水平面上。

10）负荷检查：机械膜片弹簧负荷检查同普通碟形弹簧，在碟形弹簧测力机上进测试出正反方向上的特性曲线。

11）表面处理：机械膜片弹簧表面处理多用氧化和磷化工艺进行，但汽车离合器专用膜片弹簧在光饰、烘干以后，只需喷敷防锈油即可，也有些采用浸涂挂干的工艺。

5 波形弹簧的制造工艺

波形弹簧分为封闭式波形弹簧垫圈（Wave Spring Washers）（见图 32-25）和对顶式波形弹簧（Multi Wave Compression Springs）（见图 32-26）两大类，其制造工艺明显不同，分述如下。

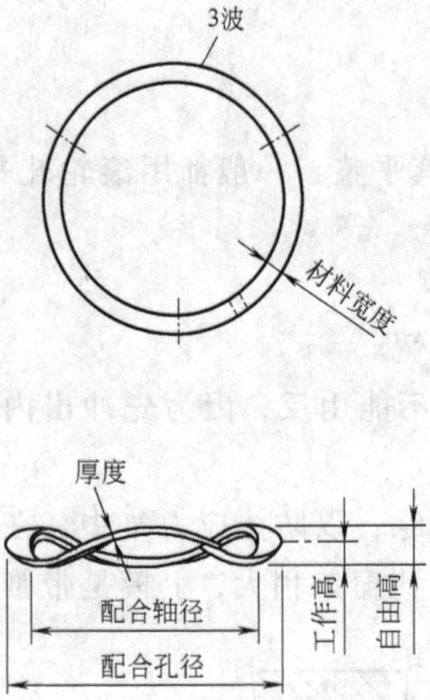

图 32-25 波形弹簧垫圈

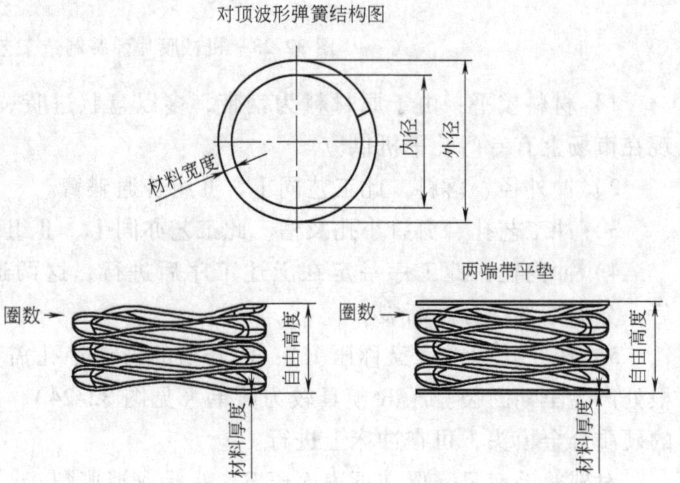

图 32-26 对顶式波形弹簧

图 32-27 为波形弹簧制造工艺流程。

下料 → 冲制波形 → 热处理 → 表面处理

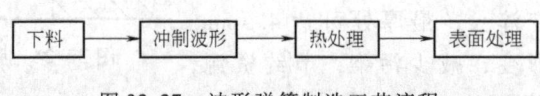

图 32-27 波形弹簧制造工艺流程

（1）波形垫圈 波形垫圈属于量大的低附加值紧固件，所以技术要求不高，主要是尺寸和强度需符合允差要求，下料成圆环状后再到成型模中成波即可。热处理工序根据材料确定，最好用已经经过热处理的 65Mn 钢带和弹簧用不锈钢钢带进行冲制。弹簧成形后只需去应力退火，不必进行强压处理。在设计模具时，波高比图样增大 ΔH，以使工作后其高度仍在允差范围内。

$$\Delta H=\frac{\pi^2 D_0^2}{8N^2 t}\times\frac{R_e}{E}\times\left[C_\varepsilon-\frac{1}{2}\left(3-\frac{1}{C_\varepsilon^2}\right)\right]$$

其中
$$C_\varepsilon=\frac{\varepsilon_{\max}}{\varepsilon_s}=\frac{Et}{2R_s\rho_0}$$

式中 R_e——弹簧材料屈服强度；

$\varepsilon_{\max}$——波形弹簧的最大应变；

ε_s——波形弹簧的屈服应变；

ρ_0——波形弹簧初始曲率半径。

（2）对顶波簧 对顶波簧则需要专机进行旋绕（见

图 32-28 对顶波簧卷簧机

图 32-28)，日本和中国都制造此机。也可设计出仿形模具缠绕，缠绕的内外径与高度都应通过工艺验证。

6 碟形弹簧的阻尼性能及松弛性能试验

碟形弹簧可形成大刚度的特性，多用于隔振、缓冲。如机械基础的隔振，建筑、设施的防地震装置等。在负荷大的情况下多成组使用。碟形弹簧的组合形式和特性见表 17-9。碟形弹簧的特性与碟片间的摩擦有关，摩擦阻尼性能取决于碟片间的润滑状态，为此对不同润滑状态下的碟形弹簧组进行了阻尼性能试验，供读者参考。

6.1 试样

试验碟簧规格：ϕ250/127 ×14 ×19.6-A；

试验碟簧表面状态：喷丸强化达克罗处理；

试验碟簧叠合接触面分为干摩擦、加水润滑和加二硫化钼润滑三种状态；

试验碟簧叠合方式：ϕ250/127 × 14 × 19.6-A 碟簧采用五片叠合；

6.2 单片碟形弹簧的验证试验

单片碟形弹簧静负荷试验的目的是复验所选用碟形弹簧的实际力学性能与标准值的符合程度，为碟形弹簧组试验提供基本数据。试验是在200t 弹簧测力机上进行的（图 32-29）。

图 32-29 碟簧片（干摩擦）试验装置

表 32-11 所列为单片碟形弹簧 ϕ 250/127 × 14 ×19.6-A，材料为 60Si2MnA，标准和试验所得数值（见图 32-30）。当变形 $f = 0.75h_0$ 时标准力值为 $F = 249\text{kN}$，试验所得力为 $F = 270\text{kN}$，误差为 +9.3%，相当于二级精度。

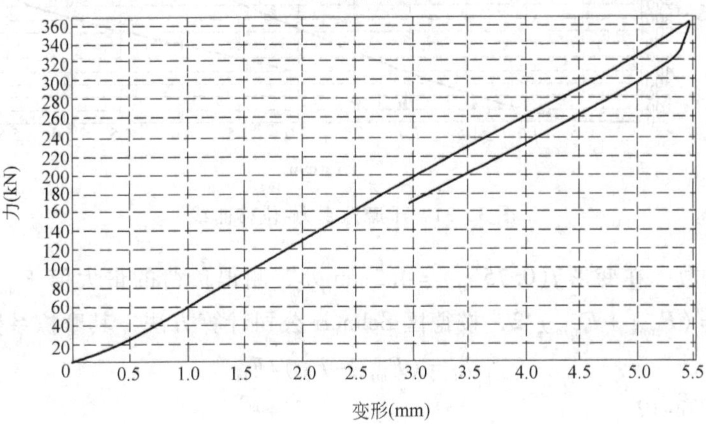

图 32-30 干摩擦试验图形

单片碟形弹簧 ϕ250/127 ×14 ×19.6-A 的验证试验结论：

单片碟形弹簧静负荷试验证明其力学性能与标准值基本符合。

表 32-11 单片碟簧 ϕ250/127×14×19.6-A 标准数据及试验数据

数值类型	D /mm	d /mm	t /mm	h_0 /mm	H /mm	f ($0.50h_0$) /mm	F /kN	f ($0.75h_0$) /mm	F /kN	σ_{III} /MPa	f ($1.0h_0$) /mm	F /kN	σ_{III} /MPa
标准值	250	127	14	5.6	19.6	2.8	175	4.2	249	1220	5.6	317	1554
试验数据						2.8	165	4.2	270				

6.3 碟形弹簧的静负荷试验

(1) 碟形弹簧组静负荷试验的目的

1) 复检其力学性能与理论值的符合程度。进一步验证碟形弹簧组的确切程度。

2) 了解碟片间在不同润滑状态下的阻尼性能。

按碟形弹簧组，以 5 对合 V 叠合形式进行试验。其力学参数参照表 32-11。

(2) 叠合弹簧的静负荷试验 V叠碟形弹簧在变形 $f(0.75h_0)=4.2\text{mm}$ 时负荷的理论值

$$F=4.2\times59.3\times5\text{kN}=1245.3\text{kN}$$

对试件进行了静负荷试验，图 32-31 所示表面为干摩擦状态，图 32-32 所示表面为水润滑状态，图 32-33 所示表面为二硫化钼润滑状态，数据列于表 32-12。

表 32-12 V 叠碟形弹簧组静负荷试验数据

数据类型		D /mm	d /mm	H_2 /mm	f ($0.75h_0$) /mm	F_{max} /kN 加载	F_m /kN 卸载	F_{min} /kN 均载	试验与理论值的差	碟片间的摩擦系数
理论数据		250	170	356	4.2	1245				
试验数据	干摩擦状态				4.2	1200	640	920	−3%	0.23
	水润滑状态					1200	700	956	−3%	0.20
	二硫化钼润滑状态					1050	850	950	−17%	0.10

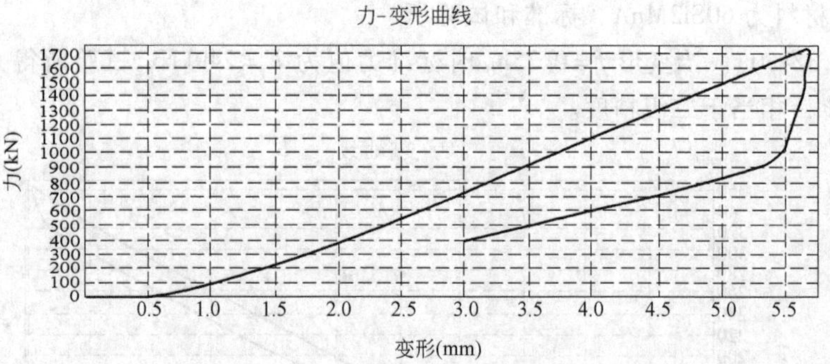

图 32-31 干摩擦受力-位移曲线

(3) 摩擦系数 在变形 $f(0.75h_0)=4.2\text{mm}$ 处，测得负荷的最大值 F_{max} 和最小值 F_{min}，可得平均值 $F_m=(F_{max}+F_{min})/2$，按德国 Schnorr 公司计算方法，其摩擦系数为

$$f_\mu=(F_{max}-F_m)/F_m$$

计算结果列于表 32-12。

(4) 结论 由于碟片表面进行了喷丸强化达克罗处理，所得静摩擦系数：干摩擦状态 0.23、水润滑状态 0.20，均大于手册（德国 Schnorr 公司）所列 5 片叠合值 0.10~0.15，二硫化钼润滑状态摩擦系数接近 0.10。

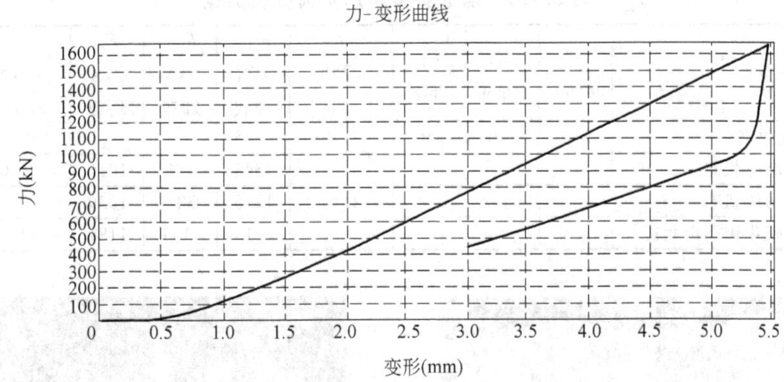

图 32-32　水润滑受力-位移曲线

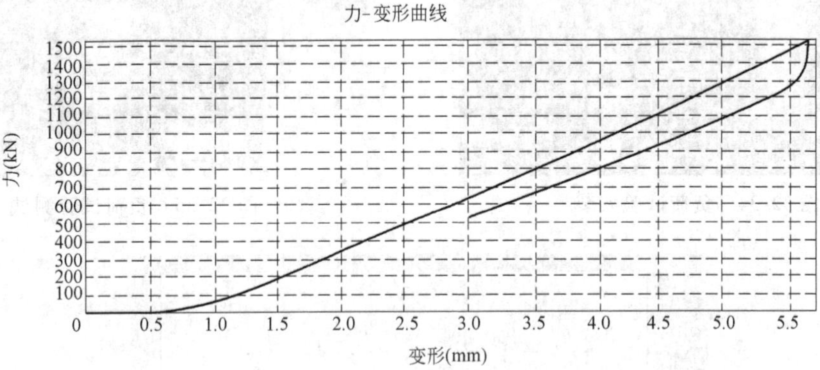

图 32-33　二硫化钼润滑受力-位移曲线

6.4　碟形弹簧组的动负荷试验

碟形弹簧组动荷试验的目的是进一步验证碟形弹簧组在工况情况下的阻尼性能。

（1）试验设置

为了了解弹簧组的阻尼性能，碟片表面进行不同处理。

碟形弹簧组，以 5 叠 5 对合形式进行试验。其尺寸参数：

弹簧组的长度：　$H_Z = [(5 \times 14 + 5.6) \times 5]\text{mm} = 379\text{mm}$

其力学参数（参照表 32-11）：

弹簧组在变形 $f(0.75h_0) = (5 \times 4.2)\text{mm} = 21\text{mm}$ 时的负荷

$$F = (21 \times 59.3)\text{kN} = 1245.3\text{kN}$$

试验是在 200t 和 400t 压力机（见图 32-34、图 32-35）上进行的。每次连续冲击 1～100 次，冲击速度为 0.7m/s。

（2）试验图形

图 32-36a 所示为干摩擦状态受力—时间曲线；图 32-36b 所示为干摩擦状态位移—时间曲线；图 32-37 所示为干摩擦加载卸载至第 30 个周期时受力—位移曲线；图 32-38 所示为水润滑状态受力—位移曲线；图 32-39 所示为二硫化钼润滑状态受力—位移曲线。相关试验数据列于表 32-13。

（3）试验数据　表 32-13 所列为碟形弹簧组动负荷试验数据。

表 32-13 碟形弹簧组动负荷试验数据

数据类型		D /mm	d /mm	H_2 /mm	f ($0.75h_0$) /mm	F_{max} /kN 加载	F_{min} /kN 卸载	F_m /kN 均载	F /(kN /mm)	碟片间的摩擦系数
理论数据		250	170	356	21.0	1245			59.3	
试验数据	干摩擦状态				21.0	1343	686	1015	64.0	0.24
	水润滑状态					1225	833	1029	58.3	0.16
	二硫化钼润滑状态					1215	1147	1181	57.9	0.03

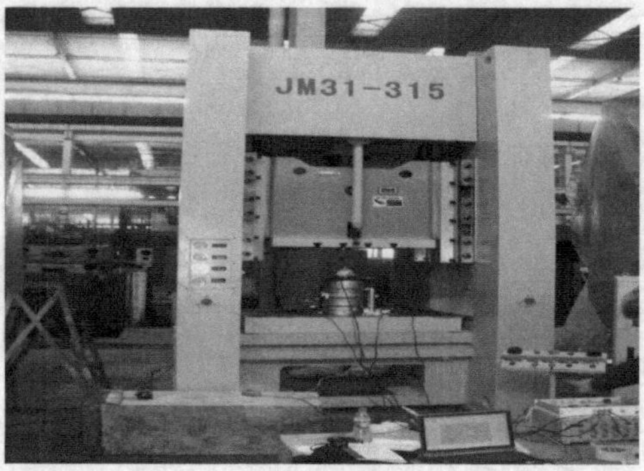

图 32-34 负荷试验安装

图 32-35 负荷试验测试

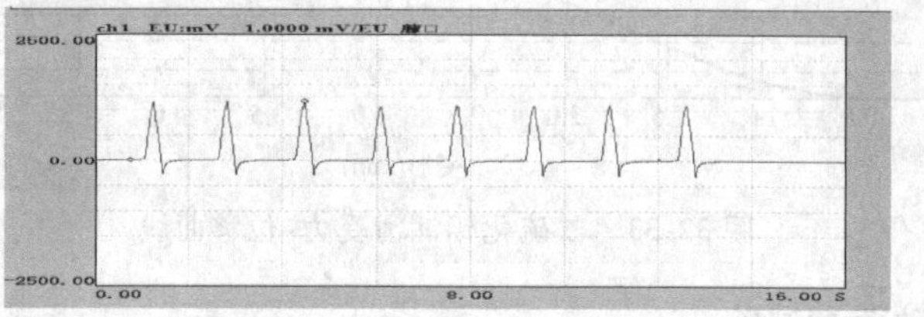

a)

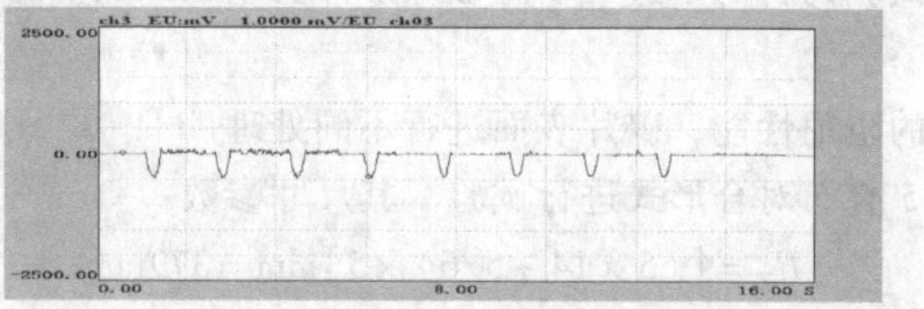

b)

图 32-36 干摩擦曲线

a) 干摩擦受力—时间曲线 b) 干摩擦位移—时间曲线

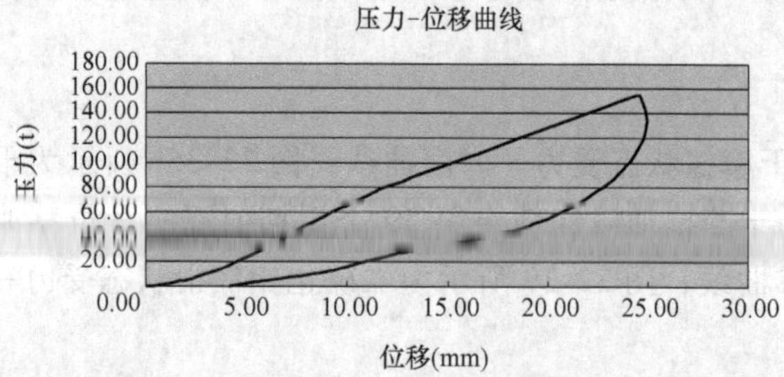

图 32-37 干摩擦加载卸载至第 30 个周期时受力-位移曲线

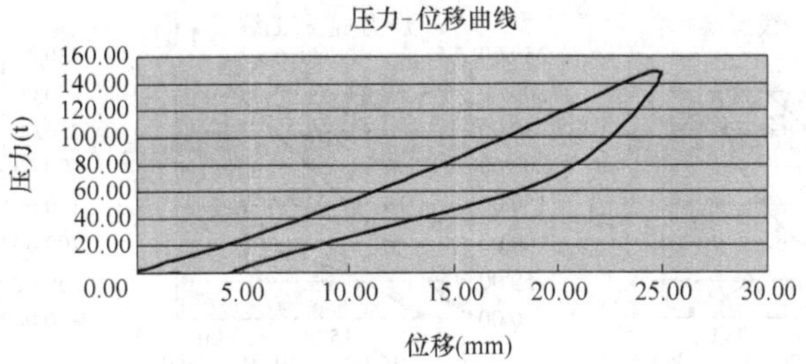

图 32-38 水润滑加载卸载至第 30 个周期时受力-位移曲线

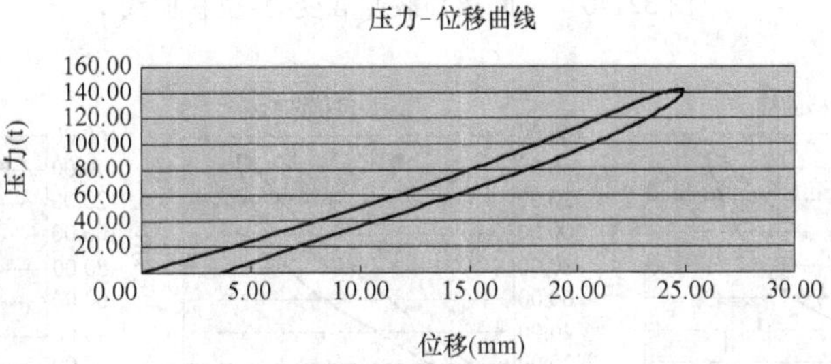

图 32-39 二硫化钼润滑加载卸载至第 30 个周期时受力-位移曲线

（4）试验结果分析

1）力学性能：

相关试验表明 5 叠 5 对合碟形弹簧组，其刚度 F 及可承受的负荷 F 如下：

干摩擦状态为 $F` = 20 \times 64.0 = 1280$kN/mm，$F = 10.9 \times 1280 = 13952$kN。

水润滑状态为 $F` = 20 \times 58.3 = 1166$kN/mm，$F = 10.9 \times 1166 = 12709$kN。

二硫化钼润滑状态为 $F` = 20 \times 57.9 = 1158$kN/mm，$F = 10.9 \times 1158 = 12622$kN。

2）阻尼性能：动摩擦系数干摩擦状态最高，水润滑状态次之，二硫化钼润滑状态最低，其数值见表 32-12，与静摩擦系数基本一致。

3）分析：

碟片间干摩擦状态和水润滑状态摩擦系数较大，表明阻尼性能高，但碟片间力的分布均匀性较差。

二硫化钼的润滑剂摩擦系数较小，表明阻尼性能低，但碟片间力的分布状态较好。

6.5 各工况下弹簧组的松弛性能分析

弹簧组的抗松弛性能，是表明弹簧组在寿命期内保持刚度稳定的性能。弹簧组刚度的稳定是保证装置防震的必要条件之一。为此对各工况下的弹簧组在不同负荷作用次数下的力—位移曲线进行了对比试验，测量其变化情况，从中得出结论。

图 32-40 为干摩擦加载卸载受力-位移曲线，分别提取作用周期为 30、50 和 100 次的数据，各作用次数下的曲线无明显差异，最大作用负荷保持不变；

图 32-41 为水润滑加载卸载受力-位移曲线，分别提取作用周期为 30、50 和 100 次的数据，各作用次数下的曲线无明显差异，最大作用负荷保持不变；

图 32-42 为二硫化钼润滑加载卸载受力-位移曲线，分别提取作用周期为 30、50 和 100 次的数据，各作用次数下的曲线无明显差异，最大作用负荷保持不变；

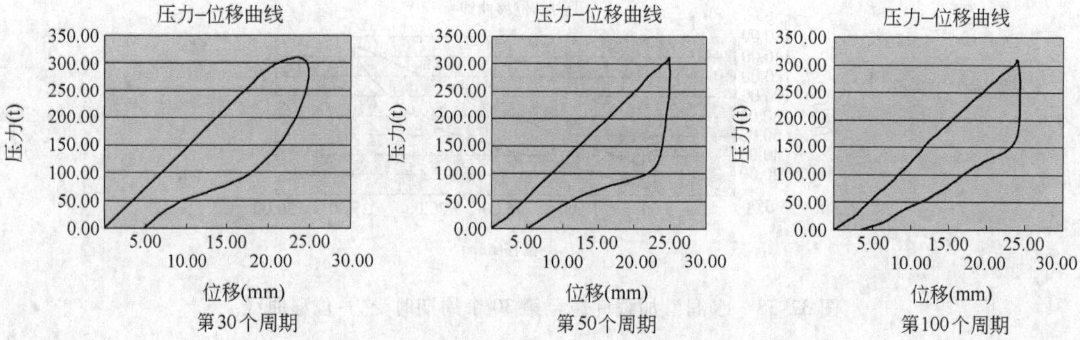

图 32-40 干摩擦加载卸载受力-位移曲线

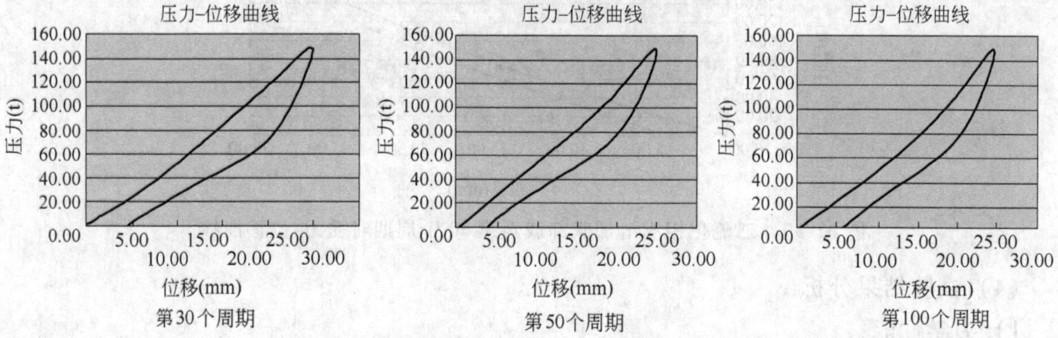

图 32-41 水润滑加载卸载受力-位移曲线

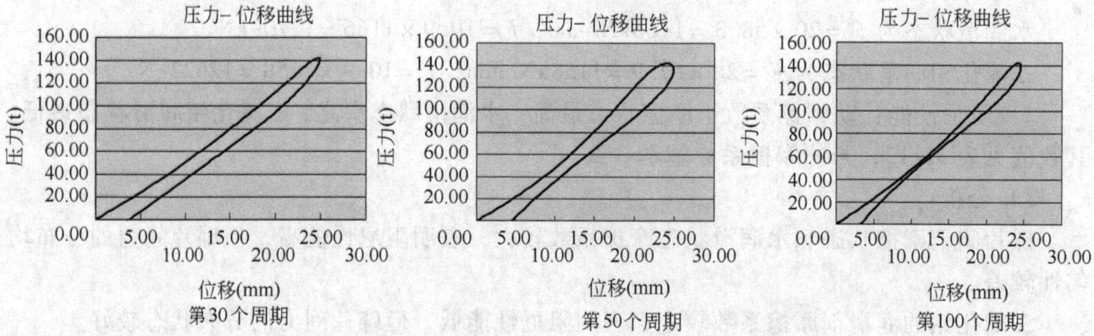

图 32-42 二硫化钼润滑加载卸载受力-位移曲线

结论：弹簧组具有一定的抗松弛性能，能在一定寿命期内保持稳定的刚度性能。

第 33 章　环形弹簧的制造工艺

1　环形弹簧的结构

1.1　常见环形弹簧的结构

环形弹簧通常是由端环、外环和内环组成（见图 33-1）。主要参数为弹簧的内径 D_1、外径 D_2 和自由高度 H_0。自由高度又是由单圈环簧的高度 h、数量 n、环间的轴向间距 δ 决定。还有一个主要的参数就是圆锥半角 β，当 β 选取较小时，弹簧刚度较小，若 $\beta<\rho$（摩擦角，一般 7° ~ 9°），则卸载时产生自锁，即不能回弹复原。

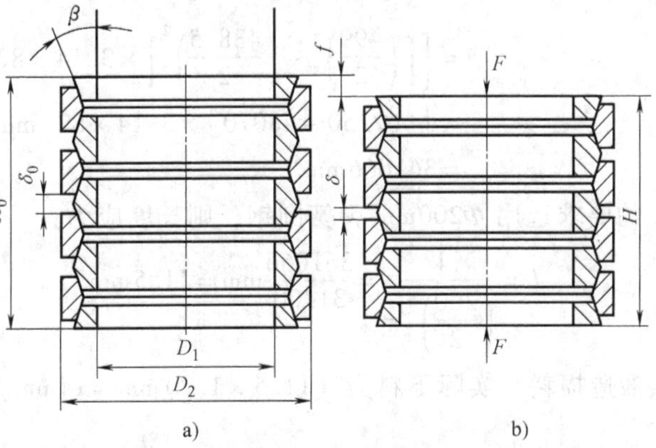

图 33-1　环形弹簧结构

a）自由状态　b）受载荷状态

D_1—弹簧的内径　D_2—弹簧的外径　H_0—弹簧的自由高度　δ_0—弹簧外圆环之间的轴向间距

β—弹簧圆环的圆锥半角　δ—弹簧受载荷后外圆环的轴向间距　H—弹簧受载荷后的高度

常用环形弹簧结构尺寸见表 33-2。

1.2　改进型环形弹簧的结构

改进型环弹簧的内外环截面作了一些调整，即轴向外环的外径和内环的内径不是一根直线，而改成了曲线（见图 33-2）。这样截面积就减小，重量随之减轻，但又不影响内外环的摩擦力，既节约了资源又减轻了重量；也有单外环或单内环改变截面形状的。

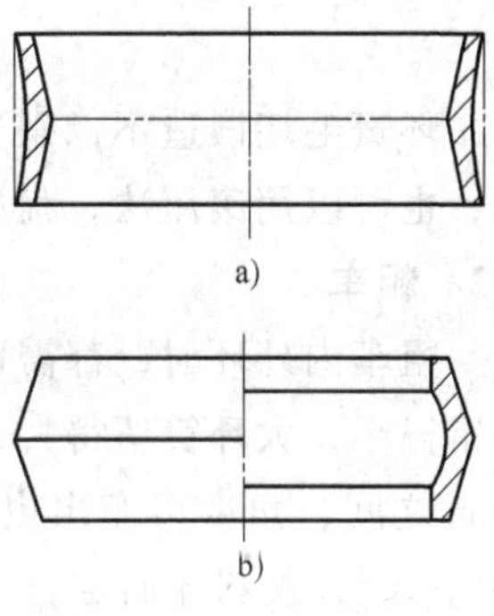

图 33-2　改进型环簧

a）外环　b）内环

2　环形弹簧的制造工艺流程

环形弹簧规格繁多如表 33-2 所列，小自外径 18mm，大至外径 500mm 左右。由于很难找到壁厚与外径相适应的无缝弹簧钢钢管，一般多用锻好的环坯进行制作，其工艺流程如图 33-3 所示。

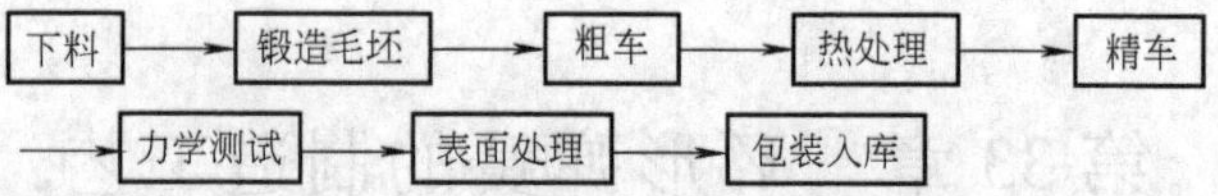

图 33-3 环形弹簧的制造工艺流程图

2.1 环形弹簧的毛坯制造

环形弹簧锻造毛坯如图 33-4 所示。环形弹簧的厚度与外径比一般很小，极易变形，为考虑成品精度，所以下料的内外径加工余量较大，一般都在单边 5mm 以上。锻造毛坯应成环形，按照毛坯尺寸再计算圆钢下料的长短。例如：当计算外环毛坯为 $D_1=499\text{mm}$、$d_1=438.5\text{mm}$、$h_1=82\text{mm}$ 的环簧毛坯选用多粗的圆钢下料，料长又为多少？

首先要计算出此批毛坯体积 V

$$
\begin{aligned}
V &= \left[\left(\frac{D_1}{2}\right)^2-\left(\frac{d_1}{2}\right)^2-\right]\pi h_1 \\
&= \left\{\left[\left(\frac{499}{2}\right)^2-\left(\frac{438.5}{2}\right)^2\right]\times 3.14\times 82\right\}\text{mm}^3 \\
&= \{[62250-48070]\times 3.14\times 82\}\text{mm}^3 \\
&= 361066\text{mm}^3
\end{aligned}
$$

根据锻造比≥ 2 的要求选用 $\Phi 200\text{mm}$ 弹簧圆钢，则长度应为：

$$
L=\frac{V}{\left(\frac{200}{2}\right)^2\pi}=\frac{361066}{31400}\text{mm}=11.5\text{mm}
$$

考虑下料损耗及锻造损耗，实际下料为（11.5×1.2）mm＝14mm。

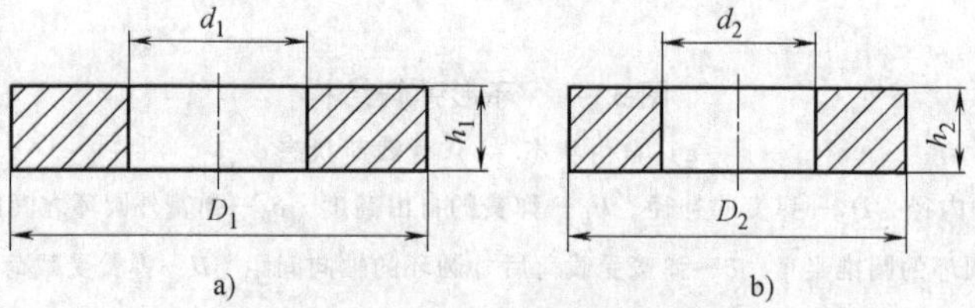

图 33-4 环形弹簧锻造毛坯

a）外环毛坯 b）内环毛坯

环簧毛坯锻造不像碟簧毛坯下料，一定要使锻造比大于 2∶1。锻造环簧毛坯可以用模锻，也可以用滚压法，犹如滚压轴承大小环。

2.2 粗车

粗车内外环时，都需留有精车前的加工余量，此余量的大小视环簧尺寸大小而异。小环簧留得小，大环簧留得大，因为热处理时簧越大，变形相对也大。各向的尺寸一般在0.20～2mm 之间，角度可车出也可不车出。此角度 β 理论上在 12°～20°之间选用，一般选用 $\beta=14°\sim16°$，视图样而定。

2.3 热处理

环簧热处理一般采用淬火、回火工艺，$D_2\leqslant 140\text{mm}$ 的小环簧建议用等温热处理工艺，以获得更佳的强韧性。对于大环簧，为使热处理变形减小，可采用适当挂具。

具体热处理制度视材质而异，环形弹簧常用材料是60Si2MnA 和 50CrVA 弹簧钢，由于环形弹簧毛坯都是经过锻造的，所以必须进行淬火回火处理。

淬火就是把钢加热到临界温度 Ac_3 或 Ac 以上保温一段时间，使其完成奥氏体化再以适当温度冷却，从而获得马氏体或贝氏体组织的热处理方法。上述两种钢种的加热和冷却时的临界点见表 33-1。

表 33-1 环形弹簧常用弹簧钢加热和冷却时的临界点 （单位:℃）

钢种	钢号	Ac_1	Ac_2	Ar_1	Ar_3	M_3
硅锰弹簧钢	60Si2MnA	755	810	700	770	260
铬钒钢	50CrVA	740	810	688	746	300

因此，60Si2MnA 淬火温度选用（850 ~ 880)℃入池淬火；50CrVA 淬火温度选用 830 ~ 850℃入池淬火。淬火炉选用盐浴炉为佳。淬后硬度应为 >58 ~ 60HRC。

环形弹簧回火是将淬火后的环形弹簧重新加热到低于 Ac_1 的某个选定温度，并保温一段时间，然后以适宜的冷却速度冷却，其目的是获得所需的力学性能，稳定环形弹簧的组织和尺寸以及消除内应力。环形弹簧回火后的硬度一般为 45 ~ 50HRC。

环形弹簧淬火时宜在盐浴炉中进行，可以不用夹具，因为淬火尺寸已经考虑到淬回火后的粗加工所需余量。回火可在井式炉中进行，回火后应立即在水中冷却，回火温度选用 400 ~ 500℃，回火保温时间视环形弹簧最大厚度考虑。$t \leqslant 10$mm 的保温时间不低于 60min，$t \geqslant 10$mm 的保温时间不低于 90min。

环形弹簧淬火后应立即回火，以避免由于内应力过大而产生裂纹，淬火与回火之间的时间相隔不宜超过 4h。

2.4 精车

环形弹簧热处理后进入精车工序，精车最好在数控车床上进行。可以保证圆环的圆锥半角 β。β 是圆环的重要几何参数，它决定环形弹簧的刚度。β 小，刚度小，若 $\beta < \rho$（摩擦角）将产生自锁，即不能回弹；β 大，刚度大，按照图样精车此角。

2.5 强压处理

环形弹簧必须进行强压处理，处理时应将内环、外环和端环按图样要求配制，弹簧试验时，变形量

$$f_s = \frac{n}{2}(\delta_0 - \delta_{\min})$$

式中 n——环形弹簧圆锥接触面对数；

δ_0——弹簧外圆环间的轴向间距；

$\delta_{\min}$——弹簧圆环间在工作极限位置应保留的最小间距。

弹簧圆环间在工作极限位置应保留的最小间距，一般应使 $\delta_{\min} \geqslant 1$mm，直径较大或加工精度较低时，最小间距应取大些。一般精度较低时可取 $\delta_{\min} \approx D/50$；精度较高时取 $\delta_{\min} \approx D/100$。强压时，两侧应置放限高块。

2.6 特性测试

环形弹簧的各部几何尺寸检验合格后，都必须测试其力学性能。测试前各接触面需加入润滑剂，常用的润滑剂为石墨、固态 MoS_2 或其他润滑脂。其力学性能不但与几何尺寸有

关，更与摩擦面的加工工艺有关，接触面未经精加工，在重载条件下摩擦系数 $f_{\mu}=0.16$、$\rho=9°$；接触面经精加工在重载荷条件下摩擦系数 $f_{\mu}=0.15$、$\rho=8°30'$；当接触面经精加工在轻载荷条件下摩擦系数 $f_{\mu}=0.12$、$\rho=7°$。图 33-5 给出了不同条件下，环形弹簧的特性曲线。

环形弹簧在一个加载和卸载循环中的特性曲线为 $OABO$，如果没有摩擦力的作用下，则应为 OC，卸载时，特性曲线由 B 点开始，而不是由 E 点，这是由于摩擦使弹簧弹性滞后引起的。

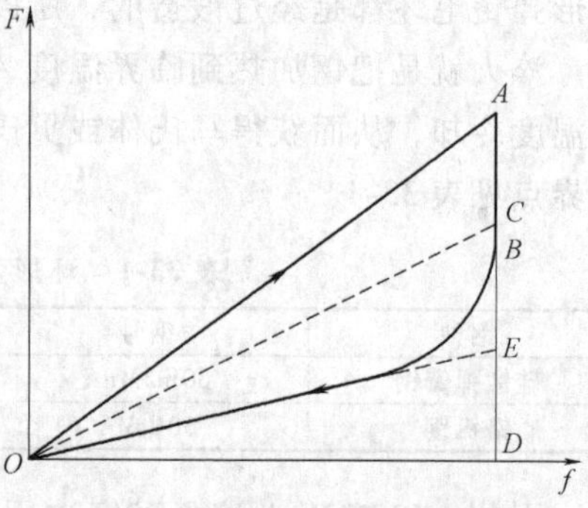

图 33-5　环形弹簧的特性曲线

环形弹簧组合测试中会发出“咔嚓咔嚓”的摩擦声响，这是由于内外环不同心造成的，测出来的曲线会有波浪形，这就需要对内外环涂上润滑脂，再往返多次压试，即可消除这种杂音，得到连续的特性曲线。由于环形弹簧有其较大摩擦功的损耗，所以 OA 加载曲线测到位后卸载会有不同的曲线，这主要决定于环间摩擦系数所致。

表 33-2 是常用环形弹簧结构尺寸，可供设计、制造时参考。

表 33-2　常用环形弹簧结构尺寸

序号	结构尺寸/mm				弹簧特性		导向件尺寸/mm		一只内环和一只外环的质量/kg
	D_2	D_1	h	δ_0	F/kN	F/mm	外导向	内导向	
1	18.1	14.8	3.6	0.8	5	0.4	18.7	13.9	0.002
2	25.0	20.8	5.0	1.2	9	0.6	25.9	20.1	0.004
3	32.0	27.0	6.4	1.6	14	0.8	33.1	26.1	0.007
4	38.0	31.7	7.6	1.8	20	0.9	39.3	30.6	0.012
5	42.2	34.6	8.4	2.0	26	1.0	43.6	33.4	0.018
6	48.2	39.4	9.6	2.2	34	1.1	49.8	38.1	0.026
7	55.0	46.0	11.0	2.6	40	1.3	56.7	44.5	0.035
8	63.0	51.9	12.6	2.8	54	1.4	64.9	50.3	0.056
9	70.0	58.2	14.0	3.2	65	1.6	72.1	56.4	0.074
10	80.0	67.0	16.0	3.6	83	1.8	83	64	0.105
11	90.0	75.5	18.0	4.0	100	2.0	93	73	0.145
12	100.0	84.0	20.0	4.4	125	2.2	103	81	0.203
13	124.0	102.0	24.8	5.2	200	2.6	128	98	0.408
14	130.0	111.5	24.8	5.2	160	2.6	134	108	0.376
15	140.0	116.0	28.0	6.0	250	3.0	144	112	0.568
16	166.0	140.0	32.0	7.6	400	3.8	170	136	0.869
17	194.0	155.0	38.0	8.8	600	4.4	199	150	1.676
18	198.0	162.0	37.0	7.8	510	3.9	203	157	1.570
19	220.0	174.0	44.0	8.8	720	4.4	225	169	2.537
20	262.0	208.0	42.0	9.6	860	4.8	268	202	3.451
21	300.0	250.0	60.0	11.6	1000	5.8	306	245	5.51
22	320.0	263.0	64.0	12.4	1200	6.2	326	258	7.06
23	350.0	288.0	70.0	13.2	1400	6.6	356	283	9.18
24	400.0	330.0	80.0	15.6	1800	7.6	407	324	13.56
25	489.0	428.5	78.0	24.0	2000	7.9	498	420	22.000

第 34 章　成形弹簧的制造工艺

成形弹簧是利用金属线材、带材或薄板材制成的弹簧，形状不拘，类型很多。在这一章里参照第 19 章片弹簧、线弹簧和弹性挡圈的内容，主要介绍常用的片弹簧、线弹簧、弹性挡圈和蛇形弹簧的制造工艺。

1　片弹簧的制造工艺

片弹簧多用矩形金属薄板制成，由于使用要求不同，形状和结构也各不相同。当需要承受较大载荷时可采用多个弹簧片叠合。在使用中可以是一端固定，也可以是两端固定，这就需要在一端或两端设计制作出调节支承螺钉的位置孔。

片弹簧的厚度一般不大于 4mm，多采用冷成型方法制造。当片弹簧的形状比较简单、弯曲半径比较大，且材料厚度在 1mm 以下时，可选用硬态材料，并采用成形后去应力退火工艺制作；当形状比较复杂、材料厚度大于 1mm 时，则应选用退火软材料，成形后再行淬、回火的工艺。

片弹簧的工艺流程一般如图 34-1 和图 34-2：

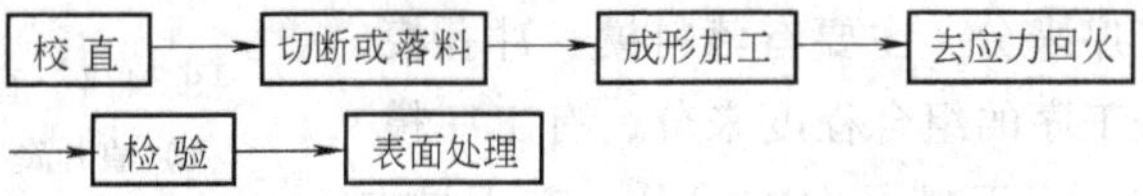

图 34-1　硬态材料制造片弹簧工艺流程

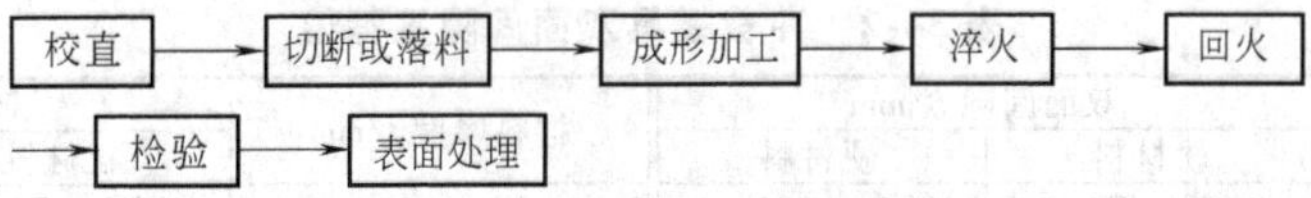

图 34-2　软态材料制造片弹簧工艺流程

1.1　校直

对于大批产品而言，都用自动化送料，校直工序设在料架与送料装置之间。对于小批量而言，则用人工落料，需独立安排校直切断设备，校直装置的原理见图 34-3。

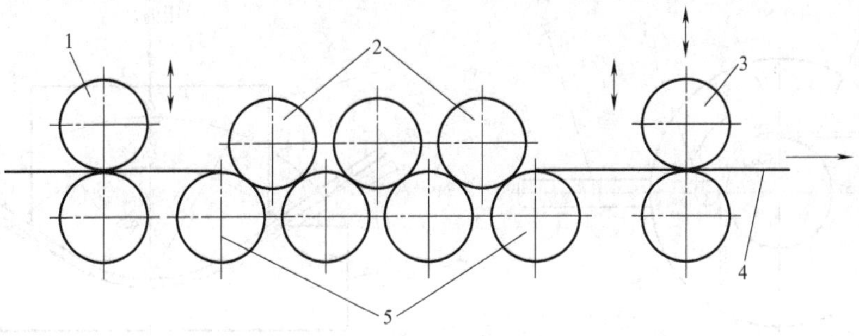

图 34-3　校直装置结构示意图

1—前夹辊　2—上夹辊　3—后夹辊　4—材料　5—下夹棍

根据生产实践经验，校直片弹簧材料的所需轧辊直径比校直其他材料时稍大些，可参考表 34-1 选取。

表 34-1 片弹簧材料与轧辊直径的推荐关系 （单位：mm）

材料厚度	轧辊直径	材料厚度	轧辊直径	材料厚度	轧辊直径	材料厚度	轧辊直径	材料厚度	轧辊直径
0.2~0.8	60	0.4~1.6	70	0.6~2.4	80	0.9~3.2	90	1.2~4.5	100

1.2 冲裁

冲裁包括落料、冲孔、切口等，如图 34-4 所示的直片簧，就是由落料与冲孔两道工序完成的。

冲裁质量是指断面质量尺寸精度和形状精度。切断面应平直、光洁既无裂纹、撕裂、夹层、毛刺等缺陷。为此，对凸凹模的要求较高，且间隙大小及分布均匀性、模具刃口状态、结构与制造精度都有关。凸凹模的间隙与材料种类、厚度有关，对于切断面垂直度与尺寸精度要求不高的片弹簧应以降低冲裁力，提高模具寿命为主，可采用较大间隙，其双面间隙 δ 可参考表 34-2 所列数值。

对于切断面垂直度要求较高的片弹簧，则应选用较小的间隙。

片弹簧冲裁模按工序来分，主要有落料模、冲孔模、切断模、切口模等；按工序的组合程度来分，有工序模、复合模、连续模等；按上、下模导向方式分，有无导向的开式模和有导向的导板模、导柱模，则都由片弹簧的形状批量及工厂条件等因素选取。

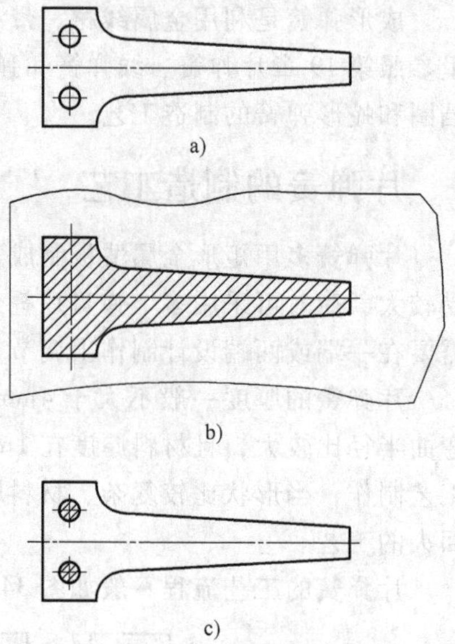

图 34-4 直片簧的落料与冲孔
a）直片簧 b）落料 c）冲孔

表 34-2 冲裁模具双面间隙推荐值

材料厚度 t/mm	双面间隙 δ/mm		材料厚度 t/mm	双面间隙 δ/mm	
	软材料	硬材料		软材料	硬材料
<1	(6%~8%)t	(8%~10%)t	>3~5	(15%~20%)t	(17%~25%)t
1~3	(10%~15%)t	(11%~17%)t			

1.3 成形

成形就是对有弯曲形状的产品，把冲裁后毛坯弯曲成规定的形状。弯曲方式有手工弯曲和机械弯曲。前者多用旋转弯曲模（见图 34-5），后者多用压力弯曲模（见图 34-6）。

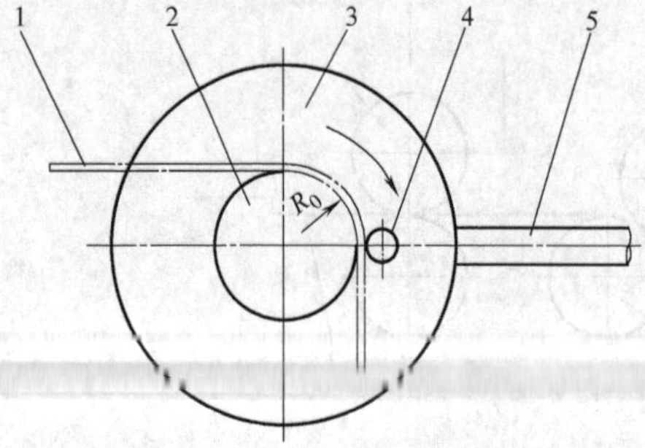

图 34-5 旋转弯曲示意图
1—材料 2—心轴 3—转动圆盘 4—节料销 5—手柄

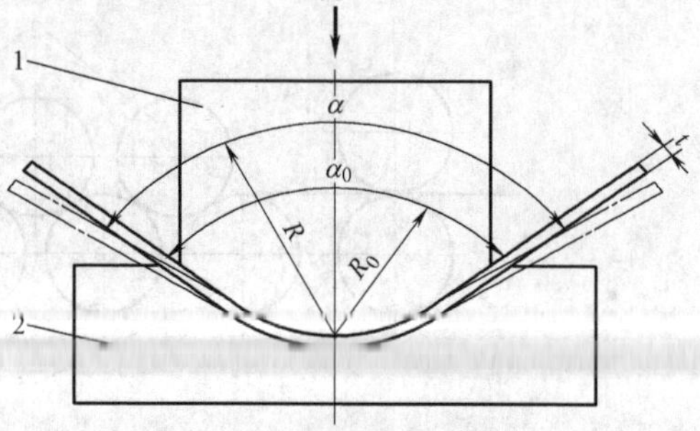

图 34-6 压力弯曲示意图
1—上模（凸模） 2—下模（凹模）

由于片弹簧的弯曲半径大小不同，弹簧回弹量也不同。不论理论上如何计算，都会产生回弹误差，在生产中应采用试样法，按实际回弹量修正模具。

1.4　材料和热处理

片弹簧在弹簧门类中是形状各异，用途广泛，取材多样的一种弹性元件，因此热处理应视取材而异。现将常用于片弹簧的材料和热处理方法介绍如下：

1）片弹簧一般厚度较薄，若厚度≤3mm用弹簧钢、奥氏体不锈钢制造时，都应选用热处理弹簧钢钢带（GB/T 15391）和不锈钢冷轧钢带（GB/T 4231）制造。前者常用T7A、T8A、65Mn、60Si2MnA；后者常用12Cr17Ni7、06Cr19Ni10，成型后只需进行去应力退火，其温度为300℃左右，时间在（20～60）min。

2）铜系合金也是制作片弹簧的常用材料，如用作高级精密的弹簧和仪表元件的铍青铜CuBe2和沉淀硬化不锈钢07Cr17Ni7Al、07Cr15Ni7Mo2Al和0Cr17Ni4Ne的，这类材料都是在成型后用时效方法强化。选用这类材料，成型前都应订购固溶处理后又进行冷轧的1/2硬（1/2）Y和硬态Y的。CuBe2是在315℃中时效1～2h，然后水冷却，冷却后硬度可达42HRC（400HBW）；后者则需在480±5℃时效1h以上，其硬度可达49HRC。

3）需方经常要求片弹簧有耐高温、耐腐蚀、无磁性的技术要求，则多选用镍基合金GH4169、GH4145、GH4090以及进口的Incoloy800、Incoloy800HT、Nimonic75和Haynes215、Haynes214等合金，这些材料成型后都需要时效处理强化。如：GH4169时效温度为720℃8h，再时效620℃8h；GH4145时效温度为730℃16h，再时效650℃2h；GH4090时效温度为650～750℃4h。Incoloy800和Incoloy800HT要在450～470℃炉温中进行30～60min时效，然后出炉冷却；Nimonic75时效温度也为450～470℃，30～60min，出炉冷却；Haynes215和Haynes214时效温度是400～450℃，2h出炉冷却。这些材料可以制作分别在-200～+815℃及-200～+1100℃的工作环境下工作。

1.5　表面处理

表面处理可以参照碟形弹簧Ⅰ组和Ⅱ组的表面处理工艺流程进行。同样必须强调：片弹簧强度高，截面小，对氢脆的敏感性大，特别对曲率半径较小处将更为突出。因此应尽量不进行电镀工艺，如果非常需要，则应进行及时去氢处理。

2　线弹簧的制造工艺

顾名思义，线弹簧就是由弹簧钢丝制造的各种弹簧，它们一般都是由冷拔钢丝制造。根据需要，设计出各种各样的形状，它的成形与片弹簧一样，可以用旋转轴弯曲成型（图34-7），也可以用压力机成型。随着卷簧机的发展，可以在卷簧机上卷制成各种线形弹簧。它的工艺过程如图34-8所示：

如在卷簧机上进行，上述校直、成型、切断都在机器上一次完成。

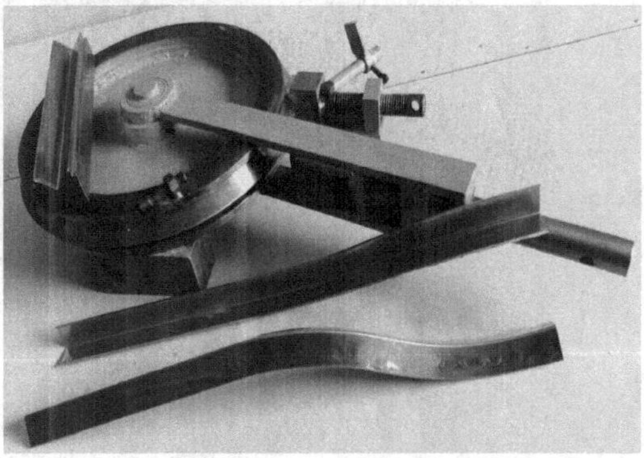

图34-7　手动旋转弯曲模具

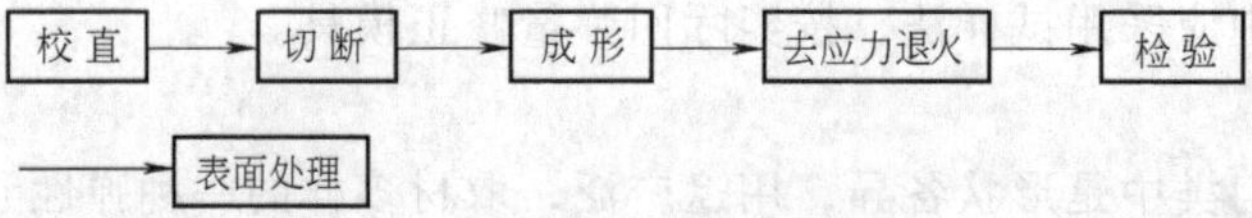

图 34-8　线弹簧制作工艺流程

3　弹性挡圈的制造工艺

弹性挡圈是在自动卷簧机或专用机上卷制的，这些机器都附有校直、卷制、切断功能，但每个切断后的挡圈都需要逐一整平，然后与片弹簧一样，进行去应力退火和表面处理。

4　蛇形弹簧的制造工艺

这里的蛇形弹簧皆指用硬弹簧钢丝制成的“Z”形或“S”形弹簧，大都用于汽车坐垫或床垫里，并非指用在联轴器上的蛇形弹簧。

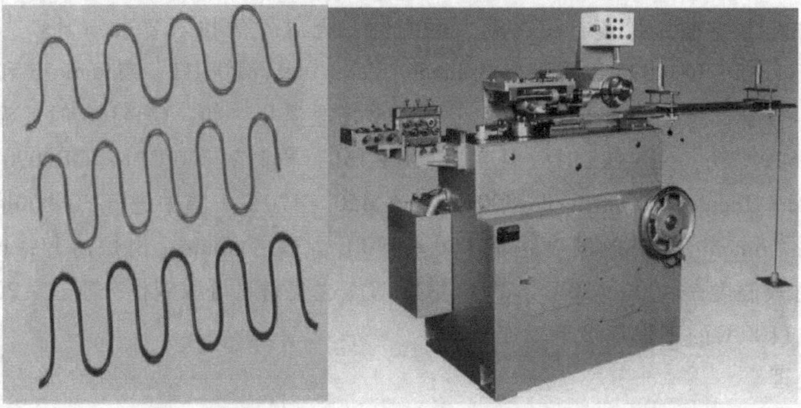

图 34-9　蛇形弹簧往复式自动成形机

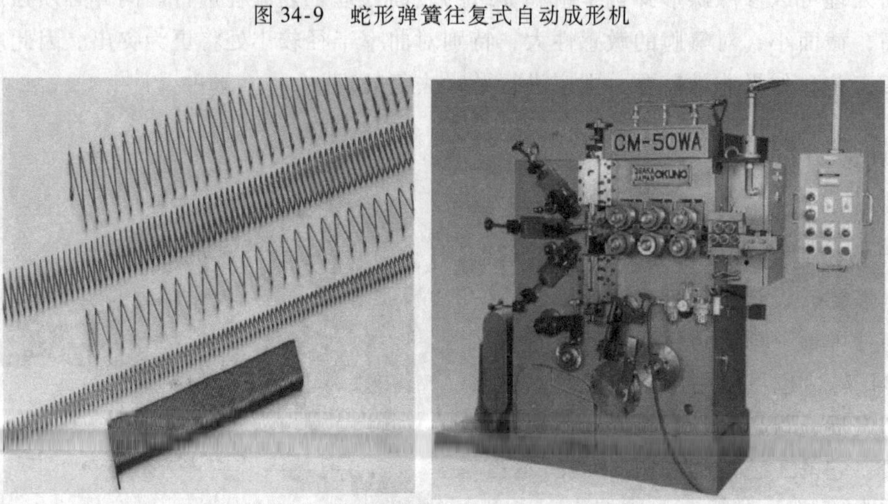

图 34-10　蛇形弹簧连续式成形机

蛇形弹簧形状很多，常用圆截面弹簧材料（如Ⅱ、Ⅱa组碳素弹簧钢丝，65Mn弹簧钢丝等）制造，线径一般为2.6～4.0mm。制造工艺流程基本上与一般线弹簧相同。对端部有特殊形状要求的，需用端部折弯机加工，现在成品卷簧机有往复式自动成型机（见图34-9）和连续式蛇簧成形机（见图34-10），也可以用改装的自动卷簧机加工。现在先进的自动蛇形弹簧成形机可以将成型、折弯、切断三道工序在一道工序里面由几个工位同时完成。

第35章　涡卷弹簧的制造工艺

涡卷弹簧分为平面涡卷弹簧和截锥涡卷螺旋弹簧两类，现分别介绍其制作工艺。

1　平面涡卷弹簧的制造工艺

平面涡卷弹簧的品种繁多，在此仅介绍非接触形平面涡卷弹簧和接触形平面涡卷弹簧其制作工艺，它可以由钢板或钢带绕制成平面螺旋形（见图35-1）。其机械行业标准为：JB/T 6654—1993和JB/T 8366—1996。

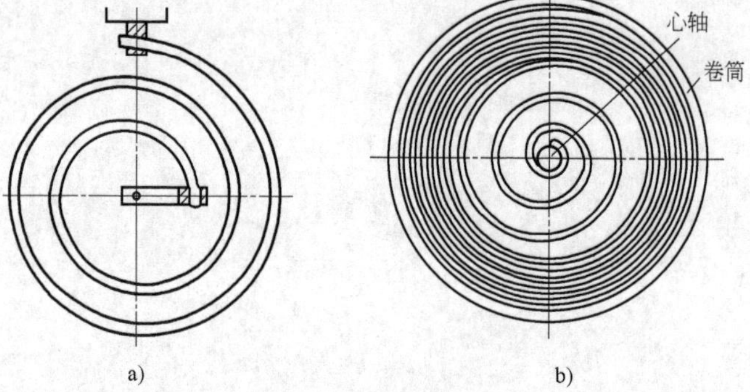

图35-1　平面涡卷弹簧

a）非接触形平面涡卷弹簧　b）接触形平面涡卷弹簧

不论是用钢板或钢带制造涡卷形弹簧，一般都是先将两个端部成形。端部形状又是根据弹性装置的安装条件决定的。其制造工艺流程一般是（见图35-2）：

（1）制端头　此端头分为内端和外端两处，常见平面涡卷弹簧的内外端固定形式可见表21-3和表21-4，根据不同的形式可用不同的旋转弯曲模预制。

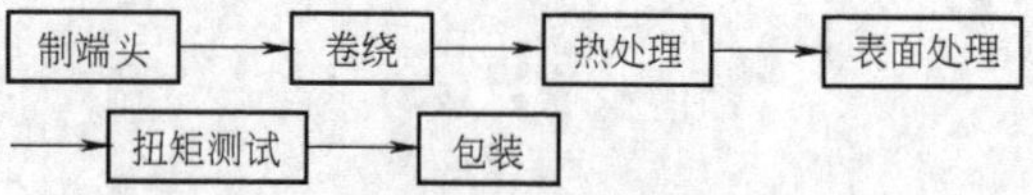

图35-2　平面涡卷弹簧工艺流程图

（2）卷绕　一般卷绕都可在简易旋绕机上进行。随着卷簧机的发展，许多卷簧机都能按图样进行卷绕（见图35-3）。对于像摇窗器那种超厚专用材料制成的平面涡卷弹簧则应用专机旋绕（见图35-4）。如用热处理钢带绕制成的弹簧无须进行淬火和回火处理，只需用预制好的钢丝套套上即可（见图35-3右图）。

（3）热处理　厚度$t>3$mm的平面涡卷弹簧是用专机旋绕成型的，需要进行淬火、回火。为了保证在淬火过程中减少度形，一般都需要制作一定的挂具（图35-5），一般在盐浴炉中进行。入炉淬火时需将夹具连同弹簧上下拎动以使满足冷却要求，淬后硬度≥58HRC，回火可在网带炉内进行。回火时间可按其厚度可参照下式决定：

$$H=5t+C$$

式中　H——保温时间（min）；

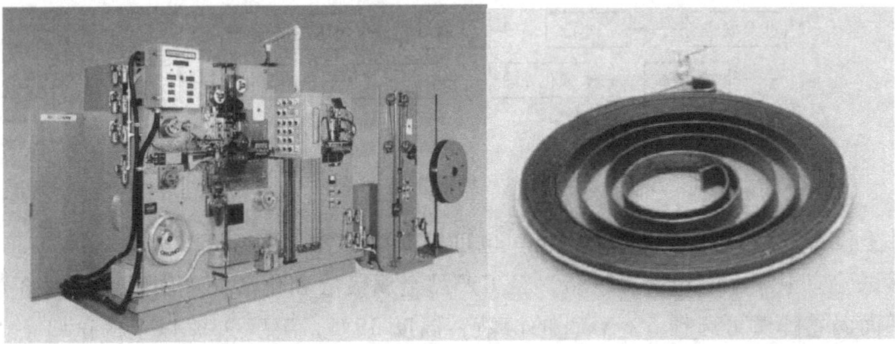

图 35-3 可卷普通涡卷簧卷簧机

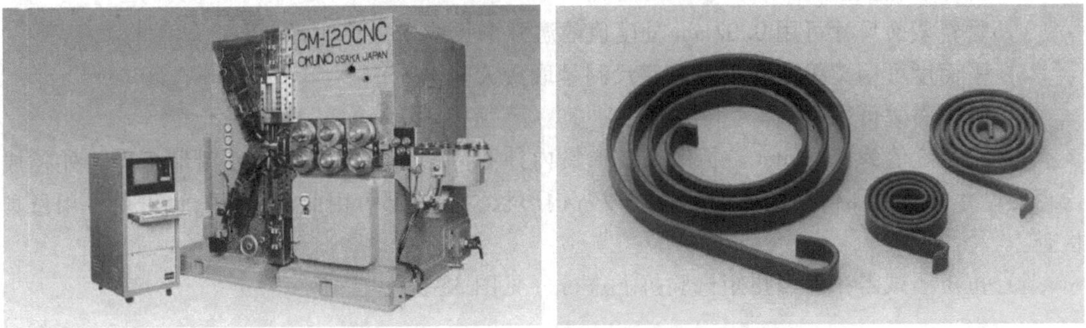

图 35-4 可卷摇窗器弹簧卷簧机图

t——材料厚度（mm）；

C——常数（min），民用、工用的产品 C 为 60min，重要用途或军工产品 C 为 90min。

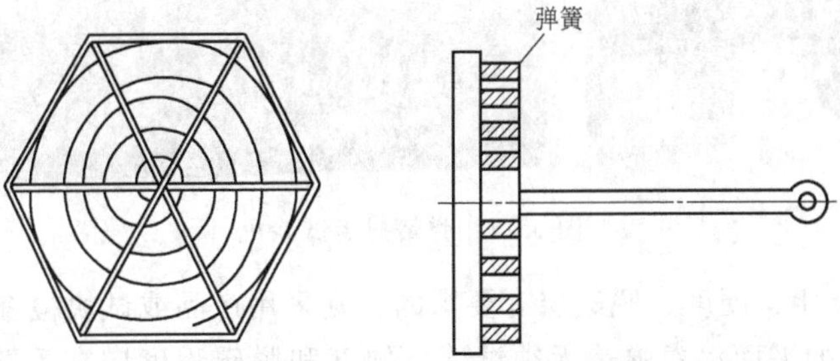

图 35-5 平面涡卷弹簧热处理挂具示意图

厚度 $t \leqslant 3$mm，用冷轧钢带制成的平面涡卷弹簧可在网带炉里去应力退火，退火温度视图样硬度选择，一般不宜高于 300℃，保温时间有半小时即可，最长为 45min。

（4）表面处理　平面涡卷弹簧表面需要进行氧化处理。处理后 60Si2MnA 为棕褐色，65Mn 和 T7A、T8A 等碳素结构钢材料为黑色。

涡卷弹簧氧化处理的配方常用碱性氧化处理法，要求氧化膜厚度在（0.5～1.5）μm 间，氧化处理流程如图 35-6。

各种工艺配方、工艺条件均同于表 6-4。检查的目的是检查弹簧的外观和氧化膜的抗腐蚀能力。氧化膜色泽应均匀，不允许有红色挂霜，不允许有发花及未氧化的部位，也不允许有未清洗干净的盐粒。工厂常用质量分数为 2% 硫酸铜溶液浸泡，浸泡 30s 后取出，洗净表

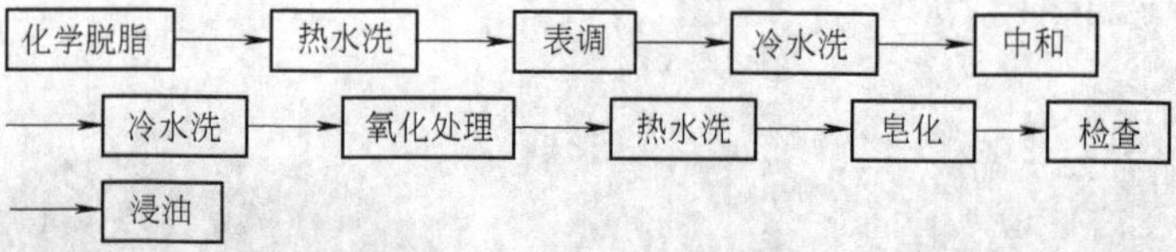

图 35-6 氧化处理流程图

面，试件上没有红色斑点形成即为合格。也可根据用户要求进行盐雾试验。

盐雾试验应根据 GB 5938—1986 “轻工产品金属镀层和化学处理层耐腐蚀试验方法” 进行。对平面涡卷弹簧可选择 5% NaCl 的溶液，温度 35℃，湿度 95% 以上的试验条件，时间最长为 2h，也可根据用户要求进行。

（5）产品的检验

1）材料截面尺寸可用 0. 02mm 分度值的游标卡尺或千分尺测量。

2）平面度可用 2 级精度平板和塞尺测量取最大间隙。

3）弹簧圈数可用目测。

4）用分度值为 0. 02mm 游标卡尺在弹簧内外圈部端头 0. 125 圈数处测量相当于外径或内径的尺寸；其他几何参数如端部孔径或弯钩形状、弯钩部可用此法进行，也可用专用量具检查。

5）扭矩测试需在弹簧扭矩试验机上进行（见图 35-7）。

图 35-7 弹簧扭矩试验机

6）需方如对金相、硬度、脱碳层有要求的，则采用产品或试块检查。

厚度 $t<3$mm 的平面涡卷弹簧无须试验，硬度和脱碳程度应在采购热处理带钢时，供方根据订货要求给出质量合格书，需方入库前也已进行质量复检。根据 YB/T 5063—2007 “热处理弹簧钢带” 标准要求，平面涡卷弹簧应选用力学性能为 I 级的即可。原则上钢带不允许有脱碳层存在。最好选用表面为光亮或抛光的钢带，其硬度在 411 ~463HV 范围内。

由于材料薄，不宜进行洛氏硬度检查，只能用维氏硬度检查法，试验方法按 GB/T 4340—2009 进行。

厚度 $t \geqslant 3$mm 的平面涡卷弹簧需经淬火、回火热处理，所以对其硬度有要求。其硬度应在 43 ~47HRC 范围内，产品成形后不宜在硬度计上检查，因此需要带试块进行（截取一段同批号钢带随炉处理）。经淬火、回火热处理的平面涡卷弹簧单边总脱碳层（全脱碳层加部分脱碳层）深度应不大于 0. 1mm。脱碳层深度检验可按 GB/T 244—2008 “钢的脱碳层测定方法” 标准进行。

7）表面用氧化处理工艺的，可用3%硫酸铜点滴在产品上，或用2%硫酸铜浸泡，在规定的时间内目测其氧化膜不变色，也可按用户要求进行盐雾试验。

2　截锥涡卷螺旋弹簧的制造工艺

截锥涡卷螺旋弹簧能承受较大的载荷，能吸收较大的变形能，所以结构紧凑，材料厚度可达20mm以上，制造工艺较一般弹簧复杂，成本高，且由于弹簧圈之间的间隙小，热处理也比较困难。截锥涡卷弹簧有等螺旋角等节距和等应力三种（参见第14章，第4节截锥涡卷螺旋弹簧），其制造工艺基本相同，工艺流程见图35-8：

(1) 切料　市场购买的热轧弹簧钢板都是按标准定尺的，而截锥涡卷弹簧则设计的宽度随图样的不同而异，当标准宽度不能满足要求时，首先应根据所需宽度在龙门铯上加工，批量产品可以在购买时要求定宽；也有用水切割或电火花切割，但这类切割对切割面需打磨倒圆。

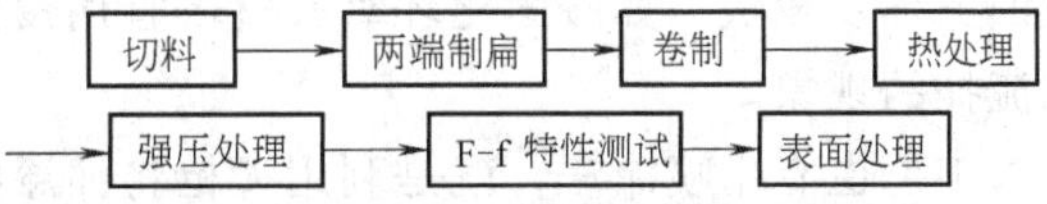

图35-8　截锥涡卷螺旋弹簧工艺流程

(2) 两端制扁　截锥涡卷弹簧的端部总是从薄到厚，需要按图样制扁。制扁方法可以在龙门铯上加工，也可以用轧扁机轧扁。对于零星不成批量的截锥涡卷弹簧端部也有用热锻法制扁的，同样对用此法制扁的端面，两侧均需要打磨倒圆。

(3) 卷制　可以选用相应厚度的石棉纸板，它在加热卷绕时不被烧坏，而热处理淬火后，在淬火冷却液中又容易浸湿变软，可以用钢针排出。

(4) 热处理　截锥涡卷弹簧所用材料薄至1mm以下，厚至10mm以上，因此热处理方式也不尽相同。

对于厚度 $t<3$mm 的截锥涡卷弹簧可以选用热处理钢带，成型后只需去应力退火，其工艺同平面涡卷弹簧。

对于厚度 $t\geqslant 3$mm 的截锥涡卷弹簧不论是冷成型或是加热成型，必须进行淬火与回火。特别是厚度 $t>10$mm 的截锥涡卷弹簧，在淬火时应采用专用挂具，如图35-9所示。

回火时则毋需加装夹具，可在有保护气氛的井式回火炉中进行。由于厚度大的涡卷弹簧在回火时，中间常夹有的石棉纸板，一时不能完全消除，则会造成截锥涡卷弹簧受热不均，因此回火时间应适当延长，一般 $t<10$mm 的回火时间选为2～3h，$t\geqslant 10$mm 的应不低于4h。回火后应立即入水冷却，一可避免回火脆性，二可将中间填垫的石棉纸板浸透清除。

热处理的温度应按照所需硬度选定，不同材料选用不同温度，均可参照热卷圆柱螺旋弹簧制造工艺进行。

强压处理　强压处理是截锥涡卷弹簧必不可少的一道工序。在设计应力不大于允许应力的，均应压并三次以上；如果是超应力设计的，则应压至允许应力范围点。可根据设计，预先把两只限位块放在所压的弹簧两侧，使压机压到限位块时就自动限压。

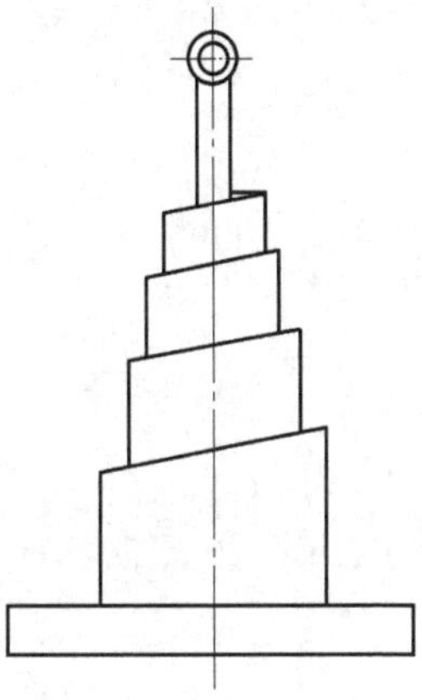
图35-9　截锥涡卷弹簧淬火挂具示意图

(5) 表面处理　厚度 $t<3$mm 的截锥涡卷弹簧表面都用氧化处理，工艺同平面涡卷弹簧。厚度 $t\geqslant 3$mm 的截锥涡卷弹簧多数根据用户进行浸漆保护。可根据

用户要求选用酚醛黑漆，醇酸黑漆和环氧黑漆。涂漆工艺应按如下流程进行（见图35-10）：

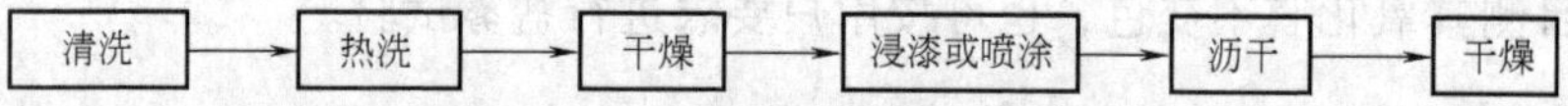

图35-10 截锥涡卷弹簧涂漆流程图

清洗的目的是为了增加漆附着力，一般用80～90℃的碱性溶液清洗；为消除残余的碱性溶液，再用80～90℃热水清洗；干燥可以烘干，也可以用吹干，干燥后浸入漆槽，再用挂具挂起沥干；沥干后可进入仓库包装。

浸漆法生产效率高，可适用于批量的机械化、自动化生产，而且操作方便，技术简单。但油漆挥发较快，如胺固化环氧漆就不宜用浸涂法，因漆膜不够平整，易产生上薄下厚，边缘流挂的现象。

工厂也有用喷涂法，就是利用喷枪将油漆喷成雾状微小颗粒在弹簧表面上均匀沉积成一层薄膜，但此法对于每圈间隙中不易全面喷到，且需有静电喷涂设备，否则影响环境，不利于工人健康。

（6）强压 不论是等螺旋角等截距和等应力的截锥涡卷弹簧都必须进行强压处理。但强压的载荷 F 或变形 f 应视不同图纸设计而异，均不能将强压造成的对应圈接触时的切应力 $\tau_i \geqslant [\tau_i]$。

当受载为压缩静载荷或变载荷作用很小时，取 $[\tau_i]=1330\text{MPa}$；当变载荷作用次数较多时，取 $[\tau_i]=770\text{MPa}$。因此强压时都应根据此要求，计算出最大载荷或最大位移量，否则将产生高度的塑性变形超差，甚至压断弹簧，而不能像标准碟形弹簧那样用超工作负荷压平5次；如果图样设计可以压至最后一圈接触，则强压也需如此进行，一般强压一次即可。

（7）测试 截锥涡卷弹簧除对其各项几何尺寸测试外，主要对其 F-f 特性测试。测试时首先选用满足其最大高度和最大载荷的测力机，根据图样要求，压至所需位移，读出相应载荷。先进的测力机都可选定操作位移自动打印出 F-f 特性曲线。

第36章　钢板弹簧的制造工艺

1　钢板弹簧的功能与类型

1.1　钢板弹簧的功能

钢板弹簧主要用作汽车、拖拉机、铁路运输车辆等的悬架系统。如图36-1所示是汽车钢板弹簧悬架系统，它是汽车的重要零部件。它是一个弹性元件又是一个导向元件和减振元件，承受汽车垂直负荷，缓和并抑制不平路面引起的冲击和吸收车轮运动振动，此外，还能承受横向负荷和纵向的水平推力和力矩，其起到传递作用在车轮和车架（或车身）之间的一切力和力矩的作用，并保证汽车有良好的行驶平顺性和操纵稳定性，其可靠性直接影响到汽车的安全。

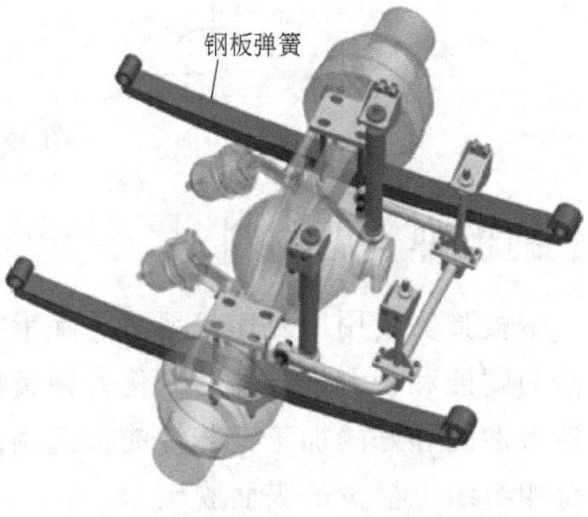

图36-1　汽车钢板弹簧悬架系统

1.2　钢板弹簧的类型

钢板弹簧一般分为等截面钢板弹簧、变截面钢板弹簧两大类。钢板弹簧簧片横截面沿长度方向不变化（包含簧片端部压延、切角、切边）的为等截面钢板弹簧（见图36-2）；钢板弹簧簧片横截面沿长度方向变化的为变截面钢板弹簧（见图36-3）。按ISO 18137展示，根据使用情况，各类弹簧具有多种不同的结构（见附录）。

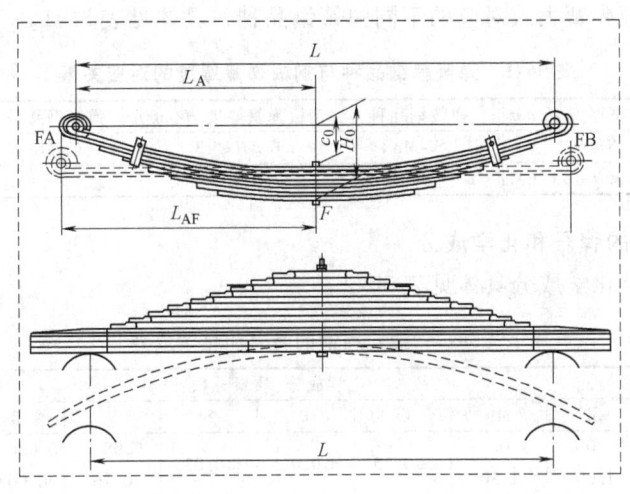

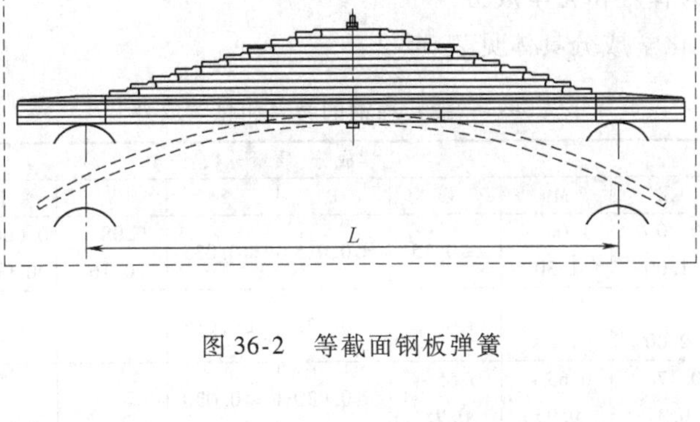

图36-2　等截面钢板弹簧

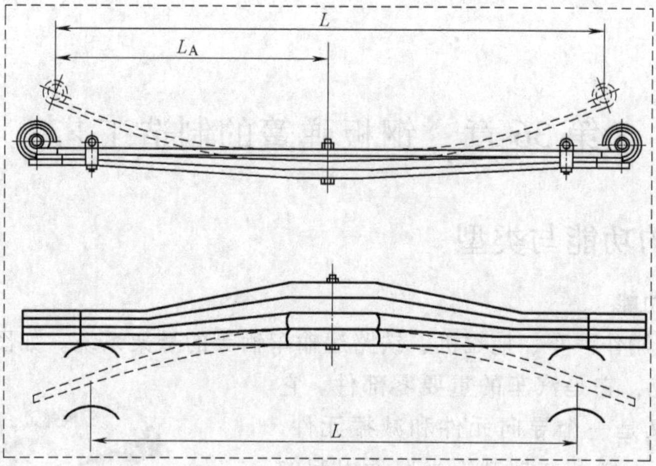

图 36-3 变截面钢板弹簧

2 钢板弹簧的材料

钢板弹簧使用工况比较恶劣，除承受很高的交变弯曲应力、冲击和振动外，还受到泥水泥沙的腐蚀和较大气候温度变化，弹簧扁钢应具有优异的弹性极限、强度极限、屈强比值、抗疲劳性能和好的加工工艺性能，选用的弹簧扁钢在热处理过程中有良好的淬透性，高级别的金相组织，极少的表面脱碳。

2.1 材料的类型

钢板弹簧材料为弹簧扁钢，弹簧扁钢按化学成分分为碳素、合金和特殊弹簧扁钢三大类。根据钢中强化元素作用，又分为碳系（C）、硅锰系（Si-Mn）、铬锰系（Cr-Mn）、铬钒系（Cr-V）和铬钼系（Cr-Mo）五种。钢板弹簧常用弹簧扁钢为硅锰系（Si-Mn）、铬锰系（Cr-Mn）和铬钒系（Cr-V）三种。

不同厚度的钢板弹簧大致对应的不同弹簧钢品种，具体见表 36-1。

表 36-1 弹簧扁钢品种与钢板弹簧厚度的对应关系

弹簧钢品种	钢板弹簧厚度 H/mm	弹簧钢品种	钢板弹簧厚度 H/mm	弹簧钢品种	钢板弹簧厚度 H/mm
C	$H \leqslant 6$	Si-Mn	$6 < H \leqslant 13$	Cr-Mn	$13 < H \leqslant 25$
Cr-V	$20 < H \leqslant 35$	Cr-Mo	$H > 35$		

2.2 常用弹簧扁钢的牌号和化学成分

常用弹簧扁钢及化学成分具体见表 36-2。

表 36-2 弹簧扁钢的牌号和化学成分

牌号	化学成分（质量分数：%）									
	C	Si	Mn	Cr	P	S	V	B	Cu	Ni
55SiMnVB	0.52 ~ 0.60	0.70 ~ 1.00	1.00 ~ 1.30	≤0.35	≤0.035	≤0.035	0.08 ~ 0.16	0.0005 ~ 0.0035		
60Si2Mn	0.56 ~ 0.64	1.50 ~ 2.00	0.70 ~ 1.00	≤0.35	≤0.035	≤0.035				
55CrMnA	0.52 ~ 0.60	0.17 ~ 0.37	0.65 ~ 0.95	0.65 ~ 0.95	≤0.030	≤0.030				

（续）

牌号	化学成分（质量分数:%）									
	C	Si	Mn	Cr	P	S	V	B	Cu	Ni
52CrMnBA	0.48 ~ 0.53	0.17 ~ 0.37	0.70 ~ 1.00	0.80 ~ 1.00	≤0.030	≤0.030		0.0008 ~ 0.003		
50CrVA	0.46 ~ 0.54	0.17 ~ 0.37	0.50 ~ 0.80	0.80 ~ 1.10	≤0.030	≤0.030	0.10 ~ 0.20			
51CrV4	0.49 ~ 0.54	0.17 ~ 0.37	0.90 ~ 1.10	1.00 ~ 1.20	≤0.025	≤0.025	0.14 ~ 0.20		≤0.25	≤0.35

注：1. 摘自 GB/T 1222—2007。

2. 在钢中，杂质铜的含量不大于 0.25%。

3. 钢材的化学成分允许偏差应符合 GB/T 222《钢的化学分析用试样取样法及成品化学成分允许偏差》的规定。

4. 50CrVA 的成分不符合 GB/T 1222—2007 标准。GB/T 1222—2007 标准正在修订，已进入报批稿阶段。

2.3　常用弹簧扁钢的外形、尺寸及允许偏差

（1）截面形状　按截面形状弹簧扁钢分为平面弹簧扁钢（见图 36-4）和单面双槽弹簧扁钢（见图 36-5）两种。

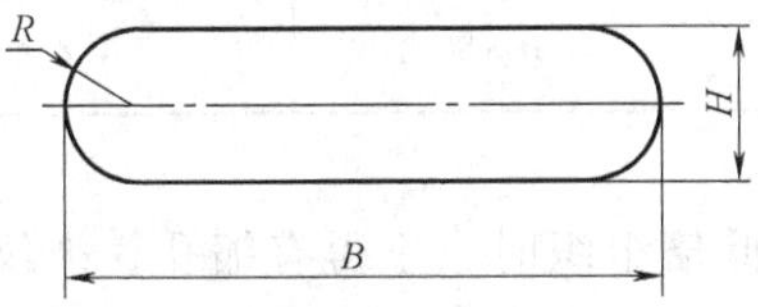

图 36-4　平面弹簧扁钢

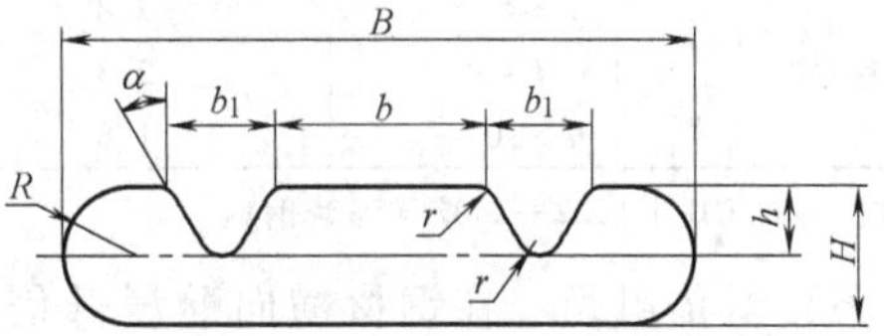

图 36-5　单面双槽弹簧扁钢

图 36-4 和图 36-5 中：$R \approx 1/2H$；$r = 2 \sim 3$mm

（2）弹簧扁钢截面尺寸及允许偏差　平面扁钢截面尺寸的允许偏差应符合表 36-3 的规定，单面双槽扁钢截面尺寸的允许偏差应符合表 36-4 的规定。

表 36-3　平面扁钢公称尺寸允许偏差　（单位：mm）

类别	截面公称尺寸	允许偏差		
		宽度≤50	宽度 >50 ~ 100	宽度 >100 ~ 160
厚度	<7	±0.15	±0.18	±0.30
	7 ~ 12	±0.20	±0.25	±0.35
	>12 ~ 20	±0.25	+0.25 −0.30	±0.40
	>20 ~ 30	—	±0.35	±0.40
	>30 ~ 40	—	±0.40	±0.45
宽度	≤50	±0.55		
	>50 ~ 100	±0.80		
	>100 ~ 160	±1.00		

注：1. 摘自 GB/T 1222—2007。

2. 经供需双方协商，供应其他截面形状的弹簧扁钢时，其宽度和厚度的允许偏差可按上表执行。

（3）硬度及硬料处理　弹簧扁钢材料硬度不大于 321HB；硬料应进行退火处理后再投入生产。

（4）表面质量　弹簧扁钢材料表面质量要求表面不得有裂纹、折叠、结疤、夹杂、分层、压入的氧化铁皮。

（5）脱碳层 弹簧扁钢的总脱碳层（铁素体+过渡层）深度，每边不得大于表36-5的规定。

表36-4 单面双槽扁钢公称尺寸允许偏差 （单位：mm）

尺寸/mm	厚度 H/mm	宽度 B/mm	槽深 h	槽间距 b/mm	槽宽 b_1/mm	侧面斜角 α
8×75	8±0.25	75±0.70	$H/2$	$25_{-1.0}$	$13^{+1.0}$	30°
9×75	9±0.25	75±0.70	$H/2$	$25_{-1.0}$	$13^{+1.0}$	30°
10×75	10±0.25	75±0.70	$H/2$	$25_{-1.0}$	$13^{+1.0}$	30°
11×75	11±0.25	75±0.70	$H/2$	$25_{-1.0}$	$13^{+1.0}$	30°
13×75	13±0.30	75±0.70	$H/2$	$25_{-1.0}$	$13^{+1.0}$	30°
11×90	11±0.25	90±0.80	$H/2$	$30_{-1.0}$	$15^{+1.0}$	30°
13×90	13±0.30	90±0.80	$H/2$	$30_{-1.0}$	$15^{+1.0}$	30°

注：1. 双槽的不对称度不大于2mm，在不对称度不大于3mm且重量不超过交货重量的10%时允许交货。

2. 单面双槽扁钢的槽底深度的允许偏差按供需双方协议。

表36-5 弹簧扁钢的脱碳层深度

钢种	厚度 H/mm	总脱碳层深度不大于厚度的/(%)	钢种	厚度 H/mm	总脱碳层深度不大于厚度的/(%)
硅锰系	$H \leqslant 8$	2.8	其他钢	$H \leqslant 8$	2.3
	$8 < H \leqslant 30$	2.3		$H > 8$	1.8
	$H > 30$	1.8			

注：摘自GB/T 1222—2007《弹簧钢》。

（6）低倍组织 在钢材横向酸浸低倍试片上检验低倍组织时，不得有缩孔、裂纹、分层、白点、气泡、翻皮及夹杂。

3 钢板弹簧的制造工艺流程

（1）等截面钢板弹簧的制造工艺流程

断料→校直→孔加工→卷耳、包耳、切边→铣耳侧→铰耳孔→淬火→回火→应力\自由喷丸→单片涂装→压衬套→铆卡箍→总成装配→总成预压缩→总成涂装→涂装。

（2）变截面钢板弹簧的制造工艺流程

断料→校直→孔加工→轧制→校直→切头、冲孔→卷耳、切边、包耳→铣耳侧→铰耳孔→淬火→回火→应力喷丸→单片涂装→压衬套→铆卡箍→总成装配→总成预压缩→总成涂装→包装。

4 钢板弹簧的主要制造工艺

4.1 断料

断料是将钢厂长度为（2~6）m的弹簧扁钢，剪切成工艺规定的各种不同长度的单元坯料。常用断料设备有鳄鱼式剪床和压床两大类，可根据生产的钢板弹簧厚度选用不同的断料设备，见表36-6。

表36-6 断料设备对应可生产的钢板厚度

设备名称	可生产的钢板厚度 H/mm	设备名称	可生产的钢板厚度 H/mm
鳄鱼式剪床	$H \leqslant 16$	压床/JA11-[illegible]	[illegible]
压床/JA11-250	$16 < H \leqslant 25$	压床/JA11-400	$35 < H \leqslant 40$

（1）断料剪切力

1）平口切力 P（用于压力机断料，见图 36-6）。

$$P = BH\sigma_b \tag{36-1}$$

式中　B——扁钢宽度；

H——扁钢厚度；

σ_b——抗拉强度（考虑材料厚度有公差及剪刀刃口变钝等因素，而不用剪切强度）。

2）斜口切力 P（多用于鳄鱼式剪床，见图 36-7）。

$$P = 0.5H^2\sigma_b/\tan\theta \tag{36-2}$$

式中　H——扁钢厚度；

σ_b——抗拉强度；

θ——上刀片角度。

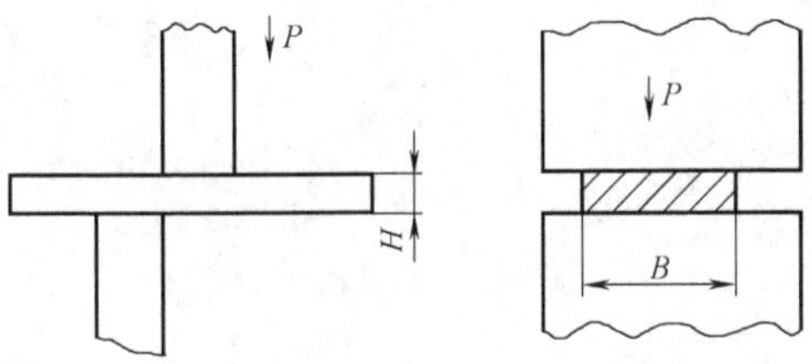

图 36-6　平口切力

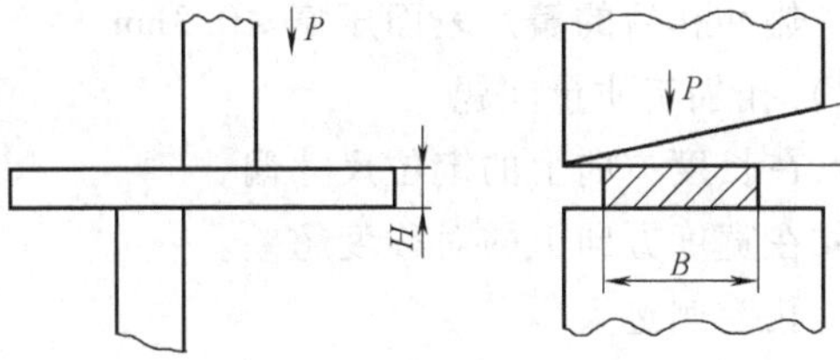

图 36-7　斜口切力

（2）工艺要求

1）断料长度公差：长度≥1m 时为 ±3mm，长度 <1m 时为 ±2mm；

2）毛刺≤0.3mm；

3）端面相对侧面的垂直度公差≤2mm。

（3）断料质量问题

1）毛刺超差：毛刺过大，热处理后有较高的硬度，喷丸后仍不能消除，则在板簧总成承受变载时，会加剧片端间的摩擦，产生噪声，出现上下簧片端部的啃伤，严重影响使用寿命。

产生原因：刀片过钝及剪刀片间隙过大。

2）切口切斜：影响外观质量，一定程度上影响钢板弹簧总成的刚度和疲劳寿命，其原因是因为单片簧片的长度尺寸在设计时已按应力分布和刚度指标而确定，斜料则改变了原设计的长度尺寸和应力分布。

产生原因：定位有斜度或操作者上料时有斜度。

3）崩口：产生原因是原材料硬度高。

4.2　孔加工

孔加工是将断料后的簧片，按要求冲（钻）中心孔和铆钉孔。

（1）孔加工工艺选择　根据孔径与片厚的关系，孔加工工艺选择如下：

1）孔径/片厚≥1.1 时，采用冷冲孔；

2）孔径/片厚 <1.1 时，采用钻孔；

3）片厚≤25mm 的簧片若不能冷冲孔时，推荐采用热冲孔。

（2）冷冲孔的冲裁力

$$P = \pi d \times H \times \sigma_b \tag{36-3}$$

式中 H——簧片厚度；

d——孔径；

σ_b——抗拉强度。

（3）工艺要求

1）孔径 $d^{+0.5}_{0}$。

2）孔中心到定位端的长度公差为 ±1mm。

3）孔中心在宽度方向的对称度≤1mm。

4）孔毛刺≤0.3mm。

5）若簧片为单面双槽钢，冲孔时槽面向上。

6）热冲孔时，冲孔处加热温度 600～700℃。

7）热冲孔后的簧片表面压痕≤0.3mm。

（4）孔加工质量问题

1）在长度方向上的定位尺寸偏。

2）在宽度方向上的对称度超差。

3）孔毛刺过大。

4）钻孔倒角深度过深。

4.3 轧制

轧制是对钢板弹簧单片进行轧扁加工以改变厚度尺寸。钢板弹簧单片的轧制如图 36-8 所示。

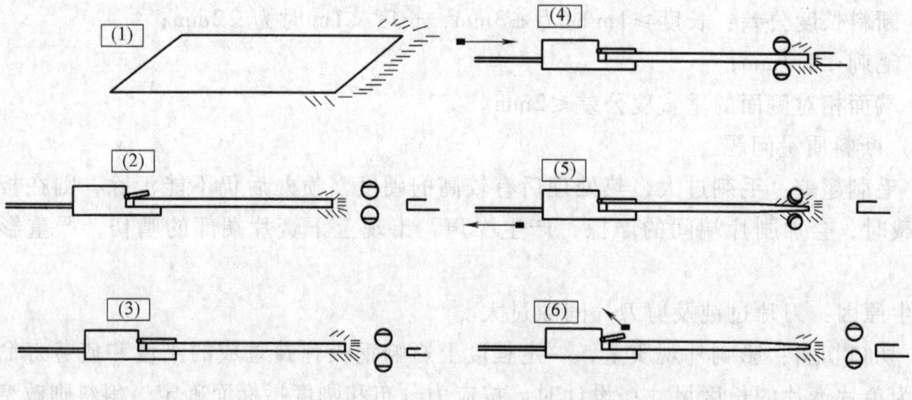

图 36-8 钢板弹簧单片的轧制

轧制完成后的簧片结构，如图 36-9 所示。

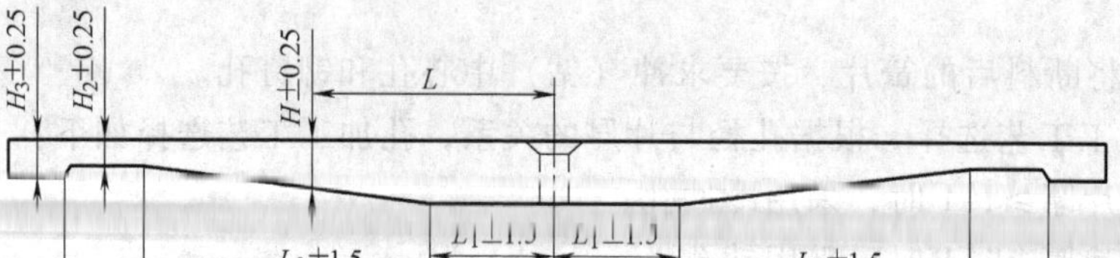

图 36-9 轧制完成后的簧片结构

为提高产品质量、降低制造成本、提高生产效率，在完成图 36-9 所示的簧片轧制后可利用轧后余热完成图 36-10 所示的端部加工。

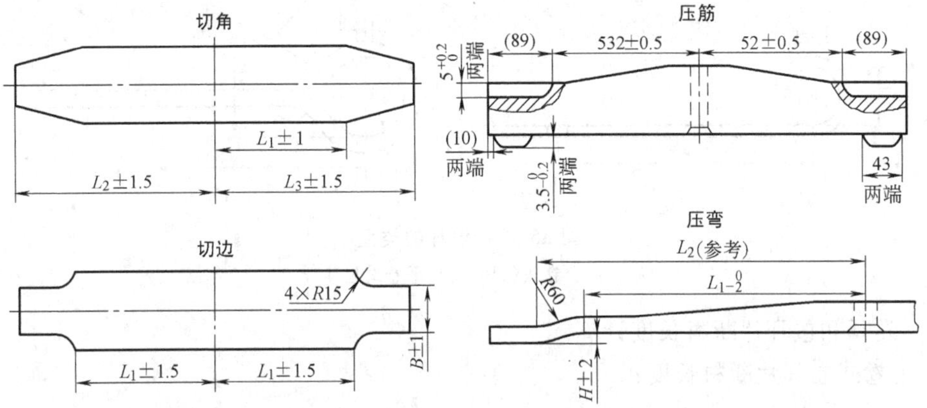

图 36-10　轧后余热完成端部加工

（1）工艺要求

1）加热温度 950～1000℃，终轧温度≥800℃。

2）加热长度由产品结构决定。

3）轧制尺寸重点要求平直段长度、三点检查尺寸和端部轧制厚度。

（2）轧制质量问题及原因　轧制时易出现的质量问题主要有：轧制尺寸不合格、表面出现波纹、表面粗糙度超差、轧后切头长度不足，切头毛刺等。其产生原因分别是：

1）轧制尺寸不合格：设备老化、精度达不到工艺要求。

2）表面波纹：轧辊磨损严重、液压装置提供的油压不稳定。

3）表面粗糙度超差：加热温度过高产生氧化皮过多，且在轧制前未除尽氧化皮。

4）切头长度不足：断料长度短、钢板加热温度低或轧制厚度尺寸超差。

5）切头毛刺：模具上下刀片间隙过大或刀片磨损。

4.4　卷耳和包耳

（1）卷耳和包耳的作用

1）卷耳的作用：簧片的卷耳如图 36-11 所示，常用上卷式卷耳和平卷式卷耳，其作用是将板簧连接在车架、车桥之间，主要传递车架和车桥之间的纵向力。

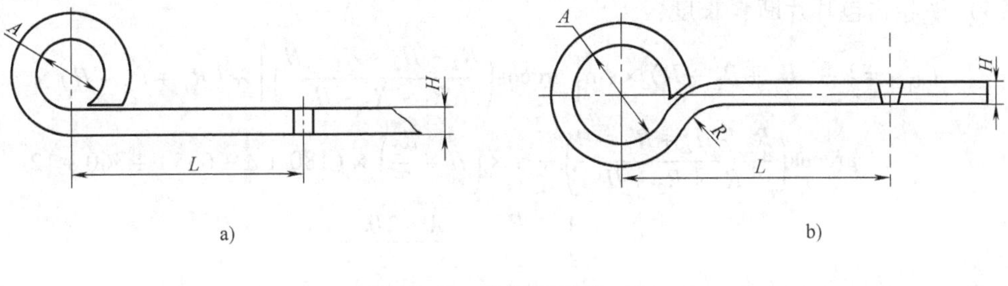

图 36-11　卷耳的类型

a）上卷式卷耳　b）平卷式卷耳

2）包耳的作用：簧片的包耳如图36-12所示，分为上卷式包耳和平卷式包耳，其作用是一旦卷耳片出现断裂对卷耳片起保护作用，保证板簧总成不会从车架上脱落，确保车辆安全。

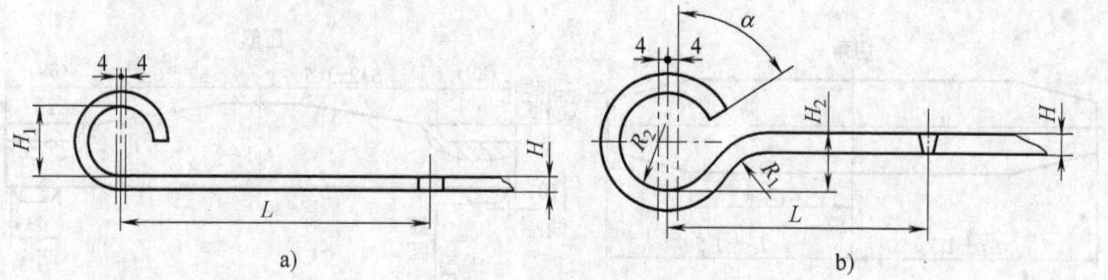

图36-12 包耳的类型

a）上卷式包耳 b）平卷式包耳

（2）卷耳和包耳片断料长度计算

1）上卷式卷耳片断料长度：

$$L_{断料} = L + \{2\pi - \arccos[A/(A+H)]\} \times \frac{(A+H)}{2} + \sqrt{3} \times \frac{H}{2} + 15 \tag{36-4}$$

式中 L——卷耳中心到中心孔中心的距离；

A——卷耳直径；

H——卷耳处厚度。

2）平卷式卷耳片断料长度：

$$L_{断料} = L - \left(\frac{A}{2} + H + R\right) \times \sin\left[\arccos\left(\frac{R + H/2}{A/2 + H + R}\right)\right] + \pi \times (A+H) + \left(R + \frac{H}{2}\right) \times \arccos\left(\frac{R + H/2}{A/2 + H + R}\right) + 12 \tag{36-5}$$

式中 L——卷耳中心到中心孔中心的距离；

A——卷耳直径；

H——卷耳处厚度；

R——过渡圆角，一般取15mm。

3）上卷式包耳片断料长度：

$$L_{断料} = L + \pi \times (H_1 + H) \times 0.735 + 9 \tag{36-6}$$

式中 L—包耳中心到中心孔中心的距离；

H_1——包耳内腔高度直径；

H——包耳处厚度。

4）平卷式包耳片断料长度：

$$L_{断料} = L - (R_1 + R_2 + H) \times \sin\left[\arccos\left(\frac{R_2 - H_2 + R_1 + H}{R_1 + R_2 + H}\right)\right] + (R_1 + R_2 + H) \times \arccos\left(\frac{R_2 - H_2 + R_1 + H}{R_1 + R_2 + H}\right) + \pi \times \left(H + \frac{R_2}{2}\right) \times (180 + \alpha + 6.5) \div 360 + 12$$

$$H_2 = \frac{A}{2} + \frac{H}{2} \quad R_2 = \frac{A + 2H + 4}{2} \tag{36-7}$$

式中 L——包耳中心到中心孔中心的距离；

H——包耳处厚度；

A——包耳直径；

R_1——过渡圆角，一般取25mm。

（3）工艺要求

1）中心孔大孔面向下加热，加热温度950～1000℃。

2）卷耳处不允许有强弯，在75mm长度内的平面度公差≤0.3mm，内孔要光滑，拉伤深度≤0.4mm，且不得有多于4处。

3）卷耳后，耳孔中心线应与钢板底面平行并垂直于纵向中心面，垂直平行度偏差不得大于1%。

4）包耳偏斜≤1.5mm，包耳下方平直段处不允许有强弯，在75mm长度内的平面度公差≤0.3mm。

（4）卷耳、包耳质量问题

1）卷耳不圆。

2）卷耳接头处间隙过大、卷耳接头处上方压痕过深。

3）卷耳垂直平行度超差。

4）包耳歪斜。

5）卷耳、包耳处出现裂纹。

6）卷耳、包耳中心到中心孔中心长度超差。

4.5 热处理

钢板弹簧的热处理是弹簧片通过加热淬火成型，回火冷却的过程；淬火是将钢加热到临界温度Ac_1或Ac_3温度以上保温一定时间，在淬火机上形成所需弧形，然后快速冷却；回火是将淬火后的弹簧片加热到临界温度Ac_1以下的某一个温度，保温一段时间后，然后冷却下来。

（1）淬火加热方式及加热温度

1）感应器加热，温度880℃。

2）天然气炉或油炉加热，加热区990℃、过渡区970℃、保温区970℃。

3）箱式炉加热，加热温度890℃。

（2）回火加热方式及加热温度　贯通式天然气炉或电炉加热，板簧回火是中温回火，温度350～500℃。

（3）淬火介质及使用温度范围

1）N15和N32机械油，使用温度20～80℃。

2）水溶性淬火剂，使用温度10～50℃。

（4）金相组织及硬度　钢板弹簧淬火后的金相组织是淬火马氏体，淬火硬度≥58HRC；钢板弹簧回火后的金相组织是回火屈氏体，51CrV4回火硬度43～48HRC、其余弹簧钢材料回火硬度在41～47HRC之间。

（5）淬火质量问题及原因

1）过烧：淬火时簧片加热温度过高和保温时间过长致使局部溶化，产生过烧。过烧降低簧片的力学性能，严重影响弹簧疲劳寿命。

2）金相组织不合格：

① 淬火后为非马氏体组织，其主要原因是加热温度不足或冷却不充分。前者导致原始

组织不能完全奥氏体化，后者导致淬火后出现珠光体类型组织。

② 淬火后的组织形态不佳，加热温度过高或加热时间过长，会致使晶粒粗大（即过热）或甚至局部溶化（即过烧）。

3）淬火硬度低：加热温度低或保温时间短；淬火冷却不充分。

4）淬火开裂：淬火油含水，提高冷却速度，冷速越快，马氏体转变产生的组织内应力越大，越容易产生开裂。

5）弧高、弧形不合格：主要原因是样板变形或淬火夹头调整不当。

6）侧弯超差：侧弯是簧片在长度方向上的侧向弯曲，由于簧片在淬火机成形淬火时，先入油的一边先收缩，后入油的一边后收缩，而产生侧弯。弹簧总成装入支架内的各片的侧面弯曲不大于1.5mm/m，其余各片不大于3mm/m。侧弯超差的主要原因是来料侧弯过大或未按要求安装侧弯夹头。

7）脱碳层超差：钢板弹簧片每边总的脱碳层深度，超过表36-7规定。

加热时间越长，脱碳层越深，控制脱碳层最好的方法就是控制加热时间。

表36-7 钢板弹簧脱碳层深度

厚度/mm	总脱碳层深度不大于厚度的/(%)
$H \leqslant 8$	3
$H > 8$	2.5

注：摘自GB/T 19844—2005《钢板弹簧》。

（6）回火质量问题及其原因　回火硬度不合格，回火硬度高产生原因是回火温度不够或回火时间短；回火时簧片摆放过密。回火硬度低产生原因是回火温度高或回火时间过长；淬火硬度低。

4.6　喷丸

喷丸是以高速弹丸流撞击钢板弹簧受拉应力表面的冷加工方法。有两种喷丸强化方法，一种是自由喷丸（一般喷丸），簧片自由地摆放在喷丸机输送带上，对其使用过程中的受拉表面进行的喷丸处理；另一种是应力喷丸，对簧片在使用过程中的受拉面预先施加一定的应力进行喷丸处理，如图36-13所示。

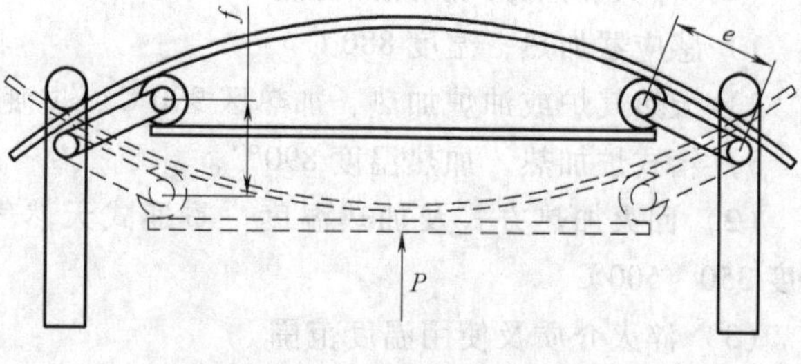

图36-13　应力喷丸示意图

（1）喷丸的作用　喷丸使受喷弹簧片表层的金属产生塑性流动，从而细化了表层金属的组织结构，改善弹簧片表面质量并在表层中产生残余压应力，如图36-14所示。由于钢板弹簧在使用过程中的损坏多是由拉应力引起，经喷丸处理的钢板弹簧在其受拉应力的表面上存在着较大的残余压应力，一方面降低了弹簧片使用过程中变负荷的平均应力，另一方面在喷丸表面产生0.25mm的硬化层，可消除和改善弹簧片中心孔处的由机加工引起的应力集中及表面缺陷引起的应力集中状态，可以显著地改善弹簧片的疲劳性能，提高弹簧片耐磨抗腐蚀的能力，因此喷丸提高了钢板弹簧的疲劳寿命。

（2）喷丸变形量计算　在喷丸过程中，单片喷丸前后的弧高变化作为考核喷丸效果的具体指标。影响喷丸前后单片弧高变化的主要因素有：喷丸时预应力值的大小；钢丸的材料、硬度、直径和流量；喷丸叶轮的转速；喷口到弹簧片表面的距离；单片在喷丸区的停留时间以及各单片长度和厚度等。各单片喷丸前后的弧高变化量可用下式计算：

$$\delta = \Delta \times \left(\frac{L}{H}\right)^2 \qquad (36\text{-}8)$$

式中　L——弹簧片全长；

H——弹簧片厚度；

Δ——喷丸弧高变化系数，自由喷丸 $\Delta = 0.001$，应力喷丸 $\Delta = 0.002 \sim 0.003$。

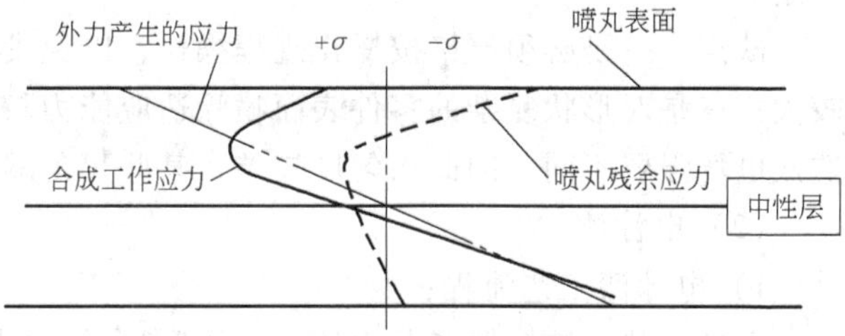

图 36-14　喷丸形成的残余压应力

（3）喷丸工艺要求

1）钢丸：材料 70Mn 或 65Mn，硬度≥41HRC，直径 0.8～1.2mm。

2）喷丸叶轮转速 2500r/min，电动机电流 45～50A。

3）通过喷丸区的速度：3.8m/min（喷丸区长 1.2m，通过两次）。

4）喷丸时施加的预应力：约 800MPa。

5）喷丸强度≥0.18C。

6）覆盖率≥98%。

（4）喷丸质量问题及其原因

喷丸质量问题：喷丸弧高、喷丸强度、覆盖率不合格；

其原因是：施加预应力值小，钢丸规格和完整率，喷射的速度、流量、喷射时间、喷射角度、喷射次数和喷射距离等达不到工艺要求。

4.7　喷漆

喷漆是涂装的一种方式。为防止钢板弹簧在储运和使用过程中出现锈蚀，因腐蚀疲劳出现早期断裂，弹簧片喷丸后需进行单片喷漆，总成装配后需再次进行喷漆。弹簧单片一般采用旋杯式静电喷漆或电泳漆，总成喷漆一般采用旋杯式静电喷漆。

（1）旋杯式静电喷漆

1）静电喷漆：静电喷漆是借助高压电场的作用，使喷枪喷出的漆雾雾化得更细，并使漆雾带电，通过静电引力而沉积在带异电荷的工件表面的一种涂漆方式。

2）旋杯式静电喷漆的原理：旋杯是一个具有锐利边缘，能高速旋转的金属杯体。在旋杯轴和地之间接上直流高压电流，旋杯接负极，地为正极。于是，在旋杯和地之间形成一个高压电场。在电场力的作用下，旋杯边缘对地产生电晕放电。

当涂料送到旋杯的内壁，由于回转效应，涂料受离心力的作用向四周扩散，流成均匀薄膜状态，并向旋杯口流动。流甩到旋杯口的涂料又受到强电场的分裂作用，于是进一步雾化成涂料微粒子。与此同时，涂料微粒子也获得了电荷，成为负离子漆粒。在电场力的作用下，涂料粒子便迅速向异极性工件表面吸附。于是涂料便均匀地、牢固地吸附在工件表面上，这样就完成了静电喷漆。

3）静电喷涂的优缺点：

优点：一是节省涂料，涂料利用率一般可达 80%～90%，甚至更高些。而一般普通空气喷涂的涂料利用率仅在 30%～50%；二是改善劳动卫生条件。普通空气喷涂，涂料大量飞散，污染周围空气。而静电喷漆时，涂料飞散量很少，并可远距离操作，劳动强度降低，条件改善；三是适于机械化、自动化、大批量流水线生产，生产效率高，漆膜质量可靠、稳定。

缺点：一是必须严格按操作规程操作，以免发生危险；二是设备与仪器复杂，一次投资较大；三是对形状复杂的零件表面喷涂适应能力较差。这是因为静电喷涂因工件形状不同，造成电场强弱不同，因此均匀度较差，某些死角漏漆。

（2）电泳漆

1）电泳漆工艺流程：

上件→热水洗→脱脂→水洗1→水洗2＋鲜水直喷→表调→磷化→水洗3→水洗4→纯水洗＋纯水直喷→电泳＋出槽UF0→UF1→UF2＋鲜UF直冲→电泳固化→工件冷却→下件

2）日常槽液的检测项目及检测方法：主要检测项目有碱度、游离酸度、总酸度、促进剂、污染度，其测定方法如下：

碱度的测定方法：用移液管取10mL槽液于三角瓶中，加2～3滴酚酞指示剂，用0.1mol/L的HCl标液滴定至溶液粉红色突然消失，所消耗的标准的0.1mol/L的HCl标液的毫升数，即为碱度的点数。

游离酸度的测定方法：用移液管取10mL槽液于三角瓶中，加1或2滴甲基橙指示剂，用0.1mol/L的NaOH标液滴定至溶液由橙红色突变为橙黄色，所消耗的标准的0.1mol/L NaOH标液的毫升数即为游离酸点数。

总酸度：用移液管取10mL槽液于三角瓶中，加2～3滴酚酞指示剂，用0.1mol/L的NaOH标液滴定至溶液突变为粉红色，所消耗的标准的0.1mol/L NaOH标液的毫升数即为总酸点数。

促进剂：将槽液装入50mL发酵管中，加入2～3g氨基磺酸，按住管口，迅速倒置一下，让试剂自然滑入管底后，正立，静置2min，产生的气体毫升数即为促进剂点数。

污染度检测：取水样50mL于三角瓶中，加2～3滴酚酞指示剂，用0.1mol/L HCl标液滴定至粉红色突然消失，所消耗的标准的0.1mol/L HCl标液的毫升数即为污染度点数。

（3）油漆涂层技术要求

1）漆膜厚度≥30μm。

2）附着力（级）≤2。

3）耐盐雾性≥120h。

4）漆膜外观：无起泡、无针孔、不露底、允许有轻微流痕和桔皮。

4.8 装配

将构成钢板弹簧总成的各个零件按工艺要求进行组装，并进行预压缩的全过程称为钢板弹簧的装配。

（1）装配的主要工序　主要工序包括：压衬套、铆卡箍、主片选配、叠片、装降噪片或衬垫、涂石墨润滑脂、叠片、打紧中心螺栓、装卡箍螺栓和套管、冲铆、总成预压缩、二次打紧中心螺栓等工序。

（2）总成检查项目　总成检查项目主要有：外观质量、涂装质量、总成间隙、总成宽度、卷耳、包耳端部间隙、自由弧高、总成耳孔孔径、总成端部宽度、总成刚度、夹紧弧高、满载弧高、永久变形、卷耳垂直平行度、疲劳寿命等。

（3）总成宽度偏差要求　钢板弹簧总成宽度偏差见表36-8：

(4) 装配质量问题

1) 总成宽度、总成耳宽不合格。

2) 总成压后弧高不合格。

3) 总成片间间隙、卷包耳间隙不合格。

4) 卡箍歪斜、降噪片脱落。

5) 油漆质量不合格，如磕碰伤、露底，流挂等。

表 36-8 钢板弹簧总成宽度偏差

(单位：mm)

钢板宽度	偏差
≤100	+2.5
>100	+3

注：摘自 GB/T 19844—2005《钢板弹簧》。

5 钢板弹簧的检验与试验

5.1 原材料检验

(1) 检查项目及抽检比例

1) 原材料一般检查项目及方法按表 36-9 所列规定执行：

表 36-9 原材料检查项目及方法

序号	检查项目	检查标准及量具	序号	检查项目	检查标准及量具
1	化学成分	GB/T 223	4	表面质量	肉眼观测
2	脱碳层深度	GB/T 224	5	断面尺寸	游标卡尺、卡板、卡规
3	硬度	GB/T 231 布氏硬度计			

2) 抽检比例：每日到货、同一个钢厂的钢材为一批次，每批 20% 炉号抽样。

(2) 接受准则

1) 表面质量抽查接受准则为零缺陷。

2) 其他项目质量抽查接受准则为加倍抽样，即材料检查过程中出现不合格项目加倍抽查，加倍抽查结果均合格可判断为合格，否则判断为不合格。

5.2 主要工序检验

(1) 轧制工序

1) 轧制长度：用钢板尺测量起轧点长度、终轧点长度、轧制总长度。

2) 轧制厚度：用游标卡尺分别测量出距中心孔中心长度 L_1、L_2、L_3 处的钢板厚度 H_1、H_2、H_3 和端部厚度。长锥轧制的厚度用千分尺测量。

3) 轧制宽度：用游标卡尺测量轧制段钢板宽度。

(2) 卷包耳工序

1) 卷耳孔径：用塞规检查卷耳孔径，塞规通端全部通过耳孔，止端不进入耳孔，孔径合格。

2) 卷耳长度：将钢板中心孔放进长度检具定位销内，钢板平面紧贴检具并垂直检验平台，可测量出卷耳中心到中心孔中心的长度。

3) 卷耳平行垂直度：

① 将支承座放在检验平台上，把待测钢板侧向夹紧在支座上，如图 36-15 所示。

② 调整百分表零位，移动百分表量卡支座使量卡紧贴于支承座侧面，轻压百分表使小指针至 0mm 处后拧紧百分表上螺钉，转动表盘使大指针至 0mm 处，如图 36-16 所示。

③ 移动量卡使其平行（垂直）于基准面，读取百分表读数即为平行（垂直）度，如图 36-17 所示。

4) 卷耳宽度：用卡板检查卷耳宽度，卡板通端全部通过，止端不得进入，宽度合格。

5）卷耳接头处间隙：用塞尺检查，最大值不得进入间隙，最小值必须进入间隙。

图 36-15 钢板夹紧在支座上

图 36-16 卷耳平行垂直度检测

6）包耳高度：用游标卡尺测量包耳内侧最大高度和包耳开口高度。

（3）热处理工序

1）淬火间隙：用淬火钳子将待测钢板同配套的检查样板中心孔对齐夹紧或用专用夹具夹紧，用塞尺测量间隙。

2）淬火侧弯：将待测钢板侧放在检验平台上，钢板的中心孔部位处于弯扭检具的测量柱上，旋转刻度盘直至钢板表面同弯扭检具的测量立柱贴合，读出刻度盘上的读数即为钢板侧弯值，如图 36-18 所示。

图 36-17 读取百分表读数

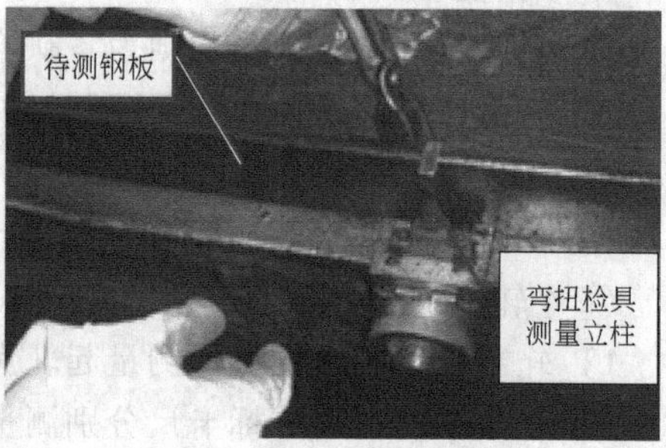

图 36-18 淬火侧弯检测

3）淬火弧高：有卷包耳的，直尺端部放置在耳孔中心处，无卷包耳的，直尺端部紧贴钢板，用钢板尺对准钢板中心孔处并垂直直尺，读出钢板尺刻度上读数即为弧高。

4）硬度：

① 将待测钢板表面待测点（凸弧面）擦拭干净，用砂轮机打磨后用细砂纸打磨。

② 把钢板放在支架和硬度计上，调整支架，直至待测点同硬度计上的压头垂直，如图 36-19 所示。

③ 将硬度计加压，卸载后读出硬度计上的刻度盘即为硬度值，如图 36-20 所示。

（4）喷丸工序

1）喷丸弧高：有卷耳、包耳的，直尺端部放置在耳孔中心处，无卷耳、包耳的，直尺端部紧贴钢板，用钢板尺对准钢板中心孔处并垂直直尺，读出钢板尺刻度上读数即为弧高。

2）喷丸强度：将喷丸强度量规表面擦拭干净，把 C 试片紧贴在量规表面，用螺栓拧紧，放入喷丸机小车内，小车运行一周后，用百分表测量 C 试片表面经喷丸后的弯曲度，即弧高，如图 36-21 所示。

图 36-19 硬度计的支放

图 36-20 硬度的检测

3）喷丸覆盖率：将经测量喷丸强度后的 C 试片放在 25 倍放大镜下进行观察，把在放大镜下观察的 C 试片表面同标准图片进行对比，读出最接近该试片的标准图片上的数值既为覆盖率，如图 36-22 所示。

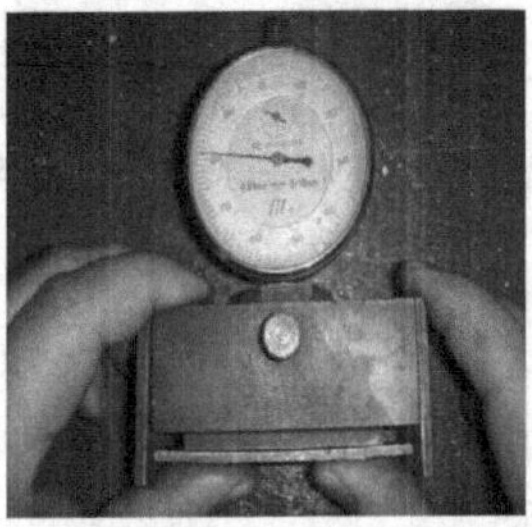

图 36-21 喷丸试片弧高

图 36-22 喷丸试片覆盖率的测量

（5）喷漆工序

1）漆膜厚度：用漆膜测厚仪测量（见图 36-23）。

① 漆膜测厚仪开机后，进行零点校准：在基体上测量，按 ZERO 键清零，重复三次。

② 试片校准，选择较薄试片测量，按↑↓键，修正至标准值。

③ 实物测量，把待测钢板表面擦拭干净，在板簧中心两侧 250mm 范围凹弧面任意 16cm^2 内测 5 个测试点。

④ 将漆膜测厚仪测头垂直接触钢板表面，轻压测头定位套，屏显测量值。

⑤ 按 STATS 键，依次显示平均值、标准偏差、测量次数、最大值、最小值。

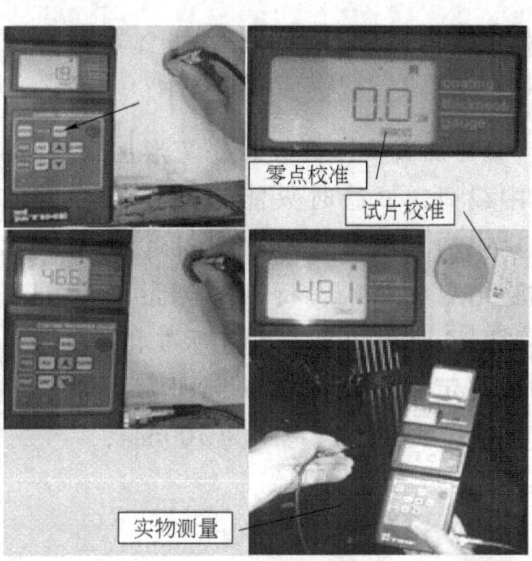

图 36-23 漆膜厚度的测量

2）油漆漏底、流挂：目测观察喷漆后的钢板表面是否有局部未喷涂上油漆和油漆流挂现象。

3）油漆耐盐雾：油漆耐盐雾试验是使用盐水喷雾试验机将氯化钠溶液以雾状喷于涂漆后的板簧试样表面，首先将试样放置在载物架上，试样倾斜角度为 15°～30°，关闭试验室顶盖，依次打开电源、操作、喷雾、循环、计时开关，并按试验要求设定时间及温度。将试验室及盐水桶的温度调节到35℃，压力桶的温度调节到47℃，喷雾压力保持在（10 ±0.1）MPa 时即可喷雾。喷雾试验完毕后，开启试验室上盖时，勿使溶液滴下，小心取出试样，不得损伤主要表面，尽快以低于35℃的清水洗去附着在试样上的氯化钠，用毛刷或海绵去除腐蚀点以外的腐蚀生成物，并立即干燥。

5.3 总成静负荷性能试验

（1）试验装置

1）试验机：用材料试验机或专用的钢板弹簧试验机，应能使弹簧保持稳定，能够对弹簧缓慢、连续地施加静态载荷，配备检测负荷及变形的测量机构，负荷测量精度在弹簧最大试验负荷的 ±1% 以内；变形测量精度 ±0.5mm 以内。

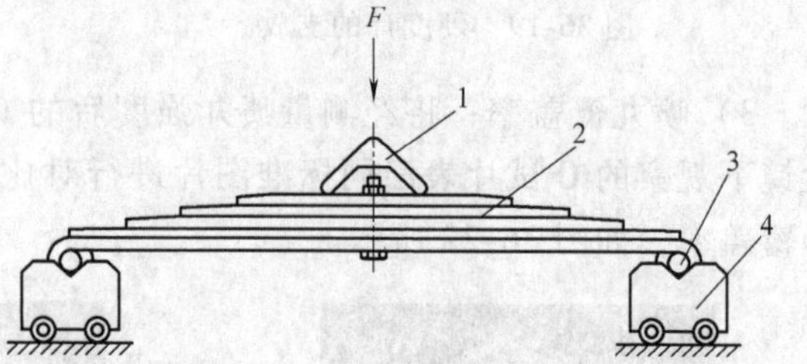

图 36-24 两端带卷耳的钢板弹簧的支承方法
1—V 形加载块 2—弹簧 3—销轴 4—小车

2）支承与夹持方法：弹簧端部的装夹方法要按端部结构型式而定。对于两端皆为卷耳的工件，两端部装上滑动销，支承在可滚动的小车上，见图 36-24；一端为滑板结构的，该端的支点则采用固定的圆柱销或滑板本身，其水平位置按规定的半弦长确定，其高低要保证弹簧基线处于水平位置，如图 36-25 所示；两端均为滑板结构的，则都用圆柱销或滑板支承，跨距即是规定的弦长，如图 36-26 所示。

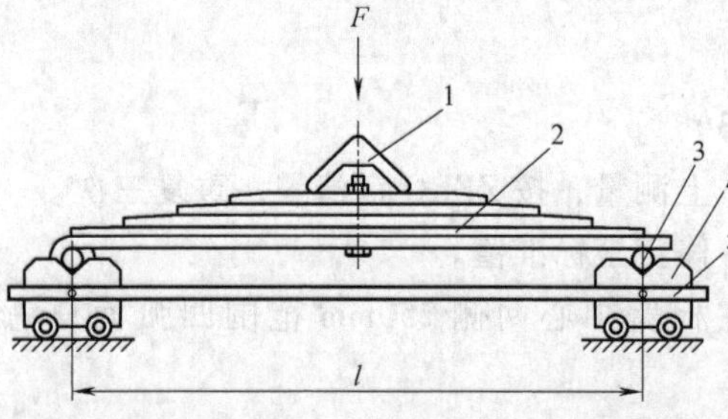

图 36-25 一端卷耳一端滑板的钢板弹簧的支承方法
1—V 形加载块 2—弹簧 3—销轴 4—小车 5—固定板

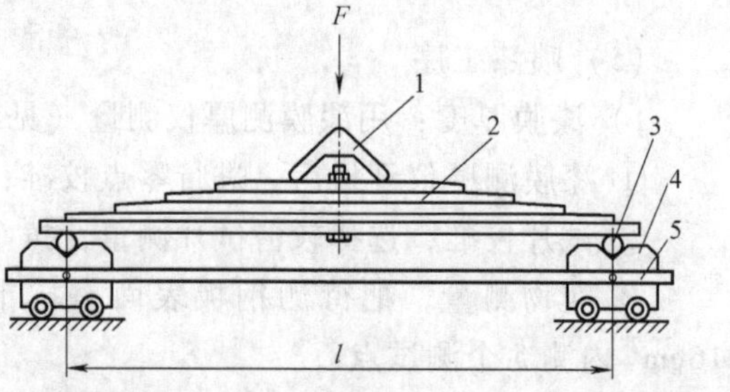

图 36-26 两端为滑板结构的钢板弹簧的支承方法
1—V 形加载块 2—弹簧 3—销轴 4—小车 5—固定板

3）加载块：负荷通过 V 形加载块施加。因为实际上不可能对弹簧总成施加一个真正的集中载荷，试验时只能施加近似的集中力。压头的形状及尺寸对试验结果有影响，特别是测量不夹紧刚度时更明显，故应标准化。一般规定用 V 形加载块，即为两点加载压头，两点跨距为 100mm，如图 36-27 所示。

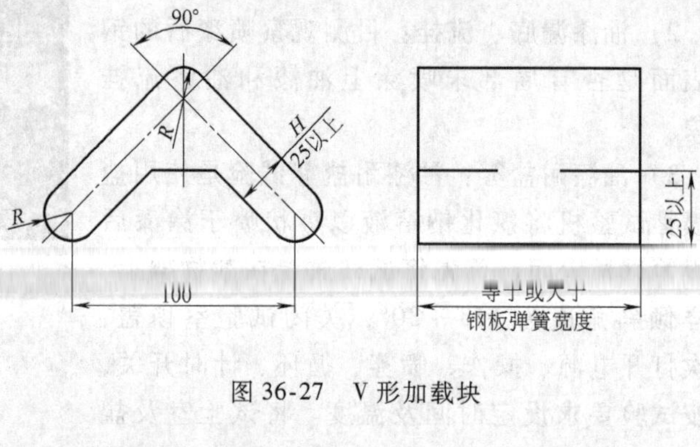

图 36-27 V 形加载块

（2）永久变形试验

1）根据弹簧作用长度调整工

作台上支架间距离。

2）根据弹簧结构的不同，选择弹簧两端的支承方法，将弹簧安装在试验机试验台上。

3）通过图 36-26 所示的 V 形加载块对弹簧施加负荷。首先以最大试验负荷对弹簧预压 1 次并卸载至零负荷后，测量弹簧的弧高 H_0。

4）再以同样的负荷对弹簧连续加、卸载 3 次，卸载至零负荷后，再次测量弹簧的弧高 H_1。

5）永久变形值为前后两次测量结果的差值：$H_0 - H_1$。

（3）弹簧特性试验　首先缓慢地对弹簧加载到最大试验负荷并卸载到零负荷后，再对弹簧缓慢加载至最大试验负荷后卸载，记录加、卸载过程中负荷及对应的变形，步骤如下：

1）根据弹簧作用长度调整工作台上支架间距离。

2）根据弹簧结构的不同，选择弹簧两端的支承方法，将弹簧安装在试验机试验台上；上升试验台，使弹簧上升到离压头尽量小的位置，将弹簧以压头中心线为准对中。

3）启动油泵，缓慢打开送油阀，此时表盘指针会摆到刻度盘零点附近，用微调杆将指针调整到刻度盘的零点。

4）拧动送油阀，对弹簧进行缓慢加载，记录一定载荷下的相关数据，当加载到弹簧的最大试验负荷后即关闭送油阀，缓缓拧开回油阀，进行卸载，记录相关数据。

5）试验结束后，关闭油泵及电源开关。

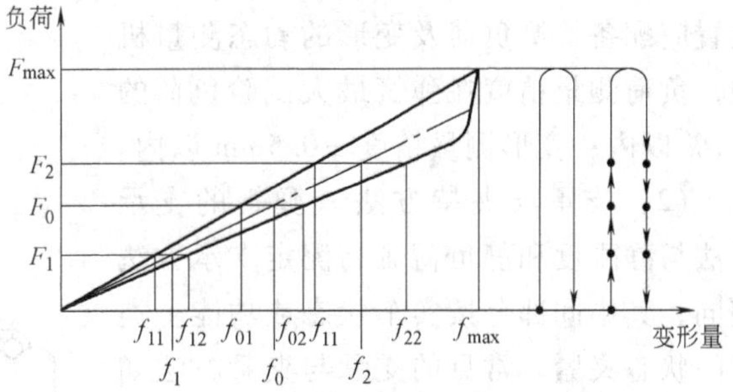

图 36-28　钢板弹簧的静弹性特性曲线

注：F_{max}—最大负荷；F_2—第二指定负荷，$F_2 = 1.3 \times F_0$；F_0—满载负荷；F_1—第一指定负荷，$F_1 = 0.7 \times F_0$；f_{11}—加载时第一指定负荷下的变形；f_{12}—卸载时第一指定负荷下的变形；f_1—$f_1 = (f_{11} + f_{12})/2$；$f_{01}$—加载时满载负荷下的变形；$f_{02}$—卸载时满载负荷下的变形；$f_0$—$f_0 = (f_{01} + f_{02})/2$；$f_{21}$—加载时第二指定负荷下的变形；$f_{22}$—卸载时第二指定负荷下的变形；$f_2$—$f_2 = (f_{21} + f_{22})/2$；$f_{max}$—最大变形。

将数据整理后就得到钢板弹簧的静弹性特性曲线，如图 36-28。然后计算刚度和静负荷弧高。

（4）静负荷弧高　钢板弹簧的静负荷弧高 h 按式（36-9）计算：

$$h = h_0 - \frac{f_1 + f_2}{2} \tag{36-9}$$

式中　h_0——零负荷弧高。

（5）静刚度　钢板弹簧的静刚度 C 可按式（36-10）~式（36-12）计算：

1 点法计算公式：

$$C = \frac{F_1}{f_1} \tag{36-10}$$

2 点法计算公式：

$$C = \frac{F_0}{f_0} \tag{36-11}$$

4点法计算公式：

$$C=\frac{F_2-F_1}{f_2-f_1} \tag{36-12}$$

5.4 总成疲劳试验

总成疲劳试验是综合考核钢板弹簧可靠性和耐久性的重要手段。对于试制样品的试验，可以检查设计、工艺、材料等方面的问题，及时发现并采取改进措施；对于投产后的产品抽样试验，可以考核材料和生产工艺的稳定性，及时采取措施以保证产品质量。

（1）试验装置　试验装置应能使钢板弹簧保持稳定，并使钢板弹簧具有与通常的使用状态等同的功能，在弹簧力的作用中心反复施加负荷，使弹簧产生往复变形。试验装置应配备检测负荷及变形的动态测量机构，负荷测量精度在弹簧最大试验负荷的±1%以内；变形测量精度±0.5mm以内。

（2）支承与夹持方法　弹簧的支承方法与静刚度和静负荷弧高测定支承方法相同，其中间部分按实车状态或功能上类似的状态夹紧。常见的支承与夹紧方法如图36-29所示。

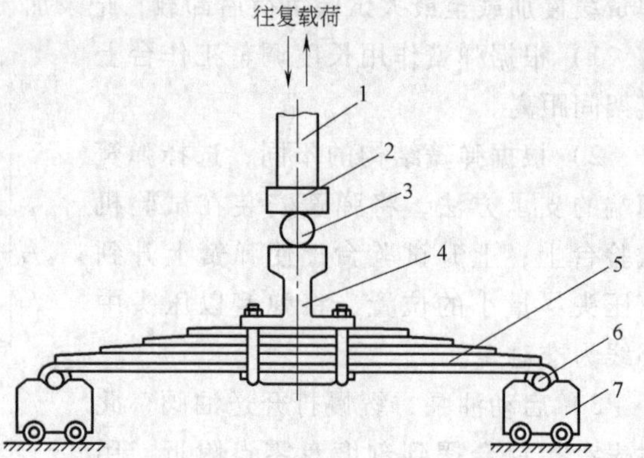

图36-29　钢板弹簧的支承与夹紧方法

1—作动器　2—负荷传感器　3—球铰或销轴　4—夹具　5—弹簧　6—销轴　7—小车

（3）试验方法　钢板弹簧总成疲劳试验按等幅加载进行试验，对安装于试验台上的钢板弹簧施加预加变形，再以一定的振幅进行脉动疲劳试验，试验频率≤3Hz。

1）按式（36-13）计算试验振幅和试验预加变形量并调整试验设备：

$$f=\frac{\sigma}{\sigma_1} \tag{36-13}$$

式中　σ——试验应力；

σ_1——比应力。

2）试验进行到1万次、3万次、6万次时，检查或调整夹具螺栓扭矩及预压变形量至规定值。

3）试验中每隔1万次检查一次样品，发现裂纹后，每隔5000次检查一次。

4）试验中样品表面的温度最高不超过150℃。

5）一架板簧样品中，以任何一片钢板最先出现宏观裂纹时的循环次数，作为该样品的寿命。

第 37 章　有限元法在弹簧设计中的应用

1　概述

弹簧是具有多种功能的机械零件，其形状也是多种多样，有的甚至很复杂。在这类复杂形状弹簧的设计中，很难都像圆柱螺旋弹簧那样可以采用传统的设计公式进行设计和校核计算。有限元法（Finite Element Method，FEM）具有泛用性，适合于复杂工程问题的求解。随着计算机技术的进步和有限元商业软件的实用化，在工程设计计算中，采用有限元分析（Finite Element Analysis）方法作为工具已经非常广泛。有限元法是现代 CAE 技术的核心，它的采用可以提高产品设计质量，缩短开发周期，降低开发成本。为了使现场弹簧工程师能够使用 FEM 软件进行分析设计，本章简述了弹簧分析中使用的有限元理论基础并介绍了几种主要弹簧的 FEM 分析实例。

1.1　有限元法的基本思想

FEM 是求解微分方程的数值解法。基于位移的线弹性体的 FEM 的基本思想是先将弹性体离散成有限单元，利用插值方法，将单元内任意一点的位移用节点的位移表示，并将应变和应力也用节点的位移表示，然后将位移、应变和应力代入虚功原理表达式中，通过单元集成，代入边界条件，得出一个以节点位移为未知量的线性方程组。求解这个线性方程组，可得到节点位移。将相应单元的节点位移代入应变和应力的表达式中，计算出单元的应变和应力。

1.2　有限元分析的基本步骤

步骤 1：将弹性体离散得出单元刚度矩阵；

步骤 2：将单元集成得到整体刚度矩阵；

步骤 3：给出边界条件，得到线性方程组；

步骤 4：求解方程组，得到未知的节点位移；

步骤 5：求出各个单元内的应变和应力。

2　有限元法的基本理论

2.1　线弹性体的有限元法

2.1.1　虚功原理

将线弹性理论的基本方程式总结如下。假定线弹性体受外部面力 $\boldsymbol{T}$ 和体积力 $\boldsymbol{f}$ 的作用处于平衡状态，它必须满足下面的方程式。

（1）力的平衡方程式

$$\frac{\partial \sigma_x}{\partial x}+\frac{\partial \tau_{xy}}{\partial y}+\frac{\partial \tau_{xz}}{\partial z}+f_x=0$$

$$\frac{\partial \tau_{xy}}{\partial x}+\frac{\partial \sigma_y}{\partial y}+\frac{\partial \tau_{yz}}{\partial z}+f_y=0$$

$$\frac{\partial \tau_{xz}}{\partial x}+\frac{\partial \tau_{yz}}{\partial y}+\frac{\partial \sigma_z}{\partial z}+f_z=0 \qquad (37\text{-}1)$$

其中，$\boldsymbol{f}=[f_x,\ f_y,\ f_z]^{\mathrm{T}}$ 为体积力，即单位体积的力。

（2）位移-应变关系式

$$\left.\begin{aligned}\varepsilon_x&=\frac{\partial u}{\partial x}\\ \varepsilon_y&=\frac{\partial v}{\partial y}\\ \varepsilon_z&=\frac{\partial w}{\partial z}\end{aligned}\right\}\left.\begin{aligned}\gamma_{xy}&=\frac{\partial u}{\partial y}+\frac{\partial v}{\partial x}\\ \gamma_{yz}&=\frac{\partial v}{\partial z}+\frac{\partial w}{\partial y}\\ \gamma_{zx}&=\frac{\partial w}{\partial x}+\frac{\partial u}{\partial z}\end{aligned}\right\} \tag{37-2}$$

（3）应力-应变关系式

$$\begin{Bmatrix}\sigma_x\\ \sigma_y\\ \sigma_z\\ \tau_{yz}\\ \tau_{zx}\\ \tau_{xy}\end{Bmatrix}=\frac{E}{(1+\nu)(1-2\nu)}\begin{bmatrix}1-\nu & \nu & \nu & 0 & 0 & 0\\ \nu & 1-\nu & \nu & 0 & 0 & 0\\ \nu & \nu & 1-\nu & 0 & 0 & 0\\ 0 & 0 & 0 & 0.5-\nu & 0 & 0\\ 0 & 0 & 0 & 0 & 0.5-\nu & 0\\ 0 & 0 & 0 & 0 & 0 & 0.5-\nu\end{bmatrix}\begin{Bmatrix}\varepsilon_x\\ \varepsilon_y\\ \varepsilon_z\\ \gamma_{yz}\\ \gamma_{zx}\\ \gamma_{xy}\end{Bmatrix} \tag{37-3}$$

（4）力的边界条件 在受外力 $\boldsymbol{T}$ 的表面 S_t 上

$$\left.\begin{aligned}\sigma_x n_x+\tau_{xy}n_y+\tau_{xz}n_z&=T_x\\ \tau_{xy}n_x+\sigma_y n_y+\tau_{xz}n_z&=T_y\\ \tau_{xz}n_x+\tau_{yz}n_y+\sigma_z n_z&=T_z\end{aligned}\right\} \tag{37-4}$$

其中，$\boldsymbol{n}=[n_x,\ n_y,\ n_z]^{\mathrm{T}}$ 为表面的单位法线向量；$\boldsymbol{T}=[T_x,\ T_y,\ T_z]^{\mathrm{T}}$ 为面力，即单位面积的力。

（5）位移的边界条件 在给定位移的表面 S_u 上

$$\boldsymbol{u}=\boldsymbol{u}_0 \tag{37-5}$$

由以上线弹性理论的基本公式可推导出下面的虚功原理。

$$\int_V \boldsymbol{\sigma}^{\mathrm{T}}\delta\boldsymbol{\varepsilon}\mathrm{d}V-\int_{S_t}\delta\boldsymbol{u}^{\mathrm{T}}\boldsymbol{T}\mathrm{d}S-\int_V\delta\boldsymbol{u}^{\mathrm{T}}\boldsymbol{f}\mathrm{d}V=0 \tag{37-6}$$

式中　$\delta\boldsymbol{u}$——任意点的虚位移（但是在 S_u 上 $\delta\boldsymbol{u}=0$）；

$\delta\varepsilon$——由于虚位移产生的虚应变。

$$\boldsymbol{\sigma}=[\sigma_x,\ \sigma_y,\ \sigma_z,\ \tau_{yz},\ \tau_{zx},\ \tau_{xy}]^{\mathrm{T}}$$

$$\delta\boldsymbol{\varepsilon}=[\delta\varepsilon_x,\ \delta\varepsilon_y,\ \delta\varepsilon_z,\ \delta\gamma_{yz},\ \delta\gamma_{zx},\ \delta\gamma_{xy}]^{\mathrm{T}}$$

$$\delta\boldsymbol{u}=[\delta u,\ \delta v,\ \delta w]^{\mathrm{T}}$$

式（37-6）的物理意义是：外力的虚功 = 内力的虚功。

2.1.2　平面应力单元的刚度矩阵

在本章 1.1 已经叙述了有限元分析的基本思想。本节将叙述基于位移法的 FEM。在位移法中，因为将节点位移作为最终变量，所以离散后单元内任意一点的位移将由节点的位移表示。本节以三角形单元为例，进行平面应力单元的刚度矩阵的推导。

对于平面应力问题，其位移、应变和应力可分别为：$\boldsymbol{u}=[u,\ v]^{\mathrm{T}}$，$\boldsymbol{\varepsilon}=[\varepsilon_x,\ \varepsilon_y,\ \gamma_{xy}]^{\mathrm{T}}$，$\boldsymbol{\sigma}=[\sigma_x,\ \sigma_y,\ \tau_{xy}]^{\mathrm{T}}$。

(1) 用节点位移表示单元内的位移　一个三角形单元及节点号如图 37-1 所示。单元内任意一点 $(x,\ y)$ 的位移为 $(u,\ v)$，节点的坐标分别为 $(x_1,\ y_1)$，$(x_2,\ y_2)$ 和 $(x_3,\ y_3)$，节点的位移分别为 $(u_1,\ v_1)$，$(u_2,\ v_2)$ 和 $(u_3,\ v_3)$。

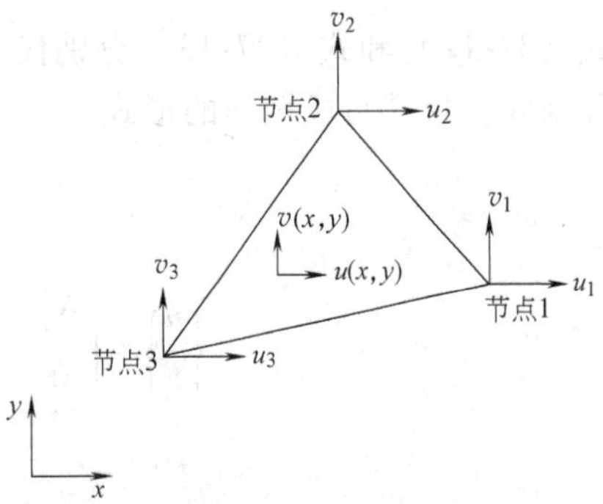

图 37-1　三角形单元

假定在单元内位移是线性方程

$$\left.\begin{aligned} u &= \alpha_1 + x\alpha_2 + y\alpha_3 \\ v &= \alpha_4 + x\alpha_5 + y\alpha_6 \end{aligned}\right\} \tag{37-7}$$

将上式写成矩阵的形式

$$u=[1\quad x\quad y]\begin{Bmatrix}\alpha_1\\ \alpha_2\\ \alpha_3\end{Bmatrix} \tag{37-8}$$

$$v=[1\quad x\quad y]\begin{Bmatrix}\alpha_4\\ \alpha_5\\ \alpha_6\end{Bmatrix} \tag{37-9}$$

其中 $\alpha_i(i=1,\ 2,\ \cdots,\ 6)$ 为待定系数，将由节点位移表示。

将节点坐标和节点位移代入式 (37-7)，并写成矩阵的形式，得到

$$\begin{Bmatrix}u_1\\ u_2\\ u_3\end{Bmatrix}=\begin{bmatrix}1 & x_1 & y_1\\ 1 & x_2 & y_2\\ 1 & x_3 & y_3\end{bmatrix}\begin{Bmatrix}\alpha_1\\ \alpha_2\\ \alpha_3\end{Bmatrix} \tag{37-10}$$

$$\begin{Bmatrix}v_1\\ v_2\\ v_3\end{Bmatrix}=\begin{bmatrix}1 & x_1 & y_1\\ 1 & x_2 & y_2\\ 1 & x_3 & y_3\end{bmatrix}\begin{Bmatrix}\alpha_4\\ \alpha_5\\ \alpha_6\end{Bmatrix} \tag{37-11}$$

求解这两个方程组，我们得到待定系数

$$\begin{Bmatrix}\alpha_1\\ \alpha_2\\ \alpha_3\end{Bmatrix}=\frac{1}{\Delta}\begin{bmatrix}\Delta_1 & \Delta_2 & \Delta_3\\ y_2-y_3 & y_3-y_1 & y_1-y_2\\ x_3-x_2 & x_1-x_3 & x_2-x_1\end{bmatrix}\begin{Bmatrix}u_1\\ u_2\\ u_3\end{Bmatrix} \tag{37-12}$$

$$\begin{Bmatrix}\alpha_4\\ \alpha_5\\ \alpha_6\end{Bmatrix}=\frac{1}{\Delta}\begin{bmatrix}\Delta_1 & \Delta_2 & \Delta_3\\ y_2-y_3 & y_3-y_1 & y_1-y_2\\ x_3-x_2 & x_1-x_3 & x_2-x_1\end{bmatrix}\begin{Bmatrix}v_1\\ v_2\\ v_3\end{Bmatrix} \tag{37-13}$$

其中

$\Delta=\begin{vmatrix}1 & x_1 & y_1\\ 1 & x_2 & y_2\\ 1 & x_3 & y_3\end{vmatrix}$，其与三角形的面积 S 的关系为 $S=|\Delta|/2$。

$$\Delta_1 = \begin{vmatrix} x_2 & y_2 \\ x_3 & y_3 \end{vmatrix},\ \Delta_2 = \begin{vmatrix} y_1 & x_1 \\ y_3 & x_3 \end{vmatrix},\ \Delta_3 = \begin{vmatrix} x_1 & y_1 \\ x_2 & y_2 \end{vmatrix}$$

将式（37-12）和式（37-13）分别代入式（37-8）和式（37-9），则得到由节点位移表示的位移函数。将其写成矩阵的形式

$$\begin{Bmatrix} u \\ v \end{Bmatrix} = \begin{bmatrix} N_1 & 0 & N_2 & 0 & N_3 & 0 \\ 0 & N_1 & 0 & N_2 & 0 & N_3 \end{bmatrix} \begin{Bmatrix} u_1 \\ v_1 \\ u_2 \\ v_2 \\ u_3 \\ v_3 \end{Bmatrix} \tag{37-14}$$

其中

$$N_1 = \frac{1}{\Delta}[\Delta_1 + x(y_2 - y_3) + y(x_3 - x_2)]$$

$$N_2 = \frac{1}{\Delta}[\Delta_2 + x(y_3 - y_1) + y(x_1 - x_3)]$$

$$N_3 = \frac{1}{\Delta}[\Delta_3 + x(y_1 - y_2) + y(x_2 - x_1)]$$

将节点位移向量写成 $\boldsymbol{q} = [u_1,\ v_1,\ u_2,\ v_2,\ u_3,\ v_3]^{\mathrm{T}}$。

式（37-14）可表示成

$$\boldsymbol{u} = \boldsymbol{N}\boldsymbol{q}$$

其中

$$\boldsymbol{N} = \begin{bmatrix} N_1 & 0 & N_2 & 0 & N_3 & 0 \\ 0 & N_1 & 0 & N_2 & 0 & N_3 \end{bmatrix}$$

虚位移可写成 $\delta\boldsymbol{u} = \boldsymbol{N}\delta\boldsymbol{q}$。

（2）应变-节点位移关系　将式（37-14）关于 x 和 y 求导数，可得应变

$$\begin{Bmatrix} \varepsilon_x \\ \varepsilon_y \\ \gamma_{xy} \end{Bmatrix} = \frac{1}{\Delta} \begin{bmatrix} y_2 - y_3 & 0 & y_3 - y_1 & 0 & y_1 - y_2 & 0 \\ 0 & x_3 - x_2 & 0 & x_1 - x_3 & 0 & x_2 - x_1 \\ x_3 - x_2 & y_2 - y_3 & x_1 - x_3 & y_3 - y_1 & x_2 - x_1 & y_1 - y_2 \end{bmatrix} \begin{Bmatrix} u_1 \\ v_1 \\ u_2 \\ v_2 \\ u_3 \\ v_3 \end{Bmatrix} \tag{37-15}$$

上式可表示成

$$\boldsymbol{\varepsilon} = \boldsymbol{B}\boldsymbol{q}$$

其中

$$\boldsymbol{B} = \frac{1}{\Delta} \begin{bmatrix} y_2 - y_3 & 0 & y_3 - y_1 & 0 & y_1 - y_2 & 0 \\ 0 & x_3 - x_2 & 0 & x_1 - x_3 & 0 & x_2 - x_1 \\ x_3 - x_2 & y_2 - y_3 & x_1 - x_3 & y_3 - y_1 & x_2 - x_1 & y_1 - y_2 \end{bmatrix}$$

对应于虚位移的虚应变可写成 $\delta\boldsymbol{\varepsilon}=\boldsymbol{B}\delta\boldsymbol{q}$。

（3）应力-节点位移关系　应力-应变关系为

$$\begin{Bmatrix}\sigma_x\\ \sigma_y\\ \tau_{xy}\end{Bmatrix}=\frac{E}{1-\nu^2}\begin{bmatrix}1 & \nu & 0\\ \nu & 1 & 0\\ 0 & 0 & (1-\nu)/2\end{bmatrix}\begin{Bmatrix}\varepsilon_x\\ \varepsilon_y\\ \gamma_{xy}\end{Bmatrix}\tag{37-16}$$

将式（37-16）表示成 $\boldsymbol{\sigma}=\boldsymbol{D}\boldsymbol{\varepsilon}$，得到

$$\boldsymbol{\sigma}=\boldsymbol{DBq}\tag{37-17}$$

（4）刚度方程式　将连续体离散为有限单元后，虚功原理可表示为

$$\sum_e\int_V\boldsymbol{\sigma}^{\mathrm T}\delta\varepsilon\mathrm dV-\sum_e\int_{S_t}\delta\boldsymbol{u}^{\mathrm T}\boldsymbol{T}\mathrm dS-\sum_e\int_v\delta\boldsymbol{u}^{\mathrm T}\boldsymbol{f}\mathrm dV=0\tag{37-18}$$

将 $\delta\boldsymbol{\varepsilon}=\boldsymbol{B}\delta\boldsymbol{q}$ 和 $\boldsymbol{\sigma}=\boldsymbol{DBq}$ 代入上式的第一项的单元内力虚功中，有

$$\int_V\boldsymbol{\sigma}^{\mathrm T}\delta\varepsilon\mathrm dV=\boldsymbol{q}^{\mathrm T}\Big[\int_V\boldsymbol{B}^{\mathrm T}\boldsymbol{DB}\mathrm dV\Big]\delta\boldsymbol{q}=\delta\boldsymbol{q}^{\mathrm T}\Big[\int_V\boldsymbol{B}^{\mathrm T}\boldsymbol{DB}\mathrm dV\Big]\boldsymbol{q}=\delta\boldsymbol{q}^{\mathrm T}\boldsymbol{k}^e\boldsymbol{q}\tag{37-19}$$

式中　$\boldsymbol{k}^e=\int_V\boldsymbol{B}^{\mathrm T}\boldsymbol{DB}\mathrm dV$ 为单元刚度矩阵。

将 $\delta\boldsymbol{u}=\boldsymbol{N}\delta\boldsymbol{q}$ 分别代入式（37-18）的第二和第三项的单元外力虚功中，可得到

$$\int_{S_t}\delta\boldsymbol{u}^{\mathrm T}\boldsymbol{T}\mathrm dS=\delta\boldsymbol{q}^{\mathrm T}\int_{S_t}\boldsymbol{N}^{\mathrm T}\boldsymbol{T}\mathrm dS=\delta\boldsymbol{q}^{\mathrm T}\boldsymbol{T}^e\tag{37-20}$$

$$\int_V\delta\boldsymbol{u}^{\mathrm T}\boldsymbol{f}\mathrm dV=\delta\boldsymbol{q}^{\mathrm T}\int_V\boldsymbol{N}^{\mathrm T}\boldsymbol{f}\mathrm dV=\delta\boldsymbol{q}^{\mathrm T}\boldsymbol{f}^e\tag{37-21}$$

式中　$\boldsymbol{T}^e=\int_{S_t}\boldsymbol{N}^{\mathrm T}\boldsymbol{T}\mathrm dS$ 和 $\boldsymbol{f}^e=\int_{S_t}\boldsymbol{N}^{\mathrm T}\boldsymbol{f}\mathrm dV$ 分别为单元面积力列阵和单元体积力列阵。

将式（37-19）、式（37-20）和式（37-21）代入式（37-18），得到用节点位移表示的虚功原理

$$\sum_e\delta\boldsymbol{q}^{\mathrm T}\boldsymbol{k}^e\boldsymbol{q}-\sum_e\delta\boldsymbol{q}^{\mathrm T}\boldsymbol{T}^e-\sum_e\delta\boldsymbol{q}^{\mathrm T}\boldsymbol{f}^e=0\tag{37-22}$$

令连续体的总节点位移数为 N，整体节点位移为

$$\boldsymbol{Q}=[Q_1,\ Q_2,\ Q_3,\ \cdots\ Q_{N-1},\ Q_N]^{\mathrm T}\tag{37-23}$$

整体节点虚位移为

$$\delta\boldsymbol{Q}=[\delta Q_1,\ \delta Q_2,\ \delta Q_3,\ \cdots\ \delta Q_{N-1},\ \delta Q_N]^{\mathrm T}$$

通过单元集成，式（37-22）可写成

$$\delta\boldsymbol{Q}^{\mathrm T}\boldsymbol{KQ}-\delta\boldsymbol{Q}^{\mathrm T}\boldsymbol{F}=0$$

式中　$\boldsymbol{K}$——整体刚度矩阵，由单元刚度矩阵 $\boldsymbol{k}^e$ 根据单元节点连接关系集成得到的；

$\boldsymbol{F}$——整体载荷列阵，由单元面积力列阵 $\boldsymbol{T}^e$ 和单元体积力列阵 $\boldsymbol{f}^e$ 集成得到的。

根据 $\delta\boldsymbol{Q}$ 的任意性，有

$$\boldsymbol{KQ}=\boldsymbol{F}\tag{37-24}$$

关于单元的集成和式（37-20）和式（37-21）中的单元面力列阵和单元体积力列阵的具体推导过程，由于比较简单及篇幅所限，这里不做叙述，读者可参考相关书籍。

2.2 非线性问题与动态问题的有限元法

2.2.1 几何非线性

下面介绍处理弹性大变形的基本方法。像线弹性体的有限元法一样，根据基本方程可以得到虚功原理的表达式。由于问题是非线性的，一般采用增量化的方法求解。变形开始时的位形及储量是已知的，从初始位形开始，逐次计算可得 t 时刻的所有物理量的值。如已知 t 时刻的所有物理量的值，要计算 $t+\Delta t$ 时刻的位移，通常有两种形式的公式，即完全的 Lagrange 形式的公式和更新的 Lagrange 形式的公式。由于这两种形式的本质是相同的，这里只介绍更新的 Lagrange 形式的公式。

在更新的 Lagrange 表示格式中，将所考虑的当前瞬间的构形作为基准构形，变量参照当前构形定义。在线弹性体的基本方程式中，因为假定位移很小，所以应变是位移的偏导数的线性函数。当变形较大时，应变是位移的偏导数的非线性函数。

为了简化公式的表述，使用张量的指标表示。在这种表示中使用求和约定。x_i 表示第 i 个坐标轴（$x_1\equiv x$，$x_2\equiv y$，$x_3\equiv z$），u_i 表示第 i 个位移分量（$u_1\equiv u$，$u_2\equiv v$，$u_3\equiv w$），且逗号表示微分。

相应的 Green-Lagrange 应变张量定义如下：

$$e_{ij}=\frac{1}{2}\left(\frac{\partial u_i}{\partial x_j}+\frac{\partial u_j}{\partial x_i}+\frac{\partial u_m}{\partial x_i}\frac{\partial u_m}{\partial x_j}\right) \tag{37-25}$$

用公称应力表示的平衡方程为

$$\frac{\partial \dot{\Pi}_{ij}}{\partial x_i}+\rho\dot{b}_j=0 \tag{37-26}$$

式中 $\dot{\Pi}$——公称应力速度张量；

$\dot{\boldsymbol{b}}$——体积力速度。

更新的 Lagrange 形式的虚功率原理为

$$\int_V \dot{\Pi}:\delta \boldsymbol{L}\mathrm{d}V=\int_{S_t}\dot{\mathbf{t}}\cdot\delta\boldsymbol{v}\mathrm{d}S+\int_V\dot{\mathbf{b}}\cdot\delta\boldsymbol{v}\mathrm{d}V \tag{37-27}$$

式中 $\boldsymbol{L}$——速度梯度张量；

$\dot{\mathbf{t}}$——面力速度；

$\boldsymbol{v}$——速度；

$\dot{\mathbf{b}}$——体积力速度；

V——当前的体积；

S_t——当前的面积。

对式（37-27）的离散化方法与线弹性有限元法相同。通过离散和使用增量表示可得到以节点位移增量为未知量的非线性方程组。

$$\boldsymbol{K}_{\mathrm{T}}\Delta\boldsymbol{U}=\Delta\boldsymbol{F}$$

式中 $\boldsymbol{K}_{\mathrm{T}}$——切线刚度矩阵；

$\Delta\boldsymbol{U}$——节点位移增量；

$\Delta\boldsymbol{F}$——等效节点力增量。

$$\boldsymbol{K}_{\mathrm{T}}=\boldsymbol{K}+\boldsymbol{K}_{\mathrm{G}}$$

式中 $\boldsymbol{K}$——与线性有限元相同的线性刚度矩阵；

$\boldsymbol{K}_{\mathrm{G}}$——源于几何非线性的几何刚度矩阵。

非线性方程组需要迭代求解，不同于线性方程组，有时迭代计算会不收敛，计算上需要特别注意。

2.2.2 材料非线性

在前面一节中讨论了位移-应变方程是非线性的几何非线性。在本节中，将介绍应力-应变方程为非线性的材料非线性。实际上，几何非线性和材料非线性大多同时存在，但这里只限于本构方程的非线性，并且不考虑蠕变和温度效应。

在弹塑性分析中，有两种理论：应变增量理论（流动理论）和全应变理论（变形理论）。在 FEM 中更经常使用应变的增量理论。下面是应变增量理论的概要。

只要将线弹性体的基本方程中的应力-应变关系方程用非线性的应力-应变关系方程替换，就可以处理材料非线性问题。因为这个非线性的应力-应变关系本构方程是用增量的形式表示的，所以将其他方程也用增量的形式表示。

平衡方程：
$$\Delta\sigma_{ij,j}+\Delta f_i=0 \tag{37-28}$$

应变-位移方程：
$$\Delta\varepsilon_{ij}=\frac{1}{2}(\Delta u_{i,j}+\Delta u_{j,i}) \tag{37-29}$$

应力-应变方程：
$$\Delta\sigma_{ij}=D_{ijkl}\Delta\varepsilon_{kl} \tag{37-30}$$

式（37-30）中的 D_{ijkl}是弹塑性材料系数，它的成分与线弹性体的不同。如将式（37-6）中相关的量看成增量，增量型的虚功原理仍然成立。将其离散即可得到材料非线性有限元法的基本方程。

下面要给出 D_{ijkl}的表达式。将使用的增量形式的塑性应力-应变关系式是 Prandtl-Reuss 公式。其材料服从 Von Mises 屈服准则。

在 Prandtl-Reuss 应力-应变关系式中，使用应变增量 $\mathrm{d}\varepsilon_{ij}$并与应力增量 $\mathrm{d}\sigma_{ij}$相关联。结合 Von Mises 屈服准则的微分形式，这些关系式可以用矩阵的形式表示为

$$\mathrm{d}\boldsymbol{\varepsilon}=\boldsymbol{C}^{ep}\mathrm{d}\boldsymbol{\sigma} \tag{37-31}$$

式中 $\mathrm{d}\boldsymbol{\varepsilon}$ 和 $\mathrm{d}\boldsymbol{\sigma}$ 分别表示 $\mathrm{d}\varepsilon_{ij}$和 $\mathrm{d}\sigma_{ij}$的列向量。方程（37-31）的逆写为

$$\mathrm{d}\boldsymbol{\sigma}=\boldsymbol{D}^{ep}\mathrm{d}\boldsymbol{\varepsilon} \tag{37-32}$$

其中 $\boldsymbol{D}^{ep}=(\boldsymbol{C}^{ep})^{-1}$。

应用 Prandtl-Reuss 联合流动准则，可得到

$$\boldsymbol{D}^{ep}=\boldsymbol{D}^{e}-\frac{\boldsymbol{D}^{e}\left\{\frac{\partial f}{\partial\sigma}\right\}\left\{\frac{\partial f}{\partial\sigma}\right\}^{\mathrm{T}}\boldsymbol{D}^{e}}{\left(1+\frac{H'}{3G}\right)\left\{\frac{\partial f}{\partial\sigma}\right\}^{\mathrm{T}}\boldsymbol{D}^{e}\left\{\frac{\partial f}{\partial\sigma}\right\}} \tag{37-33}$$

式中 $H'=\dfrac{d\bar{\sigma}}{d\bar{\varepsilon}^{p}}$；

$\boldsymbol{D}^{e}$——弹性应力-应变关系系数矩阵；

$\bar{\sigma}$——等效应力；

$\bar{\varepsilon}^{p}$——等效塑性应变。

式（37-33）中的 f 是屈服函数。它是应力的函数。塑性变形的开始条件是由屈服条件决定的。屈服条件一般用一个屈服函数表示。Von Mises 屈服函数为

$$f=\sqrt{\frac{1}{2}[(\sigma_x-\sigma_y)^2+(\sigma_y-\sigma_z)^2+(\sigma_x-\sigma_x)^2+6(\tau_{xy}^2+\tau_{yz}^2+\tau_{zx}^2)]} \tag{37-34}$$

随着塑性变形的增加材料发生加工硬化，屈服面膨胀。屈服面的膨胀规律由材料加工硬化特性决定，需要由材料拉伸实验测定。

2.2.3 接触问题

在弹簧的受力变形过程中，圆柱螺旋弹簧与安装座之间的接触区域不断发生变化，弹簧圈之间也可能出现并圈接触的情况；板弹簧的弹簧片之间的接触位置与相对运动的摩擦状态也都可能发生变化。未进入接触的单元常常受外力为零，其边界条件为应力边界条件；进入接触的单元其位移受到约束，其边界条件为位移边界条件。这种变形过程中接触状态变化问题属于边界条件非线性问题，在弹簧的分析中常常涉及。对于边界条件非线性问题的分析，必须考虑接触状态的变化。这类非线性问题的处理方法与材料和几何非线性问题相同，都是采用分段线性化的方法，即增量步法。分析过程中，每个增量步内要求边界条件不发生突变。常见的商用有限元软件都具有分析接触非线性问题的能力，使用者只要选择适宜的单元，定义接触对，指明可能发生接触的对应区域，软件能通过控制步长自动控制每一个增量步内接触条件不发生变化，实现对接触问题的分析。

2.3 动态问题的有限元法

对于承受动载荷的弹簧，譬如发动机气门弹簧等，在其设计时除了强度、刚度分析之外，还需要进行动力学分析，计算其固有频率等。动力学问题的有限元法是分析该类问题的强有力的工具，与静力学问题的有限元法一样具有泛用性，它可以分析任意形状结构的动态特性和任意激励下的响应。

2.3.1 动力学问题的有限元方程

在分析动力学问题时，外力和位移都是时间的函数，根据达朗贝尔原理，只要引入相应的惯性力就可以将动力学问题转化为相应的静力学问题，再通过将连续体的质量和阻尼矩阵都离散化，利用虚功原理就可以推导出动力学问题的有限元方程。其一般形式为

$$\boldsymbol{M}\ddot{\boldsymbol{u}}+\boldsymbol{C}\dot{\boldsymbol{u}}+\boldsymbol{K}\boldsymbol{u}=\boldsymbol{P} \tag{37-35}$$

此式的物理意义是，作用到系统上的惯性力、阻尼力、弹性力、外力是平衡的。

式中 $\boldsymbol{M}$——质量矩阵；

$\boldsymbol{C}$——阻尼矩阵；

$\boldsymbol{K}$——刚度矩阵；

$\boldsymbol{P}$——激振力；

$\boldsymbol{u}$、$\dot{\boldsymbol{u}}$、$\ddot{\boldsymbol{u}}$——位移、速度、加速度。

阻尼对固有频率和振型的影响不大，可以略去。当 $\boldsymbol{C}=\boldsymbol{P}=\boldsymbol{0}$ 时，该方程称为无阻尼自由振动方程。即

$$\boldsymbol{M}\ddot{\boldsymbol{u}}+\boldsymbol{K}\boldsymbol{u}=\boldsymbol{0} \tag{37-36}$$

2.3.2 固有频率、模态与结构动力响应分析

自由振动是简谐的，设式（37-36）的解为

$$\{U\} = \{A\}e^{j\omega t} \tag{37-37}$$

式中 $\{A\}$——节点位移$\{U\}$的振幅列阵；

ω——自由振动的角频率；

t——时间。所以

$$\{\ddot{U}\} = (j\omega)^2\{A\}e^{j\omega t} \tag{37-38}$$

将式（37-37）、式（37-38）代入式（37-36）并消去 $e^{j\omega t}$得

$$([K] - \omega^2[M])\{A\} = 0 \tag{37-39}$$

求解系统的固有频率和振型的问题，即是求解式（37-39）的广义特征值与特征向量问题。

由$|[K] - \omega^2[M]| = 0$可以得到关于ω^2的n次多项式，解出的n个ω即为系统的n个固有频率。将求出的n个固有频率分别代入式（37-39），即可求出对应于各个固有频率的系统的n个固有振型。

求结构的动力响应主要是解系统的动力学方程（37-35），以求得系统在任意时刻的位移$\boldsymbol{u}$、速度$\dot{\boldsymbol{u}}$和加速度$\ddot{\boldsymbol{u}}$的值。解动力响应问题的常用方法有振型叠加法和直接积分法。一般有限元软件都有此分析功能。这时，除了需要对结构进行离散化以外，还需要将时间轴离散化，即在时间方向上也采用增量化解法，从$t=0$时刻开始，顺序求出$t+\Delta t$时刻的储量。

3 弹簧分析常用单元

在上一节中，介绍了有限元法的基本原理和单元刚性方程的推导。所分析的结构的形状和受载不同，就需要采用不同的单元对其进行离散化。这不仅关系到计算效率而且关系到计算的精度。为此，为了分析杆件结构、板梁结构、轴对称结构、板结构、三维块体结构等问题，在有限元法和有限元分析软件的研究过程中，开发出了多种适用于分析各种问题的单元。作为有限元法的使用者，非常关键的一点是针对问题选择正确的单元。各种形式的单元在一般有限元著作中，特别是在通用有限元软件的单元库中都有介绍，本节针对弹簧分析主要用到的单元进行简单介绍，以便读者正确选择单元进行弹簧的有限元分析。限于篇幅将略去单元的刚性方程的推导，重点介绍单元的几何与力学特征和适用范围。

3.1 梁单元

这是一类一维单元，用于分析在拉压、弯曲、扭转载荷作用下发生复合变形的细长构件杆件的变形和内部应力。梁单元用连接两个或多个节点的线段来表示，线段有长度参数，但是梁的横截面尺寸、截面惯性矩和质量参数不能表现在模型上，这些参数出现在单元刚性方程中，需另外给出。

按照单元的形状，梁单元分为直线梁单元和曲线梁单元。直线梁单元有两个节点，由直线段联结两个节点，也称为一次单元，如图 37-2a 所示；曲线梁单元有两个或多个节点，由曲线段联结节点，也称为高次单元，如图 37-2b 所示。

按照单元节点的自由度数，分为平面梁单元和空间梁单元。平面梁单元如图 37-3a 所示，用于分析杆件结构平面内的变形，单元的每个节点的有两个面内的位移自由度和一个面内的转动自由度；空间梁单元如图 37-3b 所示，用于分析空间杆件结构的变形，单元的每个节点有三个空间位移自由度和三个转动自由度。

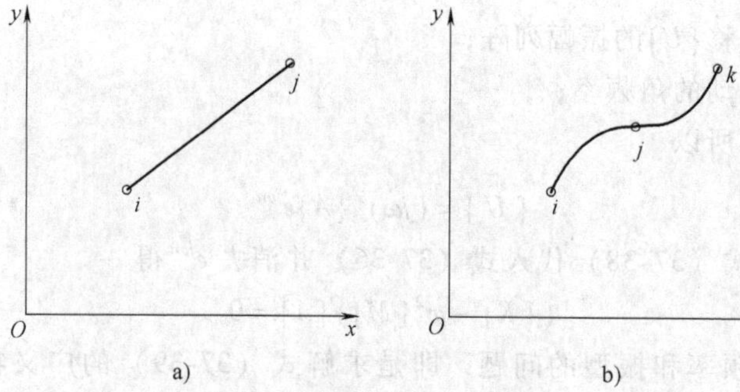

图 37-2 直线与曲线梁单元

a）直线梁单元 b）曲线梁单元

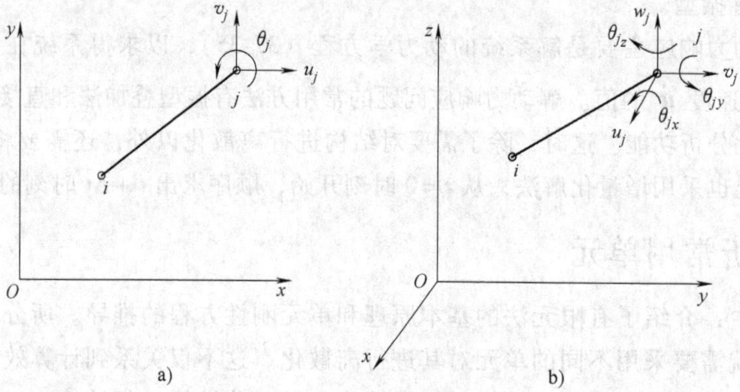

图 37-3 平面梁单元与空间梁单元

a）平面梁单元 b）空间梁单元

直线梁单元主要用于分析直杆系结构，如果以直代曲，用直线梁单元分析曲杆结构，会有较大误差，同时需要单元分割的更细密。圆柱螺旋弹簧、异型螺旋弹簧等弹簧丝的中心线为空间曲线一般需采用高次曲线单元进行分析。

3.2 板单元

板单元用于板壳结构变形与应力分析，属于二维单元，基本形状为三角形或四边形。这类单元分为三种，分别为：平面应力单元、板单元和壳单元。

（1）平面应力单元 当载荷作用于平行于平板的中面内时，平板发生面内拉压变形，可用平面应力单元分析。按照单元节点的数量和单元边是直线或曲线，这种单元又可细分为多种。平面应力四节点单元如图 37-4a 所示，每个节点有两个位移自由度。平面应力八节点单元如图 37-4b 所示。单元的边为曲线，单元内的位移是用节点位移的高次函数插值的，用较少的单元就可以获得较高分析精度。

（2）板单元 载荷作用于垂直于板平面方向时，平板将发生面外的弯曲变形，板内产生弯曲应力，此类问题可用该类单元分析。板单元的一例如图 37-5 所示，图 37-5a 所示为三节点三角形板单元，每个节点有一个垂直于板面的位移自由度和两个转动自由度；图 37-5b所示为四节点四边形板单元，每个节点有一个位移自由度和两个转动自由度。

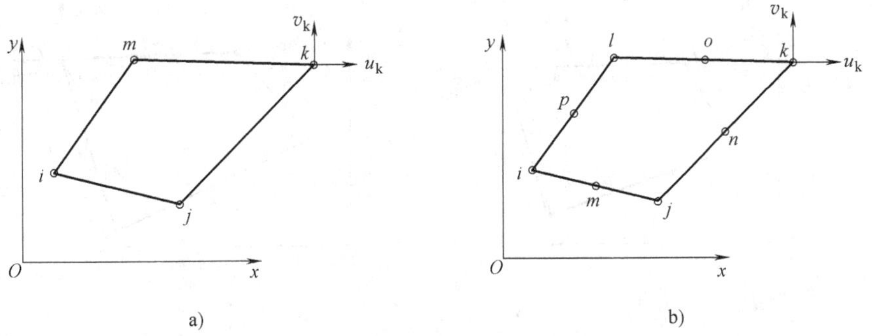

图 37-4 平面应力单元

a）平面应力四节点单元 b）平面应力八节点单元

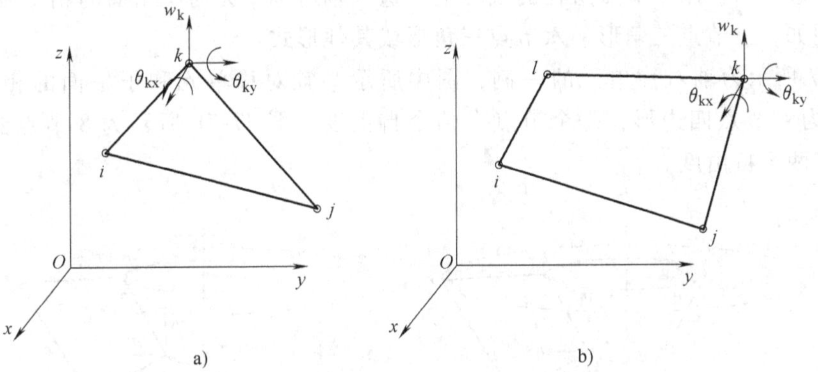

图 37-5 板单元

a）三节点三角形板单元 b）四节点四边形板单元

这种单元是基于克希霍夫薄板理论建立的。当板的厚度较薄、变形较小时，面内的变形和面外的变形可以分别处理，并且有相当的精度。但是，这种单元不能用于曲面壳体结构具有面外变形时的分析，因为曲面壳体发生面外变形的同时也会伴随面内的变形，而这种板单元未考虑面内的应力与变形。这种情况下应该采用壳单元。

（3）壳单元 壳单元分为平板壳单元和曲面壳单元两大类。它们的基本区别是：前者是基于克希霍夫板理论的，而后者不是。前者是将平面应力单元和板单元复合而成的，后者是基于壳理论建立的。

壳体结构分为薄壁和厚壁。这两类壳体结构都可以用曲面壳单元来分析。壳单元的一例如图 37-6 所示，图 37-6a 所示为四节点四边形平板壳单元，每个节点分别有三个位移自由度和三个转动自由度；图 37-6b 所示为八节点四边形板壳单元，每个节点同样分别有三个位移自由度和三个转动自由度。

3.3 轴对称单元

轴对称结构，例如气缸、环形件，在轴对称载荷作用下发生的变形也是轴对称的，在所有子午面内的变形和应力都是相同的。对轴对称问题进行分析时，只需对一个子午截面进行离散网格划分和分析。但是必须注意轴对称体为三维实体，轴对称单元是一些圆环，所有节

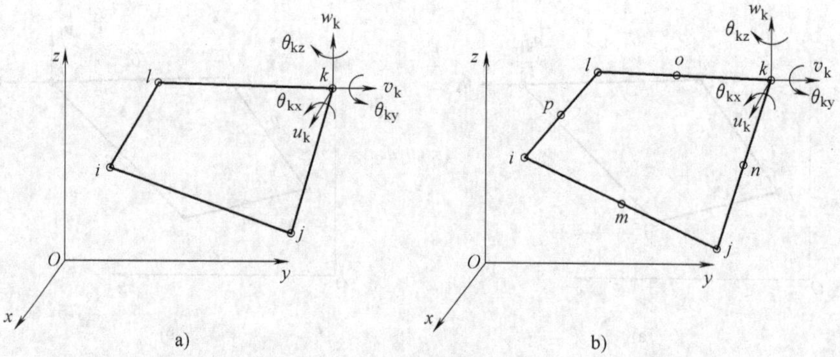

图 37-6 平板壳单元

a）四节点四边形平板壳单元 b）八节点四边形板壳单元

点载荷都应理解为作用于节点所在的圆环上。这些轴对称单元与子午面的相交截面可以有不同形状，例如，三节点三角形、六节点三角形或其他形式。

图 37-7 所示为轴对称单元的一例，图中所示为轴对称单元和子午面的相交截面，图 37-7a所示为 4 节点四边形，每个节点有两个自由度，图 37-7b 所示为 8 节点曲边四边形，每个节点有两个自由度。

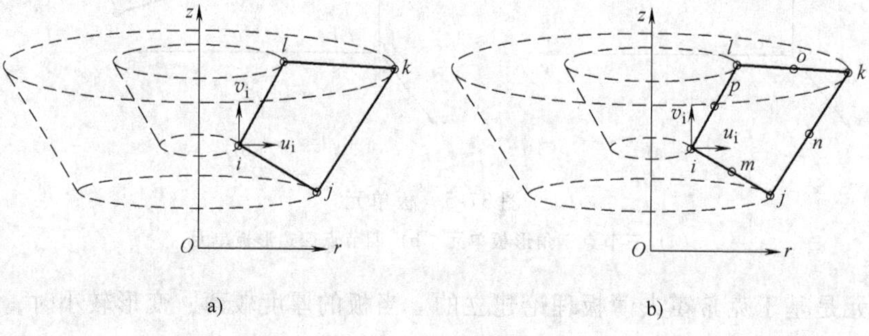

图 37-7 轴对称单元

a）四节点四边形 b）八节点曲边四边形

此外，还有一类轴对称壳单元，用于轴对称壳体问题的分析。轴对称壳单元在子午面内用连接两个或多个节点的直线或者曲线表示，实质上是一维单元，使得整个问题的分析大大简化。轴对称壳单元也分为薄壳与厚壳。

3.4 三维实体单元

这类单元用于三维结构的建模，属于三维单元，有四个或更多个节点，基本形状为多面体，例如正四面体或正六面体，每个节点有三个位移自由度，适用于分析不包含曲面表面的三维实体问题。图 37-8 所示为三维实体单元的一例，图 37-8a 所示为四节点四面体单元，图 37-8b 所示为八节点六面体单元。

为了分析具有曲面的三维实体，还有一类等参数单元，其形状是扭曲的，以适应三维实体的曲面边界。这种单元的构建需要将扭曲的单元映射成正多面体，映射时采用的形函数与单元位移插值采用的形函数是相同的，所以称为等参数单元。

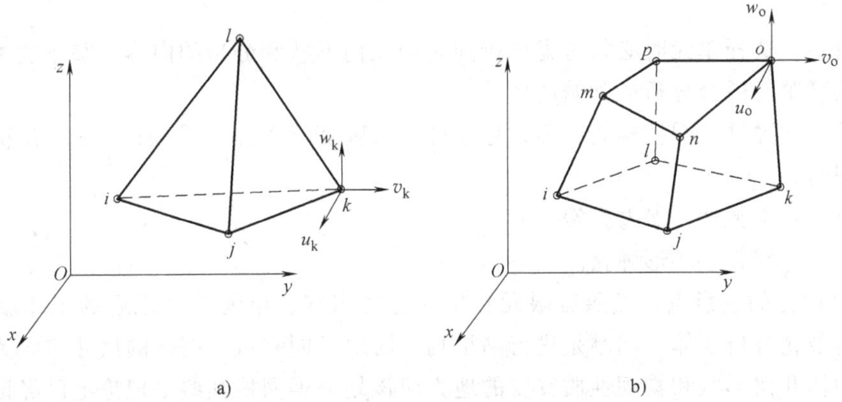

图 37-8 三维实体单元

a）四节点四面体单元 b）八节点六面体单元。

3.5 单元的选择与弹簧分析中的应用

有限元法是一种求近似解的数值法。近似来源于两个方面：一是当用适当的单元对需要分析的实体领域进行离散化时，离散单元模型与实际物体几何形状的差异；二是在单元内部用节点位移的插值函数表示单元内各点位移。后者已经在有限元基本公式的推导过程中说明了。本节主要说明用单元集合近似实际分析物体时由于两者几何形状的差异导致的误差，这是影响解析精度的一个重要方面，常常是难以避免的。

（1）单元的选择与应用 单元的选择必须考虑两个不同的方面：一是要分析物体的几何形状；二是分析的内容。这两方面是密切相关的。

用通俗的话讲，大多数弹簧是“细长柔软形”或“平坦形”的，当然也有例外。线弹簧、汽车稳定杆、圆柱螺旋簧属于“细长柔软形”的；片板簧和平面涡卷弹簧属于“平坦形”的。有一些“平坦形”的弹簧，从另外的角度看，也可以看作是“细长柔软形”的。譬如，从二维的角度看，片板簧和平面涡卷弹簧属于是“细长柔软形”的。通常，梁单元适合“细长柔软形”弹簧的分析；板壳单元适合“平坦形”弹簧的分析，轴对称单元适合碟簧和环形弹簧的分析。此外，三维实体单元适合三维问题的分析。梁单元属于一维单元，具有长度参数，板壳单元属于二维单元，具有中面面积参数，而三维实体单元属于三维单元，具有体积参数。某种意义上说，三维实体单元是最实用的单元，因为原则上说，所有形状物体都有体积，都可以用三维实体单元来离散化建模。所有弹簧都是三维物体，因而，所有弹簧都可以用三维实体单元分析。但可以预见，用三维实体单元分析所有形状的物体必然会出现一些不利的情况，即为了获得一定的计算精度有时不得不采用很多的单元，这增加了计算的工作量。

有限元法具有泛用性，分析的问题范围很广，从线性问题到复杂的非线性问题。分析问题时单元的选择还必须考虑所分析问题的内容，分析的内容与单元的选择有密切的关系。譬如，通常用梁单元对圆柱螺旋弹簧进行建模分析，但是，当簧丝为非圆截面时，就不能采用梁单元来处理了，因为这种梁单元无法处理非圆截面簧丝的截面翘曲变形，这种情况下必须采用三维实体单元来处理。在板的分析中，如果采用二维单元，将无法处理板中的扭转变形，必须选择合适的单元。如果所分析的物体具有对称轴，考虑对称性，单元的数量可以减少一半。

综上所述，选择单元时必须考虑分析问题的几何形状和分析的内容。基于这一观点，下面列出了几种单元适合分析的弹簧的例子。

梁单元：线弹簧，圆柱螺旋弹簧，稳定杆，板弹簧（可按二维处理时），涡卷弹簧（可按二维处理时）。

板壳单元：板弹簧，涡卷弹簧。

对称单元：碟簧，环形弹簧。

（2）离散化的注意点　按照有限元分析问题的步骤，单元选择之后的工作就是进行网格划分，离散化分析物体。问题是进行网格划分时对不同领域，网格的尺寸多大为适宜。一般来说，物体几何形状和物理性质突变的地方应该划分得网格细些。理论上已经证明，当网格划分得无限细时，所得的解收敛于精确解。然而，并不推荐将网格划分得无限细，因为这将导致计算时间增大和计算成本提高。另一方面，如果网格划分得太粗将无法得到满意的结果。网格尺寸的适宜大小是随问题而变化的，并没有一定的标准，这依赖于分析者的经验或者需要根据试行分析结果进行调整。下面将以圆柱螺旋弹簧的线性解析为例，说明网格单元尺寸与解析精度的关系。

采用两节点三维直线梁单元离散圆柱螺旋弹簧，边界条件为：下端约束所有位移，上端施加垂直方向的位移。对于同一个弹簧，分别采用不同数量的单元对其离散化，调查了单元数量对节点反力解析结果的影响，结果如图 37-9 所示。

可以清楚地看到，当每一圈弹簧的离散单元数接近 20 时，节点反力 R 的值迅速接近精确解法的结果。这说明用直线梁单元分析圆柱螺旋弹簧，当每一圈采用的离散单元数量达到 20 时，可以得到足够的分析精度。图 37-9 中的点线所示精确结果是采用三维曲线梁单元进行分析获得的。

上述采用梁单元分析圆柱螺旋弹簧的问题只涉及梁单元的尺寸，不涉及单元的形状，因为梁单元属于一维单元。当用二维或三维单元离散物体时，应尽量采用等边多边形或等边多面体，由有限元法的基本原理可知，只有这样才能由节点的量插值单元内的量时使得误差减小。这是离散分析物体需注意的点。

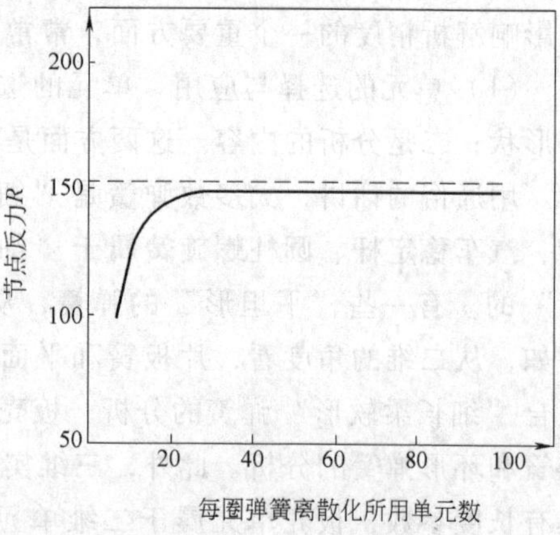

图 37-9　单元数对解析精度的影响

4　常用有限元分析软件及有限元在弹簧分析中的作用

4.1　有限元分析系统及其主要功能

有限元分析涉及大量、复杂的数值计算，手工不可能完成，必须借助于运行于计算机上的有限元分析软件来完成。这样的由计算机硬件和有限元软件组成的系统称为有限元分析系统。随着计算机技术和有限元技术的进步，目前在微机上运行的很多商用有限元分析软件都有很强的分析能力，人机界面非常友好，方便使用。

有限元分析问题的过程非常程式化，为了支持分析任务的完成，任何有限元分析软件都包括前处理、计算和后处理模块。前处理模块的任务是建立分析模型，为计算提供数据。具体功能包括：几何建模、网格划分、单元库、单元特性定义、边界条件定义等。计算模块由多个计算程序组成，每个程序可完成特定类型的计算，并在模型提交计算前提供计算定义功能，用于选择算法、参数、精度、输出结果等。弹簧分析涉及的计算类型主要有：线性静力分析、动态分析、非线性分析（材料非线性、几何非线性、边界条件非线性）和屈曲分析。后处理模块的功能是对计算结果进行处理和显示，便于使用者评估计算结果，如等值线图、等值云图、变形图、动画显示等。

4.2 常用有限元分析软件及其选择

目前，有多种商用有限元软件出售。这些有限元软件都有多种分析功能，购入时应该考虑自身的需要选择需要的功能模块。就线性分析来说，任何一种有限元软件都具有足够的分析能力，各个软件之间的差别也很小。但是，对于弹簧分析来说，涉及非线性，软件的非线性分析能力，是选择软件的一个重要指标。表 37-1 给出对具有代表性的六种商用有限元软件的非线性分析特性的评价，仅供参考。此外，ANSYS 软件具有较强的参数化建模和优化设计功能，对于复杂形状的弹簧的优化，即使不能给出设计目标和设计变量之间的关系式，也可以通过响应面法进行优化。

表 37-1 常见有限元软件非线性分析特性

有限元软件	ADINA	I-DEAS	NASTRAN	ABAQUS	MARC	ANSYS
几何非线性	○	○	○	◎	○	○
材料非线性	○	△	△	○	◎	△
边界条件非线性	◎	△	△	◎	○	△

注：◎优；○良；△尚可。

4.3 有限元在弹簧分析中的应用

有限元分析在弹簧设计中的典型应用是，对所设计弹簧的特性和弹簧内应力的评价。由于有限元方法的泛用性，它适合于任何形状的弹簧的分析。譬如，对于圆柱螺旋弹簧，当节距大、圈数少时，传统公式的计算误差较大，采用有限元法可以得到准确的结果。随着有限元技术的进步和有限元与其他技术的融合，其使用范围也在扩大。对于弹簧设计而言，已经从对弹簧孤立元件的分析扩大到对包含弹簧元件在内的多体系统的分析，对于弹簧的使用性能也可以进行评价。接触性涡卷弹簧和圆柱螺旋拉簧的特性是和其卷制工艺过程相关的，为了准确把握这类弹簧的机械特性，可以使用有限元法对其制造过程的非线性变形进行模拟分析。传统的参数优化设计，必须用解析式给出设计变量和设计目标的关系——目标函数，然后才能使用优化方法获得最优解。对于复杂形状的弹簧，常常难于给出设计变量和设计目标的显式函数关系式。有限元分析和优化技术相结合使得这样复杂弹簧的优化设计成为可能。经过多年的研究，基于解析方法的弹簧设计的理论公式的发展难有突破，可以预见，以有限元为核心技术的 CAE 技术将有力推动弹簧设计技术的进步。

5 典型弹簧的有限元分析实例

5.1 螺旋压缩弹簧

（1）分析模型 圆柱螺旋弹簧基本参数：中径：157mm；有效圈数：5.5；簧丝直径：

13mm；材料弹性模量：2.1×10^6MPa；泊松比：0.3。弹簧上下带有安装座。弹簧与弹簧座的实体模型如图 37-10 所示。

在 ANSYS 中，选用 PLANE82 单元划分弹簧座，分别选用 SOLID95 单元和 BEAM188 单元生成弹簧有限元模型。用 BEAM188 单元划分的网格如图 37-11 所示。采用实体单元 SOLID95 划分网格，用三种不同尺寸的单元进行网格划分，弹簧丝横截面的划分如图 37-12 所示。

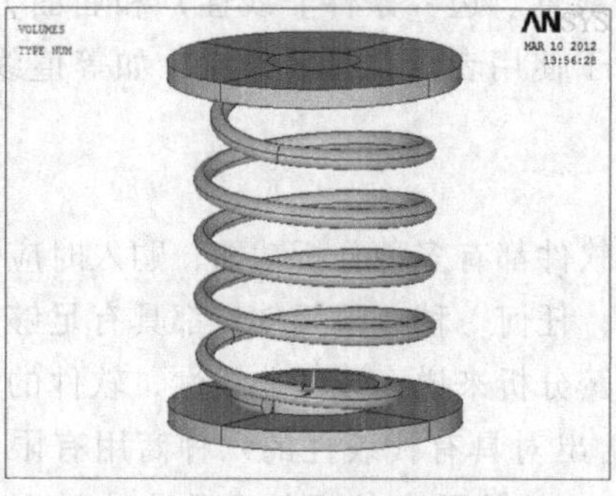

图 37-10 螺旋弹簧实体模型

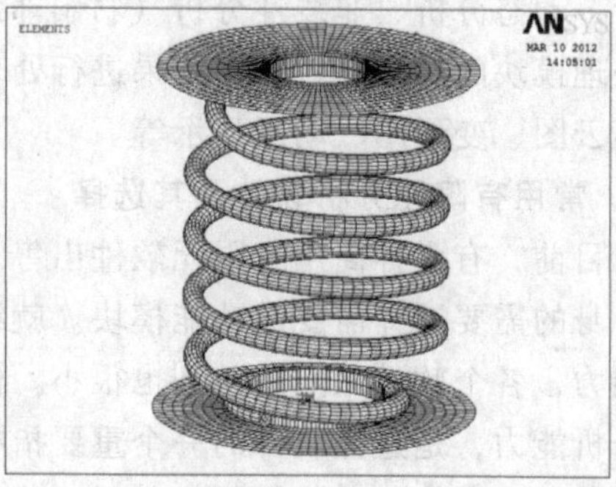

图 37-11 以 BEAM188 单元划分的网格

SOLID95 单元是由 20 个节点来定义的六面体，每个节点有 3 个自由度，具有分析大应力和大应变的能力。BEAM188 单元基于铁木辛柯梁理论，考虑了剪切的影响，有两个节点，每个节点有 6 个自由度，这个单元非常适合线性、大转角和非线性大应变问题。

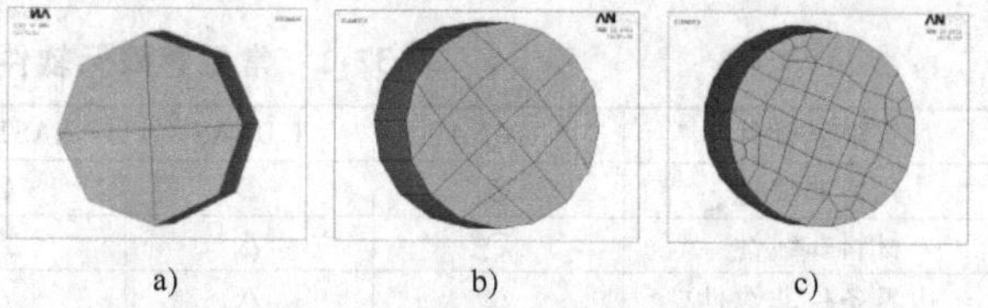

图 37-12 以三种尺寸的 SOLID 单元划分的弹簧丝横截面

边界条件的设定：固定下弹簧座，在上弹簧座上施加 10000N 垂直向下的压力。定义弹簧丝与弹簧座间的接触，进行大变形分析，比较两种模型在不同节距下其最大剪应力的计算值与基于传统公式的理论值之间的偏差。

（2）解析结果与考察 当采用 BEAM188 梁单元时，所得最大剪应力云图如图 37-13 所示；当采用 SOLID95 实体单元时，所得最大剪应力分布如图 37-14 所示。表 37-2 给出了最大剪应力的理论值与仿真结果；表 37-3 给出了最大剪应力的仿真结果与理论值的比较。表 37-4 给出了弹簧刚度的理论值与仿真结果；表 37-5 给出了弹簧刚度仿真结果与理论值比较。

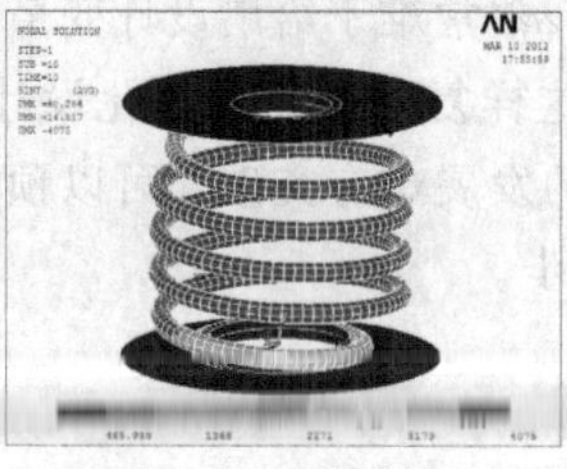

图 37-13 采用 BEAM188 单元计算的最大剪应力云图

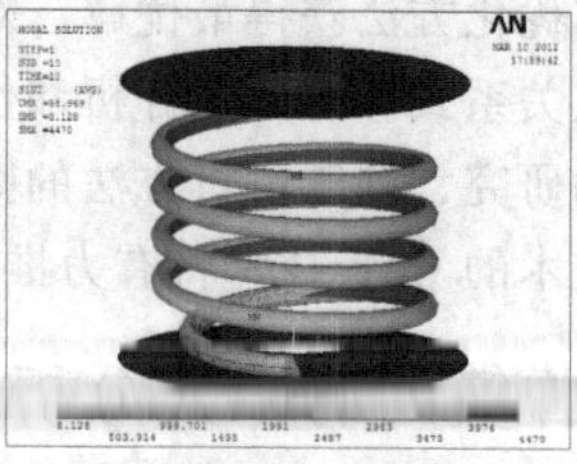

图 37-14 采用 SOLID95 单元计算的最大剪应力分布图

表 37-2 最大剪应力的理论值与仿真结果

符号	名 称	数 值					
T/mm	节距	40	60	80	100	120	140
α/(°)	螺旋升角	4.65	6.97	9.29	11.62	13.94	16.26
τ_t/MPa	理论值	2035.6	2035.6	2035.6	2035.6	2035.6	2035.6
τ_B/MPa	BEAM188	2037	2044	2047	2045.5	2042.5	2031
τ_{S1}/MPa	SOLID95(a)	2235	2247	2256.5	2261	2264	2274.5
τ_{S2}/MPa	SOLID95(b)	2130.5	2145	2152	2155.5	2158.5	2157.5

表 37-3 最大剪应力的仿真结果与理论值比较

符号	名称	数值						网格数目
T/mm	节距	40	60	80	100	120	140	
α/(°)	螺旋升角	4.65	6.97	9.29	11.62	13.94	16.26	
偏差/(%)	BEAM188	0.07	0.41	0.56	0.49	0.34	-0.23	404
偏差/(%)	SOLID95(a)	9.8	10.39	10.85	11.07	11.22	11.74	1616
偏差/(%)	SOLID95(b)	4.66	5.37	5.72	5.89	6.04	5.9	6464

表 37-4 弹簧刚度的理论值与仿真结果

符号	名 称	数 值					
T/mm	节距	40	60	80	100	120	140
α/(°)	螺旋升角	4.65	6.97	9.29	11.62	13.94	16.26
K_t/(N/mm)	理论值	169.82	169.82	169.82	169.82	169.82	169.82
K_B/(N/mm)	BEAM188	165.96	165.60	165.10	164.50	163.81	163.35
K_{S2}/(N/mm)	SOLID95(b)	169.45	168.82	168.11	167.31	166.49	165.73

表 37-5 弹簧刚度的仿真结果与理论值比较

符号	名 称	数 值					
T/mm	节距	40	60	80	100	120	140
α/(°)	螺旋升角	4.65	6.97	9.29	11.62	13.94	16.26
偏差/(%)	BEAM188	-2.27	-2.49	-2.78	-3.13	-3.54	-3.13
偏差/(%)	SOLID95(b)	-0.22	-0.59	-1.01	-1.48	-1.96	-2.41

最大剪应力仿真结果与理论值比较，以 BEAM188 梁单元划分网格计算得到的最大剪应力更接近于理论解，而由 SOLID95 六面体单元计算得到的最大剪应力值与理论值的偏差会随着截面网格密度的增加逐渐下降。并且由 SOLID95a 和 SOLID95b 计算得到的最大剪应力值与理论值的偏差均会随着螺旋升角的增大而逐渐增大。选取节距为 40mm，截面网格疏密程度如图 37-12c 所示的弹簧，其网格数目达到 17776，最大剪应力仿真结果为 2098.5MPa，与理论值的差距为 3.09%。由此推断，当对由 SOLID95 单元划分的弹簧截面进行多次细化后，其最大剪应力数值逐渐减小，趋近于精确解。单元越小计算精度越高，可以看出本例的前两种尺寸的 Solid 单元的计算结果不及梁单元的计算精度，尽管计算单元多，计算用时多。

刚度的仿真结果与理论值比较。当螺旋升角维持在 16°以内，运用两种单元划分网格所得到的刚度值与理论值的偏差均维持在 4% 以内。对于节距为 40mm 的弹簧，如图 37-12 所示，对其截面逐步进行细化，计算发现其刚度随截面网格密度增加而下降，其值分别为 169.58N/mm、169.45N/mm 和 169.14N/mm。

表 37-3 中分别列举了运用 BEAM188 和 SOLID95 划分弹簧网格所形成的单元个数。随着网格数量增加，计算精度有所提高，但同时计算规模也会增加。综合比较结果可以得出：对于螺旋弹簧的有限元分析，采用 BEAM188 梁单元更为经济而且计算精度也足够高。

5.2 平面涡卷弹簧

平面涡卷弹簧受力后变形较大，基于材料力学小变形假设的解，当弹簧圈数小于 3 时，误差很大。接触型涡卷弹簧的特性与弹簧卷制后的形状、收纳后的状态、簧片间的接触变化密切相关。准确计算其特性，需要考虑其卷制过程的材料的非线性变形及使用过程中的接触非线性。这样难以给出解析解的问题，应用非线性有限元法都可以求解。下面的算例给出了平面涡卷弹簧的有限元解与理论解，指出了理论解的局限，揭示了平面涡卷簧变形和弯矩分布规律。

（1）解析模型　考虑涡卷弹簧的受力与结构特点，采用梁单元来进行模拟。有限元模型如图 37-15 所示。给定边界条件：外端点处结点的位移、转角约束均固定；内端点处同时给定位移和转角。变形图如图 37-16 所示。

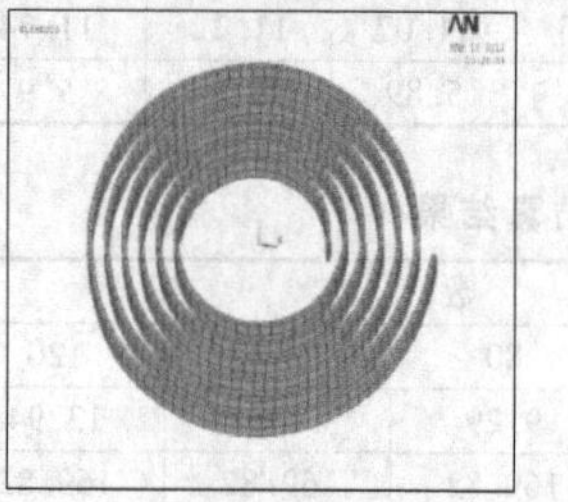

图 37-15　平面涡卷弹簧有限元模型

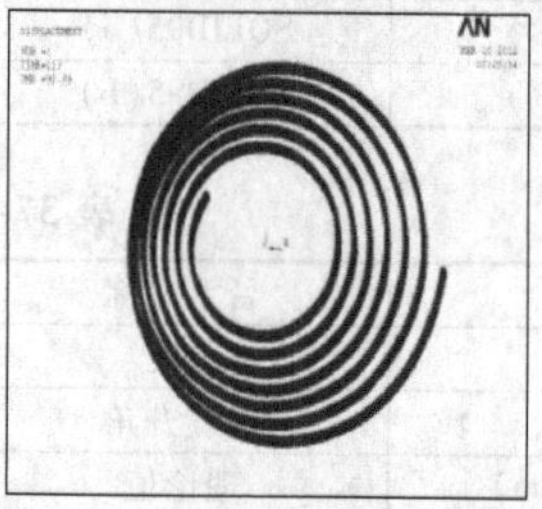

图 37-16　平面涡卷弹簧变形图

（2）解析结果与考察　模型参数：内径 $R_1=30\text{mm}$，外径 $R_2=75\text{mm}$，截面宽度 $B=10\text{mm}$，截面厚度 $H=2\text{mm}$。当圈数 $n=1$，2，3，4，5 时，平面非接触涡卷弹簧的特性曲线如图 37-17 所示。

横坐标代表内端绕中心转动角度，纵坐标代表内端的弯矩。从以上图可以看出，当圈数很少时，如圈数为 1、2、3 圈时，转动角度超过 40°后，理论解与有限元解相差很大；还可以看出随着圈数的增加，理论解越来越接近有限元解，当圈数增加到五圈时，区别很小。

在涡卷弹簧设计中，通常认为涡卷弹簧在各个截面上的弯矩是一样的，但实际情况并非如此。用有限元模拟了平面涡卷弹簧各个截面的弯矩，结果如图 37-18 所示。

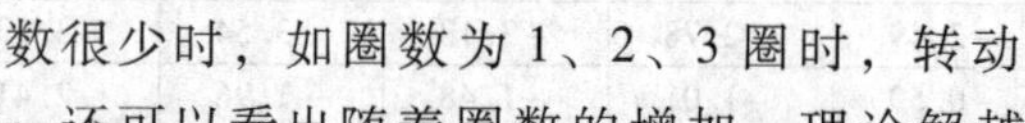

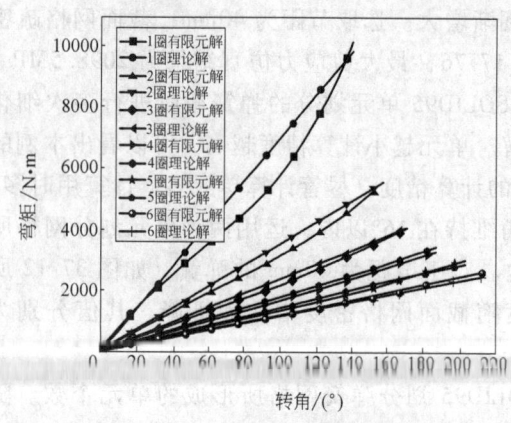

图 37-17　不同圈数平面非接触涡卷弹簧的特性曲线图

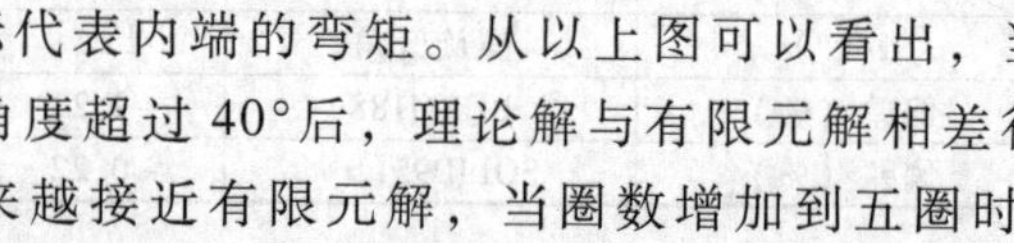

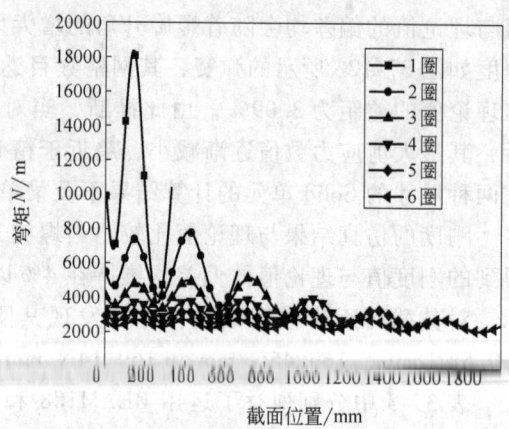

图 37-18　各截面的弯矩图

假设内端为零点，把弹簧展开，图 37-18 的横坐标代表每个截面的位置，纵坐标代表该截面上的弯矩。可以看出，当弹簧受力后，各截面的弯矩是不同的，并且随着圈数的增加，波动越小。

5.3　板弹簧

板弹簧在受载变形过程中，承载弹簧板的数量、弹簧板之间的接触条件都会发生变化，这使得其具有非线性特性。因此，板弹簧的有限元分析，必须考虑大变形的几何非线性和接触非线性。板弹簧的安装形式和弹簧板间的固定方式的不同，在解析中可以通过赋予不同的边界条件来处理。根据弹簧板的几何形状与变形特征，分析单元可以选择壳单元或梁单元。

分析示例的有限元网格划分及边界条件如图 37-19 所示。弹簧的主要参数为：伸长状态下板弹簧的工作长度 $l=240\text{mm}$，弹簧板的数量 $n=7$，弹簧板的横截面尺寸为 $10\text{mm}\times 2.5\text{mm}$。考虑对称性，取其一半进行分析。选用 ANSYS 的壳单元 S4R。在对称面上施加对称边界条件同时约束其垂直方向位移。在板簧端部施加向下的位移。定义相邻弹簧板之间的接触和摩擦边界条件。应力分布的解析结果如图 37-20 所示。弹簧的刚度特性曲线如图 37-21 所示。

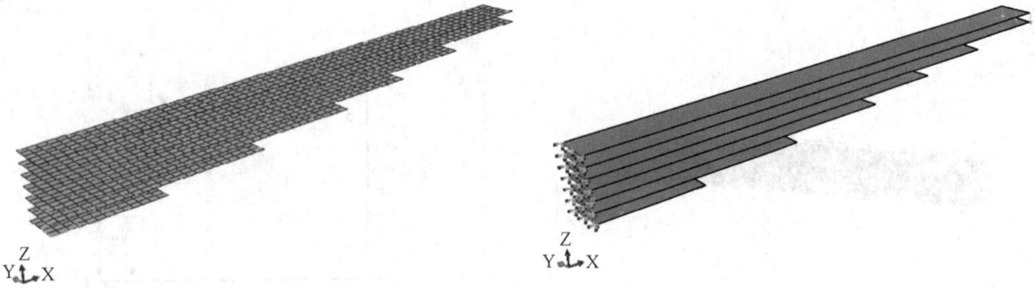

图 37-19　有限元模型

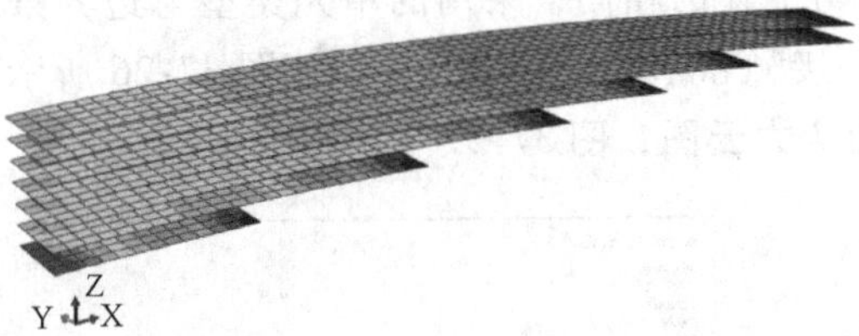

图 37-20　应力云图

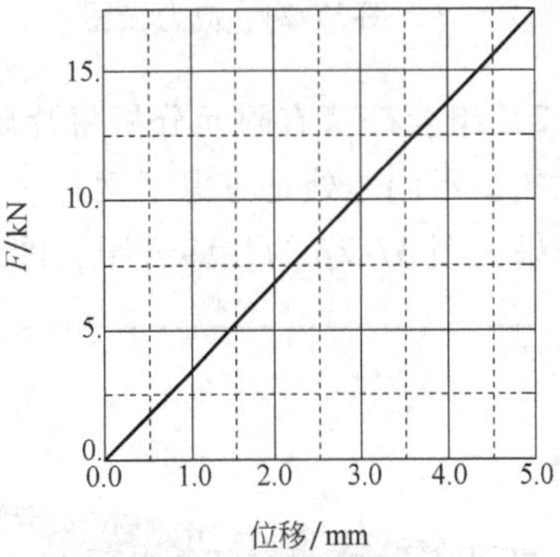

图 37-21　刚度曲线

5.4　碟簧

1）单个碟簧的有限元分析选择标准系列 B 的蝶形弹簧，尺寸为：外径 $D=250\text{mm}$，内径 $d=127\text{mm}$，厚度 $t=10\text{mm}$，$h_0=7\text{mm}$，$H_0=17\text{mm}$。

考虑到碟簧结构、载荷及约束条件都是轴对称的，选用轴对称单元 plane183。有限元模型及网格划分如图 37-22 所示。约束左下角的垂直方向位移，右上角的节点施加垂直向下的位移为 3mm。进行线弹性解析，其分析结果：图 37-23 为位移云图，图 37-24 为应力云图，图 37-25 为刚度曲线。

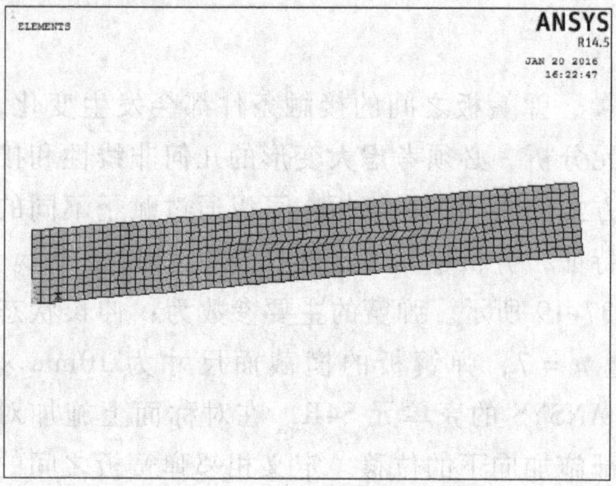

图 37-22 模型及网格划分图

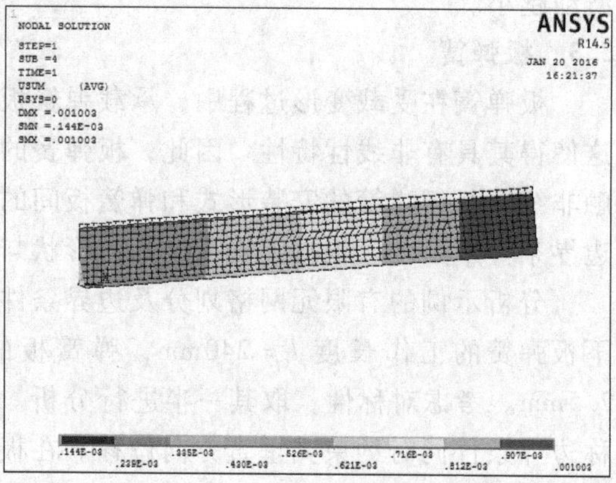

图 37-23 位移云图

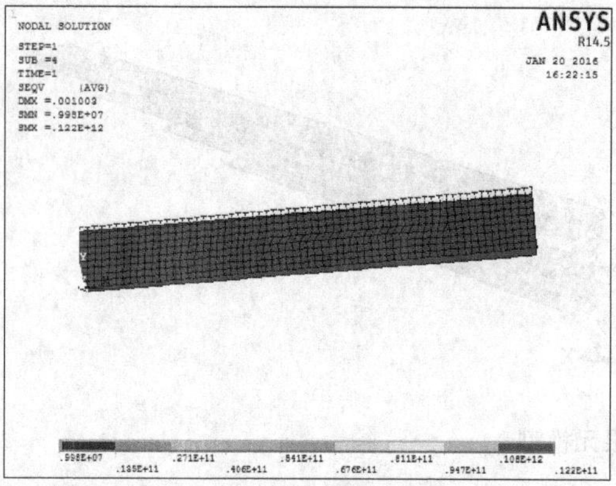

图 37-24 应力云图

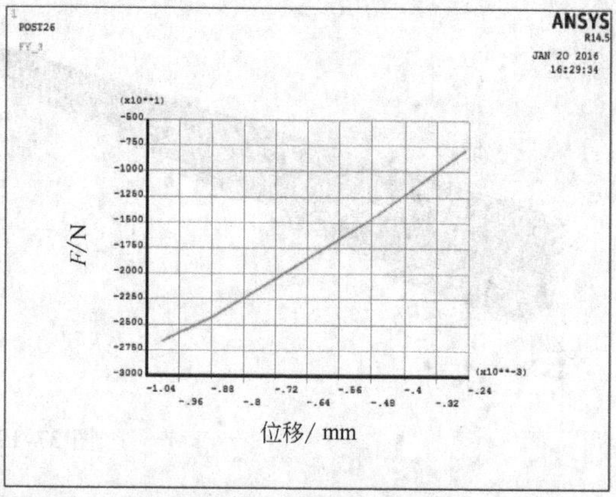

图 37-25 刚度曲线

2）组合碟簧有限元分析每片碟簧参数与上述的相同，采用的单元类型与边界条件也是相同的，不同之处是考虑了两片碟簧之间的接触和摩擦。有限元模型如图 37-26 所示。其分析结果：图 37-27 为位移云图，图 37-28 为应力云图，图 37-29 为刚度曲线。

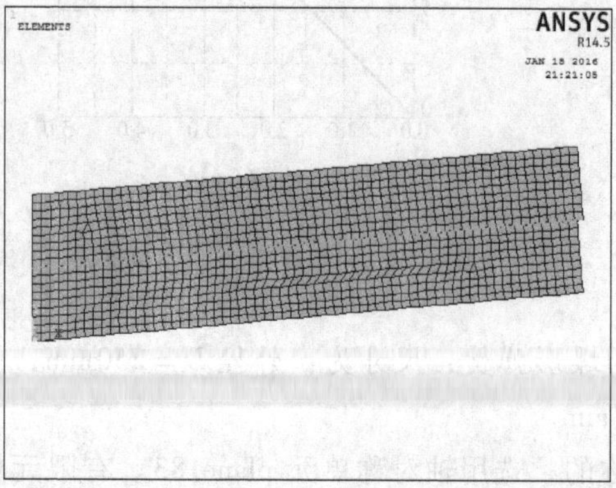

图 37-26 有限元模型

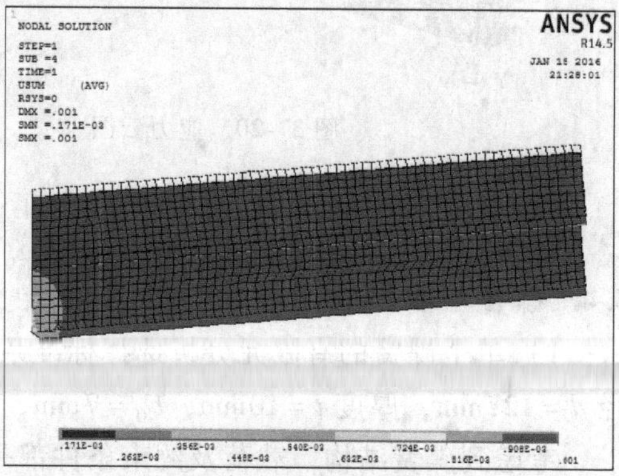

图 37-27 位移云图

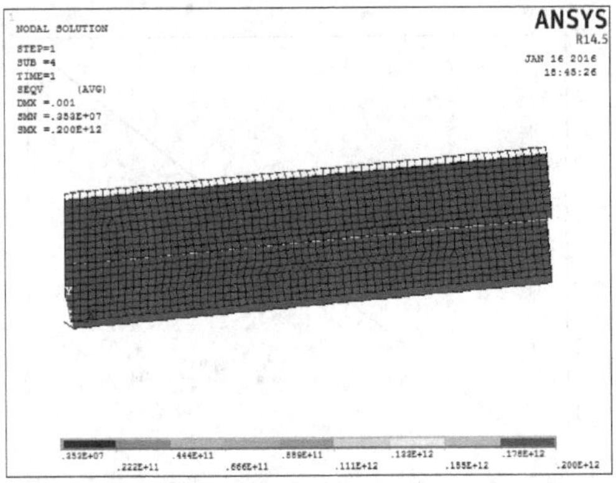

图 37-28　应力云图

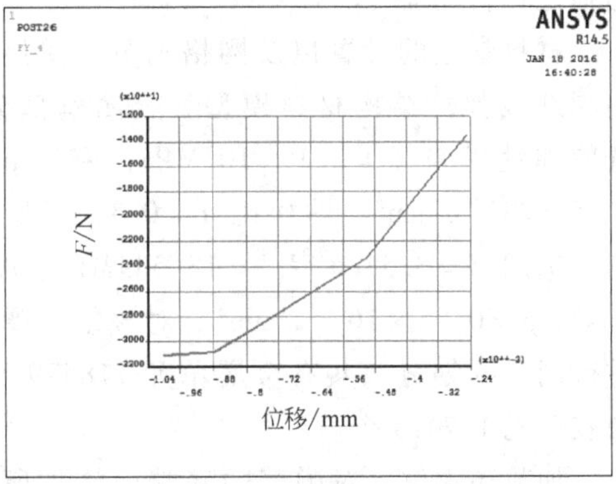

图 37-29　刚度曲线

5.5　橡胶-金属复合弹簧

在复合弹簧的设计过程中，其静刚度的计算是极其重要的环节。复合弹簧的静刚度计算是一种近似计算。其实际值与计算值的差异必须通过修正系数加以修正，修正系数是由试验得出的。复合弹簧的刚度一般根据下式计算：

$$F' = k(F'_1 + F'_2) \tag{37-40}$$

式中　F'_1——金属弹簧的刚度（N/mm）；

F'_2——橡胶弹簧的静刚度（N/mm）；

k——修正系数，k 值随复合弹簧的结构参数变化而变化，需要试验得出。

由此可知，这样复合弹簧开发过程周期长、成本高。下面介绍基于有限元软件 ANSYS，模拟弹簧的受压实况，对所设计的橡胶-金属螺旋复合弹簧进行静力学分析，求得复合弹簧刚度的方法。

橡胶-金属弹簧参数为：高度为 400mm，其中圆柱螺旋金属弹簧的中径 D 为 170mm，弹簧丝的直径 d 为 20mm，螺距为 55mm，橡胶弹簧的外径 D 为 210mm，内径 d 为 130mm。复合弹簧的实体模型如图 37-30 所示：

图 37-30　橡胶-金属复合弹簧的几何模型

单元类型的选择。采用实体单元来建立有限元模型。用 8 节点六面体单元 SOLID45 来模拟复合弹簧的金属丝部分；橡胶属于不可压缩弹性材料，选用 8 节点六面体单元 HYPER-ELASTIC185 来模拟复合弹簧的橡胶部分，该单元具有可分析塑性、超弹性、应力钢化、蠕变、大变形、大应变能力，此外，还具有模拟不可压缩变形弹塑性材料，以及完全不可压缩超弹性材料的能力。

材料参数的设置以及网格划分。采用各向同性线弹性结构材料模型。金属丝部分，选取弹性模量 $E=2.1\times10^5$MPa，密度 $\rho=7.85\times10^{-9}$t/mm³，泊松比 $\mu=0.3$；橡胶部分，选用 $E=3.57e^{0.033HS}=18.589$MPa，$\mu=0.47$，$\rho=0.93\times10^{-9}$t/mm³。对该复合弹簧进行网格的划分，共有金属单元 118579 个，橡胶单元 187473 个。

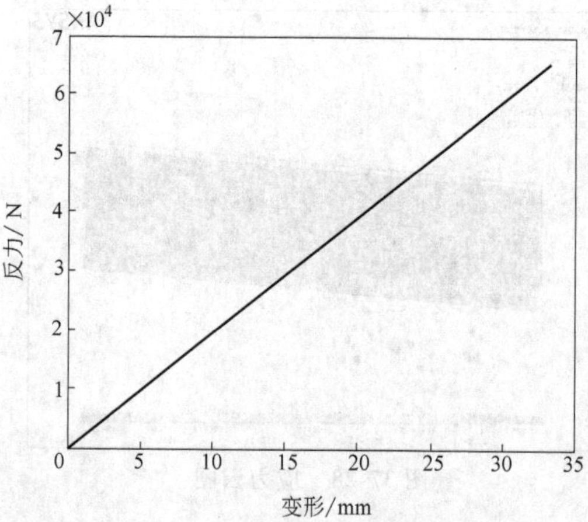

图 37-31 复合弹簧的静刚度曲线

加载和求解。对弹簧的底端面施加所有移动自由度的约束，在顶端面施加垂直位移载荷。考虑几何非线性，进行大变形分析。求解后提取 8 个高度下顶端面所受到的反力值，得到该复合弹簧的静刚度曲线，如图 37-31 所示。该复合弹簧的静刚度值为 1970N/mm。

复合弹簧固有频率的分析。利用有限元分析软件 ANSYS 来计算复合弹簧的固有频率。几何与材料模型同前述静力分析的有限元模型。根据模态分析基本理论，采用兰索斯法（BlockLanczos）对模型进行动特性分析。约束条件为：弹簧底部端面的移动自由度完全约束，顶部断面施加静载荷 8330N。弹簧模态分析结果的前十阶固有频率如表 37-6 所列。

表 37-6 前十阶固有频率

阶次	1	2	3	4	5
固有频率/Hz	25.431	25.789	48.290	89.350	89.724
阶次	6	7	8	9	10
固有频率/Hz	90.506	143.19	183.00	184.33	222.91

橡胶-金属复合弹簧应力的分析。复合弹簧在压缩变形过程中，弹簧丝与橡胶相互作用，其受力比圆柱螺旋弹簧复杂。为此，对橡胶-金属复合弹簧以及其中的金属螺旋弹簧进行应力分析比较。

建模方法同前述静力分析，利用软件 ANSYS 分别对橡胶-金属螺旋复合弹簧和其中的金属螺旋弹簧分别进行静力分析，上端施加同样的位移载荷 30mm。得到复合弹簧中金属盘丝部分的切应力如图 37-32 所示。同样压缩条件下，金属螺旋弹簧的切应力分布如图 37-33 所示。

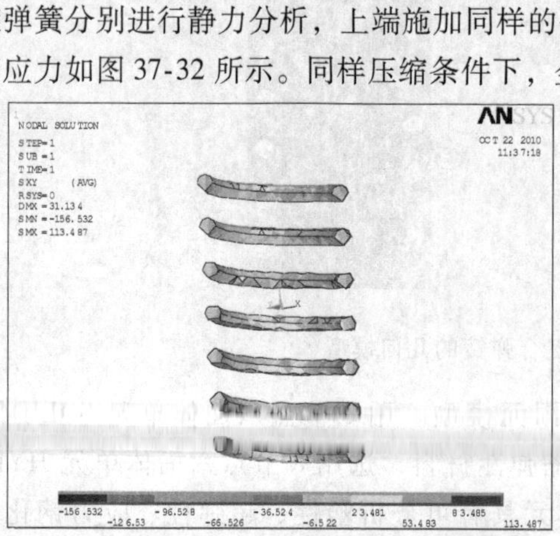

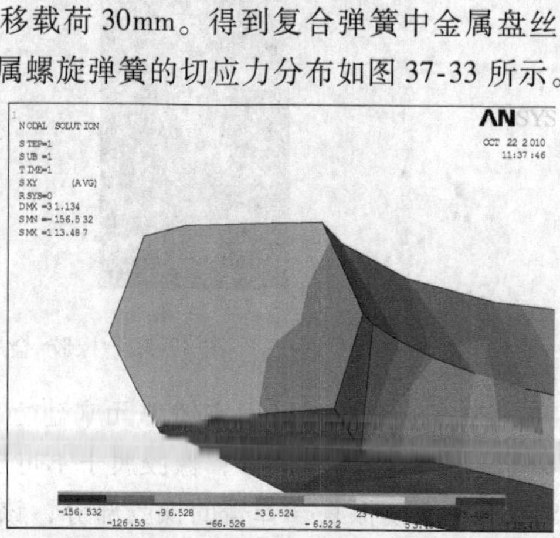

图 37-32 复合弹簧中金属簧丝部分的切应力

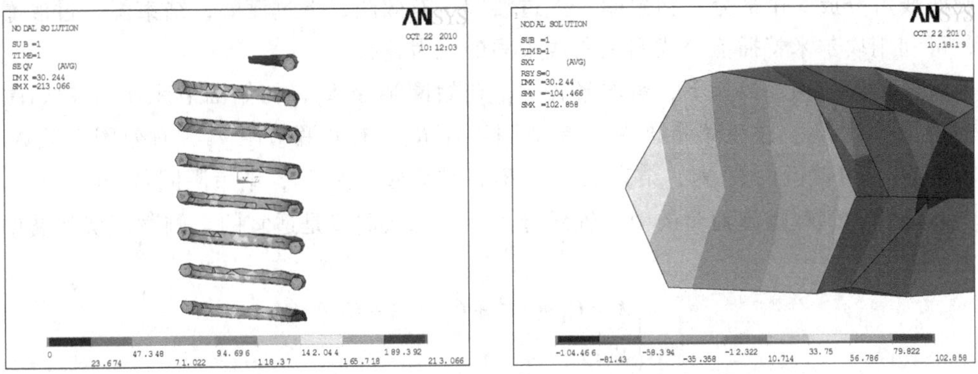

图 37-33 金属螺旋弹簧的切应力分布

两种弹簧在压缩同样的位移时，由图 37-32、图 37-33 可知复合弹簧中金属簧丝的最大切应力是 104.466MPa，而金属螺旋弹簧所受到的最大切应力是 156.432MPa，复合弹簧中的金属簧丝受到的切应力明显低于金属螺旋弹簧，也就是说在同样的材料、同样的尺寸、受到同样的载荷情况下，复合弹簧中的金属簧丝的余裕更大，其使用寿命也会相应更长，这也是复合弹簧优于金属螺旋弹簧的方面之一。

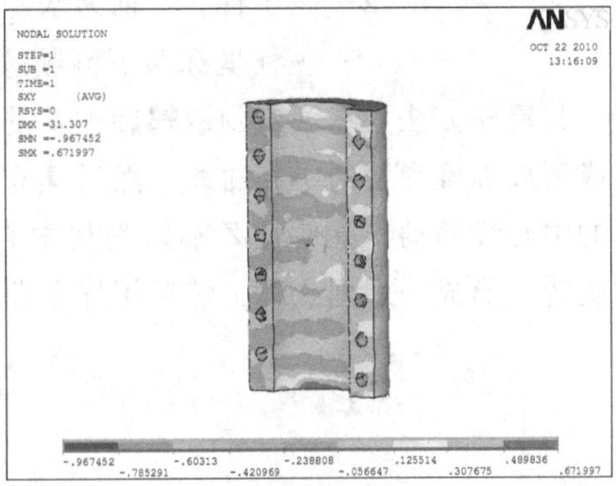

图 37-34 复合弹簧中橡胶部分的切应力分布

橡胶部分的切应力分布如图 37-34 所示。可以看出，复合弹簧中橡胶部分受到的切应力最大值为 0.967MPa。整体应力分布均匀，没有应力集中现象。

通过对复合弹簧各部分进行应力分析，可以很好地掌握它在工作状态下各部分的受力情况，对弹簧的疲劳分析，结构的改进都有很重要的作用。

6 基于有限元分析的汽车麦弗逊悬架侧载螺旋弹簧的优化设计

6.1 汽车麦弗逊悬架侧载螺旋弹簧

麦弗逊悬架广泛应用于轿车的前悬架系统，其中的侧载螺旋弹簧在自由状态时，其中心是非等曲率的弧线，工作时被压缩成圆柱形。侧载螺旋弹簧的结构和功能不同于普通的圆柱螺旋弹簧，对于其垂直刚度和侧向刚度都有一定要求。由于其形状复杂，其垂直和侧向刚度都无法表示成弹簧参数的函数，因此无法利用现有的螺旋弹簧设计公式进行设计，也不能用通常的优化方法对其进行优化设计，一般需要采用试行错误法进行设计，开发周期长、成本高。随着有限元分析软件的发展，像这种目标函数无法表示成设计变量的显函数的问题，可以基于有限元分析结果进行优化。有限元分析软件 ANSYS 具有参数化分析功能和基于有限元分析的优化模块。本例给出了以麦弗逊悬架侧载螺旋弹簧垂直与侧向刚度同时为设计目标，运用 ANSYS 的参数化设计语言 APDL 实现侧载螺旋弹簧参数化建模，有限元分析及优化设计的方法。

6.2 侧载螺旋弹簧的参数化建模

侧载螺旋弹簧的形状复杂，建模的关键点在于生成平滑精确的簧丝中心螺旋曲线。弹簧的螺旋曲线可分成 5 个部分：初始圈，上过渡圈，有效圈，下过渡圈，结束圈。过渡圈形状复杂，可利用埃尔米特插值公式实现曲线段间的光滑连接。

弹簧模型的结构参数如下：簧丝半径 R，初始圈半径 R_1，初始圈节距 T_1，初始圈圈数 N_1，过渡圈高度 H_2，过渡圈圈数 N_2，有效圈半径 R_3，有效圈节距 T_3，有效圈圈数 N_3，过渡圈高度 H_4，过渡圈圈数 N_4，结束圈半径 R_5，结束圈节距 T_5，结束圈圈数 N_5。

实践证明，侧载螺旋弹簧的中心轴线选为平面二次曲线是适宜的。侧载螺旋弹簧中心线参数方程：

$$\begin{cases} X = C_1 * \ t^2 + C_2 * \ t + C_3 \\ Y = t \\ Z = 0 \end{cases}$$

式中　C_1、C_2、C_3——侧载螺旋弹簧中心线系数；

X、Y、Z——坐标，X 轴为水平轴，Y 轴向上，Z 轴垂直纸面，构成右手坐标系；

t——柱坐标系下侧载螺旋弹簧高度 Y 方向上的参变量。

其建模方法为：利用侧载螺旋弹簧的中心线函数表达式生成一系列关键点，连接这些点形成侧载螺旋弹簧的中心曲线，然后建立一个柱坐标系，使该柱坐标的原点沿着侧载螺旋弹簧的中心线移动，并使其 Z 轴始终与中心线相切，使其极径按照弹簧的半径和节距结构参数旋转，形成一系列点阵，然后用样条曲线连接各点，生成侧载螺旋弹簧模型。

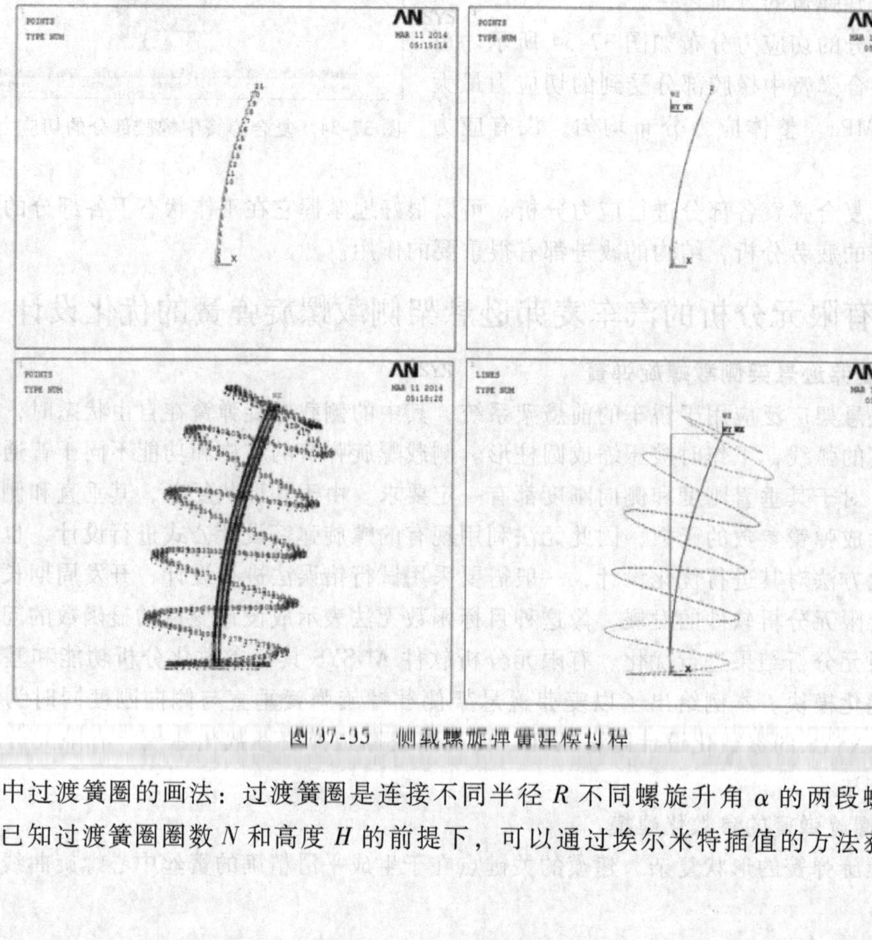

图 37-35　侧载螺旋弹簧建模过程

其中过渡簧圈的画法：过渡簧圈是连接不同半径 R 不同螺旋升角 α 的两段螺旋线的曲线。在已知过渡簧圈圈数 N 和高度 H 的前提下，可以通过埃尔米特插值的方法获取过渡簧圈的函数表达式，依据该函数表达式在 ANSYS 中通过 APDL 程序绘制出该空间曲线上的有限个点，再用标准螺旋线依次连接各点并求和。侧载螺旋弹簧建模过程如图 37-35 所示，给定弹簧的结构参数，生成的侧载弹簧簧丝中心螺旋线和簧丝模型如图 37-36 所示。

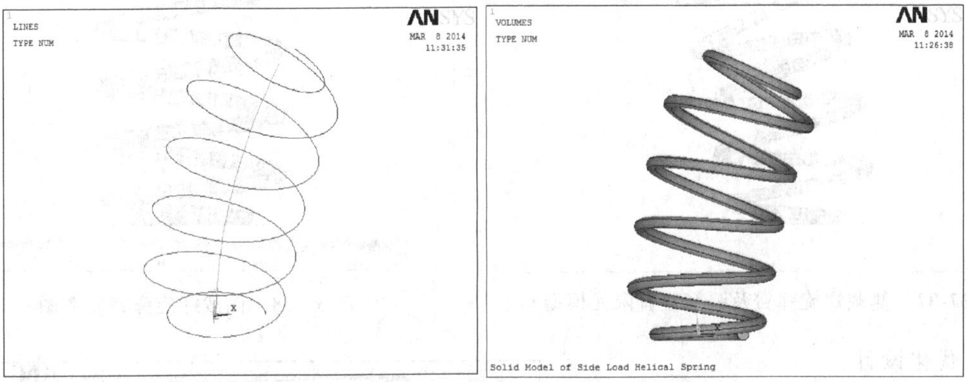

图 37-36　侧载螺旋弹簧中心曲线和簧丝模型

螺旋曲线生成之后，利用 ANSYSVDRAG 拉伸生成弹簧实体模型，在起始簧圈端点处创建半径为 R 的截面图，利用 PLANE82 单元将该截面划分，然后选用一定尺寸的 SOLID95 单元结合 VDRAG 生成螺旋弹簧的有限元模型。

6.3　侧载螺旋弹簧有限元分析

在侧载螺旋弹簧上下端分别设置弹簧座，通过弹簧座压缩弹簧来模拟实际工况。弹簧底座约束弹簧的位移，因此弹簧座与弹簧之间有力和位移的传递属于接触问题。压缩时弹簧座的变形很小，弹簧的压缩变形是主要的。因而采用刚性体与柔性体的点面接触来模拟弹簧的压缩过程。定义两个接触对，分别为下弹簧座与弹簧的接触和上弹簧座与弹簧的接触，弹簧座为目标体，弹簧为接触体。

弹簧和弹簧座分别选择 BEAM188 单元和 PLANE82 单元进行网格划分。按实际工况，约束上弹簧座绕三个轴转动的自由度和 Z 方向的平动的自由度，给定弹簧压缩时上弹簧座在 X-Y 平面内的移动位移，约束下端弹簧座的全部自由度，同时，约束弹簧下端平圈内侧节点的全部自由度，防止弹簧在压缩的过程中产生位移。给定弹簧结构参数：$R=6.5\text{mm}$，$R_1=103.5/2\text{mm}$，$T_1=0\text{mm}$，$N_1=0.5$，$H_2=30\text{mm}$，$N_2=0.75$，$R_3=157/2\text{mm}$，$T_3=60\text{mm}$，$N_3=3.6$，$H_4=30\text{mm}$，$N_4=0.75$，$R_5=103/2\text{mm}$，$T_5=0\text{mm}$，$N_5=0.5$，$C_1=0.0008$，$C_2=0.00032$ 和 $C_3=0$；杨氏模量，泊松比分别为 $2.1\times10^6\text{MPa}$ 和 0.3。按实际工作情况给上弹簧座施加位移，当上弹簧座 Y 方向位移为 51.5mm 时，X 方向的位移为 61.029mm。侧载螺旋弹簧及弹簧座有限元分析模型如图 37-37 所示，压缩后的变形图如图 37-38 所示。

分析的结果之一是，弹簧座所承受的支反力随时间的变化如图 37-39 所示，F_Y 为垂直反力，F_X 为侧向力，F_Z 为纵向力。由图上可知，在给定的压缩条件下，纵向力 F_Z 近似为零，垂向力 F_Y 和侧向力 F_X 的变化均为非线性。对于垂向刚度特性的设计可以结合普通圆柱形螺旋弹簧进行，而弹簧侧向刚度的设计则是侧载螺旋弹簧设计的重点和难点，通过优化侧载螺旋弹簧中心线和其结构参数，使该侧向反力尽量接近减振器球头销处的侧向力，可以减缓减振器零部件磨损，提升乘车舒适性。

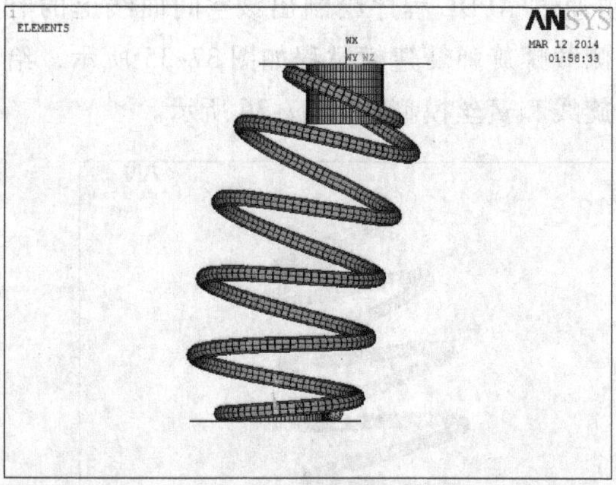

图 37-37 侧载螺旋弹簧及弹簧座有限元模型

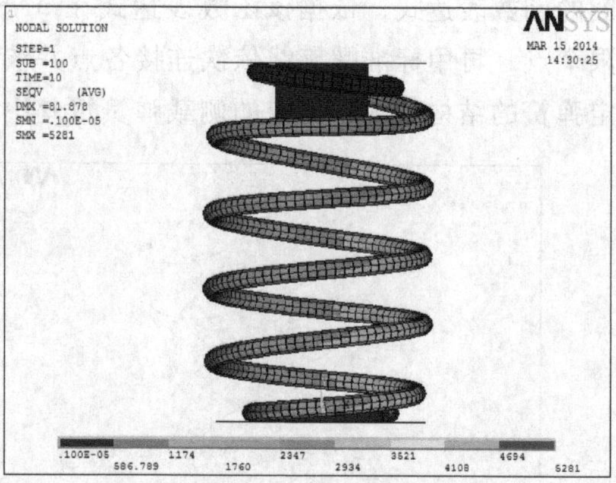

图 37-38 侧载螺旋弹簧变形图

6.4 优化设计

ANSYS 基于有限元分析结果的优化设计功能强大，可以对侧载螺旋弹簧进行优化设计。利用有限元软件 ANSYS 进行优化设计时，一般分成两步：第一步完成结构有限元分析并生成一个输出文件；第二步指定设计变量、状态变量和目标函数，完成优化设计分析。结构有限元分析必须通过 ANSYS 的 APDL 语言定义一个宏文件来完成，此宏文件在之后的优化设计分析过程中被调用；优化设计分析可以通过 GUI 方式完成，一般也是通过 APDL 语言编程完成。

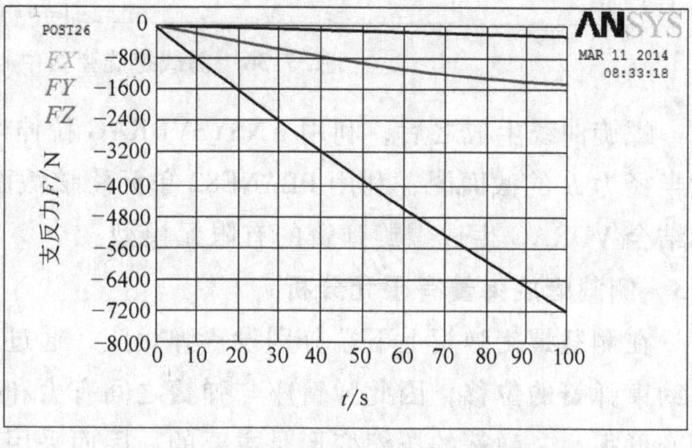

图 37-39 弹簧座支反力随时间的变化

侧载螺旋弹簧初始结构参数及设计变量：$R=7\text{mm}$，$R_1=125/2\text{mm}$，$T_1=0\text{mm}$，$N_1=0.5$，$H_2=45\text{mm}$，$N_2=0.75$，$R_3=150/2\text{mm}$，$T_3=60\text{mm}$，$N_3=3.6$，$H_4=45\text{mm}$，$N_4=0.75$，$R_5=125/2\text{mm}$，$T_5=0\text{mm}$，$N_5=0.5$，$C_1=0.0008$，$C_2=0.00032$，$C_3=0$。侧载螺旋弹簧的初始参数可以参考垂向刚度相同的普通螺旋弹簧的参数确定。在优化过程中通过调整弹簧中心线二次曲线的系数 C_1、有效圈半径参数 R_3 及簧丝半径 R，即以此三个参数为设计变量，使得该弹簧的垂向刚度，最大剪应力及侧向刚度同时满足实际工况要求。

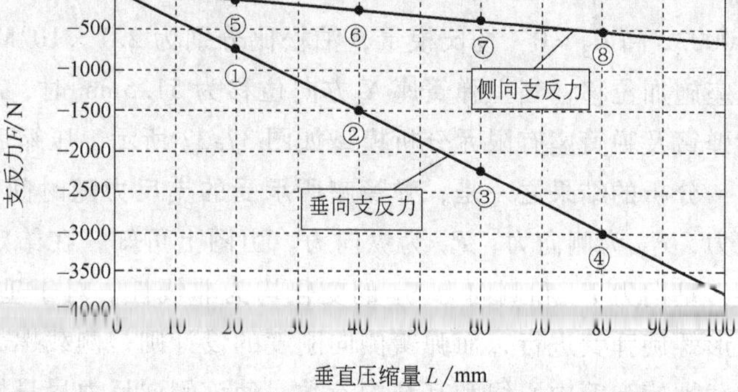

图 37-40 垂向力及侧向力与垂向压缩量对应关系

侧载螺旋弹簧优化设计的约束条件。减振器所受的纵向力 F_Z 近似为零，故假设侧载螺旋弹簧不提供纵向力。弹簧的中心线为二次曲线，设计侧载螺旋弹簧要保证弹簧的垂向刚度及最大剪应力满足要求，同时也需提供一定的侧向力以平衡减振器上支承点处的侧向载荷。侧载螺旋弹簧的目标特性曲线如图 37-40 所示，给出了侧载螺旋弹簧在不同垂向压缩量时弹簧座所受到的垂向支反力及侧向支反力。

（1）刚度要求　在满足弹簧内的最大剪应力小于许用应力的前提下，侧载螺旋弹簧垂向刚度与实际需要垂向刚度的差值 *FLYC* 以及侧向刚度与实际需要侧向刚度的差值 *FLXC* 尽量小。为了实现这一目标，本例优化方案选取图 37-40 上两条特性曲线对应于压缩量 20mm、40mm、60mm、80mm 的 8 个点的反力值与仿真结果的差值 $FLYC_1 \sim FLYC_4$ 和 $FLXC_1 \sim FLXC_4$ 作为状态变量 *SV*。图 37-40 上选取的①～⑧点的坐标分别为：（20，-130）、（40，-260）、（60，-390）、（80，-520）、（20，-750）、（40，-1500）、（60，-2250）、（80，-3000）。

（2）强度要求　弹簧在工作状态下的最大剪应力应小于许用应力。选取许用应力$[\tau]=850\text{MPa}$，即优化过程中要使仿真结果中的最大剪应力与许用应力的差值达到最小，选取此时的弹簧结构参数值作为最优解，以这个差值 *JYL* 作为目标函数 OBJ。

（3）结构要求　有效圈半径 R_3、中心线表达式系数值 C_1 及簧丝半径 *R* 作为三个设计变量，使设计变量在一定的范围内变化同时保证目标函数及状态变量达到要求。

侧载螺旋弹簧优化设计模型：

$$\min JYL\ (R_3,\ C_1,\ R)$$
$$X=[FLXC_1,\ FLYC_1,\ FLXC_2,\ FLYC_2,\ FLXC_3,\ FLYC_3,\ FLXC_4,\ FLYC_4,\ R_3,\ C_1,\ R]$$
$$s.\ t.$$
$$0 \leqslant FLXC_1 \leqslant 8$$
$$0 \leqslant FLYC_1 \leqslant 20$$
$$0 \leqslant FLXC_2 \leqslant 8$$
$$0 \leqslant FLYC_2 \leqslant 20$$
$$0 \leqslant FLXC_3 \leqslant 8$$
$$0 \leqslant FLYC_3 \leqslant 20$$
$$0 \leqslant FLXC_4 \leqslant 8$$
$$0 \leqslant FLYC_4 \leqslant 20$$
$$(125/2) \leqslant R_3 \leqslant (150/2)$$
$$0.0008 \leqslant C_1 \leqslant 0.001$$
$$6.5 \leqslant R \leqslant 8$$

其中，$JYL(R_3,\ C_1,\ R)$ 作为目标函数，为最大剪应力与许用剪应力 850MPa 的差值；$FLXC_1 \sim FLXC_4$ 及 $FLYC_1 \sim FLYC_4$ 为状态变量，表示仿真过程中对应于特定位置时垂向支反力及侧向支反力与图 37-40 上选取的 8 个点对应位置所需支反力的差值；C_1，R_3 和 *R* 作为设计变量，R_3 表示有效圈半径；C_1 表示侧载螺旋弹簧中心线表达式系数值；*R* 表示簧丝半径。

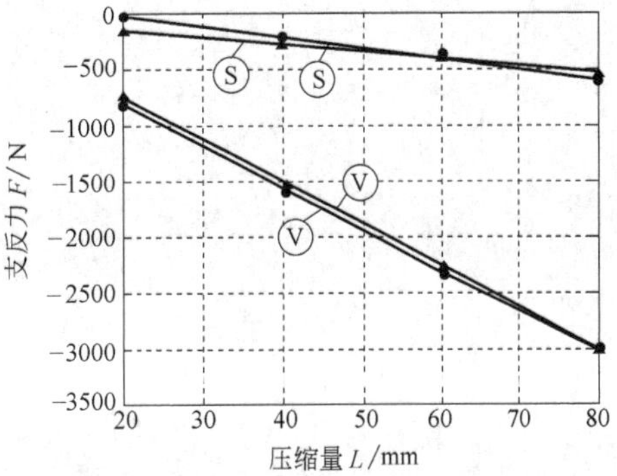

图 37-41　压缩量与支反力对应关系

6.5 结果

优化设计的结果如图 37-41 所示，图中“—●—●—”为目标特性曲线；“—▲—▲—”为优化结果特性曲线；垂向载荷曲线用Ⓥ表示；侧向载荷曲线用Ⓢ表示。表 37-7 为优化前后的侧载螺旋弹簧参数对比。

表 37-7 侧载螺旋弹簧优化前后数据对比

参数	初始值	目标值	优化结果
簧丝半径 R/mm	7.00	6.5～8.0	7.27
系数 C_1	0.8E-3	0.8E-3～1.0E-3	0.96E-3
有效圈半径 R_3/mm	75.00	62.5～75.00	66.50
最大剪应力/MPa	733.52	850	833.69

对于优化结果，实际设计中还需依据标准对相关数据进行圆整，有时还需校核计算。但是，可以看出，基于有限元法的弹簧设计计算及优化可以很大地提高设计质量和效率，为复杂弹簧的设计计算和优化设计开辟了广阔的发展道路。

第 38 章　新弹簧标准简介

1　GB/T 25751—2010《压缩气弹簧　技术条件》

1. 范围

该标准规定了压缩气弹簧（以下简称气弹簧）的术语和定义、标记、技术要求、试验方法、检验规则及标志、包装、运输、贮存要求等。

该标准适用于以氮气或其他惰性气体为储能工作介质的气弹簧。

2. 术语

压缩气弹簧的术语、符号及定义见表 38-1。

表 38-1　压缩气弹簧的术语、符号及定义

名称与术语	符号	单位	定义或说明
气弹簧 gas spring			由一个密闭缸筒和可以在缸筒内滑动的活塞及活塞杆组件组成的以氮气或其他惰性气体为储能介质的弹性元件
压缩气弹簧 compression gas spring			无外力作用下活塞杆呈自由伸展状态，并承受压力的气弹簧
活塞杆直径 piston rod diameter	d	mm	活塞杆直径
缸筒内径 cylinder inner diameter	D_1	mm	缸筒内径
缸筒外径 cylinder outer diameter	D_2	mm	缸筒外径
行程 stroke	S	mm	活塞杆从全伸展状态压缩至最小尺寸时的轴向位移
伸展长度 extended length	L	mm	全伸展状态下气弹簧的有效长度
启动力 start-up force	F_o	N	气弹簧在伸展状态保持一定时间后压动活塞杆所需的初始压力
一个循环 one cycle			活塞杆按规定的行程压缩和伸展各一次
标称力 specified force	F_x	N	供需双方确认的图样及产品上标注的力（F_1、F_a、F_3……）
最小伸展力 minimum extension force	F_1	N	在伸展过程中，离工作行程起点处规定采力点 C 处测得的力
最大伸展力 maximum extension force	F_2	N	在伸展过程中，离工作行程终点处规定采力点 C 处测得的力
最小压缩力 minimum compress force	F_3	N	在压缩过程中，离工作行程起点处规定采力点 C 处测得的力
最大压缩力 maximum compress force	F_4	N	在压缩过程中，离工作行程终点处规定采力点 C 处测得的力
公称力 a nominal force	F_a	N	$F_a=(F_1+F_3)/2$，公称力 a 是气弹簧综合特性的指标之一
公称力 b nominal force	F_b	N	$F_b=(F_2+F_4)/2$，公称力 b 一般用于弹力比率计算

（续）

名称与术语	符号	单位	定义或说明
动态摩擦力 dynamic friction force	F_r	N	$F_r=(F_3-F_1)/2$
伸展速度 extend speed	$\bar{v}$	mm/s	活塞杆从规定的行程的末端到初始位置自由伸展的平均速度
气体阻尼段 gas damper part		mm	活塞杆伸展过程中，活塞运动受气体阻尼作用的区域
液体阻尼段 liquid damper part		mm	活塞杆伸展过程中，活塞运动受液体阻尼作用的区域
采力点 measuring point	C	mm	动态或静态检测时特性力值采集点 $S\leqslant 80\text{mm}, C=5\text{mm}; S>80\text{mm}, C=10\text{mm}$
弹力比率 force ratio	α		$\alpha=F_b/F_a(F_b=(F_2+F_4)/2)$

3. 形式

1）气弹簧的外形及力-位移曲线如图 38-1 所示。

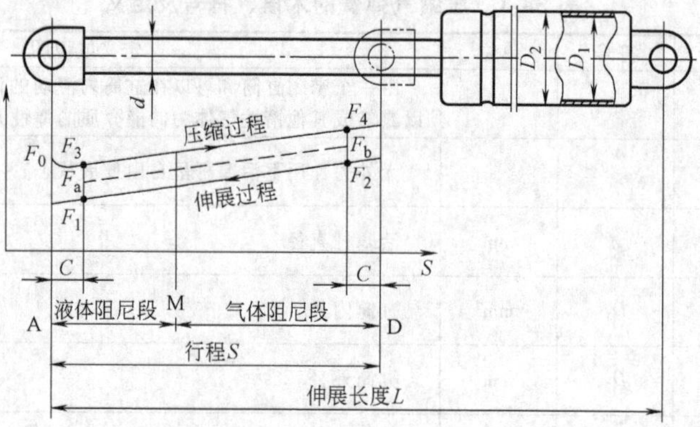

图 38-1 气弹簧的外形及力-位移曲线

2）气弹簧连接件的形式及代号如图 38-2 所示，其他连接形式由供需双方商定。

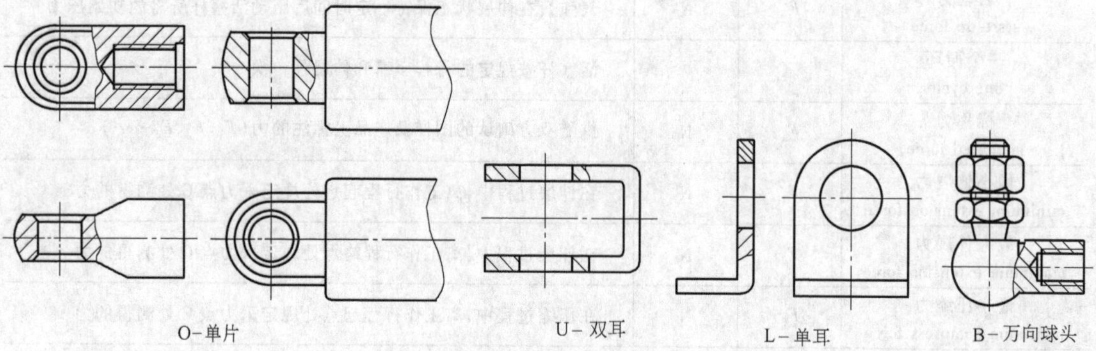

图 38-2 气弹簧连接件的形式及代号

4. 标记方法

气弹簧的标记由代号、活塞杆直径（可不标出）、缸筒外径（可不标出）、行程、伸展长度和标称力值组成。规定如下：

YQ××/ ×× -××× - ××× F_x ×××

① ② ③ ④ ⑤ ⑥

注：①压缩气弹簧代号；②活塞杆直径；③缸筒外径；④行程；⑤伸展长度；⑥标称力值。

例1：压缩气弹簧的活塞杆直径10mm，缸筒外径22mm，行程200mm，伸展长度500mm，最小伸展力 F_1（举力）为650N。

标记为：YQ10/22-200-500 $F_1$650 或 YQ200-500 $F_1$650。

例2：压缩气弹簧的活塞杆直径8mm，缸筒外径18mm，行程150mm，伸展长度400mm，公称力 F_a为350N。

标记为：YQ 8/18-150-400 F_a350 或 YQ 150-400 F_a350。

5. 技术要求

产品应符合该标准的要求，并按供需双方确认的产品图样及技术文件制造。制造产品所选用的材料与涂镀层应符合应用区域的安全和环境保护法规。

（1）尺寸及外观质量

1）D_2/D_1应不小于1.1，气弹簧活塞杆的直径及行程应按GB/T 2348和GB/T 2349选用，特殊要求由供需双方商定。

2）气弹簧的伸展长度公差应符合GB/T 1800.3中IT16级精度的规定。

3）气弹簧活塞杆的涂镀层应均匀、表面应光洁，不应有划痕、脱皮、起泡、麻点、针孔、结瘤等缺陷。

4）除活塞杆外的其他外露零件的涂镀层应均匀、不应有红锈、脱皮、起泡、粗糙和漏镀（工艺孔与小于1mm孔内除外）等缺陷。

5）气弹簧的油漆涂层应符合QC/T 484规定，漆层应均匀，不应有露底、明显麻点、严重流挂。

（2）力性能 标称力大于100N以上的气弹簧应按50N的整数倍数确定力值。气弹簧在压缩和伸展过程中不应有卡阻和明显的抖动现象。

1）标称力 F_x 和动态摩擦力 F_r：标称力值极限偏差与动态摩擦力应符合表38-2的规定。特殊需要供需双方商定。

表38-2 气弹簧连接件的形式及代号 （单位：N）

标称力值 F_x	标称力值的极限偏差	最大动态摩擦力 F_r	标称力值 F_x	标称力值的极限偏差	最大动态摩擦力 F_r
≤100	+15 -5	25	601～800	+50 -25	80
101～200	+20 -10	30	801～1000	+60 -30	100
201～400	+30 -15	40	1001～1200	+70 -35	130
401～600	+40 -20	60	>1200	+80 -40	150

2）启动力 F_0：气弹簧启动力应小于1.5 F_3。

3）弹力比率 α：气弹簧弹力比率根据载荷情况由供需双方商定。

4）液体阻尼段：气弹簧液体阻尼段长度根据载荷情况由供需双方商定。

（3）伸展速度 $\bar{v}$　气弹簧伸展速度 $\bar{v}$ 应在 50～350mm/s 之间。特殊需要由供需双方商定。

（4）耐高低温性能　气弹簧经 110℃的高温储存后，再经 -40℃和 80℃高低温 2 次循环储存试验后，不应产生失效，其公称力 F_a 的衰减量应不大于 5%。

（5）疲劳寿命

1）常温疲劳寿命：经高低温试验后的气弹簧，再经 25000 次疲劳寿命（行程≤200mm 的，按实际行程；行程>200mm 的，按 200mm 行程）试验后，其公称力 F_a 的总衰减量应不大于 13%，动态摩擦力应符合表 2 的规定，油液带出量应小于 0.5g。

2）环境疲劳寿命：使用环境恶劣的气弹簧经 -40℃条件下 1000 次和 80℃条件下 1000 次高低温动态疲劳寿命试验后，其公称力 F_a 的衰减量应不大于 5%。经高低温动态疲劳寿命试验的气弹簧，再经常温 18000 次疲劳寿命（行程≤200mm 的，按实际行程；行程>200mm的，按 200mm 行程）试验后，其公称力 F_a 的总衰减量应不大于 13%，其动态摩擦力应符合表 38-2 的规定，油液带出量应小于 0.5g。

注：1. 1）和 2）不作同时要求。

2. 要求 2）时不应要求耐高低温性能。

（6）抗拉强度　气弹簧产品的抗拉强度应符合表 38-3 的规定。

表 38-3　气弹簧产品的抗拉强度

受拉部位最小截面尺寸	拉力/N	
	气弹簧力性能不变	允许气弹簧失效，但不得断裂与肢解
φ5　（M5）	1000	2000
φ6　（M6）	1500	3000
φ8　（M8）	3000	6000
φ10　（M10）	4000	8000
φ12　（M12）	5000	10000

注：1. 非金属连接接件，由供需双方商定。

2. 受拉部位最小截面积尺寸大于 φ12 由供需双方商定。

（7）耐蚀性

1）气弹簧经 96h 中性盐雾试验后，不应有起泡、脱皮和腐蚀缺陷；杆端、管端螺纹与孔口不应起泡、脱皮。

2）镀硬铬活塞杆经 48h 中性盐雾试验后，其杆身不应有起泡、脱皮和腐蚀缺陷；杆端螺纹与孔口不应起泡、脱皮。

3）其他外露零件的耐蚀性应符合 QC/T 625 中相应涂镀层的规定。有特殊需要时，由供需双方商定。

2　GB/T 25750—2010《可锁定气弹簧　技术条件》

1. 范围

该标准规定了可锁定气弹簧（以下简称气弹簧）的术语和定义、标记、技术要求、试验方法、检验规则及标志、包装、运输、贮存要求等。

该标准适用于以氮气或其他惰性气体为储能工作介质的角调可锁定气弹簧和除座椅升降可锁定气弹簧以外的其他形式可锁定气弹簧。座椅升降可锁定气弹簧不适用该标准。

2. 术语

表 38-4 中所列术语、符号及定义为可锁定气弹簧专用术语，气弹簧通用术语见 GB/T 25751—2010《压缩气弹簧 技术条件》。

表 38-4 可锁定气弹簧术语、符号及定义

术 语	定义或说明	符号	单位
	在锁定状态，气弹簧在轴向压缩力和拉伸力的作用下活塞杆产生位移，其力位移特性曲线如下 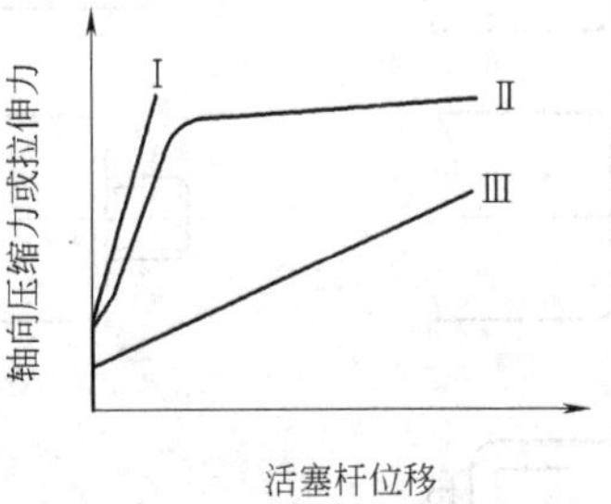		
刚性锁定 rigid locking	在锁定状态，气弹簧在压缩力或拉伸力的作用下，活塞杆产生位移量不大于 2mm 时，能达到商定锁定力（见曲线Ⅰ与Ⅱ）的锁定	F_s	N
弹性锁定 elasticity locking	在锁定状态，气弹簧在压缩力或拉伸力作用下，活塞杆产生较大位移量（见曲线Ⅲ）的锁定		
锁定力 locking force	气弹簧在锁定状态，使活塞杆产生一定位移时所需轴向压缩力或拉伸力		

3. 形式

（1）气弹簧的外形及力-位移曲线如图 38-3 所示。

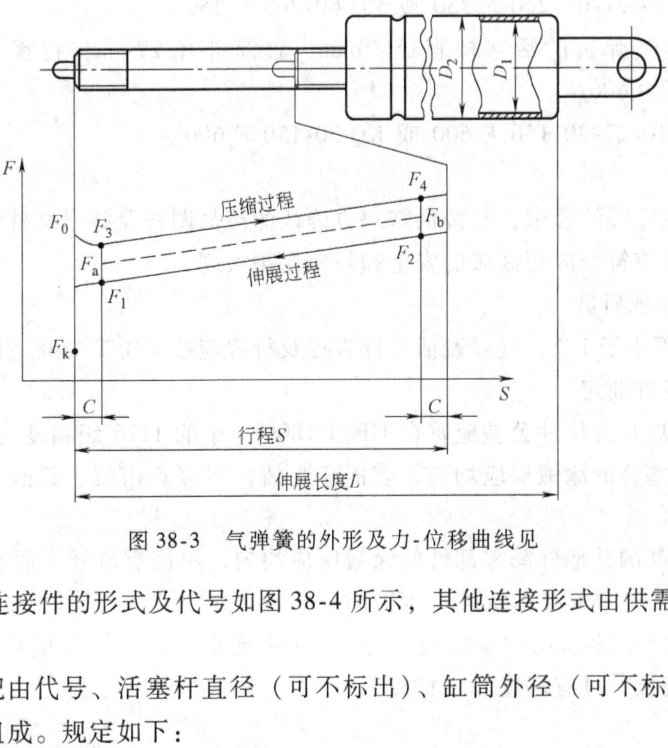

图 38-3 气弹簧的外形及力-位移曲线见

（2）气弹簧连接件的形式及代号如图 38-4 所示，其他连接形式由供需双方商定。

4. 标记方法

气弹簧的标记由代号、活塞杆直径（可不标出）、缸筒外径（可不标出）、行程、伸展长度和标称力值组成。规定如下：

$\underline{KQ}\ \underline{\times\times}/\ \ \underline{\times\times}\ \ \underline{-\times\times\times}\ \ -\ \ \underline{\times\times\times}\ \ \underline{F_x\ \ \times\times\times}$

①②　　③　　④　　⑤　　⑥

注：①可锁定气弹簧代号；②活塞杆直径；③缸筒外径；④行程；⑤伸展长度；⑥标称力值。

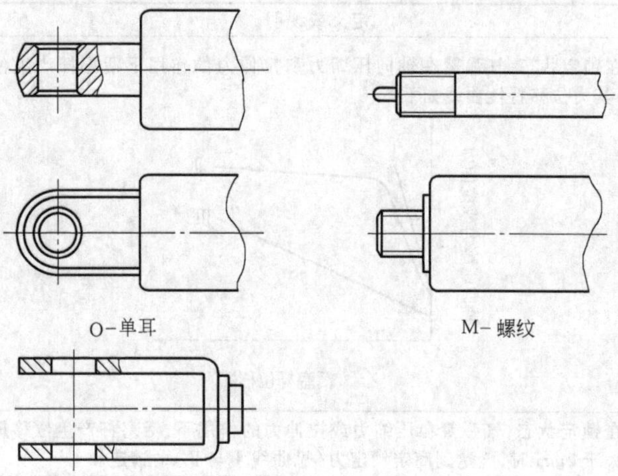

图 38-4　气弹簧连接件的形式及代号

标记示例

例1：可锁定气弹簧的活塞杆直径 10mm，缸筒外径 27mm，行程 60mm，伸展长度 260mm，公称力为 350N。

标记为：KQ 10/27-60-260 F_a350 或 KQ 60-260 F_a350。

例2：可锁定气弹簧的活塞杆直径 10mm，缸筒外径 27mm，行程 30mm，伸展长度 150mm，最小伸展力 600N。

标记为：KQ 10/27-30-150 $F_1$600 或 KQ 30-150 $F_1$600。

5. 技术要求

产品应符合该标准的要求，并按供需双方确认的产品图样及技术文件制造。产品制造选用的材料与涂镀层应符合应用区域的安全和环境保护法规。

（1）尺寸及外观质量

1）D_2/D_1应不小于 1.1；气弹簧活塞杆直径及行程应按 GB/T 2348 和 GB/T 2349 选用，特殊要求由供需双方商定。

2）气弹簧伸展长度尺寸公差应符合 GB/T 1800.1 中的 IT16 级精度的规定。

3）气弹簧活塞杆的涂镀层应均匀，表面应光洁，不应有伤痕、起泡、脱皮、麻点、针孔、结瘤等缺陷。

4）除活塞杆外的其他外露零部件的涂镀层应均匀，不应有红锈、脱皮、起泡、粗糙和漏镀（工艺孔与小于 1mm 孔内除外）等缺陷。

5）气弹簧缸筒油漆涂层质量应符合 QC/T 484 规定，油漆漆层应均匀，不应有露底、明显麻点、严重流挂，可有轻度的“桔皮”。

（2）力特性

标称力大于100N以上的气弹簧应按50N的整数倍数确定力值。气弹簧在压缩和伸展过程中不应有卡阻现象。

1）标称力 F_x和摩擦力 F_r：标称力值极限偏差与动态摩擦力应符合表38-5的规定。特殊要求可由供需双方商定。

表38-5 标称力值极限偏差与动态摩擦力 （单位：N）

标称力值 F_x	标称力值极限偏差	最大动态摩擦力 F_r	标称力值 F_x	标称力值极限偏差	最大动态摩擦力 F_r
≤200	+20 -10	50	601~800	+50 -25	110
201~400	+30 -15	75	801~1000	+60 -30	130
401~600	+40 -20	90	>1000	+70 -35	150

2）开启力 F_k：气弹簧的开启力根据客户要求由供需双方商定。

3）启动力 F_0：气弹簧的启动力应小于1.5 F_3。

4）弹力比率 α：气弹簧的弹力比率根据使用情况由供需双方商定。

5）锁定力 F_s：刚性锁定气弹簧在活塞杆产生不大于2mm位移时，其压缩锁定力应大于$F_a \times \frac{D_1^2}{d^2}$，弹性锁定气弹簧的锁定力、刚性锁定气弹簧的拉伸锁定力和特殊需要由供需双方商定。

（3）伸展速度 $\bar{v}$ 气弹簧的伸展速度 $\bar{v}$ 应在40~200mm/s之间。若有特殊需要由供需双方商定。

（4）密封性能 气弹簧锁定在任意位置，经24h常温储存后，其行程不应有变化。

（5）耐高低温性能 气弹簧经-30℃和60℃高低温储存后，其公称力 F_a和锁定力 F_s衰减量应不大于5%。

（6）循环寿命 经高低温性能试验后的气弹簧，再经40000次循环寿命（行程≤50mm时，按实际行程；行程>50mm时，按50mm行程）试验后，其公称力 F_a和锁定力 F_s的总衰减量应分别不大于13%，动态摩擦力应符合表38-5的规定，油液带出量应小于0.5g。活塞杆行程的变化量由供需双方商定。

（7）抗拉性能 气弹簧产品的抗拉性能应符合表38-6的规定。

表38-6 气弹簧产品的抗拉性能

受拉部件最小截面尺寸/mm	拉力/N	
	气弹簧力特性不变	允许气弹簧失效，但不得断裂与肢解
$\phi 8$	3000	6000
$\phi 10$	4000	8000
$\phi 12$	5000	10000

注：连接件的抗拉性能根据采用的形式和材料，由供需双方商定。

（8）耐腐蚀性能

1）气弹簧经72h中性盐雾试验后，不应有起泡、脱皮和腐蚀缺陷；杆端、管端螺纹与孔口不应起泡、脱皮。

2）镀硬铬活塞杆经48h中性盐雾试验后，其杆身不应有起泡、脱皮和腐蚀缺陷；杆端螺纹与孔口不应起泡、脱皮。

3）其他外露零件的耐蚀性应符合 QC/T 625 中相应涂镀层的规定。

若有特殊需要时，由供需双方商定。

3 GB/T 29525—2013《座椅升降气弹簧 技术条件》

1. 范围

该标准规定了座椅升降气弹簧的术语和定义、标记、技术要求、试验方法、检验规则及标志、包装、运输、贮存要求。该标准适用于以氮气或其他惰性气体为储能介质，用于座椅升降调节的可锁定气弹簧（以下简称气弹簧）。升降旋转复位气弹簧可参照该标准执行。

2. 术语、定义和符号

表 38-7 中所列术语、定义和符号为座椅升降气弹簧专用术语，通用术语见 GB/T 25751—2010《压缩气弹簧 技术条件》。

表 38-7 座椅升降气弹簧专用术语、定义和符号

术 语	定义或说明	符号	单位
座椅升降气弹簧 chair height adjustment gas spring	用于座椅高度调节并可在运动行程内任意位置锁定或开启的气弹簧	—	—
内筒内径 inner diameter of inner cylinder	气弹簧内筒内径	d_1	
内筒壁厚 thickness ofinner cylinder	气弹簧内筒壁厚	δ_1	mm
外筒外径 outside diameter of outer tube	气弹簧外筒外径	D_3	
外筒壁厚 thickness of outer tube	气弹簧外筒壁厚	δ_3	
立筒外径 outside diameter of standing tube	气弹簧立筒外径	D_4	mm
立筒壁厚 thickness of standing tube	气弹簧立筒壁厚	δ_4	
一次循环 onecycle	活塞杆按规定的行程压缩和伸展各一次	—	—
伸展速度 extended speed	活塞杆从规定的行程的末端到初始位置自由伸展的平均速度	$\bar{v}$	mm/s
锁定力① locking force	气弹簧在锁定状态，使活塞杆产生一定位移时所需轴向压缩力或拉伸力	F_s	N
立筒塑料导向套 plastic guide sleeve of standing tube	立筒与外筒之间的塑料导向套	—	—

① 本标准涉及的锁定力是轴向压缩力

3. 形式

1）气弹簧结构示意、外形示意图及力-位移曲线如图 38-5 和图 38-6 所示。

2）气弹簧的安装形式一般为 a）、b）两种，如图 38-7 所示，其他连接形式由供需双方商定。

4. 标记

（1）标记方法 气弹簧的标记由代号、行程、伸展长度、锥长（下沉长度）和标称力

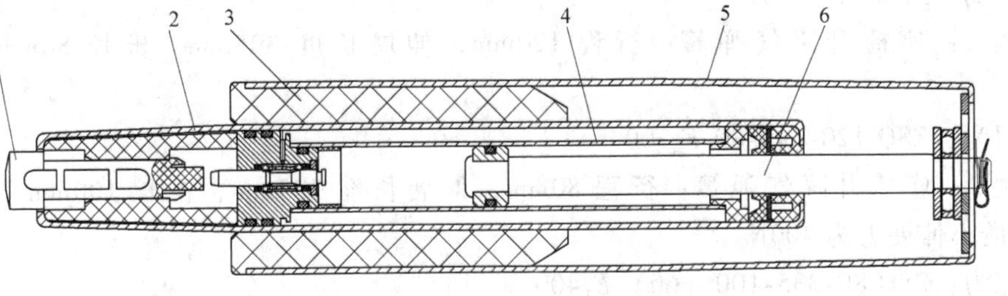

图 38-5　气弹簧结构示意、外形示意图

1—启动杆　2—气弹簧外筒　3—立筒塑料导向套　4—内筒　5—立筒　6—活塞杆

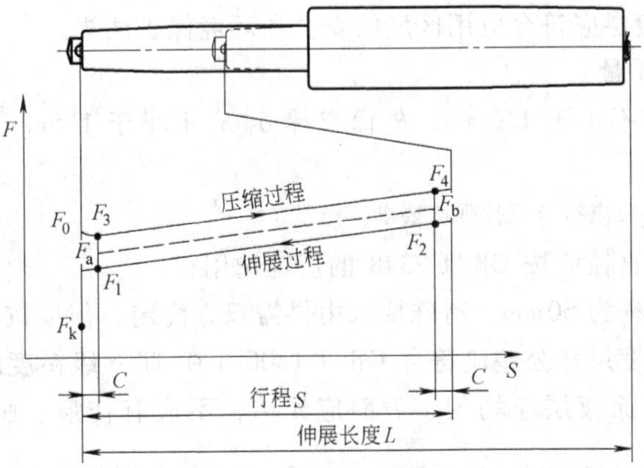

图 38-6　气弹簧力-位移曲线

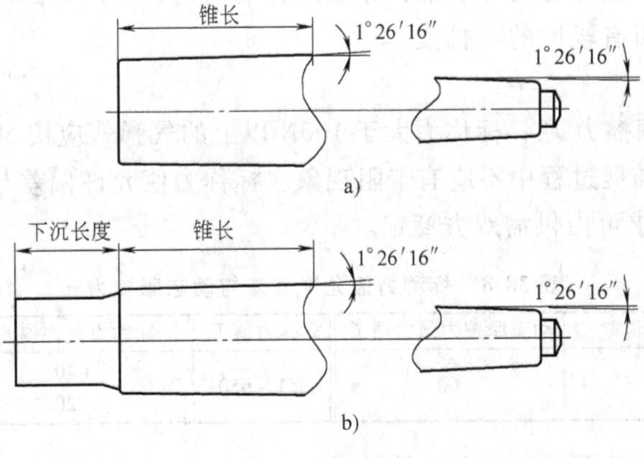

图 38-7　气弹簧的安装形式

a）锥长　b）下沉长度+锥长

值组成，当有要求时，可加标准号。规定如下：

ZSQ	×××	-×××	-	×××（××）	F_x ×××
①	②	③		④	⑤

注：①座椅升降气弹簧代号；压缩气弹簧代号；②行程；③伸展长度；④锥长（下沉长度）；⑤标称力值。

(2) 标记示例

示例 1：座椅升降气弹簧：行程 120mm，伸展长度 395mm，锥长 80mm，公称力为 300N。

标记为：ZSQ 120-395-80 F_a300

示例 2：座椅升降气弹簧：行程 80mm，伸展长度 335mm，锥长 100mm，下沉长度 60mm，最小伸展力为 400N。

标记为：ZSQ 80-335-100（60）$F_1$400

5. 技术要求

产品应符合该标准的要求，并按供需双方确认的气弹簧图样及技术文件制造。制造气弹簧所选用的材料与涂镀层应符合应用区域的安全和环境保护法规。

(1) 尺寸及外观质量

1) 内筒壁厚 δ_1 应不小于 1.0mm；外筒壁厚 δ_3 应不小于 1.5mm；立筒壁厚 δ_4 应不小于 1.2mm；

注：选择外筒壁厚 δ_3 时应符合侧拉强度要求。

2) 气弹簧活塞杆直径应按 GB/T 2348 的规定选用；

3) 气弹簧基本行程为 60mm，特殊要求由供需双方商定，但应按 20mm 的整数倍增加；

4) 气弹簧伸展长度尺寸公差应符合 GB/T 1800.1 中 IT16 级精度的规定；

5) 气弹簧活塞杆涂镀层应均匀、表面应光洁，不应有伤痕、脱皮、起泡、麻点、针孔、结瘤等缺陷；

6) 除活塞杆外其他外露零部件的涂镀层应符合 GB/T 3325 规定，镀层应均匀，不应有锈蚀、脱皮、起泡、粗糙和漏镀等缺陷；涂层应光滑均匀，不应有露底、锈蚀、疙瘩、皱皮和严重流挂等缺陷，可有轻度的“桔皮”。

(2) 力特性

1) 标称力 F_x 和摩擦力 F_r：标称力大于 100N 以上的气弹簧应按 50N 的整数倍数确定力值。气弹簧在压缩和伸展过程中不应有卡阻现象。标称力值允许偏差与动态摩擦力应符合表 38-8 的规定。特殊要求可由供需双方商定。

表 38-8 标称力值允许偏差与动态摩擦力 （单位：N）

标称力值 F_x	标称力允许偏差	动态摩擦力最大值 F_r	标称力值 F_x	标称力允许偏差	动态摩擦力最大值 F_r
≤350	+30 -15	60	351~650	+40 -20	80

2) 开启力 F_k：气弹簧的开启力由供需双方商定。

3) 启动力 F_0：气弹簧的启动力应小于 $1.5F_3$。

4) 弹力比率 α：气弹簧的弹力比率根据使用情况由供需双方商定。

5) 锁定力 F_s：气弹簧的锁定力和锁定位移由供需双方商定。

(3) 伸展速度 $\bar{v}$ 气弹簧的伸展速度 $\bar{v}$ 应在 70~150mm/s 之间，有特殊要求时，由供需双方商定。

(4) 密封性能 气弹簧锁定在任意位置，经 72h 常温储存后，活塞杆不应产生位移。

(5) 耐高低温性能 气弹簧经 -30℃ 和 60℃ 高低温储存后，公称力 F_a 衰减量应不大于 5%。

（6）循环寿命　经高低温性能试验后的气弹簧，再经 6×10^4 次循环寿命（当行程≤60mm时，按实际行程；当行程>60mm 时，按 60mm 行程）试验后，公称力 F_a 的总衰减量应不大于 13%。

（7）强度性能

1）抗压强度。

① 将锁定在任意位置的气弹簧经轴向载荷 550N 锁定冲击 1×10^5 次后，力特性不变。

② 气弹簧经轴向载荷 1300N 负载验证冲击一次后，力特性不变。

③ 气弹簧在 1000N 载荷下经 1.2×10^5 次旋转试验后，力特性不变。

2）侧拉强度。气弹簧分别经静态拉背和拉背冲击试验后，立筒和立筒塑料导向套应无损坏，外筒与活塞杆应无弯曲，气弹簧应不失效。

3）抗拉强度。气弹簧经轴向 8000N 拉力试验后气弹簧允许失效，但不得发生断裂或肢解。

（8）耐蚀性　气弹簧立筒涂层经 96h 中性盐雾试验后，其筒身表面不得有起泡、脱皮和腐蚀缺陷。电镀层参照 GB/T 3325 要求或由供需双方商定。其他外露零件表面耐蚀性应符合 QC/T 625 中相应涂镀层的规定。有特殊需要时，由供需双方商定。

4　JB/T 11698—2013《截锥涡卷弹簧　技术条件》

1. 范围

该标准规定了热卷成形的矩形等截面材料的截锥涡卷弹簧的结构型式、技术要求、试验方法及检验规则要求等。该标准适用于热卷成形的等螺旋角、等节距截锥涡卷弹簧（以下简称弹簧）。对于变截面材料的截锥涡卷弹簧可参照使用。

2. 术语和定义

1）等截面截锥涡卷弹簧（constant section volute spring）——弹簧展开后在有效圈部位，横截面为矩形截面，且相邻截面相同。

2）变截面截锥涡卷弹簧（variable cross section volute spring）——弹簧展开后在有效圈部位，横截面为矩形截面，且相邻截面渐变。

3）等螺旋角截锥涡卷弹簧（equal spiral angle volute spring）——弹簧材料截面中心线的展开线为直线，在底平面上的投影为对数螺旋线。

4）等节距截锥涡卷弹簧（equal pitch volute spring）——弹簧材料截面中心线的展开线为抛物线，在底平面上的投影为阿基米德螺旋线。

3. 结构型式

弹簧典型结构型式如图 38-8 所示。

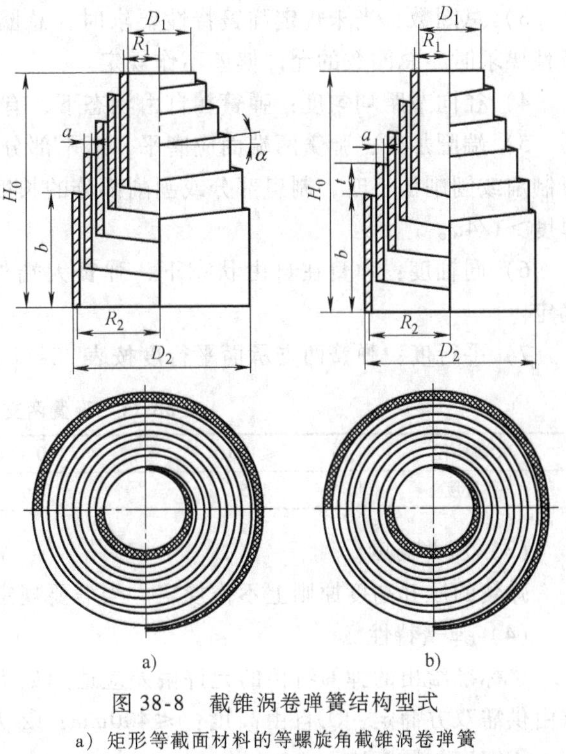

图 38-8　截锥涡卷弹簧结构型式

a）矩形等截面材料的等螺旋角截锥涡卷弹簧

b）矩形等截面材料的等节距截锥涡卷弹簧

图 38-8a 为矩形等截面材料的等螺旋角截锥涡卷弹簧；图 38-8b 为矩形等截面材料的等节距截锥涡卷弹簧。

4. 技术要求

（1）材料

1）弹簧材料采用 GB/T 1222 中规定的热轧硅锰弹簧钢和铬钒弹簧钢。若采用其他材料时，可由供需双方协议规定。

2）弹簧材质的质量应符合材料标准的有关规定，材质必须备有材料制造商的质量保证书，并经复检合格后方可使用。

（2）尺寸及极限偏差

1）内径及外径：弹簧内径及外径的极限偏差按表 38-9 规定。

表 38-9 弹簧内径及外径的极限偏差 （单位：mm）

弹簧直径	精度等级	
	1 级	2 级
内径	±0.030D_1，最小 ±2.0	±0.040D_1，最小 ±2.5
外径	±0.030D_2，最小 ±3.0	±0.040D_2，最小 ±3.5

2）自由高度：自由高度的极限偏差按表 38-10 的规定。当规定有弹簧特性要求时，自由高度作为参考。

表 38-10 自由高度的极限偏差 （单位：mm）

精度等级	1 级	2 级
极限偏差	±0.040H_0，最小 ±4.0	±0.050H_0，最小 ±5.0

3）总圈数：当未规定弹簧特性要求时，总圈数的允许偏差为 ±1/4 圈；当规定有弹簧特性要求时，总圈数的允许偏差不作规定。

4）径向节距均匀度：弹簧在自由状态下，有效圈之间不得接触。

5）端圈加工：弹簧两端面应磨平，磨平部分的长度大于 3/4 圈。弹簧端圈支承部分进行制扁或刨削加工时，制扁部分或刨削部分的长度应大于对应支承圈的 3/4 圈，材料的末端厚度≥1/4a。

6）同轴度：弹簧在自由状态下，弹簧大端外径与小端内径的同轴度由供需双方协商确定。

7）平行度：弹簧两支承面平行度按表 38-11 的规定。

表 38-11 弹簧两支承面平行度 （单位：mm）

大端外径	≤100	>100～200	>200～300	>300
平行度	1.5	2.0	2.5	3.0

（3）压并高度

弹簧的压并高度原则上不作规定。当需要规定压并高度时，其压并高度 H_b 为材料宽度。

（4）弹簧特性

该标准给出的弹簧特性的允许偏差应适用如下条件，不符合下列条件的弹簧特性允许偏差由供需双方商定：①自由高度：≤400mm；②大端外径：≤400mm；③有效圈数：≥3.0 圈；④宽度与厚度比：>5。

1）指定高度下的弹簧负荷，弹簧变形量应在试验负荷下变形量的20%～80%之间；

2）指定负荷下的弹簧变形量，其对应的变形量应在试验负荷下变形量的20%～80%之间；

3）弹簧特性允许偏差。

① 指定高度或变形量下的负荷的允许偏差按表38-12规定。

表38-12　指定高度或变形量下的负荷的允许偏差　　（单位：N）

精度等级	1级	2级
允许偏差	$\pm 0.10F$	$\pm 0.15F$

② 指定负荷下的高度或变形量的允许偏差按表38-13规定。

表38-13　指定负荷下的高度或变形量的允许偏差　　（单位：mm）

精度等级	1级	2级
允许偏差	$\pm 0.10f$	$\pm 0.15f$

（5）热处理

1）弹簧成形后，应进行淬火、回火处理，淬火次数不得超过两次，回火次数不限。

2）热处理硬度在43～50HRC（或403～502HBW）范围内选取，同一批弹簧的硬度范围应不超过5HRC（或50HBW）。

3）经热处理的弹簧，其单边总的脱碳层深度（在宽面检查），允许为原材料标准规定的脱碳层度再增加材料厚度的0.5%。

（6）永久变形　弹簧成品的永久变形不大于0.6%H_0。

（7）表面质量　弹簧表面不得有裂纹、氧化皮以及明显的毛刺、飞边等缺陷。允许表面有不大于材料厚度公差之半的微小凹坑。

（8）表面处理　弹簧表面一般采用涂防锈漆处理。若需进行其他处理，应在图样中注明。

（9）其他要求　根据需要由供需双方协商规定。

5　GB/T 28269—2012《座椅用蛇形弹簧　技术条件》

1. 范围

该标准规定了用圆截面材料制造的座椅用蛇形弹簧的技术要求、试验方法、检验规则及标志、包装、运输、贮存。该标准适用于车辆座椅、家具座椅用蛇形弹簧（以下简称蛇簧）。对于其他座椅、家具用蛇簧可参照使用。

2. 术语

GB/T 1805界定的及表38-14中的术语和定义适用于本文件，见表38-14。

表38-14　术语和定义

术　语	定　义	代号	单位
宽度 width	蛇簧相邻两峰垂直于自由长度（弦长、弧长）方向的距离	h_s	mm
半径 radius	圆形蛇簧的成型半径	r	
峰数 crest number	指定自由长度（弦长、弧长）内蛇簧重复成型的次数	n_s	—
自由弧高 free camber	蛇簧在无负荷作用时的弧高	h_0	mm
自由弧长 free arc length	蛇簧在无负荷作用时的弧长	L_s	
自由弦长 free span	蛇簧在无负荷作用时的弦长	L_0	

（续）

术语	定义	代号	单位
弓状、圆弧状圆弧半径 radius of arch orarc	蛇簧垂直于宽度方向的曲率半径	R	mm
中心距 center distance	圆状蛇簧相邻两峰圆弧圆心距离的一半	l	mm

3. 结构型式

蛇簧的母线结构型式分为三种：平状、弓状和圆弧状；峰形结构分为两种：圆形和矩形；节距分为等节距和不等节距。其常见图样形式详见表 38-15。

表 38-15 蛇簧常见图样形式详

结构型式	形状简图及参数代号	结构特征
平状圆形等节距蛇簧	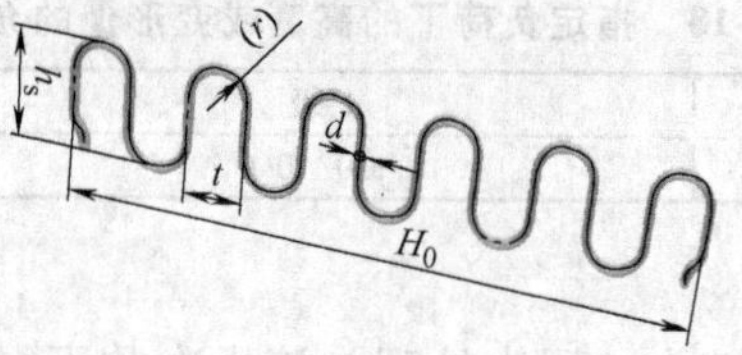	呈直线状态，其峰形为圆形，节距相等
平状圆形不等节距蛇簧	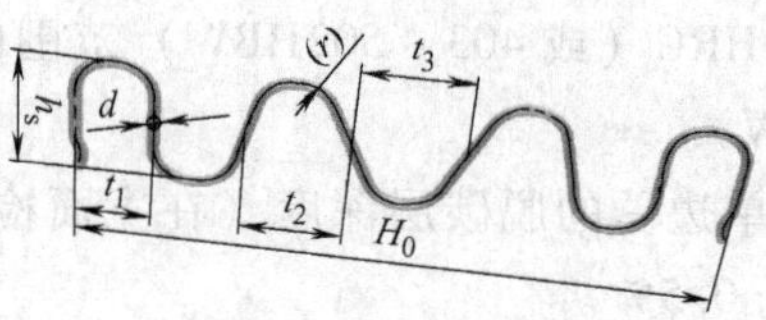	呈直线状态，其峰形为圆形，节距不等，形状左右对称
平状矩形等节距蛇簧	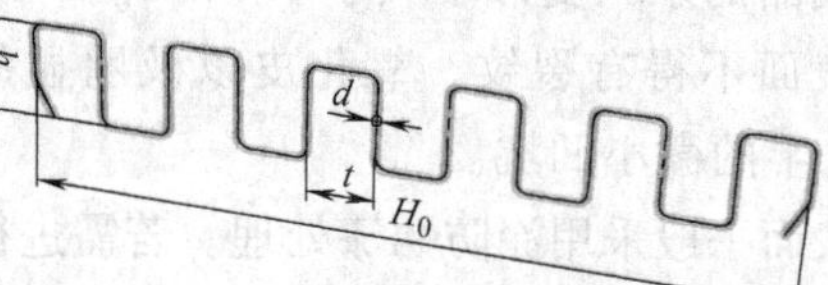	呈直线状态，其峰形为矩形，节距相等
平状矩形不等节距蛇簧	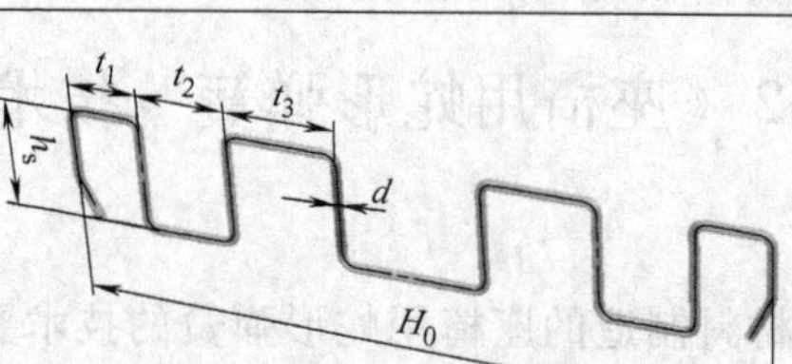	呈直线状态，其峰形为矩形，节距不等，形状左右对称
弓状圆形等节距蛇簧	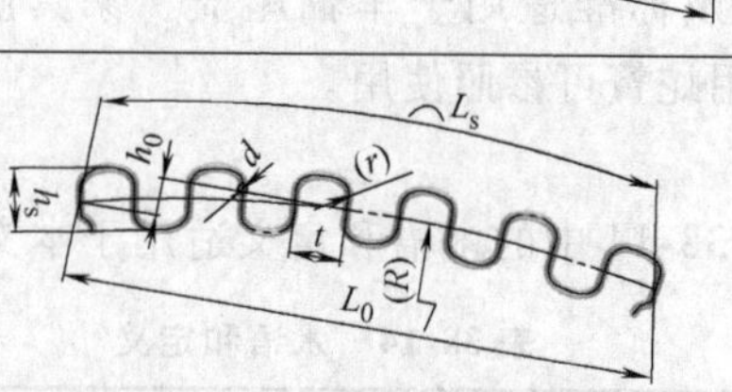	呈弓型状态，其峰形为圆形，节距相等
弓状矩形等节距蛇簧	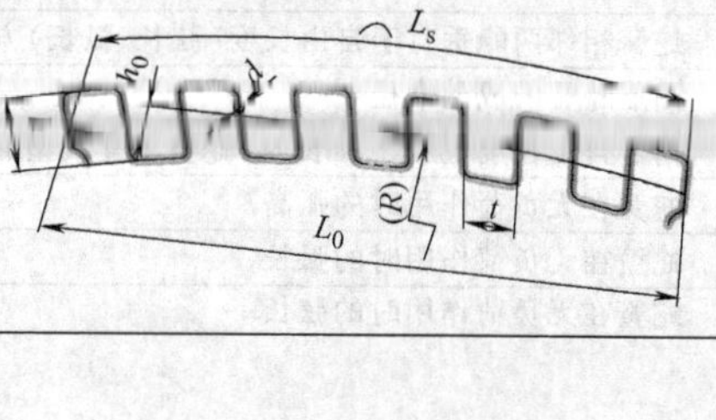	呈弓型状态，其峰形为矩形，节距相等

（续）

结构型式	形状简图及参数代号	结构特征
圆弧状圆形等节距蛇簧	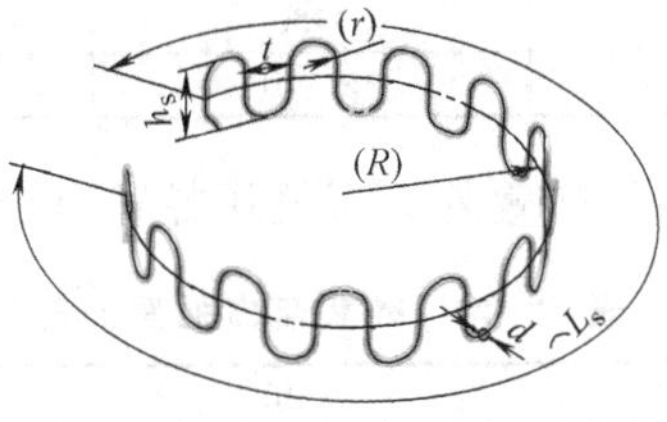	呈圆弧状态，其峰形为圆形，当将圆弧状蛇簧展平时，其节距相等

4. 技术要求

（1）材料

1）一般应采用表 38-16 的材料制造，若需选用其他材料时，由供需双方商定。

表 38-16　材料

标准号	材料名称	推荐材料等级	适用场合
GB/T 4357	冷拉碳素弹簧钢丝	SL、SM、DM	车辆座椅
		SL、SM	家具座椅
YB/T 5220	非机械弹簧用碳素弹簧钢丝	A2、A3	家具座椅

2）材料质量应符合相应材料标准的有关规定，必须备有制造商的质量证明书，并经复检合格后方可使用。

3）材料直径范围：$\phi2.0\text{mm} \leqslant d \leqslant \phi4.5\text{mm}$。

（2）宽度　除平状圆形不等节距蛇簧外，蛇簧宽度的公差按表 38-17 规定。

表 38-17　座椅用蛇簧宽度的公差　（单位：mm）

宽度 h_s	车辆座椅		家具座椅	
	<50	≥50	<50	≥50
公差	±1.0	±1.5	±1.5	±3.0

（3）自由长度、自由弦长、自由弧长

1）平状蛇簧自由长度的公差按表 38-18 规定。

2）弓状蛇簧自由长度的公差按以下规定：①车辆座椅用蛇簧自由弦长的公差按表38-18规定；②家具座椅用蛇簧自由弧长的公差按表 38-18 规定。

3）圆弧状蛇簧自由弧长的公差按表 38-18 规定。

表 38-18　座椅用蛇簧自由弦长和自由弧长的公差　（单位：mm）

自由长度 H_0	车辆座椅		家具座椅		
	<350	≥350	<400	$400 \leqslant H_0 \leqslant 700$	>700
自由弦长 L_0	<350	≥350	—	—	—
自由弧长 L_s	—	—	<400	$400 \leqslant L_s \leqslant 700$	>700
公差	±2.0	±3.0	±4.0	±5.0	±7.0

（4）峰数　蛇簧峰数的公差为零，峰数计数参见 GB/T 28269—2012 中附录 B。

（5）节距

1）当平状矩形、平状圆形等节距的蛇簧有节距要求时，其节距的公差按表 38-19 规定。

2）其他型式的蛇簧的节距一般不考核。

表 38-19 蛇簧节距公差 （单位：mm）

节距 t	车辆座椅		家具座椅	
	<50	≥50	<50	≥50
公差	±0.8	±1.0	±1.0	±1.2

（6）自由弧高 除家具座椅用蛇簧外，车辆用蛇簧自由弧高的公差按表 38-20 规定。

表 38-20 蛇簧自由弧高公差 （单位：mm）

自由弧高 h_0	<40	$40 \leqslant h_0 \leqslant 80$
公差	±0.8	±1.2

（7）平面度和直线度 除平状圆形不等节距蛇簧不考核直线度外，平状蛇簧的平面度和直线度极限偏差按表 38-21 规定。

表 38-21 平状蛇簧的平面度和直线度极限偏差 （单位：mm）

自由长度 H_0	车辆座椅		家具座椅		
	<350	≥350	<400	$400 \leqslant H_0 \leqslant 700$	>700
极限偏差	≤1.5	≤2.0	≤3.0	≤5.0	≤6.0

（8）热处理 蛇簧成形后需经去应力退火处理，其硬度不予考核。

（9）端部处理 除家具座椅用蛇簧外，车辆座椅用蛇簧两端的安装位置，可套装塑料管或进行 PA、PE、PVC 等涂装处理，也可按供需双方商定的其他要求进行。

（10）负荷 当平状、弓状圆形蛇簧有负荷要求时，负荷的公差由供需双方商定。负荷的计算参见 GB/T 28269—2012 中附录 C。

（11）表面处理 蛇簧表面处理应在产品图样中注明，表面处理的介质、方法应符合相应的环境保护法规，但蛇簧应避免采用可能导致氢脆的表面处理。

（12）其他

1）蛇簧两端头的形状与尺寸由供需双方商定。

2）蛇簧的尺寸公差必要时可以不对称使用，其极限偏差值不变。

3）当蛇簧有其他特殊要求时，由供需双方商定。

6 GB/T 30817—2014《冷卷截锥螺旋弹簧 技术条件》

1. 范围

该标准规定了用圆截面材料冷卷截锥螺旋弹簧的技术要求、试验方法、检验规则及包装、标志、运输、贮存要求等。该标准适用于材料截面直径小于等于 16mm 的冷卷圆截面截锥螺旋弹簧（以下简称截锥螺旋弹簧）。

2. 术语和定义

GB/T 1805 界定的术语和定义适用于本文件。

3. 分类和结构型式

截锥螺旋弹簧可以分为：

1）等节距截锥螺旋弹簧：等节距截锥螺旋弹簧如图 38-9a 所示。螺旋线在底面上的投影为阿基米德螺旋线，有效圈的节距 t 是一个等量。

2）等螺旋角截锥螺旋弹簧：等螺旋角截锥螺旋弹簧如图 38-9b 所示。螺旋线在底面上的投影为对数螺旋线，有效圈的螺旋角 α 是一个等量。

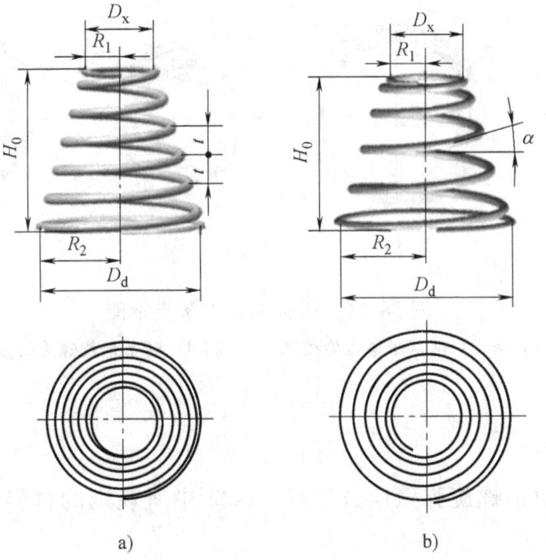

图 38-9 截锥螺旋弹簧

a）等节距截锥螺旋弹簧 b）等螺旋角截锥螺旋弹簧

R_1—小端半径 R_2—大端半径 D_x—小端中径 D_d—大端中径

注：图中的俯视图是截锥螺旋弹簧的螺旋线示意图。

4. 端部结构

截锥螺旋弹簧的端部结构主要分三种：两端圈并紧磨平，如图 38-10a 所示；两端圈并紧不磨，如图 38-10b 所示；两端圈不并紧不磨，如图 38-10c 所示。

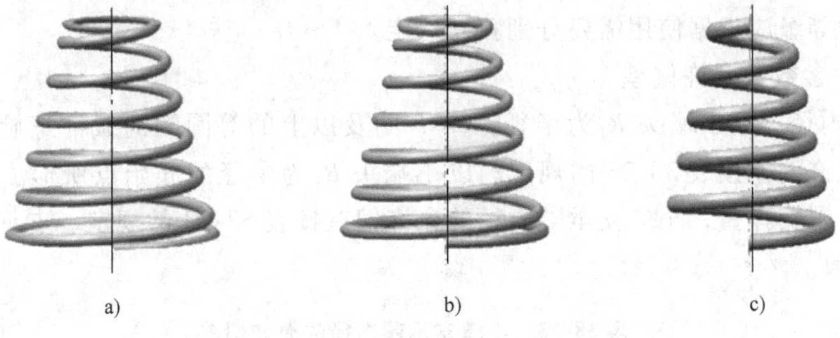

图 38-10 截锥螺旋弹簧

a）两端圈并紧磨平 b）两端圈并紧不磨 c）两端圈不并紧不磨

5. 支承圈

截锥螺旋弹簧支承圈的多少可按需要来定，一般以 n_z 大于等于 1.5 圈为宜。截锥螺旋弹簧两端支承圈的结构型式主要有：

1）以小端头 R_1 和大端头 R_2 为半径，所形成的 0.75 圈及以上的等圆圈，如图 38-11a 和图 38-11b 所示；

2）以小端头 R_1 和大端头 R_2 为半径起始点，所形成的 0.75 圈及以上阿基米德螺旋线圈，如图 38-11c 和图 38-11d 所示。

3）以任意形式的螺旋线构成的弹簧支承圈。

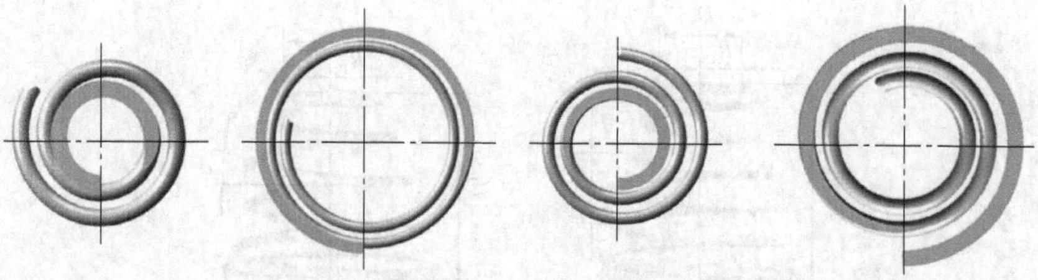

图 38-11 截锥螺旋弹簧支承圈
a）和 b）阿基米德螺旋线圈 c）和 d）阿基米德螺旋线圈

6. 技术要求

（1）材料

1）材料的选择：截锥螺旋弹簧应选用表 38-22 中所规定的材料。当需选用其他材料时，由供需双方商定。

表 38-22 锥螺旋弹簧规定的材料

序号	标准号	标准名称	序号	标准号	标准名称
1	GB/T 4357	冷拉碳素弹簧钢丝	4	GB/T 24588	不锈弹簧钢丝
2	GB/T 18983	油淬火-回火弹簧钢丝	5	YB/T 5311	重要用途碳素弹簧钢丝
3	GB/T 21652	铜及铜合金线材	6	YS/T 571	铍青铜圆形线材

2）材料的质量：材料的质量应符合相应材料标准的有关规定，应备有材料制造商的质量证明书，经复检合格后方可使用。

（2）允许偏差的等级 截锥螺旋弹簧尺寸与负荷特性的允许偏差分为 1、2、3 三个等级，各项目的等级应根据使用需要分别独立选定。

（3）尺寸参数及允许偏差

1）小端内径：以小端头 R_1 为半径，0.75 圈及以上的等圆圈的截锥螺旋弹簧，小端支承圈内径的允许偏差按表 38-23 的规定。以小端头 R_1 为半径的起始点所形成的阿基米德螺旋线圈的截锥螺旋弹簧，小端支承圈内径的允许偏差按表 38-23 的规定。支承圈内径的尺寸按 $2R_1-d$ 计算。

表 38-23 小端支承圈内径的允许偏差 （单位：mm）

旋绕比 C' （$C'=2R_1/d$）	精度等级		
	1	2	3
3～8	$\pm0.010D_{X1}$，最小 ±0.10	$\pm0.015D_{X1}$，最小 ±0.15	$\pm0.020D_{X1}$，最小 ±0.20
>8～15	$\pm0.015D_{X1}$，最小 ±0.15	$\pm0.025D_{X1}$，最小 ±0.25	$\pm0.030D_{X1}$，最小 ±0.30
>15～25	$\pm0.025D_{X1}$，最小 ±0.20	$\pm0.030D_{X1}$，最小 ±0.30	$\pm0.040D_{X1}$，最小 ±0.40

注：1. D_{X1} 为截锥螺旋弹簧小端头支承圈的内圈直径。
2. 必要时允许偏差可以不对称使用，其公差值不变。

2）大端外径：以大端头 R_2 为半径，0.75 圈及以上的等圆圈的截锥螺旋弹簧，大端支承圈外径的允许偏差按表 38-24 的规定。以大端头 R_2 为半径的起始点所形成的阿基米德螺旋线圈的截锥螺旋弹簧，大端支承圈外径的允许偏差按表 38-24 的规定。支承圈外径的尺寸

按 $2R_2+d$ 计算。

表 38-24 大端支承圈外径的允许偏差 （单位：mm）

旋绕比 C'（$C'=2R_2/d$）	精度等级		
	1	2	3
4~8	$\pm0.015D_{d2}$，最小 ±0.15	$\pm0.025D_{d2}$，最小 ±0.20	$\pm0.040D_{d2}$，最小 ±0.30
>8~16	$\pm0.020D_{d2}$，最小 ±0.20	$\pm0.030D_{d2}$，最小 ±0.25	$\pm0.050D_{d2}$，最小 ±0.40
>16~30	$\pm0.025D_{d2}$，最小 ±0.25	$\pm0.040D_{d2}$，最小 ±0.30	$\pm0.060D_{d2}$，最小 ±0.50

注：1. D_{d2} 为截锥螺旋弹簧大端头支承圈的外圆直径。
2. 必要时允许偏差可以不对称使用，其公差值不变。

3）自由高度：自由高度 H_0 的允许偏差按表 38-25 的规定。当截锥螺旋弹簧有负荷要求时，自由高度的偏差作为参考。

表 38-25 自由高度 H_0 的允许偏差 （单位：mm）

精度等级	1	2	3
允许偏差	$\pm0.02H_0$，最小 ±0.30	$\pm0.04H_0$，最小 ±0.80	$\pm0.06H_0$，最小 ±1.50

注：必要时自由高度的允许偏差可以不对称使用，其公差值不变。

4）垂直度：两端面经过磨削或者大端面经过磨削的截锥螺旋弹簧，在自由状态下截锥螺旋弹簧小端圈的外圆素线对大端支承面的垂直度按表 38-26 的规定。两端面未经磨削的截锥螺旋弹簧垂直度不考核，需要时由供需双方商定。

表 38-26 支承面的垂直度 （单位：mm）

精度等级	1	2	3
垂直度	$0.02H_0$	$0.05H_0$	$0.08H_0$

注：对于高径比 $\frac{H_0}{(D_d+D_x)/2}\geqslant5$ 时，其垂直度由供需双方商定。

5）平行度：有特殊需要时，两端面经过磨削的截锥螺旋弹簧平行度偏差由供需双方商定。

6）总圈数：截锥螺旋弹簧总圈数 n_1 的允许偏差按表 38-27 的规定。当有负荷要求时，总圈数作为参考。有特殊要求时，由供需双方商定。

表 38-27 总圈数 n_1 的允许偏差 （单位：圈）

总圈数	允许偏差	总圈数	允许偏差	总圈数	允许偏差
≤5	±0.25	>5~10	±0.50	>10~20	±1.00

注：必要时总圈数的允许偏差可以不对称使用，其公差值不变。

7）节距：等节距截锥螺旋弹簧的节距 t 供制造时参考，不作为验收依据。

8）等螺旋角：等螺旋角截锥螺旋弹簧的螺旋角 α 供制造时参考。在图样中需要标注时，可以将其换算成节距来标注，但不作为验收依据。

9）压并高度：截锥螺旋弹簧压并高度应不作规定。当有压并高度要求时，按下列公式计算。

① 当截锥螺旋弹簧的 $R_2-R_1\geqslant nd$ 时：

$$H_b\approx H_z \tag{38-1}$$

式中 H_z——支承圈的压并高度。

② 当截锥螺旋弹簧的 $R_2-R_1<nd$ 时：

$$H_b \approx nd' + H_z \tag{38-2}$$

式中 d'——压并时两相邻有效圈截面中心线的轴向距离。

$$d' = d\sqrt{1 - \left(\frac{R_2 - R_1}{nd}\right)^2} \tag{38-3}$$

③ 受端部结构的影响，截锥螺旋弹簧支承圈的压并高度 H_z 难以精确计算，其近似值按 GB/T 30817—2014 中表 A.3 的方法计算。

10）端面磨削：截锥螺旋弹簧的材料直径 $d \leqslant 1.0$mm 时，两端面不磨削。材料直径 $d>1.0$mm，且端面需要磨削时，支承圈磨平的部分一般不小于 3/4 圈，磨削面的表面粗糙度 Ra 应小于等于 12.5μm，端头厚度不小于 $1/8d$。

（4）特性及其允许偏差

1）负荷：截锥螺旋弹簧在指定高度下的负荷按下列规定。

① 变形量应在试验负荷下变形量的 20% ~80% 之间；

② 当变形量大于试验负荷变形量的 80% 时，负荷的允许偏差应由供需双方商定。

2）刚度：截锥螺旋弹簧的刚度不作规定。

3）允许偏差：截锥螺旋弹簧指定高度下的负荷 F 的允许偏差按表 38-28 规定。

表 38-28 指定高度下的负荷 F 的允许偏差 （单位：N）

有效圈数 n	精度等级 1	精度等级 2	精度等级 3	有效圈数 n	精度等级 1	精度等级 2	精度等级 3
3 ~10	±0.06F	±0.10F	±0.15F	>10	±0.05F	±0.08F	±0.12F

注：负荷的允许偏差也可以根据需要不对称使用，其公差值不变。

4）旋向：截锥螺旋弹簧的旋向分为右旋或左旋，图样中未注明时按右旋。内、外组合使用时，内、外截锥螺旋弹簧旋向应相反。

5）永久变形：截锥螺旋弹簧的永久变形量应不大于自由高度的 0.5%。

6）热处理：截锥螺旋弹簧在成形后需进行去应力退火处理，其硬度不予考核。用时效处理材料成形的截锥螺旋弹簧，其硬度不予考核。

7）表面质量：截锥螺旋弹簧表面不得有肉眼可见的有害缺陷。

8）表面处理：表面处理应在截锥螺旋弹簧的图样中注明，表面处理的介质、方法应符合相应的环境保护法规。应尽量避免采用可能导致氢脆的表面处理。

9）其他要求 L：根据需要可以在 GB/T 30817—2014 中附录 B 截锥螺旋弹簧图例中规定以下要求：①喷丸处理；②加温强压处理；③无损检测；④疲劳寿命。

（5）特殊要求 当截锥螺旋弹簧有特殊技术要求时，由供需双方商定。

7 GB/T 23934—2015《热卷圆柱螺旋压缩弹簧 技术条件》

1. 范围

该标准规定了圆截面钢棒热卷成形后，经淬火、回火处理的普通圆柱螺旋压缩弹簧（以下简称弹簧）的材料、结构型式、弹簧特性、公差、制造要求和试验方法等内容，铁路等其他有特殊要求的弹簧可参照使用。

该标准适用于下列尺寸范围的弹簧，超出此尺寸范围的弹簧经供需双方协商可参照采用：①自由高度≤900mm；②旋绕比为 3 ~12；③高径比为 0.8 ~4；④有效圈数为≥3 圈；

⑤节距 $<0.5D$；⑥材料直径为 8 ~ 60mm；⑦弹簧中径≤460mm。

2. 术语和定义

GB/T 1805 界定的术语和定义适用于本文件。

3. 符号和单位

表 38-29 的符号和单位适用于该标准。

表 38-29　符号和单位

（单位：mm）

符号	名　称
e_1	垂直度公差
e_2	平行度公差
d_{max}	材料最大直径

4. 材料

（1）材料选用　推荐选用 GB/T 1222 中的合金钢或 ISO 683-14 规定的材料制造弹簧，选用其他材料时由供需双方协商。

（2）材料直径和极限偏差

1）热轧棒料：推荐选用的热轧棒料直径极限偏差按 GB/T 702—2008 中的 1 组或 2 组的规定，有特殊要求的由供需双方协商。

2）冷加工（冷拉、车削、剥皮、磨削或其组合加工）棒料：推荐选用的冷加工棒料的直径极限偏差按表 38-30 的规定，其他直径极限偏差要求由供需双方协商。

表 38-30　冷加工棒料的直径极限偏差

（单位：mm）

直　径	极限偏差
$8 \leqslant d < 12.5$	±0.06
$12.5 \leqslant d < 26$	±0.08
$26 \leqslant d < 48$	±0.10
$48 \leqslant d \leqslant 60$	±0.15

5. 弹簧结构

1）旋向：弹簧的旋向一般为右旋（顺时针方向）。若弹簧的旋向要求左旋（逆时针方向）时，应将“左旋”要求在设计图样上注明。组合弹簧的旋向应右旋和左旋相互交替配置，但外层弹簧一般为右旋。

2）端部结构型式：弹簧端部一般结构的型式如图 38-12 所示。若在设计图样上只给出一个结构型式，则适用于弹簧的两个端部。

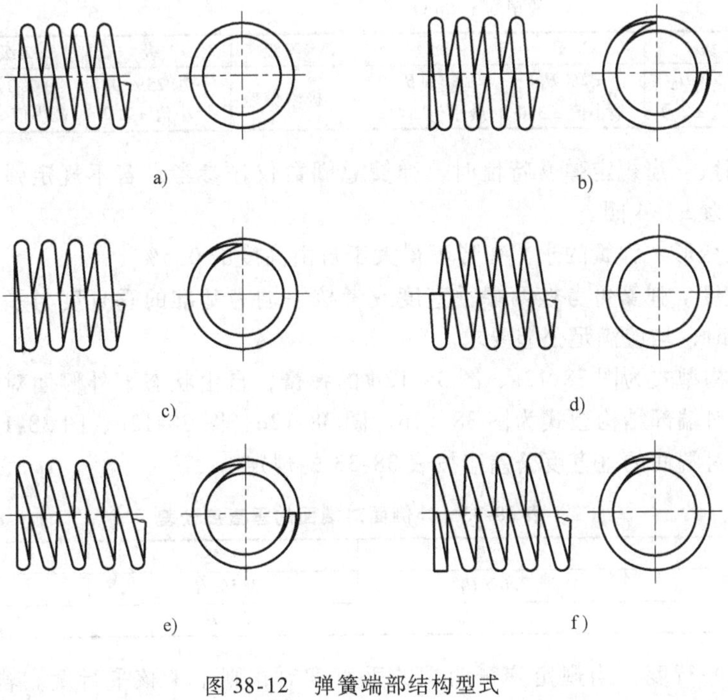

图 38-12　弹簧端部结构型式

a）并紧（不磨）　b）并紧（磨平）　c）并紧（制扁）　d）开口（不磨）　e）开口（磨平）　f）开口（制扁）

6. 弹簧特性

（1）概述 供需双方应按 GB/T 23934—2014 中 7.2 或 7.3 的规定选择指定负荷下的高度或指定高度下的负荷。指定负荷宜不超过试验负荷的 80%，试验负荷参见 GB/T 23934—2014 中附录 A。

（2）指定负荷下的高度 通常对弹簧指定一点负荷下的高度，如需指定两点或两点以上负荷下的高度，则由供需双方协商。指定负荷下的变形量宜在全变形量的 20% ~80% 之间。

（3）指定高度下的负荷 通常对弹簧指定一点高度下的负荷，如需指定两点或两点以上高度下的负荷，则由供需双方协商。指定高度下的变形量宜在全变形量的 20% ~80% 之间。

（4）弹簧刚度 弹簧轴向刚度由全变形量 30% ~70% 之间两点负荷差与其对应变形量差之比确定。

7. 弹簧尺寸和特性的极限偏差

弹簧尺寸和特性极限偏差分为三级。尺寸和特性极限偏差的等级可独立选取。计算数值按 GB/T 8170 的规定圆整。

（1）自由高度 当规定指定高度下负荷或指定负荷下高度的弹簧特性时，自由高度仅作参考。若不规定指定高度下负荷或指定负荷下高度的弹簧特性时，自由高度的极限偏差按表 38-31 的规定，同一级别应取表中计算值与最小值间绝对值较大者。

（2）弹簧直径 应根据用途考核弹簧外径或内径，其极限偏差见表 38-32，同一级别下应取表中计算值与最小值间绝对值较大者。

表 38-31 自由高度极限偏差

（单位：mm）

等级	1 级	2 级	3 级
极限偏差	$\pm1.5\%H_0$ 最小值 ±2.0	$\pm2\%H_0$ 最小值 ±3.0	$\pm3\%H_0$ 最小值 ±4.0

表 38-32 弹簧外径或内径极限偏差

（单位：mm）

等级	1 级	2 级	3 级
极限偏差	$\pm1.25\%D$ 最小值 ±2.0	$\pm2.0\%D$ 最小值 ±2.5	$\pm2.75\%D$ 最小值 ±3.0

（3）总圈数 当规定弹簧特性时，弹簧总圈数仅作参考。若不规定弹簧特性时，总圈数的极限偏差为 ±1/4 圈。

（4）永久变形 弹簧的永久变形不得大于自由高度的 0.5%。

（5）垂直度 弹簧可考核两端垂直度或考核一端为基准的垂直度与平行度。当任何一端为检测基准时，均应满足公差要求。

对端部结构型式为图 38-12a、图 38-12d 的弹簧，自由状态下外侧面对端面的垂直度一般不作考核；对端部结构型式为图 38-12b、图 38-12c、图 38-12e、图 38-12f 的弹簧，自由状态下外侧面对端面的垂直度公差应按表 38-33 的规定。

表 38-33 外侧面对端面的垂直度公差 （单位：mm）

等级	1 级	2 级	3 级
$H_0\leqslant500$	$2.6\%H_0$	$3.5\%H_0$	$5\%H_0$
$H_0>500$	[illegible]% H_0	$3\%H_0$	$7\%H_0$

（6）端面平行度 当规定弹簧两端的垂直度时，则不考核平行度。若弹簧重量较大，可选用一端垂直度和平行度的公差考核。对端部结构型式为图 38-12a、图 38-12d 的弹簧，

两端圈平面之间的平行度一般不作考核；对端部结构型式为图 38-12b、图 38-12c、图 38-12e、图 38-12f 的弹簧，两端圈平面之间的平行度公差按表 38-34 的规定。

表 38-34 平行度公差 （单位：mm）

等级	1 级	2 级	3 级
公差	$2.6\% D_2$	$3.5\% D_2$	$5\% D_2$

（7）节距均匀度 等节距弹簧压缩至全变形量的 80% 时，各有效圈之间不得相互接触。

注：弹簧压缩到全变形量的 80% 的负荷应不大于试验负荷。

（8）压并高度 弹簧的压并高度一般不作考核。当需要时，根据不同端部型式用下列公式计算压并高度的最大值。

1）对端部结构型式为图 38-12b、图 38-12c 的弹簧：

$$H_b \leqslant (n_1 - 0.3) d_{max} \tag{38-4}$$

式中 n_1——总圈数（圈）；

d_{max}——材料最大直径（mm）；

H_b——压并高度（mm）。

2）对端部结构型式为图 38-12a、图 38-12d 的弹簧：

$$H_b \leqslant (n_1 + 1.1) d_{max} \tag{38-5}$$

式中 n_1——总圈数（圈）；

d_{max}——材料最大直径（mm）；

H_b——压并高度（mm）。

3）对端部结构型式为图 38-12e、图 38-12f 的弹簧，其压并高度由供需双方协商。

注：公式（38-4）和式（38-5）源自相关参考文献。

（9）弹簧特性极限偏差 根据使用条件，弹簧特性极限偏差一般分为三级。

1）指定负荷下高度极限偏差：指定负荷下高度极限偏差按表 38-35 的规定，同级极限偏差应取表中计算值与最小值间绝对值较大者。

2）指定高度下负荷极限偏差：指定高度下负荷极限偏差按表 38-36 的规定，同级极限偏差应取表中计算值与最小值间绝对值较大者。

表 38-35 指定负荷下高度极限偏差

（单位：mm）

等级	1 级	2 级	3 级
极限偏差	$\pm 0.05f$ 最小值 ±2.5	$\pm 0.10f$ 最小值 ±5.0	$\pm 0.15f$ 最小值 ±7.5

表 38-36 指定高度下负荷极限偏差

（单位：N）

等级	1 级	2 级	3 级
极限偏差	$\pm 0.05F$ 最小值 $\pm f \cdot F'$	$\pm 0.10F$ 最小值 $\pm f \cdot F'$	$\pm 0.15F$ 最小值 $\pm f \cdot F'$

注：等级 1，f=2.5mm；等级 2，f=5mm；等级 3，f=7.5mm。

3）弹簧刚度极限偏差：弹簧刚度极限偏差为 ±10% F'，对精度有特殊要求的弹簧可选 ±5% F'。当规定弹簧刚度极限偏差时，一般不再规定指定负荷下高度极限偏差或指定高度下负荷极限偏差。

8. 制造要求

1）热处理：弹簧成形后应进行淬火和回火处理。

2）硬度：除非另有规定，弹簧热处理后的硬度应根据其使用条件、材料和尺寸确定。经淬火、回火后弹簧和/或试棒的抗拉强度和硬度指导值可参照 GB/T 23934—2014 中附录 B。当规定硬度范围时，其范围应不大于 60HBW（6HRC）。

注：考虑材料热处理后的强度性能特别是抗拉强度是否可以满足弹簧设计要求时，可以参见附录 B 常用的弹簧钢的抗拉强度-硬度对应的关系。

3）脱碳：弹簧表面不允许存在有害的脱碳。弹簧表面允许的脱碳层深度应由供需双方按照弹簧的使用要求和材料特性商定。

4）晶粒度：弹簧产品的原奥氏体晶粒度等级一般不低于 6 级，有特殊要求时由供需双方商定。

5）表面质量：弹簧表面不允许有影响使用的折叠、凹槽、裂纹、发纹及氧化皮等有害缺陷。

6）端面加工：支承面部分进行制扁和/或磨削加工时，制扁或磨削的长度约为 3/4 圈，末端厚度约为材料直径的 1/4。

7）喷丸：需要时，喷丸处理可按 GB/T 31214.1 和 JB/T 10802—2007 进行，喷丸强度和覆盖率由供需双方商定。

8）立定处理：进行立定处理时，立定处理的条件由供需双方商定。

9）表面防腐：一般应对弹簧表面采用适当的防腐处理。当有环境要求时的特殊涂层、镀层，由供需双方商定具体处理规定。如表面处理可能产生氢脆，应按照 ISO 9588 进行去氢处理。

8 GB/T 31214.1—2014/ISO 26910-1：2009《弹簧 喷丸 第 1 部分：通则》

1. 范围

该标准规定了弹簧喷丸的一般要求。

弹簧喷丸主要通过引入表层残余压应力，以提高其耐疲劳及抗应力腐蚀开裂的性能。

2. 术语和定义

序号	术 语	符号	解 释
1	喷丸 shot peening		一种用于材料或机械零件表面强化的冷作加工。是用高速的近球形硬粒子流(弹丸流)对表面进行冲击,使表面层产生残余压应力和加工硬化,以提高其抗疲劳强度及抗应力腐蚀开裂的性能
2	喷丸介质 peening media		由金属、玻璃或陶瓷制成的通常是球形或近似球形的用于喷丸强化的硬颗粒,单个颗粒称为丸粒
3	阿尔曼试片 Almen strip		用测量单面喷丸后弯曲变形的大小来评估喷丸强度的长方形金属片
4	阿尔曼试片弧高 Almen arc height	h	在专用量具上测得的阿尔曼试片拱起的高度 注:单位为 mm
5	饱和时间 saturation time	t	增加相同的喷丸时间 t 即总喷丸时间为 $2t$ 时,阿尔曼试片弧高的递增小于 10% 的 t 的最小值
6	喷丸强度 peening intensity		喷丸强度取决于在单位时间内作用于工件单位面积上的动能,由在饱和点处的阿尔曼试片弧高来评定
7	饱和曲线 saturation curve		描述阿尔曼试片弧高随喷丸时间而变化的,直到饱和点的趋势曲线
8	喷丸覆盖率 coverage		喷丸形成的弹痕面积与总测量面积的比率
9	残余应力 residual stress		去除外力和热影响以后保留在被喷材料或零件上的内应力
10	丸粒的粒度分布 particle size distribution		喷丸介质颗粒的尺寸大小分布

（续）

序号	术 语	符号	解 释
11	普通喷丸 ordinary peening		用直径大于0.2mm的丸粒，其阿尔曼试片（A型）弧高在0.15～0.6mm之间的喷丸方式
12	多级喷丸 multi-stage peening		由一系列不同条件的喷丸组成的喷丸方式 注1：名称表明喷丸条件组合的次数。例如，二次喷丸。 注2：二次喷丸强化是最常用的多级喷丸。它通常包括较大丸粒在较高速度下产生的较强的一次喷丸及一次强度适中或较弱的第二次喷丸。第一次喷丸在弹簧表面层产生较高的残余压应力，而最表面的残余压应力较小；第二次喷丸产生较浅的喷丸残余压应力层。这两次喷丸的组合可以使材料从表面到需要的深度上产生一个好的残余压应力分布（场）
13	应力喷丸 stress peening		对弹簧施加与工作负荷力相当的静态力而进行的喷丸方式 注：应力喷丸确保了弹簧在其工作时施加拉伸应力的情况下，能保证预期的残余压应力。例如该技术经常在钢板弹簧上使用
14	热喷丸 hot peening		指钢制弹簧在150～350℃范围内的某一温度下进行的喷丸方式 注：热喷丸基于钢的时效效应，通常有利于得到更高的残余压应力，特别对于硬钢制弹簧
15	重喷丸 heavy peening		使用直径大于0.2mm的丸粒，其阿尔曼试片（A型）弧高大于0.6mm的喷丸方式
16	精细喷丸 fine peening		使用直径不大于0.2mm的丸粒，其阿尔曼试片（A型）的弧高小于0.15mm的喷丸方式
17	X射线应力测定 X-ray stress measurement		以X射线衍射技术测量多晶材料近表面层内应力的方法

3. 喷丸强化流程

（1）概述 在工艺实施之前，应当基于以往的经验和预期的结果确定喷丸方式、喷丸条件、喷丸机类型、非喷丸表面的保护以及喷丸前后的处理。

（2）喷丸方式 喷丸方式应是下列之一：

1）通喷丸。

2）级喷丸。

3）力喷丸。

4）喷丸。

5）精细喷丸。

（3）喷丸条件 喷丸条件应确定以下项目：

1）丸介质的类型。

2）求的阿尔曼试片的类型与阿尔曼试片弧高值 h。

3）指定检验部位和面积（区域）测试的喷丸覆盖率。

4）处理时间，如果供需双方同意，可以指定一个饱和时间 t 的乘法因子来代替阿尔曼试片弧高值 h。对于多级喷丸，应当指明各个阶段的喷丸条件。

注：受喷材料的力学性能通常不一定总是与阿尔曼试片弧高直接对应，因为喷丸的效果会因丸粒的大小和形状，以及受喷材料的硬度而有所变化。

（4）喷丸设备类型 根据喷射丸粒的方法不同，主要有离心式和气喷式两种类型的弹簧喷丸设备。前者适用于用较多丸粒在大面积上同时处理多件弹簧，后者适用于用较少的丸粒对重点部位集中喷射。喷丸设备的选择应考虑弹簧的设计要求。必要时应说明设备的其他具体细节。

（5）非喷丸表面保护 不需要喷丸部分的表面应予以明确的界定，应采取适当保护措施，如用挡板、罩盖或胶带等。

（6）喷丸的前处理和后处理 如需要时，应明确以下要求：

1）清洁、脱脂等。

2）防锈保护、涂层、包装等。

喷丸后的弹簧容易生锈（特别是在潮湿的空气中），应加以防护。

4. 喷丸介质

喷丸介质的类型见表 38-37。

表 38-37 喷丸介质的类型

类型	符号	材料	表观密度 /(10^3 kg/m^3)	形状	公称直径 /mm	硬度 HV
钢丝切丸	CCW	钢	7.65~7.95	圆角圆柱	0.2~3.0	350~850
铸钢丸	SS	铸钢	最小为 7.45	球形	最大为 4.0	200~850
玻璃丸	GB	玻璃	最小为 2.30	球形	最大为 1.0	450~550
陶瓷丸	CB	陶瓷	3.60~3.95	球形	最大为 1.0	500~800

注：1. 为避免喷丸对弹簧产生不可接受的表面损伤，喷丸前可对钢丝切丸进行处理。
2. 若采用钢丝切丸的喷丸，CCW 的特性见表 38-37。

在不造成对工件损害的条件下，可根据供需双方协议选用其他任何球形或近似球形的喷丸介质。

5. 阿尔曼试片

（1）阿尔曼试片类型 阿尔曼试片应是表 38-38 中定义的三种类型之一，形状和尺寸如图 38-13 所示。

表 38-38 阿尔曼试片分类

类型	厚度 s/mm 尺寸	厚度 s/mm 公差	硬度①	平面度公差② /mm	材料
N	0.8	+0.01 -0.04	(72.5~76)HRA	0.025	碳钢：含 0.60%~0.80% 的碳
A	1.3	+0.02 -0.03	(44~50)HRC	0.025	
C	2.4	+0.01 -0.04	(44~50)HRC	0.038	

① GB/T 230.1 金属材料 洛氏硬度试验 第 1 部分（ISO 6508-1，金属材料-洛氏硬度试验-第 1 部分：试验方法）。
② GB/T 1182 产品几何技术规范（GPS）几何公差 形状、方向、位置和跳动公差标注。

（2）阿尔曼试片类型的选取 在同样的喷丸条件下，不同类型的阿尔曼试片具有不同的弧高值，所以，应根据喷丸强度选取相应的阿尔曼试片类型。

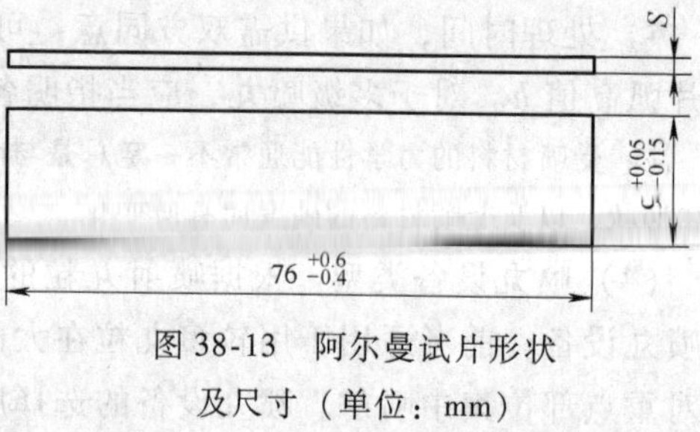

图 38-13 阿尔曼试片形状及尺寸（单位：mm）

通常 A 型阿尔曼试片用于中间范围的喷丸强度，N 型阿尔曼试片用于较低范围喷丸强度，C 型阿尔曼试片用于较高范围喷丸强度。所选用的阿尔曼试片弧高不超过0.6mm。

（3）阿尔曼试片夹具 阿尔曼试片应固定在一个具有相对厚度的钢制夹具上，如图38-14所示。夹具应有一个安装平面并带有紧固螺钉使喷丸时阿尔曼试片面与其保持接触。夹具硬度应不小于57HRC，以免发生早期磨损。螺钉尺寸见表38-39。

表38-39 螺钉尺寸

类型	头部直径 d/mm	
	尺寸	偏差
半圆头螺钉 M5	9	0 -0.6
内六角圆柱头螺钉 M5	8.5	0 -0.36

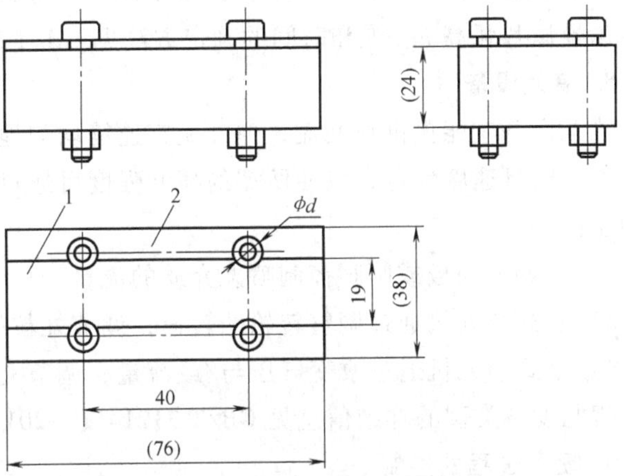

图38-14 阿尔曼试片夹具的形状和尺寸

1—阿尔曼试片 2—夹具 d—头部直径

注：数值仅供参考

6. 测量方法

（1）阿尔曼试片弧高的测量方法 阿尔曼试片弧高 h 应在未喷丸表面进行测量，为中间点e到a、b、c、d四个点定义的参考平面的高度，如图38-15所示。阿尔曼试片弧高应使用分辨率为0.01mm的仪表测量。附录C提供了一个通常使用的测量装置，称为阿尔曼试片弧高度量具。

阿尔曼试片弧高h应在括号中表示试片类型，如下例所示：

示例1：0.35mm（A）：A型阿尔曼试片弧高为0.35mm。

示例2：0.20mm（C）：C型阿尔曼试片弧高为0.20mm。

（2）喷丸覆盖率的评定方法 喷丸覆盖率应检验弹簧表面或由供需双方同意的合适的参照面。覆盖率应按照ISO 31-0的规定圆整到最接近5%的梯级值。

可以通过喷丸表面的放大照片与GB/T 31214.1—2014中附录A的标准照片对比来确定覆盖率。作为补充，经供需双方同意可采用附加试片或试样来评定覆盖率。试片应与弹簧具有相似的硬度，并固定在与阿尔曼试片夹具类似的硬夹具上。其表面最好用软布进行擦拭干净以便于观察。

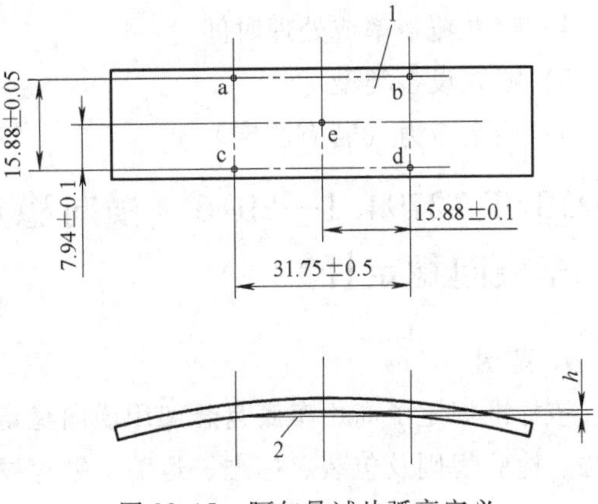

图38-15 阿尔曼试片弧高定义

1—阿尔曼试片 2—基准面 h—弧高

实践中覆盖率值可用于表示喷丸处理的时间。在这种情况下，覆盖率达到100%时的时间长度作为一个单位。覆盖率达到200%时的时间为单位时间长度的两倍，覆盖率达到300%时的时间为单位时间长度的3倍。

7. 饱和时间的确定

只要设备的操作条件保持不变，将喷丸一直进行到达到饱和的时间 t，则可以获得相应的阿尔曼试片弧高 h。饱和时间的确定方法见GB/T 31214.1—2014中附录B。

8. 喷丸设备

喷丸设备应能提供弹丸流，弹丸流宜连续均匀地垂直打在弹簧表面上。针对某一规格弹丸流宜单向且速度恒定，以使所需的喷丸强度可通过调节喷丸时间获得。喷丸设备应具备以下功能：

1）过调节挡板或闸阀控制喷丸介质的流量。

2）心式喷丸机通过调整转轮的转速，调节丸粒的流速。

3）喷式喷丸机通过改变气压与/或流量，调节丸粒的流速。

喷丸设备类型的详细信息见GB/T 31214.1—2014中4.4。

9. 喷丸过程的控制

（1）阿尔曼试片弧高　最初的验证要求至少4个阿尔曼试片完成一个完整的饱和曲线，以便建立喷丸工艺参数，然后在日常重复生产中可以用简化的方法：即只用一个阿尔曼试片来确定喷丸强度是否在公差范围以内。验证程序应由供需双方商定。

（2）喷丸覆盖率　喷丸覆盖率的评估应以适当的时间间隔进行。

10. 残余应力的测量

当供需双方协议要求时，残余应力的测量用于评估喷丸过程的实际改善效果。可采用X射线法进行残余应力的测量。

11. 报告

下列事项应当予以记录并报告（根据顾客要求）：

1）喷丸方式。

2）丸粒类型。

3）阿尔曼试片弧高（目标范围和实际值）。

4）喷丸覆盖率或处理时间。

5）喷丸设备类型。

6）残余应力（若有测定）。

9　JB/T 12794.1—2016《横向稳定杆　技术条件　第1部分：商用车横向稳定杆》

1. 范围

该标准规定了商用车底盘悬架用横向稳定杆（以下简称“稳定杆”）的技术要求、试验方法、检验规则及包装、标志、运输、贮存要求等。该标准适用于商用车横向稳定杆。

2. 术语和符号

（1）稳定杆各部位名称　稳定杆由端头部位、臂部（位）、弯曲部位、杆身部位和支承部位组成，各部分位置如图38-16所示。

（2）稳定杆术语、符号和单位　稳定杆术语、符号和单位见表38-40及图38-17。

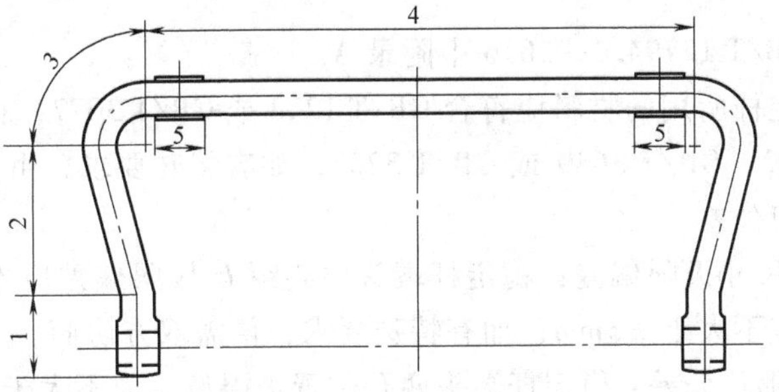

图 38-16　稳定杆各部位名称

1—端头部位　2—臂部（位）　3—弯曲部位　4—杆身部位　5—支承部位

表 38-40　稳定杆术语、符号及单位

术　语	符号	单位
实心或空心稳定杆的直(外)径	d	
空心稳定杆内径	d_1	
端头孔内径	D_1	
端头外径	D_2	
端头中心距	L_1	
垂臂长	L_2	mm
支承区长度	L_3	
弯曲中心距	L_4	
支承中心距	L_5	
端头厚度	b	
弯曲半径	r	
弯曲角度	β	°
侧倾角	α	°
侧倾角为 α 时稳定杆一端相对另一端的变形(位移)	S_α	mm
侧倾角为 α 时稳定杆两端所受的力	F_α	N
刚度	R	N/mm

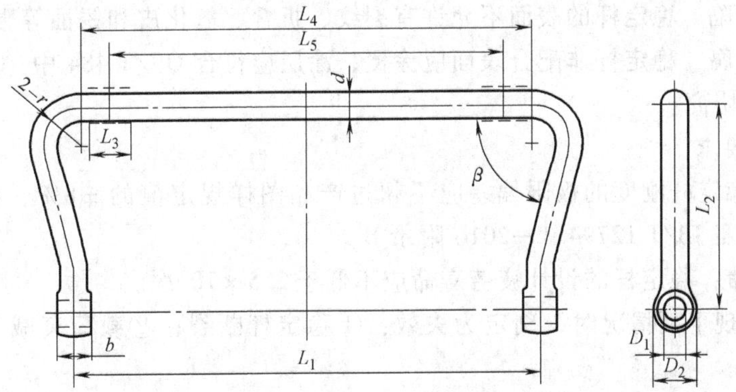

图 38-17　稳定杆主要尺寸符号

3. 技术要求

(1) 产品与图样　产品应按照规定程序批准的图样和技术文件制造，其材料、尺寸、热处理及装配状态应符合产品图样和技术文件的规定。如有特殊要求，由供需双方协商，并在产品图样中注明。

稳定杆图例见 JB/T 12794.1—2016 中附录 A。

（2）材料 稳定杆所用的材料应符合 GB/T 1222 或 GB/T 3077，材料尺寸、外形及允许偏差应符合 GB/T 702、GB/T 3639 或 GB/T 3207，如有特殊要求，由供需双方协商。

（3）尺寸及几何公差

1）稳定杆主要尺寸极限偏差：稳定杆端头中心距 L_1 极限偏差应不大于 ±2mm；稳定杆垂臂长 L_2 极限偏差应不大于 ±3mm；如有特殊要求，供需双方协商。

2）稳定杆主要形位公差：稳定杆端头两孔位置极限偏差应不大于 3mm（图 38-18）；如有特殊要求，供需双方协商。

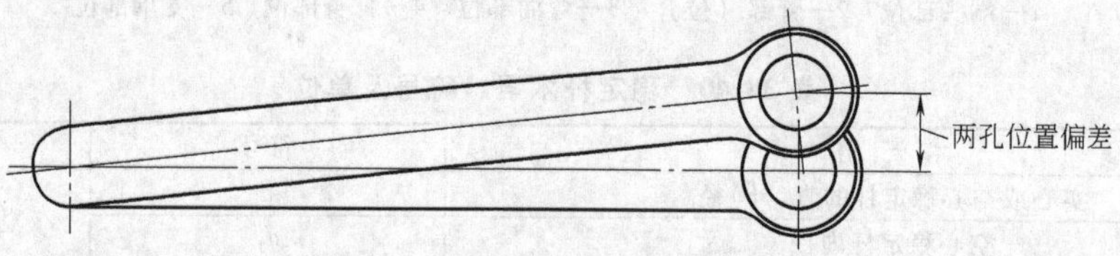

图 38-18 稳定杆端头两空位置偏差

（4）硬度 实心稳定杆表层硬度范围为 42～48HRC（或 397～466HBW），空心稳定杆表层硬度范围为 38～45HRC（352～431HBW），如有特殊要求，由供需双方协商。

（5）脱碳 稳定杆的单边总脱碳层（全脱碳＋部分脱碳）深度不得超过表 38-41 的规定，如有特殊要求，由供需双方协商。

表 38-41 表面单边总脱碳层深度要求

钢种	总脱碳层深度与直（外）径的百分比（%）
硅弹簧钢	≤1.2，最大不超过 0.6mm
其他弹簧钢	≤1.0，最大不超过 0.6mm

（6）喷丸强化 稳定杆热处理后，应进行喷丸强化处理，除端头部位外表面覆盖率应不低于 90%，喷丸强度为 0.3A～0.6A。

（7）表面质量 弹簧表面不得有肉眼可见的有害缺陷。

（8）表面缺陷 稳定杆的表面不允许有裂纹、折叠、氧化皮和锈蚀等影响使用的缺陷。

（9）表面防腐 稳定杆非配合表面应涂覆，涂层应符合 QC/T 484 中 TQ6 的要求，涂层颜色由供需双方协商。

（10）性能要求

1）刚度：稳定杆刚度的极限偏差应不超过产品图样规定值的 ±8%，稳定杆刚度的设计计算公式可参照 JB/T 12794.1—2016 附录 B。

2）疲劳寿命：稳定杆的设计疲劳寿命应不低于 2.5×10^5 次。

当稳定杆出现下列情况时，判定为失效：①稳定杆断裂；②载荷衰减 10%，衬套造成的载荷衰减除外。

稳定杆失效时的循环次数定为稳定杆的疲劳寿命。

10 JB/T 12792—2016《离合器 减振弹簧 技术条件》

1. 范围

该标准规定了汽车离合器减振弹簧的结构型式、技术要求、试验方法、检验规则及包装、标志、运输、贮存等要求。该标准适用于汽车离合器减振用冷卷圆截面圆柱螺旋压缩弹簧（以下简称弹簧），弹簧材料的截面直径范围：0.7～9.5mm。非圆截面材料汽车离合器减振弹簧可参照本标准执行。

2. 术语和定义

GB/T 1805 界定的术语和定义适用于本文件。

3. 结构型式

弹簧端部结构型式按 GB/T 1239.2—2009 中 YI 型。

4. 技术要求

（1）材料

1）根据弹簧设计应力推荐采用表 38-42 所列的材料，也可按供需双方商定的其他材料制造。

表 38-42　弹簧设计应力推荐值

序号	推荐试验切应力	标准号	标准名称
1	≤0.50R_m	GB/T 4357	冷拉碳素弹簧钢丝（GB/T 4357—2009）DM 或 DH 型
2		YB/T 5311	重要用途碳素弹簧钢丝（YB/T 5311—2010）E、F 或 G 组
3	≤0.55R_m	GB/T 18983	油淬火-回火弹簧钢丝（GB/T 18983）TD 或 VD 级

注：1. 抗拉强度 R_m 选取材料标准的下限值。
2. 材料直径 d 小于 1mm 的弹簧，试验切应力取表中公式计算值的 90%。
3. 当试验切应力大于压并应力时，取压并切应力为试验切应力。

2）弹簧材料的质量应符合相应材料标准的有关规定，必须备有材料制造商的质量保证书，并经复检合格后方可使用。

（2）尺寸参数及极限偏差

1）外径或内径：弹簧外径或内径的极限偏差按表 38-43 的规定。

表 38-43　弹簧外径或内径的极限偏差　（单位：mm）

外径或内径尺寸	精度等级	
	1	2
<10	±0.10	±0.15
≥10～30	±0.15	±0.20
≥30	±0.20	±0.25

注：根据需要弹簧外径或内径的极限偏差允许不对称使用，其公差值不变。

2）自由高度：弹簧自由高度的极限偏差按表 38-44 的规定。

表 38-44　弹簧自由高度的极限偏差　（单位：mm）

自由高度	精度等级	
	1	2
<30	±0.15	±0.20
≥30～50	±0.20	±0.25
≥50	±0.30	±0.35

注：1. 根据需要弹簧自由高度的极限偏差允许不对称使用，其公差值不变。
2. 自由高度测量可在表面涂装处理之前进行。

3）总圈数：在满足弹簧自由高度、弹簧特性及工作行程的前提下，可以调整弹簧总圈数。

4）垂直度：两端面经过磨削后，在自由状态下，弹簧外圆素线对两端支承面的垂直度公差按表 38-45 的规定。

表 38-45 弹簧外圆素线对两端支承面的垂直度公差

ZX 精度等级	1	2
垂直度	$0.030H_0(1.7°)$	$0.044H_0(2.5°)$

5）压并高度：压并高度的取值应满足式（38-6）的要求。

$$H_b \leqslant (n_1 - 0.25) \times d_{max} \tag{38-6}$$

式中 H_b——压并高度（mm）；

n_1——弹簧总圈数（圈）；

d_{max}——材料最大直径（材料直径 + 上极限偏差）（mm）。

6）端面磨削：弹簧两端面应磨平，其粗糙度不大于 $Ra6.3\mu m$。磨面角不小于 280°，磨削后端头厚度不小于 $0.10d$，距端头 180°处厚度不小于 $0.60d$。见图 38-19 和图 38-20。

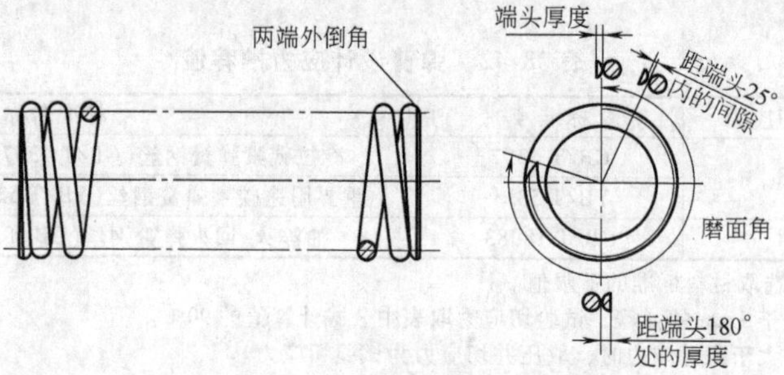

图 38-19 弹簧端部示意图（外弹簧）

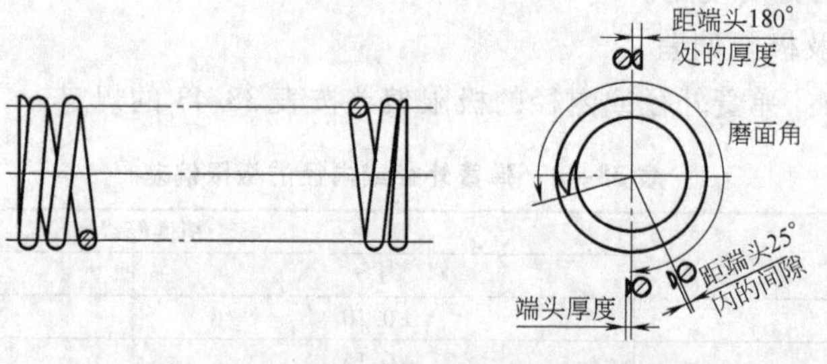

图 38-20 弹簧端部示意图（内弹簧）

7）端面外倒角：对于材料直径大于或等于 $\Phi2.0$mm 且弹簧外径大于等于 $\Phi15$mm 的弹簧，两端应外倒角。外倒角角度 40°～50°；外倒角宽度 $0.125d$～$0.375d$，其中 d 为材料直径。

材料直径小于 $\Phi2.0$mm 或外径小于 $\Phi15.0$mm 的弹簧，允许不外倒角。内外弹簧组合使用时，内弹簧不外倒角。

（3）弹簧特性及极限偏差：

① 指定高度下的负荷，弹簧计算变形量应在全变形量的 20%～90% 之间。负荷极限偏差按表 38-46 的规定。

表 38-46 负荷极限偏差

指定高度时计算变形量/mm	精度等级	
	1	2
$f \leqslant 2$	$\pm0.12F$	$\pm0.15F$
$f > 2$	$\pm0.07F$	$\pm0.10F$

注：负荷测量应在表面处理前进行。

② 弹簧刚度允许不考核。

（4）旋向　弹簧旋向一般为右旋。当有内外弹簧组合使用时，内弹簧与外弹簧旋向相反。

（5）永久变形　弹簧永久变形量不得大于表 38-47 的规定。

表 38-47　弹簧永久变形量　（单位：mm）

项目	精度等级	
	1	2
永久变形	$0.0015H_0$，最小值 0.05	$0.0030H_0$，最小值 0.10

（6）热处理　弹簧在成形后须经去应力退火处理，其硬度值不予考核。

（7）喷丸处理

① 材料直径不小于 Φ1.2mm 的弹簧应经喷丸强化处理。

② 弹簧表面喷丸覆盖率应大于 90%，喷丸强度应在 0.25A～0.60A 范围选取。

（8）表面质量　弹簧表面不得有肉眼可见的有害缺陷。

（9）表面处理　表面处理采用浸防锈油，根据需方要求可以采用浸漆、喷漆等方式。

（10）疲劳寿命　弹簧在室温条件下，疲劳寿命应大于等于 3×10^6 次。

确定弹簧的疲劳寿命时应考虑弹簧的设计应力和疲劳安全系数。设计应力和疲劳安全系数的计算方法参照 GB/T 23935。

当供需双方有其他约定时按约定要求。

（11）其他特殊要求

1）距端头 25°范围内间隙（详见图 1、图 2）

需方有要求时，可规定检测距端头 25°范围内间隙，推荐指标：间隙不大于 0.2mm。

2）热压试验：需方有要求时，当采用油淬火－回火弹簧钢丝制造的弹簧可规定进行热压试验，其试验方法和要求由供需双方协商。

3）加温疲劳试验：需方有要求时，当采用油淬火－回火弹簧钢丝制造的弹簧可规定进行加温疲劳试验，其试验方法和要求由供需双方协商。

11　JB/T 12793—2016《离合器　膜片弹簧　技术条件》

1. 范围

该标准规定了膜片弹簧的结构型式、技术要求、试验方法和检验规则等。该标准适用于机械离合器膜片弹簧（以下简称膜片簧），缓冲器中的膜片簧参照使用。

2. 参数名称、代号及单位（表 38-48 及图 38-19）

表 38-48　参数名称、代号及单位

参数名称	代　号	单　位
膜片簧外径	D	mm
膜片簧内径	d	
膜片簧中封闭环部分的内径	D_m	
膜片簧厚度	t	
膜片簧中封闭环部分的内锥高	h_0	
膜片簧的自由高度	H_0	
膜片簧最大变形量（内锥高）	s_{max}，$s_{max}=(H_0-t)$	
分离指小端宽度	b_1	

（续）

参数名称	代号	单　位
分离指窗孔槽宽度	b_2	mm
膜片簧中封闭环部分的内半径	r	
膜片簧中封闭环部分的外半径	R	
变形量	s	
膜片簧中封闭环部分的变形量	s_1	
膜片簧中舌片部分的变形量	s_2	
分离指数(舌片数)	Z	
工作负荷	F	N

3. 结构型式

（1）膜片簧结构型式　膜片簧结构型式如图 38-21 所示。

（2）膜片簧的窗孔形状　膜片簧外圆部分是由封闭的圆锥体加扇形板条而成，此扇形板称为分离指（又称舌片）。分离指上端部的窗孔有多种形式，常见的如图 38-22 所示。

4. 技术要求

（1）材料

1）材质：膜片簧材质一般用 50CrVA 或 60Si2MnA，其化学成分及物理性能应符合 GB/T 1222 的规定。如采用其他材料时，可由供需双方商定。

2）要求：膜片簧选用的钢带应符合 YB/T 5058 规定，或符合 GB/T 3279 的规定。

3）验收：材料应有材料制造商的质量保证书，并经过复检合格后方可使用。

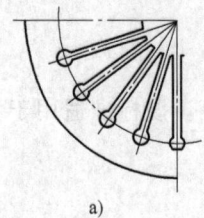

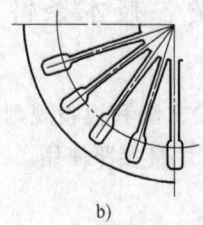

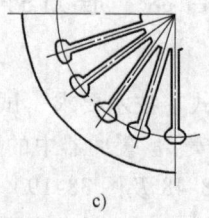

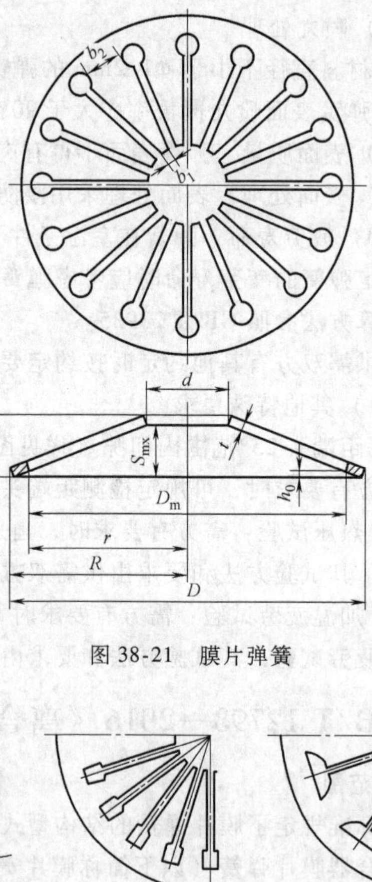

图 38-21　膜片弹簧

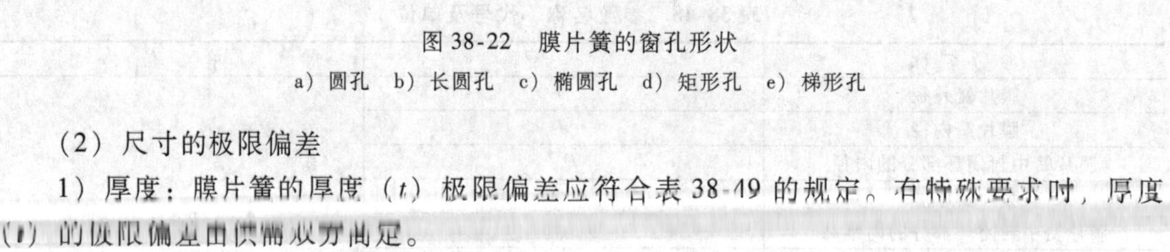

图 38-22　膜片簧的窗孔形状

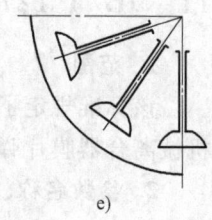

a）圆孔　b）长圆孔　c）椭圆孔　d）矩形孔　e）梯形孔

（2）尺寸的极限偏差

1）厚度：膜片簧的厚度（t）极限偏差应符合表 38-49 的规定。有特殊要求时，厚度（t）的极限偏差由供需双方商定。

2）自由高度：膜片簧自由高度极限偏差应符合表 38-50 的规定。在保证特性要求下，自由高度在制造中可作适当调整，但其公差值不变。

3）直径：膜片簧的内、外径极限偏差按 GB/T 1800.2—2009 中的 H13 和 h13 级的规定。

（3）平面度　膜片簧的封闭部分底面平面度公差为 0.25mm，非接触面圆弧长不应大于圆周长的 1/3。

（4）同轴度　膜片簧的同轴度公差应符合表 38-51 的规定。

表 38-49　膜片簧的厚度（t）极限偏差

（单位：mm）

厚度 t	极限偏差
0.5～1.0	+0.02 -0.03
>1.0～2.3	+0.03 -0.05
>2.3～3.0	+0.04 -0.05
>3.0～4.0	±0.05

表 38-50　膜片簧自由高度极限偏差

（单位：mm）

自由高度(H_0)	极限偏差
<10	+0.20 -0.10
>10～20	+0.20 -0.20
>20～50	+0.10 -0.50
>50～100	±1.50

表 38-51　膜片簧的同轴度

（单位：mm）

外径(D)	同轴度
35～50	0.2
>50～125	0.25
>125～250	0.3
>250～500	0.4

（5）负荷特性极限偏差　根据用户对膜片簧工作区的特性要求，但工作点的负荷极限偏差在 -10%～+20% 范围内。

（6）热处理　膜片簧必须进行淬火、回火处理，淬火次数不得超过两次。

（7）硬度　回火后的膜片簧的封闭部分硬度值应在 71.5～76.8HRA 范围内选取，单膜片簧的硬度值允差在 ±2HRA 范围内。

对分离指端头部分（最大 ϕ70mm）上表面的硬度值要求在 79HRA 以上的，其深度应大于 0.5mm，分离指指端头与封闭部分允许有硬度过渡区，但过渡区内最低硬度不应小于 68.9HRA。

（8）脱碳层深度　经过热处理的膜片簧，其单面脱碳层深度不应大于其厚度的 1%，最大不应大于 0.05mm。

（9）强压处理　膜片簧应进行强压处理，处理方法为：用不小于两倍的 $s=0.75h_0$ 时的负荷压缩膜片簧，持续时间不少于 12h，或短时压缩，压缩次数应不少于 5 次。

（10）表面质量　膜片簧表面不应有毛刺、裂纹及对使用有害的缺陷。

（11）表面防腐处理　膜片簧一般在喷丸清理后浸防锈油，也可根据用户要求进行氧化、磷化、电泳等方法处理。膜片簧不宜进行电镀处理。

（12）疲劳寿命　当有疲劳寿命要求时，疲劳寿命次数可供需双方商定。

12　JB/T 12791—2016《油封弹簧》

1. 范围

该标准规定了油封弹簧的术语和定义、参数、代号和单位、结构型式、要求、检测方法、检验规则及包装、标志、运输和贮存。该标准适用于旋转轴唇形密封圈、往复运动唇形密封圈使用的，接头一端以锥形连接的用圆截面材料冷卷成形的油封弹簧（以下简称弹簧），弹簧材料的截面直径在 0.2～0.6mm 之间。其他油封弹簧可参照执行。

2. 术语和定义

（1）盘扭（twist）　由弹簧首尾连接装配成“○”字形状态后，将弹簧盘扭成“8”字形。

（2）接头区域（jointarea） 弹簧首尾连接的搭接部位。

（3）参数、代号和单位 该标准中的参数名称、说明、代号及单位应按照表 38-52 的要求执行。

表 38-52 标准中参数名称、说明、代号及单位

参数名称	说明	代号	单位
弹簧材料直径	弹簧材料的外径	d	mm
弹簧外径	弹簧展开后弹簧大端的外径	D_2	
有效长度	弹簧展开后去除锥形部分时弹簧的长度	H_x	
自由长度	弹簧展开后成直线状态时弹簧的长度(参考尺寸)	H_0	
初拉力	弹簧在冷卷时形成的内力，其值为弹簧开始产生拉伸变形时所需加的作用力	F_0	N
拉伸 5% 有效长度负荷	F_5 表示弹簧拉伸有效长度的 5% 时的负荷	F_5	
拉伸 10% 有效长度负荷	F_{10} 表示弹簧拉伸有效长度的 10% 时的负荷	F_{10}	
接头间隙	弹簧接头处的未搭接圈数的距离	S	mm

3. 结构型式

弹簧通过绕制成直条后接圆成形，接圆通常有手工接圆和自动接圆机接圆两种方法。弹簧直条和接圆成形的结构型式分别如图 38-23 和图 38-24 所示。

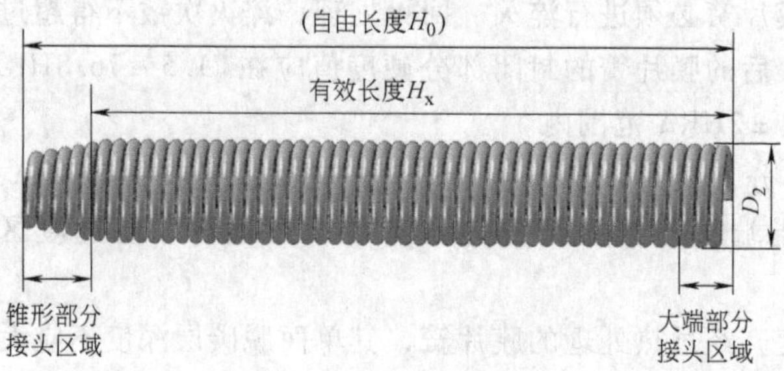

图 38-23 弹簧直条结构型式

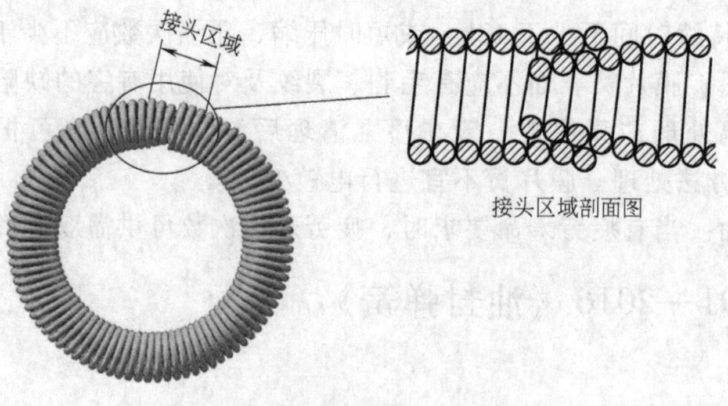

图 38-24 弹簧接圆成形结构型式

4. 材料

一般采用表 38-53 所规定的材料。若需选用其他材料，由供需双方商定。

表 38-53 材料

序号	标准号	标准名称	型/组
1	GB/T 4357	冷拉碳素弹簧钢丝	SH、SM
2	GB/T 24588	不锈弹簧钢丝	A、B

5. 要求

（1）一般要求　弹簧应符合本标准要求，并按照经规定程序批准的图样及技术文件。

（2）外观　弹簧表面应清洁，色泽应均匀，不允许有铁屑和纤维等异物，不得有任何生锈斑点，不应出现明显的波浪、拐点及翘曲现象。

（3）紧密性　弹簧圈与圈之间应紧密无间隙。

（4）尺寸参数及极限偏差

1）弹簧外径：弹簧外径的极限偏差应符合表38-54的规定。

表38-54　弹簧外径的极限偏差　（单位：mm）

弹簧外径(D_2)	极限偏差
$1.0 \leqslant D_2 \leqslant 2.0$	±0.05
$2.0 < D_2 \leqslant 3.8$	±0.10

2）有效长度：弹簧有效长度的极限偏差应符合表38-55的规定。

表38-55　弹簧有效长度的极限偏差　（单位：mm）

弹簧有效长度(H_x)	极限偏差
$H_x \leqslant 100$	±0.5
$100 < H_x \leqslant 200$	±0.7
$200 < H_x \leqslant 400$	±1.0
$400 < H_x \leqslant 600$	±1.5
弹簧有效长度(H_x)	极限偏差
$600 < H_x \leqslant 1200$	±2.0

（5）盘扭　将弹簧盘扭成“8”字形后从300mm高度自由落下，“8”字形消失成“○”字形状态。

（6）接头区域

1）外观

① 接头的两端部，圈与圈之间接触无光线穿透，切断点处无影响弹簧接圆成形的毛刺。

② 接头区域小端旋入大端部分的圈数，应满足3～6圈之间即合格。

2）接头区域处间隙：接头区域处最大间隙应小于$1.5d$。

3）接头区域处膨胀：接头区域膨胀的最大外径应小于或等于弹簧接头部分大端外径$D_2+0.5d$，如图38-25所示。

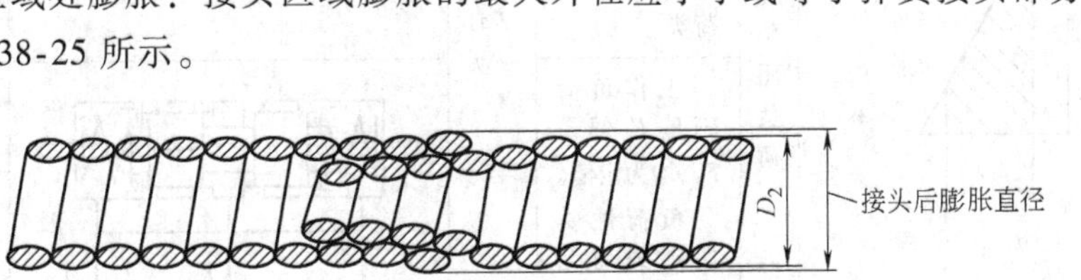

图38-25　接头区域

4）接头区域强度：按照JB/T 12791—2016中8.5.4的要求，保持30s后接头区域应保持不脱落。

（7）初拉力　应符合JB/T 12791—2016中表A.1或表A.2中相对应规格下初拉力的数值及公差的规定。

（8）热处理　弹簧在成形之后需经去应力退火处理，其硬度不予考核。

（9）表面处理　采用GB/T 4357碳素弹簧钢丝材料的弹簧，应浸防锈油进行表面防锈处理，满足中性 NSS 盐雾试验 3h 后基体无红锈；采用 GB/T 24588 不锈弹簧钢丝材料的弹簧，表面不进行处理。弹簧表面处理也可按供需双方商定方法进行。

13 JB/T 3338—2013《液压件圆柱螺旋压缩弹簧 技术条件》

1. 范围

该标准规定了液压元件用圆截面材料等节距圆柱螺旋压缩弹簧的技术要求、试验方法、检验规则、包装、标志、运输、贮存。该标准适用于弹簧材料直径小于等于 16mm 的液压元件用圆柱螺旋压缩弹簧（以下简称弹簧）。

2. 弹簧的术语及定义

GB/T 1805 界定的术语和定义适用于本文件。

3. 典型弹簧分类及负荷特性结构工况

常见典型弹簧分类及负荷特性结构工况，见表 38-56 和 JB/T 3338—2013 中附录 A。

表 38-56 常见典型弹簧分类及负荷特性结构工况

类组		负荷特性		已知条件	结构举例	应用场合
甲	1	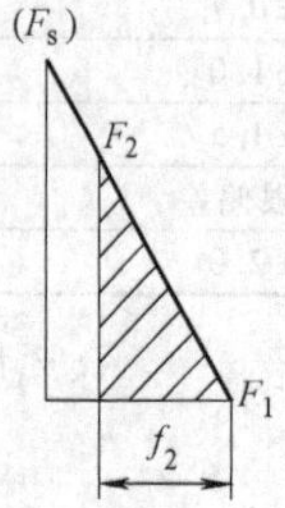	工作负荷 F_1 至 F_2，F_1 为零。 负荷性质属动载荷有限寿命类	F_2 f_2	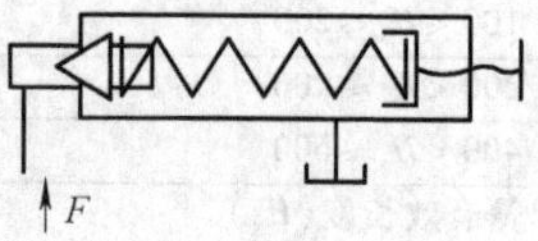	用于阀芯为锥形的调压弹簧
	2				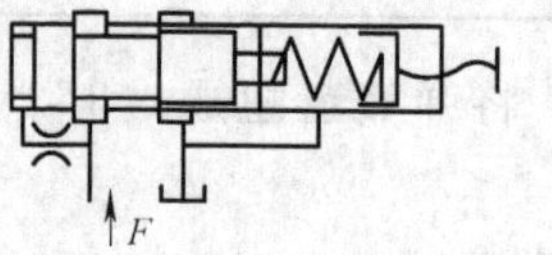	用于阀芯为圆柱形的调压弹簧
乙	1	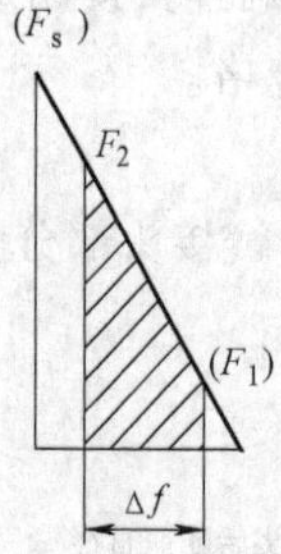	F_1 为安装预压负荷 工作负荷经常在 F_1 至小于 F_2 的某一值，F_2 为可能出现的最大负荷，负荷性质属静载荷类	F_1 F_2 Δf	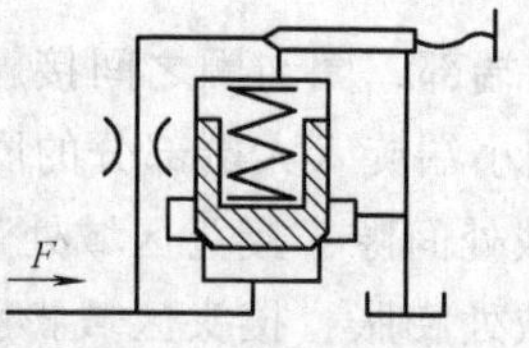	用于先导型压力阀的主阀复位弹簧、调速弹簧和单向阀弹簧等
	2		工作负荷不是 F_1 便是 F_2，均为定值。 负荷性质属动载荷无限寿命类		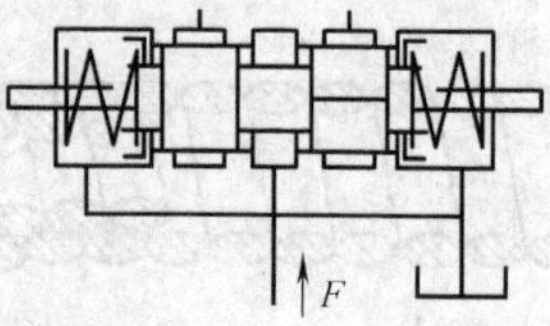	用于换向阀和柱塞泵的柱塞复位弹簧等
丙		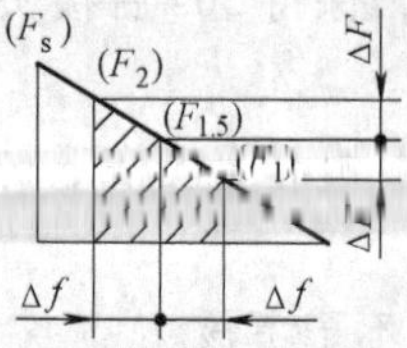	工作负荷在大于 F_1 小于 F_2 之间，$F_{1.5}$ 为安装负荷。要求弹簧特性线性度好。 负荷性质属动载荷类（包括有限寿命和无限寿命）	Δf ΔF	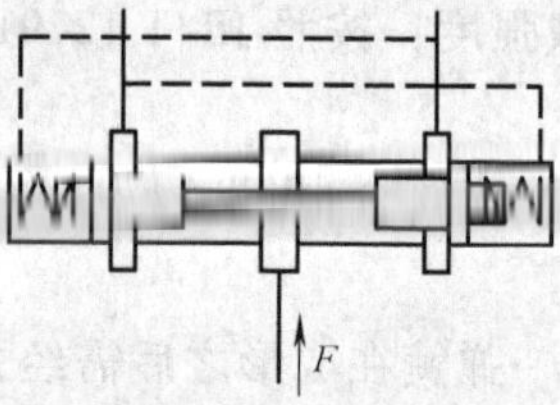	用于比例换向阀和静压式等的滑阀反馈机构对中弹簧等

4. 技术要求

弹簧应符合该标准的要求，并按规定程序批准的图样及技术文件制造。典型类型的弹簧工作图样可参考 JB/T 3338—2013 中附录 A。

（1）材料

1）常用材料：弹簧常用材料及其性能见表 38-57。若选用其他材料，应由供需双方商定。

表 38-57 弹簧常用材料及性能

标准号	材料名称	牌号/组别/型	性能	推荐使用温度/℃
GB/T 4357	冷拉碳素弹簧钢丝	SL、SM、SH	强度高、性能好	-40～150
		DM、DH		
YB/T 5311	重要用途碳素弹簧钢丝	E 组、F 组、G 组	强度高、韧性好	-40～150
GB/T 18983	油淬火-回火弹簧钢丝	FDC、TDC、VDC	VD 用于高疲劳级、FD 用于静态级、TD 用于中疲劳级弹簧	-40～150
		FDCrV-A、TDCrV-A、VDCrV-A		-40～210
		FDSiMn、TDSiMn		-40～250
		FDCrSi、TDCrSi、VDCrSi		-40～250
YB/T 5318	合金弹簧钢丝	60Si2MnA、50CrVA、55CrSiA	强度高、较高的疲劳性	-40～250
GB/T 24588	不锈弹簧钢丝	12Cr18Ni9、06Cr19Ni9、06Cr17Ni12Mo2、07Cr17Ni7Al	耐腐蚀、耐高温、耐低温	-200～290
GB/T 21652	铜及铜合金线材	QSi3-1、QSn4-3	较高的耐蚀性和防磁性	-250～120

2）材料要求：弹簧材料的质量应符合相应材料标准的有关规定，必须备有制造商的质量证明书，并经复检合格后方可使用。

（2）热处理

1）硬度。

① 用不需淬火的弹簧钢丝、硬状态的铜及铜合金线材和不锈弹簧钢丝卷制的弹簧，应进行去应力退火处理或时效处理，其硬度不予考核。

② 经淬火、回火处理的弹簧，淬火次数不得超过二次，回火次数不限。其硬度值在 44～52HR 范围内选取，同一批弹簧的硬度范围应不超过 5HRC。

2）脱碳。经淬火、回火处理的弹簧，其单边总脱碳层深度，允许在原材料标准规定的脱碳深度的基础上再增加材料直径的 0.25%。

（3）永久变形 将弹簧用试验负荷压缩三次后，其永久变形应不大于自由高度 H_0 的 0.25%。

（4）弹簧特性及极限偏差

1）弹簧特性：弹簧特性应符合表 3 下①或②条规定，一般不同时选用。特殊需要时，由供需双方商定。为满足不同类组弹簧的规定要求，弹簧制造时，可根据表 38-58 的规定，选择可调整参数。有关参数计算参见 JB/T 3338—2013 附录 B。

表 38-58 弹簧可调整参数

类组	规定要求	可调整参数
甲类 乙类	给出一点负荷及指定负荷下的高度	自由高度
	给出一点负荷及指定负荷下的高度、自由高度	有效圈数、材料直径或 有效圈数、弹簧直径（外径、内径）
丙类	给出二点负荷及该两个指定负荷下的高度	自由高度、有效圈数、材料直径或 自由高度、有效圈数、弹簧直径（外径、内径）

① 在指定高度或变形量下的负荷，弹簧变形量应在试验负荷下变形量的 20% ~80%之间。

② 图样规定需要测量弹簧刚度时，弹簧变形量应在试验负荷下变形量的 30% ~70%之间。

2）极限偏差。弹簧负荷或刚度的极限偏差按表 38-59。特殊要求的弹簧，负荷允许偏差可以单向选取，其公差值应符合表 38-59 的规定。

表 38-59 弹簧负荷或刚度的极限偏差

类组		有效圈数 n/圈		
		>2 ~4	>4 ~10	>10
甲	1	±0.12F_2	±0.10F_2	±0.08F_2
	2			
乙	1	±0.12F_1	±0.10F_1	±0.08F_1
		±0.12F_2	±0.10F_2	±0.08F_2
	2	±0.12F_1	±0.10F_1	±0.08F_1
		±0.08F_2	±0.06F_2	±0.05F_2
丙		—	±0.06F'	±0.05F'

注：甲类弹簧负荷是指定变形量下的负荷。

（5）弹簧尺寸的极限偏差

1）弹簧直径（外径或内径）的极限偏差见表 38-60。

表 38-60 弹簧直径（外径或内径）的极限偏差 （单位：mm）

类组		旋绕比 C		最小值
		≥3 ~8	>8 ~16	
甲	1	±0.010D[a]	—	±0.20
	2			
乙	1	±0.015D[a,b]		
	2			
丙		±0.010D[a]		

[a] 按照工况需要，弹簧外径或内径的极限偏差可单向使用，其公值应符合本表的规定。凡采用单向偏差，在计算变形量和切应力时，应将基本尺寸加或减公差值之半，作为计算依据。

[b] 乙类弹簧外径或内径有特殊要求时可按 ±0.010D 制造。

2）弹簧自由高度的允许偏差见表 38-61。当图样要求测量两点或两点以上指定高度下的负荷时，自由高度作为参考。甲类弹簧有特殊要求时，自由高度偏差可以单向选取，其公差值应符合表 38-61 的规定或与顾客协商。

表 38-61 弹簧自由高度的允许偏差 （单位：mm）

类组		自由高度 H_0				最小值
		>20 ~50	>50 ~80	>80 ~120	>120	
甲	1	±0.5	±0.8	±1.2	±2.0% H_0	—
	2					
乙	1	不予考核				
	2					
丙		±0.015H_0				±0.5

（6）弹簧圈数和支承圈

1）弹簧总圈数的允许偏差见表 38-62。

表 38-62 弹簧总圈数的允许偏差 （单位：圈）

总圈数 n_1	允许偏差
≤10	±0.25
>10~20	±0.50
>20~50	±1.00

2）弹簧总圈数与有效圈数之差为支承圈数，支承圈不少于 2 圈。一般总圈数不为整数，建议总圈数尾数为 0.5 圈。

3）支承圈的端头与邻圈贴合。当不能贴合时，其间隙允许偏差见表 38-63。

表 38-63 间隙允许偏差 （单位：mm）

类组		旋绕比 C	
		≥3~8	>8~16
甲	1	≤0.1	—
甲	2	≤0.2	—
乙		≤0.3	≤0.5
丙		≤0.3	—

注：特殊弹簧端头间隙由供需双方商定。

4）支承圈的端面磨削部分应不少于端圈周长的 3/4 圈。不允许有影响使用的毛刺及锐边，端头厚度不小于材料直径的 1/8。磨削面的表面粗糙度 Ra 应小于等于 6.3 μm。当材料直径小于等于 0.5mm 并且旋绕比 C 大于 10 时，允许不磨削两端面。

5）需要时弹簧可内（或外）倒角，但应在图样上注明。

（7）垂直度 两端面经过磨削的弹簧，在自由状态下，弹簧外圆素线对两端支承面的垂直度见表 38-64。当高径比 $b>5$ 时应考核直线度，直线度要求按理论垂直度要求之半。

表 38-64 弹簧外圆素线对两端支承面的垂直度 （单位：mm）

甲、乙、丙	
高径比 b	
≤3	>3~5
≤0.017H_0	≤0.025H_0
最小值 0.5	

（8）压并高度 弹簧的压并高度原则上不作规定。当弹簧要考核压并高度时，必须在图样上注明。

对端面磨削 3/4 圈的弹簧，当需要规定压并高度时，按式（38-7）计算。

$$H_b \leqslant n_1 \times d_{max} \tag{38-7}$$

式中 H_b——压并高度（mm）；

n_1——总圈数，单位为圈；

d_{max}——材料最大直径（材料直径+极限偏差的最大值）（mm）。

对两端不磨削的弹簧，当需要规定压并高度时，按式（38-8）计算。

$$H_b \leqslant (n_1 + 1.5) \times d_{max} \tag{38-8}$$

式中 H_b——压并高度（mm）；

n_1——总圈数，单位为圈；

d_{max}——材料最大直径（材料直径+极限偏差的最大值）（mm）。

（9）喷丸强化处理 对于材料直径大于 1.2mm，且弹簧的间距大于 1.0mm 的弹簧可进行喷丸强化处理。喷丸强度在0.15A～0.5A范围内选取，喷丸覆盖率≥90%。

(10) 表面处理　表面处理应在弹簧图样中注明，表面处理的介质、方法应符合相应的环境保护法规。应尽量避免采用可能导致氢脆的表面处理．对于有无限疲劳寿命要求或高应力设计的弹簧在满足防腐性能条件下优先采用上防锈油。

(11) 其他要求　弹簧有特殊要求时，由供需双方协议规定，可选择强压处理、无损检测、疲劳寿命等。

该标准未规定的其他要求按GB/T 1239.2的规定。

14　JB/T 6653—2013《扁形钢丝圆柱螺旋压缩弹簧》

1. 范围

该标准规定了扁形钢丝圆柱螺旋压缩弹簧的技术要求、试验方法、检验规则、尺寸系列、色标、标志、包装、运输和贮存。该标准适用于扁形钢丝冷卷制造的两端并紧磨平的等节距圆柱螺旋压缩弹簧（以下简称弹簧）。

2. 术语和定义

GB/T 1805界定的以及下列术语和定义适用于本文件。

(1) 窝孔直径 Hole diameter D_{min}　安装弹簧的孔直径，主要起外导向作用防止弹簧在使用过程中移动。

(2) 心轴直径 Rod diameter d_{max}　安装弹簧的轴直径，主要起内导向作用防止弹簧在使用过程中移动。

3. 产品分类、代号、标记、形状及安装结构

(1) 产品分类、代号及色标　弹簧按其承受负荷类型分类、代号及色标按表38-65规定。

(2) 标记　弹簧的标记由类型代号、窝孔直径、自由高度和标准编号组成。规定如下：

类型代号	窝孔直径×自由高度	标准编号
□	$D_{min} \times H_0$	JB/T 6653

示例1：轻型 $D_{min}=25mm$，$H_0=50mm$：

弹簧 L25×50　JB/T 6653。

示例2：重型 $D_{min}=50mm$，$H_0=250mm$：

弹簧 H50×250　JB/T 6653。

(3) 弹簧的形状及安装结构　弹簧的形状及安装结构按图38-26所示。

表38-65　弹簧按其承受负荷类型分类、代号及色标

负荷类型	代号	色标
轻型	L	蓝
中型	M	红
重型	H	棕黄
超重型	EH	绿

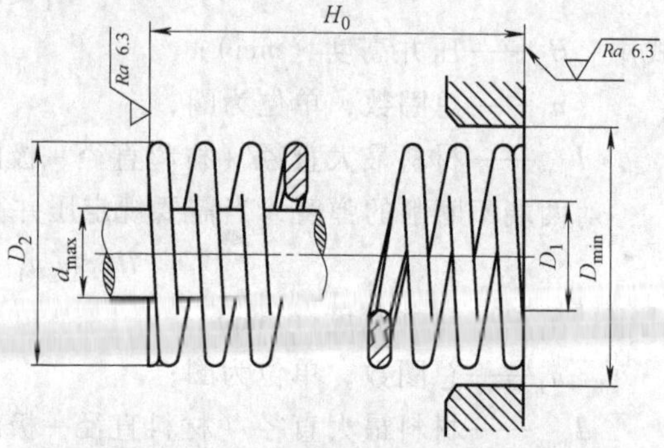

图38-26　弹簧的形状及安装结构

4. 技术要求

弹簧应符合本标准的要求，并按经规定程序批准的弹簧图样及技术文件制造。

（1）材料

1）弹簧材质的采用按表 38-66 的规定。若采用其他材料时，可由供需双方商定。

2）弹簧材料的质量应符合相应材料标准的有关规定，材料必须备有材料制造商的检，验质量证明书并经弹簧制造商复验合格后方可使用。

表 38-66 弹簧材质的采用

序号	材料牌号	标准号	标准名称
1	65Mn 50CrVA 55SiCrA $60Si_2MnA$	GB/T 1222	弹簧钢
2	65Mn 82B	GB/T 4357	冷拉碳素弹簧钢丝
3	50CrVA 55SiCrA $60Si_2MnA$	YB/T 5318	合金弹簧钢丝
4	65Mn 50CrVA 55SiCrA	GB/T 18983	油淬火-回火弹簧钢丝

（2）弹簧的尺寸允许偏差

1）弹簧外径和内径：弹簧外径极限偏差和弹簧内经允许偏差不同时使用，弹簧外径的极限偏差为 $D_{2}{}_{-0.5}^{0}$，弹簧内径的极限偏差为 $D_{1}{}_{+0.1}^{+0.7}$。

2）自由高度：弹簧自由高度的极限偏差按表 38-67 的规定。

表 38-67 弹簧自由高度的极限偏差 （单位：mm）

自由高度 H_0	极限偏差
25 ~ 63	±3.0% H_0
75 ~ 115	±2.5% H_0
125 ~ 300	±2.0% H_0

3）节距均匀度：将弹簧压缩到 JB/T 6653—2013 中表 38-68 ~ 表 38-71 的规定值时，其正常有效圈不得接触。

4）垂直度：在自由状态下，弹簧外圆素线对两端支承面的垂直度不大于 $0.05H_0$（2°52′）。

（3）热处理

1）用不需淬火的弹簧钢丝卷制的弹簧，均必须进行去应力退火处理，其硬度不予考核。

2）需经淬火、回火处理的弹簧，其硬度值在 42 ~ 52HRC 范围内选取，同一批弹簧的硬度范围应不超过 5HRC。淬火次数不应超过两次，回火次数不限。

3）脱碳。经淬火、回火处理后的冷卷弹簧，其单边脱碳层的深度，允许在原材料标准规定的脱碳深度上再增加材料厚度的 0.25%。

（4）弹簧特性 弹簧的特性应满足 JB/T 6653—2013 中表 38-68 ~ 表 38-71 的规定值要求，其负荷允许偏差应在规定值负荷的 ±10% 范围内，最大值负荷供参考。

（5）永久变形 弹簧的永久变形不得大于自由高度 H_0 的 1%。

（6）外观 弹簧表面应光滑，不得有有害缺陷。

（7）色标 弹簧表面色标按表 38-68 规定。

（8）其他 根据需要，由供需双方协商规定。

5. 尺寸系列

1）轻型负荷见 JB/T 6653—2013 中表 4。

2）中型负荷见 JB/T 6653—2013 中表 5。

3）重型负荷见 JB/T 6653—2013 中表 6。

4）超重负荷见 JB/T 6653—2013 中表 7。

15 JB/T 6655—2013《耐热圆柱螺旋压缩弹簧 技术条件》

1. 范围

该标准规定了用圆截面材料冷卷或热卷的耐热圆柱螺旋压缩弹簧的技术要求、试验方法、检验规则及包装、标志、运输、贮存要求。该标准适用于工作温度在 200～550℃ 的冷卷或热卷耐热圆柱螺旋压缩弹簧（以下简称弹簧）。

2. 术语和定义

GB/T 1805 和 GB/T 10120 界定的术语和定义适用于本文件。

3. 结构型式

弹簧端部结构型式见表 38-68。

表 38-68 弹簧端部结构型式

代号	简图	端部结构型式
YⅠ RYⅠ	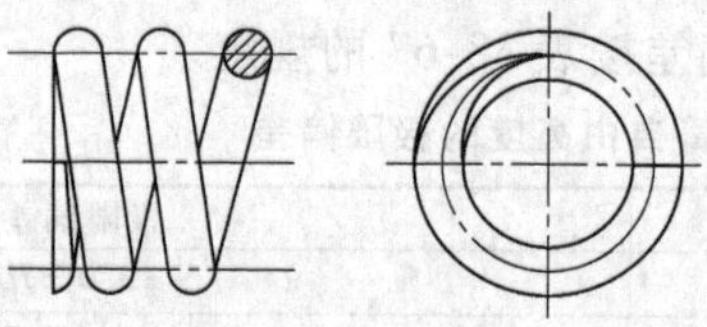	两端圈并紧磨平
YⅡ	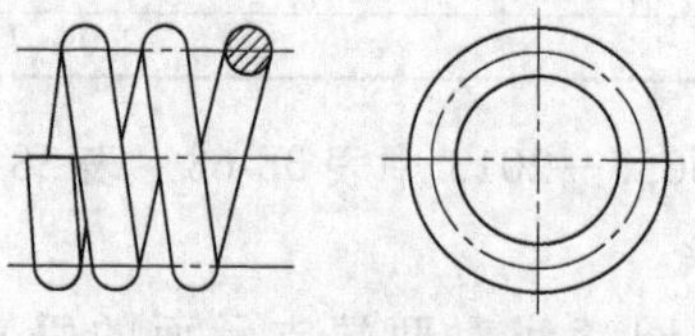	两端圈并紧不磨
YⅢ	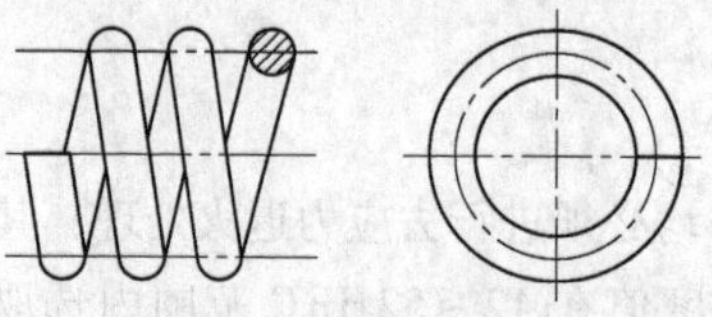	两端圈不并紧
RYⅡ	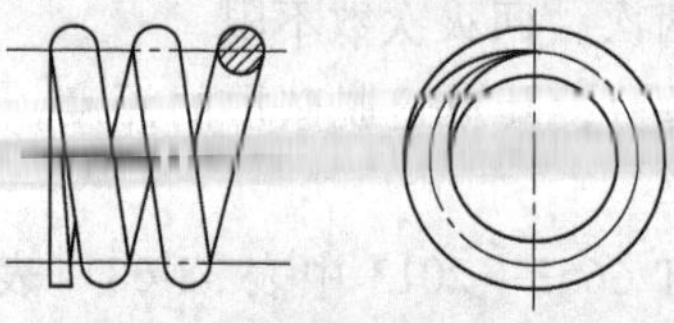	两端圈制扁并紧、不磨或磨平

注：代号 YⅠ、YⅡ、YⅢ、为冷卷弹簧；RYⅠ、RYⅡ为热卷弹簧。

4. 技术要求

弹簧应符合本标准要求，并按经规定程序批准的弹簧图样及技术文件制造，弹簧图样见标准附录 B。

（1）材料

1）弹簧材料推荐采用的牌号及最高工作温度见表 38-69，弹簧用高温合金材料推荐采用的牌号及力学性能见 JB/T 6655—2013 中附录 A。若选用其他材料时，可由供需双方协议规定。

2）弹簧材料的质量应符合材料标准的有关规定，必须备有材料供应商的质量证明书，并经复验合格后方可使用。

表 38-69　弹簧材料推荐采用的牌号及最高工作温度

钢种	牌号	推荐使用最高工作温度/℃
油淬火-回火弹簧钢丝 （GB/T 18983）	50CrVA	250
弹簧钢 （GB/T 1222）	50CrVA 60Si2CrVA 30W4Cr2VA	250 250 500
合金工具钢 （GB/T 1299）	3Cr2W8V	500
高速工具钢 （GB/T 9943）	W6Mo5Cr4V2 W18Cr4V	500 550
不锈钢棒 （GB/T 1220）	07Cr17Ni7Al 07Cr15Ni7Mo2Al	300 400

注：切变模量 G 值随温度的升高而变化，不同的工作温度 G 值的选取可查相关技术文件。

（2）极限偏差等级　弹簧尺寸和特性的极限偏差分为 1、2、3 三个等级，各项目的等级应根据使用需要，分别独立选定。

（3）尺寸及极限偏差

1）内径或外径：

① 冷卷弹簧内径或外径的极限偏差按表 38-70 所列的规定。

② 热卷弹簧内径或外径的极限偏差按表 38-71 所列的规定。

表 38-70　冷卷弹簧内径或外径的极限偏差　（单位：mm）

旋绕比 C （$C=D/d$）	精度等级		
	1	2	3
≥3～8	±0.010D,最小±0.15	±0.015D,最小±0.20	±0.025D,最小±0.40
>8～15	±0.015D,最小±0.20	±0.020D,最小±0.30	±0.030D,最小±0.50
>15～22	±0.020D,最小±0.30	±0.030D,最小±0.50	±0.040D,最小±0.70

表 38-71　热卷弹簧内径或外径的极限偏差　（单位：mm）

自由高度 H_0	精度等级					
	1		2		3	
≤250	±0.010D	最小±1.0	±0.015D	最小±1.5	±0.020D	最小±2.0
>250～500		最小±1.5		最小±2.0		最小±2.5
>500		最小±2.0		最小±2.5		最小±3.0

2）自由高度：冷卷弹簧自由高度的极限偏差按表 38-72 的规定，热卷弹簧自由高度的极限偏差按表 38-73 的规定。当弹簧有特性要求时，自由高度作为参考。

表 38-72 冷卷弹簧自由高度的极限偏差 （单位：mm）

旋绕比 C ($C=D/d$)	精度等级		
	1	2	3
≥3～8	±0.010H_0，最小±0.20	±0.020H_0，最小±0.50	±0.030H_0，最小±0.70
>8～15	±0.015H_0，最小±0.50	±0.030H_0，最小±0.70	±0.040H_0，最小±0.80
>15～22	±0.020H_0，最小±0.60	±0.040H_0，最小±0.80	±0.060H_0，最小±1.0

表 38-73 热卷弹簧自由高度的极限偏差 （单位：mm）

精度等级	1	2	3
允许偏差	±0.015H_0，最小±2.0	±0.020H_0，最小±3.0	±0.030H_0，最小±4.0

3）总圈数：当未规定弹簧特性要求时，总圈数的极限偏差为±1/4圈；当规定弹簧有特性要求时，总圈数的极限偏差不作规定。

4）垂直度：两端面经过磨削的弹簧，在自由状态下，弹簧外圆素线对两端支承面的垂直度，见表38-74。

表 38-74 外圆素线对两端支承面的垂直度 （单位：mm）

精度等级	1	2	3
垂直度	0.02H_0	0.035H_0	0.05H_0

5）直线度：YⅡ、YⅢ、RYⅡ型式的弹簧和两端面经过磨削的弹簧且高径比 $b>5$ 时，其直线度按表38-75规定。

表 38-75 直线度 （单位：mm）

精度等级	1	2	3
直线度	0.01H_0	0.02H_0	0.03H_0

6）节距均匀度：等节距的弹簧在压缩到全变形量的80%时，有效圈不应相互接触。弹簧压缩到全变形量80%的负荷应不大于试验负荷。

7）压并高度：弹簧的压并高度一般不作规定。当规定压并高度时，冷卷弹簧的压并高度应符合GB/T 1239.2的规定；热卷弹簧的压并高度应符合GB/T 23934的规定。

（4）弹簧特性及极限偏差 弹簧特性的极限偏差根据供需双方协议，允许不对称使用，其公差值不变。

1）弹簧特性：弹簧特性应符合a）、b）、c）的规定。一般不同时选用，有特殊需要时，由供需双方商定。

a）在指定高度下的负荷，弹簧的变形量应在试验负荷下变形量的20%～80%之间。要求1级精度时，指定高度下负荷的变形量应大于4mm。

b）在指定负荷下的高度，其对应的变形量应在试验负荷下变形量的20%～80%之间。

c）在弹簧刚度有要求时，其变形量应在试验负荷下变形量的30%～70%之间。

2）极限偏差：

① 指定高度下的负荷的极限偏差按表38-76所列的规定。

表 38-76 指定高度下的负荷的极限偏差

有效圈数 n	精度等级		
	1	2	3
≥3	±0.05F	±0.10F	±0.15F

② 指定负荷下的高度的极限偏差按表 38-77 的规定。

表 38-77 指定负荷下的高度的极限偏差

有效圈数 n	精度等级		
	1	2	3
≥3	±0.05f	±0.10f	±0.15f

③ 弹簧刚度的极限偏差为±10%。有特殊要求时，弹簧刚度可选±5%。

（5）永久变形 弹簧成品的永久变形应不大于自由高度的 0.5%。

（6）端圈加工 冷卷弹簧的端圈加工应符合 GB/T 1239.2 的规定；热卷弹簧的端圈加工应符合 GB/T 23934 的规定。

（7）热处理

1）对采用油淬火-回火弹簧钢丝材料冷卷的弹簧成形后，需经去应力退火处理，其硬度不予考核。

2）对采用 GB/T 1222 弹簧钢、GB/T 1299 合金工具钢和 GB/T 9943 高速工具钢材料的冷卷弹簧和热卷弹簧成形后，应进行淬火、回火处理。淬火次数不得超过两次，回火次数不限。

3）对采用不锈钢材料的冷卷弹簧和热卷弹簧成形后，应按材料的热处理规范进行处理。

（8）硬度 对采用符合 GB/T 1222 弹簧钢、GB/T 1299 合金工具钢和 GB/T 9943 高速工具钢材料的弹簧，经淬火、回火后的硬度，一般情况在 42～52HRC（或 392～535HBW）范围内选取，对采用符合 GB/T 1220 不锈钢棒材料的弹簧按热处理规范选取。同一批弹簧的硬度范围应不超过 5HRC（或 50HBW）。

（9）脱碳 对采用热轧圆钢的弹簧，经淬火、回火处理后其单边脱碳层（全脱碳+部分脱碳）的深度，允许为原材料标准规定的脱碳深度再增加材料直径的 0.2%。

对采用银亮钢的弹簧，淬火、回火后不允许有全脱碳，部分脱碳的深度应小于 0.1mm + 0.5%d，并且脱碳的最大深度应不大于 0.3mm。

（10）加温强压处理 弹簧加温强压处理温度应根据材质允许使用温度范围来确定，时间一般不少于 3h，或者按照图样的技术要求实施。

弹簧加温强压处理后，其自由高度应符合图样要求。

（11）热松驰试验 弹簧热松驰试验在加温强压处理后进行。热松驰试验后的负荷损失率应符合图样要求。

（12）表面质量 冷卷弹簧表面质量应符合 GB/T 1239.2 的规定。

热卷弹簧表面质量应符合 GB/T 23934 的规定。

（13）表面处理 冷卷弹簧表面处理应符合 GB/T 1239.2 的规定。

热卷弹簧表面处理应符合 GB/T 23934 的规定。

（14）其他要求 根据需要由供需双方协议规定。

16 ISO 11891：2012《热卷螺旋压缩弹簧技术条件》

1. 范围

该标准规定了圆截面钢棒热卷成形后，经淬火、回火处理的普通圆柱螺旋压缩弹簧

（以下简称弹簧）的材料、结构型式、弹簧特性、公差、制造要求和试验方法等内容。

该标准适用于下列尺寸范围的弹簧：①自由高度≤900mm；②旋绕比为3～12；③高径比为0.8～4；④有效圈数≥3圈；⑤节距<0.5D；⑥材料直径为8～60mm；⑦弹簧中径≤460mm。

该标准不适用于特殊的性能要求的螺旋弹簧，如铁路弹簧和汽车悬架弹簧。

2. 术语和定义

ISO 26909界定的术语和定义适用于本文件。

3. 符号和单位

表38-78的符号和单位适用于本文件。

表38-78 符号和单位

符号	名称	单位
D	弹簧中径	mm
D_e	弹簧外径	mm
d	材料直径	mm
d_{max}	材料最大直径	mm
F	弹簧负荷	N
L_c	压并高度	mm
L_0	自由高度	mm
n_t	总圈数	—
R	刚度	N/mm
s	变形量	mm
e_1	垂直度	mm
e_2	平行度	mm

4. 材料

（1）材料选用　推荐选用ISO 683-14规定的材料制造弹簧，选用其他材料时由供需双方协商。

（2）材料直径和极限偏差

1）热轧棒料：推荐选用的热轧棒料直径极限偏差按ISO 1035-4的规定，有特殊要求的由供需双方协商。

2）冷加工（冷拉、车削、剥皮、磨削或其组合加工）棒料：推荐选用的冷加工棒料的直径极限偏差按表38-79的规定，其他直径极限偏差要求由供需双方协商。

表38-79 冷加工棒料的直径极限偏差

（单位：mm）

直径	极限偏差
$8 \leqslant d < 12.5$	±0.06
$12.5 \leqslant d < 26$	±0.08
$26 \leqslant d < 48$	±0.10
$48 \leqslant d \leqslant 60$	±0.15

5. 弹簧结构

1）旋向：弹簧的旋向一般为右旋（顺时针方向）。若弹簧的旋向要求左旋（逆时针方向）时，应将“左旋”要求在设计图样上注明。

组合弹簧的旋向应右旋和左旋相互交替配置，但外层弹簧一般为右旋。

2）端部结构型式：弹簧端部一般结构的型式如图38-27所示。若在设计图样上只给出一个结构型式，则适用于弹簧的两个端部。两种端部组合，如图38-27a）和图38-27b）是可能的。

6. 弹簧特性

（1）概述　供需双方应按（2）或（3）的规定选择指定负荷下的高度或指定高度下的负荷。

（2）指定负荷下的高度　通常对弹簧指定一点负荷下的高度，如需指定两点或两点以上负荷下的高度，则由供需双方协商。指定负荷下的变形量宜在全变形量的20%～80%之间。

（3）指定高度下的负荷　通常对弹簧指定一点高度下的负荷，如需指定两点或两点以上高度下的负荷，则由供需双方协商。指定高度下的变形量宜在全变形量的20%～80%之间。

（4）弹簧刚度　弹簧轴向刚度是单位长度的变形下需要的力。弹簧轴向刚度由全变形

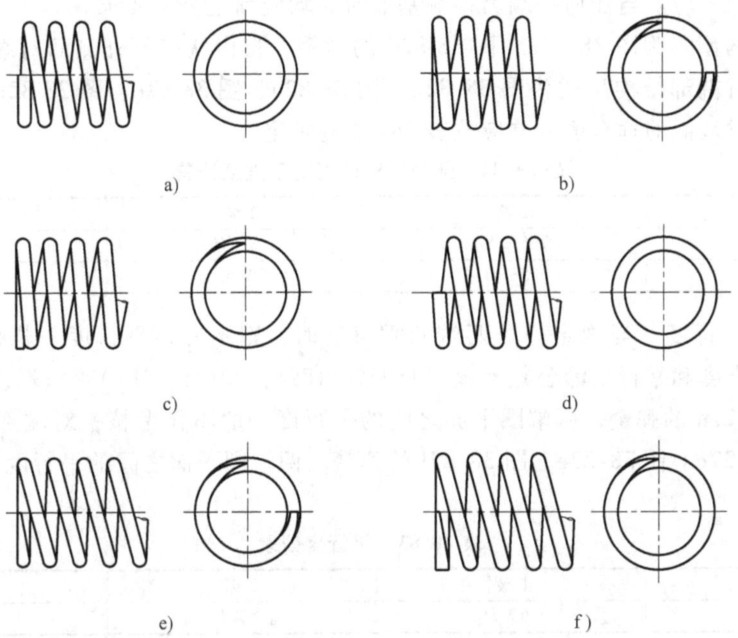

图 38-27 弹簧端部结构型式

a）并紧（不磨） b）并紧（磨平） c）并紧（制扁）

d）开口（不磨） e）开口（磨平） f）开口（制扁）

量30% ~70%之间两点负荷差与其对应变形量差之比确定。

7. 弹簧尺寸和特性的极限偏差

（1）总则 弹簧尺寸和特性极限偏差分为三级。这些等级可以每个参数选择独立选取（参见7.2到7.9）。计算数值按ISO 80000-1的规定圆整。

（2）自由高度 当规定指定高度下负荷或指定负荷下高度的弹簧特性时，自由高度 H_0 仅作参考。若不规定指定高度下负荷或指定负荷下高度的弹簧特性时，自由高度的极限偏差应 ±x% L_0 的，同一级别应取表38-80中计算值与最小值间绝对值较大者。

表 38-80 自由高度极限偏差 （单位：mm）

等级	1级	2级	3级
极限偏差	±1.5% H_0 最小值±2.0	±2% H_0 最小值±3.0	±3% H_0 最小值±4.0

（3）弹簧直径 应根据用途考核弹簧外径或内径，其极限偏差见表38-81，同一级别下应取表38-81中计算值与最小值间绝对值较大者。

表 38-81 弹簧外径或内径极限偏差 （单位：mm）

等级	1级	2级	3级
极限偏差	±1.25% D 最小值±2.0	±2.0% D 最小值±2.5	±2.75% D 最小值±3.0

（4）总圈数 当规定弹簧特性时，弹簧总圈数仅作参考。若不规定弹簧特性时，总圈数的极限偏差为±1/4圈。

（5）垂直度 弹簧可考核两端垂直度或考核一端为基准的垂直度与平行度（见ISO

11891：2012 中图 2）。当任何一端为检测基准时，均应满足公差要求。

对端部结构型式为图 38-82a、图 38-82d 的弹簧，自由状态下外侧面对端面的垂直度一般不作考核；对端部结构型式为图 38-82b、图 38-82c、图 38-82e、图 38-82f 的弹簧，自由状态下外侧面对端面的垂直度公差应按表 38-82 的规定。

表 38-82 外侧面对端面的垂直度公差 （单位：mm）

等级	1 级	2 级	3 级
$H_0 \leqslant 500$	$2.6\% H_0$	$3.5\% H_0$	$5\% H_0$
$H_0 > 500$	$3.5\% H_0$	$5\% H_0$	$7\% H_0$

（6）端面平行度 当规定弹簧两端的垂直度时，则不考核平行度。若弹簧重量较大，可选用一端垂直度和平行度的公差考核（见 ISO 11891：2012 中图 3）。对端部结构型式为图 38-27a、图 38-27d 的弹簧，两端圈平面之间的平行度一般不作考核；对端部结构型式为图 38-27b、图 38-27c、图 38-27e、图 38-27f 的弹簧，两端圈平面之间的平行度公差按表 38-83 的规定。

表 38-83 平行度公差 （单位：mm）

等级	1 级	2 级	3 级
公差	$2.6\% D_2$	$3.5\% D_2$	$5\% D_2$

（7）节距均匀度 等节距弹簧压缩至全变形量的 80% 时，各有效圈之间不得相互接触。

（8）压并高度 弹簧的压并高度一般不作考核。当需要时，根据不同端部结构型式用下列式（38-9）和式（38-10）计算压并高度 L_C 的最大值：

1）对端部结构型式为图 38-27b、图 38-27c 的弹簧：

$$L_C \leqslant (n_1 - 0.3) \cdot d_{max} \tag{38-9}$$

式中 n_1——总圈数（圈）；

d_{max}——材料最大直径（mm）；

H_b——压并高度（mm）。

2）对端部结构型式为图 38-27a、图 38-27d 的弹簧：

$$H_b \leqslant (n_1 + 1.1) \cdot d_{max} \tag{38-10}$$

式中 n_1——总圈数（圈）；

d_{max}——材料最大直径（mm）；

H_b——压并高度（mm）。

3）对端部结构型式为图 38-27e、图 38-27f 的弹簧，其压并高度由供需双方协商。

注：式（38-9）和（38-10）源自相关参考文献。

（9）弹簧特性极限偏差

1）根据使用条件，弹簧特性极限偏差一般可分为 3 级。

2）指定负荷下高度极限偏差：指定负荷下高度极限偏差按表 38-84 的规定，同级极限偏差应取表中计算值与最小值间绝对值较大者。

表 38-84 指定负荷下高度极限偏差

等级	1 级	2 级	3 级
极限偏差	$\pm 0.05f$ 最小值 ±2.5	$\pm 0.10f$ 最小值 ±5.0	$\pm 0.15f$ 最小值 ±7.5

3）指定高度下负荷极限偏差：指定高度下负荷极限偏差按表 38-85 的规定，同级极限偏差应取表中计算值与最小值间绝对值较大者。

表 38-85　指定高度下负荷极限偏差

等级	1 级	2 级	3 级
极限偏差	$\pm 0.05F$ 最小值 $\pm f \cdot F'$	$\pm 0.10F$ 最小值 $\pm f \cdot F'$	$\pm 0.15F$ 最小值 $\pm f \cdot F'$

注：等级 1，$f=2.5$mm；等级 2，$f=5$mm；等级 3，$f=7.5$mm。

4）弹簧刚度极限偏差：弹簧刚度极限偏差为 $\pm 10\% F'$，对精度有特殊要求的弹簧可选 $\pm 5\% F'$。当规定弹簧刚度极限偏差时，一般不再规定指定负荷下高度极限偏差或指定高度下负荷极限偏差。

8. 制造要求

（1）热处理　弹簧成形后应进行淬火和回火处理。

（2）硬度　除非另有规定，弹簧热处理后的硬度应根据其使用条件、材料和尺寸确定。经淬火、回火后弹簧和/或试棒的抗拉强度和硬度指导值应参照 ISO 683-14 和 ISO 18265 选取。当规定硬度的极限值时，应不大于 75HBW。

（3）脱碳　弹簧表面不允许存在有害的脱碳，特别是动载条件下使用的弹簧应使其脱碳最小化。弹簧表面的脱碳层深度应由供需双方按照弹簧的使用要求和材料特性商定。

（4）晶粒度　弹簧产品的奥氏体晶粒度等级由供需双方商定。

（5）表面质量　弹簧表面不允许有影响使用的分层、凹槽、加工刀痕、裂纹、发纹、过烧及氧化皮等有害缺陷。

（6）端面加工　支承面部分进行制扁和/或磨削加工时，制扁或磨削的长度约为 3/4 圈，末端厚度约为材料直径的 1/4。

（7）喷丸　需要时，喷丸处理可按 ISO 26910-1 进行，喷丸强度和覆盖率由供需双方商定。

（8）立定处理　进行立定处理时，立定处理的条件由供需双方商定。

（9）表面防腐　一般应对弹簧表面采用适当的防腐处理。当有环境要求时的特殊涂层、镀层，由供需双方商定具体处理规定。如表面处理可能产生氢脆，应按照 ISO 9588 进行去氢处理。

附录　我国弹簧行业厂家介绍

企业名称	地址	邮编	电话
中国人民解放军1001强力弹簧研究所	陕西省西安市高新产业园学士路10号	710119	029-85213773
浙江美力科技股份有限公司	浙江省新昌县新昌大道西路1365号	312500	0086-575-86086086
厦门立洲五金弹簧有限公司	福建厦门思明区前埔路496－500立洲大厦	361008	0592-5024796
北京市弹簧厂	北京市石景山区鲁谷路132号	100040	010-68874628
常州市铭锦弹簧有限公司	江苏常州市武进区潘家镇工业园区	213179	0519-86540308
杭州市钱江弹簧厂	杭州市经济技术开发区22号大街78号	310021	0571-86690998
上汽股份公司中国弹簧厂	上海市蕴州路291号	201901	021-56907792
南京弹簧有限公司	南京市雨花台区铁心工业园陈苑	210012	025—52350675
宁波弹簧厂	浙江省宁波大庆杯路49	315021	0574-87666674
济南市弹簧厂	山东山东省济南市北关北路17号	250012	0531—5951307
大连弹簧有限公司	甘井子区华北路427号	116033	0411-86558258
武汉弹簧厂	湖北湖北省武汉市江汉区姑嫂树路2号	430023	027-65655872
江都市明峰弹簧有限公司	江苏省江都市大桥工业园区二号路	225211	0514-86441032
千昕机械有限公司(鼎鸿机械股份有限公司)	高雄县大社乡和平路二段99－1号	27201310	(07)3518892
沧州市弹簧厂	河北省沧州市水月寺大街20号	061000	0317-3024869
无锡市巨力弹簧厂	无锡市新区华清路102号	214131	0510-85602867
扬州弹簧有限公司	江苏省扬州市石狮子一巷52号	225002	0514-87348510
扬州恒力碟形弹簧厂	江苏江苏省扬州市平山堂北首	225007	0514-87301907
上海嘉定远东五金弹簧厂	上海市德州路262号506室	200126	021-68329529
台州市路桥安福金属弹簧厂	台州市路桥区金清学前街42－46号	318058	0576-82880392
张家港市晨阳综合弹簧厂	张家港市杨舍镇周家桥开发区金沙路2号	215637	0512-58740123
诸暨市城西弹簧厂	浙江省诸暨市陶朱街道万松路	311800	0575-87102138
重庆弹簧厂	重庆市九龙坡区十平桥青龙村3号	400015	023-68820854
宝鸡标准件弹簧厂	陕西省宝鸡市宝平路9号	721001	0917-3577750
北京市京北顺弹簧厂	北京市顺义区南彩河北村	101300	010-89477710
石家庄平北弹簧厂	石家庄市胜利北街97号	050000	0311-6075022
扬州市新坝弹簧厂	江苏省扬州市新坝镇新兴路158号	225107	0514-87411518
东莞市源进五金弹簧厂	广东省东莞市莱山下朗工业区	511700	0769-86861569
扬州江阳弹簧厂	扬州市江阳工业园(创业园内)12幢	225008	0514-89787869
扬州天时碟形弹簧厂	江苏省扬州市运河西路68号7幢205室	225003	0514-87908897
建湖县恒力油封弹簧厂	江苏省建湖县裴刘工业区	224712	0515-6539888
苏州博达弹簧厂	苏州市相城区北桥镇东开发区	215144	0512-65999512
扬州市鑫恒碟形弹簧厂	扬州市湾头镇健康路	225006	0514-87299458
温州市天河力王弹簧厂	温州市龙湾区天河工业区金川大道南三栋	325025	0577-86819002
赣州市弹簧厂	赣州市黄金开发区金坪工业村南一路	341000	0797-83731359
温州市鹿城高新弹簧厂	温州市吴桥工业区高新路5号	325028	0577-88632988
扬州市迅达碟形弹簧厂	江苏省扬州市江阳工业园区	225000	0514-87309065

888弹簧网提供，供参考。

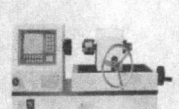

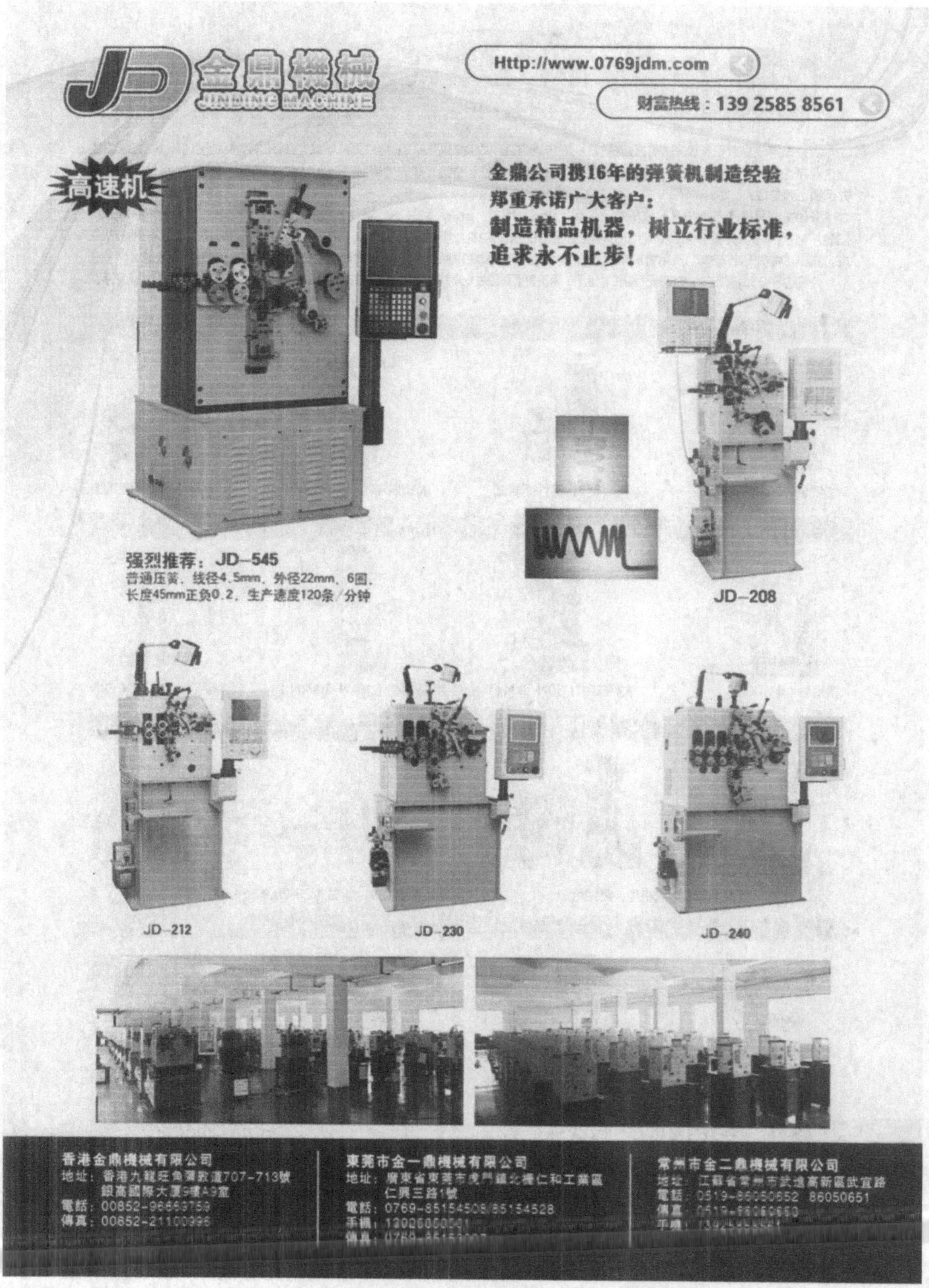

金鼎機械
JINDING MACHINE
Http://www.0769jdm.com
财富热线：139 2585 8561
高速机
金鼎公司携16年的弹簧机制造经验
郑重承诺广大客户：
制造精品机器，树立行业标准，
追求永不止步！
强烈推荐：JD—545
普通压簧，线径4.5mm，外径22mm，6圈，
长度45mm正负0.2，生产速度120条/分钟
JD—208
JD—212
JD—230
JD—240
香港金鼎機械有限公司
地址：香港九龍旺角彌敦道707-713號
銀高國際大廈9樓A9室
電話：00852-96663759
傳真：00852-21100996
東莞市金一鼎機械有限公司
地址：廣東省東莞市虎門鎮北柵仁和工業區
仁興三路1號
電話：0769-85154508/85154528
常州市金二鼎機械有限公司
地址：江蘇省常州市武進高新區武宜路
電話：0519-86050652 86050651

参考文献

[1] 张英会. 弹簧 [M]. 北京：机械工业出版社，1982.

[2] 机械电子工业部弹簧产品质量监督检测中心. 弹簧标准汇编 [S]. 北京：中国标准出版社，1992.

[3] 殷仁龙. 机械弹簧设计理论及其应用 [M]. 北京：兵器工业出版社，1993.

[4] 苏德达. 弹簧失效分析 [M]. 北京：机械工业出版社，1988.

[5] 波诺马廖夫 C. 机器及仪器弹性元件的计算 [M]. 王鸿翔，译. 北京：化学工业出版社，1987.

[6] 沃尔 AM. 机械弹簧 [M]. 谭惠民，等译. 北京：国防工业出版社，1981.

[7] SAE-T796a. 扭杆弹簧的设计和制造手册 [M]. 盛景方，译. 北京：[出版者不详]，1988.

[8] 郭荣生. 橡胶弹簧的特性计算 [J]. 铁道车辆，1978 (10)：12-18.

[9] 日本ばね技术研究会. ばね [M]. 4 版. 东京：丸善株式会社，1982.

[10] 苏德达. 弹簧 (材料) 应力松弛及预防 [M]. 天津：天津大学出版社，2002.

[11] 机械设计手册编委会. 机械设计手册 [M]. 新版. 北京：机械工业出版社，2006.

[12] 钢铁材料手册总编辑委员会. 钢铁材料手册：第 8 卷 弹簧钢 [M]. 北京：中国标准出版社，2004.

[13] 成大先. 机械设计手册 [M]. 北京：化学工业出版社，2004.

[14] 樊东黎，徐耀明，佟晓辉. 热处理工程师手册 [M]. 2 版. 北京：机械工业出版社，2005.

[15] 戴宝昌. 重要用途线材制品生产新技术 [M]. 北京：冶金工业出版社. 2001.

[16] 日本ばね技术研究会. ばねの設計と制造. 信赖性 [M]. 東京：日刊工業新聞社，2001.

[17] 日本ばね技术研究会. ばね用材料とその特性 [M]. 東京：日刊工業新聞社，2000.

[18] 日本ばね技术研究会. ばねの種類と用途例 [M]. 東京：日刊工業新聞社，1998.

[19] 日本ばね技术研究会. ばねの有限要素解析 [M]. 東京：日刊工業新聞社，1997.

[20] M. Shimoseki, T. Hamano, T. Imaizumi. FEM for Springs Springer [M]. [出版者不详]，2003.

[21] Huang wen, Liu liwen, Lu hong, FEM for Springs Springer [M]. Tokyo Japan：Proceedings of The 1st International Conference on Spring Technologies, 2015.